INTRODUÇÃO À
PESQUISA
OPERACIONAL

H654i   Hillier, Frederick S.
             Introdução à pesquisa operacional / Frederick S. Hillier,
         Gerald J. Lieberman ; tradução Ariovaldo Griesi ; revisão técnica
         Pierre J. Ehrlich. – 9. ed. – Porto Alegre : AMGH, 2013.
             xxii, 1005 p. : il. ; 28 cm.

             ISBN 978-85-8055-118-1

             1. Matemática. 2. Pesquisa operacional. I. Lieberman, Gerald J.
         II. Título.

                                                                CDU 519.8

Catalogação na publicação: Fernanda B. Handke dos Santos – CRB 10/2107

FREDERICK S. HILLIER
GERALD J. LIEBERMAN

INTRODUÇÃO À PESQUISA OPERACIONAL

9ª EDIÇÃO

Tradução
Ariovaldo Griesi

Revisão técnica
Pierre J. Ehrlich
Ph.D. em Engenharia Industrial pela Universidade de Stanford/EUA
Ex-professor titular de Economia e de Métodos Quantitativos para Apoio às Decisões da FGV/EAESP

AMGH Editora Ltda.
2013

Obra originalmente publicada sob o título
Introduction to Operations Research, 9th Edition
ISBN 0073376299 / 9780073376299

Copyright © 2010, The McGraw-Hill Companies Inc. All rights reserved.
Portuguese-language translation copyright © 2012, AMGH Editora Ltda.

Capa: *Leandro Correia*

Preparação de original: *Bruna Baldini de Miranda*

Leitura de liberação: *Sandra Brazil*

Gerente editorial – CESA: *Arysinha Jacques Affonso*

Editora sênior responsável por esta obra: *Viviane R. Nepomuceno*

Assistente editorial: *Caroline L. Silva*

Editoração eletrônica: *Techbooks*

Reservados todos os direitos de publicação, em língua portuguesa, à
AMGH EDITORA LTDA., uma parceria entre GRUPO A EDUCAÇÃO S.A. e McGRAW-HILL EDUCATION
Av. Jerônimo de Ornelas, 670 – Santana
90040-340 – Porto Alegre – RS
Fone: (51) 3027-7000   Fax: (51) 3027-7070

É proibida a duplicação ou reprodução deste volume, no todo ou em parte, sob quaisquer
formas ou por quaisquer meios (eletrônico, mecânico, gravação, fotocópia, distribuição na Web
e outros), sem permissão expressa da Editora.

Unidade São Paulo
Av. Embaixador Macedo Soares, 10.735 – Pavilhão 5 – Cond. Espace Center
Vila Anastácio – 05095-035 – São Paulo – SP
Fone: (11) 3665-1100   Fax: (11) 3667-1333

SAC 0800 703-3444 – www.grupoa.com.br

IMPRESSO NO BRASIL
PRINTED IN BRAZIL

OS AUTORES

Frederick S. Hillier nasceu e cresceu em Aberdeen, Washington, onde ganhou prêmios em concursos estaduais para o Ensino Médio em dissertação, matemática, debates e música. Ainda como estudante da Stanford University conquistou o primeiro lugar em sua turma de engenharia com mais de 300 alunos. Ganhou também os prêmios McKinsey, de redação técnica, de Debatedor Brilhante para universitários do curso do segundo ano de faculdade. Tocou no Stanford Woodwind Quintet e também obteve o Prêmio Hamilton por combinar excelência na engenharia com êxitos notáveis em ciências humanas e sociais. Logo após ter se formado em engenharia industrial, ganhou três bolsas de estudo de âmbito nacional (National Science Foundation, Tau Beta Pi e Danforth) para pós-graduação em Stanford com especialização em pesquisa operacional. Após receber seu título de Ph.D., associou-se ao quadro de professores da Stanford University, onde conseguiu um cargo permanente aos 28 anos e de professor titular aos 32 anos. Também foi professor visitante na Cornell University, Carnegie-Mellon University, Technical University of Denmark, University of Canterbury (Nova Zelândia) e University of Cambridge (Inglaterra). Em 1996, após 35 anos no quadro de professores da Stanford, aposentou-se de suas responsabilidades como docente para poder se dedicar em tempo integral à redação de livros. Hoje é professor emérito de Pesquisa Operacional na Stanford.

A pesquisa do Dr. Hillier se estendeu em uma série de áreas, incluindo programação inteira, teoria das filas e sua aplicação, controle de qualidade estatístico e a aplicação da pesquisa operacional ao projeto de sistemas de produção e orçamento de capital. Ele tem inúmeras publicações e muitos de seus trabalhos foram selecionados para republicação em livros. Ganhou o primeiro prêmio de um concurso de pesquisas sobre "Orçamento de capital de projetos inter-relacionados", patrocinado pelo The Institute of Management Sciences (Tims) e pelo U.S. Office of Naval Research. Hillier e Lieberman também receberam menção honrosa na edição de 1995 do Prêmio Lanchester (melhor publicação em língua inglesa de qualquer campo da pesquisa operacional), concedido pelo Institute of Operations Research and the Management Sciences (INFORMS) para a 6ª edição deste livro. Além disso, em 2004, receberam o prestigioso INFORMS Expository Writing Award pela 8ª edição deste livro.

O Dr. Hillier ocupou vários cargos de liderança em sociedades profissionais em sua área. Por exemplo, foi tesoureiro da Operations Research Society of America (Orsa), vice-presidente para Reuniões da Tims, copresidente da edição de 1989 da Reunião Internacional da Tims em Osaka, no Japão, presidente do Comitê de Publicação da Tims, presidente do Comitê de Pesquisa para Editor de *Operations Research* da Orsa, presidente do Comitê de Planejamento de Recursos da Orsa, presidente do Comitê de Reuniões Conjuntas Orsa/Tims e presidente do Comitê de Seleção do John von Neumann Theory Prize da INFORMS. Atualmente, atua como editor de séries para a *International Series in Operations Research and Management Science*, uma série criada por ele em 1993, que obteve grande destaque.

Além de *Introdução à Pesquisa Operacional* e outros dois volumes complementares, *Introduction to Mathematical Programming* (2. ed., 1995) e *Introduction to Stochastic Models in Operations Research* (1990), suas obras são: *The Evaluation of Risky Interrelated Investments* (North-Holland, 1969), *Queueing Tables and Graphs* (North-Holland: Elsevier, 1981, em coautoria com O. S. Yu, além de D. M. Avis, L. D. Fossett, F. D. Lo e M. I. Reiman) e *Introduction to Management Science: A Modeling Studies Approach with Spreadsheets* (3. ed., McGraw-Hill/Irwin, 2008, em coautoria com M. S. Hillier).

Gerald J. Lieberman faleceu em 1999. Foi professor emérito de Pesquisa Operacional e Estatística na Stanford University, onde exerceu o cargo de presidente fundador do Departamento de Pesquisa Operacional. Engenheiro mecânico (Cooper Union) e estatístico em pesquisa operacional (recebeu o título de mestrado em estatística matemática da Columbia University e de Ph.D. em estatística pela Stanford University).

Foi um dos líderes mais importantes da Stanford nas últimas décadas. Após presidir o Departamento de Pesquisa Operacional, atuou como diretor associado da Escola de Ciências Humanas, vice-diretor e decano de pesquisa, vice-diretor e decano de pós-graduação, presidente do conselho administrativo, membro do conselho consultivo da Universidade e presidente do Comitê de Celebração do Centenário. Também foi diretor ou diretor interino no mandato de três presidentes distintos da Stanford.

Ao longo desses anos de liderança na universidade, manteve também sua atividade profissional. Sua pesquisa concentrava-se na estocástica da pesquisa operacional, normalmente na interface de estatística e probabilidade aplicada. Publicou extensivamente nas áreas de confiabilidade e controle de qualidade e na modelagem de sistemas complexos, inclusive seu projeto ótimo, quando os recursos eram limitados.

Muito respeitado como líder proeminente no campo da pesquisa operacional, Lieberman atuou em inúmeros papéis de liderança, inclusive como presidente eleito do The Institute of Management Sciences. Entre suas honrarias profissionais estão: eleito para o National Academy of Engineering, agraciado com a Shewhart Medal da American Society for Quality Control e com o Cuthbertson Award por serviços excepcionais à Stanford University e por sua atuação como membro no Centro para Estudos Avançados nas Ciências Comportamentais. Além disso, o Institute of Operations Research and the Management Sciences (INFORMS) o premiou com a menção honrosa na edição de 1995 do Lanchester Prize pela 6ª edição deste livro. Em 1996, o INFORMS também o premiou com a Medalha Kimball por suas contribuições excepcionais aos campos da pesquisa operacional e da administração.

Além de *Introdução à Pesquisa Operacional* e outros dois volumes complementares, *Introduction to Mathematical Programming* (2. ed.) e *Introduction to Stochastic Models in Operations Research*, suas obras são: *Handbook of Industrial Statistics* (PrenticeHall, 1955, coautoria de A. H. Bowker), *Tables of the Non-Central t-Distribution* (Stanford University Press, 1957, coautoria de G. J. Resnikoff), *Tables of the Hypergeometric Probability Distribution* (Stanford University Press, 1961, coautoria de D. Owen), *Engineering Statistics*, 2. ed. (Prentice-Hall, 1972, coautoria de A. H. Bowker) e *Introduction to Management Science: A Modeling and Case Studies Approach with Spreadsheets* (McGraw-Hill/Irwin, 2000, em coautoria de F. S. Hillier e M. S. Hillier).

OS AUTORES
DOS ESTUDOS DE CASO

Karl Schmedders é professor adjunto do Departamento de Economia Administrativa e Ciências da Decisão da Kellogg Graduate School of Management (Northwestern University), onde leciona Métodos Quantitativos para Tomada de Decisão Administrativa. Entre seus interesses de pesquisa estão aplicações da pesquisa operacional à teoria econômica, teoria de equilíbrio geral com mercados incompletos, avaliação de ativos e economia computacional. Schmedders doutorou-se em pesquisa operacional na Stanford University, onde lecionou nos cursos de graduação e de pós-graduação. Entre suas aulas destacam-se um curso de estudos de caso em pesquisa operacional e o convite subsequente para se apresentar em uma conferência patrocinada pelo Institute of Operations Research and the Management Sciences (INFORMS) sobre sua bem-sucedida experiência com esse curso. Recebeu vários prêmios por sua atuação como professor na Stanford University, inclusive o prestigioso Walter J. Gores Teaching. Recebeu também diversas premiações na área de ensino, entre elas o L. G. Lavengood Professor of the Year na Kellogg School of Management. No período em que foi professor visitante na WHU Koblenz (escola de administração de empresas alemã de primeira linha), também recebeu diversos prêmios.

Molly Stephens é associada na unidade de Los Angeles da Quinn, Emanuel, Urquhart, Oliver & Hedges, LLP. Formou-se pela Stanford University em engenharia industrial e tem mestrado em pesquisa operacional por essa mesma Universidade. Stephens lecionou no curso de oratória na Escola de Engenharia de Stanford e atuou como professora assistente em um curso de estudos de caso em pesquisa operacional. Como professora assistente, ela analisou problemas de pesquisa operacional encontrados no mundo real e os transformou em estudos de caso. Sua pesquisa foi premiada com uma bolsa destinada à pesquisa para não graduados da Stanford, que lhe permitiu continuar seu trabalho, e foi convidada para realizar uma palestra em uma conferência da INFORMS para apresentar suas conclusões referentes aos bem-sucedidos estudos de caso. Após sua formatura, Stephens trabalhou na Andersen Consulting como integradora de sistemas, vivenciando de perto casos reais, antes de retomar seus estudos para obter o título de doutora em direito (com honra ao mérito) da Escola de Direito da University of Texas em Austin.

À memória de nossos pais

e

à memória do meu dileto mentor,
Gerald J. Lieberman, um dos verdadeiros
gigantes de nosso campo.

PREFÁCIO

Quando Jerry Lieberman e eu começamos a trabalhar na primeira edição deste livro há 45 anos, nosso objetivo era desenvolver um material didático inovador, que ajudaria a estabelecer o rumo da educação naquilo que, na época, era o emergente campo da pesquisa operacional. Após a publicação, não estava claro o quanto essa meta havia sido atingida, porém, o que ficou evidente é que a demanda pelo livro era maior do que esperávamos. Nenhum de nós dois poderia ter imaginado que ela continuaria em tal nível por um período tão extenso.

A resposta entusiástica às nossas oito primeiras edições foi gratificante. Foi motivo de grande prazer a associação profissional internacional mais importante da área, o Institute for Operations Research and the Management Sciences (INFORMS), ter premiado a 6ª edição com menção honrosa na edição de 1995 do Lanchester Prize (o prêmio concedido anualmente à publicação em língua inglesa de maior destaque em qualquer campo da pesquisa operacional).

Depois, logo após a publicação da oitava edição, foi gratificante ter recebido, em 2004, o INFORMS Expository Writing Award, concedido para esse livro e ter recebido também a seguinte menção:

> Ao longo de 37 anos, sucessivas edições deste livro apresentaram mais de meio milhão de estudantes à pesquisa operacional e atraíram muitas pessoas para atuar na área, seja no campo acadêmico, seja no campo profissional. Muitos profissionais de destaque, bem como vários professores, adquiriram seus primeiros conhecimentos por meio de uma edição desse livro. O grande uso internacional e a tradução para 15 línguas contribuiu muito para a difusão da área no mundo todo. O livro continua preeminente mesmo após 37 anos. A oitava edição acaba de ser finalizada, mas a sétima já tinha 46% do mercado para livros do gênero e ocupava o segundo lugar em vendas internacionais entre todas as publicações da McGraw-Hill no campo da engenharia.
>
> Esse sucesso se deve a duas características. Primeiro, as edições têm sido excepcionais, segundo o ponto de vista dos estudantes, devido à excelente motivação, às explicações claras e intuitivas, aos bons exemplos de prática profissional, à excelente organização do material, ao software de apoio e aos cálculos apropriados mas não em excesso. Em segundo lugar, as edições têm sido atraentes na opinião dos professores pelo fato de temas avançados serem tratados com lucidez admirável e linguagem simples. Por exemplo, foi criado um ótimo capítulo sobre meta-heurística para esta edição.

Quando começamos o livro, há 45 anos, Jerry já era um importante membro dessa área, um escritor bem-sucedido de livros-texto, além de presidente de um renomado programa de pesquisas na Stanford University. Eu era um professor assistente muito jovem em início de carreira. Foi uma oportunidade maravilhosa poder trabalhar e aprender com o mestre. Por isso, estarei em débito com Jerry para sempre.

Agora, infelizmente, Jerry não se encontra mais entre nós. Ao longo da doença que o levou à morte nove anos depois, decidi que manteria a chama acesa e me dedicaria às edições subsequentes deste livro, com um padrão que honraria Jerry. Portanto, aposentei-me precocemente de minhas responsabilidades como membro do corpo docente na Stanford para poder dedicar-me em tempo integral à redação de livros-texto. Isso me permitiu investir muito mais tempo que o usual no preparo de cada nova edição. Também me possibilitou monitorar mais de perto as novas tendências e os avanços na área, a fim de deixar esta edição completamente atualizada. Esse monitoramento levou à escolha das principais modificações descritas a seguir.

AS PRINCIPAIS MODIFICAÇÕES

- **Mais ênfase em aplicações reais.** Sem que o público em geral se dê conta, o campo da pesquisa operacional tem impacto cada vez mais acentuado no sucesso de inúmeras empresas e organizações no mundo. Consequentemente, um objetivo desta edição foi o de narrar essa história de forma mais vigorosa, motivando os alunos por meio da grande relevância do material que estão estudando. Procuramos alcançar esse objetivo de quatro formas. Uma foi o *acréscimo de 29 exemplos aplicados*, separados do material textual regular, que descreve em poucos parágrafos como uma aplicação real de pesquisa operacional teve forte impacto em empresas ou organizações pelo uso de técnicas como as que estão sendo estudadas naquele trecho do livro. A segunda forma foi o *acréscimo de 71 referências selecionadas de aplicações consagradas de PO*, apresentadas no final dos capítulos. A terceira foi o *acréscimo de um link para os artigos de periódicos que descrevem de forma completa essas 100 aplicações* por meio de um acordo especial com a INFORMS. A maneira final foi a *inclusão de vários problemas que exigem a leitura de um ou mais desses artigos*. Portanto, o professor pode agora dar um tom motivador às suas aulas, fazendo com que seus alunos mergulhem nas aplicações reais que demonstram de forma extraordinária a relevância do material que está sendo visto.

    Estamos entusiasmados com a nova parceria com a INFORMS, importante associação profissional de nossa área, que está nos fornecendo 100 artigos que descrevem aplicações de PO de grande impacto. O Institute for Operations Research and the Management Sciences (INFORMS) é uma associação profissional de cunho acadêmico para estudantes e profissionais dos campos quantitativo e analítico. Informações sobre periódicos, reuniões, banco de empregos, bolsas de estudos, premiações e materiais didáticos da INFORMS encontram-se em www.informs.org.

- **Cerca de 200 problemas novos ou revisados.** Entre os problemas novos encontram-se aqueles relativos às aplicações reais citadas anteriormente. Foram acrescentados também outros problemas que servem de base para os tópicos novos ou revisados que serão citados adiante. Dois novos casos foram incluídos no capítulo sobre análise de decisão, que são menos complexos que os dois que lá já se encontram. Além disso, diversos problemas da oitava edição foram revisados. Consequentemente, o professor que não quiser apresentar problemas propostos anteriormente terá um número substancial para escolher.

- **Atualização do software que acompanha o livro.** A próxima seção descreverá a ampla gama de opções de softwares fornecida com essa edição. A principal diferença em relação à oitava é que agora versões novas e aperfeiçoadas de muitos dos pacotes de softwares encontram-se disponíveis. Por exemplo, o *Excel 2007* representa, sem sombra de dúvida, a maior e a principal revisão, ao longo de vários anos, do Excel e de sua interface com o usuário; portanto, essa nova versão do Excel e seu Solver foram totalmente integrados ao livro (embora indiquemos diferenças para aqueles que ainda usem versões mais antigas). Outro exemplo importante é o fato de que, pela primeira vez em 10 anos, novas versões do *TreePlan* e do *SensIt* acabam de ser lançadas e já estão totalmente integradas ao capítulo sobre análise de decisão. As versões mais recentes de todos os demais pacotes de softwares também são sendo fornecidas com essa nova edição.

- **Nova seção sobre administração de receitas.** Uma característica marcante das novas edições deste livro tem sido acrescentar os avanços recentes que estão começando a revolucionar a prática de certas áreas da pesquisa operacional. Por exemplo, a oitava edição incluiu um capítulo sobre *meta-heurística*; um capítulo sobre a incorporação da *programação de restrições*; e uma seção sobre *modelos de inventário em várias escalas* voltados para a administração de cadeias de suprimento. Esta edição incorpora outro tópico fundamental com o *acréscimo de uma seção completa sobre administração de receitas no capítulo sobre teoria dos estoques*. Trata-se de um acréscimo bastante oportuno devido ao grande impacto que a administração de receitas teve no setor das empresas aéreas e que, agora, passa a ter em vários outros setores de atividade.

- **Reorganização do capítulo sobre a teoria do método simplex.** Alguns professores não desejam destinar muito tempo para o método simplex revisado, porém, talvez queiram apresentar a forma matricial do método simplex, bem como abordar o que chamamos de "*insight* fundamental". Então, em vez de cobrir o método simplex revisado na Seção 5.2, antes de se voltar para o *insight* fundamental contido na Seção 5.3 (como acontece na oitava edição), agora apresentamos a forma matricial do método simplex na Seção 5.2, que flui diretamente para o *insight* fundamental na Seção 5.3. Após esta seção, nos concentramos no método simplex revisado como tópico opcional na Seção 5.4.

- **Um método simplificado para a determinação das utilidades.** Entre as várias outras pequenas revisões ao longo do livro, talvez a mais notável seja a apresentação simplificada na Seção 15.6 sobre como determinar utilidades. Isso é feito pela descrição de um "método de loteria equivalente" simples.
- **Reorganização para reduzir o tamanho do livro.** Uma tendência das primeiras edições deste livro era cada nova edição ser significativamente maior que a anterior. Isso continuou até a sétima edição ter se tornado consideravelmente maior que o desejável para um livro-texto introdutório. Portanto, trabalhei arduamente para reduzir de forma substancial o tamanho da oitava edição e estabeleci como meta evitar qualquer crescimento em edições subsequentes. A meta foi alcançada nesta edição. Isso foi possível por uma série de meios. Um deles foi não adicionar muito material novo; outro foi eliminar duas seções sobre aplicações reais, presentes na oitava edição, que não são mais necessárias devido à adição dos exemplos aplicados; outro meio foi transferir o longo Apêndice 3.1 sobre a linguagem de modelagem LINGO e a seção sobre otimização com o OptQuest para o *site* da editora. Finalmente, o número de seções foi reduzido. Por outro lado, me ative àquilo que espero ter se tornado a organização familiar da oitava edição após terem sido feitas mudanças importantes.
- **Atualização que visa à reflexão sobre o que há de mais novo hoje.** Foi feito um esforço especial para manter o livro completamente atualizado. Fizemos isso por meio de uma cuidadosa atualização tanto das referências selecionadas no final de cada capítulo, quanto das várias notas de rodapé que fazem referência às pesquisas mais recentes sobre os tópicos em questão.

AMPLA GAMA DE OPÇÕES DE SOFTWARES

Uma ampla gama de opções de softwares é fornecida no *site* da editora, conforme descrito a seguir.

- Planilhas Excel: formulações de planilhas avançadas são apresentadas em arquivos Excel para todos os exemplos relevantes ao longo do livro.
- Vários módulos de programa adicionais ao Excel, inclusive o Premium Solver for Education (um aperfeiçoamento do Excel Solver básico), o TreePlan (para análise de decisão), o SensIt (para análise de sensibilidade probabilística), o RiskSim (para simulação) e o Solver Table (para análise de sensibilidade).
- Uma série de gabaritos em Excel para solução de modelos básicos.
- Versões educacionais do LINDO (um otimizador tradicional) e do LINGO (uma popular linguagem de modelagem algébrica), com formulações e resoluções para todos os exemplos relevantes do livro.
- Versões educacionais do MPL (uma popular linguagem de modelagem algébrica) e seu excelente solucionador CPLEX (o mais usado otimizador de ponta), com um Tutorial MPL e formulações e resoluções MPL/CPLEX para todos os exemplos relevantes do livro.
- Versões educacionais de vários outros solucionadores MPL, inclusive o CONOPT (para programação convexa).
- LGO (para otimização global), o LINDO (para programação matemática), o CoinMP (para programação linear e inteira) e o BendX (para alguns modelos estocásticos).
- Queueing Simulator (para a simulação de sistemas de filas).
- Tutor PO para exemplificar vários algoritmos em ação.
- Tutorial IOR (Interactive Operations Research) para aprendizado eficiente e execução interativa de algoritmos, implementado em Java 2 de modo a ser independente de plataformas.

Muitos estudantes consideraram o Tutor PO e o Tutorial IOR muito úteis para o aprendizado de algoritmos de pesquisa operacional. Ao deslocar-se para o próximo estágio da resolução de modelos PO de forma automática, as pesquisas constataram que os professores quase se dividiram igualmente na preferência de seus alunos por uma das seguintes opções: (1) planilhas Excel, inclusive o Excel Solver e outros módulos complementares; (2) software tradicional conveniente (LINDO e LINGO); e (3) software de PO de última geração (MPL e CPLEX). Para esta edição, portanto, mantive a filosofia das últimas, que é fornecer uma introdução relativamente extensa para permitir o uso básico de qualquer uma das três opções sem confundi-los usando uma ou outra, embora também esteja disponível amplo material de apoio para cada opção no *site*.

Optamos por não mais incluir o pacote de software Crystal Ball que acompanhava a edição anterior. Felizmente, muitas universidades agora têm uma licença para o software e, atualmente, também pode se baixar o pacote por um período experimental gratuito de 30 dias, de modo que é possível fazer com que os alunos usem esse software, pelo menos por um período. Assim, esta edição continua a usar o Crystal Ball na Seção 20.6 e em certos suplementos para ilustrar a funcionalidade que agora se encontra disponível para análise de modelos de simulação.

Recursos *on-line*

- Vários exemplos para praticamente todos os capítulos do livro estão incluídos em uma seção de *Worked Examples* no *site* da editora. Eles ajudam os estudantes que ocasionalmente precisem, sem interromper a fluência do texto nem adicionar páginas que podem ser consideradas desnecessárias por alguns alunos. (No livro, usa-se o negrito como realce toda vez que um exemplo extra sobre o tópico atual estiver disponível.)
- Um *glossário* para cada capítulo.
- *Arquivos de dados* para diversos casos, para que os estudantes se concentrem na análise e não na introdução de conjuntos de dados.
- Abundância de texto suplementar (inclusive oito capítulos completos).
- *Bateria de testes* fornecida aos professores apresenta questões razoavelmente difíceis que requerem que os alunos demonstrem o que aprenderam. A maioria dessas questões foi aplicada com sucesso pelos autores como questões de provas.
- Estão disponíveis para os professores um manual com soluções e arquivos de imagens.

COMO USAR ESTE LIVRO

A essência dos esforços da revisão desta edição foi apoiar-se nos pontos fortes das edições anteriores para atender completamente às necessidades do estudante de hoje. Essas revisões tornaram o livro ainda mais adequado para o uso em um curso moderno, que reflita a prática atual nessa área. O uso de softwares faz parte da prática no campo da pesquisa operacional, portanto, a ampla gama de opções de software que acompanha o livro oferece muita flexibilidade ao professor na escolha dos tipos de software para uso do aluno. Todos os recursos pedagógicos que acompanham o livro ampliam ainda mais a experiência de aprendizado. Portanto, o livro e os recursos que o acompanham devem se adequar a um curso no qual o professor deseje que os alunos tenham um único livro-texto que complemente e apoie o que acontece em sala de aula.

A equipe editorial da McGraw-Hill e eu entendemos que o efeito prático desta revisão foi tornar esta edição com mais "cara" ainda de "livro para o aluno" – clara, interessante e bem organizada, com grande quantidade de exemplos e ilustrações úteis, boa motivação e perspectiva, material importante e fácil de encontrar e tarefas agradáveis, sem muita anotação, terminologia e complexos cálculos matemáticos. Acreditamos e confiamos que os inúmeros professores que usaram edições anteriores vão concordar que esta é a melhor edição publicada até aqui.

Os pré-requisitos para um curso que adote este livro podem ser relativamente modestos. Como em edições anteriores, a matemática foi mantida em um nível relativamente elementar. A maior parte dos Capítulos 1 a 14 (introdução, programação linear e programação matemática) não exige nenhum conhecimento de matemática além daquele adquirido no Ensino Médio. Emprega-se cálculo somente no Capítulo 12 (programação não linear) e em um exemplo do Capítulo 10 (programação dinâmica). Usa-se a notação matricial no Capítulo 5 (teoria do método Simplex), Capítulo 6 (teoria da dualidade e análise de sensibilidade), Seção 7.4 (algoritmo de ponto interno) e Capítulo 12, mas, de certa forma, o conhecimento prévio necessário aqui é apresentado no Apêndice 4. Para os Capítulos 15 a 20 (modelos probabilísticos), pressupõe-se uma introdução prévia à teoria da probabilidade e utiliza-se cálculo em alguns pontos. Em termos gerais, o conhecimento matemático que um aluno atinge fazendo um curso de cálculo elementar é útil ao longo dos Capítulos 15 a 20 e para o material mais avançado dos capítulos precedentes.

O conteúdo do livro destina-se principalmente ao nível universitário mais avançado (incluindo estudantes bem preparados do segundo ano de faculdade) e a alunos graduados do primeiro ano (nível de mestrado). Em razão da grande flexibilidade do livro, existem diversas maneiras de se produzir o material de um curso. Os Capítulos 1 e 2 apresentam a introdução ao tema pesquisa operacional. Os Capítulos

3 a 14 (sobre programação linear e programação matemática) podem ser essencialmente abordados de forma independente dos Capítulos 15 a 20 (sobre modelos probabilísticos) e vice-versa. Além do mais, capítulos individuais entre os Capítulos 3 e 14 são quase independentes, exceto pelo fato de que todos eles utilizam o material básico apresentado no Capítulo 3 e, talvez, do Capítulo 4. O Capítulo 6 e a Seção 7.2 também se baseiam no Capítulo 5. As Seções 7.1 e 7.2 usam partes do Capítulo 6. A Seção 9.6 pressupõe a familiaridade com formulação de problemas nas Seções 8.1 e 8.3, ao passo que uma exposição prévia às Seções 7.3 e 8.2 é útil (mas não essencial) na Seção 9.7. Dos Capítulos 15 a 20, a flexibilidade de abordagem é considerável, embora haja certa integração do material.

Um curso introdutório que aborda programação linear, programação matemática e certos modelos probabilísticos pode ser apresentado em um trimestre (40 horas) ou semestre, extraindo seletivamente material ao longo do livro. Por exemplo, uma boa introdução de campo pode ser obtida dos Capítulos 1, 2, 3, 4, 15, 17, 18 e 20, junto com partes dos Capítulos 9 a 13. Um curso introdutório, porém mais aprofundado, pode ser concluído em dois trimestres (60 a 80 horas) excluindo apenas alguns capítulos, por exemplo, Capítulos 7, 14 e 19. Os Capítulos 1 a 8 (e quem sabe parte do Capítulo 9) formam uma excelente base para um curso (de um trimestre) em programação linear. O material dos Capítulos 9 a 14 aborda tópicos para outro curso (de um trimestre) sobre outros modelos determinísticos. Finalmente, o material dos Capítulos 15 a 20 abrange os modelos probabilísticos (estocásticos) da pesquisa operacional para apresentação em um curso (de um trimestre). De fato, esses três últimos cursos (o material do texto integral) podem ser vistos como uma sequência básica de um ano sobre as técnicas da pesquisa operacional, formando o cerne de um programa de mestrado. Cada curso descrito foi apresentado seja em nível de graduação ou pós-graduação na Stanford University e este texto foi utilizado da maneira sugerida.

AGRADECIMENTOS

Estou em débito com um excelente grupo de revisores que me deram sábios conselhos em diversos estágios do processo de revisão. Fazem parte deste grupo:

Chun-Hung Chen, George Mason University
Mary Court, University of Oklahoma
Todd Easton, Kansas State University
Samuel H. Huang, University of Cincinnati
Ronald Giachetti, Florida International University
Mary E. Kurz, Clemson University
Wooseung Jang, University of Missouri-Columbia
Shafiu Jibrin, Northern Arizona University
Roger Johnson, South Dakota School of Mines & Technology
Emanuel Melachrinoudis, Northeastern University
Jose A. Ventura, Pennsylvania State University
John Wu, Kansas State University

Também sou grato a Garrett Van Ryzin, por seus comentários especializados sobre a nova seção "administração de receitas", a Charles McCallum, Jr., pelo fornecimento de listas de erros tipográficos na 8ª edição, e a Bjarni Kristjansson, pelas informações atualizadas sobre o tamanho dos problemas que estavam sendo resolvidos de forma bem-sucedida pelos programas de otimização mais recentes. Além disso, sou grato aos professores e estudantes que me enviaram mensagens por e-mail fazendo comentários sobre a 8ª edição.

Esta edição deve-se em grande parte a um trabalho em equipe. Os autores dos estudos de caso, Karl Schmedders e Molly Stephens (ambos graduados de nosso departamento), redigiram 24 elaborados casos para a 7ª edição; todos eles continuam nesta nova edição. Uma das alunas para PhD de nosso departamento, Pelin Canbolat, realizou um excelente trabalho ao preparar o manual de soluções. Ela foi além de seu dever ao digitar praticamente todas as soluções que haviam sido escritas à mão para edições anteriores, e também por nos fornecer comentários úteis sobre a atual edição. Um de nossos ex-alunos do curso para PhD, Michael O'Sullivan, desenvolveu o Tutor PO para a 7ª edição (que permanece nesta edição), com base, em parte, no software que meu filho Mark Hillier havia desenvolvido para a 5ª e 6ª edições. Mark (que nasceu no mesmo ano da primeira edição, recebeu seu título de PhD da Stanford e hoje é professor associado de Métodos Quantitativos da University of Washington); ele criou tanto as planilhas quanto os arquivos em Excel (inclusive vários gabaritos em Excel) para esta edição, bem como o Solver Table e o Queueing Simulator. Ele também me aconselhou tanto no material de texto quanto no software para esta edição e contribuiu muito para os Capítulos 21 e 28 disponíveis *on-line*. Outro PhD pela Stanford, William Sun (CEO da empresa de software Accelet Corporation) e sua equipe realizaram um brilhante trabalho, tendo como base em grande parte o software anterior de Mark e implementando-o novamente em Java 2 na forma do Tutorial IOR para a 7ª edição. Eles fizeram um trabalho magistral de melhorar ainda mais o Tutorial IOR para a 8ª e edições subsequentes. A Linus Schrage da University of Chicago e da Lindo Systems (e que fez um curso introdutório de pesquisa operacional comigo há 45 anos) foi o responsável pelo LINGO e LINDO para o *site* da editora. Ele também supervisionou o desenvolvimento adicional de arquivos LINGO/LINDO para os diversos capítulos e forneceu material tutorial para o *site*. Outro amigo de longa data, Bjarni Kristjansson (que dirige a Maximal Software), fez o mesmo em relação aos arquivos MPL/CPLEX e ao material tutorial em MPL, e também providenciou versões educacionais do MPL, CPLEX e vários outros solucionadores para o *site* deste livro. Minha esposa, Ann Hillier, dedicou inúmeros dias e noites em frente de seu Macintosh, digitando texto e construindo muitas figuras e tabelas. Todos eles foram integrantes vitais desta equipe.

Além da Accelet Corporation, LINDO Systems e Maximal Software, devemos muitíssimo a várias outras empresas pelo fornecimento de softwares para acompanhar esta edição. Entre elas podemos citar: Frontline Systems (pelo fornecimento do Premium Solver for Education), ILOG (pelo fornecimento do solucionador CPLEX usado com a versão educacional do MPL), ARKI Corporation (pelo fornecimento do solucionador de programação convexa CONOPT usado com a versão educacional do MPL) e a PCS Inc. (pelo fornecimento do solucionador de otimização global LGO usado com a versão educacional do MPL). Também somos gratos ao professor Michael Middleton por fornecer novas versões aperfeiçoadas do TreePlan e do SensIt, bem como do RiskSim. Finalmente, agradecemos a cooperação da INFORMS pelo fornecimento de um link para os artigos na Interfaces que descrevem as aplicações de PO sintetizadas nos exemplos aplicados bem como outras Referências Selecionadas de aplicações de PO consagradas fornecidas neste livro.

Foi um verdadeiro prazer trabalhar com as equipes editorial e de produção da McGrawHill, entre os quais Debra Hash (editora associada) e Lora Kalb-Neyens (editora de desenvolvimento).

Da mesma forma como tantos indivíduos deram importantes contribuições a esta edição, gostaria de convidar cada um de vocês para começar a contribuir para a próxima edição, por meio de meu endereço de e-mail para envio de comentários, sugestões e errata, ajudando-me assim a aperfeiçoar o livro no futuro. Ao dar meu endereço de e-mail, permita-me também garantir aos professores que continuarei a adotar a política de não repassar a ninguém que me contate, incluindo seus alunos, a solução de problemas e de estudos de caso contidos no livro.

Boa leitura!

Frederick S. Hillier
Stanford University (fhillier@stanford.edu)

SUMÁRIO

CAPÍTULO 1
Introdução 1
1.1 A origem da pesquisa operacional 1
1.2 A natureza da pesquisa operacional 2
1.3 O impacto da pesquisa operacional 3
1.4 Algoritmos e/ou *courseware* 3
Referências selecionadas 6
Problemas 6

CAPÍTULO 2
Visão Geral da Abordagem de Modelagem da Pesquisa Operacional 7
2.1 Definição do problema e coleta de dados 7
2.2 Formulação de um modelo matemático 9
2.3 Derivação de soluções com base no modelo 12
2.4 Teste do modelo 14
2.5 Preparação para aplicar o modelo 15
2.6 Implementação 16
2.7 Conclusões 16
Referências selecionadas 17
Problemas 18

CAPÍTULO 3
Introdução à Programação Linear 20
3.1 Exemplo de protótipo 21
3.2 O modelo de programação linear 27
3.3 Hipóteses da programação linear 32
3.4 Exemplos adicionais 38
3.5 Formulação e solução de modelos de programação linear em uma planilha 55
3.6 Formulação de modelos de programação linear de grandes dimensões 63
3.7 Conclusões 69
Referências selecionadas 70
Ferramentas de aprendizado no *site* 70
Problemas 71
Casos 81
   Caso 3.1 Montagem de automóveis 81
Apresentação dos casos adicionais do *site* 82

Caso 3.2 Cortar custos na lanchonete 82
Caso 3.3 Estruturar uma central de atendimento de pessoal 82
Caso 3.4 Fazer a promoção de um cereal matinal 82

CAPÍTULO 4
Solução de Problemas de Programação Linear: O Método Simplex 83

4.1 A essência do método simplex 83
4.2 Configuração do método simplex 88
4.3 A álgebra do método simplex 91
4.4 O método simplex em forma tabular 96
4.5 Desempate no método simplex 101
4.6 Adaptação a outras formas de modelo 104
4.7 Análise de pós-otimalidade 121
4.8 Implementação pelo computador 128
4.9 Sistemática do ponto interno na resolução de problemas de programação linear 131
4.10 Conclusões 136
Apêndice 4.1 Uma introdução para o emprego do LINDO e do LINGO 136
Referências selecionadas 139
Ferramentas de aprendizado no *site* 140
Problemas 140
Casos 149
 Caso 4.1 Tecidos e moda outono/inverno 149
Apresentação dos casos adicionais do *site* 151
 Caso 4.2 Novas fronteiras 151
 Caso 4.3 Distribuição de alunos em escolas 151

CAPÍTULO 5
Teoria do Método Simplex 152

5.1 Fundamentos do método simplex 152
5.2 Método simplex na forma matricial 163
5.3 Um *insight* fundamental 170
5.4 Método simplex revisado 174
5.5 Conclusões 176
Referências selecionadas 176
Ferramentas de aprendizado no *site* 177
Problemas 177

CAPÍTULO 6
Teoria da Dualidade e Análise de Sensibilidade 184

6.1 A essência da teoria da dualidade 184
6.2 Interpretação econômica da dualidade 192
6.3 Relações primal-dual 194
6.4 Adaptação para outras formas primais 199
6.5 O papel da teoria da dualidade na análise de sensibilidade 203
6.6 A essência da análise de sensibilidade 205
6.7 Aplicação da análise de sensibilidade 212
6.8 Efetuando análise de sensibilidade em uma planilha 231
6.9 Conclusões 245

Referências selecionadas 246
Ferramentas de aprendizado no *site* 246
Problemas 247
Casos 260
    Caso 6.1   Controle da poluição do ar   260
Apresentação dos casos adicionais do *site* 261
    Caso 6.2   Administração de uma propriedade rural   261
    Caso 6.3   Redistribuição de alunos por escolas   261
    Caso 6.4   Redação de um memorando não técnico   261

CAPÍTULO 7
Outros Algoritmos para Programação Linear 262

7.1   O método simplex dual   262
7.2   Programação linear paramétrica   266
7.3   A técnica do limite superior   271
7.4   Um algoritmo de ponto interno   273
7.5   Conclusões   284
Referências selecionadas 284
Ferramentas de aprendizado no *site* 285
Problemas 285

CAPÍTULO 8
Os Problemas de Transporte e da Designação 290

8.1   O problema de transporte   291
8.2   Um método simplex aperfeiçoado para o problema de transporte   304
8.3   O problema da designação   318
8.4   Algoritmo especial para o problema da designação   326
8.5   Conclusões   330
Referências selecionadas 330
Ferramentas de aprendizado no *site* 330
Problemas 331
Casos 339
    Caso 8.1   Entrega de madeira para o mercado   339
Apresentação dos casos adicionais do *site* 340
    Caso 8.2   Continuação do estudo de caso da Texago   340
    Caso 8.3   Escolha de projetos   340

CAPÍTULO 9
Modelos de Otimização de Redes 341

9.1   Exemplo-protótipo   342
9.2   A terminologia das redes   343
9.3   O problema do caminho mais curto   346
9.4   O problema da árvore de expansão mínima   350
9.5   O problema do fluxo máximo   355
9.6   O problema do fluxo de custo mínimo   361
9.7   O método simplex de rede   370
9.8   Modelo de rede para otimizar a relação conflitante tempo-custo   379
9.9   Conclusões   391

Referências selecionadas 391
Ferramentas de aprendizado no *site* 392
Problemas 392
Casos 401
   Caso 9.1   Dinheiro em movimento 401
Apresentação dos casos adicionais do *site* 403
   Caso 9.2   Ajuda aos aliados 403
   Caso 9.3   Etapas para o sucesso 403

CAPÍTULO 10
Programação Dinâmica 404

10.1   Exemplo-protótipo para programação dinâmica 404
10.2   Características dos problemas de programação dinâmica 409
10.3   Programação dinâmica determinística 411
10.4   Programação dinâmica probabilística 431
10.5   Conclusões 436
Referências selecionadas 436
Ferramentas de aprendizado no *site* 436
Problemas 436

CAPÍTULO 11
Programação Inteira 442

11.1   Exemplo-protótipo 443
11.2   Algumas aplicações de PIB 445
11.3   Usos inovadores das variáveis binárias na formulação de modelos 450
11.4   Alguns exemplos de formulação 456
11.5   Algumas considerações sobre a resolução de problemas de programação inteira 463
11.6   A técnica da ramificação e avaliação progressiva e sua aplicação à programação inteira binária 468
11.7   Algoritmo de ramificação e avaliação progressiva para programação inteira mista 479
11.8   Metodologia da ramificação e corte para solucionar problemas de PIB 486
11.9   Incorporação da programação de restrições 492
11.10   Conclusões 497
Referências selecionadas 498
Ferramentas de aprendizado no *site* 499
Problemas 500
Casos 509
   Caso 11.1   Preocupações com a capacidade 509
Apresentação dos casos adicionais do *site* 511
   Caso 11.2   Designação de obras de arte 511
   Caso 11.3   Estoque de conjuntos 511
   Caso 11.4   Redistribuição dos alunos em escolas, retorno ao caso mais uma vez 511

CAPÍTULO 12
Programação Não Linear 512

12.1   Exemplos de aplicações 512
12.2   Representação gráfica de problemas de programação não linear 517

12.3 Tipos de problema de programação não linear 522
12.4 Otimização irrestrita com uma variável 526
12.5 Otimização irrestrita com variáveis múltiplas 532
12.6 As condições de Karush-Kuhn-Tucker (KKT) para otimização restrita 537
12.7 Programação quadrática 541
12.8 Programação separável 547
12.9 Programação convexa 553
12.10 Programação não convexa (com planilhas) 561
12.11 Conclusões 565
Referências selecionadas 566
Ferramentas de aprendizado no *site* 566
Problemas 567
Casos 578
   Caso 12.1 Seleção pragmática de ações 578
Apresentação dos casos adicionais do *site* 580
   Caso 12.2 Investimentos internacionais 580
   Caso 12.3 Retorno ao caso de promoção de um cereal matinal 580

CAPÍTULO 13
Meta-heurística 581

13.1 A natureza da meta-heurística 581
13.2 Busca de tabus 588
13.3 Maleabilização simulada 599
13.4 Algoritmos genéticos 607
13.5 Conclusões 616
Referências selecionadas 617
Ferramentas de aprendizado no *site* 618
Problemas 618

CAPÍTULO 14
Teoria dos Jogos 623

14.1 Formulação de jogos entre dois participantes de soma zero 623
14.2 Resolução de jogos simples – exemplo-protótipo 625
14.3 Jogos com estratégias mistas 629
14.4 Procedimento gráfico para resolução 631
14.5 Resolução pela programação linear 634
14.6 Extensões 637
14.7 Conclusões 638
Referências selecionadas 638
Ferramentas de aprendizado no *site* 638
Problemas 639

CAPÍTULO 15
Análise de Decisão 644

15.1 Exemplo-protótipo 645
15.2 Tomada de decisão sem experimentação 645
15.3 Tomada de decisão com experimentação 651
15.4 Árvores de decisão 657
15.5 Usando planilhas para realizar a análise de sensibilidade em árvores de decisão 662

15.6 Teoria da utilidade 671
15.7 A aplicação prática da análise de decisão 678
15.8 Conclusões 679
Referências selecionadas 679
Ferramentas de aprendizado no *site* 680
Problemas 680
Casos 690
   Caso 15.1 Negócio cerebral 690
Apresentação dos casos adicionais do *site* 692
   Caso 15.2 Sistema de suporte da direção inteligente 692
   Caso 15.3 Quem quer ser um milionário? 692
   Caso 15.4 University Toys e os bonecos de super-heróis do professor de engenharia 692

CAPÍTULO 16
Cadeias de Markov 693

16.1 Processos estocásticos 693
16.2 Cadeias de Markov 695
16.3 Equações de Chapman-Kolmogorov 702
16.4 Classificação de estados de uma cadeia de Markov 704
16.5 Propriedades a longo prazo das cadeias de Markov 707
16.6 Tempos de primeira passagem 712
16.7 Estados absorventes 714
16.8 Cadeias de Markov de tempo contínuo 717
Referências selecionadas 722
Ferramentas de aprendizado no *site* 722
Problemas 723

CAPÍTULO 17
Teoria das Filas 728

17.1 Exemplo-protótipo 728
17.2 Estrutura básica dos modelos de filas 729
17.3 Exemplos de sistemas de filas reais 733
17.4 O papel da distribuição exponencial 735
17.5 Processo de nascimento-e-morte 741
17.6 Modelos de filas que se baseiam no processo de nascimento-e-morte 745
17.7 Modelos de filas que envolvem distribuições não exponenciais 757
17.8 Modelos de filas de disciplina de prioridades 764
17.9 Redes de filas 769
17.10 Aplicação da teoria das filas 773
17.11 Conclusões 778
Referências selecionadas 778
Ferramentas de aprendizado no *site* 779
Problemas 780
Casos 792
   Caso 17.1 Redução do estoque de itens em fabricação 792
Apresentação de um caso adicional do *site* 793
   Caso 17.2 Dilema das filas 793

CAPÍTULO 18
Teoria dos Estoques   794

18.1   Exemplos   795
18.2   Componentes dos modelos de estoques   797
18.3   Modelos determinísticos de revisão contínua   799
18.4   Modelo determinístico de revisão periódica   808
18.5   Modelos determinísticos de estoques multiníveis para gerenciamento de cadeias de abastecimento   813
18.6   Um modelo estocástico de revisão contínua   830
18.7   Um modelo estocástico de período simples para produtos perecíveis   834
18.8   Gestão de receitas   846
18.9   Conclusões   853
Referências selecionadas   854
Ferramentas de aprendizado no *site*   855
Problemas   855
Casos   866
   Caso 18.1   Revisão sobre controle de estoque   866
Apresentação dos casos adicionais do *site*   868
   Caso 18.2 Abordagem do aprendizado de um jovem   868
   Caso 18.3 Desfazendo-se de estoque excedente   868

CAPÍTULO 19
Processos de Decisão de Markov   869

19.1   Exemplo-protótipo   869
19.2   Modelo para processos de decisão de Markov   872
19.3   Programação linear e políticas ótimas   875
19.4   Algoritmo de melhoria de políticas para encontrar políticas ótimas   879
19.5   Critério do custo descontado   884
19.6   Conclusões   890
Referências selecionadas   891
Ferramentas de aprendizado no *site*   891
Problemas   892

CAPÍTULO 20
Simulação   896

20.1   A essência da simulação   896
20.2   Alguns tipos comuns de aplicações de simulação   907
20.3   Geração de números aleatórios   911
20.4   Geração de observações aleatórias de uma distribuição de probabilidades   915
20.5   Descrição de um importante estudo de simulação   920
20.6   Realização de simulações em planilhas   923
20.7   Conclusões   938
Referências selecionadas   939
Ferramentas de aprendizado no *site*   940
Problemas   941
Casos   947
   Caso 20.1   Redução de estoque de itens em fabricação (revisitado)   947
   Caso 20.2   Histórias de aventura   947

Apresentação dos casos adicionais do *site* 949
    Caso 20.3   Plainas no processo produtivo 949
    Caso 20.4   Determinação de preços sob pressão 949

APÊNDICES
1. Documentação para o *Courseware* de PO 951
2. Convexidade 953
3. Métodos Clássicos de Otimização 958
4. Matrizes e Operações com Matrizes 961
5. Tabela para uma Distribuição Normal 966

RESPOSTAS PARCIAIS DOS PROBLEMAS SELECIONADOS 969
Índice de Autores 983
Índice 989

CAPÍTULO 1

Introdução

1.1 A ORIGEM DA PESQUISA OPERACIONAL

Desde o advento da Revolução Industrial, o mundo presencia o crescimento extraordinário no tamanho e na complexidade das organizações. As pequenas oficinas de artesãos de outrora evoluíram para as corporações bilionárias de hoje. Um fator crucial para essa mudança foi o extraordinário aumento na divisão do trabalho e a segmentação das responsabilidades gerenciais nessas organizações. Os resultados foram espetaculares. Entretanto, junto com os pontos positivos, essa crescente especialização criou novos problemas, que ainda ocorrem em muitas organizações. Um deles é a tendência das diversas unidades de uma organização formarem impérios relativamente autônomos com seus próprios objetivos e sistemas de valor, perdendo, consequentemente, a visão de como suas atividades e objetivos se entremeiam com aquelas da organização como um todo. O que é melhor para uma das unidades com frequência é prejudicial à outra, o que pode levar a objetivos conflitantes. Um problema decorrente é que, à medida que aumentam a complexidade e a especialização, torna-se cada vez mais difícil alocar os recursos disponíveis para as diversas atividades da maneira mais eficiente para toda a organização. Esses tipos de problema e a necessidade de encontrar o melhor caminho para solucioná-los criaram as condições necessárias para o surgimento da **pesquisa operacional** (comumente referida como **PO**).

As origens da PO remontam a décadas,[1] quando tentou-se uma abordagem científica da gestão das organizações. Porém, o início da atividade, denominada *pesquisa operacional*, geralmente é atribuído às ações militares nos primórdios da Segunda Guerra Mundial. Em razão da guerra, havia a necessidade premente de alocar de forma eficiente os escassos recursos para as diversas operações militares. Por consequência, os comandos britânico e norte-americano convocaram grande número de cientistas para lidar com este e outros problemas táticos e estratégicos. Na prática lhes foi solicitada a realização de *pesquisas* sobre *operações* (militares). Essas equipes de cientistas foram as primeiras da área de PO. Utilizando métodos eficientes de emprego da nova ferramenta radar, essas equipes contribuíram para a vitória da Batalha Aérea na Grã-Bretanha. Por intermédio dessas pesquisas sobre como melhor administrar operações de comboio e antissubmarinos, esses cientistas determinaram a vitória da Batalha do Atlântico Norte. Esforços semelhantes ajudaram na Campanha Britânica no Pacífico.

Quando a guerra acabou, o sucesso da PO no empreendimento bélico despertou interesse na sua aplicação fora do ambiente militar. À medida que o *boom* industrial pós-guerra progredia, os problemas causados pela crescente complexidade e especialização nas organizações ganharam novamente o primeiro plano. Tornava-se aparente para um número cada vez maior de pessoas, entre elas consultores de negócios que trabalharam nas equipes de PO ou em conjunto com elas durante a guerra, que estes eram basicamente os mesmos problemas que tinham enfrentado os militares, porém, agora, em um contexto diferente. No início dos anos 1950, esses indivíduos haviam introduzido a PO nas diversas organizações dos setores comercial, industrial e governamental. Sua rápida disseminação veio a seguir.

---

[1] A Referência Selecionada 2 apresenta uma história interessante sobre a pesquisa operacional, que remonta a 1564. Ela descreve um número considerável de contribuições científicas no período entre 1564 e 1935, que influenciaram o posterior desenvolvimento da PO.

Identificam-se pelo menos dois fatores que desempenharam papel fundamental no rápido crescimento da PO nesse período. O primeiro foi o progresso substancial das técnicas da PO. Após a guerra, muitos dos cientistas que haviam participado das equipes de PO ou que ouviram falar a esse respeito motivaram-se para desenvolver pesquisas relevantes nesse campo, o que resultou em avanços rumo ao que havia de mais novo. Um exemplo essencial é o *método simplex* para solução de problemas com programação linear, desenvolvido por George Dantzig, em 1947. Várias ferramentas padrão da PO, como programação linear, programação dinâmica, teoria das filas e teoria do inventário, atingiram um estado relativamente bem desenvolvido antes do final dos anos 1950.

Um segundo fator que deu grande ímpeto ao crescimento desse campo foi a "avalanche" da *revolução computacional*. Requer-se grande volume de processamento de cálculos para o tratamento eficiente dos problemas complexos normalmente considerados pela PO. Fazer isso à mão estaria fora de cogitação. Portanto, o desenvolvimento de computadores eletrônicos digitais, com capacidade de realizar cálculos matemáticos milhões de vezes mais rapidamente que o ser humano, impulsionou muito a PO. Outro estímulo surgiu nos anos 1980, com a criação de computadores pessoais cada vez mais poderosos, munidos de excelentes pacotes de software para a PO. Assim, a PO ficou ao alcance de um número muito maior de pessoas e esse progresso acelerou-se mais na década de 1990 e no século XXI. Hoje, milhões de pessoas têm pronto acesso a softwares de PO. Portanto, uma enorme gama de computadores, de *mainframes* a *laptops,* é utilizada no dia a dia para solucionar problemas relativos à PO, inclusive os mais complexos.

1.2 A NATUREZA DA PESQUISA OPERACIONAL

Como o próprio nome indica, a pesquisa operacional envolve "pesquisa sobre operações". Portanto, a PO é aplicada a problemas que compreendem a condução e a coordenação das *operações* (isto é, as *atividades*) em uma organização. A natureza das organizações é essencialmente secundária e, de fato, a PO tem sido amplamente aplicada em áreas tão distintas como manufatura, transportes, construção, telecomunicações, planejamento financeiro, assistência médica, militar e serviços públicos, somente para citar algumas delas. Portanto, a gama de aplicações é excepcionalmente grande.

Parte do termo significa que a pesquisa operacional usa uma abordagem que relembra a maneira pela qual são conduzidas as pesquisas em campos científicos usuais. Em grau considerável, o *método científico* é utilizado para investigar o problema empresarial (de fato, a expressão ciências da administração é algumas vezes usada como sinônimo de pesquisa operacional). Em particular, o processo tem início observando-se e formulando-se cuidadosamente o problema, incluindo a coleta de dados relevantes. A próxima etapa é construir um modelo científico (tipicamente matemático) que tenta abstrair a essência do problema real. Parte-se, então, da hipótese de que esse modelo é uma representação suficientemente precisa das características essenciais da situação e de que as conclusões (soluções) obtidas do modelo também são válidas para o problema real. A seguir, são realizadas experimentações adequadas para testar essa hipótese, modificá-la conforme necessário e, por fim, verificar alguma forma da hipótese (essa etapa é frequentemente conhecida como *validação do modelo*). Assim, até certo ponto, a pesquisa operacional envolve a pesquisa científica criativa das propriedades fundamentais das operações. Entretanto, há outros fatores além desse. Especificamente, a PO também trata da gestão prática da organização. Portanto, para ser bem-sucedida, a PO também precisa, quando necessário, fornecer conclusões positivas e inteligíveis para o(s) tomador(es) de decisão.

Outra característica da PO é seu ponto de vista abrangente. Conforme ficou implícito na seção anterior, a PO adota um ponto de vista organizacional. Assim, tenta solucionar os conflitos de interesses entre as unidades de modo que seja a melhor solução para a organização como um todo. Isso não implica que o estudo de cada problema deva considerar explicitamente todos os aspectos da organização; ao contrário, os objetivos devem ser consistentes com aqueles de toda a organização.

Uma característica a mais é que a PO tenta, frequentemente, encontrar uma *melhor* solução (conhecida como solução *ótima*) para o modelo que representa o problema considerado. (Dissemos *uma* melhor solução em vez de *a* melhor solução, pois pode haver várias soluções, cada uma delas sendo considerada como a melhor). Em vez de simplesmente melhorar o *status quo*, o objetivo é identificar o melhor caminho a percorrer. Embora ele deva ser interpretado com cuidado em termos das necessidades práticas da administração, a busca pela "otimalidade" é um tema importante na PO.

Todas essas características levam quase naturalmente a outra. É evidente que não se espera que ninguém seja um especialista em todos os aspectos do trabalho em PO ou dos problemas normalmente considerados, o que exigiria um grupo de indivíduos com conhecimento prévio (*background*) e habilidades diversas. Portanto, quando se realiza um estudo de PO totalmente maduro de um novo problema, geralmente é necessário adotar-se uma *abordagem de equipe*. Uma equipe de PO desse tipo precisa contar com indivíduos que sejam altamente treinados em matemática, estatística e teoria da probabilidade, economia, administração de empresas, informática, engenharia e física, ciências comportamentais e as técnicas especiais de PO. A equipe também precisa ter experiência necessária e diversas habilidades para dar a devida atenção a todas aquelas ramificações do problema que permeiam a organização.

1.3 O IMPACTO DA PESQUISA OPERACIONAL

A pesquisa operacional teve impacto impressionante para melhorar a eficiência de inúmeras organizações pelo mundo. Nesse processo, a PO contribuiu significativamente para o aumento da produtividade da economia de diversos países. Há alguns países-membros na Federação Internacional das Sociedades de Pesquisa Operacional (IFORS), e cada país em uma sociedade de pesquisa operacional nacional. Tanto a Europa quanto a Ásia têm federações de PO para coordenar a realização de conferências internacionais e a publicação de jornais de circulação internacional. Além disso, o Instituto para Pesquisa Operacional e Ciências da Administração (INFORMS) é uma sociedade internacional sobre PO. Entre os diversos jornais, tem-se o chamado *Interfaces,* que publica artigos regularmente, que descrevem estudos importantes no campo da PO e o impacto que teriam em suas organizações.

Para se ter uma ideia melhor da ampla aplicabilidade da PO, enumeramos algumas aplicações reais na Tabela 1.1. Observe a diversidade dos tipos de organização e aplicações nas duas primeiras colunas. A terceira coluna identifica a seção onde um "Exemplo de Aplicação" dedica vários parágrafos para descrever a aplicação e também faz referência a um artigo que fornece detalhes completos. (Pode-se observar o primeiro desses "exercícios aplicados" nessa seção.) A última coluna indica que essas aplicações resultaram tipicamente em uma economia anual na casa de muitos milhões de dólares. Além disso, benefícios adicionais não registrados na tabela (por exemplo, melhoria nos serviços aos clientes e melhor controle gerencial) algumas vezes foram considerados até mais importantes que os benefícios financeiros. (Você terá a oportunidade de investigar estes benefícios menos tangíveis nos Problemas 1.3-1, 1.3-2 e 1.3-3.) Em *site* da editora, estão artigos que descrevem detalhadamente essas aplicações.

Embora a maioria dos estudos rotineiros de pesquisa operacional forneça benefícios consideravelmente mais modestos que as aplicações sintetizadas na Tabela 1.1, os números na coluna mais à direita desta tabela refletem, de forma acurada, o impacto drástico que estudos de PO amplos e bem planejados podem apresentar ocasionalmente.

1.4 ALGORITMOS E/OU *COURSEWARE*

Uma importante parte deste livro é a apresentação dos principais **algoritmos** (procedimentos sistemáticos para solução) da PO para resolver certos tipos de problema. Alguns desses algoritmos são incrivelmente eficientes e são usados no cotidiano em problemas que envolvem centenas ou milhares de variáveis. Faremos a introdução de como esses algoritmos funcionam e o que os torna tão eficientes. A seguir, você utilizará esses algoritmos para solucionar uma série de problemas no computador. O *Courseware* de PO contido no *site* da editora, será uma ferramenta-chave na implementação de tudo isso.

Uma característica especial em nosso *Courseware* de PO refere-se a um programa chamado **Tutor PO**. Esse programa destina-se a ser seu tutor pessoal para ajudá-lo no aprendizado desses algoritmos. Ele consiste em diversos *exemplos de demonstração*, que mostram e explicam os algoritmos em ação. Essas *demos* complementam os exemplos contidos neste livro.

■ **TABELA 1.1** Aplicações da pesquisa operacional a ser descritas em exemplos de aplicação

Organização	Natureza da aplicação	Seção	Economia anual (US$)
Federal Express	Planejamento logístico de despachos	1.3	Não estimada
Continental Airlines	Otimizar a realocação de tripulações quando ocorrem desajustes nos horários de voo	2.2	40 milhões
Swift & Company	Aumentar as vendas e melhorar o desempenho na fabricação	3.1	12 milhões
Memorial Sloan-Kettering Cancer Center	Procedimentos de tratamentos radioterápicos	3.4	459 milhões
United Airlines	Programar turnos de trabalho nas centrais de reserva e nos balcões em aeroportos	3.4	6 milhões
Welch's	Otimizar o uso e a movimentação de matéria-prima	3.5	150 mil
Samsung Electronics	Desenvolver métodos de redução de tempo de fabricação e níveis de estoque	4.3	200 milhões mais receitas
Pacific Lumber Company	Gestão de ecossistemas florestais a longo prazo	6.7	398 milhões VPL*
Procter & Gamble	Redesenho do sistema de produção e distribuição	8.1	200 milhões
Canadian Pacific Railway	Planejamento de rotas para frete ferroviário	9.3	100 milhões
United Airlines	Realocação de aeronaves quando ocorrem problemas	9.6	Não estimada
U.S. Military	Planejamento logístico das Operações Tempestade no Deserto	10.3	Não estimada
Air New Zealand	Alocação de tripulação de voo	11.2	6,7 milhões
Taco Bell	Programar a escala de funcionários nas lojas da rede	11.5	13 milhões
Waste Management	Desenvolvimento de um sistema de gerenciamento de rotas para coleta e eliminação de lixo	11.7	100 milhões
Bank Hapoalim Group	Desenvolvimento de um sistema de apoio à tomada de decisão para analistas de investimentos	12.1	31 milhões mais receitas
Sears	Programação e rotas de veículos para as frotas de entrega e de atendimento domiciliar	13.2	42 milhões
Conoco-Phillips	Avaliação de projetos de exploração petrolífera	15.2	Não estimada
Workers' Compensation	Gestão de pedidos de benefícios por invalidez e reabilitação de alto risco	15.3	4 milhões
Westinghouse	Avaliar projetos de pesquisa e desenvolvimento	15.4	Não estimada
Merrill Lynch	Gestão de riscos de liquidez para linhas de crédito rotativo	16.2	4 bilhões mais liquidez
PSA Peugeot Citroën	Orientar o processo de projeto para plantas de montagem de veículos eficientes	16.8	130 milhões mais lucros
KeyCorp	Aumentar a eficiência do serviço dos caixas de banco	17.6	20 milhões
General Motors	Aumentar a eficiência das linhas de produção	17.9	90 milhões
Deere & Company	Controle de estoques por meio de uma cadeia de suprimentos	18.5	1 bilhão menos estoque
Time Inc.	Gerenciamento dos canais de distribuição para revistas	18.7	3,5 milhões mais lucros
Bank One Corporation	Gestão de linhas de crédito e taxas de juros para cartões de crédito	19.2	75 milhões mais lucros
Merrill Lynch	Análise para estabelecimento de preços para o fornecimento de serviços financeiros	20.2	50 milhões mais receitas
AT&T	Projeto e operação de *call centers*	20.5	750 milhões mais lucros

* VPL: Valor Presente Líquido.

Além disso, nosso Courseware de PO inclui um pacote de software especial denominado **Tutorial Interativo de Pesquisa Operacional**, ou simplesmente **Tutorial IOR**. Implementado em Java, esse pacote inovador foi desenvolvido especificamente para melhorar o aprendizado de nossos leitores. O Tutorial IOR engloba vários *procedimentos interativos* para execução interativa dos algoritmos em um formato conveniente. O computador executa todos os cálculos de rotina ao passo que você se concentra no aprendizado e na execução da lógica do algoritmo. Certamente você vai considerar esses procedimentos interativos muito eficientes e uma forma de esclarecimento na execução de vários exercícios apresentados. O Tutorial IOR também abrange uma série de outros procedimentos úteis, incluindo alguns *procedimentos automáticos* para execução de algoritmos e diversos procedimentos que apresentam telas gráficas sobre como as soluções fornecidas variam conforme os dados do problema.

> ### Exemplo de Aplicação
>
> A Federal Express (FedEx) é a maior empresa de transporte expresso do mundo. Todos os dias, ela entrega mais de 6,5 milhões de documentos, pacotes e outros itens nos Estados Unidos e em mais de 220 países e territórios ao redor do mundo. Em alguns casos, pode-se garantir a entrega dessas remessas até as 10h30 da manhã seguinte.
>
> As mudanças logísticas envolvidas no fornecimento desse serviço são estarrecedoras. Esses milhões de embarques diários têm que ser classificados um a um e direcionados para o local geral correto (usualmente por via aérea) e, então, devem ser entregues no destino exato (normalmente utilizando-se um veículo motorizado) em um período surpreendentemente curto. Como tudo isso é possível?
>
> A pesquisa operacional (PO) é o motor tecnológico que propulsiona essa empresa. Desde a sua fundação em 1973, a PO ajudou na tomada de suas principais decisões de negócios, inclusive investimento em equipamentos, estrutura de rotas, cronograma, finanças e localização de suas instalações. Após ter sido literalmente creditada à PO a salvação da empresa durante seus primeiros anos, tornou-se habitual ter a PO representada nas reuniões de diretoria semanais e, de fato, vários dos diretores atuais provêm do destacado grupo de PO da FedEx.
>
> A FedEx acaba sendo reconhecida como uma empresa de nível mundial. Rotineiramente ela se encontra no topo da lista anual das Empresas Mais Admiradas da *Fortune Magazine*. Ela também foi a primeira vencedora (em 1991) do prêmio hoje conhecido como INFORMS Prize, que é concedido anualmente para a integração efetiva e repetida da PO na tomada de decisão organizacional de maneira pioneira, variada, inovadora e duradoura.
>
> **Fonte:** R. O. Mason, J. L. McKenney, W. Carlson, and D. Copeland, "Absolutely, Positively Operations Research: The Federal Express Story", *Interfaces*, **27**(2): 17-36, March-April 1997. (Este artigo está disponível em inglês no *site* da editora, www.bookman.com.br)

Na prática, os algoritmos normalmente são executados por pacotes de software comerciais. Acreditamos que seja importante para os estudantes se familiarizarem com a natureza desses pacotes que usarão depois de se formarem. Portanto, nosso *Courseware* de PO inclui um grande volume de material para apresentar os estudantes a três deles que serão descritos a seguir. Juntos, esses pacotes o habilitarão a solucionar, de forma muito eficiente, praticamente todos os modelos de PO encontrados no livro. Acrescentamos nossos *procedimentos automáticos próprios* ao Tutorial IOR em alguns poucos casos nos quais esses pacotes comerciais não puderam ser aplicados.

Hoje, uma abordagem muito conhecida é o uso do programa de planilhas mais utilizado do momento, o *Microsoft Excel*, para formular pequenos modelos de PO no formato de planilha. O **Excel Solver** (ou uma versão aperfeiçoada desse programa adicional como o **Premium Solver for Education**, incluso em nosso *Courseware* de PO) é usado então para solucionar esses modelos. Nosso *Courseware* de PO contém arquivos Excel à parte para praticamente todos os capítulos do livro. Toda vez que um capítulo indicar um exemplo que possa ser solucionado usando-se o Excel, serão apresentadas a formulação completa da planilha e a solução nos arquivos Excel referentes ao capítulo em questão. Também é fornecido um *gabarito Excel* para muitos dos modelos deste livro, que contém todas as equações necessárias para solucionar o modelo. Alguns *programas Excel complementares* encontram-se no *site* da editora.

Após vários anos o **LINDO** (e também a linguagem de modelagem que o acompanha, o **LINGO**) continua a ser um pacote de software de PO popular. As versões educacionais do **LINDO** e do **LINGO** agora podem ser baixadas da internet. Esta versão educacional também é fornecida em nosso *Courseware* de PO. Da mesma forma que ocorre com o Excel, toda vez que um exemplo puder ser solucionado por intermédio desse pacote, serão fornecidos em nosso *Courseware* de PO todos os detalhes na forma de um arquivo Lindo/Lingo para o capítulo em questão.

O **CPLEX** é um pacote de software de última geração amplamente utilizado para solucionar problemas de PO abrangentes e desafiadores. Ao lidar com esses problemas, é comum também se usar um *sistema de modelagem* para formular de modo eficiente o modelo matemático e introduzi-lo no computador. **MPL** é um bom sistema de modelagem, que utiliza o CPLEX como principal solucionador, mas também possui vários outros solucionadores, entre eles o LINDO, o CoinMP (apresentado na Seção 4.8), o CONOPT (abordado na Seção 12.0), o LGO (introduzido na Seção 12.10) e o BendX (útil para resolver alguns modelos estocásticos). Uma versão educacional do MPL, junto com a versão educacional mais recente do CPLEX e seus outros solucionadores, encontra-se disponível para *download* gratuito na internet. Para sua conveniência, também incluímos essa versão educacional (inclusive todos os solucionadores que acabamos de citar) em nosso *Courseware* de PO. Repetindo, todos os exemplos que podem ser resolvidos com esse pacote estão detalhados em arquivos MPL/CPLEX para os respectivos capítulos em nosso *Courseware* de PO.

Posteriormente, descreveremos detalhadamente esses três pacotes de software e como utilizá--los (especialmente no final dos Capítulos 3 e 4). O Apêndice I também fornece documentação para o *Courseware* de PO, inclusive o Tutor PO e o Tutorial IOR.

Para chamar a sua atenção sobre o material relevante em nosso *Courseware* de PO, a partir do Capítulo 3, no final de cada capítulo, há uma lista intitulada *Ferramentas de Aprendizado para Este Capítulo Contidas em Site da editora*. Conforme explicamos, no início da seção de problemas de cada um desses capítulos, também são colocados símbolos à esquerda de cada número de problema (ou parte deles) nos quais quaisquer desses materiais (inclusive exemplos de demonstração e procedimentos interativos) possam ser úteis.

Outra ferramenta de aprendizado fornecida em *site* da editora é um conjunto de **Worked Examples** para cada capítulo (do Capítulo 3 em diante). Complementam aqueles contidos no livro para uso conforme a necessidade, mas sem interromper o fluxo do material naquelas diversas ocasiões em que você não tem necessidade de exemplos extras. Provavelmente você achará interessante esses exemplos complementares ao preparar-se para um exame. Sempre mencionaremos toda vez que um exemplo complementar sobre o tópico atual estiver incluído na seção Worked Examples no *site* da editora. Para ter certeza de que você não deixará passar despercebida essa menção, sempre destacaremos em negrito as palavras "exemplo adicional" (ou algo similar).

No *site* também há um glossário para cada capítulo.

REFERÊNCIAS SELECIONADAS

1. Bell, P. C., C. K. Anderson, and S. P. Kaiser: "Strategic Operations Research and the Edelman Prize Finalist Applications 1989-1998", *Operations Research,* **51**(1): 17-31, January-February 2003.
2. Gass, S. I., and A. A. Assad: *An Annotated Timeline of Operations Research: An Informal History,* Kluwer Academic Publishers (now Springer), Boston, 2005.
3. Gass, S. I., and C. M. Harris (eds.): *Encyclopedia of Operations Research and Management Science,* 2d ed., Kluwer Academic Publishers (now Springer), Boston, 2001.
4. Horner, P.: "History in the Making", *OR/MS Today,* **29**(5): 30-39, October 2002.
5. Horner, P. (ed.): "Special Issue: Executive's Guide to Operations Research", *OR/MS Today,* Institute for Operations Research and the Management Sciences, **27**(3), June 2000.
6. Kirby, M. W.: "Operations Research Trajectories: The Anglo-American Experience from the 1940s to the 1990s", *Operations Research,* **48**(5): 661-670, September-October 2000.
7. Miser, H. J.: "The Easy Chair: What OR/MS Workers Should Know About the Early Formative Years of Their Profession", *Interfaces,* **30**(2): 99-111, March-April 2000.
8. Wein, L. M. (ed.): "50th Anniversary Issue", *Operations Research* (a special issue featuring personalized accounts of some of the key early theoretical and practical developments in the field), **50**(1), January-February 2002.

PROBLEMAS

1.3-1 Selecione uma das aplicações de pesquisa operacional fornecidas na Tabela 1.1. Leia o artigo referente ao Exemplo de Aplicação apresentado na seção mostrada na terceira coluna da tabela. (É fornecido um *link* para todos esses artigos no *site* da Bookman). Redija um resumo de duas páginas sobre a aplicação e os benefícios (inclusive benefícios não financeiros) gerados por ela.

1.3-2 Selecione três das aplicações de pesquisa operacional enumeradas na Tabela 1.1. Para cada uma delas, leia o artigo referenciado na aplicação da seção mostrada na terceira coluna da tabela. (É fornecido um *link* para todos esses artigos no site da Bookman). Para cada um deles, redija um resumo de uma página sobre a aplicação e os benefícios (inclusive benefícios não financeiros) gerados por ela.

1.3-3 Leia o artigo referenciado que descreve completamente o estudo de PO sintetizado no Exemplo de Aplicação apresentado na Seção 1.3. Enumere os diversos benefícios financeiros ou não resultantes desse estudo.

Visão Geral da Abordagem de Modelagem da Pesquisa Operacional

Grande parte deste livro dedica-se aos métodos matemáticos da pesquisa operacional (PO), o que é muito apropriado já que essas técnicas quantitativas formam a principal parte do que é conhecido como PO. Porém, isso não implica que estudos práticos nesse campo sejam basicamente exercícios matemáticos. Na realidade, a análise matemática normalmente representa apenas uma parte relativamente pequena do esforço total necessário. O propósito deste capítulo é oferecer a melhor perspectiva, descrevendo as principais fases de um típico estudo de PO.

Uma forma de sintetizar as fases usuais (sobrepostas) de um estudo de PO é a seguinte:

1. definir o problema de interesse e coletar dados;
2. formular um modelo matemático para representar o problema;
3. desenvolver um procedimento computacional a fim de derivar soluções para o problema com base no modelo;
4. testar o modelo e aprimorá-lo conforme necessário;
5. preparar-se para a aplicação contínua do modelo conforme prescrito pela gerência;
6. implementá-lo.

Cada uma dessas fases será discutida nas seções a seguir.

As referências selecionadas no final do capítulo incluem alguns estudos de PO consagrados que fornecem exemplos de como executar adequadamente essas fases. Intercalaremos pequenos trechos de alguns desses exemplos ao longo do capítulo. Caso queira saber mais a respeito dessas aplicações consagradas de pesquisa operacional, existe um *link* no *site* da editora para os artigos que descrevem detalhadamente esses estudos de PO.

2.1 DEFINIÇÃO DO PROBLEMA E COLETA DE DADOS

Em contraste com os exemplos do texto, a maioria dos problemas práticos enfrentados pelas equipes de PO é inicialmente descrita de forma vaga e imprecisa. Consequentemente, a primeira ordem do dia é estudar o sistema relevante e desenvolver um enunciado bem definido do problema a ser considerado. Isso abrange determinar coisas como os objetivos apropriados, restrições sobre o que pode ser feito, relação entre a área a ser estudada e outras áreas da organização, possíveis caminhos alternativos, limites de tempo para tomada de decisão e assim por diante. Esse processo de definição de problema é crucial, pois afeta muito a relevância das conclusões do estudo. É difícil obter uma resposta "correta" para um problema "incorreto"!

O primeiro passo a se reconhecer é que uma equipe de PO normalmente trabalha *na qualidade de consultores*. Aos integrantes da equipe não apenas se solicita resolver um problema conforme julguem apropriado; eles também aconselham a gerência (geralmente um nome relevante na tomada de decisões). A equipe realiza uma análise técnica detalhada do problema e, a seguir, apresenta recomendações à gerência. Frequentemente, o relatório à gerência identificará uma série de alternativas particularmente atrativas de acordo com diversas suposições ou segundo um intervalo de valores diferente de algum parâmetro da política adotada, que pode ser avaliado somente pela gerência (por exemplo, o conflito entre *custo* e *benefício*). A gerência avalia o estudo e suas recomendações, leva em consideração uma série de fatores intangíveis e toma a decisão final apoiada em bom senso. Consequentemente é vital para a equipe de PO sintonizar-se com a gerência, inclusive identificando o problema "correto" segundo o ponto de vista da gerência, e obter seu apoio ao longo do projeto.

Determinar os *objetivos apropriados* é um aspecto muito importante na definição de um problema. Para tanto, é necessário, primeiro, identificar o membro (ou integrantes) da gerência que efetivamente decidirá(ão) no que se refere ao sistema em estudo e, depois, sondar o pensamento desse(s) indivíduo(s) no que tange aos objetivos pertinentes (envolver o tomador de decisões desde o princípio é essencial para obter seu apoio na implementação do estudo).

Em razão de sua natureza, a PO se preocupa com o bem-estar de *toda a organização* e não apenas com o bem-estar de alguns integrantes. Um estudo de PO busca soluções que são ótimas para a organização como um todo em vez de soluções subotimizadas que são boas apenas para um integrante. Portanto, os objetivos que são idealmente formulados devem ser de toda a organização. Entretanto, isso nem sempre é conveniente. Muitos problemas referem-se primariamente apenas a uma porção da organização, de forma que a análise passaria a ser inapropriada caso os objetivos declarados fossem muito genéricos e se considerassem de forma descabida todos os efeitos colaterais no restante da organização. Em vez disso, os objetivos no estudo devem ser os mais específicos e, ao mesmo tempo, englobar os principais objetivos do tomador de decisões e manter um grau de consistência razoável com os mais altos objetivos.

Para organizações com fins lucrativos, uma abordagem possível para contornar o problema de subotimização é usar a *maximização de lucros no longo prazo* (levando-se em conta o valor do dinheiro no tempo) como o único objetivo. A qualificação no *longo prazo* indica que esse objetivo fornece a flexibilidade de se considerarem atividades que não se traduzem *imediatamente* em lucros (por exemplo, projetos de pesquisa e desenvolvimento), mas precisam fazê-lo *com o tempo*, de modo a valer a pena. Essa abordagem tem seus méritos. Esse objetivo é suficientemente específico para ser usado de forma conveniente e, ainda assim, ser suficientemente abrangente para abarcar o objetivo básico das organizações que visam ao lucro. De fato, algumas pessoas acreditam que todos os demais objetivos legítimos podem ser traduzidos nesse único.

Entretanto, na prática, muitas organizações com fins lucrativos não adotam essa abordagem. Uma série de estudos de corporações norte-americanas revela que a administração tende a adotar o objetivo de *lucros satisfatórios*, combinados com *outros objetivos*, em vez de enfocar a maximização de lucros no longo prazo. Normalmente, alguns desses outros objetivos podem ser o de manter lucros estáveis, aumentar (ou manter) a fatia de mercado, propiciar a diversificação de produtos, manter preços estáveis, levantar o moral dos trabalhadores, manter o controle familiar do negócio e aumentar o prestígio da empresa. Completando-se esses objetivos, pode ser que se alcance a maximização, porém o inter-relacionamento pode ser suficientemente obscuro para não ser conveniente incorporar todos eles nesse único objetivo.

Além disso, há outras considerações que envolvem responsabilidades sociais distintas do motivo lucro. As cinco partes geralmente afetadas por uma empresa comercial localizada em um único país são: (1) os *proprietários* (acionistas etc.) que desejam lucros (dividendos, valorização das ações e assim por diante); (2) os *empregados*, que desejam emprego estável com salários razoáveis; (3) os *clientes*, que desejam um produto confiável a preços razoáveis; (4) os *fornecedores*, que desejam integridade e um preço de venda razoável para suas mercadorias; e (5) o *governo* e, consequentemente, a *nação*, que desejam o pagamento de impostos razoáveis e consideração pelo interesse nacional. As cinco partes contribuem de modo essencial para a empresa, que não deve ser vista como um servidor exclusivo de qualquer uma das partes explorando as demais. Pelo mesmo critério, corporações internacionais assumem obrigações adicionais para seguir práticas socialmente responsáveis. Portanto, mesmo que a principal responsabilidade da gerência seja a de gerar lucros (o que, em última instância, acabará beneficiando as cinco partes envolvidas), percebemos que suas responsabilidades sociais mais amplas também devam ser reconhecidas.

As equipes de PO, em geral, investem um tempo surpreendentemente longo *na coleta de dados relevantes* sobre o problema em análise. Grande parte dos dados normalmente é necessária tanto para se obter o entendimento preciso sobre o problema como também para fornecer os dados necessários para o modelo matemático que está sendo formulado na próxima fase do estudo. Com frequência, grande parte dos dados necessários não estará disponível quando se inicia o estudo, seja porque as informações jamais foram guardadas, seja pelo fato de o que foi registrado se encontra desatualizado ou, então, na forma inadequada. Em decorrência disso, às vezes, é necessário instalar um *sistema de informações gerenciais* baseado em computadores para coletar regularmente os dados necessários, no formato desejado. A equipe de PO, em geral, precisa obter o apoio de diversos outros indivíduos-chave da organização, inclusive especialistas em TI (*Tecnologia da Informação*), para obter todos os dados vitais. Mesmo com esse empenho, grande parte dos dados pode ser relativamente "frágil", isto é, estimativas grosseiras com base apenas em conjeturas. Em geral, uma equipe de PO despenderá tempo considerável na tentativa de melhorar a precisão dos dados para depois se adequar e trabalhar com o que de melhor possível possa ser obtido.

Com a ampla difusão do emprego de bancos de dados e o crescimento explosivo de seu tamanho recentemente, frequentemente as equipes de PO consideram que o maior problema relativo a dados não são aqueles poucos disponíveis, mas sim o fato de haver dados em demasia. Podem haver milhares de fontes de dados e a quantidade total de dados pode ser medida em gigabytes ou até mesmo em terabytes. Nessas condições, localizar os dados particularmente relevantes e identificar os padrões de interesse nesses dados torna-se uma tarefa assustadora. Uma das ferramentas mais novas para as equipes de PO é uma técnica chamada *data mining*, que atende a essa tarefa. Os métodos de *data mining* pesquisam grandes bancos de dados na busca de padrões de interesse que possam levar a decisões úteis. A Referência 2 no final do capítulo fornece mais informações sobre *data mining*.

EXEMPLO. No final dos anos 1990, empresas de serviços financeiros com atendimento abrangente sofreram uma investida vigorosa por parte de empresas de corretagem eletrônica que ofereciam custos de operação extremamente baixos. A **Merrill Lynch** respondeu por meio da condução de um importante estudo de PO, que levou a uma completa revisão de como ela cobrava seus serviços, desde uma opção de serviços completos baseados em ativos (cobrança de uma porcentagem fixa do valor dos ativos em carteira, em vez de operações individuais) até uma opção de baixo custo para clientes que desejavam investir diretamente *on-line*. A *coleta* e o *processamento de dados* desempenharam papel fundamental nesse estudo. Para analisar o impacto do comportamento individual dos clientes em resposta a diferentes opções, a equipe precisou montar um banco de dados de 200 gigabytes que envolveram 5 milhões de clientes, 10 milhões de contas, 100 milhões de registros de operações e 250 milhões de registros de lançamentos contábeis. Isso exigiu a fusão, reconciliação, filtragem e limpeza de dados de inúmeros bancos de dados de produção. A adoção das recomendações do estudo levou ao aumento anual de aproximadamente US$ 50 bilhões em ativos de clientes em carteira e aproximadamente US$ 80 milhões adicionais em termos de receitas. (A Referência A2 descreve esse estudo detalhadamente.)

2.2 FORMULAÇÃO DE UM MODELO MATEMÁTICO

Após a questão do tomador de decisões estar definida, a próxima fase é reformular esse problema de forma que seja conveniente para análise. Para tanto, o método de PO convencional é construir um modelo matemático que represente a essência do problema. Antes de discutirmos como formular esse modelo, exploraremos primeiro a natureza dos modelos em geral e dos modelos matemáticos em particular.

Os modelos, ou representações ideais, são parte integrante da vida cotidiana. Exemplos comuns são os modelos de aviões, os retratos, os globos e assim por diante. De modo similar, os modelos desempenham importante papel nas ciências e no mundo dos negócios, conforme ilustrado pelos modelos do átomo, modelos da estrutura genética, equações matemáticas que descrevem leis físicas de movimentos ou reações químicas, gráficos, organogramas e sistemas contábeis industriais. Esses modelos são inestimáveis na abstração da essência da matéria da investigação, mostrando inter-relacionamentos e facilitando a análise.

Os modelos matemáticos também são representações idealizadas, porém, são expressos com símbolos e expressões matemáticas. Leis da Física como $F = ma$ e $E = mc^2$ são exemplos familiares. De forma similar, o modelo matemático de um problema de negócios é o sistema de equações e de expressões matemáticas relativas que descrevem sua essência. Portanto, se houver n decisões quantificáveis relacionadas a serem feitas, elas serão representadas na forma de **variáveis de decisão** (digamos $x_1, x_2, \ldots, x_n$) cujos valores respectivos devem ser determinados. A medida de desempenho apropriada (por exemplo, lucro) é então expressa como uma função matemática dessas variáveis de decisão (como, $P = 3x_1 + 2x_2 \ldots + 5x_n$). Essa função é chamada de **função objetivo**. Quaisquer restrições nos valores que podem ser atribuídos a essas variáveis de decisão também são expressas de forma matemática, tipicamente por meio de desigualdades ou equações (por exemplo, $x_1 + 3x_1x_2 + 2x_2 \leq 10$). Essas expressões matemáticas para limitações são normalmente denominadas **restrições**. As constantes (a saber, o coeficiente e os lados direitos) nas restrições e na função objetivo são denominadas **parâmetros** do modelo. No caso, o modelo matemático poderia então nos dizer que o problema é escolher os valores das variáveis de decisão de forma a maximizar a função objetivo sujeita às restrições especificadas. Um modelo desse tipo e pequenas variações dele tipificam os modelos usados em PO.

Determinar os valores apropriados a serem atribuídos aos parâmetros do modelo (um valor por parâmetro) é, ao mesmo tempo, elemento crítico e desafiador do processo de construção do modelo. Em contraste com os problemas do texto, nos quais os números são fornecidos, estabelecer valores de parâmetros para problemas reais requer a *coleta de dados relevantes*. Conforme discutido na seção anterior, coletar dados precisos normalmente é difícil. Portanto, o valor atribuído a um parâmetro de modo geral é, forçosamente, apenas uma estimativa grosseira. Em razão da incerteza sobre o valor real do parâmetro, é importante analisar como a solução derivada do modelo finalmente modificaria se o valor atribuído ao parâmetro fosse modificado para outros valores plausíveis. Esse processo é conhecido como **análise de sensibilidade**, conforme será discutido na próxima seção (e em grande parte do Capítulo 6).

Embora nos refiramos "ao" modelo matemático de um problema de negócios, os problemas reais não possuem apenas um único modelo "correto". A Seção 2.4 descreverá como o processo de teste de um modelo frequentemente induz a uma sucessão de modelos que fornecem representações cada vez mais fiéis do problema. É possível até mesmo que dois ou mais tipos completamente diferentes de modelos possam ser desenvolvidos para ajudar na análise do mesmo problema.

Veremos inúmeros exemplos de modelos matemáticos ao longo deste livro.

Um tipo particularmente importante a ser estudado nos capítulos seguintes é o **modelo de programação linear**, em que as funções matemáticas que aparecem tanto na função objetivo quanto nas restrições são funções lineares. No Capítulo 3, são construídos modelos de programação linear específicos para atender a problemas bem diversos como: (1) o *mix* de produtos que maximiza o lucro; (2) o planejamento de sessões de radioterapia que ataquem efetivamente um tumor e, ao mesmo tempo, minimizem os danos causados aos tecidos vizinhos ao tumor; (3) a alocação de terras para plantações que maximize o retorno líquido total; e (4) a combinação de métodos de combate à poluição que atendam a padrões de qualidade do ar a um custo mínimo.

Os modelos matemáticos apresentam muitas vantagens em relação a uma descrição verbal do problema. Uma delas é descrever um problema de forma muito mais concisa, o que tende a tornar mais compreensível a estrutura geral do problema e ajuda a revelar importantes relacionamentos de causa-efeito. Desse modo, indica claramente que dados adicionais são relevantes para a análise. Também facilita o tratamento do problema como um todo, considerando todos os seus inter-relacionamentos de forma simultânea. Finalmente, um modelo matemático forma uma ponte para o emprego de técnicas matemáticas e computadores potentes para analisar o problema. De fato, pacotes de software tanto para PCs como para *mainframes* podem ser encontrados em abundância para solucionar muitos modelos matemáticos.

Entretanto, há dificuldades a serem evitadas ao se usar modelos matemáticos, que são necessariamente, uma idealização abstrata do problema, de forma que geralmente se requerem aproximações e suposições simplificadas, caso se deseje que o modelo seja *tratável* (capaz de ser resolvido). Portanto, deve-se tomar cuidado para garantir que o modelo permaneça uma representação válida do problema. O próprio critério para julgar a validade de um modelo é se esse for capaz de prever ou não os efeitos relativos à escolha de caminhos alternativos com precisão suficiente para permitir uma decisão sensata. Consequentemente, não é necessário incluir detalhes sem importância ou fatores que têm, na prática, o mesmo efeito para todas as alternativas consideradas. Não é nem mesmo necessário que a magnitude absoluta da medida de desempenho seja aproximadamente correta para as diversas alternativas desde que seus valores relativos (isto é, as diferenças entre eles) sejam suficientemente precisos. Assim, é necessário haver alta *correlação* entre a previsão realizada pelo modelo e o que realmente acontece no mundo real. Para determinar se essa exigência será atendida, é importante realizar uma bateria de *testes* considerável e consequente modificação do modelo, o que será tema da Seção 2.4. Embora essa fase de testes esteja na parte final no capítulo, grande parte deste trabalho de *validação do modelo* é efetivamente realizada durante a fase de construção, para ajudar a orientar a construção do modelo matemático.

Ao desenvolvê-lo, um método eficiente é iniciar por uma versão bem simples e, progressivamente, avançar para modelos mais elaborados que reflitam de forma mais próxima a complexidade do problema real. Esse processo de *enriquecimento do modelo* continua apenas enquanto o modelo permanecer tratável. O equilíbrio básico a ser sempre considerado é entre a *precisão* e a *tratabilidade* do modelo (ver a Referência 8 para descrição detalhada desse processo).

Exemplo de Aplicação

A Continental Airlines é uma importante companhia aérea norte-americana que transporta passageiros, cargas e correspondência. Ela opera mais de 2 mil partidas diárias para mais de 100 destinos domésticos e cerca de 100 destinos no exterior.

Companhias aéreas como a Continental Airlines enfrentam problemas diariamente em razão de fatos inesperados, como a falta de condições de voo por fatores climáticos, problemas mecânicos nas aeronaves e a falta de tripulação. Essas interrupções podem causar atrasos e cancelamentos de voos. Como resultado, pode ser que a tripulação não esteja a postos para atender os voos restantes programados. As companhias aéreas têm que realocar tripulações rapidamente, para cobrir voos em aberto e para colocá-las de volta em suas programações originais de uma maneira eficiente em termos de custos e, ao mesmo tempo, honrando todas suas obrigações contratuais, regulamentações governamentais e exigências de qualidade de vida. Visando resolver esses problemas, uma equipe de PO, trabalhando na **Continental Airlines**, desenvolveu um modelo matemático detalhado para realocação imediata de tripulações em voos assim que ocorram emergências como essas. Pelo fato de a companhia aérea ter milhares de tripulantes e voos diários, o modelo necessário precisava ser imenso para poder considerar todas as possíveis associações de tripulantes *versus* voos. Por conseguinte, o modelo tinha milhões de variáveis de decisão e vários milhares de restrições. No seu primeiro ano de uso (grande parte em 2001), o modelo foi aplicado quatro vezes para recuperar importantes prejuízos no horário (duas tempestades de neve, uma enchente e os ataques terroristas de 11 de setembro). Isso levou a uma economia de aproximadamente **US$ 40 milhões**. O sistema foi empregado subsequentemente também em relação a outros transtornos diários de menor proporção.

Embora depois disso outras companhias aéreas tenham corrido desesperadamente na tentativa de aplicar a pesquisa operacional de forma similar, sua vantagem inicial em relação às demais, capacitou-a de se recuperar mais rapidamente de interrupções nos voos programados com menor número de atrasos e voos cancelados, o que fez com que a Continental Airlines ficasse em uma posição relativamente segura enquanto o setor de aviação comercial passava por um período difícil durante os primeiros anos do século XXI. Essa iniciativa levou a Continental a ganhar, em 2002, o primeiro prêmio do concurso internacional Franz Edelman Award for Achievement in Operations Research and the Management Sciences.

Fonte: G. Yu, M. Argüello, C. Song, S. M. McGowan, and A. White, "A New Era for Crew Recovery at Continental Airlines", *Interfaces*, **33**(1): 5-22, Jan.-Feb. 2003. (Este artigo está disponível em inglês no *site* da editora, www.bookman.com.br.)

Uma etapa crucial na formulação de um modelo de PO é a construção da função objetivo. Ela requer o desenvolvimento de uma medida quantitativa de desempenho para cada um dos objetivos finais do responsável pelas decisões, que são identificados durante a definição do problema. Se houver múltiplos objetivos, suas respectivas medidas serão comumente transformadas e combinadas em uma medida composta denominada **medida de desempenho global**, que pode ser algo tangível (por exemplo, lucro), correspondente a um objetivo primordial da organização, ou então pode ser abstrato (como, utilidade). No último caso, a tarefa de se desenvolver essa medida tende a ser complexa, e exige uma comparação cuidadosa dos objetivos e de sua relativa importância. Após ser definida a medida de desempenho global, obtém-se a função objetivo expressando essa medida na forma de uma função matemática das variáveis de decisão. De maneira alternativa, há também métodos cujo papel é, de maneira explícita, levar em consideração vários objetivos simultaneamente e um deles (programação por objetivos) é discutido no suplemento do Capítulo 7.

EXEMPLO. A agência governamental holandesa responsável pelo controle de recursos hídricos e por obras públicas, a **Rijkswaterstaat**, encomendou um estudo de PO para orientar o desenvolvimento de nova política nacional de gestão de recursos hídricos. A nova política poupou centenas de milhões de dólares em gastos com investimentos e possibilitou menores prejuízos à agricultura com economia anual de US$ 15 milhões por ano, o que reduziu, ao mesmo tempo, a poluição térmica e a gerada por algas. Em vez de formular um *único* modelo matemático, esse estudo de PO desenvolveu um abrangente sistema integrado de 50 modelos! Além disso, para alguns desses modelos foram desenvolvidas tanto versões simples quanto complexas. A versão simples era usada para se adquirir *insights* básicos, incluindo análises de compromisso. A versão complexa era então utilizada para as rodadas finais da análise ou sempre que fossem necessárias mais precisão ou saídas mais detalhadas. O estudo de PO como um todo envolveu diretamente mais de 125 pessoas/ano de empenho (mais de um terço com a coleta de dados), gerou várias dezenas de programas de computador e estruturou uma quantidade de dados enorme. (A Referência A7 descreve detalhadamente esse estudo.)

2.3 DERIVAÇÃO DE SOLUÇÕES COM BASE NO MODELO

Após a formulação de um modelo matemático para o problema em questão, a próxima fase em um estudo de PO é desenvolver um procedimento (normalmente com base em computador) para derivar soluções para o problema desse modelo. Você pode estar pensando que esta deve ser a parte principal do estudo, porém, na realidade, não o é na maioria dos casos. Algumas vezes, de fato, é uma etapa relativamente simples em que um dos **algoritmos**-padrão (procedimentos de solução sistemáticos) da PO é aplicado em um computador usando-se um dos pacotes de software disponíveis no mercado. Para profissionais experientes no campo da PO, encontrar uma solução é a parte divertida, ao passo que o verdadeiro trabalho começa nas fases precedentes e seguintes, incluindo-se a *análise de pós-otimalidade* discutida posteriormente nesta seção.

Já que grande parte deste livro se dedica ao tema de como obter soluções para diversos tipos importantes de modelos matemáticos, pouco deve se falar a esse respeito neste momento. Porém, precisamos discutir a natureza dessas soluções.

Um tema comum na PO é a busca de uma **solução ótima** ou da melhor solução possível. De fato, muitos procedimentos foram desenvolvidos e são apresentados neste livro para descobrir essas soluções para certos tipos de problema. Entretanto, precisamos reconhecer que essas soluções são ótimas apenas em relação ao modelo que é usado. Como, necessariamente, o modelo idealizado não é uma representação exata do problema real, não pode existir nenhuma garantia utópica de que a solução ótima para isso se comprovará como a melhor possível ou que poderia ter sido implementada para o problema real. Simplesmente há muitos fatores imponderáveis e incertezas associadas aos problemas práticos. Porém, se o modelo for bem-formulado e testado, as soluções resultantes tendem a ser uma boa aproximação para o caminho a ser adotado para o caso real. Portanto, em vez de se enganar ao pedir o impossível, você deve testar o sucesso prático de um estudo de PO; talvez ele forneça uma alternativa melhor do que aquela obtida por outros meios.

O eminente cientista e Prêmio Nobel em economia, Herbert Simon, indica que, na prática, ***satisficing*** é muito mais prevalente que otimização. Ao instituir o termo satisficing como uma combinação das palavras em inglês *satisfactory* e *optimizing* (satisfatório e otimização), Simon descreve a tendência dos administradores de procurar uma solução que seja "suficientemente boa" para um problema em questão. Em vez de tentar criar uma medida de desempenho global para conciliar de forma ótima conflitos entre vários objetivos desejáveis (inclusive critérios consolidados para julgar o desempenho dos diferentes segmentos da organização), uma abordagem mais pragmática pode ser empregada. Podem ser estabelecidos objetivos para se atingirem níveis mínimos de desempenho satisfatórios em diversas áreas, com base talvez em níveis de desempenho passados ou naqueles alcançados pela concorrência. Se for encontrada uma solução que permita atingir todos esses objetivos, é provável que ela seja adotada sem mais discussões. Assim é a natureza do *satisficing*.

A distinção entre otimização e satisficing reflete a diferença entre a teoria e a realidade frequentemente enfrentada ao tentar-se implementar tal teoria na prática. Nas palavras de um dos líderes pioneiros no campo da PO da Inglaterra, Samuel Eilon: "Otimizar é a ciência do ideal; satisficing é a arte do factível."[1]

Equipes de PO tentam trazer o máximo possível a "ciência do ideal" para o processo de tomada de decisão. Entretanto, a equipe bem-sucedida age assim pelo total reconhecimento da necessidade prioritária do tomador de decisão para obter uma diretriz de ação satisfatória em um período razoável. Portanto, o objetivo de um estudo de PO deveria ser o de conduzir o estudo de maneira otimizada, independentemente se isso envolve ou não descobrir uma solução ótima para o modelo. Desse modo, além de perseguir a ciência do ideal, a equipe também deve considerar o custo do estudo e as desvantagens de se postergar sua finalização para então, depois, tentar maximizar os ganhos líquidos dele resultantes. Ao reconhecerem esse conceito, as equipes de PO usam ocasionalmente apenas **procedimentos heurísticos** (isto é, procedimentos desenvolvidos intuitivamente que não garantem uma solução ótima) para encontrar uma **solução subótima**. Normalmente esse é o caso quando o tempo ou o custo necessários para se encontrar a solução para um modelo adequado do problema conduziram a dimensões muito grandes. Recentemente grandes progressos têm ocorrido no desenvolvimento eficiente e efetivo da meta-heurísticas, que fornecem tanto uma estrutura geral como diretrizes estratégicas para desenvolver um procedimento heurístico específico, visando atender a determinado tipo de problema. O emprego da meta-heurística (tema do Capítulo 13) continua crescendo.

---

[1] S. Eilon, "Goals and Constraints in Decision-making", *Operational Research Quarterly*, **23:** 3-15, 1972. Palestra proferida na conferência anual de 1971 na Canadian Operational Research Society.

A discussão até então implicava que determinado estudo de PO procura encontrar apenas uma solução em que se pode ou não exigir que seja ótima. De fato, esse normalmente não é o caso. Uma solução ótima para o modelo original pode estar longe do ideal para o problema real, de modo que se faz necessária uma análise adicional. Dessa maneira, a **análise de pós-otimalidade** (análise feita após encontrar-se uma solução ótima) é uma parte muito importante da maioria dos estudos de PO. Essa análise também é, algumas vezes, denominada **análise e se**, pois envolve responder a algumas perguntas sobre *o que* aconteceria à solução ótima *se* fossem elaboradas diferentes suposições sobre condições futuras. Essas questões geralmente são levantadas pelos administradores que tomarão as decisões finais e não pela equipe de PO.

O advento de poderosos softwares de planilha frequentemente tem dado às planilhas um papel central na condução da análise de pós-otimalidade. Um dos pontos mais fortes das planilhas é a facilidade com que elas podem ser usadas interativamente por qualquer pessoa, inclusive pelos gerentes, para observar o desenrolar dos fatos em relação à solução ótima quando são realizadas mudanças no modelo. Esse processo de experimentação também pode ser muito útil para se compreender seu comportamento e aumentar a confiança em sua validade.

Em parte, a análise de pós-otimalidade envolve conduzir uma **análise de sensibilidade** para estabelecer quais parâmetros do modelo são mais críticos (os "*parâmetros sensíveis*") na determinação do problema. Uma definição comum de *parâmetro sensível* (usada ao longo do livro) é a seguinte:

Para um modelo matemático com valores especificados para todos os seus paradigmas, os **parâmetros sensíveis** do modelo são aqueles cujos valores não podem ser modificados sem se alterar a solução ótima.

É importante identificá-los, pois isso determina os parâmetros cujos valores têm de ser atribuídos com cuidado especial para evitar a distorção do modelo.

O valor atribuído a um parâmetro comumente é apenas uma *estimativa* de alguma quantidade (por exemplo, lucro unitário) cujo valor exato será conhecido após a solução ter sido implementada. Portanto, após a identificação dos parâmetros sensíveis, atenta-se especialmente para a estimativa de cada um deles mais de perto ou, pelo menos, seu intervalo de valores prováveis. Então se procura uma solução que permaneça particularmente boa para as diversas combinações de valores prováveis dos parâmetros sensíveis.

Se a solução for implementada de forma contínua, qualquer alteração posterior no valor de um parâmetro sensível sinaliza imediatamente a necessidade de se alterar a solução.

Em alguns casos, certos parâmetros do modelo representam decisões políticas (por exemplo, alocação de recursos). Se isso acontecer, normalmente há certa flexibilidade nos valores atribuídos a esses parâmetros. Talvez se possam aumentar alguns diminuindo-se outros. A análise de pós-otimalidade inclui a investigação dessas compensações.

Em conjunto com a fase de estudo discutida na Seção 2.4, a análise de pós-otimalidade também envolve a obtenção de uma sequência de soluções que compreendam uma série de aproximações cada vez melhores rumo ao caminho ideal a ser adotado. Assim, os aparentes pontos fracos da solução inicial são usados para sugerir aperfeiçoamentos no modelo, em seus dados de entrada e, talvez, no procedimento da solução. Obtém-se então uma nova solução, e o ciclo se repete. Esse processo se mantém até a melhoria nas soluções sucessivas se tornarem muito pequenas para garantir a continuação do processo. Mesmo assim, uma série de soluções alternativas (talvez ótimas para uma de várias versões plausíveis do modelo e seus dados de entrada) pode ser apresentada à administração para a seleção final. Conforme sugerido na Seção 2.1, essa apresentação de soluções alternativas seria normalmente feita toda vez que a escolha final entre essas alternativas devesse basear-se em considerações que são deixadas para julgamento pela gerência.

EXEMPLO. Consideremos novamente o estudo de PO da **Rijkswaterstaat** sobre política nacional de gestão de recursos hídricos para a Holanda, mencionado no final da Seção 2.2. Esse estudo concluiu não recomendar apenas uma solução. Em vez disso, uma série de alternativas atrativas foram identificadas, analisadas e comparadas. A escolha final ficou para o processo político holandês, culminando com a aprovação do Parlamento. A *análise de sensibilidade* desempenhou papel fundamental nesse estudo. Por exemplo, certos parâmetros dos modelos representavam padrões ambientais. A análise de sensibilidade incluía avaliar o impacto em problemas de gestão de recursos hídricos, caso os valores desses parâmetros fossem alterados dos atuais padrões ambientais para outros valores razoáveis. A análise de sensibilidade também foi usada para avaliar o impacto de se alterarem as suposições dos modelos, por exemplo, a suposição do efeito de futuros tratados internacionais sobre o volume de poluição na Holanda. Uma variedade de *cenários* (por exemplo, um ano extremamente seco e outro extremamente úmido) também foi analisada, com a atribuição de probabilidades apropriadas.

2.4 TESTE DO MODELO

Desenvolver um modelo matemático de grandes dimensões é análogo, sob certos aspectos, a desenvolver um programa de computador muito extenso. Quando a primeira versão do programa de computador estiver concluída, ela inevitavelmente conterá muitos *bugs*. O programa precisa ser exaustivamente testado para tentar encontrar e corrigir o maior número possível de *bugs*. Finalmente, após uma longa sucessão de programas mais aperfeiçoados, o programador (ou a equipe de programação) concluirá que o programa atual, de forma geral, apresenta resultados bem razoáveis válidos. Embora alguns pequenos *bugs* indubitavelmente ainda permaneçam ocultos no programa (e talvez jamais venham a ser detectados), os principais foram eliminados de maneira que o programa possa ser usado de forma confiável.

De modo semelhante, a primeira versão de um modelo matemático de grandes dimensões contém muitas falhas. Alguns fatores ou inter-relacionamentos relevantes, sem dúvida, não foram incorporados ao modelo e alguns parâmetros indubitavelmente ainda não foram estimados corretamente. Isso é inevitável dada a dificuldade de comunicação e de compreensão de todos os aspectos e sutilezas de um problema operacional complexo, bem como em razão da dificuldade de coletar dados confiáveis. Portanto, antes de utilizar o modelo, ele deve ser amplamente testado para tentar identificar e corrigir o maior número possível de falhas. Finalmente, após longa sucessão de aperfeiçoamentos do modelo, a equipe de PO conclui que ele agora está apresentando resultados válidos. Embora, sem dúvida nenhuma, ainda restem algumas imperfeições ocultas no modelo (e que talvez jamais sejam descobertas), as principais falhas foram eliminadas para se poder afirmar que o modelo agora pode ser usado de forma confiável.

Esse processo de teste e aperfeiçoamento de um modelo para aumentar sua validade é comumente referido como **validação de modelos**.

É difícil descrever como a validação de modelos é feita, pois o processo depende em grande parte da natureza do problema em questão e do modelo utilizado. Entretanto, fizemos alguns comentários gerais e a seguir damos um exemplo (ver a Referência 3 para uma discussão detalhada).

Uma vez que a equipe de PO pode levar meses desenvolvendo todas as partes detalhadas do modelo, é fácil "se perder nos detalhes". Por isso, após os detalhes da versão inicial do modelo ser completados, uma boa maneira de se iniciar sua validação é vê-lo, rapidamente, como um todo à procura de erros óbvios ou descuidos. O grupo que realiza essa revisão deve preferivelmente incluir pelo menos um indivíduo que não tenha participado da formulação do modelo. Reexaminar a definição do problema e compará-la com o modelo pode ser útil na detecção de erros. Também é útil certificar-se de que todas as expressões matemáticas são *dimensionalmente consistentes* nas unidades utilizadas. Pode-se obter *insight* adicional sobre a validade do modelo variando-se os valores dos parâmetros ou as variáveis de decisão e verificando-se se a saída gerada pelo modelo se comporta de forma plausível. Isso é especialmente revelador quando são atribuídos a parâmetros ou variáveis valores extremos próximos de seus máximos ou mínimos.

A abordagem mais sistemática para testar o modelo é usar um **teste de retrospectiva**. Quando aplicável, esse teste envolve o emprego de dados históricos para reconstruir o passado e depois determinar qual teria sido o desempenho do modelo e da solução resultante, caso eles tivessem sido adotados. A comparação da eficiência desse desempenho hipotético com o que realmente aconteceu indicará, então, se o emprego desse modelo tende a gerar melhoria significativa em relação à prática atual. Ela também poderá indicar áreas em que o modelo apresente pontos falhos e requeira modificações. Além disso, usando-se soluções alternativas do modelo e estimando-se seu desempenho histórico hipotético, podem ser colhidas evidências consideráveis referentes a como o modelo prevê os efeitos relativos à adoção de caminhos alternativos.

Em contrapartida, uma desvantagem do teste retrospectivo é o fato de ele empregar os mesmos dados que orientaram a formulação do modelo. A questão crucial é se o passado é verdadeiramente representativo do futuro. Se não for, então o modelo deve ter desempenho de modo bem diferente no futuro do que teria sido no passado.

Para contornar essa desvantagem do teste retrospectivo, algumas vezes é útil manter temporariamente o *status quo*. Dessa forma serão fornecidos dados novos que não estavam disponíveis quando o modelo foi construído. Esses dados são usados da mesma maneira que aquelas descritas aqui para avaliar o modelo.

É importante documentar o processo utilizado para validação dos modelos. Isso ajuda a aumentar o grau de confiança no modelo para usuários subsequentes. Além disso, se no futuro surgirem preocupações em relação ao modelo, essa documentação será útil para diagnosticar onde podem estar os problemas.

EXEMPLO. Consideremos um estudo de PO realizado para a **IBM** visando integrar sua rede nacional de inventários de peças de reposição a fim de melhorar os serviços de suporte aos clientes da empresa. Esse estudo resultou em novo sistema de inventário e trouxe grandes benefícios aos serviços prestados ao cliente, também reduziu em mais de US$ 250 milhões o valor dos inventários da IBM, além de poupar US$ 20 milhões anuais em razão da melhoria na eficiência operacional. Um aspecto particularmente interessante da fase de validação de modelos desse estudo foi a maneira pela qual *futuros usuários* do sistema de inventário foram incorporados ao processo de testes. Pelo fato de esses futuros usuários (gerentes da IBM em áreas funcionais responsáveis pela implementação do sistema de inventário) serem céticos em relação ao sistema em desenvolvimento, foram apontados representantes para uma *equipe de usuários* que atuaria como conselheiros para a equipe de PO. Após uma versão preliminar do novo sistema ter sido desenvolvida (com base em um modelo de inventário multiescalão), foi realizado um *teste de pré-implementação* do sistema. O alto grau de *feedback* fornecido pela equipe de usuários levou a melhorias importantes no sistema proposto. (A Referência A5 descreve detalhadamente esse estudo.)

2.5 PREPARAÇÃO PARA APLICAR O MODELO

O que acontece após a fase de teste ter sido concluída e um modelo aceitável ter sido desenvolvido? Se o modelo deve ser usado repetidamente, a próxima etapa é instalar um *sistema* bem documentado para aplicação do modelo, conforme prescrito pela gerência. Esse sistema incluirá o modelo, o procedimento de solução (inclusive análise de pós-otimalidade) e os procedimentos operacionais para implementação. Depois disso, mesmo quando houver mudanças na equipe, o sistema poderá ser chamado em intervalos regulares para fornecer uma solução numérica específica.

Esse sistema geralmente se *baseia em computadores*. De fato, normalmente um número considerável de programas de computador precisa ser usado e integrado. *Sistemas de informações gerenciais e bancos de dados* podem fornecer entradas atualizadas para o modelo cada vez que ele for usado; nesse caso serão necessários programas de interface. Após um procedimento de solução (outro programa) ser aplicado ao modelo, programas de computador adicionais podem disparar automaticamente a implementação dos resultados. Em outros casos, um sistema interativo baseado em computador, denominado **sistema de apoio à decisão**, é instalado para ajudar os gerentes a utilizar dados e modelos para dar suporte (e não substituir) às suas decisões, conforme necessário. Outro programa pode gerar *relatórios gerenciais* (na linguagem da administração), que interpretam a saída do modelo e suas implicações para a aplicação.

Na maioria dos estudos de PO, podem ser necessários vários meses (ou mais) para desenvolver, testar e instalar esse sistema computacional. Parte desse esforço envolve o desenvolvimento e a implementação de um processo para manutenção do sistema com seu uso no futuro. À medida que as condições mudam ao longo do tempo, esse processo deve modificar de acordo com o sistema computacional (inclusive o modelo).

EXEMPLO. O Exemplo de Aplicação na Seção 2.2 descreveu um estudo de PO realizado para a **Continental Airlines**, que levou à formulação de um imenso modelo matemático para realocar tripulações nos voos em situações de problemas com os horários programados. Em virtude da necessidade de o modelo ser aplicado logo após a ocorrência de algum problema nos horários de voo, foi desenvolvido um *sistema de apoio à decisão*, conhecido como *CrewSolver*, para incorporar tanto o modelo quanto o enorme *data store* em memória representando as operações atuais. O CrewSolver permite que um coordenador de tripulação inclua dados sobre o problema com o horário de voo e depois utilize uma interface gráfica com o usuário para requerer a solução imediata com o objetivo de realocar tripulantes nos voos envolvidos.

2.6 IMPLEMENTAÇÃO

Após um sistema ter sido desenvolvido para aplicação de um modelo, a última fase de um estudo de PO é implementar esse sistema conforme prescrito pela administração. Essa é uma fase crítica, pois é aqui, e somente aqui, que os frutos do estudo são colhidos. Portanto, é importante para a equipe de PO participar do lançamento dessa fase, tanto para garantir que as soluções do modelo se traduzam precisamente em um procedimento operacional como para retificar quaisquer falhas nas soluções que venham a ser descobertas.

O sucesso da fase de implementação depende muito do suporte da alta gerência como o da gerência operacional. É muito mais provável que a equipe de PO ganhe esse apoio se ela tiver mantido a administração bem informada e tiver encorajado a orientação ativa da gerência ao longo do curso do estudo. A boa comunicação ajuda a garantir que o estudo realize aquilo que a gerência deseja e também dá aos gerentes mais senso de propriedade do estudo, o que encoraja seu apoio à implementação.

A fase de implementação envolve várias etapas. Primeiro, a equipe de PO dá à gerência operacional uma cuidadosa explicação sobre o novo sistema a ser adotado e como ele se relaciona com as realidades operacionais. A seguir, essas duas partes compartilham a responsabilidade pelo desenvolvimento de procedimentos necessários para colocar esse sistema em operação. A gerência operacional vê então que um doutrinamento detalhado é dado para a equipe envolvida, e um novo rumo a ser trilhado tem início. Se for bem-sucedido, o novo sistema poderá ser usado por anos. Tendo isso em mente, a equipe de PO monitora a experiência inicial com as medidas adotadas e procura identificar quaisquer modificações que possam ser realizadas no futuro.

Ao longo de todo o período em que o novo sistema é usado, é importante continuar a obter *feedback* de como o sistema vem se comportando e se as suposições do modelo continuam a ser satisfeitas. Quando ocorrerem desvios significativos das suposições iniciais, o modelo deve ser revisto para determinar se é necessário fazer alguma modificação no sistema. A análise de pós-otimalidade realizada anteriormente (conforme descrito na Seção 2.3) pode ser útil na orientação desse processo de revisão.

Após o encerramento de um estudo, é conveniente que a equipe de PO *documente* sua metodologia de forma clara e suficientemente precisa para que o trabalho possa ser *reprodutível*. A *replicabilidade* deve fazer parte do código de ética profissional do especialista em pesquisa operacional. Essa condição é particularmente crucial quando estão sendo estudadas questões de política pública que são controversas.

EXEMPLO. Este exemplo ilustra como uma fase de implementação bem-sucedida poderia envolver milhares de empregados antes de empreender os novos procedimentos. A **Samsung Electronics Corp.**[12] iniciou um importante estudo de PO em março de 1996 a fim de desenvolver novas metodologias e programar aplicações que tornariam mais eficiente todo o processo de manufatura de semicondutores e reduzir inventários de trabalhos em andamento. O estudo prosseguiu por mais de cinco anos, concluindo-se em junho de 2001, em grande parte em razão do enorme esforço exigido pela fase de implementação. A equipe de PO precisava ganhar o apoio de inúmeros gerentes, pessoal da manufatura e engenharia, treinando-os nos princípios e na lógica dos novos procedimentos de fabricação. Em última instância, mais de 3 mil pessoas frequentaram as sessões de treinamento. Os novos procedimentos foram apresentados paulatinamente para conquistar a confiança de todos. Entretanto, esse paciente processo de implementação rendeu enormes dividendos. Com esses novos procedimentos a empresa passou da posição de fabricante menos eficiente do setor de semicondutores para a de mais eficiente. Isso resultou receitas crescentes superiores a US$ 1 bilhão na época da implementação do estudo de PO. (A Referência A11 descreve detalhadamente esse estudo.)

2.7 CONCLUSÕES

Embora o restante do livro concentre-se basicamente na *construção* e *resolução* de modelos matemáticos, neste capítulo tentamos enfatizar que isto constitui apenas uma parte de todo o processo envolvido na condução de um estudo de PO típico. As demais fases aqui descritas também são muito importantes para que o estudo seja bem-sucedido. Tente ter em vista o papel do modelo e o procedimento de solução durante todo o processo, à medida que você avança para os capítulos subsequentes. A seguir, após adquirir melhor entendimento sobre os modelos matemáticos, sugerimos que você planeje o retorno a este capítulo, para uma revisão, a fim de aguçar ainda mais a visão.

A pesquisa operacional está intimamente ligada ao emprego de computadores. No início, eles geralmente eram *mainframes*, porém, agora, computadores pessoais e estações de trabalho são aplicados amplamente para solucionar modelos de PO.

Ao concluir esta discussão das principais fases de um estudo de PO, deve-se enfatizar que há muitas exceções às "regras" prescritas neste capítulo. Por sua própria natureza, a PO requer considerável dose de engenhosidade e de inovação, é impossível colocar no papel qualquer procedimento-padrão que sempre deva ser seguido pelas equipes de PO. Em vez disso, a descrição precedente pode ser vista como um modelo que represente *grosso modo* a condução dos estudos de PO bem-sucedidos.

REFERÊNCIAS SELECIONADAS

1. Board, J., C. Sutcliffe, and W. T. Ziemba: "Applying Operations Research Techniques to Financial Markets", *Interfaces*, **33**(2): 12-24, March-April 2003.
2. Bradley, P. S., U. M. Fayyad, and O. L. Mangasarian:"Mathematical Programming for Data Mining: Formulations and Challenges", *INFORMS Journal on Computing*, **11**(3): 217-238, Summer 1999.
3. Gass, S. I.: "Decision-Aiding Models: Validation, Assessment, and Related Issues for Policy Analysis", *Operations Research*, **31**: 603-631, 1983.
4. Gass, S. I.: "Model World: Danger, Beware the User as Modeler", *Interfaces*, **20**(3): 60-64, May-June 1990.
5. Hall, R. W.: "What's So Scientific about MS/OR?" *Interfaces*, **15**(2): 40-45, March-April 1985.
6. Howard, R. A.: "The Ethical OR/MS Professional", *Interfaces*, **31**(6): 69-82, November-December 2001.
7. Miser, H. J.: "The Easy Chair: Observation and Experimentation", *Interfaces*, **19**(5): 23-30, September-October 1989.
8. Morris, W. T.: "On the Art of Modeling", *Management Science*, **13**: B707-717, 1967.
9. Murphy, F. H.: "The Occasional Observer: Some Simple Precepts for Project Success", *Interfaces*, **28**(5): 25-28, September-October 1998.
10. Murphy, F. H.: "ASP, The Art and Science of Practice: Elements of the Practice of Operations Research: A Framework", *Interfaces*, **35**(2): 154-163, March-April 2005.
11. Pidd, M.: "Just Modeling Through: A Rough Guide to Modeling", *Interfaces*, **29**(2): 118-132, March-April 1999.
12. Williams, H. P.: *Model Building in Mathematical Programming* ,4th ed.,Wiley, NewYork,1999.
13. Wright, P. D., M. J. Liberatore, and R. L. Nydick:"A Survey of Operations Research Models and Applications in Homeland Security", *Interfaces*, **36**(6): 514-529, November-December 2006.

Algumas aplicações consagradas da abordagem da modelagem da PO:

(Um *link* para esses artigos encontra-se no *site* da Bookman.)

A1. Alden, J. M., L. D. Burns, T. Costy, R. D. Hutton, C. A. Jackson, D. S. Kim, K. A. Kohls, J. H. Owen, M. A. Turnquist, and D. J. V. Veen: "General Motors Increases Its Production Throughput", *Interfaces*, **36**(1): 6-25, January-February 2006.
A2. Altschuler, S., D. Batavia, J. Bennett, R. Labe, B. Liao, R. Nigam, and J. Oh: "Pricing Analy- sis for Merrill Lynch Integrated Choice", *Interfaces*, **32**(1): 5-19, January-February 2002.
A3. Bixby, A., B. Downs, and M. Self: "A Scheduling and Capable-to-Promise Application for Swift & Company", *Interfaces*, **36**(1): 69-86, January-February 2006.
A4. Braklow, J. W., W. W. Graham, S. M. Hassler, K. E. Peck, and W. B. Powell: "Interactive Optimization Improves Service and Performance for Yellow Freight System", *Interfaces*, **22**(1): 147-172, January-February 1992.
A5. Cohen, M., P. V. Kamesam, P. Kleindorfer, H. Lee, and A. Tekerian: "Optimizer: IBM's Multi-Echelon Inventory System for Managing Service Logistics", *Interfaces*, **20**(1): 65-82, January-February 1990.
A6. DeWitt, C. W., L. S. Lasdon, A. D. Waren, D. A. Brenner, and S. A. Melhem: "OMEGA: An Improved Gasoline Blending System for Texaco", *Interfaces*, **19**(1): 85-101, January-February 1990.
A7. Goeller, B. F., and the PAWN team: "Planning the Netherlands' Water Resources", *Interfaces*, **15**(1): 3-33, January-February 1985.
A8. Hicks, R., R. Madrid, C. Milligan, R. Pruneau, M. Kanaley, Y. Dumas, B. Lacroix, J. Desrosiers, and F. Soumis: "Bombardier Flexjet Significantly Improves Its Fractional Aircraft Ownership Operations", *Interfaces*, **35**(1): 49-60, January-February 2005.

A9. Kaplan, E. H., and E. O'Keefe: "Let the Needles Do the Talking! Evaluating the New Haven Needle Exchange", *Interfaces,* **23**(1): 7-26, January-February 1993.

A10. Kok, T. de, F. Janssen, J. van Doremalen, E. van Wachem, M. Clerkx, and W. Peeters: "Philips Electronics Synchronizes Its Supply Chain to End the Bullwhip Effect", *Interfaces,* **35**(1): 37-48, January-February 2005.

A11. Leachman, R. C., J. Kang, and V. Lin: "SLIM: Short Cycle Time and Low Inventory in Manufacturing at Samsung Electronics", *Interfaces,* **32**(1): 61-77, January-February 2002.

A12. Taylor, P. E., and S. J. Huxley: "A Break from Tradition for the San Francisco Police: Patrol Officer Scheduling Using an Optimization-Based Decision Support System", *Interfaces,* **19**(1): 4-24, January-February 1989.

PROBLEMAS

2.1-1 No exemplo da Seção 2.1 sintetiza-se um estudo de PO consagrado realizado para a Merrill Lynch. Leia a Referência A2 para obter detalhes desse estudo.

(a) Sintetize as condições que levaram à implementação desse estudo.

(b) Cite a sentença que sintetiza a missão geral do grupo de PO (denominado grupo das ciências da administração) que conduziu esse estudo.

(c) Identifique o tipo de dados que o grupo das ciências da administração obteve para cada cliente.

(d) Identifique as novas opções de fixação de preços que foram fornecidas para os clientes da empresa em consequência desse estudo.

(e) Qual foi o impacto resultante na posição competitiva da Merrill Lynch?

2.1-2 Leia a Referência A1 que descreve um estudo de PO feito para a General Motors.

(a) Sintetize as condições que levaram à implementação desse estudo.

(b) Qual era o objetivo desse estudo?

(c) Descreva como foi usado o software para automatizar a coleta dos dados necessários.

(d) O aumento no volume da produção resultante desse estudo. gerou quanto em termos de economia e aumento de receita atestados?

2.1-3 Leia a Referência A12 que descreve um estudo de PO feito para o Departamento de Polícia de São Francisco.

(a) Sintetize as condições que levaram à implementação desse estudo.

(b) Defina parte do problema que é tratado identificando as seis diretrizes para o sistema de programação de voos a ser desenvolvido.

(c) Descreva como os dados necessários foram coletados.

(d) Enumere os diversos benefícios tangíveis e intangíveis resultantes do estudo.

2.1-4 Leia a Referência A9 que descreve um estudo de PO feito para o Departamento de Saúde de New Haven, Connecticut.

(a) Faça um resumo das condições que levaram à implementação desse estudo.

(b) Descreva o sistema desenvolvido para rastrear e testar cada agulha e seringa de modo a coletar os dados necessários.

(c) Sintetize os resultados iniciais desse sistema de rastreamento e teste.

(d) Descreva o impacto e o impacto potencial desse estudo nas políticas públicas.

2.2-1 Leia o artigo referido que descreve completamente o estudo de PO sintetizado no Exemplo de Aplicação apresentada na Seção 2.2. Enumere os diversos benefícios financeiros ou não resultantes do estudo

2.2-2 Leia a Referência A3 que descreve um estudo de PO realizado para a Swift & Company.

(a) Elabore um resumo das condições que levaram à implantação do estudo.

(b) Sintetize o objetivo de cada um dos três tipos gerais de modelos formulados durante esse estudo.

(c) Quantos modelos específicos a empresa usa atualmente como resultado desse estudo?

(d) Enumere os vários benefícios financeiros ou não resultantes desse estudo.

2.2-3 Leia a Referência A7 que descreve o estudo de PO realizado na Rijkswaterstaat da Holanda. (Concentre-se principalmente nas páginas 3 a 20 e 30 a 32.)

(a) Elabore um resumo das condições que levaram à implantação do estudo.

(b) Sintetize o objetivo de cada um dos cinco modelos matemáticos descritos nas páginas 10 a 18.

(c) Sintetize as "medidas de impacto" (medidas de desempenho) para comparar as políticas que são descritas nas páginas 6 a 7 desse artigo.

(d) Enumere os vários benefícios tangíveis e intangíveis resultantes desse estudo.

2.2-4 Leia a Referência 5.

(a) Identifique exemplos do autor de um modelo em ciências naturais e de um modelo em PO.

(b) Descreva o ponto de vista do autor sobre como preceitos básicos de emprego de modelos para fazer pesquisa em ciências naturais também pode ser usado para orientar *pesquisa operacional* (PO).

2.3-1 Leia a Referência A10 que descreve um estudo de PO realizado para a Philips Electronics.

(a) Sintetize as condições que levaram à implantação desse estudo.

(b) Qual era o objetivo desse estudo?

(c) Quais foram os benefícios de desenvolver de forma rápida software para suporte à solução de problemas.
(d) Enumere as quatro etapas no processo de planejamento colaborativo resultante desse estudo.
(e) Enumere os vários benefícios financeiros ou não resultantes desse estudo.

2.3-2 Consulte a Referência 5

(a) Descreva o ponto de vista do autor se o único objetivo no uso de um modelo deve ser ou não encontrar a solução ótima.
(b) Sintetize o ponto de vista do autor sobre os papéis complementares da modelagem, avaliar informações do modelo e então aplicar o discernimento do tomador de decisões ao decidir sobre o rumo a ser trilhado.

2.4-1 Consulte as páginas 18 a 20 da Referência A7 que descreve um estudo de PO feito para a Rijkswaterstaar da Holanda. Descreva uma lição importante que se teve com base na validação do modelo nesse estudo.

2.4-2 Leia a Referência 7. Sintetize o ponto de vista do autor sobre os papéis da observação e experimentação no processo de validação de modelos.

2.4-3 Leia as páginas 603 a 617 da Referência 3.

(a) O que o autor diz sobre o fato de um modelo ser ou não completamente validado?
(b) Sintetize as distinções feitas entre *validade do modelo*, *validade dos dados*, *validade matemática/lógica*, *validade preditiva*, *validade operacional* e *validade dinâmica*.
(c) Descreva o papel da *análise de sensibilidade* no teste da *validade operacional* de um modelo.
(d) O que o autor diz a respeito do fato de existir ou não uma metodologia de validação apropriada para todos os modelos?
(e) Cite a página no artigo que enumera os passos básicos da validação.

2.5-1 Leia a Referência A6 que descreve um estudo de PO realizado para a Texaco.

(a) Sintetize as condições que levaram ao empreendimento desse estudo.
(b) Descreva brevemente a interface com o usuário do sistema de apoio à decisão OMEGA que foi desenvolvido como resultado desse estudo.
(c) O OMEGA é constantemente atualizado e expandido para refletir mudanças no ambiente operacional. Descreva brevemente os vários tipos de mudança envolvidos.
(d) Sintetize como o OMEGA é utilizado.
(e) Enumere os vários benefícios tangíveis e intangíveis resultantes do estudo.

2.5-2 Consulte a Referência A4 que descreve um estudo de PO realizado para a Yellow Freight System, Inc.

(a) Fazendo referência às páginas 147 a 149 desse artigo, sintetize as condições que levaram à adoção desse estudo.
(b) Referindo-se à página 150, descreva brevemente o sistema computacional SYSNET que foi desenvolvido como resultado desse estudo. Resuma também as aplicações do SYSNET.
(c) Referindo-se às páginas 162 a 163, descreva por que os aspectos *interativos* do SYSNET provaram ser importantes.
(d) Referindo-se à página 163, resuma as saídas geradas pelo SYSNET.
(e) Fazendo referência às páginas 168 a 172, sintetize os vários benefícios resultantes do emprego do Sysnet.

2.6-1 Consulte as páginas 163 a 167 da Referência A4 que descreve um estudo de PO feito para a Yellow Freight System, Inc. e o sistema computacional resultante SYSNET.

(a) Descreva de forma suscinta como a equipe de PO obteve o apoio da alta gerência para implementar o SYSNET.
(b) Descreva de forma suscinta a estratégia de implementação que foi criada.
(c) Descreva de forma suscinta a implementação em campo.
(d) Descreva de forma suscinta como foram usados incentivos e apoio gerenciais na implementação do SYSNET.

2.6-2 Leia a Referência A5 que descreve um estudo de PO feito para a IBM e o sistema computacional resultante Optimizer.

(a) Sintetize as condições que levaram à implementação desse estudo.
(b) Enumere os fatores complicadores que os integrantes da equipe de PO enfrentaram ao iniciar o desenvolvimento de um modelo e de um algoritmo de solução.
(c) Descreva de forma suscinta o teste de pré-implantação do Optimizer.
(d) Descreva de forma suscinta o teste de implantação em campo.
(e) Descreva de forma suscinta a implantação nacional.
(f) Enumere os diversos benefícios tangíveis e intangíveis resultantes do estudo.

2.7.1 Da parte inferior das referências selecionadas fornecidas no final do capítulo, escolha uma das aplicações consagradas da abordagem de modelagem da PO (excluindo qualquer uma que tenha sido alocada para outros problemas). Leia esse artigo e, em seguida, redija um resumo de duas páginas sobre a aplicação e os benefícios (inclusive benefícios não financeiros) por ela fornecidos.

2.7.2 Da parte inferior das referências selecionadas que você encontra no final do capítulo, escolha três das aplicações consagradas da abordagem de modelagem da PO (excluindo qualquer uma que tenha sido designada para outros problemas). Para cada uma delas, leia esse artigo e, em seguida, redija um resumo de uma página sobre a aplicação e os benefícios (inclusive benefícios não financeiros) por ela fornecidos.

2.7.3 Leia a Referência A4. O autor descreve 13 fases detalhadas de qualquer estudo de PO que desenvolva e aplique um modelo com base em computador, ao passo que este capítulo descreve seis fases mais abrangentes. Para cada uma dessas fases abrangentes, enumere as fases detalhadas que se enquadram parcial ou basicamente nos limites da fase mais abrangente.

CAPÍTULO 3

Introdução à Programação Linear

O desenvolvimento da programação linear tem sido classificado entre os mais importantes avanços científicos dos meados do século XX e temos de concordar com essa afirmação. Seu impacto desde 1950 tem sido extraordinário. Hoje é uma ferramenta-padrão que poupou muitos milhares ou milhões de dólares para muitas empresas ou até mesmo negócios de porte médio em diversos países industrializados ao redor do mundo; e seu emprego em outros setores da sociedade se espalhou rapidamente. A maior parte de toda a computação científica realizada em computadores é dedicada ao uso da programação linear. Diversos textos tratando da programação linear foram escritos e artigos *publicados* descrevendo aplicações importantes agora chegam à casa das centenas.

Qual é a natureza dessa admirável ferramenta e a que tipos de problemas ela se destina? Você obterá melhor compreensão desse tópico à medida que trabalhar com os exemplos subsequentes. Entretanto, um resumo verbal poderá ajudá-lo a ter uma perspectiva. Em suma, o tipo mais comum de informação envolve o problema genérico de alocar da melhor forma possível (isto é, de forma *ótima*) *recursos limitados* para *atividades que competem entre si*. Mais precisamente, esse problema envolve selecionar o nível de certas atividades que competem por recursos escassos que são necessários para realizar essas mesmas atividades. A escolha do nível de atividades determina, então, quanto de cada recurso será consumido a cada atividade. A variedade de situações para as quais essa descrição se aplica é diversa, mudando, de fato, da alocação de recursos de produção a produtos, da alocação de recursos nacionais a necessidades domésticas, da seleção de portfólio à seleção de padrões de despacho, do planejamento agrícola a sessões de radioterapia e assim por diante. Porém, o ingrediente mais comum em cada uma dessas situações é a necessidade de alocar recursos compatíveis com estas atividades, escolhendo-se seu nível.

A programação linear usa um modelo matemático para descrever o problema em questão. O adjetivo *linear* significa que todas as funções matemáticas nesse modelo são necessariamente *funções lineares*. A palavra *programação,* nesse caso, não se refere à programação de computador; ela é, essencialmente, um sinônimo para *planejamento*. Portanto, a programação linear envolve o planejamento de atividades para obter um resultado ótimo, isto é, um resultado que atinja o melhor objetivo especificado (de acordo com o modelo matemático) entre todas as alternativas viáveis.

Embora a alocação de recursos para atividades seja o tipo de aplicação mais comum, a programação linear também tem inúmeras outras aplicações importantes. De fato, *qualquer* problema cujo modelo matemático se encaixe no formato bem genérico para o modelo de programação linear, é um problema de programação linear. (Por essa razão, um problema de programação linear e seu modelo normalmente são conhecidos de forma intercambiável como apenas *programa linear*, ou até mesmo simplesmente *PL.*) Além disso, um procedimento de solução extraordinariamente eficiente, chamado **método simplex**, encontra-se disponível para solucionar até mesmo problemas de programação linear de enormes dimensões. Essas são algumas das razões para o tremendo impacto da programação linear em décadas recentes.

Em virtude de sua grande importância, dedicamos este e os próximos seis capítulos especificamente à programação linear. Após este capítulo introduzir as suas características gerais, os Capítulos 4 e 5 vão se concentrar no método simplex. O Capítulo 6 discutirá a análise adicional dos problemas de programação linear *após* o método simplex ter sido inicialmente aplicado. O Capítulo 7 apresentará várias extensões amplamente usadas do método simplex e também um *algoritmo do ponto interno* que algumas vezes pode ser usado para solucionar problemas de programação linear ainda maiores que aqueles com os quais o método simplex consegue lidar. Os Capítulos 8 e 9 vão considerar alguns tipos especiais de problemas de programação linear cuja importância exige estudos particulares.

Você também poderá se antecipar e ver aplicações de PL destinadas a outras áreas da pesquisa operacional (PO) em vários capítulos posteriores.

Iniciaremos este capítulo desenvolvendo um exemplo de protótipo miniatura de um problema de programação linear. Esse exemplo é suficientemente pequeno para ser resolvido graficamente de forma bem direta. As Seções 3.2 e 3.3 apresentam o *modelo de programação linear* genérico e suas hipóteses básicas. A Seção 3.4 fornece exemplos adicionais de aplicações de programação linear. A Seção 3.5 descreve como os modelos de programação linear de tamanho modesto podem ser exibidos e resolvidos de modo conveniente em uma planilha. Porém, alguns problemas PL, encontrados na prática, requerem modelos verdadeiramente *volumosos*. A Seção 3.6 ilustra como um modelo volumoso pode surgir e ainda como ele pode ser formulado com a ajuda de uma linguagem de modelagem especial como o MPI (sua formulação é descrita nesta seção) ou o LINGO (a formulação desse modelo é apresentada no Suplemento 2 do presente capítulo no *site* da editora).

3.1 EXEMPLO DE PROTÓTIPO

A WYNDOR GLASS CO. fabrica produtos de vidro de alta qualidade, entre os quais janelas e portas de vidro. A empresa possui três fábricas industriais. As esquadrias de alumínio e ferragens são feitas na Fábrica 1, as esquadrias de madeira são produzidas na Fábrica 2 e, finalmente, a Fábrica 3 produz o vidro e monta os produtos.

Em consequência da queda nos lucros, a direção decidiu modernizar a linha de produtos da empresa. Produtos não rentáveis estão sendo descontinuados, liberando a capacidade produtiva para o lançamento de dois novos produtos com grande potencial de vendas:

Produto 1: uma porta de vidro de 2,5 m com esquadria de alumínio
Produto 2: uma janela duplamente adornada com esquadrias de madeira de 1,20 m × 1,80 m

O produto 1 requer parte da capacidade produtiva das Fábricas 1 e 3, mas nenhuma da Fábrica 2. O produto 2 precisa apenas das Fábricas 2 e 3. A divisão de marketing concluiu que a empresa poderia vender tanto quanto fosse possível produzir nessas fábricas. Entretanto, pelo fato de ambos os produtos competirem pela mesma capacidade produtiva na Fábrica 3, não está claro qual *mix* dos dois produtos seria o *mais lucrativo*. Portanto, constituiu-se uma equipe de PO para estudar essa questão.

A equipe de PO começou promovendo discussões com a alta direção para identificar os objetivos da diretoria para tal estudo. Essas discussões levaram à seguinte definição do problema:

Determinar quais devem ser as *taxas de produção* para ambos os produtos de modo a *maximizar o lucro total*, sujeito às restrições impostas pela capacidade produtiva limitada disponível nas três fábricas. (Cada produto será fabricado em lotes de 20, de modo que a *taxa de produção* é definida como o número de lotes produzidos por semana.) É permitida *qualquer* combinação de taxas de produção que satisfaça essas restrições, inclusive não produzir nada de um produto e o máximo possível do outro.

A equipe de PO também identificou os dados que precisavam ser coletados:

1. Número de horas de produção disponível por semana em cada fábrica para esses novos produtos. (A maior parte do tempo nessas fábricas já está comprometida com os produtos atuais, de modo que a capacidade disponível para os novos produtos é bastante limitada.)
2. Número de horas de produção usada em cada fábrica para cada lote produzido de cada novo produto.
3. Lucro por lote produzido de cada novo produto. Foi escolhido o *lucro por lote produzido* como uma medida apropriada após a equipe de PO ter concluído que o incremento do lucro de cada lote adicional produzido ser mais ou menos *constante*, independentemente do número total de lotes produzidos. Pelo fato de nenhum custo adicional incorrer para o início da produção e a comercialização desses produtos, o lucro total de cada um deles é aproximadamente esse *lucro por lote* vezes o *número de lotes produzidos*.

Exemplo de Aplicação

A **Swift & Company** é uma empresa sediada em Greeley, Colorado, que produz alimentos proteicos diversificados. Com vendas anuais acima dos US$ 8 bilhões, a carne bovina e os produtos relacionados são responsáveis por grande parte dos negócios da empresa.

Para aumentar as vendas e melhorar o desempenho do processo produtivo da empresa, seu alto escalão chegou à conclusão de que seria preciso atingir três grandes objetivos. O primeiro deles seria possibilitar que seus representantes de atendimento ao cliente pudessem conversar com seus mais de 8 mil clientes de posse de dados precisos sobre a disponibilidade de estoque atual e futuro e, ao mesmo tempo, levando em conta as datas de entrega exigidas e o prazo de validade máximo dos produtos após a entrega. O segundo deles seria gerar um eficiente cronograma com mudanças de turnos para cada planta industrial em um horizonte de 28 dias. O terceiro objetivo seria determinar precisamente se uma planta seria ou não capaz de entregar uma quantidade solicitada de determinado item da fila de pedidos na data e hora solicitadas, dada a disponibilidade de reses e as restrições de capacidade produtiva da planta.

Para atender esses três desafios, uma equipe de PO desenvolveu um *sistema integrado de 45 modelos de programação linear* com base em três formulações de modelos para estabelecer dinamicamente em tempo real, à medida que fosse recebendo os pedidos, o cronograma de suas operações de fabricação de carne bovina em cinco plantas industriais. *O total de benefícios auditados obtidos no primeiro ano* da operação desse sistema *foi* de **US$ 12,74 milhões,** incluindo US$ 12 milhões devido à *otimização do mix de produtos*. Entre outros benefícios podemos citar a redução no número de pedidos perdidos, a redução nos descontos de preços e a melhor entrega no prazo estabelecido.

Fonte: A. Bixby, B. Downs, and M. Self, "A Scheduling and Capable-to--Promise Application for Swift & Company", *Interfaces*, **36**(1): 39-50, Jan.--Feb. 2006. (Este artigo está disponível em inglês no *site* da editora, www.bookman.com.br.)

Obter estimativas razoáveis dessas quantidades exigia obter o apoio de pessoal-chave em várias unidades da empresa. O pessoal da divisão de manufatura forneceu os dados da primeira categoria citada anteriormente. Desenvolver estimativas para a segunda categoria de dados exigia alguma análise por parte dos engenheiros de produção envolvidos no desenvolvimento de processos de produção para os novos produtos. Analisando-se os dados de custos obtidos desses mesmos engenheiros e da divisão de marketing, junto com uma decisão de preços do mesmo departamento, o setor de contabilidade desenvolveu estimativas para a terceira categoria.

A Tabela 3.1 sintetiza os dados reunidos.

A equipe de PO reconheceu imediatamente que se tratava de um problema de programação linear do clássico tipo ***mix* de produtos** e então essa equipe empreendeu a formulação do modelo matemático correspondente.

■ **TABELA 3.1** Dados para o problema da Wyndor Glass Co.

	Tempo de produção por lote (em horas)		Tempo de produção disponível por semana (em horas)
	Produto		
Fábrica	1	2	
1	1	0	4
2	0	2	12
3	3	2	18
Lucro por lote	US$ 3.000	US$ 5.000	

Formulação do tipo problema de programação linear

A definição do problema anterior indica que as decisões a se tomar são o número de lotes dos respectivos produtos a serem produzidos semanalmente, de modo a maximizar o lucro total. Portanto, para formular o modelo matemático (programação linear) para esse problema, façamos:

x_1 = número de lotes do produto 1 produzido semanalmente

x_2 = número de lotes do produto 2 produzido semanalmente

Z = lucro total por semana (em milhares de dólares) obtido pela produção desses dois produtos

Portanto, x_1 e x_2 são as *variáveis de decisão* para o modelo. Usando-se a linha inferior da Tabela 3.1, obtemos

$$Z = 3x_1 + 5x_2.$$

O objetivo é escolher os valores de x_1 e x_2 de forma a maximizar $Z = 3x_1 + 5x_2$, sujeito às restrições impostas em seus valores por limitações de capacidade de produção disponível nas três fábricas. A Tabela 3.1 indica que cada lote de produto 1 fabricado por semana utiliza uma hora de tempo de produção por semana na Fábrica 1, ao passo que estão disponíveis somente quatro horas semanais. Essa restrição é expressa matematicamente pela desigualdade $x_1 \leq 4$. De modo similar, a Fábrica 2 impõe a restrição $2x_2 \leq 12$. Escolhendo-se x_1 e x_2 como as taxas de produção dos novos produtos o número de horas de produção usado semanalmente na Fábrica 3 seria $3x_1 + 2x_2$. Portanto, a declaração matemática da restrição da Fábrica 3 é $3x_1 + 2x_2 \leq 18$. Finalmente, já que as taxas de produção não podem ser negativas, é necessário restringir as variáveis de decisão para ser não negativas: $x_1 \geq 0$ e $x_2 \geq 0$.

Em suma, na linguagem matemática da programação linear, o problema é escolher os valores de x_1 e x_2 de forma a

$$\text{Maximizar} \quad Z = 3x_1 + 5x_2,$$

sujeito às restrições

$$\begin{aligned} x_1 & \leq 4 \\ 2x_2 & \leq 12 \\ 3x_1 + 2x_2 & \leq 18 \end{aligned}$$

e

$$x_1 \geq 0, \quad x_2 \geq 0.$$

(Observe como o *layout* dos coeficientes de x_1 e x_2 nesse modelo de programação linear essencialmente duplica as informações sintetizadas na Tabela 3.1.)

Solução gráfica

Esse pequeno problema possui apenas duas variáveis de decisão e, portanto, somente duas dimensões, de modo que um procedimento gráfico pode ser usado para resolvê-lo. Esse procedimento envolve construir um gráfico bidimensional tendo x_1 e x_2 como eixos. O primeiro passo é identificar os valores de (x_1, x_2) que são permitidos pelas restrições, o que se faz desenhando-se cada reta que limita o intervalo de valores permissíveis para uma restrição. Para começar, observe que as restrições de não negatividade $x_1 \geq 0$ e $x_2 \geq 0$ requerem que (x_1, x_2) estejam no lado *positivo* dos eixos (inclusive, até mesmo *sobre* ambos os eixos), isto é, no primeiro quadrante. A seguir, observe que a restrição $x_1 \leq 4$ significa que (x_1, x_2) não pode estar à direita da reta $x_1 = 4$. Esses resultados são mostrados na Figura 3.1, em que a área sombreada contém os únicos valores de (x_1, x_2) que ainda são permitidos.

De modo semelhante, a restrição $2x_2 \leq 12$ (ou, de modo equivalente, $x_2 \leq 6$) implica que a reta $2x_2 = 12$ deve ser adicionada ao contorno da região de soluções viáveis. A restrição final, $3x_1 + 2x_2 \leq 18$, requer traçar os pontos (x_1, x_2) de maneira que $3x_1 + 2x_2 = 18$ (outra reta) complete o contorno. (Observe que pontos como $3x_1 + 2x_2 \leq 18$ são aqueles que estão abaixo ou sobre a reta $3x_1 + 2x_2 = 18$, de forma que essa é a reta limitante acima da qual os pontos não satisfazem a desigualdade.) A região resultante de valores viáveis de (x_1, x_2), chamada **região de soluções viáveis**, é mostrada na Figura 3.2. (O demonstrativo denominado *Método Gráfico* em nosso Tutorial IOR fornece um exemplo detalhado de construção de uma região de soluções viáveis.)

A etapa final é escolher o ponto nessa região de soluções viáveis que maximiza o valor de $Z = 3x_1 + 5x_2$. Para descobrir como realizar essa etapa de forma eficiente, comece por tentativa e erro. Tente, por exemplo, $Z = 10 = 3x_1 + 5x_2$ para ver se há na região de soluções viáveis quaisquer valores de (x_1, x_2) que levem uma função Z a um valor 10. Desenhando-se a reta $3x_1 + 5x_2 = 10$ (ver a Figura 3.3), podemos observar que há muitos pontos sobre essa reta que se encontram em seu interior. Ao

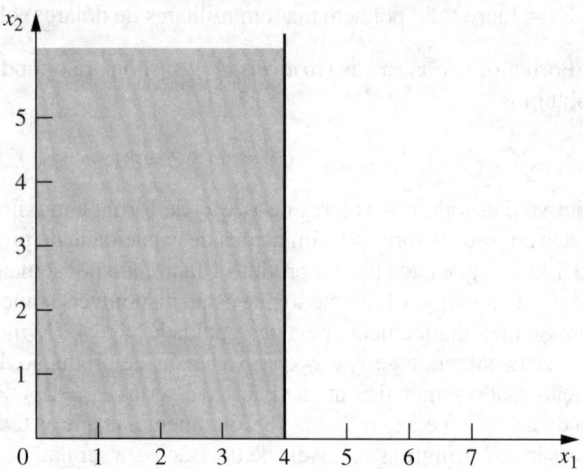

FIGURA 3.1 A área sombreada indica valores de (x_1, x_2) permitidos por $x_1 \geq 0$, $x_2 \geq 0$, $x_1 \leq 4$.

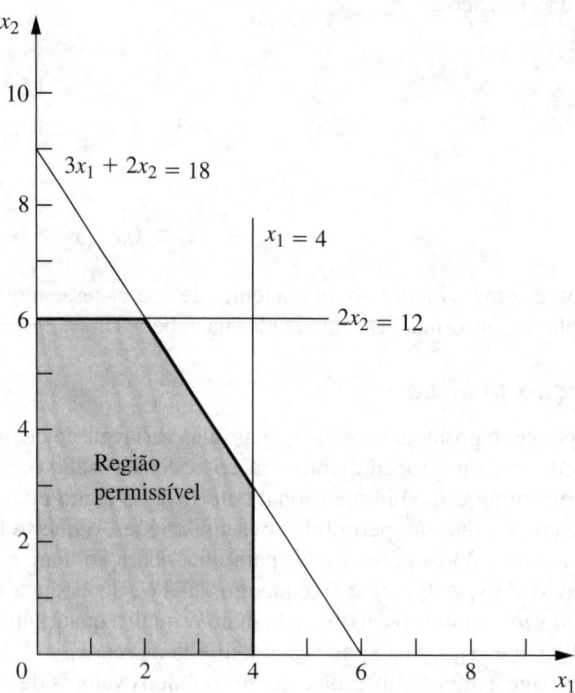

FIGURA 3.2 A área sombreada indica o conjunto de valores viáveis de (x_1, x_2), a chamada região de soluções viáveis.

obter alguma visão tentando esse valor escolhido arbitrariamente de $Z = 10$, você deve tentar seguir um valor arbitrário maior de Z, digamos, $Z = 20 = 3x_1 + 5x_2$. Novamente, a Figura 3.3 revela que um segmento da reta $3x_1 + 5x_2 = 20$ encontra-se dentro da região, de modo que o valor máximo permissível de Z tem de ser pelo menos 20.

Agora, observe na Figura 3.3 que as duas retas que acabaram de ser construídas são paralelas. Não se trata de uma coincidência, visto que qualquer reta construída desse modo tem a forma $Z = 3x_1 + 5x_2$ para o valor escolhido de Z, implicando $5x_2 = -3x_1 + Z$ ou, de modo equivalente, a:

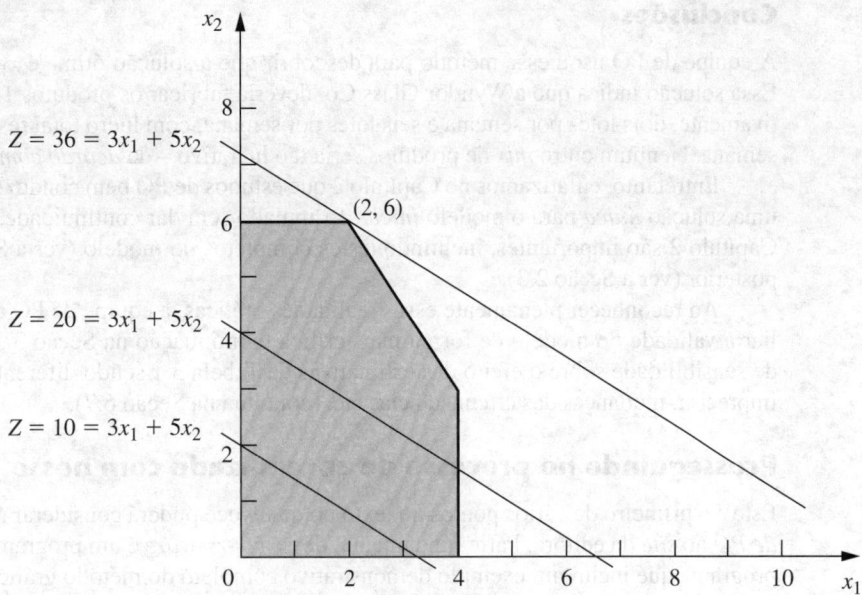

FIGURA 3.3 O valor de (x_1, x_2) que maximiza $3x_1 + 5x_2$ é (2, 6).

$$x_2 = -\frac{3}{5}x_1 + \frac{1}{5}Z$$

Essa última equação, chamada **forma de intersecção da inclinação** da função objetivo, demonstra que a *inclinação* da reta é $-\frac{3}{5}$ (uma vez que a cada incremento unitário em x_1 corresponde a um incremento de $-\frac{3}{5}$ em x_2), ao passo que a *intersecção* da reta com o eixo x_2 é $\frac{1}{5}Z$ (já que $x_2 = \frac{1}{5}Z$ quando $x_1 = 0$). O fato de a inclinação ser fixada em $-\frac{3}{5}$ significa que *todas* as retas construídas dessa maneira serão paralelas.

Repetindo, comparando-se as retas $10 = 3x_1 + 5x_2$ e $20 = 3x_1 + 5x_2$ da Figura 3.3, notamos que a reta que dá valor maior de Z ($Z = 20$) encontra-se bem acima e distante da origem quando comparada com a outra reta ($Z = 10$). Esse fato também está implícito pela forma de interseção da inclinação da função objetivo que indica que a interseção com o eixo x_1 ($\frac{1}{5}Z$) aumenta quando o valor escolhido para Z se eleva.

Essas observações fazem com que nosso procedimento de tentativa e erro para a construção de retas na Figura 3.3 envolva mais do que desenhar uma família de retas paralelas que contenham pelo menos um ponto na região de soluções viáveis e selecionar a reta que corresponde ao maior valor de Z. A Figura 3.3 mostra que essa reta passa pelo ponto (2, 6) indicando que a **solução ótima** é $x_1 = 2$ e $x_2 = 6$. A equação dessa reta é $3x_1 + 5x_2 = 3(2) + 5(6) = 36 = Z$, indicando que o valor ótimo de Z é $Z = 36$. O ponto (2, 6) se encontra na interseção das retas $2x_2 = 12$ e $3x_1 + 2x_2 = 18$, conforme mostrado na Figura 3.2, portanto esse ponto pode ser calculado algebricamente como a solução simultânea dessas duas equações.

Após termos visto o procedimento de tentativa e erro para descobrir o ponto ótimo (2, 6), podemos agora aperfeiçoar esse método para outros problemas. Em vez de desenhar várias retas paralelas, é suficiente formar uma única reta com uma régua para estabelecer a inclinação. Depois, desloque a régua com inclinação fixa através da região de soluções viáveis na direção em que Z cresce. (Quando o objetivo for o de *minimizar Z*, movimente a régua na direção em que Z *decresce*.) Pare de deslocar a régua até o último instante em que ela ainda passa por um ponto dentro dessa região. Esse ponto é a desejada *solução ótima*.

Este procedimento é normalmente conhecido como **método gráfico** para programação linear. Pode ser usado para solucionar qualquer problema de programação linear com duas variáveis de decisão. Com considerável dificuldade, é possível estender o método para três variáveis de decisão, mas não mais que três. (O próximo capítulo se concentrará no *método simplex* para solucionar problemas maiores.)

Conclusões

A equipe de PO usou esse método para descobrir que a solução ótima é $x_1 = 2$, $x_2 = 6$ com $Z = 36$. Essa solução indica que a Wyndor Glass Co. deveria fabricar os produtos 1 e 2 a uma taxa de, respectivamente, dois lotes por semana e seis lotes por semana, com lucro total resultante de US$ 36.000 por semana. Nenhum outro *mix* de produtos seria tão lucrativo – de *acordo com o modelo*.

Entretanto, enfatizamos no Capítulo 2 que estudos de PO bem conduzidos não encontram apenas uma solução *única* para o modelo *inicial* formulado sem dar continuidade. As seis fases descritas no Capítulo 2 são importantes, incluindo testes completos do modelo (ver a Seção 2.4) e para a análise posterior (ver a Seção 2.3).

Ao reconhecer plenamente essas realidades práticas, a equipe de PO agora está pronta para avaliar a validade do modelo de forma mais crítica (continuação na Seção 3.3) e para realizar a análise de sensibilidade sobre o efeito das estimativas da Tabela 3.1 sendo diferentes em razão da estimativa imprecisa, mudanças das circunstâncias etc. (continua na Seção 6.7).

Prosseguindo no processo de aprendizado com nosso *Courseware* de PO

Este é o primeiro de vários pontos do texto no qual você poderá considerar útil usar nosso *Courseware de PO* no *site* da editora. Parte fundamental desse *courseware* é um programa chamado **Tutor PO**, um programa que inclui um exemplo demonstrativo completo do método gráfico introduzido nesta seção. Para se ter outro exemplo de uma formulação de modelo, a presente demonstração começa apresentando um problema e formulando um modelo de programação linear antes de aplicar a etapa de método gráfico para solucionar o modelo. Como acontece com muitos outros exemplos demonstrativos que acompanham outras seções deste livro, essa apresentação por meio de computador realça conceitos que são difíceis de ser transmitidos pela página impressa. Você poderá consultar o Apêndice 1 para verificar a documentação do software.

Caso queira ver **mais exemplos**, consulte a seção **Worked Examples** do *site* da editora. Essa seção inclui alguns exemplos com soluções completas para praticamente todos os capítulos na forma de um complemento aos exemplos do livro e do Tutor PO. Os exemplos para este capítulo começam com um problema relativamente simples que envolve a formulação de um pequeno modelo de programação linear para depois aplicar o método gráfico. Os subsequentes vão se tornando, progressivamente, mais desafiadores.

Outra parte fundamental do *Courseware* de PO é um programa denominado **Tutorial IOR**. Esse programa dispõe de vários procedimentos interativos para executar diversos métodos de solução apresentados no livro, permitindo-lhe enfocar o aprendizado e a execução eficiente do método, deixando para o computador o processo de cálculo. Está incluso um procedimento interativo para aplicação do método gráfico para programação linear. Assim que estiver familiarizado com ele, um segundo procedimento lhe permitirá aplicar rapidamente o método gráfico para execução da análise de sensibilidade sobre o efeito de revisar os dados do problema. Você poderá, então, imprimir seu trabalho e os resultados dos exercícios. Como os demais procedimentos do Tutorial IOR, esses também foram desenvolvidos especificamente para lhe proporcionar um aprendizado eficiente, agradável e esclarecedor enquanto faz suas tarefas.

Ao formular um modelo de programação linear com mais de duas variáveis de decisão (implicando a impossibilidade de uso do método gráfico), o *método simplex* descrito no Capítulo 4 lhe permitirá ainda encontrar uma solução ótima de forma imediata. Proceder dessa maneira é útil no processo de *validação de modelos*, já que encontrar uma solução ótima *absurda* sinaliza que você cometeu um engano na formulação do modelo.

Mencionamos na Seção 1.4 que nosso *Courseware* de PO oferece uma introdução para três pacotes de software particularmente populares – o Excel Solver, o LINGO/LINDO e o MPL/CPLEX – para solucionar uma série de modelos de PO. Esses três pacotes incluem o método simplex para a solução de modelos de programação linear. A Seção 3.5 descreve como usar o Excel para formular e resolver modelos de programação linear em um formato de planilha. Descrições de outros pacotes são fornecidas na Seção 3.6 (MPL e LINGO), nos Suplementos 1 e 2 desse capítulo no *site* da editora (LINGO), Seção 4.8 (CPLEX e LINDO) e, finalmente, no Apêndice 4.1 (LINGO e LINDO). Também são fornecidos tutoriais de MPL, LINGO e LINDO no *site*. Além disso, nosso *Courseware* de PO contém um arquivo para cada um desses três pacotes mostrando como podem ser usados para resolver cada um dos exemplos deste capítulo.

3.2 O MODELO DE PROGRAMAÇÃO LINEAR

O problema da Wyndor Glass Co. destina-se a ilustrar um típico problema de programação linear (versão miniatura). Entretanto, a PL é bastante versátil para ser completamente caracterizada em um único exemplo. Nesta seção, discutiremos as características gerais dos problemas de programação linear, inclusive as diversas formas legítimas para o modelo matemático da programação linear.

Iniciamos com alguma terminologia e notação básica. A primeira coluna da Tabela 3.2 sintetiza os componentes do problema da Wyndor Glass Co. A segunda introduz termos mais genéricos para esses mesmos componentes que atenderão a muitos problemas de programação linear. Os termos-chave são *recursos* e *atividades*, nos quais m representa o número dos diferentes tipos de recursos que podem ser utilizados em n se refere ao número de atividades que estão sendo consideradas. Alguns recursos típicos são dinheiro e tipos específicos de máquinas, equipamentos, veículos e pessoal. Entre os exemplos de atividades podemos citar investir em determinados projetos, anunciar em mídia direcionada e transportar mercadorias de certa origem para determinado destino. Em qualquer aplicação de programação linear, todas as atividades podem ser de um tipo genérico (tal como qualquer um desses três exemplos) e depois as atividades individuais seriam alternativas particulares nessa categoria genérica.

Conforme descrito na introdução deste capítulo, o tipo mais comum de aplicação de programação linear envolve alocar recursos a atividades. A quantidade disponível de cada recurso é limitada e, portanto, deve ser feita uma alocação cuidadosa desses recursos para as atividades. Determinar essa alocação envolve escolher os *níveis* das atividades que conduzem ao melhor valor possível da *medida de desempenho global*.

■ **TABELA 3.2** Terminologia comum para a programação linear

Exemplo-protótipo	Problema genérico
Capacidades de produção de três fábricas industriais	Recursos m recursos
Fabricação de produtos Dois produtos Taxa de produção do produto j, x_j	Atividades n atividades Nível de atividade j, x_j
Lucro Z	Medida de desempenho global Z

Certos símbolos são comumente usados para representar os diversos componentes de um modelo de programação linear. Esses símbolos são apresentados, a seguir, junto com suas interpretações para o problema geral de alocar recursos a atividades.

Z = valor da medida de desempenho global
x_j = nível de atividade j (para $j = 1, 2, \ldots, n$)
c_j = incremento em Z que resultaria de cada incremento unitário no nível de atividade j
b_i = quantidade do recurso i que se encontra disponível para alocação em atividades
 (para $i = 1, 2, \ldots, m$)
a_{ij} = quantidade do recurso i consumido por unidade de atividade j

O modelo formula o problema em termos de tomar decisões em relação aos níveis de atividade, de modo que $x_1, x_2, \ldots, x_n$ são denominadas **variáveis de decisão**. Conforme sintetizado na Tabela 3.3, os valores de c_j, b_i e a_{ij} (para $i = 1, 2, \ldots, m$ e $j = 1, 2, \ldots, n$) são as *constantes de entrada* para o modelo; c_j, b_i e a_{ij} também são conhecidos como **parâmetros** do modelo.

Observe a correspondência entre as Tabelas 3.3 e 3.1.

TABELA 3.3 Dados necessários para um modelo de programação linear que envolve a alocação de recursos para atividades

	Uso de recursos por unidade de atividade				
	Atividade				Quantidade de recursos disponíveis
Recurso	1	2	...	n	
1	a_{11}	a_{12}	...	a_{1n}	b_1
2	a_{21}	a_{22}	...	a_{2n}	b_2
...	...	...	...	...	...
m	a_{m1}	a_{m2}	...	a_{mn}	b_m
Contribuição para Z por unidade de atividade	c_1	c_2	...	c_n	

Uma forma-padrão de modelo

Dando continuidade ao problema da Wyndor Glass Co., agora temos condições de formular o modelo matemático para esse problema genérico de alocação de recursos para atividades. Em particular, esse modelo visa selecionar os valores para $x_1, x_2, \ldots, x_n$, de forma a

$$\text{Maximizar} \quad Z = c_1 x_1 + c_2 x_2 + \cdots + c_n x_n,$$

sujeito às restrições

$$a_{11} x_1 + a_{12} x_2 + \cdots + a_{1n} x_n \leq b_1$$
$$a_{21} x_1 + a_{22} x_2 + \cdots + a_{2n} x_n \leq b_2$$
$$\vdots$$
$$a_{m1} x_1 + a_{m2} x_2 + \cdots + a_{mn} x_n \leq b_m,$$

e

$$x_1 \geq 0, \quad x_2 \geq 0, \quad \ldots, x_n \geq 0.$$

Chamamos isso *nossa forma-padrão*[1], para o problema de programação linear. Qualquer situação cuja formulação matemática se encaixe nesse modelo é um problema de programação linear.

Observe que o modelo para a Wyndor Glass Co. atende à nossa forma-padrão, com $m = 3$ e $n = 2$.

A terminologia comum para o modelo de programação linear pode agora ser sintetizada. A função que está sendo maximizada, $c_1 x_1 + c_2 x_2 + \cdots + c_n x_n$, é chamada **função objetivo**. As limitações são normalmente denominadas **restrições**. As primeiras m restrições (aquelas com uma *função* de todas as variáveis $a_{i1} x_1 + a_{i2} x_2 + \cdots a_{in} x_n$ do lado esquerdo) são algumas vezes chamadas **restrições funcionais** (ou *restrições estruturais*). De modo similar $x_j \geq 0$, as restrições são conhecidas como **restrições de não negatividade** (ou *condições não negativas*).

Outras formas

Agora, temos de nos apressar para acrescentar que, na verdade, o modelo precedente não se encaixa na forma natural de alguns problemas de programação linear. As demais *formas legítimas* são as seguintes:

1. Minimizar em vez de maximizar a função objetivo:

$$\text{Minimizar} \quad Z = c_1 x_1 + c_2 x_2 + \cdots + c_n x_n.$$

---

[1] Alguns textos adotam outras formas; neste livro, usamos *nossa* forma-padrão.

2. Algumas restrições funcionais com desigualdade do tipo maior do que ou igual a:

$$a_{i1}x_1 + a_{i2}x_2 + \cdots + a_{in}x_n \geq b_i \quad \text{para alguns valores de } i.$$

3. Algumas restrições funcionais na forma de equação:

$$a_{i1}x_1 + a_{i2}x_2 + \cdots + a_{in}x_n = b_i \quad \text{para alguns valores de } i.$$

4. Eliminar as restrições não negativas para algumas das variáveis de decisão:

$$x_j \text{ irrestrita em sinal} \quad \text{para alguns valores de } j$$

Qualquer problema que mescle algumas dessas formas com as partes remanescentes do modelo anterior ainda será um problema de programação linear. Nossa interpretação da expressão alocar recursos limitados para atividades que competem entre si talvez não se aplique mais tão bem, se é que realmente ainda se possa aplicar. No entanto, independentemente da interpretação ou do contexto, tudo o que é exigido é que a declaração matemática do problema se ajuste às formas permitidas. Portanto, a definição concisa de um problema de programação linear é que cada componente de seu modelo se ajuste à forma padrão ou então a uma das demais formas legítimas enumeradas anteriormente.

Terminologia para soluções de modelos

Você deve estar acostumado a ver o termo solução com o significado de resposta final para um problema, porém, a convenção em programação linear (e suas extensões) é bem diferente. Aqui, *qualquer* especificação de valores para as variáveis de decisão ($x_1, x_2, ..., x_n$) é chamada de **solução**, independentemente de ela ser desejável ou até mesmo ser uma opção admissível. Diferentes tipos de solução são então identificados usando-se um adjetivo apropriado.

Uma **solução viável** é aquela para a qual *todas* as restrições são *satisfeitas*.
Uma **solução inviável** é aquela para a qual *pelo menos uma* das restrições é *violada*.

No exemplo, os pontos (2, 3) e (4, 1) na Figura 3.2 são *soluções viáveis* ao passo que os pontos (−1, 3) e (4, 4) são *soluções inviáveis*.

A **região de soluções viáveis** é o conjunto de todas as soluções viáveis.
A região de soluções viáveis no exemplo é toda a área preenchida na Figura 3.2.

É possível que não haja **nenhuma solução viável**. Isso poderia ter acontecido no exemplo caso os novos produtos tivessem exigido lucro líquido de pelo menos US$ 50.000 por semana para justificar a descontinuação de parte da linha de produtos atual. A restrição correspondente, $3x_1 + 5x_2 \geq 50$, eliminaria toda a região de soluções viáveis, de modo que nenhum *mix* de novos produtos seria superior ao *status quo*. Esse caso é ilustrado na Figura 3.4.

Dado que existem soluções viáveis, o objetivo da programação linear é encontrar a melhor solução viável conforme medida pelo valor da função objetivo no modelo.

Uma **solução ótima** é uma solução viável que tem o *valor mais favorável* da função objetivo.

O **valor mais favorável** é o *maior valor* se a função objetivo tiver de ser *maximizada*, ao passo que será o *menor valor* caso ela deva ser *minimizada*.

A maior parte dos problemas terá apenas uma solução ótima. Entretanto, é possível ter mais de uma. Isso ocorreria no exemplo caso o *lucro por lote fabricado* do produto 2 fosse alterado para US$ 2.000. Isso altera a função objetivo para $Z = 3x_1 + 2x_2$, e assim todos os pontos no segmento de reta que conectam os pontos (2, 6) e (4, 3) seriam ótimos. Esse caso é ilustrado na Figura 3.5. Como acontece nesse caso, *qualquer* problema que tenha **soluções ótimas múltiplas** apresentará um número infinito delas, cada uma com o mesmo valor ótimo da função objetivo.

Outra possibilidade é que um problema não tenha **nenhuma solução ótima**. Isso acontece apenas se (1) ela não tiver nenhuma solução viável ou (2) as restrições não impedirem que se aumente indefinidamente o valor da função objetivo (Z) na direção favorável (positiva ou negativa). O último caso é conhecido como tendo um **Z ilimitado** ou uma *função objetivo ilimitada*. Para fins ilustrativos, esse caso aconteceria se as duas últimas restrições funcionais fossem eliminadas por engano no exemplo, conforme ilustrado na Figura 3.6.

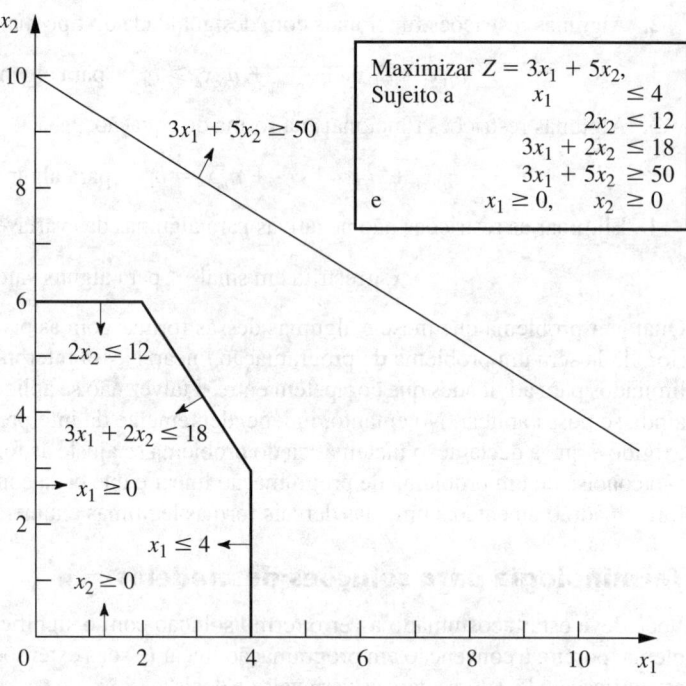

FIGURA 3.4 O problema da Wyndor Glass Co. não teria solução viável caso a restrição $3x_1 + 5x_2 \geq 50$ fosse acrescentada ao problema.

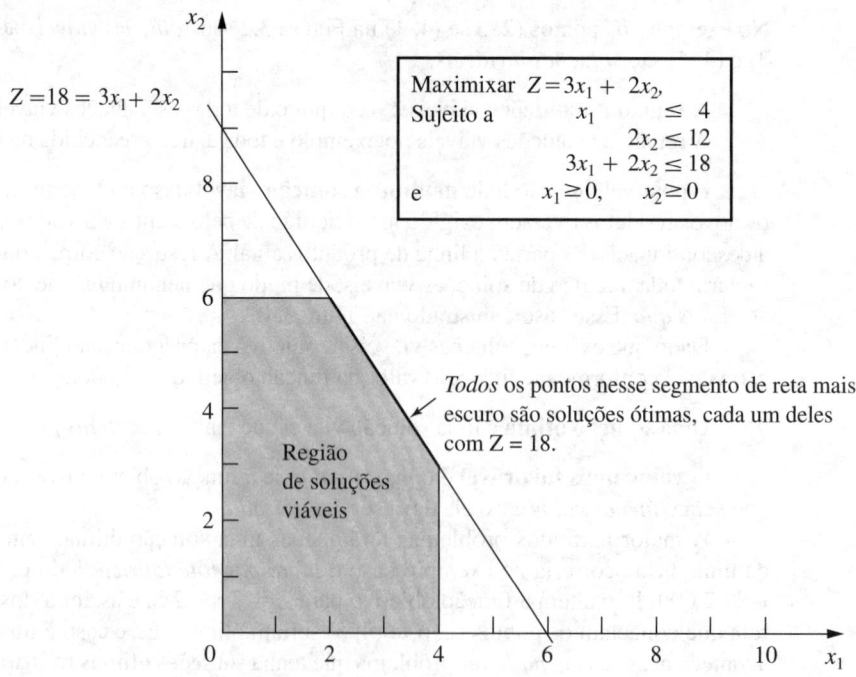

FIGURA 3.5 O problema da Wyndor Glass Co. teria múltiplas soluções ótimas caso a função objetivo fosse alterada para $Z = 3x_1 + 2x_2$.

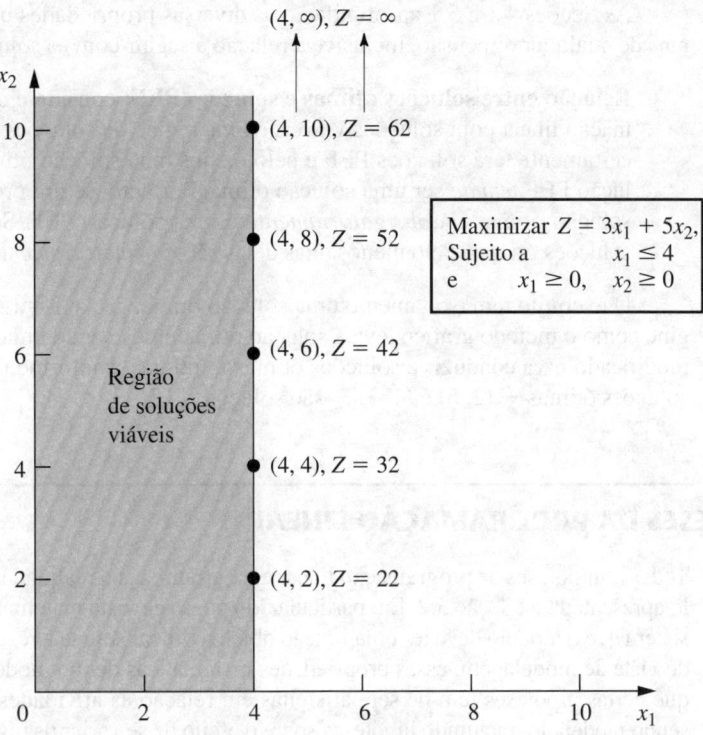

■ **FIGURA 3.6** O problema da Wyndor Glass Co. não teria uma solução ótima se a única restrição funcional fosse $x_1 \leq 4$, pois x_2 poderia então ser aumentado indefinidamente na região de soluções viáveis sem jamais atingir o valor máximo de $Z = 3x_1 + 5x_2$.

Apresentamos, a seguir, um tipo especial de solução viável que desempenha papel fundamental quando o método simplex procura uma solução ótima.

Uma **solução ponto extremo factível** (PEF) é aquela que está em um vértice da região de soluções viáveis.* As soluções PEF também são comumente conhecidas como *pontos extremos* ou *vértices*, mas preferimos o termo mais sugestivo *ponto extremo*. A Figura 3.7 destaca as cinco soluções PEF para o exemplo.

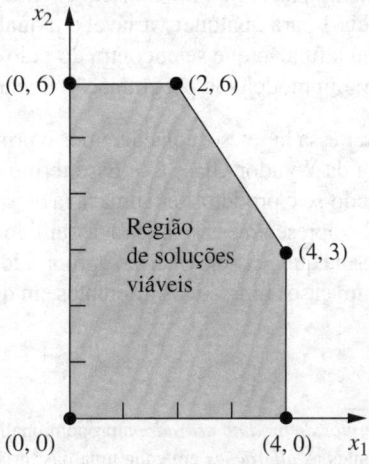

■ **FIGURA 3.7** Os cinco pontos são as soluções PEF para o problema da Wyndor Glass Co.

*N. de R.T.: Os termos factível e viável serão usados como sinônimos neste livro.

As Seções 4.1 e 5.1 aprofundarão as diversas propriedades úteis das soluções PEF para problemas de qualquer dimensão, inclusive a relação a seguir com as soluções ótimas.

Relação entre soluções ótimas e soluções PEF: considere qualquer problema de programação linear com soluções viáveis e uma região de soluções viáveis limitada. O problema certamente terá soluções PEF e pelo menos uma solução ótima. Além disso, a melhor solução PEF *tem de* ser uma solução ótima. Portanto, se um problema tiver exatamente uma solução ótima, ela *obrigatoriamente* é uma solução PEF. Se o problema tiver múltiplas soluções ótimas, pelo menos duas delas são, *obrigatoriamente*, soluções PEF.

O exemplo tem exatamente uma solução ótima, $(x_1, x_2) = (2, 6)$, que é uma solução PEF. Imagine como o método gráfico leva à solução ótima única sendo uma solução PEF. Quando o exemplo é modificado para conduzir a soluções ótimas múltiplas, conforme ilustrado na Figura 3.5, duas dessas soluções ótimas — (2, 6) e (4, 3) — são soluções PEF.

3.3 HIPÓTESES DA PROGRAMAÇÃO LINEAR

Todas as hipóteses de programação linear encontram-se, na realidade, implícitas na formulação do modelo apresentada na Seção 3.2. Em particular, do ponto de vista matemático, as hipóteses simplesmente consistem que o modelo deve ter uma função objetivo linear sujeita a restrições lineares. Entretanto, do ponto de vista de modelagem, essas propriedades matemáticas de um modelo de programação linear implicam que certas hipóteses têm de ser satisfeitas em relação às atividades e aos dados do problema que está sendo modelado, incluindo hipóteses sobre o efeito de se variar os níveis de atividades. É bom destacá-las para que você possa avaliar mais facilmente quão bem a programação linear se aplica a qualquer problema especificado. Além disso, ainda precisamos ver por que a equipe de PO da Wyndor Glass Co. concluiu que uma formulação de programação linear forneceria uma representação satisfatória do problema.

Proporcionalidade

Proporcionalidade é uma hipótese que se refere tanto à função objetivo quanto às restrições funcionais, conforme encontra-se resumido a seguir.

Hipótese da proporcionalidade: a contribuição de cada atividade ao *valor da função objetivo Z* é *proporcional* ao *nível de atividade* x_j, conforme representado pelo termo $c_j x_j$ na função objetivo. De modo semelhante, a contribuição de cada atividade do *lado esquerdo de cada restrição funcional* é *proporcional* ao *nível de atividade* x_j, como está representado pelo termo $a_{ij} x_j$ na restrição. Consequentemente, essa hipótese descarta qualquer expoente que não seja 1 para qualquer variável em qualquer termo de qualquer função (seja a função objetivo ou a função que se encontra do lado esquerdo na declaração de uma restrição funcional) em um modelo de programação linear[2].*

Para ilustrar essa hipótese, consideremos o primeiro termo ($3x_1$) da função objetivo ($Z = 3x_1 + 5x_2$) para o problema da Wyndor Glass Co. Esse termo representa o lucro semanal gerado (em milhares de dólares) fabricando-se o produto 1 em uma taxa de x_1 lotes por semana. A coluna *proporcionalidade satisfeita* na Tabela 3.4 apresenta o caso que foi assumido na Seção 3.1, a saber, que esse lucro é de fato proporcional a x_1 de forma que $3x_1$ seja o termo apropriado para a função objetivo. Ao contrário, as três colunas seguintes mostram casos hipotéticos diferentes em que a hipótese da proporcionalidade seria violada.

---

[2] Quando a função incluir quaisquer *termos de produto cruzado*, a proporcionalidade deve ser interpretada de modo a significar que *alterações* no valor da função são proporcionais às *alterações* em cada uma das variáveis (x_i), dados quaisquer valores fixos para todas as demais variáveis. Portanto, um termo produto cruzado satisfaz o princípio da proporcionalidade desde que cada variável do termo tenha um expoente igual a 1. (Entretanto, qualquer termo de produto cruzado viola a *hipótese da aditividade*, discutida a seguir.)

* N. de R.T.: Um produto cruzado é um termo do tipo $[x_1 \cdot x_2]$. Como explica o autor, mantendo-se uma atividade em nível constante, o total é proporcional às variações da outra atividade.

TABELA 3.4 Exemplos que satisfazem ou violam a proporcionalidade

	Lucro do produto 1 (US$ 1.000 por semana)			
	A proporcionalidade é satisfeita	A proporcionalidade é violada		
x_1		Caso 1	Caso 2	Caso 3
0	0	0	0	0
1	3	2	3	3
2	6	5	7	5
3	9	8	12	6
4	12	11	18	6

Consulte a coluna do *Caso 1* da Tabela 3.4. Esse caso aconteceria caso existissem *custos iniciais* associados ao início da fabricação do produto 1. Por exemplo, podem existir custos envolvidos com a implantação das instalações industriais; também podem existir outros associados à organização da distribuição do novo produto. Pelo fato de haver custos que ocorrem apenas uma única vez, eles precisariam ser amortizados semanalmente para ser comensuráveis em relação à Z (lucro em milhares de dólares por semana). Suponha que essa amortização fosse feita e que o custo inicial correspondesse a reduzir Z de um valor 1, mas que o lucro, sem considerar o custo inicial, fosse $3x_1$. Isto significaria que a contribuição do produto 1 para Z seria $3x_1 - 1$ para $x_1 > 0$, ao passo que a contribuição seria $3x_1 = 0$ quando $x_1 = 0$ (nenhum custo inicial). Essa função lucro[3], que é representada pela curva completa da Figura 3.8, certamente não é proporcional a x_1.

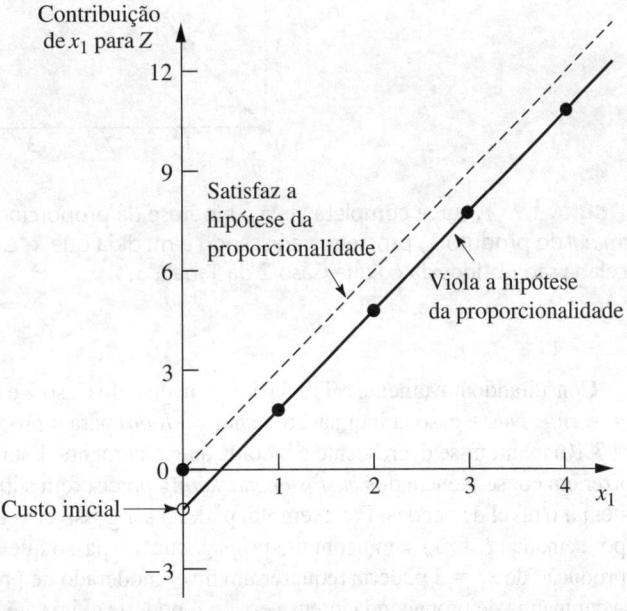

■ **FIGURA 3.8** A curva completa viola a hipótese da proporcionalidade em razão do custo inicial que é acarretado quando x_1 é aumentado a partir de 0. Os valores na curva tracejada são obtidos da coluna Caso 1 da Tabela 3.4.

---

[3] Se a contribuição do produto 1 para Z fosse $3x_i - 1$ para todo $x_i \geq 0$, inclusive $x_i = 0$, então a constante fixa, -1, poderia ser eliminada da função objetivo sem alterar a solução ótima e a proporcionalidade seria restaurada. Entretanto, esse "conserto" não funciona neste caso, pois a constante -1 não se aplica quando $x_i = 0$.

À primeira vista, pode parecer que o *Caso 2* da Tabela 3.4 seja bem similar ao Caso 1. Porém, o Caso 2 surge, na verdade, de forma diferente. Não há mais o custo inicial e o lucro semanal da primeira unidade do produto 1 é de fato 3, conforme suposto inicialmente. Entretanto, agora há um *lucro marginal crescente*; isto é, a inclinação da função lucro para o produto 1 (ver a curva completa na Figura 3.9) mantém-se crescente à medida que x_1 aumenta. Essa violação de proporcionalidade poderia ocorrer em razão da economia de escala que pode, algumas vezes, ser atingida com altos níveis de produção, por exemplo, pelo emprego de maquinário mais eficiente com grande capacidade de fabricação, de séries de produção maiores, descontos por quantidade para grandes compras de matéria-prima e o efeito da curva de aprendizado na qual os trabalhadores tornam-se mais eficientes à medida que ganham experiência com determinado modo de produção. Conforme o custo incremental diminui, o lucro incremental aumenta (supondo-se receitas marginais constantes).

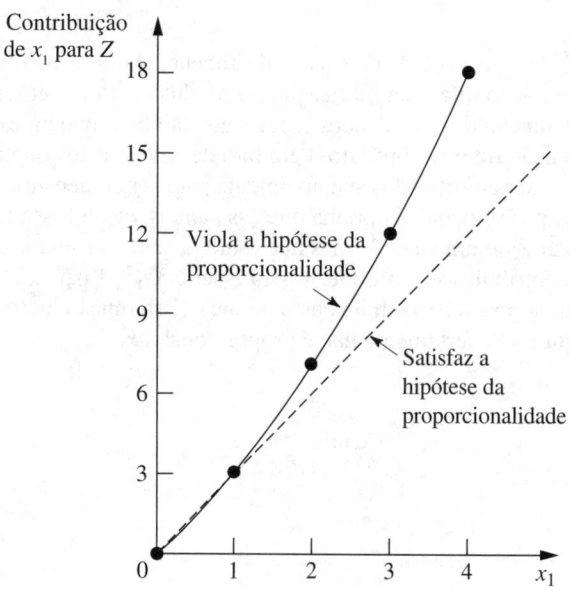

■ **FIGURA 3.9** A curva completa viola a hipótese da proporcionalidade, pois sua inclinação (o *lucro marginal* do produto 1) prossegue crescendo à medida que x_1 é aumentado. Os valores na curva tracejada são obtidos da coluna Caso 2 da Tabela 3.4.

Consultando novamente a Tabela 3.4, o inverso do Caso 2 é o Caso 3, em que há um *lucro marginal decrescente*. Nesse caso, a inclinação da *função lucro* para o produto 1 (dada pela curva completa da Figura 3.10) mantém-se decrescente à medida que x_1 aumenta. Esta violação da proporcionalidade poderia ocorrer em consequência dos *custos de marketing* precisarem subir mais do que proporcionalmente para aumentar o nível de vendas. Por exemplo, poderia ser possível vender o produto 1 a uma taxa de 1 unidade por semana ($x_1 = 1$) sem nenhuma propaganda, ao passo que atingir vendas que sustentem uma taxa de produção de $x_1 = 2$ poderia requerer um nível moderado de propaganda, $x_1 = 3$ poderia necessitar de uma campanha de propaganda intensa e $x_1 = 4$ poderia exigir até mesmo a redução do preço do produto.

Os três casos são exemplos hipotéticos de como a hipótese da proporcionalidade poderia ser violada. Qual é a verdadeira situação? O lucro real de se fabricar o produto 1 (ou qualquer outro produto) deriva das receitas com vendas menos os diversos custos diretos e indiretos. Inevitavelmente, alguns componentes desses custos não são estritamente proporcionais à taxa de produção, talvez em virtude de uma das razões expostas anteriormente. Entretanto, a questão real é se, após os componentes de lucro terem sido acumulados, a proporcionalidade é ou não uma aproximação razoável para fins práticos de modelagem. Para o problema da Wyndor Glass Co., a equipe de PO analisou tanto a função objetivo quanto as restrições funcionais. A conclusão foi que se poderia de fato assumir a proporcionalidade sem distorções significativas.

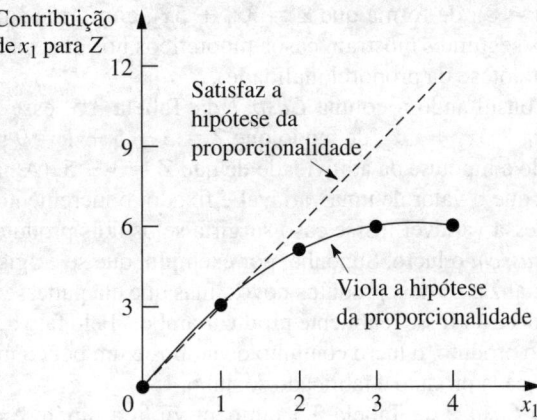

■ **FIGURA 3.10** A curva completa viola a hipótese da proporcionalidade, pois sua inclinação (o *lucro marginal* do produto 1) prossegue decrescendo à medida que x_1 vai aumentando. Os valores na curva pontilhada são obtidos da coluna Caso 3 da Tabela 3.4.

Para outros problemas, o que aconteceria quando a hipótese da proporcionalidade não se provar suficiente nem mesmo como aproximação razoável? Na maioria dos casos, isso significa que devemos usar, em seu lugar, a *programação não linear* (apresentada no Capítulo 12). Entretanto, efetivamente apontamos na Seção 12.8 que certo tipo importante de não proporcionalidade ainda pode ser tratado por programação linear reformulando-se o problema de forma apropriada. Além disso, se a hipótese for violada somente por causa de custos iniciais, há uma extensão da programação linear (*programação inteira mista*) que pode ser empregada, conforme discutido será na Seção 11.3 (o problema do encargo fixo).

Aditividade

Embora a hipótese da proporcionalidade descarte qualquer expoente que não seja 1, ela não proíbe *termos de produto cruzado* (termos que envolvem o produto de duas ou mais variáveis). A hipótese da aditividade descarta efetivamente essa última possibilidade, conforme será resumido a seguir.

> **Hipótese da aditividade:** *toda* função em um modelo de programação linear (seja a função objetivo, seja a função que se encontra do lado esquerdo da declaração de uma restrição funcional) é a *soma* das *contribuições individuais* das respectivas atividades.

A fim de tornar essa definição mais concreta e esclarecer por que precisamos nos preocupar com essa hipótese, vejamos alguns outros exemplos. A Tabela 3.5 apresenta alguns possíveis casos que envolvem a função objetivo para o problema da Wyndor Glass Co. Em cada caso, as *contribuições individuais* dos produtos são simplesmente aquelas supostas na Seção 3.1, a saber: $3x_1$ para o produto 1 e $5x_2$ para o produto 2. A diferença reside na última linha que dá o *valor da função* para Z quando os dois produtos são fabricados conjuntamente. A coluna *aditividade satisfeita* mostra o caso em que esse *valor de função* é obtido simplesmente somando-se as duas primeiras linhas

■ **TABELA 3.5** Exemplos que satisfazem ou violam a aditividade para a função objetivo

	Valor de Z		
		A aditividade é violada	
(x_1, x_2)	A aditividade é satisfeita	Caso 1	Caso 2
(1, 0)	3	3	3
(0, 1)	5	5	5
(1, 1)	8	9	7

(3 + 5 = 8), de forma que $Z = 3x_1 + 5x_2$, conforme suposto previamente. Ao contrário, as duas colunas seguintes mostram casos hipotéticos nos quais a hipótese da aditividade seria violada (mas não a hipótese da proporcionalidade).

Consultando a coluna *Caso 1* da Tabela 3.5, esse caso corresponde a uma função objetivo $Z = 3x_1 + 5x_2 + x_1x_2$, de modo que $Z = 3 + 5 + 1 = 9$ para $(x_1, x_2) = (1, 1)$ e, consequentemente, violando a hipótese da aditividade de que $Z = 3 + 5$. (A hipótese da proporcionalidade ainda é satisfeita já que o valor de uma variável é fixado, o incremento em Z da outra variável é proporcional ao valor dessa variável.) Esse caso surgiria se os dois produtos fossem *complementares* e de modo que *aumentassem* o lucro. Suponha, por exemplo, que se exigisse uma grande campanha publicitária para comercializar os dois produtos novos, mas que ela pudesse efetivamente promover ambos os produtos caso a decisão fosse realmente produzir ambos. Pelo fato de um custo significativo ser poupado para o segundo produto, o lucro conjunto de ambos é um pouco maior que a *soma* de seus lucros individuais quando cada produto é fabricado sozinho.

O *Caso 2* da Tabela 3.5 também viola a hipótese da aditividade, por causa do termo extra na função objetivo correspondente, $Z = 3x_1 + 5x_2 - x_1x_2$, de modo que $Z = 3 + 5 - 1 = 7$ para $(x_1, x_2) = (1, 1)$. Ao contrário do primeiro, o Caso 2 surgiria se os dois produtos *competissem entre si* de forma que *diminuísse* seu lucro conjunto. Suponha, por exemplo, que os dois produtos precisem usar o mesmo maquinário e equipamento. Se ambos fossem fabricados isoladamente, maquinário e equipamento seriam dedicados a esse único uso. Porém, fabricar ambos os produtos exigiria trocar de processo de produção a todo momento, com tempo e custos significativos envolvidos em interromper temporariamente a produção de um produto e preparar para fabricar o outro. Em função desse custo extra significativo, sua produção conjunta é algo inferior do que a *soma* de seus lucros isolados quando cada produto é fabricado separadamente.

Os mesmos tipos de interação entre atividades podem afetar a aditividade das funções restritivas. Considere, por exemplo, a terceira restrição funcional do problema Wyndor Glass Co.: $3x_1 + 2x_2 \leq 18$. (Essa é a única restrição que envolve ambos os produtos.) Refere-se à capacidade de produção da Fábrica 3, na qual 18 horas do tempo de produção semanais encontram-se disponíveis para os dois novos produtos e a função que se encontra no lado esquerdo $(3x_1 + 2x_2)$ representa o número de horas de produção por semana que seriam usadas por esses produtos. A coluna *aditividade satisfeita* da Tabela 3.6 expõe esse caso assim como ele é, independentemente das duas colunas seguintes mostrarem casos nos quais a função possui um termo de produto cruzado extra que viola a aditividade. Para essas três colunas, as *contribuições individuais* dos produtos para o emprego da capacidade produtiva da Fábrica 3 são exatamente aquelas anteriormente supostas, a saber: $3x_1$ para o produto 1 e $2x_2$ para o produto 2, ou $3(2) = 6$ para $x_1 = 2$ e $2(3) = 6$ para $x_2 = 3$. Como acontece na Tabela 3.5, a diferença reside na última linha, que agora fornece o *valor total da função* para o tempo de produção usado quando os dois produtos são fabricados em conjunto.

Para o Caso 3 (ver a Tabela 3.6), o tempo de produção utilizado pelos dois produtos é dado pela função $3x_1 + 2x_2 + 0{,}5x_1x_2$, de modo que o *valor total da função* seja $6 + 6 + 3 = 15$ quando $(x_1, x_2) = (2, 3)$, o que viola a hipótese da aditividade de que o valor é simplesmente $6 + 6 = 12$. Esse caso pode surgir exatamente da mesma forma descrita para o Caso 2 da Tabela 3.5, isto é, tempo extra é desperdiçado na troca de processos de produção entre os dois produtos. O termo de produto cruzado extra $(0{,}5x_1 x_2)$ daria o tempo de produção desperdiçado desse modo. (Observe que, nesse caso, o tempo gasto mudando de produto leva a um termo de produto cruzado positivo, em que a função total mede o tempo de produção utilizado, enquanto ele leva a um termo de produto cruzado negativo no Caso 2 pois, nesse caso, a função total mede o lucro).

■ **TABELA 3.6** Exemplos que satisfazem ou violam a aditividade para uma restrição funcional

	Quantidade de recurso utilizado		
		A aditividade é violada	
(x_1, x_2)	A aditividade é satisfeita	Caso 3	Caso 4
(2, 0)	6	6	6
(0, 3)	6	6	6
(2, 3)	12	15	10,8

Para o Caso 4 da Tabela 3.6, a função para o tempo de produção usada é $3x_1 + 2x_2 - 0,1x_1^2x_2$, de modo que o *valor da função* para $(x_1, x_2) = (2, 3)$ é $6 + 6 - 1,2 = 10,8$. Esse caso poderia surgir do seguinte modo. Como no Caso 3, suponhamos que os dois produtos exijam o mesmo tipo de maquinário e equipamento. Porém, dessa vez, vamos supor que o tempo exigido para troca de um produto para outro fosse relativamente pequeno. Pelo fato de cada produto passar por uma sequência de operações de produção, as instalações para produção individual normalmente dedicadas àquele produto incorreria em períodos ociosos ocasionais. Durante esses períodos ociosos, essas instalações podem ser utilizadas pelo outro produto. Consequentemente, o tempo total de produção utilizado (inclusive períodos ociosos), quando ambos são fabricados em conjunto, seria menor que a *soma* dos tempos de produção empregados em cada um deles isoladamente.

Após analisar os possíveis tipos de interação entre os dois produtos ilustrados por esses quatro casos, a equipe de PO chegou à conclusão de que nenhum deles desempenhava papel fundamental no problema atual da Wyndor Glass Co. Portanto, a hipótese da aditividade foi adotada como uma aproximação razoável.

Para outros tipos de problema, se a aditividade não for uma suposição razoável, de modo que algumas ou todas as funções matemáticas do modelo precisem ser *não lineares* (em razão dos termos de produto cruzado), você certamente entrará no domínio da programação não linear (Capítulo 12).

Divisibilidade

Nossa próxima hipótese refere-se aos valores permitidos para as variáveis de decisão.

> **Hipótese da divisibilidade:** as variáveis de decisão em um modelo de programação linear podem assumir *quaisquer* valores, inclusive valores *não inteiros*, que satisfaçam as restrições funcionais e de não negatividade. Logo, essas variáveis *não* são restritas apenas a valores inteiros. Já que cada variável de decisão representa o nível de alguma atividade, supõe-se que as atividades possam ser desenvolvidas em níveis *fracionários*.

Para o problema da Wyndor Glass Co., as variáveis de decisão representam taxas de produção (o número de lotes de um produto fabricado semanalmente). Visto que essas taxas de produção podem assumir *qualquer* valor fracionário na região de soluções viáveis, a hipótese de divisibilidade permanece válida.

Em certas situações, não se satisfaz a hipótese da divisibilidade, pois algumas ou todas as variáveis de decisão têm de se restringir a *valores inteiros*. Modelos matemáticos que apresentam essa restrição são chamados modelos de *programação inteira*; eles serão discutidos no Capítulo 11.

Certeza

Nossa última hipótese refere-se aos *parâmetros* do modelo, a saber: os coeficientes c_j na função objetivo, os coeficientes a_{ij} nas restrições funcionais e os lados direitos das restrições funcionais, b_i.

> **Hipótese da certeza:** assume-se o valor atribuído a cada parâmetro de um modelo de programação linear como uma *constante conhecida*.

Em aplicações reais, a hipótese da certeza raramente é satisfeita de forma precisa. Os modelos da programação linear são, em geral, formulados para selecionar alguma medida futura. Portanto, os valores de parâmetros usados se baseariam em uma previsão de condições futuras que, inevitavelmente, introduz algum grau de incerteza.

Por essa razão é normalmente importante realizar a **análise de sensibilidade** após uma solução ter sido classificada como ótima segundo os valores de parâmetros assumidos. Conforme se discutiu na Seção 2.3, um dos objetivos é identificar os parâmetros *sensíveis* (aqueles cujos valores não podem ser modificados sem alterar a solução ótima), uma vez que qualquer alteração posterior no valor de um parâmetro sensível sinaliza imediatamente a necessidade de mudar a solução adotada.

A análise de sensibilidade desempenha papel importante na análise do problema da Wyndor Glass Co., como você verá na Seção 6.7. Entretanto, é necessário adquirir algum conhecimento adicional antes de concluir essa história.

Ocasionalmente, o grau de incerteza nos parâmetros é muito grande para ser tratado com a análise de sensibilidade. Nesse caso, é necessário tratar os parâmetros explicitamente como *variáveis aleatórias*. Foram desenvolvidas formulações desse tipo, conforme será discutido nas Seções 23.6 e 23.7 do *site* deste livro.

As hipóteses em perspectiva

Enfatizamos na Seção 2.2 que um modelo matemático destina-se apenas a ser uma representação idealizada de um problema real. Normalmente são necessárias aproximações e suposições simplificadoras para que o modelo seja tratado. Acrescentar muitos detalhes e precisão pode torná-lo incontrolável para a análise útil do problema. Tudo o que realmente é necessário é que haja uma correlação relativamente grande entre a previsão do modelo e o que realmente aconteceria no problema real.

Essa recomendação certamente se aplica à programação linear. É muito comum nas aplicações reais de programação linear que quase *nenhuma* das quatro hipóteses se sustente completamente. Exceto, talvez, pela *hipótese da divisibilidade*, é de esperar pequenas disparidades. Isso é particularmente verdadeiro para a hipótese *da certeza*, de modo que a análise de sensibilidade normalmente é uma exigência para compensar violação.

Entretanto, é importante para a equipe de PO examinar as quatro hipóteses para o problema em estudo e analisar a dimensão dessas disparidades. Se qualquer uma das hipóteses for violada de forma significativa, então há disponibilidade de uma série de modelos alternativos úteis, como será apresentado em capítulos adiante neste livro. Uma desvantagem desses outros modelos é que os algoritmos disponíveis para solucioná-los não são nem de perto poderosos como aqueles disponíveis para programação linear, embora essa diferença não seja expressiva em alguns casos. Para algumas aplicações, o poderoso método da programação linear é utilizado para a análise inicial e depois se emprega um modelo mais complexo para refinar essa análise.

À medida que trabalhar com os exemplos da Seção 3.4, você verá que é boa prática analisar em que nível cada uma dessas quatro hipóteses da programação linear se aplica.

3.4 EXEMPLOS ADICIONAIS

O problema da Wyndor Glass Co. é um exemplo-protótipo de programação linear sob vários aspectos: ele envolve alocação de recursos limitados entre atividades que competem entre si, seu modelo se encaixa em nossa forma-padrão e seu contexto é aquele tradicional de melhor planejamento de negócios. Entretanto, a aplicabilidade da programação linear é muito mais ampla. Nesta seção começaremos a ampliar nosso horizonte. À medida que você estudar os próximos exemplos, observe que são seus modelos matemáticos implícitos e não o contexto que os caracterizam como problemas de programação linear. Passe então a pensar como o mesmo modelo matemático poderia surgir em muitos outros contextos simplesmente mudando o nome das atividades e assim por diante.

Esses exemplos são versões em pequena escala de aplicações reais. Assim como o problema da Wyndor e o exemplo de demonstração para o método gráfico no Tutor PO, o primeiro desses exemplos possui apenas duas variáveis de decisão e, por isso, pode ser resolvido por métodos gráficos. Pelas novas características, ele é um problema de minimização e apresenta uma mistura de formas para as restrições funcionais. (Esse exemplo simplifica consideravelmente a situação real de planejamento de sessões de radioterapia, no entanto, a primeira vinheta de aplicação nessa seção descreve o impacto veemente que a PO tem, efetivamente, nesse setor.) Os exemplos subsequentes têm um número consideravelmente maior que duas variáveis de decisão e, portanto, são mais desafiantes em sua formulação. Mencionaremos suas soluções ótimas que são obtidas por meio do método simplex, no entanto, o foco aqui será como formular o modelo de programação linear para esses problemas maiores. As seções seguintes e o próximo capítulo passarão para a questão das ferramentas de software e do algoritmo (o método simplex) que são usados para solucionar esses problemas.

Se considerar necessário mais exemplos de formulação de modelos de programação linear pequenos e relativamente diretos antes de lidar com esses exemplos de formulação mais complexos, sugerimos que retorne ao exemplo de demonstração para o método gráfico no Tutor PO e para aqueles na seção Worked Examples neste capítulo contidos no *site* da editora.

Planejamento de sessões de radioterapia

Mary acaba de receber um diagnóstico de câncer em um estágio relativamente avançado. Especificamente, ela tem um tumor maligno na área da bexiga (uma "lesão integral da bexiga").

Mary vai receber o tratamento médico mais avançado disponível, o que vai lhe oferecer todas as chances disponíveis de sobrevivência, incluindo *radioterapia*.

A radioterapia envolve o uso de uma máquina para tratamento onde a fonte de radiação é externa e uma radiação ionizante passa através do corpo do paciente, danificando tanto tecidos cancerígenos quanto tecidos saudáveis. Normalmente, vários fluxos são administrados precisamente de diferentes ângulos em um plano bidimensional. Devido à atenuação, cada fluxo libera mais radiação para o tecido mais próximo do ponto de entrada do que para o tecido mais próximo do ponto de saída. A dispersão faz com que uma parcela de radiação também atinja tecidos fora da trajetória direta do fluxo. Pelo fato de as células tumorais se posicionarem tipicamente, de forma microscópica, entre células saudáveis, a dosagem de radiação na região do tumor tem de ser grande o bastante para eliminar as células malignas, que são ligeiramente mais sensíveis à radiação e, ao mesmo tempo, suficientemente pequenas para poupar as células saudáveis. Ao mesmo tempo, a dose acumulada sobre os tecidos críticos não deve exceder os níveis de tolerância admitidos, de modo a impedir complicações que podem vir a ser mais sérias que a doença em si. Pela mesma razão, a dose total para manter toda a estrutura saudável deve ser minimizada.

Em virtude da necessidade de se balancearem cuidadosamente todos esses fatores, as sessões de radioterapia representam processos muito delicados. O objetivo do planejamento das sessões é selecionar a combinação de fluxo a ser usado e a intensidade de cada um deles, para gerar a melhor distribuição de dosagem possível. A potência da dose em qualquer ponto do corpo é medida em unidades chamadas *kilorads*. Uma vez que o planejamento do tratamento tenha sido desenvolvido, ele é administrado em várias sessões, distribuídas ao longo de várias semanas.

No caso de Mary, o tamanho e a localização do tumor tornam o planejamento de seu tratamento um processo ainda mais complicado que o usual. A Figura 3.11 mostra diagrama de um corte transversal do tumor visto de cima, bem como tecidos críticos vizinhos que devem ser evitados. Entre esses tecidos temos órgãos também em estado crítico (por exemplo, o reto) assim como estruturas ósseas (por exemplo, o fêmur e a pélvis) que vão atenuar a radiação. Também são indicados o ponto de entrada e a direção para os dois únicos fluxos que podem ser usados com um mínimo de segurança nesse caso. (Na verdade, estamos simplificando o exemplo nesse ponto, pois normalmente dezenas de possíveis fluxos têm de ser considerados.)

Para qualquer fluxo proposto de dada intensidade, a análise de qual seria a absorção de radiação resultante por várias partes do corpo requer um complicado processo. Em suma, com base em cuidadosa análise anatômica, a distribuição de energia dentro da secção transversal bidimensional do tecido pode ser plotada em um mapa de isodosagem, no qual as linhas de contorno representam a potência da dose na forma de porcentagem da intensidade no ponto de entrada. Uma grade fina é então colocada sobre o mapa de isodosagem. Somando-se a radiação absorvida nas quadrículas que contêm cada tipo de tecido, a dose média que é absorvida pelo tumor, por estruturas saudáveis e tecidos em estado crítico pode ser calculada. Com mais de um fluxo (administrado sequencialmente), a absorção da radiação é aditiva.

Após ampla análise desse tipo, a equipe médica estimou cuidadosamente os dados necessários para planejar o tratamento de Mary, conforme sintetizado na Tabela 3.7. A primeira coluna enumera as

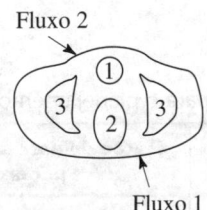

Fluxo 2

Fluxo 1

1. Bexiga e tumor
2. Reto, cóccix etc.
3. Fêmur, parte da pélvis etc.

■ **FIGURA 3.11** Corte do tumor da paciente Mary (visto de cima), tecidos críticos próximos e os fluxos de radiação que são utilizados.

Exemplo de Aplicação

O *câncer de próstata* é a forma mais comum de câncer diagnosticado nos homens. Apenas nos Estados Unidos foram estimados 220 mil novos casos em 2007. Assim como em muitas outras formas de câncer, a *radioterapia* é um método de tratamento comum para câncer de próstata, em que o objetivo é ter uma dosagem de radiação suficientemente elevada na região do tumor para eliminar as células malignas e, ao mesmo tempo, minimizar a exposição radioativa em estruturas saudáveis críticas próximas do tumor. Esse tratamento pode ser aplicado tanto por meio de radioterapia, em que a *fonte de radiação é externa* (conforme ilustrado pelo primeiro exemplo nesta seção) ou por meio de *braquiterapia*, que envolve a colocação de aproximadamente 100 "sementes" radioativas no interior da região tumoral. O desafio é determinar o padrão geométrico tridimensional mais efetivo para a inserção dessas sementes.

O **Memorial Sloan-Kettering Cancer Center (MSKCC)** na cidade de Nova York é o centro oncológico particular mais antigo do mundo. Uma equipe de PO do Center for Operations Research in Medicine and HealthCare do Georgia Institute of Technology trabalhou com físicos no MSKCC para desenvolver um *método de próxima geração* altamente sofisticado para otimização da aplicação da braquiterapia no câncer de próstata. O modelo subjacente se ajusta à estrutura da programação linear, exceto em um ponto: além de ter as variáveis contínuas usuais, que se moldam à programação linear, o modelo também possui algumas *variáveis binárias* (variáveis cujos únicos valores possíveis são 0 ou 1). (Esse tipo de extensão da programação linear àquilo que é denominado *programação inteira mista* será discutido no Capítulo 11.) A otimização se faz em questão de minutos mediante um sistema de planejamento computadorizado que pode ser operado prontamente pela equipe médica ao iniciar o procedimento de inserção das sementes na próstata do paciente.

Esse grande avanço na otimização da aplicação da braquiterapia no câncer de próstata tem um profundo impacto tanto nos custos de tratamento quanto na qualidade de vida dos pacientes tratados devido à sua eficiência muito maior e à redução substancial dos efeitos colaterais. Quando todas as clínicas adotarem esse procedimento, estima-se que a economia no custo anual será de aproximadamente **US$ 500 milhões**, devido à eliminação da necessidade de uma consulta prévia para planejamento do tratamento e de uma tomografia computadorizada pós-operatória, bem como o fornecimento de um procedimento cirúrgico mais eficiente, reduzindo a necessidade de tratar efeitos colaterais subsequentes. Antecipa-se também que essa abordagem possa se estender a outras formas de braquiterapia, como o tratamento de câncer de mama, colo uterino, esôfago, trato biliar, pâncreas, cabeça e pescoço, e olhos.

Essa aplicação da programação linear e suas extensões levaram a equipe de PO a conquistar, em 2007, o primeiro prêmio do concurso internacional Franz Edelman Award for Achievement in Operations Research and the Management Sciences.

Fonte: E. K. Lee and M. Zaider, "Operations Research Advances Cancer Therapeutics", *Interfaces*, **38**(1): 5-25, Jan.-Feb. 2008. (Este artigo está disponível em inglês no *site* da editora, www.bookman.com.br.)

áreas do corpo que precisam ser consideradas e as duas colunas seguintes fornecem a fração da dose de radiação no ponto de entrada para cada fluxo que é absorvido pelas respectivas áreas em média. Por exemplo, se o nível da dose no ponto de entrada para o fluxo 1 for 1 kilorad, então uma média de 0,4 kilorad será absorvida por toda a anatomia sã no plano bidimensional; 0,3 kilorad, pelos tecidos em estado crítico próximo; 0,5 kilorad, pelas várias partes do tumor; e 0,6 kilorad, pelo núcleo do tumor. A última coluna apresenta as restrições na dosagem total de ambos os fluxos que são absorvidos na média pelas respectivas áreas do corpo. Em particular, a absorção de dosagem média para a estrutura saudável deve ser *a menor possível*; para os tecidos em estado crítico, *não se deve exceder* a 2,7 kilorads; a média por todo o tumor tem de ser *igual* a 6 kilorads; e para o núcleo do tumor deve ser de *pelo menos* 6 kilorads.

■ **TABELA 3.7** Dados para o planejamento das sessões de radioterapia de Mary

Área	Fração da dose de entrada absorvida por área (média)		Restrição sobre a dosagem média total (kilorads)
	Fluxo 1	Fluxo 2	
Estrutura saudável	0,4	0,5	Minimizar
Tecidos em estado crítico	0,3	0,1	≤ 2,7
Região do tumor	0,5	0,5	= 6
Núcleo do tumor	0,6	0,4	≥ 6

Formulação do tipo problema de programação linear. As decisões que precisam ser tomadas são as doses de radiação nos dois pontos de entrada. Portanto, as duas variáveis de decisão x_1 e x_2 representam, respectivamente, a dose (em kilorads) no ponto de entrada para os fluxos 1 e 2. Pelo fato de a dosagem total que atinge a estrutura saudável ter de ser minimizada, façamos que Z simbolize essa quantidade. Os dados da Tabela 3.7 podem então ser usados diretamente para formular o seguinte modelo de programação linear[4].

$$\text{Minimizar} \quad Z = 0{,}4x_1 + 0{,}5x_2$$

sujeito a

$$0{,}3x_1 + 0{,}1x_2 \leq 2{,}7$$
$$0{,}5x_1 + 0{,}5x_2 = 6$$
$$0{,}6x_1 + 0{,}4x_2 \geq 6$$

e

$$x_1 \geq 0, \quad x_2 \geq 0.$$

Observe as diferenças entre este modelo e aquele da Seção 3.1 para o problema da Wyndor Glass Co. Esse último envolvia *maximizar* Z e todas as restrições funcionais eram do formato $\leq$. O novo modelo não se encaixa nessa mesma forma-padrão, porém, ele incorpora três outras formas *legítimas* descritas na Seção 3.2, a saber: *minimizar* Z, restrições funcionais na forma $=$ e restrições funcionais na forma $\geq$.

Entretanto, ambos os modelos possuem apenas duas variáveis, de maneira que esse novo problema também pode ser resolvido pelo *método gráfico* ilustrado na Seção 3.1. A Figura 3.12 apresenta a solução gráfica. A *região de soluções viáveis* é composta apenas pelo segmento de reta mais escuro entre (6, 6) e (7,5, 4,5), pois os pontos nesse segmento são os únicos que satisfazem simultaneamente todas as restrições. (Observe que a restrição de igualdade limita a região de soluções viáveis à reta que contém esse segmento de reta e depois as duas outras restrições funcionais determinam as duas extremidades do segmento de reta. A reta pontilhada é a reta da função objetivo, que passa pela solução ótima $(x_1, x_2) = (7{,}5, 4{,}5)$ com $Z = 5{,}25$. Esta solução é ótima, e não o ponto (6, 6), pois Z *decrescente* (para valores positivos de Z) empurra a reta da função objetivo em direção à origem (em que $Z = 0$). E $Z = 5{,}25$ para (7,5, 4,5) é menor que $Z = 5{,}4$ para (6, 6).

Portanto, o planejamento ótimo é usar uma dose total no ponto de entrada de 7,5 kilorads para o fluxo 1 e de 4,5 kilorads para o fluxo 2.

Planejamento regional

A Confederação Meridional de Kibutzim é um grupo de três *kibutzim* (comunidades agrícolas coletivas) em Israel. O planejamento geral para esses grupos é feito em seu Centro Técnico de Coordenação. Esse escritório planeja atualmente a produção agrícola para o próximo ano.

A produção agrícola de cada *kibutz* é limitada tanto pela quantidade de área irrigável disponível como pela quantidade de água alocada para a irrigação pelo Comissariado de Recursos Hídricos (um órgão governamental). Esses dados são fornecidos na Tabela 3.8.

Entre as plantações adequadas para essa região encontram-se beterraba, algodão e sorgo, e elas estão sendo consideradas para o próximo período. Essas plantações diferem basicamente nos respectivos retornos líquidos esperados e consumo de água. Além disso, o Ministério de Agricultura tem uma cota máxima para a área total que pode ser dedicada a cada uma dessas plantações pela Confederação Meridional de Kibutzim, conforme ilustrado na Tabela 3.9.

---

[4] Esse modelo é *muito* menor que aquele que normalmente seria necessário para aplicações reais. Para melhores resultados, um modelo real talvez precise de várias dezenas de milhares de variáveis de decisão e restrições. Veja, por exemplo, H. E. Romeijn, R. K. Ahuja, J. F. Dempsey, and A. Kumar, "A New Linear Programming Approach to Radiation Therapy Treatment Planning Problems", *Operations Research*, **54**(2): 201-216, March-April 2006. Para abordagens alternativas que combinem programação linear com outras técnicas de PO (como o primeiro Exemplo de Aplicação desta seção); veja também G. J. Lim, M. C. Ferris, S. J. Wright, D. M. Shepard, and M. A. Earl, "An Optimization Framework for Conformal Radiation Treatment Planning", *INFORMS Journal on Computing*, **19**(3): 366-380, Summer 2007.

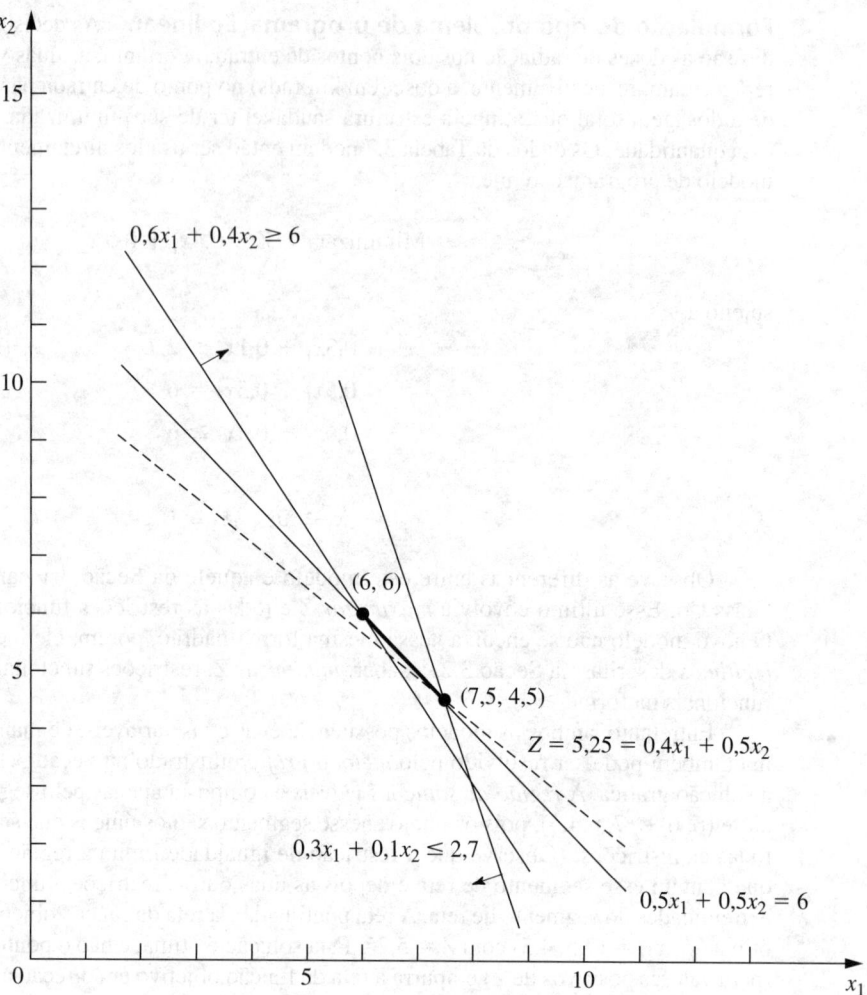

■ **FIGURA 3.12** Solução gráfica para o planejamento do tratamento radioterápico de Mary.

■ **TABELA 3.8** Dados de recursos para a Confederação Meridional de Kibutzim

Kibutz	Terra utilizável (em acres)	Alocação de água (em acres pés)
1	400	600
2	600	800
3	300	375

■ **TABELA 3.9** Dados de plantações para a Confederação Meridional de Kibutzim

Plantação	Cota máxima (em acres)	Consumo de água (em acres pés/acre)	Retorno líquido (US$/acre)
Beterraba	600	3	1.000
Algodão	500	2	750
Sorgo	325	1	250

Em razão da limitada disponibilidade de água para irrigação, a Confederação Meridional de Kibutzim não será capaz de usar toda a sua área irrigável para plantação de culturas na próxima temporada. Para garantir equilíbrio entre os três kibutzim, acordou-se que cada um deles plantará a mesma proporção de sua área irrigável. Por exemplo, se o kibutz 1 plantar 200 de seus 400 acres disponíveis, então o *kibutz* 2 terá de plantar 300 de seus 600 acres, ao passo que o *kibutz* 3 plantaria 150 de seus 300 acres. Entretanto, qualquer combinação das plantações pode ser cultivada no *kibutzim*. A tarefa que o Centro Técnico de Coordenação deve enfrentar é planejar quantos acres devem ser dedicados a cada plantação nos respectivos *kibutzim*, satisfazendo as dadas restrições. O objetivo é maximizar o retorno líquido total para a Confederação Meridional dos Kibutzim como um todo.

Formulação do tipo problema de programação linear. As quantidades que devem ser decididas são o número de acres a ser dedicados a cada uma das três plantações, em cada um dos três *kibutzim*. As variáveis de decisão x_j (j 1, 2, ..., 9) representam essas novas quantidades, conforme apresentado na Tabela 3.10.

■ **TABELA 3.10** Variáveis de decisão para o problema da Confederação Meridional de Kibutzim

	Alocação (em acres)		
	Kibutz		
Plantação	1	2	3
Beterraba	x_1	x_2	x_3
Algodão	x_4	x_5	x_6
Sorgo	x_7	x_8	x_9

Já que a medida de eficiência Z é o retorno líquido total, o modelo de programação linear resultante para esse problema é:

Maximizar $Z = 1.000(x_1 + x_2 + x_3) + 750(x_4 + x_5 + x_6) + 250(x_7 + x_8 + x_9)$,

sujeito às seguintes restrições:

1. Terra utilizável para cada *kibutz*:

$$x_1 + x_4 + x_7 \leq 400$$
$$x_2 + x_5 + x_8 \leq 600$$
$$x_3 + x_6 + x_9 \leq 300$$

2. Alocação de água para cada *kibutz*:

$$3x_1 + 2x_4 + x_7 \leq 600$$
$$3x_2 + 2x_5 + x_8 \leq 800$$
$$3x_3 + 2x_6 + x_9 \leq 375$$

3. Área total (em acres) para cada plantação:

$$x_1 + x_2 + x_3 \leq 600$$
$$x_4 + x_5 + x_6 \leq 500$$
$$x_7 + x_8 + x_9 \leq 325$$

4. Proporção igual da terra cultivada:

$$\frac{x_1 + x_4 + x_7}{400} = \frac{x_2 + x_5 + x_8}{600}$$

$$\frac{x_2 + x_5 + x_8}{600} = \frac{x_3 + x_6 + x_9}{300}$$

$$\frac{x_3 + x_6 + x_9}{300} = \frac{x_1 + x_4 + x_7}{400}$$

5. Não negatividade:

$$x_j \geq 0, \quad \text{para } j = 1, 2, \ldots, 9.$$

Isso completa o modelo, exceto pelas restrições de igualdade que não estão ainda na forma apropriada para um modelo de programação linear, pois algumas das variáveis encontram-se do lado direito da equação. Portanto, sua forma final[5] é

$$3(x_1 + x_4 + x_7) - 2(x_2 + x_5 + x_8) = 0$$
$$(x_2 + x_5 + x_8) - 2(x_3 + x_6 + x_9) = 0$$
$$4(x_3 + x_6 + x_9) - 3(x_1 + x_4 + x_7) = 0$$

O Centro Técnico de Coordenação formulou seu modelo e depois aplicou o método simplex (desenvolvido no Capítulo 4) para encontrar uma solução ótima

$$(x_1, x_2, x_3, x_4, x_5, x_6, x_7, x_8, x_9) = \left(133\frac{1}{3}, 100, 25, 100, 250, 150, 0, 0, 0\right),$$

conforme ilustrado na Tabela 3.11. O valor ótimo resultante da função objetivo é $Z = 633{,}333\frac{1}{3}$, isto é, um retorno líquido total de US$ 633.333,33.

■ **TABELA 3.11** Solução ótima para o problema da Confederação Meridional de Kibutzim

Plantação	Melhor alocação (em acres)		
	Kibutz		
	1	2	3
Beterraba	$133\frac{1}{3}$	100	25
Algodão	100	250	150
Sorgo	0	0	0

Controle da poluição do ar

A NORI & LEETS CO., um dos maiores produtores de aço em sua região, localiza-se na cidade de Steeltown e é o único grande empregador nessa região. Steeltown cresceu e prosperou junto com a empresa que agora emprega cerca de 50 mil residentes. Portanto, o pensamento dos habitantes da cidade sempre foi: "Se é bom para a Nori & Leets, então é bom para a cidade". Entretanto, esse tipo de pensamento está mudando: a poluição descontrolada gerada pelos fornos da empresa está destruindo a aparência da cidade e colocando em risco a saúde da população.

---

[5] Na verdade, qualquer uma dessas equações é redundante e pode ser eliminada se isso for desejado. Da mesma forma, por causa destas equações, quaisquer das duas restrições de terra utilizável também poderiam ser eliminadas, pois elas seriam satisfeitas automaticamente quando tanto a restrição de terra utilizável remanescente quanto essas equações se satisfazem. Porém, nenhum dano é causado (exceto o esforço computacional um pouco maior) por incluir restrições desnecessárias, de modo que você não precisa se preocupar com a identificação e a eliminação delas nos modelos que formula.

Uma revolta recente dos acionistas resultou na eleição de uma nova diretoria mais esclarecida para a empresa. Esses novos diretores estão dispostos a seguir políticas socialmente corretas e vêm discutindo com governantes de Steeltown e representantes da sociedade o que fazer em relação ao problema da poluição do ar. Juntos, eles chegaram a rigorosos padrões de qualidade do ar para a camada atmosférica de Steeltown.

Os três tipos principais de poluentes nessa camada atmosférica são material particulado, óxido de enxofre e hidrocarbonetos. Os novos padrões requerem que a empresa reduza a emissão anual desses poluentes para os volumes especificados na Tabela 3.12. A diretoria instruiu a gerência para que a equipe de engenharia determinasse como atingir essas reduções do modo mais econômico possível.

■ **TABELA 3.12** Padrões de ar puro para a Nori & Leets Co.

Poluente	Redução necessária na taxa de emissão anual (em milhões de libras)
Partícula	60
Óxido de enxofre	150
Hidrocarbonos	125

As siderúrgicas têm duas fontes primárias de poluição, a saber: os altos-fornos para fabricar lingotes de gusa e os fornos Siemens-Martin para transformar esses lingotes em aço. Em ambos os casos os engenheiros decidiram que os tipos mais eficientes de métodos para redução de poluição seriam: 1) aumentar a altura das chaminés[6], 2) usar dispositivos filtrantes (inclusive retentores de gases) nas chaminés e 3) incluir materiais limpadores de alta qualidade entre os combustíveis usados nos fornos. Cada um desses métodos possui sua limitação tecnológica na intensidade em que pode ser utilizado (por exemplo, um aumento máximo permitido na altura das chaminés), mas ainda há flexibilidade considerável para o emprego do método em uma fração de seu limite tecnológico.

A Tabela 3.13 ilustra a quantidade de emissão (em milhões de libras por ano) que pode ser eliminada de cada tipo de forno usando-se completamente o limite tecnológico para quaisquer dos métodos de redução. Para fins de análise, parte-se do pressuposto de que cada método pode ser utilizado em níveis inferiores ao máximo para atingir qualquer fração das reduções de taxas de emissão apresentadas nessa tabela. Além disso, as frações podem ser diferentes para os altos-fornos e para os fornos Siemens-Martin. Para cada tipo de forno, a redução de emissão alcançada por método não é afetada substancialmente por quaisquer que sejam os outros métodos também empregados.

■ **TABELA 3.13** Redução na taxa de emissão de poluentes (em milhões de libras por ano) a partir do máximo uso permitido de um método de redução para a Nori & Leets Co.

	Chaminés mais altas		Filtros		Combustíveis melhores	
Poluente	Altos-fornos	Fornos Siemens-Martin	Altos-fornos	Fornos Siemens-Martin	Altos-fornos	Fornos Siemens-Martin
Partícula	12	9	25	20	17	13
Óxido de enxofre	35	42	18	31	56	49
Hidrocarbonetos	37	53	28	24	29	20

---

[6] Posteriormente a esse estudo, esse método de redução de poluição em particular tornou-se controverso. Pelo fato de seu efeito ser o de reduzir a poluição superficialmente, espalhando emissões a uma distância maior, grupos de ambientalistas sustentam que isso cria mais chuva ácida por manter os óxidos de enxofre mais tempo no ar. Consequentemente, a Agência de Proteção Ambiental norte-americana adotou novas regras em 1985 a fim de eliminar incentivos para o uso de chaminés mais altas.

Após a análise desses dados, tornou-se evidente que nenhum método por si só seria capaz de alcançar todas as reduções exigidas. No entanto, combinar os três métodos a plena carga em ambos os tipos de fornos (o que teria custo proibitivo caso os produtos da empresa tivessem de permanecer com preços competitivos) é muito mais adequado. Portanto, os engenheiros chegaram à conclusão de que teriam de usar alguma combinação de métodos, talvez com capacidades parciais, baseados em custos relativos. Além disso, em virtude das diferenças entre os altos-fornos e os fornos Siemens-Martin, os dois tipos provavelmente não usariam a mesma combinação.

Foi realizado um estudo para estimar o custo anual total que seria acarretado em cada um dos métodos de redução de poluição. O custo anual de um método inclui despesas operacionais e de manutenção crescentes, bem como receitas menores decorrentes de qualquer perda de eficiência do processo de produção. Outro custo também importante é o *custo inicial* (o desembolso inicial de capital) exigido para instalar o método. Para tornar esse custo – que ocorre uma única vez – comensurável em relação aos custos anuais permanentes, o valor temporal* do dinheiro foi usado para calcular o gasto anual (em relação à vida útil do método) que seria equivalente em valor a esse custo inicial.

Essa análise levou a estimativas do custo anual total (em milhões de dólares) apresentados na Tabela 3.14 para emprego dos métodos a plena capacidade. Também foi determinado que o custo de um método utilizado em um nível mais baixo é aproximadamente proporcional à fração alcançada da capacidade de redução de poluição fornecida na Tabela 3.13. Portanto, para qualquer fração atingida, o custo anual total estimado seria essa fração da quantidade correspondente da Tabela 3.14.

■ **TABELA 3.14** Custo anual total do uso máximo permitido dos métodos de redução de poluição para a Nori & Leets Co. (em milhões de dólares)

Método de redução da poluição	Altos--fornos	Fornos Siemens--Martin
Chaminés mais altas	8	10
Filtros	7	6
Combustíveis melhores	11	9

Foram estabelecidas então as condições para se desenvolver a estrutura do plano de redução de poluentes da empresa. Esse plano especifica que tipos de métodos de redução serão usados e a que parcela de suas capacidades plenas para: 1) os altos-fornos e 2) os fornos Siemens-Martin. Em razão da natureza combinatória do problema de se encontrar um plano que satisfaça as exigências com o menor custo possível, formou-se uma equipe de PO para solucionar o problema. A equipe adotou uma abordagem de programação linear, formulando o modelo sintetizado a seguir.

Formulação do tipo problema de programação linear. Esse problema apresenta seis variáveis de decisão x_j, $j = 1, 2, \ldots 6$, cada uma delas representa o uso de um dos três métodos de redução de poluição para um dos dois tipos de fornos, expressos na forma de uma *fração da capacidade de redução* (de modo que x_j não pode ultrapassar 1). A ordem dessas variáveis é apresentada na Tabela 3.15.

■ **TABELA 3.15** Variáveis de decisão (fração do uso máximo permitido dos métodos de redução de poluição) para a Nori & Leets Co.

Método de redução da poluição	Altos--fornos	Fornos Siemens--Martin
Chaminés mais altas	x_1	x_2
Filtros	x_3	x_4
Combustíveis melhores	x_5	x_6

---

* N. de R. T.: equivalente anual.

Em virtude de o objetivo ser o de minimizar o custo total e, ao mesmo tempo, satisfazer às exigências de redução de poluição, os dados das Tabelas 3.12, 3.13 e 3.14 levam ao seguinte modelo:

Minimizar $\quad Z = 8x_1 + 10x_2 + 7x_3 + 6x_4 + 11x_5 + 9x_6$,

sujeita às seguintes restrições:

1. Redução da emissão de poluentes:

$$12x_1 + 9x_2 + 25x_3 + 20x_4 + 17x_5 + 13x_6 \geq 60$$
$$35x_1 + 42x_2 + 18x_3 + 31x_4 + 56x_5 + 49x_6 \geq 150$$
$$37x_1 + 53x_2 + 28x_3 + 24x_4 + 29x_5 + 20x_6 \geq 125$$

2. Limitações tecnológicas:

$$x_j \leq 1, \quad \text{para } j = 1, 2, \ldots, 6$$

3. Não negatividade:

$$x_j \geq 0, \quad \text{para } j = 1, 2, \ldots, 6.$$

A equipe de PO usou este modelo[7] para encontrar um plano de custo mínimo

$$(x_1, x_2, x_3, x_4, x_5, x_6) = (1, 0{,}623, 0{,}343, 1, 0{,}048, 1),$$

com $Z = 32{,}16$ (custo anual total de US$ 32,16 milhões). Em seguida, aplicou-se a análise de sensibilidade para explorar o efeito de se fazer possíveis ajustes nos padrões do ar fornecidos na Tabela 3.12, bem como verificar o efeito de quaisquer imprecisões nos dados de custo da Tabela 3.14. (Esse exemplo continua no Caso 6.1, no final do Capítulo. 6.) Posteriormente, veio o planejamento detalhado e a revisão gerencial. Logo depois, esse programa para o controle da poluição do ar foi totalmente implementado pela empresa, e os cidadãos de Steeltown respiraram aliviados (com ar mais puro!).

Reciclagem de resíduos sólidos

A empresa Save-It opera em um centro de reciclagem que coleta quatro tipos de resíduos sólidos e faz seu tratamento de modo que eles possam ser combinados em um produto vendável. (O tratamento e a composição são processos distintos.) Podem ser gerados três compostos diferentes desse produto (ver a primeira coluna da Tabela 3.16), dependendo do *mix* dos materiais utilizados. Embora haja alguma flexibilidade no *mix* de cada composto, padrões de qualidade podem especificar a quantidade mínima ou máxima permitidas para a proporção de um resíduo na composição do produto. (Essa proporção é o peso do resíduo expresso na forma de porcentagem do peso total para a composição do produto).

■ **TABELA 3.16** Dados de produto da Save-It Co.

Composto	Especificação	Custo de composição por libra (peso) (US$)	Preço de venda libra por (peso) (US$)
A	Resíduo 1: não mais que 30% do total Resíduo 2: não menos que 40% do total Resíduo 3: não mais que 50% do total Resíduo 4: exatamente 20% do total	3,00	8,50
B	Resíduo 1: não mais que 50% do total Resíduo 2: não menos que 10% do total Resíduo 4: exatamente 10% do total	2,50	7,00
C	Resíduo 1: não mais que 70% do total	2,00	5,50

---

[7] Uma formulação equivalente pode expressar cada variável de decisão em unidades naturais para o respectivo método de redução de poluição: por exemplo, x_1 e x_2 poderiam representar o número de *metros* em que se aumentam as alturas das chaminés.

Para cada um dos dois compostos de melhor qualidade especifica-se uma porcentagem fixa para um dos resíduos. Essas especificações são fornecidas na Tabela 3.16 junto com o custo de combinação e o preço de venda para cada composto.

O centro de reciclagem coleta seus resíduos sólidos de fontes regulares e, portanto, normalmente é capaz de manter uma taxa estável de seu tratamento. A Tabela 3.17 fornece as quantidades disponíveis para coleta e o tratamento de cada semana, bem como o custo de tratamento, para cada tipo de resíduo.

A única proprietária da empresa Save-It Co. é a Green Earth, organização dedicada a questões ambientais, de modo que os lucros da Save-It são usados para ajudar no suporte às atividades da Green Earth. A entidade levantou contribuições e subvenções que chegam a um volume de US$ 30.000 por semana, para ser utilizados exclusivamente em todo o custo de tratamento de resíduos sólidos. A diretoria da Green Earth instruiu a gerência da Save-It para dividir esse dinheiro entre os resíduos de maneira que *pelo menos metade* da quantidade disponível de cada resíduo seja efetivamente coletada e tratada. Essas restrições adicionais são enumeradas na Tabela 3.17, a seguir.

De acordo com as restrições especificadas nas Tabelas 3.16 e 3.17, a gerência quer determinar a *quantidade* de cada composto a ser produzida *e* o *mix* de resíduos exato a serem usados em cada composto. O objetivo é maximizar o lucro líquido semanal (receitas totais por vendas *menos* o custo total de composição), excluído o custo fixo de tratamento de US$ 30.000 por semana que está sendo coberto por contribuições e doações.

■ **TABELA 3.17** Dados referentes a resíduos sólidos da Save-It Co.

Tipo de resíduo	Peso em libras disponíveis por semana	Custo do tratamento por libra (peso) (US$)	Restrições adicionais
1	3.000	3,00	1. Para cada tipo de resíduo, pelo menos metade do peso em libras disponível por semana deve ser coletado e tratado.
2	2.000	6,00	
3	4.000	4,00	
4	1.000	5,00	2. Devem ser usados US$ 30.000 por semana para tratamento desses resíduos.

Formulação como um problema de programação linear. Antes de tentarmos construir um modelo de programação linear, temos de considerar com cautela a definição apropriada de variáveis de decisão. Embora essa definição seja normalmente óbvia, ela algumas vezes se torna o ponto crucial de toda a formulação. Após identificar claramente quais informações são realmente desejadas e a forma mais conveniente para transmiti-las por meio delas, podemos desenvolver a função objetivo e as restrições sobre os valores dessas variáveis de decisão.

Nesse problema em particular, as decisões que devem ser tomadas estão bem definidas, porém, os meios apropriados para transmitir essas informações podem exigir certo estudo. (Tente e veja se inicialmente consegue obter a escolha *inapropriada* para as variáveis de decisão.)

Em virtude de um conjunto de decisões constituir a *quantidade* de cada composto a produzir, pareceria natural definir um conjunto de variáveis de decisão de acordo. Prosseguindo por tentativa e erro nessa linha de pensamento, definimos:

y_i = número de libras do composto i produzido semanalmente   ($i = A, B, C$).

Outro conjunto de decisões vem a ser o *mix* de resíduos para cada composto. Esse *mix* é identificado pela proporção de cada resíduo no composto, o que sugeriria definir o outro conjunto de variáveis de decisão como

z_{ij} = proporção do resíduo j no composto i ($i = A, B, C; j = 1, 2, 3, 4$).

Entretanto, a Tabela 3.17 fornece tanto o custo de tratamento quanto a disponibilidade de resíduos em termos de *quantidade* (libras) e não em termos *proporcionais*, de modo que são essas informações de *quantidade* que precisam ser registradas em alguma das restrições. Para o resíduo j ($j = 1, 2, 3, 4$),

Número de libras do resíduo j usado semanalmente = $z_{Aj}y_A + z_{Bj}y_B + z_{Cj}y_C$.

Por exemplo, já que a Tabela 3.17 indica que 3.000 libras do resíduo tipo 1 se encontram disponíveis por semana, uma restrição no modelo seria

$$z_{A1}y_A + z_{B1}y_B + z_{C1}y_C \leq 3.000.$$

Infelizmente essa não é uma restrição legítima em programação linear. A expressão que se encontra do lado esquerdo *não* é uma função linear, pois ela envolve produtos de variáveis. Portanto, um modelo de programação linear não pode ser construído com essas variáveis de decisão.

Felizmente, há outra maneira de se defini-las para adequá-las ao formato da programação linear. (Consegue visualizar como se pode fazer isso?). Isso se obtém simplesmente substituindo cada *produto* das antigas variáveis de decisão por uma única variável! Em outras palavras, definimos

$$x_{ij} = z_{ij}y_i \quad (\text{para } i = A, B, C; j = 1, 2, 3, 4)$$

$$= \text{número de libras do resíduo } j \text{ alocado semanalmente para o composto } i,$$

e depois deixamos que x_{ij} seja a variável de decisão. Combinando-se x_{ij} de maneiras diferentes, isso leva às seguintes quantidades necessárias no modelo (para $i = A, B, C; j = 1, 2, 3, 4$).

$$x_{i1} + x_{i2} + x_{i3} + x_{i4} = \text{número de libras do composto } i \text{ produzido semanalmente}$$

$$x_{Aj} + x_{Bj} + x_{Cj} = \text{número de libras do resíduo } j \text{ usado semanalmente}$$

$$\frac{x_{ij}}{x_{i1} + x_{i2} + x_{i3} + x_{i4}} = \text{proporção do resíduo } j \text{ no composto } i$$

O fato de essa última expressão ser uma função *não linear* não causa nenhuma complicação. Consideremos, por exemplo, a primeira especificação para o composto A da Tabela 3.16 (a proporção do resíduo do tipo 1 não deve exceder 30%). Essa restrição gera a seguinte restrição não linear

$$\frac{x_{A1}}{x_{A1} + x_{A2} + x_{A3} + x_{A4}} \leq 0,3.$$

Porém, multiplicando-se ambos os lados dessa desigualdade pelo denominador, isso leva a uma restrição *equivalente*

$$x_{A1} \leq 0,3(x_{A1} + x_{A2} + x_{A3} + x_{A4}),$$

e, portanto,

$$0,7x_{A1} - 0,3x_{A2} - 0,3x_{A3} - 0,3x_{A4} \leq 0,$$

que é uma restrição legítima na programação linear.

Com esse pequeno ajuste, as três quantidades fornecidas anteriormente levam diretamente a todas as restrições funcionais do modelo. A função objetivo se baseia no objetivo gerencial de maximizar o lucro líquido semanal (receita total por vendas *menos* o custo total de composição) dos três compostos. Portanto, para cada composto, o lucro por libra é obtido subtraindo-se o custo de composição apresentado na terceira coluna da Tabela 3.16 menos o preço de venda da quarta coluna. Essas *diferenças* oferecem os coeficientes para a função objetivo.

Assim, o modelo de programação linear completo será

$$\text{Maximizar } Z = 5,5 \, (x_{A1} + x_{A2} + x_{A3} + x_{A4}) + 4,5(x_{B1} + x_{B2} + x_{B3} + x_{B4})$$
$$+ 3,5(x_{C1} + x_{C2} + x_{C3} + x_{C4}),$$

sujeita às seguintes restrições:

1. Especificações da mistura (segunda coluna da Tabela 3.16):

$$x_{A1} \leq 0{,}3(x_{A1} + x_{A2} + x_{A3} + x_{A4}) \quad \text{(composto } A, \text{ resíduo 1)}$$
$$x_{A2} \geq 0{,}4(x_{A1} + x_{A2} + x_{A3} + x_{A4}) \quad \text{(composto } A, \text{ resíduo 2)}$$
$$x_{A3} \leq 0{,}5(x_{A1} + x_{A2} + x_{A3} + x_{A4}) \quad \text{(composto } A, \text{ resíduo 3)}$$
$$x_{A4} = 0{,}2(x_{A1} + x_{A2} + x_{A3} + x_{A4}) \quad \text{(composto } A, \text{ resíduo 4)}$$
$$x_{B1} \leq 0{,}5(x_{B1} + x_{B2} + x_{B3} + x_{B4}) \quad \text{(composto } B, \text{ resíduo 1)}$$
$$x_{B2} \geq 0{,}1(x_{B1} + x_{B2} + x_{B3} + x_{B4}) \quad \text{(composto } B, \text{ resíduo 2)}$$
$$x_{B4} = 0{,}1(x_{B1} + x_{B2} + x_{B3} + x_{B4}) \quad \text{(composto } B, \text{ resíduo 4)}$$
$$x_{C1} \leq 0{,}7(x_{C1} + x_{C2} + x_{C3} + x_{C4}) \quad \text{(composto } C, \text{ resíduo 1)}$$

2. Disponibilidade de resíduos (segunda coluna da Tabela 3.17):

$$x_{A1} + x_{B1} + x_{C1} \leq 3.000 \quad \text{(resíduo 1)}$$
$$x_{A2} + x_{B2} + x_{C2} \leq 2.000 \quad \text{(resíduo 2)}$$
$$x_{A3} + x_{B3} + x_{C3} \leq 4.000 \quad \text{(resíduo 3)}$$
$$x_{A4} + x_{B4} + x_{C4} \leq 1.000 \quad \text{(resíduo 4)}$$

3. Restrições nas quantidades tratadas (lado direito da Tabela 3.17):

$$x_{A1} + x_{B1} + x_{C1} \geq 1.500 \quad \text{(resíduo 1)}$$
$$x_{A2} + x_{B2} + x_{C2} \geq 1.000 \quad \text{(resíduo 2)}$$
$$x_{A3} + x_{B3} + x_{C3} \geq 2.000 \quad \text{(resíduo 3)}$$
$$x_{A4} + x_{B4} + x_{C4} \geq 500 \quad \text{(resíduo 4)}.$$

4. Restrição no custo do tratamento (lado direito da Tabela 3.17):

$$3(x_{A1} + x_{B1} + x_{C1}) + 6(x_{A2} + x_{B2} + x_{C2}) + 4(x_{A3} + x_{B3} + x_{C3})$$
$$+ 5(x_{A4} + x_{B4} + x_{C4}) = 30.000.$$

5. Restrições de não negatividade:

$$x_{A1} \geq 0, \quad x_{A2} \geq 0, \quad \ldots, \quad x_{C4} \geq 0.$$

Essa formulação completa o modelo, exceto pelo fato de que as restrições para as especificações das misturas precisam ser reescritas na forma apropriada para um modelo de programação linear, trazendo todos os termos combinatórios e as variáveis para o lado esquerdo da equação, como indicado a seguir:

Especificações das misturas

$$0{,}7x_{A1} - 0{,}3x_{A2} - 0{,}3x_{A3} - 0{,}3x_{A4} \leq 0 \quad \text{(composto } A, \text{ resíduo 1)}$$
$$-0{,}4x_{A1} + 0{,}6x_{A2} - 0{,}4x_{A3} - 0{,}4x_{A4} \geq 0 \quad \text{(composto } A, \text{ resíduo 2)}$$
$$-0{,}5x_{A1} - 0{,}5x_{A2} + 0{,}5x_{A3} - 0{,}5x_{A4} \leq 0 \quad \text{(composto } A, \text{ resíduo 3)}$$
$$-0{,}2x_{A1} - 0{,}2x_{A2} - 0{,}2x_{A3} + 0{,}8x_{A4} = 0 \quad \text{(composto } A, \text{ resíduo 4)}$$
$$0{,}5x_{B1} - 0{,}5x_{B2} - 0{,}5x_{B3} - 0{,}5x_{B4} \leq 0 \quad \text{(composto } B, \text{ resíduo 1)}$$
$$-0{,}1x_{B1} + 0{,}9x_{B2} - 0{,}1x_{B3} - 0{,}1x_{B4} \geq 0 \quad \text{(composto } B, \text{ resíduo 2)}$$
$$-0{,}1x_{B1} - 0{,}1x_{B2} - 0{,}1x_{B3} + 0{,}9x_{B4} = 0 \quad \text{(composto } B, \text{ resíduo 4)}$$
$$0{,}3x_{C1} - 0{,}7x_{C2} - 0{,}7x_{C3} - 0{,}7x_{C4} \leq 0 \quad \text{(composto } C, \text{ resíduo 1)}.$$

Uma solução ótima para esse modelo é apresentada na Tabela 3.18 e, a seguir, esses valores x_{ij} são usados para calcular as demais quantidades de interesse da tabela. O valor ótimo resultante da função objetivo é $Z = 35.109,65$ (um lucro total semanal de US$ 35.109,65).

O problema da Save-It Co. é um exemplo de um **problema de mistura**. Seu objetivo é encontrar a melhor mistura de ingredientes nos produtos finais para atender a determinadas especificações. Algumas das primeiras aplicações da programação linear foram para misturas de gasolina, nas quais os ingredientes de petróleo eram misturados para se obter várias qualidades de gasolina. Outros problemas semelhantes envolvem produtos finais como aço, fertilizantes e ração para animais.

■ **TABELA 3.18** Solução ótima para o problema da Save-It Co.

	Libras utilizadas semanalmente				Número de libras produzidas semanalmente
	Tipo de resíduo				
Composto	1	2	3	4	
A	412,3 (19,2%)	859,6 (40%)	447,4 (20,8%)	429,8 (20%)	2.149
B	2.587,7 (50%)	517,5 (10%)	1.552,6 (30%)	517,5 (10%)	5.175
C	0	0	0	0	0
Total	3.000	1.377	2.000	947	

Escala de pessoal

A Union Airways está acrescentando mais voos de/para seu aeroporto base. Para tanto, precisa contratar mais comissários para o atendimento ao público. Contudo, não está claro quantas pessoas eles devem contratar. A gerência reconhece a necessidade de controle de custos, embora, ao mesmo tempo, haja a necessidade de um nível de serviços satisfatório a seus clientes. Para isso, uma equipe de PO estuda como programar as escalas desses agentes para fornecer bons serviços aos clientes com o menor custo possível de equipe.

Tomando como base a nova escala de voos, foi realizada uma análise do número *mínimo* de comissários de atendimento ao cliente que precisavam estar em serviço em diferentes horários do dia para fornecer um nível de serviço satisfatório. A coluna mais à direita da Tabela 3.19 mostra o número

---

Exemplo de Aplicação

O controle de custos é essencial para a sobrevivência do setor da aviação comercial. Consequentemente, o alto escalão da United Airlines iniciou um estudo de pesquisa operacional para melhorar a utilização de pessoal nas centrais de reserva da empresa e nos aeroportos, fazendo coincidir de forma mais próxima as escalas de funcionários às necessidades dos clientes. O número de funcionários necessário em cada local para fornecer o nível de serviço exigido varia muito durante as 24 horas do dia e pode flutuar consideravelmente a cada intervalo de meia hora.

Tentar estabelecer as escalas de trabalho para todos os funcionários em determinado local para atender essas exigências de serviço da forma mais eficiente possível é um verdadeiro pesadelo de considerações combinatórias. Assim que um funcionário chega, ele continuará por todo o seu turno (de 2 horas a 10 horas, dependendo do funcionário), *exceto* para intervalos de almoço ou para descanso rápido a cada duas horas. Dado o número *mínimo* de funcionários necessários em serviço para *cada* intervalo de meia hora ao longo de um dia de 24 horas (esse número mínimo muda todos os dias ao longo de uma semana), *quantos* funcionários de *cada* turno devem começar a trabalhar *a partir de que horário* ao longo de *cada* dia de 24 horas de uma semana de sete dias? Felizmente, a programação linear se "delicia" com esses pesadelos combinatórios. O modelo de programação linear para algumas das localidades programadas envolve mais de 20 mil decisões!

Foi creditada a essa aplicação da programação linear uma *economia para a United Airlines de mais de* **US$ 6 milhões** *por ano*, apenas em salários diretos e benefícios empregatícios. Outros benefícios são: melhor atendimento ao cliente e cargas de trabalho reduzidas para o pessoal de apoio.

Fonte: T. J. Holloran and J. E. Bryne, "United Airlines Station Manpower Planning System", Interfaces, **16**(1): 39-50, Jan.-Feb. 1986. (Este artigo está disponível em inglês no *site* da editora, www.bookman.com.br).

de agentes necessários para os períodos da primeira coluna. Os demais campos dessa tabela refletem uma das cláusulas no contrato atual da empresa com o sindicato que representa os comissários de atendimento ao cliente. Essa cláusula afirma que cada um deles trabalha cinco dias por semana em turnos de oito horas e os turnos autorizados são:

Turno 1: 6h – 14h
Turno 2: 8h – 16h
Turno 3: meio-dia – 20h
Turno 4: 16h – meia-noite
Turno 5: 22h – 6h

As marcas de verificação (✔) no corpo da Tabela 3.19 indicam os horários dos respectivos turnos. Pelo fato de alguns serem menos desejados do que outros, os salários especificados no contrato diferem conforme o turno. O pagamento diário (incluindo benefícios) para cada comissário é mostrado na última linha da tabela. O problema é determinar quantos comissários devem ser alocados para os respectivos turnos diários, a fim de minimizar o custo *total* com pessoal (agentes), tomando como base a última linha da tabela e, ao mesmo tempo, atendendo (ou ultrapassando) as exigências de nível de serviço da coluna mais à direita.

■ **TABELA 3.19** Dados para o problema de escala de pessoal da Union Airways

Período	Períodos cobertos Turno					Número mínimo de comissários necessário
	1	2	3	4	5	
6h – 8h	✔					48
8h – 10h	✔	✔				79
10h – meio-dia	✔	✔				65
Meio-dia – 14h	✔	✔	✔			87
14h – 16h		✔	✔			64
16h – 18h			✔	✔		73
18h – 20h			✔	✔		82
20h – 22h				✔		43
22h – meia-noite				✔	✔	52
Meia-noite – 6h					✔	15
Custo diário por comissário	US$ 170	US$ 160	US$ 175	US$ 180	US$ 195	

Formulação do tipo problema de programação linear. Os problemas de programação linear sempre envolvem encontrar o melhor *mix de níveis de atividade*. O segredo para formular esse problema em particular é reconhecer a natureza das atividades.

As atividades correspondem aos turnos, nos quais o *nível* de cada uma delas é o número de comissários alocados para aquele determinado turno. Portanto, esse problema envolve descobrir o *melhor mix de duração de turno*. Visto que as variáveis de decisão sempre são os níveis de atividade, as cinco variáveis de decisão aqui são

x_j = número de agentes alocados para o turno j, para $j = 1, 2, 3, 4, 5$.

As principais restrições nos valores dessas variáveis de decisão são: o número de comissários que trabalham durante cada período deve satisfazer a exigência mínima da coluna mais à direita da Tabela 3.19. Por exemplo, para o período das 14 horas às 16 horas, o número total de comissários atribuídos aos turnos que cobrem esse período (turnos 2 e 3) tem de ser pelo menos 64, de modo que

$$x_2 + x_3 \geq 64$$

é a restrição funcional para esse período.

Pelo fato de a função objetivo minimizar o custo total dos agentes atribuídos aos cinco turnos, os coeficientes na função objetivo são fornecidos pela última linha da Tabela 3.19.

Portanto, o modelo de programação linear completo é

$$\text{Minimizar} \quad Z = 170x_1 + 160x_2 + 175x_3 + 180x_4 + 195x_5,$$

sujeito a

x_1		≥ 48	(6h – 8h)
$x_1 + x_2$		≥ 79	(8h – 10h)
$x_1 + x_2$		≥ 65	(10h – meio-dia)
$x_1 + x_2 + x_3$		≥ 87	(Meio-dia – 14h)
$x_2 + x_3$		≥ 64	(14h – 16h)
$x_3 + x_4$		≥ 73	(16h – 18h)
$x_3 + x_4$		≥ 82	(18h – 20h)
x_4		≥ 43	(20h – 22h)
$x_4 + x_5$		≥ 52	(22h – meia-noite)
x_5		≥ 15	(Meia-noite – 6h)

e

$$x_j \geq 0, \quad \text{para } j = 1, 2, 3, 4, 5.$$

Com um olhar aguçado, você provavelmente deve ter percebido que a terceira restrição, $x_1 + x_2 \geq 65$, na verdade não é necessária, pois a segunda restrição, $x_1 + x_2 \geq 79$, garante que $x_1 + x_2$ será maior que 65. Portanto, $x_1 + x_2 \geq 65$ é uma restrição *redundante* que pode ser eliminada. Da mesma forma, a sexta restrição, $x_3 + x_4 \geq 73$, também é *redundante* porque a sétima é $x_3 + x_4 \geq 82$. Na realidade, três das restrições não negativas ($x_1 \geq 0$, $x_4 \geq 0$, $x_5 \geq 0$) também são redundantes em razão da primeira, oitava e décima restrições funcionais: $x_1 \geq 48$, $x_4 \geq 43$ e $x_5 \geq 15$. Entretanto, não se ganha nenhuma vantagem em termos computacionais eliminando-se essas três restrições da não negatividade.

A solução ótima para esse modelo é $(x_1, x_2, x_3, x_4, x_5) = (48, 31, 39, 43, 15)$. Isso faz com que $Z = 30.610$, isto é, um custo diário total com equipe de US$ 30.610.

Esse problema é um exemplo no qual a hipótese da divisibilidade da programação linear, na verdade, não é satisfeita. O número de agentes alocados para cada turno precisa ser um inteiro. Estritamente falando, o modelo deveria ter uma restrição adicional para cada variável de decisão especificando que a variável deve ter um valor inteiro. Acrescentar essas restrições transformaria o modelo de programação linear em um modelo de programação inteira (o que será o tema do Capítulo 11).

Sem essas restrições, a solução ótima dada anteriormente resultou, por si só, em valores inteiros, de modo que não houve nenhum prejuízo por não as termos incluído. (A forma das restrições funcionais fez com que este resultado fosse muito verossímil). Se alguma das variáveis resultasse em não inteira, a forma mais fácil teria sido *arredondar* os valores para o inteiro mais próximo *acima*. (Esse arredondamento é possível nesse exemplo porque todas as restrições funcionais estão em forma com coeficientes não negativos.) Arredondar não garante a obtenção de uma solução ótima no modelo de programação inteira, no entanto, o erro introduzido pelo arredondamento de números tão grandes seria insignificante para a maioria das situações práticas. Como alternativa, poderiam ser usadas as técnicas de programação inteira descritas no Capítulo 11 para encontrar exatamente uma solução ótima com valores inteiros.

O segundo caso de aplicação na vinheta desta seção descreve como a United Airlines usou a programação linear para desenvolver um sistema de escalonamento de equipe em uma escala muitíssimo maior que a apresentada aqui nesse exemplo.

Distribuição de mercadorias por meio de uma rede de distribuição

O problema. A Cia. Distribuidora Ilimitada planeja fabricar o mesmo produto em duas fábricas diferentes; depois, o produto terá de ser despachado para dois depósitos onde qualquer uma das fábricas poderá suprir ambos. A rede de distribuição disponível para despachar este produto é mostrada na Figura 3.13, em que F1 e F2 são as duas fábricas, W1 e W2, os dois depósitos, e DC, o centro de distribuição. As quantidades a ser enviadas de F1 e F2 estão indicadas à esquerda delas e as quantidades a ser recebidas em W1 e W2 se encontram à direita destes. Cada seta representa uma rota viável. Portanto, F1 pode despachar produtos diretamente para W1 e possui três rotas possíveis (F1 → DC → W2, F1 → F2 → DC → W2 e F1 → W1 → W2) para despachar para W2. A fábrica F2 possui apenas uma rota para W2 (F2 → DC → W2) e outra para W1 (F2 → DC → W2 → W1). O custo por unidade enviada através de cada rota está indicado próximo da seta. Também indicados próximos de F1 → F2 e de DC → W2 estão as quantidades máximas que podem ser enviadas por essas rotas. As demais rotas possuem capacidade de embarque suficiente para lidar com qualquer volume que essas fábricas consigam enviar.

A decisão a ser tomada diz respeito a quanto enviar por meio de cada uma dessas rotas. O objetivo é o de minimizar o custo total de envio.

Formulação do tipo Problema de Programação Linear. Para sete rotas, precisamos de sete variáveis de decisão (x_{F1-F2}, x_{F1-DC}, x_{F1-W1}, x_{F2-DC}, x_{DC-W2}, x_{W1-W2}, x_{W2-W1}) que representam as quantidades enviadas pelas respectivas rotas.

Há várias restrições nos valores dessas variáveis. Além das usuais restrições não negativas, há duas *restrições com limites superiores*, $x_{F1-F2} \leq 10$ e $x_{DC-W2} \leq 80$, impostas pelas capacidades limitadas de envio para as duas rotas, F1 → F2 e DC → W2. Todas as demais restrições surgem das cinco *restrições de fluxo líquido*, uma para cada uma das cinco localidades. Essas restrições possuem a seguinte forma.

Restrição de fluxo líquido para cada localidade:

$$\text{Quantidade enviada} - \text{quantidade recebida} = \text{quantidade necessária}$$

Conforme indicado na Figura 3.13, essas quantidades necessárias são 50 para F1, 40 para F2, 30 para W1 e 60 para W2.

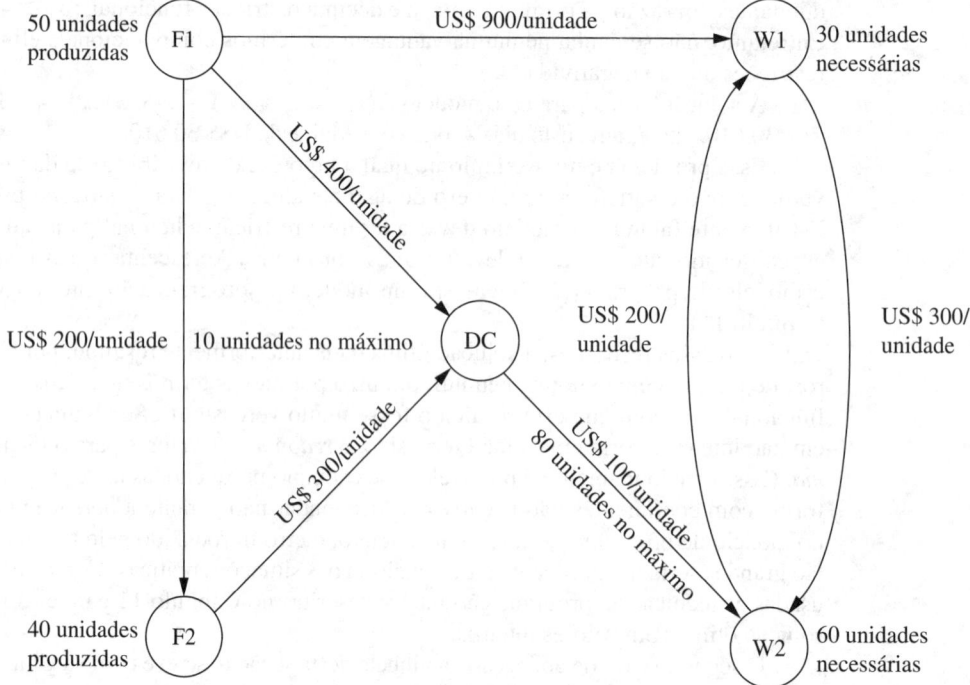

■ **FIGURA 3.13** A rede de distribuição da Cia. Distribuidora Ilimitada.

Qual é a quantidade necessária para DC? Todas as unidades produzidas nas fábricas são, em última instância, necessárias nos depósitos, de modo que quaisquer unidades enviadas das fábricas para o centro de distribuição deveriam ser encaminhadas para os depósitos. Por essa razão, a quantidade total enviada do centro de distribuição para os depósitos deve ser *igual* à quantidade total enviada das fábricas para o centro de distribuição. Em outras palavras, a *diferença* entre essas duas quantidades enviadas (a quantidade necessária para a restrição de fluxo líquido) deve ser *zero*.

Já que o objetivo é minimizar o custo total de despacho, os coeficientes para a função objetivo provêm diretamente dos custos unitários de despacho fornecidos na Figura 3.13. Portanto, usando-se unidades monetárias de centenas de dólares nessa função objetivo, o modelo de programação linear completo fica

$$\text{Minimizar} \quad Z = 2x_{F1\text{-}F2} + 4x_{F1\text{-}DC} + 9x_{F1\text{-}W1} + 3x_{F2\text{-}DC} + x_{DC\text{-}W2}$$
$$+ 3x_{W1\text{-}W2} + 2x_{W2\text{-}W1},$$

sujeito às seguintes restrições:

1. Restrições de fluxo líquido:

$$\begin{array}{rcl}
x_{F1\text{-}F2} + x_{F1\text{-}DC} + x_{F1\text{-}W1} & = & 50 \text{ (fábrica 1)} \\
-x_{F1\text{-}F2} + x_{F2\text{-}DC} & = & 40 \text{ (fábrica 2)} \\
-x_{F1\text{-}DC} - x_{F2\text{-}DC} + x_{DC\text{-}W2} & = & 0 \text{ (centro de distribuição)} \\
-x_{F1\text{-}W1} + x_{W1\text{-}W2} - x_{W2\text{-}W1} & = & -30 \text{ (depósito 1)} \\
-x_{DC\text{-}W2} - x_{W1\text{-}W2} + x_{W2\text{-}W1} & = & -60 \text{ (depósito 2)}
\end{array}$$

2. Restrições de limite superior:

$$x_{F1\text{-}F2} \leq 10, \quad x_{DC\text{-}W2} \leq 80$$

3. Restrições de não negatividade:

$$x_{F1\text{-}F2} \geq 0, \quad x_{F1\text{-}DC} \geq 0, \quad x_{F1\text{-}W1} \geq 0, \quad x_{F2\text{-}DC} \geq 0, \quad x_{DC\text{-}W2} \geq 0,$$
$$x_{W1\text{-}W2} \geq 0, \quad x_{W2\text{-}W1} \geq 0.$$

Veremos esse problema novamente na Seção 9.6, na qual o enfoque estará em problemas de programação linear desse tipo (chamado *problema do fluxo de custo mínimo*). Na Seção 9.7, encontraremos a solução ótima:

$$x_{F1\text{-}F2} = 0, \quad x_{F1\text{-}DC} = 40, \quad x_{F1\text{-}W1} = 10, \quad x_{F2\text{-}DC} = 40, \quad x_{DC\text{-}W2} = 80,$$
$$x_{W1\text{-}W2} = 0, \quad x_{W2\text{-}W1} = 20.$$

O custo de despacho total resultante é de US$ 49.000.

3.5 FORMULAÇÃO E SOLUÇÃO DE MODELOS DE PROGRAMAÇÃO LINEAR EM UMA PLANILHA

Pacotes de software de planilhas, como o Excel, constituem uma ferramenta muito utilizada para analisar e resolver pequenos problemas de programação linear. As principais características desse modelo, incluindo todos os seus parâmetros, podem facilmente ser incluídos em uma planilha. Porém, podem fazer muito mais do que simplesmente exibir dados. Se incluirmos algumas informações adicionais, a planilha pode ser usada para analisar rapidamente soluções em potencial. Por exemplo, poder-se-ia verificar se uma solução em potencial é viável e que valor Z (lucro ou custo) ela alcança. Grande parte do poder das planilhas reside em sua habilidade de revelar imediatamente os resultados de quaisquer alterações feitas na solução.

Além disso, o Excel Solver pode aplicar rapidamente o método simplex para encontrar uma solução ótima para o modelo. Descreveremos como isso é feito na última parte desta seção.

Para ilustrar esse processo de formulação e solução de modelos de programação linear em uma planilha, retornaremos ao exemplo da Wyndor introduzido na Seção 3.1.

Exemplo de Aplicação

A **Welch's, Inc.** é o maior processador mundial de uvas Concord e Niagara, com vendas anuais que ultrapassam os US$ 550 milhões por ano. Produtos como a gelatina e o suco de uva da Welch são apreciados por várias gerações de consumidores norte-americanos.

Todo mês de setembro, cultivadores começam a entregar suas uvas para as fábricas de processamento, que então espremem as uvas em estado natural para extrair seu sumo. É preciso tempo antes do sumo de uva estar pronto para se transformar em geleias, gelatinas, sucos e concentrados.

Decidir como usar a colheita da uva é uma tarefa complexa, dadas a variabilidade de demanda e a incerteza na qualidade e na quantidade da colheita. Entre as decisões típicas temos qual receita usar para os grupos de produtos mais importantes, a transferência do sumo de uva entre as fábricas e o modo de transportar esse material transferido.

Pelo fato de a Welch não ter um sistema formal para otimizar a movimentação da matéria-prima e as receitas usadas para produção, uma equipe de PO desenvolveu um modelo de programação linear preliminar. Tratava-se de um enorme modelo com 8 mil variáveis de decisão com enfoque em um nível de detalhe de componentes. Testes em pequena escala demonstraram que o modelo funcionava.

Para tornar o modelo mais útil, a equipe o revisou, e ele passou a agregar demanda por grupo de produto ao invés de componente. Isso reduziu o seu tamanho para 324 variáveis de decisão e 361 restrições funcionais. *O modelo foi então incorporado a uma planilha.*

A empresa vem utilizando a versão continuamente atualizada desse *modelo de planilha* todos os meses, desde 1994, fornecendo a seus executivos dados sobre o plano logístico ótimo gerado pelo Solver. *A economia* proveniente do uso e da otimização desse modelo *foi de aproximadamente* **US$ 150.000** *apenas no primeiro ano.* A grande vantagem de incorporar o modelo de programação linear a uma planilha tem sido a facilidade de explicar o modelo aos gerentes com diferentes níveis de entendimento matemático. Isso levou a uma ampla aceitação da metodologia da pesquisa operacional, tanto para essa como para outras aplicações.

Fonte: E. W. Schuster and S. J. Allen, "Raw Material Management at Welch's, Inc.", *Interfaces*, **28**(5): 13-24, Sept.-Oct. 1998. (Este artigo está disponível em inglês no *site* da editora, www.bookman.com.br.)

Formulação do modelo em uma planilha

A Figura 3.14 ilustra o problema da Wyndor transferindo os dados da Tabela 3.1 para uma planilha. (As Colunas E e F são reservadas para futuras entradas que são descritas a seguir.) Chamaremos **células de dados** as células que contêm dados. Essas células estão indicadas com um fundo cinza para distingui-las de outras células da planilha[8].

Veremos posteriormente que a planilha fica mais fácil de ser interpretada usando-se nomes de faixas. Um **nome de faixa** é um nome descritivo dado a um bloco de células que identifica imediatamente o que se encontra lá. Por essa razão, as células de dados do problema Wyndor recebem os nomes de LucroUnitario (C4:D4), HorasUtilizadasPorLoteProduzido (C7:D9) e HorasDisponiveis (G7:G9). Observe que não é permitido nenhum espaço entre as palavras contidas em um nome de faixa e, portanto, para fins de distinção cada uma destas palavras começa com letra maiúscula. Embora opcional, a faixa de células às quais estão sendo atribuídas cada nome de faixa podem ser especificadas entre parênteses após o nome. (Por exemplo, a faixa C7:D9 é a forma abreviada de se dizer no Excel *faixa de* C7 *a* D9; isto é, o bloco inteiro de células nas colunas C ou D e nas linhas 7, 8 ou 9. Para incluir um nome de faixa, primeiro escolha a faixa de células; depois, Nome\Definir do menu Inserir e digite um nome de faixa (ou clique na caixa de nome à esquerda da barra de fórmulas acima da planilha e digite um nome).

Três questões precisam ser respondidas para se iniciar o processo de emprego de planilhas para formular um modelo de programação linear para o problema.

1. Quais são as *decisões* a ser tomadas? Para este problema, as decisões necessárias são as *taxas de produção* (número de lotes produzidos por semana) para os dois novos produtos.
2. Quais são as *restrições* sobre essas decisões? As restrições aqui são que o número de horas de tempo de produção utilizado semanalmente pelos dois produtos na respectiva fábrica não pode ultrapassar o número de horas disponíveis.

---

[8] Podem-se acrescentar bordas e sombreamento pelos botões de bordas e de cores na barra de ferramentas de formatação ou então ao clicar em Células do menu Formatar e, depois, selecionando-se a guia Bordas e/ou Padrões.

3. Qual é a *medida de desempenho* global para essas decisões? A medida de desempenho global da Wyndor é o *lucro total* semanal dos dois produtos, de modo que o *objetivo* seja *maximizar* essa quantidade.

	A	B	C	D	E	F	G
1		O problema de *mix* de produtos da Wyndor Glass Co.					
2							
3			Portas	Janelas			
4		Lucro por lote	US$ 3.000	US$ 5.000			
5							Horas
6			Horas utilizadas por lote produzido				disponíveis
7		Fábrica 1	1	0			4
8		Fábrica 2	0	2			12
9		Fábrica 3	3	2			18

■ **FIGURA 3.14** A planilha inicial para o problema da Wyndor após a transferência dos dados da Tabela 3.1 para as células de dados.

A Figura 3.15 ilustra como essas respostas podem ser incorporadas na planilha. Com base na primeira resposta, as taxas de produção dos dois produtos são colocadas na células C12 e D12 a fim de posicioná-las nas colunas para esses produtos, logo abaixo das células de dados. Como não sabemos ainda quanto devem ser essas taxas de produção, por enquanto elas são simplesmente incluídas com valor zero. (Na verdade, se poderia introduzir qualquer solução experimental, embora taxas de produção *negativas* devessem ser excluídas já que são impossíveis.) Posteriormente, esses números serão alterados enquanto se procura o melhor *mix* de taxas de produção. Portanto, essas células que contêm as decisões que devem ser tomadas são denominadas **células variáveis** (ou *células ajustáveis*). Para destacar essas células variáveis, elas são sombreadas e apresentam uma borda. (Nos arquivos de planilhas contidos no *Courseware* de PO, as células variáveis aparecem no monitor com cor amarela-brilhante). Atribui-se às células variáveis o nome de faixa LotesProduzidos (C12:D12).

Utilizando a resposta à pergunta nº 2, introduz-se o número total de horas de produção usadas semanalmente pelos dois produtos nas respectivas fábricas nas células E7, E8 e E9, imediatamente à direita das células de dados correspondentes. As equações em Excel para essas três células são:

E7 = C7*C12 +D7*D12

E8 = C8*C12 +D8*D12

E9 = C9*C12 +D9*D12

	A	B	C	D	E	F	G
1		O problema de *mix* de produtos da Wyndor Glass Co.					
2							
3			Portas	Janelas			
4		Lucro por lote	US$ 3.000	US$ 5.000			
5					Horas		Horas
6			Horas utilizadas por lote produzido		utilizadas		disponíveis
7		Fábrica 1	1	0	0	<=	4
8		Fábrica 2	0	2	0	<=	12
9		Fábrica 3	3	2	0	<=	18
10							
11			Portas	Janelas			Lucro total
12		Lotes produzidos	0	0			US$ 0

■ **FIGURA 3.15** A planilha completa para o problema da Wyndor com uma solução experimental inicial (ambas com taxa de produção igual a zero) introduzida nas células variáveis (C12 e D12).

em que cada asterisco representa a operação de multiplicação. Visto que cada uma dessas células fornece saída que depende das células variáveis (C12 e D12), elas são chamadas de **células de saída**.

Observe que cada uma das equações para as células de saída envolve a soma de dois produtos. Há uma função do Excel denominada SUMPRODUCT que somará o produto de cada um dos termos individuais nas duas faixas de células diversas, quando os dois intervalos possuem o mesmo número de linhas e de colunas. Cada produto somado é o produto de um termo na primeira faixa e o termo na posição correspondente na segunda faixa. Consideremos, por exemplo, os dois intervalos, C7:D7 e C12:D12, de modo que o intervalo tenha uma linha e duas colunas. Nesse caso, SUMPRODUCT (C7:D7 e C12:D12) toma cada um dos termos individuais no intervalo C7:D7, multiplica-os pelo termo correspondente no intervalo C12:D12 e, depois, soma esses produtos individuais conforme ilustrado na primeira equação anterior. Usando-se o nome de faixa LotesProduzidos (C12:D12), a fórmula se torna SUMPRODUCT (C7:D7, LotesProduzidos). Embora opcionais com equações curtas como essas, essa função é especialmente útil como atalho para introdução de equações mais longas.

A seguir sinais ≤ são introduzidos nas células F7, F8 e F9 para indicar que cada valor total à sua esquerda não pode exceder o número correspondente na coluna G. A planilha ainda permitirá que sejam introduzidas soluções experimentais que violem os sinais ≤. Porém, esses sinais ≤ servem como lembrete de que essas soluções experimentais precisam ser rejeitadas caso nenhuma alteração seja feita nos números da coluna G.

Finalmente, já que a resposta à terceira pergunta é que a medida de desempenho global é o lucro total dos dois produtos, inclui-se esse lucro (semanal) na célula G12. De forma muito parecida com os valores da coluna E, ela é a soma dos produtos.

G12 = SUMPRODUCT (C4:D4, C12:D12)

Utilizando-se os nomes de faixa LucroTotal (G12), LucroPorLote (C4:D4) e LotesProduzidos (C12:D12), essa equação então fica

LucroTotal = SUMPRODUCT (LucroPorLote, LotesProduzidos)

Esse é um bom exemplo da vantagem de se utilizar nomes de faixa para tornar mais fácil a interpretação de uma equação. Em vez de se fazer referência à planilha para ver o que há nas células G12, C4:D4 e C12:D12, os nomes de faixa revelam imediatamente como a equação está operando.

LucroTotal (G12) é um tipo especial de célula de saída. É a célula em particular que é alvo para se tornar o maior possível ao se tomarem decisões referentes a taxas de produção. Portanto, LucroTotal (G12) é chamada **célula de destino** (ou *célula objetivo*). A célula de destino apresenta um sombreamento mais escuro que as células variáveis e se distingue ainda mais por ter uma borda mais grossa. Nos arquivos de planilhas contidos no *Courseware* de PO, essa célula aparece no monitor com cor laranja.

A parte inferior da Figura 3.16 sintetiza todas as fórmulas necessárias que precisam ser incluídas na coluna Horas Utilizadas e na célula Lucro Total. Também é apresentado um resumo dos nomes de faixa (em ordem alfabética) e os endereços de células correspondentes.

Isso completa a formulação do modelo de planilha para o problema da Wyndor.

Com essa formulação torna-se fácil analisar qualquer solução experimental para as taxas de produção. Cada vez que as taxas de produção são inseridas nas células C12 e D12, o Excel calcula imediatamente as células de saída para as horas utilizadas e o lucro total. Porém, não é necessário usar o método de tentativa e erro. Devemos descrever a seguir como o Excel Solver pode ser usado para encontrar-se rapidamente uma solução.

Utilização do Excel Solver para solucionar o modelo

O Excel inclui uma ferramenta chamada Solver que usa o método simplex para encontrar uma solução ótima. (Uma versão mais poderosa do Solver, chamada Premium Solver for Education, também pode ser encontrada no *Courseware* de PO.)

Para acessar o Solver pela primeira vez, você precisa instalá-lo. Vá ao menu de Add-in do Excel e acrescente o Solver; depois disso você poderá acessá-lo no menu Ferramentas.

A princípio, adicionamos uma solução experimental arbitrária na Figura 3.16 colocando zeros nas células variáveis. O Solver as modificará para valores ótimos após solucionar o problema.

	A	B	C	D	E	F	G
1		**O problema de *mix* de produtos da Wyndor Glass Co.**					
2							
3			Portas	Janelas			
4		Lucro por lote	US$ 3.000	US$ 5.000			
5					Horas		Horas
6			Horas utilizadas por lote produzido		utilizadas		disponíveis
7		Fábrica 1	1	0	0	<=	4
8		Fábrica 2	0	2	0	<=	12
9		Fábrica 3	3	2	0	<=	18
10							
11			Portas	Janelas			Lucro total
12		Lotes produzidos	0	0			US$ 0

Nome da faixa de células	Células
LotesProduzidos	C12:D12
HorasDisponiveis	G7:G9
HorasUtilizadas	E7:E9
HorasUtilizadasPorLoteProduzido	C7:D9
LucroPorLote	C4:D4
LucroTotal	G12

	E
5	Horas
6	Utilizadas
7	=SUMPRODUCT(C7:D7,LotesProduzidos)
8	=SUMPRODUCT(C8:D8,LotesProduzidos)
9	=SUMPRODUCT(C9:D9,LotesProduzidos)

	G
11	Lucro Total
12	=SUMPRODUCT(LucroPorLote,LotesProduzidos)

■ **FIGURA 3.16** O modelo de planilha para o problema da Wyndor, inclusive as fórmulas para a célula de destino LucroTotal (G12) e as células de saída da coluna E, na qual o objetivo é maximizar a célula de destino.

Esse procedimento é iniciado selecionando-se Solver no menu Ferramentas. A caixa de diálogo do Solver é mostrada na Figura 3.17.

Antes de o Solver poder iniciar seu trabalho, ele precisa saber exatamente onde cada componente do modelo se localiza na planilha. A caixa de diálogo do Solver é utilizada para se introduzir essas informações. Você tem a opção de inserir os nomes de faixa, digitando-os nos endereços de células ou, então, clicando sobre as células da planilha.[9] A Figura 3.17 mostra o resultado de se utilizar a primeira opção, portanto, LucroTotal (e não G12) foi introduzido para a célula de destino e LotesProduzidos (e não o intervalo C12:D12) foi introduzido para as células variáveis. Já que o objetivo é maximizar a célula de destino, Max também foi selecionado.

A seguir, precisamos especificar as células que contêm as restrições funcionais, o que se faz clicando o botão Add da caixa de diálogo do Solver. Ele, por sua vez, acionará a caixa de diálogo Add Constraint mostrada na Figura 3.18. Os sinais ≤ nas células F7, F8 e F9 da Figura 3.16 são um lembrete de que as células em HorasUtilizadas (E7:E9) também precisam ser menores que ou iguais às células correspondentes em HorasDisponiveis (G7:G9). Essas restrições são especificadas para o Solver inserindo-se HorasUtilizadas (ou E7:E9) do lado esquerdo da caixa de diálogo Add Constraint e HorasUtilizadas (ou G7:G9) do lado direito. Para o sinal existente entre esses dois lados, há um menu no qual se pode escolher entre <= (menor que ou igual a), =, ou >= (maior que ou igual a), de modo que foi escolhido <=. Essa opção é necessária, embora os sinais ≤ tivessem sido acrescentados previamente na coluna F da planilha, pois o Solver usa apenas as restrições funcionais que são especificadas pela caixa de diálogo Add Constraint.

---

[9] Se você clicar para selecionar as células, então, elas aparecerão inicialmente na caixa de diálogo com seu endereço de célula e com símbolos de $ (por exemplo, $C$9:$D$9). Você pode ignorar os cifrões. No final, o Solver substituirá tanto os endereços de células como os cifrões pelo nome de faixa correspondente (caso um nome de faixa tenha sido definido para os endereços de células fornecidos), porém, somente após adicionar uma restrição ou então fechar e reabrir a caixa de diálogo do Solver.

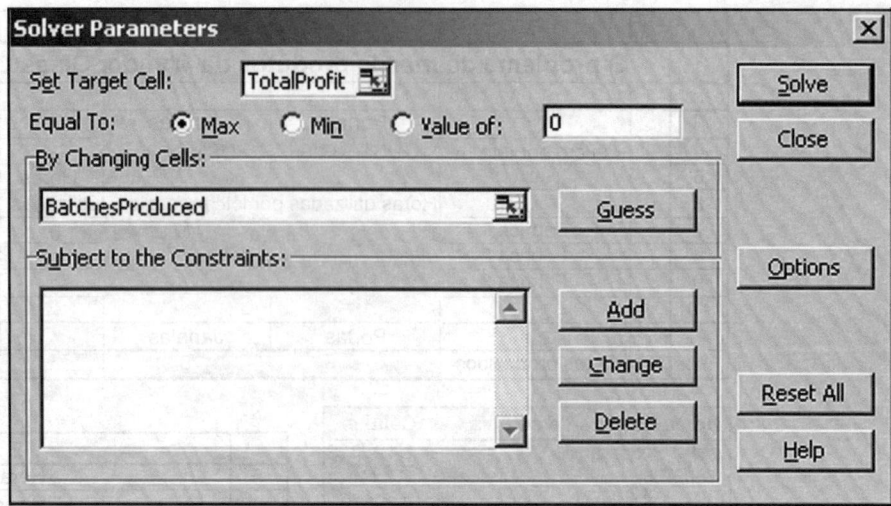

■ **FIGURA 3.17** A caixa de diálogo do Solver mostrada especifica quais células da Figura 3.16 são a célula de destino e a célula variável. Ela também indica que a célula de destino deve ser maximizada.

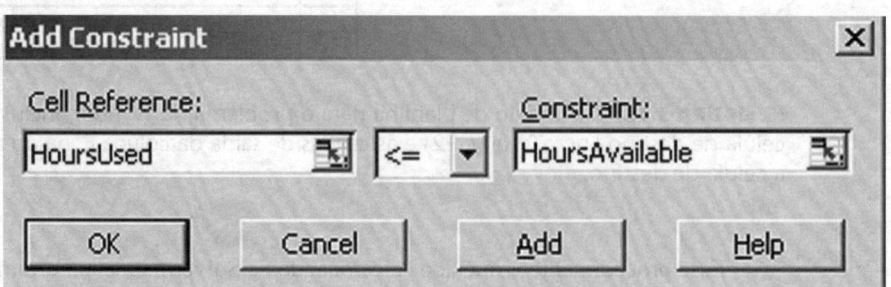

■ **FIGURA 3.18** A caixa de diálogo Add Constraint após inserir o conjunto de restrições, HorasUtilizadas (E7:E9) ≤ HorasDisponíveis (G7:G9), especificando que as células E7, E8 e E9 da Figura 3.16 devem ser, respectivamente, menores que ou iguais às células G7, G8 e G9.

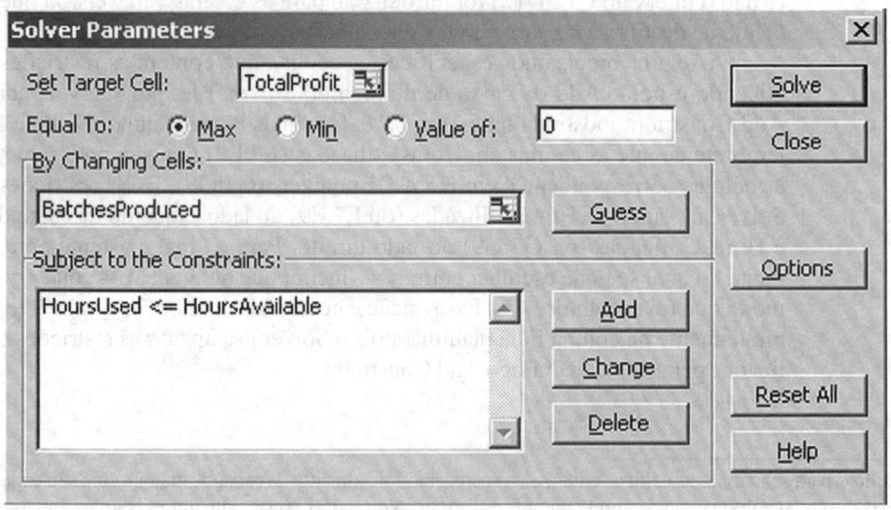

■ **FIGURA 3.19** A caixa de diálogo do Solver, após ser especificado todo o modelo em termos de planilha.

Caso houvessem mais restrições funcionais para ser acrescentadas, clicaríamos em Add para acionar uma nova caixa de diálogo Add Constraint. No entanto, como não existem mais neste exemplo, a próxima etapa é clicar em OK para retornar à caixa de diálogo Solver.

A caixa de diálogo Solver agora sintetiza o modelo completo (ver a Figura 3.19) em termos da planilha da Figura 3.16. Entretanto, antes de solicitarmos ao Solver para resolver o modelo, outra etapa deve ser realizada. Clicar sobre o botão Options aciona a caixa de diálogo mostrada na Figura 3.20. Essa caixa de diálogo permite que especifiquemos uma série de opções sobre como o problema será resolvido. As mais importantes delas são as opções Assume Linear Model e Assume Non-Negative. Certifique-se de que ambas as opções estejam marcadas, como indicado na figura. Isso informa ao Solver de que se trata de um problema de programação *linear* e que são necessárias restrições de não negatividade para que as células variáveis rejeitem as taxas negativas de produção. No que tange às demais opções, aceitar os valores-padrão expostos na figura normalmente é adequado para problemas pequenos. Ao clicarmos sobre o botão OK, retornamos para a caixa de diálogo Solver.

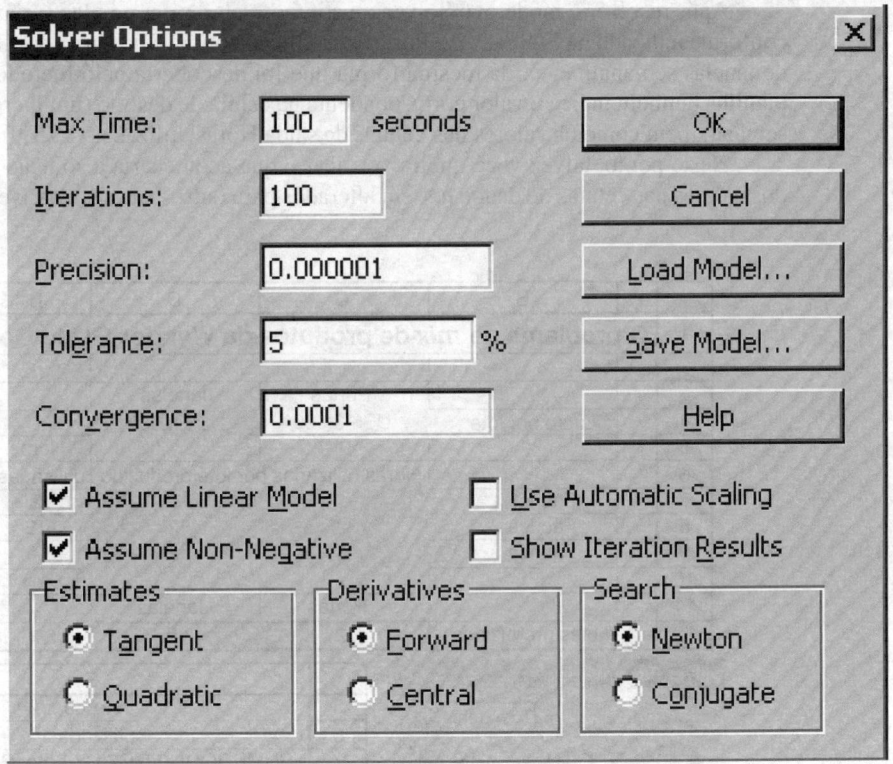

■ **FIGURA 3.20** A caixa de diálogo Solver Options após a marcação das opções Assume Linear Model e Assume Non-Negative para indicar que desejamos resolver um modelo de programação que possui restrições não negativas.

Agora você está pronto para clicar sobre o Solve na caixa de diálogo do próprio Solver, que disparará o processo de resolução do problema. Após alguns segundos (no caso de um problema pequeno), o Solver indicará o resultado. Normalmente, ele indicará que encontrou uma solução ótima conforme especificado na caixa de diálogo Solver Results da Figura 3.21. Se o modelo não possuir soluções viáveis ou nenhuma solução ótima, a caixa de diálogo indicará isso afirmando que "O Solver não conseguiu encontrar uma solução viável" ou que "Os valores Set Cell não convergem". A caixa de diálogo também apresenta a opção de gerar vários relatórios. Um deles (o Relatório de Sensibilidade) será discutido posteriormente nas Seções 4.7 e 6.8.

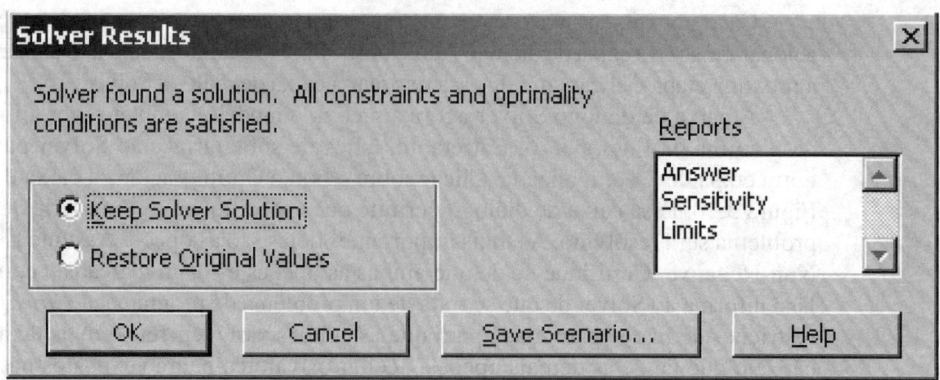

■ **FIGURA 3.21** A caixa de diálogo Solver Results indica que foi encontrada uma solução ótima.

Após resolver o modelo, o Solver substitui os valores nas células variáveis pelos valores ótimos, conforme indicado na Figura 3.22. Portanto, a solução ótima é produzir dois lotes de portas e seis lotes de janelas semanalmente, da mesma forma que foi descoberta pelo método gráfico na Seção 3.1. A planilha também indica o valor correspondente na célula de destino (um lucro total de US$ 36.000 por semana), bem como os valores nas células de saída HorasUtilizadas (E7:E9).

Neste ponto, talvez você queira verificar o que aconteceria à solução ótima, caso qualquer um dos valores nas células de dados fossem alterados para outros valores possíveis. Isso é fácil de se fazer,

	A	B	C	D	E	F	G
1		O problema de *mix* de produtos da Wyndor Glass Co.					
2							
3			Portas	Janelas			
4		Lucro por lote	US$ 3.000	US$ 5.000			
5					Horas		Horas
6			Horas utilizadas por lote produzido		utilizadas		disponíveis
7		Fábrica 1	1	0	2	<=	4
8		Fábrica 2	0	2	12	<=	12
9		Fábrica 3	3	2	18	<=	18
10							
11			Portas	Janelas			Lucro total
12		Lotes produzidos	2	6			US$ 36.000

Solver Parameters
Set Target Cell: TotalProfit
Equal To: ● Max ○ Min
By Changing Cells:
BatchesProduced
Subject to the Constraints:
HoursUsed <= HoursAvailable

Solver Options
☑ Assume Linear Model
☑ Assume Non-Negative

	E
5	Horas
6	utilizadas
7	=SUMPRODUCT(C7:D7,LotesProduzidos)
8	=SUMPRODUCT(C8:D8,LotesProduzidos)
9	=SUMPRODUCT(C9:D9,LotesProduzidos)

	G
11	Lucro total
12	=SUMPRODUCT(LucroPorLote,LotesProduzidos)

Nome da Faixa de Células	Células
LotesProduzidos	C12:D12
HorasDisponiveis	G7:G9
HorasUtilizadas	E7:E9
HorasUtilizadasPorLoteProduzido	C7:D9
LucroPorLote	C4:D4
LucroTotal	G12

■ **FIGURA 3.22** A planilha obtida após o problema da Wyndor ter sido resolvido.

pois o Solver salva todos os endereços referentes à célula de destino, células variáveis, restrições e assim por diante, quando salvamos o arquivo. Basta fazer as alterações desejadas nas células de dados e depois clicar novamente em Solve na caixa de diálogo do Solver. (As Seções 4.7 e 6.8 vão se concentrar nesse tipo de análise de sensibilidade, incluindo como usar o Relatório de Sensibilidade do Solver para acelerar esse tipo de análise "e-se".)

Para ajudá-lo a experimentar essas mudanças, o *Courseware* de PO inclui arquivos Excel para este capítulo (e para outros) que fornecem uma formulação e solução completas dos exemplos aqui apresentados (o problema da Wyndor e aqueles da Seção 3.4) em formato de planilha. Nós o encorajamos a "brincar" com esses exemplos para verificar o que acontece com dados diferentes, soluções diferentes e assim por diante. Talvez considere essas planilhas úteis como gabaritos para solução dos problemas dos exercícios.

Além disso, sugerimos que você use os arquivos e Excel deste capítulo para observar cuidadosamente as formulações de planilhas para alguns dos exemplos na Seção 3.4. Isso demonstrará como formular modelos de programação linear em uma planilha que são maiores e mais complexos do que o problema da Wyndor.

Veremos outros exemplos de como formular e solucionar vários tipos de modelos de PO usando planilhas em capítulos posteriores. Os capítulos suplementares localizados no *site* da editora também incluem um capítulo completo (Capítulo 21), dedicado à arte de modelar em planilhas. Esse capítulo descreve detalhadamente tanto o processo geral quanto as diretrizes básicas para construir um modelo de planilha. Ele também apresenta algumas técnicas para a depuração desses modelos.

3.6 FORMULAÇÃO DE MODELOS DE PROGRAMAÇÃO LINEAR DE GRANDES DIMENSÕES

Os modelos de programação linear apresentam-se em diversos tamanhos. Para os exemplos das Seções 3.1 e 3.4, os tamanhos dos modelos variam de três restrições funcionais e duas variáveis de decisão (para os casos da Wyndor e de radioterapia) até 17 restrições funcionais e 12 variáveis de decisão (para o problema da empresa Save-It). O último caso, em princípio, parece ser um problema de dimensões maiores. Afinal, ele leva um tempo substancial para escrever um modelo desse porte. Porém, contrastando com isso, os descritos nos exemplos aplicados apresentados neste capítulo são muitíssimo maiores. Por exemplo, o modelo para a aplicação da United Airlines na Seção 3.4 muitas vezes tem mais de 20 mil variáveis de decisão.

Tamanhos dessa ordem não são de todo incomuns. Os modelos de programação linear na vida prática chegam a várias centenas ou milhares de restrições funcionais. Na realidade, eles podem, ocasionalmente, chegar até a milhões de restrições funcionais. O número de variáveis de decisão frequentemente são até mesmo maiores do que o número de restrições funcionais e, ocasionalmente, se encaixarão bem na casa dos milhões.

Formular modelos assim tão gigantescos pode ser uma tarefa desanimadora. Até mesmo um modelo de "tamanho médio", com cerca de mil restrições funcionais e de variáveis de decisão, possui mais de um milhão de parâmetros (inclusive o milhão de coeficientes nessas restrições). Simplesmente não é prático escrever a formulação algébrica ou até preencher os parâmetros em uma planilha para um modelo desse tipo.

Portanto, como esses modelos tão grandes são formulados na prática? Isso requer o uso de uma *linguagem de modelagem*.

Linguagens de modelagem

Uma linguagem de modelagem matemática é um software projetado especificamente para formular, de modo eficiente, modelos matemáticos grandes, entre os quais os modelos de programação linear. Mesmo com milhões de restrições funcionais, eles são relativamente de poucos tipos. De modo semelhante, as variáveis de decisão cairão em um número pequeno de categorias. Portanto, usando-se grandes blocos de informações em bancos de dados, uma linguagem de modelagem utilizará uma única expressão para formular simultaneamente todas as restrições do mesmo tipo em termos de variáveis de cada tipo. Logo ilustraremos esse processo.

Além de formular de modo eficiente modelos de grandes proporções, uma linguagem de modelagem agilizará uma série de tarefas de gerenciamento como: acesso e transformação de dados em parâmetros de modelo, modificação de modelos sempre que se desejar e análise de soluções. Também poderá produzir relatórios sucintos na linguagem dos tomadores de decisão, bem como documentar o conteúdo do modelo.

Foram desenvolvidas várias linguagens de modelagem excelentes ao longo das últimas décadas. Entre elas temos AMPL, MPL, OPL, GAMS e LINGO.

A versão para estudantes de uma delas, **MPL** (abreviatura de Mathematical Programming Language, ou seja, Linguagem de Programação Matemática), encontra-se no *site* da editora, junto com grande quantidade de material tutorial. Versões subsequentes sempre são lançadas, portanto, a versão educacional também poderá ser baixada do *site* maximal.software.com. O MPL é um produto da Maximal Software, Inc. Um de seus recursos é o amplo suporte a Excel. Isso inclui importar e/ou exportar intervalos de células de arquivos Excel do MPL; também se oferece suporte total para a macrolinguagem VBA do Excel por meio do OptiMax 2000. (A versão para estudantes do OptiMax 2000 também encontra-se no *site* da editora.) Esse produto permite ao usuário integrar totalmente modelos MPL no Excel e solucioná-los por meio de qualquer um dos poderosos solucionadores que o MPL suporta, entre eles o **CPLEX** (descrito na Seção 4.8).

O **Lingo** é um produto da LINDO Systems, Inc., que também comercializa um otimizador agregável a planilhas denominado What's-*Best*!, projetado para grandes problemas industriais. Também comercializa uma biblioteca de sub-rotinas que podem ser chamadas LINDO API. O software LINGO inclui, na forma de um subconjunto, a interface LINDO, uma introdução à programação linear conhecida. A versão para estudantes do LINGO, junto com a interface do LINDO, é parte inclusa no *site* da editora. Todos os produtos da LINDO Systems também podem ser baixados do *site* www.lindo.com. Assim como o MPL, o LINGO é uma poderosa linguagem de modelagem genérica. Um recurso notável do LINGO é sua enorme flexibilidade para lidar com ampla gama de problemas de PO, além daqueles de programação linear. Por exemplo, ao tratar modelos altamente *não lineares*, ele contém um *otimizador global* que encontrará uma solução ótima global. (Trataremos mais sobre esse assunto na Seção 12.10.) Uma novidade dessa edição é o fato de a versão mais recente do LINGO também possuir uma linguagem de programação compatível incorporada de modo que você poderá fazer coisas como resolver vários problemas de otimização diferentes como parte do mesmo processamento – o que é particularmente útil ao realizar análise paramétrica.

O *site* da editora inclui formulações MPL, LINGO, LINDO e para essencialmente todos os exemplos deste livro aos quais essas linguagens de modelagem e otimizadores se aplicam.

Vejamos agora um exemplo simplificado que ilustra como pode surgir um modelo de programação linear de grande porte.

Exemplo de problema com um enorme modelo

A direção da Worldwide Corporation precisa resolver um *problema de mix de produtos*, porém, um que seja muito mais complexo que o problema de *mix* de produtos da Wyndor apresentado na Seção 3.1. Essa empresa possui dez fábricas industriais em diversas partes do mundo. Cada uma delas fabrica os mesmos dez produtos e depois os vende em sua região. A *demanda* (potencial de vendas) para cada um desses produtos de cada fábrica é conhecida em um horizonte de dez meses. Embora a quantidade de um produto vendida por uma fábrica em determinado mês não possa exceder à demanda, a quantidade produzida pode ser maior, na qual a quantidade excedente seria armazenada em estoque (por determinada unidade de custo mensal) para venda em um mês posterior. Cada unidade de cada produto ocupa a mesma área no estoque, e cada fábrica tem algum limite superior referente ao número total de unidades que podem ser estocadas (a *capacidade do estoque*).

Cada uma das unidades fabris possui os mesmos dez processos (faremos referência a eles como *máquinas*), cada um deles pode ser usado para produzir qualquer um dos dez produtos. Tanto o custo de produção unitário quanto a taxa de produção do produto (o número de unidades produzidas por dia dedicada a esse produto) depende da combinação da fábrica e máquina envolvidas (mas não o mês). O número de dias úteis (*dias de produção disponíveis*) varia um pouco mês a mês.

Como algumas fábricas e máquinas são capazes de produzir determinado produto de forma mais barata ou então mais rápida que as demais fábricas e máquinas, às vezes vale a pena despachar algumas unidades do produto de uma fábrica para a outra, a fim de que seja vendida por essa última. Para cada combinação de uma fábrica, da qual sai um produto (*fábrica de origem*) e uma fábrica para a qual está sendo embarcado um produto (*fábrica de destino*), há certo custo por unidade despachada desse produto; o custo desse despacho unitário é o mesmo para todos os produtos.

A gerência precisa estabelecer, agora, quantas unidades de cada produto devem ser produzidas em cada uma das máquinas em cada uma das fábricas durante cada mês, bem como quanto cada fábrica deveria vender de cada produto em cada mês e quanto cada fábrica deve despachar de cada produto a cada mês para cada uma das demais fábricas. Considerando-se o preço mundial de cada produto, o objetivo é encontrar o plano viável que maximize o lucro total (receita de vendas total *menos* a soma total dos custos de produção, de estoques e de despacho).

Devemos observar que se trata de um exemplo simplificado em uma série de possibilidades. Partirmos do pressuposto de que os números de fábricas, máquinas, produtos e meses são exatamente os mesmos (10). Na maioria das situações reais, o número de produtos certamente será bem maior, e o horizonte de planejamento é provável que venha a ser consideravelmente mais longo que dez meses, ao passo que o número de "máquinas" (tipos de processos de produção) deve ser bem menor que 10. Também estamos supondo que cada unidade fabril tenha exatamente os mesmos tipos de máquina (processos de produção) e cada tipo de máquina seja capaz de fabricar todos os tipos de produto. No mundo real, as fábricas podem ter algumas diferenças em termos de seus tipos de máquina e dos produtos que elas são capazes de produzir. O resultado é que o modelo correspondente para algumas empresas pode ser menor que aquele desse exemplo, porém, o modelo para as demais empresas pode ser consideravelmente maior (talvez até mesmo imensamente maior) do que este.

A estrutura do modelo resultante

Em decorrência dos custos de armazenamento e da capacidade limitada dos depósitos, é necessário controlar, mês a mês, a quantidade de cada produto mantida em estoque em cada fábrica. Consequentemente, o modelo de programação linear possui quatro tipos de variáveis de decisão: quantidades produzidas, quantidades estocadas, quantidades vendidas e quantidades despachadas. Com 10 fábricas, 10 máquinas, 10 produtos e 10 meses, isso dá um total de 21 mil variáveis de decisão conforme descrito a seguir:

Variáveis de decisão

10.000 variáveis de produção: uma variável para cada combinação de uma fábrica, máquina, produto e mês

1.000 variáveis de estoque: uma variável para cada combinação de uma fábrica, produto e mês

1.000 variáveis de vendas: uma variável para cada combinação de uma fábrica, produto e mês

9.000 variáveis de despacho: uma variável para cada combinação de um produto, mês, fábrica (fábrica de origem) e uma outra (fábrica de destino)

Multiplicando-se cada uma dessas variáveis de decisão pelo custo unitário correspondente ou receita unitária e depois somando-se cada um dos tipos, a seguinte função objetivo pode ser calculada:

Função objetivo

Maximizar   lucro = receita de vendas total − custo total,

em que

Custo total = custo de produção total + custo de armazenamento total + custo de despacho total.

Ao maximizar essa função objetivo, as 21 mil variáveis de decisão precisam satisfazer restrições de não negatividade, bem como quatro tipos de restrições funcionais: restrições de capacidade de produção, restrições de equilíbrio de fábrica (restrições de igualdade que fornecem valores apropriados para as variáveis de armazenamento), restrições de vendas e de estoque máximos. Conforme enumerado a seguir, há um total de 3.100 variáveis funcionais, mas todas as restrições de cada tipo seguem o mesmo padrão.

Restrições funcionais

1.000 restrições de capacidade de produção (uma para cada combinação de uma fábrica, máquina e mês):

Dias de produção utilizados ≤ dias de produção disponíveis

em que o lado esquerdo da desigualdade é a soma de 10 frações, uma para produto, no qual cada fração é a quantidade produzida daquele produto (uma variável de decisão) *dividida* pela taxa de produção do produto (uma constante dada).

1.000 restrições de equilíbrio de fábrica (uma para cada combinação de uma fábrica, produto e mês):

Quantidade produzida + estoque do último mês + quantidade despachada = vendas + estoque atual + quantidade despachada

na qual a *quantidade produzida* é a soma das variáveis de decisão que representa as quantidades de produção nas máquinas, a *quantidade recebida* é a soma das variáveis de decisão que representa as quantidades recebidas de outras fábricas e a *quantidade enviada* é a soma das variáveis de decisão que representa as quantidades despachadas para as demais fábricas.

100 restrições de estoque máximo (uma para cada combinação de uma fábrica e mês)

Estoque total ≤ capacidade de armazenamento

em que o lado esquerdo da desigualdade é a soma das variáveis de decisão que representa as quantidades estocadas para cada um dos produtos.

1.000 restrições de vendas máximas (uma para cada combinação de uma fábrica, produto e mês):

Vendas ≤ demanda

Vejamos como o MPL, Linguagem de Modelagem, pode formular esse modelo imenso de forma muito compacta.

Formulação do modelo em MPL

O modelador inicia atribuindo um título ao modelo e listando um *índice* para cada uma das entidades do problema, conforme indicado a seguir:

```
TITLE
    Production_Planning;

INDEX
    product   := (A1, A2, A3, A4, A5, A6, A7, A8, A9, A10);
    month     := (Jan, Feb, Mar, Apr, May, Jun, Jul, Aug, Sep, Oct);
    plant     := (p1, p2, p3, p4, p5, p6, p7, p8, p9, p10);
    fromplant := plant;
    toplant   := plant;
    machine   := (m1, m2, m3, m4, m5, m6, m7, m8, m9, m10);
```

Exceto para os meses, as entradas no lado direito são rótulos arbitrários para os respectivos produtos, fábricas e máquinas nos quais esses mesmos rótulos são usados nos arquivos de dados. Observe que, após o nome de cada entrada, é colocado dois-pontos e, no final de cada sentença, é inserido um ponto e vírgula (porém, é permitido que uma sentença se estenda por mais de uma linha).

Uma tarefa árdua em qualquer modelo de grandes dimensões é aquela de coletar e organizar os diversos tipos de dado nos arquivos de dados, que pode estar tanto em formato denso quanto esparso. No *formato denso*, o arquivo conterá uma entrada para cada combinação de todos os valores possíveis dos respectivos índices. Suponha, por exemplo, que o arquivo de dados contenha as taxas de produção para fabricar os diversos produtos como as diversas máquinas (processos de produção) nas várias fábricas. No formato denso, o arquivo em questão conterá uma entrada para cada combinação de uma fábrica, uma máquina e um produto. No entanto, pode ser necessário que a entrada seja zero para a maioria das combinações, pois pode ser que aquela fábrica não tenha certa máquina ou, se ela a tiver, pode ser que essa máquina, em particular, não seja capaz de fabricar certo produto naquela determinada fábrica. A porcentagem de entradas em formato denso que são *não zero* são conhecidas como a *densidade* do conjunto de dados. Na prática, é mais comum para conjuntos de dados grandes apresentar uma densidade abaixo de 5%, e ela frequentemente se encontra abaixo de 1%. Conjuntos de dados com densidades tão baixas são designados *esparsos*. Em tais situações, é mais eficiente usar um arquivo de dados no *formato esparso*. Nesse formato, apenas os valores não zero (e uma identificação dos valores-índice aos quais eles se referem) são incluídos no arquivo de dados. Geralmente, os dados são inseridos no formato esparso a partir de um arquivo de texto ou de bancos de dados corporativos. A capacidade de manipular de modo eficiente conjuntos de dados esparsos é um segredo para ser bem-sucedido na formulação e solução de modelos de otimização em grande escala. O MPL é capaz de trabalhar diretamente tanto com dados no formato denso quanto no formato esparso.

No exemplo da Worldwide Corp. são necessários oito arquivos de dados para armazenar os preços dos produtos, demandas, custos e taxas e dias disponíveis para produzir, custos de estocagem, capacidade de armazenamento e custos para o despacho das mercadorias. Partimos do pressuposto de que esses arquivos de dados se encontram disponíveis no formato esparso. A próxima etapa é atribuir um breve nome sugestivo a cada um deles e identificar (entre colchetes) o(s) índice(s), para aquele tipo de dados, conforme indicado a seguir.

```
DATA
Price[product]            := SPARSEFILE("Price.dat");
Demand[plant,  product,   month] := SPARSEFILE("Demand.dat");
ProdCost[plant, machine, product] := SPARSEFILE("Produce.dat", 4);
ProdRate[plant, machine, product] := SPARSEFILE("Produce.dat", 5);
ProdDaysAvail[month]      := SPARSEFILE("ProdDays.dat");
InvtCost[plant, product]  := SPARSEFILE("InvtCost.dat");
InvtCapacity[plant]       := SPARSEFILE("InvtCap.dat");
ShipCost[fromplant, toplant]    := SPARSEFILE ("ShipCost.dat");
```

Para ilustrar o conteúdo desses arquivos de dados, considere aquele que fornece os custos e as taxas de produção. Eis um exemplo das primeiras entradas de SPARSEFILE produce.dat:

```
!
! Produce.dat - Production Cost and Rate
!
! ProdCost[plant, machine, product]:
! ProdRate[plant, machine, product]:
!
  p1, m11, A1, 73.30, 500,
  p1, m11, A2, 52.90, 450,
  p1, m12, A3, 65.40, 550,
  p1, m13, A3, 47.60, 350,
```

A seguir, o modelador fornece um nome curto para cada tipo de variável de decisão. Após o nome, entre colchetes, temos o(s) índice(s) ao longo dos quais os subíndices são executados.

```
VARIABLES
Produce[plant, machine, product, month]    -> Prod;
Inventory[plant, product, month]           -> Invt;
Sales[plant, product, month]               -> Sale;
Ship[product, month, fromplant, toplant]
    WHERE (fromplant <> toplant);
```

No caso das variáveis de decisão com nomes mais longos do que quatro letras, as setas à direita apontam abreviaturas de quatro letras para atender às limitações de tamanho de vários solucionadores. A última linha indica que os subíndices *fábrica de origem* e *fábrica de destino* não podem ter o mesmo valor.

Há mais uma etapa antes de escrever o modelo. Para tornar o modelo mais legível, é interessante primeiro incluir *macros* para representar os totais na função objetivo.

```
MACROS
Total Revenue    := SUM(plant, product, month: Price*Sales);
TotalProdCost    := SUM(plant, machine, product, month:
                        ProdCost*Produce);
TotalInvtCost    := SUM(plant, product, month:
                        InvtCost*Inventory);
TotalShipCost    := SUM(product, month, fromplant, toplant:
                        ShipCost*Ship);
TotalCost        := TotalProdCost + TotalInvtCost + TotalShipCost;
```

As primeiras quatro macros utilizam a palavra-chave SUM do MPL para executar os somatórios envolvidos. Após cada palavra-chave SUM (entre parênteses), temos primeiro o índice ou índices ao longo do(s) qual(is) ocorre o somatório. Em seguida (após dois-pontos) temos o produto cruzado de um vetor de dados (um dos arquivos de dados) multiplicado por um vetor variável (um dos quatro tipos de variáveis de decisão).

Agora, esse modelo com 3.100 restrições funcionais e 21 mil variáveis de decisão podem ser escritos na seguinte forma compacta:

```
MODEL
  MAX Profit = TotalRevenue - TotalCost;
SUBJECT TO
  ProdCapacity[plant, machine, month] -> PCap:
    SUM(product: Produce/ProdRate) <= ProdDaysAvail;
  PlantBal[plant, product, month] -> PBal:
      SUM(machine: Produce) + Inventory [month - 1]
    + SUM(fromplant: Ship[fromplant, toplant:= plant])
    =
      Sales + Inventory
    + SUM(toplant: Ship[fromplant:= plant, toplant]);
  MaxInventory [plant, month] -> MaxI:
    SUM(product: Inventory) <= InvtCapacity;

BOUNDS
    Sales <= Demand;
END
```

Para cada um dos quatro tipos de restrição, a primeira linha dá o nome para esse tipo. Há uma restrição desse tipo para cada combinação de valores para os índices que estão dentro dos colchetes após o nome. À direita dos colchetes, a seta aponta uma abreviatura de quatro letras do nome que um solucionador é capaz de usar. Abaixo da primeira linha, a forma geral de restrições desse tipo é mostrada utilizando o operador SUM.

Para cada restrição de capacidade de produção, cada termo no somatório consiste em uma variável de decisão (a quantidade de produção de determinado produto em certa máquina em dada fábrica em um mês estipulado) dividido pela taxa de produção correspondente, que dá o número de dias de produção que estão sendo utilizados. Somando-se seguidamente os produtos, o resultado recai no número total de dias de produção que estão sendo utilizados em dada máquina em determinada fábrica durante certo mês, de modo que esse número não exceda o número de dias de produção disponíveis.

O objetivo da restrição de equilíbrio para cada fábrica, produto e mês é fornecer o valor correto para a variável de estoque atual, dados os valores de todas as demais variáveis de decisão, inclusive o nível de estoque para o mês anterior. Cada um dos operadores SUM nessas restrições envolve simplesmente uma soma de variáveis de decisão e não um produto cruzado. Esse é o caso também do operador SUM nas restrições de estoque máximo. De modo contrastante, o lado esquerdo das restrições de vendas máximas é apenas uma única variável de decisão para cada uma das 1.000 combinações de uma fábrica, produto e mês. (Separar essas restrições de limites superiores em variáveis individuais das restrições funcionais regulares é vantajoso em termos de economia de processamento computacional que pode ser obtida usando a *técnica do limite superior* descrita na Seção 7.3.) Não são apresentadas restrições de limites inferiores aqui, porque o MPL assume automaticamente que todas as 21 mil variáveis de decisão possuem restrições de não negatividade, a menos que sejam especificados limites inferiores não zero. Para cada uma das 3.100 restrições funcionais, observe que o lado esquerdo é uma função linear das variáveis de decisão e o lado direito, uma constante extraída do arquivo de dados apropriado. Visto que a função objetivo também é uma função linear das variáveis de decisão, esse é um modelo de programação linear legítimo.

Para solucionar o modelo, o MPL suporta vários **solucionadores** (pacotes de software para solucionar modelos de programação linear e modelos relacionados) de ponta que podem ser instalados no MPL. Conforme discutido na Seção 4.8, **CPLEX** é um solucionador particularmente proeminente e poderoso. A versão do MPL no *Courseware* de PO já instalou a versão para estudantes do CPLEX, que usa o método simplex para resolver modelos de programação linear. Portanto, para solucionar um modelo desses com o MPL, basta selecionar *Solve CPLEX* do menu *Run* ou pressionar o botão *Run Solve* na *Barra de Ferramentas*. A seguir, você poderá exibir o arquivo de soluções em uma janela de visualização pressionando o botão *View* na parte inferior da janela *Status*.

Essa breve introdução ao MPL ilustra a facilidade com a qual os modeladores conseguem usar linguagens de modelagem para formular modelos de programação linear imensos de maneira clara e concisa. Para ajudá-lo a usar o MPL, oferecemos um tutorial MPL no *site* da editora. Esse tutorial percorre todos os detalhes de formular versões menores do planejamento de produção apresentado aqui. Você poderá ver também no *site* da editora como todos os demais exemplos de programação linear deste e de capítulos seguintes poderiam ser formulados com MPL e solucionados pelo CPLEX.

A linguagem de modelagem LINGO

O LINGO é mais uma linguagem de modelagem popular apresentada neste livro. A empresa LINDO Systems, que o produz, tornou-se conhecida primeiro por seu otimizador de fácil utilização, o **LINDO**, que é um subconjunto do software LINGO. A LINDO Systems também produz um solucionador para planilhas, o **What's Best**! e uma biblioteca de solucionadores que podem ser chamados, **LINDO API**. A versão educacional do LINGO é fornecida no *site* da editora. (As versões para teste mais recentes de todos esses produtos poderão ser baixadas de www.lindo.com) Tanto o LINDO como o What's *Best*! compartilham a LINDO API como mecanismo solucionador. A LINDO API possui solucionadores que se baseiam no método simplex e no ponto interno/barreira (como aqueles discutidos nas Seções 4.9 e 7.4), além de um solucionador global para resolução de modelos não lineares.

Assim como o MPL, o LINGO permite a um modelador formular de modo eficiente um modelo de grande porte de forma concisa e clara, que separa os dados da formulação dos modelos. Essa separação significa que, à medida que ocorrem mudanças diárias (ou até mesmo de minuto a minuto) nos dados que descrevem o problema a ser resolvido, o usuário precisa alterar apenas os dados e não se preocupar com a formulação do modelo. Podemos elaborar um modelo em um pequeno conjunto de dados e, depois, ao abastecermos com um grande conjunto de dados, a sua formulação se ajustará automaticamente ao novo conjunto.

O LINGO usa *conjuntos* como conceito fundamental. Por exemplo, no problema de planejamento de produção da Worldwide Corp., os conjuntos de interesse simples ou "primitivos" são produtos, fábricas, máquinas e meses. Cada integrante de um conjunto pode ter um ou mais *atributos* associados a ele, como o preço de um produto, a capacidade de armazenamento de uma fábrica, a taxa de produção de uma máquina e o número de dias de produção disponíveis em um mês. Alguns desses atributos são dados de entrada, ao passo que outros, como quantidades de produção e quantidades despachadas, são variáveis de decisão para o modelo. Como acontece com o MPL, o operador SUM é utilizado comumente para escrever a função objetivo e restrições de forma compacta.

Existe um manual impresso para o LINGO, que também encontra-se disponível diretamente no LINGO mediante o comando Help e pode ser pesquisado de várias formas.

Um suplemento para este capítulo, disponível no *site* da editora, descreve melhor o LINGO e ilustra seu uso em uma série de pequenos exemplos. Um segundo suplemento mostra como o LINGO pode ser usado para formular o modelo para o exemplo de planejamento de produção da Worldwide Corp. Um tutorial sobre o LINGO no *site* fornece os detalhes necessários para realizar modelagem básica empregando essa mesma linguagem. As formulações do LINGO e as soluções para os vários exemplos tanto deste capítulo quanto de muitos outros também estão incluídas no *site* da editora.

3.7 CONCLUSÕES

A programação linear é uma técnica poderosa para lidar com o problema de alocação de recursos limitados entre atividades que competem entre si, bem como outros problemas com formulação matemática similar. Ela se tornou uma ferramenta-padrão de grande importância para inúmeras organizações comerciais e industriais. Além disso, praticamente todas as organizações sociais estão preocupadas com a alocação de recursos em algum contexto, e há um reconhecimento crescente da enorme aplicabilidade dessa técnica.

Porém, nem todos os problemas de alocação de recursos limitados podem ser formulados para atender ao modelo de programação linear, nem mesmo com aproximação razoável. Quando uma ou mais das hipóteses da programação linear for violada gravemente, pode ser então possível aplicar-se outro modelo de programação matemática em seu lugar, por exemplo, os modelos de programação inteira (Capítulo 11) ou programação não linear (Capítulo 12).

REFERÊNCIAS SELECIONADAS

1. Baker, K. R.: *Optimization Modeling with Spreadsheets,* Duxbury, Pacific Grove, CA, 2006.
2. Hillier, F. S., and M. S. Hillier: *Introduction to Management Science: A Modeling and Case Studies Approach with Spreadsheets,* 3rd ed., McGraw-Hill/Irwin, Burr Ridge, IL, 2008, chaps. 2, 3.
3. *LINGO User's Guide,* LINDO Systems, Inc., Chicago, IL, 2008.
4. *MPL Modeling System* (*Release* 4.2) manual, Maximal Software, Inc., Arlington, VA, e-mail: info@maximalsoftware.com, 2008.
5. Schrage, L.: *Optimization Modeling with LINGO,* LINDO Systems Press, Chicago, IL, 2008.
6. Williams, H. P.: *Model Building in Mathematical Programming,* 4th ed., Wiley, New York, 1999.

Algumas aplicações consagradas de programação linear:

(Um *link* para esses artigos encontra-se no *site* da Bookman.)

A1. Ambs, K., S. Cwilich, M. Deng, D. J. Houck, D. F. Lynch, and D. Yan: "Optimizing Restoration Capacity in the AT&T Network", *Interfaces,* **30**(1): 26-44, January-February 2000.
A2. Caixeta-Filho, J. V., J. M. van Swaay-Neto, and A. de P. Wagemaker: "Optimization of the Production Planning and Trade of Lily Flowers at Jan de Wit Company", *Interfaces,* **32**(1): 35-46, January-February 2002.
A3. Chalermkraivuth, K. C., S. Bollapragada, M. C. Clark, J. Deaton, L. Kiaer, J. P. Murdzek, W. Neeves, B. J. Scholz, and D. Toledano: "GE Asset Management, Genworth Financial, and GE Insurance Use a Sequential-Linear-Programming Algorithm to Optimize Portfolios", *Interfaces,* **35**(5): 370-380, September-October 2005.
A4. Elimam, A. A., M. Girgis, and S. Kotob: "A Solution to Post Crash Debt Entanglements in Kuwait's al-Manakh Stock Market", *Interfaces,* **27**(1): 89-106, January-February 1997.
A5. Epstein, R., R. Morales, J. Serón, and A. Weintraub: "Use of OR Systems in the Chilean Forest Industries", *Interfaces,* **29**(1): 7-29, January-February 1999.
A6. Geraghty, M. K., and E. Johnson: "Revenue Management Saves National Car Rental", *Interfaces,* **27**(1): 107-127, January-February 1997.
A7. Leachman, R. C., R. F. Benson, C. Liu, and D. J. Raar: "IMPReSS: An Automated Production- Planning and Delivery-Quotation System at Harris Corporation—Semiconductor Sector", *Interfaces,* **26**(1): 6-37, January-February 1996.
A8. Mukuch, W. M., J. L. Dodge, J. G. Ecker, D. C. Granfors, and G. J. Hahn: "Managing Consumer Credit Delinquency in the U.S. Economy: A Multi-Billion Dollar Management Science Application", *Interfaces,* **22**(1): 90-109, January-February 1992.
A9. Murty, K. G., Y.-w. Wan, J. Liu, M. M. Tseng, E. Leung, K.-K. Lai, and H. W. C. Chiu: "Hongkong International Terminals Gains Elastic Capacity Using a Data-Intensive Decision- Support System", *Interfaces,* **35**(1): 61-75, January-February 2005.
A10. Yoshino, T., T. Sasaki, and T. Hasegawa: "The Traffic-Control System on the Hanshin Expressway", *Interfaces,* **25**(1): 94-108, January-February 1995.

FERRAMENTAS DE APRENDIZADO NO *SITE*

Worked examples:

Exemplos do Capítulo 3

Um exemplo demonstrativo no tutor PO:

Método Gráfico

Procedimentos no tutorial IOR:

Método Gráfico Interativo
Método Gráfico e Análise de Sensibilidade

Programa adicional do Excel:

Premium Solver for Education

Arquivos "Ch. 3 – Intro to LP" para solucionar os exemplos:

Arquivos em Excel
Arquivo LINGO/LINDO
Arquivo MPL/CPLEX

Glossário do Capítulo 3

Suplemento deste capítulo:

The Lingo Modeling Language
Mais detalhes sobre o LINGO.

Ver o Apêndice 1 para obter documentação sobre o software.

PROBLEMAS

Os símbolos à esquerda de alguns problemas (ou parte deles) têm o seguinte significado:

D: O exemplo demonstrativo listado anteriormente pode ser útil.

I: Pode ser que você considere útil usar o procedimento correspondente no Tutorial IOR (a impressão registra seu trabalho).

C: Use o computador para solucionar o problema aplicando o método simplex. Entre as opções de software disponíveis para fazer isso, temos o Excel Solver ou o Premium Solver (Seção 3.5), o MPLEX/CPLEX (Seção 3.6), LINGO (Suplementos 1 e 2 desse capítulo no *site* da editora e Apêndice 4.1) e LINDO (Apêndice 4.1), porém, siga quaisquer instruções dadas por seu professor em relação a que opção utilizar.

Um asterisco no número do problema indica que pelo menos há uma resposta parcial no final do livro.

3.1-1 Leia o artigo referido que descreve completamente o estudo de PO sintetizado no exercício aplicado apresentado na Seção 3.1. Descreva brevemente como a programação linear foi aplicada nesse estudo. Em seguida, enumere os diversos benefícios financeiros ou não resultantes desse estudo.

D **3.1-2*** Para cada uma das restrições a seguir, desenhe um gráfico separadamente para mostrar as soluções de não negatividade que satisfazem essa restrição.

(a) $x_1 + 3x_2 \leq 6$
(b) $4x_1 + 3x_2 \leq 12$
(c) $4x_1 + x_2 \leq 8$
(d) Agora, combine essas restrições em um único gráfico para mostrar a região de soluções viáveis para todo o conjunto de restrições funcionais, além das restrições de não negatividade.

D **3.1-3** Considere a função objetivo a seguir para um modelo de programação linear:

Maximizar $Z = 2x_1 + 3x_2$

(a) Desenhe um gráfico que mostre as retas de função objetivo correspondentes para $Z = 6$, $Z = 12$ e $Z = 18$.

(b) Localize a forma de intersecção de inclinação da equação para cada uma dessas três retas de função objetivo. Compare a inclinação dessas retas. Compare também a intersecção com o eixo x_2.

3.1-4 Considere a seguinte equação de uma reta:

$60x_1 + 40x_2 = 600$

(a) Encontre a forma de intersecção da inclinação dessa equação.
(b) Use essa forma para identificar a inclinação e a intersecção com o eixo x_2 para essa reta.
(c) Use as informações da parte (b) para desenhar um gráfico dessa reta.

D, I **3.1-5*** Use o método gráfico para solucionar o seguinte problema:

Maximizar $Z = 2x_1 + x_2$,

sujeito a

$$x_2 \leq 10$$
$$2x_1 + 5x_2 \leq 60$$
$$x_1 + x_2 \leq 18$$
$$3x_1 + x_2 \leq 44$$

e

$$x_1 \geq 0, \quad x_2 \geq 0.$$

D,I **3.1-6** Use o método gráfico para solucionar o problema:

Maximizar $Z = 10x_1 + 20x_2$,

sujeito a

$$-x_1 + 2x_2 \leq 15$$
$$x_1 + x_2 \leq 12$$
$$5x_1 + 3x_2 \leq 45$$

e

$$x_1 \geq 0, \; x_2 \geq 0.$$

3.1-7 A Whitt Window Co. é uma empresa que tem apenas três funcionários que fazem dois tipos diferentes de janelas feitas à mão: uma com esquadria de alumínio e outra com esquadria de madeira. Eles têm lucro de US$ 180 por janela com esquadria de madeira e de US$ 90 para aquelas com esquadria de alumínio. João faz as de esquadria de madeira e é capaz de construir seis delas por dia. Maria faz as janelas com esquadrias de alumínio e é capaz de construir quatro delas por dia. Roberto monta e corta os vidros e é capaz de fazer 48 pés²/dia. Cada janela com esquadria de madeira usa 6 pés² de vidro e cada janela com esquadria de alumínio usa 8 pés² de vidro.

A empresa quer determinar quantas janelas de cada tipo de esquadria podem ser fabricadas diariamente para maximizar o lucro total.

(a) Descreva a analogia entre esse problema e o problema da Wyndor Glass Co. discutido na Seção 3.1. A seguir, construa e preencha uma tabela semelhante à Tabela 3.1 para esse problema, identificando ambas as atividades e os recursos.
(b) Formule um modelo de programação linear para este problema.
D,I (c) Use o método gráfico para solucionar esse modelo.
I (d) Um novo concorrente na cidade também começou a fabricar janelas com esquadria de madeira. Isso pode forçar a empresa a baixar o preço que cobra e, portanto, baixar o lucro de cada janela com esquadria de madeira. Como a solução ótima mudaria (se mudasse realmente) se o lucro por janela com esquadria de madeira diminuísse de US$ 180 para US$ 120? E de US$ 180 para US$ 60? (Você pode considerar útil usar o procedimento de Análise Gráfica e Análise de Sensibilidade no Tutorial IOR.)
I (e) João está considerando diminuir sua quantidade de horas de trabalho, o que reduziria o número de esquadrias de madeira que ele fabrica por dia. Como a solução ótima mudaria caso ele fizesse apenas cinco esquadrias por dia? (Pode ser que você considere útil empregar o procedimento de Análise Gráfica e Análise de Sensibilidade no Tutorial IOR.)

3.1-8 A WorldLight Company produz dois tipos de luminárias (produtos 1 e 2) que requerem tanto estruturas metálicas quanto componentes elétricos. A direção quer determinar quantas unidades de cada produto devem ser produzidas de modo a maximizar o lucro. Para cada unidade do produto 1, são necessárias uma unidade de estrutura metálica e duas de componentes elétricos. Para cada unidade do produto 2 são necessárias três unidades de estrutura metálica e duas unidades de componentes elétricos. A empresa possui 200 unidades de estruturas metálicas e 300 unidades de componentes elétricos. Cada unidade do produto 1 fornece lucro de US$ 1 e cada unidade do produto 2 fornece lucros na seguinte base: até 60 unidades, US$ 2 de lucro e acima de 60 unidades não dá lucro nenhum, portanto, essa hipótese foi descartada.

(a) Formule um modelo de programação linear para esse problema.
D,I (b) Use o método gráfico para solucionar esse modelo. Qual é o lucro total resultante?

3.1-9 A Cia. de Seguros Primo está introduzindo duas novas linhas de produtos: seguro de risco especial e hipotecas. O lucro esperado é de US$ 5 por unidade em um seguro de risco especial e de US$ 2 por unidade nas hipotecas.

A direção quer estabelecer cotas de vendas para as novas linhas de produtos de modo a maximizar o lucro total esperado. As exigências, em termos de trabalho, são as seguintes:

Departamento	Horas de trabalho por unidade		Horas de trabalho disponíveis
	Risco especial	Hipotecas	
Subscrição	3	2	2.400
Administração	0	1	800
Pedidos de indenização	2	0	1.200

(a) Formule um modelo de programação linear para esse problema.
D,I (b) Use o método gráfico para solucionar esse modelo.
(c) Verifique o valor exato de sua solução ótima do item (b), calculando algebricamente a solução simultânea das duas equações relevantes.

3.1-10 Bolos e Pães é uma fábrica de processamento de alimentos que produz salsichas e pães para cachorro-quente. A empresa mói sua própria farinha para fazer os pães em uma taxa máxima de 200 libras (peso) por semana. Cada pãozinho para cachorro-quente requer 0,1 libra de farinha. Atualmente, possui um contrato com a Pigland, Inc., que especifica que uma entrega de 800 libras de carne suína é entregue toda segunda-feira. Cada salsicha precisa de $\frac{1}{4}$ de libra de carne suína. Todos os demais ingredientes para fabricação de salsicha e pães se encontram em estoque pleno. Finalmente, a força de trabalho da empresa é formada por cinco empregados em período integral (40 horas/semana cada). Cada salsicha requer três minutos de trabalho e cada pãozinho, dois minutos. Cada salsicha gera lucro de US$ 0,80 e cada pãozinho, US$ 0,30.

A empresa quer saber quantas salsichas e quantos pães deve produzir para obter o maior lucro possível.

(a) Formule um modelo de programação linear para esse problema.
D,I (b) Use o método gráfico para solucionar esse modelo.

3.1-11* A Empresa de Manufatura Ômega descontinuou a produção de determinada linha de produtos não lucrativa. Esse fato acabou criando considerável excesso de capacidade produtiva. A direção está levando em conta a possibilidade de dedicar esse excesso de capacidade produtiva para um ou mais produtos. Vamos chamá-los produtos 1, 2 e 3. A capacidade disponível nas máquinas que poderiam limitar a produção encontra-se resumida na tabela a seguir:

Tipo de máquina	Tempo disponível (horas/máquina por semana)
Fresadora	500
Torno	350
Retificadora	150

O número de horas/máquina exigidas para cada unidade do respectivo produto é:

■ Coeficiente de produtividade (horas/máquina por unidade)

Tipo de máquina	Produto 1	Produto 2	Produto 3
Fresadora	9	3	5
Torno	5	4	0
Retificadora	3	0	2

O departamento de vendas sinaliza que o potencial de vendas para os produtos 1 e 2 excede a taxa de produção máxima e que o potencial de vendas para o produto 3 é de 20 unidades por semana. O lucro unitário seria, respectivamente, de US$ 50, US$ 20 e US$ 25 para os produtos 1, 2 e 3. O objetivo é determinar quanto de cada produto a Ômega deveria produzir para maximizar os lucros.

(a) Formule um modelo de programação linear para este problema.
c (b) Use um computador para solucionar esse modelo pelo método simplex.

D **3.1-12** Considere o problema a seguir, no qual o valor de c_1 ainda não foi determinado.

$$\text{Maximizar} \quad Z = c_1 x_1 + x_2,$$

sujeito a

$$x_1 + x_2 \leq 6$$
$$x_1 + 2x_2 \leq 10$$

e

$$x_1 \geq 0, \quad x_2 \geq 0.$$

Use a análise gráfica para determinar a(s) solução(ões) ótima(s) para (x_1, x_2) para os diversos possíveis valores de $c_1 (-\infty < c_1 < \infty)$.

D **3.1-13** Considere o problema a seguir, no qual ainda não se determinou o valor de k.

$$\text{Maximizar} \quad Z = x_1 + 2x_2,$$

sujeito a

$$-x_1 + x_2 \leq 2$$
$$x_2 \leq 3$$
$$kx_1 + x_2 \leq 2k + 3, \quad \text{onde } k \geq 0$$

e

$$x_1 \geq 0, \quad x_2 \geq 0.$$

A solução utilizada atualmente é $x_1 = 2, x_2 = 3$. Use a análise gráfica para determinar os valores de k de modo que essa solução seja efetivamente otimizada.

D **3.1-14** Considere o problema a seguir, no qual os valores de c_1 e c_2 ainda não foram determinados.

$$\text{Maximizar} \quad Z = c_1 x_1 + c_2 x_2,$$

sujeito a

$$2x_1 + x_2 \leq 11$$
$$-x_1 + 2x_2 \leq 2$$

e

$$x_1 \geq 0, \quad x_2 \geq 0.$$

Use a análise gráfica para determinar a(s) solução(ões) ótima(s) para (x_1, x_2) para os diversos valores possíveis de c_1 e c_2. (*Dica*: separe os casos onde $c_2 = 0$, $c_2 > 0$ e $c_2 < 0$. Para os dois últimos casos, concentre-se na razão entre c_1 e c_2.)

3.2-1 A tabela a seguir sintetiza as informações-chave sobre dois produtos, A e B, e os recursos, Q, R e S, necessários para produzi-los.

Recurso	Emprego de recurso por unidade		Quantidade de recurso disponível
	Produto A	Produto B	
Q	2	1	2
R	1	2	2
S	3	3	4
Lucro por unidade	3	2	

Todas as hipóteses da programação linear são satisfeitas.

(a) Formule um modelo de programação linear para esse modelo.
D,I (b) Resolva o modelo graficamente.
(c) Verifique o valor exato de sua solução ótima do item (*b*), resolvendo o problema algebricamente para encontrar as soluções simultâneas das duas equações relevantes.

3.2-2 A área sombreada do gráfico a seguir representa a região de soluções viáveis de um problema de programação linear cuja função objetivo deve ser maximizada.

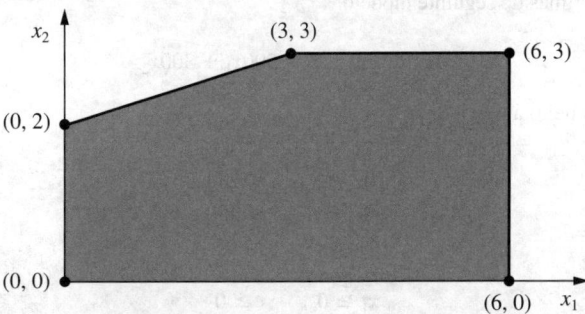

Classifique cada uma das afirmações seguintes como Verdadeira ou Falsa e, a seguir, justifique sua resposta baseando-se no método gráfico. Em cada caso, dê um exemplo de uma função objetivo que ilustre sua resposta.

(a) Se (3, 3) produz um valor maior da função objetivo do que (0, 2) e (6, 3), então (3, 3) deve ser uma solução ótima.

(b) Se (3, 3) for uma solução ótima e existirem soluções ótimas múltiplas, então (0, 2) ou (6, 3) também têm que ser uma solução ótima.

(c) O ponto (0, 0) não pode ser uma solução ótima.

3.2-3* Este é o seu dia de sorte. Você acaba de ganhar um prêmio de US$ 10.000. Você separa US$ 4.000 para impostos e despesas para o lazer, porém decidiu investir os outros US$ 6.000. Após ouvir esses comentários, dois amigos lhe oferecem uma oportunidade de se tornar sócio em dois empreendimentos distintos, cada um deles planejado por um deles. Em *ambos* os casos, esse investimento envolveria gastar parte de seu tempo no próximo verão, bem como entrar com dinheiro. Tornar-se sócio integral no empreendimento do primeiro amigo exigiria um investimento de US$ 5.000 e de 400 horas e seu lucro estimado (ignorando-se o valor de seu tempo) seria de US$ 4.500. Os números correspondentes para o seu segundo amigo seriam de US$ 4.000 e 500 horas, com um lucro estimado para você de US$ 4.500. Entretanto, os dois amigos são flexíveis e lhe permitiriam entrar com qualquer fração de uma parceria integral caso você quisesse. Se você optar por uma *fração* dessa parceria, todos os valores apresentados na figura anteriormente para uma parceria integral (investimento em dinheiro e de tempo e o seu lucro) seriam multiplicados por essa mesma fração.

Pelo fato de pensar em procurar, de qualquer maneira, um emprego para o verão (no máximo de 600 horas), você decide participar do empreendimento de um ou de ambos os amigos seja qual for a combinação que viesse a maximizar seu lucro total estimado. Agora, você precisa resolver o problema de encontrar a melhor combinação.

(a) Descreva a analogia entre esse problema e o problema da Wyndor Glass Co. discutido na Seção 3.1. A seguir, construa e preencha uma tabela como a Tabela 3.1 para este problema, identificando tanto as atividades quanto os recursos.

(b) Formule um modelo de programação linear para este problema.

D,I **(c)** Use o método gráfico para solucionar esse modelo. Qual é o seu lucro estimado total?

D,I **3.2-4** Use o método gráfico para encontrar todas as soluções ótimas do seguinte modelo:

$$\text{Maximizar} \quad Z = 500x_1 + 300x_2,$$

sujeito a

$$15x_1 + 5x_2 \leq 300$$
$$10x_1 + 6x_2 \leq 240$$
$$8x_1 + 12x_2 \leq 450$$

e

$$x_1 \geq 0, \quad x_2 \geq 0.$$

D **3.2-5** Use o método gráfico para demonstrar que o modelo, a seguir, não tem nenhuma solução viável.

$$\text{Maximizar} \quad Z = 5x_1 + 7x_2,$$

sujeito a

$$2x_1 - x_2 \leq -1$$
$$-x_1 + 2x_2 \leq -1$$

e

$$x_1 \geq 0, \quad x_2 \geq 0.$$

D **3.2-6** Suponha que as restrições, a seguir, tenham sido fornecidas para um modelo de programação linear.

$$-x_1 + 2x_2 \leq 50$$
$$-2x_1 + x_2 \leq 50$$

e

$$x_1 \geq 0, \quad x_2 \geq 0.$$

(a) Demonstre que a região de soluções viáveis é ilimitada.

(b) Se o objetivo for maximizar $Z = -x_1 + x_2$, o modelo possui uma solução ótima? Em caso positivo, descubra-a. Em caso negativo, explique o porquê.

(c) Repita o item (*b*) quando o objetivo for o de maximizar $Z = x_1 - x_2$.

(d) Para as funções objetivo nas quais esse modelo não tem nenhuma solução ótima, isso significa que não há nenhuma solução de acordo com o modelo? Explique. O que provavelmente deu errado ao formular o modelo?

3.3-1 Reconsidere o Problema 3.2-3. Indique por que cada uma das quatro hipóteses da programação linear (Seção 3.3) parece ser razoavelmente satisfeita para este problema. Alguma das hipóteses é mais duvidosa que as demais? Em caso positivo, o que deveria ser feito para levar isso em consideração?

3.3-2 Considere um problema com duas variáveis de decisão, x_1 e x_2, que representam, respectivamente, os níveis de atividade 1 e 2. Para cada variável os valores permitidos são 0, 1 e 2, nos quais as combinações viáveis desses valores para as duas variáveis são determinadas a partir de uma série de restrições. O objetivo é maximizar certa medida de desempenho simbolizada por Z. Os valores de Z para os valores possivelmente viáveis de (x_1, x_2) são estimados como os apresentados na tabela a seguir:

	x_2		
x_1	0	1	2
0	0	4	8
1	3	8	13
2	6	12	18

Tomando como base essas informações, indique se esse problema satisfaz completamente cada uma das quatro hipóteses da programação linear. Justifique suas respostas.

3.4-1 Leia o artigo referido que descreve completamente o estudo de PO sintetizado no primeiro Exemplo de Aplicação apresentado na Seção 3.4. Descreva brevemente como a programação linear foi aplicada nesse estudo. Em seguida, enumere os diversos benefícios financeiros ou não resultantes desse estudo.

3.4-2 Leia o artigo referido que descreve completamente o estudo de PO sintetizado no segundo Exemplo de Aplicação apresentado na Seção 3.4. Descreva brevemente como a programação linear foi aplicada nesse estudo. Em seguida, enumere os diversos benefícios financeiros ou não resultantes desse estudo.

3.4-3* Para cada uma das quatro hipóteses da programação linear discutidas na Seção 3.3, redija uma análise de um parágrafo de como você acha que elas se aplicam a cada um dos exemplos a seguir, apresentados na Seção 3.4:
(a) Planejamento de sessões de radioterapia (Mary)
(b) Planejamento Regional (Confederação Meridional de Kibutzim)
(c) Controle de poluição do ar (Nori & Leets Co.)

3.4-4 Para cada uma das quatro hipóteses da programação linear discutidas na Seção 3.3, redija uma análise de um parágrafo de como você acha que elas se aplicam a cada um dos exemplos a seguir, apresentados na Seção 3.4:
(a) Reciclando Resíduos Sólidos (Empresa Save-It)
(b) Escala de pessoal (Union Airways)
(c) Distribuição de Mercadorias por uma Rede de Distribuição (Cia. Distribuidora Ilimitada)

D,I **3.4-5** Use o método gráfico para solucionar o seguinte problema:

$$\text{Minimizar} \quad Z = 15x_1 + 20x_2,$$

sujeito a

$$x_1 + 2x_2 \geq 10$$
$$2x_1 - 3x_2 \leq 6$$
$$x_1 + x_2 \geq 6$$

e

$$x_1 \geq 0, \quad x_2 \geq 0.$$

D,I **3.4-6** Use o método gráfico para resolver o problema a seguir:

$$\text{Minimizar} \quad Z = 3x_1 + 2x_2,$$

sujeito a

$$x_1 + 2x_2 \leq 12$$
$$2x_1 + 3x_2 = 12$$
$$2x_1 + x_2 \geq 8$$

e

$$x_1 \geq 0, \quad x_2 \geq 0.$$

D **3.4-7** Considere o problema a seguir, no qual o valor de c_1 ainda não foi determinado:

$$\text{Maximizar} \quad Z = c_1 x_1 + 2x_2,$$

sujeito a

$$4x_1 + x_2 \leq 12$$
$$x_1 - x_2 \geq 2$$

e

$$x_1 \geq 0, \quad x_2 \geq 0.$$

Use a análise gráfica para determinar a(s) solução(ões) ótima(s) para (x_1, x_2) para os vários possíveis valores de c_1.

D,I **3.4-8** Considere o modelo a seguir.

$$\text{Minimizar} \quad Z = 40x_1 + 50x_2,$$

sujeito a

$$2x_1 + 3x_2 \geq 30$$
$$x_1 + x_2 \geq 12$$
$$2x_1 + x_2 \geq 20$$

e

$$x_1 \geq 0, \quad x_2 \geq 0.$$

(a) Use o método gráfico para solucionar esse modelo.
(b) Como a solução ótima muda se a terceira restrição funcional for alterada para $Z = 40x_1 + 70 x_2$? (Você pode considerar útil empregar o procedimento de Análise Gráfica e Análise de Sensibilidade no Tutorial IOR).
(c) Como muda a solução caso a terceira restrição funcional seja alterada para $2x_1 + x_2 \geq 15$? (Talvez seja útil usar os procedimentos de Análise Gráfica e de Análise de Sensibilidade descritos no Tutorial IOR.)

3.4-9 Edmundo adora bifes e batatas. Assim, decidiu entrar em uma dieta rígida usando somente esses alimentos (além de alguns líquidos e suplementos vitamínicos) em todas as suas refeições. Ele percebe que essa não é a dieta mais saudável e, portanto, quer certificar-se de que se alimenta das quantidades corretas desses dois tipos de alimentos, a fim de atender a determinados requisitos nutricionais. Ele obteve as informações nutricionais e de custo mostradas no alto da tabela a seguir.

Ingredientes	Exigências diárias do ingrediente (em gramas)		Exigência diária (gramas)
	Bifes	Batatas	
Carboidratos	5	15	≥ 50
Proteína	20	5	≥ 40
Gordura	15	2	≤ 60
Custo por refeição	US$ 4	US$ 2	

Edmundo quer determinar o número de refeições diárias (pode ser fracionário) com bifes e batatas que atenderá a essas exigências a um custo mínimo.
(a) Formule um modelo de programação linear para este problema.
D,I (b) Utilize o método gráfico para solucionar esse modelo.
C (c) Use um computador para solucionar esse modelo pelo método simplex.

3.4-10 A Mercantil Web vende produtos domésticos mediante um catálogo *on-line*. A empresa precisa de bastante espaço em depósitos para armazená-los. Por enquanto estão sendo feitos planos para o aluguel desse espaço para os próximos cinco meses. Quanto será necessário em cada um destes meses é conhecido. Entretanto, já que essas exigências de espaço são bem distintas, pode ser que seja mais econômico alugar somente o espaço necessário para cada mês, em um regime mensal. No entanto, o custo adicional para alugar espaço para meses adicionais é muito menor que o do primeiro mês, de modo que poderia ser muito mais barato alugar o espaço máximo necessário para todos os cinco meses. Outra opção é uma solução intermediária de alterar o total de espaço alugado (acrescentando-se um novo aluguel e/ou um aluguel provisório) pelo menos uma vez, porém, nem todos os meses.

Mês	Espaço necessário (pés²)	Período de aluguel (meses)	Custo do aluguel por pé²
1	30.000	1	US$ 65
2	20.000	2	US$ 100
3	40.000	3	US$ 135
4	10.000	4	US$ 160
5	50.000	5	US$ 190

A exigência de espaço e os custos do aluguel para os diversos períodos são os seguintes:
O objetivo é minimizar o custo total de aluguel para atender às exigências de espaço.

(a) Formule um modelo de programação linear para este problema.
c (b) Solucione esse modelo pelo método simplex.

3.4-11 Edson Cordeiro é o diretor do Centro de Informática da Faculdade Jaboatão. Ele precisa fazer a escala da equipe do centro de informática, que opera das 8 horas até à meia-noite. Edson monitorou a utilização desse centro em vários períodos do dia e determinou que o seguinte número de consultores em informática seria necessário:

Período do dia	Número mínimo de consultores necessários de plantão
8h/meio-dia	4
Meio-dia/16h	8
16h/20h	10
20h/meia-noite	6

Podem ser contratados dois tipos de consultores: em tempo integral e em tempo parcial. Os consultores em tempo integral trabalham por oito horas consecutivas em qualquer um dos seguintes turnos: manhã (8h-16h), tarde (12h-20h) e noite (16h-meia-noite). Os consultores em tempo integral recebem US$ 40 por hora.

Já os consultores em tempo parcial podem ser contratados para trabalhar em qualquer um dos turnos indicados na tabela anterior, e recebem US$ 30 por hora.

Outro requisito é que durante qualquer período deve haver pelo menos dois consultores integrais de plantão para cada consultor de período parcial.

Edson quer determinar quantos consultores em tempo integral e quantos em tempo parcial serão necessários em cada turno para atender às condições anteriores a um custo mínimo.

(a) Formule um modelo de programação linear para este problema.
c (b) Solucione esse modelo aplicando o método simplex.

3.4-12* A empresa Medequip produz equipamentos de diagnóstico médico de precisão em duas fábricas. As clínicas médicas fizeram pedidos para a produção deste mês. A tabela abaixo mostra qual seria o custo para despachar cada unidade de equipamento de cada fábrica para cada um desses clientes. Também é indicado o número de unidades que será produzido em cada fábrica, bem como o número de unidades destinado a cada cliente.

De / Para	Custo de remessa por unidade			Produção
	Cliente 1	Cliente 2	Cliente 3	
Fábrica 1	US$ 600	US$ 800	US$ 700	400 unidades
Fábrica 2	US$ 400	US$ 900	US$ 600	500 unidades
Tamanho do pedido	300 unidades	200 unidades	400 unidades	

Agora, é necessário tomar uma decisão em relação ao plano de remessa da mercadoria, ou seja, quantas unidades de cada fábrica para cada cliente.

(a) Formule um modelo de programação linear para este problema.
c (b) Solucione o modelo pelo método simplex.

3.4-13* O Sr. Ferris tem US$ 60.000 que ele deseja investir agora, de modo a utilizar os rendimentos para comprar um plano de aposentadoria em cinco anos. Após falar com seu consultor financeiro, lhe foram propostos quatro tipos de investimentos de renda fixa que chamaremos investimentos A, B, C e D.

Os investimentos A e B encontram-se disponíveis no início de cada um dos próximos cinco anos (denominados anos 1 a 5). Cada dólar investido em A no início de um ano gera como retorno US$ 1,40 (um lucro de US$ 0,40) dois anos mais tarde (e disponível então para reinvestimento imediato). Cada dólar investido em B no início de um ano gera como retorno US$ 1,70 três anos mais tarde.

Os investimentos C e D estarão disponíveis em algum momento no futuro. Cada dólar investido em C no início do ano 2 gera como retorno US$ 1,90 no final do ano 5. Cada dólar investido em D no começo do ano 5 gera como retorno US$ 1,30 no final do ano 5.

O Sr. Ferris deseja saber que plano de investimento maximiza a quantia que pode ser acumulada no início do ano 6.

(a) Todas as restrições funcionais para esse problema podem ser expressas na forma de restrições de igualdade. Para tanto, façamos com que A_t, B_t, C_t e D_t sejam a quantia investida, respectivamente, nos investimentos A, B, C e D no início do ano t para cada t no qual o investimento encontra-se disponível e com vencimento no final do ano 5. Façamos também que R_t seja a quantidade de dólares disponível *não* investida no início do ano t (e, portanto, disponível para investimento em um ano futuro). Portanto, a quantia investida no início do ano t mais R_t tem de ser igual à quantidade de dólares disponível para investimento naquele momento. Escreva as equações necessárias em termos das variáveis relevantes anteriores para o início de cada um dos cinco anos para obter as cinco restrições funcionais para esse problema.

(b) Formule um modelo de programação linear completo para o problema.
c **(c)** Solucione esse modelo pelo método simplex.

3.4-14 A empresa Metalco deseja misturar uma nova liga composta de 40% de estanho, 35% de zinco e 25% de chumbo a partir de diversas ligas disponíveis com as seguintes propriedades:

Propriedade	Liga				
	1	2	3	4	5
Porcentagem de estanho	60	25	45	20	50
Porcentagem de zinco	10	15	45	50	40
Porcentagem de chumbo	30	60	10	30	10
Custo (US$/lb)	77	70	78	84	94

O objetivo é determinar as proporções dessas ligas que devem ser misturadas para produzir a nova liga a um custo mínimo.

(a) Formule um modelo de programação linear para este problema.
c **(b)** Solucione esse modelo pelo método simplex.

3.4-15* Um avião de carga possui três compartimentos para armazenamento de carga: anterior, central e posterior. Esses compartimentos possuem limites na capacidade de carga tanto em termos de *peso* quanto de *espaço*, conforme sintetizado a seguir:

Compartimento	Capacidade em peso (t)	Capacidade em volume (pés^3)
Anterior	12	7.000
Central	18	9.000
Posterior	10	5.000

Além disso, o peso da carga no respectivo compartimento deve ser da mesma proporção da capacidade de peso desse compartimento para manter o equilíbrio da aeronave.

As quatro cargas a seguir serão embarcadas em um próximo voo, uma vez que há espaço disponível:

Carga	Peso (t)	Volume (pés^3/t)	Lucro (US$/t)
1	20	500	320
2	16	700	400
3	25	600	360
4	13	400	290

Qualquer parcela dessas cargas pode ser aceita. O objetivo é determinar quanto (se alguma) de cada carga deve ser aceita e como distribuir cada uma delas entre os compartimentos de modo a maximizar o lucro total por voo.

(a) Formule um modelo de programação linear para este problema.
c **(b)** Solucione esse modelo pelo método simplex para encontrar uma das várias soluções ótimas.

3.4-16 A Universidade de Oxbridge mantém um poderoso *mainframe* para fins de pesquisa utilizado pelo seu corpo docente, alunos dos cursos de Ph.D. e pesquisadores associados. Durante todo o período de funcionamento, é preciso ter um funcionário disponível para operar e fazer a manutenção do computador, bem como realizar alguns serviços de programação. Beryl Ingram, a diretora desse centro de computação, supervisiona a operação.

Agora é o início do semestre letivo, e Beryl está se deparando com a questão de fazer a escala de seus diversos operadores. Pelo fato de todos eles estarem atualmente matriculados na universidade, estão disponíveis para trabalhar somente durante um período limitado em cada dia da semana, conforme mostra a tabela a seguir:

Operadores	Salário/hora	Número máximo de horas de disponibilidade				
		Seg.	Ter.	Qua.	Qui.	Sex.
K. C.	US$ 25/hora	6	0	6	0	6
D. H.	US$ 26/hora	0	6	0	6	0
H. B.	US$ 24/hora	4	8	4	0	4
S. C.	US$ 23/hora	5	5	5	0	5
K. S.	US$ 28/hora	3	0	3	8	0
N. K.	US$ 30/hora	0	0	0	6	2

Há seis operadores (há dois estudantes graduados e quatro ainda no curso). Todos eles têm salários diferentes em razão da experiência diversa com computadores e em termos de habilidade de programação. A tabela anterior mostra os salários junto com o número máximo de horas que cada deles um trabalha por dia.

Cada operador tem a garantia de certo número de horas por semana, que fará com que eles mantenham o conhecimento adequado sobre a operação. O nível é estabelecido arbitrariamente em oito horas por semana para os estudantes não formados (K. C., D. H., H. B. e S.C.) e sete horas por semana para os estudantes graduados (K. S. e N. K.).

O centro de computação deve permanecer aberto para operação das 8h até as 22h, de segunda-feira à sexta-feira, com exatamente um operador de plantão durante esse período. Aos sábados e domingos o computador deve ser operado por outra equipe.

Devido ao orçamento apertado, Beryl tem de minimizar o custo. Ela quer determinar o número de horas que deve atribuir a cada operador em cada dia da semana.

(a) Formule um modelo de programação linear para este problema.
c **(b)** Solucione esse modelo pelo método simplex.

3.4-17 Joyce e Marvin dirigem uma creche para crianças em idade pré-escolar. Eles estão tentando decidir o que servir no almoço. Eles gostariam de manter custos baixos, mas também precisam atender às necessidades nutricionais das crianças. Eles já decidiram oferecer sanduíches de pasta de amendoim e geleia e alguma combinação de biscoitos integrais, leite e suco de laranja. O conteúdo nutricional de cada alimento e seu custo são fornecidos na tabela a seguir.

Alimento	Calorias	Total de calorias	Vitamina C (mg)	Proteína (g)	Custo (centavos de dólar)
Pão (1 fatia)	10	70	0	3	5
Pasta de amendoim (1 colher de sopa)	75	100	0	4	4
Geleia de morango (1 colher de sopa)	0	50	3	0	7
Biscoito integral (1 unidade)	20	60	0	1	8
Leite (1 copo)	70	150	2	8	15
Suco (1 copo)	0	100	120	1	35

As necessidades nutricionais são as seguintes: cada criança deve receber entre 400 a 600 calorias. Não mais que 30% do total de calorias deve provir de gorduras. Cada criança deve consumir pelo menos 60 mg de vitamina C e 12 g de proteína. Além disso, por razões práticas, cada criança precisa exatamente de duas fatias de pão (para fazer o sanduíche), pelo menos o dobro de pasta de amendoim em relação à geleia e ao menos um copo de líquido (leite e/ou suco).

Joyce e Marvin gostariam de selecionar opções de pratos para cada criança, a fim de minimizar custos sem deixar de atender às exigências nutricionais anteriores.

(a) Formule um modelo de programação linear para este problema.
C (b) Solucione esse modelo pelo método simplex.

3.5-1 Leia o artigo referido que descreve completamente o estudo de PO sintetizado no Exemplo de Aplicação apresentado na Seção 3.5. Descreva brevemente como a programação linear foi aplicada nesse estudo. Em seguida, enumere os diversos benefícios financeiros ou não resultantes desse estudo.

3.5-2* São fornecidos os seguintes dados para um problema de programação linear no qual o objetivo é maximizar o lucro de alocar três recursos a duas atividades não negativas.

Recurso	Emprego do recurso por unidade de cada atividade		Quantidade de recursos disponíveis
	Atividade 1	Atividade 2	
1	2	1	10
2	3	3	20
3	2	4	20
Contribuição por unidade	US$ 20	US$ 30	

Contribuição por unidade = lucro por unidade da atividade.

(a) Formule um modelo de programação linear para este problema.
D,I (b) Use o método gráfico para solucionar esse modelo.

(c) Exiba o modelo em uma planilha do Excel.
(d) Use a planilha para verificar as seguintes soluções: $(x_1, x_2) = (2, 2), (3, 3), (2, 4), (4, 2), (3, 4), (4, 3)$. Qual delas é viável? Qual dessas soluções viáveis possui o melhor valor da função objetivo?
C (e) Use o Excel Solver para resolver o modelo pelo método simplex.

3.5-3 Eduardo Siqueira é o gerente de produção da Bilco Corporation, que produz três tipos de peças de reposição para automóveis. A manufatura de cada peça requer o processamento em cada uma das duas máquinas, com os seguintes períodos de processamento (em horas):

Máquina	Peça		
	A	B	C
1	0,02	0,03	0,05
2	0,05	0,02	0,04

Cada máquina está disponível 40 horas por mês. Cada peça manufaturada gerará lucro unitário conforme indicado a seguir:

	Peça		
	A	B	C
Lucro	US$ 300	US$ 250	US$ 200

Eduardo quer determinar o *mix* de peças de reposição a ser produzido de modo a maximizar o lucro total.

(a) Formule um modelo de programação linear para este problema.
(b) Exiba o modelo em uma planilha do Excel.
(c) Dê três palpites por conta própria para a solução ótima. Use a planilha para verificar cada uma delas em termos de viabilidade e, sendo realmente viável, encontre o valor da função objetivo. Que palpite viável tem o melhor valor de função objetivo?
(d) Use o Excel Solver para solucionar o modelo pelo método simplex.

3.5-4 São fornecidos os seguintes dados para um problema de programação linear em que o objetivo é minimizar o custo de conduzir duas atividades não negativas de modo a atingir três benefícios que estejam abaixo de seus níveis mínimos.

Benefício	Contribuição de benefício por unidade de cada atividade		Nível mínimo aceitável
	Atividade 1	Atividade 2	
1	5	3	60
2	2	2	30
3	7	9	126
Custo unitário	US$ 60	US$ 50	

(a) Formule um modelo de programação linear para este problema.
D,I (b) Use o método gráfico para solucionar esse modelo.

(c) Exiba o modelo em uma planilha do Excel.
(d) Use a planilha para verificar as seguintes soluções: $(x_1, x_2) = (7, 7), (7, 8), (8, 7), (8, 8), (8, 9), (9, 8)$. Qual delas é viável? Qual dessas soluções viáveis possui o melhor valor da função objetivo?
c (e) Use o Excel Solver para solucionar o modelo pelo método simplex.

3.5-5* Fred Jonasson dirige uma propriedade rural familiar. Para complementar sua receita proveniente de diversos produtos alimentícios que são plantados na propriedade, Fred também cria suínos. Agora ele quer determinar as quantidades disponíveis de ração (milho, tancagem e alfafa) que devem ser fornecidas a cada porco. Já que os porcos comerão qualquer mistura desses tipos de ração, o objetivo é determinar qual mistura atenderá certos requisitos nutricionais a um *custo mínimo*. O número de unidades de cada tipo de ingrediente nutricional básico contido em um quilo de cada tipo de ração é informado na tabela a seguir, junto com as necessidades nutricionais diárias e os custos de ração.

Ingrediente nutricional	Quilo de milho	Quilo de tancagem	Quilo de alfafa	Necessidade mínima diária
Carboidratos	90	20	40	200
Proteínas	30	80	60	180
Vitaminas	10	20	60	150
Custo (centavos de dólar)	84	72	60	

(a) Formule um modelo de programação linear para este problema.
(b) Exiba o modelo em uma planilha do Excel.
(c) Use a planilha para verificar se $(x_1, x_2, x_3) = (1, 2, 2)$ é uma solução viável e, em caso positivo, qual o custo diário para essa dieta. Quantas unidades de cada ingrediente nutricional essa dieta forneceria diariamente?
(d) Reserve alguns minutos para usar um método de tentativa e erro com a planilha para você elaborar melhores palpites para tentar encontrar a solução ótima. Qual é o custo diário para sua solução?
c (e) Use o Excel Solver para solucionar o modelo pelo método simplex.

3.5-6 Maureen Laird é o CEO da Alva Electric Co., uma grande empresa de serviço público do Centro-Oeste norte-americano. A empresa programou a construção de novas hidrelétricas daqui a 5, 10 e 20 anos, para atender às necessidades da população crescente na região onde atua. Para cobrir pelo menos os custos de construção, Maureen precisa investir parte do dinheiro da empresa agora visando atender essas necessidades futuras de fluxo de caixa. Maureen pode comprar apenas três tipos de ativos financeiros, cada um dos quais custa US$ 1 milhão por unidade. Também é possível comprar unidades fracionárias. Os ativos geram receita daqui a 5, 10 e 20 anos contados a partir de agora, e essa receita é necessária para cobrir pelo menos as necessidades de caixa nesses anos. (Qualquer receita acima da exigência mínima para cada período será usada para aumentar o pagamento de dividendos a acionistas em vez de poupá-la para ajudar a atender às exigências de fluxo de caixa mínimas no período seguinte.) A tabela a seguir mostra tanto a receita gerada por unidade de cada ativo como também o mínimo de receita necessária para cada um dos períodos futuros quando uma nova hidrelétrica será construída.

Ano	Receita por unidade de ativo			Fluxo de caixa mínimo exigido (em milhões de US$)
	Ativo 1 (em milhões de US$)	Ativo 2 (em milhões de US$)	Ativo 3 (em milhões de US$)	
5	2	1	0,5	400
10	0,5	0,5	1	100
20	0	1,5	2	300

Maureen quer determinar o *mix* de investimentos nesses ativos que cobrirão as necessidades de fluxo de caixa, ao mesmo tempo, minimizando a quantia total investida.
(a) Formule um modelo de programação linear para este problema.
(b) Exiba o modelo em uma planilha do Excel.
(c) Use a planilha para verificar a possibilidade de adquirir cem unidades do Ativo 1, cem unidades do Ativo 2 e 200 unidades do Ativo 3. Quanto de fluxo de caixa esse *mix* de investimentos geraria nos próximos 5, 10 e 20 anos? Qual seria a quantia total investida?
(d) Reserve alguns minutos para usar um método de tentativa e erro com a planilha para você elaborar melhores palpites para tentar encontrar a solução ótima. Qual seria a quantia total investida para sua solução?
c (e) Use o Excel Solver para solucionar o modelo pelo método simplex.

3.6-1 A empresa Philbrik tem duas unidades fabris na costa Leste e Oeste dos Estados Unidos. Cada uma delas fabrica os mesmos dois produtos e depois os vende para atacadistas em cada uma dessas duas regiões do país. Os pedidos de atacadistas já foram recebidos para os próximos dois meses (fevereiro e março), nos quais o número de unidades solicitadas é apresentado a seguir. (A empresa não é obrigada a atender completamente esses pedidos, mas o fará caso possa atendê-los sem diminuir seus lucros.)

Produto	Fábrica 1		Fábrica 2	
	Fevereiro	Março	Fevereiro	Março
1	3.600	6.300	4.900	4.200
2	4.500	5.400	5.100	6.000

Cada fábrica tem 20 dias de produção disponíveis em fevereiro e 23 em março para produzir e embarcar esses produtos. Os estoques são esvaziados no final de janeiro, porém, cada fábrica tem capacidade de estoque suficiente para armazenar um total de 1.000 unidades dos dois produtos se for produzida uma quantidade em excesso em fevereiro para venda em março. Em ambas as fábricas o custo de manter estoques dessa maneira é de US$ 3 por unidade do produto 1 e US$ 4 por unidade do produto 2.

Cada fábrica emprega os mesmos processos de produção, cada um dos quais pode ser usado para produzir qualquer um dos dois produtos. O custo de produção por unidade produzida é informado a seguir para cada processo, em cada uma das fábricas.

Produto	Fábrica 1		Fábrica 2	
	Processo 1	Processo 2	Processo 1	Processo 2
1	US$ 62	US$ 59	US$ 61	US$ 65
2	US$ 78	US$ 85	US$ 89	US$ 86

A taxa de produção para cada produto (número de unidades produzidas por dia dedicadas a cada produto) também é fornecida para cada processo em cada fábrica.

Produto	Fábrica 1		Fábrica 2	
	Processo 1	Processo 2	Processo 1	Processo 2
1	100	140	130	110
2	120	150	160	130

A empresa recebe a receita líquida por vendas (preço de venda menos custos normais de remessa) quando uma fábrica vende os produtos para seus próprios clientes (os atacadistas em sua metade do país) é de US$ 83 por unidade do produto 1 e US$ 112 por unidade do produto 2. Entretanto, também é possível (e ocasionalmente desejável) para uma fábrica fazer uma remessa para a outra metade do país, a fim de ajudar a completar as vendas da outra fábrica. Quando isso acontece, há o custo extra de remessa de US$ 9 por unidade do produto 1 e US$ 7 por unidade do produto 2.

A direção agora precisa determinar quanto de cada produto deve ser fabricado por processo de produção em cada fábrica durante cada mês, bem como quanto cada fábrica vende de cada produto em cada mês e quanto cada fábrica deve remeter de cada produto em cada mês para os clientes da outra fábrica. O objetivo é estabelecer qual plano viável maximizaria o lucro total (receita total de vendas líquidas menos a soma do custo extras de produção, custos de estoque e custos de remessa).

(a) Formule um modelo de programação linear completo em forma algébrica, que mostre as restrições individuais e as variáveis de decisão para este problema.
c (b) Formule esse mesmo modelo em uma planilha do Excel. A seguir use o Excel Solver para solucionar o modelo.
c (c) Use o MPL para formular esse modelo em forma compacta. Depois use o solucionador do MPL, o CPLEX, para solucionar o modelo.
c (d) Use o LINGO para formular esse modelo em forma compacta. A seguir, use o Solver do LINGO para solucionar o modelo.

c **3.6-2** Reconsidere o Problema 3.1-11.
(a) Use o MPL/CPLEX para formular e solucionar o modelo para este problema.
(b) Use o LINGO para formular e solucionar esse modelo.

c **3.6-3** Reconsidere o Problema 3.4-12.
(a) Use o MPL/CPLEX para formular e solucionar o modelo para este problema.
(b) Use o LINGO para formular e solucionar esse modelo.

c **3.6-4** Reconsidere o Problema 3.4-16.
(a) Use o MPL/CPLEX para formular e solucionar o modelo para este problema.
(b) Use o LINGO para formular e solucionar esse modelo.

c **3.6-5** Reconsidere o Problema 3.5-5.
(a) Use o MPL/CPLEX para formular e solucionar o modelo para este problema.
(b) Use o LINGO para formular e solucionar esse modelo.

c **3.6-6** Reconsidere o Problema 3.5-6.
(a) Use o MPL/CPLEX para formular e solucionar o modelo para este problema.
(b) Use o LINGO para formular e solucionar esse modelo.

3.6-7 Uma grande empresa fabricante de papel, a Quality Paper Corporation, tem 10 fábricas de papel a partir das quais abastece mil clientes. Ela usa três tipos alternativos de máquinas e quatro tipos de matéria-prima para fabricar cinco tipos diferentes de papel. Portanto, a empresa precisa desenvolver mensalmente um plano de distribuição detalhado e distribuir o papel durante o mês. Mais especificamente, é necessário determinar em conjunto a quantidade de cada tipo de papel a ser fabricado em cada fábrica, em cada tipo de máquina, e a quantidade de cada tipo de papel a ser enviada de cada fábrica para cada cliente.

Os dados relevantes podem ser expressos simbolicamente como a seguir:

D_{jk} = número de unidades de tipo de papel k solicitado pelo cliente j

r_{klm} = número de unidades de matéria-prima m necessário para produzir uma unidade de tipo de papel k na máquina tipo l

R_{im} = número de unidades de matéria-prima m disponível na fábrica de papel i

c_{kl} = número de unidades de capacidade de máquina tipo l que vai produzir uma unidade de papel do tipo k

C_{il} = número de unidades de capacidade de máquina do tipo l disponível na fábrica de papel i

P_{ikl} = custo de produção para cada unidade de papel tipo k produzida na máquina tipo l na fábrica i

T_{ijk} = custo de transporte para cada unidade de papel tipo k remetida da fábrica i para o cliente j

(a) Usando esses símbolos, formule manualmente um modelo de programação linear para este problema.
(b) Quantas restrições funcionais e variáveis de decisão esse modelo possui?
c (c) Use o MPL para formular este problema.
c (d) Use o LINGO para formular este problema.

3.7-1 Da parte inferior das referências selecionadas fornecidas no final do capítulo, escolha uma das aplicações consagradas da programação linear. Leia esse artigo e, em seguida, redija um resumo de duas páginas sobre a aplicação e os benefícios (inclusive benefícios não financeiros) por ela fornecidos.

3.7-2 Da parte inferior das referências selecionadas fornecidas no final do capítulo, escolha três das aplicações consagradas de programação linear. Para cada uma delas, leia o artigo e, em seguida, redija um resumo de uma página sobre a aplicação e os benefícios (inclusive benefícios não financeiros) por elas fornecidos.

CASOS

Caso 3.1 Montagem de automóveis

A Aliança Automóveis, uma grande empresa fabricante de automóveis, organiza os veículos que ela fabrica em três famílias: caminhões, carros pequenos e uma terceira família composta por carros médios e de luxo. Uma fábrica fora de Detroit, MI, monta dois modelos da família de carros médios e de luxo. O primeiro modelo, o Family Thrill-seeker, é um sedã de quatro portas com bancos de vinil, interior de plástico, acessórios-padrão e de excelente autonomia. Ele é considerado uma boa compra para famílias de classe média com orçamento apertado, e cada Family Thrillseeker vendido gera o modesto lucro de US$ 3.600 para a empresa. O segundo modelo, o Classy Cruiser, é um sedã de luxo de duas portas com bancos de couro, interior em madeira, acessórios personalizados e com instrumentos para navegação. Ele é comercializado como um privilégio acessível a famílias de classe média alta, e cada Classy Cruiser vendido gera o lucro de US$ 5.400 para a empresa.

Rachel Rosencrantz, a gerente da unidade de montagem, está decidindo no momento a programação de produção para o próximo mês. Especificamente, ela tem de decidir sobre o número de Family Thrillseekers e Classy Cruisers que deve ser produzido na fábrica para maximizar o lucro da empresa. Ela sabe que a fábrica processa uma capacidade de 48 mil horas de trabalho durante o mês. Também sabe que são consumidas 6 horas de trabalho para montar um Family Thrillseeker e 10,5 horas para um Classy Cruiser.

Pelo fato de a fábrica ser apenas uma unidade de montagem, as peças necessárias para montar os dois modelos não são nelas produzidas, mas sim provenientes de outras unidades nos arredores de Michigan. Por exemplo, pneus, volantes, janelas, bancos e portas provêm de vários fabricantes fornecedores. Para o próximo mês, Rachel sabe que será capaz de obter apenas 20 mil portas (10 mil para o lado esquerdo dos veículos e 10 mil para o lado direito) do fornecedor. Uma greve recente forçou o fechamento da fábrica desse fornecedor por vários dias e, portanto, essa fábrica não poderá cumprir seu cronograma de produção para o próximo mês. Tanto o Family Thrillseeker quanto o Classy Cruiser utilizam o mesmo tipo de porta.

Além disso, uma recente previsão da empresa de demandas mensais para diferentes modelos de automóveis sugere que a demanda pelo Classy seja limitada a 3.500 carros. Não há restrição de demanda para o Thrillseeker nos limites de capacidade da unidade de montagem.

(a) Formule e solucione um problema de programação linear para determinar o número de Family Thrillseekers e o de Classy Cruissers que deve ser produzido.

Antes de Rachel tomar sua decisão final, ela pretende explorar as seguintes questões independentemente, exceto onde for indicado o contrário.

(b) O departamento de marketing reivindica uma campanha publicitária de US$ 500.000, que elevaria a demanda do mês seguinte pelo Classy em 20%. A campanha dever ser levada adiante?

(c) Rachel sabe que pode aumentar a capacidade da fábrica para o mês seguinte lançando mão de horas extras. Ela pode aumentar em 25% a capacidade em horas de trabalho. Com a nova capacidade da unidade, quantos Thrillseekers e quantos Classy devem ser produzidos?

(d) Ela sabe que jornadas de trabalho extras implicam custos extras. Qual é a quantia máxima que ela deveria pagar para todas essas jornadas além daquele custo em períodos normais de trabalho? Expresse sua resposta na forma de uma soma única.

(e) Rachel explora a possibilidade de lançar mão tanto da campanha publicitária quanto das jornadas extraordinárias de trabalho. A campanha publicitária aumentaria a demanda por Classy em 20% e as jornadas extras aumentariam a capacidade de produção/hora em 25%. Quantas unidades de Thrillseeker e de Classy deveriam ser produzidas usando-se ambos os recursos se o lucro obtido de cada Classy vendido continua a ser 50% superior a cada Thrillseeker vendido?

(f) Sabendo que a campanha publicitária custa US$ 500.000 e o emprego máximo de horas extras custa US$ 1.600.000, além dos custos regulares, a solução encontrada no item (*e*) é uma decisão inteligente quando comparada com a solução encontrada no item (*a*)?

(g) A Aliança Automóveis constatou que seus revendedores estão, na prática, dando enormes descontos nos Thrillseekers para diminuir seus estoques. Em virtude de acordo de divisão de lucros com seus revendedores, a empresa não está mais lucrando US$ 3.600 por unidade vendida da Thrillseeker, mas sim tendo lucro de apenas US$ 2.800. Determine o número de Thrillseekers e de Classy a ser produzido, dado esse novo preço com desconto.

(h) A empresa constatou problemas de qualidade nas Thrillseekers testando-as aleatoriamente ao final da linha de montagem. Os supervisores descobriram que em mais de 60% dos casos, duas das quatro portas em um Thrillseeker não fechavam adequadamente. Pelo fato de a porcentagem de Thrillseekers determinada por teste aleatório ser tão alta, o supervisor de chão de fábrica decidiu realizar testes de controle de qualidade em cada um dos Thrillseekers no final da linha de montagem. Por causa desses testes adicionais, o tempo para montar um Thrillseeker aumentou de 6 a 7,5 horas. Determine o número de unidades de cada modelo que deve ser montado dado o novo tempo de montagem para o Thrillseeker.

(i) A diretoria da empresa quer conquistar uma fatia maior do mercado de sedãs de luxo e, portanto, gostaria de atender à demanda total pelos Classy Cruisers. Eles solicitaram a Rachel que determinasse em quanto diminuiria o lucro da unidade de montagem quando comparado ao lucro encontrado no item (*a*). A seguir, eles lhe solicitam atender à demanda total por Classy Cruisers se a diminuição no lucro não for superior a US$ 2.000.000.

(j) Rachel agora toma sua decisão final combinando as novas considerações descritas nos itens (*f*), (*g*) e (*h*). Quais são suas decisões finais sobre levar adiante a campanha publicitária, as jornadas extraordinárias de trabalho, sobre o número de Thrillseekers e o número de Classy a ser produzido?

APRESENTAÇÃO DOS CASOS ADICIONAIS DO *SITE*

Caso 3.2 Cortar custos na lanchonete

Este caso concentra-se em um assunto que interessa a muitos estudantes. Como o gerente da lanchonete de uma faculdade deve escolher os ingredientes de determinado prato para torná-lo suficientemente saboroso para os estudantes e, ao mesmo tempo, minimizar seus custos? Nesse caso, podem ser usados os modelos de programação linear com apenas duas variáveis de decisão para tratar de sete questões específicas que estão sendo enfrentadas pelo gerente.

Caso 3.3 Estruturar uma central de atendimento de pessoal

O Hospital Infantil da Califórnia usa atualmente um confuso processo descentralizado de cadastramento e marcação de consultas para seus pacientes. Portanto, foi decidido centralizar o processo estabelecendo uma nova central de atendimento dedicada exclusivamente à marcação de consultas e ao cadastramento de pacientes. O gerente do hospital agora precisa desenvolver um plano de quantos empregados de cada turno (tempo integral ou parcial, que falem inglês, espanhol ou ambas as línguas) terão de ser contratados para cada um dos diversos turnos possíveis. É preciso usar programação linear para determinar um plano que minimize o custo total de fornecer um nível de atendimento satisfatório durante as 14 horas em que a central de atendimento fica aberta nos dias úteis da semana. O modelo requer mais de duas variáveis de decisão e, portanto, um pacote de software como aqueles descritos nas Seções 3.5 ou 3.6 serão necessários para solucionar as duas versões do modelo.

Caso 3.4 Fazer a promoção de um cereal matinal

O vice-presidente de marketing da Super Grain Corporation precisa desenvolver uma campanha promocional para o novo cereal matinal da empresa. Foram escolhidas três mídias para a campanha, porém, agora precisa se decidir quanto tempo de cada mídia deve ser utilizado. Entre as restrições tem-se um orçamento limitado tanto para publicidade quanto para planejamento, número limitado de espaços comerciais disponíveis na TV, bem como exigências para se atingir efetivamente os dois públicos-alvo especiais (crianças pequenas e os pais) e para fazer uso pleno de um programa de debates. O modelo de programação linear correspondente requer mais do que duas variáveis de decisão, de modo que um pacote de software como aqueles descritos nas Seções 3.5 ou 3.6 serão necessários para solucionar o modelo. Este caso também pede uma análise de como as quatro hipóteses da programação linear são satisfeitas nesse problema. A programação linear realmente fornece uma base razoável para a tomada de decisão nessa situação? (O Caso 12.3 será a continuação deste caso.)

CAPÍTULO 4

Solução de Problemas de Programação Linear: O Método Simplex

Agora, estamos prontos para estudar o método simplex, um procedimento para solucionar problemas de programação linear. Desenvolvido por George Dantzig[1] em 1947, provou ser um método extremamente eficiente que é usado, com frequência, para solucionar problemas de grande porte nos computadores atuais. Exceto por seu emprego em problemas muito pequenos, esse método é sempre executado em um computador, e pacotes de softwares sofisticados encontram-se amplamente disponíveis. Extensões e variações do método simplex também são usadas para executar a *análise de pós-otimalidade* (inclusive a análise de sensibilidade) no modelo.

Este capítulo descreve e executa as principais características do método simplex. A primeira seção apresenta sua natureza genérica, incluindo a interpretação geométrica. As três seções seguintes desenvolvem, então, o procedimento para solucionar qualquer modelo de programação linear que se encontra em nossa forma-padrão (maximização, todas as restrições funcionais na forma ≤ e restrições de não negatividade em todas as variáveis) e possui apenas lados direitos *não negativos* b_i em suas restrições funcionais. Certos detalhes sobre a resolução de empates referem-se à Seção 4.5, e a Seção 4.6 descreve como adaptar o método simplex a outras formas de modelo. A seguir, discutimos a análise de pós-otimalidade (Seção 4.7) e descrevemos a implementação em computador do método simplex (Seção 4.8). A Seção 4.9 mostra então uma alternativa para o método simplex (o método do ponto interno) para solucionar problemas de programação linear de grande porte.

4.1 A ESSÊNCIA DO MÉTODO SIMPLEX

O método simplex é um procedimento *algébrico*. Entretanto, seus conceitos subjacentes são *geométricos*. Entender esses conceitos geométricos dá uma forte sensação intuitiva de como o método simplex opera e o que o torna tão eficiente. Portanto, antes de nos aprofundarmos nos detalhes algébricos, nesta seção nos concentraremos na visão geral do ponto de vista geométrico.

Para ilustrar os conceitos geométricos gerais, usaremos o exemplo da Wyndor Glass Co. que foi apresentado na Seção 3.1. (As Seções 4.2 e 4.3 utilizam a *álgebra* do método simplex para solucionar esse mesmo exemplo.) A Seção 5.1 estenderá esses conceitos geométricos para aplicá-los em problemas mais complexos.

---

[1] Reverenciado como talvez o mais importante pioneiro da pesquisa operacional, George Dantzig é comumente chamado de o pai da programação linear, devido ao desenvolvimento do método simplex e de várias outras contribuições posteriores. Os autores tiveram o privilégio de ser seus colegas no corpo docente do Departamento de Pesquisa Operacional da Stanford University por cerca de 30 anos. O Dr. Dantzig permaneceu profissionalmente ativo até pouco antes de sua morte em 2005, aos 90 anos de idade.

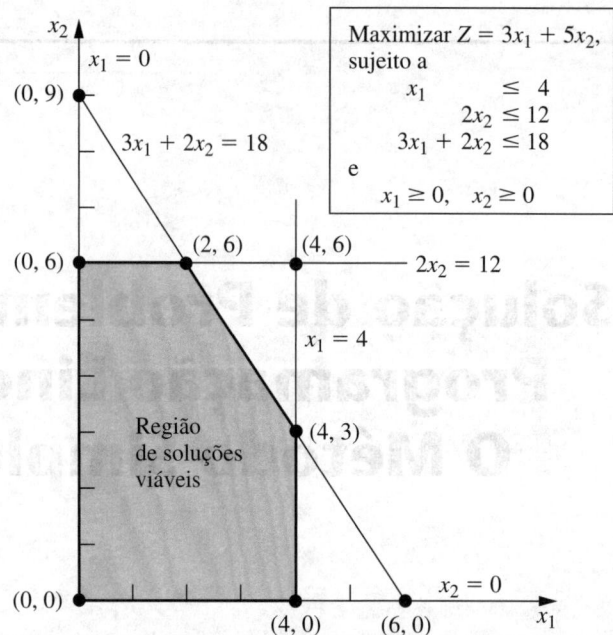

FIGURA 4.1 Limites de restrições e soluções em pontos extremos para o problema da Wyndor Glass Co.

Para refrescar a memória, o modelo e o gráfico para este exemplo são repetidos na Figura 4.1. Os cinco limites de restrições e seus pontos de interseção são destacados nessa figura, pois eles são os pontos-chave para a análise. Aqui, cada **limite de restrição** é uma reta que forma o limite do que é permitido pela restrição correspondente. Os pontos da interseção são as **soluções em pontos extremos** do problema. Os cinco pontos que estão nos vértices da região de soluções viáveis [(0, 0), (0, 6), (2, 6), (4, 3) e (4, 0)] são as *soluções em pontos extremos factíveis* (**soluções PEF**). [As outras três [(0, 9), (4, 6) e (6, 0)] são as chamadas *soluções em pontos extremos infactíveis*.]

Nesse exemplo, cada solução em ponto extremo está na interseção de *dois* limites de restrições. Para uma programação linear com n variáveis de decisão, cada uma de suas soluções em pontos extremos encontra-se na interseção de n limites de restrições[2]. Certos pares de soluções PEF na Figura 4.1 compartilham um limite de restrição e outros pares não. Será importante distinguir entre esses casos, utilizando as seguintes definições gerais:

Para qualquer problema de programação linear com n variáveis de decisão, duas soluções PEF são **adjacentes** entre si, caso compartilhem $n - 1$ limites de restrições. As duas soluções PEF adjacentes são conectadas por um segmento de reta que desce sobre esses mesmos limites de restrições compartilhados. Tal segmento de reta é conhecido como um lado (ou borda) da região de soluções viáveis.

Já no exemplo $n = 2$, duas de suas soluções PEF são adjacentes, se elas compartilharem um limite de restrição; por exemplo, (0, 0) e (0, 6) são adjacentes, pois elas compartilham o mesmo limite de restrição $x_1 = 0$. A região de soluções viáveis na Figura 4.1 possui cinco lados, composto de cinco segmentos de reta formando o limite dessa região. Observe que dois lados proveem de cada solução PEF. Portanto, cada solução PEF possui duas soluções PEF adjacentes (cada uma delas está na outra extremidade de um dos dois lados), conforme enumerado pela Tabela 4.1. (Em cada linha dessa tabela, a solução PEF na primeira coluna é adjacente a cada uma das soluções PEF da segunda coluna, porém, as duas soluções PEF da segunda coluna *não* são adjacentes entre si.)

---

[2] Embora uma solução em ponto extremo seja definida em termos de n limites de restrições cuja interseção fornece a solução, também é possível que um ou mais limites de restrições adicionais passem por esse mesmo ponto.

TABELA 4.1 Soluções PEF adjacentes para cada solução PEF do problema da Wyndor Glass Co.

Solução PEF	Suas soluções PEF adjacentes
(0, 0)	(0, 6) e (4, 0)
(0, 6)	(2, 6) e (0, 0)
(2, 6)	(4, 3) e (0, 6)
(4, 3)	(4, 0) e (2, 6)
(4, 0)	(0, 0) e (4, 3)

Uma razão para nosso interesse em soluções PEF adjacentes é a propriedade geral a seguir sobre tais soluções, que fornece uma maneira muito útil de verificar se uma solução PEF é ou não uma solução ótima.

Teste de otimalidade: considere qualquer problema de programação linear que possua pelo menos uma solução ótima. Se uma solução ótima PEF não tiver nenhuma solução PEF *adjacente* que seja *melhor* (conforme medido por Z), então ela tem de ser uma solução *ótima*.

Portanto, por exemplo, (2, 6) tem de ser ótima simplesmente, pois seu $Z = 36$ é maior que $Z = 30$ para (0, 6) e $Z = 27$ para (4, 3). (Veremos com profundidade por que essa propriedade é válida na Seção 5.1.) Esse teste de otimalidade é aquele usado pelo método simplex para determinar quando se atingiu uma solução ótima.

Agora, estamos prontos para aplicar o método simplex ao exemplo.

Solução do exemplo

Eis uma descrição do que o método simplex faz (do ponto de vista geométrico) para solucionar o problema da Wyndor Glass Co. A cada passo, primeiro, a conclusão é afirmada e, depois, a razão é fornecida entre parênteses. (Consulte a Figura 4.1 para visualização.)

Inicialização: selecione (0, 0) como a solução PEF *inicial* a examinar. (Essa é uma opção conveniente, pois não é necessário nenhum cálculo para identificar essa solução PEF.)

Teste de otimalidade: conclui-se que (0, 0) não é uma solução ótima. (Soluções PEF adjacentes são melhores.)

Iteração 1: mova-se para uma solução PEF *adjacente* melhor, (0, 6), realizando as três etapas a seguir:

1. Considerando os dois lados da região de soluções viáveis que provêm de (0, 0), desloque-se ao longo do lado que faz com que o eixo x_2 suba. (Com uma função objetivo $Z = 3x_1 + 5x_2$, deslocar-se para cima o eixo x_2 aumenta Z a uma taxa maior que se deslocar ao longo do eixo x_1.)
2. Pare no primeiro limite de restrição novo: $2x_2 = 12$. Deslocar-se mais na direção selecionada na etapa 1 acaba saindo da região de soluções viáveis; por exemplo, deslocando-se para o segundo limite de restrição novo atinge-se uma intersecção no ponto (0, 9), que é uma solução em ponto extremo *inviável*.
3. Encontre a solução para a interseção do novo conjunto de limites de restrições: (0, 6). (As equações para esses limites de restrições, $x_1 = 0$ e $2x_2 = 12$, conduzem-no imediatamente a essa solução.)

Teste de otimalidade: chega-se à conclusão de que (0, 6) *não é* uma solução ótima (uma solução PEF adjacente é melhor).

Iteração 2: desloque-se para uma solução PEF melhor, (2, 6), realizando as seguintes etapas:

1. Considerando os dois lados da região de soluções viáveis provenientes de (0, 6), desloque-se ao longo do lado que vai para a direita. Deslocar-se ao longo desse eixo aumenta Z, ao passo que retornando para mover de volta para baixo o eixo x_2 diminui Z.
2. Pare no primeiro limite de restrição novo encontrado ao mover-se na seguinte direção: $3x_1 + 2x_2 = 12$. Deslocar-se mais na direção selecionada na etapa 1 acaba saindo da região de soluções viáveis.

3. Encontre a solução para a intersecção do novo conjunto de limites de restrições: (2, 6). As equações para esses limites de restrições, $3x_1 + 2x_2 = 18$ e $2x_2 = 12$, conduzem-no imediatamente a essa solução.

Teste de otimalidade: conclui-se que (2,6) *é* uma solução ótima; portanto, pare (nenhuma das soluções PEF adjacentes é melhor).

Essa sequência de soluções ótimas PEF examinadas é mostrada na Figura 4.2, em que cada número no interior de um círculo identifica qual iteração obteve determinada solução. Consulte a seção **Worked Examples**, no *site* da editora para ver outro exemplo de como o método simplex funciona por meio uma sequência de soluções PEF até atingir a solução ótima.

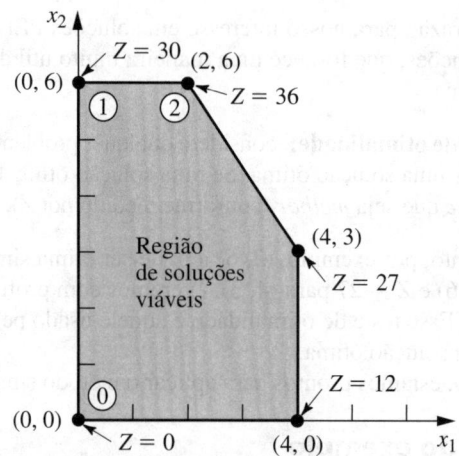

■ **FIGURA 4.2** Este gráfico mostra a sequência de soluções PEF (⓪, ①, ②) examinadas pelo método simplex para o problema da Wyndor Glass Co. Encontra-se a solução ótima (2, 6) apenas após terem sido examinadas três soluções.

Agora, vejamos os seis conceitos-chave de soluções do método simplex que fornecem a base lógica por trás das etapas descritas anteriormente. Tenha em mente que esses conceitos também se aplicam para solucionar problemas com mais de duas variáveis de decisão nas quais um gráfico como o da Figura 4.2 não está disponível para encontrar rapidamente uma solução ótima.

Conceitos-chave para soluções

O primeiro conceito para solução se baseia diretamente no relacionamento entre soluções ótimas e soluções PEF dados no final da Seção 3.2.

Conceito para a solução 1: o método simplex concentra-se exclusivamente em soluções PEF. Para qualquer problema com pelo menos uma solução ótima, para encontrá-la basta encontrar a melhor solução PEF[3].

Já que o número de soluções viáveis geralmente é infinito, reduzir o número de soluções que precisam ser examinadas a um número finito pequeno (apenas três na Figura 4.2) é uma enorme simplificação. O próximo conceito para solução define o fluxo do método simplex.

---

[3] A única restrição é que o problema tem de possuir soluções PEF, o que se garante se a região de soluções viáveis for limitada.

CAPÍTULO 4 SOLUÇÃO DE PROBLEMAS DE PROGRAMAÇÃO LINEAR: O MÉTODO SIMPLEX

Conceito para a solução 2: o método simplex é um *algoritmo iterativo* (um procedimento sistemático para solução que repete uma série de etapas, chamadas *iteração*, até que se chegue a um resultado desejado) com a seguinte estrutura:

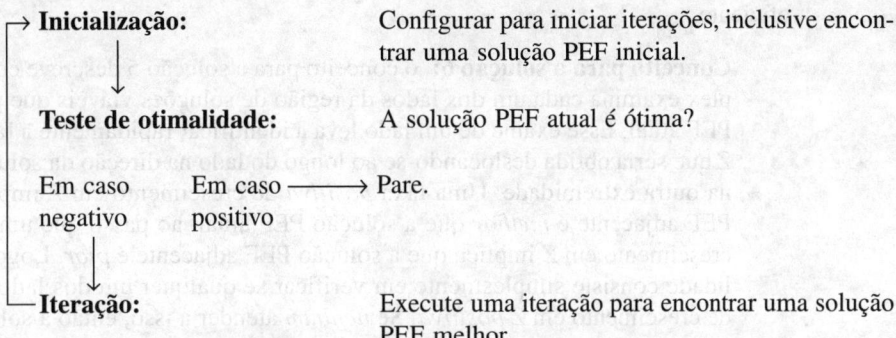

Quando o exemplo foi solucionado, observe como esse fluxograma foi seguido, passando por duas iterações até chegar-se a uma solução ótima.

A seguir, nos concentraremos em como iniciar o processo.

Conceito para a solução 3: sempre que possível, a inicialização do método simplex opta pela *origem* (todas as variáveis de decisão iguais a zero) como a solução PEF inicial. Quando há muitas variáveis de decisão para encontrar graficamente uma solução PEF inicial, essa opção elimina a necessidade de usar procedimentos algébricos para encontrá-la.

Normalmente é possível se escolher a origem quando todas as variáveis de decisão possuem restrições de não negatividade, pois a intersecção desses limites de restrições conduz à origem como uma solução em ponto extremo. Essa solução é então uma solução PEF, *a menos* que ela seja *inviável*, porque viola uma ou mais das restrições funcionais. Se ela for inviável, são necessários procedimentos especiais descritos na Seção 4.6 para se encontrar a solução PEF inicial.

O próximo conceito para solução se refere à escolha de uma solução PEF melhor a cada iteração.

Conceito para a solução 4: dada uma solução PEF, é muito mais rápido em termos computacionais coletar informações sobre suas soluções PEF *adjacentes* do que sobre outras soluções PEF. Portanto, cada vez que o método simplex executar uma iteração para se deslocar da solução PEF atual para uma melhor, ele *sempre* opta por uma solução PEF que é *adjacente* à solução atual. Não é considerada nenhuma outra solução PEF. Consequentemente, o percurso todo seguido para por fim se chegar a uma solução ótima é ao longo dos *lados* da região de soluções viáveis.

O próximo foco é qual solução PEF adjacente escolher a cada iteração.

Conceito para a solução 5: após ter sido identificada a solução PEF atual, o método simplex examina cada um dos lados da região de soluções viáveis provenientes dessa solução PEF. Cada um desses lados leva a uma solução PEF *adjacente* na outra extremidade, porém, o método simplex nem mesmo tenta chegar a uma solução PEF adjacente. Em vez disso, ele simplesmente identifica a *taxa de crescimento em Z* que seria obtida deslocando-se ao longo do lado. Entre os lados com taxa de crescimento *positiva* em Z, ele opta então por deslocar-se ao longo do lado com a *maior* taxa de crescimento em Z. A iteração está completa ao se tentar primeiro encontrar a solução PEF adjacente na outra extremidade desse lado e, depois, ao se renomear essa solução PEF adjacente como a solução PEF *atual* para o teste de otimalidade e (se necessário) a próxima iteração.

Na primeira iteração do exemplo, deslocar-se de $(0, 0)$ ao longo do lado no eixo x_1 resultaria uma taxa de crescimento em Z de 3 (Z sobe para 3 a cada aumento unitário em x_1), ao passo que se mover ao longo do lado no eixo x_2 resultaria uma taxa de crescimento em Z de 5 (Z sobe para 5 a cada aumento unitário em x_2), de modo que se decide fazer o deslocamento ao longo desse último lado. Na segunda iteração, o único lado proveniente de (0, 6) que levaria a uma taxa de crescimento *positiva* em Z é o lado que segue para (2, 6), de modo que se opta por se mover ao longo desse lado.

O último conceito para solução esclarece como o teste de otimalidade é realizado de modo eficiente.

Conceito para a solução 6: o conceito para a solução 5 descreve como o método simplex examina cada um dos lados da região de soluções viáveis que provêm da solução PEF atual. Esse exame de um lado leva a identificar rapidamente a taxa de aumento em Z que seria obtida deslocando-se ao longo do lado na direção da solução PEF adjacente na outra extremidade. Uma taxa *positiva* de crescimento em Z implica que a solução PEF adjacente é *melhor* que a solução PEF atual, ao passo que uma taxa *negativa* de crescimento em Z implica que a solução PEF adjacente é *pior*. Logo, o teste de otimalidade consiste simplesmente em verificar se qualquer um dos lados resulta uma taxa de crescimento em Z *positiva*. Se *nenhum* atender a isso, então a solução PEF atual é a solução ótima.

No exemplo, deslocar ao longo de *qualquer* um dos eixos a partir de (2, 6) diminui Z. Visto que queremos maximizar Z, esse fato resulta imediatamente na conclusão de que (2, 6) é ótima.

4.2 CONFIGURAÇÃO DO MÉTODO SIMPLEX

A Seção 4.1 enfatizou os conceitos geométricos subjacentes ao método simplex. No entanto, esse algoritmo normalmente é executado em um computador, que pode seguir somente instruções algébricas. Portanto, é necessário traduzir o procedimento conceitualmente geométrico apenas descrito em um procedimento algébrico útil. Nesta seção, introduzimos a *linguagem algébrica* do método simplex e a relacionamos aos conceitos da seção anterior.

O procedimento algébrico se baseia em sistemas de equações para solução. Desse modo, a primeira etapa na configuração do método simplex é converter *restrições funcionais de desigualdade* em *restrições de igualdade equivalentes*. (As restrições de não negatividade são deixadas como desigualdades, pois são tratadas separadamente.) Essa conversão é realizada incluindo-se **variáveis de folga**. Para fins de ilustração, consideremos a primeira restrição funcional no exemplo da Wyndor Glass Co. da Seção 3.1

$$x_1 \leq 4.$$

A variável de folga para essa restrição é definida como

$$x_3 = 4 - x_1,$$

que é a quantidade de folga no lado esquerdo da desigualdade. Logo,

$$x_1 + x_3 = 4.$$

Dada essa equação, $x_1 \leq 4$ se e somente se $4 - x_1 = x_3 \geq 0$. Portanto, a restrição original $x_1 \leq 4$ é inteiramente *equivalente* ao par de restrições

$$x_1 + x_3 = 4 \quad \text{e} \quad x_3 \geq 0.$$

Após a introdução de variáveis de folga para as demais restrições funcionais, o modelo de programação linear original para o exemplo (exposto a seguir, à esquerda) pode agora ser substituído pelo modelo equivalente (chamado *forma aumentada* do modelo) exposto a seguir à direita:

CAPÍTULO 4   SOLUÇÃO DE PROBLEMAS DE PROGRAMAÇÃO LINEAR: O MÉTODO SIMPLEX

Forma Original do Modelo

Maximizar $Z = 3x_1 + 5x_2$,
sujeito a
$$x_1 \leq 4$$
$$2x_2 \leq 12$$
$$3x_1 + 2x_2 \leq 18$$
e
$$x_1 \geq 0, \quad x_2 \geq 0.$$

Forma Aumentada do Modelo[4]

Maximizar $Z = 3x_1 + 5x_2$,
sujeito a
$$(1) \quad x_1 + x_3 = 4$$
$$(2) \quad 2x_2 + x_4 = 12$$
$$(3) \quad 3x_1 + 2x_2 + x_5 = 18$$
e
$$x_j \geq 0, \quad \text{para } j = 1, 2, 3, 4, 5.$$

Embora ambas as formas do modelo representem exatamente o mesmo problema, a nova forma é muito mais conveniente para manipulação algébrica e para a identificação das soluções PEF. Chamamos isso **forma aumentada** do problema, pois a forma original foi *aumentada* por algumas variáveis suplementares necessárias para aplicar o método simplex.

Se uma variável de folga for igual a 0 na solução atual, então essa solução encontra-se no limite de restrição para a restrição funcional correspondente. Um valor maior que 0 significa que a solução está no lado *viável* desse limite de restrição, ao passo que um valor menor que 0 significa que a solução está no lado *inviável* desse limite de restrição. Uma demonstração dessas propriedades é fornecida pelo exemplo demonstrativo no Tutor PO intitulado *Interpretação de Variáveis de Folga*.

A terminologia empregada na Seção 4.1 (soluções em pontos extremos etc.) aplica-se à forma original do problema. Apresentamos agora a terminologia correspondente para a forma aumentada.

Uma **solução aumentada** é uma solução para as variáveis originais (as *variáveis de decisão*), que foi aumentada pelos valores correspondentes das *variáveis de folga*.

Por exemplo, aumentando a solução (3, 2) no exemplo leva à solução aumentada (3, 2, 1, 8, 5), pois os valores correspondentes das variáveis de folga são $x_3 = 1$, $x_4 = 8$ e $x_5 = 5$.

Uma **solução básica** é uma solução em ponto extremo *aumentada*.

Para fins de ilustração, consideremos a solução em ponto extremo infactível (4, 6) na Figura 4.1. Aumentando-a com os valores resultantes das variáveis de folga $x_3 = 0$, $x_4 = 0$ e $x_5 = -6$ resulta na solução básica correspondente (4, 6, 0, 0, -6).

O fato de as soluções em pontos extremos (e algumas soluções básicas) poderem ser viáveis ou não implica a seguinte definição:

Uma **solução básica viável (BV)** é uma solução PEF *aumentada*.

Portanto, a solução PEF (0, 6) no exemplo é equivalente à solução BV (0, 6, 4, 0, 6) para o problema na forma aumentada.

A única diferença entre soluções básicas e soluções em pontos extremos (ou entre soluções BV e PEF) é se os valores das variáveis de folga estão ou não incluídos. Para qualquer solução básica, a solução em ponto extremo correspondente é obtida simplesmente eliminando-se as variáveis de folga. Desse modo, as relações geométricas e algébricas entre essas duas soluções são muito próximas, conforme será descrito na Seção 5.1.

Pelo fato de os termos *solução básica* e *solução básica viável* constituírem partes muito importantes do vocabulário-padrão da programação linear, precisamos agora esclarecer suas propriedades algébricas. Para a forma aumentada do exemplo, observe que o sistema de restrições funcionais possui cinco variáveis e três equações, portanto:

Número de variáveis − número de equações = 5 − 3 = 2

---

[4] As variáveis de folga não são mostradas na função objetivo, pois os coeficientes que multiplicam as variáveis na função objetivo valem zero.

Esse fato resulta em 2 *graus de liberdade* na solução do sistema, já que quaisquer das duas variáveis podem ser escolhidas para ser iguais a qualquer valor arbitrário de modo a resolver as três equações em termos das três variáveis restantes[5]. O método simplex usa zero para este valor arbitrário. Assim, duas das variáveis (chamadas de *variáveis não básicas*) são configuradas em zero e, então, a solução simultânea das três equações para as outras três variáveis (denominadas *variáveis básicas*) é a solução básica. Essas propriedades são descritas nas definições genéricas a seguir:

Uma **solução básica** possui as seguintes propriedades:

1. Cada variável é designada como uma variável básica ou uma variável não básica.
2. O *número de variáveis básicas* é igual ao número de restrições funcionais (agora equações). Portanto, o *número de variáveis não básicas* é igual ao número total de variáveis menos o número de restrições funcionais.
3. As **variáveis não básicas** são configuradas em zero.
4. Os valores das **variáveis básicas** são obtidos como a solução simultânea das equações (restrições funcionais na forma aumentada). (O conjunto de variáveis básicas é normalmente conhecido como **a base**.)
5. Se as variáveis básicas satisfizerem as *restrições de não negatividade*, a solução básica é uma **solução BV**.

Para ilustrar essas definições, considere novamente a solução BV (0, 6, 4, 0, 6). Essa solução foi obtida antes de aumentar a solução PEF (0, 6). Porém, outra forma de se obter essa mesma solução é escolher x_1 e x_4 para ser as duas variáveis não básicas e, portanto, configurar as duas variáveis iguais a zero. As três equações resultam então, respectivamente, em $x_3 = 4$, $x_2 = 6$ e $x_5 = 6$ como a solução para as três variáveis, conforme mostrado a seguir (com as variáveis básicas em negrito):

$x_1 = 0$ e $x_4 = 0$ assim

(1) $\quad x_1 \quad\quad + \boldsymbol{x_3} \quad\quad\quad\quad = 4 \quad\quad \boldsymbol{x_3} = 4$
(2) $\quad\quad\quad 2\boldsymbol{x_2} \quad\quad + x_4 \quad\quad = 12 \quad\quad \boldsymbol{x_2} = 6$
(3) $\quad 3x_1 + 2\boldsymbol{x_2} \quad\quad\quad\quad + \boldsymbol{x_5} = 18 \quad\quad \boldsymbol{x_5} = 6$

Em virtude de essas três variáveis básicas serem não negativas, essa *solução básica* (0, 6, 4, 0, 6) é, de fato, uma *solução BV*. A seção de Worked Examples do *site* da editora inclui outro exemplo da relação entre as soluções PEF e BV.

Da mesma forma que certos pares de soluções PEF são *adjacentes*, os pares correspondentes de soluções BV também são ditas adjacentes. Eis uma forma fácil de dizer quando duas soluções BV são adjacentes.

> Duas soluções BV são **adjacentes** se *todas exceto uma* de suas *variáveis não básicas* forem iguais. Isso implica que *todas exceto uma* de suas *variáveis básicas* também serão as mesmas, embora talvez com valores numéricos diferentes.

Consequentemente, deslocar-se da solução BV atual para uma adjacente envolve mudar de uma variável não básica para uma variável básica e vice-versa para outra variável (e depois ajustar os valores das variáveis básicas para continuar satisfazendo o sistema de equações).

A fim de ilustrar as *soluções BV adjacentes*, considere um par de soluções PEF adjacentes na Figura 4.1: (0, 0) e (0, 6). Suas soluções aumentadas (0, 0, 4, 12, 18) e (0, 6, 4, 0, 6) são, automaticamente, BV adjacentes. Entretanto, não é preciso observar a Figura 4.1 para se chegar a essa conclusão. Outro indicador é que suas variáveis não básicas, (x_1, x_2) e (x_1, x_4), são iguais, exceto por um detalhe: x_2 foi substituída por x_4. Por conseguinte, deslocar-se de (0, 0, 4, 12, 18) para (0, 6, 4, 0, 6) envolve trocar x_2 de básica para não básica e vice-versa para x_4.

Quando lidarmos com o problema na forma aumentada, é conveniente considerar e manipular a equação da função objetivo, ao mesmo tempo que as novas equações de restrições. Logo, antes de iniciar o método simplex, o problema precisa ser reescrito mais uma vez em uma forma equivalente:

Maximizar $\quad Z$,

---

[5] Esse método de determinação do número de graus de liberdade para um sistema de equações é válido desde que o sistema não inclua equações redundantes. Essa condição sempre vale para os sistemas de equações formados pelas restrições funcionais na forma aumentada de um modelo de programação linear.

sujeito a

$$
\begin{align}
(0) \quad & Z - 3x_1 - 5x_2 && = 0 \\
(1) \quad & x_1 + x_3 && = 4 \\
(2) \quad & 2x_2 + x_4 && = 12 \\
(3) \quad & 3x_1 + 2x_2 + x_5 && = 18
\end{align}
$$

e

$$x_j \geq 0, \quad \text{para } j = 1, 2, \ldots, 5.$$

É como se Equação (0) fosse, na verdade, uma das restrições originais, porém, pelo fato de já se encontrar na forma de igualdade, não é necessário nenhuma variável de folga. Ao acrescentarmos mais uma equação, também acrescentamos mais um (Z) desconhecido ao sistema de equações. Portanto, ao usar as Equações (1) a (3) para obter uma solução básica, conforme descrito anteriormente, usamos a Equação (0) para solucionar Z ao mesmo tempo.

De certa forma fortuita, o modelo para o Wyndor Glass Co. encaixa-se em *nossa forma-padrão* e todas as suas restrições funcionais apresentam lados direitos não negativos b_i. Se esse não tivesse sido o caso, então teriam sido necessários ajustes adicionais nesse ponto antes de o método simplex poder ter sido aplicado. Esses detalhes referem-se à Seção 4.6 e, no momento, vamos nos concentrar no método simplex em si.

4.3 A ÁLGEBRA DO MÉTODO SIMPLEX

Continuamos a usar o exemplo protótipo da Seção 3.1, como reescrito no final da Seção 4.2, com o objetivo de ilustrar. Para começar a ligar os conceitos geométricos e algébricos do método simplex, passamos a descrever lado a lado na Tabela 4.2 como o método simplex soluciona esse exemplo tanto segundo o ponto de vista geométrico quanto o algébrico. A visão geométrica (apresentada inicialmente na Seção 4.1) se baseia na *forma original* do modelo (nenhuma variável de folga); portanto, consulte novamente a Figura 4.1 para uma visualização ao examinar a segunda coluna da tabela. Consulte também a *forma aumentada* do modelo apresentada no final da Seção 4.2 ao examinar a terceira coluna da tabela.

Vejamos agora os detalhes para cada etapa da terceira coluna da Tabela 4.2.

Inicialização

A opção de fazer com que x_1 e x_2 sejam variáveis *não básicas* (as variáveis são configuradas iguais a zero) para a solução BV inicial se baseia no conceito de solução 3 da Seção 4.1. Essa opção elimina o trabalho que seria necessário para encontrar uma solução para as variáveis básicas (x_3, x_4, x_5) do seguinte sistema de equações (em que as variáveis básicas são indicadas em negrito):

$$
\begin{array}{llll}
 & & & x_1 = 0 \text{ e } x_2 = 0 \text{ assim} \\
(1) & x_1 + \boldsymbol{x_3} = 4 & \quad & \boldsymbol{x_3} = 4 \\
(2) & 2x_2 + \boldsymbol{x_4} = 12 & & \boldsymbol{x_4} = 12 \\
(3) & 3x_1 + 2x_2 + \boldsymbol{x_5} = 18 & & \boldsymbol{x_5} = 18
\end{array}
$$

Portanto, a **solução BV inicial** é (0, 0, 4, 12, 18).

Observe que essa solução pode ser lida imediatamente, pois cada equação apresenta apenas uma variável básica, que tem um coeficiente igual a 1, e essa variável não aparece em qualquer outra equação. Em breve, veremos que, no momento em que o conjunto de variáveis básicas muda, o método simplex usa um procedimento algébrico (eliminação gaussiana) a fim de converter as equações para a mesma forma conveniente para ler também qualquer solução BV subsequente. Essa forma é denominada **forma apropriada da eliminação gaussiana**.

■ **TABELA 4.2** Interpretações geométricas e algébricas de como o método simplex soluciona o problema da Wyndor Glass Co.

Método sequência	Interpretação geométrica	Interpretação algébrica
Inicialização	Escolha (0, 0) como a solução PEF inicial.	Escolha x_1 e x_2 para ser variáveis não básicas (= 0) para a solução BV inicial: (0, 0, 4, 12, 18).
Teste de otimalidade	Não é ótima, pois, movimentando-se qualquer um dos lados a partir de (0, 0), aumenta Z.	Não é ótima, pois, aumentando-se qualquer uma das variáveis não básicas (x_1 ou x_2), aumenta Z.
Iteração 1 Etapa 1	Desloque para cima o lado sobre o eixo x_2.	Aumente x_2 enquanto ajusta os valores de outras variáveis para satisfazer o sistema de equações.
Etapa 2	Interrompa, quando for atingido o primeiro limite de restrição novo ($2x_2 = 12$)	Interrompa, quando a primeira variável básica (x_3, x_4, ou x_5) cair para zero (x_4).
Etapa 3	Encontre a intersecção do novo par de limites de restrições: (0, 6) é a nova solução PEF.	Agora com x_2 sendo uma variável básica e x_4 uma variável não básica, resolva o sistema de equações (0, 6, 4, 0, 6) para que seja a nova solução BV.
Teste de otimalidade	Não é ótima, pois, movimentando-se para a direita ao longo do lado a partir de (0, 6), aumenta Z.	Não é ótima, pois, aumentando-se uma variável não básica (x_1) aumenta Z.
Iteração 2 Etapa 1	Deslocar para a direita ao longo desse lado.	Aumente x_1 enquanto ajusta os valores de outras variáveis para satisfazer o sistema de equações.
Etapa 2	Interrompa, quando for atingido o primeiro limite de restrição novo ($3x_1 + 2x_2 = 18$).	Interrompa, quando a primeira variável básica (x_2, x_3, ou x_5) cair para zero (x_5).
Etapa 3	Encontre a intersecção do novo par de limites de restrições: (2, 6) é a nova solução PEF.	Agora com x_1 sendo uma variável básica e x_5 uma variável não básica, resolva o sistema de equações: (2, 6, 2, 0, 0) para que seja a nova solução BV.
Teste de otimalidade	(2, 6) é ótima, pois, movimentando-se ao longo de qualquer um dos lados a partir de (2, 6), diminui Z.	(2, 6, 2, 0, 0) é ótima, pois, aumentando-se qualquer variável não básica (x_4 ou x_5) diminui Z.

Exemplo de Aplicação

A **Samsung Electronics Corp., Ltd. (SEC)** é uma empresa líder na comercialização de memórias de acesso aleatório dinâmicas e estáticas e outros avançados circuitos integrados digitais. Suas instalações em Kiheung, na Coreia do Sul (provavelmente a maior instalação industrial de semicondutores do mundo), fabrica mais de 300 mil pastilhas de silício por mês e emprega mais de 10 mil pessoas. *Tempo de ciclo* é o termo do setor para o período decorrido desde a entrega de um lote de lâminas de cristal de silício em bruto para o processo de fabricação até a finalização dos dispositivos que são fabricados nessas pastilhas. Reduzir o tempo de ciclo é uma meta contínua, já que ela reduz custos e também permite agilizar a entrega, reduzindo a demora para clientes potenciais, um verdadeiro segredo para manter ou ampliar a participação de mercado em um segmento tão competitivo quanto esse.

Três fatores se apresentam como desafios particularmente importantes na tentativa de se reduzir o tempo de ciclo. O primeiro deles é o fato do mix de produtos mudar continuamente. Outro é o fato de a empresa muitas vezes precisar fazer mudanças substanciais no cronograma de fabricação no tempo de ciclo almejado, à medida que ela revisar as previsões da demanda de clientes. O terceiro é que máquinas de um tipo genérico não são homogêneas e, portanto, apenas pequeno número delas está qualificado para realizar cada etapa do processo de fabricação do dispositivo.

Uma equipe de PO elaborou *um modelo de programação linear gigantesco com dezenas de milhares de variáveis de decisão e restrições funcionais* para enfrentar esses desafios. A função objetivo consiste em minimizar pedidos pendentes e o estoque de produtos acabados. Apesar do imenso porte desse modelo, ele era prontamente resolvido em minutos sempre que necessário mediante o uso de uma implementação altamente sofisticada do método simplex (e técnicas relacionadas) no software de otimização CPLEX. (O CPLEX será mais bem discutido na Seção 4.8.)

A implementação contínua desse modelo permitiu à empresa reduzir os tempos de ciclo de fabricação para produzir memórias de acesso aleatório, antes eram superiores a mais de 80 dias, para menos de 30 dias. Essa melhoria tremenda e a redução resultante tanto nos custos de fabricação quanto nos preços de venda permitiram à Samsung captar **US$ 200 milhões** a mais em termos de receita anual de vendas.

Fonte: R. C. Leachman, J. Kang, and Y. Lin: "SLIM: Short Cycle Time and Low Inventory in Manufacturing at Samsung Electronics", *Interfaces*, **32**(1): 61-77, Jan.-Feb. 2002. (Este artigo está disponível em inglês no *site* da editora, www.bookman.com.br)

Teste de otimalidade

A função objetivo é

$$Z = 3x_1 + 5x_2,$$

de modo que $Z = 0$ para a solução BV inicial. Pelo fato de nenhuma das variáveis básicas (x_3, x_4, x_5) ter um coeficiente *não zero* nessa função objetivo, o coeficiente de cada variável não básica (x_1, x_2) fornece a taxa de crescimento em Z, caso essa variável tivesse de ser aumentada a partir de zero (enquanto os valores das variáveis básicas são ajustados para continuarem a satisfazer o sistema de equações)[6]. Essas taxas de crescimento (3 e 5) são *positivas*. Portanto, baseando-se no conceito na solução 6 da Seção 4.1, concluímos que (0, 0, 4, 12, 18) não é ótima.

Para cada solução BV examinada após sucessivas iterações, pelo menos uma variável básica tem um coeficiente não zero na função objetivo. Portanto, o teste de otimalidade usará a nova Equação (0) para reescrever a função objetivo em termos apenas de variáveis não básicas, como será visto adiante.

Determinação da direção de deslocamento (etapa 1 de uma iteração)

Aumentar uma variável não básica a partir de zero (enquanto se ajustam os valores das variáveis básicas para continuar satisfazendo o sistema de equações) corresponde a movimentar-se ao longo de um lado proveniente da solução PEF atual. Baseando-se nos conceitos para solução de números 4 e 5 da Seção 4.1, a escolha de quais variáveis não básicas devem ser aumentadas é feita da seguinte forma:

$$Z = 3x_1 + 5x_2$$

Aumentar x_1?   Taxa de crescimento em $Z = 3$.
Aumentar x_2?   Taxa de crescimento em $Z = 5$.
$5 > 3$, portanto opte por x_2 para aumentar.

Conforme indicado a seguir, chamamos x_2 de *variável básica que entra* para a iteração 1.

Em qualquer iteração do método simplex, o propósito da etapa 1 é escolher *uma variável não básica* para ser aumentada (enquanto os valores das variáveis básicas são ajustados para continuar satisfazendo o sistema de equações). Aumentar essa variável não básica a partir de zero a converterá em uma *variável básica* para a solução BV seguinte. Assim, essa variável é conhecida como **variável básica que entra** para a iteração atual (pois introduz a base).

Determinação de onde interromper (etapa 2 de uma iteração)

A etapa 2 trata da questão de quanto aumentar a variável básica que entra, x_2, antes de interromper. Aumentando-se x_2, eleva-se Z; portanto, queremos ir o mais longe possível sem sair da região de soluções viáveis. A exigência de satisfazer restrições na forma aumentada (mostrada a seguir) significa que aumentar x_2 (enquanto se mantém a variável não básica $x_1 = 0$) muda os valores de algumas das variáveis básicas, conforme ilustrado a seguir.

$$\begin{aligned}
(1) \quad & x_1 + x_3 = 4 \\
(2) \quad & 2x_2 + x_4 = 12 \\
(3) \quad & 3x_1 + 2x_2 + x_5 = 18
\end{aligned} \qquad \begin{aligned} x_1 &= 0, \quad \text{logo} \\ x_3 &= 4 \\ x_4 &= 12 - 2x_2 \\ x_5 &= 18 - 2x_2. \end{aligned}$$

O outro requisito para viabilidade é que todas as variáveis sejam *não negativas*. As variáveis não básicas (inclusive a variável básica que entra) são não negativas, porém, precisamos ver quanto x_2 pode ser aumentada sem violar as restrições de não negatividade para as variáveis básicas.

$$x_3 = 4 \geq 0 \qquad \Rightarrow \text{nenhum limite superior em } x_2.$$

$$x_4 = 12 - 2x_2 \geq 0 \Rightarrow x_2 \leq \frac{12}{2} = 6 \quad \leftarrow \text{mínimo}.$$

$$x_5 = 18 - 2x_2 \geq 0 \Rightarrow x_2 \leq \frac{18}{2} = 9.$$

---

[6] Observe que essa interpretação de coeficientes das variáveis x_j se baseia nessas variáveis que se encontram no lado direito da equação $Z = 3x_1 + 5x_2$. Quando essas variáveis forem trazidas para o lado esquerdo para Equação (0), $Z - 3x_1 - 5x_2 = 0$, os coeficientes não zero mudam seus sinais.

Desse modo, x_2 pode ser aumentada apenas até 6, no qual o ponto $\boldsymbol{x}_4$ chega a 0. Aumentar x_2 além de 6 faria que $\boldsymbol{x}_4$ se tornasse negativa, o que violaria a viabilidade.

Esses cálculos são conhecidos como **teste da razão mínima**. O objetivo deste teste é determinar qual variável básica cai a zero primeiro, à medida que a variável básica que entra for aumentando. Podemos descartar imediatamente a variável básica em qualquer equação, onde o coeficiente desta variável básica que entra for zero ou negativo, já que obviamente tal variável básica não decresceria à medida que fosse aumentando a variável básica entrante. [É isso o que acontece com x_1 na Equação (1) do exemplo]. Entretanto, para cada equação na qual o coeficiente da variável básica que entra for *estritamente positivo* (> 0), esse teste calcula a razão entre o lado direito da equação e o coeficiente da variável básica que entra. A variável básica na equação com a *razão mínima* é aquela que cai para zero primeiro à medida que a que entra for aumentada.

A qualquer iteração do método simplex, a etapa 2 usa o *teste da razão mínima* para determinar qual variável básica cai para zero primeiro à medida que a variável básica que entra é aumentada. Diminuir esta variável básica até zero a converterá em uma *variável não básica* para a solução BV seguinte. Portanto, essa variável é chamada **variável básica que sai** para a iteração atual (pois ela está saindo da base).

Portanto, $\boldsymbol{x}_4$ é a variável básica que sai para a iteração 1 do exemplo.

Método de resolução para se chegar à nova solução BV (etapa 3 de uma iteração)

Aumentando-se $x_2 = 0$ para $x_2 = 6$ nos desloca da solução BV *inicial* à esquerda para a nova solução BV da direita.

	Solução BV inicial	Nova solução BV
Variáveis não básicas:	$x_1 = 0$, $x_2 = 0$	$x_1 = 0$, $x_4 = 0$
Variáveis básicas:	$x_3 = 4$, $x_4 = 12$, $x_5 = 18$	$x_3 = ?$, $x_2 = 6$, $x_5 = ?$

O objetivo da etapa 3 é o de converter o sistema de equações em uma forma mais conveniente (forma apropriada da eliminação gaussiana) para conduzir o teste de otimalidade e (se necessário) a próxima iteração com essa nova solução BV. No processo, essa forma também identificará os valores de x_3 e x_5 para a nova solução.

Eis novamente o sistema de equações completo no qual as *novas* variáveis básicas são indicadas em negrito (com Z desempenhando o papel da variável básica na equação da função objetivo):

$$
\begin{aligned}
(0) \quad & Z - 3x_1 - 5x_2 && = 0 \\
(1) \quad & x_1 \quad\quad + x_3 && = 4 \\
(2) \quad & 2\boldsymbol{x}_2 \quad + x_4 && = 12 \\
(3) \quad & 3x_1 + 2\boldsymbol{x}_2 \quad\quad + \boldsymbol{x}_5 && = 18.
\end{aligned}
$$

Portanto, x_2 substituiu x_4 como variável básica na Equação (2). Com o intuito de solucionar esse sistema de equações para Z, x_2, x_3 e x_5, precisamos executar algumas **operações algébricas elementares** para reproduzir o padrão atual de coeficientes de x_4 (0, 0, 1, 0) como os novos coeficientes de x_2. Podemos usar qualquer um dos dois tipos de operações algébricas elementares:

1. Multiplicar (ou dividir) uma equação por uma constante diferente de zero.
2. Somar (ou subtrair) um múltiplo de uma equação a (de) outra equação.

Com a finalidade de se preparar para realizar essas operações, observe que os coeficientes de x_2 no sistema de equações anterior são, respectivamente, $-5, 0, 2$ e 2, enquanto queremos que esses coeficientes se tornem iguais a 0, 0, 1 e 0 respectivamente. Para transformar o coeficiente 2 da Equação (2) em 1, usamos o primeiro tipo de operação algébrica elementar dividindo a Equação (2) por 2 para obter

$$(2) \quad x_2 + \frac{1}{2}x_4 = 6.$$

Para transformar os coeficientes -5 e 2 em zeros, precisamos usar o segundo tipo de operação algébrica elementar. Em particular, adicionamos cinco vezes essa nova Equação (2) à Equação (0) e subtraímos duas vezes essa nova Equação (2) da Equação (3). O novo sistema resultante completo de equações fica

$$(0) \quad Z - 3x_1 \qquad\qquad + \tfrac{5}{2}x_4 \qquad = 30$$
$$(1) \qquad\qquad x_1 \quad + x_3 \qquad\qquad = 4$$
$$(2) \qquad\qquad\qquad x_2 \quad + \tfrac{1}{2}x_4 \qquad = 6$$
$$(3) \qquad\qquad 3x_1 \qquad\qquad - x_4 + x_5 = 6.$$

Já que $x_1 = 0$ e $x_4 = 0$, as equações nesse formato levam imediatamente à nova solução BV $(x_1, x_2, x_3, x_4, x_5) = (0, 6, 4, 0, 6)$, que resulta em $Z = 30$.

Esse procedimento para obter a solução simultânea de um sistema de equações lineares é chamado *método da eliminação de Gauss-Jordan* ou, simplesmente, **eliminação gaussiana**[7]. O conceito-chave para esse método é o uso de operações algébricas elementares que reduzem o sistema de equações original à forma apropriada da eliminação gaussiana em que cada variável básica foi eliminada de todas, exceto uma equação (a *sua* própria) e tem um coeficiente $+1$ nela.

Teste de otimalidade para a nova solução BV

A Equação (0) atual fornece o valor da função objetivo em termos somente de suas variáveis não básicas atuais

$$Z = 30 + 3x_1 - \tfrac{5}{2}x_4.$$

Aumentando-se qualquer uma dessas variáveis não básicas a partir de zero (e, ao mesmo tempo, ajustando os valores das variáveis básicas para continuar satisfazendo o sistema de equações) resultaria em movimentar-se em direção de uma das duas soluções BV *adjacentes*. Pelo fato de x_1 ter um coeficiente *positivo*, aumentar x_1 levaria a uma solução BV adjacente que é melhor que a solução BV adjacente atual; portanto, a solução atual não é ótima.

Iteração 2 e a solução ótima resultante

Uma vez que $Z = 30 + 3x_1 - \tfrac{5}{2}x_4$, Z pode ser elevado aumentando-se x_1, mas não x_4. Portanto, a etapa 1 opta por x_1 como variável básica que entra.

Para a etapa 2, o sistema de equações atual nos leva às seguintes conclusões sobre quanto x_1 pode ser aumentada (com $x_4 = 0$):

$$x_3 = 4 - x_1 \geq 0 \Rightarrow x_1 \leq \tfrac{4}{1} = 4.$$

$$x_2 = 6 \geq 0 \Rightarrow \text{nenhum limite superior em } x_1.$$

$$x_5 = 6 - 3x_1 \geq 0 \Rightarrow x_1 \leq \tfrac{6}{3} = 2 \quad \leftarrow \text{mínimo}.$$

Assim, o teste da razão mínima indica que x_5 é a variável básica que sai.

Para a etapa 3, com x_1 substituindo x_5 como variável básica, realizamos operações algébricas básicas sobre o sistema de equações para reproduzir o padrão atual dos coeficientes de x_5 (0, 0, 0, 1) como os novos coeficientes de x_1. Isso leva ao novo sistema de equações a seguir:

---

[7] Na verdade há algumas diferenças técnicas entre o método da eliminação de Gauss-Jordan e a eliminação gaussiana, porém, não entraremos neste mérito.

$$(0) \quad Z \qquad\qquad + \frac{3}{2}x_4 + \ x_5 = 36$$

$$(1) \qquad\qquad x_3 + \frac{1}{3}x_4 - \frac{1}{3}x_5 = 2$$

$$(2) \qquad\qquad x_2 \quad + \frac{1}{2}x_4 \qquad = 6$$

$$(3) \qquad\qquad x_1 \qquad - \frac{1}{3}x_4 + \frac{1}{3}x_5 = 2.$$

Consequentemente, a próxima solução BV é $(x_1, x_2, x_3, x_4, x_5) = (2, 6, 2, 0, 0)$, resultando em $Z = 36$. Para aplicar o *teste de otimalidade* a essa nova solução BV, usamos a atual Equação (0) para expressar Z em termos somente das variáveis não básicas atuais.

$$Z = 36 - \frac{3}{2}x_4 - x_5.$$

Aumentar seja x_4 como x_5 diminuiria Z; portanto, nenhuma das soluções BV adjacentes é tão boa como a atual. Logo, baseado no conceito de solução 6 da Seção 4.1, a solução BV atual tem de ser ótima.

Em termos da forma original do problema (nenhuma variável de folga), a solução ótima é $x_1 = 2$, $x_2 = 6$, resultando em $Z = 3x_1 + 5x_2 = 36$.

Para outro exemplo de aplicação do método simplex, recomendamos que veja agora a demonstração intitulada *Método Simplex – Forma Algébrica* no Tutor PO. Esse vívido demonstrativo apresenta, ao mesmo tempo, a Álgebra e a Geometria do método simplex à medida em que ele evolui dinamicamente, passo a passo. Como os vários outros exemplos explicativos presentes em outras seções deste livro (inclusive a próxima), esse demonstrativo computacional destaca os conceitos que são difíceis de se transmitir pela escrita. Além disso, a seção de Worked Examples do *site* da editora inclui outro exemplo de aplicação do método simplex.

Para ajudá-lo a aprender ainda mais sobre o método simplex de forma eficiente, o Tutorial IOR no *Courseware* de PO inclui um procedimento intitulado *Resolva Interativamente pelo Método Simplex*. Essa rotina executa praticamente todos os cálculos enquanto você toma as decisões passo a passo, habilitando-o, portanto, a se concentrar nos conceitos e não ficar assoberbado com um excesso de cálculos. Então, provavelmente vai querer usar essa rotina para os exercícios durante a presente seção. O software vai ajudá-lo a começar e lhe informará toda vez que cometer um erro na primeira iteração de um problema.

Após aprender o método simplex, você vai querer simplesmente aplicar sua versão computadorizada automática para obter soluções ótimas de problemas de programação linear. Para sua conveniência, também incluímos um procedimento automático denominado *Resolva Automaticamente pelo Método Simplex* no Tutorial IOR. Foi desenvolvido para lidar somente com problemas de dimensões compatíveis com o escopo didático deste livro, inclusive verificando as respostas que você obtiver para problemas com o procedimento interativo. A Seção 4.8 descreverá opções de softwares mais poderosas para programação linear, que também são fornecidas no *site* da editora.

A próxima seção inclui um resumo do método simplex na forma tabular mais conveniente.

4.4 O MÉTODO SIMPLEX EM FORMA TABULAR

A forma algébrica do método simplex apresentada na Seção 4.3 pode ser a melhor para aprender a lógica subjacente do algoritmo. Entretanto, não é a forma mais conveniente para realizar os cálculos necessários. Quando tiver de resolver um problema manualmente (ou interativamente mediante o Tutorial IOR), recomendamos a *forma tabular* descrita nesta seção[8].

A forma tabular do método simplex registra somente as informações essenciais, a saber: 1) os coeficientes das variáveis, 2) as constantes dos lados direitos das equações e 3) a variável básica que aparece em cada equação. Isso poupa escrever os símbolos das variáveis em cada uma das equações.

---
[8] A forma mais conveniente para execução automática em computador é apresentada na Seção 5.2.

Mas o que é mais importante é o fato de ela permitir destacar os números envolvidos em cálculos matemáticos e registrá-los de forma compacta.

A Tabela 4.3 compara o sistema de equações inicial para o problema da Wyndor Glass Co. na forma algébrica (à esquerda) e na forma tabular (à direita), em que a tabela da direita é chamada tabela simplex. A variável básica para cada equação é indicada em negrito no lado esquerdo e na primeira coluna da tabela simplex à direita. [Embora somente as variáveis x_j sejam básicas ou não básicas, Z desempenha o papel de variável básica para a Equação (0).] Todas as variáveis não listadas nessa coluna de *variáveis básicas* (x_1, x_2) são, automaticamente, variáveis não básicas. Após estabelecermos que $x_1 = 0, x_2 = 0$, a coluna do *lado direito* fornece a solução resultante para as variáveis básicas, de modo que a solução BV inicial seja $(x_1, x_2, x_3, x_4, x_5) = (0, 0, 4, 12, 18)$, resultando em $Z = 0$.

■ **TABELA 4.3** Sistema inicial de equações para o problema da Wyndor Glass Co.

(a) Forma algébrica	(b) Forma tabular							
	Variável básica	Eq.	Coeficiente de:					Lado direito
			Z	x_1	x_2	x_3	x_4	x_5	
(0) $\mathbf{Z} - 3x_1 - 5x_2 = 0$	Z	(0)	1	−3	−5	0	0	0	0
(1) $x_1 + \mathbf{x_3} = 4$	x_3	(1)	0	1	0	1	0	0	4
(2) $2x_2 + \mathbf{x_4} = 12$	x_4	(2)	0	0	2	0	1	0	12
(3) $3x_1 + 2x_2 + \mathbf{x_5} = 18$	x_5	(3)	0	3	2	0	0	1	18

A *forma tabular* do método simplex usa uma **tabela simplex** para exibir de modo compacto o sistema de equações que levam à atual solução BV. Para essa solução, cada variável na coluna mais à esquerda é igual ao número correspondente na coluna mais à direita (e as variáveis não listadas são iguais a zero). Quando for realizado o teste de otimalidade ou uma iteração, os únicos números relevantes são aqueles à direita da coluna Z[9]. O termo **linha** refere-se apenas a uma linha de números à direita da coluna Z (inclusive o número do *lado direito*), no qual agora i corresponde à Equação (i).

Sintetizamos a forma tabular do método simplex a seguir e, ao mesmo tempo, descrevemos rapidamente sua aplicação no problema da Wyndor Glass Co. Tenha em mente que a lógica é idêntica àquela da forma algébrica apresentada na seção anterior. Somente a forma para exibição tanto do sistema de equações atual como da iteração subsequente mudou (além do que não queremos nos incomodar mais em trazer variáveis para o lado direito de uma equação antes de chegarmos a conclusões no teste de otimalidade nas etapas 1 e 2 de uma iteração).

Síntese do método simplex (e iteração 1 para o exemplo)

Inicialização. Introduza variáveis de folga. Selecione as *variáveis de decisão* para ser *variáveis não básicas* iniciais (configure-as para ficar iguais a zero) e as *variáveis de folga* para ser as *variáveis básicas iniciais*. (Leia a Seção 4.6 para os ajustes necessários, caso o modelo não esteja em nossa forma-padrão – maximização, somente restrições funcionais de ≤ e todas as restrições de não negatividade – ou se quaisquer valores b_i forem negativos.)

Para o Exemplo: essa seleção leva à tabela simplex inicial mostrada na coluna (*b*) da Tabela 4.3, de modo que a solução BV inicial é (0, 0, 4, 12, 18).

Teste de otimalidade. A atual solução BV é ótima se e somente se todos os coeficientes na linha 0 forem não negativos (≥ 0). Se verdadeiro, pare; caso contrário, realize uma iteração para obter a próxima solução BV, que envolve mudar uma variável não básica para uma variável básica (etapa 1) e vice-versa (etapa 2) e depois se chegar à nova solução (etapa 3).

---

[9] Por essa razão, é permitido eliminar as colunas Eq. e Z, para reduzir o tamanho da tabela simplex. Optamos por manter essas colunas como um lembrete de que a tabela simplex exibe o sistema de equações atual e que Z é uma das variáveis na Equação (0).

Para o Exemplo: da mesma forma que $Z = 3x_1 + 5x_2$ indica que aumentando-se x_1 ou x_2, Z aumentará, indicando que a solução atual não é ótima, a mesma conclusão é obtida a partir da equação $Z - 3x_1 - 5x_2 = 0$. Esses coeficientes -3 e -5 são mostrados na linha da coluna (*b*) da Tabela 4.3.

Iteração. *Etapa 1:* determine a *variável básica que entra* selecionando a variável (automaticamente uma variável não básica) com *o coeficiente negativo* tendo o maior valor absoluto (isto é, o coeficiente "mais negativo") na Equação (0). Coloque um retângulo em torno da coluna abaixo do coeficiente e denominei-a **coluna pivô**.

Para o Exemplo: o coeficiente mais negativo é -5 para x_2 ($5 > 3$), de modo que x_2 deve ser transformado em uma variável básica. (Essa mudança é indicada na Tabela 4.4 pelo retângulo em torno da coluna x_2 abaixo de -5.)

Etapa 2: determine a *variável básica que sai* aplicando o *teste da razão mínima*.

■ **TABELA 4.4** Aplicando o teste da razão mínima para determinar a primeira variável básica que sai para o problema da Wyndor Glass Co.

Variável básica	Eq.	Coeficiente de:						Lado direito	Razão
		Z	x_1	x_2	x_3	x_4	x_5		
Z	(0)	1	-3	-5	0	0	0	0	
x_3	(1)	0	1	0	1	0	0	4	
x_4	(2)	0	0	2	0	1	0	$12 \rightarrow \frac{12}{2} = 6 \leftarrow$ mínimo
x_5	(3)	0	3	2	0	0	1	$18 \rightarrow \frac{18}{2} = 9$

Teste de razão mínima

1. Selecione cada coeficiente na coluna pivô que seja estritamente positivo (> 0);
2. Divida cada um dos coeficientes da coluna denominada *lado direito* pelos coeficientes da coluna pivô nas respectivas linhas;
3. Identifique a linha que possui a *menor* dessas razões;
4. A variável básica para esta linha é a que sai; portanto, substitua-a pela variável básica que entra na coluna variável básica da próxima tabela simplex.

Coloque um retângulo em torno dessa linha e chame-a **linha pivô**. Denomine também o número que se encontra em ambos os retângulos **número pivô**.

Para o Exemplo: os cálculos para o teste da razão mínima são mostrados na parte direita da Tabela 4.4. Portanto, a linha 2 é a linha pivô (observe o retângulo em torno dessa linha na primeira tabela simplex da Tabela 4.5) e x_4 é a variável básica que sai. Na tabela simplex seguinte (ver a parte inferior da Tabela 4.5), x_2 substitui x_4 como variável básica para a linha 2.

Etapa 3: encontre a nova *solução BV* usando **operações elementares em linhas** (multiplique ou divida uma linha por uma constante não zero; adicione ou subtraia um múltiplo de uma linha para outra) visando construir uma nova tabela simplex na forma apropriada de eliminação gaussiana abaixo da atual e, então, retorne para o teste de otimalidade. As operações elementares em linhas específicas que precisam ser realizadas são indicadas a seguir:

1. Divida a linha pivô pelo número pivô. Use essa *nova* linha pivô nas etapas 2 e 3.
2. Para cada outra linha (inclusive a linha 0) que possua um coeficiente *negativo* na coluna pivô, *adicione* a essa linha o *produto* do valor absoluto desse coeficiente pela nova linha pivô.
3. Para cada outra linha que tiver um coeficiente *positivo* na coluna pivô, *subtraia* dessa linha o *produto* desse coeficiente pela nova linha pivô.

CAPÍTULO 4   SOLUÇÃO DE PROBLEMAS DE PROGRAMAÇÃO LINEAR: O MÉTODO SIMPLEX   **99**

■ **TABELA 4.5**   Tabela simplex para o problema da Wyndor Glass Co. após a primeira linha pivô ter sido dividida pelo primeiro número pivô.

Iteração	Variável básica	Eq.	Coeficiente de:						Lado direito
			Z	x_1	x_2	x_3	x_4	x_5	
0	Z	(0)	1	−3	−5	0	0	0	0
	x_3	(1)	0	1	0	1	0	0	4
	x_4	(2)	0	0	2	0	1	0	12
	x_5	(3)	0	3	2	0	0	1	18
1	Z	(0)	1						
	x_3	(1)	0						
	x_2	(2)	0	0	1	0	$\frac{1}{2}$	0	6
	x_5	(3)	0						

Para o Exemplo: já que x_2 está substituindo x_4 como variável básica, precisamos reproduzir o padrão de coeficientes na coluna x_4 (0, 0, 1, 0) da primeira tabela na coluna x_2 da segunda tabela. Inicialmente, divida a linha pivô (linha 2) pelo número pivô (2), o que dá a nova linha 2 mostrada na Tabela 4.5. A seguir, adicionamos à linha 0 o produto cinco vezes a nova linha 2. Depois, subtraímos da linha 3 o produto 2 vezes a linha 2 (ou, de forma equivalente, subtraímos da linha 3 a *antiga* linha 2). O resultado desses cálculos na Tabela 4.6 para a iteração 1. Portanto, a nova solução BV é (0, 6, 4, 0, 6) com $Z = 30$. A seguir, retornamos o teste de otimalidade para verificar se a nova solução BV é ótima. Já que a nova linha 0 ainda possui um coeficiente negativo (−3 para x_1), a solução não é ótima e será necessário pelo menos mais uma iteração.

Iteração 2 para o exemplo e a solução ótima resultante

A segunda iteração começa de novo com a resultante que produziu a Tabela 4.6 cujo objetivo é encontrar a próxima solução BV. Seguindo as instruções para as etapas 1 e 2, localizamos x_1 como variável básica que entra e x_5 como variável básica que sai, conforme mostrado na Tabela 4.7.

■ **TABELA 4.6**   As duas primeiras tabelas simplex para o problema da Wyndor Glass Co.

Iteração	Variável básica	Eq.	Coeficiente de:						Lado direito
			Z	x_1	x_2	x_3	x_4	x_5	
0	Z	(0)	1	−3	−5	0	0	0	0
	x_3	(1)	0	1	0	1	0	0	4
	x_4	(2)	0	0	2	0	1	0	12
	x_5	(3)	0	3	2	0	0	1	18
1	Z	(0)	1	−3	0	0	$\frac{5}{2}$	0	30
	x_3	(1)	0	1	0	1	0	0	4
	x_2	(2)	0	0	1	0	$\frac{1}{2}$	0	6
	x_5	(3)	0	3	0	0	−1	1	6

Para a etapa 3 começamos dividindo a linha pivô (linha 3) da Tabela 4.7 pelo número pivô (3). A seguir, adicionamos à linha 0 o produto três vezes a nova linha 3. Depois, subtraímos a nova linha 3 da linha 1.

■ **TABELA 4.7** Etapas 1 e 2 da iteração 2 para o problema da Wyndor Glass Co.

Iteração	Variável básica	Eq.	Z	x_1	x_2	x_3	x_4	x_5	Lado direito	Razão
1	Z	(0)	1	−3	0	0	$\frac{5}{2}$	0	30	
	x_3	(1)	0	1	0	1	0	0	4	$\frac{4}{1} = 4$
	x_2	(2)	0	0	1	0	$\frac{1}{2}$	0	6	
	x_5	(3)	0	3	0	0	−1	1	6	$\frac{6}{3} = 2$ ← mínimo

Agora, temos o conjunto das tabelas, que pode ser visto na Tabela 4.8. Portanto, a nova solução BV é (2, 6, 2, 0, 0) com $Z = 36$. Partindo para o teste de otimalidade, concluímos que essa solução é *ótima*, pois nenhum dos coeficientes na linha 0 é negativo. Isso encerra, então, o algoritmo. Consequentemente, a solução ótima para o caso da Wyndor Glass Co. (antes de as variáveis de folga serem introduzidas) é $x_1 = 2$, $x_2 = 6$.

Compare agora a Tabela 4.8 com o trabalho feito na Seção 4.3 para constatar que essas duas formas do método simplex são realmente *equivalentes*. Observe também como a forma algébrica é superior em termos de aprendizado da lógica que está por trás do método simplex, ao passo que a forma tabular organiza o trabalho que está sendo realizado de maneira muito mais compacta e conveniente. A partir de agora, em geral, utilizaremos a forma tabular.

Outro exemplo de aplicação do método simplex na forma tabular pode ser encontrado no Tutor PO. Ver o demonstrativo intitulado *Método Simplex – Forma tabular*. Outro exemplo também é incluído na seção Worked Examples do *site* da editora.

■ **TABELA 4.8** Conjunto completo de tabelas simplex para o problema da Wyndor Glass Co.

Iteração	Variável básica	Eq.	Z	x_1	x_2	x_3	x_4	x_5	Lado direito
0	Z	(0)	1	−3	−5	0	0	0	0
	x_3	(1)	0	1	0	1	0	0	4
	x_4	(2)	0	0	2	0	1	0	12
	x_5	(3)	0	3	2	0	0	1	18
1	Z	(0)	1	−3	0	0	$\frac{5}{2}$	0	30
	x_3	(1)	0	1	0	1	0	0	4
	x_2	(2)	0	0	1	0	$\frac{1}{2}$	0	6
	x_5	(3)	0	3	0	0	−1	1	6
2	Z	(0)	1	0	0	0	$\frac{3}{2}$	1	36
	x_3	(1)	0	0	0	1	$\frac{1}{3}$	$-\frac{1}{3}$	2
	x_2	(2)	0	0	1	0	$\frac{1}{2}$	0	6
	x_1	(3)	0	1	0	0	$-\frac{1}{3}$	$\frac{1}{3}$	2

4.5 DESEMPATE NO MÉTODO SIMPLEX

Você deve ter percebido nas duas seções anteriores que jamais dissemos o que fazer caso várias regras de escolha do método simplex não levem a uma decisão clara em razão de empates ou então de ambiguidades similares. Discutiremos esses detalhes agora.

Empate para a variável básica que entra

A etapa 1 de cada iteração escolhe a variável não básica com o coeficiente *negativo* de *maior valor absoluto* na Equação (0) atual como a variável básica que entra. Suponhamos agora que duas ou mais variáveis não básicas estejam empatadas por terem o maior coeficiente negativo (em termos absolutos). Isso poderia acontecer, por exemplo, na primeira iteração da Wyndor Glass, caso sua função objetivo fosse alterada para $Z = 3x_1 + 3x_2$, de modo que a Equação (0) inicial se tornaria $Z - 3x_1 - 3x_2 = 0$. Como esse empate poderia se desfazer?

A resposta é que a seleção entre esses contendores pode ser feita de modo *arbitrário*. No final das contas a solução ótima será alcançada, independentemente de qual variável empatada fosse escolhida, e não há nenhum método conveniente para se prever antecipadamente qual opção levará primeiro a esse resultado. Neste exemplo, o método simplex por acaso chega à solução ótima (2, 6) em três iterações com x_1 sendo a variável básica que entra, *versus* duas iterações caso x_2 fosse escolhida.

Empate para a variável básica que sai – degenerescência

Suponha agora que duas ou mais variáveis básicas empatem como candidatas a serem a variável básica que sai da etapa 2 da iteração. Importa qual delas seja a escolhida? Teoricamente sim e, segundo uma maneira muito crítica, em virtude da sequência de eventos que poderia ocorrer. Em primeiro lugar, todas as variáveis básicas empatadas chegam a zero ao mesmo tempo à medida que a variável básica que entra aumenta. Portanto, aquela (ou aquelas) *não* escolhida(s) para ser a(s) variável(eis) básica(s) que sai(saem) também terá(terão) um valor zero na nova solução BV. (Observe que as variáveis básicas com valor zero são chamadas **degeneradas** e o mesmo termo é aplicado à solução BV correspondente.) Em segundo lugar, se uma dessas variáveis básicas degeneradas retiver seu valor zero até ela ser escolhida em uma iteração posterior para ser a variável básica que sai, a variável básica que entra correspondente também terá de permanecer em zero (já que ela não pode ser aumentada sem tornar negativa a variável básica que sai), de modo que o valor de Z deve permanecer inalterado. Em terceiro lugar, se Z permanecer o mesmo em vez de crescer a cada iteração, o método simplex pode entrar num *loop*, repetindo a mesma sequência de soluções periodicamente em vez de aumentar Z em direção a uma solução ótima. De fato, foram construídos exemplos de maneira artificial para elas efetivamente caírem em uma armadilha e ficarem num *loop* eterno[10].

Felizmente, embora um *loop* eterno seja em teoria possível, raramente ocorre em problemas práticos. Caso ocorresse um *loop* destes, poder-se-ia sair dele alterando-se a escolha da variável básica que sai. Além disso, foram construídas regras[11] especiais para fazer desempates de forma a não ocorrerem esses **loops**. Entretanto, as regras são frequentemente ignoradas em aplicações reais e elas não serão repetidas aqui. Simplesmente faça o desempate de forma arbitrária e prossiga sem se preocupar com as variáveis básicas degeneradas resultantes.

Nenhuma variável básica saindo – Z ilimitado

Na etapa 2 de uma iteração há outro resultado possível que não discutimos ainda, ou seja, aquele no qual *nenhuma* variável se qualifica para ser a variável básica que sai[12]. Este resultado poderia ocorrer se a variável básica que entra pudesse ser aumentada *indefinidamente* sem dar valores negativos a *qualquer* uma das variáveis básicas atuais. Na forma tabular, isso significa que *todos* os coeficientes da coluna pivô (excluindo-se a linha 0) são negativos ou então zero.

---

[10] Para mais informações sobre ficar preso em um *loop* eterno, veja J. A. J. Hall and K. I. M. McKinnon: "The Simplest Examples Where the Simplex Method Cycles and Conditions Where EXPAND Fails to Prevent Cycling", *Mathematical Programming,* Series B, **100**(1): 135-150, May 2004.

[11] Ver R. Bland: "New Finite Pivoting Rules for the Simplex Method", *Mathematics of Operations Research,* **2:** 103-107, 1977.

[12] Veja que o caso análogo (nenhuma variável básica que *entra*) não pode acontecer na etapa 1 de uma iteração, pois o teste de otimalidade interromperia primeiro o algoritmo, indicando que se havia chegado a uma solução ótima.

Conforme ilustrado na Tabela 4.9, essa situação surge no exemplo mostrado na Figura 3.6. Nesse exemplo, as duas últimas restrições funcionais do problema da Wyndor Glass Co. foram desprezadas e, portanto, não incluídas no modelo. Observe na Figura 3.6 como x_2 pode ser aumentado indefinidamente (e, por consequência, aumentando Z indefinidamente) sem jamais deixar a região de soluções viáveis. Note também na Tabela 4.9 que x_2 é a variável básica que entra, mas o único coeficiente na coluna pivô é zero. Pelo fato de o teste da razão mínima usar apenas coeficientes que sejam maiores que zero, não existe nenhuma razão capaz de fornecer uma variável básica que sai.

A interpretação de um resultado, como o apresentado na Tabela 4.9, é: as restrições não impedem que o valor da função objetivo Z cresça indefinidamente, de modo que o método simplex interromperia a mensagem de que Z é *ilimitado*. Pelo fato de nem mesmo a programação linear ter descoberto uma maneira de se gerarem lucros infinitos, a verdadeira mensagem para problemas práticos é que foi cometido algum erro! O modelo provavelmente foi mal formulado, seja por omitir restrições relevantes, seja por declará-las de modo incorreto. Outra razão poderia ter sido algum erro em termos computacionais.

■ **TABELA 4.9** Tabela simplex inicial para o problema da Wyndor Glass Co. sem as duas últimas restrições funcionais

Variável básica	Eq.	Coeficiente de:				Lado direito	Razão
		Z	x_1	x_2	x_3		
Z	(0)	1	−3	−5	0	0	
x_3	(1)	0	1	0	1	4	Nenhum

Com $x_1 = 0$ e x_2 crescente, $x_3 = 4 − 1x_1 − 0x_2 = 4 > 0$.

Soluções ótimas múltiplas

Mencionamos na Seção 3.2 (sob a definição de **solução ótima**) que um problema pode ter mais de uma solução ótima. Esse fato foi ilustrado na Figura 3.5 alterando-se a função objetivo do problema da Wyndor Glass para $Z = 3x_1 + 2x_2$, de modo que qualquer ponto sobre o segmento de reta entre (2, 6) e (4, 3) fosse ótimo. Portanto, todas as soluções ótimas são uma média ponderada dessas duas soluções PEF ótimas

$$(x_1, x_2) = w_1(2, 6) + w_2(4, 3),$$

em que os pesos w_1 e w_2 são números que satisfazem as relações

$$w_1 + w_2 = 1 \quad \text{e} \quad w_1 \geq 0, \quad w_2 \geq 0.$$

Por exemplo, $w_1 = \frac{1}{3}$ e $w_2 = \frac{2}{3}$ resultam

$$(x_1, x_2) = \frac{1}{3}(2, 6) + \frac{2}{3}(4, 3) = \left(\frac{2}{3} + \frac{8}{3}, \frac{6}{3} + \frac{6}{3}\right) = \left(\frac{10}{3}, 4\right)$$

como uma solução ótima.

Em geral, qualquer média ponderada de duas ou mais soluções (vetores) em que os pesos são não negativos e cuja soma é 1 é chamada **combinação convexa** dessas soluções. Portanto, toda solução ótima no exemplo é uma combinação convexa de (2, 6) e (4, 3).

Esse exemplo é típico de problemas com soluções ótimas múltiplas.

Conforme indicado no final da Seção 3.2, *qualquer* problema de programação linear com soluções ótimas múltiplas (e uma região de soluções viáveis limitada) possui pelo menos duas soluções PEF que são ótimas. *Toda* solução ótima é uma combinação convexa dessas soluções PEF ótimas. Consequentemente, na forma aumentada, toda solução ótima é uma combinação convexa de soluções BV ótimas.

(Os Problemas 4.5-5 e 4.5-6 fornecem uma orientação sobre a lógica existente por trás dessa conclusão.)

CAPÍTULO 4   SOLUÇÃO DE PROBLEMAS DE PROGRAMAÇÃO LINEAR: O MÉTODO SIMPLEX

O método simplex interrompe automaticamente após *uma* solução BV ótima ter sido encontrada. Porém, para muitas aplicações de programação linear, há fatores intangíveis não incorporados ao modelo que podem ser usados para se fazer escolhas significativas entre soluções ótimas alternativas. Em tais casos, essas outras soluções ótimas também devem ser identificadas. Conforme indicado anteriormente, isso requer encontrar todas as demais soluções BV ótimas e, então, toda solução ótima será uma combinação convexa das soluções BV ótimas.

Após o método simplex encontrar uma solução BV ótima, você poderá detectar se existem outras e, em caso positivo, encontrá-las da seguinte forma:

Toda vez que um problema tiver mais de uma solução BV ótima, pelo menos uma das variáveis não básicas terá um coeficiente igual a zero na linha 0 final; portanto, aumentar qualquer variável desse tipo não vai alterar o valor de Z. Assim, essas outras soluções BV ótimas podem ser identificadas (se desejado) executando-se iterações adicionais do método simplex e cada vez escolhendo-se uma variável não básica com um coeficiente igual a zero como variável básica que entra[13].

Para fins ilustrativos, considere novamente o caso que acabamos de mencionar, no qual a função objetivo no problema da Wyndor Glass Co. é alterada para $Z = 3x_1 + 2x_2$. O método simplex obtém as três primeiras tabelas mostradas na Tabela 4.10 e interrompe com uma solução BV ótima. Porém, pelo fato de uma variável não básica (x_3) ter então um coeficiente zero na linha 0, executamos mais uma iteração na Tabela 4.10 para identificar a outra solução BV ótima. Portanto, as duas soluções BV ótimas são (4, 3, 0, 6, 0) e (2, 6, 2, 0, 0), e cada uma delas leva a $Z = 18$. Observe que a última tabela também

■ **TABELA 4.10** Conjunto completo de tabela simplex para obter todas as soluções BV ótimas para o problema da Wyndor Glass Co., com $c_2 = 2$

Iteração	Variável básica	Eq.	Z	x_1	x_2	x_3	x_4	x_5	Lado direito	Solução ótima?
0	Z	(0)	1	−3	−2	0	0	0	0	Não
	x_3	(1)	0	1	0	1	0	0	4	
	x_4	(2)	0	0	2	0	1	0	12	
	x_5	(3)	0	3	2	0	0	1	18	
1	Z	(0)	1	0	−2	3	0	0	12	Não
	x_1	(1)	0	1	0	1	0	0	4	
	x_4	(2)	0	0	2	0	1	0	12	
	x_5	(3)	0	0	2	−3	0	1	6	
2	Z	(0)	1	0	0	**0**	0	1	18	Sim
	x_1	(1)	0	1	0	1	0	0	4	
	x_4	(2)	0	0	0	3	1	−1	6	
	x_2	(3)	0	0	1	$-\frac{3}{2}$	0	$\frac{1}{2}$	3	
Extra	Z	(0)	1	0	0	0	**0**	1	18	Sim
	x_1	(1)	0	1	0	0	$-\frac{1}{3}$	$\frac{1}{3}$	2	
	x_4	(2)	0	0	0	1	$\frac{1}{3}$	$-\frac{1}{3}$	2	
	x_2	(3)	0	0	1	0	$\frac{1}{2}$	0	6	

---

[13] Se uma iteração dessas não tiver variável básica *que sai*, isso indica que a região de soluções viáveis é ilimitada e a variável básica que entra pode ser aumentada indefinidamente sem alterar o valor de Z.

tem uma variável *não básic*a (x_4) com um coeficiente zero na linha 0. Essa situação é inevitável, pois a iteração extra não altera a linha 0 e, dessa forma, esta variável básica que sai retém seu coeficiente zero. Tornando x_4 uma variável básica que entra, agora isso somente levaria de volta à terceira tabela. (Confirme.) Logo, estas duas são as únicas soluções BV que são ótimas e todas as *demais* soluções ótimas são uma combinação convexa dessas duas.

$$(x_1, x_2, x_3, x_4, x_5) = w_1(2, 6, 2, 0, 0) + w_2(4, 3, 0, 6, 0),$$
$$w_1 + w_2 = 1, \quad w_1 \geq 0, \quad w_2 \geq 0.$$

4.6 ADAPTAÇÃO A OUTRAS FORMAS DE MODELO

Até agora apresentamos os detalhes do método simplex sob as hipóteses que o problema se encontra em nossa forma padrão (maximizar Z sujeito a restrições funcionais na forma e restrições de não negatividade em todas as variáveis) e que $b_i \geq 0$ para todo $i = 1, 2, \ldots, m$. Nesta seção, indicamos como fazer os ajustes necessários para outras formas legítimas do modelo de programação linear. Você verá que todos esses ajustes podem ser feitos durante a inicialização, de modo que o restante do método simplex pode, então, ser aplicado conforme já aprendido.

O único problema sério incluído pelas outras formas para restrições funcionais (as formas = ou $\geq$ ou tendo um lado direito negativo) encontra-se na identificação de uma *solução BV inicial*. Anteriormente, essa solução inicial era encontrada de modo muito conveniente deixando as variáveis de folga serem as variáveis básicas iniciais, de modo que cada uma simplesmente se igualasse com o lado direito *não negativo* de sua equação. Agora, algo mais precisa ser feito. A abordagem-padrão que é usada para todos esses casos se chama **técnica das variáveis artificiais**. Essa técnica constrói um problema artificial mais conveniente incluindo uma variável de ensaio (chamada *variável artificial*) em cada restrição que assim necessitar. Essa nova variável é introduzida apenas para atuar como variável básica inicial para essa equação. As restrições de não negatividade usuais são colocadas nessas variáveis, e a função objetivo também é modificada para impor um custo extremamente alto naquelas com valor maior que zero. As iterações do método simplex forçam, então, o desaparecimento das variáveis artificiais (tornando-se a zero), uma por vez, até que todas tenham desaparecido, após o problema *real* ter sido resolvido.

Para ilustrar a técnica das variáveis artificiais, consideremos primeiro o caso em que a única forma não padronizada no problema é a presença de uma ou mais restrições de igualdade.

Restrições de igualdade

Qualquer restrição de desigualdade

$$a_{i1}x_1 + a_{i2}x_2 + \cdots + a_{in}x_n = b_i$$

na verdade é equivalente a um par de restrições de desigualdade.

$$a_{i1}x_1 + a_{i2}x_2 + \cdots + a_{in}x_n \leq b_i$$
$$a_{i1}x_1 + a_{i2}x_2 + \cdots + a_{in}x_n \geq b_i.$$

Porém, em vez de fazer essa substituição e assim aumentar o número de restrições, é mais conveniente usar a técnica das variáveis artificiais. Ilustraremos essa técnica por meio do seguinte exemplo.

EXEMPLO. Suponha que o problema da Wyndor Glass Co. da Seção 3.1 tenha sido modificado para *exigir* que a Fábrica 3 seja usada a plena carga. A única alteração resultante no modelo de programação linear é que a terceira restrição, $3x_1 + 2x_2 \leq 18$, torna-se uma restrição de igualdade

$$3x_1 + 2x_2 = 18,$$

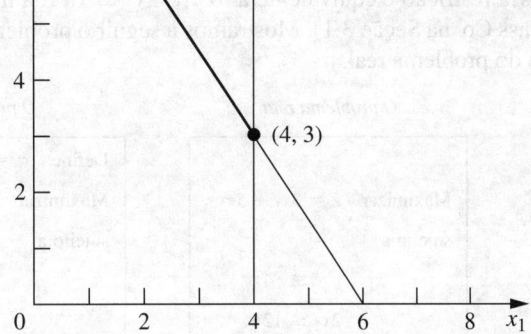

■ **FIGURA 4.3** Quando a terceira restrição funcional torna-se uma restrição de igualdade, a região de soluções viáveis para o problema da Wyndor Glass Co. torna-se o segmento de reta entre (2, 6) e (4, 3).

de modo que o modelo completo torna-se igual ao indicado no canto superior direito da Figura 4.3. Essa figura também mostra em tom mais escuro a região de soluções viáveis que agora é formada *apenas* pelo segmento de reta conectando os pontos (2, 6) e (4, 3).

Após as variáveis de folga ainda necessárias para as restrições de desigualdade serem introduzidas, o sistema de equações para a forma aumentada do problema fica

$$
\begin{aligned}
(0) \quad & Z - 3x_1 - 5x_2 && = 0 \\
(1) \quad & x_1 \phantom{{}+2x_2} + x_3 && = 4 \\
(2) \quad & 2x_2 \phantom{{}+x_3} + x_4 && = 12 \\
(3) \quad & 3x_1 + 2x_2 && = 18.
\end{aligned}
$$

Infelizmente, essas equações não têm uma solução BV inicial óbvia, pois não há mais uma variável de folga para ser utilizada como variável básica inicial para a Equação (3). É necessário encontrar uma solução BV inicial para começar o método simplex.

Essa dificuldade pode ser contornada da seguinte maneira.

Obtenção de uma solução BV inicial. O procedimento é construir um **problema artificial** que tenha a mesma solução ótima do problema real introduzindo duas modificações no problema real.

1. Aplique a **técnica das variáveis artificiais** introduzindo uma **variável artificial** *não negativa* (chame-a $\bar{x}_5$)[14] na Equação (3), como se fosse uma variável de folga.

$$(3) \quad 3x_1 + 2x_2 + \bar{x}_5 = 18.$$

2. Atribua um *custo extremamente alto* para ter $\bar{x}_5 > 0$, alterando a função objetivo

$$Z = 3x_1 + 5x_2 \text{ para}$$
$$Z = 3x_1 + 5x_2 - M\bar{x}_5,$$

---

[14] Sempre identificaremos as variáveis artificiais colocando uma barra sobre elas.

em que M representa simbolicamente um número positivo *enorme*. (Este método de forçar $\bar{x}_5$ a ser $\bar{x}_5 = 0$ na solução ótima se chama **método "grande número"**.)

Agora encontre a solução ótima para o problema real aplicando o método simplex ao problema artificial, começando com a seguinte solução BV adjacente inicial:

Solução BV Inicial
Variáveis não básicas: $x_1 = 0$, $x_2 = 0$
Variáveis básicas: $x_3 = 4$, $x_4 = 12$, $\bar{x}_5 = 18$.

Pelo fato de $\bar{x}_5$ desempenhar o papel de variável de folga para a terceira restrição no problema artificial, essa restrição é equivalente a $3x_1 + 2x_2 \leq 18$ (da mesma maneira que para o problema da Wyndor Glass Co. na Seção 3.1). Mostramos a seguir o problema artificial resultante (antes de aumentar) ao lado do problema real.

O problema real

Maximizar $Z = 3x_1 + 5x_2$,
sujeito a
$$x_1 \leq 4$$
$$2x_2 \leq 12$$
$$3x_1 + 2x_2 = 18$$
e
$$x_1 \geq 0, \quad x_2 \geq 0.$$

O problema artificial

Define $\bar{x}_5 = 18 - 3x_1 - 2x_2$.
Maximizar $Z = 3x_1 + 5x_2 - M\bar{x}_5$,
sujeito a
$$x_1 \leq 4$$
$$2x_2 \leq 12$$
$$3x_1 + 2x_2 \leq 18$$
(de modo que $3x_1 + 2x_2 + \bar{x}_5 = 18$)
e
$$x_1 \geq 0, \quad x_2 \geq 0, \quad \bar{x}_5 \geq 0.$$

Portanto, do mesmo modo que na Seção 3.1, a região de soluções viáveis para (x_1, x_2) para o problema artificial é aquela mostrada na Figura 4.4. A única parte desta região de soluções viáveis que coincide com a região de soluções viáveis do problema real é onde $\bar{x}_5 = 0$ (portanto, $3x_1 + 2x_2 = 18$).

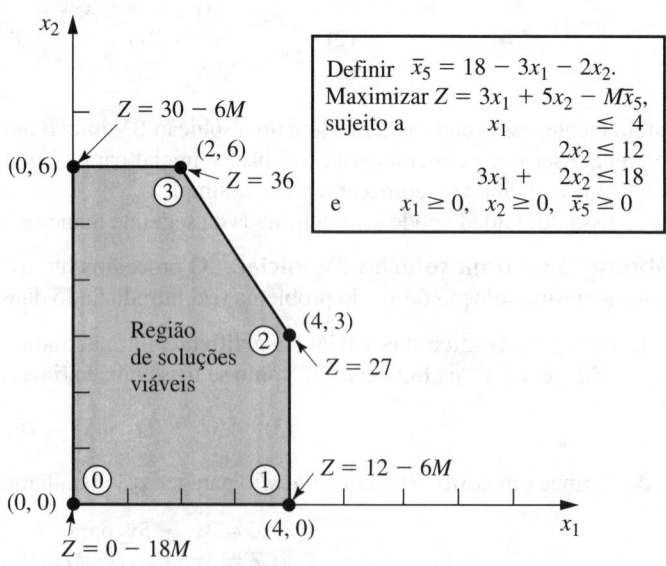

■ **FIGURA 4.4** Este gráfico mostra a região de soluções viáveis e a sequência de soluções PEF (⓪, ①, ②, ③) examinadas pelo método simplex para o problema artificial que corresponde ao problema real da Figura 4.3.

A Figura 4.4 também mostra a ordem na qual o método simplex examina as soluções PEF (ou as soluções BV após aumento), em que cada círculo numerado identifica qual iteração obteve essa solução. Observe que, aqui, o método simplex se movimenta no sentido anti-horário, ao passo que se movimenta no sentido horário para o problema original da Wyndor Glass Co. (ver a Figura 4.2). A razão para essa diferença é o termo extra $-M\bar{x}_5$ na função objetivo para o problema artificial.

Antes de aplicar o método simplex e demonstrar que ele segue a trajetória indicada na Figura 4.4, é necessária a seguinte etapa preparatória.

Conversão da equação (0) para a forma apropriada. O sistema de equações após o problema artificial ser aumentado é

$$
\begin{aligned}
(0) \quad & Z - 3x_1 - 5x_2 + M\bar{x}_5 = 0 \\
(1) \quad & x_1 + x_3 \phantom{+ x_4 + M\bar{x}_5} = 4 \\
(2) \quad & 2x_2 + x_4 \phantom{+ M\bar{x}_5} = 12 \\
(3) \quad & 3x_1 + 2x_2 + \bar{x}_5 = 18
\end{aligned}
$$

em que as variáveis básicas iniciais (x_3, x_4, $\bar{x}_5$) são indicadas em negrito. No entanto, esse sistema ainda não se encontra na forma apropriada da eliminação gaussiana, pois uma variável básica $\bar{x}_5$ tem um coeficiente não zero na Equação (0). Lembre-se de que todas as variáveis básicas têm de ser algebricamente eliminadas da Equação (0) antes de o método simplex poder aplicar o teste de otimalidade ou encontrar a variável básica que entra. Essa eliminação é necessária, de modo que o sinal negativo do coeficiente de cada variável não básica dará a taxa na qual Z aumentaria se essa variável não básica tivesse de ser aumentada a partir de 0 enquanto se ajustam os valores das variáveis básicas de acordo.

Para eliminar algebricamente $\bar{x}_5$ da Equação (0), precisamos subtrair da Equação (0) o produto M vezes a Equação (3). Nova (0)

$$
\text{Nova (0)} \quad \begin{array}{r} Z - 3x_1 - 5x_2 + M\bar{x}_5 = 0 \\ -M(3x_1 + 2x_2 + M\bar{x}_5 = 18) \\ \hline Z - (3M + 3)x_1 - (2M + 5)x_2 = -18M. \end{array}
$$

Aplicação do método simplex. Essa nova Equação (0) dá Z em termos *apenas* das variáveis não básicas (x_1, x_2),

$$Z = -18M + (3M + 3)x_1 + (2M + 5)x_2.$$

Já que $3M + 3 > 2M + 5$ (lembre-se de que M representa um número enorme), aumentar x_1 aumenta Z em uma taxa mais rápida que diminuindo x_2, de modo que x_1 seja escolhido como variável básica que entra. Isso leva ao deslocamento de (0, 0) a (4, 0) na iteração 1, mostrada na Figura 4.4, aumentando assim Z de $4(3M + 3)$.

As quantidades que envolvem M jamais aparecem no sistema de equações, exceto pela Equação (0), de modo que elas precisam ser levadas em conta somente no teste de otimalidade e quando uma variável básica que entra for determinada. Uma maneira de lidar com essas quantidades é atribuir a M algum valor numérico particular (enorme) e usar os coeficientes resultantes na Equação (0) da forma usual. Entretanto, esse método pode resultar em importantes erros de arredondamento, que invalidam o teste de otimalidade. Portanto, é melhor fazer o que acaba de ser mostrado, ou seja, expressar cada coeficiente na Equação (0) como uma função linear $aM + b$ da quantidade *simbólica M*, gravando e atualizando separadamente o valor numérico atual (1) do *fator multiplicador a* e (2) do termo *aditivo b*. Pelo fato de M ser supostamente tão grande que b seja sempre desprezível comparado com M quando $a \neq 0$, as decisões no teste de otimalidade e a escolha da variável básica que entra são feitas usando-se apenas os fatores *multiplicadores* da forma usual, exceto para os casos de desempate com os fatores *aditivos*.

Utilizar essa abordagem no exemplo resulta na tabela simplex mostrada na Tabela 4.11. Veja que a variável artificial $\bar{x}_5$ é a *variável básica* ($\bar{x}_5 > 0$) nas duas primeiras tabelas e uma *variável não básica* ($\bar{x}_5 = 0$) nas duas últimas. Portanto, as duas primeiras soluções BV para esse problema artificial são *inviáveis* para o problema real ao passo que as duas últimas também são soluções BV para o problema real.

Esse exemplo envolveu apenas uma restrição de igualdade. Se um modelo de programação linear tiver mais de uma, cada uma delas deve ser tratada exatamente da mesma forma. (Se o lado direito for negativo, primeiro multiplique ambos os lados por -1.)

TABELA 4.11 Conjunto completo de tabela simplex para o problema mostrado na Figura 4.4

Iteração	Variável básica	Eq.	Z	x_1	x_2	x_3	x_4	$\bar{x}_5$	Lado direito
0	Z	(0)	1	$-3M-3$	$-2M-5$	0	0	0	$-18M$
	x_3	(1)	0	1	0	1	0	0	4
	x_4	(2)	0	0	2	0	1	0	12
	$\bar{x}_5$	(3)	0	3	2	0	0	1	18
1	Z	(0)	1	0	$-2M-5$	$3M+3$	0	0	$-6M+12$
	x_1	(1)	0	1	0	1	0	0	4
	x_4	(2)	0	0	2	0	1	0	12
	$\bar{x}_5$	(3)	0	0	2	-3	0	1	6
2	Z	(0)	1	0	0	$-\frac{9}{2}$	0	$M+\frac{5}{2}$	27
	x_1	(1)	0	1	0	1	0	0	4
	x_4	(2)	0	0	0	3	1	-1	6
	x_2	(3)	0	0	1	$-\frac{3}{2}$	0	$\frac{1}{2}$	3
3	Z	(0)	1	0	0	0	$\frac{3}{2}$	$M+1$	36
	x_1	(1)	0	1	0	0	$-\frac{1}{3}$	$\frac{1}{3}$	2
	x_3	(2)	0	0	0	1	$\frac{1}{3}$	$-\frac{1}{3}$	2
	x_2	(3)	0	0	1	0	$\frac{1}{2}$	0	6

Lado direito negativo

A técnica mencionada na frase anterior para lidar com uma restrição de igualdade com o lado direito negativo (isto é, multiplicar ambos os lados por -1) também funciona para qualquer restrição de desigualdade com os lados direitos negativo. Multiplicando-se ambos os lados de uma desigualdade por -1 também se inverte a direção da desigualdade, isto é, muda-se para $\geq$ ou vice-versa. Por exemplo, fazendo-se isso para a restrição

$$x_1 - x_2 \leq -1 \quad (\text{isto é, } x_1 \leq x_2 - 1)$$

resulta na restrição equivalente

$$-x_1 + x_2 \geq 1 \quad (\text{isto é, } x_2 - 1 \geq x_1)$$

mas agora o lado direito é positivo. Ter lados direitos não negativos para todas as restrições funcionais possibilita o início do método simplex, pois (após o aumento) esses lados direitos tornam-se os valores respectivos das *variáveis básicas iniciais* que devem obrigatoriamente satisfazer as restrições de não negatividade.

A seguir nos concentramos em como completar $\geq$ restrições, como $-x_1 + x_2 \geq 1$, utilizando a técnica das variáveis artificiais.

Restrições funcionais na forma $\geq$

Para ilustrar como a técnica das variáveis artificiais lida com restrições funcionais na forma $\geq$, usaremos o modelo para planejamento de sessões de radioterapia de Mary, conforme apresentado na Seção 3.4. Para sua conveniência, esse modelo é repetido a seguir, e colocamos um retângulo ao redor da restrição de especial interesse.

CAPÍTULO 4 SOLUÇÃO DE PROBLEMAS DE PROGRAMAÇÃO LINEAR: O MÉTODO SIMPLEX

Exemplo de radioterapia

Minimizar $Z = 0{,}4x_1 + 0{,}5x_2$,

sujeito a

$$0{,}3x_1 + 0{,}1x_2 \leq 2{,}7$$
$$0{,}5x_1 + 0{,}5x_2 = 6$$
$$\boxed{0{,}6x_1 + 0{,}4x_2 \geq 6}$$

e

$$x_1 \geq 0, \quad x_2 \geq 0.$$

A solução gráfica para esse exemplo (apresentada originalmente na Figura 3.12) é repetida aqui de maneira ligeiramente diferente na Figura 4.5. As três retas da figura, junto com os dois eixos, constituem os cinco limites de restrições do problema. Os pontos sobre a interseção de um par de limites de restrições são chamados de *soluções em pontos extremos*. As únicas duas soluções em pontos extremos factíveis são (6, 6) e (7,5; 4,5), e a região de soluções viáveis é o segmento de reta que conecta estes dois pontos. A solução ótima é $(x_1, x_2) = (7{,}5;\ 4{,}5)$, com $Z = 5{,}25$.

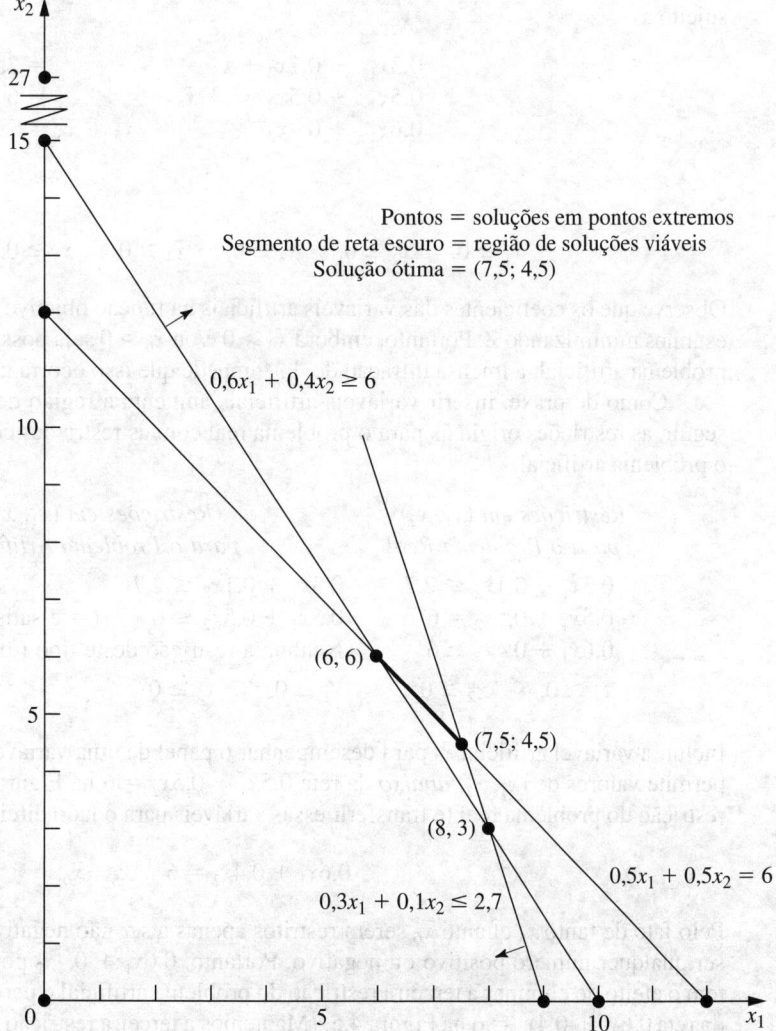

■ **FIGURA 4.5** Solução gráfica para o exemplo do planejamento de tratamento radioterápico e suas soluções em pontos extremos.

Em breve, mostraremos como o método simplex soluciona esse problema, resolvendo diretamente o problema artificial correspondente. Entretanto, primeiro, temos de descrever como lidar com a terceira restrição.

Nossa abordagem envolve a introdução de uma variável excedente x_5 (definida como $x_5 = 0{,}6x_1 + 0{,}4x_2 - 6$), bem como uma variável artificial $\bar{x}_6$, conforme mostrado a seguir.

$$0{,}6x_1 + 0{,}4x_2 \geq 6$$
$$\rightarrow \quad 0{,}6x_1 + 0{,}4x_2 - x_5 = 6 \quad (x_5 \geq 0)$$
$$\rightarrow \quad 0{,}6x_1 + 0{,}4x_2 - x_5 + \bar{x}_6 = 6 \quad (x_5 \geq 0, \bar{x}_6 \geq 0).$$

Aqui x_5 é chamada de **variável excedente**, pois ela subtrai o excedente do lado esquerdo no lado direito para converter a restrição de desigualdade em uma restrição de igualdade equivalente. Assim que essa conversão estiver completa, a variável artificial será incluída da mesma forma que para qualquer restrição de igualdade.

Após uma variável de folga x_3 ser incluída na primeira restrição, uma variável artificial $\bar{x}_4$ é introduzida na segunda restrição e o método "do grande número" é então aplicado, de modo que o problema artificial (na forma aumentada) completo fica

$$\text{Minimizar} \quad Z = 0{,}4x_1 + 0{,}5x_2 + M\bar{x}_4 + M\bar{x}_6,$$

sujeito a

$$\begin{aligned} 0{,}3x_1 + 0{,}1x_2 + x_3 &= 2{,}7 \\ 0{,}5x_1 + 0{,}5x_2 \quad\quad\;\; + \bar{x}_4 &= 6 \\ 0{,}6x_1 + 0{,}4x_2 \quad\quad\quad\quad\;\; - x_5 + \bar{x}_6 &= 6 \end{aligned}$$

e

$$x_1 \geq 0, \quad x_2 \geq 0, \quad x_3 \geq 0, \quad \bar{x}_4 \geq 0, \quad x_5 \geq 0, \quad \bar{x}_6 \geq 0.$$

Observe que os coeficientes das variáveis artificiais na função objetivo são $+M$, e não $-M$, pois agora estamos minimizando Z. Portanto, embora $\bar{x}_4 > 0$ e/ou $\bar{x}_6 > 0$ seja possível como solução viável para o problema artificial, a imensa infração de $+M$ impede que isso ocorra numa solução ótima.

Como de praxe, inserir variáveis artificiais aumenta a região de soluções viáveis. Compare, a seguir, as restrições originais para o problema real com as restrições correspondentes em (x_1, x_2) para o problema artificial.

Restrições em (x_1, x_2) *para o Problema Real*	*Restrições em (x_1, x_2)* *para o Problema Artificial*
$0{,}3x_1 + 0{,}1x_2 \leq 2{,}7$	$0{,}3x_1 + 0{,}1x_2 \leq 2{,}7$
$0{,}5x_1 + 0{,}5x_2 = 6$	$0{,}5x_1 + 0{,}5x_2 \leq 6$ (= é satisfeita quando $\bar{x}_4 = 0$)
$0{,}6x_1 + 0{,}4x_2 \geq 6$	Nenhuma restrição deste tipo (exceto quando $\bar{x}_6 = 0$)
$x_1 \geq 0, \quad x_2 \geq 0$	$x_1 \geq 0, \quad x_2 \geq 0$

Incluir a variável artificial $\bar{x}_4$ para desempenhar o papel de uma variável de folga na segunda restrição permite valores de (x_1, x_2) *abaixo* da reta $0{,}5x_1 + 0{,}5x_2 = 6$ na Figura 4.5. Incluir x_5 e $\bar{x}_6$ na terceira restrição do problema real (e transferir essas variáveis para o lado direito) resulta na equação

$$0{,}6x_1 + 0{,}4x_2 = 6 + x_5 - \bar{x}_6.$$

Pelo fato de tanto x_5 quanto $\bar{x}_6$ serem restritos apenas a ser não negativos, sua diferença $x_5 - \bar{x}_6$ pode ser qualquer número positivo ou negativo. Portanto, $0{,}6x_1 + 0{,}4x_2$ pode assumir qualquer valor, que tem o efeito de eliminar a terceira restrição do problema artificial e permitir pontos em ambos os lados da reta $0{,}6x_1 + 0{,}4x_2 = 6$ na Figura 4.5. (Mantemos a terceira restrição no sistema de equações somente porque ela se tornará relevante novamente mais tarde, após o método "do grande número" forçar $\bar{x}_6$ a ser zero.) Consequentemente, a região de soluções viáveis para o problema artificial é o poliedro todo da Figura 4.5 cujos vértices são $(0, 0)$, $(9, 0)$, $(7{,}5; 4{,}5)$ e $(0, 12)$.

Visto que a origem agora é viável para o problema artificial, o método simplex começa com (0, 0) como solução PEF inicial, isto é, com $(x_1, x_2, x_3, \bar{x}_4, x_5, \bar{x}_6) = (0; 0; 2,7; 6; 0; 6)$ como solução BV inicial. (Tornar a origem viável como um ponto de partida conveniente para o método simplex é precisamente o objetivo de se criar um problema artificial.) Adiante, traçaremos a trajetória toda seguida pelo método simplex da origem à solução ótima, tanto para o problema artificial quanto para o problema real. No entanto, primeiro, como o método simplex trata da *minimização*?

Minimização

Uma maneira objetiva de minimizar Z pelo método simplex é trocar os papéis dos coeficientes positivos e negativos na linha 0 tanto no teste de otimalidade quanto na etapa 1 de uma iteração. No entanto, em vez de alterar nossas instruções para o método simplex, nesse caso, apresentamos, a seguir, uma maneira simples de converter qualquer problema de minimização em um problema de maximização equivalente:

$$\text{Minimizar} \quad Z = \sum_{j=1}^{n} c_j x_j$$

equivale a

$$\text{maximizar} \quad -Z = \sum_{j=1}^{n} (-c_j) x_j;$$

isto é, as duas formulações levam à(s) mesma(s) solução(ões) ótima(s).

As duas formulações são equivalentes, pois quanto menor for Z, maior *será* $-Z$; portanto, a solução que resulta o *menor* valor de Z em toda a região de soluções viáveis tem que resultar também o *maior* valor de $-Z$ nessa região.

Assim, no exemplo de tratamento radioterápico, fazemos a seguinte alteração na formulação:

$$\begin{aligned} \text{Minimizar} \quad & Z = 0{,}4x_1 + 0{,}5x_2 \\ \rightarrow \text{Maximizar} \quad & -Z = -0{,}4x_1 - 0{,}5x_2. \end{aligned}$$

Após incluir as variáveis $\bar{x}_4$ e $\bar{x}_6$ e, a seguir, a aplicação do método "do grande número", a conversão correspondente será

$$\begin{aligned} \text{Minimizar} \quad & Z = 0{,}4x_1 + 0{,}5x_2 + M\bar{x}_4 + M\bar{x}_6 \\ \rightarrow \text{Maximizar} \quad & -Z = -0{,}4x_1 - 0{,}5x_2 - M\bar{x}_4 - M\bar{x}_6. \end{aligned}$$

Solução do exemplo de tratamento radioterápico

Agora, estamos quase prontos para aplicar o método simplex ao exemplo de tratamento radioterápico. Utilizando a forma de maximização recém-obtida, o sistema de equações completo ficará assim:

$$\begin{aligned} (0) \quad & -Z + 0{,}4x_1 + 0{,}5x_2 \qquad\qquad + M\bar{x}_4 \qquad\qquad + M\bar{x}_6 = 0 \\ (1) \quad & 0{,}3x_1 + 0{,}1x_2 + \boldsymbol{x_3} \qquad\qquad\qquad\qquad\qquad\quad = 2{,}7 \\ (2) \quad & 0{,}5x_1 + 0{,}5x_2 \qquad\qquad + \boldsymbol{\bar{x}_4} \qquad\qquad\qquad\quad = 6 \\ (3) \quad & 0{,}6x_1 + 0{,}4x_2 \qquad\qquad\qquad\qquad - x_5 + \boldsymbol{\bar{x}_6} = 6. \end{aligned}$$

As variáveis básicas $(x_3, \bar{x}_4, \bar{x}_6)$ para a solução BV inicial (para esse problema artificial) são indicadas em negrito.

Observe que esse sistema de equações ainda não se encontra na forma apropriada da eliminação gaussiana, conforme exigido pelo método simplex, já que as variáveis básicas $\bar{x}_4$ e $\bar{x}_6$ ainda precisam ser eliminadas algebricamente da Equação (0). Pelo fato de $\bar{x}_4$ assim como $\bar{x}_6$ terem um coeficiente M, a Equação (0) precisa ser subtraída delas *duas* M vezes a Equação (2) e M vezes a Equação (3). Os cálculos para todos os coeficientes (e os lados direitos das equações) são sintetizados a seguir, em que os vetores são as linhas relevantes da tabela simplex correspondentes ao sistema de equações descrito anteriormente.

Linha 0:

$$\begin{array}{r}
[0{,}4, \quad 0{,}5, \quad 0, \quad M, \quad 0, \quad M, \quad 0] \\
-M[0{,}5, \quad 0{,}5, \quad 0, \quad 1, \quad 0, \quad 0, \quad 6] \\
\underline{-M[0{,}6, \quad 0{,}4, \quad 0, \quad 0, \quad -1, \quad 1, \quad 6]} \\
\text{Nova linha } 0 = [-1{,}1M + 0{,}4, \quad -0{,}9M + 0{,}5, \quad 0, \quad 0, \quad M, \quad 0, \quad -12M]
\end{array}$$

A tabela simplex inicial resultante, pronta para iniciar o método simplex, pode ser vista na parte superior da Tabela 4.12. Aplicando-se o método simplex exatamente da maneira usual, o resultado então recai sobre a sequência de tabelas simplex mostradas no restante da Tabela 4.12. Para o teste de otimalidade e a seleção da variável básica que entra em cada iteração, as quantidades que envolvem M são tratadas exatamente do mesmo modo que acabamos de discutir em conexão com a Tabela 4.11. Especificamente, sempre que M estiver presente, somente seu fator multiplicador será usado, a menos que haja um empate, cujo desempate é feito utilizando-se os termos aditivos correspondentes. Um empate desses ocorre na última seleção de uma variável básica que entra (ver a penúltima tabela), em que tanto os coeficientes de x_3 quanto os de x_5 na linha 0 possuem o mesmo fator multiplicador $-\frac{5}{3}$. A comparação com os termos aditivos $\frac{11}{6} < \frac{7}{3}$ nos leva a escolher x_5 como variável básica que entra.

Observe na Tabela 4.12 a progressão de valores das variáveis artificiais $\bar{x}_4$ e $\bar{x}_6$ e o de Z. Começamos com valores maiores, $\bar{x}_4 = 6$ e $\bar{x}_6 = 6$, com $Z = 12M$ ($-Z = -12M$). A primeira iteração reduz muito esses valores. O método "do grande número" é bem-sucedido em termos de levar $\bar{x}_6$ a zero (na forma de uma nova variável não básica) na segunda iteração e, depois, em conseguir o mesmo para $\bar{x}_4$ na iteração seguinte. Com $\bar{x}_4 = 0$ e $\bar{x}_6 = 0$, a solução básica dada na última tabela é seguramente viável para o problema real. E já que passa pelo teste de otimalidade, ela também é ótima.

■ **TABELA 4.12** O método "do grande número" para o exemplo do tratamento radioterápico

Iteração	Variável básica	Eq.	Z	x_1	x_2	x_3	$\bar{x}_4$	x_5	$\bar{x}_6$	Lado direito
0	Z	(0)	−1	$-1{,}1M + 0{,}4$	$-0{,}9M + 0{,}5$	0	0	M	0	$-12M$
	x_3	(1)	0	0,3	0,1	1	0	0	0	2,7
	$\bar{x}_4$	(2)	0	0,5	0,5	0	1	0	0	6
	$\bar{x}_6$	(3)	0	0,6	0,4	0	0	−1	1	6
1	Z	(0)	−1	0	$-\frac{16}{30}M + \frac{11}{30}$	$\frac{11}{3}M - \frac{4}{3}$	0	M	0	$-2{,}1M - 3{,}6$
	x_1	(1)	0	1	$\frac{1}{3}$	$\frac{10}{3}$	0	0	0	9
	$\bar{x}_4$	(2)	0	0	$\frac{1}{3}$	$-\frac{5}{3}$	1	0	0	1,5
	$\bar{x}_6$	(3)	0	0	0,2	−2	0	−1	1	0,6
2	Z	(0)	−1	0	0	$-\frac{5}{3}M + \frac{7}{3}$	0	$-\frac{5}{3}M + \frac{11}{6}$	$\frac{8}{3}M - \frac{11}{6}$	$-0{,}5M - 4{,}7$
	x_1	(1)	0	1	0	$\frac{20}{3}$	0	$\frac{5}{3}$	$-\frac{5}{3}$	8
	$\bar{x}_4$	(2)	0	0	0	$\frac{5}{3}$	1	$\frac{5}{3}$	$-\frac{5}{3}$	0,5
	x_2	(3)	0	0	1	−10	0	−5	5	3
3	Z	(0)	−1	0	0	0,5	$M - 1{,}1$	0	M	−5,25
	x_1	(1)	0	1	0	5	−1	0	0	7,5
	x_5	(2)	0	0	0	1	0,6	1	−1	0,3
	x_2	(3)	0	0	1	−5	3	0	0	4,5

Vejamos, agora, na Figura 4.6, o que o método "do grande número" fez graficamente. A região de soluções viáveis para o problema artificial tem inicialmente quatro soluções PEF [(0; 0), (9; 0), (0; 12), e (7,5; 4,5)] e depois substitui as três primeiras por duas novas soluções PEF [(8; 3), (6; 6)] após $\bar{x}_6$ decrescer para $\bar{x}_6 = 0$, de modo que $0,6x_1 + 0,4x_2 \geq 6$ torna-se uma restrição adicional. (Note que as três soluções PEF substituídas [(0; 0), (9; 0), e (0; 12)], na verdade, eram soluções em pontos extremos factíveis para o problema real mostrado na Figura 4.5.) Começando com a origem como a solução PEF inicial conveniente para o problema artificial, nos deslocamos em torno do limite para três outras soluções PEF [(9; 0), (8; 3), e (7,5; 4,5)]. A última destas é a primeira que ainda é viável para o problema real. Fortuitamente, essa primeira solução viável também é ótima, de modo que não é necessário mais nenhuma iteração.

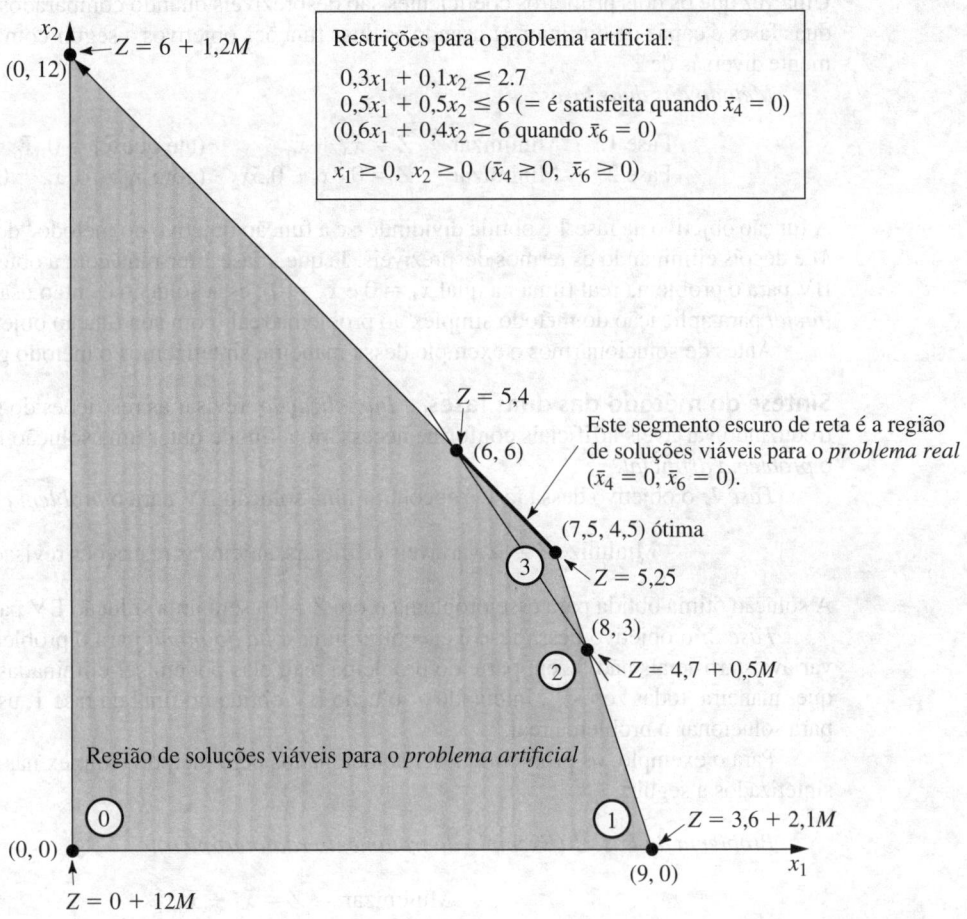

■ **FIGURA 4.6** Este gráfico mostra a região de soluções viáveis e a sequência de soluções PEF (⓪, ①, ②, ③) examinadas pelo método simplex (com o método "do grande número") para o problema artificial que corresponde ao problema real da Figura 4.5.

Em outros problemas com variáveis artificiais, pode ser que seja necessário executar iterações adicionais com o intuito de se chegar a uma solução ótima após a primeira solução viável ser obtida para o problema real. Esse era o caso do exemplo solucionado na Tabela 4.11. Portanto, pode-se imaginar o método "do grande número" como tendo duas fases. Na *primeira fase*, todas as variáveis artificiais são levadas a zero (em razão do custo imposto por M por unidade ser maior que zero), de modo a se chegar a uma solução BV inicial para o problema *real*. Na *segunda fase*, todas as variáveis artificiais são mantidas em zero (devido a este mesmo custo), ao passo que o método simplex gera uma sequência de soluções BV para o problema real, levando a uma solução ótima. O método de duas fases descrito a seguir é um procedimento racionalizado para executar diretamente essas duas fases sem introduzir M de modo explícito.

O método de duas fases

Para o exemplo de tratamento radioterápico que acabamos de resolver na Tabela 4.12, relembremo-nos de sua função objetivo real

Problema real: Minimizar $Z = 0{,}4x_1 + 0{,}5x_2$.

Entretanto, o método "do grande número" utiliza a seguinte função objetivo (ou sua equivalente em forma de maximização) por todo o procedimento:

Método "do grande número":   Minimizar $Z = 0{,}4x_1 + 0{,}5x_2 + M\bar{x}_4 + M\bar{x}_6$.

Uma vez que os dois primeiros coeficientes são desprezíveis quando comparados com M, o método de duas fases é capaz de diminuir M usando as duas funções objetivos a seguir com definições completamente diversas de Z.

Método das duas fases:

Fase 1:   Minimizar $Z = \bar{x}_4 + \bar{x}_6$ (até que $\bar{x}_4 = 0, \bar{x}_6 = 0$).
Fase 2:   Minimizar $Z = 0{,}4x_1 + 0{,}5x_2$ (com $\bar{x}_4 = 0, \bar{x}_6 = 0$).

A função objetivo da fase 1 é obtida dividindo-se a função objetivo do método "do grande número" por M e depois eliminando os termos desprezíveis. Já que a fase 1 termina com a obtenção de uma solução BV para o problema real (uma na qual $\bar{x}_4 = 0$ e $\bar{x}_6 = 0$), essa solução é então usada como solução BV *inicial* para aplicação do método simplex ao problema real (com sua função objetivo real) na fase 2.

Antes de solucionarmos o exemplo dessa maneira, sintetizemos o método geral.

Síntese do método das duas fases.   *Inicialização*: revisar as restrições do problema original introduzindo variáveis artificiais conforme necessário a fim de obter uma solução BV inicial óbvia para o *problema artificial*.

Fase 1: o objetivo dessa fase é encontrar uma solução BV para o *problema real*. Para tanto:

Minimize $Z = \Sigma$ variáveis artificiais, sujeita às restrições revisadas.

A solução ótima obtida para esse problema (com $Z = 0$) será uma solução BV para o problema real.

Fase 2: o objetivo dessa fase é encontrar uma *solução ótima* para o problema real. Visto que as variáveis artificiais não fazem parte do problema real, elas podem ser eliminadas agora (são, de qualquer maneira, todas zeros)[15]. Iniciando a solução BV obtida no final da fase 1, usar o método simplex para solucionar o problema real.

Para o exemplo, os problemas a ser solucionados pelo método simplex nas respectivas fases são sintetizados a seguir:

Problema da Fase 1 (Exemplo do tratamento radioterápico):

Minimizar $Z = \bar{x}_4 + \bar{x}_6$,

sujeito a

$$0{,}3x_1 + 0{,}1x_2 + x_3 \qquad\qquad\qquad = 2{,}7$$
$$0{,}5x_1 + 0{,}5x_2 \qquad + \bar{x}_4 \qquad\qquad = 6$$
$$0{,}6x_1 + 0{,}4x_2 \qquad\qquad - x_5 + \bar{x}_6 = 6$$

e

$$x_1 \geq 0, \quad x_2 \geq 0, \quad x_3 \geq 0, \quad \bar{x}_4 \geq 0, \quad x_5 \geq 0, \quad \bar{x}_6 \geq 0.$$

---

[15] Nesse caso, estamos eliminando três outras possibilidades: 1) variáveis artificiais > 0 (discutida na próxima subseção), 2) variáveis artificiais que são variáveis básicas degeneradas e 3) manter as variáveis artificiais como variáveis não básicas na fase 2 (e não permitir que elas se transformem em variáveis básicas), como forma de ajudar em análises de pós-otimalidade subsequentes. O Tutorial IOR permite a exploração dessas possibilidades.

Problema da Fase 2 (Exemplo do tratamento radioterápico):

$$\text{Minimizar} \quad Z = 0{,}4x_1 + 0{,}5x_2,$$

sujeito a

$$\begin{aligned} 0{,}3x_1 + 0{,}1x_2 + x_3 &= 2{,}7 \\ 0{,}5x_1 + 0{,}5x_2 &= 6 \\ 0{,}6x_1 + 0{,}4x_2 \quad - x_5 &= 6 \end{aligned}$$

e

$$x_1 \geq 0, \quad x_2 \geq 0, \quad x_3 \geq 0, \quad x_5 \geq 0.$$

As únicas diferenças entre esses dois problemas estão na função objetivo e na inclusão (fase 1) ou exclusão (fase 2) das variáveis artificiais $\bar{x}_4$ e $\bar{x}_6$. Sem as variáveis artificiais, o problema da fase 2 não tem uma *solução BV inicial* óbvia. O objetivo exclusivo de solucionar o problema da fase 1 é obter uma solução BV adjacente com $\bar{x}_4 = 0$ e $\bar{x}_6 = 0$, de modo que essa solução (sem as variáveis artificiais) possa ser usada como solução BV inicial para a fase 2.

A Tabela 4.13 apresenta o resultado de se aplicar o método simplex a esse problema da fase 1. [A linha 0 na tabela inicial é obtida convertendo-se Minimizar $Z = \bar{x}_4 + \bar{x}_6$ em Maximizar $(-Z) = -\bar{x}_4 - \bar{x}_6$ e usar as *operações elementares em linhas* para eliminar as variáveis básicas $\bar{x}_4$ e $\bar{x}_6$ de $-Z + \bar{x}_4 + \bar{x}_6 = 0$.] Na penúltima tabela, há um empate para a variável básica que entra entre x_3 e x_5, que é desempatado arbitrariamente em favor de x_3. A solução obtida no final da fase 1 é, então, $(x_1, x_2, x_3, \bar{x}_4, x_5, \bar{x}_6) = (6; 6; 0{,}3; 0; 0; 0)$ ou, após $\bar{x}_4$ e $\bar{x}_6$ ser eliminadas, $(x_1, x_2, x_3, x_5) = (6; 6; 0{,}3; 0)$.

■ **TABELA 4.13** Fase 1 do método das duas fases para o exemplo do tratamento radioterápico

Iteração	Variável básica	Eq.	Z	x_1	x_2	x_3	$\bar{x}_4$	x_5	$\bar{x}_6$	Lado direito
0	Z	(0)	−1	−1,1	−0,9	0	0	1	0	−12
	x_3	(1)	0	0,3	0,1	1	0	0	0	2,7
	$\bar{x}_4$	(2)	0	0,5	0,5	0	1	0	0	6
	$\bar{x}_6$	(3)	0	0,6	0,4	0	0	−1	1	6
1	Z	(0)	−1	0	$-\frac{16}{30}$	$\frac{11}{3}$	0	1	0	−2,1
	x_1	(1)	0	1	$\frac{1}{3}$	$\frac{10}{3}$	0	0	0	9
	$\bar{x}_4$	(2)	0	0	$\frac{1}{3}$	$-\frac{5}{3}$	1	0	0	1,5
	$\bar{x}_6$	(3)	0	0	0,2	−2	0	−1	1	0,6
2	Z	(0)	−1	0	0	$-\frac{5}{3}$	0	$-\frac{5}{3}$	$\frac{8}{3}$	−0,5
	x_1	(1)	0	1	0	$\frac{20}{3}$	0	$\frac{5}{3}$	$-\frac{5}{3}$	8
	$\bar{x}_4$	(2)	0	0	0	$\frac{5}{3}$	1	$\frac{5}{3}$	$-\frac{5}{3}$	0,5
	x_2	(3)	0	0	1	−10	0	−5	5	3
3	Z	(0)	−1	0	0	0	1	0	1	0
	x_1	(1)	0	1	0	0	−4	−5	5	6
	x_3	(2)	0	0	0	1	$\frac{3}{5}$	1	−1	0,3
	x_2	(3)	0	0	1	0	6	5	−5	6

Como se afirmou no resumo, essa solução da fase 1 é de fato uma solução BV para o problema real (o problema da fase 2), pois é a solução (após configurarmos $x_5 = 0$) para o sistema de equações formado pelas três restrições funcionais do problema da fase 2. De fato, após eliminarmos as colunas $\bar{x}_4$ e $\bar{x}_6$, bem como a linha 0 para cada iteração, a Tabela 4.13 mostra uma maneira de se usar a eliminação gaussiana para solucionar esse sistema de equações, reduzindo-se o sistema à forma apresentada na tabela final.

A Tabela 4.14 mostra as preparações para o início da fase 2 após a fase 1 ter sido completada. Partindo-se da tabela final da Tabela 4.13, eliminamos as variáveis artificiais ($\bar{x}_4$ e $\bar{x}_6$), substituímos a função objetivo da fase 2 ($-Z = 0{,}4x_1 - 0{,}5x_2$ na forma maximizada) na linha 0 e, depois, restabelecemos a forma apropriada da eliminação gaussiana (eliminando algebricamente as variáveis básicas x_1 e x_2 da linha 0). Portanto, a linha 0 na última tabela é obtida realizando-se as seguintes *operações elementares em linhas* na penúltima tabela: da linha 0 subtraia o produto 0,4 vezes a linha 1, assim como o produto 0,5 vez a linha 3. Exceto para o caso da eliminação dessas duas colunas, observe que as linhas 1 a 3 nunca mudam. O único ajuste ocorre na linha 0 de modo a substituir a função objetivo da fase 1 pela função objetivo da fase 2.

A última tabela da Tabela 4.14 é a inicial para aplicação do método simplex ao problema da fase 2, conforme ilustrado na parte superior da Tabela 4.15. Basta então mais uma iteração para se chegar à solução ótima mostrada na segunda tabela: $(x_1, x_2, x_3, x_5) = (7{,}5; 4{,}5; 0; 0{,}3)$. Esta é a solução ótima desejada para o problema de real interesse e não o problema artificial construído para a fase 1.

Agora, podemos ver o que o método das duas fases realizou graficamente na Figura 4.7. Partindo da origem, a fase 1 examina um total de quatro soluções PEF para o problema artificial. As três primeiras são, na verdade, soluções em pontos extremos factíveis para o problema real ilustrado na Figura 4.5. A quarta solução PEF, em (6, 6), é a primeira delas que também é viável para o problema real, de modo que ela se torna a solução PEF inicial para a fase 2. Uma iteração na fase nos conduz à solução PEF ótima em (7,5; 4,5).

Se o empate para a variável básica que entra na penúltima resultante da Tabela 4.13 tivesse sido desfeito de outra maneira, então a fase 1 poderia ter ido direto de (8, 3) para (7,5; 4,5). Após (7,5; 4,5) ter sido usada para configurar a tabela simplex inicial para a fase 2, o *teste de otimalidade* teria revelado que essa solução era ótima, de modo que não seriam necessárias mais iterações.

É interessante compararmos os métodos "do grande número" e das duas fases. Comecemos com suas funções objetivo.

■ **TABELA 4.14** Preparo para iniciar a fase 2 do exemplo do tratamento radioterápico

	Variável básica	Eq.	Coeficiente de:							Lado direito
			Z	x_1	x_2	x_3	$\bar{x}_4$	x_5	$\bar{x}_6$	
Tabela final da fase 1	Z	(0)	−1	0	0	0	1	0	1	0
	x_1	(1)	0	1	0	0	−4	−5	5	6
	x_3	(2)	0	0	0	1	$\frac{3}{5}$	1	−1	0,3
	x_2	(3)	0	0	1	0	6	5	−5	6
Eliminar $\bar{x}_4$ e $\bar{x}_6$	Z	(0)	−1	0	0	0		0		0
	x_1	(1)	0	1	0	0		−5		6
	x_3	(2)	0	0	0	1		1		0,3
	x_2	(3)	0	0	1	0		5		6
Substituir a função objetivo da fase 2	Z	(0)	−1	0,4	0,5	0		0		0
	x_1	(1)	0	1	0	0		−5		6
	x_3	(2)	0	0	0	1		1		0,3
	x_2	(3)	0	0	1	0		5		6
Restabelecer a forma apropriada da eliminação gaussiana	Z	(0)	−1	0	0	0		−0,5		−5,4
	x_1	(1)	0	1	0	0		−5		6
	x_3	(2)	0	0	0	1		1		0,3
	x_2	(3)	0	0	1	0		5		6

TABELA 4.15 Fase 2 do método das duas fases para o exemplo do tratamento radioterápico

Iteração	Variável básica	Eq.	Coeficiente de:					Lado direito
			Z	x_1	x_2	x_3	x_5	
0	Z	(0)	−1	0	0	0	−0,5	−5,4
	x_1	(1)	0	1	0	0	−5	6
	x_3	(2)	0	0	0	1	1	0,3
	x_2	(3)	0	0	1	0	5	6
1	Z	(0)	−1	0	0	0,5	0	−5,25
	x_1	(1)	0	1	0	5	0	7,5
	x_5	(2)	0	0	0	1	1	0,3
	x_2	(3)	0	0	1	−5	0	4,5

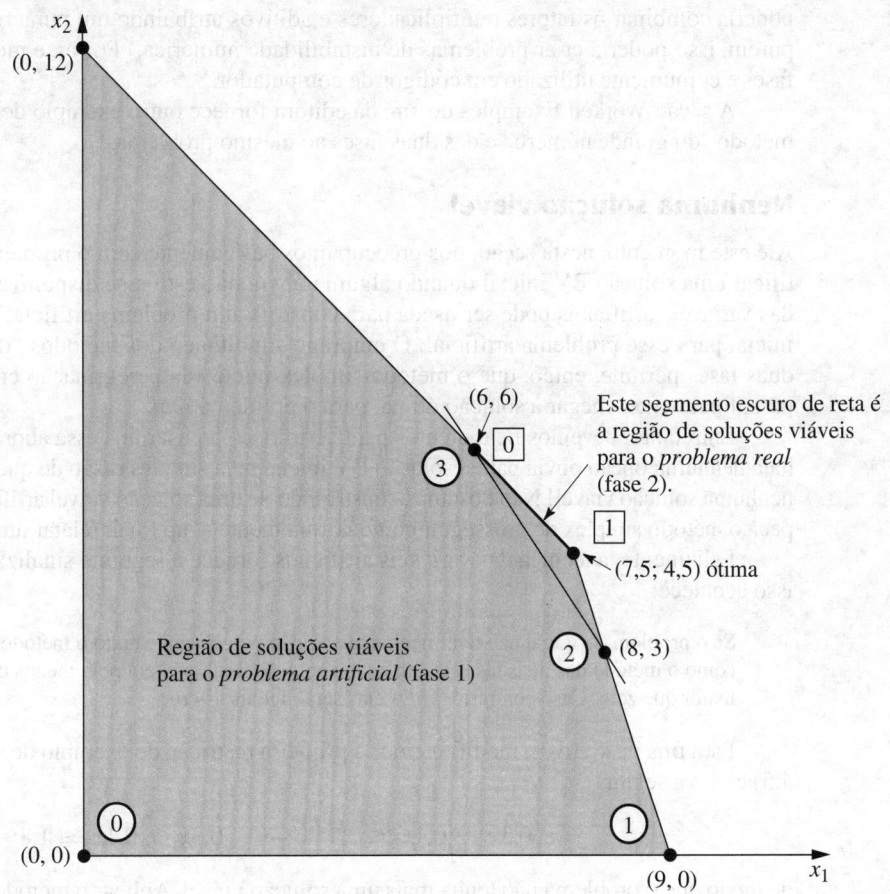

■ **FIGURA 4.7** Este gráfico mostra a sequência de soluções PEF para a fase 1 (⓪, ①, ②, ③) e depois para a fase 2 (⓪, ①) quando o método das duas fases é aplicado ao exemplo do tratamento radioterápico.

Método "do grande número":

$$\text{Minimizar} \quad Z = 0{,}4x_1 + 0{,}5x_2 + M\bar{x}_4 + M\bar{x}_6.$$

Método das duas fases:

Fase 1: Minimizar $\quad Z = \bar{x}_4 + \bar{x}_6.$
Fase 2: Minimizar $\quad Z = 0{,}4x_1 + 0{,}5x_2.$

Pelo fato dos termos $M\bar{x}_4$ e $M\bar{x}_6$ dominarem os termos $0,4x_1$ e $0,5x_2$ na função objetivo para o método "do grande número", essa função objetivo é basicamente equivalente à função objetivo da fase 1 desde que $\bar{x}_4$ e/ou $\bar{x}_6$ seja maior que zero. A seguir, quando tanto $\bar{x}_4 = 0$ quanto $\bar{x}_6 = 0$, a função objetivo para o método "do grande número" torna-se completamente equivalente à função objetivo da fase 2.

Em virtude dessas equivalências virtuais nas funções objetivo, os métodos "do grande número" e das duas fases geralmente têm a mesma sequência das soluções BV. A única exceção possível ocorre quando houver um empate para a variável básica que entra na fase 1 do método das duas fases, como realmente aconteceu na terceira resultante da Tabela 4.13. Observe que as três primeiras resultantes das Tabelas 4.12 e 4.13 são praticamente idênticas, e a única diferença reside no fato de os fatores multiplicadores de M na Tabela 4.12 se tornarem as quantidades únicas nos pontos correspondentes da Tabela 4.13. Consequentemente, os termos aditivos que fazem o desempate para a variável básica que entra na terceira resultante da Tabela 4.12 não estavam presentes para fazer esse desempate na Tabela 4.13. O resultado para esse exemplo foi uma iteração extra para o método das duas fases. Entretanto, geralmente a vantagem de termos fatores aditivos é mínima.

O método das duas fases racionaliza o método "do grande número" usando apenas os fatores multiplicadores da fase 1 e eliminando as variáveis artificiais da fase 2. (O método "do grande número" poderia combinar os fatores multiplicadores e aditivos atribuindo um número realmente imenso a M, porém, isso poderia criar problemas de instabilidade numérica.) Por esse motivo, o método das duas fases é comumente utilizado em códigos de computador.

A seção Worked Examples do *site* da editora fornece outro exemplo de aplicação simultânea do método "do grande número" e das duas fases ao mesmo problema.

Nenhuma solução viável

Até este momento, nesta seção, nos preocupamos basicamente com o problema fundamental de identificar uma solução BV inicial quando alguma óbvia não estivesse disponível. Vimos como a técnica das variáveis artificiais pode ser usada para construir um problema artificial e obter uma solução BV inicial para esse problema artificial. O emprego simultâneo dos métodos "do grande número" e das duas fases permite, então, que o método simplex inicie sua peregrinação em busca de soluções BV para, finalmente, chegar à solução ótima, para o problema *real*.

Entretanto, devemos ficar atentos para certo risco ao usarmos essa abordagem. Pode ser que não haja nenhuma opção óbvia para a solução BV inicial pela simples razão de que não exista, na realidade, nenhuma solução viável! Não obstante, construindo-se uma solução viável artificial, não há nada que impeça o método simplex de prosseguir como normalmente e, no final, relatar uma suposta solução ótima.

Felizmente, a técnica das variáveis artificiais fornece a seguinte sinalização para indicar quando isso acontece:

Se o problema original não tiver nenhuma *solução viável*, então tanto o método "do grande número" como o método das duas fases levam a uma solução final que tem pelo menos uma variável artificial maior que zero. Caso contrário, *todas* elas serão iguais a zero.

Para fins ilustrativos, modifiquemos a primeira restrição do exemplo de radioterapia (ver a Figura 4.5) como a seguir:

$$0,3x_1 + 0,1x_2 \leq 2,7 \quad \rightarrow \quad 0,3x_1 + 0,1x_2 \leq 1,8;$$

de modo que o problema não tenha mais uma solução viável. Aplicar o método "do grande número" do mesmo modo anterior (ver a Tabela 4.12) nos conduz à resultante apresentada na Tabela 4.16. A fase 1 do método das duas fases leva ao mesmo resultado, exceto pelo fato de que cada expressão que envolve M é substituída apenas pelo fator multiplicador. Portanto, normalmente o método "do grande número" indicaria que a solução ótima é (3; 9; 0; 0; 0; 0,6). No entanto, já que uma variável artificial $\bar{x}_6 = 0,6 > 0$, então a mensagem real neste caso é que o problema não tem nenhuma solução viável[16].

---

[16] Foram desenvolvidas (e incorporadas em software de programação linear) técnicas para analisar o que faz um problema de programação linear de grandes dimensões não ter nenhuma solução viável, de modo que quaisquer erros na formulação possam ser corrigidos. Ver, por exemplo, J. W. Chinneck: *Feasibility and Infeasibility in Optimization: Algorithms and Computational Methods*, Springer Science + Business Media, New York, 2008.

CAPÍTULO 4 SOLUÇÃO DE PROBLEMAS DE PROGRAMAÇÃO LINEAR: O MÉTODO SIMPLEX

■ **TABELA 4.16** O método "do grande número" para a revisão do exemplo do tratamento radioterápico que não possui nenhuma solução viável

Iteração	Variável básica	Eq.	Z	x_1	x_2	x_3	$\bar{x}_4$	x_5	$\bar{x}_6$	Lado direito
0	Z	(0)	−1	−1,1M + 0,4	−0,9M + 0,5	0	0	M	0	−12M
	x_3	(1)	0	0,3	0,1	1	0	0	0	1,8
	$\bar{x}_4$	(2)	0	0,5	0,5	0	1	0	0	6
	$\bar{x}_6$	(3)	0	0,6	0,4	0	0	−1	1	6
1	Z	(0)	−1	0	$-\frac{16}{30}M + \frac{11}{30}$	$\frac{11}{3}M - \frac{4}{3}$	0	M	0	−5,4M − 2,4
	x_1	(1)	0	1	$\frac{1}{3}$	$\frac{10}{3}$	0	0	0	6
	$\bar{x}_4$	(2)	0	0	$\frac{1}{3}$	$-\frac{5}{3}$	1	0	0	3
	$\bar{x}_6$	(3)	0	0	0,2	−2	0	−1	1	2,4
2	Z	(0)	−1	0	0	M + 0,5	1,6M − 1,1	M	0	−0,6M − 5,7
	x_1	(1)	0	1	0	5	−1	0	0	3
	x_2	(2)	0	0	1	−5	3	0	0	9
	$\bar{x}_6$	(3)	0	0	0	−1	−0,6	−1	1	0,6

Variáveis que podem ser negativas

Na maioria dos casos práticos, valores negativos para variáveis de decisão não teriam nenhum significado prático, de modo que é necessário incluir restrições de não negatividade nas formulações de modelos de programação linear. Entretanto, nem sempre esse é o caso. Suponhamos, por exemplo, que o problema da Wyndor Glass Co. fosse alterado de modo que o produto 1 já estivesse em produção e a primeira variável de decisão x_1 representasse o *aumento* em sua taxa de produção. Consequentemente, um valor negativo para x_1 indicaria que a fabricação do produto 1 será reduzida dessa quantidade. Essas reduções poderiam ser desejáveis para permitir maior taxa de produção para o novo produto 2, que é mais lucrativo, permitindo-se então ter valores negativos para x_1 no modelo.

Visto que o procedimento para determinar a *variável básica que sai* requer que todas as variáveis tenham restrições não negativas, qualquer problema que contém variáveis com permissão para ser negativas tem de ser convertido em um problema *equivalente* envolvendo apenas variáveis não negativas antes de o método simplex ser aplicado. Felizmente, essa conversão pode ser feita. A modificação exigida para cada variável depende de ela ter ou não limite inferior mais baixo (negativo) nos valores permitidos. Cada um desses dois casos será discutido agora.

Variáveis com limite nos valores negativos permitidos. Considere qualquer variável de decisão x_j com permissão para assumir valores negativos que satisfazem uma restrição da forma

$$x_j \geq L_j,$$

em que L_j é alguma constante negativa. Essa restrição pode ser convertida para uma restrição não negativa fazendo-se a mudança das variáveis

$$x'_j = x_j - Lj, \quad \text{assim} \quad x'_j \geq 0.$$

Portanto, $x'_j + L_j$ substitui x_j ao longo do modelo, de maneira que a variável de decisão redefinida x'_j não possa ser negativa. Essa mesma técnica pode ser usada quando L_j é positivo para converter uma restrição funcional $x_j \geq L_j$ em uma restrição de não negatividade $x'_j \geq 0$.

Suponha, por exemplo, que a taxa de produção atual para o produto 1 no caso da Wyndor seja 10. Com a definição de x_1 recém-fornecida, o modelo completo nesse ponto é o mesmo que o dado na Seção 3.1, exceto pelo fato de que a restrição de não negatividade $x_1 \geq 0$ é substituída por

$$x_1 \geq -10.$$

Para obter o modelo equivalente necessário para o método simplex, essa variável de decisão seria redefinida como a taxa de produção *total* do produto 1

$$x'_j = x_1 + 10,$$

o que leva às mudanças na função objetivo e restrições, conforme indicadas a seguir:

$$
\begin{array}{|l|}
\hline
Z = 3x_1 + 5x_2 \\
x_1 \leq 4 \\
2x_2 \leq 12 \\
3x_1 + 2x_2 \leq 18 \\
x_1 \geq -10, \quad x_2 \geq 0 \\
\hline
\end{array}
\rightarrow
\begin{array}{|l|}
\hline
Z = 3(x'_1 - 10) + 5x_2 \\
x'_1 - 10 \leq 4 \\
2x_2 \leq 12 \\
3(x'_1 - 10) + 2x_2 \leq 18 \\
x'_1 - 10 \geq -10, \quad x_2 \geq 0 \\
\hline
\end{array}
\rightarrow
\begin{array}{|l|}
\hline
Z = -30 + 3x'_1 + 5x_2 \\
x'_1 \leq 14 \\
2x_2 \leq 12 \\
3x'_1 + 2x_2 \leq 48 \\
x'_1 \geq 0, \quad x_2 \geq 0 \\
\hline
\end{array}
$$

Variáveis sem limites nos valores negativos permitidos. Se o caso em que x_j não tiver uma restrição de limite inferior no modelo formulado, é exigida outra abordagem: x_j é substituída por todo o modelo pela *diferença* das duas novas variáveis *não negativas*

$$x_j = x_j^+ - x_j^-, \quad \text{onde } x_j^+ \geq 0, x_j^- \geq 0.$$

Uma vez que x_j^+ e x_j^- podem assumir qualquer valor não negativo, essa diferença $x_j^+ - x_j^-$ pode assumir qualquer valor (positivo ou negativo); então, é legítimo substituir x_j no modelo. Portanto, após uma substituição dessa, o método simplex pode prosseguir apenas com variáveis não negativas.

As novas variáveis x_j^+ e x_j^- têm uma interpretação simples. Conforme será explicado no próximo parágrafo, cada solução BV para a nova forma do modelo tem, necessariamente, a propriedade que $x_j^+ = 0$ ou então $x_j^- = 0$ (ou ambos simultaneamente). Portanto, na solução ótima obtida pelo método simplex (uma solução BV),

$$x_j^+ = \begin{cases} x_j & \text{se } x_j \geq 0, \\ 0 & \text{caso contrário;} \end{cases}$$

$$x_j^- = \begin{cases} |x_j| & \text{se } x_j \leq 0, \\ 0 & \text{caso contrário;} \end{cases}$$

de modo que x_j^+ representa a parte positiva da variável de decisão x_j e x_j^- sua parte negativa (conforme sugerido pela explicação anterior).

Se, por exemplo, $x_j = 10$, as expressões anteriores resultam em $x_j^+ = 10$ e $x_j^- = 0$. Esse mesmo valor de $x_j = x_j^+ - x_j^- = 10$ também ocorreria com valores maiores de x_j^+ e x_j^-, de modo que $x_j^+ = x_j^- + 10$. Colocando esses valores de x_j^+ e x_j^- em um gráfico bidimensional resulta numa reta com uma extremidade em $x_j^+ = 10, x_j^- = 0$ para evitar violar as restrições de não negatividade. Essa extremidade é a única solução em ponto extremo sobre a reta. Portanto, somente essa extremidade pode fazer parte de uma solução PEF global ou solução BV envolvendo todas as variáveis do modelo. Isso ilustra por que cada solução BV necessariamente tem $x_j^+ = 0$ ou então $x_j^- = 0$ (ou ambos simultaneamente).

Para ilustrar o emprego de x_j^+ e x_j^-, retornemos ao exemplo da página precedente em que x_1 é redefinida como o aumento em relação à atual taxa de produção de 10 para o produto 1 da Wyndor Glass.

Suponha agora, porém, que a restrição $x_1 \geq -10$ não tenha sido incluída no modelo original porque claramente não modificará a solução ótima. Em alguns problemas certas variáveis não precisam de restrições de limite inferior explícitas, pois as restrições funcionais já impedem valores mais baixos. Portanto, antes de o método simplex ser aplicado, x_1 seria substituído pela diferença

$$x_1 = x_1^+ - x_1^-, \quad \text{onde } x_1^+ \geq 0, x_1^- \geq 0,$$

conforme mostrado em:

$$
\begin{array}{|l|}
\hline
\text{Maximizar} \quad Z = 3x_1 + 5x_2, \\
\text{sujeito a} \quad x_1 \leq 4 \\
2x_2 \leq 12 \\
3x_1 + 2x_2 \leq 18 \\
x_2 \geq 0 \text{ (apenas)} \\
\hline
\end{array}
\rightarrow
\begin{array}{|l|}
\hline
\text{Maximizar} \quad Z = 3x_1^+ - 3x_1^- + 5x_2, \\
\text{sujeito a} \quad x_1^+ - x_1^- \leq 4 \\
2x_2 \leq 12 \\
3x_1^+ - 3x_1^- + 2x_2 \leq 18 \\
x_1^+ \geq 0, \quad x_1^- \geq 0, \quad x_2 \geq 0 \\
\hline
\end{array}
$$

Do ponto de vista computacional, esse método tem a desvantagem de que o novo modelo equivalente usado possa ter mais variáveis que o modelo original. De fato, se *todas* as variáveis originais carecem de restrições de limite inferior, o novo modelo terá o *dobro* de variáveis. Felizmente, o método pode ser alterado ligeiramente de modo que o número de variáveis seja aumentado apenas de uma, independentemente do número original de variáveis que precisam ser substituídas. Essa modificação é feita substituindo-se cada uma dessas variáveis x_j por

$$x_j = x'_j - x'', \qquad \text{onde } x'_j \geq 0, x'' \geq 0,$$

na qual x'' é a *mesma* variável para todo j relevante. A interpretação de x'' nesse caso é que $-x''$ é o valor atual da maior variável negativa original (em termos absolutos), de modo que x_j seja a quantidade pela qual x_j excede esse valor. Por isso, o método simplex agora pode fazer que algumas das variáveis x'_j resultem maiores que zero mesmo quando $x'' > 0$.

4.7 ANÁLISE DE PÓS-OTIMALIDADE

Enfatizamos nas Seções 2.3, 2.4 e 2.5 que a análise de *pós-otimalidade* – a análise feita *após* uma solução ótima ter sido encontrada para a versão inicial do modelo – constitui-se numa parte extremamente importante da maioria dos estudos de pesquisa operacional. O fato de a análise de pós-otimalidade ser tão importante é particularmente verdadeiro para aplicações de programação linear típicas. Nesta seção, vamos nos concentrar no papel do método simplex na realização de tal análise.

A Tabela 4.17 resume as etapas típicas na análise de pós-otimalidade em estudos de programação linear. A coluna mais à direita identifica algumas técnicas algorítmicas que envolvem o método simplex. Essas técnicas serão apresentadas brevemente neste ponto, ficando os detalhes técnicos para capítulos posteriores.

■ **TABELA 4.17** Análise de pós-otimalidade para programação linear

Tarefa	Propósito	Técnica
Depuração do modelo	Encontra erros e pontos fracos no modelo	Reotimização
Validação do modelo	Demonstra a validade do modelo final	Ver Seção 2.4
Decisões gerenciais finais sobre alocação de recursos (os valores b_i)	Faz a divisão apropriada dos recursos organizacionais entre as atividades em estudo e outras atividades importantes	Preços-sombra
Avalia as estimativas dos parâmetros de modelos	Determina estimativas cruciais que podem afetar a solução ótima para estudo adicional	Análise de sensibilidade
Avalia o equilíbrio entre os parâmetros dos modelos	Determina o melhor equilíbrio	Programação linear paramétrica

Reotimização

Conforme discutiu-se na Seção 3.6, os modelos de programação linear que surgem na prática comumente são muito grandes, com centenas, milhares ou até mesmo milhões de restrições funcionais e variáveis de decisão. Nesses casos, muitas variações do modelo básico podem ser de interesse na consideração de diversos cenários. Portanto, após ter encontrado uma solução ótima para uma versão de um modelo de programação linear, frequentemente, recalculamos (normalmente muitas vezes) à procura de uma solução ligeiramente diferente do modelo. Quase sempre temos que recalcular várias vezes durante o estágio de depuração do modelo (descrito nas Seções 2.3 e 2.4). Geralmente, também temos de fazer o mesmo muitíssimas vezes durante os estágios posteriores de análise de pós-otimalidade.

Nossa abordagem é simplesmente reaplicar o método simplex desde o início para cada nova versão do modelo, embora cada execução possa exigir centenas ou até mesmo milhares de iterações para problemas de grande porte. Porém, um método *muito mais eficiente* é o da *reotimização*, que envolve deduzir como alterações no modelo são transportadas para a tabela *simplex* final (conforme descrevemos nas Seções 5.3 e 6.6). Essa tabela revisada e a solução ótima para o modelo anterior são, então, usados como tabela *inicial* e *solução básica inicial* para resolver o novo modelo. Se essa solução for viável para o novo modelo, o método simplex será aplicado da maneira tradicional, partindo dessa solução BV inicial. Caso contrário, um algoritmo relacionado chamado *método simplex dual* (que será descrito na Seção 7.1) provavelmente poderá ser aplicado para se encontrar a nova solução ótima[17], partindo dessa solução básica inicial.

A grande vantagem dessa **técnica de reotimização** em relação a recalcular a partir do zero é que uma solução ótima para o modelo revisado estará *muito mais* próxima da solução ótima anterior do que uma solução BV inicial construída da maneira usual para o método simplex. Portanto, assumindo-se que as revisões do modelo tenham sido modestas, seriam necessárias apenas algumas iterações para a reotimização em vez de centenas ou milhares que poderiam ser necessárias quando se inicia a partir do zero. De fato, as soluções ótimas para os modelos revisados normalmente são as mesmas, em cujo caso a técnica de reotimização requer apenas uma aplicação do teste de otimalidade e *nenhuma* iteração.

Preços-sombra

Recorde-se de que os problemas de programação linear normalmente podem ser interpretados como alocação de recursos a atividades. Particularmente, quando as restrições funcionais estão na forma ≤, interpretamos os b_i (os lados direitos das equações) como as quantidades dos respectivos recursos sendo disponibilizados para as atividades sob consideração. Em muitos casos, pode haver alguma flexibilidade nas quantidades que estarão disponíveis. Se isso ocorrer de fato, os valores b_i utilizados no modelo inicial (validado) podem realmente representar a *decisão inicial experimental* da diretoria sobre que volume de recursos organizacional será fornecido para as atividades consideradas no modelo e não para outras atividades importantes do âmbito da diretoria. Segundo essa visão mais ampla, parte dos valores b_i pode ser aumentada em um modelo revisado, somente se argumentos fortes puderem ser apresentados à diretoria de que esta revisão seria benéfica.

Consequentemente, informações sobre a contribuição econômica dos recursos à medida de desempenho (Z) para o estudo atual normalmente seriam extremamente úteis. O método simplex fornece esse tipo de informação na forma de *preços-sombra* para os respectivos recursos.

O **preço-sombra** para o recurso i (representado por y_i^*) mede o valor marginal desse recurso, isto é, a taxa na qual Z poderia ser aumentado, elevando-se (ligeiramente) a quantidade deste recurso (b_i) que está sendo disponibilizado[18,19]. O método simplex identifica esse preço-sombra pelo coeficiente y_i^* = coeficiente da i-ésima variável de folga na linha 0 da tabela simplex final.

Para exemplificar, no caso do problema da Wyndor Glass Co.,

Recurso i = capacidade de produção da Fábrica i (i = 1, 2, 3) disponibilizada para o novo produto sob consideração.

b_i = horas de produção por semana disponibilizadas na Fábrica i para esses novos produtos

Fornecer quantidade substancial de tempo de produção para o novo produto exigiria ajustar tempos de produção para os produtos atuais; portanto, escolher o valor b_i seria uma decisão gerencial difícil. A decisão inicial experimental deu-se conforme

$$b_1 = 4, \quad b_2 = 12, \quad b_3 = 18,$$

---

[17] A única exigência para usar o método simplex dual aqui é que o *teste de otimalidade* ainda seja válido quando for aplicado à linha 0 da tabela *revisada* final. Caso contrário, outro algoritmo chamado *método primal-dual* pode ser usado em seu lugar.

[18] O acréscimo em b_i tem que ser suficientemente pequeno para que o conjunto atual de variáveis básicas permaneça ótimo já que a taxa (valor marginal) muda caso o conjunto de variáveis básicas varie.

[19] No caso de uma restrição funcional na forma ≥ ou =, seu preço-sombra é novamente definido como a taxa na qual Z poderia ser incrementado, o mesmo acontece (ligeiramente) com o valor de b_i, embora a interpretação de b_i agora normalmente seja algo que não a quantidade disponibilizada de um recurso.

refletido no modelo básico considerado na Seção 3.1 e neste capítulo. No entanto, agora a diretoria deseja avaliar o efeito de modificar qualquer um desses valores b_i.

Os preços-sombra para esses três recursos fornecem apenas as informações que a diretoria precisa. A resultante final na Tabela 4.8 resulta em:

$$y_1^* = 0 \text{ preço-sombra para o recurso 1,}$$

$$y_2^* = \frac{3}{2} = \text{ preço-sombra para o recurso 2,}$$

$$y_3^* = 1 \text{ preço-sombra para o recurso 3.}$$

Com apenas duas variáveis de decisão, esses números podem ser verificados observando-se graficamente que ao se aumentar individualmente qualquer b_i de uma unidade, de fato aumentaria o valor ótimo de Z de y_i^*. Por exemplo, a Figura 4.8 demonstra esse aumento para o recurso 2 reaplicando o método gráfico apresentado na Seção 3.1. A solução ótima, (2, 6) com $Z = 36$, muda para $(\frac{5}{3}, \frac{13}{2})$ com $Z = 37\frac{1}{2}$ quando b_2 é incrementado de 1 (passando de 12 para 13), de modo que

$$y_2^* = \Delta Z = 37\frac{1}{2} - 36 = \frac{3}{2}.$$

Já que Z é expresso em milhares de dólares de lucro semanal, $y_2^* = \frac{3}{2}$ indica que acrescentar uma hora de tempo de produção por semana na Fábrica 2 para esses dois produtos novos incrementaria o lucro total em US$ 1.500 por semana. Essa mudança deve ser realmente implementada? Depende da lucratividade marginal dos demais produtos que estão empregando esse tempo de produção no momento. Se houver um produto atual que contribui com menos do que US$ 1.500 de lucro semanal por hora de tempo de produção na Fábrica 2, então alguma transferência de tempo de produção para o novo produto valeria a pena.

Continuaremos esse exemplo na Seção 6.7, em que a equipe de PO da Wyndor usa preços-sombra como parte de sua *análise de sensibilidade* do modelo.

A Figura 4.8 demonstra que $y_2^* = \frac{3}{2}$ é a taxa na qual Z poderia ser aumentada, o mesmo ocorrendo ligeiramente com b_2. Porém, isso também demonstra o fenômeno comum de que essa interpretação vale apenas para um pequeno incremento em b_2. Assim que b_2 aumenta acima de 18, a solução ótima permanece em (0, 9) sem nenhum aumento adicional em Z. (Nesse ponto, o conjunto de variáveis

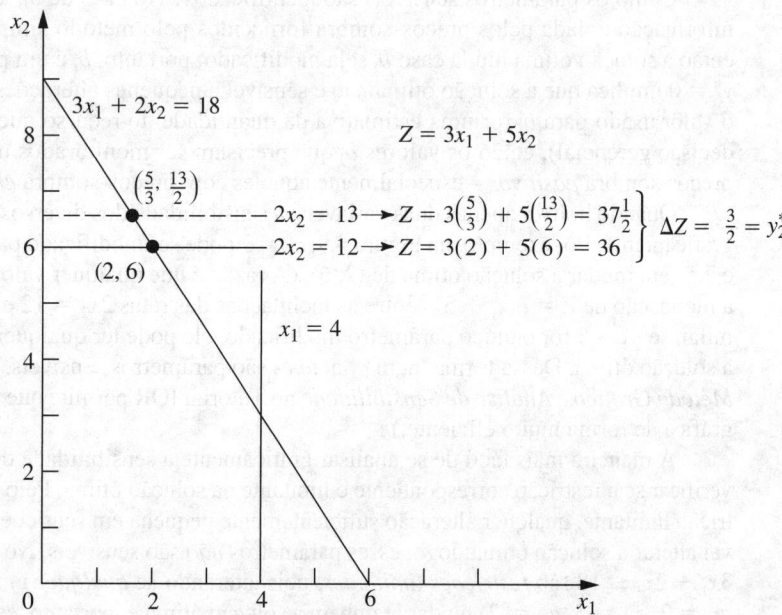

■ **FIGURA 4.8** Este gráfico mostra que o preço-sombra é $y_2^* = \frac{3}{2}$ para o recurso 2 no problema da Wyndor Glass Co. Os dois pontos são as soluções ótimas para $b_2 = 12$ ou $b_2 = 13$, e 2 conectando essas soluções à função objetiva revela que aumentando-se b_2 de 1 aumenta Z de $y_2^* = \frac{3}{2}$.

básicas na solução ótima mudou, de modo que uma nova tabela simplex final será obtida com novos preços-sombra, inclusive $y_2^* = 0$.)

Observe agora na Figura 4.8 porque $y_1^* = 0$. Pelo fato de a restrição no recurso 1, $x_1 \leq 4$ não estar atuando na solução ótima (2, 6), há um *excedente* desse recurso. Portanto, aumentar b_1 além de 4 não poderia gerar uma nova solução ótima com um valor Z maior.

Ao contrário, as restrições sobre os recursos 2 e 3, $2x_2 \leq 12$ e $3x_1 + 2x_2 \leq 18$ são **restrições atuantes** (restrições que mantêm a condição de igualdade na solução ótima). Em razão da quantidade limitada desses recursos ($b_2 = 12$, $b_3 = 18$), *impedir* Z de ser aumentado ainda mais, eles possuem preços-sombra *positivos*. Os economistas chamam esses recursos de *recursos escassos*, ao passo que recursos disponíveis em excesso (como o recurso 1) são *recursos livres* (recursos com preço-sombra igual a zero).

O tipo de informação fornecido pelos preços-sombra certamente é valioso para a direção quando ela considera a realocação de recursos na organização. Também é muito útil quando um aumento em b_i pode ser atingido simplesmente saindo-se da organização para comprar maior quantidade do recurso no mercado. Suponha, por exemplo, que Z represente *lucro* e que os lucros unitários das atividades (os valores c_j) incluam os custos (a preços usuais) de todos os recursos consumidos. Então um preço-sombra *positivo* de y_i^* para o recurso i significa que o lucro total Z pode ser aumentado de y_i^* adquirindo-se mais uma unidade desse recurso ao preço normal. Alternativamente, se um preço extra tem de ser *pago* pelo recurso no mercado, então y_i^* representa o encargo *máximo* (excesso em relação ao preço normal) que valeria a pena pagar[20].

A fundamentação teórica para os preços-sombra é dada pela teoria da dualidade descrita no Capítulo 6.

Análise de sensibilidade

Ao discutirmos a *hipótese da certeza* da programação linear no final da Seção 3.3, indicamos que os valores usados para os parâmetros do modelo (o a_{ij}, b_i e c_j identificados na Tabela 3.3) geralmente são apenas *estimativas* das quantidades cujos valores reais não serão conhecidos até que o estudo de programação linear seja implementado em algum momento no futuro. Um dos objetivos principais da análise de sensibilidade é identificar os **parâmetros sensíveis** (isto é, aqueles que não podem ser modificados sem alterar a solução ótima). Os parâmetros sensíveis são aqueles que precisam ser estimados com especial cuidado para minimizar o risco de se obter uma solução ótima errônea. Eles também precisam ser monitorados particularmente de perto, à medida que o estudo é implementado. Caso seja descoberto que o valor verdadeiro de um parâmetro sensível difere de seu valor estimado no modelo, isso sinaliza imediatamente que há necessidade de mudar a solução.

Como os parâmetros sensíveis são identificados? No caso de b_i, acabamos de verificar que essa informação é dada pelos preços-sombra fornecidos pelo método simplex. Em particular se $y_i^* > 0$, então a solução ótima muda caso b_i seja modificado; portanto, b_i é um parâmetro sensível. Entretanto, $y_i^* = 0$ implica que a solução ótima não é sensível a pequenas alterações em b_i. Consequentemente, se o valor usado para b_i for uma estimativa da quantidade do recurso que estará disponível (e não uma decisão gerencial), então os valores b_i que precisam ser monitorados mais de perto são aqueles com preços-sombra *positivos* – especialmente aqueles com preços-sombra *elevados*.

Quando houver apenas duas variáveis, a sensibilidade dos diversos parâmetros pode ser analisada graficamente. Por exemplo, na Figura 4.9, $c_1 = 3$ pode ser modificado para outro valor qualquer entre 0 e 7,5 sem mudar a solução ótima de (2, 6). (A razão é que qualquer valor de c_1 nesse intervalo mantém a inclinação de $Z = c_1 x_1 + 5x_2$ entre as inclinações das retas $2x_2 = 12$ e $3x_1 + 2x_2 = 18$.) De modo similar, se $c_2 = 5$ for o único parâmetro modificado, ele pode ter qualquer valor maior que 2, sem afetar a solução ótima. Dessa forma, nem c_1 nem c_2 são parâmetros sensíveis. (O procedimento denominado *Método Gráfico e Análise de Sensibilidade* no Tutorial IOR permite que realizemos esse tipo de análise gráfica de forma muito eficiente.)

A maneira mais fácil de se analisar graficamente a sensibilidade de cada um dos parâmetros a_{ij} é verificar se a restrição correspondente é limitante na solução ótima. Pelo fato de $x_1 \leq 4$ não ser uma restrição limitante, qualquer alteração suficientemente pequena em seus coeficientes ($a_{11} = 1$, $a_{12} = 0$) não vai alterar a solução ótima; logo, esses parâmetros *não* são sensíveis. No entanto, tanto $2x_2 \leq 12$ quanto $3x_1 + 2x_2 \leq 18$ são *restrições limitantes*, pois alterando-se *qualquer* um de seus coeficientes ($a_{21} = 0$, $a_{22} = 2$, $a_{31} = 3$, $a_{32} = 2$) mudará também a solução ótima e, portanto, esses são parâmetros sensíveis.

---

[20] Se os lucros unitários *não* incluírem os custos dos recursos consumidos, então y_i^* representa o preço unitário total máximo que ainda valeria a pena pagar para aumentar b_i.

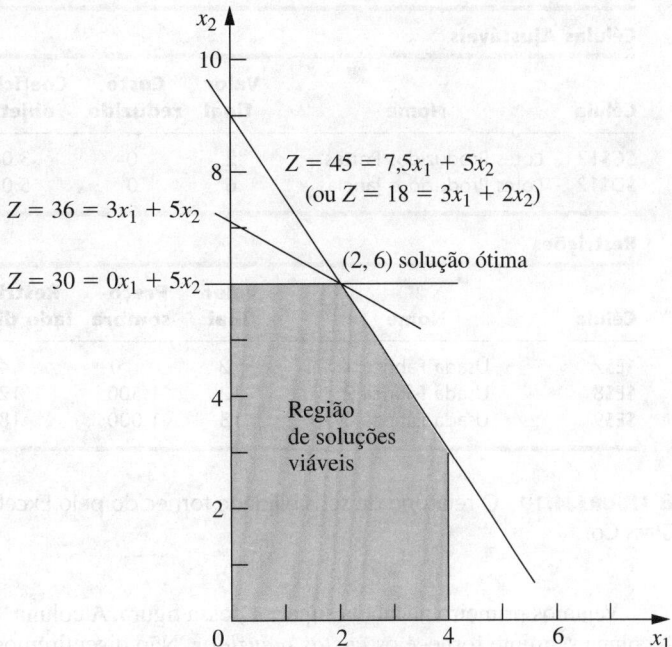

FIGURA 4.9 Este gráfico demonstra a análise de sensibilidade de c_1 e c_2 para o problema da Wyndor Glass Co. Começando com a reta da função objetivo original [em que $c_1 = 3$, $c_2 = 5$ e a solução ótima é (2, 6)], as outras duas retas indicam os extremos de quanto a reta da função objetivo pode mudar e ainda permanecer com (2, 6) como solução ótima. Portanto, com $c_2 = 5$, o intervalo possível para c_1 é $0 \leq c_1 \leq 7,5$. Com $c_1 = 3$, o intervalo possível para c_2 é $c_2 \geq 2$.

Normalmente é dada mais atenção na realização da análise de sensibilidade nos parâmetros b_i e c_j do que nos parâmetros a_{ij}. Em problemas reais com centenas ou milhares de restrições e variáveis, o efeito de alterar um valor a_{ij} normalmente é desprezível. Ao contrário, alterar um valor b_i ou c_j pode ter impacto drástico. Além disso, em muitos casos, os valores a_{ij} são determinados pela tecnologia que está sendo empregada (os valores a_{ij} são muitas vezes chamados *coeficientes tecnológicos*), de modo que pode haver relativamente pouca (ou nenhuma) incerteza em relação aos seus valores finais. Isso é oportuno, pois há muito mais parâmetros a_{ij} do que parâmetros b_i e c_j para problemas complexos.

Para problemas com mais de duas (ou possivelmente três) variáveis de decisão, não podemos analisar a sensibilidade dos parâmetros graficamente, como foi feito para o caso Wyndor. Entretanto, podemos extrair o mesmo tipo de informação do método simplex. Obter essas informações requer o uso do *insight fundamental* descrito na Seção 5.3 para deduzir as alterações que foram feitas ao longo do processo até se chegar à tabela simplex final como consequência de se modificar o valor de um parâmetro no modelo original. O restante do procedimento é descrito e ilustrado nas Seções 6.6 e 6.7.

Uso do Excel para gerar informações de análise de sensibilidade

A análise de sensibilidade é normalmente incorporada em pacotes de software que se baseiam no método simplex. Por exemplo, o Excel Solver vai gerar informações de análise de sensibilidade sob demanda. Conforme foi mostrado na Figura 3.21, quando o Solver mostra a mensagem que ele encontrou uma solução, ele também fornece (à direita) uma lista de três relatórios que podem ser gerados. Selecionando-se o segundo (intitulado "Sensibilidade") após solucionar o problema da Wyndor Glass, obtém-se o *relatório de sensibilidade* mostrado na Figura 4.10. A tabela superior nesse relatório fornece as informações de análise de sensibilidade sobre as variáveis de decisão e seus coeficientes na função objetivo. A tabela inferior faz o mesmo para as restrições funcionais e seus lados direitos.

Células Ajustáveis

Célula	Nome	Valor final	Custo reduzido	Coeficiente objetivo	Acréscimo possível	Decréscimo possível
$C$12	Lotes Produzidos Portas	2	0	3.000	4.500	3.000
$D$12	Lotes Produzidos Janelas	6	0	5.000	1E+30	3.000

Restrições

Célula	Nome	Valor final	Preço-sombra	Restrição lado direito	Acréscimo possível	Decréscimo possível
$E$7	Usada Fábrica 1	2	0	4	1E+30	2
$E$8	Usada Fábrica 2	12	1.500	12	6	6
$E$9	Usada Fábrica 3	18	1.000	18	6	6

■ **FIGURA 4.10** O relatório de sensibilidade fornecido pelo Excel Solver para o problema da Wyndor Glass Co.

Vejamos primeiro na tabela superior dessa figura. A coluna "Valor Final" indica a solução ótima. A coluna seguinte fornece os *custos reduzidos*. Não discutiremos esses custos reduzidos agora, pois as informações que eles apresentam também podem ser extraídas do restante da tabela superior. As próximas três colunas fornecem as informações necessárias para *identificar o intervalo possível* para cada coeficiente c_j da função objetivo.

Para qualquer c_j, seu **intervalo possível** é o intervalo de valores para esse coeficiente sobre o qual a solução ótima atual permanece ótima, pressupondo-se que não haja nenhuma alteração nos demais coeficientes.*

A coluna "Coeficiente Objetivo" dá o valor atual de cada coeficiente utilizado no modelo e as duas colunas seguintes fornecem *o acréscimo possível* e o *decréscimo possível* deste valor para permanecer no intervalo possível. O modelo de planilha (Figura 3.22) expressa os lucros por lote em unidades de *dólares*, ao passo que c_j na versão algébrica do modelo de programação linear utiliza unidades de *milhares de dólares*. Então, as quantidades em todas essas três colunas precisam ser divididas por 1.000 para ficar compatíveis com a unidade usada em c_j. Portanto,

$$\frac{3.000 - 3.000}{1.000} \leq c_1 \leq \frac{3.000 + 4.500}{1.000}, \quad \text{portanto} \quad 0 \leq c_1 \leq 7,5$$

é o intervalo possível para c_1 sobre o qual a solução ótima atual permanecerá ótima (assumindo-se $c_2 = 5$), da mesma maneira como foi encontrada graficamente na Figura 4.9. Do mesmo modo, já que o Excel utiliza 1E + 30 (10^{30}) para representar infinito,

$$\frac{5.000 - 3.000}{1.000} \leq c_2 \leq \frac{5.000 + \infty}{1.000}, \quad \text{portanto} \quad 2 \leq c_2$$

é o intervalo possível para c_2.

O fato de tanto o acréscimo quanto o decréscimo possíveis serem maiores que zero para o coeficiente de ambas as variáveis de decisão nos fornece outra informação importante, conforme descrito a seguir.

Quando a tabela superior no relatório de sensibilidade gerado pelo Excel Solver indicar que tanto o acréscimo quanto o decréscimo possíveis forem maiores que zero para todos os coeficientes objetivos, isto é, uma sinalização de que a solução ótima na coluna "Valor Final" é a única solução ótima. Ao contrário, se houver qualquer acréscimo ou decréscimo possíveis iguais a zero é uma indicação de que há soluções ótimas múltiplas. Alterando-se um pouco o coeficiente correspondente acima do zero permitido e recalculando-se, obtém-se outra solução PEF ótima para o modelo original.

---

*N. de R.T.: Solução ótima estável significa que as variáveis de decisão – níveis das atividades Portas e Janelas – permanecem as mesmas. Entretanto, o resultado para a função objetivo Z se altera.

Considere agora a tabela inferior na Figura 4.10 que se concentra na análise de sensibilidade para as três restrições funcionais. A coluna "Valor Final" apresenta o valor do lado esquerdo de cada restrição para a solução ótima*. As duas colunas seguintes dão o preço-sombra e o valor do modelo do lado direito (b_i) para cada restrição**. Esses preços-sombra do modelo de planilha usam unidades de *dólares* e, portanto, precisam ser divididos por 1.000 para ficar compatíveis com as unidades de *milhares de dólares* de Z na versão algébrica do modelo de programação linear. Quando somente um valor b_i é alterado, as duas últimas colunas fornecem o acréscimo ou, então, *decréscimo possível* de modo a continuar no *intervalo possível****.

Para qualquer b_i, seu **intervalo possível** é o intervalo de valores para o lado direito em relação ao qual a solução BV ótima atual (com valores ajustados[21] para as variáveis básicas) permanece viável, supondo-se que não ocorra nenhuma alteração nos lados direitos. Uma propriedade fundamental desse intervalo de valores é que o *preço-sombra* atual para b_i permanece válido para avaliar o efeito sobre Z quando se altera b_i somente enquanto b_i permanecer nesse intervalo possível.

Portanto, usando-se a tabela inferior da Figura 4.10, a combinação das duas últimas colunas com os valores atuais dos lados direitos resulta nos seguintes intervalos possíveis:

$$2 \leq b_1$$
$$6 \leq b_2 \leq 18$$
$$12 \leq b_3 \leq 24.$$

Esse relatório de sensibilidade gerado pelo Excel Solver é típico das informações de análise de sensibilidade fornecidas por pacotes de software para programação linear. Você verá no Apêndice 4.1 que o LINDO e o LINGO fornecem basicamente o mesmo tipo de relatório. O MPL/CPLEX também faz o mesmo quando solicitado por meio da caixa de diálogo Solution File. Repetindo, essas informações obtidas algebricamente também podem ser derivadas da análise gráfica para esse problema de duas variáveis (ver o Problema 4.7-1). Por exemplo, quando b_2 é aumentado de 12 na Figura 4.8, a solução PEF ótima na intersecção dos dois limites de restrição $2x_2 = b_2$ e $3x_1 + 2x_2 = 18$ permanecerá viável (incluindo $x_1 \geq 0$) somente para $b_2 \leq 18$.

A seção de Worked Examples do *site* da editora inclui outro exemplo de aplicação da análise de sensibilidade (usando análise gráfica, bem como o relatório de sensibilidade). A última parte do Capítulo 6 também vai se aprofundar nesse tipo de análise.

Programação linear paramétrica

A análise de sensibilidade envolve a mudança de um parâmetro por vez no modelo original para verificar seu efeito na solução ótima. Ao contrário, a **programação linear paramétrica** (ou simplesmente **programação paramétrica**) envolve o estudo sistemático de como a solução ótima muda à medida que *vários* parâmetros se alteram *simultaneamente* em algum intervalo. Esse estudo pode fornecer uma extensão muito útil da análise de sensibilidade para, por exemplo, verificar o efeito de parâmetros "correlacionados" que mudam juntos em virtude de fatores exógenos como a situação da economia. Contudo, a aplicação mais importante é a investigação dos *conflitos* nos valores de parâmetros. Se, por exemplo, os valores c_j representarem os lucros unitários das respectivas atividades, talvez seja possível aumentar alguns dos valores c_j à custa da diminuição de outros por meio do deslocamento apropriado de equipe e equipamento entre as atividades. Da mesma forma, se os valores b_i representarem a quantidade dos respectivos recursos que estão disponibilizados, pode-se aumentar parte dos valores b_i concordando em aceitar diminuições em alguns dos demais. A análise dessas possibilidades é discutida e ilustrada no final da Seção 6.7.

---

[21] Já que os valores das variáveis básicas são obtidos como a solução simultânea de um sistema de equações (as restrições funcionais na forma aumentada), pelo menos alguns desses valores mudam caso um dos lados direitos se alterar. Entretanto, os valores ajustados do conjunto atual de variáveis básicas ainda vai satisfazer as restrições de não negatividade. Portanto, ainda serão viáveis, desde que o novo valor desse lado direito permaneça em seu intervalo possível. Se a solução básica ajustada ainda for viável, ela também será ótima. Falaremos mais a esse respeito na Seção 6.7.

*N. de R.T.: Ou seja, o uso dos recursos.
**N. de R.T.: Ou seja, a disponibilidade inicial de cada recurso.
***N. de R.T.: Ou seja, que as variáveis básicas e as variáveis não básicas continuem sendo as mesmas.

Em alguns aplicativos, o principal objetivo do estudo é determinar a compensação mais apropriada entre dois fatores básicos como *custos* e *benefícios*. A sistemática usual é expressar um desses fatores na função objetivo (por exemplo, minimizar o custo total) e incorporar o outro nas restrições (por exemplo, benefícios ≥ nível mínimo aceitável), como foi feito para o problema de poluição do ar da Nori & Leets Co. na Seção 3.4. A programação linear paramétrica permite então a investigação sistemática do que acontece quando a decisão experimental inicial sobre a compensação (por exemplo, o nível mínimo aceitável para os benefícios) é alterada, aumentando-se um fator em detrimento de outro.

A técnica algorítmica para a programação linear paramétrica é uma extensão natural daquela da análise de sensibilidade e, portanto, também se baseia no método simplex. O procedimento é descrito na Seção 7.2.

4.8 IMPLEMENTAÇÃO PELO COMPUTADOR

Se o computador jamais tivesse sido criado, provavelmente você jamais teria ouvido falar de programação linear e método simplex. Embora seja possível aplicar manualmente (talvez com a ajuda de uma calculadora) o método simplex para resolver problemas de programação linear minúsculos, os cálculos são simplesmente muito tediosos para ser realizados rotineiramente. Todavia, o método simplex se ajusta perfeitamente para ser realizado em computadores. Foi a revolução dos computadores que tornou possível a aplicação disseminada da programação linear nas últimas décadas.

Implementação do método simplex

Atualmente encontram-se amplamente à disposição códigos de computador para o método simplex em praticamente todos os sistemas computacionais modernos. Esses códigos comumente fazem parte de um pacote de software sofisticado para programação matemática, que inclui vários dos procedimentos descritos nos capítulos seguintes (inclusive aqueles usados para análise de pós-otimalidade).

Esses códigos computacionais de produção não seguem de perto nem a forma algébrica nem a forma tabular do método simplex apresentada nas Seções 4.3 e 4.4. Essas formas podem ser aperfeiçoadas consideravelmente para implementações pelo computador. Os códigos utilizam em seu lugar uma *forma matricial* (normalmente chamada *método simplex revisado*) que é particularmente adaptada para uso em computadores. Essa forma realiza exatamente as mesmas coisas que a forma algébrica e tabular, porém, ela faz isso enquanto processa e armazena apenas os números que são efetivamente necessários para a iteração atual e depois transporta os dados essenciais de uma forma muito mais compacta. O método simplex revisado é descrito na Seções 5.2 e 5.4.

O método simplex é empregado rotineiramente para resolver problemas de programação linear de grande porte. Por exemplo, computadores *desktop* poderosos (incluindo estações de trabalho) são usados comumente para solucionar problemas com centenas de milhares ou até mesmo milhões de restrições funcionais e um número ainda maior de variáveis de decisão. Ocasionalmente, problemas que foram bem-sucedidos em sua resolução possuem até dezenas de milhões de restrições funcionais e variáveis de decisão[22]. Para certos tipos especiais de problemas de programação linear (como aqueles de transporte, alocação e de fluxo de custo mínimo, descritos posteriormente neste livro), problemas ainda maiores poderão ser resolvidos pelas versões *especializadas* do método simplex.

Vários fatores afetam quanto tempo levará para solucionar um problema de programação linear pelo método simplex genérico. O mais importante deles é o *número de restrições funcionais ordinárias*. De fato, o tempo de processamento tende a ser, *grosso modo*, proporcional ao cubo desse número, o que faz com que o ato de simplesmente dobrarmos este número possa multiplicar o tempo de processamento por um fator de aproximadamente 8. Ao contrário, o número de variáveis de decisão é um

---

[22] Não tente fazer isso em casa. Enfrentar um problema de grande porte assim requer sistemas de programação linear particularmente sofisticados, que utilizam as mais recentes técnicas para explorar a baixa densidade na matriz de coeficientes, bem como outras técnicas especiais (por exemplo, *técnicas crushing* para encontrar rapidamente uma solução BV inicial avançada). Quando os problemas são novamente resolvidos periodicamente após pequenas atualizações dos dados, normalmente se poupa muito tempo usando (ou modificando) a última solução ótima para fornecer a solução BV inicial para o novo processamento.

fator relativamente insignificante[23]. Portanto, dobrar o número de variáveis de decisão provavelmente não vai sequer dobrar o tempo de processamento.

Ainda um terceiro fator de relativa importância é a *densidade* da tabela de coeficientes de restrições (isto é, a *proporção* dos coeficientes que *não* são zeros), pois isso afeta o tempo de processamento *por iteração*. Para os problemas complexos como aqueles encontrados na prática, é comum essa densidade estar abaixo dos 5% ou até mesmo abaixo de 1%, e essa grande "escassez" tende a acelerar muito o método simplex. Uma regra prática comum para o *número de iterações* é que ele tende a ser aproximadamente o dobro do número de restrições funcionais.

Com problemas de programação linear complicados é inevitável que, inicialmente, sejam cometidos alguns erros e decisões errôneas na formulação do modelo e na sua inclusão no computador. Por conseguinte, conforme discutido na Seção 2.4, é necessário empregar-se um processo abrangente de testes e refinamento do modelo (*validação do modelo*). O produto final usual não é um simples modelo estático que é resolvido de uma vez pelo método simplex. Ao contrário, a equipe de PO e a gerência normalmente consideram uma longa série de variações em um modelo básico (algumas vezes chegando a milhares de variações) para examinar diversos cenários como parte da análise de otimalidade. Esse processo todo é extremamente acelerado quando pode ser realizado de forma *interativa* em um computador *desktop*. E, com o auxílio de linguagens de modelagem de programação matemática, bem como de tecnologia computacional mais avançada, isso agora se torna uma prática comum.

Até meados dos anos 1980, os problemas de programação linear eram resolvidos quase exclusivamente em *mainframes*. A partir de então, ocorreu uma explosão na capacidade de execução de programação linear em computadores *desktop*, inclusive PCs, assim como estações de trabalho. As estações de trabalho, algumas com recursos de processamento paralelo, são usadas comumente hoje no lugar dos *mainframes* para resolver modelos de programação linear pesados. Os computadores pessoais mais rápidos não ficam muito atrás, embora haja a necessidade de memória adicional para solucionar modelos de grande porte.

Software para programação linear que acompanha este livro

Atualmente, existe um número considerável de excelentes pacotes de software para programação linear e suas extensões, que atende a uma série de necessidades. Um dos pacotes mais usados desse tipo é o **Express-MP**, um produto da Dash Optimization (que agora se uniu à Fair Isaac). Outro que é amplamente considerado um pacote poderoso para a solução de grandes problemas é o **CPLEX**, um produto da ILOG, Inc., empresa localizada no Vale do Silício. Desde 1988, a CPLEX ajudou a abrir caminho na solução de problemas cada vez maiores de programação linear. Uma ampla campanha de pesquisa e desenvolvimento possibilitou uma série de atualizações com excelentes ganhos de eficiência. O CPLEX 11 lançado em 2007 deu um grande passo. Esse pacote de software normalmente é capaz de resolver problemas de programação linear reais que surgiam no mercado com dezenas de milhões de restrições funcionais e variáveis de decisão. O CPLEX normalmente utiliza o método simplex e suas variantes (como o método simplex dual apresentado na Seção 7.1) para resolver esses enormes problemas. Além do método simplex, o CPLEX também possui algumas outras armas poderosas para enfrentar os problemas de programação linear. Uma delas é um algoritmo incrivelmente rápido (conhecido como *algoritmo de barreira*) que emprega a *metodologia do ponto interno* apresentada na Seção 4.9. Esse algoritmo é capaz de resolver alguns problemas de programação linear imensos, que o método simplex não conseguiria (e vice-versa). Outro recurso é o *método simplex de rede* (descrito na Seção 9.7), que pode solucionar tipos especiais de problemas ainda maiores. O CPLEX 11 também vai além da programação linear, incluindo algoritmos de ponta para *programação inteira* (Capítulo 11) e *programação quadrática* (Seção 12.7), e também para *programação quadrática inteira*.

Antecipamos que esses grandes avanços nos pacotes de software de otimização de ponta, como o CPLEX, continuarão no futuro. As melhorias contínuas na velocidade dos computadores também acelerarão ainda mais a velocidade desses pacotes de software.

---

[23] Essa afirmação assume que está sendo usado o método simplex revisado descrito nas Seções 5.2 e 5.4.

Pelo fato de ser muito usado para solucionar problemas realmente de grande porte, o CPLEX é utilizado normalmente em conjunto com *uma linguagem de modelagem* de programação matemática. Conforme descrito na Seção 3.6, as linguagens de modelagem são desenvolvidas para formular de modo eficiente problemas de programação linear de grande porte (e seus modelos relacionados) de modo compacto; depois disso, um solucionador é chamado para solucionar o modelo. Várias das proeminentes linguagens de programação suportam o CPLEX como um solucionador. A ILOG também introduziu sua própria linguagem de programação, denominada OPL (Optimization Programming Language, ou seja, linguagem de programação para otimização), que pode ser usada com o CPLEX para formar o Sistema de Desenvolvimento OPL-CPLEX. (Você poderá encontrar uma versão demonstrativa desse produto no *site* da empresa, www.ilog.com.) Conforme mencionado na Seção 3.6, a versão para estudantes do CPLEX foi incluída no *Courseware* de PO como o principal solucionador para a linguagem de modelagem MPL. Essa versão contém o método simplex para resolução de problemas de programação linear.

A versão para estudantes do MPL no *Courseware* de PO também inclui dois outros solucionadores que constituem uma alternativa para o CPLEX na resolução tanto de problemas de programação linear quanto de problemas de programação inteira (temas discutidos no Capítulo 11). Um deles é o **CoinMP**, um solucionador de código aberto, capaz de resolver problemas maiores que a versão educacional do CPLEX (limitada a 300 restrições e variáveis). O outro solucionador é o LINDO.

O **LINDO** (abreviatura de Linear, Interactive and Discrete Optimizer) tem uma história ainda mais longa que o CPLEX no âmbito das aplicações de programação linear e suas extensões. A interface de fácil utilização do LINDO encontra-se disponível na forma de um subconjunto do pacote de modelagem de otimização **LINGO** da LINDO Systems, no *site* www.lindo.com. A abrangente popularidade do LINDO deve-se parcialmente à facilidade de seu uso. Para problemas como os apresentados neste livro, o modelo pode ser apresentado e resolvido de maneira direta e intuitiva, de modo que a interface do LINDO fornece uma ferramenta conveniente para o emprego por parte dos estudantes. Embora seja fácil de usar para modelos pequenos, LINDO/LINGO também são capazes de resolver modelos grandes; por exemplo, a versão mais avançada solucionou problemas reais com 4 milhões de variáveis e 2 milhões de restrições.

O *Courseware* de PO fornecido no *site* da editora contém uma versão educacional do LINDO/LINGO, acompanhada de extensivo tutorial. O Apêndice 4.1 fornece uma introdução rápida. Afora isso, o software contém extensivo sistema de ajuda *on-line*. O *Courseware* de PO também inclui formulações LINGO/LINDO para os principais exemplos deste livro.

Solucionadores que se baseiam em planilhas têm se tornado cada vez mais populares para programação linear e suas extensões. Na dianteira estão os solucionadores desenvolvidos pela Frontline Systems para Excel e outros pacotes de planilha. Além do solucionador básico fornecido com estes pacotes, também estão disponíveis produtos Premium Solver mais poderosos. Em razão do disseminado emprego de pacotes de planilha como o Microsoft Excel, esses solucionadores estão apresentando, pela primeira vez, um grande número de pessoas ao potencial da programação linear. Para problemas relativamente pequenos (e problemas consideravelmente maiores também), as planilhas oferecem uma maneira conveniente de se formular e resolver o modelo, conforme descrito na Seção 3.5. Os solucionadores para planilha mais poderosos são capazes de resolver modelos relativamente grandes com vários milhares de variáveis de decisão. Entretanto, quando a planilha cresce para um tamanho indomável, uma boa linguagem de modelagem e seu solucionador podem oferecer uma sistemática mais eficiente na formulação e resolução de modelos.

As planilhas fornecem uma excelente ferramenta de comunicação, especialmente ao se lidar com típicos gerentes que se sentem muito à vontade com esse formato, mas não com as formulações algébricas de modelos de PO. Portanto, pacotes de software de otimização e linguagens de modelagem agora são capazes de importar e exportar dados e resultados em um formato de planilha. Por exemplo, a linguagem de modelagem MPL agora inclui uma melhoria (chamada *OptiMax 2000 Component Library*) que possibilita ao modelador criar a sensação de um modelo em planilha para o usuário do modelo enquanto se usa a MPL para formular o modelo de modo muito eficiente. (A versão para estudantes do OptiMax 2000 pode ser encontrada no *Courseware* de PO.)

Premium solver for education é um dos *add-ins* do Excel incluídos no *site* da editora. Você pode instalá-los para extrair mais funcionalidade do que com o Excel Solver-padrão.

Consequentemente, todo o software, tutoriais e exemplos que se encontram no *site* da editora fornecem várias opções atrativas para programação linear.

Opções de software disponíveis para programação linear

1. Exemplos de demonstração (no Tutor PO) e procedimentos interativos e também automáticos no Tutorial IOR para a aprendizagem eficiente do método simplex;
2. Excel e seu Premium Solver para formular e resolver modelos de programação linear em um formato de planilha;
3. MPL/CPLEX para formular e resolver de modo eficiente modelos de programação linear de grande dimensão;
4. LINGO e seu solucionador (compartilhado com o LINDO) para uma maneira alternativa de formular e resolver de modo eficiente modelos de programação linear de grande porte.

Seu professor poderá especificar qual software usar. Seja qual for sua escolha, ganhará experiência com o tipo de software de ponta que é usado pelos profissionais da PO.

4.9 SISTEMÁTICA DO PONTO INTERNO NA RESOLUÇÃO DE PROBLEMAS DE PROGRAMAÇÃO LINEAR

O avanço mais impressionante no campo da pesquisa operacional durante os anos 1980 foi a descoberta da sistemática do ponto interno na resolução de problemas de programação linear. Esta descoberta ocorreu em 1984, feita por um jovem matemático na AT&T Bell Laboratories, Narendra Karmarkar, ao desenvolver um novo algoritmo para programação linear com esse tipo de metodologia. Embora esse algoritmo em particular tenha experimentado certo sucesso na concorrência com o método simplex, o conceito-chave de solução descrito a seguir parecia ter grande potencial para resolver problemas de programação linear *imensos*, além do alcance do método simplex. Muitos pesquisadores de alto nível trabalharam posteriormente no aperfeiçoamento do algoritmo de Karmarkar para atingir plenamente esse potencial. Obtiveram-se grandes progressos (e continuam) e uma série de algoritmos poderosos que usam a metodologia do ponto interno foi desenvolvida. Hoje, os pacotes de software mais poderosos que são desenvolvidos para resolver problemas de programação linear de grande porte (como o CPLEX) incluem pelo menos um algoritmo empregando a metodologia do ponto interno junto com o método simplex e suas variantes. À medida que continua a pesquisa sobre esses algoritmos, as correspondentes implementações em computador continuam a avançar. Isso estimulou a pesquisa renovada sobre o método simplex e suas implementações em computador também progridem. Mantém-se a disputa entre as duas sistemáticas pela supremacia na resolução de problemas de grande porte.

Vejamos agora a ideia-chave por trás do algoritmo de Karmarkar e suas variantes subsequentes que usam a metodologia do ponto interno.

Conceito-chave de solução

Embora radicalmente diverso do método simplex, o algoritmo de Karmarkar compartilha algumas características em comum com ele. É um *algoritmo* iterativo. Inicia-se identificando uma *solução experimental* viável. A cada iteração, move-se da solução experimental atual para outra melhor na região de soluções viáveis. Depois, mantém esse processo até chegar à solução experimental que é (essencialmente) ótima.

A grande diferença encontra-se na natureza dessas soluções experimentais. No método simplex, as soluções experimentais são *soluções PEF* (ou soluções BV após aumentar), de modo que todo o movimento ocorra ao longo da fronteira *dos lados do limite* da região de soluções viáveis. Para o algoritmo de Karmarkar, as soluções experimentais são **pontos internos**, isto é, pontos situados *dentro* dos limites da região de soluções viáveis. Por essa razão, o algoritmo de Karmarkar e suas variantes são conhecidos como **algoritmos dos pontos internos**.

Entretanto, devido a uma patente anteriormente obtida por uma versão anterior de um algoritmo dos pontos internos, esses algoritmos também são conhecidos comumente como **algoritmo de barreira** (ou *método da barreira*). O termo barreira é usado, pois, da perspectiva de uma busca cujas soluções experimentais são *pontos internos*, cada limite de restrição é tratado como uma barreira. A maioria dos pacotes de software agora emprega o termo barreira ao se referir às suas opções de solucionador que se baseiam na metodologia do ponto interno. Tanto o CPLEX quanto a API LINDO incluem um "algoritmo de barreira", que pode ser usado para solucionar problemas de programação linear, bem como problemas de programação quadrática (temas discutidos na Seção 12.7).

Para ilustrar a metodologia do ponto interno, a Figura 4.11 revela o percurso seguido pelo algoritmo de ponto interno no *Courseware* de PO quando aplicado ao problema da Wyndor Glass Co., partindo da solução experimental inicial (1, 2). Observe como todas as soluções experimentais (pontos) mostradas nesse caminho encontram-se dentro dos limites da região de soluções viáveis à medida que o caminho se aproxima da solução ótima (2, 6). (Todas as soluções experimentais subsequentes não mostradas também encontram-se dentro dos limites da região de soluções viáveis.) Compare esse caminho com aquele seguido pelo método simplex ao longo do contorno da região de soluções viáveis partindo de (0, 0) e indo para (0, 6) e depois para (2, 6).

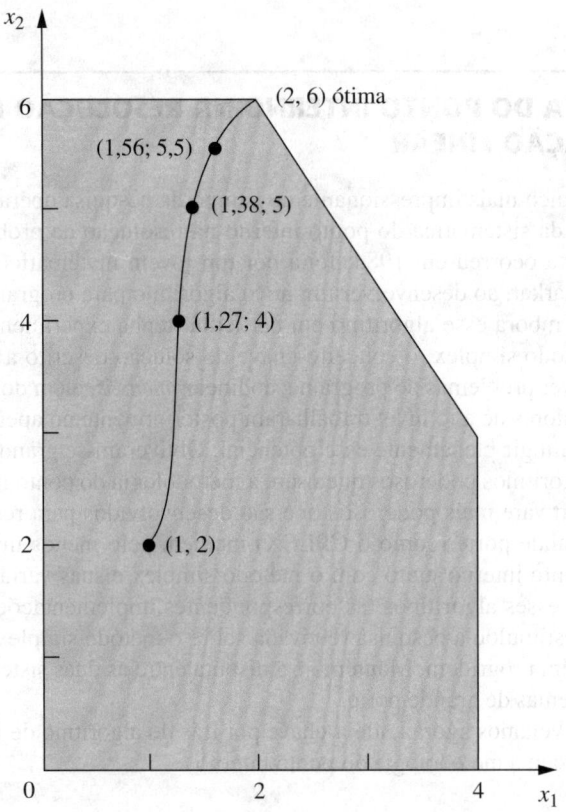

■ **FIGURA 4.11** A curva que vai de (1, 2) até (2, 6) mostra um percurso típico seguido por um algoritmo de ponto interno, diretamente pelo *interior* da região de soluções viáveis para o problema da Wyndor Glass Co.

A Tabela 4.18 indica a saída real do Tutorial IOR para esse problema[24]. Tente você mesmo. Observe como as soluções experimentais sucessivas se aproximam cada vez mais da solução ótima, mas jamais a atingem na prática. Porém, o desvio se torna tão infinitesimalmente pequeno que a solução experimental final pode ser assumida como a solução ótima para todos os fins práticos. A seção de Worked Examples no *site* da editora mostra também a saída do Tutorial IOR para **um outro exemplo**.

A Seção 7.4 apresenta os detalhes do algoritmo de ponto interno específico que é implementado no Tutorial IOR.

---

[24] O procedimento se chama *Solucione Automaticamente pelo Algoritmo de Ponto Interno*. O menu de opções fornece duas opções para certo parâmetro do algoritmo (definido na Seção 7.4). A opção usada aqui é o valor-padrão $\alpha = 0{,}5$.

■ **TABELA 4.18** Saída do algoritmo de ponto interno no Courseware de PO para o problema da Wyndor Glass Co.

Iteração	x_1	x_2	Z
0	1	2	13
1	1,27298	4	23,8189
2	1,37744	5	29,1323
3	1,56291	5,5	32,1887
4	1,80268	5,71816	33,9989
5	1,92134	5,82908	34,9094
6	1,96639	5,90595	35,429
7	1,98385	5,95199	35,7115
8	1,99197	5,97594	35,8556
9	1,99599	5,98796	35,9278
10	1,99799	5,99398	35,9639
11	1,999	5,99699	35,9819
12	1,9995	5,9985	35,991
13	1,99975	5,99925	35,9955
14	1,99987	5,99962	35,9977
15	1,99994	5,99981	35,9989

Comparação com o método simplex

Uma maneira significativa de se comparar os algoritmos de pontos internos com o método simplex é examinar suas propriedades teóricas em relação à complexidade computacional. Karmarkar provou que a versão original de seu algoritmo é um **algoritmo de tempo polinomial**, isto é, o tempo necessário para resolver qualquer problema de programação linear pode ser limitado acima por uma função polinomial do tamanho do problema. Foram construídos contraexemplos patológicos para demonstrar que o método simplex não possui essa propriedade, de modo que ele é um **algoritmo de tempo exponencial** (isto é, o tempo necessário pode ser limitado acima somente por uma função exponencial do tamanho do problema). Essa diferença no *desempenho do pior caso* é notável. Entretanto, ela não nos informa nada em relação à sua comparação em desempenho médio em problemas reais, que é a questão por excelência crucial.

Os dois fatores básicos que determinam o desempenho de um algoritmo em um problema real são o *tempo médio de processamento por iteração* e o *número de iterações*. Nossas próximas comparações dizem respeito a esses fatores.

Os algoritmos de pontos internos são bem mais complexos do que o método simplex. São necessários cálculos consideravelmente mais exaustivos em cada iteração para se encontrar a solução experimental seguinte. Desse modo, o tempo de processamento por iteração para um algoritmo de ponto interno é muitas vezes mais longo do que para o método simplex.

Nos problemas relativamente pequenos, o número de iterações necessárias por um algoritmo de ponto interno e pelo método simplex tende a ser algo comparável. Por exemplo, num problema com dez restrições funcionais, seriam necessárias aproximadamente 20 iterações para ambos os tipos de algoritmo. Consequentemente, em problemas de dimensões similares, o tempo de processamento total para um algoritmo de ponto interno tende a ser várias vezes mais longo que aquele para o método simplex.

No entanto, uma vantagem fundamental dos algoritmos de pontos internos é que problemas maiores não requerem muito mais iterações que problemas pequenos. Por exemplo, um problema com 10 mil restrições funcionais provavelmente exigirá algo abaixo de 100 iterações. Mesmo considerando o tempo de processamento bem substancial por iteração necessário para um problema desse porte, um número pequeno como este de iterações torna o problema bem maleável. Ao contrário, o método simplex poderia precisar de 20 mil iterações e, portanto, talvez não conseguissem terminar em um período de processamento razoável. Portanto, os algoritmos de pontos internos normalmente são mais rápidos que o método simplex para problemas de tal porte.

A razão para essa diferença tão grande no número de iterações em problemas muito grandes é a diferença nos caminhos seguidos. A cada iteração, o método simplex se desloca da solução PEF atual para a solução PEF adjacente ao longo de um lado no contorno da região de soluções viáveis. Problemas enormes possuem um número astronômico de soluções PEF. O caminho a partir da solução PEF inicial até se atingir uma solução ótima pode ser um bem tortuoso ao redor do contorno, avançando apenas um pouco de uma solução para a solução PEF seguinte, de modo que pode ser necessário um número enorme de etapas até se atingir efetivamente uma solução ótima. Ao contrário, um algoritmo de ponto interno contorna tudo isso percorrendo o interior da região de soluções viáveis em direção a uma solução ótima. Adicionar mais restrições funcionais acrescenta mais restrições de limite à região de soluções viáveis, mas pouco efeito sobre o número de soluções experimentais necessárias nesse caminho pelo interior. Isso torna possível para algoritmos de pontos internos resolver problemas com um número enorme de restrições funcionais.

Uma comparação-chave fundamental diz respeito à capacidade de realizar os diversos tipos de testes de otimalidade descritos na Seção 4.7. O método simplex e suas extensões ajustam-se muito bem e são amplamente utilizados nesse tipo de análise. Por exemplo, um produto da ILOG chamado Optimization Decision Manager faz pleno uso do método simplex no CPLEX para realizar uma ampla gama de tarefas de análise de pós-otimalidade de maneira conveniente. Infelizmente, a metodologia do ponto interno tem, atualmente, capacidade limitada nessa área[25]. Dada a grande importância da análise de pós-otimalidade, esse é um ponto fraco crucial nos algoritmos de pontos internos. Porém, indicamos a seguir como o método simplex pode ser combinado com a metodologia do ponto interno para suplantar esse inconveniente.

Papéis complementares do método simplex e da metodologia do ponto interno

Pesquisas em curso continuam a gerar melhorias substanciais nas implementações computacionais tanto do método simplex (incluindo suas variantes) quanto dos algoritmos de pontos internos. Portanto, quaisquer previsões sobre seu papel no futuro são arriscadas. Entretanto, sintetizamos efetivamente nossa avaliação atual de seu papel complementar.

O método simplex (e suas variantes) continua a ser o algoritmo-padrão para o uso rotineiro da programação linear. Ele continua a ser o algoritmo mais eficiente para problemas com menos de, digamos, 10 mil restrições funcionais. Ele também é o mais eficiente para alguns (mas não todos) problemas com até, digamos, 100 mil restrições funcionais e um número praticamente ilimitado das variáveis de decisão; portanto, a maioria dos usuários continuará a usar o método simplex para esses problemas. Contudo, aumentando ainda mais o número de restrições funcionais, torna-se cada vez mais provável que uma metodologia de ponto interno seja mais eficiente, de modo que ela agora é frequentemente mais usada.

À medida que o tamanho cresce para a casa das centenas de milhares, ou até mesmo milhões de restrições funcionais, a metodologia do ponto interno pode ser a única capaz de solucionar o problema. Porém, certamente este não é sempre o caso. Conforme mencionado na seção anterior, pacotes de software de ponta estão usando com sucesso o método simplex e suas variantes para resolver problemas realmente pesados com centenas de milhares ou até mesmo milhões de restrições funcionais e variáveis de decisão.

Essas generalizações sobre como a metodologia do ponto interno e o método simplex se comparam para problemas de várias dimensões não têm muito sentido. Os pacotes de software e

---

[25] Entretanto, continuam a avançar as pesquisas a fim de aumentar essa capacidade. Ver, por exemplo, E. A. Yildirim and M. J. Todd: "Sensitivity Analysis in Linear Programming and Semidefinite Programming Using Interior-Point Methods", *Mathematical Programming*, Series A, **90**(2): 229-261, April 2001.

equipamentos específicos que estão sendo usados têm impacto importantíssimo. A comparação também é afetada consideravelmente pelo *tipo específico* de problema de programação linear que está sendo resolvido. À medida que o tempo avança, deveremos aprender muito mais sobre como identificar tipos específicos de algoritimos que são mais adequados para determinado tipo de problema.

Uma das consequências da aparição da sistemática do ponto interno tem sido um renovado esforço para se aumentar a eficiência das implementações computadorizadas do método simplex. Conforme indicamos, deu-se um progresso incrível nos últimos anos, e mais virá no futuro. Ao mesmo tempo, pesquisa e desenvolvimento em curso sobre a metodologia do ponto interno aumentará ainda mais seu poder e, talvez, numa taxa de crescimento maior que aquela do método simplex.

Aperfeiçoar a tecnologia dos computadores, como processamento paralelo pesado (um número enorme de computadores trabalhando em paralelo em diferentes partes do mesmo problema) também aumentará substancialmente o tamanho do problema que ambos os tipos de algoritmos conseguem resolver. Entretanto, parece que, agora, a metodologia do ponto interno tem maior potencial para tirar proveito de processamento paralelo que o método simplex.

Como discutiu-se anteriormente, uma desvantagem fundamental da metodologia do ponto interno está em sua capacidade reduzida de realizar análise de pós-otimalidade. Para suplantar esse ponto fraco, os pesquisadores vêm desenvolvendo procedimentos para alternar ao método simplex após um algoritmo de ponto interno ter sido finalizado. Lembre-se de que as soluções experimentais obtidas por um algoritmo de ponto interno vão se aproximando cada vez mais de uma solução ótima (a melhor solução PEF), mas jamais chegam lá. Portanto, um procedimento de mudança para o outro método requer a identificação de uma solução PEF (ou solução BV após o processo de aumento) que está muito perto da solução experimental final.

Por exemplo, observando-se a Figura 4.11, é fácil perceber que a solução experimental final na Tabela 4.18 está muito próxima da solução PEF (2, 6). Infelizmente, em problemas com milhares de variáveis de decisão (portanto, sem nenhum gráfico disponível), identificar uma solução PEF (ou BV) próxima é uma tarefa desafiante e que toma muito tempo. Porém, tem sido alcançado um bom progresso no desenvolvimento de procedimentos para determiná-lo. Por exemplo, a versão profissional completa do CPLEX inclui um *algoritmo de transição* que converte as soluções obtidas pelo seu "algoritmo de barreira" em uma solução BV.

Assim que essa solução BV próxima tiver sido encontrada, o teste de otimalidade para o método simplex será aplicado para verificar se essa é realmente a solução BV ótima. Se não for, são conduzidas algumas iterações do método simplex indo de uma solução BV para uma solução ótima. Geralmente, são necessárias apenas algumas poucas iterações (talvez uma), pois o algoritmo de ponto interno nos trouxe para bem próximo de uma solução ótima. Logo, essas iterações devem ser feitas relativamente rápido, mesmo em problemas que são tão imensos para ser resolvidos da estaca zero. Após uma solução ótima ter sido realmente alcançada, o método simplex e suas variantes são aplicadas para ajudar a realizar na análise de pós-otimalidade.

Em razão das dificuldades envolvidas na aplicação de um procedimento de mudança (inclusive o tempo de processamento extra), alguns profissionais preferem usar apenas o método simplex desde o princípio. Isso faz sentido quando se encontram ocasionalmente problemas suficientemente grandes para um algoritmo de ponto interno ser modestamente mais rápido (antes de fazer a mudança) que o método simplex. Essa modesta aceleração não justificaria nem o tempo de processamento extra nem um procedimento de mudança para o outro método, além do alto custo de aquisição (e de aprendizado) de um pacote de software baseado na metodologia do ponto interno. No entanto, para organizações que frequentemente têm de enfrentar problemas de programação linear extremamente grandes, adquirir um pacote de software desse tipo (inclusive um procedimento de mudança de método) provavelmente valha a pena. Para problemas de grandíssimo porte, a única maneira disponível de solucioná-los pode ser com um pacote de software desses.

Aplicações de modelos de programação linear de grandes dimensões algumas vezes levam a uma economia de milhões de dólares. Uma simples aplicação destas pode pagar por várias vezes um pacote de software de ponta com base na metodologia do ponto interno, além do procedimento de mudança para o método simplex no final.

4.10 CONCLUSÕES

O método simplex é um algoritmo confiável e eficiente para solucionar problemas de programação linear. Também fornece a base para realizar várias partes da análise de pós-otimalidade de maneira muito eficiente.

Embora possua uma interpretação geométrica útil, o método simplex é um procedimento algébrico. A cada iteração, ele se desloca da solução BV atual para uma solução BV adjacente melhor, escolhendo uma variável básica que entra e também uma que sai e, depois, aplica a eliminação gaussiana para resolver um sistema de equações lineares. Quando a solução encontrada não tem nenhuma solução BV adjacente que seja melhor, sua solução é ótima e o algoritmo interrompe.

Apresentamos a forma algébrica do método simplex para transmitir sua lógica e, a seguir, o aperfeiçoamos para uma forma tabular mais conveniente. Configurando-se a inicialização do método simplex, algumas vezes é necessário o emprego de variáveis artificiais para se obter uma solução BV inicial em um problema artificial. Em caso positivo, o método do "grande número" ou então o método das duas fases é utilizado, garantindo assim que o método simplex obtenha uma solução ótima para o problema real original.

Implementações em computador do método simplex e suas variantes se tornaram tão poderosas que agora são frequentemente usadas para resolver problemas de programação linear com vários milhares de restrições funcionais e variáveis de decisão e, ocasionalmente, problemas muito maiores. Algoritmos de pontos internos também fornecem uma ferramenta poderosa para solucionar problemas de grandes dimensões.

APÊNDICE 4.1 UMA INTRODUÇÃO PARA O EMPREGO DO LINDO E DO LINGO

O software LINDO é projetado para facilitar seu uso e aprendizado, especialmente para problemas pequenos do tipo que você encontrará neste livro. Além da programação linear, também pode ser usado para resolver problemas de programação inteira (Capítulo 11) e problemas de programação quadrática (Seção 12.7). Nosso enfoque neste apêndice fica no seu uso na programação linear.

O software LINGO é capaz de aceitar modelos de otimização em ambos os estilos ou sintaxes: a) sintaxe LINDO ou b) sintaxe LINGO. Descreveremos, primeiro, a sintaxe LINDO. As vantagens relativas da sintaxe LINDO são o fato de ela ser muito fácil e natural para problemas simples de programação linear ou inteira. Ela vem sendo amplamente usada desde 1981.

A sintaxe LINDO permite que introduzamos um modelo de forma natural, basicamente como é apresentado em um livro-texto. Por exemplo, eis como seria introduzido o exemplo da Wyndor Glass Co. apresentado na Seção 3.1. Partindo do pressuposto que você já tenha instalado o LINGO, basta clicar no ícone LINGO para iniciá-lo e digitar o seguinte:

```
! Wyndor Glass Co. Problem. LINDO model
! X1 = batches of product 1 per week
! X2 = batches of product 2 per week
! Profit, in 1000 of dollars,
MAX  Profit) 3 X1 + 5 X2
Subject to
! Production time
Plant1) X1 <= 4
Plant2) 2 X2 <= 12
Plant3) 3 X1 + 2 X2 <= 18
END
```

As quatro primeiras linhas, cada uma delas inicia com um ponto de exclamação, são simples comentários. O comentário da quarta linha esclarece ainda mais que a função objetivo é expressa em unidades de milhares de dólares. O número 1.000 nesse comentário não tem a vírgula (usual na notação norte-americana) diante dos três últimos dígitos, pois o LINDO/LINGO não aceita vírgulas. (A sintaxe LINDO também não aceita parênteses em expressões algébricas.) A linha cinco em diante especifica o modelo. As variáveis de decisão podem ser tanto em letras minúsculas como maiúsculas. Normalmente são usadas letras maiúsculas de modo que as variáveis não parecerão pequenas em relação aos "subscritos" que as seguem. Em vez de X1 ou X2, talvez seja melhor utilizar nomes mais sugestivos, como o nome do produto que está sendo fabricado; por exemplo, DOORS e WINDOWS, para representar a variável de decisão ao longo do modelo.

A quinta linha da formulação LINDO indica que o objetivo do modelo é maximizar a função objetivo, $3x_1 + 5x_2$. A palavra Profit seguida de um parêntese é opcional; ela esclarece que a quantidade maximizada deve ser chamada Profit no relatório de soluções.

O comentário na sétima linha indica que as restrições seguintes são sobre os tempos de produção utilizados. As três linhas seguintes começam atribuindo um nome diferente (repetindo, opcional, seguido por um parêntese) para cada uma das restrições funcionais. Essas restrições são escritas da maneira usual, exceto pelos sinais de igualdade. Pelo fato de a maioria dos teclados não incluir sinais $\leq$ e $\geq$, o LINDO interpreta $<$ ou $<=$ como $\leq$ e $>$ ou $>=$ como $\geq$. (Em teclados que incluem sinais de $\leq$ e $\geq$, o LINDO não vai reconhecê-los.)

O final das restrições é representado pela palavra END. Não é declarada nenhuma restrição de não negatividade, porque o LINDO assume automaticamente que todas as variáveis são ≥ 0. Se, digamos, x_1 não tivesse uma restrição de não negatividade, isso se indicaria digitando-se FREE X1 na linha seguinte abaixo de END.

Para solucionar esse método no LINDO/LINGO, pressione o botão vermelho "*Bull's Eye solve*" na parte superior da janela LINGO. A Figura A4.1 mostra o "relatório de solução" resultante. As linhas superiores indicam que se encontrou a melhor de todas as soluções ou, simplesmente a "solução global" com um valor de função objetivo igual a 36, em duas iterações. Em seguida temos os valores de x_1 e x_2 para a solução ótima.

A coluna à direita de Values fornece os **custos reduzidos**. Não discutimos os custos reduzidos neste capítulo, pois as informações que eles fornecem também podem ser extraídas do *intervalo possível* para os coeficientes na função objetivo. Esses intervalos possíveis se encontram prontamente disponíveis (como você verá na figura seguinte). Quando a variável for do tipo básica na solução ótima (como acontece para ambas as variáveis no problema da Wyndor), seu custo reduzido é automaticamente 0. Quando se tratar de uma *variável não básica*, seu custo reduzido fornece alguma informação interessante. Uma variável cujo coeficiente-objetivo for "muito pequeno" em um modelo de maximização ou "muito grande" em um modelo de minimização terá um valor 0 em uma solução ótima. O custo reduzido indica quanto esse coeficiente precisa ser *aumentado* (ao maximizar) ou *diminuído* (ao minimizar) antes que a solução ótima mude e essa variável se torne uma *variável básica*. Lembre-se, entretanto, de que essa mesma informação se encontra disponível no intervalo possível para o coeficiente dessa variável na função objetivo. O custo reduzido (para uma variável não básica) é apenas o *acréscimo possível* (ao maximizar) do valor atual desse coeficiente para permanecer em seu intervalo possível ou o *decréscimo possível* (ao minimizar).

A parte inferior da Figura A4.1 fornece informações sobre as três restrições funcionais. A coluna *Capacidade Ociosa* ou *Excedente* dá a diferença entre os dois lados de cada restrição. A coluna *Preço Dual* fornece, com outro nome, os preços-sombra discutidos na Seção 4.7 para essas restrições*. (Esse nome alternativo provém do

```
Global optimal solution found.

Objective value:                            36.00000

Total solver iterations:                           2

    Variable      Value       Reduced Cost
       X1       2.000000         0.000000
       X2       6.000000         0.000000

       Row    Slack or Surplus   Dual Price
     PROFIT       36.00000         1.000000
     PLANT1        2.000000         0.000000
     PLANT2        0.000000         1.500000
     PLANT3        0.000000         1.000000
```

■ **FIGURA A4.1** O relatório de solução gerado pela sintaxe LINDO para o problema Wyndor Glass Co.

---

*N. de R.T.: No caso das restrições é a diferença entre o valor limite da restrição e o quanto é utilizado.

fato encontrado na Seção 6.1 de que esses preços-sombra são apenas os valores ótimos das variáveis *duais* apresentadas no Capítulo 6.) No entanto, esteja atento ao fato de o LINDO usar uma convenção de sinais diferente da comumente adotada em qualquer outra parte desse texto (veja a nota de rodapé 19 que trata da definição de preço-sombra na Seção 4.7). Particularmente para problemas de minimização, os preços-sombra (preços duais) no LINGO/LINDO são o negativo daqueles por nós adotados.

Após o LINDO fornecer o relatório de solução, você também terá a opção de realizar a análise (de sensibilidade) do intervalo. A Figura A4.2 mostra o *relatório de intervalos*, gerado ao se clicar o "LINGO | Range".

Exceto pelo fato de usar unidades de milhares de dólares em vez de dólares para os coeficientes na função objetivo, esse relatório é idêntico às três últimas colunas da tabela do *relatório de sensibilidade* gerado pelo Excel Solver, conforme indicado anteriormente na Figura 4.10. Portanto, como já se discutiu na Seção 4.7, as duas primeiras linhas de números desse relatório de *intervalos indicam que o intervalo possível* para cada coeficiente na função objetivo (assumindo-se que não haja nenhuma outra mudança no modelo) é:

$$0 \leq c_1 \leq 7,5$$
$$2 \leq c_2.$$

Do mesmo modo, as três últimas linhas indicam que *o intervalo possível* para cada lado direito (assumindo-se que não haja nenhuma outra mudança no modelo) é:

$$2 \leq b_1$$
$$6 \leq b_2 \leq 18$$
$$12 \leq b_3 \leq 24$$

É possível imprimir os resultados na forma Windows tradicional, clicando-se em "Files | Print".

Esses são os fundamentos para iniciar o uso do LINGO/LINDO. É possível ativar/desativar a geração de relatórios. Por exemplo, se a geração automática do relatório de solução-padrão tiver sido desativada (modo Terse), é possível reativá-la clicando-se em: "LINGO | Options | Interface | Output level | Verbose | Apply". O recurso de geração de relatórios de intervalos pode ser ativado/desativado clicando-se em: "LINGO | Options | General solver | Dual computations | Prices & Ranges | Apply".

```
         Ranges in which the basis is unchanged:
                     Objective Coefficient Ranges
                     Current      Allowable    Allowable
         Variable    Coefficient  Increase     Decrease
            X1       3.000000     4.500000     3.000000
            X2       5.000000     INFINITY     3.000000
                     Righthand Side Ranges
            Row      Current      Allowable    Allowable
                     RHS          Increase     Decrease
         PLANT1      4.000000     INFINITY     2.000000
         PLANT2      12.000000    6.000000     6.000000
         PLANT3      18.000000    6.000000     6.000000
```

■ **FIGURA A4.2** Relatório de intervalo gerado pelo LINDO para o problema Wyndor Glass Co.

O segundo estilo de entrada que o LINGO suporta é a sintaxe LINGO, extremamente mais poderosa que a sintaxe LINDO. As vantagens do uso da sintaxe LINGO são: a) permite expressões matemáticas arbitrárias, inclusive parênteses e todos os operadores matemáticos familiares como divisão, multiplicação, log, sen etc.; b) a habilidade de resolver não apenas problemas de programação linear, mas também problemas de programação não linear; c) escalabilidade para aplicações volumosas por meio do emprego de conjuntos e variáveis subscritas; d) a habilidade de ler dados de entrada provenientes de uma planilha ou banco de dados e jogar informações de soluções de volta para uma planilha ou banco de dados; e) a habilidade de representar naturalmente relações esparsas; f) capacidade de programação que possibilita resolver automaticamente uma série de modelos, por exemplo, ao realizar análises paramétricas. Uma formulação do problema da Wyndor em LINGO, usando o recurso de subscrito/conjuntos ficaria assim:

```
! Wyndor Glass Co. Problem;
SETS:
 PRODUCT: PPB, X;              ! Each product has a profit/batch
and amount;
 RESOURCE: HOURSAVAILABLE;     ! Each resource has a capacity;
! Each resource product combination has an hours/batch;
 RXP(RESOURCE,PRODUCT): HPB;
ENDSETS
DATA:
 PRODUCT  =  DOORS   WINDOWS;      ! The products;
     PPB  =    3        5;         ! Profit per batch;

       RESOURCE  = PLANT1 PLANT2 PLANT3;
 HOURSAVAILABLE  =    4     12     18;

  HPB  =   1    0         ! Hours per batch;
           0    2
           3    2;
ENDDATA
! Sum over all products j the profit per batch times batches
produced;
MAX = @SUM( PRODUCT(j): PPB(j)*X(j));

@FOR( RESOURCE(i)):  ! For each resource i...;
   ! Sum over all products j of hours per batch time batches
produced...;
    @SUM(RXP(i,j): HPB(i,j)*X(j)) <= HOURSAVAILABLE(i);
      );
```

O problema original da Wyndor tem dois produtos e três recursos. Se a Wyndor expandir para quatro produtos e cinco recursos, é uma mudança trivial inserir os novos dados apropriados na seção DATA. A formulação do modelo ajusta-se automaticamente. A capacidade de subscritos/conjuntos também possibilita que se represente naturalmente modelos tridimensionais ou superiores. O maior problema descrito na Seção 3.6 apresenta cinco dimensões: fábricas, máquinas, produtos, regiões/clientes e períodos de tempo. Isso seria difícil de se adequar a uma planilha bidimensional, mas é fácil de se representar em uma linguagem de modelagem com conjuntos e subscritos. Na prática, para problemas como aquele da Seção 3.6, muitas das $10(10)(10)(10)(10) = 100.000$ combinações possíveis de relações não existem. Por exemplo, nem todas as fábricas são capazes de fabricar todos os produtos e nem todos os clientes demandam todos os produtos. A capacidade de subscrito/conjuntos em linguagens de modelagem facilita a representação dessas relações esparsas.

Para a maioria dos modelos que apresentamos, o LINGO será capaz de detectar automaticamente se usamos a sintaxe LINDO ou a sintaxe LINGO. É possível escolher uma sintaxe *default* clicando em: LINGO | Options | Interface | File format | lng (para o LINGO) ou ltx (para o LINDO).

O LINGO inclui um extensivo menu Help *on-line* para dar detalhes e exemplos. Os suplementos 1 e 2 para o Capítulo 3 (mostrados no *site* da editora) fornecem uma introdução relativamente completa sobre o LINGO. O tutorial LINGO que se encontra no *site* fornece detalhes adicionais. Os arquivos LINGO/LINDO no *site* da editora para diversos capítulos mostram formulações LINDO/LINGO para inúmeros exemplos da maior parte dos capítulos.

REFERÊNCIAS SELECIONADAS

1. Bixby, R. E.: "Solving Real-World Linear Programs: A Decade and More of Progress", *Operations Research*, **50**(1): 3-15, January-February 2002.
2. Dantzig, G. B., and M. N. Thapa: *Linear Programming 1: Introduction*, Springer, New York, 1997.
3. Fourer, R.: "Software Survey: Linear Programming", *OR/MS Today*, June 2007, pp. 42-51.
4. Luenberger, D., and Y. Ye: *Linear and Nonlinear Programming*, 3rd ed., Springer, New York, 2008.
5. Maros, I.: *Computational Techniques of the Simplex Method*, Kluwer Academic Publishers (now Springer), Boston, MA, 2003.
6. Schrage, L.: *Optimization Modeling with LINGO*, LINDO Systems, Chicago, 2008.
7. Tretkoff, C., and I. Lustig: "New Age of Optimization Applications", *OR/MS Today*, December 2006, pp. 46-49.
8. Vanderbei, R. J.: *Linear Programming: Foundations and Extensions*, 3rd ed., Springer, New York, 2008.

FERRAMENTAS DE APRENDIZADO NO *SITE*

Worked examples:

Exemplos do Capítulo 4

Exemplos demonstrativos no tutor PO:

Interpretação de Variáveis de Folga
Método Simplex – Forma Algébrica
Método Simplex – Forma Tabular

Procedimentos interativos no tutorial IOR:

Introdução ou Revisão de um Modelo de Programação Linear Genérico
Configuração para o Método Simplex – Somente Interativo
Resolução de Problemas Interativamente pelo Método Simplex
Método Gráfico Interativo

Procedimentos automáticos no tutorial IOR:

Resolução de Problemas Automaticamente pelo Método Simplex
Resolução de Problemas Automaticamente pelo Algoritmo de Ponto Interno
Método Gráfico e Análise de Sensibilidade

Programa adicional do Excel:

Premium Solver for Education

Arquivos (Capítulo 3) para solucionar os exemplos da Wyndor e da radioterapia:

Arquivos em Excel
Arquivo LINGO/LINDO
Arquivo MPL/CPLEX

Glossário do Capítulo 4

Ver o Apêndice 1 para obter documentação sobre o software.

PROBLEMAS

Os símbolos à esquerda de alguns problemas (ou parte deles) têm o seguinte significado:

- **D:** O exemplo demonstrativo correspondente listado na página precedente pode ser útil.
- **I:** Sugerimos que se use o procedimento interativo correspondente listado na página precedente (a impressão registra seu trabalho).
- **C:** Use o computador com qualquer uma das opções de software disponíveis (ou conforme orientação de seu professor) para resolver o problema automaticamente. (Ver a Seção 4.8 para obter uma listagem das opções disponíveis neste livro ou no *site* da editora.)

Um asterisco no número do problema indica que pelo menos há uma resposta parcial no final do livro.

4.1-1 Considere o seguinte problema:

Maximizar $Z = x_1 + 2x_2$,

sujeito a

$$x_1 \leq 5$$
$$x_2 \leq 6$$
$$x_1 + x_2 \leq 8$$

e

$$x_1 \geq 0, \quad x_2 \geq 0.$$

(a) Trace a região de soluções viáveis e circule todas as soluções PEF.

(b) Para cada solução PEF, identifique o par de equações de limite de restrição que ela satisfaz.

(c) Para a solução PEF, use este par de equações de limite de restrição para resolver o problema algebricamente em busca dos valores de x_1 e x_2 no ponto extremo.
(d) Para cada solução PEF, identifique suas soluções PEF adjacentes.
(e) Para cada par de soluções PEF adjacentes, identifique o limite de restrição que elas compartilham dando sua equação.

4.1-2 Considere o problema a seguir:

$$\text{Maximizar} \quad Z = 3x_1 + 2x_2,$$

sujeito a

$$2x_1 + x_2 \leq 6$$
$$x_1 + 2x_2 \leq 6$$

e

$$x_1 \geq 0, \quad x_2 \geq 0.$$

D,I (a) Use o método gráfico para solucionar este problema. Circule todos os pontos extremos do gráfico.
(b) Para cada solução PEF, identifique o par de equações de limite de restrição que ela satisfaz.
(c) Para cada solução PEF, identifique sua solução PEF adjacente.
(d) Calcule Z para cada solução PEF. Use esta informação para identificar uma solução ótima.
(e) Descreva graficamente o que o método simplex faz, passo a passo, para solucionar um problema.

4.1-3 Certo modelo de programação linear que envolve duas atividades possui a região de soluções viáveis indicada a seguir.

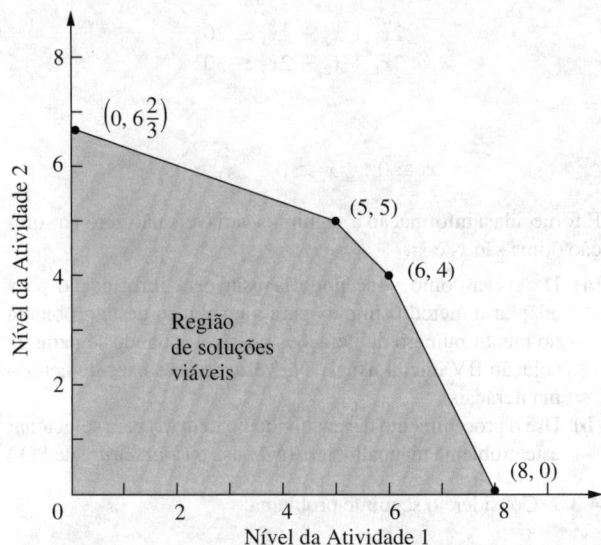

O objetivo é maximizar o lucro total das duas atividades. O lucro unitário para a atividade 1 é de US$ 1.000 e o lucro unitário para a atividade 2 é de US$ 2.000.

(a) Calcule o lucro total para cada solução PEF. Use esta informação para encontrar uma solução ótima.
(b) Use os conceitos de solução do método simplex apresentados na Seção 4.1 para identificar a sequência de soluções PEF que seriam examinadas pelo método simplex para chegar a uma solução ótima.

4.1-4* Considere o modelo de programação linear (fornecido no final do livro), que foi formulado para o Problema 3.2-3.

(a) Use a análise gráfica para identificar todas as *soluções em pontos extremos* para este modelo. Classifique cada um deles como viável ou inviável.
(b) Calcule o valor da função objetivo para cada uma das soluções PEF. Use esta informação para identificar uma solução ótima.
(c) Use os conceitos de solução do método simplex apresentados na Seção 4.1 para identificar qual sequência de soluções PEF poderia ser examinada pelo método simplex a fim de chegar a uma solução ótima. (*Dica*: há *duas* sequências alternativas a ser identificadas neste modelo.)

4.1-5 Repita o Problema 4.1-4 para o problema a seguir.

$$\text{Maximizar} \quad Z = x_1 + 2x_2,$$

sujeito a

$$x_1 + 3x_2 \leq 8$$
$$x_1 + x_2 \leq 4$$

e

$$x_1 \geq 0, \quad x_2 \geq 0.$$

4.1-6 Descreva graficamente o que o método simplex faz passo a passo para solucionar o problema a seguir.

$$\text{Maximizar} \quad Z = 2x_1 + 3x_2,$$

sujeito a

$$-3x_1 + x_2 \leq 1$$
$$4x_1 + 2x_2 \leq 20$$
$$4x_1 - x_2 \leq 10$$
$$-x_1 + 2x_2 \leq 5$$

e

$$x_1 \geq 0, \quad x_2 \geq 0.$$

4.1-7 Descreva graficamente o que o método simplex faz passo a passo para solucionar o problema a seguir.

$$\text{Minimizar} \quad Z = 5x_1 + 7x_2,$$

sujeito a

$$2x_1 + 3x_2 \geq 147$$
$$3x_1 + 4x_2 \geq 210$$
$$x_1 + x_2 \geq 63$$

e

$$x_1 \geq 0, \quad x_2 \geq 0.$$

4.1-8 Classifique cada uma das afirmações a seguir como verdadeira ou falsa e depois justifique sua resposta.

(a) Para problemas de minimização, se a função objetivo avaliada em uma solução PEF for maior que seu valor em cada uma das soluções PEF adjacentes, então esta solução é ótima.

(b) Somente soluções PEF podem ser ótimas e, portanto, o número de soluções ótimas não pode exceder o número de soluções PEF.

(c) Se existem múltiplas soluções ótimas, então uma solução ótima pode ter uma solução PEF adjacente que também é ótima (o mesmo valor de Z).

4.1-9 As afirmações a seguir fornecem paráfrases imprecisas dos seis conceitos de solução apresentado na Seção 4.1. Em cada caso, explique o que há de errado na afirmação.

(a) A melhor solução PEF sempre é uma solução ótima.

(b) Uma iteração do método simplex verifica se a solução PEF atual é ótima ou não e, caso não seja, desloca-se para uma nova solução PEF.

(c) Embora qualquer solução PEF possa ser escolhida para ser a solução PEF inicial, o método simplex sempre escolhe a origem.

(d) Quando o método simplex estiver pronto para escolher uma nova solução PEF partindo da solução PEF atual, ele considera apenas soluções PEF adjacentes, pois uma delas provavelmente é uma solução ótima.

(e) Para escolher a nova solução PEF partindo da solução PEF atual, o método simplex identifica todas as soluções PEF adjacentes e determina qual delas resulta na maior taxa de aumento no valor da função objetivo

4.2-1 Reconsidere o modelo no Problema 4.1-4.

(a) Inclua variáveis de folga de modo a escrever as restrições funcionais na forma aumentada.

(b) Para cada solução PEF identifique a solução BV correspondente calculando os valores das variáveis de folga. Para cada solução BV adjacente, use os valores das variáveis para identificar as variáveis não básicas e as variáveis básicas.

(c) Para cada solução BV demonstre (agregando a solução) que, após as variáveis não básicas serem configuradas em zero, esta solução BV também é a solução simultânea do sistema de equações obtido no item (*a*).

4.2-2 Reconsidere o modelo do Problema 4.1-5. Siga as instruções do Problema 4.2-1 para os itens (*a*), (*b*) e (*c*).

(d) Repita o item (*b*) para as soluções em pontos extremos infactíveis e as soluções básicas inviáveis correspondentes.

(e) Repita o item (*c*) para as soluções básicas inviáveis.

4.3-1 Leia o artigo referido que descreve completamente o estudo de PO sintetizado no Exemplo de Aplicação apresentado na Seção 4.3. Descreva brevemente como o método simplex foi aplicado nesse estudo. Em seguida, enumere os diversos benefícios financeiros ou não resultantes desse estudo.

D,I **4.3-2** Trabalhe com o método simplex (na forma algébrica), passo a passo, para solucionar o modelo do Problema 4.1-4.

4.3-3 Reconsidere o modelo do Problema 4.1-5.

(a) Trabalhe com o método simplex (na forma algébrica) *manualmente* para solucionar este modelo.

D,I **(b)** Repita o item (*a*) com a correspondente rotina interativa no Tutorial IOR.

C **(c)** Verifique a solução ótima obtida utilizando um pacote de software que se baseia no método simplex.

D,I **4.3-4*** Pelo método simplex (na forma algébrica), passo a passo, solucione o problema a seguir.

$$\text{Maximizar} \quad Z = 4x_1 + 3x_2 + 6x_3,$$

sujeito a

$$3x_1 + x_2 + 3x_3 \leq 30$$
$$2x_1 + 2x_2 + 3x_3 \leq 40$$

e

$$x_1 \geq 0, \quad x_2 \geq 0, \quad x_3 \geq 0.$$

D,I **4.3-5** Pelo método simplex (na forma algébrica), passo a passo, solucione o problema a seguir.

$$\text{Maximizar} \quad Z = 3x_1 + 4x_2 + 5x_3,$$

sujeito a

$$3x_1 + x_2 + 5x_3 \leq 150$$
$$x_1 + 4x_2 + x_3 \leq 120$$
$$2x_1 + 2x_3 \leq 105$$

e

$$x_1 \geq 0, \quad x_2 \geq 0, \quad x_3 \geq 0.$$

4.3-6 Considere o seguinte problema.

$$\text{Maximizar} \quad Z = 5x_1 + 3x_2 + 4x_3,$$

sujeito a

$$2x_1 + x_2 + x_3 \leq 20$$
$$3x_1 + x_2 + 2x_3 \leq 30$$

e

$$x_1 \geq 0, \quad x_2 \geq 0, \quad x_3 \geq 0.$$

É fornecida a informação a seguir: as variáveis não zero na solução ótima são x_2 e x_3.

(a) Descreva como você poderia usar esta informação para adaptar o método simplex para a resolução deste problema no menor número de iterações possível (quando se parte da solução BV inicial usual). Na verdade, *não* execute nenhuma iteração.

(b) Use o procedimento desenvolvido no item (*a*) para solucionar este problema manualmente. (*Não* use o *Courseware* de PO.)

4.3-7 Considere o seguinte problema:

$$\text{Maximizar} \quad Z = 2x_1 + 4x_2 + 3x_3,$$

sujeito a

$$x_1 + 3x_2 + 2x_3 \leq 30$$
$$x_1 + x_2 + x_3 \leq 24$$
$$3x_1 + 5x_2 + 3x_3 \leq 60$$

e

$$x_1 \geq 0, \quad x_2 \geq 0, \quad x_3 \geq 0.$$

Você recebe a informação de que $x_1 > 0$, $x_2 = 0$, e $x_3 > 0$ na solução ótima.

(a) Descreva como poderia usar esta informação para adaptar o método simplex para a resolução deste problema no menor número de iterações possível (quando se parte da solução BV inicial usual). Na verdade, *não* execute nenhuma iteração.

(b) Use o procedimento desenvolvido no item (*a*) para solucionar este problema manualmente. (*Não* use o *Courseware* de PO.)

4.3-8 Classifique cada uma das seguintes afirmações como verdadeira ou falsa e, a seguir, justifique sua resposta referindo-se a afirmações específicas no capítulo.

(a) A regra do método simplex para a escolha da variável básica que entra é usada porque ela sempre nos leva à *melhor* solução BV adjacente (maior Z).

(b) A regra da razão mínima do método simplex para a escolha da variável básica que sai é usada porque fazendo-se outra escolha com razão maior nos levaria a uma solução básica não viável.

(c) Quando o método simplex tenta chegar à solução BV seguinte, são usadas operações algébricas elementares para eliminar cada variável não básica de todas exceto uma equação (a sua própria equação) e para lhe atribuir um coeficiente 1 nesta mesma equação.

D,I **4.4-1** Repita o Problema 4.3-2 usando a forma tabular do método simplex.

D,I,C **4.4-2** Repita o Problema 4.3-3 usando a forma tabular do método simplex.

4.4-3 Considere o seguinte problema:

$$\text{Maximizar} \quad Z = 2x_1 + x_2,$$

sujeito a

$$x_1 + x_2 \le 40$$
$$4x_1 + x_2 \le 100$$

e

$$x_1 \ge 0, \quad x_2 \ge 0.$$

(a) Resolva este problema graficamente de maneira livre. Identifique também todas as soluções PEF.

D,I (b) Use agora o Tutorial IOR para resolver o problema graficamente.

D (c) Use cálculos manuais para resolver este problema pelo método simplex na forma algébrica.

D,I (d) Agora use o Tutorial IOR para resolver o problema interativamente pelo método simplex na forma algébrica.

D (e) Use cálculos manuais para resolver este problema pelo método simplex na forma tabular.

D,I (f) Agora use o Tutorial IOR para resolver este problema interativamente pelo método simplex na forma tabular.

C (g) Use um pacote de software com base no método simplex para solucionar o problema.

4.4-4 Repita o Problema 4.4-3 para o seguinte problema:

$$\text{Maximizar} \quad Z = 2x_1 + 3x_2,$$

sujeito a

$$x_1 + 2x_2 \le 30$$
$$x_1 + x_2 \le 20$$

e

$$x_1 \ge 0, \quad x_2 \ge 0.$$

4.4-5 Considere o seguinte problema:

$$\text{Maximizar} \quad Z = 5x_1 + 9x_2 + 7x_3,$$

sujeito a

$$x_1 + 3x_2 + 2x_3 \le 10$$
$$3x_1 + 4x_2 + 2x_3 \le 12$$
$$2x_1 + x_2 + 2x_3 \le 8$$

e

$$x_1 \ge 0, \quad x_2 \ge 0, \quad x_3 \ge 0.$$

D,I (a) Use o método simplex, passo a passo, na forma algébrica.
D,I (b) Use o método simplex, passo a passo, na forma tabular.
C (c) Use um pacote de software com base no método simplex para solucionar o problema.

4.4-6 Considere o seguinte problema:

$$\text{Maximizar} \quad Z = 3x_1 + 5x_2 + 6x_3,$$

sujeito a

$$2x_1 + x_2 + x_3 \le 4$$
$$x_1 + 2x_2 + x_3 \le 4$$
$$x_1 + x_2 + 2x_3 \le 4$$
$$x_1 + x_2 + x_3 \le 3$$

e

$$x_1 \ge 0, \quad x_2 \ge 0, \quad x_3 \ge 0.$$

D,I (a) Use o método simplex, passo a passo, na forma algébrica.
D,I (b) Use o método simplex, passo a passo, na forma tabular.
C (c) Use um pacote de software baseado no método simplex para solucionar o problema.

D,I **4.4-7** Use o método simplex, passo a passo, (na forma tabular) para resolver o seguinte problema:

$$\text{Maximizar} \quad Z = 2x_1 - x_2 + x_3,$$

sujeito a

$$3x_1 + x_2 + x_3 \le 6$$
$$x_1 - x_2 + 2x_3 \le 1$$
$$x_1 + x_2 - x_3 \le 2$$

e

$$x_1 \ge 0, \quad x_2 \ge 0, \quad x_3 \ge 0.$$

D,I **4.4-8** Use o método simplex, passo a passo, para resolver o seguinte problema:

$$\text{Maximizar} \quad Z = -x_1 + x_2 + 2x_3,$$

sujeito a

$$\begin{aligned} x_1 + 2x_2 - x_3 &\leq 20 \\ -2x_1 + 4x_2 + 2x_3 &\leq 60 \\ 2x_1 + 3x_2 + x_3 &\leq 50 \end{aligned}$$

e

$$x_1 \geq 0, \quad x_2 \geq 0, \quad x_3 \geq 0.$$

4.5-1 Considere as afirmações a seguir sobre a programação linear e o método simplex. Classifique cada uma delas como verdadeira ou falsa e, a seguir, justifique sua resposta.

(a) Em determinada iteração do método simplex, se houver um empate para qual variável deverá ser a variável básica que sai, então a solução BV seguinte deve ter pelo menos uma variável básica igual a zero.

(b) Se não houver nenhuma variável básica que sai na mesma iteração, então o problema não tem nenhuma solução viável.

(c) Se pelo menos uma das variáveis básicas tiver um coeficiente igual a zero na linha 0 da tabela final, então o problema tem soluções ótimas múltiplas.

(d) Se o problema tiver soluções ótimas múltiplas, então o problema tem que ter uma região de soluções viáveis limitada.

4.5-2 Suponha as restrições a seguir que foram fornecidas para um modelo de programação linear com variáveis de decisão x_1 e x_2.

$$\begin{aligned} -2x_1 + 3x_2 &\leq 12 \\ -3x_1 + 2x_2 &\leq 2 \end{aligned}$$

e

$$x_1 \geq 0, \quad x_2 \geq 0.$$

(a) Demonstre graficamente que a região de soluções viáveis é ilimitada.

(b) Se o objetivo for o de maximizar $Z = -x_1 + x_2$, o modelo tem uma solução ótima? Em caso positivo, encontre-a. Em caso negativo, explique por que não.

(c) Repita o item (b) quando o objetivo for o de maximizar $Z = x_1 - x_2$.

(d) Para as funções objetivo nas quais este modelo não tem nenhuma solução ótima, isto significa que não existem boas soluções de acordo com tal modelo? Explique. O que provavelmente deu errado ao formular o modelo?

D,I (e) Selecione uma função objetivo para a qual este modelo não tem nenhuma solução ótima. A seguir, usando o método simplex, passo a passo, demonstre que Z é ilimitado.

C (f) Para a função objetivo selecionada no item (e), use um pacote de software baseado no método simplex para determinar que Z é ilimitado.

4.5-3 Siga as instruções do Problema 4.5-2 quando as restrições são as seguintes:

$$\begin{aligned} 2x_1 - x_2 &\leq 20 \\ x_1 - 2x_2 &\leq 20 \end{aligned}$$

e

$$x_1 \geq 0, \quad x_2 \geq 0.$$

D,I **4.5-4** Considere o problema a seguir:

$$\text{Maximizar} \quad Z = 5x_1 + x_2 + 3x_3 + 4x_4,$$

sujeito a

$$\begin{aligned} x_1 - 2x_2 + 4x_3 + 3x_4 &\leq 20 \\ -4x_1 + 6x_2 + 5x_3 - 4x_4 &\leq 40 \\ 2x_1 - 3x_2 + 3x_3 + 8x_4 &\leq 50 \end{aligned}$$

e

$$x_1 \geq 0, \quad x_2 \geq 0, \quad x_3 \geq 0, \quad x_4 \geq 0.$$

Use o método simplex, passo a passo, para demonstrar que Z é ilimitado.

4.5-5 Uma propriedade básica de qualquer problema de programação linear com uma região de soluções viáveis limitada é que toda solução viável pode ser expressa como uma combinação convexa das soluções PEF (talvez em mais de uma maneira). De modo similar, para a forma aumentada do problema, toda solução viável pode ser expressa como uma combinação convexa das soluções BV.

(a) Demonstre que *qualquer* combinação convexa de *qualquer* conjunto de soluções viáveis tem que ser uma solução viável (de modo que qualquer combinação convexa de soluções PEF tem que ser viável).

(b) Use o resultado citado na parte (a) para mostrar que qualquer combinação convexa de soluções BV deve ser uma solução viável.

4.5-6 Usando* os dados apresentados no Problema 4.5-5, demonstre que as afirmações a seguir têm de ser verdadeiras para qualquer problema de programação linear que possui uma região de soluções viáveis limitada e soluções ótimas múltiplas:

(a) Toda combinação convexa das soluções BV ótimas têm de ser ótimas.

(b) Nenhuma outra solução viável pode ser ótima.

4.5-7 Considere um problema de programação linear de duas variáveis cujas soluções PEF são (0, 0), (6, 0), (6, 3), (3, 3) e (0, 2). (Ver o Problema 3.2-2 para um gráfico da região de soluções viáveis.)

(a) Use o gráfico da região de soluções viáveis para identificar todas as restrições do modelo.

(b) Para cada par de soluções PEF adjacentes, dê um exemplo da função objetivo de modo que todos os pontos sobre o segmento de reta entre estes dois pontos extremos sejam soluções ótimas múltiplas.

(c) Suponha agora que a função objetivo seja $Z = -x_1 + 2x_2$. Use o método gráfico para encontrar todas as soluções ótimas.

D,I (d) Para a função objetivo no item (c), use o método simplex passo a passo para encontrar todas as soluções BV ótimas. A seguir, escreva uma expressão algébrica que identifique todas as soluções ótimas.

D,I **4.5-8** Considere o seguinte problema.

$$\text{Maximizar} \quad Z = 50x_1 + 25x_2 + 20x_3 + 40x_4,$$

sujeito a

$$2x_1 + x_2 \leq 30$$
$$x_3 + 2x_4 \leq 20$$

e

$$x_j \geq 0, \quad \text{para } j = 1, 2, 3, 4.$$

Use o método simplex, passo a passo, para encontrar todas as soluções BV ótimas.

4.6-1* Considere o problema a seguir.

$$\text{Maximizar} \quad Z = 2x_1 + 3x_2,$$

sujeito a

$$x_1 + 2x_2 \leq 4$$
$$x_1 + x_2 = 3$$

e

$$x_1 \geq 0, \quad x_2 \geq 0.$$

D,I **(a)** Resolva este problema graficamente.
(b) Usando o método do "grande número", construa a primeira tabela simplex completa para o método simplex e identifique a solução BV (artificial) inicial correspondente. Identifique também a variável básica que entra e a variável básica que sai.
I **(c)** Continue a partir do item (b) usando o método simplex, passo a passo, para resolver o problema.

4.6-2 Considere o problema a seguir.

$$\text{Maximizar} \quad Z = 4x_1 + 2x_2 + 3x_3 + 5x_4,$$

sujeito a

$$2x_1 + 3x_2 + 4x_3 + 2x_4 = 300$$
$$8x_1 + x_2 + x_3 + 5x_4 = 300$$

e

$$x_j \geq 0, \quad \text{para } j = 1, 2, 3, 4.$$

(a) Usando o método do "grande número", construa a primeira tabela simplex completa para o método simplex e identifique a solução BV (artificial) inicial correspondente Identifique também a variável básica que entra inicial e variável básica que sai.
I **(b)** Use o método simplex, passo a passo, para resolver o problema.
(c) Usando o método das duas fases, construa a primeira tabela simplex completa para a fase 1 e identifique a solução BV inicial (artificial) correspondente. Identifique também a variável básica que entra inicial e a variável básica que sai.
I **(d)** Avance, passo a passo, pela fase 1 para solucionar o problema.
(e) Construa a primeira tabela *simplex* completa para a fase 2.
I **(f)** Avance, passo a passo, pela fase 2 para solucionar o problema.

(g) Compare a sequência de soluções BV obtidas no item (b) com aquelas dos itens (d) e (f). Qual dessas soluções são viáveis somente para o problema artificial obtido pela introdução de variáveis artificiais e que são, na verdade, viáveis para o problema real?
C **(h)** Use um pacote de software que se baseia no método simplex para resolver o problema.

4.6-3* Considere o problema a seguir.

$$\text{Minimizar} \quad Z = 2x_1 + 3x_2 + x_3,$$

sujeito a

$$x_1 + 4x_2 + 2x_3 \geq 8$$
$$3x_1 + 2x_2 \geq 6$$

e

$$x_1 \geq 0, \quad x_2 \geq 0, \quad x_3 \geq 0.$$

(a) Reformule este problema para que se adapte à nossa forma-padrão para um modelo de programação linear apresentado na Seção 3.2.
I **(b)** Usando o método do "grande número", avance pelo método do simplex, passo a passo, para solucionar o problema.
I **(c)** Usando o método das duas fases, avance pelo método simplex, passo a passo, para resolver o problema.
(d) Compare a sequência das soluções BV adjacentes obtidas nos itens (b) e (c). Qual dessas soluções são viáveis somente para o problema artificial obtido introduzindo-se variáveis artificiais que são, na verdade, viáveis para o problema real?
C **(e)** Use um pacote de software que se baseia no método simplex para resolver o problema.

4.6-4 Para o método do "grande número", explique por que o método simplex jamais escolheria uma variável artificial para ser uma variável básica que entra uma vez que todas as variáveis artificiais são não básicas.

4.6-5 Considere o problema a seguir.

$$\text{Maximizar} \quad Z = 5x_1 + 4x_2,$$

sujeito a

$$3x_1 + 2x_2 \leq 6$$
$$2x_1 - x_2 \geq 6$$

e

$$x_1 \geq 0, \quad x_2 \geq 0.$$

(a) Demonstre graficamente que este problema não possui nenhuma solução viável.
C **(b)** Use um pacote de software baseado no método simplex para determinar que o problema não tem nenhuma solução viável.
I **(c)** Usando o método do grande número, avance pelo método simplex, passo a passo, para demonstrar que o problema não tem nenhuma solução viável.
I **(d)** Repita o item (c) ao usar a fase 1 do método das duas fases.

4.6-6 Siga as instruções do Problema 4.6-5 para o seguinte problema.

$$\text{Minimizar} \quad Z = 5.000x_1 + 7.000x_2,$$

sujeito a

$$-2x_1 + x_2 \geq 1$$
$$x_1 - 2x_2 \geq 1$$

e

$$x_1 \geq 0, \quad x_2 \geq 0.$$

4.6-7 Considere o problema a seguir.

$$\text{Maximizar} \quad Z = 2x_1 + 5x_2 + 3x_3,$$

sujeito a

$$x_1 - 2x_2 + x_3 \geq 20$$
$$2x_1 + 4x_2 + x_3 = 50$$

e

$$x_1 \geq 0, \quad x_2 \geq 0, \quad x_3 \geq 0.$$

(a) Usando o método do "grande número", construa a primeira tabela simplex completa para o método simplex e identifique a solução BV (artificial) inicial correspondente. Identifique também a variável básica que entra inicial e a variável básica que sai.
I **(b)** Use o método simplex, passo a passo, para resolver o problema.
I **(c)** Usando o método das duas fases, construa a primeira tabela simplex completa para a fase 1 e identifique a solução BV inicial correspondente. Identifique também a variável básica que entra inicial e a variável básica que sai.
I **(d)** Avance, passo a passo, pela fase 2 para solucionar o problema.
(e) Construa a primeira tabela simplex completa para a fase 2.
I **(f)** Avance, passo a passo, pela fase 2 para solucionar o problema.
(g) Compare a sequência de soluções BV obtidas no item (b) com aquelas dos itens (d) e (f). Qual dessas soluções são viáveis somente para o problema artificial obtido pela inclusão de variáveis artificiais e que são, na verdade, viáveis para o problema real?
C **(h)** Use um pacote de software baseado no método simplex para resolver o problema.

4.6-8 Considere o problema a seguir.

$$\text{Minimizar} \quad Z = 2x_1 + x_2 + 3x_3,$$

sujeito a

$$5x_1 + 2x_2 + 7x_3 = 420$$
$$3x_1 + 2x_2 + 5x_3 \geq 280$$

e

$$x_1 \geq 0, \quad x_2 \geq 0, \quad x_3 \geq 0.$$

I **(a)** Usando o método das duas fases, avance passo a passo pela fase 1.
C **(b)** Use um pacote de software baseado no método simplex para formular e resolver o problema da fase 1.
I **(c)** Avance pela fase 2, passo a passo, para resolver o problema original.
C **(d)** Use um código de computador baseado no método simplex para solucionar o problema original.

4.6-9* Considere o problema a seguir.

$$\text{Minimizar} \quad Z = 3x_1 + 2x_2 + 4x_3,$$

sujeito a

$$2x_1 + x_2 + 3x_3 = 60$$
$$3x_1 + 3x_2 + 5x_3 \geq 120$$

e

$$x_1 \geq 0, \quad x_2 \geq 0, \quad x_3 \geq 0.$$

I **(a)** Usando o método do "grande número", avance pelo método simplex, passo a passo, para solucionar o problema.
I **(b)** Usando o método das duas fases, avance pelo método simplex, passo a passo, para resolver o problema.
(c) Compare a sequência das soluções BV adjacentes obtidas nos itens (a) e (b). Qual dessas soluções são viáveis somente para o problema artificial obtido incluindo-se variáveis artificiais que são, na verdade, viáveis para o problema real?
C **(d)** Use um pacote de software baseado no método simplex para resolver o problema.

4.6-10 Siga as instruções do Problema 4.6-9 para o seguinte problema.

$$\text{Minimizar} \quad Z = 3x_1 + 2x_2 + 7x_3,$$

sujeito a

$$-x_1 + x_2 = 10$$
$$2x_1 - x_2 + x_3 \geq 10$$

e

$$x_1 \geq 0, \quad x_2 \geq 0, \quad x_3 \geq 0.$$

4.6-11 Classifique cada uma das afirmações a seguir como verdadeira ou falsa e, a seguir, justifique sua resposta.
(a) Quando um modelo de programação linear apresenta uma restrição de igualdade, uma variável artificial é incluída nesta restrição de modo a iniciar o método simplex com uma solução básica inicial óbvia que seja viável para o modelo original.
(b) Quando é criado um problema artificial através da introdução de variáveis artificiais e usando-se o método do "grande número", se todas as variáveis artificiais em uma solução ótima para o problema artificial forem iguais a zero, então o problema real não possui nenhuma solução viável.
(c) O método das duas fases é usado comumente na prática, pois ele normalmente requer um número menor de iterações para chegar a uma solução ótima quando comparado ao método do "grande número".

4.6-12 Considere o problema a seguir.

Maximizar $Z = 3x_1 + 7x_2 + 5x_3$,

sujeito a

$$3x_1 + x_2 + 2x_3 \leq 9$$
$$-2x_1 + x_2 + 3x_3 \leq 12$$

e

$$x_2 \geq 0, \quad x_3 \geq 0$$

(nenhuma restrição de não negatividade para x_1).

(a) Reformule este problema de modo que todas as variáveis apresentem restrições de não negatividade.
D,I (b) Avance, passo a passo, pelo método simplex para solucionar o problema.
C (c) Use um pacote de software com base no método simplex para resolver o problema.

4.6-13* Considere o problema a seguir.

Maximizar $Z = -x_1 + 4x_2$,

sujeito a

$$-3x_1 + x_2 \leq 6$$
$$x_1 + 2x_2 \leq 4$$
$$x_2 \geq -3$$

(nenhuma restrição de limite inferior para x_1).

D,I (a) Solucione o problema graficamente.
(b) Reformule este problema de modo que ele tenha apenas duas restrições funcionais e todas as variáveis tenham restrições de não negatividade.
D,I (c) Avance, passo a passo, pelo método simplex para resolver o problema.

4.6-14 Considere o problema a seguir.

Maximizar $Z = -x_1 + 2x_2 + x_3$,

sujeito a

$$3x_2 + x_3 \leq 120$$
$$x_1 - x_2 - 4x_3 \leq 80$$
$$-3x_1 + x_2 + 2x_3 \leq 100$$

(nenhuma restrição de não negatividade).

(a) Reformule este problema de modo que todas as variáveis tenham restrições de não negatividade.
D,I (b) Avance, passo a passo, pelo método simplex para resolver o problema.
C (c) Use um pacote de software com base no método simplex para resolver o problema.

4.6-15 Este capítulo descreveu o método simplex conforme aplicado a problemas de programação linear em que a função objetivo deve ser maximizada. A Seção 4.6 descreveu então como converter um problema de minimização em um problema equivalente de maximização para aplicação do método simplex dado no capítulo de modo a aplicar o algoritmo diretamente.

(a) Descreva quais seriam essas modificações.
(b) Usando o método do "grande número", aplique o algoritmo modificado desenvolvido no item (a) para solucionar o problema a seguir diretamente à mão. (*Não* utilize o *Courseware* de PO.)

Minimizar $Z = 3x_1 + 8x_2 + 5x_3$,

sujeito a

$$3x_2 + 4x_3 \geq 70$$
$$3x_1 + 5x_2 + 2x_3 \geq 70$$

e

$$x_1 \geq 0, \quad x_2 \geq 0, \quad x_3 \geq 0.$$

4.6-16 Considere o problema a seguir.

Maximizar $Z = -2x_1 + x_2 - 4x_3 + 3x_4$,

sujeito a

$$x_1 + x_2 + 3x_3 + 2x_4 \leq 4$$
$$x_1 - x_3 + x_4 \geq -1$$
$$2x_1 + x_2 \leq 2$$
$$x_1 + 2x_2 + x_3 + 2x_4 = 2$$

e

$$x_2 \geq 0, \quad x_3 \geq 0, \quad x_4 \geq 0$$

(nenhuma restrição de não negatividade para x_1).

(a) Reformule este problema para que se adapte à nossa forma-padrão para um modelo de programação linear apresentado na Seção 3.2.
(b) Usando o método do "grande número", construa a primeira tabela simplex completa para o método simplex e identifique a solução BV (artificial) inicial correspondente. Identifique também a variável básica que entra e a variável básica que sai.
(c) Usando o método das duas fases, construa a linha (0) da primeira tabela simplex para a fase 1.
C (d) Use um pacote de software baseado no método simplex para resolver o problema.

I **4.6-17** Considere o problema a seguir.

Maximizar $Z = 4x_1 + 5x_2 + 3x_3$,

sujeito a

$$x_1 + x_2 + 2x_3 \geq 20$$
$$15x_1 + 6x_2 - 5x_3 \leq 50$$
$$x_1 + 3x_2 + 5x_3 \leq 30$$

e

$$x_1 \geq 0, \quad x_2 \geq 0, \quad x_3 \geq 0.$$

Avance, passo a passo, pelo método simplex para demonstrar que este problema não possui nenhuma solução viável.

4.7-1 Fazendo referência à Figura 4.10 e o *intervalo possível* resultante para os respectivos lados direitos do problema da Wyndor Glass Co. dado na Seção 3.1. Use a análise gráfica para demonstrar que cada intervalo possível dado é correto.

4.7-2 Reconsidere o modelo do Problema 4.1-5. Interprete o lado direito das respectivas restrições funcionais como a quantidade disponível dos respectivos recursos.

I **(a)** Use a análise gráfica como na Figura 4.8 para determinar os preços-sombra para os respectivos recursos.

I **(b)** Use a análise gráfica para realizar a análise de sensibilidade no modelo. Em particular, verifique cada parâmetro do modelo para determinar se ele é ou não um parâmetro *sensível* (cujo valor não pode ser alterado sem alterar a solução ótima) examinando o gráfico que identifica a solução ótima.

I **(c)** Use a análise gráfica como na Figura 4.9 para determinar o intervalo possível para cada valor c_j (coeficiente de x_j na função objetivo) sobre o qual a solução ótima atual permanecerá ótima.

I **(d)** Mudando apenas um valor b_i (o lado direito da restrição funcional i) deslocará o limite de restrição correspondente. Se a solução PEF ótima atual cai sobre este limite de restrição, esta solução PEF também se deslocará. Use a análise gráfica para determinar o intervalo possível para cada valor b_i sobre o qual esta solução PEF permanecerá viável.

C **(e)** Verifique suas respostas nos itens (a), (c) e (d) usando um pacote de software baseado no método simplex para solucionar o problema e, então, gerar as informações de análise de sensibilidade.

4.7-3 O seguinte problema de programação linear é apresentado.

$$\text{Maximizar} \quad Z = 3x_1 + 2x_2,$$

sujeito a

$$\begin{aligned} 3x_1 &\leq 60 &\text{(fonte 1)} \\ 2x_1 + 3x_2 &\leq 75 &\text{(fonte 2)} \\ 2x_2 &\leq 40 &\text{(fonte 3)} \end{aligned}$$

e

$$x_1 \geq 0, \quad x_2 \geq 0.$$

D,I **(a)** Resolva este problema graficamente.

(b) Use a análise gráfica para encontrar os preços-sombra para os recursos.

(c) Determine quantas unidades adicionais do recurso 1 seriam necessárias para aumentar de 15 unidades o valor ótimo de Z.

4.7-4 Considere o problema a seguir.

$$\text{Maximizar} \quad Z = x_1 - 7x_2 + 3x_3,$$

sujeito a

$$\begin{aligned} 2x_1 + x_2 - x_3 &\leq 4 &\text{(fonte 1)} \\ 4x_1 - 3x_2 &\leq 2 &\text{(fonte 2)} \\ -3x_1 + 2x_2 + x_3 &\leq 3 &\text{(fonte 3)} \end{aligned}$$

e

$$x_1 \geq 0, \quad x_2 \geq 0, \quad x_3 \geq 0.$$

D,I **(a)** Use, passo a passo, o método simplex para solucionar o problema.

(b) Identifique os preços-sombra para os três recursos e descreva sua importância.

C **(c)** Use um pacote de software com base no método simplex para resolver o problema e depois gerar informações de sensibilidade. Utilize estas informações para identificar o preço-sombra para cada recurso, o intervalo possível para permanecer ótimo em cada coeficiente da função objetivo e o intervalo possível para cada lado direito.

4.7-5* Considere o problema a seguir.

$$\text{Maximizar} \quad Z = 2x_1 - 2x_2 + 3x_3,$$

sujeito a

$$\begin{aligned} -x_1 + x_2 + x_3 &\leq 4 &\text{(fonte 1)} \\ 2x_1 - x_2 + x_3 &\leq 2 &\text{(fonte 2)} \\ x_1 + x_2 + 3x_3 &\leq 12 &\text{(fonte 3)} \end{aligned}$$

e

$$x_1 \geq 0, \quad x_2 \geq 0, \quad x_3 \geq 0.$$

D,I **(a)** Use o método simplex, passo a passo, para resolver o problema.

(b) Identifique os preços-sombra para os três recursos e descreva sua importância.

C **(c)** Use um pacote de software com base no método simplex para resolver o problema e depois gerar informações de sensibilidade. Utilize estas informações para identificar o preço-sombra em cada recurso, o intervalo possível de cada coeficiente da função objetivo e o intervalo possível para cada lado direito.

4.7-6 Considere o problema a seguir.

$$\text{Maximizar} \quad Z = 5x_1 + 4x_2 - x_3 + 3x_4,$$

sujeito a

$$\begin{aligned} 3x_1 + 2x_2 - 3x_3 + x_4 &\leq 24 &\text{(fonte 1)} \\ 3x_1 + 3x_2 + x_3 + 3x_4 &\leq 36 &\text{(fonte 2)} \end{aligned}$$

e

D,I **(a)** Empregue, passo a passo, o método simplex para solucionar o problema.

(b) Identifique os preços-sombra para os dois recursos e descreva sua importância.

C **(c)** Use um pacote de software baseado no método simplex para resolver o problema e depois gerar informações de sensibilidade. Utilize estas informações para identificar o preço-sombra para cada recurso, o intervalo possível para cada coeficiente da função objetivo e o intervalo possível para cada lado direito.

4.8.1 Use o algoritmo do ponto interno no Tutorial IOR para solucionar o modelo no Problema 4.1-4. Selecione $\alpha = 0{,}5$ do menu Option, use $(x_1, x_2) = (0{,}1; 0{,}4)$ como solução experimental inicial e execute 15 iterações. Desenhe um gráfico da região de soluções viáveis e, a seguir, trace a trajetória das soluções experimentais através desta região de soluções viáveis.

4.8-2 Repita o Problema 4.9-1 para o modelo do Problema 4.1-5.

CASOS

Caso 4.1 Tecidos e moda outono/inverno

Do décimo andar de seu escritório, Katherine Rally observa um enxame de nova-iorquinos abrindo caminho pelas ruas infestadas de táxis amarelos e as calçadas abarrotadas de carrinhos de cachorro-quente. Nesse dia de calor sufocante, ela presta particular atenção na moda usada pelas mulheres e fica imaginando o que elas escolheriam para usar no outono seguinte. Seus pensamentos não são simples divagações; eles são fundamentais para seu trabalho, já que ela é proprietária e gerente da TrendLines, uma empresa de alta moda feminina.

Esse é um dia especialmente importante, pois ela tem de se reunir com Ted Lawson, o gerente de produção, para decidir sobre o plano de produção do mês seguinte para a linha outono/inverno. Especificamente, ela tem de determinar a quantidade de cada item de vestuário que deve produzir, de acordo com a capacidade de produção da fábrica, os recursos limitados e as previsões de demanda. Um planejamento acurado para a produção do próximo mês é crítico para as vendas de outono, pois que os itens produzidos nesse mês aparecerão nas lojas em abril e as mulheres normalmente renovam seu vestuário para a moda de outono logo no começo de abril.

Katherine volta-se para sua grande mesa de vidro e olha aquela imensidão de papéis. Seus olhos vagam pelas amostras de tecido desenhadas cerca de seis meses antes, os requisitos de listas de material para cada padrão e as listas de previsão de demanda para cada padrão determinadas por pesquisas de mercado realizadas em feiras de moda. Ela se lembra dos agitados dias e por vezes também do pesadelo quando desenhava a linha outono/inverno e de sua apresentação em feiras de moda em Nova York, Milão e Paris. Finalmente, ela pagou à sua equipe de seis *designers* um total de US$ 860.000 por seu trabalho na linha outono/inverno. Com o custo de contratar modelos de passarela, cabeleireiros e maquiadores, costura e ajustes das roupas, de montagem de cenário, coreografia e de ensaios para a apresentação, além de aluguel de salão de convenções, cada uma das três feiras lhe custou um adicional de US$ 2.700.000.

Katherine estuda o padrão dos tecidos e os requisitos de material. Sua linha outono/inverno destina-se tanto para roupas sociais como informais. Ela determinou o preço para cada peça levando em conta a qualidade e o custo do material, o custo de mão de obra e de maquinário, a demanda por item e o prestígio da marca TrendLines.

A linha outono/inverno social da TrendLines inclui:

Item de vestuário	Requisitos de material	Preço	Custo de mão de obra e de maquinário
Calças de lã de linhas retas	3 metros de lã	US$ 300	US$ 160
	2 metros de acetato para forro		
Suéter de *cashmere*	1,5 metro de *cashmere*	US$ 450	US$ 150
Camisa de seda	1,5 metro de seda	US$ 180	US$ 100
Camisola de seda	0,5 metro de seda	US$ 120	US$ 60
Saia de linhas retas	2 metros de raiom	US$ 270	US$ 120
	1,5 metro de acetato para forro		
Blazer de lã	2,5 metros de lã	US$ 320	US$ 140
	1,5 metro de acetato para forro		

A linha outono/inverno informal da TrendLines inclui:

Item de vestuário	Requisitos de material	Preço	Custo de mão de obra e de maquinário
Calças de veludo	3 metros de veludo	US$ 350	US$ 175
	2 metros de acetato para forro		
Suéter de algodão	1,5 metro de algodão	US$ 130	US$ 60
Minissaia de algodão	0,5 metro de algodão	US$ 75	US$ 40
Camisa de veludo	1,5 metro de veludo	US$ 200	US$ 160
Blusa com botões	1,5 metro de raiom	US$ 120	US$ 90

Katherine sabe que, para o mês seguinte, ela encomendou 45.000 m de lã, 28.000 m de acetato, 9.000 m de *cashmere*, 18.000 m de seda, 30.000 m de raiom, 20.000 m de veludo e 30.000 m de algodão para a produção. Os preços dos materiais são os seguintes:

Material	Preço por metro
Lã	US$ 9,00
Acetato	US$ 1,50
Cashmere	US$ 60,00
Seda	US$ 13,00
Raiom	US$ 2,25
Veludo	US$ 2,00
Algodão	US$ 2,50

Qualquer material que não tenha sido usado na produção pode ser enviado de volta ao atacadista têxtil para reembolso total, embora retalhos não possam ser devolvidos.

Ela sabe que, tanto a produção da camisa de seda quanto o suéter de algodão deixam sobras de material. Especificamente, para a produção de uma camisa de seda ou um suéter de algodão, são necessários, respectivamente, 2 m de seda e de algodão. Destes, 1,5 m é usado para a camisa de seda ou suéter de algodão e 0,5 m sobra como retalho. Ela não quer desperdiçar o material, portanto planeja usar os retalhos retangulares de seda ou algodão para produzir, respectivamente, uma camisola de seda ou uma minissaia de algodão. Assim, toda vez que uma camisa de seda é produzida, também é feita uma camisola de seda. De forma similar, toda vez que for produzido um suéter de algodão, também será fabricada uma minissaia de algodão. Observe que é possível produzir-se uma camisola de seda sem fazer uma blusa de seda e uma minissaia de algodão sem fabricar um suéter de algodão.

As previsões de demanda indicam que alguns itens têm demanda limitada. Especificamente pelo fato de as calças e saias de veludo serem modas passageiras, a TrendLines previu que pode vender somente 5.500 unidades de calças de veludo e 6.000 saias de veludo. A empresa não quer produzir mais que a demanda prevista, pois as calças e saias saem de moda. A TrendLines pode produzir menos que a demanda prevista, desde que a empresa não tenha de atender à demanda. O suéter de *cashmere* também tem demanda limitada, porque é bem caro, e a TrendLines sabe que pode vender pelo menos 4.000 suéteres de *cashmere*. As camisas e camisolas de seda têm demanda limitada, pois muitas mulheres consideram que a seda é muito difícil de ser cuidada, e a TrendLines projeta que pode vender pelo menos 12.000 camisas de seda e 15.000 camisolas de seda.

As previsões de demanda também indicam que as calças de lã, saias de linhas retas e os *blazers* de lã têm grande demanda, uma vez que são itens básicos necessários no guarda-roupa de qualquer profissional. Especificamente, a demanda por calças de lã é de 7.000 unidades e a demanda por *blazers* de lã é de 5.000 unidades. Katherine quer atender pelo menos 60% da demanda para esses dois itens de modo a manter sua base de clientes fiéis e não perder negócios no futuro. Embora a demanda por saias de linhas retas não possa ser estimada, ela acredita que poderia fabricar pelo menos 2.800 unidades.

(a) Ted está tentando convencer Katherine a não produzir nenhuma saia de veludo, já que a demanda para essa moda passageira contabiliza sozinha US$ 500.000 dos custos fixos de *design* e de outros custos. A contribuição líquida (preço do item de vestuário − custo de material − custo de mão de obra) pela venda dessa moda passageira deverá cobrir esses custos fixos. Cada saia de veludo gera uma contribuição líquida de US$ 22. Ele argumenta que dada a contribuição líquida, mesmo satisfazendo a demanda máxima, não vai gerar lucro. O que você acha a respeito do argumento do Ted?

(b) Formule e solucione um problema de programação linear para maximizar o lucro, dadas as restrições de produção, recursos e demanda.

Antes de tomar suas decisões finais, Katherine pretende explorar as seguintes questões de forma independente, exceto onde indicado de forma diversa.

(c) O atacadista informa que o veludo não pode ser devolvido, pois as previsões de demanda indicam que a procura por veludo diminuirá no futuro. Katherine não pode, então, ser reembolsada pela devolução desse material. Como isso muda o plano de produção?

(d) Qual é a explicação econômica intuitiva para a diferença entre as soluções encontradas nos itens (*b*) e (*c*)?

(e) A equipe de costura encontra dificuldades em costurar as mangas e o forro dos *blazers* de lã, pois o estilo do *blazer* tem uma forma estranha e a lã pesada é difícil de ser cortada e costurada. O acréscimo de tempo de mão de obra para costurar um *blazer* de lã aumenta em US$ 80 por *blazer* os custos de mão de obra e de maquinário. Dado o novo custo, quantas peças de cada item a TrendLines deve produzir para maximizar o lucro?

(f) O atacadista têxtil informa Katherine de que já que outro cliente cancelou seu pedido, ela pode obter 10.000 m extras de acetato. Quantas peças de cada item a TrendLines deve produzir agora para maximizar o lucro?

(g) A TrendLines supõe que seja capaz de vender todas as peças que não foram vendidas em abril e maio em uma grande liquidação com desconto de 60% no preço original. Portanto, ela pode vender todas as peças numa quantidade ilimitada durante a liquidação de junho. Os limites superiores de demanda anteriormente mencionados se referem somente às vendas durante os meses de abril e maio. Qual deve ser o novo plano de produção para maximizar o lucro?

APRESENTAÇÃO DOS CASOS ADICIONAIS DO *SITE*

Caso 4.2 Novas fronteiras

O AmericanBank em breve oferecerá internet Banking a seus clientes. Para orientar seu planejamento em termos dos serviços que serão oferecidos pela internet foi realizada uma pesquisa com quatro grupos de faixa etária diversa em três tipos de comunidades. O AmericanBank está impondo uma série de restrições na extensão em que cada um desses grupos e comunidades deve ser pesquisada. É preciso usar programação linear para desenvolver uma estratégia de pesquisa que minimize seu custo total e, ao mesmo tempo, atenda a todas as restrições de pesquisa em diferentes situações.

Caso 4.3 Distribuição de alunos em escolas

Após decidir fechar uma de suas escolas de Ensino Médio, a diretoria da Springfield School precisa redistribuir todos os seus alunos de Ensino Médio do ano seguinte nas três escolas remanescentes. Muitos alunos serão transportados em ônibus escolares de modo que minimizar esses custos de transporte é um dos objetivos. Outro é o de minimizar a inconveniência e os problemas de segurança para alunos que vão a pé ou de bicicleta para a escola. Dada a capacidade das três escolas, bem como a necessidade de equilibrar o número de alunos nas três séries em cada uma delas, como a programação linear pode ser usada para determinar o número de alunos de cada uma das seis áreas residenciais da cidade que devem ser distribuídos em cada uma das escolas? O que aconteceria se cada uma dessas áreas tivesse de ser alocada inteiramente para a mesma escola? (Este caso terá continuação nos Casos 6.3 e 11.4.)

CAPÍTULO 5

Teoria do Método Simplex

No Capítulo 4 introduziu-se a mecânica do método simplex. Agora, vamos nos aprofundar um pouco mais nesse algoritmo, examinando parte da teoria que está por trás dele. A primeira seção desenvolve as propriedades algébricas e geométricas gerais que formam a base do método simplex. A seguir, descrevemos a *forma matricial* do método simplex que otimiza consideravelmente o procedimento para a implementação em computador. Em seguida usamos essa forma matricial para apresentar a visão fundamental de uma propriedade do método simplex que nos permite deduzir como as mudanças, feitas no modelo original, são transportadas para a tabela simplex final. Essa visão fornecerá a chave para importantes tópicos do Capítulo 6 (Teoria da Dualidade e Análise de Sensibilidade). A conclusão do capítulo apresenta então o *método simples revisado*, que otimiza ainda mais a forma matricial do método simplex. Os códigos de computador comerciais do método simplex normalmente se baseiam no método simplex revisado.

5.1 FUNDAMENTOS DO MÉTODO SIMPLEX

A Seção 4.1 introduziu as *soluções em pontos extremos factíveis (PEF)** e o papel fundamental que elas desempenham no método simplex. Esses conceitos geométricos estavam relacionados à álgebra do método simplex nas Seções 4.2 e 4.3. Entretanto, tudo isso foi feito no contexto do problema da Wyndor Glass Co., que possuía apenas *duas variáveis de decisão* e, portanto, tinha uma interpretação geométrica direta. Como esses conceitos se generalizam para maiores dimensões quando lidamos com problemas maiores? Respondemos a essa questão nesta seção.

Começamos introduzindo alguma terminologia básica para qualquer problema de programação linear com *n* variáveis de decisão. Enquanto fizermos isso, pode ser que você considere interessante consultar a Figura 5.1 (que repete a Figura 4.1) para interpretar essas definições em duas dimensões ($n = 2$).

Terminologia

Deve parecer bastante intuitivo que as soluções ótimas para qualquer problema de programação linear residam nos limites da região de soluções viáveis. De fato, essa é uma propriedade genérica. Pelo fato de esses limites corresponderem a um conceito geométrico, nossas definições iniciais esclarecem como se identificam os limites da região de soluções viáveis algebricamente.

A **equação limite de restrição** para qualquer restrição é obtida substituindo-se seu sinal $\leq$, $=$ ou $\geq$ por um sinal $=$.

Consequentemente, a forma de uma equação limite de restrição é $a_{i1}x_1 + a_{i2}x_2 + \cdots + a_{in}x_n = b_i$ para restrições funcionais e $x_j = 0$ para restrições de não negatividade. Cada uma dessas equações define uma forma geométrica "plana" (chamada **hiperplano**) no espaço *n*-dimensional, análogo à reta no espaço bidimensional e ao plano no espaço tridimensional. Esse hiperplano forma o **limite de restrição**

---

*N. de E.: Como mencionado no Capítulo 3, página 31, neste livro os termos factível e viável serão utilizados como sinônimos.

CAPÍTULO 5   TEORIA DO MÉTODO SIMPLEX   **153**

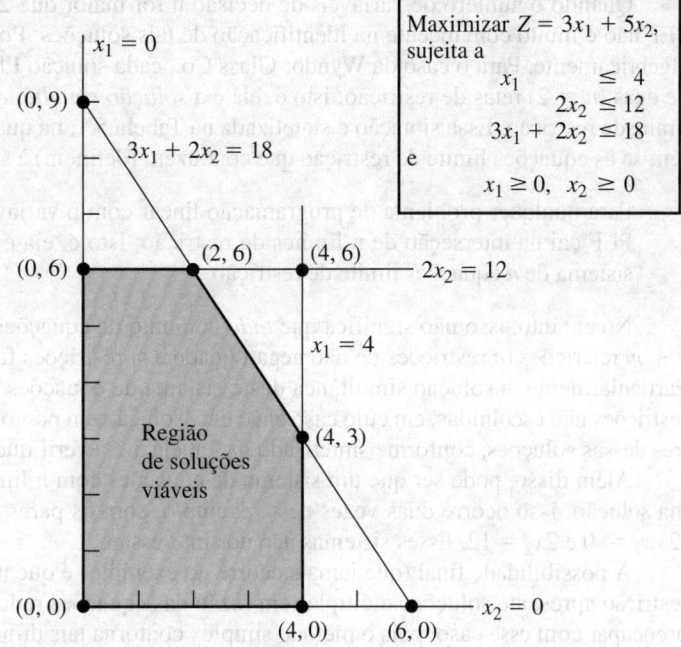

■ **FIGURA 5.1** Limites de restrições, equações limite de restrição e soluções em pontos extremos para o problema da Wyndor Glass Co.

para a restrição correspondente. Quando a restrição tiver um sinal $\leq$ ou $\geq$, esse *limite de restrição* separa os pontos que satisfazem a restrição (todos os pontos em um lado até chegar ao limite, inclusive) dos pontos que violam a restrição (todos aqueles no outro lado do limite). Quando a restrição tiver um sinal $=$, somente os pontos sobre o limite de restrição satisfarão a restrição.

Por exemplo, o problema da Wyndor Glass Co. possui cinco restrições (três restrições funcionais e duas restrições de não negatividade) e, desse modo, tem cinco *equações limite de restrição* conforme indicado na Figura 5.1. Pelo fato de $n = 2$, o hiperplano definido por essas equações limite de restrição são simplesmente retas. Portanto, os limites de restrição para as cinco restrições são as cinco retas mostradas na Figura 5.1

> O **limite** da região de soluções viáveis contém apenas aquelas soluções viáveis que satisfazem uma ou mais equações limite de restrição.

Geometricamente, qualquer ponto sobre o limite da região de soluções viáveis cai sobre um ou mais hiperplanos definidos pelas respectivas equações limite de restrição. Portanto, na Figura 5.1, o limite é formado pelos cinco segmentos de reta mais escuros.

A seguir, apresentamos uma definição genérica de solução PEF no espaço n-dimensional.

> Uma **solução em ponto extremo factível (PEF)** é uma solução viável que não cai sobre *nenhum* segmento de reta[1] que conecta duas *outras* possíveis soluções viáveis.

Como implicação dessa definição, uma solução viável que cai sobre um segmento de reta que conecta duas outras soluções viáveis *não* é uma solução PEF. Para ilustrar, quando $n = 2$, consideremos a Figura 5.1. O ponto (2, 3) não é uma solução PEF, pois ele cai sobre vários desses segmentos de reta, por exemplo, o segmento de reta que conecta (0, 3) e (4, 3). Da mesma forma, (0, 3) *não* é uma solução PEF, porque ela cai sobre o segmento de reta que conecta os pontos (0, 0) e (0, 6). Entretanto, (0, 0) *é* uma solução PEF, pois é impossível encontrar duas *outras* soluções viáveis que caiam em lados completamente opostos de (0, 0). (Tente fazê-lo.)

---
[1] No Apêndice 2, apresenta-se uma expressão algébrica para um segmento de reta.

Quando o número de variáveis de decisão n for maior que 2 ou 3, essa definição para *solução* PEF não é muito convincente na identificação de tais soluções. Portanto, será mais útil interpretá-las algebricamente. Para o caso da Wyndor Glass Co., cada solução PEF da Figura 5.1 cai na intersecção de duas ($n = 2$) retas de restrição; isto é, ela é a *solução simultânea* de um sistema de duas equações limite de restrição. Essa situação é sintetizada na Tabela 5.1, na qual as **equações delimitadoras** referem-se às equações limite de restrição que conduzem (definem) à solução PEF indicada.

Para qualquer problema de programação linear com n variáveis de decisão, cada solução PEF cai na interseção de n limites de restrição; isto é, ela é a *solução simultânea* de um sistema de n equações limite de restrição.

No entanto, isso não significa que *todo* conjunto de equações limite de restrição escolhidos das $n + m$ restrições (n restrições de não negatividade e m restrições funcionais) leve a uma solução PEF. Particularmente, a solução simultânea deste sistema de equações poderia violar uma ou mais das m restrições não escolhidas, em cujo caso ela é uma solução em ponto extremo infactível. O exemplo tem três dessas soluções, conforme sintetizado na Tabela 5.2. (Verifique por que elas são inviáveis.)

Além disso, pode ser que um sistema de equações com n limites de restrição não tenha nenhuma solução. Isso ocorre duas vezes neste exemplo, com os pares de equações (1) $x_1 = 0$ e $x_1 = 4$ e (2) $x_2 = 0$ e $2x_2 = 12$. Esses sistemas não nos interessam.

A possibilidade final (que jamais ocorre no exemplo) é que um sistema de n equações limite de restrição apresente soluções múltiplas em razão das equações redundantes. Também não é preciso se preocupar com esse caso, pois o método simplex contorna tais dificuldades.

É preciso também mencionar que é possível que mais de um sistema com n equações limite de restrição conduzam à mesma solução PE. Por exemplo, se a restrição $x_1 \leq 4$ no problema da Wyndor Glass Co. tivesse que ser substituído por $x_1 \leq 2$, observe na Figura 5.1 como a solução PEF (2, 6) pode ser derivada de qualquer um dos três pares das equações limite de restrição. (Esse é um exemplo da *degenerescência* discutida em um contexto diverso na Seção 4.5.)

■ **TABELA 5.1** Definição das equações para cada solução PEF para o problema da Wyndor Glass Co.

Solução PEF	Equações delimitadoras
(0, 0)	$x_1 = 0$ $x_2 = 0$
(0, 6)	$x_1 = 0$ $2x_2 = 12$
(2, 6)	$2x_2 = 12$ $3x_1 + 2x_2 = 18$
(4, 3)	$3x_1 + 2x_2 = 18$ $x_1 = 4$
(4, 0)	$x_1 = 4$ $x_2 = 0$

■ **TABELA 5.2** Equações delimitadoras para cada solução em ponto extremo infactível para o caso da Wyndor Glass Co.

Solução em ponto extremo infactível	Equações delimitadoras
(0, 9)	$x_1 = 0$ $3x_1 + 2x_2 = 18$
(4, 6)	$2x_2 = 12$ $x_1 = 4$
(6, 0)	$3x_1 + 2x_2 = 18$ $x_2 = 0$

Em resumo, com cinco restrições e duas variáveis, há dez pares de equações limite de restrição. Cinco desses pares se tornam equações delimitadoras para as soluções PEF (Tabela 5.1), três se tornam equações delimitadoras para soluções em pontos extremos infactíveis (Tabela 5.2) e cada um dos dois pares finais não apresentam solução.

Soluções PEF adjacentes

A Seção 4.1 apresentou as soluções PEF adjacentes e seu papel na solução de problemas de programação linear. Agora, vamos desenvolver mais o assunto.

Lembre-se de que, no Capítulo 4 (quando ignoramos variáveis artificiais, de folga e excedentes), cada iteração do método simplex se desloca da atual solução PEF para uma *adjacente*. Qual é o *caminho* percorrido nesse processo? Qual é o verdadeiro significado de solução PEF *adjacente*? Primeiro, responderemos a essas perguntas do ponto de vista geométrico para depois passar às interpretações algébricas.

Essas perguntas são fáceis de responder quando $n = 2$. Nesse caso, o *limite* da região de soluções viáveis é constituído por vários segmentos de *retas interconectados* que formam um *polígono*, conforme mostrado na Figura 5.1 pelos cinco segmentos de reta mais escuros. Esses segmentos de reta são as *arestas* da região de soluções viáveis. Partindo de cada uma dessas soluções PEF, há duas dessas arestas que levam a uma solução PEF na outra extremidade. (Observe que na Figura 5.1 cada solução PEF apresenta duas soluções adjacentes.) O caminho percorrido em uma iteração é deslocar-se ao longo de uma dessas arestas partindo de uma extremidade até chegar à outra. Na Figura 5.1, a primeira iteração envolve deslocar-se ao longo da aresta de $(0, 0)$ a $(0, 6)$ e, a seguir, a próxima iteração se desloca ao longo do lado indo de $(0, 6)$ até $(2, 6)$. Conforme ilustrado na Tabela 5.1, cada um desses deslocamentos para uma solução PEF adjacente envolve apenas uma mudança no conjunto de equações delimitadoras (restrições de limite sobre as quais a solução recai).

Quando $n = 3$, as respostas são mais complicadas. Para ajudá-lo a visualizar o que acontece, a Figura 5.2 mostra um desenho tridimensional de uma região de soluções viáveis típica quando $n = 3$, em que os pontos são as soluções PEF. Essa região de soluções viáveis é um *poliedro* em vez do polígono que tínhamos com $n = 2$ (Figura 5.1), pois a restrição de limite agora são planos em vez de *retas*. As faces do poliedro formam os *limites* da região de soluções viáveis em que cada uma delas é a porção de um limite de restrição que satisfaz também as demais restrições. Observe que cada solução PEF cai na intersecção de três limites de restrição (algumas vezes incluindo alguns dos limites de res-

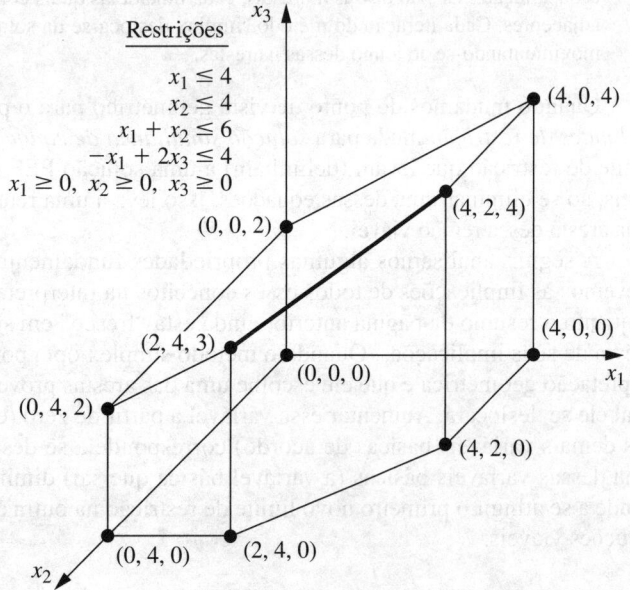

■ **FIGURA 5.2** A região de soluções viáveis e soluções PEF para um problema de programação linear de três variáveis.

trição para as restrições de não negatividade como $x_1 = 0$, $x_2 = 0$ e $x_3 = 0$) e a solução também satisfaz as demais restrições. No entanto, interseções que não satisfazem uma ou mais das demais restrições levam a soluções em pontos extremos infactíveis.

O segmento de reta na Figura 5.2 ilustra o caminho do método simplex em uma iteração típica. O ponto (2, 4, 3) é a solução PEF *atual* para começar a iteração e o ponto (4, 2, 4) será a nova solução PEF no final da iteração. O ponto (2, 4, 3) cai na intersecção dos limites de restrição $x_2 = 4$, $x_1 + x_2 = 6$ e $-x_1 + 2x_3 = 4$, de modo que essas três são as equações *delimitadoras* para essa solução PEF. Se a equação delimitadora $x_2 = 4$ fosse removida, a intersecção dos outros dois limites de restrição (planos) formaria uma reta. Um segmento dessa reta, indicado na Figura 5.2 como o segmento de reta em cor mais escura que vai de (2, 4, 3) para (4, 2, 4), cai sobre os limites da região de soluções viáveis, ao passo que o restante da reta é inviável. Esse segmento de reta é um lado da região de soluções viáveis e seus pontos extremos são (2, 4, 3) e (4, 2, 4) são soluções PEF adjacentes.

Para $n = 3$, todas as *arestas* da região de soluções viáveis são formadas dessa maneira como o segmento de reta viável que cai na intersecção de dois limites de restrição e as duas extremidades de um lado são as soluções PEF *adjacentes*. Na Figura 5.2 há 15 arestas para a região de soluções viáveis e, portanto, há 15 pares de soluções PEF adjacentes. Para a solução PEF atual (2, 4, 3), há três maneiras de se eliminar uma dessas três equações delimitadoras para obter uma intersecção dos dois outros limites de restrição, de modo que haja três arestas provenientes de (2, 4, 3). Essas arestas levam a (4, 2, 4), (0, 4, 2) e (2, 4, 0), de modo que estas são soluções PEF adjacentes a (2, 4, 3).

Para a próxima iteração, o método simplex escolhe uma dessas três arestas, digamos, o segmento de reta mais escuro na Figura 5.2 e, a seguir, desloca-se ao longo dessa aresta de (2, 4, 3) até atingir o novo limite de restrição, $x_1 = 4$, na sua outra extremidade. [Não podemos prosseguir mais sobre essa reta para o limite de restrição seguinte, $x_2 = 0$, pois nos levaria a uma solução inviável PEF: (6, 0, 5).] A intersecção desse novo limite de restrição com os dois limites de restrição formando a aresta conduz à *nova* solução PEF (4, 2, 4).

Quando $n > 3$, esses mesmos conceitos se generalizam para dimensões maiores, exceto que agora os limites de restrição são *hiperplanos* em vez de planos. Vamos resumir tudo isso.

Considere qualquer problema de programação linear com n variáveis de decisão e uma região de soluções viáveis limitada. Uma solução PEF cai na intersecção de n limites de restrição (e satisfaz as demais restrições também). Uma **aresta** da região permissível é um segmento de reta que cai na intersecção de $n - 1$ limites de restrição, em que cada extremidade cai sobre um limite de restrição adicional (de modo que essas extremidades sejam soluções PEF). As duas soluções PEF são **adjacentes**, caso o segmento de reta que as une seja uma aresta da região de soluções viáveis. Provenientes de cada solução PEF são dessas n arestas, cada uma delas quais conduzindo a uma das n soluções PEF adjacentes. Cada iteração do método simplex desloca-se da solução PEF atual para uma adjacente, movimentando-se ao longo dessas n arestas.

Quando mudamos do ponto de vista geométrico para o ponto de vista algébrico, a *interseção de limites de restrição* muda para *solução simultânea de equações limite de restrição*. As n equações limite de restrição que levam (delimitam) a uma solução PEF são suas equações delimitadoras, nas quais, ao se eliminar uma dessas equações, isso leva a uma reta cujo segmento de soluções viáveis é uma aresta dessa região viável.

A seguir, analisamos algumas propriedades fundamentais das soluções PEF e, depois, descrevemos as implicações de todos esses conceitos na interpretação do método simplex. No entanto, enquanto o resumo da página anterior ainda está "fresco" em sua mente, façamos uma apresentação prévia de suas implicações. Quando o método simplex opta por uma variável básica que entra, a interpretação geométrica é que ele escolhe uma das arestas provenientes da solução PEF atual sobre a qual ele se deslocará. Aumentar essa variável a partir de zero (e, simultaneamente, mudar os valores das demais variáveis básicas de acordo) corresponde a se deslocar sobre essa aresta. Permitir que uma dessas variáveis básicas (a variável básica que sai) diminua a ponto de chegar a zero corresponde a se atingir o primeiro novo limite de restrição na outra extremidade dessa aresta da região de soluções viáveis.

Propriedades das soluções PEF

Agora, vamos nos concentrar em três propriedades-chave das soluções PEF que valem para *qualquer* problema de programação linear que tenha soluções viáveis e uma região de soluções viáveis limitada.

Propriedade 1: (*a*) Se houver exatamente uma solução ótima, então ela obrigatoriamente é uma solução PEF. (*b*) Se houver duas soluções ótimas múltiplas (e uma região de soluções viáveis limitada), então pelo menos duas delas têm de ser soluções PEF adjacentes.

A Propriedade 1 é bem intuitiva do ponto de vista geométrico. Consideremos primeiro o Caso (*a*), que é ilustrado pelo problema da Wyndor Glass Co. (ver a Figura 5.1), na qual a solução ótima (2, 6) é de fato uma solução PEF. Observe que não há nada de especial em relação a esse exemplo que leve a esse resultado. Para qualquer problema com apenas uma solução ótima, sempre é possível aumentar a função objetivo (hiperplano)[†] até que ela atinja apenas um ponto (a solução ótima) no ponto extremo da região de soluções viáveis.

A seguir, apresentamos uma prova matemática para este caso.

Prova do caso (*a*) da propriedade 1: estabeleceremos uma *prova por contradição*, supondo que exista exatamente uma solução ótima e que esta *não* seja uma solução PEF. Em seguida, mostramos que essa hipótese leva a uma contradição e, portanto, não pode ser verdadeira. A solução supostamente ótima será denotada por $\mathbf{x}^*$ e o valor de sua função objetivo, por Z^*.

Lembre-se da definição de *solução PEF* (uma solução viável que não cai sobre nenhum segmento de reta unindo duas outras soluções viáveis). Já que supusemos que a solução ótima $\mathbf{x}^*$ não fosse uma solução PEF, isso implica que deve haver pelo menos duas outras soluções viáveis de modo que o segmento de reta que as une contenha a solução ótima. Façamos que os vetores $\mathbf{x}'$ e $\mathbf{x}''$ denotem essas outras duas soluções viáveis e Z_1 e Z_2 os valores das respectivas funções objetivo. Como qualquer outro ponto sobre o segmento de reta que une $\mathbf{x}'$ e $\mathbf{x}''$.

$$\mathbf{x}^* = \alpha \mathbf{x}'' + (1 - \alpha)\mathbf{x}'$$

para algum valor de modo que $0 < \alpha < 1$. Portanto, como os coeficientes das variáveis são idênticos para Z^*, Z_1 e Z_2, ocorre que

$$Z^* = \alpha Z_2 + (1 - \alpha)Z_1.$$

Visto que os pesos α e $(1 - \alpha)$ somam 1, as únicas possibilidades para Z^*, Z_1 e Z_2 ser comparáveis são: (1) $Z^* = Z_1 = Z_2$, (2) $Z_1 < Z^* < Z_2$ e (3) $Z_1 > Z^* > Z_2$. A primeira possibilidade implica que $\mathbf{x}'$ e $\mathbf{x}''$ também são ótimas, o que contradiz a hipótese de que há precisamente uma solução ótima única. Ambas as possibilidades seguintes contradizem a hipótese que $\mathbf{x}^*$ (que não é uma solução PEF) é ótima. A conclusão resultante é que é impossível termos uma única solução ótima que não seja uma solução PEF.

Consideremos, agora, o Caso (*b*) que foi demonstrado na Seção 3.2 sob a definição de *solução ótima* mudando a função objetivo do exemplo para $Z = 3x_1 + 2x_2$ (ver a Figura 3.5 da Seção 3.2). O que acontece quando resolvemos graficamente o problema é que a reta da função objetivo aumenta até conter o segmento de reta que une as duas soluções PEF (2, 6) e (4, 3). O mesmo poderia acontecer em dimensões maiores, exceto pelo fato de um *hiperplano* de função objetivo aumentar até ele conter o(s) segmento(s) de reta que une duas (ou mais) soluções PEF adjacentes. Como consequência, *todas* as soluções ótimas podem ser obtidas como médias ponderadas das soluções PEF. Essa situação é descrita detalhadamente nos Problemas 4.5-5 e 4.5-6.

O verdadeiro significado da Propriedade 1 é que ela simplifica muito a procura de uma solução ótima, pois somente as soluções PEF precisam ser consideradas. Enfatiza-se a magnitude dessa simplificação na Propriedade 2.

Propriedade 2: existe apenas um número finito de soluções PEF.

Essa propriedade certamente é satisfeita nas Figuras 5.1 e 5.2 em que há apenas, respectivamente, cinco e dez soluções PEF. Para ver por que o número é, em geral, finito, lembre-se de que cada solução

---

[†] N. de R.T.: A reta, no caso, é $n = 2$.

PEF é a solução simultânea de um sistema de n das $m + n$ equações limite de restrição. O número de combinações diversas de $m + n$ equações considerando-se n por vez é

$$\binom{m + n}{n} = \frac{(m + n)!}{m!n!},$$

que é um número finito. Por sua vez, esse número é um *limite superior* no número de soluções PEF. Na Figura 5.1, $m = 3$ e $n = 2$, de modo que haja dez sistemas diferentes de duas equações, mas apenas metade delas nos leva a soluções PEF. Na Figura 5.2, $m = 4$ e $n = 3$, o que nos dá 35 sistemas diferentes de três equações, e apenas dez conduzem a soluções PEF.

A Propriedade 2 sugere que, a princípio, uma solução ótima pode ser obtida por meio de exaustiva enumeração, isto é, encontrar e comparar todas as soluções PEF (um número finito). Infelizmente, há números finitos e então existem números finitos que (para todos os fins práticos) poderiam também ser infinitos. Por exemplo, um problema de programação linear relativamente pequeno com apenas $m = 50$ e $n = 50$ teria $100!/(50!)^2 \approx 10^{29}$ sistemas de equações para ser resolvidos! Em contraste, o método simplex precisaria examinar apenas cerca de cem soluções PEF para um problema dessa dimensão. Essa enorme economia pode ser obtida em decorrência do teste de otimalidade dado na Seção 4.1 e reconfirmado aqui como Propriedade 3.

Propriedade 3: se uma solução PEF não tiver nenhuma solução PEF *adjacente* que seja *melhor* (segundo a medida de Z), então não há nenhuma solução PEF *melhor* em nenhum outro lugar. Portanto, uma solução PEF dessas é certamente uma solução *ótima* (pela Propriedade 1), supondo-se apenas que o problema possui pelo menos uma solução ótima (garantida, caso o problema tenha soluções viáveis e uma região de soluções viáveis limitada).

Para ilustrar a Propriedade 3, consideremos a Figura 5.1 para o exemplo da Wyndor Glass Co. Para a solução PEF (2, 6), suas soluções PEF adjacentes são (0, 6) e (4, 3) e nenhuma delas tem valor Z melhor que (2, 6). Esse resultado implica que nenhuma das soluções PEF [(0, 0) e (4, 0)] pode ser melhor que (2, 6), de modo que (2, 6) deva ser ótima.

Ao contrário, a Figura 5.3 indica uma região de soluções viáveis que *jamais* ocorre para um problema de programação linear (uma vez que a continuação das retas de limite de restrição que passam por $(\frac{8}{3}, 5)$ suprimiria parte dessa região), mas isso viola efetivamente a Propriedade 3. O problema apresentado é idêntico ao exemplo da Wyndor Glass Co. (inclusive a mesma função objetivo), *exceto* pelo aumento da região de soluções viáveis para a direita de $(\frac{8}{3}, 5)$. Por conseguinte, as soluções PEF adjacentes para (2, 6) agora são (0, 6) e $(\frac{8}{3}, 5)$ e, novamente, nenhuma delas é melhor que (2, 6). No entanto, outra solução PEF, (4, 5), é melhor que (2, 6), e viola, consequentemente, a Propriedade 3. O motivo é que o limite da região de soluções viáveis decresce de (2, 6) para $(\frac{8}{3}, 5)$ e depois "faz uma curva para fora" para (4, 5), abaixo da reta da função objetivo passando por (2, 6).

O ponto-chave é que o tipo de situação ilustrada na Figura 5.3 jamais poderia ocorrer em programação linear. A região de soluções viáveis nessa figura implica que as restrições $2x_2 \leq 12$ e $3x_1 + 2x_2 \leq 18$ se aplicam a $0 \leq x_1 \leq \frac{8}{3}$. Entretanto, sob a condição de $\frac{8}{3} \leq x_1 \leq 4$, a restrição $3x_1 + 2x_2 \leq 18$ é eliminada e substituída por $x_2 \leq 5$. Essas "restrições condicionais" simplesmente não são permitidas em programação linear.

O motivo básico para que a Propriedade 3 seja válida para qualquer problema em programação linear é que a região de soluções viáveis sempre tem a propriedade de ser um *conjunto convexo*[2], conforme definido no Apêndice 2 e ilustrado em diversas figuras. Para problemas de programação linear com duas variáveis, essa propriedade convexa significa que o *ângulo* no interior da região de soluções viáveis em *cada* solução PEF é menor que 180°. Essa propriedade é ilustrada na Figura 5.1, na qual os ângulos em (0, 0), (0, 6) e (0, 4) são 90° e aqueles em (2, 6) e (4, 3) estão entre 90° e 180°. Ao contrário, a região de soluções viáveis da Figura 5.3 *não* é um

---

[2] Se já estiver familiarizado com conjuntos convexos, observe que o conjunto de soluções que satisfazem qualquer restrição de programação linear (seja ela uma restrição de igualdade ou de desigualdade) é um conjunto convexo. Para qualquer problema de programação linear, sua região de soluções viáveis é a *intersecção* dos conjuntos de soluções que satisfazem suas restrições individuais. Já que a intersecção de conjuntos convexos é um conjunto convexo, sua região de soluções viáveis necessariamente é um conjunto convexo.

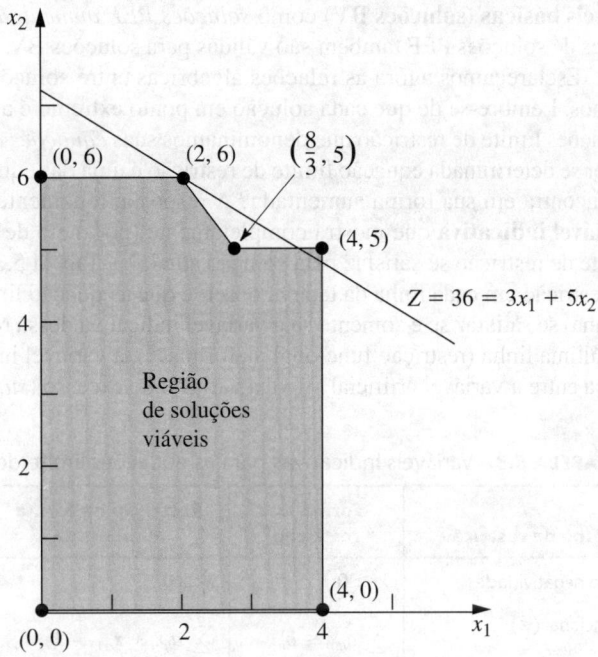

■ **FIGURA 5.3** Modificação do problema da Wyndor Glass Co., que viola tanto a programação linear como a Propriedade 3 para soluções PEF em programação linear.

conjunto convexo, pois o ângulo em $(\frac{8}{3}, 5)$ é maior que 180°. Esse é o tipo de "curvatura para fora" em um ângulo maior que 180°, que jamais pode acontecer em programação linear. Em dimensões maiores, a mesma noção intuitiva de "jamais uma curvatura para fora" (uma propriedade básica de um conjunto convexo) continua a valer.

Para esclarecer a importância de uma região de soluções viáveis convexa, considere o hiperplano de função objetivo que passa por uma solução PEF que não tem nenhuma solução PEF adjacente, melhor que a atual. [No exemplo original da Wyndor Glass Co., esse hiperplano é a reta da função objetivo passando por (2, 6).] Todas essas soluções adjacentes (0, 6) e (4, 3) no exemplo devem estar sobre o hiperplano ou no lado desfavorável (conforme medido por Z) do hiperplano. Se a região de soluções viáveis for convexa significa que seu limite não pode "curvar para fora" além de uma solução PEF adjacente para dar outra solução PEF que caia no lado favorável do hiperplano. Portanto, a Propriedade 3 é satisfeita.

Extensões para a forma aumentada do problema

Para qualquer problema de programação linear em nossa forma-padrão (inclusive restrições funcionais na forma $\leq$), a aparência das restrições funcionais após a inclusão de variáveis de folga é a seguinte:

$$
\begin{aligned}
(1) \quad & a_{11}x_1 + a_{12}x_2 + \cdots + a_{1n}x_n + x_{n+1} && = b_1 \\
(2) \quad & a_{21}x_1 + a_{22}x_2 + \cdots + a_{2n}x_n \phantom{+ x_{n+1}} + x_{n+2} && = b_2 \\
& \cdots \\
(m) \quad & a_{m1}x_1 + a_{m2}x_2 + \cdots + a_{mn}x_n \phantom{+ x_{n+1} + x_{n+2}} + x_{n+m} && = b_m,
\end{aligned}
$$

em que $x_{n+1}, x_{n+2}, \ldots, x_{n+m}$ são as variáveis de folga. Para outros problemas de programação linear, descreveu-se na Seção 4.6 como essencialmente pode-se obter essa mesma aparência (forma apropriada da eliminação gaussiana) pela inclusão de variáveis artificiais etc. Portanto, as soluções originais $(x_1, x_2, \ldots, x_n)$ agora são aumentadas pelos valores correspondentes das variáveis artificiais ou de folga $(x_{n+1}, x_{n+2}, \ldots, x_{n+m})$ e, talvez, algumas variáveis de excesso (*surplus*) também. Esse aumento levou a se definirem, na Seção 4.2, **soluções básicas** como *soluções em pontos extremos aumentadas* e **soluções**

viáveis básicas (**soluções BV**) como *soluções PEF aumentadas*. Consequentemente, as três propriedades de soluções PEF também são válidas para soluções BV.

Esclareçamos agora as relações algébricas entre soluções básicas e as soluções em pontos extremos. Lembre-se de que cada solução em ponto extremo é a solução simultânea de um sistema de n equações limite de restrição que denominamos suas *equações delimitadoras*. A questão-chave é: como saber se determinada equação limite de restrição é uma das equações delimitadoras quando o problema se encontra em sua forma aumentada? A resposta, felizmente, é simples. Cada restrição possui uma **variável indicativa** que mostra completamente (por meio de seu valor zero ou não) se essa equação limite de restrição se satisfaz pela solução atual. Na Tabela 5.3, apresentamos um resumo. Para o tipo de restrição em cada linha da tabela, observe que a equação limite de restrição correspondente (quarta coluna) se satisfaz se e somente se a variável indicativa dessa restrição (quinta coluna) for igual a zero. Na última linha (restrição funcional na forma $\geq$), a variável indicativa $\bar{x}_{n+i} - x_{s_i}$ é, na verdade, a diferença entre a variável artificial $\bar{x}_{n+i}$ e a variável de excesso (*surplus*) x_{s_i}.

■ **TABELA 5.3** Variáveis indicativas para as equações limite de restrição*

Tipo de restrição	Forma de restrição	Restrição na forma aumentada	Equação de limite de restrição	Variável indicativa
Não negatividade	$x_j \geq 0$	$x_j \geq 0$	$x_j = 0$	x_j
Funcional ($\leq$)	$\sum_{j=1}^{n} a_{ij}x_j \leq b_i$	$\sum_{j=1}^{n} a_{ij}x_j + x_{n+i} = b_i$	$\sum_{j=1}^{n} a_{ij}x_j = b_i$	x_{n+i}
Funcional ($=$)	$\sum_{j=1}^{n} a_{ij}x_j = b_i$	$\sum_{j=1}^{n} a_{ij}x_j + \bar{x}_{n+i} = b_i$	$\sum_{j=1}^{n} a_{ij}x_j = b_i$	$\bar{x}_{n+i}$
Funcional ($\geq$)	$\sum_{j=1}^{n} a_{ij}x_j \geq b_i$	$\sum_{j=1}^{n} a_{ij}x_j + \bar{x}_{n+i} - x_{s_i} = b_i$	$\sum_{j=1}^{n} a_{ij}x_j = b_i$	$\bar{x}_{n+i} - x_{s_i}$

* Variável indicativa = 0 $\Rightarrow$ equação limite de restrição satisfeita.
Variável indicativa $\neq$ 0 $\Rightarrow$ equação limite de restrição violada.

Assim, toda vez que uma equação limite de restrição for uma das equações delimitadoras para uma solução em ponto extremo, sua variável indicativa tem valor zero na forma aumentada do problema. Cada uma dessas variáveis indicativas é chamada *variável não básica* para a solução básica correspondente. As conclusões resultantes e terminologia (já apresentada na Seção 4.2) são resumidas a seguir.

Cada **solução básica** possui m **variáveis básicas** e o restante das variáveis são **variáveis não básicas** configuradas em zero. (O número de variáveis não básicas é igual a n mais o número de variáveis de excesso.) Os valores das **variáveis básicas** são fornecidos pela solução simultânea do sistema de m equações para o problema na forma aumentada (após as variáveis não básicas serem configuradas em zero.) Essa solução básica é a solução em ponto extremo aumentada cujas n equações delimitadoras são aquelas indicadas pelas variáveis não básicas. Em particular, toda vez que uma variável indicativa na quinta coluna da Tabela 5.3 for uma variável não básica, a equação limite de restrição na quarta coluna será uma equação delimitadora para o extremo correspondente à solução. Para restrições funcionais na forma $\geq$ pelo menos uma das duas variáveis suplementares $\bar{x}_{n+i}$ e x_{s_i} sempre é uma variável não básica, porém, a equação da restrição limitante se torna uma equação delimitadora apenas se *ambas* as variáveis forem variáveis não básicas.

Consideremos agora as soluções *viáveis* básicas. Observe que as únicas exigências para uma solução ser viável na forma aumentada do problema são que ela satisfaça o sistema de equações e que *todas* as variáveis sejam *não negativas*.

Uma **solução BV** é uma solução básica na qual todas as m variáveis básicas são não negativas (≥ 0).

Uma solução BV é dita **degenerada** se qualquer uma dessas m variáveis for igual a zero.

Assim, é possível para uma variável ser igual a zero e, ainda assim, não ser uma variável não básica para a solução BV atual. Esse caso corresponde a uma solução PEF que satisfaz outra equação limite de restrição, além de suas n equações delimitadoras. Portanto, é necessário controlar qual é o conjunto atual de variáveis não básicas (ou o conjunto atual de variáveis básicas) em vez de se basear em seus valores nulos.

Alertamos anteriormente que nem todo sistema de n equações limite de restrição conduz a uma solução em ponto extremo, pois pode ser que o sistema não apresente nenhuma solução ou então tenha soluções múltiplas. Por razões análogas, nem todo conjunto de n variáveis não básicas conduz a uma solução básica. Mas, esses casos são evitados pelo método simplex.

■ **TABELA 5.4** Variáveis indicativas para as equações limite de restrição do problema da Wyndor Glass Co.*

Restrição	Restrição na forma aumentada	Equação limite de restrição	Variável indicativa
$x_1 \geq 0$	$x_1 \geq 0$	$x_1 = 0$	x_1
$x_2 \geq 0$	$x_2 \geq 0$	$x_2 = 0$	x_2
$x_1 \leq 4$	(1) $x_1 + x_3 = 4$	$x_1 = 4$	x_3
$2x_2 \leq 12$	(2) $2x_2 + x_4 = 12$	$2x_2 = 12$	x_4
$3x_1 + 2x_2 \leq 18$	(3) $3x_1 + 2x_2 + x_5 = 18$	$3x_1 + 2x_2 = 18$	x_5

* Variável indicativa $= 0 \Rightarrow$ equação limite de restrição satisfeita.
Variável indicativa $\neq 0 \Rightarrow$ equação limite de restrição violada.

Para ilustrar essas definições, consideremos o exemplo da Wyndor Glass Co. mais uma vez. Suas equações limite de restrição, e variáveis indicativas são mostradas na Tabela 5.4.

Aumentar cada uma as soluções PEF (ver a Tabela 5.1) leva às soluções BV listadas na Tabela 5.5. Essa tabela coloca soluções BV adjacentes próximas umas das outras, exceto para o par formado pela primeira e pela última soluções listadas. Observe que, em cada caso, as variáveis não básicas são, necessariamente, as variáveis indicativas para as equações delimitadoras. Portanto, soluções BV adjacentes diferem por ter apenas uma variável não básica diversa. Observe também que cada uma das soluções BV é a solução simultânea do sistema de equações para o problema na forma aumentada (ver Tabela 5.4) quando as variáveis não básicas são igualadas a zero.

■ **TABELA 5.5** Soluções BV para o problema da Wyndor Glass Co.

Solução PEF	Equações delimitadoras	Solução BV	Variáveis não básicas
(0, 0)	$x_1 = 0$ $x_2 = 0$	(0, 0, 4, 12, 18)	x_1 x_2
(0, 6)	$x_1 = 0$ $2x_2 = 12$	(0, 6, 4, 0, 6)	x_1 x_4
(2, 6)	$2x_2 = 12$ $3x_1 + 2x_2 = 18$	(2, 6, 2, 0, 0)	x_4 x_5
(4, 3)	$3x_1 + 2x_2 = 18$ $x_1 = 4$	(4, 3, 0, 6, 0)	x_5 x_3
(4, 0)	$x_1 = 4$ $x_2 = 0$	(4, 0, 0, 12, 6)	x_3 x_2

■ **TABELA 5.6** Soluções inviáveis básicas para o caso da Wyndor Glass Co.

Solução em ponto extremo infactível	Equações delimitadoras	Solução inviável básica	Variáveis não básicas
(0, 9)	$x_1 = 0$ $3x_1 + 2x_2 = 18$	(0, 9, 4, −6, 0)	x_1 x_5
(4, 6)	$2x_2 = 12$ $x_1 = 4$	(4, 6, 0, 0, −6)	x_4 x_3
(6, 0)	$3x_1 + 2x_2 = 18$ $x_2 = 0$	(6, 0, −2, 12, 0)	x_5 x_2

De modo similar, as três soluções em pontos extremos infactíveis (ver a Tabela 5.2) conduzem a três soluções *inviáveis* básicas, conforme mostrado na Tabela 5.6.

Os outros dois conjuntos de variáveis não básicas, (1) x_1 e x_3 e (2) x_2 e x_4, não conduzem a uma solução básica, pois estabelecer qualquer desses pares de variáveis em zero leva a não se encontrar nenhuma solução para o sistema de Equações (1) a (3) fornecidas na Tabela 5.4. Essa conclusão é análoga à observação feita anteriormente nesta seção de que os conjuntos correspondentes de equações limite de restrição não conduzem a uma solução.

O *método simplex* tem início em uma solução BV e, depois, iterativamente desloca-se para uma solução BV adjacente melhor até que uma solução ótima seja atingida. A cada iteração, como se alcança a solução BV adjacente?

Para a forma original do problema, lembre-se de que uma solução PEF adjacente é alcançada a partir da solução atual das seguintes maneiras: 1) eliminando-se um limite de restrição (equação delimitadora) do conjunto de n limites de restrição definindo a solução atual, 2) afastando-se da solução atual na direção viável ao longo da intersecção dos $n − 1$ limites de restrição (um lado da região de soluções viáveis) e 3) interrompendo quando o primeiro novo limite de restrição (equação delimitadora) for atingido.

De modo equivalente, em nossa nova terminologia, o método simplex chega a uma solução BV adjacente a partir da solução atual das seguintes maneiras: 1) eliminando-se uma variável (a variável básica que entra), 2) afastando-se da solução atual *aumentando-se* essa variável a partir de zero (e ajustando-se as demais variáveis básicas de modo a ainda satisfazer o sistema de equações) e, ao mesmo tempo, mantendo as $n − 1$ variáveis não básicas restantes em zero e 3) interrompendo quando a *primeira* das variáveis básicas (a variável básica que sai) atingir o valor zero (seu limite de restrição). Com qualquer uma das interpretações, a escolha entre as n alternativas no passo 1 se faz selecionando-se aquela que forneceria a melhor taxa de desempenho em Z (por unidade de acréscimo na variável básica que entra) durante a etapa 2.

A Tabela 5.7 ilustra a estreita correspondência entre as interpretações geométrica e algébrica do método simplex. Usando-se os resultados já apresentados nas Seções 4.3 e 4.4, a quarta coluna resume a sequência de soluções BV encontradas para o caso da Wyndor Glass Co., e a segunda coluna

■ **TABELA 5.7** Sequência de soluções obtidas pelo método simplex para o problema da Wyndor Glass Co.

Iteração	Solução PEF	Equações delimitadoras	Solução BV	Variáveis não básicas	Restrições funcionais na forma aumentada
0	(0, 0)	$x_1 = 0$ $x_2 = 0$	(0, 0, 4, 12, 18)	$x_1 = 0$ $x_2 = 0$	$x_1 \quad\quad + \mathbf{x_3} = 4$ $2x_2 + \mathbf{x_4} = 12$ $3x_1 + 2x_2 + \mathbf{x_5} = 18$
1	(0, 6)	$x_1 = 0$ $2x_2 = 12$	(0, 6, 4, 0, 6)	$x_1 = 0$ $x_4 = 0$	$x_1 \quad\quad + \mathbf{x_3} = 4$ $2\mathbf{x_2} + x_4 = 12$ $3x_1 + 2\mathbf{x_2} + \mathbf{x_5} = 18$
2	(2, 6)	$2x_2 = 12$ $3x_1 + 2x_2 = 18$	(2, 6, 2, 0, 0)	$x_4 = 0$ $x_5 = 0$	$\mathbf{x_1} \quad\quad + \mathbf{x_3} = 4$ $2\mathbf{x_2} + x_4 = 12$ $3\mathbf{x_1} + 2\mathbf{x_2} + x_5 = 18$

mostra as soluções PEF correspondentes. Na terceira coluna, observe como cada iteração resulta na eliminação de um limite de restrição (equação delimitadora) e na substituição por um novo para obter a nova solução PEF. De modo similar, observe na quinta coluna como cada iteração resulta na eliminação de uma variável não básica e na substituição por uma nova para se obter a nova solução BV. Além disso, as variáveis não básicas que estão sendo eliminadas e acrescentadas são as variáveis indicativas para as equações delimitadoras eliminadas e acrescentadas na terceira coluna. A última coluna revela o sistema inicial de equações [excluindo a Equação (0)] para a forma aumentada do problema, com as variáveis básicas atuais mostradas em negrito. Em cada caso, observe como configurar as variáveis não básicas em zero e, depois, resolvendo esse sistema de equações para as variáveis básicas deve conduzir à mesma solução para (x_1, x_2) como o par correspondente de equações delimitadoras na terceira coluna.

A seção Worked Examples do *site* fornece outro exemplo de desenvolvimento do tipo de informação dada na Tabela 5.7 para um problema de minimização.

5.2 MÉTODO SIMPLEX NA FORMA MATRICIAL

No Capítulo 4 descreve-se o método simplex tanto na forma algébrica quanto na forma tabular. É possível compreender a teoria e o poder do método simplex examinando sua forma *matricial*. Iniciamos pela introdução da notação matricial para representar problemas de programação linear. (Veja o Apêndice 4 para a revisão sobre matrizes.)

Para ajudá-lo a distinguir entre matrizes, vetores e escalares, adotamos a seguinte convenção: letras **MAIÚSCULAS EM NEGRITO**, para representar matrizes; letras **minúsculas em negrito**, para representar vetores; e letras em *itálico* em face regular, para representar escalares. Também usamos um zero em negrito (**0**), para denotar um *vetor nulo* (um vetor cujos elementos são todos zero), seja na forma de colunas como de linhas (que poderá ser entendido conforme o contexto) ao passo que zero em face regular (0) continua a representar o número zero.

Usando matrizes, nossa forma-padrão para o modelo de programação linear genérico dado na Seção 3.2 fica

$$\text{Maximizar} \quad Z = \mathbf{cx},$$
$$\text{sujeita a}$$
$$\mathbf{Ax} \leq \mathbf{b} \quad \text{e} \quad \mathbf{x} \geq \mathbf{0},$$

em que **c** é o vetor-linha

$$\mathbf{c} = [c_1, c_2, \ldots, c_n],$$

x, **b** e **0** são os vetores-coluna, tais que

$$\mathbf{x} = \begin{bmatrix} x_1 \\ x_2 \\ \vdots \\ x_n \end{bmatrix}, \quad \mathbf{b} = \begin{bmatrix} b_1 \\ b_2 \\ \vdots \\ b_m \end{bmatrix}, \quad \mathbf{0} = \begin{bmatrix} 0 \\ 0 \\ \vdots \\ 0 \end{bmatrix},$$

e **A** é a matriz

$$\mathbf{A} = \begin{bmatrix} a_{11} & a_{12} & \cdots & a_{1n} \\ a_{21} & a_{22} & \cdots & a_{2n} \\ \vdots & & & \vdots \\ a_{m1} & a_{m2} & \cdots & a_{mn} \end{bmatrix}.$$

Para obter a forma aumentada do problema, introduza o vetor-coluna de variáveis de folga

$$x_s = \begin{bmatrix} x_{n+1} \\ x_{n+2} \\ \vdots \\ x_{n+m} \end{bmatrix}$$

de modo que as restrições fiquem

$$[A, I] \begin{bmatrix} x \\ x_s \end{bmatrix} = b \quad \text{e} \quad \begin{bmatrix} x \\ x_s \end{bmatrix} \geq 0,$$

em que I é a matriz identidade $m \times m$ e o vetor nulo 0 agora tem $n + m$ elementos. Comentamos no final da seção sobre como lidar com problemas que não se encontram sob nossa forma-padrão.

Procedimento para encontrar uma solução básica viável

Lembre-se de que a sistemática geral do método simplex é obter uma sequência de *soluções BV melhores* até que se chegue a uma solução ótima. Uma das características fundamentais da forma matricial do método simplex envolve a maneira pela qual ele chega a cada uma das novas soluções BV após identificar suas variáveis básicas e não básicas. Dadas essas variáveis, a solução básica resultante é a solução das m equações

$$[A, I] \begin{bmatrix} x \\ x_s \end{bmatrix} = b,$$

nas quais as n *variáveis não básicas* dos $n + m$ elementos de

$$\begin{bmatrix} x \\ x_s \end{bmatrix}$$

são configuradas em zero. Eliminar essas n variáveis igualando-as a zero deixa um conjunto de m equações em m incógnitas (variáveis básicas). Pode-se denotar esse conjunto de equações

$$Bx_B = b,$$

em que o **vetor de variáveis básicas**

$$x_B = \begin{bmatrix} x_{B1} \\ x_{B2} \\ \vdots \\ x_{Bm} \end{bmatrix}$$

é obtido eliminando-se as variáveis não básicas de

$$\begin{bmatrix} x \\ x_s \end{bmatrix},$$

e a **matriz-base**

$$B = \begin{bmatrix} B_{11} & B_{12} & \ldots & B_{1m} \\ B_{21} & B_{22} & \ldots & B_{2m} \\ \multicolumn{4}{c}{\dotfill} \\ B_{m1} & B_{m2} & \ldots & B_{mm} \end{bmatrix}$$

se obtém eliminado-se as colunas correspondentes aos coeficientes de variáveis não básicas de $[A, I]$. Além disso, os elementos de x_B e, consequentemente, as colunas de B podem ser colocadas em uma ordem diferente quando o método simplex for executado.

O método simplex introduz somente variáveis básicas tal que **B** seja *não singular*, de maneira que $\mathbf{B}^{-1}$ sempre existirá. Portanto, para resolver $\mathbf{Bx}_B = \mathbf{b}$, ambos os lados são previamente multiplicados por $\mathbf{B}^{-1}$:

$$\mathbf{B}^{-1}\mathbf{Bx}_B = \mathbf{B}^{-1}\mathbf{b}.$$

Já que $\mathbf{B}^{-1}\mathbf{B} = \mathbf{I}$, a solução desejada para as variáveis básicas é

$$\boxed{\mathbf{x}_B = \mathbf{B}^{-1}\mathbf{b}}.$$

Façamos que $\mathbf{c}_B$ seja o vetor cujos elementos são os coeficientes da função objetivo (inclusive zeros para as variáveis de folga) para os elementos correspondentes de $\mathbf{x}_B$. O valor da função objetivo para essa solução básica é então

$$\boxed{Z = \mathbf{c}_B\mathbf{x}_B = \mathbf{c}_B\mathbf{B}^{-1}\mathbf{b}}.$$

EXEMPLO. Para ilustrar esse método de resolução para se encontrar uma solução BV, considere novamente o problema da Wyndor Glass Co. apresentado na Seção 3.1 e resolvido pelo método simplex original na Tabela 4.8. Nesse caso,

$$\mathbf{c} = [3, 5], \quad [\mathbf{A}, \mathbf{I}] = \begin{bmatrix} 1 & 0 & 1 & 0 & 0 \\ 0 & 2 & 0 & 1 & 0 \\ 3 & 2 & 0 & 0 & 1 \end{bmatrix}, \quad \mathbf{b} = \begin{bmatrix} 4 \\ 12 \\ 18 \end{bmatrix}, \quad \mathbf{x} = \begin{bmatrix} x_1 \\ x_2 \end{bmatrix}, \quad \mathbf{x}_s = \begin{bmatrix} x_3 \\ x_4 \\ x_5 \end{bmatrix}.$$

Consultando a Tabela 4.8, vemos que a sequência de soluções BV obtidas pelo método simplex é a seguinte:

Iteração 0

$$\mathbf{x}_B = \begin{bmatrix} x_3 \\ x_4 \\ x_5 \end{bmatrix}, \quad \mathbf{B} = \begin{bmatrix} 1 & 0 & 0 \\ 0 & 1 & 0 \\ 0 & 0 & 1 \end{bmatrix} = \mathbf{B}^{-1}, \quad \text{de modo que} \quad \begin{bmatrix} x_3 \\ x_4 \\ x_5 \end{bmatrix} = \begin{bmatrix} 1 & 0 & 0 \\ 0 & 1 & 0 \\ 0 & 0 & 1 \end{bmatrix} \begin{bmatrix} 4 \\ 12 \\ 18 \end{bmatrix} = \begin{bmatrix} 4 \\ 12 \\ 18 \end{bmatrix},$$

$$\mathbf{c}_B = [0, 0, 0], \quad \text{de forma que} \quad Z = [0, 0, 0] \begin{bmatrix} 4 \\ 12 \\ 18 \end{bmatrix} = 0$$

Iteração 1

$$\mathbf{x}_B = \begin{bmatrix} x_3 \\ x_2 \\ x_5 \end{bmatrix}, \quad \mathbf{B} = \begin{bmatrix} 1 & 0 & 0 \\ 0 & 2 & 0 \\ 0 & 2 & 1 \end{bmatrix}, \quad \mathbf{B}^{-1} = \begin{bmatrix} 1 & 0 & 0 \\ 0 & \frac{1}{2} & 0 \\ 0 & -1 & 1 \end{bmatrix},$$

de modo que

$$\begin{bmatrix} x_3 \\ x_2 \\ x_5 \end{bmatrix} = \begin{bmatrix} 1 & 0 & 0 \\ 0 & \frac{1}{2} & 0 \\ 0 & -1 & 1 \end{bmatrix} \begin{bmatrix} 4 \\ 12 \\ 18 \end{bmatrix} = \begin{bmatrix} 4 \\ 6 \\ 6 \end{bmatrix},$$

$$\mathbf{c}_B = [0, 5, 0], \quad \text{de maneira que} \quad Z = [0, 5, 0] \begin{bmatrix} 4 \\ 6 \\ 6 \end{bmatrix} = 30.$$

Iteração 2

$$\mathbf{x}_B = \begin{bmatrix} x_3 \\ x_2 \\ x_1 \end{bmatrix}, \quad \mathbf{B} = \begin{bmatrix} 1 & 0 & 1 \\ 0 & 2 & 0 \\ 0 & 2 & 3 \end{bmatrix}, \quad \mathbf{B}^{-1} = \begin{bmatrix} 1 & \frac{1}{3} & -\frac{1}{3} \\ 0 & \frac{1}{2} & 0 \\ 0 & -\frac{1}{3} & \frac{1}{3} \end{bmatrix},$$

de modo que

$$\begin{bmatrix} x_3 \\ x_2 \\ x_1 \end{bmatrix} = \begin{bmatrix} 1 & \frac{1}{3} & -\frac{1}{3} \\ 0 & \frac{1}{2} & 0 \\ 0 & -\frac{1}{3} & \frac{1}{3} \end{bmatrix} \begin{bmatrix} 4 \\ 12 \\ 18 \end{bmatrix} = \begin{bmatrix} 2 \\ 6 \\ 2 \end{bmatrix},$$

$$\mathbf{c}_B = [0, 5, 3], \quad \text{de maneira que} \quad Z = [0, 5, 3] \begin{bmatrix} 2 \\ 6 \\ 2 \end{bmatrix} = 36.$$

Forma matricial do conjunto de equações atual

A última preliminar antes de sintetizarmos a forma matricial do método simplex é mostrar a forma matricial do conjunto de equações que aparece na tabela simplex para qualquer iteração do método simplex original.

Para o conjunto de equações *original*, a forma matricial fica então:

$$\begin{bmatrix} 1 & -\mathbf{c} & \mathbf{0} \\ 0 & \mathbf{A} & \mathbf{I} \end{bmatrix} \begin{bmatrix} Z \\ \mathbf{x} \\ \mathbf{x}_s \end{bmatrix} = \begin{bmatrix} 0 \\ \mathbf{b} \end{bmatrix}.$$

Esse conjunto de equações também é exibido na primeira tabela simplex da Tabela 5.8.

■ **TABELA 5.8** Tabela simplex inicial e posterior na forma matricial

Iteração	Variável básica	Eq.	Coeficiente de:			Lado direito
			Z	Variáveis básicas	Variáveis de folga	
0	Z	(0)	1	$-\mathbf{c}$	$\mathbf{0}$	0
	$\mathbf{x}_B$	(1, 2,..., m)	0	$\mathbf{A}$	$\mathbf{I}$	$\mathbf{b}$
Qualquer	Z	(0)	1	$\mathbf{c}_B\mathbf{B}^{-1}\mathbf{A} - \mathbf{c}$	$\mathbf{c}_B\mathbf{B}^{-1}$	$\mathbf{c}_B\mathbf{B}^{-1}\mathbf{b}$
	$\mathbf{x}_B$	(1, 2,..., m)	0	$\mathbf{B}^{-1}\mathbf{A}$	$\mathbf{B}^{-1}$	$\mathbf{B}^{-1}\mathbf{b}$

As operações algébricas executadas pelo método simplex (multiplicar uma equação por uma constante e adicionar um múltiplo de uma operação à outra equação) são expressas na forma matricial multiplicando-se previamente ambos os lados do conjunto de equações original pela matriz apropriada. Essa matriz teria os mesmos elementos da matriz identidade, *exceto* que cada múltiplo para uma operação algébrica entraria no ponto necessário para fazer que a multiplicação de matrizes execute essa operação. Mesmo após uma série de operações algébricas em várias iterações, ainda podemos deduzir o que essa matriz deve ser (simbolicamente) para a série inteira, usando o que já sabemos sobre os lados direitos do novo conjunto de equações. Particularmente, após qualquer iteração, $\mathbf{x}_B = \mathbf{B}^{-1}\mathbf{b}$ e $Z = \mathbf{c}_B\mathbf{B}^{-1}\mathbf{b}$, de modo que os lados direitos do novo conjunto de equações fica:

$$\begin{bmatrix} Z \\ \mathbf{x}_B \end{bmatrix} = \begin{bmatrix} 1 & \mathbf{c}_B\mathbf{B}^{-1} \\ 0 & \mathbf{B}^{-1} \end{bmatrix} \begin{bmatrix} 0 \\ \mathbf{b} \end{bmatrix} = \begin{bmatrix} \mathbf{c}_B\mathbf{B}^{-1}\mathbf{b} \\ \mathbf{B}^{-1}\mathbf{b} \end{bmatrix}.$$

Pelo fato de realizarmos a mesma série de operações algébricas em *ambos* os lados do conjunto original de equações, utilizamos a mesma matriz que multiplica previamente o lado direito original para multiplicar previamente o lado esquerdo original. Consequentemente, já que

$$\begin{bmatrix} 1 & \mathbf{c}_B\mathbf{B}^{-1} \\ 0 & \mathbf{B}^{-1} \end{bmatrix} \begin{bmatrix} 1 & -\mathbf{c} & 0 \\ 0 & \mathbf{A} & \mathbf{I} \end{bmatrix} = \begin{bmatrix} 1 & \mathbf{c}_B\mathbf{B}^{-1}\mathbf{A} - \mathbf{c} & \mathbf{c}_B\mathbf{B}^{-1} \\ 0 & \mathbf{B}^{-1}\mathbf{A} & \mathbf{B}^{-1} \end{bmatrix},$$

a forma matricial desejada do *conjunto de equações após qualquer iteração* é:

$$\begin{bmatrix} 1 & \mathbf{c}_B\mathbf{B}^{-1}\mathbf{A} - \mathbf{c} & \mathbf{c}_B\mathbf{B}^{-1} \\ 0 & \mathbf{B}^{-1}\mathbf{A} & \mathbf{B}^{-1} \end{bmatrix} \begin{bmatrix} Z \\ \mathbf{x} \\ \mathbf{x}_s \end{bmatrix} = \begin{bmatrix} \mathbf{c}_B\mathbf{B}^{-1}\mathbf{b} \\ \mathbf{B}^{-1}\mathbf{b} \end{bmatrix}.$$

A segunda tabela simplex da Tabela 5.8 também exibe esse mesmo conjunto de equações.

EXEMPLO. Para ilustrar essa forma de matriz para o conjunto atual de equações, mostraremos como ela leva ao conjunto final de equações resultante da iteração 2 para o problema da Wyndor Glass Co. Usando o $\mathbf{B}^{-1}$ e $\mathbf{c}_B$ dados para a iteração 2 no final da subseção precedente, temos:

$$\mathbf{B}^{-1}\mathbf{A} = \begin{bmatrix} 1 & \frac{1}{3} & -\frac{1}{3} \\ 0 & \frac{1}{2} & 0 \\ 0 & -\frac{1}{3} & \frac{1}{3} \end{bmatrix} \begin{bmatrix} 1 & 0 \\ 0 & 2 \\ 3 & 2 \end{bmatrix} = \begin{bmatrix} 0 & 0 \\ 0 & 1 \\ 1 & 0 \end{bmatrix},$$

$$\mathbf{c}_B\mathbf{B}^{-1} = [0, 5, 3] \begin{bmatrix} 1 & \frac{1}{3} & -\frac{1}{3} \\ 0 & \frac{1}{2} & 0 \\ 0 & -\frac{1}{3} & \frac{1}{3} \end{bmatrix} = [0, \tfrac{3}{2}, 1],$$

$$\mathbf{c}_B\mathbf{B}^{-1}\mathbf{A} - \mathbf{c} = [0, 5, 3] \begin{bmatrix} 0 & 0 \\ 0 & 1 \\ 1 & 0 \end{bmatrix} - [3, 5] = [0, 0].$$

Usando os valores de $\mathbf{x}_B = \mathbf{B}^{-1}\mathbf{b}$ e $Z = \mathbf{c}_B\mathbf{B}^{-1}\mathbf{b}$ calculados no final da subseção anterior, esses resultados geram o seguinte conjunto de equações:

$$\begin{bmatrix} 1 & 0 & 0 & 0 & \frac{3}{2} & 1 \\ \hline 0 & 0 & 0 & 1 & \frac{1}{3} & -\frac{1}{3} \\ 0 & 0 & 1 & 0 & \frac{1}{2} & 0 \\ 0 & 1 & 0 & 0 & -\frac{1}{3} & \frac{1}{3} \end{bmatrix} \begin{bmatrix} Z \\ x_1 \\ x_2 \\ x_3 \\ x_4 \\ x_5 \end{bmatrix} = \begin{bmatrix} 36 \\ 2 \\ 6 \\ 2 \end{bmatrix},$$

conforme mostrado no final da tabela simplex na Tabela 4.8.

A forma matricial do conjunto de equações após qualquer iteração (conforme ilustrado no quadro logo antes do exemplo anterior) é o segredo para a execução da forma matricial do método simplex. As expressões matriciais que aparecem nessas equações (ou na parte inferior da Tabela 5.8) oferecem uma maneira direta de calcular todos os números que deveriam aparecer no conjunto atual de equações (para a forma algébrica do método simplex) ou na tabela simplex atual (para a forma tabular do método simplex). As três formas desse método conduzem exatamente as mesmas decisões (variável básica que entra, variável básica que sai etc.), etapa após etapa e iteração após iteração. A única diferença entre essas formas está nos métodos usados para calcular os números necessários para tomar essas decisões. De acordo com o resumo a seguir, a forma matricial oferece uma maneira conveniente e compacta para calcular esses números sem ter que transportar uma série de sistemas de equações ou uma série de tabelas simplex.

Síntese da forma matricial do método simplex

1. *Inicialização:* introduzir as variáveis de folga etc. para obter as variáveis básicas iniciais, conforme descrito no Capítulo 4. Isso conduz aos $\mathbf{x}_B$, $\mathbf{c}_B$, $\mathbf{B}$ e $\mathbf{B}^{-1}$ iniciais (em que $\mathbf{B} = \mathbf{I} = \mathbf{B}^{-1}$ segundo nossa hipótese atual de que o problema em questão se ajuste à nossa forma-padrão). A seguir, proceder ao teste de otimalidade.

2. *Iteração:*
   Etapa 1 – Determinar a variável básica que entra: referir-se aos coeficientes das variáveis não básicas na Equação (0), que foram obtidos na aplicação precedente do teste de otimalidade a seguir. Em seguida (da mesma forma que o método simplex original descrito na Seção 4.4), selecionar a variável com coeficiente negativo de maior valor absoluto como a variável básica que entra.
   Etapa 2 – Estabelecer a variável básica que sai: utilizar as expressões matriciais, $\mathbf{B}^{-1}\mathbf{A}$ (para os coeficientes das variáveis originais) e $\mathbf{B}^{-1}$ (para os coeficientes das variáveis de folga), para calcular os coeficientes da variável básica que entra em cada equação, exceto a Equação (0). Use o cálculo precedente de $\mathbf{x}_B = \mathbf{B}^{-1}\mathbf{b}$ (ver a Etapa 3) para identificar os lados direitos dessas equações. Em seguida (da mesma forma descrita na Seção 4.4), utilize o *teste da razão mínima* para escolher a variável básica que sai.
   Etapa 3 – Determinar a nova solução BV: atualize a matriz base $\mathbf{B}$ substituindo a coluna para a variável básica que sai pela coluna correspondente em $[\mathbf{A}, \mathbf{I}]$ para a variável básica que entra. Faça também as substituições correspondentes em $\mathbf{x}_B$ e $\mathbf{c}_B$. Em seguida, derive $\mathbf{B}^{-1}$ (conforme ilustrado no Apêndice 4) e configure $\mathbf{x}_B = \mathbf{B}^{-1}$.

3. *Teste de otimalidade:* utilize as expressões matriciais, $\mathbf{c}_B \mathbf{B}^{-1}\mathbf{A} - \mathbf{c}$ (para os coeficientes das variáveis originais) e $\mathbf{c}_B \mathbf{B}^{-1}$ (para os coeficientes das variáveis de folga) para calcular o coeficiente das variáveis não básicas na Equação (0). A solução BV atual é ótima se e somente se todos esses coeficientes forem não negativos. Se ela for ótima, interrompa. Caso contrário, realize outra iteração para obter a solução BV seguinte.

EXEMPLO. Já realizamos anteriormente parte dos cálculos matriciais no problema da Wyndor Glass Co. nesta seção. Agora juntaremos todas as peças para aplicar o método simplex completo na forma matricial a este problema. Como ponto de partida, lembremos que

$$\mathbf{c} = [3, 5], \quad [\mathbf{A}, \mathbf{I}] = \begin{bmatrix} 1 & 0 & 1 & 0 & 0 \\ 0 & 2 & 0 & 1 & 0 \\ 3 & 2 & 0 & 0 & 1 \end{bmatrix}, \quad \mathbf{b} = \begin{bmatrix} 4 \\ 12 \\ 18 \end{bmatrix}.$$

Inicialização
As variáveis básicas iniciais são as variáveis de folga e, portanto (conforme já observado para a Iteração 0 para o primeiro exemplo nesta seção)

$$\mathbf{x}_B = \begin{bmatrix} x_3 \\ x_4 \\ x_5 \end{bmatrix} = \begin{bmatrix} 4 \\ 12 \\ 18 \end{bmatrix}, \quad \mathbf{c}_B = [0, 0, 0], \quad \mathbf{B} = \begin{bmatrix} 1 & 0 & 0 \\ 0 & 1 & 0 \\ 1 & 0 & 1 \end{bmatrix} = \mathbf{B}^{-1}.$$

Teste de otimalidade
Os coeficientes das variáveis não básicas (x_1 e x_2) são

$$c_B B^{-1} A - c = [0, 0] - [3, 5] = [-3, -5]$$

e, portanto, esses coeficientes negativos indicam que a solução BV inicial ($x_B = b$) não é ótima.

Iteração 1
Como -5 é maior em termos absolutos que -3, a variável básica que entra é x_2. Realizando somente a parte relevante da multiplicação matricial, os coeficientes de x_2 em todas as equações exceto a Equação (0) são

$$B^{-1}A = \begin{bmatrix} - & 0 \\ - & 2 \\ - & 2 \end{bmatrix}$$

e o lado direito dessas equações é dado pelo valor de x_B indicado na etapa de inicialização. Portanto, o teste da razão mínima indica que a variável básica que sai é x_4 já que $\frac{12}{2} < \frac{18}{2}$. A iteração 1 para o primeiro exemplo dessa seção já mostra os B, x_B, c_B e B^{-1} resultantes atualizados, a saber,

$$B = \begin{bmatrix} 1 & 0 & 0 \\ 0 & 2 & 0 \\ 0 & 2 & 1 \end{bmatrix}, \quad B^{-1} = \begin{bmatrix} 1 & 0 & 0 \\ 0 & \frac{1}{2} & 0 \\ 0 & -1 & 1 \end{bmatrix}, \quad x_B = \begin{bmatrix} x_3 \\ x_2 \\ x_5 \end{bmatrix} = B^{-1}b = \begin{bmatrix} 4 \\ 6 \\ 6 \end{bmatrix}, \quad c_B = [0, 5, 0],$$

de modo que x_2 substituiu x_4 em x_B, ao fornecer um elemento de c_B proveniente de $[3, 5, 0, 0, 0]$ e ao fornecer uma coluna de $[A, I]$ em B.

Teste de otimalidade
As variáveis não básicas (agora são x_1 e x_4, e seus coeficientes na Equação (0) são

Para x_1: $\quad c_B B^{-1} A - c = [0, 5, 0] \begin{bmatrix} 1 & 0 & 0 \\ 0 & \frac{1}{2} & 0 \\ 0 & -1 & 1 \end{bmatrix} \begin{bmatrix} 1 & 0 \\ 0 & 2 \\ 3 & 2 \end{bmatrix} - [3, 5] = [-3, -]$

Para x_4: $\quad c_B B^{-1} = [0, 5, 0] \begin{bmatrix} 1 & 0 & 0 \\ 0 & \frac{1}{2} & 0 \\ 0 & -1 & 1 \end{bmatrix} = [-, 5/2, -]$

Como x_1 tem coeficiente negativo, a solução atual BV não é ótima, de modo que prosseguiremos para a iteração seguinte.

Iteração 2:
Como x_1 é a única variável não básica com um coeficiente negativo na Equação (0), ela agora torna-se a variável básica que entra. Seus coeficientes nas demais equações são

$$B^{-1}A = \begin{bmatrix} 1 & 0 & 0 \\ 0 & \frac{1}{2} & 0 \\ 0 & -1 & 1 \end{bmatrix} \begin{bmatrix} 1 & 0 \\ 0 & 2 \\ 3 & 2 \end{bmatrix} = \begin{bmatrix} 1 & - \\ 0 & - \\ 3 & - \end{bmatrix}$$

Também utilizando x_B obtido no final da iteração anterior, o teste da razão mínima indica que x_5 é a variável básica que sai já que $\frac{6}{3} < \frac{4}{1}$. A iteração 2 para o primeiro exemplo desta seção já indica B, B^{-1}, x_B e c_B, resultantes atualizados, a saber,

$$B = \begin{bmatrix} 1 & 0 & 1 \\ 0 & 2 & 0 \\ 0 & 2 & 3 \end{bmatrix}, \quad B^{-1} = \begin{bmatrix} 1 & \frac{1}{3} & -\frac{1}{3} \\ 0 & \frac{1}{2} & 0 \\ 0 & -\frac{1}{3} & \frac{1}{3} \end{bmatrix}, \quad x_B = \begin{bmatrix} x_3 \\ x_2 \\ x_1 \end{bmatrix} = B^{-1}b = \begin{bmatrix} 2 \\ 6 \\ 2 \end{bmatrix}, \quad c_B = [0, 5, 3],$$

de modo que x_1 substituiu x_5 em x_B, ao fornecer um elemento de c_B proveniente de $[3, 5, 0, 0, 0]$ e ao fornecer uma coluna de $[A, I]$ em B.

Teste de otimalidade
As variáveis não básicas agora são x_4 e x_5. Usando os cálculos já mostrados para o segundo exemplo desta seção, seus coeficientes na Equação (0) são, respectivamente, $\frac{3}{2}$ e 1. Como nenhum desses coeficientes é negativo, a solução BV atual ($x_1 = 2, x_2 = 6, x_3 = 2, x_4 = 0, x_5 = 0$) é ótima e o procedimento se conclui.

Observações finais

O exemplo anterior ilustra que a forma matricial do método simplex utiliza apenas um pequeno número de expressões matriciais para realizar todos os cálculos necessários. Essas expressões matriciais são resumidas na parte inferior da Tabela 5.8. Um *insight* fundamental obtido dessa tabela é o fato que é preciso conhecer apenas $\mathbf{B}^{-1}$ e $\mathbf{c}_B\mathbf{B}^{-1}$ atuais, que aparecem no trecho de variáveis de folga da tabela simplex atual, para poder calcular todos os demais números dessa tabela em termos dos parâmetros originais (**A, b** e **c**) do modelo que está sendo solucionado. Ao lidar com a tabela simplex *final*, esse *insight* demonstra ser particularmente valioso, conforme será descrito na próxima seção.

Um inconveniente da forma matricial do método simplex como foi descrito nesta seção é o fato de ser necessário obter $\mathbf{B}^{-1}$, a inversa da matriz base atualizada, no final de cada iteração. Embora existam rotinas para inverter matrizes quadradas pequenas (não singulares) (e isso possa ser feito até manualmente para matrizes 2 × 2 ou, quem sabe, para matrizes 3 × 3), o tempo necessário para invertê-las cresce muito rapidamente à medida que seu tamanho aumenta. Felizmente, existe um procedimento muito mais eficiente disponível para atualizar $\mathbf{B}^{-1}$ de uma iteração para a seguinte, em vez de inverter a nova matriz base a partir do zero. Quando esse procedimento é incorporado na forma matricial do método simplex, esta versão melhorada da forma matricial é convencionalmente chamada **método simplex revisado**. Essa é a versão do método simplex (junto com outros aperfeiçoamentos) normalmente usada em software comercial para programação linear. Descreveremos o procedimento para atualizar $\mathbf{B}^{-1}$ na Seção 5.4.

A seção de Worked Examples do *site* fornece **outro exemplo** de aplicação da forma matricial do método simplex. Esse exemplo também incorpora o eficiente procedimento para atualizar $\mathbf{B}^{-1}$ a cada iteração em vez de inverter a matriz base atualizada a partir da estaca zero, de modo que o método simplex revisado totalmente desenvolvido é aplicado.

Observações gerais

Finalmente, devemos relembrá-lo de que a descrição da forma matricial do método simplex ao longo dessa seção partiu do pressuposto de que o problema em questão se ajusta à *nossa forma-padrão* para o modelo genérico de programação linear fornecido na Seção 3.2. Entretanto, as modificações para outras formas do modelo são relativamente simples. As etapas de inicialização seriam conduzidas do mesmo modo como foi descrito na Seção 4.6, tanto para a forma algébrica quanto para a forma tabular do método simplex. Quando essa etapa envolver a inclusão de variáveis artificiais para obter uma solução BV inicial (e, consequentemente, obter uma *matriz identidade* como *matriz base inicial*), essas variáveis são incluídas entre os m elementos de $\mathbf{x}_s$.

5.3 UM *INSIGHT* FUNDAMENTAL

Agora, vamos nos concentrar em uma propriedade do método simplex (em qualquer uma de suas formas), que foi revelada pela forma matricial do método simplex na Seção 5.2. Esse *insight* fundamental fornece a chave tanto para a teoria da dualidade quanto para a análise de sensibilidade (Capítulo 6), duas partes importantes da programação linear.

Devemos, primeiro, descrever esse *insight* quando o problema em questão se ajustar à nossa forma-padrão para modelos de programação linear (Seção 3.2) e, então, discutir posteriormente como adaptar a outras formas. O *insight* se baseia diretamente na Tabela 5.8 na Seção 5.2, conforme descreve-se a seguir.

CAPÍTULO 5 TEORIA DO MÉTODO SIMPLEX 171

***Insight* fornecido pela Tabela 5.8:** usando-se notação matricial, a Tabela 5.8 fornece as linhas da tabela simplex *inicial* como $[-\mathbf{c}, \mathbf{0}, 0]$ para a linha 0 e $[\mathbf{A}, \mathbf{I}, \mathbf{b}]$ para o restante das linhas. Após qualquer iteração, os coeficientes das variáveis de folga na tabela simplex atual tornam-se $\mathbf{c}_B \mathbf{B}^{-1}$ para a linha 0 e $\mathbf{B}^{-1}$ para o restante das linhas, em que $\mathbf{B}$ é a matriz base atual. Examinando-se o restante da tabela simplex atual, o *insight* é que esses coeficientes das variáveis de folga revelam imediatamente como linhas *inteiras* da tabela simplex atual foram obtidas a partir das linhas contidas na tabela simplex *inicial*. Particularmente, após qualquer iteração,

Linha 0 = $[-\mathbf{c}, \mathbf{0}, 0] + \mathbf{c}_B \mathbf{B}^{-1}[\mathbf{A}, \mathbf{I}, \mathbf{b}]$

Linhas 1 a m = $\mathbf{B}^{-1}[\mathbf{A}, \mathbf{I}, \mathbf{b}]$

Descreveremos as aplicações desse *insight* no final desta seção. Essas aplicações são particularmente importantes apenas quando lidarmos com a tabela simples *final*, após a solução ótima ter sido obtida. Portanto, daqui em diante vamos nos concentrar na discussão do "*insight* fundamental" apenas em termos da solução ótima.

Para distinguirmos entre a notação matricial usada após *qualquer* iteração ($\mathbf{B}^{-1}$ etc.) e a notação correspondente logo após a *última* iteração, agora introduzimos a seguinte notação para o último caso.

Quando $\mathbf{B}$ é a matriz-base para a *solução ótima* encontrada pelo método simplex, façamos:

$\mathbf{S}^* = \mathbf{B}^{-1}$ = coeficientes das variáveis *de folga* nas linhas 1 a m

$\mathbf{A}^* = \mathbf{B}^{-1}\mathbf{A}$ = coeficientes das variáveis *originais* nas linhas 1 a m

$\mathbf{y}^* = \mathbf{c}_B \mathbf{B}^{-1}$ = coeficientes das variáveis *de folga* na linha 0

$\mathbf{z}^* = \mathbf{c}_B \mathbf{B}^{-1}\mathbf{A}$, de modo que $\mathbf{z}^* - \mathbf{c}$ = coeficientes das variáveis *originais* na linha 0

$Z^* = \mathbf{c}_B \mathbf{B}^{-1}\mathbf{b}$ = valor ótimo da função objetivo

$\mathbf{b}^* = \mathbf{B}^{-1}\mathbf{b}$ = lados direitos ótimos das linhas 1 a m

A metade inferior da Tabela 5.9 mostra onde cada um desses símbolos se encaixa na tabela simplex final. Para ilustrar toda a notação, a metade superior da Tabela 5.9 inclui a tabela inicial para o problema da Wyndor Glass Co. e a metade inferior inclui a tabela final para esse problema.

■ **TABELA 5.9** Notação genérica para as tabelas simplex inicial e final na forma matricial, ilustrado pelo problema da Wyndor Glass Co.

Tabela inicial

Linha 0: $\quad \mathbf{t} = [-3, -5 \mid 0, 0, 0 \mid 0] = [-\mathbf{c} \mid \mathbf{0} \mid 0]$.

Demais linhas:
$$\mathbf{T} = \begin{bmatrix} 1 & 0 & | & 1 & 0 & 0 & | & 4 \\ 0 & 2 & | & 0 & 1 & 0 & | & 12 \\ 3 & 2 & | & 0 & 0 & 1 & | & 18 \end{bmatrix} = [\mathbf{A} \mid \mathbf{I} \mid \mathbf{b}].$$

Combinadas:
$$\begin{bmatrix} \mathbf{t} \\ \mathbf{T} \end{bmatrix} = \begin{bmatrix} -\mathbf{c} & | & \mathbf{0} & | & 0 \\ \mathbf{A} & | & \mathbf{I} & | & \mathbf{b} \end{bmatrix}.$$

Tabela final

Linha 0: $\quad \mathbf{t}^* = [0, 0 \mid 0, \frac{3}{2}, 1 \mid 36] = [\mathbf{z}^* - \mathbf{c} \mid \mathbf{y}^* \mid Z^*]$.

Demais linhas:
$$\mathbf{T}^* = \begin{bmatrix} 0 & 0 & | & 1 & \frac{1}{3} & -\frac{1}{3} & | & 2 \\ 0 & 1 & | & 0 & \frac{1}{2} & 0 & | & 6 \\ 1 & 0 & | & 0 & -\frac{1}{3} & \frac{1}{3} & | & 2 \end{bmatrix} = [\mathbf{A}^* \mid \mathbf{S}^* \mid \mathbf{b}^*].$$

Combinadas:
$$\begin{bmatrix} \mathbf{t}^* \\ \mathbf{T}^* \end{bmatrix} = \begin{bmatrix} \mathbf{z}^* - \mathbf{c} & | & \mathbf{y}^* & | & Z^* \\ \mathbf{A}^* & | & \mathbf{S}^* & | & \mathbf{b}^* \end{bmatrix}.$$

Referindo-nos a isso novamente, suponhamos agora que sejam fornecidos a tabela inicial, **t** e **T** e apenas **y*** e **S*** da tabela final. Como essas informações isoladamente poderão ser usadas para calcular o restante da tabela final? A resposta é fornecida pelo *insight* fundamental sintetizado a seguir.

Insight fundamental

$$(1)\ \mathbf{t}^* = \mathbf{t} + \mathbf{y}^*\mathbf{T} = [\mathbf{y}^*\mathbf{A} - \mathbf{c} \mid \mathbf{y}^* \mid \mathbf{y}^*\mathbf{b}].$$
$$(2)\ \mathbf{T}^* = \mathbf{S}^*\mathbf{T} = [\mathbf{S}^*\mathbf{A} \mid \mathbf{S}^* \mid \mathbf{S}^*\mathbf{b}].$$

Portanto, conhecendo-se os parâmetros do modelo na tabela inicial (**c**, **A** e **b**) e *apenas* os coeficientes das variáveis de folga da tabela final (**y*** e **S***), essas equações permitem calcular *todos* os demais números da tabela final.

Vamos resumir agora a lógica matemática por trás das duas equações para o *insight* fundamental. Para derivar a Equação (2), lembre-se de que toda a sequência de operações algébricas executadas pelo método simplex (exceto aquelas que envolvem a linha 0) equivale a multiplicar previamente **T** por alguma matriz, chamada, por exemplo, **M**. Consequentemente,

$$\mathbf{T}^* = \mathbf{MT},$$

porém, agora precisamos identificar **M**. Escrevendo-se as partes correspondentes de **T** e **T***, essa equação fica então:

$$[\mathbf{A}^* \mid \mathbf{S}^* \mid \mathbf{b}^*] = \mathbf{M}\,[\mathbf{A} \mid \mathbf{I} \mid \mathbf{b}]$$
$$= [\mathbf{MA} \mid \mathbf{M} \mid \mathbf{Mb}].$$

Pelo fato de o componente central (ou qualquer outro) dessas matrizes idênticas ter de ser o mesmo, **M** = **S*** e, portanto, a Equação (2) é uma equação válida.

A Equação (1) é derivada de modo similar, notando-se que toda a sequência de operações algébricas que envolvem a linha 0 equivale a adicionar alguma combinação linear das linhas em **T** a **t**; isso equivale a adicionar a **t** algum vetor multiplicado por **T**. Representando-se esse vetor por **v**, temos então:

$$\mathbf{t}^* = \mathbf{t} + \mathbf{vT},$$

no entanto, **v** ainda precisa ser identificado. Escrevendo-se as partes componentes de **t** e **t*** isso leva a:

$$[\mathbf{z}^* - \mathbf{c} \mid \mathbf{y}^* \mid Z^*] = [-\mathbf{c} \mid 0 \mid 0] + \mathbf{v}\,[\mathbf{A} \mid \mathbf{I} \mid \mathbf{b}]$$
$$= [-\mathbf{c} + \mathbf{vA} \mid \mathbf{v} \mid \mathbf{vb}].$$

Igualando-se o componente central desses vetores idênticos isso resulta em **v** = **y***, o que valida a Equação (1).

Adaptações a outras formas de modelos

Até então, descreveu-se o *insight* fundamental partindo-se do pressuposto de que o modelo original se encontra em nossa forma-padrão, conforme descrito na Seção 3.2. Entretanto, a lógica matemática anterior agora nos revela exatamente quais ajustes são necessários para outras formas do modelo original. O ponto-chave é a matriz identidade **I** na tabela inicial, que se transforma em **S*** na tabela final. Se algumas variáveis artificiais tiverem de ser incluídas na tabela inicial para servir como variáveis básicas iniciais, então é o conjunto de colunas (ordenadas de forma apropriada) para *todas* as variáveis básicas iniciais (tanto variáveis de folga quanto as artificiais) que forma **I** nessa tabela. (As colunas para quaisquer variáveis excedentes são supérfluas.) As *mesmas* colunas na tabela final fornecem **S*** para a equação **T*** = **S*T** e **y*** para a equação **t*** = **t** + **y*T**. Se *M*s fossem introduzidos na linha 0 preliminar como coeficientes das variáveis artificiais, então, o **t** para a equação **t*** = **t** + **y*T** é a linha 0 da tabela inicial depois de estes coeficientes não zero para variáveis básicas serem eliminados algebricamente. Como alternativa, a linha 0 preliminar pode ser usada para **t**, porém, esses *M*s terão de ser subtraídos então da linha 0 final para fornecer **y*** (ver o Problema 5.3-9).

Aplicações

O *insight* fundamental tem uma série de aplicações importantes no campo da programação linear. Uma delas envolve o método simplex revisado, que se baseia principalmente na forma matricial do método simplex apresentado na Seção 5.2. Conforme descrito na seção anterior (ver a Tabela 5.8), esse método usou $\mathbf{B}^{-1}$ e a tabela inicial para calcular todos os números relevantes na tabela atual para *todas* as iterações. Ele vai além do *insight* fundamental, usando $\mathbf{B}^{-1}$ para calcular o próprio $\mathbf{y}^*$ como $\mathbf{c}_B \mathbf{B}^{-1}$.

Outra aplicação envolve a interpretação dos *preços-sombra* ($y_1^*, y_2^*, \ldots, y_m^*$), descritos na Seção 4.7. O *insight* fundamental revela que Z^* (o valor de Z para a solução ótima) é:

$$Z^* = \mathbf{y}^* \mathbf{b} = \sum_{i=1}^{m} y_i^* b_i,$$

de modo que, por exemplo,

$$Z^* = 0b_1 + \frac{3}{2}b_2 + b_3$$

para o problema da Wyndor Glass Co. Essa equação leva imediatamente à interpretação dos valores y_i^* fornecidos na Seção 4.7.

Outro grupo de aplicações extremamente importantes envolve diversas *tarefas de pós-otimalidade* (técnica de reotimização, análise de sensibilidade, programação linear paramétrica – descritas na Seção 4.7), que investiga o efeito de se realizar uma ou mais modificações no modelo original. Suponhamos, particularmente, que o método simplex já tenha sido aplicado para obter uma solução ótima (bem como $\mathbf{y}^*$ e $\mathbf{S}^*$) para o modelo original e, depois, foram processadas essas modificações. Se tivéssemos que aplicar exatamente a mesma sequência de operações algébricas à tabela inicial revisada, quais seriam as modificações resultantes na tabela final? Pelo fato de $\mathbf{y}^*$ e $\mathbf{S}^*$ não se modificarem, o *insight* fundamental revela a resposta imediatamente.

Um tipo particularmente comum da análise de pós-otimalidade consiste em investigar possíveis mudanças em $\mathbf{b}$. Os elementos de $\mathbf{b}$ normalmente representam decisões gerenciais sobre as quantidades de vários recursos que são disponibilizados para as atividades consideradas no modelo de programação linear. Consequentemente, após a solução ótima ter sido encontrada mediante o método simplex, a gerência normalmente quer explorar o que aconteceria caso algumas dessas decisões gerenciais sobre alocações de recursos fossem alteradas de diversas maneiras. Por meio do uso das fórmulas,

$$\mathbf{x}_B = \mathbf{S}^* \mathbf{b}$$
$$Z^* = \mathbf{y}^* \mathbf{b},$$

podemos ver exatamente como a solução BV ótima muda (ou se ela se torna inviável devido a variáveis negativas), bem como o valor ótimo da função objetivo muda em função de $\mathbf{b}$. *Não* temos que reaplicar o método simplex repetidamente para cada novo $\mathbf{b}$, já que os coeficientes das variáveis de folga revelam tudo!

Consideremos, por exemplo, a mudança de $b_2 = 12$ para $b_2 = 13$ conforme ilustrado na Figura 4.8 para o problema da Wyndor Glass Co. Não é necessário encontrarmos a nova solução ótima $(x_1, x_2) = (\frac{5}{3}, \frac{13}{2})$, pois os valores das variáveis básicas na tabela final ($\mathbf{b}^*$) são revelados imediatamente pelo *insight* fundamental:

$$\begin{bmatrix} x_3 \\ x_2 \\ x_1 \end{bmatrix} = \mathbf{b}^* = \mathbf{S}^* \mathbf{b} = \begin{bmatrix} 1 & \frac{1}{3} & -\frac{1}{3} \\ 0 & \frac{1}{2} & 0 \\ 0 & -\frac{1}{3} & \frac{1}{3} \end{bmatrix} \begin{bmatrix} 4 \\ 13 \\ 18 \end{bmatrix} = \begin{bmatrix} \frac{7}{3} \\ \frac{13}{2} \\ \frac{5}{3} \end{bmatrix}.$$

Há até uma maneira mais fácil de se efetuar esse cálculo, visto que a única mudança no *segundo* componente de $\mathbf{b}$ ($\Delta b_2 = 1$), que é multiplicado previamente apenas pela *segunda* coluna de $\mathbf{S}^*$, a *modificação* em $\mathbf{b}^*$ pode ser calculada simplesmente como

$$\Delta \mathbf{b}^* = \begin{bmatrix} \frac{1}{3} \\ \frac{1}{2} \\ -\frac{1}{3} \end{bmatrix} \Delta b_2 = \begin{bmatrix} \frac{1}{3} \\ \frac{1}{2} \\ -\frac{1}{3} \end{bmatrix},$$

de modo que os valores originais das variáveis básicas na tabela final ($x_3 = 2$, $x_2 = 6$, $x_1 = 2$) ficam agora

$$\begin{bmatrix} x_3 \\ x_2 \\ x_1 \end{bmatrix} = \begin{bmatrix} 2 \\ 6 \\ 2 \end{bmatrix} + \begin{bmatrix} \frac{1}{3} \\ \frac{1}{2} \\ -\frac{1}{3} \end{bmatrix} = \begin{bmatrix} \frac{7}{3} \\ \frac{13}{2} \\ \frac{5}{3} \end{bmatrix}.$$

(Se qualquer um desses novos valores forem negativos e, portanto, inviáveis, então a técnica da reotimização descrita na Seção 4.7 teria de ser aplicada, partindo-se dessa tabela final revisada.) Aplicando-se *análise incremental* à equação anterior para Z^* também nos conduz imediatamente a

$$\Delta Z^* = \frac{3}{2} \Delta b_2 = \frac{3}{2}.$$

O *insight* fundamental pode ser aplicado investigando-se outras modificações no modelo original de maneira muito semelhante; ele é o ponto crucial do procedimento de análise de sensibilidade descrito na última parte do Capítulo 6.

Você também verá no próximo capítulo que o *insight* fundamental desempenha papel importantíssimo na útil teoria da dualidade para a programação linear.

5.4 MÉTODO SIMPLEX REVISADO

O método simplex revisado se baseia diretamente na forma matricial do método simplex apresentada na Seção 5.2. Entretanto, conforme mencionado no final desta seção, a diferença é que o método simplex revisado incorpora um aperfeiçoamento fundamental na forma matricial. Em vez de ter que inverter a nova matriz base **B** após cada iteração, o que é computacionalmente caro para grandes matrizes, o método simplex revisado usa um procedimento muito mais eficaz que simplesmente atualiza $\mathbf{B}^{-1}$ de uma iteração para a seguinte. Enfocaremos a descrição e a exemplificação desse procedimento na presente seção.

Esse procedimento se baseia em duas propriedades do método simplex. Uma é descrita *no insight dado pela Tabela 5.8* no início da Seção 5.3. Particularmente, após qualquer iteração, os coeficientes das *variáveis de folga* para todas as linhas exceto a linha 0 na tabela simplex atual tornam-se $\mathbf{B}^{-1}$, em que **B** é a matriz base atual. Essa propriedade é sempre válida desde que o problema em questão se ajuste à *nossa forma padrão* descrita na Seção 3.2 para modelos de programação linear. (Para formas não padronizadas em que as variáveis artificiais precisam ser incluídas, a única diferença é o fato de ser o conjunto de colunas apropriadamente ordenadas que forma uma matriz identidade **I** abaixo da linha 0 na tabela simplex inicial que então fornece $\mathbf{B}^{-1}$ em qualquer tabela subsequente.)

A outra propriedade relevante do método simplex é o fato da Etapa 3 de uma iteração mudar os números na tabela simplex, inclusive aqueles que fornecem $\mathbf{B}^{-1}$, apenas mediante a execução de operações algébricas elementares (como dividir uma equação por uma constante ou subtrair um múltiplo de alguma equação de outra equação) necessárias para restaurar a forma apropriada da eliminação gaussiana. Portanto, tudo o que é preciso para atualizar $\mathbf{B}^{-1}$ de uma iteração para a seguinte é obter o novo $\mathbf{B}^{-1}$ (represente-o por $\mathbf{B}^{-1}_{novo}$) com base no antigo $\mathbf{B}^{-1}$ (represente-o por $\mathbf{B}^{-1}_{antigo}$) por meio da aplicação das operações algébricas usuais em $\mathbf{B}^{-1}_{antigo}$ que a forma algébrica do método simplex realizaria em todo o sistema de equações [exceto a Equação (0)] para tal iteração. Portanto, dada a escolha da variável básica que entra e da variável básica que sai obtidas nas Etapas 1 e 2 de uma iteração, o procedimento é aplicar a Etapa 3 (conforme descrito nas Seções 4.3 e 4.4) ao trecho $\mathbf{B}^{-1}$ da tabela simplex atual ou sistema de equações.

Para descrever formalmente tal procedimento, façamos com que

x_k = variável básica que entra,

a'_{ik} = coeficiente de x_k na Equação (i) atual, para $i = 1, 2,..., m$ (identificado na Etapa 2 de uma iteração),

r = número da equação contendo a variável básica que sai.

Lembre-se de que o novo conjunto de equações [exceto a Equação (0)] pode ser obtido do conjunto precedente, subtraindo-se a'_{ik}/a'_{rk} vezes a Equação (r) da Equação (i), para todo $i = 1, 2, ..., m$ exceto $i = r$, e então, dividir a Equação (r) por a'_{rk}. Consequentemente, o elemento na linha i e coluna j de $\mathbf{B}^{-1}_{\text{novo}}$ é

$$(\mathbf{B}^{-1}_{\text{novo}})_{ij} = \begin{cases} (\mathbf{B}^{-1}_{\text{antigo}})_{ij} - \dfrac{a'_{ik}}{a'_{rk}}(\mathbf{B}^{-1}_{\text{antigo}})_{rj} & \text{se } i \neq r, \\ \dfrac{1}{a'_{rk}}(\mathbf{B}^{-1}_{\text{antigo}})_{rj} & \text{se } i = r. \end{cases}$$

Essas fórmulas são expressas na notação matricial como

$$\mathbf{B}^{-1}_{\text{novo}} = \mathbf{E}\mathbf{B}^{-1}_{\text{antigo}},$$

em que a matriz $\mathbf{E}$ é uma matriz identidade, exceto pelo fato de sua r-ésima coluna ser substituída pelo vetor

$$\boldsymbol{\eta} = \begin{bmatrix} \eta_1 \\ \eta_2 \\ \vdots \\ \eta_m \end{bmatrix}, \quad \text{onde} \quad \eta_i = \begin{cases} -\dfrac{a'_{ik}}{a'_{rk}} & \text{se } i \neq r, \\ \dfrac{1}{a'_{rk}} & \text{se } i = r. \end{cases}$$

Portanto, $\mathbf{E} = [\mathbf{U}_1, \mathbf{U}_2, ..., \mathbf{U}_{r-1}, \boldsymbol{\eta}, \mathbf{U}_{r+1}, ..., \mathbf{U}_m]$, onde os m elementos de cada um dos vetores-coluna $\mathbf{U}_i$ são 0 exceto por um 1 na i-ésima posição.

EXEMPLO Vamos ilustrar esse procedimento aplicando-o ao problema da Wyndor Glass Co. Já aplicamos a forma matricial do método simplex a esse mesmo problema na Seção 5.2, de modo que faremos referência aos resultados lá obtidos para cada iteração (a variável básica que entra, a variável básica que sai etc.) para suprir as informações necessárias para se aplicar o procedimento.

Iteração 1
Descobrimos na Seção 5.2 que o $\mathbf{B}^{-1} = \mathbf{I}$ inicial era igual a $\mathbf{I}$, a variável básica que entra era x_2 (de modo que $k = 2$), os coeficientes de x_2 nas Equações 1, 2 e 3 eram $a_{12} = 0$, $a_{22} = 2$ e $a_{32} = 2$, a variável básica que sai era x_4 e o número da equação contendo x_4 era $r = 2$. Para obter o novo $\mathbf{B}^{-1}$,

$$\boldsymbol{\eta} = \begin{bmatrix} -\dfrac{a_{12}}{a_{22}} \\ \dfrac{1}{a_{22}} \\ -\dfrac{a_{32}}{a_{22}} \end{bmatrix} = \begin{bmatrix} 0 \\ \dfrac{1}{2} \\ -1 \end{bmatrix},$$

portanto:

$$\mathbf{B}^{-1} = \begin{bmatrix} 1 & 0 & 0 \\ 0 & \frac{1}{2} & 0 \\ 0 & -1 & 1 \end{bmatrix} \begin{bmatrix} 1 & 0 & 0 \\ 0 & 1 & 0 \\ 0 & 0 & 1 \end{bmatrix} = \begin{bmatrix} 1 & 0 & 0 \\ 0 & \frac{1}{2} & 0 \\ 0 & -1 & 1 \end{bmatrix}.$$

Iteração 2
Descobrimos na Seção 5.2 para essa iteração que a variável básica que entra era x_1 (de modo que $k = 1$), os coeficientes de x_1 nas Equações 1, 2 e 3 atuais eram $a'_{11} = 1$, $a'_{21} = 0$ e $a'_{31} = 3$, a variável básica que sai era x_5 e o número da equação contendo x_5 era $r = 3$. Esses resultados conduziram a

$$\boldsymbol{\eta} = \begin{bmatrix} -\dfrac{a'_{11}}{a'_{31}} \\ -\dfrac{a'_{21}}{a'_{31}} \\ \dfrac{1}{a'_{31}} \end{bmatrix} = \begin{bmatrix} -\dfrac{1}{3} \\ 0 \\ \dfrac{1}{3} \end{bmatrix}$$

Consequentemente, o novo $\mathbf{B}^{-1}$ é

$$\mathbf{B}^{-1} = \begin{bmatrix} 1 & 0 & -\frac{1}{3} \\ 0 & 1 & 0 \\ 0 & 0 & \frac{1}{3} \end{bmatrix} \begin{bmatrix} 1 & 0 & 0 \\ 0 & \frac{1}{2} & 0 \\ 0 & -1 & 1 \end{bmatrix} = \begin{bmatrix} 1 & \frac{1}{3} & -\frac{1}{3} \\ 0 & \frac{1}{2} & 0 \\ 0 & -\frac{1}{3} & \frac{1}{3} \end{bmatrix}.$$

Nesse ponto, não são mais necessárias novas iterações, de modo que o exemplo se concluiu.

Como o método simplex revisado consiste em combinar esse procedimento de atualização de $\mathbf{B}^{-1}$ a cada iteração com o restante da forma matricial do método simplex apresentado na Seção 5.2, combinando-se esse exemplo com aquele da Seção 5.2, aplicar a forma matricial ao mesmo problema fornece um exemplo completo da aplicação do método simplex revisado. Conforme mencionado no final da Seção 5.2, a seção Worked Examples do *site* da editora também nos dá **outro exemplo** da aplicação deste mesmo método.

Vamos concluir esta seção resumindo as vantagens do método simplex revisado em relação às formas algébrica e tabular do método simplex. A primeira vantagem é o fato de o número de cálculos aritméticos poder ser reduzido. Isso é particularmente verdadeiro quando a matriz $\mathbf{A}$ contém grande número de elementos 0 (o que normalmente é o caso para os problemas de grandes dimensões que surgem na prática). A quantidade de informação que precisa ser armazenada a cada iteração é menor, algumas vezes de forma considerável. O método simplex revisado também permite o controle dos erros de arredondamento inevitavelmente gerados pelos computadores. Pode se exercitar esse controle obtendo-se, periodicamente, o $\mathbf{B}^{-1}$ atual, pela inversão diretamente de $\mathbf{B}$. Além disso, parte dos problemas de análise de pós-otimalidade discutidos na Seção 4.7 e no final da Seção 5.3 podem ser tratados de forma mais conveniente mediante o método simplex revisado. Por todas essas razões, o método simplex revisado normalmente é a forma preferida do método simplex para execução em computadores.

5.5 CONCLUSÕES

Embora o método simplex seja um procedimento algébrico, ele se baseia em alguns conceitos geométricos bastante simples. Esses conceitos permitem que se use o algoritmo para examinar apenas um número relativamente pequeno de soluções BV antes de se obter e identificar uma solução ótima.

O Capítulo 4 descreve como *operações algébricas elementares* são usadas para executar a *forma algébrica* do método simplex e, depois, na modalidade tabela desse mesmo método usa as *operações elementares em linhas* da mesma forma. Estudar o método simplex nessas condições é uma boa maneira de se começar a aprender seus conceitos básicos. Porém não se constituem na maneira mais eficiente para sua execução em computador. *Operações matriciais* são uma maneira rápida de combinar e executar operações algébricas elementares ou operações em linhas. Portanto, a *forma matricial* do método simplex constitui um modo eficiente de adaptar o método simplex para uso em computadores. O *método simplex revisado* fornece a melhoria em termos de implementação pelo computador, ao combinar a forma matricial do método simplex com eficiente procedimento para a atualização do inverso da matriz base atual de iteração em iteração.

A tabela simplex final inclui informações completas sobre como ele pode ser reconstruído por meio de Álgebra diretamente da tabela simplex inicial. Esse *insight* fundamental tem algumas aplicações importantes, especialmente na análise de pós-otimalidade.

REFERÊNCIAS SELECIONADAS

1. Dantzig, G. B., and M. N. Thapa: *Linear Programming 1: Introduction,* Springer, New York, 1997.
2. Dantzig, G. B., and M. N. Thapa: *Linear Programming 2: Theory and Extensions,* Springer, New York, 2003.
3. Luenberger, D., and Y. Ye: *Linear and Nonlinear Programming,* 3rd ed., Springer, New York, 2008.
4. Vanderbei, R. J.: *Linear Programming: Foundations and Extensions,* 3rd ed., Springer, New York, 2008.

FERRAMENTAS DE APRENDIZADO NO *SITE*

Worked examples:

Exemplos do Capítulo 5

Exemplo demonstrativo no tutor PO:

Insight Fundamental

Procedimentos interativos no tutorial IOR:

Método Gráfico Interativo
Introduzindo ou Revisando um Modelo de Programação Linear Genérico
Configurando para o Método Simplex – Somente Interativo
Resolução de Problemas Interativamente pelo Método Simplex

Procedimentos automáticos no tutorial IOR:

Resolução de Problemas Automaticamente pelo Método Simplex
Método Gráfico e Análise de Sensibilidade

Arquivos (Capítulo 3) para solucionar os exemplos da Wyndor:

Arquivos em Excel arquivo
LINGO/LINDO
Arquivo MPL/CPLEX

Glossário do Capítulo 5

Ver o Apêndice 1 para obter documentação sobre o software.

PROBLEMAS

Os símbolos à esquerda de alguns problemas (ou parte deles) têm o seguinte significado:

D: O exemplo demonstrativo correspondente listado acima pode ser útil.

I: Você pode verificar parte de seus exercícios usando os procedimentos listados acima.

Um asterisco no número do problema indica que pelo menos há uma resposta parcial no final do livro.

5.1-1* Considere o seguinte problema:

$$\text{Maximizar} \quad Z = 3x_1 + 2x_2,$$

sujeito a

$$2x_1 + x_2 \leq 6$$
$$x_1 + 2x_2 \leq 6$$

e

$$x_1 \geq 0, \quad x_2 \geq 0.$$

I **(a)** Solucione este problema graficamente. Identifique as soluções PEF traçando círculos em volta delas no gráfico.

(b) Identifique todos os conjuntos de equações delimitadoras para esse problema. Para cada conjunto, encontre (se realmente existir) a solução em ponto extremo correspondente e classifique-a como uma solução PEF ou solução em ponto extremo infactível.

(c) Inclua variáveis de folga de modo a escrever as restrições funcionais na forma aumentada. Use essas variáveis de folga para identificar a solução básica correspondente a cada uma das soluções em pontos extremos encontradas no item (*b*).

(d) Faça o seguinte para *cada* conjunto de duas equações delimitadoras do item (*b*): Identifique a variável indicativa para cada equação delimitadora. Exiba o conjunto de equações do item (*c*) *após* eliminar essas duas variáveis indicativas (não básicas). A seguir, use o último conjunto de equações para encontrar a solução para as duas variáveis restantes (as variáveis básicas). Compare a solução básica resultante com a solução básica correspondente obtida no item (*c*).

(e) Sem executar o método simplex, use sua interpretação geométrica (e a função objetivo) para identificar o caminho (sequência de soluções PEF) que ela seguiria para chegar à solução ótima. Usando uma por vez cada uma dessas soluções PEF, identifique as seguintes decisões que estão sendo tomadas para a próxima iteração: (*i*) qual equação delimitadora está sendo eliminada e qual está sendo acrescentada; (*ii*) qual variável indicativa está sendo eliminada (a variável básica que entra) e qual está sendo acrescentada (a variável básica que sai).

5.1-2 Repita o Problema 5.1-1 para o modelo do Problema 3.1-6.

5.1-3 Considere o seguinte problema:

$$\text{Maximizar} \quad Z = 5x_1 + 8x_2,$$

sujeito a

$$4x_1 + 2x_2 \leq 80$$
$$-3x_1 + x_2 \leq 4$$
$$-x_1 + 2x_2 \leq 20$$
$$4x_1 - x_2 \leq 40$$

e

$$x_1 \geq 0, \quad x_2 \geq 0.$$

I **(a)** Solucione esse problema graficamente. Identifique as soluções PEF traçando círculos em volta delas no gráfico.
(b) Crie uma tabela fornecendo cada uma das soluções PEF e as equações delimitadoras, solução BV e variáveis básicas correspondentes. Calcule Z para cada uma dessas soluções e use apenas essa informação para identificar a solução ótima.
(c) Crie a tabela correspondente para as soluções em pontos extremos infactíveis etc. Identifique também os conjuntos de equações delimitadoras e variáveis não básicas que não conduzem a uma solução.

5.1-4 Considere o seguinte problema:

$$\text{Maximizar} \quad Z = 2x_1 - x_2 + x_3,$$

sujeito a

$$3x_1 + x_2 + x_3 \leq 60$$
$$x_1 - x_2 + 2x_3 \leq 10$$
$$x_1 + x_2 - x_3 \leq 20$$

e

$$x_1 \geq 0, \quad x_2 \geq 0, \quad x_3 \geq 0.$$

Após a introdução de variáveis de folga e, a seguir, a execução de uma iteração completa do método simplex, obtém-se a seguinte tabela simplex.

| Itera- | Básica | Eq. | Coeficiente de: | | | | | | | Lado |
ção	variável		Z	x_1	x_2	x_3	x_4	x_5	x_6	direito
	Z	(0)	1	0	-1	3	0	2	0	20
1	x_4	(1)	0	0	4	-5	1	-3	0	30
	x_1	(2)	0	1	-1	2	0	1	0	10
	x_6	(3)	0	0	2	-3	0	-1	1	10

(a) Identifique a solução PEF obtida na iteração 1.
(b) Identifique as equações limite de restrição que definem essa solução PEF.

5.1-5 Considere o problema de programação linear de três variáveis mostrado na Figura 5.2.

(a) Construa uma tabela como a Tabela 5.1, fornecendo o conjunto de equações delimitadoras para cada solução PEF.
(b) Quais são as equações delimitadoras para a solução em ponto extremo infactível (6, 0, 5)?
(c) Identifique um dos sistemas de três equações limite de restrição que não leve nem a uma solução PEF nem a uma solução em ponto extremo infactível. Explique por que isso acontece para esse sistema.

5.1-6 Considere o seguinte problema:

$$\text{Minimizar} \quad Z = 8x_1 + 5x_2,$$

sujeito a

$$-3x_1 + 2x_2 \leq 30$$
$$2x_1 + x_2 \geq 50$$
$$x_1 + x_2 \geq 30$$

e

$$x_1 \geq 0, \quad x_2 \geq 0.$$

(a) Identifique os dez conjuntos de equações delimitadoras para esse problema. Para cada um deles, encontre (se realmente existir uma) a solução em ponto extremo correspondente e classifique-a como uma solução PEF ou então como uma solução em ponto extremo infactível.
(b) Para cada solução em ponto extremo, forneça a solução básica correspondente e seu conjunto de variáveis não básicas.

5.1-7 Reconsidere o modelo do Problema 3.1-5.

(a) Identifique os 15 conjuntos de equações delimitadoras para esse problema. Para cada um deles, encontre (se realmente existir uma) a solução em ponto extremo correspondente e classifique-a como uma solução PEF ou então como uma solução em ponto extremo infactível.
(b) Para cada solução em ponto extremo, forneça a solução básica correspondente e seu conjunto de variáveis não básicas.

5.1-8 Cada uma das afirmações a seguir é verdadeira na maioria das circunstâncias, mas nem sempre. Em cada caso, indique quando a afirmação não será verdadeira e o porquê.

(a) A melhor solução PEF é uma solução ótima.
(b) Uma solução ótima é uma solução PEF.
(c) Uma solução PEF é a única solução ótima se nenhuma de suas soluções PEF for melhor (medidas pelo valor da função objetivo).

5.1-9 Considere a forma original (antes do aumento) de um problema de programação linear com n variáveis de decisão (cada uma delas com uma restrição de não negatividade) e m restrições funcionais. Classifique cada uma das afirmações seguintes como verdadeira ou falsa e, a seguir, justifique sua resposta com referências específicas (inclusive, citação de página) ao material do presente capítulo.

(a) Se uma solução viável for ótima, ela obrigatoriamente é uma solução PEF.
(b) O número de soluções PEF é, pelo menos

$$\frac{(m+n)!}{m!n!}.$$

(c) Se uma solução PEF tiver soluções PEF que são melhores (conforme medições em Z), então uma destas soluções PEF deve ser uma solução ótima.

5.1-10 Classifique cada uma das seguintes afirmações sobre problemas de programação linear como verdadeira ou falsa e, a seguir, justifique sua resposta.

(a) Se uma solução viável for ótima, mas não por uma solução PEF, então existem infinitas soluções ótimas.
(b) Se o valor da função objetivo for igual em dois pontos viáveis x^* e x^{**}, então todos os pontos sobre o segmento de reta unindo x^* e x^{**} são viáveis e Z tem o mesmo valor em todos esses pontos.
(c) Se o problema tiver n variáveis (antes do aumento), então a solução simultânea de qualquer conjunto de n equações limite de restrição é uma solução PEF.

5.1-11 Considere a forma aumentada de problemas de programação linear que possuam soluções viáveis e uma região de soluções viáveis limitada. Classifique cada uma das afirmações seguintes como verdadeira ou falsa e, a seguir, justifique sua resposta referindo-se a afirmações específicas (incluindo citação da página) presentes neste capítulo.

(a) Tem de existir pelo menos uma solução ótima.
(b) Uma solução ótima deve ser uma solução BV.
(c) O número de soluções BV é finito.

5.1-12* Reconsidere o modelo do Problema 4.6-9. Agora lhe é fornecida a informação de que as variáveis básicas na solução ótima são x_2 e x_3. Use essa informação para identificar um sistema de três equações limite de restrição cuja solução simultânea tem de ser essa solução ótima. A seguir, resolva o sistema de equações para obter tal solução.

5.1-13 Reconsidere o Problema 4.3-6. Agora use as informações dadas e a teoria do método simplex para identificar um sistema de três equações limite de restrição (em x_1, x_2 e x_3) cuja solução simultânea tem de ser essa solução ótima, sem aplicar o método simplex. Resolva o sistema de equações para obter a solução ótima.

5.1-14 Considere o seguinte problema:

Maximizar $Z = 2x_1 + 2x_2 + 3x_3,$

sujeito a

$$2x_1 + x_2 + 2x_3 \leq 4$$
$$x_1 + x_2 + x_3 \leq 3$$

e

$$x_1 \geq 0, \quad x_2 \geq 0, \quad x_3 \geq 0.$$

Façamos com que x_4 e x_5 sejam as variáveis de folga para as respectivas restrições funcionais. Iniciando-se com essas duas variáveis como as variáveis básicas para a solução BV inicial, agora lhe é dada a informação de que o método simplex procede da seguinte maneira para obter a solução ótima em duas iterações: (1) Na iteração 1, a variável básica que entra é x_3 e a variável básica que sai é x_4; (2) na iteração 2, a variável básica que entra é x_2 e a variável básica que sai é x_5.

(a) Desenvolva um desenho tridimensional da região de soluções viáveis para esse problema e mostre a trajetória seguida pelo método simplex.
(b) Dê uma interpretação geométrica sobre qual o motivo do método simplex ter seguido essa trajetória.
(c) Para cada um dos dois lados da região de soluções viáveis percorrida pelo método simplex, dê a equação de cada um dos limites de restrição sobre o qual ela cai e, a seguir, dê a equação limite de restrição adicional em cada extremidade.
(d) Identifique o conjunto de equações delimitadoras para cada uma das três soluções PEF (inclusive a inicial) obtidas pelo método simplex. Utilize as equações delimitadoras para encontrar essas soluções.
(e) Para cada solução PEF obtida no item (d), forneça a solução BV correspondente e seu conjunto de variáveis não básicas. Explique como essas variáveis não básicas identificam as equações delimitadoras obtidas no item (d).

5.1-15 Considere o seguinte problema:

Maximizar $Z = 3x_1 + 4x_2 + 2x_3,$

sujeito a

$$x_1 + x_2 + x_3 \leq 20$$
$$x_1 + 2x_2 + x_3 \leq 30$$

e

$$x_1 \geq 0, \quad x_2 \geq 0, \quad x_3 \geq 0.$$

Façamos que x_4 e x_5 sejam as variáveis de folga para as respectivas restrições funcionais. Iniciando-se com essas duas variáveis como as variáveis básicas para a solução BV inicial, agora lhe é dada a informação de que o método simplex procede da seguinte maneira para obter a solução ótima em duas iterações: (1) Na iteração 1, a variável básica que entra é x_2 e a variável básica que sai é x_5; (2) na iteração 2, a variável básica que entra é x_1 e a variável básica que sai é x_4.

Siga as instruções do Problema 5.1-14 para essa situação.

5.1-16 Estudando-se a Figura 5.2, explique por que a Propriedade 1b para soluções PEF é válida para este problema se ela tem a seguinte função objetivo.

(a) Maximizar $Z = x_3$.
(b) Maximizar $Z = -x_1 + 2x_3$.

5.1-17 Considere o problema de programação linear com três variáveis apresentado na Figura 5.2.

(a) Explique em termos geométricos por que o conjunto de soluções que satisfaz qualquer restrição individual é um conjunto convexo conforme a definição do Apêndice 2.

(b) Usando a conclusão do item (*a*) para explicar por que toda a região de soluções viáveis (o conjunto de soluções que simultaneamente satisfaz qualquer restrição) é um conjunto convexo.

5.1-18 Suponha que o problema de programação linear com três variáveis dado na Figura 5.2 tem a seguinte função objetivo

$$\text{Maximizar} \quad Z = 3x_1 + 4x_2 + 3x_3.$$

Sem usar a álgebra do método simplex, aplique apenas sua lógica geométrica (inclusive escolhendo o lado da máxima taxa de aumento de Z) para determinar e explicar o caminho que ele seguiria na Figura 5.2 da origem até se atingir a solução ótima.

5.1-19 Considere o problema de programação linear com três variáveis apresentado na Figura 5.2.

(a) Construa uma tabela como a Tabela 5.4, fornecendo a variável indicativa para cada equação limite de restrição e restrição original.
(b) Para a solução PEF (2, 4, 3) e suas três soluções PEF adjacentes (4, 2, 4), (0, 4, 2) e (2, 4, 0), construa uma tabela como a Tabela 5.5, mostrando as equações delimitadoras, solução BV e variáveis não básicas correspondentes.
(c) Use os conjuntos de equações delimitadoras do item (*b*) para demonstrar que (4, 2, 4), (0, 4, 2) e (2, 4, 0) são, de fato, adjacentes a (2, 4, 3), mas que nenhuma destas três soluções PEF são adjacentes entre si. A seguir use os conjuntos de variáveis não básicas do item (*b*) para demonstrar a mesma coisa.

5.1-20 A fórmula para a reta que passa por (2, 4, 3) e (4, 2, 4) na Figura 5.2 pode ser escrita como

$$(2, 4, 3) + \alpha[(4, 2, 4) - (2, 4, 3)] = (2, 4, 3) + \alpha(2, -2, 1),$$

em que $0 \leq \alpha \leq 1$ apenas para o segmento de reta entre esses pontos. Após aumentar com as variáveis de folga x_4, x_5, x_6, x_7 para as respectivas restrições funcionais, essa fórmula fica

$$(2, 4, 3, 2, 0, 0, 0) + \alpha(2, -2, 1, -2, 2, 0, 0).$$

Use essa fórmula diretamente para responder cada uma das seguintes perguntas e, portanto, relacionar a álgebra e a geometria do método simplex à medida que ele passa por uma iteração deslocando-se de (2, 4, 3) para (4, 2, 4). (É dada a seguinte informação: ele se desloca ao longo desse segmento de reta.)

(a) Qual é a variável básica que entra?
(b) Qual é a variável básica que sai?
(c) Qual é a nova solução BV?

5.1-21 Considere um problema de programação matemática que possui a região de soluções viáveis mostrada no gráfico, no qual os seis pontos correspondem a soluções PEF. O problema tem uma função objetivo linear e as duas retas tracejadas são retas de função objetivo passando pela solução ótima (4, 5) e a segunda melhor solução PEF (2, 5). Observe que a solução não ótima (2, 5) é melhor que ambas suas soluções PEF adjacentes, que viola a Propriedade 3 na Seção 5.1 para soluções PEF na programação linear. Demonstre que esse problema *não* pode ser um problema de programação linear construindo a região de soluções viáveis que resultaria se os seis segmentos de reta sobre o contorno fossem limites de restrição para restrições de programação linear.

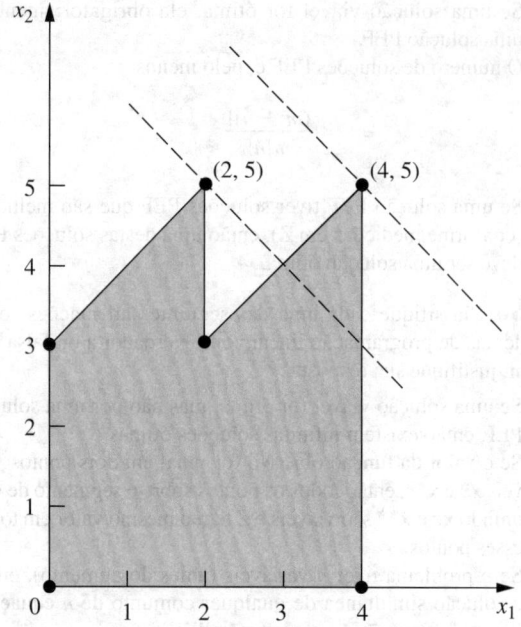

5.2-1 Considere o seguinte problema:

$$\text{Maximizar} \quad Z = 8x_1 + 4x_2 + 6x_3 + 3x_4 + 9x_5,$$

sujeito a

$$\begin{aligned} x_1 + 2x_2 + 3x_3 + 3x_4 &\leq 180 \quad \text{(recurso 1)} \\ 4x_1 + 3x_2 + 2x_3 + x_4 + x_5 &\leq 270 \quad \text{(recurso 2)} \\ x_1 + 3x_2 + x_4 + 3x_5 &\leq 180 \quad \text{(recurso 3)} \end{aligned}$$

e

$$x_j \geq 0, \quad j = 1, \ldots, 5.$$

É dada a informação de que as variáveis básicas na solução ótima são x_3, x_1 e x_5 e que

$$\begin{bmatrix} 3 & 1 & 0 \\ 2 & 4 & 1 \\ 0 & 1 & 3 \end{bmatrix}^{-1} = \frac{1}{27} \begin{bmatrix} 11 & -3 & 1 \\ -6 & 9 & -3 \\ 2 & -3 & 10 \end{bmatrix}.$$

(a) Use a informação dada para identificar a solução ótima.
(b) Use a informação dada para identificar os preços-sombra para os três recursos.

I **5.2-2*** Usando a forma matricial do método simplex, passo a passo, resolva o seguinte problema.

$$\text{Maximizar} \quad Z = 5x_1 + 8x_2 + 7x_3 + 4x_4 + 6x_5,$$

sujeito a

$$\begin{aligned} 2x_1 + 3x_2 + 3x_3 + 2x_4 + 2x_5 &\leq 20 \\ 3x_1 + 5x_2 + 4x_3 + 2x_4 + 4x_5 &\leq 30 \end{aligned}$$

e

$$x_j \geq 0, \quad j = 1, 2, 3, 4, 5.$$

5.2-3 Reconsidere o Problema 5.1-1. Para a sequência das soluções PEF identificadas no item (*e*), construa a matriz-base **B** para cada uma das soluções BV correspondentes. Para cada uma delas, inverta **B** manualmente, use este $\mathbf{B}^{-1}$ para calcular a solução atual e, a seguir, realize a próxima iteração (ou demonstre que a solução atual é ótima).

I **5.2-4** Usando a forma matricial do método simplex, passo a passo, resolva o modelo dado no Problema 4.1-5.

I **5.2-5** Usando a forma matricial do método simplex revisado, passo a passo, resolva o modelo dado no Problema 4.7-6.

D **5.3-1*** Considere o seguinte problema:

$$\text{Maximizar} \quad Z = x_1 - x_2 + 2x_3,$$

sujeito a

$$2x_1 - 2x_2 + 3x_3 \le 5$$
$$x_1 + x_2 - x_3 \le 3$$
$$x_1 - x_2 + x_3 \le 2$$

e

$$x_1 \ge 0, \quad x_2 \ge 0, \quad x_3 \ge 0.$$

Façamos que x_4, x_5 e x_6 representem as variáveis de folga para as respectivas restrições. Após aplicar o método simplex, parte da tabela simplex final é a seguinte:

Variável básica	Eq.	Coeficiente de:							Lado direito
		Z	x_1	x_2	x_3	x_4	x_5	x_6	
Z	(0)	1				1	1	0	
x_2	(1)	0				1	3	0	
x_6	(2)	0				0	1	1	
x_3	(3)	0				1	2	0	

(a) Use o *insight* fundamental apresentado na Seção 5.3 para identificar os números faltantes na tabela simplex final. Mostre seus cálculos.
(b) Identifique as equações delimitadoras da solução PEF correspondente à solução BV ótima na tabela simplex final.

D **5.3-2** Considere o seguinte problema:

$$\text{Maximizar} \quad Z = 4x_1 + 3x_2 + x_3 + 2x_4,$$

sujeito a

$$4x_1 + 2x_2 + x_3 + x_4 \le 5$$
$$3x_1 + x_2 + 2x_3 + x_4 \le 4$$

e

$$x_1 \ge 0, \quad x_2 \ge 0, \quad x_3 \ge 0, \quad x_4 \ge 0.$$

Façamos que x_5 e x_6 representem as variáveis de folga para as respectivas restrições. Após aplicar o método simplex, parte da tabela simplex final é mostrada a seguir:

Variável básica	Eq.	Coeficiente de:							Lado direito
		Z	x_1	x_2	x_3	x_4	x_5	x_6	
Z	(0)	1					1	1	
x_2	(1)	0					1	−1	
x_4	(2)	0					−1	2	

(a) Use o *insight* fundamental apresentado na Seção 5.3 para identificar os números faltantes na tabela simplex final. Mostre seus cálculos.
(b) Identifique as equações delimitadoras da solução PEF correspondente à solução BV ótima na tabela simplex final.

D **5.3-3** Considere o seguinte problema:

$$\text{Maximizar} \quad Z = 6x_1 + x_2 + 2x_3,$$

sujeito a

$$2x_1 + 2x_2 + \frac{1}{2}x_3 \le 2$$
$$-4x_1 - 2x_2 - \frac{3}{2}x_3 \le 3$$
$$x_1 + 2x_2 + \frac{1}{2}x_3 \le 1$$

e

$$x_1 \ge 0, \quad x_2 \ge 0, \quad x_3 \ge 0.$$

Façamos que x_4, x_5 e x_6 representem as variáveis de folga para as respectivas restrições. Após aplicar o método simplex, parte da tabela simplex final é a seguinte:

Variável básica	Eq.	Coeficiente de:							Lado direito
		Z	x_1	x_2	x_3	x_4	x_5	x_6	
Z	(0)	1				2	0	2	
x_5	(1)	0				1	0	2	
x_3	(2)	0				−2	1	4	
x_1	(3)	0				1	0	−1	

Use o *insight* fundamental apresentado na Seção 5.3 para identificar os números faltantes na tabela simplex final. Mostre seus cálculos.

D **5.3-4** Considere o seguinte problema:

$$\text{Maximizar} \quad Z = 20x_1 + 6x_2 + 8x_3,$$

sujeito a

$$8x_1 + 2x_2 + 3x_3 \leq 200$$
$$4x_1 + 3x_2 \leq 100$$
$$2x_1 + x_3 \leq 50$$
$$ x_3 \leq 20$$

e

$$x_1 \geq 0, \quad x_2 \geq 0, \quad x_3 \geq 0.$$

Façamos que x_4, x_5, x_6 e x_7 representem, respectivamente, da primeira à quarta variável de folga. Suponha que após uma série de iterações do método simplex, parte da tabela simplex atual seja a seguinte:

Variável básica	Eq.	Coeficiente de:								Lado direito
		Z	x_1	x_2	x_3	x_4	x_5	x_6	x_7	
Z	(0)	1				$\frac{9}{4}$	$\frac{1}{2}$	0	0	
x_1	(1)	0				$\frac{3}{16}$	$-\frac{1}{8}$	0	0	
x_2	(2)	0				$-\frac{1}{4}$	$\frac{1}{2}$	0	0	
x_6	(3)	0				$-\frac{3}{8}$	$\frac{1}{4}$	1	0	
x_7	(4)	0				0	0	0	1	

(a) Use o *insight* fundamental apresentado na Seção 5.3 para identificar os números faltantes na tabela simplex atual. Mostre seus cálculos.
(b) Indique qual desses números faltantes seria gerado pela forma matricial do método simplex de modo a realizar a próxima iteração.
(c) Identifique as equações delimitadoras da solução PEF correspondente à solução BV na tabela simplex atual.

D **5.3-5** Considere o seguinte problema:

Maximizar $Z = c_1x_1 + c_2x_2 + c_3x_3$,

sujeito a

$$x_1 + 2x_2 + x_3 \leq b$$
$$2x_1 + x_2 + 3x_3 \leq 2b$$

e

$$x_1 \geq 0, \quad x_2 \geq 0, \quad x_3 \geq 0.$$

Observe que os valores não foram atribuídos aos coeficientes na função objetivo (c_1, c_2, c_3) e que a única especificação para o lado direito das restrições funcionais é que a segunda ($2b$) é o dobro da primeira (b).

Suponha agora que seu chefe tenha inserido sua melhor estimativa dos valores de c_1, c_2, c_3 e b sem informá-lo e depois tenha executado o método simplex. Você recebe a tabela simplex final resultante indicada a seguir (em que x_4 e x_5 são as variáveis de folga para as respectivas restrições funcionais), porém, é incapaz de ler o valor de Z^*.

Variável básica	Eq.	Coeficiente de:						Lado direito
		Z	x_1	x_2	x_3	x_4	x_5	
Z	(0)	1	$\frac{7}{10}$	0	0	$\frac{3}{5}$	$\frac{4}{5}$	Z^*
x_2	(1)	0	$\frac{1}{5}$	1	0	$\frac{3}{5}$	$-\frac{1}{5}$	1
x_3	(2)	0	$\frac{3}{5}$	0	1	$-\frac{1}{5}$	$\frac{2}{5}$	3

(a) Use o *insight* fundamental apresentado na Seção 5.3 para identificar o valor de (c_1, c_2, c_3) que foi usado.
(b) Use o *insight* fundamental apresentado na Seção 5.3 para identificar o valor de b que foi usado.
(c) Calcule o valor de Z^* de duas maneiras, em que uma delas usa os resultados do item (a) e a outra utiliza o resultado do item (b). Mostre os dois métodos para encontrar Z^*.

5.3-6 Para a iteração 2 do exemplo da Seção 5.3, foi apresentada a seguinte expressão:

Linha final $0 = [-3, \; -5 \,|\, 0, \; 0, \; 0 \,|\, 0]$

$$+ [0, \; \tfrac{3}{2}, \; 1] \begin{bmatrix} 1 & 0 & | & 1 & 0 & 0 & | & 4 \\ 0 & 2 & | & 0 & 1 & 0 & | & 12 \\ 3 & 2 & | & 0 & 0 & 1 & | & 18 \end{bmatrix}.$$

Derive essa expressão combinando as operações algébricas (na forma matricial) para as iterações 1 e 2 que afetam a linha 0.

5.3-7 A maior parte da descrição do *insight* fundamental apresentado na Seção 5.3 supõe que o problema se encontre em nossa forma-padrão. Agora considere cada uma das demais formas mostradas a seguir, em que os ajustes adicionais no passo de inicialização são aqueles apresentados na Seção 4.6, incluindo o emprego de variáveis artificiais e do método do "grande número" quando apropriado. Descreva os ajustes resultantes no *insight* fundamental.

(a) Restrições de igualdade.
(b) Restrições funcionais na forma $\geq$
(c) Lados direitos negativos
(d) Variáveis com permissão para serem negativas (sem nenhum limite inferior)

5.3-8 Reconsidere o modelo do Problema 4.6-5. Use variáveis artificiais e o método "do grande número" para construir a primeira tabela simplex completa para o método simplex e, a seguir, identifique as colunas que conterão S* para aplicação do *insight* fundamental na tabela final. Explique por que essas colunas são as apropriadas.

5.3-9 Considere o seguinte problema:

Minimizar $Z = 2x_1 + 3x_2 + 2x_3$,

sujeito a

$$x_1 + 4x_2 + 2x_3 \geq 8$$
$$3x_1 + 2x_2 + 2x_3 \geq 6$$

e

$$x_1 \geq 0, \quad x_2 \geq 0, \quad x_3 \geq 0.$$

Façamos que x_4 e x_6 sejam, respectivamente, as variáveis excedentes para a primeira e segunda restrições. Façamos que $\bar{x}_5$ e $\bar{x}_7$ sejam as variáveis artificiais correspondentes. Depois de você fazer os ajustes descritos na Seção 4.6 para essa forma de modelo ao usar o método "grande número", a tabela simplex inicial pronta para aplicar o método simplex é a seguinte:

Variável básica	Eq.	Z	x_1	x_2	x_3	x_4	$\bar{x}_5$	x_6	$\bar{x}_7$	Lado direito
Z	(0)	−1	−4M+2	−6M+3	−2M+2	M	0	M	0	−14M
$\bar{x}_5$	(1)	0	1	4	2	−1	1	0	0	8
$\bar{x}_7$	(2)	0	3	2	2	0	0	−1	1	6

Após aplicar o método simplex, parte da tabela simplex final é a seguinte:

Variável básica	Eq.	Z	x_1	x_2	x_3	x_4	$\bar{x}_5$	x_6	$\bar{x}_7$	Lado direito
Z	(0)	−1					M − 0,5		M − 0,5	
x_2	(1)	0					0,3		−0,1	
x_1	(2)	0					−0,2		0,4	

(a) Com base na tabela anterior, use o *insight* fundamental apresentado na Seção 5.3 para identificar os números faltantes na tabela simplex final. Mostre seus cálculos.
(b) Examine a lógica matemática apresentada na Seção 5.3 para validar o *insight* fundamental (ver as equações **T*** = **MT** e **t*** = **t** + **vT** e as derivações subsequentes de **M** e **v**). Essa lógica supõe que o modelo original adapte-se à nossa forma-padrão, ao passo que o problema atual, não. Mostre como, com pequenos ajustes, essa mesma lógica aplica-se a este problema quando **t** é a linha 0 e **T** corresponde às linhas 1 e 2 na tabela simplex inicial fornecida anteriormente. Derive **M** e **v** para esse problema.
(c) Ao aplicar a equação **t*** = **t** + **vT**, outra opção é usar **t** = [2, 3, 2, 0, M, 0, M, 0] que é a linha 0 *preliminar* antes da eliminação algébrica dos coeficientes não zero das variáveis básicas iniciais $\bar{x}_5$ e $\bar{x}_7$. Repita o item (b) para essa equação com este novo **t**. Após derivar o novo **v**, mostre que essa equação leva à mesma linha 0 final para esse problema como a equação derivada no item (b).
(d) Identifique as equações delimitadoras da solução PEF correspondentes à solução BV ótima na tabela simplex final.

5.3-10 Considere o seguinte problema:

Maximizar $\quad Z = 3x_1 + 7x_2 + 2x_3,$

sujeito a

$$-2x_1 + 2x_2 + x_3 \leq 10$$
$$3x_1 + x_2 - x_3 \leq 20$$

e

$$x_1 \geq 0, \quad x_2 \geq 0, \quad x_3 \geq 0.$$

As variáveis básicas na solução ótima são x_1 e x_3.

(a) Inclua variáveis de folga e, a seguir, use a informação anterior para encontrar a solução ótima diretamente pela eliminação gaussiana.
(b) Estenda o trabalho do item (a) para encontrar os preços--sombra.
(c) Use as informações dadas para identificar as equações delimitadoras da solução PEF ótima e, a seguir, resolva essas equações para obter a solução ótima.
(d) Construa a matriz base **B** para a solução BV ótima, inverta **B** manualmente e, a seguir, use $\mathbf{B}^{-1}$ para encontrar a solução ótima e os preços-sombra **y***. Depois aplique o teste de otimalidade para a forma matricial do método simplex a fim de verificar que essa solução é ótima.
(e) Dados $\mathbf{B}^{-1}$ e **y*** do item (d), use o *insight* fundamental apresentado na Seção 5.3 para construir a tabela simplex final completa.

5.4-1 Considere o modelo do Problema 5.2-2. Faça com que x_6 e x_7 sejam as variáveis de folga para a primeira e a segunda restrições, respectivamente. É fornecida a informação de que x_2 é a variável básica que entra e x_7 a variável básica que sai para a primeira iteração do método simplex e depois x_4 é a variável básica que entra e x_6 a variável básica que sai para a segunda (e última) iteração. Use o procedimento apresentado na Seção 5.4 para atualizar $\mathbf{B}^{-1}$ de uma iteração para a seguinte para determinar $\mathbf{B}^{-1}$ após a primeira iteração e depois após a segunda iteração.

I **5.4-2** Use, passo a passo, o método simplex revisado para solucionar o modelo dado no Problema 4.3-4.

I **5.4-3** Use, passo a passo, o método simplex revisado para solucionar o modelo dado no Problema 4.7-5.

I **5.4-4** Use, passo a passo, o método simplex revisado para solucionar o modelo dado no Problema 3.1-6.

CAPÍTULO 6

Teoria da Dualidade e Análise de Sensibilidade

Uma das descobertas mais importantes nos primórdios do desenvolvimento da programação linear foi o conceito da dualidade e suas diversas e importantes ramificações. Essa descoberta revelou que todo problema de programação linear tinha associado a ele outro problema de programação linear chamado dual. As relações entre o problema **dual** e o problema original (denominado **primal**) provam ser extremamente úteis de diversas formas. Por exemplo, breve, você verá que os preços-sombra descritos na Seção 4.7, na verdade, são fornecidos pela solução ótima para o problema dual. Também descreveremos muitas outras aplicações incalculáveis da teoria da dualidade neste capítulo.

Uma das questões-chave da teoria da dualidade reside na interpretação e implementação da *análise de sensibilidade*. Conforme já mencionado nas Seções 2.3, 3.3 e 4.7, a análise de sensibilidade é parte muito importante de quase todo estudo de programação linear. Pelo fato de maioria dos valores dos parâmetros usados no modelo original constituir apenas *estimativas* de condições futuras, o efeito na solução ótima, caso outras condições prevaleçam, precisa ser investigado. Além disso, os valores de certos parâmetros (como as quantidades de recursos) representam decisões gerenciais em cujo caso a escolha dos valores dos parâmetros pode ser a principal questão a ser estudada, com a possibilidade de ser feito por meio da análise de sensibilidade.

Para esclarecer melhor, as três primeiras seções discutem a teoria da dualidade sob a hipótese de que o problema de programação linear *primal* encontra-se em *nossa forma-padrão* (mas sem nenhuma restrição de que os valores b_i tenham de ser positivos). Outras formas são então discutidas na Seção 6.4. Iniciamos o capítulo introduzindo a essência da teoria da dualidade e suas aplicações. A seguir, descrevemos a interpretação econômica do problema dual (Seção 6.2) e aprofundamos as relações entre os problemas dual e primal (Seção 6.3). A Seção 6.5 concentra-se no papel da teoria da dualidade na análise de sensibilidade. O procedimento básico para a análise de sensibilidade (que se baseia no *insight* fundamental da Seção 5.3) é resumido na Seção 6.6 e ilustrado na Seção 6.7. A Seção 6.8 concentra-se em como usar planilhas para a realização de análise de sensibilidade de maneira objetiva. (Caso não tenha muito tempo para dedicar a este capítulo, é razoável ler antecipadamente a Seção 6.8 para obter uma introdução relativamente breve sobre a análise de sensibilidade.)

6.1 A ESSÊNCIA DA TEORIA DA DUALIDADE

Dada nossa forma-padrão para o *problema primal* à esquerda (talvez, após conversão, a partir de outra forma), seu *problema dual* tem a forma mostrada à direita.

CAPÍTULO 6 TEORIA DA DUALIDADE E ANÁLISE DE SENSIBILIDADE

Problema Primal

Maximizar $Z = \sum_{j=1}^{n} c_j x_j,$

sujeito a

$\sum_{j=1}^{n} a_{ij} x_j \leq b_i,$ para $i = 1, 2, \ldots, m$

e

$x_j \geq 0,$ para $j = 1, 2, \ldots, n.$

Problema Dual

Minimizar $W = \sum_{i=1}^{m} b_i y_i,$

sujeito a

$\sum_{i=1}^{m} a_{ij} y_i \geq c_j,$ para $j = 1, 2, \ldots, n$

e

$y_i \geq 0,$ para $i = 1, 2, \ldots, m.$

Portanto, com o problema primal na forma de *maximização*, o problema dual, ao contrário, encontra-se na forma de *minimização*. Além disso, o problema dual emprega exatamente os mesmos *parâmetros* do problema primal, porém, em posições diferentes, conforme resumido a seguir.

1. Os coeficientes na função objetivo do problema primal são os *lados direitos* das restrições funcionais no problema dual.
2. Os lados direitos das restrições funcionais no problema primal são os coeficientes na função objetivo do problema dual.
3. Os coeficientes de uma variável nas restrições funcionais do problema primal são os coeficientes em uma restrição funcional do problema dual.

Para enfatizar a comparação, vejamos dois problemas iguais na notação matricial (conforme foi apresentado no início da Seção 5.2), em que **c** e **y** = $[y_1, y_2, \ldots, y_m]$ são vetores-linha, porém, **b** e **x** são vetores-coluna.

Problema Primal

Maximizar $Z = \mathbf{cx},$

sujeito a

$\mathbf{Ax} \leq \mathbf{b}$

e

$\mathbf{x} \geq \mathbf{0}.$

Problema Dual

Minimizar $W = \mathbf{yb},$

sujeito a

$\mathbf{yA} \geq \mathbf{c}$

e

$\mathbf{y} \geq \mathbf{0}.$

Para fins ilustrativos, os problemas primal e dual para o exemplo da Wyndor Glass Co. da Seção 3.1 são mostrados na Tabela 6.1, tanto na forma algébrica quanto na forma matricial.

A **tabela primal-dual** para programação linear (Tabela 6.2) também ajuda a destacar a correspondência entre os dois problemas. Ela mostra todos os parâmetros da programação linear (a_{ij}, b_i e c_j) e como são utilizados para construir os dois problemas. Todos os cabeçalhos para o problema primal são horizontais, ao passo que os cabeçalhos para o problema dual são lidos virando-se o livro a 90° no sentido horário. Para o problema primal, cada *coluna* (exceto a coluna Lado Direito) fornece os coeficientes de uma única variável nas respectivas restrições e, depois, na função objetivo, enquanto cada *linha* (exceto a linha abaixo) atribui os parâmetros para uma única restrição. Para o problema dual, cada *linha* (exceto a linha Lado Direito) fornece os coeficientes de uma única variável nas respectivas restrições e, depois, na função objetivo, ao passo que cada *coluna* (exceto aquela mais à direita) fornece os parâmetros para uma única restrição. Além disso, a coluna Lado Direito proporciona os lados direitos para o problema primal e os coeficientes da função objetivo para o problema dual, enquanto a linha mais abaixo fornece os coeficientes da função objetivo para o problema primal e os lados direitos para o problema dual.

Consequentemente temos agora os seguintes inter-relacionamentos entre os problemas primal e dual.

1. Os parâmetros para uma *restrição* (funcional) em qualquer um dos problemas são os coeficientes de uma *variável* em outro problema.

■ **TABELA 6.1** Os problemas primal e dual para o exemplo da Wyndor Glass Co.

Problema Primal na Forma Algébrica

Maximizar $Z = 3x_1 + 5x_2$,
sujeito a
$$x_1 \leq 4$$
$$2x_2 \leq 12$$
$$3x_1 + 2x_2 \leq 18$$
e $x_1 \geq 0, \quad x_2 \geq 0$.

Problema Dual na Forma Algébrica

Minimizar $W = 4y_1 + 12y_2 + 18y_3$,
sujeito a
$$y_1 + 3y_3 \geq 3$$
$$2y_2 + 2y_3 \geq 5$$
e
$$y_1 \geq 0, \quad y_2 \geq 0, \quad y_3 \geq 0.$$

Problema Primal na Forma Matricial

Maximizar $Z = [3, 5]\begin{bmatrix} x_1 \\ x_2 \end{bmatrix}$,
sujeito a
$$\begin{bmatrix} 1 & 0 \\ 0 & 2 \\ 3 & 2 \end{bmatrix} \begin{bmatrix} x_1 \\ x_2 \end{bmatrix} \leq \begin{bmatrix} 4 \\ 12 \\ 18 \end{bmatrix}$$
e
$$\begin{bmatrix} x_1 \\ x_2 \end{bmatrix} \geq \begin{bmatrix} 0 \\ 0 \end{bmatrix}.$$

Problema Dual na Forma Matricial

Minimizar $W = [y_1, y_2, y_3] \begin{bmatrix} 4 \\ 12 \\ 18 \end{bmatrix}$
sujeito a
$$[y_1, y_2, y_3] \begin{bmatrix} 1 & 0 \\ 0 & 2 \\ 3 & 2 \end{bmatrix} \geq [3, 5]$$
e
$$[y_1, y_2, y_3] \geq [0, 0, 0].$$

■ **TABELA 6.2** Tabela primal-dual para programação linear, ilustrada pelo exemplo da Wyndor Glass Co.

(a) Caso geral

			Problema primal				
			Coeficiente de:			Lado direito	
			x_1	x_2	x_n		
Problema dual	Coeficiente de:	y_1	a_{11}	a_{12} ...	a_{1n}	$\leq b_1$	Coeficientes para a função objetivo (minimizar)
		y_2	a_{21}	a_{22} ...	a_{2n}	$\leq b_2$	
		⋮				⋮	
		y_m	a_{m1}	a_{m2} ...	a_{mn}	$\leq b_m$	
	Lado Direito		VI	VI ...	VI		
			c_1	c_2 ...	c_n		
			Coeficientes para a função objetivo (maximizar)				

(b) Exemplo da Wyndor Glass Co.

	x_1	x_2	
y_1	1	0	≤ 4
y_2	0	2	≤ 12
y_3	3	2	≤ 18
	VI	VI	
	3	5	

2. Os coeficientes na *função objetivo* em qualquer um dos problemas são os *lados direitos* para o outro problema.

Portanto, há correspondência direta entre essas entidades nos dois problemas, conforme resumido na Tabela 6.3. Essas correspondências são a chave para algumas das aplicações da teoria da dualidade, inclusive a análise de sensibilidade.

A seção de Worked Examples do *site* da editora fornece outro exemplo de emprego da tabela primal-dual para a construção do problema dual para um modelo de programação linear.

Origem do problema dual

A teoria da dualidade se baseia diretamente no *insight fundamental* (particularmente no que tange à linha 0), apresentada na Seção 5.3. Para verificar o porquê, continuamos a utilizar a notação mostrada na Tabela 5.9 para a linha 0 da tabela final, exceto pela substituição de Z^* por W^* e pela eliminação dos asteriscos de z^* e y^* ao se referir a *qualquer* tabela. Assim, em qualquer iteração do método simplex para o problema primal, os números atuais na linha 0 serão representados conforme o que foi apresentado (parcialmente) na Tabela 6.4. Para os coeficientes de $x_1, x_2,..., x_n$, lembre-se de que $z = (z_1, z_2,..., z_n)$ representa o vetor que o método simplex adicionou ao vetor dos coeficientes *iniciais*, $-c$, no processo de se obter a tabela atual. (Não confunda z com o valor da função objetivo Z.) De modo similar, já que os coeficientes *iniciais* de $x_{n+1}, x_{n+2},..., x_{n+m}$ na linha 0 são todos 0, $y = (y_1, y_2,..., y_m)$ representa o vetor que o método simplex adicionou a esses coeficientes. Lembre-se também [ver a Equação (1) na afirmação do *insight* fundamental da Seção 5.3] de que o *insight* fundamental conduziu aos seguintes inter-relacionamentos entre essas quantidades e os parâmetros do modelo original.

$$W = yb = \sum_{i=1}^{m} b_i y_i,$$

$$z = yA, \quad \text{portanto} \quad z_j = \sum_{i=1}^{m} a_{ij} y_i, \quad \text{para } j = 1, 2, \ldots, n.$$

Para ilustrar esses inter-relacionamentos por meio do exemplo da Wyndor Glass Co., a primeira equação resulta $W = 4y_1 + 12y_2 + 18y_3$, que é simplesmente a função objetivo para o problema dual mostrado no quadro superior direito da Tabela 6.1. O segundo conjunto de equações fornece $z_1 = y_1 + 3y_3$ e $z_2 = 2y_2 + 2y_3$, que são os lados esquerdos das restrições funcionais para esse problema dual. Portanto, subtraindo-se os lados direitos dessas restrições $\geq$ ($c_1 = 3$ e $c_2 = 5$), ($z_1 - c_1$) e ($z_2 - c_2$) podem ser interpretados como as *variáveis de excesso* para essas restrições funcionais.

O ponto-chave restante é expressar o que o método simplex tenta fazer (de acordo com o teste de otimalidade) em termos desses símbolos. Especificamente, ele procura um conjunto de variáveis básicas e a solução BV correspondente, de modo que *todos* os coeficientes na linha 0 sejam *não nega-*

■ **TABELA 6.3** Correspondência entre entidades nos problemas primal e dual

Um problema	Outro problema
Restrição *i* ⟷	Variável *i*
Função objetivo ⟷	Lados direitos

■ **TABELA 6.4** Notação para as entradas na linha 0 de uma tabela simplex

Iteração	Variável básica	Eq.	Coeficiente de:								Lado direito
			Z	x_1	x_2	...	x_n	x_{n+1}	x_{n+2}	...	x_{n+m}	
Qualquer	Z	(0)	1	$z_1 - c_1$	$z_2 - c_2$	...	$z_n - c_n$	y_1	y_2	...	y_m	W

tivos. Ele então para o processo, ficando com essa solução ótima. Usando a notação da Tabela 6.4, esse objetivo é expresso simbolicamente por:

Condição para a otimalidade

$$z_j - c_j \geq 0 \quad \text{para } j = 1, 2, \ldots, n,$$
$$y_i \geq 0 \quad \text{para } i = 1, 2, \ldots, m.$$

Depois de substituirmos a expressão anterior por z_j, a condição para otimalidade diz que o método simplex pode ser interpretado como à procura de valores para $y_1, y_2, \ldots, y_m$, tais que

$$W = \sum_{i=1}^{m} b_i y_i,$$

sujeito a

$$\sum_{i=1}^{m} a_{ij} y_i \geq c_j, \quad \text{para } j = 1, 2, \ldots, n$$

e

$$y_i \geq 0, \quad \text{para } i = 1, 2, \ldots, m.$$

No entanto, exceto pela falta de um objetivo para W, esse problema é precisamente o *problema dual*! Para completar a formulação, exploremos agora qual deve ser o objetivo faltante.

Uma vez que W é apenas o valor atual de Z e já que o objetivo para o problema primal é maximizar Z, a primeira reação natural é que W também deva ser maximizado. Entretanto, isso não é correto pela seguinte razão sutil: as únicas soluções *viáveis* para esse novo problema são aquelas que satisfazem a condição para a *otimalidade* do problema primal. Portanto, ela é a *única* solução viável para esse novo problema. Como consequência, o valor ótimo de Z no problema primal é o valor viável *mínimo* de W no novo problema, de modo que W deva ser minimizado. (A justificativa completa para essa conclusão é fornecida pelos inter-relacionamentos que desenvolvemos na Seção 6.3.) Acrescentar esse objetivo de minimizar W fornece o problema dual *completo*.

Consequentemente, o problema dual pode ser visto como uma reafirmação em termos de programação linear do objetivo do método simplex, a saber: chegar a uma solução para o problema dual que *satisfaça o teste de otimalidade*. Antes de se atingir esse objetivo, o **y** correspondente na linha 0 (coeficientes das variáveis de folga) da tabela atual deve ser inviável para o *problema dual*. Entretanto, *após alcançar* o objetivo, o **y** correspondente tem de ser uma *solução ótima* (chamada **y***) para o *problema dual*, pois ela é uma solução viável que atende à condição de valor viável mínimo de W. Essa solução ótima $(y_1^*, y_2^*, \ldots, y_m^*)$ fornece ao problema primal os preços-sombra que foram descritos na Seção 4.7. Além disso, esse W ótimo é simplesmente o valor ótimo de Z, de modo que os *valores ótimos da função objetivo são iguais* para ambos os problemas. Esse fato também implica que $\mathbf{cx} \leq \mathbf{yb}$ para qualquer **x** e **y** que sejam *viáveis*, respectivamente, para os problemas primal e dual.

Para fins ilustrativos, o lado esquerdo da Tabela 6.5 mostra a linha 0 para as iterações respectivas quando o método simplex é aplicado ao exemplo da Wyndor Glass Co. Em cada caso, a linha 0 é dividida em três partes: os coeficientes das variáveis de decisão (x_1, x_2), os coeficientes das variáveis de folga (x_3, x_4, x_5) e o lado direito da equação (valor de Z). Já que os coeficientes das variáveis de folga fornecem os valores correspondentes das variáveis duais (y_1, y_2, y_3), cada linha 0 identifica uma solução correspondente para o problema dual, conforme mostrado nas colunas y_1, y_2 e y_3 da Tabela 6.5. Para interpretar as duas colunas seguintes, lembre-se de que ($z_1 - c_1$) e ($z_2 - c_2$) são as variáveis de excesso para as restrições funcionais no problema dual, de modo que o problema dual completo após acrescido dessas variáveis de excesso fique assim:

$$\text{Minimizar} \quad W = 4y_1 + 12y_2 + 18y_3,$$

sujeito a

$$y_1 \quad\quad + 3y_3 - (z_1 - c_1) = 3$$
$$\quad 2y_2 + 2y_3 - (z_2 - c_2) = 5$$

CAPÍTULO 6   TEORIA DA DUALIDADE E ANÁLISE DE SENSIBILIDADE

■ **TABELA 6.5** Linha 0 e solução dual correspondente para cada iteração no caso da Wyndor Glass Co.

Iteração	Problema primal Linha 0						Problema dual					W
							y_1	y_2	y_3	$z_1 - c_1$	$z_2 - c_2$	
0	[−3,	−5	0,	0,	0	0]	0	0	0	−3	−5	0
1	[−3,	0	0,	$\frac{5}{2}$,	0	30]	0	$\frac{5}{2}$	0	−3	0	30
2	[0,	0	0,	$\frac{3}{2}$,	1	36]	0	$\frac{3}{2}$	1	0	0	36

e

$$y_1 \geq 0, \quad y_2 \geq 0, \quad y_3 \geq 0.$$

Portanto, usando os números das colunas y_1, y_2 e y_3, os valores dessas variáveis excedentes podem ser calculados como

$$z_1 - c_1 = y_1 + 3y_3 - 3,$$
$$z_2 - c_2 = 2y_2 + 2y_3 - 5.$$

Desse modo, um valor negativo para cada uma das variáveis de excesso indica que a restrição correspondente é violada. Também está inclusa na coluna mais à direita da tabela o valor calculado da função objetivo dual $W = 4y_1 + 12y_2 + 18y_3$.

Conforme ilustrado na Tabela 6.4, *todas* essas quantidades à direita da linha 0 na Tabela 6.5 já são identificadas pela linha 0, sem exigência de nenhum cálculo adicional. Observe, particularmente na Tabela 6.5, como cada número obtido para o problema dual já aparece na linha no ponto indicado pela Tabela 6.4.

Para a linha 0 inicial, a Tabela 6.5 mostra que a solução dual correspondente $(y_1, y_2, y_3) = (0, 0, 0)$ é inviável, pois ambas as variáveis de excesso são negativas. A primeira iteração é bem-sucedida na eliminação de um desses valores negativos, mas não do outro. Após duas iterações, o teste de otimalidade é satisfeito para o problema primal, porque todas as variáveis duais e excedentes são não negativas. Essa solução dual $(y_1^*, y_2^*, y_3^*) = (0, \frac{3}{2}, 1)$ é ótima (como se pode verificar aplicando-se o método simplex diretamente ao problema dual), de modo que o valor ótimo de Z e W seja $Z^* = 36 = W^*$.

Resumo dos inter-relacionamentos primal-dual

Façamos agora um resumo dos relacionamentos-chave recém-descobertos entre os problemas dual e primal.

Versão fraca da teoria da dualidade: se **x** for uma solução viável para o problema primal e **y**, uma solução viável para o problema dual, então

$$\mathbf{cx} \leq \mathbf{yb}.$$

Por exemplo, no caso da Wyndor Glass Co., uma solução viável é $x_1 = 3$, $x_2 = 3$, que leva a $Z = \mathbf{cx} = 24$ e uma solução viável para o problema dual é $y_1 = 1$, $y_2 = 1$, $y_3 = 2$, que leva a um valor maior da função objetivo $W = \mathbf{yb} = 52$. São apenas exemplos de soluções viáveis para os dois problemas. Para *qualquer* um dos pares de soluções *viáveis* essa desigualdade tem de ser satisfeita, pois o valor viável *máximo* de $Z = \mathbf{cx}$ (36) é *igual* ao valor viável *mínimo* da função objetivo dual $W = \mathbf{yb}$, que é nossa próxima versão (propriedade).

Versão forte da teoria da dualidade: se **x*** for uma solução ótima para o problema primal e **y***, uma solução ótima para o problema dual, então

$$\mathbf{cx}^* = \mathbf{y}^*\mathbf{b}.$$

Portanto, essas duas propriedades implicam que **cx** < **yb** para soluções viáveis se uma ou ambas forem não ótimas para seus respectivos problemas, ao passo que a igualdade é satisfeita quando ambas forem ótimas.

A propriedade da *versão fraca* da teoria da dualidade descreve os inter-relacionamentos entre qualquer par de soluções para os problemas primal e dual nos quais *ambas* as soluções são *viáveis* para seus respectivos problemas. A cada iteração, o método simplex encontra um par específico de soluções para os dois problemas em que a solução primal é viável, porém, a solução dual *não é viável* (exceto na última iteração). Nossa próxima propriedade descreve essa situação e o inter-relacionamento entre esse par de soluções.

> **Propriedade das soluções complementares:** a cada iteração, o método simplex identifica simultaneamente uma solução PEF **x** para o problema primal e uma **solução complementar y** para o problema dual (encontrado na linha 0, os coeficientes das variáveis de folga), em que
>
> **cx** = **yb**.
>
> Se **x** *não for ótima* para o problema primal, então **y** *não é viável* para o problema dual.

Para ilustrar, após uma iteração no caso da Wyndor Glass Co., $x_1 = 0$, $x_2 = 6$ e $y_1 = 0$, $y_2 = \frac{5}{2}$, $y_3 = 0$, com **cx** = 30 = **yb**. Esse **x** é viável para o problema primal, contudo, esse **y** não é viável para o problema dual (visto que ele viola a restrição, $y_1 + 3y_3 \geq 3$).

A propriedade das soluções complementares também se satisfaz na iteração final do método simplex, no qual uma solução ótima é encontrada para o problema primal. Entretanto, pode-se dizer mais a respeito da solução complementar **y** nesse caso, conforme será apresentado na próxima propriedade.

> **Propriedade das soluções ótimas complementares:** na iteração final, o método simplex identifica simultaneamente uma solução ótima **x*** para o problema primal e uma **solução ótima complementar y*** para o problema dual (encontrada na linha 0, os coeficientes das variáveis de folga), em que
>
> **cx*** = **y*b**.
>
> Os y_i^* são os preços-sombra para o problema primal.

Por exemplo, a iteração final leva a $x_1^* = 2$, $x_2^* = 6$, e $y_1^* = 0$, $y_2^* = \frac{3}{2}$, $y_3^* = 1$, com **cx*** = 36 = **y*b**.

Vamos examinar atentamente algumas dessas propriedades na Seção 6.3. Lá, você verá que a propriedade das soluções complementares pode se estender consideravelmente. Em particular, após as variáveis de folga e excedentes terem sido incluídas para aumentar os respectivos problemas, toda solução *básica* no problema primal tem uma solução *básica* complementar no problema dual. Já percebemos que o método simplex identifica os valores das variáveis de folga para o problema dual como $z_j - c_j$ na Tabela 6.4. Esse resultado leva, então, a mais uma propriedade, a *propriedade de complementaridade da folga* que relaciona as variáveis básicas em um problema às variáveis não básicas do outro (Tabelas 6.7 e 6.8), porém mais em relação a essa última.

Na Seção 6.4, após descrever como construir o problema dual quando o problema primal *não* se encontra em nossa forma-padrão, discutimos outra propriedade muito útil, resumida a seguir:

> **Propriedade da simetria**: para *qualquer* problema primal e seu problema dual, todas as relações entre eles devem ser *simétricas*, pois justamente o que faz este problema ser dual é sua característica primal.

Portanto, todas as propriedades anteriores se satisfazem independentemente de qual dos dois problemas for classificado como primal. (A direção da desigualdade para a versão fraca da teoria da dualidade não requer que o problema primal seja expresso ou reexpresso na forma de maximização e o problema dual na forma de minimização.) Consequentemente, o método simplex pode ser aplicado a qualquer problema e ele identificará simultaneamente as soluções complementares (em última instância, uma solução ótima complementar) para o outro problema.

Até então, nos concentramos nos inter-relacionamentos entre soluções *viáveis* ou *ótimas* no problema primal e as soluções correspondentes no problema dual. Entretanto, é possível que o problema primal (ou dual) *não tenha soluções viáveis* ou então tenha soluções viáveis, mas *nenhuma solução ótima* (pelo fato de a função objetivo ser ilimitada). Uma propriedade final resume os inter-relacionamentos primal-dual sob todas essas circunstâncias.

Teorema da dualidade: a seguir, temos os únicos inter-relacionamentos possíveis entre problemas primais e duais.

1. Se um problema tiver *soluções viáveis* e uma função objetivo *limitada* (e, portanto, tiver uma solução ótima), então o mesmo acontece para o outro problema e, assim, tanto a versão fraca quanto a versão forte da teoria da dualidade são aplicáveis.
2. Se um problema tiver *soluções viáveis* e uma função objetivo *ilimitada* (e, portanto, *nenhuma solução ótima*), então o outro *não terá soluções viáveis*.
3. Se um problema *não tiver nenhuma solução viável*, então o outro também não terá *nenhuma solução viável* ou, então, uma função objetivo *ilimitada*.

Aplicações

Como acaba de ficar implícito, uma importante aplicação da teoria da dualidade é que o problema *dual* pode ser resolvido diretamente pelo método simplex a fim de identificar uma solução ótima para o problema primal. Discutimos na Seção 4.8 que o número de restrições funcionais afeta o processamento computacional do método simplex muito mais que o número de variáveis. Se $m > n$, então o problema dual tem menos restrições funcionais (n) que o problema primal (m). Assim, aplicando-se o método simplex diretamente ao problema dual em vez do primal, há grande chance de redução substancial do nível de processamento necessário.

As *versões fraca e forte da teoria da dualidade* descrevem os relacionamentos-chave entre os problemas dual e primal. Uma aplicação útil é avaliar uma solução proposta para o problema primal. Suponha, por exemplo, que **x** seja uma solução viável proposta para a implementação, e que uma solução viável **y** foi encontrada por inspeção para o problema dual tal que **cx** = **yb**. Nesse caso, **x** tem de ser *ótima*, sem sequer aplicar o método simplex! Mesmo que **cx** < **yb**, então, **yb** ainda fornece limite superior no valor ótimo de Z, de modo que se **yb** − **cx** for pequeno, fatores intangíveis que favoreçam **x** podem levar à sua seleção sem mais delongas.

Uma das principais aplicações da propriedade das soluções complementares é seu emprego no método simplex dual, apresentado na Seção 7.1. Esse algoritmo opera sobre o problema primal exatamente como se o método simplex tivesse sido aplicado simultaneamente ao problema dual, o que pode ser feito em razão dessa propriedade. Em virtude dos papéis da linha 0 e do lado direito na tabela simplex terem sido invertidos, o método simplex dual requer que a linha 0 *comece e permaneça não negativa*, ao passo que o lado direito *inicia* com alguns valores *negativos* (iterações subsequentes se esforçam por alcançar um lado de não negatividade). Consequentemente, esse algoritmo é usado ocasionalmente, pois é mais conveniente configurar a tabela inicial nessa forma que naquela exigida pelo método simplex. Além disso, ela é frequentemente usada para a reotimização (discutida na Seção 4.7), pois mudanças no modelo original fazem que a tabela final revisada se ajuste a essa forma. Essa situação é comum para certos tipos de análise de sensibilidade, como será visto posteriormente neste capítulo.

Em termos gerais, a teoria da dualidade desempenha papel fundamental na análise de sensibilidade. Esse papel será tópico da Seção 6.5.

Outra aplicação importante é seu emprego na interpretação econômica do problema dual e os *insights* fundamentais resultantes para analisar o problema primal. Já apresentamos um exemplo quando discutimos os preços-sombra na Seção 4.7. A Seção 6.2 descreve como essa interpretação se estende a todo o problema dual e, depois, ao método simplex.

6.2 INTERPRETAÇÃO ECONÔMICA DA DUALIDADE

A interpretação econômica da dualidade se baseia diretamente na interpretação típica para o problema primal (problema de programação linear em nossa forma-padrão) apresentada na Seção 3.2. Para fazer uma revisão, resumimos essa interpretação do problema primal na Tabela 6.6.

Interpretação do problema dual

Para ver como essa interpretação do problema primal conduz a uma interpretação econômica para o problema dual[1], observe na Tabela 6.4 que W é o valor total de Z (lucro total) na iteração atual. Pelo fato de

$$W = b_1 y_1 + b_2 y_2 \cdots + b_m y_m,$$

cada $b_i y_i$ pode então ser interpretado como a *contribuição atual ao lucro* por ter b_i unidades do recurso i disponível para o problema primal. Portanto,

A variável dual y_i é interpretada como a contribuição ao lucro por unidade de recurso i ($i = 1, 2,..., m$), em que o conjunto atual de variáveis básicas é utilizado para obter a solução primal.

Em outras palavras, os valores y_i (ou os valores y_i^* para na solução ótima) são simplesmente os **preços-sombra** discutidos na Seção 4.7.

Por exemplo, quando a iteração 2 do método simplex encontra a solução ótima para o problema da Wyndor Glass Co., ele também encontra os valores ótimos das variáveis duais (conforme ilustrado na linha inferior da Tabela 6.5) para ser $y_1^* = 0$, $y_2^* = \frac{3}{2}$, $y_3^* = 1$. Estes são precisamente os preços-sombra encontrados na Seção 4.7 para esse problema por meio da análise gráfica. Lembre-se de que os recursos para o problema da Wyndor são as capacidades de produção das três fábricas, que são disponibilizados para dois produtos novos considerados, de modo que b_i seja o número de horas de tempo de produção por semana disponibilizadas na Fábrica i para esses novos produtos, onde $i = 1, 2, 3$. Como foi discutido na Seção 4.7, os preços-sombra indicam que aumentar individualmente qualquer b_i de uma unidade aumentaria o valor ótimo da função objetivo (lucro semanal total em unidades de milhares de dólares) de y_i^*. Portanto, y_1^* pode ser interpretado como a contribuição para o lucro por unidade de recurso i ao usar a solução ótima.

Essa interpretação das variáveis duais leva à nossa interpretação do problema dual como um todo. Especificamente, se cada unidade de atividade j no problema primal consumir a_{ij} unidades do recurso i,

$\sum_{i=1}^{m} a_{ij} y_i$ é interpretado como a contribuição atual ao lucro do *mix* de recursos que seriam consumidos caso uma unidade de atividade j fosse usada ($j = 1, 2,..., n$).

TABELA 6.6 Interpretação econômica do problema primal

Quantidade	Interpretação
x_j	Nível de atividade j ($j = 1, 2, \ldots, n$)
c_j	Lucro unitário proveniente da atividade j
Z	Lucro total de todas as atividades
b_i	Quantidade do recurso i disponível ($i = 1, 2, \ldots, m$)
a_{ij}	Quantidade do recurso i consumida para cada unidade de atividade j

---

[1] Na verdade, foram propostas várias interpretações ligeiramente diferentes. A proposta apresentada aqui nos parece ser a mais útil, pois ela interpreta diretamente aquilo que o método simplex faz no problema primal.

Para o caso da Wyndor, uma unidade de atividade j corresponde a produzir um lote do produto j por semana, em que $j = 1, 2$. O *mix* de recursos consumidos para produzir um lote do produto 1 é de uma hora de tempo de produção na Fábrica 1 e de três horas na Fábrica 3. O *mix* correspondente por lote do produto 2 é de duas horas em cada uma das Fábricas 2 e 3. Portanto, $y_1 + 3y_3$ e $2y_2 + 2y_3$ são interpretados como as contribuições atuais para o lucro (em milhares de dólares por semana) dos respectivos *mixes* de recursos por lote produzidos por semana dos respectivos produtos.

Para cada atividade j, esse mesmo *mix* de recursos (e mais) provavelmente pode ser usado também de outras maneiras, no entanto, não se deve considerar nenhum uso alternativo se este for menos rentável que uma unidade de atividade j. Já que c_j é interpretado como o lucro unitário da atividade j, cada restrição funcional no problema dual é interpretada como a seguir:

$\sum_{i=1}^{m} a_{ij} y_i \geq c_j$ diz que a contribuição atual para o lucro do *mix* mencionado de recursos tem de ser menos tanto quanto se eles fossem usados por uma unidade de atividade j. Caso contrário, não estaríamos fazendo o melhor uso desses recursos.

Para o caso da Wyndor, os lucros unitários (em milhares de dólares por semana) são $c_1 = 3$ e $c_2 = 5$, de modo que as restrições funcionais duais com essa interpretação são $y_1 + 3y_3 \geq 3$ e $2y_2 + 2y_3 \geq 5$. Da mesma maneira, a interpretação das restrições de não negatividade é a seguinte:

$y_i \geq 0$ diz que a contribuição para o lucro do recurso i ($i = 1, 2,\ldots, m$) deve ser não negativa: caso contrário, seria melhor não usar esse recurso.

O objetivo

$$\text{Minimizar} \quad W = \sum_{i=1}^{m} b_i y_i$$

pode ser visto como minimizar o valor implícito total dos recursos consumidos pelas atividades. Para o problema da Wyndor, o valor implícito total (em milhares de dólares por semana) dos recursos consumidos pelos dois produtos é $W = 4y_1 + 12y_2 + 18y_3$.

Essa interpretação pode um pouco ser melhorada diferenciando-se as variáveis básicas das não básicas no problema primal para qualquer solução BV dada $(x_1, x_2,\ldots, x_{n+m})$. Lembre-se de que as variáveis *básicas* (as únicas variáveis cujos valores podem ser não zero) *sempre* possuem um coeficiente *zero* na linha 0. Portanto, referindo-se novamente à Tabela 6.4 e à equação que acompanha para z_j, vemos que

$$\sum_{i=1}^{m} a_{ij} y_i = c_j, \quad \text{se } x_j > 0 \quad (j = 1, 2, \ldots, n),$$

$$y_i = 0, \quad \text{se } x_{n+i} > 0 \quad (i = 1, 2, \ldots, m).$$

(Essa é uma versão da propriedade da complementaridade da folga discutida na Seção 6.3.) A interpretação econômica da primeira instrução é que toda vez que uma atividade j opera em um nível estritamente positivo ($x_j > 0$), o valor marginal dos recursos que ela consome *tem de ser igual* (e não exceder) ao lucro unitário proveniente dessa atividade. A segunda afirmação implica que o valor marginal do recurso i é *zero* ($y_i = 0$) toda vez que o fornecimento desse recurso não for exaurido pelas atividades ($x_{n+i} > 0$). Na terminologia econômica, esse é um "recurso livre"; o preço de recursos que são fornecidos em excesso devem ir a zero pela lei da oferta e da demanda. Isso é o que justifica interpretar o objetivo do problema dual como minimizar o valor implícito total dos recursos *consumidos* em vez dos recursos *alocados*.

Pra ilustrar essas duas afirmações, consideremos a solução BV ótima (2, 6, 2, 0, 0) para o problema da Wyndor. As variáveis básicas são x_1, x_2 e x_3, de modo que seus coeficientes na linha 0 sejam zero, conforme ilustrado na linha inferior da Tabela 6.5. Essa linha inferior também fornece a solução dual: $y_1^* = 0$, $y_2^* = \frac{3}{2}$, $y_3^* = 1$, com variáveis excedentes $(z_1^* - c_1) = 0$ e $(z_2^* - c_2) = 0$. Já que $x_1 > 0$ e $x_2 > 0$ são ambas variáveis excedentes e cálculos diretos indicam que $y_1^* + 3y_3^* = c_1 = 3$ e $2y_2^* + 2y_3^* = c_2 = 5$. Portanto, o valor dos recursos consumidos por lote dos respectivos produtos fabricados realmente se iguala aos lucros unitários respectivos. A variável de folga para a restrição sobre a quantidade da capacidade da Fábrica 1 seria zero ($y_1^* = 0$).

Interpretação do método simplex

A interpretação do problema dual também fornece uma interpretação econômica do que o método simplex faz no problema primal. O *objetivo* do método simplex é descobrir como usar os recursos disponíveis da forma viável mais rentável. Para atender a esse objetivo, temos de chegar a uma solução BV que satisfaça todas as *exigências* sobre uso lucrativo dos recursos (as restrições do problema dual). Estas exigências compreendem a *condição para otimalidade* do algoritmo. Para qualquer solução BV dada, os requisitos (restrições duais) associados às variáveis básicas são automaticamente satisfeitos (com igualdade). Entretanto, aqueles associados a variáveis não básicas podem ou não ser satisfeitos.

Em particular, se uma variável original x_j for não básica, de maneira que a atividade j não seja usada, então a contribuição atual dos recursos que seriam necessários para empreender cada atividade j

$$\sum_{i=1}^{m} a_{ij} y_i$$

poderia ser menor ou maior que ou então igual ao lucro unitário c_j obtido da atividade. Se fosse menor, então $z_j - c_j < 0$ na linha 0 da tabela simplex, logo esses recursos podem ser usados de modo mais lucrativo iniciando-se essa atividade. Se maior ($z_j - c_j > 0$), então esses recursos já estão sendo alocados em algum outro lugar de modo mais lucrativo, de modo que eles não devam ser redirecionados para a atividade j. Se $z_j - c_j = 0$, não haveria nenhuma mudança em termos de lucratividade iniciando-se a atividade j.

De modo similar, se uma variável de folga x_{n+i} for não básica, de modo que a alocação total b_i de recursos i esteja sendo usada, então y_i é a contribuição atual para o lucro gerado por esse recurso em uma base marginal. Portanto, se $y_i < 0$, o lucro pode ser aumentado cortando-se o uso desse recurso (isto é, aumentando-se x_{n+i}). Se $y_i > 0$, vale a pena continuar a usar plenamente esse recurso, ao passo que essa decisão não afetará a lucratividade se $y_i = 0$.

Assim, o que o método simplex faz, é examinar todas as variáveis não básicas na solução BV atual para ver quais delas podem fornecer um *emprego mais rentável dos recursos* por seu próprio aumento. Se *nenhuma* delas puder fazer isso, de modo que nenhuma transferência ou redução viáveis no uso atual proposto dos recursos puder aumentar o lucro, então a solução atual tem de ser ótima. Se uma ou mais puderem fazer isso, o método simplex seleciona a variável que, se incrementada de uma unidade, melhoraria a *lucratividade do emprego* dos recursos ao máximo. Em seguida, ele aumenta efetivamente essa variável (a variável básica que entra) ao máximo até que os valores marginais dos recursos mudem. Esse aumento resulta em uma solução BV nova com uma nova linha 0 (solução dual), e o processo todo é repetido.

A interpretação econômica do problema dual expande consideravelmente nossa capacidade de analisar o problema primal. No entanto, você já viu na Seção 6.1 que essa interpretação é apenas uma ramificação dos relacionamentos entre os dois problemas. Na Seção 6.3 vamos nos aprofundar mais nesses inter-relacionamentos.

6.3 RELAÇÕES PRIMAL-DUAL

Pelo fato de o problema dual ser do tipo programação linear, ele também possui soluções em pontos extremos. Ainda mais, usando-se sua forma aumentada, podemos expressar essas soluções em pontos extremos como soluções básicas. Em virtude de as restrições funcionais terem a forma $\geq$, essa forma aumentada é obtida *subtraindo-se* o excesso (e não se adicionando a ociosidade) do lado esquerdo de cada restrição j ($j = 1, 2,..., n$)[2]. Esse excesso é

$$z_j - c_j = \sum_{i=1}^{m} a_{ij} y_i - c_j, \qquad \text{para } j = 1, 2, \ldots, n.$$

---

[2] Você pode imaginar por que também não incluímos *variáveis* artificiais nessas restrições como foi discutido na Seção 4.6. A razão é que essas variáveis não têm outra finalidade senão mudar temporariamente a região de soluções viáveis como uma conveniência para iniciar o método simplex. Não estamos interessados agora em aplicar o método simplex ao problema dual e não queremos modificar sua região de soluções viáveis.

Por essa razão, $z_j - c_j$ desempenha o papel de *variáveis de excesso* para a restrição j (ou sua variável de folga se a restrição for multiplicada por -1). Portanto, aumentar cada solução em ponto extremo (y_1, $y_2, \ldots, y_m$) conduz a uma solução básica ($y_1, y_2, \ldots, y_m, z_1 - c_1, z_2 - c_2, \ldots, z_n - c_n$), usando essa expressão para $z_j - c_j$. Já que a forma aumentada do problema dual tem n restrições funcionais e $n + m$ variáveis, cada solução básica tem n variáveis básicas e m variáveis não básicas. (Observe como m e n invertem seus papéis anteriores aqui, porque, como indicado na Tabela 6.3, as restrições duais correspondem a variáveis primais e as variáveis duais, a restrições primais.)

Soluções básicas complementares

Uma das relações importantes entre os problemas primal e dual é uma correspondência direta entre suas soluções básicas. O ponto-chave para essa correspondência é a linha 0 da tabela simplex para a solução básica primal, como aquele mostrado na Tabela 6.4 ou 6.5. Uma linha 0 dessas pode ser obtida para *qualquer* solução básica primal, viável ou não, utilizando-se as fórmulas da parte inferior da Tabela 5.8.

Observe novamente nas Tabelas 6.4 e 6.5 como uma solução completa para o problema dual (incluindo as variáveis de excesso) pode ser lida diretamente da linha 0. Portanto, em decorrência de seus coeficientes na linha 0, cada variável no problema primal tem uma variável associada no problema dual, conforme sintetizado na Tabela 6.7, primeiro para qualquer problema e, depois, para o problema da Wyndor.

Um *insight* fundamental aqui é que a solução dual lida a partir da linha 0 tem de ser também uma solução básica! A razão é que as m variáveis básicas para o problema primal precisam ter um coeficiente zero na linha 0, o que, consequentemente, requer que as m variáveis duais associadas tenham de ser zero, isto é, variáveis não básicas para o problema dual. Os valores das n variáveis (básicas) remanescentes serão, então, a solução simultânea para o sistema de equações fornecido no início desta seção. Na forma matricial, esse sistema de equações é $\mathbf{z} - \mathbf{c} = \mathbf{yA} - \mathbf{c}$, e o *insight* fundamental da Seção 5.3 identifica, de fato, sua solução para $\mathbf{z} - \mathbf{c}$ e $\mathbf{y}$ como as entradas correspondentes na linha 0.

Em virtude da propriedade de simetria citada na Seção 6.1 (e a associação direta entre variáveis mostrada na Tabela 6.7), a correspondência entre as soluções básicas nos problemas dual e primal é simétrica. Além disso, um par de soluções básicas complementares tem o mesmo valor de função objetivo, indicado como W na Tabela 6.4.

Resumimos agora nossas conclusões sobre a correspondência entre soluções básicas primais e duais, nas quais a primeira propriedade estende a propriedade das soluções complementares da Seção 6.1 para as formas aumentadas dos dois problemas e, depois, a qualquer solução básica (viável ou não) no problema primal.

Propriedade das soluções básicas complementares: cada solução *básica* no *problema primal* tem uma **solução básica complementar** no *problema dual*, em que os valores de suas funções objetivo correspondentes (Z e W) são iguais. Dada a linha 0 da tabela simplex para a solução básica primal, a solução básica dual complementar ($\mathbf{y}, \mathbf{z} - \mathbf{c}$) é encontrada como indicado na Tabela 6.4.

A propriedade seguinte mostra como identificar as variáveis não básicas e básicas nessa solução básica complementar.

■ **TABELA 6.7** Associação entre variáveis nos problemas primal e dual

	Variável primal	Variável dual associada
Um problema qualquer	(Variável de decisão) x_j	$z_j - c_j$ (variável de excesso) $j = 1, 2, \ldots, n$
	(Variável de folga) x_{n+i}	y_i (variável de decisão) $i = 1, 2, \ldots, m$
Problema da Wyndor	Variáveis de decisão: x_1	$z_1 - c_1$ (variáveis de excesso)
	x_2	$z_2 - c_2$
	Variáveis de folga: x_3	y_1 (variáveis de decisão)
	x_4	y_2
	x_5	y_3

■ **TABELA 6.8** Relação de complementaridade da folga para as soluções básicas complementares

Variável primal	Variável dual associada	
Básica	Não básica	(m variáveis)
Não básica	Básica	(n variáveis)

Propriedade da complementaridade da folga: dada a associação entre variáveis na Tabela 6.7, as variáveis na solução básica primal e na solução básica dual complementar satisfazem a relação de **complementaridade da folga** apresentada na Tabela 6.8. Além disso, essa relação é simétrica, de modo que essas duas soluções básicas são complementares entre si.

A razão para usar o nome *complementaridade da folga* para essa última propriedade é o fato de ela atribuir (em parte) que, para cada par de variáveis associadas, se uma delas tiver *folga* em suas restrições de não negatividade (uma variável básica > 0), então a outra *não poderá ter folga* (uma variável não básica $= 0$). Mencionamos na Seção 6.2 que essa propriedade tem interpretação econômica útil para problemas de programação linear.

EXEMPLO Para ilustrar essas duas propriedades, considere novamente o problema da Wyndor Glass Co. da Seção 3.1. Suas oito soluções básicas (cinco viáveis e três inviáveis) são apresentadas na Tabela 6.9. Portanto, seu problema dual (ver a Tabela 6.1) também deve ter oito soluções básicas, cada complementar de uma dessas soluções primais, conforme indicado na Tabela 6.9.

As três soluções BV obtidas pelo método simplex para o problema primal são a primeira, a quinta e a sexta soluções primais da Tabela 6.9. Vimos na Tabela 6.5 como as soluções básicas complementares para o problema dual podem ser lidas diretamente da linha 0, iniciando-se com os coeficientes das variáveis de folga e, depois, as variáveis originais. As demais soluções básicas duais também poderiam ser identificadas dessa maneira, construindo a linha 0 para cada uma das demais soluções básicas primais, usando as fórmulas da parte inferior da Tabela 5.8.

Alternativamente, para cada solução básica primal, a propriedade de complementaridade da folga pode ser usada para identificar as variáveis básicas e não básicas para a solução básica dual comple-

■ **TABELA 6.9** Soluções básicas complementares para o exemplo da Wyndor Glass Co.

	Problema primal			Problema dual	
Nº	Solução básica	Viável?	$Z = W$	Viável?	Solução básica
1	(0, 0, 4, 12, 18)	Sim	0	Não	(0, 0, 0, −3, −5)
2	(4, 0, 0, 12, 6)	Sim	12	Não	(3, 0, 0, 0, −5)
3	(6, 0, −2, 12, 0)	Não	18	Não	(0, 0, 1, 0, −3)
4	(4, 3, 0, 6, 0)	Sim	27	Não	$\left(-\frac{9}{2}, 0, \frac{5}{2}, 0, 0\right)$
5	(0, 6, 4, 0, 6)	Sim	30	Não	$\left(0, \frac{5}{2}, 0, -3, 0\right)$
6	(2, 6, 2, 0, 0)	Sim	36	Sim	$\left(0, \frac{3}{2}, 1, 0, 0\right)$
7	(4, 6, 0, 0, −6)	Não	42	Sim	$\left(3, \frac{5}{2}, 0, 0, 0\right)$
8	(0, 9, 4, −6, 0)	Não	45	Sim	$\left(0, 0, \frac{5}{2}, \frac{9}{2}, 0\right)$

mentar, de modo que o sistema de equações dado no início da seção possa ser resolvido diretamente para obter essa solução complementar. Considere, por exemplo, a penúltima solução básica primal da Tabela 6.9, (4, 6, 0, 0, −6). Observe que x_1, x_2 e x_5 são *variáveis básicas*, visto que essas variáveis não são iguais a 0. A Tabela 6.7 especifica que essas variáveis básicas duais associadas são $(z_1 - c_1)$, $(z_2 - c_2)$ e y_3. A Tabela 6.8 estabelece que essas variáveis duais associadas são *variáveis não básicas* na solução básica complementar, de maneira que

$$z_1 - c_1 = 0, \quad z_2 - c_2 = 0, \quad y_3 = 0.$$

Consequentemente, a forma aumentada das restrições funcionais no problema dual

$$y_1 + 3y_3 - (z_1 - c_1) = 3$$
$$2y_2 + 2y_3 - (z_2 - c_2) = 5,$$

reduz a

$$y_1 + 0 - 0 = 3$$
$$2y_2 + 0 - 0 = 5,$$

de modo que $y_1 = 3$ e $y_2 = \frac{5}{2}$. Combinando esses valores com os valores de 0 para as variáveis não básicas, temos a solução básica $(3, \frac{5}{2}, 0, 0, 0)$, como mostradas na coluna mais à direita e na penúltima linha da Tabela 6.9. Veja que essa solução dual é viável para o problema dual, pois as cinco variáveis satisfazem as restrições de não negatividade.

Finalmente, observe que a Tabela 6.9 demonstra que $(0, \frac{3}{2}, 1, 0, 0)$ é a solução ótima para o problema dual, porque é a solução *viável* básica com W mínimo (36).

Relações entre as soluções básicas complementares

Agora, passamos a atentar para as relações entre as soluções básicas complementares, começando com suas relações de *viabilidade*. As colunas intermediárias na Tabela 6.9 fornecem algumas dicas valiosas. Para os pares de soluções complementares, note como as respostas *Sim* ou *Não* sobre a viabilidade também satisfazem o inter-relacionamento de complementaridade na maioria dos casos. Em particular, com uma exceção, sempre que uma solução for viável, a outra não será. (Também é possível que *nenhuma* das soluções seja viável, como aconteceu com o terceiro par.) A única exceção é o sexto par, no qual a solução primal é sabidamente ótima. A explicação é sugerida pela coluna $Z = W$. Pelo fato de a sexta solução dual também ser ótima (pela propriedade das soluções ótimas complementares), com $W = 36$, a primeira das cinco soluções duais *não pode ser viável*, pois $W < 36$ (lembre-se de que o objetivo do problema dual é o de *minimizar W*). Pela mesma razão, as últimas duas soluções primais não podem ser viáveis porque $Z > 36$.

Essa explicação tem ainda o suporte da versão forte da teoria da dualidade de que as soluções duais e primais ótimas têm $Z = W$.

A seguir, apresentaremos a *extensão* da propriedade das soluções ótimas complementares da Seção 6.1 para as formas aumentadas dos dois problemas.

Propriedade das soluções básicas ótimas complementares: uma solução básica *ótima* no *problema primal* tem uma **solução básica ótima complementar** no problema dual, no qual os valores de suas respectivas funções objetivo (Z e W) são iguais. Dada a linha 0 da tabela simplex para a solução primal ótima, encontra-se a solução dual ótima complementar ($\mathbf{y}^*$, $\mathbf{z}^* - \mathbf{c}$) conforme mostrado na Tabela 6.4.

Para rever o raciocínio por trás dessa propriedade, observe que a solução dual ($\mathbf{y}^*$, $\mathbf{z}^* - \mathbf{c}$) tem de ser viável para o problema dual, pois a condição de otimalidade para o problema primal requer que *todas* essas variáveis duais (inclusive as variáveis excedentes) sejam *não negativas*. Uma vez que essa solução é *viável*, ela deve ser *ótima* para o problema dual pela versão fraca da teoria da dualidade (já que $W = Z$, de modo que $\mathbf{y}^*\mathbf{b} = \mathbf{c}\mathbf{x}^*$, em que $\mathbf{x}^*$ é ótima para o problema primal).

As soluções básicas podem ser classificadas de acordo a satisfazer cada uma das duas condições. Uma é a *condição para viabilidade*, a saber, se *todas* as variáveis (inclusive as variáveis de folga) na solução aumentada são *não negativas*. A outra é a condição para otimalidade, especificamente, se todos os coeficientes na linha 0 (isto é, todas as variáveis na solução básica complementar) são não negativos. Nossas denominações para os diferentes tipos de solução básica são resumidas na Tabela 6.10. Por exemplo, na Tabela 6.9, as soluções básicas primais 1, 2, 4 e 5 são subótimas, 6 é ótima, 7 e 8 são superótimas, e 3 não é nem viável nem superótima.

Dadas essas definições, as relações gerais entre as soluções básicas complementares são sintetizadas na Tabela 6.11. O intervalo resultante de valores possíveis (comuns) para as funções objetivo ($Z = W$) para os primeiros três pares dados na Tabela 6.11 (o último par pode ter qualquer valor) é mostrado na Figura 6.1. Portanto, enquanto o método simplex lida diretamente com soluções básicas subótimas e trabalha para alcançar a otimalidade no problema primal, ele está, simultaneamente, lidando indiretamente com soluções superótimas complementares e trabalhando para a viabilidade no problema dual. Ao contrário, algumas vezes é mais conveniente (ou necessário) lidar diretamente com soluções básicas superótimas e ir em direção à viabilidade do problema primal, que é o propósito do método simplex dual descrito na Seção 7.1.

A terceira e quarta colunas da Tabela 6.11 apresentam dois outros termos comuns, usados para descrever um par de soluções básicas complementares. As duas soluções são chamadas **viáveis primais** se a solução básica primal for viável, por outro lado, são denominadas **viáveis duais** se a solução básica dual complementar for viável para o problema dual. Usando essa terminologia, o método simplex lida com soluções viáveis primais e se esforça para alcançar também a viabilidade dual. Ao se obter isso, as duas soluções básicas complementares são ótimas para seus respectivos problemas.

Esses inter-relacionamentos provam ser úteis, particularmente na análise de sensibilidade, como veremos posteriormente neste capítulo.

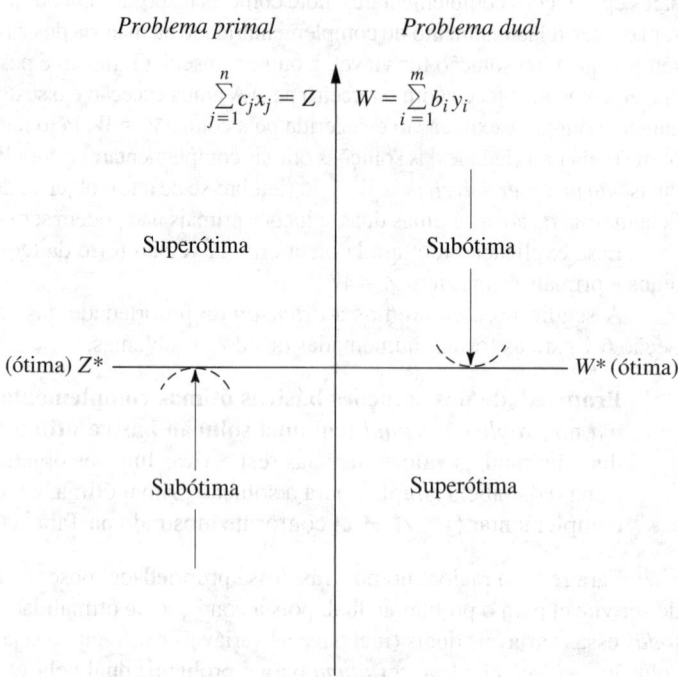

■ **FIGURA 6.1** Intervalo de possíveis valores de $Z = W$ para certos tipos de soluções básicas complementares.

■ **TABELA 6.10** Classificação de soluções básicas

		Satisfaz a condição de otimalidade?	
		Sim	Não
Viável?	Sim	Ótima	Subótima
	Não	Superótima	Não é viável nem superótima

■ **TABELA 6.11** Relações entre soluções básicas complementares

Solução básica primal	Solução básica dual complementar	As duas soluções básicas	
		Primal viável?	Dual viável?
Subótima	Superótima	Sim	Não
Ótima	Ótima	Sim	Sim
Superótima	Subótima	Não	Sim
Não é viável nem superótima.	Não é viável nem superótima.	Não	Não

6.4 ADAPTAÇÃO PARA OUTRAS FORMAS PRIMAIS

Até agora, admitiu-se que o modelo para o problema primal encontrava-se em nossa forma-padrão. Entretanto, indicamos no início do capítulo que qualquer problema de programação linear, esteja ele na nossa forma-padrão ou não, possui um problema dual. Portanto, esta seção concentra-se em como o problema dual muda para as demais formas primais.

Cada uma das formas não padronizadas foi vista na Seção 4.6 e indicamos como é possível converter cada uma delas em uma forma-padrão equivalente se desejado. Essas conversões são resumidas na Tabela 6.12. Assim, temos sempre a opção de converter qualquer modelo para nossa forma-padrão e, depois, construir *seu* problema dual da maneira usual. Para fins ilustrativos, fazemos isso para nosso problema dual-padrão (ele também deve ter um dual) na Tabela 6.13. Observe que o resultado é simplesmente nosso problema primal-padrão! Já que qualquer par de problemas dual e primal pode ser convertido nessas formas, esse fato implica que o dual do problema dual sempre é o problema primal. Desse modo, para qualquer problema primal e seu problema dual, todos os inter-relacionamentos entre eles têm de ser simétricos. Essa é simplesmente a propriedade de simetria já declarada na Seção 6.1 (sem prova), porém, agora a Tabela 6.13 demonstra por que ela é válida.

Uma consequência da propriedade de simetria é que todas as declarações anteriores neste capítulo feitas sobre relacionamentos do problema dual com o problema primal também valem no sentido inverso.

■ **TABELA 6.12** Conversões para a forma-padrão para modelos de programação linear

Forma não padronizada	Forma-padrão equivalente
Minimizar Z	Maximizar $(-Z)$
$\sum_{j=1}^{n} a_{ij}x_j \geq b_i$	$-\sum_{j=1}^{n} a_{ij}x_j \leq -b_i$
$\sum_{j=1}^{n} a_{ij}x_j = b_i$	$\sum_{j=1}^{n} a_{ij}x_j \leq b_i$ e $-\sum_{j=1}^{n} a_{ij}x_j \leq -b_i$
x_j não sujeita à restrição em sinal	$x_j^+ - x_j^-,\quad x_j^+ \geq 0,\quad x_j^- \geq 0$

■ **TABELA 6.13** Construção do dual do problema dual

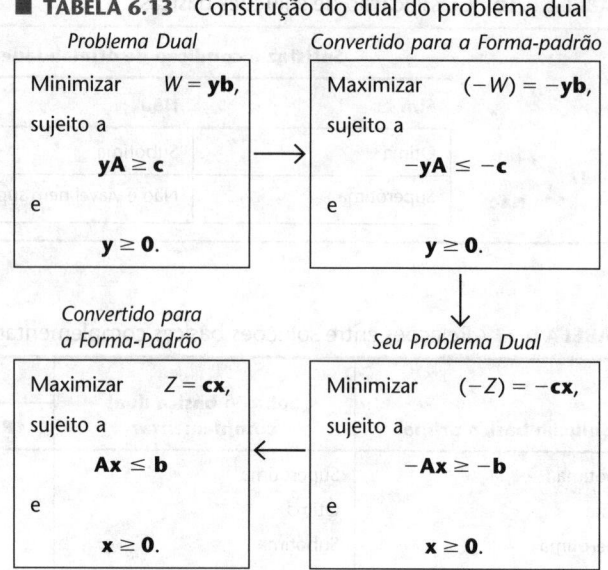

Outra consequência é que é indiferente a qual problema é chamado de primal e a qual é dito dual. Na prática, podemos encontrar um problema de programação linear que se ajuste à nossa forma-padrão e é denominado problema dual. A convenção é que o modelo formulado para se adequar ao problema atual chama-se problema primal, independentemente de sua forma.

Nossa ilustração de como construir o problema dual para um problema primal não padronizado não envolve nem restrições de igualdade nem variáveis sem restrição de sinal. Na verdade, para essas duas formas, há um atalho. É possível mostrar (ver os Problemas 6.4-7 e 6.4-2a) que uma *restrição de igualdade* no problema primal deve ser tratada da mesma forma que uma restrição $\leq$ ao construir o problema dual, exceto pelo fato de que a restrição de não negatividade para a variável dual correspondente deve ser eliminada (isto é, essa variável não é sujeita a restrições em sinal). Pela propriedade de simetria, eliminando-se uma restrição de não negatividade no problema primal afeta o problema dual somente alterando-se a restrição de desigualdade correspondente a uma restrição de igualdade.

Outro atalho envolve restrições funcionais na forma $\geq$ para um problema de maximização. O procedimento direto (porém mais longo) começaria convertendo cada uma dessas restrições na forma $\leq$

$$\sum_{j=1}^{n} a_{ij}x_j \geq b_i \longrightarrow -\sum_{j=1}^{n} a_{ij}x_j \leq -b_i.$$

Construindo-se o problema dual da maneira usual resulta, então, em $-a_{ij}$ como coeficiente de y_i na restrição funcional j (que possui a forma $\geq$) e um coeficiente $-b_i$ na função objetivo (que deve ser minimizada), em que y_i também tem restrição de não negatividade $y_i \geq 0$. Suponha agora que definamos uma nova variável $y_i' = -y_i$. As mudanças provocadas por expressar o problema dual em termos de y_i' em vez de y_i são: 1) os coeficientes da variável se tornem a_{ij} para a restrição funcional j e b_i para a função objetivo e 2) a restrição na variável se torna $y_i' \leq 0$ (uma *restrição de não positividade*). O atalho é usar y_i' em vez de y_i como variável dual, de modo que os parâmetros na restrição original (a_{ij} e b_i) se tornem imediatamente os coeficientes dessa variável no problema dual.

Eis um mnemônico útil para se lembrar de quais devem ser as formas das restrições duais. Em um problema de maximização pode parecer *sensato* para uma restrição funcional estar na forma $\leq$, ligeiramente *estranho* estar na forma $=$ e um tanto *bizarro* estar na forma $\geq$. De modo similar, para um problema de minimização, poderia parecer *sensato* estar na forma $\geq$, ligeiramente *estranho* estar na forma $=$ e um tanto *bizarro* estar na forma $\leq$. Para uma restrição em uma variável individual em qualquer tipo de problema, poderia parecer *sensato* ter uma restrição de não negatividade, um tanto *estranho* não ter restrição nenhuma (de modo que a variável não esteja sujeita a restrições de sinal) e muito *bizarro* para a variável com restrição ser *menor* que ou igual a zero. Agora, lembre-se da correspondência entre entidades nos problemas primal e dual indicados na Tabela 6.3: restrição funcional i em um problema corresponde à variável *i* no outro e vice-versa. O método do sensato-estranho-bizarro ou, simplesmente, **método SEB**, diz que a forma de uma restrição funcional ou a restrição em uma variável básica no problema dual deve ser sensata, estranha ou bizarra dependendo de se a forma para a entidade correspondente no problema primal igualmente for sensata, estranha ou bizarra. Veja a seguir um resumo:

O método SEB para a determinação da forma das restrições no dual[3]

1. Formule o problema primal, seja na forma de maximização ou de minimização e, a seguir, o problema dual estará automaticamente na outra forma.
2. Classifique as diferentes formas das restrições funcionais e das restrições em variáveis individuais no problema primal como *sensatas*, *estranhas* ou *bizarras*, de acordo com a Tabela 6.14. A classificação das restrições funcionais depende se o problema for de *maximização* (use a segunda coluna) ou de *minimização* (use a terceira coluna).
3. Para cada restrição em uma *variável individual* no problema dual, use a forma que tem a mesma classificação para a restrição funcional no problema primal, que corresponde a essa variável dual (conforme indicado na Tabela 6.3).
4. Para cada *restrição funcional* no problema dual, utilize a forma que possui a mesma classificação na variável individual correspondente no problema primal (conforme indicado na Tabela 6.3).

As setas entre a segunda e terceira colunas da Tabela 6.14 indicam a correspondência entre as formas de restrições no primal e no dual. Observe que a correspondência sempre acontece entre uma restrição funcional em um problema e uma restrição em uma variável individual no outro problema. Já que o problema primal pode ser tanto um problema de maximização como de minimização, de modo que o dual então será o tipo oposto, a segunda coluna da tabela proporciona a forma para o problema de maximização e a terceira coluna fornece o modelo para o outro problema (de minimização).

Para fins ilustrativos, considere o exemplo do tratamento radioterápico apresentado no início da Seção 3.4. Para mostrar a conversão em ambas as direções na Tabela 6.14, começamos com a forma de maximização desse modelo como o problema primal, antes de usar a forma de minimização (original).

O problema primal na forma de maximização é mostrado no lado esquerdo da Tabela 6.15. Usando a segunda coluna da Tabela 6.14 para representar esse problema, as setas nessa tabela indicam a forma do problema dual na terceira coluna. Essas mesmas setas são usadas na Tabela 6.15 para indicar o problema dual resultante. (Por causa dessas setas, colocamos as restrições funcionais por último no

■ **TABELA 6.14** Formas primal-dual correspondentes

Classificação	Problema primal (ou problema dual)	Problema dual (ou problema primal)
	Maximizar Z (ou W)	Minimizar W (ou Z)
	Restrição *i*:	Variável y_i (ou x_i):
Sensato	forma $\leq$ ⟵	⟶ $y_i \geq 0$
Estranho	forma $=$ ⟵	⟶ Irrestrita
Bizarro	forma $\geq$ ⟵	⟶ $y_i' \leq 0$
	Variável x_j (ou y_j):	Restrição *j*:
Sensato	$x_j \geq 0$ ⟵	⟶ forma $\geq$
Estranho	Irrestrita ⟵	⟶ forma $=$
Bizarro	$x_j' \leq 0$ ⟵	⟶ forma $\leq$

---

[3] Esse mnemônico particular (e outro relacionado) para lembrar quais devem ser as formas das restrições duais foi sugerido por Arthur T. Benjamin, professor de Matemática no Harvey Mudd College. Um fato interessante e incrivelmente genial sobre o professor Benjamin é que ele é um dos maiores calculistas do mundo, capaz de realizar proezas como multiplicar rapidamente números de seis dígitos de cabeça. Para uma maior discussão e derivação do método SEB, veja A. T. Benjamin: "Sensible Rules for Remembering Duals – The S-O-B Method", *SIAM Review*, **37**(1): p. 85-87, 1995.

■ **TABELA 6.15** Uma forma primal-dual para o exemplo de tratamento radioterápico

Problema Primal	Problema Dual
Maximizar $\quad -Z = -0,4x_1 - 0,5x_2,$ sujeito a (S) $\quad 0,3x_1 + 0,1x_2 \leq 2,7 \quad \longleftrightarrow$ (E) $\quad 0,5x_1 + 0,5x_2 = 6 \quad \longleftrightarrow$ (B) $\quad 0,6x_1 + 0,4x_2 \geq 6 \quad \longleftrightarrow$ e (S) $\quad x_1 \geq 0 \quad \longleftrightarrow$ (S) $\quad x_2 \geq 0 \quad \longleftrightarrow$	Minimizar $\quad W = 2,7y_1 + 6y_2 + 6y'_3,$ sujeito a $y_1 \geq 0 \quad$ (S) y_2 sem restrições de sinal $\quad$ (E) $y'_3 \leq 0 \quad$ (B) e $0,3y_1 + 0,5y_2 + 0,6y'_3 \geq -0,4 \quad$ (S) $0,1y_1 + 0,5y_2 + 0,4y'_3 \geq -0,5 \quad$ (S)

problema dual em vez de sua posição superior usual.) Além de cada restrição em ambos os problemas, inserimos (entre parênteses) um S, E ou B para classificar a forma como sendo sensata, estranha ou bizarra. Conforme prescrito pelo método SEB, a classificação para cada restrição dual é sempre a mesma daquela da restrição primal correspondente.

Entretanto, não há necessidade (a não ser por aspectos ilustrativos) de se converter o problema primal para a forma de maximização. Usando a forma de minimização original, o problema primal equivalente é mostrado no lado esquerdo da Tabela 6.16. Agora, utilizamos a *terceira coluna* da Tabela 6.14 para representar esse problema primal, em que as setas indicam a forma do problema dual na *segunda coluna*. Essas mesmas setas na Tabela 6.16 indicam o problema dual resultante do lado direito. Para enfatizar, as classificações das restrições mostram a aplicação do método SEB.

Do mesmo modo que os problemas primais das Tabelas 6.15 e 6.16 são equivalentes, os dois problemas duais também são completamente equivalentes. O segredo para reconhecer essa equivalência está no fato de que as variáveis em cada versão do problema dual são as negativas daquelas na outra versão ($y'_1 = -y_1, y'_2 = -y_2, y_3 = -y'_3$). Portanto, para cada versão, se forem utilizadas as variáveis na outra versão e se tanto a função objetivo quanto as restrições forem multiplicadas por -1, então a outra versão é obtida. (O Problema 6.4-5 pede para que você verifique isso.)

Caso queira ver outro exemplo de emprego do método SEB para construir um problema dual, é apresentado um na seção de Worked Examples do *site* da editora.

Se o método simplex fosse aplicado tanto ao problema primal quanto ao dual que possua qualquer variável com restrição de ser *não positiva* (como $y'_3 \leq 0$, no problema dual da Tabela 6.15), essa variável poderia ser substituída por seu equivalente *não negativo* (por exemplo, $y_3 = -y'_3$).

Quando as variáveis artificiais são usadas para ajudar o método simplex a resolver um problema primal, a interpretação de dualidade da linha 0 da tabela simplex é a seguinte: já que as variáveis artificiais desempenham o papel de variáveis de folga, seus coeficientes na linha 0 agora fornecem os valores das variáveis duais correspondentes na solução básica complementar para o problema dual. Como as variáveis artificiais são usadas para substituir o problema real por um artificial mais conve-

■ **TABELA 6.16** A outra forma primal-dual para o exemplo do tratamento radioterápico

Problema Primal	Problema Dual
Minimizar $\quad Z = 0,4x_1 + 0,5x_2,$ sujeito a (B) $\quad 0,3x_1 + 0,1x_2 \leq 2,7 \quad \longleftrightarrow$ (E) $\quad 0,5x_1 + 0,5x_2 = 6 \quad \longleftrightarrow$ (S) $\quad 0,6x_1 + 0,4x_2 \geq 6 \quad \longleftrightarrow$ e (S) $\quad x_1 \geq 0 \quad \longleftrightarrow$ (S) $\quad x_2 \geq 0 \quad \longleftrightarrow$	Maximizar $\quad W = 2,7y'_1 + 6y'_2 + 6y_3,$ sujeito a $y'_1 \leq 0 \quad$ (B) y'_2 sem restrições de sinal $\quad$ (E) $y_3 \geq 0 \quad$ (S) e $0,3y'_1 + 0,5y'_2 + 0,6y_3 \leq 0,4 \quad$ (S) $0,1y'_1 + 0,5y'_2 + 0,4y_3 \leq 0,6 \quad$ (S)

niente, esse problema dual, na verdade, é o dual do problema artificial. Porém, após todas as variáveis artificiais se tornarem não básicas, estamos de volta aos problemas primal e dual reais. Com o método das duas fases, as variáveis artificiais teriam de ser retidas na fase 2 de modo a ler a solução dual completa da linha 0. Com o método do "grande número", uma vez que M foi adicionado inicialmente ao coeficiente de cada variável artificial na linha 0, o valor atual de cada variável dual correspondente é o coeficiente atual dessa variável artificial *menos M*.

Vejamos, por exemplo, na linha 0 na tabela simplex final para o exemplo do tratamento radioterápico, apresentado na parte inferior da Tabela 4.12. Após M ter sido subtraído dos coeficientes das variáveis artificiais $\bar{x}_4$ e $\bar{x}_6$, a solução ótima para o problema dual correspondente na Tabela 6.15 é lida a partir dos coeficientes de x_3, $\bar{x}_4$ e $\bar{x}_6$ como $(y_1, y_2, y_3') = (0,5, -1, 1, 0)$. Como de praxe, as variáveis de excesso para as duas restrições funcionais são lidas a partir dos coeficientes de x_1 e x_2 como $z_1 - c_1 = 0$ e $z_2 - c_2 = 0$.

6.5 O PAPEL DA TEORIA DA DUALIDADE NA ANÁLISE DE SENSIBILIDADE

Conforme será exposto nas três seções a seguir, a análise de sensibilidade envolve, basicamente, investigar o efeito na solução ótima ao se realizar mudanças nos valores dos parâmetros de modelo a_{ij}, b_i e c_j. Entretanto, modificar os valores de parâmetros no problema primal também modifica os valores correspondentes no problema dual. Portanto, você pode escolher que problema utilizar na investigação mudança. Em razão dos inter-relacionamentos primal-dual apresentados nas Seções 6.1 e 6.3 (em particular a propriedade das soluções básicas complementares), é fácil alternar entre os dois tipos de problema conforme necessário. Em alguns casos, é conveniente analisar o problema dual diretamente para determinar o efeito da complementaridade no problema primal. Começamos considerando dois desses casos.

Mudanças nos coeficientes de uma variável não básica

Suponha que as mudanças realizadas no modelo original ocorram nos coeficientes de uma variável que era não básica na solução ótima original. Qual seria o efeito dessas modificações nessa solução? Ela ainda continua viável? Ela ainda continua ótima?

Pelo fato de a variável envolvida ser não básica (valor zero), modificar seus coeficientes não poderá afetar a viabilidade da solução. Portanto, a pergunta aberta nesse caso é se ela ainda é ótima. Como indicam as Tabelas 6.10 e 6.11, uma questão equivalente é se a solução básica complementar para o problema dual ainda é viável após terem sido realizadas essas modificações. Já que essas alterações afetam o problema dual modificando apenas uma restrição, essa pergunta poderá ser respondida simplesmente verificando-se se essa solução básica complementar ainda satisfaz essa restrição revisada.

Ilustraremos esse caso na subseção correspondente da Seção 6.7 após desenvolver um exemplo relevante. A seção de Worked Examples do *site* da editora também fornece **outro exemplo**, tanto para este caso quanto para o próximo.

Inclusão de uma nova variável

Como indicado na Tabela 6.6, as variáveis de decisão no modelo representam tipicamente os níveis de várias atividades consideradas. Em algumas situações, essas atividades seriam selecionadas de um grupo maior de atividades *possíveis*, nas quais as atividades remanescentes não foram incluídas no modelo original, pois pareciam menos atrativas. Ou talvez essas outras atividades não tenham vindo à tona até o modelo original ter sido formulado e resolvido. De qualquer maneira, a questão-chave é se qualquer uma dessas atividades previamente desconsideradas for suficientemente interessante para se iniciar. Em outras palavras, acrescentar uma dessas atividades ao modelo modificaria a solução ótima original?

Acrescentar outra atividade implica incluir no modelo uma nova variável, com os respectivos coeficientes das restrições funcionais e função objetivo. A única mudança resultante no problema dual é adicionar uma *nova restrição* (ver a Tabela 6.3).

Após a realização dessas modificações, a solução ótima original, junto com a nova variável (não básica) igual a zero, ainda seria ótima para o problema primal? No que tange ao caso precedente, uma pergunta equivalente seria se a solução básica complementar para o problema dual ainda é viável. E, como antes, essa pergunta pode ser respondida simplesmente verificando-se se essa solução básica complementar satisfaz uma restrição que, nesse caso, é a nova restrição para o problema dual.

Para exemplificar, suponhamos que para o problema da Wyndor Glass Co. da Seção 3.1 possamos ter um terceiro novo produto a ser considerado para inclusão na linha de produtos. Fazendo x_{nova} representar a taxa de produção para esse produto, mostramos o modelo revisado resultante como a seguir:

$$\text{Maximizar} \quad Z = 3x_1 + 5x_2 + 4x_{nova},$$

sujeito a

$$\begin{aligned} x_1 + 2x_{nova} &\leq 4 \\ 2x_2 + 3x_{nova} &\leq 12 \\ 3x_1 + 2x_2 + x_{nova} &\leq 18 \end{aligned}$$

e

$$x_1 \geq 0, \quad x_2 \geq 0, \quad x_{nova} \geq 0.$$

Após a inclusão de variáveis de folga, a solução ótima original para esse problema sem x_{nova} (dado na Tabela 4.8) era $(x_1, x_2, x_3, x_4, x_5) = (2, 6, 2, 0, 0)$. Essa solução, junto com $x_{nova} = 0$, ainda é ótima?

Para responder a essa questão, precisamos verificar a solução básica complementar para o problema dual. Conforme indicado pela *propriedade das soluções básicas ótimas complementares* na Seção 6.3, essa solução é fornecida na linha 0 da tabela simplex *final* para o problema primal, usando as posições mostradas na Tabela 6.4 e ilustradas na Tabela 6.5. Portanto, conforme dado tanto na linha inferior da Tabela 6.5 quanto na sexta linha da Tabela 6.9, a solução é

$$(y_1, y_2, y_3, z_1 - c_1, z_2 - c_2) = \left(0, \frac{3}{2}, 1, 0, 0\right).$$

(Alternativamente, essa solução básica complementar pode ser derivada da maneira que foi ilustrada na Seção 6.3 para a solução básica complementar na penúltima linha da Tabela 6.9).

Já que essa solução era ótima para o problema dual original, ela certamente satisfaz as restrições duais originais expostas na Tabela 6.1. Mas ela satisfaz essa nova restrição dual?

$$2y_1 + 3y_2 + y_3 \geq 4$$

Agregando essa solução, temos que

$$2(0) + 3\left(\frac{3}{2}\right) + (1) \geq 4$$

é satisfeita, de modo que essa solução dual ainda seja viável (e, portanto, ainda seja ótima). Consequentemente, a solução primal original (2, 6, 2, 0, 0), junto com $x_{nova} = 0$, ainda é ótima, de modo que esse possível terceiro novo produto *não* deva ser adicionado à linha de produtos.

Essa metodologia também torna muito fácil a realização da análise de sensibilidade nos coeficientes da nova variável acrescentada ao problema primal. Simplesmente verificando a nova restrição dual, podemos observar imediatamente quanto cada um dos valores desses parâmetros pode ser alterado antes de eles afetarem a viabilidade da solução dual e, portanto, a otimalidade da solução primal.

Outras aplicações

Já discutimos duas outras aplicações importantes da teoria da dualidade na análise de sensibilidade, a saber, os *preços-sombra* e o *método simplex dual*. Conforme foi descrito nas Seções 4.7 e 6.2, a solução dual ótima $(y_1^*, y_2^*, \ldots, y_m^*)$ fornece os preços-sombra para os respectivos recursos que indicam como Z mudaria se fossem realizadas (pequenas) modificações em b_i (nas quantidades de recursos). A análise resultante será ilustrada com alguns detalhes na Seção 6.7.

Em termos genéricos, a interpretação econômica do problema dual e do método simplex apresentada na Seção 6.2 fornece alguns *insight*s úteis para a análise de sensibilidade.

Ao investigarmos o efeito de modificar os valores de b_i e a_{ij} (para as variáveis básicas), a solução ótima original pode tornar-se uma solução básica *superótima* (como definido na Tabela 6.10). Se quisermos então *reotimizar* para identificar a nova solução ótima original, o método simplex dual (discutido no final das Seções 6.1 e 6.3) deve ser aplicado, começando por essa solução básica. Essa importante variante do método simplex será descrita na Seção 7.1.

Mencionamos na Seção 6.1 que, algumas vezes, é mais eficiente resolver o problema dual diretamente pelo método simplex para identificar uma solução ótima para o problema primal. Quando se encontrar a solução dessa maneira, a análise de sensibilidade para o problema se conduz diretamente ao problema dual, aplicando-se o procedimento descrito nas duas seções seguintes e, depois, inferindo os efeitos complementares sobre o problema primal (por exemplo, ver a Tabela 6.11). Essa abordagem para a análise de sensibilidade é relativamente direta em virtude dos inter-relacionamentos descritos nas Seções 6.1 e 6.3 (ver o Problema 6.6-3.)

6.6 A ESSÊNCIA DA ANÁLISE DE SENSIBILIDADE

O trabalho realizado pela equipe de PO normalmente não está sequer próximo do fim quando o método simplex tiver sido aplicado com sucesso a fim de identificar uma solução ótima para o modelo. Como indicado no final da Seção 3.3, uma hipótese da programação linear é que todos os parâmetros do modelo (a_{ij}, b_i e c_j) são *constantes conhecidas*. Na verdade, os valores dos parâmetros utilizados no modelo normalmente são apenas *estimativas* baseadas em uma *previsão de condições futuras*. Os dados obtidos para desenvolver essas estimativas normalmente são bastante incipientes ou inexistentes, de modo que os parâmetros na formulação original possam representar pouco mais que regras práticas rápidas fornecidas pela área executiva. Os dados podem até mesmo representar superestimativas ou subestimativas deliberadas para proteger os interesses daqueles que fazem as estimativas.

Portanto, a equipe de PO e o gerente bem-sucedidos vão manter o ceticismo saudável sobre os números originais provenientes de computadores e os interpretarão em muitos casos como meros pontos de partida para a análise adicional do problema. Uma solução "ótima" só é ótima em relação ao modelo específico que está sendo usado para representar o problema real e uma solução dessas se torna um guia confiável para ação somente após confirmação de bom desempenho para outras representações razoáveis do problema. Além disso, os parâmetros do modelo (particularmente b_i) algumas vezes são configurados como resultado de decisões de políticas gerenciais (por exemplo, a quantidade de certos recursos a ser disponibilizados para as atividades). Essas decisões devem ser revistas depois de suas consequências potenciais ser reconhecidas.

Por essas razões, é importante realizar a **análise de sensibilidade** para investigar o efeito em solução ótima fornecida pelo método simplex se os parâmetros assumirem outros valores. Normalmente, existirão alguns parâmetros aos quais poderá ser atribuído qualquer valor razoável sem afetar a otimalidade dessa solução. Contudo, também podem haver outros com valores alternativos prováveis, que levariam a uma nova solução ótima. Essa situação é particularmente grave se a solução original passar a ter valor substancialmente menor da função objetivo ou, quem sabe, até mesmo vir a ser inviável!

Assim, um dos principais objetivos da análise de sensibilidade é o de identificar os **parâmetros sensíveis** (isto é, aqueles cujos valores não podem ser alterados sem alterar a solução ótima). Para os coeficientes na função objetivo que não são classificados como sensíveis, também é muito útil determinar o *intervalo de valores* do coeficiente ao longo do qual a solução ótima permanecerá inalterada. Chamamos esse intervalo de valores de *intervalo possível para esse coeficiente*. Em alguns casos, alterar o lado direito de uma restrição funcional pode afetar a *viabilidade* da solução BV ótima. Para esses parâmetros, é útil determinar o intervalo de valores sobre o qual a solução BV ótima (com valores ajustados para as variáveis básicas) permanecerá viável. Chamamos esse intervalo de valores de *intervalo possível* para o lado direito em questão. Esse também é o mesmo intervalo para o qual o preço-sombra atual para a restrição correspondente permanece válido. Na próxima seção, descreveremos procedimentos específicos para se obter esse tipo de informação.

Essas informações são inestimáveis sob dois aspectos. Primeiro, ela identifica os parâmetros mais importantes portanto, deve-se tomar cuidado especial ao estimá-las e ao escolher uma solução que tenha bom desempenho para a maioria dos valores prováveis. Em segundo lugar, ela identifica os parâmetros que precisarão ser particularmente monitorados mais de perto à medida que se implementa o estudo. Se for descoberto que o valor verdadeiro de um parâmetro sai de seu intervalo possível, isso sinaliza imediatamente a necessidade de se mudar de solução.

Para pequenos problemas, seria simples verificar o efeito de uma série de mudanças nos valores de parâmetros, bastando reaplicar o método simplex a cada vez para ver se a solução ótima muda ou não. Isso é particularmente conveniente ao usar uma formulação em planilha. Uma vez que o Solver tenha sido configurado para obter uma solução ótima, tudo o que precisamos fazer é proceder a qualquer modificação desejada na planilha e, a seguir, clicar novamente no botão Solve.

No entanto, para problemas maiores, do tamanho típico encontrado na prática, a análise de sensibilidade exigiria uma carga de processamento tremenda se fosse necessário reaplicar o método simplex desde o princípio para investigar cada nova mudança no valor de um parâmetro. Felizmente, o *insight* fundamental discutido na Seção 5.3 praticamente elimina esse processamento. A ideia básica é de que o *insight* fundamental revela *imediatamente* como quaisquer mudanças no modelo original modificariam os números na tabela simplex final (partindo-se do pressuposto de que a *mesma* sequência de operações algébricas executada originalmente pelo método simplex fosse *duplicada*). Desse modo, após alguns cálculos simples para revisar essa tabela, podemos verificar facilmente se a solução BV ótima original ainda permanece ótima (ou, então, inviável). Em caso afirmativo, essa solução seria usada como solução básica inicial para reiniciar o método simplex (ou método simplex dual) para encontrar uma nova solução ótima, se desejado. Se as alterações no modelo não forem grandes, serão necessárias apenas algumas poucas iterações para se chegar à nova solução ótima a partir dessa solução básica inicial "adiantada".

Para descrever esse procedimento de maneira mais específica, considere a seguinte situação. O método simplex já foi utilizado para obter uma solução ótima para um modelo de programação linear, com valores especificados para os parâmetros b_i, c_j e a_{ij}. Para iniciar a análise de sensibilidade, pelo menos um desses parâmetros deve ser alterado. Após serem feitas as alterações, façamos que $\bar{b}_i$, $\bar{c}_j$ e $\bar{a}_{ij}$ representem os valores dos diversos parâmetros. Portanto, em notação matricial,

$$\mathbf{b} \to \bar{\mathbf{b}}, \quad \mathbf{c} \to \bar{\mathbf{c}}, \quad \mathbf{A} \to \bar{\mathbf{A}},$$

para o modelo revisão.

O primeiro passo é revisar a tabela simplex final para que se reflita essas alterações. Particularmente, queremos encontrar a tabela final revisada que resultaria se, partindo da nova tabela inicial, fossem repetidas *exatamente* as mesmas operações algébricas (inclusive os mesmos múltiplos de linhas sendo adicionados ou subtraídos das demais linhas) que, partindo da tabela simplex inicial levaram à tabela final. (Isso não é necessariamente o mesmo que reaplicar o método simplex, já que as alterações na tabela inicial poderiam fazer com que o método simplex mudasse parte das operações algébricas que estão sendo utilizadas.) Continuando a usar a notação apresentada na Tabela 5.9, bem como as fórmulas que a acompanham para o *insight* fundamental [(1) $\mathbf{t}^* = \mathbf{t} + \mathbf{y}^*\mathbf{T}$ e (2) $\mathbf{T}^* = \mathbf{S}^*\mathbf{T}$], a tabela final revisada é calculada a partir de $\mathbf{y}^*$ e $\mathbf{S}^*$ (que não mudaram) e a nova tabela inicial, conforme mostrado na Tabela 6.17. Observe que juntas, $\mathbf{y}^*$ e $\mathbf{S}^*$ são os coeficientes das *variáveis de folga* na tabela simplex final, em que o vetor $\mathbf{y}^*$ (as variáveis duais) se iguala a esses coeficientes na linha 0, e a matriz $\mathbf{S}^*$ fornece esses coeficientes em outras linhas da tabela. Portanto, usando simplesmente $\mathbf{y}^*$, $\mathbf{S}^*$ e os números revisados na tabela *inicial*, a Tabela 6.17 revela como os números revisados no restante da tabela *final* são calculados imediatamente sem ter de repetir nenhuma operação algébrica.

EXEMPLO (VARIAÇÃO 1 DO MODELO DA WYNDOR). Para exemplificar, suponha que a primeira revisão no modelo para o problema da Wyndor Glass Co. da Seção 3.1 seja aquela mostrada na Tabela 6.18.

Portanto, as alterações do modelo original são $c_1 = 3 \to 4$, $a_{31} = 3 \to 2$ e $b_2 = 12 \to 24$. A Figura 6.2 mostra o efeito gráfico dessas mudanças. Para o modelo original, o método simplex já identificou a solução PEF ótima como (2, 6), caindo na intersecção dos dois limites de restrição, indicados como as retas tracejadas $2x_2 = 12$ e $3x_1 + 2x_2 = 18$. Agora, a revisão do modelo deslocou esses dois limites de restrição conforme demonstrado pelas retas cheias $2x_2 = 24$ e $2x_1 + 2x_2 = 18$. Consequentemente, a so-

CAPÍTULO 6   TEORIA DA DUALIDADE E ANÁLISE DE SENSIBILIDADE

■ **TABELA 6.17** Tabela simplex final revisada resultante de mudanças realizadas no modelo original

	Eq.	Z	Coeficiente de: Variáveis originais	Variáveis de folga	Lado direito
Nova tabela inicial	(0)	1	$-\bar{\mathbf{c}}$	0	0
	(1, 2,..., m)	0	$\bar{\mathbf{A}}$	I	$\bar{\mathbf{b}}$
Tabela final revisada	(0)	1	$z^* - \bar{\mathbf{c}} = \mathbf{y}^*\bar{\mathbf{A}} - \bar{\mathbf{c}}$	$\mathbf{y}^*$	$Z^* = \mathbf{y}^*\bar{\mathbf{b}}$
	(1, 2,..., m)	0	$\mathbf{A}^* = \mathbf{S}^*\bar{\mathbf{A}}$	$\mathbf{S}^*$	$\mathbf{b}^* = \mathbf{S}^*\bar{\mathbf{b}}$

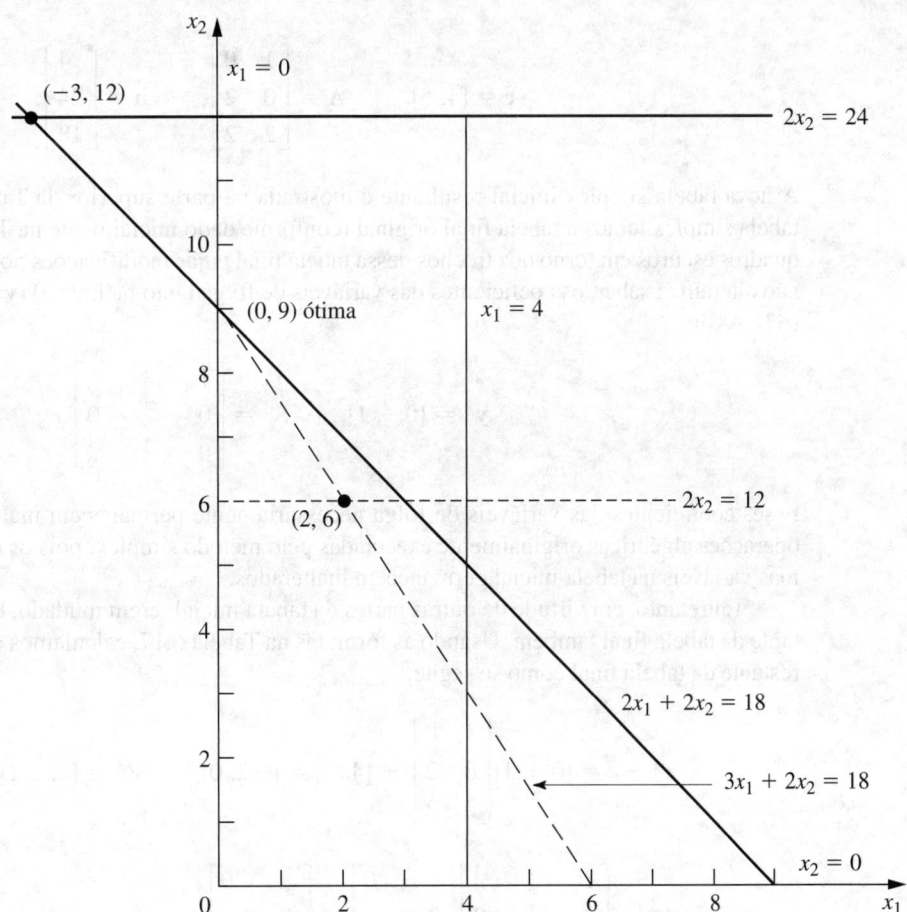

■ **FIGURA 6.2** Deslocamento da solução em ponto extremo final (2, 6) para (−3, 12) para a Variação 1 do modelo da Wyndor Glass Co., em que $c_1 = 3 \to 4$, $a_{31} = 3 \to 2$ e $b_2 = 12 \to 24$.

lução PEF anterior (2, 6) se desloca para a nova intersecção (−3, 12), que é uma solução em ponto extremo infactível para o modelo revisado. O procedimento descrito nos parágrafos anteriores encontra esse deslocamento *algebricamente* (na forma aumentada). Além disso, age de tal forma como se fosse muito eficiente até mesmo para problemas de grandes dimensões nos quais a análise gráfica é impossível.

Para desenvolver esse procedimento, começamos exibindo os parâmetros do modelo revisado na forma matricial:

TABELA 6.18 O modelo original e o primeiro modelo revisado (Variação 1) para conduzir a análise de sensibilidade no modelo do Wyndor Glass Co.

Modelo Original	Modelo Revisado
Maximizar $Z = [3, 5]\begin{bmatrix} x_1 \\ x_2 \end{bmatrix}$, sujeito a $\begin{bmatrix} 1 & 0 \\ 0 & 2 \\ 3 & 2 \end{bmatrix}\begin{bmatrix} x_1 \\ x_2 \end{bmatrix} \leq \begin{bmatrix} 4 \\ 12 \\ 18 \end{bmatrix}$ e $\mathbf{x} \geq \mathbf{0}$.	Maximizar $Z = [4, 5]\begin{bmatrix} x_1 \\ x_2 \end{bmatrix}$, sujeito a $\begin{bmatrix} 1 & 0 \\ 0 & 2 \\ 2 & 2 \end{bmatrix}\begin{bmatrix} x_1 \\ x_2 \end{bmatrix} \leq \begin{bmatrix} 4 \\ 24 \\ 18 \end{bmatrix}$ e $\mathbf{x} \geq \mathbf{0}$.

$$\overline{\mathbf{c}} = [4, 5], \qquad \overline{\mathbf{A}} = \begin{bmatrix} 1 & 0 \\ 0 & 2 \\ 2 & 2 \end{bmatrix}, \qquad \overline{\mathbf{b}} = \begin{bmatrix} 4 \\ 24 \\ 18 \end{bmatrix}.$$

A nova tabela simplex inicial resultante é mostrada na parte superior da Tabela 6.19. Abaixo dessa tabela simplex temos a tabela final original (conforme dado inicialmente na Tabela 4.8). Desenhamos quadros escuros em torno dos trechos dessa tabela final cujas modificações no modelo definitivamente não alteram, a saber, os coeficientes das variáveis de folga tanto na linha 0 ($\mathbf{y}^*$) e o restante das linhas ($\mathbf{S}^*$). Assim,

$$\mathbf{y}^* = [0, \tfrac{3}{2}, 1], \qquad \mathbf{S}^* = \begin{bmatrix} 1 & \tfrac{1}{3} & -\tfrac{1}{3} \\ 0 & \tfrac{1}{2} & 0 \\ 0 & -\tfrac{1}{3} & \tfrac{1}{3} \end{bmatrix}.$$

Esses coeficientes das variáveis de folga necessariamente permanecem inalterados com as mesmas operações algébricas originalmente executadas pelo método simplex, pois os coeficientes dessas mesmas variáveis na tabela inicial permanecem inalterados.

Entretanto, em virtude de outras partes da tabela inicial terem mudado, haverá alterações no restante da tabela final também. Usando as fórmulas na Tabela 6.17, calculamos os números revisados no restante da tabela final como se segue:

$$\mathbf{z}^* - \overline{\mathbf{c}} = [0, \tfrac{3}{2}, 1]\begin{bmatrix} 1 & 0 \\ 0 & 2 \\ 2 & 2 \end{bmatrix} - [4, 5] = [-2, 0], \qquad Z^* = [0, \tfrac{3}{2}, 1]\begin{bmatrix} 4 \\ 24 \\ 18 \end{bmatrix} = 54,$$

$$\mathbf{A}^* = \begin{bmatrix} 1 & \tfrac{1}{3} & -\tfrac{1}{3} \\ 0 & \tfrac{1}{2} & 0 \\ 0 & -\tfrac{1}{3} & \tfrac{1}{3} \end{bmatrix}\begin{bmatrix} 1 & 0 \\ 0 & 2 \\ 2 & 2 \end{bmatrix} = \begin{bmatrix} \tfrac{1}{3} & 0 \\ 0 & 1 \\ \tfrac{2}{3} & 0 \end{bmatrix},$$

$$\mathbf{b}^* = \begin{bmatrix} 1 & \tfrac{1}{3} & -\tfrac{1}{3} \\ 0 & \tfrac{1}{2} & 0 \\ 0 & -\tfrac{1}{3} & \tfrac{1}{3} \end{bmatrix}\begin{bmatrix} 4 \\ 24 \\ 18 \end{bmatrix} = \begin{bmatrix} 6 \\ 12 \\ -2 \end{bmatrix}.$$

A tabela final revisada é mostrada na parte inferior da Tabela 6.19.

Na verdade, podemos otimizar substancialmente esses cálculos para obter a tabela final revisada. Pelo fato de nenhum dos coeficientes de x_2 ter sofrido alteração no modelo original (tabela), nenhum deles pode mudar na tabela final, de modo que possamos eliminar seu cálculo. Vários outros parâmetros originais

CAPÍTULO 6 TEORIA DA DUALIDADE E ANÁLISE DE SENSIBILIDADE

■ **TABELA 6.19** Obteção da tabela simplex final revisada para a Variação 1 do modelo da Wyndor Glass Co.

	Variável básica	Eq.	Coeficiente de:						Lado direito
			Z	x_1	x_2	x_3	x_4	x_5	
Nova tabela inicial	Z	(0)	1	-4	-5	0	0	0	0
	x_3	(1)	0	1	0	1	0	0	4
	x_4	(2)	0	0	2	0	1	0	24
	x_5	(3)	0	2	2	0	0	1	18
Tabela final para o modelo original	Z	(0)	1	0	0	0	$\frac{3}{2}$	1	36
	x_3	(1)	0	0	0	1	$\frac{1}{3}$	$-\frac{1}{3}$	2
	x_2	(2)	0	0	1	0	$\frac{1}{2}$	0	6
	x_1	(3)	0	1	0	0	$-\frac{1}{3}$	$\frac{1}{3}$	2
Tabela final revisada	Z	(0)	1	-2	0	0	$\frac{3}{2}$	1	54
	x_3	(1)	0	$\frac{1}{3}$	0	1	$\frac{1}{3}$	$-\frac{1}{3}$	6
	x_2	(2)	0	0	1	0	$\frac{1}{2}$	0	12
	x_1	(3)	0	$\frac{2}{3}$	0	0	$-\frac{1}{3}$	$\frac{1}{3}$	-2

(a_{11}, a_{21}, b_1, b_3) também não foram alterados, de maneira que outro atalho consiste em calcular somente as mudanças incrementais na tabela final em termos das *mudanças incrementais* na tabela inicial, ignorando esses termos na multiplicação da matriz ou vetor que não envolvem nenhuma mudança na tabela inicial. Particularmente, as únicas mudanças incrementais na tabela inicial são $\Delta c_1 = 1$, $\Delta a_{31} = 1$ e $\Delta b_2 = 12$, de modo que estes são os únicos termos que precisam ser considerados. Essa metodologia racionalizada é apresentada a seguir, em que um zero ou um traço aparecem em cada ponto onde não é necessário nenhum cálculo.

$$\Delta(\mathbf{z^*} - \mathbf{c}) = \mathbf{y^*}\,\Delta\mathbf{A} - \Delta\mathbf{c} = [0, \tfrac{3}{2}, 1]\begin{bmatrix} 0 & — \\ 0 & — \\ -1 & — \end{bmatrix} - [1, —] = [-2, —].$$

$$\Delta Z^* = \mathbf{y^*}\,\Delta\mathbf{b} = [0, \tfrac{3}{2}, 1]\begin{bmatrix} 0 \\ 12 \\ 0 \end{bmatrix} = 18.$$

$$\Delta\mathbf{A^*} = \mathbf{S^*}\,\Delta\mathbf{A} = \begin{bmatrix} 1 & \tfrac{1}{3} & -\tfrac{1}{3} \\ 0 & \tfrac{1}{2} & 0 \\ 0 & -\tfrac{1}{3} & \tfrac{1}{3} \end{bmatrix}\begin{bmatrix} 0 & — \\ 0 & — \\ -1 & — \end{bmatrix} = \begin{bmatrix} \tfrac{1}{3} & — \\ 0 & — \\ -\tfrac{1}{3} & — \end{bmatrix}.$$

$$\Delta\mathbf{b^*} = \mathbf{S^*}\,\Delta\mathbf{b} = \begin{bmatrix} 1 & \tfrac{1}{3} & -\tfrac{1}{3} \\ 0 & \tfrac{1}{2} & 0 \\ 0 & -\tfrac{1}{3} & \tfrac{1}{3} \end{bmatrix}\begin{bmatrix} 0 \\ 12 \\ 0 \end{bmatrix} = \begin{bmatrix} 4 \\ 6 \\ -4 \end{bmatrix}.$$

Adicionando esses incrementos às quantidades originais na tabela final (miolo da Tabela 6.19) leva então à tabela final revisada (parte inferior da Tabela 6.19).

A *análise incremental* também fornece um *insight* geral útil, a saber, que mudanças na tabela final têm de ser proporcionais a cada mudança na tabela inicial. Ilustramos, na próxima seção, como essa propriedade nos permite usar a interpolação ou extrapolação linear para determinar o intervalo de valores para determinado parâmetro sobre o qual a solução básica final permanece tanto viável quanto ótima.

Após obter a tabela simplex final revisada, a seguir convertemos a tabela para a forma apropriada a partir da eliminação gaussiana (conforme a necessidade). Particularmente, a variável básica para a linha *i* deve ter um coeficiente 1 naquela linha e um coeficiente 0 em uma linha sim e outra não (inclusive, a linha 0) para a tabela estar na forma apropriada para identificação e avaliação da solução básica atual. Portanto, se as mudanças tivessem violado essa exigência (que pode ocorrer somente se os coeficientes de restrição originais de uma variável básica tiverem sido modificados), alterações adicionais precisam ser realizadas para recuperar essa forma. Essa recuperação é feita usando-se a eliminação gaussiana, isto é, aplicando sucessivamente a etapa 3 de uma iteração para o método simplex (ver o Capítulo 4) como se cada variável básica violadora fosse uma variável básica que entra. Observe que essas operações algébricas podem também causar mudanças adicionais na coluna *lado direito*, de modo que a solução básica atual possa ser lida a partir dessa coluna somente quando a forma apropriada da eliminação gaussiana tiver sido completamente restabelecida.

Para o exemplo, a tabela simplex final revisada mostrada na metade superior da Tabela 6.20 não se encontra na forma apropriada da eliminação gaussiana em decorrência da coluna para a variável básica x_1. Especificamente, o coeficiente de x_1 em *sua* linha (linha 3) é $\frac{2}{3}$ em vez de 1 e ele tem coeficientes não zero (-2 e $\frac{1}{3}$) nas linhas 0 e 1. Para restaurar a forma apropriada, a linha 3 é multiplicada por 3; depois, 2 vezes essa nova linha 3 é adicionada à linha 0 e $\frac{1}{3}$ vezes a nova linha 3 é subtraído da linha 1. Isso leva à forma apropriada da eliminação gaussiana exposta na metade inferior da Tabela 6.20, que agora pode ser usada para identificar os novos valores para a solução básica (anteriormente ótima) atual:

$$(x_1, x_2, x_3, x_4, x_5) = (-3, 12, 7, 0, 0).$$

Pelo fato de x_1 ser negativo, essa solução básica não é mais viável. Entretanto, ela é *superótima* (conforme definido na Tabela 6.10) e, portanto, *viável dual*, pois *todos* os coeficientes na linha 0 ainda são não negativos. Assim, o método simplex dual pode ser usado para reotimizar (se desejado), iniciando dessa solução básica. O procedimento de análise de sensibilidade no Tutorial IOR inclui essa opção. Referindo-se à Figura 6.2 (e ignorando variáveis de folga), o método simplex dual usa apenas

■ **TABELA 6.20** Converção da tabela simplex final revisada para a forma apropriada da eliminação gaussiana para a Variação 1 do modelo Wyndor Glass Co.

	Variável básica	Eq.	Coeficiente de:						Lado direito
			Z	x_1	x_2	x_3	x_4	x_5	
Tabela final revisada	Z	(0)	1	-2	0	0	$\frac{3}{2}$	1	54
	x_3	(1)	0	$\frac{1}{3}$	0	1	$\frac{1}{3}$	$-\frac{1}{3}$	6
	x_2	(2)	0	0	1	0	$\frac{1}{2}$	0	12
	x_1	(3)	0	$\frac{2}{3}$	0	0	$-\frac{1}{3}$	$\frac{1}{3}$	-2
Convertido para a forma apropriada	Z	(0)	1	0	0	0	$\frac{1}{2}$	2	48
	x_3	(1)	0	0	0	1	$\frac{1}{2}$	$-\frac{1}{2}$	7
	x_2	(2)	0	0	1	0	$\frac{1}{2}$	0	12
	x_1	(3)	0	1	0	0	$-\frac{1}{2}$	$\frac{1}{2}$	-3

uma iteração para se deslocar da solução em ponto extremo (−3, 12) para a solução PEF ótima (0; 9). (Normalmente é útil na análise de sensibilidade identificar as soluções que são ótimas para algum conjunto de valores prováveis dos parâmetros do modelo e depois determinar qual dessas soluções executa de modo mais *consistente* e melhor os diversos intervalos de valores de parâmetros.)

Se a solução básica (−3, 12, 7, 0, 0) não fosse *nem* primal viável nem dual viável (isto é, se a tabela tivesse entradas negativas *tanto* na coluna *lado direito como* na linha 0), variáveis artificiais poderiam ter sido incluídas para converter a tabela na forma apropriada para uma tabela simplex inicial[4].

Procedimento genérico. Quando se testa para verificar quão *sensível* é uma solução ótima original para os diversos parâmetros do modelo, a metodologia comum é verificar individualmente cada parâmetro (ou pelo menos c_j e b_i). Além de encontrar intervalos possíveis, conforme descrito na seção seguinte, essa verificação poderia incluir mudar o valor do parâmetro de sua estimativa inicial para outras possibilidades no *intervalo de valores possíveis* (inclusive os pontos extremos desse intervalo). A seguir, podem ser investigadas algumas combinações das mudanças simultâneas de valores de parâmetros (por exemplo, modificar uma restrição funcional inteira). *Cada* vez que um ou mais deles são alterados, o procedimento descrito e ilustrado aqui seria aplicado. Façamos um resumo desse procedimento.

Síntese do procedimento para análise de sensibilidade

1. *Revisão do modelo:* faça a(s) alteração(ões) desejada(s) no modelo a ser investigado a seguir.
2. *Revisão da* tabela *final:* use o *insight* fundamental (conforme sintetizado pelas fórmulas na parte inferior da Tabela 6.17) para determinar as mudanças necessárias na tabela simplex final. (Ver a Tabela 6.19 para um exemplo.)
3. *Conversão para a forma apropriada da eliminação gaussiana:* converta essa tabela para a forma apropriada, a fim de identificar e avaliar a solução básica atual aplicando (se necessário) a eliminação gaussiana. (Ver a Tabela 6.20 para um exemplo.)
4. *Teste de viabilidade:* teste essa solução em termos de viabilidade e verifique se os valores de todas as variáveis básicas na coluna do lado direito da tabela simplex ainda são não negativos.
5. *Teste de otimalidade:* teste essa solução em termos de otimalidade (se viável) verificando se todos os seus coeficientes de variáveis não básicas na linha 0 da tabela simplex ainda são não negativos.
6. *Reotimização:* caso a solução falhe em ambos os testes, a nova solução ótima pode ser obtida (se desejado) usando a tabela atual como tabela simplex inicial (e fazendo quaisquer conversões necessárias) para o método simplex ou método simplex dual.

A rotina iterativa intitulada *análise de sensibilidade* no Tutorial IOR permitirá que você pratique, de modo eficiente, a aplicação desse procedimento. Além disso, há mais outro exemplo em uma demonstração no Tutorial IOR (também intitulada *análise de sensibilidade*).

Para problemas com apenas duas variáveis de decisão, a análise gráfica é uma alternativa para o procedimento algébrico acima na realização de análise de sensibilidade. O Tutorial IOR inclui um procedimento denominado *Método Gráfico e Análise de Sensibilidade*, que permite realizar esse tipo de análise gráfica de modo muito eficiente.

Na próxima seção discutiremos e ilustraremos a aplicação do procedimento algébrico acima para cada uma das principais categorias de revisões no modelo original. Também utilizaremos a análise gráfica para esclarecer o que acontece em termos algébricos. Essa discussão envolverá, em parte, a expansão do exemplo apresentando nesta seção para investigar mudanças no modelo da Wyndor Glass Co. Na realidade, começaremos verificando individualmente cada uma das mudanças anteriores. Ao mesmo tempo, integraremos parte das aplicações da teoria da dualidade à análise de sensibilidade discutida na Seção 6.5.

---

[4] Também existe um algoritmo primal-dual que pode ser diretamente aplicado à tabela simplex sem qualquer conversão.

6.7 APLICAÇÃO DA ANÁLISE DE SENSIBILIDADE

A análise de sensibilidade normalmente começa pela investigação das mudanças nos valores de b_i, a quantidade de recurso i ($i = 1, 2, \ldots, m$) que está sendo disponibilizada para as atividades em questão. A razão é que, geralmente, há mais flexibilidade para configurar e ajustar esses valores do que haveria para os demais parâmetros do modelo. Conforme já discutido nas Seções 4.7 e 6.2, a interpretação econômica das variáveis duais (os y_i) como preços-sombra é extremamente útil para decidir que mudanças deveriam ser consideradas.

Caso 1 – mudanças em b_i

Suponha que as únicas modificações no modelo atual sejam que um ou mais dos parâmetros b_i ($i = 1, 2, \ldots, m$) tenham sido alterados. Nesse caso, as únicas mudanças resultantes na tabela simplex final encontram-se na coluna do lado direito. Consequentemente, a tabela ainda estará na forma apropriada da eliminação gaussiana e todos os coeficientes de variáveis não básicas na linha 0 ainda serão não negativos. Logo, tanto a etapa de *conversão para a forma apropriada da eliminação gaussiana* como a do *teste de otimalidade* do procedimento geral podem ser omitidas. Após revisar a coluna do lado direito da tabela, a única questão será se todos os valores das variáveis básicas nessa coluna ainda são não negativos (o teste da viabilidade).

Conforme mostrado na Tabela 6.17, quando o vetor dos valores b_i for alterado de **b** para $\overline{\mathbf{b}}$, as fórmulas para calcular a nova coluna do *lado direito* na tabela final serão:

Lado direito da linha 0 final: $\qquad Z^* = \mathbf{y}^*\overline{\mathbf{b}}$,
Lado direito das linhas 1, 2,…, m finais: $\qquad \mathbf{b}^* = \mathbf{S}^*\overline{\mathbf{b}}$.

(Ver a parte inferior da Tabela 6.17 para a localização do vetor $\mathbf{y}^*$ e matriz $\mathbf{S}^*$ inalterados na tabela final.) A primeira equação tem a interpretação econômica natural que se relaciona com a interpretação econômica das variáveis duais apresentada no início da Seção 6.2. O vetor $\mathbf{y}^*$ fornece os valores ótimos das variáveis duais nas quais esses valores são interpretados como os *preços-sombra* dos respectivos recursos. Particularmente, quando Z^* representar o lucro de utilizar-se a solução primal ótima $\mathbf{x}^*$, e cada b_i representar a quantidade de recurso i que está sendo disponibilizada, y_i^* indica em quanto seria aumentado o lucro por unidade incremental em b_i (para pequenos acréscimos em b_i).

EXEMPLO (VARIAÇÃO 2 DO MODELO DA WYNDOR). A análise de sensibilidade é iniciada para o problema original da Wyndor Glass Co. da Seção 3.1, examinando-se os valores ótimos das variáveis duais y_i ($y_1^* = 0$, $y_2^* = \frac{3}{2}$, $y_3^* = 1$). Esses *preços-sombra* fornecem o valor marginal de cada recurso i (a capacidade produtiva disponível da Fábrica i) para as atividades (dois produtos novos) em consideração, em que o valor marginal é expresso em unidades de Z (milhares de dólares de lucro por semana). Conforme discutiu-se na Seção 4.7 (ver a Figura 4.8), o lucro total obtido dessas atividades pode ser aumentado em US$ 1.500 por semana (y_2^* vezes US$ 1.000 por semana) para cada unidade adicional do recurso 2 (hora de produção por semana na Fábrica 2) que é disponibilizado. Esse aumento no lucro é válido para mudanças relativamente pequenas que não afetam a viabilidade da solução básica atual (e não afetam os valores y_i^*)*.

Consequentemente, a equipe de PO investigou a lucratividade marginal dos demais empregos desse recurso para determinar se qualquer um deles é menor que US$ 1.500 por semana. Essa investigação revela que um produto antigo é bem menos lucrativo. A taxa de produção para esse produto já foi reduzida ao mínimo que justificaria suas despesas de comercialização. Entretanto, ele pode ser descontinuado completamente, o que forneceria um adicional de 12 unidades do recurso 2 para os novos produtos. Portanto, a próxima etapa é determinar o lucro que poderia ser obtido dos novos produtos, caso essa mudança se realizasse. Essa mudança altera b_2 de 12 para 24 no modelo de programação linear. A Figura 6.3 mostra o efeito gráfico dessa mudança, inclusive o deslocamento na solução em ponto extremo final de (2, 6) para (−2, 12).

---

*N. de R.T.: Isto é, não altera o *mix* de quais são as variáveis básicas e as não básicas, apesar de seus valores numéricos se alterarem.

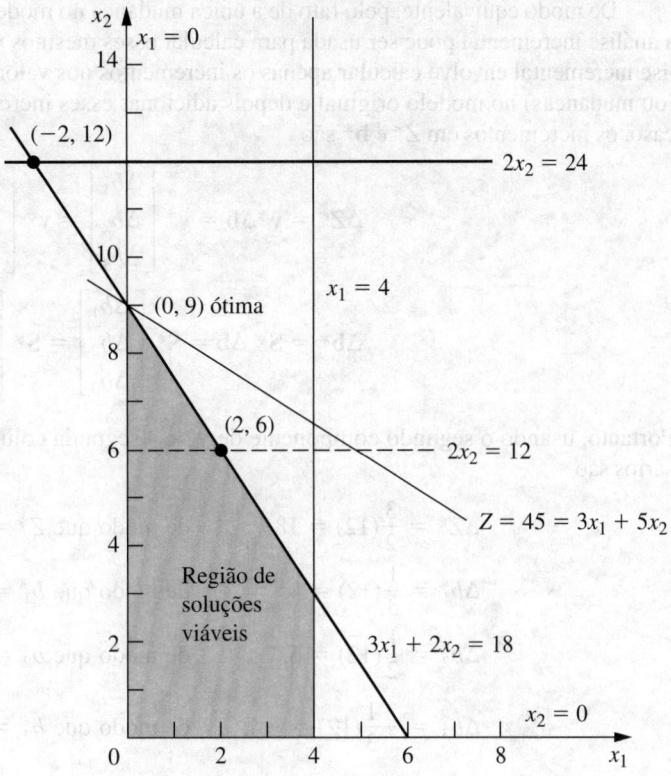

■ **FIGURA 6.3** Região de soluções viáveis para a Variação 2 do modelo da Wyndor Glass Co. em que $b_2 = 12 \to 24$.

(Observe que essa figura difere da Figura 6.2, que representa a Variação 1 do modelo da Wyndor, pois a restrição $3x_1 + 2x_2 \leq 18$ não foi alterada aqui.)

Assim, para a Variação 2 do modelo Wyndor, a única revisão no modelo original é a mudança a seguir no vetor dos valores b_i:

$$\mathbf{b} = \begin{bmatrix} 4 \\ 12 \\ 18 \end{bmatrix} \longrightarrow \overline{\mathbf{b}} = \begin{bmatrix} 4 \\ 24 \\ 18 \end{bmatrix}.$$

portanto, somente b_2 tem um novo valor.

Análise da variação 2. Quando o *insight* (Tabela 6.17) é aplicado, o efeito dessa mudança em b_2 na tabela simplex final original (miolo da Tabela 6.19) é que as entradas na coluna do lado direito mudam para os seguintes valores:

$$Z^* = \mathbf{y}^*\overline{\mathbf{b}} = [0, \tfrac{3}{2}, 1] \begin{bmatrix} 4 \\ 24 \\ 18 \end{bmatrix} = 54,$$

$$\mathbf{b}^* = \mathbf{S}^*\overline{\mathbf{b}} = \begin{bmatrix} 1 & \tfrac{1}{3} & -\tfrac{1}{3} \\ 0 & \tfrac{1}{2} & 0 \\ 0 & -\tfrac{1}{3} & \tfrac{1}{3} \end{bmatrix} \begin{bmatrix} 4 \\ 24 \\ 18 \end{bmatrix} = \begin{bmatrix} 6 \\ 12 \\ -2 \end{bmatrix}, \quad \text{então} \begin{bmatrix} x_3 \\ x_2 \\ x_1 \end{bmatrix} = \begin{bmatrix} 6 \\ 12 \\ -2 \end{bmatrix}.$$

De modo equivalente, pelo fato de a única mudança no modelo original ser $\Delta b_2 = 24 - 12 = 12$, a análise incremental pode ser usada para calcular esses mesmos valores de modo mais rápido. A análise incremental envolve calcular apenas os incrementos nos valores da tabela causados pela mudança (ou mudanças) no modelo original e depois adicionar esses incrementos aos valores originais. Nesse caso, os incrementos em Z^* e $\mathbf{b}^*$ são

$$\Delta Z^* = \mathbf{y}^* \Delta \mathbf{b} = \mathbf{y}^* \begin{bmatrix} \Delta b_1 \\ \Delta b_2 \\ \Delta b_3 \end{bmatrix} = \mathbf{y}^* \begin{bmatrix} 0 \\ 12 \\ 0 \end{bmatrix},$$

$$\Delta \mathbf{b}^* = \mathbf{S}^* \Delta \mathbf{b} = \mathbf{S}^* \begin{bmatrix} \Delta b_1 \\ \Delta b_2 \\ \Delta b_3 \end{bmatrix} = \mathbf{S}^* \begin{bmatrix} 0 \\ 12 \\ 0 \end{bmatrix}.$$

Portanto, usando o segundo componente de $\mathbf{y}^*$ e a segunda coluna de $\mathbf{S}^*$, os únicos cálculos necessários são

$$\Delta Z^* = \frac{3}{2}(12) = 18, \qquad \text{de modo que } Z^* = 36 + 18 = 54,$$

$$\Delta b_1^* = \frac{1}{3}(12) = 4, \qquad \text{de modo que } b_1^* = 2 + 4 = 6,$$

$$\Delta b_2^* = \frac{1}{2}(12) = 6, \qquad \text{de modo que } b_2^* = 6 + 6 = 12,$$

$$\Delta b_3^* = -\frac{1}{3}(12) = -4, \qquad \text{de modo que } b_3^* = 2 - 4 = -2,$$

em que os valores originais dessas quantidades são obtidos da coluna direita na tabela final original (parte central da Tabela 6.19). A tabela final revisada resultante corresponde completamente a essa tabela final original, exceto por substituir a coluna do lado direito com esses novos valores.

Assim, a solução básica atual (anteriormente ótima) torna-se:

$$(x_1, x_2, x_3, x_4, x_5) = (-2, 12, 6, 0, 0),$$

que falha no teste de viabilidade em razão do valor negativo. O método simplex dual agora pode ser aplicado, começando com essa tabela simplex revisada, para encontrar a nova solução ótima. Esse método leva em apenas uma iteração à nova tabela simplex final mostrada na Tabela 6.21. Alternativamente, o método simplex poderia ser aplicado a partir do início, que também levaria a esta tabela final em apenas uma iteração nesse caso. Essa tabela indica que a nova solução ótima é:

$$(x_1, x_2, x_3, x_4, x_5) = (0, 9, 4, 6, 0),$$

com $Z = 45$, gerando, portanto, aumento no lucro dos novos produtos de 9 unidades (US$ 9.000 por semana) em relação ao $Z = 36$ anterior. O fato de que $x_4 = 6$ indica que 6 das 12 unidades adicionais do recurso 2 não são usadas por essa solução.

■ **TABELA 6.21** Dados para a variação 2 do modelo do Windor Glass CO.

Parâmetros do Modelo

$c_1 = 3,$	$c_2 = 5$	$(n = 2)$
$a_{11} = 1,$	$a_{12} = 0,$	$b_1 = 4$
$a_{21} = 0,$	$a_{22} = 2,$	$b_2 = 24$
$a_{31} = 3,$	$a_{32} = 2,$	$b_3 = 18$

Tabela simplex final após a reotimização

Variável básica	Eq.	Coeficiente de:						Lado direito
		Z	x_1	x_2	x_3	x_4	x_5	
Z	(0)	1	$\frac{9}{2}$	0	0	0	$\frac{5}{2}$	45
x_3	(1)	0	1	0	1	0	0	4
x_2	(2)	0	$\frac{3}{2}$	1	0	0	$\frac{1}{2}$	9
x_4	(3)	0	-3	0	0	1	-1	6

Exemplo de Aplicação

A **Pacific Lumber Company (PALCO)** é uma grande *holding* do setor madeireiro com sede em Scotia, na Califórnia. A empresa possui mais de 200 mil acres de áreas florestais altamente produtivas que dão suporte a cinco fábricas localizadas no condado de Humboldt, no norte da Califórnia. As terras abrangem algumas das mais espetaculares áreas florestais com sequoias do mundo, que foram doadas ou vendidas a baixo preço para ser preservadas como parques. A PALCO administra de forma intensiva o restante das terras para produção sustentada da madeira, sujeita a rígida legislação ambiental. Como as florestas da PALCO abrigam várias espécies selvagens, inclusive espécies em vias de extinção, como as corujas sarapintadas e as tordas-mergulheiras marborizadas. As disposições legais do Ato Federal para Espécies em Vias de Extinção também precisam ser cuidadosamente observadas.

Para obter um plano de produção sustentado para toda a propriedade, a direção da PALCO contratou uma equipe de consultores de PO para elaborar um plano de gestão de ecossistema florestal a longo prazo (120 anos, 12 períodos). A equipe de PO realizou essa tarefa mediante a formulação e a aplicação de um modelo de programação linear para otimizar todas as operações e a rentabilidade da cobertura florestal da empresa após satisfazer as diversas restrições. O modelo era imenso, com aproximadamente 8.500 restrições funcionais e 353.000 variáveis de decisão.

Um grande desafio para aplicação do modelo de programação linear foram as muitas incertezas para estimar quais deveriam ser os parâmetros do modelo. Os principais fatores que provocaram essas incertezas foram as flutuações contínuas na oferta e na demanda de mercado, nos custos para a extração da madeira e na legislação ambiental. Consequentemente, a equipe de PO empregou amplamente a *análise de sensibilidade detalhada*. O plano de produção sustentado resultante *aumentou o patrimônio líquido atual da empresa em mais de* **US$ 398 milhões** e, ao mesmo tempo, gerou melhor distribuição e diversificação de hábitat selvagem.

Fonte: L. R. Fletcher, H. Alden, S. P. Holmen, D. P. Angelis, and M. J. Etzenhouser: "Long-Term Forest Ecosystem Planning at Pacific Lumber", *Interfaces*, **29**(1): 90-112, Jan.-Feb. 1999. (Este artigo está disponível em inglês no *site* da editora, www.bookman.com.br.)

Com base nos resultados com $b_2 = 24$, o produto antigo relativamente não lucrativo será descontinuado e as seis unidades do recurso 2 não utilizadas serão poupadas para algum uso futuro. Já que y_3^* ainda é positivo, um estudo similar é realizado sobre a possibilidade de mudar a alocação do recurso 3, mas a decisão resultante é reter a alocação atual. Assim, o modelo de programação linear atual nesse ponto (Variação 2) tem os valores de parâmetro e a solução ótima mostrada na Tabela 6.21. Esse modelo será utilizado como ponto de partida para investigar outros tipos de mudanças no modelo posterior nesta seção. Entretanto, antes de passarmos a esses outros casos, vejamos o caso atual de maneira ampla.

Intervalo possível para o lado direito. Embora $\Delta b_2 = 12$ tenha provocado ser grande o aumento em b_2 para manter a viabilidade (e, portanto, otimalidade) com a solução básica, em que x_1, x_2, e x_3 são as variáveis básicas (parte central da Tabela 6.19), a análise incremental anterior mostra imediatamente quanto pode ser o aumento em termos de viabilidade. Observe, particularmente, que

$$b_1^* = 2 + \frac{1}{3}\Delta b_2,$$

$$b_2^* = 6 + \frac{1}{2}\Delta b_2,$$

$$b_3^* = 2 - \frac{1}{3}\Delta b_2,$$

em que essas três quantidades são os valores de x_3, x_2 e x_1, respectivamente, para essa solução básica. A solução permanece viável e, portanto, ótima, desde que as três quantidades permaneçam não negativas.

$$2 + \frac{1}{3}\Delta b_2 \geq 0 \quad \Rightarrow \quad \frac{1}{3}\Delta b_2 \geq -2 \quad \Rightarrow \quad \Delta b_2 \geq -6,$$

$$6 + \frac{1}{2}\Delta b_2 \geq 0 \quad \Rightarrow \quad \frac{1}{2}\Delta b_2 \geq -6 \quad \Rightarrow \quad \Delta b_2 \geq -12,$$

$$2 - \frac{1}{3}\Delta b_2 \geq 0 \quad \Rightarrow \quad 2 \geq \frac{1}{3}\Delta b_2 \quad \Rightarrow \quad \Delta b_2 \leq 6.$$

Desse modo, já que $b_2 = 12 + \Delta b_2$, a solução permanece viável somente se

$$-6 \leq \Delta b_2 \leq 6, \quad \text{isto é,} \quad 6 \leq b_2 \leq 18$$

(Verifique isso graficamente na Figura 6.3.) Conforme apresentado na Seção 4.7, esse intervalo de valores para b_2 é referido como seu *intervalo possível*.

Para qualquer b_i, lembre-se de que, na Seção 4.7, seu **intervalo possível** é o intervalo de valores sobre o qual a solução BV ótima[5] (com valores ajustados para as variáveis básicas) permanece viável. Portanto, o *preço-sombra* para b_i permanece válido para avaliar o efeito sobre Z de mudar b_i somente enquanto b_i permanecer nesse intervalo possível. Supõe-se que a mudança nesse valor b_i seja a única no modelo. Os valores ajustados para as variáveis básicas são obtidos da fórmula $\mathbf{b^*} = \mathbf{S^* b}$. O cálculo do intervalo possível se baseia então em encontrar o intervalo de valores de b_i tais que $\mathbf{b^*} \geq \mathbf{0}$.

Muitos pacotes de software para programação linear utilizam essa mesma técnica para gerar automaticamente o intervalo permissível para cada b_i. (Uma técnica similar, discutida nos Casos 2a e 3, também é utilizada para gerar um *intervalo possível* para cada c_j.) No Capítulo 4, mostramos a saída correspondente para o Excel Solver e o LINDO, respectivamente, nas Figuras. 4.10 e A4.2. A Tabela 6.22 resume essa mesma saída em relação ao b_i para o modelo original da Wyndor Glass Co. Por exemplo, tanto o *acréscimo permissível* quanto o *decréscimo permissível* para b_2 é 6, isto é, $-6 \leq \Delta b_2 \leq 6$. A análise no parágrafo anterior mostra como essas quantidades foram calculadas.

Analisando mudanças simultâneas nos lados direitos. Quando vários valores b_i são alterados simultaneamente, a fórmula $\mathbf{b^*} = \mathbf{S^* b}$ pode novamente ser empregada para ver como os lados direitos mudam na tabela final. Se todos eles ainda forem não negativos, o teste de viabilidade indicará que a solução revisada fornecida por essa tabela ainda é viável. Uma vez que a linha 0 não foi modificada, ser viável implica que essa solução também é ótima.

Embora essa abordagem funcione bem para verificar o efeito de um conjunto *específico* de mudanças em b_i, ela não fornece muita informação até quanto b_i pode ser alterado simultaneamente a partir de seus valores originais antes de a solução revisada tornar-se não mais viável. Como parte da análise de pós-otimalidade, a direção de uma organização normalmente está interessada em investigar o efeito de várias mudanças em decisões de políticas (por exemplo, a quantidade de recursos disponibilizados para as atividades em estudo) que determinam os lados direitos. Em vez de considerar apenas um conjunto específico de mudanças, a administração quer explorar *direções* das mudanças em que alguns lados direitos aumentam ao passo que outros diminuem. Os preços-sombra são inestimáveis para esse tipo de exploração. Entretanto, permanecem válidos para avaliar o efeito dessas mudanças em Z somente em certos intervalos de mudança. Para cada b_i, o *intervalo possível* fornece esse intervalo se *nenhum* dos demais b_i mudar ao mesmo tempo. O que acontece a esses *intervalos possíveis* quando alguns dos b_i mudam ao mesmo tempo?

Uma resposta parcial a essa pergunta é fornecida pela seguinte regra dos 100%, que combina *mudanças possíveis* (acréscimo ou decréscimo) para o b_i individual que são dadas pelas duas últimas colunas de uma tabela como a Tabela 6.22.

■ **TABELA 6.22** Saída típica gerada por software para a análise de sensibilidade dos lados direitos para o modelo original da Wyndor Glass Co.

Restrição	Preço-sombra	Lado atual direito	Acréscimo possível	Decréscimo possível
Fábrica 1	0	4	∞	2
Fábrica 2	1,5	12	6	6
Fábrica 3	1	18	6	6

---

[5] Quando houver mais de uma solução BV ótima para o modelo atual (antes de modificar b_i), aqui, nos referimos àquele obtido pelo método simplex.

Regra dos 100% para mudanças simultâneas nos lados direitos: os preços-sombra permanecem válidos para prever o efeito de mudanças simultâneas nos lados direitos de algumas das restrições funcionais desde que essas não sejam muito grandes. Para verificar se elas são suficientemente pequenas, calcule cada alteração da porcentagem da mudança possível (acréscimo ou decréscimo) para esse lado direito permanecer em seu intervalo possível. Se a *soma* das mudanças percentuais *não* exceder 100%, os preços-sombra certamente ainda permanecerão válidos. Se a soma exceder 100%, então não podemos ter certeza disso.

EXEMPLO (VARIAÇÃO 3 DO MODELO DA WYNDOR). Para exemplificar essa regra, consideremos a *Variação 3* do modelo da Wyndor Glass Co., que revisa o modelo original alterando o vetor do lado direito, como a seguir:

$$\mathbf{b} = \begin{bmatrix} 4 \\ 12 \\ 18 \end{bmatrix} \rightarrow \overline{\mathbf{b}} = \begin{bmatrix} 4 \\ 15 \\ 15 \end{bmatrix}.$$

Os cálculos para a regra dos 100% nesse caso são:

b_2: 12 → 15.   Porcentagem de acréscimo possível = $100 \left(\frac{15 - 12}{6} \right) = 50\%$

b_3: 18 → 15.   Porcentagem de decréscimo possível = $100 \left(\frac{18 - 15}{6} \right) = 50\%$

Soma = 100%

Já que a soma dos 100% quase *não* excede os 100%, os preços-sombra são válidos para prever o efeito dessas mudanças sobre Z. Particularmente, uma vez que os preços-sombra de b_2 e b_3 são, respectivamente, 1,5 e 1, a mudança resultante em Z seria

$$\Delta Z = 1,5(3) + 1(-3) = 1,5,$$

de modo que Z* passaria de 36 para 37,5.

A Figura 6.4 mostra a região de soluções viáveis para esse modelo revisado. As retas tracejadas apontam as posições originais das retas de limite de restrição revisadas. A solução ótima agora é a solução PEF (0, 7,5), que resulta:

$$Z = 3x_1 + 5x_2 = 0 + 5(7,5) = 37,5,$$

conforme previsto pelos preços-sombra. Entretanto, observe o que aconteceria se b_2 fosse aumentado ainda mais, acima de 1,5 ou, então, se b_3 fosse diminuído ainda mais, abaixo de 1,5, de modo que a soma das porcentagens das mudanças possíveis excedesse 100%. Isso faria com que a solução em ponto extremo ótima anterior se deslocasse para a esquerda do eixo x_2 (x_1 < 0), de modo que essa solução *inviável* não seria mais ótima. Consequentemente, os preços-sombra antigos não seriam mais válidos para prever o novo valor de Z*.

Caso 2a – mudanças nos coeficientes de uma variável não básica

Considere uma variável básica particular x_j (*j* fixo), que é uma variável não básica na solução ótima exibida pela tabela simplex final. No Caso 2a, a única alteração no modelo atual é que um ou mais coeficientes dessa variável ($c_j, a_{1j}, a_{2j}, \ldots, a_{mj}$) foram alterados. Portanto, fazendo que $\overline{c}_j$ e $\overline{a}_{ij}$ representem os novos valores desses parâmetros, com $\overline{\mathbf{A}}_j$ (coluna *j* da matriz $\mathbf{A}$) como o vetor que contém o $\overline{a}_{ij}$, temos:

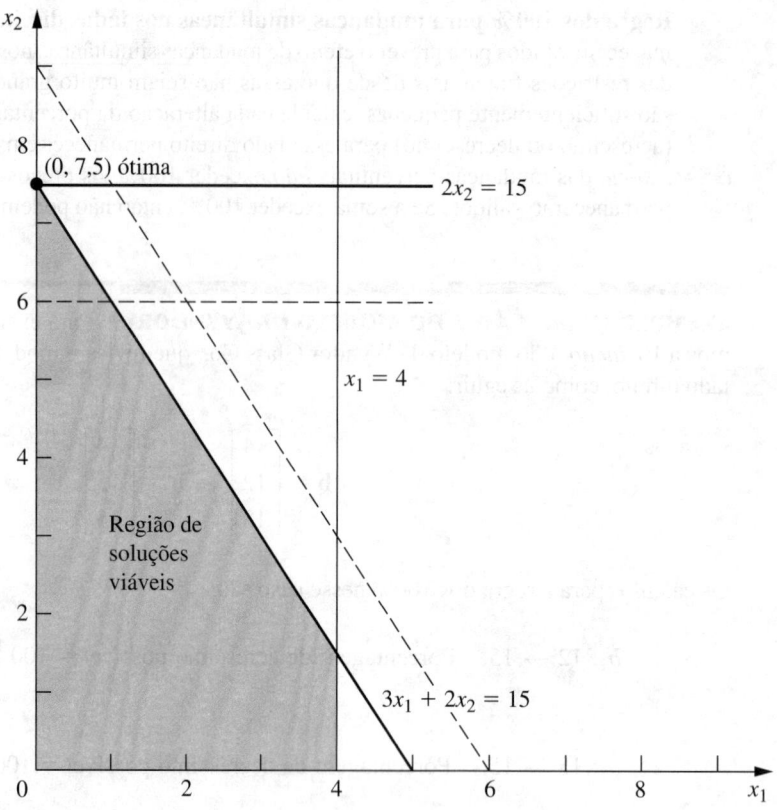

■ **FIGURA 6.4** Região de soluções viáveis para a Variação 3 do modelo da Wyndor Glass Co. em que $b_2 = 12 \rightarrow 15$ e $b_3 = 18 \rightarrow 15$.

$$c_j \longrightarrow \bar{c}_j, \qquad \mathbf{A}_j \longrightarrow \bar{\mathbf{A}}_j$$

para o modelo revisado.

Conforme descrito no início da Seção 6.5, a teoria da dualidade oferece uma maneira muito conveniente de se verificarem essas mudanças. Particularmente, se a solução básica *complementar* $\mathbf{y}^*$ no problema dual ainda satisfizer a única restrição dual que foi alterada, então a solução ótima original no problema primal *permanece ótima* como está. Ao contrário, se $\mathbf{y}^*$ violar essa restrição dual, então essa solução primal *não será mais ótima*.

Se a solução ótima tiver sido modificada e se queira encontrar uma nova, se poderá fazê-lo facilmente. Basta aplicar o *insight* fundamental para revisar a coluna x_j (a única que foi alterada) na tabela simplex final. De modo específico, as fórmulas na Tabela 6.17 reduzem-se ao seguinte:

Coeficiente de x_j na linha 0 final: $\qquad z_j^* - \bar{c}_j = \mathbf{y}^*\bar{\mathbf{A}}_j - \bar{c}_j,$
Coeficiente de x_j nas linhas 1 a m finais: $\quad \mathbf{A}_j^* = \mathbf{S}^*\bar{\mathbf{A}}_j.$

A solução básica atual não é mais ótima, então o novo valor de $z_j^* - c_j$ agora será o coeficiente negativo na linha 0; portanto, reinicie o método simplex com x_j sendo a variável básica que entra inicial.

Observe que esse procedimento é uma versão otimizada do procedimento geral resumido no final da Seção 6.6. As etapas 3 e 4 (conversão para a forma apropriada da eliminação gaussiana e o teste de viabilidade) foram eliminados por serem irrelevantes, pois a única coluna que está sendo alterada na revisão da tabela final (antes da reotimização) é para a variável não básica x_j. A etapa 5 (teste de otimalidade) foi substituído por um teste de otimalidade mais rápido a ser realizado logo após a etapa 1 (revisão do modelo). Somente se esse teste revelar que a solução ótima mudou e, se queira encontrar uma nova, que as etapas 2 e 6 (revisão da tabela final e reotimização) serão necessárias.

CAPÍTULO 6 TEORIA DA DUALIDADE E ANÁLISE DE SENSIBILIDADE

EXEMPLO (VARIAÇÃO 4 DO MODELO DA WYNDOR). Já que x_1 é não básica na solução ótima atual (ver a Tabela 6.21) para a Variação 2 do modelo Wyndor Glass Co., o próximo passo em sua análise de sensibilidade é verificar se quaisquer alterações razoáveis nas estimativas dos coeficientes de x_1 poderiam ainda tornar interessante a inclusão do produto 1. O conjunto de mudanças que vai o mais longe possível para tornar o produto 1 mais atrativo seria reconfigurar $c_1 = 4$ e $a_{31} = 2$. Em vez de explorar cada uma dessas alterações de modo independente (como normalmente é feito na análise de sensibilidade), vamos considerá-las em conjunto. Portanto, as modificações em consideração são:

$$c_1 = 3 \longrightarrow \bar{c}_1 = 4, \qquad \mathbf{A}_1 = \begin{bmatrix} 1 \\ 0 \\ 3 \end{bmatrix} \longrightarrow \bar{\mathbf{A}}_1 = \begin{bmatrix} 1 \\ 0 \\ 2 \end{bmatrix}.$$

Estas duas alterações na Variação 2 fornecem a *Variação* 4 do modelo da Wyndor. A Variação 4, na verdade, é equivalente à Variação 1 considerada na Seção 6.6 e representada na Figura 6.2, uma vez que a Variação 1 combinou essas duas mudanças com a mudança no modelo Wyndor original ($b_2 = 12 \rightarrow 24$), que forneceu a Variação 2. Entretanto, a diferença-chave entre o tratamento da Variação 1 na Seção 6.6 é que a análise da Variação 4 trata a Variação 2 como o modelo original, de modo que nosso ponto de partida seja a tabela simplex final apresentada na Tabela 6.21 em que x_1 agora é uma variável não básica.

A mudança em a_{31} revisa a região de soluções viáveis daquela mostrada na Figura 6.3 para a região correspondente na Figura 6.5. A mudança em c_1 revisa a função objetivo, passando de $Z = 3x_1 + 5x_2$ para $Z = 4x_1 + 5x_2$. A Figura 6.5 revela que a reta da função objetivo ótima $Z = 45 = 4x_1 + 5x_2$ ainda passa pela solução ótima atual (0, 9), de modo que essa solução permaneça ótima após essas alterações em a_{31} e c_1.

Para utilizar a teoria da dualidade com o intuito de chegar a essa mesma conclusão, observe que as mudanças em c_1 e a_{31} levaram a uma única restrição revisada para o problema dual, a saber, a restrição de que $a_{11}y_1 + a_{21}y_2 + a_{31}y_3 \geq c_1$. Tanto essa restrição revisada quanto o $\mathbf{y}^*$ atual (coeficientes das variáveis de folga na linha 0 da Tabela 6.21) são apresentadas a seguir.

$$y_1^* = 0, \qquad y_2^* = 0, \qquad y_3^* = \frac{5}{2},$$

$$y_1 + 3y_3 \geq 3 \longrightarrow y_1 + 2y_3 \geq 4,$$

$$0 + 2\left(\frac{5}{2}\right) \geq 4.$$

Uma vez que $\mathbf{y}^*$ *ainda* satisfaz a restrição revisada, a solução primal atual (Tabela 6.21) é ótima. Pelo fato de essa solução ainda ser ótima, não há nenhuma necessidade de revisar a coluna x_j na tabela final (etapa 2). Não obstante, fazemos isso a seguir apenas para fins ilustrativos.

$$z_1^* - \bar{c}_1 = \mathbf{y}^*\bar{\mathbf{A}}_1 - c_1 = [0, 0, \tfrac{5}{2}]\begin{bmatrix} 1 \\ 0 \\ 2 \end{bmatrix} - 4 = 1.$$

$$\mathbf{A}_1^* = \mathbf{S}^*\bar{\mathbf{A}}_1 = \begin{bmatrix} 1 & 0 & 0 \\ 0 & 0 & \tfrac{1}{2} \\ 0 & 1 & -1 \end{bmatrix}\begin{bmatrix} 1 \\ 0 \\ 2 \end{bmatrix} = \begin{bmatrix} 1 \\ 1 \\ -2 \end{bmatrix}.$$

O fato de que $z_1^* - \bar{c}_1 \geq 0$ confirma novamente a otimalidade da solução atual. Já que $z_1^* - c_1$ é a variável excedente para a restrição revisada no problema dual, essa maneira de testar a otimalidade é equivalente àquela usada anteriormente.

Isso completa a análise do efeito de mudarmos o modelo atual (Variação 2) para a Variação 4. Pelo fato de quaisquer mudanças maiores nas estimativas originais dos coeficientes de x_1 serem irreais, a equipe de PO conclui que esses coeficientes são parâmetros *insensíveis* neste modelo. Portanto, eles serão

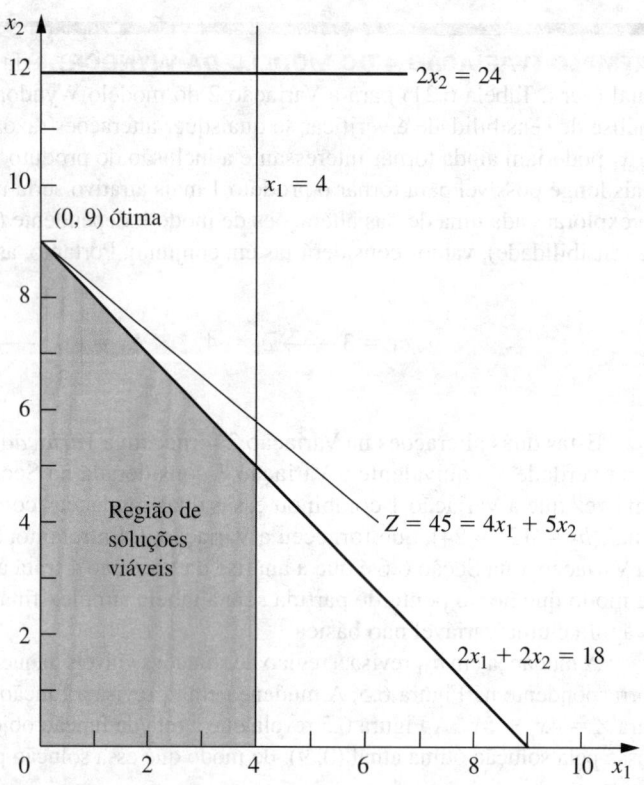

■ **FIGURA 6.5** Região de soluções viáveis para a Variação 4 do modelo da Wyndor em que a Variação 2 (Figura 6.3) foi revisada de modo que a $a_{31} = 3 \to 2$ e $c_1 = 3 \to 4$.

mantidos fixos em suas melhores estimativas mostradas na Tabela 6.21 ($c_1 = 3$ e $a_{31} = 3$) para o restante da análise de sensibilidade.

Intervalo possível para o coeficiente da função objetivo de uma variável não básica. Acabamos de descrever e exemplificar como analisar mudanças *simultâneas* nos coeficientes de uma variável não básica x_j. É prática comum na análise de sensibilidade também se concentrar no efeito de mudar apenas um parâmetro, c_j. Conforme a introdução feita na Seção 4.7, isso envolve a racionalização da metodologia anterior para encontrar o *intervalo possível* para c_j.

Para qualquer c_j, lembre-se da Seção 4.7, de que seu **intervalo possível** é o intervalo de valores sobre o qual a solução ótima atual (como obtida pelo método simplex antes de c_j ser modificado) permanece ótima. Parte-se do pressuposto de que a mudança nesse c_j é a única alteração realizada no modelo atual. Quando x_j for uma variável não básica para essa solução, a solução permanece ótima desde que $z_j^* - c_j \geq 0$, em que $z_j^* = \mathbf{y}^* \mathbf{A}_j$ é uma constante que não se afeta por qualquer alteração no valor de c_j. Logo, o intervalo possível para c_j pode ser calculado como $c_j \leq \mathbf{y}^* \mathbf{A}_j$.

Considere, por exemplo, o modelo atual (Variação 2) para o problema da Wyndor Glass Co. resumido no lado esquerdo da Tabela 6.21, no qual a solução ótima atual (com $c_1 = 3$) é fornecida no lado direito. Ao considerar somente as variáveis de decisão, x_1 e x_2, essa solução ótima é (x_1, x_2) = (0, 9), como mostrado na Figura 6.3. Quando apenas c_1 é alterado, essa solução permanece ótima desde que:

CAPÍTULO 6 TEORIA DA DUALIDADE E ANÁLISE DE SENSIBILIDADE

$$c_1 \leq \mathbf{y}^*\mathbf{A}_1 = [0, 0, \tfrac{5}{2}] \begin{bmatrix} 1 \\ 0 \\ 3 \end{bmatrix} = 7\tfrac{1}{2},$$

de modo que $c_1 \leq 7\tfrac{1}{2}$ é o intervalo possível.

Uma alternativa para realizar essa multiplicação de vetores é observar na Tabela 6.21 que $z_1^* - c_1 = \tfrac{9}{2}$ (o coeficiente de x_1 na linha 0) quando $c_1 = 3$ de maneira que $z_1^* = 3 + \tfrac{9}{2} = 7\tfrac{1}{2}$. Já que $z_1^* = \mathbf{y}^*\mathbf{A}_1$, isso nos conduz imediatamente ao mesmo intervalo possível.

A Figura 6.3 fornece uma visão gráfica de por que $c_1 \leq 7\tfrac{1}{2}$ é o intervalo possível. Em $c_1 = 7\tfrac{1}{2}$, a função objetivo se torna Z = $7,5x_1 + 5x_2 = 2,5(3x_1 + 2x_2)$, de modo que a reta objetivo ótima caia sobre a reta de limite de restrição $3x_1 + 2x_2 = 18$ mostrada na figura. Portanto, nesse ponto extremo do intervalo possível, temos várias soluções ótimas formadas pelo segmento de reta entre (0, 9) e (4, 3). Se c_1 fosse aumentado além ($c_1 > 7\tfrac{1}{2}$), somente (4, 3) seria ótima. Consequentemente, precisamos que $c_1 \leq 7\tfrac{1}{2}$ para (0, 9) permaneça ótima.

O Tutorial IOR inclui um procedimento denominado *Método Gráfico e Análise de Sensibilidade* que lhe permite realizar esse tipo de análise gráfica de modo muito eficiente.

Para qualquer variável de decisão não básica x_j, o valor de $z_j^* - c_j$ algumas vezes é chamado **custo reduzido** para x_j, pois ele é a quantidade mínima pela qual o *custo unitário* da atividade teria de ser *reduzido* para fazer que valha a pena empreender a atividade *j* (aumentar x_j a partir de zero). Interpretando c_j como o lucro unitário da atividade *j* (portanto, reduzindo-se o custo unitário aumentaria c_j da mesma quantidade), o valor de $z_j^* - c_j$ resultante é o aumento máximo permissível em c_j para manter a solução BV atual ótima.

As informações de análise de sensibilidade geradas pelos pacotes de software para a programação linear normalmente incluem tanto o custo reduzido quanto o intervalo possível para cada coeficiente da função objetivo (junto com os tipos de informação mostrados na Tabela 6.22). Isso foi ilustrado na Figura 4.10 para o Excel Solver e nas Figuras A4.1 e A4.2 para o LINGO e LINDO. A Tabela 6.23 mostra essas informações em uma forma típica para nosso modelo atual (Variação 2 do modelo da Wyndor Glass Co.). As três últimas colunas são usadas para calcular o intervalo possível para cada coeficiente, de modo que esses intervalos possíveis sejam:

$$c_1 \leq 3 + 4{,}5 = 7{,}5,$$
$$c_2 \geq 5 - 3 = 2.$$

Como foi discutido na Seção 4.7, se qualquer um dos acréscimos ou decréscimos possíveis acabarem ficando em zero, isso seria um sinal de que a solução ótima fornecida na tabela é apenas uma de várias soluções ótimas. Nesse caso, alterando um pouco o coeficiente correspondente além de zero e recalculando-se, forneceria outra solução PEF para o modelo original.

Até então, descrevemos como calcular o tipo de informação na Tabela 6.23 somente para variáveis não básicas. Para uma variável básica como x_2, o custo reduzido é automaticamente 0. Discutiremos como obter o intervalo possível para c_j quando x_j for uma variável básica no Caso 3.

Analisando mudanças simultâneas nos coeficientes da função objetivo. Independentemente se x_j for uma variável básica ou não, o intervalo possível para c_j é válido apenas se o coeficiente dessa função objetivo for o único que estiver sendo alterado. Entretanto, quando forem feitas mudanças simultâneas nos coeficientes da função objetivo, temos à disposição uma regra dos 100% para verificar se a solução original ainda deve permanecer ótima ou não. Muito semelhante à regra dos 100% para mudanças simultâneas nos lados direitos, essa regra dos 100% combina as *mudanças possíveis*

■ **TABELA 6.23** Saída típica gerada por software para a análise de sensibilidade dos coeficientes da função objetivo para a Variação 2 do modelo da Wyndor Glass Co.

Variável	Valor	Custo reduzido	Coeficiente atual	Acréscimo possível	Decréscimo possível
x_1	0	4,5	3	4,5	∞
x_2	9	0	5	∞	3

(acréscimo ou decréscimo) para os c_j individuais que são fornecidos pelas duas últimas colunas de uma tabela como a Tabela 6.23, conforme descrito a seguir.

Regra dos 100% para mudanças simultâneas nos coeficientes da função objetivo: se mudanças simultâneas forem realizadas nos coeficientes da função objetivo, calcule para cada mudança a porcentagem da mudança possível (acréscimo ou decréscimo) para aquele coeficiente permanecer em seu intervalo possível. Se a *soma* das mudanças percentuais *não exceder* 100%, certamente a solução ótima original ainda permanecerá ótima. Se a soma exceder os 100%, não podemos ter certeza disso.

Usando a Tabela 6.23 (e referindo-se à Figura 6.3 para visualização), essa regra dos 100% diz que (0, 9) permanecerá ótima para a Variação 2 do modelo da Wyndor Glass Co., mesmo se aumentarmos, ao mesmo tempo, c_1 de 3 e diminuirmos c_2 de 5, desde que essas alterações não sejam muito grandes. Por exemplo, se c_1 for aumentado de 1,5 (33,3% da mudança possível), então c_2 pode ser diminuída de até duas unidades (66,6% da mudança possível). De modo similar, se c_1 for aumento de 3 (66,6% da mudança possível), então c_2 poderá ser diminuída somente de 1 (33,3% da mudança possível). Essas mudanças possíveis revisam a função objetivo para $Z = 4,5x_1 + 3x_2$ ou então $Z = 6x_1 + 4x_2$, o que faz que a reta da função objetivo ótima da Figura 6.3 gire no sentido horário, até coincidir com a equação limite de restrição $3x_1 + 2x_2 = 18$.

Em geral, quando os coeficientes da função objetivo mudam na *mesma* direção, é possível para as porcentagens das mudanças possíveis chegarem a uma soma maior que 100% sem alterar a solução ótima. Daremos um exemplo no final da discussão do Caso 3.

Caso 2b – introdução de uma nova variável

Após encontrar uma solução ótima, pode ser que descubramos que a formulação de programação linear não tenha levado em conta todas as atividades alternativas atrativas. A consideração de uma nova atividade requer a inclusão de uma nova variável com os coeficientes adequados na função objetivo e nas restrições do modelo atual – que é o Caso 2b.

A maneira conveniente de lidar com esse caso é tratá-lo simplesmente como se fosse o Caso 2a! Isso se faz supondo que a nova variável básica x_j estivesse realmente no modelo original com todos seus coeficientes iguais a zero (de modo que elas ainda sejam zero na tabela simplex final) e que x_j é uma variável não básica na solução BV atual. Portanto, se mudássemos esses coeficientes zero para seus valores reais para a nova variável, o procedimento (inclusive qualquer reotimização) realmente torna-se idêntico àquele do Caso 2a.

Particularmente, tudo o que se precisa fazer para verificar se a solução atual ainda é ótima é verificar se a solução básica complementar $\mathbf{y}^*$ satisfaz a nova restrição dual que corresponde à nova variável no problema primal. Já descrevemos essa metodologia e, depois, a exemplificamos para o problema da Wyndor Glass Co. na Seção 6.5.

Caso 3 – mudanças nos coeficientes de uma variável básica

Suponha agora que a variável x_j (j fixo) em questão é uma variável básica na solução ótima mostrada pela tabela simplex final. O Caso 3 supõe que as únicas modificações no modelo atual sejam realizadas nos coeficientes dessa variável.

O Caso 3 difere do Caso 2a devido à exigência de que uma tabela simplex esteja na forma apropriada da eliminação gaussiana. Essa exigência permite que a coluna de uma variável não básica seja qualquer coisa, portanto ela não afeta o Caso 2a. Porém, para o Caso 3, a variável básica x_j tem de ter um coeficiente 1 em sua linha da tabela simplex e um coeficiente 0 em qualquer outra linha (inclusive a linha). Portanto, após as mudanças na coluna x_j da tabela simplex final terem sido calculadas[6], provavelmente será necessário aplicar a eliminação gaussiana para recuperar essa forma, como ilustrado na Tabela 6.20. No entanto, esse passo provavelmente modificará o valor da solução básica atual e poderá até

---

[6] Para o leitor relativamente sofisticado, devemos alertar sobre um possível risco para o Caso 3, que seria descoberto nesse ponto. Especificamente, as mudanças na tabela inicial podem destruir a independência linear das colunas dos coeficientes das variáveis básicas. Esse evento ocorre somente se o coeficiente unitário da variável básica x_j na tabela simplex final tiver sido alterado para zero nesse ponto, em cujo caso teriam de ser usados cálculos mais extensos do método simplex para o Caso 3.

torná-la inviável ou não ótima (de modo que poderia ser necessária a reotimização). Consequentemente, todos as etapas do procedimento geral sintetizadas no final da Seção 6.6 são necessárias para o Caso 3.

Antes de a eliminação gaussiana ser aplicada, as fórmulas para revisar a coluna x_j são as mesmas do Caso 2a, como resumido a seguir.

Coeficiente de x_j na linha 0 final: $\quad z_j^* - \bar{c}_j = \mathbf{y}^*\bar{\mathbf{A}}_j - \bar{c}_j$.

Coeficiente de x_j nas linhas 1 a m finais: $\quad \mathbf{A}_j^* = \mathbf{S}^*\bar{\mathbf{A}}_j$.

EXEMPLO (VARIAÇÃO 5 DO MODELO DA WYNDOR). Pelo fato de x_2 ser uma variável básica na Tabela 6.21 para a Variação 2 do modelo da Wyndor Glass Co., a análise de sensibilidade de seus coeficientes se encaixa no Caso 3. Dada a solução ótima atual ($x_1 = 0$, $x_2 = 9$), o produto 2 é o *único* produto novo que deveria ser introduzido, e sua taxa de produção deveria ser relativamente grande. Portanto, a questão-chave agora é se as estimativas iniciais que levaram aos coeficientes de x_2 no modelo atual (Variação 2) poderiam ter *superestimado* o atrativo do produto 2 de modo a invalidar essa conclusão. Essa questão pode ser testada verificando-se o conjunto mais pessimista de estimativas razoáveis para esses coeficientes, que é $c_2 = 3$, $a_{22} = 3$ e $a_{32} = 4$. Por conseguinte, as mudanças a serem investigadas (Variação 5 do modelo da Wyndor) são:

$$c_2 = 5 \longrightarrow \bar{c}_2 = 3, \quad \mathbf{A}_2 = \begin{bmatrix} 0 \\ 2 \\ 2 \end{bmatrix} \longrightarrow \bar{\mathbf{A}}_2 = \begin{bmatrix} 0 \\ 3 \\ 4 \end{bmatrix}.$$

O efeito gráfico dessas mudanças é que a região de soluções viáveis muda daquela mostrada na Figura 6.3 para aquela da Figura 6.6. A solução ótima da Figura 6.3 é $(x_1, x_2) = (0, 9)$, que é a solução em ponto extremo que cai na interseção dos limites de restrição $x_1 = 0$ e $3x_1 + 2x_2 = 18$. Com a revisão das restrições, a solução em ponto extremo correspondente na Figura 6.6 é $(0, \frac{9}{2})$. Contudo, essa solução não é mais ótima, pois a função objetivo revisada de $Z = 3x_1 + 3x_2$ agora conduz a uma nova solução ótima $(x_1, x_2) = (4, \frac{3}{2})$.

Análise da variação 5. Vejamos agora como tirar essas mesmas conclusões de modo algébrico. Pelo fato de as únicas mudanças no modelo serem nos coeficientes de x_2, as *únicas* mudanças resultantes na tabela simplex final (Tabela 6.21) são na coluna x_2. Portanto, as fórmulas anteriores são utilizadas para recalcular apenas essa coluna.

$$z_2 - \bar{c}_2 = \mathbf{y}^*\bar{\mathbf{A}}_2 - \bar{c}_2 = [0, 0, \tfrac{5}{2}]\begin{bmatrix} 0 \\ 3 \\ 4 \end{bmatrix} - 3 = 7.$$

$$\mathbf{A}_2^* = \mathbf{S}^*\bar{\mathbf{A}}_2 = \begin{bmatrix} 1 & 0 & 0 \\ 0 & 0 & \tfrac{1}{2} \\ 0 & 1 & -1 \end{bmatrix}\begin{bmatrix} 0 \\ 3 \\ 4 \end{bmatrix} = \begin{bmatrix} 0 \\ 2 \\ -1 \end{bmatrix}.$$

(De modo equivalente, a análise incremental com $\Delta c_2 = 2$, $\Delta a_{22} = 1$ e $\Delta a_{32} = 2$ pode ser usada da mesma maneira para obter essa coluna.)

A tabela final revisada resultante é mostrada na parte superior da Tabela 6.24. Observe que os novos coeficientes da variável básica x_2 não têm os valores exigidos, de modo que a conversão para a forma apropriada da eliminação gaussiana deva ser aplicada em seguida. Essa etapa envolve dividir a linha 2 por 2, subtrair 7 vezes a nova linha 2 da linha 0 e adicionar a nova linha 2 à linha 3.

A segunda tabela resultante na Tabela 6.24 fornecerá o novo valor da solução básica atual, a saber, $x_3 = 4$, $x_2 = \frac{9}{2}$, $x_4 = \frac{21}{2}$ ($x_1 = 0$, $x_5 = 0$). Uma vez que todas essas variáveis são não negativas, a solução ainda é viável. Porém, em razão do coeficiente negativo de x_1 na linha 0, sabemos que ela não é mais ótima. Assim, o método simplex seria aplicado a essa tabela, com essa solução como solução

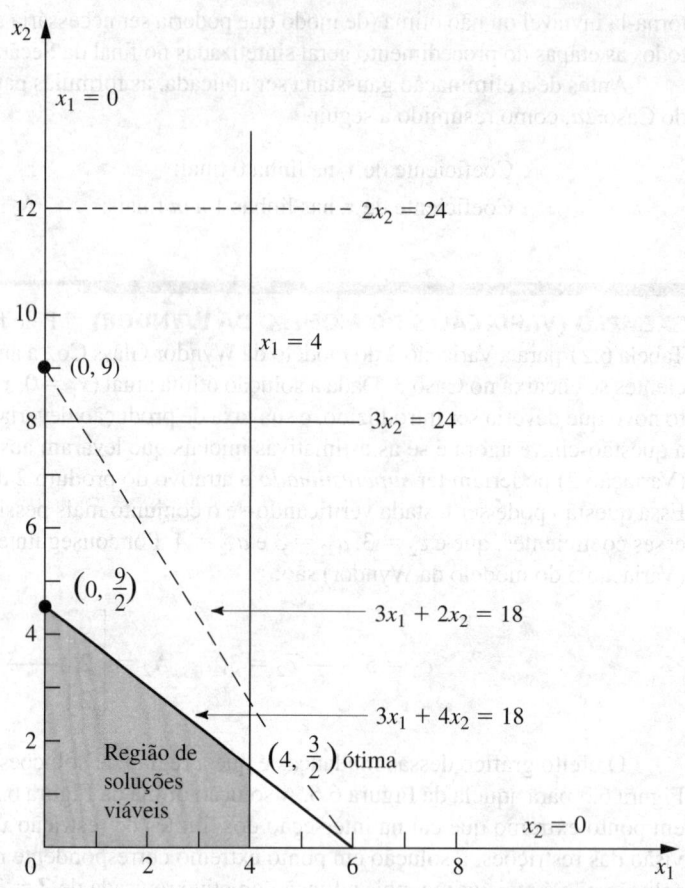

■ **FIGURA 6.6** Região de soluções viáveis para a Variação 5 do modelo da Wyndor em que a Variação 2 (Figura 6.3) foi revisada de modo que $c_2 = 5 \to 3$, $a_{22} = 2 \to 3$ e $a_{32} = 2 \to 4$.

BV inicial, para encontrar a nova solução ótima. A variável básica que entra inicial é x_1, com x_3 como variável básica que sai. Nesse caso, é necessária apenas uma iteração para se chegar à nova solução ótima $x_1 = 4$, $x_2 = \frac{3}{2}$, $x_4 = \frac{39}{2}$ ($x_3 = 0$, $x_5 = 0$), como mostrado na última tabela simplex da Tabela 6.24.

Toda essa análise sugere que c_2, a_{22} e a_{32} são parâmetros relativamente sensíveis. Contudo, dados adicionais para estimá-los de modo mais preciso podem ser obtidos somente por meio da condução de um teste-piloto. Portanto, a equipe de PO recomenda que a produção do produto 2 seja iniciada imediatamente em pequena escala ($x_2 = \frac{3}{2}$) e que se use essa experiência para orientar a decisão sobre se a capacidade de produção remanescente deva ser alocada ao produto 2 ou ao produto 1.

Intervalo possível para o coeficiente da função objetivo de uma variável básica. Para o Caso 2a, descrevemos como encontrar o intervalo possível para qualquer c_j tal que x_j seja uma variável não básica para a solução ótima atual (antes de c_j ser modificado). Entretanto, quando x_j for a variável básica, o procedimento será um tanto mais complicado em decorrência da necessidade de se converter para a forma apropriada da eliminação gaussiana antes de se testar a otimalidade.

Para ilustrar o procedimento, considere a Variação 5 do modelo da Wyndor Glass Co. (com $c_2 = 3$, $a_{22} = 3$, $a_{23} = 4$), colocado em forma de gráfico na Figura 6.6 e resolvido na Tabela 6.24. Já que x_2 é uma variável básica para a solução ótima (com $c_2 = 3$) dada na parte inferior dessa tabela, as etapas necessárias para encontrar o intervalo possível para c_2 são os seguintes:

1. Visto que x_2 é uma variável básica, observe que seu coeficiente na nova linha 0 final (ver a tabela na parte inferior da Tabela 6.24) é automaticamente $z_2^* - c_2 = 0$ antes de c_2 ser modificado de seu valor atual 3.

CAPÍTULO 6 TEORIA DA DUALIDADE E ANÁLISE DE SENSIBILIDADE

■ **TABELA 6.24** Procedimento de análise de sensibilidade aplicado à Variação 5 do modelo da Wyndor Glass Co.

	Variável básica	Eq.	Coeficiente de:						Lado direito
			Z	x_1	x_2	x_3	x_4	x_5	
Tabela final revisada	Z	(0)	1	$\frac{9}{2}$	7	0	0	$\frac{5}{2}$	45
	x_3	(1)	0	1	0	1	0	0	4
	x_2	(2)	0	$\frac{3}{2}$	2	0	0	$\frac{1}{2}$	9
	x_4	(3)	0	-3	-1	0	1	-1	6
Convertido para a forma apropriada	Z	(0)	1	$-\frac{3}{4}$	0	0	0	$\frac{3}{4}$	$\frac{27}{2}$
	x_3	(1)	0	1	0	1	0	0	4
	x_2	(2)	0	$\frac{3}{4}$	1	0	0	$\frac{1}{4}$	$\frac{9}{2}$
	x_4	(3)	0	$-\frac{9}{4}$	0	0	1	$-\frac{3}{4}$	$\frac{21}{2}$
Nova tabela final após reotimização (necessária somente uma iteração do método simplex nesse caso)	Z	(0)	1	0	0	$\frac{3}{4}$	0	$\frac{3}{4}$	$\frac{33}{2}$
	x_1	(1)	0	1	0	1	0	0	4
	x_2	(2)	0	0	1	$-\frac{3}{4}$	0	$\frac{1}{4}$	$\frac{3}{2}$
	x_4	(3)	0	0	0	$\frac{9}{4}$	1	$-\frac{3}{4}$	$\frac{39}{2}$

2. Incremente agora $c_2 = 3$ por Δc_2 (portanto, $c_2 = 3 + \Delta c_2$). Isso altera o coeficiente observado na etapa 1 para $z_2^* - c_2 = \Delta c_2$, o que muda a linha 0 para

$$\text{Linha } 0 = \left[0, -\Delta c_2, \frac{3}{4}, 0, \frac{3}{4} \,\Big|\, \frac{33}{2}\right].$$

3. Com esse coeficiente agora diferente de zero, temos de realizar operações de linha elementares para restaurar a forma apropriada da eliminação gaussiana. Particularmente, adicionar à linha 0 o produto Δc_2 vezes a linha 2 para obter a nova linha 0, como mostrado na linha a seguir.

$$\left[0, -\Delta c_2, \frac{3}{4}, 0, \frac{3}{4} \,\Big|\, \frac{33}{2}\right]$$
$$+ \left[0, \Delta c_2, -\frac{3}{4}\Delta c_2, 0, \frac{1}{4}\Delta c_2 \,\Big|\, \frac{3}{2}\Delta c_2\right]$$
$$\text{Nova linha } 0 = \left[0, 0, \frac{3}{4} - \frac{3}{4}\Delta c_2, 0, \frac{3}{4} + \frac{1}{4}\Delta c_2 \,\Big|\, \frac{33}{2} + \frac{3}{2}\Delta c_2\right]$$

4. Usando essa nova linha 0, encontre o intervalo de valores de Δc_2 que mantenha os coeficientes das variáveis não básicas (x_3 e x_5) não negativos.

$$\frac{3}{4} - \frac{3}{4}\Delta c_2 \geq 0 \quad \Rightarrow \quad \frac{3}{4} \geq \frac{3}{4}\Delta c_2 \quad \Rightarrow \quad \Delta c_2 \leq 1.$$

$$\frac{3}{4} + \frac{1}{4}\Delta c_2 \geq 0 \quad \Rightarrow \quad \frac{1}{4}\Delta c_2 \geq -\frac{3}{4} \quad \Rightarrow \quad \Delta c_2 \geq -3.$$

Portanto, o intervalo de valores é $-3 \leq \Delta c_2 \leq 1$.

5. Já que $c_2 = 3 + c_2$, adicione 3 a esse intervalo de valores, o que nos leva a:

$$0 \leq c_2 \leq 4$$

como o intervalo possível para c_2.

Com apenas duas variáveis de decisão, esse intervalo possível pode ser verificado graficamente usando a Figura 6.6 com uma função objetivo $Z = 3x_1 + c_2 x_2$. Com o valor atual de $c_2 = 3$, a solução ótima é $(4, \frac{3}{2})$. Quando c_2 é aumentado, essa solução permanece ótima somente para $c_2 \leq 4$. Para $c_2 \geq 4$, $(0, \frac{9}{2})$ torna-se ótima (com empate em $c_2 = 4$), em virtude do limite de restrição $3x_1 + 4x_2 = 18$. Ao contrário, quando c_2 é diminuído, $(4, \frac{3}{2})$ permanece ótima somente para $c_2 \geq 0$. Para $c_2 \leq 0$, $(4, 0)$ torna-se ótima em razão do limite de restrição $x_1 = 4$.

De maneira similar, o intervalo possível para c_1 (com c_2 fixo em 3) pode ser derivado seja algébrica ou graficamente para $c_1 \geq \frac{9}{4}$. (O Problema 6.7-9 pede para você verificar essas duas maneiras.)

Portanto, o *decréscimo possível* para c_1 a partir de seu valor atual 3 é de apenas $\frac{3}{4}$. Porém, é possível diminuir c_1 de uma quantidade maior sem alterar a solução ótima se c_2 também diminuir suficientemente. Suponha, por exemplo, que *tanto c_1 quanto c_2* sejam diminuídos de 1 de seu valor atual 3, de modo que a função objetivo mude de $Z = 3x_1 + 3x_2$ para $Z = 2x_1 + 2x_2$. De acordo com a regra dos 100% para mudanças simultâneas em coeficientes da função objetivo, as porcentagens das mudanças possíveis são $133\frac{1}{3}\%$ e $33\frac{1}{3}\%$, respectivamente, o que resulta uma soma bem maior que 100%. No entanto, a inclinação da reta da função objetivo não mudou, de modo que $(4, \frac{3}{2})$ ainda seja ótima.

Caso 4 – inclusão de uma nova restrição

Nesse caso, uma nova restrição tem de ser incluída no modelo depois de ele já ter sido resolvido. Esse caso pode ocorrer pelo fato de a restrição ter sido inicialmente desprezada ou porque surgiram novas considerações desde a formulação do modelo. Outra possibilidade é que a restrição tenha sido eliminada propositalmente para diminuir o processamento computacional, pois ela parecia ser menos restritiva que as demais restrições no modelo, porém, agora essa impressão precisa ser verificada com a solução ótima realmente obtida.

Para ver se a solução ótima atual seria afetada por uma nova restrição, tudo o que você precisa fazer é verificar diretamente se a solução ótima satisfaz a restrição. Em caso afirmativo, então ela ainda seria a *melhor solução viável* (isto é, a solução ótima), mesmo se a restrição fosse adicionada ao modelo. A razão é que uma nova restrição pode eliminar apenas algumas soluções previamente viáveis, sem adicionar nenhuma solução nova.

Se a nova restrição eliminar efetivamente a solução ótima atual e se quiser encontrar a nova solução, então inclua essa restrição na tabela simplex final (na forma de uma linha adicional) *da mesma forma* como se fosse a tabela inicial, em que a variável adicional usual (variável de folga ou variável artificial) é projetada para ser uma variável básica para essa nova linha. Pelo fato de que a nova linha provavelmente terá coeficientes *não zero* para algumas das demais variáveis básicas, a conversão para a forma apropriada da eliminação gaussiana é aplicada a seguir, e, depois, a etapa de reotimização é aplicada da forma usual.

Do mesmo modo que para alguns casos anteriores, esse procedimento para o Caso 4 é uma versão melhorada do procedimento geral resumido no final da Seção 6.6. A única questão a ser resolvida para esse caso é se a solução anteriormente ótima ainda seja *viável*, de modo que a etapa 5 (teste de otimalidade) foi eliminada. A etapa 4 (teste de viabilidade) foi substituída por um teste de viabilidade muito mais rápido (a solução ótima anterior satisfaz a nova restrição?) para ser realizado logo após a etapa 1 (revisão do modelo). Somente se esse teste fornecer uma resposta negativa e você quiser reotimizar as etapas 2, 3 e 6 que são utilizadas (revisão da tabela final, conversão para a forma apropriada da eliminação gaussiana e reotimização).

EXEMPLO (VARIAÇÃO 6 DO MODELO DA WYNDOR). Para exemplificar esse caso, consideremos a Variação 6 do modelo da Wyndor Glass Co., que simplesmente inclui a nova restrição

$$2x_1 + 3x_2 \leq 24$$

no modelo da Variação 2 fornecido na Tabela 6.21. O efeito gráfico é ilustrado na Figura 6.7. A solução ótima anterior $(0, 9)$ viola a nova restrição e, portanto, a solução ótima passa a ser $(0, 8)$.

Para analisar esse exemplo algebricamente, observe que (0, 9) leva a $2x_1 + 3x_2 = 27 > 24$, de modo que essa solução ótima anterior não seja mais viável. Para encontrar a nova solução ótima, acrescente a nova restrição à tabela simplex final atual conforme descrito, com a variável de folga x_6 como sua variável básica inicial. Esse passo leva à primeira tabela apresentada na Tabela 6.25. A conversão para a forma apropriada da eliminação gaussiana requer então que o produto de 3 vezes a linha 2 seja subtraído da nova linha 2, que identifica a solução básica atual $x_3 = 4$, $x_2 = 9$, $x_4 = 6$, $x_6 = -3$ ($x_1 = 0$, $x_5 = 0$), conforme foi mostrado na segunda tabela. Aplicando-se o método simplex dual (descrito na Seção 7.1) a essa tabela, isso conduz, então em uma única iteração, à nova solução ótima indicada na última tabela da Tabela 6.25 (às vezes, é necessário número maior de iterações).

Análise de sensibilidade sistemática – programação paramétrica

Até agora descrevemos como testar mudanças específicas nos parâmetros do modelo. Outra metodologia comum para a análise de sensibilidade é variar continuamente um ou mais parâmetros ao longo de algum(ns) intervalo(s) para ver quando a solução ótima muda.

Por exemplo, com a Variação 2 do modelo da Wyndor Glass Co., em vez de começar testando a mudança específica de $b_2 = 12$ para $\bar{b}_2 = 24$, poderíamos, em seu lugar, configurar

$$\bar{b}_2 = 12 + \theta$$

e, depois, variar continuamente de 0 a 12 (o valor de interesse máximo). A interpretação geométrica na Figura 6.3 é que a reta de restrição $2x_2 = 12$ é deslocada para cima para $2x_2 = 12 + \theta$, como sendo aumentado de 0 a 12. O resultado é que a solução PEF ótima original (2, 6) desloca-se para cima até

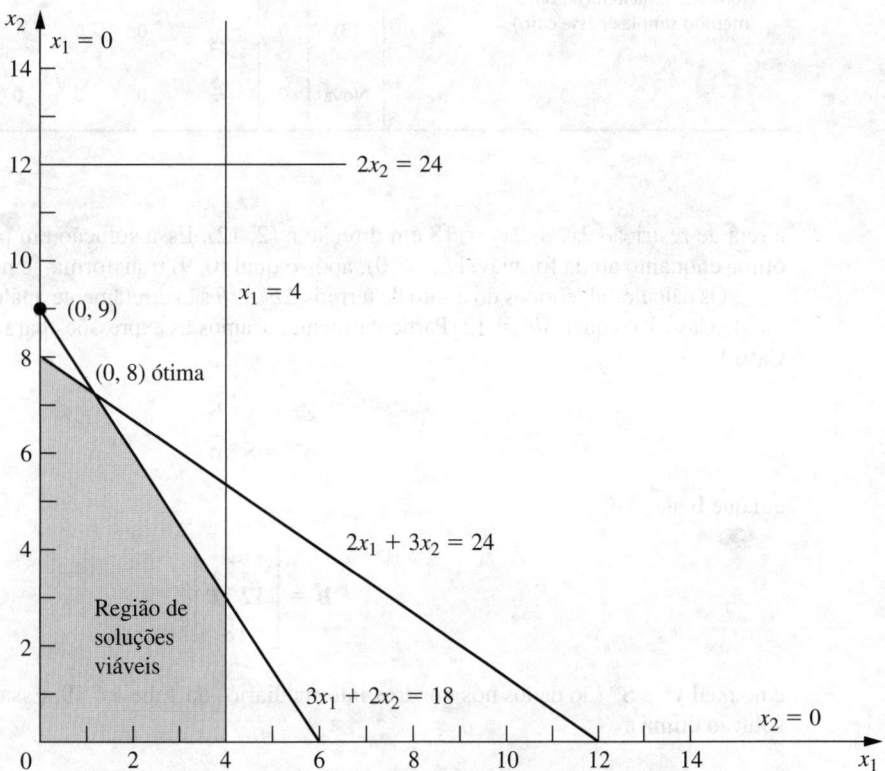

■ **FIGURA 6.7** Região de soluções viáveis para a Variação 6 do modelo da Wyndor em que a Variação 2 (Figura 6.3) foi revisada, acrescentando-se a nova restrição $2x_1 + 3x_2 \leq 24$.

■ **TABELA 6.25** Procedimento de análise de sensibilidade aplicado à Variação 6 do modelo da Wyndor Glass Co.

	Variável básica	Eq.	Coeficiente de:							Lado direito
			Z	x_1	x_2	x_3	x_4	x_5	x_6	
Tabela final revisada	Z	(0)	1	$\frac{9}{2}$	0	0	0	$\frac{5}{2}$	0	45
	x_3	(1)	0	1	0	1	0	0	0	4
	x_2	(2)	0	$\frac{3}{2}$	1	0	0	$\frac{1}{2}$	0	9
	x_4	(3)	0	-3	0	0	1	-1	0	6
	x_6	Nova	0	2	3	0	0	0	1	24
Convertido para a forma apropriada	Z	(0)	1	$\frac{9}{2}$	0	0	0	$\frac{5}{2}$	0	45
	x_3	(1)	0	1	0	1	0	0	0	4
	x_2	(2)	0	$\frac{3}{2}$	1	0	0	$\frac{1}{2}$	0	9
	x_4	(3)	0	-3	0	0	1	-1	0	6
	x_6	Nova	0	$-\frac{5}{2}$	0	0	0	$-\frac{3}{2}$	1	-3
Nova tabela final após reotimização (necessária somente uma iteração do método simplex nesse caso)	Z	(0)	1	$\frac{1}{3}$	0	0	0	0	$\frac{5}{3}$	40
	x_3	(1)	0	1	0	1	0	0	0	4
	x_2	(2)	0	$\frac{2}{3}$	1	0	0	0	$\frac{1}{3}$	8
	x_4	(3)	0	$-\frac{4}{3}$	0	0	1	0	$-\frac{2}{3}$	8
	x_5	Nova	0	$\frac{5}{3}$	0	0	0	1	$-\frac{2}{3}$	2

a reta de restrição $3x_1 + 2x_2 = 18$ em direção a (2, 12). Essa solução em ponto extremo permanece ótima enquanto ainda for viável ($x_1 \geq 0$), após o qual (0, 9) transforma-se na solução ótima.

Os cálculos algébricos do efeito de termos $\Delta b_2 = \theta$ são diretamente análogos àqueles para o exemplo do Caso 1 no qual $\Delta b_2 = 12$. Particularmente, usamos as expressões para Z^* e $\mathbf{b}^*$ fornecidas para o Caso 1.

$$Z^* = \mathbf{y}^* \overline{\mathbf{b}}$$
$$\mathbf{b}^* = \mathbf{S}^* \overline{\mathbf{b}}$$

em que $\overline{\mathbf{b}}$ agora é

$$\overline{\mathbf{b}} = \begin{bmatrix} 4 \\ 12+\theta \\ 18 \end{bmatrix}$$

e no qual $\mathbf{y}^*$ e $\mathbf{S}^*$ são dados nos quadros intermediários da Tabela 6.19. Essas equações indicam que a solução ótima é

CAPÍTULO 6 TEORIA DA DUALIDADE E ANÁLISE DE SENSIBILIDADE

$$Z^* = 36 + \frac{3}{2}\theta$$

$$x_3 = 2 + \frac{1}{3}\theta$$

$$x_2 = 6 + \frac{1}{2}\theta \qquad (x_4 = 0, x_5 = 0)$$

$$x_1 = 2 - \frac{1}{3}\theta$$

para θ suficientemente pequeno, de modo que essa solução ainda continue viável, isto é, para $\theta \leq 6$. Para $\theta > 6$, o método simplex dual (descrito na Seção 7.1) leva à tabela mostrada na Tabela 6.21, exceto para o valor de x_4. Portanto, $Z = 45$, $x_3 = 4$, $x_2 = 9$ (junto com $x_1 = 0$, $x_5 = 0$) e a expressão para $\mathbf{b}^*$ resulta em

$$x_4 = b_3^* = 0(4) + 1(12 + \theta) - 1(18) = -6 + \theta.$$

Essa informação pode então ser usada (juntamente com outros dados não incorporados ao modelo sobre o efeito do aumento de b_2) para decidir se devemos conservar a solução ótima original e, caso contrário, de quanto aumentar b_2.

De maneira similar, podemos investigar o efeito sobre a solução ótima de se diversificar vários parâmetros simultaneamente. Quando variamos apenas os parâmetros b_i, expressamos o novo valor $\overline{b}_i$ em termos do valor original b_i como se segue:

$$\overline{b}_i = b_i + \alpha_i \theta, \qquad \text{para } i = 1, 2, \ldots, m,$$

em que os valores α_i são constantes de entrada, especificando a taxa de acréscimo desejada (positiva ou negativa) do lado direito correspondente à medida que for aumentado.

Suponha, por exemplo, que seja possível deslocar a produção de determinado produto da Wyndor Glass Co. da Fábrica 2 para a Fábrica 3, aumentando, portanto, b_2 pela diminuição de b_3. Suponha também que b_3 diminua duas vezes mais rápido que b_2 aumente. Então:

$$\overline{b}_2 = 12 + \theta$$
$$\overline{b}_3 = 18 - 2\theta,$$

em que o valor (não negativo) de θ mede a quantidade de produção transferida. (Portanto, $\alpha_1 = 0$, $\alpha_2 = 1$ e $\alpha_3 = -2$ nesse caso.) Na Figura 6.3, a interpretação geométrica é que θ é aumentado a partir de 0, a reta de restrição $2x_2 = 12$ é empurrada para cima até $2x_2 = 12 + \theta$ (ignore a reta $2x_2 = 24$) e, simultaneamente, a reta de restrição $3x_1 + 2x_2 = 18$ é empurrada para baixo até $3x_1 + 2x_2 = 18 - 2\theta$. A solução PEF ótima original (2, 6) cai na intersecção das retas $2x_2 = 12$ e $3x_1 + 2x_2 = 18$, de modo que deslocar essas retas faz que essa solução em ponto extremo se desloque. Entretanto, com a função objetivo de $Z = 3x_1 + 5x_2$, essa solução em ponto extremo permanecerá ótima enquanto ela continuar solução viável ($x_1 \geq 0$).

Uma investigação algébrica de se mudar simultaneamente b_2 e b_3 dessa maneira envolve novamente o emprego de fórmulas para o Caso 1 (tratando θ como representante de um número desconhecido) para calcular as mudanças resultantes na tabela final (parte central da Tabela 6.19), a saber:

$$Z^* = \mathbf{y}^*\overline{\mathbf{b}} = [0, \tfrac{3}{2}, 1]\begin{bmatrix} 4 \\ 12 + \theta \\ 18 - 2\theta \end{bmatrix} = 36 - \tfrac{1}{2}\theta,$$

$$\mathbf{b}^* = \mathbf{S}^*\overline{\mathbf{b}} = \begin{bmatrix} 1 & \tfrac{1}{3} & -\tfrac{1}{3} \\ 0 & \tfrac{1}{2} & 0 \\ 0 & -\tfrac{1}{3} & \tfrac{1}{3} \end{bmatrix}\begin{bmatrix} 4 \\ 12 + \theta \\ 18 - 2\theta \end{bmatrix} = \begin{bmatrix} 2 + \theta \\ 6 + \tfrac{1}{2}\theta \\ 2 - \theta \end{bmatrix}.$$

Portanto, a solução ótima é:

$$Z^* = 36 - \frac{1}{2}\theta$$
$$x_3 = 2 + \theta$$
$$x_2 = 6 + \frac{1}{2}\theta \qquad (x_4 = 0, \quad x_5 = 0)$$
$$x_1 = 2 - \theta$$

para θ suficientemente pequeno para essa solução ainda permanecer viável, isto é, para $\theta \leq 2$. *(Confirme essa conclusão na Figura 6.3.) Entretanto, o fato de Z* decrescer à medida que θ cresce a partir de 0 indica que a melhor opção para θ é $\theta = 0$, de modo que nenhuma mudança de produção deveria ser feita.

A abordagem de se variar diversos parâmetros c_j é similar. Nesse caso, expressamos o novo valor $\bar{c}_j$ em termos do valor inicial de c_j como

$$\bar{c}_j = c_j + \alpha_j\theta, \quad \text{para } j = 1, 2, \ldots, n,$$

em que α_j são constantes de entrada especificando a taxa de crescimento desejada (positiva ou negativa) de c_j à medida que θ é aumentado.

Para ilustrar esse caso, reconsidere a análise de sensibilidade de c_1 e c_2 para o problema da Wyndor Glass Co. anteriormente resolvido nesta seção. Iniciando-se com a Variação 2 do modelo da Wyndor apresentado na Tabela 6.21 e na Figura 6.3, consideramos separadamente o efeito de se mudar c_1 de 3 para 4 (sua estimativa mais otimista) e c_2 de 5 para 3 (sua estimativa mais pessimista). Agora, podemos considerar ambas as mudanças simultaneamente, assim como os diversos casos intermediários com mudanças menores, fazendo-se

$$\bar{c}_1 = 3 + \theta \quad \text{e} \quad \bar{c}_2 = 5 - 2\theta,$$

em que o valor de θ mede a *fração* da máxima mudança possível que é realizada. O resultado é substituir a função objetivo inicial $Z = 3x_1 + 5x_2$ por uma *função* de

$$Z(\theta) = (3 + \theta)x_1 + (5 - 2\theta)x_2,$$

de modo que a otimização agora possa ser realizada para qualquer valor (fixo) desejado de θ entre 0 e 1. Verificando-se o efeito à medida que θ aumenta de 0 a 1, podemos determinar exatamente quando e como a solução ótima muda à medida que o erro nas estimativas originais desses parâmetros aumenta.

Considerar simultaneamente essas alterações é especialmente apropriado caso haja fatores que provoquem a mudança simultânea dos parâmetros. Os dois produtos são de alguma maneira competitivos, de forma que o lucro unitário maior que o esperado de um implicaria um lucro unitário menor que o esperado para o outro? Ambos são afetados por algum fator externo como a ênfase em termos de propaganda de um concorrente? É possível mudar simultaneamente ambos os lucros unitários pela transferência de pessoal e equipamento?

Na região de soluções viáveis apresentada na Figura 6.3, a interpretação geométrica de mudar a função objetivo de $Z = 3x_1 + 5x_2$ para $Z(\theta) = (3+ \theta)x_1 + (5 - 2\theta)x_2$ é que estamos alterando a inclinação da reta da função objetivo original ($Z = 45 = 3x_1 + 5x_2$) que passa pela solução ótima (0, 9). Se θ for aumentado suficientemente, essa inclinação mudará suficientemente, e a solução ótima mudará de (0, 9) para outra solução PEF (4, 3). (Verifique graficamente se isso ocorre ou não para $\theta \leq 1$.)

O procedimento algébrico para lidar ao mesmo tempo com essas duas mudanças ($\Delta c_1 = \theta$ e $\Delta c_2 = -2\theta$) é mostrado na Tabela 6.26. Embora as alterações agora sejam expressas em termos de θ e não em quantidades numéricas específicas, θ é tratado apenas como um número desconhecido. A tabela exibe apenas as linhas relevantes da tabela envolvida (linha 0), e a linha para a variável básica x_2). A primeira tabela simplex exposta é simplesmente a tabela final para a versão atual do modelo (antes de c_1 e c_2 serem modificados), conforme dado na Tabela 6.21. Consulte as fórmulas na Tabela 6.17. As únicas mudanças na tabela final *revisada* mostradas a seguir são Δc_1 e Δc_2 serem subtraídos, respectivamente, dos coeficientes na linha 0 de x_1 e x_2. Para converter essa tabela para a forma apropriada da eliminação gaussiana, subtraímos 2θ vezes a linha 2 da linha 0, resultando na última tabela exibida. As expressões em termos de θ para os coeficientes das variáveis não básicas x_1 e x_5 na linha 0 dessa tabela

CAPÍTULO 6 TEORIA DA DUALIDADE E ANÁLISE DE SENSIBILIDADE

TABELA 6.26 Lidando com $\Delta c_1 = \theta$ e $\Delta c_2 = -2\theta$ para a Variação 2 do modelo da Wyndor dado na Tabela 6.21

	Variável básica	Eq.	Coeficiente de:						Lado direito
			Z	x_1	x_2	x_3	x_4	x_5	
Tabela final	Z	(0)	1	$\frac{9}{2}$	0	0	0	$\frac{5}{2}$	45
	x_2	(2)	0	$\frac{3}{2}$	1	0	0	$\frac{1}{2}$	9
Nova tabela final revisada quando $\Delta c_1 = \theta$ e $\Delta c_2 = -2\theta$	$Z(\theta)$	(0)	1	$\frac{9}{2} - \theta$	2θ	0	0	$\frac{5}{2}$	45
	x_2	(2)	0	$\frac{3}{2}$	1	0	0	$\frac{1}{2}$	9
Convertido para a nova forma	$Z(\theta)$	(0)	1	$\frac{9}{2} - 4\theta$	0	0	0	$\frac{5}{2} - \theta$	$45 - 18\theta$
	x_2	(2)	0	$\frac{3}{2}$	1	0	0	$\frac{1}{2}$	9

mostram que a solução PEF atual permanece ótima para $\theta \leq \frac{9}{8}$. Pelo fato de $\theta = 1$ ser o maior valor possível de θ, isso indica que c_1 e c_2 são parâmetros insensíveis em relação à Variação 2 do modelo na Tabela 6.21. Não há nenhuma necessidade de se estimarem esses parâmetros de forma mais precisa, a menos que outros parâmetros mudem (como ocorreu para a Variação 5 do modelo da Wyndor).

Conforme foi discutido na Seção 4.7, essa maneira de variar continuamente diversos parâmetros ao mesmo tempo é conhecida como *programação linear paramétrica*. A Seção 7.2 apresenta o procedimento completo de programação linear paramétrica (incluindo a identificação de novas soluções ótimas para valores maiores de θ) quando apenas os parâmetros c_j são variados e depois quando apenas os parâmetros b_i são variados. Alguns pacotes de software de programação linear também incluem rotinas para mudar somente os coeficientes de uma única variável ou apenas os parâmetros de uma única restrição. Além de outras aplicações discutidas na Seção 4.7, esses procedimentos oferecem um modo conveniente de se realizar análise de sensibilidade de modo sistemático.

6.8 EFETUANDO ANÁLISE DE SENSIBILIDADE EM UMA PLANILHA[7]

Com o auxílio do Excel Solver, as planilhas fornecem uma maneira alternativa e relativamente fácil de se realizar grande parte da análise de sensibilidade descrita nas Seções 6-5 a 6.7. A metodologia das planilhas é basicamente a mesma para cada um dos casos considerados na Seção 6.7 para os tipos de mudanças realizadas no modelo original. Portanto, vamos nos concentrar apenas no efeito das mudanças nos coeficientes de variáveis na função objetivo (Casos 2a e 3 na Seção 6.7). Vamos também exemplificar esse efeito fazendo mudanças no modelo *original* da Wyndor formulado na Seção 3.1, na qual os coeficientes de x_1 (número de lotes da nova porta produzidos por semana) e x_2 (número de lotes da nova janela produzidos por semana) na função objetivo são

$c_1 = 3$ = lucro (em milhares de dólares) por lote do novo tipo de porta
$c_2 = 5$ = lucro (em milhares de dólares) por lote do novo tipo de janela

Para sua conveniência, a formulação em planilha desse modelo (Figura 3.22) é repetida aqui na Figura 6.8. Observe que as células que contêm as quantidades a serem alteradas são LucroPorLote (C4:D4). Já que os lucros nessas células são expressos em dólares, ao passo que c_1 e c_2 estão em unidades de milhares de dólares, daqui em diante discutiremos a análise de sensibilidade em termos das mudanças

---

[7] Redigimos esta seção de maneira que pudesse ser compreendida sem ser necessária a leitura de qualquer seção anterior deste capítulo. Entretanto, a Seção 4.7 é uma base importante para a última parte desta seção.

	A	B	C	D	E	F	G
1		**O problema de mix de produtos da Wyndor Glass Co.**					
2							
3			Portas	Janelas			
4		Lucro por lote	US$ 3.000	US$ 5.000			
5					Horas		Horas
6			Horas utilizadas por lote produzido		utilizadas		disponíveis
7		Fábrica 1	1	0	2	<=	4
8		Fábrica 2	0	2	12	<=	12
9		Fábrica 3	3	2	18	<=	18
10							
11			Portas	Janelas			Lucro total
12		Lotes produzidos	2	6			US$ 36.000

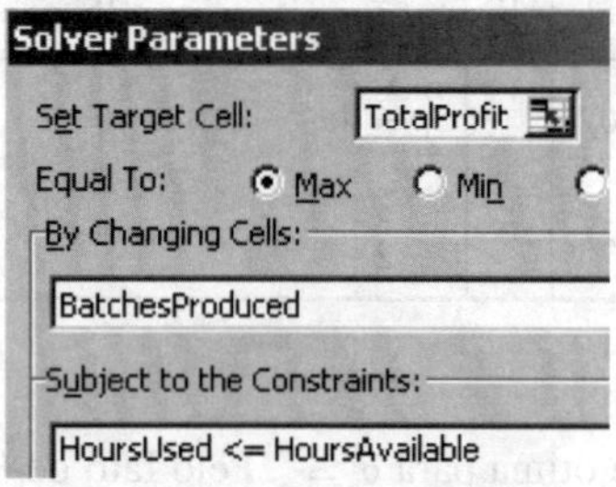

Solver Parameters

Set Target Cell: TotalProfit
Equal To: ● Max ○ Min
By Changing Cells:
BatchesProduced
Subject to the Constraints:
HoursUsed <= HoursAvailable

	E
5	Horas
6	utilizadas
7	=SUMPRODUCT(C7:D7,LotesProduzidos)
8	=SUMPRODUCT(C8:D8,LotesProduzidos)
9	=SUMPRODUCT(C9:D9,LotesProduzidos)

	G
11	Lucro Total
12	=SUMPRODUCT(LucroporLote,LotesProduzidos)

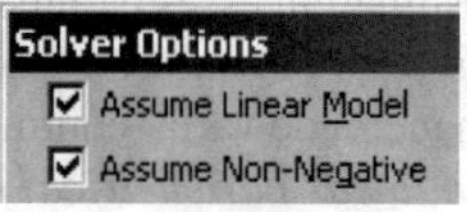

Solver Options
☑ Assume Linear Model
☑ Assume Non-Negative

Nome da faixa de células	Células
LotesProduzidos	C12:D12
HorasDisponíveis	G7:G9
HorasUtilizadas	E7:E9
HorasUtilizadasPorLoteProduzido	C7:D9
LucroPorLote	C4:D4
LucroTotal	G12

■ **FIGURA 6.8** O modelo de planilha e a solução ótima obtida para o problema original da Wyndor antes de se realizar a análise de sensibilidade.

nos lucros mostrados nessas células em vez das mudanças em c_1 e c_2. Para isso, representaremos esses lucros por

P_D = lucro por lote de portas atualmente incluídos na célula C4
P_W = lucro por lote de janelas atualmente incluídos na célula D4

As planilhas, na verdade, fornecem três métodos de execução da análise de sensibilidade. O primeiro corresponde a verificar o efeito de uma mudança individual no modelo realizando a mudança na planilha e recalculando. O segundo refere-se a gerar sistematicamente uma tabela em uma única planilha que mostre o efeito de uma série de mudanças em um ou dois parâmetros do modelo. O terceiro é obter e aplicar o relatório de sensibilidade do Excel. Descrevemos a seguir, um a um, esses métodos.

Verificando mudanças individuais no modelo

Um dos pontos fortes de uma planilha é a facilidade com que pode ser usada interativamente para realizar diversos tipos de análise de sensibilidade. Uma vez que o Solver tenha sido configurado para obter uma solução ótima, podemos descobrir imediatamente o que aconteceria se um dos parâmetros do modelo fosse alterado para algum outro valor. Basta realizar essa alteração na planilha e, a seguir, clicar novamente no botão Solve.

Para fins ilustrativos, suponha que a gerência da Wyndor estivesse insegura em relação a quanto seria o lucro por lote de portas (P_D). Embora o número US$ 3.000, fornecido na Figura 6.8, seja considerado uma estimativa inicial razoável, a gerência sente que o lucro real poderia acabar se desviando

	A	B	C	D	E	F	G
1		**O problema de mix de produtos da Wyndor Glass Co.**					
2							
3			Portas	Janelas			
4		Lucro por lote	US$ 2.000	US$ 5.000			
5					Horas		Horas
6			Horas utilizadas por lote produzido		utilizadas		disponíveis
7		Fábrica 1	1	0	2	<=	4
8		Fábrica 2	0	2	12	<=	12
9		Fábrica 3	3	2	18	<=	18
10							
11			Portas	Janelas			Lucro total
12		Lotes produzidos	2	6			US$ 34.000

■ **FIGURA 6.9** O problema revisado da Wyndor, no qual a estimativa do lucro por lote de portas foi diminuída, passando de P_D US$ 3.000 para P_D US$ 2.000, mas sem causar mudança na solução ótima para o *mix* de produtos.

substancialmente desse número, seja para cima, seja para baixo. Entretanto, o intervalo de P_D entre P_D = US$ 2.000 e P_D = US$ 5.000 é considerado razoavelmente provável.

A Figura 6.9 ilustra o que aconteceria se o lucro por lote de portas diminuísse de P_D = US$ 3.000 para P_D = US$ 2.000. Comparando-se com a Figura 6.8, não há nenhuma alteração em si na solução ótima para o *mix* de produtos. De fato, as *únicas* alterações na nova planilha são o novo valor de P_D na célula C4 e a diminuição de US$ 2.000 no lucro total mostrado na célula G12 (pelo fato de cada um dos dois lotes de portas produzidos por semana fornecer US$ 1.000 a menos de lucro). Em virtude de a solução ótima não se alterar, agora sabemos que a estimativa original de P_D = US$ 3.000 pode ser consideravelmente *muito alta*, sem invalidar a solução ótima do modelo.

Mas o que aconteceria se essa estimativa fosse *muito baixa*? A Figura 6.10 ilustra o que aconteceria se P_D = US$ 5.000. Repetindo, não há nenhuma modificação na solução ótima. Portanto, agora sabemos que o intervalo de valores de P_D sobre o qual a solução ótima permanece ótima (isto é, o *intervalo possível* discutido na Seção 6.7) abrange o intervalo que vai de US$ 2.000 a US$ 5.000 e pode se estender ainda mais.

Pelo fato de o valor original de P_D = US$ 3.000 ser alterado consideravelmente em ambas as direções, sem modificar a solução ótima, P_D é um parâmetro relativamente insensível. Não é necessário definir essa estimativa com grande precisão para se ter confiança de que o modelo está fornecendo a solução ótima correta.

	A	B	C	D	E	F	G
1		**O problema de mix de produtos da Wyndor Glass Co.**					
2							
3			Portas	Janelas			
4		Lucro por lote	US$ 5.000	US$ 5.000			
5					Horas		Horas
6			Horas utilizadas por lote produzido		utilizadas		disponíveis
7		Fábrica 1	1	0	2	<=	4
8		Fábrica 2	0	2	12	<=	12
9		Fábrica 3	3	2	18	<=	18
10							
11			Portas	Janelas			Lucro total
12		Lotes produzidos	2	6			US$ 40.000

■ **FIGURA 6.10** O problema revisado da Wyndor, no qual a estimativa de lucro por lote de portas foi aumentada de P_D US$ 3.000 para P_D US$ 5.000, mas sem alterar a solução ótima para o *mix* de produtos.

	A	B	C	D	E	F	G
1		O problema de mix de produtos da Wyndor Glass Co.					
2							
3			Portas	Janelas			
4		Lucro por lote	US$ 10.000	US$ 5.000			
5					Horas		Horas
6			Horas utilizadas por lote produzido		utilizadas		disponíveis
7		Fábrica 1	1	0	4	<=	4
8		Fábrica 2	0	2	6	<=	12
9		Fábrica 3	3	2	18	<=	18
10							
11			Portas	Janelas			Lucro total
12		Lotes produzidos	4	3			US$ 55.000

■ **FIGURA 6.11** O problema revisado da Wyndor no qual a estimativa do lucro por lote de portas passou de *PD* US$ 3.000 para *PD* US$ 10.000, o que resulta em uma mudança da solução ótima para o *mix* de produtos.

Talvez essa seja toda a informação necessária sobre P_D. Porém, se houver grande possibilidade de que o verdadeiro valor de P_D acabe ficando até fora desse intervalo abrangente de US$ 2.000 a US$ 5.000, seria interessante investigar-se mais a esse respeito. Quão maior ou menor poderia ser P_D antes de a solução ótima mudar?

A Figura 6.11 demonstra que, de fato, a solução ótima mudaria caso P_D fosse alterado até atingir $P_D =$ US$ 10.000. Portanto, sabemos agora que essa mudança ocorre em algum ponto entre US$ 5.000 e US$ 10.000 durante o processo de aumento de P_D.

Usando a tabela do Solver para executar sistematicamente a análise de sensibilidade

Para precisar exatamente quando a solução ótima mudará, poderíamos continuar selecionando aleatoriamente novos valores de P_D. Porém, um método melhor seria considerar sistematicamente um intervalo de valores de P_D. Um módulo adicional para Excel desenvolvido pelo professor Mark Hillier, denominado *Solver Table*, é projetado para realizar exatamente esse tipo de análise. Ele se encontra disponível no *Courseware* de PO do *site* da editora. Para instalá-lo, basta abrir o arquivo Solver Table no Courseware de PO.

O Solver Table é usado para mostrar os resultados da mudança de células e/ou certas células de saída para vários valores experimentais em uma célula de dados. Para cada valor experimental na célula de dados, o Solver é chamado para resolver novamente o problema. Portanto, o Solver Table (ou qualquer outro módulo adicional comparável em Excel) oferece uma maneira sistemática de se realizar a análise de sensibilidade e, depois, mostrar os resultados para gerentes e outros que não estão familiarizados com os aspectos mais técnicos da análise de sensibilidade.

Para usar o Solver Table, expanda primeiro a planilha original (Figura 6.8) para construir uma tabela com os cabeçalhos exibidos na Figuras 6.12. Na primeira coluna da tabela (células B19:B28), faça uma lista com os valores experimentais das células de dados (o lucro por lote de portas), exceto por deixar em branco a primeira linha (célula B18). Os cabeçalhos das colunas seguintes especificam qual saída será analisada. Para cada uma dessas colunas, use a primeira linha da tabela (células C18:E18) para escrever uma equação que configure o valor em cada uma delas igual à célula relevante que muda ou célula de saída. Nesse caso, as células de interesse são LotesdePortasProduzidas (C12), LotesdeJanelasProduzidas (D12) e LucroTotal (G12), de modo que as equações para C18:E18 sejam aquelas mostradas logo abaixo da planilha da Figura 6.12.

A seguir, selecione toda a tabela clicando e arrastando das células B18 até a E28 e, depois, clique em Solver Table da seção Add-Ins (para o Excel 2007) ou do menu Ferramentas (para versões mais recentes do Excel, após ter instalado esse módulo adicional do Excel fornecido no Courseware de PO). Na caixa de diálogo Solver Table (conforme apresentado na parte inferior da Figura 6.12), indica a célula de entrada da coluna (C4), que se refere à célula de dados que está sendo alterada na primeira

CAPÍTULO 6 TEORIA DA DUALIDADE E ANÁLISE DE SENSIBILIDADE

	A	B	C	D	E	F	G
1		**O problema de mix de produtos da Wyndor Glass Co.**					
2							
3			Portas	Janelas			
4		Lucro por lote	US$ 3.000	US$ 5.000			
5					Horas		Horas
6			Horas utilizadas por lote produzido		utilizadas		disponíveis
7		Fábrica 1	1	0	2	<=	4
8		Fábrica 2	0	2	12	<=	12
9		Fábrica 3	3	2	18	<=	18
10							
11			Portas	Janelas			Lucro total
12		Lotes produzidos	2	6			US$ 36.000
13							
14							
15							
16		Lucro por lote	Lotes ótimos produzidos		Lucro		
17		de portas	Portas	Janelas	total		Selecione
18			2	6	US$ 36.000		estas células
19		US$ 1.000					(B18:E28),
20		US$ 2.000					antes de
21		US$ 3.000					selecionar o
22		US$ 4.000					Solver Table
23		US$ 5.000					
24		US$ 6.000					
25		US$ 7.000					
26		US$ 8.000					
27		US$ 9.000					
28		US$ 10.000					

	C	D	E
16	Lotes ótimos produzidos		Lucro
17	Portas	Janelas	Total
18	=LotesdePortasProduzidas	=LotesdeJanelasProduzidas	=LucroTotal

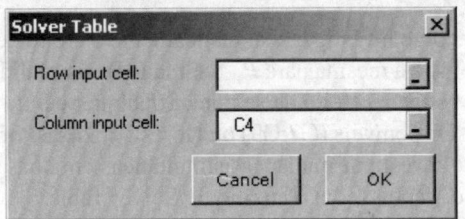

Nome da Faixa de Células	Células
LotesdePortasProduzidas	C12
LucroTotal	G12
LotesdeJanelasProduzidas	D12

■ FIGURA 6.12 Expansão da planilha da Figura 6.8 com o intuito de preparar para o uso do Solver Table, visando mostrar o efeito de se variar sistematicamente a estimativa do lucro por lote de portas no problema da Wyndor.

coluna da tabela. Não introduzimos nada na célula de entrada da linha, pois, nesse caso, não está sendo usada nenhuma linha para listar os valores experimentais de uma célula de dados.

O Solver Table mostrado na Figura 6.13 é então gerado automaticamente clicando-se no botão OK. Para cada valor experimental listado na primeira coluna da tabela para a célula de dados de interesse, o Excel recalcula o problema usando o Solver e, a seguir, preenche os valores correspondentes nas demais colunas das tabelas. (Os números na primeira linha da tabela provêm da solução original na planilha antes de o valor original na célula de dados ter sido modificado.)

A tabela revela que a solução ótima permanece a mesma no intervalo que vai de P_D = US$ 1.000 (e quem sabe, até menos) a P_D = US$ 7.000, mas que ocorre uma alteração em algum ponto entre US$ 7.000 e US$ 8.000. A seguir, poderíamos considerar sistematicamente valores de P_D entre US$ 7.000 e US$ 8.000 para determinar precisamente em que ponto a solução ótima muda. Porém, isso não é necessário já que, conforme será discutido adiante, um atalho é usar o relatório de sensibilidade do Excel para determinar exatamente onde a solução ótima muda.

	A	B	C	D	E	F	G
1		**O problema de mix de produtos da Wyndor Glass Co.**					
2							
3			Portas	Janelas			
4		Lucro por lote	US$ 3.000	US$ 5.000			
5					Horas		Horas
6			Horas utilizadas por lote produzido		utilizadas		disponíveis
7		Fábrica 1	1	0	2	<=	4
8		Fábrica 2	0	2	12	<=	12
9		Fábrica 3	3	2	18	<=	18
10							
11			Portas	Janelas			Lucro total
12		Lotes produzidos	2	6			US$ 36.000
13							
14							
15							
16		Lucro por lote	Lotes ótimos produzidos		Lucro		
17		de portas	Portas	Janelas	total		
18			2	6	US$ 36.000		
19		US$ 1.000	2	6	US$ 32.000		
20		US$ 2.000	2	6	US$ 34.000		
21		US$ 3.000	2	6	US$ 36.000		
22		US$ 4.000	2	6	US$ 38.000		
23		US$ 5.000	2	6	US$ 40.000		
24		US$ 6.000	2	6	US$ 42.000		
25		US$ 7.000	2	6	US$ 44.000		
26		US$ 8.000	4	3	US$ 47.000		
27		US$ 9.000	4	3	US$ 51.000		
28		US$ 10.000	4	3	US$ 55.000		

■ **FIGURA 6.13** Uma aplicação do Solver Table mostra o efeito de se variar sistematicamente a estimativa do lucro por lote de portas no problema da Wyndor.

Até então, exemplificamos como investigar sistematicamente o efeito de alterar apenas P_D (célula C4 na Figura 6.8). A metodologia é a mesma para P_W (célula D4). Na realidade, o Solver Table pode ser usado dessa maneira para investigar o efeito de se mudar qualquer célula de dados no modelo, inclusive qualquer célula em HorasDisponíveis (G7:G9) ou HorasUtilizadasPorLoteProduzido (C7:D9).

A seguir ilustraremos como investigar mudanças simultâneas em duas células de dados usando uma planilha, primeiro por si só e, depois, com o auxílio do Solver Table.

Verificação de mudanças bidirecionais no modelo

Ao usar as estimativas originais para P_D (US$ 3.000) e P_W (US$ 5.000), a solução ótima indicada pelo modelo (Figura 6.8) tem alto peso no sentido de produzir janelas (seis lotes por semana) em vez de portas (somente dois lotes por semana). Suponha que a direção da Wyndor esteja preocupada em relação a esse desequilíbrio e considere que o problema poderia ser que a estimativa para P_D esteja muito baixa e a estimativa para P_W, muito alta. Isso suscita a questão: "Se as estimativas são de fato nesse sentido, isso levaria a um *mix* de produtos mais equilibrado?" (Tenha em mente que a *razão* entre P_D e P_W é relevante na determinação do *mix* de produtos ótimo e que, portanto, manter essas estimativas no *mesmo* sentido com mínima alteração nessa razão tem poucas chances de alterar o *mix* de produtos.)

Essa pergunta pode ser resolvida em questão de segundos, bastando substituir as novas estimativas de lucros por lote na planilha original da Figura 6.8 e clicar no botão Solve. A Figura 6.14 exibe que as novas estimativas de US$ 4.500 para as portas e US$ 4.000 para as janelas não geram nenhuma modificação na solução para o *mix* de produtos ótimo. (O lucro total muda efetivamente, porém isso ocorre apenas em razão das mudanças nos lucros por lote.) Mudanças maiores nas estimativas de lucros por lote finalmente conduziriam a uma mudança no *mix* ótimo de produtos? A Figura 6.15 mostra que isso realmente acontece, levando a um *mix* de produtos relativamente equilibrado com $(x_1, x_2) = (4, 3)$, quando são empregadas estimativas de US$ 6.000 para as portas e de US$ 3.000 para as janelas.

	A	B	C	D	E	F	G
1		**O problema de mix de produtos da Wyndor Glass Co.**					
2							
3			Portas	Janelas			
4		Lucro por lote	US$ 4.500	US$ 4.000			
5					Horas		Horas
6			Horas utilizadas por lote produzido		utilizadas		disponíveis
7		Fábrica 1	1	0	2	<=	4
8		Fábrica 2	0	2	12	<=	12
9		Fábrica 3	3	2	18	<=	18
10							
11			Portas	Janelas			Lucro total
12		Lotes produzidos	2	6			US$ 33.000

■ **FIGURA 6.14** O problema revisado da Wyndor onde as estimativas dos lucros por lote de portas e de janelas foram alteradas, respectivamente, para P_D = US$ 4.500 e P_W = US$ 4.000, mas sem alterar a solução ótima do *mix* de produtos.

	A	B	C	D	E	F	G
1		**O problema de mix de produtos da Wyndor Glass Co.**					
2							
3			Portas	Janelas			
4		Lucro por Lote	US$ 6.000	US$ 3.000			
5					Horas		Horas
6			Horas utilizadas por lote produzido		utilizadas		disponíveis
7		Fábrica 1	1	0	4	<=	4
8		Fábrica 2	0	2	6	<=	12
9		Fábrica 3	3	2	18	<=	18
10							
11			Portas	Janelas			Lucro total
12		Lotes produzidos	4	3			US$ 33.000

■ **FIGURA 6.15** Problema revisado da Wyndor no qual as estimativas dos lucros por lote de portas e de janelas foram alteradas, respectivamente, para US$ 6.000 e US$ 3.000, mas sem alterar a solução ótima do *mix* de produtos.

As Figuras 6.14 e 6.15 não revelam em que ponto o *mix* de produtos ótimo muda à medida que as estimativas de lucro aumentam de US$ 4.500 para US$ 6.000 para as portas e diminuem de US$ 4.000 para US$ 3.000 no caso das janelas. A seguir, descrevemos como o Solver Table pode auxiliar de modo sistemático a dar mais precisão a isso.

Uso do Table Solver para a análise de sensibilidade bidirecional

Uma versão bidirecional do Solver Table fornece uma maneira de investigar de forma sistemática o efeito se as estimativas incluídas nas *duas* células de dados forem simultaneamente imprecisas. Contudo, dois é o número máximo de células de dados que pode se considerar simultaneamente pelo Solver Table. Nesse caso, o Solver Table mostra os resultados em uma única célula de saída para os diversos valores experimentais nas duas células de dados.

Para exemplificar essa metodologia, investigaremos novamente o efeito de se aumentar P_D e diminuir P_W ao mesmo tempo. Antes de considerarmos o efeito no *mix* de produtos ótimo, veremos o efeito no lucro total. Para tanto, o Solver Table será usado para mostrar como o LucroTotal (G12) da Figura 6.8 varia ao longo de um intervalo de valores experimentais nas duas células de dados, LucroPorLote (C4:D4). Para cada par de valores experimentais nessas células de dados, o Solver será chamado para recalcular o problema.

Para criar uma Solver Table bidirecional para o problema da Wyndor, expanda a planilha original (Figura 6.8) a fim de construir uma tabela com cabeçalhos de coluna e linha conforme mostrados

	A	B	C	D	E	F	G	H	I
1		**O problema de mix de produtos da Wyndor Glass Co.**							
2									
3			Portas	Janelas					
4		Lucro por lote	US$ 3.000	US$ 5.000					
5					Horas		Horas		
6			Horas utilizadas por lote produzido		utilizadas		disponíveis		
7		Fábrica 1	1	0	2	<=	4		
8		Fábrica 2	0	2	12	<=	12		
9		Fábrica 3	3	2	18	<=	18		Selecione
10									estas células
11			Portas	Janelas			Lucro Total		(C17:H21),
12		Lotes produzidos	2	6			US$ 36.000		antes de
13									selecionar
14									o Solver Table.
15									
16		**Lucro Total**			Lucro por lote de janelas				
17			US$ 36.000	US$ 1.000	US$ 2.000	US$ 3.000	US$ 4.000	US$ 5.000	
18			US$ 3.000						
19		Lucro por lote	US$ 4.000						
20		de portas	US$ 5.000						
21			US$ 6.000						

	C
17	=LucroTotal

Nome da faixa de célula	Células
Lucro Total	G12

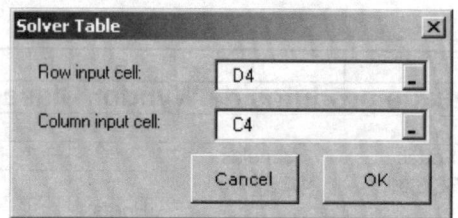

■ **FIGURA 6.16** Expansão da planilha da Figura 6.8 com o intuito de preparar para o uso de uma Solver Table bidimensional visando mostrar o efeito no lucro total ao se variarem sistematicamente as estimativas de lucros por lote de portas e janelas no problema da Wyndor.

nas linhas 16-21 da planilha da Figura 6.16. No canto superior esquerdo da tabela (C17), escreva uma equação (=LucroTotal) que se refere à célula-alvo. Na primeira coluna da tabela (coluna C, abaixo da equação na célula C17), insira vários valores experimentais para a primeira célula de dados de interesse (o lucro por lote de portas). Na primeira linha da tabela (linha 17, à direita da equação na célula C17), insira vários valores experimentais para a primeira célula de dados de interesse (o lucro por lote de portas). Na primeira linha da tabela (linha 17, à direita da equação na célula C17), insira vários valores experimentais para a segunda célula de dados de interesse (o lucro por lote de janelas).

A seguir, selecione toda a tabela (C17:H21) e selecione a Solver Table da guia Add-Ins (para o Excel 2007) ou do menu Ferramentas (para versões mais recentes do Excel, após ter instalado esse módulo adicional fornecido no *Courseware* de PO). Na caixa de diálogo do Solver Table (mostrada na parte inferior da Figura 6.16), indique quais células de dados estão sendo alteradas simultaneamente. A célula de entrada de coluna (C4) refere-se à célula de dados cujos vários valores experimentais são listados na primeira coluna da tabela (C18:C21), ao passo que a célula de entrada de linha D4 refere-se à célula de dados cujos vários valores experimentais são listados na primeira linha da tabela (D17:H17).

A Solver Table mostrada na Figura 6.17 é então gerada automaticamente clicando-se no botão OK. Para cada par de valores experimentais referentes às duas células de dados, o Excel recalcula o problema usando o Solver e depois preenche no ponto correspondente na tabela. (O número C17 provém da célula-alvo na planilha original antes de os valores originais das duas células de dados serem modificados.)

Diferentemente de uma Solver Table unidirecional, que pode exibir os resultados de *várias* células em mutação e/ou células de saída para os diversos valores experimentais de uma única célula de dados, um Solver Table bidirecional limita-se a expor os resultados em uma *única* célula para cada par de valores experimentais nas duas células de dados de interesse. Entretanto, há um truque ao se usar o símbolo & que habilita o Solver Table a mostrar os resultados de várias células em mutação e/ou células de saída em uma célula da tabela. Utilizamos esse truque na Solver Table exposto na Figura 6.18 para mostrar os resultados de alterarmos tanto as células LotesdePortasProduzidas (C12) como LotesdeJanelasPro-

CAPÍTULO 6 TEORIA DA DUALIDADE E ANÁLISE DE SENSIBILIDADE

	B	C	D	E	F	G	H
16	**Lucro Total**			Lucro por Lote de Janelas			
17		US$ 36.000	US$ 1.000	US$ 2.000	US$ 3.000	US$ 4.000	US$ 5.000
18		US$ 3.000	US$ 15.000	US$ 18.000	US$ 24.000	US$ 30.000	US$ 36.000
19	Lucro por Lote	US$ 4.000	US$ 19.000	US$ 22.000	US$ 26.000	US$ 32.000	US$ 38.000
20	de Portas	US$ 5.000	US$ 23.000	US$ 26.000	US$ 29.000	US$ 34.000	US$ 40.000
21		US$ 6.000	US$ 27.000	US$ 30.000	US$ 33.000	US$ 36.000	US$ 42.000

■ **FIGURA 6.17** Uma aplicação bidimensional do Solver Table que mostra o efeito sobre o lucro total ótimo causado pela variação sistemática das estimativas de lucros por lote de portas e janelas para o problema da Wyndor.

duzidas (D12), para cada par de valores experimental para LucroPorLote (C4:D4). A fórmula-chave encontra-se na célula C25:

C25 "("& LotesdePortasProduzidas & "," & LotesdeJanelasProduzidas &")"

O caractere & informa ao Excel para concatenar, de modo que o resultado será um parêntese de abertura, seguido pelo valor contido em LotesdePortasProduzidas (C12), depois uma vírgula e o conteúdo de LotesdeJanelasProduzidas (D12) e, finalmente, um parêntese de fechamento. Se LotesdePortasProduzidas = 2 e LotesdeJanelasProduzidas = 6, o resultado será (2, 6). Portanto, os resultados obtidos pela modificação de *ambas* as células são exibidos em uma *única* célula da tabela.

Após as preliminares usuais de introdução de informação mostrada nas linhas 24–25 e colunas B-C da Figura 6.18, junto com a fórmula em C25, clicar no botão OK vai gerar, automaticamente, a Solver Table inteira. As células D26:H29 mostram a solução ótima para as diversas combinações dos valores experimentais para os lucros por lote de portas e janelas. O canto superior direito (célula H26) dessa Solver Table fornece a solução ótima de $(x_1, x_2) = (2, 6)$ ao usar as estimativas de lucro originais de US$ 3.000 por lote de portas e de US$ 5.000 por lote de janelas. Deslocar-se para baixo a partir dessa célula corresponde a aumentar essa estimativa de portas, ao passo que se deslocar para a esquerda equivale a diminuir a estimativa para janelas. (As células, ao deslocarmos para cima ou para a direita de H26, não são mostradas, pois essas mudanças somente aumentariam o atrativo de $(x_1, x_2) = (2, 6)$

	B	C	D	E	F	G	H
24	Lucro total (Portas, Janelas)			Lucro por lote de janelas			
25		(2.6)	US$ 1.000	US$ 2.000	US$ 3.000	US$ 4.000	US$ 5.000
26		US$ 3.000	(4.3)	(4.3)	(2.6)	(2.6)	(2.6)
27	Lucro por lote	US$ 4.000	(4.3)	(4.3)	(2.6)	(2.6)	(2.6)
28	de portas	US$ 5.000	(4.3)	(4.3)	(4.3)	(2.6)	(2.6)
29		US$ 6.000	(4.3)	(4.3)	(4.3)	(4.3)	(4.3)

	C
25	="(" & LotesdePortasProduzidas & "," & LotesdeJanelasProduzidas & ")"

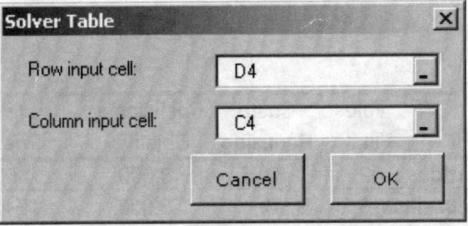

Nome da Faixa de Células	Células
LotesdePortasProduzidas	C12
LotesdeJanelasProduzidas	D12

■ **FIGURA 6.18** Uma aplicação bidimensional do Solver Table que mostra o efeito sobre o *mix* de produtos ótimo causado pela variação sistemática das estimativas de lucros por lote de portas e janelas para o problema da Wyndor.

como solução ótima.) Observe que $(x_1, x_2) = (2, 6)$ continua a ser a solução ótima para todas as células próximas de H26. Isso indica que as estimativas originais de lucro por lote teriam de ser, de fato, muito imprecisas antes de o *mix* de produtos mudar.

Uso do relatório de sensibilidade para executar a análise de sensibilidade

Agora você viu como a análise de sensibilidade pode ser executada prontamente em uma planilha, seja de modo interativo fazendo mudanças nas células de dados e recalculando, seja usando o Solver Table para gerar informações similares de modo sistemático. Entretanto, há um método fácil e rápido. Parte das mesmas informações (e outras), pode ser obtida de forma muito mais rápida e ágil usando apenas o relatório de sensibilidade fornecido pelo Excel Solver. (Basicamente, o mesmo relatório de sensibilidade é uma parte-padrão da saída disponível gerada por outros pacotes de software também, entre eles MPL/CPLEX, LINDO e LINGO.)

A Seção 4.7 já discutiu o relatório de sensibilidade e como ele é usado para realizar a análise de sensibilidade. A Figura 4.10 nessa seção exibe o relatório de sensibilidade para o problema da Wyndor. Parte desse relatório é mostrada aqui na Figura 6.19. Em vez de repetir a Seção 4.7, vamos nos concentrar em exemplificar como o relatório de sensibilidade pode resolver de modo eficiente as questões específicas que surgiram em subseções anteriores para o caso da Wyndor.

A questão considerada nas primeiras duas subseções era quanto à estimativa inicial de US$ 3.000 para P_D poderia se afastar antes de a solução ótima atual, $(x_1, x_2) = (2, 6)$, mudar. As Figuras 6.10 e 6.11 indicaram que a solução ótima não mudaria até que P_D fosse elevado para algo em torno de US$ 5.000 e US$ 10.000. A Figura 6.13 diminuiu esse intervalo para o qual a solução ótima mudava para algo entre US$ 7.000 e US$ 8.000. Essa figura também mostrava que se a estimativa inicial de US$ 3.000 para P_D fosse muito alta em vez de muito baixa, P_D teria de ser diminuído para algo abaixo de US$ 1.000 antes de a solução ótima começar a mudar.

Agora, vejamos como o trecho do relatório de sensibilidade da Figura 6.19 responde a essa mesma questão. A linha LotesdePortasProduzidas nesse relatório fornece as seguintes informações (sem os sinais de dólares) sobre P_D.

Valor atual de P_D: 3.000.
Acréscimo possível em P_D: 4.500.   Portanto, $P_D \leq 3.000 + 4.500 = 7.500$.
Decréscimo possível em P_D: 3.000.   Portanto, $P_D \geq 3.000 - 3.000 = 0$.
Intervalo possível para P_D: $0 \leq P_D \leq 7.500$.

Portanto, se P_D for alterado do seu valor atual (sem fazer qualquer outra modificação no modelo), a solução atual $(x_1, x_2) = (2, 6)$ permanecerá ótima enquanto o novo valor de P_D permanecer nesse *intervalo possível*, $0 \leq P_D \leq$ US$ 7.500.

A Figura 6.20 fornece o *insight* gráfico nesse intervalo possível. Para o valor original $P_D = 3.000$, a reta cheia na figura mostra a inclinação da função objetivo passando por (2, 6). Na parte inferior do intervalo possível, em que $P_D = 0$, a reta da função objetivo que passa por (2, 6) agora é a reta B na figura, de modo que todo ponto sobre o segmento de reta entre (0, 6) e (2, 6) seja uma solução ótima. Para qualquer valor $P_D < 0$, a reta da função objetivo terá girado ainda mais de maneira que (0, 6) transforma-se na única solução ótima. Na extremidade superior do intervalo possível, quando $P_D = 7.500$, a reta da função objetivo que passa por (2, 6) torna-se a reta C, de modo que qualquer ponto sobre o segmento de reta entre (2, 6)

Células Ajustáveis

Célula	Nome	Valor Final	Custo Reduzido	Coeficiente Objetivo	Acréscimo Possível	Decréscimo Possível
$C$12	LotesdePortasProduzidas	2	0	3.000	4.500	3.000
$D$12	LotesdeJanelasProduzidas	6	0	5.000	1E+30	3.000

■ **FIGURA 6.19** Parte do relatório de sensibilidade gerado pelo Excel Solver para o problema original da Wyndor (Figura 6.8), no qual as três últimas colunas identificam os intervalos para que a solução permaneça ótima para os lucros por lote de portas e janelas.

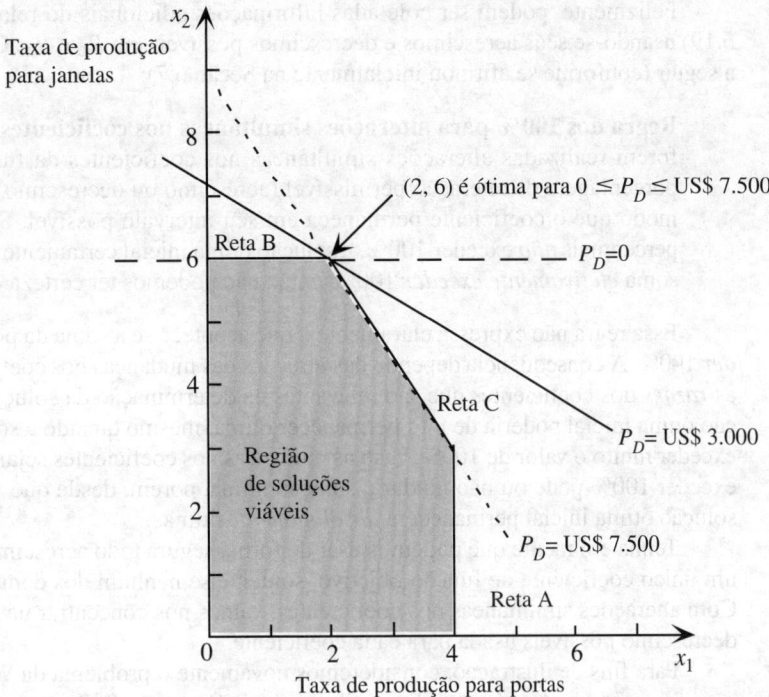

■ **FIGURA 6.20** As duas retas tracejadas que passam por retas cheias de limite de restrição são as retas de função objetivo quando P_D (o lucro por lote de portas) encontra-se em um ponto extremo de seu intervalo possível para a solução permanecer ótima, $0 \leq P_D \leq 7.500$, depois tanto a reta quanto qualquer outra reta de função objetivo nesse intervalo ainda resultam em $(x_1, x_2) = (2, 6)$ como uma solução ótima para o problema Wyndor.

e (4, 3) transforma-se em uma solução ótima. Para qualquer valor $P_D > 7.500$, a reta da função objetivo é ainda mais inclinada que a reta C, de modo que (4, 3) se torne a única solução ótima. Consequentemente, a solução ótima inicial, $(x_1, x_2) = (2, 6)$ permanece ótima somente enquanto $0 \leq P_D \leq$ US$ 7.500.

O procedimento chamado *Método Gráfico e Análise de Sensibilidade* no Tutorial IOR é desenvolvido para ajudá-lo a realizar esse tipo de análise gráfica. Após incluir o modelo para o problema Wyndor inicial, o módulo fornece o gráfico mostrado na Figura 6.20 (sem as linhas tracejadas). A seguir, podemos simplesmente arrastar uma extremidade da reta objetivo para cima ou para baixo para ver quanto podemos aumentar ou diminuir P_D antes que $(x_1, x_2) = (2, 6)$ não seja mais ótima.

Conclusão: o intervalo possível para P_D é $0 \leq P_D \leq$ US$ 7.500, pois $(x_1, x_2) = (2, 6)$ permanece ótimo ao longo desse intervalo, mas não além dele. (Quando $P_D = 0$ ou P_D US$ 7.500, há múltiplas soluções ótimas, porém $(x_1, x_2) = (2, 6)$ ainda é uma delas. Com um intervalo tão grande assim em torno da estimativa inicial de US$ 3.000 ($P_D = $ US$ 3.000) para o lucro por lote de portas, podemos ficar relativamente confiantes na obtenção da solução ótima correta para um lucro real.

Passemos agora para a questão considerada nas duas subseções precedentes. O que aconteceria se as estimativas para P_D (US$ 3.000) e P_W (US$ 5.000) fossem simultaneamente muito baixa e muito alta? De modo específico, quão distantes estariam as estimativas nessas direções antes que a solução ótima atual, $(x_1, x_2) = (2, 6)$, mudasse?

A Figura 6.14 mostra que se P_D aumentasse em US$ 1.500 (de US$ 3.000 para US$ 4.500) e P_W diminuísse em US$ 1.000 (de US$ 5.000 para US$ 4.000), a solução ótima permaneceria a mesma. A Figura 6.15 indica que dobrar essas alterações resultaria em uma mudança da solução ótima. Entretanto, não fica claro em que ponto ela ocorre. A Figura 6.18 fornece informações adicionais, mas não uma resposta definitiva para essa questão.

Felizmente, podem ser coletadas informações adicionais do relatório de sensibilidade (Figura 6.19) usando-se seus acréscimos e decréscimos possíveis em P_D e P_W. O ponto-chave é aplicar a regra a seguir (conforme se afirmou inicialmente na Seção 6.7):

Regra dos 100% para alterações simultâneas nos coeficientes da função objetivo: se forem realizadas alterações simultâneas nos coeficientes da função objetivo, calcule a porcentagem de alteração permissível (acréscimo ou decréscimo) para cada uma delas de modo que o coeficiente permaneça em seu intervalo possível. Se a *soma* das alterações percentuais *não* exceder 100%, a solução ótima inicial certamente permanecerá ótima. Se a soma *efetivamente exceder* 100%, então não podemos ter certeza disso.

Essa regra não expressa claramente o que acontece se a soma da porcentagem *efetivamente exceder* 100%. A consequência depende das direções das mudanças nos coeficientes. Lembre-se de que são as *razões* dos coeficientes que são relevantes na determinação da solução ótima, de modo que a solução ótima inicial poderia de fato permanecer ótima, mesmo quando a soma das alterações porcentuais exceder muito o valor de 100%, caso as mudanças nos coeficientes sejam na mesma direção. Portanto, exceder 100% pode ou não mudar a solução ótima, porém, desde que 100% não seja ultrapassado, a solução ótima inicial permanecerá *absolutamente* ótima.

Tenha em mente que podemos usar de forma segura todo acréscimo ou decréscimo possíveis em um único coeficiente de função objetivo, somente se nenhum dos demais coeficientes tiver mudado. Com alterações simultâneas nos coeficientes, vamos nos concentrar na *porcentagem* do acréscimo ou decréscimo possíveis usada para cada coeficiente.

Para fins de ilustração, consideremos novamente o problema da Wyndor, junto com as informações fornecidas pelo relatório de sensibilidade da Figura 6.19. Suponhamos agora que a estimativa de P_D tenha aumentado de US$ 3.000 para US$ 4.500, enquanto a estimativa para P_W tivesse diminuído de US$ 5.000 para US$ 4.000. Os cálculos para a regra dos 100% agora ficam assim:

P_D: US$ 3.000 → US$ 4.500.

$$\text{Porcentagem de acréscimo possível} = 100\left(\frac{4.500 - 3.000}{4.500}\right)\% = 33{,}3\%$$

P_W: US$ 5.000 → US$ 4.000.

$$\text{Porcentagem de decréscimo possível} = 100\left(\frac{5.000 - 4.000}{3.000}\right)\% = 33{,}3\%$$

Soma = 66,6%.

Já que a soma das porcentagens não excede os 100%, a solução ótima original $(x_1, x_2) = (2, 6)$ sem dúvida nenhuma ainda é ótima, da mesma forma que havíamos descoberto anteriormente na Figura 6.14.

Suponha agora que a estimativa de P_D tenha aumentado de US$ 3.000 para US$ 6.000, ao passo que a estimativa para P_W tenha diminuído de US$ 5.000 para US$ 3.000. Os cálculos para a regra dos 100% agora ficam assim:

P_D: US$ 3.000 → US$ 6.000.

$$\text{Porcentagem de acréscimo possível} = 100\left(\frac{6.000 - 3.000}{4.500}\right)\% = 66{,}6\%$$

P_W: US$ 5.000 → US$ 3.000.

$$\text{Porcentagem de decréscimo possível} = 100\left(\frac{5.000 - 3.000}{3.000}\right)\% = 66{,}6\%$$

Soma = 133,3%.

Visto que a soma das porcentagens agora excede os 100%, a regra dos 100% diz que não é possível mais garantir que $(x_1, x_2) = (2, 6)$ ainda seja ótima. De fato, descobrimos anteriormente nas Figuras. 6.15 e 6.18 que a solução ótima mudou para $(x_1, x_2) = (4; 3)$.

Esses resultados sugerem como encontrar exatamente o ponto em que a solução ótima muda enquanto P_D está sendo aumentado e P_W está sendo diminuído dessas quantias relativas. Uma vez que 100% está no meio do caminho entre 66,6% e 133,3%, a soma das alterações percentuais, será igual a 100% quando os valores de P_D e P_W estiverem na metade do caminho entre esses valores nos casos anteriores. Particularmente, $P_D = $ US$ 5.250 está a meio caminho entre US$ 4.500 e US$ 6.000 e $P_W = $ US$ 3.500 está a meio caminho entre US$ 4.000 e US$ 3.000. Os cálculos correspondentes para a regra dos 100% são:

P_D: US$ 3.000 → US$ 5.250.

$$\text{Porcentagem de acréscimo possível} = 100\left(\frac{5.250 - 3.000}{4.500}\right)\% = 50\%$$

P_W: US$ 5.000 → US$ 3.500.

$$\text{Porcentagem de decréscimo possível} = 100\left(\frac{5.000 - 3.500}{3.000}\right)\% = 50\%$$

Soma = 100%.

Embora a soma das porcentagens seja igual a 100%, o fato de ela não *exceder* a 100% garante que $(x_1, x_2) = (2, 6)$ ainda seja ótima. A Figura 6.21 mostra graficamente que *tanto* (2, 6) *quanto* (4, 3) agora são ótimas, bem como todos os pontos sobre o segmento de reta conectando esses dois pontos. Entretanto, se P_D e P_W tiverem de ser alterados além de seus valores originais (de modo que a soma

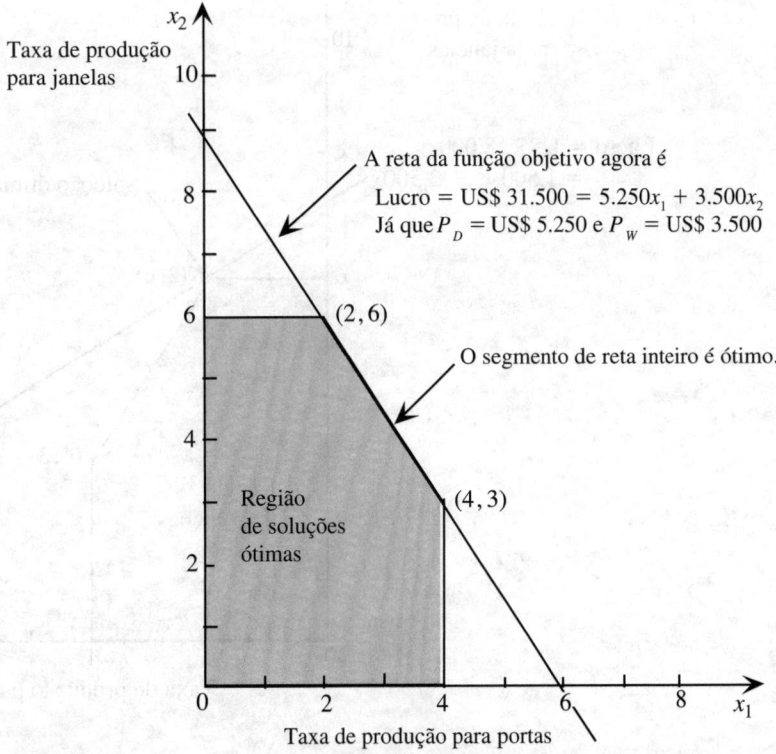

■ **FIGURA 6.21** Quando as estimativas dos lucros por lote de portas e de janelas mudam para P_D US$ 5.250 e P_W US$ 3.500, que cai na borda do que é permitido pela regra dos 100%, o método gráfico mostra que $(x_1, x_2) = (2, 6)$ ainda é uma solução ótima, porém, agora qualquer outro ponto sobre esse segmento de reta entre essa solução e (4, 3) também é ótima.

das porcentagens exceda 100%), a reta da função objetivo seria girada tanto em direção à vertical que $(x_1, x_2) = (4, 3)$ passaria a ser a única solução ótima.

Ao mesmo tempo, tenha em mente que fazer a soma das porcentagens das mudanças permissíveis exceder a 100% não significa automaticamente que a solução ótima mudará. Suponha, por exemplo, que as estimativas de ambos os lucros unitários diminuam pela metade. Os cálculos resultantes para a regra dos 100% são

P_D: US$ 3.000 → US$ 1.500.

$$\text{Porcentagem de decréscimo possível} = 100 \left(\frac{3.000 - 1.500}{3.000} \right)\% = \quad 50\%$$

P_W: US$ 5.000 → US$ 2.500.

$$\text{Porcentagem de decréscimo possível} = 100 \left(\frac{5.000 - 2.500}{3.000} \right)\% = \quad 83\frac{1}{3}\%$$

$$\text{Soma} = 133\frac{1}{3}\%.$$

Embora essa soma exceda os 100%, a Figura 6.22 mostra que a solução ótima original ainda permanece ótima. De fato, a reta da função objetivo tem a mesma inclinação do que a reta da função

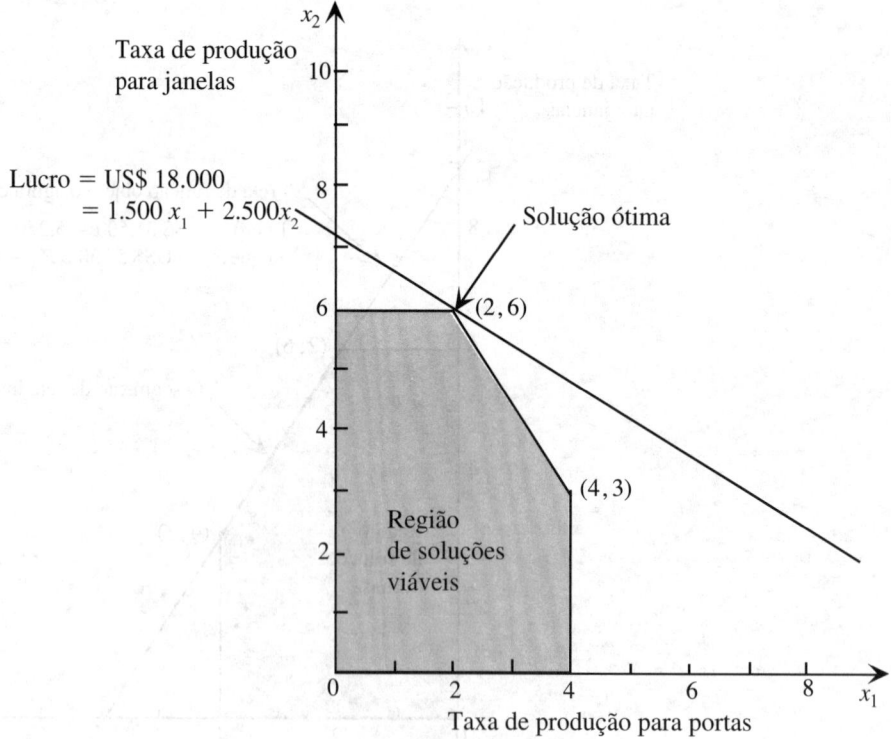

■ **FIGURA 6.22** Quando as estimativas dos lucros por lote de portas e de janelas mudam para P_D = US$ 1.500 e P_W = US$ 2.500 (ou seja, metade dos seus valores originais), o método gráfico mostra que a solução ótima permanece $(x_1, x_2) = (2, 6)$, embora a regra dos 100% diga que pode ser que a solução ótima tenha mudado.

objetivo original (a reta com traço cheio da Figura 6.20). Isso acontece toda vez que mudanças proporcionais são realizadas em todas as estimativas de lucro, que conduzirão automaticamente à mesma solução ótima.

Outros tipos de análise de sensibilidade

Esta seção se concentrou em como usar uma planilha para investigar o efeito de mudanças somente nos coeficientes das variáveis na função objetivo. Muitas vezes também se quer investigar o efeito de mudanças nos lados direitos das restrições funcionais. Ocasionalmente, talvez se queira verificar se a solução ótima mudaria caso as mudanças precisem se realizar em alguns coeficientes nas restrições funcionais.

A metodologia da planilha para investigar esses outros tipos de mudança no modelo é praticamente a mesma daquela usada para os coeficientes da função objetivo. Enfatizando, você pode experimentar fazer quaisquer alterações nas células de dados simplesmente efetuando essas mudanças na planilha e usando o Excel Solver para recalcular o modelo. E, mais uma vez, você pode verificar sistematicamente o efeito de uma série de mudanças em qualquer uma ou duas células de dados por meio do Solver Table. Conforme se descreveu na Seção 4.7, o relatório de sensibilidade gerado pelo Excel Solver (ou qualquer outro pacote de software para programação linear) também fornece informações preciosas, entre elas os preços-sombra, o efeito de se mudar o lado direito de qualquer restrição funcional única. Ao alterar uma série de lados direitos ao mesmo tempo, também há uma "regra dos 100%" para esse caso, que é análoga à regra dos 100% para mudanças simultâneas nas restrições da função objetivo. Refira-se ao Caso 1 da Seção 6.7 para obter detalhes sobre como investigar o efeito de mudanças no lado direito, incluindo a aplicação da regra dos 100% para mudanças simultâneas no lado direito.

A seção de Worked Examples do *site* da editora inclui **outro exemplo** do uso de uma planilha para investigar o efeito de se alterar individualmente os lados direitos.

6.9 CONCLUSÕES

Todo problema de programação linear tem associado a si um problema de programação linear dual. Há uma série de relações extremamente úteis entre o problema original (primal) e seu problema dual que melhoram nossa capacidade de análise do problema primal. Por exemplo, a interpretação econômica do problema dual fornece os preços-sombra que medem o valor marginal dos recursos no problema primal e fornece as bases para o entendimento do método simplex. Pelo fato do método simplex ser aplicado diretamente a qualquer um dos problemas de modo a solucioná-los ao mesmo tempo, algumas vezes grande quantidade de processamento é poupada lidando-se diretamente com o problema dual. A teoria da dualidade, inclusive o método simplex dual (Seção 7.1) para trabalhar com soluções básicas superótimas, também desempenha papel fundamental na análise de sensibilidade.

Os valores usados para os parâmetros de um modelo de programação linear geralmente são apenas estimativos. Portanto, a análise de sensibilidade precisa ser realizada para investigar o que aconteceria caso essas estimativas estivessem erradas. O *insight* fundamental da Seção 5.3 oferece o segredo para realizar essa investigação de modo eficiente. Os objetivos gerais são os de identificar os parâmetros sensíveis que afetam a solução ótima, tentar estimá-los de forma mais precisa e, depois, selecionar uma solução que permaneça válida ao longo do intervalo de valores prováveis desses parâmetros. Essa análise é parte muito importante dos estudos de programação linear.

Com o auxílio do Excel Solver, as planilhas também oferecem alguns métodos úteis para executar a análise de sensibilidade. Um deles é incluir repetidamente mudanças em um ou mais parâmetros do modelo na planilha e, depois, clicar no botão Solve para ver imediatamente se a solução ótima muda. Um segundo método é usar o Solver Table para verificar sistematicamente o efeito de se fazer uma série de alterações em um ou dois parâmetros do modelo. O terceiro seria utilizar o relatório de sensibilidade gerado pelo Excel Solver para identificar o intervalo possível para os coeficientes na função objetivo, os preços-sombra para as restrições funcionais e o intervalo possível para cada lado direito sobre o qual seu preço-sombra permanece válido. Outros pacotes de software que apliquem o método simplex – entre eles, MPL/CPLEX, LINDO e LINGO – também fornecem um relatório de sensibilidade quando solicitados.

REFERÊNCIAS SELECIONADAS

1. Bertsimas, D., and M. Sim: "The Price of Robustness", *Operations Research*, **52**(1): 35-53, January-February 2004.
2. Dantzig, G. B., and M. N. Thapa: *Linear Programming* 1: *Introduction*, Springer, New York, 1997.
3. Gal, T., and H. Greenberg (eds.): *Advances in Sensitivity Analysis and Parametric Programming*, Kluwer Academic Publishers (now Springer), Boston, MA, 1997.
4. Higle, J. L., and S. W. Wallace: "Sensitivity Analysis and Uncertainty in Linear Programming", *Interfaces*, **33**(4): 53-60, July-August 2003.
5. Hillier, F. S., and M. S. Hillier: *Introduction to Management Science*: *A Modeling and Case Studies Approach with Spreadsheets*, 3rd ed., McGraw-Hill/Irwin, Burr Ridge, IL, 2008, chap. 5.
6. Nazareth, J. L.: *An Optimization Primer: On Models, Algorithms, and Duality*, Springer-Verlag, New York, 2004.
7. Vanderbei, R. J.: *Linear Programming*: *Foundations and Extensions*, 3rd ed., Springer, New York, 2008.
8. Wendell, R. E.: "Tolerance Sensitivity and Optimality Bounds in Linear Programming", *Management Science*, **50**(6): 797-803, June 2004.

FERRAMENTAS DE APRENDIZADO NO *SITE*

Worked examples:

Exemplos do Capítulo 6

Exemplo demonstrativo no tutor PO:

Análise de Sensibilidade

Procedimentos interativos no tutorial IOR:

Método Gráfico Interativo
Introdução ou Revisão de um Modelo de Programação Linear Genérico
Resolução de Problemas Interativamente pelo Método Simplex
Análise de Sensibilidade

Procedimentos automáticos no tutorial IOR:

Resolução de Problemas Automaticamente pelo Método Simplex
Método Gráfico e Análise de Sensibilidade

Módulos de programa adicionais para Excel:

Premium Solver for Education
Solver Table

Arquivos (Capítulo 3) para solucionar o exemplo da Wyndor:

Arquivos em Excel
Arquivo LINGO/LINDO
Arquivo MPL/CPLEX

Glossário do Capítulo 6

Ver o Apêndice 1 para obter documentação sobre o software.

PROBLEMAS

Os símbolos à esquerda de alguns problemas (ou parte deles) têm o seguinte significado:

D: O exemplo demonstrativo que acaba de ser listado pode ser útil.

I: Sugerimos que você use o procedimento interativo correspondente que acaba de ser listado (a impressão registra seu trabalho).

C: Use o computador com qualquer uma das opções de software disponíveis (ou conforme orientação de seu professor) para resolver o problema automaticamente.

E*: Use o Excel.

Um asterisco no número do problema indica que pelo menos há uma resposta parcial no final do livro.

6.1-1* Construa o problema dual para cada um dos seguintes modelos de programação linear que se ajustem à nossa forma-padrão.

(a) Modelo do Problema 3.1-6.
(b) Modelo do Problema 4.7-5.

6.1-2 Considere o modelo de programação linear do Problema 4.5-4.

(a) Construa a tabela primal-dual e o problema dual para esse modelo.
(b) O que o fato de Z ser ilimitado para esse modelo implica em relação a seu problema dual?

6.1-3 Para cada um dos seguintes modelos de programação linear dê suas recomendações sobre qual é a maneira mais eficiente (provavelmente) de se obter uma solução ótima: aplicar o método simplex diretamente a esse problema primal ou, então, aplicar o método simplex diretamente ao problema dual. Explique.

(a) Maximizar $Z = 10x_1 - 4x_2 + 7x_3$,

sujeito a

$$3x_1 - x_2 + 2x_3 \le 25$$
$$x_1 - 2x_2 + 3x_3 \le 25$$
$$5x_1 + x_2 + 2x_3 \le 40$$
$$x_1 + x_2 + x_3 \le 90$$
$$2x_1 - x_2 + x_3 \le 20$$

e

$$x_1 \ge 0, \quad x_2 \ge 0, \quad x_3 \ge 0.$$

(b) Maximizar $Z = 2x_1 + 5x_2 + 3x_3 + 4x_4 + x_5$,

sujeito a

$$x_1 + 3x_2 + 2x_3 + 3x_4 + x_5 \le 6$$
$$4x_1 + 6x_2 + 5x_3 + 7x_4 + x_5 \le 15$$

e

$$x_j \ge 0, \quad \text{para } j = 1, 2, 3, 4, 5.$$

6.1-4 Considere o seguinte problema:

Maximizar $Z = -x_1 - 2x_2 - x_3$,

sujeito a

$$x_1 + x_2 + 2x_3 \le 12$$
$$x_1 + x_2 - x_3 \le 1$$

e

$$x_1 \ge 0, \quad x_2 \ge 0, \quad x_3 \ge 0.$$

(a) Construa o problema dual.
(b) Use a teoria da dualidade para demonstrar que a solução ótima para o problema primal tem $Z \le 0$.

6.1-5 Considere o seguinte problema:

Maximizar $Z = 5x_1 + 4x_2 + 3x_3$,

sujeito a

$$x_1 + x_3 \le 15 \quad (\text{recurso 1})$$
$$x_2 + 2x_3 \le 25 \quad (\text{recurso 2})$$

e

$$x_1 \ge 0, \quad x_2 \ge 0, \quad x_3 \ge 0.$$

(a) Construa o problema dual para este problema primal.
I (b) Solucione o problema dual graficamente. Use essa solução para identificar os preços-sombra para os recursos no problema primal.
C (c) Confirme seus resultados do item (b) solucionando o problema automaticamente pelo método simplex e, a seguir, identifique os preços-sombra.

6.1-6 Siga as instruções do Problema 6.1-5 para o problema a seguir:

Maximizar $Z = x_1 - 3x_2 + 2x_3$,

sujeito a

$$2x_1 + 2x_2 - 2x_3 \le 6 \quad (\text{recurso 1})$$
$$-x_2 + 2x_3 \le 4 \quad (\text{recurso 2})$$

e

$$x_1 \ge 0, \quad x_2 \ge 0, \quad x_3 \ge 0.$$

6.1-7 Considere o seguinte problema:

Maximizar $Z = 2x_1 + 3x_2$,

sujeito a

$$4x_1 + x_2 \le 20$$
$$-x_1 + x_2 \le -10$$

e

$$x_1 \geq 0, \quad x_2 \geq 0.$$

I **(a)** Demonstre graficamente que esse problema não tem nenhuma solução viável.
(b) Construa o problema dual.
I **(c)** Demonstre graficamente que o problema dual tem uma função objetivo ilimitada.

I **6.1-8** Construa e coloque em um gráfico um problema primal com duas variáveis de decisão e duas restrições funcionais que tenha soluções viáveis e uma função objetivo ilimitada. A seguir, construa o problema dual e demonstre graficamente que ele não possui soluções viáveis.

I **6.1-9** Construa um par de problemas primal e dual, cada um deles com duas variáveis de decisão e duas restrições funcionais, tal que ambos os problemas não tenham soluções viáveis. Demonstre graficamente essa propriedade.

6.1-10 Construa um par de problemas primal e dual, cada um deles com duas variáveis de decisão e duas restrições funcionais, tal que o problema primal não tenha soluções viáveis e o problema dual tenha uma função objetivo ilimitada.

6.1-11 Use a versão fraca da teoria da dualidade para provar que, se tanto o problema primal quanto o problema dual não têm soluções viáveis, então ambos têm uma solução ótima.

6.1-12 Considere os problemas primal e dual em nossa forma-padrão apresentada na notação matricial no início da Seção 6.1. Use apenas essa definição do problema dual para um problema primal nessa forma para provar cada um dos seguintes resultados.
(a) A versão fraca da teoria da dualidade apresentada na Seção 6.1.
(b) Se o problema primal tiver uma região de soluções viáveis ilimitada que permita aumentar Z indefinidamente, então o problema dual não tem nenhuma solução viável.

6.1-13 Considere os problemas primal e dual em nossa forma-padrão apresentada em notação matricial no início da Seção 6.1. Faça que $\mathbf{y}^*$ represente a solução ótima para esse problema dual. Suponha que $\mathbf{b}$ seja então substituído por $\bar{\mathbf{b}}$. Faça que $\bar{\mathbf{x}}$ represente a solução ótima para o novo problema primal. Prove que

$$\mathbf{c}\bar{\mathbf{x}} \leq \mathbf{y}^*\bar{\mathbf{b}}.$$

6.1-14 Para qualquer problema de programação linear em nossa forma-padrão e seu problema dual correspondente, classifique cada uma das afirmações a seguir como verdadeira ou falsa e, a seguir, justifique sua resposta.
(a) A soma do número de restrições funcionais e do número de variáveis (antes do aumento) é a mesma tanto para o problema primal quanto para o problema dual.
(b) A cada iteração, o método simplex identifica simultaneamente uma solução PEF para o problema primal e uma solução PEF para o problema dual, tal que os valores de sua função objetivo sejam os mesmos.

(c) Se o problema primal tiver uma função objetivo ilimitada, então o valor ótimo da função objetivo para o problema dual tem de ser zero.

6.2-1 Considere a tabela simplex para o problema da Wyndor Glass Co. da Tabela 4.8. Para cada tabela, dê a interpretação econômica dos seguintes itens:
(a) cada um dos coeficientes das variáveis de folga (x_3, x_4, x_5) na linha 0;
(b) Cada um dos coeficientes das variáveis de decisão (x_1, x_2) na linha 0;
(c) a escolha resultante para a variável básica que entra (ou a decisão de parar após a tabela final).

6.3-1* Considere o seguinte problema:

$$\text{Maximize} \quad Z = 6x_1 + 8x_2,$$

sujeito a

$$5x_1 + 2x_2 \leq 20$$
$$x_1 + 2x_2 \leq 10$$

e

$$x_1 \geq 0, \quad x_2 \geq 0.$$

(a) Construa o problema dual para esse problema primal.
(b) Resolva graficamente tanto o problema primal quanto o dual. Identifique as soluções PEF e as soluções em pontos extremos infactíveis para ambos os problemas. Calcule os valores da função objetivo para todas essas soluções.
(c) Use as informações obtidas no item (b) para construir uma tabela listando as soluções básicas complementares para esses problemas. (Use os mesmos cabeçalhos de coluna da Tabela 6.9.)
I **(d)** Trabalhando passo a passo, resolva, pelo método simplex, o problema primal. Após cada iteração (inclusive a iteração 0), identifique a solução BV para esse problema e a solução básica complementar para o problema dual. Identifique também as soluções em pontos extremos correspondentes.

6.3-2 Considere o modelo com duas restrições funcionais e duas variáveis dado no Problema 4.1-5. Siga as instruções do Problema 6.3-1 para esse modelo.

6.3-3 Considere os problemas primal e dual para o exemplo da Wyndor Glass Co. da Tabela 6.1. Usando as Tabelas 5.5, 5.6, 6.8 e 6.9, elabore uma nova tabela que mostre os oito conjuntos de variáveis não básicas para o problema primal na coluna 1, os conjuntos correspondentes de variáveis associadas para o problema dual na coluna 2 e o conjunto de variáveis não básicas para cada solução básica complementar no problema dual na coluna 3. Explique por que essa tabela demonstra a propriedade da complementaridade da folga para esse exemplo.

6.3-4 Suponha que um problema primal tenha uma solução BV *degenerada* (uma ou mais variáveis básicas iguais a zero) como sua solução ótima. O que essa degenerescência implica relação ao problema dual? Por quê? O inverso também é verdadeiro?

6.3-5 Considere o seguinte problema:

$$\text{Maximizar} \quad Z = 3x_1 - 8x_2,$$

sujeito a

$$x_1 - 2x_2 \leq 10$$

e

$$x_1 \geq 0, \quad x_2 \geq 0.$$

(a) Construa o problema dual e, a seguir, encontre sua solução ótima por inspeção.
(b) Use a propriedade da complementaridade da folga e a solução ótima para o problema dual para encontrar a solução ótima para o problema primal.
(c) Suponha que c_1, o coeficiente de x_1 na função objetivo primal, tenha, na realidade, qualquer valor no modelo. Para quais valores de c_1 o problema dual não tem nenhuma solução viável? Para esses valores, o que a teoria da dualidade implica relação ao problema primal?

6.3-6 Considere o seguinte problema:

$$\text{Maximizar} \quad Z = 2x_1 + 7x_2 + 4x_3,$$

sujeito a

$$x_1 + 2x_2 + x_3 \leq 10$$
$$3x_1 + 3x_2 + 2x_3 \leq 10$$

e

$$x_1 \geq 0, \quad x_2 \geq 0, \quad x_3 \geq 0.$$

(a) Construa o problema dual para esse problema primal.
(b) Use o problema dual para demonstrar que o valor ótimo de Z para o problema primal não pode exceder 25.
(c) Foi conjecturado que x_2 e x_3 devem ser as variáveis básicas para a solução ótima do problema primal. Derive essa solução básica (e Z) diretamente usando a eliminação gaussiana. Simultaneamente, derive e identifique a solução básica complementar para o problema dual usando a Equação. (0) para o problema primal. A seguir tire suas conclusões sobre se essas soluções são ótimas ou não para seus respectivos problemas.
I (d) Solucione o problema dual graficamente. Use essa solução para identificar as variáveis básicas e não básicas para a solução ótima do problema primal. Derive diretamente essa solução, usando a eliminação gaussiana.

6.3-7* Reconsidere o modelo do Problema 6.1-3b.
(a) Construa seu problema dual.
I (b) Resolva esse problema graficamente.
(c) Use o resultado do item (b) para identificar as variáveis não básicas e variáveis básicas para a solução BV ótima para o problema dual.
(d) Use os resultados do item (c) para obter diretamente a solução ótima para o problema primal usando a eliminação gaussiana para encontrar suas variáveis básicas, começando pelo sistema inicial de equações [excluindo a Equação. (0)] construída para o método simplex e configurando as variáveis não básicas em zero.
(e) Use os resultados do item (c) objetivando identificar as equações delimitadoras (ver a Seção 5.1) para a solução PEF ótima para o problema primal e, a seguir, use essas equações para encontrar essa solução.

6.3-8 Considere o modelo dado no Problema 5.3-10.
(a) Construa o problema dual.
(b) Use as informações sobre as variáveis básicas na solução primal ótima para identificar as variáveis básicas e variáveis não básicas para a solução dual ótima.
(c) Use os resultados do item (b) para identificar as equações delimitadoras (ver a Seção 5.1) para a solução PEF ótima para o problema dual e, a seguir, use essas equações para encontrar essa solução.
I (d) Resolva o problema dual graficamente para verificar seus resultados do item (c).

6.3-9 Considere o modelo do Problema 3.1-5.
(a) Construa o problema dual para esse modelo.
(b) Use o fato de que $(x_1, x_2) = (13, 5)$ é ótima para o problema primal para identificar as variáveis básicas e não básicas para a solução BV ótima para o problema dual.
(c) Identifique a solução ótima para o problema dual ao derivar diretamente a Equação. (0) que corresponde à solução primal ótima identificada na parte (b). Derive essa equação usando a eliminação gaussiana.
(d) Utilize os resultados do item (b) para identificar as equações delimitadoras (ver a Seção 5.1) para a solução PEF ótima para o problema dual. Verifique sua solução dual ótima do item (c) checando para ver se ela satisfaz esse sistema de equações.

6.3-10 Suponha que também queira informações sobre o problema dual quando você aplica a forma matricial do método simplex (ver a Seção 5.2) ao problema primal em nossa forma-padrão.
(a) Como você identificaria a solução ótima para o problema dual?
(b) Após obter a solução BV em cada iteração, como você identificaria a solução básica complementar no problema dual?

6.4-1 Considere o seguinte problema:

$$\text{Maximizar} \quad Z = 5x_1 + 4x_2,$$

sujeito a

$$2x_1 + 3x_2 \geq 10$$
$$x_1 + 2x_2 = 20$$

e

$$x_2 \geq 0 \quad (x_1 \text{ sem restrições em termos de sinal}).$$

(a) Use o método SEB para construir o problema dual.
(b) Use a Tabela 6.12 para converter o problema primal para nossa forma-padrão dada no início da Seção 6.1 e construa o problema dual correspondente. Em seguida, demonstre que esse problema dual é equivalente àquele obtido no item (a).

6.4-2 Considere os problemas primal e dual em nossa forma-padrão apresentada em notação matricial no início da Seção 6.1. Use apenas essa definição do problema dual para um problema primal nessa forma para provar cada um dos seguintes resultados.

(a) Se as restrições funcionais para o problema primal $\mathbf{Ax} \leq \mathbf{b}$ forem modificados para $\mathbf{Ax} = \mathbf{b}$, a única mudança resultante no problema dual é *eliminar* as restrições de não negatividade, $\mathbf{y} \geq \mathbf{0}$. (*Dica:* as restrições $\mathbf{Ax} = \mathbf{b}$ são equivalentes ao conjunto de restrições $\mathbf{Ax} \leq \mathbf{b}$ e $\mathbf{Ax} \geq \mathbf{b}$.)

(b) Se as restrições funcionais para o problema primal $\mathbf{Ax} \leq \mathbf{b}$ forem alteradas para $\mathbf{Ax} \geq \mathbf{b}$, a única mudança resultante no problema dual é que as restrições de não negatividade $\mathbf{y} \geq \mathbf{0}$ são substituídas pelas restrições de não positividade $\mathbf{y} \leq \mathbf{0}$, em que as variáveis duais originais são interpretadas como o negativo das variáveis duais originais. (*Dica:* as restrições $\mathbf{Ax} \geq \mathbf{b}$ são equivalentes a $-\mathbf{Ax} \leq -\mathbf{b}$.)

(c) Se as restrições de não negatividade para o problema primal $\mathbf{x} \geq \mathbf{0}$ forem eliminadas, a única alteração resultante no problema dual é substituir as restrições funcionais $\mathbf{yA} \geq \mathbf{c}$ por $\mathbf{yA} = \mathbf{c}$. (*Dica:* Uma variável não restrita em sinal pode ser substituída pela diferença das duas variáveis não negativas.)

6.4-3* Construa o problema dual para o problema de programação linear dado no Problema 4.6-3.

6.4-4 Considere o seguinte problema:

$$\text{Minimizar} \quad Z = 5x_1 + 10x_2,$$

sujeito a

$$\begin{aligned} -4x_1 + 2x_2 &\geq 4 \\ 5x_1 - 10x_2 &\geq 10 \end{aligned}$$

e

$$x_1 \geq 0, \quad x_2 \geq 0.$$

(a) Construa o problema dual.
I (b) Use a análise gráfica do problema dual para determinar se o problema primal tem soluções viáveis e, em caso positivo, se sua função objetivo é limitada ou não.

6.4-5 Considere as duas versões do problema dual para o exemplo de tratamento radioterápico das Tabelas 6.15 e 6.16. Reveja na Seção 6.4 a discussão geral da razão para essas duas versões serem completamente equivalentes. Depois, preencha os detalhes para verificar essa equivalência executando, passo a passo, a conversão da versão da Tabela 6.15 para as formas equivalentes até se obter a versão da Tabela 6.16.

6.4-6 Para cada um dos seguintes modelos de programação linear, use o método SEB para construir seu problema dual.

(a) Modelo no Problema 4.6-7.
(b) Modelo no Problema 4.6-16.

6.4-7 Considere o modelo com restrições de igualdade do Problema 4.6-2.

(a) Construa seu problema dual.

(b) Demonstre que a resposta para o item (a) está correta (isto é, as restrições de igualdade resultam em variáveis duais sem restrições de não negatividade) convertendo, primeiro, o problema primal para nossa forma-padrão (ver a Tabela 6.12), depois construindo seu problema dual e, a seguir, convertendo esse problema dual na forma obtida no item (*a*).

6.4-8* Considere o modelo sem restrições de não negatividade no Problema 4.6-14.

(a) Construa seu problema dual.
(b) Demonstre que a resposta no item (*a*) está correta (isto é, as restrições de igualdade resultam em variáveis duais sem restrições de não negatividade) convertendo primeiro o problema primal na nossa forma-padrão (ver a Tabela 6.12), depois construindo seu problema dual e, finalmente, convertendo esse problema dual na forma obtida no item (*a*).

6.4-9 Considere o problema dual para o exemplo da Wyndor Glass Co. dado na Tabela 6.1. Demonstre que seu problema dual é o problema primal dado na Tabela 6.1 percorrendo os passos do processo de conversão dado na Tabela 6.13.

6.4-10 Considere o seguinte problema:

$$\text{Minimizar} \quad Z = -5x_1 - 15x_2,$$

sujeito a

$$\begin{aligned} 2x_1 - 4x_2 &\leq 8 \\ -3x_1 + 3x_2 &\leq 24 \end{aligned}$$

e

$$x_1 \geq 0, \quad x_2 \geq 0.$$

I (a) Demonstre graficamente que esse problema tem uma função objetivo ilimitada.
(b) Construa o problema dual.
I (c) Demonstre graficamente que o problema dual não possui soluções viáveis.

6.5-1 Considere o modelo do Problema 6.7-2. Use a teoria da dualidade diretamente para determinar se a solução básica atual permanece ótima após cada uma das seguintes mudanças independentes.

(a) A mudança no item (*e*) do Problema 6.7-2.
(b) A mudança no item (*g*) do Problema 6.7-2.

6.5-2 Considere o modelo do Problema 6.7-4. Use a teoria da dualidade diretamente para determinar se a solução básica atual permanece ótima após cada uma das seguintes mudanças independentes.

(a) A mudança no item (*b*) do Problema 6.7-4.
(b) A mudança no item (*d*) do Problema 6.7-4.

6.5-3 Reconsidere o item (*d*) do Problema 6.7-6. Use a teoria da dualidade diretamente para determinar se a solução ótima original ainda continua ótima.

6.6-1* Considere o seguinte problema:

$$\text{Maximizar} \quad Z = 3x_1 + x_2 + 4x_3,$$

sujeito a

$$6x_1 + 3x_2 + 5x_3 \leq 25$$
$$3x_1 + 4x_2 + 5x_3 \leq 20$$

e

$$x_1 \geq 0, \quad x_2 \geq 0, \quad x_3 \geq 0.$$

O conjunto final de equações correspondentes que levam à solução ótima é

(0) $\quad Z \quad + 2x_2 \quad + \frac{1}{5}x_4 + \frac{3}{5}x_5 = 17$

(1) $\quad x_1 - \frac{1}{3}x_2 \quad + \frac{1}{3}x_4 - \frac{1}{3}x_5 = \frac{5}{3}$

(2) $\quad x_2 + x_3 - \frac{1}{5}x_4 + \frac{2}{5}x_5 = 3.$

(a) Identifique a solução ótima para esse conjunto de equações.
(b) Construa o problema dual.
I **(c)** Identifique a solução ótima para o problema dual a partir do conjunto final de equações. Verifique essa solução resolvendo graficamente o problema dual.
(d) Suponha que o problema original seja alterado para

$$\text{Maximizar} \quad Z = 3x_1 + 3x_2 + 4x_3,$$

sujeito a

$$6x_1 + 2x_2 + 5x_3 \leq 25$$
$$3x_1 + 3x_2 + 5x_3 \leq 20$$

e

$$x_1 \geq 0, \quad x_2 \geq 0, \quad x_3 \geq 0.$$

Utilize a teoria da dualidade para determinar se a solução ótima prévia ainda continua ótima.
(e) Use o *insight* fundamental apresentado na Seção 5.3 para identificar os novos coeficientes de x_2 no conjunto final de equações após ele ter sido ajustado para as alterações no problema original dado no item (*d*).
(f) Suponha agora que a única mudança no problema original seja que a nova variável x_{nova} tenha sido introduzida no modelo como se segue:

$$\text{Maximize} \quad Z = 3x_1 + x_2 + 4x_3 + 2x_{\text{nova}},$$

sujeito a

$$6x_1 + 3x_2 + 5x_3 + 3x_{\text{nova}} \leq 25$$
$$3x_1 + 4x_2 + 5x_3 + 2x_{\text{nova}} \leq 20$$

e

$$x_1 \geq 0, \quad x_2 \geq 0, \quad x_3 \geq 0, \quad x_{\text{nova}} \geq 0.$$

Utilize a teoria da dualidade para determinar se a solução ótima anterior, junto com $x_{\text{nova}} = 0$, ainda é ótima.

(g) Use o *insight* fundamental apresentado na Seção 5.3 para identificar os coeficientes de x_{nova} como uma variável não básica no conjunto final de equações resultante da introdução de x_{nova} no modelo original conforme mostrado no item (*f*).

D,I **6.6-2** Reconsidere o modelo do Problema 6.6-1. Agora, você está prestes a realizar a análise de sensibilidade investigando *independentemente* cada uma das seis mudanças a seguir no modelo original. Para cada mudança, use o procedimento da análise de sensibilidade para revisar o conjunto final de equações dado (na forma tabela) e convertê-lo para a forma apropriada da eliminação gaussiana. A seguir, teste essa solução em termos de viabilidade e otimalidade. Não reotimize.

(a) Altere o lado direito da restrição 1 para $b_1 = 10$.
(b) Modifique o lado direito da restrição 2 para $b_2 = 10$.
(c) Altere o coeficiente de x_2 na função objetivo para $c_2 = 3$.
(d) Altere o coeficiente de x_3 na função objetivo para $c_3 = 2$.
(e) Altere o coeficiente de x_2 em restrição 2 para $a_{22} = 2$.
(f) Altere o coeficiente de x_2 em restrição 1 para $a_{11} = 2$.

D,I **6.6-3** Considere o seguinte problema:

$$\text{Minimizar} \quad W = 5y_1 + 4y_2,$$

sujeito a

$$4y_1 + 3y_2 \geq 4$$
$$2y_1 + y_2 \geq 3$$
$$y_1 + 2y_2 \geq 1$$
$$y_1 + y_2 \geq 2$$

e

$$y_1 \geq 0, \quad y_2 \geq 0.$$

Pelo fato de esse problema primal ter mais restrições funcionais do que variáveis, suponha que o método simplex tenha sido aplicado diretamente a esse problema dual. Se fizermos que x_5 e x_6 representem as variáveis de folga para esse problema dual, a tabela simplex final resultante é:

| Variável | | Coeficiente de: | | | | | | | Lado |
básica	Eq.	Z	x_1	x_2	x_3	x_4	x_5	x_6	direito
Z	(0)	1	3	0	2	0	1	1	9
x_2	(1)	0	1	1	−1	0	1	−1	1
x_4	(2)	0	2	0	3	1	−1	2	3

Para cada uma das mudanças independentes a seguir no modelo primal original, você conduzirá a análise de sensibilidade investigando diretamente o efeito no problema dual e, depois, inferir o efeito da complementaridade no problema primal. Para cada alteração, aplique o procedimento para análise de sensibilidade sintetizado no final da Seção 6.6 para o problema dual (*não* reotimize) e, depois, tire suas conclusões se a solução básica atual para o problema original ainda for viável e se ela continuar ótima. Em seguida, verifique suas conclusões por uma análise gráfica direta do problema primal.

(a) Mude a função objetivo para $W = 3y_1 + 5y_2$.
(b) Altere os lados direitos das restrições funcionais para 3, 5, 2
(c) Modifique a primeira restrição para $2y_1 + 4y_2 \geq 7$.

(d) Mude a segunda restrição para $5y_1 + 2y_2 \geq 10$.

6.7-1 Leia o artigo referido que descreve completamente o estudo de PO resumido no Exemplo de Aplicação da Seção 6.7. Descreva brevemente como a análise de sensibilidade foi aplicada neste estudo. Em seguida, liste os sérios benefícios financeiros e não financeiros que resultam desse estudo.

D,I **6.7-2*** Considere o seguinte problema:

$$\text{Maximizar} \quad Z = -5x_1 + 5x_2 + 13x_3,$$

sujeito a

$$-x_1 + x_2 + 3x_3 \leq 20$$
$$12x_1 + 4x_2 + 10x_3 \leq 90$$

e

$$x_j \geq 0 \quad (j = 1, 2, 3).$$

Se fizermos com que x_4 e x_5 sejam as variáveis de folga para as restrições respectivas, o método simplex produz o seguinte conjunto final de equações:

(0) $\quad Z \qquad\qquad\quad + 2x_3 + 5x_4 \qquad\quad = 100$
(1) $\qquad -x_1 + x_2 + 3x_3 + x_4 \qquad\quad = 20$
(2) $\qquad 16x_1 \qquad - 2x_3 - 4x_4 + x_5 = 10.$

Agora, você conduzirá a análise de sensibilidade para investigar *independentemente* cada uma das nove mudanças a seguir no modelo original. Para cada alteração, use o procedimento da análise de sensibilidade para revisar esse conjunto de equações (em formato de tabela) e converta-o na forma apropriada da eliminação gaussiana para identificar e avaliar a solução básica atual. Depois teste essa solução em termos de viabilidade e de otimalidade. Não reotimize.

(a) Mude o lado direito da restrição 1 para

$$b_1 = 30.$$

(b) Mude o lado direito da restrição 2 para

$$b_2 = 70.$$

(c) Altere os lados direitos para

$$\begin{bmatrix} b_1 \\ b_2 \end{bmatrix} = \begin{bmatrix} 10 \\ 100 \end{bmatrix}.$$

(d) Modifique o coeficiente de x_3 na função objetivo para

$$c_3 = 8.$$

(e) Mude os coeficientes de x_1 para

$$\begin{bmatrix} c_1 \\ a_{11} \\ a_{21} \end{bmatrix} = \begin{bmatrix} -2 \\ 0 \\ 5 \end{bmatrix}.$$

(f) Mude os coeficientes de x_2 para

$$\begin{bmatrix} c_2 \\ a_{12} \\ a_{22} \end{bmatrix} = \begin{bmatrix} 6 \\ 2 \\ 5 \end{bmatrix}.$$

(g) Inclua uma nova variável x_6 com coeficientes

$$\begin{bmatrix} c_6 \\ a_{16} \\ a_{26} \end{bmatrix} = \begin{bmatrix} 10 \\ 3 \\ 5 \end{bmatrix}.$$

(h) Inclua uma nova restrição $2x_1 + 3x_2 + 5x_3 \leq 50$. (Represente sua variável de folga por x_6.)

(i) Mude a restrição 2 para

$$10x_1 + 5x_2 + 10x_3 \leq 100.$$

6.7-3* Reconsidere o modelo do Problema 6.7-2. Suponha que agora queiramos aplicar a análise de programação linear paramétrica nesse problema. Especificamente, os lados direitos das restrições funcionais são modificados para

$$20 + 2\theta \quad \text{(para a restrição 1)}$$

e

$$90 - \theta \quad \text{(para a restrição 2)},$$

em que X se pode atribuir qualquer valor positivo ou negativo θ.

Expresse a solução básica (e Z) correspondente para a solução ótima original como uma função de θ. Determine os limites inferior e superior de antes dessa solução ser tornar inviável.

D,I **6.7-4** Considere o seguinte problema:

$$\text{Maximizar} \quad Z = 2x_1 + 7x_2 - 3x_3,$$

sujeito a

$$x_1 + 3x_2 + 4x_3 \leq 30$$
$$x_1 + 4x_2 - x_3 \leq 10$$

e

$$x_1 \geq 0, \quad x_2 \geq 0, \quad x_3 \geq 0.$$

Se fizermos que x_4 e x_5 sejam as variáveis de folga para as restrições respectivas, o método simplex produz o seguinte conjunto final de equações:

(0) $\quad Z \quad + x_2 + x_3 \qquad\quad + 2x_5 = 20$
(1) $\qquad\qquad - x_2 + 5x_3 + x_4 - x_5 = 20$
(2) $\qquad x_1 + 4x_2 - x_3 \qquad\quad + x_5 = 10.$

Agora, você conduzirá a análise de sensibilidade para investigar *independentemente* cada uma das sete mudanças a seguir no modelo original. Para cada alteração, use o procedimento da análise de sensibilidade para revisar esse conjunto de equações (em formato de tabela) e converta-o na forma apropriada da eliminação gaussiana para identificar e avaliar a solução básica atual. Depois, teste essa solução em termos de viabilidade e de otimalidade. Se ambos os testes falharem, reotimize para encontrar uma nova solução ótima.

(a) Mude os lados direitos para

$$\begin{bmatrix} b_1 \\ b_2 \end{bmatrix} = \begin{bmatrix} 20 \\ 30 \end{bmatrix}.$$

(b) Modifique os coeficientes de x_3 para

$$\begin{bmatrix} c_3 \\ a_{13} \\ a_{23} \end{bmatrix} = \begin{bmatrix} -2 \\ 3 \\ -2 \end{bmatrix}.$$

(c) Altere os coeficientes de x_1 para

$$\begin{bmatrix} c_1 \\ a_{11} \\ a_{21} \end{bmatrix} = \begin{bmatrix} 4 \\ 3 \\ 2 \end{bmatrix}.$$

(d) Inclua uma nova variável x_6 com coeficientes

$$\begin{bmatrix} c_6 \\ a_{16} \\ a_{26} \end{bmatrix} = \begin{bmatrix} -3 \\ 1 \\ 2 \end{bmatrix}.$$

(e) Mude a função objetivo para $Z = x_1 + 5x_2 - 2x_3$.
(f) Introduza uma nova restrição $3x_1 + 2x_2 + 3x_3 \leq 25$.
(g) Mude a restrição 2 para $x_1 + 2x_2 + 2x_3 \leq 35$.

6.7-5 Reconsidere o modelo do Problema 6.7-4. Suponha que agora queiramos aplicar a análise de programação linear paramétrica nesse problema. Especificamente, os lados direitos das restrições funcionais são modificados para

$$30 + 3\theta \quad \text{(para a restrição 1)}$$

e

$$10 - \theta \quad \text{(para a restrição 2),}$$

em que se pode atribuir qualquer valor positivo ou negativo a θ.

Expresse a solução básica (e Z) correspondente para a solução ótima original como uma função de θ. Determine os limites inferior e superior de θ antes dessa solução se tornar inviável.

D,I **6.7-6** Considere o seguinte problema:

Maximizar $\quad Z = 2x_1 - x_2 + x_3$,

sujeito a

$$\begin{aligned}
3x_1 - 2x_2 + 2x_3 &\leq 15 \\
-x_1 + x_2 + x_3 &\leq 3 \\
x_1 - x_2 + x_3 &\leq 4
\end{aligned}$$

e

$$x_1 \geq 0, \quad x_2 \geq 0, \quad x_3 \geq 0.$$

Se fizermos que x_4, x_5 e x_6 sejam as variáveis de folga para as restrições respectivas, o método simplex produz o seguinte conjunto final de equações:

(0)	Z	$+ 2x_3 + x_4 + x_5$	$= 18$
(1)		$x_2 + 5x_3 + x_4 + 3x_5$	$= 24$
(2)		$2x_3 + x_5 + x_6$	$= 7$
(3)	x_1	$+ 4x_3 + x_4 + 2x_5$	$= 21$

Agora, você conduzirá a análise de sensibilidade para investigar *independentemente* cada uma das sete mudanças a seguir no modelo original. Para cada alteração, use o procedimento da análise de sensibilidade para revisar esse conjunto de equações (em formato de tabela) e converta-o na forma apropriada da eliminação gaussiana para identificar e avaliar a solução básica atual. Depois, teste essa solução em termos de viabilidade e de otimalidade. Se ambos os testes falharem, reotimize para encontrar uma nova solução ótima.

(a) Mude os lados direitos para

$$\begin{bmatrix} b_1 \\ b_2 \\ b_3 \end{bmatrix} = \begin{bmatrix} 10 \\ 4 \\ 2 \end{bmatrix}.$$

(b) Altere os coeficientes de x_3 na função objetivo para $c_3 = 2$.
(c) Modifique os coeficientes de x_1 na função objetivo para $c_1 = 3$.
(d) Mude os coeficientes de x_3 para

$$\begin{bmatrix} c_3 \\ a_{13} \\ a_{23} \\ a_{33} \end{bmatrix} = \begin{bmatrix} 4 \\ 3 \\ 2 \\ 1 \end{bmatrix}.$$

(e) Mude os coeficientes de x_1 e x_2 respectivamente para

$$\begin{bmatrix} c_1 \\ a_{11} \\ a_{21} \\ a_{31} \end{bmatrix} = \begin{bmatrix} 1 \\ 1 \\ -2 \\ 3 \end{bmatrix} \quad \text{e} \quad \begin{bmatrix} c_2 \\ a_{12} \\ a_{22} \\ a_{32} \end{bmatrix} = \begin{bmatrix} -2 \\ -2 \\ 3 \\ 2 \end{bmatrix},$$

(f) Altere a função objetivo para $Z = 5x_1 + x_2 + 3x_3$.
(g) Mude a restrição 1 para $2x_1 - x_2 + 4x_3 \leq 12$.
(h) Inclua uma nova restrição $2x_1 + x_2 + 3x_3 \leq 60$.

C **6.7-7** Considere o Problema da Cia. de Distribuição Ilimitada apresentado na Seção 3.4 e resumido na Figura 3.13.

Embora a Figura 3.13 forneça custos unitários estimativos para remessas por diversas rotas, na verdade há alguma incerteza sobre qual deveriam ser esses custos unitários. Portanto, antes de adotar a solução ótima dada no final da Seção 3.4, a gerência quer informações adicionais sobre o efeito de imprecisões nas estimativas desses custos unitários.

Use um pacote de software baseado no método simplex para gerar informações preparatórias provenientes de análise de sensibilidade para resolver as seguintes questões.

(a) Qual dos custos unitários de remessa dados na Figura 3.13 tem a menor margem de erro sem invalidar a solução ótima dada na Seção 3.4? Onde deveriam ser canalizados os esforços na estimativa desses custos unitários?
(b) Qual é o intervalo possível para cada um dos custos unitários de remessa?
(c) Como deveriam ser interpretados esses intervalos possíveis pela gerência?
(d) Se as estimativas mudam para mais de um dos custos unitários para remessa, como você pode usar as informações geradas pela análise de sensibilidade para determinar se a solução ótima vai mudar ou não?

6.7-8 Considere o seguinte problema:

Maximizar $\quad Z = c_1 x_1 + c_2 x_2$,

sujeito a

$$\begin{aligned}
2x_1 - x_2 &\leq b_1 \\
x_1 - x_2 &\leq b_2
\end{aligned}$$

e

$$x_1 \geq 0, \quad x_2 \geq 0.$$

Façamos que x_3 e x_4 representem as variáveis de folga para as respectivas restrições funcionais. Quando $c_1 = 3$, $c_2 = -2$, $b_1 = 30$ e $b_2 = 10$, o método simplex resulta na seguinte tabela simplex final.

Variável básica	Eq.	Coeficiente de:					Lado direito
		Z	x_1	x_2	x_3	x_4	
Z	(0)	1	0	0	1	1	40
x_2	(1)	0	0	1	1	−2	10
x_1	(2)	0	1	0	1	−1	20

I **(a)** Use a análise gráfica para determinar o intervalo possível para c_1 e c_2.

(b) Utilize análise algébrica para derivar e verificar suas respostas do item (a).

I **(c)** Utilize análise gráfica para determinar o intervalo possível para b_1 e b_2.

(d) Use análise algébrica para derivar e verificar suas respostas do item (c).

C **(e)** Utilize um pacote de software baseado no método simplex para encontrar esses intervalos possíveis.

I **6.7-9** Considere a Variação 5 do modelo Wyndor Glass Co. (ver a Figura 6.6 e a Tabela 6.24), em que as mudanças nos valores de parâmetros dadas na Tabela 6.21 são $\bar{c}_2 = 3$, $\bar{a}_{22} = 3$ e $\bar{a}_{32} = 4$. Use a fórmula $\mathbf{b}^* = \mathbf{S}^*\mathbf{b}$ para encontrar o intervalo possível para cada b_i. A seguir, interprete graficamente cada intervalo possível.

I **6.7-10** Considere a Variação 5 do modelo Wyndor Glass Co. (ver a Figura 6.6 e a Tabela 6.24), em que as mudanças nos valores de parâmetros dadas na Tabela 6.21 são $\bar{c}_2 = 3$, $\bar{a}_{22} = 3$ e $\bar{a}_{32} = 4$. Verifique algebrica e graficamente que o intervalo possível para permanecer ótima para c_1 é $c_1 \geq \frac{9}{4}$.

6.7-11 Para o problema dado na Tabela 6.21, encontre o intervalo possível para c_2. Mostre seu trabalho algebricamente, usando a tabela dada na Tabela 6.21. A seguir, justifique sua resposta do ponto de vista geométrico, consulte a Figura 6.3.

6.7-12* Para o problema original da Wyndor Glass Co., use a última tabela na Tabela 4.8 para fazer o seguinte:

(a) Encontrar o intervalo possível para cada b_i.

(b) Determinar o intervalo possível para c_1 e c_2.

C **(c)** Usar um pacote de software baseado no método simplex para encontrar esses intervalos possíveis.

6.7-13 Para a Variação 6 do modelo da Wyndor Glass Co. apresentado na Seção 6.7, use a última tabela na Tabela 6.25 para fazer o seguinte:

(a) Encontrar o intervalo possível para cada b_i.

(b) Encontrar o intervalo possível para a solução permanecer ótima para c_1 e c_2.

C **(c)** Usar um pacote de software baseado no método simplex para encontrar esses intervalos possíveis.

6.7-14 Considere a Variação 5 do modelo da Wyndor Glass Co. apresentado na Seção 6.7, em que $\bar{c}_2 = 3$, $\bar{a}_{22} = 3$ e $\bar{a}_{32} = 4$ e também os demais parâmetros são dados na Tabela 6.21. Partindo da tabela final resultante dada na parte inferior da Tabela 6.24, construa uma tabela como a Tabela 6.26 para realizar a análise de programação linear paramétrica na qual

$$c_1 = 3 + \theta \quad \text{e} \quad c_2 = 3 + 2\theta.$$

Qual é o máximo que θ pode ser aumentado acima de 0 antes da solução básica atual passar a não ser mais ótima?

6.7-15 Reconsidere o Problema 6.7-6. Suponha que agora você tenha a opção de fazer concessões na lucratividade das duas primeiras atividades, por meio das quais o coeficiente de x_1 da função objetivo pode ser aumentado de qualquer quantidade diminuindo, ao mesmo tempo, o coeficiente de x_2 da função objetivo pelo mesmo valor. Portanto, as escolhas alternativas da função objetivo são

$$Z(\theta) = (2 + \theta)x_1 - (1 + \theta)x_2 + x_3,$$

em que qualquer valor não negativo de θ possa ser escolhido.

Construa uma tabela como a Tabela 6.26 para realizar uma análise de programação linear paramétrica nesse problema. Determine o limite superior em θ antes da solução ótima original se tornar não ótima. A seguir, determine o melhor valor para θ dentro desse intervalo.

6.7-16 Considere o seguinte problema:

Maximize $\quad Z(\theta) = (10 - 4\theta)x_1 + (4 - \theta)x_2 + (7 + \theta)x_3,$

sujeito a

$$3x_1 + x_2 + 2x_3 \leq 7 \quad \text{(recurso 1)},$$
$$2x_1 + x_2 + 3x_3 \leq 5 \quad \text{(recurso 2)},$$

e

$$x_1 \geq 0, \quad x_2 \geq 0, \quad x_3 \geq 0,$$

em que se pode atribuir qualquer valor positivo ou negativo a θ. Façamos que x_4 e x_5 representem as variáveis de folga para as respectivas restrições funcionais. Após aplicarmos o método simplex com $\theta = 0$, *a tabela simplex final fica:*

Variável básica	Eq.	Coeficiente de:						Lado direito
		Z	x_1	x_2	x_3	x_4	x_5	
Z	(0)	1	0	0	3	2	2	24
x_1	(1)	0	1	0	−1	1	−1	2
x_2	(2)	0	0	1	5	−2	3	1

(a) Determine o intervalo de valores de θ sobre o qual a solução BV anterior permanecerá ótima. Em seguida, encontre o melhor valor para θ dentro desse intervalo.

(b) Dado que θ pertence ao intervalo de valores encontrados no item (a), determine o intervalo possível para b_1 (a quantidade disponível do recurso 1). Em seguida, faça o mesmo para b_2 (a quantidade disponível do recurso 2).

(c) Visto que se encontra dentro do intervalo de valores localizados no item (a), identifique os preços-sombra (em função de θ) para os dois recursos. Use essa informação para determinar como o valor ótimo da função objetivo mudaria (em função de θ) se a quantidade disponível do recurso 1 fosse diminuída de 1 e a quantidade disponível do recurso 2 fosse aumentada, ao mesmo tempo, de 1.

(d) Construa o dual desse problema de programação linear paramétrica. Configure $\theta = 0$ e resolva esse problema dual graficamente para encontrar os preços-sombra correspondentes para os dois recursos do problema primal. A seguir, encontre esses preços-sombra em função de θ [no intervalo de valores encontrados no item (a)] encontrando algebricamente essa mesma solução PEF ótima para o problema dual em função de θ.

6.7-17 Considere o seguinte problema:

$$\text{Maximizar} \quad Z(\theta) = 2x_1 + 4x_2 + 5x_3,$$

sujeito a

$$x_1 + 3x_2 + 2x_3 \leq 5 + \theta$$
$$x_1 + 2x_2 + 3x_3 \leq 6 + 2\theta$$

e

$$x_1 \geq 0, \quad x_2 \geq 0, \quad x_3 \geq 0,$$

em que se pode atribuir qualquer valor positivo ou negativo a θ. Façamos que x_4 e x_5 representem as variáveis de folga para as respectivas restrições funcionais. Após aplicar o método simplex com $\theta = 0$, a tabela simplex final fica:

Variável básica	Eq.	Coeficiente de:						Lado direito
		Z	x_1	x_2	x_3	x_4	x_5	
Z	(0)	0	0	1	0	1	1	11
x_1	(1)	1	1	5	0	3	−2	3
x_3	(2)	2	0	−1	1	−1	1	1

(a) Expresse a solução BV (e Z) dada nessa tabela em função de θ. Determine os limites inferior e superior em θ antes de essa solução BV ótima se tornar inviável. Em seguida, determine o melhor valor para θ dentro desses limites.

(b) Dado que θ se encontre nos limites localizados no item (a), determine o intervalo possível para c_1 (o coeficiente de x_1 na função objetivo).

6.7-18 Considere o seguinte problema:

$$\text{Maximizar} \quad Z = 10x_1 + 4x_2,$$

sujeito a

$$3x_1 + x_2 \leq 30$$
$$2x_1 + x_2 \leq 25$$

e

$$x_1 \geq 0, \quad x_2 \geq 0.$$

Façamos com x_4 e x_5 representem as variáveis de folga para as respectivas restrições funcionais. Após aplicarmos o método simplex, a tabela simplex final fica

Variável básica	Eq.	Coeficiente de:					Lado direito
		Z	x_1	x_2	x_3	x_4	
Z	(0)	1	0	0	2	2	110
x_2	(1)	0	0	1	−2	3	15
x_1	(2)	0	1	0	1	−1	5

Suponha agora que ambas as alterações a seguir sejam aplicadas simultaneamente ao modelo original:

1. A primeira restrição é alterada para $4x_1 + x_2 \leq 40$.
2. A programação linear paramétrica é incluída para alterar a função objetivo para as escolhas alternativas de

$$Z(\theta) = (10 - 2\theta)x_1 + (4 + \theta)x_2,$$

em que se pode atribuir qualquer valor não negativo a θ.

(a) Construa a tabela final revisada resultante (em função de θ) e, a seguir, converta-a na forma apropriada da eliminação gaussiana. Use essa tabela para identificar a nova solução ótima, que se aplica tanto para $\theta = 0$ quanto para valores suficientemente pequenos de θ.

(b) Qual é o limite superior em θ antes dessa solução ótima vir a se tornar não ótima?

(c) No intervalo de θ de zero até esse limite superior, qual opção de θ resulta no maior valor para a função objetivo?

6.7-19 Considere o seguinte problema:

$$\text{Maximizar} \quad Z = 9x_1 + 8x_2 + 5x_3,$$

sujeito a

$$2x_1 + 3x_2 + x_3 \leq 4$$
$$5x_1 + 4x_2 + 3x_3 \leq 11$$

e

$$x_1 \geq 0, \quad x_2 \geq 0, \quad x_3 \geq 0.$$

Façamos com que x_4 e x_5 representem as variáveis de folga para as respectivas restrições funcionais. Após aplicarmos o método simplex, a tabela simplex final fica

Variável básica	Eq.	Coeficiente de:						Lado direito
		Z	x_1	x_2	x_3	x_4	x_5	
Z	(0)	1	0	2	0	2	1	19
x_1	(1)	0	1	5	0	3	−1	1
x_3	(2)	0	0	−7	1	−5	2	2

D,I (a) Suponha que uma nova tecnologia possa estar à disposição para a realização da primeira atividade considerada no presente problema. Se essa nova tecnologia fosse adotada no lugar da existente, os coeficientes de x_1 no modelo passariam de $\begin{bmatrix} c_1 \\ a_{11} \\ a_{21} \end{bmatrix} = \begin{bmatrix} 9 \\ 2 \\ 5 \end{bmatrix}$ a $\begin{bmatrix} c_1 \\ a_{11} \\ a_{21} \end{bmatrix} = \begin{bmatrix} 18 \\ 3 \\ 6 \end{bmatrix}$.

Use o procedimento da análise de sensibilidade para investigar o efeito potencial e a conveniência de se adotar a nova tecnologia. Especificamente, partindo-se do pressuposto de que ela seja adotada, construa a tabela final revisada resultante, converta-a na forma apropriada da eliminação gaussiana e, a seguir, reotimize (se necessário) para encontrar a nova solução ótima.

(b) Suponha agora que você tenha a opção de mesclar as tecnologias nova e antiga para conduzir a primeira atividade. Façamos que θ represente a fração da tecnologia usada proveniente da nova tecnologia, de modo que $0 \leq \theta \leq 1$. Dado θ, os coeficientes de x_1 no modelo passam a

$$\begin{bmatrix} c_1 \\ a_{11} \\ a_{21} \end{bmatrix} = \begin{bmatrix} 9 + 9\theta \\ 2 + \theta \\ 5 + \theta \end{bmatrix}.$$

Construa a tabela final revisada resultante (em função de θ) e converta-a na forma apropriada da eliminação gaussiana. Use essa tabela para identificar a solução básica atual em função de θ. Dentro dos valores permitidos de $0 \leq \theta \leq 1$, forneça o intervalo de valores de θ para os quais essa solução seja, simultaneamente, viável e ótima. Qual é a melhor opção para θ nesse intervalo?

6.7-20 Considere o seguinte problema:

Maximizar $Z = 3x_1 + 5x_2 + 2x_3$,

sujeito a

$$-2x_1 + 2x_2 + x_3 \leq 5$$
$$3x_1 + x_2 - x_3 \leq 10$$

e

$$x_1 \geq 0, \quad x_2 \geq 0, \quad x_3 \geq 0.$$

Façamos com que x_4 e x_5 representem as variáveis de folga para as respectivas restrições funcionais. Após aplicarmos o método simplex, a tabela simplex final fica:

Variável básica	Eq.	\multicolumn{6}{c}{Coeficiente de:}	Lado direito
		Z	x_1	x_2	x_3	x_4	x_5	
Z	(0)	1	0	20	0	9	7	115
x_1	(1)	0	1	3	0	1	1	15
x_3	(2)	0	0	8	1	3	2	35

A programação linear paramétrica agora será aplicada simultaneamente à função objetivo e aos lados direitos, nos quais o modelo em termos do novo parâmetro é o seguinte:

Maximizar $Z(\theta) = (3 + 2\theta)x_1 + (5 + \theta)x_2 + (2 - \theta)x_3$,

sujeito a

$$-2x_1 + 2x_2 + x_3 \leq 5 + 6\theta$$
$$3x_1 + x_2 - x_3 \leq 10 - 8\theta$$

e

$$x_1 \geq 0, \quad x_2 \geq 0, \quad x_3 \geq 0.$$

Construa a tabela final revisada resultante (em função de θ) e converta-a para a forma apropriada da eliminação gaussiana. Use essa tabela para identificar a solução básica atual em função de θ. Para $\theta \geq 0$, forneça o intervalo de valores de θ para os quais essa solução seja, simultaneamente, viável e ótima. Qual é a melhor opção para θ nesse intervalo?

6.7-21 Considere o problema da Wyndor Glass Co. descrito na Seção 3.1. Suponha que, além de levar em conta a inclusão dos dois novos produtos, a gerência considere agora mudar a taxa de produção de determinado produto antigo, mas que ainda é lucrativo. Consulte a Tabela 3.1. O número de horas de produção por semana usadas por taxa de produção unitária desse antigo produto corresponde a 1, 4 e 3 para as Fábricas 1, 2 e 3, respectivamente. Portanto, se θ representar a *mudança* (positiva ou negativa) na taxa de produção desse antigo produto, os lados direitos das três restrições funcionais na Seção 3.1 passarão, respectivamente, θ a 4, $12 - 4\theta$ e $18 - 3\theta$. Portanto, optar por um valor negativo de θ liberaria a capacidade adicional para produzir mais de dois produtos novos, ao passo que um valor positivo teria o efeito inverso.

(a) Use uma formulação de programação linear paramétrica para determinar o efeito de diferentes escolhas de θ sobre a solução ótima para o *mix* de produtos dos dois produtos novos dado na tabela final da Tabela 4.8. Em particular, use o *insight* fundamental da Seção 5.3 para obter expressões para Z e as variáveis básicas x_3, x_2 e x_1 em termos de θ, supondo que seja suficiente próximo de zero para que essa solução básica "final" ainda seja viável e, portanto, ótima para o valor dado de θ.

(b) Considere agora a questão mais ampla da escolha de θ juntamente com o *mix* de produtos para os dois produtos novos. Qual é o limiar para o lucro unitário do produto antigo (em comparação aos dois produtos novos) abaixo do qual sua taxa de produção deva ser diminuída ($\theta < 0$) em favor dos novos produtos e acima do qual sua taxa de produção deveria ser aumentada ($0 > \theta$)?

(c) Se o lucro unitário estiver acima desse limiar, quanto a taxa de produção do produto antigo pode ser aumentada antes da solução BV final se tornar inviável?

(d) Se o lucro unitário estiver abaixo desse limiar, quanto a taxa de produção do produto antigo pode ser diminuída (supondo-se que sua taxa anterior fosse maior que esse decréscimo) antes da solução BV final se tornar inviável?

6.7-22 Considere o seguinte problema:

Maximizar $Z = 2x_1 - x_2 + 3x_3$,

sujeito a

$$x_1 + x_2 + x_3 = 3$$
$$x_1 - 2x_2 + x_3 \geq 1$$
$$2x_2 + x_3 \leq 2$$

e

$$x_1 \geq 0, \quad x_2 \geq 0, \quad x_3 \geq 0.$$

Suponha que o método do "grande número" (ver a Seção 4.6) seja usado para obter a solução BV (artificial) inicial. Façamos que $\bar{x}_4$ seja a variável de folga para a primeira restrição, x_5, a variável excedente para a segunda restrição, $\bar{x}_6$, a variável artificial para a segunda restrição, e x_7, a variável de folga para a terceira restrição. O conjunto de equações finais correspondente que leva à solução ótima é

(0) $Z + 5x_2 \quad\quad + (M+2)\bar{x}_4 \quad + M\bar{x}_6 + x_7 = 8$
(1) $x_1 - x_2 \quad + \quad\quad \bar{x}_4 \quad\quad\quad - x_7 = 1$
(2) $\quad\quad 2x_2 + x_3 \quad\quad\quad\quad\quad + x_7 = 2$
(3) $\quad\quad 3x_2 \quad\quad + \quad\quad \bar{x}_4 + x_5 - \bar{x}_6 = 2.$

Suponha que a função objetivo seja modificada para $Z = 2x_1 + 3x_2 + 4x_3$ e que a terceira restrição original seja alterada para $2x_2 + x_3 \leq 1$. Use o procedimento da análise de sensibilidade para revisar o conjunto de equações finais (na forma de tabela) e converta-o para a forma apropriada da eliminação gaussiana para identificar e avaliar a solução básica atual. Depois teste essa solução em termos de viabilidade e de otimalidade. Não reotimize.

6.8-1 Considere o seguinte problema:

$$\text{Maximizar} \quad Z = 2x_1 + 5x_2,$$

sujeito a

$$x_1 + 2x_2 \leq 10 \quad (\text{recurso 1})$$
$$x_1 + 3x_2 \leq 12 \quad (\text{recurso 2})$$

e

$$x_1 \geq 0, \quad x_2 \geq 0,$$

em que Z mede o lucro em dólares a partir das duas atividades.

Ao efetuar a análise de sensibilidade você percebe que as estimativas dos lucros unitários são precisas apenas em um intervalo de $\pm 50\%$. Em outras palavras, os intervalos de *valores prováveis* para esses lucros unitários são de US$ 1 a US$ 3 para a atividade 1 e de US$ 2,50 a US$ 7,50 para a atividade 2.

E* **(a)** Formule um modelo de planilha para esse problema, tomando como base as estimativas originais dos lucros unitários. Em seguida, use o Solver para encontrar uma solução ótima e para gerar o relatório de sensibilidade.

E* **(b)** Use a planilha e o Solver para verificar se essa solução ótima permanece ótima caso o lucro unitário para a atividade 1 mude de US$ 2 para US$ 1. Depois, de US$ 2 para US$ 3.

E* **(c)** Verifique também se a solução ótima permanece ótima caso o lucro unitário para a atividade 1 ainda seja de US$ 2, porém, o lucro unitário para a atividade 2 mude de US$ 5 para US$ 2,50. Depois, de US$ 5 para US$ 7,50.

E* **(d)** Utilize o Solver Table para gerar sistematicamente a solução ótima e o lucro total à medida que o lucro unitário para a atividade 1 aumente em incrementos de 20 centavos de US$ 1 para US$ 3 (sem alterar o lucro unitário da atividade 2). A seguir, faça o mesmo à medida que o lucro da atividade 2 aumente em incrementos de 50 centavos de US$ 2,50 para US$ 7,50 (sem alterar o lucro unitário da atividade 1.) Utilize esses resultados para estimar o intervalo possível para o lucro unitário de cada atividade.

I **(e)** Use o procedimento de Método Gráfico e Análise de Sensibilidade do Tutorial IOR para estimar o intervalo possível para o lucro unitário de cada atividade.

E* **(f)** Utilize o relatório de sensibilidade gerado pelo Excel Solver para encontrar o intervalo possível para o lucro unitário de cada atividade. Em seguida, use esses intervalos para verificar seus resultados nos itens ($b-e$).

E* **(g)** Use uma Solver Table bidirecional para gerar sistematicamente a solução ótima à medida que os lucros unitários das duas atividades são modificados simultaneamente conforme descrito no item (*d*).

I **(h)** Utilize o procedimento do Método Gráfico e Análise de Sensibilidade dado no Tutorial IOR para interpretar graficamente os resultados do item (*g*).

E* **6.8-2** Reconsidere o modelo do Problema 6.8-1. Ao efetuar a análise de sensibilidade você percebe que as estimativas dos lados direitos das duas restrições funcionais são precisas apenas dentro de um intervalo de $\pm 50\%$. Em outras palavras, os intervalos de *valores prováveis* para esses parâmetros são 5 a 15 para o primeiro lado direito e 6 a 18 para o segundo lado direito.

(a) Após resolver o modelo de planilha original, determine o preço-sombra para a primeira restrição funcional aumentando seu lado direito de 1 e recalculando novamente.

(b) Use o Solver Table para gerar a solução ótima e o lucro total à medida que o lado direito da primeira restrição funcional seja incrementado de 1, no intervalo de 5 a 15. Utilize essa tabela para estimar o intervalo possível para esse lado direito, isto é, o intervalo no qual o preço-sombra obtido no item (*a*) seja válido.

(c) Repita o item (*a*) para a segunda restrição funcional.

(d) Repita o item (*b*) para a segunda restrição funcional na qual seu lado direito é incrementado de 1, no intervalo de 6 a 18.

(e) Use o relatório de sensibilidade do Solver para determinar o preço-sombra para cada restrição funcional e o intervalo possível para o lado direito de cada uma dessas restrições.

6.8-3 Considere o seguinte problema:

$$\text{Maximizar} \quad Z = x_1 + 2x_2,$$

sujeito a

$$x_1 + 3x_2 \leq 8 \quad (\text{recurso 1})$$
$$x_1 + x_2 \leq 4 \quad (\text{recurso 2})$$

e

$$x_1 \geq 0, \quad x_2 \geq 0,$$

em que Z mede o lucro em dólares obtido a partir das duas atividades e os lados direitos são o número de unidades disponíveis dos respectivos recursos.

I **(a)** Use o método gráfico para resolver esse modelo.

I **(b)** Utilize a análise de sensibilidade para determinar o preço-sombra para cada um desses recursos resolvendo o problema novamente após aumentar a quantidade disponível do recurso 1 de uma unidade.

E* **(c)** Agora utilize o modelo de planilha e o Solver para executar os itens (*a*) e (*b*).

E* **(d)** Para cada um dos recursos em separado, use o Solver Table para gerar sistematicamente a solução ótima e o lucro total quando a única mudança feita for na quantidade daquele recurso disponível que aumenta em incrementos de 1, em um intervalo de quatro unidades a menos que o valor original até seis a mais que o valor atual. Use esses resultados para estimar o intervalo possível para a quantidade disponível de cada recurso.

(e) Use o relatório da análise de sensibilidade do Solver para obter os preços-sombra. Utilize também esse relatório e encontre o intervalo para a quantidade de cada recurso disponível sobre o qual o preço-sombra correspondente permanece válido.

(f) Descreva por que esses preços-sombra são úteis quando a gerência tem a flexibilidade de mudar as quantidades dos recursos disponibilizados.

6.8-4* Um dos produtos da G. A. Tanner Company é um tipo especial de brinquedo que resulta lucro unitário estimado de US$ 3. Em razão da grande demanda por esse produto, a gerência gostaria de aumentar a taxa de produção desse brinquedo, cujo nível atual é de 1.000 unidades/dia. No entanto, uma oferta limitada de dois subconjuntos (A e B) dos fornecedores torna isso difícil. Cada brinquedo requer dois subconjuntos do tipo A, porém, o fornecedor destes seria capaz de aumentar seu fornecimento das atuais 2.000 unidades/dia para um máximo de 3.000/dia. Cada brinquedo requer apenas um subconjunto do tipo B, mas o fornecedor desse subconjunto não seria capaz de aumentar seu nível atual de oferta de 1.000 unidades/dia. Pelo fato de nenhum outro fornecedor estar disponível no momento para fornecer esses subconjuntos, a gerência considera a possibilidade de iniciar um novo processo interno de produção que, ao mesmo tempo, produziria um número igual de subconjuntos dos dois tipos para complementar a oferta dos dois fornecedores. Estima-se que o custo que a empresa terá para produzir um subconjunto de cada tipo seria em torno de US$ 2,50 a mais que o custo de aquisição desses subconjuntos dos dois fornecedores. A gerência quer determinar tanto a taxa de produção do brinquedo quanto a taxa de produção de cada par de subconjuntos (um A e um B) que maximizariam o lucro total.

A tabela a seguir resume os dados para o problema.

	Emprego do recurso por unidade de cada atividade		
	Atividade		
Recurso	Produção de brinquedos	Produção de subconjuntos	Quantidade disponível do recurso
Subconjunto A	2	−1	3.000
Subconjunto B	1	−1	1.000
Lucro unitário	US$ 3	−US$ 2,50	

E* **(a)** Formule e solucione um modelo de planilha para esse problema.

E* **(b)** Já que os lucros unitários declarados para as duas atividades são apenas estimativos, a gerência quer saber quanto cada uma dessas estimativas pode estar fora do previsto antes da solução ótima mudar. Comece explorando essa questão para a primeira atividade (produção de brinquedos) usando a planilha e o Solver para gerar manualmente uma tabela que fornece a solução ótima e o lucro total à medida que o lucro unitário para essa atividade aumenta em incrementos de 50 centavos, em um intervalo de US$ 2 a US$ 4. Que conclusão pode ser tirada sobre quanto a estimativa desse lucro unitário pode diferir em cada direção partindo de seu valor original de US$ 3 antes de a solução ótima mudar?

E* **(c)** Repita o item (b) para a segunda atividade (produção de subconjuntos) gerando uma tabela com o lucro unitário para essa atividade aumentar em incrementos de 50 centavos, em um intervalo de −US$ 3,50 a −US$ 1,50 (com o lucro unitário para a primeira atividade fixado em US$ 3).

E* **(d)** Use O Solver Table para gerar sistematicamente todos os dados necessários para os itens (b) e (c), exceto que, dessa vez, usando incrementos de 25 centavos. Use esses dados para refinar suas conclusões dos itens (b) e (c).

I **(e)** Utilize o procedimento de Método Gráfico e Análise de Sensibilidade do Tutorial IOR para determinar quanto o lucro unitário de cada atividade pode mudar em ambas as direções (sem alterar o lucro unitário da outra atividade) antes que a solução ótima mude. Use essa informação para especificar o intervalo possível para o lucro unitário de cada atividade.

E* **(f)** Use o relatório de sensibilidade do Excel para encontrar o intervalo possível para o lucro unitário de cada atividade.

E* **(g)** Utilize uma Solver Table bidirecional para gerar sistematicamente a solução ótima à medida que os lucros unitários das duas atividades são modificados simultaneamente conforme descrito nos itens (b) e (c).

(h) Use as informações fornecidas pelo relatório de sensibilidade do Excel para descrever o máximo que os lucros unitários das duas atividades poderão sofrer alteração simultaneamente antes da solução ótima mudar.

E* **6.8-5** Reconsidere o Problema 6.8-4. Após negociações adicionais com os fornecedores, a gerência da G. A. Tanner Co. tomou conhecimento de que ambos consideram o aumento de seus fornecimentos dos respectivos subconjuntos em relação ao máximo anteriormente estabelecido (3.000 subconjuntos do tipo A por dia e 1.000 do tipo B por dia), caso a Tanner estivesse disposta a pagar um pequeno extra em relação ao preço normal para a entrega desses subconjuntos adicionais. O valor desse extra para cada tipo de subconjunto será negociado. A demanda pelo brinquedo produzido é suficientemente alta para que sejam vendidas 2.500 unidades por dia se o fornecimento dos subconjuntos fosse aumentado o necessário para atender a essa taxa de produção. Suponha que as estimativas originais de lucros unitários dadas no Problema 6.8-4 sejam precisas.

(a) Formule e solucione um modelo de planilha para esse problema com os níveis de fornecimento máximos originais e com a restrição adicional de que não possam ser produzidos mais que 2.500 brinquedos por dia.

(b) Sem considerar o valor extra para os fornecedores, use a planilha e o Solver para determinar o preço-sombra para a restrição do subconjunto A recalculando o modelo após aumentar o fornecimento máximo de uma unidade. Utilize esse preço-sombra para determinar o valor extra máximo a ser pago ao fornecedor para cada subconjunto desse tipo.

(c) Repita o item (b) para a restrição do subconjunto B.

(d) Estime quanto poderia ser aumentado o fornecimento máximo de subconjuntos do tipo A antes que o preço-sombra (e o valor extra correspondente a ser pago ao fornecedor) encontrado no item (b) passasse a não mais ser válido, usando, para tanto, o Solver Table para gerar a solução ótima e o lucro total (excluindo o valor extra) à medida que o forne-

cimento máximo aumenta em incrementos de 100 unidades, em um intervalo de 3.000 a 4.000.
(e) Repita o item (d) para os subconjuntos do tipo B usando o Solver Table como aumentos máximos de fornecimento em incrementos de 100 unidades, variando de 1.000 a 2.000.
(f) Use o relatório de sensibilidade do Solver para determinar o preço-sombra para cada uma das restrições do subconjunto e o intervalo possível para o lado direito de cada uma dessas restrições.

E* **6.8-6*** Considere o problema da Union Airways apresentado na Seção 3.4, inclusive os dados na Tabela 3.19. Os arquivos Excel para o Capítulo 3 incluem uma planilha que mostra a formulação e a solução ótima para esse problema. Você deverá usar essa planilha e o Excel Solver para completar os itens (a) a (g) a seguir.

A administração está prestes a iniciar negociações de um novo acordo com o sindicato que representa os agentes de atendimento ao cliente da empresa. Isso poderia resultar em pequenas mudanças nos custos diários por agente fornecidos na Tabela 3.19 para os diversos turnos. Várias mudanças possíveis relatadas a seguir estão sendo consideradas separadamente. Em cada caso, a administração gostaria de saber se a mudança poderia resultar no fato da solução indicada na planilha não ser mais ótima. Responda a essa pergunta nos itens (a) a (e) usando diretamente a planilha e o Solver. Se a solução ótima mudar, registre a nova solução.

(a) O custo diário por agente para o Turno 2 muda de US$ 160 para US$ 165.
(b) O custo diário por agente para o Turno 4 muda de US$ 180 para US$ 170.
(c) Ambas as mudanças indicadas nos itens (a) e (b) ocorrem.
(d) O custo diário por agente aumenta em US$ 4 para os Turnos 2, 4 e 5, mas diminui em US$ 4 para os Turnos 1 e 3.
(e) O custo diário por agente aumenta em 2% para cada turno.
(f) Use o Solver para gerar o relatório de sensibilidade para esse problema. Suponha que as mudanças acima estejam sendo consideradas como posteriores sem ter o modelo de planilha imediatamente disponível em computador. Mostre em cada caso, como o relatório de sensibilidade pode ser usado para verificar se a solução ótima original deve continuar ótima.
(g) Para cada um dos cinco turnos, um por vez, use o Solver Table para gerar sistematicamente a solução ótima e o custo total quando a única mudança é que o custo diário por agente em determinado turno aumenta em incrementos de US$ 3, variando de US$ 15 a menos que o custo atual a US$ 15 a mais que o custo atual.

E* **6.8-7** Reconsidere o problema da Union Airways e seu modelo de planilha usado no Problema 6.8-6.

A administração considera agora aumentar o nível de serviço fornecido aos clientes, aumentando em um ou mais os valores da coluna mais à direita da Tabela 3.19 para o número mínimo de agentes necessários nos vários períodos. Para orientá-los na tomada dessa decisão, eles gostariam de saber que impacto teria essa mudança sobre o custo total.

Use o Excel Solver para gerar o relatório de sensibilidade como ferramenta para responder às seguintes questões.

(a) Quais dos valores na coluna mais à direita da Tabela 3.19 poderiam ser aumentados sem elevar o custo total? Em cada caso, indique quanto pode ser aumentado (se for o único que está sendo alterado) sem aumentar o custo total.
(b) Para cada um dos outros valores, quanto aumentaria o custo total por acréscimo unitário nesses valores? Para cada resposta, indique quanto esse valor poderia ser aumentado (se for o único que está sendo alterado) antes de a resposta passar a ser inválida.
(c) Suas respostas no item (b) permanecem indubitavelmente válidas caso todos os valores considerados no item (b) forem simultaneamente aumentados em 1?
(d) As suas respostas no item (b) permanecem indubitavelmente válidas caso todos os dez valores forem aumentados simultaneamente de uma unidade?
(e) Qual é o máximo que podemos aumentar da mesma quantidade todos os dez valores simultaneamente antes que suas respostas no item (b) possam se tornar inválidas?

6.8-8 David, LaDeana e Lydia são os únicos sócios e trabalhadores em uma empresa que produz relógios de primeira qualidade. David e LaDeana podem dedicar no máximo 40 horas por semana (cada um) à empresa, ao passo que Lydia tem disponibilidade de, no máximo, 20 horas semanais.

A empresa fabrica dois tipos de relógios: relógio de pedestal, modelo antigo, e relógio de parede. Para fazer um relógio, David (engenheiro mecânico) monta as peças mecânicas internas do relógio, enquanto LaDeana (carpinteira) produz as caixas de madeira esculpidas à mão. Lydia é responsável pelas encomendas e respectiva remessa dos relógios. A quantidade de tempo necessária para cada uma dessas atividades é mostrada a seguir.

	Tempo necessário	
Tarefa	Relógio de pedestal	Relógio de parede
Montagem do mecanismo do relógio	6 horas	4 horas
Caixa de madeira esculpida	8 horas	4 horas
Remessa	3 horas	3 horas

Cada relógio de pedestal construído e despachado gera lucro de US$ 300, ao passo que cada relógio de parede gera lucro de US$ 200.

Os três sócios agora querem determinar quantos relógios de cada tipo devem ser produzidos semanalmente para maximizar o lucro total.

(a) Formule um modelo de programação linear na forma algébrica para esse problema.
I (b) Use o procedimento do Método Gráfico e Análise de Sensibilidade do Tutorial IOR para solucionar o modelo. A seguir, utilize esse procedimento para verificar se a solução ótima mudaria caso o lucro unitário dos relógios de pedestal mudasse de US$ 300 para US$ 375 (sem nenhuma mudança para o outro modelo). Depois, verifique se a solução ótima mudaria caso, além da alteração anterior, o lucro unitário por relógio de parede também mudasse, passando de US$ 200 para US$ 175.
E* (c) Formule e solucione esse modelo em uma planilha.
E* (d) Use o Excel Solver para verificar o efeito das mudanças especificadas no item (b).
E* (e) Utilize o Solver Table para gerar sistematicamente a solução ótima e o lucro total à medida que o lucro unitário para os relógios de pedestal aumente em incrementos de US$ 20,

variando de US$ 150 a US$ 450 (sem nenhuma mudança no lucro total gerado pelos relógios de parede). Depois, faça o mesmo à medida que o lucro unitário dos relógios de parede aumente em incrementos de US$ 20, variando de US$ 50 a US$ 350 (sem nenhuma mudança no lucro unitário para os relógios de pedestal). Use essas informações para estimar o intervalo possível para o lucro unitário de cada tipo de relógio.

E* **(f)** Use uma Solver Table bidirecional para gerar sistematicamente a solução ótima à medida que os lucros unitários, para os dois tipos de relógios, são alterados simultaneamente conforme especificado no item (e), exceto pelo fato de se utilizar agora incrementos de US$ 50 em vez de incrementos de US$ 20.

E* **(g)** Para cada um dos três sócios, separadamente, use o Excel Solver para determinar o efeito na solução ótima e o lucro total se, cada sócio sozinho, tivesse de aumentar em cinco horas por semana o seu número de horas disponíveis.

E* **(h)** Use o Solver Table para gerar sistematicamente a solução ótima e o lucro total quando a única mudança está no fato de David dispor de um número de horas máximo por semana de: 35, 37, 39, 41, 43, 45. Depois, faça o mesmo quando a única alteração está no fato de Lydia dispor de um número máximo de horas por semana de: 15, 17, 19, 21, 23, 25.

E* **(i)** Gere o relatório de sensibilidade do Excel e use-o para determinar o intervalo possível para a solução permanecer ótima para o lucro unitário de cada tipo de relógio e o intervalo possível para o número máximo de horas que cada sócio dispõe por semana.

(j) Para aumentar o lucro total, os três sócios concordaram que um deles aumentará ligeiramente o número máximo de horas disponíveis por semana. A escolha de qual deles se baseará naquele que aumentaria mais o lucro total. Use o relatório de análise de sensibilidade para fazer essa escolha. (Suponha que não haja nenhuma mudança nas estimativas originais dos lucros unitários.)

(k) Explique por que um dos preços-sombra é igual a zero.

(l) Os preços-sombra no relatório de sensibilidade podem ser usados de forma válida para determinar o efeito caso Lydia tivesse de mudar seu número máximo de horas disponíveis por semana, passando de 20 para 25 horas? Em caso positivo, qual seria o aumento no lucro total?

(m) Repita o item (*l*) caso, além da mudança para a Lydia, David também mudasse seu número máximo de horas, passando de 40 para 35 horas semanais.

I **(n)** Use a análise gráfica para verificar sua resposta ao item (*m*).

CASOS

Caso 6.1 Controle da poluição do ar

Consulte a Seção 3.4 (subseção intitulada "Controle da Poluição do Ar") para o problema da Nori & Leets Co. Após a equipe de PO obter uma solução ótima, mencionamos que ela realizou então uma análise de sensibilidade. Continuamos agora esse caso recapitulando, primeiro, as etapas executadas pela equipe de PO, após o qual fornecemos algumas outras informações.

Os valores dos diversos parâmetros na formulação original do modelo são dados nas Tabelas 3.12, 3.13 e 3.14. Já que a empresa não tem experiência anterior com os métodos de redução de poluição, as estimativas de custos na Tabela 3.14 são bastante grosseiras, e cada uma delas poderia facilmente se afastar em até 10% em ambas as direções. Há também incerteza sobre os valores dos parâmetros fornecidos na Tabela 3.13, mas menos do que para a Tabela 3.14. Ao contrário, os valores na Tabela 3.12 são padrões de políticas e, portanto, são constantes prescritas.

Entretanto, ainda há considerável discussão em torno de onde estabelecer esses padrões de políticas sobre as reduções exigidas nas taxas de emissão dos diversos poluentes. Os números da Tabela 3.12 são, na verdade, valores preliminares acordados de forma experimental antes de se ter conhecimento de qual seria o custo total para atender a esses padrões. Tanto os dirigentes da empresa quanto os do município concordam que a decisão final sobre esses padrões deveria se basear em uma relação custo-benefício. Com isso em mente, o município concluiu que a cada 10% de aumento nesses padrões em relação aos valores atuais (todos os números na Tabela 3.12) significariam US$ 3,5 milhões para o município. Portanto, o município concordou em reduzir a cobrança de impostos para a empresa em US$ 3,5 milhões a *cada* 10% de redução nos padrões (até 50%) que são aceitos pela empresa.

Finalmente, houve alguma discussão em torno dos valores *relativos* dos padrões das políticas a serem adotados para esses três poluentes. Conforme indicado na Tabela 3.12, a redução necessária de particulados agora é menos da metade daquela para o óxido de enxofre ou hidrocarbonos. Alguns contestaram e defenderam a redução dessa disparidade. Outros defendem que uma disparidade ainda maior seja justificada, pois o óxido de enxofre e os hidrocarbonos são consideravelmente muito mais nocivos que os particulados. Chegou-se a um acordo no qual essa questão deverá ser reexaminada após a obtenção de informações sobre quais concessões nesses padrões de políticas (aumentar um e, ao mesmo tempo, diminuir o outro) estão disponíveis sem causar aumento no custo total.

(a) Use qualquer software de programação linear disponível para solucionar o modelo para esse problema, conforme formulado na Seção 3.4. Além da solução ótima, obtenha a saída adicional fornecida pela realização de uma análise de otimalidade (por exemplo, o Relatório de Sensibilidade gerado pelo Excel). Essa saída fornece a base para as próximas etapas.

(b) Ignorando as restrições sem nenhuma incerteza sobre os valores de seus parâmetros (a saber, $x_j \leq 1$ para $j = 1, 2, \ldots, 6$), identifique os parâmetros do modelo que deveriam ser classificados como *parâ-*

metros sensíveis. (*Dica:* refira-se à subseção "Análise de Sensibilidade" na Seção 4.7.) Se possível, dê uma recomendação resultante sobre quais parâmetros deveriam ser estimados com maior precisão.

(c) Analise o efeito em uma imprecisão ao estimar cada parâmetro de custo dado na Tabela 3.14. Se o valor real for 10% *menor* que o valor estimado, isso alteraria a solução ótima? Ela seria modificada caso o valor real fosse 10% *maior* que o valor estimado? Dê uma recomendação resultante sobre onde se concentrar melhor para uma estimativa mais precisa dos parâmetros de custos.

(d) Considere o caso no qual seu modelo foi convertido na forma de maximização antes de aplicar o método simplex. Use a Tabela 6.14 para construir o problema dual corrrespondente e utilize a saída resultante da aplicação do método simplex ao problema primal para identificar uma solução ótima para esse problema dual. Se o problema primal tiver sido deixado na forma de minimização, como isso afetaria a forma do problema dual e o sinal das variáveis duais ótimas?

(e) Para cada poluente, use os resultados do item (*d*) para especificar a taxa na qual o custo total de uma solução ótima mudaria com qualquer pequena mudança na redução exigida na taxa de emissão anual do poluente. Especifique também quanto essa redução necessária poderia ser alterada (para mais ou para menos) sem afetar a taxa de mudança no custo total.

(f) Para cada mudança unitária nos padrões para particulados dados na Tabela 3.12, determine a mudança na direção oposta para o óxido de enxofre que manteria inalterado o custo total de uma solução ótima. Repita isso para o caso dos hidrocarbonos em vez do óxido de enxofre. A seguir, faça-o para uma mudança simultânea e idêntica no óxido de enxofre e hidrocarbonos na direção oposta aos particulados.

(g) Fazendo que represente o aumento percentual em todos os padrões dados na Tabela 3.12, formule o problema de análise do efeito de aumentos proporcionais simultâneos nesses padrões na forma de um problema de programação linear paramétrica. Em seguida, use os resultados do item (*e*) para determinar a taxa na qual o custo total de uma solução ótima aumentaria com um pequeno aumento em, partindo de zero.

(h) Use o método simplex com o objetivo de encontrar uma solução ótima para o problema de programação linear paramétrica no item (*g*) para cada $\theta = 10, 20, 30, 40, 50$. Considerando-se o incentivo fiscal oferecido pelo município, use esses resultados para determinar qual valor de θ (incluindo a opção de $\theta = 0$) deveria ser θ escolhido para minimizar o custo total da empresa, seja em termos de redução de poluição seja de impostos.

(i) *Para o valor de θ* escolhido no item (*h*), repita os itens (*e*) e (*f*) de modo que os tomadores de decisão possam chegar a uma decisão final sobre os valores relativos dos padrões a serem adotados para os três poluentes.

APRESENTAÇÃO DOS CASOS ADICIONAIS DO *SITE*

Caso 6.2 Administração de uma propriedade rural

A família Ploughman é proprietária e administra uma propriedade rural de 640 acres há várias gerações. Agora, a família precisa tomar uma decisão em relação ao *mix* de criação e plantações para o ano seguinte. Supondo-se que prevalecerão condições climáticas normais no próximo ano, um modelo de programação linear pode ser formulado e resolvido para orientar essa decisão. Entretanto, condições climáticas adversas poderiam danificar as plantações e reduzir muito o valor resultante. Portanto, é necessária uma análise de pós-otimalidade considerável para explorar o efeito de vários cenários possíveis para o clima no próximo ano e as implicações sobre a tomada de decisão da família.

Caso 6.3 Redistribuição de alunos por escolas

Este caso é a continuação do Caso 4.3, que envolvia a redistribuição dos seus alunos provenientes de seis áreas residenciais nas três escolas de Ensino Médio remanescentes por parte da diretoria da Springfield School. Após solucionar um modelo de programação linear para o problema com qualquer pacote de software, o relatório de sensibilidade gerado por esse pacote precisa ser usado agora com duas finalidades. Uma delas é verificar o efeito do aumento nos custos de transporte escolar em decorrência da construção de vias públicas em andamento em uma das áreas residenciais. A outra é a de explorar a conveniência de se acrescentarem salas de aula portáteis para aumentar a capacidade de uma ou mais dessas escolas durante alguns anos.

Caso 6.4 Redação de um memorando não técnico

Após estabelecer as metas de quanto as vendas de três produtos devem ser aumentadas como resultado de uma campanha publicitária que será implantada, a direção da Profit & Gambit Co. quer agora explorar a relação entre custo de propaganda e aumento de vendas. Sua primeira tarefa é executar a análise de sensibilidade associada. Em seguida, sua principal tarefa é a de redigir um relatório não técnico para a direção da Profit & Gambit apresentando seus resultados em uma linguagem administrativa.

CAPÍTULO 7

Outros Algoritmos para Programação Linear

O fator-chave para o emprego tão disseminado da programação linear é a disponibilidade de um algoritmo extremamente eficiente – o método simplex –, capaz de solucionar rotineiramente problemas de grandes dimensões que surgem na prática. Entretanto, o método simplex é apenas uma parte do "arsenal" de algoritmos empregados regularmente pelos profissionais da programação linear. Agora vamos nos dedicar a esses outros algoritmos.

Este capítulo se inicia com três deles, que são, na realidade, *variantes* do método simplex. Em particular, as três seções a seguir apresentam o *método simplex dual* (uma modificação particularmente útil para a análise de sensibilidade), *programação linear paramétrica* (uma extensão para a análise de sensibilidade sistemática) e a *técnica do limite superior* (uma versão melhorada do método simplex para lidar com variáveis com limites superiores). No caso desses algoritmos, não detalharemos com profundidade como foi feito com o método simplex nos Capítulos 4 e 5. O objetivo será, em vez disso, apresentar brevemente seus princípios essenciais.

A Seção 4.9 mostrou outra metodologia algorítmica para a programação linear – um tipo de algoritmo que se desloca pelo interior da região de soluções viáveis. Descrevemos ainda mais esse *algoritmo de ponto interno* na Seção 7.4.

Um complemento para este capítulo no *site* da editora também apresenta a *programação-meta linear*. Nesse caso, em vez de ter uma *única meta* (maximizar ou minimizar Z) como para a programação linear, o problema tem *várias metas* no sentido das quais devemos nos esforçar simultaneamente. Certas técnicas de formulação permitem converter um problema programação-meta linear de volta em um problema de programação linear de modo que os procedimentos de resolução baseados no método simplex ainda possam ser aplicados. Esse complemento descreve essas técnicas e procedimentos.

7.1 O MÉTODO SIMPLEX DUAL

O *método simplex dual* se baseia na teoria da dualidade apresentada na primeira parte do Capítulo 6. Para descrever a ideia básica por trás desse método, é útil usar alguma terminologia apresentada nas Tabelas 6.10 e 6.11 da Seção 6.3 para expor qualquer par de soluções básicas complementares nos problemas primal e dual. Em particular, lembre-se de que ambas as soluções são ditas *viáveis primais* se a solução básica primal for viável, ao passo que elas são chamadas *viáveis duais*, caso a solução básica dual complementar for viável para o problema dual. Lembre-se também de que (conforme indicado no lado direito da Tabela 6.11) cada solução básica complementar é ótima para seu problema apenas se ela for *tanto* viável primal como viável dual.

Pode-se imaginar o método simplex dual como a *imagem espelhada* do método simplex. O método simplex lida diretamente com soluções básicas no problema primal que são *viáveis primais*, mas não viáveis duais. Ele avança então a fim de se obter uma solução ótima, na tentativa também de alcançar a viabilidade dual (o teste de otimalidade para o método simplex). Ao contrário, o método simplex dual lida com soluções básicas no problema primal que são *viáveis duais*, porém não viável primal. Ele se desloca então no sentido de uma solução ótima e tenta alcançar a viabilidade primal também.

Além disso, o método simplex dual lida com um problema como se o método simplex fosse aplicado simultaneamente a seu problema dual. Se fizermos que suas soluções básicas *iniciais* sejam *complementares*, os dois métodos se deslocam em sequência completa, obtendo soluções básicas *complementares* a cada iteração.

O método simplex dual é muito útil em certos tipos especiais de situação. Normalmente é mais fácil encontrar uma solução básica inicial que seja viável do que uma solução que seja viável dual. Entretanto, há ocasiões em que é necessário introduzir diversas variáveis *artificiais* para construir artificialmente uma solução BV inicial. Nesses casos, pode ser mais fácil começar com uma solução básica viável dual e usar o método simplex dual. Além disso, exige-se um número menor de iterações quando não for necessário remover muitas variáveis artificiais para zero.

Ao lidar com um problema cujas soluções básicas iniciais (sem variáveis artificiais) não são *nem* primal viável nem dual viável, também é possível combinar as ideias do método simplex e do método simplex dual em um *algoritmo primal-dual*, que tenta alcançar, ao mesmo tempo, tanto a viabilidade primal quanto a viabilidade dual.

Como foi mencionado diversas vezes no Capítulo 6 e também na Seção 4.7, outra aplicação fundamental do método simplex dual é seu emprego em conjunto com a análise de sensibilidade. Suponha que tenha sido obtida uma solução ótima pelo método simplex, mas que sejam necessárias (ou seja de interesse para a análise de sensibilidade) pequenas alterações no modelo. Se a solução básica ótima prévia *não for mais viável primal* (mas ainda satisfizer o teste de otimalidade), você poderá aplicar imediatamente o método simplex dual iniciando com sua solução básica *viável dual*. (Ilustraremos isso no final desta seção.) Aplicá-lo dessa forma conduz à nova solução ótima, de forma muito mais rápida que seria resolver o novo problema desde o princípio com o método simplex.

O método simplex dual também pode ser útil na solução de certos problemas de programação linear de grandes dimensões a partir da estaca zero, pois também demonstra ser um algoritmo eficiente nesses casos. A experiência computacional com as versões mais poderosas do CPLEX indica que o método simplex dual muitas vezes é mais eficiente do que o método simplex para resolver problemas particularmente volumosos como aqueles encontrados na prática.

As regras para o método simplex dual são muito similares àquelas para o método simplex. De fato, assim que os métodos são iniciados, a única diferença entre eles encontra-se nos critérios usados para selecionar as variáveis básicas que entram e que saem e na interrupção do algoritmo.

Para iniciar o método simplex dual (em um problema de maximização), devemos ter todos os coeficientes na Equação. (0) *não negativos* (de modo que a solução básica seja viável dual). As soluções básicas serão inviáveis (exceto pela última) somente pelo fato de algumas das variáveis serem negativas. O método continua a decrescer o valor da função objetivo sempre mantendo *coeficientes não negativos* na Equação. (0) até que todas as *variáveis* sejam não negativas. Uma solução básica destas é viável (ela satisfaz todas as equações) e é, portanto, ótima pelo critério do método simplex dos coeficientes não negativos na Equação. (0).

Os detalhes do método simplex dual são resumidos a seguir.

Resumo do método simplex dual

1. *Inicialização:* após converter quaisquer restrições funcionais da forma ≥ para a forma ≤ (multiplicando ambos os lados por −1), inclua variáveis de folga conforme necessário para construir um conjunto de equações que descrevam o problema. Encontre uma solução básica tal que os coeficientes na Equação (0) sejam zero para as variáveis básicas e não negativas para as variáveis não básicas (assim, a solução é ótima se ela for viável). Vá para o teste de viabilidade.
2. *Teste de viabilidade:* verifique se todas as variáveis básicas são *não negativas*. Caso elas sejam, então essa solução é viável e, portanto, ótima; logo, pare. Caso contrário, parta para uma iteração.
3. *Iteração:*

Etapa 1 Determine a *variável básica que sai*: selecione a variável básica *negativa* que possui maior valor absoluto.

Etapa 2 Estabeleça a *variável básica que entra*: selecione a variável não básica cujo coeficiente na Equação. (0) chegue a zero primeiro enquanto um múltiplo crescente da equação que contém a variável básica que sai, é adicionado à Equação (0). Essa seleção se faz verificando-se as variáveis não básicas com *coeficientes negativos* naquela equação (aquela que contém a variável básica que sai) e selecionando-se uma com menor valor absoluto da razão entre o coeficiente da Equação (0) e o coeficiente nessa equação.

Etapa 3 Estipule a *nova solução básica*. Partindo do conjunto atual de equações, encontre as variáveis básicas em termos de variáveis não básicas pela eliminação gaussiana. Quando configuramos as variáveis não básicas iguais a zero, cada variável básica (e Z) se iguala ao novo lado direito de uma equação na qual ela aparece (com um coeficiente de +1). Retorne ao teste de viabilidade.

Para entender completamente o método simplex dual, você deve estar ciente de que o método prossegue como se o *método simplex* fosse aplicado às soluções básicas complementares no *problema dual*. Na realidade, essa interpretação foi a motivação para construir o método da forma como ele é. A Etapa 1 de uma iteração, em que se determina a variável básica que sai, equivale a estabelecer a variável básica que entra no problema dual. A variável negativa com o valor absoluto corresponde ao coeficiente negativo com maior valor absoluto na Equação (0) do problema dual (ver a Tabela 6.3). A Etapa 2, em que se determina a variável básica que entra, equivale a estipular a variável básica que sai no problema dual. O coeficiente na Equação (0) que chega a zero primeiro corresponde à variável no problema dual que chega a zero primeiro. Os dois critérios para deter o algoritmo também são complementares.

Um exemplo

Agora exemplificaremos o método simplex dual aplicando-o ao *problema dual* para o caso da Wyndor Glass Co. (ver a Tabela 6.1). É comum aplicar esse método diretamente ao problema em questão (um problema primal). Entretanto, escolhemos esse problema porque você já viu o método simplex aplicado ao seu problema dual (a saber, o problema primal[1]) na Tabela 4.8, de modo que você possa comparar os dois. Para facilitar a comparação, continuaremos a representar as variáveis de decisão no problema que está sendo resolvido por y_i em vez de x_j.

Na *forma de maximização*, o problema a ser resolvido é

$$\text{Maximizar} \quad Z = -4y_1 - 12y_2 - 18y_3,$$

sujeito a

$$y_1 \qquad + 3y_3 \geq 3$$
$$2y_2 + 2y_3 \geq 5$$

e

$$y_1 \geq 0, \quad y_2 \geq 0, \quad y_3 \geq 0.$$

Já que os lados direitos negativos agora são permitidos, não precisamos incluir variáveis artificiais para ser as variáveis básicas iniciais. Em vez disso, simplesmente convertemos as restrições funcionais na forma ≤ e incluímos variáveis de folga para desempenhar esse papel. O conjunto inicial de equações é aquele mostrado para a iteração 0 na Tabela 7.1. Observe que todos os coeficientes na Equação (0) são não negativos, de modo que a solução venha a ser ótima caso seja viável.

A solução básica inicial é $y_1 = 0, y_2 = 0, y_3 = 0, y_4 = -3, y_5 = -5$, com $Z = 0$, que não é viável em razão dos valores negativos. A variável básica que sai é y_5 (5 > 3) e a variável básica que entra é y_2 ($\frac{12}{2} < \frac{18}{2}$), que leva ao segundo conjunto de equações, indicada como iteração 1 na Tabela 7.1. A solução básica correspondente é $y_1 = 0, y_2 = \frac{5}{2}, y_3 = 0, y_4 = -3, y_5 = 0$, com $Z = -30$, que não é viável.

---

[1] Lembre-se de que a propriedade de simetria na Seção 6.1 indica que o dual de um problema dual é o problema primal original.

■ **TABELA 7.1** Método simplex dual aplicado ao problema dual da Wyndor Glass Co.

Iteração	Variável básica	Eq.	Z	y_1	y_2	y_3	y_4	y_5	Lado direito
0	Z	(0)	1	4	12	18	0	0	0
	y_4	(1)	0	−1	0	−3	1	0	−3
	y_5	(2)	0	0	−2	−2	0	1	−5
1	Z	(0)	1	4	0	6	0	6	−30
	y_4	(1)	0	−1	0	−3	1	0	−3
	y_2	(2)	0	0	1	1	0	$-\frac{1}{2}$	$\frac{5}{2}$
2	Z	(0)	1	2	0	0	2	6	−36
	y_3	(1)	0	$\frac{1}{3}$	0	1	$-\frac{1}{3}$	0	1
	y_2	(2)	0	$-\frac{1}{3}$	1	0	$\frac{1}{3}$	$-\frac{1}{2}$	$\frac{3}{2}$

A próxima variável básica que sai é y_4 e a variável básica que entra é y_3 ($\frac{6}{3} < \frac{4}{1}$) que leva ao conjunto final de equações na Tabela 7.1. A solução básica correspondente é $y_1 = 0$, $y_2 = \frac{5}{2}$, $y_3 = 1$, $y_4 = 0$, $y_5 = 0$, com Z = −36, que é viável e, portanto, ótima.

Observe que a solução ótima para o dual desse problema[2] é $x_1^* = 2$, $x_2^* = 6$, $x_3^* = 2$, $x_4^* = 0$, $x_5^* = 0$, conforme obtido na Tabela 4.8 pelo método simplex. Sugerimos que se percorram as Tabelas 7.1 e 4.8 simultaneamente e se comparem as etapas complementares para os dois métodos de imagem espelhada.

Conforme se mencionou anteriormente, uma importante aplicação primária do método simplex dual é ele poder ser frequentemente usado, para resolver com rapidez um problema, quando o resultado da análise de sensibilidade implicar realizar pequenas alterações no modelo original. Particularmente, se a solução básica ótima prévia não for mais viável primal (um ou mais lados direitos agora são negativos), mas ainda satisfizer o teste de otimalidade (nenhum coeficiente negativo na Linha 0), pode-se aplicar imediatamente o método simplex dual partindo-se dessa solução básica viável dual. Essa situação surge, por exemplo, quando uma nova restrição que viola a outrora solução ótima for acrescentada ao modelo original. Para ilustrar essa questão, suponhamos que o problema resolvido na Tabela 7.1 não incluísse originalmente sua primeira restrição funcional ($y_1 + 3y_3 \geq 3$). Após eliminar a Linha 1, a tabela de iteração 1 na Tabela 7.1 mostra que a solução ótima resultante é $y_1 = 0$, $y_2 = \frac{5}{2}$, $y_3 = 0$, $y_5 = 0$, com Z = −30. Suponhamos agora que a análise de sensibilidade leve a acrescentar a restrição originalmente omitida, $y_1 + 3y_3 \geq 3$, que é violada pela solução ótima original já que tanto $y_1 = 0$ como $y_3 = 0$. Para encontrar a nova solução ótima, essa restrição (inclusive sua variável de folga y_4) agora seria adicionada como Linha 1 da tabela intermediária na Tabela 7.1. Independentemente de essa tabela ter sido obtida pela aplicação do método simplex ou do método simplex dual para se obter a solução ótima original (talvez após muitas iterações), aplicar o método simplex dual a essa tabela conduz à nova solução ótima em apenas uma iteração.

Se quiser ver outro exemplo de aplicação do método simplex dual, há um na seção de Worked Examples no *site* da editora.

---

[2] A *propriedade das soluções básicas ótimas complementares* apresentada na Seção 6.3 indica como ler a solução ótima para o problema dual da linha 0 da tabela simplex final para o problema primal. Essa mesma conclusão é válida independentemente se for usado o método simplex ou o método simplex dual para obter a tabela final.

7.2 PROGRAMAÇÃO LINEAR PARAMÉTRICA

No final da Seção 6.7 descrevemos a *programação linear paramétrica* e seu emprego para conduzir sistematicamente à análise de sensibilidade, alterando aos poucos diversos parâmetros do modelo ao mesmo tempo. Agora apresentaremos o procedimento algorítmico, primeiro para o caso em que os parâmetros c_j estão sendo alterados e, depois, para o caso no qual os parâmetros b_i são variados.

Mudanças sistemáticas nos parâmetros c_j

Para o caso no qual os parâmetros c_j estão sendo alterados, a função objetivo do modelo comum da programação linear

$$Z = \sum_{j=1}^{n} c_j x_j$$

é substituída por

$$Z(\theta) = \sum_{j=1}^{n} (c_j + \alpha_j \theta) x_j,$$

em que os α_j são constantes de entrada fornecidas que representam as taxas relativas nas quais os coeficientes serão alterados. Portanto, aumentando-se gradualmente θ partindo de zero, mudam-se os coeficientes nessas taxas relativas.

Os valores atribuídos ao α_j podem representar mudanças simultâneas interessantes do c_j para análise de sensibilidade sistemática do efeito de se aumentar a grandeza dessas mudanças. Eles também podem se basear em como os coeficientes (por exemplo, lucros unitários) mudariam simultaneamente em relação ao mesmo fator medido por θ. Esse fator poderia se tornar incontrolável, como o estado da economia. Porém, ele também poderia estar sob controle do tomador de decisão, por exemplo, a quantidade de equipe e equipamentos a ser deslocada entre as atividades.

Para qualquer valor de θ, a solução ótima do problema de programação linear correspondente pode ser obtida pelo método simplex. Essa solução seria obtida para o problema original em que $\theta = 0$. Contudo, o objetivo é *encontrar a solução ótima* do problema de programação linear modificada [maximizar $Z(\theta)$ sujeito às restrições originais] *em função de* θ. Portanto, no procedimento de resolução, você precisa estar apto a determinar quando e como a solução ótima muda (se isto acontecer realmente) à medida que θ aumenta de zero até um valor positivo qualquer especificado.

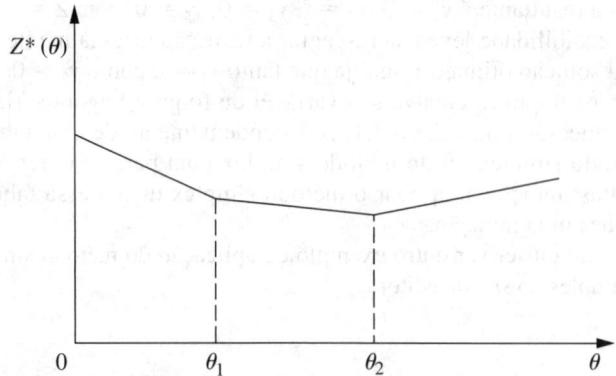

■ **FIGURA 7.1** O valor da função objetivo em função de θ para programação linear paramétrica com alterações sistemáticas nos parâmetros c_j.

A Figura 7.1 ilustra como $Z^*(\theta)$, o valor da função objetivo para a solução ótima (dado θ), muda à medida que aumenta. Na realidade, $Z^*(\theta)$ sempre tem essa *forma linear por trechos e convexa*[3] (ver o Problema 7.2-7). A solução ótima correspondente muda (à medida que θ aumenta) *apenas* nos valores de θ nos quais a inclinação da função $Z^*(\theta)$ muda. Dessa forma, a Figura 7.1 representa um problema em que três soluções diferentes são ótimas para os valores de θ, a primeira para $0 \leq \theta \leq \theta_1$, a segunda para $\theta_1 \leq \theta \leq \theta_2$ e a terceira para $\theta \geq \theta_2$. Pelo fato de o valor de cada x_j permanecer o mesmo em cada um desses intervalos para θ, o valor de $Z^*(\theta)$ varia com θ somente porque os *coeficientes* de x_j estão mudando como uma função linear de θ. O procedimento de resolução se baseia diretamente no procedimento de análise de sensibilidade para investigar mudanças nos parâmetros c_j (casos 2*a* e 3, Seção 6.7). Conforme descrito na última subseção da Seção 6.7, a única diferença em relação à programação linear paramétrica é que as mudanças agora são expressas em termos de θ em vez de números específicos.

EXEMPLO. Para ilustrar o procedimento de resolução, suponha que $\alpha_1 = 2$ e $\alpha_2 = -1$ para o problema original da Wyndor Glass Co. apresentado na Seção 3.1, de modo que

$$Z(\theta) = (3 + 2\theta)x_1 + (5 - \theta)x_2.$$

Começando com a tabela *simplex* final para $\theta = 0$ (Tabela 4.8), vemos que sua Equação. (0)

$$(0) \quad Z + \frac{3}{2}x_4 + x_5 = 36$$

teria as mudanças a seguir a partir dos coeficientes originais ($\theta = 0$) acrescidos ao lado esquerdo da equação:

$$(0) \quad Z - 2\theta x_1 + \theta x_2 + \frac{3}{2}x_4 + x_5 = 36.$$

Pelo fato de tanto x_1 quanto x_2 serem variáveis básicas [estando nas Equações. (3) e (2), respectivamente], ambos precisam ser eliminados algebricamente da Equação (0):

$$Z - 2\theta x_1 + \theta x_2 + \frac{3}{2}x_4 + x_5 = 36$$
$$+\ 2\theta \text{ vezes Eq. (3)}$$
$$-\ \theta \text{ vezes Eq. (2)}$$

$$(0) \quad Z + \left(\frac{3}{2} - \frac{7}{6}\theta\right)x_4 + \left(1 + \frac{2}{3}\theta\right)x_5 = 36 - 2\theta.$$

O teste de otimalidade diz que a solução BV atual permanecerá ótima enquanto esses coeficientes das variáveis não básicas permanecerem não negativos:

$$\frac{3}{2} - \frac{7}{6}\theta \geq 0, \quad \text{para } 0 \leq \theta \leq \frac{9}{7},$$

$$1 + \frac{2}{3}\theta \geq 0, \quad \text{para todos } \theta \geq 0.$$

Portanto, depois de θ ser aumentado após $= \frac{9}{7}$, x_4 precisaria ser a variável básica que entra para outra iteração do método simplex a fim de encontrar a nova solução ótima. Depois θ seria aumentado ainda mais até que outro coeficiente ficasse negativo e assim por diante até que θ tivesse aumentado o máximo desejado.

---

[3] Consulte o Apêndice 2 para uma definição e discussão sobre as funções convexas.

■ **TABELA 7.2** O procedimento de programação linear paramétrica c_j aplicado ao exemplo da Wyndor Glass Co.

Intervalo de θ	Variável básica	Eq.	Z	x_1	x_2	x_3	x_4	x_5	Lado direito	Solução ótima
	$Z(\theta)$	(0)	1	0	0	0	$\frac{9-7\theta}{6}$	$\frac{3+2\theta}{3}$	$36 - 2\theta$	$x_4 = 0$
										$x_5 = 0$
$0 \leq \theta \leq \frac{9}{7}$	x_3	(1)	0	0	0	1	$\frac{1}{3}$	$-\frac{1}{3}$	2	$x_3 = 2$
	x_2	(2)	0	0	1	0	$\frac{1}{2}$	0	6	$x_2 = 6$
	x_1	(3)	0	1	0	0	$-\frac{1}{3}$	$\frac{1}{3}$	2	$x_1 = 2$
	$Z(\theta)$	(0)	1	0	0	$\frac{-9+7\theta}{2}$	0	$\frac{5-\theta}{2}$	$27 + 5\theta$	$x_3 = 0$
										$x_5 = 0$
$\frac{9}{7} \leq \theta \leq 5$	x_4	(1)	0	0	0	3	1	-1	6	$x_4 = 6$
	x_2	(2)	0	0	1	$-\frac{3}{2}$	0	$\frac{1}{2}$	3	$x_2 = 3$
	x_1	(3)	0	1	0	1	0	0	4	$x_1 = 4$
	$Z(\theta)$	(0)	1	0	$-5+\theta$	$3+2\theta$	0	0	$12 + 8\theta$	$x_2 = 0$
										$x_3 = 0$
$\theta \geq 5$	x_4	(1)	0	0	2	0	1	0	12	$x_4 = 12$
	x_5	(2)	0	0	2	-3	0	1	6	$x_5 = 6$
	x_1	(3)	0	1	0	1	0	0	4	$x_1 = 4$

Agora resumimos todo esse procedimento e o exemplo é concluído na Tabela 7.2.

Resumo do procedimento da programação linear paramétrica para mudanças sistemáticas nos parâmetros c_j

1. Resolva o problema com $\theta = 0$ pelo método simplex.
2. Use o procedimento da análise de sensibilidade (Casos 2a e 3, Seção 6.7) para incluir as mudanças $\Delta c_j = \alpha_j \theta$ na Equação (0).
3. Aumente θ até que uma das variáveis não básicas tenha seu coeficiente na Equação (0) negativo (ou até que θ tenha sido aumentado conforme desejado).
4. Use essa variável como variável básica que entra para uma iteração do método simplex para encontrar a nova solução ótima. Retorne para a Etapa 3.

Mudanças sistemáticas nos parâmetros b_i

Para o caso no qual os parâmetros b_i mudam sistematicamente, a única modificação feita no modelo de programação linear original é que b_i é substituído por $b_i + \alpha_i \theta$, para $i = 1, 2, \ldots, m$, em que os α_i são constantes de entrada dadas. Portanto, o problema fica da seguinte maneira:

$$\text{Maximizar} \quad Z(\theta) = \sum_{j=1}^{n} c_j x_j,$$

sujeito a

$$\sum_{j=1}^{n} a_{ij} x_j \leq b_i + \alpha_i \theta \quad \text{para } i = 1, 2, \ldots, m$$

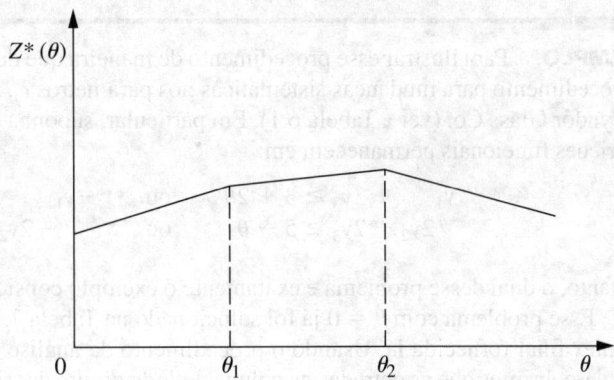

FIGURA 7.2 O valor da função objetivo para uma solução ótima como função de θ para programação linear paramétrica com alterações sistemáticas nos parâmetros b_i.

e

$$x_j \geq 0 \quad \text{para } j = 1, 2, \ldots, n.$$

O objetivo é identificar a solução ótima como função de θ.

Com essa formulação, o valor da função objetivo correspondente, $Z^*(\theta)$, sempre tem a *forma côncava* e *linear por trechos*[4] mostrada na Figura 7.2 (ver o Problema 7.2-8). O conjunto das variáveis básicas na solução ótima ainda muda (à medida que θ aumenta) *somente* no ponto em que a inclinação de $Z^*(\theta)$ se modifica. Porém, ao contrário do caso anterior, os valores dessas variáveis agora mudam como uma função (linear) de θ entre as mudanças de inclinação. A razão é que aumentar θ altera os lados direitos no conjunto inicial de equações que depois provoca mudanças nos lados direitos no conjunto final de equações, isto é, nos valores do conjunto final de variáveis básicas. A Figura 7.2 representa um problema com três conjuntos de variáveis básicas que são ótimas para valores diferentes de θ, o primeiro para $0 \leq \theta \leq \theta_1$, o segundo para $\theta_1 \leq \theta \leq \theta_2$ e o terceiro para $\theta \geq \theta_2$. Em cada um desses intervalos de θ, o valor de $Z^*(\theta)$ varia com θ, apesar dos coeficientes fixos c_j, pelo fato de os valores x_j estarem mudando.

O resumo do procedimento de resolução a seguir é muito similar àquele apresentado para as mudanças sistemáticas nos parâmetros c_j. A razão é que mudar os valores b_i equivale a alterar os coeficientes na função objetivo do modelo *dual*. Portanto, o procedimento para o problema primal é exatamente *complementar* para aplicar ao mesmo tempo o procedimento para mudanças sistemáticas nos parâmetros c_j para o problema *dual*. Consequentemente, o *método simplex dual* (ver a Seção 7.1) agora seria usado a obter cada nova solução ótima, e o caso da análise de sensibilidade aplicável (ver a Seção 6.7) agora é o Caso 1, porém, essas diferenças são as únicas diferenças principais.

Resumo do procedimento da programação linear paramétrica para mudanças sistemáticas nos parâmetros b_j

1. Resolva o problema com $\theta = 0$ pelo método simplex.
2. Use o procedimento da análise de sensibilidade (Caso 1, Seção 6.7) para incluir as mudanças $\Delta b_i = \alpha_i \theta$ na coluna do *lado direito*.
3. Aumente θ até que uma das variáveis básicas tenha seu valor na coluna do *lado direito* negativo (ou até que θ tenha sido aumentado conforme desejado).
4. Use essa variável como variável básica que sai para uma interação do método simplex para encontrar a nova solução ótima. Retorne para a Etapa 3.

---

[4] Consulte o Apêndice 2 para uma definição e discussão sobre funções côncavas.

EXEMPLO. Para ilustrar esse procedimento de maneira que demonstre sua relação de *dualidade* com o procedimento para mudanças sistemáticas nos parâmetros c_j, agora aplique-o ao problema dual para o Wyndor Glass Co. (ver a Tabela 6.1). Em particular, suponha que $\alpha_1 = 2$ e $\alpha_2 = -1$ de modo que as restrições funcionais permanecem em:

$$y_1 + 3y_3 \geq 3 + 2\theta \quad \text{ou} \quad -y_1 - 3y_3 \leq -3 - 2\theta$$
$$2y_2 + 2y_3 \geq 5 - \theta \quad \text{ou} \quad -2y_2 - 2y_3 \leq -5 + \theta.$$

Portanto, o dual desse problema é exatamente o exemplo considerado na Tabela 7.2.

Esse problema com $\theta = 0$ já foi solucionado na Tabela 7.1, de maneira que partiremos da tabela simplex final fornecida lá. Usando o procedimento da análise de sensibilidade para o Caso 1, Seção 6.7, descobrimos que as entradas na coluna do *lado direito* da tabela mudam para os valores fornecidos a seguir:

$$Z^* = \mathbf{y}^*\mathbf{\bar{b}} = [2, 6] \begin{bmatrix} -3 - 2\theta \\ -5 + \theta \end{bmatrix} = -36 + 2\theta,$$

$$\mathbf{b}^* = \mathbf{S}^*\mathbf{\bar{b}} = \begin{bmatrix} -\frac{1}{3} & 0 \\ \frac{1}{3} & -\frac{1}{2} \end{bmatrix} \begin{bmatrix} -3 - 2\theta \\ -5 + \theta \end{bmatrix} = \begin{bmatrix} 1 + \frac{2\theta}{3} \\ \frac{3}{2} - \frac{7\theta}{6} \end{bmatrix}.$$

Portanto, as duas variáveis básicas nesta tabela

$$y_3 = \frac{3 + 2\theta}{3} \quad \text{e} \quad y_2 = \frac{9 - 7\theta}{6}$$

permanecem não negativas para $0 \leq \theta \leq \frac{9}{7}$. Aumentar θ após $\theta = \frac{9}{7}$ exige fazer que y_2 seja uma variável básica que sai para outra iteração do método simplex dual, e assim por diante, conforme sintetizado na Tabela 7.3.

Sugerimos agora que você percorra as Tabela 7.2 e 7.3 simultaneamente para observar a relação de dualidade entre os dois procedimentos.

■ **TABELA 7.3** O procedimento de programação linear paramétrica b_i aplicado ao exemplo da Wyndor Glass Co.

Intervalo de θ	Variável básica	Eq.	Z	y_1	y_2	y_3	y_4	y_5	Lado direito	Solução ótima
	$Z(\theta)$	(0)	1	2	0	0	2	6	$-36 + 2\theta$	$y_1 = y_4 = y_5 = 0$
$0 \leq \theta \leq \frac{9}{7}$	y_3	(1)	0	$\frac{1}{3}$	0	1	$-\frac{1}{3}$	0	$\frac{3 + 2\theta}{3}$	$y_3 = \frac{3 + 2\theta}{3}$
	y_2	(2)	0	$-\frac{1}{3}$	1	0	$\frac{1}{3}$	$-\frac{1}{2}$	$\frac{9 - 7\theta}{6}$	$y_2 = \frac{9 - 7\theta}{6}$
	$Z(\theta)$	(0)	1	0	6	0	4	3	$-27 - 5\theta$	$y_2 = y_4 = y_5 = 0$
$\frac{9}{7} \leq \theta \leq 5$	y_3	(1)	0	0	1	1	0	$-\frac{1}{2}$	$\frac{5 - \theta}{2}$	$y_3 = \frac{5 - \theta}{2}$
	y_1	(2)	0	1	-3	0	-1	$\frac{3}{2}$	$\frac{-9 + 7\theta}{2}$	$y_1 = \frac{-9 + 7\theta}{2}$
	$Z(\theta)$	(0)	1	0	12	6	4	0	$-12 - 8\theta$	$y_2 = y_3 = y_4 = 0$
$\theta \geq 5$	y_5	(1)	0	0	-2	-2	0	1	$-5 + \theta$	$y_5 = -5 + \theta$
	y_1	(2)	0	1	0	3	-1	0	$3 + 2\theta$	$y_1 = 3 + 2\theta$

A seção de Worked Examples do *site* da editora inclui outro exemplo do procedimento para mudanças sistemáticas nos parâmetros b_i.

7.3 A TÉCNICA DO LIMITE SUPERIOR

É bastante comum em problemas de programação linear que parte ou todas as variáveis x_j *individuais* tenham *restrições de limite superior*

$$x_j \leq u_j,$$

em que u_j é uma constante positiva representando o valor *viável* máximo de x_j. Indicamos na Seção 4.8 que o determinante mais importante do tempo de processamento para o método simplex é o *número de restrições funcionais*, ao passo que o número de restrições de *não negatividade* é relativamente sem importância. Portanto, ter grande número de restrições de limite superior aumenta muito o tempo de processamento necessário.

A *técnica do limite superior* impede esse aumento de tempo de processamento, eliminando as restrições de limite superior das restrições funcionais e tratando-as em separado, basicamente como restrições de não negatividade[5]. Eliminar as restrições de limite superior dessa maneira não causa nenhum problema desde que nenhuma das variáveis básicas seja aumentada além de seu limite superior. A única vez que o método simplex aumenta algumas das variáveis é quando a variável básica que entra é aumentada para obter uma nova solução BV. Assim, a técnica do limite superior apenas aplica o método simplex da maneira usual ao *restante* do problema (isto é, sem as restrições de limite superior), mas com a restrição adicional de que cada nova solução BV deva satisfazer as restrições de limite superior, além das restrições (de não negatividade) de limite inferior.

Para implementar essa ideia, observe que uma variável de decisão x_j com uma restrição de limite superior $x_j \leq u_j$ pode sempre ser substituída por

$$x_j = u_j - y_j,$$

em que y_j seria então a variável de decisão. Em outras palavras, você tem uma opção entre deixar a variável de decisão ser a *quantidade acima de zero* (x_j) ou a *quantidade abaixo de* u_j ($y_j = u_j - x_j$). (Vamos chamar x_j e y_j variáveis de decisão *complementares*.)
Pelo fato de

$$0 \leq x_j \leq u_j$$

segue também que

$$0 \leq y_j \leq u_j.$$

Portanto, a qualquer ponto durante o método simplex, você pode:

1. usar x_j, em que $0 \leq x_j \leq u_j$, ou
2. substituir x_j por $u_j - y_j$, em que $0 \leq y_j \leq u_j$.

A técnica do limite superior usa a seguinte regra para fazer sua escolha:

Regra: comece escolhendo a opção 1.
Sempre que $x_j = 0$, use a opção 1, de modo que x_j seja *não básica*.
Sempre que $x_j = u_j$, use a opção 2, de forma que $y_j = 0$ seja *não básica*.
Mude de alternativa quando o valor do outro ponto extremo de x_j for atingido.

---

[5] A técnica do limite superior supõe que as variáveis tenham as restrições de não negatividade usuais, além das restrições de limite superior. Se uma variável tiver limite inferior maior que 0, digamos, $x_j \geq L_j$, então essa restrição pode ser convertida em uma restrição de não negatividade fazendo a mudança de variáveis, $x_j' = x_j - L_j$, de modo que $x_j' \geq 0$.

Dessa maneira, sempre que uma variável básica atinge o limite superior, você deve mudar de opção e usar sua variável de decisão complementar como a nova variável não básica (a variável básica que sai) para identificar a nova solução BV. Logo, a única mudança substancial que está sendo feita no método simplex se encontra na regra para selecionar a variável básica que sai.

Lembre-se de que o método simplex seleciona como variável básica que sai aquela que se tornaria inviável primeiro, tornando-se negativa à medida que a variável básica que entra é aumentada. A modificação agora feita é selecionar em vez da variável que se tornaria inviável primeiro *de qualquer maneira*, seja ficando negativa seja ultrapassando o limite superior, à medida que a variável básica que entra é incrementada. Observe que uma possibilidade é que a variável básica que entra possa vir a se tornar inviável primeiro, ultrapassando o limite superior, de modo que sua variável de decisão complementar se torne a variável básica que sai. Se a variável básica que sai chegar a zero, então prossiga da forma usual com o método simplex. Porém, se ela, em vez disso, alcançar o limite superior, então mude de opção e faça que sua variável de decisão complementar se torne a variável básica que sai.

Um exemplo

Para ilustrar a técnica do limite superior, considere o problema a seguir:

$$\text{Maximizar} \quad Z = 2x_1 + x_2 + 2x_3,$$

sujeito a

$$4x_1 + x_2 = 12$$
$$-2x_1 + x_3 = 4$$

e

$$0 \leq x_1 \leq 4, \quad 0 \leq x_2 \leq 15, \quad 0 \leq x_3 \leq 6.$$

Portanto, todas as três variáveis possuem restrições de limite superior ($u_1 = 4$, $u_2 = 15$, $u_3 = 6$).

As duas restrições de igualdade já se encontram na forma apropriada da eliminação gaussiana para identificar a solução BV inicial ($x_1 = 0$, $x_2 = 12$, $x_3 = 4$) e nenhuma dessas variáveis nessa solução excede seu limite superior, de modo que x_2 e x_3 podem ser usados como variáveis básicas iniciais sem a inclusão de variáveis artificiais. No entanto, essas variáveis precisam ser eliminadas algebricamente da função objetivo para obter a Equação (0) inicial, como a seguir:

$$\begin{array}{r} Z - 2x_1 - x_2 - 2x_3 = 0 \\ + (4x_1 + x_2 = 12) \\ + 2(-2x_1 + x_3 = 4) \\ \hline (0) \quad Z - 2x_1 = 20. \end{array}$$

Para começar a primeira iteração, essa Equação (0) inicial indica que a variável básica *que entra* inicial é x_1. Uma vez que as restrições de limite superior não devem ser incluídas, o conjunto completo de equações iniciais e os cálculos correspondentes para seleção da variável básica que sai são aqueles mostrados na Tabela 7.4. A segunda coluna mostra quanto a variável básica que entra, x_1, pode ser *incrementada* a partir de zero antes que alguma variável básica (inclusive a própria x_1) se torne inviável. O valor máximo dado próximo à Equação (0) é simplesmente a restrição de limite superior para x_1. Para a Equação (1), já que o coeficiente de x_1 é *positivo*, *incrementar* x_1 até 3 diminui a variável básica nessa equação (x_2) de 12 até seu limite *inferior* igual a *zero*. Para a Equação (2), visto que o coeficiente de x_1 é *negativo*, *incrementar* x_1 até 1 *aumenta* a variável básica nessa equação (x_3) de 4 para seu *limite superior* igual a 6.

Pelo fato de a Equação (2) ter o *menor* valor viável máximo de x_1 na Tabela 7.4, a variável básica nessa equação (x_3) fornece a variável básica *que sai*. Entretanto, pelo fato de x_3 ter atingido seu limite *superior*, substitua x_3 por $6 - y_3$, de modo que $y_3 = 0$ se torne a nova variável não básica para a próxima solução BV e x_1 torna-se a nova variável básica na Equação (2). Essa substituição leva às seguintes modificações nessa equação:

■ **TABELA 7.4** Cálculos e equações para a variável básica que sai inicial no exemplo para a técnica do limite superior

Conjunto inicial de equações	Valor viável máximo de x_1
(0) $Z - 2x_1 = 20$	$x_1 \leq 4$ (visto que $u_1 = 4$)
(1) $4x_1 + x_2 = 12$	$x_1 \leq \dfrac{12}{4} = 3$
(2) $-2x_1 + x_3 = 4$	$x_1 \leq \dfrac{6-4}{2} = 1 \leftarrow$ mínimo (pois $u_3 = 6$)

$$
\begin{aligned}
(2) \quad & -2x_1 + x_3 = 4 \\
\rightarrow \quad & -2x_1 + 6 - y_3 = 4 \\
\rightarrow \quad & -2x_1 - y_3 = -2 \\
\rightarrow \quad & x_1 + \tfrac{1}{2} y_3 = 1
\end{aligned}
$$

Portanto, após eliminarmos x_1 algebricamente das demais equações, o *segundo* conjunto completo de equações fica

$$
\begin{aligned}
(0) \quad & Z + y_3 = 22 \\
(1) \quad & x_2 - 2y_3 = 8 \\
(2) \quad & x_1 + \tfrac{1}{2} y_3 = 1.
\end{aligned}
$$

A solução BV resultante é $x_1 = 1, x_2 = 8, y_3 = 0$. Pelo teste de otimalidade, ela também é uma solução ótima, de modo que $x_1 = 1, x_2 = 8, x_3 = 6 - y_3 = 6$ é a solução desejada para o problema original.

Caso queira ver outro exemplo da técnica do limite superior, veja na seção de Worked Examples do *site* da editora.

7.4 UM ALGORITMO DE PONTO INTERNO

Na Seção 4.9, discutimos o incrível avanço atingido pela programação linear ocorrido em 1984, mais precisamente, a criação, por parte de Narendra Karmarkar da AT&T Bell Laboratories, de um poderoso algoritmo para resolução de problemas de programação linear de dimensões enormes com metodologia muito diferente do método simplex. Apresentamos agora a natureza da metodologia de Karmarkar descrevendo uma variante relativamente elementar (a variante "afim" ou "escala de afinidade") de seu algoritmo[6]. (O Tutorial IOR também inclui essa variante sob o título *Solucionando Automaticamente pelo Algoritmo de Ponto Interno*.)

Ao longo desta seção, vamos nos concentrar nas ideias principais de Karmarkar em um nível intuitivo evitando, ao mesmo tempo, os detalhes matemáticos. Particularmente, omitiremos certos detalhes necessários à implementação completa do algoritmo (por exemplo, como encontrar uma solução experimental viável inicial), mas que não são fundamentais para a compreensão conceitual básica. As ideias a serem descritas podem ser sintetizadas como a seguir:

Conceito 1: Inicie pelo *interior* da região de soluções viáveis em direção a uma solução ótima.

---

[6] A metodologia básica para essa variante foi, na verdade, proposta em 1967 por um matemático russo chamado I. I. Dikin e, depois, logo redescoberta após o surgimento do trabalho de Karmarkar por uma série de pesquisadores, entre eles E. R. Barnes, T. M. Cavalier e A. L. Soyster. Ver também R. J. Vanderbei, M. S. Meketon, and B. A. Freedman, "A Modification of Karmarkar's Linear Programming Algorithm", *Algorithmica*, **1**(4) (Special Issue on New Approaches to Linear Programming): 395-407, 1986.

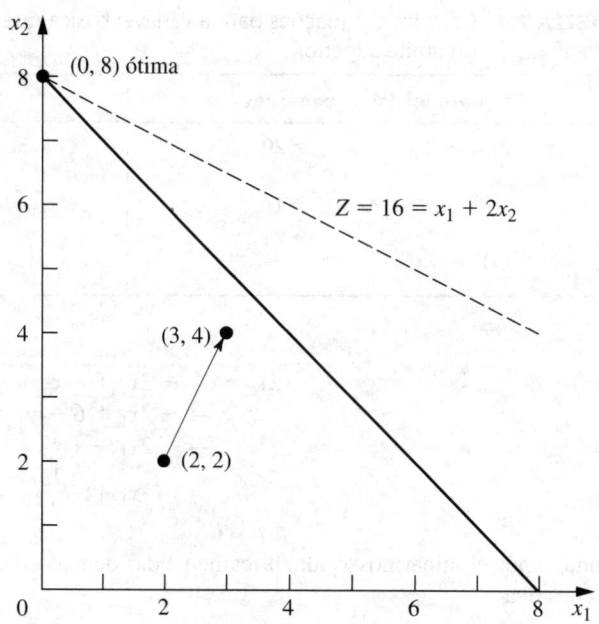

FIGURA 7.3 Exemplo para o algoritmo de ponto interno.

Conceito 2: Desloque-se em uma direção que melhore o valor da função objetivo na taxa mais rápida possível.

Conceito 3: Transforme a região de soluções viáveis para colocar a solução experimental atual próxima de seu centro, possibilitando então acentuada melhoria quando o conceito 2 é implementado.

Para ilustrar esses conceitos ao longo da seção, usaremos o exemplo a seguir:

$$\text{Maximizar} \quad Z = x_1 + 2x_2,$$

sujeito a

$$x_1 + x_2 \leq 8$$

e

$$x_1 \geq 0, \quad x_2 \geq 0.$$

Esse problema é representado graficamente na Figura 7.3, em que a solução ótima é $(x_1, x_2) = (0, 8)$ com $Z = 16$. (Descreveremos a importância da seta na figura adiante.)

Veremos que nosso algoritmo de ponto interno requer uma quantidade considerável de trabalho para resolver esse simples exemplo. A razão é que o algoritmo foi desenvolvido para resolver de modo eficiente problemas *enormes*, porém, ele é muito menos eficiente que o método simplex (ou o método gráfico, nesse caso) para problemas diminutos. Contudo, ter um exemplo com apenas duas variáveis nos permitirá representar graficamente o que o algoritmo faz.

A relevância do gradiente para os conceitos 1 e 2

O algoritmo começa com uma solução experimental inicial que (como as demais soluções experimentais subsequentes) recai no *interior* da região de soluções viáveis, isto é, *dentro dos limites* da região de soluções viáveis. Portanto, para o exemplo, a solução deve cair em qualquer um dos três segmentos de reta ($x_1 = 0, x_2 = 0, x_1 + x_2 = 8$) que formam o contorno dessa região na Figura 7.3. Uma solução experimental que cai sobre o contorno não pode ser usada, pois levaria à operação matemática indefinida de uma divisão por zero em um ponto no algoritmo. Escolhemos arbitrariamente $(x_1, x_2) = (2, 2)$ como a solução experimental inicial.

Para iniciar a implementação dos conceitos 1 e 2, observe na Figura 7.3 que a direção de deslocamento a partir de (2, 2), que incrementa Z na taxa mais rápida possível, é *perpendicular* à (em direção à) reta da função objetivo $Z = 16 = x_1 + 2x_2$. Indicamos essa direção pela seta que vai de (2, 2) para (3, 4). Usando soma vetorial, temos

$$(3, 4) = (2, 2)(1, 2),$$

em que o vetor (1, 2) é o **gradiente** da função objetivo. (Abordaremos mais os gradientes na Seção 12.5 no contexto mais amplo da *programação não linear*, na qual são utilizados, de longa data, algoritmos similares aos de Karmarkar.) Os componentes de (1, 2) são apenas os coeficientes na função objetivo. Portanto, com uma modificação subsequente, o gradiente (1, 2) define a direção ideal na qual se deslocar, em que a questão da *distância a ser percorrida* será considerada posteriormente.

O algoritmo, na verdade, opera em problemas de programação linear após ter sido reescritos na forma aumentada. Fazendo que x_3 seja a variável de folga para a restrição funcional do exemplo, vemos que essa forma é

$$\text{Maximizar} \quad Z = x_1 + 2x_2,$$

sujeito a

$$x_1 + x_2 + x_3 = 8$$

e

$$x_1 \geq 0, \quad x_2 \geq 0, \quad x_3 \geq 0.$$

Em notação matricial (ligeiramente diferente daquela do Capítulo 5, pois a variável de folga agora está incorporada na notação), a forma aumentada pode ser escrita, em geral, como

$$\text{Maximizar} \quad Z = \mathbf{c}^T \mathbf{x},$$

sujeito a

$$\mathbf{A}\mathbf{x} = \mathbf{b}$$

e

$$\mathbf{x} \geq \mathbf{0},$$

em que

$$\mathbf{c} = \begin{bmatrix} 1 \\ 2 \\ 0 \end{bmatrix}, \quad \mathbf{x} = \begin{bmatrix} x_1 \\ x_2 \\ x_3 \end{bmatrix}, \quad \mathbf{A} = [1, \quad 1, \quad 1], \quad \mathbf{b} = [8], \quad \mathbf{0} = \begin{bmatrix} 0 \\ 0 \\ 0 \end{bmatrix}$$

para o exemplo. Veja que $\mathbf{c}^T = [1, 2, 0]$ agora é o gradiente da função objetivo.

A forma aumentada do exemplo é representada graficamente na Figura 7.4. A região de soluções viáveis agora é formada pelo triângulo com vértices (8, 0, 0), (0, 8, 0) e (0, 0, 8). Pontos no interior dessa região de soluções viáveis são aqueles nos quais $x_1 > 0, x_2 > 0$ e $x_3 > 0$. Cada uma dessas três condições $x_j > 0$ tem o efeito de forçar (x_1, x_2) no sentido de se afastar das três retas que formam o contorno da região de soluções viáveis na Figura 7.3.

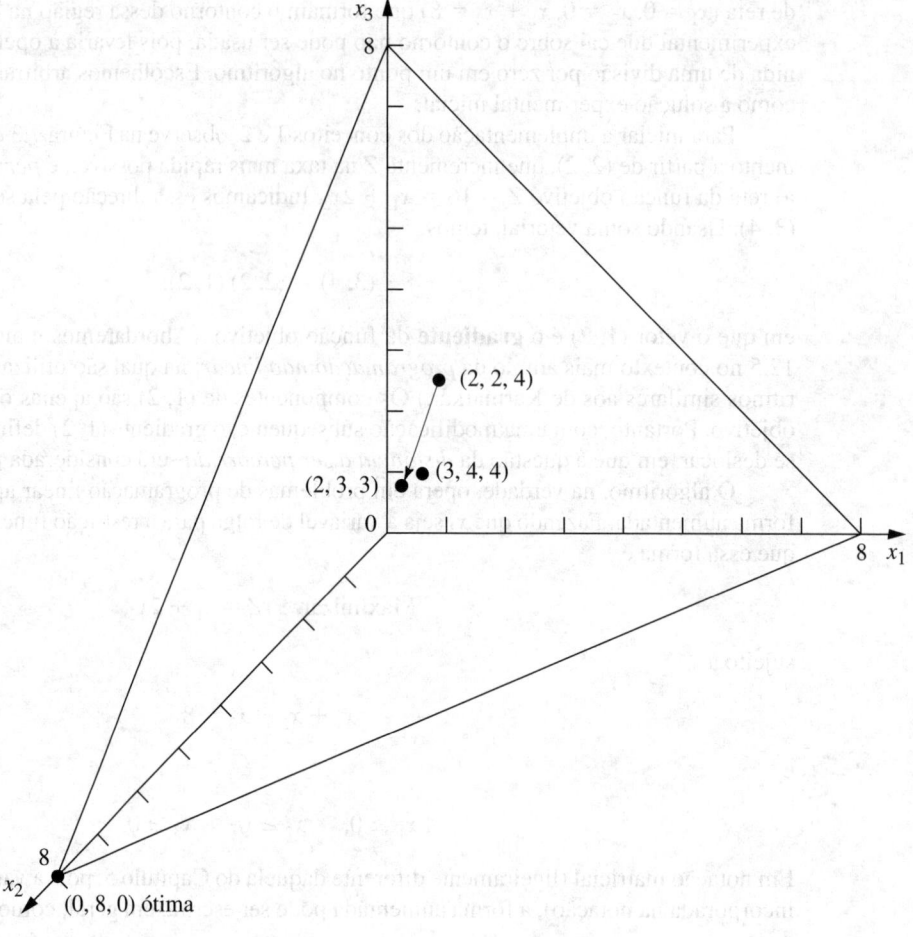

■ **FIGURA 7.4** Exemplo na forma aumentada para o algoritmo de ponto interno.

Uso do gradiente projetado para implementar os conceitos 1 e 2

Na forma aumentada, a solução experimental inicial é $(x_1, x_2, x_3) = (2, 2, 4)$. Adicionando-se o gradiente $(1, 2, 0)$ nos leva a

$$(3, 4, 4) = (2, 2, 4) \, (1, 2, 0).$$

No entanto, agora há um fator complicador. O algoritmo não pode se deslocar de $(2, 2, 4)$ até $(3, 4, 4)$, pois $(3, 4, 4)$ é inviável! Quando $x_1 = 3$ e $x_2 = 4$, então $x_3 = 8 - x_1 - x_2 = 1$ e não 4. O ponto $(3, 4, 4)$ cai sobre o lado mais próximo quando se olha para baixo no triângulo viável da Figura 7.4. Portanto, para permanecer viável, o algoritmo *projeta* (indiretamente) o ponto $(3, 4, 4)$ para baixo no triângulo viável, traçando uma reta que é *perpendicular* a esse triângulo. Um vetor de $(0, 0, 0)$ a $(1, 1, 1)$ é perpendicular a esse triângulo, de modo que a reta perpendicular, que passa por $(3, 4, 4)$, seja dada pela equação

$$(x_1, x_2, x_3) = (3, 4, 4) - \theta(1, 1, 1),$$

em que θ é um escalar. Já que o triângulo satisfaz a equação $x_1 + x_2 + x_3 = 8$, essa reta perpendicular intersecciona o triângulo em $(2, 3, 3)$. Pelo fato de,

$$(2, 3, 3) = (2, 2, 4) + (0, 1, -1),$$

o **gradiente projetado** da função objetivo (o gradiente projetado sobre a região de soluções viáveis) é $(0, 1, -1)$. É esse gradiente projetado que define a direção de deslocamento de $(2, 2, 4)$ para o algoritmo, conforme mostrado pela seta na Figura 7.4.

Existe uma fórmula para se calcular diretamente o gradiente projetado. Definindo-se a *matriz de projeção* **P** como

$$\mathbf{P} = \mathbf{I} - \mathbf{A}^T(\mathbf{A}\mathbf{A}^T)^{-1}\mathbf{A},$$

o *gradiente projetado* (na forma de coluna) é

$$\mathbf{c}_p = \mathbf{P}\mathbf{c}.$$

Portanto, para esse exemplo,

$$\mathbf{P} = \begin{bmatrix} 1 & 0 & 0 \\ 0 & 1 & 0 \\ 0 & 0 & 1 \end{bmatrix} - \begin{bmatrix} 1 \\ 1 \\ 1 \end{bmatrix} \left(\begin{bmatrix} 1 & 1 & 1 \end{bmatrix} \begin{bmatrix} 1 \\ 1 \\ 1 \end{bmatrix} \right)^{-1} \begin{bmatrix} 1 & 1 & 1 \end{bmatrix}$$

$$= \begin{bmatrix} 1 & 0 & 0 \\ 0 & 1 & 0 \\ 0 & 0 & 1 \end{bmatrix} - \frac{1}{3}\begin{bmatrix} 1 \\ 1 \\ 1 \end{bmatrix} \begin{bmatrix} 1 & 1 & 1 \end{bmatrix}$$

$$= \begin{bmatrix} 1 & 0 & 0 \\ 0 & 1 & 0 \\ 0 & 0 & 1 \end{bmatrix} - \frac{1}{3}\begin{bmatrix} 1 & 1 & 1 \\ 1 & 1 & 1 \\ 1 & 1 & 1 \end{bmatrix} = \begin{bmatrix} \frac{2}{3} & -\frac{1}{3} & -\frac{1}{3} \\ -\frac{1}{3} & \frac{2}{3} & -\frac{1}{3} \\ -\frac{1}{3} & -\frac{1}{3} & \frac{2}{3} \end{bmatrix},$$

de modo que

$$\mathbf{c}_p = \begin{bmatrix} \frac{2}{3} & -\frac{1}{3} & -\frac{1}{3} \\ -\frac{1}{3} & \frac{2}{3} & -\frac{1}{3} \\ -\frac{1}{3} & -\frac{1}{3} & \frac{2}{3} \end{bmatrix} \begin{bmatrix} 1 \\ 2 \\ 0 \end{bmatrix} = \begin{bmatrix} 0 \\ 1 \\ -1 \end{bmatrix}.$$

Deslocar-se de (2, 2, 4) na direção do gradiente projetado (0, 1, −1) envolve incrementar α a partir de zero na fórmula

$$\mathbf{x} = \begin{bmatrix} 2 \\ 2 \\ 4 \end{bmatrix} + 4\alpha \mathbf{c}_p = \begin{bmatrix} 2 \\ 2 \\ 4 \end{bmatrix} + 4\alpha \begin{bmatrix} 0 \\ 1 \\ -1 \end{bmatrix},$$

na qual o coeficiente 4 é usado simplesmente para dar um limite superior de 1 para α se manter viável (todos os $x_j \geq 0$). Observe que aumentar α para $\alpha = 1$ faria com que x_3 diminuísse para $x_3 = 4 + 4(1)(-1) = 0$, em que $\alpha > 1$ leva a $x_3 < 0$. Portanto, α mede a fração usada da distância que poderia ser deslocada antes de a região de soluções viáveis ser deixada.

Qual seria o valor máximo para se deslocar para a próxima solução experimental? Em virtude do aumento em Z ser proporcional a α, um valor próximo ao limite superior de 1 é adequado para se dar um passo relativamente grande em direção à otimalidade na iteração atual. Entretanto, o problema de se ter um valor tão próximo de 1 é que a próxima solução experimental seria ir de encontro a um limite de restrição e, portanto, tornando difícil avançar muito durante as iterações subsequentes. Assim, é muito útil que soluções experimentais estejam próximas ao centro da região de soluções viáveis (ou pelo menos próximo ao centro do trecho da região de soluções viáveis nas vizinhanças de uma solução ótima) e não muito próximo de qualquer limite de restrição. Tendo isso em mente, Karmarkar afirmou para seu algoritmo que um valor por volta de $\alpha = 0,25$ deveria ser "seguro". Na prática, algumas vezes são usados valores muito maiores (por exemplo, $\alpha = 0,9$). Para os fins desse exemplo (e para o problema no final do capítulo), escolhemos $\alpha = 0,5$. (O Tutorial IOR usa $\alpha = 0,5$ como valor *default*, porém, há também disponível $\alpha = 0,9$.)

Esquema de centralização para implementação do conceito 3

Agora, temos apenas mais uma etapa para completar a descrição do algoritmo, a saber, um esquema especial que tem por direcionamento transformar a região de soluções viáveis para colocar a solução experimental atual próxima a seu centro. Acabamos de descrever a vantagem de se ter a solução experimental próxima ao centro, contudo, outro benefício importante desse esquema de centralização é o fato de ele mudar a direção do gradiente projetado para inclinar, com mais proximidade, em direção a uma solução ótima assim que o algoritmo convergir no sentido dessa solução.

A ideia básica do esquema de centralização é simples – somente mudar a escala (unidades) para cada uma das variáveis, de modo que a solução experimental se torne equidistante dos limites de restrição no novo sistema de coordenadas. (O algoritmo original de Karmarkar usa um esquema de centralização mais sofisticado.)

Para esse exemplo, há três limites de restrição na Figura 7.3, cada um deles corresponde a um valor zero para uma das três variáveis do problema na forma aumentada, a saber, $x_1 = 0$, $x_2 = 0$ e $x_3 = 0$. Na Figura 7.4, veja como esses três limites de restrição interseccionam o plano $\mathbf{Ax} = \mathbf{b}$ ($x_1 + x_2 + x_3 = 8$) para formar o contorno da região de soluções viáveis. A solução experimental inicial é $(x_1, x_2, x_3) = (2; 2; 4)$, de modo que essa solução se encontra afastada duas unidades dos limites de restrição $x_1 = 0$ e $x_2 = 0$ e quatro unidades afastada do limite de restrição $x_3 = 0$, quando são usadas as unidades das respectivas variáveis. Mas sejam quais forem as unidades em cada caso, elas são totalmente arbitrárias e podem ser modificadas conforme se queira, sem alterar o problema. Consequentemente, escolhemos reescalonar as variáveis como a seguir:

$$\tilde{x}_1 = \frac{x_1}{2}, \qquad \tilde{x}_2 = \frac{x_2}{2}, \qquad \tilde{x}_3 = \frac{x_3}{4}$$

de modo a fazer que a solução experimental atual $(x_1, x_2, x_3) = (2, 2, 4)$ fique da seguinte maneira:

$$(\tilde{x}_1, \tilde{x}_2, \tilde{x}_3) = (1, 1, 1).$$

Nessas novas coordenadas (substituindo-se $2\tilde{x}_1$ por x_1, $2\tilde{x}_2$ por x_2, $4\tilde{x}_3$ por x_3) o problema fica assim:

$$\text{Maximizar} \quad Z = 2\tilde{x}_1 + 4\tilde{x}_2,$$

sujeito a

$$2\tilde{x}_1 + 2\tilde{x}_2 + 4\tilde{x}_2, = 8$$

e

$$\tilde{x}_1 \geq 0, \quad \tilde{x}_2 \geq 0, \quad \tilde{x}_3 \geq 0,$$

conforme representado graficamente na Figura 7.5.

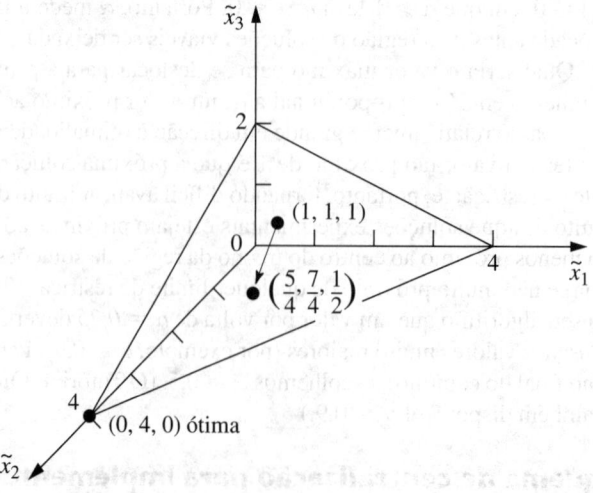

■ **FIGURA 7.5** Exemplo após reescalonamento para a iteração 1.

CAPÍTULO 7 OUTROS ALGORITMOS PARA PROGRAMAÇÃO LINEAR

Note que a solução experimental (1, 1, 1) na Figura 7.5 é equidistante dos três limites de restrição $\tilde{x}_1 = 0, \tilde{x}_2 = 0, \tilde{x}_3 = 0$. Para cada iteração subsequente também, o problema é escalonado de novo para se alcançar esta mesma propriedade, de modo que a solução experimental atual sempre seja (1, 1, 1) nas coordenadas atuais.

Síntese e exemplificação do algoritmo

Vamos, agora, sintetizar e ilustrar o algoritmo percorrendo a primeira iteração do exemplo, depois fornecendo um resumo do procedimento geral e, finalmente, aplicando esse resumo à segunda iteração.

Iteração 1. Dada a solução experimental inicial $(x_1, x_2, x_3) = (2, 2, 4)$, façamos que $\mathbf{D}$ seja a *matriz diagonal* correspondente tal que $\mathbf{x} = \mathbf{D}\tilde{\mathbf{x}}$, de modo que

$$\mathbf{D} = \begin{bmatrix} 2 & 0 & 0 \\ 0 & 2 & 0 \\ 0 & 0 & 4 \end{bmatrix}.$$

As variáveis reescalonadas serão, então, os componentes de

$$\tilde{\mathbf{x}} = \mathbf{D}^{-1}\mathbf{x} = \begin{bmatrix} \frac{1}{2} & 0 & 0 \\ 0 & \frac{1}{2} & 0 \\ 0 & 0 & \frac{1}{4} \end{bmatrix} \begin{bmatrix} x_1 \\ x_2 \\ x_3 \end{bmatrix} = \begin{bmatrix} \frac{x_1}{2} \\ \frac{x_2}{2} \\ \frac{x_3}{4} \end{bmatrix}.$$

Nessas novas coordenadas, $\mathbf{A}$ e $\mathbf{c}$ passaram a

$$\tilde{\mathbf{A}} = \mathbf{A}\mathbf{D} = \begin{bmatrix} 1 & 1 & 1 \end{bmatrix} \begin{bmatrix} 2 & 0 & 0 \\ 0 & 2 & 0 \\ 0 & 0 & 4 \end{bmatrix} = \begin{bmatrix} 2 & 2 & 4 \end{bmatrix},$$

$$\tilde{\mathbf{c}} = \mathbf{D}\mathbf{c} = \begin{bmatrix} 2 & 0 & 0 \\ 0 & 2 & 0 \\ 0 & 0 & 4 \end{bmatrix} \begin{bmatrix} 1 \\ 2 \\ 0 \end{bmatrix} = \begin{bmatrix} 2 \\ 4 \\ 0 \end{bmatrix}.$$

Portanto, a matriz de projeção fica da seguinte maneira:

$$\mathbf{P} = \mathbf{I} - \tilde{\mathbf{A}}^T(\tilde{\mathbf{A}}\tilde{\mathbf{A}}^T)^{-1}\tilde{\mathbf{A}}$$

$$= \begin{bmatrix} 1 & 0 & 0 \\ 0 & 1 & 0 \\ 0 & 0 & 1 \end{bmatrix} - \begin{bmatrix} 2 \\ 2 \\ 4 \end{bmatrix} \left(\begin{bmatrix} 2 & 2 & 4 \end{bmatrix} \begin{bmatrix} 2 \\ 2 \\ 4 \end{bmatrix} \right)^{-1} \begin{bmatrix} 2 & 2 & 4 \end{bmatrix}$$

$$= \begin{bmatrix} 1 & 0 & 0 \\ 0 & 1 & 0 \\ 0 & 0 & 1 \end{bmatrix} - \frac{1}{24}\begin{bmatrix} 4 & 4 & 8 \\ 4 & 4 & 8 \\ 8 & 8 & 16 \end{bmatrix} = \begin{bmatrix} \frac{5}{6} & -\frac{1}{6} & -\frac{1}{3} \\ -\frac{1}{6} & \frac{5}{6} & -\frac{1}{3} \\ -\frac{1}{3} & -\frac{1}{3} & \frac{1}{3} \end{bmatrix},$$

de modo que o gradiente projetado vale:

$$\mathbf{c}_p = \mathbf{P}\tilde{\mathbf{c}} = \begin{bmatrix} \frac{5}{6} & -\frac{1}{6} & -\frac{1}{3} \\ -\frac{1}{6} & \frac{5}{6} & -\frac{1}{3} \\ -\frac{1}{3} & -\frac{1}{3} & \frac{1}{3} \end{bmatrix} \begin{bmatrix} 2 \\ 4 \\ 0 \end{bmatrix} = \begin{bmatrix} 1 \\ 3 \\ -2 \end{bmatrix}.$$

Definindo v como o *valor absoluto* da componente *negativa* de $\mathbf{c}_p$ que tem o *maior* valor absoluto, de modo que $v = |-2| = 2$ nesse caso. Consequentemente, nas coordenadas atuais, o algoritmo agora se desloca da solução experimental atual $(\tilde{x}_1, \tilde{x}_2, \tilde{x}_3) = (1, 1, 1)$ para a próxima solução viável

$$\tilde{\mathbf{x}} = \begin{bmatrix} 1 \\ 1 \\ 1 \end{bmatrix} + \frac{\alpha}{v}\mathbf{c}_p = \begin{bmatrix} 1 \\ 1 \\ 1 \end{bmatrix} + \frac{0.5}{2}\begin{bmatrix} 1 \\ 3 \\ -2 \end{bmatrix} = \begin{bmatrix} \frac{5}{4} \\ \frac{7}{4} \\ \frac{1}{2} \end{bmatrix},$$

conforme apresentado na Figura 7.5. A definição de v foi escolhida para zerar o menor componente de $\tilde{\mathbf{x}}$ quando $\alpha = 1$ nessa equação para a próxima solução experimental. Nas coordenadas originais, essa solução será:

$$\begin{bmatrix} x_1 \\ x_2 \\ x_3 \end{bmatrix} = \mathbf{D}\tilde{\mathbf{x}} = \begin{bmatrix} 2 & 0 & 0 \\ 0 & 2 & 0 \\ 0 & 0 & 4 \end{bmatrix}\begin{bmatrix} \frac{5}{4} \\ \frac{7}{4} \\ \frac{1}{2} \end{bmatrix} = \begin{bmatrix} \frac{5}{2} \\ \frac{7}{2} \\ 2 \end{bmatrix}.$$

Isso completa a iteração e essa nova solução será utilizada como ponto de partida para a iteração seguinte. Essas etapas podem ser sintetizadas como a seguir, para qualquer iteração.

Síntese do algoritmo de ponto interno

1. Dada a solução experimental atual $(x_1, x_2, ..., x_n)$, configure:

$$\mathbf{D} = \begin{bmatrix} x_1 & 0 & 0 & \cdots & 0 \\ 0 & x_2 & 0 & \cdots & 0 \\ 0 & 0 & x_3 & \cdots & 0 \\ \cdots & \cdots & \cdots & \cdots & \cdots \\ 0 & 0 & 0 & \cdots & x_n \end{bmatrix}$$

2. Calcule $\tilde{\mathbf{A}} = \mathbf{AD}$ e $\tilde{\mathbf{c}} = \mathbf{Dc}$.
3. Calcule $\mathbf{P} = \mathbf{I} - \tilde{\mathbf{A}}^T(\tilde{\mathbf{A}}\tilde{\mathbf{A}}^T)^{-1}\tilde{\mathbf{A}}$ e $\mathbf{c}_p = \mathbf{P}\tilde{\mathbf{c}}$.
4. Identifique a componente negativa de $\mathbf{c}_p$ com o maior valor absoluto e configure v para ser igual a esse valor absoluto. Em seguida, calcule:

$$\tilde{\mathbf{x}} = \begin{bmatrix} 1 \\ 1 \\ \vdots \\ 1 \end{bmatrix} + \frac{\alpha}{v}\mathbf{c}_p,$$

em que α é uma constante selecionada entre 0 e 1 (para o exemplo, adotamos $\alpha = 0{,}5$).
5. Calcule $\mathbf{x} = \mathbf{D}\tilde{\mathbf{x}}$ como a solução experimental para a próxima iteração (passo 1). Se essa solução experimental permanecer praticamente inalterada em relação à anterior, então o algoritmo praticamente convergiu para uma solução ótima; logo, interrompa o processo.

Apliquemos agora esse resumo para a iteração 2 desse exemplo.

Iteração 2

Etapa 1:
Dada a solução experimental atual $(x_1, x_2, x_3) = (\frac{5}{2}, \frac{7}{2}, 2)$, configure:

$$\mathbf{D} = \begin{bmatrix} \frac{5}{2} & 0 & 0 \\ 0 & \frac{7}{2} & 0 \\ 0 & 0 & 2 \end{bmatrix}.$$

(Observe que as variáveis reescalonadas são

$$\begin{bmatrix} \tilde{x}_1 \\ \tilde{x}_2 \\ \tilde{x}_3 \end{bmatrix} = \mathbf{D}^{-1}\mathbf{x} = \begin{bmatrix} \frac{2}{5} & 0 & 0 \\ 0 & \frac{2}{7} & 0 \\ 0 & 0 & \frac{1}{2} \end{bmatrix} \begin{bmatrix} x_1 \\ x_2 \\ x_3 \end{bmatrix} = \begin{bmatrix} \frac{2}{5}x_1 \\ \frac{2}{7}x_2 \\ \frac{1}{2}x_3 \end{bmatrix},$$

de modo que as soluções BV nessas novas coordenadas ficam:

$$\tilde{\mathbf{x}} = \mathbf{D}^{-1} \begin{bmatrix} 8 \\ 0 \\ 0 \end{bmatrix} = \begin{bmatrix} \frac{16}{5} \\ 0 \\ 0 \end{bmatrix}, \quad \tilde{\mathbf{x}} = \mathbf{D}^{-1} \begin{bmatrix} 0 \\ 8 \\ 0 \end{bmatrix} = \begin{bmatrix} 0 \\ \frac{16}{7} \\ 0 \end{bmatrix},$$

e

$$\tilde{\mathbf{x}} = \mathbf{D}^{-1} \begin{bmatrix} 0 \\ 0 \\ 8 \end{bmatrix} = \begin{bmatrix} 0 \\ 0 \\ 4 \end{bmatrix},$$

conforme representado na Figura 7.6.)

Etapa 2

$$\tilde{\mathbf{A}} = \mathbf{A}\mathbf{D} = [\tfrac{5}{2}, \tfrac{7}{2}, 2] \quad \text{e} \quad \tilde{\mathbf{c}} = \mathbf{D}\mathbf{c} = \begin{bmatrix} \frac{5}{2} \\ 7 \\ 0 \end{bmatrix}.$$

Etapa 3

$$\mathbf{P} = \begin{bmatrix} \frac{13}{18} & -\frac{7}{18} & -\frac{2}{9} \\ -\frac{7}{18} & \frac{41}{90} & -\frac{14}{45} \\ -\frac{2}{9} & -\frac{14}{45} & \frac{37}{45} \end{bmatrix} \quad \text{e} \quad \mathbf{c}_p = \begin{bmatrix} -\frac{11}{12} \\ \frac{133}{60} \\ -\frac{41}{15} \end{bmatrix}.$$

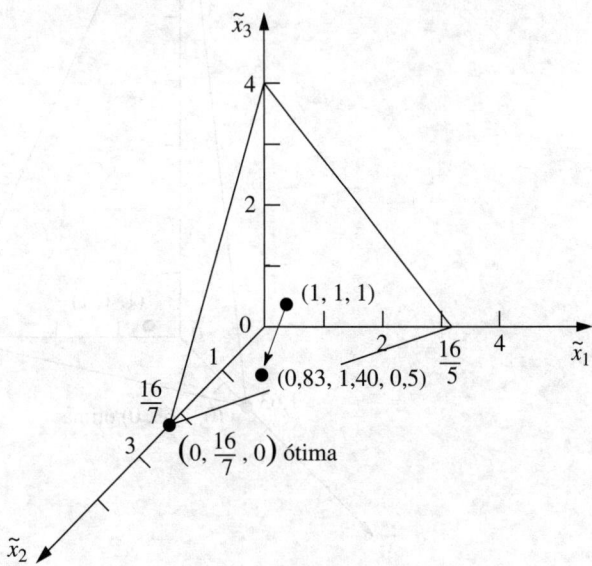

■ **FIGURA 7.6** Exemplo após reescalonamento para a iteração 2.

Etapa 4

$\left|-\frac{41}{15}\right| > \left|-\frac{11}{12}\right|$, de modo que $v = \frac{41}{15}$ e

$$\tilde{\mathbf{x}} = \begin{bmatrix} 1 \\ 1 \\ 1 \end{bmatrix} + \frac{0,5}{\frac{41}{15}} \begin{bmatrix} -\frac{11}{12} \\ \frac{133}{60} \\ -\frac{41}{15} \end{bmatrix} = \begin{bmatrix} \frac{273}{328} \\ \frac{461}{328} \\ \frac{1}{2} \end{bmatrix} \approx \begin{bmatrix} 0,83 \\ 1,40 \\ 0,50 \end{bmatrix}.$$

Etapa 5

$$\mathbf{x} = \mathbf{D}\tilde{\mathbf{x}} = \begin{bmatrix} \frac{1365}{656} \\ \frac{3.227}{656} \\ 1 \end{bmatrix} \approx \begin{bmatrix} 2,08 \\ 4,92 \\ 1,00 \end{bmatrix}$$

é a solução ótima para a iteração 3.

Visto que há pouco a se aprender pela repetição desses cálculos para as demais iterações, vamos encerrar por aqui. Porém, mostramos na Figura 7.7 a região de soluções viáveis reconfigurada após reescalonamento baseado na solução experimental que acabamos de obter para a iteração 3. Como de praxe, esse processo de reescalonar colocou a solução experimental em $(\tilde{x}_1, \tilde{x}_2, \tilde{x}_3) = (1, 1, 1)$, equidistante dos limites de restrição $\tilde{x}_1 = 0$, $\tilde{x}_2 = 0$ e $\tilde{x}_3 = 0$. Observe nas Figuras 7.5, 7.6 e 7.7 como a sequência de iterações e reescalonamento tem o efeito de "deslizar" a solução ótima em direção a (1, 1, 1) enquanto as demais soluções BV tendem a se afastar. Finalmente, após um número suficiente de iterações, a solução ótima recairá próximo de $(\tilde{x}_1, \tilde{x}_2, \tilde{x}_3) = (0, 1, 0)$ após o reescalonamento, ao passo que as outras duas soluções BV estarão *muito* distantes da origem nos eixos $\tilde{x}_1$ e $\tilde{x}_3$. A etapa 5 dessa

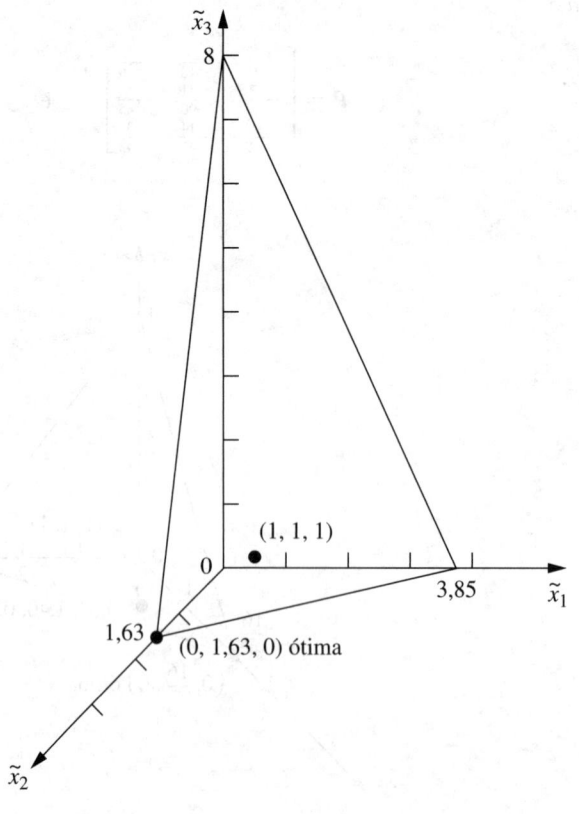

■ **FIGURA 7.7** Exemplo após reescalonamento para a iteração 3.

iteração levará, então, a uma solução nas coordenadas originais muito próxima da solução ótima (x_1, x_2, x_3) = (0, 8, 0).

A Figura 7.8 revela o progresso do algoritmo $x_1 = x_2$ no sistema de coordenadas antes de o problema ser aumentado. Os três pontos [(x_1, x_2) = (2, 2), (2,5; 3,5) e (2,08; 4,92)] são as soluções experimentais para se iniciar, respectivamente, as iterações 1, 2 e 3. Desenhamos então uma curva suave passando por esses pontos (e além deles) para mostrar a trajetória do algoritmo em iterações subsequentes, à medida que ele se aproxima de (x_1, x_2) = (0, 8).

A restrição funcional para esse exemplo em particular é, na verdade, uma restrição de desigualdade. Entretanto, as restrições de igualdade não causam nenhuma dificuldade para o algoritmo, uma vez que ele lida com as restrições somente após qualquer aumento necessário ter sido feito para convertê-las na forma de igualdade ($\mathbf{Ax} = \mathbf{b}$). Para fins ilustrativos, suponha que a única mudança no exemplo seja aquela da restrição $x_1 + x_2 \leq 8$ ter sido modificada para $x_1 + x_2 = 8$. Portanto, a região de soluções viáveis na Figura 7.3 muda para apenas o segmento de reta entre os pontos (8, 0) e (0, 8). Dada uma solução experimental viável inicial no interior ($x_1 > 0$ e $x_2 > 0$) desse segmento de reta e digamos, (x_1, x_2) = (4, 4) – o algoritmo pode prosseguir exatamente da mesma forma como para o resumo em cinco etapas e com as mesmas duas variáveis e $\mathbf{A}$ = [1, 1]. Para cada iteração, o gradiente projetado aponta ao longo desse segmento de reta na direção de (0, 8). Com $\alpha = \frac{1}{2}$, a iteração nos conduz de (4, 4) a (2, 6), a iteração 2 de (2, 6) a (1, 7) etc. (No Problema 7.4-3, você deve verificar esses resultados.)

Embora qualquer uma das versões do exemplo tenha apenas uma restrição funcional, ter mais de uma leva a apenas uma mudança no procedimento já ilustrado (em vez de cálculos mais prolongados). Ter uma única restrição funcional no exemplo significou que A tinha apenas uma única linha, de modo que o termo $(\mathbf{\tilde{A}\tilde{A}}^T)^{-1}$ da etapa 3 envolvia apenas pegar o recíproco do número obtido do produto cruzado $\mathbf{\tilde{A}\tilde{A}}^T$. Restrições funcionais múltiplas significam que A tem várias linhas, de modo que, então, o termo $(\mathbf{\tilde{A}\tilde{A}}^T)^{-1}$ envolve encontrar o *inverso* da matriz obtida do produto matricial $\mathbf{\tilde{A}\tilde{A}}^T$.

Para concluir, precisamos adicionar um comentário para entender melhor o algoritmo. Para nosso pequeníssimo exemplo, o algoritmo requer cálculos relativamente extensos e, depois, após várias iterações, obter apenas uma aproximação da solução ótima. Ao contrário, o procedimento gráfico da Seção 3.1 encontra a solução ótima na Figura 7.3, e o método simplex requer apenas uma rápida iteração. Mas não deixe que esse contraste o engane passando a menosprezar a eficiência do algoritmo de ponto interno. É desenhado para lidar com problemas *complexos* que podem ter muitos

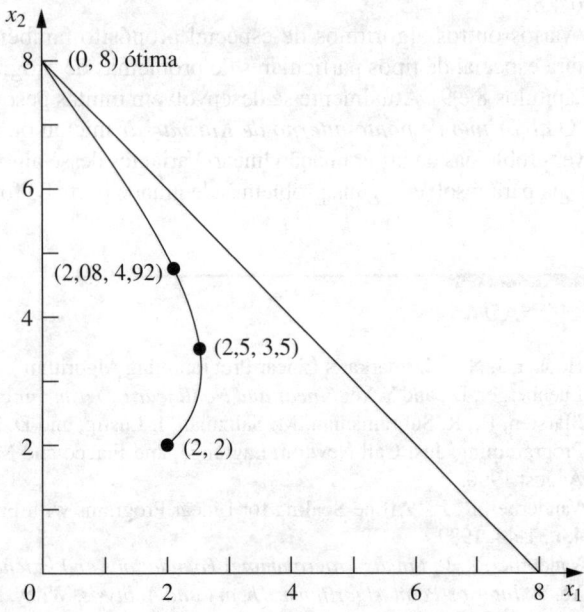

FIGURA 7.8 Trajetória do algoritmo de ponto interno para o exemplo no sistema de coordenadas $x_1 - x_2$ original.

milhares de restrições funcionais. Tipicamente, o método simplex requer milhares de iterações sobre tais problemas. "Partindo" do interior da região de soluções viáveis, o algoritmo de ponto interno tende a exigir um número substancialmente menor de iterações (embora com trabalho consideravelmente maior em cada uma delas). Isso, algumas vezes, permite que um algoritmo de ponto interno solucione, de maneira eficiente, imensos problemas de programação linear que poderiam estar até fora do alcance tanto do método simplex quanto do método simplex dual. Portanto, algoritmos de ponto interno similares àquele aqui apresentado devem desempenhar papel importante no futuro da programação linear.

Ver a Seção 4.9 para obter uma comparação entre a metodologia do algoritmo de ponto interno e o método simplex. A Seção 4.9 também discute os papéis complementares do método do ponto interno e o método simplex, inclusive como eles podem até ser combinados em um algoritmo híbrido.

Finalmente, devemos enfatizar que esta seção forneceu apenas uma introdução conceitual para a metodologia do ponto interno na programação linear, descrevendo uma variante elementar do algoritmo inovador de Karmarkar, de 1984. Ao longo dos anos, uma série de pesquisadores de primeira linha desenvolveram muitos avanços fundamentais no algoritmo de ponto interno. Uma explicação mais abrangente sobre esse tópico avançado está fora do escopo deste livro. Entretanto, o leitor interessado poderá encontrar muitos detalhes nas referências selecionadas enumeradas no final deste capítulo.

7.5 CONCLUSÕES

O *método simplex dual* e a *programação linear paramétrica* são particularmente valiosos para análise de pós-otimalidade, embora eles também possam ser úteis em outros contextos.

A *técnica do limite superior* fornece uma maneira de racionalizar o método simplex para a situação comum na qual muitas ou todas as variáveis possuem limites superiores explícitos. Ela pode reduzir muito o tempo de processamento em computadores para problemas muito trabalhosos.

Normalmente, os pacotes de software para programação matemática incluem todos esses três procedimentos e são amplamente utilizados. Em razão de sua estrutura básica se fundamentar em grande parte no método simplex conforme apresentado no Capítulo 4, eles possuem eficiência computacional excepcional para tratar de problemas de dimensões muito grandes descritas na Seção 4.8.

Vários outros algoritmos de especial propósito também foram desenvolvidos para explorar a estrutura especial de tipos particulares de problemas de programação linear (como aqueles discutidos nos Capítulos 8 e 9). Atualmente se desenvolvem muitas pesquisas nessa área.

O *algoritmo de ponto interno de Karmarkar* iniciou outra linha fundamental de pesquisa: como resolver problemas de programação linear. Variantes desse algoritmo agora fornecem uma poderosa metodologia para resolver alguns problemas de grande porte de forma eficiente.

REFERÊNCIAS SELECIONADAS

1. Hooker, J. N.: "Karmarkar's Linear Programming Algorithm", *Interfaces,* **16:** 75-90, July- August 1986.
2. Luenberger, D., and Y. Ye: *Linear and Nonlinear Programming*, 3rd ed., Springer, New York, 2008.
3. Marsten, R., R. Subramanian, M. Saltzman, I. Lustig, and D. Shanno: "Interior-Point Methods for Linear Programming: Just Call Newton, Lagrange, and Fiacco and McCormick!", *Interfaces,* **20**: 105-116, July- August 1990.
4. Vanderbei, R. J.: "Affine-Scaling for Linear Programs with Free Variables", *Mathematical Programming,* **43:** 31-44, 1989.
5. Vanderbei, R. J.: *Linear Programming: Foundations and Extensions,* 3rd ed., Springer, New York, 2008.
6. Ye, Y.: *Interior-Point Algorithms: Theory and Analysis,* Wiley, New York, 1997.

CAPÍTULO 7 OUTROS ALGORITMOS PARA PROGRAMAÇÃO LINEAR

FERRAMENTAS DE APRENDIZADO NO *SITE*

Worked examples:

Exemplos do Capítulo 7

Procedimentos interativos no tutorial IOP:

Introdução ou Revisão de um Modelo de Programação Linear Genérico
Configuração do Método Simplex – Apenas Interativo
Resolução de Problemas Interativamente pelo Método Simplex
Método Gráfico Interativo

Procedimentos automáticos no tutorial IOP:

Resolução de Problemas Automaticamente pelo Método Simplex
Resolução de Problemas Automaticamente pelo Algoritmo de Ponto Interno
Método Gráfico e Análise de Sensibilidade

Módulos de programa adicionais para Excel

Premium Solver for Education

Arquivos (Capítulo 7 – Outros algoritmos para programação linear) para solucionar os exemplos:

Arquivos em Excel
Arquivo LINGO/LINDO
Arquivo MPL/CPLEX

Glossário do Capítulo 7

Suplemento deste capítulo:

Programação-meta Linear e Seus Procedimentos para Resolução (inclui dois casos adjuntos: Uma Cura para Cuba e Segurança em Aeroportos)

Ver Apêndice 1 para obter documentação sobre o software.

PROBLEMAS

Os símbolos à esquerda de alguns problemas (ou parte deles) têm o seguinte significado:

I: Sugerimos que você utilize um dos procedimentos no Tutorial IOR (a listagem registra seu trabalho). Para programação linear paramétrica, isso se aplica apenas para $\theta = 0$, após o qual você deve prosseguir manualmente.

C: Utilize o computador para resolver o problema usando o procedimento automático para o algoritmo de ponto interno do Tutorial IOR.

Um asterisco no número do problema indica que pelo menos há uma resposta parcial no final do livro.

7.1-1 Considere o seguinte problema:

$$\text{Maximizar} \quad Z = -x_1 - x_2,$$

sujeito a

$$2x_1 + x_2 \leq 40$$
$$x_2 \geq 15$$
$$-2x_1 + x_2 \leq 10$$

e

$$x_1 \geq 0, \quad x_2 \geq 0.$$

I **(a)** Resolva este problema graficamente.
(b) Use o *método simplex dual* manualmente para resolver este problema.
(c) Trace graficamente a trajetória tomada por esse método simplex.

7.1-2* Use o *método simplex dual* manualmente para resolver o problema a seguir:

$$\text{Minimizar} \quad Z = 5x_1 + 2x_2 + 4x_3,$$

sujeito a

$$3x_1 + x_2 + 2x_3 \geq 4$$
$$6x_1 + 3x_2 + 5x_3 \geq 10$$

e

$$x_1 \geq 0, \quad x_2 \geq 0, \quad x_3 \geq 0.$$

7.1-3 Use o *método simplex dual* manualmente para resolver o problema a seguir:

$$\text{Minimizar} \quad Z = 7x_1 + 2x_2 + 5x_3 + 4x_4,$$

sujeito a

$$2x_1 + 4x_2 + 7x_3 + x_4 \geq 5$$
$$8x_1 + 4x_2 + 6x_3 + 4x_4 \geq 8$$
$$3x_1 + 8x_2 + x_3 + 4x_4 \geq 4$$

e

$$x_j \geq 0, \quad \text{para } j = 1, 2, 3, 4.$$

7.1-4 Considere o seguinte problema:

$$\text{Maximizar} \quad Z = 5x_1 + 10x_2,$$

sujeito a

$$3x_1 + x_2 \leq 40$$
$$x_1 + x_2 \leq 20$$
$$5x_1 + 3x_2 \leq 90$$

e

$$x_1 \geq 0, \quad x_2 \geq 0.$$

I **(a)** Resolva pelo *método simplex original* (na forma tabular). Identifique a solução básica *complementar* para o problema dual obtido em cada iteração.
(b) Resolva manualmente o *dual* desse problema pelo *método simplex dual*. Compare a sequência resultante das soluções básicas com as soluções básicas complementares obtidas no item (*a*).

7.1-5 Considere o exemplo para o Caso 1 da análise de sensibilidade apresentado na Seção 6.7, em que a tabela *simplex* inicial da Tabela 4.8 é modificada alterando-se b_2, que passa de 12 para 24 e, assim, modificando as respectivas entradas na coluna do lado direito da tabela simplex *final* para 54, 6, 12 e -2. Partindo dessa tabela simplex final revisada, use o *método simplex dual* para obter a nova solução ótima mostrada na Tabela 6.21. Demonstre seu exercício.

7.1-6* Considere o item (*a*) do Problema 6.7-2. Use manualmente o *método simplex dual* para reotimizar, partindo da tabela final revisada.

7.2-1* Considere o seguinte problema:

$$\text{Maximizar} \quad Z = 8x_1 + 24x_2,$$

sujeito a

$$x_1 + 2x_2 \leq 10$$
$$2x_1 + x_2 \leq 10$$

e

$$x_1 \geq 0, \quad x_2 \geq 0.$$

Suponha que Z represente o lucro e que seja possível modificar um pouco a função objetivo por um deslocamento adequado de pessoal-chave entre as duas atividades. Particularmente, admita que o lucro unitário da atividade 1 possa ser aumentado acima de 8 (até um máximo de 18) à custa da diminuição do lucro unitário da atividade 2 abaixo de 24 pelo dobro da quantidade. Portanto, Z pode, na verdade, ser representado como a seguir:

$$Z(\theta) = (8 + \theta)x_1 + (24 - 2\theta)x_2,$$

em que também é uma variável de decisão, tal que $0 \leq \theta \leq 10$.
I **(a)** Solucione graficamente a forma original desse problema. Em seguida, estenda esse procedimento gráfico para resolver a extensão paramétrica do problema, isto é, encontrar a solução ótima e o valor ótimo de $Z(\theta)$ em função de θ, para $0 \leq \theta \leq 10$.
I **(b)** Encontre uma solução ótima para a forma original do problema pelo método simplex. A seguir, use a *programação linear paramétrica* para encontrar uma solução ótima e o valor ótimo de $Z(\theta)$ como função de θ, para $0 \leq \theta \leq 10$. Coloque $Z(\theta)$ em um gráfico.
(c) Determine o valor ótimo de θ. A seguir, indique como esse valor ótimo poderia ter sido identificado diretamente resolvendo-se apenas dois problemas de programação linear comuns. (*Dica:* uma função convexa atinge seu máximo em um ponto extremo.)

I **7.2-2** Use a *programação linear paramétrica* para encontrar a solução ótima para o problema a seguir em função de θ, para $0 \leq \theta \leq 20$.

$$\text{Maximizar} \quad Z(\theta) = (20 + 4\theta)x_1 + (30 + 3\theta)x_2 + 5x_3,$$

sujeito a

$$3x_1 + 3x_2 + x_3 \leq 10$$
$$8x_1 + 6x_2 + 4x_3 \leq 25$$
$$6x_1 + x_2 + x_3 \leq 15$$

e

$$x_1 \geq 0, \quad x_2 \geq 0, \quad x_3 \geq 0.$$

7.2-3 Considere o seguinte problema:

Maximizar $\quad Z(\theta) = (10 - \theta)x_1 + (12 + \theta)x_2 + (7 + 2\theta)x_3$,

sujeito a

$$x_1 + 2x_2 + 2x_3 \le 30$$
$$x_1 + x_2 + x_3 \le 20$$

e

$$x_1 \ge 0, \quad x_2 \ge 0, \quad x_3 \ge 0.$$

(a) Use a *programação linear paramétrica* para encontrar uma solução ótima para esse problema em função de θ, para $\theta \ge 0$.
(b) Construa o modelo dual para esse problema. A seguir, encontre uma solução ótima para esse problema dual em função de θ, para $\theta \ge 0$, pelo método descrito na última parte da Seção 7.2. Indique graficamente o que esse procedimento algébrico está fazendo. Compare as soluções básicas obtidas com as soluções básicas complementares obtidas no item (*a*).

7.2-4* Use o *procedimento de programação linear* paramétrica para realizar mudanças sistemáticas nos parâmetros b_i para encontrar uma solução ótima para o seguinte problema em função de θ, para $0 \le \theta \le 25$.

Maximizar $\quad Z(\theta)\ 2x_1 + x_2$,

sujeito a

$$x_1 \qquad \le 10 + 2\theta$$
$$x_1 + x_2 \le 25 - \theta$$
$$\qquad x_2 \le 10 + 2\theta$$

e

$$x_1 \ge 0, \quad x_2 \ge 0.$$

Indique graficamente como esse procedimento algébrico opera.

7.2-5 Use a *programação linear paramétrica* para encontrar uma solução ótima para o seguinte problema em função de θ, para $0 \le \theta \le 30$.

Maximizar $\quad Z(\theta) = 5x_1 + 42x_2 + 28x_3\ 49x_4$,

sujeito a

$$3x_1 - 2x_2 + x_3 + 3x_4 \le 135 - 2\theta$$
$$2x_1 + 4x_2 - x_3 + 2x_4 \le\ 78 - \theta$$
$$x_1 + 2x_2 + x_3 + 2x_4 \le\ 30 + \theta$$

e

$$x_j \ge 0, \quad \text{para } j = 1, 2, 3, 4.$$

Depois, identifique o valor de que resulta no maior valor ótimo de $Z(\theta)$.

7.2-6 Considere o Problema 6.7-3. Use *programação linear paramétrica* para encontrar uma solução ótima em função de θ para $-20 \le \theta \le 0$. (*Dica:* substitua $-\theta'$ por θ e, logo após, incremente θ' a partir de zero.)

7.2-7 Considere a função $Z^*(\theta)$ mostrada na Figura 7.1 para *programação linear paramétrica* com mudanças sistemáticas nos parâmetros cj.

(a) Explique por que essa função é linear por trechos.
(b) Demonstre que essa função tem de ser convexa.

7.2-8 Considere a função $Z^*(\theta)$ mostrada na Figura 7.2 para *programação linear paramétrica* com mudanças sistemáticas nos parâmetros b_i.

(a) Explique por que essa função é linear por trechos.
(b) Demonstre que essa função tem de ser côncava.

7.2-9 Façamos com que

$$Z^* = \text{máx} \left\{ \sum_{j=1}^{n} c_j x_j \right\},$$

sujeito a

$$\sum_{j=1}^{n} a_{ij} x_j \le b_i, \quad \text{para } i = 1, 2, \ldots, m,$$

e

$$x_j \ge 0, \quad \text{para } j = 1, 2, \ldots, n$$

(em que os a_{ij}, b_i e c_j são constantes fixas) e façamos que $(y_1^*, y_2^*, \ldots, y_m^*)$ seja a solução dual ótima correspondente. A seguir, faça com que

$$Z^{**} = \text{max} \left\{ \sum_{j=1}^{n} c_j x_j \right\},$$

sujeito a

$$\sum_{j=1}^{n} a_{ij} x_j \le b_i + k_i, \quad \text{para } i = 1, 2, \ldots, m,$$

e

$$x_j \ge 0, \quad \text{para } j = 1, 2, \ldots, n,$$

em que $k_1, k_2, \ldots, k_m$ são constantes dadas. Demonstre que

$$Z^{**} \le Z^* + \sum_{i=1}^{m} k_i y_i^*.$$

7.3-1 Considere o seguinte problema:

Maximizar $\quad Z = 2x_1\ 3x_2$,

sujeito a

$$3x_1 - 9x_2 \le 20$$
$$3x_1 \qquad \le 40$$
$$\qquad 9x_2 \le 40$$

e

$$x_1 \geq 0, \quad x_2 \geq 0.$$

I **(a)** Resolva este problema graficamente.
(b) Use a *técnica do limite superior* manualmente para resolver este problema.
(c) Trace graficamente a trajetória percorrida pela técnica do limite superior.

7.3-2 Use a *técnica do limite superior* manualmente para resolver o problema a seguir:

$$\text{Maximizar} \quad Z = x_1 + 3x_2 - 2x_3,$$

sujeito a

$$\begin{aligned} x_2 - 2x_3 &\leq 1 \\ 2x_1 + x_2 + 2x_3 &\leq 8 \\ x_1 &\leq 1 \\ x_2 &\leq 3 \\ x_3 &\leq 2 \end{aligned}$$

e

$$x_1 \geq 0, \quad x_2 \geq 0, \quad x_3 \geq 0.$$

7.3-3* Utilize a *técnica do limite superior* manualmente para resolver o problema a seguir:

$$\text{Maximizar} \quad Z = 2x_1 + 3x_2 - 2x_3 + 5x_4,$$

sujeito a

$$\begin{aligned} 2x_1 + 2x_2 + x_3 + 2x_4 &\leq 5 \\ x_1 + 2x_2 - 3x_3 + 4x_4 &\leq 5 \end{aligned}$$

e

$$0 \leq x_j \leq 1, \quad \text{para } j = 1, 2, 3, 4.$$

7.3-4 Empregue a *técnica do limite superior* manualmente para resolver o problema a seguir:

$$\text{Maximizar} \quad Z = 2x_1 + 5x_2 + 3x_3 + 4x_4 + x_5,$$

sujeito a

$$\begin{aligned} x_1 + 3x_2 + 2x_3 + 3x_4 + x_5 &\leq 6 \\ 4x_1 + 6x_2 + 5x_3 + 7x_4 + x_5 &\leq 15 \end{aligned}$$

e

$$0 \leq x_j \leq 1, \quad \text{para } j = 1, 2, 3, 4, 5.$$

7.3-5 Use ao mesmo tempo a *técnica do limite superior* e o *método simplex dual* manualmente para resolver o problema a seguir:

$$\text{Minimizar} \quad Z = 3x_1 + 4x_2 + 2x_3,$$

sujeito a

$$\begin{aligned} x_1 + x_2 + x_3 &\geq 15 \\ x_2 + x_3 &\geq 10 \end{aligned}$$

e

$$0 \leq x_1 \leq 25, \quad 0 \leq x_2 \leq 5, \quad 0 \leq x_3 \leq 15.$$

C **7.4-1** Reconsidere o exemplo usado para ilustrar o algoritmo de ponto interno na Seção 7.4. Suponha que, desta vez, $(x_1, x_2) = (1, 3)$ fosse utilizado como solução experimental viável inicial. Execute duas iterações manualmente, partindo dessa solução. Depois, use o procedimento automático no Tutorial IOR para verificar seu trabalho.

7.4-2 Considere o seguinte problema:

$$\text{Maximizar} \quad Z = 3x_1 + x_2,$$

sujeito a

$$x_1 + x_2 \leq 4$$

e

$$x_1 \geq 0, \quad x_2 \geq 0.$$

I **(a)** Resolva o problema graficamente. Identifique também todas as soluções PEF.
C **(b)** Partindo da solução experimental inicial $(x_1, x_2) = (1, 1)$, execute manualmente quatro iterações do algoritmo de ponto interno apresentado na Seção 7.4. Depois use o procedimento automático do Tutorial IOR para verificar o seu exercício.
(c) Desenhe figuras correspondentes às Figuras 7.4, 7.5, 7.6, 7.7 e 7.8 para este problema. Em cada caso, identifique as soluções viáveis básicas (ou em pontos extremos) no atual sistema de coordenadas. (Soluções experimentais podem ser empregadas para determinar os gradientes projetados.)

7.4-3 Considere o seguinte problema:

$$\text{Maximizar} \quad Z = x_1 + 2x_2,$$

sujeito a

$$x_1 + x_2 = 8$$

e

$$x_1 \geq 0, \quad x_2 \geq 0.$$

C **(a)** Próximo ao final da Seção 7.4, há uma discussão sobre o que o algoritmo de ponto interno faz nesse problema quando parte da solução experimental viável inicial $(x_1, x_2) = (4, 4)$. Verifique os resultados ali apresentados realizando duas iterações manualmente. Em seguida, use o procedimento automático do Tutorial IOR para verificar o seu trabalho.
(b) Use esses resultados para prever quais seriam as soluções experimentais subsequentes caso fossem realizadas iterações adicionais.

(c) Suponha que a regra de parada adotada para o algoritmo nessa aplicação seja que o algoritmo deve parar quando duas soluções experimentais sucessivas diferirem não mais que 0,01 em qualquer componente. Utilize suas previsões do item (b) para prever a solução experimental final e o número total de iterações necessárias para chegar lá. Quão próxima estaria essa solução viável da solução ótima $(x_1, x_2) = (0, 8)$?

7.4-4 Considere o seguinte problema:

Maximizar $Z = 3x_1 + x_2$,

sujeito a

$$3x_1 + 2x_2 \leq 45$$
$$6x_1 + x_2 \leq 45$$

e

$$x_1 \geq 0, \quad x_2 \geq 0.$$

I **(a)** Resolva o problema graficamente.
(b) Encontre o *gradiente* da função objetivo no sistema de coordenadas original x_1-x_2. Se nos deslocarmos da origem na direção do gradiente até atingir o contorno da região de soluções viáveis, aonde este levará relativamente à solução ótima?
C **(c)** Partindo da solução experimental inicial $(x_1, x_2) = (1, 1)$, use o Tutorial IOR para realizar dez iterações do algoritmo de ponto interno apresentado na Seção 7.4.

C **(d)** Repita o item (c) com $\alpha = 0,9$.

7.4-5 Considere o seguinte problema:

Maximizar $Z = 2x_1 + 5x_2 + 7x_3$,

sujeito a

$$x_1 + 2x_2 + 3x_3 = 6$$

e

$$x_1 \geq 0, \quad x_2 \geq 0, \quad x_3 \geq 0.$$

I **(a)** Faça um gráfico da região de soluções viáveis.
(b) Encontre o *gradiente* da função objetivo e depois localize o *gradiente projetado* sobre a região de soluções viáveis.
(c) Partindo da solução experimental inicial $(x_1, x_2, x_3) = (1, 1, 1)$, realize, manualmente, duas iterações do algoritmo de ponto interno apresentado na Seção 7.4.
C **(d)** Partindo dessa mesma solução experimental inicial, use o Tutorial IOR para realizar dez iterações desse algoritmo.

C **7.4-6** Partindo da solução experimental inicial $(x_1, x_2) = (2, 2)$, use o Tutorial IOR para aplicar 15 iterações do algoritmo de ponto interno apresentado na Seção 7.4 no problema da Wyndor Glass Co., apresentado na Seção 3.1. Desenhe também uma figura como a Figura 7.8 para mostrar a trajetória do algoritmo no sistema de coordenadas $x_1 - x_2$ original.

CAPÍTULO 8

Os Problemas de Transporte e da Designação

O Capítulo 3 enfatizou a ampla aplicabilidade da programação linear. Continuamos a ampliar nossos horizontes neste capítulo discutindo dois tipos particularmente importantes (e relacionados) de programação linear. Um deles, chamado *problema de transporte*, recebeu essa denominação em virtude de várias de suas aplicações envolverem como transportar mercadorias de maneira otimizada. Entretanto, algumas de suas importantes aplicações (por exemplo, cronograma de produção), na verdade, não tem nada que ver com transporte.

O segundo tipo, denominado *problema da designação*, envolve aplicações tais como distribuir pessoas para realizar determinadas tarefas. Embora as aplicações pareçam ser bem diferentes daquelas do problema de transporte, veremos que o problema da designação pode ser visto como um tipo especial de problema de transporte.

O capítulo seguinte apresentará tipos especiais adicionais de problemas de programação linear envolvem *redes*, inclusive o *problema de fluxo de custo mínimo* (Seção 9.6). Lá, veremos que tanto o problema de transporte quanto o da designação são, na realidade, casos especiais do problema de fluxo de custo mínimo. Apresentaremos a representação em rede dos problemas de transporte e da designação neste capítulo.

Aplicações de problemas de transporte e da designação tendem a exigir número muito grande de restrições e variáveis, de modo que um aplicativo de computador simples do método simplex possa requerer tempo de processamento extenso. Felizmente, uma característica fundamental desses problemas é que a maioria dos coeficientes a_{ij} nas restrições é zero, e o número relativamente pequeno de coeficientes não zero aparece em um padrão distinto. Consequentemente foi possível desenvolver algoritmos *otimizados* especiais que alcançam ganhos em nível de processamento que exploram essa estrutura especial do problema. Portanto, é importante que você se torne suficientemente familiarizado com esses tipos especiais de problemas para que possa reconhecê-los quando surgirem e aplicar o procedimento computacional apropriado.

Para descrever estruturas especiais, apresentaremos a tabela (matriz) de coeficientes de restrição mostrada na Tabela 8.1, em que a_{ij} é o coeficiente da j-ésima variável na i-ésima restrição

■ **TABELA 8.1** Tabela dos coeficientes de restrição para programação linear

$$\mathbf{A} = \begin{bmatrix} a_{11} & a_{12} & \cdots & a_{1n} \\ a_{21} & a_{22} & \cdots & a_{2n} \\ \cdots & \cdots & \cdots & \cdots \\ a_{m1} & a_{m2} & \cdots & a_{mn} \end{bmatrix}$$

funcional. Posteriormente, trechos da tabela que contêm apenas coeficientes iguais a zero serão indicados deixando-os em branco, ao passo que blocos que contêm coeficientes não zero serão sombreados.

Após apresentar um exemplo-protótipo para o problema de transporte, descrevemos a estrutura especial em seu modelo e damos exemplos adicionais de suas aplicações. A Seção 8.2 apresenta o *método simplex de transporte*, uma versão aperfeiçoada especial do método simplex para resolver de modo eficiente problemas de transporte. (Você verá na Seção 9.7 que esse algoritmo está relacionado ao *método simplex de rede*, outra versão aperfeiçoada do método simplex para resolver de modo eficiente qualquer problema de fluxo de custo mínimo, inclusive problemas de transporte e da designação também.) A Seção 8.3 concentra-se no problema da designação. A Seção 8.4 apresenta então um algoritmo especializado chamado *algoritmo húngaro*, para resolver apenas problemas de designação de maneira muito eficiente.

O *site* da editora também fornece um suplemento para este capítulo. É um estudo de caso completo (incluindo a análise) que ilustra como uma decisão corporativa referente a onde destinar uma nova instalação (uma refinaria de petróleo, nesse caso) pode requerer a resolução de muitos problemas de transporte. (Um dos casos para este capítulo solicita que se continue a análise para uma extensão desse estudo de caso.)

8.1 O PROBLEMA DE TRANSPORTE

Exemplo-protótipo

Um dos principais produtos da P & T Company são ervilhas enlatadas. As ervilhas preparadas em três fábricas de enlatados (próximas a Bellingham, Washington; Eugene, Oregon; e Albert Lea, Minnesota) e depois transportadas por caminhão para quatro depósitos de distribuição no oeste dos Estados Unidos (Sacramento, Califórnia; Salt Lake City, Utah; Rapid City, Dakota do Sul; e Albuquerque, Novo México), conforme mostrado na Figura 8.1. Pelo fato de os custos de transporte serem uma despesa importante, a gerência da empresa inicia um estudo para reduzi-los tanto quanto possível. Para a próxima temporada, fez-se uma estimativa do volume proveniente de cada fábrica de enlatados e destinou-se a cada depósito certa quantidade do suprimento total de ervilhas. Essas informações (em unidades de carretas), junto com o custo de transporte por carreta para cada combinação fábrica-depósito, são fornecidas na Tabela 8.2. Portanto, há uma carga total a ser remetida de 300 carretas. O problema agora é determinar qual plano de destinação dessas remessas às diversas combinações fábrica-depósito minimizaria o *custo total de remessa dessa mercadoria*.

Ignorando-se o *layout* geográfico das fábricas e dos depósitos, podemos fornecer uma *representação em rede* desse problema de maneira simples, alinhando todas as fábricas de enlatados em uma coluna à esquerda e todos os depósitos em uma coluna à direita. Essa representação é ilustrada na Figura 8.2. As setas mostram as possíveis rotas para o transporte das mercadorias, em que o número próximo a cada seta é o custo de transporte por caminhão carregado para aquela rota. O número entre chaves que aparece próximo a cada localidade indica a quantidade de carretas a ser *despachada* daquela localidade (de modo que a destinação em cada depósito seja dada na forma de um número negativo).

O problema representado na Figura 8.2 é, na verdade, um problema de programação linear do *tipo problema de transporte*. Para formular o modelo, façamos que Z represente o custo total de transporte e que x_{ij} ($i = 1, 2, 3; j = 1, 2, 3, 4$) seja o número de carretas a ser despachado da fábrica i para o depósito j. Portanto, o objetivo é escolher os valores dessas 12 variáveis de decisão (os x_{ij}) de modo a

Minimizar $Z = 464x_{11} + 513x_{12} + 654x_{13} + 867x_{14} + 352x_{21} + 416x_{22} + 690x_{23} + 791x_{24} + 995x_{31}$
$+ 682x_{32} + 388x_{33} + 685x_{34},$

Exemplo de Aplicação

A **Procter & Gamble (P & G)** produz e comercializa mais de 300 marcas de bens de consumo ao redor do mundo. A empresa tem crescido continuamente ao longo de sua história que remonta aos anos 1830. Para manter e acelerar esse crescimento, foi realizado um importante estudo de pesquisa operacional para reforçar a eficácia global da P & G. Anteriormente ao estudo, a cadeia de suprimento da empresa era formada por centenas de fornecedores, mais de 50 categorias de produtos, mais de 60 fábricas, 15 centros de distribuição e mais de mil zonas de atendimento a clientes. Entretanto, como a empresa migrou para marcas globais, a direção percebeu que era preciso reagrupar fábricas para reduzir despesas de fabricação, aumentar a velocidade de chegada ao mercado e reduzir o investimento de capital. Portanto, o estudo se concentrava em redesenhar o sistema de distribuição e de produção nos Estados Unidos. O resultado foi uma redução de quase 20% no número de fábricas no país, poupando mais de **US$ 200 milhões** em custos antes dos impostos, por ano.

Grande parte do estudo se resumia a formular e a resolver problemas de transporte para categorias individuais de produtos. Para cada opção referente às fábricas a serem mantidas abertas, e assim por diante, resolver o problema de transporte correspondente a uma categoria de produto mostrou qual seria o custo de distribuição para remeter essa categoria de produto dessas fábricas para os centros de distribuição e para as zonas de atendimento a clientes.

Fonte: J. D. Camm, T. E. Chorman, F. A. Dill, J. R. Evans, D. J. Sweeney, and G. W. Wegryn: "Blending OR/MS, Judgment, and GIS: Restructuring P & G's Supply Chain", *Interfaces*, **27**(1): 128-142, Jan.-Feb. 1997. (Este artigo está disponível em inglês no *site* da editora, www.bookman.com.br.)

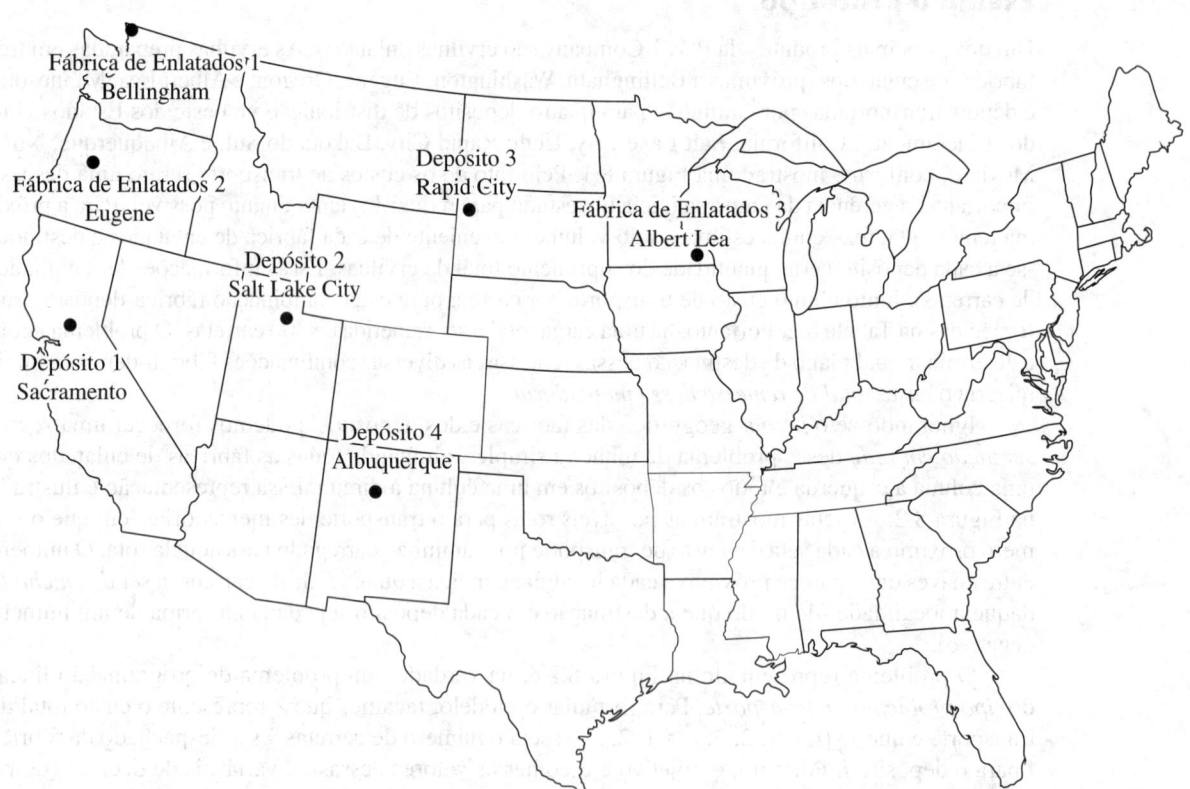

■ **FIGURA 8.1** Localização das fábricas de enlatados e dos depósitos para o problema da P & T Co.

■ **TABELA 8.2** Dados de embarque para a P & T Co.

| | Custo de transporte (US$) por caminhão carregado | | | | |
| | Depósito | | | | |
	1	2	3	4	Saída
Fábrica 1	464	513	654	867	75
Fábrica 2	352	416	690	791	125
Fábrica 3	995	682	388	685	100
Destinação	80	65	70	85	

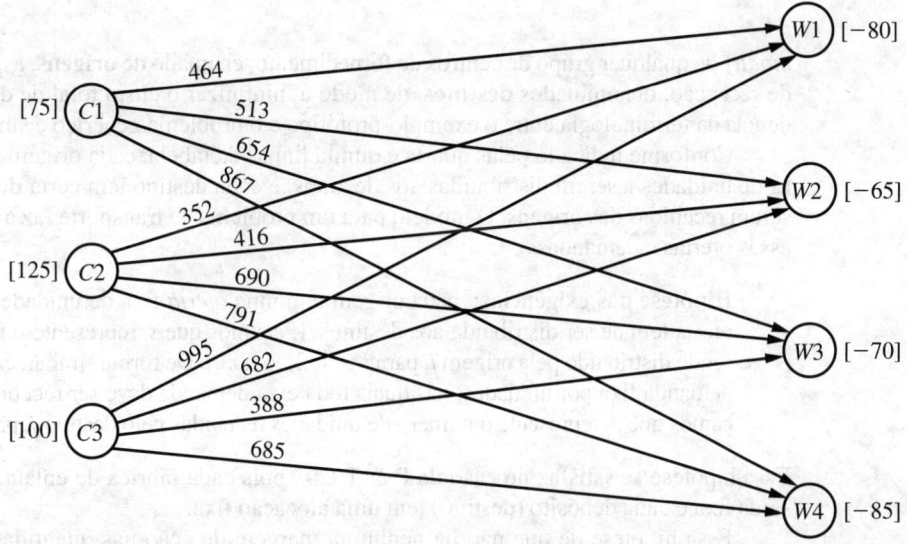

■ **FIGURA 8.2** Representação em rede do problema da P & T Co.

sujeito às restrições

$$\begin{aligned}
x_{11} + x_{12} + x_{13} + x_{14} &= 75 \\
x_{21} + x_{22} + x_{23} + x_{24} &= 125 \\
x_{31} + x_{32} + x_{33} + x_{34} &= 100 \\
x_{11} \quad\quad\quad + x_{21} \quad\quad\quad + x_{31} &= 80 \\
x_{12} \quad\quad\quad + x_{22} \quad\quad\quad + x_{32} &= 65 \\
x_{13} \quad\quad\quad + x_{23} \quad\quad\quad + x_{33} &= 70 \\
x_{14} \quad\quad\quad + x_{24} \quad\quad\quad + x_{34} &= 85
\end{aligned}$$

e

$$x_{ij} \geq 0 \quad (i = 1, 2, 3; j = 1, 2, 3, 4)$$

A Tabela 8.3 mostra os coeficientes de restrição. Como você verá posteriormente nesta seção, é a estrutura especial no padrão desses coeficientes que distingue esse problema como sendo um problema de transporte, não o contexto. No entanto, descreveremos primeiro diversas outras características do modelo de problema de transporte.

Modelo do problema de transporte

Para descrever o modelo genérico para o problema de transporte, precisamos usar termos que são consideravelmente menos específicos que aqueles para os componentes do exemplo-protótipo. Em particular, o problema de transporte genérico se refere (em sentido literal ou figurado) a distribuir qualquer *com-*

■ **TABELA 8.3** Coeficientes de restrição para a P & T Co.

	Coeficiente de:											
	x_{11}	x_{12}	x_{13}	x_{14}	x_{21}	x_{22}	x_{23}	x_{24}	x_{31}	x_{32}	x_{33}	x_{34}

$$A = \begin{bmatrix} 1 & 1 & 1 & 1 & & & & & & & & \\ & & & & 1 & 1 & 1 & 1 & & & & \\ & & & & & & & & 1 & 1 & 1 & 1 \\ 1 & & & & 1 & & & & 1 & & & \\ & 1 & & & & 1 & & & & 1 & & \\ & & 1 & & & & 1 & & & & 1 & \\ & & & 1 & & & & 1 & & & & 1 \end{bmatrix} \begin{matrix} \text{Restrições} \\ \text{das} \\ \text{Fábricas} \\ \\ \text{Restrições} \\ \text{dos} \\ \text{Depósitos} \end{matrix}$$

modity de qualquer grupo de centros de fornecimento, chamado de **origens**, a *qualquer* grupo de centros de recepção, denominados **destinos**, de modo a minimizar o custo total de distribuição. A correspondência da terminologia entre o exemplo-protótipo e o problema genérico é sintetizada na Tabela 8.4.

Conforme indicado pelas quarta e quinta linhas da tabela, cada origem possui determinada **oferta** de unidades a serem distribuídas aos destinos, e cada destino tem certa **demanda** pelas unidades a serem recebidas das origens. O modelo para um problema de transporte faz a seguinte suposição sobre essas ofertas e demandas.

Hipótese das exigências: cada origem tem uma *oferta* fixa de unidades, em que toda essa oferta tem de ser distribuída aos destinos. (Façamos que s_i represente o número de unidades sendo distribuído pela origem i, para $i = 1, 2, \ldots, m$.). De forma similar, cada destino tem uma demanda fixa por unidades, nas quais toda essa demanda deve ser recebida das origens. (Façamos que d_j represente o número de unidades recebidas pelo destino j, para $j = 1, 2, \ldots, n$.)

Essa hipótese se satisfaz no caso da P & T Co., pois cada fábrica de enlatados (origem) possui uma saída fixa e cada depósito (destino) tem uma alocação fixa.

Essa hipótese de que não há nenhuma margem de ação nas quantidades a serem enviadas ou recebidas significa que deve haver um equilíbrio entre a oferta total de todas as origens e a demanda total de todos os destinos.

Propriedade das soluções viáveis: um problema de transporte terá soluções viáveis se e somente se:

$$\sum_{i=1}^{m} s_i = \sum_{j=1}^{n} d_j.$$

Felizmente, as somas são iguais para a P & T Co. visto que a Tabela 8.2 indica que as ofertas (saídas) chegam a 300 carretas e, portanto, atendem à demanda (alocações).

■ **TABELA 8.4** Terminologia para o problema de transporte

Exemplo-protótipo	Problema genérico
Carretas de ervilhas enlatadas	Unidades de uma *commodity*
Três fábricas de enlatados	m origens
Quatro depósitos	n destinos
Produção da fábrica i	Oferta s_i da origem i
Destinação para o depósito j	Demanda d_j no destino j
Custo de transporte por carreta da fábrica i para o depósito j	Custo c_{ij} por unidade distribuída da origem i para o destino j

CAPÍTULO 8   OS PROBLEMAS DE TRANSPORTE E DA DESIGNAÇÃO

Em alguns problemas reais, as ofertas, na verdade, representam quantidades *máximas* (e não quantidades fixas) a serem distribuídas. De modo similar, em outros casos, as demandas representam quantidades máximas (e não quantidades fixas) a serem recebidas. Esses problemas não se ajustam completamente ao modelo para um problema de transporte, pois eles violam a *hipótese das exigências*. Entretanto, é possível reformulá-los de modo que eles atendam a esse modelo, pela inclusão de um *destino* "fantasma" ou de uma *origem* "fantasma" para absorver a folga entre as quantidades reais e as quantidades máximas que estão sendo distribuídas. Ilustraremos como se faz isso por meio de dois exemplos no final desta seção.

A última linha da Tabela 8.4 refere-se a um custo por unidade distribuída. Essa referência a um *custo unitário* implica a seguinte hipótese básica para qualquer problema de transporte.

Hipótese do custo: o custo de distribuição de unidades de qualquer origem em particular para qualquer destino em particular é *diretamente proporcional* ao número de unidades distribuídas. Portanto, esse custo é simplesmente o *custo unitário* de distribuição *vezes* o *número de unidades distribuídas*. (Façamos que c_{ij} represente esse custo unitário por origem i e destino j.)

Essa hipótese é válida para o problema da P & T Co., uma vez que o custo de transporte das ervilhas de qualquer fábrica para qualquer depósito é diretamente proporcional ao número de carretas que está sendo embarcado.

Os únicos dados necessários para um modelo de problema de transporte são as origens, demandas e custos unitários. Esses são os *parâmetros do modelo*. Todos esses parâmetros podem ser resumidos conveniente de modo em uma única *tabela de parâmetros* conforme mostra a Tabela 8.5.

Modelo: qualquer problema (envolva ele transporte ou não) se ajusta a um problema de transporte caso possa ser descrito completamente em termos de uma *tabela de parâmetros* como a Tabela 8.5 e satisfaça tanto a *hipótese das exigências* quanto a hipótese do custo. O objetivo é minimizar o custo total de distribuição das unidades. Todos os parâmetros do modelo são inclusos nessa tabela de parâmetros.

Portanto, formular um problema como um de transporte requer apenas preencher uma tabela de parâmetros no formato da Tabela 8.5. (A tabela de parâmetros para o problema da P & T Co. é exposta na Tabela 8.2.) Alternativamente, as mesmas informações podem ser dadas usando-se a representação em forma de rede para o problema, mostrada na Figura 8.3 (como foi feito na Figura 8.2 para o problema da P & T Co.). Alguns problemas que não têm nada que ver com transporte também podem ser formulados como problemas de transporte em qualquer uma dessas maneiras. A seção de Worked Examples do *site* da editora inclui outro exemplo desse tipo de problema.

Já que um problema de transporte pode ser formulado simplesmente preenchendo-se uma tabela de parâmetros ou desenhando-se sua representação em forma de rede, não é necessário escrever-se um modelo matemático formal para o problema. Porém, prosseguiremos e mostraremos esse modelo de transporte genérico apenas para enfatizar que ele é, de fato, um tipo especial de problema de programação linear.

■ **TABELA 8.5** Tabela de parâmetros para o problema de transporte

		Custo por unidade distribuída				
		Destino				
		1	2	...	n	Oferta
Origem	1	c_{11}	c_{12}	...	c_{1n}	s_1
	2	c_{21}	c_{22}	...	c_{2n}	s_2
	⋮					⋮
	m	c_{m1}	c_{m2}	...	c_{mn}	s_m
Demanda		d_1	d_2	...	d_n	

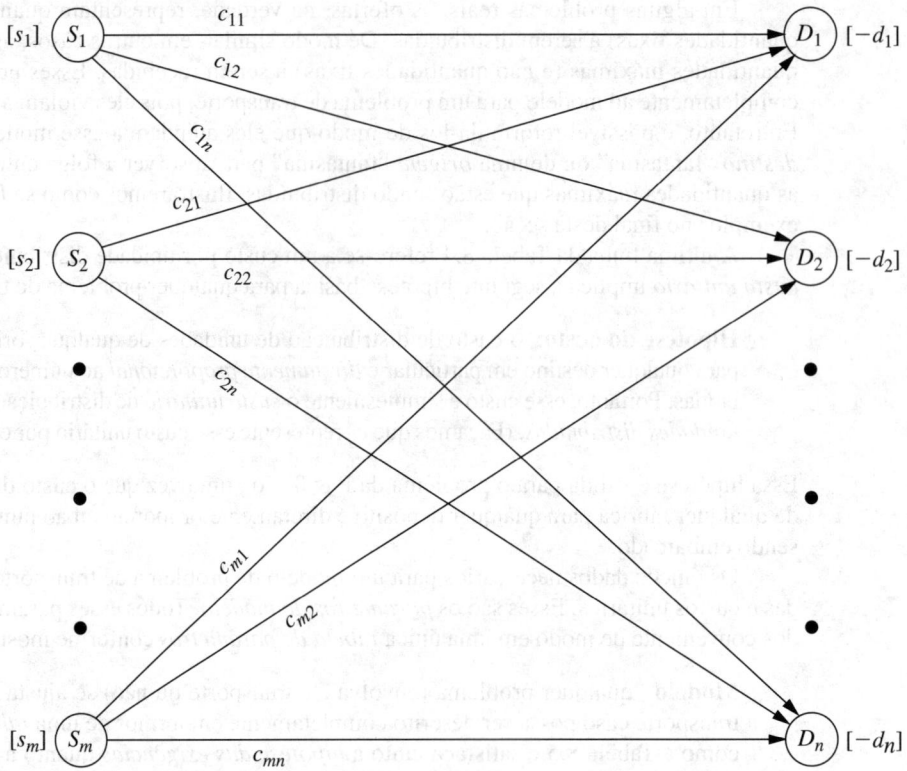

FIGURA 8.3 Representação em forma de rede do problema de transporte.

Fazendo que Z seja o custo total de distribuição e x_{ij} ($i = 1, 2, \ldots, m; j = 1, 2, \ldots, n$) seja o número de unidades a serem distribuídas da origem i para o destino j, a formulação em programação linear desse problema ficaria assim

$$\text{Minimizar} \quad Z = \sum_{i=1}^{m} \sum_{j=1}^{n} c_{ij} x_{ij},$$

sujeito a

$$\sum_{j=1}^{n} x_{ij} = s_i \quad \text{para } i = 1, 2, \ldots, m,$$

$$\sum_{i=1}^{m} x_{ij} = d_j \quad \text{para } j = 1, 2, \ldots, n,$$

e

$$x_{ij} \geq 0, \quad \text{para todo } i \text{ e } j.$$

Observe que a tabela resultante de coeficientes de restrição tem uma estrutura especial mostrada na Tabela 8.6. *Qualquer* problema de programação linear que se encaixe nessa formulação especial é do tipo problema de transporte, independentemente de seu contexto físico. De fato, há inúmeras aplicações não relacionadas a transporte que se adaptaram a essa estrutura especial, como veremos no próximo exemplo no final deste capítulo. (O problema de designação descrito na Seção 8.3 é um exemplo adicional.) Essa é uma das razões pelas quais o problema de transporte é considerado um tipo especial tão importante de problema de programação linear.

Para muitas aplicações, os volumes de oferta e de demanda no modelo (os s_i e d_j) têm valores inteiros, e a implementação exigirá que as quantidades distribuídas (os x_{ij}) também sejam valores inteiros. Felizmente, em razão da estrutura especial mostrada na Tabela 8.6, todos os problemas desse tipo têm a seguinte propriedade:

Propriedade das soluções inteiras: para problemas de transporte em que todos s_i e d_j são valores inteiros, todas as variáveis básicas (alocações) em *toda* solução (BV) viável (inclusive uma solução ótima) também são valores *inteiros*.

O procedimento de resolução descrito na Seção 8.2 lida somente com soluções BV, de modo que ele obterá automaticamente uma solução ótima *inteira* para esse caso. Você será capaz de ver por que esse procedimento de resolução, na verdade, comprova a propriedade das soluções inteiras após aprendê-lo; o Problema 8.2-20 orienta no raciocínio em questão. Portanto, é desnecessário acrescentar uma restrição ao modelo em que os x_{ij} têm de ser inteiros.

Como ocorre com outros problemas de programação linear, as opções de software de praxe (Excel, LINGO/LINDO, MPL/CPLEX) encontram-se disponíveis para solucionar problemas de transporte (e problemas de designação), conforme demonstrado nos arquivos para o presente capítulo do *Courseware* de PO. Entretanto, pelo fato da metodologia com Excel agora ser um tanto diferente daquela que vimos anteriormente, descreveremos a seguir essa mesma metodologia.

Uso do Excel para formular e resolver problemas de transporte

Conforme descrito na Seção 3.6, o processo de usar uma planilha para formular um modelo de programação linear de um problema começa pelo desenvolvimento de respostas a três questões. Quais são as *decisões* a serem tomadas? Quais são as *restrições* dessas decisões? Qual é a *medida de desempenho global* para essas decisões? Já que o problema de transporte é um tipo especial de problema de programação linear, responder a essas perguntas também é um ponto de partida adequado para formular esse tipo de problema em uma planilha. O desenho da planilha gira em torno de distribuir essa informação e os dados associados de maneira lógica.

Para exemplificar, consideremos novamente o problema da P & T Co. A decisão a ser tomada é o número de carretas de ervilhas a serem transportadas de cada fábrica até cada depósito. As restrições sobre essas decisões são que a quantidade total transportada de cada fábrica deve ser igual à sua saída (a oferta) e a quantidade total recebida em cada depósito deve ser igual à sua alocação (a demanda). A medida de desempenho global é o custo total de transporte, de modo que o objetivo seja minimizar esse valor.

Essas informações levam ao modelo de planilha exposto na Figura 8.4. Todos os dados fornecidos na Tabela 8.2 são exibidos nas seguintes células de dados: CustoUnitario (D5:G7), Oferta (J12:J14) e Demanda (D17:G17). As decisões sobre volumes a serem remetidos são dadas pelas células que variam, QuantidadeRemetida (D12:G14). As células de saída são TotalRemetido (H12:H14) e TotalRecebido (D15:G15), em que as funções SUM introduzidas nessas células são mostradas próximas à parte inferior da Figura 8.4. As restrições TotalRemetido (H12:H14) = Oferta (J12:J14) e TotalRecebido (D15:G15) = Demanda (D17:G17) foram especificadas na planilha e introduzidas pela caixa de diálogo Solver. A célula de destino é CustoTotal (J17), no qual sua função SUMPRODUCT é mostrada no canto inferior direito da Figura 8.4. A caixa de diálogo Solver especifica que o objetivo é

■ **TABELA 8.6** Coeficientes de restrição para o problema de transporte

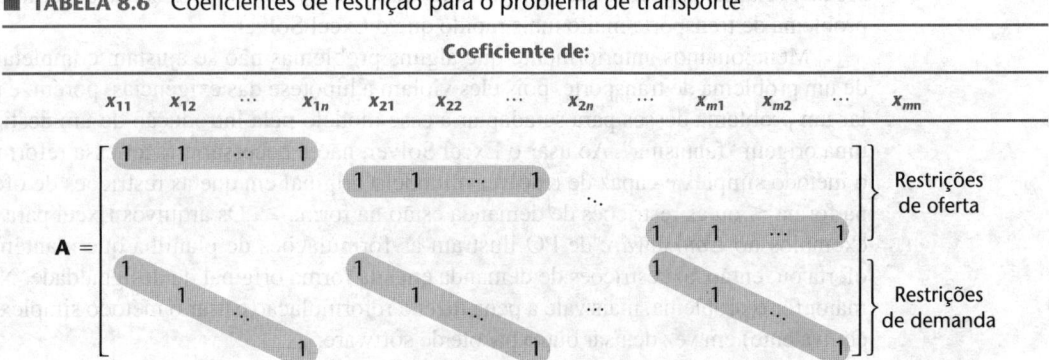

	A	B	C	D	E	F	G	H	I	J
1	Problema de distribuição da P & T Co.									
2										
3		Custo unitário			Destino (Depósito)					
4				Sacramento	Salt Lake City	Rapid City	Albuquerque			
5		Origem	Bellingham	US$ 464	US$ 513	US$ 654	US$ 867			
6		(Fábrica de	Eugene	US$ 352	US$ 416	US$ 690	US$ 791			
7		enlatados)	Albert Lea	US$ 995	US$ 682	US$ 388	US$ 685			
8										
9										
10		Quantidade remetida			Destino (Depósito)					
11		(Carretas)		Sacramento	Salt Lake City	Rapid City	Albuquerque	Total Remetido		Oferta
12		Origem	Bellingham	0	20	0	55	75	=	75
13		(Fábrica de	Eugene	80	45	0	0	125	=	125
14		enlatados)	Albert Lea	0	0	70	30	100	=	100
15			Total Recebido	80	65	70	85			
16				=	=	=	=			Custo Total
17			Demanda	80	65	70	85			US$ 152.535

Solver Parameters
Set Target Cell: TotalCost
Equal To: ○ Max ● Min
By Changing Cells:
ShipmentQuantity
Subject to the Constraints:
TotalReceived = Demand
TotalShipped = Supply

Solver Options
☑ Assume Linear Model
☑ Assume Non-Negative

Range Name	Cells
Demand	D17:G17
ShipmentQuantity	D12:G14
Supply	J12:J14
TotalCost	J17
TotalReceived	D15:G15
TotalShipped	H12:H14
UnitCost	D5:G7

	H
11	Total Shipped
12	=SUM(D12:G12)
13	=SUM(D13:G13)
14	=SUM(D14:G14)

	C	D	E	F	G
15	Total Received	=SUM(D12:D14)	=SUM(E12:E14)	=SUM(F12:F14)	=SUM(G12:G14)

	J
16	Total Cost
17	=SUMPRODUCT(UnitCost,ShipmentQuantity)

■ **FIGURA 8.4** Formulação de uma planilha para o problema da P & T Co. na forma de um problema de transporte, incluindo a célula de destino CustoTotal (J17) e as demais células de saída TotalRemetido (H12:H14) e TotalRecebido (D15:G15), bem como as especificações necessárias para configurar o modelo. As células variáveis QuantidadeRemetida (D12:G14) mostram o plano de remessa ótimo obtido pelo Solver.

minimizar essa célula de destino. Uma das opções selecionadas do Solver (Assum e Non-Negative) estabelece que todas as quantidades remetidas têm de ser não negativas. A outra (Assume Linear Model) indica que esse problema de transporte também é um problema de programação linear.

Para iniciar o processo de resolução do problema, qualquer valor (zero, por exemplo) pode ser incluído em cada uma das células variáveis. Após clicar no botão Solver, o próprio Solver usará o método simplex para resolver o problema de transporte e determinar o melhor valor para cada uma das variáveis de decisão. Essa solução ótima é indicada em QuantidadeRemetida (D12:G14) na Figura 8.4, junto com o valor resultante US$ 152.535 na célula de destino CustoTotal (J17).

Observe que o Solver usa simplesmente o método simplex genérico para resolver um problema de transporte em vez de uma versão aperfeiçoada especialmente desenvolvida para resolver esse tipo de problemas de modo muito eficiente, como o método simplex de transporte apresentado na próxima seção. Portanto, um pacote de software que inclui uma versão aperfeiçoada deveria resolver um grande problema de transporte muito mais rápido que o Excel Solver.

Mencionamos anteriormente que alguns problemas não se ajustam completamente ao modelo de um problema de transporte, pois eles violam a hipótese das exigências, porém, é possível reformular um problema desses para se adaptar a esse modelo pela introdução de um destino "fantasma" ou uma origem "fantasma". Ao usar o Excel Solver, não é necessário fazer essa reformulação, visto que o método simplex é capaz de resolver o modelo original em que as restrições de oferta se encontram na forma ≤ ou as restrições de demanda estão na forma ≥. Os arquivos Excel para os dois próximos exemplos no *Courseware* de PO ilustram as formulações de planilha que mantêm as restrições de oferta ou, então, as restrições de demanda em sua forma original de desigualdade. No entanto, quanto maior for o problema, mais vale a pena fazer a reformulação e usar o método simplex de transporte (ou equivalente) em vez de usar outro pacote de software.

Os dois exemplos a seguir ilustram como fazer esse tipo de reformulação.

Exemplo com um destino "fantasma"

A Cia. Aérea Setentrional constrói aviões comerciais para diversas companhias aéreas ao redor do mundo. O último estágio no processo de produção é produzir os motores a jato e depois instalá-los (uma operação muito rápida) na estrutura completa da aeronave. A empresa vem trabalhando em alguns contratos para entregar um número considerável de aeronaves em um futuro próximo e a produção de motores a jato para esses aviões agora tem de ser programada para os próximos quatro meses.

Para atender às datas contratadas para a entrega, a empresa deve fornecer motores para instalação nas quantidades indicadas na segunda coluna da Tabela 8.7. Assim, o número acumulativo de motores produzidos no final dos meses 1, 2, 3 e 4 deve ser, respectivamente, de pelo menos 10, 25, 50 e 70.

As instalações que estarão disponíveis para produção dos motores variam de acordo com outros trabalhos de produção, manutenção e renovação programados durante esse período. As diferenças mensais resultantes no número máximo que pode ser produzido e o custo (em milhões de dólares) para produzir cada um deles é fornecido nas terceira e quarta colunas da Tabela 8.7.

Em virtude de variações nos custos de produção, talvez valha a pena produzir parte dos motores com um mês ou mais de antecedência em relação à data prevista para instalação, possibilidade que tem sido considerada. A desvantagem é que esses motores precisam ser armazenados até a instalação programada (a estrutura da aeronave não estará pronta antes) com custo de armazenamento de US$ 15.000 por mês (incluindo juros sobre capital gasto) para cada motor[1], conforme mostrado na coluna mais à direita da Tabela 8.7.

O gerente de produção quer uma programação para o número de motores a serem produzidos em cada um dos quatro meses, de modo que os custos de produção e de armazenamento sejam minimizados.

Formulação. Uma maneira de se formular um modelo matemático para esse problema é fazer com que x_j represente o número de motores a jato a serem produzidos no mês j, para $j = 1, 2, 3, 4$. Usando-se somente uma dessas quatro variáveis de decisão, o problema poderá ser formulado como um problema de programação linear que *não* se ajusta ao tipo de problema de transporte (ver o Problema 8.2-18).

Por outro lado, adotando-se uma abordagem diferente, podemos formulá-lo como um problema de transporte que requer *muito* menos esforço em sua resolução. Essa abordagem descreverá o problema em termos de origens e destinos e depois identificará os x_{ij}, c_{ij}, s_i, e d_j correspondentes. (Tente conseguir fazer isso antes de prosseguir a leitura.)

Como as unidades a serem distribuídas são motores a jato, cada um deles deve ser programado para fabricação em determinado mês e depois instalado em um mês em particular (talvez diferente).

■ **TABELA 8.7** Dados de programação de produção da Cia. Aérea Setentrional

Mês	Instalações programadas	Produção máxima	Custo* unitário de produção	Custo* unitário de armazenamento
1	10	25	1,08	0,015
2	15	35	1,11	0,015
3	25	30	1,10	0,015
4	20	10	1,13	

* Custo expresso em milhões de dólares.

---

[1] Para fins de modelagem, parta do pressuposto de que esse custo de armazenamento acontece no *final do mês* apenas para aqueles motores que serão mantidos para o mês seguinte. Portanto, motores que são produzidos em determinado mês para instalação no mesmo mês, por suposição, não geram nenhum custo de armazenamento.

Origem i = produção de motores a jato no mês i (i = 1, 2, 3, 4)
Destino j = instalação de motores a jato no mês j (j = 1, 2, 3, 4)
x_{ij} = número de motores produzido no mês i para instalação no mês j
c_{ij} = custo associado a cada unidade de x_{ij}
= $\begin{cases} \text{custo por unidade para produção e armazenamento} & \text{se } i \leq j \\ ? & \text{se } i > j \end{cases}$
s_i = ?
d_j = número de instalações programadas no mês j.

A tabela de parâmetros (incompleta) correspondente é dada na Tabela 8.8. Portanto, resta identificar os custos e as ofertas faltantes.

Já que é impossível fabricar motores em um mês para instalação em um mês anterior, x_{ij} tem de ser zero caso $i > j$. Portanto, não há nenhum custo real que possa ser associado a tal x_{ij}. Não obstante, de modo a ter um problema de transporte bem definido para o qual o procedimento de resolução da Seção 8.2 possa ser aplicado, é necessário atribuir algum valor para os custos não identificados. Felizmente, podemos usar o método do "grande número" apresentado na Seção 4.6 para atribuir esse valor. Portanto, atribuímos um valor muito grande (representado por M por conveniência) para as entradas de custo não identificadas na Tabela 8.8 para forçar os valores correspondentes de x_{ij} a serem zero na solução final.

Os números que precisam ser inseridos na coluna de oferta da Tabela 8.8 são óbvios, pois as "ofertas", as quantidades produzidas nos respectivos meses, não são quantidades fixas. De fato, o objetivo é calcular os valores mais desejáveis dessas quantidades produzidas. De qualquer maneira, é necessário atribuir algum número fixo a cada entrada da tabela, inclusive àquelas da coluna oferta, para se configurar um problema de transporte. Temos uma pista pelo fato de que, embora as restrições de oferta não estejam presentes na forma usual, essas restrições existem efetivamente na forma de limites superiores em relação à quantidade que pode ser ofertada, a saber,

$$x_{11} + x_{12} + x_{13} + x_{14} \leq 25,$$
$$x_{21} + x_{22} + x_{23} + x_{24} \leq 35,$$
$$x_{31} + x_{32} + x_{33} + x_{34} \leq 30,$$
$$x_{41} + x_{42} + x_{43} + x_{44} \leq 10.$$

A única alteração do modelo-padrão para o problema de transporte é que essas restrições estão na forma de desigualdades em vez de igualdades.

Para converter essas desigualdades em equações de modo a se adequar ao modelo do problema de transporte, usamos o dispositivo familiar das *variáveis de folga*, introduzidas na Seção 4.2. Nesse contexto, as variáveis de folga são alocações a um único **destino "fantasma"** que representa a *capacidade de produção não utilizada* nos respectivos meses. Essa mudança permite que a oferta na formulação do problema de transporte seja a capacidade de produção total em dado mês. Além disso, pelo fato de a demanda para o destino "fantasma" ser a capacidade total não utilizada, essa demanda fica da seguinte maneira:

$$(25 + 35 + 30 + 10) - (10 + 15 + 25 + 20) = 30.$$

■ **TABELA 8.8** Tabela de parâmetros incompleta para o caso da Cia. Aérea Setentrional

		Custo por unidade distribuída				
		Destino				
		1	2	3	4	Oferta
Origem	1	1,080	1,095	1,110	1,125	?
	2	?	1,110	1,125	1,140	?
	3	?	?	1,100	1,115	?
	4	?	?	?	1,130	?
Demanda		10	15	25	20	

■ **TABELA 8.9** Tabela completa de parâmetros para o caso da Cia. Aérea Setentrional

| | | Custo por unidade distribuída ||||| |
| | | Destino ||||| Oferta |
		1	2	3	4	5(D)	
Origem	1	1,080	1,095	1,110	1,125	0	25
	2	M	1,110	1,125	1,140	0	35
	3	M	M	1,100	1,115	0	30
	4	M	M	M	1,130	0	10
Demanda		10	15	25	20	30	

Com essa demanda incluída, a soma das ofertas agora fica igual à soma das demandas, que é a condição dada pela *propriedade das soluções viáveis* para ter soluções viáveis.

As entradas de custos associadas ao destino "fantasma" devem ser zero, pois não há nenhum custo envolvido por parte de uma alocação fictícia. (As entradas de custos de M seriam *inadequadas* para essa coluna, porque não queremos forçar os valores correspondentes de x_{ij} a serem zero. De fato, esses valores precisam dar um total de 30.)

A tabela de parâmetros final resultante é dada na Tabela 8.9 com o destino "fantasma" identificado como destino 5(D). Usando essa formulação, é relativamente fácil encontrar a programação de produção ótima pelo procedimento de solução descrito na Seção 8.2. (Ver o Problema 8.2-10 e sua resposta no final do livro.)

Exemplo com uma origem "fantasma"

A Metro Water District é uma agência que administra a distribuição de água em uma grande região geográfica. A região é bastante árida, de modo que o distrito tem que adquirir e trazer água de uma região externa. As origens dessa água importada são os rios Colombo, Sacron e Calorie. O distrito revende então a água a usuários da região. Seus principais clientes são os departamentos de água das cidades de Berdoo, Los Devils, San Go e Hollyglass.

É possível suprir qualquer uma dessas cidades com água trazida de qualquer um desses três rios, com exceção de que não foi feita nenhuma previsão de abastecer Hollyglass com água do rio Calorie. Entretanto, em razão da disposição geográfica dos aquedutos e das cidades da região, o custo para o distrito de fornecer água depende tanto da origem da água como da cidade que será abastecida. A variável custo por pé-acre de água (em dezenas de dólares) para cada combinação de rio-cidade é dada na Tabela 8.10. Apesar dessas variações, o preço por pé-acre cobrado pelo distrito independe da origem da água e é o mesmo para todas as cidades.

A administração do distrito se depara agora com o problema de como alocar a água disponível no próximo verão. Em unidades de 1 milhão de pés-acres, as quantidades disponíveis dos três rios são dadas na coluna mais à direita da Tabela 8.10. O distrito compromete-se a fornecer certa quantidade mínima para atender às necessidades básicas de cada cidade (exceto San Go, que possui uma origem da água independente), conforme mostrado na linha *mínima necessária* da tabela. A linha *solicitada* indica que Los Devils não deseja mais que a quantidade mínima, porém Berdoo gostaria de comprar 20 ou mais. San Go compraria de 30 a mais e Hollyglass quer adquirir o máximo possível.

A administração deseja alocar *toda* a água disponível dos três rios para as quatro cidades de maneira a atender pelo menos as necessidades básicas de cada cidade e, ao mesmo tempo, minimizar o custo total para o distrito.

Formulação. A Tabela 8.10 já se encontra quase na forma apropriada para uma tabela de parâmetros, sendo os rios as origens e as cidades, os destinos. Porém, a única dificuldade básica é que não está claro quais devem ser as demandas nos destinos. A quantidade a ser recebida em cada destino (exceto Los Devils), na verdade, é uma variável de decisão com um limite inferior e também um limite superior. Esse limite superior é a quantidade solicitada a menos que o solicitado exceda a oferta total remanescente após

■ **TABELA 8.10** Dados de recursos hídricos para a Metro Water District

	Custo (dezenas de dólares) por pé-acre				Oferta
	Berdoo	Los Devils	San Go	Hollyglass	
Rio Colombo	16	13	22	17	50
Rio Sacron	14	13	19	15	60
Rio Calorie	19	20	23	–	50
Mínima necessária	30	70	0	10	(em unidades de 1 milhão de pés-acres)
Solicitada	50	70	30	∞	

as necessidades mínimas das demais cidades terem sido atendidas, em cujo caso essa *oferta remanescente* torna-se o limite superior. Portanto, a insaciavelmente sedenta Hollyglass tem um limite superior de

$$(50 + 60 + 50) - (30 + 70 + 0) = 60.$$

Infelizmente, como acontece com os demais números na tabela de parâmetros de um problema de transporte, as quantidades de demanda têm de ser *constantes*, não variáveis de decisão limitadas. Para começar a contornar essa dificuldade, suponha temporariamente que não seja necessário satisfazer as necessidades mínimas, de modo que os limites superiores sejam as únicas restrições nas quantidades a serem alocadas às cidades. Nessa circunstância, as alocações solicitadas podem ser vistas como as quantidades de demanda para a formulação de um problema de transporte? Após um ajuste, sim! (Você já percebeu qual é esse ajuste necessário?)

A situação é análoga ao problema de programação de produção da Cia. Aérea Setentrional na qual havia *capacidade de oferta em excesso*. Agora há *capacidade de demanda em excesso*. Consequentemente, em vez de introduzir um *destino "fantasma"* para "receber" a capacidade de oferta não utilizada, o ajuste necessário aqui é introduzir uma **origem "fantasma"** para "enviar" a *capacidade de demanda não utilizada*. A quantidade de oferta imaginária para essa origem "fantasma" seria a quantidade pela qual a soma das demandas excedesse a soma das ofertas reais.

$$(50 + 70 + 30 + 60) - (50 + 60 + 50) = 50.$$

Essa formulação leva à tabela mostrada na Tabela 8.11 que usa milhões de pés-acres e dezenas de milhões de dólares. As entradas de custo na linha *"fantasma"* agora são zero, pois não há nenhum custo gerado pelas alocações fictícias a partir dessa origem "fantasma". No entanto, um custo unitário imenso M é atribuído à combinação rio Calorie-Hollyglass. A razão é que a água do rio Calorie não pode ser usada para abastecer Hollyglass e atribuindo-se um custo M impedirá qualquer alocação desse tipo.

Vejamos agora como podemos levar em conta as necessidades mínimas de cada cidade nesse tipo de formulação. Pelo fato de San Go não apresentar nenhuma necessidade mínima, está tudo certo. De modo similar, a formulação para Hollyglass não requer nenhum ajuste, porque sua demanda (60)

■ **TABELA 8.11** Tabela de parâmetros sem as necessidades mínimas para o caso do Metro Water District

		Custo (dezenas de milhões de dólares) por pé-acre				Oferta
		Destino				
		Berdoro	Los Devils	San Go	Hollyglass	
Origem	Rio Colombo	16	13	22	17	50
	Rio Sacron	14	13	19	15	60
	Rio Calorie	19	20	23	M	50
	"Fantasma"	0	0	0	0	50
Demanda		50	70	30	60	

excede a oferta da origem "fantasma" (50) em 10, de modo que a quantidade oferecida a Hollyglass das origens *reais* será de *pelo menos dez* em qualquer solução viável. Por conseguinte, sua necessidade mínima de dez dos rios é garantida. (Se essa coincidência não tivesse ocorrido, Hollyglass precisaria dos mesmos ajustes que faremos para Berdoo.)

A necessidade mínima para Los Devils iguala sua alocação solicitada, de maneira que *toda* sua demanda de 70 tenha de ser atendida por origens reais e não pela origem "fantasma". Essa exigência pede o método do "grande número"! Atribuir um custo unitário enorme M à alocação a partir da origem "fantasma" para Los Devils garante que essa alocação será zero em qualquer solução ótima.

Finalmente, considere Berdoo. Ao contrário de Hollyglass, a origem "fantasma" tem uma oferta (fictícia) adequada para "prover" pelo menos a necessidade mínima de Berdoo, além da sua quantidade extra solicitada. Portanto, já que a necessidade mínima de Berdoo é 30, precisam ser feitos ajustes para evitar que a origem "fantasma" contribua com mais que 20 para a demanda total de 50 de Berdoo. Esse ajuste é obtido dividindo-se Berdoo em dois destinos, um com uma demanda de 30 com custo unitário M para qualquer alocação da origem "fantasma" e o outro com uma demanda de 20 com custo unitário zero para a alocação da origem "fantasma". Essa formulação fornece a tabela de parâmetros final mostrada na Tabela 8.12.

Esse problema será resolvido na Seção 8.2 para ilustrar o procedimento de resolução apresentado aqui.

Generalizações do problema de transporte

Mesmo após os tipos de reformulações ilustrados pelos dois exemplos anteriores, alguns problemas que envolvem a distribuição de unidades de origens para destinos não são capazes de satisfazer o modelo para o problema de transporte. Uma razão poderia ser que a distribuição não vai diretamente das origens aos destinos, mas passa sim por pontos de transferência ao longo do caminho. O exemplo da Cia. de Distribuição Ilimitada na Seção 3.4 (ver a Figura 3.13) ilustra esse problema. Nesse caso, as fontes são as duas fábricas e os destinos, os dois depósitos. Entretanto, uma remessa de determinada fábrica para certo depósito talvez seja transferida para um centro de distribuição ou até mesmo para outra fábrica ou para o outro depósito, antes de chegar a seu destino final. Os custos unitários de transporte diferem para as variadas rotas. Além disso, há limites superiores enquanto pode ser transportado por essas mesmas rotas. Embora não seja um problema de transporte, esse tipo de problema ainda é um tipo especial de problema de programação linear, chamado *problema de fluxo de custo mínimo*, que será discutido na Seção 9.6. O método simplex em rede descrito na Seção 9.7 oferece uma maneira de resolver os problemas de fluxo de custo mínimo. Um problema como esse que não impõe qualquer limite superior enquanto pode ser remetido pelas rotas é conhecido como um *problema de transbordo*. A Seção 23.1 do *site* da editora dedica-se à discussão de problemas de transbordo.

Em outros casos, a distribuição pode ir diretamente das origens aos destinos, mas outras hipóteses do problema de transporte podem ser violadas. A *hipótese do custo* será violada caso o custo de

■ **TABELA 8.12** Tabela de parâmetros para o caso da Metro Water District

			Custo (dezenas de milhões de dólares) por pé-acre					
			Destino					
			Berdoo (min.) 1	Berdoo (extra) 2	Los Devils 3	San Go 4	Hollyglass 5	Oferta
Origem	Rio Colombo	1	16	16	13	22	17	50
	Rio Sacron	2	14	14	13	19	15	60
	Rio Calorie	3	19	19	20	23	M	50
	"Fantasma"	4(D**)	M	0	M	0	0	50
Demanda			30	20	70	30	60	

** N. de R.T.: A letra D corresponde à palavra em inglês *dummy*, traduzida por Fantasma.

distribuição de unidades de qualquer origem em particular para qualquer destino em particular for uma função não linear do número de unidades distribuídas. A *hipótese das exigências* será violada caso as ofertas das origens ou então as demandas dos destinos não forem fixas. Por exemplo, a demanda final no destino talvez não seja conhecida até que as unidades tenham chegado e então um custo não linear seja originado caso a quantidade recebida se afaste da demanda final. Se a oferta na origem não for fixa, o custo para produzir a quantidade fornecida pode ser uma função não linear dessa quantidade. Por exemplo, um custo fixo pode fazer parte do custo associado a uma decisão de abrir uma nova origem. Foi realizado um volume considerável de pesquisas para generalizar o problema de transporte e seu procedimento de resolução nesses tipos de direções[2].

8.2 UM MÉTODO SIMPLEX APERFEIÇOADO PARA O PROBLEMA DE TRANSPORTE

Pelo fato de o problema de transporte ser simplesmente um tipo especial de problema de programação linear, ele pode ser resolvido aplicando-se o método simplex conforme descrito no Capítulo 4. Entretanto, você verá nesta seção que alguns atalhos computacionais substanciais podem ser tomados nesse método explorando-se a estrutura especial mostrada na Tabela 8.6. Vamos nos referir a esse procedimento otimizado como **método simplex de transporte**.

À medida que for lendo, observe particularmente como a estrutura especial é explorada de modo a poupar enormes cálculos computacionais. Isso ilustrará uma técnica de PO importante – racionalizar um algoritmo para explorar a estrutura especial do problema em mãos.

Configuração do método simplex de transporte

Para destacar a racionalização alcançada pelo método simplex de transporte, revisemos como o método simplex geral (não aperfeiçoado) configuraria um problema de transporte na forma tabular. Após construir a tabela de coeficientes de restrição (ver a Tabela 8.6), converter a função objetivo na forma de maximização e usar o método do "grande número" para incluir variáveis artificiais $z_1, z_2, \ldots, z_{m+n}$ nas $m + n$ respectivas restrições de igualdade (ver Seção 4.6), colunas típicas da tabela simplex teriam a forma mostrada na Tabela 8.13, em que todas as entradas *não exibidas* nessas colunas são *zeros*. [O único ajuste que ficará faltando antes da primeira iteração do método simplex é eliminar algebricamente os coeficientes não zero das variáveis básicas (artificiais) iniciais na linha 0.]

Após qualquer iteração subsequente, a linha 0 assumiria, então, a forma exposta na Tabela 8.14. Em virtude do padrão de 0 e 1 para os coeficientes na Tabela 8.13, pelo *insight fundamental* apresentado na Seção 5.3, u_i e v_j teriam a seguinte interpretação:

u_i = múltiplo da linha *original i* que foi subtraído (direta ou indiretamente) da linha *original* 0 pelo método simplex durante todas as iterações, levando à tabela simplex atual.

v_j = múltiplo da linha *original m + j* que foi subtraído (direta ou indiretamente) da linha *original* 0 pelo método simplex durante todas as iterações, levando à tabela simplex atual.

Usando a teoria da dualidade introduzida no Capítulo 6, outra propriedade de u_i e v_j é que elas são as *variáveis duais*[3]. Se x_{ij} for uma variável não básica, $c_{ij} - u_i - v_j$ é interpretada como a taxa na qual Z mudará à medida que x_{ij} for incrementada.

Informações necessárias. No preparo do trabalho preliminar para a simplificação dessa configuração, lembre-se das informações do que o método simplex precisa. Na inicialização, deve-se obter uma solução BV inicial, que se realiza artificialmente por meio da inclusão de variáveis artificiais como variáveis básicas iniciais e configurando-as como s_i e d_j. O teste de otimalidade e a etapa 1 de uma iteração (selecionar uma variável básica que entra) requerem o conhecimento da linha 0 atual, que se obtém subtraindo-se determinado múltiplo de outra linha da linha 0 anterior. A etapa 2 (determinar a variável básica que sai) tem de identificar a variável básica que chega a zero primeiro à medida que a

---

[2] Ver, por exemplo, K. Holmberg and H. Tuy: "A Production-Transportation Problem with Stochastic Demand and Concave Production Costs", *Mathematical Programming Series A*, **85**: 157-179, 1999.

[3] Seria mais fácil reconhecer essas variáveis como variáveis duais, renomeando-as todas como y_i e depois mudando todos os sinais na linha 0 da Tabela 8.14, convertendo a função objetivo de volta à sua forma de minimização original.

■ **TABELA 8.13** Tabela simplex original antes de o método simplex ser aplicado ao problema de transporte

Variável básica	Eq.	Coeficiente de:							Lado direito
		Z	...	x_{ij}	...	z_i	...	z_{m+j}	...	
Z	(0)	−1		c_{ij}		M		M		0
	(1)									
	⋮									
z_i	(i)	0		1		1				s_i
	⋮									
z_{m+j}	(m + j)	0		1				1		d_j
	⋮									
	(m + n)									

■ **TABELA 8.14** A linha 0 da tabela simplex quando o método simplex é aplicado ao problema de transporte

Variável básica	Eq.	Coeficiente de:							Lado direito
		Z	...	x_{ij}	...	z_i	...	z_{m+j}	...	
Z	(0)	−1		$c_{ij} - u_i - v_j$		$M - u_i$		$M - v_j$		$-\sum_{i=1}^{m} s_i u_i - \sum_{j=1}^{n} d_j v_j$

variável básica que entra é incrementada, o que é feito comparando-se os coeficientes atuais da variável básica que entra e o lado direito correspondente. A etapa 3 deve determinar a nova solução BV, que é encontrada subtraindo-se certos múltiplos de uma linha das demais linhas na tabela simplex atual.

Maneiras altamente eficazes de se obter essas informações. Agora, como o *método simplex de transporte* obtém as mesmas informações de maneira muito mais simples? Essa história vai-se desenrolar nas páginas a seguir, porém, eis algumas respostas preliminares.

Primeiro, não é necessário nenhuma *variável artificial*, pois existe um procedimento simples e conveniente (com diversas variações) para construir uma solução BV inicial.

Em segundo lugar, a linha 0 atual pode ser *obtida sem usar qualquer outra linha* simplesmente calculando-se diretamente os valores atuais de u_i e v_j. Como cada variável básica deve ter um coeficiente zero na linha 0, os u_i e v_j atuais podem ser obtidos resolvendo-se o conjunto de equações

$$c_{ij} - u_i - v_j = 0 \quad \text{para cada } i \text{ e } j \text{ tal que } x_{ij} \text{ seja uma variável básica.}$$

Ilustraremos esse procedimento simples posteriormente ao discutirmos o teste de otimalidade para o método simplex de transporte. A estrutura especial na Tabela 8.13 possibilita essa maneira conveniente de se obter a linha 0 resultando em $c_{ij} - u_i - v_j$ como o coeficiente de x_{ij} na Tabela 8.14.

Em terceiro lugar, a variável básica que sai pode ser identificada de forma simples sem usar (explicitamente) os coeficientes da variável básica que entra. A razão é que essa estrutura especial do problema torna mais fácil visualizar como a solução deve mudar à medida que a variável básica que entra é incrementada. Como resultado, a nova solução BV também pode ser identificada imediatamente sem qualquer manipulação algébrica nas linhas da tabela simplex. Você verá os detalhes ao descrevermos como o método simplex de transporte realiza uma iteração.

A grande conclusão é que *quase toda a tabela simplex* (e o trabalho de mantê-la) *pode ser eliminada*! Além dos dados de entrada (os valores c_{ij}, s_i e d_j), as únicas informações necessárias para o método simplex de transporte são a solução BV atual[4], os valores atuais de u_i e v_j e os valores resultantes de $c_{ij} - u_i - v_j$ para

---
[4] Já que variáveis não básicas são automaticamente zero, a solução BV atual é plenamente identificada registrando-se apenas os valores das variáveis básicas. A partir de agora, adotaremos essa convenção.

■ **TABELA 8.15** Formato de uma tabela simplex de transporte

		Destino			Oferta	u_i
		1	2	...	n	
Origem	1	c_{11}	c_{12}	...	c_{1n}	s_1
	2	c_{21}	c_{22}	...	c_{2n}	s_2
	⋮	...	...	...	...	⋮
	m	c_{m1}	c_{m2}	...	c_{mn}	s_m
Demanda		d_1	d_2	...	d_n	Z =
v_j						

Informações adicionais a serem acrescidas a cada célula:

Se x_{ij} for uma variável básica: c_{ij}, $\boxed{x_{ij}}$ (circulado)

Se x_{ij} for uma variável não básica: c_{ij}, $c_{ij} - u_i - v_j$

variáveis não básicas x_{ij}. Ao resolvermos um problema manualmente, convém registrar essas informações para cada iteração em uma **tabela simplex de transporte,** como o mostrado na Tabela 8.15. Observe cuidadosamente que os valores de x_{ij} e $c_{ij} - u_i - v_j$ são diferenciados nessas tabelas simplex colocando-se um círculo em volta dos primeiros valores citados anteriormente, mas não nos últimos.

O grande aumento resultante em termos de eficiência. Você poderá perceber melhor a grande diferença em termos de eficiência e conveniência entre os métodos do simplex tradicional e de transporte aplicando ambos ao mesmo problema simples (ver o Problema 8.2-17). Entretanto, a diferença se torna ainda mais pronunciada para problemas de grande porte que precisam ser resolvidos em computadores. Essa diferença pronunciada é sugerida, em parte, comparando-se os tamanhos da tabela simplex e tabela simplex de transporte. Portanto, para um problema de transporte com m origens e n destinos, a tabela simplex teria $m + n + 1$ linhas e $(m + 1)(n + 1)$ colunas (excluindo-se aquelas à esquerda das colunas x_{ij}) e a tabela simplex de transporte teria m linhas e n colunas (excluindo-se as duas linhas e colunas extras informativas). Agora experimente vários valores de m e n (por exemplo, $m = 10$ e $n = 100$ seriam valores típicos de um problema de transporte de dimensões médias) e observe como a razão do número de células na tabela simplex para o número na tabela simplex de transporte sobe à medida que m e n aumentam.

Inicialização

Lembre-se de que o objetivo da inicialização é obter uma solução BV inicial. Pelo fato de todas as restrições funcionais no problema de transporte serem restrições de *igualdade*, o método simplex obteria essa solução por meio da inclusão de variáveis artificiais e usando-as como as variáveis básicas iniciais, conforme descrito na Seção 4.6. A solução básica resultante, na verdade, é viável apenas para uma versão revisada do problema, de modo que seja necessária uma série de iterações para conduzir essas variáveis a zero, de modo a alcançar as soluções BV reais. O método simplex de transporte contorna tudo isso usando, em seu lugar, um procedimento mais simples para construir diretamente uma solução BV geral em uma tabela simplex de transporte.

Antes de descrevermos o procedimento, precisamos indicar que o número de variáveis básicas em qualquer solução básica de um problema de transporte é menor do que se espera. Normalmente, em um problema de programação linear, há uma variável básica para cada restrição funcional. Para problemas de transporte com m origens e n destinos, o número de restrições funcionais é $m + n$. No entanto,

$$\text{o número de variáveis básicas} = m + n - 1.$$

CAPÍTULO 8 OS PROBLEMAS DE TRANSPORTE E DA DESIGNAÇÃO

A razão é que as restrições funcionais são restrições de igualdade e esse conjunto de $m + n$ equações não possui nenhuma equação *extra* (ou *redundante*) que possa ser eliminada sem alterar a região de soluções viáveis; isto é, qualquer uma das restrições é automaticamente satisfeita toda vez que outras $m + n - 1$ restrições forem satisfeitas. (Esse fato pode ser verificado demonstrando-se que qualquer restrição de oferta equivale exatamente à soma das restrições de demanda menos a soma das *demais* restrições de oferta, e que qualquer equação de demanda também pode ser reproduzida somando-se as equações de oferta e subtraindo-se as demais equações de demanda. Ver o Problema 8.2-19.) Portanto, qualquer *solução BV* aparece em uma tabela simplex de transporte com exatamente $m + n - 1$ alocações *não negativas* envoltas por um círculo, em que a soma das alocações para cada linha ou coluna é igual à sua oferta ou demanda[5].

O procedimento para construir uma solução BV inicial seleciona as $m + n - 1$ variáveis básicas de uma só vez. Após cada seleção, um valor que iria satisfazer uma restrição adicional (e, portanto, eliminando a linha ou a coluna daquela restrição de considerações adicionais para fornecer alocações) é atribuída a essa variável. Assim, após $m + n - 1$ seleções, uma solução básica inteira tem de ser construída de maneira a satisfazer todas as restrições. Uma série de critérios diversos foi proposta para selecionar as variáveis básicas. Apresentamos e ilustramos três desses critérios aqui, após descrever o procedimento genérico.

Procedimento[6] genérico para construir uma solução BV inicial. Para começar, todas as linhas de origem e colunas de destino da tabela simplex de transporte inicialmente são consideradas para fornecerem uma variável básica (alocação).

1. A partir das linhas e colunas ainda em questão, selecione a próxima variável básica (alocação) de acordo com algum critério.
2. Faça que essa alocação seja suficientemente grande para consumir com exatidão a oferta remanescente em sua linha ou a demanda remanescente em sua coluna (aquela que for a menor).
3. Elimine essa linha ou coluna (aquela que tiver a menor oferta ou demanda remanescente) de considerações adicionais. (Se a linha e a coluna tiverem a mesma oferta ou demanda, então selecione arbitrariamente a linha como aquela a ser eliminada. A coluna será usada posteriormente para fornecer uma variável básica *degenerada*, isto é, uma alocação zero envolta por um círculo.)
4. Se apenas uma linha ou uma única coluna permanecer para consideração, então o procedimento é concluído selecionando-se toda variável *remanescente* (isto é, aquelas variáveis que não foram nem previamente selecionadas para ser básicas, nem eliminadas para consideração pela eliminação de suas linhas ou colunas) associada àquela linha ou coluna a ser básica com a única alocação viável. Caso contrário, retorne para a etapa 1.

Critérios Alternativos para a Etapa 1

1. *Regra do ponto extremo noroeste:* comece selecionando x_{11} (isto é, inicie no ponto extremo noroeste da tabela simplex de transporte). A partir daí, se x_{ij} for a última variável básica selecionada, então selecione a seguir $x_{i,j+1}$ (isto é, movimente-se uma coluna para a *direita*) caso a origem i tiver qualquer oferta remanescente. Caso contrário, selecione $x_{i+1,j}$ em seguida (isto é, movimente-se uma linha para *baixo*).

EXEMPLO. Para tornar essa descrição mais concreta, ilustraremos agora o procedimento geral aplicado ao problema da Metro Water District (ver a Tabela 8.12) com a regra do ponto extremo noroeste sendo usada na etapa 1. Pelo fato de $m = 4$ e $n = 5$ nesse caso, o procedimento encontraria uma solução BV inicial com $m + n - 1 = 8$ variáveis básicas.

---

[5] Observe, porém, que qualquer solução viável com $m + n - 1$ variáveis não zero não é necessariamente uma solução básica viável, pois ela poderia ter uma média ponderada de duas ou mais soluções BV degeneradas (isto é, soluções BV com algumas variáveis básicas iguais a zero). Não precisamos nos preocupar em rotular de maneira incorreta essas soluções como básicas, mas sim pelo fato de o método simplex de transporte construir somente soluções BV legítimas.

[6] Na Seção 4.1 indicamos que o método simplex é um exemplo dos algoritmos (procedimentos de resolução sistemáticos) tão frequente em estudos de PO. Observe que esse procedimento também é um algoritmo, em que cada execução sucessiva das (quatro) etapas constitui uma iteração.

Conforme mostrado na Tabela 8.16, a primeira alocação é $x_{11} = 30$, que consome exatamente a demanda da coluna 1 (e elimina essa coluna em termos de consideração). Essa primeira iteração deixa uma oferta de 20 remanescente na linha 1; portanto, selecione $x_{1,1+1} = x_{12}$ para ser uma variável básica. Em virtude dessa oferta não ser maior que a demanda 20 da coluna 2, toda ela é alocada, $x_{12} = 20$, e essa linha não passa mais a ser considerada. A linha 1 é escolhida para eliminação em vez da coluna 2 por causa da instrução entre parênteses da etapa 3. Portanto, selecione $x_{1+1,2} = x_{22}$ a seguir. Pelo fato de a demanda 0 remanescente na coluna 2 ser menor que a oferta 60 na linha 2, aloque $x_{22} = 0$ e elimine a coluna 2.

Prosseguindo dessa maneira, finalmente obteremos a *solução BV inicial* completa exibida na Tabela 8.16, na qual os números envoltos por um círculo são os valores das variáveis básicas ($x_{11} = 30, \ldots, x_{45} = 50$) e todas as demais variáveis básicas (x_{13} etc.) são variáveis não básicas iguais a zero. Foram acrescentadas setas para indicar a ordem na qual as variáveis básicas (alocações) foram selecionadas. O valor de Z para essa solução é

$$Z = 16(30) + 16(20) + \cdots + 0(50) = 2.470 + 10M.$$

---

2. *Método da aproximação de Vogel:* para cada linha e coluna remanescentes a serem consideradas, calcule sua **diferença**, que é definida como *a diferença aritmética entre o menor custo unitário c_{ij} e o penúltimo valor mais próximo a esse que ainda permanecem naquela linha ou coluna.* (Se houver empate entre dois custos unitários em termos de qual é o menor remanescente em uma linha ou coluna, então a *diferença* é 0.) Naquela linha ou coluna com a *maior diferença*, selecione a variável com o *menor custo unitário remanescente.* (Empates para a maior diferença ou para o menor custo unitário remanescente podem ser desfeitos arbitrariamente.)

EXEMPLO. Apliquemos agora o procedimento genérico ao caso da Metro Water District usando o critério do método da aproximação de Vogel para selecionar a próxima variável básica na etapa 1. Com esse critério, é mais conveniente trabalhar com tabelas de parâmetros (em vez da tabela simplex de transporte completo), começando com aquela mostrada na Tabela 8.12. A cada iteração, após a diferença para todas as linhas e colunas remanescentes sob consideração ser calculada e exibida, traçamos um círculo em volta da maior diferença e o menor custo unitário em sua linha é envolto por um quadrado. A seleção (e valor) resultante da variável que tem esse custo unitário como a próxima variável básica é indicada no canto inferior direito da presente tabela, junto com a linha ou coluna desse modo não mais considerada (ver etapas 2 e 3 do procedimento genérico). A tabela para a iteração seguinte é exatamente a mesma, exceto pela eliminação dessa linha ou coluna e subtração da última alocação de sua oferta ou demanda (aquela que restar).

■ **TABELA 8.16** Solução BV inicial obtida a partir da Regra do Ponto Extremo Noroeste

		Destino					Oferta	u_i
		1	2	3	4	5		
Origem	1	16 (30) →	16 (20) ↓	13	22	17	50	
	2	14	14 (0) →	13 (60) ↓	19	15	60	
	3	19	19	20 (10) →	23 (30) →	M (10) ↓	50	
	4(D)	M	0	M	0	0 (50)	50	
Demanda		30	20	70	30	60	$Z = 2.470 + 10M$	
v_j								

Aplicar esse procedimento ao problema da Metro Water District leva à sequência das tabelas expostas na Tabela 8.17, na qual a solução BV inicial resultante é formada pelas oito variáveis básicas (alocações) fornecidas no canto inferior direito das respectivas tabelas de parâmetros.

■ **TABELA 8.17** Solução BV inicial do método de aproximação de Vogel

		Destino					Oferta	Diferença na Linha
		1	2	3	4	5		
Origem	1	16	16	13	22	17	50	3
	2	14	14	13	19	15	60	1
	3	19	19	20	23	M	50	0
	4(D)	M	0	M	[0]	0	50	0
Demanda		30	20	70	30	60	Selecione $x_{44} = 30$	
Diferença na coluna		2	14	0	(19)	15	Elimine a coluna 4	

		Destino				Oferta	Diferença na Linha
		1	2	3	5		
Origem	1	16	16	13	17	50	3
	2	14	14	13	15	60	1
	3	19	19	20	M	50	0
	4(D)	M	0	M	[0]	20	0
Demanda		30	20	70	60	Selecione $x_{45} = 20$	
Diferença na coluna		2	14	0	(15)	Elimine a linha 4(D)	

		Destino				Oferta	Diferença na Linha
		1	2	3	5		
Origem	1	16	16	[13]	17	50	(3)
	2	14	14	13	15	60	1
	3	19	19	20	M	50	0
Demanda		30	20	70	40	Selecione $x_{13} = 50$	
Diferença na coluna		2	2	0	2	Elimine a linha 1	

		Destino				Oferta	Diferença na Linha
		1	2	3	5		
Origem	2	14	14	13	[15]	60	1
	3	19	19	20	M	50	0
Demanda		30	20	20	40	Selecione $x_{25} = 40$	
Diferença na coluna		5	5	7	(M − 15)	Elimine a coluna 5	

		Destino			Oferta	Diferença na Linha
		1	2	3		
Origem	2	14	14	[13]	20	1
	3	19	19	20	50	0
Demanda		30	20	20	Selecione $x_{23} = 20$	
Diferença na coluna		5	5	(7)	Elimine a linha 2	

		Destino			Oferta
		1	2	3	
Origem	3	19	19	20	50
Demanda		30	20	0	Selecione $x_{31} = 30$; $x_{32} = 20$; $x_{33} = 0$ $Z = 2.460$

Esse exemplo ilustra duas características relativamente sutis do procedimento geral que merecem especial atenção. Primeiro, observe que a iteração final seleciona *três* variáveis (x_{31}, x_{32} e x_{33}) para se tornarem básicas em vez da única seleção feita nas demais iterações. A razão é que somente *uma* linha (a linha 3) ainda está sendo considerada nesse ponto. Portanto, a etapa 4 do procedimento genérico diz para selecionar *todas* as variáveis básicas remanescentes associadas à linha 3 para ser básicas.

Em segundo lugar, observe que a alocação $x_{23} = 20$ na penúltima iteração esgota *tanto* a oferta remanescente em sua linha *quanto* a demanda remanescente em sua coluna. Entretanto, em vez de deixar de considerar tanto a linha quanto a coluna, a etapa 3 diz para eliminar *somente a linha*, poupando a coluna para fornecer uma variável básica *degenerada* posteriormente. A coluna 3 é, de fato, usada apenas para essa finalidade na iteração final quando $x_{33} = 0$ é selecionada como uma das variáveis básicas. Para mais um exemplo desse mesmo fenômeno, consulte a Tabela 8.16, na qual a alocação $x_{12} = 20$ resulta somente na eliminação da linha 1, de modo que a coluna 2 seja poupada para fornecer uma variável básica degenerada, $x_{22} = 0$, na iteração seguinte.

Embora uma alocação zero possa parecer irrelevante, ela, na verdade, desempenha um importante papel. Veremos em breve que o método simplex de transporte tem de estar ciente de *todas* as $m + n - 1$ variáveis básicas, inclusive aquelas com valor zero, na solução BV atual.

3. *Método da aproximação de Russell.* Para a linha de origem i que resta para consideração, determine seu $\bar{u}_i$, que é o maior custo unitário c_{ij} que ainda resta naquela linha. Para cada coluna de destino j que resta para consideração, determine seu $\bar{v}_j$, que é o maior custo unitário c_{ij} que ainda resta naquela coluna. Para cada variável x_{ij} não anteriormente selecionada nessas linhas e colunas, calcule $\Delta_{ij} = c_{ij} - \bar{u}_i - \bar{v}_j$. Selecione a variável com o *maior* (em termos absolutos) valor *negativo* de Δ_{ij}. Empates podem ser desfeitos arbitrariamente.

EXEMPLO. Usando o critério para o método da aproximação de Russell na etapa 1, aplicamos novamente o procedimento genérico para o problema do Metro Water District (ver a Tabela 8.12). Os resultados, inclusive a sequência das variáveis básicas (alocações), são mostradas na Tabela 8.18.

Na iteração 1, o maior custo unitário na linha 1 $\bar{u}_1 = 22$, a maior coluna 1 é $\bar{v}_1 = M$, e assim por diante. Portanto,

$$\Delta_{11} = c_{11} - \bar{u}_1 - \bar{v}_1 = 16 - 22 - M = -6 - M.$$

Calcular todos os valores Δ_{ij} para $i = 1, 2, 3, 4$ e $j = 1, 2, 3, 4, 5$ mostra que $\Delta_{45} = 0 - 2M$ tem o maior valor negativo, portanto $x_{45} = 50$ é selecionado como a primeira variável básica (alocação). Essa alocação consome exatamente a oferta na linha 4, logo, essa linha deixa de ser considerada.

Observe que eliminar essa linha altera $\bar{v}_1$ e $\bar{v}_3$ para a iteração seguinte. Portanto, a segunda iteração requer o recálculo de Δ_{ij} com $j = 1, 3$, bem como eliminar $i = 4$.

■ **TABELA 8.18** Solução BV inicial obtida pelo método da aproximação de Russel

Iteração	$\bar{u}_1$	$\bar{u}_2$	$\bar{u}_3$	$\bar{u}_4$	$\bar{v}_1$	$\bar{v}_2$	$\bar{v}_3$	$\bar{v}_4$	$\bar{v}_5$	Maior negativo Δ_{ij}	Alocação
1	22	19	M	M	M	19	M	23	M	$\Delta_{45} = -2M$	$x_{45} = 50$
2	22	19	M		19	19	20	23	M	$\Delta_{15} = -5 - M$	$x_{15} = 10$
3	22	19	23		19	19	20	23		$\Delta_{13} = -29$	$x_{13} = 40$
4		19	23		19	19	20	23		$\Delta_{23} = -26$	$x_{23} = 30$
5		19	23		19	19		23		$\Delta_{21} = -24^*$	$x_{21} = 30$
6										Irrelevante	$x_{31} = 0$
											$x_{32} = 20$
											$x_{34} = 30$
											$Z = 2.570$

* O empate com $\Delta_{22} = -24$ pode ser desfeito arbitrariamente.

O maior valor negativo agora é

$$\Delta_{15} = 17 - 22 - M = -5 - M,$$

de modo que $x_{15} = 10$ torna-se a segunda variável básica (alocação), deixando de considerar a coluna 5.

As iterações subsequentes prosseguem de modo similar, mas talvez você queira testar sua compreensão do assunto verificando as alocações restantes dadas na Tabela 8.18. Como acontece com os demais procedimentos nesta seção (e em outras seções), talvez você considere conveniente usar o Tutorial IOR para realizar os cálculos envolvidos e aclarar a metodologia. (Ver o procedimento interativo para encontrar uma solução BV inicial.)

Comparação entre critérios alternativos para a etapa 1. Comparemos agora esses três critérios para selecionar a próxima variável. A principal virtude da regra do ponto extremo noroeste é que ele é rápido e fácil. Entretanto, pelo fato de ele não dar atenção aos custos unitários c_{ij}, normalmente a solução obtida estará longe de ser ótima. (Veja na Tabela 8.16 que $x_{35} = 10$, embora $c_{35} = M$. Despender um pouco mais de energia para encontrar uma solução BV inicial adequada poderia reduzir em grande parte o número de iterações exigidas pelo método simplex de transporte para chegar a uma solução ótima (ver os Problemas 8.2-7 e 8.2-9). Encontrar uma solução destas é o objetivo dos outros dois critérios.

O método da aproximação de Vogel tem sido um critério popular por muitos anos,[7] em parte porque ele é relativamente fácil de ser implementado manualmente. Pelo fato de a *diferença* representar o custo unitário extra mínimo gerado por falhar em fazer uma alocação à célula com o menor custo unitário naquela linha ou coluna, esse critério leva em conta os custos de um modo eficiente.

O método da aproximação de Russell dispõe de outro excelente critério[8], que é ainda mais rápido para a implementação em computador (mas não manualmente). Embora não esteja muito claro qual deles seja o mais eficiente *na média, frequentemente* esse critério obtém de fato uma solução melhor que o método de Vogel. (Para o exemplo, o método da aproximação de Vogel acabou encontrando a solução ótima com $Z = 2.460$, ao passo que o método de Russell perdeu ligeiramente com $Z = 2.570$.) Para um problema maior, pode ser que valha a pena aplicar ambos os critérios e depois usar a melhor solução para iniciar as iterações do método simplex de transporte.

Outra vantagem do método da aproximação de Russell é o fato de ele ser padronizado diretamente logo após a etapa 1 para o método simplex de transporte (como você verá em breve), o que de certa maneira simplifica o código de computador como um todo. Particularmente, os valores $\bar{u}_i$ e $\bar{v}_j$ foram definidos de modo que os valores relativos de $c_{ij} - \bar{u}_i - \bar{v}_j$ *estimam* os valores relativos de $c_{ij} - u_i - v_j$ que serão obtidos quando o método simplex de transporte chegar a uma solução ótima.

Agora, usaremos a solução BV inicial obtida na Tabela 8.18 pelo método da aproximação de Russell para ilustrar o restante do método simplex de transporte. Portanto, nossa tabela simplex *de transporte inicial* (antes de calcularmos u_i e v_j) é mostrada na Tabela 8.19.

A etapa seguinte é verificar se essa solução inicial é ótima aplicando-se o teste de *otimalidade*.

Teste de otimalidade

Usando a notação da Tabela 8.14 podemos reduzir o teste de otimalidade para o método simplex (ver a Seção 4.3) para o seguinte problema de transporte:

Teste de otimalidade: uma solução BV é ótima se e somente se $c_{ij} - u_i - v_j \geq 0$ para todo (i, j) tal que x_{ij} seja não básica[9].

---

[7] N. V. Reinfeld and W. R. Vogel: *Mathematical Programming*, Prentice-Hall, Englewood Cliffs, NJ, 1958.

[8] E. J. Russell: "Extension of Dantzig's Algorithm to Finding an Initial Near-Optimal Basis for the Transportation Problem", *Operations Research*, **17**: 187-191, 1969.

[9] A única exceção são duas ou mais soluções BV degeneradas equivalentes (isto é, soluções idênticas com variáveis básicas degeneradas distintas iguais a zero) podem ser ótimas somente com algumas dessas soluções satisfazendo o teste de otimalidade. Essa exceção é ilustrada posteriormente no exemplo (ver a solução idêntica nas duas últimas tabelas da Tabela 8.23 em que apenas a última solução satisfaz o critério da otimalidade).

■ **TABELA 8.19** Tabela simplex de transporte inicial (antes de obtermos $c_{ij} - u_i - v_j$) proveniente do método da aproximação de Russell

Iteração 0		Destino					Oferta	u_i
		1	2	3	4	5		
Origem	1	16	16	13 ㊵	22	17 ⑩	50	
	2	14 ㉚	14	13 ㉚	19	15	60	
	3	19 ⓪	19 ⑳	20	23 ㉚	M	50	
	4(D)	M	0	M	0	0 ㊿	50	
Demanda		30	20	70	30	60	Z = 2.570	
v_j								

Portanto, o único trabalho exigido pelo teste de otimalidade é a derivação dos valores de u_i e v_j para a solução BV atual e depois o cálculo desses $c_{ij} - u_i - v_j$, conforme descrito a seguir.

Já que é preciso que $c_{ij} - u_i - v_j$ seja zero, caso x_{ij} seja uma variável básica, u_i e v_j satisfazem o conjunto de equações

$$c_{ij} - u_i + v_j \quad \text{para cada } (i,j) \text{ tal que } x_{ij} \text{ seja básica.}$$

Existem $m + n - 1$ variáveis básicas e, portanto, $m + n - 1$ dessas equações. Uma vez que o número de desconhecidos (os u_i e v_j) é $m + n$, podemos atribuir um valor arbitrário a uma dessas variáveis sem violar as equações. A opção dessa variável e seu valor não afetam o valor de nenhum $c_{ij} - u_i - v_j$, mesmo quando x_{ij} for não básica. Logo, a única (pequena) diferença que ela faz se encontra na facilidade de se resolver essas equações. Uma maneira conveniente para esse fim é selecionar o u_i com o *maior número de alocações em sua linha* (desfaça qualquer empate arbitrariamente) e atribuir a ele o valor zero. Em virtude da estrutura simples dessas equações, torna-se fácil então encontrar algebricamente as variáveis restantes.

Para demonstrar isso, damos cada equação que corresponde a uma variável básica em nossa solução BV inicial.

x_{31}:	$19 = u_3 + v_1$.	Configure $u_3 = 0$, de modo que $v_1 = 19$,
x_{32}:	$19 = u_3 + v_2$.	$v_2 = 19$,
x_{34}:	$23 = u_3 + v_4$.	$v_4 = 23$.
x_{21}:	$14 = u_2 + v_1$.	Dado que $v_1 = 19$, então $u_2 = -5$.
x_{23}:	$13 = u_2 + v_3$.	Dado que $u_2 = -5$, então $v_3 = 18$.
x_{13}:	$13 = u_1 + v_3$.	Dado que $v_3 = 18$, então $u_1 = -5$.
x_{15}:	$17 = u_1 + v_5$.	Dado que $u_1 = -5$, então $v_5 = 22$.
x_{45}:	$0 = u_4 + v_5$.	Dado que $v_5 = 22$, então $u_4 = -22$.

Configurar $u_3 = 0$ (já que a linha 3 da Tabela 8.19 possui o maior número de alocações — 3) e percorrendo cada uma das equações, uma a uma, nos dá imediatamente a derivação de valores para os termos desconhecidos mostrados à direita das equações. Observe que essa derivação de valores u_i e v_j depende de quais *variáveis x_{ij} são básicas* na atual solução BV. Portanto, essa derivação terá de ser repetida cada vez que uma nova solução BV é obtida.

Quando estiver bem treinado é provável que considere mais conveniente resolver essas equações sem escrevê-las, trabalhando diretamente na tabela simplex de transporte. Dessa forma, na Tabela 8.19 começamos escrevendo o valor $u_3 = 0$ e depois selecionando as alocações envoltas por um círculo

(x_{31}, x_{32}, x_{34}) naquela linha. Para cada uma delas, configuramos $v_j = c_{3j}$ e depois procuramos alocações envoltas por um círculo (exceto na linha 3) nessas colunas (x_{21}). Calcule mentalmente $u_2 = c_{21} - v_1$, selecione x_{23}, configure $v_3 = c_{23} - u_2$ e assim por diante até ter preenchido todos os valores para u_i e v_j. (Experimente.) A seguir, calcule e preencha o valor de $c_{ij} - u_i - v_j$ para cada variável não básica x_{ij} (isto é, para cada célula sem uma alocação envolta por um círculo) e você terá a tabela simplex inicial completa mostrada na Tabela 8.20.

Agora, estamos em condições de aplicar o teste de otimalidade verificando os valores $c_{ij} - u_i - v_j$ dados na Tabela 8.20. Pelo fato de dois desses valores ($c_{25} - u_2 - v_5 = -2$ e $c_{44} - u_4 - v_4 = -1$) serem negativos, concluímos que a solução BV atual não é ótima. Portanto, o método simplex de transporte tem de passar por uma iteração para encontrarmos uma solução BV melhor.

Iteração

Como acontece com o método simplex tradicional, uma iteração para essa versão aperfeiçoada tem de determinar uma variável básica que entra (etapa 1), uma variável básica que sai (etapa 2) e depois identificar a nova solução BV resultante (etapa 3).

Etapa 1: encontrar a Variável Básica que Entra. Visto que $c_{ij} - u_i - v_j$ representa a taxa na qual a função objetivo mudará à medida que a variável não básica for sendo incrementada, a variável básica que entra deve ter um valor $c_{ij} - u_i - v_j$ *negativo* para diminuir o custo total Z. Portanto, as candidatas na Tabela 8.20 são x_{25} e x_{44}. Para escolher entre as candidatas, selecione aquela com o maior valor $c_{ij} - u_i - v_j$ negativo (em termos absolutos) como a variável básica que sai que, nesse caso, é x_{25}.

Etapa 2: encontrar a Variável Básica que Sai. Aumentando-se a variável básica que entra a partir de zero dispara uma *reação em cadeia* para compensar mudanças nas demais variáveis básicas (alocações) de modo a continuar satisfazendo as restrições de oferta e demanda. A primeira variável básica que chegar a zero se torna a variável básica que sai.

Com x_{25} como variável básica que entra, a reação em cadeia na Tabela 8.20 é aquela relativamente simples exposta na Tabela 8.21. (Indicaremos sempre a variável básica que entra colocando um quadrado com um sinal de mais no centro de sua célula ao passo que para o valor $c_{ij} - u_i - v_j$ correspondente que sai o posicionaremos no canto inferior direito dessa célula.) Aumentar x_{25} de alguma quantidade requer diminuir x_{15} da mesma quantidade para restabelecer a demanda igual a 60 na coluna 5. Essa mudança requer então aumentar x_{13} da mesma quantidade para restabelecer a demanda igual a 50 na coluna 1. Essa mudança então requer o decréscimo de x_{23} pela quantidade para restaurar a demanda de 70 na coluna 3. Esse decréscimo em x_{23} completa com sucesso a reação em cadeia, pois ele também restabelece a origem

TABELA 8.20 Tabela simplex de transporte inicial completo

Iteração 0		Destino					Oferta	u_i
		1	2	3	4	5		
Origem	1	16 +2	16 +2	13 (40)	22 +4	17 (10)	50	−5
	2	14 (30)	14 0	13 (30)	19 +1	15 −2	60	−5
	3	19 (0)	19 (20)	20 +2	23 (30)	M	50	0
	4(D)	M M+3	0 +3	M M+4	0 −1	0 (50)	50	−22
Demanda		30	20	70	30	60	Z = 2.570	
v_j		19	19	18	23	22		

■ **TABELA 8.21** Parte da tabela simplex de transporte inicial que mostra a reação em cadeia provocada pelo aumento da variável básica que entra x_{25}.

		Destino			Oferta
		3	4	5	
Origem	1	...	[13] (40)+	[22] +4	[17] (10)	50
	2	...	[13] (30)-	[19] +1	[15] [+] -2	60
		...	...	...	...	
Demanda		70	30	60	

igual a 60 na linha 2. (De maneira equivalente, poderíamos ter começado a reação em cadeia restabelecendo essa oferta na linha 2 com o decréscimo em x_{23} e, depois disso, a reação em cadeia continuaria com o acréscimo em x_{13} e decréscimo em x_{15}.)

O resultado líquido é que as células (2, 5) e (1, 3) tornam-se **células receptoras**, e cada uma delas recebe alocação adicional de uma das **células doadoras**, (1, 5) e (2, 3). (Essas células são delas indicadas na Tabela 8.21 pelos sinais de adição e subtração.) Observe que a célula (1, 5) tinha de ser a doadora para a coluna 5 e não a célula (4, 5), pois a célula (4, 5) não teria nenhuma célula receptora na linha 4 para continuar a reação em cadeia. [De modo similar, se a reação em cadeia tivesse começado na linha 2, a célula (2, 1) não poderia ser a célula doadora para essa linha, porque a reação em cadeia não poderia ser completada após necessariamente escolher a célula (3, 1) como a próxima célula receptora e a célula (3, 2) ou então a (3, 4) como sua célula doadora.] Observe também que, exceto pela variável básica que entra, *todas* as células receptoras e doadoras na reação em cadeia têm de corresponder a variáveis *básicas* na solução BV atual.

Cada célula doadora diminui sua alocação de um valor exatamente igual ao aumento sofrido pela variável básica que entra (e demais células receptoras). Dessa maneira, a célula doadora que inicia com a menor alocação – célula (1, 5) nesse caso (já que 10 < 30 na Tabela 8.21) – deve chegar primeiro a uma alocação zero à medida que a variável básica que entra x_{25} é incrementada. Portanto, x_{15} se torna a variável básica que sai.

Em geral, sempre há apenas *uma* reação em cadeia (em qualquer uma das direções) que pode ser completada, de maneira bem-sucedida, para preservar a viabilidade quando a variável básica que entra é incrementada a partir de zero. Essa reação em cadeia pode ser identificada selecionado-se das células contendo uma variável básica: primeiro a célula doadora na *coluna que* contém a variável básica que entra, depois a célula receptora na linha que contém essa célula doadora, depois a célula doadora na coluna que contém essa célula receptora, e assim por diante, até que a reação em cadeia resulte em uma célula doadora na *linha* que contém a variável básica que entra. Quando a coluna ou linha tem mais de uma célula de variável básica adicional, pode ser necessário averiguar ainda mais todas elas para ver qual delas tem de ser selecionada para ser a célula doadora ou receptora. (Todas, exceto esta, no final das contas chegarão a um beco sem saída em uma linha ou coluna não tendo nenhuma célula de variável básica adicional.) Após ser identificada a reação de cadeia, a célula doadora com a *menor* alocação fornece automaticamente a variável básica que sai. (No caso de um empate para a célula doadora com a menor alocação, qualquer uma pode ser escolhida arbitrariamente para fornecer a variável básica que sai.)

Etapa 3: encontrar a nova solução BV.

A *nova solução BV* é identificada simplesmente adicionando-se o valor da variável básica que sai (antes de qualquer mudança) para a alocação para cada célula receptora e subtraindo *essa mesma quantidade* da alocação para cada célula doadora. Na Tabela 8.21 o valor da variável básica que sai x_{15} é 10, de modo que a parte da tabela simplex de transporte nessa tabela muda conforme pode ser visto na Tabela 8.22 para a nova solução. (Já que x_{15} é não básica na nova solução, sua nova alocação igual a zero não é mais mostrada nessa nova tabela.)

TABELA 8.22 Parte da segunda tabela simplex de transporte que mostra as mudanças na solução BV

		Destino			Oferta
		3	4	5	
Origem	1	...	[13] (50)	[22]	[17]	50
	2	...	[13] (20)	[19]	[15] (10)	60
		...	...	...	...	
Demanda			70	30	60	

Podemos destacar agora uma interpretação útil das quantidades $c_{ij} - u_i - v_j$ derivadas durante o teste de otimalidade. Em razão da transferência de dez unidades de alocação das células doadoras para as células receptoras (mostradas nas Tabelas 8.21 e 8.22), o custo total muda segundo

$$\Delta Z = 10(15 - 17 + 13 - 13) = 10(-2) = 10(c_{25} - u_2 - v_5).$$

Portanto, o efeito de se aumentar a variável básica que entra x_{25} a partir de zero foi uma mudança de custo na taxa de -2 por unidade de acréscimo em x_{25}. Este é precisamente o que o valor de $c_{25} - u_2 - v_5 = -2$ na Tabela 8.20 indica que aconteceria. Na realidade, outra maneira (porém menos eficiente) de derivar $c_{ij} - u_i - v_j$ para cada variável não básica x_{ij} é identificar a reação em cadeia provocada pelo aumento dessa variável de 0 a 1 e, depois, calcular a mudança de custo resultante. Essa interpretação intuitiva algumas vezes é útil para verificar cálculos durante o teste de otimalidade.

Antes de completar a solução do problema da Metro Water District, agora sintetizamos as regras para o método simplex de transporte.

Resumo do método simplex de transporte

Inicialização: construa uma solução BV inicial pelo procedimento descrito anteriormente nesta seção. Vá para o teste de otimalidade.

Teste de otimalidade: derive u_i e v_j selecionando a linha com o maior número de alocações, configurando seu $u_i = 0$ e, depois, resolvendo o conjunto de equações $c_{ij} = u_i + v_j$ para cada (i, j) tal que x_{ij} é básica. Se $c_{ij} - u_i - v_j \geq 0$ para cada (i, j) tal que x_{ij} é *não básica*, depois a solução atual é ótima; portanto, pare. Caso contrário, realize mais uma iteração.

Iteração

1. Determinar a variável básica que entra: selecione a variável não básica x_{ij} com o maior valor *negativo* (em termos absolutos) de $c_{ij} - u_i - v_j$.
2. Estipular a variável básica que sai: identifique a reação em cadeia necessária para manter a viabilidade quando a variável básica que entra é aumentada. A partir das células doadoras, selecione a variável básica com o *menor* valor.
3. Estabelecer a nova solução BV: acrescente o valor da variável básica que sai para a alocação para cada célula receptora. Subtraia esse valor da alocação para cada célula doadora.

Continuando a aplicar esse procedimento para o problema da Metro Water District resulta no conjunto completo de tabela simplex de transporte mostrada na Tabela 8.23. Uma vez que todos os valores $c_{ij} - u_i - v_j$ são não negativos na quarta tabela, o teste de otimalidade identifica o conjunto de alocações nessa tabela como ótima, que conclui o algoritmo.

■ **TABELA 8.23** Tabela simplex completa de configuração do transporte para o problema da Metro Water District

Iteração 0		Destino					Oferta	u_i
		1	2	3	4	5		
Origem	1	16 +2	16 +2	13 ⑩	22 +4	17 ⑩	50	−5
	2	14 ㉚	14 0	13 ㉚	19 +1	15 + −2	60	−5
	3	19 ⓪	19 ⑳	20 +2	23 ㉚	M M − 22	50	0
	4(D)	M M + 3	0 +3	M M + 4	0 −1	0 ㊿	50	−22
Demanda		30	20	70	30	60	Z = 2.570	
v_j		19	19	18	23	22		

Iteração 1		Destino					Oferta	u_i
		1	2	3	4	5		
Origem	1	16 +2	16 +2	13 ㊿	22 +4	17 +2	50	−5
	2	14 ㉚	14 0	13 ⑳	19 +1	15 ⑩ +	60	−5
	3	19 ⓪ +	19 ⑳	20 +2	23 ㉚	M M − 20	50	0
	4(D)	M M + 1	0 +1	M M + 2	0 + −3	0 ㊿ −	50	−20
Demanda		30	20	70	30	60	Z = 2.550	
v_j		19	19	18	23	20		

Iteração 2		Destino					Oferta	u_i
		1	2	3	4	5		
Origem	1	16 +5	16 +5	13 ㊿	22 +7	17 +2	50	−8
	2	14 +3	14 +3	13 ⑳ −	19 +4	15 ㊵ +	60	−8
	3	19 ㉚	19 ⑳	20 + −1	23 ⓪ −	M M − 23	50	0
	4(D)	M M + 4	0 +4	M M + 2	0 ㉚ +	0 ⑳ −	50	−23
Demanda		30	20	70	30	60	Z = 2.460	
v_j		19	19	21	23	23		

(Continua)

CAPÍTULO 8   OS PROBLEMAS DE TRANSPORTE E DA DESIGNAÇÃO

■ **TABELA 8.23** *(Continuação)*

Iteração 3		Destino					Oferta	u_i
		1	2	3	4	5		
Origem	1	16 +4	16 +4	13 ⓢ₀	22 7	17 +2	50	7
	2	14 +2	14 +2	13 ②₀	19 +4	15 ④₀	60	−7
	3	19 ③₀	19 ②₀	20 ⓞ	23 +1	M M−22	50	0
	4(D)	M M+3	0 +3	M M+2	0 ③₀	0 ②₀	50	−22
Demanda		30	20	70	30	60	Z = 2.460	
v_j		19	19	20	22	22		

Seria uma boa prática derivar os valores de u_i e v_j fornecidos na segunda, terceira e quarta tabelas. Tente fazer isso trabalhando diretamente nela. Verifique também as reações em cadeia na segunda e na terceira tabelas, que são ligeiramente mais complicadas do que aquelas vistas na Tabela 8.21.

Características especiais desse exemplo

Observe três pontos especiais que são ilustrados por esse exemplo. Primeiro, a solução BV inicial é *degenerada*, pois a variável básica $x_{31} = 0$. Porém, essa variável básica degenerada não causa nenhuma complicação, porque a célula (3, 1) se torna uma *célula receptora* na segunda tabela, o que aumenta x_{31} para um valor maior que zero.

Em segundo lugar, outra variável básica degenerada (x_{34}) surge na terceira tabela, pois as variáveis básicas para *duas* células doadoras na segunda tabela, as células (2, 1) e (3, 4), *empatam* por terem o mesmo menor valor (30). (O desempate é feito arbitrariamente selecionado-se x_{21} como a variável básica que sai; se, ao contrário, x_{34} tivesse sido selecionada, então x_{21} teria se tornado a variável básica degenerada.) Essa aparentemente criará um transtorno posterior, porque a célula (3, 4) se torna a *célula doadora* na terceira tabela, mas não tem nada para doar! Felizmente, um evento desses, na verdade, não é motivo de preocupação. Uma vez que zero é a quantidade a ser adicionada ou subtraída das alocações para as células doadoras e receptoras, essas alocações não mudam. Entretanto, a variável básica degenerada se torna a variável básica que sai, de modo que ela seja substituída pela variável básica que entra, como a alocação zero envolta por um círculo na quarta tabela. Essa mudança no conjunto de variáveis básicas altera os valores u_i e v_j. Portanto, se qualquer um dos $c_{ij} - u_i - v_j$ tivesse ficado negativo na quarta tabela, o algoritmo teria prosseguido para realizar mudanças *reais* nas alocações (sempre que todas as células doadoras tiverem variáveis básicas não degeneradas).

Em terceiro lugar, pelo fato de nenhum dos $c_{ij} - u_i - v_j$ ter resultado em valor negativo na quarta tabela, o conjunto equivalente de alocações na terceira tabela também é ótimo. Portanto, o algoritmo executou mais uma iteração do que foi necessária. Essa iteração extra é uma falha que surge ocasionalmente tanto no método simplex de transporte como no método simplex em razão da degenerescência, porém, não é suficientemente séria para justificar quaisquer ajustes nesses algoritmos.

Caso queira ver exemplos adicionais (menores) da aplicação do método simplex de transporte, você encontrará dois deles. O primeiro é a demonstração fornecida pela área de problemas de transporte no Tutor PO. Além dele, a seção Worked Examples do *site* da editora inclui outro exemplo desse tipo. Também fornecido no Tutorial IOR há um procedimento interativo e outro automático para o método simplex de transporte.

Agora que você já estudou o método simplex de transporte, está em condições de verificar por conta própria como o algoritmo realmente prova a *propriedade das soluções inteiras* apresentada na Seção 8.1. O Problema 8.2-20 o orientará no raciocínio.

8.3 O PROBLEMA DA DESIGNAÇÃO

O **problema da designação** é um tipo especial de problema de programação linear em que os **designados** estão sendo indicados para a realização de **tarefas**. Por exemplo, os designados poderiam ser empregados que precisam receber designações de trabalho. Indicar pessoas para determinadas tarefas é uma aplicação comum do problema da designação[10]. Entretanto, os designados não precisam ser necessariamente pessoas. Eles também podem ser máquinas, veículos ou fábricas, ou até mesmo períodos a serem destinados a tarefas. O primeiro exemplo a seguir envolve máquinas sendo destinadas a locais, de modo que as tarefas nesse caso envolvam simplesmente reter uma máquina. Um exemplo subsequente engloba a designação de certos produtos a serem produzidos em determinadas fábricas.

Para adequar a definição do problema da designação, esses tipos de aplicação precisam ser formulados de maneira que satisfaçam as seguintes hipóteses.

1. O número de designados e o número de tarefas é o mesmo. (Esse número é representado por n.)
2. Deve-se atribuir a cada designado exatamente *uma* tarefa.
3. Cada tarefa deve ser realizada exatamente por *um* designado.
4. Há um custo associado ao designado i ($i = 1, 2, \ldots, n$) executando a tarefa ($j = 1, 2, \ldots, n$).
5. O objetivo é C_{ij} determinar como todas as n designações devem ser feitas para minimizar o custo total.

Qualquer problema que satisfaz todas essas hipóteses pode ser resolvido com extrema eficiência por algoritmos desenhados especificamente para problemas da designação.

As três primeiras hipóteses, são bastante restritivas. Diversas aplicações potenciais não satisfazem completamente essas hipóteses, mas formalmente é possível reformular o problema para que ele passe a satisfazê-las. Por exemplo, *designados "fantasmas"* ou *"tarefas-fantasmas"* frequentemente podem ser usados para esse propósito. Ilustramos essas técnicas de formulação nos exemplos.

Exemplo-protótipo

A Job Shop Company adquiriu três novas máquinas de tipos diferentes. Há quatro locais disponíveis na oficina em que uma máquina poderia ser instalada. Alguns desses locais são mais interessantes que outros para determinadas máquinas em virtude da proximidade com centros de trabalho que terão um fluxo de atividade pesada para essas máquinas e vice-versa. Não haverá nenhum fluxo de trabalho *entre* as máquinas novas. Assim, o objetivo é destinar as máquinas novas aos locais disponíveis para minimizar o custo total de manipulação de materiais. O custo estimado em dólares por hora dessa manipulação que envolve cada uma das máquinas é fornecido na Tabela 8.24 para as respectivas localizações. O local 2 não é considerado adequado para a máquina 2, portanto, não se fornece custo para esse caso.

Para formular esse problema como um problema da designação, temos de introduzir uma *máquina "fantasma"* para o local extra. Também é preciso agregar um custo M extremamente grande à destinação da máquina 2 ao local 2 para impedir essa destinação na solução ótima. A *tabela de custos* resultante para o problema de designação é mostrada na Tabela 8.25. Essa tabela de custos contém todos os dados necessários para resolvê-lo. A solução ótima é destinar a máquina 1 para o local 4, a máquina 2, para o local 3, e a máquina 3, para o local 1, para um custo total de US$ 29/hora. A máquina "fantasma" é destinada ao local 2, portanto, esse local encontra-se disponível para alguma futura máquina real.

Discutiremos como se obtém essa solução após formularmos o modelo matemático para o problema da designação genérico.

---

[10] Por exemplo, ver L. J. LeBlanc, D. Randels, Jr., and T. K. Swann: "Heery International's Spreadsheet Optimization Model for Assigning Managers to Construction Projects", *Interfaces*, **30**(6): 95-106, Nov.-Dec. 2000. A pagina 98 desse artigo também cita sete outras aplicações do problema da alocação.

■ **TABELA 8.24** Dados de custo de manipulação de materiais (US$) para o caso da Job Shop Co.

		Local			
		1	2	3	4
Máquina	1	13	16	12	11
	2	15	—	13	20
	3	5	7	10	6

■ **TABELA 8.25** Designado da planilha de custo para o caso do problema Job Shop Co.

		Tarefa (Local)			
		1	2	3	4
Designado (Máquina)	1	13	16	12	11
	2	15	M	13	20
	3	5	7	10	6
	4(D)	0	0	0	0

Modelo para o problema da designação

O modelo matemático para o problema da designação utiliza as seguintes variáveis de decisão:

$$x_{ij} = \begin{cases} 1 & \text{se o designado } i \text{ realiza a tarefa } j \\ 0 & \text{caso contrário} \end{cases}$$

para $i = 1, 2, \ldots, n$ e $j = 1, 2, \ldots, n$. Portanto, cada x_{ij} é uma *variável binária* (ela possui valor 0 ou 1). Conforme amplamente discutido no capítulo sobre programação inteira (Capítulo 11), as variáveis binárias são importantes em PO para representar *decisões sim ou não*. Nesse caso, a decisão sim ou não é: o designado i deve executar a tarefa j?

Ao fazer que Z represente o custo total, o modelo para o problema da designação fica da seguinte maneira:

$$\text{Minimizar} \quad cZ = \sum_{i=1}^{n} \sum_{j=1}^{n} c_{ij} x_{ij},$$

sujeito a

$$\sum_{j=1}^{n} x_{ij} = 1 \quad \text{para } i = 1, 2, \ldots, n,$$

$$\sum_{i=1}^{n} x_{ij} = 1 \quad \text{para } j = 1, 2, \ldots, n,$$

e

$$x_{ij} \geq 0, \quad \text{para todo } i \text{ e } j$$
$$(x_{ij} \text{ binário}, \quad \text{para todo } i \text{ e } j).$$

O primeiro conjunto de restrições funcionais especifica que cada designado deve realizar exatamente uma tarefa, ao passo que o segundo conjunto requer que cada tarefa seja realizada exatamente por um designado. Se eliminarmos a restrição entre parênteses para que x_{ij} seja binário, o modelo claramente é um tipo especial de problema de programação linear e, portanto, pode ser resolvido prontamente. Felizmente, por razões ainda a ser explicadas, *podemos* eliminar essa restrição. (Essa eliminação é a razão pela qual o problema de designação é tratado neste capítulo e não no capítulo sobre programação inteira.)

Agora compare esse modelo (sem a restrição binária) com o modelo do problema de transporte na terceira subseção da Seção 8.1 (inclusive a Tabela 8.6). Observe como essas estruturas são similares. De fato, o problema da designação é simplesmente um tipo especial de problema de transporte em que as *origens* agora são os *designados* e os *destinos*, agora, são as *tarefas* e nos quais:

Número de origens m = número de destinos n

Toda oferta $s_i = 1$,

Toda demanda $d_j = 1$

Dessa vez, concentremo-nos na **propriedade das soluções inteiras** na subseção sobre o modelo do problema de transporte. Pelo fato de s_i e d_j serem agora inteiros (= 1), essa propriedade implica que *toda solução BV* (inclusive uma ótima) é uma solução *inteira* para um problema da designação. As restrições funcionais do modelo do problema da designação impede que qualquer variável seja maior que 1 e as restrições de não negatividade impedem valores menores que 0. Portanto, eliminar a restrição binária para nos permitir resolver um problema de designação como se fosse um problema de programação linear fará que as soluções BV resultantes (incluindo a solução ótima final) obtidas *automaticamente* satisfaçam, de qualquer modo, a restrição binária.

Do mesmo modo que o problema de transporte tem uma representação em rede (ver a Figura 8.3), o problema da designação pode ser representado de maneira muito similar, conforme ilustrado na Figura 8.5. A primeira coluna agora lista os n designados e a segunda, as n tarefas. Cada número entre colchetes indica o número de designados fornecidos naquela posição da rede. Portanto, os valores são automaticamente 1 à esquerda, ao passo que os valores -1 à direita indicam que cada tarefa usa um designado.

Para qualquer problema da designação em particular, os profissionais normalmente não se incomodam de escrever o modelo matemático completo. É mais simples formular o problema preenchendo uma tabela de custos (por exemplo, a Tabela 8.25), inclusive identificando os designados e as tarefas já que essa tabela contém todos os dados essenciais de forma muito mais compacta.

Ocasionalmente surgem problemas que não atendem completamente ao modelo para um problema da designação, pois certos designados serão destinados para mais de uma tarefa. Nesse caso, o problema pode ser reformulado para atender ao modelo, dividindo-se cada um desses designados em novos designados separados (porém idênticos), em que cada um desses novos designados será indicado exatamente para uma tarefa. (A Tabela 8.29 ilustrará isso para um exemplo subsequente.) De maneira similar, se uma tarefa tiver de ser realizada por vários designados, ela poderá ser dividida em novas tarefas separadas (porém idênticas) em que cada tarefa nova deve ser realizada exatamente por um designado de acordo com o modelo reformulado. A seção Worked Examples do *site* da editora fornece outro exemplo que ilustra ambos os casos e a reformulação resultante para atender ao modelo para um problema da designação. Também é mostrada uma formulação alternativa na forma de um problema de transporte.

Procedimentos de resolução para problemas da designação

Encontram-se disponíveis procedimentos de resolução alternativos para resolver problemas da designação. Problemas que não são muito maiores que o exemplo da Job Shop Co. podem ser resolvidos muito rapidamente pelo método simplex genérico, de modo que possa ser conveniente só usar um pacote de software básico (como o Excel e seu Solver), que emprega apenas esse método. Se isso tivesse sido feito para o caso da Job Shop Co., não teria sido necessário acrescentar a máquina "fantasma" para a Tabela 8.25 para que este atendesse ao modelo do problema da designação. As restrições no número de máquinas destinadas em cada local seriam então expressas por:

$$\sum_{i=1}^{3} x_{ij} \leq 1 \quad \text{para } j = 1, 2, 3, 4.$$

Conforme mostrado nos arquivos Excel deste capítulo, uma formulação em planilha para esse exemplo seria muito similar à formulação para um problema de transporte exibido na Figura 8.4, exceto que agora todas as ofertas e demandas seriam 1 e as restrições de demanda seriam ≤ 1 em vez de $= 1$.

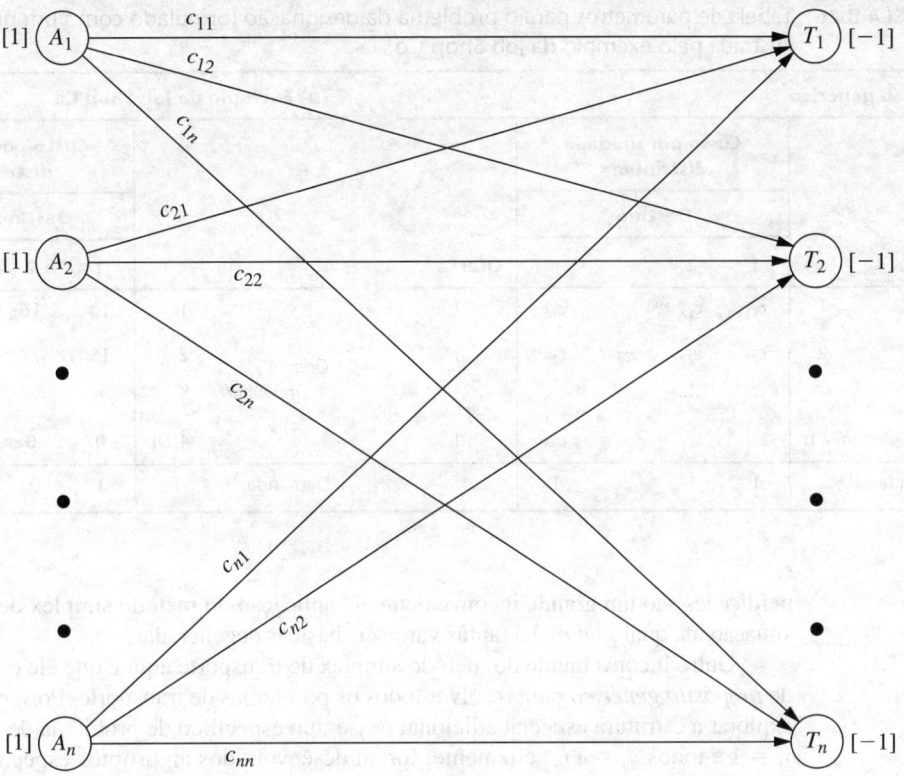

■ **FIGURA 8.5** Representação em rede do problema da designação.

Mas os problemas da designação maiores podem ser resolvidos muito mais rapidamente por meio de procedimentos de resolução mais especializados. Portanto, recomendamos que você use um deles em vez do método simplex genérico para problemas de grande porte.

Pelo fato de o problema da designação ser um tipo especial de problema de transporte, uma maneira conveniente e de relativa rapidez de se resolver qualquer problema da designação em particular é aplicar o método simplex de transporte descrito na Seção 8.2. Essa metodologia requer converter a tabela de custos em uma tabela de parâmetros para o problema de transporte equivalente, conforme ilustrado na Tabela 8.26a.

Por exemplo, a Tabela 8.26b mostra a tabela de parâmetros para o problema da Job Shop Co., obtida da tabela de custos da Tabela 8.25. Quando o método simplex de transporte é aplicado a essa formulação de problema de transporte, a solução ótima resultante tem variáveis básicas $x_{13} = 0$, $x_{14} = 1$, $x_{23} = 1$, $x_{31} = 1$, $x_{41} = 0$, $x_{42} = 1$, $x_{43} = 0$. (Solicitamos que você verifique essa solução no Problema 8.3-6.) As variáveis básicas degeneradas ($x_{ij} = 0$) e a destinação para a máquina "fantasma" ($x_{42} = 1$) não significa nada para o problema original, de modo que as destinações reais sejam máquina 1 para local 4, máquina 2 para local 3 e máquina 3 para local 1.

Não é coincidência que essa solução ótima fornecida pelo método simplex de transporte tenha tantas variáveis básicas degeneradas. Para qualquer problema da designação com n designações a serem feitas, a formulação do problema de transporte exposta na Tabela 8.26a tem $m = n$, isto é, tanto o número de origens (m) como o número de destinos (n) nessa formulação equivalem ao número de designações (n). Os problemas de transporte em geral têm $m + n - 1$ variáveis básicas (alocações), de modo que toda solução BV para esse tipo particular de problema de transporte tenha $2n - 1$ variáveis, porém, exatamente n dessas x_{ij} são iguais a 1 (o que corresponde às n designações que estão sendo feitas). Portanto, já que todas as variáveis são binárias, sempre há $n - 1$ variáveis básicas degeneradas ($x_{ij} = 0$). Conforme se discutiu no final da Seção 8.2, as variáveis básicas degeneradas não provocam muita complicação na execução do algoritmo. Entretanto, elas frequentemente causam *iterações inúteis*, em que nada muda (as mesmas alocações), exceto pela identificação de quais alocações zero correspondem a variáveis básicas degeneradas em vez das variáveis não básicas. Essas iterações des-

■ **TABELA 8.26** Tabela de parâmetros para o problema da designação formulado como um problema de transporte, ilustrada pelo exemplo da Job Shop Co.

(a) Caso genérico

		Custo por unidade distribuída				Oferta
		Destino				
		1	2	...	n	
Origem	1	c_{11}	c_{12}	...	c_{1n}	1
	2	c_{21}	c_{22}	...	c_{2n}	1
	⋮	...	...	...	...	⋮
	m = n	c_{n1}	c_{n2}	...	c_{nn}	1
Demanda		1	1	...	1	

(b) Exemplo da Job Shop Co.

		Custo por unidade distribuída				Oferta
		Destino (local)				
		1	2	3	4	
Origem (máquina)	1	13	16	12	11	1
	2	15	M	13	20	1
	3	5	7	10	6	1
	4(D)	0	0	0	0	1
Demanda		1	1	1	1	

perdiçadas são um grande inconveniente na aplicação do método simplex de transporte nesse tipo de situação, na qual *sempre* há tantas variáveis básicas degeneradas.

Outro inconveniente do método simplex de transporte aqui é que ele é puramente um algoritmo de *propósito genérico* para resolver todos os problemas de transporte. Portanto, ele não faz nada para explorar a estrutura especial adicional nesse tipo específico de problema de transporte ($m = n$, todos $s_i = 1$ e todos $d_j = 1$). Felizmente, foram desenvolvidos algoritmos especializados em racionalizar completamente o procedimento para resolver apenas problemas da designação. Esses algoritmos operam diretamente na tabela de custos e não se incomodam com variáveis degeneradas. Quando um código de computador encontra-se disponível para um desses algoritmos, ele em geral deve ser usado de preferência no método simplex de transporte, especialmente para problemas realmente grandes[11].

A Seção 8.4 descreve um desses algoritmos especializados (chamado *algoritmo húngaro*) para resolver apenas problemas da designação de modo muito eficiente.

O Tutorial IOR inclui tanto um procedimento interativo quanto um procedimento automático para aplicar esse algoritmo.

Exemplo – destinação de produtos às fábricas

A Cia. Produtos Melhores decidiu iniciar a produção de quatro produtos novos usando três fábricas que, no momento, têm excesso de capacidade produtiva. Os produtos requerem um esforço de produção comparável por unidade, de modo que a capacidade produtiva disponível das fábricas seja medida pelo número de unidades de qualquer produto que possa ser produzido diariamente, conforme dado na coluna mais à direita da Tabela 8.27. A linha inferior fornece a taxa de produção diária necessária para atender às vendas projetadas. Cada fábrica é capaz de produzir qualquer um desses produtos, *exceto* que a Fábrica 2 *não* pode fabricar o produto 3. No entanto, os custos variáveis por unidade de cada produto diferem de fábrica para fábrica, conforme pode ser visto na parte central da Tabela 8.27.

A gerência agora precisa tomar uma decisão sobre como dividir a fabricação dos produtos entre as fábricas. Há dois tipos de opção disponíveis.

Opção 1: permite a *divisão de produtos* em que o mesmo produto é fabricado em mais de uma fábrica.

Opção 2: impede a *divisão de produtos*.

---

[11] Para um artigo que compara diversos algoritmos para o problema da designação, consulte J. L. Kennington and Z. Wang: "An Empirical Analysis of the Dense Assignment Problem: Sequential and Parallel Implementations", *ORSA Journal on Computing*, **3:** 299-306, 1991.

■ **TABELA 8.27** Dados para o problema da Cia. Produtos Melhores

		Custo unitário (US$) por produto				Capacidade disponível
		1	2	3	4	
	1	41	27	28	24	75
Fábrica	2	40	29	–	23	75
	3	37	30	27	21	45
Taxa de produção		20	30	30	40	

Essa segunda opção impõe uma restrição que pode apenas aumentar o custo de uma solução ótima na Tabela 8.27. No entanto, a principal vantagem da Opção 2 é que ela elimina alguns *custos ocultos* associados à divisão de produtos que não se refletem na Tabela 8.27, inclusive configuração extra, distribuição e custos de administração. Logo, a gerência quer ambas as opções analisadas antes de uma decisão final ser tomada. Para a Opção 2, a gerência especifica também que a cada fábrica deveria ser destinada pelo menos um dos produtos.

Formularemos e resolveremos o modelo para as opções, uma de cada vez, em que a Opção 1 leva a um problema de transporte e a Opção 2, a um problema da designação.

Formulação da opção 1. Com a permissão para a divisão de produtos, a Tabela 8.27 pode ser convertida diretamente em uma tabela de parâmetros para um problema de transporte. As fábricas tornam-se origens e os produtos, destinos (ou vice-versa), de maneira que as origens sejam as capacidades de produção disponíveis e as demandas, as taxas de produção exigidas. Precisam ser feitas apenas duas alterações na Tabela 8.27. Primeiramente, pelo fato da Fábrica 2 não poder fabricar o produto 3, uma alocação destas é impedida atribuindo a ela um custo unitário enorme igual a M. Em segundo lugar, a capacidade total $(75 + 75 + 45 = 195)$ excede a produção total necessária $(20 + 30 + 30 + 40 = 120)$, de modo que um destino "fantasma" com uma demanda igual a 75 seja necessário para equilibrar essas duas quantidades. A tabela de parâmetros resultante é mostrada na Tabela 8.28.

A solução ótima para esse problema de transporte possui variáveis básicas (alocações) $x_{12} = 30$, $x_{13} = 30$, $x_{15} = 15$, $x_{24} = 15$, $x_{25} = 60$, $x_{31} = 20$ e $x_{34} = 25$, portanto:

Fábrica 1 produz todos os produtos do tipo 2 e 3

Fábrica 2 produz 37,5% do produto 4

Fábrica 3 produz 62,5% do produto 4 e toda a produção do produto 1

O custo total é $Z = $ US$ 3.260 por dia.

Formulação da opção 2. Sem dividir os produtos, cada um tem de ser destinado somente a uma fábrica. Dessa forma, fabricá-los pode ser interpretado como as tarefas para um problema da designação, em que as fábricas são os designados.

A gerência especificou que se deve destinar pelo menos um dos produtos a cada uma das fábricas. Há mais produtos (quatro) do que fábricas (três); portanto, serão destinados dois deles a uma das fábricas. A Fábrica 3 tem capacidade em excesso suficiente apenas para produzir um produto (ver a Tabela 8.27), de modo que a Fábrica 1 ou então a Fábrica 2 fiquem com o produto extra.

Para tornar possível essa destinação de um produto extra em uma formulação do problema de designação, as Fábricas 1 e 2 são divididas em dois designados, conforme mostra a Tabela 8.29.

O número de designados (agora cinco) deve ser igual ao número de tarefas (agora quatro), de maneira que uma *"tarefa-fantasma"* (produto) seja incluída na Tabela 8.29 como 5(D). O papel dessa "tarefa-fantasma" é fornecer o segundo produto fictício para a Fábrica 1 ou, então, para a Fábrica 2, seja qual for a que receber apenas um produto real. Não há nenhum custo para fabricar um produto fictício e, portanto, como de praxe, as entradas de custos para a "tarefa-fantasma" são iguais a zero. A única exceção fica por conta da entrada M, na última linha da Tabela 8.29. A razão para a adoção de M nesse caso é que se deve destinar à Fábrica 3 um produto real (uma opção entre os produtos 1, 2, 3 e 4); portanto, é necessário empregar o método do "grande número" para impedir a designação do produto fictício à Fábrica 3, em vez do produto real. (Conforme indicado na Tabela 8.28, M também é usado para impedir a destinação inviável do produto 3 para a Fábrica 2.)

■ **TABELA 8.28** Tabela de parâmetros para a formulação do problema de transporte da opção 1 para o problema da Cia. Produtos Melhores

		Custo por unidade distribuída					Oferta
		Destino (produto)					
		1	2	3	4	5(D)	
Origem (Fábrica)	1	41	27	28	24	0	75
	2	40	29	M	23	0	75
	3	37	30	27	21	0	45
Demanda		20	30	30	40	75	

As entradas de custos restantes na Tabela 8.29 *não* são os custos unitários mostrados nas Tabelas 8.27 ou 8.28. A Tabela 8.28 oferece uma formulação para o problema de transporte (para a Opção 1), de modo que os custos unitários sejam apropriados naquele caso, todavia, agora estamos formulando um problema da designação (para a Opção 2). Para este problema, o custo c_{ij} é o custo *total* associado ao designado i realizando a tarefa j. Na Tabela 8.29, o *custo total* (por dia) para a Fábrica i produzir o produto j é o custo unitário de produção vezes o número de unidades produzidas (por dia), em que essas duas quantidades para a multiplicação são dadas separadamente na Tabela 8.27. Considere, por exemplo, a designação da Fábrica 1 para o produto 1. Usando o custo unitário correspondente na Tabela 8.28 (US$ 41) e a demanda correspondente (número de unidades produzidas por dia) na Tabela 8.28 (20), obtemos:

Custo da Fábrica 1 produzindo uma unidade do produto 1 = US$ 41
Produção (diária) necessária do produto 1 = 20 unidades
Custo (diário) total da designação da fábrica 1 para o produto 1 = 20 (US$ 41)
= US$ 820

portanto, introduz-se 820 na Tabela 8.29 para o custo do designado 1a ou, então, 1b realizando a Tarefa 1.

A solução ótima para esse problema de designação é a seguinte:

A Fábrica 1 produz os produtos 2 e 3

A Fábrica 2 produz o produto 1

A Fábrica 3 produz o produto 4

Aqui a designação "fantasma" é dada para a Fábrica 2. O custo total é Z = US$ 3.290 por dia.

Como de praxe, uma maneira de se obter essa solução ótima é converter a tabela de custos da Tabela 8.29 em uma tabela de parâmetro para o problema de transporte equivalente (ver a Tabela 8.26) e depois aplicar o método simplex de transporte. Em decorrência das linhas idênticas na Tabela 8.29, essa metodologia pode ser racionalizada combinando-se os cinco designados em três origens com

■ **TABELA 8.29** Tabela de custos para a formulação do problema da designação da Opção 2 para o problema da Cia. Produtos Melhores

		Tarefa (produto)				
		1	2	3	4	5(D)
Origem (Fábrica)	1a	820	810	840	960	0
	1b	820	810	840	960	0
	2a	800	870	M	920	0
	2b	800	870	M	920	0
	3	740	900	810	840	M

ofertas 2, 2 e 1, respectivamente. (Ver o Problema 8.3-5.) Essa racionalização também diminui de duas unidades o número de variáveis básicas degeneradas em cada uma das soluções BV. Assim, embora essa formulação otimizada não se ajuste mais ao formato apresentado na Tabela 8.26a para um problema da designação, uma formulação mais eficiente é aplicar o método simplex de transporte.

A Figura 8.6 mostra como o Excel e seu Solver podem ser usados para obter sua solução ótima, exibida nas células variáveis Designação (C19:F21) da planilha. Já que o método simplex genérico está sendo usado, não há nenhuma necessidade de se adequar essa formulação ao formato para o problema da designação ou, então, ao modelo de problema de transporte. Portanto, a formulação não se importa em dividir as Fábricas 1 e 2 em dois designados cada ou então acrescentar uma "tarefa-fantasma". Ao contrário, para essas Fábricas são atribuídas ofertas de duas unidades para cada uma delas e, depois, são incluídos sinais ≤ nas células H19 e H20, bem como nas restrições correspondentes na caixa de diálogo Solver. Também não há necessidade nenhuma de se incluir o método do "grande número" para impedir a destinação do produto 3 para a Fábrica 2 na célula E20, visto que essa caixa de diálogo inclui a restrição que E20 = 0. A célula-alvo CustoTotal(I24) mostra o custo total de US$ 3.290 por dia.

	A	B	C	D	E	F	G	H	I
1		problema de planejamento de produção da Cia. Produtos Melhores (Revisado)							
2									
3		Custo unitário	Produto 1	Produto 2	Produto 3	Produto 4			
4		Fábrica 1	US$ 41	US$ 27	US$ 28	US$ 24			
5		Fábrica 2	US$ 40	US$ 29	-	US$ 23			
6		Fábrica 3	US$ 37	US$ 30	US$ 27	US$ 21			
7									
8		Produção necessária	20	30	30	40			
9									
10									
11		Custo (US$/dia)	Produto 1	Produto 2	Produto 3	Produto 4			
12		Fábrica 1	US$ 820	US$ 810	US$ 840	US$ 960			
13		Fábrica 2	US$ 800	US$ 870	-	US$ 920			
14		Fábrica 3	US$ 740	US$ 900	US$ 810	US$ 840			
15									
16									
17							Designações		
18		Designação	Produto 1	Produto 2	Produto 3	Produto 4	Totais		Oferta
19		Fábrica 1	0	1	1	0	2	≤	2
20		Fábrica 2	1	0	0	0	1	≤	2
21		Fábrica 3	0	0	0	1	1	=	1
22		Custo Total	1	1	1	1			
23			=	=	=	=			Custo total
24		Demanda	1	1	1	1			US$ 3.290

Solver Parameters
Set Target Cell: TotalCost
Equal To: ○ Max ● Min
By Changing Cells:
Assignment
Subject to the Constraints:
$E$20 = 0
$G$19:$G$20 <= $I$19:$I$20
$G$21 = $I$21
TotalAssigned = Demand

Solver Options
☑ Assume Linear Model
☑ Assume Non-Negative

	B	C	D	E	F
11	Custo (US$/dia)	Produto 1	Produto 2	Produto 3	Produto 4
12	Fábrica 1	=C4*C8	=D4*D8	=E4*E8	=F4*F8
13	Fábrica 2	=C8*C5	=D8*D5	-	=F8*F5
14	Fábrica 3	=C8*C6	=D8*D6	=E8*E6	=F8*F6

	G
17	Designações
18	Totais
19	=SUM(C19:F19)
20	=SUM(C20:F20)
21	=SUM(C21:F21)

	B	C	D	E	F
22	Total Designado	=SUM(C19:C21)	=SUM(D19:D21)	=SUM(E19:E21)	=SUM(F19:F21)

Nome da Faixa de Células	Células
Designação	C19:F21
Custo	C12:F14
Demanda	C24:F24
ProduçãoNecessária	C8:F8
Oferta	I19:I21
TotalDesignado	C22:F22
DesignaçõesTotais	G19:G21
CustoTotal	I24
CustoUnitário	C4:F6

	I
23	CustoTotal
24	=SUMPRODUCT (Custo, Designação)

■ **FIGURA 8.6** Formulação de uma planilha da Opção 2 para o problema da Cia. Produtos Melhores na forma de uma variante de um problema de designação. A célula-alvo é CustoTotal (I24) e as demais células de saída são Custo (C12:F14), DesignaçõesTotais (G19:G21) e TotalDesignado (C22:F22), em que as equações introduzidas nessas células sejam mostradas abaixo da planilha. Os valores 1 nas células variáveis Designação (C19:F21) mostram o plano de produção ótimo obtido pelo Solver.

Agora reveja e compare essa solução com aquela obtida para a Opção 1 que incluía a divisão do produto 4 entre as Fábricas 2 e 3. As alocações são um tanto diferentes para as duas soluções, porém os custos diários totais são praticamente os mesmos (US$ 3.260 para a Opção 1 contra US$ 3.290 para a Opção 2). Entretanto, há custos ocultos associados à divisão de produto (inclusive o custo extra de configuração, distribuição e administração), não incluídos na função objetivo para a Opção 1. Como acontece com qualquer aplicação de PO, o modelo matemático usado é capaz de fornecer apenas uma reapresentação aproximada do problema total, de modo que a gerência precise considerar fatores que não podem ser incorporados no modelo antes de ela tomar uma decisão final. Nesse caso, após avaliar as desvantagens da divisão de produtos, a gerência decidiu optar pela solução da Opção 2.

8.4 ALGORITMO ESPECIAL PARA O PROBLEMA DA DESIGNAÇÃO

Na Seção 8.3, indicamos que o método simplex de transporte pode ser usado para resolver problemas da designação, mas que um algoritmo *especializado* desenhado para esses problemas poderia ser mais eficiente. Descrevemos então um algoritmo clássico desse tipo, que se chama **algoritmo húngaro** (ou *método húngaro*), pelo fato de ter sido desenvolvido por matemáticos húngaros. Vamos nos concentrar apenas nos pontos-chave sem nos ater aos detalhes necessários para uma implementação completa em computador.

Papel das tabelas de custos equivalentes

O algoritmo opera diretamente na *tabela de custos* de um problema. Mais precisamente, ele converte a tabela de custos original em uma série de tabelas de custos *equivalentes* até chegar a uma em que uma solução ótima se torne óbvia. A tabela de custos equivalentes é aquela formada somente por elementos *positivos* ou *zero*, em que todas as designações podem ser colocadas nas posições dos elementos zero. Uma vez que o custo total não pode ser negativo, esse conjunto de designações com um custo total igual a zero é certamente ótimo. A questão pendente é como converter a tabela de custos original nesse formato.

O segredo para essa conversão é o fato de que se pode adicionar ou subtrair qualquer constante de todos os elementos de uma linha ou coluna da tabela de custos sem realmente alterar o problema. Isto é, uma solução ótima para a nova tabela de custos deve, obrigatoriamente, ser ótima para aquela antiga e vice-versa.

Portanto, o algoritmo começa subtraindo o menor número em cada coluna de todos os números daquela linha. Esse processo de *redução de linhas* criará uma tabela de custos equivalente com um elemento zero em cada linha. Se essa tabela de custos tiver qualquer coluna sem um elemento zero, a próxima etapa é realizar um processo de *redução de colunas* subtraindo-se o menor número em cada uma das tais colunas de todos os números da coluna[12]. A nova tabela de custos equivalente terá um elemento zero em cada uma das linhas e colunas. Se esses elementos zero fornecerem um conjunto completo de designações, então essas designações formarão uma solução ótima e o algoritmo é finalizado.

Para fins ilustrativos, considere a tabela de custos para o problema da Job Shop Co. da Tabela 8.25. Para converter essa tabela de custos em uma tabela de custos equivalentes, suponha que comecemos pelo processo de redução de linhas subtraindo 11 de cada um dos elementos da linha 1, resultando em:

	1	2	3	4
1	2	5	1	0
2	15	M	13	20
3	5	7	10	6
4(D)	0	0	0	0

---

[12] As linhas e colunas individuais podem, na verdade, ser reduzidas em qualquer ordem, mas iniciar por todas as linhas e depois processar todas as colunas oferece uma maneira sistemática de se executar o algoritmo.

Visto que qualquer solução viável deve ter exatamente uma designação na linha 1, o custo total para a nova tabela deve ser sempre exatamente 11 a menos que a tabela antiga. Portanto, a solução que minimiza o custo total para uma tabela também deve minimizar o custo total da outra.

Observe que, enquanto a tabela de custos original tinha somente elementos estritamente positivos nas três primeiras linhas, a nova tabela tem um elemento zero na linha 1. Já que o objetivo é obter elementos zero localizados de forma suficientemente estratégica para levar a um conjunto completo de designações, esse processo deve ser continuado nas demais linhas e colunas. Elementos negativos devem ser evitados, de modo que a constante a ser subtraída deva ser o elemento mínimo na linha ou coluna. Fazer isso para as linhas 2 e 3 leva à seguinte tabela equivalente de custos:

	1	2	3	4
1	2	5	1	[0]
2	2	M	[0]	7
3	[0]	2	5	1
4(D)	0	[0]	0	0

Essa tabela de custos tem todos os elementos zero necessários para um conjunto completo de designações, conforme ilustrado pelos quatro quadrados, de maneira que essas quatro designações constituam uma *solução ótima* (conforme se afirmou na Seção 8.3 para esse problema). O custo total para essa solução ótima pode ser encontrado na Tabela 8.25 como $Z = 29$, que é simplesmente a soma dos números que foram subtraídos das linhas 1, 2 e 3.

Infelizmente, uma solução ótima nem sempre é obtida assim tão facilmente, como ilustraremos agora com a formulação do problema de designação da Opção 2 para o caso da Cia. Produtos Melhores mostrada na Tabela 8.29.

Pelo fato de a tabela de custos do problema já conter elementos zero em cada uma das linhas, exceto na última, suponha que comecemos o processo de conversão para tabelas de custos equivalentes subtraindo o elemento mínimo em cada coluna de cada uma das entradas naquela coluna. O resultado é indicado a seguir.

	1	2	3	4	5(D)
1a	80	0	30	120	0
1b	80	0	30	120	0
2a	60	60	M	80	0
2b	60	60	M	80	0
3	0	90	0	0	M

Agora *todas* as linhas e colunas possuem pelo menos um elemento zero, porém, um conjunto completo de designações com elementos zero *não* é possível dessa vez. Na realidade, o número máximo de designações que pode ser feito em posições de elemento zero é apenas 3. (Experimente.) Portanto, temos de implementar mais uma ideia, antes de finalizar a resolução desse problema, que não havia sido necessária para o primeiro exemplo.

Criação de elementos zero adicionais

A ideia envolve uma nova maneira de se criar posições *adicionais* com elementos zero sem criar qualquer elemento negativo. Em vez de subtrair uma constante de uma única linha ou coluna, agora adicionaremos ou subtrairemos uma constante de uma *combinação* de linhas e colunas.

Este procedimento tem início traçando-se uma série de traços retos através de algumas das linhas e colunas de modo a *cobrir todos os zeros*. Isso é feito com um número *mínimo* de traços retos, conforme ilustrado na próxima tabela de custos.

	1	2	3	4	5(D)
1a	80	0	30	120	0
1b	80	0	30	120	0
2a	60	60	M	80	0
2b	60	60	M	80	0
3	0	90	0	0	M

Note que o elemento mínimo não cruzado é 30 nas duas posições superiores da coluna 3. Dessa maneira, subtraindo-se 30 de cada um dos elementos em toda a tabela, isto é, a partir de cada linha ou de cada coluna, criará um novo elemento zero nessas duas posições. Portanto, de modo a restabelecer os elementos zero prévios e eliminar elementos negativos, adicionamos 30 a cada uma das linhas ou colunas com uma linha cobrindo-as – a linha 3 e as colunas 2 e 5 (D). Isso resulta na seguinte tabela de custos equivalente:

	1	2	3	4	5(D)
1a	50	0	0	90	0
1b	50	0	0	90	0
2a	30	60	M	50	0
2b	30	60	M	50	0
3	0	120	0	0	M

Um atalho para obter essa tabela de custos a partir da anterior é subtrair 30 apenas dos elementos em uma reta, passando sobre elas e, depois, adicionando 30 a cada elemento que se encontra em uma intersecção de duas retas.

Observe que as colunas 1 e 4 nessa nova tabela de custos possui somente um único elemento zero e ambos se encontram na mesma linha (linha 3). Consequentemente, agora é possível fazer quatro designações às posições de elementos zero, mas ainda não cinco. (Tente.) Em geral, o número mínimo de traços necessários para cobrir todos os zeros é igual ao número de designações que podem ser feitas às posições dos elementos zero. Dessa forma, repetimos o procedimento anterior, no qual quatro traços (o mesmo número do número máximo de designações) agora são o mínimo necessário para cobrir todos os zeros. Uma maneira de se fazer isso é mostrada a seguir:

	1	2	3	4	5(D)
1a	~~50~~	~~0~~	~~0~~	~~90~~	~~0~~
1b	~~50~~	~~0~~	~~0~~	~~90~~	~~0~~
2a	30	60	M	50	~~0~~
2b	30	60	M	50	~~0~~
3	~~0~~	~~120~~	~~0~~	~~0~~	~~M~~

O elemento mínimo não coberto por um traço é novamente 30, em que esse número aparece agora na primeira posição tanto na linha 2a quanto 2b. Portanto, subtraímos 30 de cada um dos elementos *descobertos* e adicionamos 30 a cada um dos elementos *duplamente cobertos* (exceto por ignorar os elementos com M), o que resulta na seguinte tabela de custos equivalente.

	1	2	3	4	5(D)
1a	50	[0]	0	90	30
1b	50	0	[0]	90	30
2a	[0]	30	M	20	0
2b	0	30	M	20	[0]
3	0	120	0	[0]	M

Essa tabela, na verdade, tem várias maneiras de se realizar um conjunto completo de designações para posições de elemento zero (várias soluções ótimas), inclusive aquela mostrada pelos cinco quadrados. O custo total resultante pode ser localizado na Tabela 8.29

$$Z = 810 + 840 + 800 + 0 + 840 = 3.290.$$

Terminamos assim a explicação de todo o algoritmo, conforme resumido a seguir.

Resumo sobre o algoritmo húngaro

1. Subtraia o menor número em cada linha de cada um dos números da linha. (Isso se chama *redução de linhas*.) Inclua os resultados em uma nova tabela.
2. Subtraia o menor número em cada coluna da nova tabela de cada um dos números da coluna. Isso é denominado *redução de colunas*. Inclua os resultados em outra tabela.
3. Teste se é possível fazer um conjunto de designações ótimas. Isso é feito determinando-se o número mínimo de traços necessários para cobrir (isto é, cruzar) todos os zeros. Já que esse número mínimo de traços é igual ao número máximo de designações que podem ser feitas às posições de elemento zero, se o número mínimo de traços for igual ao número de linhas, é possível termos um conjunto de designações ótimo. (Caso considere que um conjunto completo de designações às posições de elemento zero não seja possível, isso significa que não é preciso reduzir o número de traços cobrindo todos os zeros até o número mínimo.) Nesse caso, vá para a etapa 6. Caso contrário, prossiga na etapa 4.
4. Se o número de traços for menor que o número de linhas, modifique a tabela da seguinte maneira:
   a. Subtraia o menor número descoberto de cada um dos números descobertos da tabela.
   b. Adicione o menor número descoberto aos números que se encontram nas interseções de traços.
   c. Números que foram eliminados, mas não se encontram nas interseções de traços eliminados são transferidos sem alteração para a próxima tabela.
5. Repita as etapas 3 e 4 até se tornar possível um conjunto ótimo de designações.
6. Faça as designações, uma de cada vez, nas posições contendo elementos zero. Comece com linhas ou colunas que tenham apenas um zero. Já que cada linha e coluna precisam receber exatamente uma designação, risque tanto a linha quanto a coluna envolvidas após cada designação ter sido feita. A seguir, prossiga nas linhas e colunas que ainda não foram riscadas para selecionar a próxima designação, preferencialmente dada àquela linha ou coluna que contenha apenas um zero que não foi riscado. Continue até todas as linhas e colunas terem exatamente uma designação e, portanto, terem sido cruzadas. O conjunto completo de designações feito dessa forma é uma solução ótima para o problema.

O Tutorial IOR fornece um procedimento interativo para aplicação desse algoritmo de modo eficiente. Lá, há também um procedimento automático.

8.5 CONCLUSÕES

O modelo de programação linear engloba ampla gama de tipos específicos de problemas. O método simplex genérico é um algoritmo poderoso capaz de resolver versões surpreendentemente grandes de qualquer um desses problemas. Entretanto, alguns desses problemas típicos têm formulações tão simples que podem ser resolvidos, de modo muito mais eficiente, por meio de algoritmos *aperfeiçoados* capazes de explorar suas *estruturas especiais*. Estes podem reduzir tremendamente o tempo de processamento necessário para problemas de grande porte e, algumas vezes, fazem que ele seja computacionalmente viável para problemas muito grandes. Isso é, em particular, verdadeiro para os dois tipos de problemas de programação linear estudados neste capítulo, a saber: o problema de transporte e o problema da designação. Esses dois tipos possuem uma série de aplicações comuns, de modo que é importante reconhecê-los quando surgem e usar o melhor algoritmo disponível. Esses algoritmos para fins especiais são incluídos em alguns pacotes de software de programação linear.

Vamos reexaminar a estrutura especial dos problemas de transporte e da designação na Seção 9.6, onde veremos que esses problemas são casos especiais de uma importante classe de problemas de programação linear conhecida como *problema de fluxo de custo mínimo*. Este tem a interpretação de minimizar o custo para o fluxo de mercadorias através de uma rede. Uma versão aperfeiçoada do método simplex chamada *método simplex de rede* (descrita na Seção 9.7) é amplamente usada para solucionar esse tipo de problema, inclusive seus diversos casos especiais.

Um capítulo suplementar (Capítulo 23) no *site* da editora descreve os diversos tipos especiais de problemas de programação linear. Um deles, denominado *problema de transbordo*, é uma generalização do problema de transporte que permite que o transporte de qualquer origem para qualquer destino passe primeiro por pontos de transferência intermediários. Visto que o problema de transbordo também é um caso especial de problema de fluxo de custo mínimo, ele será mais bem descrito na Seção 9.6.

Muita pesquisa continua a ser feita visando desenvolver algoritmos mais enxutos e eficientes para tipos especiais de problemas de programação linear, inclusive alguns não discutidos aqui. Ao mesmo tempo, há o interesse generalizado em aplicar a programação linear para otimizar a operação de complexos sistemas em larga escala. As formulações resultantes normalmente possuem estruturas especiais que podem ser exploradas. Ser capaz de as reconhecer e explorar é um fator fundamental na aplicação bem-sucedida da programação linear.

REFERÊNCIAS SELECIONADAS

1. Dantzig, G. B., and M. N. Thapa: *Linear Programming 1*: *Introduction*, Springer, New York, 1997, chap. 8.
2. Hall, R. W.: *Handbook of Transportation Science*, 2nd ed., Kluwer Academic Publishers (now Springer), Boston, 2003.
3. Hillier, F. S., and M. S. Hillier: *Introduction to Management Science*: *A Modeling and Case Studies Approach with Spreadsheets*, 3rd ed., McGraw-Hill/Irwin, Burr Ridge, IL, 2008, chap. 15.

FERRAMENTAS DE APRENDIZADO NO *SITE*

Worked examples:

Exemplos do Capítulo 8

Exemplo demonstrativo no tutor PO:

O Problema de Transporte

Procedimentos interativos no tutorial IOR:

Introdução ou Revisão de um Problema de Transporte
Encontrar uma Solução viável Básica Inicial – para o Método Interativo
Resolução de Problemas Interativamente pelo método simplex de Transporte
Resolução Interativa de um Problema da Designação

Procedimentos automáticos no tutorial IOR:

Resolução de Problemas Automaticamente pelo método simplex de Transporte
Resolução Automática de um Problema da Designação

Módulos de programa adicionais para Excel:

Premium Solver for Education

Arquivos (Capítulo 8 – Transporte e designação) para solucionar os exemplos:

Arquivos em Excel
Arquivo LINGO/LINDO
Arquivo MPL/CPLEX

Glossário do Capítulo 8

Suplemento deste capítulo:

Estudo de Caso com Diversos Problemas de Transporte

Ver Apêndice 1 para obter documentação sobre o software.

PROBLEMAS

Os símbolos à esquerda de alguns problemas (ou parte deles) têm o seguinte significado:

D: O exemplo demonstrativo listado anteriormente pode ser útil.
I: Sugerimos que você use o procedimento interativo relevante no Tutorial IOR (a listagem registra seu trabalho).
C: Use o computador com qualquer uma das opções de software disponíveis (ou conforme orientação de seu professor) para resolver o problema.

Um asterisco no número do problema indica que pelo menos há uma resposta parcial no final do livro.

8.1-1 Leia o artigo referido que descreve completamente o estudo de PO resumido no Exemplo de Aplicação apresentada na Seção 8.1. Descreva sucintamente como a programação dinâmica foi aplicada a esse estudo. Enumere os diversos benefícios financeiros ou não resultantes do estudo.

8.1-2 A Childfair Company possui três fábricas que produzem carrinhos de bebê que devem ser remetidos para quatro centros de distribuição. As Fábricas 1, 2 e 3 produzem, respectivamente, 12, 17 e 11 remessas por mês.

		Distância			
		Centro de distribuição			
		1	2	3	4
Fábrica	1	800 milhas	1.300 milhas	400 milhas	700 milhas
	2	1.100 milhas	1.400 milhas	600 milhas	1.000 milhas
	3	600 milhas	1.200 milhas	800 milhas	900 milhas

Cada centro de distribuição precisa receber dez remessas por mês. A distância entre cada fábrica e os respectivos centros de distribuição é dada abaixo. O custo do frete para cada remessa é de US$ 100 mais 50 centavos por milha. Quanto deve ser remetido de cada fábrica para cada um dos centros de distribuição para minimizar o custo total de transporte?

(a) Formule esse problema como um problema de transporte construindo a tabela de parâmetros apropriada.
(b) Desenhe a representação em rede desse problema.
C (c) Obtenha uma solução ótima.

8.1-3* Tom gostaria de comprar 1,5 litro de cerveja artesanal hoje e outros 2 litros amanhã. Dick está disposto a vender no máximo um total de 2,5 litros a um preço de US$ 6 por litro hoje e US$ 5,40 por litro amanhã. Harry está disposto a vender no máximo um total de 4 litros a US$ 5,80 por litro hoje e US$ 5,60 por litro amanhã.

Tom deseja saber quais devem ser suas compras de modo a minimizar seu custo embora satisfazendo as necessidades de sua "sede".

(a) Formule um *modelo de programação* linear para esse problema e construa a tabela simplex inicial (ver os Capítulos 3 e 4).
(b) Formule o presente problema como um problema de transporte construindo a tabela de parâmetros apropriada.
C (c) Obtenha a solução ótima.

8.1-4 A Versatech Corporation decidiu fabricar três produtos novos. Cinco fábricas-filiais estão, no momento, com excesso de capacidade produtiva. O custo unitário de fabricação do primeiro produto seria, respectivamente, US$ 41, US$ 39, US$ 42, US$ 38 e US$ 39, nas Fábricas 1, 2, 3, 4 e 5. O custo unitário de fabricação do segundo produto seria de US$ 55, US$ 51, US$ 56, US$ 52 e US$ 53, respectivamente, nas Fábricas 1, 2, 3, 4 e 5. O custo unitário de fabricação do terceiro produto seria de US$ 48, US$ 45 e US$ 50, respectivamente, nas Fábricas 1, 2 e 3, ao passo que as Fábricas 4 e 5 não têm capacidade para fabricar esse tipo de produto. As estimativas de vendas indicam que devem ser produzidas diariamente 700, 1.000 e 900 unidades dos produtos 1, 2 e 3. As Fábricas 1, 2, 3, 4 e 5 têm capacidade para produzir, respectivamente, 400, 600, 400, 600 e 1.000 unidades por dia, independentemente do produto ou combinação de produtos envolvidos. Suponha que qualquer fábrica com habilidade e capacidade produtiva para fabricá-los possa produzir qualquer combinação dos produtos em qualquer quantidade.

A gerência deseja saber como alocar os novos produtos às fábricas para minimizar o custo de fabricação total.

(a) Formule esse problema como um *problema de transporte* construindo a tabela de parâmetros apropriada.
C (b) Obtenha a solução ótima.

C **8.1-5** Reconsidere o problema da P & T Co. apresentado na Seção 8.1. Você ficou sabendo agora que um ou mais dos custos de transporte por carreta dados na Tabela 8.2 podem variar ligeiramente antes dos embarques começarem. Use o Excel Solver para gerar o Relatório de Sensibilidade para esse problema. Use esse relatório e determine o intervalo possível para a solução para cada um dos custos unitários. Que tipo de informação esses intervalos possíveis dão para a gerência da P & T?

8.1-6 A Onenote Co. fabrica um único produto em três fábricas para quatro clientes. As três fábricas produzirão, respectivamente, 60, 80 e 40 unidades durante a próxima temporada. A empresa assumiu um compromisso de vender 40 unidades para o cliente 1, 60 unidades para o cliente 2 e pelo menos 20 unidades para o cliente 3. Tanto o cliente 3 quanto o 4 também querem comprar o máximo possível de unidades remanescentes. O lucro líquido associado a remeter uma unidade da fábrica i para venda para o cliente j é fornecido pela seguinte tabela:

		Cliente			
		1	2	3	4
Fábrica	1	US$ 800	US$ 700	US$ 500	US$ 200
Fábrica	2	US$ 500	US$ 200	US$ 100	US$ 300
Fábrica	3	US$ 600	US$ 400	US$ 300	US$ 500

A gerência deseja saber quantas unidades deve vender para os clientes 3 e 4 e quantas unidades devem ser remetidas de cada fábrica para cada um dos clientes de modo a maximizar o lucro.

(a) Formule esse problema como um problema de transporte em que a função objetivo deve ser maximizada construindo-se a tabela de parâmetros apropriada que fornece os lucros unitários.
(b) Agora formule esse problema de transporte com o objetivo usual de minimizar o custo total por meio da conversão da tabela de parâmetros do item (a) em uma que forneça os custos unitários em vez dos lucros unitários.
(c) Mostre a formulação do item (a) em uma planilha Excel.
C (d) Use essa formulação e o Excel Solver para obter uma solução ótima.
C (e) Repita os itens (c) e (d) para a formulação no item (b). Compare as soluções ótimas para as duas formulações.

8.1-7 A Move-It Company possui duas fábricas produzindo empilhadeiras que são depois remetidas para três centros de distribuição. Os custos de produção são os mesmos nas duas fábricas e o custo de transporte para cada empilhadeira é mostrado para cada combinação fábrica-centro de distribuição:

		Centro de distribuição		
Fábrica		1	2	3
Fábrica	A	US$ 800	US$ 700	US$ 400
Fábrica	B	US$ 600	US$ 800	US$ 500

Um total de 60 empilhadeiras é produzido e remetido por semana. Cada fábrica é capaz de produzir e enviar uma quantidade qualquer de no máximo 50 empilhadeiras por semana, de modo que há uma flexibilidade razoável em como subdividir a produção total entre as duas fábricas de maneira a reduzir os custos de transporte. Entretanto, cada centro de distribuição deve receber exatamente 20 empilhadeiras por semana.

O objetivo da gerência é determinar quantas empilhadeiras devem ser produzidas em cada fábrica e, depois, qual deve ser o padrão de embarque global de modo a minimizar o custo total de transporte.

(a) Formule este problema como um problema de transporte construindo a tabela de parâmetros apropriada.
(b) Mostre o problema de transporte em uma planilha do Excel.
C (c) Use o Excel Solver para obter uma solução ótima.

8.1-8 Refaça o Problema 8.1-7 para o caso em que qualquer centro de distribuição pode receber qualquer quantidade entre dez e 30 empilhadeiras por semana de modo a reduzir ainda mais o custo total de transporte, dado apenas que o total remetido aos três centros de distribuição ainda deve ser igual a 60 unidades por semana.

8.1-9 A MJK Manufacturing Company tem de fabricar dois produtos em quantidade suficiente para atender às vendas contratadas em cada um dos três próximos meses. Os dois produtos compartilham as mesmas instalações fabris e cada unidade de ambos requer a mesma quantidade de capacidade produtiva. As instalações para armazenamento e produção estão em constante mudança, mês a mês, de modo que as capacidades produtivas, os custos unitários de produção e os custos unitários de armazenamento variam mensalmente. Portanto, pode ser que valha a pena fabricar a mais um ou ambos produtos em determinados meses e armazená-los até que sejam necessários.

Para cada um dos três meses, a segunda coluna da tabela a seguir dá o número máximo de unidades dos dois produtos combinados que pode ser produzido em Tempo Regular (TR) e em Hora Extra (HE). Para cada um dos dois produtos, as colunas subsequentes fornecem: (1) o número de unidades necessárias para atender às vendas contratadas, (2) o custo (em milhares de dólares) por unidade produzida em Tempo Regular, (3) o custo (em milhares de dólares) por unidade produzida em Hora Extra e, finalmente, (4) o custo (em milhares de dólares) para armazenar cada unidade extra a ser mantida para o mês seguinte. Em cada caso, os números para os dois produtos são separados por uma /, na qual à esquerda temos o número para o produto 1 e à direita o número para o produto 2.

	Produção combinada máxima		Produto 1/Produto 2			
				Custo unitário de produção (US$ 1.000)		Preço unitário de armazenamento
Mês	TR	HE	Vendas	TR	HE	(US$ 1.000)
1	10	3	5/3	15/16	18/20	1/2
2	8	2	3/5	17/15	20/18	2/1
3	10	3	4/4	19/17	22/22	

O gerente de produção quer um cronograma para o número de unidades de cada um dos dois produtos a serem fabricados em Tempo Regular e (se for consumida a capacidade produtiva de TR) em Horas Extras em cada um dos três meses. O objetivo é minimizar o total dos custos de produção e de armazenamento atendendo, ao mesmo tempo, as vendas contratadas para cada mês. Não há nenhum estoque inicial e não se deseja que reste nenhum produto em estoque no final dos três meses.

(a) Formule esse problema como um problema de transporte construindo a tabela de parâmetros apropriada.

C (b) Obtenha a solução ótima.

8.2-1 Considere um problema de transporte com a seguinte tabela de parâmetros:

		Destino			Oferta
		1	2	3	
Origem	1	15	9	13	7
	2	11	M	17	5
	3	9	11	9	3
Demanda		7	3	5	

(a) Use manualmente o método da aproximação de Vogel (não utilize o procedimento interativo do Tutorial IOR) para selecionar a primeira variável básica para uma solução BV inicial.

(b) Use manualmente o método da aproximação de Russell para selecionar a primeira variável básica para uma solução BV inicial.

(c) Use manualmente a regra em ponto extremo noroeste para construir uma solução BV inicial completa.

D,I **8.2-2*** Considere um problema de transporte com a seguinte tabela de parâmetros: Use cada um dos critérios a seguir para obter uma solução BV inicial.

		Destino					Oferta
		1	2	3	4	5	
Origem	1	2	4	6	5	7	4
	2	7	6	3	M	4	6
	3	8	7	5	2	5	6
	4	0	0	0	0	0	4
Demanda		4	4	2	5	5	

Compare os valores da função objetivo para essas soluções.

(a) Regra do ponto extremo noroeste.
(b) Método da aproximação de Vogel.
(c) Método da aproximação de Russell.

D,I **8.2-3** Considere um problema de transporte com a seguinte tabela de parâmetros:

		Destino						Oferta
		1	2	3	4	5	6	
Origem	1	13	10	22	29	18	0	5
	2	14	13	16	21	M	0	6
	3	3	0	M	11	6	0	7
	4	18	9	19	23	11	0	4
	5	30	24	34	36	28	0	3
Demanda		3	5	4	5	6	2	

Use cada um dos critérios a seguir para obter uma solução BV inicial.
Compare os valores da função objetivo para essas soluções.

(a) Regra do ponto extremo noroeste.
(b) Método da aproximação de Vogel.
(c) Método da aproximação de Russell.

8.2-4 Considere um problema de transporte com a seguinte tabela de parâmetros:

		Destino				Oferta
		1	2	3	4	
Origem	1	7	4	1	4	1
	2	4	6	7	2	1
	3	8	5	4	6	1
	4	6	7	6	3	1
Demanda		1	1	1	1	

(a) Note que esse problema possui três características especiais: (1) o número de origens = número de destinos, (2) cada oferta = 1 e (3) cada demanda = 1. Os problemas de transporte com tais características são um tipo especial chamado problema da designação (conforme descrito na Seção 8.3). Use a propriedade das soluções inteiras para explicar por que esse tipo de problema de transporte pode ser interpretado como um problema de designação de origens a destinos em uma relação um-para-um.

(b) Quantas variáveis básicas existem em cada uma das soluções BV? Quantas delas são variáveis básicas degeneradas (=0)?

D,I (c) Use a regra do ponto extremo noroeste para obter uma solução BV inicial.

I (d) Construa uma solução BV inicial aplicando o procedimento genérico para o passo de inicialização do método simplex de transporte. Porém, em vez de usar um dos três critérios para o passo 1 apresentados na Seção 8.2, utilize o critério do custo mínimo dado a seguir para selecionar a próxima variável básica. (Com a rotina interativa correspondente no *Courseware* de PO, selecione a *Regra do Ponto Extremo Noroeste*, já que essa opção, na verdade, permite o emprego de qualquer critério.)

Critério do custo mínimo: entre as linhas e colunas que ainda estão sendo consideradas, selecione a variável x_{ij} com o menos custo unitário c_{ij} para ser a variável básica seguinte. Pode ser feito o desempate de maneira arbitrária.

D,I (e) Começando com a solução BV inicial do item (c), aplique interativamente o método simplex de transporte para obter uma solução ótima.

8.2-5 Considere o exemplo-protótipo para o problema de transporte da P & T Co. apresentado no início da Seção 8.1. Verifique se a solução dada lá é, na realidade, ótima, aplicando o trecho do *teste de otimalidade* do método simplex de transporte a essa solução.

8.2-6 Considere um problema de transporte com a seguinte tabela de parâmetros:

		Destino					Oferta
		1	2	3	4	5	
Origem	1	8	6	3	7	5	20
	2	5	M	8	4	7	30
	3	6	3	9	6	8	30
	4(D)	0	0	0	0	0	20
Demanda		25	25	20	10	20	

Após várias iterações do método simplex de transporte, é obtida uma solução BV que possui as seguintes variáveis básicas: $x_{13} = 20$, $x_{21} = 25$, $x_{24} = 5$, $x_{32} = 25$, $x_{34} = 5$, $x_{42} = 0$, $x_{43} = 0$, $x_{45} = 20$. Continue o método simplex de transporte para *mais duas* iterações manuais. Após essas duas iterações, afirme se a solução é ótima e, em caso positivo, por quê?

D,I **8.2-7*** Considere um problema de transporte com a seguinte tabela de parâmetros:

		Destino				Oferta
		1	2	3	4	
Origem	1	3	7	6	4	5
	2	2	4	3	2	2
	3	4	3	8	5	3
Demanda		3	3	2	2	

Use cada um dos critérios a seguir para obter uma solução BV inicial.
Em cada caso, aplique, interativamente, o método simplex de transporte, começando com essa solução inicial, para obter uma solução ótima.
Compare o número de iterações resultante do método simplex de transporte.

(a) Regra do ponto extremo noroeste
(b) Método da aproximação de Vogel
(c) Método da aproximação de Russell

D,I **8.2-8** A Cost-Less Corp. supre seus quatro pontos-de-venda por varejo de suas quatro fábricas. O custo de transporte por remessa proveniente de cada fábrica para cada ponto de venda é dado a seguir.

		Custo de transporte unitário para cada ponto de venda			
		1	2	3	4
Fábrica	1	US$ 700	US$ 800	US$ 500	US$ 200
Fábrica	2	US$ 200	US$ 900	US$ 100	US$ 400
Fábrica	3	US$ 400	US$ 500	US$ 300	US$ 100
Fábrica	4	US$ 200	US$ 100	US$ 400	US$ 300

As Fábricas 1, 2, 3 e 4 realizam, respectivamente, dez, 20, 20 e dez remessas por mês. Os pontos de venda por varejo 1, 2, 3 e 4 precisam receber, respectivamente, 20, 10, 10 e 20 remessas por mês.

O gerente de distribuição, Randy Smith, agora quer determinar o melhor plano referente ao número de remessas a serem enviadas de cada fábrica para os respectivos pontos de venda a cada mês. O objetivo de Randy é o de minimizar o custo total de transporte.

(a) Formule esse problema na forma de um problema de transporte construindo a tabela de parâmetros apropriada.
(b) Use a regra do ponto extremo noroeste para construir uma solução BV inicial.
(c) Começando com a solução BV inicial do item (b), aplique interativamente o método simplex de transporte apara obter uma solução ótima.

8.2-9 A Cia. Energética precisa planejar os sistemas de energia de um novo prédio.

A energia para esse prédio precisa cair em três categorias, a saber: 1) eletricidade, 2) aquecimento d'água e 3) aquecimento de locais do prédio. As necessidades diárias para essas três categorias (todas medidas nas mesmas unidades) são

Eletricidade	30 unidades	
Aquecimento da água	20 unidades	
Aquecimento de locais	50 unidades	

As três fontes de energia possíveis para atender a essas necessidades são eletricidade, gás natural e uma unidade de aquecimento solar que pode ser instalada no telhado. O tamanho do telhado limita o maior aquecedor solar possível em 40 unidades, porém, não há nenhum limite para a eletricidade e gás natural disponíveis. As necessidades de eletricidade podem ser atendidas somente com sua compra (a um custo de US$ 50/unidade). Os outros dois tipos de energia podem ser atendidos por qualquer fonte ou combinação de fontes. Os custos unitários são:

	Eletricidade	Gás natural	Aquecimento solar
Aquecimento da água	US$ 150	US$ 110	US$ 70
Aquecimento de locais	US$ 140	US$ 100	US$ 90

O objetivo é minimizar o custo total para atender às necessidades de energia.

(a) Formule esse problema como um problema de transporte construindo a tabela de parâmetros apropriada.

D,I (b) Use a regra do ponto extremo noroeste para obter uma solução BV inicial.

D,I (c) Começando com a solução BV inicial do item (b), aplique interativamente o método simplex de transporte para obter uma solução ótima.

D,I (d) Use o método da aproximação de Vogel para obter uma solução BV inicial para esse problema.

D,I (e) Começando com a solução BV inicial do item (d), aplique interativamente o método simplex de transporte para obter uma solução ótima.

I (f) Use o método da aproximação de Russel para obter uma solução BV inicial para esse problema.

D,I (g) Começando com a solução BV inicial obtida no item (f), aplique, interativamente, o método simplex de transporte para obter uma solução ótima. Compare o número de iterações exigido pelo método simplex de transporte aqui com aquele dos itens (c) e (e).

D,I **8.2-10*** Aplique interativamente o método simplex de transporte para resolver o problema de cronograma de produção da Cia. Aérea Setentrional, conforme formulado na Tabela 8.9.

D,I **8.2-11*** Reconsidere o Problema 8.1-2.

(a) Use a regra do ponto extremo noroeste para obter uma solução BV inicial.

(b) Começando com a solução BV inicial do item (a), aplique interativamente o método simplex de transporte para obter uma solução ótima.

D,I **8.2-12** Reconsidere o Problema 8.1-3b. Começando com a regra do ponto extremo noroeste, aplique interativamente o método simplex de transporte para obter uma solução ótima para esse problema.

D,I **8.2-13** Reconsidere o Problema 8.1-4. Começando com a regra do ponto extremo noroeste, aplique interativamente o método simplex de transporte para obter uma solução ótima para esse problema.

D,I **8.2-14** Reconsidere o Problema 8.1-6. Começando com o método da aproximação de Russell, aplique interativamente o método simplex de transporte para obter uma solução ótima para esse problema.

8.2-15 Reconsidere o problema de transporte formulado no Problema 8.1-7a.

D,I (a) Use cada um dos três critérios apresentados na Seção 8.2 para obter uma solução BV inicial e cronometre o tempo gasto para cada uma deles. Compare esses tempos e os valores da função objetivo para essas soluções.

C (b) Obtenha uma solução ótima para esse problema. Para cada uma das três soluções BV iniciais obtidas no item (a), calcule a porcentagem pela qual o valor de sua função objetivo excede o valor ótimo.

D,I (c) Para cada uma das três soluções BV iniciais obtidas no item (a), aplique interativamente o método simplex para obter (e verificar) uma solução ótima. Cronometre o tempo que você gastou em cada um dos três casos. Compare o tempo e o número de iterações necessárias para obter uma solução ótima.

8.2-16 Siga as instruções do Problema 8.2-15 para o problema de transporte formulado no Problema 8.1-7a.

8.2-17 Considere o problema de transporte com a seguinte tabela de parâmetros:

		Destino		
		1	2	Oferta
Origem	1	8	5	4
	2	6	4	2
Demanda		3	3	

(a) Escolhendo um dos critérios da Seção 8.2 para encontrar a solução BV inicial, solucione o problema manualmente pelo método simplex de transporte. (Cronometre o tempo.)

(b) Reformule esse problema como um problema de programação linear genérico e a seguir resolva-o manualmente pelo *método simplex*. Cronometre quanto tempo isso leva e compare-o com o tempo de processamento do item (a).

8.2-18 Considere o problema de cronograma de produção da Cia. Aérea Setentrional apresentado na Seção 8.1 (ver a Tabela 8.7). Formule esse problema como um problema de programação linear genérico, fazendo que suas variáveis sejam x_j = número de motores a jato a serem produzidos no mês j (j = 1, 2, 3, 4). Construa a tabela simplex inicial para essa formulação e depois compare o tamanho (número de linhas e colunas) dessa tabela com a tabela correspondente usado para resolver a formulação do problema de transporte (ver a Tabela 8.9).

8.2-19 Considere a formulação da programação linear genérica do problema de transporte (ver Tabela 8.6). Verifique a afirmação na Seção 8.2 de que o conjunto de ($m + n$) restrições funcionais (m restrições de oferta e n restrições de demanda) possui uma equação *redundante*, isto é, qualquer equação pode ser reproduzida a partir de uma combinação linear das demais ($m + n - 1$) equações.

8.2-20 Ao lidar com um problema de transporte no qual as ofertas e as demandas são valores *inteiros*, explique por que os passos do método simplex de transporte garantem que todas as variáveis básicas (alocações) nas soluções BV obtidas têm de ser inteiros. Comece com a pergunta: por que isso ocorre com o passo de inicialização quando o procedimento genérico para construção de uma solução BV *inicial* é usado (independentemente dos critérios para seleção das variáveis básicas seguintes). A seguir, dada uma solução BV *atual* que seja inteira, explique por que a etapa 3 de uma iteração tem de obter uma nova solução BV também inteira. Finalmente, explique por que a etapa de inicialização pode ser usada para construir *qualquer* solução BV inicial, de modo que o método simplex de transporte prove a propriedade das soluções inteiras apresentada na Seção 8.1.

8.2-21 O empreiteiro Robert Meyer tem de transportar areia grossa para três canteiros de obras. Ele pode adquirir até 18 toneladas em uma saibreira no norte da cidade e 14 toneladas em outra no sul. Ele precisa de 10, 5 e 10 toneladas, respectivamente, nos canteiros 1, 2 e 3. O preço de compra por tonelada em cada saibreira e o custo de manuseio por tonelada são fornecidos na tabela a seguir.

Saibreira	Custo de transporte por tonelada no canteiro			Preço por tonelada
	1	**2**	**3**	
Norte	US$ 100	US$ 190	US$ 160	US$ 300
Sul	US$ 180	US$ 110	US$ 140	US$ 420

Ele quer determinar quanto transportar de cada saibreira para cada canteiro de modo a minimizar o custo total de compra e de transporte da areia.

(a) Formule um modelo de programação linear para este problema. Usando o método do "grande número", construa o método simplex inicial pronto para aplicar o método simplex (mas não de fato solucionar).
(b) Agora formule esse problema como um problema de transporte construindo a tabela de parâmetros apropriada. Compare o tamanho dessa tabela (e a tabela simplex de transporte correspondente) usado pelo método simplex de transporte com o tamanho das tabelas simplex do item (*a*) que seriam necessários pelo método simplex.
D **(c)** Robert Meyer nota que pode abastecer completamente os canteiros 1 e 2 da saibreira do sul. Use o teste de otimalidade (mas não iterações) do método simplex de transporte para verificar se a solução BV correspondente é ótima.
D,I **(d)** Começando com a regra do ponto extremo noroeste, aplique interativamente o método simplex de transporte para resolver o problema conforme formulado no item (*b*).
(e) Como de praxe, faça que c_{ij} represente o custo unitário associado à origem *i* e destino *j* conforme a tabela de parâmetros construída no item (*b*). Para a solução ótima obtida no item (*d*), suponha que o valor de c_{ij} para cada variável básica x_{ij} seja fixado no valor dado na tabela de parâmetros, porém o valor de c_{ij} para cada variável não básica x_{ij} possivelmente pode ser alterado por meio de negociação, pois o gerente da saibreira quer fechar negócio. Use a análise de sensibilidade para determinar o *intervalo possível* para cada uma das últimas c_{ij} e explique como essas informações podem ser úteis para o empreiteiro.

C **8.2-22** Considere a formulação e a solução do problema de transporte referente ao caso da Metro Water District apresentado nas Seções 8.1 e 8.2 (ver as Tabelas 8.12 e 8.23).

Os números fornecidos na tabela de parâmetros são apenas estimativas que podem ser um tanto imprecisas, de modo que a gerência agora deseja realizar alguma análise "o-que-se". Use o Excel Solver para gerar o Relatório de Sensibilidade. A seguir, utilize esse relatório para responder às seguintes questões. Em cada caso, suponha que a mudança indicada seja a única no modelo.

(a) A solução ótima da Tabela 8.23 permanece ótima caso o custo por pé-acre de distribuição de água do rio Calorie para San Go fosse, na verdade, US$ 200 em vez US$ 230?
(b) Essa solução permanece ótima se o custo por pé-acre de distribuição da água do rio Sacron para Los Devils fossem, na realidade, US$ 160 em vez de US$ 130?
(c) Essa solução deve permanecer ótima caso os custos considerados nos itens (*a*) e (*b*) fossem alterados ao mesmo tempo de seus valores originais para, respectivamente, US$ 215 e US$ 145?
(d) Suponha que a origem do rio Sacron e a demanda em Hollyglass sejam diminuídas simultaneamente da mesma quantidade. Os preços-sombra para avaliar essas mudanças têm de permanecer válidos caso a diminuição fosse de 0,5 milhão de pés-acres?

8.2-23 Sem gerar o Relatório de Sensibilidade, adapte o procedimento de análise de sensibilidade apresentado nas Seções 6.6 e 6.7 para conduzir a análise de sensibilidade especificada nas quatro partes do Problema 8.2-22.

8.3-1 Considere um problema de transporte com a seguinte tabela de parâmetros:

		Tarefa			
		1	**2**	**3**	**4**
Designado	A	8	6	5	7
Designado	B	6	5	3	4
Designado	C	7	8	4	6
Designado	D	6	7	5	6

(a) Desenhe a representação em rede deste problema da designação.

(b) Formule esse problema como um problema de transporte construindo a tabela de parâmetros apropriada.
(c) Exiba essa formulação em uma planilha do Excel.
C **(d)** Use o Excel Solver para obter uma solução ótima.

8.3-2 Quatro navios cargueiros serão usados para transportar mercadorias de um porto para quatro outros portos (indicados por 1, 2, 3 e 4). Qualquer navio pode ser usado para fazer qualquer uma dessas quatro viagens. Entretanto, em virtude das diferenças entre os navios e as cargas, o custo total de carregamento, transporte e descarga das mercadorias para as diferentes combinações navio-porto varia consideravelmente, conforme indicado na tabela a seguir:

Navio	Porto			
	1	2	3	4
Navio 1	US$ 500	US$ 400	US$ 600	US$ 700
Navio 2	US$ 600	US$ 600	US$ 700	US$ 500
Navio 3	US$ 700	US$ 500	US$ 700	US$ 600
Navio 4	US$ 500	US$ 400	US$ 600	US$ 600

O objetivo é destinar os quatro navios para quatro portos diferentes de maneira a minimizar o custo total para todos os quatro embarques.

(a) Descreva como este problema se adapta ao formato genérico do problema da designação.
C **(b)** Obtenha a solução ótima.
(c) Reformule esse problema como um problema de transporte equivalente construindo a tabela de parâmetros apropriada.
D,I **(d)** Use a regra do ponto extremo noroeste para obter uma solução BV inicial para o problema conforme formulado no item (c).
D,I **(e)** Partindo da solução BV inicial do item (d), aplique interativamente o método simplex de transporte para obter um conjunto ótimo de designações para o problema original.
D,I **(f)** Existem outras soluções ótimas além daquelas obtidas no item (e)? E, caso positivo, use o método simplex de transporte para identificá-las.

8.3-3 Reconsidere o Problema 8.1-4. Suponha que as previsões de vendas foram revisadas e caíram para, respectivamente, 280, 400 e 350 unidades por dia dos produtos 1, 2 e 3 e que cada fábrica agora tenha capacidade para produzir tudo o que é necessário para qualquer um dos produtos. Portanto, a gerência decidiu que cada produto novo deve ser destinado para uma única fábrica e que nenhuma fábrica deva ter atribuído a ela mais de um produto (de modo que três fábricas devam fabricar somente um produto e duas fábricas, nenhum). O objetivo é fazer essas designações de forma a minimizar o custo *total* de produção desses volumes dos três produtos.

(a) Formule este problema como um problema de transporte construindo a tabela de custos apropriada.
C **(b)** Obtenha a solução ótima.
(c) Reformule esse problema da designação como um problema de transporte equivalente construindo a tabela de parâmetros apropriada.

D,I **(d)** Começando pelo método da aproximação de Vogel, aplique interativamente o método simplex de transporte para resolver o problema conforme formulado no item (c).

8.3-4* O treinador de uma equipe de natação de determinada faixa etária precisa designar nadadores para a equipe de revezamento quatro estilos para a competição de 200 metros para enviá-los às Olimpíadas Juvenis. Já que a maioria de seus melhores nadadores é muito rápida em mais de um estilo, ele está em dúvida sobre qual nadador designar para cada um dos quatro estilos. Os cinco nadadores mais rápidos e os melhores tempos (em segundos) que eles alcançaram em cada um dos estilos (para 50m) são:

Estilo	Carl	Chris	David	Tony	Ken
Costas	37,7	32,9	33,8	37,0	35,4
Peito	43,4	33,1	42,2	34,7	41,8
Borboleta	33,3	28,5	38,9	30,4	33,6
Livre	29,2	26,4	29,6	28,5	31,1

O treinador quer determinar como designar quatro nadadores para os quatro diferentes estilos de modo a minimizar a soma dos melhores tempos correspondentes.

(a) Formule este problema como um problema de transporte construindo a tabela de custos apropriada.
C **(b)** Obtenha a solução ótima.

8.3-5 Considere a formulação do problema de designação da Opção 2 para o problema da Cia. Produtos Melhores apresentada na Tabela 8.29.

(a) Reformule este problema como um problema de transporte equivalente com três origens e cinco destinos construindo a tabela de parâmetros apropriada.
(b) Converta a solução ótima fornecida na Seção 8.3 para esse problema de designação em uma solução BV completa (incluindo variáveis básicas degeneradas) para o problema de transporte formulado no item (a). Especificamente, aplique o "Procedimento Genérico para Construção de uma Solução BV Inicial" da Seção 8.2. Para cada iteração do procedimento, em vez de usar qualquer um dos três critérios apresentados para a etapa 1, selecione a variável seguinte para corresponder à próxima designação de um produto a uma fábrica dados na solução ótima. Quando restarem apenas uma linha ou apenas uma coluna para ser consideradas, use a etapa 4 para selecionar as variáveis básicas restantes.
(c) Comprove que a solução ótima dada na Seção 8.3 para esse problema de designação, na verdade, é ótima aplicando, para tanto, apenas o trecho referente ao teste de otimalidade do método simplex de transporte para a solução BV completa obtida no item (b).
(d) Agora reformule esse problema da designação como um problema de transporte equivalente com cinco origens e cinco destinos, construindo a tabela de parâmetros apropriada. Compare esse problema de transporte com aquele formulado no item (a).
(e) Repita o item (b) para o problema conforme formulado no item (d). Compare a solução BV obtida com aquela do item (b).

D,I **8.3-6** Começando pelo método da aproximação de Vogel, aplique interativamente o método simplex de transporte para resolver o problema de designação da Job Shop Co. conforme formulado na Tabela 8.26*b*. (Conforme se afirmou na Seção 8.3, a solução ótima resultante tem $x_{14} = 1, x_{23} = 1, x_{31} = 1, x_{42} = 1$ e todos os demais $x_{ij} = 0$.)

8.3-7 Reconsidere o Problema 8.1-7. Suponha agora que os centros de distribuição 1, 2 e 3 devam receber exatamente 10, 20 e 30 unidades por semana, respectivamente. Por conveniência administrativa, a gerência decidiu que cada centro de distribuição será abastecido totalmente por uma única fábrica, de modo que uma fábrica vai abastecer um centro de distribuição e a outra, os outros dois centros de distribuição. A escolha dessas designações de fábricas a centros de distribuição deve ser feita exclusivamente baseando-se na minimização do custo total de transporte.

(a) Formule esse problema como um problema de transporte construindo a tabela de custos apropriada identificando, inclusive, os designados e as tarefas correspondentes.
C (b) Obtenha a solução ótima.
(c) Reformule esse problema como um problema de transporte equivalente (com quatro origens) construindo a tabela de parâmetros apropriada.
C (d) Resolva o problema conforme formulado no item (*c*).
(e) Repita o item (*c*) com apenas duas origens.
C (f) Resolva o problema conforme formulado no item (*e*).

8.3-8 Considere um problema da designação com a seguinte tabela de custos

		Tarefa		
		1	2	3
Pessoa	A	5	7	4
	B	3	6	5
	C	2	3	4

A solução ótima é A-3, B-1, C-2, com $Z = 10$.
C (a) Use o computador para verificar a solução ótima.
(b) Reformule esse problema como um problema de transporte equivalente construindo a tabela de parâmetros apropriada.
C (c) Obtenha a solução ótima para o problema de transporte formulado no item (*b*).
(d) Por que a solução BV ótima obtida no item (*c*) inclui algumas variáveis básicas (degeneradas) que não fazem parte da solução ótima para o problema da designação?
(e) Considere agora as variáveis *não básicas* na solução BV ótima obtida no item (*c*). Para cada variável não básica x_{ij} e custo c_{ij} correspondente, adapte o procedimento de análise de sensibilidade para a programação linear genérica (ver Caso 2*a* na Seção 6.7) para determinar o *intervalo possível* para c_{ij}.

8.3-9 Considere o modelo de programação linear para o problema de designação genérico da Seção 8.3. Construa a tabela de coeficientes de restrição para esse modelo. Compare essa tabela com aquela para o problema de transporte genérico (Tabela 8.6). Em que sentido o problema da designação genérico tem uma estrutura mais especial que o problema de transporte genérico?

I **8.4-1** Reconsidere o problema da designação apresentado no Problema 8.3-2. Aplique manualmente o algoritmo húngaro para resolvê-lo. (Você poderia usar o procedimento interativo correspondente no Tutorial IOR.)

I **8.4-2** Reconsidere o Problema 8.3-4. Veja sua formulação como um problema da designação nas respostas dadas no final deste livro. Aplique manualmente o algoritmo húngaro para resolvê-lo. (Você poderia usar o procedimento interativo correspondente no Tutorial IOR.)

I **8.4-3** Reconsidere a formulação do problema da designação da Opção 2 para o problema da Cia. Produtos Melhores apresentado na Tabela 8.29. Suponha que o custo para que a Fábrica 1 produza o produto 1 seja reduzido de 820 para 720. Solucione esse problema aplicando manualmente o algoritmo húngaro. (Você poderia usar o procedimento interativo correspondente no Tutorial IOR.)

I **8.4-4** Aplique manualmente o algoritmo húngaro (talvez usando o procedimento interativo correspondente no Tutorial IOR) para resolver um problema da designação com a seguinte tabela de custos:

		Tarefa		
		1	2	3
Pessoa	1	M	8	7
	2	7	6	4
	3(D)	0	0	0

I **8.4-5** Aplique manualmente o algoritmo húngaro (talvez usando o procedimento interativo correspondente no Tutorial IOR) para resolver um problema da designação com a seguinte tabela de custos:

		Tarefa			
		1	2	3	4
Designado	A	4	1	0	1
	B	1	3	4	0
	C	3	2	1	3
	D	2	2	3	0

I **8.4-6** Aplique manualmente o algoritmo húngaro (talvez usando o procedimento interativo correspondente no Tutorial IOR) para resolver um problema da designação com a seguinte tabela de custos:

		Tarefa			
		1	2	3	4
Designado	A	5	8	6	7
	B	9	5	7	8
	C	5	9	8	4
	D	6	3	5	9

CASOS

Caso 8.1 Entrega de madeira para o mercado

Alabama Atlantic é uma empresa de compensados que tem três fontes de madeira e cinco mercados a serem abastecidos. A disponibilidade anual de madeira nas fontes 1, 2 e 3 é de, respectivamente, 15, 20 e 15 milhões de pés quadrados em chapas de madeira. As quantidades que podem ser vendidas anualmente nos mercados 1, 2, 3, 4 e 5 são de, respectivamente, 11, 12, 9, 10 e 8 milhões de pés quadrados.

No passado, a empresa transportava madeira por via férrea. Entretanto, em virtude dos custos de transporte terem crescido, a alternativa de se usarem navios para fazer parte das entregas está sendo investigada. Essa alternativa exigiria que a empresa investisse em alguns navios. Exceto por esses custos de investimento, os custos de transporte em milhares de dólares por milhões de pés quadrados por via férrea e por navio (quando viável) seriam os seguintes para cada rota:

Fonte	Custo unitário por via férrea (em milhares de dólares) mercado					Custo unitário por navio (em milhares de dólares) mercado				
	1	2	3	4	5	1	2	3	4	5
1	61	72	45	55	66	31	38	24	—	35
2	69	78	60	49	56	36	43	28	24	31
3	59	66	63	61	47	—	33	36	32	26

O investimento de capital (em milhares de dólares) em navios necessário para cada milhão de pés quadrados em chapas de madeira a serem transportados anualmente por navio ao longo de cada rota é dado a seguir:

Fonte	Investimento em navios (em milhares de dólares) mercado				
	1	2	3	4	5
1	275	303	238	—	285
2	293	318	270	250	265
3	—	283	275	268	240

Considerando-se a vida útil esperada dos navios e o valor de tempo do dinheiro, o custo anual uniforme equivalente desses investimentos é de um décimo das quantias dadas na tabela. O objetivo é determinar o plano global de remessas que minimize o custo anual uniforme equivalente total (incluindo custos de transporte).

Você é o chefe da equipe de PO para a qual foi designada a tarefa de determinar esse plano de remessas para cada uma das três opções a seguir:

Opção 1: continuar transportando exclusivamente por via férrea.

Opção 2: mudar para o transporte exclusivo por navio (exceto onde somente seja possível o transporte por via férrea).

Opção 3: transportar por via férrea ou então navio, dependendo de qual seja menos oneroso para a rota em questão.

Apresente os resultados para cada opção. Compare-os.

Finalmente, considere que esses resultados se baseiam nos custos de transporte e de investimento atuais, de modo que a decisão sobre qual opção adotar agora deva levar em conta a projeção feita pela gerência contábil de como esses custos provavelmente mudarão no futuro. Para cada opção, descreva o cenário das futuras mudanças de custos que justificariam a adoção de determinada opção no momento.

(*Observação*: são fornecidos arquivos de dados no *site* da editora para sua conveniência.)

APRESENTAÇÃO DOS CASOS ADICIONAIS DO *SITE*

Caso 8.2 Continuação do estudo de caso da Texago

O suplemento deste capítulo no *site* da editora apresenta um estudo de caso de como a Texago Corp. solucionou diversos problemas de transporte para auxiliar na tomada de decisão referente ao local de sua nova refinaria de petróleo. Agora, a direção precisa responder à pergunta se a capacidade da nova refinaria deveria ser um pouco maior que a originalmente planejada. Isso exigirá a formulação e resolução de problemas de transporte adicionais. Uma parte fundamental da análise envolverá a combinação de dois problemas de transporte em um único modelo de programação linear, que considera simultaneamente o transporte de petróleo bruto dos campos petrolíferos para as refinarias e o transporte do produto final das refinarias para os centros de distribuição. É preciso também redigir um memorando para a direção relatando de forma sintética os resultados obtidos e suas recomendações.

Caso 8.3 Escolha de projetos

Este caso concentra-se em uma série de aplicações do problema de designação para uma indústria farmacêutica. A decisão foi tomada a fim de empreender cinco projetos de pesquisa e desenvolvimento na tentativa de desenvolver novos medicamentos capazes de tratar cinco tipos específicos de doenças. Cinco cientistas seniores estão disponíveis para conduzir esses projetos na qualidade de diretores de projeto. O problema agora é decidir como designá-los aos projetos em uma relação de um para um. É preciso considerar uma série de possíveis cenários.

Modelos de Otimização de Redes

As redes surgiram em diversos ambientes e de muitas formas distintas. Redes de transporte, elétricas e de comunicações são uma constante em nosso dia a dia. As representações em formato de rede são amplamente usadas para problemas em áreas tão diversas como produção, distribuição, planejamento de projetos, posicionamento de instalações, administração de recursos e planejamento financeiro – apenas para citar alguns exemplos. Na realidade, uma representação em rede fornece uma ferramenta conceitual e visual tão poderosa para descrever as relações entre os componentes de sistemas, que é utilizada praticamente em todos os campos dos empreendimentos científico, social e econômico.

Uma das conquistas mais fascinantes no campo da pesquisa operacional (PO) nos últimos anos foi o rápido avanço tanto na metodologia quanto na aplicação de modelos de otimização de redes. Uma série de grandes avanços em algoritmos teve muito impacto, assim como também tiveram as ideias nas ciências da computação referente às estruturas e à manipulação eficiente de dados. Consequentemente, hoje temos disponíveis algoritmos e softwares *que são utilizados* para resolver problemas de grande porte de forma rotineira, que seriam inimagináveis há duas ou três décadas.

Muitos modelos de otimização de redes, na verdade, são tipos especiais de problemas de *programação linear*. Por exemplo, tanto o problema de transporte quanto o de designação, discutidos no capítulo anterior, situam-se nessa categoria em virtude de suas representações em forma de rede apresentadas nas Figuras 8.3 e 8.5.

Um dos exemplos da programação linear apresentados na Seção 3.4 também é um problema de otimização de rede. Trata-se do problema da Cia. Distribuidora Ilimitada sobre como distribuir suas mercadorias por rede de distribuição mostrada na Figura 3.13. Esse tipo especial de problema de programação linear, chamado problema do *fluxo de custo mínimo*, é apresentado na Seção 9.6. Iremos Retornaremos a esse exemplo específico na seção mencionada e, depois, o solucionaremos por meio da metodologia de redes na seção seguinte.

Neste capítulo, faremos apenas uma rápida abordagem a respeito do que há de vanguarda na metodologia de redes. Porém, apresentaremos cinco tipos importantes de problemas de rede e alguns conceitos básicos de como resolvê-los (sem nos aprofundarmos em questões de estruturas de dados, vitais no sucesso das implementações em larga escala). Cada um dos três primeiros tipos de problemas – o *problema do caminho mais curto*, o *problema da árvore de expansão mínima* e o *problema do fluxo máximo* – tem uma estrutura muito específica que surge frequentemente nas aplicações.

O quarto tipo – o *problema do fluxo de custo mínimo* – fornece a metodologia unificada para muitas outras aplicações em decorrência de sua estrutura muito mais genérica. De fato, essa estrutura é tão genérica que abrange, como casos especiais, o problema do caminho mais curto quanto o problema do fluxo máximo, assim como os problemas de transporte e da designação do Capítulo 8. Pelo fato de o problema do fluxo de custo mínimo ser um tipo especial de problema de programação linear, ele pode ser resolvido de forma extremamente eficiente por meio de uma versão aperfeiçoada do método simplex denominada *método simplex de rede*. Não vamos discutir problemas de rede mais genéricos que são mais difíceis de ser resolvidos.

O quinto tipo de problema de rede considerado aqui envolve determinar a maneira mais econômica de se conduzir um projeto de modo que ele possa ser concluído no prazo. Uma técnica chamada *método CPM de relações tempo-custo* é utilizada para formular um modelo de rede do projeto e as relações tempo-custo para suas atividades. Em seguida, é empregada a análise de custo marginal ou, então, a programação linear para encontrar o plano de projeto ótimo.

A primeira seção apresenta um exemplo-protótipo que será utilizado subsequentemente para ilustrar a metodologia para os três primeiros desses problemas. A Seção 9.2 apresenta alguma terminologia básica para redes. As quatro seções seguintes lidam com os quatro primeiros problemas, um de cada vez, e dedica-se a Seção 9.7 ao método simplex de rede. A Seção 9.8 apresenta o método CPM de relações tempo-custo.

9.1 EXEMPLO-PROTÓTIPO

O Seervada Park foi reservado recentemente para visitação e excursões limitadas (mochileiros). Não se permite o ingresso de carros no parque, porém, há um sistema de estradinhas estreitas e tortuosas por onde podem trafegar pequenos carros elétricos e jipes dirigidos pelos guardas florestais. Esse sistema de estradas é mostrado (sem as curvas) na Figura 9.1, na qual o local O é a entrada do parque. Outras letras designam os locais de postos de guardas florestais (e outras instalações limitadas). Os números fornecem as distâncias em milhas dessas estradinhas tortuosas.

O parque tem uma vista panorâmica de destaque no posto T. Um pequeno número de carrinhos é usado para levar e trazer visitantes da entrada do parque até esse posto.

A gerência do parque está se deparando atualmente com três problemas. Um é determinar que rota da entrada do parque até o posto T tem a *menor distância total* para a operação dos carrinhos. (Esse é um exemplo do problema do caminho mais curto a ser discutido na Seção 9.3.)

Um segundo problema é que as linhas telefônicas têm de ser instaladas sob as vias para estabelecer comunicação telefônica entre todos os postos (inclusive a entrada do parque). Pelo fato de a instalação ser cara e também prejudicial ao meio ambiente, as linhas serão instaladas somente debaixo de um número de estradas suficientes para fornecer alguma conexão entre cada par de postos. A questão é onde as linhas devem ser colocadas para que atenda a um número total *mínimo* de milhas de linha instalada. (Esse é um exemplo de problema da árvore de expansão mínima a ser discutido na Seção 9.4.)

O terceiro problema é que um número maior de pessoas deseja utilizar o serviço de transporte do parque do que pode ser atendido durante a época de pico da visitação. Para evitar maiores transtornos à ecologia, à fauna e à flora da região, foi imposto uma limitação rigorosa no número de viagens de carrinhos que podem ser feitas diariamente por essas estradas. (Esses limites diferem para as diversas estradas, como descreveremos em detalhes na Seção 9.5.) Portanto, durante o pico da temporada, várias rotas poderiam ser seguidas, independentemente da distância, visando aumentar o número de viagens que poderiam ser feitas todos os dias. A questão é quais rotas escolher para as diversas viagens de modo a *maximizar* o número delas que poderiam ser feitas diariamente sem violar os limites em qualquer uma das estradas individualmente. (Esse é um exemplo de problema do fluxo máximo a ser discutido na Seção 9.5.)

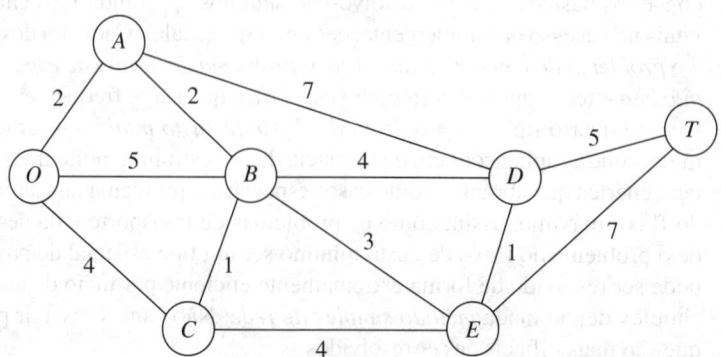

■ **FIGURA 9.1** O sistema de pequenas estradas para o Seervada Park.

9.2 A TERMINOLOGIA DAS REDES

Uma terminologia relativamente extensa foi desenvolvida para descrever os vários tipos de rede e seus componentes. Embora tenhamos evitado o máximo possível o emprego desse vocabulário específico, ainda precisamos apresentar um número considerável de termos para uso ao longo deste capítulo. Sugerimos que você leia esta seção logo no início para compreender as definições e, depois, planeje retornar para retomá-la à medida que os termos forem usados em seções subsequentes. Para ajudá-lo, cada termo é destacado em **negrito** no trecho em que for definido.

Uma rede é formada por um conjunto de *pontos* e de *traços* que conectam certos pares de pontos. Os pontos são chamados **nós** (ou vértices); por exemplo, a rede da Figura 9.1 tem sete nós designados por sete círculos. Os traços são chamadas **arcos** (ou ligações ou bordas ou ramificações): por exemplo, a rede na Figura 9.1 tem 12 arcos correspondentes a 12 estradas no sistema viário do parque. Os arcos são identificados nomeando-se os nós em cada uma de suas extremidades; por exemplo, AB é o arco entre os nós A e B na Figura 9.1.

Os arcos de uma rede podem ter um fluxo de algum tipo através deles, por exemplo, o fluxo de carrinhos nas estradas do Seervada Park na Seção 9.1. A Tabela 9.1 oferece diversos exemplos de fluxo em redes típicas. Se o fluxo através de um arco for permitido apenas em uma direção (por exemplo, uma via de mão única), o arco é dito **arco direcionado**. A direção é indicada adicionando-se uma seta na extremidade da reta representando o arco. Quando um arco direcionado for identificado listando-se dois nós que o conectam, o nó *de* partida sempre é dado antes *do* nó de destino; por exemplo, um arco que é direcionado *do* nó A *para* o nó B tem de ser identificado por AB e não por BA. Alternativamente, esse arco pode ser identificado como $A \rightarrow B$.

Se o fluxo através de um arco for permitido em ambas as direções (por exemplo, uma tubulação que pode ser usada para bombear fluido em ambas as direções), o arco é chamado **arco não direcionado**. Para ajudá-lo a fazer a distinção entre os dois tipos de arcos, frequentemente vamos nos referir a arcos não direcionados pelo nome sugestivo de **ligações**.

Embora o fluxo através de um arco não direcionado seja permitido em ambas as direções, partiremos do pressuposto de que o fluxo será unidirecional no sentido da escolha em vez de ter fluxos simultâneos em direções opostas. (O último caso requer o emprego de um *par de arcos direcionados*.) Entretanto, no processo de tomada de decisão sobre o fluxo através de um arco não direcionado, é permitido fazer uma sequência de designações de fluxos em direções opostas, mas sabendo que o fluxo real será o *fluxo líquido* (a diferença entre os fluxos designados nas duas direções). Por exemplo, se um fluxo igual a 10 tiver sido designado para determinada direção e depois um fluxo igual a 4 for designado para a direção oposta, o efeito real é o de *cancelar* 4 unidades da designação original reduzindo o fluxo na direção original de 10 para 6. Igualmente para um arco direcionado, a mesma técnica algumas vezes é usada como um dispositivo apropriado para reduzir um fluxo previamente designado. Em particular, é permitido fazer uma designação de fluxo na direção "errada" por meio de um arco direcionado para registrar uma redução dessa quantidade do fluxo na direção "correta".

Uma rede que possua apenas arcos direcionados é denominada **rede direcionada**. De forma similar, se todos os seus arcos forem não direcionados, a rede é dita **rede não direcionada**. Uma rede com uma mistura dos dois tipos de arcos (ou até mesmo com todos os arcos não direcionados) pode ser convertida para uma rede direcionada. (Você terá então a opção de interpretar os fluxos por intermédio de cada par de arcos direcionados como fluxos simultâneos em direções opostas ou fornecer um fluxo líquido em uma direção, dependendo de qual se adapta à sua aplicação.)

■ **TABELA 9.1** Componentes de redes típicas

Nós	Arcos	Fluxo
Intersecções	Vias	Veículos
Aeroportos	Rotas aéreas	Aeronave
Pontos de comutação	Fios, canais	Mensagens
Estações de bombeamento	Tubulação	Fluidos
Centros de trabalho	Rotas de tratamentos de materiais	Tarefa

Quando dois nós não são conectados por um arco, uma questão natural seria se eles são ou não conectados por uma série de arcos. Um **caminho** entre dois nós é uma *sequência de arcos distintos* conectando esses nós. Por exemplo, um dos caminhos conectando os nós O e T na Figura 9.1 é a sequência de arcos OB-BD-DT ($O \rightarrow B \rightarrow D \rightarrow T$), ou vice-versa. Quando todos ou parte dos arcos na rede forem arcos direcionados, fazemos então a distinção entre caminhos direcionados e caminhos não direcionados. Um **caminho direcionado** do nó i para o nó j é uma sequência de arcos conectados cuja direção (se houver alguma) será no *sentido* do nó j, de modo que o fluxo do nó i para o nó j ao longo desse caminho seja viável. Um **caminho não direcionado** do nó i para o nó j é uma sequência de arcos conectados cuja direção (se existir alguma) pode ser *tanto* no sentido, como afastando-se do nó j. (Observe que um caminho direcionado também satisfaz a definição de um caminho não direcionado, todavia, o inverso não é verdadeiro.) Frequentemente, um caminho não direcionado terá alguns arcos direcionados no sentido do nó j, porém, outros direcionados no sentido de se afastar (isto é, no sentido do nó i). Você verá nas Seções 9.5 e 9.7 que, talvez de forma surpreendente, os caminhos *não direcionados* desempenham papel fundamental na análise de redes *direcionadas*.

Para exemplificar essas definições, a Figura 9.2 mostra uma rede direcionada típica. Seus nós e arcos são os mesmos da Figura 3.13, em que os nós A e B representam duas fábricas, os nós D e E representam dois depósitos, o nó C representa um centro de distribuição e os arcos, as rotas marítimas. A sequência de arcos AB-BC-CE ($A \rightarrow B \rightarrow C \rightarrow E$) é um caminho direcionado do nó A para o nó E, já que o fluxo em direção ao nó E ao longo de todo esse caminho é viável. No entanto, BC–AC–AD ($B \rightarrow C \rightarrow A \rightarrow D$) *não* é um caminho direcionado do nó B para o nó D, pois a direção do arco AC é no sentido de se afastar de D (nesse caminho). Entretanto, $B \rightarrow C \rightarrow A \rightarrow D$ é um caminho não direcionado do nó B para o nó D, porque a sequência de arcos BC-AC-AD conecta esses dois nós (embora a direção do arco AC impeça o fluxo através desse caminho).

Como um exemplo da relevância dos caminhos não direcionados, suponha que duas unidades de fluxo do nó A para o nó C tenham sido previamente designadas ao arco AC. Dada essa designação prévia, agora é viável designar um fluxo menor, digamos, uma unidade, para todo o caminho não direcionado $B \rightarrow C \rightarrow A \rightarrow D$, embora a direção do arco AC impeça o fluxo positivo por meio de $C \rightarrow A$. A razão para isso é que essa designação de fluxo na direção "errada" para o arco AC, na verdade, apenas *reduz* o fluxo na direção "certa" de uma unidade. As Seções 9.5 e 9.7 utilizam de modo intensivo essa técnica de designar um fluxo por meio de um caminho não direcionado, que inclui arcos cuja direção é oposta àquela desse fluxo, no qual o efeito real para esses arcos é reduzir fluxos positivos previamente designados na direção "correta".

Um caminho que começa e termina no mesmo nó é chamado **ciclo**. Em uma rede *direcionada*, um ciclo será um ciclo direcionado ou, então, não direcionado, dependendo de se o caminho em questão for um ciclo direcionado ou não direcionado. Já que um caminho direcionado também é um caminho não direcionado, um ciclo direcionado é um ciclo não direcionado, mas, em geral, o inverso não é verdadeiro. Na Figura 9.2, por exemplo, DE-ED é um ciclo direcionado. Ao contrário, AB–BC–AC não é

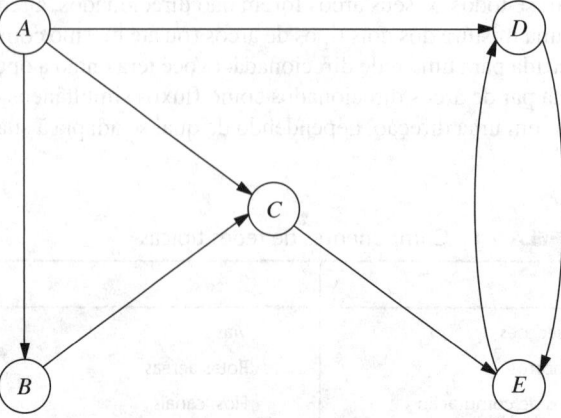

■ **FIGURA 9.2** A rede de distribuição da Cia. de Distribuição Ilimitada, apresentada pela primeira vez na Figura 3.13, ilustra uma rede direcionada.

CAPÍTULO 9 MODELOS DE OTIMIZAÇÃO DE REDES **345**

um ciclo direcionado, uma vez que a direção do arco *AC* opõe-se à direção dos arcos *AB* e *BC*. Contudo, *AB–BC–AC* é um ciclo não direcionado, pois $A \to B \to C \to A$ é um caminho não direcionado. Na rede não direcionada mostrada na Figura 9.1 há diversos ciclos, por exemplo, *OA–AB–BC–CO*. Entretanto, observe que a definição de *caminho* (uma sequência de arcos *distintos*) descarta a possibilidade de se percorrer novamente as etapas de alguém na formação de um ciclo. Por exemplo, *OB–BO* na Figura 9.1 não pode ser qualificado como um ciclo, visto que *OB* e *BO* são dois nomes para o *mesmo* arco (ligação). Entretanto, *DE-ED* é um ciclo (direcionado) na Figura 9.2, porque *DE* e *ED* são arcos distintos.

Dois nós são ditos **conectados** caso a rede contenha pelo menos um caminho *não direcionado* entre eles. (Observe que o caminho não precisa ser direcionado mesmo se a rede for direcionada.) Uma **rede conectada** é uma rede na qual todo par de nós é conectado. Portanto, as redes nas Figuras 9.1 e 9.2 são ambas conectadas. Porém, a última rede não seria conectada caso os arcos *AD* e *CE* fossem eliminados.

Considere uma rede conectada com *n* nós (por exemplo, os $n = 5$ nós na Figura 9.2), em que todos os arcos foram eliminados. Uma "árvore" pode ser "expandida" adicionando-se um arco (ou "ramificação") por vez a partir da rede original de algum modo. O primeiro arco pode ir para qualquer lugar para conectar algum par de nós. A partir daí, cada arco novo deve estar entre um nó, que já esteja conectado a outros nós, e um novo nó não previamente conectado a qualquer outro nó. Adicionar um nó dessa maneira impede a criação de um ciclo e garante que o número de nós conectados seja uma unidade a mais que o número de arcos. Cada arco novo cria uma **árvore** maior que é uma *rede conectada* (de algum subconjunto dos *n* nós), que não contém nenhum *ciclo não direcionado*. Assim que o $(n - 1)$ o arco tiver sido adicionado, o processo cessa, pois a árvore resultante *abrange* (conecta) todos os *n* nós. Essa árvore é chamada **árvore de expansão**, isto é, uma *rede conectada* de todos os *n* nós que não contêm *nenhum ciclo não direcionado*. Cada uma das árvores de expansão tem exatamente $n - 1$ arcos, visto que este é o número *mínimo* de arcos necessário para ter uma rede conectada e o número *máximo* possível sem ter ciclos não direcionados.

A Figura 9.3 usa os cinco nós e alguns dos arcos da Figura 9.2 para ilustrar esse processo de crescimento de uma árvore de um arco (ramificação) por vez, até uma árvore de expansão ter sido obtida. Há diversas escolhas alternativas para o novo arco de cada estágio do processo; portanto, a Figura 9.3

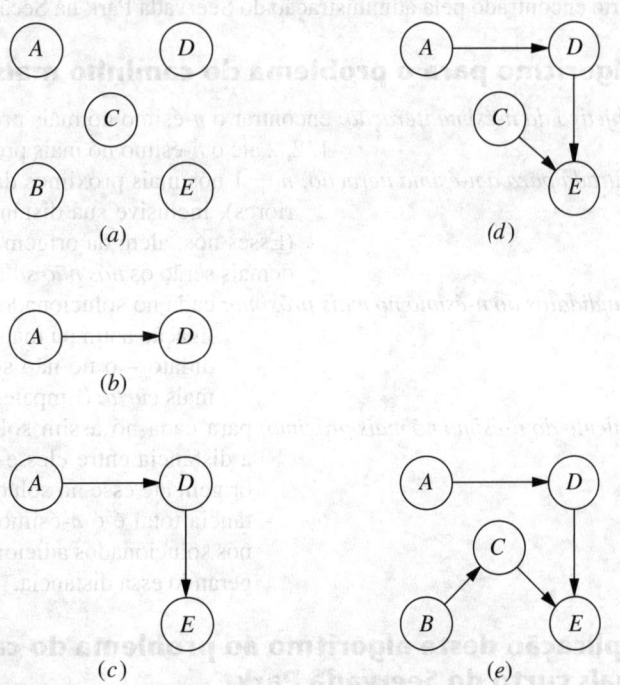

■ **FIGURA 9.3** Exemplo de crescimento de uma árvore através de um arco por vez para a rede da Figura 9.2: (*a*) Os nós sem arcos; (*b*) uma árvore com um arco; (*c*) uma árvore com dois arcos; (*d*) uma árvore com três arcos; (*e*) uma árvore de expansão.

mostra apenas uma das diversas maneiras de se construir uma árvore de expansão nesse caso. Observe, entretanto, como cada arco novo adicionado satisfaz as condições especificadas no parágrafo anterior. Vamos discutir e ilustrar com detalhes as árvores de expansão na Seção 9.4.

Essas árvores desempenham papel fundamental na análise de muitas redes. Por exemplo, elas formam a base para o *problema da árvore de expansão mínima* discutido na Seção 9.4. Outro exemplo excelente é que árvores de expansão (viáveis) correspondem às soluções BV para o método simplex de rede discutido na Seção 9.7.

Finalmente, necessitaremos de mais alguns termos sobre *fluxos* em redes. A quantidade máxima de fluxo (possivelmente infinita) que pode ser transportada em um arco direcionado é conhecida como **capacidade do arco**. Para nós, é feita uma distinção entre aqueles que são geradores de fluxo líquidos, que absorvem fluxo ou nenhum dos dois. Um **nó de suprimento** (ou nó de origem ou origem) tem a propriedade de que o fluxo que *sai* do nó excede o fluxo que *entra* no nó. O caso inverso é o **nó de demanda** (ou nó escoador ou escoadouro), em que o fluxo que *entra* no nó excede o fluxo que *sai* do nó. Um **nó de transbordo** (ou nó intermediário) satisfaz a *conservação do fluxo*, de modo que o fluxo que entra seja igual ao fluxo que sai.

9.3 O PROBLEMA DO CAMINHO MAIS CURTO

Embora muitas outras versões do problema do caminho mais curto (inclusive algumas para as redes direcionadas) sejam mencionadas no final desta seção, iremos nos concentrar na seguinte versão simples. Considere uma rede *conectada* e *não direcionada* com dois nós especiais chamados *origem* e *destino*. Associada a cada uma das *ligações* (arcos não direcionados) está uma *distância* não negativa. O objetivo é encontrar o caminho mais curto (o caminho com a distância total mínima) da origem ao destino.

Um algoritmo relativamente simples encontra-se disponível para esse problema. A essência desse procedimento é que ele se espalha em todas as direções a partir da origem, identificando sucessivamente o caminho mais curto para cada um dos nós da rede na ordem ascendente de suas distâncias (mais curtas) a partir da origem e, assim, solucionando o problema quando o nó de destino é atingido. Primeiro descreveremos o método e depois o ilustraremos solucionando o problema do caminho mais curto encontrado pela administração do Seervada Park na Seção 9.1.

Algoritmo para o problema do caminho mais curto

Objetivo da n-ésima iteração: encontrar o *n*-ésimo nó mais próximo da origem (a ser repetido para *n* 1, 2,... até o *n*-ésimo nó mais próximo ser o destino).

Entrada para a n-ésima iteração: $n - 1$ nós mais próximos da origem (resolvido nas iterações anteriores), inclusive sua distância da origem e caminho mais curtos. (Esses nós, além da origem, serão chamados *nós solucionados*; os demais serão os *nós não solucionados*.)

Candidatos ao n-ésimo nó mais próximo: cada nó solucionado que é conectado diretamente por uma ligação a um ou mais nós não solucionados fornece *um* candidato – o nó não solucionado com a ligação de conexão mais *curta*. (Empates fornecem candidatos adicionais.)

Cálculo do n-ésimo nó mais próximo: para cada nó assim solucionado e seu candidato, acrescente a distância entre eles e a distância do caminho mais curto da origem até esse nó solucionado. O candidato com a menor distância total é o *n*-ésimo nó mais próximo (empates fornecem nós solucionados adicionais) e seu caminho mais curto é aquele gerando essa distância.

Aplicação deste algoritmo ao problema do caminho mais curto do Seervada Park

A administração do Seervada Park precisa encontrar o caminho mais curto da entrada do parque (nó *O*) até a vista panorâmica (nó *T*) por meio do sistema viário exposto na Figura 9.1. Aplicar o algoritmo anterior a esse problema leva aos resultados exibidos na Tabela 9.2 (em que o empate para o segundo nó mais

TABELA 9.2 Aplicação do algoritmo do caminho mais curto ao problema do Seervada Park

n	Nós solucionados diretamente conectados a nós não solucionados	Nó não solucionado com conexão mais próxima	Distância total envolvida	n-ésimo nó mais	Distância mínima	Última conexão
1	O	A	2	A	2	OA
2, 3	O A	C B	4 2 + 2 = 4	C B	4 4	OC AB
4	A B C	D E E	2 + 7 = 9 4 + 3 = 7 4 + 4 = 8	E	7	BE
5	A B E	D D D	2 + 7 = 9 4 + 4 = 8 7 + 1 = 8	D D	8 8	BD ED
6	D E	T T	8 + 5 = 13 7 + 7 = 14	T	13	DT

próximo permite pular diretamente em busca do quarto nó mais próximo seguinte). A primeira coluna (n) indica a contagem de iterações. A segunda coluna simplesmente lista os nós solucionados para o início da iteração atual após eliminar aquelas irrelevantes (aquelas não conectadas diretamente a qualquer nó não solucionado). A terceira coluna fornece então os *candidatos* para o n-ésimo nó mais próximo (os nós não solucionados com a ligação de conexão mais *curta* a um nó solucionado). A quarta coluna calcula a distância do caminho mais curto da origem até cada um desses candidatos (a saber, a distância ao nó solucionado mais a distância de ligação ao candidato). O candidato com a menor dessas distâncias é o n-ésimo nó mais próximo à origem, conforme listado na quinta coluna. As duas colunas últimas resumem as informações para esse *nó solucionado mais novo*, necessário para prosseguir para iterações subsequentes (a saber, a distância do caminho mais curto da origem até esse nó e a última ligação nesse caminho mais curto).

Agora, relacionemos essas colunas diretamente à descrição dada para o algoritmo. A *entrada para a* n-*ésima iteração* é fornecida pelas quinta e sexta colunas das iterações precedentes, nas quais os nós solucionados na quinta coluna são, então, listados na segunda para a iteração atual após eliminar aquelas que não são mais conectadas diretamente a nós não solucionados. Os *candidatos ao* n-*ésimo nó mais próximo* são listados a seguir, na terceira coluna para a atuação atual. O *cálculo do* n-*ésimo nó mais próximo* é realizado na quarta coluna e os resultados são registrados nas três últimas colunas para a presente iteração.

Após o trabalho mostrado na Tabela 9.2 ser concluído, o caminho mais curto do destino até a origem pode ser rastreado pela última coluna dessa tabela *como* $T \to D \to E \to B \to A \to O$ ou, então, $T \to D \to B \to A \to O$. Portanto, as duas alternativas para o caminho mais curto *da origem ao destino* foram identificadas como $O \to A \to B \to E \to D \to T$ e $O \to A \to B \to D \to T$ com uma distância total de 13 milhas em ambos os caminhos.

Uso do Excel para formular e solucionar problemas do caminho mais curto

Esse algoritmo fornece uma maneira particularmente eficiente para resolver problemas do caminho mais curto de grandes dimensões. No entanto, alguns pacotes de software de programação matemática não o incluem. Se isso não acontecer, eles normalmente incluirão o *método simplex de rede* citado na Seção 9.7, que é outra boa opção para esses problemas.

Já que o problema do caminho mais curto é um tipo especial de problema de programação linear, o método simplex genérico também pode ser usado quando melhores opções não estiverem prontamente disponíveis. Embora nem de perto tão eficiente como esses algoritmos especializados em problemas do caminho mais curto de grandes dimensões, é totalmente adequado para problemas de dimensões até bem substanciais (muito maiores que o problema da Seervada Park). O Excel, que se baseia no método simplex genérico, fornece uma maneira conveniente de formular e resolver problemas do caminho mais curto com algumas dezenas de arcos e nós.

A Figura 9.4 mostra uma formulação de planilha apropriada para os problemas do caminho mais curto do Seervada Park. Em vez de aplicar o tipo de formulação apresentado na Seção 3.6, que utiliza uma linha separada para cada restrição funcional do modelo de programação linear, essa formulação explora a estrutura especial que lista os *nós* na coluna G e os *arcos* nas colunas B e C, bem como a distância (em milhas) ao longo de cada arco na coluna E. Uma vez que cada ligação na rede é um *arco não direcionado*, enquanto percorrer o caminho mais curto em uma direção, cada ligação pode ser substituída por um par de arcos *direcionados* em direções opostas. Portanto, as colunas B e C juntas listam ambas as ligações verticais próxima na Figura 9.1 (B–C e D–E) duas vezes, uma como um arco para baixo e outra como um arco para cima, já que ambas as direções poderiam estar no caminho escolhido. No entanto, as demais ligações são listadas somente como arcos da esquerda-para-a-direita, pois essa é a única direção de interesse para escolher um caminho mais curto da origem para o destino.

Uma viagem da origem ao destino é interpretada como um "fluxo" de 1 no caminho escolhido por meio da rede. As decisões a serem tomadas são quais arcos deveriam ser incluídos no caminho a

	A	B	C	D	E	F	G	H	I	J
1	Problema do caminho mais curto — Seervada Park									
2										
3		De	Para	Na rota	Distância		Nós	Fluxo líquido		Oferta/Demanda
4		O	A	1	2		O	1	=	1
5		O	B	0	5		A	0	=	0
6		O	C	0	4		B	0	=	0
7		A	B	1	2		C	0	=	0
8		A	D	0	7		D	0	=	0
9		B	C	0	1		E	0	=	0
10		B	D	0	4		T	-1	=	-1
11		B	E	1	3					
12		C	B	0	1					
13		C	E	0	4					
14		D	E	0	1					
15		D	T	1	5					
16		E	D	1	1					
17		E	T	0	7					
18										
19			Distância total	13						

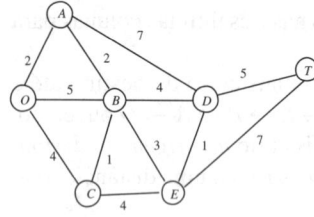

Solver Parameters
Set Target Cell: TotalDistan
Equal To: ○ Max ● Min
By Changing Cells:
OnRoute
Subject to the Constraints:
NetFlow = SupplyDemand

	H
3	FluxoLiquido
4	=SUMIF(De,G4,NaRota)-SUMIF(Para,G4,NaRota)
5	=SUMIF(De,G5,NaRota)-SUMIF(Para,G5,NaRota)
6	=SUMIF(De,G6,NaRota)-SUMIF(Para,G6,NaRota)
7	=SUMIF(De,G7,NaRota)-SUMIF(Para,G7,NaRota)
8	=SUMIF(De,G8,NaRota)-SUMIF(Para,G8,NaRota)
9	=SUMIF(De,G9,NaRota)-SUMIF(Para,G9,NaRota)
10	=SUMIF(De,G10,NaRota)-SUMIF(Para,G10,NaRota)

Solver Options
☑ Assume Linear Model
☑ Assume Non-Negative

	C	D
19	DistanciaTotal	=SUMPRODUCT(D4:D17,E4:E17)

Nome da faixa de células	Células
Distancia	E4:E17
De	B4:B17
FluxoLiquido	H4:H10
Nos	G4:G10
NaRota	D4:D17
OfertaDemanda	J4:J10
Para	C4:C17
DistanciaTotal	D19

■ **FIGURA 9.4** Uma formulação em planilha para o problema do caminho mais curto do Seervada Park, em que as células que mudam NaRota (D4:D17) mostram a solução ótima obtida pelo Excel Solver e a célula de destino DistanciaTotal (D19) dá a distância total (em milhas) do caminho mais curto. A rede próxima da planilha ilustra o sistema de pequenas estradas do Seervada Park que foi originalmente representada na Figura 9.1.

Exemplo de Aplicação

Constituída em 1881, a **Canadian Pacific Railway (CPR)** foi a primeira linha ferroviária transcontinental da América do Norte. A CPR transporta carga ferroviária ao longo de uma rede de 22.500 km que se estende de Montreal a Vancouver e depois por todo o noroeste e meio-oeste dos Estados Unidos. Alianças com outras transportadoras estendem o alcance de mercado da CPR para os principais centros comerciais mexicanos também.

Todos os dias a CPR recebe cerca de 7.000 novas remessas de seus clientes para destinos espalhadaos por toda a América do Norte bem como para exportação. Ela tem que estabelecer as rotas e transportar essas remessas em vagões através da rede ferroviária, onde um vagão pode ser trocado uma série de vezes de uma locomotiva para outra antes de atingir seu destino final. A CPR tem que coordenar as remessas de acordo com seus planos operacionais para 1.600 locomotivas, 65.000 vagões, mais de 5.000 ferroviários e 250 pátios para trens.

A direção da CPR recorreu a uma firma de consultoria de PO, a MultiModal Applied Systems, para trabalhar em conjunto com seus funcionários na elaboração de uma abordagem de pesquisa operacional para esse problema. Foi usada uma série de técnicas de PO para criar uma nova estratégia operacional. Entretanto, a base da abordagem foi representar o fluxo de blocos de vagões como um fluxo através da rede ferroviária onde cada nó correspondia tanto a um local como a um dado momento. Essa representação possibilitou depois a aplicação das técnicas de otimização de redes. Por exemplo, inúmeros problemas do caminho mais curto são resolvidos todos os dias como parte da abordagem geral.

Essa aplicação da pesquisa operacional faz com que a CPR poupe, grosseiramente, **US$ 100 milhões** *por ano*. A produtividade da mão de obra, a produtividade das locomotivas, o consumo de combustível e a velocidade das composições melhoraram substancialmente. Além disso, a CPR consegue prestar bons serviços a seus clientes cumprindo de forma confiável seus prazos de entrega. Ela recebeu várias premiações pela melhoria na qualidade de seus serviços. Essa aplicação das técnicas de otimização de rede também levaram a CPR a conquistar, em 2003, um prestigioso primeiro prêmio no concurso internacional Franz Edelman Award for Achievement in Operations Research and the Management Sciences.

Fonte: P. Ireland, R. Case, J. Fallis, C. Van Dyke, J. Kuehn, and M. Meketon: "The Canadian Pacific Railway TransformsOperations by Using Models to Develop Its Operating Plans", *Interfaces*, **34**(1): 5-14, Jan.-Feb. 2004. (Este artigo está disponível em inglês no *site* da editora, www.bookman.com.br.)

---

ser percorrido. Um fluxo de 1 é designado a um arco se ele for incluído, ao passo que o fluxo é 0, se ele não for incluído. Portanto, as variáveis de decisão são:

$$x_{ij} = \begin{cases} 0 & \text{se o arco } i \to j \text{ não for incluído} \\ 1 & \text{se o arco } i \to j \text{ for incluído} \end{cases}$$

para cada um dos arcos que estão sendo considerados. Os valores dessas variáveis de decisão são incluídos nas células que mudam NaRota (D4:D17).

Cada nó pode ser pensado como tendo um fluxo de 1 passando através dele caso esteja no caminho mais selecionado, mas nenhum fluxo em caso contrário. O *fluxo líquido* gerado em um nó é o *fluxo que sai* menos o *fluxo que entra*, de modo que o fluxo líquido seja 1 na origem, −1 no destino e 0 todos os outros nós. Essas exigências para os fluxos líquidos são especificadas na coluna J da Figura 9.4. Usando as equações na parte inferior da figura, cada célula da coluna H calcula então o fluxo líquido *real* naquele nó adicionando o fluxo de saída e subtraindo o fluxo de entrada. As restrições correspondentes, FluxoLiquido (H4:H10) = OfertaDemanda (J4:J10), são especificadas na caixa de diálogo do Solver.

A célula de destino DistanciaTotal (D19) fornece a distância total em milhas do caminho escolhido usando a equação para essa célula da parte inferior da Figura 9.4. O objetivo de *minimizar* essa célula de destino foi especificado na caixa de diálogo Solver. A solução mostrada na coluna D é uma solução ótima após clicar no botão Solve. Essa solução é, de fato, um dos dois caminhos mais curtos identificados anteriormente pelo algoritmo para o algoritmo do caminho mais curto.

Outras aplicações

Nem todas as aplicações do problema do caminho mais curto envolvem minimizar a distância percorrida da origem ao destino. Na realidade, talvez elas nem mesmo envolvam viagem. As conexões (ou arcos) podem representar atividades de algum outro tipo, portanto escolher o caminho necessário pela rede corresponde a selecionar a melhor sequência de atividades. Os números que fornecem os "comprimentos" das ligações podem então ser, por exemplo, os *custos* das atividades, em cujo caso o objetivo seria determinar qual sequência de atividades minimiza o custo total. A seção de Worked Examples do *site* da editora inclui **outro exemplo** desse tipo que ilustra sua formulação como um problema do caminho mais curto e, depois, sua solução por meio do algoritmo para tais problemas, ou então o Excel Solver com uma formulação de planilha.

Eis as três categorias de aplicações.

1. Minimizar a *distância* total percorrida, como no exemplo do Seervada Park.
2. Minimizar o *custo* total de uma sequência de atividades. (Problema 9.3-3 é desse tipo.)
3. Minimizar o *tempo* total de uma sequência de atividades. (Problemas 9.3-6 e 9.3-7 são desse tipo.)

É até mesmo possível para todas as três categorias surgirem na *mesma* aplicação. Suponha, por exemplo, que você deseja encontrar o melhor percurso para ir de uma cidade a outra por uma série de cidades intermediárias. Você terá então a opção de definir o melhor percurso como aquele que minimiza a *distância* total percorrida ou que minimiza o *custo* total realizado ou que minimiza o *tempo* total necessário. (O Problema 9.3-2 ilustra tal aplicação.)

Muitas aplicações requerem encontrar o caminho *direcionado* mais curto da origem ao destino por uma rede direcionada. O algoritmo já apresentado pode, com facilidade, ser modificado para lidar apenas com os caminhos direcionados a cada iteração. Particularmente, quando candidatos ao n-ésimo nó mais próximo forem identificados, somente arcos direcionados *de* um nó solucionado *a* um nó não solucionado são considerados.

Outra versão do problema do caminho mais curto é encontrar os caminhos mais curtos da origem até *todos* os demais nós da rede. Observe que o algoritmo já encontra o caminho mais curto para cada nó que está mais próximo da origem do que o destino. Portanto, quando todos os nós são destinos potenciais, a única modificação necessária no algoritmo é que ele não pare até que todos os nós sejam nós solucionados.

Uma versão ainda mais genérica do problema do caminho mais curto é encontrar os caminhos mais curtos de *cada* nó até cada um dos outros nós. Outra opção é eliminar a restrição que "distâncias" (valores de arcos) sejam não negativas. As restrições também podem ser impostas nos caminhos que podem ser seguidos. Todas essas variações surgem ocasionalmente em aplicações e, portanto, foram estudadas por pesquisadores.

Os algoritmos para uma ampla gama de problemas de otimização combinatórios como certos problemas de rotas de veículos ou desenho de redes muitas vezes requerem a resolução de um grande número de problemas do caminho mais curto como sub-rotinas. Embora não tenhamos o espaço necessário para detalhar ainda mais esse tópico, esse emprego pode agora ser o tipo mais importante de aplicação do problema do caminho mais curto.

9.4 O PROBLEMA DA ÁRVORE DE EXPANSÃO MÍNIMA

O problema da árvore de expansão mínima guarda algumas similaridades com a versão principal do problema do caminho mais curto apresentado na seção anterior. Em ambos os casos, uma rede *conectada* e *não direcionada* está sendo considerada, em que entre as informações fornecidas temos alguma medida do *comprimento* positivo (distância, custo, tempo etc.) associada a cada ligação. Ambos os problemas envolvem escolher um conjunto de ligações que possua o *comprimento total mais curto* entre todos os conjuntos de ligações que satisfaçam determinada propriedade. Para o problema do caminho mais curto, essa propriedade é que as ligações escolhidas devem fornecer um caminho entre a origem e o destino. Para o problema da árvore de expansão mínima, a propriedade necessária é que as ligações escolhidas tenham de fornecer um caminho entre *cada* par de nós.

O problema da árvore de expansão mínima pode ser resumido como a seguir:

1. São fornecidos os *nós* de uma rede, mas *não* as *ligações*. Em vez disso, são fornecidos as *ligações potenciais* e o *comprimento* positivo para cada uma delas se inseridas na rede. (Medidas alternativas para o comprimento de uma ligação são distância, custo e tempo.)
2. Você deseja desenhar a rede inserindo ligações suficientes para satisfazer à necessidade de que haja um caminho entre *cada* par de nós.

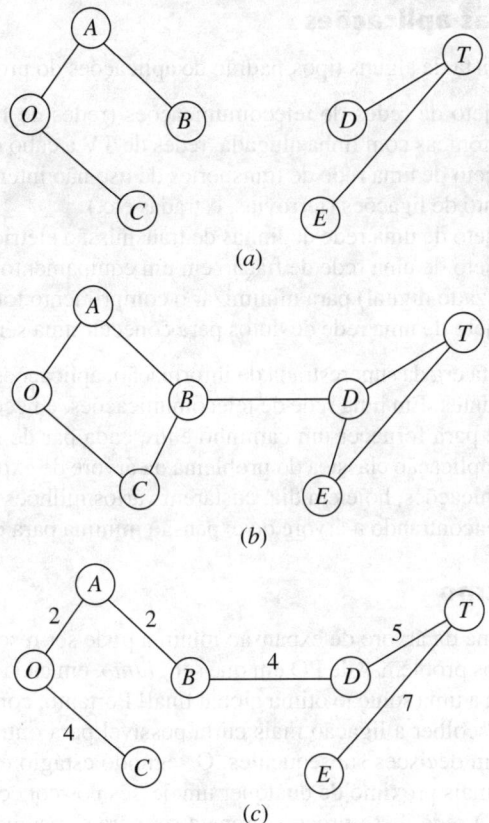

■ **FIGURA 9.5** Ilustrações do conceito de árvore de expansão para o problema do Seervada Park: (*a*) não é uma árvore de expansão; (*b*) não é uma árvore de expansão; (*c*) é uma árvore de expansão.

3. O objetivo é satisfazer essa necessidade de maneira a minimizar o comprimento total das ligações inseridas na rede.

Uma rede com *n* nós requer apenas ($n - 1$) ligações para fornecer um caminho entre cada par de nós. Não precisam ser usadas ligações extras, já que isso aumentaria desnecessariamente o comprimento total das ligações escolhidas. As ($n - 1$) ligações precisam ser escolhidas de modo que a rede resultante (com apenas as ligações escolhidas) forme uma *árvore de expansão* (conforme definição da Seção 9.2). Portanto, o problema é encontrar a árvore de expansão com um comprimento total mínimo das ligações.

A Figura 9.5 ilustra esse conceito de uma árvore de expansão para o problema do Seervada Park (ver a Seção 9.1). Portanto, a Figura 9.5*a não* é uma árvore de expansão porque os nós *O*, *A*, *B* e *C* não estão conectados aos nós *D*, *E* e *T*. É preciso outra ligação para realizar essa conexão. Essa rede é formada, na verdade, por duas árvores, uma para cada um desses dois conjuntos de nós. As ligações na Figura 9.5*b expandem* a rede (isto é, a rede é conectada conforme definição na Seção 9.2), mas não é uma árvore, porque há dois *ciclos* (*O–A–B–C–O* e *D–T–E–D*). Ela possui ligações demais. Pelo fato de o problema do Seervada Park ter $n = 7$ nós, a Seção 9.2 indica que a rede deve ter exatamente $n - 1 = 6$ ligações, sem *nenhum ciclo*, para ser qualificada como uma árvore de expansão. Essa condição é alcançada na Figura 9.5*c* de modo que essa rede seja uma solução *viável* (com um valor de 24 milhas para o comprimento total das ligações) para o problema da árvore de expansão mínima. (Você verá em breve que essa solução não é *ótima*, pois é possível construir-se uma árvore de expansão com apenas 14 milhas de ligações.)

Algumas aplicações

Eis uma lista de alguns tipos-padrão de aplicações do problema da árvore de expansão mínima:

1. Projeto de redes de telecomunicações (redes de fibras ópticas, redes de computadores, redes telefônicas com linha alugada, redes de TV a cabo etc.)
2. Projeto de uma rede de transportes de uso não intensivo para minimizar o custo total de fornecimento de ligações (ferrovias, estradas etc.)
3. Projeto de uma rede de linhas de transmissão elétricas de alta tensão
4. Projeto de uma rede de fiação em um equipamento elétrico (por exemplo, um sistema computadorizado digital) para minimizar o comprimento total de fiação necessária
5. Projeto de uma rede de dutos para conectar uma série de locais

Nesta era da superestrada da informação, aplicações do primeiro tipo se tornaram particularmente importantes. Em uma rede de telecomunicações, é necessário apenas inserir um número de ligações suficiente para fornecer um caminho entre cada par de nós, de modo que desenhar uma rede destas seja uma aplicação clássica do problema da árvore de expansão mínima. Pelo fato de algumas redes de telecomunicações, hoje em dia, custarem vários milhões de dólares, é muito importante otimizar seus projetos encontrando a árvore de expansão mínima para cada uma delas.

Algoritmo

O problema da árvore de expansão mínima pode ser resolvido de forma muito simples, pois ele é um dos poucos problemas de PO em que ser *glutão*, em cada um dos estágios do procedimento de solução ainda leva a uma solução ótima global final! Portanto, começando com qualquer nó, o primeiro estágio envolve escolher a ligação mais curta possível para outro nó, sem se preocupar sobre o efeito dessa escolha em decisões subsequentes. O segundo estágio envolve identificar o nó desconectado que se encontra mais próximo de qualquer um desses nós conectados e, depois, acrescentar a ligação correspondente à rede. Esse processo repete-se, para o resumo a seguir, até que todos os nós tenham sido conectados. Observe que esse é o mesmo processo ilustrado na Figura 9.3 para a construção de uma árvore de expansão, porém, agora com uma regra específica para selecionar cada nova ligação. A rede resultante é seguramente uma árvore de expansão mínima.

Algoritmo para o problema da árvore de expansão mínima

1. Selecione qualquer nó arbitrariamente e depois o conecte (isto é, acrescente uma ligação) ao nó distinto mais próximo.
2. Identifique o nó sem conexão que esteja mais próximo a um nó conectado e, em seguida, conecte esses dois nós (isto é, acrescente uma ligação entre eles). Repita essa etapa até que todos eles tenham sido conectados.
3. Desempate: os empates para o nó distinto mais próximo (etapa 1) ou o nó não conectado mais próximo (etapa 2) podem ser desfeitos de forma arbitrária e o algoritmo ainda deve conduzir a uma solução ótima. Entretanto, esses empates são sinal de que podem existir (mas não necessariamente) soluções ótimas múltiplas. Todas essas soluções ótimas podem ser eliminadas buscando-se todas as maneiras para se desempatar até sua conclusão.

O modo mais rápido de se executar esse algoritmo manualmente é a abordagem gráfica ilustrada a seguir.

Aplicação deste algoritmo ao problema da árvore de expansão mínima do Seervada Park

A administração do Seervada Park (ver a Seção 9.1) precisa determinar sob quais vias as linhas telefônicas devem ser instaladas para conectar todos os postos com um comprimento total mínimo de linha. Usando-se os dados fornecidos na Figura 9.1, descrevemos a solução passo a passo para esse problema.

Nós e distâncias para o problema são resumidos a seguir, em que as linhas finas representam, no momento, ligações *potenciais*.

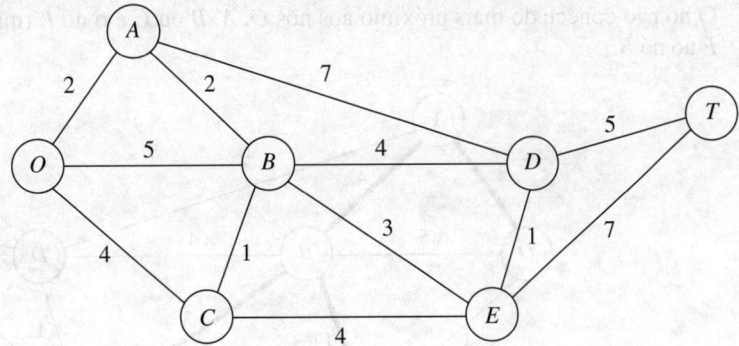

Selecione arbitrariamente o nó *O* para começar. O nó não conectado mais próximo ao nó *O* é o nó *A*. Conecte o nó *A* ao nó *O*.

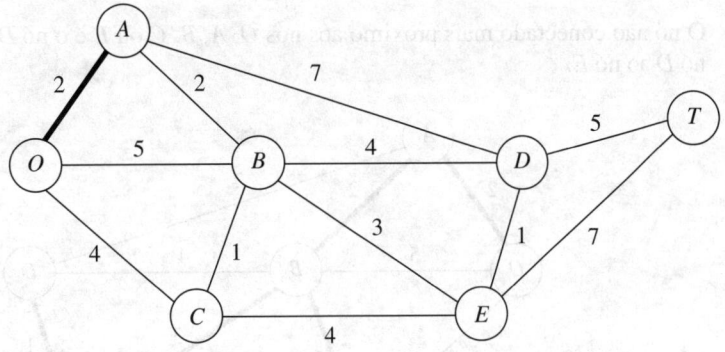

O nó não conectado mais próximo ao nó *O* ou ao nó *A* é o nó *B* (mais próximo de *A*). Conecte o nó *B* ao nó *A*.

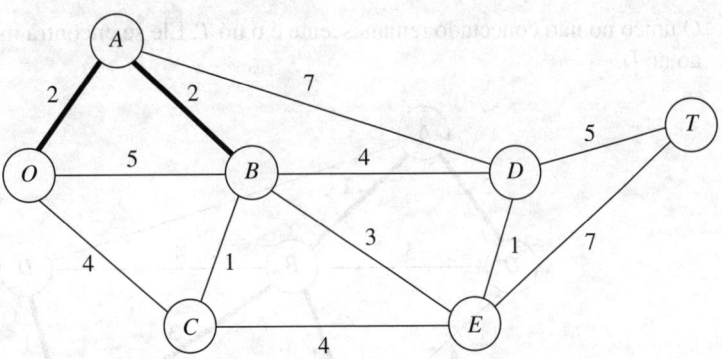

O nó não conectado mais próximo aos nós *O*, *A* ou *B* é o nó *C* (mais próximo de *B*). Conecte o nó *C* ao nó *B*.

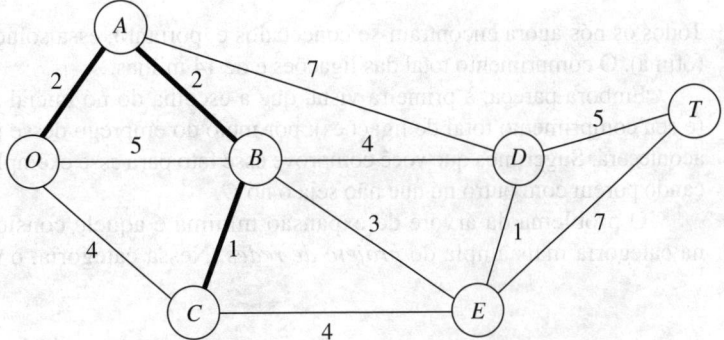

O nó não conectado mais próximo aos nós O, A, B ou C é o nó E (mais próximo de B). Conecte o nó E ao nó B.

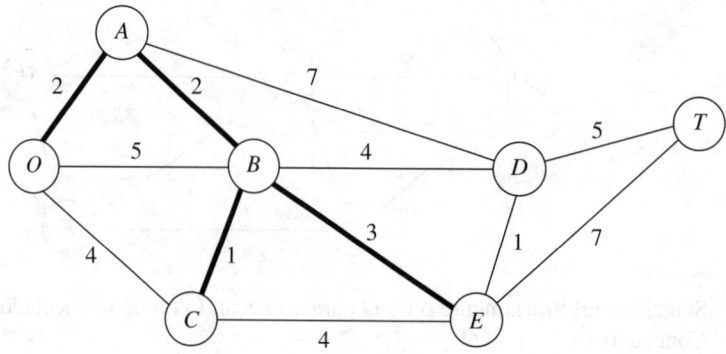

O nó não conectado mais próximo aos nós O, A, B, C ou E é o nó D (mais próximo de E). Conecte o nó D ao nó E.

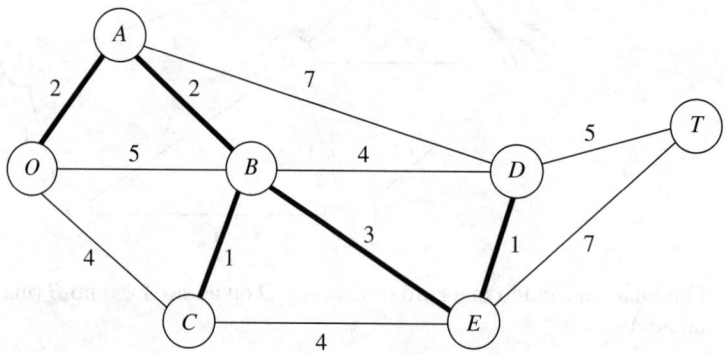

O único nó não conectado remanescente é o nó T. Ele se encontra mais próximo de D. Conecte o nó T ao nó D.

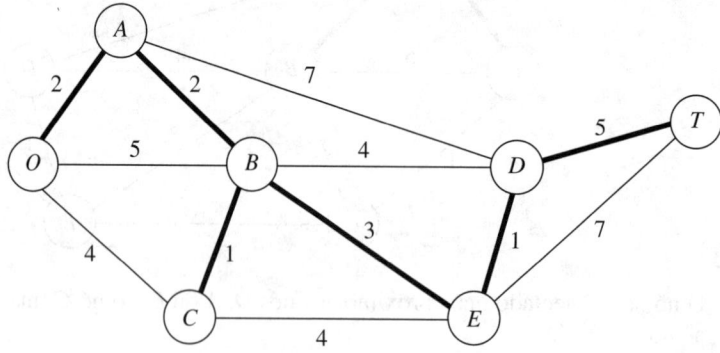

Todos os nós agora encontram-se conectados e, portanto, essa solução para o problema é a desejada (ótima). O comprimento total das ligações é de 14 milhas.

Embora pareça, à primeira vista, que a escolha do nó inicial afetará a solução final resultante (e seu comprimento total de ligações), por meio do emprego desse procedimento isso realmente não acontecerá. Sugerimos que você comprove esse fato para esse exemplo reaplicando o algoritmo, começando porém com outro nó que não seja o nó O.

O problema da árvore de expansão mínima é aquele considerado neste capítulo, que recai na categoria mais ampla do *projeto de redes*. Nessa categoria, o objetivo é desenhar a rede mais apropriada para a aplicação dada (frequentemente envolvendo sistemas de transporte) em vez de analisar uma rede já desenhada. A Referência Selecionada 6 fornece uma pesquisa dessa importante área.

9.5 O PROBLEMA DO FLUXO MÁXIMO

Agora lembre-se de que o terceiro problema que a administração do Seervada Park está enfrentando (ver a Seção 9.1) durante o pico da estação é determinar a rota para as diversas viagens feitas pelos pequenos veículos do parque desde sua entrada (posto O na Figura 9.1) até a vista panorâmica (posto T), a fim de maximizar o número de viagens diárias. (Cada veículo retornará pelo mesmo trajeto que fez na viagem de ida, de modo que a análise se concentrará apenas nas viagens de ida.) Para evitar maiores transtornos à ecologia, à fauna e à flora da região, foram impostos limites máximos ao número de viagens de carrinhos que podem ser feitas diariamente no sentido de se distanciar da entrada do parque em cada uma dessas estradas.

Para cada estrada, a direção da viagem no sentido de se afastar da entrada do parque é indicada por uma seta na Figura 9.6. O número na base da seta fornece o limite máximo no número de viagens permitidas por dia. Dados esses limites, uma *solução viável* é usar 7 veículos por dia, com 5 utilizando a rota $O \rightarrow B \rightarrow E \rightarrow T$, 1, a rota $O \rightarrow B \rightarrow C \rightarrow E \rightarrow T$, e 1, a rota $O \rightarrow B \rightarrow C \rightarrow E \rightarrow D \rightarrow T$. Entretanto, em razão dessa solução bloquear o emprego de qualquer rota que começa com $O \rightarrow C$ (pois as capacidades de $E \rightarrow T$ e de $E \rightarrow D$ são plenamente utilizadas), é fácil encontrar soluções viáveis melhores. Muitas *combinações* de rotas (e o número de viagens a ser designadas a cada uma delas) precisam ser consideradas para se encontrar aquela(s) que maximiza(m) o número de viagens diárias. Esse tipo de problema é chamado *problema do fluxo máximo*.

Em termos gerais, o problema do fluxo máximo pode ser descrito como a seguir:

1. Todo o fluxo através de uma rede direcionada e conectada origina-se de um nó, denominado **origem** e termina em outro nó, chamado **escoadouro**. (A origem e o escoadouro no problema do Seervada Park são, respectivamente, a entrada do parque no nó O e a vista panorâmica no nó T.)
2. Todos os nós restantes são *nós de transbordo*. (São eles os nós A, B, C, D e E, no caso do Seervada Park.)
3. O fluxo através de um arco é permitido apenas na direção indicada pela seta, em que a quantidade máxima de fluxo é fornecida pela *capacidade* daquele arco. Na *origem*, todos os arcos apontam no sentido de se afastarem do nó. No *escoadouro*, todos eles apontam no sentido de se aproximar do nó.
4. O objetivo é maximizar a quantidade total de fluxo da origem para o escoadouro. Essa quantidade é medida em qualquer uma das duas maneiras equivalentes, ou seja, a quantidade *que sai da origem* ou, então, a quantidade *que chega ao escoadouro*.

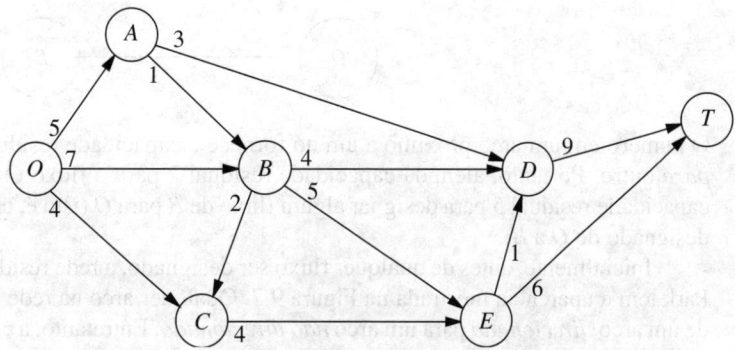

■ **FIGURA 9.6** O problema do fluxo máximo do Seervada Park.

Algumas aplicações

Eis alguns tipos de aplicações típicas do problema do fluxo máximo:

1. Maximizar o fluxo pela rede de distribuição de uma empresa, partindo de suas fábricas para chegar a seus clientes.
2. Maximizar o fluxo pela rede de suprimento de uma empresa, partindo de seus fornecedores para chegar a suas fábricas.
3. Maximizar o fluxo de petróleo por um sistema de tubulações.
4. Maximizar o fluxo de água por um sistema de aquedutos.
5. Maximizar o fluxo de veículos por uma rede de transportes.

Para algumas dessas aplicações, o fluxo pela rede pode se originar em mais de um nó e também pode terminar em mais de um nó, embora seja permitido a um problema do fluxo máximo ter somente uma única origem e um único escoadouro. Por exemplo, a rede de distribuição de uma empresa tem, comumente, diversas fábricas e vários clientes. Uma reformulação mais inteligente é usada para fazer que tal situação adapte-se ao problema do fluxo máximo. Essa reformulação envolve expandir a rede original para incluir uma *origem "fantasma"*, um *escoadouro "fantasma"* e alguns arcos novos. A origem "fantasma" é tratada como um nó do qual se origina todo o fluxo que, na realidade, provém de alguns dos demais nós. Para cada um desses demais nós, insere-se um novo arco que conduz da origem "fantasma" a esse nó, no qual a capacidade desse arco é igual ao fluxo máximo que, na verdade, pode se originar desse nó. De forma análoga, o escoadouro simulado é tratado como o nó que absorve todo o fluxo que, de fato, termina em alguns dos demais nós. Portanto, insere-se um novo arco partindo de cada um desses demais nós em direção ao escoadouro "fantasma", no qual a capacidade desse arco é igual ao fluxo máximo que, na realidade, pode terminar nesse nó. Em virtude de todas essas mudanças, todos os nós na rede original agora são nós de transbordo, de modo que a rede expandida atenda às exigências do problema do fluxo máximo, ou seja, uma única origem (isto é, a origem "fantasma") e um único escoadouro (isto é, o escoadouro "fantasma").

Algoritmo

Pelo fato de o problema do fluxo máximo ser formulado como um *problema de programação linear* (ver o Problema 9.5-2), pode-se resolvê-lo pelo método simplex, de modo que qualquer um dos pacotes de software de programação linear apresentados nos Capítulos 3 e 4 possa ser usado. Entretanto, um *algoritmo de caminhos aumentados* ainda mais eficiente encontra-se disponível para resolver esse tipo de problema. Esse algoritmo baseia-se em dois conceitos intuitivos, uma *rede residual* e um *caminho aumentado*.

Após alguns fluxos serem designados aos arcos, a **rede residual** mostra as capacidades dos arcos *remanescentes* (chamadas **capacidades residuais**) para designar fluxos *adicionais*. Considere, por exemplo, o arco $O \to B$ da Figura 9.6, que possui capacidade de arco igual a 7. Suponha agora que os fluxos designados incluam um fluxo igual a 5 através desse arco, o que deixa capacidade residual de $7 - 5 = 2$ para qualquer designação de fluxo através de $O \to B$. Esse *status* é representado como a seguir na rede residual.

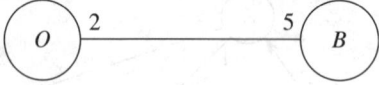

O número em um arco próximo a um nó fornece a capacidade residual para o fluxo que vai *desse* nó *para* outro. Portanto, além da capacidade residual 2 para o fluxo O para B, o 5 à direita indica uma capacidade residual 5 para designar algum fluxo de B para O (isto é, cancelar algum fluxo previamente designado de O a B).

Inicialmente, antes de qualquer fluxo ser designado, a rede residual para o problema do Seervada Park tem a aparência mostrada na Figura 9.7. Qualquer arco na rede original (Figura 9.6) foi alterado de um arco *direcionado* para um arco *não direcionado*. Entretanto, a capacidade do arco na direção original permanece a mesma e a capacidade do arco na direção oposta é zero, de modo que as restrições sobre os fluxos permaneçam inalteradas.

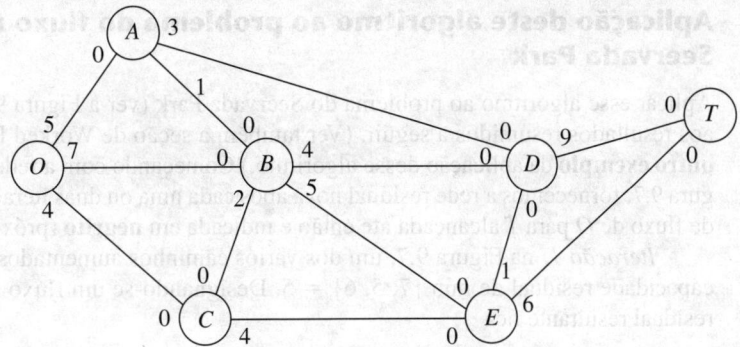

■ **FIGURA 9.7** A rede inicial para o problema do fluxo máximo do Seervada Park.

Subsequentemente, toda vez que alguma quantidade de fluxo for designada a um arco, essa quantidade será *subtraída* da capacidade residual na mesma direção e *adicionada* à capacidade residual na direção oposta.

Um **caminho aumentado** é um caminho direcionado da origem para o escoadouro na rede residual de modo que *todo* arco nele tenha capacidade residual *estritamente positiva*. O mínimo dessas capacidades residuais é chamado *capacidade residual do caminho aumentado*, pois ele representa a quantidade de fluxo que pode ser adicionada de maneira viável ao caminho todo. Portanto, cada caminho aumentado fornece uma oportunidade de se aumentar ainda mais o fluxo pela rede original.

O algoritmo do caminho aumentado seleciona algum desses caminhos e acrescenta um fluxo igual à sua capacidade residual ao caminho na rede original. Esse processo continua até que não haja mais nenhum caminho aumentado, de modo que o fluxo, partindo da origem e indo para o escoadouro, não possa ser mais aumentado. O segredo para garantir que a solução final seja necessariamente ótima é o fato de os caminhos aumentados poderem cancelar parte dos fluxos previamente designados na rede original, de maneira que uma seleção indiscriminada de caminhos para fluxos designados não possa impedir o emprego de uma combinação melhor de designações de fluxo.

Resumindo, cada *iteração* do algoritmo consiste nas três etapas indicadas a seguir.

Algoritmo do caminho aumentado para o problema do fluxo máximo[1]

1. Identifique um caminho aumentado encontrando algum caminho direcionado da origem para o escoadouro na rede residual, tal que cada arco desse caminho tenha capacidade residual estritamente positiva. (Se não existir algum caminho aumentado, os fluxos de rede já constituem um padrão de fluxo ótimo.)
2. Identifique a capacidade residual c^* desse caminho aumentado encontrando o mínimo das capacidades residuais dos arcos nesse caminho. Aumente o fluxo nesse caminho de c^*.
3. *Diminua* de c^* a capacidade residual de cada arco nesse caminho aumentado. *Aumente* de c^* a capacidade residual de cada arco na direção oposta nesse caminho aumentado. Retorne à etapa 1.

Quando a etapa 1 for executada, normalmente haverá uma série de caminhos aumentados alternativos para se escolher. Embora a estratégia algorítmica para fazer essa seleção seja importante para a eficiência de implementações em larga escala, não iremos nos aprofundar nesse tópico relativamente especializado. (Adiante, nesta seção, descreveremos um procedimento sistemático para encontrar algum caminho aumentado.) Portanto, para o exemplo a seguir (e para os problemas no final do capítulo), a seleção é feita arbitrariamente.

---

[1] Supõe-se que as capacidades dos arcos sejam números inteiros ou então racionais.

Aplicação deste algoritmo ao problema do fluxo máximo do Seervada Park

Aplicar esse algoritmo ao problema do Seervada Park (ver a Figura 9.6 para a rede original) nos leva aos resultados resumidos a seguir. (Ver também a seção de Worked Examples do *site* da editora para **outro exemplo** da aplicação desse algoritmo.) Começando com a rede residual inicial fornecida na Figura 9.7, fornecemos a rede residual nova após cada uma ou duas iterações, nas quais a quantidade total de fluxo de O para T alcançada até então é indicada em **negrito** (próximos aos nós O e T).

Iteração 1: na Figura 9.7, um dos vários caminhos aumentados é $O \rightarrow B \rightarrow E \rightarrow T$, que possui capacidade residual de min $\{7, 5, 6\} = 5$. Designando-se um fluxo igual a 5 a esse caminho, a rede residual resultante fica

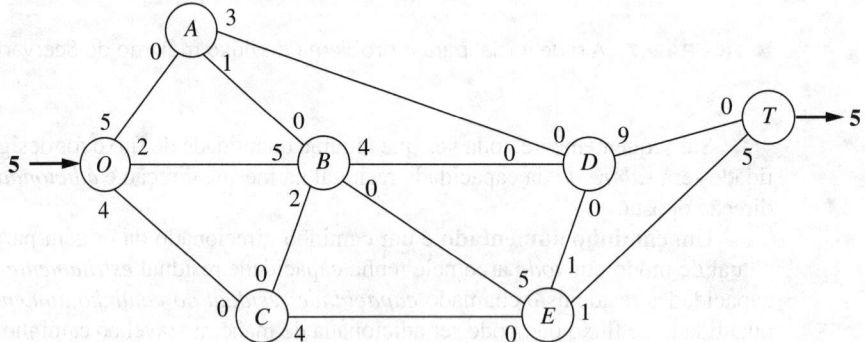

Iteração 2: designe um fluxo igual a 3 ao caminho aumentado $O \rightarrow A \rightarrow D \rightarrow T$. A rede residual resultante é

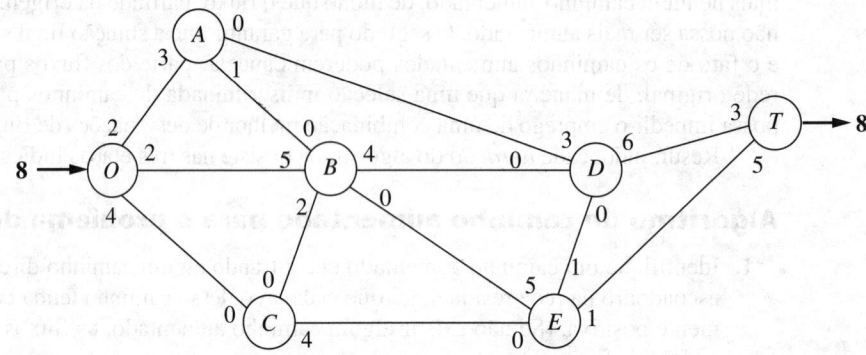

Iteração 3: designe um fluxo igual a 1 ao caminho aumentado $O \rightarrow A \rightarrow B \rightarrow D \rightarrow T$.
Iteração 4: designe um fluxo igual a 2 ao caminho aumentado $O \rightarrow B \rightarrow D \rightarrow T$. A rede residual resultante fica

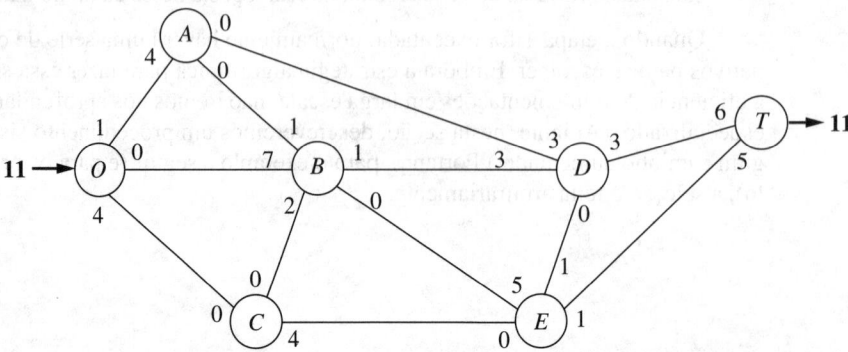

Iteração 5: designe um fluxo igual a 1 ao caminho aumentado $O \rightarrow C \rightarrow E \rightarrow D \rightarrow T$.

Iteração 6: designe um fluxo igual a 1 ao caminho aumentado $O \rightarrow C \rightarrow E \rightarrow T$. A rede residual resultante é

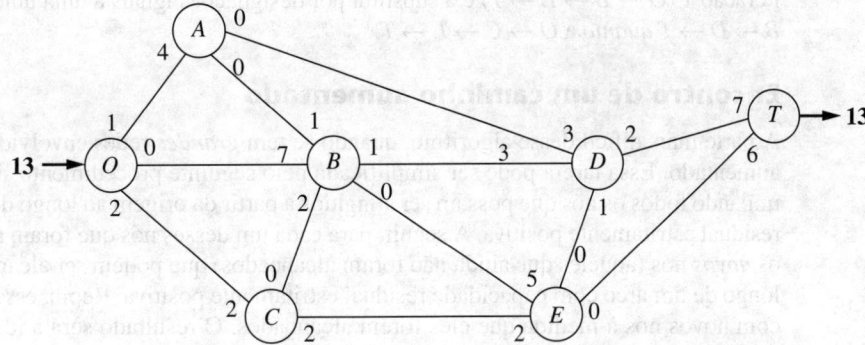

Iteração 7: designe um fluxo igual a 1 ao caminho aumentado $O \rightarrow C \rightarrow E \rightarrow B \rightarrow D \rightarrow T$. A rede residual resultante fica

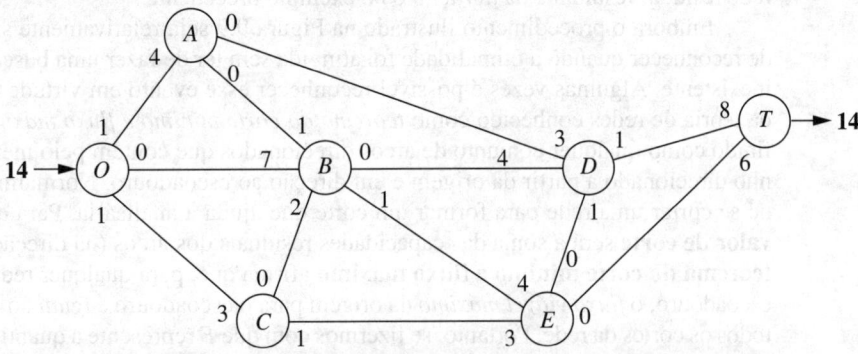

Não há mais nenhum caminho aumentado; portanto, o padrão de fluxo atual é ótimo.

O padrão de fluxo atual pode ser identificado acumulando-se as designações de fluxo ou comparando-se as capacidades residuais finais com as capacidades originais dos arcos. Se usarmos o último método, haverá fluxo ao longo de um arco se a capacidade residual final for menor que a capacidade original. A grandeza desse fluxo é igual à diferença entre essas capacidades. Aplicando-se esse método ao comparar a rede residual obtida da última iteração seja com a Figura 9.6, seja com a Figura 9.7, nos leva ao padrão de fluxo ótimo mostrado na Figura 9.8.

Esse exemplo ilustra muito bem a razão para substituir cada arco direcionado $i \rightarrow j$ da rede original por um arco não direcionado da rede residual e, depois, aumentando-se a capacidade residual de c^* para $j \rightarrow i$, quando um fluxo igual a c^* é designado a $i \rightarrow j$. Sem esse refinamento, as seis primeiras iterações permaneceriam inalteradas. Entretanto, naquele ponto poderia parecer que não havia restado nenhum caminho aumentado (em razão da capacidade real não utilizada para $E \rightarrow B$ ser zero). Portanto,

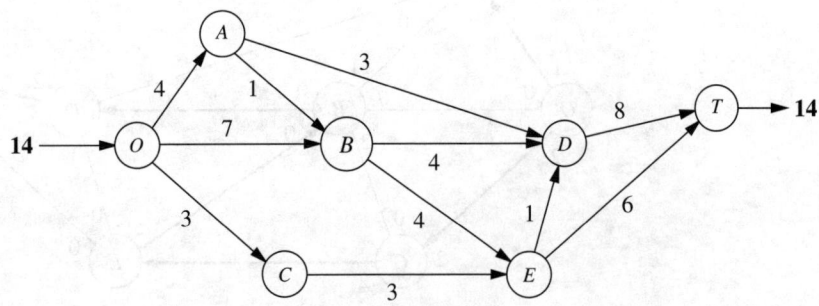

■ **FIGURA 9.8** Solução ótima para o problema do fluxo máximo do Seervada Park.

o refinamento nos permite adicionar a designação de fluxo igual a 1 para $O \to C \to E \to B \to D \to T$ na iteração 7. De fato, essa designação de fluxo adicional cancela uma unidade de fluxo designada na iteração 1 ($O \to B \to E \to T$) e a substitui por designações iguais a uma unidade de fluxo *tanto* a $O \to B \to D \to T$ *quanto* a $O \to C \to E \to T$.

Encontro de um caminho aumentado

A parte mais difícil desse algoritmo, quando se tem *grandes* redes envolvidas, é encontrar o caminho aumentado. Essa tarefa pode ser simplificada pelo seguinte procedimento sistemático. Comece determinando todos os nós que possam ser atingidos a partir da origem ao longo de um arco com capacidade residual estritamente positiva. A seguir, para cada um desses nós que foram atingidos, determine todos os *novos* nós (aqueles que ainda não foram alcançados) que podem ser alcançados a partir desse nó ao longo de um arco com capacidade residual estritamente positiva. Repita esse processo sucessivamente com novos nós à medida que eles forem alcançados. O resultado será a identificação de uma árvore de todos os nós que podem ser alcançados a partir da origem ao longo de uma capacidade residual de fluxo estritamente positiva. Portanto, esse *procedimento que se espalha em todas as direções* sempre identificará um caminho aumentado caso ele exista. O procedimento é ilustrado na Figura 9.9 para a rede residual resultante da *iteração* 6 no exemplo precedente.

Embora o procedimento ilustrado na Figura 9.9 seja relativamente simples, seria útil ser capaz de reconhecer quando a otimalidade foi atingida sem ter de fazer uma busca exaustiva de um caminho inexistente. Algumas vezes é possível reconhecer esse evento em virtude de um importante teorema da teoria de redes conhecido como *teorema do corte mínimo e fluxo máximo*. Um **corte** pode ser definido como qualquer conjunto de arcos direcionados que contêm pelo menos um arco de cada caminho direcionado a partir da origem e em direção ao escoadouro. Normalmente, há diversas maneiras de se cortar uma rede para formar um corte que ajuda a analisá-la. Para qualquer corte particular, o **valor de corte** será a soma das capacidades residuais dos arcos (na direção especificada) do corte. O **teorema do corte mínimo e fluxo máximo** afirma que, para qualquer rede com uma única origem e escoadouro, o *fluxo viável máximo* da origem para o escoadouro é *igual* ao *valor de corte mínimo* para todos os cortes da rede. Portanto, se fizermos com que F represente a quantidade de fluxo da origem ao escoadouro para qualquer padrão de fluxo viável, o valor de qualquer corte fornece um limite superior para F e o menor dos valores de corte é igual ao valor máximo de F. Portanto, se um corte cujo valor é igual ao valor de F, atualmente alcançado pelo procedimento de resolução, puder ser encontrado na rede original, o padrão de fluxo atual tem de ser *ótimo*. Finalmente, a otimalidade é atingida toda vez que existir um corte na rede residual cujo valor seja zero.

Para fins ilustrativos, considere a rede da Figura 9.7. Um corte interessante nessa rede seria aquele mostrado na Figura 9.10. Observe que o valor do corte é $3 + 4 + 1 + 6 = 14$, que foi descoberto como o valor máximo de F, de modo que esse seja um corte mínimo. Observe também que, na rede residual resultante da iteração 7, em que $F = 14$, o corte correspondente tem um valor igual a zero. Se isso fosse notado, não teria sido necessário pesquisar caminhos aumentados adicionais.

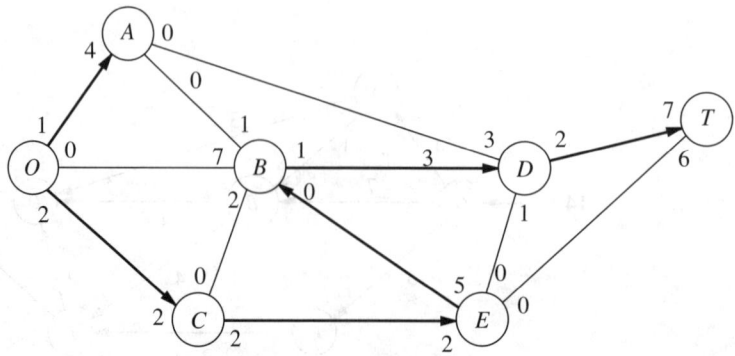

■ **FIGURA 9.9** Procedimento para encontrar um caminho aumentado para a iteração 7 do problema do fluxo máximo do Seervada Park.

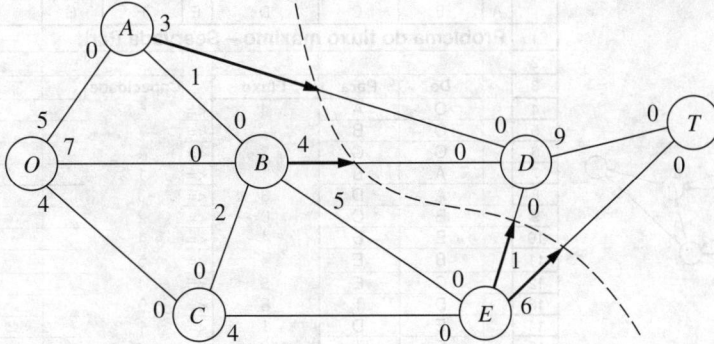

■ **FIGURA 9.10** Um corte mínimo para o problema do fluxo máximo do Seervada Park.

Utilização do Excel para formular e resolver problemas do fluxo máximo

A maioria dos problemas do fluxo máximo que surgem na prática é consideravelmente maior e, alguma vezes, imensamente maior que o problema do Seervada Park. Alguns deles têm milhares de nós e arcos. O algoritmo do caminho aumentado apresentado é muito mais eficiente que o método simplex genérico para resolver esses problemas de grandes dimensões. Porém, para problemas de tamanho modesto, uma alternativa razoável e conveniente é usar o Excel e seu Solver com base no método simplex genérico.

A Figura 9.11 mostra uma formulação em planilha para o problema do fluxo máximo do Seervada Park. O formato é similar àquele do problema do caminho mais curto do Seervada Park ilustrado na Figura 9.4. Os arcos são listados nas colunas B e C e as capacidades de arcos correspondentes são dadas na coluna F. Já que as variáveis de decisão são os fluxos através dos respectivos arcos, essas quantidades são incluídas nas células que mudam Fluxo (D4:D15). Empregando-se as equações dadas no canto inferior direito da figura, esses fluxos são usados então para calcular o fluxo líquido gerado em cada um dos nós (ver as colunas H e I). Esses fluxos líquidos têm de ser 0 para os nós de transbordo (A, B, C, D e E), conforme indicado pelo primeiro conjunto de restrições (I5:I9 = OfertaDemanda) na caixa de diálogo Solver. O segundo conjunto de restrições (Fluxo ≤ Capacidade) especifica as restrições de capacidade do arco. A quantidade total do fluxo da origem (nó O) para o escoadouro (nó T) é igual ao fluxo gerado na origem (célula I4), de modo que a célula de destino FluxoMax (D17) seja configurada igual a I4. Após especificar a maximização da célula de destino na caixa de diálogo do Solver e depois clicar no botão Solve, obtém-se a solução ótima mostrada no Fluxo (D4:D15).

9.6 O PROBLEMA DO FLUXO DE CUSTO MÍNIMO

O problema do fluxo de custo mínimo ocupa uma posição fundamental entre os modelos de otimização de redes, pelo fato de englobar uma classe de aplicações abrangente como também pelo fato de ser resolvido de forma extremante eficiente. Assim como o problema do fluxo máximo, ele considera o fluxo por uma rede com capacidades de arcos limitadas. Da mesma forma como o problema do caminho mais curto, ele considera um custo (ou distância) para o fluxo por um arco. Como o problema de transporte ou o problema da designação do Capítulo 8, ele pode considerar várias origens (nós de suprimento) e vários destinos (nós de demandas) para o fluxo, novamente com custos associados. Na realidade, todos esses quatro problemas estudados anteriormente são casos especiais do problema do fluxo de custo mínimo, conforme demonstraremos brevemente.

A razão para o problema do fluxo de custo mínimo ser resolvido de modo tão eficiente é devido a ele ser formulado como um problema de programação linear e, portanto, ser resolvido mediante uma versão aperfeiçoada do método simplex chamada *método simplex de rede*. Descreveremos esse algoritmo na próxima seção.

O problema do fluxo de custo mínimo é descrito a seguir:

1. A rede é *direcionada* e *conectada*.

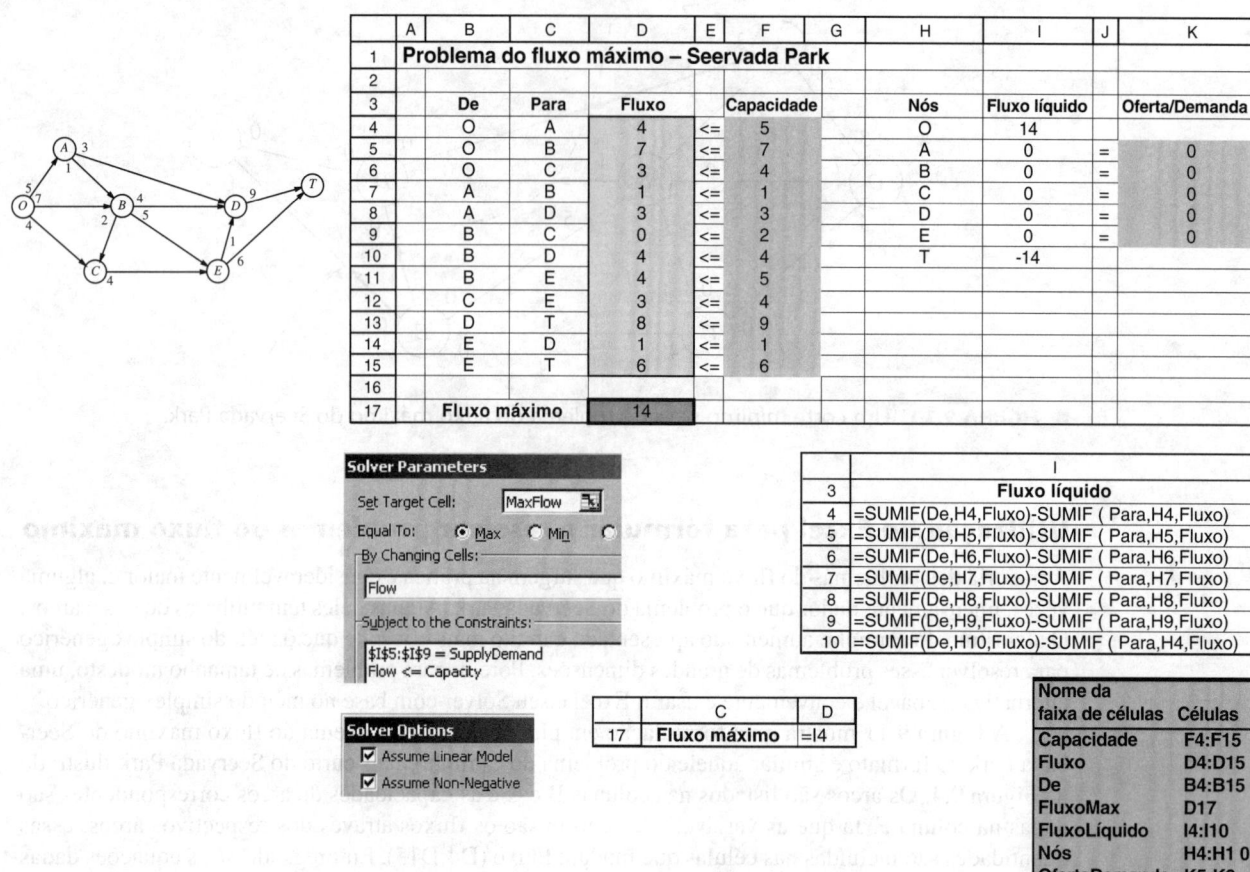

■ **FIGURA 9.11** Uma formulação em planilha para o problema do fluxo máximo do Seervada Park, em que as células que mudam Fluxo (D4:D15) mostram a solução ótima obtida pelo Excel Solver e a célula de destino FluxoMax (D17) fornece o fluxo máximo resultante pela rede. A rede próxima da planilha ilustra o problema do fluxo máximo do Seervada Park conforme originalmente representada na Figura 9.6.

2. *Pelo menos um* dos nós é *de suprimento*.
3. *Pelo menos um* dos demais nós é um *nó de demanda*.
4. Todos os nós remanescentes são *nós de transbordo*.
5. O fluxo por um arco é permitido somente na direção indicada pela seta, em que a sua quantidade máxima é fornecida pela *capacidade* desse arco. (Se puder ocorrer em ambas as direções, isso seria representado por um par de arcos apontando em direções opostas).
6. A rede tem arcos suficientes com capacidade suficiente para permitir que todo o fluxo gerado nos *nós de suprimento* atinjam todos os *nós de demanda*.
7. O custo do fluxo através de cada arco é *proporcional* à quantidade desse fluxo, no qual conhece-se o custo por fluxo unitário.
8. O objetivo é minimizar o custo total de enviar a provisão disponível pela rede a fim de satisfazer a demanda dada. Um objetivo alternativo é maximizar o lucro total de se fazer isso.

Algumas aplicações

Provavelmente os tipos mais importantes de problemas do fluxo de custo mínimo são a operação da rede de distribuição de uma empresa. Conforme resumido na primeira linha da Tabela 9.3, esse tipo de aplicação sempre envolve determinar um plano para transportar mercadorias de suas origens (fábricas etc.) para *instalações de armazenamento intermediárias* (conforme a necessidade) e, depois, para os *clientes*.

■ **TABELA 9.3** Tipos típicos de aplicação dos problemas do fluxo de custo mínimo

Tipo de aplicação	Nós de suprimento	Nós de transbordo	Nós de demanda
Operação de uma rede de distribuição	Origens das mercadorias	Instalações intermediárias para armazenamento	Clientes
Controle de resíduos sólidos	Origens de resíduos sólidos	Instalações de processamento	Localizações de aterros
Operação de uma rede de suprimento	Fornecedores	Depósitos intermediários	Instalações para processamento
Coordenação de mix de produtos nas fábricas	Fábricas	Fabricação de um produto específico	Mercado para um produto específico
Gerenciamento de fluxo de caixa	Fontes de caixa em determinado momento	Opções de investimento de curto prazo	Necessidades de caixa em determinado momento

Para algumas aplicações de problemas do fluxo de custo mínimo, todos os nós de transbordo são *instalações de processamento* em vez de instalações de armazenamento. Esse é o caso para o *controle de resíduos sólidos*, conforme indicado na segunda linha da Tabela 9.3. Ali, o fluxo de materiais pela rede começa nas origens dos resíduos sólidos, depois vai para as instalações de processamento desses resíduos em uma forma adequada para ser aterrada e, depois, enviada para os diversos aterros. Entretanto, o objetivo ainda é determinar o planejamento de fluxo que minimize o custo total, em que os custos agora são os de transporte e de processamento.

Em outras aplicações, os *nós de demanda* poderiam ser instalações de processamento. Por exemplo, na terceira linha da Tabela 9.3, o objetivo é o de encontrar o plano de custo mínimo para obter suprimentos de vários fornecedores possíveis, armazenar essas mercadorias em depósitos (conforme a necessidade) e, depois, transportar os suprimentos para as instalações de processamento da empresa

---

Exemplo de Aplicação

Um problema particularmente desafiador enfrentado diariamente por qualquer empresa aérea importante é como compensar de maneira efetiva os transtornos causados nas programações dos voos, O mau tempo pode impedir chegadas e partidas de voos, assim como problemas mecânicos. Cada atraso ou cancelamento que envolve determinada aeronave pode provocar atrasos ou cancelamentos subsequentes, pois essa mesma aeronave não estará disponível a tempo para seus próximos voos programados.

Esses atrasos ou cancelamentos podem exigir tanto a realocação de tripulações para os voos quanto o reajuste dos planos para os quais as aeronaves serão usadas para cumprir os respectivos voos. O Exemplo de Aplicação na Seção 2.2 descreve como a Continental Airlines saiu à frente na aplicação da pesquisa operacional ao problema de rapidamente realocar tripulações aos voos da maneira mais eficaz em termos de custo. Entretanto, é preciso uma abordagem diferente para enfrentar o problema de rapidamente realocar aeronaves a voos.

Uma empresa aérea possui duas maneiras principais para realocar aeronaves a voos de modo a compensar atrasos ou cancelamentos. Uma delas é trocar de aparelho, de modo que uma aeronave programada para um voo mais tarde possa tomar o lugar da aeronave cujo voo atrasou ou foi cancelado. A outra é usar uma aeronave de reserva (normalmente após ela ter chegado de um voo) para substituir a aeronave cujo voo está atrasado ou foi cancelado. Entretanto, é um verdadeiro desafio tomar decisões rápidas e acertadas nesses tipos de situação, quando um número considerável de atrasos ou cancelamentos ocorrem ao longo do dia.

A **United Airlines** abriu caminho na aplicação da pesquisa operacional para esse tipo de problema. Isso é feito formulando-se e resolvendo o problema como se fosse um *problema do fluxo de custo mínimo*, em que cada nó na rede representa um aeroporto e cada arco, a rota de um voo. O objetivo do modelo é então manter as aeronaves fluindo pela rede de forma que minimize o custo incorrido pelos atrasos ou cancelamentos. Quando um subsistema de monitoramento de situação alerta um controlador de operações sobre atrasos ou cancelamentos iminentes, o controlador abastece o modelo com os dados necessários e, então, o resolve de modo a fornecer o plano de operação atualizado em questão de minutos. Essa aplicação do problema do fluxo de custo mínimo teve como resultado uma *redução de cerca de 50% nos atrasos de passageiros*.

Fonte: A. Rakshit, N. Krishnamurthy, and G. Yu: "SystemOperations Advisor: A Real-Time Decision Support System forManaging Airline Operations at United Airlines", Interfaces, **26**(2): 50-58, Mar.-Apr. 1996. (Este artigo está disponível em inglês no *site* da editora, www.bookman.com.br.)

(fábricas etc.). Já que a quantidade total que poderia ser obtida de todos os fornecedores é mais do que a empresa precisa, a rede inclui um *nó de demanda "fantasma"*, que recebe (a custo zero) toda a capacidade de provimento não utilizada nos fornecedores.

O tipo de aplicação seguinte na Tabela 9.3 (coordenar *mixes* de produtos nas fábricas) ilustra que os arcos podem representar algo mais que uma simples rota de transporte para um fluxo físico de materiais. Essa aplicação envolve uma empresa com diversas fábricas (os nós de suprimento), capazes de produzir os mesmos produtos, porém a custos diferentes. Cada arco partindo de um nó de suprimento representa a produção de um dos produtos possíveis naquela fábrica, na qual esse arco leva ao nó de transbordo que corresponde a esse produto. Portanto, esse nó de transbordo tem um arco vindo de cada fábrica, capaz de fazer esse produto e depois os arcos saindo desse nó vão para os respectivos clientes (os nós de demanda) para esse produto. O objetivo é determinar como dividir a capacidade produtiva de cada fábrica entre os diversos produtos de modo a minimizar o custo total para atender à demanda dos vários produtos.

A última aplicação da Tabela 9.3 (gerenciamento de fluxo de caixa) ilustra que diferentes nós podem representar algum evento que ocorre em momentos diversos. Nesse caso, cada nó de suprimento representa um momento específico (ou período) quando algum dinheiro ficará disponível para a empresa (por meio de vencimento de aplicações, títulos a receber, vendas de títulos mobiliários, empréstimos etc.). A oferta em cada um desses nós é a quantidade de dinheiro que estará disponível. De forma similar, cada nó de demanda representa determinado momento (ou período) quando a empresa precisará fazer retiradas de suas reservas em espécie. A demanda em cada um desses nós é a quantidade de dinheiro que será então necessária. O objetivo é maximizar as receitas da empresa por intermédio de investimentos desse dinheiro cada vez que se tornar disponível e quando ele será usado. Portanto, cada nó de transbordo representa a opção por certo investimento de curto prazo (por exemplo, comprar um certificado de depósito bancário) ao longo de um intervalo de tempo específico. A rede resultante terá uma sucessão de fluxos que representa um cronograma para dinheiro que se tornará disponível, que será investido e depois usado após o término do investimento.

Formulação do modelo

Considere uma rede direcionada e conectada em que os n nós incluem pelo menos um nó de suprimento e pelo menos um nó de demanda. As variáveis de decisão são

$$x_{ij} = \text{fluxo através do arco } i \to j$$

e, entre as informações dadas, temos

c_{ij} = custo por fluxo através do arco $i \to j$
u_{ij} = capacidade do arco para o arco $i \to j$
b_i = fluxo líquido gerado no nó i

O valor de b_i depende da natureza do nó i, em que

$b_i > 0$ se o nó i for um nó de suprimento
$b_i < 0$ se o nó i for um nó de demanda
$b_i = 0$ se o nó i for um nó de transbordo

O objetivo é minimizar o custo total de remessa da oferta disponível através da rede para satisfazer dada demanda.

Usando-se a convenção de que os somatórios são considerados apenas sobre arcos existentes, a formulação de programação linear desse problema ficará assim:

$$\text{Minimizar} \quad Z = \sum_{i=1}^{n} \sum_{j=1}^{n} c_{ij} x_{ij},$$

sujeito a

$$\sum_{j=1}^{n} x_{ij} - \sum_{j=1}^{n} x_{ji} = b_i, \quad \text{para cada nó } i,$$

e

$$0 \le x_{ij} \le u_{ij}, \quad \text{para cada arco } i \to j,$$

O primeiro somatório nas *restrições de nós* representa o fluxo total que *sai* do nó i, ao passo que o segundo somatório representa o fluxo total que *entra* no nó i, de modo que a diferença seja o fluxo líquido gerado nesse nó.

O padrão dos coeficientes nessas restrições de nós é uma característica fundamental dos problemas do fluxo de custo mínimo. Nem sempre é fácil reconhecer um problema de fluxo por rede, a custo mínimo, porém, formular (ou reformular) um problema de modo que seus coeficientes de restrição tenham esse padrão é uma boa maneira de se fazer isso, o que permite então resolver o problema de forma extremamente eficiente pelo método simplex de rede.

Em algumas aplicações, é necessário ter um limite inferior $L_{ij} > 0$ para o fluxo através de cada arco $i \rightarrow j$. Quando isso ocorre, use uma conversão de variáveis $x'_{ij} = x_{ij} - L_{ij}$ como $x'_{ij} + L_{ij}$ substituído por x_{ij} ao longo do modelo, para convertê-lo de volta no formato acima com restrições de não negatividade.

Não é garantido que o problema vá realmente ter soluções *viáveis*, dependendo parcialmente de quais arcos estão presentes na rede e as capacidades destes arcos. Entretanto, para uma rede desenhada de forma razoável, a principal condição necessária é a seguinte.

Propriedade de Soluções Viáveis: uma condição necessária para um problema do fluxo de custo mínimo ter quaisquer soluções viáveis é que

$$\sum_{i=1}^{n} b_i = 0.$$

Isto é, o fluxo total gerado nos nós de fornecimento é igual ao fluxo total absorvido nos nós de demanda.

Se os valores de b_i fornecidos para alguma aplicação violar essa condição, a interpretação usual é que as ofertas ou então as demandas (seja qual delas estiver em excesso) representam, na verdade, limites superiores e não quantidades exatas. Quando surgiu essa situação no problema de transporte na Seção 8.1, foi acrescentado um destino "fantasma" para receber a oferta em excesso ou então foi acrescentada uma origem "fantasma" para enviar a demanda em excesso. A etapa análoga agora é que o nó de demanda "fantasma" deve ser acrescentado para absorver a oferta em excesso (com arcos $c_{ij} = 0$ adicionados de cada nó de suprimento a esse nó) ou então deve ser acrescentado um nó de fornecimento "fantasma" para gerar o fluxo para a demanda em excesso (com arcos $c_{ij} = 0$ acrescentados a partir desse nó a cada nó de demanda).

Para diversas aplicações, b_i e u_{ij} terão valores *inteiros* e a implementação exigirá que as quantidades de fluxo x_{ij} também sejam inteiras. Felizmente, assim como ocorre com o problema de transporte, esse resultado é garantido sem que se imponham explicitamente restrições inteiras sobre as variáveis em consequência da seguinte propriedade.

Propriedade das Soluções Inteiras: para os problemas do fluxo de custo mínimo em que cada b_i e u_{ij} são valores inteiros, todas as variáveis básicas em *cada* uma das soluções básicas viáveis (BV) (incluindo a solução ótima) também possuem números inteiros.

Um exemplo

A Figura 9.12 mostra um exemplo de um problema do fluxo de custo mínimo. Essa rede, na verdade, é a *rede de distribuição* para o problema da Cia. de Distribuição Ilimitada, apresentado na Seção 3.4 (ver a Figura 3.13). As quantidades fornecidas na Figura 3.13 apresentam os valores de b_i, c_{ij} e u_{ij} exibidos aqui. Os valores b_i da Figura 9.12 são mostrados entre colchetes pelos nós, de modo que os nós de suprimento ($b_i > 0$) sejam A e B (as duas fábricas da empresa), os nós de demanda ($b_i < 0$) sejam D e E (dois depósitos) e o único nó de transbordo ($b_i = 0$) é C (um centro de distribuição). Os valores c_{ij} são mostrados próximos aos arcos. Nesse exemplo, todos, exceto dois dos arcos, possuem capacidades de arco que supere o fluxo total gerado (90), de modo que $u_{ij} = \infty$ para todos os fins práticos. As duas exceções são o arco $A \rightarrow B$, em que $u_{AB} = 10$ e arco $C \rightarrow E$, que tem $u_{CE} = 80$.

O modelo de programação linear para este exemplo é:

Minimizar $\quad Z = 2x_{AB} + 4x_{AC} + 9x_{AD} + 3x_{BC} + x_{CE} + 3x_{DE} + 2x_{ED}$,

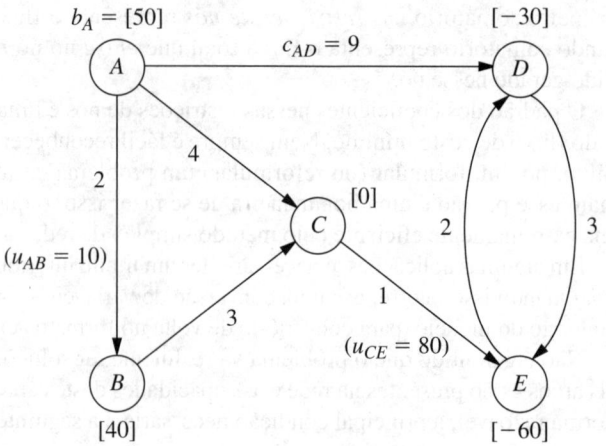

■ **FIGURA 9.12** O problema da Cia. de Distribuição Ilimitada formulado como um problema do fluxo de custo mínimo.

sujeito a

$$\begin{aligned}
x_{AB} + x_{AC} + x_{AD} &= 50 \\
-x_{AB} \phantom{+ x_{AC}} + x_{BC} &= 40 \\
-x_{AC} - x_{BC} + x_{CE} &= 0 \\
-x_{AD} \phantom{- x_{BC} + x_{CE}} + x_{DE} - x_{ED} &= -30 \\
-x_{CE} - x_{DE} + x_{ED} &= -60
\end{aligned}$$

e

$$x_{AB} \le 10, \quad x_{CE} \le 80, \quad \text{para todo } x_{ij} \ge 0.$$

Observe o padrão dos coeficientes para cada uma das variáveis no conjunto de cinco *restrições de nós* (as restrições de igualdade). Cada variável possui exatamente *dois* coeficientes não zero, um deles é +1 e o outro, −1. Esse padrão é recorrente para *todo* problema do fluxo de custo mínimo e é uma estrutura especial que leva à propriedade das soluções inteiras.

Outra implicação dessa estrutura especial é que (qualquer) uma das restrições de nós é *redundante*. A razão para isso é que somar todas essas equações de restrições resulta em nada, exceto zeros em ambos os lados (supondo-se que existam soluções viáveis, de modo que o somatório dos valores b_i seja zero); portanto, o negativo de qualquer uma dessas equações é igual à soma do restante das equações. Com apenas $n - 1$ restrições de nós não redundantes, essas equações fornecem apenas $n - 1$ variáveis básicas para uma solução BV. Na próxima seção, você verá que o método simplex de rede trata as $x_{ij} \le u_{ij}$ restrições como imagens espelhadas das restrições de não negatividade, de maneira que o número *total* de variáveis básicas seja $n - 1$. Isso leva a uma correspondência direta entre os $n - 1$ arcos de uma *árvore de expansão* e as n 1 variáveis básicas (mas, a este respeito, mencionarei só posteriormente).

Uso do Excel para formular e resolver problemas do fluxo de custo mínimo

O Excel oferece uma maneira conveniente para formular e resolver problemas do fluxo de custo mínimo como esse, bem como alguns problemas ligeiramente maiores. A Figura 9.13 mostra como isso pode ser feito. O formato é praticamente o mesmo que aquele exibido na Figura 9.11 para um problema do fluxo máximo. Uma diferença é que agora os custos unitários (c_{ij}) precisam ser

	A	B	C	D	E	F	G	H	I	J	K	L
1		**Problema do fluxo de custo mínimo**				**Cia. de Distribuição Ilimitada**						
2												
3		De	Para	Fluxo		Capacidade	Custo unitário		Nós	Fluxo líquido		Oferta/Demanda
4		A	B	0	<=	10	2		A	50	=	50
5		A	C	40			4		B	40	=	40
6		A	D	10			9		C	0	=	0
7		B	C	40			3		D	-30	=	-30
8		C	E	80	<=	80	1		E	-60	=	-60
9		D	E	0			3					
10		E	D	20			2					
11												
12		**Custo total**		490								

Solver Parameters
Set Target Cell: TotalCost
Equal To: ○ Max ● Min
By Changing Cells: Ship
Subject to the Constraints:
$D$4 <= $F$4
$D$8 <= $F$8
NetFlow = SupplyDemand

Nome da faixa de célula	
Capacidade	F4:F10
De	B4:B10
FluxoLiquido	J4:J8
Nós	I4:I8
Embarque	D4:D10
OfertaDemanda	L4:L8
Para	C4:C10
CustoTotal	D12
CustoUnitario	G4:G10

	J
3	Fluxo Líquido
4	=SUMIF(De,I4,Ship)-SUMIF(Para,I4,Ship)
5	=SUMIF(De,I5,Ship)-SUMIF(Para,I5,Ship)
6	=SUMIF(De,I6,Ship)-SUMIF(Para,I6,Ship)
7	=SUMIF(De,I7,Ship)-SUMIF(Para,I7,Ship)
8	=SUMIF(De,I8,Ship)-SUMIF(Para,I8,Ship)

Solver Options
☑ Assume Linear Model
☑ Assume Non-Negative

	C	D
12	**Custo total**	=SUMPRODUCT(D4:D10,G4:G10)

■ **FIGURA 9.13** Uma formulação em planilha para o problema do fluxo de custo mínimo da Cia. de Distribuição Ilimitada, em que as células que mudam Embarque (D4:D10) mostram a solução ótima obtida pelo Excel Solver e a célula de destino CustoTotal (D12) fornece o custo total do fluxo de embarques resultante por meio da rede.

inclusos (na coluna G). Pelo fato de os valores b_i serem especificados para todo nó, as restrições de fluxo líquido são necessárias para todos os nós. Porém, apenas dois dos arcos acabam precisando de restrições de capacidade de arco. A célula de destino CustoTotal (D12) agora fornece o custo total do fluxo (embarques) pela rede (ver sua equação na parte inferior da figura), de modo que o objetivo especificado na caixa de diálogo do Solver seja *minimizar* essa quantidade. As células que mudam Embarque (D4:D10) nessa planilha mostram a solução ótima obtida após clicar no botão Solve.

Para problemas do fluxo de custo mínimo maiores, o *método simplex de rede* descrito na próxima seção fornece um procedimento de resolução consideravelmente mais eficiente. Ele também é uma opção interessante para resolver diversos casos especiais do problema do fluxo de custo mínimo descrito a seguir. Esse algoritmo é comumente incluído em pacotes de software de programação matemática. Por exemplo, ele é uma das opções do CPLEX.

Em breve, resolveremos esse mesmo exemplo por meio do método simplex de rede. Entretanto, vejamos primeiro como alguns casos especiais enquadram-se no formato de rede do problema do fluxo de custo mínimo.

Casos especiais

Problema de Transporte. Para formular o problema de transporte apresentado na Seção 8.1 como um problema do fluxo de custo mínimo, fornece-se um *nó de suprimento* para cada *origem*, bem como um *nó de demanda* para cada destino, porém, nenhum *nó de transbordo* é incluído na rede. Todos os arcos são direcionados de um nó de suprimento para um nó de demanda, em que distribuir x_{ij} unidades da origem i para o destino j corresponde a um fluxo de x_{ij} pelo arco $i \to j$. O custo c_{ij} por unidade distribuída torna-se o custo c_{ij} por unidade de fluxo. Já que o problema de transporte não impõe restrições de limite superior em valores individuais x_{ij}, de todos os $u_{ij} = \infty$.

Utilizar essa formulação para o problema de transporte da P & T Co. apresentado na Tabela 8.2 resulta na rede mostrada na Figura 8.2. A rede correspondente para o problema de transporte é exposta na Figura 8.3.

Problema da designação. Uma vez que o problema da designação discutido na Seção 8.3 é um tipo especial de problema de transporte, sua formulação como um problema do fluxo de custo mínimo encaixa-se no mesmo formato. Os fatores adicionais são que: 1) o número de nós de suprimento é igual ao número de nós de demanda, 2) $b_i = 1$ para cada nó de suprimento, e 3) $b_i = -1$ para cada nó de demanda.

A Figura 8.5 ilustra essa formulação para o genérico problema da designação.

Problema de transbordo. Esse caso especial, na verdade, inclui todas as características do problema do fluxo de custo mínimo, exceto por não ter capacidades de arcos (finitas). Portanto, qualquer problema desse tipo no qual cada arco pode transportar qualquer quantidade de fluxo desejada é também chamado problema de transbordo.

Por exemplo, o problema da Cia. de Distribuição Ilimitada mostrado na Figura 9.13 seria um problema de transbordo caso os limites superiores no fluxo através dos arcos $A \to B$ e $C \to E$ fossem eliminados.

Os problemas de transbordo surgem frequentemente como generalizações dos problemas de transporte, em que unidades que estão sendo distribuídas de cada origem para cada destino podem primeiro passar por pontos intermediários. Esses pontos intermediários podem incluir outras origens e destinos, bem como pontos de transferência adicionais que seriam representados por nós de transbordo na representação em rede do problema. Por exemplo, o problema da Cia. de Distribuição Ilimitada pode ser visto como uma generalização de um problema de transporte com duas origens (as duas fábricas representadas pelos nós A e B na Figura 9.13), dois destinos (os dois depósitos representados pelos nós D e E) e um ponto de transferência intermediário (o centro de distribuição representado pelo nó C). (O Capítulo 23 no *site* da editora inclui uma discussão adicional sobre o problema de transbordo.)

Problema do caminho mais curto. Considere agora a versão principal do problema do caminho mais curto apresentado na Seção 9.3 (encontrar o caminho mais curto de uma origem até um destino por meio de uma *rede não direcionada*). Para formular esse problema como um tipo do fluxo de custo mínimo, um nó de suprimento com um suprimento igual a 1 é fornecido para a origem, um nó de demanda com uma demanda igual a 1 é fornecido para o destino e o restante dos nós são de transbordo. Pelo fato de a rede de nosso problema do caminho mais curto ser não direcionada, ao passo que o problema do fluxo de custo mínimo supostamente tem uma rede direcionada, substituímos cada ligação por um par de arcos direcionados em direções opostas (representado por uma única linha com setas em ambas as extremidades). As únicas exceções são que não há nenhuma necessidade de se importar com arcos que *entram* no nó de suprimento ou que *saem* do nó de demanda. A distância entre nós i e j torna-se o custo unitário c_{ij} ou c_{ji} para o fluxo em qualquer direção entre esses nós. Como acontece com os casos especiais anteriores, não se impõe nenhuma capacidade de arco, de modo que todo $u_{ij} = \infty$.

A Figura 9.14 representa essa formulação para o problema do caminho mais curto do Seervada Park mostrado na Figura 9.1, na qual os números próximos às linhas agora representam o custo unitário do fluxo em ambas as direções.

Problema do fluxo máximo. O último caso especial que iremos considerar é o problema do fluxo máximo descrito na Seção 9.5. Nesse caso, uma rede já é fornecida como um nó de suprimento (a origem), um nó de demanda (o escoadouro) e diversos nós de transbordo, bem como os vários arcos e capacidades de arcos. São necessários somente três ajustes para encaixar esse problema no formato para o problema do fluxo de custo mínimo. Primeiro, configure $c_{ij} = 0$ para todos os arcos existentes de modo a refletir a ausência de custos no problema do fluxo máximo. Em segundo lugar, selecione uma quantidade $\overline{F}$, que é um limite superior seguro sobre o fluxo viável máximo pela rede e depois designa, respectivamente, uma oferta e uma demanda igual a $\overline{F}$ ao nó de suprimento e ao nó de demanda. (Pelo fato de todos os *demais* nós serem nós de transbordo, eles automaticamente têm $b_i = 0$.) Em terceiro lugar, adicionar um arco que vai diretamente do nó de suprimento para o nó de demanda e atribuir a ele um custo unitário grande de $c_{ij} = M$, bem como uma capacidade de arco ilimitada ($u_{ij} = \infty$). Em razão desse custo unitário positivo para esse arco e o custo unitário zero para todos os *demais* arcos, o pro-

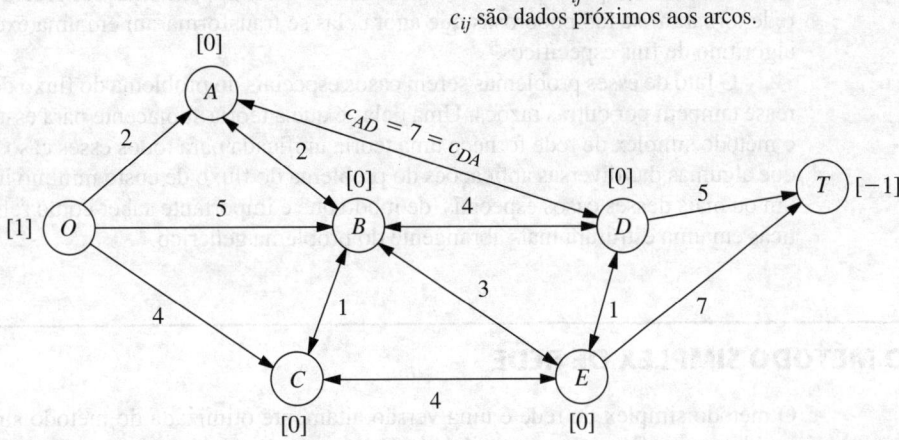

FIGURA 9.14 Formulação do problema do caminho mais curto do Seervada Park como um problema do fluxo de custo mínimo.

blema do fluxo de custo mínimo enviará o fluxo viável máximo através dos *demais* arcos, que alcança o objetivo do problema do fluxo máximo.

Aplicar essa formulação ao problema do fluxo máximo do Seervada Park mostrado na Figura 9.6 resulta na rede dada na Figura 9.15, em que os números dados próximos aos arcos originais são as capacidades de arcos.

Comentários finais. Exceto pelo problema de transbordo, cada um desses casos especiais foi tema de uma seção anterior, seja neste capítulo, seja no Capítulo 8. Quando cada um deles foi apresentado pela primeira vez, falamos a respeito de um algoritmo de propósito especial para solucioná-lo de modo muito eficiente. Assim, certamente não é necessário reformular esses casos especiais para se enquadrar no formato do problema do fluxo de custo mínimo de modo a poder resolvê-los. Entretanto, quando não se tem à mão um programa específico para o algoritmo de propósito especial, é muito razoável

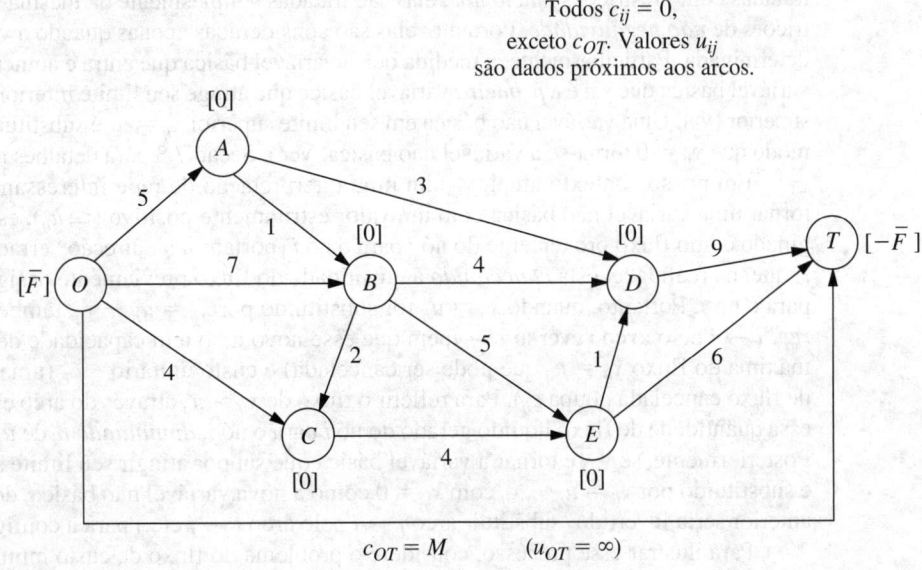

FIGURA 9.15 Formulação do problema do fluxo máximo do Seervada Park como um problema do fluxo de custo mínimo.

usar o método simplex de rede em seu lugar. De fato, implementações recentes do método simplex de rede tornaram-se tão poderosas que agora elas se transformaram em uma excelente alternativa para o algoritmo de fins específicos.

O fato de esses problemas serem casos especiais do problema do fluxo de custo mínimo é de interesse também por outras razões. Uma delas é que a teoria subjacente para esse tipo de problema e para o método simplex de rede fornece uma teoria unificada para todos esses casos especiais. Outra razão é que algumas das diversas aplicações do problema do fluxo de custo mínimo incluem características de um ou mais desses casos especiais, de modo que é importante saber como reformular essas características em uma estrutura mais abrangente do problema genérico.

9.7 O MÉTODO SIMPLEX DE REDE

O método simplex de rede é uma versão altamente otimizada do método simplex para resolução de problemas do fluxo de custo mínimo. Como tal, ele passa pelas mesmas etapas básicas a cada iteração – encontrar a variável básica, determinar a variável básica que sai e encontrar a nova solução BV ótima – de modo a se deslocar da solução BV atual para uma solução adjacente melhor. Entretanto, ele executa essas etapas em modos que exploram a estrutura especial de rede do problema sem jamais precisar de uma tabela simplex.

Você poderá notar algumas semelhanças entre o método simplex de rede e o método simplex de transporte apresentado na Seção 8.2. De fato, ambos são versões aperfeiçoadas do método simplex que fornecem algoritmos alternativos para resolver problemas de transporte de maneira similar. O método simplex de rede estende essas ideias para resolver também outros tipos de problemas do fluxo e de custo mínimo.

Nesta seção, fornecemos uma descrição um tanto abreviada do método simplex de rede que se concentra apenas nos conceitos principais. Omitimos certos detalhes necessários para uma implementação completa em computador, incluindo como construir uma solução BV inicial e como executar certos cálculos (como encontrar a variável básica que entra) da forma mais eficiente. Esses detalhes são fornecidos em textos muito mais especializados como as Referências Selecionadas 1 e 3.

Incorporação da técnica do limite superior

O primeiro conceito é incorporar a técnica do limite superior descrita na Seção 7.3 para lidar de modo eficiente com as restrições de capacidade de arcos $x_{ij} \leq u_{ij}$. Portanto, em vez de essas restrições serem tratadas como restrições *funcionais*, elas são tratadas simplesmente da mesma forma como são as restrições de *não negatividade*. Portanto, elas são consideradas apenas quando a variável básica que sai é determinada. Particularmente, à medida que a variável básica que entra é aumentada a partir de zero, a variável básica que sai é a *primeira* variável básica que atinge seu limite inferior (0) ou então seu limite superior (u_{ij}). Uma variável não básica em seu limite superior $x_{ij} = u_{ij}$ é substituída por $x_{ij} = u_{ij} - y_{ij}$, de modo que $y_{ij} = 0$ torna-se a variável não básica. Ver a Seção 7.3 para detalhes adicionais.

Em nosso contexto atual, y_{ij} tem uma interpretação de rede interessante. Toda vez que y_{ij} se tornar uma variável não básica com um valor estritamente positivo ($\leq u_{ij}$), esse valor pode ser imaginado como fluxo proveniente do nó j para o nó i (portanto, na direção "errada" através do arco $i \to j$) que, na realidade, está *cancelando* a quantidade do fluxo previamente designada ($x_{ij} = u_{ij}$) do nó i para o nó j. Portanto, quando $x_{ij} = u_{ij}$ for substituído por $x_{ij} = u_{ij} - y_{ij}$, também substituímos o arco *real* $i \to j$ pelo **arco reverso** $j \to i$, em que esse novo arco tem capacidade de arco u_{ij} (a quantidade máxima do fluxo $x_{ij} = u_{ij}$ que pode ser cancelada) e custo unitário $-c_{ij}$ (uma vez que cada unidade de fluxo cancelada poupa c_{ij}). Para refletir o fluxo de $x_{ij} = u_{ij}$ através do arco eliminado, transferimos essa quantidade de fluxo líquido gerado do nó i para o nó j, *diminuindo* b_i de u_{ij} e *aumentando* b_j a u_{ij}. Posteriormente, se y_{ij} se tornar a variável básica que sai por atingir seu limite superior, então $y_{ij} = u_{ij}$ é substituído por $y_{ij} = u_{ij} - x_{ij}$ com $x_{ij} = 0$ como a nova variável não básica, de modo que o processo anterior seria invertido (substituir arco $j \to i$ pelo arco $i \to j$ etc.) para a configuração original.

Para ilustrar esse processo, considere o problema do fluxo de custo mínimo indicado na Figura 9.12. Embora o método simplex de rede esteja gerando uma sequência de soluções BV, suponha que x_{AB} torne-se a variável básica que sai para alguma iteração por atingir seu limite superior igual a 10. Consequentemente, $x_{AB} = 10$ é substituído por $x_{AB} = 10 - y_{AB}$, , de modo que $y_{AB} = 0$ torna-se a nova

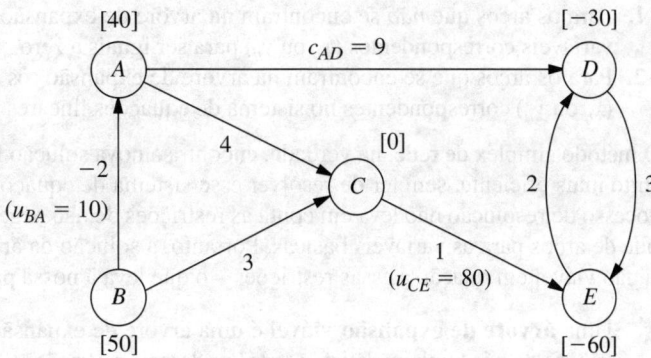

■ **FIGURA 9.16** A rede ajustada para o exemplo quando a técnica do limite superior leva a substituir $x_{AB} = 10$ por $x_{AB} = 10 - y_{AB}$.

variável não básica. Ao mesmo tempo, substituímos o arco $A \to B$ pelo arco $B \to A$ (com y_{AB} como sua quantidade de fluxo) e atribuímos a esse novo arco capacidade igual a 10 e custo unitário igual a -2. Para levar $x_{AB} = 10$ em conta, também diminuímos b_A de 50 para 40 e aumentamos b_B de 40 para 50. A rede ajustada resultante é mostrada na Figura 9.16.

Devemos ilustrar em breve o método simplex de rede inteiro com esse mesmo exemplo, começando com $y_{AB} = 0$ ($x_{AB} = 10$) como uma variável não básica e, assim, usando a Figura 9.16. Uma iteração posterior mostrará x_{CE} atingindo seu limite superior 80 e, portanto, sendo substituída por xCE 80 yCE e assim por diante, até a próxima iteração ter y_{AB} atingindo seu limite superior 10. Veremos que todas essas operações são realizadas diretamente na rede, de modo que não precisaremos usar as identificações x_{ij} ou y_{ij} para fluxos de arcos ou nem mesmo controlar quais arcos são arcos *verdadeiros* e quais são arcos *reversos* (exceto quando registramos a solução final). Usar a técnica do limite superior nos conduz às *restrições de nós* (fluxo que sai menos fluxo que entra b_i) como as únicas restrições funcionais. Os problemas do fluxo de custo mínimo tendem a ter muito mais arcos que nós, de modo que o número resultante de restrições funcionais geralmente seja apenas uma pequena parcela do que seria caso as restrições de capacidade de arcos tivessem sido incluídas. O tempo de cálculo para o método simplex aumenta rapidamente com o aumento do número de restrições funcionais, mas apenas lentamente com o número de variáveis (ou o número de restrições de limites sobre essas variáveis). Portanto, incorporar a técnica do limite superior aqui tende a poupar um enorme tempo de cálculo.

No entanto, essa técnica não é necessária para problemas do fluxo de custo mínimo *não capacitados* (inclusive todos, exceto o último caso especial, considerado na seção anterior), no qual não há nenhuma restrição de capacidade de arco.

Correspondência entre soluções BV e árvores de expansão viáveis

O conceito subjacente mais importante do método simplex é sua representação em forma de rede de *soluções BV*. Recorde-se da Seção 9.6 que com n nós, cada solução BV tem $(n - 1)$ variáveis básicas, em que cada variável básica x_{ij} representa o fluxo através do arco $i \to j$. Esses $(n - 1)$ arcos são conhecidos como **arcos básicos**. (De modo similar, os arcos correspondentes às variáveis *não básicas* $x_{ij} = 0$ ou $y_{ij} = 0$ são conhecidos como **arcos não básicos**.)

Uma propriedade fundamental dos arcos básicos é que eles jamais formam *ciclos* não direcionados. (Essa propriedade impede que a solução resultante seja uma média ponderada de outro par de soluções viáveis, que violaria uma das propriedades genéricas das soluções BV.) Entretanto, qualquer conjunto de $n - 1$ arcos que não contenha nenhum ciclo não direcionado forma uma *árvore de expansão*. Portanto, qualquer conjunto de $n - 1$ arcos básicos forma uma árvore de expansão.

Logo, as soluções BV podem ser obtidas "resolvendo-se" árvores de expansão, conforme será resumido a seguir.

Uma **solução de árvore de expansão** é obtida como a seguir:

1. Para os arcos que *não* se encontram na árvore de expansão (os arcos não básicos), configure as variáveis correspondentes (x_{ij} ou y_{ij}) para ser iguais a zero.
2. Para os arcos que se encontram na árvore de expansão (os arcos básicos), encontre as variáveis (x_{ij} ou y_{ij}) correspondentes no sistema de equações lineares fornecido pelas restrições de nós.

(O método simplex de rede, na verdade, encontra a nova solução BV a partir da solução atual de modo muito mais eficiente, sem ter de resolver esse sistema de equações da estaca zero.) Observe que esse processo de resolução não leva em conta as restrições de não negatividade nem as restrições de capacidade de arcos para as variáveis básicas. Portanto, a solução da árvore de expansão resultante pode ser ou não viável em relação a essas restrições – o que leva à nossa próxima definição.

Uma **árvore de expansão viável** é uma árvore de expansão cuja solução a partir das restrições de nós também satisfaz todas as demais restrições ($0 \leq x_{ij} \leq u_{ij}$ ou $0 \leq y_{ij} \leq u_{ij}$).

Com essas definições, agora podemos resumir nossa conclusão final como a seguir:

O **teorema fundamental para o método simplex de rede** diz que as soluções básicas são *soluções de árvore de expansão* (e vice-versa) e que as soluções BV são *árvores de expansão viáveis* (e vice-versa).

Para começar a ilustrar a aplicação desse teorema fundamental, consideremos a rede apresentada na Figura 9.16 que resulta da substituição de $x_{AB} = 10$ por $x_{AB} = 10 - y_{AB}$ para nosso exemplo da Figura 9.12. Uma árvore de expansão para essa rede é aquela mostrada na Figura 9.3e, em que os arcos são $A \to D$, $D \to E$, $C \to E$ e $B \to C$. Estes são os *arcos básicos*, então o processo de encontrar a solução de árvore de expansão é mostrado a seguir. À esquerda encontra-se o conjunto de restrições de nós fornecido na Seção 9.6 após $10 - y_{AB}$ ser substituído por x_{AB}, em que as variáveis *básicas* são indicadas em **negrito**. À direita, começando pela parte superior e descendo, encontra-se a sequência de etapas para configurar ou calcular os valores das variáveis.

$$
\begin{array}{rl}
& y_{AB} = 0,\ x_{AC} = 0,\ x_{ED} = 0 \\
\hline
-y_{AB} + x_{AC} + \mathbf{x_{AD}} = 40 & x_{AD} = 40. \\
y_{AB} \phantom{+ x_{AC}} + \mathbf{x_{BC}} = 50 & x_{BC} = 50. \\
- x_{AC} - \mathbf{x_{BC}} + \mathbf{x_{CE}} = 0,\ \text{portanto} & x_{CE} = 50. \\
- \mathbf{x_{AD}} \phantom{+ x_{CE}} + \mathbf{x_{DE}} - x_{ED} = -30,\ \text{portanto} & x_{DE} = 10. \\
- \mathbf{x_{CE}} - \mathbf{x_{DE}} + x_{ED} = -60 & \text{Redundante.}
\end{array}
$$

Já que os valores de todas essas variáveis básicas satisfazem as restrições de não negatividade e aquela restrição de capacidade de arco relevante ($x_{CE} \leq 80$), a árvore de expansão é uma *árvore de expansão viável*, de modo que temos uma *solução BV*.

Iremos usá-la como solução BV inicial para demonstrar o método simplex de rede. A Figura 9.17 mostra sua representação em forma de rede, a saber, a árvore de expansão viável e sua solução. Portanto, os números dados próximos dos arcos agora representam *fluxos* (valores de x_{ij}) em vez de

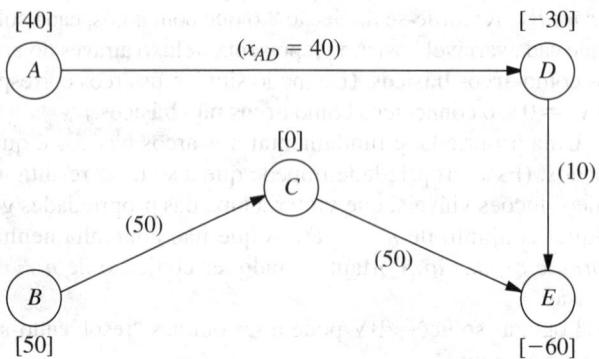

■ **FIGURA 9.17** A árvore de expansão viável inicial e sua solução para o exemplo.

custos unitários c_{ij} previamente dados. (Para ajudá-lo a distingui-los, sempre colocaremos os valores dos fluxos entre parênteses, mas não nos valores dos custos).

Seleção da variável básica que entra

Para iniciar uma iteração do método simplex de rede, lembre-se de que o critério do método simplex padrão para selecionar a variável básica que entra é escolher a variável não básica que, quando aumentada a partir de zero, *vai aumentar Z mais rapidamente*. Vejamos agora como se faz isso sem ter uma tabela simplex.

Para fins ilustrativos, considere a variável não básica x_{AC} em nossa solução BV inicial, isto é, o arco $A \to C$ não básico. Aumentar x_{AC} de zero para algum valor θ significa que o arco $A \to C$ com fluxo tem de ser acrescentado à rede mostrada na Figura 9.17. Acrescentar um arco não básico a uma árvore de expansão *sempre* cria um *ciclo* não direcionado único, no qual, nesse caso, observa-se na Figura 9.18 que o ciclo é *AC-CE-DE-AD*. A Figura 9.18 também mostra o efeito de se adicionar o fluxo θ ao arco $A \to C$ nos demais arcos dessa rede. Especificamente, o fluxo é desse modo *aumentado* de θ para os demais arcos que possuem a *mesma* direção de $A \to C$ no ciclo (arco $C \to E$), ao passo que o fluxo *líquido é diminuído* de θ para os demais arcos cuja direção é *oposta* a $A \to C$ no ciclo (arcos $D \to E$ e $A \to D$). No último caso, o fluxo líquido está, na realidade, cancelando um fluxo de θ na direção oposta. Arcos que não se encontram no ciclo (arco $B \to C$) não são afetados pelo novo fluxo. (Confirme essas conclusões observando o efeito da mudança em x_{AC} sobre os valores das demais variáveis na solução que acaba de ser derivada para a árvore de expansão viável inicial.)

Agora qual é o efeito incremental em Z (custo total de fluxo) de acrescentar o fluxo θ ao arco $A \to C$? A Figura 9.19 mostra a maioria das respostas fornecendo o custo unitário vezes a mudança no fluxo para cada arco da Figura 9.18. Portanto, o incremento global em Z é de:

$$\Delta Z = c_{AC}\theta + c_{CE}\theta + c_{DE}(-\theta) + c_{AD}(-\theta)$$
$$= 4\theta + \theta - 3\theta - 9\theta$$
$$= -7\theta.$$

Configurar $\theta = 1$ fornece então a *taxa* de mudança de Z à medida que x_{AC} é incrementado, isto é,

$$\Delta Z = -7, \quad \text{quando } \theta = 1.$$

Pelo fato de o objetivo ser o de *minimizar* Z, essa alta taxa de decréscimo em Z aumentando-se x_{AC} é muito desejável, de modo que x_{AC} torna-se um excelente candidato a ser a variável básica que entra.

Agora, precisamos realizar a mesma análise para as demais variáveis não básicas antes de fazermos a seleção final da variável básica que entra. As únicas outras variáveis não básicas são y_{AB} e x_{ED}, correspondentes aos dois outros arcos não básicos $B \to A$ e $E \to D$ na Figura 9.16.

A Figura 9.20 mostra o efeito incremental sobre os custos de se acrescentar o arco $B \to A$ com fluxo θ à árvore de expansão viável inicial dada na Figura 9.17. Acrescentar esse arco cria o ciclo não direcionado *BA–AD–DE–CE–BC*, de modo que o fluxo θ aumenta para os arcos $A \to D$ e $D \to E$, mas

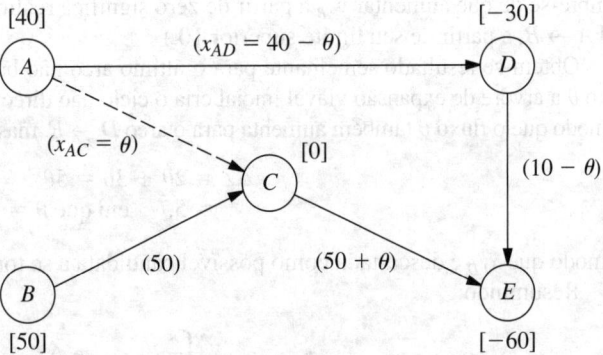

FIGURA 9.18 O efeito sobre os fluxos de se acrescentar o arco $A \to C$ com fluxo θ à árvore de expansão viável inicial.

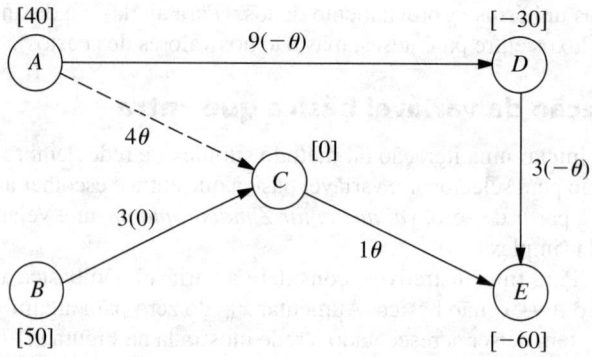

■ **FIGURA 9.19** O efeito incremental sobre os custos de se acrescentar o arco $A \to C$ com fluxo θ à árvore de expansão viável inicial.

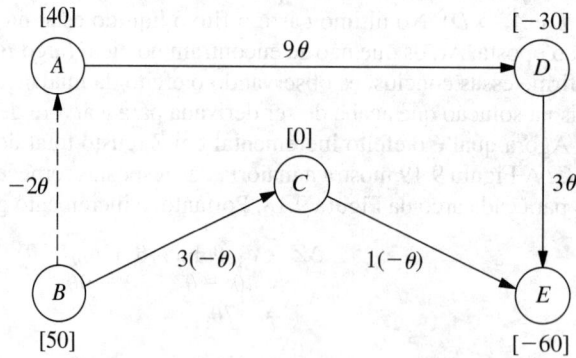

■ **FIGURA 9.20** O efeito sobre os custos de se acrescentar o arco $B \to A$ com fluxo θ à árvore de expansão viável inicial.

diminui de θ para os dois arcos na direção oposta desse ciclo, $C \to E$ e $B \to C$. Esses incrementos de fluxo, θ e $-\theta$, são os multiplicadores dos valores c_{ij} na figura. Portanto,

$$\Delta Z = -2\theta + 9\theta + 3\theta + 1(-\theta) + 3(-\theta) = 6\theta$$
$$= 6, \quad \text{quando } \theta = 1.$$

O fato de Z *aumentar* em vez de diminuir quando y_{AB} (fluxo através do arco reverso $B \to A$) é aumentado a partir de zero descarta essa variável como candidata a se tornar a variável básica que entra. Lembre-se de que aumentar y_{AB} a partir de zero significa realmente diminuir x_{AB}, fluxo através do arco real $A \to B$, a partir de seu limite superior 10.)

Obtém-se resultado semelhante para o último arco não básico $E \to D$. Acrescentar esse arco com fluxo θ à árvore de expansão viável inicial cria o ciclo não direcionado ED–DE mostrado na Figura 9.21, de modo que o fluxo θ também aumenta para o arco $D \to E$, mas nenhum outro arco é afetado. Portanto,

$$\Delta Z = 2\theta + 3\theta = 5\theta$$
$$= 5, \quad \text{em que } \theta = 1,$$

de modo que x_{ED} é descartada como possível candidata a se tornar a variável básica que entra.
Resumindo:

$$\Delta Z = \begin{cases} -7, & \text{se } \Delta x_{AC} = 1 \\ 6, & \text{se } \Delta y_{AB} = 1 \\ 5, & \text{se } \Delta x_{ED} = 1 \end{cases}$$

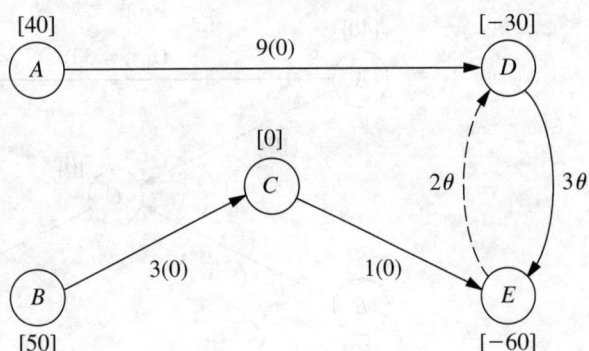

■ **FIGURA 9.21** O efeito incremental sobre os custos de se acrescentar o arco $E \to D$ com fluxo θ à árvore de expansão viável inicial.

de modo que o valor negativo para x_{AC} implica que x_{AC} torna-se a variável básica que entra para a primeira iteração. Se houvesse mais de uma variável não básica com um valor *negativo* de ΔZ, então aquela com o *maior* valor absoluto teria sido escolhida. (Caso não tivesse ocorrido nenhuma variável não básica com um valor ΔZ negativo, a solução BV atual teria sido ótima.)

Em vez de identificar ciclos não direcionados etc., o método simplex de rede, na verdade, obtém esses valores ΔZ por meio de um procedimento algébrico, que é consideravelmente mais eficiente (especialmente para redes grandes). O procedimento é análogo àquele usado pelo método simplex de transporte (ver a Seção 8.2) para encontrar u_i e v_j de modo a obter o valor de $c_{ij} - u_i - v_j$ para cada variável não básica x_{ij}. Não descreveremos esse procedimento com mais detalhes; portanto, você simplesmente deve usar o método dos ciclos não direcionados quando estiver solucionando os problemas do final do capítulo.

Encontrar a variável básica que sai e a próxima solução BV

Após selecionar a variável básica que entra, é necessário apenas uma rápida etapa para determinar simultaneamente a variável básica que sai e a solução BV seguinte. Para a primeira iteração do exemplo, o segredo é a Figura 9.18. Já que x_{AC} é a variável básica que entra, o fluxo θ pelo arco $A \to C$ deve ser aumentado o máximo possível a partir de zero até que uma das variáveis básicas atinja seu limite inferior (0) ou então seu limite superior (u_{ij}). Para aqueles arcos cujo fluxo *aumenta* com θ na Figura 9.18 (arcos $A \to C$ e $C \to E$), somente os limites *superiores* ($u_{AC} = \infty$ e $u_{CE} = 80$) precisam ser considerados:

$$x_{AC} = \theta \le \infty.$$
$$x_{CE} = 50 + \theta \le 80, \quad \text{portanto} \quad \theta \le 30.$$

Para aqueles arcos cujo fluxo *decresce* com θ (arcos $D \to E$ e $A \to D$), somente o limite *inferior* 0 precisa ser considerado:

$$x_{DE} = 10 - \theta \ge 0, \quad \text{portanto} \quad \theta \le 10.$$
$$x_{AD} = 40 - \theta \ge 0, \quad \text{portanto} \quad \theta \le 40.$$

Arcos cujos valores não são alterados por θ (isto é, aqueles que não fazem parte do ciclo não direcionado), que, no caso, é apenas o arco $B \to C$ na Figura 9.18, podem ser ignorados já que nenhum limite será alcançado à medida que θ é aumentado.

Para os cinco arcos da Figura 9.18, a conclusão é que x_{DE} tem de ser a variável básica que sai, pois ele atinge um limite para o menor valor de θ (10). Configurando-se $\theta = 10$ *nessa figura leva aos fluxos através dos arcos básicos na próxima solução BV*:

$$x_{AC} = \theta = 10,$$
$$x_{CE} = 50 + \theta = 60,$$
$$x_{AD} = 40 - \theta = 30,$$
$$x_{BC} = 50.$$

A árvore de expansão viável correspondente é mostrada na Figura 9.22.

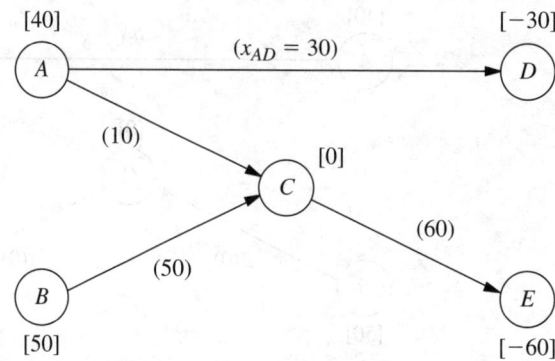

FIGURA 9.22 A segunda árvore de expansão viável e sua solução para o exemplo.

Se a variável básica tiver atingido seu limite superior, então os ajustes discutidos para a técnica do limite superior seriam atingidos nesse ponto (como você verá ilustrado nas próximas duas iterações). Entretanto, pelo fato de o limite inferior 0 ter sido alcançado, não precisamos fazer mais nada.

Completando o exemplo. Para as duas iterações remanescentes que precisam alcançar a solução ótima, o foco principal será em algumas características da técnica do limite superior que elas ilustram. O padrão para encontrar a variável básica que entra, a variável básica que sai e a solução BV seguinte será muito similar àquele descrito para a primeira iteração, de modo que apenas resumiremos brevemente essas etapas.

Iteração 2: começando com a árvore de expansão viável mostrada na Figura 9.22 e voltando à Figura 9.16 em termos de custos unitários c_{ij}, chegamos aos cálculos para selecionar a variável básica que entra na Tabela 9.4. A segunda coluna identifica o ciclo não direcionado único, que é criado acrescentando-se o arco não básico na primeira coluna a essa árvore de expansão e a terceira coluna revela o efeito incremental sobre os custos em decorrência das mudanças nos fluxos nesse ciclo causadas pelo acréscimo de um fluxo $\theta = 1$ ao arco não básico. O arco $E \to D$ tem o maior valor negativo (em termos absolutos) de ΔZ, de modo que x_{ED} é a variável básica que entra.

Agora, tornamos o maior possível o fluxo ΔZ através do arco $E \to D$ e, ao mesmo tempo, satisfazendo aos seguintes limites de fluxos:

$x_{ED} = \theta \leq u_{ED} = \infty$, portanto $\theta \leq \infty$.
$x_{AD} = 30 - \theta \geq 0$, portanto $\theta \leq 30$.
$x_{AC} = 10 + \theta \leq u_{AC} = \infty$, portanto $\theta \leq \infty$.
$x_{CE} = 60 + \theta \leq u_{CE} = 80$, portanto $\theta \leq 20$. ← Mínimo

Pelo fato de x_{CE} impor o menor limite superior (20) sobre θ, x_{CE} torna-se a variável básica que entra. Configurando $\theta = 20$ nas expressões anteriores para x_{ED}, x_{AD} e x_{AC}, isso leva ao fluxo através dos arcos básicos para a próxima solução BV (com $x_{BC} = 50$ não sendo afetado por θ), conforme mostrado na Figura 9.23.

O que deve ser destacado aqui é que a variável básica que sai x_{CE} foi obtida pelo fato de a variável ter atingido seu limite superior (80). Portanto, usando-se a técnica do limite superior, x_{CE} é substituído por $80 - y_{CE}$, em que $y_{CE} = 0$ é a nova variável não básica. Ao mesmo tempo, o arco original $C \to E$ com $c_{CE} = 1$ e $u_{CE} = 80$ é substituído pelo arco reverso $E \to C$ com $c_{CE} = -1$ e $u_{CE} = 80$. Os valores

TABELA 9.4 Cálculos para selecionar a variável básica que entra para a iteração 2

Arco não básico	Ciclo criado	ΔZ quando $\theta = 1$	
$B \to A$	BA–AC–BC	$-2 + 4 - 3 = -1$	
$D \to E$	DE–CE–AC–AD	$3 - 1 - 4 + 9 = 7$	
$E \to D$	ED–AD–AC–CE	$2 - 9 + 4 + 1 = -2$	← Mínimo

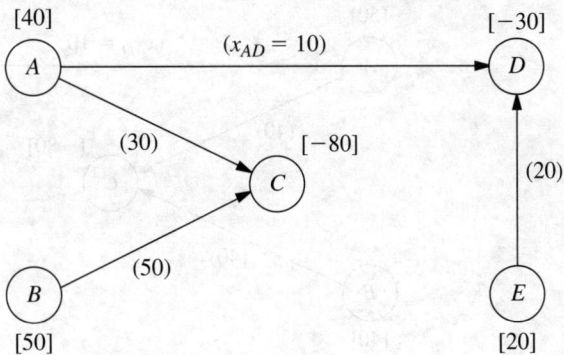

FIGURA 9.23 Terceira árvore de expansão viável e sua solução para o exemplo.

de b_E e b_C também são ajustados adicionando-se 80 a b_E e subtraindo-se 80 de b_C. A rede ajustada resultante é exposta na Figura 9.24, em que os arcos não básicos são mostrados como linhas tracejadas e os números por todos os arcos são custos unitários.

Iteração 3: se as Figuras 9.23 e 9.24 forem utilizadas para iniciar a próxima iteração, a Tabela 9.5 mostra os cálculos que levam a selecionar y_{AB} (arco reverso $B \to A$) como variável básica que entra. Depois, acrescentamos o máximo de fluxo θ possível pelo arco $B \to A$ e, ao mesmo tempo, satisfazendo os limites de fluxo a seguir:

$$y_{AB} = \theta \leq u_{BA} = 10, \qquad \text{portanto} \qquad \theta \leq 10. \quad \leftarrow \text{Mínimo}$$
$$x_{AC} = 30 + \theta \leq u_{AC} = \infty, \qquad \text{portanto} \qquad \theta \leq \infty.$$
$$x_{BC} = 50 - \theta \geq 0, \qquad \text{portanto} \qquad \theta \leq 50.$$

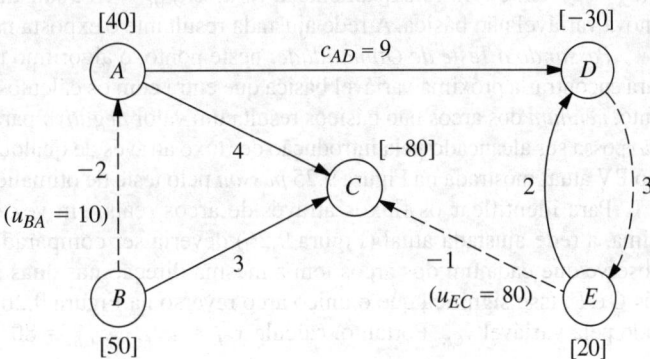

FIGURA 9.24 A rede ajustada com custos unitários no final da iteração 2.

O menor limite superior (10) em θ é imposto por y_{AB}, de modo que essa variável torna-se a variável básica que sai. Configurar $\theta = 10$ nas expressões anteriores para x_{AC} e x_{BC} (junto com os valores inalterados de $x_{AC} = 10$ e $x_{ED} = 20$) leva à solução BV seguinte, conforme mostrado na Figura 9.25.

TABELA 9.5 Cálculos para selecionar a variável básica que entra para a iteração 3

Arco não básico	Ciclo criado	ΔZ quando $\theta = 1$	
$B \to A$	BA–AC–BC	$-2 + 4 - 3 = -1$	$\leftarrow$ Mínimo
$D \to E$	DE–ED	$3 + 2 = 5$	
$E \to C$	EC–AC–AD–ED	$-1 - 4 + 9 - 2 = 2$	

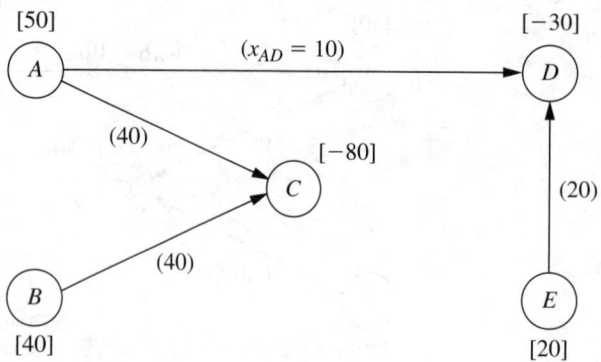

FIGURA 9.25 A quarta (e última) árvore de expansão viável e sua solução para o exemplo.

Assim como acontece na iteração 2, a variável básica que sai (y_{AB}) foi obtida aqui devido ao fato de a variável ter alcançado seu limite superior. Além disso, há dois outros pontos de especial interesse referentes a essa escolha em particular. Um é que a variável básica que *entra* y_{AB} também se torna a variável básica que *sai* na mesma iteração! Isso ocorre ocasionalmente com a técnica do limite superior sempre que aumentar a variável básica que entra a partir de zero faz que seu limite superior seja alcançado primeiro, antes de qualquer outra das demais variáveis básicas ter atingido um limite.

O outro ponto interessante é que o arco $B \to A$, que agora precisa ser substituído por um arco *reverso* $A \to B$ (em razão de a variável básica que sai ter atingido um limite superior), já ser um arco reverso! Isso não constitui nenhum problema, pois o arco reverso para um arco reverso é simplesmente o arco *real* original. Portanto, o arco $B \to A$ (com $c_{BA} = -2$ e $u_{BA} = 10$) da Figura 9.24 agora é substituído pelo arco $A \to B$ (com $c_{AB} = 2$ e $u_{AB} = 10$) que é o arco entre os nós A e B na rede original mostrada na Figura 9.12 e um fluxo gerado igual a 10 é transferido do nó B ($b_B = 50 \to 40$) para o nó A ($b_A = 40 \to 50$). Simultaneamente, a variável $y_{AB} = 10$ é substituída por $10 - x_{AB}$ com $x_{AB} = 0$ como a nova variável não básica. A rede ajustada resultante é exposta na Figura 9.26.

Passando o Teste de Otimalidade: neste ponto, o algoritmo tentaria utilizar as Figuras 9.25 e 9.26 para encontrar a próxima variável básica que entra com os cálculos usuais exibidos na Tabela 9.6. Entretanto, *nenhum* dos arcos não básicos resulta um valor *negativo* para ΔZ, de modo que um aumento em Z *não* possa ser alcançado pela introdução de fluxo através de qualquer um deles. Isso significa que a solução BV atual mostrada na Figura 9.25 *passou* pelo teste de otimalidade de maneira que o algoritmo para.

Para identificar os fluxos através de arcos reais, em vez de arcos reversos para essa solução ótima, a rede ajustada atual (Figura 9.26) deveria ser comparada com a rede original (Figura 9.12). Observe que cada um dos arcos tem a mesma direção nas duas redes, com exceção do arco entre os nós C e E. Isso significa que o único arco reverso na Figura 9.26 é o arco $E \to C$, em que seu fluxo é dado pela variável y_{CE}. Portanto, calcule $x_{CE} = u_{CE} - y_{CE} = 80 - y_{CE}$. O arco $E \to C$ é um arco não

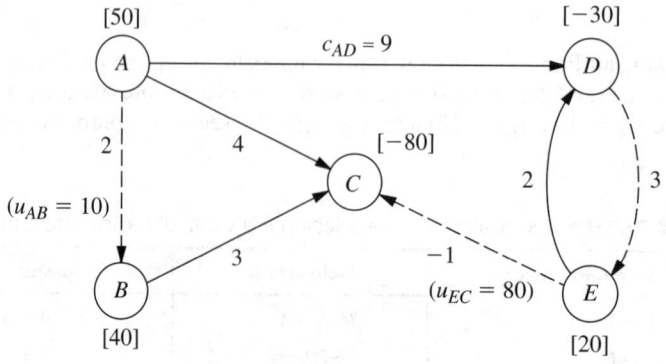

FIGURA 9.26 A rede ajustada com custos unitários no final da iteração 3.

CAPÍTULO 9 MODELOS DE OTIMIZAÇÃO DE REDES

■ **TABELA 9.6** Cálculos para o teste de otimalidade da iteração 3

Arco não básico	Ciclo criado	ΔZ quando $\theta = 1$
$A \to B$	AB–BC–AC	$2 + 3 - 4 = 1$
$D \to E$	DE–ED	$3 + 2 = 5$
$E \to C$	EC–AC–AD–ED	$-1 - 4 + 9 - 2 = 2$

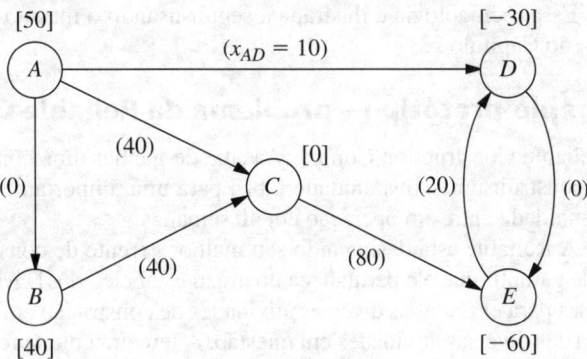

■ **FIGURA 9.27** O padrão de fluxo ótimo na rede original para o exemplo da Cia. de Distribuição Ilimitada.

básico, de modo que $y_{CE} = 0$ e $x_{CE} = 80$ seja o fluxo entre o arco real $C \to E$. Todos os demais fluxos através de arcos reais são os fluxos dados na Figura 9.25. Logo, a solução ótima é aquela mostrada na Figura 9.27.

Outro exemplo completo de sua aplicação é fornecido pela demonstração na *Área de Análise de Rede* de seu Tutor PO. Também há um **exemplo adicional** na seção de Worked Examples do *site* da editora. Também incluso no Tutorial IOR há um procedimento interativo para o método simplex de rede.

9.8 MODELO DE REDE PARA OTIMIZAR A RELAÇÃO CONFLITANTE TEMPO-CUSTO

As redes fornecem uma maneira natural de se exibir graficamente o fluxo das atividades em um projeto importante, como um de construção ou de pesquisa e desenvolvimento. Portanto, uma das aplicações mais importantes da teoria de redes está em auxiliar o gerenciamento desses projetos.

No final dos anos 1950, duas técnicas de PO que se baseavam em redes – **PERT** (Program Evaluation and Review Technique) e **CPM** (Critical Path Method) – foram desenvolvidas independentemente para ajudar os gerentes de projetos a desempenhar suas responsabilidades. Essas técnicas foram desenvolvidas para ajudar a planejar a coordenação das diversas atividades de um projeto, desenvolver um cronograma realista e depois monitorar o seu progresso após estar em andamento. Ao longo dos anos, as melhores características dessas duas técnicas tenderam a se juntar no que é agora comumente conhecido como técnica PERT/CPM. Essa metodologia de rede ao gerenciamento de projetos continua a ser usada amplamente hoje.

Um dos capítulos suplementares no *site* da editora, o Capítulo 22 (Gerenciamento de Projetos com PERT/CPM), fornece a descrição completa das diversas características do PERT/CPM. Agora, destacaremos uma delas por dois motivos. Primeiro, ele é um modelo de otimização de rede e, portanto, encaixa-se no tema deste capítulo. Em segundo lugar, ilustra o tipo de aplicações importantes que esses modelos podem ter.

O recurso que destacaremos se chama *método CPM de relações conflitantes tempo-custo*, pois foi uma parte fundamental da técnica CPM original. Esse método resolve o seguinte problema para um projeto que precisa ser concluído em um prazo específico. Suponha que esse prazo não será atendido caso todas as etapas sejam realizadas da maneira normal, mas que existam diversas maneiras de atendê-lo gastando-se mais dinheiro para acelerar algumas das etapas. Qual é o plano ótimo para essa aceleração de modo a minimizar o custo total de realizar o projeto no prazo?

A metodologia genérica começa usando uma rede para mostrar as diversas etapas e a ordem na qual elas precisam ser executadas. Um modelo de otimização é então formulado e pode ser resolvido usando-se análise marginal ou então programação linear. Como acontece com qualquer outro modelo de otimização de redes considerado anteriormente neste capítulo, a estrutura especial do problema o torna relativamente fácil de ser resolvido de modo eficiente.

Essa metodologia é ilustrada a seguir usando o mesmo exemplo-protótipo que é empregado ao longo do Capítulo 22.

Exemplo-protótipo – problema da Reliable Construction Co.

A Reliable Construction Company acaba de ganhar uma concorrência no valor de US$ 5,4 milhões para construir uma nova unidade fabril para uma importante indústria. Esse cliente precisa que essa nova unidade entre em operação em 40 semanas.

A Reliable está designando seu melhor gerente de construção, David Perty, para esse projeto a fim de garantir que ele permaneça no prazo estabelecido. David Perty precisará contratar uma série de equipes para executar as diversas atividades de construção em horários diferentes. A Tabela 9.7 mostra a lista das diversas atividades em questão. A terceira coluna fornece informações adicionais importantes para coordenar o cronograma das equipes.

Para certas atividades, seus **predecessores imediatos** (conforme dado na terceira coluna da Tabela 9.7) são aquelas atividades que têm de ser concluídas até no máximo no horário de início da atividade dada. (De maneira similar, a atividade dada é chamada **sucessor imediato** de cada um de seus predecessores imediatos.)

Por exemplo, as primeiras linhas nessa coluna indicam que:

1. A escavação não precisa esperar por qualquer outra atividade.
2. A escavação tem de ser concluída antes de se começar a fundação.
3. A fundação deve ser completamente finalizada antes de elevar as paredes de alvenaria e assim por diante.

■ **TABELA 9.7** Lista de atividades para o projeto da Reliable Construction Co.

Atividade	Descrição da atividade	Predecessores imediatos	Duração estimada
A	Escavação	–	2 semanas
B	Fundações	A	4 semanas
C	Levantar as paredes de alvenaria	B	10 semanas
D	Instalar o teto	C	6 semanas
E	Instalar a tubulação externa	C	4 semanas
F	Instalar a tubulação interna	E	5 semanas
G	Fazer o revestimento externo	D	7 semanas
H	Fazer a pintura externa	E, G	9 semanas
I	Fazer a instalação elétrica	C	7 semanas
J	Colocar as chapas para revestimento das paredes	F, I	8 semanas
K	Instalar pisos	J	4 semanas
L	Fazer a pintura interna	J	5 semanas
M	Instalar os acessórios externos	H	2 semanas
N	Instalar os acessórios internos	K, L	6 semanas

Quando determinada atividade tiver *mais que um* predecessor imediato, tudo deve ser finalizado antes de a atividade começar.

De modo a programá-las, o Sr. Perty consulta cada um dos supervisores de turmas para desenvolver uma estimativa de quanto tempo cada atividade deve levar quando é realizada da maneira normal. Essas estimativas são dadas na coluna mais à direita da Tabela 9.7.

Somar esses tempos fornecerá o total geral de 79 semanas que é de longe o prazo de 40 semanas para o projeto. Felizmente, algumas das atividades podem ser feitas em paralelo, o que reduz substancialmente o tempo de término do projeto. Veremos, a seguir, como este pode ser exibido graficamente para melhor visualizar o fluxo das atividades e para determinar o tempo total necessário para completar o projeto se não ocorrerem atrasos.

Vimos, neste capítulo, como *redes* valiosas devem ser para representar e ajudar a analisar diversos tipos de problemas. Da mesma forma, as redes desempenham papel fundamental em lidar com projetos, pois permitem mostrar as relações entre as atividades e exibir sucintamente o plano geral. Também são úteis para analisar o projeto.

Redes de projetos

Uma rede usada para representar um projeto é chamada **rede de projetos**, que é formada por uma série de *nós* (tipicamente mostrada como retângulos ou círculos pequenos) e uma série de arcos (indicados como setas) que conectam dois nós diferentes.

Como a Tabela 9.7 indica, são necessários três tipos de informação para descrever um projeto.

1. Informações de atividades: subdivida o projeto em suas *atividades* individuais (no nível desejado de detalhe).
2. Relações de precedência: identifique o(s) *predecessor(es) imediato(s)* para cada atividade.
3. Informação de tempo: estime a *duração* de cada atividade.

A rede de projetos deveria transmitir todas essas informações. Existem dois tipos de redes de projeto para fazer isso.

Um tipo é a rede de projeto **atividade-no-arco** (**ANA**), em que cada atividade é representada por um *arco*. Um nó é usado para separar uma atividade (um arco de saída) de cada um de seus predecessores imediatos (um arco de entrada). A sequência dos arcos mostra então as relações de precedência entre as atividades.

O segundo tipo é a rede de projeto **atividade-no-nó** (**ANN**), no qual cada atividade é representada por um *nó*. A seguir, os arcos são usados apenas para mostrar as relações de precedência existentes entre as atividades. Particularmente, o nó para cada atividade com predecessores imediatos tem um arco proveniente de cada um desses predecessores.

As versões originais do PERT e CPM usavam redes de projetos ANA, portanto, esse foi o tipo convencional por alguns anos. Entretanto, as redes de projetos ANN têm algumas vantagens importantes em relação às redes de projetos ANA para transmitir a mesma informação.

1. As redes de projetos ANN são consideravelmente mais fáceis de se construir do que as redes de projetos ANA.
2. As redes de projetos ANN são mais fáceis de ser compreendidas que as redes de projetos ANA para usuários inexperientes, inclusive muitos gerentes.
3. As redes de projetos ANN são mais fáceis de ser revisadas que as redes de projetos ANA quando há mudanças no projeto.

Por essas razões, as redes de projetos ANN se tornaram cada vez mais populares entre os profissionais da área. Parece que elas poderiam se tornar o formato-padrão para redes de projetos. Portanto, nos concentraremos somente nas redes de projetos ANN e eliminaremos a sigla ANN.

A Figura 9.28 mostra a rede de projeto para o projeto da Reliable[2]. Referindo-se também à terceira coluna da Tabela 9.7, observe como há um arco que vai para cada atividade, partindo de cada um de seus predecessores imediatos. Em razão da atividade *A* não ter nenhum predecessor imediato, há um arco que parte do nó inicial e vai para essa atividade. De modo similar, já que as

---

[2] Embora as redes de projetos normalmente sejam desenhadas da esquerda para a direita, o faremos de cima para baixo para encaixar melhor nas páginas deste livro.

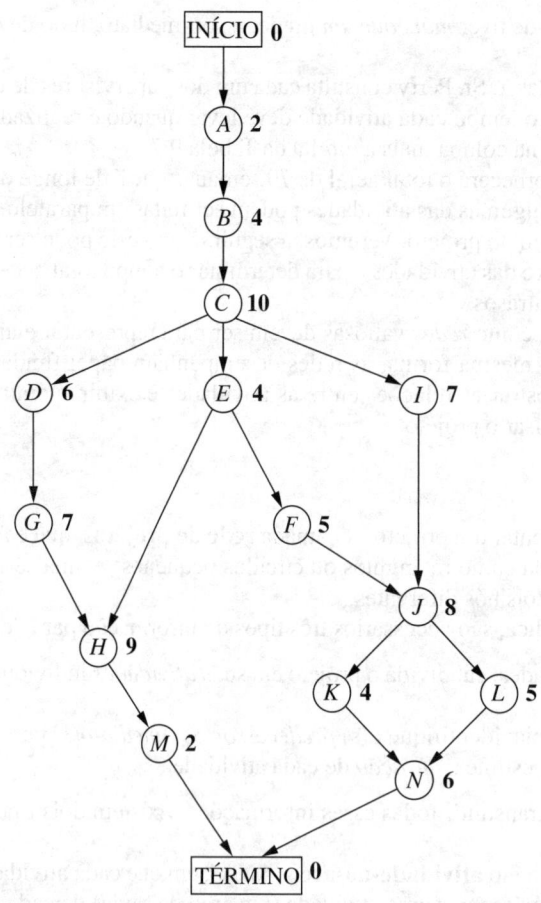

FIGURA 9.28 A rede de projetos para o projeto da Reliable Construction Co.

atividades *M* e *N* não possuem nenhum sucessor imediato, um arco sai de cada uma dessas atividades para o nó final. Portanto, a rede de projeto exibe de forma elegante e em um relance todas as relações precedentes entre as atividades (além do início e término do projeto). Baseando-se na coluna mais à direita da Tabela 9.7, o número próximo ao nó para cada atividade registra então a duração estimada (em semanas).

Caminho crítico

Quanto tempo deve durar o projeto? Vimos anteriormente que o somatório das durações de todas as atividades dava um total geral de 79 semanas. Entretanto, essa não é a resposta para a pergunta, pois algumas das atividades podem ser executadas (grosso modo) simultaneamente.

O que na verdade é relevante é o *comprimento* de cada *caminho* pela rede.

Um **caminho** em uma rede de projeto constitui uma ou mais rotas seguindo os arcos do nó INÍCIO ao nó TÉRMINO. O **comprimento** de um caminho é a *soma* das *durações* (estimadas) das atividades no caminho.

Os seis caminhos da rede de projeto da Figura 9.28 são fornecidos na Tabela 9.8 junto com os cálculos dos comprimentos desses caminhos. Os comprimentos variam de 31 a 44 semanas para o caminho mais longo (o quarto na tabela).

Portanto, fornecidos esses comprimentos de caminho, qual seria a **duração** (estimada) **do projeto** (o tempo total necessário para o projeto)? Entendamos o que acontece.

Já que as atividades em qualquer caminho dado devem ser feitas em sequência, sem se sobrepor, a duração do projeto não pode ser *menor* do que o comprimento do caminho. Entretanto, a duração

TABELA 9.8 Os caminhos e os comprimentos de caminhos pela rede do projeto da Reliable

Caminho	Comprimento
INÍCIO →A→B→C→D→G→H→M→ TÉRMINO	2 + 4 + 10 + 6 + 7 + 9 + 2 = 40 semanas
INÍCIO →A→B→C→E→H→M→ TÉRMINO	2 + 4 + 10 + 4 + 9 + 2 + 2 + 6 = 31 semanas
INÍCIO →A→B→C→E→F→J→K→N→ TÉRMINO	2 + 4 + 10 + 4 + 5 + 8 + 4 + 6 = 43 semanas
INÍCIO →A→B→C→E→F→J→L→N→ TÉRMINO	2 + 4 + 10 + 4 + 5 + 8 + 5 + 6 = 44 semanas
INÍCIO →A→B→C→I→J→K→N→ TÉRMINO	2 + 4 + 10 + 7 + 8 + 4 + 6 = 41 semanas
INÍCIO →A→B→C→I→J→L→N→ TÉRMINO	2 + 4 + 10 + 7 + 8 + 5 + 6 = 42 semanas

do projeto pode ser *maior*, pois alguma atividade com vários predecessores imediatos poderia ter de esperar mais para um predecessor imediato que *não* se encontre no caminho terminar, do que para aquele que se encontra no caminho. Consideremos, por exemplo, o segundo caminho da Tabela 9.8 e concentremo-nos na atividade H. Essa atividade tem dois predecessores imediatos, um (atividade G) que *não* se encontra no caminho e outro (atividade E), que se encontra no caminho. Após a atividade C terminar, serão necessárias somente mais 4 semanas para a atividade E, porém 13 semanas para a atividade D e depois a atividade G terminarem. Portanto, a duração do projeto deve ser consideravelmente maior que o comprimento do segundo caminho na tabela.

No entanto, a duração do projeto não será mais longa que determinado caminho. Esse é o *caminho mais longo* através da rede do projeto. As atividades nesse caminho podem ser executadas sequencialmente sem interrupção. (Caso contrário, este não seria o caminho mais longo.) Logo, o tempo necessário para se chegar ao nó TÉRMINO é igual ao comprimento nesse caminho. Além disso, todos os caminhos mais curtos levarão ao nó TÉRMINO antes disso.

Eis a conclusão principal:

A *duração* (estimada) *do projeto* é igual ao *comprimento mais longo* através da rede do projeto. Esse caminho mais longo é chamado **caminho crítico**.[3] (Se houver mais de um caminho longo de igual comprimento, todos eles serão caminhos críticos.)

Portanto, para o projeto da Reliable Construcion Co., temos:

Caminho crítico: INÍCIO →A→B→C→E→F→J→L→N→ TÉRMINO
Duração (estimada) do projeto = 44 semanas

Assim, se não ocorrer nenhum atraso, o tempo total necessário para completar o projeto deveria ser de aproximadamente 44 semanas. Além disso, as atividades nesse caminho crítico são as atividades críticas de gargalo em que quaisquer atrasos no seu término têm de ser evitados para impedir atrasos no término do projeto como um todo. Essa é uma informação preciosa para o Sr. Perty, pois ele agora sabe que deve dar mais atenção em manter essas atividades, em particular, de acordo com o cronograma, mantendo o projeto como um todo no prazo. Além disso, para reduzir a duração do projeto (lembre-se de que o prazo para finalização da obra é de 40 semanas), essas são as principais atividades às quais devem ser feitas mudanças.

O Sr. Perty agora precisa determinar especificamente quais atividades devem ter durações reduzidas e em que proporção, de modo a atender ao prazo de 40 semanas da forma menos onerosa possível. Ele se lembra de que o CPM dispõe de excelente procedimento para investigar essas *relações tempo-custo*, portanto ele usará essa metodologia para resolver essa questão.

Começamos fornecendo alguns subsídios.

---

[3] Embora a Tabela 9.8 ilustre como a enumeração e os comprimentos dos caminhos podem ser usados para encontrar o caminho crítico em pequenos projetos, o Capítulo 22 (*site*) descreve como a técnica PERT/CPM normalmente emprega um procedimento consideravelmente mais eficiente para obter uma série de informações úteis, inclusive o caminho crítico.

Relações conflitantes tempo-custo para atividades individuais

O primeiro conceito-chave para essa metodologia é aquele do *impacto*.

Causar impacto em uma atividade refere-se a tomar medidas especialmente dispendiosas para reduzir a duração de uma atividade abaixo de seu valor normal. Essas medidas especiais poderiam incluir adotar regime de horas extras, contratar mão de obra temporária, usar materiais especiais que economizem tempo, obter equipamento etc. **Impactar em um projeto** refere-se a impactar em um número de atividades de modo a reduzir a duração do projeto abaixo do valor normal.

O **método CPM de relações conflitantes tempo-custo** preocupa-se em determinar quanto (se realmente existir algum) impactar em cada uma das atividades de modo a reduzir a duração prevista do projeto para um valor desejado.

Os dados necessários para determinar quanto causar impacto em determinada atividade são fornecidos pelo *gráfico tempo-custo* para a atividade. A Figura 9.29 mostra um gráfico tempo-custo típico. Observe os dois pontos fundamentais nesse gráfico identificados por *Normal* e *Impactado*.

O **ponto normal** no gráfico tempo-custo para uma atividade indica o tempo (duração) e o custo da atividade quando ela é executada da forma normal. O **ponto impactado** revela o tempo e o custo quando a atividade é totalmente impactada, isto é, ela é acelerada ao máximo sem haver preocupação com os custos para reduzir o máximo possível sua duração. Como uma aproximação, o CPM parte do pressuposto que esses tempos e custos podem ser confiavelmente previstos sem incerteza significativa.

Para a maioria das aplicações, supõe-se que *impactar parcialmente* em uma atividade em qualquer nível fornecerá uma combinação de tempo e custo que recairá em algum ponto no segmento de reta entre esses dois pontos[4]. (Por exemplo, essa hipótese diz que *metade* de um impacto pleno dará um ponto nesse segmento de reta que se encontra a meio caminho entre os pontos normal e impactado.) Essa aproximação simplificada reduz a coleta de dados necessária para estimar o tempo e o custo para apenas duas situações: *condições normais* (para obter o ponto normal) e *impacto pleno* (para obter o ponto impactado).

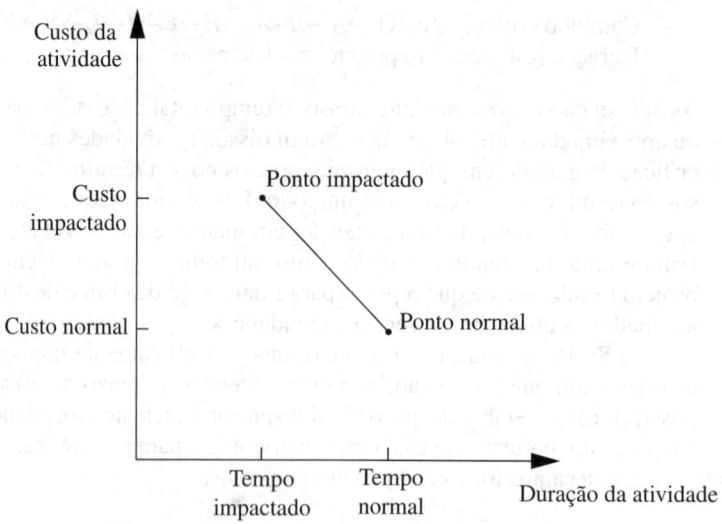

■ **FIGURA 9.29** Um gráfico tempo-custo típico para uma atividade.

---

[4] Essa é uma hipótese conveniente, mas, normalmente, ela é apenas uma aproximação grosseira, já que as hipóteses implícitas de proporcionalidade e de divisibilidade talvez não sejam satisfeitas plenamente. Se o gráfico tempo-custo real for convexo, a programação linear ainda poderá ser aplicada usando-se uma aproximação por trechos e, depois, aplicando-se a técnica de programação separável descrita na Seção 12.8.

CAPÍTULO 9 MODELOS DE OTIMIZAÇÃO DE REDES

Usando essa metodologia, David Perty tem seu pessoal e supervisores de equipes trabalhando no desenvolvimento desses dados para cada uma das atividades do projeto da Reliable. Por exemplo, o supervisor de turma responsável por colocar as chapas para revestimento das paredes indica que acrescentar dois empregados temporários e usar horas extras possibilitariam a redução na duração dessa atividade de 8 para 6 semanas, que é o mínimo possível. O pessoal de David Perty estima então que o custo para impactar plenamente na atividade dessa maneira, quando comparada em relação ao cronograma normal de 8 semanas, seria o seguinte:

Atividade *J* (colocar as chapas para revestimento das paredes):

Ponto normal: tempo = 8 semanas, custo = US$ 430.000
Ponto impactado: tempo = 6 semanas, custo = US$ 490.000
Redução máxima em termos de tempo = 8 − 6 = 2 semanas

$$\text{Custo impactado por semana reduzida} = \frac{US\$\ 490.000 - US\$\ 430.000}{2} = US\$\ 30.000$$

Após investigar da mesma maneira a relação conflitante tempo-custo para cada uma das demais atividades, a Tabela 9.9 fornece os dados obtidos para todas elas.

Quais atividades devem ser impactadas?

Somando-se as colunas *custo normal* e *custo impactado* da Tabela 9.9 resulta em:

Soma dos custos normais = US$ 4,55 milhões
Soma dos custos impactados = US$ 6,15 milhões

Lembre-se de que a empresa receberá US$ 5,4 milhões para executar esse projeto. Esse pagamento precisará cobrir alguns *custos indiretos*, além dos custos das atividades listadas na tabela, bem como gerar lucro razoável para a empresa. Ao estudar e fazer a proposta de US$ 5,4 milhões, a direção da Reliable tinha a impressão de que essa quantia geraria um lucro razoável desde que o custo total das atividades pudesse ser mantido relativamente próximo ao nível normal de US$ 4,55 milhões. David Perty entende perfeitamente que é sua responsabilidade manter o projeto o mais próximo possível do orçamento, assim como do cronograma estabelecido.

■ **TABELA 9.9** Dados da relação conflitante tempo-custo para as atividades do projeto da Reliable

Atividade	Tempo		Custo		Redução máxima em termos de tempo	Custo impactado por semana reduzida
	Normal	Impactado	Normal	Impactado		
A	2 semanas	1 semana	US$ 180.000	US$ 280.000	1 semana	US$ 100.000
B	4 semanas	2 semanas	US$ 320.000	US$ 420.000	2 semanas	US$ 50.000
C	10 semanas	7 semanas	US$ 620.000	US$ 860.000	3 semanas	US$ 80.000
D	6 semanas	4 semanas	US$ 260.000	US$ 340.000	2 semanas	US$ 40.000
E	4 semanas	3 semanas	US$ 410.000	US$ 570.000	1 semana	US$ 160.000
F	5 semanas	3 semanas	US$ 180.000	US$ 260.000	2 semanas	US$ 40.000
G	7 semanas	4 semanas	US$ 900.000	US$ 1.020.000	3 semanas	US$ 40.000
H	9 semanas	6 semanas	US$ 200.000	US$ 380.000	3 semanas	US$ 60.000
I	7 semanas	5 semanas	US$ 210.000	US$ 270.000	2 semanas	US$ 30.000
J	8 semanas	6 semanas	US$ 430.000	US$ 490.000	2 semanas	US$ 30.000
K	4 semanas	3 semanas	US$ 160.000	US$ 200.000	1 semana	US$ 40.000
L	5 semanas	3 semanas	US$ 250.000	US$ 350.000	2 semanas	US$ 50.000
M	2 semanas	1 semana	US$ 100.000	US$ 200.000	1 semana	US$ 100.000
N	6 semanas	3 semanas	US$ 330.000	US$ 510.000	3 semanas	US$ 60.000

Conforme visto anteriormente na Tabela 9.8, se todas as atividades forem executadas da maneira normal, a duração prevista do projeto seria de 44 semanas (caso possam ser evitados atrasos). Se, no entanto, *todas* as atividades forem *impactadas plenamente*, então um cálculo semelhante resultaria em uma redução do prazo para 28 semanas. Porém, observe o custo proibitivo (US$ 6,15 milhões) para se fazer isso! Impactar plenamente todas as atividades certamente não é uma opção viável.

Entretanto, David Perty ainda quer investigar a possibilidade de causar impacto parcial ou plenamente apenas algumas atividades para reduzir a duração prevista do projeto para 40 semanas.

Problema: qual é a maneira menos dispendiosa de causar impacto em algumas atividades para reduzir a duração (estimada) do projeto para o nível especificado (40 semanas)?

Uma maneira de se resolver esse problema é a **análise do custo marginal** que usa a última coluna da Tabela 9.9 (junto com a Tabela 9.8) para determinar a maneira menos onerosa de se reduzir a duração do projeto em uma semana por vez. A maneira mais fácil de se conduzir esse tipo de análise é criar uma tabela parecida com a Tabela 9.10, que liste todos os caminhos da rede do projeto e o comprimento atual de cada um deles. Para começar, essas informações podem ser copiadas diretamente da Tabela 9.8.

Já que o quarto caminho listado na Tabela 9.10 tem o comprimento mais longo (44 semanas), a única maneira de se reduzir a duração do projeto em uma semana é reduzir em uma semana a duração das atividades nesse caminho em particular. Comparando-se o custo impactado por semana reduzida dado na última coluna da Tabela 9.9 para essas atividades, o menor custo é de US$ 30.000 por atividade de *J*. (Observe que essa atividade *I* com esse mesmo custo não se encontra nesse caminho.) Portanto, a primeira mudança é impactar suficientemente a atividade *J* de modo a reduzir sua duração em uma semana.

Essa mudança resulta na redução em uma semana do comprimento de cada caminho que inclui a atividade *J* (o terceiro, quarto, quinto e sexto caminhos da Tabela 9.10), conforme mostrado na segunda linha da Tabela 9.11. Pelo fato de o quarto caminho ainda ser o mais longo (43 semanas), o mesmo processo é repetido para encontrar a atividade menos dispendiosa para encurtá-lo. Essa é novamente a atividade *J*, uma vez que a penúltima coluna da Tabela 9.9 indica que uma redução máxima de duas semanas será permitida para essa atividade. Essa segunda redução de uma semana para a atividade *J* conduz à terceira linha da Tabela 9.11.

Nesse ponto, o quarto caminho ainda é o mais longo (42 semanas), porém, a atividade *J* não pode mais ser encurtada. Entre as demais atividades presentes nesse caminho, agora a atividade *F* é a menos dispendiosa a ser reduzida (US$ 40.000 por semana) de acordo com a última coluna da Tabela 9.9.

■ **TABELA 9.10** A tabela inicial para começar a análise de custo marginal do projeto da Reliable

Atividade a ser impactada	Custo impactado	Comprimento do caminho					
		ABCDGHM	ABCEHM	ABCEFJKN	ABCEFJLN	ABCIJKN	ABCIJLN
		40	31	43	44	41	42

■ **TABELA 9.11** A tabela final para análise de custo marginal do projeto da Reliable

Atividade a ser impactada	Custo impactado	Comprimento do caminho					
		ABCDGHM	ABCEHM	ABCEFJKN	ABCEFJLN	ABCIJKN	ABCIJLN
		40	31	43	44	41	42
J	US$ 30.000	40	31	42	43	40	41
J	US$ 30.000	40	31	41	42	39	40
F	US$ 40.000	40	31	40	41	39	40
F	US$ 40.000	40	31	39	40	39	40

Portanto, essa atividade é reduzida em uma semana para se obter a quarta linha da Tabela 9.11 e depois (em razão da possibilidade de uma redução máxima de duas semanas) é reduzida em mais uma semana para se obter a última linha dessa tabela.

O caminho mais longo (um empate entre o primeiro, o quarto e o sexto) agora obteve o caminho desejado de 40 semanas, de modo que não seja necessário impactar-se mais nenhuma atividade. (Caso realmente tivéssemos de prosseguir, a próxima etapa exigiria a análise das atividades nos três caminhos para encontrar a maneira menos dispendiosa de se reduzir esses três em uma semana.) O custo total de impactar as atividades J e F para se chegar a essa duração de 40 semanas para o projeto é calculado adicionando-se os custos da segunda coluna da Tabela 9.11 – um total de US$ 140.000. A Figura 9.30 mostra a rede de projeto resultante, em que as setas mais escuras indicam os caminhos críticos.

A Figura 9.30 indica que reduzir a duração das atividades F e J a seus tempos impactados nos levou agora a ter *três* caminhos críticos ao longo da rede. A razão para isso é que, conforme visto anteriormente na última linha da Tabela 9.11, os três caminhos empatam quanto a ser o mais longo, cada um deles com comprimento de 40 semanas.

Com redes maiores, a análise de custo marginal pode tornar-se praticamente impossível. Um procedimento mais eficiente seria desejável para projetos grandes. Por essa razão, o procedimento CPM-padrão é aplicar a *programação linear* em seu lugar (comumente com um pacote de software personalizado que explore a estrutura especial desse modelo de otimização de redes).

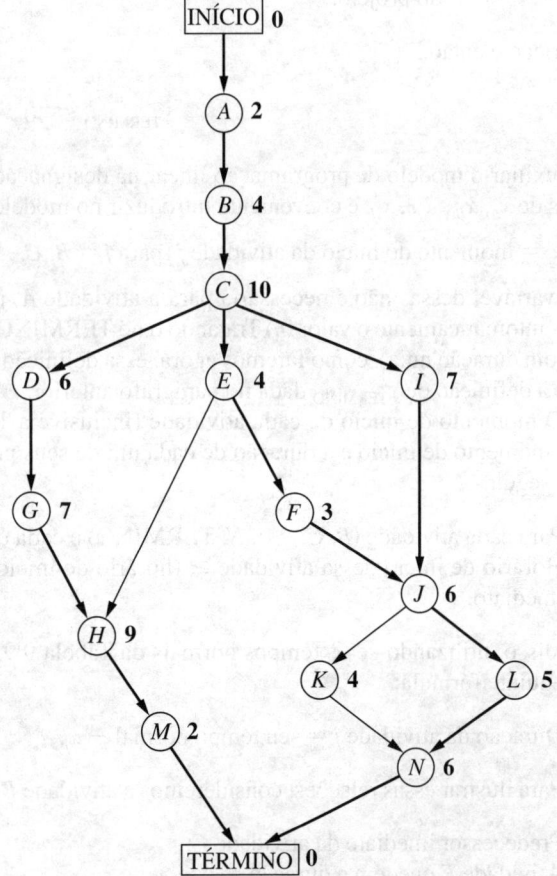

■ **FIGURA 9.30** A rede de projeto se as atividades *J* e *F* forem plenamente impactadas (com todas as demais atividades). As flechas mais escuras mostram os caminhos críticos através da rede do projeto da Reliable.

Uso da programação linear para tomar decisões sobre aplicação ou não do impacto

O problema de determinar a maneira menos onerosa de impactar atividades pode ser expresso de uma forma mais familiar ao ambiente da programação linear, como a seguir:

Novo enunciado do problema: Façamos com que Z seja o custo total de impacto de atividades. O problema é então minimizar Z, sujeito à restrição de que a duração do projeto deve ser menor ou igual ao tempo desejado pelo gerente do projeto.

As variáveis de decisão naturais são:

x_j = redução na duração da atividade j em virtude de impactar essa atividade, para $j = A, B, \ldots, N$.

Usando-se a última coluna da Tabela 9.9, a função objetivo a ser minimizada é:

$$Z = 100.000x_A + 50.000x_B + \ldots 60.000x_N.$$

Cada uma das 14 variáveis de decisão do lado direito precisa ser restrita a valores não negativos que não excedam o máximo dado na penúltima coluna da Tabela 9.9.

Para impor a restrição de que a duração do projeto deve ser menor ou igual ao valor desejado (40 semanas), façamos que:

$y_{\text{TÉRMINO}}$ = duração do projeto, isto é, o horário no qual o nó TÉRMINO é atingido na rede do projeto.

A restrição é então...

$$y_{\text{TÉRMINO}} \leq 40$$

Para auxiliar o modelo de programação linear na designação do valor apropriado a $y_{\text{TÉRMINO}}$, dado os valores de $x_A, x_B, \ldots, x_N$, é conveniente introduzir no modelo as seguintes variáveis adicionais.

y_j = momento do início da atividade j (para $j = B, C, \ldots, N$), dados os valores de $x_A, x_B, \ldots, x_N$.

(Uma variável dessas não é necessária para a atividade A, já que uma atividade que inicia o projeto recebe automaticamente o valor 0.) Tratando o nó TÉRMINO como outra atividade (embora uma atividade com duração nula), como faremos agora, essa definição de y_j para a atividade TÉRMINO também atende à definição de $y_{\text{TÉRMINO}}$ dada no parágrafo anterior.

O momento de início de cada atividade (inclusive a TÉRMINO) está diretamente relacionado com o momento de início e a duração de cada um de seus predecessores imediatos, conforme sintetizado a seguir.

Para cada atividade ($B, C, \ldots, N$, TÉRMINO) e cada um de seus predecessores imediatos, Horário de início dessa atividade $\geq$ (horário de início + duração) para esse predecessor imediato.

Além disso, utilizando-se os tempos normais da Tabela 9.9, a duração de cada atividade é fornecida pela seguinte fórmula:

Duração da atividade j = seu tempo normal $- x_j$.

Para ilustrar essas relações, consideremos a atividade F da rede do projeto (Figuras 9.28 ou 9.30).

Predecessor imediato da atividade F:
Atividade E que tem a duração = $4 - x_E$.

Relação entre essas atividades:

$$y_F \geq y_E + 4 - x_E.$$

Portanto, a atividade F não pode começar enquanto a atividade E não começar e completar sua duração de $4 - x_E$.

Considere agora a atividade J, que tem dois predecessores imediatos.

Predecessores imediatos da atividade J:
Atividade F que tem a duração $= 5 - x_F$
Atividade I que tem a duração $= 7 - x_I$

Relação entre essas atividades:

$$y_J \geq y_F + 5 - x_F$$
$$y_J \geq y_I + 7 - x_I.$$

Essas desigualdades juntas dizem que essa atividade J não pode começar enquanto as suas duas atividades predecessoras não terminarem.

Incluindo essas relações para todas as atividades na forma de restrições, obtemos o modelo de programação linear completo dado a seguir.

$$\text{Minimizar} \quad Z = 100.000x_A + 50.000x_B + \cdots + 60.000x_N,$$

sujeito às seguintes restrições:

1. Restrições de redução máxima:
   Usando a penúltima coluna da Tabela 9.9.
   $x_A \leq 1, x_B \leq 2,..., x_N \leq 3$.
2. Restrições de não negatividade:
   $x_A \geq 0, x_B \geq 0,..., x_N \geq 0$
   $y_B \geq 0, y_C \geq 0,..., y_N \geq 0, y_{\text{TÉRMINO}} \geq 0$.
3. Restrições de tempo de início:
   Conforme descrito anteriormente a função objetivo, com exceção da atividade A (que inicia o projeto), há uma restrição de tempo de início para cada atividade com um único predecessor imediato (atividades $B, C, D, E, F, G, I, K, L, M$) e duas restrições para cada atividade com dois predecessores imediatos (as atividades H, J, N e TÉRMINO), conforme enumeradas a seguir.

Um predecessor imediato	Dois predecessores imediatos
$y_B \geq 0 + 2 - x_A$	$y_H \geq y_G + 7 - x_G$
$y_C \geq y_B + 4 - x_B$	$y_H \geq y_E + 4 - x_E$
$y_D \geq y_C + 10 - x_C$	$\vdots$
$\vdots$	$y_{\text{TÉRMINO}} \geq y_M + 2 - x_M$
$y_M \geq y_H + 9 - x_H$	$y_{\text{TÉRMINO}} \geq y_N + 6 - x_N$

(Em geral, o número de restrições de tempo de início para uma atividade é igual ao seu número de predecessores imediatos, visto que cada um deles contribui com uma restrição de horário de início).

4. Restrição de duração de projeto:

$$y_{\text{TÉRMINO}} \leq 40$$

A Figura 9.31 revela como esse problema pode ser formulado como um modelo de programação linear em uma planilha. As decisões a serem tomadas são mostradas nas células que mudam, TempoInicio (I6:I19), ReducaoTempo (J6:J19) e TempoTerminoProjeto (I22). As colunas B a H correspondem às colunas da Tabela 9.9. Como as equações na parte inferior da figura indicam, as colunas G e H são calculadas de maneira simples. As equações para a coluna K expressam o fato de que o tempo de término para cada atividade é seu tempo de início *mais* seu tempo normal *menos* sua redução de tempo em virtude do impacto. A equação introduzida na célula de destino CustoTotal (I24) acrescenta todos os custos normais mais os custos extras em razão do impacto para obter o custo total.

O último conjunto de restrições na caixa de diálogo Solver, ReducaoTempo (J6:J19) $\leq$ ReducaoTempoMax (G6:G19) especifica que a redução de tempo para cada atividade não pode exceder sua redução de tempo máxima dada na coluna G. As duas restrições precedentes, TempoTerminoProjeto

(I22) ≥ TerminoM (K18) e TempoTerminoProjeto (I22) ≥ TERMINON (K19) indicam que o projeto não pode terminar até que cada um dos predecessores imediatos (as atividades *M* e *N*) não seja concluído. A restrição que TempoTerminoProjeto (I22) ≤ TempoMax (K22) é de fundamental importância, pois especifica que o projeto tem de terminar no prazo máximo de 40 semanas.

As restrições que envolvem TempoInicio (I6:I19) são todas *restrições de tempo de início* que especificam que uma atividade não pode começar enquanto cada um de seus predecessores imediatos não tiver terminado. Por exemplo, a primeira restrição mostrada, InicioB (I7) ≥ TerminoA (K6), diz que a atividade *B* não pode começar enquanto a atividade *A* (seu predecessor imediato) não tiver terminado. Quando uma atividade tiver mais de um predecessor imediato, há uma restrição destas para cada uma delas. Para fins ilustrativos, a atividade *H* tem duas atividades, *E* e *G*, como predecessores imediatos. Consequentemente, a atividade *H* possui duas restrições de tempo de início, InicioH (I13) ≥ TerminoE (K10) e InicioH (I13) ≥ TerminoG (K12).

Pode ser que você tenha percebido que a forma ≥ das *restrições de tempo de início* permite um atraso no início de uma atividade após todos os seus predecessores imediatos terem sido finalizados. Embora um atraso desses seja possível no modelo, ele não pode ser ótimo para qualquer atividade que se encontre em um caminho crítico, já que esse atraso desnecessário aumentaria o custo total (por necessitar de impacto adicional para satisfazer a restrição de duração do projeto). Portanto, uma solução ótima para o modelo não terá nenhum atraso desse tipo, exceto, possivelmente, para atividades que não se encontrem em um caminho crítico.

As colunas *I* e *J* da Figura 9.31 mostram a solução ótima obtida após clicar-se no botão Solve. (Observe que essa solução envolve um atraso – a atividade *K* inicia em 30, embora seu único predecessor imediato, a atividade *J*, termine em 29 –, mas isso não importa, uma vez que a atividade *K* não

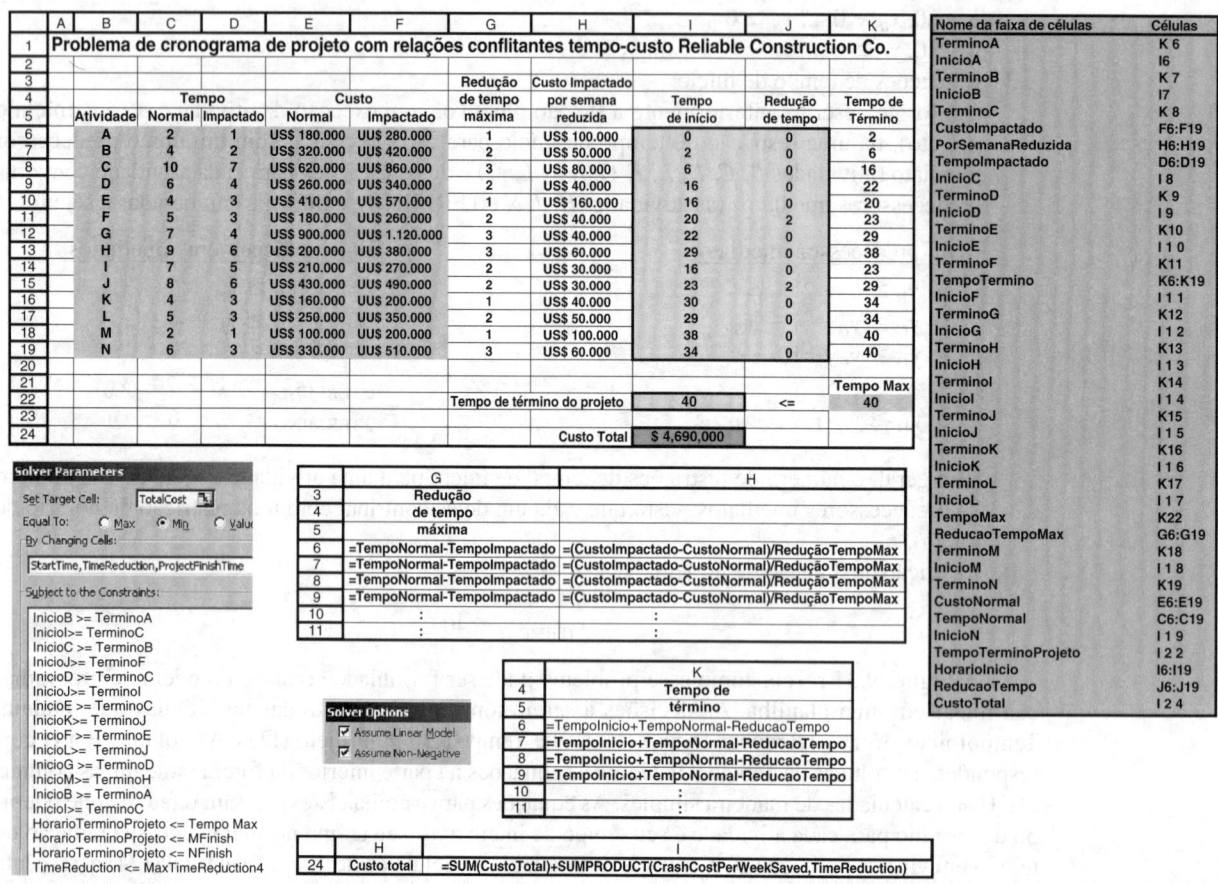

■ **FIGURA 9.31** A planilha mostra a aplicação do método CPM de relações tempo-custo para o projeto da Reliable em que as colunas *I* e *J* indicam a solução ótima obtida utilizando-se o Excel Solver com as entradas exibidas na caixa de diálogo Solver.

se encontra em um caminho crítico.) Essa solução corresponde àquela exibida na Figura 9.30, que foi obtida pela análise de custo marginal.

Caso queira ver outro exemplo que ilustre tanto a metodologia da análise de custo marginal quanto a da programação linear para aplicação do método CPM de relações conflitantes tempo-custo, a seção de **Worked Examples** do *site* da editora apresenta um.

9.9 CONCLUSÕES

Algumas redes de algum tipo surgem em uma ampla gama de contextos. As representações em rede são muito úteis para expor as relações e conexões entre os componentes de sistemas. Frequentemente, fluxo de algum tipo tem de ser enviado por ela, de modo que precisa ser tomada uma decisão em relação à melhor maneira de se fazer isso. Os vários modelos de otimização de redes e algoritmos apresentados neste capítulo fornecem uma ferramenta poderosa para essas tomadas de decisão.

O problema do fluxo de custo mínimo desempenha papel fundamental entre esses modelos de otimização de redes, tanto porque ele é tão amplamente aplicável como por ser resolvido com extrema eficiência pelo método simplex de rede. Dois de seus casos especiais incluídos neste capítulo, o problema do caminho mais curto e o problema do fluxo máximo também são modelos de otimização de redes assim como são os casos especiais adicionais discutidos no Capítulo 8 (o problema de transporte e o problema da designação).

Considerando que todos esses modelos se preocupam com a otimização da *operação* de uma rede *existente*, o problema da árvore de expansão mínima é um exemplo proeminente de um modelo para otimização do *desenho* de uma *nova* rede.

O método CPM de relações conflitantes tempo-custo oferece uma maneira poderosa de se usar um modelo de otimização de redes para desenvolver um projeto de modo que ele possa atender ao prazo estabelecido com um custo total mínimo.

Este capítulo apenas deu alguns detalhes sobre o estado atual do que há de mais avançado na metodologia de redes. Em virtude de sua natureza combinatória, os problemas são em geral extremamente difíceis de ser resolvidos. Entretanto, têm ocorrido grandes avanços no desenvolvimento de poderosas técnicas de modelagem e de metodologias de resolução que abrem novas perspectivas para aplicações importantes. De fato, avanços recentes em algoritmos permitem resolver de forma bem-sucedida alguns problemas de rede complexos de dimensões enormes.

REFERÊNCIAS SELECIONADAS

1. Ahuja, R. K., T. L. Magnanti, and J. B. Orlin: *Network Flows: Theory, Algorithms, and Applications,* Prentice-Hall, Englewood Cliffs, NJ, 1993.
2. Bertsekas, D. P.: *Network Optimization: Continuous and Discrete Models,* Athena Scientific Publishing, Belmont, MA, 1998.
3. Cai, X., and C. K. Wong: *Time Varying Network Optimization*, Springer, New York, 2007.
4. Dantzig, G. B., and M. N. Thapa: *Linear Programming 1: Introduction,* Springer, New York, 1997, chap. 9.
5. Hillier, F. S., and M. S. Hillier: *Introduction to Management Science: A Modeling and Case Studies Approach with Spreadsheets,* 3rd ed., McGraw-Hill/Irwin, Burr Ridge, IL, 2008, chap. 6.
6. Magnanti, T. L., and R. T. Wong: "Network Design and Transportation Planning: Models and Algorithms", *Transportation Science,* **18:** 1-55, 1984.
7. Vanderbei, R. J.: *Linear Programming: Foundations and Extensions*, 3rd ed., Springer, New York, 2008, chaps. 14 and 15.

Algumas Aplicações Consagradas da Abordagem da Modelagem da PO:

(Um *link* para esses artigos encontra-se no *site* da Bookman.)

A1. Ben-Khedher, N., J. Kintanar, C. Queille, and W. Stripling: "Schedule Optimization at SNCF: From Conception to Day of Departure", *Interfaces*, 28(1): 6-23, January-February 1998.
A2. Blais, J.-Y., J. Lamont, and J.-M. Rousseau: "The HASTUS Vehicle and Manpower Scheduling at the Société de transport de la Communauté urbaine de Montréal", *Interfaces*, 20(1): 26-42, January-February 1990.

A3. Cosares, S., D. N. Deutsch, I. Saniee, and O. J. Wasem: "SONET Toolkit: A Decision-Support System for Designing Robust and Cost-Effective Fiber-Optic Networks", *Interfaces*, 25(1): 20-40, January-February 1995.

A4. Huisingh, J. L., H. M. Yamauchi, and R. Zimmerman, "Saving Federal Tax Dollars", *Interfaces*, 31(5): 13-23, September-October 2001.

A5. Klingman, D., N. Phillips, D. Steiger, and W. Young: "The Successful Deployment of Management Science throughout Citgo Petroleum Corporation", *Interfaces*, 17(1): 4-25, January-February 1987.

A6. Powell, W. B., Y. Sheffi, K. S. Nickerson, K. Butterbaugh, and S. Atherton: "Maximizing Profits for North American Van Lines' Truckload Division: A New Framework for Pricing and Operations", *Interfaces*, 18(1): 21-41, January-February 1988.

A7. Prior, R. C., R. L. Slavens, J. Trimarco, V. Akgun, E. G. Feitzinger, and C.-F. Hong: "Menlo Worldwide Forwarding Optimizes Its Network Routing", *Interfaces*, 34(1): 26-38, January-February 2004.

A8. Srinivasan, M. M., W. D. Best, and S. Chandrasekaran: "Warner Robins Air Logistics Center Streamlines Aircraft Repair and Overhaul", *Interfaces*, 37(1): 7-21, January-February 2007.

A9. Vasquez-Marquez, A.: "American Airlines Arrival Slot Allocation System (ASAS)", *Interfaces*, 21(1): 42-61, January-February 1991.

FERRAMENTAS DE APRENDIZADO NO *SITE*

Worked examples:
Exemplos do Capítulo 9

Exemplo demonstrativo no tutorial IOR:
Método Simplex de Rede

Procedimento interativo no tutorial IOR:
Método Simplex de Rede – Interativo

Módulo de programa adicional para Excel:
Premium Solver for Education

Arquivos (Capítulo 9 – Modelos de otimização de redes) para solucionar os exemplos:
Arquivos em Excel
Arquivo LINGO/LINDO
Arquivo MPL/CPLEX

Glossário do Capítulo 9

Ver Apêndice 1 para obter documentação sobre o software.

PROBLEMAS

Os símbolos à esquerda de alguns problemas (ou parte deles) têm o seguinte significado:

D: O exemplo demonstrativo que acaba de ser apresentado nas Ferramentas de Aprendizado pode ser útil.
I: Sugerimos que você use um dos procedimentos que acabamos de apresentar (a listagem registra seu trabalho).
C: Use o computador com qualquer uma das opções de software disponíveis (ou conforme orientação de seu professor) para resolver o problema.

Um asterisco no número do problema indica que pelo menos há uma resposta parcial no final do livro.

9.1-1 Considere a seguinte rede direcionada.

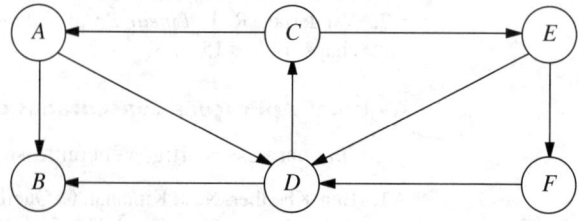

(a) Encontre um caminho direcionado do nó A para o nó F e, depois, identifique três outros caminhos direcionados do nó A para o nó F.

(b) Encontre três ciclos direcionados. A seguir, identifique um ciclo não direcionado e um ciclo direcionado que inclua cada um dos nós.
(c) Identifique um conjunto de arcos que forme uma árvore de expansão.
(d) Use o processo ilustrado na Figura 9.3 para desenvolver uma árvore, um arco por vez até que uma árvore de expansão tenha sido formada. A seguir, repita este processo para obter uma outra árvore de expansão. [Não duplique a árvore de expansão identificada no item (c)].

9.2-1 Leia o artigo referido que descreve completamente o estudo de PO sintetizado no Exemplo de Aplicação apresentado na Seção 9.3. Descreva sucintamente como os modelos de otimização foram aplicados nesse estudo. A seguir, enumere os diversos benefícios financeiros ou não resultantes do estudo.

9.2-2 Você precisa fazer uma viagem de carro para outra cidade na qual jamais havia estado anteriormente. Portanto, está estudando um mapa para determinar a rota mais curta para seu destino. Dependendo do que você escolher, há 5 cidades (chamemos estas A, B, C, D, E) em que talvez você passe durante o caminho. O mapa mostra a milhagem ao longo de cada estrada que conecta diretamente duas cidades sem nenhuma outra entre elas. Esses números são sintetizados na tabela a seguir, na qual um traço indica que não há nenhuma estrada conectando diretamente essas duas cidades sem passar por alguma outra cidade.

Cidade	Distâncias em milhas entre cidades vizinhas					
	A	B	C	D	E	Destino
Origem	40	60	50	—	—	—
A		10	—	70	—	—
B			20	55	40	—
C				—	50	—
D					10	60
E						80

(a) Formule esse problema como um problema do caminho mais curto desenhando uma rede em que nós representam cidades, ligações representam estradas e números indicam o comprimento de cada ligação em milhas.
(b) Use o algoritmo descrito na Seção 9.3 para resolver esse problema do caminho mais curto.
C (c) Formule e resolva um modelo de planilha para esse problema.
(d) Se cada número na tabela representasse o *custo* (em dólares) para você ir de carro de uma cidade até a próxima, a resposta no item (b) ou (c) daria agora a rota de custo mínimo?
(e) Se cada número na tabela representasse o *tempo* (em minutos) para você ir de carro de uma cidade até a próxima, a resposta no item (b) ou (c) daria agora a rota de tempo mínimo?

9.2-3 Em um aeroporto pequeno porém em expansão, uma companhia aérea local está adquirindo um novo trator para um trator-*trailer* para transportar bagagem para as aeronaves. Um sistema de transporte de bagagem mecanizado será instalado em três anos, de modo que esse trator não será mais necessário depois. Entretanto, pelo fato de ele ser usado intensivamente, de maneira que os custos de operação e de manutenção crescerão rapidamente à medida que o trator for ficando mais velho, pode ser mais econômico substituir o trator após um ou dois anos. A tabela, a seguir, dá o custo descontado líquido total associado à compra de um trator (compra menos desconto por troca envolvendo o equipamento antigo, mais custos de operação e de manutenção) no final do ano i e trocando-o no final do ano j (em que ano 0 é o presente momento).

		j		
		1	2	3
	0	US$ 13.000	US$ 28.000	US$ 48.000
i	1		US$ 17.000	US$ 33.000
	2			US$ 20.000

O problema é determinar em que momentos (se realmente existir algum) o trator deveria ser substituído para minimizar o custo total para os tratores ao longo de três anos.

(a) Formule esse problema como um problema do caminho mais curto.
(b) Use o algoritmo descrito na Seção 9.3 para resolver esse problema do caminho mais curto.
C (c) Formule e resolva um modelo de planilha para esse problema.

9.2-4* Use o algoritmo descrito na Seção 9.3 para encontrar o *problema do caminho mais curto* através de cada uma das seguintes redes, nas quais os números representam distâncias verdadeiras entre os nós correspondentes.

(a)

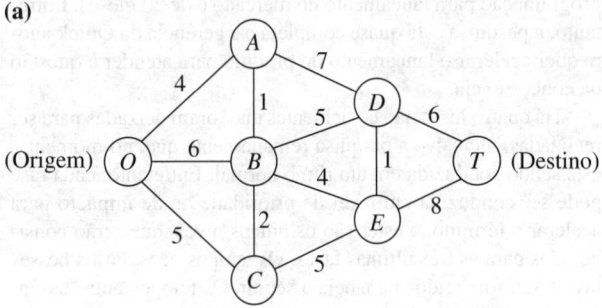

(b)

9.2-5 Formule o problema do caminho mais curto na forma de um problema de programação linear.

9.2-6 Um dos voos da Speedy Airlines está prestes a decolar de Seattle para um voo sem escalas para Londres. Há alguma flexibilidade em se escolher a rota precisa a ser tomada, dependendo das condições climáticas. A rede, a seguir, representa as rotas que estão sendo consideradas, em que SE e LN são, respectivamente, Seattle e Londres, e os demais nós representam as várias localizações intermediárias.

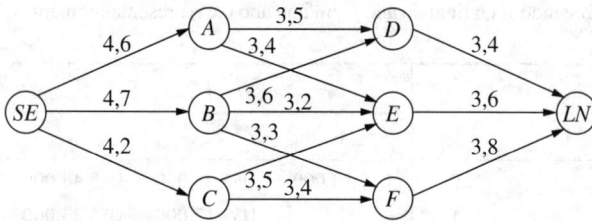

Os ventos ao longo de cada arco afetam muito o tempo de voo (e, portanto, o consumo de combustível). Baseado nos boletins meteorológicos do momento, os tempos de voo (em horas) para esse voo em particular são mostrados próximos aos arcos. Pelo fato de o combustível consumido ser tão caro, a gerência da Speedy Airlines estabeleceu uma política para escolha da rota que minimize o tempo total de voo.

(a) Qual o papel das "distâncias" na interpretação desse problema como um problema do caminho mais curto?
(b) Use o algoritmo descrito na Seção 9.3 para resolver esse problema do caminho mais curto.
c (c) Formule e resolva um modelo de planilha para esse problema.

9.2-7 A Quick Company soube que um concorrente está planejando lançar um novo tipo de produto com grande potencial de vendas. A Quick vem trabalhando em um produto similar cuja programação para lançamento no mercado é de 20 meses. Entretanto, a pesquisa está quase completa e a gerência da Quick agora quer acelerar o lançamento do produto para atender à questão da concorrência.

Há quatro fases não coincidentes que foram deixadas para ser realizadas, inclusive a pesquisa remanescente que, no momento, está sendo conduzida em um ritmo normal. Entretanto, cada fase pode ser conduzida em nível de prioridade ou de impacto para acelerar o término, e estes são os únicos níveis que serão considerados para as três últimas fases. Os tempos necessários nesses níveis são fornecidos na tabela a seguir. Os tempos entre parênteses no nível normal foram descartados por serem muito longos.

	Tempo			
Nível	Pesquisa remanescente	Desenvolvimento	Projeto de sistema de manufatura	Iniciar produção e distribuição
Normal	5 meses	(4 meses)	(7 meses)	(4 meses)
Prioridade	4 meses	3 meses	5 meses	2 meses
Impacto	2 meses	2 meses	3 meses	1 mês

A gerência alocou US$ 50 milhões para essas quatro fases. O custo de cada uma das fases nos diversos níveis que estão sendo considerados é o seguinte:

	Custo			
Nível	Pesquisa remanescente	Desenvolvimento	Projeto de sistema de manufatura	Iniciar produção e distribuição
Normal	US$ 5 milhões	–	–	–
Prioridade	US$ 9 milhões	US$ 10 milhões	US$ 14 milhões	US$ 6 milhões
Impacto	US$ 14 milhões	US$ 15 milhões	US$ 19 milhões	US$ 9 milhões

A gerência deseja determinar em que nível deve conduzir cada uma das quatro fases para minimizar o tempo total até que o produto possa ser comercializado sujeito à restrição de orçamento de US$ 50 milhões.

(a) Formule esse problema como um problema do caminho mais curto.
(b) Use o algoritmo descrito na Seção 9.3 para resolver esse problema do caminho mais curto.

9.3-1* Reconsidere as redes mostradas no Problema 9.3-4. Use o algoritmo descrito na Seção 9.4 para encontrar a *árvore de expansão mínima* para cada uma dessas redes.

9.3-2 A Wirehouse Lumber Company em breve começará a cortar em troncos oito plantações de árvores na mesma área geral. Portanto, ela tem de desenvolver um sistema de estradinhas sem pavimentação que torne cada arvoredo acessível de cada um dos demais arvoredos. As distâncias (em milhas) entre cada par de arvoredos são as seguintes:

		Distância entre pares de arvoredos						
		1	2	3	4	5	6	7	8
Arvoredo	1	–	1,3	2,1	0,9	0,7	1,8	2,0	1,5
	2	1,3	–	0,9	1,8	1,2	2,6	2,3	1,1
	3	2,1	0,9	–	2,6	1,7	2,5	1,9	1,0
	4	0,9	1,8	2,6	–	0,7	1,6	1,5	0,9
	5	0,7	1,2	1,7	0,7	–	0,9	1,1	0,8
	6	1,8	2,6	2,5	1,6	0,9	–	0,6	1,0
	7	2,0	2,3	1,9	1,5	1,1	0,6	–	0,5
	8	1,5	1,1	1,0	0,9	0,8	1,0	0,5	–

A gerência agora quer determinar entre quais pares de arvoredos as estradas devem ser construídas para conectar todos os arvoredos com um comprimento total mínimo de estrada.

(a) Descreva como esse problema se encaixa na descrição de rede do problema da árvore de expansão mínima.
(b) Use o algoritmo descrito na Seção 9.4 para resolver o problema.

9.3-3 O Premiere Bank em breve estará conectando terminais de computador de cada uma de suas agências ao computador localizado em sua sede principal usando linhas telefônicas especiais com dispositivos de telecomunicações. A linha telefônica de uma filial não precisa estar conectada diretamente à matriz. Ela pode estar conectada indiretamente, sendo conectada a outra filial que, por sua vez, está conectada (direta ou indiretamente) à matriz. A única exigência é que cada filial esteja conectada através de alguma rota à matriz.

A tarifa para as linhas telefônicas especiais é de US$ 100 vezes o número de milhas envolvidas, em que a distância (em milhas) entre cada par de agências é a seguinte:

	Distância entre pares de agências					
	Matriz	B.1	B.2	B.3	B.4	B.5
Matriz	–	190	70	115	270	160
Filial 1	190	–	100	110	215	50
Filial 2	70	100	–	140	120	220
Filial 3	115	110	140	–	175	80
Filial 4	270	215	120	175	–	310
Filial 5	160	50	220	80	310	–

A gerência deseja determinar quais pares de agências devem estar conectados diretamente através de linhas telefônicas especiais de modo a conectar todas as filiais (direta ou indiretamente) à matriz a um custo total mínimo.

(a) Descreva como esse problema se encaixa na descrição de rede do problema da árvore de expansão mínima.
(b) Use o algoritmo descrito na Seção 9.4 para resolver o problema.

9.4-1* Para a rede mostrada a seguir, use o algoritmo do caminho aumentado descrito na Seção 9.5 para encontrar o padrão de fluxo dando o *fluxo máximo* da origem ao escoadouro, dado que a capacidade de arco do nó i ao nó j é o número mais próximo ao nó i ao longo do arco entre esses nós. Demonstre seu trabalho.

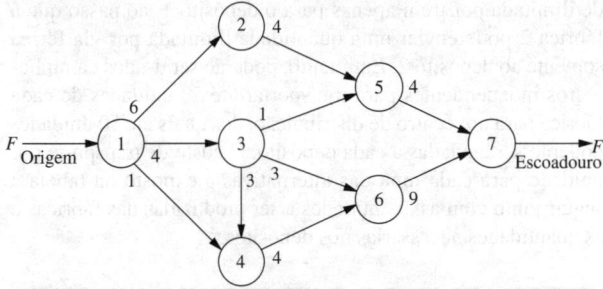

9.4-2 Formule o problema do fluxo máximo como um problema de programação linear.

9.4-3 O diagrama a seguir representa um sistema de aquedutos que se origina em três rios (nós R1, R2 e R3) e termina em uma cidade importante (nó T), onde os demais nós são pontos de junção nesse sistema.

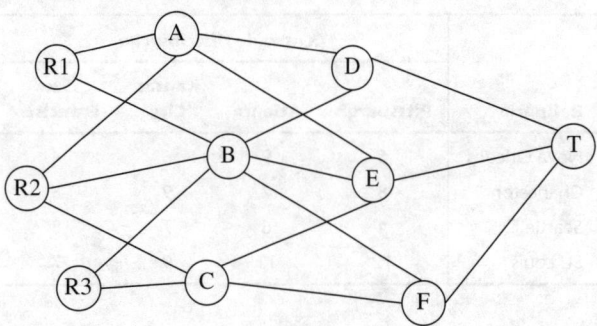

Usando unidades de milhares de pés-acre, as tabelas abaixo mostram a quantidade máxima de água que pode ser bombeada diariamente por meio de cada aqueduto.

De\Para	A	B	C
R1	130	115	–
R2	70	90	110
R3	–	140	120

De\Para	D	E	F
A	110	85	–
B	130	95	85
C	–	130	160

De\Para	T
D	220
E	330
F	240

O gerente da companhia de águas da cidade quer estabelecer um plano de fluxo que vai maximizar o fluxo de água para a cidade.

(a) Formule esse problema como um problema do fluxo máximo identificando uma origem, um escoadouro e os nós de transbordo, e depois desenhe a rede completa que mostra a capacidade de cada arco.
(b) Use o algoritmo do caminho aumentado descrito na Seção 9.5 para resolver esse problema.
C (c) Formule e resolva um modelo de planilha para esse problema.

9.4-4 A Texago Corporation possui quatro campos petrolíferos, quatro refinarias e quatro centros de distribuição. Uma grande greve envolvendo trabalhadores das indústrias de transporte agora reduziu tremendamente a capacidade da Texago de transportar petróleo dos campos petrolíferos para as refinarias e de enviar derivados de petróleo das refinarias para os centros de distribuição. Usando unidades de milhares de barris de petróleo bruto (e seu equivalente em produtos refinados), as tabelas a seguir mostram o número máximo de unidades que podem ser embarcadas por dia de cada campo petrolífero até cada refinaria e de cada refinaria a cada centro de distribuição.

Campo petrolífero	Refinaria			
	Nova Orleans	Charleston	Seattle	St. Louis
Texas	11	7	2	8
Califórnia	5	4	8	7
Alasca	7	3	12	6
Oriente Médio	8	9	4	15

	Centro de Distribuição			
Refinaria	Pittsburgh	Atlanta	Kansas City	San Francisco
Nova Orleans	5	9	6	4
Charleston	8	7	9	5
Seattle	4	6	7	8
St. Louis	12	11	9	7

A gerência da Texago agora quer estipular um plano de quantas unidades embarcar de cada um dos campos petrolíferos para cada refinaria e de cada refinaria para cada centro de distribuição

(a) Desenhe, *grosso modo*, um mapa que mostre a localização dos campos petrolíferos da Texago, refinarias e centros de distribuição. Adicione setas para indicar o fluxo de petróleo bruto e, depois, os derivados de petróleo através de sua rede de distribuição.
(b) Redesenhe essa rede de distribuição alinhando todos os nós representando campos petrolíferos em uma coluna, todos os 6 nós representando refinarias em uma segunda coluna e todos os nós representando centros de distribuição em uma terceira coluna. Depois acrescente arcos para indicar o possível fluxo.
(c) Modifique a rede do item (b), conforme necessário, para formular esse problema como um problema do fluxo máximo com uma única origem, um único escoadouro e uma capacidade para cada arco.
(d) Use o algoritmo do caminho aumentado descrito na Seção 9.5 para resolver esse problema do fluxo máximo.
C (e) Formule e resolva um modelo em planilha para esse problema.

9.4-5 Uma linha do sistema da Eura Railroad vai da principal cidade industrial (Faireparc) ao principal porto da cidade de Portstown. Essa linha é usada intensamente tanto por trens expressos de passageiros quanto por trens de carga. Os trens de passageiros são programados cuidadosamente e têm prioridade em relação aos lentos trens de carga (trata-se de uma ferrovia europeia), de modo que os trens de carga têm de se deslocar para uma via secundária (desvio) toda vez que um trem de passageiros estiver programado para passar por eles em breve. Agora é necessário aumentar o serviço de carga, de modo que o problema seja programar os trens de carga a fim de maximizar o número que pode circular a cada dia sem interferir no cronograma fixo para trens de passageiros.

Trens de carga consecutivos devem manter uma diferença de horário de pelo menos 0,1 hora e esta é a unidade de tempo usada para programá-los (de modo que o cronograma diário indique a situação de cada trem de carga em horários 0,0; 0,1; 0,2; . . . , 23,9). Existem S vias secundárias entre Faireparc e Portstown, onde a via secundária i é suficientemente longa para abrigar n_i trens de carga ($i = 1, \ldots, S$). São necessárias t_i unidades de tempo (arredondadas para o próximo inteiro acima) para que um trem de carga trafegue da estação Faireparc para a via secundária 1 e t_s é o tempo da via secundária S para a estação de Portstown). É permitido a um trem de carga passar ou abandonar uma via secundária i ($i = 0, 1, \ldots, S$) no horário j ($j = 0,0; 0,1; \ldots; 23,9$) somente se ele não for ultrapassado por um trem de passageiros programado antes de atingir a via secundária $i + 1$ (façamos com que $\delta_{ij} = 1$ caso ele não seja ultrapassado e $\delta_{ij} = 0$ caso ele seja). Também é exigido que um trem de carga pare em uma via secundária caso não haja espaço suficiente para abrigá-lo em todas as vias secundárias subsequentes que ele vai atingir antes de ser ultrapassado por um trem de passageiros.

Formule esse problema como um problema do fluxo máximo identificando cada nó (inclusive o nó de suprimento e o nó de representação em forma de rede do problema. (*Dica:* use um conjunto distinto de nós para cada um dos 240 horários.)

9.4-6 Considere o problema do fluxo máximo mostrado a seguir, em que a origem é o nó A, o escoadouro é o nó F e as capacidades de arco são os números próximos a esses arcos direcionados.

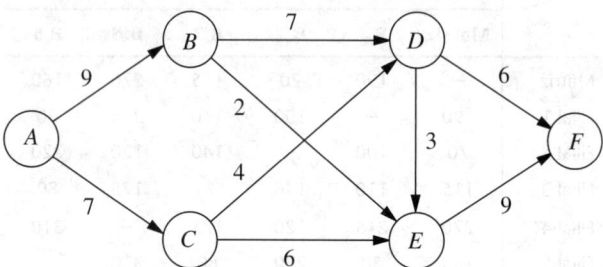

(a) Use o algoritmo do caminho aumentado descrito na Seção 9.5 para resolver esse problema.
C (b) Formule e resolva um modelo em planilha para esse problema.

9.5-1 Leia o artigo referido que descreve completamente o estudo de PO sintetizado no Exemplo de Aplicação apresentada na Seção 9.6. Descreva sucintamente como o modelo de problema do fluxo de custo mínimo foi aplicado nesse estudo. A seguir, enumere os diversos benefícios financeiros ou não resultantes.

9.5-2 Reconsidere o problema do fluxo máximo mostrado no Problema 9.5-6. Formule esse problema como um problema do fluxo de custo mínimo, inclusive acrescentando o arco $A \rightarrow F$. Use $\overline{F} = 20$.

9.5-3 Uma empresa vai fabricar o mesmo produto novo em duas fábricas diferentes e depois o produto terá de ser enviado a dois depósitos. A fábrica 1 é capaz de enviar uma quantidade ilimitada por trem apenas para o depósito 1, ao passo que a fábrica 2 pode enviar uma quantidade ilimitada por via férrea somente ao depósito 2. Entretanto, poderão ser usados caminhoneiros independentes para transportar até 50 unidades de cada fábrica para um centro de distribuição, dos quais até 50 unidades poderão ser enviadas a cada depósito. O custo de transporte por unidade para cada uma das alternativas é exposto na tabela a seguir junto com as quantidades a ser produzidas nas fábricas e as quantidades necessárias nos depósitos.

De / Para	Custo de transporte por unidade			
	Centro de distribuição	Depósito 1	Depósito 2	Produção
Fábrica 1	3	7	—	80
Fábrica 2	4	—	9	70
Centro de distribuição		2	4	
Alocação		60	90	

(a) Formule a representação em forma de rede desse problema como um problema do fluxo de custo mínimo.
(b) Formule o modelo de programação linear para esse problema.

9.5-4 Reconsidere o Problema 9.3-3. Agora, formule esse problema como um problema do fluxo de custo mínimo mostrando a representação em forma de rede apropriada.

9.5-5 A Makonsel Company é uma empresa totalmente integrada que tanto produz bens como vende mercadorias em suas lojas de varejo. Após a produção, as mercadorias são armazenadas em dois depósitos da empresa até que as lojas precisem delas. São usados caminhões para transportar as mercadorias das duas fábricas para os depósitos e, depois, dos depósitos para suas três lojas.

Adotando carretas como unidade de medida, a tabela a seguir mostra a produção mensal de cada fábrica, seu custo de transporte por carreta enviada a cada depósito e a quantidade máxima que ela pode transportar mensalmente para cada depósito.

De \ Para	Custo de transporte por unidade		Capacidade de transporte		Produção
	Depósito 1	Depósito 2	Depósito 1	Depósito 2	
Fábrica 1	US$ 1.175	US$ 1.580	375	450	600
Fábrica 2	US$ 1.430	US$ 1.700	525	600	900

Para cada loja de varejo (LV), a tabela seguinte mostra sua demanda mensal, custo de transporte por carreta de cada depósito e a quantidade máxima que pode ser transportada por mês de cada depósito.

De \ Para	Custo de transporte por unidade			Capacidade de transporte		
	LV1	LV2	LV3	LV1	LV2	LV3
Depósito 1	US$ 1.370	US$ 1.505	US$ 1.490	300	450	300
Depósito 2	US$ 1.190	US$ 1.210	US$ 1.240	375	450	225
Demanda	450	600	450	450	600	450

A gerência agora quer determinar um plano de distribuição (número de carretas embarcadas por mês de cada fábrica para cada depósito e de cada depósito para cada loja) que vai minimizar o custo total de transporte.

(a) Desenhe uma rede que represente a rede de distribuição da empresa. Identifique os nós de suprimento, os nós de transbordo e os nós de demanda dessa rede.
(b) Formule este problema como um problema do fluxo de custo mínimo inserindo todos os dados necessários nesta rede.
C (c) Formule e resolva um modelo em planilha para esse problema.
C (d) Use o computador para resolver esse problema sem empregar o Excel.

9.5-6 A Audiofile Company produz microssistemas de áudio. Entretanto, a gerência decidiu subcontratar a produção dos alto-falantes necessários para esses microssistemas. Há três fornecedores disponíveis para fornecer esses alto-falantes. Os preços para cada lote de 1.000 alto-falantes são mostrados a seguir.

Fornecedor	Preço
1	US$ 22.500
2	US$ 22.700
3	US$ 22.300

Além disso, cada fornecedor cobraria pelo transporte. Cada embarque seria enviado para um dos dois depósitos da empresa. Cada fornecedor tem sua própria fórmula para calcular esse custo de transporte com base na distância para o depósito. Essas fórmulas e os dados das distâncias são mostrados a seguir.

Fornecedor	Custo por embarque
1	US$ 300 + 0,40/milha
2	US$ 200 + 0,50/milha
3	US$ 500 + 0,20/milha

Fornecedor	Depósito 1	Depósito 2
1	1.600 milhas	400 milhas
2	500 milhas	600 milhas
3	2.000 milhas	1.000 milhas

Toda vez que uma das duas fábricas da empresa precisar de alto-falantes para ser montados em seus equipamentos, ela contrata um caminhoneiro para trazer o carregamento de um dos seus depósitos. O custo de transporte por carregamento é dado a seguir, junto com o número de embarques necessários por mês de cada fábrica.

	Custo de transporte por unidade	
	Fábrica 1	Fábrica 2
Depósito 1	US$ 200	US$ 700
Depósito 2	US$ 400	US$ 500
Demanda mensal	10	6

Cada fornecedor é capaz de enviar até 10 carregamentos por mês. Entretanto, em virtude das limitações de embarque, cada fornecedor é capaz de enviar no máximo apenas seis carregamentos por mês a cada depósito. De modo similar, cada depósito é capaz de enviar um máximo de seis carregamentos por mês a cada fábrica.

A gerência agora quer desenvolver um plano para cada mês referente a quantos carregamentos (se existir efetivamente algum) encomendar de cada fornecedor, quantos desses carregamentos devem ser destinados a cada depósito e, finalmente, quantos carregamentos cada depósito deveria enviar a cada fábrica. O objetivo é o de minimizar a soma dos custos de compra (inclusive as tarifas de transporte) e os custos de transporte dos depósitos para as fábricas.

(a) Desenhe uma rede que represente a rede de distribuição da empresa. Identifique os nós de suprimento, nós de transbordo e os nós de demanda nessa rede.

(b) Formule esse problema como um problema do fluxo de custo mínimo inserindo todos os dados necessários nessa rede. Inclua também um nó de demanda "fantasma" que receba (a custo zero) toda a capacidade de suprimento não utilizada nos fornecedores.

C (c) Formule e resolva um modelo em planilha para o presente problema.

C (d) Use o computador para resolver esse problema sem empregar o Excel.

D **9.6-1** Considere o problema do fluxo de custo mínimo mostrado a seguir, no qual os valores b_i (fluxos líquidos gerados) são dados pelos nós, os valores c_{ij} (custos por fluxo unitário) são fornecidos pelos arcos e os valores u_{ij} (capacidades de arco) são dados entre os nós C e D. Faça manualmente o exercício a seguir.

(a) Obtenha uma solução BV inicial encontrando a árvore de expansão viável com arcos básicos $A \to B$, $C \to E$, $D \to E$ e $C \to A$

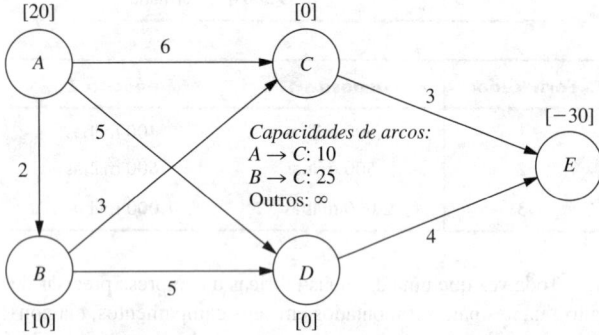

(um arco reverso), em que um dos arcos não básicos ($C \to B$) também é um arco reverso. Mostre a rede resultante (inclusive b_i, c_{ij} e u_{ij}) no mesmo formato usado anteriormente (exceto por, desta vez, usar linhas tracejadas para desenhar os arcos não básicos) e acrescente os fluxos entre parênteses próximos aos arcos básicos.

(b) Use o teste de otimalidade para comprovar que essa solução BV inicial é ótima e que há soluções ótimas múltiplas. Aplique uma iteração do método simplex de rede para encontrar a outra solução BV ótima e depois use esses resultados para identificar as demais soluções ótimas que não são soluções BV.

(c) Considere agora a seguinte solução BV.

Arco básico	Fluxo	Arco não básico
$A \to D$	20	$A \to B$
$B \to C$	10	$A \to C$
$C \to E$	10	$B \to D$
$D \to E$	20	

Partindo dessa solução BV, aplique *uma* iteração do método simplex de rede. Identifique o arco básico que entra, o arco básico que sai e a solução BV seguinte, porém, não prossiga.

9.6-2 Reconsidere o problema do fluxo de custo mínimo formulado no Problema 9.6-2.

(a) Obtenha uma solução BV inicial resolvendo a árvore de expansão viável com arcos básicos $A \to B$, $A \to C$, $A \to F$, $B \to D$ e $E \to F$, em que dois dos arcos não básicos ($E \to C$ e $F \to D$) são arcos *reversos*.

D,I (b) Use o método simplex de rede por conta própria (isto é, você deve usar o procedimento interativo do Tutorial IOR) para resolver esse problema.

9.6-3 Reconsidere o problema do fluxo de custo mínimo formulado no Problema 9.6-3.

(a) Obtenha uma solução BV inicial resolvendo a árvore de expansão viável correspondente a usar apenas as duas linhas férreas mais embarque da fábrica 1 para o depósito 2 por meio do centro de distribuição.

D,I (b) Use o método simplex de rede por conta própria (isto é, você deve usar o procedimento interativo do Tutorial IOR) para resolver esse problema.

D,I **9.6-4** Reconsidere o problema do fluxo de custo mínimo formulado no Problema 9.6-4. Partindo da solução BV inicial correspondente a substituir o trator a cada ano, use o método simplex de rede (você deve usar o procedimento interativo do Tutorial IOR) para resolver esse problema.

D,I **9.6-5** Para o problema de transporte da P & T Co. dado na Tabela 8.2, considere sua representação em forma de problema do fluxo de custo mínimo apresentado na Figura 8.2. Use a regra do ponto extremo noroeste para obter uma solução BV inicial da Tabela 8.2. A seguir, use o método simplex de rede (você deve usar o procedimento interativo do Tutorial IOR) para resolver esse problema (e verificar a solução ótima dada na Seção 8.1).

9.6-6 Considere o problema de transporte da Metro Water District apresentado na Tabela 8.12.

(a) Formule a representação em forma de rede desse problema como um problema do fluxo de custo mínimo. (*Dica:* arcos onde o fluxo é proibido devem ser eliminados.)

D,I (b) Partindo da solução BV inicial dada na Tabela 8.19, use o método simplex de rede (você deve usar o procedimento interativo do Tutorial IOR) para resolver esse problema. Compare a sequência de soluções BV obtidas com a sequência obtida pelo método simplex de transporte da Tabela 8.23.

D,I **9.6-7** Considere o problema do fluxo de custo mínimo mostrado a seguir, no qual os valores b_i são dados pelos nós, os valores c_{ij} são fornecidos pelos arcos e os valores u_{ij} *finitos* são dados entre parênteses pelos arcos. Obtenha uma solução BV inicial encontrando a árvore de expansão viável com arcos básicos $A \to C$, $B \to A$, $C \to D$ e $C \to E$, em que um dos arcos não básicos ($D \to A$) é um arco *reverso*. A seguir, utilize o método simplex de rede (você deve usar o procedimento interativo do Tutorial IOR) para resolver esse problema.

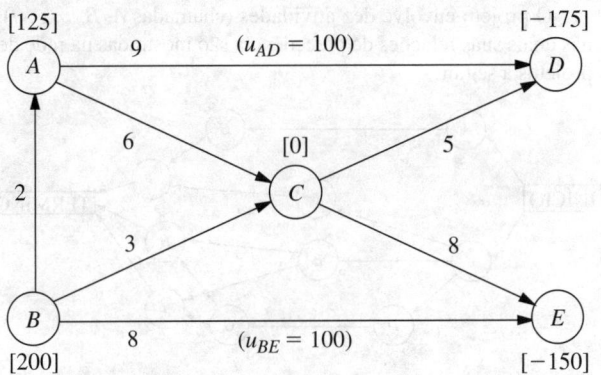

9.7-1 A Tinker Construction Company está pronta para iniciar um projeto que deve ser concluído em 12 meses. Esse projeto possui quatro atividades (A, B, C, D) com a rede do projeto mostrada a seguir.

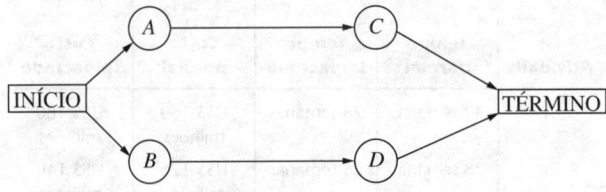

O gerente de projetos, Sean Murphy, concluiu que ele não será capaz de cumprir o prazo estabelecido executando todas essas atividades da maneira normal. Portanto, Sean decidiu usar o método CPM de relações conflitantes tempo-custo para determinar a maneira mais econômica de se impactar o projeto para cumprir o prazo estabelecido. Ele compilou os seguintes dados para as quatro atividades.

Atividade	Tempo normal	Tempo impactado	Custo normal	Tempo impactado
A	8 meses	5 meses	US$ 25.000	US$ 40.000
B	9 meses	7 meses	US$ 20.000	US$ 30.000
C	6 meses	4 meses	US$ 16.000	US$ 24.000
D	7 meses	4 meses	US$ 27.000	US$ 45.000

Use a análise do custo marginal para resolver o problema.

9.7-2 Reconsidere o problema da Tinker Construction Co. apresentado no Problema 9.8-1. Na época da faculdade, Sean Murphy fez um curso de PO que dedicava um mês para programação linear, de modo que Sean decidiu usar a programação linear para analisar esse problema.

(a) Considere o caminho superior da rede do projeto. Formule um modelo de programação linear de duas variáveis para o problema de como minimizar o custo de executar essa sequência de atividades em um prazo de 12 meses. Use o método gráfico para resolver esse modelo.
(b) Repita o item (a) para o caminho inferior da rede do projeto.

(c) Combine os modelos dos itens (a) e (b) em um único modelo completo de programação linear para o problema de minimização do custo para finalizar o projeto dentro de 12 meses. Qual seria uma solução ótima para esse modelo?
(d) Utilize a formulação de programação linear CPM apresentada na Seção 9.8 para formular um modelo completo para esse problema. Esse modelo é um pouco maior que aquele do item (c), pois esse método de formulação é aplicável também a redes de projeto mais complexas.
c (e) Empregue o Excel para resolver esse problema.
c (f) Use outra opção de software para resolver esse problema.
c (g) Verifique o efeito de alterar o prazo repetindo o item (e) ou (f) primeiro com um prazo de 11 meses e depois com um prazo de 13 meses.

9.7-3* A Good Homes Construction Company está para iniciar a construção de uma grande residência. O presidente da empresa, Michael Dean, está, no momento, planejando o cronograma para esse projeto. Michael identificou as cinco principais atividades (denominadas A, B, . . . , E) que precisarão ser cumpridas de acordo com a rede do projeto mostrada a seguir, acompanhada de uma tabela que fornece o ponto normal e o ponto impactado para cada uma dessas atividades.

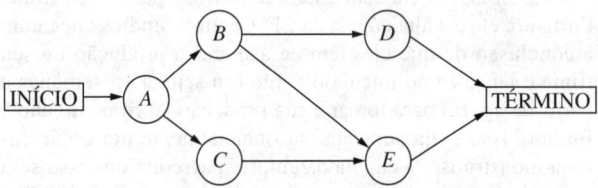

Atividade	Tempo normal	Tempo impactado	Custo normal	Tempo impactado
A	3 semanas	2 semanas	US$ 54.000	US$ 60.000
B	4 semanas	3 semanas	US$ 62.000	US$ 65.000
C	5 semanas	2 semanas	US$ 66.000	US$ 70.000
D	3 semanas	1 semana	US$ 40.000	US$ 43.000
E	4 semanas	2 semanas	US$ 75.000	US$ 80.000

Ele também compilou dados sobre o ponto normal e o ponto de impacto para cada uma dessas atividades.

Esses custos refletem os custos diretos da empresa com materiais, equipamentos e mão de obra direta necessários para executar as atividades. Além disso, a empresa tem custos de projeto indiretos como custos de supervisão e outros custos fixos costumeiros, taxas de juros por capital empatado e assim por diante. Michael estima que esses custos indiretos cheguem a US$ 5.000 por semana. Ele quer minimizar o custo total do projeto. Portanto, para poupar parte desses custos indiretos, Michael conclui que ele deve reduzir o projeto impactando-o em parte desde que o custo impactado para cada semana adicional reduzida seja inferior a US$ 5.000.

(a) Use a análise do custo marginal para determinar quais atividades devem ser impactadas e em quanto minimizar o custo total do projeto. Nesse plano, quais seriam a duração e o custo de cada atividade? Quanto dinheiro se economiza causando-se esse impacto?

C **(b)** Agora use a metodologia da programação linear para fazer o item (a), reduzindo o prazo original em uma semana por vez.

9.7-4 A 21st Century Studios está prestes a começar a produção de seu mais importante (e mais caro) filme do ano. O produtor do filme, Dusty Hoffmer, decidiu usar o método PERT/CPM para ajudar no planejamento e controle desse projeto-chave. Ele identificou as oito principais atividades (denominadas A, B, ..., H) necessárias para produzir o filme. Suas relações de precedência são mostradas na rede de projeto a seguir.

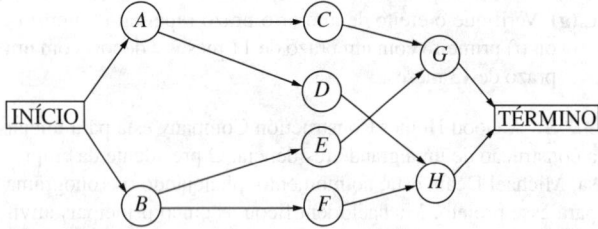

Dusty acaba de saber que outro estúdio também lançará um filme de grande bilheteria durante a metade do próximo verão, justamente quando seu próprio filme será lançado. Acontecer isso nesta época seria desastroso para o seu filme. Portanto, ele e a alta cúpula da 21st Century Studios chegaram à conclusão de que eles têm de acelerar a produção de seu filme e lançá-lo no início do verão (ou seja, a 15 semanas a partir de agora) para tornar a sua produção "o filme do ano". Embora isso exija aumentar substancialmente um orçamento já monstruoso, a cúpula da empresa acredita que isso será amortizado, além de render muito mais em termos de bilheteria nacional e internacional.

Dusty quer determinar a maneira menos dispendiosa para cumprir o novo prazo de 15 semanas. Usando o método CPM de relações conflitantes tempo-custo, ele obteve os seguintes dados.

Atividade	Tempo normal	Tempo impactado	Custo normal	Custo impactado
A	5 semanas	3 semanas	US$ 24 milhões	US$ 36 milhões
B	3 semanas	2 semanas	US$ 13 milhões	US$ 25 milhões
C	4 semanas	2 semanas	US$ 21 milhões	US$ 29 milhões
D	6 semanas	3 semanas	US$ 30 milhões	US$ 50 milhões
E	5 semanas	4 semanas	US$ 26 milhões	US$ 36 milhões
F	7 semanas	4 semanas	US$ 35 milhões	US$ 57 milhões
G	9 semanas	5 semanas	US$ 30 milhões	US$ 53 milhões
H	8 semanas	6 semanas	US$ 35 milhões	US$ 51 milhões

(a) Formule um modelo de programação linear para esse problema.
C **(b)** Utilize o Excel para resolver o problema.
C **(c)** Use outra opção de software para resolver o problema.

9.7-5 A Lockhead Aircraft Co. está prestes a iniciar um projeto de desenvolvimento de um novo avião de combate para a força aérea norte-americana. O contrato da empresa com o Departamento de Defesa determina um prazo máximo de 92 semanas para finalização do projeto, com imposição de multas caso o projeto seja entregue com atraso.

O projeto envolve dez atividades (chamadas A, B, ..., J), nas quais suas relações de precedência são mostradas na rede de projetos a seguir.

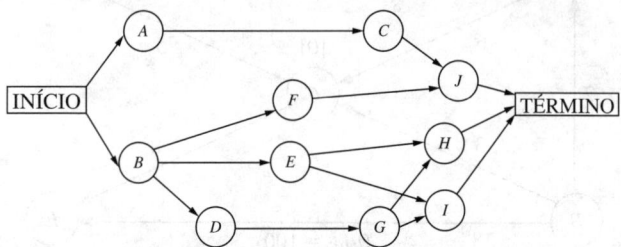

A gerência gostaria de evitar as pesadas multas impostas pelo descumprimento do prazo de entrega estabelecido no contrato atual. Portanto, a decisão tomada foi a de impactar o projeto, usando o método CPM de relações conflitantes tempo-custo para determinar como fazer isso da forma mais econômica. Os dados necessários para aplicação desse método são dados a seguir.

Atividade	Tempo normal	Tempo impactado	Custo normal	Custo impactado
A	32 semanas	28 semanas	US$ 160 milhões	US$ 180 milhões
B	28 semanas	25 semanas	US$ 125 milhões	US$ 146 milhões
C	36 semanas	31 semanas	US$ 170 milhões	US$ 210 milhões
D	16 semanas	13 semanas	US$ 60 milhões	US$ 72 milhões
E	32 semanas	27 semanas	US$ 135 milhões	US$ 160 milhões
F	54 semanas	47 semanas	US$ 215 milhões	US$ 257 milhões
G	17 semanas	15 semanas	US$ 90 milhões	US$ 96 milhões
H	20 semanas	17 semanas	US$ 120 milhões	US$ 132 milhões
I	34 semanas	30 semanas	US$ 190 milhões	US$ 226 milhões
J	18 semanas	16 semanas	US$ 80 milhões	US$ 84 milhões

(a) Formule um modelo de programação linear para o presente problema.
C **(b)** Use o Excel para resolver o problema.
C **(c)** Use outra opção de software para resolver o problema.

9.8.1 Da parte inferior das referências selecionadas dadas no final do capítulo, escolha uma das aplicações consagradas dos modelos de otimização de redes. Leia esse artigo e, em seguida, redija um resumo de duas páginas sobre a aplicação e os benefícios (inclusive benefícios não financeiros) por ela fornecidos.

9.8.2 Da parte inferior das referências selecionadas dadas no final do capítulo, escolha três das aplicações consagradas dos modelos de otimização de redes. Para cada uma delas, leia esse artigo e, em seguida, redija um resumo de uma página sobre a aplicação e os benefícios (inclusive benefícios não financeiros) por ela fornecidos.

CASOS

Caso 9.1 Dinheiro em movimento

Jake Nguienes passa nervosamente a mão pelo cabelo que antes era bem penteado. A seguir, afrouxa o outrora belo nó de sua gravata de seda. E, finalmente, esfrega as mãos suadas ao longo da calça outrora passada de forma impecável.

Certamente, hoje não foi um bom dia.

Ao longo dos últimos meses, Jake vem ouvindo boatos que circulavam na Wall Street – rumores vindos da boca de banqueiros e corretores da Bolsa, famosos por sua "franqueza". Eles comentavam sussurradamente sobre a chegada de uma crise na economia japonesa – sussurradamente, pois acreditavam que verbalizar publicamente seus temores aceleraria ainda mais a crise.

E hoje, seus temores se tornaram realidade. Jake e seus colegas estão reunidos em volta de uma pequena televisão dedicada exclusivamente ao canal Bloomberg. Jake tem os olhos fixos e incrédulos à medida que ouve os horrores que aconteciam no mercado japonês. Ele está arrastando os mercados financeiros de todos os outros países asiáticos em sua queda brusca. Jake fica paralisado. Na qualidade de gerente de investimentos estrangeiros na Ásia da Grant Hill Associates, uma pequena empresa de investimentos da costa oeste dos Estados Unidos, especializada em mercado de câmbio, recairão sobre suas costas quaisquer impactos negativos provocados pela crise. E a Grant Hill Associates sofrerá impactos negativos.

Jake não tinha dado ouvidos aos sinais sobre uma crise japonesa. Em vez disso, ele havia aumentado muito as posições mantidas pela Grant Hill Associates no mercado japonês. Pelo fato de o mercado japonês ter ido melhor que o esperado ao longo do ano anterior, Jake havia aumentado os investimentos no Japão de US$ 2,5 milhões para US$ 15 milhões havia apenas um mês. Naquela oportunidade, 1 dólar valia 80 ienes.

Não mais. Jake se deu conta de que com a desvalorização de hoje do iene, 1 dólar corresponde a 125 ienes. Ele poderá liquidar esses investimentos em ienes sem qualquer perda, mas agora a perda em dólares ao reconverter para a moeda norte-americana seria enorme. Ele respira fundo, fecha os olhos e se prepara mentalmente para uma empreitada dura para a redução das graves perdas.

Os pensamentos de Jake são interrompidos por uma voz retumbante chamando por ele de uma grande sala de canto. Grant Hill, o presidente da Grant Hill Associates, bradava: "Nguienes, venha para cá imediatamente!"

Jake pula da cadeira e olha relutante naquela direção onde se encontrava o furioso Grant Hill. Ele ajeita o cabelo, aperta a gravata e caminha agitada e rapidamente para a sala do Sr. Hill.

Grant Hill cruza com os olhos de Jake após sua entrada na sala e continua gritando: "Não quero ouvir uma palavra sua, Nguienes! Nenhuma desculpa; simplesmente conserte esse desastre! Tire todo o meu dinheiro do Japão! Meu instinto me diz que isto é apenas o começo! Invista o dinheiro nas seguras obrigações de nosso mercado! JÁ! E não se esqueça de tirar nossos investimentos em espécie da Indonésia e da Malásia O MAIS RÁPIDO POSSÍVEL!"

Jake teve a sensatez de não dizer uma palavra. Meneou a cabeça, deu meia-volta e praticamente saiu correndo daquela sala.

De volta à segurança de sua mesa, Jake começa a formular um plano para transferir os investimentos do Japão, da Indonésia e da Malásia. Experiências passadas de investimentos em mercados estrangeiros o ensinaram que, quando milhões de dólares estão em jogo, *a maneira* pela qual se retira dinheiro de um mercado estrangeiro é quase tão importante quanto *o momento* em que se retira o dinheiro do mercado. Os bancos associados à Grant Hill Associates cobram diferentes taxas de transação ao converter uma moeda em outra e para transferência de grandes somas de dinheiro ao redor do mundo.

E agora, para tornar as coisas piores, os governos dos países asiáticos impuseram limites muito rígidos sobre a quantidade de dinheiro que um indivíduo ou uma empresa pode converter da moeda local em determinada moeda estrangeira e retirá-la do país. O objetivo dessa drástica medida é reduzir a debandada de investimentos estrangeiros desses países para evitar uma bancarrota total das economias da região. Por causa de posições da Grant Hill Associates em espécie de 10,5 bilhões de rúpias indonésias e de 28 milhões de ringgits da Malásia, junto com aquelas em ienes, não está claro como essas posições devem ser reconvertidas em dólares.

Jake quer encontrar o método mais eficiente em termos de custos para converter essas posições em dólares. No *site* de sua empresa, ele sempre encontra as taxas de câmbio atualizadas a todo momento para a maioria das moedas do mundo (Tabela 1).

A tabela diz, por exemplo, que 1 iene japonês equivale a US$ 0,008. Após alguns telefonemas, ele descobre quais seriam os custos de transação que sua empresa teria de pagar para grandes transações de câmbio durante esses períodos críticos (Tabela 2).

Jake nota que converter uma moeda em outra resulta no mesmo custo de transação do que uma conversão no sentido inverso. Finalmente, Jake descobre as quantias máximas em moeda local que sua empresa tem permissão de converter em outras moedas no Japão, na Indonésia e na Malásia (Tabela 3).

(a) Formule o problema de Jake como um problema do fluxo de custo mínimo e desenhe a rede para esse problema. Identifique os nós de suprimento e de demanda para a rede.

(b) Quais transações em moeda Jake deve realizar de modo a converter os investimentos feitos em ienes, rúpias e ringgits em dólares norte-americanos para

■ TABELA 1 Taxas de câmbio

Para \ De	Iene	Rúpia	Ringgit	Dólar norte-americano	Dólar canadense	Euro	Libra	Peso
Iene japonês	1	50	0,04	0,008	0,01	0,0064	0,0048	0,0768
Rúpia da Indonésia		1	0,0008	0,00016	0,0002	0,000128	0,000096	0,001536
Ringgit da Malásia			1	0,02	0,25	0,16	0,12	1,92
Dólar norte-americano				1	1,25	0,8	0,6	9,6
Dólar canadense					1	0,64	0,48	7,68
Euro						1	0,75	12
Libra esterlina							1	16
Peso mexicano								1

■ TABELA 2 Custo de transação percentual

Para \ De	Iene	Rúpia	Ringgit	Dólar norte-americano	Dólar canadense	Euro	Libra	Peso
Iene	–	0,5	0,5	0,4	0,4	0,4	0,25	0,5
Rúpia		–	0,7	0,5	0,3	0,3	0,75	0,75
Ringgit			–	0,7	0,7	0,4	0,45	0,5
Dólar norte-americano				–	0,05	0,1	0,1	0,1
Dólar canadense					–	0,2	0,1	0,1
Euro						–	0,05	0,5
Libra esterlina							–	0,5
Peso mexicano								–

■ TABELA 3 Limites sobre transações equivalentes a US$ 1.000

Para \ De	Iene	Rúpia	Ringgit	Dólar norte-americano	Dólar canadense	Euro	Libra	Peso
Iene	–	5.000	5.000	2.000	2.000	2.000	2.000	4.000
Rúpia	5.000	–	2.000	200	200	1.000	500	200
Ringgit	3.000	4.500	–	1.500	1.500	2.500	1.500	1.000

garantir que a Grant Hill Associates tenha a quantia máxima em dólares após todas as transações terem sido feitas? Quanto dinheiro Jake tem de investir em obrigações do mercado norte-americano?

(c) A Organização Mundial do Comércio (OMC) proíbe limites sobre transações, pois elas promovem o protecionismo. Se não existissem limites de transação, que método Jake deveria usar para converter em dólares as posições atuais nas respectivas moedas asiáticas?

(d) Em resposta ao mandado da OMC proibindo limites sobre transações, o governo da Indonésia cria um novo imposto que leva ao aumento de 500%, nos custos de transação para transações de rúpias, visando proteger a moeda local. Dados esses novos custos de transação, mas sem limites sobre as transações, que transações de câmbio Jake deveria realizar de modo a converter suas posições em moedas asiáticas das respectivas moedas para dólares?

(e) Jake percebe que sua análise está incompleta, pois não incluiu todos os aspectos que poderiam influenciar suas conversões de moeda planejadas. Descreva outros fatores que Jake deveria examinar antes de tomar sua decisão final.

Nota: para sua conveniência, é fornecido no *site* deste livro um arquivo de dados para esse caso.

APRESENTAÇÃO DOS CASOS ADICIONAIS DO *SITE*

Caso 9.2 Ajuda aos aliados

Um exército rebelde está tentando derrubar o governo eleito da Federação Russa. O governo dos Estados Unidos decidiu ajudar seu aliado enviando prontamente tropas e suprimentos para a Federação. Agora, é preciso elaborar um plano para embarcar as tropas e os suprimentos da forma mais eficiente. Dependendo da escolha da medida de desempenho global, a análise requer a formulação e a resolução de um problema do caminho mais curto, de um problema do fluxo de custo mínimo ou, então, de um problema do fluxo máximo. Análise subsequente exigirá a formulação e a resolução de um problema da árvore de expansão mínima.

Caso 9.3 Etapas para o sucesso

A gerência de uma companhia de capital fechado tomou a decisão de se transformar em uma companhia de capital aberto. Diversas etapas inter-relacionadas precisam ser concluídas no processo de realizar a oferta inicial ao público de ações da empresa. A gerência deseja acelerar esse processo. Portanto, após construir uma rede de projeto para representar tal processo, aplique o método CPM de relações conflitantes tempo-custo.

CAPÍTULO 10

Programação Dinâmica

A programação dinâmica é uma técnica matemática útil para tomar uma sequência de decisões inter-relacionadas. Ela fornece um procedimento sistemático para determinar a combinação de decisões ótimas.

Ao contrário da programação linear, não existe uma formulação matemática padrão "do" problema de programação dinâmica. Em vez disso, a programação dinâmica é um tipo genérico de metodologia para resolução de problemas e as equações particulares utilizadas têm de ser desenvolvidas para cada situação. Portanto, é necessário certo grau de engenhosidade e de *insight* na estrutura geral dos problemas de programação dinâmica para reconhecer quando e como um problema pode ser resolvido pelos procedimentos dessa mesma programação. Essas habilidades podem ser mais bem desenvolvidas pela exposição a ampla gama de aplicações de programação dinâmica e um estudo das características que são comuns a todas essas situações. É apresentado grande número de exemplos ilustrativos para essa finalidade.

10.1 EXEMPLO-PROTÓTIPO PARA PROGRAMAÇÃO DINÂMICA

EXEMPLO 1 Problema da diligência

O PROBLEMA DA DILIGÊNCIA é especialmente construído[1] para ilustrar as características e apresentar a terminologia da programação dinâmica. Ele se refere a um mítico caçador de fortunas do Missouri que decidiu ir para o oeste para se juntar aos participantes da corrida do ouro na Califórnia durante a metade do século XIX. A jornada exigiria viajar usando diligência por um país ainda não colonizado onde se corria sério risco de sofrer ataques de saqueadores. Embora seus pontos de partida e de destino fossem fixos, ele tinha uma série considerável de opções por quais estados (ou territórios que posteriormente se tornaram estados) trafegar em sua rota. As possíveis rotas são apresentadas na Figura 10.1, na qual cada estado é representado por uma letra envolta por um círculo e a direção de percurso é sempre da esquerda para a direita no diagrama. Portanto, são necessários quatro estágios (viagens de diligência) para ir de seu ponto de embarque no estado *A* (Missouri) a seu destino no estado *J* (Califórnia).

Esse caçador de fortunas era um homem prudente, bastante preocupado com sua segurança pessoal. Após refletir um pouco, ele criou uma maneira bastante perspicaz de determinar a rota mais segura. Eram oferecidas apólices de seguro de vida aos passageiros de diligências. Em razão do custo da apólice para qualquer viagem de diligência se basear em cuidadosa avaliação da segurança daquela viagem, a rota mais segura seria aquela com a apólice de seguro de vida total mais barata.

---

[1] Este problema foi desenvolvido pelo Professor Harvey M. Wagner, no período que lecionava na Stanford University.

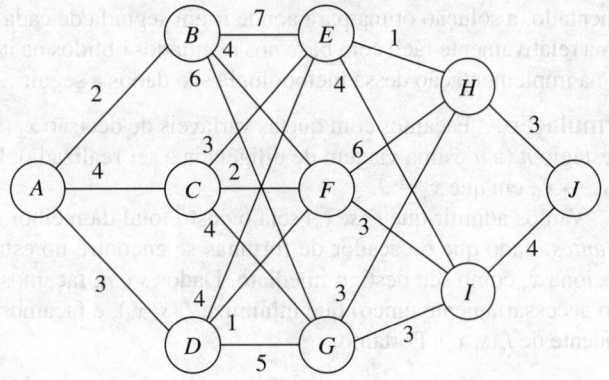

■ **FIGURA 10.1** Sistema de rotas e custos para o problema da diligência.

O custo para a apólice-padrão para viagem em diligência do estado i para o estado j, que será representado por c_{ij}, é

	B	C	D
A	2	4	3

	E	F	G
B	7	4	6
C	3	2	4
D	4	1	5

	H	I
E	1	4
F	6	3
G	3	3

	J
H	3
I	4

Esses custos também são indicados na Figura 10.1.

Vamos nos concentrar na questão de qual rota minimiza o custo total da apólice.

Solução do problema

Observe primeiro, que a metodologia de visão limitada de selecionar a viagem mais barata oferecida por estágio sucessivo não conduz, necessariamente, a uma solução ótima global. Seguir essa estratégia resultaria na rota $A \rightarrow B \rightarrow F \rightarrow I \rightarrow J$, a um custo total igual a 13. Entretanto, sacrificar um pouco em um estágio pode vir a permitir maiores economias adiante. Por exemplo, $A \rightarrow D \rightarrow F$ no geral é mais barata que $A \rightarrow B \rightarrow F$.

Uma abordagem possível para resolver esse problema seria usar a metodologia de tentativa e erro[2]. Contudo, o número de rotas possíveis é grande (18) e ter de calcular o custo total para cada uma delas não é tarefa agradável.

Felizmente, a programação dinâmica fornece uma solução com muito menos esforço que a enumeração exaustiva. (Os ganhos em termos de processamento são enormes para versões de dimensões maiores para esse tipo de problema.) A programação dinâmica começa com uma pequena parte do problema original e encontra a solução ótima para esse problema menor. A seguir, ele aumenta gradualmente o problema, encontrando a solução ótima atual a partir da anterior, até que o problema original seja resolvido em sua totalidade.

Para o problema da diligência, começamos com o problema menor no qual o caçador de fortunas quase completou sua jornada e tem apenas mais um estágio (viagem de diligência) a vencer. A solução ótima óbvia para este problema menor é ir do estado onde ele se encontra atualmente (seja lá qual for) para o destino final (estado J). A cada iteração subsequente, o problema é aumentado incrementando-se uma unidade ao número de estágios remanescentes para completar a jornada. Para esse problema

---

[2] Este problema também pode ser formulado como um *problema do caminho mais curto* (ver a Seção 9.3), em que os *custos* aqui desempenham o papel de distâncias no problema do caminho mais curto. O algoritmo apresentado na Seção 9.3, na verdade, utiliza a filosofia da programação dinâmica. Entretanto, pelo fato deste problema ter um número fixo de estágios, a metodologia da programação dinâmica aqui apresentada é ainda melhor.

aumentado, a solução ótima para aonde ir em seguida de cada possível estado pode ser encontrada de forma relativamente fácil com base nos resultados obtidos na iteração precedente. Os detalhes envolvidos na implementação dessa metodologia são dados a seguir.

Formulação. Façamos com que as variáveis de decisão x_n (n = 1, 2, 3, 4) sejam o destino imediato no estágio n (a n-ésima viagem de diligência a ser realizada). Logo, a rota selecionada é $A \to x_1 \to x_2 \to x_3 \to x_4$, em que $x_4 = J$.

Vamos admitir que $f_n(s, x_n)$ seja o custo total da melhor *apólice* como um todo para os estágios *restantes*, dado que o caçador de fortunas se encontre no estado s, pronto para iniciar o estágio n e seleciona x_n como seu destino imediato. Dados s e n, façamos que x_n^* represente qualquer valor de x_n (não necessariamente único) que minimize $f_n(s, x_n)$, e façamos que $f_n^*(s)$ seja o valor mínimo correspondente de $f_n(s, x_n)$. Portanto,

$$f_n^*(s) = \min_{x_n} f_n(s, x_n) = f_n(s, x_n^*),$$

em que:

$f_n(s, x_n)$ = custo imediato (estágio n) + custo futuro mínimo (estágios n + 1 em diante)
$= c_{sx_n} + f_{n+1}^*(x_n).$

O valor de c_{sx_n} é fornecido pelas tabelas anteriores para c_{ij}, configurando-se $i = s$ (o estado atual) e $j = x_n$ (o destino imediato). Pelo fato de o destino final (estado J) ser atingido no final do estágio 4, $f_5^*(J) = 0$.

O objetivo é encontrar $f_1^*(A)$ e a rota correspondente. A programação dinâmica a encontra localizando sucessivamente $f_4^*(s)$, $f_3^*(s)$, $f_2^*(s)$, em cada um dos estados possíveis s e, depois, usando $f_2^*(s)$ para encontrar $f_1^*(A)$[3].

Procedimento para a resolução do problema. Quando o caçador de fortunas tiver apenas mais uma etapa a cumprir (n = 4), sua rota daí em diante é determinada inteiramente pelo seu estado atual s (H ou então I) e seu destino final $x_4 = J$, de modo que a rota para essa viagem de diligência final seja $s \to J$. Consequentemente, já que $f_4^*(s) = f_4(s, J) = c_{s,J}$, a solução imediata para o problema n = 4 é:

n = 4:	s	$f_4^*(s)$	x_4^*
	H	3	J
	I	4	J

Quando o caçador de fortunas tiver mais dois estágios a cumprir (n = 3), o procedimento de resolução do problema requer alguns cálculos. Suponha, por exemplo, que o caçador de fortunas se encontre no estado F. Depois, conforme representado adiante, ele tem de seguir para o estado H ou então I a um custo imediato de, respectivamente, $c_{F,H}$ = 6 ou $c_{F,I}$ = 3. Se ele optar pelo estado H, o custo mínimo adicional após ele chegar lá é dado pela tabela precedente como $f_4^*(H)$ = 3, conforme mostrado anteriormente do nó H no diagrama. Portanto, o custo total para essa decisão é de 6 + 3 = 9. Se, em vez disso, ele optar pelo estado I, o custo total será de 3 + 4 = 7, que é menor. Logo, a escolha ótima é essa última, $x_3^* = I$, pois gera o custo mínimo $f_3^*(F) = 7$.

---

[3] Pelo fato de esse procedimento envolver voltar *atrás* estágio por estágio, alguns autores também fazem a contagem n para trás, visando representar o número de *estágios restantes* para se atingir o destino. Adotamos a *contagem para a frente* por ser mais natural e mais simples.

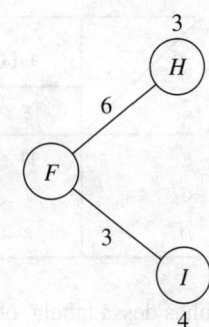

Cálculos similares precisam ser feitos quando se começa dos outros dois estados possíveis $s = E$ e $s = G$ com dois estágios ainda a ser cumpridos. Experimente, usando tanto o método gráfico (Figura 10.1) quanto o método algébrico [combinando valores c_{ij} e $f_4^*(s)$], para comprovar os seguintes resultados completos para o problema com $n = 3$.

$n = 3$: s	x_3	$f_3(s, x_3) = c_{sx_3} + f_4^*(x_3)$		$f_3^*(s)$	x_3^*
		H	I		
E		4	8	4	H
F		9	7	7	I
G		6	7	6	H

A solução para o problema do segundo estágio ($n = 2$), em que restam três estágios a ser cumpridos, é obtida de forma similar. Nesse caso, $f_2(s, x_2) = c_{sx_2} + f_3^*(x_2)$. Suponha, por exemplo, que o caçador de fortunas se encontre no estado C, conforme representado a seguir.

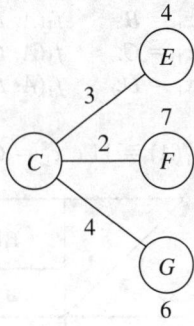

Em seguida, ele precisa ir para o estado E, F ou G a um custo imediato, respectivamente, de $c_{C,E} = 3$, $c_{C,F} = 2$ ou $c_{C,G} = 4$. Após chegar lá, o custo mínimo adicional para o estágio 3 ser finalizado é fornecido pela tabela $n = 3$ como, respectivamente, $f_3^*(E) = 4$, $f_3^*(F) = 7$, ou $f_3^*(G) = 6$, conforme indicado acima pelos nós E e F e abaixo pelo nó G no diagrama anterior. Os cálculos resultantes para as três alternativas são sintetizados a seguir.

$x_2 = E$: $f_2(C, E) = c_{C,E} + f_3^*(E) = 3 + 4 = 7$.
$x_2 = F$: $f_2(C, F) = c_{C,F} + f_3^*(F) = 2 + 7 = 9$.
$x_2 = G$: $f_2(C, G) = c_{C,G} + f_3^*(G) = 4 + 6 = 10$.

O menor desses três números é 7, portanto, o custo total mínimo para se ir do estado C até o final é de $f_2^*(C) = 7$, e o destino imediato deveria ser $x_2^* = E$.

Efetuando-se cálculos similares quando se inicia do estado B ou D (experimente) leva aos seguintes resultados para o problema com $n = 2$:

n = 2:	x_2 \ s	$f_2(s, x_2) = c_{sx_2} + f_3^*(x_2)$			$f_2^*(s)$	x_2^*
		E	F	G		
	B	11	11	12	11	E ou F
	C	7	9	10	7	E
	D	8	8	11	8	E ou F

Na primeira e terceira linhas dessa tabela, observe que E e F empatam em termos de minimização do valor de x_2; portanto, o destino imediato, seja do estado B, seja do D, deve ser $x_2^* = E$ ou F.

Indo para o problema do primeiro estágio ($n = 1$), com quatro estágios ainda a ser concluídos, observamos que os cálculos são similares àqueles que acabamos de mostrar para o problema do segundo estágio ($n = 2$), exceto pelo fato de que agora existe apenas *um* estado de partida possível $s = A$, conforme representado a seguir.

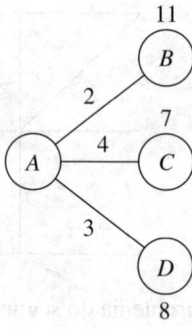

Esses cálculos são resumidos a seguir para as três alternativas para o destino imediato:

$x_1 = B$: $f_1(A, B) = c_{A,B} + f_2^*(B) = 2 + 11 = 13$.
$x_1 = C$: $f_1(A, C) = c_{A,C} + f_2^*(C) = 4 + 7 = 11$.
$x_1 = D$: $f_1(A, D) = c_{A,D} + f_2^*(D) = 3 + 8 = 11$.

Já que 11 é o mínimo, $f_1^*(A) = 11$ e $x_1^* = C$ ou D, conforme mostrado na tabela a seguir.

n = 1:	x_1 \ s	$f_1(s, x_1) = c_{sx_1} + f_2^*(x_1)$			$f_1^*(s)$	x_1^*
		B	C	D		
	A	13	11	11	11	C ou D

Agora é possível identificarmos uma solução ótima para o problema todo a partir das quatro tabelas. Os resultados para o problema com $n = 1$ indicam que o caçador de fortunas deveria ir inicialmente para o estado C ou então para o estado D. Suponha que ele opte por $x_1^* = C$. Para $n = 2$, o resultado para $s = C$ é $x_2^* = E$. Esse resultado nos leva para o problema $n = 3$, que dá $x_3^* = H$ para $s = E$ e o problema com $n = 4$ resulta em $x_4^* = J$ para $s = H$. Assim, uma rota ótima seria $A \rightarrow C \rightarrow E \rightarrow H \rightarrow J$. Optando-se por $x_1^* = D$ nos leva a dois caminhos ótimos $A \rightarrow D \rightarrow E \rightarrow H \rightarrow J$ e $A \rightarrow D \rightarrow F \rightarrow I \rightarrow J$. Todos eles levam a um custo total de $f_1^*(A) = 11$.

Os resultados da análise da programação dinâmica também são sintetizados na Figura 10.2. Note como as duas linhas para o estágio 1 provêm da primeira e segunda colunas da tabela $n = 1$, e que o custo resultante provém da penúltima coluna. Exatamente da mesma forma, cada uma das demais linhas (e o custo resultante) provêm de uma linha em uma das demais tabelas.

Veremos, na próxima seção, que os termos especiais para descrever o contexto particular desse problema – *estágio, estado* e *política* —, na verdade, fazem parte da terminologia genérica da programação dinâmica com uma interpretação análoga em outros contextos.

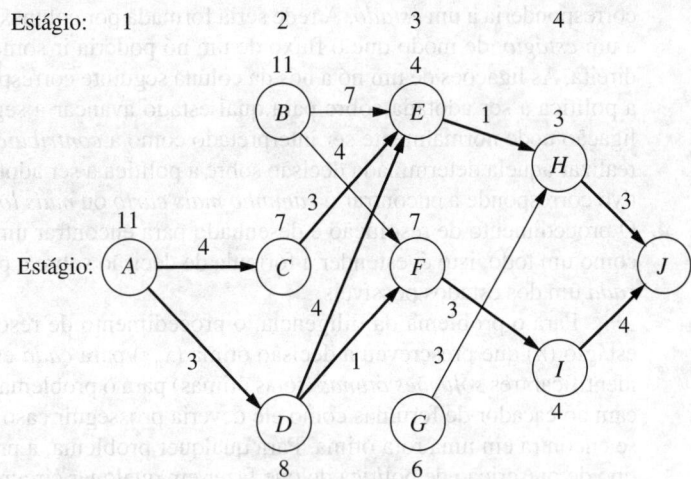

■ **FIGURA 10.2** Apresentação gráfica da solução por meio da programação dinâmica para o problema da diligência. Cada linha indica uma decisão ótima (o melhor destino imediato) partindo de determinado estado, em que o número próximo ao estado é o custo resultante dali até o destino final. Seguindo-se as setas em negrito de A a J temos três soluções ótimas (as três rotas resultam em um custo total mínimo igual a 11).

10.2 CARACTERÍSTICAS DOS PROBLEMAS DE PROGRAMAÇÃO DINÂMICA

O problema da diligência é um protótipo literal de problemas de programação dinâmica. De fato, esse exemplo foi propositadamente desenvolvido para fornecer uma interpretação física literal da estrutura bastante abstrata desses problemas. Portanto, uma maneira de se reconhecer uma situação que possa ser formulada como um problema de programação dinâmica é perceber que sua estrutura básica é análoga ao problema da diligência.

As características básicas que esboçam os problemas de programação dinâmica são apresentadas e discutidas aqui.

1. O problema pode ser dividido em **estágios**, nos quais uma **decisão sobre a política a ser adotada** é necessária a cada estágio.

    O problema da diligência foi literalmente dividido em seus quatro estágios (viagens de diligência) que correspondem às quatro etapas da jornada. A decisão sobre a política a ser adotada em cada estágio foi de qual apólice de seguro de vida deveria ser escolhida (isto é, qual destino selecionar para a próxima viagem de diligência). Similarmente, outros problemas de programação dinâmica requerem que se crie uma *sequência de decisões inter-relacionadas,* em que cada decisão corresponde a um estágio do problema.

2. Cada estágio possui um número de **estados** associados ao seu início.

    Os estados associados a cada estágio no problema da diligência eram os estados (ou territórios) nos quais o caçador de fortunas poderia ser localizado ao embarcar em determinada etapa da jornada. Em geral, os estados são as diversas *condições possíveis* nas quais o sistema poderia se encontrar naquele estágio do problema. O número de estados pode ser finito (como no caso do problema da diligência) ou então infinito (como em alguns exemplos subsequentes).

3. O efeito da decisão sobre a política a ser adotada a cada estágio é o de *transformar o estado atual em um estado associado ao início do estágio seguinte* (possivelmente de acordo com uma distribuição probabilística).

    A decisão do caçador de fortunas em relação ao seu próximo destino o leva desse estado atual para o próximo em sua jornada. Esse procedimento sugere que os problemas de programação dinâmica podem ser interpretados em termos das *redes* descritas no Capítulo 9. Cada nó corresponderia a um *estado*. A rede seria formada por colunas de nós, e cada *coluna* corresponde a um *estágio,* de modo que o fluxo de um nó poderia ir somente a um nó da próxima coluna à direita. As ligações de um nó a nós da coluna seguinte correspondem às possíveis decisões sobre a política a ser adotada sobre para qual estado avançar a seguir. O valor designado para cada ligação pode normalmente ser interpretado como a *contribuição imediata* à função objetivo por realizar aquela determinada decisão sobre a política a ser adotada. Na maioria dos casos, o objetivo corresponde a encontrar o *caminho mais curto* ou *mais longo* na rede.

4. O procedimento de resolução é desenhado para encontrar uma **política ótima** para o problema como um todo, isto é, estender a fórmula de decisão sobre a política ótima em cada estágio para *cada* um dos estados possíveis.

   Para o problema da diligência, o procedimento de resolução criou uma tabela para cada estágio (n) que prescreveu a decisão ótima (x_n^*) para *cada* estado (s) possível. Assim, além de identificar três *soluções ótimas* (rotas ótimas) para o problema como um todo, os resultados indicam ao caçador de fortunas como ele deveria prosseguir caso desviasse para um estado que não se encontra em uma rota ótima. Para qualquer problema, a programação dinâmica fornece esse tipo de prescrição de política do que fazer em qualquer circunstância possível (motivo pelo qual a decisão efetiva, tomada após atingir determinado estado em dado estágio, é chamada decisão sobre a *política* a ser adotada). Fornecer essa informação adicional, além de simplesmente especificar uma solução ótima (sequência ótima de decisões), pode ser útil em uma série de casos, inclusive a análise de sensibilidade.

5. Dado o estado atual, uma *política ótima para os estágios restantes* é *independente* das decisões sobre as políticas adotadas nos *estágios anteriores*. Portanto, a decisão imediata ótima depende somente do estado atual e não de como se chegou lá. Esse é o **princípio da otimalidade** para a programação dinâmica.

   Dado o estado no qual o caçador de fortunas se encontra no momento, a apólice de seguro de vida ótima (e sua rota associada) desse ponto em diante é independente de como ele chegou lá. Para problemas de programação dinâmica em geral, conhecer o estado atual do sistema transmite todas as informações sobre seu comportamento anterior necessárias para se determinar a política ótima sucessiva. Essa propriedade é chamada *propriedade markoviana, e será* discutida na Seção 16.2. Qualquer problema que não tenha essa propriedade não pode ser formulado como um problema de programação dinâmica.

6. O procedimento de resolução começa identificando a política *ótima para o último estágio, que* prescreve a decisão sobre a política ótima para *cada* um dos possíveis estados naquele estágio. A solução desse problema de um estágio normalmente é trivial, como foi para o problema da diligência.

7. Há uma **relação recursiva** que identifica a política ótima para o estágio n, dada a política ótima para o estágio $n + 1$.

   Para o problema da diligência, essa relação recursiva era:

   $$f_n^*(s) = \min_{x_n} \{c_{sx_n} + f_{n+1}^*(x_n)\}.$$

Portanto, encontrar a *decisão sobre a política ótima*, quando se começa pelo estado s no estágio n, requer encontrar o valor que minimiza x_n. Para esse problema em particular, o custo total mínimo correspondente é alcançado usando-se esse valor de x_n e, depois, seguindo a política ótima quando se inicia no estado x_n no estágio $n + 1$.

A forma precisa da relação recursiva difere um pouco entre os problemas de programação dinâmica. Entretanto, uma notação análoga àquela introduzida na seção anterior continuará a ser utilizada, conforme será resumido a seguir.

N = número de estágios

n = identificação do estágio atual ($n = 1, 2, \ldots, N$)

s_n = *estado* atual para o estágio n

x_n = variável de decisão para o estágio n

x_n^* = valor ótimo de x_n (dado s_n)

$f_n(s_n, x_n)$ = contribuição dos estágios $n, n + 1, \ldots, N$ à função objetivo se o sistema começar pelo estado s_n no estágio n, a decisão imediata for x_n e as decisões ótimas forem feitas a partir daí.

$$f_n^*(s_n) = f_n(s_n, x_n^*).$$

A relação recursiva estará sempre na forma

$$f_n^*(s_n) = \max_{x_n} \{f_n(s_n, x_n)\} \quad \text{ou} \quad f_n^*(s_n) = \min_{x_n} \{f_n(s_n, x_n)\},$$

em que $f_n(s_n, x_n)$ seria escrito em termos de s_n, x_n, $f_{n+1}^*(s_{n+1})$ e, provavelmente, alguma medida da contribuição imediata de x_n à função objetivo. É a inclusão de $f_{n+1}^*(s_{n+1})$ no lado direito, de modo que $f_n^*(s_n)$ é definido em termos de $f_{n+1}^*(s_{n+1})$, o que torna a expressão para $f_n^*(s_n)$ em uma relação recursiva.

A relação recursiva continua recorrendo à medida que voltamos para trás, estágio por estágio. Quando o número do estágio atual n for diminuído de 1, a nova função $f_n^*(sn)$ será derivada usando-se a função $f_{n+1}^*(s_{n+1})$ que foi simplesmente derivada durante a iteração anterior e, depois, esse processo continua repetindo-se. Essa propriedade é enfatizada na próxima (e última) característica da programação dinâmica.

8. Quando usamos essa relação recursiva, o procedimento de resolução começa no final e vai voltando *para trás*, estágio por estágio – cada vez encontrando a política ótima para aquele estágio – até ela encontrar a política ótima começando no estágio *inicial*. Essa mesma política ótima leva imediatamente a uma solução ótima para o problema como um todo, a saber, x_1^* para o estado s_1 inicial, depois x_2^* para o estado s_2 resultante, depois x_3^* para o estado s_3 resultante, e assim por diante até chegar em x_N^* para o estágio s_N resultante.

Essa movimentação para trás foi demonstrada pelo problema da diligência, no qual a política ótima foi encontrada sucessivamente começando-se em cada estado, respectivamente, nos estágios 4, 3, 2 e 1[4]. Para todos os problemas de programação dinâmica, uma tabela como a apresentada a seguir seria obtida a cada estágio ($n = N, N - 1, \ldots, 1$).

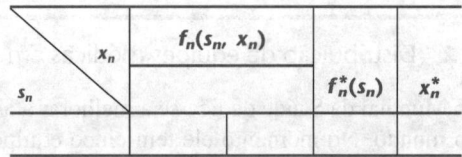

Quando essa tabela for finalmente obtida para o estágio inicial ($n = 1$), o problema em questão estará solucionado. Pelo fato de o estado inicial ser conhecido, a decisão inicial é especificada por x_1^* nessa tabela. Os valores ótimos das demais variáveis de decisão são especificados então pelas demais tabelas, um por vez, de acordo com o estado do sistema resultante das decisões precedentes.

10.3 PROGRAMAÇÃO DINÂMICA DETERMINÍSTICA

Esta seção oferece mais detalhes sobre a metodologia da programação dinâmica para problemas *determinísticos*, em que o *estado* no *estágio seguinte* é *determinado completamente* pelo *estado* e *decisão* sobre a *política* a ser adotada do *estágio atual*. O caso *probabilístico*, no qual existe uma distribuição probabilística de qual será o estado seguinte, será discutido na próxima seção.

A programação dinâmica determinística pode ser descrita na forma de diagrama, conforme ilustrado na Figura 10.3. Portanto, no estágio n o processo se encontrará em algum estado s_n. Adotando-se a decisões sobre a política, x_n faz que o processo se mova para algum estado s_{n+1} no estágio $n + 1$. A contribuição, *a partir de então*, para a função objetivo, sob uma política ótima, foi previamente calculada como $f_{n+1}^*(s_{n+1})$. A decisão sobre a política x_n também oferece alguma contribuição à função objetivo. Combinar essas duas quantidades na forma apropriada fornece $f_n(s_n, x_n)$, a contribuição dos estágios n em diante à função objetivo. Otimizando-se em relação a x_n resulta então $f_n^*(s_n) = f_n(s_n, x_n^*)$. Após x_n^* e $f_n^*(s_n)$ ter sido encontrados para cada valor possível de s_n, o procedimento de resolução está pronto para retroceder um estágio.

---

[4] Na verdade, para esse problema, o procedimento de resolução pode se movimentar *tanto* para trás como para a frente. Entretanto, para muitos problemas (especialmente quando os estágios correspondem a *períodos*), o procedimento de resolução *tem* de se movimentar para trás.

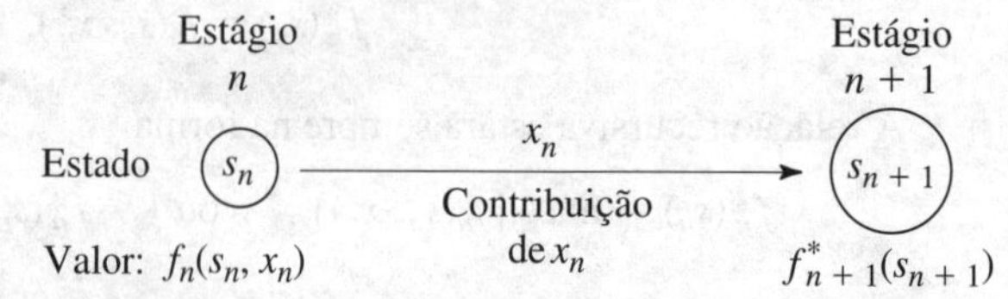

```
                    Estágio                              Estágio
                       n                                  n + 1
                              x_n
            Estado  ( s_n )  ─────────────▶  ( s_{n+1} )
                           Contribuição
            Valor: f_n(s_n, x_n)   de x_n      f*_{n+1}(s_{n+1})
```

■ **FIGURA 10.3** Estrutura básica da programação dinâmica determinística.

Uma maneira de categorizar os problemas de programação dinâmica determinística é pela *forma da* função objetivo. Por exemplo, o objetivo poderia ser minimizar a soma das contribuições dos estágios individuais (como acontece para o problema da diligência) ou, então, maximizar tal soma ou, quem sabe, minimizar um produto desses termos e assim por diante. Outra categorização seria em termos da natureza do *conjunto de estados* para os respectivos estágios. Particularmente, estados s_n poderiam ser representados por uma variável de estado *discreta* (como para o problema da diligência) ou por uma variável de estado *contínua* ou talvez seja necessário um *vetor*-estado (mais de uma variável) para essa representação. De modo similar, as variáveis de decisão $(x_1, x_2, \ldots, x_N)$ também podem ser discretas ou contínuas.

São apresentados vários exemplos para ilustrar essas diversas possibilidades. Ainda mais importante, eles ilustram que essas aparentemente grandes diferenças são, na verdade, quase sem consequências (exceto em termos de dificuldade computacional), pois a estrutura básica subjacente mostrada na Figura 10.3 sempre permanece a mesma.

O primeiro exemplo novo surge em contexto muito diferente daquele do problema da diligência, mas ele tem a mesma *formulação matemática*, exceto pelo fato de o objetivo ser o de *maximizar* em vez de minimizar uma soma.

EXEMPLO 2 Distribuição de equipes médicas em países

O Conselho Mundial da Saúde dedica-se a melhorar a assistência médica em países subdesenvolvidos ao redor do mundo. No momento ele tem cinco equipes médicas disponíveis para alocar entre três países nessas condições para melhorar sua assistência médica, educação sanitária e programas de treinamento. Assim, o conselho precisa determinar quantas equipes (se houver realmente alguma) alocar a cada um desses países, com o intuito de maximizar a eficiência total das cinco equipes. As equipes devem ser mantidas intactas, de modo que o número alocado em cada país deva ser um inteiro.

A medida de desempenho utilizada são *anos de vida adicionais por pessoa*. Para determinado país, essa medida é igual à *expectativa de vida ampliada* em anos vezes a população do país. A Tabela 10.1 fornece as estimativas de anos de vida adicionais por pessoa (em múltiplos de 1.000) para cada país e para cada possível alocação de equipes médicas.

Que alocação maximizará a medida de desempenho?

■ **TABELA 10.1** Dados para o problema do Conselho Mundial da Saúde

Equipes médicas	Milhares de anos de vida adicionais por pessoas		
	País		
	1	2	3
0	0	0	0
1	45	20	50
2	70	45	70
3	90	75	80
4	105	110	100
5	120	150	130

Exemplo de Aplicação

Seis dias depois de Saddam Hussein ter ordenado às tropas iraquianas para invadir o Kuwait em 2 de agosto de 1990, os Estados Unidos começaram o longo processo de empregar várias de suas próprias unidades militares e transportar carga para a região do conflito. Após alinhavar uma força de coalizão com a participação de 35 nações lideradas pelos Estados Unidos, a operação militar denominada **Tempestade no Deserto** foi lançada em 17 de janeiro de 1991, para expulsar as tropas iraquianas do Kuwait. Isso levou a uma vitória decisiva para as forças de coalizão, que liberaram o Kuwait e penetraram no Iraque.

O desafio logístico para transportar rapidamente as tropas necessárias e cargas para a zona de combate foi de proporções enormes. Uma missão de ponte aérea típica transportando tropas e carga dos Estados Unidos para o Golfo Pérsico exigia uma viagem de ida e volta de três dias, pousar e decolar de sete ou mais campos de aviação diferentes, a queima de quase £ 1milhão de combustível e um custo de US$ 280.000. Durante a Operação Tempestade no Deserto, o Military Airlift Command (MAC) teve uma média de mais de 100 missões diárias desse tipo, já que ele coordenava a maior ponte aérea da história.

Para vencer esse desafio, a pesquisa operacional foi aplicada aos sistemas de apoio à tomada de decisão necessários para programar horários e rotas de cada missão de transporte aéreo. A técnica de PO usada para orientar esse processo foi a *programação dinâmica*. Os estágios na formulação da programação dinâmica correspondem aos campos de aviação na rede de etapas de voo relevantes à missão. Para dado campo de aviação, os estados são caracterizados pelo horário de partida do campo de aviação e o turno de serviço disponível remanescente para a tripulação atual. A função objetivo a ser minimizada é uma soma ponderada de várias medidas de desempenho: o atraso nas entregas, o tempo de voo da missão, o tempo em terra e o número de mudanças de tripulação. As restrições incluem um limite inferior na carga transportada pela missão e limites superiores na disponibilidade da tripulação e recursos de apoio em terra nos campos de aviação.

Essa aplicação da programação dinâmica teve impacto tremendo na habilidade de entregar rapidamente a carga e o pessoal necessário no Golfo Pérsico para dar apoio à Operação Tempestade no Deserto. Por exemplo, ao conversarmos com os desenvolvedores desse método, citamos as palavras do subcomandante de pessoal para operações e transporte do MAC: "Garanto-lhe que não teríamos conseguido fazer isso (o emprego no Golfo Pérsico) sem sua ajuda e contribuições (os sistemas de apoio à tomada de decisão) – absolutamente não teríamos conseguido fazer isso."

Fonte: M. C. Hilliard, R. S. Solanki, C. Liu, I. K. Busch, G. Harrison, and R. D. Kraemer: "Scheduling the Operation Desert Storm Airlift: An Advanced Automated Scheduling Support System", *Interfaces*, **22**(1): 131-146, Jan.-Feb. 1992.

Formulação. Esse problema requer tomar três *decisões inter-relacionadas*, a saber: quantas equipes médicas devemos alocar a cada um dos três países. Portanto, embora não haja uma sequência fixa, esses três países podem ser considerados os três estágios de uma formulação de programação dinâmica. As variáveis de decisão x_n ($n = 1, 2, 3$) são o número de equipes a ser alocadas ao estágio (país) n.

A identificação dos estados talvez não seja imediatamente evidente. Para determinar os estados, fazemos perguntas como as que se seguem. O que muda de um estágio para o próximo? Dado que as decisões foram tomadas em estágios anteriores, como a situação do estágio atual pode ser descrita? Que informações sobre as circunstâncias atuais são necessárias para se determinar a política ótima daqui em diante? Nesses termos, uma escolha apropriada para o "estado do sistema" é:

s_n = número de equipes médicas ainda disponíveis para alocação aos países restantes ($n, \ldots, 3$).

Logo, no estágio 1 (país 1), em que os três países ainda estão sendo considerados para alocações, $s_1 = 5$. Entretanto, nos estágios 2 ou 3 (países 2 ou 3), s_n é simplesmente 5 menos o número de equipes alocadas nos estágios precedentes, de modo que a sequência de estados é:

$$s_1 = 5, \quad s_2 = 5 - x_1, \quad s_3 = s_2 - x_2.$$

Com o procedimento de resolução da programação dinâmica de retroceder estágio por estágio, quando estivermos no estágio 2 ou 3, ainda não teremos resolvido as alocações dos estágios precedentes. Portanto, consideremos todos os estados possíveis em que poderíamos nos encontrar nos estágios 2 ou 3, isto é, $s_n = 0, 1, 2, 3, 4$ ou 5.

A Figura 10.4 mostra os estados a serem considerados a cada estágio. As ligações (segmentos de reta) indicam as possíveis transições nos estados de um estágio para o seguinte de se fazer uma alocação viável de equipes médicas ao país envolvido. Os números indicados próximos às ligações

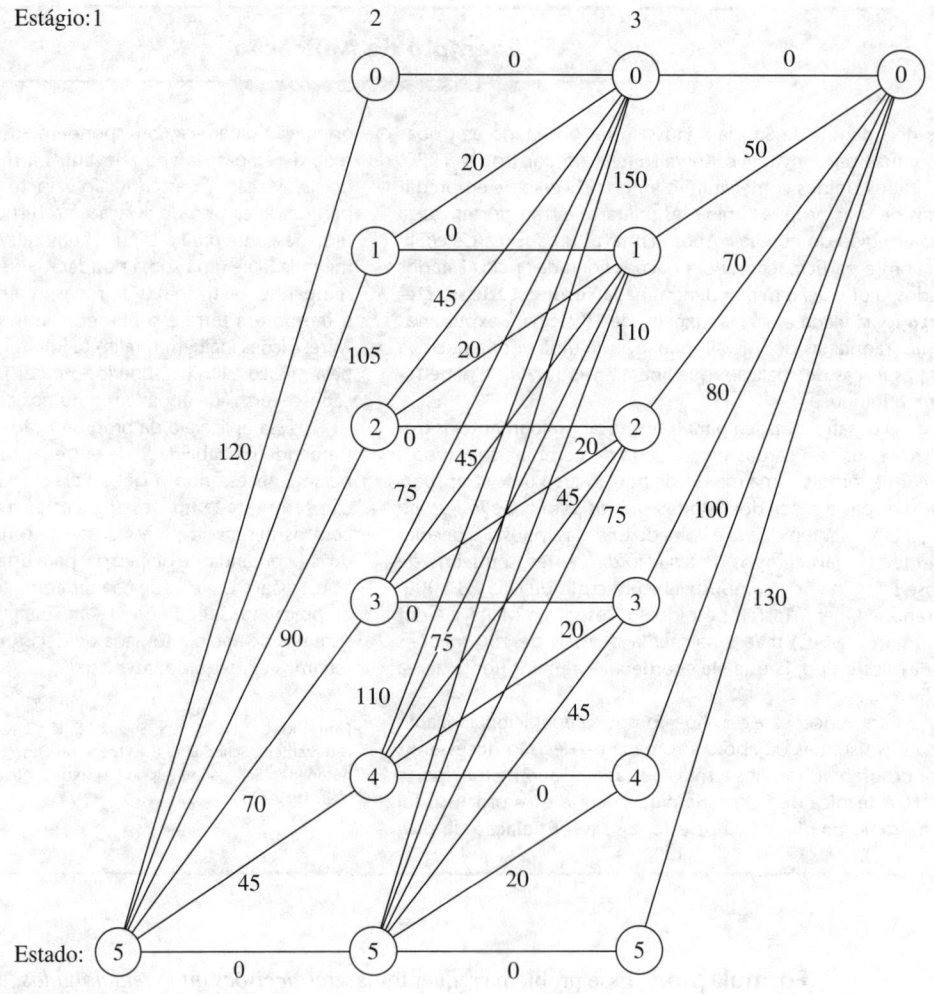

■ **FIGURA 10.4** Apresentação gráfica do problema do Conselho Mundial da Saúde, que mostra os estados possíveis em cada estágio, as possíveis transições nos estados e as contribuições correspondentes à medida de desempenho.

são as contribuições correspondentes à medida de desempenho, em que esses números provêm da Tabela 10.1. Da perspectiva dessa figura, o problema global é encontrar o caminho do estado inicial 5 (iniciando no estágio 1) até o estado final 0 (após o estágio 3) que maximiza a soma dos números ao longo do percurso.

Para declarar matematicamente o problema como um todo, vamos admitir que $p_i(x_i)$ seja a medida de desempenho de se alocarem x_i equipes médicas ao país i, conforme dado na Tabela 10.1. Consequentemente, o objetivo é escolher x_1, x_2, x_3 para:

$$\text{Maximizar} \quad \sum_{i=1}^{3} p_i(x_i),$$

sujeito a

$$\sum_{i=1}^{3} x_i = 5,$$

e

$$x_i \text{ são inteiros não negativos.}$$

Usando a notação apresentada na Seção 10.2, vemos que $f_n(s_n, x_n)$ é:

$$f_n(s_n, x_n) = p_n(x_n) + \max \sum_{i=n+1}^{3} p_i(x_i),$$

em que o máximo é extraído de $x_{n+1}, \ldots, x_3$ tal que:

$$\sum_{i=n}^{3} x_i = s_n$$

e os x_i são inteiros não negativos, para $n = 1, 2, 3$. Além disso,

$$f_n^*(s_n) = \max_{x_n=0,1,\ldots,s_n} f_n(s_n, x_n)$$

Portanto,

$$f_n(s_n, x_n) = p_n(x_n) + f_{n+1}^*(s_n - x_n)$$

(com f_4^* definido como zero). Essas relações básicas são sintetizadas na Figura 10.5.

Consequentemente, a *relação recursiva* relacionando as funções f_1^*, f_2^* e f_3^* para esse problema é:

$$f_n^*(s_n) = \max_{x_n=0,1,\ldots,s_n} \{p_n(x_n) + f_{n+1}^*(s_n - x_n)\}, \quad \text{para } n = 1, 2.$$

Para o último estágio ($n = 3$),

$$f_3^*(s_3) = \max_{x_3=0,1,\ldots,s_3} p_3(x_3).$$

Os cálculos resultantes da programação dinâmica são apresentados a seguir.

Procedimento de resolução. Partindo do último estágio ($n = 3$), percebemos que os valores de $p_3(x_3)$ são dados na última coluna da Tabela 10.1, e esses valores continuam aumentando à medida que descemos pela coluna. Portanto, com s_3 equipes médicas ainda disponíveis para alocação ao país 3, o máximo de $p_3(x_3)$ é atingido automaticamente alocando-se todas as equipes s_3; logo, $x_3^* = s_3$ e $f_3^*(s_3) = p_3(s_3)$, conforme mostrado na tabela a seguir.

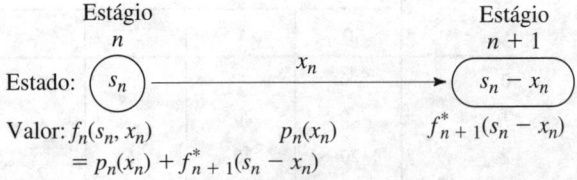

■ **FIGURA 10.5** Estrutura básica do problema do Conselho Mundial da Saúde.

n = 3:

s_3	$f_3^*(s_3)$	x_3^*
0	0	0
1	50	1
2	70	2
3	80	3
4	100	4
5	130	5

Agora, retrocedemos para começar do penúltimo estágio ($n = 2$). Aqui, encontrar x_2^* requer calcular e comparar $f_2(s_2, x_2)$ para os valores alternativos de x_2, isto é, $x_2 = 0, 1, \ldots, s_2$. Para fins ilustrativos, representamos graficamente essa situação quando $s_2 = 2$:

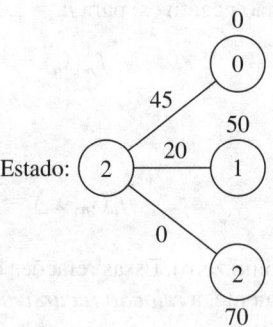

Esse diagrama corresponde à Figura 10.5, exceto pelo fato de que os três estados possíveis no estágio 3 são mostrados. Portanto, se $x_2 = 0$, o estado resultante no estágio 3 será $s_2 - x_2 = 2 - 0 = 2$, em que $x_2 = 1$ nos leva ao estado 1 e $x_2 = 2$ nos conduz ao estado 0. Os valores correspondentes de $p_2(x_2)$ da coluna do país 2 da Tabela 10.1 são mostrados ao longo das ligações e os valores de $f_3^*(s_2 - x_2)$ da tabela $n = 3$ são dados próximos aos nós do estágio 3. Os cálculos necessários para esse caso de $s_2 = 2$ são resumidos a seguir.

Fórmula: $f_2(2, x_2) = p_2(x_2) + f_3^*(2 - x_2)$.
            $p_2(x_2)$ é dado na coluna referente ao país 2 da Tabela 10.1
            $f_3^*(2 - x_2)$ é dado na tabela $n = 3$ (parte inferior da tabela acima, nesta página).

$x_2 = 0$: $f_2(2, 0) = p_2(0) + f_3^*(2) = 0 + 70 = 70$.
$x_2 = 1$: $f_2(2, 1) = p_2(1) + f_3^*(1) = 20 + 50 = 70$.
$x_2 = 2$: $f_2(2, 2) = p_2(2) + f_3^*(0) = 45 + 0 = 45$.

Em virtude de o objetivo ser a *maximização*, $x_2^* = 0$ ou 1 com $f_2^*(2) = 70$.

Procedendo de maneira similar com os demais valores possíveis de s_2 (experimente) resulta na seguinte tabela.

		x_2	$f_2(s_2, x_2) = p_2(x_2) + f_3^*(s_2 - x_2)$							
$n = 2$:	s_2		0	1	2	3	4	5	$f_2^*(s)$	x_2^*
	0		0						0	0
	1		50	20					50	0
	2		70	70	45				70	0 ou 1
	3		80	90	95	75			95	2
	4		100	100	115	125	110		125	3
	5		130	120	125	145	160	150	160	4

Agora, estamos prontos para retroceder a fim de solucionar o problema original no qual estamos partindo do estágio 1 ($n = 1$). Nesse caso, o único estado a ser considerado é o estado de partida $s_1 = 5$, conforme representado a seguir.

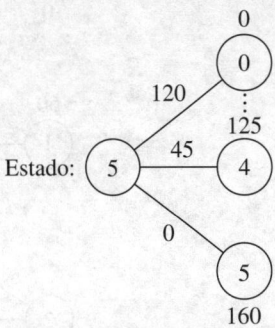

Já que alocar x_1 equipes médicas ao país 1 leva ao estado de $5 - x_1$ no estágio 2, uma escolha de $x_1 = 0$ direciona ao nó inferior à direita, $x_1 = 1$ conduz ao nó seguinte acima e assim por diante, subindo até atingir-se o nó mais alto com $x_1 = 5$. Os valores $p_1(x_1)$ correspondentes da Tabela 10.1 são indicados próximos às ligações. Os números próximos aos nós são obtidos da coluna $f_2^*(s_2)$ da tabela $n = 2$. Como acontece para $n = 2$, o cálculo necessário para cada valor alternativo da variável de decisão envolve acrescentar os valores de ligação e de nó correspondentes, conforme a seguir.

Fórmula: $f_1(5, x_1) = p_1(x_1) + f_2^*(5 - x_1)$.
               $p_1(x_1)$ é dado na coluna referente ao país 1 da Tabela 10.1.
               $f_2^*(5 - x_1)$ é dado na tabela $n = 2$.

$x_1 = 0$: $f_1(5, 0) = p_1(0) + f_2^*(5) = \ \ \ 0 + 160 = 160$.
$x_1 = 1$: $f_1(5, 1) = p_1(1) + f_2^*(4) = \ \ 45 + 125 = 170$.
⋮
$x_1 = 5$: $f_1(5, 5) = p_1(5) + f_2^*(0) = 120 + \ \ \ 0 = 120$.

Os cálculos similares para $x_1 = 2, 3, 4$ (experimente) comprovam que $x_1^* = 1$ com $f_1^*(5) = 170$, conforme mostrado na tabela a seguir.

		$f_1(s_1, x_1) = p_1(x_1) + f_2^*(s_1 - x_1)$						
$n = 1$:	x_2 s_1	0	1	2	3	4	5	$f_1^*(s_1)$	x_1^*
	5	160	170	165	160	155	120	170	1

Desse modo, a solução ótima tem $x_1^* = 1$, o que faz que $s_2 = 5 - 1 = 4$, de modo que $x_2^* = 3$, o que faz que $s_3 = 4 - 3 = 1$, portanto, $x_3^* = 1$. Já que $f_1^*(5) = 170$, essa alocação de equipes médicas (1, 3, 1) aos três países resultará em um total estimado de 170.000 pessoas/anos de vida adicionais, que é pelo menos 5 mil a mais do que para qualquer outra alocação.

Esses resultados da análise de programação dinâmica também são sintetizados na Figura 10.6.

Tipo de problema predominante: esforço da distribuição

O exemplo anterior ilustra um tipo particularmente comum do problema de programação dinâmica chamado *problema do esforço da distribuição*. Para esse em especial, há apenas um tipo de *recurso* que deve ser alocado a uma série de *atividades*. O objetivo é determinar como distribuir de forma mais eficiente o esforço (o recurso) entre as atividades.

Para o exemplo do Conselho Mundial da Saúde, o recurso envolvido eram as equipes médicas e as três atividades são o trabalho de assistência médica nos três países.

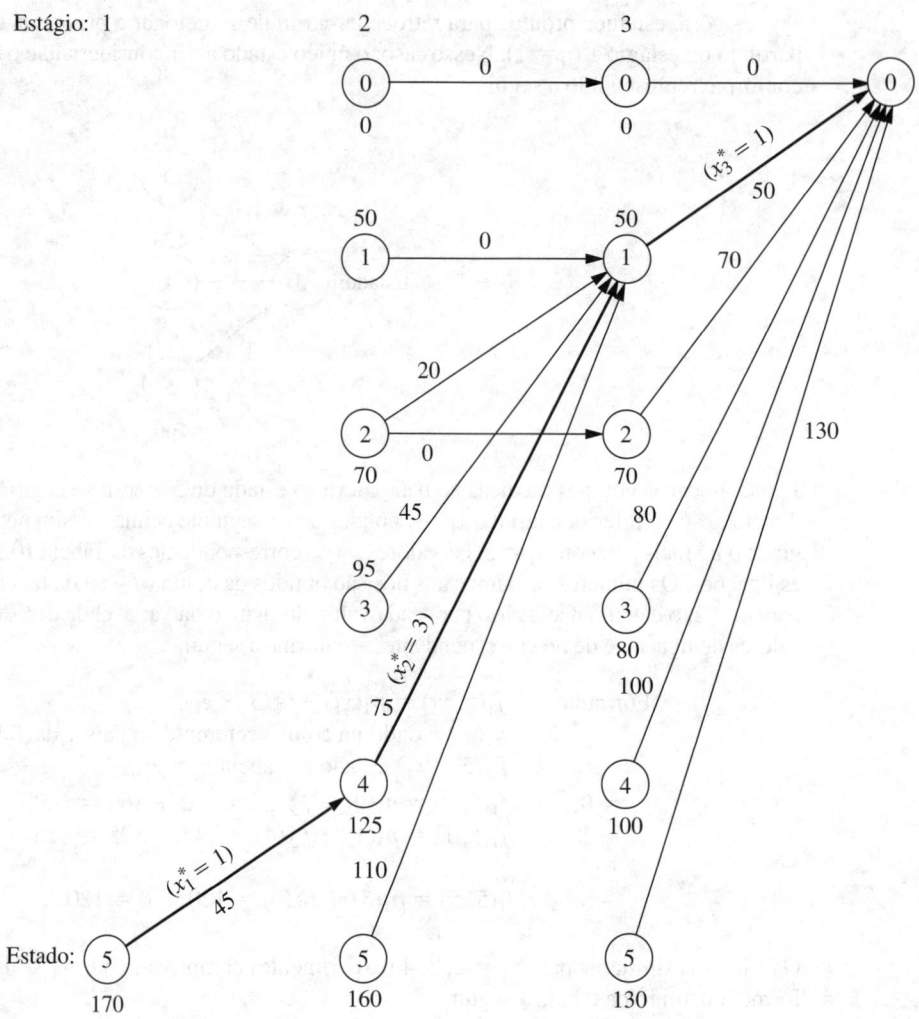

■ **FIGURA 10.6** Apresentação gráfica da solução por programação dinâmica para o problema do Conselho Mundial da Saúde. Uma seta que vai do estado s_n ao estado s_{n+1} indica que uma decisão sobre a política ótima do estado s_n é alocar ($s_n - s_{n+1}$) equipes médicas ao país n. Alocar as equipes médicas dessa maneira, quando se seguem as setas em negrito que vão do estado inicial até o estado final, fornece a solução ótima.

Hipóteses. Essa interpretação de alocar recursos a atividades deveria lembrar algo familiar, pois ela é a interpretação típica para problemas de programação linear dada no início do Capítulo 3. Entretanto, existem também algumas diferenças importantes entre o problema do esforço da distribuição e o da programação linear que ajudam a esclarecer as distinções gerais entre a programação dinâmica e as demais áreas da programação matemática.

Uma diferença fundamental é que o problema do esforço da distribuição envolve apenas *um recurso* (uma restrição funcional), ao passo que a programação linear é capaz de lidar com milhares de recursos. (Inicialmente, a programação dinâmica pode tratar pouco mais que um recurso, como ilustraremos no Exemplo 5, resolvendo o problema de três recursos da Wyndor Glass Co., mas rapidamente ele se torna muito ineficiente quando o número de recursos é aumentado.)

No entanto, o problema do esforço da distribuição é muito mais genérico que um de programação linear de outras maneiras. Consideremos as quatro hipóteses da programação linear apresentadas na Seção 3.3: proporcionalidade, aditividade, divisibilidade e certeza. A *proporcionalidade* é violada rotineiramente por quase todos os problemas de programação dinâmica, incluindo os problemas do esforço da distribuição (por exemplo, a Tabela 10.1 viola a proporcionalidade). A *divisibilidade* também é frequentemente violada, como no Exemplo 2, em que as variáveis de decisão têm de ser inteiras. De fato, os cálculos de programação dinâmica tornam-se mais complexos quando a divisibilidade é respeitada (como nos Exemplos 4 e 5). Embora consideraremos o problema do esforço da distribuição somente na hipótese da *certeza*, isto não é necessário, e muitos outros problemas de programação dinâmica também violam essa hipótese (conforme descrito na Seção 10.4).

Uma das quatro hipóteses da programação linear, a *única* necessária para o problema do esforço da distribuição (ou outros problemas de programação dinâmica), é a *aditividade* (ou sua análoga para funções que envolvem um *produto* de termos). Essa hipótese é necessária para satisfazer o *princípio da otimalidade* da programação dinâmica (característica 5 na Seção 10.2).

Formulação. Pelo fato de habitualmente envolverem a alocação de um tipo de recurso a uma série de atividades, o problema do esforço da distribuição sempre tem a seguinte formulação de programação dinâmica (em que a ordem das atividades é arbitrária):

Estágio n = atividade n (n = 1, 2,..., N).
x_n = quantidade do recurso alocado à atividade n.
Estado s_n = quantidade do recurso ainda disponível para alocação para as atividades restantes (n,..., N).

A razão para definir o estado s_n dessa maneira é que a quantidade do recurso ainda disponível para alocação é exatamente a informação sobre as circunstâncias atuais (começando no estágio n), necessária para tomar as decisões de alocação para as atividades remanescentes.

Quando o sistema inicia no estágio n no estado sn, a escolha de x_n resulta no estado seguinte no estágio $n + 1$ sendo $s_{n+1} = s_n - x_n$, conforme representado a seguir[5]:

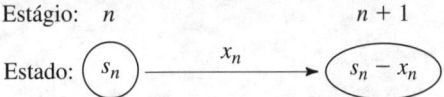

Observe como a estrutura desse diagrama corresponde àquela mostrada na Figura 10.5 para o exemplo do Conselho Mundial da Saúde de um problema do esforço da distribuição. A diferença entre tal exemplo e o próximo é o *restante* do que é exposto na Figura 10.5, a saber: a relação entre $f_n(s_n, x_n)$ e $f^*_{n+1}(s_n - x_n)$, e depois a *relação recursiva* resultante entre as funções f^*_n e f^*_{n+1}. Essas relações dependem da função objetivo em particular para o problema geral.

A estrutura do próximo exemplo é similar àquela do Conselho Mundial da Saúde, pois também é um problema do esforço da distribuição. Entretanto, sua relação recursiva difere no que tange ao objetivo, ou seja, minimizar um produto de termos para os respectivos estágios.

À primeira vista, esse exemplo parece *não* ser um problema de programação dinâmica determinística, porque existem probabilidades envolvidas. Entretanto, ele realmente se ajusta à nossa definição, uma vez que o estado no estágio seguinte é determinado completamente pelo estado e pela decisão sobre a política a ser adotada no estágio atual.

EXEMPLO 3 Distribuição de cientistas em equipes de pesquisa

Um programa espacial governamental conduz pesquisas sobre certo problema de engenharia que deve ser solucionado antes de os astronautas poderem voar de forma segura para Marte. Três equipes de pesquisa tentam, no momento, três diferentes abordagens para resolver esse problema. Fez-se uma estimativa de que, nas atuais circunstâncias, a probabilidade de que as respectivas equipes – sejam elas denominadas 1, 2 e 3 – não serão bem-sucedidas é de, respectivamente, 40%, 60% e 80%. Portanto, a probabilidade atual de que todas as três equipes falhem é de (0,40)(0,60)(0,80) = 0,192. Pelo fato de o objetivo ser minimizar a probabilidade de falha, foram designados mais dois cientistas de primeiro nível ao projeto.

---

[5] Esta afirmação parte do pressuposto que x_n e s_n sejam expressas nas mesmas unidades. Se for mais conveniente definir x_n como outra quantidade tal que a quantidade do recurso alocado à atividade n seja $a_n x_n$, então $s_{n+1} = s_n - a_n x_n$.

A Tabela 10.2 fornece a probabilidade estimada de que as respectivas equipes vão falhar quando 0, 1 ou 2 cientistas adicionais forem acrescentados a essa equipe. São considerados apenas números inteiros de cientistas já que cada novo cientista precisará dedicar atenção total a uma equipe. O problema é determinar como alocar os dois cientistas adicionais para minimizar a probabilidade de que todas as três equipes vão falhar.

Formulação. Pelo fato de tanto o Exemplo 2 como o Exemplo 3 serem problemas de esforço da distribuição, suas estruturas são, na verdade, muito similares. Nesse caso, os cientistas entram no lugar das equipes médicas como o tipo de recurso envolvido e as equipes de pesquisa substituem os países no papel de atividades. Portanto, em vez das equipes médicas ser alocadas a países, cientistas são alocados a equipes de pesquisa. A única diferença básica entre os dois problemas está em suas funções objetivo.

Com tão poucos cientistas e equipes envolvidas, esse problema poderia ser resolvido muito facilmente por um processo de enumeração exaustiva. Entretanto, a solução por meio de programação dinâmica é apresentada aqui para fins ilustrativos.

Nesse caso, o estágio n ($n = 1, 2, 3$) corresponde à equipe n, e o estado s_n é o número de novos cientistas *ainda disponíveis* para alocação às equipes restantes. As variáveis de decisão x_n ($n = 1, 2, 3$) são o número de cientistas adicionais alocados à equipe n.

Façamos que $p_i(x_i)$ represente a probabilidade de falha para a equipe i caso lhe seja designada x_i cientistas adicionais, conforme dado pela Tabela 10.2. Se fizermos que represente multiplicação, o objetivo do governo é escolher x_1, x_2, x_3 para:

$$\text{Minimizar} \quad \prod_{i=1}^{3} p_i(x_i) = p_1(x_1)p_2(x_2)p_3(x_3),$$

sujeito a

$$\sum_{i=1}^{3} x_i = 2$$

e

x_i são inteiros não negativos.

Consequentemente, $f_n(s_n, x_n)$ para esse problema é

$$f_n(s_n, x_n) = p_n(x_n) \cdot \text{mín} \prod_{i=n+1}^{3} p_i(x_i),$$

em que o mínimo é extraído de $x_{n+1}, \ldots, x_3$ tal que:

$$\sum_{i=n}^{3} x_i = s_n$$

e

x_i são inteiros não negativos,

■ **TABELA 10.2** Dados para o problema do programa espacial governamental

	Probabilidade de falha		
Novos cientistas	Equipe		
	1	2	3
0	0,40	0,60	0,80
1	0,20	0,40	0,50
2	0,15	0,20	0,30

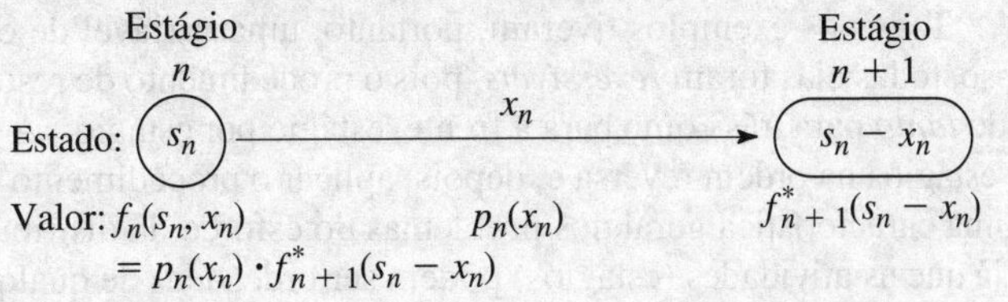

Estágio n → Estágio $n+1$

Estado: s_n —x_n→ $s_n - x_n$

Valor: $f_n(s_n, x_n)$ $p_n(x_n)$ $f^*_{n+1}(s_n - x_n)$
$= p_n(x_n) \cdot f^*_{n+1}(s_n - x_n)$

■ **FIGURA 10.7** Estrutura básica para o problema do programa espacial governamental.

para $n = 1, 2, 3$. Portanto,

$$f^*_n(s_n) = \min_{x_n=0,1,\ldots,s_n} f_n(s_n, x_n),$$

em que

$$f_n(s_n, x_n) = p_n(x_n) \cdot f^*_{n+1}(s_n - x_n)$$

(com f^*_4 definido como igual a 1). A Figura 10.7 sintetiza essas relações básicas.

Logo, a *relação recursiva* relacionando as funções f^*_1, f^*_2, e f^*_3 nesse caso é:

$$f^*_n(s_n) = \min_{x_n=0,1,\ldots,s_n} \{p_n(x_n) \cdot f^*_{n+1}(s_n - x_n)\}, \quad \text{para } n = 1, 2,$$

e, quando $n = 3$,

$$f^*_3(s_3) = \min_{x_3=0,1,\ldots,s_3} p_3(x_3).$$

Procedimento para resolução. Os cálculos resultantes mediante programação dinâmica são os seguintes:

$n = 3$:

s_3	$f^*_3(s_3)$	x^*_3
0	0,80	0
1	0,50	1
2	0,30	2

$n = 2$:

		$f_2(s_2, x_2) = p_2(x_2) \cdot f^*_3(s_2 - x_2)$				
	x_2					
	s_2	0	1	2	$f^*_2(s)$	x^*_2
	0	0,48			0,48	0
	1	0,30	0,32		0,30	0
	2	0,18	0,20	0,16	0,16	2

$n = 1$:

		$f_1(s_1, x_1) = p_1(x_1) \cdot f^*_2(s_1 - x_1)$				
	x_2					
	s_1	0	1	2	$f^*_1(s_1)$	x^*_1
	2	0,064	0,060	0,072	0,060	1

Assim, a solução ótima deve ter $x^*_1 = 1$, o que torna $s_2 = 2 - 1 = 1$, de modo que $x^*_2 = 0$, que, por sua vez, leva a $s_3 = 1 - 0 = 1$, de forma que $x^*_3 = 1$. Logo, as equipes 1 e 3 devem receber, cada uma delas, um cientista adicional. A nova probabilidade de que todas as três equipes falharão seria, então, de 6%.

Todos os exemplos tiveram, portanto, uma variável de estado *discreta* s_n a cada estágio. Além disso, todas elas foram *reversíveis*, pois o procedimento de resolução, na verdade, poderia ter se deslocado *tanto* para trás como para a frente, estágio por estágio. (A última alternativa equivale a renumerar os estágios na ordem reversa e, depois, aplicar o procedimento da maneira usual.) Essa reversibilidade é uma característica geral dos problemas do esforço da distribuição como acontece nos Exemplos 2 e 3, já que as atividades (estágios) podem ser ordenadas de qualquer maneira desejada.

O próximo exemplo é diferente em ambos os aspectos. Em vez de estar restrito a valores inteiros, sua variável de estado s_n no estágio n é uma variável *contínua* que pode assumir *qualquer* valor em relação a certos intervalos. Já que s_n agora possui um número de valores infinito, não é mais possível considerar individualmente cada um de seus valores viáveis. Em vez disso, a solução para $f_n^*(s_n)$ e x_n^* tem de ser expressa como *funções* de s_n. Além disso, esse exemplo *não* é reversível, pois seus estágios correspondem a *períodos,* de modo que o procedimento de resolução *deve* prosseguir no sentido inverso.

Antes de prosseguirmos diretamente ao exemplo bem mais complexo apresentado a seguir, talvez seja útil neste ponto dar uma olhada nos **dois exemplos adicionais** de programação dinâmica determinística apresentados na seção de Worked Examples do *site* da editora. O primeiro deles envolve o planejamento de produção e de inventário ao longo de uma série de períodos. Como nos exemplos até então, tanto a variável de estado quanto a variável de decisão em cada estágio são discretas. Entretanto, este exemplo não é reversível, pois os estágios correspondem a períodos. Ele também não é um problema do esforço da distribuição. O segundo exemplo é um problema de programação linear com duas variáveis e uma única restrição. Logo, embora ele seja reversível, suas variáveis de estado e de decisão são contínuas. No entanto, ao contrastar com o exemplo a seguir (que possui quatro variáveis contínuas e, portanto, quatro estágios), ele possui apenas dois estágios, de modo que pode ser resolvido de forma relativamente rápida por meio de programação dinâmica e um pouco de cálculo.

EXEMPLO 4 Programação de níveis de emprego

O volume de trabalho da Local Job Shop está sujeito a considerável flutuação sazonal. Entretanto, operadores de máquinas são difíceis de ser contratados e seu treinamento é dispendioso, portanto, o gerente reluta em despedir trabalhadores durante as temporadas de pouca atividade. Ele também reluta em manter seu quadro de trabalhadores para épocas de pico quando não há necessidade. Além disso, ele é categoricamente contra o trabalho em horas extras de forma regular. Já que todo o trabalho é feito para atender a pedidos de clientes, não é possível fazer estoques durante temporadas de pouco movimento. Assim, o gerente encontra-se em um dilema sobre qual deve ser sua política em relação aos níveis de emprego.

As estimativas a seguir são dadas para as exigências mínimas de emprego durante as quatro estações do ano para o futuro próximo:

Estação	Primavera	Verão	Outono	Inverno	Primavera
Necessidades	255	220	240	200	255

O emprego não poderá cair abaixo desses níveis. Qualquer emprego acima desses níveis significa desperdício a um custo aproximado de US$ 2.000 por pessoa por temporada. Estima-se que os custos de contratação e de demissão sejam tais que o custo total para mudança do nível de emprego de uma estação para a próxima seja de US$ 200 multiplicados pelo quadrado da diferença nos níveis de emprego. Níveis de emprego fracionários são possíveis por causa de empregados de meio período e os dados sobre custo também se aplicam em uma base fracionária.

Formulação. Com base nos dados disponíveis, não vale a pena que o nível de emprego aumente acima das necessidades para o pico da estação, ou seja, 255. Portanto, o emprego durante a primavera deve ser igual a 255, e o problema se reduz a encontrar o nível de emprego para as três outras estações.

Para uma formulação de programação dinâmica, as temporadas devem ser os estágios. Há, na verdade, um número indefinido de estágios, pois o problema estende-se ao futuro indefinido. Entretanto, a cada ano inicia-se um ciclo idêntico e, pelo fato de o nível de emprego na primavera ser conhecido, é possível considerar somente um ciclo de quatro estações que termina com a primavera, conforme mostrado a seguir.

Estágio 1 = verão,
Estágio 2 = outono,
Estágio 3 = inverno,
Estágio 4 = primavera.

x_n = nível de emprego para o estágio n ($n = 1, 2, 3, 4$).
($x4 = 255$.)

É necessário que a primavera seja o último estágio, porque o valor ótimo da variável de decisão para cada estado no último estágio deve ser conhecido ou então disponível sem considerar outros estágios. Para as demais estações, a solução para o nível ótimo de emprego deve considerar o efeito nos custos na estação seguinte.

Admitindo-se que

r_n = necessidade mínima de emprego para o estágio n,

em que essas necessidades foram dadas anteriormente como $r_1 = 220$, $r_2 = 240$, $r_3 = 200$ e $r_4 = 255$. Portanto, os únicos valores viáveis para x_n se encontram no intervalo

$$r_n \leq x_n \leq 255.$$

Referindo-se aos dados de custos fornecidos no enunciado do problema, temos:

$$\text{Custo para o estágio } n = 200(x_n - x_{n-1})^2 + 2.000(x_n - r_n).$$

Observe que o custo no estágio atual depende somente da decisão atual x_n e o nível de emprego na estação anterior x_{n-1}. Logo, o nível de emprego precedente é toda a informação disponível sobre as circunstâncias atuais de que precisamos para determinar a política ótima daí em diante. Consequentemente, o estado s_n para o estágio n é:

$$\text{Estado } s_n = x_{n-1}.$$

Quando $n = 1$, $s_1 = x_0 = x_4 = 255$.

Para facilitar o trabalho durante o problema, fornecemos um resumo dos dados na Tabela 10.3 para cada um dos quatro estágios.

O objetivo para o problema é escolher x_1, x_2, x_3 (com $x_0 = x_4 = 255$) de modo a

$$\text{Minimizar} \sum_{i=1}^{4} [200(x_i - x_{i-1})^2 + 2.000(x_i - r_i)],$$

sujeito a

$$r_i \leq x_i \leq 255, \quad \text{para } i = 1, 2, 3, 4.$$

Portanto, para o estágio n em diante ($n = 1, 2, 3, 4$), já que $s_n = x_{n-1}$

$$f_n(s_n, x_n) = 200(x_n - s_n)^2 + 2.000(x_n - r_n)$$

$$+ \min_{r_i \leq x_i \leq 255} \sum_{i=n+1}^{4} [200(x_i - x_{i-1})^2 + 2.000(x_i - r_i)],$$

■ **TABELA 10.3** Dados para o problema da Local Job Shop

n	r_n	x_n viável	$s_n = x_{n-1}$ possível	Custo
1	220	$220 \leq x_1 \leq 255$	$s_1 = 255$	$200(x_1 - 255)^2 + 2.000(x_1 - 220)$
2	240	$240 \leq x_2 \leq 255$	$220 \leq s_2 \leq 255$	$200(x_2 - x_1)^2 + 2.000(x_2 - 240)$
3	200	$200 \leq x_3 \leq 255$	$240 \leq s_3 \leq 255$	$200(x_3 - x_2)^2 + 2.000(x_3 - 200)$
4	255	$x_4 = 255$	$200 \leq s_4 \leq 255$	$200(255 - x_3)^2$

em que esse somatório é igual a zero quando $n = 4$ (pelo fato de ela não ter termo algum). Da mesma forma,

$$f_n^*(s_n) = \min_{r_n \leq x_n \leq 255} f_n(s_n, x_n).$$

Portanto,

$$f_n(s_n, x_n) = 200(x_n - s_n)^2 + 2.000(x_n - r_n) + f_{n+1}^*(x_n)$$

(com f_5^* definido como zero em razão dos custos após o estágio 4 ser irrelevantes para a presente análise). Um resumo dessas relações básicas é fornecido na Figura 10.8.

Consequentemente, a relação recursiva associando as funções f_n^* é:

$$f_n^*(s_n) = \min_{r_n \leq x_n \leq 255} \{200(x_n - s_n)^2 + 2.000(x_n - r_n) + f_{n+1}^*(x_n)\}.$$

A metodologia da programação dinâmica utiliza essa relação para identificar sucessivamente essas funções $[f_4^*(s_4), f_3^*(s_3), f_2^*(s_2), f_1^*(255)]$ e o x_n minimizado correspondente.

Procedimento para resolução. *Estágio 4:* partindo do último estágio ($n = 4$), já sabemos que $x_4^* = 255$, de modo que os resultados necessários sejam:

$n = 4$:	s_4	$f_4^*(s_4)$	x_4^*
	$200 \leq s_4 \leq 255$	$200(255 - s_4)^2$	255

Estágio 3: para o problema formado por apenas os *dois* últimos estágios ($n = 3$), a relação recursiva se reduz a:

$$f_3^*(s_3) = \min_{200 \leq x_3 \leq 255} \{200(x_3 - s_3)^2 + 2.000(x_3 - 200) + f_4^*(x_3)\}$$
$$= \min_{200 \leq x_3 \leq 255} \{200(x_3 - s_3)^2 + 2.000(x_3 - 200) + 200(255 - x_3)^2\},$$

em que os valores possíveis de s_3 são $240 \leq s_3 \leq 255$.

Uma maneira de se encontrar o valor de x_3 que minimiza $f_3(s_3, x_3)$ para qualquer valor em particular de s_3 é o método gráfico ilustrado na Figura 10.9.

Entretanto, uma maneira mais rápida é usar o *cálculo*. Queremos encontrar o x_3 minimizado em termos de s_3, considerando que s_3 tenha algum valor fixo (porém desconhecido). Logo, faça que a primeira derivada (parcial) de $f_3(s_3, x_3)$ em relação a x_3 seja igual a zero:

$$\frac{\partial}{\partial x_3} f_3(s_3, x_3) = 400(x_3 - s_3) + 2.000 - 400(255 - x_3)$$
$$= 400(2x_3 - s_3 - 250)$$
$$= 0,$$

o que resulta em:

$$x_3^* = \frac{s_3 + 250}{2}.$$

	Estágio n		Estágio $n+1$
Estado:	s_n	$\xrightarrow{x_n}$	x_n
Valor: $f_n(s_n, x_n)$ = soma		$200(x_n - s_n)^2 + 2.000(x_n - r_n)$	$f_{n+1}^*(x_n)$

■ **FIGURA 10.8** A estrutura básica para o problema da Local Job Shop.

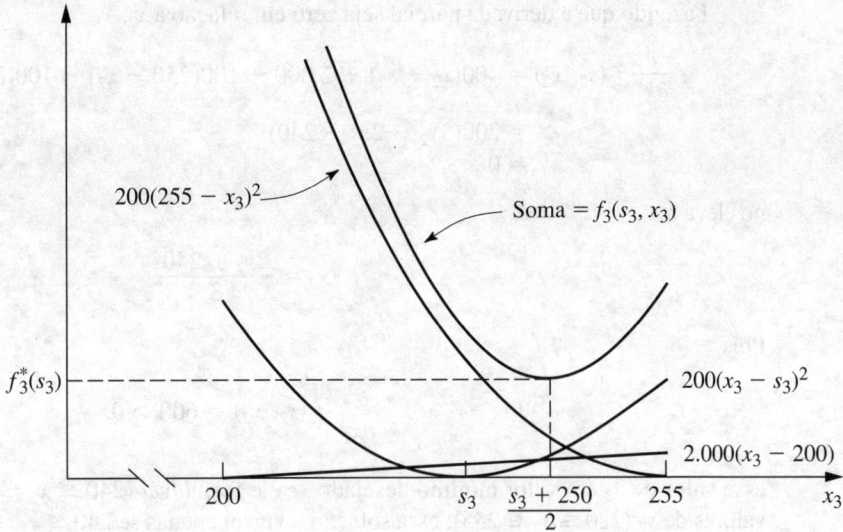

■ **FIGURA 10.9** Solução gráfica para $f_3^*(s_3)$ para o problema da Local Job Shop.

Pelo fato de a segunda derivada ser positiva e em virtude de essa solução recair no intervalo possível para x_3 ($200 \leq x_3 \leq 255$) para todos os possíveis s_3 ($240 \leq s_3 \leq 255$), ela é, de fato, o mínimo desejado.

Observe uma diferença fundamental entre a natureza dessa solução e aquelas obtidas para os exemplos anteriores, nos quais existiam apenas alguns poucos estados possíveis a ser considerados. Agora, temos um número *infinito* de estados possíveis ($240 \leq s_3 \leq 255$), de modo que não seja mais viável encontrar separadamente x_3^* para cada possível valor de s_3. Portanto, encontramos x_3^* em *função* de s_3 desconhecido.

Usar

$$f_3^*(s_3) = f_3(s_3, x_3^*) = 200\left(\frac{s_3 + 250}{2} - s_3\right)^2 + 200\left(255 - \frac{s_3 + 250}{2}\right)^2 + 2.000\left(\frac{s_3 + 250}{2} - 200\right)$$

e reduzir algebricamente essa expressão completa os resultados necessários para o problema do terceiro estágio, resumido a seguir.

$n = 3$:	s_3	$f_3^*(s_3)$	x_3^*
	$240 \leq s_3 \leq 255$	$50(250 - s_3)^2 + 50(260 - s_3)^2 + 1.000(s_3 - 150)$	$\dfrac{s_3 + 250}{2}$

Estágio 2: os problemas de segundo estágio ($n = 2$) e de primeiro estágio ($n = 1$) são resolvidos de forma similar. Portanto, para $n = 2$,

$$\begin{aligned}f_2(s_2, x_2) &= 200(x_2 - s_2)^2 + 2.000(x_2 - r_2) + f_3^*(x_2) \\ &= 200(x_2 - s_2)^2 + 2.000(x_2 - 240) \\ &\quad + 50(250 - x_2)^2 + 50(260 - x_2)^2 + 1.000(x_2 - 150).\end{aligned}$$

Os valores possíveis de s_2 são $220 \leq s_2 \leq 255$ e a região de soluções viáveis para x_2 é $240 \leq x_2 \leq 255$. O problema é encontrar o valor mínimo de x_2 nessa região, de modo que:

$$f_2^*(s_2) = \min_{240 \leq x_2 \leq 255} f_2(s_2, x_2).$$

Fazendo que a derivada parcial seja zero em relação a x_2:

$$\frac{\partial}{\partial x_2} f_2(s_2, x_2) = 400(x_2 - s_2) + 2.000 - 100(250 - x_2) - 100(260 - x_2) + 1.000$$

$$= 200(3x_2 - 2s_2 - 240)$$
$$= 0$$

nos leva a

$$x_2 = \frac{2s_2 + 240}{3}.$$

Pois

$$\frac{\partial^2}{\partial x_2^2} f_2(s_2, x_2) = 600 > 0,$$

esse valor de x_2 é o valor mínimo desejado *se* ele for *viável* ($240 \leq x_2 \leq 255$). Acima dos possíveis valores de s_2 ($220 \leq s_2 \leq 255$), essa solução é viável apenas se $240 \leq s_2 \leq 255$.

Portanto, ainda precisamos encontrar o valor viável de x_2 que minimiza $f_2(s_2, x_2)$ quando $220 \leq s_2 < 240$. O segredo para analisar o comportamento de $f_2(s_2, x_2)$ acima da região de soluções viáveis para x_2 é, novamente, a derivada parcial de $f_2(s_2, x_2)$. Quando $s_2 < 240$,

$$\frac{\partial}{\partial x_2} f_2(s_2, x_2) > 0, \qquad \text{para } 240 \leq x_2 \leq 255,$$

de modo que $x_2 = 240$ seja o valor mínimo desejado.

A próxima etapa é conectar esses valores de x_2 em $f_2(s_2, x_2)$ para obter $f_2^*(s_2)$ para $s_2 \geq 240$ e $s_2 < 240$. Isso leva a:

$n = 2$:	s_2	$f_2^*(s_2)$	x_2^*
	$220 \leq s_2 \leq 240$	$200(240 - s_2)^2 + 115.000$	240
	$240 \leq s_2 \leq 255$	$\frac{200}{9}[(240 - s_2)^2 + (255 - s_2)^2 + (270 - s_2)^2] + 2.000(s_2 - 195)$	$\frac{2s_2 + 240}{3}$

Estágio 1: para o problema do primeiro estágio ($n = 1$),

$$f_1(s_1, x_1) = 200(x_1 - s_1)^2 + 2.000(x_1 - r_1) + f_2^*(x_1).$$

Uma vez que $r_1 = 220$, a região de soluções viáveis para x_1 é $220 \leq x_1 \leq 255$. A expressão para $f_2^*(x_1)$ vai diferir nos trechos $220 \leq x_1 \leq 240$ e $240 \leq x_1 \leq 255$ dessa região. Portanto,

$$f_1(s_1, x_1) = \begin{cases} 200(x_1 - s_1)^2 + 2.000(x_1 - 220) + 200(240 - x_1)^2 + 115.000, \\ \hspace{6cm} \text{se } 220 \leq x_1 \leq 240 \\ 200(x_1 - s_1)^2 + 2.000(x_1 - 220) + \frac{200}{9}[(240 - x_1)^2 + (255 - x_1)^2 + (270 - x_1)^2] \\ \hspace{1cm} + 2.000(x_1 - 195), \hspace{3cm} \text{se } 240 \leq x_1 \leq 255. \end{cases}$$

Considerando-se primeiro o caso em que $220 \leq x_1 \leq 240$, temos:

$$\frac{\partial}{\partial x_1} f_1(s_1, x_1) = 400(x_1 - s_1) + 2.000 - 400(240 - x_1)$$

$$= 400(2x_1 - s_1 - 235).$$

Sabe-se que $s_1 = 255$ (nível de emprego durante a primavera), de modo que

$$\frac{\partial}{\partial x_1} f_1(s_1, x_1) = 800(x_1 - 245) < 0$$

para todo $x_1 \leq 240$. Logo, $x_1 = 240$ é o valor mínimo de $f_1(s_1, x_1)$ na região $220 \leq x_1 \leq 240$.

Quando $240 \leq x_1 \leq 255$,

$$\frac{\partial}{\partial x_1} f_1(s_1, x_1) = 400(x_1 - s_1) + 2.000$$

$$- \frac{400}{9}[(240 - x_1) + (255 - x_1) + (270 - x_1)] + 2.000$$

$$= \frac{400}{3}(4x_1 - 3s_1 - 225).$$

Pois

$$\frac{\partial^2}{\partial x_1^2} f_1(s_1, x_1) > 0 \quad \text{para todo } x_1,$$

configurando

$$\frac{\partial}{\partial x_1} f_1(s_1, x_1) = 0,$$

resultando em

$$x_1 = \frac{3s_1 + 225}{4}.$$

Pelo fato de $s_1 = 255$, segue que $x_1 = 247,5$ minimiza $f_1(s_1, x_1)$ na região $240 \leq x_1 \leq 255$.

Observe que essa região ($240 \leq x_1 \leq 255$) inclui $x_1 = 240$, de modo que $f_1(s_1, 240) > f_1(s_1, 247,5)$. No penúltimo parágrafo, descobrimos que $x_1 = 240$ minimiza $f_1(s_1, x_1)$ na região $220 \leq x_1 \leq 240$. Consequentemente, agora podemos concluir que $x_1 = 247,5$ também minimiza $f_1(s_1, x_1)$ ao longo de *toda* a região de soluções viáveis $220 \leq x_1 \leq 255$.

Nosso cálculo final é encontrar $f_1^*(s_1)$ para $s_1 = 255$, colocando $x_1 = 247,5$ na expressão para $f_1(255, x_1)$ que é válida no intervalo $240 \leq x_1 \leq 255$. Portanto,

$$f_1^*(255) = 200(247,5 - 255)^2 + 2.000(247,5 - 220)$$

$$+ \frac{200}{9}[2(250 - 247,5)^2 + (265 - 247,5)^2 + 30(742,5 - 575)]$$

$$= 185.000.$$

Esses resultados são resumidos a seguir:

$n = 1$:	s_1	$f_1^*(s_1)$	x_1^*
	255	185.000	247,5

Assim, retornando e analisando as tabelas para, respectivamente, $n = 2$, $n = 3$ e $n = 4$, e fazendo que $s_n = x_{n-1}^*$ a cada vez, a solução ótima resultante é $x_1^* = 247,5$, $x_2^* = 245$, $x_3^* = 247,5$, $x_4^* = 255$, com um custo total estimado por ciclo de US$ 185.000.

Para concluir nossos casos demonstrativos sobre programação dinâmica determinística, damos um exemplo que requer *mais de uma* variável para descrever o estado em cada estágio.

EXEMPLO 5 Problema da Wyndor Glass Company

Considere o seguinte problema de programação linear:

$$\text{Maximizar} \quad Z = 3x_1 + 5x_2,$$

sujeito a

$$x_1 \leq 4$$
$$2x_2 \leq 12$$
$$3x_1 + 2x_2 \leq 18$$

e

$$x_1 \geq 0, \quad x_2 \geq 0.$$

(Talvez você reconheça isso como o modelo para o problema da Wyndor Glass Co., apresentado na Seção 3.1.) Uma maneira de se resolverem pequenos problemas de programação linear (ou não lineares) como este é por meio da programação dinâmica, ilustrada a seguir.

Formulação. Esse problema requer tomar duas decisões inter-relacionadas, ou seja, o nível da atividade 1, representado por x_1, e o nível da atividade 2, representado por x_2. Logo, essas duas atividades podem ser interpretadas como os dois estágios em uma formulação de programação dinâmica. Embora eles possam ser tomados em qualquer ordem, façamos que estágio n = atividade n ($n = 1, 2$). Portanto, x_n é a variável de decisão no estágio n.

Quais são os estados? Em outras palavras, dado que a decisão tenha sido feita em estágios anteriores (se é que aconteceu de fato), quais informações são necessárias sobre as circunstâncias atuais antes de se poder tomar a decisão no estágio n? Refletir um pouco a respeito sugere que a informação necessária seja a *quantidade de folga* deixada nas restrições funcionais. Interprete o lado direito dessas restrições (4, 12 e 18) como a quantidade total disponível dos recursos 1, 2 e 3, respectivamente (conforme descrito na Seção 3.1). Então o estado s_n pode ser definido como:

Estado s_n = quantidade dos respectivos recursos ainda disponíveis para alocação às atividades restantes.

(Note que a definição do estado é análoga àquela para os problemas do esforço da distribuição, inclusive os Exemplos 2 e 3, exceto pelo fato de que agora existem três recursos a serem alocados em vez de apenas um.) Assim,

$$s_n = (R_1, R_2, R_3),$$

em que R_i é a quantidade do recurso i remanescente a ser alocada ($i = 1, 2, 3$). Consequentemente,

$$s_1 = (4, 12, 18),$$
$$s_2 = (4 - x_1, 12, 18 - 3x_1).$$

Entretanto, quando começamos a fazer a resolução para o estágio 2, ainda não conhecemos o valor de x_1 e, portanto, usamos s_2 (R_1, R_2, R_3) neste ponto.

Logo, ao contrário dos exemplos precedentes, esse problema tem *três* variáveis de estado (isto é, um *vetor-estado* com três componentes) a cada estágio em vez de um. Do ponto de vista teórico, essa diferença não é particularmente importante. Ela apenas significa que, em vez de se considerarem todos os possíveis valores da única variável de estado, temos de levar em conta todas as possíveis *combinações* de valores das diversas variáveis de estado. Entretanto, do ponto de vista de eficiência computacional, essa diferença tende a ser uma complicação muito grave. Em virtude do número de combinações que, em geral, pode ser muito grande, como o *produto* do número de valores possíveis das respectivas variáveis, o número de cálculos necessários tende a "estourar" rapidamente quando forem introduzidas variáveis de estado adicionais. Esse fenômeno recebeu o oportuno nome de **"maldição" da dimensionalidade**.

Cada uma das três variáveis de estado é *contínua*. Portanto, em vez de considerar separadamente cada possível combinação de valores, temos de usar a metodologia apresentada no Exemplo 4 para encontrar a informação necessária em *função* do estado do sistema.

Apesar dessas complicações, esse problema é suficientemente pequeno para ser resolvido sem grandes dificuldades. Para isso, precisamos introduzir a notação de programação dinâmica usual. Logo,

$f_2(R_1, R_2, R_3, x_2) = $ contribuição da atividade 2 para Z se o sistema iniciar no estado (R_1, R_2, R_3) no estágio 2 e a decisão for x_2
$= 5x_2,$

$f_1(4, 12, 18, x_1) = $ contribuição das atividades 1 e 2 para Z se o sistema iniciar no estado $(4, 12, 18)$ no estágio 1, a decisão imediata for x_1 e, então, a decisão ótima for feita no estágio 2,
$= 3x_1 + \max_{\substack{x_2 \leq 12 \\ 2x_2 \leq 18 - 3x_1 \\ x_2 \geq 0}} \{5x_2\}.$

Do mesmo modo, para $n = 1, 2$,

$$f_n^*(R_1, R_2, R_3) = \max_{x_n} f_n(R_1, R_2, R_3, x_n),$$

em que esse máximo é extraído dos valores viáveis de x_n. Consequentemente, usando-se os trechos relevantes das restrições do problema, resulta em:

(1) $\quad f_2^*(R_1, R_2, R_3) = \max_{\substack{2x_2 \leq R_2 \\ 2x_2 \leq R_3 \\ x_2 \geq 0}} \{5x_2\},$

(2) $\quad f_1(4, 12, 18, x_1) = 3x_1 + f_2^*(4 - x_1, 12, 18 - 3x_1),$

(3) $\quad f_1^*(4, 12, 18) = \max_{\substack{x_1 \leq 4 \\ 3x_1 \leq 18 \\ x_1 \geq 0}} \{3x_1 + f_2^*(4 - x_1, 12, 18 - 3x_1)\}.$

A Equação (1) será usada para resolver o estágio 2 do problema. A Equação (2) mostra a estrutura básica da programação dinâmica para o problema como um todo, também representada na Figura 10.10. A Equação (3) fornece a *relação recursiva* entre f_1^* e f_2^* que será usada para resolver o estágio 1 do problema.

Procedimento para resolução. *Estágio 2:* para resolver o último estágio ($n = 2$), a Equação (1) indica que x_2^* tem de ser o maior valor de x_2 que satisfaça *simultaneamente* $2x_2 \leq R_2$, $2x_2 \leq R_3$ e $x_2 \geq 0$. Supondo-se que $R_2 \geq 0$ e $R_3 \geq 0$, de modo a existirem soluções viáveis, esse maior valor é o menor entre $R_2/2$ e $R_3/2$. Portanto, a solução é:

$n = 2$:	(R_1, R_2, R_3)	$f_2^*(R_1, R_2, R_3)$	x_2^*
	$R_2 \geq 0, R_3 \geq 0$	$5 \min\left\{\dfrac{R_2}{2}, \dfrac{R_3}{2}\right\}$	$\min\left\{\dfrac{R_2}{2}, \dfrac{R_3}{2}\right\}$

Estágio 1 → Estágio 2

Estado: (4, 12, 18) $\xrightarrow{x_1}$ (4 − x_1, 12, 18 − 3x_1)

Valor: $f_1(4, 12, 18, x_1)\quad 3x_1 \quad f_2^*(4 - x_1, 12, 18 - 3x_1)$
= soma

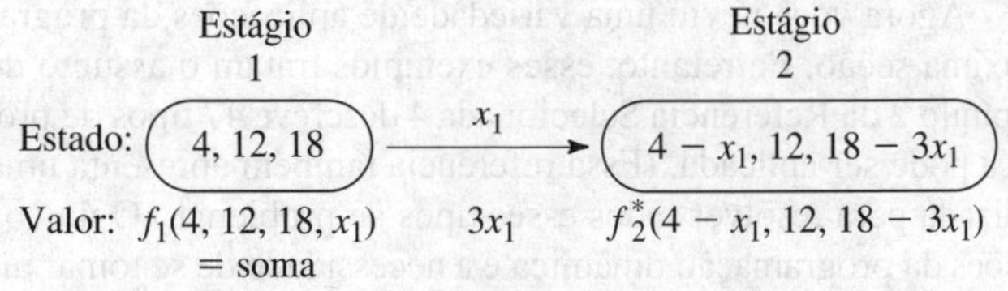

■ **FIGURA 10.10** Estrutura básica para o problema de programação linear da Wyndor Glass Co.

Estágio 1: para resolver o problema de dois estágios ($n = 1$), inserimos a solução que acabamos de obter para $f_2^*(R_1, R_2, R_3)$ na Equação (3). Para o estágio 2,

$$(R_1, R_2, R_3) = (4 - x_1, 12, 18 - 3x_1),$$

de modo que

$$f_2^*(4 - x_1, 12, 18 - 3x_1) = 5 \text{ mín} \left\{ \frac{R_2}{2}, \frac{R_3}{2} \right\} = 5 \text{ mín} \left\{ \frac{12}{2}, \frac{18 - 3x_1}{2} \right\}$$

é a solução específica inserida na Equação (3). Após combinarmos suas restrições em relação a x_1, a Equação (3), fica:

$$f_1^*(4, 12, 18) = \max_{0 \leq x_1 \leq 4} \left\{ 3x_1 + 5 \text{ mín} \left\{ \frac{12}{2}, \frac{18 - 3x_1}{2} \right\} \right\}.$$

No intervalo possível $0 \leq x_1 \leq 4$, observe que

$$\text{mín} \left\{ \frac{12}{2}, \frac{18 - 3x_1}{2} \right\} = \begin{cases} 6 & \text{se } 0 \leq x_1 \leq 2 \\ 9 - \frac{3}{2} x_1 & \text{se } 2 \leq x_1 \leq 4, \end{cases}$$

de modo que

$$3x_1 + 5 \text{ mín} \left\{ \frac{12}{2}, \frac{18 - 3x_1}{2} \right\} = \begin{cases} 3x_1 + 30 & \text{se } 0 \leq x_1 \leq 2 \\ 45 - \frac{9}{2} x_1 & \text{se } 2 \leq x_1 \leq 4 \end{cases}$$

Pelo fato de tanto

$$\max_{0 \leq x_1 \leq 2} \{3x_1 + 30\} \quad \text{e} \quad \max_{2 \leq x_1 \leq 4} \left\{ 45 - \frac{9}{2} x_1 \right\}$$

atingirem seus máximos em $x_1 = 2$, segue que $x_1^* = 2$ e que esse máximo é 36, conforme dado na tabela a seguir.

$n = 1$:	(R_1, R_2, R_3)	$f_1^*(R_1, R_2, R_3)$	x_1^*
	(4, 12, 18)	36	2

Pelo fato de $x_1^* = 2$ levar a

$$R_1 = 4 - 2 = 2, \quad R_2 = 12, \quad R_3 = 18 - 3(2) = 12$$

para o estágio 2, a tabela $n = 2$ resulta em $x_2^* = 6$. Consequentemente, $x_1^* = 2$, $x_2^* = 6$ é a solução ótima para esse problema (conforme descoberto originalmente na Seção 3.1), e a tabela $n = 1$ mostra que o valor resultante de Z é 36.

Agora você já viu uma variedade de aplicações da programação dinâmica, com mais por vir na próxima seção. Entretanto, esses exemplos tratam o assunto de maneira superficial. Por exemplo, o Capítulo 2 da Referência Selecionada 4 descreve 47 tipos de problemas aos quais a programação dinâmica pode ser aplicada. (Essa referência também apresenta uma ferramenta de software que pode ser utilizada para resolver todos esses tipos de problema.) O único elo em comum entre todas essas aplicações da programação dinâmica é a necessidade de se tomar uma série de decisões inter-relacionadas e a maneira eficaz que a programação dinâmica oferece para encontrar uma combinação de decisões ótimas.

10.4 PROGRAMAÇÃO DINÂMICA PROBABILÍSTICA

A programação dinâmica *probabilística* difere da programação dinâmica determinística pelo fato de o estado no estágio seguinte *não* ser completamente determinado pelo estado e pela decisão sobre a política a ser adotada no estágio atual. Em vez disso, há uma *distribuição probabilística* para a qual deva ser o estado seguinte. Entretanto, essa distribuição de probabilidades ainda é completamente determinada pelo estado e pela decisão sobre a política a ser adotada do estágio atual. A estrutura básica resultante para a programação dinâmica probabilística é descrita em forma de diagrama na Figura 10.11.

Para fins desse diagrama, façamos que S represente o número de estados possíveis no estágio $n + 1$ e chamemos esses estados do lado direito $1, 2, \ldots, S$. O sistema vai para o estado i com probabilidade p_i ($i = 1, 2, \ldots, S$) dado o estado s_n e a decisão x_n no estágio n. Se o sistema for para o estado i, C_i será a contribuição do estágio n à função objetivo.

Quando a Figura 10.11 for expandida para incluir todos os estados e decisões possíveis em todos os estágios, ela é algumas vezes denominada árvore de decisões. Se a **árvore de decisões** não for muito grande, ela fornece uma maneira útil de se sintetizar as diversas possibilidades.

Em virtude da estrutura probabilística, a relação entre $f_n(s_n, x_n)$ e $f^*_{n+1}(s_{n+1})$ é, necessariamente, um tanto mais complicada que aquela da programação dinâmica determinística. A forma precisa dessa relação dependerá da forma da função objetivo global.

Para fins ilustrativos, suponhamos que o objetivo seja o de *minimizar* a *soma esperada* das contribuições de cada um dos estágios. Nesse caso, $f_n(s_n, x_n)$ representa a soma mínima esperada do estágio n em diante, *dado* que o estado e a decisão sobre a política a ser adotada no estágio n sejam, respectivamente, s_n e x_n. Consequentemente,

$$f_n(s_n, x_n) = \sum_{i=1}^{S} p_i[C_i + f^*_{n+1}(i)],$$

com

$$f^*_{n+1}(i) = \min_{x_{n+1}} f_{n+1}(i, x_{n+1}),$$

em que essa minimização é extraída dos valores *viáveis* de $x_n + 1$.

O Exemplo 6 apresenta essa mesma forma. Já o Exemplo 7 ilustrará outra forma.

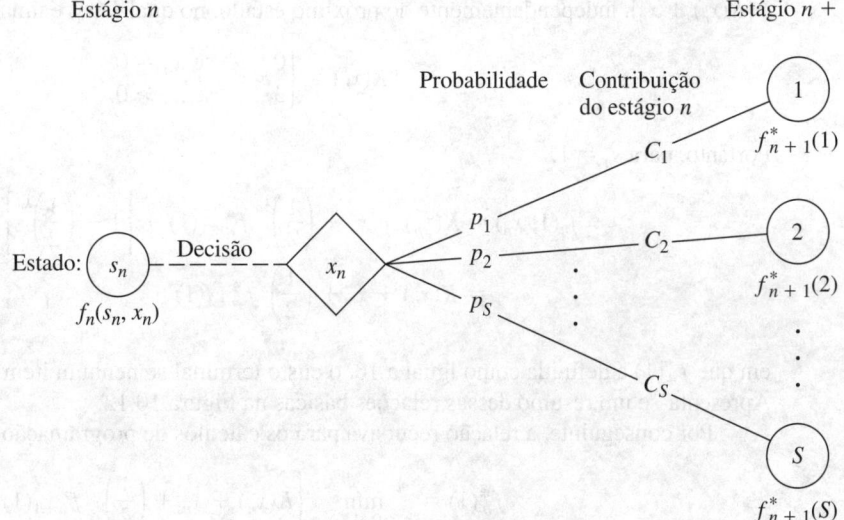

FIGURA 10.11 Estrutura básica para a programação dinâmica probabilística.

EXEMPLO 6 Determinação de margens de rejeição

A Hit-and-Miss Manufacturing Company recebeu um pedido de fornecimento de um item de determinado tipo. Entretanto, o cliente especificou exigências de qualidade tão rigorosas que talvez o fabricante tenha de produzir muito mais para obter um item que seja aceitável. O número desses itens *extras* fabricados em uma série de produção é chamado *margem de rejeição*. Incluir uma margem de rejeição é uma prática comum quando se produz por encomenda e, nesse caso, parece aconselhável.

O fabricante estima que cada item desse tipo que for produzido será *aceitável* com probabilidade $\frac{1}{2}$ e *defeituoso* (sem possibilidade de se retrabalhar a peça) com probabilidade $\frac{1}{2}$. Portanto, o número de itens aceitáveis produzidos em um lote de tamanho L terá uma *distribuição binomial;* isto é, a probabilidade de produzir nenhum item aceitável em tal lote é de $(\frac{1}{2})^L$.

Os custos marginais de produção para esse produto estão estimados em US$ 100 por item (mesmo se for defeituoso) e os itens em excesso são sem valor. Além disso, deve ser considerado um custo de implantação de US$ 300 toda vez que o processo de produção for estabelecido para esse produto e uma implantação completamente nova com esse mesmo custo total for necessária para cada série de produção subsequente, caso uma inspeção mais demorada revele que um lote finalizado não resultou em um item aceitável. O fabricante tem tempo suficiente para realizar não mais que três séries de produção. Se um item aceitável não tiver sido obtido no final da terceira série de produção, o custo para o fabricante em receitas de vendas perdidas além dos custos de multas será de US$ 1.600.

O objetivo é determinar a política referente ao tamanho do lote (1 + margem de rejeição) para a(s) série(s) de produção(s) necessária(s) que minimize(em) o custo total esperado para o fabricante.

Formulação. Uma formulação de programação dinâmica para esse problema seria:

Estágio n = série de produção n ($n = 1, 2, 3$),
x_n = tamanho do lote para o estágio n,
Estado s_n = número do itens aceitáveis ainda necessários (1 ou 0) no início do estágio n.

Portanto, no estágio 1, estado $s_1 = 1$. Se obtiver pelo menos um item aceitável subsequentemente, o estado muda para $s_n = 0$, após o qual não haverá mais custos adicionais.

Em razão do objetivo declarado para o problema,

$f_n(s_n, x_n)$ = custo total esperado para os estágios $n, \ldots, 3$ se o sistema iniciar no estado s_n no estágio n, a decisão imediata for x_n e as decisões ótimas forem tomadas a partir de então,

$$f_n^*(s_n) = \min_{x_n = 0, 1, \ldots} f_n(s_n, x_n),$$

em que $f_n^*(0) = 0$. Usando US$ 100 como unidade monetária, a contribuição para o custo do estágio n é $[K(x_n) + x_n]$, independentemente do próximo estado, no qual $K(x_n)$ é uma função de x_n tal que

$$K(x_n) = \begin{cases} 0, & \text{se } x_n = 0 \\ 3, & \text{se } x_n > 0. \end{cases}$$

Portanto, para $s_n = 1$,

$$f_n(1, x_n) = K(x_n) + x_n + \left(\frac{1}{2}\right)^{x_n} f_{n+1}^*(1) + \left[1 - \left(\frac{1}{2}\right)^{x_n}\right] f_{n+1}^*(0)$$

$$= K(x_n) + x_n + \left(\frac{1}{2}\right)^{x_n} f_{n+1}^*(1)$$

em que $f_4^*(1)$ é definida como igual a 16, o custo terminal se nenhum item aceitável tiver sido obtido. Apresenta-se um resumo dessas relações básicas na Figura 10.12.

Por conseguinte, a relação recursiva para os cálculos de programação dinâmica é:

$$f_n^*(1) = \min_{x_n = 0, 1, \ldots} \left\{ K(x_n) + x_n + \left(\frac{1}{2}\right)^{x_n} f_{n+1}^*(1) \right\}$$

para $n = 1, 2, 3$.

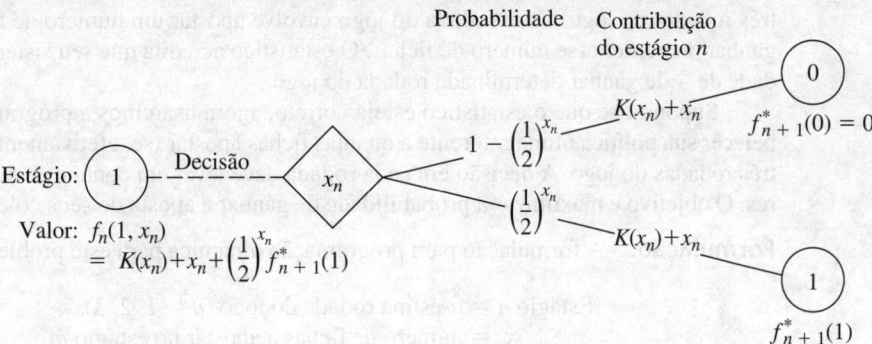

■ **FIGURA 10.12** Estrutura básica para o problema da Hit-and-Miss Manufacturing Co.

Procedimento para resolução. Os cálculos que utilizam essa relação recursiva, são resumidos como a seguir.

$n = 3$:	s_3	x_3	$f_3(1, x_3) = K(x_3) + x_3 + 16\left(\frac{1}{2}\right)^{x_3}$						$f_3^*(s_3)$	x_3^*
			0	1	2	3	4	5		
	0		0						0	0
	1		16	12	9	8	8	$8\frac{1}{2}$	8	3 ou 4

$n = 2$:	s_2	x_2	$f_2(1, x_2) = K(x_2) + x_2 + \left(\frac{1}{2}\right)^{x_2} f_3^*(1)$					$f_2^*(s_2)$	x_2^*
			0	1	2	3	4		
	0		0					0	0
	1		8	8	7	7	$7\frac{1}{2}$	7	2 ou 3

$n = 1$:	s_1	x_1	$f_1(1, x_1) = K(x_1) + x_1 + \left(\frac{1}{2}\right)^{x_1} f_2^*(1)$					$f_1^*(s_1)$	x_1^*
			0	1	2	3	4		
	1		7	$7\frac{1}{2}$	$6\frac{3}{4}$	$6\frac{7}{8}$	$7\frac{7}{16}$	$6\frac{3}{4}$	2

Portanto, a política ótima é produzir dois itens na primeira série de produção; se nenhum deles for aceitável, produzir dois ou três itens na segunda série de produção; se nenhum for aceitável, produzir três ou então quatro itens na terceira série de produção. O custo total esperado para essa política é de US$ 675.

EXEMPLO 7 Ganhando em Las Vegas

Um jovem estatístico empreendedor acredita que tenha desenvolvido um sistema para ganhar um popular jogo em Las Vegas. Seus colegas não acreditam que seu sistema funcione; portanto, eles fizeram uma grande aposta com ele que se iniciar com três fichas, ele não terá pelo menos cinco fichas após três rodadas do jogo. Cada rodada do jogo envolve apostar um número de fichas disponíveis e, então, ganhar ou perder esse número de fichas. O estatístico acredita que seu sistema lhe dará uma probabilidade de $\frac{2}{3}$ de ganhar determinada rodada do jogo.

Supondo-se que o estatístico esteja correto, agora usaremos a programação dinâmica para estabelecer sua política ótima referente a quantas fichas apostar (se, efetivamente, alguma) a cada uma das três rodadas do jogo. A decisão em cada rodada deve levar em conta os resultados de rodadas anteriores. O objetivo é maximizar a probabilidade de ganhar a aposta de seus colegas.

Formulação. A formulação para programação dinâmica para este problema é:

Estágio n = n-ésima rodada do jogo (n = 1, 2, 3),
x_n = número de fichas a apostar no estágio n,
Estado s_n = número de fichas em mãos para começar o estágio n.

Essa definição de o estado é escolhida porque ela fornece as informações necessárias sobre a situação atual para tomar uma decisão ótima sobre quantas fichas apostar em seguida.

Pelo fato de o objetivo ser o de maximizar a probabilidade de que o estatístico ganhará a aposta, a função objetivo a ser maximizada a cada estágio tem de ser a probabilidade de terminar as três rodadas com pelo menos cinco fichas. (Observe que o valor de terminar com mais que cinco fichas é exatamente o mesmo de terminar com exatamente cinco fichas, já que a aposta, nesse caso, será ganhar tanto de uma maneira como de outra.) Portanto,

$f_n(s_n, x_n)$ = probabilidade de terminar três rodadas com pelo menos cinco fichas, dado que o estatístico inicia o estágio n no estado s_n, toma a decisão imediata x_n e faz decisões ótimas a partir daí,

$$f_n^*(s_n) = \max_{x_n=0, 1, \ldots, s_n} f_n(s_n, x_n).$$

A expressão para $f_n(s_n, x_n)$ deve refletir o fato de que ainda pode ser eventualmente possível acumular cinco fichas mesmo se o estatístico perdesse a rodada seguinte. Se ele perder, o estado no estágio seguinte será $s_n - x_n$ e a probabilidade de terminar com pelo menos cinco fichas será então de $f_{n+1}^*(s_n - x_n)$. Se, no entanto, ele ganhar a rodada seguinte, o estado será $s_n + x_n$ e a probabilidade correspondente será de $f_{n+1}^*(s_n + x_n)$. Pelo fato de se partir da hipótese de que a probabilidade de ganhar certa rodada é $\frac{2}{3}$, resulta, então, que:

$$f_n(s_n, x_n) = \frac{1}{3} f_{n+1}^*(s_n - x_n) + \frac{2}{3} f_{n+1}^*(s_n + x_n)$$

[em que $f_4^*(s_4)$ é definido como 0 para $s_4 < 5$ e 1 para $s_4 \geq 5$.] Portanto, não há uma contribuição direta à função objetivo por parte do estágio n, a não ser o efeito de se encontrar no estado seguinte. Essas relações básicas são resumidas na Figura 10.13.

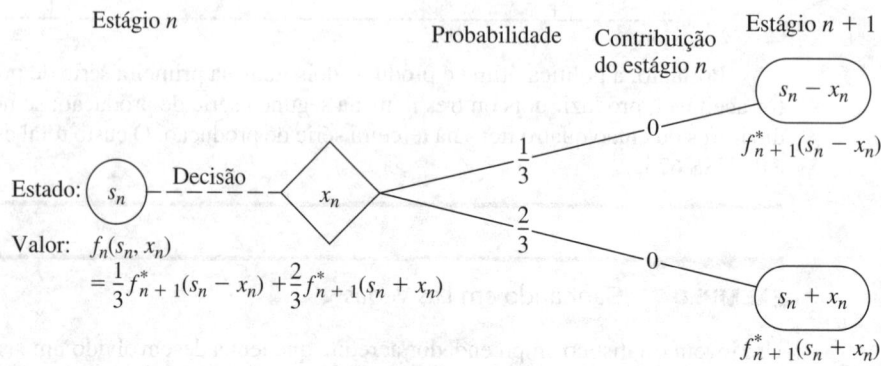

■ **FIGURA 10.13** Estrutura básica para o problema Las Vegas.

Consequentemente, a relação recursiva para esse problema é:

$$f_n^*(s_n) = \max_{x_n=0, 1, \ldots, s_n} \left\{ \frac{1}{3} f_{n+1}^*(s_n - x_n) + \frac{2}{3} f_{n+1}^*(s_n + x_n) \right\},$$

para $n = 1, 2, 3$, com $f_4^*(s_4)$, conforme acabamos de definir.

Procedimento para resolução. Esta relação recursiva nos leva aos seguintes resultados computacionais.

$n = 3$:

s_3	$f_3^*(s_3)$	x_3^*
0	0	—
1	0	—
2	0	—
3	$\frac{2}{3}$	2 (ou mais)
4	$\frac{2}{3}$	1 (ou mais)
≥ 5	1	0 (ou $\leq s_3 - 5$)

$n = 2$:

s_2 \ x_2	\multicolumn{5}{c}{$f_2(s_2, x_2) = \frac{1}{3} f_3^*(s_2 - x_2) + \frac{2}{3} f_3^*(s_2 + x_2)$}	$f_2^*(s_2)$	x_2^*
	0	1	2	3	4		
0	0					0	—
1	0	0				0	—
2	0	$\frac{4}{9}$	$\frac{4}{9}$			$\frac{4}{9}$	1 ou 2
3	$\frac{2}{3}$	$\frac{4}{9}$	$\frac{2}{3}$	$\frac{2}{3}$		$\frac{2}{3}$	0, 2, ou 3
4	$\frac{2}{3}$	$\frac{8}{9}$	$\frac{2}{3}$	$\frac{2}{3}$	$\frac{2}{3}$	$\frac{8}{9}$	1
≥ 5	1					1	0 (ou $\leq s_2 - 5$)

$n = 1$:

s_1 \ x_1	\multicolumn{4}{c}{$f_1(s_1, x_1) = \frac{1}{3} f_2^*(s_1 - x_1) + \frac{2}{3} f_2^*(s_1 + x_1)$}	$f_1^*(s_1)$	x_1^*
	0	1	2	3		
3	$\frac{2}{3}$	$\frac{20}{27}$	$\frac{2}{3}$	$\frac{2}{3}$	$\frac{20}{27}$	1

Portanto, a política ótima é

$$x_1^* = 1 \begin{cases} \text{se ganhar,} & x_2^* = 1 \begin{cases} \text{se ganhar,} & x_3^* = 0 \\ \text{se perder,} & x_3^* = 2 \text{ ou } 3. \end{cases} \\ \text{se perder,} & x_2^* = 1 \text{ ou } 2 \begin{cases} \text{se ganhar,} & x_3^* = \begin{cases} 2 \text{ ou } 3 & (\text{para } x_2^* = 1) \\ 1, 2, 3, \text{ ou } 4 & (\text{para } x_2^* = 2) \end{cases} \\ \text{se perder,} & \text{a aposta está perdida} \end{cases} \end{cases}$$

Essa política dá ao estatístico a probabilidade de $\frac{20}{27}$ de ganhar a aposta com seus colegas.

10.5 CONCLUSÕES

A programação dinâmica é uma técnica muito útil para realizar uma *sequência de decisões inter-relacionadas*. Ela requer a formulação de uma *relação recursiva* apropriada para cada problema individual. Entretanto, ela resulta em grandes economias em termos de processamento quando comparada ao emprego de enumeração exaustiva para encontrar a melhor combinação de decisões, especialmente para problemas de grande porte. Por exemplo, se um problema possui 10 estágios com 10 estados e 10 possíveis decisões a cada estágio, então a enumeração exaustiva deve considerar até 10 bilhões de combinações, ao passo que a programação dinâmica precisaria fazer não mais que um milhar de cálculos (10 para cada estado a cada estágio).

Este capítulo levou em conta apenas a programação dinâmica com um número *finito* de estágios. O Capítulo 19 é dedicado a um tipo genérico de modelo para programação dinâmica probabilística em que os estágios continuam a recorrer indefinidamente, ou seja, os processos de decisão de Markov.

REFERÊNCIAS SELECIONADAS

1. Bertsekas, D. P.: *Dynamic Programming: Deterministic and Stochastic Models,* Prentice-Hall, Englewood Cliffs, NJ, 1987.
2. Denardo, E. V.: *Dynamic Programming Theory and Applications,* Prentice-Hall, Englewood Cliffs, NJ, 1982.
3. Howard, R. A.: "Dynamic Programming", *Management Science,* **12:** 317-345, 1966.
4. Lew, A., and H. Mauch: *Dynamic Programming: A Computational Tool,* Springer, New York, 2007.
5. Smith, D. K.: *Dynamic Programming: A Practical Introduction,* Ellis Horwood, London, 1991.
6. Sniedovich, M.: *Dynamic Programming,* Marcel Dekker, New York, 1991.

FERRAMENTAS DE APRENDIZADO NO *SITE*

Worked examples:

Exemplos do Capítulo 10

Arquivo LINGO (Capítulo 10 – Programação dinâmica)

Glossário do Capítulo 10

Ver Apêndice 1 para obter documentação sobre o software.

PROBLEMAS

Um asterisco no número do problema indica que pelo menos há uma resposta parcial no final do livro.

10.2-1 Considere a seguinte rede, em que cada número ao longo de uma ligação representa a distância real entre o par de nós conectados por tal ligação. O objetivo é encontrar o caminho mais curto da origem até o destino.

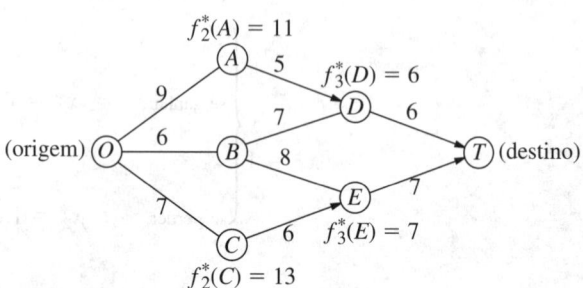

(a) Quais são os estágios e estados para a formulação por meio de programação dinâmica para esse problema?
(b) Use a programação dinâmica para resolver esse problema. Entretanto, em vez de utilizar as tabelas usuais, empregue o método gráfico (similar ao da Figura 10.2). Particularmente, inicie com a rede dada, na qual as respostas para $f_n^*(s_n)$ já são dadas para quatro nós; depois, encontre a solução para $f_2^*(B)$ e $f_1^*(O)$, preenchendo-as. Desenhe uma seta que indique a ligação ótima para percorrer cada um dos últimos dois nós. Finalmente, identifique o caminho ótimo seguindo as setas do nó O em diante até chegar ao nó T.
(c) Use a programação dinâmica para resolver esse problema, construindo manualmente as tabelas usuais para $n = 3$, $n = 2$ e $n = 1$.
(d) Use o algoritmo do caminho mais curto apresentado na Seção 9.3 para solucionar esse problema. Compare e contraste essa metodologia com aquelas dos itens (b) e (c).

10.2-2 A gerente de vendas de uma editora de livros didáticos universitários possui 6 vendedores externos a serem designados a três regiões diferentes do país. Ela decidiu que a cada região deve ser designado pelo menos um vendedor, e que cada um dos vendedores deve se restringir a uma das regiões. No entanto, agora ela quer determinar quantos vendedores deveriam ser designados para cada uma das respectivas regiões de modo a maximizar as vendas.

A tabela a seguir fornece o aumento em vendas (em unidades apropriadas) em cada região se lhes fossem alocados um número diverso de vendedores:

Vendedores	Região		
	1	2	3
1	40	24	32
2	54	47	46
3	78	63	70
4	99	78	84

(a) Use a programação dinâmica para resolver esse problema. Em vez de utilizar as tabelas de praxe, demonstre graficamente sua resolução construindo e preenchendo uma rede como aquela mostrada para o Problema 10.2-1. Prossiga como no Problema 10.2-1b encontrando a solução para $f_n^*(s_n)$ para cada um dos nós (exceto o nó terminal) e escrevendo seu valor próximo ao nó. Desenhe uma seta para indicar a ligação ótima (ou ligações em caso de empate) para sair de cada nó. Finalmente, identifique o(s) caminho(s) ótimo(s) resultante(s) ao longo da rede e a(s) solução(ões) ótima(s) correspondente(s).
(b) Use a programação dinâmica para resolver esse problema construindo as tabelas usuais para $n = 3$, $n = 2$ e $n = 1$.

10.2-3 Considere o seguinte projeto de rede (conforme descrito na Seção 9.8), no qual o número acima de cada nó é o tempo necessário para a atividade correspondente. Considere o problema de encontrar o *caminho mais longo* (o tempo total maior) através dessa rede do início ao final, já que o caminho mais longo é o caminho crítico.

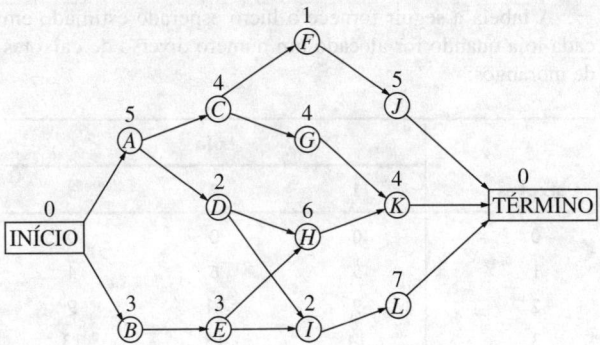

(a) Quais são os estágios e estados para a formulação de programação dinâmica desse problema?
(b) Use a programação dinâmica para resolver esse problema. Entretanto, em vez de utilizar as tabelas de praxe, demonstre a solução graficamente. Particularmente, preencha os valores dos diversos $f_n^*(s_n)$ sob os nós correspondentes e mostre o arco ótimo resultante para sair de cada nó, desenhando uma seta próxima ao início do arco. A seguir, identifique o caminho ótimo (o caminho mais longo) seguindo essas setas do nó Início até o nó Término. Se houver mais que um caminho ótimo, identifique todos eles.
(c) Use a programação dinâmica para resolver esse problema, construindo as tabelas usuais para $n = 4, n = 3, n = 2$ e $n = 1$.

10.2-4 Considere as seguintes afirmações sobre os problemas de programação dinâmica. Identifique cada declaração como verdadeira ou falsa, e depois justifique sua resposta referindo-se a afirmações específicas no presente capítulo.
(a) O procedimento para resolução usa uma relação recursiva que permite encontrar a política ótima para o estágio $(n + 1)$ dada a política ótima para o estágio n.
(b) Após completar o procedimento para resolução se, por engano, for feita uma decisão não ótima em algum estágio, o procedimento para resolução precisará ser reaplicado para determinar as novas decisões ótimas (dada essa decisão não ótima) nos estágios subsequentes.
(c) Supondo-se que uma política ótima tenha sido encontrada para o problema global, as informações necessárias para especificar a decisão ótima em determinado estágio são o estado naquele estágio e as decisões tomadas em estágios precedentes.

10.3-1 Leia o artigo referido que descreve completamente o estudo de PO resumido na vinheta de aplicação apresentada na Seção 10.3. Descreva sucintamente como a programação dinâmica foi aplicada a esse estudo. Enumere os diversos benefícios financeiros ou não resultantes do estudo.

10.3-2* O proprietário de uma rede de três mercearias comprou cinco caixotes de morangos frescos. A distribuição probabilística estimada de vendas em potencial dos morangos antes que se estraguem difere entre as três lojas. Portanto, o proprietário quer saber como alocar os cinco caixotes para as três lojas de modo a maximizar o lucro esperado.

Por razões administrativas, o proprietário não deseja dividir os caixotes entre as lojas. Entretanto, ele pensa em não distribuir nenhum caixote a qualquer uma de suas lojas.

A tabela a seguir fornece o lucro esperado estimado em cada loja quando for alocado um número diverso de caixotes de morangos:

Caixotes	Loja		
	1	2	3
0	0	0	0
1	5	6	4
2	9	11	9
3	14	15	13
4	17	19	18
5	21	22	20

Use a programação dinâmica para determinar quantos dos cinco caixotes deveriam ser alocados a cada uma das três lojas para maximizar o lucro total esperado.

10.3-3 Uma estudante universitária tem sete dias restantes antes das provas finais começarem em seus quatro cursos. Ela quer alocar seu tempo de estudo da forma mais eficiente possível e precisa de pelo menos 1 dia para cada curso e deseja se concentrar em apenas um curso a cada dia, de modo que ela quer alocar 1, 2, 3 ou 4 dias a cada curso. Tendo realizado recentemente um curso de PO, decide aplicar a programação dinâmica para fazer essas alocações de modo a maximizar o número de créditos a ser obtidos nos quatro cursos. Ela estima que as alocações alternativas para cada curso resultariam no número de créditos mostrados na tabela a seguir:

Dias de estudo	Número estimado de créditos			
	Curso			
	1	2	3	4
1	1	5	4	4
2	3	6	6	4
3	6	8	7	5
4	8	8	9	8

Solucione esse problema por meio da programação dinâmica.

10.3-4 Uma campanha política entra em seu estágio final, e as pesquisas indicam uma eleição muito disputada. Um dos candidatos tem verbas suficientes para comprar tempo na TV para um total de cinco comerciais em horário nobre em emissoras localizadas em quatro áreas distintas. Com base em informações de pesquisa, foi feita uma estimativa do número de votos adicionais que poderiam ser conquistados nas diferentes áreas de transmissão, dependendo do número de comerciais que vão ao ar. Essas estimativas são dadas na seguinte tabela (em milhares de votos):

Comerciais	Área			
	1	2	3	4
0	0	0	0	0
1	4	6	5	3
2	7	8	9	7
3	9	10	11	12
4	12	11	10	14
5	15	12	9	16

Use a programação dinâmica para determinar como os cinco comerciais deveriam ser distribuídos entre as quatro áreas de modo a maximizar o número estimado de votos conquistados.

10.3-5 A presidente de determinado partido político faz planos para uma próxima eleição presidencial. Ela recebeu os serviços de seis trabalhadores voluntários com o intuito de designá-los em distritos eleitorais e, portanto, quer alocá-los a quatro diferentes distritos de maneira a maximizar a eficiência deles. Ela acha que seria ineficiente designar um trabalhador a mais proveniente de um distrito, mas aventa a hipótese de não alocar nenhum trabalhador a qualquer um dos distritos, caso eles possam render mais em outros distritos.

A tabela a seguir fornece o aumento estimado no número de votos para o candidato do partido em cada distrito eleitoral, caso fossem alocados números diversos de trabalhadores:

Trabalhadores	Distrito eleitoral			
	1	2	3	4
0	0	0	0	0
1	4	7	5	6
2	9	11	10	11
3	15	16	15	14
4	18	18	18	16
5	22	20	21	17
6	24	21	22	18

Este problema possui várias soluções ótimas referentes a quantidade, dentre os seis trabalhadores, que deveria ser designada a cada um dos quatro distritos eleitorais para maximizar o aumento total estimado na pluralidade do candidato do partido. Use a programação dinâmica para encontrar todas elas, de modo que a presidente do partido possa ter a seleção final com base em outros fatores.

10.3-6 Use a programação dinâmica para solucionar o problema de cronograma de produção da Cia. Aérea Setentrional apresentado na Seção 8.1 (ver a Tabela 8.7). Parta do pressuposto de que as quantidades produzidas devam ser múltiplos inteiros de 5.

10.3-7* Uma empresa apresentará em breve um novo produto em um mercado extremamente competitivo e, no momento, planeja sua estratégia de marketing. Decidiu-se apresentar o produto em três fases. A fase 1 terá como característica uma oferta introdutória especial ao público a um preço muito reduzido para atrair aqueles que compram pela primeira vez. A fase 2 envolverá uma intensa campanha publicitária para persuadir os que compraram pela primeira vez a continuar adquirindo o produto a um preço usual. Sabe-se que outra empresa vai apresentar um novo produto competitivo no momento em que a fase 2 estiver terminando. Portanto, a fase 3 envolverá propaganda de *follow-up* e campanhas promocionais para tentar evitar que seus compradores regulares mudem para o produto competitivo do concorrente.

Foi reservada uma verba total de US$ 4 milhões para essa campanha de marketing. O problema agora é determinar como alocar essa verba da forma mais eficiente para as três fases. Façamos que m represente a fatia de mercado inicial (expressa de mercado que é mantida para a fase 2 e f_3 a parcela da fatia de mercado restante que é mantida na fase 3. Use a programação dinâmica para determinar como alocar os US$ 4 milhões de modo a maximizar a fatia de mercado final para seu novo produto, isto é, para maximizar $m f_2 f_3$.

(a) Suponha que a verba tenha de ser gasta em múltiplos inteiros de US$ 1 milhão em cada fase, na qual o múltiplo mínimo permissível é 1 para as fases 1 e 0 para as fases 2 e 3. A tabela a seguir fornece o efeito estimado das despesas em cada fase:

Milhões de dólares gastos	Efeito sobre a fatia de mercado		
	m	f_2	f_3
0	—	0,2	0,3
1	20	0,4	0,5
2	30	0,5	0,6
3	40	0,6	0,7
5	50	—	—

(b) Suponha agora que *qualquer* quantia do orçamento total possa ser gasta em cada fase, na qual o efeito estimado de se gastar uma quantia x_i (em unidades de *milhões* de dólares) na fase i (i = 1, 2, 3) seja:

$$m = 10x_1 - x_1^2$$
$$f_2 = 0,40 + 0,10x_2$$
$$f_3 = 0,60 + 0,07x_3.$$

[*Dica*: após resolver analiticamente as funções $f_2^*(s)$ e $f_3^*(s)$, solucione x_1^* graficamente.]

10.3-8 Considere um sistema eletrônico formado por quatro componentes, cada um dos quais tem de estar em operação para que o sistema funcione. A confiabilidade do sistema pode ser potencializada instalando-se várias unidades em paralelo em um ou mais componentes. A tabela a seguir fornece a probabilidade de que os respectivos componentes (identificados como Comp. 1, 2, 3 e 4) funcionarão caso eles sejam formados por uma, duas ou três unidades em paralelo:

Unidades em paralelo	Probabilidade de funcionamento			
	Comp. 1	Comp. 2	Comp. 3	Comp. 4
1	0,5	0,6	0,7	0,5
2	0,6	0,7	0,8	0,7
3	0,8	0,8	0,9	0,9

A probabilidade de que o sistema funcionará é o produto das probabilidades de que os respectivos componentes funcionarão.

O custo (em centenas de dólares) de se instalar uma, duas ou três unidades em paralelo nos respectivos componentes (identificados como Comp. 1, 2, 3 e 4) é dado na tabela a seguir:

Unidades em paralelo	Custo			
	Comp. 1	Comp. 2	Comp. 3	Comp. 4
1	1	2	1	2
2	2	4	3	3
3	3	5	4	4

Em virtude das limitações no orçamento, podem ser gastos no máximo US$ 1.000.

Use a programação dinâmica para determinar quantas unidades em paralelo deveriam ser instaladas em cada um dos quatro componentes de modo a maximizar a probabilidade de que o sistema funcionará.

10.3-9 Considere o seguinte problema de programação não linear inteira.

$$\text{Maximizar} \quad Z = 3x_1^2 - x_1^3 + 5x_2^2 - x_2^3,$$

sujeito a

$$x_1 + 2x_2 \leq 4$$

e

$$x_1 \geq 0, \quad x_2 \geq 0$$
$$x_1, x_2 \text{ são inteiros.}$$

Use programação dinâmica para resolver esse problema.

10.3-10 Considere o seguinte problema de programação não linear inteira.

$$\text{Maximizar} \quad Z = 32x_1 - 2x_1^2 + 30x_2 + 20x_3,$$

sujeito a

$$3x_1 + 7x_2 + 5x_3 \leq 20$$

e

$$x_1, x_2, x_3 \text{ são inteiros não negativos.}$$

Use programação dinâmica para solucionar o presente problema.

10.3-11* Considere o seguinte problema de programação não linear.

$$\text{Maximizar} \quad Z = 36x_1 + 9x_1^2 - 6x_1^3 + 36x_2 - 3x_2^3,$$

sujeito a

$$x_1 + x_2 \leq 3$$

e

$$x_1 \geq 0, \quad x_2 \geq 0.$$

Use programação dinâmica para resolver esse problema.

10.3-12 Refaça o problema de cronograma de mão de obra da Local Job Shop (Exemplo 4) quando o custo total de se alterar o nível de emprego de uma estação para a seguinte muda para US$ 100 multiplicados pelo quadrado da diferença nos níveis de emprego.

10.3-13 Considere o seguinte problema de programação não linear.

$$\text{Maximize} \quad Z = 2x_1^2 + 2x_2 + 4x_3 - x_3^2$$

sujeito a

$$2x_1 + x_2 + x_3 \leq 4$$

e

$$x_1 \geq 0, \quad x_2 \geq 0, \quad x_3 \geq 0.$$

Use programação dinâmica para solucionar esse problema.

10.3-14 Considere o seguinte problema de programação não linear.

$$\text{Minimizar} \quad Z = x_1^4 + 2x_2^2$$

sujeito a

$$x_1^2 + x_2^2 \geq 2.$$

(Não há restrição não negativa.) Use programação dinâmica para resolver o problema

10.3-15 Considere o seguinte problema de programação não linear.

$$\text{Maximizar} \quad Z = x_1^3 + 4x_2^2 + 16x_3,$$

sujeito a

$$x_1 x_2 x_3 = 4$$

e

$$x_1 \geq 1, \quad x_2 \geq 1, \quad x_3 \geq 1.$$

(a) Resolva-o por meio da programação dinâmica quando, além das restrições dadas, todas as três variáveis também precisam ser inteiras.
(b) Use programação dinâmica para resolver o problema conforme dado (variáveis contínuas).

10.3-16 Considere o seguinte problema de programação não linear.

$$\text{Maximizar} \quad Z = x_1(1 - x_2)x_3,$$

sujeito a

$$x_1 - x_2 + x_3 \leq 1$$

e

$$x_1 \geq 0, \quad x_2 \geq 0, \quad x_3 \geq 0.$$

Use programação dinâmica para resolver esse problema.

10.3-17 Considere o seguinte problema de programação linear.

$$\text{Maximizar} \quad Z = 15x_1 + 10x_2,$$

sujeito a

$$x_1 + 2x_2 \leq 6$$
$$3x_1 + x_2 \leq 8$$

e

$$x_1 \geq 0, \quad x_2 \geq 0.$$

Use programação dinâmica para solucionar o problema.

10.3-18 Considere o seguinte problema de "encargos fixos".

$$\text{Maximizar} \quad Z = 3x_1 + 7x_2 \, 6f(x_3),$$

sujeito a

$$x_1 + 3x_2 + 2x_3 \leq 6$$
$$x_1 + x_2 \leq 5$$

e

$$x_1 \geq 0, \quad x_2 \geq 0, \quad x_3 \geq 0,$$

em que

$$f(x_3) = \begin{cases} 0 & \text{se } x_3 = 0 \\ -1 + x_3 & \text{se } x_3 > 0. \end{cases}$$

Use programação dinâmica para resolver esse problema.

10.4-1 Um jogador de gamão jogará três partidas consecutivas com amigos amanhã à noite. Para cada partida, ele terá a oportunidade de fazer uma aposta casada que ganhará. A quantia apostada pode ser *qualquer* quantia à sua escolha entre zero e a quantia que ainda lhe resta após as apostas nas partidas precedentes. Para cada partida, a probabilidade é 1 de que ele ganhará a partida e, portanto, ganhará a quantia apostada, ao passo que a probabilidade é 1 de que ele perderá a partida e, assim, perderá a quantia apostada. Ele começará com US$ 75, e sua meta é ter US$ 100 no final. Pelo fato de serem partidas amistosas, ele não quer terminar com mais de US$ 100. Portanto, ele quer encontrar a política de apostas ótima (incluindo todos os empates) que maximize a probabilidade de que terá exatamente US$ 100 após as três partidas.

Use programação dinâmica para resolver esse problema.

10.4-2 Imagine que você tenha US$ 10.000 para investir e que terá uma oportunidade de investir essa quantia em um de dois investimentos (A ou B) no início de cada um dos próximos três anos. Ambos os investimentos têm rendimentos incertos. Para o investimento A, você perderá todo o seu dinheiro ou, então, (com maior probabilidade) terá retorno de US$ 20.000 (ou seja, um lucro de US$ 10.000) no final do ano. Para o investimento B você terá retorno de exatamente os seus US$ 10.000 iniciais ou então (com menor probabilidade) US$ 20.000 no final do ano. As probabilidades desses eventos ocorrerem são as seguintes:

Investimento	Quantia que retorna (US$)	Probabilidade
A	0	0,25
	20.000	0,75
B	10.000	0,9
	20.000	0,1

Permite-se que você faça apenas (no máximo) *um* investimento por ano e possa investir apenas US$ 10.000 por vez. Qualquer dinheiro adicional acumulado é deixado de lado.

(a) Use programação dinâmica para encontrar a política de investimento que maximize a quantia esperada que você terá após três anos.
(b) Utilize programação dinâmica para encontrar a política de investimento que maximize a probabilidade de que você terá pelo menos US$ 20.000 após 3 anos.

10.4-3* Suponha que a situação para o problema da Hit-and-Miss Manufacturing Co. (Exemplo 6) tenha mudado um pouco. Após uma análise mais cuidadosa, agora você estima que cada item produzido será aceitável com probabilidade de $\frac{2}{3}$ e não mais de $\frac{1}{2}$, de modo que a probabilidade de produzir *zero* itens aceitáveis em um lote de tamanho L seja $(\frac{1}{3})^L$. Além disso, agora há tempo disponível apenas para duas séries de produção. Use programação dinâmica para determinar a nova política ótima para esse problema.

10.4-4 Reconsidere o Exemplo 7. Suponha que a aposta tenha mudado como a seguir: "Começando com duas fichas, ele não terá pelo menos cinco fichas após cinco rodadas do jogo". Referindo-se aos resultados calculados anteriormente, faça cálculos adicionais para determinar a nova política ótima para o jovem estatístico empreendedor.

10.4-5 A Profit & Gambit Co. tem um produto principal que, recentemente, tem perdido dinheiro em virtude do declínio das vendas. De fato, durante o trimestre atual do ano, as vendas serão de 4 milhões de unidades abaixo do ponto de equilíbrio. Pelo fato de a receita marginal para cada unidade exceder o custo marginal em US$ 5, isso equivale a uma perda de US$ 20 milhões no trimestre. Portanto, a direção da empresa tem de tomar medidas imediatas para corrigir rapidamente essa situação. Estão sendo considerados dois caminhos alternativos. O primeiro deles é abandonar o produto imediatamente, o que penalizará a empresa com um custo de US$ 20 milhões para o encerramento dessa operação. A outra opção é empreender uma intensa campanha publicitária para aumentar as vendas e, depois disso, abandonar o produto (a um custo de US$ 20 milhões) somente se a campanha não for suficientemente bem-sucedida. Foram desenvolvidos e analisados planos provisórios para essa campanha publicitária. Ela se estenderia ao longo dos próximos três trimestres (sujeita a cancelamento antecipado), e o custo seria de US$ 30 milhões em cada um dos três trimestres. Estima-se que o aumento nas vendas seria de aproximadamente 3 milhões de unidades no primeiro trimestre, mais 2 milhões de unidades no segundo trimestre e, finalmente, mais 1 milhão de unidades no terceiro trimestre. Entretanto, por causa de uma série de imprevisíveis variáveis de mercado, existe incerteza considerável sobre qual seria o verdadeiro impacto da campanha; uma análise cuidadosa indica que as estimativas para cada trimestre poderiam variar em até 2 milhões de unidades em ambas as direções. (Para quantificar essa incerteza, suponha que os aumentos em vendas adicionais nos três trimestres sejam variáveis aleatórias independentes com distribuição uniforme em um intervalo de 1 a 5 milhões, de 0 a 4 milhões e de −1 a 3 milhões, respectivamente.) Se os aumentos reais forem muito pequenos, a campanha publicitária será descontinuada e o produto, abandonado no final de um dos dois trimestres seguintes.

Se a campanha publicitária intensiva fosse iniciada e prosseguisse até seu término, estima-se que as vendas por algum tempo, depois disso, continuariam a se manter aproximadamente no mesmo nível do terceiro (e último) trimestre da campanha. Portanto, se as vendas naquele trimestre ainda estiverem abaixo do ponto de equilíbrio, o produto seria abandonado. Caso contrário, estima-se que o lucro esperado descontado a partir de então seria de US$ 40 por unidade vendida acima do ponto de equilíbrio no terceiro trimestre.

Use programação dinâmica para determinar a política ótima que maximize o lucro esperado.

CAPÍTULO 11

Programação Inteira

No Capítulo 3, você viu vários exemplos das várias e diversas aplicações de programação linear. Entretanto, uma limitação importante que impede um número muito maior de aplicações é a hipótese da divisibilidade (ver a Seção 3.3), que requer que valores não inteiros sejam permitidos para variáveis de decisão. Em muitos problemas práticos, as variáveis de decisão, na verdade, fazem sentido apenas se tiverem valores inteiros. Por exemplo, normalmente é necessário alocar pessoal, máquinas e veículos para atividades em quantidades inteiras. Se a exigência de valores inteiros for a única maneira pela qual um problema se afaste da formulação de programação linear, então trata-se de um problema de *programação inteira* (**PI**). (O nome mais completo seria *programação linear inteira,* mas normalmente o adjetivo *linear* é eliminado, exceto quando esse tipo de problema for contrastado com problemas de programação não linear mais esotéricos, que estão além do escopo deste livro.)

O modelo matemático para programação inteira é o modelo de programação linear (ver a Seção 3.2) com uma restrição adicional de que as variáveis devem ser valores inteiros. Se apenas *algumas* variáveis tiverem de ter valores inteiros (de modo que a hipótese da divisibilidade permaneça válida para as demais), esse modelo é denominado **programação inteira mista (PIM)**. Ao fazer a distinção entre problema todo-inteiro e este caso misto, acabamos chamando o anterior programação inteira *pura*.

Por exemplo, o problema da Wyndor Glass Co., apresentado na Seção 3.1, na verdade, seria um problema de PI se as duas variáveis de decisão x_1 e x_2 tivessem representado o número total de unidades a serem produzidas, respectivamente, dos produtos 1 e 2, em vez das taxas de produção. Pelo fato de ambos os produtos (portas de vidro e janelas com esquadrias de madeira) necessariamente virem em unidades inteiras, x_1 e x_2 teriam de ser restringidas a valores inteiros.

[Existem inúmeras aplicações de programação inteira que envolvem uma extensão direta da programação linear em que a hipótese da divisibilidade deve ser eliminada. Entretanto, outra área de aplicação talvez de maior importância ainda, isto é, problemas que envolvem uma série de "decisões sim-ou-não". Nessas decisões, as únicas duas escolhas possíveis são *sim* e *não*. Por exemplo, deveríamos empreender determinado projeto fixo? Deveríamos fazer certo investimento fixo? Deveríamos construir uma instalação em dado local?]

Com apenas duas opções, podemos representar tais decisões por variáveis de decisão que estão restritas apenas a dois valores, digamos 0 e 1. Portanto, a *j*-ésima decisão sim-ou-não seria representada por, digamos, x_j tal que:

$$x_j = \begin{cases} 1 & \text{se a decisão } j \text{ for sim} \\ 0 & \text{se a decisão } j \text{ for não.} \end{cases}$$

Essas variáveis são chamadas **variáveis binárias** (ou então variáveis 0-1). Consequentemente, problemas de PI que contêm apenas variáveis binárias algumas vezes são chamados problemas de **programação inteira binária (PIB)** (ou problemas de programação inteira 0-1).

A Seção 11.1 apresenta uma versão miniatura de um problema PIB típico e a Seção 11.2 explora uma série de outras aplicações PIB. Possibilidades adicionais de formulação com variáveis binárias são discutidas na Seção 11.3 e a Seção 11.4 apresenta uma série de exemplos de formulação. As Seções 11.5 a 11.8 tratam então das maneiras de se solucionarem problemas de PI, incluindo tanto problemas de PIB quanto problemas de PIM. O capítulo se conclui na Seção 11.9, que apresenta um avanço recente fascinante *(programação de restrições)* e promete expandir muito nossa capacidade de formular e resolver modelos de programação inteira.

11.1 EXEMPLO-PROTÓTIPO

A California Manufacturing Company considera a possibilidade de expandir e construir uma nova fábrica em Los Angeles ou então em San Francisco, ou quem sabe, até mesmo em ambas as cidades. A empresa também considera a possibilidade de construir pelo menos um novo depósito, mas a escolha do local está restrita a uma cidade na qual a nova fábrica será construída. O *valor presente líquido* (rentabilidade total, considerando-se o valor temporal do dinheiro) de cada uma dessas alternativas é mostrado na quarta coluna da Tabela 11.1. A coluna mais à direita fornece o capital necessário (já incluído no valor presente líquido) para os respectivos investimentos, em que o capital total disponível é de US$ 10 milhões. O objetivo é encontrar a combinação de alternativas que maximize o valor presente líquido total.

O modelo PIB

Embora esse problema seja suficientemente pequeno para ser resolvido muito rapidamente por inspeção (construir fábricas em ambas as cidades, mas nenhum depósito novo), formulemos o modelo PI para fins ilustrativos. Todas as variáveis de decisão possuem a forma *binária*.

$$x_j = \begin{cases} 1 & \text{se a decisão } j \text{ for sim,} \\ 0 & \text{se a decisão } j \text{ for não,} \end{cases} \quad (j = 1, 2, 3, 4).$$

Façamos que

$$Z = \text{valor presente líquido total dessas decisões.}$$

Se o investimento for feito para construir determinada instalação (de modo que a variável de decisão correspondente tenha valor igual a 1), o valor presente líquido estimado desse investimento é dado na quarta coluna da Tabela 11.1. Se o investimento não for realizado (e, assim, a variável de decisão será igual a 0), o valor presente líquido será 0. Portanto, usando unidades de milhões de dólares,

$$Z = 9x_1 + 5x_2 + 6x_3 + 4x_4.$$

A coluna mais à direita da Tabela 11.1 indica que o volume de capital gasto nas quatro instalações não pode exceder US$ 10 milhões. Consequentemente, continuando a usar unidades de milhões de dólares, uma restrição no modelo é

$$6x_1 + 3x_2 + 5x_3 + 2x_4 \leq 10.$$

■ TABELA 11.1 Dados para o exemplo da California Manufacturing Company.

Número de decisões	Pergunta sim-ou-não	Variável de decisão	Valor presente líquido	Capital exigido
1	Construir a fábrica em Los Angeles?	x_1	US$ 9 milhões	US$ 6 milhões
2	Construir a fábrica em San Francisco?	x_2	US$ 5 milhões	US$ 3 milhões
3	Construir o depósito em Los Angeles?	x_3	US$ 6 milhões	US$ 5 milhões
4	Construir o depósito em San Francisco?	x_4	US$ 4 milhões	US$ 2 milhões

Capital disponível: U$$ 10 milhões

Pelo fato de as duas últimas decisões representarem *alternativas mutuamente exclusivas* (a empresa quer *no máximo* um depósito novo), também precisamos da restrição

$$x_3 + x_4 \leq 1.$$

Além disso, as decisões 3 e 4 são *decisões contingentes,* pois elas são contingentes, em relação às decisões 1 e 2, respectivamente, (a empresa consideraria construir um depósito em determinada cidade somente se também fosse construir uma nova fábrica lá). Portanto, no caso da decisão 3, é necessário que $x_3 = 0$ se $x_1 = 0$. Essa limitação sobre x_3 (quando $x_1 = 0$) é imposta adicionando-se a restrição

$$x_3 \leq x_1.$$

De modo similar, a exigência de que $x_4 = 0$ caso $x_2 = 0$ é imposta adicionando-se a restrição

$$x_4 \leq x_2.$$

Portanto, após reescrever essas duas restrições para trazer todas as variáveis para o lado esquerdo da equação, o modelo PIB completo ficará assim:

$$\text{Maximizar} \quad Z = 9x_1 + 5x_2 + 6x_3 + 4x_4,$$

sujeito a

$$\begin{aligned}
6x_1 + 3x_2 + 5x_3 + 2x_4 &\leq 10 \\
x_3 + x_4 &\leq 1 \\
-x_1 + x_3 &\leq 0 \\
-x_2 + x_4 &\leq 0 \\
x_j &\leq 1 \\
x_j &\geq 0
\end{aligned}$$

e

$$x_j \text{ é inteira}, \quad \text{para } j = 1, 2, 3, 4.$$

De maneira equivalente, as três últimas linhas desse modelo podem ser substituídas por uma única restrição:

$$x_j \text{ é binária}, \quad \text{para } j = 1, 2, 3, 4.$$

Exceto por seu tamanho reduzido, esse exemplo é típico de muitas aplicações reais de programação inteira em que as decisões básicas a serem tomadas são do tipo sim-ou-não. Assim como o segundo par de decisões desse exemplo, grupos de decisões sim-ou-não muitas vezes constituem grupos de **alternativas mutuamente exclusivas**, tais que *apenas uma* decisão do grupo pode ser sim. Cada grupo requer uma restrição de que a soma das variáveis binárias correspondentes deve ser igual a 1 (se *exatamente uma* decisão do grupo tiver de ser sim) ou menor ou igual a 1 (caso *no máximo uma* decisão do grupo possa ser sim). Ocasionalmente, decisões do tipo sim-ou-não são **decisões contingentes**, isto é, decisões que dependem das anteriores. Por exemplo, uma decisão é dita *contingente* em relação a outra se lhe for permitido ser sim *somente se* a outra for sim. Essa situação ocorre quando a decisão contingente envolve uma ação de *follow-up* que se tornaria irrelevante, ou até mesmo impossível, caso a outra decisão fosse não. A forma sempre assumida pela restrição resultante é aquela ilustrada pela terceira e pela quarta restrições do exemplo.

Opções de software para solucionar esses modelos

Todos os pacotes de software que se encontram no Courseware de PO (Excel, LINGO/LINDO e MPL/CPLEX) incluem um algoritmo para solucionar modelos PIB (puros ou mistos), bem como um algoritmo para solucionar modelos PI genéricos (puros ou mistos), nos quais as variáveis precisam ser inteiras, mas não binárias. Entretanto, já que as variáveis binárias são consideravelmente mais fáceis de ser tratadas que as variáveis inteiras, o primeiro algoritmo, em geral, é capaz de solucionar problemas substancialmente maiores que esse último.

Ao usar o Excel Solver, o procedimento é basicamente o mesmo adotado para a programação linear. A única diferença surge quando se clica no botão "Add" na caixa de diálogo Solver para se acrescentarem as restrições. Além daquelas que atendem à programação linear, também precisamos adicionar as restrições inteiras. No caso de variáveis inteiras que não são binárias, isto pode ser feito por intermédio da caixa de diálogo Add Constraint, escolhendo se o intervalo de variáveis restritas a serem inteiras no lado esquerdo e depois selecionando-se "int" do menu instantâneo. No caso de variáveis binárias, selecione "bin" do menu instantâneo.

Um dos arquivos Excel para este capítulo mostra a formulação completa em planilha e a solução para o exemplo da California Manufacturing Co. A seção de Worked Examples do *site* da editora também inclui **um pequeno exemplo de minimização** com duas variáveis restritas a ser inteiras. Esse exemplo ilustra a formulação do modelo PI e sua resolução gráfica, junto com resolução e formulação em planilha.

Um modelo LINGO usa a função @BIN() para especificar que a variável nomeada dentro dos parênteses é uma variável binária. Para uma variável inteira *genérica* (restrita a valores inteiros, mas não apenas a valores binários), a função @GIN() é utilizada da mesma maneira. Em qualquer caso, a função pode ser embutida em uma instrução @FOR para impor essa restrição binária ou inteira para todo um conjunto de variáveis.

Em um modelo de sintaxe LINDO, as restrições binárias ou inteiras são inseridas após a instrução END. Uma variável X é especificada como uma variável inteira genérica introduzindo-se GIN X. Alternativamente, para qualquer valor inteiro positivo de *n*, a instrução GIN *n* especifica que as primeiras *n* variáveis são variáveis inteiras genéricas. As variáveis binárias são tratadas da mesma forma, exceto pela substituição da palavra GIN por INTEGER.

Para um modelo MPL, a palavra-chave INTEGER é utilizada para designar as variáveis inteiras genéricas, ao passo que BINARY é usada para variáveis binárias. Na seção de variáveis de um modelo MPL, tudo o que precisamos fazer é adicionar o adjetivo apropriado (INTEGER ou BINARY) em frente do identificador VARIABLES para especificar que o conjunto de variáveis listadas abaixo desse identificador é daquele tipo. De forma alternativa, podemos ignorar essa especificação na seção de variáveis e, em seu lugar, colocar as restrições inteiras ou binárias na seção do modelo em qualquer posição após as demais restrições. Nesse caso, o identificador acima do conjunto de variáveis torna-se apenas INTEGER ou BINARY.

O solver MPL de primeira categoria, o CPLEX, inclui algoritmos de ponta para solucionar modelos PIB ou PI mistos. Selecionando-se a guia *MIP Strategy* da caixa de diálogo *CPLEX Parameters* no menu *Options*, um profissional experiente é capaz de escolher dentre ampla gama de opções para especificar exatamente como executar o algoritmo para melhor se adequar a determinado problema.

Essas instruções de como usar os diversos pacotes de software se tornarão mais claras quando você os vir aplicados a exemplos. Os arquivos em Excel, LINGO/LINDO e MPL/CPLEX para este capítulo contidos no Courseware de PO mostram como cada uma dessas opções de software seria aplicada ao exemplo-protótipo apresentado nesta seção, bem como exemplos de PI posteriores.

A última parte do capítulo vai se concentrar em algoritmos PI, que são similares àqueles usados nesses pacotes de software. A Seção 11.6 usará o exemplo-protótipo para ilustrar a aplicação do algoritmo PIB puro lá apresentado.

11.2 ALGUMAS APLICAÇÕES DE PIB

Do mesmo modo que no exemplo da California Manufacturing Co., os gerentes frequentemente precisam enfrentar *decisões sim-ou-não*. Portanto, a *programação inteira binária* (PIB) é amplamente usada para ajudar nessas decisões.

Agora, apresentaremos vários tipos de decisões sim-ou-não. Também mencionaremos alguns exemplos de aplicações reais em que a PIB foi utilizada na tomada dessas decisões.

Cada uma dessas aplicações é descrita completamente em um artigo do periódico chamado *Interfaces*. Indicaremos vários desses artigos que são inclusos nas referências selecionadas de aplicações consagradas citadas no final do capítulo, já que um link para esses artigos é fornecido no *site* da editora. Para outros artigos, ainda mencionaremos a edição específica de *Interfaces* na qual o artigo aparece.

Análise de investimento

A programação linear algumas vezes é usada para tomar decisões sobre orçamento de capital em relação a quanto investir em vários projetos. Entretanto, como demonstra o exemplo da California Manufacturing Co., algumas decisões sobre orçamento de capital não envolvem *quanto* investir, mas, sim, *se* se deve investir ou não uma quantia fixa. Especificamente, as quatro decisões do exemplo foram se deveríamos ou não investir a quantia fixa de capital necessária para construir certo tipo de instalação (fábrica ou depósito) em dado local (Los Angeles ou San Francisco).

A gerência normalmente se depara com decisões sobre se deve ou não realizar investimentos fixos (aqueles em que a quantidade de capital necessário foi fixada previamente). Devemos adquirir certa subsidiária que está sendo reorganizada por outra empresa? Devemos comprar certo tipo de matéria-prima? Devemos acrescentar uma nova linha de produção para nós mesmos fabricarmos determinado item necessário em vez de continuar a comprá-lo de um fornecedor?

Em geral, decisões sobre orçamento de capital em relação a investimentos fixos são decisões sim-ou-não do seguinte tipo.

Cada decisão sim-ou-não:
Devemos fazer certo investimento fixo?

$$\text{Sua variável de decisão} = \begin{cases} 1 & \text{se sim} \\ 0 & \text{se não.} \end{cases}$$

A edição de julho/agosto de 1990 da *Interfaces* descreve como a Turkish Petroleum Refineries Corporation utilizou a PIB para analisar investimentos de capital valendo dezenas de milhões de dólares para expandir a capacidade da refinaria e preservar energia.

Um exemplo bem diferente que ainda cai relativamente nessa categoria é descrito na Referência Selecionada A7. Foi conduzido um importante estudo de PO para a South African National Defense Force para incrementar suas capacidades com um orçamento menor. Os "investimentos" considerados nesse caso eram custos de aquisição e despesas permanentes que seriam necessárias para fornecer tipos específicos de recursos militares. Foi formulado um modelo PIB misto para escolher aquelas capacidades específicas que maximizariam a eficiência geral do órgão e, ao mesmo tempo, atenderiam à restrição de orçamento. O modelo tinha mais de 16 mil variáveis (incluindo 256 variáveis binárias) e mais de 5 mil restrições funcionais. A otimização resultante do tamanho e da forma das Forças Armadas geraram uma economia acima de US$ 1,1 bilhão por ano, bem como benefícios não monetários vitais. O impacto desse estudo rendeu o 1º lugar no prêmio Franz Edelman Awards de 1996 na categoria Conquista no Campo das Ciências da Administração.

Em uma aplicação militar um tanto similar, o Comando do Espaço da Força Aérea norte-americana investiu vários bilhões de dólares por ano e adquiriu e desenvolveu veículos de lançamento e sistemas espaciais. A edição de julho/agosto de 2003 da *Interfaces* descreve como o Comando do Espaço utiliza programação inteira para otimizar esses investimentos a longo prazo durante um horizonte de 24 anos.

A Referência Selecionada A3 apresenta outra aplicação premiada de um modelo PIB misto para a análise de investimento. Esse modelo em particular foi empregado pela empresa de investimentos Grantham, Mayo, Van Otterloo and Company para montar diversas carteiras de investimentos administradas quantitativamente, representando mais de US$ 8 bilhões em ativos. Em cada caso, foi criada uma carteira próxima (em termos de setor e de riscos) à carteira-meta, mas com um número bem menor e mais controlável de ações diferentes. É usada uma variável binária para representar cada decisão sim-ou-não para verificar se determinada ação deve ser incluída ou não na carteira e, a seguir, uma variável contínua distinta para representar a quantidade de ações a ser incluídas. Dada a carteira atual que precisa ser reequilibrada, é desejável reduzir os custos de transação, minimizando o número de transações necessárias para obter a carteira final, de modo que as variáveis binárias também sejam incluídas para representar as decisões sim-ou-não no que tange realizar ou não as transações para modificar a quantidade de ações individuais que são mantidas em carteira. A inclusão dessa consideração no modelo reduziu em pelo menos US$ 4 milhões o custo anual de comercialização das carteiras administradas.

Escolher um local

Na atual economia global, muitas corporações abrem novas instalações em diversas partes do mundo de modo a tirar proveito de custos de mão de obra mais baixos, por exemplo. Antes de escolher determinado local para a nova fábrica, vários locais potenciais precisam ser analisados e comparados. (O exemplo da California Manufacturing Co. tinha apenas dois locais potenciais para cada um dos dois tipos de instalações.) Cada um desses locais em potencial envolve uma decisão sim-ou-não do seguinte tipo:

Cada decisão sim-ou-não:
Certo local deve ser escolhido para a localização de determinada nova instalação?

$$\text{Sua variável de decisão} = \begin{cases} 1 & \text{se sim} \\ 0 & \text{se não.} \end{cases}$$

Em muitos casos, o objetivo é escolher os locais de modo a minimizar o custo total das novas instalações que fornecerão a produção necessária.

Conforme descrito na Referência Selecionada A11, a AT&T usou um modelo PIB para ajudar um grande número de clientes a escolher o local para suas centrais de telemarketing. O modelo minimiza trabalho, comunicações e custos de aluguel e, ao mesmo tempo, fornece o nível desejado de cobertura para essas centrais. Em apenas um ano (1988), essa metodologia permitiu a 46 clientes da AT&T tomar decisões sim-ou-não referentes a locais para instalação de maneira rápida e segura, além de render US$ 375 milhões anuais em serviços de rede e US$ 31 milhões em vendas de equipamentos para a AT&T.

Descrevemos, a seguir, um importante tipo de problema para muitas empresas em que a escolha do local desempenha papel fundamental.

Desenho de redes de produção e de distribuição

Hoje, os fabricantes sofrem muita pressão competitiva para que seus produtos cheguem ao mercado de forma mais rápida, bem como reduzindo seus custos de produção e de distribuição. Portanto, qualquer empresa que distribua seus produtos em uma área geográfica extensa (ou até mesmo em escala mundial) deve prestar atenção contínua em relação ao desenho de sua rede de produção e de distribuição.

Esse desenho envolve resolver os seguintes tipos de decisões sim-ou-não:

Devemos manter aberta determinada fábrica?
Devemos escolher certo local para uma nova fábrica?
Devemos manter aberto dado centro de distribuição?
Devemos escolher determinado local para um novo centro de distribuição?

Se cada área de mercado for atendida por um único centro de distribuição, então temos também outro tipo de decisão sim-ou-não para cada combinação de área de mercado e centro de distribuição.

Determinado centro de distribuição deve ser designado para atender certa área de mercado?
Para cada uma das decisões sim-ou-não de qualquer um desses tipos,

$$\text{Sua variável de decisão} = \begin{cases} 1 & \text{se sim} \\ 0 & \text{se não.} \end{cases}$$

A *Ault Foods Limited* (edição de julho/agosto de 1994 da *Interfaces*) utilizou essa abordagem para criar seu centro de distribuição e produção. A gerência considerou dez locais para fábricas, 13 locais para centros de distribuição e 48 áreas de mercado. A essa aplicação da PIB foi creditada uma economia anual de US$ 200.000.

A *Digital Equipment Corporation* (edição de janeiro/fevereiro de 1995 da *Interfaces*) é outro exemplo de aplicação desse tipo. Na época, essa grande multinacional atendia um quarto de milhão de instalações de clientes, em que mais da metade de seu faturamento anual de US$ 14 bilhões provinha de 81 países fora dos Estados Unidos. Portanto, essa aplicação envolvia reestruturar toda a *cadeia de suprimento global* da empresa, formada por seus fornecedores, fábricas, centros de distribuição, locais potenciais para novas instalações e áreas de mercado espalhadas ao redor do mundo todo. A reestruturação gerou uma redução nos custos anuais de US$ 500 milhões em manufatura e US$ 300 milhões em logística, bem como uma redução de mais de US$ 400 milhões em ativos fixos necessários.

Despacho de mercadorias

Assim que uma rede de distribuição e produção tiver sido desenhada e colocada em operação, decisões operacionais diárias precisam ser tomadas em relação a como despachar mercadorias. Novamente, algumas dessas decisões são decisões sim-ou-não.

Suponha, por exemplo, que se utilizem caminhões para transportar as mercadorias e que cada um deles normalmente faça entregas a vários clientes durante cada viagem. Torna-se então necessário escolher uma rota (sequência de clientes) para cada caminhão, de modo que cada candidato a uma rota conduza à seguinte decisão sim-ou-não:

Devemos escolher certa rota para um dos caminhões?

$$\text{Sua variável de decisão} = \begin{cases} 1 & \text{se sim} \\ 0 & \text{se não.} \end{cases}$$

O objetivo seria escolher as rotas que minimizassem o custo total para fazer todas as entregas.

Devemos considerar também vários fatores complicadores. Por exemplo, se existirem diversos tamanhos de caminhão, cada candidato à seleção incluiria determinada rota e certo tamanho de caminhão. De modo similar, se o tempo for um problema, também poderíamos especificar um horário para a partida como parte da decisão sim-ou-não. Com ambos os fatores, cada decisão sim-ou-não assumiria a forma apresentada a seguir.

Deveríamos selecionar simultaneamente todos os fatores a seguir para uma série de entrega?

1. Determinada rota,
2. Certo tamanho de caminhão e
3. Dado horário de partida

$$\text{Sua variável de decisão} = \begin{cases} 1 & \text{se sim} \\ 0 & \text{se não.} \end{cases}$$

Por exemplo, a *Sears, Roebuck and Company* (edição de janeiro/fevereiro de 1999 da *Interfaces*) obteve economia superior a US$ 42 milhões usando um sistema de rota-e-programação de veículos com base na PIB e em um sistema de informações geográficas para gerenciar de forma mais eficiente suas frotas de entregas e atendimento domiciliar.

Programação de atividades inter-relacionadas

Todos nós programamos atividades inter-relacionadas em nossa vida cotidiana, mesmo que seja simplesmente programar o horário de início de nossas diversas tarefas domésticas. Da mesma forma, os gerentes têm de programar diversos tipos de atividades inter-relacionadas. Quando deveríamos iniciar a produção para atender a diversos novos pedidos? Quando deveríamos iniciar a comercialização de diversos produtos novos? Quando deveríamos fazer diversos investimentos de capital para expandir nossa capacidade produtiva?

Para qualquer uma dessas atividades, a decisão em relação a quando iniciar pode ser expressa em termos de uma série de decisões sim-ou-não, com cada uma dessas decisões para cada período possível no qual iniciar, conforme ilustrado a seguir.

Deveríamos iniciar certa atividade em determinado período?

$$\text{Sua variável de decisão} = \begin{cases} 1 & \text{se sim} \\ 0 & \text{se não.} \end{cases}$$

Já que determinada atividade pode iniciar somente em um período, a escolha dos diversos períodos fornece um grupo de *alternativas mutuamente exclusivas,* de modo que a variável de decisão para somente um período pode ter um valor igual a 1.

Consideremos, por exemplo, a seguinte aplicação que ocorreu na *China* (edição de janeiro/fevereiro de 1995 da *Interfaces*). A China se deparava com pelo menos US$ 240 bilhões em novos investimentos ao longo de um horizonte de 15 anos para atender às demandas de energia de sua crescente economia. A falta de carvão e de eletricidade exigia nova infraestrutura para transporte de carvão e transmissão de eletricidade, bem como a construção de novas represas e instalações para geração de energia térmica, hidráulica e nuclear. Portanto, o Comitê de Planejamento Estatal da China e o Banco Mundial trabalharam de forma cooperativa no desenvolvimento de um imenso modelo PIB misto para orientar as decisões sobre quais projetos deveriam ser aprovados e quando empreendê-los ao longo de um período de planejamento de 15 anos a fim de minimizar o custo total descontado. Estima-se que essa aplicação de PO tenha proporcionado economia à China de cerca de US$ 6,4 bilhões ao longo desse período de 15 anos.

Aplicação em linhas aéreas

O mercado de empresas aéreas é um usuário particularmente intensivo da PO em suas operações. Hoje, várias centenas de profissionais de PO trabalham nessa área. As principais companhias aéreas normalmente têm um grande departamento interno que trabalha em aplicações de PO. Além disso, há algumas empresas de consultoria proeminentes que se concentram exclusivamente em problemas de empresas envolvidas com transporte, incluindo, especialmente, as companhias aéreas. Citaremos aqui apenas duas dessas aplicações que empregam especificamente a PIB.

Uma delas é o *problema da designação de frotas*. Dados diversos tipos diferentes de aeronaves existentes, o problema é alocar um tipo específico a cada trecho de voo na programação, de modo a maximizar o lucro total respeitando essa programação de voos. A relação básica é que se a empresa aérea usar um avião que seja muito pequeno em determinado trecho de voo, deixará de atender possíveis clientes, ao passo que, se ela utilizar uma aeronave muito grande, sofrerá com as despesas maiores do avião maior voando com assentos vazios.

Para cada combinação tipo de aeronave-trecho de voo, temos a seguinte decisão sim-ou-não: Deveríamos alocar determinado tipo de aeronave a certo trecho de voo?

$$\text{Sua variável de decisão} = \begin{cases} 1 & \text{se sim} \\ 0 & \text{se não.} \end{cases}$$

A Delta Air Lines realiza mais de 2.500 trechos de voos domésticos por dia, utilizando cerca de 450 aeronaves de 10 tipos diferentes. Conforme descrito na Referência Selecionada A12, foi usado um modelo de programação inteira enorme (cerca de 40 mil restrições funcionais, 20 mil variáveis binárias e 40.000 variáveis inteiras genéricas) para solucionar seu problema de alocação de frotas, cada vez que for necessária uma alteração. Essa aplicação gerou para a Delta a economia anual aproximada de US$ 100 milhões.

Exemplo de Aplicação

As empresas de aviação comercial têm que resolver dois difíceis problemas de cronograma para garantir que as tripulações estejam disponíveis para todos os voos programados. O primeiro deles, denominado *problema do planejamento dos turnos de serviço*, envolve construir sequências de voos intercaladas com períodos de descanso que formarão turnos de serviço ao longo de, talvez, vários dias, para cada tripulação. O segundo, denominado *problema da lista dos turnos de serviço*, envolve alocar esses turnos de serviço a cada tripulante. A gerência busca soluções com custo mínimo ou produtividade máxima para esses problemas que também satisfaçam os acordos trabalhistas e levem em consideração as preferências dos tripulantes.

Muitas companhias aéreas mundiais de grande porte alcançaram economias notáveis nos últimos anos mediante o uso de *modelos PIB* na obtenção de soluções ótimas para esses problemas. Uma dessas companhias é a Air New Zealand, a maior companhia aérea nacional e internacional da Nova Zelândia. Ela emprega mais de 2 mil tripulantes e opera voos para Austrália, Ásia, América do Norte e Europa, bem como entre os principais centros da Nova Zelândia.

Os modelos PIB usados pela Air New Zealand possuem, tipicamente, *centenas de restrições funcionais e milhares de variáveis binárias*, em que são usadas então técnicas avançadas para solucionar esses modelos. Uma estimativa conservadora das *economias* resultantes do uso desses modelos é de US$ 6,7 milhões *por ano*, o que representa 11% do lucro operacional da empresa em um ano recente. Existem também muitos benefícios intangíveis, entre eles, implementações rápidas, eficaz agilização de mudanças de última hora na programação e melhoria nos serviços de atendimento ao passageiro.

Fonte: E. R. Butchers, P. R. Day, A. P. Goldie, S. Miller, J. A. Meyer, D. M. Ryan, A. C. Scott, and C. A. Wallace: "Optimized Crew Scheduling at Air New Zealand", *Interfaces*, 31(1): 30-56, Jan.-Feb. 2001. (Este artigo está disponível em inglês no *site* da editora, www.bookman.com.br.)

Uma aplicação relativamente similar é o *problema de escala de tripulação*. Aqui, em vez de alocar tipos de aviões a trechos de voo, alocamos sequências de trechos de voo a tripulações de pilotos e de comissários de bordo. Portanto, para cada sequência viável de trechos de voo que parte de uma base de tripulação e retorna à mesma base, a seguinte decisão sim-ou-não precisa ser feita.

Determinada sequência de trechos de voo deveria ser alocada a uma tripulação?

$$\text{Sua variável de decisão} = \begin{cases} 1 & \text{se sim} \\ 0 & \text{se não.} \end{cases}$$

O objetivo é minimizar o custo total de disponibilizar tripulações que cubram cada trecho de voo programado.

A *American Airlines* (edições de julho/agosto de 1989 e de janeiro/fevereiro de 1991 da *Interfaces*) conseguiu uma economia anual de mais de US$ 20 milhões utilizando a PIB para resolver mensalmente seu problema de escala de tripulação. Essa metodologia também é utilizada largamente pelas empresas aéreas com bases fora dos Estados Unidos. Por exemplo, a *Air New Zealand* (edição de janeiro/fevereiro 2001 da *Interfaces*) economiza aproximadamente US$ 6,7 milhões por ano usando a PIB para otimizar a escala de tripulações, conforme descrito no Exemplo de Aplicação nesta seção.

Um exemplo de formulação mais completo desse tipo será apresentado no final da Seção 11.4.

Um problema relacionado com as companhias aéreas é aquele que suas escalas de tripulação precisam, ocasionalmente, ser revistas com rapidez quando ocorrem atrasos ou cancelamentos de voos em decorrência do mau tempo, problemas mecânicos nas aeronaves ou falta de tripulação. Conforme descrito na vinheta de aplicação na Seção 2.2 (bem como na Referência Selecionada A14), a Continental Airlines alcançou a economia de US$ 40 milhões no primeiro ano de emprego de um sofisticado sistema de apoio à decisão baseado em PIB para otimizar a *realocação* de tripulações a voos quando essas emergências ocorrem. A Continental Airlines ganhou o 1º prêmio do Franz Edelman Awards de 2002 na categoria Conquista no Campo das Ciências da Administração por essa inovadora aplicação.

Muitos dos problemas enfrentados pelas empresas aéreas também surgem em outros segmentos do setor de transporte. Portanto, algumas das aplicações de PO das empresas aéreas estendem-se a esses outros segmentos, entre eles, o de viagens de trem. Por exemplo, três dos ganhadores do primeiro prêmio do Franz Edelman Award na categoria Conquista no Campo das Ciências da Administração em anos recentes foram referentes a aplicações para transporte ferroviário – a rede ferroviária nacional da França, a Canadian Pacific Railway e a Netherlands Railways, que obtiveram enormes benefícios financeiros. (Ver as edições de janeiro/fevereiro de 1998, janeiro/fevereiro de 2004 e janeiro/fevereiro de 2009 da *Interfaces*.) A Referência Selecionada A1 também descreve como a Netherlands Railways (NS Reizigers) economiza agora cerca de US$ 4,8 milhões por ano mediante o uso do PIB para otimizar a escala de sua tripulação.

11.3 USOS INOVADORES DAS VARIÁVEIS BINÁRIAS NA FORMULAÇÃO DE MODELOS

Acabamos de ver uma série de exemplos em que as *decisões básicas* do problema eram do *tipo sim-ou-não*, de modo que *variáveis binárias* foram introduzidas para representar essas decisões. Veremos agora outras maneiras nas quais as variáveis binárias podem ser muito úteis. Particularmente, veremos que essas variáveis algumas vezes permitem tomar um problema cuja formulação natural é difícil de trabalhar e *reformulá-lo* como um problema de PI pura ou mista.

Esse tipo de situação surge quando a formulação original do problema é compatível com o formato de programação linear ou, então, de PI, *exceto* por pequenas disparidades que envolvem relações combinatórias no modelo. Expressando essas relações combinatórias em termos de perguntas que devem ser respondidas com sim ou não, podemos introduzir **variáveis binárias auxiliares** ao modelo para representar essas decisões sim-ou-não. (Em vez de ser uma variável de decisão para o problema original considerado, uma variável binária *auxiliar* é uma variável binária que é incluída no modelo do problema simplesmente para ajudar a formulá-lo como um modelo PIB puro ou misto.) Inserir essas variáveis reduz o problema a um problema de PIM (ou a um problema de PI *pura*, caso todas as variáveis originais também precisem assumir valores inteiros).

Alguns casos que podem ser tratados por essa metodologia são vistos a seguir, em que x_j representam as variáveis *originais* do problema (elas podem ser variáveis básicas inteiras ou então contínuas) e y_i representam as variáveis binárias *auxiliares* que foram incluídas para a reformulação.

Restrições ou - ou então

Considere o importante caso em que se pode escolher entre duas restrições, de modo que *apenas uma* (qualquer uma das duas) tem de ser válida (ao passo que a outra pode ser válida, mas não necessariamente). Por exemplo, pode haver a possibilidade de se escolher qual de dois recursos usar para determinado fim, de modo que seja necessário que somente uma das restrições de disponibilidade dos dois recursos seja válida matematicamente. Para ilustrar a abordagem para essas situações, suponha que uma das exigências no problema geral seja:

$$\text{Ou} \quad 3x_1 + 2x_2 \leq 18$$
$$\text{ou então} \quad x_1 + 4x_2 \leq 16,$$

isto é, pelo menos uma das desigualdades tem de ser válida, porém, não necessariamente ambas. Essa exigência deve ser reformulada para atender ao formato de programação linear na qual *todas* as restrições especificadas têm de ser válidas. Façamos que M seja um número positivo muito grande. Então, essa exigência pode ser reescrita como:

$$\text{Ou} \quad \begin{array}{l} 3x_1 + 2x_2 \leq 18 \\ x_1 + 4x_2 \leq 16 + M \end{array}$$
$$\text{ou então} \quad \begin{array}{l} 3x_1 + 2x_2 \leq 18 + M \\ x_1 + 4x_2 \leq 16. \end{array}$$

O segredo é que acrescentar M no lado direito dessas restrições tem o efeito de eliminá-las, pois elas seriam satisfeitas automaticamente por qualquer solução que satisfaça às demais restrições do problema. (Essa formulação supõe que o conjunto de soluções viáveis para o problema geral seja um conjunto limitado e que M seja suficientemente grande a ponto de não eliminar nenhuma solução viável.) Essa formulação é equivalente ao conjunto de restrições:

$$3x_1 + 2x_2 \leq 18 + My$$
$$x_1 + 4x_2 \leq 16 + M(1 - y)$$

Em virtude da *variável auxiliar* y ser 0 ou então 1, essa formulação garante que uma das restrições originais tem de ser válida, enquanto a outra é, de fato, eliminada. Esse novo conjunto de restrições poderia ser então anexado às demais restrições no modelo global para resultar em um problema de PI puro ou misto (dependendo se x_j forem variáveis inteiras ou contínuas).

Essa metodologia relaciona-se diretamente com nossa discussão anterior sobre expressar relações combinatórias em termos de perguntas cuja resposta deve ser sim ou não. A relação combinatória envolvida se refere à combinação das *demais* restrições do modelo com a *primeira* das duas restrições *alternativas* e depois com a *segunda*. Qual dessas duas combinações de restrições é *melhor* (em termos do valor da função objetivo que então poderá ser alcançado)? Para refazer essa pergunta em termos sim-ou-não, fazemos duas perguntas complementares:

1. $x_1 + 4x_2 \leq 16$ deve ser selecionada como a restrição que obrigatoriamente será válida?
2. $3x_1 + 2x_2 \leq 18$ deve ser selecionada como a restrição que obrigatoriamente será válida?

Pelo fato de exatamente uma dessas perguntas ser respondida afirmativamente, fazemos que os termos binários y e $1 - y$ representem, respectivamente, essas decisões sim-ou-não. Portanto, $y = 1$ se a resposta for sim para a primeira pergunta (e não para a segunda), ao passo que $1 - y = 1$ (isto é, $y = 0$) se a resposta for sim para a segunda pergunta (e não para a primeira). Já que automaticamente $y + 1 - y = 1$ (um sim), não há necessidade de se acrescentar outra restrição para forçar que essas duas decisões sejam mutuamente exclusivas. (Se variáveis binárias y_1 e y_2 distintas tivessem sido usadas em vez de representar essas decisões sim-ou-não, então uma restrição adicional $y_1 + y_2 = 1$ teria sido necessária para torná-las mutuamente exclusivas.)

Uma apresentação formal dessa metodologia é fornecida a seguir para um caso mais geral.

K de N restrições devem ser válidas

Considere o caso em que o modelo global inclua um conjunto de N possíveis restrições tais que somente algumas K restrições dessas restrições *devem* ser válidas. (Suponha que $K < N$.) Parte do processo de otimização é escolher a *combinação* de K restrições que permita à função objetivo atingir seu melhor valor possível. As $N - K$ restrições *não* escolhidas são, de fato, eliminadas do problema, embora soluções viáveis pudessem coincidentemente ainda satisfazer algumas delas.

Esse caso é uma generalização direta do caso precedente, que tinha $K = 1$ e $N = 2$. Representando as N restrições possíveis por:

$$f_1(x_1, x_2, \ldots, x_n) \leq d_1$$
$$f_2(x_1, x_2, \ldots, x_n) \leq d_2$$
$$\vdots$$
$$f_N(x_1, x_2, \ldots, x_n) \leq d_N.$$

A seguir, aplicando-se a mesma lógica para o caso precedente, descobrimos que uma formulação equivalente à exigência que algumas K dessas restrições *devem* ser válidas é:

$$f_1(x_1, x_2, \ldots, x_n) \leq d_1 + My_1$$
$$f_2(x_1, x_2, \ldots, x_n) \leq d_2 + My_2$$
$$\vdots$$
$$f_N(x_1, x_2, \ldots, x_n) \leq d_N + My_N$$
$$\sum_{i=1}^{N} y_i = N - K,$$

e

$$y_i \text{ são binárias}, \quad \text{para } i = 1, 2, \ldots, N,$$

em que M é um número positivo extremamente grande. Para cada variável binária y_i ($i = 1, 2, \ldots, N$), observe que $y_i = 0$ faz com que $My_i = 0$, o que reduz a nova restrição i à restrição i original. No entanto, $y_i = 1$ torna $(d_i + My_i)$ tão grande que (novamente, supondo-se uma região de soluções viáveis limitada) a nova restrição i é automaticamente satisfeita por qualquer solução que satisfaça as demais restrições novas, o que tem o efeito de eliminar a restrição original i. Portanto, pelo fato de as restrições sobre y_i garantirem que K dessas variáveis serão iguais a 0 e aquelas remanescentes serão iguais a 1, K das restrições originais permanecerão inalteradas e as demais $(N - K)$ restrições originais serão, na realidade, eliminadas. A escolha de *quais* restrições K deveriam ser mantidas é feita aplicando-se o algoritmo apropriado ao problema geral, de modo que ele encontre uma solução ótima para *todas* as variáveis simultaneamente.

Funções com N valores possíveis

Considere a situação na qual determinada função tenha de assumir qualquer um dos N valores dados. Representando essa exigência por:

$$f(x_1, x_2, \ldots, x_n) = d_1 \quad \text{ou} \quad d_2, \ldots, \quad \text{ou} \quad d_N.$$

Um caso especial é aquele em que essa função é:

$$f(x_1, x_2, \ldots, x_n) = \sum_{j=1}^{n} a_j x_j,$$

como no lado esquerdo de uma restrição de programação linear. Outro caso especial é aquele no qual $f(x_1, x_2, \ldots, x_n) = x_j$ para dado valor de j, de modo que a exigência passa a ser que x_j deve assumir qualquer um dos N valores dados.

A formulação PI equivalente dessa exigência é a seguinte:

$$f(x_1, x_2, \ldots, x_n) = \sum_{i=1}^{N} d_i y_i$$

$$\sum_{i=1}^{N} y_i = 1$$

e

$$y_i \text{ é binária}, \quad \text{para } i = 1, 2, \ldots, N.$$

portanto, esse novo conjunto de restrições substituiria essa exigência no enunciado do problema geral. Esse conjunto de restrições fornece uma formulação *equivalente*, pois exatamente um y_i deve ser igual a 1 e os demais têm de ser iguais a 0, de modo que igualmente um d_i é escolhido como valor da função. Nesse caso, há N perguntas sim-ou-não que são feitas, isto é, d_i deve ter o valor escolhido ($i = 1, 2, \ldots, N$)? Em virtude de y_i representarem, respectivamente, essas *decisões sim-ou-não*, a segunda restrição as torna *alternativas mutuamente exclusivas*.

Para ilustrar como esse caso pode surgir, reconsidere o problema da Wyndor Glass Co. apresentado na Seção 3.1. No momento, 18 horas semanais de tempo de produção na Fábrica 3 não estão sendo usados e estão disponíveis para os dois novos produtos *ou* para certos produtos futuros que estarão prontos para produção brevemente. De modo a deixar qualquer capacidade remanescente em blocos utilizáveis para esses produtos futuros, a gerência agora quer impor a restrição de que o tempo de produção usado pelos dois produtos novos atuais é de 6 *ou* 12 *ou* 18 horas por semana. Portanto, a terceira restrição do modelo original ($3x_1 + 2x_2 \leq 18$) agora ficará da seguinte forma:

$$3x_1 + 2x_2 = 6 \quad \text{ou} \quad 12 \quad \text{ou} \quad 18.$$

Na notação anterior, $N = 3$ com $d_1 = 6$, $d_2 = 12$ e $d_3 = 18$. Consequentemente, a nova imposição da gerência deveria ser formulada como a seguir:

$$3x_1 + 2x_2 = 6y_1 + 12y_2 + 18y_3$$
$$y_1 + y_2 + y_3 = 1$$

e

$$y_1, y_2, y_3 \text{ são binárias}.$$

O modelo geral para essa nova versão do problema é formado, então, pelo modelo original (ver Seção 3.1) mais esse novo conjunto de restrições que substitui a terceira restrição. Essa substituição conduz a uma formulação PIM muito maleável.

Problema do encargo fixo

É bastante comum ficar sujeito a um encargo fixo ou custo inicial de instalação ao empreender uma atividade. Por exemplo, esse encargo ocorre quando se empreende uma corrida de produção para fabricar um lote de determinado produto e as instalações de produção necessárias têm de ser configuradas para iniciar essa corrida. Nesses casos, o custo total da atividade é a soma do custo variável relativo ao nível da atividade e o custo de instalação necessário para iniciá-la. Frequentemente, o custo variável será pelo menos aproximadamente proporcional ao nível da atividade. Se esse for o caso, o *custo total* da atividade (digamos, da atividade j) pode ser representado por uma função do tipo:

$$f_j(x_j) = \begin{cases} k_j + c_j x_j & \text{se } x_j > 0 \\ 0 & \text{se } x_j = 0, \end{cases}$$

em que x_j representa o nível da atividade j ($x_j \geq 0$), k_j, o custo inicial de instalação, e c_j, o custo para cada unidade incremental. Não fosse pelo custo inicial de instalação k_j, essa estrutura de custos sugeriria a possibilidade de uma formulação de *programação linear* para determinar os níveis ótimos das atividades concorrentes entre si. Felizmente, mesmo com k_j, a PIM ainda pode ser usada.

Para formular o modelo global, suponha que n atividades, cada uma com a estrutura de custos precedente (com $k_j \geq 0$ em cada um dos casos, e $k_j > 0$ para algum $j = 1, 2,..., n$) e que o problema seja o de

$$\text{Minimizar} \quad Z = f_1(x_1) + f_2(x_2) + \cdots + f_n(x_n),$$

sujeito a

dadas restrições de programação linear.

Para converter esse problema em um formato PIM, começamos por fazer n perguntas que devem ser respondidas com sim ou não; isto é, para cada $j = 1, 2,..., n$, a atividade j deve ser empreendida ($x_j > 0$)? Cada uma dessas *decisões sim-ou-não* é então representada por uma *variável binária* auxiliar y_j, de modo que:

$$Z = \sum_{j=1}^{n} (c_j x_j + k_j y_j),$$

em que

$$y_j = \begin{cases} 1 & \text{se } x_j > 0 \\ 0 & \text{se } x_j = 0. \end{cases}$$

Portanto, y_j podem ser interpretados como as *decisões contingentes* similares (mas não idênticas) ao tipo considerado na Seção 11.1. Façamos que M seja um número positivo extremamente grande que exceda o valor viável máximo de qualquer x_j ($j = 1, 2,..., n$). Então as restrições

$$x_j \leq M y_j \quad \text{para } j = 1, 2,..., n$$

vão garantir que $y_j = 1$ em vez de 0 sempre que $x_j > 0$. A única dificuldade restante é que essas restrições deixam y_j livres para ser 0 ou então 1 quando $x_j = 0$. Felizmente, essa dificuldade é resolvida automaticamente em razão da natureza da função objetivo. O caso no qual $k_j = 0$ pode ser ignorado porque y_j pode então ser eliminado da formulação. Portanto, consideramos o único outro caso, isto é, em que $k_j > 0$. Quando $x_j = 0$, de modo que as restrições permitam uma escolha entre $y_j = 0$ e $y_j = 1$, $y_j = 0$ deve obrigatoriamente conduzir a um valor de Z menor que $y_j = 1$. Assim, pelo fato de o objetivo ser minimizar Z, um algoritmo que conduza a uma solução ótima sempre optaria por $y_j = 0$ quando $x_j = 0$.

Em suma, a formulação PIM do problema de encargo fixo é

$$\text{Minimizar} \quad Z = \sum_{j=1}^{n} (c_j x_j + k_j y_j),$$

sujeito às
restrições originais, além de

$$x_j - M y_j \leq 0$$

e

$$y_j \text{ é binária}, \quad \text{para } j = 1, 2,..., n.$$

Se x_j também tivessem sido restritos a ser inteiros, então isso seria um problema de PI *puro*.

Para ilustrar essa metodologia, retorne ao problema de poluição do ar da Nori & Leets Co. descrito na Seção 3.4. O primeiro dos métodos de redução de poluição considerados – aumentar a altura das chaminés –, na verdade, envolveria um *encargo fixo* substancial para estar preparado para *qualquer* aumento, além de um custo variável que seria, grosso modo, proporcional à quantidade desse aumento. Após a conversão para custos anuais equivalentes usada na formulação, esse encargo fixo seria de US$ 2 milhões cada para os altos-fornos e para os fornos Siemens-Martin, ao passo que os custos variáveis são aqueles identificados na Tabela 3.14. Portanto, na notação anterior, $k_1 = 2$, $k_2 = 2$, $c_1 = 8$ e $c_2 = 10$, em que a função objetivo é expressa em unidades de *milhões de dólares*. Em virtude dos demais métodos de redução de poluição não envolverem nenhum encargo fixo, $k_j = 0$ para $j = 3, 4, 5, 6$. Consequentemente, a nova formulação PIM para esse problema ficará assim:

Minimizar $Z = 8x_1 + 10x_2 + 7x_3 + 6x_4 + 11x_5 + 9x_6 + 2y_1 + 2y_2$,

sujeito às restrições dadas na Seção 3.4, além de

$$x_1 - My_1 \leq 0,$$
$$x_2 - My_2 \leq 0,$$

e

y_1, y_2 serem binárias.

Representação binária de variáveis inteiras genéricas

Suponha que você tem um problema de PI puro em que a maioria das variáveis são *binárias*, porém, a presença de algumas poucas variáveis inteiras *genéricas* o impedem de resolver esse problema por meio de um dos algoritmos PIB muito eficientes disponíveis no momento. Uma excelente maneira de se contornar essa dificuldade é usar a *representação binária* para cada uma dessas variáveis inteiras genéricas. Especificamente, se os limites sobre uma variável inteira x forem

$$0 \leq x \leq u$$

e se N for definido como o inteiro tal que

$$2^N \leq u < 2^{N+1},$$

então a **representação binária** de x é:

$$x = \sum_{i=0}^{N} 2^i y_i,$$

em que as variáveis y_i são variáveis binárias (auxiliares). Substituindo-se essa representação binária para cada uma das variáveis inteiras genéricas (com um conjunto distinto de variáveis binárias auxiliares para cada uma delas) reduz, desse modo, o problema todo a um modelo PIB.

Suponha, por exemplo, que um problema de PI tem apenas duas variáveis inteiras genéricas x_1 e x_2 junto com diversas variáveis binárias. Suponha também que o problema tem restrições de não negatividade tanto para x_1 quanto para x_2 e que as restrições funcionais incluam:

$$x_1 \leq 5$$
$$2x_1 + 3x_2 \leq 30.$$

Essas restrições implicam que $u = 5$ para x_1 e $u = 10$ para x_2, de modo que a definição de N mencionada anteriormente fornece $N = 2$ para x_1 (já que $2^2 \leq 5 < 2^3$) e $N = 3$ para x_2 (já que $2^3 \leq 10 < 2^4$). Portanto, as representações binárias dessas variáveis são:

$$x_1 = y_0 + 2y_1 + 4y_2$$
$$x_2 = y_3 + 2y_4 + 4y_5 + 8y_6.$$

Após substituirmos essas expressões para as respectivas variáveis ao longo de todas as restrições funcionais e função objetivo, as duas restrições funcionais indicadas acima tornam-se

$$y_0 + 2y_1 + 4y_2 \leq 5$$
$$2y_0 + 4y_1 + 8y_2 + 3y_3 + 6y_4 + 12y_5 + 24y_6 \leq 30.$$

Observe que cada valor viável de x_1 corresponde a um dos valores viáveis do vetor (y_0, y_1, y_2) e, do mesmo modo, para x_2 e (y_3, y_4, y_5, y_6). Por exemplo, $x_1 = 3$ corresponde a $(y_0, y_1, y_2) = (1, 1, 0)$ e $x_2 = 5$ corresponde a $(y_3, y_4, y_5, y_6) = (1, 0, 1, 0)$.

Para um problema de PI, em que *todas* as variáveis são variáveis inteiras genéricas (limitadas), é possível usar essa mesma técnica para reduzir o problema a um modelo PIB. Entretanto, isso não é recomendável na maioria dos casos em virtude da explosão no número de variáveis envolvidas. Aplicar um bom algoritmo PI ao modelo PI original geralmente deve ser mais eficiente que aplicar um bom algoritmo PIB ao modelo PIB muito maior[1].

Em termos gerais, para *todas* as possibilidades de formulação com variáveis binárias auxiliares discutidas nesta seção, precisamos adotar a mesma cautela. Essa abordagem algumas vezes requer que se acrescente um número relativamente grande dessas variáveis básicas, o que pode tornar o modelo *computacionalmente inviável*. A Seção 11.5 fornecerá alguma noção sobre os tamanhos de problemas de PI que podem ser resolvidos.

11.4 ALGUNS EXEMPLOS DE FORMULAÇÃO

Apresentamos agora uma série de exemplos que ilustram uma variedade de técnicas de formulação com variáveis binárias, incluindo aquelas discutidas nas seções anteriores. Para fins de clareza, esses exemplos foram mantidos em um tamanho muito reduzido. Um exemplo de formulação ligeiramente maior, com dezenas de variáveis binárias e restrições, é incluído na seção de Worked Examples do *site* da editora. Em aplicações reais, essas formulações seriam tipicamente apenas uma pequena parte de um modelo muitíssimo maior.

EXEMPLO 1 Fazer escolhas quando as variáveis de decisão são contínuas

A Divisão de Pesquisa e Desenvolvimento da Good Products Company desenvolveu três possíveis produtos novos. Entretanto, para evitar diversificação indevida da linha de produtos da empresa, a gerência impôs a seguinte restrição.

Restrição 1: dos três possíveis produtos novos, *pelo menos dois* devem ser escolhidos para ser produzidos.

Cada um desses produtos pode ser produzido em qualquer uma de duas fábricas. Por razões administrativas, a gerência impôs uma segunda restrição a esse respeito.

Restrição 2: apenas uma das duas fábricas deve ser escolhida para ser o único produtor dos produtos novos.

O custo de produção por unidade de cada produto seria essencialmente o mesmo nas duas fábricas. Entretanto, em razão das diferenças nas suas instalações de produção, o número de horas de fabricação necessárias por unidade de cada produto poderia diferir entre as duas fábricas. Esses dados são fornecidos na Tabela 11.2, junto com outras informações relevantes, incluindo estimativas de comercialização do número de unidades de cada produto, que poderiam ser vendidos por semana, caso ele fosse produzido. O objetivo é escolher os produtos, a fábrica e as taxas de produção dos produtos selecionados de modo a maximizar o lucro total.

Em certos aspectos, esse problema lembra um *problema de mix de produtos*-padrão, como aquele do exemplo da Wyndor Glass Co. descrito na Seção 3.1. Na realidade, se alterarmos o problema elimi-

■ **TABELA 11.2** Dados para o Exemplo 1 (o problema da Good Products Company)

	Tempo de produção usado para cada unidade produzida			Tempo de produção disponível por semana
	Produto 1	Produto 2	Produto 3	
Fábrica 1	3 horas	4 horas	2 horas	30 horas
Fábrica 2	4 horas	6 horas	2 horas	40 horas
Lucro unitário	5	7	3	(milhares de dólares)
Potencial de vendas	7	5	9	(unidades por semana)

[1] Para mais evidências que demonstram essa conclusão, consulte J. H. Owen and S. Mehrotra, "On the Value of Binary Expansions for General Mixed Integer Linear Programs", *Operations Research*, **50**: 810-819, 2002.

nando as duas restrições e exigindo que cada unidade de um produto use as horas de produção fornecidas na Tabela 11.2 em *ambas as fábricas* (de modo que agora as duas fábricas realizem operações distintas exigidas pelos produtos), ele se tornaria exatamente um problema desse tipo. Particularmente, se admitimos que x_1, x_2, x_3 sejam as taxas de produção dos respectivos produtos, o modelo torna-se então

$$\text{Maximizar } Z = 5x_1 + 7x_2 + 3x_3,$$

sujeito a

$$3x_1 + 4x_2 + 2x_3 \leq 30$$
$$4x_1 + 6x_2 + 2x_3 \leq 40$$
$$x_1 \leq 7$$
$$x_2 \leq 5$$
$$x_3 \leq 9$$

e

$$x_1 \geq 0, \quad x_2 \geq 0, \quad x_3 \geq 0.$$

Para o problema real, entretanto, a restrição 1 precisa adicionar ao modelo a restrição a seguir:

O número de variáveis de decisão estritamente positivas (x_1, x_2, x_3) deve ser ≤ 2.

Essa restrição não se adapta ao formato de programação inteira ou de programação linear; portanto, a questão fundamental é como convertê-la em tal formato de modo que um algoritmo correspondente possa ser utilizado para solucionar o modelo como um todo. Se as variáveis de decisão fossem variáveis binárias, então a restrição seria expressa nesse formato como $x_1 + x_2 + x_3 \leq 2$. Entretanto, com variáveis de decisão *contínuas*, é necessária uma metodologia mais complicada que envolve a inclusão de variáveis binárias auxiliares.

A exigência 2 precisa substituir as duas primeiras restrições funcionais ($3x_1 + 4x_2 + 2x_3 \leq 30$ e $4x_1 + 6x_2 + 2x_3 \leq 40$) pela restrição:

$$\text{Ou-} \quad 3x_1 + 4x_2 + 2x_3 \leq 30$$
$$\text{-ou então} \quad 4x_1 + 6x_2 + 2x_3 \leq 40$$

deve ser válida, em que a escolha de qual restrição deve valer corresponde à escolha de em qual fábrica se vão produzir os novos produtos. Discutimos na seção anterior como uma restrição desse tipo ou-ou então pode ser convertida em um formato de programação inteira ou linear, novamente com a ajuda de uma variável binária auxiliar.

Formulação com variáveis binárias auxiliares. Para lidar com a exigência 1, apresentamos três variáveis binárias auxiliares (y_1, y_2, y_3) com a seguinte interpretação

$$y_j = \begin{cases} 1 & \text{se } x_j > 0 \text{ puder ser satisfeita (será possível fabricar o produto } j) \\ 0 & \text{se } x_j = 0 \text{ tiver de ser satisfeita (não será possível fabricar o produto } j), \end{cases}$$

para $j = 1, 2, 3$. Para que essa interpretação seja cumprida no modelo com a ajuda de M (um número positivo extremamente grande), acrescentamos as restrições:

$$x_1 \leq My_1$$
$$x_2 \leq My_2$$
$$x_3 \leq My_3$$
$$y_1 + y_2 + y_3 \leq 2$$
$$y_j \text{ é binária}, \quad \text{para } j = 1, 2, 3.$$

As restrições ou-ou então e de não negatividade fornecem uma região de soluções viáveis *limitada* para as variáveis de decisão (de modo que cada $x_j \leq M$ ao longo de toda essa região). Portanto, em cada restrição $x_j \leq My_j$, $y_j = 1$ permite qualquer valor de x_j na região de soluções viáveis, ao passo que $y_j = 0$ força $x_j = 0$. (Ao contrário, $x_j > 0$ força $y_j = 1$, ao passo que $x_j = 0$ permite qualquer um dos valores para y_j.) Consequentemente, quando a quarta restrição força a escolha de pelo menos duas das y_j com valor igual a 1, isso equivale a escolher pelo menos dois dos produtos novos como aqueles que podem ser produzidos.

Para lidar com a exigência 2, apresentamos outra variável binária auxiliar y_4 com a seguinte interpretação:

$$y_4 = \begin{cases} 1 & \text{se } 4x_1 + 6x_2 + 2x_3 \leq 40 \text{ tiver que ser satisfeita (escolher a Fábrica 2)} \\ 0 & \text{se } 3x_1 + 4x_2 + 2x_3 \leq 30 \text{ tiver que ser satisfeita (escolher a Fábrica 1).} \end{cases}$$

Conforme discutido na Seção 11.3, garante-se essa interpretação adicionando-se as seguintes restrições:

$$3x_1 + 4x_2 + 2x_3 \leq 30 + My_4$$
$$4x_1 + 6x_2 + 2x_3 \leq 40 + M(1 - y_4)$$
$$y_4 \text{ é binária.}$$

Consequentemente, após transferirmos todas as variáveis para o lado esquerdo das restrições, o modelo completo ficará assim:

$$\text{Maximizar } Z = 5x_1 + 7x_2 + 3x_3,$$

sujeito a

$$x_1 \leq 7$$
$$x_2 \leq 5$$
$$x_3 \leq 9$$
$$x_1 - My_1 \leq 0$$
$$x_2 - My_2 \leq 0$$
$$x_3 - My_3 \leq 0$$
$$y_1 + y_2 + y_3 \leq 2$$
$$3x_1 + 4x_2 + 2x_3 - My_4 \leq 30$$
$$4x_1 + 6x_2 + 2x_3 + My_4 \leq 40 + M$$

e

$$x_1 \geq 0, \quad x_2 \geq 0, \quad x_3 \geq 0$$
$$y_j \text{ é binária,} \quad \text{para } j = 1, 2, 3, 4.$$

Agora, este é um modelo PIM, com três variáveis (x_j) não necessariamente inteiras e quatro variáveis binárias, de modo que um algoritmo PIM pode ser usado para solucionar o modelo. Quando isso é feito (após fazermos a substituição por um valor numérico grande para M)[2], a solução ótima é $y_1 = 1$, $y_2 = 0$, $y_3 = 1$, $y_4 = 1$, $x_1 = 5\frac{1}{2}$, $x_2 = 0$, e $x_3 = 9$. Isto é, escolher os produtos 1 e 3 para ser fabricados, escolher a Fábrica 2 para a produção e escolher as taxas de produção de $5\frac{1}{2}$ unidades por semana para o produto 1 e de 9 unidades por semana para o produto 3. O lucro total resultante é de US$ 54.500 por semana.

EXEMPLO 2 Violação da proporcionalidade

A Supersuds Corporation está desenvolvendo seus planos de marketing para produtos novos para o próximo ano. Para três desses produtos, tomou-se a decisão de comprar um total de cinco espaços na TV para comerciais em redes de TV de alcance nacional. O problema vai se concentrar em como alo-

---

[2] Na prática, deve-se tomar certo cuidado ao se escolher um valor para M que seja, de fato, suficientemente grande para impedir a eliminação de qualquer solução viável, porém, também o menor valor possível, de modo a evitar aumentar indevidamente a região de soluções viáveis para o relaxamento PL (e evitar a instabilidade numérica). Para esse exemplo, um exame cuidadoso das restrições revela que o valor viável mínimo para M é $M = 9$.

car os cinco espaços a esses três produtos, com um máximo de três espaços (e um mínimo de nenhum) para cada produto.

A Tabela 11.3 mostra o impacto estimado de se alocar nenhum, um, dois ou três espaços para cada produto. Mede-se esse impacto em termos do *lucro* (em unidades de milhões de dólares) proveniente de *vendas adicionais* que resultariam dos anúncios, considerando-se também o custo de produção do comercial, bem como da compra dos espaços publicitários. O objetivo é alocar cinco espaços aos produtos de modo a maximizar o lucro total.

Esse problema pode ser resolvido facilmente por meio da programação dinâmica (Capítulo 10) ou até mesmo por inspeção. (A solução ótima é alocar dois espaços ao produto 1, nenhum ao produto 2 e três ao produto 3.) Entretanto, mostraremos duas formulações PIB diferentes para fins ilustrativos. Uma formulação se tornaria necessária caso esse pequeno problema precisasse ser incorporado em um modelo PI maior que envolvesse a alocação de recursos para atividades de marketing para todos os produtos novos da empresa.

Formulação com variáveis binárias auxiliares. Um formulação natural seria fazer que x_1, x_2, x_3 representassem o número de espaços publicitários em TV alocados aos respectivos produtos. A contribuição de cada x_j à função objetivo seria dada então pela coluna correspondente na Tabela 11.3. Entretanto, cada uma dessas colunas viola a hipótese da proporcionalidade descrita na Seção 3.3. Portanto, não podemos escrever uma função objetivo *linear* em termos dessas variáveis de decisão inteiras.

Veremos agora o que acontece quando incluímos uma *variável binária auxiliar* y_{ij} para cada valor inteiro positivo de $x_i = j (j = 1, 2, 3)$, em que y_{ij} tem a seguinte interpretação:

$$y_{ij} = \begin{cases} 1 & \text{se } x_i = j \\ 0 & \text{caso contrário.} \end{cases}$$

(Por exemplo, $y_{21} = 0$, $y_{22} = 0$, e $y_{23} = 1$ significa que $x_2 = 3$.) O modelo PIB *linear* resultante é:

$$\text{Maximizar} \quad Z = y_{11} + 3y_{12} + 3y_{13} + 2y_{22} + 3y_{23} - y_{31} + 2y_{32} + 4y_{33},$$

sujeito a

$$y_{11} + y_{12} + y_{13} \leq 1$$
$$y_{21} + y_{22} + y_{23} \leq 1$$
$$y_{31} + y_{32} + y_{33} \leq 1$$
$$y_{11} + 2y_{12} + 3y_{13} + y_{21} + 2y_{22} + 3y_{23} + y_{31} + 2y_{32} + 3y_{33} = 5$$

e

cada y_{ij} é binária.

Observe que as três primeiras restrições funcionais garantem que a cada x_i lhe será atribuído apenas um desses possíveis valores. (Aqui $y_{i1} + y_{i2} + y_{i3} = 0$ corresponde a $x_i = 0$, o que não contribui em

■ **TABELA 11.3** Dados para o Exemplo 2 (o problema da Supersuds Corp.)

	Lucro		
	Produto		
Número de canais na TV	1	2	3
0	0	0	0
1	1	0	−1
2	3	2	2
3	3	3	4

nada à função objetivo.) A última restrição funcional garante que $x_1 + x_2 + x_3 = 5$. A função objetivo *linear* fornece então o lucro total de acordo com a Tabela 11.3.

Ao resolver esse modelo PIB fornece uma solução ótima igual a:

$y_{11} = 0$, $y_{12} = 1$, $y_{13} = 0$,   e, portanto, $x_1 = 2$
$y_{21} = 0$, $y_{22} = 0$, $y_{23} = 0$,   e, portanto, $x_2 = 0$
$y_{31} = 0$, $y_{32} = 0$, $y_{33} = 1$,   e, portanto, $x_3 = 3$.

Outra formulação com variáveis binárias auxiliares. Agora, redefiniremos as variáveis binárias auxiliares y_{ij} anteriores como a seguir:

$$y_{ij} = \begin{cases} 1 & \text{se } x_i \geq j \\ 0 & \text{caso contrário.} \end{cases}$$

Portanto, a diferença é que $y_{ij} = 1$, agora, caso $x_i \geq j$ em vez de $x_i = j$. Logo,

$x_i = 0$ $\Rightarrow$ $y_{i1} = 0$, $y_{i2} = 0$, $y_{i3} = 0$,
$x_i = 1$ $\Rightarrow$ $y_{i1} = 1$, $y_{i2} = 0$, $y_{i3} = 0$,
$x_i = 2$ $\Rightarrow$ $y_{i1} = 1$, $y_{i2} = 1$, $y_{i3} = 0$,
$x_i = 3$ $\Rightarrow$ $y_{i1} = 1$, $y_{i2} = 1$, $y_{i3} = 1$,
logo $x_i = y_{i1} + y_{i2} + y_{i3}$

para $i = 1, 2, 3$. Pelo fato de permitirmos que $y_{i2} = 1$ seja contingente em relação a $y_{i1} = 1$ e que $y_{i3} = 1$ seja contingente em relação a $y_{i2} = 1$, essas definições são respeitadas adicionando-se as seguintes restrições:

$$y_{i2} \leq y_{i1} \quad \text{e} \quad y_{i3} \leq y_{i2}, \quad \text{para } i = 1, 2, 3.$$

A nova definição de y_{ij} também altera a função objetivo, conforme ilustrado na Figura 11.1 para o trecho referente ao produto 1 da função objetivo. Já que y_{11}, y_{12}, y_{13} fornecem os incrementos sucessivos (caso exista algum) no valor de x_1 (partindo de um valor igual a 0), os coeficientes y_{11}, y_{12}, y_{13} são fornecidos pelos respectivos *incrementos* da coluna do produto 1 na Tabela 11.3 ($1 - 0 = 1$, $3 - 1 = 2, 3 - 3 = 0$). Esses *incrementos* são as *inclinações* apresentadas na Figura 11.1, conduzindo a $1y_{11} + 2y_{12} + 0y_{13}$ para o trecho referente ao produto 1 da função objetivo. Observe que aplicar essa metodologia aos três produtos ainda deve levar a uma função objetivo *linear*.

Após transferirmos todas as variáveis para o lado esquerdo das restrições, o modelo PIB completo resultante é:

Maximizar $Z = y_{11} + 2y_{12} + 2y_{22} + y_{23} - y_{31} + 3y_{32} + 2y_{33}$,

sujeito a

$y_{12} - y_{11} \leq 0$
$y_{13} - y_{12} \leq 0$
$y_{22} - y_{21} \leq 0$
$y_{23} - y_{22} \leq 0$
$y_{32} - y_{31} \leq 0$
$y_{33} - y_{32} \leq 0$
$y_{11} + y_{12} + y_{13} + y_{21} + y_{22} + y_{23} + y_{31} + y_{32} + y_{33} = 5$

e

cada y_{ij} é binária.

Solucionar esse modelo PIB fornece uma solução ótima indicada a seguir:

$y_{11} = 1$, $y_{12} = 1$, $y_{13} = 0$,   e, portanto, $x_1 = 2$
$y_{21} = 0$, $y_{22} = 0$, $y_{23} = 0$,   e, portanto, $x_2 = 0$
$y_{31} = 1$, $y_{32} = 1$, $y_{33} = 1$,   e, portanto, $x_3 = 3$.

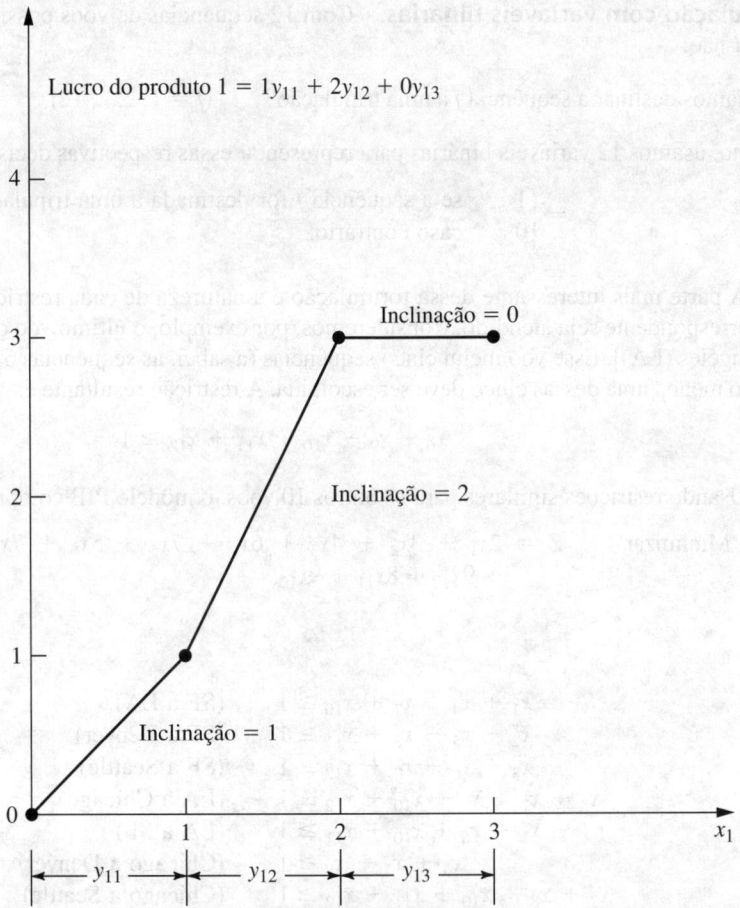

■ **FIGURA 11.1** O lucro das vendas adicionais do produto 1 que resultariam dos x_1 espaços publicitários na TV, no ponto em que as inclinações fornecem os coeficientes correspondentes na função objetivo para a segunda formulação PIB para o Exemplo 2 (o problema da Supersuds Corp.).

Há pouca diferença entre se optar por esse modelo PIB e o anterior, além de preferência pessoal. Eles possuem o mesmo número de variáveis binárias (a principal consideração ao se determinar o esforço computacional para problemas de PIB). Ambos também possuem certa *estrutura especial* (restrições para *alternativas mutuamente exclusivas* no primeiro modelo e restrições para *decisões contingentes* no segundo) que podem acelerar o processo. O segundo modelo tem efetivamente mais restrições funcionais que o primeiro.

EXEMPLO 3 Cobrir todas as características

A Southwestern Airwais precisa alocar sua tripulação para atender todos os seus próximos voos. Vamos nos concentrar no problema de alocar três tripulações com base em San Francisco aos voos apresentados na primeira coluna da Tabela 11.4. As outras 12 colunas mostram as 12 sequências de voos possíveis para uma tripulação. (Os números em cada coluna indicam a ordem dos voos.) Exatamente três dessas sequências precisam ser escolhidas (uma por tripulação), de modo que todos os voos sejam atendidos. É permitido ter mais de uma tripulação em um voo, no qual as tripulações extras voariam como passageiros, porém, acordos sindicais exigem que as tripulações extras devam de qualquer maneira ser pagas pelo tempo que estiverem nesses voos, como se estivessem trabalhando. O custo de designar uma tripulação a determinada sequência de voos é fornecido (em termos de milhares de dólares) na última linha da tabela. O objetivo é minimizar o custo total das alocações das três tripulações que atendem todos os voos.

Formulação com variáveis binárias. Com 12 sequências de voos possíveis, temos 12 decisões sim-ou-não:

Deveríamos destinar a sequência j a uma tripulação?   ($j = 1, 2,..., 12$)

Portanto, usamos 12 variáveis binárias para representar essas respectivas decisões:

$$x_j = \begin{cases} 1 & \text{se a sequência } j \text{ for destinada a uma tripulação} \\ 0 & \text{caso contrário.} \end{cases}$$

A parte mais interessante dessa formulação é a natureza de cada restrição que garante que um voo correspondente seja atendido. Consideremos, por exemplo, o último voo da Tabela 11.4 [Seattle a Los Angeles (LA)]. Esse voo inclui cinco sequências (a saber, as sequências 6, 9, 10, 11 e 12). Portanto, pelo menos uma dessas cinco deve ser escolhida. A restrição resultante é:

$$x_6 + x_9 + x_{10} + x_{11} + x_{12} \geq 1.$$

Usando restrições similares para os outros 10 voos, o modelo PIB completo é:

Minimizar $Z = 2x_1 + 3x_2 + 4x_3 + 6x_4 + 7x_5 + 5x_6 + 7x_7 + 8x_8 + 9x_9 + 9x_{10} + 8x_{11} + 9x_{12},$

sujeito a

$$\begin{aligned}
x_1 + x_4 + x_7 + x_{10} &\geq 1 & \text{(SF a LA)} \\
x_2 + x_5 + x_8 + x_{11} &\geq 1 & \text{(SF a Denver)} \\
x_3 + x_6 + x_9 + x_{12} &\geq 1 & \text{(SF a Seattle)} \\
x_4 + x_7 + x_9 + x_{10} + x_{12} &\geq 1 & \text{(LA a Chicago)} \\
x_1 + x_6 + x_{10} + x_{11} &\geq 1 & \text{(LA a SF)} \\
x_4 + x_5 + x_9 &\geq 1 & \text{(Chicago a Denver)} \\
x_7 + x_8 + x_{10} + x_{11} + x_{12} &\geq 1 & \text{(Chicago a Seattle)} \\
x_2 + x_4 + x_5 + x_9 &\geq 1 & \text{(Denver a SF)} \\
x_5 + x_8 + x_{11} &\geq 1 & \text{(Denver a Chicago)} \\
x_3 + x_7 + x_8 + x_{12} &\geq 1 & \text{(Seattle a SF)} \\
x_6 + x_9 + x_{10} + x_{11} + x_{12} &\geq 1 & \text{(Seattle a LA)} \\
\sum_{j=1}^{12} x_j &= 3 & \text{(designar três tripulações)}
\end{aligned}$$

■ **TABELA 11.4** Dados para o Exemplo 3 (o problema da Southwestern Airways)

Voo	Sequências de voos possíveis											
	1	2	3	4	5	6	7	8	9	10	11	12
1. San Francisco a Los Angeles	1			1			1			1		
2. San Francisco a Denver		1			1			1			1	
3. San Francisco a Seattle			1			1			1			1
4. Los Angeles a Chicago				2			2		3	2		3
5. Los Angeles a San Francisco	2				3					5	5	
6. Chicago a Denver				3	3				4			
7. Chicago a Seattle							3	3		3	3	4
8. Denver a San Francisco		2		4	4				5			
9. Denver a Chicago					2			2			2	
10. Seattle a San Francisco			2			4	4					5
11. Seattle a Los Angeles						2			2	4	4	2
Custo em milhares de dólares	2	3	4	6	7	5	7	8	9	9	8	9

e

$$x_j \text{ é binária,} \quad \text{para } j = 1, 2, \ldots, 12.$$

Uma solução ótima para esse modelo PIB é:

$x_3 = 1$ (destinar a sequência 3 à tripulação)
$x_4 = 1$ (destinar a sequência 4 à tripulação)
$x_{11} = 1$ (destinar a sequência 11 à tripulação)

e todos os demais $x_j = 0$, para um custo total de US$ 18.000. (Outra solução ótima é $x_1 = 1$, $x_5 = 1$, $x_{12} = 1$ e todos os demais $x_j = 0$.)

Esse exemplo ilustra uma categoria de problemas muito mais abrangente chamada **problemas de cobertura de conjuntos**[3]. Qualquer problema desse tipo pode ser descrito em termos gerais como envolvendo uma série de *atividades* (como as sequências de voos) e de *características* potenciais (como os voos). Cada atividade possui algumas, mas não todas as características. O objetivo é determinar a combinação de atividades menos onerosa que coletivamente possui (cubra) cada característica pelo menos uma vez. Portanto, façamos que S_i seja o conjunto de todas as atividades que possuem a característica i. Pelo menos um integrante do conjunto S_i deve ser incluído entre as atividades escolhidas, de modo que uma restrição,

$$\sum_{j \in S_i} x_j \geq 1,$$

é incluída para cada característica i.

Uma categoria de problemas relativos, denominada **problemas de partição de conjuntos**, muda cada uma dessas restrições para

$$\sum_{j \in S_i} x_j = 1,$$

de modo que agora *exatamente* um integrante de cada conjunto S_i deva ser incluído entre as atividades escolhidas. Para o exemplo de escala de tripulações, isso significa que cada voo deve ser incluído *exatamente* uma única vez entre as sequências escolhidas, o que descarta a hipótese de termos tripulações extras (como passageiros) em qualquer voo.

11.5 ALGUMAS CONSIDERAÇÕES SOBRE A RESOLUÇÃO DE PROBLEMAS DE PROGRAMAÇÃO INTEIRA

Pode parecer que os problemas de PI sejam relativamente fáceis de ser resolvidos. Afinal de contas, os problemas de *programação linear* podem ser resolvidos de modo extremamente eficiente e, a única diferença é que os problemas de PI têm um número bem menor de soluções a ser consideradas. Na realidade, problemas de PI *puros* com uma região de soluções viáveis limitada têm a garantia de possuir apenas um número *finito* de soluções viáveis.

Infelizmente, há duas falácias nessa linha de raciocínio. Uma é de que ter um número finito de soluções viáveis garante que o problema seja prontamente solucionável. Números finitos podem ser astronomicamente grandes. Considere, por exemplo, o caso simples dos problemas de PIB. Com n variáveis, há 2^n soluções a ser consideradas (nas quais algumas delas podem ser descartadas posteriormente, pois violam as restrições funcionais). Portanto, cada vez que n for incrementado em 1, o número de soluções *dobra*. Esse padrão é conhecido como **crescimento exponencial** da dificuldade

---

[3] Em termos rigorosos, um problema de cobertura de conjuntos não inclui nenhuma *outra* restrição funcional como a última restrição funcional no exemplo dado de escala de tripulações. Algumas vezes supõe-se que todos os coeficientes da função objetivo que são minimizados sejam igual a 1 e, daí, o termo *problema da cobertura ponderada de conjuntos* ser usado quando essa hipótese não se verifica.

do problema. Com $n = 10$, há mais de 1.000 soluções (1.024); com $n = 20$, há mais de 1 milhão; com $n = 30$, há mais de 1 bilhão e assim por diante. Dessa maneira, até mesmo os computadores mais rápidos são incapazes de realizar uma enumeração tão exaustiva (verificar se cada uma das soluções é viável ou não; em caso positivo, calcular o valor da função objetivo) para problemas de PIB com mais de algumas poucas dezenas de variáveis, o que dirá problemas de PI *genéricos* com o mesmo número de variáveis inteiras. Felizmente, partindo das ideias descritas em seções subsequentes, os melhores algoritmos PI de hoje são muitíssimo superiores à enumeração exaustiva. O aperfeiçoamento ao longo das últimas duas décadas foi impressionante. Problemas PIB que teriam exigido anos de tempo computacional para chegar a uma solução há 20 anos agora podem ser resolvidos certamente em segundos com os melhores pacotes de software comerciais atuais (como o CPLEX). Essa assombrosa aceleração deve-se ao grande progresso em três áreas – avanços extraordinários nos algoritmos PIB (bem como nos demais algoritmos PI), melhorias surpreendentes nos algoritmos de programação linear que são usados intensamente no interior dos algoritmos de programação inteira e a grande velocidade dos computadores (até mesmo os computadores de mesa). Como consequência, problemas de PIB *muitíssimo* maiores agora são resolvidos de modos que não seriam possíveis em décadas passadas. Os melhores algoritmos de hoje são capazes de solucionar *alguns* problemas de PIB puros com mais de uma centena de milhar de variáveis. Não obstante, em decorrência do *crescimento exponencial*, até mesmo os melhores algoritmos não são uma garantia para resolver cada um dos relativamente pequenos problemas (pouco menos de algumas centenas de variáveis binárias). Dependendo de suas características, certos problemas relativamente pequenos podem ser muito mais difíceis de resolver que alguns muito maiores.

Ao lidar com variáveis inteiras genéricas, em vez de variáveis binárias, o tamanho dos problemas que podem ser resolvidos tende a ser substancialmente menor. Entretanto, há exceções. Por exemplo, há vários anos, a versão profissional do CPLEX 8.0 conseguiu resolver um problema de PI com 215 mil variáveis inteiras genéricas, 75 mil restrições funcionais e 6 milhões de coeficientes de restrição diferentes de zero e versões atuais do CPLEX tornaram-se ainda muito mais poderosas.

A segunda falácia é que a eliminação de algumas soluções viáveis (aquelas não inteiras) de um problema de programação linear o tornará mais fácil de ser resolvido. Ao contrário, é exatamente por todas essas soluções viáveis estarem lá presentes que normalmente garantem (ver a Seção 5.1) que existirá uma solução em um ponto extremo factível (PEF) [e, portanto, uma solução básica viável (BV)] que é ótima para o problema como um todo. *Essa* garantia é o segredo da admirável eficiência do método simplex. Consequentemente, problemas de programação linear geralmente são consideravelmente mais fáceis de ser resolvidos que problemas de PI.

Desse modo, a maioria dos algoritmos bem-sucedidos para programação inteira incorpora um algoritmo de programação linear como o método simplex (ou o método simplex dual) o máximo possível, relacionando trechos do problema de PI considerado ao problema de programação linear correspondente (isto é, o mesmo problema, exceto pelo fato de a restrição inteira ter sido eliminada). Para qualquer problema de PI dado, esse problema, de programação linear correspondente é com frequência chamado seu **relaxamento PL**. Os algoritmos apresentados nas duas seções seguintes ilustram como uma sequência de relaxamentos PL para trechos de um problema de PI pode ser usada para resolver de modo eficiente o problema de PI como um todo.

Existe uma situação especial em que resolver um problema de PI não é mais difícil que resolver seu relaxamento PL pelo método simplex, a saber, quando a solução ótima para esse último problema acaba satisfazendo a restrição inteira do problema de PI. Quando ocorre uma situação assim, essa solução *obrigatoriamente* também é ótima para o problema de PI, pois é a melhor solução entre todas as soluções viáveis para o relaxamento PL, que inclui todas elas para o problema de PI. Portanto, é comum para um algoritmo PI para começar aplicando o método simplex ao relaxamento PL a fim de verificar se esse resultado fortuito ocorreu.

Embora geralmente seja bastante fortuito a solução ótima para o relaxamento PL também ser inteira, existem, na verdade, diversos *tipos especiais* de problemas de PI para os quais esse resultado é *garantido*. Já vimos o mais proeminente desses tipos especiais nos Capítulos 8 e 9, isto é, o *problema do fluxo de custo mínimo* (com parâmetros inteiros) e seus casos especiais (inclusive o *problema de transporte, o problema da designação, o problema do caminho mais curto* e o *problema do fluxo máximo*). Essa garantia pode ser dada para esses tipos de problemas porque eles possuem certa *estrutura especial* (ver, por exemplo, a Tabela 8.6) que garante que toda solução BV é inteira, conforme afirmado pela propriedade de soluções inteiras dada nas Seções 8.1 e 9.6. Por conseguinte, esses tipos especiais

Exemplo de Aplicação

A **Taco Bell Corporation** possui mais de 6.500 restaurantes para refeições rápidas nos Estados Unidos e um mercado internacional em crescimento. Ela serve aproximadamente 2 bilhões de refeições por ano, gerando cerca de US$ 5,4 bilhões em receitas anuais de vendas.

Em cada restaurante Taco Bell, o volume de negócios é altamente variável ao longo do dia (e de dia para dia), com alta concentração durante os horários tradicionais para refeição. Consequentemente, determinar quantos empregados deveriam ser alocados para a realização de que tarefas em dado horário é um problema complexo e irritante.

Para atacar esse problema, a direção da Taco Bell instruiu uma equipe de PO (incluindo vários consultores) a desenvolver um novo sistema de gerenciamento de mão de obra. A equipe concluiu que o sistema precisava de três componentes principais: 1) *um modelo de previsão* para transações de clientes a qualquer momento, 2) *um modelo de simulação* (como aqueles descritos no Capítulo 20) para traduzir as transações de clientes em exigências de mão de obra, e 3) *um modelo de programação inteira* para a escala dos funcionários, de modo a atender exigências trabalhistas bem como minimizar a folha de pagamento.

As variáveis de decisão inteiras para esse modelo de programação inteira para qualquer restaurante são o número de funcionários designados para cada turno que inicia em vários horários especificados. A duração desses turnos também são variáveis de decisão (restritas a se encontrarem no intervalo de duração máxima e mínima dos turnos), porém, nesse caso, também *contínuas*, de modo que o modelo é um modelo PI misto. As principais restrições especificam que o número de funcionários que trabalham durante cada intervalo de 15 minutos deve ser maior ou igual ao número mínimo necessário durante esse intervalo (de acordo com o modelo de previsão).

Esse modelo PIM é similar ao modelo de *programação linear* para a designação de funcionários em turnos da United Airlines descrito no Exemplo de Aplicação da Seção 3.4. Entretanto, a diferença fundamental é que o número de funcionários que trabalham em turnos nos restaurantes da Taco Bell é muito menor que o número de funcionários da United Airlines. Portanto, é necessário restringir essas variáveis a valores inteiros para o modelo da Taco Bell (embora valores não inteiros em uma solução para a United Airlines possam prontamente ser arredondados para valores inteiros com pouca perda de precisão).

A implementação desse modelo PIM junto com os demais componentes do sistema de gerenciamento de mão de obra rendeu à Taco Bell *economias documentadas* de **US$ 13 milhões** *por ano* em custos com mão de obra.

Fonte: J. Hueter and W. Swart: "An Integrated Labor-anagement System for Taco Bell", *Interfaces*, **28**(1): 75-91, Jan.-Feb. 1998. (Este artigo está disponível em inglês no *site* da editora, www.bookman.com.br.)

---

de problemas de PI podem ser tratados como problemas de programação linear, pois eles podem ser completamente resolvidos por uma versão mais enxuta do método simplex.

Embora essa simplificação extrema seja ligeiramente não usual, problemas de PI na vida prática frequentemente apresentam *alguma* estrutura especial que pode ser explorada para simplificar o problema. Os exemplos 2 e 3 da seção anterior fazem parte dessa categoria em razão de suas restrições de *alternativas mutuamente exclusivas* ou restrições de *decisões contingentes* ou então suas restrições de *cobertura de conjuntos*. Algumas vezes, versões muito maiores desses problemas podem ser resolvidas de forma bem-sucedida. Algoritmos para fins especiais desenhados especificamente para explorar certos tipos de estruturas especiais tornam-se cada vez mais importantes na programação inteira.

Portanto, as três principais determinantes da *dificuldade computacional* para um problema de PI são: 1) o *número de variáveis inteiras,* 2) se essas variáveis inteiras são *variáveis binárias* ou variáveis inteiras *genéricas* e, finalmente, 3) qualquer *estrutura especial* no problema. Essa situação contrasta com a da programação linear, em que o número de restrições (funcionais) é muito mais importante que o número de variáveis. Em programação inteira, o número de restrições é de *certa* importância (especialmente se os relaxamentos PL estiverem sendo resolvidos), mas é estritamente secundário para os três outros fatores. De fato, existem ocasionalmente casos nos quais *aumentar* o número de restrições *diminui* o tempo de processamento, pois o número de soluções viáveis foi reduzido. Para problemas de PIM, é o número de variáveis *inteiras* e não o número *total* de variáveis que é importante, porque as variáveis contínuas não têm praticamente nenhum efeito no esforço computacional.

Em virtude de os problemas de PI serem, em geral, muito mais difíceis de se resolver que os problemas de programação linear, algumas vezes é tentador usar o procedimento aproximativo de simplesmente aplicar o método simplex ao relaxamento PL e, depois, *arredondar* os valores não inteiros para inteiros na solução resultante. Essa metodologia pode ser adequada para algumas aplicações, especialmente se os valores das variáveis forem bem grandes, de modo que o arredondamento terá impacto relativamente pequeno em termos de erro. Entretanto, você deve ficar atento a dois riscos dessa abordagem.

O primeiro deles é que uma solução ótima para programação linear *não é necessariamente viável* após ter sido arredondada. Muitas vezes é difícil visualizar em que sentido devemos fazer o arredondamento para que a viabilidade seja mantida. Pode ser que até seja necessário mudar o valor de algumas variáveis de uma ou mais unidades após o arredondamento. Para fins ilustrativos, consideremos o problema a seguir:

$$\text{Maximizar} \quad Z = x_2,$$

sujeito a

$$-x_1 + x_2 \leq \frac{1}{2}$$

$$x_1 + x_2 \leq 3\frac{1}{2}$$

e

$$x_1 \geq 0, \quad x_2 \geq 0$$
x_1, x_2 são inteiros.

Como indica a Figura 11.2, a solução ótima para o relaxamento PL é $x_1 = 1\frac{1}{2}$, $x_2 = 2$, porém, é impossível arredondar a variável não inteira x_1 para 1 ou 2 (ou qualquer outro inteiro) e manter a viabilidade. A viabilidade pode ser preservada apenas mudando-se também o valor inteiro de x_2. É fácil imaginar como essas dificuldades podem ser agravadas quando houver dez ou centenas de restrições e variáveis.

Mesmo que uma solução ótima para o relaxamento PL for arredondada de forma bem-sucedida, ainda resta outro risco. Não há nenhuma garantia de que essa solução ótima arredondada será a solução inteira ótima. De fato, ela pode até mesmo estar distante da solução ótima em termos do valor da função objetivo. Esse fato é ilustrado pelo seguinte problema:

$$\text{Maximizar} \quad Z = x_1 + 5x_2,$$

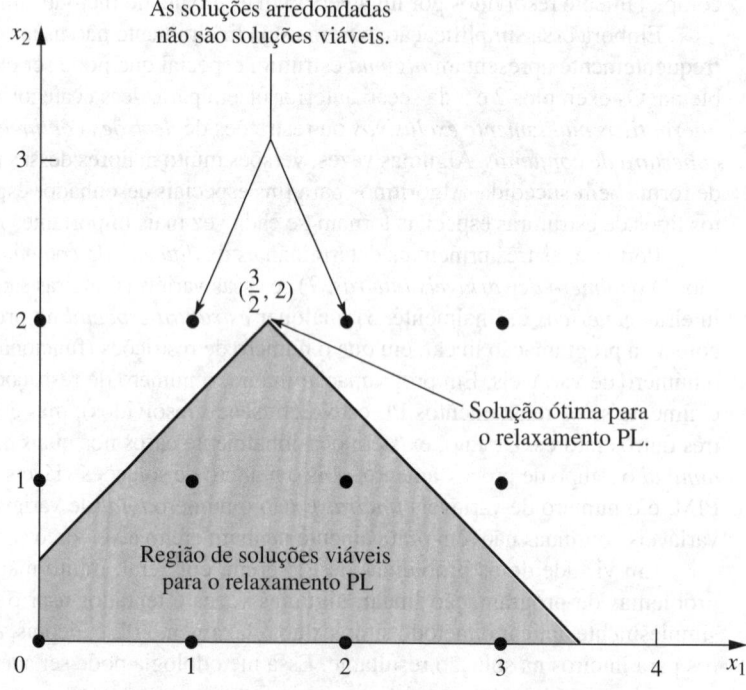

■ **FIGURA 11.2** Um exemplo de um problema de PI em que a solução ótima para o relaxamento PL não pode ser arredondada de nenhuma maneira que possa manter a viabilidade.

sujeito a

$$x_1 + 10x_2 \leq 20$$
$$x_1 \leq 2$$

e

$$x_1 \geq 0, \qquad x_2 \geq 0$$
x_1, x_2 são inteiros.

Pelo fato de termos apenas duas variáveis de decisão, esse problema pode ser representado graficamente conforme indicado na Figura 11.3. Tanto o método gráfico quanto o método simplex podem ser usados para encontrar a solução ótima para o relaxamento PL ser $x_1 = 2$, $x_2 = \frac{9}{5}$ com $Z = 11$. Se uma solução gráfica não estiver disponível (que seria o caso com um número maior de variáveis de decisão), então a variável com o valor não inteiro $x_2 = \frac{9}{5}$ normalmente seria arredondada na direção viável para $x_2 = 1$. A solução inteira resultante é $x_1 = 2$, $x_2 = 1$, conduzindo a $Z = 7$. Observe que essa solução está longe de ser a solução ótima $(x_1, x_2) = (0, 2)$, em que $Z = 10$.

Em razão desses dois inconvenientes mencionados, uma metodologia melhor para lidar com problemas de PI que são muito grandes para ser resolvidos de forma exata é empregar um dos *algoritmos heurísticos* disponíveis. Esses algoritmos são extremamente eficientes para problemas de grande porte, mas não garantem uma solução ótima. Entretanto, eles tendem a ser consideravelmente mais eficientes que o processo de arredondamento que acabamos de ver para encontrar soluções viáveis de boa qualidade.

Um dos avanços particularmente fascinantes no campo da PO em anos recentes tem sido o rápido progresso na criação de algoritmos heurísticos muito eficientes (comumente chamados *meta-heurística*) para diversos problemas combinatórios como os problemas de PI. Três tipos de meta-heurística que se destacam (busca de tabus, maleabilização simulada e algoritmos genéticos) serão descritos no Capítulo 13. Essa sofisticada meta-heurística pode até ser aplicada a problemas de programação *não linear* que possuem soluções ótimas localmente, que podem estar muito distantes de uma solução ótima global. Eles também podem ser aplicados a diversos problemas de *otimização combinatória*, que frequentemente podem ser representados em um modelo que apresenta variáveis inteiras, mas também algumas restrições que são mais complexas que para um modelo de PI. (Falaremos mais sobre essas aplicações no Capítulo 13.)

Retornando à programação *linear* inteira, para problemas de PI que são suficientemente pequenos para se encontrar a otimalidade, hoje há um número considerável de algoritmos à disposição. Entretanto, nenhum algoritmo de PI possui eficiência computacional que chegue próxima ao *método simplex* (exceto em tipos especiais de problemas). Portanto, desenvolver algoritmos de PI continuou a ser uma área de pesquisa ativa.

Felizmente, têm sido alcançados alguns avanços fascinantes em termos de algoritmos e podem-se esperar progressos adicionais durante os próximos anos. Esses avanços são vistos com mais detalhes nas Seções 11.8 e 11.9.

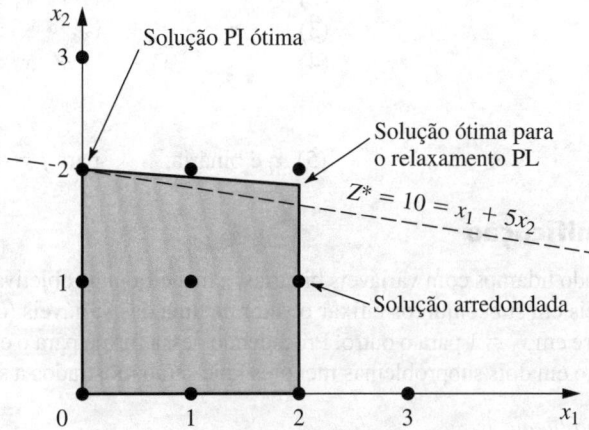

■ **FIGURA 11.3** Um exemplo no qual o arredondamento da solução ótima para o relaxamento PL está longe de ser uma solução ótima para o problema de PI.

O modo tradicional mais popular para algoritmos de PI é usar a *técnica da ramificação e avaliação progressiva* e ideias relativas para *enumerar implicitamente* as soluções inteiras viáveis e, portanto, vamos nos concentrar nessa metodologia. A próxima seção apresenta a técnica da ramificação e avaliação progressiva em um contexto geral e a ilustra com um algoritmo de ramificação e avaliação progressiva básico para problemas de PIB. A Seção 11.7 apresenta outro algoritmo do mesmo tipo para problemas de PIM genéricos.

11.6 A TÉCNICA DA RAMIFICAÇÃO E AVALIAÇÃO PROGRESSIVA E SUA APLICAÇÃO À PROGRAMAÇÃO INTEIRA BINÁRIA

Pelo fato de qualquer problema de PI *puro* limitado ter um número finito de soluções viáveis, é natural considerar o emprego de algum tipo de *procedimento de enumeração* para encontrar uma solução ótima. Infelizmente, conforme discutimos na seção anterior, esse número finito pode ser, e normalmente é, muito grande. Logo, é imperativo que qualquer procedimento de enumeração seja inteligentemente estruturado de modo que apenas uma minúscula parcela das soluções viáveis precisem realmente ser examinadas. Por exemplo, a programação dinâmica (ver o Capítulo 10) oferece um tipo de procedimento destes para diversos problemas que contêm um número finito de soluções viáveis (embora ele não seja particularmente eficiente para a maioria dos problemas de PI). Outra metodologia dessas é fornecida pela *técnica da ramificação e avaliação progressiva* (*branch-and-bound technique*). Essa técnica e suas variantes têm sido aplicadas com relativo sucesso a uma série de tipos de problema de PO, mas ela é especialmente conhecida por sua aplicação a problemas de PI.

O conceito básico subjacente à técnica da ramificação e avaliação progressiva é *dividir para conquistar*. Já que o "grande" problema original é muito difícil de ser resolvido diretamente, ele é dividido em subproblemas cada vez menores até que sejam vencidos. A divisão (*branching*, ou, ramificação) é realizada dividindo-se o conjunto inteiro de soluções viáveis em subconjuntos cada vez menores. A conquista (*avaliação*) é feita parcialmente, *limitando-se* quão boa pode ser a melhor solução no subconjunto e, a seguir, descartando o subconjunto caso seu limite indique que, possivelmente, ele não possa conter uma solução ótima para o problema original.

Agora, descreveremos, uma a uma, essas três etapas básicas – ramificação, limitação e avaliação – e as ilustraremos aplicando um algoritmo de ramificação e avaliação progressiva ao exemplo-protótipo (o problema da California Manufacturing Co.), apresentado na Seção 11.1 e repetido aqui (com as restrições numeradas para posterior referência).

$$\text{Maximizar} \quad Z = 9x_1 + 5x_2 + 6x_3 + 4x_4,$$

sujeito a

(1) $\quad 6x_1 + 3x_2 + 5x_3 + 2x_4 \leq 10$
(2) $\quad\quad\quad\quad\quad\quad\quad x_3 + x_4 \leq 1$
(3) $\quad -x_1 \quad\quad\quad + x_3 \quad\quad \leq 0$
(4) $\quad\quad\quad -x_2 \quad\quad\quad + x_4 \leq 0$

e

(5) x_j é binária, para $j = 1, 2, 3, 4$.

Ramificação

Quando lidamos com variáveis binárias, a maneira mais objetiva de se subdividir o conjunto de soluções viáveis em subconjuntos é fixar o valor de uma das variáveis (digamos, x_1) em $x_1 = 0$ para um subconjunto e em $x_1 = 1$ para o outro. Procedendo dessa forma para o exemplo-protótipo, dividimos o problema inteiro em dois subproblemas menores, que serão mostrados a seguir.

Subproblema 1:
Fixar $x_1 = 0$ de modo que o subproblema resultante reduza-se a:

$$\text{Maximizar} \quad Z = 5x_2 + 6x_3 + 4x_4,$$

sujeito a

(1) $\quad 3x_2 + 5x_3 + 2x_4 \leq 10$
(2) $\quad\quad\quad\quad x_3 + x_4 \leq 1$
(3) $\quad\quad\quad\quad x_3 \leq 0$
(4) $\quad -x_2 \quad\quad + x_4 \leq 0$
(5) $\quad x_j$ é binária, para $j = 2, 3, 4$.

Subproblema 2:
Fixar $x_1 = 1$ de modo que o subproblema resultante reduza-se a:

$$\text{Maximizar} \quad Z = 9 + 5x_2 + 6x_3 + 4x_4,$$

sujeito a

(1) $\quad 3x_2 + 5x_3 + 2x_4 \leq 4$
(2) $\quad\quad\quad\quad x_3 + x_4 \leq 1$
(3) $\quad\quad\quad\quad x_3 \leq 1$
(4) $\quad -x_2 \quad\quad + x_4 \leq 0$
(5) $\quad x_j$ é binária, para $j = 2, 3, 4$.

A Figura 11.4 representa essa divisão (ramificação) em subproblemas por meio de uma *árvore* (definida na Seção 9.2) com *ramificações* (arcos) provenientes do nó *Todo* (correspondente ao problema como um todo ter *todas* as soluções viáveis) aos dois nós correspondentes aos dois subproblemas. Essa árvore, que continuaremos a "cultivar as ramificações", iteração por iteração, é conhecida como a árvore ramificada ou **árvore de soluções** (ou árvore de enumeração) para o algoritmo. A variável usada para realizar essa ramificação em qualquer iteração por meio da atribuição de valores à variável (como foi feito para x_1 anteriormente) é chamada **variável ramificada**. (Métodos sofisticados para selecionar variáveis ramificadas são parte importante da maioria dos algoritmos de ramificação e avaliação progressiva, porém, para fins de simplificação, iremos sempre selecioná-las em sua ordem natural – $x_1, x_2, ..., x_n$ – ao longo da presente seção.)

Posteriormente, ainda nesta seção, você verá que um desses subproblemas pode ser conquistado (avaliado) imediatamente, ao passo que o outro subproblema precisará ser dividido em subproblemas menores configurando-se $x_2 = 0$ ou $x_2 = 1$.

Para outros problemas de PI em que as variáveis inteiras têm mais de dois valores possíveis, a ramificação ainda pode ser feita configurando-se a variável ramificada em seus respectivos valores individuais e, desse modo, criar mais que dois subproblemas novos. Entretanto, uma excelente metodologia alternativa é especificar um *intervalo* de valores (por exemplo, $x_j \leq 2$ ou $x_j \geq 3$) para a variável ramificada para cada subproblema novo. É essa a metodologia usada para o algoritmo apresentado na Seção 11.7.

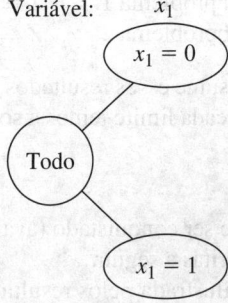

■ **FIGURA 11.4** A árvore de ramificação criada ramifica-se na primeira iteração do algoritmo de ramificação e avaliação progressiva para PIB do exemplo contido na Seção 11.1.

Limitação

Para cada um desses subproblemas, precisamos agora obter um *limite* sobre quão boa pode ser sua melhor solução viável. A maneira-padrão de se fazer isso é resolver rapidamente um *relaxamento* mais simples do subproblema. Na maioria dos casos, um **relaxamento** de um problema é obtido simplesmente *eliminando-se* ("relaxando") um conjunto de restrições que tinha tornado o problema difícil de ser resolvido. Para problemas de PI, as restrições mais problemáticas são aquelas que requerem que as respectivas variáveis sejam inteiras. Portanto, o relaxamento mais amplamente usado é o **relaxamento PL** que elimina esse conjunto de restrições.

Para ilustrar o exemplo, considere primeiro o problema inteiro dado na Seção 11.1 (e repetido no início dessa seção). Seu relaxamento PL é obtido substituindo-se a última linha do modelo (x_j é binária, para $j = 1, 2, 3, 4$) pela nova versão (relaxada) da restrição (5) a seguir.

$$(5) \quad 0 \leq x_j \leq 1, \quad \text{para } j = 1, 2, 3, 4.$$

Usando o método simplex para resolver rapidamente esse relaxamento PL nos leva à sua solução ótima

$$(x_1, x_2, x_3, x_4) = \left(\frac{5}{6}, 1, 0, 1\right), \quad \text{com } Z = 16\frac{1}{2}.$$

Portanto, $Z \leq 16\frac{1}{2}$ para todas as soluções viáveis para o problema de PIB original (já que essas soluções são um subconjunto das soluções viáveis para o relaxamento PL). De fato, conforme indicado posteriormente na síntese do algoritmo, esse *limite* de $16\frac{1}{2}$ pode ser arredondado para baixo 16, pois todos os coeficientes da função objetivo são inteiros, de modo que todas as soluções inteiras tenham um valor inteiro para Z.

Limite para o problema todo: $Z \leq 16$.

Obtenhamos agora os limites para os dois subproblemas, da mesma forma. Para o subproblema 1, onde x_1 foi fixado em $x_1 = 0$, isso pode ser expresso convenientemente em seu relaxamento PL adicionando-se a restrição de que $x_1 \leq 0$ já que a combinação disso com a restrição atual de que $0 \leq x_1 \leq 1$, força $x_1 = 0$. De modo similar, fixando-se x_1 em $x_1 = 1$ para o subproblema 2 leva à adição da restrição de que $x_1 \geq 1$ para o seu relaxamento PL. Aplicando o método simplex leva então às soluções ótimas mostradas a seguir para esses relaxamentos PL.

Relaxamento PL do subproblema 1: (5) $\quad x_1 \leq 0$ e $0 \leq x_j \leq 1 \quad$ para $j = 1, 2, 3, 4$.

Solução ótima: $(x_1, x_2, x_3, x_4) = (0, 1, 0, 1)$ $\hfill$ com $Z = 9$.

Relaxamento PL do subproblema 2: (5) $\quad x_1 \geq 1$ e $0 \leq x_j \leq 1 \hfill$ para $j = 1, 2, 3, 4$

Solução ótima: $x_1, x_2, x_3, x_4) = \left(1, \frac{4}{5}, 0, \frac{4}{5}\right) \quad$ com $Z = 16\frac{1}{5}$.

Os limites resultantes para os subproblemas são então

Limite para o subproblema 1: $\quad Z \leq 9$,
Limite para o subproblema 2: $\quad Z \leq 16$.

A Figura 11.5 resume esses resultados, nos quais os números fornecidos logo abaixo dos nós são os limites e abaixo de cada limite temos a solução ótima obtida para o relaxamento PL.

Avaliação

Um subproblema pode ser conquistado (avaliado) e, portanto, descartado de considerações ulteriores, nas três maneiras descritas a seguir.

Uma maneira é ilustrada pelos resultados para o subproblema 1 dado pelo nó $x_1 = 0$ na Figura 11.5. Observe que a solução ótima (exclusiva) para seu relaxamento PL, $(x_1, x_2, x_3, x_4) = (0, 1, 0, 1)$, é uma solução *inteira*. Portanto, essa solução também deve ser a solução ótima para o próprio subproblema 1. Essa solução deveria ser armazenada como o primeiro **titular** (a melhor solução

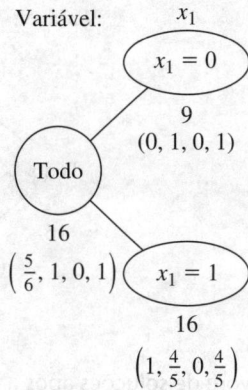

FIGURA 11.5 Os resultados da ramificação para a primeira iteração do algoritmo de ramificação e avaliação progressiva da PIB para o exemplo contido na Seção 11.1.

viável encontrada até então) para o problema como um todo, junto com seu valor de Z. Esse valor é representado por

Z^* = valor de Z para o titular atual,

portanto, $Z^* = 9$ nesse ponto. Já que essa solução foi armazenada, não há nenhuma razão para considerar o subproblema 1 como estando além, ramificando a partir do nó $x_1 = 0$ etc. Proceder dessa forma somente levaria a outras soluções viáveis que são inferiores ao titular e não temos nenhum interesse nessas soluções. Pelo fato de ter sido resolvido, **avaliamos** (descartamos) o subproblema 1 agora.

Os resultados anteriores sugerem um segundo teste de avaliação fundamental. Visto que $Z^* = 9$, não há nenhuma razão para se considerar mais qualquer subproblema cujo *limite* seja (após arredondamento para baixo) ≤ 9, uma vez que um subproblema não pode ter uma solução viável melhor que o titular. Afirmado de forma mais genérica, um subproblema é avaliado toda vez que seu

Limite ≤ Z^*.

Esse resultado não ocorre na iteração atual do exemplo, pois o subproblema 2 tem um limite de 16 que é maior que 9. Entretanto, ele poderia ocorrer posteriormente para **descendentes** desse subproblema (novos subproblemas menores criados pela ramificação desse subproblema e, então, talvez ramificar ainda mais por meio de "gerações" subsequentes). Além disso, à medida que forem encontrados novos titulares com valores de Z^* maiores, ficará mais fácil *avaliar* dessa maneira.

A terceira maneira de se avaliar é bem simples e objetiva. Se o método simplex descobrir que o relaxamento PL de um subproblema não tem *nenhuma solução viável,* então, o subproblema em si também não terá *nenhuma solução viável* e, portanto, ele poderá ser descartado (avaliado).

Nos três casos, conduzimos nossa busca por uma solução ótima, mantendo para investigação ulterior apenas aqueles subproblemas que possivelmente poderiam ter uma solução viável melhor que o titular atual.

Resumo dos testes de avaliação. Um subproblema é *avaliado* (descartado de considerações ulteriores) se:

Teste 1: seu limite ≤ Z^*,
ou
Teste 2: seu relaxamento PL não tiver soluções viáveis,
ou
Teste 3: a solução ótima para seu relaxamento PL for *inteira.* (Se essa solução for melhor que o titular, ela torna-se o novo titular, e o teste 1 é reaplicado para todos os subproblemas não avaliados utilizando-se o novo Z^* maior.)

A Figura 11.6 sintetiza os resultados da aplicação desses três testes aos subproblemas 1 e 2, mostrando a *árvore ramificada* atual. Apenas o subproblema 1 foi avaliado, pelo teste 3, conforme

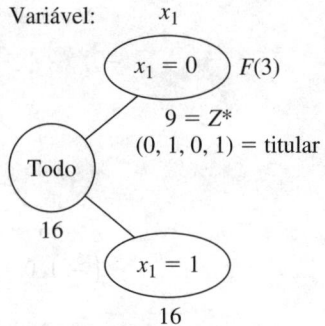

■ **FIGURA 11.6** A árvore de soluções após a primeira iteração do algoritmo de ramificação e avaliação progressiva da PIB para o exemplo da Seção 11.1.

indicado por $F(3)$ próximo ao nó $x_1 = 0$. O titular resultante também é identificado abaixo desse nó.

As iterações subsequentes ilustrarão aplicações bem-sucedidas para os três testes. Entretanto, antes de prosseguirmos com o exemplo, façamos um resumo do algoritmo que é aplicado a esse problema de PIB. (Esse algoritmo parte do pressuposto que a função objetivo tem que ser *maximizada*, que todos os coeficientes na função objetivo são inteiros e que, para fins de simplificação, a ordem das variáveis para ramificação seja $x_1, x_2, \ldots, x_n$.). Conforme observado anteriormente, a maioria dos algoritmos de ramificação e avaliação progressiva usa métodos sofisticados para selecionar variáveis para ramificação.

Resumo do algoritmo da ramificação da avaliação progressiva da PIB

Inicialização: configure $Z^* = -\infty$. Aplique a etapa da limitação, a etapa da avaliação e o teste de otimalidade descritos a seguir para o problema inteiro. Se não tiver sido avaliado, classifique esse problema como aquele "subproblema" remanescente para realizar a primeira iteração completa a seguir.

Etapas para cada iteração:

1. *Ramificação:* entre os subproblemas *remanescentes* (sem avaliação), selecione aquele que foi criado *mais recentemente*. Desempates feitos de acordo com aquele que tiver o *maior limite*. Ramifique a partir do nó para esse subproblema para criar dois subproblemas novos, fixando a próxima variável (a variável ramificada) em 0 ou 1.
2. *Limitação:* para cada novo subproblema, aplique o método simplex ao seu relaxamento PL e para obter uma solução ótima, inclusive o valor de Z, para esse relaxamento PL. Se esse valor de Z não for inteiro, arredonde-o para o próximo inteiro abaixo. (Caso ele já seja um inteiro, não é necessária nenhuma alteração.) Esse valor inteiro de Z é o *limite* para o subproblema.
3. *Avaliação:* para cada novo subproblema, aplique os três testes de avaliação sintetizados anteriormente e descarte aqueles que são avaliados por qualquer um dos testes.

Teste de otimalidade: interrompa, quando não houver mais *nenhum* subproblema *remanescente*; o titular atual é ótimo[4]. Caso contrário, retorne para realizar mais uma iteração.

A etapa de ramificação para esse algoritmo vale um comentário do porquê o subproblema a ser ramificado é selecionado dessa maneira. Uma opção não usada aqui (mas algumas vezes adotada em outros algoritmos de ramificação e avaliação progressiva) seria sempre selecionar o subproblema remanescente com o *melhor limite*, pois esse subproblema seria o mais promissor para conter uma solução ótima para o problema todo. No entanto, a razão para selecionar o subproblema *criado mais recentemente* é que os relaxamentos PL são resolvidos na etapa da limitação. Em vez de, a cada etapa,

---
[4] Se não houver titular, a conclusão a que se chega é que o problema não tem solução viável.

começar pelo método simplex, geralmente cada relaxamento PL é solucionado por *reotimização* em implementações em larga escala desse algoritmo. Essa reotimização envolve a revisão da tabela simplex final do relaxamento PL precedente conforme necessário em decorrência de pequenas diferenças existentes no modelo (exatamente da mesma forma que ocorria para a análise de sensibilidade) e, depois, a aplicação de algumas poucas iterações de, talvez, o método simplex dual. Essa reotimização tende a ser *muito mais* rápida que começar da estaca zero, *desde que* os modelos atual e precedente sejam intimamente relacionados. Os modelos tenderão a ser intimamente relacionados sob a regra da ramificação usada, mas *não* quando se estiver se movimentando pela árvore de ramificação para selecionar o subproblema com o melhor limite.

Completar o exemplo

O padrão para as iterações restantes será bastante similar àquele da primeira iteração descrita anteriormente, exceto pelas maneiras por meio das quais ocorre a avaliação. Portanto, resumiremos as etapas de ramificação e de limitação e vamos nos concentrar na etapa da avaliação.

Iteração 2. O único subproblema remanescente corresponde ao nó $x_1 = 1$ na Figura 11.6, de modo que ramificaremos a partir dos dois novos subproblemas dados a seguir.

Subproblema 3:
Fixe $x_1 = 1, x_2 = 0$ de modo que o subproblema resultante se reduz a:

$$\text{Maximizar} \quad Z = 9 + 6x_3 + 4x_4,$$

sujeito a

(1) $\quad 5x_3 + 2x_4 \leq 4$
(2) $\quad x_3 + x_4 \leq 1$
(3) $\quad x_3 \leq 1$
(4) $\quad x_4 \leq 0$
(5) $\quad x_j$ é binária, para $j = 3, 4$.

Subproblema 4:
Fixe $x_1 = 1, x_2 = 1$ de modo que o subproblema resultante se reduz a:

$$\text{Maximizar} \quad Z = 14 + 6x_3 + 4x_4,$$

sujeito a

(1) $\quad 5x_3 + 2x_4 \leq 1$
(2) $\quad x_3 + x_4 \leq 1$
(3) $\quad x_3 \leq 1$
(4) $\quad x_4 \leq 1$
(5) $\quad x_j$ é binária, para $j = 3, 4$.

Os relaxamentos PL desses subproblemas são obtidos acrescentando-se a restrição adicional mostrada abaixo à versão relaxada da restrição (5). Suas soluções ótimas também são mostradas s seguir.

Relaxamento PL do subproblema 3: (5) $x_1 \geq 1, x_2 \leq 0$, e $0 \leq x_j \leq 1$
para $j = 1, 2, 3, 4$.

Solução ótima: $(x_1, x_2, x_3, x_4) = \left(1, 0, \frac{4}{5}, 0\right)$ com $Z = 13\frac{4}{5}$.

Relaxamento PL do subproblema 4: (5) $x_1 \geq 1, x_2 \geq 1$ e $0 \leq x_j \leq 1$
para $j = 1, 2, 3, 4$.

Solução ótima: $(x_1, x_2, x_3, x_4) = \left(1, 1, 0, \frac{1}{2}\right)$ com $Z = 16$.

Os limites resultantes para os subproblemas são:

Limite para o subproblema 3: $Z \leq 13$,
Limite para o subproblema 4: $Z \leq 16$.

Observe que ambos esses limites são maiores que $Z^* = 9$; portanto, o teste de avaliação 1 falha em ambos os casos. O teste 2 também falha, já que ambas os relaxamentos PL possuem soluções viáveis (conforme indicadas pela existência de uma solução ótima). O teste 3 também falha, pois ambas as soluções ótimas incluem variáveis com valores não inteiros.

A Figura 11.7 mostra a árvore de ramificação resultante até este ponto. A falta de um F à direita de cada um dos nós novos indica que ambos permanecem sem avaliação.

Iteração 3.   Até agora, o algoritmo criou quatro subproblemas. O subproblema 1 foi avaliado, ao passo que o subproblema 2 foi substituído (separado) pelos subproblemas 3 e 4, e estes ainda continuam sendo considerados. Pelo fato de eles terem sido criados simultaneamente, mas o subproblema 4 ($x_1 = 1, x_2 = 1$) tem o *limite* maior ($16 > 13$), a próxima ramificação é feita a partir do nó $(x_1, x_2) = (1, 1)$ na árvore de ramificação, que cria os seguintes subproblemas novos (em que a restrição 3 desaparece, pois não contém x_4).

Subproblema 5:
Fixe $x_1=1, x_2=1, x_3=0$ de modo que o subproblema resultante reduz-se a:

$$\text{Maximizar} \quad Z = 14 + 4x_4,$$

sujeito a

(1) $2x_4 \leq 1$
(2), (4) $x_4 \leq 1$ (duas vezes)
(5) x_4 é binária.

Subproblema 6:
Fixe $x_1 = 1, x_2 = 1, x_3 = 1$ de forma que o subproblema resultante fique

$$\text{Maximizar} \quad Z = 20 + 4x_4,$$

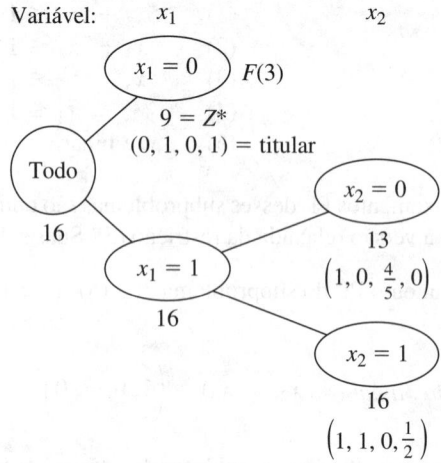

■ **FIGURA 11.7**   A árvore de ramificação após a iteração 2 do algoritmo de ramificação e a avaliação progressiva da PIB para o exemplo da Seção 11.1.

sujeito a

(1) $\quad 2x_4 \leq -4$
(2) $\quad x_4 \leq 0$
(4) $\quad x_4 \leq 1$
(5) $\quad x_4$ é binária.

Os relaxamentos PL correspondentes possuem a versão relaxada da restrição (5), a solução ótima e o limite (quando ele existir) mostrados abaixo.

Relaxamento PL do subproblema 5:

(5) $\quad x_1 \geq 1, \quad x_2 \geq 1, \quad x_3 \leq 0, \quad \text{e} \quad 0 \leq x_j \leq 1$
para $j = 1, 2, 3, 4$.

Solução ótima: $(x_1, x_2, x_3, x_4) = \left(1, 1, 0, \dfrac{1}{2}\right)$, com $Z = 16$.

Limite: $Z \leq 16$.

Relaxamento PL do subproblema 6:

(5) $\quad x_1 \geq 1, \quad x_2 \geq 1, \quad x_3 \geq 1, \quad \text{e} \quad 0 \leq x_j \leq 1$
para $j = 1, 2, 3, 4$

Solução ótima: Nenhuma, já que não existem soluções viáveis.

Limite: Nenhum.

Para ambos os subproblemas, a versão relaxada da restrição (5) tem o efeito de fixar os valores de x_1, x_2 e x_3 nos valores desejados e, portanto, requer que $0 \leq x_4 \leq 1$. Consequentemente, os relaxamentos PL para esses subproblemas reduzem as declarações dos subproblemas fornecidos acima, exceto por substituir a restrição (5) por $0 \leq x_4 \leq 1$. Reduzir esses relaxamentos PL para problemas de uma variável (mais os valores fixos de x_1, x_2 e x_3) facilita a visualização de que a solução ótima para o relaxamento do subproblema 5 é de fato aquela dada acima.

Da mesma forma, observe como a combinação das restrições 1 e $0 \leq x_4 \leq 1$ no relaxamento PL do subproblema 6 impede a ocorrência de quaisquer soluções viáveis. Portanto, esse subproblema é avaliado pelo teste 2. Entretanto, o subproblema 5 falha nesse teste, bem como o teste 1 ($16 > 9$) e o teste 3 ($x_4 = \frac{1}{2}$ não é inteiro), logo, ele continua a ser considerado.

Agora, temos a árvore de ramificação mostrada na Figura 11.8.

Iteração 4. Os subproblemas correspondentes aos nós $(1, 0)$ e $(1, 1, 0)$ da Figura 11.8 continuam sendo considerados, porém, esse último nó foi criado mais recentemente e, portanto, ele é selecionado para ramificação a partir do próximo. Já que a variável ramificada resultante, x_4, é a *última* variável, fixar seu valor em 0 ou então 1, na verdade, cria uma *única solução* em vez de subproblemas que requeiram investigação adicional. Essas soluções únicas são:

$x_4 = 0$: $\quad (x_1, x_2, x_3, x_4) = (1, 1, 0, 0)$ é viável, com $Z = 14$,
$x_4 = 1$: $\quad (x_1, x_2, x_3, x_4) = (1, 1, 0, 1)$ é inviável.

Aplicando-se formalmente os testes de avaliação, vemos que a primeira solução passa pelo teste 3 e a segunda, pelo teste 2. Além disso, essa primeira solução é melhor que a titular ($14 > 9$) e, por essa razão, ela torna-se a nova titular, com $Z^* = 14$.

Pelo fato de se ter encontrado uma nova titular, agora reaplicamos o teste de avaliação 1 com o novo valor maior de Z^* para o único subproblema remanescente, aquele no nó $(1, 0)$.

Subproblema 3:

Limite $= 13 \leq Z^* = 14$.

Portanto, agora esse subproblema é avaliado.

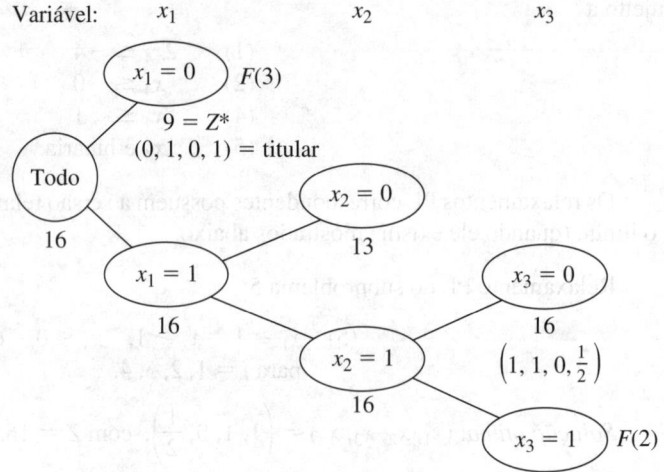

■ FIGURA 11.8 A árvore de ramificação após a iteração 3 do algoritmo de ramificação e avaliação progressiva da PIB para o exemplo da Seção 11.1.

Temos, agora, a árvore de ramificação mostrada na Figura 11.9. Observe que não há *nenhum* subproblema *remanescente* (sem avaliação). Consequentemente, o teste de otimalidade indica que o atual titular

$$(x_1, x_2, x_3, x_4) = (1, 1, 0, 0)$$

é ótimo, de modo que o processo está encerrado.

O Tutor PO inclui **outro exemplo** de aplicação desse algoritmo. Também encontra-se no Tutorial IOR um procedimento interativo para execução desse algoritmo. Como de praxe, arquivos em Excel, LINGO/LINDO, e MPL/CPLEX para este capítulo no *Courseware* de PO ilustram como as versões educacionais desses pacotes de software são aplicadas a diversos exemplos no capítulo. Os algoritmos que eles utilizam para problemas de PIB são todos similares àquele descrito anteriormente[5].

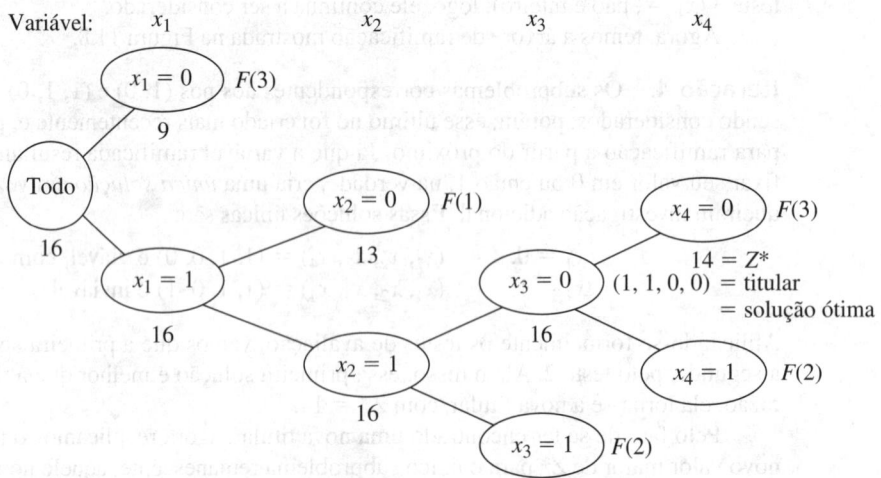

■ FIGURA 11.9 A árvore de ramificação após a quarta (e última) iteração do algoritmo de ramificação e avaliação progressiva da PIB para o exemplo da Seção 11.1.

---

[5] Na versão profissional do LINGO, LINDO e CPLEX, o algoritmo PIB também utiliza uma variedade de sofisticadas técnicas ao longo das linhas descritas na Seção 11.8.

Outras opções com a técnica da ramificação e avaliação progressiva

Esta seção ilustrou a técnica da ramificação e avaliação progressiva, descrevendo um algoritmo básico de ramificação e avaliação progressiva para resolver problemas de PIB. Entretanto, a estrutura geral da técnica da ramificação e avaliação progressiva fornece grande dose de flexibilidade em relação a como desenhar um algoritmo específico para dado tipo de problema, como a PIB. Há muitas opções disponíveis, e construir um algoritmo eficiente requer o ajuste do desenho exclusivo para atender à estrutura específica do tipo de problema.

Todo algoritmo de ramificação e avaliação progressiva apresenta as mesmas três etapas básicas de *ramificação, limitação* e *avaliação*. A flexibilidade reside na forma como essas etapas são realizadas. Normalmente esse processo é consideravelmente mais eficiente que a regra usada pelo nosso algoritmo PIB de simplesmente selecionar as variáveis de ramificação em sua rede natural [$x_1, x_2, \ldots, x_n$]. Por exemplo, um grande inconveniente dessa regra simples para seleção dessa variável de ramificação é que se essa variável de ramificação tiver um valor inteiro na solução ótima para o relaxamento PL do subproblema que está sendo ramificado, o subproblema seguinte que fixa essa variável nesse mesmo valor inteiro também terá a mesma solução ótima para o seu relaxamento PL, de modo que não terá sido feito nenhum progresso para a avaliação. Portanto, opções mais estratégicas para selecionar a variável de ramificação poderia fazer algo como selecionar a variável cujo valor na solução ótima para o relaxamento PL do subproblema atual esteja *o mais distante possível* de ser um inteiro.

A *ramificação* sempre envolve *selecionar* um subproblema remanescente e *dividi-lo* em subproblemas menores. A flexibilidade aqui encontra-se nas regras para selecionar e dividir. Nosso algoritmo PIB selecionou o subproblema *criado mais recentemente*, pois isso é muito eficiente para *reotimizar* cada relaxamento PL do precedente. Selecionar o subproblema com o *melhor limite* é a outra regra mais conhecida, porque ela tende a conduzir mais rapidamente a titulares melhores e, portanto, mais avaliação. Podemos utilizar combinações das duas regras. A *divisão* é feita, tipicamente (mas nem sempre), escolhendo-se uma *variável ramificada* e atribuindo a ela valores individuais (por exemplo, nosso algoritmo PIB) ou, então, intervalos de valores (como o algoritmo da próxima seção). Algoritmos mais sofisticados geralmente usam uma regra para escolher estrategicamente uma variável ramificada que poderia tentar conduzir a avaliação precoce.

A *limitação* é feita normalmente por meio da resolução de um *relaxamento*. Entretanto, há uma série de maneiras para se formar relaxamentos. Considere, por exemplo, o **relaxamento de Lagrange**, em que o conjunto inteiro de restrições funcionais $\mathbf{Ax} \leq \mathbf{b}$ (na notação matricial) é *eliminado* (exceto, possivelmente, por qualquer restrição "conveniente") e, portanto, a função objetivo

$$\text{Maximizar} \quad Z = \mathbf{cx},$$

é substituída por

$$\text{Maximizar} \quad Z_R = \mathbf{cx} - \lambda(\mathbf{Ax} - \mathbf{b}),$$

em que o vetor fixo $\lambda \geq 0$. Se $\mathbf{x}^*$ for uma solução ótima para o problema original, seu $Z \leq Z_R$, de modo que solucionar o relaxamento de Lagrange para o valor ótimo de Z_R forneça um *limite* válido. Se λ também for escolhido, esse limite tende a ser razoavelmente apertado (pelo menos comparável ao limite do relaxamento PL). Sem quaisquer restrições funcionais, esse relaxamento também pode se resolver de forma extremamente rápida. As desvantagens são que testes de avaliação 2 e 3 (revisados) não são tão poderosos para o relaxamento PL.

Em termos gerais, dois recursos são examinados na escolha de um relaxamento: ele pode ser resolvido de modo relativamente rápido e fornecer um limite relativamente apertado. Nem um dos dois sozinho é adequado. O relaxamento PL é conhecido, pois fornece uma excelente relação entre esses dois fatores.

Uma opção ocasionalmente empregada é usar um relaxamento rapidamente resolvido e, depois, se a avaliação não for atingida, apertar o relaxamento de modo a obter um limite ligeiramente mais apertado.

A *avaliação* geralmente se faz de forma muito similar à descrita para o algoritmo PIB. Os três critérios de avaliação podem ser afirmados em termos mais gerais, como a seguir.

Resumo dos critérios de avaliação. Um subproblema é *avaliado* caso uma análise de seu *relaxamento* revelar que:

Critério 1: soluções viáveis do subproblema devem ter $Z \leq Z^*$, ou
Critério 2: o subproblema não tem nenhuma solução viável, ou
Critério 3: uma solução ótima do subproblema foi encontrada.

Do mesmo modo que o algoritmo PIB, os dois primeiros critérios geralmente são aplicados para resolver o relaxamento para obter um limite para o subproblema e então verificar se seu limite é $\leq Z^*$ (teste 1) ou se o relaxamento não tiver nenhuma solução viável (teste 2). Se o relaxamento diferir do subproblema *somente* pela eliminação (ou relaxamento) de algumas restrições, então, o terceiro critério é aplicado normalmente pela verificação se a solução ótima para o relaxamento for *viável* para o subproblema, em cujo caso ela deve ser *ótima* para o subproblema. Para outros relaxamentos (como o relaxamento de Lagrange), é necessária análise adicional para determinar se a solução ótima para o relaxamento também é ótima para o subproblema.

Se o problema original envolver *minimização* em vez de maximização, há duas opções disponíveis. Uma é converter em maximização da forma usual (ver a Seção 4.6). A outra é converter o algoritmo de ramificação e avaliação progressiva diretamente na forma de minimização, que requer a mudança da direção da desigualdade para o teste de avaliação 1 de

O limite do subproblema é $\leq Z^*$?

para

O limite do subproblema é $\geq Z^*$?

Ao usar essa última desigualdade, se o valor de Z para a solução ótima para o relaxamento do subproblema não for um inteiro, ele seria arredondado para o próximo inteiro acima, obtendo o limite do subproblema.

Até agora, descrevemos como usar a técnica da ramificação e avaliação progressiva para encontrar somente *uma* solução ótima. Entretanto, no caso de empates para a solução ótima, às vezes é desejável identificar *todas* essas soluções ótimas, de modo que a escolha final entre elas seja feita baseando-se em fatores intangíveis não incorporados no modelo matemático. Para encontrar todas elas, é necessário fazer apenas algumas pequenas alterações no procedimento. Primeiro, mude a desigualdade fraca para o teste de avaliação 1 (O limite do subproblema é $\leq Z^*$?) para uma desigualdade rigorosa (O limite do subproblema é $< Z^*$?), de modo que a avaliação não ocorrerá se o subproblema puder ter uma solução viável *igual* à titular. Em segundo lugar, se o teste de avaliação 3 for bem-sucedido e a solução ótima para o subproblema tiver $Z = Z^*$, então, armazene essa solução como *outra* titular (empatada). Em terceiro, se o teste 3 fornecer uma nova titular (empatada ou não), verifique se a solução ótima obtida para o *relaxamento* é *única*. Se não for, identifique as demais soluções ótimas para o relaxamento e verifique se elas são ótimas para o subproblema também, em cujo caso elas também se tornam titulares. Por fim, quando o *teste de otimalidade* revelar que não há *nenhum* subconjunto *remanescente* (sem avaliação), *todas* as titulares atuais serão as soluções *ótimas*.

Finalmente, observe que, em vez de encontrar uma solução ótima, a técnica da ramificação e avaliação progressiva pode ser usada para encontrar uma solução *aproximadamente ótima*, geralmente com muito menos esforço computacional. Para algumas aplicações, uma solução é "suficientemente boa" se seu Z estiver "suficientemente próximo" do valor de Z para uma solução ótima (podemos chamá-la de Z^{**}). *Suficientemente próxima* pode ser definido de duas maneiras:

$$Z^{**} - K \leq Z \quad \text{ou} \quad (1 - \alpha)Z^{**} \leq Z$$

para uma constante (positiva) especificada, K ou α. Se, por exemplo, for escolhida a segunda definição e $\alpha = 0{,}05$, então a solução deve estar em um intervalo de 5% da solução ótima. Consequentemente, se fosse conhecido que o valor de Z para a atual titular (Z^*) satisfaz tanto

$$Z^{**} - K \leq Z^* \quad \text{quanto} \quad (1 - \alpha)Z^{**} \leq Z^*$$

então o procedimento poderia se encerrar de imediato, escolhendo-se a titular como a solução aproximadamente ótima desejada. Embora o procedimento não identifique realmente uma solução ótima e o Z^{**} correspondente, se essa solução (desconhecida) for viável (e, portanto, ótima) para o subproblema investigado no momento, então o teste de avaliação 1 encontra um limite superior tal que:

$Z^{**} \leq$ limite

de modo que tanto

$$\text{Limite} - K \leq Z^* \quad \text{quanto} \quad (1 - \alpha)\text{limite} \leq Z^*$$

implicariam que a desigualdade correspondente na sentença anterior será satisfeita. Mesmo que essa solução não seja viável para o subproblema atual, um limite superior válido ainda será obtido para o valor de Z para a solução ótima do subproblema. Portanto, satisfazer qualquer uma dessas duas desigualdades é suficiente para avaliar esse subproblema, pois a titular deve estar "suficientemente próxima" da solução ótima para o subproblema.

Portanto, para encontrar uma solução que esteja próxima o bastante para ser ótima, basta uma única alteração no procedimento de ramificação e avaliação progressiva usual. Essa mudança é substituir o teste de avaliação 1 usual para um subproblema

Limite $\leq Z^*$?

por

Limite $- K \leq Z^*$?

ou então por

$(1 - \alpha)(\text{limite}) \leq Z^*$?

e, em seguida, executar esse teste *após* o teste 3 (de modo que uma solução viável encontrada com $Z > Z^*$ ainda possa ser mantida como a nova titular). A razão para esse teste 1 menos rigoroso ser suficiente é que, independentemente de quão próxima de Z a solução ótima (desconhecida) para o subproblema estiver do limite do subproblema, a titular ainda estará suficientemente próxima dessa solução (se a nova desigualdade for válida) para que o subproblema não precise mais ser levado em conta. Quando não houver mais nenhum subproblema remanescente, a atual titular será a solução *aproximadamente ótima* desejada. Entretanto, é muito mais fácil avaliar com esse novo teste (em qualquer uma das formas), de maneira que o algoritmo seria processado de modo muito mais rápido. Para um problema extremamente grande, essa aceleração pode significar a diferença entre finalizar com uma solução garantidamente próxima da ótima ou jamais finalizar o processo. Para vários problemas extremamente grandes que surgem na prática, já que o modelo fornece apenas uma representação idealizada do problema real, encontrar uma solução dessa maneira para o modelo e que seja próxima da ótima pode ser suficiente para todas as finalidades práticas. Portanto, esse atalho é usado com bastante frequência na prática.

11.7 ALGORITMO DE RAMIFICAÇÃO E AVALIAÇÃO PROGRESSIVA PARA PROGRAMAÇÃO INTEIRA MISTA

Vamos considerar agora o problema de PIM geral, no qual *algumas* das variáveis (digamos, I delas) estejam restritas a valores inteiros (mas não necessariamente apenas 0 e 1), porém, o restante delas são variáveis contínuas comuns. Para fins de conveniência de notação, ordenaremos as variáveis de modo que as primeiras I variáveis sejam as variáveis *restritas a inteiros*. Portanto, a forma genérica do problema analisado ficará assim:

$$\text{Maximizar} \quad Z = \sum_{j=1}^{n} c_j x_j,$$

sujeito a

$$\sum_{j=1}^{n} a_{ij} x_j \leq b_i, \quad \text{para } i = 1, 2, \ldots, m,$$

e

$$x_j \geq 0, \quad \text{para } j = 1, 2, \ldots, n,$$
$$x_j \text{ é inteira}, \quad \text{para } j = 1, 2, \ldots, I; I \leq n.$$

(Quando $I = n$, esse problema se torna um problema de puro PI.)

Descreveremos um algoritmo de ramificação e avaliação progressiva para solucionar esse problema que, com uma série de refinamentos, tornou-se uma metodologia padrão para a PIM. A estrutura desse algoritmo foi inicialmente desenvolvida por R. J. Dakin[6], baseando-se em um algoritmo de técnica da ramificação e avaliação progressiva pioneiro de A. H. Land e A. G. Doig[7].

Esse algoritmo é bastante similar, em termos estruturais, ao algoritmo de PIB apresentado na seção anterior. Novamente, a resolução de *relaxamentos PL* fornece a base para as etapas de *limitação* e de *avaliação*. De fato, são necessárias apenas quatro mudanças no algoritmo de PIB para lidar com as generalizações de variáveis inteiras *binárias* para *genéricas* e de PI *pura* para PI *mista*.

Uma mudança envolve a escolha de uma *variável ramificada*. Anteriormente, a variável *seguinte* na ordem natural ($x_1, x_2, \ldots, x_n$) foi escolhida automaticamente. Agora, as únicas variáveis consideradas são as variáveis *restritas a inteiros* que possuírem um *valor não inteiro* na solução ótima para o relaxamento PL do subproblema atual. Nossa regra para escolha dessas variáveis é selecionar a *primeira* na ordem natural. (Códigos para rodar em ambientes de produção geralmente utilizam uma regra mais sofisticada.)

A segunda mudança envolve os valores atribuídos à variável ramificada para a criação de novos subproblemas menores. Antes, a *variável binária* era fixada, respectivamente, em 0 e 1, para os dois subproblemas novos. Agora, a variável restrita a inteiros *genérica* poderia ter um grande número de valores inteiros possíveis e seria ineficiente criar *e* analisar *muitos* subproblemas fixando a variável em seus valores inteiros individuais. Portanto, o que se faz é criar apenas *dois* subproblemas novos (como anteriormente) mediante a especificação de dois *intervalos* de valores para a variável.

Para detalhar como isso é feito, façamos que x_j seja a variável ramificada atual e que x_j^* seja seu valor (não inteiro) na solução ótima para o relaxamento PL do subproblema atual. Usando colchetes para representar

$$[x_j^*] = \text{maior valor inteiro} \leq x_j^*,$$

temos, como intervalo de valores para os dois subproblemas novos, respectivamente.

$$x_j \leq [x_j^*] \quad \text{e} \quad x_j \geq [x_j^*] + 1,$$

Cada desigualdade torna-se uma *restrição adicional* para esse novo subproblema. Por exemplo, se $x_j^* = 3\frac{1}{2}$, então

$$x_j \leq 3 \quad \text{e} \quad x_j \geq 4$$

são as respectivas restrições adicionais para o novo subproblema.

Quando as duas mudanças para o algoritmo de PIB descrito anteriormente forem combinadas, pode ocorrer um interessante fenômeno de uma *variável ramificada recorrente*. Para fins ilustrativos, conforme mostrado na Figura 11.10, façamos que $j = 1$ no exemplo anterior, em que $x_j^* = 3\frac{1}{2}$, e consideremos o novo subproblema no qual $x_1 \leq 3$. Quando o relaxamento PL de um descendente desse subproblema for solucionado, suponha que $x_1^* = 1\frac{1}{4}$. Então, x_1 *recorre* como a variável ramificada e os dois subproblemas novos criados têm, respectivamente, a restrição adicional $x_1 \leq 1$ e $x_1 \geq 2$ (bem como a restrição adicional anterior $x_1 \leq 3$). Posteriormente, quando o relaxamento PL para um descendente do, digamos, subproblema $x_1 \leq 1$ for solucionado, suponha que $x_1^* = \frac{3}{4}$. Então x_1 *recorre* novamente como variável ramificada e os dois subproblemas novos criados têm $x_1 = 0$ (em virtude da nova restrição $x_1 \leq 0$ e a restrição de não negatividade sobre x_1) e $x_1 = 1$ (em razão da nova restrição $x_1 \geq 1$ e a restrição anterior $x_1 \leq 1$).

A terceira alteração envolve a *etapa da limitação*. Anteriormente, com um problema de PI *puro* e coeficientes inteiros na função objetivo, o valor de Z para a solução ótima para o relaxamento PL

---

[6] R. J. Dakin, "A Tree Search Algorithm for Mixed Integer Programming Problems", *Computer Journal*, **8**(3): 250-255, 1965.
[7] A. H. Land and A. G. Doig, "An Automatic Method of Solving Discrete Programming Problems", *Econometrica*, **28**: 497-520, 1960.

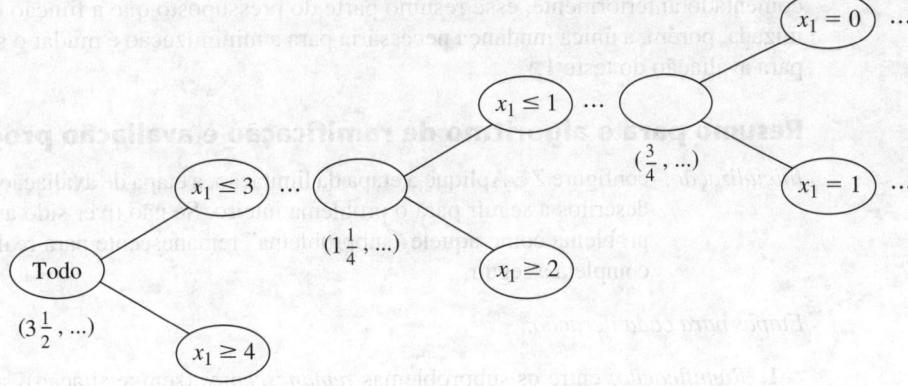

■ **FIGURA 11.10** Ilustração do fenômeno de uma *variável ramificada recorrente*, em que aqui x_1 transforma-se três vezes em uma variável ramificada, pois tem um valor não inteiro na solução ótima para o relaxamento PL nos três nós.

do subproblema era *arredondado para baixo* para obter o limite, pois qualquer solução viável para o subproblema deve ter um Z inteiro. Agora, com algumas das variáveis *não* restritas a inteiros, o limite é o valor de Z *sem* arredondá-lo para baixo.

A quarta (e última) modificação no algoritmo de PIB para obter nosso algoritmo de PIM envolve o teste de avaliação 3. Antes, com um problema de PI *puro*, o teste era que a solução ótima para o relaxamento PL do subproblema era *inteira*, pois isso garantia que a solução fosse viável e, consequentemente, ótima, para o subproblema. Agora, com um problema de PI *misto*, o teste requer apenas que as variáveis *restritas a inteiros* sejam *inteiras* na solução ótima para o relaxamento PL do subproblema, porque isso é suficiente para garantir que a solução seja viável e, por conseguinte, ótima, para o subproblema.

Incorporando-se essas quatro modificações ao resumo apresentado na seção anterior para o algoritmo de PIB, isso leva ao seguinte resumo para o novo algoritmo para PIM. (Conforme

---

Exemplo de Aplicação

Com sede em Houston, Texas, a **Waste Management**, Inc. (empresa que figura na lista das 100 maiores da revista *Fortune*) é a empresa líder no fornecimento de serviços abrangentes para o gerenciamento completo da destinação de resíduos na América do Norte. Sua rede de operações inclui 293 aterros sanitários ativos, 16 plantas industriais para conversão de lixo em energia, 72 instalações para conversão de gás proveniente de aterros sanitários em energia, 146 plantas industriais de reciclagem, 346 estações de transferência e 435 operações de coleta (depósitos) para fornecer serviços para aproximadamente 20 milhões de clientes residenciais e 2 milhões de clientes comerciais por todo os Estados Unidos e Canadá.

Os veículos de coleta e transferência precisam seguir cerca de 20 mil rotas diárias. Com um custo operacional anual aproximado de US$ 120.000 por veículo, a direção queria ter um sistema de gerenciamento de rotas completo que tornasse cada rota a mais lucrativa e eficiente possível. Consequentemente, foi formada uma equipe de PO incluindo uma série de consultores para dar conta desse problema.

O cerne do sistema de administração de rotas desenvolvido por essa equipe é um *imenso modelo PIB misto* que otimiza as rotas atribuídas aos respectivos veículos de coleta e transferência. Embora a função objetivo considere vários fatores, o principal objetivo é a minimização do tempo total de viagem. As principais variáveis de decisão são variáveis binárias iguais a 1, caso a rota atribuída a determinado veículo inclua determinado trecho possível, e iguais a 0 caso contrário. Um sistema de informações geográficas (GIS) fornece os dados relativos à distância e o tempo necessários para trafegar entre dois pontos quaisquer. Tudo isso está embutido em uma aplicação Java baseada na Web, que é integrada aos demais sistemas da empresa.

Estima-se que a recente implementação desse sistema de administração de rotas completo *aumentará o fluxo de caixa da empresa em* **US$ 648 milhões** *ao longo de um período de cinco anos*, em grande parte devido à *economia de* **US$ 498 milhões** em custos operacionais ao longo do mesmo período. Ele também implica melhor atendimento ao cliente.

Fonte: S. Sahoo, S. Kim, B.-I. Kim, B. Krass, and A. Popov, Jr.: "Routing Optimization for Waste Management", *Interfaces*, **35**(1): 24-36, Jan.-Feb. 2005. (Este artigo está disponível em inglês no *site* da editora, www.bookman.com.br.)

comentado anteriormente, esse resumo parte do pressuposto que a função objetivo deva ser maximizada, porém, a única mudança necessária para a minimização é mudar o sentido da desigualdade para avaliação do teste 1.)

Resumo para o algoritmo de ramificação e avaliação progressiva para PIM

Inicialização: configure Z^*. Aplique a etapa da limitação, a etapa de avaliação e o teste de otimalidade descritos a seguir para o problema inteiro. Se não tiver sido avaliado, classifique esse problema como aquele "subproblema" remanescente para realizar a primeira iteração completa a seguir.

Etapas para cada iteração:

1. *Ramificação:* entre os subproblemas *remanescentes* (sem avaliação), selecione aquele que foi criado *mais recentemente*. Desempates feitos de acordo com aquele que tiver o *maior limite*. Entre as variáveis *restritas a inteiros* que têm valor *não inteiro* na solução ótima para o relaxamento PL do subproblema, escolha a *primeira delas* na ordem natural das variáveis para ser a variável *ramificada*. Façamos que x_j seja essa variável e x_j^*, seu na solução ótima para o relaxamento PL do subproblema, escolha a primeira delas na ordem natural das variáveis para ser a variável ramificada. Façamos que x_j seja variável e x_j^*, seu valor nessa solução. Ramifique a partir do nó para esse subproblema para criar dois subproblemas novos, acrescentando as respectivas restrições $x_j \leq [x_j^*]$ e $x_j \geq [x_j^*] + 1$.
2. *Limitação:* para cada novo subproblema, obtenha seu *limite*, aplicando o método simplex (ou método simplex dual ao reotimizar) a seu relaxamento PL e usando o valor de Z como solução ótima resultante.
3. *Avaliação:* para cada novo subproblema, aplique os três testes de avaliação dados a seguir e descarte aqueles subproblemas que são avaliados por qualquer um dos testes.
   Teste 1: seu limite $\leq Z^*$, em que Z^* é o valor de Z para a *titular* atual.
   Teste 2: seu relaxamento PL não possui nenhuma solução viável.
   Teste 3: a solução ótima para seu relaxamento PL possui *valores inteiros* para as variáveis *restritas a inteiros*. Se essa solução for melhor que a titular, ela se tornará a nova titular e o teste 1 será reaplicado a todos os subproblemas sem avaliação, usando-se o novo Z^* maior.

Teste de otimalidade: pare, quando não houver mais *nenhum* subproblema *remanescente*; o titular atual é ótimo[8]. Caso contrário, retorne para realizar mais uma iteração.

EXEMPLO DE PIM   Agora, ilustraremos esse algoritmo aplicando-o ao seguinte problema de PIM:

$$\text{Maximizar} \quad Z = 4x_1 - 2x_2 + 7x_3 - x_4,$$

sujeito a

$$\begin{aligned} x_1 \quad\quad + 5x_3 \quad\quad &\leq 10 \\ x_1 + x_2 - x_3 \quad\quad &\leq 1 \\ 6x_1 - 5x_2 \quad\quad\quad\quad &\leq 0 \\ -x_1 \quad\quad + 2x_3 - 2x_4 &\leq 3 \end{aligned}$$

e

$$x_j \geq 0, \quad \text{para } j = 1, 2, 3, 4$$
$$x_j \text{ é um inteiro}, \quad \text{para } j = 1, 2, 3.$$

Observe que o número de variáveis restritas a inteiros é $I = 3$, de modo que x_4 é a única variável contínua.

---

[8] Se não houver titular, a conclusão a que se chega é a que o problema não possui solução viável.

Inicialização. Após configurar $Z^* = -\infty$, formamos o relaxamento PL desse problema *eliminando* o conjunto de restrições em que x_j é um inteiro para $j = 1, 2, 3$. Aplicando-se o método simplex a esse relaxamento PL nos leva à solução ótima a seguir.

Relaxamento PL para o problema inteiro: $(x_1, x_2, x_3, x_4) = \left(\frac{5}{4}, \frac{3}{2}, \frac{7}{4}, 0\right)$ com $Z = 14\frac{1}{4}$.

Pelo fato de ele ter *soluções viáveis* e sua solução ótima apresentar *valores não inteiros* para suas variáveis restritas a inteiros, o problema todo não é avaliado, de modo que o algoritmo prossegue com a primeira iteração completa indicada a seguir.

Iteração 1. Nessa solução ótima para o relaxamento PL, a *primeira* variável restrita a inteiros que apresenta um valor não inteiro é $x_1 = \frac{5}{4}$ de modo que x_1 torna-se a variável ramificada. Ramificar a partir do nó *Todo* (*todas* as soluções viáveis) com essa variável ramificada cria então os dois subproblemas a seguir:

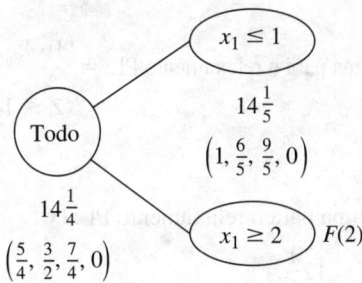

FIGURA 11.11 A árvore de soluções após a primeira iteração do algoritmo de ramificação e avaliação progressiva para o exemplo de PIM.

Subproblema 1:
Problema original mais restrição adicional
$$x_1 \leq 1.$$

Subproblema 2:
Problema original mais restrição adicional
$$x_1 \geq 2.$$

Eliminando-se novamente o conjunto de restrições inteiras e solucionando-se os relaxamentos PL resultantes desses dois subproblemas nos conduz aos seguintes resultados.

Subproblema 1:

Solução ótima para o relaxamento $(x_1, x_2, x_3, x_4) = \left(1, \frac{6}{5}, \frac{9}{5}, 0\right)$, com $Z = 14\frac{1}{5}$.

Limite: $Z \leq 14\frac{1}{5}$.

Subproblema 2:
Relaxamento PL: Não existem soluções viáveis.

Esse resultado para o subproblema 2 significa que ele é avaliado pelo teste 2. Entretanto, da mesma forma que ocorre para o problema como um todo, o subproblema 1 falha em todos os testes de avaliação.

Esses resultados são resumidos na árvore de ramificação mostrada na Figura 11.11.

Iteração 2 Com apenas um subproblema restante, correspondente ao nó $x_1 \leq 1$ da Figura 11.11, a ramificação seguinte parte desse nó. Examinando-se a solução ótima de seu relaxamento PL dada a seguir, vemos que esse nó revela que a *variável ramificada* é x_2, pois $x_2 = \frac{6}{5}$ é a primeira variável restrita a inteiros com valor não inteiro. Acrescentar uma das restrições, $x_2 \leq 1$ ou $x_2 \geq 2$, cria então os dois subproblemas novos indicados a seguir.

Subproblema 3:
Problema original mais restrições adicionais

$$x_1 \leq 1, \qquad x_2 \leq 1.$$

Subproblema 4:
Problema original mais restrições adicionais

$$x_1 \leq 1, \qquad x_2 \geq 2.$$

Solucionar seus relaxamentos PL conduz aos seguintes resultados.

Subproblema 3:

Solução ótima para o relaxamento PL: $(x_1, x_2, x_3, x_4) = \left(\frac{5}{6}, 1, \frac{11}{6}, 0\right)$, com $Z = 4$

Limite: $Z \leq 14\frac{1}{6}$.

Subproblema 4:

Solução ótima para o relaxamento PL: $(x_1, x_2, x_3, x_4) = \left(\frac{5}{6}, 2, \frac{11}{6}, 0\right)$, com $Z = 12\frac{1}{6}$.

Limite: $Z \leq 12\frac{1}{6}$.

Pelo fato de ambas as soluções existirem (soluções viáveis) e terem valores não inteiros para variáveis restritas a inteiros, nenhum dos dois subproblemas é avaliado. (O teste 1 ainda não está operacional, já que $Z^* = -\infty$ até que a primeira titular seja encontrada.)

A árvore de ramificação neste ponto é dada na Figura 11.12.

Iteração 3. Com dois subproblemas remanescentes (3 e 4) que foram criados simultaneamente, aquele com o maior limite (subproblema 3, com $14\frac{1}{6} > 12\frac{1}{6}$) é selecionado para a próxima ramificação. Em virtude de $x_1 = \frac{5}{6}$ ter um valor não inteiro na solução ótima para relaxamento PL do subproblema, x_1 torna-se a variável ramificada. (Observe que x_1 agora é uma variável ramificada *recorrente*, visto que ela foi escolhida na iteração 1.) Isso leva aos seguintes subproblemas novos.

Subproblema 5:
Problema original mais restrições adicionais

$$x_1 \leq 1$$
$$x_2 \leq 1$$
$$x_1 \leq 0 \qquad \text{(portanto, } x_1 = 0\text{).}$$

Subproblema 6:
Problema original mais restrições adicionais

$$x_1 \leq 1$$
$$x_2 \leq 1$$
$$x_1 \geq 1 \qquad \text{(portanto, } x_1 = 1\text{).}$$

Os resultados obtidos pela resolução de seus relaxamentos PL são fornecidos a seguir.

Subproblema 5

Solução ótima para relaxamento PL: $(x_1, x_2, x_3, x_4) = \left(0, 0, 2, \frac{1}{2}\right)$ com $Z = 13\frac{1}{2}$.

Limite: $Z \leq 13\frac{1}{2}$.

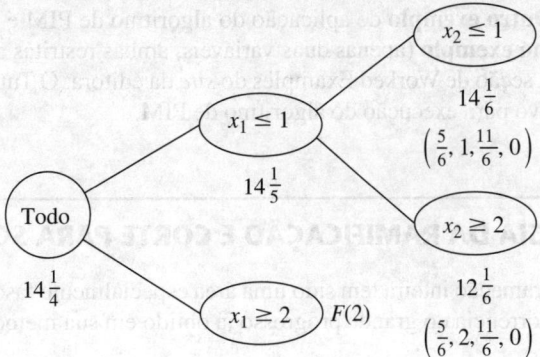

■ FIGURA 11.12 A árvore de ramificação após a segunda iteração do algoritmo de ramificação e avaliação progressiva para o exemplo de PIM.

Subproblema 6
  Relaxamento PL: Não existem soluções viáveis.

O subproblema 6 é avaliado imediatamente pelo teste 2. Entretanto, observe que o subproblema 5 também pode ser avaliado. O teste 3 é bem-sucedido já que a solução ótima para seu relaxamento PL tem valores inteiros ($x_1 = 0$, $x_2 = 0$, $x_3 = 2$) para todas as três variáveis restritas a inteiros. (Não importa que x_4 visto que $x_4 = \frac{1}{2}$ não é restrita a inteiros.) Essa *solução viável* para o problema original transforma-se em nossa primeira titular:

$$\text{Titular} = \left(0, 0, 2, \frac{1}{2}\right), \qquad \text{com } Z^* = 13\frac{1}{2}.$$

Usar esse Z^* para reaplicar o teste de avaliação 1 ao único outro subproblema (subproblema 4) é bem-sucedido, uma vez que seu limite $12\frac{1}{6} \leq Z^*$.

Essa iteração foi bem-sucedida nos subproblemas de avaliação em todas as três maneiras possíveis. Além disso, agora não existe mais nenhum subproblema remanescente, de modo que a titular atual é ótima.

$$\text{Solução ótima} = \left(0, 0, 2, \frac{1}{2}\right) \qquad \text{com } Z = 13\frac{1}{2}.$$

Esses resultados são resumidos na árvore de ramificação final dada na Figura 11.13.

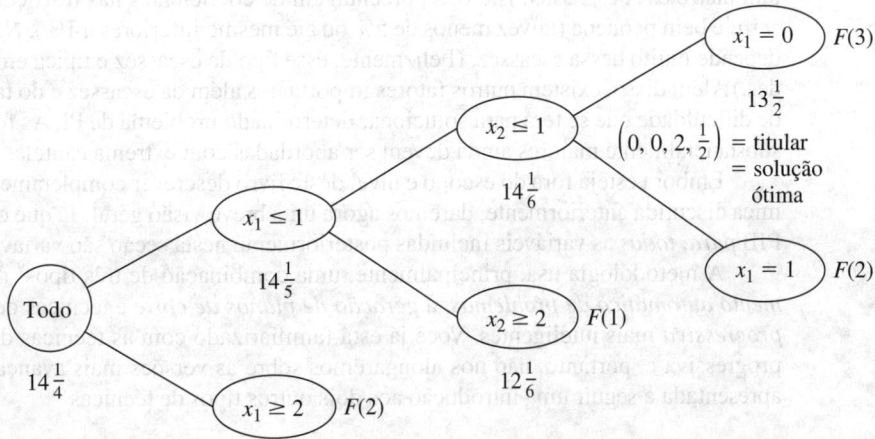

■ FIGURA 11.13 A árvore de ramificação após a terceira (e última) iteração do algoritmo de ramificação e a avaliação progressiva para o exemplo de PIM.

Outro exemplo de aplicação do algoritmo de PIM é apresentado no Tutor PO. Além disso, **um pequeno exemplo** (apenas duas variáveis, ambas restritas a inteiros) que inclui telas gráficas é fornecido na seção de Worked Examples do *site* da editora. O Tutorial IOR também inclui um procedimento interativo para execução do algoritmo de PIM.

11.8 METODOLOGIA DA RAMIFICAÇÃO E CORTE PARA SOLUCIONAR PROBLEMAS DE PIB

A programação inteira tem sido uma área especialmente fascinante da PO desde meados dos anos 1980 em decorrência do grande progresso já obtido em sua metodologia de resolução.

Antecedentes históricos

Para analisar esse progresso, consideremos os antecedentes históricos. Um grande avanço surgiu nos anos 1960 e no início dos anos 1970 com o desenvolvimento e o refinamento da metodologia de ramificação e avaliação progressiva. No entanto, a certo ponto, o que havia de mais avançado atingiu um patamar. Problemas relativamente pequenos (bem abaixo de 100 variáveis) podiam ser resolvidos de forma muito eficiente, mas bastava um modesto acréscimo no tamanho do problema para provocar uma explosão em termos de tempo de processamento acima de limites práticos. Obtinha-se pouco progresso para ultrapassar esse crescimento exponencial em tempo de processamento, à medida que o tamanho do problema aumentava. Muitos problemas importantes que surgiam na prática não podiam ser resolvidos.

A seguir veio o grande avanço seguinte, em meados dos anos 1980, com a introdução da *metodologia da ramificação e corte* para resolver problemas de PIB. Havia relatórios pioneiros que informavam sobre problemas muito grandes, que continham até alguns milhares de variáveis, sendo solucionados com essa metodologia. Isso criou grande entusiasmo, e levou a intensas atividades de pesquisa e desenvolvimento para refinar a metodologia e que continuaram a partir de então. Inicialmente, a metodologia limitou-se a PIB *pura*, mas logo ela se estendeu à PIB *mista* e, a seguir, também a problemas de PIM com algumas variáveis inteiras genéricas. Iremos limitar nossa descrição de metodologia ao caso da PIB *pura*.

É bastante comum agora casos em que a metodologia da ramificação e corte conseguem resolver alguns problemas com algumas milhares de variáveis e, ocasionalmente, até dezenas ou centenas de milhares de variáveis. Conforme mencionamos na Seção 11.4, essa tremenda aceleração deve-se ao imenso progresso em três áreas – extraordinários avanços em algoritmos PIB por meio da incorporação e posterior desenvolvimento da metodologia da ramificação e corte, melhorias notáveis em algoritmos de programação linear usados intensamente nos algoritmos PIB e à grande aceleração em computadores (inclusive computadores desktop).

É realmente necessário fazer um alerta. Essa metodologia algorítmica não é capaz de solucionar de modo consistente *todos* os problemas de PIB pura com alguns milhares de variáveis, ou até mesmo com algumas centenas delas. Os problemas de PIB pura de grandes dimensões solucionados apresentam matrizes A *escassas*; isto é, a porcentagem de coeficientes nas restrições funcionais que são *não zeros* é bem pequena (talvez menos de 5% ou até mesmo inferiores a 1%). Na realidade, a metodologia depende muito dessa escassez. (Felizmente, esse tipo de escassez é típica em problemas práticos grandes.) Além disso, existem outros fatores importantes além da escassez e do tamanho que afetam o grau de dificuldade que se terá para solucionar determinado problema de PI. As formulações PI de tamanho substancialmente maiores ainda devem ser abordadas com extrema cautela.

Embora esteja fora do escopo e nível deste livro descrever completamente a metodologia algorítmica discutida anteriormente, daremos agora uma breve visão geral. Já que essa visão geral limita-se à PIB *pura*, *todas* as variáveis incluídas posteriormente nesta seção são variáveis *binárias*.

A metodologia usa, principalmente, uma combinação de três tipos[9] de técnicas: *pré-processamento automático de problemas*, a *geração de planos de corte* e técnicas de *ramificação e avaliação progressiva* mais inteligentes. Você já está familiarizado com as técnicas da ramificação e avaliação progressiva e, portanto, não nos alongaremos sobre as versões mais avançadas aqui incorporadas. É apresentada a seguir uma introdução aos dois outros tipos de técnicas.

---

[9] Conforme discutido brevemente na Seção 11.4, outra técnica que desempenhou papel significativo no progresso recente foi o emprego de *heurística* para se encontrarem rapidamente soluções viáveis de qualidade.

Pré-processamento automático de problemas para PIB pura

O pré-processamento automático de problemas envolve uma "inspeção computadorizada" da formulação do problema de PI fornecida pelo usuário de modo a indicar reformulações que tornam mais rápida a resolução de problemas, sem eliminar nenhuma solução viável. Essas reformulações encaixam-se em três categorias:

1. *Fixar variáveis:* identifique variáveis que possam ser fixadas em um de seus valores possíveis (0 ou então 1), pois o outro valor possivelmente não pode fazer parte de uma solução que é, ao mesmo tempo, viável e ótima.
2. *Eliminar restrições redundantes:* identifique e elimine *restrições redundantes* (restrições que são automaticamente satisfeitas por soluções que satisfazem todas as demais restrições).
3. *Apertar restrições:* apertar algumas restrições de modo a reduzir a região de soluções viáveis para o relaxamento PL sem eliminar qualquer solução viável para o problema de PIB.

Essas categorias são descritas, uma a uma.

Fixar variáveis. Um princípio geral para fixar variáveis é o seguinte:

> Se um valor de uma variável não puder satisfazer certa restrição, mesmo quando as demais variáveis igualarem seus melhores valores para tentar satisfazer a restrição, então essa variável deveria ser fixada em seu outro valor.

Por exemplo, *cada* uma das seguintes restrições ≤ nos permitiria fixar x_1 em $x_1 = 0$, já que $x_1 = 1$ com os melhores valores das demais variáveis (0 com um coeficiente de não negativo e 1 com um coeficiente negativo) violaria a restrição.

$$3x_1 \leq 2 \quad \Rightarrow \quad x_1 = 0, \quad \text{já que } 3(1) > 2.$$
$$3x_1 + x_2 \leq 2 \quad \Rightarrow \quad x_1 = 0, \quad \text{já que } 3(1) + 1(0) > 2.$$
$$5x_1 + x_2 - 2x_3 \leq 2 \quad \Rightarrow \quad x_1 = 0, \quad \text{já que } 5(1) + 1(0) - 2(1) > 2.$$

O procedimento geral para verificar qualquer restrição é identificar a variável com o *maior coeficiente positivo*, e se a *soma desse coeficiente* e quaisquer *coeficientes negativos* exceder o lado direito, então, essa variável deveria ser fixada em 0. (Assim que a variável tiver sido fixada, o procedimento pode ser repetido para a próxima variável com o maior coeficiente positivo etc.)

Um procedimento análogo com restrições ≥ pode nos habilitar a fixar uma variável em 1, três vezes conforme ilustrado a seguir.

$$3x_1 \geq 2 \quad \Rightarrow \quad x_1 = 1, \quad \text{já que } 3(0) < 2.$$
$$3x_1 + x_2 \geq 2 \quad \Rightarrow \quad x_1 = 1, \quad \text{já que } 3(0) + 1(1) < 2.$$
$$3x_1 + x_2 - 2x_3 \geq 2 \quad \Rightarrow \quad x_1 = 1, \quad \text{já que } 3(0) + 1(1) - 2(0) < 2.$$

Uma restrição ≥ também pode habilitar a fixar uma variável em 0, conforme ilustrado a seguir.

$$x_1 + x_2 - 2x_3 \geq 1 \quad \Rightarrow \quad x_3 = 0, \quad \text{já que } 1(1) + 1(1) - 2(1) < 1.$$

O próximo exemplo mostra uma restrição fixando uma variável em 1 e outra em 0.

$$3x_1 + x_2 - 3x_3 \geq 2 \quad \Rightarrow \quad x_1 = 1, \quad \text{já que } 3(0) + 1(1) - 3(0) < 2$$
$$e \quad \Rightarrow \quad x_3 = 0, \quad \text{já que } 3(1) + 1(1) - 3(1) < 2.$$

Do mesmo modo, uma restrição ≤ com um lado direito *negativo* pode resultar tanto em 0 como 1 para o valor fixado de uma variável. Por exemplo, ambos acontecem com a restrição a seguir.

$$3x_1 - 2x_2 \leq -1 \quad \Rightarrow \quad x_1 = 0, \quad \text{já que } 3(1) - 2(1) > -1$$
$$e \quad \Rightarrow \quad x_2 = 1, \quad \text{já que } 3(0) - 2(0) > -1.$$

Fixar uma variável a partir de uma restrição pode, algumas vezes, gerar uma reação em cadeia e ser capaz de fixar outras variáveis com base de outras restrições. Observe, por exemplo, o que acontece com as três restrições a seguir.

$$3x_1 + x_2 - 2x_3 \geq 2 \quad \Rightarrow \quad x_1 = 1 \quad \text{(conforme anterior)}.$$

Depois

$$x_1 + x_4 + x_5 \leq 1 \quad \Rightarrow \quad x_4 = 0, \quad x_5 = 0.$$

Depois

$$-x_5 + x_6 \leq 0 \quad \Rightarrow \quad x_6 = 0.$$

Em alguns casos, é possível combinar uma ou mais restrições de *alternativas mutuamente exclusivas* com outra restrição para fixar uma variável, conforme ilustrado a seguir,

$$\left.\begin{array}{r} 8x_1 - 4x_2 - 5x_3 + 3x_4 \leq 2 \\ x_2 + x_3 \leq 1 \end{array}\right\} \quad \Rightarrow \quad x_1 = 0,$$

já que $\quad 8(1) - \text{máx}\{4, 5\}(1) + 3(0) > 2$.

Existem técnicas adicionais para fixar variáveis, inclusive algumas que envolvem considerações de otimalidade, porém, não aprofundaremos este tópico.

Fixar variáveis pode ter impacto drástico na redução do tamanho de um problema. Não é incomum eliminar mais da metade das variáveis de um problema para consideração ulterior.

Eliminar restrições redundantes. Eis uma maneira simples de detectar uma restrição redundante.

Se uma restrição funcional satisfizer até mesmo a mais desafiadora solução binária, então, ela se tornou redundante pelas restrições binárias e pode ser eliminada de considerações ulteriores. Para uma restrição, a solução binária mais desafiadora possui variáveis iguais a 1 quando tiverem coeficientes não negativos e as demais variáveis forem iguais a 0. (Inverta esses valores para uma $\geq$ restrição.)

Observe alguns exemplos a seguir.

$3x_1 + 2x_2 \leq 6 \quad$ é redundante, já que $3(1) + 2(1) \leq 6$.
$3x_1 - 2x_2 \leq 3 \quad$ é redundante, já que $3(1) - 2(0) \leq 3$.
$3x_1 - 2x_2 \geq -3 \quad$ é redundante, já que $3(0) - 2(1) \geq -3$.

Na maioria dos casos em que uma restrição tiver sido identificada como redundante, ela não era redundante no modelo original, porém, assim se tornou após a fixação de algumas variáveis. Dos 11 exemplos de fixação de variáveis dados anteriormente, *todos*, exceto o último, deixaram uma restrição que então era redundante.

Apertar restrições.[10] Considere o seguinte problema.

$$\text{Maximizar} \quad Z = 3x_1 + 2x_2,$$

sujeito a

$$2x_1 + 3x_2 \leq 4$$

e

$$x_1, x_2 \text{ binárias}.$$

Esse problema de PIB apresenta apenas três soluções viáveis [(0, 0), (1, 0) e (0, 1)], em que a solução ótima é (1, 0) com $Z = 3$. A região de soluções viáveis para o relaxamento PL desse problema é mostrada na Figura 11.14. A solução ótima para esse relaxamento PL é $(1, \frac{2}{3})$ com $Z = 4\frac{1}{3}$ que não é muito próxima da solução ótima para o problema de PIB. Um algoritmo de ramificação e avaliação progressiva teria certo trabalho para identificar a solução PIB ótima.

---
[10] Comumente também chamado de *redução de coeficiente*.

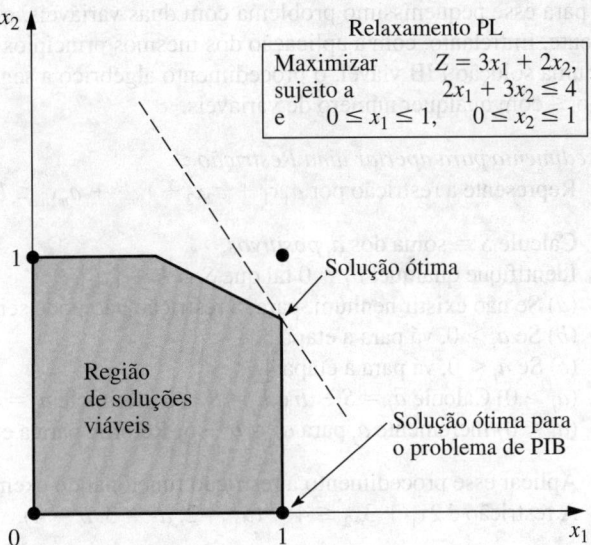

FIGURA 11.14 O relaxamento PL (incluindo sua região de soluções viáveis e solução ótima) para o exemplo de PIB usado para ilustrar como tornar uma restrição mais rígida.

Observe agora o que acontece quando a restrição funcional $2x_1 + 3x_2 \leq 4$ é substituída por:

$$x_1 + x_2 \leq 1.$$

As soluções viáveis para o problema PIB permanecem exatamente as mesmas [(0, 0), (1, 0) e (0, 1)], portanto, a solução ótima ainda é (1, 0). Entretanto, a região de soluções viáveis para o relaxamento PL foi muito reduzida, conforme indicado na Figura 11.15. De fato, essa região de soluções viáveis foi tão reduzida que a solução ótima para o relaxamento PL agora é (1, 0), de modo que a solução ótima para o problema PIB foi encontrada sem nenhum esforço adicional.

Este é um exemplo de apertar uma restrição de maneira a reduzir a região de soluções viáveis para o relaxamento PL, sem eliminar nenhuma solução viável para o problema de PIB. Foi fácil fazer

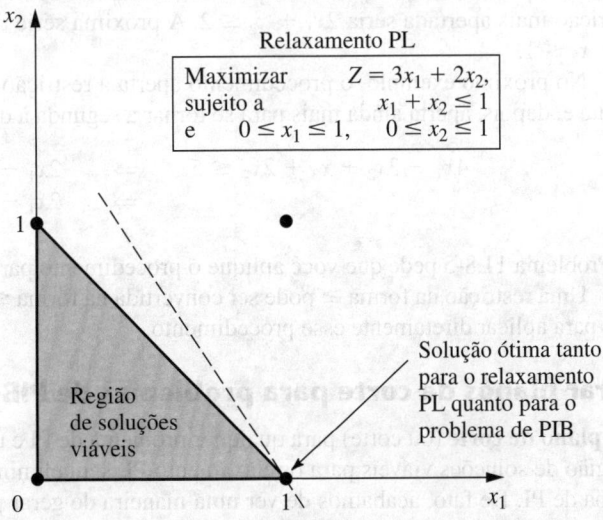

FIGURA 11.15 O relaxamento PL após $2x_1 + 3x_2 \leq 4$, alterando-a para $x_1 + x_2 \leq 1$ no exemplo da Figura 11.14.

isso para esse pequeníssimo problema com duas variáveis, que poderia até mesmo ser exibido graficamente. Entretanto, com a aplicação dos mesmos princípios para apertar uma restrição sem eliminar nenhuma solução PIB viável, o procedimento algébrico a seguir pode ser utilizado para qualquer restrição $\leq$ com qualquer número de variáveis.

Procedimento para apertar uma Restrição $\leq$
Represente a restrição por $a_1x_1 + a_2x_2 + \cdots + a_nx_n \leq b$.

1. Calcule $S =$ soma dos a_j *positivos*.
2. Identifique qualquer $a_j \neq 0$ tal que $S < b + |a_j|$.
   (a) Se não existir nenhum, pare; a restrição não pode ser apertada mais.
   (b) Se $a_j > 0$, vá para a etapa 3.
   (c) Se $a_j < 0$, vá para a etapa 4.
3. ($a_j > 0$) Calcule $\overline{a}_j = S - b$ e $\overline{b} = S - a_j$. Reinicie $a_j = \overline{a}_j$ e $b = \overline{b}$. Retorne para a etapa 1.
4. ($a_j < 0$) Incremente a_j para $a_j = b - S$. Retorne para a etapa 1.

Aplicar esse procedimento à restrição funcional do exemplo anterior resulta no seguinte:
A restrição é $2x_1 + 3x_2 \leq 4$ ($a_1 = 2, a_2 = 3, b = 4$).

1. $S = 2 + 3 = 5$.
2. a_1 satisfaz $S < b + |a_1|$, já que $5 < 4 + 2$. Também a_2 satisfaz $S < b + |a_2|$ visto que: $5 < 4 + 3$. Escolha a_1 arbitrariamente.
3. $\overline{a}_1 = 5 - 4 = 1$ e $\overline{b} = 5 - 2 = 3$, portanto reinicialize $a_1 = 1$ e $b = 3$. A nova restrição mais apertada fica assim:

$$x_1 + 3x_2 \leq 3 \quad (a_1 = 1, a_2 = 3, b = 3).$$

1. $S = 1 + 3 = 4$.
2. a_2 satisfaz $S < b + |a_2|$, uma vez que $4 < 3 + 3$.
3. $\overline{a}_2 = 4 - 3 = 1$ e $\overline{b} = 4 - 3 = 1$, portanto reinicialize $a_2 = 1$ e $b = 1$. A nova restrição mais apertada é:

$$x_1 + x_2 \leq 1 \quad (a_1 = 1, a_2 = 1, b = 1).$$

1. $S = 1 + 1 = 2$.
2. Nenhum $a_j \neq 0$ satisfaz $S < b + |a_j|$, portanto, pare; $x_1 + x_2 \leq 1$ é a restrição apertada desejada.

Se a primeira execução da etapa 2 no exemplo dado tivesse optado por a_2, então a primeira restrição mais apertada seria $2x_1 + x_2 \leq 2$. A próxima série de etapas teria conduzido novamente a $x_1 + x_2 \leq 1$.

No próximo exemplo, o procedimento aperta a restrição à esquerda para se tornar aquela à sua direita e, depois, aperta ainda mais para se tornar a segunda à direita.

$$4x_1 - 3x_2 + x_3 + 2x_4 \leq 5 \quad \Rightarrow \quad 2x_1 - 3x_2 + x_3 + 2x_4 \leq 3$$
$$\Rightarrow \quad 2x_1 - 2x_2 + x_3 + 2x_4 \leq 3.$$

(O Problema 11.8-5 pede que você aplique o procedimento para confirmar esses resultados.)

Uma restrição na forma $\geq$ pode ser convertida na forma $\leq$ (multiplicando-se ambos os lados por -1) para aplicar diretamente esse procedimento.

Gerar planos de corte para problemas de PIB pura

Um **plano de corte** (ou corte) para qualquer problema de PI é uma nova restrição funcional que reduz a região de soluções viáveis para o relaxamento PL sem eliminar nenhuma solução viável para o problema de PI. De fato, acabamos de ver uma maneira de gerar planos de corte para problemas de PIB pura, a saber, aplicar o procedimento anterior para apertar restrições. Portanto, $x_1 + x_2 \leq 1$ é um plano de corte para o problema de PIB considerado na Figura 11.14, que leva à região de soluções viáveis reduzida para o relaxamento PL mostrado na Figura 11.15.

Além desse procedimento, foi desenvolvida uma série de outras técnicas para a geração de planos de corte que tenderão a acelerar a velocidade para um algoritmo de ramificação e avaliação progressiva encontrar uma solução ótima para um problema de PIB puro. Iremos nos concentrar em apenas uma dessas técnicas.

Para ilustrar essa técnica, consideremos o problema de PIB pura da California Manufacturing Co., apresentado na Seção 11.1 e usado para ilustrar o algoritmo de ramificação e avaliação progressiva da PIB na Seção 11.6. A solução ótima para esse relaxamento PL é dada na Figura 11.5 como $(x_1, x_2, x_3, x_4) = (\frac{5}{6}, 1, 0, 1)$. Uma das restrições funcionais é:

$$6x_1 + 3x_2 + 5x_3 + 2x_4 \leq 10.$$

Observe agora que as restrições binárias junto com essa restrição implicam que

$$x_1 + x_2 + x_4 \leq 2.$$

Essa nova restrição é um *plano de corte* que elimina parte da região de soluções viáveis para o relaxamento PL, inclusive o que anteriormente foi a solução ótima, $(\frac{5}{6}, 1, 0, 1)$, mas não elimina nenhuma solução *inteira* viável. A simples adição desse plano de corte ao modelo original melhoraria o desempenho do algoritmo de ramificação e avaliação progressiva da PIB apresentado na Seção 11.6 (ver a Figura 11.9) de duas formas. Primeiro, a solução ótima para o novo relaxamento PL (mais apertado) seria $(1, 1, \frac{1}{5}, 0)$, com $Z = 15\frac{1}{5}$, de modo que os limites para o nó *Todo*, nó $x_1 = 1$ e nó $(x_1, x_2) = (1, 1)$ agora seria 15 e não mais 16. Em segundo lugar, seria necessária uma iteração a menos, pois a solução ótima para o relaxamento PL no nó $(x_1, x_2, x_3) = (1, 1, 0)$ seria agora $(1, 1, 0, 0)$, o que fornece uma nova titular com $Z^* = 14$. Portanto, na *terceira* iteração (ver a Figura 11.8), esse nó seria avaliado pelo teste 3 e o nó $(x_1, x_2) = (1, 0)$ seria avaliado pelo teste 1, e assim revelando que essa titular é a solução ótima para o problema de PIB original.

Eis o procedimento geral usado para gerar esse plano de corte.

Procedimento para geração de planos de corte

1. Considere qualquer restrição funcional na forma contendo apenas coeficientes não negativos.
2. Encontre um grupo de variáveis (chamado cobertura **mínima da restrição**) tal que:
   (a) A restrição é violada caso todas as variáveis do grupo forem iguais a 1 e todas as demais variáveis básicas forem igual a 0.
   (b) No entanto, a restrição é satisfeita, caso o valor de *qualquer uma* dessas variáveis for modificado de 1 para 0.
3. Fazendo que N represente o número de variáveis no grupo, o plano de corte resultante tem a seguinte forma:

Soma de variáveis no grupo $\leq N - 1$.

Aplicando-se esse procedimento à restrição $6x_1 + 3x_2 + 5x_3 + 2x_4 \leq 10$, observamos que o grupo de variáveis $\{x_1, x_2, x_4\}$ é uma *cobertura mínima*, pois:

(a) $(1, 1, 0, 1)$ viola a restrição;
(b) no entanto, a restrição é satisfeita, caso o valor de *qualquer uma* dessas três variáveis for modificado de 1 para 0.

Já que nesse caso $N = 3$, o plano de corte resultante é $x_1 + x_2 + x_4 \leq 2$.

Essa mesma restrição também tem uma segunda cobertura mínima $\{x_1, x_3\}$, visto que $(1, 0, 1, 0)$ viola a restrição, mas tanto $(0, 0, 1, 0)$ quanto $(1, 0, 0, 0)$ satisfazem a restrição. Portanto, $x_1 + x_3 \leq 1$ é mais um plano de corte válido.

A metodologia da ramificação e corte envolve primeiro gerar *muitos* planos de corte de forma similar para depois aplicar técnicas de ramificação e avaliação progressiva mais inteligentes. Os resultados de incluí-los podem ser bastante drásticos no apertamento dos relaxamentos PL. Em alguns casos, a *distância* entre Z para a solução ótima para o relaxamento PL do problema de PIB como um todo e Z para a solução ótima desse problema é reduzida em até 98%.

Ironicamente, os algoritmos desenvolvidos logo no início para programação inteira, inclusive o famoso algoritmo de Ralph Gomory anunciado em 1958, basearam-se em planos de corte (gerados de maneira diferente), porém, essa metodologia demonstrou ser insatisfatória na prática (exceto para categorias especiais de problemas). Entretanto, esses algoritmos baseavam-se única e exclusivamente em planos de corte. Agora, sabemos que a *combinação* criteriosa de planos de corte com técnicas de ramificação e avaliação progressiva (junto com o pré-processamento automático de problemas) gera uma poderosa metodologia algorítmica para solucionar problemas de PIB em larga escala. Essa é uma das razões para o nome de *algoritmo da ramificação e corte* ter sido dado a essa metodologia.

11.9 INCORPORAÇÃO DA PROGRAMAÇÃO DE RESTRIÇÕES

Nenhuma apresentação de conceitos básicos sobre programação inteira seria completa atualmente sem a introdução de um fascinante desenvolvimento recente – a incorporação das técnicas de *programação de restrições* –, que promete expandir muito a capacidade para formular e solucionar modelos de programação inteira. (Essas mesmas técnicas também começam a ser usadas em áreas correlatas da programação matemática, especialmente otimização combinatória, mas limitaremos nossa discussão a seu emprego principal na programação inteira.)

A natureza da programação de restrições

Em meados dos anos 1980, pesquisadores da comunidade das ciências da computação começaram a desenvolver a programação de restrições pela combinação de conceitos de inteligência artificial com o desenvolvimento de linguagens de programação de computadores. O objetivo era ter um sistema de programação de computadores flexível, que incluísse tanto *variáveis* quanto *restrições* em seus valores e, ao mesmo tempo, permitisse a descrição de procedimentos de busca que gerassem valores viáveis para as variáveis. Cada variável possuía *domínio* de valores possíveis, por exemplo, {2, 4, 6, 8, 10}. Em vez de se limitar aos tipos de restrições matemáticas usadas na programação matemática, há grande flexibilidade na maneira de se declararem as restrições. Particularmente, podem ser de qualquer um dos seguintes tipos.

1. Restrições matemáticas, por exemplo, $x + y < z$.
2. Restrições disjuntivas, por exemplo, o tempo de certas tarefas no problema modelado não pode se sobrepor.
3. Restrições relacionais, por exemplo, pelo menos três tarefas devem ser destinadas a determinada máquina.
4. Restrições explícitas, por exemplo, embora tanto x quanto y tenham domínios {1, 2, 3, 4, 5}, (x, y) tem de ser $(1, 1)$, $(2, 3)$ ou $(4, 5)$.
5. Restrições unárias, por exemplo, z é um inteiro entre 5 e 10.
6. Restrições lógicas, por exemplo, se x for 5, então y encontra-se entre 6 e 8.

Ao expressar esses tipos de restrição, a programação de restrições permite o uso de diversas funções lógicas padrão, como IF, AND, OR, NOT e assim por diante. O Excel inclui muitas dessas mesmas funções lógicas. O LINGO agora suporta todas as funções lógicas padrão e é capaz de usar seu otimizador global para encontrar uma solução ótima global.

Para ilustrar os algoritmos que a programação de restrições utiliza para gerar soluções viáveis, suponha que um problema tem quatro variáveis [x_1, x_2, x_3, x_4]e seus domínios sejam:

$$x_1 \in \{1, 2\}, \quad x_2 \in \{1, 2\}, \quad x_3 \in \{1, 2, 3\}, \quad x_4 \in \{1, 2, 3, 4, 5\},$$

em que o símbolo $\in$ significa que a variável à esquerda pertence ao conjunto indicado à direita. Suponha também que todas as restrições sejam:

(1) todas essas variáveis devem ter valores diferentes,
(2) $x_1 + x_3 = 4$.

Por lógica simples, já que os valores de 1 e 2 têm de ser reservados para x_1 e x_2, a primeira restrição implica imediatamente que $x_3 \in \{3\}$, que então implica que $x_4 \in \{4, 5\}$.

Esse processo de eliminação de possíveis valores para variáveis é conhecido como *redução de domínio*. A seguir, uma vez que o domínio de x_3 foi alterado, o processo de *propagação de restrições* aplica a segunda restrição para implicar que $x_1 \in \{1\}$. Isso dispara novamente a primeira restrição, de modo que

$$x_1 \in \{1\}, \quad x_2 \in \{2\}, \quad x_3 \in \{3\}, \quad x_4 \in \{4, 5\}$$

lista as únicas soluções viáveis para o problema. Esse tipo de *raciocínio de viabilidade* baseado na alternância entre a aplicação dos algoritmos da redução de domínio e da propagação de restrições é uma parte fundamental da programação de restrições.

Após a aplicação dos algoritmos da propagação de restrições e da redução de domínio a um problema, usa-se um procedimento de busca para encontrar soluções viáveis completas. No exemplo dado, já que os domínios de todas as variáveis foram reduzidos a um único valor, exceto em relação a x_4, o procedimento de busca tentaria simplesmente os valores $x_4 = 4$ e $x_4 = 5$ para determinar as soluções viáveis completas para aquele problema. Entretanto, para um problema com muitas restrições e variáveis, os algoritmos da propagação de restrições e da redução de domínio normalmente não reduzem o domínio de cada variável a um único valor. Portanto, é necessário criar um procedimento de busca que tentará diferentes atribuições de valores às variáveis. À medida que essas atribuições são tentadas, o algoritmo de propagação de restrições é disparado e ocorrem mais reduções de domínio. O processo cria uma *árvore de busca* similar à árvore de ramificação quando se aplica a técnica da ramificação e avaliação progressiva à programação inteira.

O processo global de aplicação da programação de restrições a problemas de PI (ou problemas relacionados) complexos envolve as três etapas a seguir.

1. Formular um modelo compacto para o problema usando uma série de tipos de restrições (a maioria das quais não se ajusta ao formato da programação inteira).
2. Encontrar de modo eficiente soluções viáveis que satisfaçam todas essas restrições.
3. Buscar entre essas soluções viáveis uma solução ótima.

O poder da programação de restrições reside em sua grande habilidade em executar as duas primeiras etapas anteriores, mas não a terceira, ao passo que a principal força da programação inteira e seus algoritmos reside na execução da terceira etapa. Portanto, a programação de restrições é ideal para problemas com grande número de restrições que não possuem nenhuma função objetivo, de modo que a única meta seja encontrar uma solução viável. Entretanto, ela também pode ser estendida à terceira etapa. Uma maneira de se fazer isso é *enumerar* as soluções viáveis e calcular o valor da função objetivo para cada uma delas. Entretanto, isso seria extremamente ineficiente para problemas em que há inúmeras soluções viáveis. Para contornar esse inconveniente, a abordagem comum é acrescentar uma restrição que limite bastante a função objetivo a valores que se encontram bem próximos daquilo que se prevê como solução ótima. Por exemplo, se o propósito for *maximizar* a função objetivo e seu valor Z é previamente suposto como aproximadamente $Z = 10$ para uma solução ótima, poderíamos acrescentar a restrição de que $Z \geq 9$, de modo que as únicas soluções viáveis restantes a serem enumeradas sejam aquelas que se encontram bem próximas do valor ótimo. Cada vez que uma nova solução melhor for encontrada durante a busca, o limite de Z pode ser restrito ainda mais para considerar apenas soluções viáveis que são pelo menos tão boas quanto a melhor solução atual.

Embora esta seja uma metodologia razoável para a terceira etapa, uma metodologia mais interessante seria a integração da programação de restrições com a programação inteira de maneira que cada uma delas seja usada basicamente naquilo em que são mais fortes – Etapas 1 e 2 para a programação de restrições e Etapa 3 para a programação inteira. Isso faz parte do potencial da programação de restrições descrito a seguir.

Potencial da programação de restrições

Nos anos 1990, recursos de programação de restrições, inclusive poderosos algoritmos para sua resolução, foram incorporados com sucesso em uma série de linguagens de programação de propósito geral, bem como a várias linguagens de programação para fins específicos. Isso traz a informática para muito mais perto do ideal da programação de computadores, isto é, permitir ao usuário simplesmente formular o problema e, depois, deixar que o computador o resolva.

Como a notícia desse fascinante desenvolvimento começou a se espalhar para além dos limites da comunidade da informática, pesquisadores no campo da pesquisa operacional começaram a se dar conta do grande potencial da integração da programação de restrições com as técnicas tradicionais da programação inteira (bem como de outras áreas da programação matemática). A flexibilidade muito maior em expressar as restrições de um problema deveria aumentar em muito a capacidade de se formularem modelos válidos para problemas complexos. Isso também deveria levar a formulações muito mais compactas e diretas. Além disso, por meio da redução do tamanho da região de soluções viáveis que precisa ser considerada enquanto se buscam de forma eficiente soluções nessa região, os algoritmos para resolução de restrições da programação de restrições poderiam ajudar a acelerar o avanço dos algoritmos de programação inteira na busca de uma solução ótima.

Em virtude de diferenças substanciais entre elas, integrar a programação de restrições com a programação inteira é tarefa árdua. Visto que a programação inteira não reconhece a maioria das restrições da programação de restrições, isso requer o desenvolvimento de procedimentos implementados em computador para realizar a tradução da linguagem da programação de restrições para a linguagem da programação inteira e vice-versa. Bons avanços têm sido feitos, porém, por alguns anos esta continuará a ser uma das áreas mais ativas da PO.

Para ilustrar a maneira pela qual a programação de restrições pode simplificar em muito a formulação de modelos de programação inteira, apresentaremos agora duas das mais importantes "restrições globais" da programação de restrições. Uma **restrição global** é uma restrição que expressa de forma sucinta um padrão global na relação permitida entre variáveis múltiplas. Portanto, uma única restrição global, muitas vezes, é capaz de substituir o que normalmente necessitaria de grande número de restrições tradicionais da programação inteira, ao mesmo tempo que torna o modelo consideravelmente mais legível. Para esclarecer a apresentação, usaremos exemplos bem simples, que não exigem o emprego de programação de restrições para ilustrar as restrições globais, porém, esses mesmos tipos de restrição também podem ser usados prontamente para alguns problemas muito mais complicados.

Restrição *All-Different*

A restrição global *all-different* simplesmente especifica que todas as variáveis em dado conjunto devem ter valores diferentes. Se $x_1, x_2,..., x_n$ forem as variáveis envolvidas, a restrição pode ser escrita sucintamente como a seguir:

$$\textit{all-different } (x_1, x_2,..., x_n)$$

ao mesmo tempo que especifica os domínios das variáveis individuais do modelo. (Esses domínios precisam incluir coletivamente pelo menos n valores diferentes de modo a reforçar a restrição *all-different*.)

Para exemplificar essa restrição, consideremos o clássico *problema da designação* apresentado na Seção 8.3. Recorde-se de que esse problema envolve alocar n designados a n tarefas em uma base um para um, de modo a minimizar o custo total dessas alocações. Embora o problema da designação seja particularmente fácil de ser resolvido (conforme descrito na Seção 8.4), ele ilustra de uma forma interessante como a restrição *all-different* pode simplificar em muito a formulação do modelo.

Com a formulação tradicional apresentada na Seção 8.3, as variáveis de decisão são as variáveis binárias,

$$x_{ij} = \begin{cases} 1, & \text{se o designado } i \text{ realiza a tarefa } j \\ 0, & \text{caso contrário} \end{cases}$$

para $i, j = 1, 2,..., n$. Ignorando-se por enquanto a função objetivo, as restrições funcionais são as seguintes.

Cada designado i deve ser alocado para exatamente *uma* tarefa:

$$\sum_{j=1}^{n} x_{ij} = 1 \quad \text{para } i = 1, 2, \ldots, n.$$

Cada tarefa j deve ser executada por exatamente *um* designado:

$$\sum_{i=1}^{n} x_{ij} = 1 \quad \text{para } j = 1, 2, \ldots, n.$$

Portanto, há n^2 variáveis e $2n$ restrições funcionais.

Vejamos agora como o modelo pode ser reduzido bastante com a aplicação da programação de restrições. Nesse caso, as variáveis são

y_i = tarefa para qual cada designado i é alocado

para $i = 1, 2,..., n$. Há n tarefas e elas são numeradas $1, 2,..., n$, de modo que cada uma das y_i variáveis possui o domínio $\{1, 2,..., n\}$. Já que a todos os designados devemos atribuir diferentes tarefas, essa restrição sobre as variáveis é descrita precisamente pela restrição global única,

$$\text{all-different } (y_1, y_2,..., y_n).$$

Portanto, em vez de n^2 variáveis e $2n$ restrições funcionais, esse modelo de programação de restrições completo (excluindo a função objetivo) possui apenas n variáveis e uma *única* restrição (além de um domínio para todas as variáveis).

Vejamos agora como a próxima restrição global também permite incorporar a função objetivo nesse pequenino modelo.

Restrição *Element*

A restrição global *element* é, na maioria das vezes, usada para encontrar um custo ou lucro associado a uma variável inteira. Particularmente, suponha que uma variável tenha o domínio $\{1, 2,..., n\}$ e que o custo associado a cada um desses valores seja, respectivamente, $c_1, c_2,..., c_n$. Então a restrição

$$\text{element } (y, [c_1, c_2,..., c_n], z)$$

restringe a variável z a ser igual à y-ésima constante da lista $[c_1, c_2,..., c_n]$. Em outras palavras, $z = c_y$. Essa variável z agora pode ser incluída na função objetivo para fornecer o custo associado a y.

Para ilustrar o emprego da restrição *element*, consideremos novamente o problema da designação e façamos com que

c_{ij} = custo de alocar o designado i à tarefa j

para $i, j = 1, 2,..., n$. O modelo de programação de restrições completo (incluindo a função objetivo para esse problema é:

$$\text{Minimizar } Z = \sum_{i=1}^{n} z_i,$$

sujeito a

$$\text{element } (y_i, [c_{i1}, c_{i2},..., c_{in}], z_i) \quad \text{para } i = 1, 2,..., n,$$
$$\text{all-different } (y_1, y_2,... y_n),$$
$$y_i \in \{1, 2,..., n\} \quad \text{para } i = 1, 2,..., n.$$

Esse modelo completo possui agora $2n$ variáveis e $(n + 1)$ restrições (além de um domínio para todas as variáveis), que ainda é muito menor que a formulação tradicional da programação inteira apresentada na Seção 8.3. Por exemplo, quando $n = 100$, esse modelo tem 200 variáveis e 101 restrições, ao passo que o modelo de programação inteira tradicional possui 10 mil variáveis e 200 restrições funcionais. Como exemplo adicional, reconsidere o Exemplo 2 (Violando a Proporcionalidade) apresentado na Seção 11.4. Nesse caso, as variáveis de decisão originais são:

x_j = número de espaços publicitários na TV alocados ao produto j

para $j = 1, 2, 3$, em que um total de cinco espaços publicitários na TV é alocado aos três produtos. Entretanto, em razão de os lucros fornecidos na Tabela 11.3 para diferentes valores de cada x_j não serem proporcionais a x_j, a Seção 11.4 formula dois modelos de programação inteira alternativos com variáveis binárias auxiliares para esse problema. Ambos os modelos são bastante complicados.

Um modelo de programação de restrições que utilize a restrição *element* é muito mais simples. Por exemplo, o lucro para o produto 1 dado na Tabela 11.3 é 0, 1, 3 e 3 para, respectivamente, $x_1 = 0$, 1, 2 e 3. Portanto, esse lucro é simplesmente z_1 quando o valor de z_1 for dado pela restrição

$$\text{element } (x_1 + 1, [0, 1, 3, 3], z_1).$$

(A primeira componente é $x_1 + 1$ e não x_1, pois $x_1 + 1 = 1, 2, 3$ ou 4 e é o valor dessa componente que indica a escolha da posição 1, 2, 3 ou 4 na lista [0, 1, 3, 3].) Procedendo da mesma forma para os dois outros produtos, o modelo completo ficará assim:

$$\text{Maximizar } Z = z_1 + z_2 + z_3,$$

sujeito a

$$\text{element } (x_1 + 1, [0, 1, 3, 3], z_1),$$
$$\text{element } (x_2 + 1, [0, 0, 2, 3], z_2),$$
$$\text{element } (x_3 + 1, [0, -1, 2, 4], z_3),$$
$$x_1 + x_2 + x_3 = 5,$$
$$x_j \in \{0, 1, 2, 3\} \quad \text{para } j = 1, 2, 3.$$

Compare agora esse modelo aos dois modelos de programação inteira para o mesmo problema da Seção 11.4. Observe como o emprego das restrições *element* gera um modelo bastante compacto e transparente.

As restrições *all-different* e *element* são, entretanto, duas das restrições das diversas restrições globais disponíveis (a Referência Selecionada 6 descreve aproximadamente 40), porém, elas ilustram bem o poder da programação de restrições em gerar um modelo compacto e compreensível de um problema complexo.

Pesquisas atuais

No momento, pesquisas sobre a integração da programação de restrições com a programação inteira seguem diversos caminhos paralelos. Por exemplo, a metodologia mais simples e objetiva é usar tanto um modelo de programação de restrições quanto um modelo de programação inteira para representar partes complementares de um problema. Assim, cada restrição relevante é incluída naquele modelo em que se ajusta ou, quando possível, em ambos os modelos. Quando um algoritmo de programação de restrições e um algoritmo de programação inteira são aplicados aos respectivos modelos, as informações vão e voltam de um para o outro, concentrando-se na busca de soluções viáveis (aquelas que satisfazem as restrições de ambos os modelos).

Esse tipo de esquema de modelagem dupla pode ser implementado com a OPL (Optimization Programming Language) que é incorporada no ILOG OPL-CPLEX Development System. (ILOG é a empresa fornecedora do software de otimização CPLEX que está incluso no *Courseware* de PO.) Após empregar a linguagem de modelagem OPL, o ILOG OPL-CPLEX Development System pode chamar tanto um algoritmo de programação de restrições (ILOG CPL Optimizer) quanto um solucionador de programação matemática (CPLEX) e, depois, passar algumas informações de um para o outro.

Ainda que a modelagem dupla seja um bom primeiro passo, a meta é integrar totalmente a programação de restrições e a programação inteira de modo que um único modelo híbrido e um único algoritmo possam ser usados. É esse tipo de integração transparente que será capaz de proporcionar por completo pontos fortes de ambas as técnicas. Embora alcançar plenamente esse objetivo ainda se constitua em um formidável desafio de pesquisa, excelentes avanços continuam a ser feitos nesse sentido. A Referência Selecionada 6 descreve o que há de mais avançado atualmente nessa área.

Mesmo nesse estágio inicial, já existiam inúmeras aplicações bem-sucedidas da fusão da programação matemática com a programação de restrições. Entre as muitas áreas de aplicação temos o desenho de redes, rotas de tráfego de veículos, escala de tripulações, o clássico problema de transporte com custos lineares por trechos, gerenciamento de inventários, computação gráfica, engenharia de software, bancos de dados, finanças, engenharia e otimização combinatória. Além disso, a Referência Selecionada 2 descreve como o cronograma (programação) tem-se mostrado uma área que, particularmente, é capaz de render frutos à aplicação da programação de restrições. Por exemplo, em virtude de diversas restrições complexas de cronograma envolvidas, a programação de restrições tem sido usada para determinar a escala de jogos da temporada regular da Liga Nacional de Futebol dos Estados Unidos.

Essas aplicações apenas começam a tirar proveito do potencial de integrar a programação de restrições com a programação inteira. Avanços adicionais na finalização desse processo de integração prometem abrir diversas oportunidades novas para importantes aplicações.

11.10 CONCLUSÕES

Os problemas de PI surgem frequentemente em razão de algumas ou todas as variáveis de decisão terem de se restringir a valores inteiros. Há também muitas aplicações que envolvem decisões sim-ou-não (inclusive relações combinatórias que podem ser expressas em termos de tais decisões) que podem ser representadas por variáveis binárias (0-1). Esses fatores fizeram que a programação inteira se tornasse uma das técnicas de PO mais amplamente utilizadas.

Problemas de PI são muito mais difíceis do que seriam sem a restrição de inteiros; portanto, os algoritmos disponíveis para programação inteira são, em geral, consideravelmente menos eficientes que o método simplex. Entretanto, tem ocorrido enorme progresso ao longo das últimas décadas na capacidade de resolver alguns (mas não todos) problemas de PI imensos com dezenas ou até mesmo centenas de milhares de variáveis inteiras. Esse progresso se deve a uma combinação de três fatores – melhorias impressionantes nos algoritmos de PI, melhorias notáveis nos algoritmos de programação linear usados internamente nos algoritmos de PI e a grande aceleração nos computadores. Entretanto, os algoritmos de PI ocasionalmente também falharão na resolução de problemas bem menores (até mesmo como uma centena de variáveis inteiras). Várias características de um problema de PI, além de seu tamanho, têm grande influência na rapidez com que pode ser resolvido.

Não obstante, o tamanho é um fator fundamental na determinação do tempo necessário para solucionar um problema de PI, caso seja realmente possível resolvê-lo. Os fatores determinantes do tempo de processamento de um algoritmo de PI são o *número de variáveis inteiras* e se o problema possui ou não uma *estrutura especial* que possa ser explorada. Para um número fixo de variáveis inteiras, geralmente os problemas de PIB são muito mais fáceis de ser solucionados que os problemas com variáveis inteiras genéricas, porém, o acréscimo de variáveis contínuas (PIM) talvez não aumente tanto o tempo de processamento. Para tipos especiais de problemas de PIB que contêm uma estrutura especial que possa ser explorada por um *algoritmo de fins específicos,* pode se resolver problemas muito grandes (milhares de variáveis binárias) de forma rotineira.

Hoje, temos comumente à disposição códigos de computador para algoritmos de PI em pacotes de software de programação matemática. Tradicionalmente, esses algoritmos se baseavam em geral na técnica da *ramificação e avaliação progressiva* e suas variantes.

Algoritmos de PI mais modernos agora usam a metodologia da *ramificação e corte*. Essa metodologia algorítmica envolve a combinação de pré-processamento automático do problema, a geração de planos de corte e técnicas de ramificação e avaliação progressiva mais inteligentes. A pesquisa nessa área continua, junto com o desenvolvimento de sofisticados pacotes de software novos que incorporam essas técnicas.

O avanço mais recente na metodologia de PI é o de começar a incorporar a *programação de restrições.* Parece que essa metodologia expandirá muito nossa capacidade de formular e solucionar modelos de PI.

Nos últimos anos, tem havido investigação considerável no desenvolvimento de algoritmos (inclusive algoritmos heurísticos) para programação inteira *não linear*, e essa continua a ser uma área de pesquisa ativa. (A referência selecionada 8 apresenta o que há de mais novo nessa área.)

REFERÊNCIAS SELECIONADAS

1. Appa, G., L. Pitsoulis, and H. P. Williams (eds.): *Handbook on Modelling for Discrete Optimization*, Springer, New York, 2006.
2. Baptiste, P., C. LePape, and W. Nuijten: *Constraint-Based Scheduling: Applying Constraint Programming to Scheduling Problems*, Kluwer Academic Publishers (now Springer), Boston, 2001.
3. Barnhart, C., P. Belobaba, and A. R. Odoni: "Applications of Operations Research in the Air Transport Industry", *Transportation Science*, 37(4): 368-391, 2003.
4. Bixby, R. E., Z. Gu, E. Rothberg, and R. Wunderling: "Mixed Integer Programming: A Progress Report", pp.309-326 in M. Grötschel (ed.), *The Sharpest Cut: The Impact of Manfred Padberg and His Work*, MPS/SIAM Series on Optimization.
5. Hillier, F. S., and M. S. Hillier: *Introduction to Management Science: A Modeling and Case Studies Approach with Spreadsheets*, 3rd ed., McGraw-Hill/Irwin, Burr Ridge, IL, 2008, chap. 7.
6. Hooker, J. N.: *Integrated Methods for Optimization*, Springer, New York, 2007.
7. Karlof, J. K.: *Integer Programming: Theory and Practice*, CRC Press, Boca Raton, FL, 2006.
8. Li, D., and X. Sun: *Nonlinear Integer Programming*, Springer, New York, 2006.
9. Lübbecke, M. E., and J. Desrosiers: "Selected Topics in Column Generation", *Operations Research*, 53(6): 1007-1023, November-December 2005.
10. Lustig, I., and J.-F. Puget: "Program Does Not Equal Program: Constraint Programming and Its Relationship to Mathematical Programming", *Interfaces*, 31(6): 29-53, November-December 2001.
11. Nemhauser, G. L.: "Need and Potential for Real-Time Mixed Integer Programming", *OR/MS Today*, 34(1): 21-22, February 2007.
12. Nemhauser, G. L., and L. A. Wolsey: *Integer and Combinatorial Optimization*, Wiley, New York, 1988, reprinted in 1999.
13. Schriver, A.: *Theory of Linear and Integer Programming*, Wiley, New York, 1986.
14. Williams, H. P.: *Model Building in Mathematical Programming*, 4th ed., Wiley, New York, 1999.
15. Wolsey, L. A.: *Integer Programming*, Wiley, New York, 1998.
16. Wolsey, L. A.: "Strong Formulations for Mixed Integer Programs: Valid Inequalities and Extended Formulations", *Mathematical Programming Series B*, 97(1-2): 423-447, 2003.

Algumas aplicações consagradas da abordagem de modelagem da PO:

(Um *link* para esses artigos encontra-se no *site* da Bookman.)

A1. Abbink, E., M. Fischetti, L. Kroon, G. Timmer, and M. Vromans: "Reinventing Crew Scheduling at Netherlands Railways", *Interfaces*, 35(5): 393-401, September-October 2005.
A2. Armacost, A. P., C. Barnhart, K. A. Ware, and A. M. Wilson: "UPS Optimizes Its Air Network", *Interfaces*, 34(1): 15-25, January-February 2004.
A3. Bertsimas, D., C. Darnell, and R. Soucy: "Portfolio Construction Through Mixed-Integer Programming at Grantham, Mayo, Van Otterloo and Company", *Interfaces*, 29(1): 49-66, January-February 1999.
A4. Camm, J. D., T. E. Chorman, F. A. Dill, J. R. Evans, D. J. Sweeney, and G. W. Wegryn: "Blending OR/MS, Judgment, and GIS: Restructuring P&G's Supply Chain", *Interfaces*, 27(1): 128-142, January-February 1997.
A5. Denton, B. T., J. Forrest, and R. J. Milne: "IBM Solves a Mixed-Integer Program to Optimize Its Semiconductor Supply Chain", *Interfaces*, 36(5): 386-399, September-October 2006.
A6. Gendron, B.: "Scheduling Employees in Quebec's Liquor Stores with Integer Programming", *Interfaces*, 35(5): 402-410, September-October 2005.
A7. Gryffenberg, I., J. L. Lausberg, W. J. Smit, S. Uys, S. Botha, F. R. Hofmeyr, R. P. Nicolay, W. L. van der Merwe, and G. J. Wessells: "Guns or Butter: Decision Support for Determining the Size and Shape of the South African National Defense Force", *Interfaces*, 27(1): 7-28, January-February 1997.

A8. Martin, C., D. Jones, and P. Keskinocak: "Optimizing On-Demand Aircraft Schedules for Fractional Aircraft Operators", *Interfaces*, **33**(5): 22-35. September-October 2003.

A9. Metty, T., R. Harlan, Q. Samelson, T. Moore, T. Morris, R. Sorenson, A. Scneur, O. Raskina, R. Schneur, J. Kanner, K. Potts, and J. Robbins: "Reinventing the Supplier Negotiation Process at Motorola", *Interfaces*, **35**(1), 7-23, January-February 2005.

A10. Smith, B. C., R. Darrow, J. Elieson, D. Guenther, B. V. Rao, and F. Zouaoui: "Travelocity Becomes a Travel Retailer", *Interfaces*, **37**(1): 68-81, January-February 2007.

A11. Spencer III, T., A. J. Brigandi, D. R. Dargon, and M. J. Sheehan: "AT&T's Telemarketing *Site* Selection System Offers Customer Support", *Interfaces*, **20**(1): 83-96, January-February 1990.

A12. Subramanian, R., R. P. Scheff, Jr., J. D. Quillinan, D. S. Wiper, and R. E. Marsten: "Coldstart: Fleet Assignment at Delta Air Lines", *Interfaces*, **24**(1): 104-120, January-February 1994.

A13. Tyagi, R., and S. Bollapragada: "SES Americom Maximizes Satellite Revenues by Optimally Configuring Transponders", *Interfaces*, **33**(5): 36-44, September-October 2003.

A14. Yu,G., M. ArgÜello, G. Song, S. M. McCowan, and A. White: "A New Era for Crew Recovery at Continental Airlines", *Interfaces*, **33**(1): 5-22, January-February 2003.

FERRAMENTAS DE APRENDIZADO NO *SITE*

Worked examples:

Exemplos do Capítulo 11

Exemplos demonstrativos no tutor PO:

Algoritmo da Ramificação e Avaliação Progressiva para Programação Inteira Binária
Algoritmo da Ramificação e Avaliação Progressiva para Programação Inteira Mista

Procedimentos interativos no tutorial IOR:

Introdução ou Revisão de um Modelo de Programação Inteira
Solução Interativa de Programação Inteira Binária
Solução Interativa de Programação Inteira Mista

Módulo de programa adicional para Excel:

Premium Solver for Education

Arquivos (Capítulo 11 – Programação Inteira) para solucionar os exemplos:

Arquivos em Excel Arquivo
LINGO/LINDO Arquivo
MPL/CPLEX

Glossário do Capítulo 11

Ver Apêndice 1 para obter documentação sobre o software.

PROBLEMAS

Os símbolos à esquerda de alguns problemas (ou parte deles) têm o seguinte significado:

D: O exemplo demonstrativo correspondente que acabamos de apresentar nas Ferramentas de Aprendizado pode ser útil.
I: Sugerimos que você use o procedimento interativo correspondente listado anteriormente (a listagem registra seu trabalho).
C: Use o computador com qualquer uma das opções de software disponíveis (ou conforme orientação de seu professor) para resolver o problema.

Um asterisco no número do problema indica que pelo menos há uma resposta parcial no final do livro.

11.1-1 Reconsidere o exemplo da California Manufacturing Co. apresentado na Seção 11.1. O prefeito de San Diego contatou o presidente da empresa para tentar persuadi-lo a construir uma fábrica e, quem sabe, um armazém em sua cidade. Com os incentivos fiscais oferecidos à empresa, a equipe do presidente estima que o valor presente líquido para se construir uma fábrica em San Diego seria de US$ 7 milhões e o volume de capital necessário seria da ordem de US$ 4 milhões. O valor presente líquido para se construir um armazém seria de US$ 5 milhões e o volume de capital necessário, US$ 3 milhões. Essa opção seria considerada apenas se também fosse construída uma fábrica na cidade.

O presidente da empresa agora quer que o estudo de PO anterior seja revisado para incorporar essas novas alternativas no problema geral. O objetivo ainda é encontrar a combinação de investimentos viável que maximize o valor presente líquido total, dado que o volume de capital disponível para esses investimentos é de US$ 10 milhões.

(a) Formule um modelo de PIB para esse problema.
(b) Exiba esse modelo em uma planilha do Excel.
C (c) Use o computador para solucionar esse modelo.

11.1-2* Um jovem casal, Eve e Steven, quer dividir suas principais tarefas domésticas (compras, cozinhar, lavar louça e lavar roupa) entre si, de modo que cada um tenha duas tarefas, porém, o tempo total despendido nessas tarefas seja o mínimo possível. Suas eficiências nessas tarefas diferem, o tempo que cada um precisaria para realizar as tarefas é fornecido na tabela a seguir:

	Tempo necessário por semana			
	Compras	Cozinhar	Lavar a louça	Lavar a roupa
Eve	4,5 horas	7,8 horas	3,6 horas	2,9 horas
Steven	4,9 horas	7,2 horas	4,3 horas	3,1 horas

(a) Formule um modelo de PIB para este problema.
(b) Exiba esse modelo em uma planilha do Excel.
C (c) Use o computador para solucionar esse modelo.

11.1-3 Uma empresa de empreendimentos imobiliários, Peterson and Johnson, considera cinco possíveis empreendimentos. A tabela a seguir mostra o lucro estimado a longo prazo (valor presente líquido) que cada projeto geraria, bem como a quantidade de investimento necessária para realizar o empreendimento, em unidades de milhões de dólares.

	Empreendimento				
	1	2	3	4	5
Lucro estimado	1	1,8	1,6	0,8	1,4
Capital necessário	6	12	10	4	8

Os donos da empresa, Dave Peterson e Ron Johnson, levantaram US$ 20 milhões de capital para investimento para tais empreendimentos. Dave e Ron agora querem selecionar a combinação de empreendimentos que vai maximizar o lucro total estimado a longo prazo (valor presente líquido) sem investir mais que US$ 20 milhões.

(a) Formule um modelo de PIB para este problema.
(b) Exiba esse modelo em uma planilha do Excel.
C (c) Use o computador para solucionar esse modelo.

11.1-4 A diretoria da General Wheels Co. considera seis grandes investimentos de capital. Cada investimento pode ser feito somente uma vez. Esses investimentos diferem no lucro estimado a longo prazo (valor presente líquido) que eles vão gerar, bem como no volume de capital necessário, conforme ilustrado na seguinte tabela (em unidades de milhões de dólares):

	Oportunidade de investimento					
	1	2	3	4	5	6
Lucro estimado	15	12	16	18	9	11
Capital necessário	38	33	39	45	23	27

O volume de capital disponível para esses investimentos é de US$ 100 milhões. As oportunidades de investimentos 1 e 2 são mutuamente exclusivas e, da mesma forma, as oportunidades 3 e 4. Além disso, nem a oportunidade 3 nem a 4 podem ser empreendidas a menos que uma das duas primeiras oportunidades seja realizada. Não há tais restrições sobre as oportunidades de investimento 5 e 6. O objetivo é selecionar a combinação de investimentos de capital que vai maximizar o lucro total estimado a longo prazo (valor presente líquido).

(a) Formule um modelo de PIB para esse problema.
C (b) Use o computador para solucionar esse modelo.

11.1-5 Reconsidere o Problema 8.3-4, no qual o treinador de uma equipe de revezamento 4 estilos precise designar nadadores aos diferentes estilos de uma competição de 200m. Formule um modelo de PIB para esse problema. Identifique os grupos de alternativas mutuamente exclusivas nessa formulação.

11.1-6 Vincent Cardoza é o proprietário e gerente de uma ferramentaria que faz trabalhos sob encomenda. Na tarde desta quarta-feira, ele recebeu o telefonema de dois clientes que gostariam de fazer pedidos de urgência. Um deles é uma empresa que fabrica reboques para *trailers*, que gostaria de encomendar algumas barras de reboque personalizadas extremamente resistentes. A outra é uma empresa transportadora de veículos de pequeno porte que precisa de algumas barras estabilizadoras personalizadas. Os dois clientes gostariam de ter seus pedidos atendidos preferencialmente até o final da semana (dois dias úteis). Já que ambos os produtos exigiriam o emprego das mesmas duas máquinas, Vincent precisa decidir e informar aos clientes ainda esta tarde sobre quantas unidades de cada produto ele poderá fazer para os próximos dois dias.

Cada barra de reboque requer 3,2 horas na máquina 1, e 2 horas na máquina 2. Cada barra estabilizadora requer 2,4 horas na máquina 1, e 3 horas na máquina 2. A máquina 1 estará disponível por 16 horas nos próximos dois dias e a máquina 2 estará disponível por 15 horas. O lucro para cada barra de reboque produzida seria de US$ 130 e o lucro para barra estabilizadora seria de US$ 150.

Vincent precisa determinar então o *mix* de quantidades desses produtos a serem fabricadas que vai maximizar o lucro total.

(a) Formule um modelo para este problema.
(b) Use uma metodologia gráfica para solucionar esse modelo.
C (c) Use o computador para solucionar o modelo.

11.1-7 Reconsidere o Problema 8.2-21 em que um empreiteiro (Robert Meyer) precisa providenciar o transporte de areia grossa de duas saibreiras para três canteiros de obras.

Robert agora precisa contratar caminhões (e seus motoristas) para fazer o transporte. Cada caminhão pode ser usado apenas para transportar areia de uma única saibreira para um único canteiro de obra. Além dos custos de transporte e da areia especificados no Problema 8.2-21, agora temos um custo fixo de US$ 150 associados à contratação de cada caminhão. Um caminhão é capaz de transportar 5 toneladas, mas não é exigido que ele saia totalmente carregado. Para cada combinação saibreira-canteiro de obras, agora temos duas decisões a serem tomadas: o número de caminhões a serem usados e o volume de areia a ser transportado.

(a) Formule um modelo PIM para este problema.
C (b) Use o computador para solucionar esse modelo.

11.2-1 Leia o artigo referido que descreve completamente o estudo de PO sintetizado na vinheta de aplicação apresentada na Seção 11.2. Descreva sucintamente como a programação inteira foi aplicada nesse estudo. A seguir, enumere os diversos benefícios financeiros ou não resultantes do estudo.

11.2-2 Selecione uma das aplicações reais de PIB por uma empresa ou agência governamental mencionadas na Seção 11.2. Leia o artigo que descreve a aplicação na edição referida de *Interfaces*. Escreva um resumo de duas páginas da aplicação e seus benefícios.

11.2-3 Selecione três das aplicações reais de PIB por uma empresa ou agência governamental mencionadas na Seção 11.2. Leia os artigos que descrevem as aplicações na edição referida de *Interfaces*. Para cada um deles, escreva um resumo de uma página da aplicação e seus benefícios.

11.3-1* A Divisão de Pesquisa e Desenvolvimento da Progressive Company desenvolveu quatro linhas de possíveis produtos novos. A gerência agora precisa tomar uma decisão sobre quais desses quatro produtos vão realmente ser produzidos e em que níveis. Portanto, um estudo de pesquisa operacional foi solicitado para encontrar o *mix* de produtos rentável.

Um custo substancial é associado ao início da produção de qualquer produto, conforme fornecido na primeira linha da tabela a seguir. O objetivo da gerência é encontrar o *mix* de produtos que maximize o lucro total (receita líquida total menos custos iniciais de implantação).

	Produto			
	1	2	3	4
Custos iniciais de implantação	US$ 50.000	US$ 40.000	US$ 70.000	US$ 60.000
Receita marginal	US$ 70	US$ 60	US$ 90	US$ 80

Façamos que as variáveis de decisão contínuas x_1, x_2, x_3 e x_4 sejam os níveis de produção, respectivamente, dos produtos 1, 2, 3 e 4. A gerência quer impor as seguintes restrições de política sobre essas variáveis:

1. Não mais que dois produtos podem ser produzidos.
2. O produto 3 ou então o produto 4 podem ser produzidos somente se o produto 1 ou então o produto 2 for fabricado.
3. Ou $\quad 5x_1 + 3x_2 + 6x_3 + 4x_4 \leq 6.000$
   ou então $\quad 4x_1 + 6x_2 + 3x_3 + 5x_4 \leq 6.000$.

(a) Introduza variáveis binárias auxiliares para formular um modelo PIB misto para esse problema.
C (b) Use o computador para solucionar esse modelo.

11.3-2 Suponha que um modelo matemático se adapte à programação linear, exceto pela restrição que $|x_1 - x_2| = 0$ ou 3 ou 6. Mostre como reformular essa restrição para adequar-se ao modelo de PIM.

11.3-3 Suponha que um modelo matemático se adapte à programação linear, exceto pelas restrições que

1. Pelo menos uma das duas desigualdades a seguir é válida:
$$3x_1 - x_2 - x_3 + x_4 \leq 12.$$
$$x_1 + x_2 + x_3 + x_4 \leq 15$$

2. Pelo menos duas das três desigualdades seguintes é válida:
$$2x_1 + 5x_2 - x_3 + x_4 \leq 30$$
$$-x_1 + 3x_2 + 5x_3 + x_4 \leq 40$$
$$3x_1 - x_2 + 3x_3 + x_4 \leq 60.$$

Mostre como reformular essas restrições para adequar-se ao modelo de PIM.

11.3-4 A Toys-R-4-U Company desenvolveu dois novos brinquedos para possível inclusão em sua linha de produtos para a próxima temporada natalina. A implantação das instalações de produção para começar a fabricar custaria US$ 50.000 para o brinquedo 1 e US$ 80.000 para o brinquedo 2. Assim que esses custos forem cobertos, os brinquedos gerariam um lucro unitário de US$ 10 para o brinquedo 1 e US$ 15 para o brinquedo 2.

A empresa tem duas fábricas que são capazes de produzir esses brinquedos. Entretanto, para impedir a duplicação dos custos iniciais de implantação, apenas uma fábrica seria usada, na qual a opção se basearia na maximização do lucro. Por razões administrativas, a mesma fábrica seria usada para ambos os brinquedos novos se ambos fossem produzidos.

O brinquedo 1 pode ser fabricado a uma taxa de 50 unidades por hora na fábrica 1 e 40 por hora na fábrica 2. O brinquedo 2 pode ser fabricado a uma taxa de 40 unidades por hora na fábrica 1 e 25 por hora na fábrica 2. As fábricas 1 e 2, possuem, respectivamente, 500 horas e 700 horas de tempo de produção disponíveis antes do Natal que poderia ser usado para fabricar esses brinquedos.

Não se sabe se esses dois brinquedos continuariam a ser fabricados após o Natal. Portanto, o problema é determinar quantas unidades (se houver alguma) de cada novo brinquedo deveriam ser produzidas antes do Natal para maximizar o lucro total.

(a) Formule um modelo PIM para este problema.
C (b) Use o computador para solucionar esse modelo.

11.3-5* A Northeastern Airlines considera a aquisição de novos aviões a jato para passageiros para percursos longos, médios e curtos. O preço de aquisição seria de US$ 67 milhões para cada aeronave de longo percurso, US$ 50 milhões para cada aeronave de médio percurso e US$ 35 milhões para cada aeronave de curto percurso. A diretoria autorizou um comprometimento máximo de US$ 1,5 bilhão para essas compras. Independentemente de quais aeronaves forem adquiridas, espera-se que viagens aéreas de todas as distâncias sejam suficientemente grandes para que essas aeronaves sejam utilizadas basicamente com lotação máxima. Estima-se que o lucro líquido anual (após os custos de recuperação de capital forem subtraídos) seria de US$ 4,2 milhões por avião para trajetos longos, US$ 3 milhões por avião para trajetos médios e US$ 2,3 milhões por avião para trajetos curtos.

Prevê-se que pilotos suficientemente treinados estejam disponíveis para a empresa para formar a tripulação de 30 aviões novos. Se forem adquiridos somente aviões para trajetos curtos, as instalações para manutenção seriam capazes de operar com 40 aviões novos. No entanto, cada avião para trajetos médios equivale a $\frac{11}{3}$ dos aviões para trajetos curtos e cada avião para trajetos longos equivale a $\frac{12}{3}$ aviões para trajetos curtos em termos de emprego das instalações para manutenção.

As informações fornecidas aqui foram obtidas por análise preliminar do problema. Uma análise detalhada será conduzida posteriormente. Entretanto, usando os dados anteriores como primeira aproximação, a gerência deseja saber quantos aviões de cada porte deveriam ser comprados de modo a maximizar o lucro.

(a) Formule um modelo de PI para este problema.
C (b) Use o computador para resolver esse problema.
(c) Use a representação binária de variáveis para reformular o modelo e PI do item (a) como um problema de PIB.
C (d) Use o computador para solucionar o modelo PIB formulado no item(c). A seguir, use essa solução ótima para identificar uma solução ótima para o modelo de PI formulado no item (a).

11.3-6 Considere os exemplos de duas variáveis PI discutidas na Seção 11.5 e ilustrado na Figura 11.3.

(a) Use a representação binária de variáveis para reformular esse modelo como um problema de PIB.
C (b) Use o computador para resolver esse problema de PIB. Depois utilize essa solução ótima para identificar uma solução ótima para o modelo de PI original.

11.3-7 A Fly-Right Airplane Company fabrica jatos pequenos para vender a empresas para uso de seus executivos. Atendendo às necessidades desses executivos, os clientes da empresa algumas vezes precisam encomendar um *design* personalizado das aeronaves adquiridas. Quando isso acontece, temos um substancial custo de implantação para começar a produção desses aviões.

A Fly-Right recebeu recentemente pedidos de compra de três clientes com prazos curtos. Entretanto, pelo fato de as instalações de produção da empresa já estarem quase completamente comprometidas com pedidos anteriores, ela não será capaz de aceitar os três pedidos novos. Portanto, é preciso decidir sobre o número de aviões que a empresa concordará em produzir (se, efetivamente, algum) para cada um desses três clientes.

Os dados relevantes são aqueles fornecidos na tabela a seguir. A primeira linha fornece o custo de implantação exigido para começar a produção das aeronaves por cliente. Assim que a produção estiver em andamento, a receita marginal líquida (que é o preço de aquisição menos o custo de produção marginal) de cada aeronave produzida é mostrada na segunda linha. A terceira linha fornece a porcentagem de capacidade produtiva disponível que seria usada para cada avião fabricado. A última linha indica o número máximo de aviões solicitados por cliente (porém, será aceito um número menor).

	Cliente		
	1	2	3
Custo inicial de implantação	US$ 3 milhões	US$ 2 milhões	0
Receita líquida marginal	US$ 2 milhões	US$ 3 milhões	US$ 0,8 milhão
Capacidade produtiva usada por avião	20%	40%	20%
Pedido máximo	3 aviões	2 aviões	5 aviões

A Fly-Right quer determinar quantos aviões deve produzir para cada cliente (se, efetivamente, algum) de modo a maximizar o lucro total da empresa (receita líquida total menos custo inicial de implantação).

(a) Formule um modelo para esse problema usando tanto variáveis inteiras quanto variáveis binárias.
C (b) Use o computador para solucionar esse modelo.

11.4-1 Reconsidere o problema da Fly-Right Airplane Co. apresentado no Problema 11.3-7. Uma análise detalhada dos diversos fatores de receita e de custos agora revela que o lucro potencial de se produzirem aviões para cada cliente não pode ser expresso simplesmente em termos de um *custo inicial de implantação* e uma *receita líquida marginal* fixa por avião produzido. Em vez disso, os lucros agora são dados pela seguinte tabela.

Aviões produzidos	Lucro obtido com o cliente		
	1	2	3
0	0	0	0
1	−US$ 1 milhão	US$ 1 milhão	US$ 1 milhão
2	US$ 2 milhões	US$ 5 milhões	US$ 3 milhões
3	US$ 4 milhões		US$ 5 milhões
4			US$ 6 milhões
5			US$ 7 milhões

(a) Formule um modelo de PIB para este problema que inclua restrições para *alternativas mutuamente exclusivas*.
c (b) Use o computador para solucionar o modelo formulado no item (a). Depois utilize essa solução ótima para identificar o número ótimo de aviões a ser fabricado para cada cliente.
(c) Formule outro modelo de PIB para esse modelo que inclua restrições para *decisões contingentes*.
c (d) Repita o item (b) para o modelo formulado no item (c).

11.4-2 Reconsidere o problema da Wyndor Glass Co. apresentado na Seção 3.1. A gerência decidiu agora que somente um dos dois produtos novos deve ser produzido e a escolha deve se basear na maximização do lucro. Introduza *variáveis binárias auxiliares* para formular um modelo de PIM para essa nova versão do problema.

11.4-3* Reconsidere o Problema 3.1-11, no qual a gerência da Omega Manufacturing Company estuda a possibilidade de dedicar capacidade produtiva em excesso a um ou mais dos três produtos. Ver as Respostas Parciais aos Problemas Selecionados na parte final do livro para mais informações sobre este problema. Agora a gerência decidiu acrescentar a restrição de que não mais que dois dos três possíveis produtos devem ser fabricados.

(a) Introduza *variáveis binárias auxiliares* para formular um modelo PIM para esta nova versão do problema.
c (b) Use o computador para solucionar esse modelo.

11.4-4 Considere o seguinte problema de programação inteira não linear.

$$\text{Maximizar} \quad Z = 4x_1^2 - x_1^3 + 10x_2^2 - x_2^4,$$

sujeito a

$$x_1 + x_2 \leq 3$$

e

$$x_1 \geq 0, \quad x_2 \geq 0$$
$$x_1 \text{ e } x_2 \text{ são inteiros.}$$

Este problema pode ser reformulado de duas maneiras distintas como um problema de PIB pura equivalente (com uma função objetivo linear) com seis variáveis binárias (y_{1j} e y_{2j} para $j = 1, 2, 3$), dependendo da interpretação dada pelas variáveis binárias.

(a) Formule um modelo de PIB para este problema, no qual as variáveis binárias têm a seguinte interpretação:

$$y_{ij} = \begin{cases} 1 & \text{se } x_i = j \\ 0 & \text{caso contrário.} \end{cases}$$

c (b) Use o computador para solucionar o modelo formulado no item (a) e, assim, identificar uma solução ótima para (x_1, x_2) para o problema original.
(c) Formule um modelo de PIB para este problema, no qual as variáveis binárias têm a seguinte interpretação:

$$y_{ij} = \begin{cases} 1 & \text{se } x_i \geq j \\ 0 & \text{caso contrário.} \end{cases}$$

c (d) Use o computador para solucionar o modelo formulado no item (c) e, assim, identificar uma solução ótima para (x_1, x_2) para o problema original.

11.4-5* Considere o seguinte tipo especial do *problema do caminho mais curto* (ver a Seção 9.3) em que os nós estão nas colunas e os únicos caminhos considerados sempre avancem uma coluna por vez.

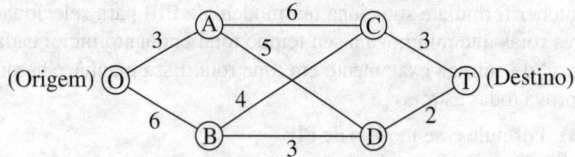

Os números ao longo das ligações representam as distâncias, e o objetivo é encontrar o caminho mais curto da origem ao destino.
Este problema também pode ser formulado como um modelo de PIB que envolve tanto as alternativas mutuamente exclusivas quanto as decisões contingentes.

(a) Formule esse modelo. Identifique as restrições que se referem às alternativas mutuamente exclusivas e aquelas para as decisões contingentes.
c (b) Use o computador para resolver este problema.

11.4-6 A Speedy Delivery oferece serviços de entrega em dois dias de grandes encomendas ao longo dos Estados Unidos. De manhã, em cada um dos centros de coleta, as encomendas que chegaram durante a noite são carregadas em vários caminhões para entrega em determinada área. Já que o diferencial competitivo nesse segmento é a velocidade na entrega, as encomendas são divididas entre os caminhões de acordo com seus destinos geográficos para minimizar o tempo médio necessário para fazer as entregas.

Nessa manhã em particular, a despachante para o centro de coleta Blue River Valley, Sharon Lofton, está sobrecarregada de trabalho. Seus três motoristas chegarão em menos de uma hora para fazer as entregas do dia. Há nove encomendas a ser entregues, todas em locais distantes muitos quilômetros um dos outros. Como de praxe, Sharon carregou esses locais em seu computador. Ela está usando o pacote de software especial da empresa, um sistema de apoio à decisão chamado Dispatcher. A primeira coisa que o Dispatcher faz é usar esses locais para gerar um considerável número de possíveis rotas vantajosas para cada um dos caminhões de entrega. Essas rotas são mostradas na tabela a seguir (na qual os números em cada coluna indicam a ordem das entregas), junto com o tempo estimado para percorrer a rota.

Local de entrega	Possível rota vantajosa									
	1	2	3	4	5	6	7	8	9	10
A	1				1				1	
B		2		1		2			2	2
C			3	3			3		3	
D	2					1		1		
E			2	2		3				
F		1			2					
G	3						1	2		3
H			1		3					1
I		3		4			2			
Tempo (em horas)	6	4	7	5	4	6	5	3	7	6

Dispatcher é um sistema interativo que mostra essas rotas para que Sharon possa aprová-las ou modificá-las. Por exemplo, o computador pode não saber que uma enchente tornou inviável determinada rota. Após Sharon aprovar essas rotas como possibilidades vantajosas com estimativas de tempo razoáveis, o Dispatcher formula e soluciona um modelo de PIB para selecionar três rotas que minimizam seu tempo total enquanto inclui cada local de entrega exatamente em uma rota. Essa manhã, Sharon aprova todas as rotas.

(a) Formule esse modelo de PIB.
C (b) Use o computador para solucionar esse modelo.

11.4-7 Um número crescente de norte-americanos vai para uma região de clima mais quente quando se aposenta. Para tirar proveito dessa tendência, a Sunny Skies Unlimited está realizando um grande empreendimento imobiliário. O projeto é desenvolver uma comunidade para aposentados completamente nova (cujo nome será Pilgrim Haven), que ocupará vários quilômetros quadrados. Uma das decisões a tomar é onde localizar os dois postos de bombeiros que foram alocados para a comunidade. Para fins de planejamento, o Pilgrim Haven foi dividido em cinco regiões, com não mais de um posto de bombeiros a ser localizado em qualquer uma das regiões. Cada posto deve atender a *todas* as ocorrências de incêndio que acontecem na região no qual ele se localiza, bem como nas demais regiões que foram alocadas a esse posto. Portanto, as decisões a serem tomadas são: 1) regiões a receberem um posto de bombeiros e 2) alocação de cada uma das demais regiões a um dos postos de bombeiros. O objetivo é minimizar a cobertura geral do *tempo de resposta* no atendimento a ocorrências de incêndio.

A tabela a seguir fornece o tempo de resposta para cada incêndio em cada região (as colunas) se essa região for atendida por um posto em dada região (as linhas). A última linha fornece o número médio de incêndios previstos que ocorrerão diariamente em cada uma das regiões.

Posto alocado localizado na região	Tempo de resposta (em minutos) Incêndio na região				
	1	2	3	4	5
1	5	12	30	20	15
2	20	4	15	10	25
3	15	20	6	15	12
4	25	15	25	4	10
5	10	25	15	12	5
Frequência média de incêndios	2 por dia	1 por dia	3 por dia	1 por dia	3 por dia

Formule um modelo de PIB para este problema. Identifique quaisquer restrições que correspondam a alternativas mutuamente exclusivas ou decisões contingentes.

11.4-8 Reconsidere o Problema 11.4-7. A gerência da Sunny Skies Unlimited resolveu agora que a decisão nas localidades dos postos de bombeiros que deve se basear principalmente nos custos.

O custo de inserir um posto de bombeiros em uma região é de US$ 300.000 para a região 1, US$ 350.000 para a região 2, US$ 600.000 para a região 3, US$ 450.000 para a região 4 e US$ 700.000 para a região 5. O objetivo da gerência agora é o seguinte:

Determinar quais regiões deveriam receber um posto para minimizar o custo total dos postos e, ao mesmo tempo, garantir que cada região tenha pelo menos um posto suficientemente próximo para atender a uma ocorrência de incêndio em não mais que 12 minutos (em média).

Diferentemente do problema original, observe que o número total de postos de bombeiros não é mais fixo. Além disso, se uma região sem um posto tiver mais de um posto em um intervalo de 12 minutos, não é mais necessário designar essa região a apenas um dos postos.

(a) Formule um modelo PIB puro completo com cinco variáveis binárias para este problema.
(b) Este caso é um *problema de cobertura de conjuntos*? Explique e identifique os conjuntos relevantes.
C (c) Use o computador para solucionar o modelo formulado no item (*a*).

11.4-9 Suponha que um Estado eleja R pessoas para a Câmara de Representantes (Estados Unidos). Existem D condados no Estado ($D > R$) e a Assembleia Legislativa estadual quer agrupar esses condados em R distritos eleitorais distintos, cada um deles envia um delegado ao Congresso. A população total do Estado é P e a Assembleia Legislativa quer formar distritos cuja população se aproxima a $p = P/R$. Suponha que o comitê legislativo apropriado responsável pelo estudo da questão dos distritos eleitorais gere uma longa lista de N *candidatos* para serem distritos ($N > R$). Cada um desses candidatos contém condados contíguos e uma população total p_j ($j = 1, 2,..., N$) que é aceitavelmente próxima a p. Defina $c_j = | p_j - p |$. Cada condado i ($i = 1, 2,..., D$) é incluído em pelos menos um candidato e, tipicamente, será incluído em um número considerável de candidatos (de modo a fornecer diversas maneiras possíveis de se selecionar um conjunto de R candidatos que inclua cada condado exatamente uma vez). Defina

$$a_{ij} = \begin{cases} 1 & \text{se o condado } i \text{ for incluído no candidato } j \\ 0 & \text{se não for incluído.} \end{cases}$$

Dados os valores de c_j e a_{ij}, o objetivo é selecionar R desses N possíveis distritos tal que cada condado esteja contido em um único distrito e tal que o maior dos c_j associados seja o menor possível.

Formule um modelo de PIB para este problema.

11.5-1 Leia o artigo referido que descreve completamente o estudo de PO sintetizado na vinheta de aplicação apresentada na Seção 11.5. Descreva sucintamente como os modelos de otimização foram aplicados nesse estudo. A seguir, enumere os diversos benefícios financeiros ou não resultantes do estudo.

11.5-2* Considere o problema de PI a seguir.

$$\text{Maximizar} \quad Z = 5x_1 + x_2,$$

sujeito a

$$\begin{aligned} -x_1 + 2x_2 &\leq 4 \\ x_1 - x_2 &\leq 1 \\ 4x_1 + x_2 &\leq 12 \end{aligned}$$

e

$$x_1 \geq 0, \quad x_2 \geq 0$$
$$x_1, x_2 \text{ são inteiros.}$$

(a) Solucione este problema graficamente.

(b) Solucione o relaxamento PL graficamente. Arredonde essa solução para a solução inteira *mais próxima* e verifique se ela é viável. A seguir, enumere *todas* as soluções arredondadas por meio do arredondamento dessa solução para o relaxamento PL de *todas* as maneiras possíveis (isto é, arredondando cada valor não inteiro tanto para cima como para baixo). Para cada solução arredondada, verifique se ela é viável e, em caso positivo, calcule Z. Alguma dessas soluções viáveis arredondadas é ótima para o problema de PI?

11.5-3 Siga as instruções do Problema 11.5-2 para o problema de PI a seguir.

Maximizar $Z = 220x_1 + 80x_2$,

sujeito a

$$5x_1 + 2x_2 \leq 16$$
$$2x_1 - x_2 \leq 4$$
$$-x_1 + 2x_2 \leq 4$$

e

$$x_1 \geq 0, \quad x_2 \geq 0$$
$$x_1, x_2 \text{ são inteiros.}$$

11.5-4 Siga as instruções do Problema 11.5-2 para o problema de PIB a seguir.

Maximizar $Z = 10x_1 + 25x_2$,

sujeito a

$$19x_1 + 6x_2 \leq 15$$
$$5x_1 - 15x_2 \leq 15$$

e

x_1, x_2 são binárias.

11.5-5 Siga as instruções do Problema 11.5-2 para o problema de PIB a seguir.

Maximizar $Z = -5x_1 + 25x_2$,

sujeito a

$$-3x_1 + 30x_2 \leq 27$$
$$3x_1 + x_2 \leq 4$$

e

x_1, x_2 binárias.

11.5-6 Classifique cada uma das seguintes afirmações como Verdadeira ou Falsa e, a seguir, justifique sua resposta fazendo referência a afirmações específicas deste capítulo.

(a) Os problemas de programação linear geralmente são consideravelmente mais fáceis de ser resolvidos que problemas de PI.

(b) Para problemas de PI, o número de variáveis inteiras geralmente é mais importante na determinação do grau de dificuldade computacional que o número de restrições funcionais.

(c) Para resolver um problema de PI com um procedimento aproximado, deve-se aplicar o método simplex ao problema do relaxamento PL e, a seguir, arredondar cada valor não inteiro para o inteiro mais próximo. O resultado será uma solução viável, mas não necessariamente ótima para o problema de PI.

D,I **11.6-1*** Use o algoritmo de ramificação e avaliação progressiva da PIB apresentado na Seção 11.6 para solucionar interativamente o seguinte problema.

Maximizar $Z = 2x_1 - x_2 + 5x_3 - 3x_4 + 4x_5$,

sujeito a

$$3x_1 - 2x_2 + 7x_3 - 5x_4 + 4x_5 \leq 6$$
$$x_1 - x_2 + 2x_3 - 4x_4 + 2x_5 \leq 0$$

e

x_j são binárias, para $j = 1, 2,..., 5$.

D,I **11.6-2** Use o algoritmo de ramificação e avaliação progressiva da PIB apresentado na Seção 11.6 para solucionar interativamente o seguinte problema.

Minimizar $Z = 5x_1 + 6x_2 + 7x_3 + 8x_4 + 9x_5$,

sujeito a

$$3x_1 - x_2 + x_3 + x_4 - 2x_5 \geq 2$$
$$x_1 + 3x_2 - x_3 - 2x_4 + x_5 \geq 0$$
$$-x_1 - x_2 + 3x_3 + x_4 + x_5 \geq 1$$

e

x_j são binárias, para $j = 1, 2,..., 5$.

D,I **11.6-3** Use o algoritmo de ramificação e avaliação progressiva da PIB apresentado na Seção 11.6 para solucionar interativamente o seguinte problema.

Maximizar $Z = 3x_1 + 3x_2 + 5x_3 - 2x_4 - x_5$,

sujeito a

$$x_1 + 2x_2 - 3x_4 - x_5 \leq 0$$
$$-15x_1 + 30x_2 - 35x_3 + 45x_4 + 45x_5 \geq 50$$

e

x_j são binárias, para $j = 1, 2,..., 5$.

D,I **11.6-4** Reconsidere o Problema 11.3-6(*a*). Use o algoritmo de ramificação e avaliação progressiva da PIB apresentado na Seção 11.6 para solucionar interativamente esse modelo de PIB.

D,I **11.6-5** Reconsidere o Problema 11.4-8(*a*). Use o algoritmo de ramificação e avaliação progressiva da PIB apresentado na Seção 11.6 para solucionar interativamente esse problema.

11.6-6 Considere as afirmações a seguir sobre qualquer problema de PI puro (na forma de maximização) e seu relaxamento PL. Classifique cada uma dessas afirmações como Verdadeira ou Falsa e, a seguir, justifique sua resposta.

(a) A região de soluções viáveis para o relaxamento PL é um subconjunto da região de soluções viáveis para o problema de PI.
(b) Se uma solução ótima para o relaxamento PL for uma solução inteira, então o valor ótimo da função objetivo será o mesmo para ambos os problemas.
(c) Se uma solução não inteira for viável para o relaxamento PL, então a solução inteira mais próxima (arredondando cada variável para o inteiro mais próximo) será uma solução viável para o problema de PI.

11.6-7* Considere o problema da designação com a seguinte tabela de custos:

		Tarefa				
		1	2	3	4	5
Designado	1	39	65	69	66	57
	2	64	84	24	92	22
	3	49	50	61	31	45
	4	48	45	55	23	50
	5	59	34	30	34	18

(a) Elabore um algoritmo de ramificação e avaliação progressiva para solucionar problemas da designação desse tipo, especificando como as etapas de ramificação, limitação e avaliação seriam realizadas. *Dica:* para os designados ainda não alocados para o subproblema atual, forme o relaxamento eliminando as restrições de que cada um desses designados tem de realizar exatamente uma tarefa.
(b) Use esse algoritmo para solucionar este problema.

11.6-8 Cinco tarefas precisam ser realizadas em determinada máquina. Entretanto, o tempo de preparação para cada tarefa depende de qual tarefa a precedeu imediatamente, conforme mostrado pela tabela a seguir:

		Tempo de preparação				
		Tarefa				
		1	2	3	4	5
Tarefa imediatamente precedente	Nenhuma	4	5	8	9	4
	1	—	7	12	10	9
	2	6	—	10	14	11
	3	10	11	—	12	10
	4	7	8	15	—	7
	5	12	9	8	16	—

O objetivo é programar a sequência de tarefas que minimize a soma dos tempos de preparação.

(a) Elabore um algoritmo de ramificação e avaliação progressiva para solucionar problemas de sequenciamento desse tipo, especificando como seriam realizadas as etapas de ramificação, limitação e avaliação.
(b) Use esse algoritmo para resolver este problema.

11.6-9* Considere o seguinte problema de PIB *não linear*.

Maximizar $Z = 80x_1 + 60x_2 + 40x_3 + 20x_4 - (7x_1 + 5x_2 + 3x_3 + 2x_4)^2$,

sujeito a

x_j são binárias, para $j = 1, 2, 3, 4$.

Dado o valor das primeiras k variáveis $x_1,\ldots, x_k$, em que $k = 0, 1, 2$ ou 3, um limite superior em relação ao valor de Z que pode ser alcançado pelas soluções viáveis correspondentes é:

$$\sum_{j=1}^{k} c_j x_j - \left(\sum_{j=1}^{k} d_j x_j\right)^2$$
$$+ \sum_{j=k+1}^{4} \text{máx}\left\{0, c_j - \left[\left(\sum_{i=1}^{k} d_i x_i + d_j\right)^2 - \left(\sum_{i=1}^{k} d_i x_i\right)^2\right]\right\},$$

em que $c_1 = 80, c_2 = 60, c_3 = 40, c_4 = 20, d_1 = 7, d_2 = 5, d_3 = 3, d_4 = 2$. Use esse limite para resolver o problema pela técnica da ramificação e avaliação progressiva.

11.6-10 Considere o relaxamento de Lagrange descrito próximo do final da Seção 11.6.

(a) Se x for uma solução viável para um problema de PIM, mostre que x também deve ser uma solução viável para o relaxamento de Lagrange correspondente.
(b) Se x* for uma solução ótima para um problema de PIM, com um valor de função objetivo igual a Z, demonstre que $Z \leq Z_R^*$, em que Z_R^* é o valor da função objetivo ótima para o relaxamento de Lagrange correspondente.

11.7-1 Leia o artigo referido que descreve completamente o estudo de PO sintetizado na vinheta de aplicação apresentada na Seção 11.7. Descreva sucintamente como a programação inteira foi aplicada nesse estudo. A seguir, enumere os diversos benefícios financeiros ou não resultantes do estudo

11.7-2* Considere o problema de PI a seguir.

Maximizar $Z = -3x_1 + 5x_2$,

sujeito a

$5x_1 - 7x_2 \geq 3$

e

$xj \leq 3$
$xj \geq 0$
x_j é inteira, para $j = 1, 2$.

(a) Solucione este problema graficamente.
(b) Use o algoritmo de ramificação e avaliação progressiva da PIM apresentado na Seção 11.7 para resolver este problema manualmente. Para cada subproblema, solucione seu relaxamento PL *graficamente*.
(c) Utilize a representação binária para variáveis inteiras para reformular esse problema como um problema de PIB.
D,I (d) Use o algoritmo de ramificação e avaliação progressiva da PIB apresentado na Seção 11.6 para solucionar interativamente o problema conforme formulado no item (c).

11.7-3 Siga as instruções do Problema 11.7-2 para o seguinte modelo de PI.

Minimizar $Z = 15x_1 + 10x_2$,

sujeito a

$$15x_1 + 5x_2 \geq 30$$
$$10x_1 + 10x_2 \geq 30$$

e

$$x_1 \geq 0, \quad x_2 \geq 0$$
$$x_1, x_2 \text{ são inteiras.}$$

11.7-4 Reconsidere o modelo de PI do Problema 11.5-2.

(a) Use o algoritmo de ramificação e avaliação progressiva da PIM apresentado na Seção 11.7 para resolver este problema manualmente. Para cada subproblema, encontre seu relaxamento PL *graficamente*.

D,I (b) Agora use o procedimento interativo para esse algoritmo no Tutorial IOR para resolver este problema.

C (c) Verifique sua resposta usando um procedimento automático para solucionar o problema.

D,I **11.7-5** Considere o exemplo de PI discutido na Seção 11.5 e ilustrado na Figura 11.3. Use o algoritmo de ramificação e avaliação progressiva da PIM apresentado na Seção 11.7 para solucionar este problema interativamente.

D,I **11.7-6** Reconsidere o Problema 11.3-5*a*. Use o algoritmo de ramificação e avaliação progressiva da PIM apresentado na Seção 11.7 para resolver este problema de PI interativamente.

11.7-7 Uma ferramentaria fabrica dois produtos. Cada unidade do primeiro produto requer três horas na máquina 1 e duas horas na máquina 2. Cada unidade do segundo produto requer duas horas na máquina 1 e três horas na máquina 2. A máquina 1 se encontra disponível somente oito horas por dia e a máquina 2 apenas sete horas por dia. O lucro por unidade vendida é 16 para o primeiro produto e 10 para o segundo. A quantidade de cada produto produzido por dia tem de ser um múltiplo inteiro de 0,25. O objetivo é determinar o *mix* de volume de produção que maximizará o lucro.

(a) Formule um modelo de PI para este problema.
(b) Solucione esse modelo graficamente.
(c) Use a análise gráfica para aplicar o algoritmo de ramificação e avaliação progressiva da PIM apresentado na Seção 11.7 para solucionar esse modelo.
D,I (d) Agora, use o procedimento interativo encontrado no Tutorial IOR para esse algoritmo para solucionar esse modelo.
C (e) Verifique suas respostas aos itens (*b*), (*c*) e (*d*) usando um procedimento automático para solucionar o modelo.

D,I **11.7-8** Use o algoritmo de ramificação e avaliação progressiva da PIM apresentado na Seção 11.7 para resolver o seguinte problema de PIM interativamente.

Maximizar $Z = 20x_1 + 10x_2 + 25x_3 + 20x_4,$

sujeito ao

$$x_1 + x_2 + x_3 + 2x_4 \leq 12$$
$$3x_1 + x_2 + 2x_3 + 2x_4 \leq 20$$
$$x_1 + 2x_2 + 5x_3 + 3x_4 \leq 30$$

e

$$x_j \geq 0, \quad \text{para } j = 1, 2, 3, 4$$
$$x_j \text{ é inteira}, \quad \text{para } j = 1, 2, 3.$$

D,I **11.7-9** Use o algoritmo de ramificação e avaliação progressiva da PIM apresentado na Seção 11.7 para resolver o seguinte problema de PIM interativamente.

Maximizar $Z = 3x_1 + 4x_2 + 2x_3 + x_4 + 2x_5,$

sujeito a

$$2x_1 - x_2 + x_3 + x_4 + x_5 \leq 3$$
$$-x_1 + 3x_2 + x_3 - x_4 - 2x_5 \leq 2$$
$$2x_1 + x_2 - x_3 + x_4 + 3x_5 \leq 1$$

e

$$x_j \geq 0, \quad \text{para } j = 1, 2, 3, 4, 5$$
$$x_j \text{ é binária}, \quad \text{para } j = 1, 2, 3.$$

D,I **11.7-10** Use o algoritmo de ramificação e avaliação progressiva da PIM apresentado na Seção 11.7 para resolver interativamente o seguinte problema de PIM.

Minimizar $Z = 5x_1 + x_2 + x_3 + 2x_4 + 3x_5,$

sujeito a

$$x_2 - 5x_3 + x_4 + 2x_5 \geq -2$$
$$5x_1 - x_2 \qquad\qquad + x_5 \geq 7$$
$$x_1 + x_2 + 6x_3 + x_4 \qquad \geq 4$$

e

$$x_j \geq 0, \quad \text{para } j = 1, 2, 3, 4, 5$$
$$x_j \text{ é inteira}, \quad \text{para } j = 1, 2, 3.$$

11.8-1* Para cada uma das restrições seguintes de problemas de PIB pura, use a restrição para fixar o maior número possível de variáveis.

(a) $4x_1 + x_2 + 3x_3 + 2x_4 \leq 2$
(b) $4x_1 - x_2 + 3x_3 + 2x_4 \leq 2$
(c) $4x_1 - x_2 + 3x_3 + 2x_4 \geq 7$

11.8-2 Para cada uma das restrições seguintes de problemas de PIB pura, use a restrição para fixar o maior número possível de variáveis.

(a) $20x_1 - 7x_2 + 5x_3 \leq 10$
(b) $10x_1 - 7x_2 + 5x_3 \geq 10$
(c) $10x_1 - 7x_2 + 5x_3 \leq -1$

11.8-3 Use o seguinte conjunto de restrições para o *mesmo* problema de PIB pura para fixar o maior número possível de variáveis. Também identifique as restrições que se tornam redundantes em razão das variáveis fixas.

$$3x_3 - x_5 + x_7 \leq 1$$
$$x_2 + x_4 + x_6 \leq 1$$
$$x_1 - 2x_5 + 2x_6 \geq 2$$
$$x_1 + x_2 - x_4 \leq 0$$

11.8-4 Para cada uma das restrições seguintes de problemas de PIB pura, identifique quais se tornam redundantes em decorrência das restrições binárias. Explique por que cada uma delas é ou não redundante.

(a) $2x_1 + x_2 + 2x_3 \leq 5$
(b) $3x_1 - 4x_2 + 5x_3 \leq 5$
(c) $x_1 + x_2 + x_3 \geq 2$
(d) $3x_1 - x_2 - 2x_3 \geq -4$

11.8-5 Na Seção 11.8, no final da subseção sobre apertamento de restrições, foi indicado que a restrição $4x_1 - 3x_2 + x_3 + 2x_4 \leq 5$ podia ser apertada para $2x_1 - 3x_2 + x_3 + 2x_4 \leq 3$ e depois para $2x_1 - 2x_2 + x_3 + 2x_4 \leq 3$. Aplique o procedimento para apertamento de restrições para confirmar esses resultados.

11.8-6 Aplique o procedimento para *apertamento de restrições* para a seguinte restrição em um problema de PIB pura.

$$5x_1 - 10x_2 + 15x_3 \leq 15.$$

11.8-7 Aplique o procedimento para *apertamento de restrições* para a seguinte restrição em um problema de PIB pura.

$$x_1 - x_2 + 3x_3 + 4x_4 \geq 1.$$

11.8-8 Aplique o procedimento para *apertamento de restrições* para cada uma das restrições seguintes em um problema de PIB pura.
(a) $x_1 + 3x_2 - 4x_3 \leq 2$.
(b) $3x_1 - x_2 + 4x_3 \geq 1$.

11.8-9 Na Seção 11.8, um exemplo de PIB pura com a restrição, $2x_1 + 3x_2 \leq 4$, foi usado para ilustrar o procedimento para apertamento de restrições. Demonstre que aplicar o procedimento para gerar planos de corte para essa restrição conduz à mesma restrição nova, $x_1 + x_2 \leq 1$.

11.8-10 Uma das restrições de certo problema de PIB pura é:

$$x_1 + 3x_2 + 2x_3 + 4x_4 \leq 5.$$

Identifique todas as coberturas mínimas para essa restrição e, em seguida, forneça os planos de corte correspondentes.

11.8-11 Uma das restrições de determinado problema de PIB pura é:

$$25x_1 + 15x_2 + 20x_3 + 10x_4 \leq 35.$$

Identifique todas as coberturas mínimas para essa restrição e, em seguida, forneça os planos de corte correspondentes.

11.8-12 Gere o maior número possível de planos de corte a partir da seguinte restrição para um problema de PIB pura.

$$3x_1 + 5x_2 + 4x_3 + 8x_4 \leq 10.$$

11.8-13 Gere o maior número possível de planos de corte a partir da seguinte restrição para um problema de PIB pura.

$$5x_1 + 3x_2 + 7x_3 + 4x_4 + 6x_5 \leq 9.$$

11.8-14 Considere o seguinte problema de PIB.

Maximizar $Z = 2x_1 + 3x_2 + x_3 + 4x_4 + 3x_5 + 2x_6 + 2x_7 + x_8 + 3x_9,$

sujeito a

$$3x_2 + x_4 + x_5 \geq 3$$
$$x_1 + x_2 \leq 1$$
$$x_2 + x_4 - x_5 - x_6 \leq -1$$
$$x_2 + 2x_6 + 3x_7 + x_8 + 2x_9 \geq 4$$
$$-x_3 + 2x_5 + x_6 + 2x_7 - 2x_8 + x_9 \leq 5$$

e

todas as x_j binárias.

Desenvolva a formulação mais apertada possível desse problema usando as técnicas de reprocessamento automático (fixação de variáveis, eliminação de restrições redundantes e apertamento de restrições). A seguir, use essa formulação apertada para determinar uma solução ótima por inspeção.

11.9-1 Considere o seguinte problema.

Maximizar $Z = 10x_1 + 30x_2 + 40x_3 + 30x_4,$

sujeito a

$x_1 \in \{2, 3\}, \quad x_2 \in \{2, 4\}, \quad x_3 \in \{3, 4\}, \quad x_4 \in \{1, 2, 3, 4\},$

todas essas variáveis devem ter valores diferentes,

$$x_1 + x_2 + x_3 + x_4 \leq 10.$$

Use as técnicas de programação de restrições (redução de domínio, propagação de restrições, um procedimento de busca e enumeração) para identificar todas as soluções viáveis e depois encontre uma solução ótima. Demonstre seu exercício.

11.9-2 Considere o problema a seguir.

Maximizar $Z = 5x_1 - x_1^2 + 8x_2 - x_2^2 + 10x_3 - x_3^2 + 15x_4 - x_4^2 + 20x_5 - x_5^2,$

sujeito ao

$x_1 \in \{3, 6, 12\}, x_2 \in \{3, 6\}, x_3 \in \{3, 6, 9, 12\},$
$x_4 \in \{6, 12\}, x_5 \in \{9, 12, 15, 18\},$

todas essas variáveis devem ter valores diferentes,

$$x_1 + x_3 + x_4 \leq 25.$$

Use as técnicas de programação de restrições (redução de domínio, propagação de restrições, um procedimento de busca e enumeração) para identificar todas as soluções viáveis e depois encontre uma solução ótima. Demonstre seu exercício.

11.9-3 Considere o problema a seguir.

Maximizar $Z = 100x_1 - 3x_1^2 + 400x_2 - 5x_2^2 + 200x_3 - 4x_3^2 + 100x_4 - 2x_4^4,$

sujeito a

$x_1 \in \{25, 30\}, x_2 \in \{20, 25, 30, 35, 40, 50\},$
$x_3 \in \{20, 25, 30\}, x_4 \in \{20, 25\},$

todas essas variáveis devem ter valores diferentes,

$$x_2 + x_3 \leq 60,$$
$$x_1 + x_3 \leq 50.$$

Use as técnicas de programação de restrições (redução de domínio, propagação de restrições, um procedimento de busca e enumeração) para identificar todas as soluções viáveis e depois encontre uma solução ótima. Demonstre seu exercício.

11.9-4 Considere o exemplo da Job Shop Co. da Seção 8.3. A Tabela 8.25 mostra sua formulação como um problema da designação. Use *restrições globais* para formular um modelo de programação de restrições compacto para esse problema da designação.

11.9-5 Considere o problema de designação de nadadores de uma equipe de revezamento 4 estilos de uma competição de 200 m, apresentado no Problema 8.3-4. A resposta no final do livro mostra a formulação desse problema sendo de designação. Use *restrições globais* para formular o modelo de programação de restrições compacto para esse problema da designação.

11.9-6 Considere o problema de determinação do melhor plano para o número de dias de estudo para cada uma das quatro provas finais que é apresentado no Problema 10.3-3. Formule um modelo de programação de restrições compacto para esse problema.

11.9-7 O Problema 10.3-2 descreve como o proprietário de uma rede de três mercearias precisa determinar o número de caixotes de morangos frescos que deveria ser alocado a cada uma das lojas. Formule um modelo de programação de restrições compacto para esse problema.

11.9-8 Um poderoso recurso da programação de restrições é que as variáveis podem ser usadas como subscritos para os termos na função objetivo. Considere, por exemplo, o seguinte *problema de vendedores externos*. O vendedor precisa visitar cada uma das n cidades (cidade 1, 2,..., n) exatamente uma vez, começando na cidade 1 (sua cidade natal) e retornando a esta após completar o *tour*. Façamos que c_{ij} seja a distância da cidade i para a cidade j para $i, j = 1, 2,..., n$ ($i \neq j$). O objetivo é determinar qual rota seguir de modo a minimizar a distância total do *tour*. Conforme discutido adiante no Capítulo 13, esse problema de vendedores externos é um problema de PO clássico, com muitas aplicações que não têm nada que ver com vendedores.

Fazendo que a variável de decisão x_j ($j = 1, 2,..., n, n + 1$) represente a j-ésima cidade visitada pelo vendedor, em que $x_1 = 1$ e $x_{n+1} = 1$, a programação de restrições permite definir o objetivo como:

$$\text{Minimizar } Z = \sum_{j=1}^{n} c_{x_j x_{j+1}}.$$

Ao usar essa função objetivo, formule um modelo de programação de restrições completo para esse problema.

11.10-1 Da parte inferior das referências selecionadas no final do capítulo, escolha uma das aplicações consagradas de programação inteira. Leia esse artigo e, em seguida, redija um resumo de duas páginas sobre a aplicação e os benefícios (inclusive benefícios não financeiros) por ela fornecidos.

11.10-2 Da parte inferior das referências selecionadas fornecidas no final do capítulo, escolha três das aplicações consagradas de otimização de programação inteira. Leia esse artigo e, em seguida, redija um resumo de uma página sobre a aplicação e os benefícios (inclusive benefícios não financeiros) por ela fornecidos.

CASOS

CASO 11.1 Preocupações com a capacidade

Bentley Hamilton arremessa o caderno de negócios do *The New York Times* sobre a mesa de reuniões e observa seus colegas se mexerem na poltrona. Bentley Hamilton quer destacar um assunto. Ele joga a primeira página do *The Wall Street Journal* sobre o *The New York Times* e observa os colegas arregalarem os olhos outrora pesados e apáticos.

Hamilton quer destacar um assunto importante.

A seguir, ele arremessa a primeira página do *The Financial Times* sobre a pilha de jornais e observa os colegas secarem as gotas de suor da fronte.

Ele quer que seu argumento fique indelevelmente gravado na mente de seus colegas.

"Acabo de apresentar-lhes três jornais de destaque no mundo das finanças com a manchete de hoje", declara Hamilton em um tom duro e irritado. "Meus caros colegas, nossa empresa está indo para o buraco! Devo ler as manchetes para os senhores? Do *The New York Times,* 'Ações da CommuniCorp caem para seu menor nível em 52 semanas.' Do *The Wall Street Journal,* 'CommuniCorp perde 25% do mercado de *pagers* em apenas um ano.' Ah, e minha favorita, do *The Financial Times,* 'CommuniCorp não consegue se ComuniCar: ações da CommuniCorp caem devido a desarranjo nas comunicações internas.' Como nossa empresa pôde ficar em apuros?"

Bentley Hamilton arremessa uma transparência mostrando uma reta que inclina ligeiramente para cima no retroprojetor. "Este é um gráfico de nossa produtividade ao longo dos últimos 12 meses. Como se pode observar no gráfico, a produtividade em nossa fábrica de *pagers* aumentou gradualmente ao longo do ano passado. Claramente, a produtividade não é a causa de nosso problema.

Ele joga uma segunda transparência mostrando uma reta que sobe abruptamente sobre o retroprojetor. "Este é o gráfico mostrando o que perdermos ou atrasamos em termos de pedidos ao longo dos últimos 12 meses." Ele ouve um suspiro por parte de seus colegas. "Como os senhores podem ver no gráfico, nossos pedidos perdidos ou atrasados aumentaram de forma constante e significativa ao longo dos últimos 12 meses. Imagino que essa tendência explique a razão de estarmos perdendo participação no mercado, fazendo que nossas ações caíssem para o seu menor valor em 52 semanas. Nós provocamos irritação em nossos revendedores e perdas em seus negócios, revendedores que são nossos clientes, que dependem de entregas no prazo para atender à demanda dos consumidores."

"Por que falhamos em nossos prazos de entrega quando nosso nível de produtividade teria nos permitido atender a todos nossos pedidos?", pergunta Hamilton. "Convoquei diversos departamentos para fazer essa pergunta."

"Acontece que estamos fabricando *pagers* simplesmente por fabricá-los!", diz Hamilton em descrédito. "Os departamentos de marketing e vendas não se comunicam com nosso departamento de produção e, portanto, os gerentes de produção não sabem quais *pagers* devem ser produzidos para atender os pedidos de nossos clientes. Eles querem manter a fábrica produzindo e, portanto, fabricam *pagers* independentemente se esses produtos foram encomendados ou não. Os *pagers* finalizados são enviados para o almoxarifado, porém, nosso departamento de marketing e vendas não sabe o número e os tipos de *pagers* em estoque. Eles tentam se comunicar com os responsáveis pelo almoxarifado para determinar se esses produtos em estoque são suficientes para atender aos pedidos, todavia, raramente recebem respostas a suas perguntas."

Bentley Hamilton faz uma pausa e olha nos olhos de seus colegas. "Senhoras e senhores, me parece que temos um sério problema de comunicação interna. Pretendo corrigir esse problema imediatamente. Quero começar instalando uma rede de computadores que atinja toda a empresa para garantir que todos os departamentos tenham acesso a documentos críticos e possam facilmente se comunicar entre si por e-mail. Pelo fato de essa Intranet representar uma grande mudança em nossa infraestrutura de comunicações, esperam-se alguns *bugs* no sistema e certa resistência por parte dos empregados. Portanto, quero fazer a instalação dessa Intranet em fases."

Hamilton passa o seguinte cronograma e tabela de necessidades a seus colegas (IN Intranet).

Mês 1	Mês 2	Mês 3	Mês 4	Mês 5
Treinamento IN	Instalar IN em Vendas	Instalar IN na Produção	Instalar IN no Almoxarifado	Instalar IN no Marketing

Departamento	Número de empregados
Vendas	60
Produção	200
Almoxarifado	30
Marketing	75

Bentley Hamilton prossegue em sua explanação sobre o cronograma e tabela de necessidades. "No primeiro mês, não quero nenhum departamento já integrado à Intranet; quero simplesmente disseminar informações sobre ela e ganhar o apoio dos empregados. No segundo mês, quero integrar o departamento de vendas à Intranet já que esse departamento recebe todas as informações críticas dos clientes. No terceiro mês, será a vez do departamento de produção se integrar à rede. No quarto mês, a Intranet será instalada no almoxarifado e no quinto e último mês, será a vez do departamento de marketing. A tabela de necessidades abaixo do cronograma lista o número de empregados que precisa ter acesso à Intranet em cada departamento."

Hamilton volta-se para Emily Jones, responsável pela Gerência de Informações Corporativas. "Preciso de sua ajuda no planejamento da instalação da Intranet. Especificamente, a empresa precisa adquirir servidores para a rede interna. Os empregados se conectarão aos servidores da empresa e farão o *download* de informações para seus próprios computadores."

Ele passa a Emily uma tabela na qual detalha os tipos de servidores disponíveis, o número de empregados que cada servidor suporta e o custo de cada um deles.

"Emily, preciso que você decida quais servidores devem ser adquiridos e quando fazê-lo de modo a minimizar o custo e garantir que a empresa tenha capacidade de servidor suficiente para seguir o cronograma de implementação da Intranet", diz Hamilton. "Por exemplo, talvez você decida comprar um único grande servidor durante o primeiro mês para suportar todos os empregados ou então comprar vários servidores menores durante o primeiro mês para suportar todos os empregados ou, quem sabe,

Tipo de servidor	Número de empregados que o servidor suporta	Custo do servidor
Intel Pentium PC Padrão	Até 30 empregados	US$ 2.500
Intel Pentium PC Avançado	Até 80 empregados	US$ 5.000
Workstation SGI	Até 200 empregados	US$ 10.000
Workstation Sun	Até 2.000 empregados	US$ 25.000

adquirir um servidor pequeno por mês para suportar cada novo grupo de empregados que ganha acesso à Intranet."

"Há diversos fatores que complicam sua decisão", continua ele. "Dois fabricantes de servidores estão propensos a oferecer descontos para a CommuniCorp. A SGI poderia dar um desconto de 10% para cada servidor adquirido, mas somente se comprarmos servidores no primeiro ou segundo mês. A Sun está propensa a dar um desconto de 25% para todos os servidores comprados nos dois primeiros meses. Temos também um limite monetário que pode ser gasto durante o primeiro mês. A CommuniCorp já tem alocado a maior parte do orçamento para os próximos dois meses, de modo que você tenha um total de US$ 9.500 disponíveis para adquirir servidores nos meses 1 e 2. Finalmente, o Departamento de Produção precisa de pelo menos um dos três servidores. Coloque sua decisão na minha mesa no final desta semana."

(a) Emily decide inicialmente avaliar o número e o tipo de servidores a ser comprados mês a mês. Para cada mês, formule um modelo de PI para determinar quais servidores Emily deveria comprar naquele mês para minimizar custos neste mês e suportar os novos usuários. Quantos e quais tipos de servidores ela deveria comprar a cada mês? Qual é o custo total do plano?

(b) Emily se dá conta de que talvez ela consiga economizar caso compre um servidor maior nos meses iniciais para suportar usuários nos meses finais. Ela decide, portanto, avaliar o número e o tipo de servidores a ser adquiridos ao longo de todo o período do planejamento. Formule um modelo de PI para determinar quais servidores Emily deveria adquirir em quais meses, de modo a minimizar o custo total e suportar todos os usuários novos. Quantos e quais tipos de servidores ela deveria comprar a cada mês? Qual é o custo total desse plano?

(c) Por que a resposta que adota o primeiro método é diferente daquela que usa o segundo método?

(d) Existem outros custos que Emily não estaria levando em conta na formulação de seu problema? Em caso positivo, quais seriam eles?

(e) Que outras preocupações os diversos departamentos da CommuniCorp deveriam ter em relação à Intranet?

APRESENTAÇÃO DOS CASOS ADICIONAIS DO *SITE*

CASO 11.2 Designação de obras de arte

Planeja-se uma mostra de promissores artistas de arte moderna no Museu de Arte Moderna de San Francisco. Foi compilada uma longa lista de possíveis artistas, suas obras disponíveis e os preços dessas obras. Existe também uma série de restrições relativas ao *mix* de obras que pode ser escolhido. É preciso aplicar a PIB para selecionar as obras que serão exibidas em três cenários diferentes.

CASO 11.3 Estoque de conjuntos

O gerenciamento insatisfatório de inventários no depósito local da Furniture City levou ao excesso de estoque de diversos itens e frequente falta de outros. Para iniciar a correção dessa situação, os 20 conjuntos de cozinha mais populares da Furniture City acabam de ser identificados. Esses conjuntos de cozinha são compostos por até oito peças de vários estilos, de modo que cada um desses estilos deva ser bem estocado no depósito. Entretanto, a quantidade limitada de espaço do depósito alocado para o departamento de cozinhas significa que precisam ser tomadas algumas difíceis decisões de estocagem. Após coletar os dados relevantes para os 20 conjuntos de cozinha, a PIB agora precisa ser aplicada para determinar quantos de cada peça e estilo a Furniture City deve estocar no depósito local para três situações diferentes.

Caso 11.4 Redistribuição dos alunos em escolas, retorno ao caso mais uma vez

Conforme introdução feita no Caso 4.3 e novamente avaliada no Caso 6.3, a diretoria da Springfield School precisa redistribuir seus alunos provenientes de seis áreas residenciais nas três escolas de Ensino Médio remanescentes. O novo fator complicador nessa diretoria acaba de decidir pela proibição da divisão das áreas residenciais entre várias escolas. Portanto, uma vez que cada uma das seis áreas deve ser alocada a uma única escola, a PIB agora precisa ser aplicada para fazer essas alocações nos diversos cenários considerados no Caso 4.3.

CAPÍTULO 12

Programação Não Linear

O papel fundamental da programação linear na PO é refletido de forma acurada pelo fato de ela ser o foco de um *terço* deste livro. Uma suposição central da programação linear é que *todas as suas funções* (função objetivo e funções de restrição) são lineares. Embora essa hipótese seja válida para vários problemas práticos, frequentemente ela não se verifica. Portanto, muitas vezes é necessário lidar diretamente com problemas de programação não linear e, assim, voltaremos nossa atenção para essa importante área.

De forma geral[1], o *problema de programação não linear* é encontrar $x = (x_1, x_2, \ldots, x_n)$ de modo a:

$$\text{Maximizar} \quad f(\mathbf{x}),$$

sujeito a

$$g_i(\mathbf{x}) \le b_i, \quad \text{para } i = 1, 2, \ldots, m,$$

e

$$\mathbf{x} \ge \mathbf{0},$$

em que $f(\mathbf{x})$ e os $g_i(\mathbf{x})$ são funções dadas das n variáveis de decisão[2].

Há muitos tipos diferentes de problemas de programação não linear, dependendo das características das funções $f(\mathbf{x})$ e $g_i(\mathbf{x})$. Diferentes algoritmos são usados para os diferentes tipos. Para certos tipos em que as funções têm formas simples, os problemas podem ser resolvidos de forma relativamente eficiente. Para alguns outros, entretanto, até mesmo a resolução de problemas pequenos é um verdadeiro desafio.

Em virtude da existência de muitos tipos e de muitos algoritmos, a programação não linear é um assunto particularmente extenso. Não temos espaço suficiente aqui para estudá-lo por completo. Entretanto, apresentamos efetivamente alguns exemplos de aplicações e, em seguida, introduzimos os conceitos básicos para resolver certos tipos importantes de problemas de programação não linear.

Tanto o Apêndice 2 quanto o 3 dão uma boa base para o presente capítulo e recomendamos que você reveja esses apêndices à medida que for estudando as próximas seções.

12.1 EXEMPLOS DE APLICAÇÕES

Os exemplos a seguir ilustram alguns dos vários tipos de problemas importantes aos quais a programação não linear vem sendo aplicada.

---

[1] As outras *formas legítimas* correspondem àquelas para a *programação linear*, listadas na Seção 3.2. A Seção 4.6 descreve como converter essas outras formas naquela aqui apresentada.

[2] Para simplificar, vamos supor ao longo de todo este capítulo que *todas* essas funções sejam *diferenciáveis* em todos os pontos ou então são *funções lineares por trechos* (discutidas nas Seções 12.1 e 12.8).

Problema do *mix* de produtos com elasticidade de preços

Em problemas de *mix de produtos*, como aquele da Wyndor Glass Co. apresentado na Seção 3.1, o objetivo é determinar o *mix* ótimo de níveis de produção para os produtos de uma empresa, dadas limitações sobre os recursos necessários para fabricá-los, de modo a maximizar o lucro total da empresa. Em alguns casos, há lucro unitário fixo associado a cada produto, a função objetivo resultante será linear. Entretanto, em muitos problemas de *mix* de produtos, certos fatores incluem *não linearidades* na função objetivo.

Por exemplo, um grande fabricante pode encontrar *elasticidade de preço*, segundo a qual a quantidade de um produto que pode ser vendida tem relação inversa com o preço cobrado. Portanto, a *curva preço-demanda* para um produto típico poderia parecer com aquela mostrada na Figura 12.1, em que $p(x)$ é o preço necessário para que se possa vender x unidades. O lucro da empresa obtido pela produção e venda de x unidades do produto seria então a receita de vendas, $xp(x)$, menos os custos de produção e de distribuição. Portanto, se o custo unitário para produzir e distribuir o produto é fixado em c (observe a linha tracejada na Figura 12.1), o lucro da empresa obtido pela produção e venda de x unidades é dado pela função não linear

$$P(x) = xp(x) - cx,$$

conforme representado graficamente na Figura 12.2. Se *cada* um dos n produtos da empresa tiver uma função de lucro similar, digamos, $P_j(x_j)$ para produzir e vender x_j unidades do produto j ($j = 1, 2, \ldots, n$), então a função objetivo global é:

$$f(\mathbf{x}) = \sum_{j=1}^{n} P_j(x_j),$$

uma soma de funções não lineares.

Outra razão para o surgimento de não linearidades na função objetivo é o fato de o *custo marginal* para produzir uma unidade adicional de dado produto variar com o nível de produção. Por exemplo, pode ser que o custo marginal decresça quando o nível de produção aumentar em razão de um *efeito de curva de aprendizado* (produção mais eficiente à medida que se adquire mais experiência). No entanto, pode ser que ele aumente, pois medidas especiais como horas extras ou instalações mais avançadas talvez sejam necessárias para aumentar ainda mais a produção.

De forma semelhante, não linearidades também podem surgir nas funções de restrição $g_i(\mathbf{x})$. Por exemplo, se houver restrição de orçamento sobre custo total de produção, a função custo será não linear caso o custo marginal de produção varie conforme acabamos de descrever. Para restrições sobre os demais tipos de recursos, $g_i(\mathbf{x})$ será não linear toda vez que o emprego do recurso correspondente não for estritamente proporcional aos níveis de produção dos respectivos produtos.

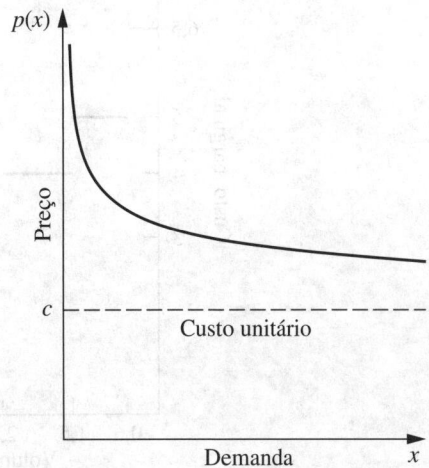

■ **FIGURA 12.1** Curva de preço x demanda.

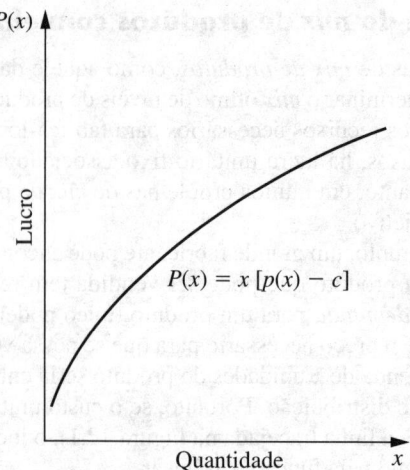

■ **FIGURA 12.2** Função lucro.

Problema de transporte com descontos nos custos de transporte para grandes volumes

Conforme ilustrado pelo exemplo da P & T Company na Seção 8.1, uma aplicação típica do problema de transporte é determinar um plano ótimo para transporte de mercadorias de várias origens para diversos destinos, dadas restrições de oferta e de demanda, de modo a minimizar o custo total de transporte. No Capítulo 8, supôs-se que o *custo por unidade transportada* de certa origem para determinado destino era *fixo*, independentemente da quantidade transportada. Na verdade, pode ser que esse custo não seja fixo. Algumas vezes são dados *descontos por volume* para grande quantidade de mercadorias remetidas, de modo que o *custo marginal* de transportar mais uma unidade poderia seguir um padrão como aquele exposto na Figura 12.3. O custo resultante de se remeter x unidades é dado então por uma *função não linear* $C(x)$, que é uma *função linear por trechos* com inclinação igual ao custo marginal, como aquela mostrada na Figura 12.4. [A função da Figura 12.4 é formada por um segmento de reta com inclinação de 6,5 de (0, 0) a (0,6; 3,9), um segundo segmento de reta com inclinação 5 indo de (0,6; 3,9) para (1,5; 8,4),

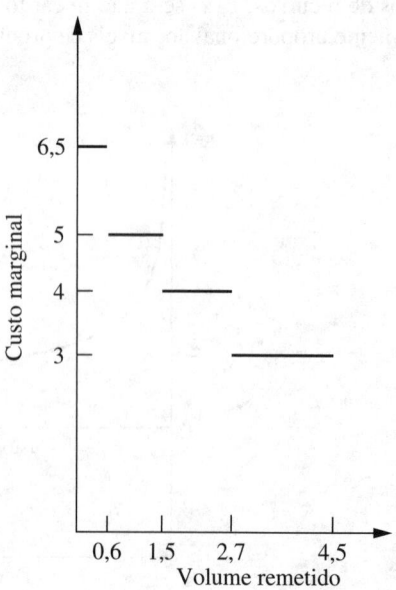

■ **FIGURA 12.3** Custo marginal para remessa.

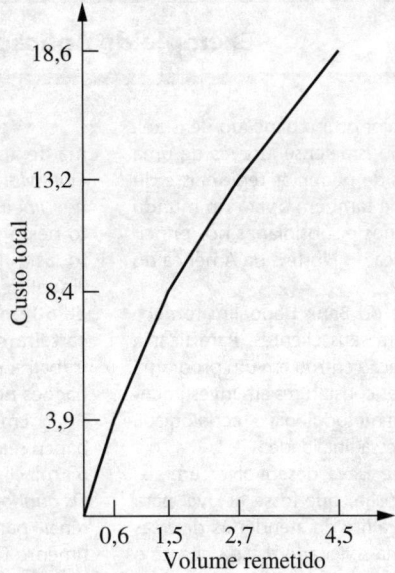

FIGURA 12.4 Função de custo de remessa.

um terceiro segmento de reta com inclinação igual a 4 indo de (1,5; 8,4) a (2,7; 13,2) e, finalmente, um quarto segmento de reta com inclinação igual a 3 indo de (2,7; 13,2) a (4,5; 18,6).] Consequentemente, se *cada* combinação origem/destino tiver uma função de custo de transporte similar, em que o custo para transportar x_{ij} unidades da origem i ($i = 1, 2, \ldots, m$) ao destino j ($j = 1, 2, \ldots, n$) é dado por uma função não linear $C_{ij}(x_{ij})$, então a função objetivo global é *minimizada* por:

$$f(\mathbf{x}) = \sum_{i=1}^{m} \sum_{j=1}^{n} C_{ij}(x_{ij}).$$

Mesmo com essa função objetivo não linear, as restrições normalmente ainda são as restrições lineares especiais que se ajustam ao modelo do problema de transporte da Seção 8.1.

Seleção de carteiras com títulos de alto risco

Hoje é prática comum entre os administradores profissionais de grandes carteiras de ações usarem modelos computacionais baseados parcialmente em programação não linear para se orientar. Pelo fato de os investidores estarem preocupados com o *retorno esperado* (ganho) e o *risco* associado a seus investimentos, a programação não linear é usada para determinar uma carteira que, sob certas hipóteses, forneça uma relação ótima entre esses dois fatores. Essa metodologia se baseia em grande parte na pesquisa revolucionária feita por Harry Markowitz e William Sharpe, que lhes conferiu o Prêmio Nobel de Economia do ano de 1990.

Um modelo de programação não linear pode ser formulado para esse problema, como será mostrado a seguir. Suponha que sejam consideradas n ações (títulos) para inclusão nessa carteira e façamos com que as variáveis de decisão x_j ($j = 1, 2, \ldots, n$) representem o número de cotas das ações j a ser incluídas. Estipulamos que μ_j e σ_{jj} sejam, respectivamente, a *média* e *variância*, (estimadas) do retorno sobre cada cota da ação j, em que σ_{jj} mede o risco dessa ação. Para $i = 1, 2, \ldots, n$ ($i \neq j$), façamos que σ_{ij} represente a *covariância* do retorno sobre cada cota da ação i e j. (Como seria difícil estimar todos os valores σ_{ij}, a metodologia usual é partir de certas hipóteses sobre o comportamento do mercado que nos permitam calcular σ_{ij} diretamente a partir de σ_{ii} e σ_{jj}.) A seguir, o valor esperado $R(\mathbf{x})$ e a variância $V(\mathbf{x})$ do retorno total de toda a carteira são:

$$R(\mathbf{x}) = \sum_{j=1}^{n} \mu_j x_j$$

Exemplo de Aplicação

O **Bank Hapoalim Group** é o maior grupo bancário de Israel, pois fornece serviços no território israelense através de uma rede de 327 filiais, nove centros de negócios regionais e diversas subsidiárias domésticas. Ele também opera no mundo todo através de 37 filiais, escritórios e subsidiárias nos principais centros financeiros da América do Norte e da América do Sul bem como da Europa.

Um segmento importante do Bank Hapoalim fornece consultoria de investimentos para seus clientes. Para ficar à frente de seus concorrentes, a direção entrou em um programa de reestruturação para fornecer aos consultores em investimentos o que há de mais moderno em metodologia e tecnologia. E a equipe de PO foi formada com essa finalidade.

A equipe concluiu que precisava desenvolver um sistema de apoio à tomada de decisão, que fosse flexível para os consultores em investimentos a fim de atender às diversas necessidades de cada cliente. Seria solicitado a cada cliente o fornecimento de informações completas sobre suas necessidades, inclusive escolher entre várias alternativas referentes aos seus objetivos de investimento, o horizonte de investimentos, a escolha de um índice para se tentar superar exaustivamente, preferência em relação à liquidez e moeda etc. Também seria feita uma série de perguntas para se certificar da classificação do cliente no tocante ao quesito correr riscos.

A escolha natural do modelo para direcionar o sistema de apoio à tomada de decisão resultante (denominado *Opti-Money System*) foi o *modelo clássico de programação não linear para seleção de carteiras de investimentos* descrito nessa seção do livro, com modificações para incorporar todas as informações sobre as necessidades do cliente individualmente. Esse modelo gera um balanceamento ótimo de 60 possíveis classes de ativos de ações e obrigações na carteira de investimentos e o consultor de investimentos trabalha então com o cliente para escolher as ações e obrigações nessas classes.

Em um ano recente, os consultores de investimento do banco realizaram cerca de 133 mil sessões de consultoria com 63 mil clientes, empregando esse sistema de apoio à decisão. *Os ganhos anuais* em relação a índices comparativos de referência para clientes que seguiram a recomendação para investimento fornecida pelo sistema *totalizaram aproximadamente* US$ 244 milhões e, *ao mesmo tempo acrescentaram mais de* US$ 31 milhões *à receita anual do banco*.

Fonte: M. Avriel, H. Pri-Zan, R. Meiri, and A. Peretz: "Opti-Money at Bank Hapoalim: A Model-Based Investment Decision-Support System for Individual Customers", *Interfaces*, **34**(1): 39-50, Jan.-Feb. 2004. (Este artigo está disponível em inglês no *site* da editora, www.bookman.com.br.)

e

$$V(\mathbf{x}) = \sum_{i=1}^{n} \sum_{j=1}^{n} \sigma_{ij} x_i x_j,$$

em que $V(\mathbf{x})$ mede o risco associado à carteira. Uma maneira de se considerar a relação conflitante entre esses dois fatores é usar $V(\mathbf{x})$ como função objetivo a ser minimizada e, depois, impor a restrição de que $R(\mathbf{x})$ não pode ser menor que o retorno mínimo esperado aceitável. O modelo de programação não linear completo ficaria então:

$$\text{Minimizar} \quad V(\mathbf{x}) = \sum_{i=1}^{n} \sum_{j=1}^{n} \sigma_{ij} x_i x_j,$$

sujeito a

$$\sum_{j=1}^{n} \mu_j x_j \geq L$$

$$\sum_{j=1}^{n} P_j x_j \leq B$$

e

$$x_j \geq 0, \quad \text{para } j = 1, 2, \ldots, n,$$

em que L é o retorno mínimo esperado aceitável, P_j, o preço para cada cota da ação j, e B, o volume de dinheiro previsto para a carteira.

Um inconveniente dessa formulação é que é relativamente difícil escolher um valor apropriado para L de modo a obter a melhor relação custo/benefício entre $R(\mathbf{x})$ e $V(\mathbf{x})$. Portanto, em vez de pararmos com uma escolha de L, é comum usar uma metodologia de programação (não linear) *paramétrica* para gerar a solução ótima em função de L ao longo de um grande intervalo de seus valores. O próximo passo é examinar os valores de $R(\mathbf{x})$ e $V(\mathbf{x})$ para essas soluções que sejam ótimos para algum valor de L e, depois, escolher a solução que pareça oferecer a melhor relação entre essas duas quantidades. Esse procedimento é normalmente conhecido como gerar as soluções na *fronteira eficiente* do gráfico bidimensional de pontos $[R(\mathbf{x}), V(\mathbf{x})]$ para x viável. A razão é que o ponto $[R(\mathbf{x}), V(\mathbf{x})]$ para um x ótimo (para algum L) reside na *fronteira* (limite) dos pontos viáveis. Além disso, cada x ótimo é *eficiente* no sentido de que nenhuma outra solução viável é, pelo menos, tão boa quanto uma medida (R ou V) e estritamente melhor com a outra medida (V menor ou R maior).

Essa aplicação da programação não linear é particularmente importante. O emprego desse tipo de programação para a otimização de carteiras de investimentos encontra-se atualmente no cerne da análise financeira moderna. (De modo mais abrangente, o campo relativamente novo da *engenharia financeira* surgiu para enfocar na aplicação de técnicas de programação não linear para diversos problemas financeiros, inclusive aquele da otimização de carteiras.) Conforme ilustrado pela vinheta de aplicação desta seção, este tipo de programação não linear tem impacto enorme na prática. Também continuam a se fazer várias pesquisas nas propriedades e aplicação tanto do modelo anterior quanto dos modelos de programação não linear relacionados a tipos sofisticados de análise de carteiras de investimentos[3].

12.2 REPRESENTAÇÃO GRÁFICA DE PROBLEMAS DE PROGRAMAÇÃO NÃO LINEAR

Quando um problema de programação não linear tem apenas uma ou duas variáveis, pode ser representado graficamente de modo muito parecido com o exemplo da Wyndor Glass Co. para programação linear da Seção 3.1. Pelo fato de uma representação gráfica como esta dar uma ideia consideravelmente boa sobre as propriedades das soluções ótimas para as programações linear e não linear, veremos alguns exemplos. Para destacar a diferença entre essas duas programações linear e não linear, usaremos algumas variantes não lineares do problema da Wyndor Glass Co.

A Figura 12.5 mostra o que acontece com esse problema se as únicas mudanças no modelo apresentado na Seção 3.1 forem a substituição da segunda e terceira restrições funcionais por uma única restrição não linear, $9x_1^2 + 5x_2^2 \leq 216$. Compare a Figura 12.5 com a Figura 3.3. A solução ótima por acaso ainda é $(x_1, x_2) = (2, 6)$. Além disso, ela encontra-se sobre o limite da região de soluções viáveis. Entretanto, ela *não* é uma solução em ponto extremo factível (PEF). A solução ótima poderia ter sido uma solução VPE com uma função objetivo diferente (verifique $Z = 3x_1 + x_2$), porém, o fato de ela não precisar ser uma, significa que ela não tem mais a tremenda simplificação usada na programação linear de limitar a busca de uma solução ótima a apenas soluções VPE.

Suponha agora que as restrições lineares da Seção 3.1 permaneçam inalteradas, entretanto a função objetivo é transformada em não linear. Se, por exemplo,

$$Z = 126x_1 - 9x_1^2 + 182x_2 - 13x_2^2,$$

então, a representação gráfica na Figura 12.6 indica que a solução ótima é $x_1 = \frac{8}{3}, x_2 = 5$, que recai novamente sobre o contorno da região de soluções viáveis. O valor de Z para essa solução ótima é $Z = 857$, de modo que a Figura 12.6 represente o fato de que o lugar geométrico de todos os pontos com $Z = 857$ intercepta a região de soluções viáveis somente nesse único ponto, ao passo que o lugar geométrico de pontos com qualquer Z maior não intercepta a região de soluções viáveis. No entanto, se

$$Z = 54x_1 - 9x_1^2 + 78x_2 - 13x_2^2,$$

então, a Figura 12.7 ilustra que a solução ótima por acaso é $(x_1, x_2) = (3, 3)$, que recai *dentro* dos limites da região de soluções viáveis. (Você pode confirmar que essa solução é ótima usando cálculos para derivá-la como o máximo global irrestrito; pelo fato de ela também satisfazer as restrições, tem, ainda, de

---

[3] Entre algumas importantes pesquisas recentes podemos citar as seguintes: B. I. Jacobs, K. N. Levy e H. M. Markowitz: "Portfolio Optimization with Factors, Scenarios, and Realistic Short Positions", Operations Research, **53**(4): 586-599, jul.-ago. 2005; A. F. Siegel e A. Woodgate: "Performance of Portfolios Optimized with Estimation Error", Management Science, **53**(6): 1005-1015, jun. 2007; H. Konno e T. Koshizuka: "Mean-Absolute Deviation Model", IIE Transactions, **37**(10): 893-900, out. 2005.

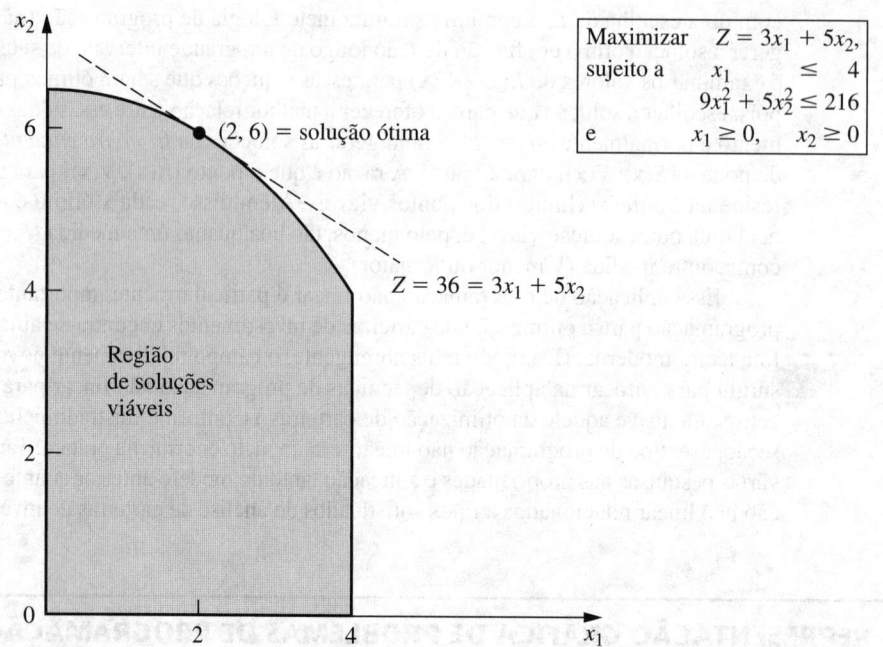

FIGURA 12.5 O exemplo da Wyndor Glass Co. com a restrição não linear $9x_1^2 + 5x_2^2 \leq 216$ substituindo a segunda e a terceira restrições funcionais originais.

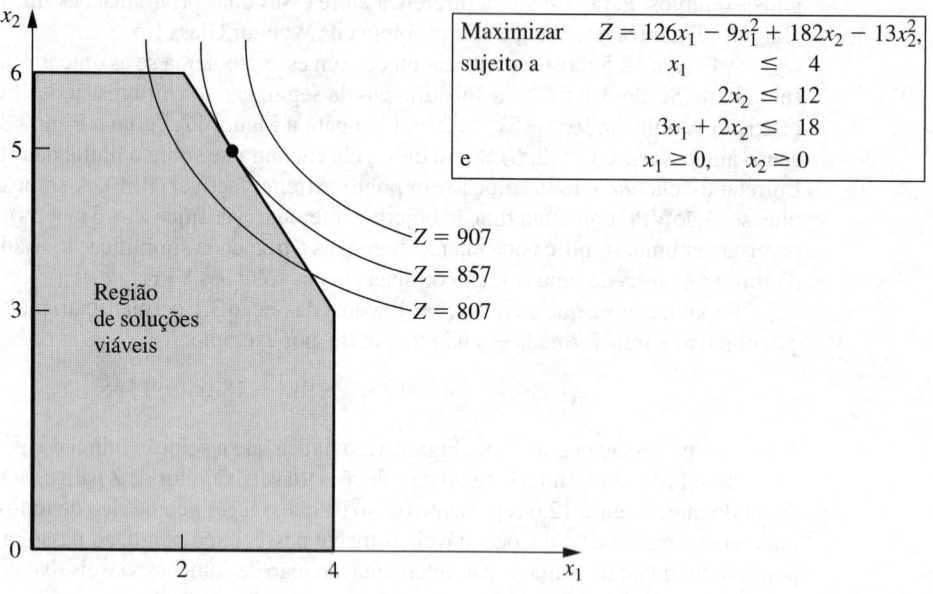

FIGURA 12.6 O exemplo da Wyndor Glass Co., com a região de soluções viáveis original, porém, com a função objetivo não linear $Z = 126x_1 - 9x_1^2 + 182x_2 - 13x_2^2$ em lugar da função objetivo original.

ser ótima para o problema com restrições.) Portanto, um algoritmo genérico para solucionar problemas similares precisa considerar *todas* as soluções da região de soluções viáveis e não apenas aquelas no seu contorno.

Outro fator complicador que surge na programação não linear é que um máximo *local* não precisa necessariamente ser um máximo *global* (a solução ótima geral). Considere, por exemplo, a função com uma única variável indicada na Figura 12.8. Ao longo do intervalo $0 \leq x \leq 5$, essa função possui

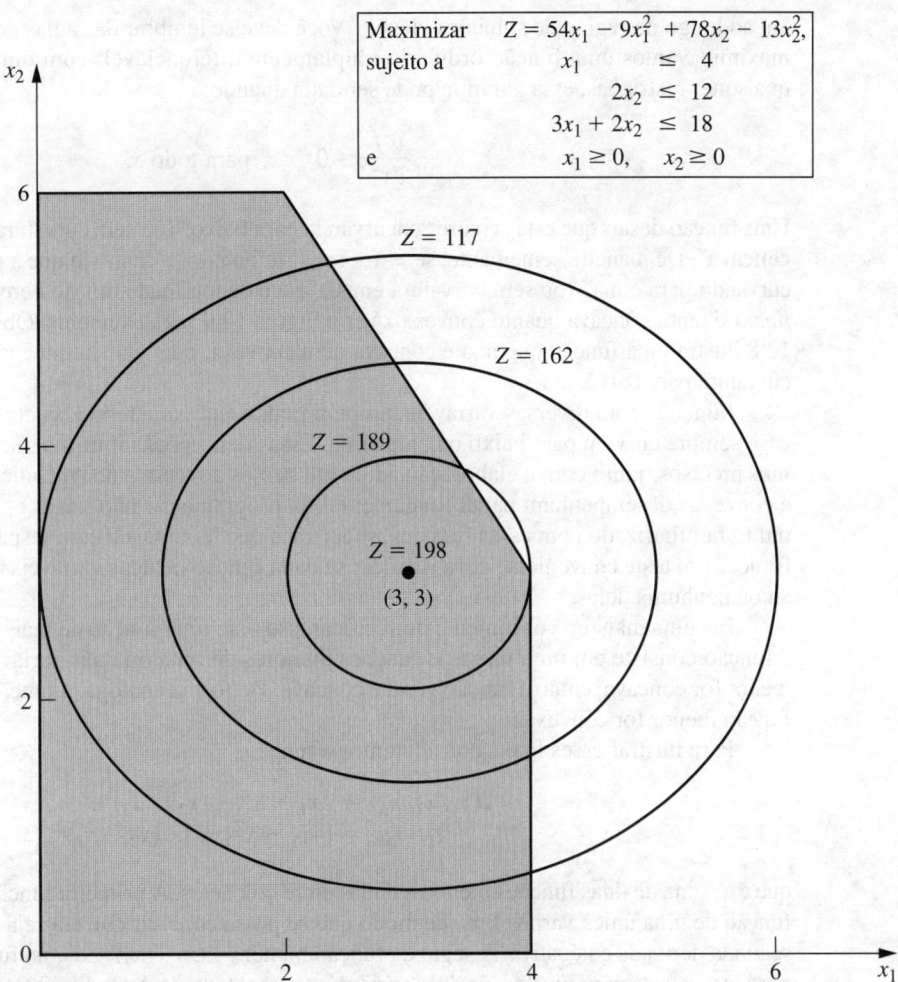

FIGURA 12.7 O exemplo da Wyndor Glass Co. com a região de soluções viáveis original, mas com outra função objetivo não linear, $Z = 54x_1 - 9x_1^2 + 78x_2 - 13x_2^2$, em lugar da função objetivo original.

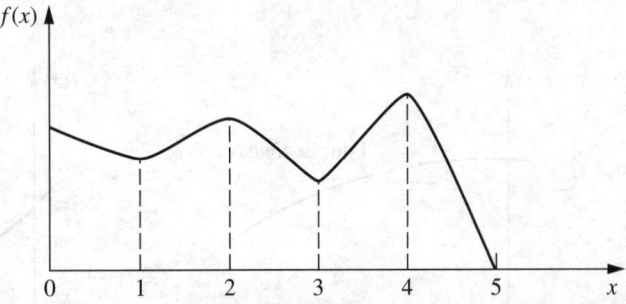

FIGURA 12.8 Uma função com vários máximos locais ($x = 0, 2, 4$), mas somente $x = 4$ é um máximo global.

três máximos locais [$x = 0, x = 2$ e $x = 4$], porém, apenas um destes [$x = 4$] é o *máximo global*. (De modo similar, existem mínimos locais em $x = 1, 3$ e 5, mas somente $x = 5$ é um *mínimo global*.)

Algoritmos de programação não linear geralmente são incapazes de fazer a distinção entre um máximo local e um máximo global (exceto encontrar outro máximo local *melhor*). Portanto, torna-se crucial conhecer as condições sob as quais qualquer máximo local é *garantido* como um máximo global ao longo da região de soluções viáveis. Você deve se lembrar das aulas de cálculo, aquelas em que maximizávamos uma função ordinária (duplamente diferenciável) com uma única variável $f(x)$ sem quaisquer restrições, essa garantia pode ser dada quando:

$$\frac{\partial^2 f}{\partial x^2} \leq 0 \qquad \text{para todo } x.$$

Uma função destas que está sempre "encurvando para baixo" (ou sem curvatura em si) é chamada função **côncava**[4]. De maneira semelhante, se $\leq$ for substituído por $\geq$ de modo que a função esteja sempre "encurvando para cima" (ou sem curvatura em si), ela é denominada função **convexa**[5]. (Logo, uma função *linear* é tanto côncava quanto convexa.) Ver a Figura 12.9 para exemplos. Observe depois que a Figura 12.8 ilustra uma função que não é côncava nem convexa, pois ela alterna entre curvaturas para cima e curvatura para baixo.

Funções com diversas variáveis também podem ser caracterizadas como côncavas ou convexas caso sempre curvem para baixo ou para cima. Essas definições intuitivas são feitas novamente em termos precisos, junto com a elaboração adicional desses conceitos no Apêndice 2. As funções côncavas e convexas desempenham papel fundamental na programação não linear e, portanto, caso não esteja muito familiarizado com essas funções, sugerimos que leia mais a esse respeito no Apêndice 2, o que fornece um teste conveniente para verificar se dada função de duas variáveis básicas é côncava, convexa ou nenhuma delas.

Eis uma maneira conveniente de verificar isso para uma função de mais de duas variáveis quando a função consiste em uma *soma* de funções menores de uma ou duas variáveis cada. Se cada função menor for côncava, então a função geral é côncava. De forma análoga, a função geral é convexa se cada função menor for convexa.

Para ilustrar esses fatos, consideremos a função

$$f(x_1, x_2, x_3) = 4x_1 - x_1^2 - (x_2 - x_3)^2$$
$$= [4x_1 - x_1^2] + [-(x_2 - x_3)^2],$$

que é a soma de duas funções menores dadas entre colchetes. A primeira função menor, $4x_1 - x_1^2$, é uma função de uma única variável, x_1, de modo que se possa concluir que ela seja côncava notando que sua segunda derivada é negativa. A segunda função menor $[-(x_2 - x_3)^2]$, é uma função de apenas x_2 e x_3, e, portanto, o teste para funções de duas variáveis apresentado no Apêndice 2 é aplicável. De fato, o Apêndice 2 utiliza essa função particular para exemplificar o teste e conclui que a função seja côncava. Pelo fato de as duas funções menores serem côncavas, a função geral $f(x_1, x_2, x_3)$ obrigatoriamente é côncava.

Se um problema de programação não linear não tiver nenhuma restrição, o fato da função objetivo ser *côncava* garante que um máximo local é um *máximo global*. De forma similar, o fato da função objetivo ser

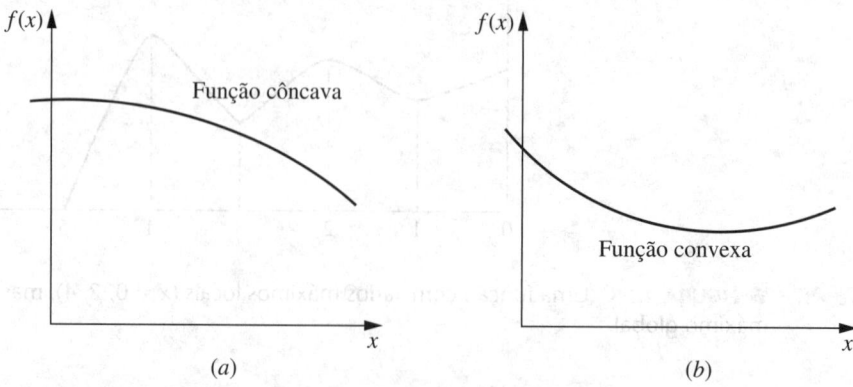

■ **FIGURA 12.9** Exemplos de (a) uma função côncava e (b) de uma função convexa.

---

[4] As funções côncavas algumas vezes são conhecidas como *côncavas com curvatura para baixo*.
[5] As funções convexas algumas vezes são conhecidas como *côncavas com curvatura para cima*.

convexa garante que um mínimo local é um *mínimo global*. Se houver restrições, então mais uma condição fornecerá essa garantia, ou seja, de que a *região de soluções viáveis* é um *conjunto convexo*. Por essa razão, os conjuntos convexos desempenham papel fundamental na programação não linear.

Conforme se discutiu no Apêndice 2, um **conjunto convexo** é simplesmente um conjunto de pontos de modo que, para cada par de pontos no conjunto, o segmento de reta inteiro que une esses dois pontos também se encontra nesse conjunto. Logo, a região de soluções viáveis para o problema da Wyndor Glass Co. original (ver as Figuras 12.6 ou 12.7) é um conjunto convexo. Na realidade, a região de soluções viáveis para *qualquer* problema de programação linear é um conjunto convexo. De modo similar, a região de soluções viáveis na Figura 12.5 é um conjunto convexo.

Em geral, a região de soluções viáveis para um problema de programação não linear é um conjunto convexo toda vez que os $g_i(\mathbf{x})$ [para as restrições $g_i(\mathbf{x}) \leq b_i$] sejam funções convexas. Para o exemplo da Figura 12.5, ambos os seus $g_i(\mathbf{x})$ são funções convexas, já que $g_1(\mathbf{x}) = x_1$ (uma função linear é automaticamente, tanto côncava quanto convexa) e $g_2(\mathbf{x})$ $9x_1^2 + 5x_2^2$ (tanto $9x_1^2$ quanto $5x_2^2$ são funções convexas de maneira que a soma das duas também seja uma função convexa). Essas duas $g_i(\mathbf{x})$ convexas conduzem ao fato de a região de soluções viáveis da Figura 12.5 ser um conjunto convexo.

Vejamos agora o que acontece quando apenas uma destas $g_i(\mathbf{x})$ for, em vez disso, uma função côncava. Suponha, particularmente, que as únicas mudanças realizadas no exemplo original da Wyndor Glass Co. sejam que a segunda e terceira restrições funcionais sejam substituídas por $2x_2 \leq 14$ e $8x_1 - x_1^2 + 14x_2 - x_2^2 \leq 49$. Portanto, a nova $g_3(\mathbf{x}) = 8x_1 - x_1^2 + 14x_2 - x_2^2$, que é uma função côncava já que tanto $8x_1 - x_2^2$ quanto $14x_2 - x_2^2$ são funções côncavas. A nova região de soluções viáveis mostrada na Figura 12.10 *não* é um conjunto convexo. Por quê? Pelo fato de essa região de soluções viáveis conter pares de pontos, por exemplo, (0, 7) e (4, 3), de modo que parte do segmento de reta que une esses dois pontos não se encontre na região de soluções viáveis. Consequentemente, não podemos garantir que um máximo local seja um máximo global. De fato, esse exemplo possui dois máximos locais, (0, 7) e (4, 3), mas apenas (0, 7) é um máximo global.

Portanto, para garantir que um máximo local seja um máximo global para um problema de programação não linear com restrições $g_i(\mathbf{x}) \leq b_i$ ($i = 1, 2, \ldots, m$) e $\mathbf{x} \geq \mathbf{0}$, a função objetivo $f(\mathbf{x})$ deve ser

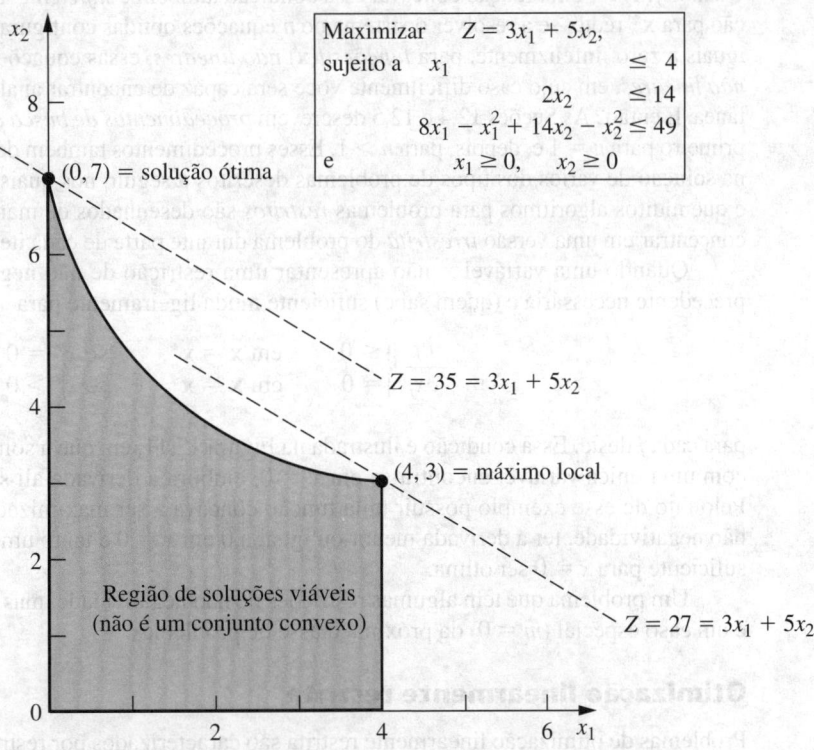

■ **FIGURA 12.10** O exemplo da Wyndor Glass Co. com $2x_2 \leq 14$ e uma restrição não linear, $8x_1 - x_1^2 + 14x_2 - x_2^2 \leq 49$, substitui a segunda e a terceira restrições funcionais originais.

uma função côncava e cada $g_i(\mathbf{x})$ tem de ser uma *função convexa*. Um problema desse tipo é chamado *problema de programação convexa*, que é um dos tipos fundamentais de problemas de programação não linear discutidos na Seção 12.3.

12.3 TIPOS DE PROBLEMA DE PROGRAMAÇÃO NÃO LINEAR

Os problemas de programação não linear se apresentam de muitas formas e formatos distintos. Diferentemente do método simplex para programação linear, não existe um algoritmo único capaz de resolver todos esses tipos diferentes de problemas. Em vez disso, foram desenvolvidos algoritmos para várias *classes* (tipos especiais) individuais de problemas de programação não linear. As classes mais importantes são apresentadas brevemente nesta seção. As seções subsequentes descrevem então como alguns problemas desse tipo podem ser solucionados. Para simplificar a discussão, partiremos do pressuposto de que os problemas foram formulados (ou reformulados) na forma genérica apresentada no início do capítulo.

Otimização irrestrita

Problemas de otimização irrestrita são aqueles que *não* apresentam restrições, de modo que o objetivo seja simplesmente

$$\text{Maximizar} \quad f(\mathbf{x})$$

ao longo de *todos* os valores de $\mathbf{x} = (x_1, x_2, \ldots, x_n)$. Conforme revisto no Apêndice 3, a condição *necessária* para que determinada solução $\mathbf{x} = \mathbf{x}^*$ seja ótima quando $f(\mathbf{x})$ for uma função diferenciável é que

$$\frac{\partial f}{\partial x_j} = 0 \quad \text{em } \mathbf{x} = \mathbf{x}^*, \text{ para } j = 1, 2, \ldots, n.$$

Quando $f(\mathbf{x})$ for uma função côncava, essa condição também é *suficiente*, de forma que encontrar a solução para $\mathbf{x}^*$ reduz-se a resolver o sistema de n equações obtidas configurando-se as n derivadas parciais iguais a zero. Infelizmente, para *funções* $f(\mathbf{x})$ *não lineares*, essas equações muitas vezes também serão *não lineares*, em cujo caso dificilmente você será capaz de encontrar analiticamente sua solução simultânea. E então? As Seções 12.4 e 12.5 descrevem *procedimentos de busca algorítmica* para encontrar $\mathbf{x}^*$, primeiro para $n = 1$ e, depois, para $n > 1$. Esses procedimentos também desempenham papel importante na solução de vários dos tipos de problemas descritos a seguir, nos quais existem restrições. O motivo é que muitos algoritmos para problemas *restritos* são desenhados de maneira que sejam capazes de se concentrar em uma versão *irrestrita* do problema durante parte de cada iteração.

Quando uma variável x_j não apresentar uma restrição de não negatividade $x_j \geq 0$, a condição precedente necessária e (quem sabe) suficiente muda ligeiramente para

$$\frac{\partial f}{\partial x_j} \begin{cases} \leq 0 & \text{em } \mathbf{x} = \mathbf{x}^*, \quad \text{se } x_j^* = 0 \\ = 0 & \text{em } \mathbf{x} = \mathbf{x}^*, \quad \text{se } x_j^* > 0 \end{cases}$$

para cada j deste. Essa condição é ilustrada na Figura 12.11, em que a solução ótima para um problema com uma única variável encontra-se em $x = 0$, embora a derivada ali seja negativa em vez de zero. Pelo fato de esse exemplo possuir uma função côncava a ser maximizada, sujeito a uma restrição de não negatividade, ter a derivada menor ou igual a 0 em $x = 0$ é tanto uma condição necessária quanto suficiente para $x = 0$ ser ótima.

Um problema que tem algumas restrições de não negatividade, mas nenhuma restrição funcional, é um caso especial ($m = 0$) da próxima classe de problemas.

Otimização linearmente restrita

Problemas de otimização linearmente restrita são caracterizados por restrições que se ajustam completamente à programação linear, de modo que *todas* as funções de restrição $g_i(\mathbf{x})$ sejam lineares, porém, a função objetivo $f(\mathbf{x})$ seja não linear. O problema é consideravelmente simplificado tendo apenas uma

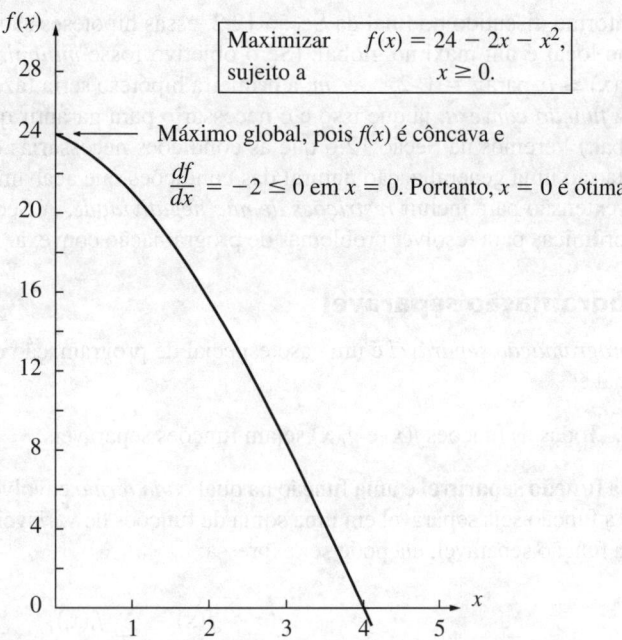

■ **FIGURA 12.11** Um exemplo que ilustra como uma solução ótima pode estar em um ponto em que uma derivada é negativa em vez de zero, pois esse ponto recai sobre o contorno de uma restrição de não negatividade.

função não linear para levar em conta, junto com uma região de soluções viáveis de programação linear. Desenvolveu-se uma série de algoritmos especiais com base *na extensão* do método simplex para considerar a função objetivo não linear.

Um importante caso especial, que consideramos a seguir, é a programação quadrática.

Programação quadrática

Problemas de programação quadrática novamente possuem restrições lineares, no entanto, agora a função objetivo $f(\mathbf{x})$ deve ser *quadrática*. Portanto, a única diferença entre um problema desses e um problema de programação linear é que alguns dos termos na função objetivo envolvem o *quadrado* de uma variável básica ou o *produto* de duas variáveis.

Foram desenvolvidos diversos algoritmos para esse caso sob a hipótese adicional de que $f(\mathbf{x})$ seja uma função côncava. A Seção 12.7 apresenta um algoritmo que envolve uma extensão direta do método simplex.

A programação quadrática é muito importante, em parte porque essas formulações surgem naturalmente em diversas aplicações. Por exemplo, o problema da seleção de carteira com títulos de risco descrito na Seção 12.1 encaixa-se nesse formato. Entretanto, outra razão essencial de sua importância é que uma metodologia comum para solucionar problemas de otimização genéricos linearmente restritos é resolver uma sequência de aproximações de programação quadrática.

Programação convexa

A *programação convexa* aborda ampla gama de problemas que, na verdade, engloba como casos especiais todos os tipos precedentes quando $f(\mathbf{x})$ é uma função côncava a ser maximizada. Continuando a supor a forma de problema genérico (inclusive a maximização) apresentada no início do capítulo, as hipóteses são de que:

1. $f(\mathbf{x})$ seja uma função côncava;
2. cada $g_i(\mathbf{x})$ seja a função convexa.

Conforme discutido no final da Seção 12.2, essas hipóteses são suficientes para garantir que um máximo local é um máximo global. (Se o objetivo fosse *minimizar* $f(\mathbf{x})$, sujeito a $g_i(\mathbf{x}) \leq b_i$ ou então $-g_i(\mathbf{x}) \leq b_i$ para $i = 1, 2, \ldots, m$, a primeira hipótese seria fazer uma modificação para que $f(\mathbf{x})$ seja uma *função convexa*, já que isso é o necessário para garantir que um mínimo local seja um mínimo global.) Veremos na Seção 12.6 que as condições necessárias e suficientes para uma solução ótima desta são uma generalização natural das condições que acabamos de dar para *otimização irrestrita* e sua extensão para incluir *restrições de não negatividade*. A Seção 12.9 descreve então metodologias algorítmicas para resolver problemas de programação convexa.

Programação separável

A *programação separável* é um caso especial de programação convexa, em que a única hipótese adicional é:

3. Todas as funções $f(\mathbf{x})$ e $g_i(\mathbf{x})$ sejam funções separáveis.

Uma **função separável** é uma função na qual *cada termo* envolve apenas uma *única variável*, de modo que a função seja separável em uma soma de funções de variáveis individuais. Por exemplo, se $f(\mathbf{x})$ for uma função separável, ela pode ser expressa:

$$f(\mathbf{x}) = \sum_{j=1}^{n} f_j(x_j),$$

em que cada função $f_j(x_j)$ inclui apenas os termos que envolvem apenas x_j. Na terminologia da programação linear (ver a Seção 3.3), problemas de programação separável satisfazem a hipótese da aditividade, mas violam a hipótese da proporcionalidade quando qualquer uma das funções $f_j(x_j)$ for não linear.

Por exemplo, a função objetivo considerada na Figura 12.6,

$$f(x_1, x_2) = 126x_1 - 9x_1^2 + 182x_2 - 13x_2^2$$

é uma função separável, pois ela pode ser expressa como

$$f(x_1, x_2) = f_1(x_1) + f_2(x_2)$$

na qual $f_1(x_1) = 126x_1 - 9x_1^2$ e $f_2(x_2) = 182x_2 - 13x_2^2$ são cada uma delas uma função de uma única variável — x_1 e x_2, respectivamente. Pelo mesmo raciocínio, podemos verificar que a função objetivo considerada na Figura 12.7 também é uma função separável.

É importante distinguir problemas de programação separável de outros de programação convexa, pois qualquer um destes problemas pode ser aproximado por um de programação linear de modo que o extremamente eficiente método simplex possa ser usado. Essa metodologia é descrita na Seção 12.8. (Para simplificar, vamos nos concentrar no caso *linearmente restrito* em que a metodologia especial é necessária apenas na função objetivo.)

Programação não convexa

A *programação não convexa* engloba todos os problemas de programação não linear que não satisfazem as hipóteses da programação convexa. Agora, mesmo que você consiga encontrar um *máximo local*, não há nenhuma garantia de que ele também será um *máximo global*. Portanto, não existe nenhum algoritmo que encontrará uma solução ótima para todos esses tipos de problema. Entretanto, não existe nenhum algoritmo que seja relativamente adequado para explorar várias partes da região de soluções viáveis e, talvez, encontrar um máximo global no processo. Descrevemos essa metodologia na Seção 12.10. Essa seção também apresentará dois otimizadores globais (disponíveis com o LINGO e MPL), capazes de encontrar uma solução ótima para problemas de programação não convexa de tamanho moderado, bem como um procedimento de busca que geralmente encontrará uma solução quase ótima para problemas ainda maiores.

Certos tipos específicos de problemas de programação não convexa podem ser resolvidos sem grandes dificuldades por métodos especiais. Dois desses tipos particularmente importantes são discutidos brevemente a seguir.

Programação geométrica

Ao aplicar a programação não linear a problemas de desenvolvimento de engenharia, bem como certos problemas econômicos e de estatística, a função objetivo e as funções de restrição assumem frequentemente essa forma:

$$g(\mathbf{x}) = \sum_{i=1}^{N} c_i P_i(\mathbf{x}),$$

em que

$$P_i(\mathbf{x}) = x_1^{a_{i1}} x_2^{a_{i2}} \cdots x_n^{a_{in}}, \qquad \text{para } i = 1, 2, \ldots, N.$$

Nesses casos, c_i e a_{ij} representam tipicamente constantes físicas e x_j são variáveis de projeto. Essas funções em geral não são convexas nem côncavas e, portanto, as técnicas de programação convexa não podem ser aplicadas diretamente a esses problemas de *programação geométrica*. Entretanto, há um caso importante no qual o problema pode ser transformado em um problema de programação convexa equivalente. Esse é um daqueles casos em que *todos* os coeficientes c_i em cada função são estritamente positivos, de modo que as funções sejam *polinômios positivos generalizados* (a partir de agora chamados simplesmente **posinomiais**) e a função objetivo é ser minimizada. O problema de programação convexa equivalente com variáveis de decisão $y_1, y_2,\ldots, y_n$ é então obtido configurando-se

$$x_j = e^{y_j}, \qquad \text{para } j = 1, 2, \ldots, n$$

ao longo do modelo original, de maneira que agora um algoritmo de programação convexa possa ser aplicado. Também foram desenvolvidos procedimentos de resolução alternativos para resolver esses problemas de *programação posinomial*, bem como para problemas de programação geométrica de outros tipos.

Programação fracionária

Suponha que a função objetivo encontre-se na forma de uma *fração*, isto é, a razão de duas funções,

$$\text{Maximize} \qquad f(\mathbf{x}) = \frac{f_1(\mathbf{x})}{f_2(\mathbf{x})}.$$

Tais problemas de *programação fracionária* surgem, por exemplo, quando se está maximizando a razão entre produção e horas de mão de obra gastas (produtividade) ou entre lucro e capital investido (taxa de retorno) ou ainda entre valor esperado e desvio-padrão de alguma medida de desempenho para uma carteira de investimentos (retorno/risco). Foram desenvolvidos alguns procedimentos especiais para certas formas de $f_1(\mathbf{x})$ e $f_2(\mathbf{x})$.

Quando é possível realizá-la, a metodologia mais simples e direta para solucionar um problema de programação fracionária é transformá-lo em um problema equivalente de tipo padrão para o qual já existem procedimentos de resolução eficientes. Suponha, por exemplo, que $f(\mathbf{x})$ seja da forma *programação fracionária linear*

$$f(\mathbf{x}) = \frac{\mathbf{cx} + c_0}{\mathbf{dx} + d_0},$$

em que **c** e **d** são vetores-linha, **x** é um vetor-coluna e c_0 e d_0 são escalares. Suponha também que as funções de restrição $g_i(\mathbf{x})$ sejam lineares, de modo que as restrições na forma matricial serão $\mathbf{Ax} \leq \mathbf{b}$ e $\mathbf{x} \geq \mathbf{0}$.

Sob outras hipóteses amenas adicionais, podemos transformar o problema em um problema de *programação linear* equivalente fazendo que

$$\mathbf{y} = \frac{\mathbf{x}}{\mathbf{dx} + d_0} \qquad \text{e} \qquad t = \frac{1}{\mathbf{dx} + d_0},$$

de modo que $\mathbf{x} = \mathbf{y}/t$. Esse resultado conduz a

$$\text{Maximizar} \qquad Z = \mathbf{cy} + c_0 t,$$

sujeito a

$$Ay - bt \leq 0,$$
$$dy + d_0 t = 1,$$

e

$$y \geq 0, \quad t \geq 0,$$

que podem ser resolvidos pelo método simplex. Genericamente, o mesmo tipo de transformação pode ser usado para converter um problema de programação fracionária com $f_1(x)$ côncava, $f_2(x)$ convexa e $g_i(x)$ convexa em um problema de programação convexa equivalente.

Problema da complementaridade

Ao lidar com programação quadrática na Seção 12.7, veremos um exemplo de como a resolução de certos problemas de programação não linear pode ser reduzida a resolver o problema da complementaridade. Dadas as variáveis $w_1, w_2, \ldots, w_p$ e $z_1, z_2, \ldots, z_p$, o **problema da complementaridade** é encontrar uma solução *viável* para o conjunto de restrições

$$w = F(z), \quad w \geq 0, \quad z \geq 0$$

que também satisfaçam a **restrição de complementaridade**

$$w^T z = 0.$$

Aqui, **w** e **z** são vetores-coluna, F é determinada função avaliada por vetores e o sobrescrito T representa a transposição (ver o Apêndice 4). O problema não possui nenhuma função objetivo e, portanto, tecnicamente não é um problema de programação não linear totalmente desenvolvido. Chama-se problema da complementaridade em virtude das relações de complementaridade que

$$w_i = 0 \quad \text{ou} \quad z_i = 0 \quad \text{(ou então ambos)} \quad \text{para cada } i = 1, 2, \ldots, p.$$

Um caso especial importante é aquele do **problema da complementaridade linear**, em que

$$F(z) = q + Mz,$$

em que **q** é um vetor-coluna dado e **M** é uma matriz $p \times p$ dada. Foram desenvolvidos algoritmos eficientes para solucionar esse problema sob diversas hipóteses[6] sobre as propriedades da matriz **M**. Um tipo envolve pivotar a partir de uma solução básica viável (BV) para a próxima, de modo muito parecido com o método simplex para programação linear.

Além de ter aplicações em programação não linear, os problemas de complementaridade possuem aplicações na teoria dos jogos, problemas de equilíbrio econômico, assim como problemas de equilíbrio de engenharia.

12.4 OTIMIZAÇÃO IRRESTRITA COM UMA VARIÁVEL

Começaremos agora a discussão sobre como solucionar alguns tipos de problemas que acabamos de descrever, considerando o caso mais simples – *otimização irrestrita* com apenas uma variável básica x ($n = 1$), em que a função diferenciável $f(x)$ a ser maximizada é *côncava*[7]. Portanto, a con-

---

[6] Ver R. W. Cottle, J.-S. Pang, and R. E. Stone, *The Linear Complementarity Problem*, Academic Press, Boston, 1992.
[7] Ver o início do Apêndice 3 para a revisão do caso correspondente quando $f(x)$ não for côncava.

dição necessária e suficiente para determinada solução $x = x^*$ ser a solução ótima (um máximo global) é:

$$\frac{df}{dx} = 0 \quad \text{em } x = x^*,$$

conforme representado na Figura 12.12. Se essa equação puder ser resolvida diretamente para x^*, o processo estará concluído. Entretanto, se $f(x)$ não for uma função particularmente simples e, portanto, a derivada não for apenas uma função linear ou quadrática, talvez não consiga resolver a equação *analiticamente*. Se não for possível, existe uma série de *procedimentos de busca* disponíveis para resolver o problema *numericamente*.

A metodologia desses procedimentos de busca é encontrar uma sequência de *soluções experimentais* que levem a uma solução ótima. A cada iteração, começamos com a solução experimental atual para conduzir uma busca sistemática que culmine com a identificação de uma nova solução experimental *aperfeiçoada*. O procedimento prossegue até que as soluções experimentais tenham convergido para uma solução ótima, supondo-se que exista uma.

Agora, descreveremos dois procedimentos de busca comuns. O primeiro deles (o *método da bissecção*) foi escolhido por ser um procedimento extremamente intuitivo e objetivo. O segundo (*método de Newton*) foi incluído por ter papel de destaque na programação não linear em geral.

Método da bissecção

Esse procedimento de busca sempre pode ser aplicado quando $f(x)$ for côncava (de modo que a segunda derivada seja negativa ou zero para todo x), conforme representado na Figura 12.12. Ele também pode ser usado para algumas outras funções. Em particular, se x^* representa a solução ótima, tudo que é necessário[8] é que:

$$\frac{df(x)}{dx} > 0 \quad \text{se } x < x^*,$$

$$\frac{df(x)}{dx} = 0 \quad \text{se } x = x^*,$$

$$\frac{df(x)}{dx} < 0 \quad \text{se } x > x^*.$$

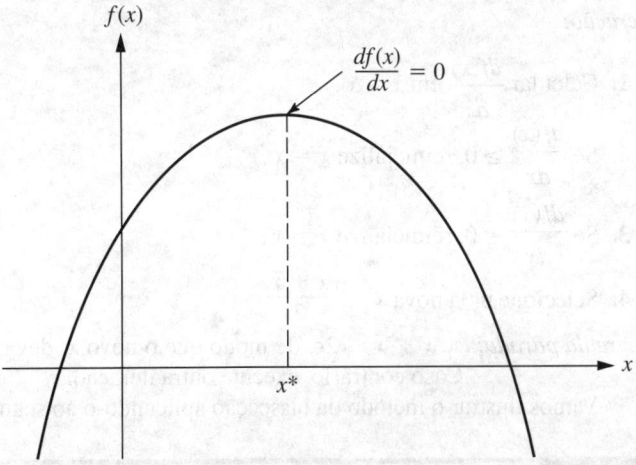

■ **FIGURA 12.12** O problema de otimização irrestrita com uma única variável quando a função for côncava.

---

[8] Outra possibilidade é que o gráfico de $f(x)$ seja plano na parte superior, de modo que x seja uma solução ótima ao longo de algum intervalo $[a, b]$. Nesse caso, o procedimento ainda convergirá para uma dessas soluções ótimas, desde que a derivada seja positiva para $x < a$ e negativa para $x > b$.

Essas condições são automaticamente satisfeitas quando $f(x)$ for côncava, mas elas também podem ser satisfeitas quando a segunda derivada for positiva para alguns (mas não todos) valores de x.

A ideia por trás do método da bissecção é muito intuitiva, isto é, seja a inclinação (derivada) positiva ou negativa em uma solução experimental indica em definitivo se a melhoria se encontra imediatamente à direita ou à esquerda, respectivamente. Logo, se a derivada calculada em dado valor de x for *positiva*, então x^* deve ser maior que esse x (ver a Figura a 12.12) e, portanto, esse x torna-se um *limite inferior* para as soluções experimentais que precisam ser consideradas daí em diante. Ao contrário, se a derivada for *negativa*, então x^* tem de ser *menor* que esse x e, por isso, x se tornaria um *limite superior*. Por essa razão, após ambos os tipos de limites terem sido identificados, cada nova solução experimental, selecionada entre os limites atuais fornece um novo limite mais apertado de um tipo e, assim, limitando mais a busca. Desde que uma regra razoável seja utilizada para selecionar cada solução experimental dessa maneira, a *sequência* resultante de soluções experimentais deve *convergir* para x^*. Na prática, isso significa prosseguir com a sequência até que a distância entre os limites seja suficientemente pequena para que a próxima solução experimental se encontre numa *tolerância de erro* especificada para x^*.

Esse processo inteiro é sintetizado a seguir, dada a seguinte notação:

x' = solução experimental atual,
$\underline{x}$ = limite inferior atual sobre x^*,
$\overline{x}$ = limite superior atual sobre x^*,
ϵ = tolerância de erro para x^*.

Embora existam várias regras razoáveis para selecionar cada nova solução experimental, aquela usada no método da bissecção é a regra do **ponto médio** (tradicionalmente conhecida como *plano de busca de Bolzano*), que diz simplesmente para selecionar o ponto médio entre os dois limites atuais.

Resumo do método da bissecção

Inicialização: selecione ϵ. Encontre uma $\underline{x}$ e $\overline{x}$ inicial por inspeção (ou encontrando, respectivamente, qualquer valor de x no qual a derivada seja positiva e depois negativa). Selecione uma solução experimental inicial

$$x' = \frac{\underline{x} + \overline{x}}{2}.$$

Iteração:

1. Calcular $\dfrac{df(x)}{dx}$ em $x = x'$.
2. Se $\dfrac{df(x)}{dx} \geq 0$, reinicialize $\underline{x} = x'$.
3. Se $\dfrac{df(x)}{dx} \leq 0$, reinicialize $\overline{x} = x'$.
4. Selecione uma nova $x' = \dfrac{\underline{x} + \overline{x}}{2}$.

Regra da parada: se $\underline{x} - \overline{x} \leq 2\epsilon$, de modo que o novo x' deva estar na tolerância de x^*, interrompa. Caso contrário, execute outra iteração.

Vamos ilustrar o método da bissecção aplicando-o ao seguinte exemplo.

EXEMPLO. Suponha que a função a ser maximizada seja

$$f(x) = 12x - 3x^4 - 2x^6,$$

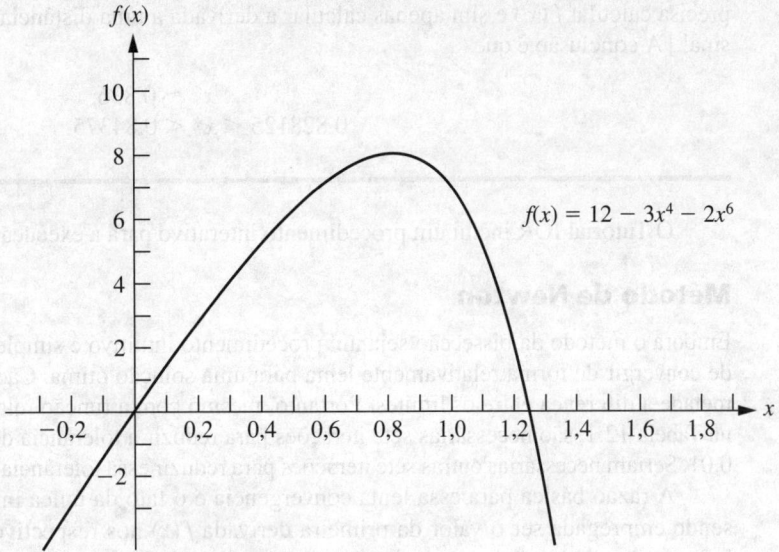

FIGURA 12.13 Exemplo para o método da bissecção.

conforme representado pela Figura 12.13. Suas duas primeiras derivadas são

$$\frac{df(x)}{dx} = 12(1 - x^3 - x^5),$$

$$\frac{d^2f(x)}{dx^2} = -12(3x^2 + 5x^4).$$

Pelo fato de a segunda derivada ser não positiva em qualquer ponto, $f(x)$ é uma função côncava e, portanto, o método da bissecção pode ser aplicado tranquilamente para encontrar seu máximo global (supondo-se que exista um máximo global).

Uma rápida inspeção dessa função (sem mesmo construir seu gráfico conforme mostrado na Figura 12.13) indica que $f(x)$ é positiva para valores positivos pequenos de x, mas é negativa para $x < 0$ ou $x > 2$. Portanto, $\underline{x} = 0$ e $\overline{x} = 2$ podem ser usadas como limites iniciais, com seu ponto médio, $x' = 1$, como solução experimental inicial. Façamos que $\epsilon = 0{,}01$ seja a tolerância de erro para x^* na regra para interromper, de modo que $(\overline{x} - \underline{x}) \leq 0{,}02$ final com o x final no ponto médio.

Aplicar então o método da bissecção leva à sequência de resultados mostrada na Tabela 12.1. [Essa tabela inclui tanto valores da função quanto da derivada, em que a derivada é calculada na solução experimental gerada na iteração *precedente*. Entretanto, observe que o algoritmo, na verdade, não

TABELA 12.1 Aplicação do método da bissecção ao exemplo

Iteração	$\frac{df(x)}{dx}$	$\underline{x}$	$\overline{x}$	Novo x'	$f(x')$
0		0	2	1	7,0000
1	−12	0	1	0,5	5,7812
2	+10,12	0,5	1	0,75	7,6948
3	+4,09	0,75	1	0,875	7,8439
4	−2,19	0,75	0,875	0,8125	7,8672
5	+1,31	0,8125	0,875	0,84375	7,8829
6	−0,34	0,8125	0,84375	0,828125	7,8815
7	+0,51	0,828125	0,84375	0,8359375	7,8839
Interrompa					

precisa calcular $f(x')$ e sim apenas calcular a derivada a uma distância suficiente para determinar seu sinal.] A conclusão é que

$$x^* \approx 0{,}836,$$
$$0{,}828125 < x^* < 0{,}84375.$$

O Tutorial IOR inclui um procedimento interativo para a execução do método da bissecção.

Método de Newton

Embora o método da bissecção seja um procedimento intuitivo e simples, ele apresenta a desvantagem de convergir de forma relativamente lenta para uma solução ótima. Cada iteração diminui apenas pela metade a diferença entre os limites. Portanto, mesmo com a função relativamente simples considerada na Tabela 12.1, são necessárias sete iterações para reduzir a tolerância de erro de x^* para menos do que 0,01. Seriam necessárias outras sete iterações para reduzir essa tolerância de erro para menos que 0,0001.

A razão básica para essa lenta convergência é o fato da única informação sobre a $f(x)$ que está sendo empregada ser o valor da primeira derivada $f'(x)$ nos respectivos valores experimentais de x. Informações úteis adicionais podem ser obtidas considerando a segunda derivada $f''(x)$ também. É isso que o *método de Newton*[9] faz.

O conceito básico do método de Newton é aproximar $f(x)$ nas vizinhanças da solução experimental atual por meio de uma função quadrática e, depois, maximizar (ou minimizar) a função aproximada exatamente para obter a nova solução experimental para iniciar a iteração seguinte. (Essa ideia de trabalhar com uma **aproximação quadrática** da função objetivo tornou-se a partir de então um recurso fundamental de vários algoritmos para tipos de problemas de programação não linear mais genéricos.) Essa função quadrática aproximada é obtida truncando-se a série de Taylor após o termo da segunda derivada. Particularmente, fazendo-se que x_{i+1} seja a solução experimental gerada na iteração i para iniciar a iteração $i+1$ (de modo que x_1 é a solução experimental inicial fornecida pelo usuário para começar a iteração 1), a série de Taylor truncada para x_{i+1} ficará assim:

$$f(x_{i+1}) \approx f(x_i) + f'(x_i)(x_{i+1} - x_i) + \frac{f''(x_i)}{2}(x_{i+1} - x_i)^2.$$

Tendo fixado x_i no início da iteração i, veja que $f(x_i)$, $f'(x_i)$ e $f''(x_i)$ também são constantes fixas nessa função aproximada à direita. Logo, essa função aproximada é simplesmente uma função quadrática de x_{i+1}. Além disso, essa função quadrática é tal como uma boa aproximação de $f(x_{i+1})$ nas vizinhanças de x_i que seus valores e a primeira e segunda derivadas são exatamente as mesmas quando $x_{i+1} = x_i$.

Essa função quadrática agora pode ser maximizada da maneira usual fazendo que sua primeira derivada seja igual a zero e executando a resolução para x_{i+1}. (Lembre-se de que estamos supondo que $f(x)$ seja côncava, o que implica que essa função quadrática também é e, portanto, a solução ao fazermos que a primeira derivada, seja zero, será uma máximo global.) Essa primeira derivada é

$$f'(x_{i+1}) \approx f'(x_i) + f''(x_i)(x_{i+1} - x_i)$$

já $x_i, f(x_i), f'(x_i)$ e $f''(x_i)$ são constantes. Fazer que a primeira derivada à direita seja igual a zero leva a

$$f'(x_{i+1}) + f''(x_i)(x_{i+1} - x_i) = 0,$$

o que conduz direta e algebricamente à solução,

$$x_{i+1} = x_i - \frac{f'(x_i)}{f''(x_i)}.$$

---

[9] Esse método se deve ao grande matemático e físico do século XVII, *Sir* Isaac Newton. Na época em que era um jovem estudante da Universidade de Cambridge (Inglaterra), Newton aproveitou-se do fato de a universidade permanecer fechada por dois anos (em consequência da peste bubônica que devastou a Europa entre 1664 e 1665) para descobrir a lei da gravitação universal e criar o cálculo (entre alguns de seus feitos). O seu desenvolvimento do cálculo levou a esse método.

Essa é a fórmula fundamental usada a cada iteração i para calcular a solução experimental seguinte, x_{i+1}, após obter a solução experimental x_i para começar a iteração i e depois calcular a primeira e segunda derivadas em x_i. (Essa mesma fórmula é utilizada ao minimizar a função convexa.)

Iterações que geram novas soluções experimentais dessa maneira continuariam até que essas soluções tivessem, essencialmente, convergido. Um critério para convergência é que $|x_{i+1} - x_i|$ tenha ficado suficientemente pequena. Outro é que $f'(x)$ esteja suficientemente próxima de zero. Mais outro critério seria o de $|f(x_{i+1}) - f(x_i)|$ ser suficientemente pequena. Escolhendo-se o primeiro critério, defina ϵ como o valor tal que o algoritmo pare quando $|x_{i+1} - x_i| \leq \epsilon$.

Eis uma descrição completa do algoritmo.

Resumo do método de Newton

Inicialização: selecione ϵ. Encontre uma solução experimental inicial x_i por inspeção. Faça com que $i = 1$.

Iteração i:

1. Calcule $f'(x_i)$ e $f''(x_i)$. Calcular $f(x_i)$ é opcional.
2. Configure $x_{i+1} = x_i - \dfrac{f'(x_i)}{f''(x_i)}$.

Regra da interrupção: se $|x_{i+1} - x_i| \leq \epsilon$, pare; x_{i+1} é essencialmente a solução ótima. Caso contrário, reinicialize $i = i + 1$ e execute uma outra iteração.

EXEMPLO. Aplicaremos agora o método de Newton ao mesmo exemplo usado para o método da bissecção. Conforme reapresentado na Figura 12.13, a função a ser maximizada é:

$$f(x) = 12x - 3x^4 - 2x^6.$$

Portanto, a fórmula para calcular a nova solução experimental (x_{i+1}) a partir da atual (x_i) é

$$x_{i+1} = x_i - \frac{f'(x_i)}{f''(x_i)} = x_i - \frac{12(1 - x^3 - x^5)}{-12(3x^2 + 5x^4)} = x_i + \frac{1 - x^3 - x^5}{3x^2 + 5x^4}.$$

Após selecionar 0,00001 e escolher $x_1 = 1$ como solução experimental inicial, a Tabela 12.2 mostra os resultados da aplicação do método de Newton a esse exemplo. Após apenas quatro iterações, esse método converge para $x = 0,83762$ como solução ótima com alto grau de precisão.

Uma comparação dessa tabela com a Tabela 12.1 ilustra como o método de Newton converge muito mais rapidamente para uma solução que o método da bissecção. Seriam necessárias cerca de 20 iterações para o método da bissecção convergir com o mesmo grau de precisão alcançado pelo método de Newton após apenas quatro iterações.

Embora essa convergência rápida seja bastante típica do método de Newton, seu desempenho varia de problema para problema. Já que o método se baseia no emprego de uma aproximação quadrática de $f(x)$, seu desempenho é afetado pelo grau de precisão da aproximação.

■ **TABELA 12.2** Aplicação do método de Newton ao exemplo

Iteração i	x_i	$f(x_i)$	$f'(xi)$	$f''(x_i)$	x_{i+1}
1	1	7	−12	−96	0,875
2	0,875	7,8439	−2,1940	−62,733	0,84003
3	0,84003	7,8838	−0,1325	−55,279	0,83763
4	0,83763	7,8839	−0,0006	−54,790	0,83762

12.5 OTIMIZAÇÃO IRRESTRITA COM VARIÁVEIS MÚLTIPLAS

Considere agora o problema de maximização de uma função côncava f(**x**) com variáveis *múltiplas* **x** = $(x_1, x_2, \ldots, x_n)$ quando não existe nenhuma restrição sobre os valores viáveis. Suponha novamente que a condição necessária e suficiente para a otimalidade, dada pelo sistema de equações obtido tornando as respectivas derivadas parciais iguais a zero (ver a Seção 12.3), não possa ser resolvida analiticamente, de modo que seja necessário o emprego de um procedimento de busca numérica.

Assim como para o caso de uma única variável, existe uma série de procedimentos de busca para resolver numericamente um problema como esse. Um deles (o *procedimento de busca por gradiente*) é, em especial, muito importante, pois ele identifica e usa a direção do movimento da solução experimental atual que maximiza a taxa na qual f(**x**) é incrementada. Esse é um dos conceitos fundamentais da programação não linear. Adaptações desse mesmo conceito para levar em conta restrições também são uma característica central de vários algoritmos para otimização *restrita*.

Após discutir esse procedimento com certo nível de detalhe, descreveremos rapidamente como o método de Newton estende-se para o caso de variáveis múltiplas.

Método de busca por gradiente

Na Seção 12.4, o valor da derivada ordinária foi utilizado pelo método da bissecção para selecionar uma das duas direções possíveis (aumentar x ou diminuir x) na qual se movimentar da solução experimental atual para a seguinte. O objetivo era atingir eventualmente um ponto em que essa derivada seja (essencialmente) 0. Agora, existem *inúmeras* direções possíveis para as quais se mover; elas correspondem às possíveis *taxas proporcionais* nas quais as respectivas variáveis básicas podem ser alteradas. O objetivo é atingir eventualmente um ponto em que todas as derivadas parciais sejam (essencialmente) 0. Portanto, uma metodologia natural seria usar os valores das derivadas *parciais* para selecionar a direção específica na qual se movimentar. Nessa seleção emprega-se o gradiente da função objetivo, conforme descrito a seguir.

Pelo fato de a função objetivo f(**x**) ser supostamente diferenciável, ela possui um gradiente, representado por $\nabla f(\mathbf{x})$ em cada ponto **x**. Em particular, o **gradiente** em um ponto específico **x** = **x**′ é o *vetor* cujos elementos são as respectivas *derivadas parciais* calculadas em **x** = **x**′, de modo que:

$$\nabla f(\mathbf{x}') = \left(\frac{\partial f}{\partial x_1}, \frac{\partial f}{\partial x_2}, \ldots, \frac{\partial f}{\partial x_n} \right) \quad \text{em } \mathbf{x} = \mathbf{x}'.$$

A importância do gradiente reside no fato de que a mudança (infinitesimal) em x que *maximiza* a taxa na qual f(**x**) aumenta é a mudança *proporcional* a $\nabla f(\mathbf{x})$. Para expressar essa ideia geometricamente, a "direção" do gradiente $\nabla f(\mathbf{x}')$ interpreta-se como a *direção* do segmento de reta direcionado (seta) a partir da origem $(0, 0, \ldots, 0)$ até o ponto $(\partial f/\partial x_1, \partial f/\partial x_2, \ldots, \partial f/\partial x_n)$, em que calcula-se $\partial f/\partial x_j$ em $x_j = x'_j$. Portanto, pode-se dizer que a taxa na qual f(**x**) aumenta é maximizada se mudanças (infinitesimais) em **x** estiverem na *direção* do gradiente $\nabla f(\mathbf{x})$. Uma vez que o objetivo é encontrar a solução viável que maximiza f(**x**), seria oportuno tentar se mover o máximo possível na direção do gradiente.

Já que o problema atual não possui nenhuma restrição, essa interpretação do gradiente sugere que um procedimento de busca eficiente seria continuar movimentando-se na direção do gradiente até que ele atinja (essencialmente) uma solução ótima **x***, em que $\nabla f(\mathbf{x}^*) = \mathbf{0}$. Entretanto, normalmente não seria prático mudar **x** *continuamente* na direção de $\nabla f(\mathbf{x})$, porque essa série de mudanças exigiria *recalcular* continuamente a $\partial f/\partial x_j$ e alterar a direção. Portanto, a melhor abordagem seria manter-se movimentando em uma direção *fixa* a partir da solução experimental atual, não interrompendo até que f(**x**) cessasse o crescimento. Esse ponto de parada seria a próxima solução experimental e, assim, o gradiente seria então recalculado para determinar a nova direção na qual se movimentar. Com essa metodologia, cada iteração envolve mudar a solução experimental atual **x**′ como a seguir:

$$\text{Reinicialize} \quad \mathbf{x}' = \mathbf{x}' + t^* \nabla f(\mathbf{x}'),$$

em que t^* é o valor positivo de t que *maximiza* $f(\mathbf{x}' + t \nabla f(\mathbf{x}'))$; isto é,

$$f(\mathbf{x}' + t^* \nabla f(\mathbf{x}')) = \max_{t \geq 0} f(\mathbf{x}' + t \nabla f(\mathbf{x}')).$$

Observe que $f(\mathbf{x} + t\,\nabla f(\mathbf{x}'))$ é simplesmente $f(\mathbf{x})$ em que:

$$x_j = x'_j + t\left(\frac{\partial f}{\partial x_j}\right)_{\mathbf{x}=\mathbf{x}'} \qquad \text{para } j = 1, 2, \ldots, n,$$

e que essas expressões para o x_j envolvem apenas constantes e t, de maneira que $f(\mathbf{x})$ se torne a função de apenas uma única variável t. As iterações desse método de busca por gradiente continuam até que $\nabla f(\mathbf{x}) = 0$ em breve tolerância, isto é, até que

$$\left|\frac{\partial f}{\partial x_j}\right| \leq \epsilon \qquad \text{para } j = 1, 2, \ldots, n.[10]$$

Uma analogia pode ajudar a esclarecer esse procedimento. Suponha que você precisa subir até o topo de uma montanha. O campo de visão é restrito, portanto, você não consegue enxergar o topo da montanha de modo a caminhar diretamente nessa direção. Entretanto, ao ficar de pé, consegue ver o terreno ao redor dos pés o bastante para determinar a direção na qual a inclinação da montanha é mais abrupta. Você consegue caminhar em linha reta. Ao caminhar, também é capaz de dizer quando parar de subir (inclinação zero na sua direção). Supondo que essa montanha seja *côncava,* é possível usar o *método de busca por gradiente* para subir ao topo de modo eficiente. Esse problema é um *problema de duas variáveis,* em que (x_1, x_2) representa as coordenadas (ignorando-se a altura) de sua posição atual. A função $f(x_1, x_2)$ fornece a altura da montanha em (x_1, x_2). Você inicia cada iteração na sua posição atual (solução experimental atual) determinando a direção [no sistema de coordenadas (x_1, x_2)], na qual a montanha sobe mais abruptamente (a direção do gradiente) nesse ponto. Depois, começa a caminhar nessa direção fixa e continua enquanto estiver subindo. Eventualmente você para em uma nova posição (solução) experimental quando a montanha se nivela em sua direção, em cujo ponto você se prepara para outra iteração em outra direção. Você prossegue com essas iterações, seguindo um caminho em zigue-zague pela montanha até atingir uma posição experimental onde a inclinação é essencialmente zero em todas as direções. Sob a hipótese de que a montanha [$f(x_1, x_2)$] seja côncava, então, basicamente, você já deve ter alcançado o topo da montanha.

A parte mais difícil do método de busca por gradiente, em geral, é encontrar t^*, o valor de t que maximiza f na direção do gradiente, a cada iteração. Pelo fato de $\mathbf{x}$ e $\nabla f(\mathbf{x})$ terem valores fixos para a maximização e por $f(\mathbf{x})$ ser côncava, esse problema pode ser encarado como maximizar uma função côncava com *única variável t.* Portanto, pode ser resolvido pelo tipo de procedimento de busca para otimização irrestrita com uma variável que é descrito na Seção 12.4 (e, ao mesmo tempo, considerar somente valores não negativos de t em virtude da restrição $t \geq 0$). Alternativamente, se f for uma função simples, é possível obter uma solução analítica fazendo que a derivada em relação a t seja igual a zero e procedendo a resolução.

Resumo do método de busca por gradiente

Inicialização: selecione ϵ e uma solução experimental inicial x' qualquer. Vá primeiro para a regra de parada.

Iteração:

1. Expresse $f(\mathbf{x}' + t\,\nabla f(\mathbf{x}'))$ em função de t fazendo com que

$$x_j = x'_j + t\left(\frac{\partial f}{\partial x_j}\right)_{\mathbf{x}=\mathbf{x}'}, \qquad \text{para } j = 1, 2, \ldots, n,$$

e depois substitua essas expressões em $f(\mathbf{x})$.

2. Use um procedimento de busca para otimização irrestrita de uma variável (ou cálculo) para encontrar $t = t^*$ que maximize $f(\mathbf{x}' + t\,\nabla f(\mathbf{x}'))$ ao longo de $t \geq 0$.
3. Reinicialize $\mathbf{x}' = \mathbf{x}' + t^*\,\nabla f(\mathbf{x}')$. A seguir vá para a regra de parada.

---

[10] Essa regra da interrupção geralmente fornecerá uma solução $\mathbf{x}$, que está próxima de uma solução ótima $\mathbf{x}^*$, com um valor de $f(\mathbf{x})$ que está muito próximo de $f(\mathbf{x}^*)$. Entretanto, isso não pode ser garantido, já que é possível que a função mantenha inclinação positiva muito pequena ($\leq \epsilon$) ao longo de uma grande distância de $\mathbf{x}$ a $\mathbf{x}^*$.

Regra da interrupção: calcule $\nabla f(\mathbf{x}')$ em $\mathbf{x} = \mathbf{x}'$. Verifique se

$$\left|\frac{\partial f}{\partial x_j}\right| \leq \epsilon \qquad \text{para todo } j = 1, 2, \ldots, n.$$

Em caso afirmativo, pare no $\mathbf{x}'$ atual e aceite-o como aproximação desejada de uma solução ótima $\mathbf{x}^*$. Caso contrário, realize mais uma iteração.

Exemplifiquemos agora esse procedimento.

EXEMPLO. Considere o seguinte problema de duas variáveis:

$$\text{Maximizar} \quad f(\mathbf{x}) = 2x_1 x_2 + 2x_2 - x_1^2 - 2x_2^2.$$

Portanto,

$$\frac{\partial f}{\partial x_1} = 2x_2 - 2x_1,$$

$$\frac{\partial f}{\partial x_2} = 2x_1 + 2 - 4x_2.$$

Podemos verificar também (ver o Apêndice 2) que $f(\mathbf{x})$ é côncava.

Para iniciar o método de busca por gradiente, após escolher um valor adequadamente pequeno para ϵ (normalmente bem abaixo de 0,1) suponha que $\mathbf{x} = (0, 0)$ seja selecionado como solução experimental inicial. Pelo fato de as respectivas derivadas parciais serem 0 e 2 nesse ponto, o gradiente ficará assim:

$$\nabla f(0, 0) = (0, 2).$$

Com $\epsilon < 2$, a regra da interrupção diz então para realizar uma iteração.

Iteração 1: com valores iguais a 0 e 2 para as respectivas derivadas parciais, a primeira iteração começa fazendo que

$$x_1 = 0 + t(0) = 0,$$
$$x_2 = 0 + t(2) = 2t,$$

e depois substituindo essas expressões em $f(\mathbf{x})$ para obter:

$$\begin{aligned} f(\mathbf{x}' + t\,\nabla f(\mathbf{x}')) &= f(0, 2t) \\ &= 2(0)(2t) + 2(2t) - 0^2 - 2(2t)^2 \\ &= 4t - 8t^2. \end{aligned}$$

Como

$$f(0, 2t^*) = \max_{t \geq 0} f(0, 2t) = \max_{t \geq 0} \{4t - 8t^2\}$$

e

$$\frac{d}{dt}(4t - 8t^2) = 4 - 16t = 0,$$

segue que

$$t^* = \frac{1}{4},$$

e, portanto,

$$\text{Reinicialize} \quad \mathbf{x}' = (0, 0) + \frac{1}{4}(0, 2) = \left(0, \frac{1}{2}\right).$$

Isso completa a primeira iteração. Para essa nova solução experimental, o gradiente é:

$$\nabla f\left(0, \frac{1}{2}\right) = (1, 0).$$

Com $\epsilon < 1$, a regra da parada agora diz para executar mais uma iteração.

Iteração 2: para iniciar a segunda iteração, use os valores de 1 e 0 para as respectivas derivadas parciais para configurar:

$$\mathbf{x} = \left(0, \frac{1}{2}\right) + t(1, 0) = \left(t, \frac{1}{2}\right),$$

de modo que

$$f(\mathbf{x'} + t\, \nabla f(\mathbf{x'})) = f\left(0 + t, \frac{1}{2} + 0t\right) = f\left(t, \frac{1}{2}\right)$$

$$= (2t)\left(\frac{1}{2}\right) + 2\left(\frac{1}{2}\right) - t^2 - 2\left(\frac{1}{2}\right)^2$$

$$= t - t^2 + \frac{1}{2}.$$

Como

$$f\left(t^*, \frac{1}{2}\right) = \max_{t \geq 0} f\left(t, \frac{1}{2}\right) = \max_{t \geq 0} \left\{t - t^2 + \frac{1}{2}\right\}$$

então

$$\frac{d}{dt}\left(t - t^2 + \frac{1}{2}\right) = 1 - 2t = 0,$$

e, portanto,

$$t^* = \frac{1}{2},$$

Reinicialize $\quad \mathbf{x'} = \left(0, \frac{1}{2}\right) + \frac{1}{2}(1, 0) = \left(\frac{1}{2}, \frac{1}{2}\right).$

Isso completa a segunda iteração. Com um valor de ϵ tipicamente pequeno, o procedimento agora continuaria por várias outras iterações adicionais de forma similar. (Deixaremos de lado os detalhes.)

Uma maneira interessante de organizar esse trabalho é criar uma tabela como a Tabela 12.3 que sintetiza as duas iterações precedentes. A cada iteração, a segunda coluna mostra a solução experimental atual e a coluna mais à direita mostra a eventual nova solução experimental, que então é trazida para a segunda coluna para a iteração seguinte. A quarta coluna fornece as expressões para os x_j em termos de t que precisam ser substituídas em $f(\mathbf{x})$ para dar a quinta coluna.

■ **TABELA 12.3** Aplicação do método de busca por gradiente ao exemplo

Iteração	$\mathbf{x'}$	$\nabla f(\mathbf{x'})$	$\mathbf{x'} + t\, \nabla f(\mathbf{x'})$	$f(\mathbf{x'} + t\, \nabla f(\mathbf{x'}))$	t^*	$\mathbf{x'} + t^*\, \nabla f(\mathbf{x'})$
1	(0, 0)	(0, 2)	(0, 2t)	$4t - 8t^2$	$\frac{1}{4}$	$\left(0, \frac{1}{2}\right)$
2	$\left(0, \frac{1}{2}\right)$	(1, 0)	$\left(t, \frac{1}{2}\right)$	$t - t^2 + \frac{1}{2}$	$\frac{1}{2}$	$\left(\frac{1}{2}, \frac{1}{2}\right)$

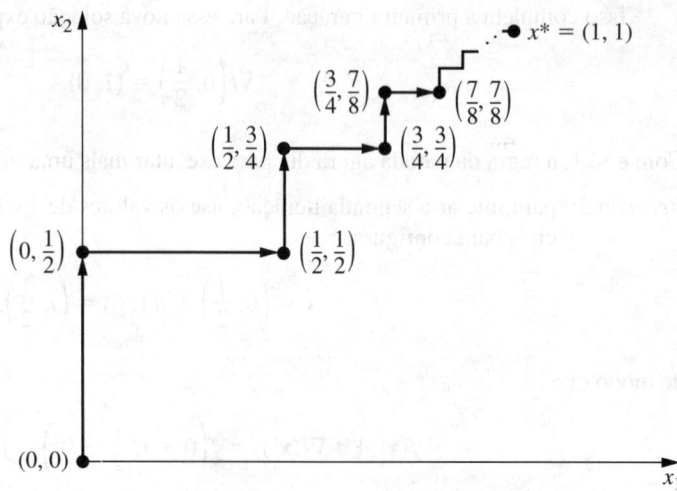

■ **FIGURA 12.14** Exemplo do procedimento de busca do gradiente quando $f(x_1, x_2) = 2x_1x_2 + 2x_2 - x_1^2 - 2x_2^2$.

Prossegue-se dessa maneira, e as soluções experimentais subsequentes seriam $(\frac{1}{2}, \frac{3}{4})$, $(\frac{3}{4}, \frac{3}{4})$, $(\frac{3}{4}, \frac{7}{8})$, $(\frac{7}{8}, \frac{7}{8})$, ..., conforme mostrado na Figura 12.14. Em virtude de esses pontos convergirem para $\mathbf{x}^* = (1, 1)$, essa solução é ótima, conforme verificado pelo fato de que

$$\nabla f(1, 1) = (0, 0).$$

Entretanto, como essa sequência convergente de soluções experimentais atinge seu limite, o procedimento, na verdade, vai parar em algum ponto (dependendo de ϵ) ligeiramente abaixo de $(1, 1)$ como aproximação final de $\mathbf{x}^*$.

Conforme sugere a Figura 12.14, o método de busca por gradiente faz zigue-zagues até chegar à solução ótima em vez de se movimentar em linha reta. Foram feitas algumas modificações no procedimento que *aceleram* a movimentação em direção à solução ótima, levando em conta esse comportamento de zigue-zague.

Se $f(\mathbf{x})$ *não* fosse uma função côncava, o método de busca por gradiente ainda convergiria para um *máximo local*. A única mudança na descrição do procedimento para esse caso é que t^* agora corresponderia ao *primeiro máximo local* de $f(\mathbf{x}' + t \nabla f(\mathbf{x}'))$ à medida que t for incrementado a partir de 0.

Se, ao contrário, o objetivo fosse o de *minimizar* $f(\mathbf{x})$, uma alteração no procedimento seria mover-se na direção *oposta* do gradiente a cada iteração. Em outras palavras, a regra para obter o ponto seguinte seria:

$$\text{Reiniciar } \mathbf{x}' = \mathbf{x}' - t^* \nabla f(\mathbf{x}').$$

A única mudança é que t^* agora seria o valor não negativo de t que minimiza $f(\mathbf{x}' - t \nabla f(\mathbf{x}'))$; isto é,

$$f(\mathbf{x}' - t^* \nabla f(\mathbf{x}')) = \min_{t \geq 0} f(\mathbf{x}' - t \nabla f(\mathbf{x}')).$$

Exemplos adicionais da aplicação do método de busca por gradiente podem ser encontrados tanto na seção de Worked Examples do *site* da editora quanto no Tutor PO. O Tutorial IOR inclui tanto um procedimento interativo quanto um automático para aplicação desse algoritmo.

Método de Newton

A Seção 12.4 descreve como o método de Newton seria usado para resolver problemas de otimização irrestrita com *uma variável*. A versão genérica do método de Newton, na verdade, foi desenvolvida para resolver problemas de otimização irrestrita com *múltiplas variáveis*. A ideia básica é a mesma descrita na Seção

12.4, ou seja, trabalhar com uma *aproximação quadrática* da função objetivo $f(\mathbf{x})$, em que, nesse caso, $\mathbf{x} = (x_1, x_2, \ldots, x_n)$. Essa função quadrática aproximada é obtida truncando-se a série de Taylor em torno da solução experimental atual após o termo da segunda derivada. Essa função aproximada é então maximizada (ou minimizada) exatamente para obter a nova solução experimental de onde partirá a iteração seguinte.

Quando a função objetivo for côncava e tanto a solução experimental $\mathbf{x}$ atual quanto seu gradiente $\nabla f(\mathbf{x})$ forem escritos como *vetores-coluna*, a solução $\mathbf{x}'$ que maximiza a função quadrática de aproximação tem a forma

$$\mathbf{x}' = \mathbf{x} - [\nabla^2 f(\mathbf{x})]^{-1} \nabla f(\mathbf{x}),$$

em que $\nabla^2 f(\mathbf{x})$ é a matriz $n \times n$ (chamada *matriz hessiana*) das segundas derivadas parciais de $f(\mathbf{x})$ calculadas na solução experimental $\mathbf{x}$ atual e $[\nabla^2 f(\mathbf{x})]^{-1}$ é o *inverso* dessa matriz hessiana.

Algoritmos de programação não linear que empregam o método de Newton (inclusive aqueles que o adaptam para auxiliar a lidar com problemas de otimização *restritos*) comumente aproximam o inverso da matriz hessiana de várias formas. Essas aproximações do método de Newton são conhecidas como **métodos quase Newton** (ou *métodos métricos de variáveis*). Comentaremos mais a respeito do importante papel desses métodos na programação não linear na Seção 12.9.

A descrição mais aprofundada desses métodos encontra-se fora do escopo deste livro, porém, mais detalhes podem ser encontrados nos livros dedicados à programação não linear.

12.6 AS CONDIÇÕES DE KARUSH-KUHN-TUCKER (KKT) PARA OTIMIZAÇÃO RESTRITA

Agora nos concentraremos na questão de como reconhecer uma *solução ótima* para um problema de programação não linear (com funções diferenciáveis). Quais são as condições necessárias e (talvez) suficientes que uma solução destas tem de satisfazer?

Nas seções anteriores já notamos essas condições para *otimização irrestrita*, conforme resumido nas duas primeiras linhas da Tabela 12.4. No início da Seção 12.3 também apresentamos essas condições para a *extensão* compacta da otimização irrestrita em que as *únicas* restrições são restrições de não negatividade. Essas condições são mostradas na terceira linha da Tabela 12.4. Conforme indicado na última linha da tabela, as condições para o caso geral são chamadas condições de **Karush-Kuhn-Tucker** (ou, simplesmente, **condições KKT**), pois foram derivadas de forma independente por Karush[11] e por Kuhn e Tucker[12]. O seu resultado básico está incorporado no seguinte teorema.

■ **TABELA 12.4** Condições necessárias e suficientes para a otimalidade

Problema	Condições necessárias para a otimalidade	Também suficiente se:
Irrestrito com uma única variável	$\dfrac{df}{dx} = 0$	$f(\mathbf{x})$ côncava
Irrestrito com variáveis múltiplas	$\dfrac{\partial f}{\partial x_j} = 0$ $\quad (j = 1, 2, \ldots, n)$	$f(\mathbf{x})$ côncava
Restrito, restrições de não negatividade somente	$\dfrac{\partial f}{\partial x_j} = 0$ $\quad (j = 1, 2, \ldots, n)$ (ou ≤ 0 se $x_j = 0$)	$f(\mathbf{x})$ côncava
Problema restrito genérico	Condições Karush-Kuhn-Tucker	$f(\mathbf{x})$ côncava e $g_i(\mathbf{x})$ convexa $(i = 1, 2, \ldots, m)$

---

[11] W. Karush, "Minima of Functions of Several Variables with Inequalities as Side Conditions", M.S. thesis, Department of Mathematics, University of Chicago, 1939.

[12] H. W. Kuhn and A. W. Tucker, "Nonlinear Programming", in Jerzy Neyman (ed.), *Proceedings of the Second Berkeley Symposium*, University of California Press, Berkeley, 1951, pp. 481-492

Teorema. Suponha que $f(\mathbf{x})$, $g_1(\mathbf{x})$, $g_2(\mathbf{x})$, ..., $g_m(\mathbf{x})$ sejam funções *diferenciáveis* que satisfazem certas condições de regularidade[13]. Então:

$$\mathbf{x}^* = (x_1^*, x_2^*, \ldots, x_n^*)$$

pode ser uma *solução ótima* para o problema de programação não linear somente se existirem m números $u_1, u_2, \ldots, u_m$ tais que *todas* as *condições KKT* a seguir sejam satisfeitas:

1. $\dfrac{\partial f}{\partial x_j} - \sum_{i=1}^{m} u_i \dfrac{\partial g_i}{\partial x_j} \leq 0$

2. $x_j^* \left(\dfrac{\partial f}{\partial x_j} - \sum_{i=1}^{m} u_i \dfrac{\partial g_i}{\partial x_j} \right) = 0$

 em $\mathbf{x} = \mathbf{x}^*$, para $j = 1, 2, \ldots, n$.

3. $g_i(\mathbf{x}^*) - b_i \leq 0$
4. $u_i [g_i(\mathbf{x}^*) - b_i] = 0$ \quad para $i = 1, 2, \ldots, m$.
5. $x_j^* \geq 0$, \quad para $j = 1, 2, \ldots, n$.
6. $u_i \geq 0$, \quad para $i = 1, 2, \ldots, m$.

Note que tanto a condição 2 quanto a 4 exigem que as duas quantidades sejam zero. Portanto, cada uma dessas condições realmente diz que pelo menos um desses valores deve ser zero. Consequentemente, a condição 4 pode ser combinada com a condição 3 para expressá-las em outra forma equivalente como

(3, 4) \quad $g_i(\mathbf{x}^*) - b_i = 0$

(ou ≤ 0 \; se $u_i = 0$), \quad para $i = 1, 2, \ldots, m$.

Do mesmo modo, a condição 2 pode ser combinada com a condição 1 como:

(1, 2) \quad $\dfrac{\partial f}{\partial x_j} - \sum_{i=1}^{m} u_i \dfrac{\partial g_i}{\partial x_j} = 0$

(ou $\leq$ \; se $x_j^* = 0$), \quad para $j = 1, 2, \ldots, n$.

Quando $m = 0$ (nenhuma restrição funcional), esse somatório é abandonado e a condição combinada (1, 2) reduz-se à condição dada na terceira linha da Tabela 12.4. Logo, para $m > 0$, cada termo no somatório modifica a condição $m = 0$ para incorporar o efeito da restrição funcional correspondente.

Nas condições 1, 2, 4 e 6, u_i correspondem às *variáveis duais* da programação linear (falaremos mais sobre essa correspondência no final da seção) e elas possuem uma interpretação econômica comparável. Entretanto, u_i, na verdade, surgem na derivação matemática como *multiplicadores de Lagrange* (discutidos no Apêndice 3). As condições 3 e 5 não fazem nada mais além de garantir a viabilidade da solução. As demais condições eliminam a maioria das soluções viáveis como possíveis candidatas a uma solução ótima.

No entanto, observe que satisfazer essas condições não garante que a solução seja ótima. Conforme resumido na coluna da extrema direita da Tabela 12.4, são necessárias certas hipóteses adicionais sobre *convexidade* para obter essa garantia. Essas hipóteses são declaradas na seguinte extensão do teorema.

Corolário. Suponha que $f(\mathbf{x})$ seja uma função côncava e que $g_1(\mathbf{x})$, $g_2(\mathbf{x})$, ..., $g_m(\mathbf{x})$ sejam *funções convexas* (isto é, este é um problema de programação convexa), em que todas essas funções satisfazem as condições de regularidade. Então, $\mathbf{x}^* = (x_1^*, x_2^*, \ldots, x_n^*)$ é uma *solução ótima* se e somente se todas as condições do teorema forem satisfeitas.

EXEMPLO. Para ilustrar a formulação e a aplicação das *condições KKT*, consideremos o problema de programação não linear de duas variáveis a seguir:

Maximizar \quad $f(\mathbf{x}) = \ln(x_1 + 1) + x_2$,

---

[13] Ibid., p. 483.

sujeito a

$$2x_1 + x_2 \leq 3$$

e

$$x_1 \geq 0, \quad x_2 \geq 0,$$

em que ln representa o logaritmo natural. Logo, $m = 1$ (uma restrição funcional) e $g_1(\mathbf{x}) = 2x_1 + x_2$, logo, $g_1(\mathbf{x})$ é convexa. Além disso, pode-se verificar facilmente (ver o Apêndice 2) que $f(\mathbf{x})$ é côncava. Portanto, o corolário se aplica e assim qualquer solução que satisfaça as condições KKT certamente será uma solução ótima. Aplicar as fórmulas do teorema resulta nas seguintes condições KKT para este exemplo:

1($j = 1$). $\dfrac{1}{x_1 + 1} - 2u_1 \leq 0.$

2($j = 1$). $x_1\left(\dfrac{1}{x_1 + 1} - 2u_1\right) = 0.$

1($j = 2$). $1 - u_1 \leq 0.$

2($j = 2$). $x_2(1 - u_1) = 0.$

3. $\qquad 2x_1 + x_2 - 3 \leq 0.$

4. $\qquad u_1(2x_1 + x_2 - 3) = 0.$

5. $\qquad x_1 \geq 0, x_2 \geq 0.$

6. $\qquad u_1 \geq 0.$

As etapas para a resolução das condições KKT para esse exemplo são descritas a seguir.

1. $u_1 \geq 1$, da condição 1($j = 2$).
   $x_1 \geq 0$, da condição 5.
2. Portanto, $\dfrac{1}{x_1 + 1} - 2u_1 < 0.$
3. Assim, $x_1 = 0$, da condição 2($j = 1$).
4. $u_1 \neq 0$ implica que $2x_1 + x_2 - 3 = 0$, da condição 4.
5. As etapas 3 e 4 implicam que $x_2 = 3$.
6. $x_2 \neq 0$ implica que $u_1 = 1$, da condição 2($j = 2$).
7. Nenhuma condição é violada por $x_1 = 0, x_2 = 3, u_1 = 1.$

Portanto, existe um número $u_1 = 1$ tal que $x_1 = 0, x_2 = 3$ e $u_1 = 1$ satisfaçam todas as condições. Consequentemente, $\mathbf{x}^* = (0, 3)$ é uma solução ótima para este problema.

Este problema foi relativamente fácil de ser resolvido, pois as duas primeiras etapas anteriores conduziram rapidamente às demais conclusões. Normalmente é mais difícil perceber como começar. A progressão particular de etapas necessária para resolver as condições KKT diferirá de um problema para o outro. Quando a lógica não é visível, algumas vezes é útil considerar os diferentes casos separadamente, em que se especifica cada x_j e u_i como igual ou maior que 0 e depois tenta-se cada caso até que um leve a uma solução.

Suponha, por exemplo, que essa abordagem de considerar os diferentes casos separadamente tenha sido aplicada ao exemplo anterior, em vez de se empregar a lógica envolvida nas sete etapas. Para esse exemplo, precisamos considerar oito casos. Esses correspondem às oito combinações de $x_1 = 0$ versus $x_1 > 0, x_2 = 0$ versus $x_2 > 0$ e $u_1 = 0$ versus $u_1 > 0$. Cada caso leva a uma afirmação e a uma análise mais simples das condições. Para fins ilustrativos, considere primeiro o caso mostrado a seguir, em que $x_1 = 0, x_2 = 0,$ e $u_1 = 0.$

Condições KKT para o Caso $x_1 = 0, x_2 = 0, u_1 = 0$:

1($j = 1$). $\dfrac{1}{0 + 1} \leq 0.$ Contradição.

1($j = 2$). $1 - 0 \leq 0.$ Contradição.

3. $\qquad 0 + 0 \leq 3.$

(Todas as demais condições são redundantes.)

Conforme listado a seguir, os outros três casos nos quais $u_1 = 0$ também resultam em contradições imediatas de forma similar e, portanto, não existe nenhuma solução.

Caso $x_1 = 0, x_2 > 0, u_1 = 0$ contradiz as condições $1(j = 1)$, $1(j = 2)$ e $2(j = 2)$.
Caso $x_1 > 0, x_2 = 0, u_1 = 0$ contradiz as condições $1(j = 1)$, $2(j = 1)$ e $1(j = 2)$.
Caso $x_1 > 0, x_2 > 0, u_1 = 0$ contradiz as condições $1(j = 1)$, $2(j = 1)$, $1(j = 2)$ e $2(j = 2)$.

O caso $x_1 > 0, x_2 > 0, u_1 > 0$ permite que se eliminem esses multiplicadores não zero das condições $2(j = 1)$, $2(j = 2)$ e 4, que então permite a eliminação das condições $1(j = 1)$, $1(j = 2)$ e 3 como redundantes, conforme resumido a seguir.

Condições KKT para o Caso $x_1 > 0, x_2 > 0, u_1 > 0$:

1($j = 1$). $\dfrac{1}{x_1 + 1} - 2u_1 = 0.$
2($j = 2$). $1 - u_1 = 0.$
4. $\quad\quad 2x_1 + x_2 - 3 = 0.$

(Todas as demais condições são redundantes.)

Portanto, $u_1 = 1$, logo $x_1 = -\frac{1}{2}$, o que contradiz $x_1 > 0$.
Suponha agora que se tente o caso $x_1 = 0, x_2 > 0, u_1 > 0$ a seguir.

Condições KKT para o Caso $x_1 = 0, x_2 > 0, u_1 > 0$:

1($j = 1$). $\dfrac{1}{0 + 1} - 2u_1 = 0.$
2($j = 2$). $1 - u_1 = 0.$
4. $\quad\quad 0 + x_2 - 3 = 0.$

(Todas as demais condições são redundantes.)

Portanto, $x_1 = 0, x_2 = 3, u_1 = 1$. Tendo encontrado uma solução, sabemos que não precisamos considerar nenhum caso adicional.

Caso queira ver **outro exemplo** sobre o emprego das condições KKT para encontrar uma solução ótima, fornece-se um na seção de Worked Examples do *site* da editora.

Para problemas mais complicados do que o exemplo anterior, pode-se tornar difícil, ou até mesmo impossível, derivar uma solução ótima *diretamente* das condições KKT. Não obstante, essas condições ainda forneçam dicas valiosas na identificação de uma solução ótima e também nos permitam verificar se uma solução proposta pode ser ótima ou não.

Pode haver também diversas aplicações *indiretas* das condições KKT. Uma dessas aplicações surge da *teoria da dualidade*, desenvolvida para programação não linear para igualar a teoria da dualidade à programação linear apresentada no Capítulo 6. Em particular, para qualquer problema de maximização restrita (chamemos este *problema primal*), as condições KKT podem ser usadas para definir um problema dual estreitamente associado que é um problema de minimização restrita. As variáveis básicas no problema dual são constituídas por multiplicadores de Lagrange u_i ($i = 1, 2, \ldots, m$), bem como por variáveis primais x_j ($j = 1, 2, \ldots, n$). No caso especial em que o problema primal é um problema de programação linear, as variáveis x_j caem fora do problema dual e ele se torna o familiar problema dual da programação linear (na qual as variáveis u_i aqui correspondem às variáveis y_i do Capítulo 6). Quando o problema primal for um problema de programação convexa, é possível estabelecer relações entre o problema primal e o problema dual que são similares àquelas da programação linear. Por exemplo, a *propriedade da dualidade forte* da Seção 6.1, que afirma que os valores ótimos da função objetivo dos dois problemas são iguais, também vale aqui. Além disso, os valores das variáveis u_i em uma solução ótima para o problema dual podem novamente ser interpretados como *preços-sombra* (ver as Seções 4.7 e 6.2); isto é, elas dão a taxa na qual o valor ótimo da função objetivo para o problema primal poderia ser aumentado (ligeiramente) aumentando-se o lado direito da restrição correspondente. Pelo fato de a teoria da dualidade para programação não linear ser um tópico relativamente avançado, o leitor mais interessado poderá usar outras referências para mais informações[14].

Veremos outra aplicação indireta das condições KKT na próxima seção.

12.7 PROGRAMAÇÃO QUADRÁTICA

Conforme indicado na Seção 12.3, o problema da programação quadrática difere do problema da programação linear somente pelo fato da função objetivo também incluir termos x^2 e $x_i x_j$ ($i \neq j$). Portanto, se usarmos a notação matricial como aquela apresentada no início da Seção 5.2, o problema será encontrar $\mathbf{x}$ de modo a:

$$\text{Maximizar} \quad f(\mathbf{x}) = \mathbf{cx} - \frac{1}{2}\mathbf{x}^T\mathbf{Q}\mathbf{x},$$

sujeito a

$$\mathbf{Ax} \leq \mathbf{b} \quad \text{e} \quad \mathbf{x} \geq \mathbf{0},$$

em que $\mathbf{c}$ é um vetor-linha, $\mathbf{x}$ e $\mathbf{b}$ são vetores-coluna, $\mathbf{Q}$ e $\mathbf{A}$ são matrizes e o sobre-escrito T representa a transposição (ver Apêndice 4). Os q_{ij} (elementos de Q) são constantes dadas tais que $q_{ij} = q^{ij}$ (razão para o fator igual a $\frac{1}{2}$ na função objetivo). Realizando as multiplicações matriciais e vetoriais indicadas, a função objetivo é então expressa em termos destes q_{ij}, c_j (elementos de $\mathbf{c}$) e as variáveis como a seguir:

$$f(\mathbf{x}) = \mathbf{cx} - \frac{1}{2}\mathbf{x}^T\mathbf{Q}\mathbf{x} = \sum_{j=1}^{n} c_j x_j - \frac{1}{2}\sum_{i=1}^{n}\sum_{j=1}^{n} q_{ij} x_i x_j.$$

Para cada termo, em que $i = j$ nesse duplo somatório, $x_i x_j = x_j^2$, portanto $-\frac{1}{2}q_{jj}$ é o coeficiente de x_j^2. Quando $i \neq j$, então $-\frac{1}{2}(q_{ij}x_i x_j + q_{ji}x_j x_i) = -q_{ij}x_i x_j$, portanto $-q_{ij}$ é o coeficiente total para o produto de x_i e x_j.

Para ilustrar essa notação, considere o exemplo a seguir de um problema de programação quadrática.

$$\text{Maximizar} \quad f(x_1, x_2) = 15x_1 + 30x_2 + 4x_1 x_2 - 2x_1^2 - 4x_2^2,$$

sujeito a

$$x_1 + 2x_2 \leq 30$$

e

$$x_1 \geq 0, \quad x_2 \geq 0.$$

Nesse caso,

$$\mathbf{c} = [15 \quad 30], \quad \mathbf{x} = \begin{bmatrix} x_1 \\ x_2 \end{bmatrix}, \quad \mathbf{Q} = \begin{bmatrix} 4 & -4 \\ -4 & 8 \end{bmatrix},$$

$$\mathbf{A} = [1 \quad 2], \quad \mathbf{b} = [30].$$

---

[14] Para uma pesquisa unificada das diversas metodologias para dualidade na programação não linear, ver A. M. Geoffrion, "Duality in Nonlinear Programming: A Simplified Applications-Oriented Development", *SIAM Review*, **13**: 1-37, 1971.

Observe que:

$$\mathbf{x}^T\mathbf{Q}\mathbf{x} = [x_1 \quad x_2]\begin{bmatrix} 4 & -4 \\ -4 & 8 \end{bmatrix}\begin{bmatrix} x_1 \\ x_2 \end{bmatrix}$$

$$= [(4x_1 - 4x_2) \quad (-4x_1 + 8x_2)]\begin{bmatrix} x_1 \\ x_2 \end{bmatrix}$$

$$= 4x_1^2 - 4x_2x_1 - 4x_1x_2 + 8x_2^2$$

$$= q_{11}x_1^2 + q_{21}x_2x_1 + q_{12}x_1x_2 + q_{22}x_2^2.$$

Multiplicando por $-\tfrac{1}{2}$ resulta em

$$-\tfrac{1}{2}\mathbf{x}^T\mathbf{Q}\mathbf{x} = -2x_1^2 + 4x_1x_2 - 4x_2^2,$$

que é a porção não linear da função objetivo para o presente exemplo. Já que $q_{11} = 4$ e $q_{22} = 8$, o exemplo ilustra que $-\tfrac{1}{2}q_{jj}$ é o coeficiente de x_j^2 na função objetivo. O fato de $q_{12} = q_{21} = -4$ ilustra que tanto $-q_{ij}$ quanto $-q_{ji}$ fornecem o coeficiente total do produto de x_i e x_j.

Foram criados diversos algoritmos para o caso especial do problema da programação quadrática na qual a função objetivo é uma função *côncava*. (Uma maneira de se verificar que a função objetivo é côncava é avaliar a condição equivalente que

$$\mathbf{x}^T\mathbf{Q}\mathbf{x} \geq 0$$

para todo $\mathbf{x}$, isto é, $\mathbf{Q}$ é uma matriz *semidefinida positiva*.) descreveremos um[15] desses algoritmos, o *método simplex modificado*, que se tornou bastante popular, pois ele exige apenas o emprego do método simplex com uma pequena modificação. O ponto-chave para essa abordagem é criar as condições KKT da seção anterior e, então, expressá-las novamente, porém, em uma forma conveniente que lembra muito aquela da programação linear. Portanto, antes de descrever o algoritmo, criaremos essa forma conveniente.

As condições KKT para a programação quadrática

Por evidência, consideremos primeiro o exemplo citado. Comecemos com a forma dada na seção anterior, em que suas condições KKT são as seguintes.

1($j = 1$). $15 + 4x_2 - 4x_1 - u_1 \leq 0$.
2($j = 1$). $x_1(15 + 4x_2 - 4x_1 - u_1) = 0$.
1($j = 2$). $30 + 4x_1 - 8x_2 - 2u_1 \leq 0$.
2($j = 2$). $x_2(30 + 4x_1 - 8x_2 - 2u_1) = 0$.
3. $x_1 + 2x_2 - 30 \leq 0$.
4. $u_1(x_1 + 2x_2 - 30) = 0$.
5. $x_1 \geq 0, \quad x_2 \geq 0$.
6. $u_1 \geq 0$.

Para começar a reformulação do modo de expressar essas condições de forma mais conveniente, transferimos as constantes nas condições $1(j = 1)$, $1(j = 2)$ e 3 para o lado direito da expressão e, a seguir, introduzimos *variáveis de folga* não negativas (representadas, respectivamente, por y_1, y_2 e v_1) para converter essas desigualdades em equações.

1($j = 1$). $-4x_1 + 4x_2 - u_1 + y_1 = -15$
1($j = 2$). $4x_1 - 8x_2 - 2u_1 + y_2 = -30$
3. $x_1 + 2x_2 + v_1 = 30$

Observe que a condição $2(j = 1)$ agora pode ser reformulada e expressa simplesmente exigindo que $x_1 = 0$ ou então $y_1 = 0$; isto é,

2($j = 1$). $x_1 y_1 = 0$.

---
[15] P. Wolfe, "The Simplex Method for Quadratic Programming", *Econometrics*, **27**: 382-398, 1959. Este artigo mostra tanto uma forma reduzida quanto uma forma longa do algoritmo. Apresentamos uma versão da *forma reduzida*, que supõe que $\mathbf{c} = \mathbf{0}$ *ou então* a função objetivo é *estritamente* côncava.

Exatamente da mesma maneira, as condições 2($j = 2$) e 4 podem ser substituídas por:

2($j = 2$). $x_2 y_2 = 0$,
4. $u_1 v_1 = 0$.

Para cada um desses três pares [$(x_1, y_1), (x_2, y_2), (u_1, v_1)$] as duas variáveis são denominadas **variáveis complementares**, pois apenas uma delas pode ser não zero. Essas novas formas das condições 2($j = 1$), 2($j = 2$) e 4 podem ser combinadas em uma restrição,

$$x_1 y_1 + x_2 y_2 + u_1 v_1 = 0,$$

denominada **restrição de complementaridade**.

Após multiplicar por -1 as equações para as condições 1($j = 1$) e 1($j = 2$) de modo a obter o lado direito não negativo, agora temos a forma conveniente desejada para todo o conjunto de condições mostrada aqui:

$$\begin{aligned}
4x_1 - 4x_2 + u_1 - y_1 &= 15 \\
-4x_1 + 8x_2 + 2u_1 - y_2 &= 30 \\
x_1 + 2x_2 + v_1 &= 30 \\
x_1 \geq 0, \quad x_2 \geq 0, \quad u_1 \geq 0, \quad y_1 &\geq 0, \quad y_2 \geq 0, \quad v_1 \geq 0 \\
x_1 y_1 + x_2 y_2 + u_1 v_1 &= 0
\end{aligned}$$

Essa forma é particularmente conveniente, porque, exceto pela restrição de complementaridade, essas condições são *restrições de programação linear*.

Para *qualquer* problema de programação quadrática, suas condições KKT podem ser reduzidas a essa mesma forma conveniente contendo apenas restrições de programação linear, além de uma restrição de complementaridade. Na notação matricial, essa forma genérica ficará assim:

$$\begin{aligned}
\mathbf{Qx} + \mathbf{A}^T \mathbf{u} - \mathbf{y} &= \mathbf{c}^T, \\
\mathbf{Ax} + \mathbf{v} &= \mathbf{b}, \\
\mathbf{x} \geq \mathbf{0}, \quad \mathbf{u} \geq \mathbf{0}, \quad \mathbf{y} &\geq \mathbf{0}, \quad \mathbf{v} \geq \mathbf{0}, \\
\mathbf{x}^T \mathbf{y} + \mathbf{u}^T \mathbf{v} &= 0,
\end{aligned}$$

em que os elementos do vetor-coluna **u** são u_i da seção precedente e os elementos dos vetores-coluna **y** e **v** são variáveis de folga.

Em virtude da função objetivo do problema original ser supostamente côncava e por as funções de restrição serem lineares e, portanto, convexas, o corolário do teorema da Seção 12.6 aplica-se. Assim, **x** é *ótima* se e somente se existirem valores de **y**, **u** e **v** tais que os quatro vetores juntos satisfaçam todas essas condições. O problema original é, dessa forma, reduzido ao problema equivalente de encontrar uma *solução viável* para essas *restrições*.

É interessante observar que esse problema equivalente é um exemplo do *problema da complementaridade linear* introduzido na Seção 12.3 (ver o Problema 12.3-6) e que uma restrição fundamental para o problema da complementaridade linear é sua *restrição de complementaridade*.

Método simplex modificado

O *método simplex modificado* explora o fato essencial de que, exceto pela restrição de complementaridade, as condições KKT na forma conveniente obtida anteriormente nada mais são que restrições de programação linear. Além disso, a restrição de complementaridade implica apenas que não é permitido para *ambas* as variáveis complementares de qualquer par constituir variáveis básicas (não degeneradas as únicas variáveis básicas > 0) quando são consideradas soluções BV (não degeneradas). Portanto, o problema se reduz a encontrar uma solução BV inicial para qualquer problema de programação linear que possua essas restrições, sujeito a essa restrição adicional sobre a identidade das variáveis básicas. (Essa solução BV adjacente inicial pode ser a única solução viável nesse caso.) Conforme se discutiu na Seção 4.6, encontrar uma solução BV inicial é relativamente simples. No caso simples em que $\mathbf{c}^T \leq \mathbf{0}$ (pouco provável) e $\mathbf{b} \geq \mathbf{0}$, as variáveis básicas iniciais são os elementos de y e v (multiplique o primeiro conjunto de equações por -1), de modo que a solução desejada seja $\mathbf{x} = \mathbf{0}, \mathbf{u} = \mathbf{0}, \mathbf{y} = -\mathbf{c}^T$, $\mathbf{v} = \mathbf{b}$. Caso contrário, você precisa revisar o problema incluindo uma *variável artificial* em cada uma das equações nas quais $c_j > 0$ (adicione a variável à esquerda) ou $b_i < 0$ (subtraia a variável à esquerda e depois multiplique por -1), de modo a usar essas variáveis artificiais (chamemos todas elas z_1, z_2 e assim por diante) como variáveis básicas iniciais para o problema revisado. Note que essa escolha de variáveis básicas iniciais satisfaz a restrição de complementaridade, pois, como variáveis não básicas, resulta automaticamente que $\mathbf{x} = \mathbf{0}$ e $\mathbf{u} = \mathbf{0}$.

A seguir, use a fase 1 do *método de duas fases* (ver a Seção 4.6) para encontrar uma solução BV para o problema real; isto é, aplique o método simplex (com uma modificação) ao seguinte problema de programação linear:

$$\text{Minimizar} \quad Z = \sum_j z_j,$$

sujeito às restrições de programação linear obtidas das condições KKT, porém, com essas variáveis artificiais incluídas.

A única modificação no método simplex é a alteração mostrada a seguir no procedimento para seleção de uma variável básica que entra.

Regra da entrada restrita: ao escolher uma variável básica que entra, exclua de consideração qualquer variável não básica cuja *variável de complementaridade* já seja uma variável básica; a escolha deveria ser feita a partir de outras variáveis não básicas de acordo com o critério usual para o método simplex.

Essa regra mantém a restrição de complementaridade satisfeita ao longo de todo o algoritmo. Quando se obtém uma solução ótima

$$\mathbf{x}^*, \mathbf{u}^*, \mathbf{y}^*, \mathbf{v}^*, z_1 = 0, \ldots, z_n = 0$$

para o problema da fase 1, $\mathbf{x}^*$ é a solução ótima desejada para o problema de programação quadrática. A Fase 2 do método de duas fases não é necessária.

EXEMPLO. Ilustraremos agora essa metodologia com o exemplo do início desta seção. Como se pode verificar mediante os resultados do Apêndice 2 (veja o Problema 12.7-1a), $f(x_1, x_2)$ é estritamente côncavo, isto é:

$$\mathbf{Q} = \begin{bmatrix} 4 & -4 \\ -4 & 8 \end{bmatrix}$$

defini-se positivamente e, portanto, o algoritmo pode ser aplicado.

O ponto de partida para resolver esse exemplo são suas condições KKT na forma conveniente obtida anteriormente na seção. Após as variáveis artificiais necessárias terem sido introduzidas, o problema de programação linear a ser resolvido explicitamente pelo método simplex modificado será então:

$$\text{Minimizar} \quad Z = z_1 + z_2,$$

sujeito a

$$\begin{aligned}
4x_1 - 4x_2 + u_1 - y_1 \quad\quad\quad + z_1 \quad\quad &= 15 \\
-4x_1 + 8x_2 + 2u_1 \quad\quad - y_2 \quad\quad + z_2 &= 30 \\
x_1 + 2x_2 \quad\quad\quad\quad\quad\quad + v_1 \quad\quad\quad &= 30
\end{aligned}$$

e

$$x_1 \geq 0, \quad x_2 \geq 0, \quad u_1 \geq 0, \quad y_1 \geq 0, \quad y_2 \geq 0, \quad v_1 \geq 0,$$
$$z_1 \geq 0, \quad z_2 \geq 0.$$

A restrição de complementaridade adicional

$$x_1 y_1 + x_2 y_2 + u_1 v_1 = 0,$$

não é inclusa explicitamente, pois o algoritmo obedece automaticamente a essa restrição em razão da *regra da entrada restrita*. Em particular, para cada um dos três pares de variáveis de complementaridade [(x_1, y_1), (x_2, y_2), (u_1, v_1)] toda vez que uma das duas variáveis já for uma variável básica, a outra é *excluída* como candidata para a variável básica que entra. Lembre-se de que as únicas variáveis *não zero* são básicas. Pelo fato de o conjunto inicial de variáveis básicas para o problema da programação linear [z_1, z_2, v_1] fornecer uma solução BV inicial que satisfaz a restrição de complementaridade, não há nenhum modo de essa restrição poder ser violada por qualquer solução BV sucessiva.

A Tabela 12.5 exibe os resultados da aplicação do método simplex modificado a esse problema. A primeira tabela simplex mostra o sistema inicial de equações *após* converter minimizar Z em maximizar $-Z$ e eliminar algebricamente as variáveis básicas iniciais da Equação (0), do mesmo modelo como foi feito para o exemplo de tratamento radioterápico na Seção 4.6. As três iterações prosseguem exatamente como para o método simplex normal, *exceto* pela eliminação de certos candidatos para se tornarem a variável básica que entra em decorrência da regra da entrada restrita. Na primeira tabela, u_1 é eliminada como candidata em virtude de sua variável de complementaridade (v_1) já ser uma variável básica (porém, x_2 teria sido escolhida de qualquer jeito, porque $-4 < -3$). Na segunda tabela, tanto u_1 quanto y_2 são eliminadas como candidatas (pois v_1 e x_2 são variáveis básicas), de modo que x_1 é escolhida automaticamente como a única candidata com um coeficiente negativo na linha 0 (ao passo que o método simplex *regular* teria permitido escolher *tanto* x_1 quanto u_1, uma vez que elas estão empatadas em termos do maior coeficiente negativo). Na terceira tabela, tanto y_1 quanto y_2 são eliminadas (porque

■ **TABELA 12.5** Aplicação do método simplex modificado ao exemplo da programação quadrática

Iteração	Variável básica	Eq.	Z	x_1	x_2	u_1	y_1	y_2	v_1	z_1	z_2	Lado direito
0	Z	(0)	−1	0	−4	−3	1	1	0	0	0	−45
	z_1	(1)	0	4	−4	1	−1	0	0	1	0	15
	z_2	(2)	0	−4	8	2	0	−1	0	0	1	30
	z_1	(3)	0	1	2	0	0	1	1	0	0	30
1	Z	(0)	−1	−2	0	−2	1	$\frac{1}{2}$	0	0	$\frac{1}{2}$	−30
	z_1	(1)	0	2	0	−1	−$\frac{1}{2}$	0	1	$\frac{1}{2}$		30
	x_2	(2)	0	$\frac{1}{2}$	1	$\frac{1}{4}$	0	−$\frac{1}{8}$	0	0	$\frac{1}{8}$	$3\frac{3}{4}$
	v_1	(3)	0	2	0	−$\frac{1}{2}$	0	$\frac{1}{4}$	1	0	−$\frac{1}{4}$	$22\frac{1}{2}$
2	Z	(0)	−1	0	0	−$\frac{5}{2}$	1	$\frac{3}{4}$	1	0	$\frac{1}{4}$	−$7\frac{1}{2}$
	z_1	(1)	0	0	0	$\frac{5}{2}$	−1	−$\frac{3}{4}$	−1	1	$\frac{3}{4}$	$7\frac{1}{2}$
	x_2	(2)	0	0	1	$\frac{1}{8}$	0	−$\frac{1}{16}$	$\frac{1}{4}$	0	$\frac{1}{16}$	$9\frac{3}{8}$
	x_1	(3)	0	1	0	−$\frac{1}{4}$	0	$\frac{1}{8}$	$\frac{1}{2}$	0	−$\frac{1}{8}$	$11\frac{1}{4}$
3	Z	(0)	−1	0	0	0	0	0	0	1	1	0
	u_1	(1)	0	0	0	1	−$\frac{2}{5}$	−$\frac{3}{10}$	−$\frac{2}{5}$	$\frac{2}{5}$	$\frac{3}{10}$	3
	x_2	(2)	0	0	1	0	$\frac{1}{20}$	−$\frac{1}{40}$	$\frac{3}{10}$	−$\frac{1}{20}$	$\frac{1}{40}$	9
	x_1	(3)	0	1	0	0	−$\frac{1}{10}$	$\frac{1}{20}$	$\frac{2}{5}$	$\frac{1}{10}$	−$\frac{1}{20}$	12

x_1 e x_2 são variáveis básicas). Entretanto, u_1 *não* é eliminada, pois v_1 não é mais uma variável básica, de modo que u_1 seja escolhida como a variável básica que entra da forma usual.

A solução ótima resultante para esse problema de fase 1 é $x_1 = 12$, $x_2 = 9$, $u_1 = 3$, com o restante das variáveis iguais a zero. O Problema 12.7-1c solicita que você comprove que essa solução é ótima mostrando que $x_1 = 12$, $x_2 = 9$, $u_1 = 3$ satisfazem as condições KKT para o problema original quando são escritas na forma dada na Seção 12.6. Portanto, a solução ótima para o problema de programação quadrática (que inclui apenas as variáveis x_1 e x_2) é $(x_1, x_2) = (12, 9)$.

A seção de Worked Examples do *site* da editora inclui **outro exemplo** que ilustra a aplicação do método simplex modificado a um problema de programação quadrática. As condições KKT também são aplicadas a esse exemplo.

Algumas opções de software

O Tutorial IOR inclui um procedimento interativo para o método simplex modificado para ajudá-lo no aprendizado eficiente desse algoritmo. Além disso, o Excel, LINGO, LINDO e o MPL/CPLEX são todos capazes de resolver problemas de programação quadrática.

O procedimento para usar o Excel é quase o mesmo da programação linear. A diferença crucial encontra-se no fato de que agora a equação incluída na célula que contém o valor da função objetivo precisa ser uma equação quadrática. Para fins ilustrativos, consideremos novamente o exemplo do início da seção, que tem a função objetivo

$$f(x_1, x_2) = 15x_1 + 30x_2 + 4x_1x_2 - 2x_1^2 - 4x_2^2.$$

Suponha que os valores de x_1 e x_2 se encontrem nas células B4 e C4 de uma planilha em Excel e que o valor da função objetivo se encontre na célula F4. Então a equação para a célula F4 precisa ser:

F4 = 15*B4 + 30*C4 + 4*B4*C4 − 2*(B4^2) − 4*(C4^2),

em que o símbolo ^2 indica um expoente 2. Antes de solucionar o modelo, você deve clicar no botão Option e certificar-se de que a opção *Assume Linear Model* não esteja selecionada (já que este não é um modelo de programação *linear*).

Ao usar o MPL/CPLEX, devemos configurar o tipo de modelo para Quadratic acrescentando a seguinte declaração no início do arquivo do modelo.

OPTIONS

ModelType = Quadratic

(De modo alternativo, você pode selecionar a opção Quadratic Models da caixa de diálogo de opções MPL Language, porém, você precisará se lembrar de mudar a configuração ao lidar novamente com problemas de programação linear.) Caso contrário, o procedimento será o mesmo da programação linear, exceto pelo fato de a expressão para a função objetivo agora ser uma função quadrática. Portanto, nesse exemplo, a função objetivo seria expressa como:

15x1 + 30x2 + 4x1*x2 − 2(x1^2) − 4(x2^2).

Não precisamos fazer mais nada ao chamarmos o CPLEX, já que ele reconhecerá automaticamente o modelo como um problema de programação quadrática.

Essa função objetivo seria expressa da mesma maneira para um modelo LINGO. O LINGO então chamaria automaticamente seu solucionador não linear para solucionar o modelo.

Na realidade, arquivos em Excel, MPL/CPLEX e LINGO/LINDO para este capítulo, e que se encontram no *Courseware* de PO, demonstram seus procedimentos mostrando os detalhes de configuração desses pacotes de software e da resolução desse exemplo.

Alguns desses pacotes de software também podem ser aplicados a tipos mais complicados de problemas de programação não linear do que para problemas de programação quadrática. Embora o CPLEX não seja capaz, a versão profissional do MPL suporta alguns outros solucionadores que são capazes. A versão para estudantes do MPL que se encontra no *site* da editora inclui um solucionador destes chamado Conopt (um produto da Arki Consulting), desenvolvido para resolver problemas de programação convexa. Ele pode ser usado acrescentando-se a seguinte declaração no início do arquivo do modelo.

OPTIONS

$$\text{ModelType} = \text{Nonlinear}$$

Tanto o Excel quanto o LINGO possuem versáteis solucionadores não lineares. Entretanto, esteja ciente de que não é garantido que o Excel Solver encontre uma solução ótima para problemas complicados, em especial aqueles de programação não convexa (tema da Seção 12.10). No entanto, o LINGO possui um *otimizador global* que encontrará uma solução globalmente ótima para problemas de programação não convexa suficientemente pequenos. O MPL também suporta um otimizador global chamado LGO como um de seus solucionadores fornecidos no *site* da editora.

12.8 PROGRAMAÇÃO SEPARÁVEL

A seção anterior mostrou como uma classe de problemas de programação não linear pode ser resolvida por uma extensão do método simplex. Consideraremos agora outra classe, chamada *programação separável*, que, na verdade, pode ser resolvida pelo próprio método simplex, pois um problema assim pode ser aproximado quanto quisermos por um problema de programação linear com um número maior de variáveis.

Conforme indicado na Seção 12.3, na programação separável parte do pressuposto de que a função objetivo $f(\mathbf{x})$ é côncava, que cada uma das funções de restrição $g_i(\mathbf{x})$ é convexa e que todas essas funções são funções separáveis (nas quais cada termo envolve apenas uma única variável). Entretanto, para simplificar a discussão, vamos nos concentrar aqui no caso especial em que as convexas e separáveis $g_i(\mathbf{x})$ são, na realidade, *funções lineares*, exatamente como acontece para a programação linear. (Passaremos para o caso geral no final desta seção.) Portanto, somente a função objetivo requer tratamento especial para esse caso específico.

Sob as hipóteses precedentes, a função objetivo pode ser expressa como uma soma de funções côncavas de variáveis individuais

$$f(\mathbf{x}) = \sum_{j=1}^{n} f_j(x_j),$$

de modo que cada $f_j(x_j)$ tenha uma forma[16] como aquelas mostradas na Figura 12.15 (ambos os casos) ao longo do intervalo de valores viáveis de x_j. Como $f(\mathbf{x})$ representa uma medida de desempenho (digamos, lucro) para todas as atividades juntas, $f_j(x_j)$ representa a *contribuição ao lucro* da atividade j quando esta é conduzida no nível x_j. A condição para $f(\mathbf{x})$ ser separável simplesmente implica aditividade (ver a Seção 3.3), isto é, não existe nenhuma interação entre as atividades (nenhum termo de produto cruzado) que afete o lucro total, além de suas contribuições independentes. A hipótese de que cada $f_j(x_j)$ seja côncava diz que a *lucratividade marginal* (inclinação da curva de lucros) permanece a mesma ou então diminui (*jamais* aumenta) à medida que x_j aumenta.

Curvas de lucro côncavas ocorrem com bastante frequência. Por exemplo, é possível vender-se uma quantidade limitada de algum produto a certo preço, depois outra quantidade a um preço menor e, quem sabe, finalmente outra quantidade a um preço menor ainda. De forma similar, pode ser necessário comprar matéria-prima de fontes cada vez mais caras. Em outra situação comum, um processo de produção mais caro pode ser usado (por exemplo, horas extras em vez de trabalho em expediente normal) para aumentar a taxa de produção, além de certo ponto.

Esses tipos de situação podem levar a qualquer um dos tipos de curvas de lucro mostradas na Figura 12.15. No caso 1, a inclinação diminui somente em certos *pontos de quebra*, de modo que $f_j(x_j)$ seja uma *função linear por trechos* (uma sequência de segmentos de reta conectados entre si). Para o caso 2, a inclinação pode diminuir continuamente à medida que x_j cresce, de maneira que $f_j(x_j)$ seja

---

[16] $f(\mathbf{x})$ é côncava se, e somente se, *toda* $f_j(x_j)$ for côncava.

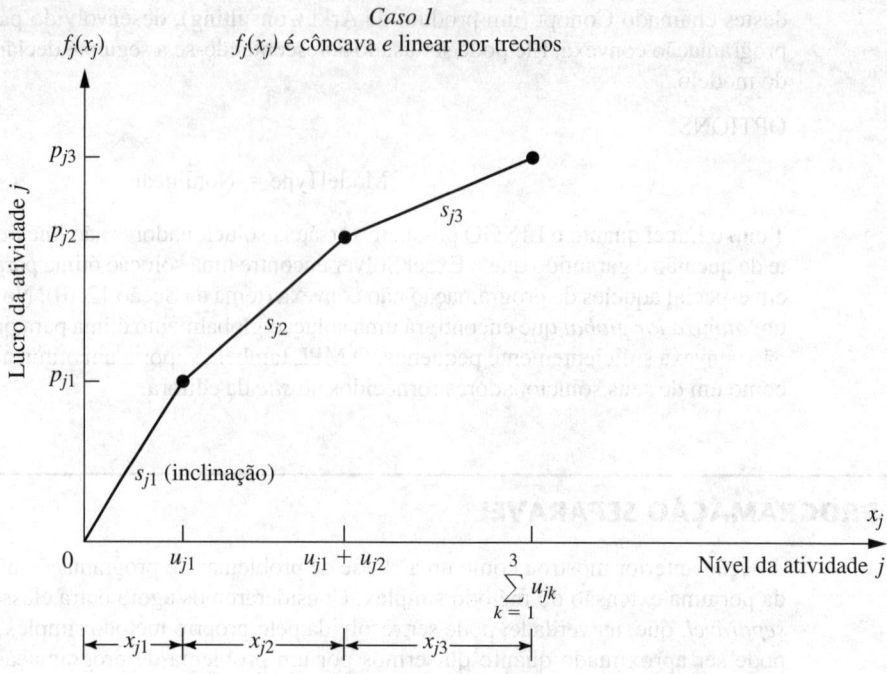

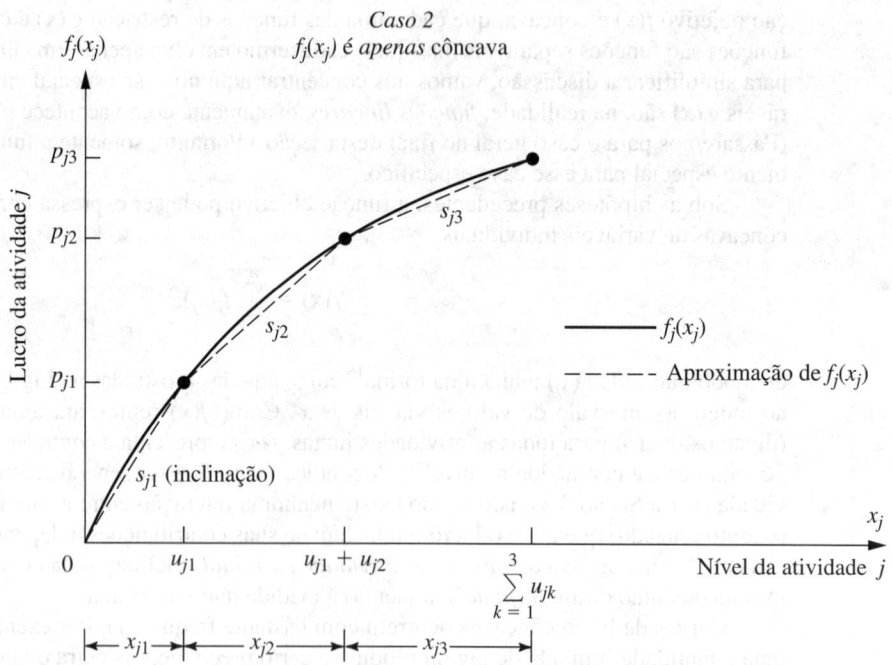

■ **FIGURA 12.15** Forma das curvas de lucro para a programação separável.

uma função côncava genérica. Qualquer função dessas pode ser aproximada quanto quisermos por uma função linear por trechos, e esse tipo de aproximação é usado conforme necessário para problemas de programação separável. (A Figura 12.15 mostra uma função aproximada formada apenas por três segmentos de reta, porém, a aproximação pode ser melhorada ainda mais por meio da introdução de mais pontos de quebra.) Essa aproximação é muito conveniente, pois uma função linear por trechos de uma única variável pode ser reescrita como uma *função linear* de diversas variáveis, com uma restrição especial sobre os valores dessas variáveis, conforme descrito a seguir.

Reformulação do tipo problema de programação linear

O segredo para reescrever uma função linear por trechos como uma função linear é utilizar uma variável separada para cada segmento de reta. Para fins ilustrativos, consideremos a função linear por trechos $f_j(x_j)$ exibida na Figura 12.15, caso 1 (ou a função linear por trechos aproximada para o caso 2), que possui três segmentos de reta ao longo do intervalo de valores viáveis de x_j. Introduza as três novas variáveis x_{j1}, x_{j2} e xj_3 e configure

$$x_j = x_{j1} + x_{j2} + x_{j3},$$

em que

$$0 \leq x_{j1} \leq u_{j1}, \quad 0 \leq x_{j2} \leq u_{j2}, \quad 0 \leq x_{j3} \leq u_{j3}.$$

A seguir, use as inclinações s_{j1}, s_{j2} e s_{j3} para reescrever $f_j(x_j)$ como

$$f_j(x_j) = s_{j1}x_{j1} + s_{j2}x_{j2} + s_{j3}x_{j3},$$

com a **restrição especial** de que

$$x_{j2} = 0 \quad \text{toda vez que} \quad x_{j1} < u_{j1},$$
$$x_{j3} = 0 \quad \text{toda vez que} \quad x_{j2} < u_{j2}.$$

Para verificar por que essa restrição especial é necessária, suponhamos que $x_j = 1$, em que $u_{jk} > 1$ ($k = 1, 2, 3$), de modo que $f_j(1) = s_{j1}$. Observe que:

$$x_{j1} + x_{j2} + x_{j3} = 1$$

permite

$$x_{j1} = 1, \quad x_{j2} = 0, \quad x_{j3} = 0 \Rightarrow f_j(1) = s_{j1},$$
$$x_{j1} = 0, \quad x_{j2} = 1, \quad x_{j3} = 0 \Rightarrow f_j(1) = s_{j2},$$
$$x_{j1} = 0, \quad x_{j2} = 0, \quad x_{j3} = 1 \Rightarrow f_j(1) = s_{j3},$$

e assim por diante, em que

$$s_{j1} > s_{j2} > s_{j3}.$$

No entanto, a restrição especial permite apenas a primeira possibilidade, que é a única que fornece o valor correto para $f_j(1)$.

No entanto, a restrição especial não se encaixa no formato exigido para restrições de programação linear e, assim, *algumas* funções lineares por trechos não podem ser reescritas em um formato de programação linear. Partimos então do pressuposto de que *nossas* $f_j(x_j)$ são côncavas, visto que $s_{j1} > s_{j2} > \cdots$, de modo que um algoritmo para maximizar $f(\mathbf{x})$ forneça *automaticamente* a prioridade mais alta a usar x_{j1} ao aumentar (de fato) x_j a partir de zero, a próxima prioridade mais alta a usar x_{j2} e assim por diante, sem mesmo incluir explicitamente a restrição especial no modelo. Essa observação nos leva à seguinte propriedade fundamental.

Propriedade fundamental da programação separável. Quando $f(\mathbf{x})$ e $g_i(\mathbf{x})$ satisfazem as hipóteses de programação separável e quando as funções lineares por trecho resultantes são reescritas como funções lineares, eliminar a *restrição especial* resulta em um *modelo de programação linear* cuja solução ótima satisfaz automaticamente a restrição especial.

Detalharemos ainda mais a lógica implícita nessa propriedade fundamental posteriormente nesta seção, no contexto de um exemplo específico. (Ver também o Problema 12.8-6a).

Para criar o modelo completo de programação linear na notação anterior, façamos que n_j seja o número de segmentos de reta em $f_j(x_j)$ (ou a função linear por trechos que faz sua aproximação), de modo que:

$$x_j = \sum_{k=1}^{n_j} x_{jk}$$

seria substituído ao longo de todo o modelo original e

$$f_j(x_j) = \sum_{k=1}^{n_j} s_{jk} x_{jk}$$

seria substituída[17] na função objetivo para $j = 1, 2, \ldots, n$. O modelo resultante ficará da seguinte maneira:

$$\text{Maximizar} \quad Z = \sum_{j=1}^{n} \left(\sum_{k=1}^{n_j} s_{jk} x_{jk} \right),$$

sujeito a

$$\sum_{j=1}^{n} a_{ij} \left(\sum_{k=1}^{n_j} x_{jk} \right) \leq b_i, \quad \text{para } i = 1, 2, \ldots, m$$

$$x_{jk} \leq u_{jk}, \quad \text{para } k = 1, 2, \ldots, n_j; j = 1, 2, \ldots, n$$

e

$$x_{jk} \geq 0, \quad \text{para} \quad k = 1, 2, \ldots, n_j; j = 1, 2, \ldots, n.$$

(As restrições $\sum_{k=1}^{n_j} x_{jk} \geq 0$ são eliminadas, pois elas são garantidas pelas restrições $x_{jk} \geq 0$.) Se alguma variável original x_j não tiver nenhum limite superior, então $u_{jn,} = \infty$, de modo que a restrição envolvendo essa quantidade será eliminada.

Uma maneira eficiente de se solucionar este modelo[18] é usar a versão otimizada do método simplex para lidar com restrições de limite superior (descrita na Seção 7.3). Após obter uma solução ótima para esse modelo, calcularíamos então:

$$x_j = \sum_{k=1}^{n_j} x_{jk},$$

para $j = 1, 2, \ldots, n$ de modo a identificar uma solução ótima para o problema de programação separável original (ou sua aproximação linear por trechos).

EXEMPLO. A Wyndor Glass Co. (ver a Seção 3.1) recebeu um pedido especial para produtos feitos à mão que serão produzidos nas Fábricas 1 e 2 ao longo dos próximos quatro meses. Atender a esse pedido exigirá o uso de certos empregados das equipes que trabalham em produtos regulares, de modo que os trabalhadores restantes precisarão fazer hora extra para utilizar a capacidade produtiva total do maquinário e equipamentos da fábrica para esses produtos regulares. Particularmente, para os dois novos produtos regulares discutidos na Seção 3.1, será necessário tempo de hora extra para utilizar os últimos 25% da capacidade produtiva disponível na Fábrica 1 para o produto 1 e para os últimos 50% da capacidade disponível na Fábrica 2 para o produto 2. O custo adicional para utilização de hora extra reduzirá o lucro para cada unidade envolvida, que cairá de US$ 3 para US$ 2 no caso do produto 1 e de US$ 5 para US$ 1 no caso do produto 2, gerando as *curvas de lucro* da Figura 12.16, e ambas se ajustam à forma do caso 1 da Figura 12.15.

A gerência decidiu ir em frente e usar trabalho com hora extra em vez de contratar mais empregados para essa situação temporária. Entretanto, ela insiste que o pessoal já destinado para cada produto seja totalmente utilizado em tempo regular antes que qualquer período de horas extras seja utilizado. Além disso, considera que as taxas de produção atuais ($x_1 = 2$ para o produto 1 e $x_2 = 6$ para o produto 2) devem ser alteradas por certo tempo, caso isso venha melhorar a lucratividade como um todo. Portanto, ela instruiu a equipe de PO a rever os produtos 1 e 2 para determinar o *mix* de produtos mais rentável durante os próximos quatro meses.

---

[17] Se uma ou mais das $f_j(x_j)$ já forem funções *lineares* $f_j(x_j) = c_j x_j$, então $n_j = 1$, de modo que nenhuma dessas substituições será feita para j.

[18] Se desejar usar um algoritmo especializado para solucionar esse modelo de forma muito eficiente, ver R. Fourer, "A Specialized Algorithm for Piecewise-Linear Programming III: Computational Analysis and Applications", *Mathematical Programming,* **53:** 213-235, 1992. Ver também A. M. Geoffrion, "Objective Function Approximations in Mathematical Programming", *Mathematical Programming,* **13:** 23-37, 1977.

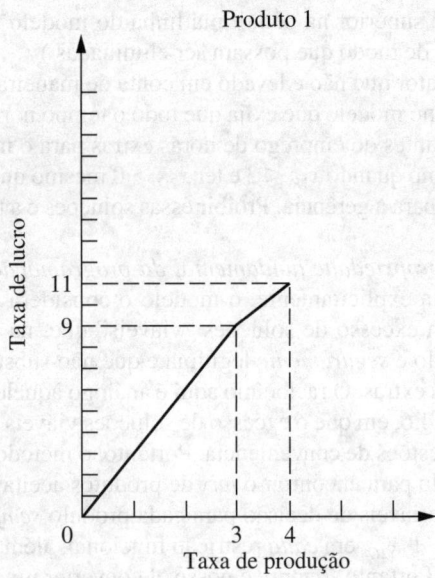 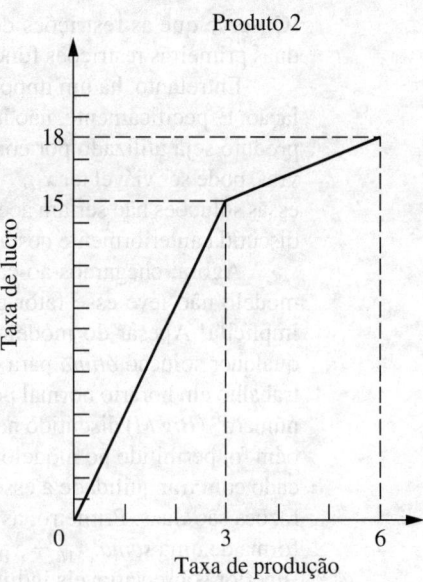

■ **FIGURA 12.16** Dados de lucro durante os quatro próximos meses para a Wyndor Glass Co.

Formulação. Lembrando que o modelo de programação linear para o problema original da Wyndor Glass Co. na Seção 3.1 era

$$\text{Maximizar} \quad Z = 3x_1 + 5x_2,$$

sujeito a

$$x_1 \leq 4$$
$$2x_2 \leq 12$$
$$3x_1 + 2x_2 \leq 18$$

e

$$x_1 \geq 0, \quad x_2 \geq 0.$$

Agora, precisamos modificar esse modelo para que se ajuste à nova situação descrita anteriormente. Então, façamos que a taxa de produção para o produto 1 seja $x_1 = x_{1R} + x_{1O}$, em que x_{1R} é a taxa de produção alcançada em tempo regular e x_{1O} é a taxa de produção incremental pelo uso de horas extras. Definamos $x_2 = x_{2R} + x_{2O}$ da mesma maneira para o produto 2. Portanto, na notação de modelo para programação linear genérica para programação separável dada logo antes desse exemplo, $n = 2$, $n_1 = 2$, e $n_2 = 2$. Incorporando os dados na Figura 12.16 (inclusive as taxas de produção máximas em horário normal e em horas extras) nesse modelo genérico fornece o modelo específico para essa aplicação. Particularmente, o novo problema de programação linear é determinar os valores de x_{1R}, x_{1O}, x_{2R} e x_{2O} de modo a:

$$\text{Maximizar} \quad Z = 3x_{1R} + 2x_{1O} + 5x_{2R} + x_{2O},$$

sujeito a

$$x_{1R} + x_{1O} \leq 4$$
$$2(x_{2R} + x_{2O}) \leq 12$$
$$3(x_{1R} + x_{1O}) + 2(x_{2R} + x_{2O}) \leq 18$$
$$x_{1R} \leq 3, \quad x_{1O} \leq 1, \quad x_{2R} \leq 3, \quad x_{2O} \leq 3$$

e

$$x_{1R} \geq 0, \quad x_{1O} \geq 0, \quad x_{2R} \geq 0, \quad x_{2O} \geq 0.$$

(Observe que as restrições de limite superior na penúltima linha do modelo tornam *redundantes* as duas primeiras restrições funcionais, de modo que possam ser eliminadas.)

Entretanto, há um importante fator que não é levado em conta de maneira explícita nessa formulação. Especificamente, não há nada no modelo que exija que todo o tempo normal disponível para um produto seja utilizado por completo antes do emprego de horas extras para o mesmo. Em outras palavras, pode ser viável ter $x_{1O} > 0$ mesmo quando $x_{1R} < 3$ e ter $x_{2O} > 0$ mesmo quando $x_{2R} < 3$. Contudo, essas soluções não seriam aceitáveis para a gerência. Proibir essas soluções é a tal da *restrição especial* discutida anteriormente nesta seção.

Agora, chegamos ao caso da *propriedade fundamental da programação separável*. Embora o modelo não leve esse fator em conta explicitamente, o modelo o considera efetivamente de forma implícita! Apesar do modelo ter um excesso de soluções "viáveis" que, na verdade, é inaceitável, qualquer solução *ótima* para o modelo é *seguramente* legítima e que não substitui qualquer tempo de trabalho em horário normal por horas extras. O raciocínio aqui é análogo àquele do método do "grande número" (*Big M*) discutido na Seção 4.6, em que o excesso de soluções viáveis porém *não ótimas* também foi permitido no modelo por questões de conveniência. Portanto, o método simplex pode ser aplicado com tranquilidade a esse modelo para encontrar o *mix* de produtos aceitável e mais lucrativo. As razões são duas. Primeiro, as duas variáveis de decisão para cada produto *sempre* aparecem juntas na forma de uma *soma*, $x_{1R} + x_{1O}$ ou $x_{2R} + x_{2O}$, em *cada* restrição funcional, além das restrições de limite superior sobre variáveis individuais. Portanto, *sempre* é possível converter uma solução viável inaceitável em aceitável com as mesmas taxas de produção, $x_1 = x_{1R} + x_{1O}$ e $x_2 = x_{2R} + x_{2O}$, simplesmente substituindo-se, o máximo possível, a produção em horas extras por produção em tempo regular. Em segundo lugar, a produção usando horas extras é menos lucrativa que a produção em horário normal (isto é, a inclinação de cada curva de lucro da Figura 12.16 é uma função *decrescente* monotônica da taxa de produção) e, portanto, converter uma solução viável inaceitável em uma aceitável dessa maneira *obrigatoriamente* aumenta a taxa de lucro total Z. Como consequência, qualquer solução viável que use produção em horas extras para um produto quando ainda existe tempo normal de produção disponível *não pode* ser ótima em relação ao modelo.

Consideremos, por exemplo, a solução viável inaceitável $x_{1R} = 1, x_{1O} = 1, x_{2R} = 1, x_{2O} = 3$, que nos leva a uma taxa de lucro total $Z = 13$. A maneira aceitável de se atingir as mesmas taxas de produção totais $x_1 = 2$ e $x_2 = 4$ é $x_{1R} = 2, x_{1O} = 0, x_{2R} = 3, x_{2O} = 1$. Essa última solução ainda é viável, embora ela também aumente Z de $(3 - 2)(1) + (5 - 1)(2) = 9$ gerando então uma taxa de lucro total $Z = 22$.

De forma similar, a solução ótima para esse modelo por acaso é $x_{1R} = 3, x_{1O} = 1, x_{2R} = 3, x_{2O} = 0$, que é uma solução viável aceitável.

Outro exemplo que ilustra a aplicação da programação separável é incluído na seção de Worked Examples do *site* da editora.

Extensões

Até então nos concentramos no caso especial da programação separável no qual a única função não linear era a função objetivo $f(\mathbf{x})$. Consideremos agora brevemente o caso genérico em que as funções de restrição $g_i(\mathbf{x})$ não precisam ser lineares, mas sim convexas e separáveis, de modo que cada $g_i(\mathbf{x})$ possa ser expressa como um somatório de funções de variáveis individuais

$$g_i(\mathbf{x}) = \sum_{j=1}^{n} g_{ij}(x_j),$$

em que cada $g_{ij}(x_j)$ é uma *função convexa*. Mais uma vez, cada uma dessas novas funções pode ser aproximada quanto quisermos por uma função *linear por trechos* (se ela já não se encontrar nesse formato). A única nova restrição é que para cada variável x_j ($j = 1, 2, \ldots, n$), todas as aproximações lineares por trechos das funções dessa variável $[f_j(x_j), g_{1j}(x_j), \ldots, g_{mj}(x_j)]$ devem ter os *mesmos* pontos de quebra de modo que as mesmas novas variáveis $(x_{j1}, x_{j2}, \ldots, x_{jn_j})$ possam ser usadas para todas essas funções lineares por trechos. Essa formulação leva a um modelo de programação linear exatamente igual àquele fornecido para o caso especial, exceto pelo fato de que para cada i e j, as variáveis x_{jk} agora possuem coeficientes diferentes na restrição i [em que esses coeficientes são as inclinações correspondentes da função linear por trechos que faz a aproximação de $g_{ij}(x_j)$]. Como $g_{ij}(x_j)$ têm de ser convexas, basicamente a mesma lógica anterior implica que a propriedade fundamental da programação separável ainda deva ser válida. (Ver o Problema 12.8-6b.)

Um inconveniente de se aproximar funções por meio de funções lineares por trechos, conforme descrito nesta seção, é que alcançar melhor aproximação requer grande número de segmentos de reta (variáveis), ao passo que é necessária uma fina grade para os pontos de quebra apenas nas vizinhanças imediatas de uma solução ótima. Portanto, metodologias mais sofisticadas que usam uma sucessão de funções lineares por trechos de *dois segmentos* foram criadas[19] para obter *aproximações sucessivas cada vez mais próximas* nessa vizinhança imediata. Esse tipo de metodologia tende a ser mais rápido, bem como mais preciso na aproximação de uma solução ótima.

12.9 PROGRAMAÇÃO CONVEXA

Já discutimos alguns casos especiais de programação convexa nas Seções 12.4 e 12.5 (problemas sem restrições), 12.7 (função objetivo quadrática com restrições lineares) e 12.8 (funções separáveis). Você também deve ter visto alguma teoria para o caso geral (condições necessárias e suficientes para otimalidade) na Seção 12.6. Nesta seção, discutiremos brevemente alguns tipos de metodologia usadas para solucionar o problema genérico da programação convexa [em que a função objetivo $f(\mathbf{x})$ a ser maximizada é côncava e as funções de restrição $g_i(\mathbf{x})$ são convexas] e, a seguir, apresentaremos um exemplo de um algoritmo para programação convexa.

Não existe um algoritmo-padrão que possa sempre ser usado para solucionar problemas de programação convexa. Foram desenvolvidos vários algoritmos diferentes, cada um dos quais com suas vantagens e desvantagens, e a pesquisa continua muito ativa nessa área. Em termos grosseiros, a maioria desses algoritmos cai em uma das três categorias a seguir.

A primeira delas são os **algoritmos por gradiente**, nos quais o método de busca por gradiente da Seção 12.5 é modificado de alguma maneira a impedir que o caminho de busca penetre qualquer limite de restrição. Por exemplo, um famoso método por gradiente é o chamado método GRG (Gradiente Reduzido Generalizado). O Excel Solver usa o método GRG para resolver problemas de programação convexa. (Conforme será discutido na próxima seção, o Premium Solver também inclui uma opção Evolutionary Solver que é bem adequada para lidar com problemas de *programação não convexa*.)

A segunda categoria – **algoritmos irrestritos sequenciais** – inclui os métodos de *função de penalidade* e *função de barreira*. Esses algoritmos convertem o problema de otimização restrito original em uma sequência de problemas de *otimização irrestrita* cujas soluções ótimas convergem para a solução ótima do problema original. Cada um desses problemas de otimização irrestrita pode ser solucionado por meio dos tipos de procedimentos descritos na Seção 12.5. Essa conversão é obtida incorporando-se as restrições em uma função de penalidade (ou função de barreira) que é subtraída da função objetivo de modo a impor grandes penalidades para restrições violadoras (ou até mesmo estar próximo de limites de restrição). Na última parte desta seção, descreveremos um algoritmo dos anos 1960, chamado **técnica de minimização irrestrita sequencial** (ou, simplesmente, **SUMT**), que foi pioneira nessa categoria de algoritmos. A SUMT também ajudou a incentivar alguns dos *métodos do ponto interior* para programação linear.

A terceira categoria – **algoritmos de aproximação sequencial** – inclui os métodos da *aproximação linear* e da *aproximação quadrática*. Esses algoritmos substituem a função objetivo não linear por uma sucessão de aproximações lineares ou quadráticas. Para problemas de otimização linearmente restrita, essas aproximações permitem a aplicação repetida dos algoritmos de programação linear ou quadrática. Esse trabalho é acompanhado por outra análise que leva a uma sequência de soluções que converge para uma solução ótima para o problema original. Embora esses algoritmos sejam particularmente adequados para problemas de otimização linearmente restrita, alguns também podem ser estendidos aos problemas com funções de restrição não lineares pelo emprego de aproximações lineares adequadas.

---

[19] R. R. Meyer, "Two-Segment Separable Programming", *Management Science*, **25**: 385-395, 1979.

Como exemplo de um algoritmo de *aproximação sequencial*, apresentamos aqui o **algoritmo de Frank-Wolfe**[20] para o caso da programação convexa *linearmente restrita* (de modo que as restrições sejam $\mathbf{Ax} \leq \mathbf{b}$ e $\mathbf{x} \geq \mathbf{0}$ na forma matricial). Esse procedimento é particularmente simples; ele combina aproximações *lineares* da função objetivo (o que nos permite usar o método simplex) com um procedimento para otimização irrestrita de uma variável (tal como aquele descrito na Seção 12.4).

Algoritmo de aproximação linear sequencial (Frank-Wolfe)

Dada uma solução experimental viável $\mathbf{x}'$, a aproximação linear usada para a função objetivo $f(\mathbf{x})$ é a expansão da série de Taylor de primeira ordem de $f(\mathbf{x})$ em torno de $\mathbf{x} = \mathbf{x}'$, isto é,

$$f(\mathbf{x}') \approx f(\mathbf{x}') + \sum_{j=1}^{n} \frac{\partial f(\mathbf{x}')}{\partial x_j}(x_j - x_j') = f(\mathbf{x}') + \nabla f(\mathbf{x}')(\mathbf{x} - \mathbf{x}'),$$

em que essas derivadas parciais são calculadas em $\mathbf{x} = \mathbf{x}'$. Pelo fato de $f(\mathbf{x}')$ e $\nabla f(\mathbf{x}')\mathbf{x}'$ terem valores fixos, elas podem ser eliminadas para gerar uma função objetivo linear equivalente

$$g(\mathbf{x}) = \nabla f(\mathbf{x}')\mathbf{x} = \sum_{j=1}^{n} c_j x_j, \quad \text{em que } c_j = \frac{\partial f(\mathbf{x})}{\partial x_j} \quad \text{em } \mathbf{x} = \mathbf{x}'.$$

O método simplex (ou o procedimento gráfico se $n = 2$) é então aplicado ao problema de programação linear resultante [maximizar $g(x)$ sujeito às restrições originais, $\mathbf{Ax} \leq \mathbf{b}$ e $\mathbf{x} \geq \mathbf{0}$] para encontrar *sua* solução ótima x_{LP}. Observe que a função objetivo linear necessariamente cresce de forma estável à medida que se desloca ao longo do segmento de reta de $\mathbf{x}'$ até $\mathbf{x}_{LP}$ (que se encontra ao longo do contorno da região de soluções viáveis). Entretanto, pode ser que a aproximação linear não seja particularmente próxima àquela para $\mathbf{x}$ distante de $\mathbf{x}'$, de modo que possa ser que a função objetivo *não linear* não continue a crescer durante todo o percurso de $\mathbf{x}'$ até $\mathbf{x}_{LP}$. Assim, em vez de simplesmente aceitar $\mathbf{x}_{LP}$ como a solução experimental seguinte, escolhemos o ponto que maximiza a função objetivo não linear ao longo desse segmento de reta. Esse ponto pode ser encontrado conduzindo-se um procedimento para otimização irrestrita de uma variável do tipo apresentado na Seção 12.4, em que a única variável que auxilia essa busca é a fração t da distância total de $\mathbf{x}'$ até $\mathbf{x}_{LP}$. Esse ponto torna-se então a nova solução experimental para iniciar a próxima iteração do algoritmo, conforme descrito. A sequência de soluções experimentais geradas por repetidas iterações converge em uma solução ótima para o problema original e, portanto, o algoritmo interrompe assim que as soluções experimentais sucessivas estiverem suficientemente próximas entre si basicamente atingindo essa solução ótima.

Resumo do algoritmo de Frank-Wolfe

Inicialização: encontre uma solução viável experimental inicial $\mathbf{x}^{(0)}$ aplicando, por exemplo, os procedimentos de programação linear para encontrar uma solução BV inicial. Faça com que $k = 1$.

Iteração k:

1. Para $j = 1, 2, \ldots, n$, calcule:

$$\frac{\partial f(\mathbf{x})}{\partial x_j} \quad \text{em } \mathbf{x} = \mathbf{x}^{(k-1)}$$

e configure c_j igual a esse valor.

2. Encontre uma solução ótima $\mathbf{x}_{LP}^{(k)}$ para o seguinte problema de programação linear.

$$\text{Maximizar} \quad g(\mathbf{x}) = \sum_{j=1}^{n} c_j x_j,$$

---

[20] M. Frank and P. Wolfe, "An Algorithm for Quadratic Programming", *Naval Research Logistics Quarterly*, **3**: 95-110, 1956. Embora tenha sido desenvolvido originalmente para programação quadrática, esse algoritmo é facilmente adaptável ao caso de uma função objetivo côncava genérica aqui considerada.

sujeito a

$$Ax \le b \quad \text{e} \quad x \ge 0.$$

3. Para a variável t ($0 \le t \le 1$), configure:

$$h(t) = f(x) \quad \text{para } x = x^{(k-1)} + t(x_{LP}^{(k)} - x^{(k-1)}),$$

de modo que $h(t)$ fornece o valor de $f(x)$ no segmento de reta entre $x^{(k-1)}$ (em que $t = 0$) e $x_{LP}^{(k)}$ (no qual $t = 1$). Use algum procedimento para otimização irrestrita de uma variável (ver a Seção 12.4) para maximizar $h(t)$ no intervalo $0 \le t \le 1$ e configure $x^{(k)}$ igual ao x correspondente. Vá para a regra da interrupção.

Regra da interrupção: Se $x^{(k-1)}$ e $x^{(k)}$ forem suficientemente próximas, interrompa e use $x^{(k)}$ (ou alguma extrapolação de $x^{(0)}, x^{(1)}, \ldots, x^{(k-1)}, x^{(k)}$) como uma estimativa de uma solução ótima. Caso contrário, reinicie $k = k + 1$ e realize mais uma iteração.

Ilustremos agora tal procedimento.

EXEMPLO. Considere o seguinte problema de programação convexa linearmente restrito:

$$\text{Maximizar} \quad f(x) = 5x_1 - x_1^2 + 8x_2 - 2x_2^2,$$

sujeito a

$$3x_1 + 2x_2 \le 6$$

e

$$x_1 \ge 0, \quad x_2 \ge 0.$$

Observe que:

$$\frac{\partial f}{\partial x_1} = 5 - 2x_1, \quad \frac{\partial f}{\partial x_2} = 8 - 4x_2,$$

de modo que o máximo *irrestrito* $x = (\frac{5}{2}, 2)$ viola a restrição funcional. Logo, são necessários mais alguns procedimentos para se encontrar o máximo *restrito*.

Iteração 1: Como $x = (0, 0)$ é claramente viável (e corresponde à solução BV inicial para as restrições de programação linear), escolhamos esta como solução experimental inicial $x^{(0)}$ para o algoritmo de Frank-Wolfe. Incorporando $x_1 = 0$ e $x_2 = 0$ às expressões para as derivadas parciais resulta em $c_1 = 5$ e $c_2 = 8$, de maneira que $g(x) 5x_1 + 8x_2$ seja a aproximação linear inicial da função objetivo. Graficamente, resolver esse problema de programação linear (ver Figura 12.17a) resulta em $x_{LP}^{(1)} = (0, 3)$. Para a etapa 3 da primeira iteração, os pontos sobre o segmento de reta entre $(0, 0)$ e $(0, 3)$ mostrados na Figura 12.17a são expressos por:

$$(x_1, x_2) = (0, 0) + t[(0, 3) - (0, 0)] \quad \text{para } 0 \le t \le 1$$
$$= (0, 3t)$$

conforme mostrado na sexta coluna da Tabela 12.6. Essa expressão gera então:

$$h(t) = f(0, 3t) = 8(3t) - 2(3t)^2$$
$$= 24t - 18t^2,$$

de modo que o valor $t = t^*$ que maximiza $h(t)$ no intervalo $0 \le t \le 1$ pode ser obtido nesse caso configurando-se:

$$\frac{dh(t)}{dt} = 24 - 36t = 0,$$

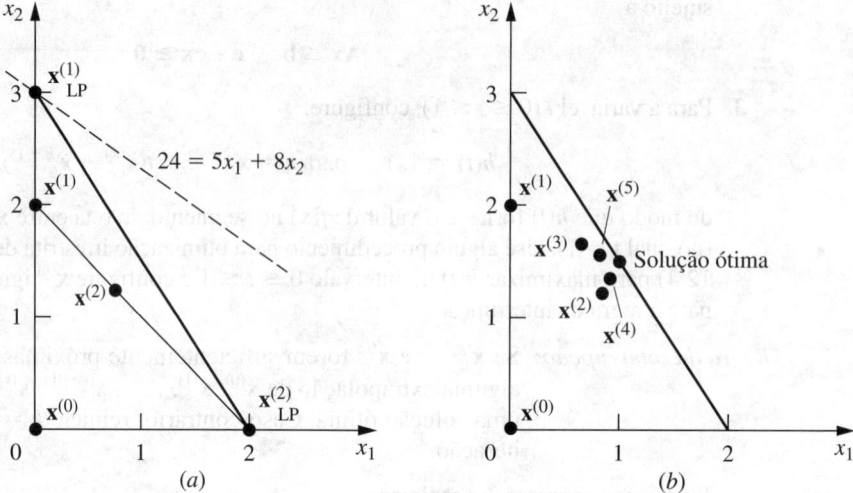

■ **FIGURA 12.17** Exemplo de aplicação do algoritmo de Frank-Wolfe.

■ **TABELA 12.6** Aplicação do algoritmo de Frank-Wolfe ao exemplo

k	$x^{(k-1)}$	c_1	c_2	$x_{LP}^{(k)}$	x para $h(t)$	$h(t)$	t^*	$x^{(k)}$
1	(0, 0)	5	8	(0, 3)	(0, 3t)	$24t - 18t^2$	$\frac{2}{3}$	(0, 2)
2	(0, 2)	5	0	(2, 0)	(2t, 2 − 2t)	$8 + 10t - 12t^2$	$\frac{5}{12}$	$\left(\frac{5}{6}, \frac{7}{6}\right)$

de modo que $t^* = \frac{2}{3}$. Esse resultado leva à próxima solução experimental

$$x^{(1)} = (0, 0) + \frac{2}{3}[(0, 3) - (0, 0)]$$
$$= (0, 2),$$

que completa a primeira iteração.

Iteração 2: para esboçar os cálculos que levam aos resultados da segunda linha da Tabela 12.6, note que $x^{(1)} = (0, 2)$ resulta:

$$c_1 = 5 - 2(0) = 5,$$
$$c_2 = 8 - 4(2) = 0.$$

Para a função objetivo $g(x) = 5x_1$, resolver graficamente o problema ao longo da região de soluções viáveis na Figura 12.17a resulta em $x_{LP}^{(2)} = (2, 0)$. Portanto, a expressão para o segmento de reta entre $x^{(1)}$ e $x_{LP}^{(2)}$ (ver Figura 12.17a) é:

$$x = (0, 2) + t[(2, 0) - (0, 2)]$$
$$= (2t, 2 - 2t),$$

de modo que

$$h(t) = f(2t, 2 - 2t)$$
$$= 5(2t) - (2t)^2 + 8(2 - 2t) - 2(2 - 2t)^2$$
$$= 8 + 10t - 12t^2.$$

Configurando

$$\frac{dh(t)}{dt} = 10 - 24t = 0$$

resulta em t* = $\frac{5}{12}$. Portanto,

$$\mathbf{x}^{(2)} = (0, 2) + \frac{5}{12}[(2, 0) - (0, 2)]$$

$$= \left(\frac{5}{6}, \frac{7}{6}\right),$$

o que completa a segunda iteração.

A Figura 12.17b mostra as soluções experimentais que são obtidas das iterações 3, 4 e 5 também. Podemos ver como essas soluções experimentais alternam entre duas trajetórias que parecem interceptar aproximadamente no ponto $\mathbf{x} = (1, \frac{3}{2})$. Esse ponto é, na realidade, a solução ótima, como pode ser verificado pela aplicação das condições KKT da Seção 12.6.

Esse exemplo ilustra uma característica comum do algoritmo de Frank-Wolfe, isto é, que as soluções experimentais alternam-se entre duas (ou mais) trajetórias. Quando elas se alternam dessa maneira, podemos extrapolar as trajetórias para o ponto de interseção aproximado entre elas para estimar uma solução ótima. Essa estimativa tende a ser melhor que usar a última solução experimental gerada. A razão para isto é que as soluções experimentais tendem a convergir e bastante lentamente em direção a uma solução ótima, de modo que a última solução experimental ainda pode estar bem longe da solução ótima.

Caso queira ver outro exemplo da aplicação do algoritmo de Frank-Wolfe, temos um incluso na seção de Worked Examples do *site* da editora. O Tutor PO fornece mais um exemplo também. O Tutorial IOR ainda inclui um procedimento interativo para esse algoritmo.

Alguns outros algoritmos

Devemos enfatizar que o algoritmo de Frank-Wolfe é apenas um exemplo dos algoritmos de aproximação sequencial. Muitos desses algoritmos usam aproximações *quadráticas* em vez de *lineares* a cada iteração porque as aproximações quadráticas fornecem uma resposta consideravelmente mais próxima ao problema original e, portanto, permitem que a sequência de soluções convirja de modo consideravelmente mais rápido em direção a uma solução ótima do que foi o caso na Figura 12.17b. Por essa razão, embora métodos de aproximação linear sequencial como o algoritmo de Frank-Wolfe sejam relativamente simples de usar, os *métodos de aproximação quadrática sequencial* hoje são geralmente preferidos em aplicações reais. Entre esses métodos conhecidos, temos os métodos de *quase Newton* (ou *métrico variável*). Conforme já mencionado na Seção 12.5, esses métodos usam uma rápida aproximação do *método de Newton* e depois o adaptam ainda mais para levar em conta as restrições do problema. Para acelerar o algoritmo, os métodos quase Newton calculam uma aproximação quadrática para a curvatura de uma função não linear sem calcular explicitamente as segundas derivadas (parciais). Para problemas de otimização linearmente restrita, essa função não linear é simplesmente a função objetivo; ao passo que com restrições não lineares, ela é a função de Lagrange descrita no Apêndice 3. Alguns algoritmos quase Newton nem mesmo formam e resolvem claramente um problema de programação quadrática aproximada a cada iteração, mas sim incorporam algum dos ingredientes básicos dos *algoritmos por gradiente*. (Veja a Referência Selecionada 2 para mais detalhes sobre os algoritmos de aproximação sequencial.)

Passamos agora dos algoritmos de aproximação sequencial para os *algoritmos irrestritos sequenciais*. Conforme mencionado no início da seção, os algoritmos do último tipo resolvem o problema de otimização restrita original em vez de resolver uma sequência de problemas de *otimização irrestrita*.

Um algoritmo irrestrito sequencial que se destaca em particular e vem sendo empregado amplamente desde sua criação nos anos 1960 é a *técnica de minimização irrestrita sequencial* (ou abreviadamente *SUMT*)[21]. Na verdade, existem duas versões principais do SUMT, uma das quais é um algoritmo

---

[21] Ver Referência Selecionada 1.

de *ponto externo* que trata de soluções *inviáveis* ao usar uma *função de penalidade* forçando a convergência para a região de soluções viáveis. Descreveremos a outra versão, que é um algoritmo de *ponto interno* que trata diretamente de soluções *viáveis* usando uma *função de barreira* para forçar a permanência na região viável. Apesar de o SUMT ser originalmente apresentado como uma técnica de minimização, nós devemos convertê-la a uma técnica de maximização para nos mantermos alinhados ao restante do capítulo. Além disso, continuamos a considerar o problema na forma apresentada no início do capítulo e que todas as funções são diferenciáveis.

Técnica de minimização irrestrita sequencial (SUMT)

Como o próprio nome indica, a SUMT substitui o problema original por uma *sequência* de problemas de *otimização irrestrita* cujas soluções *convergem* para uma solução (máximo local) do problema original. Essa abordagem é muito interessante, pois os problemas de otimização irrestrita são muito mais fáceis de ser resolvidos (ver a Seção 12.5) que aqueles que contêm restrições. Cada um dos problemas irrestritos dessa sequência envolve escolher um valor estritamente positivo (sucessivamente cada vez menor) de um escalar r e depois encontrar $\mathbf{x}$ de modo a

$$\text{Maximizar} \quad P(\mathbf{x}; r) = f(\mathbf{x}) - rB(\mathbf{x}).$$

Aqui $B(\mathbf{x})$ é uma **função de barreira** que possui as seguintes propriedades (para x que são viáveis para o problema original):

1. $B(\mathbf{x})$ é *pequeno* quando $\mathbf{x}$ se encontra *distante* do contorno da região de soluções viáveis;
2. $B(\mathbf{x})$ é *grande* quando $\mathbf{x}$ se encontra *próximo* do contorno da região de soluções viáveis;
3. $B(\mathbf{x}) \to \infty$ à medida que a distância do contorno (mais próximo) da região de soluções viáveis $\to 0$.

Portanto, iniciando o procedimento de busca com uma solução experimental inicial *viável* e, depois tentando aumentar $P(\mathbf{x}; r)$, $B(\mathbf{x})$ cria uma *barreira* que impede a busca de até mesmo cruzar (ou até mesmo atingir) o contorno da região de soluções viáveis para o problema original.

A escolha mais comum de $B(\mathbf{x})$ é:

$$B(\mathbf{x}) = \sum_{i=1}^{m} \frac{1}{b_i - g_i(\mathbf{x})} + \sum_{j=1}^{n} \frac{1}{x_j}.$$

Para valores viáveis de $\mathbf{x}$, observe que o denominador de cada termo é proporcional à distância de $\mathbf{x}$ a partir do limite de restrição para a restrição funcional ou de não negatividade correspondente. Por conseguinte, *cada* termo é um *termo de repulsão de limite* que possui todas as três propriedades precedentes em relação a esse limite de restrição particular. Outra interessante característica desse $B(\mathbf{x})$ é que quando todas as hipóteses da *programação convexa* são satisfeitas, $P(\mathbf{x}; r)$ é uma função côncava.

Como $B(\mathbf{x})$ mantém a busca distante do contorno da região de soluções viáveis, provavelmente você deve fazer uma pergunta legítima: o que acontece se a solução desejada recair sobre esse contorno? Essa preocupação é a razão para a SUMT envolver a resolução de uma *sequência* desses problemas de otimização irrestrita para valores sucessivamente menores de r aproximando-se de zero (em que a solução experimental final de cada uma deles se torna a solução experimental inicial para o problema seguinte). Por exemplo, cada novo r poderia ser obtido a partir do precedente multiplicando-o por uma constante θ ($0 < \theta < 1$), na qual um valor típico seria $\theta = 0{,}01$. À medida que r se aproximar de 0, $P(\mathbf{x}; r)$ aproxima-se de $f(\mathbf{x})$, de modo que o máximo local correspondente de $P(\mathbf{x}; r)$ convirja para um máximo local do problema original. Portanto, é necessário resolver apenas um número suficiente de problemas de otimização irrestrita para que possamos extrapolar suas soluções para essa solução limitante.

Quantos problemas são suficientes para permitir essa extrapolação? Quando o problema original satisfaz as hipóteses da programação convexa, informações úteis se encontram à disposição para nos orientar nessa decisão. Particularmente, se x for um maximizador global de $P(x; r)$, então:

$$f(\bar{\mathbf{x}}) \leq f(\mathbf{x}^*) \leq f(\bar{\mathbf{x}}) + rB(\bar{\mathbf{x}}),$$

em que $\mathbf{x}^*$ é a solução *ótima* (desconhecida) para o problema original. Assim, $rB(\bar{\mathbf{x}})$ é o *erro máximo* (no valor da função objetivo) que pode resultar usando $\bar{\mathbf{x}}$ para aproximar $\mathbf{x}^*$ e extrapolar além de $\bar{\mathbf{x}}$

para aumentar $f(\mathbf{x})$ ainda mais acaba diminuindo esse erro. Se for estabelecida antecipadamente uma *tolerância de erro*, então podemos parar assim que $rB(\overline{\mathbf{x}})$ for menor que esse valor.

Resumo da SUMT

Inicialização: identifique uma solução experimental inicial *viável* $\mathbf{x}^{(0)}$ que não se encontre sobre o contorno (limites) da região de soluções viáveis. Faça com que $k = 1$ e escolha valores estritamente positivos apropriados para o r inicial e para $\theta < 1$ (digamos, $r = 1$ e $\theta = 0{,}01$)[22].

Iteração k: partindo de $\mathbf{x}^{(k-1)}$, aplique um procedimento de otimização irrestrita com variáveis múltiplas (por exemplo, o método de busca por gradiente) conforme descrito na Seção 12.5 para encontrar um máximo local $\mathbf{x}^{(k)}$ igual a

$$P(\mathbf{x}; r) = f(\mathbf{x}) - r\left[\sum_{i=1}^{m} \frac{1}{b_i - g_i(\mathbf{x})} + \sum_{j=1}^{n} \frac{1}{x_j}\right].$$

Regra da interrupção: se a mudança de $\mathbf{x}^{(k-1)}$ para $\mathbf{x}^{(k)}$ for insignificante, pare e use $\mathbf{x}^{(k)}$ (ou uma extrapolação de $\mathbf{x}^{(0)}, \mathbf{x}^{(1)}, \ldots, \mathbf{x}^{(k-1)}, \mathbf{x}^{(k)}$) como estimativa de um *máximo local* do problema original. Caso contrário, reinicialize $k = k + 1$ e $r = \theta r$ e realize mais uma iteração.

Finalmente, observe que a SUMT também pode ser estendida para acomodar restrições de *igualdade* $g_i(\mathbf{x}) = b_i$. Uma maneira-padrão é a seguinte. Para cada restrição de igualdade,

$$\frac{-[b_i - g_i(\mathbf{x})]^2}{\sqrt{r}} \quad \text{substitui} \quad \frac{-r}{b_i - g_i(\mathbf{x})}$$

na expressão para $P(\mathbf{x}; r)$ dada em "Resumo da SUMT" e, em seguida, é usado o mesmo procedimento. O numerador $-[b_i\, g_i(\mathbf{x})]^2$ impõe uma grande penalidade para desviar substancialmente da condição de satisfazer a restrição de igualdade e, então, o denominador aumenta tremendamente essa penalidade à medida que r é diminuído para um valor muito pequeno e, assim, forçando a sequência de soluções experimentais a convergir para um ponto que satisfaça a restrição.

A SUMT vem sendo usada amplamente em razão de sua simplicidade e versatilidade. Entretanto, analistas numéricos descobriram que ela é relativamente suscetível a *instabilidade numérica* e, portanto, recomenda-se extremo cuidado. Para mais informações sobre essa questão bem como para análises similares para algoritmos alternativos, ver a Referência Selecionada 3.

EXEMPLO. Para fins ilustrativos da SUMT, consideremos o seguinte problema de duas variáveis:

$$\text{Maximizar} \quad f(\mathbf{x}) = x_1 x_2,$$

sujeito a

$$x_1^2 + x_2 \leq 3$$

e

$$x_1 \geq 0, \quad x_2 \geq 0.$$

Embora $g_1(\mathbf{x}) = x_1^2 + x$ seja convexa (pois cada um dos termos é convexo), esse problema é um problema de *programação não convexa*, porque $f(\mathbf{x}) = x_1 x_2$ não é côncava (ver o Apêndice 2). Entretanto, o problema encontra-se bastante próximo de um problema de programação convexa que a SUMT necessariamente convergirá para uma solução ótima nesse caso. (Falaremos mais a respeito da programação não convexa, inclusive o papel da SUMT no tratamento desses problemas na próxima seção.)

---

[22] Um critério razoável para a escolha do r inicial é aquele que torna $rB(\mathbf{x})$ praticamente da mesma ordem de grandeza de $f(\mathbf{x})$ para soluções viáveis $\mathbf{x}$ que não são particularmente próximas ao contorno.

■ **TABELA 12.7** Exemplo de SUMT

k	r	$x_1^{(k)}$	$x_2^{(k)}$
0		1	1
1	1	0,90	1,36
2	10^{-2}	0,987	1,925
3	10^{-4}	0,998	1,993
		↓	↓
		1	2

Para a inicialização, $(x_1, x_2) = (1, 1)$ é uma solução viável óbvia que não se encontra sobre o contorno da região de soluções viáveis e, portanto, podemos fazer que $\mathbf{x}^{(0)}$ (1, 1). Escolhas razoáveis para r e θ seriam $r = 1$ e $\theta = 0,01$.

Para cada iteração,

$$P(\mathbf{x}; r) = x_1 x_2 - r \left(\frac{1}{3 - x_1^2 - x_2} + \frac{1}{x_1} + \frac{1}{x_2} \right).$$

Com $r = 1$, aplicando-se o método de busca por gradiente partindo de (1; 1), maximizar essa expressão conduz eventualmente a $\mathbf{x}^{(1)} = (0,90; 1,36)$. Reinicializando $r = 0,01$ e reiniciando o método de busca por gradiente a partir de (0,90; 1,36) resulta, então, em $\mathbf{x}^{(2)} = (0,983; 1,933)$. Mais uma iteração com $r = 0,01(0,01) = 0,0001$ leva de $\mathbf{x}^{(2)}$ para $\mathbf{x}^{(3)} = (0,998; 1,994)$. Essa sequência de pontos, sintetizada na Tabela 12.7, converge de forma bastante clara para (1; 2). Aplicando-se as condições KKT a essa solução comprova-se que ela de fato satisfaz a condição necessária para otimalidade. A análise gráfica demonstra que $(x_1, x_2) = (1, 2)$ é, na realidade, um máximo global (ver Problema 12.9-13b).

Para esse problema, não existe nenhum máximo local a não ser $(x_1, x_2) = (1, 2)$ e, portanto, reaplicar a SUMT a partir de várias soluções experimentais iniciais viáveis sempre nos conduz à mesma solução[23].

A seção de Worked Examples do *site* da editora fornece outro exemplo que ilustra a aplicação da SUMT a um problema de programação convexa no formato de minimização. Você também pode usar o Tutor PO para ver outro exemplo. Um procedimento automático para execução da SUMT é incluído no Tutorial IOR.

Algumas opções de software para a programação convexa

Conforme indicado no final da Seção 12.7, tanto o Excel quanto o LINGO podem resolver problemas de programação convexa, porém, a versão educacional do LINDO e do CPLEX não pode fazer isso, a não ser para o caso especial da programação quadrática (que inclui o exemplo desta seção). Detalhes para esse exemplo estão nos arquivos Excel e LINGO para este capítulo no *Courseware* de PO. A versão profissional do MPL suporta um grande número de solucionadores, inclusive alguns que tratam da programação convexa. Um deles, chamado Conopt, é incluído na versão educacional do MPL que se encontra no *site* da editora. Exemplos de programação convexa que são formulados no arquivo MPL para este capítulo foram resolvidos com esse solucionador após configurar-se o tipo de modelo para Nonlinear (conforme descrito no final da Seção 12.7).

---

[23] A razão técnica é que $f(x)$ é uma função (estritamente) *quase côncava*, que compartilha a propriedade das funções côncavas de que um máximo local sempre é um máximo global. Para mais informações, ver M. Avriel, W. E. Diewert, S. Schaible, and I. Zang, *Generalized Concavity*, Plenum, New York, 1985.

12.10 PROGRAMAÇÃO NÃO CONVEXA (COM PLANILHAS)

As hipóteses da programação convexa (a função $f(\mathbf{x})$ a ser maximizada é *côncava* e todas as funções de restrição $g_i(\mathbf{x})$ são *convexas*) são muito convenientes, pois elas garantem que qualquer *máximo local* também seja um *máximo global*. Se, ao contrário, o objetivo for *minimizar* $f(\mathbf{x})$, então a programação convexa supõe que $f(\mathbf{x})$ é *convexa*, e assim por diante. Isso garante que um *mínimo local* também seja um *mínimo global*. Infelizmente, os problemas de programação não linear que surgem na prática frequentemente não satisfazem essas hipóteses. Que tipo de metodologia poderia ser usada para lidar com tais problemas de *programação não convexa*?

O desafio da resolução de problemas de programação não convexa

Não há uma resposta única para a questão anterior, pois existem muitos tipos diferentes de problemas de programação não convexa. Alguns são muito mais difíceis de ser resolvidos que outros. Por exemplo, um problema de maximização em que a função objetivo é aproximadamente *convexa*, *em* geral, é muito mais difícil que um no qual a função objetivo é aproximadamente côncava. O exemplo da SUMT na Seção 12.9 ilustrou um caso em que a função objetivo estava tão próxima de ser côncava que o problema poderia ser tratado como se fosse um problema de programação convexa. De forma similar, ter uma região de soluções viáveis que *não* é um conjunto convexo (pois algumas das funções $g_i(\mathbf{x})$ não são convexas) geralmente constituem um fator complicador relevante. Lidar com funções que não são diferenciáveis, ou quem sabe nem mesmo contínuas, também tende a ser um agravante.

O objetivo de tanta pesquisa em andamento é criar procedimentos eficientes para **otimização global** para encontrar uma *solução globalmente ótima* para vários tipos de problemas de programação não convexa, e algum progresso nesse sentido tem sido alcançado. Por exemplo, a LINDO Systems (fabricante do LINDO, LINGO e *What's Best*) agora incorporou um otimizador global em seu avançado solucionador, que é compartilhado por alguns de seus produtos de software. Em particular, o LINGO e o *What's Best* apresentam uma opção multipartida para gerar automaticamente uma série de pontos de partida para seu solucionador para programação não linear, de modo a encontrar rapidamente uma boa solução. Se a opção global estiver selecionada, eles empregam em seguida o otimizador global, que converte um problema de programação não convexa (inclusive até aqueles cujas formulações envolvem funções lógicas como IF, AND, OR e NOT) em vários subproblemas que são relaxamentos de programação convexa de porções do problema original. A técnica da ramificação e avaliação progressiva é usada, então, para exaustivamente fazer uma busca nos subproblemas. Assim que o procedimento estiver concluído, a solução encontrada é certamente uma solução globalmente ótima. A outra conclusão possível é que o problema não possui nenhuma solução viável. A versão educacional desse otimizador global é incluída na versão do LINGO que é fornecida no *site* da editora. Entretanto, ela se limita a problemas relativamente pequenos (no máximo cinco variáveis não lineares de um total de 500 variáveis). A versão profissional do otimizador global tem sido bem-sucedida na resolução de problemas muito maiores.

De forma similar, o MPL agora suporta um otimizador global chamado LGO. A versão educacional do LGO se encontra disponível como um dos solucionadores MPL fornecidos no *site* da editora. O LGO também pode ser usado para resolver problemas de programação convexa.

Uma série de metodologias para otimização global (como aquela incorporada no LINGO descrito anteriormente) está em fase de experimentação. Não nos aprofundaremos nesse avançado tópico. (Ver a Referência Selecionada 5 para alguns detalhes.) Em vez disso, começaremos com um caso simples e depois introduziremos uma metodologia mais genérica no final da seção. Ilustraremos nossa metodologia por meio do Excel e suas planilhas, porém, outros pacotes de software também podem ser usados.

Usando o Excel Solver para encontrar ótimos locais

Agora nos concentraremos em metodologias objetivas para tipos de problemas relativamente simples que envolvem programação não convexa. Particularmente, consideraremos problemas (de maximização) nos quais a função objetivo é aproximadamente côncava, seja ao longo de toda a região de soluções viáveis, seja dentro de grande parte dessa mesma região. Também ignoraremos a complexidade adicional da presença de funções de restrição não convexas $g_i(x)$ usando simplesmente restrições lineares. Começaremos mostrando o que se pode conseguir aplicando-se apenas algum algoritmo para programação convexa a esses problemas. Embora nenhum desses algoritmos (como aqueles descritos na Seção 12.9) pudesse ser selecionado, usaremos o algoritmo de programação convexa que é empregado pelo Excel Solver em problemas de programação não linear.

Consideremos, por exemplo, o seguinte problema de programação não convexa de uma variável:

Maximizar $\quad Z = 0{,}5x^5 - 6x^4 + 24{,}5x^3 - 39x^2 + 20x,$

sujeito a

$$x \leq 5$$
$$x \geq 0,$$

em que Z representa o lucro em dólares. A Figura 12.18 mostra um gráfico do lucro ao longo da região de soluções viáveis que demonstra quão altamente não convexa é essa função. Entretanto, se esse gráfico não estivesse disponível, não seria imediatamente claro que este *não* é um problema de programação convexa, pois exige-se uma pequena análise para verificar-se que a função objetivo não é côncava ao longo da região de soluções viáveis. Portanto, suponha que o Excel Solver, que foi feito para resolver problemas de programação convexa, seja aplicado a esse exemplo. A Figura 12.19 demonstra as grandes dificuldades do Excel Solver na tentativa de solucionar esse problema. O modelo é simples de ser formulado em uma planilha, com x (C5) como célula que muda e Lucro (C8) como célula-alvo. Observe que a opção do Solver, Assume Linear Model, *não* se encontra selecionada nesse caso, pois não se trata de um modelo de programação linear. Quando $x = 0$ é introduzido como valor inicial para a célula que muda, a planilha da esquerda na Figura 12.19 mostra que o solucionador indica então que $x = 0{,}371$ é a solução ótima com Lucro = US\$ 3,19. Entretanto, se em vez de 0 introduzíssemos $x = 3$ como valor inicial, como indicado na planilha central da Figura 12.19, o Solver obteria $x = 3{,}126$ como solução ótima com Lucro = US\$ 6,13. Experimentando ainda outro valor inicial, $x = 4{,}7$, na planilha mais à direita, o Solver indicaria agora uma solução ótima $x = 5$ com Lucro = US\$ 0. O que está acontecendo aqui?

A Figura 12.18 ajuda a explicar as dificuldades que o Solver enfrenta com esse problema. Partindo de $x = 0$, o gráfico do lucro realmente sobe para um máximo de $x = 0{,}371$, conforme relatado na planilha da esquerda da Figura 12.19. Partindo de $x = 3$, o gráfico atinge um pico de $x = 3{,}126$, que é a solução encontrada na planilha central. Usando-se a solução inicial da planilha da direita, $x = 4{,}7$, o gráfico sobe até atingir o limite imposto pela restrição $x \leq 5$, e, portanto, $x = 5$ é o pico nessa direção. Esses três picos são os *máximos locais* (ou *ótimos locais*), pois cada um é um máximo do gráfico no interior de uma vizinhança local daquele ponto. Entretanto, somente o maior desses máximos locais é o *máximo global*, isto é, o ponto mais alto no gráfico todo. Logo, a planilha central da Figura 12.19 foi realmente bem-sucedida em termos de encontrar a solução globalmente ótima em $x = 3{,}126$ com Lucro = US\$ 6,13.

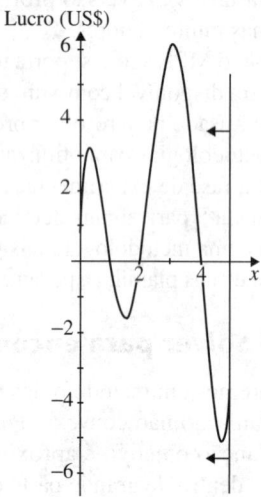

■ **FIGURA 12.18** O gráfico de lucro para um exemplo de programação não convexa.

CAPÍTULO 12 PROGRAMAÇÃO NÃO LINEAR

	A	B	C	D	E
1	Solução do Solver				
2	(Começando com x = 0)				
3					
4					Máximo
5		x =	0,371	<=	5
6					
7		Lucro = 0,5x⁵-6x⁴+24,5x³-39x²+20x			
8		=	US$ 3,19		

	A	B	C	D	E
1	Solução do Solver				
2	(Começando com x = 3)				
3					
4					Máximo
5		x =	3,126	<=	5
6					
7		Lucro = 0,5x⁵-6x⁴+24,5x³-39x²+20x			
8		=	US$ 6,13		

	A	B	C	D	E
1	Solução do Solver				
2	(Começando com x = 4.7)				
3					
4					Máximo
5		x =	5,000	<=	5
6					
7		Lucro = 0,5x⁵-6x⁴+24,5x³-39x²+20x			
8		=	US$ 0,00		

	B	C
7	Lucro =	
8	=	= 0,5*x^5-6*x^4+24,5*x^3-39*x^2+20*x

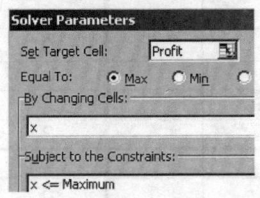
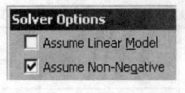

Range Name	Cell
Máximo	E5
x	C5
Lucro	C8

■ **FIGURA 12.19** Exemplo de um problema de programação não convexa (representado na Figura 12.18) em que o Excel Solver obtém três soluções distintas quando inicia com três soluções iniciais diferentes.

O Excel Solver usa o *método do gradiente reduzido generalizado*, que adapta o método de pesquisa por gradiente descrito na Seção 12.5 para resolver problemas de programação convexa. Desse modo, esse algoritmo pode ser imaginado como um procedimento de subir uma montanha. Parte de uma solução inicial incluída nas células que mudam e depois começa a subir essa montanha até atingir seu pico (ou ser impedido de subir mais por atingir o limite imposto pelas restrições). O procedimento se conclui quando atinge esse pico (ou limite) e informa essa solução. Não há nenhuma maneira de ele detectar se existe alguma montanha mais alta em algum outro ponto no gráfico de lucro.

O mesmo aconteceria com qualquer outro procedimento desse tipo (subir uma montanha), como a SUMT (descrita na Seção 12.9), que interrompe quando encontra um máximo local. Logo, se a SUMT fosse aplicada a esse exemplo com cada uma das três soluções experimentais iniciais usadas na Figura 12.19, ele encontraria os mesmos três máximos locais encontrados pelo Excel Solver.

Uma abordagem mais sistemática para encontrar ótimos locais

Uma abordagem comum para problemas de programação não convexa "fáceis" é aplicar algum procedimento algorítmico de subida de montanha, que interromperá quando encontrar um *máximo local* e depois reiniciá-lo uma série de vezes a partir de várias soluções experimentais iniciais (sejam elas escolhidas aleatoriamente ou mediante cortes transversais sistemáticos), de modo a encontrar o maior número possível de máximos locais diferentes. O melhor desses máximos locais é então escolhido para implementação. Normalmente, o procedimento de subida da montanha é aquele que foi desenhado para encontrar um máximo global quando todas as hipóteses da programação convexa forem satisfeitas. No entanto, ele também pode operar na localização de um máximo local quando essas hipóteses não forem atendidas.

Ao empregar o Excel Solver, uma maneira sistemática de aplicar essa abordagem é usar o módulo complementar Solver Table, fornecido no *Courseware* de PO. Para fins demonstrativos, continuaremos a usar o modelo de planilha apresentado na Figura 12.19. A Figura 12.20 mostra como o Solver Table é usado para tentar seis pontos de partida diferentes (0, 1, 2, 3, 4 e 5) como soluções experimentais iniciais para esse modelo executando as seguintes etapas. Na primeira linha da tabela, inclua fórmulas que façam referência à célula que muda, *x* (C5), e à célula-alvo, Lucro (C8). Os diferentes pontos de partida são inseridos na primeira coluna da tabela (G8:G13). A seguir, selecione a tabela inteira (G7:I13) e escolha Solver Table da guia Add-Ins (para o Excel 2007) ou o menu Tools menu (para versões anteriores do Excel). A opção Column input cell na caixa de diálogo do Solver Table é a célula que muda *x* (C5), já que é aí que queremos que os diferentes pontos de partida da primeira coluna da tabela sejam introduzidos. Nenhuma linha de célula de entrada é incluída nessa caixa de diálogo, pois apenas uma coluna é usada para listar os pontos de partida. Clicar em OK faz o Solver Table recalcular o problema para todos esses pontos de partida da primeira coluna e preencher os resultados correspondentes (o máximo local para *x* e Lucro referidos na primeira linha) nas demais colunas da tabela.

	A	B	C	D	E	F	G	H	I	J	K
1	Usando o Solver table para Experimentar										
2											
3											
4					Máximo		Ponto de				
5		x =	3,126	<=	5		Partida	Solução			
6							x	x*	Lucro		
7		Lucro = $0{,}5x^5 - 6x^4 + 24{,}5x^3 - 39x^2 + 20x$						3,126	US$ 6,13		
8			US$ 6,13				0	0,371	US$ 3,19		Selecione a tabela
9							1	0,371	US$ 3,19		inteira (G7:I13), antes
10							2	3,126	US$ 6,13		de selecionar Solver
11							3	3,126	US$ 6,13		Table do menu Tools.
12							4	3,126	US$ 6,13		
13							5	5,000	US$ 0,00		

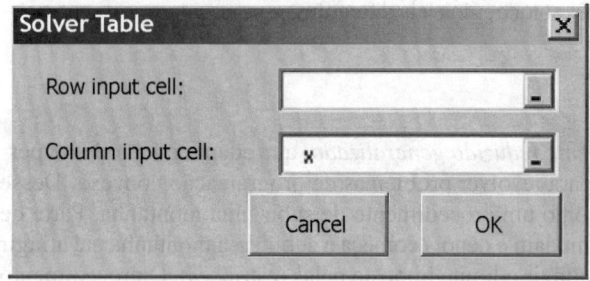

	H	I
5	Solução	
6	x*	Lucro
7	=x	=Lucro

Nome da Faixa	Células
x	C5
Lucro	C8

■ **FIGURA 12.20** Uma aplicação do Solver Table (programa adicional para o Excel fornecido no *Courseware* de PO) para o exemplo considerado nas Figuras 12.18 e 12.19.

Esse exemplo tem apenas uma variável e, portanto, apenas uma célula que muda. Entretanto, o Solver Table também pode ser usado para experimentar múltiplos pontos de partida para problemas com duas variáveis (células que mudam). Isso se faz usando-se a primeira linha e a primeira coluna da tabela para especificar diferentes pontos de partida para as duas células que mudam. Inclua uma equação referindo-se à célula alvo no canto superior esquerdo da tabela. Selecione a tabela inteira e escolha Solver Table da guia Add-Ins ou do menu Tools, com as duas células que mudam selecionadas como coluna para as células de entrada e linhas para as células de entrada. O Solver Table recalcula então o problema para cada combinação dos pontos de partida das duas células que mudam e preenche o miolo da tabela com o valor da função objetivo da solução que é encontrada (uma ótima local) para cada uma dessas combinações. (Ver a Seção 6.8 para mais detalhes sobre a configuração de uma Solver Table bidimensional.)

Para problemas com mais de duas variáveis (células que mudam), essa mesma abordagem ainda pode ser empregada para experimentar vários pontos de partida para qualquer uma das células que mudam, uma por vez. Entretanto, isso acaba se tornando uma maneira muito complicada de se experimentar um grande número de pontos de partida para todas as células que mudam quando houver mais de três ou quatro dessas células.

Mas, em geral não há nenhuma garantia de se encontrar uma solução globalmente ótima, independentemente de quantos pontos de partida diferentes forem tentados.

Do mesmo modo, se os gráficos de lucros não apresentarem formas suaves (por exemplo, se apresentarem descontinuidades ou voltas), então pode ser que o Solver não possa encontrar ótimos locais. Felizmente, o Premium Solver do Excel dispõe de outro procedimento de busca, chamado Evolutionary Solver, para tentar resolver esses problemas ligeiramente mais difíceis de programação não convexa.

Evolutionary Solver

A Frontline Systems, desenvolvedora do Solver-padrão que faz parte do Excel, desenvolveu versões Premium do Solver. Uma versão do Premium Solver (a Premium Solver for Education) está disponível no *Courseware* de PO (mas não no Excel-padrão). Todas as versões do Premium Solver, inclusive esta, acrescentam um procedimento de busca chamado de **Evolutionary Solver** no conjunto de ferramentas disponíveis para se encontrar uma solução ótima em um modelo. A filosofia do Evolutionary Solver se baseia em genética, evolução e na sobrevivência dos mais adaptados. Portanto, esse tipo de algoritmo é algumas vezes denominado **algoritmo genético**. Dedicaremos a Seção 13.4 à descrição de como funcionam os algoritmos genéticos.

O Evolutionary Solver possui três vantagens cruciais em relação ao Solver-padrão (ou qualquer outro algoritmo para programação convexa) na resolução de problemas de programação não convexa. Primeiro, a complexidade da função objetivo não afeta o Evolutionary Solver. Desde que a função possa ser calculada para determinada solução experimental, não importa se a função tem voltas ou descontinuidades ou vários ótimos locais. Em segundo lugar, a complexidade das restrições dadas (até mesmo restrições não convexas) também não causa grande impacto no Evolutionary Solver (embora o *número* de restrições sim). Em terceiro lugar, pelo fato de calcular grandes quantidades de soluções experimentais que não se encontram necessariamente na mesma vizinhança da melhor solução experimental atual, o Evolutionary Solver evita ser enganado por uma ótima local. De fato, o programa certamente encontrará uma eventual solução globalmente ótima para qualquer problema de programação não linear (inclusive problemas de programação não convexa), se for executado para sempre (que, logicamente, não é prático). Portanto, o Evolutionary Solver é bem adequado para lidar com diversos problemas relativamente pequenos de programação não convexa.

No entanto, precisamos alertar que o Evolutionary Solver também não é nenhuma panaceia. Primeiro, ele pode levar *muito* mais tempo que o Solver-padrão para encontrar uma solução final. Em segundo lugar, este programa não se dá bem com modelos com muitas restrições. Em terceiro lugar: por se tratar de um processo aleatório e, portanto, executá-lo de novo no mesmo modelo normalmente resultará em uma solução final diferente. Finalmente, a melhor solução encontrada em geral não é ótima (embora ela possa estar muito próxima dela). O Evolutionary Solver não se move continuamente em direção a soluções melhores. Em vez disso, ele apresenta um comportamento mais próximo de um mecanismo de busca inteligente, tentando diferentes soluções aleatórias. Portanto, embora seja muito provável que ele acabe encontrando uma solução que se encontra muito próxima de ser ótima, ele quase nunca retorna à solução globalmente ótima exata na maioria dos tipos de problemas de programação não linear. Consequentemente, se muitas vezes pode ser benéfico executar o Solver-padrão (opção GRG Nonlinear) após o Evolutionary Solver, parta da solução final obtida pelo Evolutionary Solver, para ver se essa solução pode ser melhorada fazendo uma busca em torno de sua vizinhança.

12.11 CONCLUSÕES

Problemas práticos de otimização frequentemente envolvem comportamento *não linear* que deve ser levado em conta. Algumas vezes é possível *reformular* essas não linearidades para se adequar ao formato da programação linear, como pode ser feito, por exemplo, no caso de problemas de *programação separável*. Entretanto, com frequência é necessário usar uma formulação de *programação não linear*.

Diferentemente do método simplex para programação linear, não existe nenhum algoritmo eficiente de propósito genérico que possa ser utilizado para resolver todos os problemas de programação não linear. Na realidade, alguns desses problemas não podem ser resolvidos de maneira bem satisfatória por nenhum método. Entretanto, está se obtendo progresso considerável para algumas classes importantes de problemas, entre as quais *programação quadrática, programação convexa* e certos tipos especiais de *programação não convexa*. Há disponível uma série de algoritmos que frequentemente têm bom desempenho para esses casos. Alguns desses algoritmos incorporam procedimentos altamente eficientes para *otimização irrestrita* para uma parte de cada iteração e outros usam uma sucessão de aproximações quadráticas ou lineares para o problema original.

Há grande ênfase nos últimos anos no desenvolvimento de *pacotes de software* confiáveis e de alta qualidade para uso geral na aplicação dos melhores desses algoritmos. Por exemplo, diversos pacotes de software poderosos, como o Minos, foram desenvolvidos no Laboratório de Otimização de Sistemas da Universidade de Stanford. Esses pacotes são amplamente empregados para resolver vários dos tipos de problema discutidos neste capítulo (bem como problemas de programação linear). Os constantes avanços que são feitos tanto nas técnicas algorítmicas quanto em software estão trazendo agora problemas de dimensões muito maiores para o campo da viabilidade em termos computacionais.

A pesquisa no campo da programação não linear continua muito intensa.

REFERÊNCIAS SELECIONADAS

1. Fiacco, A. V., and G. P. McCormick: *Nonlinear Programming: Sequential Unconstrained Minimization Techniques,* Classics in Applied Mathematics 4, Society for Industrial and Applied Mathematics, Philadelphia, 1990. (Reprint of a classic book published in 1968.)
2. Fletcher, R.: *Practical Methods of Optimization*, 2nd ed., Wiley, New York, 2000.
3. Gill, P. E., W. Murray, and M. H. Wright: *Practical Optimization,* Academic Press, London, 1981.
4. Hillier, F. S., and M. S. Hillier: *Introduction to Management Science: A Modeling and Case Studies Approach with Spreadsheets,* 3rd ed., McGraw-Hill/Irwin, Burr Ridge, IL, 2008, chap. 8.
5. Leyffer, S., and J. More (eds.): Special Issue on Deterministic Global Optimization and Applications, *Mathematical Programming*, Series B, **103**(2), June 2005.
6. Luenberger, D., and Y. Ye: *Linear and Nonlinear Programming*, 3rd ed., Springer, New York, 2008.
7. Miller, R. E.: *Optimization: Foundations and Applications,* Wiley, New York, 1999.
8. Rardin, D.: *Optimization in Operations Research*,Prentice-Hall, Upper Saddle River, NJ, 1998.

FERRAMENTAS DE APRENDIZADO NO *SITE*

Worked examples:

Exemplos do Capítulo 12

Exemplos demonstrativos no tutor PO:

Método de Busca por Gradiente
Algoritmo de Frank-Wolfe
SUMT – Técnica da Minimização Irrestrita Sequencial

Procedimentos interativos no tutorial IOR:

Procedimento de Busca Unidimensional Interativo
Método de Busca por Gradiente Interativo
Método Simplex Modificado Interativo
Algoritmo de Frank-Wolfe Interativo

Procedimentos automáticos no tutorial IOR:

Método de Busca por Gradiente Automático
SUMT – Técnica da Minimização Irrestrita Sequencial

Módulos de programa adicionais para Excel:

Premium Solver for Education
Solver Table

Arquivos (Capítulo 12 – Programação Não Linear) para solucionar os exemplos:

Arquivos em Excel
Arquivo LINGO/LINDO
Arquivo MPL/CPLEX/Conopt/LGO

Glossário do Capítulo 12

Ver Apêndice 1 para obter documentação sobre o software.

PROBLEMAS

Os símbolos à esquerda de alguns problemas (ou parte deles) têm o seguinte significado:

D: O exemplo demonstrativo correspondente que acabamos de apresentar nas Ferramentas de Aprendizado pode ser útil.

I: Sugerimos que você use o procedimento interativo correspondente listado anteriormente (a listagem registra seu trabalho).

C: Use o computador com qualquer uma das opções de software disponíveis (ou conforme orientação de seu professor) para resolver o problema.

Um asterisco no número do problema indica que pelo menos há uma resposta parcial no final do livro.

12.1-1 Leia o artigo referido que descreve completamente o estudo de PO sintetizado na vinheta de aplicação apresentada na Seção 12.1. Descreva sucintamente como a programação não linear foi aplicada nesse estudo. A seguir, enumere os diversos benefícios financeiros ou não resultantes do estudo.

12.1-2 Considere o problema do *mix de produtos* descrito no Problema 3.1-10. Suponha que essa empresa manufatureira na verdade encontre *elasticidade de preços* na venda de três produtos, de modo que os lucros seriam diferentes daqueles informados no Capítulo 3. Em particular, suponha que os custos unitários para fabricar os produtos 1, 2 e 3 sejam, respectivamente, US$ 25, US$ 10 e US$ 15 e que os preços exigidos (em dólares) de modo a ser capaz de vender x_1, x_2 e x_3 unidades são, respectivamente, $(35 + 100x_1^{-\frac{1}{3}})$, $(15 + 40x_2^{-\frac{1}{4}})$ e $(20 + 50x_3^{-\frac{1}{2}})$.

Formule um modelo de programação não linear para o problema de determinar quantas unidades de cada produto a empresa deve produzir para maximizar o lucro.

12.1-3 Para o problema da P & T Co. descrito na Seção 8.1, suponha que haja um desconto de 10% no custo de transporte para todas as carretas *abaixo* das primeiras 40 para cada combinação fábrica-depósito. Desenhe figuras como as Figuras 12.3 e 12.4, mostrando o custo marginal e o custo total para remessas de carretas de ervilhas da fábrica 1 para o depósito 1. Descreva a seguir o modelo de programação não linear geral para este problema.

12.1-4 Um corretor de ações, Richard Smith, acaba de receber um telefonema de seu cliente mais importante, Ann Hardy. Ann possui US$ 50.000 para investir e quer usá-los para comprar duas ações. A ação 1 é um sólido título de primeira linha com um respeitável potencial de crescimento e pouco risco envolvido. A ação 2 é muito mais especulativa. É veiculada em duas publicações especializadas em investimentos como tendo um excepcional potencial de crescimento, porém, é ao mesmo tempo considerada de grande risco. Ann gostaria de obter um grande retorno sobre seu investimento, mas tem considerável aversão a correr riscos. Portanto, ela orientou Richard para analisar qual seria o *mix* de investimentos nas duas ações apropriado para ela.

Ann está acostumada a falar em unidades de milhares de dólares e pacotes de 1.000 cotas de ações. Usando essas unidades, o preço por pacote é 20 para a ação 1 e 30 para a ação 2. Após fazer alguma pesquisa, Richard fez as seguintes estimativas. O retorno esperado por pacote é 5 para a ação 1 e 10 para a ação 2. A variância do retorno sobre cada pacote é 4 para a ação 1 e 100 para a ação 2. A covariância do retorno sobre um pacote das duas ações é 5.

Ainda sem atribuir um valor numérico específico para o retorno mínimo esperado aceitável, formule um modelo de programação não linear para esse problema.

12.2-1 Reconsidere o Problema 12.1-2. Confirme que esse problema é um problema de programação convexa.

12.2-2 Reconsidere o Problema 12.1-4. Demonstre que o modelo formulado é um problema de programação convexa usando o teste do Apêndice 2 para mostrar que a função objetivo que está sendo minimizada é convexa.

12.2-3 Considere a variante do exemplo da Wyndor Glass Co. representado na Figura 12.5, na qual a segunda e a terceira restrições funcionais do problema original (ver a Seção 3.1) tenham sido substituídas por $9x_1^2 + 5x_2^2 \le 216$. Demonstre que $(x_1, x_2) = (2, 6)$ com $Z = 36$ é, de fato, ótima mostrando que a reta da função objetivo $36 = 3x_1 + 5x_2$ é *tangente* a esse limite de restrição em $(2, 6)$. (*Dica:* expresse x_2 em termos de x_1 sobre esse limite e depois calcule a derivada dessa expressão em relação a x_1 para encontrar a inclinação do contorno – limites.)

12.2-4 Considere a variante do problema da Wyndor Glass Co. representado na Figura 12.6, na qual a função objetivo original (ver a Seção 3.1) foi substituída por $Z = 126x_1 - 9x_1^2 + 182x_2 - 13x_2^2$. Demonstre que $(x, x) = (\frac{8}{3}, 5)$ com $Z = 857$ é, de fato, ótima mostrando que a elipse $857 = 126x_1 - 9x_1^2 + 182x_2 - 13x_2^2$ é *tangente* ao limite de restrição $3x_1 + 2x_2 = 18$ em $(\frac{8}{3}, 5)$. (*Dica:* encontre a solução para x_2 em termos de x_1 para a elipse e depois calcule a derivada dessa expressão em relação a x_1 para encontrar a inclinação da elipse.)

12.2-5 Considere a função a seguir:

$$f(x) = 240x - 300x^2 + 10x^3.$$

(a) Use a primeira e segunda derivadas para encontrar os máximos locais e os mínimos locais de $f(x)$.

(b) Utilize a primeira e segunda derivadas para demonstrar que $f(x)$ não possui nem um máximo global nem um mínimo global, pois ela é ilimitada em ambas as direções.

12.2-6 Para cada uma das seguintes funções, mostre se ela é convexa, côncava ou nenhuma das duas.

(a) $f(x) = 10x - x^2$
(b) $f(x) = x^4 + 6x^2 + 12x$
(c) $f(x) = 2x^3 - 3x^2$
(d) $f(x) = x^4 + x^2$
(e) $f(x) = x^3 + x^4$

12.2-7* Para cada uma das funções a seguir, use o teste apresentado no Apêndice 2 para determinar se ela é convexa, côncava ou nenhuma das duas.

(a) $f(\mathbf{x}) = x_1 x_2 - x_1^2 - x_2^2$
(b) $f(\mathbf{x}) = 3x_1 + 2x_1^2 + 4x_2 + x_2^2 - 2x_1 x_2$
(c) $f(\mathbf{x}) = x_1^2 + 3x_1 x_2 + 2x_2^2$

(d) $f(\mathbf{x}) = 20x_1 + 10x_2$
(e) $f(\mathbf{x}) = x_1 x_2$

12.2-8 Considere a seguinte função:

$$f(\mathbf{x}) = 5x_1 + 2x_2^2 + x_3^2 - 3x_3 x_4 + 4x_4^2 + 2x_5^4 + x_5^2 + 3x_5 x_6 + 6x_6^2 + 3x_6 x_7 + x_7^2.$$

Demonstre que $f(\mathbf{x})$ é convexa expressando-a como um somatório de funções de uma ou duas variáveis e, depois, demonstrando (ver o Apêndice 2) que todas essas funções são convexas.

12.2-9 Considere o problema de programação não linear a seguir:

$$\text{Maximizar} \quad f(\mathbf{x}) = x_1 + x_2,$$

sujeito a

$$x_1^2 + x_2^2 \leq 1$$

e

$$x_1 \geq 0, \quad x_2 \geq 0.$$

(a) Comprove que se trata de um problema de programação convexa.
(b) Solucione esse problema graficamente.

12.2-10 Considere o seguinte problema de programação não linear:

$$\text{Minimizar} \quad Z = x_1^4 + 2x_2^2,$$

sujeito a

$$x_1^2 + x_2^2 \geq 2.$$

Nenhuma restrição de não negatividade.

(a) Use análise geométrica para determinar se a região de soluções viáveis é ou não um conjunto convexo.
(b) Agora use álgebra e cálculo para determinar se a região de soluções viáveis é ou não um conjunto convexo.

12.3-1 Reconsidere o Problema 12.1-2. Demonstre que esse problema é um problema de programação não convexa.

12.3-2 Considere o seguinte problema de otimização restrita:

$$\text{Maximizar} \quad f(x) = 120x + 15x^2 - 10x^3,$$

sujeito a

$$x \geq 0.$$

Use apenas a primeira e segunda derivadas de $f(x)$ para obter uma solução ótima.

12.3-3 Considere o seguinte problema de programação não linear:

$$\text{Minimizar} \quad Z = x_1^4 + 2x_1^2 + 2x_1 x_2 + 4x_2^2,$$

sujeito a

$$2x_1 + x_2 \geq 10$$
$$x_1 + 2x_2 \geq 10$$

e

$$x_1 \geq 0, \quad x_2 \geq 0.$$

(a) Dos tipos especiais de problemas de programação não linear descritos na Seção 12.3, em que tipo ou tipos esse problema em particular se encaixa? Justifique sua resposta.
(b) Suponha agora que o problema seja modificado ligeiramente substituindo-se as restrições de não negatividade por $x_1 \geq 1$ e $x_2 \geq 1$. Converta esse novo problema em um problema equivalente que possua apenas duas restrições funcionais, duas variáveis e duas restrições de não negatividade.

12.3-4 Considere o seguinte problema de programação geométrica:

$$\text{Minimizar} \quad f(\mathbf{x}) = 2x_1^{-2} x_2^{-1} + x_2^{-2},$$

sujeito a

$$4x_1 x_2 + x_1^2 x_2^2 \leq 12$$

e

$$x_1 \geq 0, \quad x_2 \geq 0.$$

(a) Transforme esse problema em um de programação convexa equivalente.
(b) Use o teste dado no Apêndice 2 para comprovar que o modelo formulado no item (*a*) é, de fato, um problema de programação convexa.

12.3-5 Considere o seguinte problema de programação linear fracionária:

$$\text{Maximizar} \quad f(\mathbf{x}) = \frac{10x_1 + 20x_2 + 10}{3x_1 + 4x_2 + 20},$$

sujeito a

$$x_1 + 3x_2 \leq 50$$
$$3x_1 + 2x_2 \leq 80$$

e

$$x_1 \geq 0, \quad x_2 \geq 0.$$

(a) Transforme esse problema em um de programação linear equivalente.
c **(b)** Use o computador para solucionar o modelo formulado no item (*a*). Qual é a solução ótima resultante para o problema original?

12.3-6 Considere as expressões em notação matricial dada na Seção 12.7 para a forma geral das condições KKT para o problema de programação quadrática. Mostre que o problema de encontrar uma solução viável para essas condições é um problema de complementaridade linear, conforme introduzido na Seção 12.3, identificando $\mathbf{w}$, $\mathbf{z}$, $\mathbf{q}$ e $\mathbf{M}$ em termos dos vetores e matrizes da Seção 12.7.

12.4-1* Considere o seguinte problema:

$$\text{Maximizar} \quad f(x) = x^3 + 2x - 2x^2 - 0{,}25x^4.$$

I **(a)** Aplique o método da bissecção para resolvê-lo (aproximadamente). Use uma tolerância de erro $\epsilon = 0{,}04$ e limites iniciais $\underline{x} = 0$, $\bar{x} = 2{,}4$.

(b) Aplique o método de Newton, com $\epsilon = 0{,}001$ e $x_1 = 1{,}2$, a esse problema.

12.4-2 Use o método da bissecção com uma tolerância de erro $\epsilon = 0{,}04$ e com os seguintes limites iniciais para resolver interativamente (de forma aproximada) cada um dos seguintes problemas.

(a) Maximizar $f(x) = 6x - x^2$, com $\underline{x} = 0$, $\bar{x} = 4{,}8$.
(b) Minimizar $f(x) = 6x + 7x^2 + 4x^3 + x^4$, com $\underline{x} = -4$, $\bar{x} = 1$

12.4-3 Considere o seguinte problema:

$$\text{Maximizar} \quad f(x) = 48x^5 + 42x^3 + 3{,}5x - 16x^6 - 61x^4 - 16{,}5x^2.$$

I **(a)** Aplique o método da bissecção para resolvê-lo (aproximadamente). Use uma tolerância de erro $\epsilon = 0{,}08$ e limites iniciais $\underline{x} = -1$, $\bar{x} = 4$.

(b) Aplique o método de Newton, com $\epsilon = 0{,}001$ e $x_1 = 1$, a esse problema.

12.4-4 Considere o seguinte problema:

$$\text{Maximizar} \quad f(x) = 10x^3 + 60x - 2x^6 - 3x^4 - 12x^2.$$

I **(a)** Aplique o método da bissecção para resolvê-lo (de forma aproximada). Use uma tolerância de erro $\epsilon = 0{,}07$ e encontre os limites iniciais apropriados por inspeção.

(b) Aplique o método de Newton, com $\epsilon = 0{,}001$ e $x_1 = 1$.

12.4-5 Considere o seguinte problema de programação convexa:

$$\text{Minimizar} \quad Z = x^4 + x^2 - 4x,$$

sujeito a

$$x \leq 2 \quad \text{e} \quad x \geq 0.$$

(a) Use um cálculo simples *apenas* para verificar se a solução ótima recai no intervalo $0 \leq x \leq 1$ ou no intervalo $1 \leq x \leq 2$. (Na verdade, *não* proceda a resolução para encontrar a solução ótima de modo a determinar em qual intervalo ela deve cair.) Explique sua lógica.

I **(b)** Use o método da bissecção com limites iniciais $\underline{x} = 0$, $\bar{x} = 2$ e com uma tolerância de erro $\epsilon = 0{,}02$ para resolver interativamente (de forma aproximada) o problema.

(c) Aplique o método de Newton, com $\epsilon = 0{,}0001$ e $x_1 = 1$.

12.4-6 Considere o problema de maximizar uma função diferenciável $f(x)$ de uma única variável x sem restrições. Façamos que, respectivamente, $\underline{x}_0$ e $\bar{x}_0$ sejam os limites inferior e superior válidos sobre o mesmo máximo global (se realmente existir um). Comprove as seguintes propriedades gerais do método da bissecção (conforme apresentado na Seção 12.4) para tentar resolver tal problema.

(a) Dados $\underline{x}_0$, $\bar{x}_0$ e $\epsilon = 0$ a sequência de soluções experimentais selecionada pela *regra do ponto médio* tem de *convergir* para uma solução limite. *Dica:* Primeiramente mostre que $\lim_{n\to\infty} (\bar{x}_n - \underline{x}_n) = 0$, em que $\bar{x}_n$ e $\underline{x}_n$ são os limites superior e inferior identificados na iteração n.

(b) Se $f(x)$ for côncava [de modo que $df(x)/dx$ é uma função decrescente monotônica de x], então a solução limite no item (*a*) deve ser um máximo global.

(c) Se $f(x)$ não for côncava em qualquer ponto, mas seria côncava caso seu domínio fosse restrito ao intervalo entre $\underline{x}_0$ e $\bar{x}_0$, daí a solução limite do item (*a*) tem de ser um máximo global.

(d) Se $f(x)$ não for côncava mesmo no intervalo entre $\underline{x}_0$ e $\bar{x}_0$, então a solução limite do item (*a*) não precisa ser um máximo global. (Prove isso graficamente construindo um contraexemplo.)

(e) Se $df(x)/dx < 0$ para todo x, então não existe nenhum $\underline{x}_0$. Se $df(x)/dx > 0$ para todo x, então não existe nenhum $\bar{x}_0$. Em ambos os casos, $f(x)$ não possui um máximo global.

(f) Se $f(x)$ for côncava e $\lim_{x\to\infty} f(x)/dx < 0$, então não existe nenhum $\underline{x}_0$. Se $f(x)$ for côncava e $\lim_{x\to-\infty} df(x)/dx > 0$, então não existe nenhum $\bar{x}_0$. Em ambos os casos, $f(x)$ não possui um máximo global.

I **12.4-7** Considere o seguinte problema de programação convexa restrita linearmente:

$$\text{Maximizar} \quad f(\mathbf{x}) = 32x_1 + 50x_2 - 10x_2^2 + x_2^3 - x_1^4 - x_2^4,$$

sujeito a

$$3x_1 + x_2 \leq 11$$
$$2x_1 + 5x_2 \leq 16$$

e

$$x_1 \geq 0, \quad x_2 \geq 0.$$

Ignore as restrições e resolva os dois problemas resultantes de *otimização irrestrita de uma variável*. Use cálculo para resolver o problema envolvendo x_1 e use o método da bissecção com $\epsilon = 0{,}001$ e limites iniciais 0 e 4 para resolver o problema envolvendo x_2. Mostre que a solução resultante para (x_1, x_2) satisfaz todas as restrições, de modo que ela é efetivamente ótima para o problema original.

12.5-1 Considere o seguinte problema de otimização irrestrita:

$$\text{Maximizar} \quad f(\mathbf{x}) = 2x_1x_2 + x_2 - x_1^2 - 2x_2^2.$$

D,I **(a)** Partindo da solução experimental inicial $(x_1, x_2) = (1, 1)$, aplique interativamente o método de busca por gradiente com $\epsilon = 0{,}25$ para obter uma solução aproximada.

(b) Resolva o sistema de equações lineares obtido por configurar $\nabla f(\mathbf{x}) = \mathbf{0}$ para obter a solução exata.

(c) Referindo-se à Figura 12.14 como exemplo para um problema similar, desenhe o caminho das soluções experimentais obtidas no item (*a*). A seguir, mostre a aparente *continuação* desse caminho com sua melhor estimativa para as três soluções experimentais seguintes [baseado no padrão do item (*a*) e na Figura 12.14]. Demonstre também a solução exata do item (*b*) em cuja direção essa sequência de soluções experimentais está convergindo.

C **(d)** Aplique a rotina automática para o método de busca por gradiente (com $\epsilon = 0{,}01$) do Tutorial IOR a esse problema.

D,I,C **12.5-2** Partindo da solução experimental inicial $(x_1, x_2) = (1, 1)$, aplique interativamente duas iterações do método de busca por gradiente para começar a resolver o problema a seguir e, então, aplique a rotina automática para esse procedimento (com $\epsilon = 0{,}01$).

$$\text{Maximizar} \quad f(\mathbf{x}) = 60x_1x_2 - 15x_1^2 - 80x_2^2.$$

Depois resolva $\nabla f(\mathbf{x}) = \mathbf{0}$ diretamente para obter a solução exata.

D,I,C **12.5-3*** Partindo da solução experimental inicial $(x_1, x_2) = (0, 0)$, aplique interativamente o método de busca por gradiente com $\epsilon = 0{,}3$ para obter uma solução aproximada para o problema a seguir e, então, aplique a rotina automática para esse procedimento (com $\epsilon = 0{,}01$).

$$\text{Maximizar} \quad f(\mathbf{x}) = 8x_1 - x_1^2 - 12x_2 - 2x_2^2 + 2x_1x_2.$$

Depois resolva $\nabla f(\mathbf{x}) = \mathbf{0}$ diretamente para obter a solução exata.

D,I,C **12.5-4** Partindo da solução experimental inicial $(x_1, x_2) = (0, 0)$, aplique interativamente duas iterações do método de busca por gradiente para iniciar a resolução do problema a seguir e, então, aplique a rotina automática para esse procedimento (com $\epsilon = 0{,}01$).

$$\text{Maximizar} \quad f(\mathbf{x}) = 6x_1 + 2x_1x_2 - 2x_2 - 2x_1^2 - x_2^2.$$

Depois resolva $\nabla f(\mathbf{x}) = \mathbf{0}$ diretamente para obter a solução exata.

12.5-5 Partindo da solução experimental inicial $(x_1, x_2) = (0, 0)$, aplique *uma* iteração do método de busca por gradiente ao problema seguinte (manualmente):

$$\text{Maximizar} \quad f(\mathbf{x}) = 4x_1 + 2x_2 + x_1^2 - x_1^4 - 2x_1x_2 - x_2^2.$$

Para completar essa iteração, encontre manualmente t^* por aproximação aplicando *duas* iterações do método da bissecção com limites iniciais $\underline{t} = 0$, $\bar{t} = 1$.

12.5-6 Considere o seguinte problema de otimização irrestrita:

$$\text{Maximizar} \quad f(\mathbf{x}) = 3x_1x_2 + 3x_2x_3 - x_1^2 - 6x_2^2 - x_3^2.$$

(a) Descreva como a resolução deste problema pode ser reduzida à resolução de um de otimização irrestrita de *duas variáveis*.

D,I **(b)** Partindo da solução experimental inicial $(x_1, x_2, x_3) = (1, 1, 1)$, aplique interativamente o método de busca por gradiente com $\epsilon = 0{,}05$ para resolver (aproximadamente) o problema de duas variáveis identificado no item (*a*).

C **(c)** Repita o item (*b*) com a rotina automática para esse procedimento (com $\epsilon = 0{,}005$).

D,I,C **12.5-7*** Partindo da solução experimental inicial $(x_1, x_2) = (0, 0)$, aplique interativamente o *método de busca por gradiente* com $\epsilon = 1$ para resolver (por aproximação) o problema a seguir e depois aplique a rotina automática para esse procedimento (com $\epsilon = 0{,}01$).

$$\text{Maximizar} \quad f(\mathbf{x}) = x_1x_2 + 3x_2 - x_1^2 - x_2^2.$$

12.6-1 Reconsidere o modelo de programação convexa de uma variável dado no Problema 12.4-5. Use as condições KKT para obter uma solução ótima para esse modelo.

12.6-2 Reconsidere o Problema 12.2-9. Use as condições KKT para verificar se $(x_1, x_2) = (1/\sqrt{2}, 1/\sqrt{2})$ é ótima.

12.6-3* Reconsidere o modelo dado no Problema 12.3-3. Quais são as condições KKT para esse modelo? Use essas condições para determinar se $(x_1, x_2) = (0, 10)$ pode ser ótima.

12.6-4 Considere o seguinte problema de programação convexa:

$$\text{Maximizar} \quad f(\mathbf{x}) = 12x_1 - x_1^2 + 50x_2 - x_2^2,$$

sujeito a

$$x_1 \leq 10,$$
$$x_2 \leq 15,$$

e

$$x_1 \geq 0, \quad x_2 \geq 0.$$

(a) Utilize as condições KKT para esse problema para obter uma solução ótima.
(b) Decomponha esse problema em dois de otimização restritos separados envolvendo, respectivamente, apenas x_1 e apenas x_2. Para cada um desses dois problemas, desenhe a função objetivo ao longo da região de soluções viáveis de modo a *demonstrar* que o valor de x_1 ou x_2 obtido no item (*a*) é de fato ótimo. Depois *comprove* que esse valor é ótimo, usando apenas a primeira e segunda derivadas da função objetivo e as restrições para os respectivos problemas.

12.6-5 Considere o seguinte problema de otimização restrita linearmente:

$$\text{Maximizar} \quad f(\mathbf{x}) = \ln(x_1 + 1) - x_2^2,$$

sujeito a

$$x_1 + 2x_2 \leq 3$$

e

$$x_1 \geq 0, \quad x_2 \geq 0,$$

em que ln representa o logaritmo natural,

(a) Confirme que esse é um problema de programação convexa.
(b) Utilize as condições KKT para obter uma solução ótima.
(c) Use o raciocínio intuitivo para demonstrar que a solução obtida no item (*b*) é de fato ótima.

12.6-6* Considere o problema de programação não linear dado no Problema 10.3-10. Determine se $(x_1, x_2) = (1, 2)$ pode ser ótima aplicando as condições KKT.

12.6-7 Considere o seguinte problema de programação não linear:

$$\text{Maximizar} \quad f(\mathbf{x}) = \frac{x_1}{x_2 + 1},$$

sujeito a

$$x_1 - x_2 \leq 2$$

e

$$x_1 \geq 0, \quad x_2 \geq 0.$$

(a) Use as condições KKT para demonstrar que $(x_1, x_2) = (4, 2)$ *não* é ótima.
(b) Obtenha uma solução que não satisfaça as condições KKT.
(c) Demonstre que esse problema *não* é de programação convexa.
(d) Apesar da conclusão no item (c), use raciocínio *intuitivo* para mostrar que a solução obtida no item (b) é, de fato, ótima. A razão teórica é que $f(\mathbf{x})$ é *pseudocôncava*.
(e) Use o fato de esse problema ser de programação linear fracionária para transformá-lo em um problema linear equivalente. Resolva esse último problema e, desse modo, identifique a solução ótima para o problema original. (*Dica:* use a restrição de igualdade no problema de programação linear para substituir uma das variáveis fora do modelo e, então, resolver o modelo graficamente.)

12.6-8* Use as condições KKT para obter uma solução ótima para cada um dos seguintes problemas.

(a) Maximizar $f(\mathbf{x}) = x_1 + 2x_2 - x_2^3$,

sujeito a

$$x_1 + x_2 \leq 1$$

e

$$x_1 \geq 0, \quad x_2 \geq 0.$$

(b) Maximizar $f(\mathbf{x}) = 20x_1 + 10x_2$,

sujeito a

$$x_1^2 + x_2^2 \leq 1$$
$$x_1 + 2x_2 \leq 2$$

e

$$x \geq 0, \quad x \geq 0.$$

12.6-9 Quais são as condições KKT para problemas de programação não linear com a forma a seguir?

Minimizar $f(\mathbf{x})$,

sujeito a

$$g_i(\mathbf{x}) \geq b_i, \quad \text{para } i = 1, 2, \ldots, m$$

e

$$\mathbf{x} \geq \mathbf{0}.$$

Dica: converta essa forma para nossa forma-padrão pressuposta neste capítulo usando as técnicas apresentadas na Seção 4.6 e depois aplicando as condições KKT conforme fornecido na Seção 12.6.

12.6-10 Considere o seguinte problema de programação não linear:

Minimizar $Z = 2x_1^2 + x_2^2$,

sujeito a

$$x_1 + x_2 = 10$$

e

$$x_1 \geq 0, \quad x_2 \geq 0.$$

(a) Dos tipos especiais de problemas de programação não linear descritos na Seção 12.3, em qual tipo ou tipos esse problema em particular se adapta? Justifique sua resposta. *Dica:* primeiro converta esse problema em um de programação não linear equivalente que se ajuste à forma dada no segundo parágrafo do capítulo, com $m = 2$ e $n = 2$.
(b) Obtenha as condições KKT para esse problema.
(c) Use as condições KKT para obter uma solução ótima.

12.6-11 Considere o seguinte problema de programação restrita linearmente:

Minimizar $f(\mathbf{x}) = x_1^3 + 4x_2^2 + 16x_3$,

sujeito a

$$x_1 + x_2 + x_3 = 5$$

e

$$x_1 \geq 1, \quad x_2 \geq 1, \quad x_3 \geq 1.$$

(a) Converta esse problema em um problema de programação não linear equivalente que se ajuste à forma dada no início do capítulo (segundo parágrafo), com $m = 2$ e $n = 3$.
(b) Use a forma obtida no item (a) para construir as condições KKT para esse problema.
(c) Use as condições KKT para verificar se $(x_1, x_2, x_3) = (2, 1, 2)$ é uma solução ótima.

12.6-12 Considere o seguinte problema de programação convexa restrita linearmente:

Minimizar $Z = x_1^2 - 6x_1 + x_2^3 - 3x_2$,

sujeito a

$$x_1 + x_2 \leq 1$$

e

$$x_1 \geq 0, \quad x_2 \geq 0.$$

(a) Obtenha as condições KKT para esse problema.
(b) Use as condições KKT para verificar se $(x, x) = (\frac{1}{2}, \frac{1}{2})$ é uma solução ótima.
(c) Utilize as condições KKT para obter uma solução ótima.

12.6-13 Considere o seguinte problema de programação convexa restrita linearmente:

Maximizar $f(\mathbf{x}) = 8x_1 - x_1^2 + 2x_2 + x_3$,

sujeito a

$$x_1 + 3x_2 + 2x_3 \leq 12$$

e

$$x_1 \geq 0, \quad x_2 \geq 0, \quad x_3 \geq 0.$$

(a) Use as condições KKT para demonstrar que $(x_1, x_2, x_3) = (2, 2, 2)$ *não* é uma solução ótima.

(b) Use as condições KKT para obter uma solução ótima. *Dica:* faça uma análise intuitiva preliminar para determinar o caso mais promissor em relação a quais variáveis são não zero e quais são zero.

12.6-14 Use as condições KKT para determinar se $(x_1, x_2, x_3) = (1, 1, 1)$ pode ser ótima para o problema a seguir:

Minimizar $Z = 2x_1 + x_2^3 + x_3^2$,

sujeito a

$$x_1^2 + 2x_2^2 + x_3^2 \geq 4$$

e

$$x_1 \geq 0, \quad x_2 \geq 0, \quad x_3 \geq 0.$$

12.6-15 Reconsidere o modelo dado no Problema 12.2-10. Quais são as condições KKT para esse problema? Use essas condições para determinar se $(x_1, x_2) = (1, 1)$ pode ser ótima.

12.6-16 Reconsidere o modelo de programação convexa linearmente restrita do Problema 12.4-7. Use as condições KKT para determinar se $(x_1, x_2) = (2, 2)$ pode ser ótima.

12.7-1 Considere o exemplo de programação quadrática apresentado na Seção 12.7.

(a) Use o teste dado no Apêndice 2 para demonstrar que a função objetivo é *estritamente côncava*.

(b) Comprove que a função objetivo é estritamente côncava demonstrando que $\mathbf{Q}$ é uma matriz *definida positiva*; isto é, $\mathbf{x}^T\mathbf{Q}\mathbf{x} > 0$ para todo $\mathbf{x} \neq \mathbf{0}$. *Dica:* reduzir $\mathbf{x}^T\mathbf{Q}\mathbf{x}$ a uma soma de quadrados.

(c) Mostre que $x_1 = 12, x_2 = 9$ e $u_1 = 3$ satisfazem as condições KKT quando são escritas na forma dada na Seção 12.6.

12.7-2* Considere o seguinte problema de programação quadrática:

Maximizar $f(\mathbf{x}) = 8x_1 - x_1^2 + 4x_2 - x_2^2$,

sujeito a

$$x_1 + x_2 \leq 2$$

e

$$x_1 \geq 0, \quad x_2 \geq 0.$$

(a) Use as condições KKT para obter uma solução ótima.

(b) Suponha agora que esse problema deva ser resolvido pelo método simplex modificado. Formule o problema de programação linear que deve ser resolvido explicitamente e então identifique a restrição de complementaridade adicional que é automaticamente satisfeita pelo algoritmo.

I (c) Aplique o método simplex modificado ao problema conforme formulado no item (b).

C (d) Use o computador para resolver diretamente o problema da programação quadrática.

12.7-3 Considere o seguinte problema de programação quadrática:

Maximizar $f(\mathbf{x}) = 250x_1 - 25x_1^2 + 100x_2 - 100x_2^2 + 90x_1x_2$,

sujeito a

$$20x_1 + 5x_2 \leq 90$$
$$10x_1 + 10x_2 \leq 60$$

e

$$x_1 \geq 0, \quad x_2 \geq 0.$$

Suponha que esse problema deva ser resolvido por meio do método simplex modificado.

(a) Formule o problema de programação linear que deve ser resolvido explicitamente e depois identifique a restrição de complementaridade adicional que é garantida automaticamente pelo algoritmo.

I (b) Aplique o método simplex modificado ao problema conforme formulado no item (a).

12.7-4 Considere o seguinte problema de programação quadrática.

Maximize $f(\mathbf{x}) = 2x_1 + 3x_2 - x_1^2 - x_2^2$,

sujeito a

$$x_1 + x_2 \leq 2$$

e

$$x_1 \geq 0, \quad x_2 \geq 0.$$

(a) Use as condições KKT para obter diretamente uma solução ótima.

(b) Suponha agora que esse problema deva ser resolvido por meio do método simplex modificado. Formule o problema de programação linear que deve ser resolvido explicitamente e, a seguir, identifique a restrição de complementaridade adicional que é automaticamente satisfeita pelo algoritmo.

(c) Sem aplicar o método simplex modificado, demonstre que a solução derivada do item (a) é, de fato, ótima ($Z = 0$) para o problema equivalente formulado no item (b).

I (d) Aplique o método simplex modificado ao problema conforme formulado no item (b).

C (e) Use o computador para resolver diretamente o problema de programação quadrática.

12.7-5 Reconsidere a primeira variante de programação quadrática do problema da Wyndor Glass Co. apresentado na Seção

12.2 (ver a Figura 12.6). Analise esse problema seguindo as instruções dos itens (a), (b) e (c) do Problema 12.7-4.

C **12.7-6** Reconsidere o Problema 12.1-4 e seu modelo de programação quadrática.
(a) Exiba esse modelo [inclusive os valores de $R(\mathbf{x})$ e $V(\mathbf{x})$] em uma planilha do Excel.
(b) Solucione esse modelo para quatro casos: retorno esperado aceitável mínimo = 13, 14, 15, 16.
(c) Para distribuições probabilísticas típicas (com média μ e variância σ^2) do retorno total de toda a carteira, a probabilidade é bastante alta (por volta de 0,8 ou 0,9) de que o retorno excederá $\mu - \sigma$ e a probabilidade é extremamente alta (muitas vezes próxima de 0,999) de que o retorno excederá $\mu - 3\sigma$. Calcule $\mu - \sigma$ e $\mu - 3\sigma$ para as quatro carteiras obtidas no item (b). Qual carteira resultará o maior μ entre estas que também fornecerão $\mu - \sigma \geq 0$?

12.8-1 A MFG Corporation planeja fabricar e comercializar três produtos diferentes. Façamos que x_1, x_2 e x_3 representem o número de unidades dos três respectivos produtos a ser fabricados. Estimativas preliminares da lucratividade potencial desses produtos são as seguintes.

Para as primeiras 15 unidades fabricadas do produto 1, o lucro por unidade seria aproximadamente US$ 500. O lucro por unidade seria apenas US$ 60 para um número qualquer de unidades adicionais do produto 1. Para as primeiras 20 unidades fabricadas do produto 2, o lucro por unidade é estimado em US$ 400. O lucro por unidade seria US$ 200 para cada uma das 20 unidades seguintes e US$ 100 para um número qualquer de unidades adicionais. Para as primeiras 20 unidades do produto 3, o lucro por unidade seria US$ 600. O lucro por unidade seria US$ 400 para cada uma das 10 unidades seguintes e US$ 200 para um número qualquer de unidades adicionais.

Certas limitações sobre o uso dos recursos necessários impõem as seguintes restrições na fabricação dos três produtos:

$$2x_1 + 3x_2 + 4x_3 \leq 180$$
$$3x_1 + x_2 \leq 150$$
$$x_1 + 3x_3 \leq 100.$$

A gerência quer saber quais valores deveriam ser escolhidos para x_1, x_2 e x_3 de modo a maximizar o lucro total.
(a) Desenhe o gráfico de lucro para cada um dos três produtos.
(b) Use programação separável para formular um modelo de programação linear para esse problema.
C (c) Solucione o modelo. Qual é a recomendação resultante para a gerência sobre os valores de x_1, x_2 e x_3 a serem adotados?
(d) Suponha agora que haja uma restrição adicional de que o lucro obtido com os produtos 1 e 2 devem totalizar pelo menos US$ 20.000. Use a técnica apresentada na subseção "Extensões" da Seção 12.8 para acrescentar essa restrição ao modelo formulado no item (b).
C (e) Repita o item (c) para o modelo formulado no item (d).

12.8-2* A Dorwyn Company possui dois produtos novos que competirão com os dois novos produtos da Wyndor Glass Co. (descritos na Seção 3.1). Adotando unidades de centenas de dólares para a função objetivo, o modelo de programação linear mostrado a seguir foi formulado para determinar o *mix* de produtos mais rentável.

Maximizar $Z = 4x_1 + 6x_2$,

sujeito a

$$x_1 + 3x_2 \leq 8$$
$$5x_1 + 2x_2 \leq 14$$

e

$$x_1 \geq 0, \quad x_2 \geq 0.$$

Entretanto, em razão da forte concorrência da Wyndor, a gerência da Dorwyn se deu conta agora de que a empresa precisará empreender um grande esforço de marketing para gerar vendas substanciais desses produtos. Em particular, estima-se que atingir uma taxa de produção e de vendas de x_1 unidades do produto 1 por semana exigirá custos de marketing semanais de x_1^3 centenas de dólares. Os custos de marketing correspondentes para o produto 2 são estimados em $2x_2^2$ centenas de dólares. Logo, a função objetivo no modelo deve ser $Z = 4x_1 + 6x_2 - x_1^3 - 2x_2^2$.

A gerência da Dorwyn gostaria agora de usar o modelo revisado para determinar o *mix* de produtos mais rentável.
(a) Comprove que $(x_1, x_2) = (2/\sqrt{3}, \frac{3}{2})$ é uma solução ótima aplicando as condições KKT.
(b) Construa tabelas para mostrar os dados de lucro de cada produto quando a taxa de produção for 0, 1, 2 e 3.
(c) Desenhe uma figura como a Figura 12.15b que coloque em um gráfico os pontos de lucro semanais para cada produto quando a taxa de produção for 0, 1, 2 e 3. Conecte os pares de pontos consecutivos com segmentos de reta (tracejados).
(d) Use a programação separável baseando-se nessa figura para formular um modelo de programação linear aproximado para este problema.
C (e) Solucione o modelo. O que isso diz à gerência da Dorwyn sobre o *mix* de produtos a ser adotado?

12.8-3 A B. J. Jensen Company se especializou na produção de serras e furadeiras elétricas para uso doméstico. As vendas são relativamente estáveis ao longo do ano, exceto por um salto crescente durante a época de Natal. Já que a fabricação desses produtos requer um esforço e experiência consideráveis, a empresa mantém um quadro de funcionários estável e adota um regime de horas extras para aumentar a produção em novembro. Os empregados veem com bons olhos essa oportunidade de ganhar um dinheiro extra para gastar na época das festas.

B. J. Jensen, Jr., atual presidente da empresa, está supervisionando os planos de produção que são elaborados para novembro próximo. Ele obteve os seguintes dados.

	Produção mensal máxima*		Lucro por unidade produzida	
	Horário normal	Horas extras	Horário normal	Horas extras
Serras	12.000	8.000	US$ 240	US$ 80
Furadeiras	20.000	12.000	US$ 160	US$ 120

*Supondo-se níveis adequados de estoque de materiais adquiridos dos fornecedores da empresa.

Entretanto, Jensen percebeu agora que, além do número limitado de horas de trabalho disponíveis, dois outros fatores limitarão os níveis de produção que podem ser alcançados em novembro. Um deles é que o fornecedor de fontes de alimentação da empresa será capaz de providenciar apenas 40 mil unidades para novembro (8 mil unidades a mais que o pedido mensal usual). Cada serra e cada furadeira usam uma dessas unidades. Em segundo lugar, o fornecedor responsável por uma peça fundamental dos mecanismos de engrenagens será capaz de fornecer apenas 60 mil unidades para novembro (16 mil unidades a mais que o usual para os demais meses). Cada serra requer duas dessas peças e cada furadeira precisa de uma.

O Sr. Jensen quer determinar quantas serras e quantas furadeiras fabricar em novembro para maximizar o lucro total da empresa.

(a) Desenhe o gráfico de lucros para cada um desses dois produtos.

(b) Use programação separável para formular um modelo de programação linear para esse problema.

c (c) Solucione o modelo. O que este informa em relação ao número de serras e de furadeiras que deve ser produzido em novembro?

12.8-4 Reconsidere o modelo de programação convexa restrito linearmente dado no Problema 12.4-7.

(a) Use a técnica da programação separável apresentada na Seção 12.8 para formular um modelo de programação linear aproximado para esse problema. Use $x_1 = 0, 1, 2, 3$ e $x_2 = 0, 1, 2, 3$ como pontos de quebra das funções lineares por trechos.

c (b) Use o método simplex para solucionar o modelo formulado no item (a). A seguir reformule essa solução em termos das variáveis básicas *originais* do problema.

12.8-5 Suponha que a técnica de programação separável tenha sido aplicada a certo problema (o "original") para convertê-lo no seguinte problema equivalente de programação linear:

$$\text{Maximizar} \quad Z = 5x_{11} + 4x_{12} + 2x_{13} + 4x_{21} + x_{22},$$

sujeito a

$$3x_{11} + 3x_{12} + 3x_{13} + 2x_{21} + 2x_{22} \leq 25$$
$$2x_{11} + 2x_{12} + 2x_{13} - x_{21} - x_{22} \leq 10$$

e

$$0 \leq x_{11} \leq 2 \quad 0 \leq x_{21} \leq 3$$
$$0 \leq x_{12} \leq 3 \quad 0 \leq x_{22} \leq 1.$$
$$0 \leq x_{13}$$

Qual era o modelo matemático para o problema original? (Você poderá definir a função objetivo tanto algébrica como graficamente, porém terá de expressar as restrições algebricamente.)

12.8-6 Para cada um dos casos a seguir, *prove* que a propriedade fundamental da programação separável da Seção 12.8 deve ser satisfeita. *Dica:* parta do pressuposto de que existe uma solução ótima que viola essa propriedade e, depois, contradiga essa hipótese mostrando que existe uma solução viável melhor.

(a) O caso especial da programação separável em que todas $g_i(\mathbf{x})$ são funções lineares.

(b) O caso genérico da programação separável no qual todas as funções são funções não lineares da forma designada. *Dica:* pense nas restrições funcionais como restrições sobre recursos, em que $g_{ij}(x_j)$ representa a quantidade do recurso i usada pela atividade em andamento j no nível x_j e, depois, use a implicação da hipótese da convexidade em relação às inclinações da função linear por trechos aproximada.

12.8-7 A MFG Company produz determinado subconjunto em cada uma de suas duas fábricas separadamente. Esses subconjuntos são então trazidos para uma terceira fábrica próxima onde são usados na fabricação de certo produto. A época de pico de demanda para esse produto está se aproximando e, portanto, para manter a taxa de produção em um intervalo desejado, é necessário usar por determinado período tempo de hora extra na fabricação desses subconjuntos. O custo por subconjunto em tempo normal (TR) e em horas extras (HE) é mostrado na tabela a seguir para ambas as fábricas, junto com o número máximo de subconjuntos que podem ser produzidos em TR e em HE por dia.

	Custo unitário		Capacidade	
	TN	HE	TN	HE
Fábrica 1	US$ 23	US$ 38	6.000	3.000
Fábrica 2	US$ 24	US$ 36	3.000	1.500

Façamos que x_1 e x_2 representem o número total de subconjuntos produzidos por dia, respectivamente, nas Fábricas 1 e 2. O objetivo é maximizar $Z = x_1 + x_2$, sujeito à restrição que o custo diário total não exceda US$ 270.000. Note que a formulação da programação matemática desse problema (com x_1 e x_2 como variáveis de decisão) tem a mesma forma do caso principal do modelo de programação separável descrito na Seção 12.8, exceto pelo fato de que as funções separáveis aparecem em uma função restrita em vez da função objetivo. Entretanto, a mesma abordagem pode ser usada para reformular o problema como um modelo de programação linear em que é viável usar HE mesmo quando a capacidade de TR naquela fábrica não for totalmente empregada.

(a) Formule esse modelo de programação linear.

(b) Explique por que a lógica da programação separável também se aplica aqui, para garantir que uma solução ótima para o modelo formulado no item (a) jamais use HE, a menos que a capacidade de TR naquela fábrica estiver totalmente esgotada.

12.8-8 Considere o seguinte problema de programação não linear:

$$\text{Maximizar} \quad Z = 5x_1 + x_2,$$

sujeito a

$$2x_1^2 + x_2 \leq 13$$
$$x_1^2 + x_2 \leq 9$$

e

$$x_1 \geq 0, \quad x_2 \geq 0.$$

(a) Demonstre que se trata de um problema de programação convexa.

(b) Use a técnica de programação separável discutida no final da Seção 12.8 para formular um modelo de programação linear aproximado para esse problema. Use os inteiros como pontos de quebra da função linear por trechos.

C **(c)** Use o computador para solucionar o modelo formulado no item (b). A seguir, reformule essa solução em termos das variáveis *originais* do problema

12.8-9 Considere o seguinte problema de programação convexa:

$$\text{Maximizar} \quad Z = 32x_1 - x_1^4 + 4x_2 - x_2^2,$$

sujeito a

$$x_1^2 + x_2^2 \leq 9$$

e

$$x_1 \geq 0, \quad x_2 \geq 0.$$

(a) Aplique a técnica de programação separável discutida no final da Seção 12.8, com $x_1 = 0, 1, 2, 3$ e $x_2 = 0, 1, 2$ e 3 como o ponto de quebra das funções lineares por trechos, para formular um modelo de programação linear aproximado para esse problema.

C **(b)** Use o computador para solucionar o modelo formulado no item (a). A seguir, reformule essa solução em termos das variáveis *originais* do problema.

(c) Use as condições KKT para determinar se a solução para as variáveis originais obtidas no item (b) é efetivamente ótima para o problema original (e não o modelo aproximado).

12.8-10 Reconsidere o modelo de programação não linear inteira dado no Problema 10.3-8.

(a) Demonstre que a função objetivo não é côncava.

(b) Formule um modelo equivalente de programação linear inteira *binária pura* para esse problema conforme indicado a seguir. Aplique a técnica da programação separável com os inteiros viáveis como pontos de quebra das funções lineares por trechos, de modo que as variáveis auxiliares sejam variáveis binárias. A seguir, acrescente algumas restrições de programação linear nessas variáveis binárias para garantir a *restrição especial* da programação separável. Observe que a *propriedade fundamental* da programação separável não é satisfeita para esse problema, pois a função objetivo não é côncava.

C **(c)** Use o computador para solucionar esse problema conforme formulado na parte (b). Então expresse novamente a solução nos termos das variações originais do problema.

D,I **12.9-1** Reconsidere o modelo de programação convexa restrita linearmente dado no Problema 12.6-5. Partindo da solução experimental inicial $(x_1, x_2) = (0, 0)$, use uma iteração do algoritmo de Frank-Wolfe para obter exatamente a mesma solução encontrada no item (b) do Problema 12.6-5 e, depois, utilize a segunda iteração para comprovar que ela é uma solução ótima (pois ela é reproduzida exatamente).

D,I **12.9-2** Reconsidere o modelo de programação convexa restrita linearmente dado no Problema 12.6-12. Partindo da solução experimental inicial $(x_1, x_2) = (0, 0)$, use uma iteração do algoritmo de Frank-Wolfe para obter exatamente a mesma solução encontrada no item (c) do Problema 12.6-12 e depois utilize a segunda iteração para comprovar que ela é uma solução ótima (pois ela é reproduzida exatamente). Explique por que seriam obtidos exatamente os mesmos resultados nessas duas iterações com qualquer outra solução experimental.

D,I **12.9-3** Reconsidere o modelo de programação convexa restrita linearmente dado no Problema 12.6-13. Partindo da solução experimental inicial $(x_1, x_2, x_3) = (0, 0, 0)$, aplique duas iterações do algoritmo de Frank-Wolfe.

D,I **12.9-4** Considere o exemplo de programação quadrática apresentado na Seção 12.7. Partindo da solução experimental inicial $(x_1, x_2) = (5, 5)$, aplique sete iterações do algoritmo de Frank-Wolfe.

12.9-5 Reconsidere o modelo de programação quadrática dado no Problema 12.7-4.

D,I **(a)** Partindo da solução experimental inicial $(x_1, x_2) = (0, 0)$, use o algoritmo de Frank-Wolfe (seis iterações) para resolver o problema (por aproximação).

(b) Mostre graficamente como a sequência de soluções experimentais obtida no item (a) pode ser extrapolada para obter uma aproximação mais precisa de uma solução ótima. Qual é a estimativa resultante dessa solução?

D,I **12.9-6** Reconsidere o modelo de programação convexa restrita linearmente do Problema 12.4-7. Partindo da solução experimental inicial $(x_1, x_2) = (0, 0)$, use o algoritmo de Frank-Wolfe (quatro iterações) para solucionar esse modelo (por aproximação).

D,I **12.9-7** Considere o seguinte problema de programação convexa restrita linearmente:

$$\text{Maximizar} \quad f(\mathbf{x}) = 3x_1 x_2 + 40x_1 + 30x_2 - 4x_1^2 - x_1^4 - 3x_2^2 - x_2^4,$$

sujeito a

$$4x_1 + 3x_2 \leq 12$$
$$x_1 + 2x_2 \leq 4$$

e

$$x_1 \geq 0, \quad x_2 \geq 0.$$

Partindo da solução experimental inicial $(x_1, x_2) = (0, 0)$, aplique duas iterações do algoritmo de Frank-Wolfe.

D,I **12.9-8*** Considere o seguinte problema de programação convexa restrita linearmente:

$$\text{Maximizar} \quad f(\mathbf{x}) = 3x_1 + 4x_2 - x_1^3 - x_2^2,$$

sujeito a

$$x_1 + x_2 \leq 1$$

e

$$x_1 \geq 0, \quad x_2 \geq 0.$$

(a) Partindo da solução experimental inicial $(x_1, x_2) = (\frac{1}{4}, \frac{1}{4})$, aplique três iterações do algoritmo de Frank-Wolfe.

(b) Use as condições KKT para verificar se a solução obtida no item (a) é, de fato, ótima.

12.9-9 Considere o seguinte problema de programação convexa restrita linearmente:

$$\text{Maximizar} \quad f(\mathbf{x}) = 4x_1 - x_1^4 + 2x_2 - x_2^2,$$

sujeito a

$$4x_1 + 2x_2 \leq 5$$

e

$$x_1 \geq 0, \quad x_2 \geq 0.$$

(a) Partindo da solução experimental inicial (x_1, x_2) $(\frac{1}{2}, \frac{1}{2})$, aplique quatro iterações do algoritmo de Frank-Wolfe.
(b) Mostre graficamente como a sequência de soluções experimentais obtidas no item (a) pode ser extrapolada para obter uma aproximação mais precisa de uma solução ótima. Qual é a estimativa resultante dessa solução?
(c) Use as condições KKT para verificar se solução obtida no item (b) é, de fato, ótima. Se não for, use essas condições para obter a solução ótima exata.

12.9-10 Reconsidere o modelo de programação convexa restrita linearmente dado no Problema 12.9-8.
(a) Se a SUMT fosse aplicada a esse problema, qual seria a função irrestrita $P(\mathbf{x}; r)$ a ser maximizada a cada iteração?
(b) Configurando $r = 1$ e usando $(\frac{1}{4}, \frac{1}{4})$ como solução experimental inicial, aplique manualmente uma iteração do método de busca por gradiente (pare, exceto, antes de proceder a resolução para encontrar t^*) para começar a maximizar a função $P(\mathbf{x}; r)$ obtida no item (a).
D,C (c) Partindo da mesma solução experimental inicial do item (b), use o procedimento automático do Tutorial IOR para aplicar a SUMT a esse problema com $r = 1, 10^{-2}, 10^{-4}$.
(d) Compare a solução final obtida no item (c) com a verdadeira solução ótima para o Problema 12.9-8 dada no final do livro. Qual é a porcentagem de erro em x_1, x_2 e $f(\mathbf{x})$?

12.9-11 Reconsidere o modelo de programação convexa restrita linearmente dado no Problema 12.9-9. Siga as instruções dos itens (a), (b) e (c) do Problema 12.9-10 para esse modelo, exceto pelo emprego de $(x_1, x_2) = (\frac{1}{2}, \frac{1}{2})$ como solução experimental inicial e de $r = 1, 10^{-2}, 10^{-4}, 10^{-6}$.

12.9-12 Reconsidere o modelo dado no Problema 12.3-3.
(a) Se a SUMT fosse aplicada diretamente a esse problema, qual seria a função irrestrita $P(\mathbf{x}; r)$ a ser *minimizada* a cada iteração?
(b) Configurando $r = 100$ e usando $(x_1, x_2) = (5, 5)$ como solução experimental inicial, aplique manualmente uma iteração do método de busca por gradiente (exceto por parar antes de proceder à resolução para encontrar t^*) para começar a minimizar a função $P(\mathbf{x}; r)$ obtida no item (a).
D,C (c) Começando com a mesma solução experimental inicial do item (b), use o procedimento automático do Tutorial IOR para aplicar a SUMT a esse problema com $r = 100, 1, 10^{-2}, 10^{-4}$. *Dica:* a rotina de computador parte do pressuposto de que o problema tenha sido convertido na forma de *maximização* com as restrições funcionais na forma $\leq$.

12.9-13 Considere o exemplo para aplicação da SUMT dado na Seção 12.9.

(a) Demonstre que $(x_1, x_2) = (1, 2)$ satisfaz as condições KKT.
(b) Exiba a região de soluções viáveis graficamente e, a seguir, coloque em gráfico o lugar geométrico dos pontos $x_1 x_2 = 2$ para demonstrar que $(x_1, x_2) = (1, 2)$ com $f(1, 2) = 2$ é, de fato, um *máximo global*.

12.9-14* Considere o seguinte problema de programação convexa:

$$\text{Maximizar} \quad f(\mathbf{x}) = -2x_1 - (x_2 - 3)^2,$$

sujeito a

$$x_1 \geq 3 \quad \text{e} \quad x_2 \geq 3.$$

(a) Se a SUMT fosse aplicada a esse problema, qual seria a função irrestrita $P(\mathbf{x}; r)$ a ser maximizada a cada iteração?
(b) Obtenha a solução de maximização de $P(\mathbf{x}; r)$ analiticamente e depois obtenha essa solução para $r = 1, 10^{-2}, 10^{-4}, 10^{-6}$.
D,C (c) Partindo da solução experimental inicial $(x_1, x_2) = (4, 4)$, use o procedimento automático do Tutorial IOR para aplicar a SUMT a esse problema com $r = 1, 10^{-2}, 10^{-4}, 10^{-6}$.

D,C **12.9-15** Considere o seguinte problema de programação convexa:

$$\text{Maximizar} \quad f(\mathbf{x}) = x_1 x_2 - x_1 - x_1^2 - x_2 - x_2^2,$$

sujeito a

$$x_2 \geq 0.$$

Partindo da solução experimental inicial $(x_1, x_2) = (1, 1)$, use o procedimento automático do Tutorial IOR para aplicar a SUMT a esse problema com $r = 1, 10^{-2}, 10^{-4}$.

D,C **12.9-16** Reconsidere o modelo de programação quadrática dado no Problema 12.7-4. Partindo da solução experimental inicial (x_1, x_2) $(\frac{1}{2}, \frac{1}{2})$, use o procedimento automático do Tutorial IOR para aplicar a SUMT a esse problema com $r = 1, 10^{-2}, 10^{-4}, 10^{-6}$.

D,C **12.9-17** Reconsidere a primeira variante de programação quadrática do problema da Wyndor Glass Co. apresentada na Seção 12.2 (ver a Figura 12.6). Partindo da solução experimental inicial $(x_1, x_2) = (2, 3)$, use o procedimento automático do Tutorial IOR para aplicar a SUMT a esse problema com $r = 10^2, 1, 10^{-2}, 10^{-4}$.

12.9-18 Reconsidere o modelo de programação convexa com uma restrição de igualdade dada no Problema 12.6-11.
(a) Se a SUMT fosse aplicada a esse modelo, qual seria a função $P(\mathbf{x}; r)$ sem restrições a ser *minimizada* a cada iteração?
D,C (b) Partindo da solução experimental inicial $(x_1, x_2, x_3) = (\frac{3}{2}, \frac{3}{2}, 2)$, use o procedimento automático do Tutorial IOR para aplicar a SUMT a esse modelo com $r = 10^{-2}, 10^{-4}, 10^{-6}, 10^{-8}$.
C (c) Use o Excel Solver-padrão para solucionar este problema.
C (d) Utilize o Evolutionary Solver para resolver este problema.
C (e) Use o LINGO para resolver esse problema.

12.10-1 Considere o seguinte problema de programação não-convexa:

Maximizar $f(x) = 1.000x - 400x^2 + 40x^3 - x^4$,

sujeito a

$$x^2 + x \le 500$$

e

$$x \ge 0.$$

(a) Identifique os valores viáveis para x. Obtenha expressões genéricas para as primeiras três derivadas de $f(x)$. Use essas informações para ajudá-lo a fazer um esboço preliminar $f(x)$ ao longo da região de soluções viáveis para x. Sem calcular seus valores, marque os pontos no gráfico que correspondem a máximos e mínimos *locais*.

I (b) Use o método da bissecção com $\epsilon = 0,05$ para encontrar cada um dos máximos locais. Utilize o esboço do item (a) para identificar os limites iniciais apropriados para cada uma dessas buscas. Quais dos máximos locais é um máximo global?

(c) Partindo de $x = 3$ e $x = 15$ como soluções experimentais iniciais, use o método de Newton com $\epsilon = 0,001$ para encontrar cada um dos máximos locais.

D,C (d) Use o procedimento automático do Tutorial IOR para aplicar a SUMT a esse problema com $r = 10^3, 10^2, 10, 1$ para encontrar cada um dos máximos locais. Utilize $x = 3$ e $x = 15$ como soluções experimentais iniciais para essas buscas. Quais desses máximos locais é um máximo global?

C (e) Formule esse problema em uma planilha, na qual $f(x)$ representa o lucro e depois use o Solver Table para gerar as soluções com os seguintes pontos iniciais: $x = 0, 5, 10, 15, 20, 25$. Inclua o valor de x e o lucro como células de saída no Solver Table.

C (f) Use o Evolutionary Solver para resolver esse problema.

C (g) Utilize o recurso de otimizador global do LINGO para solucionar esse problema.

C (h) Use o MPL e seu otimizador global LGO para resolver esse problema.

12.10-2 Considere o seguinte problema de programação não convexa:

Maximizar $f(\mathbf{x}) = 3x_1 x_2 - 2x_1^2 - x_2^2$,

sujeito a

$$\begin{aligned} x_1^2 + 2x_2^2 &\le 4 \\ 2x_1 - x_2 &\le 3 \\ x_1 x_2^2 + x_1^2 x_2 &= 2 \end{aligned}$$

e

$$x_1 \ge 0, \quad x_2 \ge 0.$$

(a) Se a SUMT fosse aplicada a esse problema, qual seria a função $P(\mathbf{x}; r)$ sem restrições a ser maximizada a cada iteração?

D,C (b) Partindo da solução experimental inicial $(x_1, x_2) = (1, 1)$, use o procedimento automático do Tutorial IOR para aplicar a SUMT a esse problema com $r = 1, 10^{-2}, 10^{-4}$.

C (c) Use o Evolutionary Solver para resolver esse problema.

C (d) Utilize o otimizador global do LINGO para resolver esse problema.

C (e) Use o MPL e seu otimizador global LGO para resolver esse problema.

12.10-3 Considere o seguinte problema de programação não convexa.

Minimizar $f(\mathbf{x}) = \sin 3x_1 + \cos 3x_2 + \sin(x_1 + x_2)$,

sujeito a

$$\begin{aligned} x_1^2 - 10x_2 &\ge -1 \\ 10x_1 + x_2^2 &\le 100 \end{aligned}$$

e

$$x_1 \ge 0, \quad x_2 \ge 0.$$

(a) Se a SUMT fosse aplicada a esse problema, qual seria a função $P(\mathbf{x}; r)$ sem restrições a ser minimizada a cada iteração?

(b) Descreva como a SUMT poderia ser aplicada para tentar obter um mínimo global. Não realize a resolução em si.

C (c) Use o otimizador global do LINGO para resolver esse problema.

C (d) Use o MPL e seu otimizador global LGO para resolver esse problema.

C **12.10-4** Considere o seguinte problema de programação não convexa:

Maximizar Lucro = $x^5 - 13x^4 + 59x^3 - 107x^2 + 61x$,

sujeito a

$$0 \le x \le 5.$$

(a) Formule esse problema em uma planilha e depois use o Solver Table para resolvê-lo com os seguintes pontos iniciais: $x = 0, 1, 2, 3, 4$ e 5. Inclua o valor de x e do lucro como células de saída no Solver Table.

(b) Use o Evolutionary Solver para resolver esse problema.

C **12.10-5** Considere o seguinte problema de programação não convexa:

Maximizar Lucro = $100x^6 - 1.359x^5 + 6.836x^4 - 15.670x^3 + 15.870x^2 - 5.095x$,

sujeito a

$$0 \le x \le 5.$$

(a) Formule esse problema em uma planilha e depois use o Solver Table para resolvê-lo com os seguintes pontos iniciais: $x = 0, 1, 2, 3, 4$ e 5. Inclua o valor de x e o lucro como células de saída no Solver Table.

(b) Use o Evolutionary Solver para resolver esse problema.

C **12.10-6** Em virtude do crescimento da população, foi atribuída ao Estado de Washington mais uma cadeira na Câmara de Representantes, perfazendo um total de dez. A legislatura estadual, que é atualmente controlada pelos republicanos, precisa desenvolver um plano para reorganizar os distritos do Estado. Existem 18 cidades principais no Estado de Washington que precisam ser designadas a um dos dez distritos eleitorais. A tabela a seguir fornece os números de democratas e republicanos registrados em cada cidade. Cada distrito deve conter entre 150 mil a 350 mil desses eleitores registrados. Use o Evolutionary Solver para alocar cada cidade a um dos dez distritos eleitorais de modo a maximizar o número de distritos que possui mais republicanos registrados do que democratas. (Dica: use a função Sumif.)

Cidade	Democratas (milhares)	Republicanos (milhares)
1	152	62
2	81	59
3	75	83
4	34	52
5	62	87
6	38	87
7	48	69
8	74	49
9	98	62
10	66	72
11	83	75
12	86	82
13	72	83
14	28	53
15	112	98
16	45	82
17	93	68
18	72	98

12.10-7 Reconsidere o problema da Wyndor Glass Co. da Seção 3.1.

c **(a)** Solucione esse problema usando o Excel Solver padrão.
c **(b)** Partindo de uma solução inicial para produzir nenhum lote de portas e nenhum lote de janelas, resolva esse problema usando o Evolutionary Solver.

(c) Comente sobre o desempenho dessas duas metodologias.

12.11-1 Considere o seguinte problema:

$$\text{Maximizar} \quad Z = 4x_1 - x_1^2 + 10x_2 - x_2^2,$$

sujeito a

$$x_1^2 + 4x_2^2 \leq 16$$

e

$$x_1 \geq 0, \quad x_2 \geq 0.$$

(a) Esse problema pode ser considerado um problema de programação convexa? Responda sim ou não e, a seguir, justifique sua resposta.
(b) O método simplex modificado pode ser usado para resolver esse problema? Responda sim ou não e depois justifique sua resposta (mas não resolva efetivamente).
(c) O algoritmo de Frank-Wolfe pode ser utilizado para resolver esse problema? Responda sim ou não e depois justifique sua resposta (mas não resolva efetivamente).
(d) Quais são as condições KKT para esse problema? Use essas condições para determinar se $(x_1, x_2) = (1, 1)$ pode ser ótima.
(e) Use a técnica de programação separável para formular um modelo de programação linear *aproximado* para esse problema. Utilize os inteiros viáveis como pontos de quebra para cada função linear por trechos.
c **(f)** Use o método simplex para resolver o problema conforme formulado no item (*e*).
(g) Dada a função $P(\mathbf{x}; r)$ a ser maximizada a cada iteração ao aplicar a SUMT a esse problema. Não resolva de fato o problema.
D,C **(h)** Use a SUMT (o procedimento automático do Tutorial IOR) para resolver o problema conforme formulado no item (*g*). Parta da solução experimental inicial $(x_1, x_2) = (2, 1)$ e use $r = 1, 10^{-2}, 10^{-4}, 10^{-6}$.
c **(i)** Formule esse problema em uma planilha e depois use o Excel Solver-padrão para resolver esse problema.
c **(j)** Utilize o Evolutionary Solver para resolver esse problema.
c **(k)** Use o LINGO para resolver esse problema.

CASOS

Caso 12.1 Seleção pragmática de ações

Desde o dia em que teve sua primeira aula de economia no Ensino Médio, Lydia ficava pensando sobre as práticas no campo financeiro de seus pais. Eles trabalhavam muito para ganhar dinheiro suficiente que possibilitava ter uma vida confortável típica de classe média, mas eles jamais colocaram seu dinheiro para trabalhar para si próprios. Eles simplesmente depositavam seu suado salário na poupança, que rendia certa quantia nominal de juros. Felizmente, sempre havia dinheiro suficiente para pagar a faculdade. Ela prometeu a si mesma que ao se tornar adulta não seguiria essas mesmas práticas financeiras conservadoras de seus pais.

E Lydia manteve essa promessa. Toda manhã ao se preparar para o trabalho, ela assiste às reportagens financeiras da CNN. Ela usa jogos de investimentos na World Wide Web, encontrando carteiras que maximizam seu retorno e, ao mesmo tempo, minimizam seu risco. Ela lê o *The Wall Street Journal* e *Financial Times* com uma "sede insaciável".

Lydia também lê as colunas de conselhos sobre investimentos de revistas especializadas em finanças e percebeu que, na média, os conselhos dados pelos consultores de investimentos acabavam sendo muito bons. Portanto, ela decide seguir os conselhos da última edição dessas revistas. Em sua coluna mensal o editor Jonathan Taylor recomenda três ações que ele acredita que subirão muito mais que a média de mercado. Além disso, a famosa guru de fundos mútuos, Donna Carter, recomenda a compra de três outras ações que ela acredita que vão suplantar a média do mercado ao longo do próximo ano.

A Bigbell (cujo símbolo na Bolsa de Valores é BB), uma das maiores empresas de telecomunicações do país, oferece uma taxa ganho/preço abaixo da média do mercado. Investimentos enormes ao longo dos últimos oito meses acabaram reduzindo consideravelmente os ganhos. Entretanto, com sua nova tecnologia de ponta, espera-se que a empresa aumente significativamente suas margens de lucro. Taylor prevê que a ação subirá dos seus atuais US$ 60 por ação para US$ 72 por ação no próximo ano.

A Lotsofplace (LOP) é um dos líderes mundiais na fabricação de discos rígidos. Esse segmento passou recentemente por consolidação importante, já que a feroz guerra de preços dos últimos anos foi seguida de várias falências ou pela aquisição por parte da Lotsofplace e seus concorrentes. Em razão da concorrência reduzida no mercado de discos rígidos, espera-se que as receitas e os ganhos aumentem consideravelmente no próximo ano. Taylor prevê um aumento anual de 42% na ação da Lotsofplace em relação ao preço atual de US$ 127 por ação.

A Internetlife (ILI) sobreviveu a muitos altos e baixos das empresas do mercado da internet. Com o próximo frenesi da internet logo por vir, Taylor espera que o preço da ação dessa empresa dobre, passando dos atuais US$ 4 para US$ 8 em um ano.

A Healthtomorrow (HEAL) é uma empresa líder em biotecnologia que está para receber a aprovação para diversos medicamentos novos por parte da Food and Drug Administration, que ajudará em um aumento de 20% nos ganhos ao longo dos próximos anos. Em particular, um novo medicamento para redução significativa do risco de ataques cardíacos supostamente trará lucros enormes à empresa. Da mesma forma, devido a diversos medicamentos novos com sabor bem agradável para crianças, a empresa tem conseguido passar uma excelente imagem na mídia. Esse golpe de mestre na área de relações públicas certamente terá impacto positivo nas vendas dos medicamentos que se pode comprar sem receita produzidos pela empresa. Carter está convencida de que uma ação subirá dos atuais US$ 50 para US$ 75 por ação em um ano.

A Quicky (QUI) é uma rede de *fast-food* que tem expandido muito nos Estados Unidos. Carter tem acompanhado essa empresa de perto desde que ela se tornou aberta, cerca de 15 anos atrás quando ela tinha apenas uma dezena de lojas na costa oeste norte-americana. Desde essa época, a empresa tem-se expandido e agora conta com lojas em todos os estados do país. Em virtude de sua ênfase em alimentos saudáveis, ela está ganhando uma fatia de mercado cada vez maior. Carter acredita que a ação continuará a ter bom desempenho acima da média do mercado com uma expectativa de crescimento de 46% em um ano em relação ao preço atual de sua ação de US$ 150.

A Automobile Alliance (AUA) é um fabricante de automóveis líder de mercado da região de Detroit que acaba de lançar dois novos modelos. Esses modelos têm mostrado fortes vendas iniciais e, consequentemente, prevê-se que a ação da empresa suba de US$ 20 para US$ 26 ao longo do próximo ano.

Na Web, Lydia encontrou dados a respeito do risco envolvido nas ações dessas empresas. As variâncias de re-

Empresa	BB	LOP	ILI	HEAL	QUI	AUA
Variância	0,032	0,1	0,333	0,125	0,065	0,08

Covariâncias	LOP	ILI	HEAL	QUI	AUA
BB	0,005	0,03	−0,031	−0,027	0,01
LOP		0,085	−0,07	−0,05	0,02
ILI			−0,11	−0,02	0,042
HEAL				0,05	−0,06
QUI					−0,02

torno históricas de seis ações e suas covariâncias são mostradas a seguir.

(a) A princípio, Lydia quer ignorar o risco de todos esses investimentos. Dada essa estratégia, qual seria a carteira de investimentos ótima; isto é, que parcela de seu dinheiro ela deveria investir em cada uma dessas seis ações? Qual é o risco total de sua carteira?

(b) Lydia decide que ela não quer investir mais que 40% em qualquer uma das ações. Embora ainda ignorando o fator risco, qual seria sua nova carteira de investimentos ótima? Qual é o risco total de sua nova carteira?

(c) Agora Lydia quer levar em conta o risco de suas oportunidades de investimento. Para emprego nas seguintes partes, formule um modelo de programação quadrática que vai minimizar seu risco (medido pela variância do retorno de sua carteira) e garantindo, ao mesmo tempo, que seu retorno esperado seja pelo menos tão grande quanto sua opção de um valor aceitável mínimo.

(d) Lydia quer garantir um retorno esperado de pelo menos 35%. Ela quer atingir essa meta a um risco mínimo. Qual carteira de investimentos lhe permitiria alcançar essa meta?

(e) Qual é o risco mínimo que Lydia pode correr se quiser um retorno esperado de pelo menos 25%? E para pelo menos 40%?

(f) Você vê algum problema ou desvantagem na abordagem de Lydia em relação à sua estratégia de investimentos?

Nota: para sua conveniência é fornecido um arquivo de dados para esse caso no *site* deste livro.

APRESENTAÇÃO DOS CASOS ADICIONAIS DO *SITE*

CASO 12.2 Investimentos internacionais

Um analista financeiro está de posse de algumas obrigações do governo alemão que oferecem taxas de juros crescentes caso elas sejam mantidas até seu vencimento final daqui a três anos. Eles também podem ser resgatados a qualquer momento obtendo-se o principal inicial mais juros acumulados. O governo federal da Alemanha acaba de introduzir um imposto sobre ganhos de capital em relação a juros recebidos acima de certo nível, de modo que manter as obrigações até o vencimento agora se tornou menos atrativo. Portanto, o analista precisa determinar sua estratégia de investimentos ótima referente ao número de obrigações que deveriam ser vendidas durante cada um dos três próximos anos em alguns cenários diferentes.

Caso 12.3 Retorno ao caso de promoção de um cereal matinal

Este caso é uma continuação do Caso 3.4 envolvendo uma campanha publicitária para o novo cereal matinal da Super Grain Corporation. A análise exigida para o Caso 3.4 nos leva à aplicação da programação linear. Entretanto, certas hipóteses de programação linear são bastante questionáveis nessa situação. Em particular, a hipótese de que o lucro total obtido pela introdução do cereal matinal é proporcional ao nível total de exposição do produto obtida pela campanha publicitária é, claramente, apenas uma aproximação grosseira. Para refinar a análise, tanto um modelo de programação não linear genérico quanto um modelo de programação separável precisam ser formulados, aplicados e comparados.

CAPÍTULO 13

Meta-heurística

Vários dos capítulos anteriores descreveram algoritmos que podem ser usados para obter uma solução ótima para diversos tipos de modelo de PO, incluindo alguns modelos de programação linear, programação inteira e programação não linear. Esses algoritmos provaram ter um valor inestimável na resolução de ampla gama de problemas práticos. Entretanto, essa abordagem nem sempre funciona. Alguns problemas (e os modelos de PO correspondentes) são tão complicados que pode não ser possível encontrar uma solução ótima. Nessas situações, ainda é importante encontrar uma boa solução viável, que seja pelo menos razoavelmente próxima da solução ótima. Os métodos heurísticos são comumente usados para procurar essa solução.

Um **método heurístico** é um procedimento que provavelmente encontrará uma excelente solução viável, mas não necessariamente uma solução ótima, para o problema específico em questão. Não se pode dar nenhuma garantia sobre a qualidade da solução obtida, porém um método heurístico bem elaborado em geral é capaz de fornecer uma solução que se encontra pelo menos próxima da ótima (ou concluir que tais soluções na realidade não existem). O procedimento também deve ser suficientemente capaz para lidar com problemas muito grandes. O procedimento normalmente é um *algoritmo iterativo* completo em que cada iteração envolve a condução da procura de uma nova solução que poderia ser melhor que a melhor solução encontrada previamente. Quando o algoritmo termina após um tempo razoável, a solução por ele fornecida é a melhor que foi encontrada durante qualquer iteração.

Os métodos heurísticos em geral se baseiam em ideias relativamente simples de senso comum de como procurar uma boa solução. Essas ideias precisam ser cuidadosamente adaptadas para se adequar ao problema de interesse específico. Portanto, os métodos heurísticos tendem a ser específicos por natureza. Isto é, cada método é geralmente desenvolvido para atender a um tipo de problema específico em vez de uma variedade de aplicações.

Por muitos anos, isso significou que uma equipe de PO precisaria começar da estaca zero para desenvolver um método heurístico que se adequasse ao problema que tinham em mãos, toda vez que não estivesse disponível um algoritmo para encontrar uma solução ótima. Tudo isso mudou recentemente com o desenvolvimento da poderosa meta-heurística. A **meta-heurística** é um método de resolução geral que fornece tanto uma estrutura quanto diretrizes de estratégia gerais para desenvolver um método heurístico específico, que se ajuste a um tipo de problema específico. A meta-heurística se tornou uma das mais importantes técnicas na caixa de ferramentas dos profissionais da PO.

Este capítulo fornece uma introdução elementar à meta-heurística. Após descrever a sua natureza geral na primeira seção, as três seções seguintes apresentarão e ilustrarão as três meta-heurísticas mais comumente usadas.

13.1 A NATUREZA DA META-HEURÍSTICA

Para ilustrar a natureza da meta-heurística, partamos de um exemplo de um pequeno, porém modestamente difícil, problema de programação não linear.

Exemplo: problema de programação não linear com soluções ótimas locais múltiplas

Considere o seguinte problema.

$$\text{Maximizar} \quad f(x) = 12x^5 - 975x^4 + 28.000x^3 - 345.000x^2 + 1.800.000x,$$

Sujeito a

$$0 \leq x \leq 31.$$

A Figura 13.1 coloca em um gráfico a função objetivo $f(x)$ ao longo dos valores viáveis da única variável x. Esse gráfico revela que o problema tem três soluções ótimas, uma em $x = 5$, outra em $x = 20$ e a terceira em $x = 31$, em que a solução ótima global encontra-se em $x = 20$.

A função objetivo $f(x)$ é suficientemente complicada para tornar difícil determinar onde o ótimo global cai sem o benefício do gráfico na Figura 13.1. Poderíamos usar cálculo, mas isso exigiria a resolução de uma equação polinomial de quarto grau (após tornar a primeira derivada igual a zero) para estabelecer onde os pontos críticos se situam. Seria até difícil determinar que $f(x)$ tem soluções ótimas locais múltiplas em vez de uma ótima global.

Esse problema é um exemplo de um problema de *programação não convexa*, um tipo especial de problema de programação não linear que tipicamente possui várias soluções ótimas locais. A Seção 12.10 discutiu a programação não convexa e até apresentou um pacote de software (Evolutionary Solver) que usa o tipo de meta-heurística descrito na Seção 13.4.

Para problemas de programação não linear que parecem ser ligeiramente difíceis, como este, um método heurístico simples é conduzir um **procedimento de melhoria local**. Tal procedimento parte de uma solução experimental inicial e, a seguir, a cada iteração, faz uma busca nas vizinhanças da solução experimental atual para localizar uma solução experimental melhor. Esse processo prossegue até que não se consiga encontrar mais nenhuma solução melhor nas vizinhanças da solução experimental atual. Portanto, esse tipo de procedimento pode ser visto como um *procedimento de*

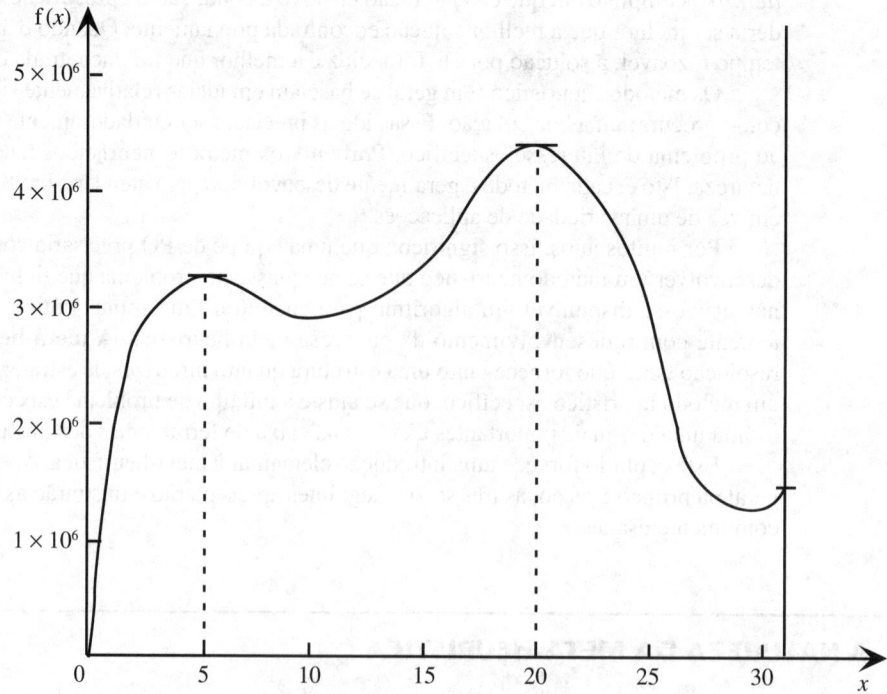

■ **FIGURA 13.1** Um gráfico do valor de uma função objetivo ao longo do intervalo de soluções viáveis, $0 \leq x \leq 31$, para o exemplo de programação não linear. As soluções ótimas locais encontram-se em $x = 5$, $x = 20$ e $x = 31$, mas somente $x = 20$ é uma solução ótima global.

subida de montanha, que permanece subindo na curva de uma função objetivo (pressupondo-se que o objetivo seja a maximização) até ele basicamente atingir o topo da montanha. Um procedimento de melhoria local bem elaborado em geral será bem-sucedido na convergência a uma solução ótima *local* (o topo de uma montanha), porém, ele então cessará se essa ótima local não for uma solução ótima *global* (o topo da montanha mais alta).

Por exemplo, o *procedimento de busca por gradiente* descrito na Seção 12.5 é o de melhoria local. Se ele fosse partir de, digamos, $x = 0$ como solução experimental inicial na Figura 13.1, subiria a montanha tentando valores de x sucessivamente maiores até atingir o topo em $x = 5$, em cujo ponto ele pararia. A Figura 13.2 mostra uma sequência típica de valores de $f(x)$, que seria obtida por um procedimento de melhoria local destes a partir de um ponto bem baixo da montanha.

Já que o exemplo de programação não linear representado na Figura 13.1 envolve apenas uma única variável, o método da bissecção descrito na Seção 12.4 também poderia ser aplicado a esse problema específico. Esse procedimento é mais um exemplo de um procedimento de melhoria local, uma vez que cada iteração parte da solução experimental atual em busca nas suas vizinhanças (definidas pelos limites superior e inferior atuais sobre o valor da variável) de uma solução melhor. Se, por exemplo, a procura fosse começar por um limite inferior $x = 0$ e um limite superior $x = 6$ na Figura 13.1, a sequência de soluções experimentais obtidas pelo método da bissecção seria $x = 3$, $x = 4,5$, $x = 5,25$, $x = 4,875$ e assim por diante, à medida que ele converge para $x = 5$. Os valores correspondentes de uma função objetivo para essas quatro soluções experimentais são, respectivamente, 2,975 milhões, 3,286 milhões, 3,300 milhões e 3,302 milhões. Portanto, a segunda iteração apresenta melhoria relativamente grande em relação à primeira (311.000), a terceira iteração, melhoria consideravelmente menor (14.000). E a quarta iteração resulta apenas em uma melhoria muito pequena (2.000). Conforme representado na Figura 13.2, esse padrão é bastante típico dos procedimentos de melhoria local (embora com certa variação na taxa de convergência para o máximo local).

Da mesma forma que ocorre com o procedimento de busca por gradiente, essa busca com o método da bissecção cairia em uma armadilha no ótimo local em $x = 5$, de modo que ele jamais encontraria o ótimo global em $x = 20$. Como outros procedimentos de melhoria local, tanto o procedimento de busca por gradiente quanto o método da bissecção foram desenvolvidos para tentar melhorar em relação às soluções experimentais atuais na vizinhança local dessas soluções. Assim que elas atingirem o topo de uma montanha, elas têm de parar, pois não conseguem subir além disso na vizinhança local da solução experimental no topo da montanha. Isso ilustra o inconveniente de qualquer procedimento de melhoria local.

O inconveniente de um procedimento de melhoria local: quando um procedimento de melhoria local bem elaborado é aplicado a um problema de otimização com soluções ótimas locais múltiplas, o procedimento convergirá para um ótimo local e então cessará. Qual o ótimo local que ele encontra dependerá de onde o procedimento começa a fazer

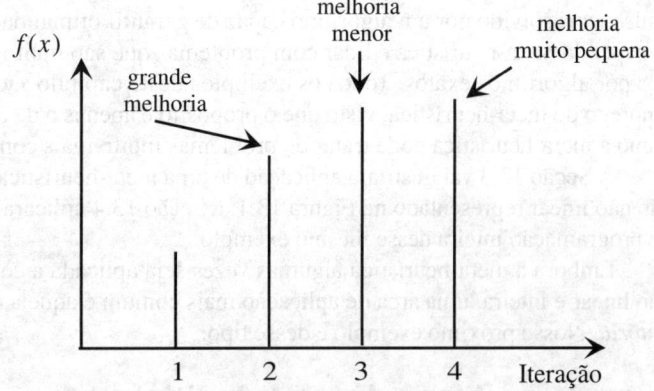

■ **FIGURA 13.2** Uma sequência típica dos valores da função objetivo para as soluções obtidas por um procedimento de melhoria local, já que ele converge para uma solução ótima local quando aplicado a um problema de maximização.

a busca. Portanto, o procedimento encontrará o ótimo global apenas se, por acaso, ele começar a busca nas vizinhanças desse ótimo global.

Para tentar superar esse inconveniente, pode-se reiniciar o procedimento de melhoria local uma série de vezes, a partir de soluções experimentais iniciais selecionadas aleatoriamente. Reiniciar a partir de uma nova área da região de soluções viáveis muitas vezes conduzirá a um novo ótimo local. Repetir esse procedimento uma série de vezes aumenta a chance de que o melhor dos ótimos locais obtidos seja, na realidade, o ótimo global. Essa metodologia funciona bem em problemas pequenos, como o exemplo de programação não linear de uma variável representado na Figura 13.1, entretanto, a porcentagem de sucesso é muito menor em problemas de grande porte com muitas variáveis e a região de soluções viáveis é complicada. Quando a região de soluções viáveis tiver numerosos "cantos e recantos" e reiniciar um procedimento de melhoria local a partir de somente um deles, isso leva ao ótimo global, reiniciar aleatoriamente de soluções experimentais iniciais selecionadas aleatoriamente será uma maneira muito desorganizada de se atingir o ótimo global.

O que é preciso na verdade é uma metodologia mais estruturada que use as informações coletadas para orientar na busca do ótimo global. É este o papel desempenhado por uma meta-heurística.

A natureza da meta-heurística: uma meta-heurística é um tipo de método de resolução geral que orquestra a interação entre procedimentos de melhoria local e estratégias de nível mais alto para criar um processo que seja capaz de escapar dos ótimos locais e realizar uma busca consistente de uma região de soluções viáveis.

Portanto, uma característica fundamental de uma meta-heurística é sua habilidade de escapar de um ótimo local. Após atingir (ou quase atingir) um ótimo local, meta-heurísticas diversas executam essa fuga de diferentes maneiras. No entanto, uma característica comum é que as soluções experimentais que vêm logo em seguida a um ótimo local têm permissão para ser inferiores a esse ótimo local. Consequentemente, quando é aplicada uma meta-heurística a um problema de maximização (como o exemplo representado na Figura 13.1), os valores da função objetivo para a sequência de soluções experimentais obtidas tipicamente seguiriam um padrão similar àquele mostrado na Figura 13.3, como ocorre na Figura 13.2, o processo começa usando um procedimento de melhoria local para subir até o topo da montanha atual (iteração 4). Entretanto, em vez de parar por aí, a meta-heurística poderia orientar a busca um pouco para baixo, para o outro lado dessa montanha, até ser capaz de começar a subir até o topo da montanha mais alta (iteração 8). Para comprovar que isso parece ser o ótimo global, uma meta-heurística continua a explorar ainda mais antes de parar (iteração 12).

A Figura 13.3 ilustra uma vantagem, assim como uma desvantagem, de uma meta-heurística bem elaborada. A vantagem é que ela tende a mover-se com relativa rapidez na direção de soluções muito boas, de modo a fornecer uma maneira muito eficaz de lidar com problemas de grande porte e complicados. A desvantagem é que não há nenhuma garantia de que a melhor solução encontrada será uma solução ótima ou nem mesmo uma solução próxima da ótima. Assim, toda vez que um problema puder ser resolvido por um algoritmo capaz de garantir otimalidade, se deve usar então esse processo. O papel da meta-heurística é lidar com problemas que são muito grandes e complexos de ser resolvidos por algoritmos exatos. Todos os exemplos deste capítulo são muito pequenos para necessitar do emprego de meta-heurística, visto que o propósito é apenas o de ilustrar de maneira simples e objetiva como a meta-heurística pode tratar de problemas muito mais complexos.

A Seção 13.3 vai ilustrar a aplicação de uma meta-heurística particular ao exemplo de programação não linear representado na Figura 13.1, a Seção 13.4 aplicará então outra meta-heurística à versão de programação inteira desse mesmo exemplo.

Embora a meta-heurística algumas vezes seja aplicada a complexos problemas de programação não linear e inteira, uma área de aplicação mais comum é aquela dos problemas de *otimização combinatória*. Nosso próximo exemplo é desse tipo.

Exemplo: problema do vendedor itinerante

Talvez o problema clássico mais famoso de otimização combinatória é o chamado *problema do vendedor itinerante*. Ele recebeu esse nome pitoresco porque pode ser descrito em termos de um vendedor (ou vendedora) que tem de viajar por uma série de cidades durante um circuito. Partindo da cidade

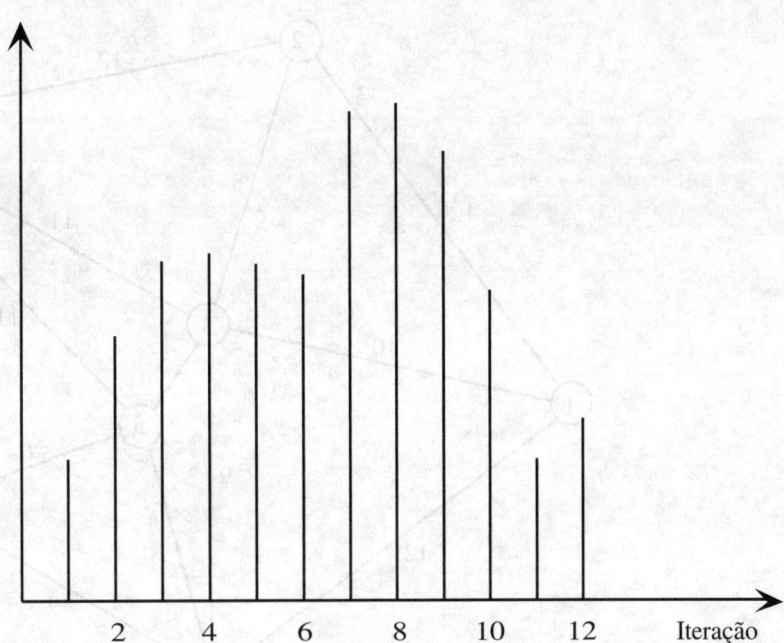

■ **FIGURA 13.3** Uma sequência típica de valores da função objetivo para as soluções obtidas por uma meta-heurística à medida que ela primeiro converge para uma solução ótima local (iteração 4) e depois escapa para convergir (esperançosamente) para o ótimo global (iteração 8) de um problema de maximização antes de concluir sua busca (iteração 12).

onde se encontra, o vendedor deseja determinar qual rota seguir para visitar cada cidade exatamente uma vez antes de retornar à base de modo a minimizar o comprimento total do circuito.

A Figura 13.4 mostra um exemplo de um pequeno problema do vendedor itinerante que viajará por sete cidades. A cidade 1 é a de origem do vendedor. Dessa forma, partindo dessa cidade, o vendedor deve escolher uma rota para visitar cada uma das demais cidades exatamente uma vez antes de retornar à cidade 1. O número próximo a cada ligação entre cada par de cidades representa a distância (ou custo ou tempo) entre elas. Partimos do pressuposto de que a distância é a mesma em ambas as direções. Isso é denominado problema do vendedor itinerante *simétrico*. Embora comumente exista uma ligação direta entre cada par de cidades, estamos simplificando esse exemplo supondo que as únicas ligações diretas sejam aquelas apresentadas na figura. O objetivo é determinar qual rota minimizará a distância total que o vendedor deve percorrer.

Existe uma série de aplicações de problemas do vendedor itinerante que não têm nada que ver com vendedores. Por exemplo, quando um caminhão deixa um centro de distribuição para entregar mercadorias em uma série de locais, o problema de determinar a rota mais curta para isso é um problema do vendedor itinerante. Outro exemplo envolve a manufatura de placas de circuito impresso para conexão de *chips* e outros componentes. Quando existe um grande número de perfurações a ser feitas na placa, o problema de encontrar a sequência de perfuração mais eficiente é um problema do vendedor itinerante.

A dificuldade dos problemas do vendedor itinerante aumenta rapidamente à medida que o número de cidades cresce. Para um problema com n cidades e uma ligação entre cada par de cidades, o número de rotas viáveis a ser considerado é $(n - 1)!/2$ já que existem $(n - 1)$ possibilidades para a primeira cidade após a cidade de origem, $(n - 2)$ possibilidades para a cidade seguinte e assim por diante. O denominador de 2 surge porque cada rota possui uma rota reversa equivalente, exatamente com a mesma distância. Portanto, enquanto um problema do vendedor itinerante que envolve dez cidades tem menos de 200 mil soluções viáveis a ser consideradas, um problema com 20 cidades teria cerca de 10^{16} soluções viáveis, ao passo que um com 50 cidades teria aproximadamente 10^{62}.

Surpreendentemente, poderosos algoritmos baseados na metodologia da ramificação e avaliação progressiva apresentada na Seção 11.8 conseguiram encontrar a otimalidade para certos problemas

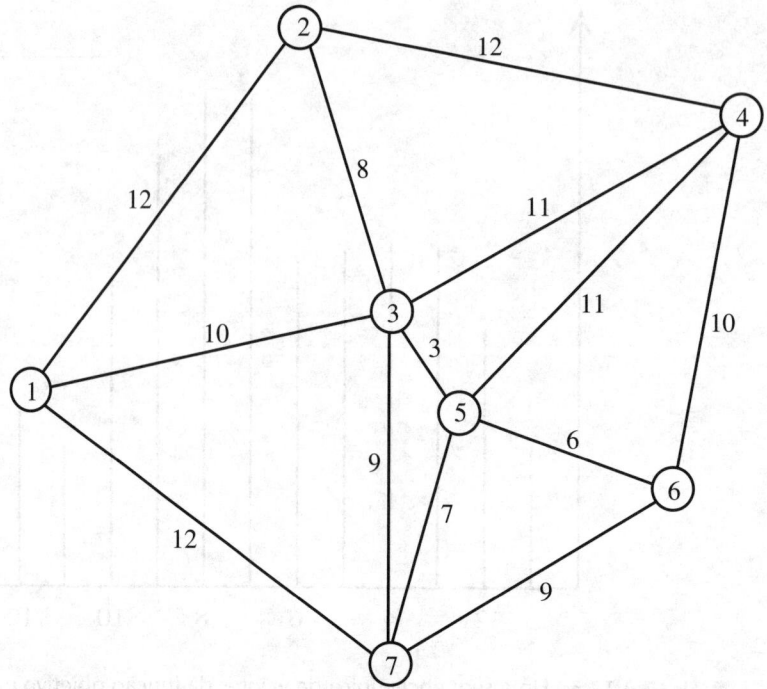

■ **FIGURA 13.4** O exemplo de um problema de um vendedor viajante, que será usado para fins ilustrativos ao longo deste capítulo.

enormes do vendedor itinerante, com várias centenas (ou até milhares) de cidades. Entretanto, em razão da enorme dificuldade de se resolver esse tipo de problema, métodos heurísticos orientados pela meta-heurística continuam a ser uma maneira conhecida de se resolvê-los.

Esses métodos heurísticos envolvem comumente a geração de uma sequência de soluções experimentais viáveis, em que cada nova solução experimental é obtida fazendo-se certo tipo de pequeno ajuste na solução experimental atual. Foram sugeridos vários métodos de como ajustar a solução experimental atual. Em virtude de sua facilidade de implementação, um método popular usa o seguinte tipo de ajuste.

Um **subcircuito invertido** ajusta uma sequência de cidades visitadas na solução experimental atual por meio da seleção de uma subsequência das cidades e simplesmente inverte a ordem na qual essa subsequência de cidades é visitada. A subsequência que está sendo invertida pode consistir em poucas cidades, duas, por exemplo, mas também pode envolver um número maior.

Para ilustrar um subcircuito invertido, suponha que a solução experimental inicial para nosso exemplo da Figura 13.4 seja visitar as cidades na seguinte ordem numérica:

$$1\text{-}2\text{-}3\text{-}4\text{-}5\text{-}6\text{-}7\text{-}1 \quad \text{Distância} = 69$$

Se selecionarmos, digamos, a subsequência 3-4 e a invertermos, obteremos a nova solução experimental indicada a seguir:

$$1\text{-}2\text{-}4\text{-}3\text{-}5\text{-}6\text{-}7\text{-}1 \quad \text{Distância} = 65$$

Portanto, esse subcircuito invertido particular acabou reduzindo a distância para o circuito completo de 69 para 65.

A Figura 13.5 representa esse subcircuito invertido, que leva da solução experimental inicial indicada à esquerda à nova solução experimental à direita. As linhas tracejadas indicam as ligações que são eliminadas do circuito (à esquerda) ou acrescentadas ao circuito (à direita) pelo subcircuito invertido. Observe que a nova solução experimental elimina exatamente duas ligações do circuito

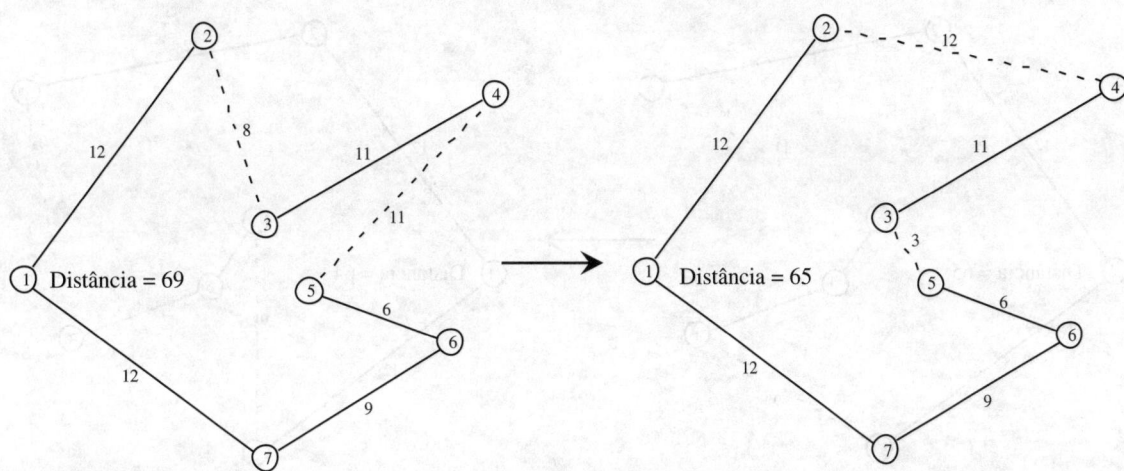

■ **FIGURA 13.5** Um subcircuito invertido que substitui o circuito à esquerda (a solução experimental inicial) pelo circuito à direita (a nova solução experimental) inverte a ordem na qual as cidades 3 e 4 são visitadas. Esse subcircuito invertido resulta na substituição das linhas tracejadas da esquerda pelas linhas tracejadas da direita, que passam a ser as ligações que são percorridas no novo circuito.

anterior e as substitui por exatamente duas novas ligações para formar o novo circuito. Essa é uma característica de qualquer subcircuito invertido (inclusive aqueles em que a subsequência de cidades que estão sendo invertidas são formados por mais de duas cidades). Assim, determinado subcircuito invertido é viável somente se as duas novas ligações correspondentes existirem realmente.

Esse sucesso em obter um circuito aperfeiçoado simplesmente realizando-se um subcircuito invertido sugere o seguinte método heurístico na busca de uma boa solução viável para qualquer problema do vendedor itinerante.

Algoritmo do subcircuito invertido

Inicialização. Parta de qualquer circuito viável como solução experimental inicial.

Iteração. Para a solução experimental atual, considere todas as maneiras possíveis de se realizar um subcircuito invertido (exceto pela exclusão da inversão do circuito completo). Selecione aquele que fornece o maior decréscimo na distância percorrida para ser a nova solução experimental. Desempates podem ser feitos arbitrariamente.

Regra da parada. Pare quando nenhum subcircuito invertido tiver condições de melhorar a solução experimental atual. Aceite-a como solução final.

Apliquemos agora esse algoritmo ao exemplo, começando com 1-2-3-4-5-6-7-1 como solução experimental inicial. Há quatro subcircuitos invertidos possíveis que melhorariam essa solução, conforme listado na segunda, terceira, quarta e quinta linhas a seguir.

	1-2-3-4-5-6-7-1	Distância = 69
Inverta 2-3:	1-3-2-4-5-6-7-1	Distância = 68
Inverta 3-4:	1-2-4-3-5-6-7-1	Distância = 65
Inverta 4-5:	1-2-3-5-4-6-7-1	Distância = 65
Inverta 5-6:	1-2-3-4-6-5-7-1	Distância = 66

As duas soluções com distância = 65 empatam no que se refere a fornecer o maior decréscimo na distância percorrida e, portanto, suponha que a primeira delas, 1-2-4-3-5-6-7-1 (conforme mostrado no lado direito da Figura 13.5), seja escolhida arbitrariamente para ser a próxima solução experimental. Isso completa a primeira iteração.

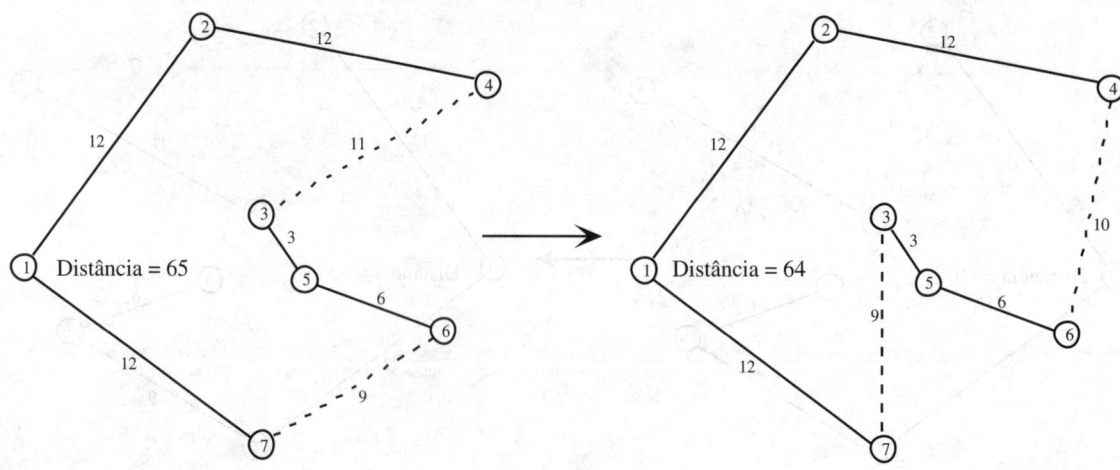

FIGURA 13.6 O subcircuito invertido de 3-5-6 que leva da solução experimental à esquerda para uma solução experimental melhorada à direita.

A segunda iteração começa com o circuito da direita da Figura 13.5 como solução experimental atual. Para essa solução, há apenas um subcircuito invertido que fornecerá uma melhoria, conforme listado na segunda linha a seguir:

1-2-4-3-5-6-7-1 Distância = 65
Inverta 3-5-6: 1-2-4-6-5-3-7-1 Distância = 64

A Figura 13.6 mostra esse subcircuito invertido, em que a subsequência inteira de cidades 3-5-6 à esquerda agora é visitada na ordem inversa (6-5-3) à direita. Por essa razão, o circuito à direita agora percorre a ligação 4-6 em vez de 4-3, bem como a ligação 3-7 em vez de 6-7, de modo a usar a ordem invertida 6-5-3 entre as cidades 4 e 7. Isso completa a segunda iteração.

A seguir, tentamos um subcircuito invertido que vai melhorar essa nova solução experimental. Entretanto, não existe nenhum, de modo que o algoritmo do subcircuito invertido para com essa solução experimental como solução final.

O trajeto 1-2-4-6-5-3-7-1 é a solução ótima? Infelizmente, não. A solução ótima por acaso é:

1-2-4-6-7-5-3-1 Distância = 63

Ou 1-3-5-7-6-4-2-1 invertendo-se a direção desse circuito inteiro.

Entretanto, essa solução não pode ser alcançada realizando-se um subcircuito invertido que melhore 1-2-4-6-5-3-7-1.

O algoritmo do subcircuito invertido é mais um exemplo de um *procedimento de melhoria local*. Ele melhora a solução experimental atual a cada iteração. Quando não for mais capaz de encontrar uma solução melhor, ele cessa, pois a solução experimental atual é um ótimo local. Nesse caso, 1-2-4-6-5-3-7-1 é de fato um *ótimo local*, porque não existe nenhuma solução melhor em sua vizinhança local que possa ser alcançada realizando-se um subcircuito invertido.

Para termos mais chances de alcançar um ótimo global, usamos uma meta-heurística que habilitará o processo de fuga de um ótimo local. Veremos como três meta-heurísticas diferentes fazem isso com esse mesmo exemplo nas três seções seguintes.

13.2 BUSCA DE TABUS

Busca de tabus é uma meta-heurística amplamente empregada, que usa algumas ideias de senso comum para permitir ao processo de busca escapar de um ótimo local. Após apresentar seus conceitos básicos, veremos um exemplo simples e depois retornaremos ao exemplo do vendedor itinerante.

Conceitos básicos

Qualquer aplicação de busca de tabus inclui como sub-rotina um *procedimento de busca local* que parece apropriado para o problema que está sendo resolvido. Um **procedimento de busca local** opera exatamente como um procedimento de melhoria local, exceto pelo fato de que ele talvez não precise que cada nova solução experimental tenha de ser melhor que a solução experimental anterior. O processo começa usando esse procedimento como um procedimento de *melhoria* local da maneira usual (isto é, aceitando apenas uma solução melhorada a cada iteração) para encontrar um ótimo local. Uma estratégia fundamental da busca de tabus é que ela continua então a busca permitindo *movimentações sem evolução (melhoria)* às melhores soluções na vizinhança do ótimo local. Assim que for atingido um ponto em que soluções melhores podem ser encontradas na vizinhança da solução experimental atual, o procedimento de melhoria local é reaplicado para encontrar um novo ótimo local.

Usando a analogia da subida da montanha, esse processo é algumas vezes conhecido como a **metodologia da subida mais íngreme/descida mais suave**, pois cada iteração seleciona a movimentação disponível que consegue subir mais a montanha, ou, quando uma movimentação para cima não estiver disponível, seleciona uma movimentação que desça menos a montanha. Se tudo ocorrer bem, o processo seguirá um padrão como aquele mostrado na Figura 13.3, em que um ótimo local é deixado para trás de modo a subir em direção ao ótimo global.

O perigo com essa abordagem é que, após se afastar de um ótimo local, o processo retornará imediatamente para o mesmo ótimo local. Para evitar isso, uma busca de tabus impede temporariamente movimentações que pudessem retornar para (ou quem sabe ir em direção a) uma solução visitada recentemente. Uma **lista de tabus** registra essas movimentações proibidas, que são chamadas *movimentações de tabus*. A única exceção para proibir uma movimentação dessas é caso se descubra que uma movimentação de tabus, na verdade, é melhor que a melhor das soluções viáveis até agora encontradas.

Esse uso da *memória* para orientar a busca, usando listas de tabus para registrar parte do histórico recente da busca, é uma característica particular da busca de tabus. Essa característica tem suas raízes no campo da inteligência artificial.

A busca de tabus também pode incorporar alguns conceitos mais avançados. Um é a *intensificação*, que envolve a exploração de uma parte da região de soluções viáveis de forma mais completa do que a usual após ter sido identificada como particularmente promissora por conter soluções excelentes. O outro conceito é a *diversificação*, que envolve forçar a busca em áreas anteriormente inexploradas da região de soluções viáveis. A memória de longo prazo é usada para auxiliar a implementar ambos os conceitos. Entretanto, nos concentraremos na forma básica da busca de tabus resumida a seguir, sem nos aprofundarmos nesses conceitos adicionais.

Descrição de um algoritmo básico de busca de tabus

Inicialização. Comece com uma solução experimental inicial viável.

Iteração. Use um procedimento de busca local apropriado para definir as movimentações viáveis na vizinhança local da solução experimental atual. Desconsidere qualquer movimentação na lista de tabus atual, a menos que a movimentação resultasse em uma solução melhor que a melhor solução experimental encontrada até então. Determine quais das movimentações restantes fornecem a melhor solução. Adote essa solução como solução experimental seguinte, independentemente de ela ser melhor ou pior que a solução experimental atual. Atualize a lista de tabus para impedir o retorno a algum ponto que já foi a solução experimental atual. Se a lista já estiver completa, elimine o integrante mais antigo da lista de tabus para dar mais flexibilidade nas movimentações futuras.

Regra da parada. Use algum critério de parada, como um número fixo de iterações, quantidade fixa de tempo de CPU ou um número fixo de iterações consecutivas sem uma melhoria no melhor valor da função objetivo. Esse último critério é particularmente conhecido. Pare também em qualquer iteração onde não haja mais movimentações viáveis na vizinhança local da solução experimental atual. Aceite a melhor solução experimental encontrada em qualquer iteração como solução final.

Essa descrição deixa uma série de questões sem resposta.

Exemplo de Aplicação

Fundada em 1886, a **Sears, Roebuck and Company** (hoje comumente chamada apenas **Sears**) cresceu para se tornar, em meados do século XX, o maior varejista com múltiplas linhas de produtos dos Estados Unidos. Atualmente, ela continua a figurar entre os maiores varejistas do mundo na venda de mercadorias e serviços. Também é responsável pelo maior serviço de entrega domiciliar de móveis e eletrodomésticos nos Estados Unidos com mais de 4 milhões de entregas por ano. A Sears administra uma frota nos Estados Unidos de mais de 1.000 veículos de entrega, que abrange transportadoras contratadas e veículos próprios. Ela também opera uma frota nos Estados Unidos com cerca de 12.500 veículos de serviços e seus respectivos técnicos, que fazem aproximadamente 15 milhões de visitas por ano para consertar e instalar aparelhos bem como serviços de reformas.

O custo operacional desse imenso negócio de entregas domiciliares e reformas de residências atinge a casa dos *bilhões de dólares por ano*. Com vários milhares de veículos usados para atender dezenas de milhares de chamados de clientes *diariamente*, a eficiência dessa operação tem grande impacto na lucratividade da empresa.

Com tantas solicitações de clientes a ser atendidas com um número tão grande de veículos, uma quantidade enorme de decisões precisa ser tomada *a cada* dia. Quais pontos de parada devem ser designados à rota de cada veículo? Qual deve ser a ordem das paradas (que tem impacto considerável na distância e no tempo totais da rota) para cada veículo? Como todas essas decisões podem ser tomadas de modo a minimizar o total de custos operacionais e, ao mesmo tempo, fornecer serviços satisfatórios aos clientes?

Ficou claro então que a pesquisa operacional era necessária para resolver esse problema. A formulação natural é a de um *problema de rotas de veículos com janelas de tempo* (VRPTW, em inglês), para o qual foram desenvolvidos tanto algoritmos exatos como heurísticos. Infelizmente, o problema da Sears é tão gigantesco que se torna um problema de otimização combinatória extremamente difícil, estando além do alcance dos algoritmos padrão para VRPTW. Consequentemente, foi desenvolvido um novo algoritmo baseado no emprego de *busca de tabus* para tomada de decisão, tanto em relação a qual rota de veículo atende quais paradas como qual deve ser a sequência de paradas de determinada rota.

O novo sistema resultante de rota-e-programação de veículos, baseado em grande parte na busca de tabus, levou à *economia em eventos ocorridos uma única vez* de mais de **US$ 9 milhões** bem como à *economia anual* de mais de **US$ 42 milhões** para a Sears. Ele também gerou uma série de benefícios intangíveis, entre os quais (e o mais importante) *melhor atendimento aos clientes*.

Fonte: D. Weigel, and B. Cao: "Applying GIS and OR Techniques to Solve Sears Technician-Dispatching and Home- Delivery Problems", *Interfaces*, 29(1): 112-130, Jan.-Feb. 1999. (Este artigo está disponível em inglês no *site* da editora, www.bookman.com.br.)

---

1. Qual procedimento de busca local deveria ser usado?
2. Como esse procedimento deve definir a *estrutura da vizinhança* que especifica quais soluções são vizinhas imediatas (atingíveis em uma única iteração) de qualquer solução experimental atual?
3. Qual é a forma na qual movimentações de tabus devem ser representadas na lista de tabus?
4. Qual movimentação de tabus deve ser acrescentada à lista de tabus em cada iteração?
5. Por quanto tempo uma movimentação de tabus deve permanecer na lista de tabus?
6. Que regra da parada deve ser adotada?

Todos esses são detalhes importantes que precisam ser trabalhados para se adequar ao tipo específico de problema em questão, conforme ilustrado pelos exemplos a seguir. A busca de tabus fornece apenas uma estrutura geral e diretrizes de estratégia para o desenvolvimento de um método heurístico específico para atender a uma situação específica. A seleção de seus parâmetros é parte fundamental do desenvolvimento de um método heurístico bem-sucedido.

Os exemplos a seguir ilustram o emprego da busca de tabus.

Problema da árvore de expansão mínima com restrições

A Seção 9.4 descreve o problema da árvore de expansão mínima. Sucintamente, partindo de uma rede que possui seus nós, porém, ainda não tem nenhuma ligação entre esses nós, o problema é determinar quais ligações devem ser inseridas na rede. O objetivo é minimizar o custo total (ou comprimento) das ligações inseridas que fornecerão um caminho entre cada par de nós. Para uma rede com n nós, são necessárias $(n-1)$ ligações (sem nenhum ciclo) para gerar um caminho entre cada par de nós. Uma rede desse tipo é chamada *árvore de expansão*.

O lado esquerdo da Figura 13.7 apresenta uma rede com cinco nós, em que as linhas tracejadas representam as possíveis ligações que poderiam ser inseridas na rede e o número próximo a cada linha tracejada representa o custo associado a inserir essa ligação em particular. Portanto, o problema é determinar quais quatro dessas ligações (sem nenhum ciclo) deveriam ser inseridas na rede de modo a minimizar o custo total dessas ligações. O lado direito da figura mostra a *árvore de expansão mínima* desejada, na qual as linhas cheias representam as ligações que já foram inseridas na rede com um custo total igual a 50. Essa solução ótima é obtida facilmente aplicando-se o algoritmo "glutão" apresentado na Seção 9.4.

Para ilustrar o uso da busca de tabus, acrescentemos alguns fatores complicadores a esse exemplo, supondo que as restrições a seguir também precisam ser observadas ao escolhermos as ligações a ser incluídas na rede.

Restrição 1: a ligação AD pode ser incluída somente se a ligação DE também for incluída;
Restrição 2: no máximo uma das três ligações – AD, CD e AB – pode ser incluída.

Note que a solução ótima do lado direito da Figura 13.7 viola ambas as restrições, pois 1) a ligação AD é incluída, embora DE não seja, e 2) tanto AD quanto AB são incluídas.

Impondo-se essas restrições, o algoritmo "glutão" apresentado na Seção 9.4 não pode ser mais usado para encontrar a nova solução ótima. Para um problema pequeno como este, essa solução provavelmente poderia ser encontrada mais rapidamente por inspeção. Entretanto, vejamos como a busca de tabus poderia ser usada tanto nesse problema quanto em problemas maiores para encontrar uma solução ótima.

A maneira mais fácil de se levar em conta as restrições é impor uma penalidade enorme, como a seguinte, para violá-las.

1. Imponha uma penalidade igual a 100, caso a restrição 1 seja violada.
2. Imponha uma penalidade igual a 100, caso duas das três ligações especificadas na restrição 2 sejam incluídas. Aumente essa penalidade para 200, caso todas as três ligações sejam incluídas.

Uma penalidade 100 é suficientemente grande para garantir que as restrições não serão violadas para uma árvore de expansão que minimiza o custo total, incluindo a penalidade, desde que existam soluções viáveis. Dobrar essa penalidade se a restrição 2 for violada de forma muito negativa fornece um incentivo para pelo menos reduzir quantas das três ligações forem incluídas durante uma iteração da busca de tabus.

Há uma série de maneiras de se responder às seis questões que são necessárias para especificar como a busca de tabus será conduzida. Ver a lista de perguntas após a descrição do algoritmo de busca de tabus básico. Eis uma maneira simples e objetiva de se responder a essas questões.

1. **Procedimento de busca local:** a cada iteração, escolha o melhor vizinho imediato à solução experimental atual que não seja descartado pela sua condição de tabu.
2. **Estrutura da vizinhança:** um vizinho imediato à solução experimental atual é aquele que é atingido acrescentando-se uma única ligação e, depois, eliminando-se as demais ligações do ciclo

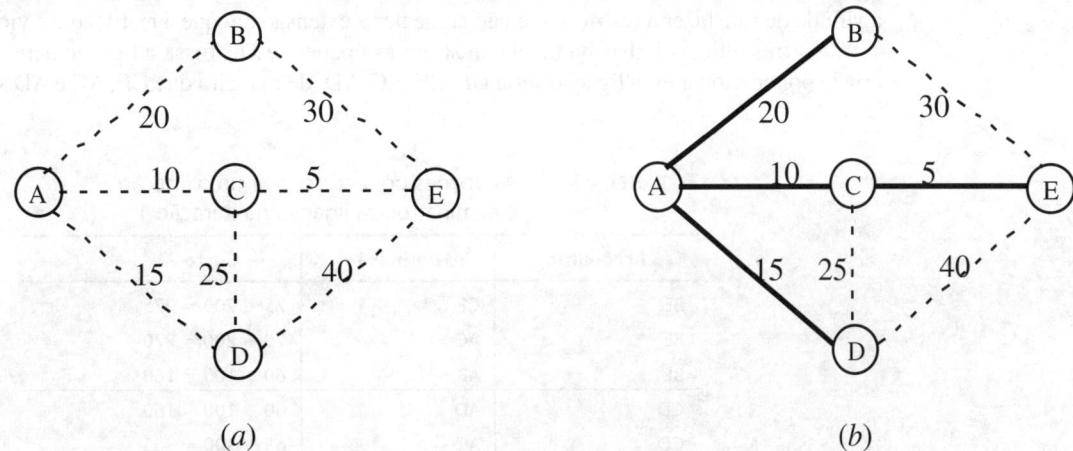

■ **FIGURA 13.7** (a) Os dados para um problema da árvore de expansão mínima antes da escolha das ligações a ser incluídas na rede; e (b) a solução ótima para esse problema no qual as linhas cheias representam as ligações escolhidas.

formado pelo acréscimo dessa ligação. A ligação eliminada deve provir desse ciclo de modo a ainda ter uma árvore de expansão.

3. **Forma das movimentações de tabus:** liste as ligações que não deveriam ser eliminadas.
4. **Acréscimo de uma movimentação de tabus:** a cada iteração, após escolher a ligação a ser acrescentada à rede, também acrescente essa ligação à lista de tabus.
5. **Tamanho máximo da lista de tabus:** dois. Toda vez que uma movimentação de tabus for acrescentada à lista completa, elimine a mais velha das duas movimentações de tabus que já se encontravam na lista. Já que uma árvore de expansão para o problema em questão inclui apenas quatro ligações, a lista de tabus deve ser mantida muito reduzida para dar alguma flexibilidade na escolha da ligação a ser eliminada a cada iteração.
6. **Regra da parada:** pare após três iterações consecutivas sem melhoria no melhor valor da função objetivo. Pare também a qualquer iteração na qual a solução experimental atual não tiver vizinhos imediatos que não são descartados pelas respectivas condições de tabu.

Após termos especificado esses detalhes, prosseguimos agora na aplicação do algoritmo de busca de tabus ao exemplo. Para começar, uma escolha razoável para a solução experimental inicial é a solução ótima para a versão irrestrita do problema mostrada na Figura 13.7 (b). Pelo fato de essa solução violar ambas as restrições (mas com a inclusão de apenas duas das três ligações especificadas na restrição 2), penalidades iguais a 100 precisam ser impostas duas vezes. Portanto, o custo total dessa solução é:

$$\text{Custo} = 20 + 10 + 5 + 15 + 200 \text{ (penalidades de restrição)} = 250.$$

Iteração 1. As três opções para acrescentar uma ligação à rede na Figura 13.7(b) são BE, CD e DE. Se BE fosse escolhida, o ciclo formado seria BE-CE-AC-AB, portanto as três opções para eliminar a ligação seriam CE, AC e AB. Nesse ponto, ainda nenhuma ligação foi acrescentada à lista de tabus. Se CE fosse eliminada, a mudança no custo seria de $30 - 5 = 25$ com nenhuma alteração nas penalidades de restrição, de modo que o custo total aumentaria de 250 para 275. De forma similar, se AC fosse a ligação a ser eliminada, o custo total passaria dos atuais 250 para $250 + (30 - 10) = 270$. Entretanto, se a ligação AB fosse aquela a ser eliminada, os custos da ligação mudariam em $30 - 20 = 10$ e as penalidades de restrição diminuiriam de 200 para 100, pois a restrição 2 não seria mais violada, de modo que o custo total se tornaria $50 + 10 + 100 = 160$. Esses resultados são resumidos nas três primeiras linhas da Tabela 13.1.

As duas linhas a seguir resumem os cálculos se CD fosse a ligação a ser acrescentada à rede. Nesse caso, o ciclo criado é CD-AD-AC, de modo que AD e AC sejam as únicas opções para a eliminação de ligação. AC seria particularmente uma escolha ruim, porque a restrição 1 ainda seria violada (uma penalidade 100) e agora precisaria ser imposta uma penalidade 200 por violar a restrição 2, pois as três ligações especificadas na restrição seriam incluídas na rede. Se, em vez disso, eliminarmos AD, isso teria a virtude de satisfazer à restrição 1 e não aumentar a extensão em que a restrição 2 é violada.

As três últimas linhas da tabela mostram as opções se DE fosse a ligação acrescentada. O ciclo criado por adicionar essa ligação seria DE-CE-AC-AD, de maneira que CE, AC e AD seriam as opções

■ **TABELA 13.1** As opções por acrescentar uma ligação e eliminar outra ligação na iteração 1

Acréscimo	Eliminação	Custo	
BE	CE	75 + 200 = 275	
BE	AC	70 + 200 = 270	
BE	AB	60 + 100 = 160	
CD	AD	60 + 100 = 160	
CD	AC	65 + 300 = 365	
DE	CE	85 + 100 = 185	
DE	AC	80 + 100 = 180	
DE	AD	75 + 0 = 75	← Mínimo

para eliminação. Todas as três satisfariam a restrição 1, mas eliminar AD satisfaria a restrição 2 também. Eliminando-se completamente as penalidades de restrição, o custo total para essa opção ficaria apenas $50 + (40 - 15) = 75$. Uma vez que este é o menor custo das oito opções disponíveis para se deslocar na direção de um vizinho imediato da solução experimental atual, escolhemos essa movimentação em particular acrescentando DE e eliminando AD. Essa opção é indicada no trecho da iteração 1 da figura 13.8 e a árvore de expansão resultante para iniciar a iteração 2 é mostrada à direita.

Para finalizar a iteração, já que DE foi acrescentado à rede, ela se torna a primeira ligação incluída na lista de tabus. Isso impedirá a eliminação de DE a seguir e o retorno cíclico à solução experimental que havia iniciado essa iteração.

Em suma, foram tomadas as seguintes decisões durante essa primeira iteração.

Acrescentar a ligação DE à rede.
Eliminar a ligação AD da rede.
Acrescentar a ligação DE à lista de tabus.

Iteração 2. A parte superior direita da Figura 13.8 indica que as decisões correspondentes feitas durante a iteração 2 são as seguintes.

Adicionar a ligação BE à rede.
Inserir automaticamente essa ligação adicionada na lista de tabus.
Eliminar a ligação AB da rede.

A Tabela 13.2 resume os cálculos que levaram a essas decisões, o que leva a concluir que a movimentação na sexta linha fornece o menor custo.

As movimentações listadas na primeira e na sétima linhas da tabela envolvem eliminar DE, que se encontra na lista de tabus. Portanto, essas movimentações teriam sido consideradas apenas se resultassem em uma solução melhor que a melhor solução experimental encontrada até então, com um custo 75. O cálculo na sétima linha mostra que essa movimentação não forneceria uma solução melhor. Não é necessário nem mesmo um cálculo para a primeira linha, pois essa movimentação retornaria à solução experimental precedente.

Observe que ocorre a movimentação na sexta linha, embora ela resulte em uma nova solução experimental com um custo maior (85) que a solução experimental anterior (75) que iniciou a iteração 2. O significado disso é que a solução experimental anterior era um ótimo local, pois todos os seus vizinhos imediatos (aqueles que podem ser alcançados fazendo-se uma das movimentações listadas na Tabela 13.2) possuem um custo maior. Entretanto, deslocar-se para o melhor dos vizinhos imediatos permite escapar do ótimo local e continuar a busca por um ótimo global.

Antes de passarmos para a iteração 3, devemos fazer uma observação sobre o que as formas mais avançadas da busca de tabus poderiam fazer aqui ao selecionar o melhor vizinho imediato. Métodos de busca de tabus mais genéricos são capazes de alterar o significado de "melhor vizinho", dependendo do histórico, por meio do emprego de formas adicionais de memória para suportar processos de intensificação e diversificação. Conforme mencionado anteriormente, a intensificação concentra a busca em

■ **TABELA 13.2** As opções por acrescentar uma ligação e eliminar outra na iteração 2

Acréscimo	Eliminação	Custo	
AD	DE*	(Movimentação de tabus)	
AD	CE	$85 + 100 = 185$	
AD	AC	$80 + 100 = 180$	
BE	CE	$100 + 0 = 100$	
BE	AC	$95 + 0 = 95$	
BE	AB	$85 + 0 = 85$	← Mínimo
CD	DE*	$60 + 100 = 160$	
CD	CE	$95 + 100 = 195$	

* Uma movimentação de tabus apenas será considerada se ela resultar em uma solução melhor que a melhor solução experimental encontrada anteriormente.

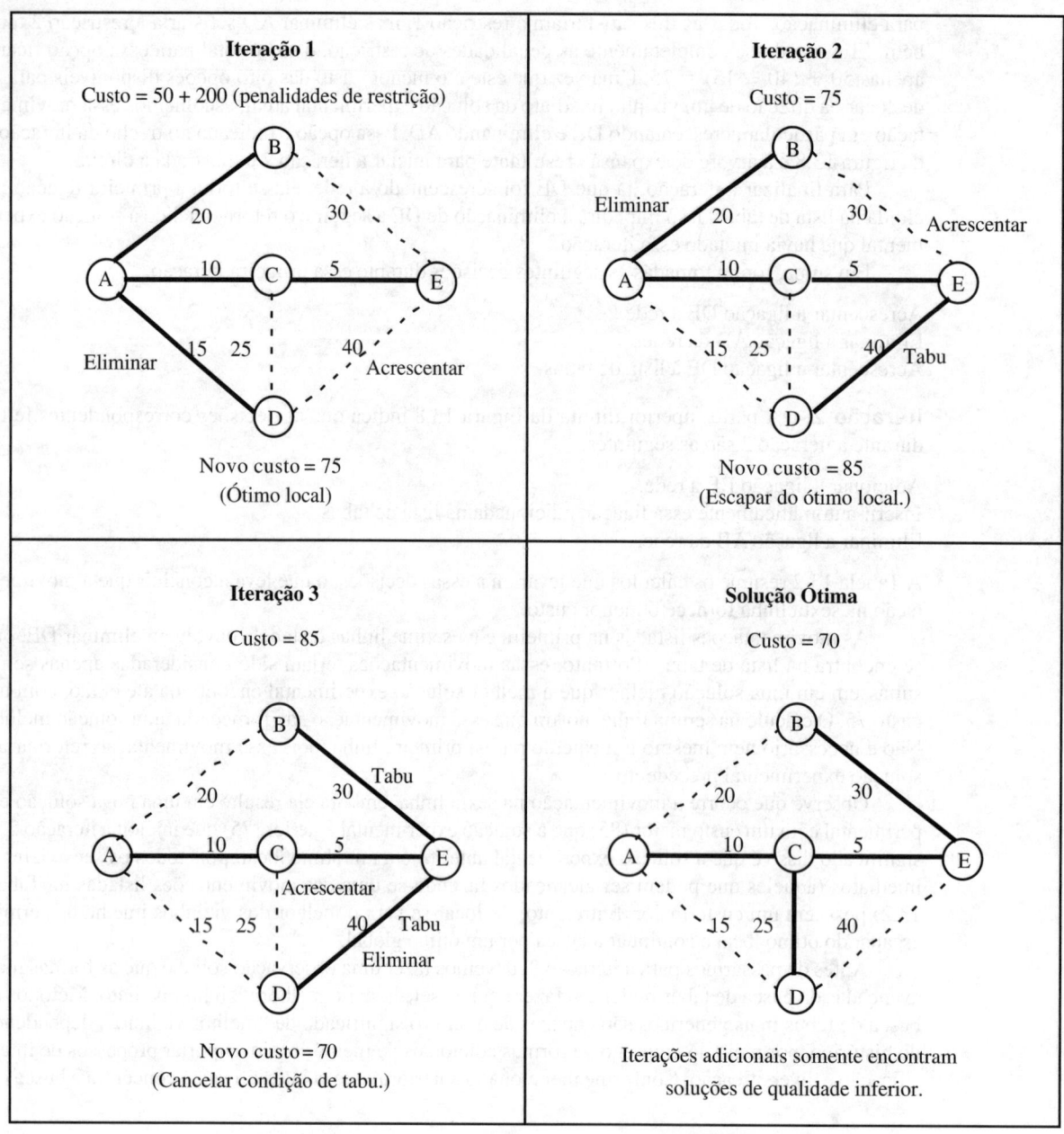

■ **FIGURA 13.8** Aplicação de um algoritmo de busca de tabus ao problema da árvore de expansão mínima mostrado na Figura 13.7 após a inclusão também de duas restrições.

determinada região promissora de soluções identificadas previamente e a diversificação orienta a busca em novas regiões promissoras.

Iteração 3. A parte superior direita da Figura 13.8 indica as decisões correspondentes tomadas durante a iteração 3.

Adicionar a ligação CD à rede.
Inserir automaticamente essa ligação adicionada na lista de tabus.
Eliminar a ligação DE da rede.

A Tabela 13.3 mostra que essa movimentação leva ao melhor vizinho imediato à solução experimental que iniciou essa iteração.

Uma característica interessante dessa movimentação é que ela ocorre mesmo sendo uma movimentação de tabus. A razão para isso é que, além de ser o melhor vizinho imediato, ela também resulta em uma solução que é melhor (custo igual a 70) que a melhor solução experimental encontrada previamente (com custo 75). Isso permite que a condição de tabu da movimentação seja cancelada. A busca de tabus também é capaz de incorporar uma série de critérios mais avançados para cancelar a condição de tabu.

É necessário fazermos mais um ajuste na lista de tabus antes de começarmos a próxima iteração.

Eliminar a ligação DE da lista de tabus.

Isso é feito por dois motivos. Primeiro, a lista de tabus é formada por ligações que normalmente não seriam eliminadas da rede durante a iteração atual (exceto pela nota feita anteriormente), porém, DE não se encontra mais na rede. Em segundo lugar, já que o tamanho da lista de tabus foi configurado em dois e, mais recentemente, foram acrescentadas outras duas ligações (BE e CD) à lista, de qualquer maneira DE teria sido eliminada automaticamente da lista neste ponto.

Continuação. A solução experimental atual mostrada na parte inferior direita da Figura 13.8 é, de fato, a solução ótima (o ótimo global) para o problema. Entretanto, o algoritmo de busca de tabus não consegue saber disso e, portanto, permaneceria por mais um tempo. A iteração 4 começaria com essa solução experimental e com as ligações BE e CD na lista de tabus. Após completar essa iteração e mais outras duas, o algoritmo terminaria, pois três iterações consecutivas não melhoraram o melhor valor da função objetivo (custo igual a 70).

Ao usar um algoritmo de busca de tabus bem elaborado, a melhor solução experimental encontrada, após o algoritmo ter sido empregado em um pequeno número de iterações, provavelmente será uma boa solução viável. Pode ser que ela chegue mesmo a ser uma solução ótima, mas não existe uma garantia disso. Selecionar uma regra de parada que gere uma execução relativamente longa do algoritmo aumenta as chances de se chegar ao ótimo global.

Tendo já adquirido alguma experiência no desenvolvimento e na aplicação de um algoritmo de busca de tabus a esse pequeno exemplo, apliquemos agora um algoritmo de busca de tabus similar ao exemplo do problema do vendedor itinerante apresentado na Seção 13.1.

Exemplo do problema do vendedor itinerante

Existem alguns paralelos próximos entre um problema da árvore de expansão mínima e um problema do vendedor itinerante. Em ambos os casos, o problema é escolher quais ligações incluir na solução. Relembre-se de que uma solução para um problema do vendedor itinerante pode ser descrita como uma sequência de ligações que o vendedor percorre no circuito pelas cidades. Em ambos os casos, o objetivo é minimizar o custo ou distância totais associados ao número fixo de ligações que são incluídas na solução. E, em ambos os casos, há um procedimento de busca local intuitivo disponível que envolve a adição e a eliminação de ligações na solução experimental atual para obter a nova solução experimental.

■ **TABELA 13.3** As opções por acrescentar uma ligação e eliminar outra na iteração 3

Acréscimo	Eliminação	Custo	
AB	BE*	(Movimentação de tabus)	
AB	CE	100 + 0 = 100	
AB	AC	95 + 0 = 95	
AD	DE*	60 + 100 = 165	
AD	CE	95 + 0 = 95	
AD	AC	90 + 0 = 90	
CD	DE*	70 + 0 = 70	← Mínimo
CD	CE	105 + 0 = 105	

* Uma movimentação de tabus apenas será considerada se ela resultar em uma solução melhor que a melhor solução experimental encontrada anteriormente.

Para problemas da árvore de expansão mínima, o procedimento de busca local descrito na subseção anterior envolve acrescentar e eliminar apenas uma *única* ligação a cada iteração. O procedimento correspondente descrito na Seção 13.1 para problemas do vendedor itinerante envolve o emprego de *subcircuitos invertidos* para acrescentar e eliminar um *par de* ligações a cada iteração.

Por causa dos paralelos próximos entre esses dois tipos de problemas, o desenho de um algoritmo de busca de tabus para problemas do vendedor itinerante pode ser bastante similar àquele que acabamos de descrever para o exemplo do problema da árvore de expansão mínima. Em particular, usando-se a descrição de um algoritmo de busca de tabus básico apresentado anteriormente, as seis questões após essa descrição podem ser respondidas de forma muito semelhante às apresentadas a seguir.

1. **Algoritmo de busca local:** a cada iteração, escolha o melhor vizinho imediato à solução experimental atual que não é descartado pela sua condição de tabu.
2. **Estrutura da vizinhança:** um vizinho imediato à solução experimental atual é aquele que se alcança fazendo-se um *subcircuito invertido,* conforme descrito na Seção 13.1 e ilustrado na Figura 13.5. Tal inversão requer o acréscimo de duas ligações e a eliminação de outras duas da solução experimental atual. Descartamos um subcircuito invertido que simplesmente inverta a direção do circuito fornecida pela solução experimental atual.
3. **Forma das movimentações de tabus:** liste as ligações tal que determinado subcircuito invertido seria tabu caso *ambas* as ligações a ser eliminadas nessa inversão se encontrassem na lista. (Isso impedirá o retorno cíclico à solução experimental anterior.)
4. **Acréscimo de uma movimentação de tabus:** a cada iteração, após fechar as duas ligações a ser acrescentadas à solução experimental atual, acrescente também essas duas ligações à lista de tabus.
5. **Tamanho máximo da lista de tabus:** quatro (duas de cada uma das duas iterações mais recentes). Toda vez que um par de ligações for adicionado à lista repleta, elimine as duas ligações que já se encontravam na lista por mais tempo.
6. **Regra da parada:** pare após três iterações consecutivas sem uma melhoria no melhor valor da função objetivo. Pare também a qualquer iteração na qual a solução experimental atual não tenha vizinhos imediatos que sejam descartados em virtude de suas condições de tabu.

Para aplicar esse algoritmo de busca de tabus ao nosso exemplo (ver a Figura 13.4), comecemos com a mesma solução experimental inicial, 1-2-3-4-5-6-7-1, como na Seção 13.1 lembre-se de que iniciar o algoritmo de subcircuito invertido (um algoritmo de melhoria local) com essa solução experimental inicial leva a duas iterações (ver as Figuras 13.5 e 13.6) que conduzem a um ótimo local em 1-2-4-6-5-3-7-1, em cujo ponto esse algoritmo para. Exceto pela adição à lista de tabus, o algoritmo de busca de tabus se inicia exatamente da mesma forma, conforme resumido a seguir.

Solução experimental inicial: 1-2-3-4-5-6-7-1   distância = 69
Lista de tabus: em branco, neste ponto.

Iteração 1: opte por 3-4 para inversão (ver a Figura 13.5). Ligações eliminadas: 2-3 e 4-5
Ligações adicionadas: 2-4 e 3-5
Lista de tabus: ligações 2-4 e 3-5
Nova solução experimental: 1-2-4-3-5-6-7-1   distância = 65

Iteração 2: opte por inverter 3-5-6 (ver a Figura 13.6).
Ligações eliminadas: 4-3 e 6-7   (correto, desde que não se encontre na lista de tabus)
Ligações adicionadas: 4-6 e 3-7
Lista de tabus: ligações 2-4, 3-5, 4-6 e 3-7
Nova solução experimental: 1-2-4-6-5-3-7-1   distância = 64

Entretanto, em vez de terminar, o algoritmo de busca de tabus agora foge de seu ótimo local (mostrado no lado direito da Figura 13.6 e no lado esquerdo da Figura 13.9) movendo-se, a seguir, para o melhor vizinho imediato à solução experimental atual, embora sua distância seja maior. Considerando a disponibilidade restrita de ligações entre pares de nós (cidades) da Figura 13.4, a solução experimental atual possui apenas dois vizinhos imediatos listados a seguir.

Inverta 6-5-3: 1-2-4-3-5-6-7-1   Distância = 65
Inverta 3-7: 1-2-4-6-5-7-3-1   Distância = 66

Descartamos inverter 2-4-6-5-3-7 para obter 1-7-3-5-6-4-2-1, pois isso é simplesmente o mesmo circuito na direção oposta. Entretanto, temos de descartar o primeiro desses vizinhos imediatos, porque isso exigiria eliminar as ligações 4-6 e 3-7, que é tabu já que *ambas* as ligações se encontram na lista de tabus. Essa movimentação ainda poderia ser permitida caso ela melhorasse a melhor solução experimental encontrada até então, no entanto, isso não ocorre. Descartar esse vizinho imediato impede de simplesmente retornar à solução experimental precedente. Portanto, por *default*, o segundo desses vizinhos imediatos é escolhido como solução experimental seguinte, conforme resumido a seguir.

Iteração 3: opte por inverter 3-7 (ver a Figura 13.9).
Ligações eliminadas: 5-3 e 7-1
Ligações adicionadas: 5-7 e 3-1
Lista de tabus: 4-6, 3-7, 5-7 e 3-1
  2-4 e 3-5 agora são eliminados da lista.
A nova solução experimental: 1-2-4-6-5-7-3-1   distância = 66

O subcircuito invertido para essa iteração pode ser visto na Figura 13.9, na qual as linhas tracejadas mostram as ligações que estão sendo eliminadas (à esquerda) e adicionadas (à direita) para obter a nova solução experimental. Observe que uma das ligações eliminadas é 5-3, embora ela se encontrasse na lista de tabus no final da iteração 2. Isso é perfeito já que um subcircuito invertido é tabu somente se *ambas* as ligações eliminadas se encontrarem na lista de tabus. Observe também que essa lista atualizada no final da iteração 3 eliminou as duas ligações que se encontravam por mais tempo nela (aquelas acrescentadas durante a iteração 1), pois o tamanho máximo da lista de tabus foi configurado em quatro.

A nova solução experimental possui os quatro vizinhos imediatos listados a seguir.

Inverta 2-4-6-5-7: 1-7-5-6-4-2-3-1   Distância = 65
Inverta 6-5: 1-2-4-5-6-7-3-1   Distância = 69
Inverta 5-7: 1-2-4-6-5-7-3-1   Distância = 63
Inverta 7-3: 1-2-4-6-5-3-7-1   Distância = 64

Entretanto, o segundo desses vizinhos imediatos é tabu, pois *ambas* as ligações eliminadas (4-6 e 5-7) se encontram na lista de tabus. O quarto vizinho imediato (que é a solução experimental precedente) também é tabu pela mesma razão. Portanto, as únicas opções viáveis são o primeiro e o terceiro vizinhos imediatos. Uma vez que esse último vizinho tem a menor distância, ele se torna a próxima solução experimental, conforme resumido a seguir.

Iteração 4: optar por inverter 5-7 (ver a Figura 13.10).
Ligações eliminadas: 6-5 e 7-3

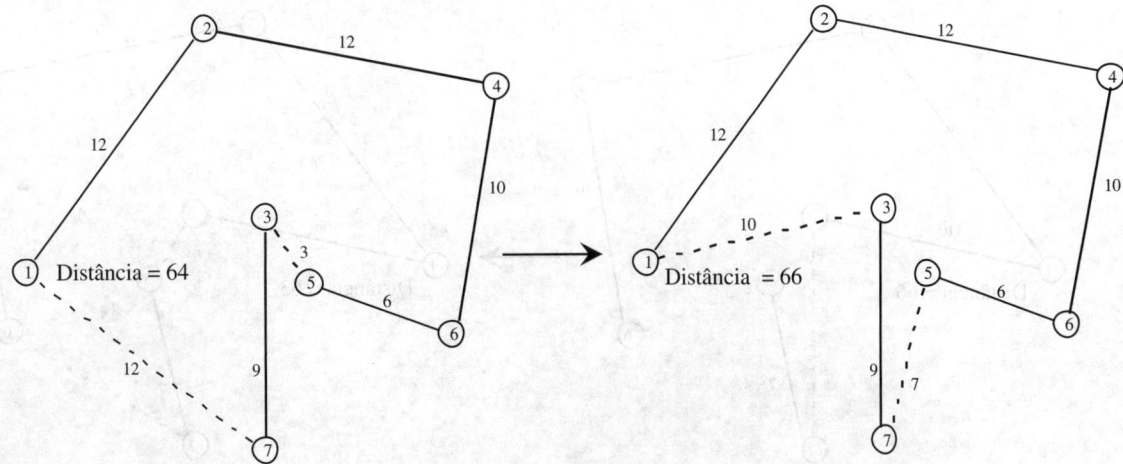

■ **FIGURA 13.9** O subcircuito invertido 3-7 na iteração 3, que leva da solução experimental à esquerda para a nova solução experimental à direita.

Ligações acrescentadas: 6-7 e 5-3
Lista de tabus: 5-7, 3-1, 6-7, e 5-3
  4-6 e 3-7 agora são eliminadas da lista.
Nova solução experimental: 1-2-4-6-7-5-3-1 distância = 63

A Figura 13.10 mostra esse subcircuito invertido. O circuito para a nova solução experimental da direita tem uma distância de apenas 63, que é menor que qualquer uma das soluções experimentais anteriores. Na realidade, essa nova solução é também a solução ótima.

Não sabendo disso, o algoritmo de busca de tabus tentaria executar mais iterações. Entretanto, o único vizinho imediato à solução experimental atual é a solução experimental obtida na iteração anterior. Isso exigiria eliminar as ligações 6-7 e 5-3, ambas se encontram na lista de tabus, de modo que somos impedidos de retornar à solução experimental anterior. Já que não há mais nenhum vizinho imediato disponível, a regra da parada encerra o algoritmo neste ponto adotando 1-2-4-6-7-5-3-1 (a melhor das soluções experimentais) como solução final. Embora não haja nenhuma garantia de que a solução final do algoritmo seja uma solução ótima, somos felizardos nesse caso, pois, por acaso, ela também é a solução ótima.

A área de meta-heurística do Tutorial IOR inclui um procedimento para aplicação desse algoritmo de busca de tabus particular para outros problemas do vendedor itinerante pequenos.

Esse algoritmo particular é apenas um exemplo de um possível algoritmo de busca de tabus para problemas do vendedor itinerante. Diversos detalhes do algoritmo poderiam ser modificados em uma série de maneiras razoáveis. Por exemplo, o método normalmente não cessa quando todas as movimentações disponíveis são proibidas por suas condições de tabu, mas sim apenas seleciona uma movimentação "menos tabu". Da mesma forma, uma importante característica dos métodos de busca de tabus genéricos inclui o emprego de vizinhanças múltiplas, baseando-se em vizinhanças básicas enquanto elas resultarem em avanço e, depois, incluindo vizinhanças mais avançadas quando a taxa de localização de soluções melhores diminui. O elemento adicional mais significativo da busca de tabus é seu emprego das estratégias da intensificação e diversificação, conforme citado anteriormente. Mas a descrição geral de um método de busca de tabus básico de "memória de curto prazo" permaneceria basicamente o mesmo daquele anteriormente ilustrado.

Ambos os exemplos considerados nesta seção fazem parte da categoria problemas de otimização combinatória que envolvem redes. Essa é uma área de aplicação particularmente comum para algoritmos de busca de tabus. A descrição geral desses algoritmos incorpora os princípios apresentados nesta seção, mas os detalhes são trabalhados para se adaptar à estrutura dos problemas específicos em questão.

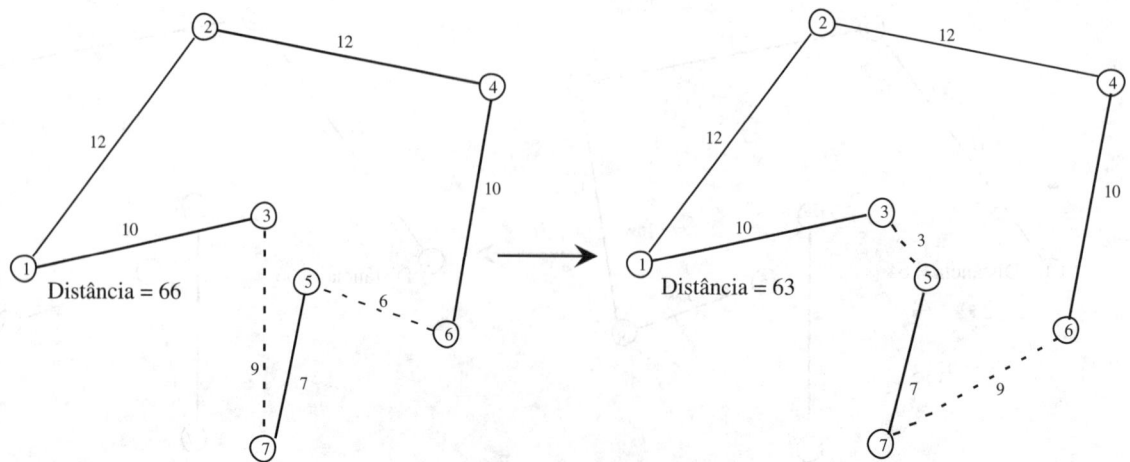

■ **FIGURA 13.10** O subcircuito invertido 5-7 na iteração 4, que leva da solução experimental à esquerda para a nova solução experimental à direita (que, por sinal, é a solução ótima).

13.3 MALEABILIZAÇÃO SIMULADA

A maleabilização simulada é outra meta-heurística largamente usada que permite ao processo de busca escapar de um ótimo local. Para melhor compará-la e contrastá-la com a busca de tabus, iremos aplicá-la ao mesmo exemplo de problema do vendedor itinerante, antes de retornar ao exemplo de programação não linear da Seção 13.1. No entanto, primeiro, examinemos os conceitos básicos da maleabilização simulada.

Conceitos básicos

A Figura 13.1 da Seção 13.1 mostrou o conceito de que encontrar o ótimo global de um problema de maximização complexo é análogo a determinar qual de uma série de montanhas é a mais alta e depois subir ao topo dessa montanha específica. Infelizmente, um processo de busca matemático não goza do privilégio de uma vista aguçada que permitiria avistar uma montanha alta à distância. Ao contrário, é como caminhar em uma densa névoa em que a única pista para onde prosseguir é quanto o próximo passo em qualquer direção o levaria para cima ou para baixo.

Uma metodologia adotada na busca de tabus é subir a montanha atual na direção mais íngreme até atingir seu topo e, depois, começar a descer lentamente enquanto procura outra montanha para escalar. O inconveniente é que se gasta muito tempo (iterações) subindo cada montanha encontrada em vez de procurar pela montanha mais alta.

Em vez disso, a metodologia usada na maleabilização simulada é concentrar-se principalmente na procura da montanha mais alta. Já que ela pode estar em qualquer ponto da região de soluções viáveis, a primeira ênfase é em caminhar em direções aleatórias (exceto por rejeitar alguns, porém nem todos os passos que levariam para baixo em vez de para cima) de modo a explorar o máximo possível a região de soluções viáveis. Pelo fato de a maioria dos passos ser para cima, a busca gravitará gradualmente em direção àquelas partes da região de soluções viáveis que contêm as montanhas mais altas. Portanto, o processo de busca aumenta gradualmente a ênfase em subir rejeitando uma proporção cada vez maior de passos que levariam para baixo. Dando-se tempo suficiente, o processo normalmente atingirá o topo da montanha mais alta.

Sendo mais específico, cada iteração da maleabilização simulada procura deslocamentos de processos da solução experimental atual para um vizinho imediato na vizinhança local dessa solução, exatamente como faz a busca de tabus. Entretanto, a diferença em relação à busca de tabus reside na maneira pela qual um vizinho imediato é selecionado para ser a próxima solução experimental. Então façamos que:

Z_c = valor da função objetivo para a *solução experimental atual*;
Z_n = valor da função objetivo para o atual candidato a ser a próxima solução experimental;
T = parâmetro que mede a tendência a aceitar o atual candidato a ser a próxima solução experimental se esse candidato não for uma melhoria em relação à solução experimental atual.

A regra para selecionar qual vizinho imediato será a próxima solução experimental é a seguinte.

Regra de seleção da movimentação: entre todos os vizinhos imediatos à solução experimental atual, selecione um aleatoriamente para se tornar o candidato atual para ser a solução experimental seguinte. Partindo-se do pressuposto de que o objetivo é a maximização de uma função objetivo, aceite ou rejeite esse candidato como próxima solução experimental como se segue:

Se $Z_n \geq Z_c$, sempre aceite esse candidato.
Se $Z_n < Z_c$, aceite o candidato com a seguinte probabilidade:

Prob{aceitação} = e^x em que $x = \dfrac{Z_n - Z_c}{T}$

Se, em vez disso, o objetivo for a *minimização*, inverta Z_n e Z_c nas fórmulas dadas. Se esse candidato for rejeitado, repita esse processo com um novo vizinho imediato à solução experimental atual, selecionado aleatoriamente. Se não restar mais nenhum vizinho imediato, encerre o algoritmo.

Assim, se o atual candidato considerado for melhor que a solução experimental atual, ele sempre será aceito como próxima solução experimental. Se for pior, a probabilidade de aceitação depende de quão pior ela é (e do tamanho de T). A Tabela 13.4 ilustra uma amostra dos valores dessa probabilidade, variando de uma probabilidade muito alta, quando o atual candidato é apenas ligeiramente pior (relativo a T) que a solução experimental atual, até uma probabilidade extremamente pequena, quando ele for muito pior. Em outras palavras, a regra de seleção da movimentação em geral vai aceitar um passo que é apenas ligeiramente para baixo, mas raramente aceitará um passo brusco para baixo. Partindo com um valor T relativamente alto (como faz a maleabilização simulada) torne a probabilidade de aceitação relativamente grande, o que permite que a busca prossiga em quase todas direções aleatórias. Diminua gradualmente o valor de T à medida que a busca prossegue (como faz a maleabilização simulada) diminuindo gradualmente a probabilidade de aceitação, o que aumenta a ênfase para subida. Portanto, a escolha dos valores de T ao longo do tempo controla o grau de aleatoriedade no processo, o que permite caminhar para baixo. Esse componente aleatório, que não se encontra presente na busca de tabus básica, fornece mais flexibilidade para se movimentar em direção a outra parte da região de soluções viáveis na esperança de encontrar uma montanha mais alta.

O método usual de implementação da regra de seleção da movimentação para estipular se determinado passo para baixo será aceito é comparar um **número aleatório** entre 0 e 1 com a probabilidade de aceitação. Um número aleatório desses pode ser imaginado como uma observação aleatória de uma distribuição uniforme entre 0 e 1. Todas as referências a números aleatórios ao longo do capítulo serão a números aleatórios desse tipo. Há uma série de métodos para a geração desses números aleatórios (como será descrito na Seção 20.3). Por exemplo, a função do Excel, RAND(), gera esses números aleatórios sob demanda. No início da seção Problemas, temos uma descrição de como usar os dígitos aleatórios fornecidos na Tabela 20.3 para obter os números aleatórios necessários para alguns dos exercícios.

Se o *número aleatório* < prob{aceitação}, aceitar um passo para baixo. Caso contrário, rejeite essa movimentação.

Por que a maleabilização simulada utiliza uma fórmula particular para prob{aceitação} especificada pela regra de seleção da movimentação? A razão é que a maleabilização simulada se baseia na analogia a um *processo de recozimento físico*. Esse processo envolve inicialmente fundir um metal ou vidro a altas temperaturas e depois resfriar lentamente a substância até que ela atinja um estado energético baixo com propriedades físicas convenientes. Em dada temperatura T durante esse processo, o nível de energia dos átomos na substância está flutuante, porém, tende a diminuir. Um modelo matemático de como o nível de energia flutua parte do pressuposto de que alterações ocorrem aleatoriamente, exceto pelo fato de que somente alguns desses aumentos serão aceitos. Em particular, a probabilidade de aceitação de um aumento quando a temperatura for T tem o mesmo formato de prob{aceitação} na regra de seleção da movimentação para a maleabilização simulada.

A analogia para um problema de otimização na forma de minimização é que o nível de energia da substância no estado atual do sistema corresponde a um valor da função objetivo na solução viável atual do problema. O objetivo de fazer que a substância atinja um estado estável com um nível de ener-

■ **TABELA 13.4** Probabilidades amostrais de que a regra de seleção da movimentação aceitará um deslocamento para baixo quando o objetivo for a maximização

$x = \dfrac{Z_n - Z_c}{T}$	Prob{aceitação} = e^x
− 0,01	0,990
− 0,1	0,905
− 0,25	0,779
− 0,5	0,607
− 1	0,368
− 2	0,135
− 3	0,050
− 4	0,018
− 5	0,007

gia que seja o menor possível corresponde a fazer que o problema atinja uma solução viável com um valor da função objetivo que seja o menor possível.

Da mesma forma que ocorre com o processo de recozimento físico, uma pergunta fundamental ao desenhar um algoritmo de maleabilização simulada para um problema de otimização é como selecionar uma **programação de temperatura** apropriada para ser usada. Em razão da analogia com o processo de recozimento que ocorre no mundo físico, T passará a representar uma temperatura em um algoritmo de maleabilização simulada. Essa programação precisa especificar o valor inicial, relativamente alto de T, bem como os valores seguintes progressivamente menores. Também é preciso especificar quantas movimentações (iterações) devem ser feitas a cada valor de T. A seleção desses parâmetros para atender ao problema em questão é um fator de extrema importância na eficiência do algoritmo. Podemos usar certa experimentação preliminar para nos orientar na seleção dos parâmetros do algoritmo. Indicaremos posteriormente uma programação de temperaturas específica que parece razoável para os dois exemplos considerados nesta seção, porém, várias outras também poderiam ser levadas em conta.

De posse dessas informações, daremos agora uma descrição de um algoritmo de maleabilização simulada básico.

Descrição de um algoritmo básico de maleabilização simulada

Inicialização. Comece com uma solução experimental viável inicial.

Iteração. Use a *regra de seleção da movimentação* para selecionar a próxima solução experimental. Se nenhum dos vizinhos imediatos da solução experimental atual for aceito, o algoritmo é encerrado.

Verifique a programação de temperaturas. Quando o número desejado de iterações for executado no valor atual de T, diminua T para o próximo valor indicado na programação de temperaturas e retome as iterações com esse valor seguinte.

Regra da parada. Quando o número de iterações desejado for executado com o menor valor de T em uma programação de temperaturas (ou quando nenhum dos vizinhos imediatos à solução experimental atual for aceito), pare. Aceite a melhor solução experimental encontrada em qualquer iteração (inclusive para valores de T maiores) como solução final.

Antes de aplicar esse algoritmo a determinado problema, uma série de detalhes precisa ser trabalhada para se adequar à estrutura do problema.

1. Como devemos selecionar a solução experimental inicial?
2. Qual é a *estrutura de vizinhança* que especifica quais soluções são vizinhos imediatos (atingíveis em uma única iteração) de qualquer solução experimental atual?
3. Que dispositivo deveria ser usado na regra de seleção da movimentação para selecionar *aleatoriamente* um dos vizinhos imediatos da solução experimental atual para se tornar o atual candidato para ser a solução experimental seguinte?
4. Qual seria uma programação de temperaturas apropriada?

Ilustraremos algumas formas razoáveis de se responder a essas perguntas no contexto da aplicação do algoritmo de maleabilização simulada nos dois exemplos a seguir.

Exemplo de um problema do vendedor itinerante

Retornamos ao problema do vendedor itinerante apresentado na Seção 13.1 e mostrado na Figura 13.4.

A área de meta-heurística do Tutorial IOR inclui um procedimento para aplicação do algoritmo básico de maleabilização simulada para pequenos problemas do vendedor itinerante como o desse exemplo. Esse procedimento responde as quatro perguntas da seguinte forma.

1. **Solução experimental inicial:** você poderá usar qualquer solução viável (sequência de cidades no circuito), talvez gerando uma sequência aleatória, mas é interessante adotar uma que pareça ser uma boa solução viável. No caso do exemplo, a solução viável 1-2-3-4-5-6-7-1 é uma escolha razoável.
2. **Estrutura da vizinhança:** um vizinho imediato da solução experimental atual é o que pode ser alcançado fazendo-se um *subcircuito invertido,* conforme descrito na seção 13.1 E ilustrado na

Figura 13.5 entretanto, o subcircuito invertido que simplesmente inverte a direção do circuito fornecido pela solução experimental atual é descartado.
3. **Seleção aleatória de um vizinho imediato:** selecionar um subcircuito para ser invertido requer selecionar a posição na sequência atual de cidades onde ele começa e depois a posição onde este termina. A posição inicial pode ser em qualquer ponto, exceto a primeira e a última posições (reservadas para a cidade de origem) e a penúltima posição. A posição final deve ser em algum ponto após a posição inicial, exceto a última posição. (Ambos começarem na segunda posição e terminarem na penúltima também é descartado, já que isso simplesmente inverteria a direção do circuito). Como será representado rapidamente adiante, são usados números aleatórios para gerar probabilidades iguais de se selecionar qualquer uma das posições iniciais elegíveis e depois qualquer uma das posições finais elegíveis. Se essa seleção das posições inicial e final resultar inviável (porque as ligações necessárias para completar o subcircuito invertido não se encontram disponíveis), esse processo é repetido até que seja feita uma seleção viável.
4. **Programação de temperaturas:** são realizadas cinco iterações em cada um dos cinco valores de T (T_1, T_2, T_3, T_4, T_5), um por vez, em que:

$T_1 = 0{,}2Z_c$ quando Z_c for o valor da função objetivo para a solução experimental inicial,
$T_2 = 0{,}5T_1$,
$T_3 = 0{,}5T_2$,
$T_4 = 0{,}5T_3$,
$T_5 = 0{,}5T_4$.

Essa programação específica de temperaturas apenas ilustra o que poderia ser usado. $T_1 = 0{,}2Z_c$ é uma escolha razoável, pois T_1 deveria tender a ser bastante grande quando comparado a valores típicos de $|Z_n - Z_c|$, que encorajarão uma busca quase aleatória pela região de soluções viáveis para descobrir onde a busca deve se concentrar. Entretanto, com o tempo, o valor de T é reduzido a T_5, quase nenhuma movimentação sem progresso será aceita e, portanto, a ênfase será em melhorar o valor da função objetivo.

Ao lidar com problemas mais complexos, provavelmente seriam realizadas mais de cinco iterações em cada valor de T. Além disso, os valores de T provavelmente seriam reduzidos mais lentamente do que com uma programação de temperaturas prescrita anteriormente.

Elaboremos como será feita a seleção aleatória de um vizinho imediato. Suponha que estejamos lidando com a solução experimental inicial 1-2-3-4-5-6-7-1 em nosso exemplo.

A solução experimental inicial: 1-2-3-4-5-6-7-1 $Z_c = 69$ $T_1 = 0{,}2Z_c = 13{,}8$

O subcircuito que será invertido pode começar em qualquer ponto entre a segunda posição (no momento, designando a cidade 2) e a sexta posição (no momento, denominado de cidade 6). Podem-se atribuir probabilidades iguais a essas cinco posições, fazendo que os seguintes valores de um número aleatório entre 0 e 1 correspondam a escolher a posição indicada a seguir.

0,0000–0,1999:	Subcircuito começa na posição 2.
0,2000–0,3999:	Subcircuito começa na posição 3.
0,4000–0,5999:	Subcircuito começa na posição 4.
0,6000–0,7999:	Subcircuito começa na posição 5.
0,8000–0,9999:	Subcircuito começa na posição 6.

Suponha que o número aleatório gerado seja 0,2779.

0,2779: escolha um subcircuito que comece na posição 3.

Iniciando na posição 3, o subcircuito que será invertido precisa terminar em algum ponto entre as posições 4 e 7. Atribui-se a essas quatro posições probabilidades idênticas usando-se a seguinte correspondência com um número aleatório.

0,0000–0,2499:	Subcircuito termina na posição 4.
0,2500–0,4999:	Subcircuito termina na posição 5.
0,5000–0,7499:	Subcircuito termina na posição 6.
0,7500–0,9999:	Subcircuito termina na posição 7.

Suponha que o número aleatório gerado para esse fim seja 0,0461.

0,0461: opte por encerrar o subcircuito na posição 4.

Já que as posições 3 e 4 designam, no momento, que as cidades 3 e 4 são a terceira e quarta cidades visitadas no circuito, o subcircuito das cidades 3-4 será invertido.

Inverta 3-4 (ver a Figura 13.5): 1-2-4-3-5-6-7-1 $Z_n = 65$

Esse vizinho imediato da solução experimental atual (inicial) se torna o atual candidato para ser a próxima solução experimental. Já que:

$$Z_n = 65 < Z_c = 69,$$

Esse candidato é melhor que a solução experimental atual (lembre-se de que o objetivo aqui é *minimizar* a distância total do circuito), de modo que esse candidato é aceito automaticamente para ser a solução experimental seguinte.

Essa escolha de um subcircuito invertido foi feliz, pois ela levou a uma solução viável. Isso nem sempre acontece em problemas do vendedor itinerante como o de nosso exemplo, em que certos pares de cidades não se encontram conectados diretamente por uma ligação. Se, por exemplo, os números aleatórios tivessem indicado a inversão de 2-3-4-5 para obter o circuito 1-5-4-3-2-6-7-1, a Figura 13.4 mostraria que esta é uma solução inviável, pois não existe nenhuma ligação entre as cidades 1 e 5, bem como nenhuma ligação entre as cidades 2 e 6. Quando isso acontece, seriam necessários novos pares de números aleatórios para ser gerados até que seja obtida uma solução viável. Também poderia ser construído um procedimento mais sofisticado para gerar números aleatórios somente para ligações relevantes.

Para ilustrar um caso no qual o atual candidato para ser a próxima solução experimental é pior que a solução experimental atual, suponha que a segunda iteração resulte em inverter 3-5-6 (conforme indicado na Figura 13.6) para obter 1-2-4-6-5-3-7-1, que tem uma distância total igual a 64. Suponha então que a terceira iteração comece invertendo 3-7 (como na Figura 13.9) para obter 1-2-4-6-5-7-3-1 (com uma distância total igual a 66) como atual candidato a ser a próxima solução experimental. Como 1-2-4-6-5-3-7-1 (distância total 64) é a solução experimental atual para a iteração 3, temos agora:

$$Z_c = 64, \quad Z_n = 66, \quad T_1 = 13,8.$$

Portanto, já que o objetivo aqui é a *minimização,* a probabilidade de aceitar 1-2-4-6-5-7-3-1 como próxima solução experimental é:

$$\begin{aligned} \text{Prob}\{\text{aceitação}\} &= e^{(Z_c - Z_n)/T_1} \\ &= e^{-2/13,8} \\ &= 0{,}865 \end{aligned}$$

Se o próximo número aleatório gerado for menor que 0,865, essa solução candidata será aceita como próxima solução experimental. Caso contrário, ela será rejeitada.

A Tabela 13.5 mostra os resultados do emprego do Tutorial IOR para aplicar o algoritmo completo de maleabilização simulada a esse problema. Note que as iterações 14 e 16 empatam no que se refere a encontrar a melhor solução experimental, 1-3-5-7-6-4-2-1 (que, por acaso, também é a solução ótima junto com o circuito equivalente na direção inversa, 1-2-4-6-7-5-3-1), de modo que essa solução seja aceita como solução final. Talvez você considere interessante aplicar por conta própria esse software ao mesmo problema.

Em decorrência da aleatoriedade implícita no algoritmo, a sequência de soluções experimentais obtida será diferente cada uma das vezes. Por causa dessa característica, os profissionais da área algumas vezes reaplicam o algoritmo de maleabilização simulada ao mesmo problema várias vezes para aumentar a chance de encontrar uma solução ótima. O Problema 13.3-2 pede para você fazer isso nesse mesmo exemplo. A solução experimental inicial também pode ser alterada cada vez para ajudar a facilitar uma exploração mais completa de toda a região de soluções viáveis.

Caso queira ver outro exemplo de como números aleatórios são usados para realizar uma iteração do algoritmo básico de maleabilização simulada para um problema do vendedor itinerante, é fornecido um na seção de Worked Examples do *site* da editora.

TABELA 13.5 Aplicação do algoritmo de maleabilização simulada contido no Tutorial IOR ao exemplo do problema do vendedor itinerante

Iteração	T	Solução experimental obtida	Distância	
0		1-2-3-4-5-6-7-1	69	
1	13,8	1-3-2-4-5-6-7-1	68	
2	13,8	1-2-3-4-5-6-7-1	69	
3	13,8	1-3-2-4-5-6-7-1	68	
4	13,8	1-3-2-4-6-5-7-1	65	
5	13,8	1-2-3-4-6-5-7-1	66	
6	6,9	1-2-3-4-5-6-7-1	69	
7	6,9	1-3-2-4-5-6-7-1	68	
8	6,9	1-2-3-4-5-6-7-1	69	
9	6,9	1-2-3-5-4-6-7-1	65	
10	6,9	1-2-3-4-5-6-7-1	69	
11	3,45	1-2-3-4-6-5-7-1	66	
12	3,45	1-3-2-4-6-5-7-1	65	
13	3,45	1-3-7-5-6-4-2-1	66	
14	3,45	1-3-5-7-6-4-2-1	63	← Mínimo
15	3,45	1-3-7-5-6-4-2-1	66	
16	1,725	1-3-5-7-6-4-2-1	63	← Mínimo
17	1,725	1-3-7-5-6-4-2-1	66	
18	1,725	1-3-2-4-6-5-7-1	65	
19	1,725	1-2-3-4-6-5-7-1	66	
20	1,725	1-3-2-4-6-5-7-1	65	
21	0,8625	1-3-7-5-6-4-2-1	66	
22	0,8625	1-3-2-4-6-5-7-1	65	
23	0,8625	1-2-3-4-6-5-7-1	66	
24	0,8625	1-3-2-4-6-5-7-1	65	
25	0,8625	1-3-7-5-6-4-2-1	66	

Antes de avançar para o exemplo seguinte, vamos fazer uma pausa neste ponto para mencionar algumas maneiras pelas quais características avançadas da busca de tabus podem ser combinadas de forma frutífera com a maleabilização simulada. Uma delas é por meio da aplicação da característica de *oscilação estratégica* da busca de tabus a uma programação de temperaturas da maleabilização simulada. A oscilação estratégica ajusta a programação de temperaturas diminuindo as temperaturas mais rapidamente que o usual, mas depois as deslocando estrategicamente as para cima e para baixo ao longo de níveis em que as melhores soluções foram encontradas. Outra maneira envolve a aplicação de estratégias da lista de candidatos da busca de tabus à regra de seleção da movimentação da maleabilização simulada. A ideia aqui é escolher vários vizinhos para ver se encontramos uma movimentação melhorada antes de aplicar a regra aleatória para aceitar ou rejeitar o atual candidato à próxima solução experimental. Essas mudanças algumas vezes produzem melhorias significativas.

Como sugerem essas ideias de aplicação de características da busca de tabus à maleabilização simulada, um *algoritmo híbrido* que combine as ideias de meta-heurística diferente pode, algumas vezes, ter um desempenho melhor que um algoritmo que se baseie somente em uma única meta-heurística. Embora apresentemos separadamente as três meta-heurísticas mais comumente usadas neste capítulo, profissionais experientes ocasionalmente vão escolher entre as ideias destas e outras meta-heurísticas no desenvolvimento de seus métodos.

Exemplo de programação não linear

Reconsidere agora o exemplo de um pequeno problema de programação não linear (somente uma única variável) que foi apresentada na Seção 13.1. O problema é:

$$\text{Maximizar} \quad f(x) = 12x^5 - 975x^4 + 28.000x^3 - 345.000x^2 + 1.800.000x,$$

sujeito a

$$0 \leq x \leq 31.$$

O gráfico de $f(x)$ na Figura 13.1 revela que existem ótimos locais em $x = 5$, $x = 20$ e $x = 31$, mas somente $x = 20$ é um ótimo global.

A área de meta-heurística no Tutorial IOR inclui um procedimento para aplicação do algoritmo de maleabilização simulada a pequenos problemas de programação não linear na forma,

$$\text{Maximizar} \quad f(x_1, \ldots, x_n)$$

sujeito a

$$L_j \leq x_j \leq U_j, \quad \text{para } j = 1, \ldots, n,$$

em que $n = 1$ ou 2, e no qual L_j e U_j são constantes ($0 \leq L_j < U_j \leq 63$) representando os limites sobre x_j. Ter limites relativamente apertados sobre as variáveis individuais é altamente desejável para a eficiência de um algoritmo de maleabilização simulada, bem como para algoritmos genéticos a ser discutidos na próxima seção. Também podemos incluir uma ou duas restrições funcionais lineares sobre as variáveis $\mathbf{x} = (x_1, \ldots, x_n)$, quando $n = 2$. Para o exemplo, temos:

$$n = 1, \quad L_1 = 0, \quad U_1 = 31,$$

sem nenhuma restrição funcional linear.

Esse procedimento no Tutorial IOR desenvolve os detalhes do algoritmo de maleabilização simulada para esses problemas de programação não linear como a seguir.

1. **Solução experimental inicial:** você pode usar qualquer solução viável, porém, é útil usar uma que pareça ser adequada. Na ausência de qualquer pista sobre onde poderiam recair as boas soluções viáveis, é razoável configurar cada variável x_j na metade do caminho entre seu limite inferior L_j e limite superior U_j, de modo a começar a busca na metade da região de soluções viáveis. Por essa razão, $x = 15,5$ é uma escolha razoável para a solução experimental inicial do exemplo.
2. **Estrutura da vizinhança:** qualquer solução viável é considerada como vizinho imediato da solução experimental atual. Entretanto, o método descrito a seguir, para selecionar um vizinho imediato visando se tornar o atual candidato para ser a próxima solução experimental, dá preferência a soluções viáveis que se encontram relativamente próximas à solução experimental atual e, ao mesmo tempo, ainda permitem a possibilidade de se deslocar para uma parte diferente da região de soluções viáveis para prosseguir a busca.
3. **Seleção aleatória de um vizinho imediato:** configure

$$\sigma_j = \frac{U_j - L_j}{6}, \quad \text{para } j = 1, \ldots, n.$$

A seguir, dada a solução experimental atual $(x_1, \ldots, x_n)$,

$$\text{reconfigure } x_j = x_j + N(0, \sigma_j), \quad \text{para } j = 1, \ldots, n,$$

em que $N(0, \sigma_j)$ é uma observação aleatória de uma *distribuição normal* com média zero e desvio padrão σ_j. Se isso não resultar em uma solução viável, repita então esse processo (partindo novamente da solução experimental atual) quantas vezes forem necessárias para obter uma solução viável.

4. **Programação de temperaturas:** como ocorre para problemas do vendedor itinerante, são realizadas cinco iterações em cada um dos cinco valores de T (T_1, T_2, T_3, T_4, T_5), uma de cada vez, em que:

$T_1 = 0{,}2Z_c$ quando Z_c for um valor da função objetivo para a solução experimental inicial,
$T_2 = 0{,}5T_1$,
$T_3 = 0{,}5T_2$,
$T_4 = 0{,}5T_3$,
$T_5 = 0{,}5T_4$.

A razão para configurarmos $\sigma_j = (U_j - L_j)/6$ ao selecionar um vizinho imediato é que quando a variável x_j se encontra a meio caminho entre L_j e U_j, qualquer novo valor viável da variável se encontra dentro de três desvios padrão do valor atual. Isso gera grande probabilidade de que o novo valor se movimente a maior parte em direção a um de seus limites, embora haja probabilidade muito maior de que o novo valor se encontre relativamente próximo do valor atual. Há uma série de métodos para geração de uma observação aleatória $N(0, \sigma_j)$ de uma distribuição normal (como será discutido brevemente na Seção 20.4). Por exemplo, a função do Excel, NORMINV(RAND(),0, σ_j), gera uma observação aleatória destas. Para seus exercícios, eis uma maneira simples e objetiva de gerar as observações aleatórias necessárias. Obtenha um número aleatório r e depois use a tabela normal do Apêndice 5 para encontrar o valor de $N(0, \sigma_j)$ tal que $P\{X \le N(0, \sigma_j)\} = r$ quando X for uma variável aleatória normal com média 0 e desvio-padrão σ_j.

Para ilustrar como o algoritmo desenvolvido dessa maneira seria aplicado ao exemplo, começemos com $x = 15{,}5$ como solução experimental inicial. Portanto,

$$Z_c = f(15{,}5) = 3.741{,}121 \quad \text{e} \quad T_1 = 0{,}2Z_c = 748{,}224.$$

Já que

$$\sigma = \frac{U - L}{6} = \frac{31 - 0}{6} = 5{,}167,$$

o próximo passo é gerar uma observação aleatória $N(0; 5{,}167)$ a partir da distribuição normal com média zero e esse desvio padrão. Para tanto, primeiro obtemos um número aleatório, que por acaso é 0,0735. Indo para a tabela normal do Apêndice 5, $P\{\text{standard normal}^* \le -1{,}45\} = 0{,}0735$, de modo que $N(0; 5{,}167) = -1{,}45(5{,}167) = -7{,}5$. O atual candidato para próxima solução experimental seguinte é então obtido reiniciando-se x como:

$$x = 15{,}5 + N(0; 5{,}167) = 15{,}5 - 7{,}5 = 8,$$

de modo que

$$Z_n = f(x) = 3.055{,}616.$$

Como

$$\frac{Z_n - Z_c}{T} = \frac{3.055{,}616 - 3.741{,}121}{748{,}224} = -0{,}916$$

a probabilidade de aceitar x 8 como próxima solução experimental é:

$$\text{Prob}\{\text{aceitação}\} = e^{-0{,}916} = 0{,}400.$$

Portanto, $x = 8$ será aceito apenas se o número aleatório correspondente entre 0 e 1 por acaso for menor do que 0,400. Logo, é bastante provável que $x = 8$ seja rejeitado. Em algumas iterações posteriores quando T for muito menor, $x = 8$ quase certamente seria rejeitado. Isso é uma sorte já que Figura 13.1 revela que a busca deveria se concentrar no trecho da região de soluções viáveis entre $x = 10$ e $x = 30$ de modo a iniciar a subida da montanha mais alta.

---

*N. de R.T.: standard normal = normal padronizada.

■ **TABELA 13.6** Aplicação do algoritmo de maleabilização simulada contido no Tutorial IOR ao exemplo de programação não linear

Iteração	T	Solução experimental obtida	f(x)	
0		x = 15,5	3.741.121,0	
1	748.224	x = 17,557	4.167.533,956	
2	748.224	x = 14,832	3.590.466,203	
3	748.224	x = 17,681	4.188.641,364	
4	748.224	x = 16,662	3.995.966,078	
5	748.224	x = 18,444	4.299.788,258	
6	374.112	x = 19,445	4.386.985,033	
7	374.112	x = 21,437	4.302.136,329	
8	374.112	x = 18,642	4.322.687,873	
9	374.112	x = 22,432	4.113.901,493	
10	374.112	x = 21,081	4.345.233,403	
11	187.056	x = 20,383	4.393.306,255	
12	187.056	x = 21,216	4.330.358,125	
13	187.056	x = 21,354	4.313.392,276	
14	187.056	x = 20,795	4.370.624,01	
15	187.056	x = 18,895	4.348.060,727	
16	93.528	x = 21,714	4.259.787,734	
17	93.528	x = 19,463	4.387.360,1	
18	93.528	x = 20,389	4.393.076,988	
19	93.528	x = 19,83	4.398.710,575	
20	93.528	x = 20,68	4.378.591,085	
21	46.764	x = 20,031	4.399.955,913	← Máximo
22	46.764	x = 20,184	4.398.462,299	
23	46.764	x = 19,9	4.399.551,462	
24	46.764	x = 19,677	4.395.385,618	
25	46.764	x = 19,377	4.383.048,039	

A Tabela 13.6 fornece os resultados que foram obtidos usando-se o Tutorial IOR para aplicar o algoritmo de maleabilização simulada completo a esse problema de programação não linear. Note como as soluções experimentais obtidas variam bastante ao longo da região de soluções viáveis durante as primeiras iterações, porém, depois começa a se aproximar de forma mais consistente do topo da montanha mais alta durante as últimas iterações, quando T foi reduzido a valores muito menores. Portanto, das 25 iterações, a melhor solução experimental $x = 20,031$ (em comparação à solução ótima $x = 20$) não foi obtida até a iteração 21.

Repetindo, talvez seja interessante você mesmo aplicar esse software ao mesmo problema para ver o resultado gerado por novas sequências de números aleatórios e observações aleatórias a partir de distribuições normais. O Problema 13.3-6 solicita que você faça isso várias vezes.

13.4 ALGORITMOS GENÉTICOS

Os algoritmos genéticos fornecem um terceiro tipo de meta-heurística que é bastante diferente dos dois primeiros. Esse tipo tende a ser particularmente eficiente na exploração de diversas partes da região de soluções viáveis e evoluindo gradualmente no sentido das melhores delas.

Após apresentar os conceitos básicos para esse tipo de meta-heurística, aplicaremos um algoritmo genético básico ao mesmo exemplo de programação não linear que acabamos de ver anteriormente com a restrição adicional de que a variável é restrita a valores inteiros. A seguir, aplicamos essa metodologia ao mesmo exemplo do problema do vendedor itinerante considerado em cada uma das seções anteriores.

Conceitos básicos

Assim como a maleabilização simulada se baseia em uma analogia de um fenômeno natural (o processo industrial de recozimento), os algoritmos genéticos são muito influenciados por outra forma de fenômeno natural. Nesse caso, a analogia é a *teoria da evolução* biológica formulada por Charles Darwin em meados do século XIX. Cada espécie de planta e animal tem uma grande variação individual. Darwin observou que espécies com variações que transmitem uma vantagem em termos de sobrevivência pela melhor adaptação ao ambiente têm mais chances de sobrevivência para a geração seguinte. Esse fenômeno foi chamado desde essa época *sobrevivência dos mais adaptados*.

A genética moderna fornece outra explicação desse processo de evolução e a *seleção natural* envolvida na sobrevivência dos mais adaptados. Em qualquer espécie que se reproduz por meio de reprodução sexual, cada cria herda alguns dos *cromossomos* de cada um dos pais, em que os *genes* dentro dos cromossomos determinam as características individuais do filho. Um filho que por acaso herda as melhores características dos pais tem probabilidade ligeiramente maior de sobreviver na idade adulta e depois se tornar um pai capaz de transmitir essas características à geração seguinte. A população tende a melhorar lentamente ao longo do tempo por meio desse processo. O segundo fator que contribui para esse processo é uma taxa de mutação aleatória de baixo nível no DNA dos cromossomos. Portanto, uma *mutação* que ocorre ocasionalmente muda as características de um cromossomo que um filho herda de um pai. Embora a maioria das mutações não tenha nenhum efeito ou seja desvantajosa, algumas mutações fornecem melhorias desejáveis. Filhos com mutações desejáveis têm ligeira probabilidade maior de sobreviver e contribuir para o futuro banco genético das espécies.

Essas ideias podem ser transferidas para lidar com problemas de otimização de forma bastante natural. As soluções viáveis para determinado problema correspondem aos integrantes de dada espécie, na qual a adaptação de cada integrante agora é medida pelo valor da função objetivo. Em vez de processar uma única solução experimental por vez (como acontece com formas básicas da busca de tabus e da maleabilização simulada), agora trabalhamos com uma *população* inteira de soluções experimentais[1]. Para cada iteração (geração) de um algoritmo genético, a **população** atual é formada pelo conjunto de soluções experimentais que são consideradas. Essas soluções experimentais são imaginadas como os atuais integrantes viventes da espécie. Alguns dos integrantes mais jovens da população (inclusive e especialmente os integrantes mais adaptados) sobrevivem e passam para a idade adulta e se tornam **pais** (formando pares aleatórios) que depois têm **filhos** (novas soluções experimentais) que compartilham algumas das características (genes) de ambos os pais. Já que os integrantes mais adaptados da população têm mais chance de se tornar pais que outros, um algoritmo genético tende a gerar *populações melhores* de soluções experimentais à medida que prossegue. Ocasionalmente ocorrem **mutações**, de modo que certos filhos também adquirem características (algumas vezes características desejáveis) que nenhum dos pais possui. Isso ajuda um algoritmo genético a explorar uma nova, quem sabe, a parte melhor da região de soluções viáveis que a anteriormente considerada. Finalmente, a sobrevivência dos mais adaptados deve tender a levar a um algoritmo genético a uma solução experimental (a melhor de qualquer uma considerada) que é, pelo menos, próxima da solução ótima.

Embora a analogia do processo de evolução biológica defina o cerne de qualquer algoritmo genético, não deve necessariamente aderir rigidamente a essa analogia em todos os seus detalhes. Por exemplo, alguns algoritmos genéticos (inclusive aquele descrito a seguir) permitem que a mesma solução experimental seja um pai repetidamente ao longo de várias gerações (iterações). Portanto, a analogia precisa ser apenas um ponto de partida para definir os detalhes do algoritmo que melhor se ajusta ao problema em questão.

Eis uma descrição bastante típica de um algoritmo genético que empregaremos nos dois exemplos.

---

[1] Uma das estratégias de intensificação da busca de tabus também mantém uma população das melhores soluções. A população é usada para criar os caminhos de ligação entre seus integrantes e para reiniciar a busca ao longo desses caminhos.

Descrição de um algoritmo genético básico

Inicialização. Comece com uma população inicial de soluções experimentais viáveis, talvez gerando-as aleatoriamente. Calcule a *adaptação* (o valor da função objetivo) para cada integrante de sua população atual.

Iteração. Use um processo aleatório que tende na direção dos integrantes mais adaptados da população atual para selecionar alguns dos integrantes (um número par) para se tornar pais. Emparelhe aleatoriamente os pais e depois faça que cada par de pais dê à luz dois filhos (novas soluções experimentais *viáveis*) cujas características (genes) são uma mistura aleatória das características dos pais, exceto por mutações ocasionais. Toda vez que a mistura aleatória de características e quaisquer mutações resultarem em uma solução *inviável*, se trata de um *aborto espontâneo,* de modo que o processo de tentar dar à luz é então repetido até que nasça um filho que corresponda a uma solução *viável*. Retenha os filhos e um número suficiente dos melhores integrantes da atual população para formar a nova população do mesmo tamanho para a próxima iteração. Descarte os demais integrantes da atual população. Avalie a adaptação de cada novo integrante (os filhos) na nova população.

Regra da parada. Use alguma regra da parada, tal como um número fixo de iterações, uma quantidade fixa de tempo de CPU ou um número fixo de iterações consecutivas sem qualquer melhoria na melhor solução experimental encontrada até então. Use a melhor solução experimental encontrada em qualquer iteração como solução final.

Antes de esse algoritmo ser implementado, as seguintes questões precisam ser respondidas.

1. Qual deve ser o tamanho da população?
2. Como devem ser selecionados os integrantes da população atual para se tornarem pais?
3. Como as características dos filhos devem ser derivadas das características dos pais?
4. Como as mutações devem ser injetadas nas características dos filhos?
5. Qual regra da parada deve ser usada?

As respostas a essas questões dependem muito da estrutura do problema específico em questão. A área de meta-heurística do Tutorial IOR inclui duas versões do algoritmo. Uma delas é para problemas de programação não linear inteira muito pequenos, como o exemplo considerado a seguir. O outro é para pequenos problemas do vendedor itinerante. Ambas as versões respondem algumas das perguntas da mesma forma, conforme descrito a seguir.

1. **Tamanho da população:** dez. Esse número é razoável para pequenos problemas para os quais esse software foi desenvolvido, de modo que populações muito maiores são comumente usadas para problemas também maiores.
2. **Seleção dos pais:** dentre os cinco integrantes mais adaptados da população (de acordo com o valor da função objetivo), selecione aleatoriamente quatro para se tornarem pais. Dentre os cinco integrantes menos adaptados, selecione aleatoriamente dois para se tornarem pais. Emparelhe aleatoriamente os seis pares a fim de formar três casais.
3. **Transmissão das características (genes) dos pais para os filhos:** esse processo depende muito do problema em si e, portanto, difere para as duas versões do algoritmo no software, conforme descrito posteriormente para os dois exemplos.
4. **Taxa de mutação:** a probabilidade de uma característica herdada de um filho sofrer mutação em uma característica oposta é configurada como 0,1 no software. Taxas de mutação muito menores são usadas comumente para problemas de grande porte.
5. **Regra da parada:** pare após cinco iterações consecutivas sem qualquer melhoria na melhor solução experimental encontrada até então.

Agora, estamos prontos para aplicar o algoritmo aos dois exemplos.

Versão inteira do exemplo de programação não linear

Retornamos ao pequeno problema de programação não linear introduzido na Seção 13.1 (ver a Figura 13.1) e depois o resolvemos usando o algoritmo de maleabilização simulada do final da seção anterior. Entretanto, agora acrescentamos outra restrição de que a única variável x do problema deve ter um valor inteiro. Pelo fato de o problema já ter a restrição $0 \leq x \leq 31$, isso significa que o problema possui 32 soluções viáveis, $x = 0, 1, 2, \ldots, 31$. Ter esses limites é muito importante para um algoritmo genético, já que eles reduzem o espaço de busca para a região relevante. Portanto, lidaremos agora com um problema de programação não linear *inteira*.

Ao aplicar um algoritmo genético, *cadeias de dígitos binários* são normalmente usadas para representar as soluções do problema. Uma *codificação* das soluções viáveis desse tipo é particularmente conveniente para as diversas etapas de um algoritmo genético, inclusive o processo de os pais darem à luz aos filhos. Essa codificação é fácil de ser feita para nosso problema particular, pois podemos simplesmente expressar cada valor de x na base 2. Uma vez que 31 é o maior valor viável de x, são necessários apenas cinco dígitos binários para expressar qualquer valor viável. Sempre incluiremos todos os cinco dígitos binários mesmo quando o(s) dígito(s) não significativo(s) for(em) zero(s). Assim, por exemplo,

$$x = 3 \quad \text{fica} \quad 00011 \text{ na base 2,}$$
$$x = 10 \quad \text{fica} \quad 01010 \text{ na base 2,}$$
$$x = 25 \quad \text{fica} \quad 11001 \text{ na base 2.}$$

Cada um dos cinco dígitos binários é chamado um dos **genes** da solução, em que os dois valores possíveis do dígito binário descrevem qual das duas características possíveis está sendo transmitida naquele gene para ajudar a formar a estrutura genética inteira. Quando ambos os pais tiverem a mesma característica, ela será transmitida a cada um dos filhos (exceto quando ocorrer uma mutação). Entretanto, quando os dois pares carregarem características opostas no mesmo gene, a característica que um filho herdará se torna aleatória.

Suponha, por exemplo, que os pais sejam

$$P1: \quad 00011 \quad e$$
$$P2: \quad 01010.$$

Já que o primeiro, terceiro e quarto dígitos são concordantes, os filhos se tornam automaticamente (salvo ocorram mutações):

$$C1: \quad 0x01x \quad e$$
$$C2: \quad 0x01x,$$

em que x indica que esse dígito em particular ainda não é conhecido. Números aleatórios são usados para identificar esses dígitos desconhecidos, nos quais a correspondência natural é

$$0{,}0000\text{–}0{,}4999 \quad \text{corresponde ao dígito de início 0,}$$
$$0{,}5000\text{–}0{,}9999 \quad \text{corresponde ao dígito de início 1.}$$

Suponha, por exemplo, que os próximos quatro números aleatórios gerados sejam 0,7265; 0,5190; 0,0402; e 0,3639, de modo que os dois dígitos desconhecidos para o primeiro filho sejam ambos 1 e os dois dígitos desconhecidos para o segundo filho são ambos 0. Os filhos se tornam então (salvo mutações):

$$C1: \quad 01011 \quad e$$
$$C2: \quad 00010.$$

Esse método em particular de gerar os filhos dos pais é conhecido como *cruzamento uniforme*. Talvez ele seja o mais intuitivo das diversas alternativas de métodos até aqui apresentadas.

Agora, precisamos estudar a possibilidade de mutações que afetariam a estrutura genética dos filhos.

Uma vez que a probabilidade da mutação em qualquer gene (inverter o dígito binário para o valor oposto) foi configurada em 0,1 para nosso algoritmo, podemos fazer que os números aleatórios

$$0{,}0000\text{–}0{,}0999 \quad \text{correspondam a uma mutação,}$$
$$0{,}1000\text{–}0{,}9999 \quad \text{não correspondam a uma mutação.}$$

Por exemplo, suponha que nos próximos dez números aleatórios gerados, somente o oitavo é menor que 0,1000. Isso indica que não ocorre nenhuma mutação no primeiro filho, porém, o terceiro gene (dígito) no segundo filho inverte seu valor. Portanto, a conclusão final é que os dois filhos são:

C1: 01011 e
C2: 00110.

Retornando à base 10, os pais correspondem às soluções, $x = 3$ e $x = 10$, ao passo que seus filhos teriam sido (salvo mutações) $x = 11$ e $x = 2$. Entretanto, por causa da mutação, os filhos ficam $x = 11$ e $x = 6$.

Para esse exemplo em particular, qualquer valor inteiro de x tal que $0 \leq x \leq 31$ (na base 10) é uma solução, de modo que cada número de 5 dígitos na base 2 também seja uma solução viável. Portanto, o processo dado anteriormente de geração de filhos jamais resulta em um *aborto espontâneo* (uma solução inviável). Entretanto, se o limite superior em x fosse, digamos, $x \leq 25$, então ocasionalmente ocorreriam abortos. Toda vez que ocorre um aborto, a solução é descartada e o processo todo de gerar um filho é repetido até que seja obtida uma solução viável.

Esse exemplo envolve apenas uma única variável. Para um problema de programação não linear com múltiplas variáveis, cada integrante da população usaria novamente a base 2 para indicar o valor de cada variável. O processo anterior de gerar filhos de pais seria então feito da mesma maneira, com uma variável por vez.

A Tabela 13.7 ilustra a aplicação do algoritmo completo para esse exemplo tanto por meio da etapa da inicialização (item *a* da tabela) quanto pela iteração 1 (item *b* da tabela). Na etapa da inicialização, cada um dos integrantes da população inicial foi obtido através da geração de cinco números aleatórios e usando a correspondência entre um número aleatório e um dígito binário dado anteriormente, para obter os cinco dígitos binários, um de cada vez. O valor correspondente de x na base 10 é então inserido na função objetivo dada no início da Seção 13.1 para avaliar a adaptação daquele integrante da população.

Os cinco integrantes da população inicial que possuem o grau mais alto de adaptação (em ordem) são os integrantes 10, 8, 4, 1 e 7. Para selecionar casualmente quatro desses integrantes para se tornar pais, usa-se um número aleatório para selecionar um integrante a ser rejeitado, em que 0,0000–0,1999 corresponde a eliminar o primeiro integrante listado (integrante 10), 0,2000–0,3999 corresponde a rejeitar o segundo integrante e assim por diante. Nesse caso, o número aleatório era 0,9665, de modo que o quinto integrante listado (integrante 7) não se torne um pai.

Dos cinco integrantes menos adaptados da população inicial (integrantes 2, 1, 6, 5 e 9), agora são usados números aleatórios para selecionar quais dois desses integrantes se tornarão pais. Nesse caso, os números aleatórios eram 0,5634 e 0,1270. Para o primeiro número aleatório, 0,0000–0,1999 refere-

■ **TABELA 13.7** Aplicação do algoritmo genético ao exemplo de programação não linear inteira por meio (*a*) da etapa de inicialização e (*b*) iteração 1

	Integrante	População inicial	Valor de x	Adaptação
	1	01111	15	3.628.125
	2	00100	4	3.234.688
	3	01000	8	3.055.616
	4	10111	23	3.962.091
(a)	5	01010	10	2.950.000
	6	01001	9	2.978.613
	7	00101	5	3.303.125
	8	10010	18	4.239.216
	9	11110	30	1.350.000
	10	10101	21	4.353.187

	Integrante	Pais	Filhos	Valor de x	Adaptação
	10	10101	00101	5	3.303.125
	2	00100	10001	17	4.064.259
(b)	8	10010	10011	19	4.357.164
	4	10111	10100	20	4.400.000
	1	01111	01011	11	2.980.637
	6	01001	01111	15	3.628.125

-se a selecionar o primeiro integrante listado (integrante 2), 0,2000–0,3999 corresponde a selecionar o segundo integrante e assim por diante, de modo que o terceiro integrante listado (integrante 6) seja aquele selecionado nesse caso. Visto que apenas quatro integrantes (2, 1, 5 e 9) restam agora para seleção do último pai, os intervalos correspondentes para o segundo número aleatório são 0,0000–0,2499, 0,2500–0,4999, 0,5000–0,7499 e 0,7500–0,9999. Como 0,1270 recai no primeiro desses intervalos, o primeiro integrante remanescente listado (integrante 2) é selecionado para ser um pai.

A próxima etapa é emparelhar seis pais – integrantes 10, 8, 4, 1, 6 e 2. Comecemos usando um número aleatório para determinar o companheiro do primeiro integrante listado (integrante 10). O número aleatório 0,8204 indicava que ele deveria ser emparelhado com o quinto dos outros cinco pais listados (integrante 2). Para formar o par do próximo integrante listado (integrante 8), o número aleatório seguinte era 0,0198, que se encontra no intervalo 0,0000–0,3333, de modo que o primeiro dos três pais listados remanescentes (integrante 4) seja escolhido para ser o par do integrante 8. Isso deixa então dois pais restantes (integrantes 1 e 6) para formarem o último par.

A parte (*b*) da Tabela 13.7 mostra os filhos que foram reproduzidos por esses pais usando o processo ilustrado anteriormente nesta subseção. Observe que as mutações ocorreram no terceiro gene do segundo filho e no quarto gene do quarto filho. Em geral, os seis filhos possuem um grau relativamente alto de adaptação. Na realidade, para cada par de pais, ambos os filhos acabaram sendo mais adaptados que um dos pais. Isso nem sempre acontece, porém é bastante comum. No caso do segundo par de pais, ambos os filhos acabam sendo mais adaptados que ambos os pais. Fortuitamente, ambos os filhos ($x = 19$ e $x = 20$), na verdade, são superiores a *qualquer* um dos integrantes da população anterior dada na parte (*a*) da tabela. Para formar a nova população para a próxima iteração, todos os seis filhos são mantidos junto com os quatro integrantes mais adaptados da população precedente (integrantes 10, 8, 4 e 1).

Iterações sucessivas ocorrem de maneira semelhante. Já que sabemos da discussão na Seção 13.1 (ver a Figura 13.1) que $x = 20$ (a melhor solução experimental gerada na iteração 1) é, de fato, a solução ótima para este exemplo, iterações sucessivas não gerariam nenhuma melhoria. Portanto, a regra de parada encerraria o algoritmo após mais cinco iterações e forneceria $x = 20$ como solução final.

O Tutorial IOR inclui um procedimento para aplicação desse mesmo algoritmo genético para outros problemas de programação não linear inteira bem pequenos. As restrições de tamanho e forma são as mesmas especificadas na Seção 13.3 para problemas de programação não linear.

Talvez você considere interessante aplicar esse procedimento contido no Tutorial IOR a esse mesmo exemplo. Em decorrência da aleatoriedade inerente ao algoritmo, são obtidos resultados intermediários diferentes cada vez que ele for aplicado. O Problema 13.4-3 solicita que você aplique o algoritmo a esse exemplo várias vezes.

Embora esse fosse um exemplo discreto, os algoritmos genéticos também podem ser aplicados a problemas contínuos, por exemplo, um problema de programação não linear sem restrição inteira. Nesse caso, o valor de uma variável contínua seria representado (ou bastante aproximado) por um número decimal na base 2. Por exemplo, $x = 23\frac{5}{8}$ é 10111,10100 na base 2 e $x = 23,66$ é bastante aproximado por 10111,10101 na base 2. Todos os dígitos binários em ambos os lados da vírgula decimal podem ser tratados exatamente como antes onde pais reproduzem filhos e assim por diante.

Exemplo do problema do vendedor itinerante

As Seções 13.2 e 13.3 ilustraram como um algoritmo de busca de tabus e um algoritmo de maleabilização simulada seriam aplicados ao problema específico do vendedor itinerante da Seção 13.1 (ver a Figura 13.4). Vejamos agora como nosso algoritmo genético pode ser aplicado usando-se esse mesmo exemplo.

Nesse caso, em vez de usar dígitos binários, continuaremos a representar cada solução (circuito) da forma natural, ou seja, como uma sequência de cidades visitadas. Por exemplo, a primeira solução considerada na Seção 13.1 é o circuito das cidades na seguinte ordem: 1-2-3-4-5-6-7-1, em que a cidade 1 é a cidade de origem onde o circuito deve iniciar e terminar. Entretanto, devemos ressaltar que algoritmos genéticos para problemas do vendedor itinerante frequentemente usam outros métodos como soluções de *codificação*. Em geral, métodos mais inteligentes de representação de soluções (muitas vezes usando cadeias de dígitos binários) podem facilitar a geração de filhos, criar mutações, manter viabilidade e assim por diante, de forma natural. O desenvolvimento de um esquema *de codificação* apropriado é parte fundamental do desenvolvimento de um algoritmo genético eficaz para qualquer aplicação.

Uma complicação em relação a esse exemplo em particular é que, de certa forma, ele é bem fácil. Em razão do número bastante limitado de ligações entre pares de cidades na Figura 13.4, esse problema sequer tem dez soluções viáveis distintas se descartarmos um circuito que for simplesmente um circuito previamente considerado na direção inversa. Portanto, não é possível ter uma população inicial com dez soluções experimentais distintas tais que os seis pais resultantes reproduzam depois filhos distintos que também são distintos dos integrantes da população inicial (incluindo os pais).

Felizmente, um algoritmo genético ainda pode operar de forma razoavelmente boa quando existe um nível modesto de duplicação nas soluções experimentais em uma população ou em duas populações consecutivas. Por exemplo, mesmo quando ambos os pais em um casal forem idênticos, ainda será possível para seus filhos serem diferentes dos pais em consequência das mutações.

O algoritmo genético para problemas do vendedor itinerante do Tutorial IOR não faz nada para impedir a duplicação nas soluções experimentais consideradas. Cada uma das dez soluções experimentais na população inicial é gerada uma por vez, como indicado a seguir. Partindo da cidade de origem, são usados números aleatórios para selecionar a próxima cidade entre aquelas que possuem uma ligação com a cidade de origem (cidades 2, 3 e 7 na Figura 13.4). São usados então números aleatórios para selecionar a terceira cidade entre as cidades remanescentes que possuem uma ligação com a segunda cidade. Esse processo continua até que todas as cidades sejam incluídas uma vez no circuito (além de um regresso à cidade de origem proveniente da última cidade) ou se chega a um beco sem saída, pois não existe nenhuma ligação da cidade atual para qualquer um das cidades restantes que ainda precisam ser visitadas. Nesse último caso, o processo todo de geração de uma solução experimental é reiniciado desde o princípio com novos números aleatórios.

Números aleatórios também são usados para reproduzir filhos de um par de pais. Para ilustrar esse processo, considere o seguinte par de pais.

P1: 1-2-3-4-5-6-7-1
P2: 1-2-4-6-5-7-3-1

À medida que descrevemos o processo de geração de um filho oriundo desses pais, também resumimos os resultados na Tabela 13.8 para ajudá-lo a acompanhar o progresso do algoritmo.

Ignorando-se por enquanto a possibilidade de mutações, eis a ideia básica de como gerar um filho.

Herdando ligações: os genes correspondem às ligações em um circuito. Consequentemente, cada uma das ligações (genes) herdadas por um filho devem provir de um dos pais (ou ambos). (Outra possibilidade descrita posteriormente é que um pai também pode transmitir um subcircuito invertido.) Essas ligações que estão sendo herdadas são escolhidas aleatoriamente, uma por vez, até que um circuito completo (o filho) tenha sido gerado.

Para iniciar esse processo com os pais mencionados acima, já que um circuito deve começar na cidade 1, a ligação inicial de um filho deve provir de uma das ligações dos pais que conectam a cidade 1 a outra cidade. Para o pai P1, essas são as ligações 1-2 e 1-7. A ligação 1-7 serve visto que ela equivale a fazer o circuito em qualquer uma das direções. Para o pai P2, as ligações correspondentes são 1-2 (novamente)

■ **TABELA 13.8** Ilustração do processo de geração de um filho para o exemplo do problema do vendedor itinerante

Pai P1: 1-2-3-4-5-6-7-1
Pai P2: 1-2-4-6-5-7-3-1

Ligação	Opções	Seleção aleatória	Circuito
1	1-2, 1-7, 1-2, 1-3	1-2	1-2
2	2-3, 2-4	2-4	1-2-4
3	4-3, 4-5, 4-6	4-3	1-2-4-3
4	3-5*, 3-7	3-5*	1-2-4-3-5
5	5-6, 5-6, 5-7	5-6	1-2-4-3-5-6
6	6-7	6-7	1-2-4-3-5-6-7
7	7-1	7-1	1-2-4-3-5-6-7-1

* Uma ligação que completa um subcircuito invertido

e 1-3. O fato que ambos os pais possuem a ligação 1-2 dobra a probabilidade de que ela será herdada por um filho. Dessa forma, ao usar um número aleatório para determinar qual ligação o filho vai herdar, o intervalo 0,0000–0,4999 (ou qualquer outro intervalo deste tamanho) corresponde a herdar a ligação 1-2, ao passo que os intervalos 0,50000–0,7499 e 0,7500–0,9999 corresponderiam então a escolher, respectivamente, a ligação 1-7 e ligação 1-3. Suponha que 1-2 seja selecionado, conforme indicado na primeira linha da Tabela 13.8. Após 1-2, um pai usa em seguida a ligação 2-3 enquanto o outro usa a 2-4. Portanto, ao gerarem o filho, pode ser feita uma escolha aleatória entre essas duas opções. Suponha que 2-4 seja selecionada. (Observe a segunda linha da Tabela 13.8.) Agora há três opções para a ligação após 1-2-4, pois o primeiro pai usa duas ligações (4-3 e 4-5) para conectar a cidade 4 em seu circuito e o segundo pai usa a ligação 4-6 (a ligação 4-2 é ignorada porque a cidade 2 já se encontra no circuito do filho). Ao selecionar aleatoriamente uma dessas opções, suponha que 4-3 seja escolhida para formar 1-2-4-3 como início do circuito do filho até então, conforme indicado na terceira linha da Tabela 13.8.

Chegamos agora a outra característica desse processo de geração do circuito de um filho, isto é, usar um *subcircuito invertido* de um pai.

Herança de um subcircuito invertido: outra possibilidade para uma ligação herdada por um filho é uma ligação necessária para completar um subcircuito invertido que o circuito do filho está fazendo em um trecho do circuito de um pai.

Para ilustrar como pode surgir essa possibilidade, observe que a próxima cidade além de 1-2-4-3 precisa ser uma das cidades ainda não visitadas (cidade 5, 6 ou 7), porém o primeiro pai não possui uma ligação da cidade 3 para qualquer uma das demais cidades. A razão é que o filho está usando um subcircuito invertido (invertendo 3-4) do circuito desse pai, 1-2-3-4-5-6-7-1. Completar esse subcircuito invertido requer o acréscimo da ligação 3-5, de modo que esta se torne uma das opções para a próxima ligação no circuito do filho. A outra opção é a ligação 3-7 fornecida pelo segundo pai (ligação 3-1 não é uma opção, pois a cidade 1 tem de vir bem no final do circuito). Uma dessas duas opções é selecionada aleatoriamente. Suponha que a escolha seja a ligação 3-5, que fornece 1-2-4-3-5 como circuito do filho até então, conforme indicado na quarta linha da Tabela 13.8.

Para continuar esse circuito, as opções para a ligação seguinte são 5-6 (fornecidas por ambos os pais) e 5-7 (fornecida pelo segundo pai). Suponha que a escolha aleatória entre 5-6, 5-6 e 5-7 seja 5-6, de modo que o circuito até então seria 1-2-4-3-5-6. (Observe a quinta linha da Tabela 13.8.) Já que a única cidade ainda não visitada é a cidade 7, a ligação 6-7 é acrescentada automaticamente logo, seguida pela ligação 7-1 para retornar à cidade de origem. Portanto, conforme indicado na última linha da Tabela 13.8, o circuito completo para o filho ficará assim:

C1:   1-2-4-3-5-6-7-1

A Figura 13.5 na Seção 13.1 mostra quão semelhante esse filho é em relação ao primeiro dos pais, visto que a única diferença está no subcircuito invertido obtido pela inversão de 3-4 no pai.

Se, em vez disso, fosse escolhida a ligação 5-7 para seguir 1-2-4-3-5, o circuito teria sido completado automaticamente como 1-2-4-3-5-7-6-1. Entretanto, não existe nenhuma ligação 6-1 (ver a Figura 13.4), de modo que se chega a um beco sem saída na cidade 6. Quando isso acontece, ocorre um aborto, e o processo todo precisa ser reiniciado do princípio com novos números aleatórios até que seja obtido um filho com um circuito completo. Depois, esse processo é repetido para obter o segundo filho.

Agora, precisamos acrescentar mais outra característica – a possibilidade das mutações – para completar a descrição do processo de geração de filhos.

Mutações de ligações herdadas: toda vez que determinada ligação seria normalmente herdada de um pai de um filho, existe uma pequena possibilidade da ocorrência de uma mutação que rejeitará essa ligação e, em vez disso, selecionará aleatoriamente uma das outras ligações da cidade atual para uma outra cidade que ainda não faz parte do circuito, independentemente do fato de essa ligação ser ou não usada por qualquer um dos pais.

Nosso algoritmo genético para problemas do vendedor itinerante implementado em nosso Tutorial IOR usa uma probabilidade igual a 0,1 de que ocorrerá uma mutação cada vez que a ligação seguinte no circuito de um filho precisar ser selecionada. Portanto, toda vez que o número aleatório correspondente for menos que 0,1000, a escolha da ligação feita da forma usual descrita anteriormente é rejeitada (caso exista qualquer outra escolha possível). Em vez disso, todas as demais ligações da cidade atual para uma cidade ainda não inclusa no circuito (inclusive ligações não fornecidas por nenhum dos pais) são identificadas e uma dessas ligações é selecionada aleatoriamente para ser a próxima ligação no circuito. Suponha, por exemplo, que ocorra uma mutação ao gerar a primeira ligação para o filho. Embora 1-2 tenha sido a escolha aleatória para ser a primeira ligação, agora essa ligação seria rejeitada em virtude da mutação. Já que a cidade 1 também possui ligações com as cidades 3 e 7 (ver a Figura 13.4), tanto a ligação 1-3 quanto a ligação 1-7 seriam selecionadas aleatoriamente para ser o primeiro circuito. (Uma vez que os pais terminam seus circuitos usando uma ou outra dessas ligações, isso pode ser interpretado nesse caso como o circuito inicial do filho invertendo-se a direção de um dos circuitos dos pais.)

Agora, podemos descrever o procedimento geral para geração de um filho a partir de um par de pais.

Procedimento para gerar um filho

1. **Inicialização:** para começar, designe a cidade de origem como a *cidade atual*.
2. **Opções para a ligação seguinte:** identifique todas as ligações da cidade atual para outra cidade que ainda não faça parte do circuito do filho que são usadas por qualquer um dos pais em qualquer direção. Acrescente também qualquer ligação que seja necessária para completar um subcircuito invertido que o circuito do filho esteja fazendo em um trecho do circuito de um dos pais.
3. **Seleção da ligação seguinte:** use um número aleatório para selecionar aleatoriamente uma das opções identificadas na etapa 2.
4. **Verifique a existência de uma mutação:** se o próximo número aleatório for menor que 0,1000, então ocorre uma mutação, e a ligação selecionada na etapa 3 é rejeitada (a menos que não haja mais nenhuma outra ligação da cidade atual para outra cidade ainda não inclusa no circuito). Se a ligação for rejeitada, identifique todas as demais ligações da cidade atual até outra cidade ainda não inclusa no circuito (incluindo ligações não usadas por nenhum dos pais). Use um número qualquer para selecionar de maneira aleatória uma dessas outras ligações.
5. **Continuação:** acrescente a ligação selecionada na etapa 3 (se não ocorrer mutação) ou na etapa 4 (se ocorrer uma mutação) ao final do circuito incompleto atual do filho e designe novamente a cidade no final dessa ligação como *cidade atual*. Se ainda restar mais que uma cidade não inclusa no circuito (além do retorno à cidade de origem), retorne às etapas 2-4 para selecionar a ligação seguinte. Caso contrário, vá para a etapa 6.
6. **Término:** com apenas uma cidade remanescente que ainda não foi adicionada ao circuito do filho, acrescente um ligação da cidade atual até essa cidade remanescente. A seguir, acrescente a ligação dessa última cidade de volta para a cidade de origem para completar o circuito do filho. Entretanto, se não existir a ligação necessária, então ocorre um aborto espontâneo e o procedimento deve reiniciar novamente da etapa 1.

Esse procedimento é aplicado para cada par de pais a fim de obter cada um de seus dois filhos.

O algoritmo genético para problemas do vendedor itinerante contido no Tutorial IOR incorpora esse procedimento para a geração de filhos como parte do algoritmo geral descrito próximo do início dessa seção. A Tabela 13.9 mostra os resultados da aplicação desse algoritmo ao exemplo por meio da etapa da inicialização, bem como da primeira iteração do algoritmo geral. Em razão da aleatoriedade implícita no algoritmo, seus resultados intermediários (e quem sabe a melhor solução final também) vão variar cada vez que o algoritmo for executado até seu término. Para explorar ainda mais essa questão, o Problema 13.4-7 solicita que você empregue várias vezes o Tutorial IOR para aplicação do algoritmo completo a esse exemplo.

O fato de esse exemplo ter apenas um número relativamente pequeno de soluções viáveis distintas se reflete nos resultados mostrados na Tabela 13.9. Os integrantes 1, 4, 6 e 10 são idênticos, como são os integrantes 2, 7 e 9 (exceto pelo fato de o integrante 2 fazer seu circuito na direção oposta). Portanto, a geração aleatória dos dez integrantes da população inicial resultou em apenas cinco soluções viáveis distintas. De modo similar, quatro dos seis filhos gerados (integrantes 12, 14, 15 e 16) são idênticos a um de seus pais (exceto que o integrante 14 faz seu circuito na direção oposta à de seu primeiro pai). Dois dos filhos (integrantes 12 e 15) possuem uma adaptação melhor (distância menor) que um de seus pais, nenhum deles apresentou progresso em relação a ambos os pais. Nenhum desses filhos fornece uma solução ótima (que tem uma distância igual a 63). Isso ilustra o fato de que um algoritmo genético pode precisar de várias gerações (iterações) em alguns problemas antes do fenômeno da sobrevivência dos mais adaptados resultar em populações claramente superiores.

■ **TABELA 13.9** Aplicação do algoritmo genético contido no Tutorial IOR ao exemplo do problema do vendedor itinerante por meio (*a*) da etapa de inicialização e (*b*) iteração 1

	Integrante	População inicial	Adaptação		
	1	1-2-4-6-5-3-7-1	64		
	2	1-2-3-5-4-6-7-1	65		
	3	1-7-5-6-4-2-3-1	65		
	4	1-2-4-6-5-3-7-1	64		
(a)	5	1-3-7-5-6-4-2-1	66		
	6	1-2-4-6-5-3-7-1	64		
	7	1-7-6-4-5-3-2-1	65		
	8	1-3-7-6-5-4-2-1	69		
	9	1-7-6-4-5-3-2-1	65		
	10	1-2-4-6-5-3-7-1	64		

	Integrante	Pais	Filhos	Integrante	Adaptação
	1	1-2-4-6-5-3-7-1	1-2-4-5-6-7-3-1	11	69
	7	1-7-6-4-5-3-2-1	1-2-4-6-5-3-7-1	12	64
(b)	2	1-2-3-5-4-6-7-1	1-2-4-5-6-7-3-1	13	69
	6	1-2-4-6-5-3-7-1	1-7-6-4-5-3-2-1	14	65
	4	1-2-4-6-5-3-7-1	1-2-4-6-5-3-7-1	15	64
	5	1-3-7-5-6-4-2-1	1-3-7-5-6-4-2-1	16	66

A seção de Worked Examples do *site* da editora fornece outro exemplo de aplicação desse algoritmo genético a um problema do vendedor itinerante. Esse problema possui um número relativamente maior de soluções viáveis distintas do que o exemplo anterior e, portanto, existe diversidade maior em sua população inicial, nos pais resultantes e seus filhos.

13.5 CONCLUSÕES

Alguns problemas de otimização (inclusive diversos problemas de otimização combinatória) são suficientemente complexos a ponto de não ser possível encontrar uma solução ótima usando exatamente os tipos de algoritmos apresentados nos capítulos anteriores. Nesses casos, são comumente empregados métodos heurísticos para encontrar uma boa solução viável (porém, não necessariamente ótima). Existem várias meta-heurísticas disponíveis que fornecem uma estrutura geral e diretrizes de estratégia para o desenvolvimento de um método heurístico específico a fim de atender a um problema específico. Uma característica fundamental desses procedimentos de meta-heurística é a habilidade de eles fugirem de ótimos locais e executarem uma busca consistente em uma região de soluções viáveis.

Este capítulo apresentou três dos tipos mais proeminentes de meta-heurística. A *busca de tabus* vai da solução experimental atual até a melhor solução experimental vizinha a cada iteração, de forma muito parecida a um procedimento de melhoria local, exceto por permitir uma movimentação sem melhorias em algumas situações. Ela incorpora então memória de curto prazo da última busca para encorajar a movimentação em direção a partes novas da região de soluções viáveis em vez de regressar a soluções anteriormente consideradas. Além disso, pode usar estratégias de intensificação e diversificação baseadas em memória de longo prazo para se concentrar na busca de seguimentos promissores. A *maleabilização simulada* também se desloca da solução experimental atual para uma solução experimental vizinha a cada iteração e, ao mesmo tempo, permitindo ocasionalmente deslocamentos que não agreguem melhoria. Entretanto, ela seleciona aleatoriamente sua solução experimental vizinha e depois usa a analogia a um processo de recozimento que ocorre no mundo físico para determinar se esse vizinho deve ser rejeitado como próxima solução experimental caso ele não seja tão bom quanto a solução experimental atual. O terceiro tipo de meta-heurística, *algoritmos genéticos*, funciona com uma população inteira de soluções experimentais a cada iteração. A seguir, ele usa a analogia com a teoria da evolução biológica, inclusive o conceito de sobrevivência dos mais adaptados, para descartar algumas das soluções experimentais (especialmente aquelas mais fracas) e substituí-las por algumas novas. Esse processo de substituição possui pares de integrantes sobreviventes da população que transmitem parte de suas características a pares dos novos integrantes exatamente como se eles fossem pais reproduzindo filhos.

Para sermos mais concretos, descrevemos um algoritmo básico para cada uma das meta-heurísticas e depois adaptamos esse algoritmo a dois tipos específicos de problemas (inclusive o problema do vendedor itinerante), usando exemplos simples. Entretanto, também foram desenvolvidas diversas versões de cada algoritmo por parte de pesquisadores e usados por profissionais da área para melhor se adequar às características dos problemas complexos em questão. Por exemplo, foram propostas literalmente dezenas de versões do algoritmo genético básico para problemas do vendedor itinerante apresentado na Seção 13.4 (inclusive procedimentos diversos para geração de filhos) e a pesquisa nesse campo prossegue visando determinar qual é o mais eficiente. Alguns dos melhores métodos para problemas do vendedor itinerante usam estratégias especiais "k-opt" e "cadeia de eliminação", que foram cuidadosamente adaptadas para tirar proveito da estrutura do problema. Portanto, os pontos mais importantes deste capítulo são os conceitos básicos e a intuição incorporados em cada uma das meta-heurísticas e não os detalhes dos algoritmos particulares aqui apresentados.

Existem diversos outros tipos importantes de meta-heurísticas além das três destacadas nesse capítulo. Entre elas temos, por exemplo, a otimização de colônias de formigas, a busca dispersa e as redes neurais artificiais. (Esses nomes sugestivos dão uma indicação da ideia básica que orienta cada uma dessas meta-heurísticas.) A Referência Selecionada 4 faz uma ampla abordagem tanto dessas outras meta-heurísticas quanto das três aqui apresentadas. (Michel Gendreau e Jean-Yves Potvin estão preparando uma segunda edição para atualizar essa importante referência.)

Alguns algoritmos heurísticos, na verdade, são uma forma híbrida de diferentes tipos de meta-heurísticas de modo a combinar o que cada um tem de melhor. Por exemplo, a busca de tabus de curto prazo (sem uma componente de diversificação) é muito boa para encontrar soluções ótimas locais, mas já não é tão eficiente para explorar completamente as diversas partes de uma região de soluções viáveis para encontrar o trecho contendo o ótimo global, ao passo que um algoritmo genético tem características opostas. Portanto, algumas vezes se pode obter um algoritmo aperfeiçoado, começando com um algoritmo genético para tentar encontrar as montanhas mais altas (quando o objetivo for a maximização) e depois mudar para uma busca de tabus básica bem no final para atingir mais rapidamente o topo dessas montanhas. O segredo para o desenvolvimento de um algoritmo heurístico eficiente é incorporar seja lá quais forem os conceitos que funcionam melhor para o problema em questão do que aderir rigidamente à filosofia de determinada meta-heurística.

REFERÊNCIAS SELECIONADAS

1. Coello, C., D. A. Van Veldhuizen, and G. B. Lamont: *Evolutionary Algorithms for Solving Multi-Objective Problems*, Kluwer Academic Publishers (now Springer), Boston, 2002.
2. Gen, M., and R. Cheng, *Genetic Algorithms and Engineering Optimization,* Wiley, New York, 2000.
3. Glover, F.: "Tabu Search: A Tutorial", *Interfaces,* **20**(4): 74-94, July-August 1990.
4. Glover, F., and G. Kochenberger (eds.): *Handbook of Metaheuristics,* Kluwer Academic Publishers (now Springer), Boston, MA, 2003. (This reference provides a thorough coverage of all the metaheuristics considered in this chapter, as well as some other metaheuristics.)
5. Glover, F., and M. Laguna: *Tabu Search,* Kluwer Academic Publishers (now Springer), Boston, MA, 1997.
6. Gutin, G., and A. Punnen (eds.): *The Traveling Salesman Problem and Its Variations,* Kluwer Academic Publishers (now Springer), Boston, MA, 2002.
7. Haupt, R. L., and S. E. Haupt: *Practical Genetic Algorithms,* Wiley, New York, 1998.

8. Jones, D. F., S. K. Mirrazavi, and M. Tamiz: "Multiobjective Metaheuristics: An Overview of the Current State of the Art", *European Journal of Operational Research*, **137:** 1-9, 2002.
9. Laguna, M., and R. Marti: *Scatter Search: Methodology and Implementations in C*, Kluwer Academic Publishers (now Springer), Boston, 2003.
10. Michalewicz, Z., and D. B. Fogel: *How To Solve It: Modern Heuristics*, Springer, Berlin, 2002.
11. Mitchell, M.: *An Introduction to Genetic Algorithms*, MIT Press, Cambridge, MA, 1998.
12. Molina, J., M. Laguna, R. Marti, and R. Caballero: "SSPMO: A Scatter Tabu Search Procedure for Non-Linear Multiobjective Optimization", *INFORMS Journal on Computing*, **19**(1): 91-100, Winter 2007.
13. Reeves, C. R.: "Genetic Algorithms for the Operations Researcher", *INFORMS Journal on Computing*, **9:** 231-250, 1997. (Also see pp. 251-265 for commentaries on this feature article.)
14. Sarker, R., M. Mohammadian, and X. Yao (eds.): *Evolutionary Optimization*, Kluwer Academic Publishers (now Springer), Boston, MA, 2002.

FERRAMENTAS DE APRENDIZADO NO *SITE*

Worked examples:
Exemplos do Capítulo 13

Procedimentos automáticos no Tutorial IOR:
Algoritmo da Busca de Tabus para Problemas do Vendedor Itinerante
Algoritmo da Maleabilização Simulada para Problemas do Vendedor Itinerante
Algoritmo da Maleabilização Simulada para Problemas de Programação Não linear
Algoritmo Genético para Problemas de Programação Não Linear Inteira
Algoritmo Genético para Problemas do Vendedor Itinerante

Glossário do Capítulo 13
Ver Apêndice 1 para obter documentação sobre o software.

PROBLEMAS

O símbolo A à esquerda de alguns problemas (ou parte deles) têm o seguinte significado:

A: Você deve usar o procedimento automático correspondente contido no Tutorial IOR. A listagem registrará os resultados obtidos a cada iteração.

Um asterisco no número do problema indica que pelo menos há uma resposta parcial no final do livro.

Instruções para obter números aleatórios
Para cada problema ou parte dele onde são necessários números aleatórios, obtenha-os dos dígitos aleatórios consecutivos da Tabela 20.3 da Seção 20.3 como a seguir. Comece do início da linha superior da tabela e forme números aleatórios de *cinco dígitos* inserindo uma vírgula na frente de cada grupo de cinco dígitos aleatórios (0,09656, 0,96657 etc.) à medida que precisar de números aleatórios. Reinicie sempre do início da linha superior para cada problema novo ou parte dele.

13.1-1 Considere o problema do vendedor itinerante mostrado a seguir, em que a cidade 1 é a cidade de origem.

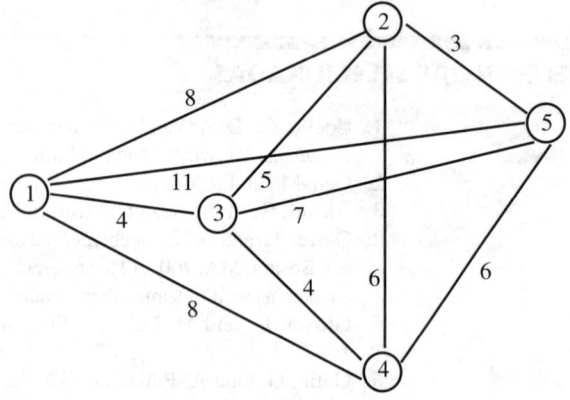

(a) Liste todos os circuitos possíveis, exceto pela exclusão daqueles que são simplesmente o inverso de circuitos previamente listados. Calcule a distância de cada um desses circuitos e, assim, identifique o circuito ótimo.

(b) Começando com 1-2-3-4-5-1 como solução experimental inicial, aplique o algoritmo do subcircuito invertido a esse problema.

(c) Aplique o algoritmo do subcircuito invertido a esse problema partindo de 1-2-4-3-5-1 como solução experimental inicial.

(d) Aplique o algoritmo do subcircuito invertido a esse problema partindo de 1-4-2-3-5-1 como solução experimental inicial.

13.1-2 Reconsidere o exemplo de um problema do vendedor itinerante mostrado na Figura 13.4.

(a) Ao se aplicar o algoritmo do subcircuito invertido a esse problema na Seção 13.1, a primeira iteração resultou em um empate para o qual dois dos subcircuitos invertidos (inverter 3-4 ou 4-5) gerou o maior decréscimo na distância do circuito, de modo que o desempate foi feito arbitrariamente, a favor da primeira inversão. Determine o que teria acontecido se a segunda dessas inversões (inverter 4-5) tivesse sido escolhida.

(b) Aplique o algoritmo do subcircuito invertido a esse problema partindo de 1-2-4-5-6-7-3-1 como solução experimental inicial.

13.1-3 Considere o problema do vendedor itinerante mostrado a seguir, em que a cidade 1 é a cidade de origem.

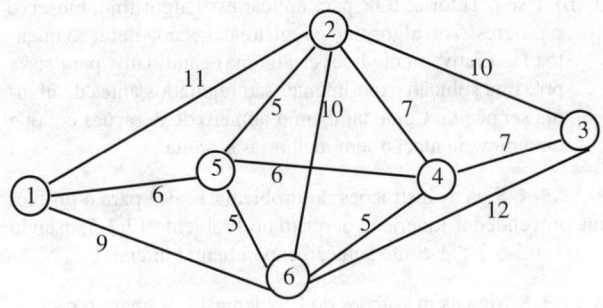

(a) Liste todos os circuitos possíveis, exceto pela exclusão daqueles que são simplesmente o inverso de circuitos listados previamente. Calcule a distância de cada um desses circuitos e, assim, identifique a solução ótima.

(b) Partindo de 1-2-3-4-5-6-1 como solução experimental inicial, aplique o algoritmo do subcircuito invertido a esse problema

(c) Aplique o algoritmo do subcircuito invertido a esse problema partindo de 1-2-5-4-3-6-1 como solução experimental inicial.

13.2-1 Leia o artigo referido que descreve completamente o estudo de PO sintetizado no Exemplo de Aplicação apresentada na Seção 13.2. Descreva brevemente como o método simplex foi aplicado nesse estudo. Em seguida, enumere os diversos benefícios financeiros ou não resultantes desse estudo.

13.2-2 Considere o problema da árvore de expansão mínima apresentado a seguir, em que as linhas tracejadas representam as possíveis ligações que poderiam ser inseridas na rede, e o número próximo a cada linha tracejada representa o custo associado na inserção dessa particular ligação.

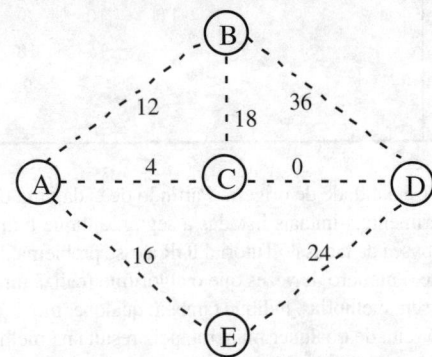

Esse problema também possui as duas restrições a seguir:

Restrição 1: não mais que uma das três ligações – AB, BC e AE – pode ser incluída.

Restrição 2: a ligação AB pode ser incluída apenas se a ligação BD também for incluída.

Partindo da solução experimental inicial em que as ligações inseridas são AB, AC, AE e CD, aplique o algoritmo básico da busca de tabus apresentado na Seção 13.2 a esse problema.

13.2-3 Reconsidere o exemplo de um problema da árvore de expansão mínima apresentado na Seção 13.2 (ver a Figura 13.7(*a*) para os dados antes da introdução das restrições). Partindo de uma solução experimental inicial diferente, isto é, aquela com ligações AB, AD, BE e CD, aplique novamente o algoritmo básico da busca de tabus a esse problema.

13.2-4 Reconsidere o exemplo de um problema da árvore de expansão mínima da Seção 9.4. Suponha que as restrições a seguir sejam adicionadas ao problema.

Restrição 1: a ligação AD ou então a ligação ET deve ser incluída obrigatoriamente.

Restrição 2: no máximo uma das três ligações – AO, BC e DE – pode ser incluída.

Partindo da solução ótima para o problema sem restrições dado no final da Seção 9.4 como solução experimental inicial, aplique o algoritmo básico da busca de tabus a esse problema.

13.2-5 Reconsidere o problema do vendedor itinerante mostrado no Problema 13.1-1. Partindo de 1-5-3-2-4-1 como solução experimental inicial, aplique manualmente o algoritmo básico da busca de tabus a esse problema.

A **13.2-6** Considere o problema do vendedor itinerante com oito cidades, cujas ligações possuem as distâncias associadas mostradas na tabela a seguir (na qual um traço indica a ausência de uma ligação).

Cidade	2	3	4	5	6	7	8
1	14	15	–	–	–	–	17
2		13	14	20	–	–	21
3			11	21	17	9	9
4				11	10	8	20
5					15	18	–
6						9	–
7							13

A cidade 1 é a cidade de origem. Partindo de cada uma das soluções experimentais iniciais listadas a seguir, aplique o algoritmo básico da busca de tabus no Tutorial IOR a esse problema. Em cada caso, conte o número de vezes que o algoritmo realiza uma movimentação sem melhorias. Indique também qualquer movimentação tabu que é feita de qualquer maneira, pois resulta na melhor solução experimental encontrada até aqui.

(a) Use 1-2-3-4-5-6-7-8-1 como solução experimental inicial.
(b) Use 1-2-5-6-7-4-8-3-1 como solução experimental inicial.
(c) Use 1-3-2-5-6-4-7-8-1 como solução experimental inicial.

A **13.2-7** Considere o problema do vendedor itinerante de dez cidades cujas ligações têm as distâncias associadas mostradas na tabela a seguir.

Cidade	2	3	4	5	6	7	8	9	10
1	13	25	15	21	9	19	18	8	15
2		26	21	29	21	31	23	16	10
3			11	18	23	28	44	34	35
4				10	13	19	34	24	29
5					12	11	37	27	36
6						10	25	14	25
7							32	23	35
8								10	16
9									14

A cidade 1 é a cidade de origem. Partindo de cada uma das soluções experimentais iniciais listadas a seguir, aplique o algoritmo básico da busca de tabus no Tutorial IOR a esse problema. Em cada caso, conte o número de vezes que o algoritmo realiza uma movimentação sem melhoria. Indique qualquer movimentação tabu feita de qualquer maneira, pois resulta na melhor solução experimental encontrada até aqui.

(a) Use 1-2-3-4-5-6-7-8-9-10-1 como solução experimental inicial.
(b) Use 1-3-4-5-7-6-9-8-10-2-1 como solução experimental inicial.
(c) Use 1-9-8-10-2-4-3-6-7-5-1 como solução experimental inicial.

13.3-1 Ao aplicar um algoritmo de maleabilização simulada a certo problema, chegou-se a uma iteração na qual o valor atual de T é $T = 2$, e o valor da função objetivo para a solução experimental atual é 30. Essa solução experimental possui quatro vizinhos imediatos, e os valores da função objetivo são 29, 34, 31 e 24. Para cada um desses quatro vizinhos imediatos, um por vez, deseja-se determinar a probabilidade de que a regra da seleção da movimentação aceitaria esse vizinho imediato se ele for selecionado aleatoriamente para se tornar o atual candidato para a próxima solução experimental.

(a) Determine essa probabilidade para cada um dos vizinhos imediatos quando o objetivo é a *maximização* da função objetivo.
(b) Determine essa probabilidade para cada um dos vizinhos imediatos quando o objetivo é a *minimização* da função objetivo.

A **13.3-2** Em razão do emprego de números aleatórios, o algoritmo da maleabilização simulada fornecerá resultados ligeiramente diferentes cada vez que ele for executado. A Tabela 13.5 mostra uma aplicação do algoritmo básico da maleabilização simulada contido no Tutorial IOR ao exemplo de um problema do vendedor itinerante apresentado na Figura 13.4. Partindo da mesma solução experimental inicial (1-2-3-4-5-6-7-1), use o Tutorial IOR para aplicar esse mesmo algoritmo cinco vezes mais ao mesmo exemplo. Quantas vezes ele encontra novamente a solução ótima (1-3-5-7-6-4-2-1 ou, de forma equivalente, 1-2-4-6-7-5-3-1)?

13.3-3 Reconsidere o problema do vendedor itinerante apresentado no Problema 13.1-1. Usando 1-2-3-4-5-1 como solução experimental inicial, você seguirá as instruções dadas a seguir para aplicação do algoritmo básico da maleabilização simulada apresentado na Seção 13.3 a esse problema.

(a) Realize manualmente a primeira iteração. Siga as instruções dadas no início da seção dos Problemas para obter os números aleatórios necessários. Demonstre seu trabalho, incluindo o emprego dos números aleatórios.
A (b) Use o Tutorial IOR para aplicar esse algoritmo. Observe o progresso do algoritmo e registre para cada iteração quantos (se efetivamente houver alguma) candidatos para ser a próxima solução experimental são rejeitados antes de alguma ser aceita. Conte também o número de iterações em que uma movimentação sem melhorias é aceita.

A **13.3-4** Siga as instruções do Problema 13.3-3 para o problema do vendedor itinerante descrito no Problema 13.2-5, usando 1-2-3-4-5-6-7-8-1 como solução experimental inicial.

A **13.3-5** Siga as instruções do Problema 13.3-3 para o problema do vendedor itinerante descrito no Problema 13.2-6, usando 1-9-8-10-2-4-3-6-7-5-1 como solução experimental inicial.

A **13.3-6** Em decorrência do emprego de números aleatórios, um algoritmo de maleabilização simulada fornecerá resultados ligeiramente diferentes cada vez que ele for executado. A Tabela 13.6 mostra uma aplicação do algoritmo básico da maleabilização simulada contido no Tutorial IOR ao exemplo de programação não linear introduzido na Seção 13.1. Partindo da mesma solução experimental inicial ($x = 15,5$), use o Tutorial IOR para aplicar esse mesmo algoritmo cinco vezes mais a esse mesmo exemplo. Qual é a melhor solução encontrada nessas cinco aplicações? Ela se encontra mais próxima da solução ótima ($x = 20$ com $f(x) = 4.400.000$) que da melhor solução apresentada na Tabela 13.6?

13.3-7 Considere o problema de programação não convexa a seguir.

Maximizar $f(x) = x^3 - 60x^2 + 900x + 100$,

sujeito a

$$0 \le x \le 31.$$

(a) Use a primeira e segunda derivadas de $f(x)$ para determinar os pontos críticos (junto com os pontos extremos da região de soluções viáveis) em que x é um máximo local ou então um mínimo local.
(b) Esboce manualmente o gráfico de $f(x)$ ao longo da região de soluções viáveis.
(c) Usando $x = 15,5$ como solução experimental inicial, realize manualmente a primeira iteração do algoritmo básico da maleabilização simulada apresentado na Seção 13.3. Siga as instruções do início da seção de Problemas para obter os números aleatórios necessários. Demonstre seu trabalho, incluindo o emprego de números aleatórios.
A (d) Utilize o Tutorial IOR para aplicar esse algoritmo, partindo de $x = 15,5$ como solução experimental inicial. Observe o progresso do algoritmo e registre para cada iteração quantos (se houver algum) candidatos para ser a próxima solução experimental são rejeitados antes de alguma ser aceita. Conte também o número de iterações em que uma movimentação sem melhorias é aceita.

13.3-8 Considere o exemplo de um problema de programação não convexa apresentado na Seção 12.10 e representado na Figura 12.18.
(a) Usando $x = 2,5$ como solução experimental inicial, realize manualmente a primeira iteração do algoritmo básico de maleabilização simulada apresentado na Seção 13.3. Siga as instruções do início da seção de Problemas para obter os números aleatórios. Demonstre seu trabalho, inclusive o emprego de números aleatórios.
A (b) Use o Tutorial IOR para aplicar esse algoritmo, partindo de $x = 2,5$ como solução experimental inicial. Observe o progresso do algoritmo e registre para cada iteração quantos candidatos (se realmente existir algum) para ser a próxima solução experimental são rejeitados antes de alguma ser aceita. Conte também o número de iterações em que uma movimentação sem melhorias é aceita.

A **13.3-9** Siga as instruções do Problema 13.3-8 para o problema de programação não convexa ao partir de $x = 25$ como solução experimental inicial.

Maximizar $f(x) = x^6 - 140x^5 + 7000x^4 - 160.000x^3 + 1.600.000x^2 - 5.000.000x$,

sujeito a

$$0 \le x \le 50.$$

A **13.3-10** Siga as instruções do Problema 13.3-8 para o problema de programação não convexa ao partir de $(x_1, x_2) = (18, 25)$ como solução experimental inicial.

Maximizar $f(x_1, x_2) = x_1^5 - 81x_1^4 + 2330x_1^3 - 28.750x_1^2 + 150.000x_1 + 0,5x_2^5 - 65x_2^4 + 2.950x_2^3 - 53.500x_2^2 + 305.000x_2$,

sujeito a

$$x_1 + 2x_2 \le 110$$
$$3x_1 + x_2 \le 120$$

e

$$0 \le x_1 \le 36, \quad 0 \le x_2 \le 50.$$

13.4-1 Para cada um dos pares de pais a seguir, gerar seus dois filhos ao aplicar o algoritmo genético básico apresentado na Seção 13.4 a um problema de programação não linear inteira envolvendo apenas uma única variável x, que se restringe a valores inteiros ao longo do intervalo $0 \le x \le 63$. (Siga as instruções do início da Seção de Problemas para obter os números aleatórios necessários e, depois, demonstre o emprego desses números aleatórios.)
(a) Os pais são 010011 e 100101.
(b) Os pais são 000010 e 001101.
(c) Os pais são 100000 e 101000.

13.4-2* Considere um problema do vendedor itinerante com oito cidades (cidades 1, 2, ..., 8), em que a cidade 1 é a cidade de origem e existem ligações entre todos os pares de cidades. Para cada um dos pares de pais a seguir, gere seus dois filhos aplicando o algoritmo genético básico apresentado na Seção 13.4. Siga as instruções do início da seção de Problemas para obter os números aleatórios necessários e, depois, demonstre o emprego desses números aleatórios.
(a) Os pais são 1-2-3-4-7-6-5-8-1 e 1-5-3-6-7-8-2-4-1.
(b) Os pais são 1-6-4-7-3-8-2-5-1 e 1-2-5-3-6-8-4-7-1.
(c) Os pais são 1-5-7-4-6-2-3-8-1 e 1-3-7-2-5-6-8-4-1.

A **13.4-3** A Tabela 13.7 mostra a aplicação do algoritmo genético básico descrito na Seção 13.4 a um exemplo de programação não linear inteira por intermédio da etapa da inicialização e da primeira iteração.
(a) Use o Tutorial IOR para aplicar esse mesmo algoritmo a esse mesmo exemplo, partindo de outra população inicial selecionada aleatoriamente e prosseguindo até o final do algoritmo. Essa aplicação obtém novamente a solução ótima ($x = 20$), exatamente como foi encontrada durante a primeira iteração na Tabela 13.7?
(b) Em virtude do seu emprego de números aleatórios, um algoritmo genético fornecerá resultados ligeiramente diferentes cada vez que ele for executado. Use o Tutorial IOR para aplicar o algoritmo genético básico descrito na Seção 13.4 cinco vezes mais ao mesmo exemplo. Quantas vezes ele encontra novamente a solução ótima ($x = 20$)?

13.4-4 Reconsidere o problema de programação não convexa apresentado no Problema 13.3-7. Suponha que agora a variável x seja restrita a ser um inteiro.
(a) Execute manualmente a etapa de inicialização e a primeira iteração do algoritmo genético básico apresentado na Seção 13.4. Siga as instruções do início da seção de Problemas para obter os números aleatórios necessários. Demonstre seu trabalho, inclusive o emprego de números aleatórios.
A (b) Use o Tutorial IOR para aplicar esse algoritmo. Observe o progresso do algoritmo e registre o número de vezes que um par de pais gera um filho cuja adaptação é melhor que a

de ambos os pais. Conte também o número de iterações em que a melhor solução encontrada é melhor que qualquer uma anteriormente encontrada.

A **13.4-5** Siga as instruções do Problema 13.4-4 para o problema de programação não convexa apresentado no Problema 13.3-9 quando a variável x se restringe a ser um inteiro.

A **13.4-6** Siga as instruções do Problema 13.4-4 para o problema de programação não convexa apresentado no Problema 13.3-10 quando ambas as variáveis, x_1 e x_2, são restritas a ser inteiras.

A **13.4-7** A Tabela 13.9 mostra a aplicação do algoritmo genético básico descrito na Seção 13.4 ao exemplo de um problema do vendedor itinerante representado na Figura 13.4 através da etapa da inicialização e da primeira iteração do algoritmo.

(a) Use o Tutorial IOR para aplicar esse mesmo algoritmo ao mesmo exemplo, partindo de outra população selecionada aleatoriamente e prosseguindo até o final do algoritmo. Essa aplicação encontra a solução ótima (1-3-5-7-6-4-2-1 ou, de forma equivalente, 1-2-4-6-7-5-3-1)?

(b) Em razão do emprego de números aleatórios, um algoritmo genético fornecerá resultados ligeiramente diferentes cada vez que for executado. Use o Tutorial IOR para aplicar o algoritmo genético básico descrito na Seção 13.4 mais cinco vezes a esse mesmo exemplo. Quantas vezes ele encontra a solução ótima?

13.4-8 Reconsidere o problema do vendedor itinerante apresentado no Problema 13.1-1.

(a) Execute manualmente a etapa da inicialização e a primeira iteração do algoritmo genético básico apresentado na Seção 13.4. Siga as instruções dadas no início da seção de Problemas para obter os números aleatórios necessários. Demonstre seu trabalho, inclusive o emprego de números aleatórios.

A **(b)** Use o Tutorial IOR para aplicar esse algoritmo. Observe o progresso do algoritmo e registre o número de vezes que um par de pais gera um filho cujo circuito tem uma distância mais curta que para ambos os pais. Conte também o número de iterações em que a melhor solução encontrada tem uma distância mais curta que qualquer outra encontrada previamente.

A **13.4-9** Siga as instruções do Problema 13.4-8 para o problema do vendedor itinerante descrito no Problema 13.2-6.

A **13.4-10** Siga as instruções do Problema 13.4-8 para o problema do vendedor itinerante descrito no Problema 13.2-7.

A **13.5-1** Use o Tutorial IOR para aplicar o algoritmo básico em todas as três meta-heurísticas apresentadas neste capítulo ao problema do vendedor itinerante descrito no Problema 13.2-6. Use 1-2-3-4-5-6-7-8-1 como solução experimental inicial para os algoritmos da busca de tabus e da maleabilização simulada. Que meta-heurística acabou fornecendo a melhor solução nesse problema, em particular?

A **13.5-2** Use o Tutorial IOR para aplicar o algoritmo básico em todas as três meta-heurísticas apresentadas neste capítulo ao problema do vendedor itinerante descrito no Problema 13.2-7. Use 1-2-3-4-5-6-7-8-9-10-1 como solução experimental inicial para os algoritmos da busca de tabus e da maleabilização simulada. Que meta-heurística acabou fornecendo a melhor solução nesse problema, em particular?

CAPÍTULO 14

Teoria dos Jogos

A vida é repleta de conflito e competição. Inúmeros exemplos que envolvem adversários em conflito, como jogos de mesa, batalhas militares, campanhas políticas, campanhas publicitária e de marketing realizadas por empresas concorrentes e assim por diante. Uma característica básica em muitas dessas situações é que o resultado final depende essencialmente da combinação de estratégias selecionadas pelos adversários. A teoria dos jogos é uma teoria matemática que trata das características gerais de situações competitivas como estas, de maneira formal e abstrata. Ela coloca ênfase especial nos processos de tomada de decisão dos adversários.

Pelo fato das situações competitivas serem tão onipresentes, a Teoria dos Jogos tem aplicação em grande variedade de áreas, entre elas administração e economia. Por exemplo, a Referência Selecionada 3 apresenta várias aplicações comerciais da teoria dos jogos e a Referência Selecionada 1 enfoca suas aplicações em economia. O Prêmio Nobel de Ciências Econômicas de 1994 foi ganho por John F. Nash Jr. (cuja história é recontada no filme Uma mente brilhante), John C. Harsanyi e Reinhard Selton pela análise dos equilíbrios realizada por eles na teoria dos jogos não cooperativos. Posteriormente Robert J. Aumann e Thomas C. Schelling ganharam o Prêmio Nobel de Ciências Econômicas de 2005 por aperfeiçoarem nosso entendimento sobre conflito e cooperação, por meio da análise da teoria dos jogos.

Conforme será brevemente descrito na Seção 14.6, a pesquisa sobre teoria dos jogos continua a se aprofundar em tipos cada vez mais complexos de situações competitivas. Entretanto, o foco deste capítulo se concentrará na relação com o caso mais simples, os chamados **jogos entre dois participantes de soma zero**. Como o próprio nome indica, esses jogos envolvem apenas dois adversários ou *jogadores* (que podem ser exércitos, equipes, empresas e assim por diante). Eles são denominados jogos *de soma zero*, pois um jogador ganha o quanto o outro perde, de forma que a soma de suas vitórias líquidas seja zero.

A Seção 14.1 apresenta o modelo básico para jogos entre dois participantes de soma zero, e as próximas quatro seções descrevem e ilustram as diferentes metodologias para resolver esses jogos. O capítulo se conclui mencionando alguns outros tipos de situações competitivas que são lidadas por outras ramificações da teoria dos jogos.

14.1 FORMULAÇÃO DE JOGOS ENTRE DOIS PARTICIPANTES DE SOMA ZERO

Para ilustrar as características básicas dos jogos entre dois participantes de soma zero, considere o jogo chamado *par ou ímpar*. Esse jogo consiste simplesmente em cada um dos participantes mostrar simultaneamente um ou dois dedos. Se o número de dedos for igual, de modo que o número total para ambos os jogadores seja par, então o jogador que disse par (digamos, jogador 1) ganha a aposta (por exemplo, US$ 1) do jogador que optou por ímpar (jogador 2). Se o número não for igual, o jogador 1 paga US$ 1 para o jogador 2. Portanto, cada jogador possui duas *estratégias*: mostrar um ou dois dedos. O prêmio resultante para o jogador 1 em dólares é indicado na *tabela de prêmios* da Tabela 14.1.

■ **TABELA 14.1** Tabela de prêmios para o jogo do par ou ímpar

Estratégia		Jogador 2	
		1	2
Jogador 1	1	1	−1
	2	−1	1

Em geral, um jogo entre dois participantes é caracterizado por:

1. as estratégias do jogador 1;
2. as estratégias do jogador 2;
3. a tabela de prêmios.

Antes de o jogo começar, cada jogador conhece as estratégias de que dispõe, aquelas que o oponente tem disponível e a tabela de prêmios. O jogo em si consiste em cada jogador escolher simultaneamente uma estratégia sem conhecer a escolha do oponente.

A estratégia pode envolver apenas uma ação simples, como a de mostrar certo número de dedos no jogo do par ou ímpar. No entanto, em jogos mais complexos que envolvem uma série de jogadas, uma **estratégia** é uma regra predeterminada que especifica completamente como alguém pretende responder a cada possível circunstância em cada estágio do jogo. Por exemplo, uma estratégia para um lado em um jogo de xadrez seria indicar como fazer a próxima jogada para *toda* posição possível no tabuleiro, de modo que o número total de estratégias possíveis seria astronômico. Aplicações da teoria dos jogos normalmente envolvem situações competitivas muito menos complicadas que a do xadrez, porém, as estratégias envolvidas podem ser bastante complexas.

A **tabela de prêmios** mostra o ganho (positivo ou negativo) para o jogador 1 que resultaria de cada combinação de estratégias para os dois jogadores. Ela é dada somente para o jogador 1, pois a tabela para o jogador 2 é exatamente o negativo desta, em decorrência da natureza do jogo de soma zero.

As entradas na tabela de prêmios podem ser em qualquer unidade desejada, como dólares, desde que elas representem de forma acurada a *utilidade* ao jogador 1 do resultado correspondente. Entretanto, a utilidade não é necessariamente proporcional à quantia em dinheiro (ou qualquer outra *commodity*) quando grandes quantidades estiverem envolvidas. Por exemplo, US$ 2 milhões (depois dos impostos) provavelmente valem muito menos que o dobro US$ 1 milhão para uma pessoa de condição humilde. Em outras palavras, dada a opção entre (1) a chance de 50% de receber US$ 2 milhões em vez de nada e (2) ter a certeza de receber US$ 1 milhão, provavelmente uma pessoa desfavorecida preferirá muito mais essa última hipótese. Contudo, o resultado correspondente a uma entrada 2 em uma tabela de prêmios deveria "valer o dobro" para o jogador 1 como resultado correspondente a uma entrada 1. Portanto, dada a escolha, ele poderia ser indiferente entre a chance de 50% de receber o primeiro resultado (em vez de nada) e efetivamente receber o último resultado[1].

Um objetivo primário da teoria dos jogos é o desenvolvimento de *critérios racionais* para a seleção de uma estratégia. Duas hipóteses fundamentais são feitas:

1. *ambos* os jogadores são *racionais*;
2. *ambos* os jogadores escolhem suas estratégias única e exclusivamente para *promover seu próprio bem-estar* (nenhuma compaixão pelo oponente).

A teoria dos jogos contrasta com a *análise de decisão* (ver o Capítulo 15), na qual a hipótese é a de que o tomador de decisão esteja participando de um jogo com um oponente passivo – natureza – que escolhe suas estratégias de algum modo aleatório.

Desenvolveremos os critérios-padrão da teoria dos jogos para escolher estratégias por meio de exemplos ilustrativos. Em particular, o final da próxima seção descreve como a teoria dos jogos recomenda que o jogo de par ou ímpar deve ser jogado. (Os Problemas 14.3-1, 14.4-1 e 14.5-1 também o convidam a aplicar as técnicas desenvolvidas neste capítulo para encontrar a forma ótima de se jogar

---

[1] Ver a Seção 15.6 para uma discussão mais ampla do conceito de utilidade.

esse jogo.) Além disso, a próxima seção apresenta um exemplo-protótipo que ilustra a formulação de um jogo entre dois participantes de soma zero e sua solução em algumas situações simples. Uma versão mais complicada desse jogo é então conduzida na Seção 14.3 para desenvolver um critério mais genérico. As Seções 14.4 e 14.5 descrevem um procedimento gráfico e uma formulação de programação linear para resolver tais jogos.

14.2 RESOLUÇÃO DE JOGOS SIMPLES – EXEMPLO-PROTÓTIPO

Dois políticos disputam entre si uma cadeira no Senado. Os planos de campanha precisam ser feitos agora para os dois dias finais, que devem ser cruciais em razão do fechamento da campanha eleitoral. Consequentemente, ambos os políticos querem gastar esses dias fazendo campanha em duas cidades-chave, Bigtown e Megalópolis. Para evitar desperdício de tempo de campanha, eles pretendem viajar à noite e passar um dia inteiro em cada cidade ou, então, dois dias inteiros em apenas uma das cidades. Entretanto, já que os preparativos necessários precisam ser feitos com antecedência, nenhum dos políticos[2] saberá da programação de campanha de seu oponente até ele ter terminado sua própria programação. Consequentemente, cada político solicitou a seus coordenadores de campanha em cada uma dessas duas cidades para avaliar qual seria o impacto (em termos de votos ganhos ou perdidos) das diversas combinações possíveis de dias passados lá por ele próprio e por seu oponente. Depois disso, ele deseja usar essas informações para escolher a melhor estratégia sobre o emprego desses dois dias.

Formulação na forma de um jogo entre dois participantes de soma zero

Para formular este problema como um jogo entre dois participantes de soma zero, temos de identificar os dois *jogadores* (obviamente os dois políticos), as *estratégias* para cada jogador e a *tabela de prêmios*.

Da forma como o problema foi enunciado, cada jogador tem três estratégias, indicadas a seguir:

Estratégia 1 = passar um dia em cada cidade.
Estratégia 2 = passar ambos os dias em Bigtown.
Estratégia 3 = passar ambos os dias em Megalópolis.

Em comparação, as estratégias seriam muito mais complicadas em uma situação diversa, na qual cada político saberia onde seu oponente passaria o primeiro dia antes que ele finalizasse seus próprios planos para o segundo dia. Nesse caso, uma estratégia típica seria: passar o primeiro dia em Bigtown; caso o seu oponente também passe o primeiro dia em Bigtown, então passe o segundo dia em Bigtown. Entretanto, se o oponente passar o primeiro dia em Megalópolis, então passe o segundo dia em Megalópolis. Haveria oito estratégias desse tipo, uma para cada combinação das escolhas dos dois primeiros dias, as duas escolhas de primeiro dia do oponente e as duas escolhas referentes ao segundo dia.

Cada entrada na tabela de prêmios para o jogador 1 representa a *utilidade* para o jogador 1 (ou a utilidade negativa para o jogador 2) do resultado derivado das estratégias correspondentes usadas pelos dois jogadores. Do ponto de vista do político, o objetivo é *ganhar votos*, e cada voto a mais (antes de saber o resultado da eleição) é de igual valor para ele. Consequentemente, as entradas apropriadas para a tabela de prêmios para o político 1 são o *total de votos líquidos ganhos* do oponente (isto é, a soma das mudanças de votos líquidos nas duas cidades) resultantes desses dois dias de campanha. Adotando grupos de 1.000 votos como unidade-padrão, essa formulação é resumida na Tabela 14.2. A teoria dos jogos parte do pressuposto de que ambos os jogadores usam a mesma formulação (inclusive os mesmos prêmios para o jogador 1) na escolha de suas estratégias.

Entretanto, devemos salientar que essa tabela de prêmios *não* seria apropriada caso informações adicionais estivessem à disposição dos políticos. Em particular, suponha que eles saibam exatamente como o povo pretende votar dois dias antes da eleição, de modo que cada político saiba com exatidão quantos votos líquidos (positivos ou negativos) ele precisa mudar a seu favor durante os dois últimos dias de campanha para ganhar a eleição. Por conseguinte, a única importância dos dados prescritos pela Tabela 14.2 seria indicar qual político ganharia a eleição a cada combinação de estratégias. Pelo

---
[2] Empregamos somente os termos ele ou ela em alguns exemplos e problemas para facilitar a leitura. Não especificamos que as atividades descritas sejam exclusivamente masculinas ou femininas.

■ **TABELA 14.2** Forma da tabela de prêmios para o político 1 para o problema da campanha política

	Total de votos líquidos ganhos pelo político 1 (em unidades de 1.000 votos)		
	Político 2		
Estratégia	1	2	3
Político 1 1			
2			
3			

fato de a meta final ser ganhar a eleição e em virtude do tamanho da pluralidade ser relativamente insignificante, as entradas referentes à utilidade na tabela deveriam ser alguma constante positiva (digamos, 1) quando o político 1 ganha e 1 quando ele perde. Mesmo se somente uma *probabilidade* de ganhar possa ser determinada para cada combinação de estratégias, as entradas apropriadas seriam a probabilidade de ganhar menos a probabilidade de perder, pois elas representariam então as utilidades *esperadas*. Entretanto, dados suficientemente precisos para estabelecer essas determinações normalmente não se encontram disponíveis, de modo que esse exemplo usa os milhares de votos líquidos totais ganhos pelo político 1 como entradas na tabela de prêmios.

Usando a forma dada na Tabela 14.2, temos três conjuntos de dados alternativos para a tabela de prêmios para ilustrar como resolver três tipos diferentes de jogos.

Variante 1 do exemplo

Dado que a Tabela 14.3 é a tabela de prêmios para o jogador 1 (político 1), qual estratégia deveria ser selecionada para cada um dos jogadores?

Essa situação é bastante especial, em que a resposta pode ser obtida apenas aplicando-se o conceito de **estratégias dominadas** para descartar uma sucessão de estratégias inferiores até que reste somente uma escolha.

Uma estratégia é **dominada** por uma segunda estratégia se esta *sempre* for *pelo menos tão boa quanto* a primeira (e algumas vezes melhor), independentemente do que faz o oponente. Uma estratégia dominada pode ser eliminada imediatamente de considerações ulteriores.

No princípio, a Tabela 14.3 não inclui nenhuma estratégia dominada para o jogador 2. Entretanto, para o jogador 1, a estratégia 3 é dominada pela estratégia 1, pois essa última tem prêmios maiores ($1 > 0, 2 > 1, 4 > -1$) independentemente do que o jogador 2 faz. Eliminar a estratégia 3 de considerações ulteriores leva à seguinte tabela de prêmios reduzida:

$$\begin{array}{c|ccc} & 1 & 2 & 3 \\ \hline 1 & 1 & 2 & 4 \\ 2 & 1 & 0 & 5 \end{array}$$

■ **TABELA 14.3** Tabela de prêmios para o jogador 1 para a variante 1 do problema da campanha política

	Jogador 2		
Estratégia	1	2	3
Jogador 1 1	1	2	4
2	1	0	5
3	0	1	−1

Como ambos os jogadores são supostamente racionais, o jogador 2 também é capaz de deduzir que o jogador 1 tem apenas essas duas estratégias restantes a ser consideradas. Como consequência, o jogador 2 agora possui *efetivamente* uma estratégia dominada – a estratégia 3, que é dominada tanto pela estratégia 1 quanto pela 2, pois elas sempre representam menores perdas para o jogador 2 (prêmios para o jogador 1) nessa tabela de prêmios reduzida (para a estratégia 1: 1 < 4, 1 < 5; para a estratégia 2: 2 < 4, 0 < 5). Eliminando essa estratégia resulta em:

$$\begin{array}{c|cc} & 1 & 2 \\ \hline 1 & 1 & 2 \\ 2 & 1 & 0 \end{array}$$

Nesse ponto, a estratégia 2 para o jogador 1 torna-se dominada pela estratégia 1, porque essa última é melhor na coluna 2 (2 > 0) e igualmente boa na coluna 1 (1 = 1). Eliminando a estratégia dominada resulta em:

$$\begin{array}{c|cc} & 1 & 2 \\ \hline 1 & 1 & 2 \end{array}$$

A estratégia 2 para o jogador 2 agora é dominada pela estratégia 1 (1 < 2), de modo que a estratégia 2 deva ser eliminada.

Por essa razão, os dois jogadores devem selecionar suas estratégias 1. O jogador 1 receberá então um prêmio igual a 1 do jogador 2 (isto é, o político 1 ganhará 1.000 votos do político 2).

Caso queira ver outro exemplo de resolução de um jogo usando o conceito de estratégias dominadas, existe um disponível na seção de Worked Examples do *site* da editora.

Em geral, o prêmio para o jogador 1 quando ambos os jogadores jogam de forma ótima é conhecido como o **valor do jogo**. Um jogo que possui um valor igual a 0 é chamado **jogo limpo**. Já um jogo específico que tenha valor igual a 1 *não* é um jogo limpo.

O conceito de uma estratégia dominada é muito útil para reduzir o tamanho da tabela de prêmios que precisa ser considerada e, em casos não usuais como este, identifica efetivamente a solução ótima para o jogo. Entretanto, a maioria dos jogos requer outra abordagem para pelo menos chegar a finalizar a resolução, conforme ilustrado pelas duas variantes do exemplo a seguir.

Variante 2 do exemplo

Suponha agora que os dados atuais fornecidos na Tabela 14.4 formam a tabela de prêmios para o jogador 1 (político 1). Esse jogo não possui estratégias dominadas e, portanto, não é obvio o que os jogadores devem fazer. Qual linha de raciocínio a teoria dos jogos diz que eles iriam usar?

Consideremos o jogador 1. Selecionando a estratégia 1, ele poderia ganhar 6 ou poderia perder até no máximo 3. Entretanto, como o jogador 2 é racional e, portanto, procurará uma estratégia

■ **TABELA 14.4** Tabela de prêmios para o Jogador 1 para a variante 2 do problema da campanha política

		Jogador 2			
Estratégia		1	2	3	Mínimo
	1	−3	−2	6	−3
Jogador 1	2	2	0	2	0 ← Valor Maximin
	3	5	−2	−4	−4
Máximo:		5	0	6	
			↑		
			Valor Minimax		

que vai protegê-lo de grandes prêmios para o jogador 1, parece provável que o jogador 1 acabaria perdendo, caso optasse pela estratégia 1. De forma similar, selecionando a estratégia 3, o jogador 1 poderia ganhar 5, porém, mais provavelmente seu oponente racional evitaria essa perda e, em vez disso, administraria uma perda para o jogador 1 que chegaria no máximo a 4. No entanto, se o jogador 1 selecionar a estratégia 2, certamente ele não perderá nada e até poderia ganhar algo. Consequentemente, por ela oferecer a *melhor garantia* (um prêmio para o adversário de 0), a estratégia 2 parece ser uma escolha "racional" por parte do jogador 1 contra seu oponente racional. Essa linha de raciocínio parte do pressuposto de que ambos os jogadores sejam avessos a arriscar perdas maiores que o necessário, ao contrário daqueles indivíduos que adoram apostar uma grande premiação contra grandes probabilidades.

Considere agora o jogador 2. Ele poderia perder até 5 ou 6 usando a estratégia 1 ou 3, mas certamente terá pelo menos um equilíbrio com a estratégia 2. Por conseguinte, pelo mesmo raciocínio de procurar a melhor garantia contra um oponente racional, aparentemente sua escolha é a estratégia 2.

Se ambos os jogadores escolherem a estratégia 2, o resultado é que eles acabam empatando. Portanto, nesse caso, nenhum dos jogadores progride em relação à sua melhor garantia, porém, ambos forçam o oponente a adotar a mesma posição. Mesmo quando o oponente deduz a estratégia do outro jogador, o oponente não é capaz de usar essa informação para melhorar sua posição. Impasse.

O produto final dessa linha de raciocínio é que cada jogador deve jogar de tal maneira a *minimizar suas perdas máximas* toda vez que a escolha da estratégia resultante não puder ser explorada pelo oponente para então melhorar sua própria posição. Este, assim chamado **critério do minimax**, é um critério-padrão proposto pela teoria dos jogos para a seleção de uma estratégia. De fato, esse critério diz para selecionarmos uma estratégia que seria a melhor, mesmo que a seleção fosse anunciada pelo oponente antes de ele escolher sua estratégia. Em termos de tabela de prêmios, isso implica que o *jogador 1* deveria selecionar uma estratégia cujo *prêmio mínimo* seja *o maior,* ao passo que o *jogador 2* deveria escolher aquela cujo *prêmio máximo para o jogador 1* fosse *o menor* possível. Esse critério é ilustrado na Tabela 14.4, na qual a estratégia 2 é identificada como a *estratégia do maximin* para o jogador 1 e a estratégia 2 é a *estratégia do minimax* para o jogador 2. O prêmio resultante igual a 0 é o valor do jogo, de modo que este seja um jogo limpo.

Observe o fato interessante de que a mesma entrada nessa tabela de prêmios leva tanto ao maximin quanto ao valor minimax. A razão é que essa entrada é tanto o mínimo em sua linha quanto o máximo de sua coluna. A posição de qualquer entrada dessas se chama **ponto de sela**.

O fato de esse jogo possuir um ponto de sela foi realmente crucial na determinação de como deveria ser jogado. Por causa do ponto de sela, nenhum dos jogadores pode tirar proveito da estratégia do oponente para melhorar sua própria posição. Em particular, quando o jogador 2 prevê ou fica sabendo que o jogador 1 está adotando a estratégia 2, o jogador 2 acabaria tendo uma perda em vez de um empate, caso ele mudasse seu plano original de usar sua estratégia 2. De forma similar, o jogador 1 somente pioraria sua posição caso mudasse seu plano. Portanto, nenhum dos jogadores tem qualquer motivo para considerar mudança de estratégia, seja para tirar proveito de seu oponente, seja para impedir que esse último tire proveito dele. Portanto, já que se trata de uma **solução estável** (também denominada *solução de equilíbrio*), os jogadores 1 e 2 devem usar, respectiva e exclusivamente, suas estratégias de maximin e de minimax.

Como ilustra a próxima variante, alguns jogos não possuem um ponto de sela, em cujo caso se requer uma análise mais complicada.

Variante 3 do exemplo

Acontecimentos recentes na campanha resultam na tabela de prêmios final para o jogador 1 (político 1) dados na Tabela 14.5. Como esse jogo deve ser jogado?

Suponha que ambos os jogadores tentem aplicar o critério do minimax da mesma forma que na variante 2. O jogador 1 pode garantir que terá uma perda não maior que 2 ao adotar a estratégia 1. De forma similar, o jogador 2 pode garantir que terá uma perda não maior que 2 ao adotar a estratégia 3.

Entretanto, observe que o valor maximin (-2) e o valor minimax (2) não coincidem nesse caso. O resultado é que *não* existe *ponto de sela*.

Quais são as consequências resultantes se ambos os jogadores planejarem adotar as estratégias que acabamos de obter? Pode-se perceber que o jogador 1 ganharia 2 do jogador 2, o que deixaria o jogador 2 insatisfeito. Pelo fato de o jogador 2 ser racional e poder, consequentemente, prever esse resultado, ele con-

TABELA 14.5 Tabela de prêmios para o jogador 1 para a variante 3 do problema da campanha política

	Estratégia	Jogador 2 1	2	3	Mínimo
	1	0	−2	2	−2 ← Valor maximin
Jogador 1	2	5	4	−3	−3
	3	2	3	−4	−4
	Máximo:	5	4	2	

↑
Valor minimax

cluiria então que poderia ir bem melhor, na verdade, ganhar 2 em vez de perder 2, caso adote a estratégia 2. Em virtude do jogador 1 também ser racional, ele anteciparia essa mudança e concluiria que ele poderia melhorar consideravelmente, passando de −2 para 4, caso adote a estratégia 2. Ao perceber isso, o jogador 2 consideraria então mudar de volta para a estratégia 3 para converter uma perda 4 em um ganho 3. Essa possibilidade de mudança faria que o jogador 1 considerasse novamente adotar a estratégia 1, após o qual o ciclo recomeçaria. Por conseguinte, embora este jogo esteja sendo jogado apenas uma vez, *qualquer* tentativa de escolha de uma estratégia deixa esse jogador com motivos para considerar a mudança de estratégia, seja para tirar proveito de seu oponente, seja para impedir esse último de tirar proveito dele.

Em suma, a solução originalmente sugerida (jogador 1 adotar a estratégia 1 e jogador 2 adotar a estratégia 3) é uma **solução instável**, de modo que seja necessário desenvolver uma solução mais satisfatória. Mas que tipo de solução deveria ser esta?

O fator-chave parece ser que toda vez que a estratégia de um jogador for previsível, o oponente poderá tirar proveito dessa informação para melhorar sua posição. Por consequência, um recurso essencial de um plano racional para participar de um jogo como este é que nenhum dos jogadores seja capaz de deduzir qual estratégia o outro adotará. Portanto, nesse caso, em vez de aplicar algum critério conhecido para determinar uma única estratégia que será efetivamente usada, é necessário escolher entre estratégias alternativas aceitáveis algum tipo de aleatoriedade. Ao proceder dessa maneira, nenhum dos jogadores saberá antecipadamente qual de suas estratégias próprias será adotada, quanto mais o que seu oponente fará.

O mesmo tipo de situação surge no jogo de par ou ímpar apresentado na Seção 14.1. A tabela de prêmios para esse jogo mostrada na Tabela 14.1 não possui um ponto de sela, de modo que o jogo não possui uma solução estável referente a qual estratégia (mostrar um ou dois dedos) cada jogador deve escolher para cada rodada do jogo. Na realidade, seria tolice um jogador sempre mostrar o mesmo número de dedos, já que o oponente poderia começar a mostrar sempre o número de dedos que o faria ganhar. Mesmo que a estratégia de um jogador fosse se tornar previsível apenas em parte devido a tendências ou padrões passados, o adversário poderia tirar proveito dessa informação para aumentar suas chances de ganhar. De acordo com a teoria dos jogos, a maneira racional de se jogar par ou ímpar é tornar a escolha da estratégia completamente aleatória todas as vezes. Isso pode ser feito, por exemplo, jogando-se uma moeda para cima (sem mostrar o resultado ao adversário) e então mostrar, digamos, um dedo se der cara e mostrar dois dedos caso dê coroa.

Isso sugere, em termos bem gerais, o tipo de metodologia necessária para jogos desprovidos de um ponto de sela. Na seção seguinte discutiremos essa metodologia de forma mais completa. De posse de uma base teórica, as duas seções seguintes desenvolverão procedimentos para encontrar uma maneira ótima de disputar esses jogos. A variante 3 do problema da campanha política continuará a ser usada para ilustrar tais conceitos à medida que forem sendo desenvolvidos.

14.3 JOGOS COM ESTRATÉGIAS MISTAS

Toda vez que um jogo não tiver um ponto de sela, a teoria dos jogos recomenda que cada jogador atribua uma distribuição probabilística ao seu conjunto de estratégias. Para expressar isso matematicamente, façamos que:

x_i = probabilidade de que o jogador 1 usará a estratégia i ($i = 1, 2,..., m$),
y_j = probabilidade de que o jogador 2 usará a estratégia j ($j = 1, 2,..., n$),

em que m e n são os números respectivos de estratégias disponíveis. Portanto, o jogador 1 especificaria seu plano de jogar atribuindo valores a $x_1, x_2, \ldots, x_m$. Pelo fato de esses valores serem probabilidades, eles precisariam ser não negativos e sua soma igual a 1. De forma similar, o plano para o jogador 2 seria descrito pelos valores que ele atribui a suas variáveis de decisão $y_1, y_2, \ldots, y_n$. Esses planos $(x_1, x_2, \ldots, x_m)$ e $(y_1, y_2,..., y_n)$ são normalmente conhecidos como **estratégias mistas** e as estratégias originais são então chamadas **estratégias puras**.

Ao se jogar efetivamente, é necessário para cada jogador usar uma de suas estratégias puras. Entretanto, essa estratégia pura seria escolhida usando-se algum dispositivo aleatório para obter uma observação aleatória da distribuição probabilística especificada pela estratégia mista, em que essa observação indicaria qual estratégia pura em particular a ser adotada.

Para fins ilustrativos, suponha que os jogadores 1 e 2 na variante 3 do problema da campanha política (ver a Tabela 14.5) selecionem, respectivamente, as estratégias mistas $(x_1, x_2, x_3) = (\frac{1}{2}, \frac{1}{2}, 0)$ e $(y_1, y_2, y_3) = (0, \frac{1}{2}, \frac{1}{2})$. Essa seleção diria que o jogador 1 atribui uma chance igual (probabilidade igual a $\frac{1}{2}$) de optar pela estratégia (pura) 1 ou 2, mas descarta inteiramente a estratégia 3. De forma similar, o jogador 2 escolhe aleatoriamente entre suas duas últimas estratégias puras. Para participar do jogo, cada jogador jogaria então uma moeda para cima para determinar qual das suas duas estratégias puras aceitáveis ele realmente adotará.

Embora não haja nenhuma medida de desempenho completamente satisfatória disponível para avaliar estratégias mistas, uma muito útil é a do *prêmio esperado*. Aplicando-se a definição da teoria das probabilidades de valor esperado, essa quantidade será:

$$\text{Prêmio esperado para o jogador 1} = \sum_{i=1}^{m} \sum_{j=1}^{n} p_{ij} x_i y_j,$$

em que p_{ij} é o prêmio caso o jogador 1 opte pela estratégia pura i e o jogador 2 use a estratégia pura j. No exemplo de estratégias mistas que acabamos de dar, existem quatro prêmios possíveis $(-2, 2, -4, -3)$, cada um dos quais com uma probabilidade de $\frac{1}{4}$, de ocorrer, de modo que o prêmio esperado seja $\frac{1}{4}(-2 + 2 + 4 - 3) = \frac{1}{4}$. Portanto, essa medida de desempenho não revela nada sobre os riscos envolvidos em participar do jogo, mas indica efetivamente qual será a tendência do prêmio médio caso esse jogo seja jogado várias vezes.

Adotando-se essa medida, a teoria dos jogos estende o conceito do critério do minimax a jogos nos quais não existe um ponto de sela e, por isso, precisam de estratégias mistas. Nesse contexto, o **critério do minimax** diz que dado jogador deveria selecionar a estratégia mista que *minimiza* a *perda esperada máxima* para ele próprio. De forma equivalente, quando nos concentramos nos prêmios (jogador 1) em vez das perdas (jogador 2), esse critério passa a ser *maximin*, isto é, *maximizar o prêmio esperado mínimo* para o jogador. Por *prêmio esperado mínimo* queremos dizer o menor prêmio esperado possível que pode resultar de qualquer estratégia mista com a qual o oponente pode contra-atacar. Assim, a estratégia mista para o jogador 1 que é *ótima* de acordo com esse critério é aquela que fornece a *garantia* (prêmio esperado mínimo) que é *melhor* (máxima). O valor dessa melhor garantia é o *valor maximin*, representado por $\underline{v}$. De modo similar, a estratégia ótima para o jogador 2 é aquela que fornece a *melhor garantia*, em que *melhor* agora significa *mínima* e *garantia* se refere à *perda esperada máxima* que pode ser administrada pela estratégia mista de qualquer um dos oponentes. Essa melhor garantia é o *valor minimax*, representado por $\bar{v}$.

Lembre-se de que quando foram usadas apenas estratégias puras, os jogos sem um ponto de sela acabaram se tornando *instáveis* (nenhuma solução estável). A razão para isso foi basicamente que $\underline{v} < \bar{v}$, de modo que os jogadores iriam querer mudar suas estratégias para melhorar suas posições. De forma similar, para jogos com estratégias mistas, é necessário que $\underline{v} = \bar{v}$ para a solução ótima ser e*stável*. Felizmente, de acordo com o teorema do minimax da teoria dos jogos, essa condição é sempre válida para esses jogos.

Teorema do minimax: se forem permitidas estratégias mistas, o par de estratégias mistas que é ótimo de acordo com o critério do minimax fornece uma *solução estável* com $\underline{v} = \bar{v} = v$ (o valor do jogo), de maneira que nenhum dos jogadores pode se dar melhor mudando unilateralmente sua estratégia.

A Seção 14.5 apresenta uma prova desse teorema.

Embora o conceito de estratégias mistas se torne bastante intuitivo caso o jogo seja jogado *repetidamente*, ele requer alguma interpretação quando o jogo é realizado apenas *uma única vez*. Nesse caso, usar uma estratégia mista ainda envolve a seleção e o emprego de *uma* estratégia pura (selecionada aleatoriamente da distribuição probabilística especificada), de modo que parece ser mais sensato ignorar esse processo de aleatoriedade e simplesmente escolher a única estratégia pura "melhor" a ser adotada. Entretanto, quando um jogo não possui um ponto de sela, já exemplificamos na seção anterior, tanto para a variante 3 do problema da campanha política quanto para o jogo de par ou ímpar, que um jogador *não* deve permitir que o oponente deduza qual será sua estratégia (isto é, o procedimento de resolução segundo as regras da teoria dos jogos não deve, *de fato*, identificar qual será a estratégia pura usada quando o jogo for instável). Além disso, mesmo se o oponente for capaz de usar apenas seu conhecimento das tendências do primeiro jogador para deduzir probabilidades (para a estratégia pura escolhida) que sejam diferentes daquelas para a estratégia mista ótima, então o oponente ainda vai tirar proveito desse conhecimento para reduzir o prêmio esperado para o primeiro jogador. Consequentemente, a única maneira de se garantir que o prêmio esperado ótimo *v* será alcançado é selecionar, aleatoriamente, a estratégia pura a ser adotada proveniente da distribuição probabilística para a estratégia mista ótima. Procedimentos estatísticos válidos para realizar tal seleção aleatória serão vistos na Seção 20.4.

Agora precisamos encontrar a estratégia mista ótima para cada jogador. Existem diversos métodos de se fazer isso. Um deles é um procedimento gráfico que poderia ser usado toda vez que um dos jogadores tiver apenas duas estratégias puras (não dominadas); essa metodologia é descrita na próxima seção. Quando se tratar de jogos maiores, o método usual é o de transformar o problema em um problema de programação linear que então poderia ser resolvido por meio do método simplex em um computador; a Seção 14.5 discute esse método.

14.4 PROCEDIMENTO GRÁFICO PARA RESOLUÇÃO

Considere um jogo qualquer com estratégias mistas tais que, após as estratégias dominadas serem eliminadas, um dos jogadores terá apenas duas estratégias puras. Sendo mais específico, façamos que esse jogador seja o jogador 1. Pelo fato de suas estratégias mistas serem (x_1, x_2) e $x_2 = 1 - x_1$, é necessário que ele encontre apenas o valor ótimo de x_1. Entretanto, é simples representar graficamente o prêmio esperado em função de x_1 para cada uma das estratégias puras de seu oponente. Esse gráfico poderá então ser usado para identificar o ponto que maximiza o prêmio esperado mínimo. A estratégia mista do minimax do oponente também pode ser identificada através do gráfico.

Para ilustrar esse procedimento, considere a variante 3 do problema da campanha política (ver a Tabela 14.5). Observe que a terceira estratégia pura para o jogador 1 é dominada pela segunda, de modo que a tabela de prêmios pode ser reduzida para a forma dada na Tabela 14.6. Consequentemente, para cada uma das estratégias puras disponíveis para o jogador 2, o prêmio esperado para o jogador 1 será:

(y_1, y_2, y_3)	Prêmio esperado
(1, 0, 0)	$0x_1 + 5(1 - x_1) = 5 - 5x_1$
(0, 1, 0)	$-2x_1 + 4(1 - x_1) = 4 - 6x_1$
(0, 0, 1)	$2x_1 - 3(1 - x_1) = 3 + 5x_1$

■ **TABELA 14.6** Tabela reduzida de prêmios para o Jogador 1 para a variante 3 do problema da campanha política

			Jogador 2		
		Probabilidade	y_1	y_2	y_3
	Probabilidade	Estratégia pura	1	2	3
Jogador 1	x_1	1	0	−2	2
	$1 - x_1$	2	5	4	−3

Agora coloque essa reta do prêmio esperado em um gráfico, conforme ilustrado na Figura 14.1. Para quaisquer valores dados de x_1 e (y_1, y_2, y_3), o prêmio esperado será a média ponderada apropriada dos pontos correspondentes nessas três linhas. Em particular,

Prêmio esperado para o jogador 1 = $y_1(5 - 5x_1) + y_2(4 - 6x_1) + y_3(-3 + 5x_1)$.

Lembre-se de que o jogador 2 quer minimizar esse prêmio esperado para o jogador 1. Dado x_1, o jogador 2 pode minimizar esse prêmio esperado escolhendo a estratégia pura correspondente à reta "inferior" para aquele x_1 na Figura 14.1 ($-3 + 5x_1$ ou então $4 - 6x_1$, mas jamais $5 - 5x_1$). De acordo com o critério do minimax (ou maximin), o jogador 1 quer maximizar esse prêmio esperado mínimo. Consequentemente, o jogador 1 deveria selecionar o valor de x_1 no qual a reta inferior atinge o pico, isto é, em que as retas $(-3 + 5x_1)$ e $(4 - 6x_1)$ se interceptam, que leva a um prêmio esperado de:

$$\underline{v} = v = \max_{0 \leq x_1 \leq 1} \{\min\{-3 + 5x_1, 4 - 6x_1\}\}.$$

Para encontrar algebricamente o valor ótimo de x_1 na intersecção das retas $-3 + 5x_1$ e $4 - 6x_1$, fazemos que:

$$-3 + 5x_1 = 4 - 6x_1,$$

que resulte em $x_1 = \frac{7}{11}$. Portanto, $(x_1, x_2) = (\frac{7}{11}, \frac{4}{11})$ é a *estratégia mista ótima* para o jogador 1 e

$$\underline{v} = v = -3 + 5\left(\frac{7}{11}\right) = \frac{2}{11}$$

é o valor do jogo.

Para encontrar a estratégia mista ótima correspondente para o jogador 2, raciocinamos agora da seguinte maneira. De acordo com a definição do valor minimax $\bar{v}$ e com o teorema do minimax, o prêmio esperado resultante da estratégia ótima $(y_1, y_2, y_3) = (y_1^*, y_2^*, y_3^*)$ vai satisfazer a condição

$$y_1^*(5 - 5x_1) + y_2^*(4 - 6x_1) + y_3^*(-3 + 5x_1) \leq \bar{v} = v = \frac{2}{11}$$

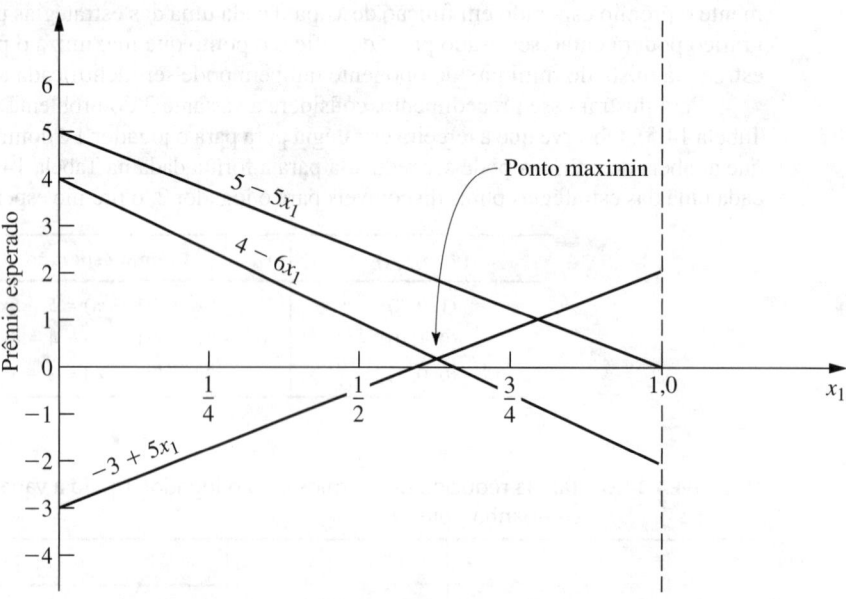

FIGURA 14.1 Procedimento gráfico para resolução de jogos.

para todos os valores de x_1 ($0 \leq x_1 \leq 1$). Além disso, quando o jogador 1 estiver jogando de modo ótimo (isto é, $x_1 = \frac{7}{11}$), essa desigualdade será uma igualdade (segundo o teorema do minimax), de modo que:

$$\frac{20}{11}y_1^* + \frac{2}{11}y_2^* + \frac{2}{11}y_3^* = v = \frac{2}{11}.$$

Já que (y_1, y_2, y_3) é uma distribuição probabilística, também se sabe que:

$$y_1^* + y_2^* + y_3^* = 1.$$

Assim, $y_1^* = 0$, pois $y_1^* > 0$ violaria a penúltima equação; isto é, o prêmio esperado no gráfico em $x_1 = \frac{7}{11}$ estaria acima do ponto maximin. Em geral, qualquer reta que não passe pelo ponto maximin deve receber um peso zero para impedir o aumento do prêmio esperado acima desse ponto.

Portanto,

$$y_2^*(4 - 6x_1) + y_3^*(-3 + 5x_1) \begin{cases} \leq \dfrac{2}{11} & \text{para } 0 \leq x_1 \leq 1, \\ = \dfrac{2}{11} & \text{para } x_1 = \dfrac{7}{11}. \end{cases}$$

No entanto, y_2^* e y_3^* são números, tais que o lado esquerdo seja a equação de uma linha reta, que é uma média ponderada fixa das duas retas "inferiores" no gráfico. Pelo fato de a ordenada dessa reta ser igual a $\frac{2}{11}$ em $x_1 = \frac{7}{11}$, e como ela jamais excederá $\frac{2}{11}$, a reta é necessariamente horizontal. Essa conclusão é sempre verdadeira, a menos que o valor ótimo de x_1 seja 0 ou então 1, em cujo caso o jogador 2 também deveria usar uma única estratégia pura. Consequentemente,

$$y_2^*(4 - 6x_1) + y_3^*(-3 + 5x_1) = \frac{2}{11}, \qquad \text{para } 0 \leq x_1 \leq 1.$$

Logo, para encontrar y_2^* e y_3^*, selecione dois valores de x_1 (digamos, 0 e 1) e resolva as duas equações simultâneas resultantes. Portanto,

$$4y_2^* - 3y_3^* = \frac{2}{11},$$

$$-2y_2^* + 2y_3^* = \frac{2}{11},$$

que possui uma solução simultânea $y_2^* = \frac{5}{11}$ e $y_3^* = \frac{6}{11}$. Por conseguinte, a *estratégia mista ótima* para o jogador 2 é $(y_1, y_2, y_3) = (0, \frac{5}{11}, \frac{6}{11})$.

Se, em outro problema, caso haja mais de duas retas que passam pelo ponto maximin, de modo que mais de dois dos valores y_j^* possam ser maiores que zero, essa condição implicaria a existência de muitos empates para a estratégia mista do jogador 2. Uma estratégia dessa pode ser identificada fazendo que todos, exceto dois desses valores y_j^*, sejam iguais a zero e encontrar a solução dos dois restantes da maneira que acabamos de descrever. Para esses dois restantes, as retas associadas têm de ter inclinação positiva em um caso e negativa no outro.

Embora esse procedimento gráfico tenha sido ilustrado apenas para um problema particular, pode-se adotar basicamente a mesma linha de raciocínio na resolução de qualquer jogo com estratégias mistas que possuem apenas duas estratégias puras não dominadas para um dos jogadores. A seção de Worked Examples do *site* da editora fornece outro exemplo no qual, nesse caso, é o jogador 2 que tem apenas duas estratégias não dominadas, de forma que o procedimento gráfico para resolução do problema seja aplicado inicialmente do ponto de vista desse jogador.

14.5 RESOLUÇÃO PELA PROGRAMAÇÃO LINEAR

Qualquer jogo com estratégias mistas pode ser resolvido transformando-se o problema em um problema de programação linear. Como você poderá constatar, essa transformação requer nada mais que aplicar o teorema do minimax e usar as definições de valor maximin $\underline{v}$ e valor minimax $\overline{v}$.

Consideremos, primeiro, como encontrar a estratégia mista ótima para o jogador 1. Conforme indicado na Seção 14.3,

$$\text{Prêmio esperado para o jogador 1} = \sum_{i=1}^{m}\sum_{j=1}^{n} p_{ij}x_i y_j$$

e a estratégia $(x_1, x_2, \ldots, x_m)$ é ótima se

$$\sum_{i=1}^{m}\sum_{j=1}^{n} p_{ij}x_i y_j \geq \underline{v} = v$$

para todas as estratégias oponentes $(y_1, y_2, \ldots, y_n)$. Portanto, essa desigualdade precisará ser respeitada, por exemplo, para cada uma das estratégias puras do jogador 2, isto é, para cada uma das estratégias $(y_1, y_2, \ldots, y_n)$ em que um $y_j = 1$ e o restante é igual a 0. Substituindo esses valores na desigualdade resulta em:

$$\sum_{i=1}^{m} p_{ij}x_i \geq v \qquad \text{para } j = 1, 2, \ldots, n,$$

de modo que a desigualdade *implique* esse conjunto de n desigualdades. Além disso, esse conjunto de n desigualdades *implica* a desigualdade original (reescrita):

$$\sum_{j=1}^{n} y_j\left(\sum_{i=1}^{m} p_{ij}x_i\right) \geq \sum_{j=1}^{n} y_j v = v,$$

já que

$$\sum_{j=1}^{n} y_j = 1.$$

Como a implicação se reflete em ambas as direções, segue que impor esse conjunto de n desigualdades lineares *equivale* a exigir que a desigualdade original seja válida para todas as estratégias $(y_1, y_2, \ldots, y_n)$. Porém, essas n desigualdades são restrições de programação linear legítimas, como são as demais restrições:

$$x_1 + x_2 + \cdots + x_m = 1$$
$$x_i \geq 0, \quad \text{para } i = 1, 2, \ldots, m$$

que são necessárias para garantir que x_i sejam probabilidades. Por essa razão, qualquer solução $(x_1, x_2, \ldots, x_m)$ que satisfaça esse conjunto completo de restrições de programação linear, é a estratégia mista ótima desejada.

Consequentemente, o problema de encontrar uma estratégia mista ótima foi reduzido a encontrar uma solução viável para um problema de programação linear, que pode ser feito conforme descrito no Capítulo 4. As duas dificuldades remanescentes são: (1) v não é conhecido e (2) o problema de programação linear não tem nenhuma função objetivo. Felizmente, ambas essas dificuldades podem ser resolvidas de uma só vez substituindo-se a constante v desconhecida pela variável x_{m+1} e depois *maximizando* x_{m+1}, de modo que x_{m+1} será, automaticamente, igual a v (por definição) na solução *ótima* para o problema de programação linear!

A formulação por meio da programação linear

Em suma, o jogador 1 encontraria sua estratégia mista ótima por meio do método simplex para resolver o problema de programação linear a seguir:

$$\text{Maximizar} \quad x_{m+1},$$

sujeito a

$$p_{11}x_1 + p_{21}x_2 + \cdots + p_{m1}x_m - x_{m+1} \geq 0$$
$$p_{12}x_1 + p_{22}x_2 + \cdots + p_{m2}x_m - x_{m+1} \geq 0$$
$$\cdots\cdots\cdots\cdots\cdots\cdots\cdots\cdots\cdots\cdots\cdots\cdots\cdots\cdots\cdots$$
$$p_{1n}x_1 + p_{2n}x_2 + \cdots + p_{mn}x_m - x_{m+1} \geq 0$$
$$x_1 + x_2 + \cdots + x_m = 1$$

e

$$x_i \geq 0, \quad \text{para } i = 1, 2, \ldots, m.$$

Observe que x_{m+1} não se restringe a ser não negativo, ao passo que o método simplex pode ser aplicado somente após *todas* as variáveis terem restrições de não negatividade. Entretanto, essa questão pode ser retificada facilmente, como será discutido a seguir.

Considere agora o jogador 2. Ele poderia encontrar sua estratégia mista ótima reescrevendo a tabela de prêmios como o prêmio para si próprio em vez daquele para o jogador 1 e, depois, procedendo exatamente da mesma forma que acabamos de descrever. Entretanto, é esclarecedor sintetizar essa formulação em termos da tabela de prêmios original. Ao proceder dessa maneira completamente análoga àquela recém-descrita, o jogador 2 concluiria que sua estratégia mista ótima é dada por uma solução ótima para o problema de programação linear a seguir:

Minimizar y_{n+1},

sujeito a

$$p_{11}y_1 + p_{12}y_2 + \cdots + p_{1n}y_n - y_{n+1} \leq 0$$
$$p_{21}y_1 + p_{22}y_2 + \cdots + p_{2n}y_n - y_{n+1} \leq 0$$
$$\cdots\cdots\cdots\cdots\cdots\cdots\cdots\cdots\cdots\cdots\cdots\cdots\cdots\cdots\cdots$$
$$p_{m1}y_1 + p_{m2}y_2 + \cdots + p_{mn}y_n - y_{n+1} \leq 0$$
$$y_1 + y_2 + \cdots + y_n = 1$$

e

$$y_j \geq 0, \quad \text{para } j = 1, 2, \ldots, n.$$

É fácil demonstrar (ver o Problema 14.5-5 e a respectiva dica) que esse problema de programação linear e aquele dado para o jogador 1 são *duais* entre si no sentido descrito nas Seções 6.1 e 6.4. Esse fato tem várias implicações importantes. Uma delas é que as estratégias mistas ótimas para ambos os jogadores podem ser encontradas resolvendo-se apenas um dos problemas de programação linear, pois a solução ótima dual é um subproduto dos cálculos do método simplex para encontrar a solução ótima primal. Uma segunda consequência é que isso faz que toda a *teoria da dualidade* (descrita no Capítulo 6) influa na interpretação e na análise de jogos.

Uma implicação relativa é que isso fornece **uma prova simples do teorema do minimax**. Façamos que x_{m+1}^* e y_{n+1}^* representem o valor de x_{m+1} e y_{n+1} na solução ótima dos respectivos problemas de programação linear. Sabe-se da *propriedade da dualidade forte* dada na Seção 6.1 que $-x_{m+1}^* = -y_{n+1}^*$, de modo que $x_{m+1}^* = y_{n+1}^*$. Entretanto, é evidente da definição de $\underline{v}$ e $\overline{v}$ que $\underline{v} = x_{m+1}^*$ e $\overline{v} = y_{n+1}^*$, de maneira que segue que $\underline{v} = \overline{v}$, conforme alegado pelo teorema do minimax.

Ainda resta resolver uma questão, isto é, o que fazer com x_{m+1} e y_{n+1} que são irrestritas em termos de sinal nas formulações de programação linear. Se for evidente que $v \geq 0$ de modo que os valores ótimos de x_{m+1} e y_{n+1} sejam não negativos, então é seguro incluir restrições de não negatividade para essas variáveis para fins de aplicação do método simplex. Entretanto, se $v < 0$, então é preciso fazer um ajuste. Uma possibilidade é usar a metodologia descrita na Seção 4.6 para substituir uma variável sem uma restrição de não negatividade pela diferença das duas variáveis não negativas. Outra é inverter os jogadores 1 e 2 de forma que a tabela de prêmios seria reescrita como o prêmio para o jogador 2 original, que tornaria positivo o valor de v correspondente. Um terceiro procedimento, que é o mais comumente usado, é acrescentar uma constante fixa suficientemente grande a todas as entradas na tabela de prêmios de modo que o novo valor do jogo seja positivo. (Por exemplo, fazer que essa constante seja igual ao valor absoluto da maior entrada negativa será suficiente.) Pelo fato de essa mesma constante ser acrescentada a todas as entradas, esse ajuste não pode alterar de forma nenhuma as estratégias mistas ótimas, de modo que agora elas possam ser obtidas da maneira usual. O valor indicado do jogo seria aumentado pelo valor da constante, mas esse valor pode ser reajustado após a solução ter sido obtida.

Aplicação à variante 3 do problema da campanha política

Para ilustrar essa metodologia de programação linear, considere novamente a variante 3 do problema da campanha política após a estratégia dominada 3 para o jogador 1 ser eliminada (ver a Tabela 14.6). Pelo fato de algumas entradas serem negativas na tabela de prêmios reduzida, não está claro no princípio se o *valor v* do jogo é ou não *não negativo* (no final se observa que sim). Assumamos, por enquanto, que $v \geq 0$ e procedamos sem fazer nenhum dos ajustes discutidos no parágrafo precedente.

Para elaborarmos o modelo de programação linear para o jogador 1 desse exemplo, note que p_{ij} no modelo genérico é a entrada na linha i e coluna j da Tabela 14.6, para $i = 1, 2$ e $j = 1, 2, 3$. O modelo resultante é:

$$\text{Maximizar} \quad x_3,$$

sujeito a

$$5x_2 - x_3 \geq 0$$
$$-2x_1 + 4x_2 - x_3 \geq 0$$
$$2x_1 - 3x_2 - x_3 \geq 0$$
$$x_1 + x_2 = 1$$

e

$$x_1 \geq 0, \quad x_2 \geq 0.$$

Aplicando-se o método simplex a esse problema de programação linear (após acrescentar a restrição $x_3 \geq 0$) resulta em $x_1^* = \frac{7}{11}, x_2^* = \frac{4}{11}, x_3^* = \frac{2}{11}$ como solução ótima. (Ver os Problemas 14.5-8 e 14.5-9.) Consequentemente, da mesma forma que foi encontrada por meio do procedimento gráfico descrito na seção anterior, a estratégia mista ótima para o jogador 1, de acordo com o critério do minimax é $(x_1, x_2) = (\frac{7}{11}, \frac{4}{11})$, e o valor do jogo é $v = x_3^* = \frac{2}{11}$. O método simplex também conduz à solução ótima para o dual (dado a seguir) desse problema, isto é, $y_1^* = 0, y_2^* = \frac{5}{11}, y_3^* = \frac{6}{11}, y_4^* = \frac{2}{11}$, de modo que a estratégia mista ótima para o jogador 2 seja $(y_1, y_2, y_3) = (0, \frac{5}{11}, \frac{6}{11})$.

O dual do problema precedente é simplesmente o modelo de programação linear para o jogador 2 (aquele com variáveis $y_1, y_2, \ldots, y_n, y_{n+1}$) mostrados no início desta seção. (Ver o Problema 14.5-7.) Inserindo-se os valores de p_{ij} da Tabela 14.6, esse modelo ficará assim:

$$\text{Minimizar} \quad y_4,$$

sujeito a

$$-2y_2 + 2y_3 - y_4 \leq 0$$
$$5y_1 + 4y_2 - 3y_3 - y_4 \leq 0$$
$$y_1 + y_2 + y_3 = 1$$

e

$$y_1 \geq 0, \quad y_2 \geq 0, \quad y_3 \geq 0.$$

Aplicando o método simplex diretamente a esse modelo (após acrescentar a restrição $y_4 \geq 0$) leva à solução ótima: $y_1^* = 0, y_2^* = \frac{5}{11}, y_3^* = \frac{6}{11}, y_4^* = \frac{2}{11}$, (bem como à solução ótima dual $x_1^* = \frac{7}{11}, x_2^* = \frac{4}{11}, x_3^* = \frac{2}{11}$). Portanto, a estratégia mista ótima para o jogador 2 é $(y_1, y_2, y_3) = (0, \frac{5}{11}, \frac{6}{11})$ e o valor do jogo parece novamente ser $v = y_4^* = \frac{2}{11}$. Visto já termos encontrado a estratégia mista ótima para o jogador 2 ao lidarmos com o primeiro modelo, não há necessidade de resolver o segundo. Em geral, sempre é possível encontrar estratégias mistas ótimas para *ambos* os jogadores, escolhendo-se apenas um dos modelos (qualquer um deles) e então usando o método simplex para encontrar tanto uma solução ótima quanto uma solução ótima dual.

Quando o método simplex foi aplicado a esses dois modelos de programação linear, uma restrição de não negatividade foi acrescentada supondo que $v \geq 0$. Se essa hipótese fosse violada, ambos os modelos não teriam nenhuma solução viável, de modo que o método simplex pararia rapidamente com essa mensagem. Para evitar esse risco, poderíamos ter acrescentado uma constante positiva, digamos, 3 (o valor absoluto da maior entrada negativa), em todas as entradas da Tabela 14.6. Isso então aumentaria em 3 todos os coeficientes de x_1, x_2, y_1, y_2 e y_3 nas restrições de desigualdade dos dois modelos (ver o Problema 14.5-1).

14.6 EXTENSÕES

Embora este capítulo tenha considerado apenas jogos entre dois participantes de soma zero com um número finito de estratégias puras, a teoria dos jogos vai muito além desse tipo de jogo. Na realidade, foi realizada extensa pesquisa em uma série de tipos de jogos mais complexos, inclusive aqueles sintetizados nesta seção.

A generalização mais simples é a do *jogo entre dois participantes de soma constante*. Nesse caso, a soma dos prêmios para os dois jogadores é uma constante fixa (positiva ou negativa), independentemente de qual combinação de estratégias tenha sido selecionada. A única diferença de um jogo entre duas pessoas de soma constante e um de soma zero é que, nesse último caso, a constante tem de ser zero. Entretanto, poderia surgir uma constante não zero, pois, além de um jogador ganhar aquilo que o outro perder, os dois jogadores poderiam dividir o mesmo prêmio (se a constante for positiva) ou o mesmo custo (caso a constante seja negativa) pela participação no jogo. Acrescentar essa constante fixa não afeta em nada qual estratégia deveria ser escolhida. Consequentemente, a análise para determinar as estratégias ótimas é exatamente a mesma descrita neste capítulo para o jogo de dois participantes de soma zero.

Uma extensão mais complicada é aquela do *jogo entre n participantes*, em que mais de dois jogadores podem participar do jogo. Essa generalização é particularmente importante, pois, em muitos tipos de situações competitivas, frequentemente mais de dois competidores estão envolvidos.

Isso poderia ocorrer, por exemplo, na concorrência entre empresas comerciais, na diplomacia internacional e assim por diante. Infelizmente, a teoria existente para tais jogos é menos satisfatória que aquela para jogos entre dois participantes.

Outra generalização é o *jogo de soma não zero*, em que a soma dos prêmios para os jogadores não precisa ser necessariamente 0 (ou qualquer outra constante fixa). Esse caso reflete o fato que muitas situações competitivas incluem aspectos não competitivos que contribuem para a vantagem ou desvantagem mútua dos jogadores. Por exemplo, as estratégias de propaganda de empresas concorrentes podem afetar não somente a fatia de mercado que elas conquistarão como também o tamanho total do mercado para seus produtos concorrentes. Entretanto, em contraste com um jogo de soma constante, o tamanho do ganho (ou perda) mútuo(a) para os jogadores depende da combinação das estratégias escolhidas.

Pelo fato de ser possível ganho mútuo, os jogos de soma não zero são ainda classificados em termos do grau nos quais os jogadores têm permissão para colaborar. Em um dos extremos, temos o *jogo não cooperativo*, no qual não existe comunicação entre os jogadores antes de o jogo começar. Na outra ponta, temos o *jogo cooperativo*, em que discussões pré-jogo e acordos vinculantes são permitidos. Por exemplo, situações competitivas que envolvem regulamentações comerciais entre países ou acordos coletivos entre sindicatos e patrões poderiam ser formuladas como jogos cooperativos. Quando há mais que dois jogadores, os jogos cooperativos também permitem que parte ou todos os jogadores formem coalizões.

Outra extensão é a classe de *jogos infinitos*, nos quais os jogadores têm um número infinito de estratégias puras à disposição. Esses jogos são desenvolvidos para o tipo de situação em que a estratégia a ser selecionada pode ser representada por uma variável de decisão *contínua*. Por exemplo, essa variável de decisão poderia ser o tempo para a tomada de determinada ação ou a proporção dos recursos de alguém a ser alocados a certa atividade, em uma situação competitiva.

Entretanto, a análise exigida naquelas extensões que vão além do jogo entre dois participantes de soma zero, jogo finito de soma zero entre dois participantes é relativamente complexa e não será o objetivo de busca aqui. (Veja qualquer uma das Referências Selecionadas 4, 6, 7, 8 e 10 para mais informações.)

14.7 CONCLUSÕES

O problema genérico de como tomar decisões em um ambiente competitivo é um problema muito comum e importante. A contribuição fundamental da teoria dos jogos é que ela fornece uma estrutura conceitual básica para formular e analisar esses problemas em situações simples. Entretanto, há uma lacuna considerável entre aquilo com que a teoria é capaz de lidar e a complexidade da maioria das situações competitivas que surgem na prática. Consequentemente, as ferramentas conceituais da teoria dos jogos normalmente desempenham apenas papel suplementar no tratamento dessas situações.

Em virtude da importância do problema genérico, continuam a acontecer pesquisas com relativo sucesso para estender a teoria a situações mais complexas.

REFERÊNCIAS SELECIONADAS

1. Aumann, R. J., and S. Hart (eds.): *Handbook of Game Theory: With Application to Economics,* vols. 1, 2, and 3, North-Holland, Amsterdam, 1992, 1994, 2002.
2. Brandenburger, A., and H. Stuart: "Biform Games", *Management Science*, **53**(4): 537-549, April 2007.
3. Chatterjee, K., and W. F. Samuelson (eds.): *Game Theory and Business Applications,* Kluwer Academic Publishers (now Springer), Boston, 2001.
4. Forgó, F., J. Szép, and F. Szidarovsky: *Introduction to the Theory of Games: Concepts, Methods, Applications,* Kluwer Academic Publishers (now Springer), Boston, 1999.
5. Hohzaki, R.: "A Search Game Taking Account of Attributes of Searching Resources", *Naval Research Logistics*, **55**(1): 76-90, February 2008.
6. Mendelson, E.: *Introducing Game Theory and Its Applications*, Chapman and Hall/CRC Press, Boca Raton, FL, 2005.
7. Meyerson, R. B.: *Game Theory: Analysis of Conflict,* Harvard University Press, Cambridge, MA, 1991.
8. Owen, G.: *Game Theory,* 3rd ed., Academic Press, San Diego, 1995.
9. Parthasarathy, T., B. Dutta, and A. Sen (eds.): *Game Theoretical Applications to Economics and Operations Research,* Kluwer Academic Publishers (now Springer), Boston, 1997.
10. Webb, J. N.: *Game Theory: Decisions, Interaction and Evolution*, Springer, New York, 2007.
11. Zhuang, J., and V. M. Bier: "Balancing Terrorism and Natural Disasters-Defensive Strategy with Endogenous Attacker Effort", *Operations Research*, **55**(5): 976-991, September-October 2007.

FERRAMENTAS DE APRENDIZADO NO *SITE*

Worked examples:

Exemplos do Capítulo 14

Arquivos (Capítulo 14 – Teoria dos Jogos) para solucionar os exemplos:

Arquivos em Excel
Arquivo LINGO/LINDO
Arquivo MPL/CPLEX

Glossário do Capítulo 14

Ver Apêndice 1 para obter documentação sobre o software.

PROBLEMAS

Os símbolos à esquerda de alguns problemas (ou parte deles) têm o seguinte significado:

C: Use o computador com qualquer uma das opções de software disponíveis (ou conforme orientação de seu professor) para resolver o problema.

Um asterisco no número do problema indica que pelo menos há uma resposta parcial no final do livro.

14.1-1 O sindicato e a diretoria de determinada empresa vêm negociando um novo contrato de trabalho. Entretanto, as negociações agora chegaram a um impasse, e a direção faz uma oferta "final" de um aumento salarial de US$ 1,10 por hora e o sindicato faz uma exigência "final" de um aumento de US$ 1,60 por hora. Consequentemente, ambos os lados concordaram em deixar que um mediador imparcial estabelecesse o aumento salarial em um ponto entre os US$ 1,10 e US$ 1,60 por hora (inclusive).

O mediador solicitou a cada um dos lados para submeter a ele uma proposta confidencial para um aumento salarial justo e economicamente razoável (arredondado para os dez centavos mais próximos). Partindo de experiências anteriores, ambos os lados sabem que esse mediador normalmente aceita a proposta do lado que cede mais em relação à cifra final. Se nenhum dos dois lados mudar sua cifra final ou se ambas as partes cederem na mesma quantia, então o mediador geralmente estabelece um termo de compromisso entre ambas as partes (US$ 1,35 nesse caso). Cada lado agora precisa determinar qual aumento salarial propor visando ao benefício máximo a seu favor.

Formule esse problema como um jogo entre dois participantes de soma zero.

14.1-2 Dois fabricantes competem no momento pelas vendas em duas linhas de produtos diversas, porém, igualmente lucrativas. Em ambos os casos o volume de vendas do fabricante 2 é três vezes maior que o do fabricante 1. Em razão do grande avanço tecnológico recente, ambos os fabricantes vão incorporar grande melhoria em ambos os produtos. Entretanto, eles estão incertos sobre qual estratégia de marketing e de desenvolvimento adotar.

Se ambas as melhorias de produto forem desenvolvidas simultaneamente, os dois fabricantes poderão tê-los pronto para venda em 12 meses. Outra opção é implantar um "programa intensivo" para desenvolver somente um produto primeiro para tentar colocá-lo no mercado antes da concorrência. Procedendo dessa maneira, o fabricante 2 teria um produto pronto para a venda em nove meses, ao passo que o fabricante 1 precisaria de dez meses (em virtude de comprometimentos prévios de suas unidades fabris). Para ambos os fabricantes, o segundo produto poderia estar pronto para venda depois de nove meses adicionais.

Para ambas as linhas de produtos, se ambos os fabricantes comercializarem seus modelos inovadores simultaneamente, estima-se que o fabricante 1 aumentaria sua participação nas vendas totais futuras desse produto em 8% do total (passando de 25% para 33%). De forma similar, o fabricante 1 aumentaria sua participação em 20%, 30% e 40% do total se ele comercializasse o produto antes do fabricante 2 em, respectivamente, 2, 6 e 8 meses. No entanto, o fabricante 1 perderia 4%, 10%, 12% e 14% do total caso o fabricante 2 o comercializasse, respectivamente, em 1, 3, 7 e 10 meses antes.

Formule esse problema como um jogo entre dois participantes de soma zero e, em seguida, determine qual estratégia os respectivos fabricantes deveriam usar de acordo com o critério do minimax.

14.1-3 Considere o seguinte jogo de mesa a ser disputado entre dois jogadores. Cada jogador começa com três cartas: uma vermelha, uma branca e uma azul. Cada carta pode ser usada uma única vez.

Para começar, cada jogador seleciona uma de suas cartas e a coloca sobre a mesa, virada para baixo. Ambos os jogadores têm de virar as cartas e determinar o prêmio para o jogador ganhador. Em particular, se ambos os jogadores lançarem o mesmo tipo de carta, ocorre um empate; caso contrário, a tabela a seguir indica o ganhador e quanto ele ganha do outro jogador. Em seguida, cada jogador seleciona uma de suas duas cartas remanescentes e repete o procedimento, resultando em outro prêmio de acordo com a tabela a seguir. Finalmente, cada jogador lança sua última carta, o que resulta no terceiro e último prêmios.

Carta ganhadora	Prêmio (US$)
Vermelha ganha da branca	90
Branca ganha da azul	70
Azul ganha da vermelha	50
Cores iguais	0

Formule esse problema como um jogo entre dois participantes de soma zero identificando a forma das estratégias e os prêmios.

14.2-1 Reconsidere o Problema 14.1-1.

(a) Use o conceito de estratégias dominadas para determinar a melhor estratégia para cada lado.
(b) Sem eliminar as estratégias dominadas, use o critério do minimax para estabelecer a melhor estratégia para cada lado.

14.2-2* Para um jogo com a seguinte tabela de prêmios, determine a estratégia ótima para cada jogador eliminando sucessivamente as estratégias dominadas. Indique a ordem na qual você eliminou as estratégias.

	Estratégia	Jogador 2		
		1	2	3
Jogador 1	1	−3	1	2
	2	1	2	1
	3	1	0	−2

14.2-3 Considere um jogo com a seguinte tabela de prêmios.

Estratégia		Jogador 2			
		1	2	3	4
Jogador 1	1	5	−7	−2	2
	2	−2	2	−5	5
	3	−2	5	−2	7

Determine a estratégia ótima para cada jogador eliminando sucessivamente estratégias dominadas. Forneça uma lista das estratégias dominadas (e as estratégias dominantes correspondentes) na ordem em que você foi capaz de eliminá-las.

14.2-4 Encontre o ponto de sela para um jogo com a seguinte tabela de prêmios.

Estratégia		Jogador 2		
		1	2	3
Jogador 1	1	3	−1	3
	2	−3	1	7
	3	7	3	5

Use o critério do minimax para encontrar a melhor estratégia para cada jogador. Esse jogo possui um ponto de sela? Esse é um jogo estável?

14.2-5 Localize o ponto de sela para um jogo com a seguinte tabela de prêmios.

Estratégia		Jogador 2			
		1	2	3	4
Jogador 1	1	3	−3	−2	−4
	2	−4	−2	−1	1
	3	1	−1	2	0

Use o critério do minimax para encontrar a melhor estratégia para cada jogador. Esse jogo tem um ponto de sela? Esse jogo é estável?

14.2-6 Duas empresas compartilham a maior parte do mercado para determinado tipo de produto. Cada uma delas está elaborando seus novos planos de marketing para o próximo ano na tentativa de tirar parte das vendas do concorrente. As vendas totais para o produto são relativamente fixas, de modo que uma empresa possa aumentar suas vendas somente tirando-as da outra. Cada empresa considera três possibilidades: 1) embalagens melhores para o produto, 2) aumento na propaganda, e 3) uma ligeira redução de preço. Os custos das três alternativas são bastante comparáveis e suficientemente grandes para que cada empresa selecione apenas um. O efeito estimado de cada combinação de alternativas sobre o *aumento percentual nas vendas* para a empresa 1 é o seguinte:

Estratégia		Jogador 2		
		1	2	3
Jogador 1	1	2	3	1
	2	1	4	0
	3	3	−2	−1

Cada empresa deve fazer sua escolha antes de conhecer a decisão da outra empresa.

(a) Sem eliminar estratégias dominadas, use o critério do minimax (ou maximin) para determinar a melhor estratégia para cada empresa.
(b) Identifique e elimine estratégias dominadas enquanto possível. Faça uma lista das estratégias dominadas, mostrando a ordem na qual você foi capaz de eliminá-las. A seguir mostre a tabela de prêmios reduzida resultante sem nenhuma estratégia dominada remanescente.

14.2-7* Em breve, dois políticos começarão suas campanhas um contra o outro na disputa por determinado cargo político. Cada um deles tem de escolher a questão principal que enfatizará como tema da campanha. Cada um deles tem três questões vantajosas para escolher, mas a eficiência relativa de cada um depende do assunto escolhido pelo oponente. Em particular, o aumento estimado em termos de votos para o político 1 (expresso na forma de porcentagem dos votos totais) resultante de cada combinação de temas é como se segue:

Estratégia		Temas para o político 2		
		1	2	3
Tema para o Político 1	1	7	−1	3
	2	1	0	2
	3	−5	−3	−1

Entretanto, por causa da carga de trabalho considerável da equipe para pesquisar e formular o tema escolhido, cada político tem de fazer sua escolha antes de saber da escolha do oponente. Que tema ele deve escolher?

Para cada uma das situações aqui descrita, formule esse problema para determinar qual tema deve ser escolhido a cada político de acordo com o critério especificado.

(a) As preferências atuais dos eleitores são muito incertas, de modo que cada porcentagem adicional de votos, que um dos políticos adquire, tem o mesmo valor para ele. Use o critério do minimax.
(b) Uma pesquisa confiável revelou que a porcentagem dos eleitores que no momento preferem o político 1 (antes de os temas serem levantados) está entre 45% e 50%. Suponha uma distribuição uniforme ao longo desse intervalo. Use o conceito das estratégias dominadas, começando com as estratégias para o político 1.
(c) Suponha que a porcentagem descrita no item (*b*), na verdade, fosse 45%. O político 1 deve usar o critério do minimax? Explique. Que tema você recomendaria? Por quê?

14.2-8 Descreva brevemente quais seriam, em sua opinião, as vantagens e desvantagens do critério do minimax.

14.3-1 Considere o jogo de par ou ímpar apresentado na Seção 14.1 e cuja tabela de prêmios é apresentada na Tabela 14.1.
(a) Demonstre que esse jogo não possui um ponto de sela.
(b) Escreva uma expressão para o prêmio esperado para o jogador 1 (o jogador ímpar) em termos das probabilidades dos dois jogadores usando suas estratégias puras respectivas. Mostre então que essa expressão se reduz aos três casos a seguir: (i) o jogador 2 usa definitivamente sua primeira estratégia; (ii) o jogador 2 usa definitivamente sua segunda estratégia; (iii) o jogador 2 atribui probabilidades iguais ao emprego de suas duas estratégias.
(c) Repita o item (b) quando o jogador 1 passa a ser o jogador ímpar.

14.3-2 Considere o jogo de mesa entre dois jogadores. Ele começa quando um árbitro joga uma moeda para cima, verifica se dá cara ou coroa e, então, mostra esse resultado somente ao jogador 1. O jogador 1 pode então: (1) passar e, portanto, pagar US$ 5 ao jogador 2 ou (2) apostar. Se o jogador 1 passar, o jogo é encerrado. Entretanto, se ele apostar, o jogo prossegue, em cujo caso o jogador 2 poderá então (1) passar e, portanto, pagar US$ 5 ao jogador 1 ou (2) chamar. Se o jogador 2 chamar, o árbitro mostra a ele a moeda; se der cara, o jogador 2 pagará US$ 10 ao jogador 1; se der coroa, o jogador 2 recebe US$ 10 do jogador 1.
(a) Dadas as estratégias puras para cada jogador. *Dica:* o jogador 1 terá quatro estratégias puras, cada uma delas especificando como ele responderia a cada um dos dois resultados que o árbitro pode mostrar a ele; o jogador 2 terá duas estratégias puras, cada uma especificando como responderá se o jogador 1 apostar.
(b) Desenvolva a tabela de prêmios para esse jogo, usando valores esperados para as entradas quando necessário. A seguir identifique e elimine quaisquer estratégias dominadas.
(c) Demonstre que nenhuma das entradas na tabela de prêmios resultante é um ponto de sela. Depois, explique por que qualquer escolha fixa de uma estratégia pura para cada um dos dois jogadores deve ser uma solução instável, de modo que as estratégias mistas devam ser usadas em seu lugar.
(d) Escreva uma expressão para o prêmio esperado para o jogador 1 em termos das probabilidades dos dois jogadores usando suas respectivas estratégias puras. Depois, mostre a que se reduz esta expressão para os três casos a seguir: (i) o jogador 2 usa efetivamente sua primeira estratégia; (ii) o jogador 2 usa efetivamente sua segunda estratégia; (iii) o jogador 2 atribui probabilidades iguais a usar suas duas estratégias.

14-1 Considere o jogo de par ou ímpar apresentado na Seção 14.1 e cuja tabela de prêmios é mostrada na Tabela 14.1. Use o procedimento gráfico descrito na Seção 14.4 segundo o ponto de vista do jogador 1 (o jogador par) para determinar a estratégia mista ótima para cada jogador de acordo com o critério do minimax. Em seguida, faça isso novamente, mas, agora, segundo o ponto de vista do jogador 2 (o jogador ímpar). Forneça também o valor do jogo correspondente

14.4-2 Reconsidere o Problema 14.3-2. Use o procedimento gráfico descrito na Seção 14.4 para determinar a estratégia mista ótima para cada jogador de acordo com o critério do minimax. Forneça também o valor correspondente do jogo.

14.4-3 Considere um jogo com a seguinte tabela de prêmios.

Estratégia		Jogador 2	
		1	2
Jogador 1	1	5	−4
	2	−2	3

Use o procedimento gráfico descrito na Seção 14.4 para determinar o valor do jogo e a estratégia mista ótima para cada jogador de acordo com o critério do minimax. Verifique sua resposta para o jogador 2 construindo a tabela de prêmios *dele* e aplicando o procedimento gráfico diretamente a essa tabela.

14.4-4* Para o jogo como a tabela de prêmios a seguir, use o procedimento gráfico descrito na Seção 14.4 para determinar o valor do jogo e a estratégia mista ótima para cada jogador de acordo com o critério do minimax.

Estratégia		Jogador 2		
		1	2	3
Jogador 1	1	4	3	1
	2	0	1	2

14.4-5 A A. J. Swim Team em breve terá um importante torneio de natação com a G. N. Swim Team. Cada equipe tem um nadador de ponta (John e Mark, respectivamente) capaz de nadar muito bem nas competições de 100 m borboleta, costas e peito. Entretanto, o regulamento da competição impede que ambos participem de mais de dois estilos. Consequentemente, seus treinadores agora precisam decidir como usá-los para maximizar a vantagem.

Cada equipe inscreverá três nadadores por evento (o máximo permitido). Para cada evento, a tabela a seguir fornece o melhor tempo alcançado por John e Mark, bem como o melhor tempo para cada um dos demais nadadores que vão participar efetivamente do evento. Seja qual for a prova de que John ou Mark não participe, a terceira entrada da equipe para essa prova será mais lenta que as duas mostradas na tabela.

	A. J. Swim Team			G. N. Swim Team		
	Entrada			Entrada		
	1	2	John	Mark	1	2
Borboleta	1:01,6	59,1	57,5	58,4	1:03,2	59,8
Costas	1:06,8	1:05,6	1:03,3	1:02,6	1:04,9	1:04,1
Peito	1:13,9	1:12,5	1:04,7	1:06,1	1:15,3	1:11,8

Os pontos ganhos são 5 pontos para o primeiro lugar, 3 pontos para o segundo, 1 ponto para o terceiro e nenhum para as demais posições. Ambos os técnicos acreditam que todos os seus nadadores vão essencialmente igualar suas melhores marcas nessa competição. Portanto, John e Mark serão certamente inscritos em duas das três provas.

(a) Os técnicos devem submeter todas as inscrições antes de o torneio se iniciar e sem conhecer as inscrições da equipe adversária, além do que não serão permitidas mudanças posteriores. O resultado da competição é muito incerto, de modo que cada ponto extra tenha igual valor para os técnicos. Formule esse problema como um jogo entre dois participantes de soma zero. Elimine estratégias dominadas e, depois, use o procedimento gráfico descrito na Seção 14.4 para encontrar a estratégia mista ótima para cada equipe de acordo com o critério do minimax.

(b) A situação e alocação são as mesmas do item (a), exceto que ambos os treinadores agora acreditam que a equipe A. J. ganhará o torneio caso consiga somar 13 ou mais pontos nessas três competições, mas perderá caso acumule menos de 13 pontos. [Compare as estratégias mistas ótimas resultantes com aquelas obtidas no item (a).]

(c) Suponha agora que os treinadores submetam suas inscrições durante o torneio, uma prova de cada vez. Ao submeterem as inscrições para uma prova, o treinador não sabe quem estará competindo pela outra equipe naquela prova, porém, saberá quem nadou nas provas *anteriores*. As três provas fundamentais recém-discutidas são realizadas na ordem listada na tabela. Enfatizando, a equipe A. J. precisa de 13 pontos nessas provas para ganhar o torneio. Formule esse problema como um jogo entre dois participantes de soma zero. A seguir, use o conceito de estratégias dominadas para determinar a melhor estratégia para a equipe G. N. que, na verdade, "garante" que ganhará sob as hipóteses feitas.

(d) A situação é a mesma do item (c). Entretanto, suponha agora que o treinador da equipe G. N. não conheça a teoria dos jogos e, portanto, poderá, na realidade, escolher qualquer uma das estratégias disponíveis em que Mark nada em duas provas. Use o conceito de estratégias dominadas para determinar as melhores estratégias que o treinador da equipe A. J. deve escolher. Se esse treinador sabe que o outro treinador tem uma tendência a colocar Mark nas provas de nado borboleta e de costas com maior frequência que na prova de peito, qual estratégia deve ser escolhida?

14.5-1 Considere o jogo do par ou ímpar apresentado na Seção 14.1 e cuja tabela de prêmios é mostrada na Tabela 14.1.

(a) Use a abordagem descrita na Seção 14.5 para formular o problema de encontrar as estratégias mistas ótimas de acordo com o critério do minimax como se fossem dois problemas de programação linear, um para o jogador 1 (o jogador par) e outro para o jogador 2 (o jogador par) como o dual do primeiro problema.

C (b) Use o método simplex para encontrar essas estratégias mistas ótimas.

14.5-2 Refira-se ao último parágrafo da Seção 14.5. Suponha que 3 fosse acrescentado a todas as entradas da Tabela 14.6 para garantir que os modelos de programação linear correspondentes para ambos os jogadores tenham soluções viáveis com $x_3 \geq 0$ e $y_4 \geq 0$. Descreva esses dois modelos. Com base nas informações da Seção 14.5, quais são as soluções ótimas para esses dois modelos? Qual é a melhor relação entre x_3^* e y_4^*? Qual é a relação entre o *valor* do jogo original v e os valores de x_3^* e y_4^*?

14.5-3* Considere um jogo com a seguinte tabela de prêmios.

Estratégia		Jogador 2			
		1	2	3	4
Jogador 1	1	5	0	3	1
	2	2	4	3	2
	3	3	2	0	4

(a) Use o método descrito na Seção 14.5 para formular o problema de encontrar as estratégias mistas ótimas de acordo com o critério do minimax como um problema de programação linear.

C (b) Use o método simplex para encontrar essas estratégias mistas ótimas.

14.5-4 Siga as instruções do Problema 14.5-3 para um jogo com a seguinte tabela de prêmios.

Estratégia		Jogador 2		
		1	2	3
Jogador 1	1	7	3	−5
	2	−1	0	5
	3	3	5	−3

14.5-5 Siga as instruções do Problema 14.5-2 para um jogo com esta tabela de prêmios:

Estratégia		Jogador 2				
		1	2	3	4	5
Jogador 1	1	1	−3	2	−2	1
	2	2	3	0	3	−2
	3	0	4	−1	−3	2
	4	−4	0	−2	2	−1

14.5-6 A Seção 14.5 apresenta uma formulação de programação linear genérica para encontrar uma estratégia mista ótima para o jogador 1 e para o jogador 2. Use a Tabela 6.14, e demonstre que o problema de programação linear dado para o jogador 2 é o dual do problema dado para o jogador 1. (*Dica:* lembre-se de que uma variável dual com uma restrição de não positividade $y_i' \leq 0$ pode ser substituída por $y_i = y_i'$ com uma restrição de não negatividade $y_i \geq 0$.)

14.5-7 Considere os modelos de programação linear para os jogadores 1 e 2 dados próximo do final da Seção 14.5 para a variante 3 do problema da campanha política (ver a Tabela 14.6). Siga as instruções do Problema 14.5-5 para esses dois modelos.

14.5-8 Considere a variante 3 do problema da campanha política (ver a Tabela 14.6). Consulte o modelo de programação linear para o jogador 1 dado próximo do final da Seção 14.5. Ignorando a variável x_3 da função objetivo, represente graficamente a *região de soluções viáveis* para x_1 e x_2 (conforme descrito na Seção 3.1). (*Dica:* essa região de soluções viáveis é formada por um único segmento de reta.) A seguir, escreva uma expressão algébrica para o valor de maximização de x_3 para qualquer ponto nessa região de soluções viáveis. Finalmente, use essa expressão para demonstrar que a solução ótima deve, na verdade, ser aquela dada na Seção 14.5.

C **14.5-9** Considere o modelo de programação linear para o jogador 1 dado no final da Seção 14.5 para a variante 3 do problema da campanha política (ver a Tabela 14.6). Verifique as estratégias mistas ótimas para ambos os jogadores dadas na Seção 14.5, aplicando uma rotina automática para o método simplex nesse modelo para encontrar tanto a solução ótima como a solução dual ótima.

14.5-10 Considere o jogo genérico $m \times n$ entre dois participantes de soma zero. Façamos que p_{ij} represente o prêmio para o jogador 1, caso ele adote sua estratégia i ($i = 1, \ldots, m$) e o jogador 2 adote sua estratégia j ($j = 1,\ldots, n$). A estratégia 1 (digamos) para o jogador 1 é dita *fracamente dominada* pela (digamos) estratégia 2 se $p_{1j} \leq p_{2j}$ para $j = 1, \ldots, n$ e $p_{1j} = p_{2j}$ para um ou mais valores de j.

(a) Suponha que a tabela de prêmios possua um ou mais pontos de selas, de modo que os jogadores tenham estratégias puras ótimas correspondentes sob o critério do minimax. Prove que eliminar *estratégias fracamente dominadas* da tabela de prêmios não é capaz de eliminar todos esses pontos de selas e não é capaz de produzir novos.

(b) Suponha que a tabela de prêmios não possua qualquer ponto de sela, de modo que as estratégias ótimas sob o critério do minimax sejam estratégias mistas. Prove que eliminando-se estratégias puras fracamente dominadas da tabela de prêmios não é capaz de eliminar todas as estratégias mistas ótimas nem produzir novas.

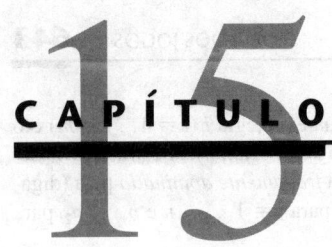

CAPÍTULO 15

Análise de Decisão

Os capítulos anteriores se concentraram principalmente na tomada de decisão quando as consequências de decisões alternativas eram conhecidas com um razoável grau de certeza. Esse ambiente de tomada de decisão permitiu a formulação de modelos matemáticos úteis (programação linear, programação inteira, programação não linear etc.) com funções objetivo que especificam as consequências estimadas de qualquer combinação de decisões. Embora essas consequências normalmente não possam ser previstas com absoluta certeza, elas poderiam ao menos ser estimadas com precisão suficiente para justificar o emprego de tais modelos (junto com a análise de sensibilidade etc.).

Entretanto, as decisões muitas vezes têm de ser tomadas em ambientes que estão muito mais propensos a estar repletos de incertezas. Eis alguns exemplos.

1. Um fabricante lança um novo produto no mercado. Qual será a reação de prováveis clientes? Quanto deve ser produzido? O produto deve ser comercializado de forma experimental em uma pequena região antes de se decidir pela distribuição plena? Qual é o nível de propaganda necessário para que o lançamento do produto seja bem-sucedido?
2. Uma financeira que investe em títulos. Quais são os segmentos de mercado e títulos individuais com as melhores perspectivas? Para quais caminhos a economia se dirige? E as taxas de juros? Como esses fatores afetam as decisões de investimentos?
3. Uma empreiteira participa de uma concorrência pública. Quais serão os custos efetivos do projeto? Quais seriam as demais empresas participantes da concorrência? Quais seriam suas prováveis ofertas?
4. Uma empresa do setor agrícola seleciona o *mix* de plantações e de animais de cria para a próxima temporada. Quais serão as condições climáticas? Quais serão os preços? Quais serão os custos?
5. Uma empresa petrolífera decide se deve ou não perfurar um poço em determinado local. Qual a probabilidade de existir petróleo aí? Em que volumes? Qual é a profundidade necessária para perfuração? Os geólogos devem investigar mais o local antes de perfurar?

Esses são tipos de tomada de decisão que enfrentam grande grau de incerteza para os quais a *análise de decisão* foi desenvolvida. A análise de decisão fornece uma estrutura e metodologia para tomada de decisão racional quando os resultados são incertos.

O Capítulo 14 descreveu como a teoria dos jogos também pode ser usada para certos tipos de tomada de decisão diante de incertezas. Existem algumas semelhanças nas metodologias usadas pela teoria dos jogos e na análise de decisão. Entretanto, também existem diferenças em virtude de eles serem desenvolvidos para diversos tipos de aplicações. Descreveremos essas semelhanças e diferenças na Seção 15.2.

Frequentemente, uma questão a ser respondida por meio da análise de decisão é se devemos tomar a decisão necessária de imediato ou, então, realizar primeiro alguns *testes* (com certo custo) para reduzir o nível de incerteza sobre seu resultado. O teste poderia ser, por exemplo, o teste de campo de um novo produto proposto para verificar a reação do consumidor antes de tomar uma decisão se devemos ou não prosseguir com a produção e a comercialização em larga escala do produto. Esse teste é conhecido como *experimentação* de desempenho. Portanto, a análise de decisão divide a tomada de decisão entre os casos *sem experimentação* e *com experimentação*.

A primeira seção apresenta um exemplo-protótipo que será usado ao longo do capítulo para fins ilustrativos. As Seções 15.2 e 15.3 apresentam então os princípios básicos da *tomada de decisão sem experimentação* e da *tomada de decisão com experimentação*. Em seguida, descrevemos as *árvores de decisão*, uma ferramenta útil para representar e analisar o processo de decisão quando uma série delas precisa ser tomada. A Seção 15.5 discute então como as planilhas são usadas para realizar análise de sensibilidade em árvores de decisão. A Seção 15.6 introduz a *teoria da utilidade* que fornece uma maneira de calibrar os possíveis resultados da decisão para refletir o real valor desses resultados para o tomador de decisão. A seguir, concluímos o capítulo discutindo a aplicação prática da análise de decisão e sintetizando uma série de aplicações que foram muito benéficas às organizações envolvidas.

15.1 EXEMPLO-PROTÓTIPO

A Goferbroke Company é proprietária de uma área de terra que pode conter petróleo. Um geólogo consultor relatou à direção que ele acredita que haja 1 chance em 4 de encontrar petróleo.

Em virtude dessa possibilidade, outra companhia petrolífera ofereceu US$ 90.000 para a compra do terreno. Entretanto, a Goferbroke considera a possibilidade de permanecer com o terreno de modo que ela própria possa perfurá-lo em busca de petróleo. O custo de perfuração é de US$ 100.000. Se for encontrado petróleo, a receita esperada resultante será de US$ 800.000, de forma que o lucro esperado da empresa (após dedução do custo de perfuração) será de US$ 700.000. A empresa arcará com perda de US$ 100.000 (o custo de perfuração) caso o terreno seja seco (nenhum petróleo).

A Tabela 15.1 resume esses dados. A Seção 15.2 discute como abordar a decisão de perfurar ou vender o terreno com base apenas nesses dados. Chamaremos isto de o *primeiro* **problema da Goferbroke Co**.

Entretanto, antes de decidir se deve perfurar ou vender o terreno, outra opção é realizar um levantamento sísmico detalhado do terreno para obter melhor estimativa da probabilidade de encontrar petróleo. (Esse processo de tomada de decisão mais complexo será denominado **problema completo da Goferbroke**.) A Seção 15.3 discute esse caso de *tomada de decisão com experimentação*, em cujo ponto os dados adicionais necessários serão fornecidos.

Essa empresa opera sem muito capital, de modo que uma perda de US$ 100.000 seria bastante grave. Na Seção 15.6, descrevemos como refinar a avaliação das consequências de diversos resultados possíveis.

15.2 TOMADA DE DECISÃO SEM EXPERIMENTAÇÃO

Antes de procurar uma solução para o primeiro problema da Goferbroke Co., formularemos uma estrutura geral para a tomada de decisão.

Em termos gerais, o tomador de decisão deve escolher uma **alternativa** de um conjunto de possíveis alternativas de decisão. O conjunto contém todas as *alternativas viáveis* que são consideradas para como prosseguir com o problema em questão.

Essa escolha de alternativa tem de ser feita diante da incerteza, pois o resultado será afetado por fatores aleatórios que estão fora do controle do tomador de decisão. Esses fatores aleatórios determinam que situação será encontrada no momento que a alternativa de decisão for executada. Cada uma das possíveis situações é chamada de **estado de natureza** possível.

■ **TABELA 15.1** Eventuais lucros da Goferbroke Company

Alternativa	Condição do terreno	
	Prêmio	
	Petróleo	Seco
Perfurar para procurar petróleo	US$ 700.000	−US$ 100.000
Vender o terreno	US$ 90.000	US$ 90.000
Chance da condição	1 em 4	3 em 4

Para cada combinação de uma alternativa de decisão e de um estado de natureza, o tomador de decisão sabe qual será o prêmio resultante. O **prêmio** é uma medida quantitativa do valor para o tomador de decisão das consequências do resultado. Por exemplo, o prêmio é com frequência representado pelo *ganho monetário líquido* (lucro), embora outras medidas também podem ser usadas (conforme descrito na Seção 15.6). Se as consequências do resultado não se tornarem completamente certas mesmo quando o estado de natureza é fornecido, então o prêmio se torna um *valor esperado* (no sentido estatístico) da medida das consequências. A **tabela de prêmios** é usada comumente para fornecer o prêmio para cada combinação de uma ação e um estado de natureza.

Se você estudou previamente a teoria dos jogos (Capítulo 14), devemos destacar uma interessante analogia entre essa estrutura de análise de decisão e os jogos entre dois participantes de soma zero descrito nesse capítulo. O *tomador de decisão* e a *natureza* podem ser vistos como os *dois jogadores* de tal jogo. As *alternativas* e os *estados de natureza* possíveis podem ser vistos como as *estratégias* disponíveis para esses respectivos jogadores, em que cada combinação de estratégia resulta em algum *prêmio* para o jogador 1 (o tomador de decisão). Desse ponto de vista, a estrutura da análise de decisão pode ser resumida como a seguir:

1. O tomador de decisão precisa escolher uma das *alternativas de decisão*.
2. A *natureza* escolherá então um dos estados de natureza possíveis.
3. Cada combinação de uma alternativa de decisão e um estado de natureza resultaria em um prêmio, que é dado como uma das entradas da *tabela de prêmios*.
4. Essa tabela de prêmios deve ser usada para encontrar uma *alternativa ótima* para o tomador de decisão de acordo com um critério apropriado.

Em breve, apresentaremos três possibilidades para esse critério, no qual a primeira delas (o critério do prêmio maximin) provém da teoria dos jogos.

Entretanto, essa analogia com os jogos entre dois participantes de soma zero difere em um importante aspecto. Na teoria dos jogos, *ambos* os jogadores são supostamente *racionais* e escolhem suas estratégias para *promover o próprio bem-estar*. Essa descrição ainda se ajusta ao tomador de decisão, mas, certamente, não em relação à natureza. Ao contrário, a natureza agora é um jogador passivo que escolhe suas estratégias (estados de natureza) de alguma maneira aleatória. Essa mudança significa que o critério da teoria dos jogos de como escolher uma estratégia ótima (alternativa) não atrairá o interesse de muitos tomadores de decisão no contexto atual.

Outro elemento precisa ser acrescentado à estrutura da análise de decisão. O tomador de decisão geralmente terá alguma informação que deveria ser levada em conta em relação à relativa probabilidade dos estados de natureza possíveis. Essa informação pode ser traduzida normalmente em uma distribuição probabilística, atuando como se o estado de natureza fosse uma variável aleatória, em cujo caso essa distribuição é conhecida como distribuição prévia. Distribuições prévias são normalmente subjetivas, pois elas poderão depender da experiência ou intuição de um indivíduo. As probabilidades para os respectivos estados de natureza fornecidos pela distribuição prévia são ditas **probabilidades prévias**.

Formulação do exemplo – protótipo nessa estrutura

Conforme indicado na Tabela 15.1, a Goferbroke Co. tem duas alternativas de decisão possíveis que são consideradas: perfurar para procurar petróleo ou vender o terreno. Os estados de natureza possíveis são o terreno que contém o petróleo e aquele que não o contém, conforme designado nos títulos das colunas da Tabela 15.1 por *petróleo* e *seco*. Uma vez que o geólogo consultor estimou que há uma chance em quatro de existir petróleo (e, portanto, três chances em quatro de não ter petróleo), as probabilidades prévias dos dois estados de natureza são, respectivamente, 0,25 e 0,75. Portanto, com o prêmio em unidades de milhares de dólares de lucro, a tabela de prêmios pode ser obtida diretamente da Tabela 15.1, conforme indicado na Tabela 15.2.

Usaremos essa tabela de prêmios a seguir para encontrar a alternativa ótima de acordo com cada um dos três critérios descritos a seguir.

Critério do maximin para o prêmio

Se o problema do tomador de decisão fosse visto como um *jogo contra a natureza,* então a teoria dos jogos diria para escolher a alternativa de decisão de acordo com o *critério do minimax* (conforme

Exemplo de Aplicação

Após a fusão da Conoco Inc. com a Phillips Petroleum Company em 2002, a ConocoPhillips tornou-se a terceira maior empresa de energia integrada dos Estados Unidos com US$ 160 bilhões em ativos e 38.000 funcionários. Como qualquer empresa desse setor, a direção da ConocoPhillips tem que lidar continuamente com decisões sobre a alocação de capital limitado para investimento em uma série de projetos arriscados para exploração de petróleo. Tais decisões apresentam um grande impacto na lucratividade da empresa.

No início dos anos 1990, a então Phillips Petroleum Company tornou-se líder do setor na aplicação de sofisticada metodologia de PO para auxiliar na tomada de decisões, através do desenvolvimento de um *pacote de software para análise de decisão* chamado DISCOVERY. Sua interface com o usuário possibilita a um geólogo ou engenheiro modelar as incertezas associadas a um projeto para então o software interpretar as entradas e construir uma árvore de decisão que mostre todos os nós de decisão (inclusive oportunidades para obter informações sísmicas adicionais) bem como os nós de evento intermediários. Uma característica fundamental do software é o uso de uma *função de utilidade exponencial* (a ser introduzida na Seção 15.6) para incorporar as atitudes dos administradores em relação ao risco financeiro. É usado um questionário intuitivo para medir o perfil para assumir riscos adotado pela empresa de modo a determinar um valor apropriado do parâmetro de tolerância a riscos para essa função de utilidade.

Os administradores usam o software para (1) avaliar *projetos de exploração de petróleo* através de uma política consistente de assumir riscos praticada por toda a empresa, (2) classificar os projetos em termos do perfil geral, (3) identificar o nível de participação apropriado da firma nesses projetos e (4) permanecer dentro do orçamento previsto.

Fonte: M. R. Walls, G. T. Morahan, and J. S. Dyer: "Decision Analysis of Exploration Opportunities in the Onshore US at Phillips Petroleum Company", *Interfaces*, **25**(6): 39-56, Nov.-Dec. 1995. (Este artigo está disponível em inglês no *site* da editora, www.bookman.com.br.)

descrito na Seção 14.2). Do ponto de vista do jogador 1 (o tomador de decisão), esse critério é mais acertadamente chamado *critério do prêmio maximin*, conforme resumido a seguir.

Critério do maximin para o prêmio: para cada uma das possíveis alternativas de decisão, encontre o *prêmio mínimo* ao longo de todos os estados de natureza possíveis. Em seguida, encontre o *máximo* desses prêmios mínimos. Escolha a alternativa cujo prêmio mínimo fornece esse máximo.

A Tabela 15.3 mostra a aplicação desse critério ao exemplo-protótipo. Portanto, já que o prêmio mínimo para venda (90) é maior que aquela para perfuração (100), a primeira alternativa (vender o terreno) será escolhida.

O raciocínio para esse critério é que ele fornece a *melhor garantia* do prêmio que será obtido. Independentemente de qual venha a ser o verdadeiro estado de natureza para o exemplo, o prêmio obtido pela venda do terreno não pode ser menor que 90, que fornece a melhor garantia disponível. Assim, esse critério adota o ponto de vista pessimista de que, independentemente de qual alternativa seja escolhida, o pior estado de natureza para a alternativa mais provavelmente ocorrerá, de modo que devemos escolher a alternativa que fornece o melhor prêmio com seu pior estado de natureza.

Esse raciocínio é bastante válido quando se está competindo contra um oponente racional e malevolente. Entretanto, esse critério não é muito usado em jogos contra a natureza, pois é um critério extremamente conservador nesse contexto. De fato, ele pressupõe que a natureza seja um oponente consciente que quer infligir o máximo de danos possível ao tomador de decisão. A natureza não é um oponente malevolente, e o tomador de decisão não precisa se concentrar exclusivamente no pior prê-

■ **TABELA 15.2** Tabela de prêmios para a formulação da análise de decisão do primeiro problema da Goferbroke Co.

	Estado de Natureza	
Alternativa	**Petróleo**	**Seco**
1. Perfurar para procurar petróleo	700	−100
2. Vender o terreno	90	90
Probabilidade prévia	0,25	0,75

■ **TABELA 15.3** Aplicação do critério do prêmio maximin ao primeiro problema da Goferbroke Co.

Alternativa	Estado de natureza		Mínimo	
	Petróleo	Seco		
1. Perfurar para procurar petróleo	700	−100	−100	
2. Vender o terreno	90	90	90	← Valor mínimo
Probabilidade prévia	0,25	0,75		

mio possível de cada alternativa. Isso é particularmente verdadeiro quando o pior prêmio possível de uma alternativa provém de um estado de natureza relativamente improvável.

Portanto, esse critério normalmente é de interesse apenas para um tomador de decisão muito cauteloso.

Critério da probabilidade máxima

O critério a seguir se concentra no estado de natureza *mais provável*, conforme será resumido a seguir.

> **Critério da probabilidade máxima:** identifique o estado de natureza mais provável (aquele com a maior probabilidade prévia). Para esse estado de natureza, encontre a alternativa de decisão com o prêmio máximo. Escolha essa alternativa de decisão.

Ao aplicar esse critério ao exemplo, a Tabela 15.4 indica que o estado *Seco* tem a maior probabilidade prévia. Na coluna Seco, a alternativa de venda tem o prêmio máximo, de modo que a escolha seja vender o terreno.

O atrativo desse critério é que o estado de natureza mais importante é aquele mais provável, de modo que a alternativa escolhida seja a melhor para esse estado de natureza particularmente importante. Basear a decisão sob a hipótese de que esse estado de natureza ocorrerá tende a fornecer chance melhor de resultado favorável do que supor qualquer outro estado de natureza. Além disso, o critério não depende de estimativas questionáveis subjetivas das probabilidades dos respectivos estados de natureza, a não ser identificar o estado mais provável.

O principal inconveniente desse critério é que ele ignora completamente muitas informações relevantes. Não é considerado nenhum outro estado de natureza a não ser aquele mais provável. Em um problema com diversos estados de natureza possíveis, a probabilidade do mais provável pode ser bastante reduzida, de modo que se concentrar apenas nesse único estado de natureza seja quase injustificável. Mesmo no exemplo, em que a probabilidade prévia do estado *Seco* é de 0,75, esse critério ignora o prêmio extremamente atraente de 700, caso a empresa perfure e encontre petróleo. De fato, o critério não permite arriscar em um prêmio grande, porém, com probabilidade pequena, independentemente de quão atraente possa ser essa aposta.

Regra de decisão de Bayes[1]

Nosso terceiro critério, e aquele comumente escolhido, é a *regra de decisão de Bayes,* descrita a seguir.

> **Regra de decisão de Bayes:** usando as melhores estimativas disponíveis das probabilidades dos respectivos estados de natureza (no momento as probabilidades prévias), calcule o valor esperado do prêmio para cada uma das possíveis alternativas de decisão. Escolha a alternativa de decisão com o prêmio esperado máximo.

---

[1] A origem desse nome é que esse critério é normalmente creditado ao reverendo Thomas Bayes, um pastor inglês protestante do século XVIII que ganhou renome como filósofo e matemático. A mesma ideia básica tem até raízes mais distantes no campo da economia. Essa regra de decisão também é chamada, algumas vezes, critério do *valor monetário esperado* (*VME*), embora este seja um nome pouco apropriado para aqueles casos em que a medida do prêmio é outra coisa diferente de valor monetário (como na Seção 15.6).

TABELA 15.4 Aplicação do critério de probabilidade máxima ao primeiro problema da Goferbroke Co.

Alternativa	Estado de natureza	
	Petróleo	Seco
1. Perfurar para procurar petróleo	700	−100 −100
2. Vender o terreno	90	90 90 ← Máximo nesta coluna
Probabilidade prévia	0,25	0,75
		↑ Máximo

No caso do exemplo-protótipo, esses prêmios esperados são calculados diretamente da Tabela 15.2 como a seguir:

$$E[\text{Prêmio (perfuração)}] = 0{,}25(700) + 0{,}75(-100)$$
$$= 100.$$
$$E[\text{Prêmio (venda)}] = 0{,}25(90) + 0{,}75(90)$$
$$= 90.$$

Já que 100 é maior que 90, a alternativa escolhida é perfurar para procurar petróleo.

Observe que essa escolha contrasta com a seleção da alternativa de venda, segundo cada um dos dois critérios precedentes.

A grande vantagem da regra de decisão de Bayes é que ela incorpora todas as informações disponíveis, inclusive todos os prêmios e as melhores estimativas disponíveis das probabilidades dos respectivos estados de natureza.

Argumenta-se, às vezes, que essas estimativas das probabilidades necessariamente são altamente subjetivas e, portanto, muito instáveis para se poder confiar nelas. Não existe nenhuma forma precisa de prever o futuro, inclusive um estado de natureza futuro, mesmo em termos probabilísticos. Esse argumento é de certa forma válido. A razoabilidade das estimativas das probabilidades deve ser avaliada em cada situação individual.

Não obstante, em muitas circunstâncias, experiência passada e evidências atuais nos permite desenvolver estimativas de probabilidades razoáveis. Usar essas informações deve fornecer melhores subsídios para uma decisão sensata do que ignorá-las. Além disso, frequentemente podemos conduzir experimentações para melhorar essas estimativas, conforme descrito na próxima seção. Portanto, iremos usar apenas a regra de decisão de Bayes ao longo do restante do capítulo.

Para avaliar o efeito de possíveis imprecisões nas probabilidades prévias, normalmente é útil realizar a análise de sensibilidade, conforme descrito a seguir.

Análise de sensibilidade com a regra de decisão de Bayes

A análise de sensibilidade é utilizada comumente com várias aplicações da pesquisa operacional para estudar o efeito, caso alguns dos números inclusos no modelo matemático não sejam corretos. Nesse caso, o modelo matemático é representado pela tabela de prêmios mostrada na Tabela 15.2. Os números nessa tabela que são mais questionáveis são as probabilidades prévias. Concentraremos a análise de sensibilidade nesses números, embora uma abordagem similar poderia ser aplicada aos prêmios dados na tabela.

A soma das duas probabilidades prévias deve ser igual a 1, de modo que aumentar uma dessas probabilidades diminui automaticamente a outra pelo mesmo valor e vice-versa. A direção da Goferbroke acredita que as reais chances de se encontrar petróleo no terreno devem estar em torno de 15% a 35%. Em outras palavras, a probabilidade prévia real de se encontrar petróleo deve estar na faixa de 0,15 a 0,35 e, portanto, a probabilidade prévia correspondente do terreno ser seco estaria entre 0,85 e 0,65.

Façamos que:

p = probabilidade prévia de encontrar petróleo,

o prêmio esperado para se perfurar para qualquer p é de:

$$E[\text{Prêmio (perfuração)}] = 700p - 100(1 - p)$$
$$= 800p - 100.$$

A reta inclinada da Figura 15.1 mostra a representação desse prêmio esperado *versus* p. Uma vez que o prêmio obtido pela venda do terreno seria de 90 para qualquer p, a linha horizontal dessa figura fornece $E[\text{Prêmio (venda)}]$ *versus* p.

Os quatro pontos na Figura 15.1 representam o prêmio esperado para as duas alternativas de decisão quando $p = 0{,}15$ ou $p = 0{,}35$. Quando $p = 0{,}15$, a decisão pende para a venda do terreno por ampla margem (um prêmio esperado de 90 *versus* apenas 20 para perfuração). Entretanto, quando $p = 0{,}35$, a decisão é de perfurar o terreno por uma larga margem (prêmio esperado = 180 *versus* apenas 90 para venda). Portanto, a decisão é muito mais *sensível* a p. Essa análise de sensibilidade revela que é importante fazer mais, se possível, desenvolver uma estimativa mais precisa do valor real de p.

O ponto na Figura 15.1 no qual as duas retas se interceptam é o **ponto de cruzamento** em que a decisão muda de uma alternativa (vender o terreno) para a outra (perfurar em busca de petróleo), à medida que a probabilidade prévia aumenta. Para encontrar esse ponto, fazemos que:

$$E[\text{Prêmio (perfuração)}] = E[\text{Prêmio (venda)}]$$
$$800p - 100 = 90$$
$$p = \frac{190}{800} = 0{,}2375$$

Conclusão: Devemos vender o terreno se $p < 0{,}2375$.
Devemos perfurar para procurar petróleo se $p > 0{,}2375$.

Portanto, ao tentar refinar a estimativa do valor real de p, a pergunta-chave é se ele é menor ou maior que 0,2375.

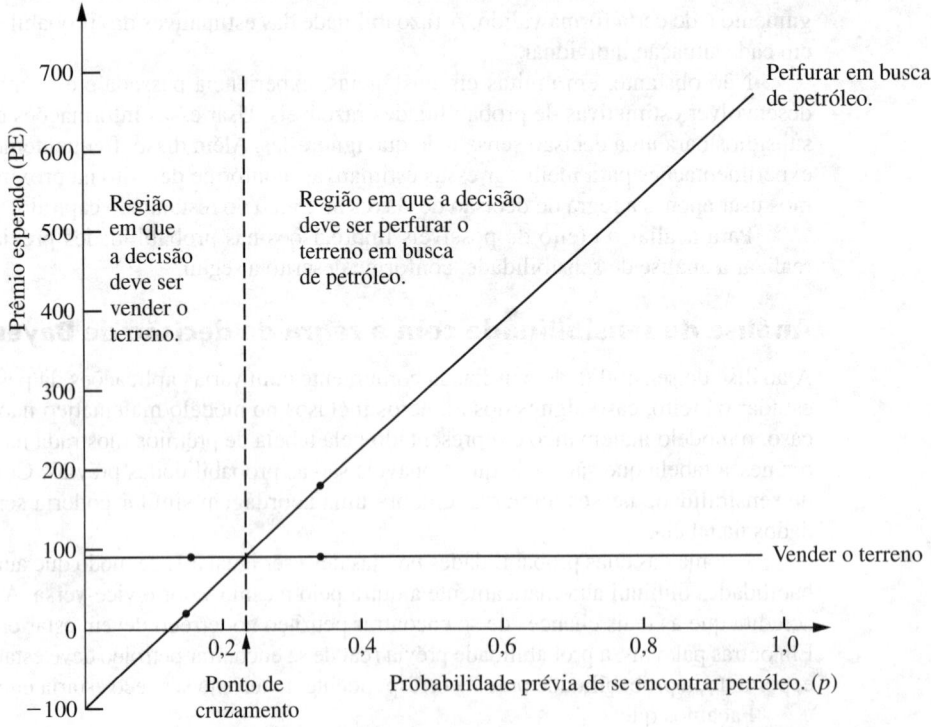

■ **FIGURA 15.1** Representação gráfica de como o prêmio esperado para cada alternativa de decisão muda quando a probabilidade prévia de se encontrar petróleo se altera, referente ao primeiro problema da Goferbroke Co.

Pode-se aplicar o mesmo tipo de análise a problemas com mais de duas alternativas de decisão. A principal diferença é que, nesse último caso, existiriam mais de duas retas (uma por alternativa) na representação gráfica correspondente à Figura 15.1. Entretanto, a linha superior para qualquer valor em particular da probabilidade prévia ainda indica qual alternativa deve ser escolhida. Com mais de duas retas, poderia haver mais de um ponto de ponto de cruzamento no qual a decisão passa de uma alternativa para a outra.

Você poderá encontrar **outro exemplo** desse tipo de análise com três alternativas de decisão na seção de Worked Examples do *site* da editora. Esse mesmo exemplo também ilustra a aplicação de todos os três critérios de decisão considerados nesta seção.

Para um problema com mais de dois estados de natureza possíveis, a forma mais simples é concentrar a análise de sensibilidade somente nesses dois estados, um de cada vez, conforme descrito anteriormente. Isso envolveria novamente investigar o que acontece quando a probabilidade prévia de um estado aumenta à medida que a probabilidade prévia do outro estado diminui do mesmo valor, mantendo fixas as probabilidades prévias dos estados remanescentes. Esse procedimento pode então ser repetido para tantos outros pares de estados quanto for desejado.

Algumas vezes os profissionais da área usam software para ajudá-los a realizar esse tipo de análise de sensibilidade, inclusive para a geração de gráficos. Por exemplo, um programa complementar em Excel incluído no *Courseware* de PO chamado *SensIt* é feito especificamente para realizar análise de sensibilidade com modelos probabilísticos, como aqueles quando se aplica a regra de decisão de Bayes. No *site* da editora você encontrará a documentação completa referente ao SensIt. A Seção 15.5 descreve e ilustra o emprego do SensIt.

Como a decisão que a Goferbroke Co. deve tomar depende de forma tão crítica da real probabilidade de se encontrar petróleo, devemos dar especial atenção à condução de um levantamento sísmico para estimar essa probabilidade de forma mais precisa. Exploraremos essa opção nas duas seções a seguir.

15.3 TOMADA DE DECISÃO COM EXPERIMENTAÇÃO

Frequentemente, testes adicionais (experimentação) podem ser realizados para aperfeiçoar estimativas preliminares das probabilidades dos respectivos estados de natureza fornecidos pelas probabilidades prévias. Essas estimativas aperfeiçoadas são chamadas probabilidades posteriores.

Primeiro, atualizaremos o exemplo da Goferbroke Co. para incorporar experimentação, depois, descreveremos como obter as probabilidades posteriores e, finalmente, discutiremos como decidir se vale a pena ou não realizar experimentações.

Continuação do exemplo – protótipo

Conforme mencionado no final da Seção 15.1, uma opção disponível antes de se tomar uma decisão é realizar o levantamento sísmico detalhado do terreno para obter uma estimativa melhor da probabilidade de se encontrar petróleo. O custo disso é de US$ 30.000.

O levantamento sísmico obtém as sondagens sísmicas que indicam se a estrutura geológica é favorável à presença de petróleo. Dividiremos as possíveis descobertas do levantamento nas duas categorias a seguir:

USS: sondagens sísmicas desfavoráveis; a presença de petróleo é bastante improvável.
FSS: sondagens sísmicas favoráveis; a presença de petróleo é bastante provável.

Com base em experiência anterior, se existir petróleo, então a probabilidade de sondagens sísmicas desfavoráveis é de:

$P(\text{USS} \mid \text{Estado} = \text{Petróleo}) = 0{,}4$, de modo que $P(\text{FSS} \mid \text{Estado} = \text{Petróleo}) = 1 - 0{,}4 = 0{,}6$.

De forma similar, se não existir petróleo (isto é, o estado de natureza verdadeiro for *Seco*), então a probabilidade de sondagens sísmicas desfavoráveis é estimada em:

$P(\text{USS} \mid \text{Estado} = \text{Seco}) = 0{,}8$, de modo que $P(\text{FSS} \mid \text{Estado} = \text{Seco}) = 1 - 0{,}8 = 0{,}2$.

Em breve usaremos os dados para encontrar as probabilidades posteriores dos respectivos estados de natureza *fornecidos* pelas sondagens sísmicas.

Probabilidades posteriores

Prosseguindo agora em termos gerais, façamos que:

n = número de estados de natureza possíveis;
P(Estado = estado i) = probabilidade prévia que o estado de natureza verdadeiro seja o estado i, para $i = 1, 2, \ldots, n$;
Descoberta = descoberta a partir de experimentação (uma variável aleatória);
Descoberta j = um valor possível de descoberta;
P(Estado = estado i | Descoberta = descoberta j) = probabilidade posterior de que o verdadeiro estado de natureza seja o estado i, dado que Descoberta = descoberta j, para $i = 1, 2, \ldots, n$.

Essa pergunta é respondida combinando-se as seguintes fórmulas-padrão da teoria da probabilidade:

P(Estado = estado i) e P(Descoberta = descoberta j | (Estado = estado i)
para $i = 1, 2, \ldots, n$, qual é a P(Estado = estado i | Descoberta = descoberta j)?

Essa pergunta é respondida combinando-se as seguintes fórmulas-padrão da teoria da probabilidade:

$$P(\text{Estado} = \text{estado } i, | \text{Descoberta} = \text{descoberta } j) = \frac{P(\text{Estado} = \text{estado } i, \text{Descoberta} = \text{descoberta } j)}{P(\text{Descoberta} = \text{descoberta } j)}$$

$$P(\text{Descoberta} = \text{descoberta } j) = \sum_{k=1}^{n} P(\text{Estado} = \text{estado } k, \text{Descoberta} = \text{descoberta } j)$$

$$P(\text{Estado} = \text{estado } i, \text{Descoberta} = \text{descoberta } j) = P(\text{Descoberta} = \text{descoberta } j | \text{Estado} = \text{estado } i) P(\text{Estado} = \text{estado } i).$$

Exemplo de Aplicação

O **Workers' Compensation Board (WCB) de British** Columbia, Canadá, é responsável pelos interesses de trabalhadores e funcionários dessa província em termos de medicina ocupacional, reabilitação e indenizações. O WCB atende mais de 165 mil empregadores que contratam cerca de 1,8 milhão de trabalhadores em British Columbia. Ele gasta aproximadamente US$ 1 bilhão por ano em indenizações e reabilitação.

Um fator-chave no controle dos custos do WCB é identificar aqueles pedidos de licença de curto prazo que representam um risco financeiro potencialmente elevado de se converterem em um pedido de licença *muito* mais caro e de longo prazo a menos que haja uma *intervenção* imediata *para gerenciamento desses pedidos* para providenciar o tratamento médico e a reabilitação necessários. A questão era como identificar de forma precisa essas demandas de alto risco, de modo a minimizar o custo total esperado com indenizações e com o processo de intervenção para gerenciamento desses pedidos.

Foi formada uma equipe de PO para estudar esse problema mediante a *aplicação da análise de decisão*. Para cada uma das inúmeras categorias de pedidos de afastamento por incapacidade e com base na natureza da incapacidade, no sexo e na idade do trabalhador etc., era usada uma *árvore de decisão* para avaliar se essa categoria deveria ou não ser classificada como de baixo risco (ou seja, sem exigir intervenção imediata) ou então de alto risco (exigindo intervenção imediata), dependendo da gravidade da incapacidade. Para cada uma das categorias, era feito um cálculo do ponto de corte referente ao número crítico de dias pagos para pedidos de afastamento de curto prazo que acionariam o processo de intervenção para o gerenciamento de demandas, de modo a minimizar o custo esperado com intervenção e pagamento de indenizações. Um segredo ao fazer esse cálculo foi avaliar a probabilidade posterior de que uma demanda pudesse vir a se tornar um pedido de licença de longo prazo, dado o número de dias pagos por pedidos de licença de curto prazo.

Essa aplicação da análise de decisão com árvores de decisão resulta agora em *economias de aproximadamente* **US$ 4 milhões** *por ano para o WCB*, o que permite também, ao mesmo tempo, que parte dos trabalhadores afastados retorne ao trabalho mais cedo.

Fonte: E. Urbanovich, E. E. Young, M. L. Puterman, and S. O. Fattedad: "Early Detection of High-Risk Claims at the Workers' Compensation Board of British Columbia", *Interfaces*, **33**(4): 15-26, July-Aug. 2003. (Este artigo em inglês está disponível no *site* da editora, www.bookman.com.br.)

Portanto, para cada $i = 1, 2, ..., n$, a fórmula desejada para a probabilidade posterior correspondente é:

$$P(\text{Estado} = \text{estado } i \mid \text{Descoberta} = \text{descoberta } j) =$$

$$\frac{P(\text{Descoberta} = \text{descoberta } j \mid \text{Estado} = \text{estado } i)P(\text{Estado} = \text{estado } i)}{\sum_{k=1}^{n} P(\text{Descoberta} = \text{descoberta } j \mid \text{Estado} = \text{estado } k)P(\text{Estado} = \text{estado } k)}$$

(Essa fórmula é normalmente conhecida como **teorema de Bayes**, pois foi desenvolvida por Thomas Bayes, o mesmo matemático do século XVIII a quem se credita o desenvolvimento da regra de decisão de Bayes.)

Retornemos ao exemplo-protótipo e apliquemos essa fórmula. Se a descoberta do levantamento sísmico for sondagens sísmicas desfavoráveis (USS), então as probabilidades posteriores são:

$$P(\text{Estado} = \text{Petróleo} \mid \text{Descoberta} = \text{USS}) = \frac{0{,}4(0{,}25)}{0{,}4(0{,}25) + 0{,}8(0{,}75)} = \frac{1}{7},$$

$$P(\text{Estado} = \text{Seco} \mid \text{Descoberta} = \text{USS}) = 1 - \frac{1}{7} = \frac{6}{7}.$$

De modo análogo, se um levantamento sísmico fornecer sondagens sísmicas favoráveis (FSS), então:

$$P(\text{Estado} = \text{Petróleo} \mid \text{Descoberta} = \text{FSS}) = \frac{0{,}6(0{,}25)}{0{,}6(0{,}25) + 0{,}2(0{,}75)} = \frac{1}{2},$$

$$P(\text{Estado} = \text{Seco} \mid \text{Descoberta} = \text{FSS}) = 1 - \frac{1}{2} = \frac{1}{2}.$$

O **diagrama de árvore** de probabilidades da Figura 15.2 mostra uma forma elegante de organizar esses cálculos de maneira intuitiva. As probabilidades prévias na primeira coluna e as probabilidades condicionais na segunda coluna fazem parte dos dados de entrada para o problema. Multiplicar cada probabilidade na primeira coluna pela probabilidade na segunda coluna fornece a probabilidade conjunta correspondente na terceira coluna. Cada probabilidade conjunta torna-se então o numerador no cálculo da probabilidade posterior correspondente na quarta coluna. Acumular as probabilidades conjuntas com a mesma descoberta (conforme ilustrado na parte inferior da figura) fornece o denominador para cada uma das probabilidades posteriores com essa descoberta. Caso queira ver **outro exemplo** do emprego do diagrama de árvore de probabilidades para determinar as probabilidades posteriores, você encontrará um na seção de Worked Examples do *site* da editora.

O *Courseware* de PO também inclui um gabarito em Excel para calcular essas probabilidades posteriores, conforme mostrado na Figura 15.3.

Após completar esses cálculos, a regra de decisão de Bayes pode ser aplicada exatamente como antes, com as probabilidades posteriores agora no lugar das probabilidades prévias. Portanto, usando os prêmios (em unidades de milhares de dólares) da Tabela 15.2 e subtraindo o custo da experimentação, obtemos os resultados mostrados a seguir.

Prêmios esperados caso a descoberta seja sondagens sísmicas desfavoráveis (USS):

$$E[\text{Prêmio (perfuração} \mid \text{Descoberta} = \text{USS})] = \frac{1}{7}(700) + \frac{6}{7}(-100) - 30$$

$$= -15{,}7.$$

$$E[\text{Prêmio (venda} \mid \text{Descoberta} = \text{USS})] = \frac{1}{7}(90) + \frac{6}{7}(90) - 30$$

$$= 60.$$

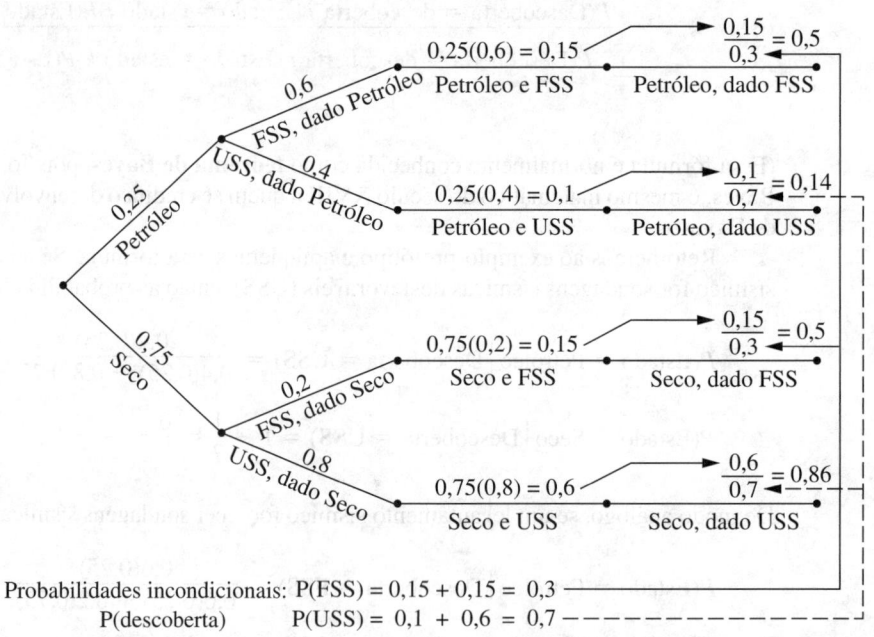

■ **FIGURA 15.2** Diagrama de árvore de probabilidade para o problema completo da Goferbroke Co. mostra todas as probabilidades que conduzem ao cálculo de cada probabilidade posterior. Diagrama de árvore de probabilidade para o problema completo da Goferbroke Co. mostra todas as probabilidades que conduzem ao cálculo de cada probabilidade posterior do estado de natureza dada a descoberta do levantamento sísmico.

Prêmios esperados se a descoberta for sondagens sísmicas favoráveis (FSS):

$$E[\text{Prêmio (perfuração} \mid \text{Descoberta} = \text{FSS)}] = \frac{1}{2}(700) + \frac{1}{2}(-100) - 30$$
$$= 270.$$

$$E[\text{Prêmio (venda} \mid \text{Descoberta} = \text{FSS)}] = \frac{1}{2}(90) + \frac{1}{2}(90) - 30$$
$$= 60.$$

Já que o objetivo é maximizar o prêmio esperado, esses resultados levam à política ótima mostrada na Tabela 15.5.

Entretanto, o que essa análise não responde é se vale ou não a pena gastar US$ 30.000 para realizar a experimentação (um levantamento sísmico). Talvez fosse melhor renunciar a essa grande despesa e, simplesmente, usar a solução ótima sem experimentação (perfurar em busca de petróleo, com um prêmio esperado de US$ 100.000). Respondemos essa questão a seguir.

■ **TABELA 15.5** A política ótima com experimentação, segundo a regra de decisão de Bayes, para o problema completo da Goferbroke Co.

Descoberta do levantamento sísmico	Alternativa ótima	Prêmio esperado excluindo o custo de levantamento	Prêmio esperado incluindo o custo de levantamento
USS	Vender o terreno	90	60
FSS	Perfurar para procurar petróleo	300	270

	A	B	C	D	E	F	G	H
1		Gabarito para probabilidades posteriores						
2								
3		Dados:		P (Descoberta|Estado)				
4		Estado da	Probabilidade	Descoberta				
5		natureza	prévia	FSS	USS			
6		Petróleo	0,25	0,6	0,4			
7		Seco	0,75	0,2	0,8			
8								
9								
10								
11								
12		Probabilidades		P (Descoberta|Estado)				
13		posteriores:		Estado da natureza				
14		Descoberta	(P)Descoberta	Petróleo	Seco			
15		FSS	0,3	0,5	0,5			
16		USS	0,7	0,14286	0,85714			
17								
18								
19								

	B	C	D
12	Probabilidades		P (Descoberta|Estado)
13	posteriores:		Estado da natureza
14	Descoberta	(P)Descoberta	=B6
15	=D5	=SUMPRODUCT(C6:C10,D6:D10)	=C6*D6/SUMPRODUCT(C6:C10,D6:D10)
16	=E5	=SUMPRODUCT(C6:C10,E6:E10)	=C6*E6/SUMPRODUCT(C6:C10,E6:E10)
17	=F5	=SUMPRODUCT(C6:C10,F6:F10)	=C6*F6/SUMPRODUCT(C6:C10,F6:F10)
18	=G5	=SUMPRODUCT(C6:C10,G6:G10)	=C6*G6/SUMPRODUCT(C6:C10,G6:G10)
19	=H5	=SUMPRODUCT(C6:C10,H6:H10)	=C6*H6/SUMPRODUCT(C6:C10,H6:H10)

■ **FIGURA 15.3** Este quadro de *probabilidades posteriores* contido no *Courseware* de PO possibilita o cálculo eficiente de probabilidades posteriores, conforme ilustrado aqui para o caso completo da Goferbroke Co.

O valor da experimentação

Antes de realizar qualquer experimentação, devemos determinar seu valor potencial. Apresentamos dois métodos complementares para essa avaliação.

O primeiro deles supõe (de maneira irrealista) que a experimentação eliminará *toda* a incerteza sobre qual seja o verdadeiro estado de natureza e, depois, esse método faz um cálculo muito rápido de qual seria o *incremento resultante no prêmio esperado* (ignorando o custo da experimentação). Essa quantidade, chamada *valor esperado da informação perfeita*, fornece um *limite superior* do valor potencial do experimento. Portanto, se esse limite superior for menor que o custo do experimento, este deve ser efetivamente descartado.

Entretanto, se esse limite superior exceder o custo do experimento, então, devemos usar o segundo método (mais lento) em seguida. Esse método calcula a melhoria *real* no prêmio esperado (ignorando o custo do experimento) que resultaria da realização do experimento. Comparar esse incremento (denominado *valor esperado da experimentação*) com o custo indica se o experimento deve ou não ser realizado.

Valor esperado da informação perfeita. Suponha agora que o experimento pudesse efetivamente identificar o verdadeiro estado de natureza e, assim, fornecer a informação "perfeita". Seja qual for o estado de natureza identificado, certamente você escolherá a ação com o prêmio máximo para esse estado. Não sabemos com antecedência qual estado de natureza será identificado, de forma que um cálculo do prêmio esperado com informação perfeita (ignorando-se o custo do experimento) requer atribuir pesos ao prêmio máximo para cada estado de natureza pela probabilidade prévia daquele estado de natureza.

Esse cálculo é mostrado na parte inferior da Tabela 15.6 para o problema completo da Goferbroke Co., no qual o valor esperado da informação perfeita é 242,5. Portanto, se a Goferbroke Co.

pudesse saber se o terreno contém ou não petróleo antes de fazer sua escolha, o prêmio esperado a partir de então (antes de conseguir essa informação) seria de US$ 242.500 (excluindo o custo do experimento gerador da informação).

Para avaliar se o experimento deve ser conduzido ou não, usamos agora essa quantidade para calcular o valor esperado da informação perfeita.

O **valor esperado da informação perfeita**, cuja abreviatura, em inglês, é **EVPI**, é calculado como a seguir:

EVPI = prêmio esperado com informação perfeita − prêmio esperado sem experimentação[2].

Portanto, já que a experimentação normalmente não é capaz de fornecer informações perfeitas, o EVPI fornece um limite superior do valor esperado da experimentação.

Para esse mesmo exemplo, encontramos na Seção 15.2 que o prêmio esperado sem experimentação (segundo a regra de decisão de Bayes) é 100. Logo,

$$\text{EVPI} = 242{,}5 - 100 = 142{,}5.$$

Visto que 142,5 excede em muito 30, o custo da experimentação (um levantamento sísmico) pode valer a pena prosseguir com um levantamento sísmico. Para ter certeza disso, partiremos agora para o segundo método de avaliação do provável benefício da experimentação.

Valor esperado da experimentação. Em vez de simplesmente obter um limite superior do *acréscimo esperado no prêmio* (excluindo-se o custo do experimento) em virtude da realização da experimentação, agora teremos certo trabalho adicional para calcular diretamente esse acréscimo esperado. Essa quantidade se chama *valor esperado da experimentação*. (Algumas vezes também denominado *valor esperado da informação experimental*.)

Calcular essa quantidade requer primeiro calcular o prêmio esperado com experimentação (excluindo-se o custo do experimento). Obter esse último valor requer realizar todo o trabalho descrito anteriormente para encontrar todas as probabilidades posteriores, a política ótima resultante com experimentação e o prêmio esperado correspondente (excluindo-se o custo do experimento) para cada uma das possíveis descobertas do experimento. A seguir, cada um desses prêmios esperados precisa ser ponderado pela probabilidade da descoberta correspondente, isto é,

$$\text{Prêmio esperado com experimentação} = \sum_j P(\text{Descoberta} = \text{descoberta } j)\, E[\text{prêmio} \mid \text{Descoberta} = \text{descoberta } j],$$

em que o somatório é calculado com todos os valores possíveis de j.

Para o exemplo-protótipo, já fizemos todo o processo para obter os termos do lado direito dessa equação. Os valores de $P(\text{Descoberta} = \text{descoberta } j)$ para as duas possíveis descobertas do levantamento sísmico [desfavorável (USS) e favorável (FSS)] foram calculados na parte inferior do diagrama de árvore de probabilidades na Figura 15.2 como:

$$P(\text{USS}) = 0{,}7, \quad P(\text{FSS}) = 0{,}3.$$

■ **TABELA 15.6** Prêmio esperado com a informação perfeita para o problema completo da Goferbroke Co.

Alternativa	Estado de natureza	
	Petróleo	Seco
1. Perfurar para procurar petróleo	700	−100
2. Vender o terreno	90	90
Prêmio máximo	700	90
Probabilidade prévia	0,25	0,75
Prêmio esperado com informação perfeita = 0,25(700) + 0,75(90) = 242,5		

---

[2] O *valor da informação perfeita* é uma variável aleatória igual ao prêmio com informação perfeita *menos* o prêmio sem experimentação. EVPI é o valor esperado dessa variável aleatória.

Para a política ótima com experimentação, o prêmio esperado correspondente (excluindo-se o custo do levantamento sísmico) para cada descoberta foi obtido na terceira coluna da Tabela 15.5 como:

$$E(\text{Prêmio} \mid \text{Descoberta} = \text{USS}) = 90,$$
$$E(\text{Prêmio} \mid \text{Descoberta} = \text{FSS}) = 300.$$

Com esses números,

$$\text{Prêmio esperado com experimentação} = 0,7(90) + 0,3(300)$$
$$= 153.$$

Agora, estamos prontos para calcular o valor esperado da experimentação.

O **valor esperado da experimentação**, cuja abreviatura, em inglês, é EVE, é calculado como:

EVE = prêmio esperado com experimentação − prêmio esperado sem experimentação.

Portanto, o EVE identifica o valor potencial da experimentação.

Para o caso da Goferbroke Co.,

$$\text{EVE} = 153 - 100 = 53.$$

Já que esse valor excede 30, o custo de realizar o levantamento sísmico detalhado (em unidades de milhares de dólares), essa experimentação deve ser realizada.

15.4 ÁRVORES DE DECISÃO

As árvores de decisão fornecem uma maneira prática de *mostrar visualmente* o problema e, em seguida, *organizar o trabalho computacional* já descrito nas duas seções anteriores. Essas árvores são especialmente úteis quando deve se realizar uma *sequência de decisões*.

Construção da árvore de decisão

O exemplo-protótipo envolve uma sequência de duas decisões:

1. Devemos realizar o levantamento sísmico antes de se tomar uma decisão?
2. Que decisão (perfurar para procurar petróleo ou vender o terreno) deve se tomar?

A árvore de decisão correspondente (antes de se acrescentarem números e realizar cálculos) é mostrada na Figura 15.4.

Os pontos de junção na árvore de decisão são conhecidos como **nós** (ou forquilhas) e as linhas são chamadas **ramificações**.

Um **nó de decisão**, representado por um quadrado, indica que uma decisão precisa ser tomada naquele ponto do processo. Um **nó de evento** (ou nó-chance), representado por um círculo, indica que um evento aleatório ocorre naquele ponto.

Portanto, na Figura 15.4, a primeira decisão é representada pelo nó de decisão *a*. O nó *b* é um nó de evento representando o evento aleatório do resultado do levantamento sísmico. As duas ramificações que partem do nó de evento *b* representam os dois resultados possíveis do levantamento. A seguir, temos a segunda decisão (nós *c*, *d* e *e*) com suas duas escolhas possíveis. Se a decisão for por perfurar em busca de petróleo, então encontramos outro nó de evento (nós *f*, *g* e *h*), em que suas duas ramificações correspondem aos dois estados de natureza possíveis.

Observe que o caminho seguido do nó *a* para alcançar qualquer ramificação terminal (exceto o inferior) é determinado tanto pelas decisões realizadas quanto pelos eventos aleatórios que estão fora do controle do tomador de decisão. Essa é uma característica dos problemas resolvidos pela análise de decisão.

A próxima etapa na construção da árvore de decisão é inserir números na árvore conforme ilustrado na Figura 15.5. Os números abaixo ou acima das ramificações que *não* se encontram dentro de parênteses

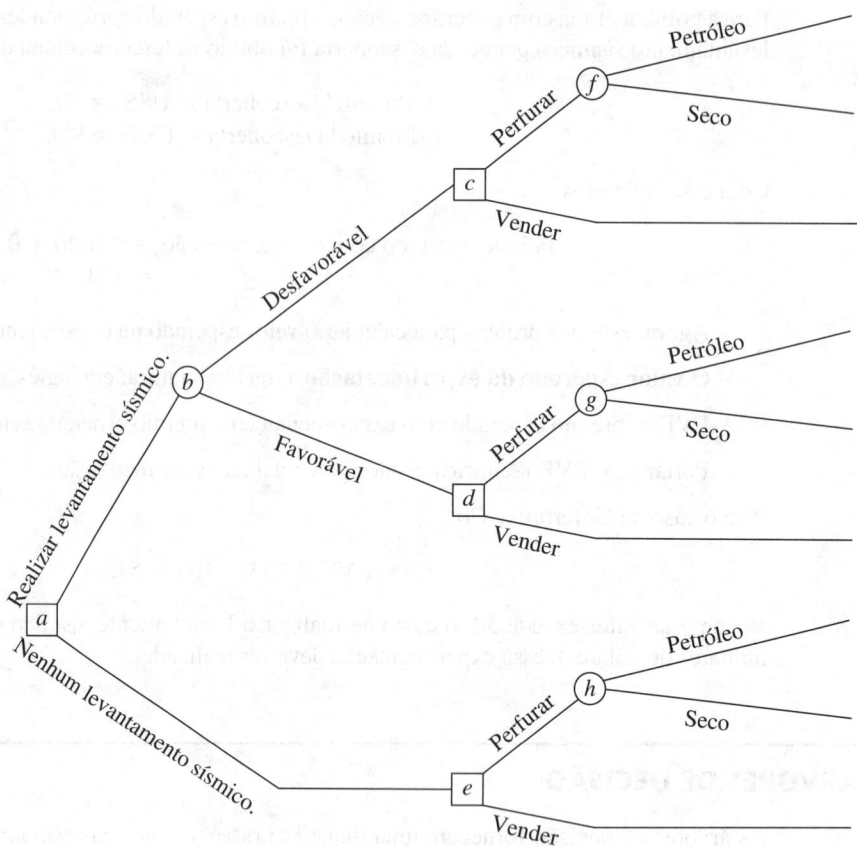

■ **FIGURA 15.4** A árvore de decisão (antes de incluir qualquer número) para o problema completo da Goferbroke Co.

Exemplo de Aplicação

O **Westinghouse Science and Technology Center** é a principal divisão de pesquisa e desenvolvimento (P&D) da Westinghouse Electric Corporation para o desenvolvimento de nova tecnologia. O processo de avaliação de projetos de P&D para decidir quais devem ser iniciados e, depois, quais devem ter continuidade à medida que são feitos (ou não) avanços são, particularmente, desafiadores para os dirigentes da empresa devido às grandes incertezas e os horizontes de tempo muito dilatados que estão envolvidos. A data real de lançamento para uma tecnologia embrionária pode ser de anos, ou até mesmo décadas, muito distante de seu início quando era uma simples proposta de P&D para investigar o potencial de uma tecnologia.

À medida que o Centro começou a sofrer cada vez mais pressão para reduzir custos e liberar rapidamente tecnologia de grande impacto, o controlador do Centro financiou um projeto de pesquisa operacional para melhorar esse processo de avaliação. A equipe de PO desenvolveu uma *metodologia de árvore de decisão* para analisar qualquer proposta de P&D considerando, ao mesmo tempo, sua sequência completa de pontos de decisão fundamentais. O primeiro ponto de decisão é se deveria ser custeado ou não o projeto embrionário proposto para o primeiro ano ou algo próximo disso. Se seus marcos técnicos iniciais fossem atingidos, o próximo ponto de decisão seria se deveria haver continuidade ou não no financiamento do projeto por determinado período. Isso poderia então ser repetido uma ou mais vezes. Se os marcos técnicos finais fossem atingidos, o próximo ponto de decisão seria se deveria ou não haver um pré-lançamento pelo fato de a inovação ainda atender os objetivos estratégicos da empresa. Se fosse atingida uma adequação estratégica, o ponto de decisão final seria se a inovação deveria ser comercializada já ou se isso deveria ser adiado até o seu lançamento ou simplesmente abandonar tudo. Uma *árvore de decisão* com uma progressão dos nós de decisão e dos nós de evento intermediários fornece uma maneira natural de representar e analisar um projeto de P&D desse tipo.

Fonte: R. K. Perdue, W. J. McAllister, P. V. King, and B. G. Berkey: "Valuation of R and D Projects Using Options Pricing and Decision Analysis Models", *Interfaces*, **29**(6): 57-74, Nov.-Dec. 1999. (Este artigo está disponível em inglês no *site* da editora, www.bookman.com.br.)

são os fluxos de caixa (em milhares de dólares) que ocorrem nessas ramificações. Para cada caminho pela árvore, partindo do nó *a* até chegar à ramificação terminal, esses mesmos números são então acrescentados para obter o prêmio total resultante em negrito à direita dessa ramificação. O último conjunto de números representa as probabilidades de eventos aleatórios. Especificamente, como cada ramificação que emana de um nó de evento representa um evento aleatório possível, a probabilidade desse evento ocorrer a partir desse nó foi inserida entre parênteses junto com essa ramificação. A partir do nó de evento *h*, as probabilidades são as *probabilidades prévias* desses estados de natureza, pois não foi conduzido nenhum levantamento sísmico para obter mais informações sobre esse caso. Entretanto, os nós de evento *f* e *g* levam a uma decisão de levantamento sísmico (e, depois, perfurar). Portanto, as probabilidades desses nós de evento são as *probabilidades posteriores* dos estados de natureza, dada a descoberta do levantamento sísmico, em que esses números são fornecidos nas Figuras 15.2 e 15.3. Finalmente, temos as duas ramificações que emanam do nó de evento *b*. Os números aqui são as probabilidades dessas descobertas provenientes do levantamento sísmico, Favorável (FSS) ou Desfavorável (USS), conforme fornecido abaixo do diagrama de árvore de probabilidades na Figura 15.2 ou nas células C15:C16 da Figura 15.3.

Realização da análise

Tendo construído a árvore de decisão, inclusive seus números, agora estamos prontos para analisar o problema usando o procedimento a seguir.

1. Comece no lado direito da árvore de decisão e desloque-se para esquerda, uma coluna por vez. Para cada coluna, realize as etapas 2 ou 3, dependendo se os nós naquela coluna são nós de evento ou nós de decisão;

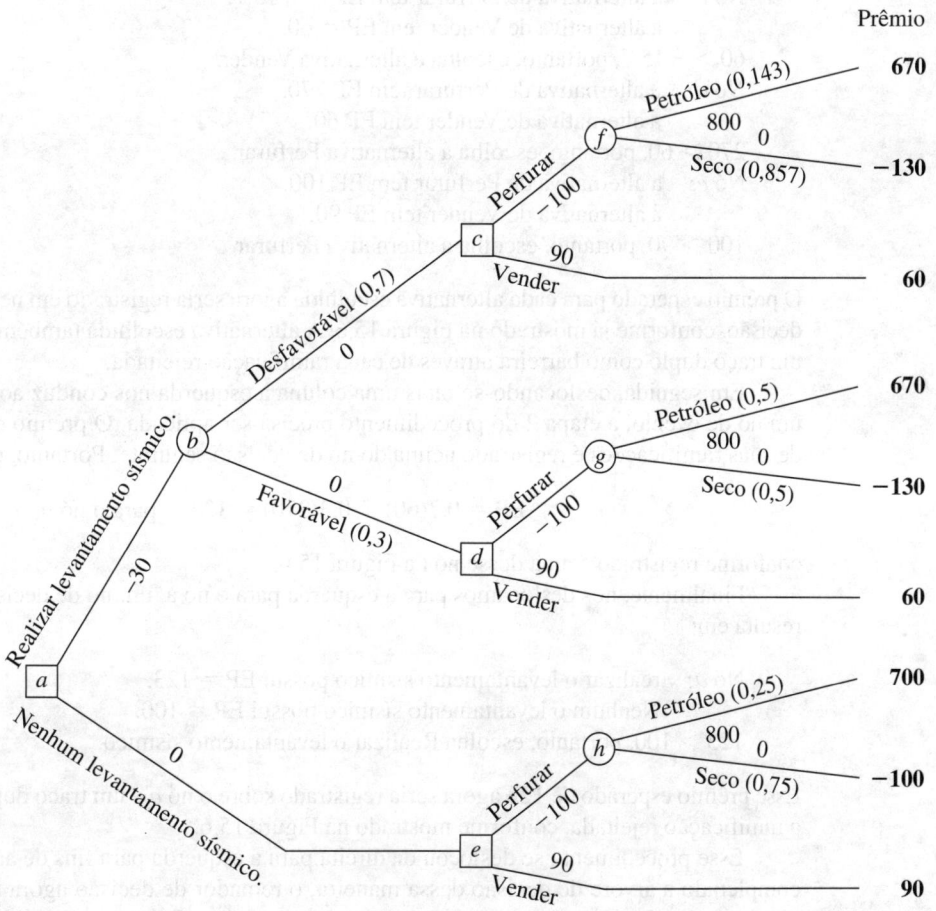

■ **FIGURA 15.5** A árvore de decisão na Figura 15.4, após acrescentar tanto as probabilidades de eventos aleatórios quanto os prêmios.

2. para cada nó de evento, calcule seu *prêmio esperado* multiplicando o prêmio esperado de cada ramificação (mostrado em negrito à direita da ramificação) pela probabilidade dessa ramificação e, depois, somando esses produtos. Registre esse prêmio esperado para cada nó de decisão em negrito próximo do nó e designe essa quantidade como também o prêmio esperado para a ramificação levando a esse nó;
3. para cada nó de decisão, compare os prêmios esperados de suas ramificações e escolha a alternativa cuja ramificação tem o maior prêmio esperado. Em cada caso, registre a escolha na árvore de decisão inserindo um traço duplo como barreira através de cada ramificação rejeitada.

Para iniciar o procedimento, considere a coluna de nós mais à direita, isto é, os nós de evento *f, g* e *h*. Aplicando-se a etapa 2, seus prêmios esperados (EP) são calculados como:

$$EP = \frac{1}{7}(670) + \frac{6}{7}(-130) = -15.7, \quad \text{para o nó } f,$$

$$EP = \frac{1}{2}(670) + \frac{1}{2}(-130) = 270, \quad \text{para o nó } g,$$

$$EP = \frac{1}{4}(700) + \frac{3}{4}(-100) = 100, \quad \text{para o nó } h.$$

Esses prêmios esperados são então colocados acima desses nós, conforme indicado na Figura 15.6.

Em seguida, deslocamos uma coluna à esquerda, que é formada pelos nós de decisão *c, d* e *e*. O prêmio esperado para a ramificação que leva a um nó de evento agora é registrado em negrito acima desse nó de evento. Portanto, a etapa 3 pode ser aplicada como a seguir.

Nó *c:* a alternativa de Perfurar tem EP = −15,7.
a alternativa de Vender tem EP = 60.
60 > −15,7, portanto, escolha a alternativa Vender.
Nó *d:* a alternativa de Perfurar tem EP 270.
a alternativa de Vender tem EP 60.
270 > 60, portanto, escolha a alternativa Perfurar.
Nó *e:* a alternativa de Perfurar tem EP 100.
a alternativa de Vender tem EP 90.
100 > 90, portanto, escolha a alternativa Perfurar.

O prêmio esperado para cada alternativa escolhida agora seria registrado em negrito acima de seu nó de decisão, conforme já mostrado na Figura 15.6. A alternativa escolhida também é indicada inserindo-se um traço duplo como barreira através de cada ramificação rejeitada.

Em seguida, deslocando-se mais uma coluna à esquerda nos conduz ao nó *b*. Já que se trata de um nó de evento, a etapa 2 do procedimento precisa ser aplicada. O prêmio esperado para cada uma de suas ramificações é registrado acima do nó de decisão seguinte. Portanto, o prêmio esperado é:

$$EP = 0,7(60) + 0,3(270) = 123, \quad \text{para o nó } b,$$

conforme registrado acima desse nó na Figura 15.6.

Finalmente, nos deslocamos para a esquerda para o nó *a*, um nó de decisão. Aplicando a etapa 3 resulta em:

Nó *a:* realizar o levantamento sísmico possui EP = 123.
Nenhum o levantamento sísmico possui EP = 100.
123 > 100, portanto, escolha Realizar o levantamento sísmico.

Esse prêmio esperado de 123 agora seria registrado sobre o nó *a* e um traço duplo inserido para indicar a ramificação rejeitada, conforme mostrado na Figura 15.6.

Esse procedimento se deslocou da direita para a esquerda para fins de análise. Entretanto, tendo completado a árvore de decisão dessa maneira, o tomador de decisão agora pode ler a árvore da esquerda para a direita para ver a progressão real dos eventos. Os traços duplos bloquearam os caminhos

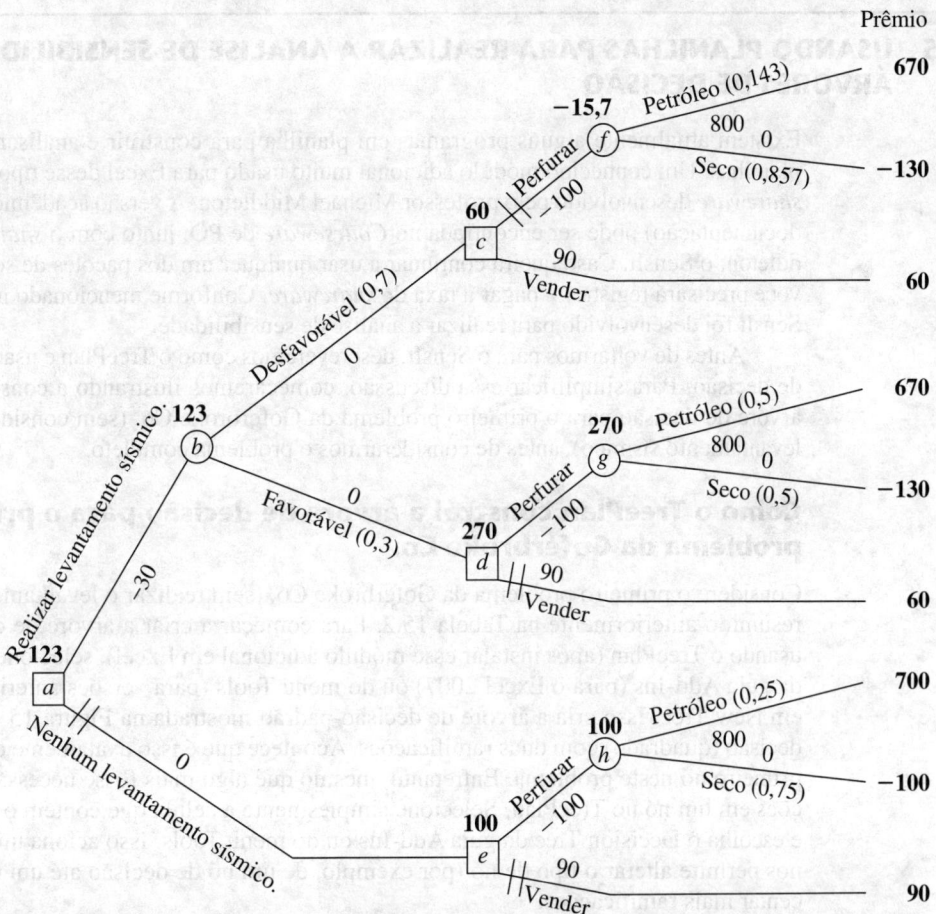

■ **FIGURA 15.6** A árvore de decisão final que registra a análise para o problema completo da Goferbroke Co. ao usar prêmios monetários.

indesejados. Portanto, dados os prêmios para os resultados finais mostrados no lado direito, a *regra de decisão de Bayes* diz para seguir apenas os caminhos abertos da esquerda para a direita para alcançar o maior prêmio esperado possível.

Seguindo os caminhos abertos da esquerda para a direita na Figura 15.6 resulta na seguinte política ótima, de acordo com a regra de decisão de Bayes.

Política ótima:
Realizar o levantamento sísmico.
Se o resultado for desfavorável, vender o terreno.
Se o resultado for favorável, perfurar para procurar petróleo.
O prêmio esperado (incluindo o custo do levantamento sísmico) é 123 (US$ 123.000).

Essa solução ótima (única) naturalmente é a mesma daquela obtida na seção anterior sem o benefício de uma árvore de decisão. Ver a política ótima com experimentação fornecida na Tabela 15.5 e a conclusão no final da Seção 15.3 de que a experimentação vale a pena.

Para qualquer árvore de decisão, esse **procedimento de indução para trás** sempre nos levará à(s) *política(s) ótima(s)* após as probabilidades serem calculadas para as ramificações que emanam de um nó de evento.

Você pode encontrar **outro exemplo** de resolução de uma árvore de decisão dessa maneira na seção de Worked Examples do *site* da editora.

15.5 USANDO PLANILHAS PARA REALIZAR A ANÁLISE DE SENSIBILIDADE EM ÁRVORES DE DECISÃO

Existem atualmente alguns programas em planilha para construir e analisar árvores de decisão em planilhas. Um conhecido módulo adicional muito usado para Excel desse tipo é o *TreePlan,* que é um *shareware* desenvolvido pelo professor Michael Middleton. A versão acadêmica do TreePlan (com sua documentação) pode ser encontrada no *Courseware* de PO, junto com o *shareware* do professor Middleton, o SensIt. Caso queira continuar a usar qualquer um dos pacotes de software após esse curso, você precisará registrar e pagar a taxa de *shareware*. Conforme mencionado no final da Seção 15.2, o SensIt foi desenvolvido para realizar a análise de sensibilidade.

Antes de voltarmos para o SensIt, descreveremos como o TreePlan é usado para criar uma árvore de decisão. Para simplificar essa discussão, começaremos ilustrando a construção de uma pequena árvore de decisão para o primeiro problema da Goferbroke Co. (sem considerar a realização de um levantamento sísmico), antes de considerarmos o problema completo.

Como o TreePlan constrói a árvore de decisão para o primeiro problema da Goferbroke Co.

Considere o primeiro problema da Goferbroke Co. (sem realizar o levantamento sísmico) conforme resumido anteriormente na Tabela 15.2. Para começar a criar a árvore de decisão correspondente usando o TreePlan (após instalar esse módulo adicional em Excel), selecione a opção Decision Tree da guia Add-Ins (para o Excel 2007) ou do menu Tools (para versões anteriores do Excel) e clique em New Tree. Isso cria a árvore de decisão-padrão mostrada na Figura 15.7, com um único nó de decisão (quadrado) com duas ramificações. Acontece que é isso exatamente o que precisamos para o primeiro nó neste problema. Entretanto, mesmo que algo mais fosse necessário, é fácil fazer alterações em um nó no TreePlan. Selecione simplesmente a célula que contém o nó (B5 na Figura 15.7) e escolha o Decision Tree da guia Add-Ins ou do menu Tools. Isso aciona uma caixa de diálogo que nos permite alterar o tipo de nó (por exemplo, de um nó de decisão até um nó de evento) ou acrescentar mais ramificações.

Como padrão, os identificadores para as decisões (células D2 e D7 na Figura 15.7) são "Decision 1", "Decision 2" e assim por diante. Esses identificadores são modificados, clicando-se neles e digitando um novo identificador. Na Figura 15.7, esses identificadores já foram alterados para, respectivamente, "Perfurar" e "Vender".

Se a decisão for perfurar, o evento seguinte é saber se o terreno contém ou não petróleo. Para criar um nó de evento, clique na célula que contém o nó terminal triangular no final da ramificação Perfurar (célula F3 na Figura 15.7) e selecione Decision Tree da guia Add-Ins ou no menu Tools. Isso aciona a caixa de diálogo TreePlan Acad-Terminal Node mostrada na Figura 15.8, a segunda delas a partir do alto da mesma. Escolha a opção "Change to event node" à esquerda e selecione a opção Two em Branches à direita e, depois, clique em OK. Isso resulta na árvore de decisão com os nós e ramifi-

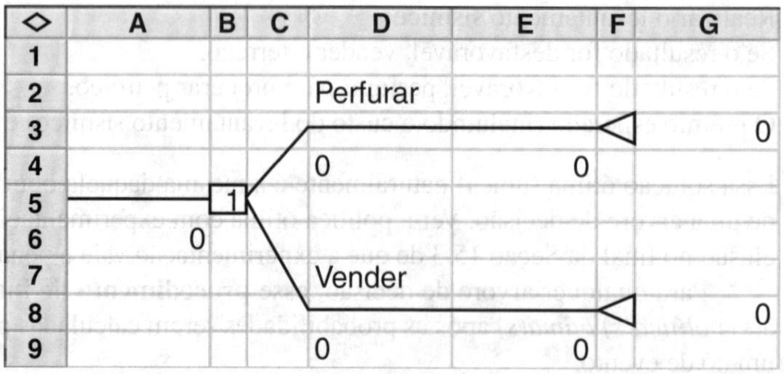

	A	B	C	D	E	F	G
1							
2				Perfurar			
3							0
4				0	0		
5			1				
6		0					
7				Vender			
8							0
9				0	0		

■ **FIGURA 15.7** A árvore de decisão-padrão criada pelo TreePlan selecionando-se a opção Decision Tree da guia Add-Ins ou do menu Tools, clicando em New Tree e depois incluindo-se os identificadores Perfurar e Vender para as duas alternativas de decisão.

cações mostrados na Figura 15.9 (após substituir os identificadores-padrão "Event 1" e "Event 2" por "Petróleo" e "Seco", respectivamente).

A qualquer momento, você também pode clicar em qualquer nó de decisão existente (um quadrado) ou nó de evento (um círculo) e escolher Decision Tree do guia Add-Ins ou do menu Tools para acionar a caixa de diálogo correspondente ("TreePlan... Decision" or "TreePlan Acad-Event Node") para fazer qualquer uma das modificações listadas na Figura 15.8 naquele nó.

Inicialmente, cada ramificação mostraria um valor-padrão 0 para o fluxo de caixa líquido que é gerado ali (os números aparecem abaixo dos identificadores de ramificação: D6, D14, H4 e H9 na Figura 15.9). Da mesma forma, cada uma das duas ramificações que partem do nó de evento exibiria os valores-padrão 0,5 como probabilidades prévias (as probabilidades se encontram logo acima dos identificadores correspondentes: H1 e H6 na Figura 15.9). Portanto, você deve clicar em seguida nesses valores-padrão e substituí-los pelos números corretos, a saber:

D6 = −100 (o custo de perfuração é de US$ 100.000);
D14 = 90 (o lucro obtido pela venda é de US$ 90.000);
H1 = 0,25 (a probabilidade prévia de se encontrar petróleo é 0,25);
H4 = 800 (a receita líquida após a descoberta de petróleo é US$ 800.000);
H6 = 0,75 (a probabilidade prévia de o terreno ser seco é 0,75);
H9 = 0 (a receita líquida após a descoberta de o terreno ser seco é 0);

conforme mostrado na figura.

A cada estágio na construção de uma árvore de decisão, o TreePlan encontra automaticamente a política ótima com a árvore atual ao usar a *regra de decisão de Bayes*. O número no interior de cada nó de decisão indica qual ramificação deve ser escolhida (supondo-se que as ramificações que

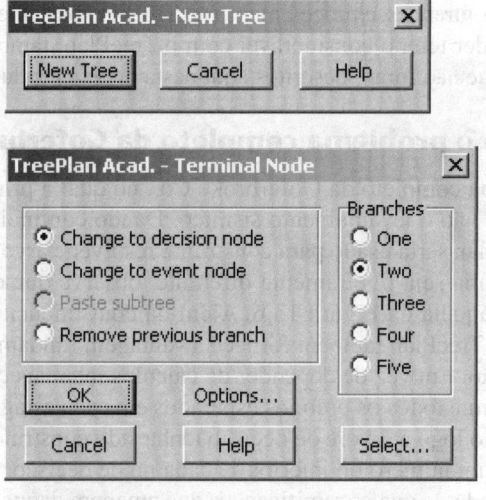
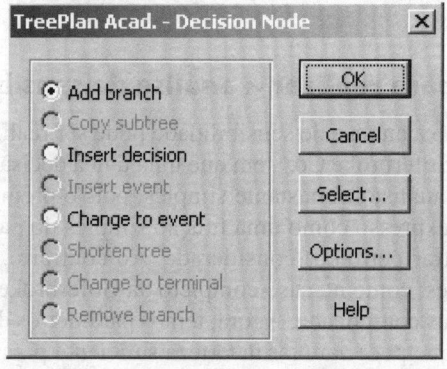
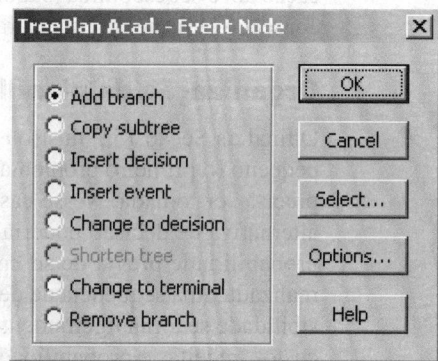

■ **FIGURA 15.8** As caixas de diálogo utilizadas pelo TreePlan para construir uma árvore de decisão.

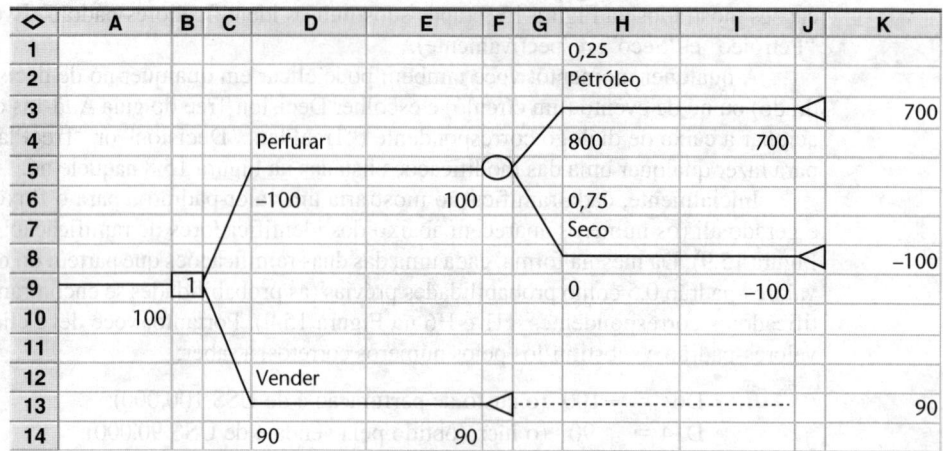

■ **FIGURA 15.9** A árvore de decisão construída e solucionada pelo TreePlan para o primeiro problema da Goferbroke Co., conforme apresentado na Tabela 15.2, em que o 1 na célula B9 indica que a ramificação superior (a alternativa Perfurar) deve ser escolhida.

emanam daquele nó sejam numeradas consecutivamente de cima para baixo). Portanto, para a árvore de decisão final na Figura 15.9, o número 1 na célula B9 especifica que a primeira ramificação (a alternativa Perfurar) deve ser escolhida. O número em ambos os lados de cada nó terminal é o prêmio caso esse nó seja atingido. O número 100 nas células A10 e E6 é o *prêmio esperado* nesses estágios do processo.

Acreditamos que você encontrará esse procedimento no TreePlan bastante intuitivo ao executá-lo em um computador. Se despender tempo considerável com o TreePlan, também descobrirá que ele possui diversos recursos úteis que não foram descritos aqui nesta breve introdução.

Árvore de decisão para o problema completo da Goferbroke Co.

Consideremos agora o problema completo da Goferbroke Co., no qual a primeira decisão a ser tomada é se devemos realizar ou não o levantamento sísmico. Dando continuidade ao procedimento descrito anteriormente, o TreePlan seria usado para construir e resolver a árvore de decisão mostrada na Figura 15.10. Embora a forma seja ligeiramente diferente, observe que essa árvore de decisão é completamente equivalente àquela da Figura 15.6. Além da conveniência de construir a árvore diretamente sobre a planilha, o TreePlan também fornece a vantagem fundamental de resolver automaticamente a árvore de decisão. Em vez de depender de cálculos manuais como na Figura 15.6, o TreePlan calcula instantaneamente todos os prêmios esperados em cada estágio da árvore, conforme mostrado próximo a cada nó, tão logo a árvore de decisão tenha sido construída. Em vez de usar traços duplos, o TreePlan coloca um número no interior de cada nó de decisão, indicando qual ramificação deve ser escolhida (supondo-se que as ramificações que emanam daquele nó sejam numeradas consecutivamente de cima para baixo).

Organização da planilha para realizar a análise de sensibilidade

O final da Seção 15.2 ilustrou como a análise de sensibilidade pode ser realizada em um problema pequeno (o primeiro problema da Goferbroke Co.), em que uma única decisão (perfurar ou vender) precisa ser tomada. Nesse caso, a análise foi bastante simples, pois o prêmio esperado para cada alternativa de decisão poderia ser expresso como uma função simples do parâmetro do modelo (a probabilidade prévia de se encontrar petróleo) considerado. Ao contrário, quando é preciso ser realizada uma sequência de decisões, como no caso completo da Goferbroke Co., a análise de sensibilidade se torna ligeiramente mais complicada. Agora, temos parâmetros do modelo (os diversos custos, receitas e probabilidades) que poderiam ter incerteza suficiente para justificar a realização de análise de sensibilidade. Além disso, encontrar o prêmio esperado máximo para qualquer valor em particular dos parâmetros do modelo agora exige a resolução de uma árvore de decisão. Portan-

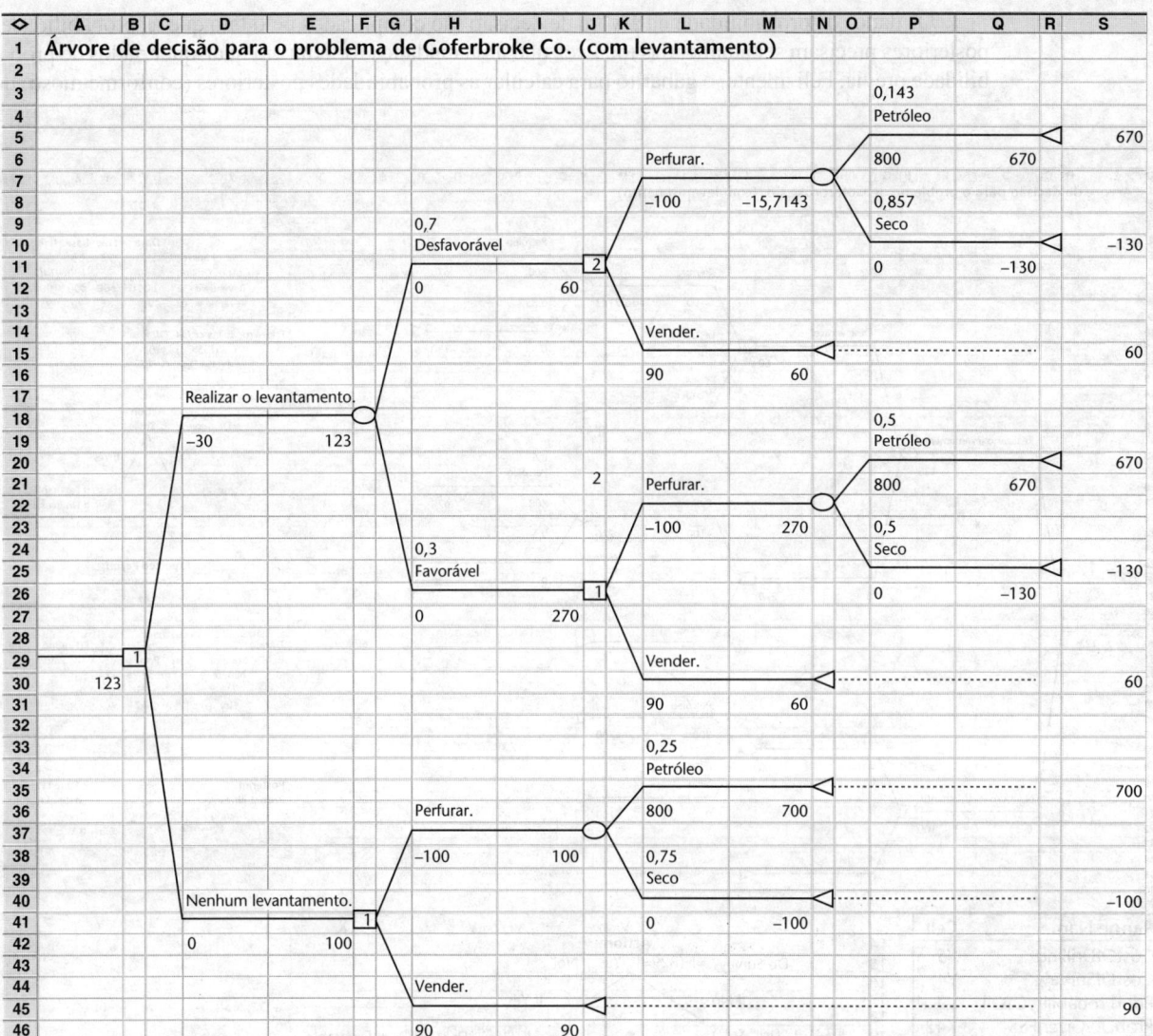

■ **FIGURA 15.10** A árvore de decisão construída e solucionada pelo TreePlan para o problema completo da Goferbroke Co., que também considera se devemos ou não realizar o levantamento sísmico.

to, usar software de planilha como o TreePlan, que resolve automaticamente a árvore de decisão, se torna muito útil. Acrescentar software que é especificamente desenvolvido para realização de análise de sensibilidade, como o SensIt, fornece outros *insights*.

Começar com a planilha que já contém a árvore de decisão, a próxima etapa é expandir e organizar essa planilha para realizar a análise de sensibilidade. Agora, ilustraremos isso para o problema completo Goferbroke Co., iniciando com a planilha na Figura 15.10, que contém a árvore de decisão construída pelo TreePlan.

É útil começar consolidando os dados e os resultados em uma nova seção, conforme o lado direito da Figura 15.11. Todas as células de dados na árvore de decisão agora seriam necessárias para fazer referência às células de dados consolidados (células V4:V11), conforme ilustrado pelas fórmulas mostradas para células P6 e P11 na parte inferior da figura. De forma similar, os resultados resumidos do lado direito da árvore de decisão fazem referência às células de saída no interior da árvore de decisão (os nós de decisão nas células B29, F41, J11 e J26, bem como o prêmio esperado na célula A30) usando as fórmulas para células U19, V15, V26 e W19:W20 exibidas na parte inferior da Figura 15.11.

Os dados de probabilidade na árvore de decisão são complicados pelo fato que as probabilidades posteriores precisam ser atualizadas toda vez que uma mudança for feita em quaisquer dados de probabilidade prévia. Felizmente, o gabarito para calcular as probabilidades posteriores (conforme mostrado

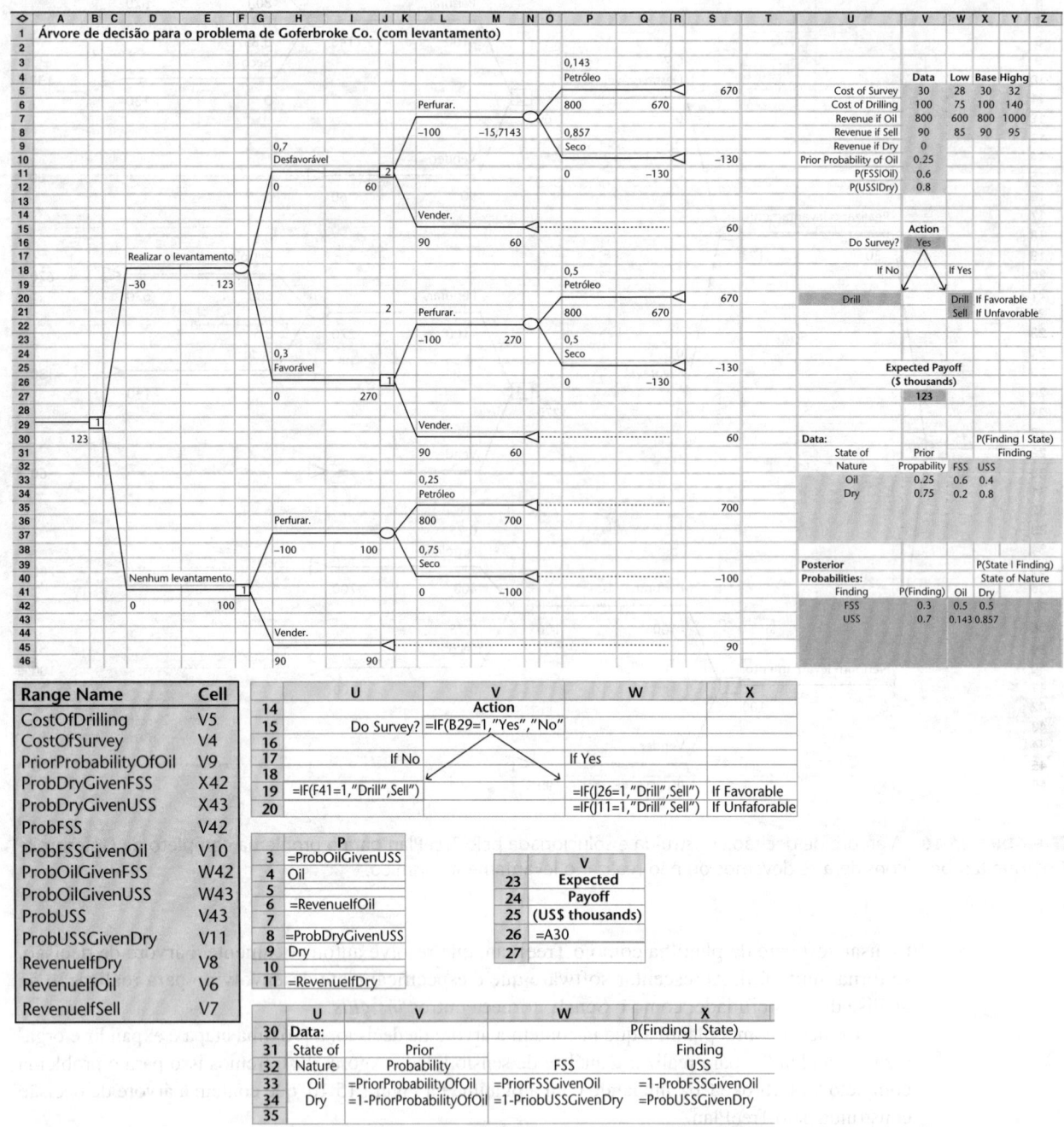

FIGURA 15.11 De forma preparatória para a realização da análise de sensibilidade no problema completo da Goferbroke Co., os dados e os resultados foram consolidados na planilha à direita da árvore de decisão.

na Figura 15.3) podem ser usados para esses cálculos. A porção relevante desse gabarito (B3:H19) foi copiada (usando os comandos Copy e Paste no menu Edit) para a planilha na Figura 15.11 (agora aparecendo no intervalo U30:AA46). Os dados para o gabarito referem-se aos dados de probabilidade nas células de dados PriorProbabilityOfOil (V9), ProbFSSGivenOil (V10) e ProbUSSGivenDry (V11), conforme exposto nas fórmulas para células V33:X34 na parte inferior da Figura 15.11. O gabarito calcula automaticamente a probabilidade de cada descoberta e as probabilidades posteriores (nas células V42:X43) com base nesses dados. A árvore de decisão então busca essas probabilidades calculadas quando são necessárias, conforme indicado nas fórmulas para células P3:P11 na Figura 15.11.

Consolidar os dados e os resultados oferece uma série de vantagens. Primeiro, ele garante que cada bloco de dados esteja em um único lugar. Cada vez que forem necessários os blocos de dados na árvore de decisão, uma referência é feita a uma única célula de dados. Isso simplifica em grande parte a análise de sensibilidade. Para modificar um bloco de dados, você precisa mudá-lo em um único lugar em vez de procurar por toda a árvore para encontrar e alterar todas as ocorrências desse bloco de dados. Uma segunda vantagem de consolidar os dados e resultados é que facilita para *qualquer um* interpretar o modelo. Não é necessário compreender o TreePlan ou como ler uma árvore de decisão de modo a ver que dados foram usados no modelo ou quais serão o plano de ação sugerido e prêmio esperado.

Mesmo levando certo tempo e esforço para consolidar os dados e resultados, incluindo todos os cruzamentos de referências necessárias, essa etapa é verdadeiramente essencial para realizar análise de sensibilidade. Muitos blocos de dados são usados em várias partes da árvore de decisão. Por exemplo, a receita se a Goferbroke encontrar petróleo aparece nas células P6, P21 e L36. Realizar a análise de sensibilidade nesse bloco de dados agora requer mudar seu valor em apenas um lugar (célula V6) em vez de três (células P6, P21 e L36). Os benefícios da consolidação são mais importantes para os dados de probabilidade. Mudar qualquer probabilidade prévia pode provocar *todas* as probabilidades posteriores à mudança. Incluindo o gabarito da probabilidade posterior, pode-se mudar a probabilidade prévia em um local e depois todas as demais probabilidades são calculadas e atualizadas apropriadamente.

Após fazer qualquer mudança nos dados de custos, de receitas ou de probabilidade na Figura 15.11, a planilha sintetiza de forma interessante os novos resultados instantaneamente pelo gabarito da probabilidade posterior e a árvore de decisão. Portanto, a experimentação com valores de dados alternativos em uma abordagem de tentativa e erro é uma maneira útil de realizar análise de sensibilidade.

Entretanto, seria desejável ter mais um método de executar a análise de sensibilidade de forma mais sistemática. É aí que o SensIt entra em ação, ele fornece uma maneira de criar sistematicamente gráficos de análise de sensibilidade informativos que exibem o efeito de mudar o número nas respectivas células de dados de interesse. O SensIt é desenvolvido para ser integrado com o TreePlan (embora ele também possa realizar outros tipos de análise de sensibilidade que não exigem o emprego do TreePlan).

Uso do SensIt para criar três tipos de gráficos de análise de sensibilidade

Instalar o SensIt adiciona um item de menu Sensitivity Analysis à guia Add-Ins (para o Excel 2007) ou ao menu Tools (para versões anteriores do Excel). Esse item de menu tem um submenu com opção para dois tipos diferentes de análise de sensibilidade:1) traçar um gráfico de uma *saída simples* (por exemplo, o prêmio esperado) *versus* uma *entrada simples* (por exemplo, a probabilidade anterior de existência de petróleo) ou 2) gerar gráficos que comparem simultaneamente o efeito de *entradas múltiplas* em uma *saída simples*. Agora descreveremos esses dois tipos de análise de sensibilidade, um de cada vez.

Escolher a opção de traçar um gráfico de uma saída simples *versus* uma entrada simples aciona a caixa de diálogo Plot mostrada na Figura 15.12. A metade superior dessa caixa de diálogo é usada para especificar a célula de dados que será variada (a probabilidade prévia de se encontrar petróleo na célula V9) e a célula de saída de interesse (o prêmio esperado na célula V26). Opcionalmente, as células que contêm os identificadores para essas células também poderão ser especificadas (células U9 e V24, respectivamente). Esses identificadores são usados para determinar os eixos do gráfico que é criado. A metade inferior da caixa de diálogo é utilizada para especificar o intervalo de valores a ser considerado para a única célula de dados (a probabilidade prévia de se encontrar petróleo). Nesse caso, todos os valores entre 0 e 1 (em intervalos de 0,05) serão considerados. Clicar em OK gera o gráfico mostrado na Figura 15.13, que revela a relação entre a probabilidade prévia de se encontrar petróleo e o prêmio esperado que resulta do emprego da política ótima dado esta probabilidade.

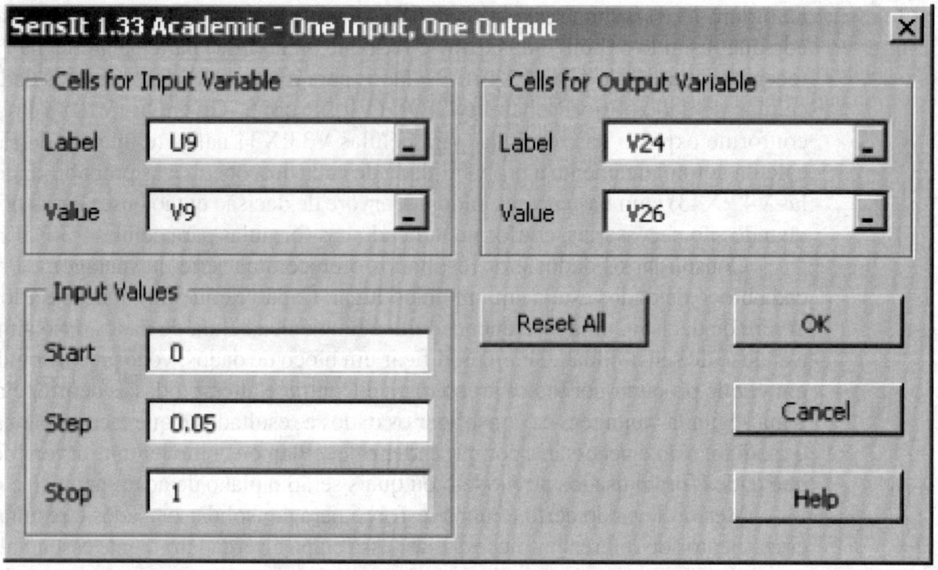

■ **FIGURA 15.12** A caixa de diálogo usada pelo SensIt para traçar um gráfico de uma saída simples *versus* uma entrada simples.

Este gráfico indica que o prêmio esperado começa a aumentar quando a probabilidade prévia está pouco acima de 0,15 e depois começa a aumentar mais rapidamente quando essa probabilidade estiver em torno de 0,3. Isso sugere que a política ótima muda grosseiramente esses valores da probabilidade prévia. Para verificar isso, a planilha na Figura 15.11 pode ser usada para ver como os resultados mudam quando a probabilidade prévia de se encontrar petróleo aumenta ligeiramente nesses valores. Esse tipo de análise de tentativa e erro logo leva às seguintes conclusões sobre como a política ótima depende dessa probabilidade.

Política Ótima

Façamos que p = Probabilidade prévia de se encontrar petróleo.
Se $p \leq 0{,}168$, devemos vender o terreno (nenhum levantamento sísmico).
Se $0{,}169 \leq p \leq 0{,}308$, devemos realizar o levantamento: perfurar se favorável e vender caso contrário.
Se $p \geq 0{,}309$, então devemos perfurar em busca de petróleo (nenhum levantamento sísmico).

Essa análise de sensibilidade se concentrou até agora em investigar o efeito se a real probabilidade de descoberta de petróleo for diferente da probabilidade prévia original igual a 0,25. Poderíamos realizar análise similar em relação às probabilidades nas células V10:V11 da Figura 15.11. Entretanto, já que há incerteza significativa sobre os dados de custo e receita nas células V4:V7, passamos a seguir para a realização da análise de sensibilidade em relação a esses dados.

Suponha que queiramos investigar como o prêmio esperado mudaria caso qualquer um dos custos ou receitas nas células V4:V7 mudasse. Isso requer algumas modificações na planilha original (Figura 15.11). Conforme mostrado na Figura 15.14, são acrescentadas três colunas para cada célula de dados que sofrerá variação, indicando o menor valor, o valor-base e o maior valor. Suponhamos que o custo de levantamento e a receita caso o terreno seja vendido sejam bastante previsíveis (e, portanto, variando em um pequeno intervalo, 28-32 e 85-95, respectivamente), ao passo que o custo de perfuração e a receita caso seja encontrado petróleo sejam mais variáveis (e, portanto, variando em um intervalo maior, 75-140 e 600-1.000, respectivamente).

Já que queremos investigar como o prêmio esperado mudaria se qualquer um dos custos ou receitas nas células V4:V7 mudasse, agora temos quatro entradas (esses custos e receitas) e uma saída (o prêmio esperado). Consequentemente, após expandir a planilha conforme indicado na Figura 15.14,

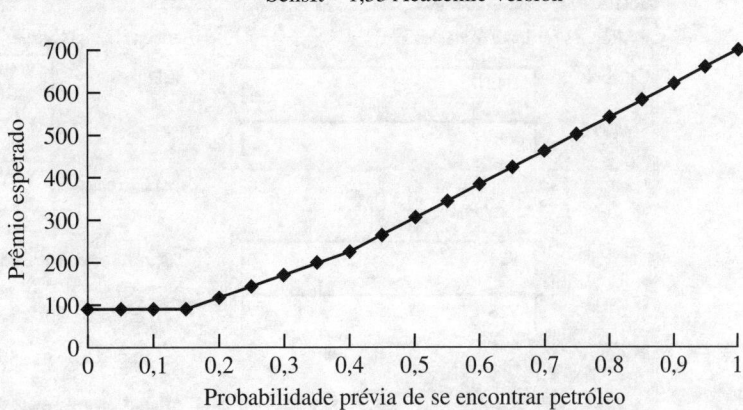

■ **FIGURA 15.13** O gráfico gerado pelo SensIt para o problema completo da Goferbroke Co. para mostrar como o prêmio esperado (ao usar a regra de decisão de Bayes) depende da probabilidade prévia de se encontrar petróleo.

O próximo passo é acionar a caixa de diálogo SensIt para "várias entradas, uma saída". Essa caixa de diálogo (acionada por meio da seleção do item correspondente no menu Sensitivity Analysis na guia Add-Ins para o Excel 2007 ou no menu Tools para versões anteriores do Excel) é mostrada na Figura 15.15. Ela é usada para especificar quais células contíguas de dados sofrerão variação, qual célula de saída será examinada e a localização das células especificando o intervalo (menor, base e maior) para as células de dados. A caixa Step Percent é usada para especificar o tamanho do passo desejado (na forma de uma porcentagem do valor-base) em cada valor de entrada em que o prêmio esperado será recalculado até que os valores de entrada mínimo e máximo sejam atingidos. O lado inferior direito da caixa de diálogo fornece a opção de três gráficos para exibição do efeito sobre a saída causado por valores alternativos de qualquer uma dessas entradas. Suponhamos que seja escolhida a opção "single-factor spider chart" (conforme mostrado na Figura 15.15). Clicando-se em OK é gerado então **o gráfico** aranha mostrado na Figura 15.16.

Cada reta no gráfico aranha dessa figura representa graficamente o prêmio esperado à medida que uma das células de dados (V4:V7) selecionada for alterada em relação a seu valor original através da multiplicação pela porcentagem indicada na parte inferior do gráfico. (A *reta do custo para o levantamento* recai sobre a *reta de custo para perfuração*, mas é muito menor do que a última reta já que ela se estende apenas até 93,3% em seu lado esquerdo e até 106,7% em seu lado direito.) O fato de a *reta da receita caso se encontre petróleo* ser a mais inclinada revela que o prêmio esperado é particular-

	U	V	W	X	Y
3		**Data**	Low	Base	High
4	Cost of Survey	30	28	30	32
5	Cost of Drilling	100	75	100	140
6	Revenue if Oil	800	600	800	1000
7	Revenue if Sell	90	85	90	95
8	Revenue if Dry	0			
9	Prior Probability of Oil	0.25			
10	P(FSS|Oil)	0.6			
11	P(USS|Dry)	0.8			

■ **FIGURA 15.14** Expansão da planilha da Figura 15.11, preparando-a para o emprego do SensIt, de modo a investigar o efeito de mudar quaisquer valores de custo ou receita no prêmio esperado.

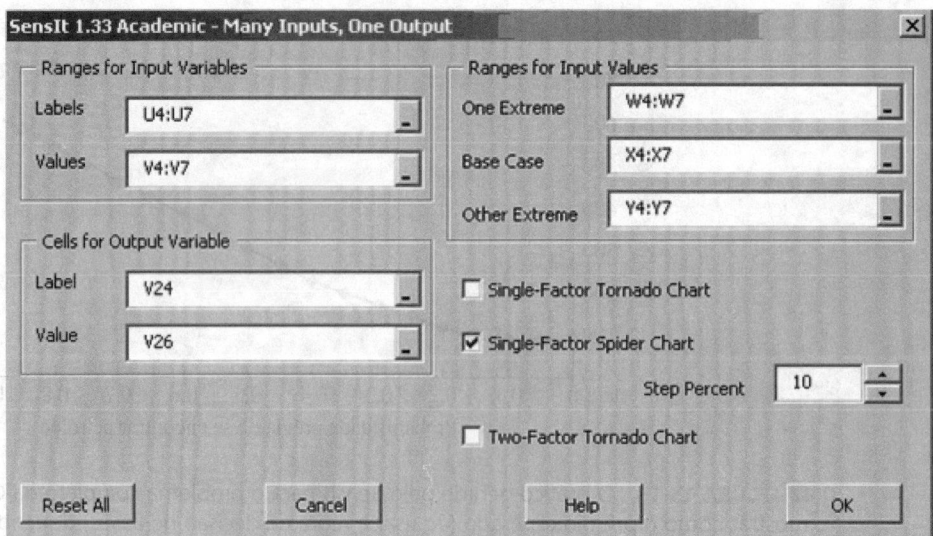

FIGURA 15.15 A caixa de diálogo usada pelo SensIt para investigar simultaneamente o efeito de mudar qualquer uma das várias entradas em uma saída simples.

mente sensível à estimativa da receita caso seja encontrado petróleo, de modo que qualquer esforço no sentido de refinar as estimativas deve se concentrar nela.

Suponha agora que seja escolhida a opção "single-factor tornado chart" da Figura 15.15. Clicar em OK gera então o gráfico tornado, mostrado na Figura 15.17. Cada barra nesse gráfico aponta o intervalo de alteração no prêmio esperado à medida que o custo ou receita correspondente é variado ao longo do intervalo de valores indicado numericamente nas extremidades de cada barra. A largura de cada barra no gráfico mede quão sensível o prêmio esperado é a mudança de custo ou receita nessa

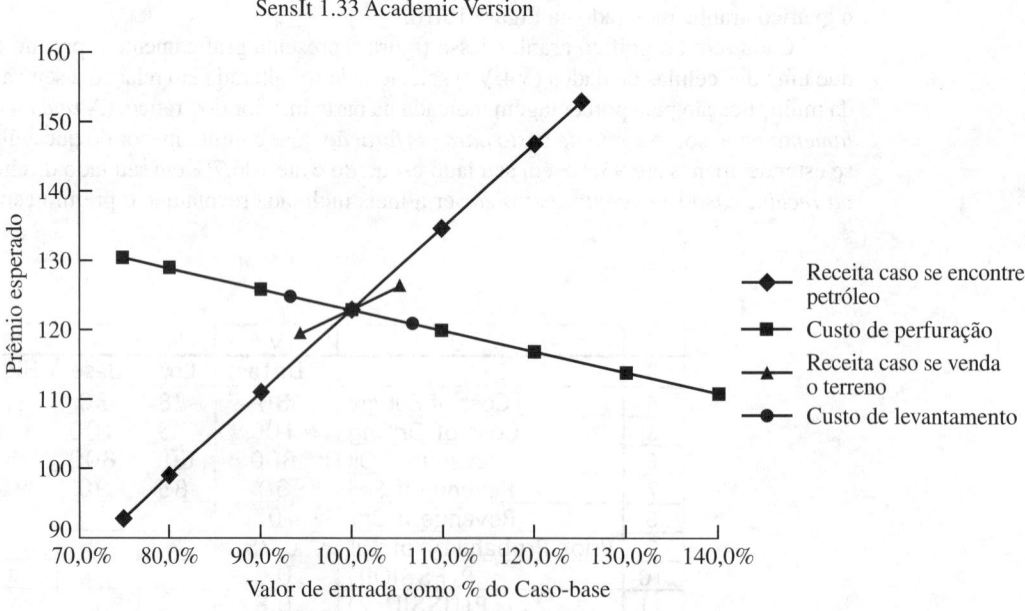

FIGURA 15.16 O gráfico aranha gerado pelo SensIt para o problema completo da Goferbroke Co. para mostrar como o prêmio esperado (ao usar a regra de decisão de Bayes) varia com mudanças em qualquer uma das estimativas de custo ou receita.

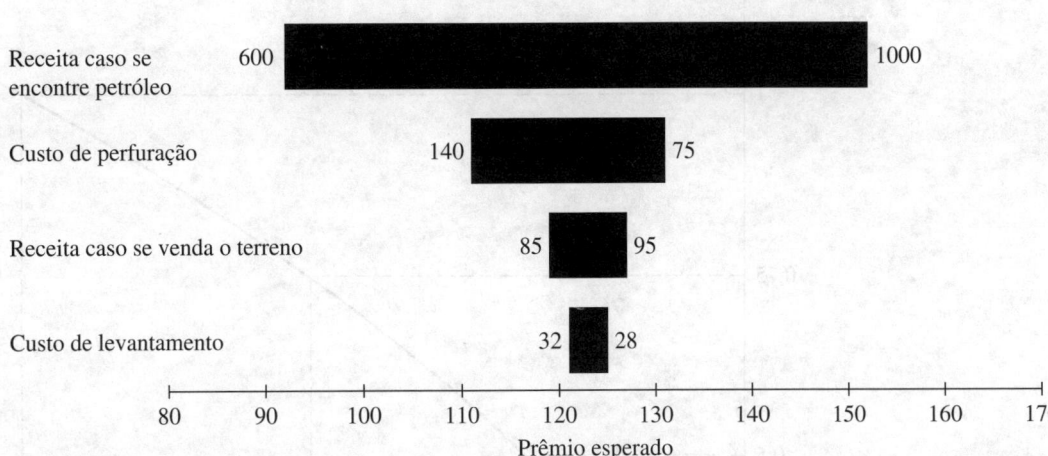

■ **FIGURA 15.17** O gráfico tornado gerado pelo SensIt para o problema completo da Goferbroke Co. para ilustrar como o prêmio esperado (ao usar a regra de decisão de Bayes) pode variar ao longo de todo o intervalo de valores prováveis de qualquer uma das estimativas de custo ou receita.

barra. Enfatizando, *receita caso seja encontrado petróleo* se destaca por provocar muito mais sensibilidade que os demais custos ou receitas.

O gráfico aranha da Figura 15.16 e o gráfico tornado da Figura 15.17 fornecem, na verdade, as mesmas informações de formas complementares. Qual delas é capaz de transmitir essas informações de modo mais vívido é, em grande parte, uma questão de gosto.

15.6 TEORIA DA UTILIDADE

Até agora, ao aplicarmos a regra de decisão de Bayes, partimos do pressuposto que o prêmio esperado em *termos monetários* seja a medida apropriada das consequências de se empreender determinada ação. Entretanto, em muitas situações, essa hipótese é inadequada.

Suponhamos, por exemplo, que se ofereça a um indivíduo escolher entre: 1) aceitar uma chance 50:50 de ganhar US$ 100.000 ou nada, ou 2) receber US$ 40.000 com certeza. Muitas pessoas prefeririam US$ 40.000, embora o prêmio esperado com uma probabilidade 50:50 de ganhar US$ 100.000 seja US$ 50.000. Uma empresa pode não estar propensa a investir uma grande quantia em um produto novo, mesmo quando o lucro esperado for substancial, caso haja risco de perder o investimento feito e, assim, entrar em falência. As pessoas compram segurança mesmo que seja um investimento insatisfatório do ponto de vista do prêmio esperado.

Então, esses exemplos invalidam a regra de decisão de Bayes? Felizmente, a resposta é não, pois há uma maneira de se transformarem *valores monetários* em uma escala apropriada que reflita as preferências do tomador de decisão. Essa escala se chama *função de utilidade monetária*.

Funções de utilidade monetária

A Figura 15.18 ilustra uma **função de utilidade $U(M)$ para dinheiro M**. Ela indica que um indivíduo com essa função de utilidade avaliaria em duas vezes mais obter US$ 30.000 do que US$ 10.000 e avaliaria em duas vezes mais obter US$ 100.000 do que US$ 30.000. Isso reflete o fato de que as necessidades de maior prioridade desse indivíduo seriam atendidas pelos primeiros US$ 10.000. Ter

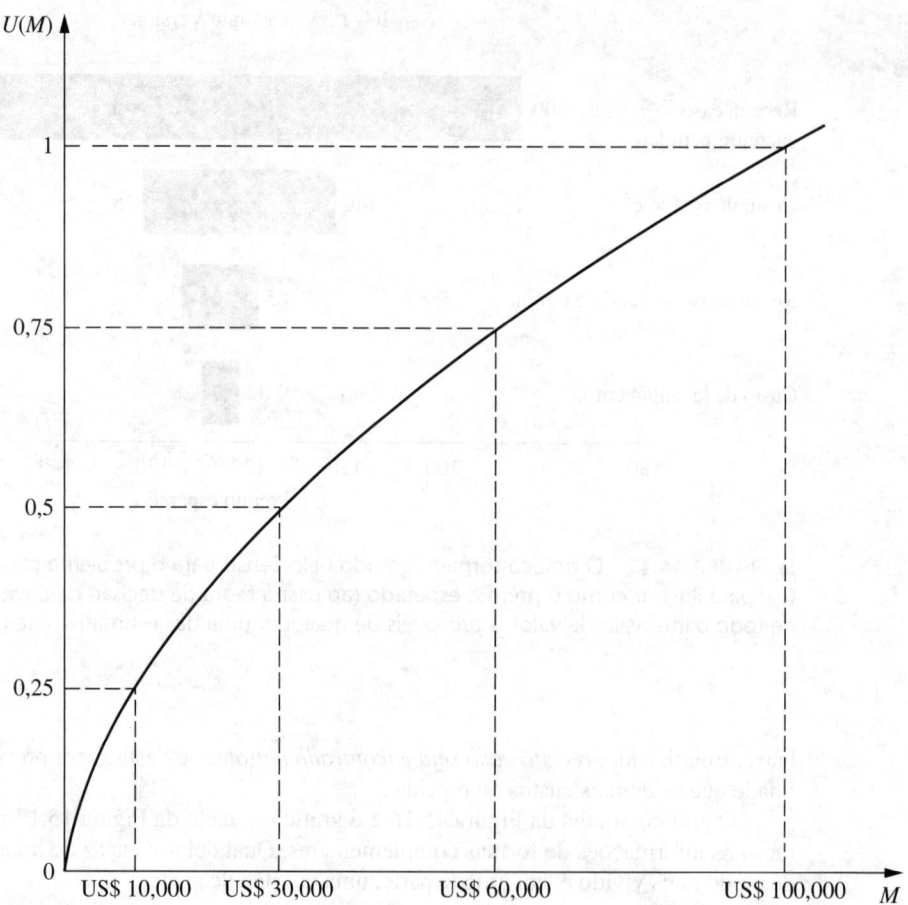

■ **FIGURA 15.18** Uma função de utilidade monetária típica, em que $U(M)$ é a utilidade de se obter certa quantia em dinheiro M.

inclinação decrescente da função à medida que a quantia em dinheiro aumenta é chamado **utilidade marginal decrescente para o dinheiro**. Um indivíduo destes é chamado **avesso a riscos**.

Entretanto, nem todos os indivíduos têm utilidade marginal monetária decrescente. Algumas pessoas têm um perfil para buscar riscos em vez de ser *avessas a riscos*, e elas passam a vida à procura da "pontuação máxima". A inclinação da função de utilidade dessas pessoas *aumenta* à medida que a quantia em dinheiro cresce, de modo que elas possuem uma **utilidade marginal crescente para o dinheiro**.

O caso intermediário é aquele indivíduo neutro em relação a riscos, que valoriza o dinheiro pelo seu valor nominal. A utilidade monetária para um indivíduo desses é simplesmente proporcional à quantia em dinheiro envolvida. Embora algumas pessoas pareçam ser neutras a riscos quando estão envolvidas quantias pequenas, não é usual ser verdadeiramente neutro em relação a riscos quando falamos de grandes quantias.

Também é possível demonstrar uma mescla desses tipos de comportamento. Por exemplo, um indivíduo poderia ser essencialmente neutro em relação a riscos com pequenas quantias, depois se tornar uma pessoa que procura riscos para quantias médias e, finalmente, ser avesso a riscos quando se trata de grandes quantias. Além disso, a predisposição de alguém correr riscos pode mudar ao longo do tempo, dependendo das circunstâncias.

A predisposição de alguém correr riscos também pode ser diferente ao se tratar das finanças pessoais do que ao tomar decisões em nome de uma organização. Por exemplo, os gerentes de uma financeira precisam considerar as circunstâncias da empresa e a filosofia coletiva do alto escalão na adoção de uma postura para correr riscos ao realizar decisões gerenciais[3].

O fato de pessoas diferentes terem funções de utilidade monetária diversas tem consequência importante na tomada de decisão em vista da incerteza.

> Quando uma *função de utilidade monetária* for incorporada em uma abordagem de análise de decisão a um problema, essa função de utilidade tem de ser construída de forma a se adaptar às preferências e aos valores do tomador de decisão envolvido. O tomador de decisão pode ser apenas um indivíduo ou um grupo de pessoas.

A *escala* da função de utilidade é irrelevante. Em outras palavras, não importa se o valor de $U(M)$ nas linhas tracejadas da Figura 15.18 é 0,25, 0,5, 0,75, 1 (conforme indicado) ou 10.000, 20.000, 30.000, 40.000, ou seja lá o que for. Todas as utilidades podem ser multiplicadas por uma constante positiva qualquer sem afetar qual o modo de proceder alternativo terá a maior utilidade esperada. Também é possível adicionar a mesma constante (positiva ou negativa) a todas as utilidades sem afetar qual modo de proceder terá a maior utilidade esperada.

Por essas razões, temos a liberdade de configurar arbitrariamente o valor de $U(M)$ para dois valores de M, desde que o maior valor monetário tenha a maior utilidade. É particularmente conveniente (embora certamente desnecessário) configurar $U(M) = 0$ para o menor valor de M considerado e configurar $U(M) = 1$ para o maior valor de M, conforme foi feito na Figura 15.18. Atribuindo-se utilidade 0 para o pior resultado e utilidade 1 para o melhor resultado, e então determinando as utilidades dos demais resultados de acordo, fica fácil ver a utilidade relativa de cada um dos resultados ao longo da escala que vai do pior para o melhor caso.

O segredo para construir a função de utilidade monetária para se adequar ao tomador de decisão é a propriedade fundamental das funções de utilidade indicada a seguir.

> **Propriedade fundamental:** segundo as hipóteses da teoria da utilidade, a *função de utilidade monetária* de um tomador de decisão tem a propriedade de que este é *indiferente* entre dois modos de proceder alternativos caso as duas alternativas tenham a *mesma utilidade esperada*.

Para fins ilustrativos, suponha que o tomador de decisão tenha a função de utilidade mostrada na Figura 15.19. Suponha também que seja oferecida a seguinte oportunidade ao tomador de decisão.

> **Oferta:** uma oportunidade de obter US$ 100.000 (utilidade = 1) com probabilidade p ou então nada (utilidade = 0) com probabilidade $(1 - p)$.

Portanto,

$$E(\text{utilidade}) = p, \quad \text{para essa oferta.}$$

Portanto, para *cada* um dos três pares de alternativas, o tomador de decisão é indiferente em relação à primeira e à segunda alternativas:

1. A oferta com $p = 0,25$ [E(utilidade) = 0,25] ou obter efetivamente US$ 10.000 (utilidade = 0,25);
2. A oferta com $p = 0,5$ [E(utilidade) = 0,5] ou obter efetivamente US$ 30.000 (utilidade = 0,5);
3. A oferta com $p = 0,75$ [E(utilidade) = 0,75] ou obter efetivamente US$ 60.000 (utilidade = 0,75).

Esse exemplo também ilustra uma maneira na qual a função de utilidade monetária do tomador de decisão pode ser construída em primeiro lugar. Ele receberia a mesma oferta hipotética para obter uma grande quantia em dinheiro (por exemplo, US$ 100.000) com probabilidade p ou então nada. Em seguida, para cada uma das quantias menores (por exemplo, US$ 10.000, US$ 30.000 e US$ 60.000),

---

[3] Para uma pesquisa sobre a forma da função de utilidade com 332 sócios-gerentes e o impacto dessa forma no comportamento organizacional, consulte J. M. E. Pennings and A. Smidts, "The Shape of Utility Functions and Organizational Behavior", *Management Science*, **49**: 1251-1263, 2003.

seria solicitado ao tomador de decisão escolher um valor de p que o tornaria *indiferente* em relação à oferta ou receber efetivamente aquela quantia em dinheiro. A utilidade da menor quantia em dinheiro é então p vezes a utilidade da quantia maior. Esse procedimento, chamado *método da loteria equivalente* para determinar utilidades, é descrito a seguir.

Método da loteria equivalente

1. Determine o maior prêmio potencial, $M = máximo$, e atribua a ele alguma utilidade, por exemplo, $U(máximo) = 1$.
2. Determine o menor prêmio potencial, $M = mínimo$, e atribua a ele alguma utilidade, menor que na etapa 1, por exemplo, $U(mínimo) = 0$.
3. Para determinar a utilidade de outro prêmio potencial M, o tomador de decisão tem as duas alternativas hipotéticas a seguir:

   A1: obter um prêmio *máximo* com probabilidade p,
   obter um prêmio *mínimo* com probabilidade $1 - p$.
   A2: obter definitivamente um prêmio M.

   Pergunta para o tomador de decisão: que valor de p o deixa *indiferente* quanto a escolher uma dessas duas alternativas? A utilidade resultante de M é então:

   $$U(M) = p\, U(máximo) + (1 - p)\, U(mínimo),$$

   que é simplificada para

   $$U(M) = p, \quad \text{se } U(mínimo) = 0, \quad U(máximo) = 1.$$

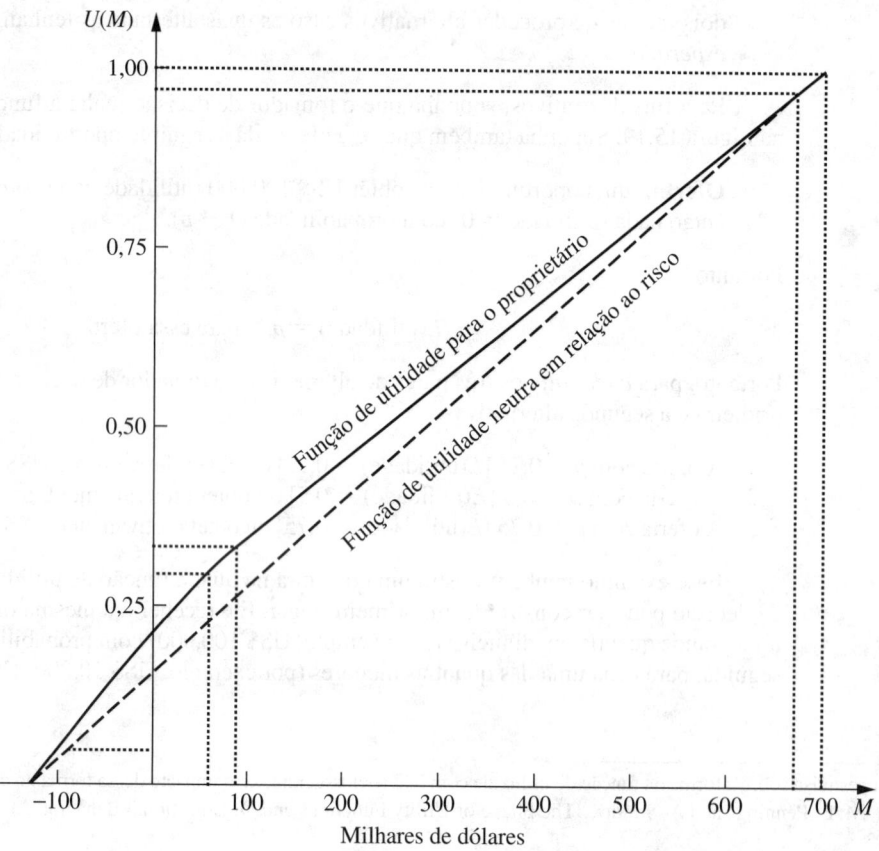

■ **FIGURA 15.19** A função de utilidade monetária do proprietário da Goferbroke Co.

Agora, estamos prontos para resumir o papel básico das funções de utilidade na análise de decisão.

Quando a função de utilidade monetária do tomador de decisão for usada para medir a importância relativa de diversos resultados monetários possíveis, a *regra de decisão de Bayes* substitui os prêmios monetários pelas utilidades correspondentes. Portanto, a ação ótima (ou série de ações) é aquela que *maximiza a utilidade esperada*.

Tratamos aqui apenas das funções de utilidade *monetárias*. Entretanto, devemos mencionar que funções de utilidade algumas vezes ainda podem ser construídas quando parte ou todas as consequências importantes dos modos de proceder alternativos *não* forem monetárias. Por exemplo, os resultados das alternativas de decisão de um médico em tratar um paciente envolvem a saúde futura desse paciente. Não obstante, sob essas circunstâncias, é importante incorporar tais juízos de valor no processo de decisão. Isso não é necessariamente fácil, já que pode exigir juízos de valor sobre a conveniência relativa de consequências bastante intangíveis. Não obstante, sob essas circunstâncias, é importante incorporar juízos de valor ao processo de decisão.

Aplicando a teoria da utilidade ao problema completo da Goferbroke Co.

No final da Seção 15.1, mencionamos que a Goferbroke Co. estava operando sem muito capital, de modo que uma perda de US$ 100.000 seria bastante grave. O dono da empresa já se endividou suficientemente para manter as operações. O cenário do pior caso seria gastar US$ 30.000 em um levantamento sísmico e, ainda assim, perder mais US$ 100.000 pela perfuração e acabar não encontrando petróleo algum. Esse cenário poderia não levar a empresa à falência nesse ponto, mas, efetivamente, deixaria a empresa em uma posição financeira precária.

No entanto, encontrar petróleo é uma perspectiva fascinante, já que ganhar US$ 700.000 finalmente colocaria a empresa em uma base financeira bastante sólida.

Para aplicar a *função de utilidade monetária* do proprietário (tomador de decisão) ao problema conforme descrito nas Seções 15.1 e 15.3, é necessário identificar as utilidades para todos os prêmios monetários possíveis. Em unidades de milhares de dólares, esses possíveis prêmios e as utilidades correspondentes são fornecidos na Tabela 15.7. Discutiremos agora como essas utilidades foram obtidas.

Como ponto de partida na construção da função de utilidade, já que temos a liberdade de configurar arbitrariamente o valor de $U(M)$ para dois valores de M (desde que o maior valor monetário tenha a maior utilidade, foi conveniente configurar $U(-130) = 0$ e $U(700) = 1$. Portanto o *método da loteria equivalente* foi aplicado para determinar a utilidade para um dos outros possíveis prêmios monetários, $M = 90$, colocando a seguinte questão para o tomador de decisão (o dono da Goferbroke Co.).

Suponha que você tenha apenas as duas alternativas a seguir. Com unidades de milhares de dólares, a alternativa 1 é obter um prêmio de 700 com probabilidade p e prêmio igual a -130 (perda de 130) com probabilidade $1 - p$. A alternativa 2 é obter definitivamente um prêmio igual a 90. Que valor de p o torna *indiferente* em relação a essas duas alternativas?

A escolha do tomador de decisão: $p = \frac{1}{3}$, portanto $U(90) = 0{,}333$.

Em seguida foi aplicado o método da loteria equivalente da mesma forma a $M = -100$. Nesse caso o *ponto de indiferença* do tomador de decisão era $p = \frac{1}{20}$, de modo que $U(-100) = 0{,}05$.

■ TABELA 15.7 Utilidades para o problema completo da Goferbroke Co.

Prêmio monetário	Utilidade
−130	0
−100	0,05
60	0,30
90	0,333
670	0,97
700	1

Nesse ponto, foi traçada uma curva suave através de $U(-130)$, $U(-100)$, $U(90)$ e $U(700)$ para obter a *função de utilidade monetária* do tomador de decisão mostrada na Figura 15.19. Os valores nessa curva em $M = 60$ e $M = 670$ fornecem as utilidades correspondentes, $U(60) = 0{,}30$ e $U(670) = 0{,}97$, que completam a lista de utilidades fornecidas na coluna direita da Tabela 15.7. A forma dessa curva indica que o proprietário da Goferbroke Co. é moderadamente *avesso a riscos*. Diferentemente, a reta tracejada a 45° na Figura 15.19 mostra qual teria sido sua função de utilidade caso ele fosse *neutro a riscos*.

Por natureza, o proprietário da Goferbroke Co. tem, na realidade, uma tendência a correr riscos. Entretanto, as circunstâncias financeiras difíceis pelas quais passa no momento, que mal lhe permitem pagar os débitos da empresa, o forçaram a adotar uma postura moderadamente avessa a riscos na resolução de suas decisões atuais.

Outra metodologia para estimar U(M)

O procedimento fornecido anteriormente para construir $U(M)$ solicita ao tomador de decisão que tome repetidamente uma decisão difícil sobre qual probabilidade o tornaria indiferente em relação às duas alternativas. Muitas pessoas se sentiriam desconfortáveis ao tomar esse tipo de decisão. Portanto, algumas vezes uma abordagem alternativa é utilizada para estimar a função de utilidade monetária.

Essa abordagem é supor que a função de utilidade tenha certa forma matemática e, então, ajustar essa forma para se adequar o máximo possível à postura do tomador de decisão a correr riscos. Por exemplo, uma forma particularmente conhecida de supor (em razão de sua relativa simplicidade) é a **função de utilidade exponencial**,

$$U(M) = R\left(1 - e^{-\frac{M}{R}}\right),$$

em que R é a *tolerância a correr riscos* do tomador de decisão. Essa função de utilidade possui uma utilidade marginal monetária decrescente, de modo que se ajusta a um indivíduo *avesso a riscos*. Uma grande aversão a correr riscos corresponde a um valor de R pequeno (que faria que a curva da função de utilidade fosse abrupta), ao passo que uma aversão pequena a correr riscos corresponderia a um valor de R maior (que confere uma curvatura mais gradual à curva).

Já que o dono da Goferbroke Co. tem aversão a riscos relativamente pequena, a curva da função de utilidade da Figura 15.19 tem uma curvatura bastante suave. Ela tem uma curvatura particularmente suave para os valores grandes de M próximos do lado direito da Figura 15.19, de modo que o valor correspondente de R nessa região é aproximadamente $R = 2.000$. Entretanto, o proprietário se torna muito mais avesso a riscos quando existe a possibilidade de ocorrerem grandes perdas, uma vez que existe a ameaça de falência, de modo que a curva de função de utilidade apresenta curvatura consideravelmente maior nessa região em que M possui valores negativos maiores. Portanto, o valor correspondente de R é consideravelmente menor, por volta de R = 500 apenas, nessa região.

Infelizmente, não é possível usar dois valores de R diferentes para a mesma função de utilidade. Um inconveniente da função de utilidade exponencial é que ela supõe a aversão a riscos constante (um valor de R fixo), independentemente de quanto (ou de quão pouco) dinheiro o tomador de decisão tenha no momento. Isso não se encaixa na situação da Goferbroke Co., já que a atual escassez monetária torna o proprietário muito mais preocupado que o usual em relação a arcar com grande prejuízo.

Em outras situações nas quais as consequências das possíveis perdas não são tão graves, supor uma função de utilidade exponencial pode fornecer uma aproximação razoável. Nesse caso, eis uma maneira simples (ligeiramente aproximada) de estimar o valor apropriado para R. Seria solicitado ao tomador de decisão para escolher o número R que o tornaria indiferente em relação às duas alternativas a seguir.

A_1: Uma aposta 50-50 em que ele ganharia R dólares com probabilidade 0,5 e perderia $\frac{R}{2}$ dólares com probabilidade 0,5.

A_2: Não ganharia nem perderia nada.

O TreePlan inclui a opção de usar uma função de utilidade exponencial. Primeiro, o valor de R precisa ser especificado na planilha. A célula que contém esse valor precisa então receber um nome de intervalo RT (o TreePlan refere-se a esse termo como a tolerância a riscos). Em seguida, clique no botão Options da caixa de diálogo TreePlan e selecione a opção "Use Exponential Utility Function". Clicar em OK leva a revisar a árvore de decisão para incorporar a função de utilidade exponencial.

Utilização de uma árvore de decisão para analisar o problema da Goferbroke Co. com utilidades

Agora que a função de utilidade monetária do dono da Goferbroke Co. foi obtida na Tabela 15.7 (e na Figura 15.19), essa informação pode ser usada com uma árvore de decisão conforme resumido a seguir.

O procedimento para usar uma árvore de decisão para analisar o problema agora é *idêntico* àquele descrito na seção anterior, *exceto* pela substituição das utilidades para prêmios monetários. Portanto, o valor obtido para avaliar cada nó da árvore agora é a *utilidade esperada* lá em vez do prêmio (monetário) esperado. Consequentemente, as decisões ótimas selecionadas pela regra de decisão de Bayes maximizam a utilidade esperada para o problema global.

Assim, nossa árvore de decisão final mostrada na Figura 15.20 lembra de perto aquela da Figura 15.6 fornecida na Seção 15.4. Os nós e as ramificações são exatamente os mesmos como são as probabilidades para as ramificações provenientes dos nós de evento. Para fins informativos, os prêmios monetários totais ainda são dados à direita das ramificações terminais (mas não nos importamos mais em mostrar os prêmios monetários individuais próximos a qualquer uma das ramificações). Entretanto, agora acrescentamos as utilidades no lado direito. São esses números que foram usados para calcular as utilidades esperadas fornecidas próximas a todos os nós.

Essas utilidades esperadas levam às mesmas decisões nos nós *a, c* e *d* da Figura 15.6, porém, uma decisão no nó *e* agora muda para *vender* em vez de *perfurar*. Entretanto, o procedimento de indução para trás ainda deixa o nó *e* em um caminho *fechado*. Portanto, a política ótima global permanece a mesma fornecida no final da Seção 15.4 (realizar o levantamento sísmico; vender, caso o resultado seja desfavorável; perfurar, caso o resultado seja favorável).

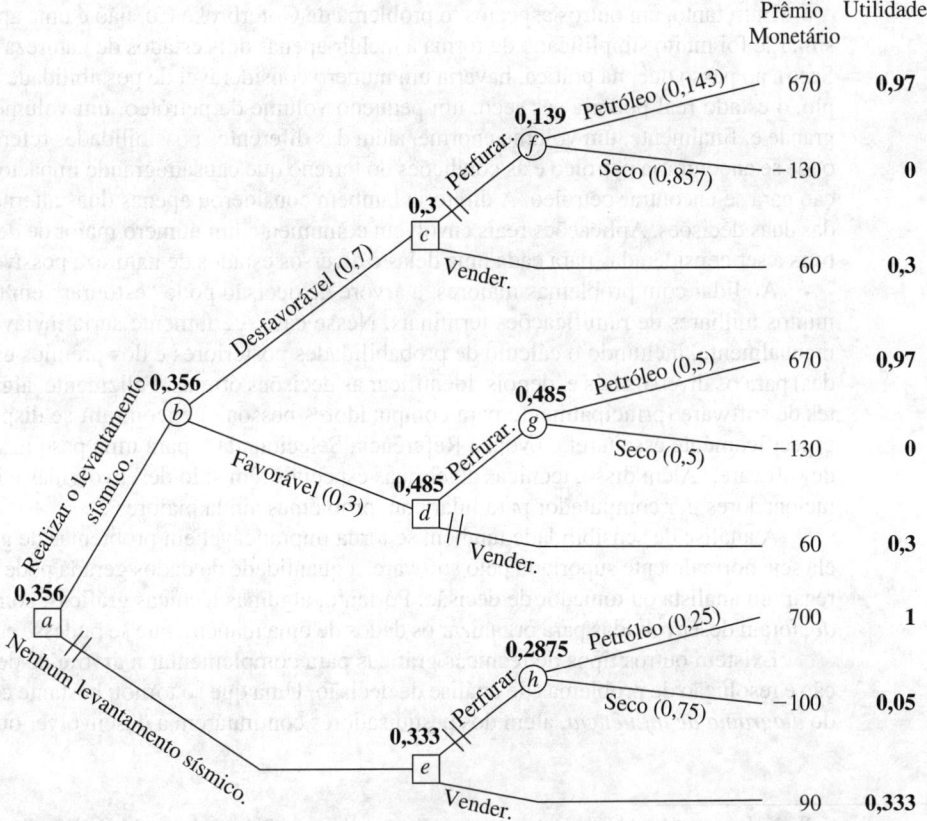

■ **FIGURA 15.20** A árvore de decisão final para o caso completo da Goferbroke Co., usando a função de utilidade monetária do proprietário para maximizar a utilidade esperada.

A abordagem usada nas seções anteriores de maximizar as quantias do prêmio monetário esperado equivale a assumir que o tomador de decisão é neutro a riscos, de modo que $U(M) = M$. Usando a teoria da utilidade, a solução ótima agora reflete a postura do tomador de decisão em relação a riscos. Pelo fato de o dono da Goferbroke Co. ter adotado apenas uma postura moderadamente avessa a riscos, a política ótima não muda em relação à anterior. Para um proprietário ligeiramente mais avesso a riscos, a solução ótima seria mudar para uma abordagem mais conservadora de vender o terreno imediatamente (nenhum levantamento sísmico). Ver o Problema 15.6-1.

É recomendado ao proprietário atual incorporar a teoria da utilidade à análise de decisão de seu problema. Ela ajuda a fornecer uma abordagem racional à tomada de decisão diante da incerteza. Entretanto, muitos tomadores de decisão não se sentem muito à vontade com a noção relativamente abstrata das utilidades ou ao trabalhar com probabilidades para construir uma função de utilidade, o que os leva a não estar muito propensos a usar essa abordagem. Consequentemente, a teoria da utilidade ainda não é muito usada na prática.

15.7 A APLICAÇÃO PRÁTICA DA ANÁLISE DE DECISÃO

Em certo sentido, o exemplo-protótipo deste capítulo (o problema da Goferbroke Co.) é uma aplicação muito típica da análise de decisão. Como acontece com outras aplicações, a direção precisava tomar decisões (realizar um levantamento sísmico? perfurar para procurar petróleo ou vender o terreno?) tendo em vista o grande grau de incerteza. As decisões foram difíceis, pois seus prêmios eram muito imprevisíveis. O resultado dependia de fatores que se encontravam fora do controle da direção (o terreno contém petróleo ou não?). Portanto, a direção precisava de uma estrutura e metodologia para a tomada de decisão racional nesse ambiente incerto. Essas são as características usuais das aplicações de análise de decisão.

Entretanto, em outros aspectos, o problema da Goferbroke Co. não é uma aplicação tão típica assim. Ele foi muito simplificado de forma a incluir apenas dois estados de natureza possíveis (Petróleo e Seco), ao passo que, na prática, haveria um número considerável de possibilidades distintas. Por exemplo, o estado real poderia ser seco, um pequeno volume de petróleo, um volume médio, um volume grande e, finalmente, um volume enorme, além das diferentes possibilidades referentes à profundidade onde se encontraria petróleo e às condições do terreno que causam grande impacto no custo de perfuração para se encontrar petróleo. A diretoria também considerou apenas duas alternativas para cada uma das duas decisões. Aplicações reais envolvem comumente um número maior de decisões, mais alternativas a ser consideradas para cada uma delas e diversos estados de natureza possíveis.

Ao lidar com problemas maiores, a árvore de decisão pode "estourar" em tamanho, com talvez muitos milhares de ramificações terminais. Nesse caso, certamente seria inviável construir a árvore manualmente, incluindo o cálculo de probabilidades posteriores e dos prêmios esperados (ou utilidades) para os diversos nós e, depois, identificar as decisões ótimas. Felizmente, alguns excelentes pacotes de software (principalmente para computadores pessoais) encontram-se disponíveis para realizar especificamente essa tarefa. (Veja a Referência Selecionada 9 para uma pesquisa sobre esses pacotes de software.) Além disso, técnicas algébricas especiais têm sido desenvolvidas e incorporadas nos solucionadores por computador para lidar com problemas ainda maiores[4].

A análise de sensibilidade também se torna impraticável em problemas de grande porte. Embora ela seja normalmente suportada pelo software, a quantidade de dados gerada pode facilmente sobrecarregar um analista ou tomador de decisão. Portanto, algumas técnicas gráficas, como os *gráficos tornado*, foram desenvolvidas para organizar os dados de uma maneira que se pudesse entender de imediato[5].

Existem outros tipos de técnicas gráficas para complementar a árvore de decisão na representação e resolução de problemas de análise de decisão. Uma que se tornou bastante conhecida é o chamado *diagrama de influência*, além dos pesquisadores continuarem a desenvolver outras também[6].

---

[4] Ver, por exemplo, C. W. Kirkwood, "An Algebraic Approach to Formulating and Solving Large Models for Sequential Decisions under Uncertainty", *Management Science*, **39:** 900-913, July 1993.

[5] Para mais informações, consulte T. G. Eschenbach, "Spiderplots versus Tornado Diagrams for Sensitivity Analysis", *Interfaces*, **22:** 40-46, Nov.-Dec. 1992.

[6] Veja, por exemplo, Bielza and P. P. Shenoy, "A Comparison of Graphical Techniques for Asymmetric Decision Problems", *Management Science*, **45**(11): 1552-1569, Nov. 1999.

Muitas decisões comerciais estratégicas são tomadas coletivamente por vários integrantes da direção. Uma técnica para a tomada de decisão em grupo se chama *conferência para decisão*. Trata-se de um processo no qual o grupo se reúne para discussões em uma conferência para decisão com o auxílio de um analista e de um facilitador de grupo. O facilitador trabalha diretamente com o grupo para ajudá--lo a estruturar e a enfocar as discussões, a pensar de modo criativo sobre o problema, a trazer hipóteses à baila e a resolver o grande número de questões envolvidas. O analista utiliza a análise de decisão para ajudar o grupo a explorar as implicações das diversas alternativas de decisão. Com o auxílio de um sistema de apoio computadorizado à decisão em grupo, o analista constrói e resolve modelos no ato e depois realiza a análise de sensibilidade para responder a perguntas "o-que-se" feitas pelo grupo[7].

Aplicações de análise de decisão comumente envolvem uma parceria entre o tomador de decisão gerencial (seja ele um indivíduo ou um grupo) e um analista (seja ele um indivíduo ou uma equipe) com treinamento em PO. Algumas empresas não têm um funcionário que esteja qualificado para servir como analista. Consequentemente, tem-se formado um número considerável de empresas de consultoria especializadas na análise de decisão para preencher essa lacuna.

Caso queira ler mais sobre a aplicação prática da análise de decisão, um bom ponto de partida seria a edição de novembro-dezembro de 1992 da *Interfaces*. Trata-se de uma edição especial dedicada totalmente à análise de decisão e à área relacionada de análise de riscos. Ele inclui muitos artigos interessantes, inclusive descrições sobre os métodos básicos, análise de sensibilidade e conferências para decisão. Também há vários artigos sobre aplicações. Posteriormente, para uma perspectiva mais recente sobre a aplicação prática da análise de decisão, sugerimos consultar a Referência Selecionada 8. Esse artigo foi o artigo pioneiro da primeira edição da nova publicação *Decision Analysis*, que se concentra em pesquisa aplicada na análise de decisão. O artigo fornece uma discussão detalhada das diversas publicações que apresentam suas aplicações.

15.8 CONCLUSÕES

A análise de decisão se tornou uma importante técnica para a tomada de decisão em vista da incerteza. Ela se caracteriza por enumerar todas as alternativas de decisão disponíveis, identificação dos prêmios para todos os possíveis resultados e quantificação das probabilidades subjetivas para todos os eventos aleatórios possíveis. Quando esses dados se encontram disponíveis, a análise de decisão se torna uma poderosa ferramenta na determinação de um modo de proceder ótimo.

Uma opção que pode ser prontamente incorporada à análise é realizar experimentação para obter estimativas melhores das probabilidades dos possíveis estados de natureza. As árvores de decisão são uma ferramenta visual útil para analisar essa opção ou uma série de decisões qualquer.

A teoria da utilidade fornece uma maneira de incorporar à análise a postura do tomador de decisão em relação a riscos.

Softwares de ótima qualidade (entre eles o TreePlan e o SensIt, que podem ser encontrados no *Courseware* de PO) estão cada vez mais disponíveis para realizar a análise de decisão. (A Referência Selecionada 9 apresenta uma pesquisa desses softwares.)

REFERÊNCIAS SELECIONADAS

1. Bleichrodt, H., J. M. Abellan-Perpiñan, J. L. Pinto-Prades, and I. Mendez-Martinez: "Resolving Inconsistencies in Utility Measurement Under Risk: Tests of Generalizations of Expected Utility", *Management Science*, **53**(3): 469-482, March 2007.
2. Clemen, R. T.: *Making Hard Decisions: Introduction to Decision Analysis (with CD-ROM)*, 3rd ed., Duxbury Press, Pacific Grove, CA, 2006.
3. Fishburn, P. C.: "Foundations of Decision Analysis: Along the Way", *Management Science,* 35: 387-405, 1989.
4. Fishburn, P. C.: *Nonlinear Preference and Utility Theory,* The Johns Hopkins Press, Baltimore, MD, 1988.
5. Goodwin, P., and G. Wright: *Decision Analysis for Management Judgment,* 3rd ed., Wiley, New York, 2004.

---

[7] Para mais informações, ver os dois artigos sobre conferências para decisão na edição de nov./dez. 1992 da *Interfaces*. Em um deles se descreve uma aplicação na Austrália e no outro se resume a experiência de 26 conferências para decisão na Hungria.

6. Hammond, J. S., R. L. Keeney, and H. Raiffa: *Smart Choices: A Practical Guide to Making Better Decisions,* Harvard Business School Press, Cambridge, MA, 1999.
7. Hillier, F. S., and M. S. Hillier: *Introduction to Management Science: A Modeling and Case Studies Approach with Spreadsheets,* 3rd ed., McGraw-Hill/Irwin, Burr Ridge, IL, 2008, chap. 9.
8. Keefer, D. L., C. W. Kirkwood, and J. L. Corner: "Perspective on Decision Analysis Applications", *Decision Analysis,* 1(1): 4-22, 2004.
9. Maxwell, D. T.: "Software Survey: Decision Analysis", *OR/MS Today,* 33(6): 51-61, Dec. 2006.
10. Smith, J. E., and R. L. Keeney: "Your Money or Your Life: A Prescriptive Model for Health, Safety, and Consumption Decisions", *Management Science,* 51(9): 1309-1325, Sept. 2005.
11. Smith, J. E., and R. L. Winkler: "The Optimizer's Curse: Skepticism and Postdecision Surprise in Decision Analysis", *Management Science,* **52**(3): 311-322, March 2006.
12. Smith, J. E., and D. von Winterfeldt: "Decision Analysis in *Management Science*", *Management Science,* **50**(5): 561-574, May 2004.

FERRAMENTAS DE APRENDIZADO NO *SITE*

Worked examples:

Exemplos do Capítulo 15

Arquivos em Excel (Capítulo 15 – Análise de Decisão):

Gabarito para Probabilidades Posteriores
Árvore de Decisão TreePlan para o Primeiro Problema da Goferbroke Co.
Árvore de Decisão TreePlan para o Problema Completo da Goferbroke Co. (usando gráficos SensIt)

Arquivo LINGO (Capítulo 15 – Análise de Decisão) para exemplos selecionados

Módulos de programa adicionais para Excel:

TreePlan (versão para estudantes)
SensIt (versão para estudantes)

Glossário do Capítulo 15

Ver Apêndice 1 para obter documentação sobre o software.

PROBLEMAS

Os símbolos à esquerda de alguns problemas (ou parte deles) têm o seguinte significado:

T: O gabarito em Excel listado anteriormente pode ser útil.
A: O módulo de programa adicional para Excel correspondente e listado anteriormente pode ser usado.

Um asterisco no número do problema indica que pelo menos há uma resposta parcial no final do livro.

15.2-1 Leia o artigo referido que descreve completamente o estudo de PO sintetizado no Exemplo de Aplicação apresentado na Seção 15.2. Descreva brevemente como a análise de decisão foi aplicada nesse estudo. Em seguida, enumere os diversos benefícios financeiros ou não resultantes desse estudo.

15.2-2.* A Silicon Dynamics desenvolveu um novo *chip* de computador que lhe permitirá começar a produzir e comercializar um computador pessoal se ela assim o quiser. Alternativamente, ela pode vender os direitos referentes ao *chip* de computador por US$ 15 milhões. Se a empresa optar por fabricar computadores, a lucratividade da operação dependerá da habilidade da empresa em comercializar o computador durante o primeiro ano. Ela tem acesso suficiente a lojas que lhe podem garantir a venda de 10 mil computadores. No entanto, se esse computador for bem aceito pelo mercado, a empresa poderá vender 100 mil máquinas. Para fins de análise, esses dois níveis de vendas são considerados os dois resultados possíveis para a comercialização do computador, mas não está claro quais seriam suas probabilidades prévias. Se a decisão for prosseguir na produção e comercialização do computador, a empresa produzirá tantos *chips* quanto ela considerar que será capaz de vender, mas não mais que isso. O custo de implantação inicial da linha de montagem é de US$ 6 milhões. A diferença entre o preço de venda e o custo variável de cada computador é de US$ 600.

(a) Desenvolva uma formulação de análise de decisão para esse problema, identificando as alternativas de decisão, os estados de natureza e a tabela de prêmios.

(b) Desenvolva um gráfico que represente o prêmio esperado para cada uma das alternativas de decisão *versus* a probabilidade prévia de vender 10 mil computadores.
(c) Consultando o gráfico criado no item (b), use álgebra para encontrar o *ponto de cruzamento*. Explique a importância desse ponto.
A (d) Crie um gráfico que represente o prêmio esperado (ao usar a regra de decisão de Bayes) *versus* a probabilidade prévia de vender 10 mil computadores.
(e) Supondo que as probabilidades prévias dos dois níveis de vendas sejam ambas iguais a 0,5, qual alternativa de decisão deve ser escolhida?

15.2-3 Jean Clark é a gerente da Midtown Saveway Grocery Store. Ela precisa reabastecer seu estoque de morangos. Seu fornecedor regular é capaz de fornecer quantas caixas ela quiser. Entretanto, pelo fato de esses morangos já estarem muito maduros, ela precisará vendê-los no dia seguinte e, depois, jogar fora o que não for vendido. Jean estima que será capaz de vender 12, 13, 14 ou 15 caixas amanhã. Ela pode comprar os morangos a US$ 7 por caixa e vendê-los a US$ 18 por caixa. Jean agora precisa decidir quantas caixas deve comprar.

Jean consultou registros anteriores da loja referentes a vendas diárias de morangos. Com base nisso, ela estima que as probabilidades prévias sejam 0,1, 0,3, 0,4, e 0,2 para vendas de 12, 13, 14 e 15 caixas de morangos amanhã.

(a) Desenvolva uma formulação de análise de decisão para esse problema identificando as alternativas de decisão, os estados de natureza e a tabela de prêmios.
(b) Quantas caixas de morango Jean deve comprar, caso use o critério do prêmio maximin?
(c) Quantas caixas ela deve comprar de acordo com o critério de probabilidade máxima?
(d) Quantas caixas ela deve comprar de acordo com a regra de decisão de Bayes?
(e) Jean imagina que tem as probabilidades prévias corretas para venda de 12 e 15 caixas, porém, não está segura em relação às probabilidades prévias para 13 e 14 caixas. Reaplique a regra de decisão de Bayes quando as probabilidades prévias para 13 e 14 caixas forem: (i) 0,2 e 0,5; (ii) 0,4 e 0,43; e (iii) 0,5 e 0,2.

15.2-4* Warren Buffy é um investidor extremamente rico que construiu sua fortuna por intermédio de sua legendária visão para investimentos. Foram oferecidos a ele três investimentos importantes, e ele quer escolher um deles. O primeiro é um *investimento conservador*, que se daria muito bem em uma economia em crescimento e sofreria apenas uma pequena perda em um panorama econômico pior. O segundo é um *investimento especulativo*, que se daria extremamente bem em uma economia em crescimento, contudo, teria desempenho muito ruim em um panorama econômico pior. Já o terceiro é um *investimento contra a tendência de mercado*, que perderia algum dinheiro em uma economia em crescimento, porém, se daria bem em um cenário ruim. Warren acredita que existam três cenários possíveis em relação ao período de existência desses possíveis investimentos: 1) uma economia em queda, (2) uma economia estável, e (3) uma economia em declínio. Ele é pessimista em relação a que caminhos a economia seguirá e, portanto, atribui probabilidades prévias de 0,1, 0,5 e 0,4, respectivamente, a esses três cenários. Ele também estima que seus lucros nestes respectivos cenários seriam aqueles fornecidos na tabela a seguir:

	Economia em crescimento	Economia estável	Economia em queda
Investimento conservador	US$ 30 milhões	US$ 5 milhões	−US$ 10 milhões
Investimento especulativo	US$ 40 milhões	US$ 10 milhões	−US$ 30 milhões
Investimento contra a tendência	−US$ 10 milhões	0	US$ 15 milhões
Probabilidade prévia	0,1	0,5	0,4

Qual investimento Warren deveria fazer segundo cada um dos critérios a seguir?

(a) Critério do prêmio maximin.
(b) Critério da probabilidade máxima.
(c) Regra de decisão de Bayes.

15.2-5 Reconsidere o Problema 15.2-4. Warren Buffy decide que a regra de decisão de Bayes é seu critério de decisão mais confiável. Ele acredita que 0,1 esteja aproximadamente correto como probabilidade prévia para uma economia em crescimento, porém, está bastante inseguro em como dividir as probabilidades restantes entre uma economia estável e uma economia em declínio. Portanto, ele deseja fazer agora uma análise de sensibilidade em relação a essas duas últimas probabilidades prévias.

(a) Reaplique a regra de decisão de Bayes quando a probabilidade prévia de uma economia estável é de 0,3 e a probabilidade prévia para uma economia em declínio é de 0,6.
(b) Reaplique a regra de decisão de Bayes quando a probabilidade prévia de uma economia estável é de 0,7 e a probabilidade prévia para uma economia em declínio é de 0,2.
(c) Represente graficamente o lucro esperado para cada uma das três alternativas de investimento *versus* a probabilidade prévia para uma economia estável (com a probabilidade prévia para uma economia em crescimento fixada em 0,1). Use esse gráfico para identificar os pontos de cruzamento em que a decisão muda de um investimento para o outro.
(d) Use álgebra para encontrar os pontos de cruzamento identificados no item (c).
A (e) Crie um gráfico que represente o lucro esperado (ao usar a regra de decisão de Bayes) *versus* a probabilidade prévia de uma economia estável.

15.2-6 Você recebe a seguinte tabela de prêmios (em unidades de milhares de dólares) para um problema de análise de decisão:

	Estado de natureza		
Alternativa	S_1	S_2	S_3
A_1	220	170	110
A_2	200	180	150
Probabilidade prévia	0,6	0,3	0,1

(a) Qual alternativa deveria ser escolhida segundo o critério do prêmio maximin?
(b) Qual alternativa deveria ser escolhida segundo o critério da probabilidade máxima?

(c) Qual alternativa deveria ser escolhida segundo a regra de decisão de Bayes?
(d) Usando a regra de decisão de Bayes, faça uma análise de sensibilidade gráfica em relação às probabilidades prévias dos estados S_1 e S_2 (sem alterar a probabilidade prévia do estado S_3) para determinar o ponto de cruzamento em que uma decisão muda de uma alternativa para a outra. A seguir, use álgebra para calcular esse ponto de cruzamento.
(e) Repita o item (d) para as probabilidades prévias dos estados S_1 e S_3.
(f) Repita o item (d) para as probabilidades prévias dos estados S_2 e S_3.
(g) Caso você acredite que as probabilidades reais dos estados de natureza estejam em um intervalo de 10% das probabilidades prévias fornecidas, qual alternativa você escolheria?

15.2-7 Dwight Moody é o gerente de uma grande fazenda que tem 1.000 acres de terra cultivável. Para melhor eficiência, Dwight sempre aloca a fazenda para uma cultura por vez. Agora, ele precisa decidir qual das quatro culturas ele deve plantar na próxima estação. Para cada uma delas, Dwight obteve as seguintes estimativas de safras e entradas líquidas para cada 27 quilos sob diversas condições climáticas.

Clima	Produção esperada, 27 kg/acre			
	Cultura 1	Cultura 2	Cultura 3	Cultura 4
Seco	30	25	40	60
Moderado	50	30	35	60
Úmido	60	40	35	60
Entrada líquida a cada 27 kg	US$ 3,00	US$ 4,50	US$ 3,00	US$ 1,50

Após consultar registros meteorológicos históricos, Dwight também estimou as seguintes probabilidades prévias para o clima durante a estação de plantio:

Seco	0,2
Moderado	0,5
Úmido	0,3

(a) Desenvolva uma formulação de análise de decisão para esse problema identificando as alternativas de decisão, os estados de natureza e a tabela de prêmios.
(b) Use a regra de decisão de Bayes para determinar qual cultura plantar.
(c) Usando a regra de decisão de Bayes, realize análise de sensibilidade em relação às probabilidades anteriores de clima seco, moderado e úmido (sem alterar a probabilidade prévia de clima seco) recalculando para probabilidades prévias para clima moderado de 0,2, 0,3, 0,4 e 0,6.

15.2-8* Um novo tipo de avião está para ser comprado pela Força Aérea e o número de motores de reposição para ser encomendado precisa ser determinado. A Força Aérea precisa encomendar esses motores de reposição em lotes de cinco unidades, e ela pode optar apenas por 15, 20 ou 25 motores de reposição. O fornecedor desses motores possui duas fábricas, e a Força Aérea deve se decidir antes de saber qual fábrica será usada. Entretanto, a Força Aérea sabe de experiência passada que dois terços de todos os tipos de motores de avião são produzidos na Fábrica A e apenas um terço é produzido na Fábrica B. A Força Aérea também sabe que o número de motores de reposição exigido quando a produção acontece na Fábrica A é aproximado por uma distribuição de Poisson com média $\theta = 21$, ao passo que o número de motores de reposição necessários quando a produção ocorre na Fábrica B é aproximado por uma distribuição de Poisson com média $\theta = 24$. O custo de um motor de reposição comprado agora é de US$ 400.000, ao passo que o custo de um motor de reposição comprado posteriormente é de US$ 900.000. Os motores de reposição devem ser fornecidos sempre que forem requisitados, e os motores não utilizados serão desmanchados quando os aviões se tornarem obsoletos. Custos de posse e juros devem ser desprezados. Com base nesses dados, os custos totais (prêmios negativos) foram calculados como a seguir:

Alternativa	Estado de natureza	
	$\theta = 21$	$\theta = 24$
Pedido 15	$1,155 \times 10^7$	$1,414 \times 10^7$
Pedido 20	$1,012 \times 10^7$	$1,207 \times 10^7$
Pedido 25	$1,047 \times 10^7$	$1,135 \times 10^7$

Determine a alternativa ótima segundo a regra de decisão de Bayes.

15.3-1* Leia o artigo referido que descreve completamente o estudo de PO sintetizado na vinheta de aplicação apresentada na Seção 15.3. Descreva brevemente como a análise de decisão foi aplicada nesse estudo. Em seguida, enumere os diversos benefícios financeiros ou não resultantes desse estudo.

15.3-2* Reconsidere o Problema 15.2-2. A direção da Silicon Dynamics agora considera a possibilidade de realizar uma pesquisa de mercado completa a um custo de US$ 1.000.000 para prever qual dos dois níveis de demanda tem mais probabilidade de ocorrer. Experiência anterior indica que essa pesquisa de mercado é correta em dois terços das vezes.

(a) Encontre o EVPI para esse problema.
(b) A resposta no item (a) indica que valeria a pena realizar essa pesquisa de mercado?
(c) Crie um diagrama de árvore de probabilidades para obter as probabilidades posteriores dos dois níveis de demanda para cada um dos dois resultados possíveis da pesquisa de mercado.
T (d) Use o gabarito Excel correspondente para verificar suas respostas no item (c).
(e) Encontre o EVE. Vale a pena realizar a pesquisa de mercado?

15.3-3 Você recebe a seguinte tabela de prêmios (em unidades de milhares de dólares) para um problema de análise de decisão:

Alternativa	Estado de natureza		
	S_1	S_2	S_3
A_1	6	1	1
A_2	1	3	0
A_3	4	1	2
Probabilidade prévia	0,3	0,4	0,3

(a) De acordo com regra de decisão de Bayes, qual alternativa deveria ser escolhida?
(b) Encontre o EVPI.
(c) Você tem a oportunidade de gastar US$ 1.000 para obter mais informações sobre qual estado de natureza tem mais probabilidade de ocorrer. Dada sua resposta para o item (b), valeria a pena gastar esse dinheiro?

15.3-4* Betsy Pitzer faz decisões de acordo com a regra de decisão de Bayes. Para seu problema atual, Betsy construiu a seguinte tabela de prêmios (em unidades de dólares):

Alternativa	Estado de natureza		
	S_1	S_2	S_3
A_1	50	100	−100
A_2	0	10	−10
A_3	20	40	−40
Probabilidade prévia	0,5	0,3	0,2

(a) Qual alternativa Betsy deveria escolher?
(b) Encontre o EVPI.
(c) Qual é o máximo que Betsy deveria pagar para obter mais informações sobre qual estado de natureza ocorrerá?

15.3-5 Usando a regra de decisão de Bayes, considere um problema de análise de decisão com a seguinte tabela de prêmios (em unidades de milhares de dólares):

Alternativa	Estado de natureza		
	S_1	S_2	S_3
A_1	−20	3	25
A_2	−3	5	10
A_3	4	2	15
Probabilidade prévia	0,3	0,3	0,4

(a) Qual alternativa deveria ser escolhida? Qual é o prêmio resultante esperado?
(b) Você tem a oportunidade para obter informações que lhe dirão com certeza se o primeiro estado de natureza S_1 ocorrerá ou não. Qual é a quantia máxima que você deveria pagar por essa informação? Supondo que você obtenha as informações, como essas informações seriam utilizadas para escolher uma alternativa? Qual é o prêmio esperado resultante (excluindo-se o pagamento)?
(c) Agora repita o item (b) se as informações fornecidas se referirem a S_2 em vez de S_1.
(d) Agora repita o item (b) se as informações fornecidas se referirem a S_3 em vez de S_1.
(e) Suponha agora que a oportunidade seja oferecida para fornecer informações que lhe dirão com certeza qual estado de natureza ocorrerá (informação perfeita). Qual é a quantia máxima que você deve pagar por essa informação? Supondo que você obtenha as informações, como seriam usadas para escolher uma alternativa? Qual é o prêmio esperado resultante (excluindo-se o pagamento)?
(f) Se você tiver a oportunidade de realizar algum teste que lhe fornecerá informações adicionais parciais (sem informação perfeita) sobre o estado de natureza, qual é a quantia máxima que você deveria pagar por essa informação?

15.3-6 Reconsidere o exemplo-protótipo da Goferbroke Co., incluindo sua análise na Seção 15.3. Com a ajuda de um geólogo consultor, alguns dados históricos foram obtidos e fornecem informações mais precisas sobre a probabilidade de obter sondagens sísmicas favoráveis em áreas de terra similares. Especificamente, quando a terra contém petróleo, sondagens sísmicas favoráveis são obtidas 80% das vezes. Essa porcentagem muda para 40% quando o terreno é seco.

(a) Revise a Figura 15.2 para encontrar as novas probabilidades posteriores.
T (b) Use o gabarito Excel correspondente para verificar suas respostas no item (a).
(c) Qual é a política ótima resultante?

15.3-7 Você recebe a seguinte tabela de prêmios (em unidades de dólares):

Alternativa	Estado de natureza	
	S_1	S_2
A_1	400	−100
A_2	0	100
Probabilidade prévia	0,4	0,6

Você tem a opção de pagar US$ 100 para ter a pesquisa realizada para prever melhor qual estado de natureza ocorrerá. Quando o estado de natureza real for S_1, a pesquisa prevê de forma precisa S_1 60% das vezes (mas prevê de forma imprecisa S_2 40% das vezes). Quando o estado de natureza real for S_2, a pesquisa prevê de forma precisa S_2 80% das vezes (mas prevê de forma imprecisa S_1 20% das vezes).

(a) Dado que a pesquisa não seja realizada, use a regra de decisão de Bayes para determinar qual alternativa de decisão deveria ser escolhida.
(b) Encontre o EVPI. Essa resposta indica que valeria a pena realizar a pesquisa?
(c) Dado que a pesquisa seja realizada, encontre a probabilidade conjunta de cada dois pares de resultados: (i) o estado de natureza é S_1 e a pesquisa prevê S_1; (ii) o estado de natureza é S_1 e a pesquisa prevê S_2; (iii) o estado de natureza é S_2 e a pesquisa prevê S_1; e (iv) o estado de natureza é S_2 e a pesquisa prevê S_2.
(d) Encontre a probabilidade incondicional de que a pesquisa prevê S_1. Encontre também a probabilidade incondicional de que a pesquisa prevê S_2.
(e) Dado que a pesquisa seja realizada, use suas respostas nos itens (c) e (d) para determinar as probabilidades posteriores dos estados de natureza para cada uma das duas previsões possíveis da pesquisa.
T (f) Use o gabarito Excel correspondente para obter as respostas para o item (e).
(g) Dado que a pesquisa prevê S_1, use a regra de decisão de Bayes para determinar qual alternativa de decisão deveria ser escolhida e o prêmio esperado resultante.
(h) Repita o item (g) quando a pesquisa prevê S_2.

(i) Dado que a pesquisa seja realizada, qual é o prêmio esperado ao usar a regra de decisão de Bayes?

(j) Use os resultados precedentes para determinar a política ótima referente a realizar ou não a pesquisa e a escolha da alternativa de decisão.

15.3-8* Reconsidere o Problema 15.2-8. Suponha que agora a Força Aérea sabe que um tipo similar de motor foi produzido para uma versão anterior do tipo de avião que está sendo considerada no momento. O tamanho do pedido para essa versão anterior era a mesma do tipo atual. Além disso, a distribuição probabilística do número de motores de reposição necessário, dada a fábrica onde a produção acontece, é provavelmente a mesma para esse modelo de avião anterior e o atual. O motor para o pedido atual será produzido na mesma fábrica como no modelo anterior, embora a Força Aérea não saiba qual das duas fábricas seja esta. A Força Aérea tem acesso efetivo a dados no número de motores de reposição realmente necessários para a versão mais antiga, porém, o fornecedor não revelou o local da produção.

(a) Que quantia vale a pena pagar por informações perfeitas sobre qual fábrica vai produzir esses motores?

(b) Suponha que o custo dos dados sobre o modelo de avião antigo seja gratuito e que sejam necessários 30 motores de reposição. Você recebe a probabilidade para 30 motores de reposição, dada a distribuição de Poisson com média, seja 0,013 para 21 e 0,036 para 24. Encontre a ação ótima segundo a regra de decisão de Bayes.

15.3-9* Vincent Cuomo é o gerente de crédito para a Fine Fabrics Mill. No momento ele está diante da questão de estender ou não o crédito de US$ 100.000 para um possível cliente novo, um fabricante de vestidos. Vincent tem três categorias para avaliar a validade de se conceder o crédito a uma empresa: pequeno risco, risco médio e risco alto, porém, ele não sabe qual categoria se ajusta ao seu cliente potencial. A experiência indica que 20% das empresas similares a esse fabricante de vestidos são do tipo risco baixo, 50% são de risco médio e 30% de alto risco. Se o crédito for estendido, o lucro esperado para riscos baixos é de US$ 15.000, para riscos médios US$ 10.000 e para riscos altos US$ 20.000. Se o crédito não for prorrogado, o fabricante de vestidos se contatará fábrica. Vincent está apto a consultar uma organização de classificação creditícia por uma taxa de US$ 5.000 por empresa avaliada. Para empresas cujo registro de crédito real com a fábrica recaia em uma das três categorias, a tabela a seguir mostra as porcentagens que foram atribuídas pela organização de classificação creditícia a cada uma das três avaliações de crédito possíveis.

Avaliação creditícia	Registro de crédito real		
	Baixo	Médio	Alto
Baixa	50%	40%	20%
Média	40%	50%	40%
Alta	10%	10%	40%

(a) Desenvolva uma formulação de análise de decisão para esse problema identificando as alternativas de decisão, os estados de natureza e a tabela de prêmios quando a organização de classificação creditícia não é utilizada.

(b) Supondo que a organização de classificação creditícia não seja usada, utilize a regra de decisão de Bayes para determinar qual alternativa de decisão deve ser escolhida.

(c) Encontre o EVPI. Essa resposta indica que deve se pensar em usar a organização de classificação creditícia?

(d) Suponha agora que a organização de classificação creditícia seja usada. Crie um diagrama de árvore de probabilidades para encontrar as probabilidades posteriores dos respectivos estados de natureza para cada uma das três possíveis avaliações de crédito desse cliente potencial.

T (e) Use o gabarito Excel correspondente para obter as respostas para o item (d).

(f) Determine a política ótima de Vincent.

15.3-10 Uma liga de atletas profissionais faz exames antidoping em seus atletas, 15% dos quais usam *doping*. Esse teste, entretanto, tem confiabilidade de 97%, isto é, um usuário de *doping* terá um teste positivo com probabilidade 0,97 e um negativo com probabilidade 0,03 e um não usuário acusará um teste negativo com probabilidade 0,97 e positivo com probabilidade 0,03.

Crie um diagrama de árvore de probabilidades para determinar a probabilidade posterior de cada um dos resultados a seguir para o teste realizado em um atleta.

(a) O atleta é um usuário de *doping*, já que o teste é positivo.
(b) O atleta não é um usuário de *doping*, já que o teste é positivo.
(c) O atleta é um usuário de *doping*, já que o teste é negativo.
(d) O atleta não é um usuário de *doping*, já que o teste é negativo.

T (e) Use o gabarito Excel correspondente para verificar suas respostas nos itens anteriores.

15.3-11 A direção da Telemore Company avalia o desenvolvimento e a comercialização de um novo produto. Estima-se que haja possibilidade duas vezes maior de que o produto venha a ter sucesso em relação ao contrário. Se ele viesse a ser bem-sucedido, o lucro esperado seria de US$ 1.500.000. Caso contrário, a perda esperada seria de US$ 1.800.000. Pode-se fazer uma pesquisa de mercado a um custo de US$ 300.000 para prever se o produto seria bem-sucedido ou não. Experiência anterior com tais pesquisas indica que produtos bem-sucedidos foram previstos como bem-sucedidos 80% das vezes, ao passo que produtos malsucedidos foram previstos dessa forma 70% das vezes.

(a) Desenvolva uma formulação de análise de decisão para esse problema identificando as alternativas de decisão, os estados de natureza e a tabela de prêmios quando a pesquisa de mercado não é realizada.

(b) Supondo que a pesquisa de mercado não seja realizada, use a regra de decisão de Bayes para determinar qual alternativa de decisão deveria ser escolhida.

(c) Encontre o EVPI. A resposta indica que deveria se pensar na hipótese de realizar a pesquisa de mercado?

T (d) Suponha agora que a pesquisa de mercado seja realizada. Encontre as probabilidades posteriores dos estados de natureza respectivos para cada uma das duas previsões possíveis obtidas pela pesquisa de mercado.

(e) Encontre a política ótima referente a realizar ou não a pesquisa de mercado, bem como se a Telemore deveria ou não desenvolver e comercializar o novo produto.

15.3-12 A Hit-and-Miss Manufacturing Company produz itens que têm a probabilidade p de ser defeituosos. Esses itens são produzidos em lotes de 150 unidades. Experiência anterior indica que p para um lote inteiro é 0,05 ou então 0,25. Além disso, em 80%

dos lotes produzidos, p é igual a 0,05 (de modo que p é igual a 0,25 em 20% dos lotes). Esses itens são então usados em um conjunto e, em última instância, sua qualidade é determinada antes de o conjunto final deixar a fábrica. Inicialmente, a empresa pode controlar a qualidade de cada item em um lote a um custo de US$ 10 por item e substituir os itens com defeito *ou então* usar os itens diretamente sem controle de qualidade. Se for escolhida essa última opção, o custo de retrabalho é, em última instância, de US$ 100 por item com defeito. Como o controle de qualidade requer a escala de supervisores e equipamento, a decisão de se controlar ou não a qualidade deve ser tomada dois dias antes de o controle acontecer. Entretanto, um item pode ser retirado do lote e enviado a um laboratório para inspeção, e sua qualidade (defeituosa ou não) pode ser relatada antes da decisão por fazer/não fazer controle de qualidade ser tomada. O custo dessa inspeção inicial é de US$ 125.

(a) Desenvolva uma formulação de análise de decisão para esse problema identificando as alternativas de decisão, os estados de natureza e a tabela de prêmios, caso o único item não seja inspecionado previamente.
(b) Supondo que esse único item não seja inspecionado previamente, use a regra de decisão de Bayes para determinar qual alternativa de decisão deve ser escolhida.
(c) Encontre o EVPI. Essa resposta indica que se deva pensar na possibilidade de inspecionar o item previamente?
T (d) Suponha agora que esse item seja inspecionado previamente. Encontre as probabilidades posteriores dos respectivos estados de natureza para cada um dos dois possíveis resultados dessa inspeção.
(e) Encontre o EVE. Vale a pena inspecionar esse item?
(f) Determine a política ótima.

T **15.3-13*** Considere duas moedas viciadas. A moeda 1 tem probabilidade igual a 0,3 de dar cara e a moeda 2 probabilidade de 0,6 de dar cara. Uma moeda é jogada uma única vez; a probabilidade de que a moeda 1 seja jogada é 0,6 e a probabilidade de que a moeda 2 seja jogada é 0,4. O tomador de decisão usa a regra de decisão de Bayes para decidir qual moeda é jogada. A tabela de prêmios é a seguinte:

Alternativa	Estado de natureza	
	A moeda 1 é jogada	A moeda 2 é jogada
Digamos que a moeda 1 seja jogada	0	−1
Digamos que a moeda 2 seja jogada	−1	0
Probabilidade prévia	0,6	0,4

(a) Qual é a alternativa ótima antes de uma moeda ser jogada?
(b) Qual é a alternativa ótima após a moeda ser jogada, caso o resultado seja cara? E se for coroa?

15.3-14 Há duas moedas viciadas com probabilidades de dar cara de 0,8 e 0,4, respectivamente. Uma moeda é escolhida aleatoriamente (cada uma com probabilidade $\frac{1}{2}$) para ser jogada duas vezes. Você deve receber US$ 100, caso adivinhe corretamente quantas caras ocorrerão em duas rodadas.

(a) Usando a regra de decisão de Bayes, qual é a previsão ótima e qual é o prêmio correspondente esperado?

T (b) Suponha agora que você possa observar uma rodada de treinamento de uma moeda escolhida antes de fazer sua previsão. Use o gabarito Excel correspondente para encontrar as probabilidades posteriores de qual moeda está sendo jogada.
(c) Determine sua previsão ótima após observar a rodada de treinamento. Qual é o prêmio esperado resultante?
(d) Encontre o EVE para observar a rodada de treinamento. Se você tiver de pagar US$ 30 para observar a rodada de treinamento, qual é sua política ótima?

15.4-1* Leia o artigo referido que descreve completamente o estudo de PO resumido no Exemplo de Aplicação apresentado na Seção 15.4. Descreva brevemente como a análise de decisão foi aplicada nesse estudo. Em seguida, enumere os diversos benefícios financeiros ou não resultantes desse estudo.

15.4-2* Reconsidere o Problema 15.3-2. A direção da Silicon Dynamics agora quer ver uma árvore de decisão que exiba o problema inteiro. Construa e solucione manualmente essa árvore de decisão.

15.4-3 Fornece-se a árvore de decisão a seguir, na qual os números entre parênteses são as probabilidades e os números mais distantes à direita são os prêmios nesses pontos terminais. Analise essa árvore de decisão para obter a política ótima.

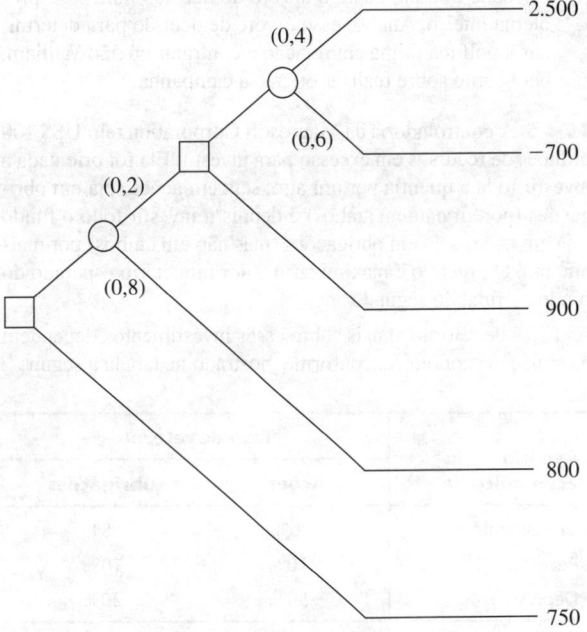

15.4-4* O Departamento Atlético da Leland University estuda a possibilidade de realizar uma ampla campanha no próximo ano para arrecadar fundos para um novo centro de treinamento. A resposta à campanha depende muito do sucesso do time de futebol nessa temporada. No passado, essa equipe ganhou o campeonato 60% das vezes. Se o time de futebol ganhar o campeonato (W) nessa temporada, então, muitos dos ex-alunos contribuirão e a campanha levantará US$ 3 milhões. Se o time perder o campeonato (L), poucos contribuirão e a campanha perderá US$ 2 milhões. Se não for realizada nenhuma campanha, não haverá nenhum custo envolvido. Em 1º de setembro, logo antes de a temporada ser iniciada, o Departamento Atlético precisa decidir se deve ou não empreender a campanha no ano que vem.

(a) Desenvolva uma formulação de análise de decisão para esse problema identificando as alternativas de decisão, os estados de natureza e a tabela de prêmios.
(b) De acordo com a regra de decisão de Bayes, a campanha deve ser levada adiante?
(c) Qual é o EVPI?
(d) Um famoso guru do futebol, William Walsh, ofereceu seus serviços para ajudar a avaliar se a equipe tem chances reais de ganhar o campeonato. Por US$ 100.000, ele avaliará cuidadosamente o time durante a pré-temporada e, depois, durante o treinamento. William dará então sua previsão em 1º de setembro referente a que tipo de temporada, W ou L, a equipe terá. Em situações similares no passado ao avaliar equipes que ganharam o campeonato 50% das vezes, suas previsões foram corretas 75% das vezes. Considerando que esse time tenha uma tradição mais vencedora que perdedora, se William prever uma temporada ganhadora, qual será a probabilidade posterior de que o time ganhará realmente o campeonato? Qual será a probabilidade posterior de perder o campeonato? Se, ao contrário, Williams prever a perda do campeonato, qual será a probabilidade posterior de uma temporada vencedora? E de uma temporada perdedora? Mostre como essas respostas são obtidas de um diagrama de árvore de probabilidades.
T (e) Use o gabarito Excel correspondente para obter as respostas solicitadas no item (d).
(f) Desenhe manualmente a árvore de decisão para esse problema inteiro. Analise essa árvore de decisão para determinar a política ótima em relação a contratar ou não William, bem como sobre realizar ou não a campanha.

15.4-5 A controladoria da Macrosoft Corporation tem US$ 100 milhões de recursos em excesso para investir. Ela foi orientada a investir toda a quantia por um ano, seja em ações seja em obrigações (porém não em ambos) e depois reinvestir todo o fundo seja em ações seja em obrigações (mas não em ambos) por mais um ano. O objetivo é maximizar o valor monetário esperado do fundo no final do segundo ano.

As taxas de retorno anuais sobre esses investimentos dependem da situação econômica, conforme mostrado na tabela a seguir:

Cenário econômico	Taxa de retorno	
	Ações	Obrigações
Crescimento	20%	5%
Recessão	−10%	10%
Depressão	−50%	20%

As probabilidades de crescimento, recessão e depressão para o primeiro ano são de 0,7, 0,3 e 0, respectivamente. Se ocorrer crescimento no primeiro ano, essas probabilidades permanecem as mesmas para o segundo ano. Entretanto, caso ocorra uma recessão durante o primeiro ano, essas probabilidades mudam, respectivamente, para 0,2, 0,7 e 0,1 para o segundo ano.

(a) Construa manualmente a árvore de decisão para esse problema.
(b) Analise a árvore de decisão para identificar a política ótima.

15.4-6 Na segunda-feira, certa ação fechou o pregão em US$ 10 por ação. Na terça, você espera que a ação feche em US$ 9, US$ 10 ou US$ 11 por ação, com probabilidades respectivas de 0,3, 0,3 e 0,4. Na quarta, você espera que a ação fique por volta de 10% mais baixa, inalterada ou 10% mais alta que o fechamento da terça, com as seguintes probabilidades:

Fechamento de hoje	10% mais baixa	Inalterada	10% mais alta
US$ 9	0,4	0,3	0,3
US$ 10	0,2	0,2	0,6
US$ 11	0,1	0,2	0,7

Na terça, ordenam que você compre 100 cotas da ação antes da quinta-feira. Todas as compras são feitas no final do dia, no preço de fechamento já conhecido para aquele dia, de modo que suas únicas opções sejam comprar no final da terça ou no final da quarta. Você deseja determinar a estratégia ótima para comprar na terça ou, então, adiar a compra até quarta, dado o preço de fechamento da terça, para minimizar o preço de compra esperado. Crie e avalie manualmente uma árvore de decisão para determinar a estratégia ótima.

15.4-7 Use o cenário fornecido no Problema 15.3-9.
(a) Desenhe e identifique apropriadamente a árvore de decisão. Inclua todos os prêmios, mas não todas as probabilidades.
T (b) Encontre as probabilidades para as ramificações partindo dos nós de evento.
(c) Aplique o procedimento de indução para trás e identifique a política ótima resultante.

15.4-8 Use o cenário fornecido no Problema 15.3-11.
(a) Desenhe e identifique apropriadamente a árvore de decisão. Inclua todos os prêmios, mas não todas as probabilidades.
T (b) Encontre as probabilidades para as ramificações partindo dos nós de evento.
(c) Aplique o procedimento de indução para trás e identifique a política ótima resultante.

15.4-9 Use o cenário fornecido no Problema 15.3-12.
(a) Desenhe e identifique apropriadamente a árvore de decisão. Inclua todos os prêmios, mas não todas as probabilidades.
T (b) Encontre as probabilidades para as ramificações partindo dos nós de evento.
(c) Aplique o procedimento de indução para trás e identifique a política ótima resultante.

15.4-10 Use o cenário fornecido no Problema 15.3-13.
(a) Desenhe e identifique apropriadamente a árvore de decisão. Inclua todos os prêmios, mas não todas as probabilidades.
T (b) Encontre as probabilidades para as ramificações partindo dos nós de evento.
(c) Aplique o procedimento de indução para trás e identifique a política ótima resultante.

A **15.4-11** A procura por executivos realizada para o Western Bank pela Headhunters Inc. pode finalmente render frutos. O cargo a ser preenchido é um de extrema importância – vice-presidente para processamento de informações —, pois essa pessoa terá a responsabilidade de desenvolver um sistema de informações gerenciais de última geração que conectará várias filiais do Western Bank. Entretanto, a Headhunters acredita que encontrou a pessoa certa para essa tarefa, Matthew Fenton, que possui um excelente histórico em um cargo similar em um banco de porte médio em Nova York.

Após uma série de entrevistas, o presidente do Western Bank acredita que Matthew tenha probabilidade de 0,7 de ser bem-sucedido no desenvolvimento do sistema de informações gerenciais. Caso Matthew seja bem-sucedido, a empresa obterá um lucro de US$ 4 milhões (líquidos, já descontados o salário, treinamento, despesas de admissão e despesas em geral de Matthew). Se ele não for bem-sucedido, a empresa arcará com uma perda líquida de US$ 900.000.

Por uma taxa adicional de US$ 35.000, a Headhunters fornecerá um processo investigativo detalhado (incluindo ampla verificação da experiência, uma bateria de testes acadêmicos e psicológicos etc.) que sinalizarão ainda mais o potencial de Matthew para o sucesso. Determinou-se que esse processo tem confiabilidade de 90%; isto é, um candidato que fosse bem-sucedido no desenvolvimento do sistema de informações gerenciais passaria no teste com probabilidade 0,9 e um candidato que não fosse bem-sucedido no desenvolvimento do sistema de informações gerenciais não passaria no teste com probabilidade 0,9. A alta cúpula do Western Bank precisa decidir se contrata Matthew, bem como se autoriza a Headhunters a realizar o processo investigativo detalhado antes de tomar essa decisão.

(a) Construa a árvore de decisão para esse problema.
T (b) Encontre as probabilidades para as ramificações partindo dos nós de evento.
(c) Analise a árvore de decisão para identificar a política ótima.
(d) Suponha agora que a taxa da Headhunters para implementar seu processo investigativo detalhado seja negociável. Qual seria a quantia máxima que o Western Bank deveria pagar?

A **15.5-1** Reconsidere a versão original do problema da Silicon Dynamics descrito no Problema 15.2-2.

(a) Supondo que as probabilidades prévias dos dois níveis de vendas sejam ambos iguais a 0,5, use o TreePlan para construir e solucionar a árvore de decisão para esse problema. De acordo com essa análise, qual alternativa de decisão deveria ser escolhida?
(b) Use o SensIt para criar um gráfico que represente o prêmio esperado (ao usar a regra de decisão de Bayes) *versus* a probabilidade prévia de vender 10 mil computadores.

A **15.5-2** Reconsidere agora a versão expandida do problema da Silicon Dynamics descrito nos Problemas 15.3-2 e 15.4-2.

(a) Use o TreePlan para construir e solucionar a árvore de decisão para esse problema.
(b) Existe alguma incerteza nos dados financeiros (US$ 15 milhões, US$ 6 milhões e US$ 600) declarados no Problema 15.2.2. Cada um deles poderia variar em relação a seu valor base em até 10%. Para cada um deles, realize uma análise de sensibilidade para descobrir o que aconteceria caso seu valor estivesse em uma das extremidades desse intervalo de variação (sem qualquer mudança nos outros dois dados), ajustando os valores nas células de dados de acordo. Em seguida, faça o mesmo para os oito casos em que todos esses dados se encontram em uma extremidade ou na outra de seus intervalos de variação.
(c) Em virtude do grau de incerteza descrito no item (*b*), use o SensIt para gerar um gráfico que represente o lucro esperado ao longo do intervalo de variação para cada um dos dados financeiros (sem qualquer alteração nos outros dois dados).
(d) Gere o gráfico aranha e o gráfico tornado correspondentes.

A **15.5-3** Reconsidere a árvore de decisão dada no Problema 15.4-3. Use o TreePlan para construir e solucionar essa árvore de decisão.

A **15.5-4** Reconsidere o Problema 15.4-5. Use o TreePlan para construir e solucionar essa árvore de decisão.

A **15.5-5** Reconsidere o Problema 15.4-6. Use o TreePlan para construir e solucionar essa árvore de decisão.

A **15.5-6** José Morales gerencia uma grande banca de frutas em um dos bairros menos prósperos de San José, Califórnia. Para reabastecer seu estoque, José compra caixas de frutas todos os dias logo cedo de um agricultor na zona sul. Cerca de 85% das caixas de frutas acabam sendo de qualidade satisfatória, porém, os outros 15% não são. Uma caixa satisfatória contém 90% de frutas de excelente qualidade e renderá US$ 600 de lucro para José. Uma caixa insatisfatória contém 40% de frutas de excelente qualidade e gerará uma perda de US$ 2.000. Antes de ele decidir a aceitar uma caixa, lhe é proporcionada a oportunidade de pegar uma unidade por amostragem para ver se ela é excelente. Com base nessa amostra, ele tem então a opção de rejeitar a caixa sem pagar nada por ela. José está pensando: 1) se deve continuar a comprar desse fornecedor, 2) em caso positivo, se vale a pena fazer a amostra de apenas uma unidade de uma caixa, e 3) em caso afirmativo, se ele deveria aceitar ou rejeitar a caixa baseado no resultado dessa amostra.

Use o TreePlan (e o gabarito Excel para probabilidades posteriores) para construir e solucionar a árvore de decisão para esse problema.

A **15.5-7*** A Morton Ward Company estuda a introdução de um novo produto do qual se acredita ter uma chance de 50-50 de ser bem-sucedido. Uma opção é experimentar o produto em um mercado de teste, a um custo de US$ 5 milhões, antes de decidir sobre a introdução do produto. Experiência anterior mostra que produtos bem-sucedidos são aprovados no mercado de teste 80% das vezes, ao passo que produtos que não são bem-sucedidos são aprovados no mercado de teste somente 25% das vezes. Se o produto for bem-sucedido, o lucro líquido para a empresa será de US$ 40 milhões; se não for bem-sucedido, a perda líquida será de US$ 15 milhões.

(a) Descartando a opção de experimentar o produto em um mercado de teste, desenvolva uma formulação de análise de decisão para o problema identificando as alternativas de decisão, estados de natureza e tabela de prêmios. Aplique a regra de decisão de Bayes para determinar a alternativa de decisão ótima.
(b) Encontre o EVPI.
A (c) Agora inclua a opção de experimentar o produto em um mercado de teste. Use o TreePlan (e o gabarito Excel para probabilidades posteriores) para construir e solucionar a árvore de decisão para esse problema.
A (d) Há alguma incerteza nos números declarados para lucro e prejuízo (US$ 40 milhões e US$ 15 milhões). Cada um deles pode variar em relação ao seu valor em até 25% em qualquer uma das direções. Use o cálculos do TreePlan para gerar um gráfico para cada um deles que represente o lucro esperado ao longo desse intervalo de variação.

A (e) Em razão da incerteza descrita no item (d), use o SensIt para gerar um gráfico que represente o lucro esperado ao longo do intervalo de variação para cada uma das duas cifras (sem qualquer alteração no outro número).

A (f) Gere o gráfico aranha e o gráfico tornado correspondentes. Interprete cada um deles.

A **15.5-8** Chelsea Bush é uma candidata emergente para indicação do partido para presidente dos Estados Unidos. Agora ela considera a possibilidade de concorrer nas primárias da Super Tuesday. Se participar dessas primárias (S.T.), ela e seus conselheiros acreditam que terá um ótimo desempenho (terminar em primeiro ou segundo) ou então ir muito mal (terminar em terceiro ou pior) com probabilidades 0,4 e 0,6, respectivamente. Se ela for bem na Super Tuesday renderá aproximadamente US$ 16 milhões líquidos à campanha da candidata em novas contribuições, ao passo que um desempenho fraco significará uma perda de US$ 10 milhões após inúmeras propagandas na TV serem pagas. Alternativamente, ela poderia optar por não participar da Super Tuesday e, conseqüentemente, não ter nenhum custo.

Os conselheiros de Chelsea percebem que suas chances de sucesso na Super Tuesday podem ser afetadas pelo resultado da primária menor de New Hampshire (N. H.) que acontece três semanas antes da Super Tuesday. Analistas políticos acham que os resultados da primária de New Hampshire são corretos dois terços das vezes em prever os resultados das primarias da Super Tuesday. Entre os conselheiros de Chelsea temos um especialista em análise de decisão que usa essas informações para calcular as seguintes probabilidades:

$P\{$Chelsea tem um bom desempenho nas primárias S.T., dado que ela se dê bem em N.H.$\} = \frac{4}{7}$

$P\{$Chelsea tem um bom desempenho nas primárias S.T., dado que ela se dê mal em N.H.$\} = \frac{1}{4}$

$P\{$Chelsea tem um bom desempenho na primária N.H$\} = \frac{7}{15}$

Chelsea sente que sua chance de ganhar a indicação depende muito de ter fundos substanciais disponíveis após as primárias Super Tuesday para desempenhar uma campanha vigorosa pelo restante do percurso. Portanto, ela quer escolher a estratégia (se deve concorrer na primária de New Hampshire e depois se deve participar das primárias Super Tuesday) que vai maximizar seus fundos esperados após essas primárias.

(a) Construa e solucione a árvore de decisão para esse problema.

(b) Há determinada incerteza nas estimativas de ganho de US$ 16 milhões ou perda de US$ 10 milhões dependendo do desempenho na Super Tuesday. Cada uma das quantias poderia diferir dessa estimativa em até 25% em qualquer uma das direções. Para cada uma dessas duas cifras, realize uma análise de sensibilidade para verificar como os resultados no item (a) mudariam, caso o valor da cifra se encontrasse em qualquer uma das extremidades desse intervalo de variação (sem qualquer mudança no valor da outra cifra). A seguir, faça o mesmo para os quatro casos em que ambas as cifras se encontram em um extremidade ou na outra de seus intervalos de variação.

A (c) Por causa do grau de incerteza descrito no item (b), use o SensIt para gerar um gráfico que represente os fundos esperados de Chelsea após essas primárias ao longo do intervalo de variação para cada uma das duas cifras (sem qualquer alteração na outra cifra).

A (d) Gere o gráfico aranha e o gráfico tornado correspondentes. Interprete cada um deles.

15.6-1 Reconsidere o exemplo-protótipo da Goferbroke Co., inclusive a aplicação das utilidades na Seção 15.6. O proprietário agora decidiu que, dada a precária situação financeira da empresa, ele precisa adotar uma abordagem muito mais avessa a riscos para o problema. Portanto, ele revisou as utilidades fornecidas na Tabela 15.7 como a seguir: $U(-130) = 0$, $U(-100) = 0,1$, $U(60) = 0,4$, $U(90) = 0,45$, $U(670) = 0,985$ e $U(700) = 1$.

(a) Analise manualmente a árvore de decisão revisada correspondente à Figura 15.20 para obter a nova política ótima.

A (b) Use o TreePlan para construir e solucionar essa árvore de decisão revisada.

15.6-2* Você vive em uma região onde há possibilidade de ocorrência de um grande terremoto, de modo que está estudando a hipótese de adquirir seguro contra terremotos para sua casa a um custo anual de US$ 180. A probabilidade de um terremoto danificar sua casa durante um ano é 0,001. Se isso acontecer, você estima que o custo dos danos (totalmente cobertos pelo seguro de terremoto) será de US$ 160.000. Seus ativos totais (inclusive sua casa) valem US$ 250.000.

(a) Aplique a regra de decisão de Bayes para determinar qual alternativa (fazer o seguro ou não) maximiza seus ativos esperados após um ano.

(b) Agora você construiu uma função de utilidade que mede quanto o valor de seus ativos totais valem x dólares ($x \geq 0$). Essa função de utilidade é $U(x) = \sqrt{x}$. Compare a utilidade de reduzir seus ativos totais no ano que vem pelo custo do seguro contra terremotos com a utilidade esperada para o próximo ano de fazer o seguro. Você deve ou não fazê-lo?

15.6-3 Como presente de formatura na universidade, seus pais oferecem a você duas alternativas. A primeira é um presente em espécie de US$ 19.000. A segunda alternativa é fazer um investimento em seu nome. Esse investimento em breve terá os dois resultados possíveis indicados a seguir:

Resultado	Probabilidade
Receber US$ 10.000	0,3
Receber US$ 30.000	0,7

Sua utilidade para receber M mil dólares é dada pela função de utilidade $u(M) = \sqrt{M + 6}$. Que escolha você deveria fazer para maximizar a utilidade esperada?

15.6-4* Reconsidere o Problema 15.6-3. Agora você está incerto em relação a qual é a real função de utilidade para receber dinheiro, de modo que você esteja no processo de construir essa função de utilidade. Até então, você descobriu que $U(19) = 16,7$ e $U(30) = 20$ são a utilidade de receber US$ 19.000 e US$ 30.000, respectivamente. Você também concluiu que é indiferente em relação às duas alternativas oferecidas por seus pais. Use essa informação para encontrar $U(10)$.

15.6-5 Você deseja construir sua função de utilidade pessoal $U(M)$ para receber M mil dólares. Após fazer que $U(0) = 0$, em seguida configura $U(1) = 1$ como sua utilidade para receber US$ 1.000. Em seguida, você quer encontrar $U(10)$ e depois $U(5)$.

(a) Você oferece a si mesmo duas alternativas hipotéticas:
A1: Obter US$ 10.000 com probabilidade p.
Obter 0 com probabilidade $(1 - p)$.

A2: Obter efetivamente US$ 1.000.

A seguir, você se pergunta: qual valor de p o torna indiferente em relação a essas duas alternativas? Sua resposta é $p = 0.125$. Encontrar $U(10)$.

(b) A seguir, repita o item (*a*) exceto por alterar a segunda alternativa para receber efetivamente US$ 5.000. O valor de p que o torna indiferente em relação a essas duas alternativas agora é $p = 0,5625$. Encontre $U(5)$.

(c) Repita os itens (*a*) e (*b*), mas agora use *suas* escolhas pessoais para p.

15.6-6 Você recebe a seguinte tabela de prêmios:

Alternativa	Estado de natureza	
	S_1	S_2
A_1	36	49
A_2	144	0
A_3	0	81
Probabilidade prévia	p	$1 - p$

(a) Suponha que sua função de utilidade para os prêmios seja $U(x) = \sqrt{x}$. Represente graficamente a utilidade esperada de cada alternativa *versus* o valor de p no mesmo gráfico. Para cada alternativa, encontre o intervalo de valores de p no qual essa alternativa maximiza a utilidade esperada.

A **(b)** Agora suponha que sua função de utilidade é a função de utilidade exponencial com tolerância de risco $R = 50$. Use o TreePlan para construir e solucionar a árvore de decisão resultante (uma por vez) para $p = 0,25$, $p = 0,5$ e $p = 0,75$.

15.6-7 O Dr. Switzer está com um paciente em estado grave, mas teve problemas no diagnóstico da causa específica da doença. O médico agora conseguiu reduzir a provável causa a duas alternativas: doença A ou doença B. Baseado nas evidências até então, ele acredita que as duas alternativas sejam igualmente prováveis.

Além do exame já realizado, não existe nenhum outro exame disponível para determinar se a causa é a doença B. Existe um exame disponível para a doença A, porém ele apresenta dois grandes problemas. Primeiro, ele é muito caro. Em segundo lugar, ele não é muito confiável, e proporciona um resultado preciso somente 80% das vezes. Portanto, ele dará um resultado positivo (indicando a doença A) para apenas 80% dos pacientes com a doença A, ao passo que ele dará um resultado positivo para 20% dos pacientes que realmente estão com a doença B.

A doença B é uma doença muito séria sem nenhum tratamento conhecido. Algumas vezes ela é fatal e aqueles que sobrevivem permanecem com a saúde abalada e péssima qualidade de vida daí em diante. O prognóstico é semelhante para vítimas da doença A, caso eles não recebam tratamento. Entretanto, existe um tratamento bem caro que elimina o perigo para aqueles com a doença A e pode ser que esses pacientes tratados voltem a gozar de boa saúde. Infelizmente, é um tratamento relativamente radical que sempre leva à morte caso o paciente efetivamente tenha a doença B.

A distribuição probabilística do prognóstico para esse paciente é dada para cada caso na tabela a seguir, em que os títulos das colunas (após a primeira) indicam a doença para o paciente.

	Probabilidades dos resultados			
	Nenhum tratamento		Receber tratamento para a doença A	
Resultado	A	B	A	B
Morte	0,2	0,5	0	1,0
Sobreviver em condições precárias de saúde	0,8	0,5	0,5	0
Readquirir boa saúde	0	0	0,5	0

Foram atribuídas as seguintes utilidades ao paciente em relação aos possíveis resultados:

Resultado	Utilidade
Morte	0
Sobreviver em condições precárias de saúde	10
Readquirir boa saúde	30

Além disso, essas utilidades devem ser diminuídas em -2, caso o paciente tenha o custo do exame para a doença A e em -1, caso o paciente (ou o estado do paciente) tenha o custo do tratamento para a doença A.

Use a análise de decisão com uma árvore de decisão completa para determinar se o paciente deveria passar pelo exame para a doença A e depois como prosseguir (receber o tratamento para a doença A?) para maximizar a utilidade esperada do paciente.

15.6-8 Você quer escolher entre as alternativas de decisão A_1 e A_2 na seguinte árvore de decisão, porém está incerto em relação ao valor da probabilidade p, de modo que você precise realizar análise de sensibilidade de p também.

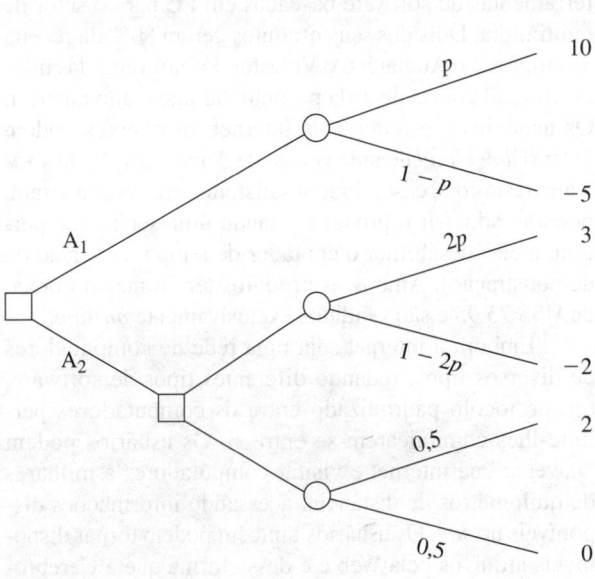

Sua função de utilidade monetária (o prêmio recebido) é

$$u(M) = \begin{cases} M^2 & \text{se } M \geq 0 \\ M & \text{se } M < 0. \end{cases}$$

(a) Para $p = 0{,}25$, determine que alternativa é ótima no sentido de que ela maximiza a utilidade esperada do prêmio.
(b) Determine o intervalo de valores da probabilidade p ($0 \leq p \leq 0{,}5$) para o qual essa mesma alternativa permanece ótima.

CASOS

CASO 15.1 Negócio cerebral

Enquanto o El Niño provoca uma chuva torrencial no nordeste da Califórnia, Charlotte Rothstein, CEO, principal acionista e fundadora da Cerebrosoft, se encontra em sua sala, analisando uma decisão que deve tomar referente ao mais novo produto de sua empresa, o Brainet. Essa é uma decisão particularmente difícil. O Brainet podia fazer sucesso e vender muito bem. Entretanto, Charlotte está preocupada com o risco envolvido. Nesse mercado altamente competitivo, a comercialização do Brainet também poderia levar a perdas substanciais. Será que ela deve seguir em frente e iniciar a campanha de marketing? Ou simplesmente abandonar o produto? Ou, quem sabe, obter mais informações mercadológicas contratando uma empresa de pesquisa de mercado local antes de decidir sobre o lançamento do produto? Ela terá de decidir logo e, portanto, à medida que toma lentamente seu complexo multivitamínico altamente protéico, ela reflete sobre os eventos dos últimos anos.

A Cerebrosoft foi fundada por Charlotte e dois amigos assim que se formaram em administração de empresas. A empresa se situa no coração do Silicon Valley. Charlotte e seus amigos conseguiram obter lucros já no segundo ano de existência da empresa e dessa forma continuaram a cada ano. A Cerebrosoft foi uma das primeiras empresas a vender software pela internet e a desenvolver ferramentas de software baseadas em PC para o setor de multimídia. Dois dos seus produtos geram 80% da receita da empresa: o Audiatur e o Videatur. Foram vendidas mais de 100 mil cópias de cada produto durante o ano anterior. Os negócios são feitos pela internet: os clientes podem fazer o *download* de uma versão de demonstração do software, testá-lo e, caso, fiquem satisfeitos com o que viram, poderão adquirir o produto (usando uma senha que permite a eles desabilitar o contador de tempo da versão de demonstração). Ambos os produtos têm o mesmo preço de US$ 75,95 e são vendidos exclusivamente *on-line*.

Embora a internet seja uma rede de computadores de diversos tipos, rodando diferentes tipos de software, um protocolo padronizado entre os computadores permite-lhes comunicarem-se entre si. Os usuários podem "navegar" na internet e visitar computadores a milhares de quilômetros de distância, acessando informações disponíveis no *site*. Os usuários também podem tornar disponíveis arquivos pela Web e é dessa forma que a Cerebrosoft gera suas vendas. Vender software pela Web elimina diversos dos fatores de custo tradicionais de produtos de consumo: embalagem, armazenamento, distribuição, equipe de vendas e assim por diante. Em vez disso, possíveis clientes podem baixar uma versão de demonstração, experimentá-lo (isto é, usar o produto) por um período e, em seguida, decidir se compra ou não o produto. Além disso, a Cerebrosoft sempre pode tornar disponíveis arquivos mais recentes aos clientes, evitando o problema de ter software desatualizado no canal de distribuição.

Charlotte é interrompida em seus pensamentos pela chegada de Jeannie Korn. Jeannie é a responsável pela comercialização *on-line* de produtos e o Brainet tem tido sua particular atenção desde o princípio. Ela está mais que apta a dar conselhos solicitados por Charlotte. "Charlotte, acho realmente que devemos ir em frente com o Brainet. Os engenheiros de software me convenceram de que a versão atual é consistente e queremos estar no mercado com esse produto o mais breve possível! A partir dos dados de lançamentos de nossos produtos durante os últimos dois anos, podemos obter uma estimativa bastante confiável de como o mercado responderá ao novo produto, você não acha? E veja!" Ela pega alguns *slides* de apresentação.

"Durante esse período lançamos 12 produtos novos no total e quatro deles venderam sozinhos mais que 30 mil cópias durante os seis primeiros meses! E ainda mais: os dois últimos produtos lançados venderam mais de 40 mil cópias durante os dois primeiros trimestres!" Charlotte conhece esses números assim como Jeannie. Afinal de contas, dois desses lançamentos foram produtos que ela própria ajudou a desenvolver. No entanto, ela está preocupada com o lançamento desse produto em particular. A empresa cresceu rapidamente durante os últimos três anos e seus recursos financeiros já estão empregados ao máximo. Um lançamento modesto para o Brainet custaria à empresa um bocado de dinheiro, algo que não está disponível no momento em decorrência de investimentos que a Cerebrosoft fez recentemente.

No final da tarde, Charlotte se reúne com Reggie Ruffin, um funcionário do tipo "pau para toda obra" e também gerente de produção. Reggie possui um histórico respeitável em sua área, e Charlotte quer sua opinião sobre o projeto Brainet.

"Bem, Charlotte, para ser bem sincero, acho que há três fatores principais que são relevantes para o sucesso desse projeto: a concorrência, o número de cópias vendidas e o custo... ah, e logicamente nossa política de preços. Você já decidiu sobre o preço?"

"Ainda estou considerando qual de três estratégias seria a mais benéfica para nós. Vender a US$ 50 e tentar maximizar as receitas, ou vender a US$ 30 e tentar maximizar a fatia de mercado. Obviamente, ainda existe a terceira alternativa; poderíamos vender a US$ 40 e tentar conseguir os dois objetivos."

Nesse ponto, Reggie se concentra na folha de papel que tem diante de si. "Eu ainda acredito que a alternativa de vender o produto por US$ 40 seja a melhor. No que se refere aos custos, verifiquei nossos arquivos; basicamente, temos de amortizar os custos de desenvolvimento acarretados pelo Brainet. Até então gastamos US$ 800.000 e esperamos gastar mais US$ 50.000 por ano em suporte e remessa de CDs para aqueles que quiserem ter uma *hardcopy* além do software por *download*." Em seguida, Reggie passa um relatório a Charlotte. "Aqui temos alguns dados sobre o segmento. Acabei de receber isto ontem, notícia quente. Vejamos o que podemos descobrir sobre o mercado aqui." Ele mostra a Charlotte alguns destaques. Reggie concorda então em compilar as informações mais relevantes contidas naquele relatório e entregar a ela na manhã seguinte. Ele passa a noite compilando os dados das páginas daquele relatório, mas, no final, ele cria três tabelas, uma para cada uma das três alternativas de estratégia de preço. Cada tabela mostra a probabilidade correspondente de vários volumes de vendas dado o nível de concorrência (alto, médio ou baixo) proveniente das outras empresas.

Na manhã seguinte Charlotte bebe um de seus energéticos. Jeannie e Reggie estarão em sua sala a qualquer instante e, com a ajuda deles, ela terá de decidir o que fazer com o Brainet. Ela deveria lançar o produto? Em caso positivo, a que preço?

Quando Jeannie e Reggie adentram sua sala, Jeannie exclama imediatamente: "Pessoal, acabo de falar com nossa empresa de pesquisa de mercado. Eles disseram que poderiam fazer um estudo para nós sobre a situação de concorrência para o lançamento do Brainet e nos entregar os resultados em uma semana."

"Quanto eles vão querer por esse estudo?"

"Sabia que você ia perguntar isto, Reggie. Eles vão querer US$ 10.000 e acho que vale a pena."

A essa altura, Charlotte entra na conversa. "Temos algum dado sobre a qualidade do trabalho dessa empresa de pesquisa de mercado?"

"Claro, tenho alguns relatórios aqui. Após analisá-los, cheguei à conclusão que essa empresa de pesquisa de mercado não é muito boa em previsões de mercados competitivos na faixa de preços médios ou baixos. Portanto, não deveríamos contratá-los para esse estudo, caso

■ **TABELA 1** Distribuição probabilística de unidades vendidas, dado um preço alto (US$ 50)

Venda	Nível de concorrência		
	Alta	Média	Baixa
50.000 unidades	0,2	0,25	0,3
30.000 unidades	0,25	0,3	0,35
20.000 unidades	0,55	0,45	0,35

■ **TABELA 2** Distribuição probabilística de unidades vendidas, dado um preço médio (US$ 40)

Venda	Nível de concorrência		
	Alta	Média	Baixa
50.000 unidades	0,25	0,30	0,40
30.000 unidades	0,35	0,40	0,50
20.000 unidades	0,40	0,30	0,10

■ **TABELA 3** Distribuição probabilística de unidades vendidas, dado um preço baixo (US$ 30)

Venda	Nível de concorrência		
	Alta	Média	Baixa
50.000 unidades	0,35	0,40	0,50
30.000 unidades	0,40	0,50	0,45
20.000 unidades	0,25	0,10	0,05

optemos por uma dessas duas faixas de preço. Entretanto, caso optarmos pelo preço mais alto, eles têm um bom desempenho: caso a concorrência venha a ser alta, eles a previram corretamente 80% das vezes, ao passo que 15% das vezes eles previram concorrência média nessas condições. Caso a concorrência venha a ser média, eles previram alta concorrência 15% das vezes e concorrência média 80% das vezes. Finalmente, para o caso de concorrência baixa, os números foram 90% das vezes uma previsão correta, 7% das vezes uma previsão 'média' e 3% das vezes uma previsão 'alta'."

Charlotte considera que todos esses números são demais para ela. "Não temos simplesmente uma estimativa de como o mercardo vai reagir?"

"Você quer dizer algumas probabilidades prévias? Claro, de nossa experiência passada, a probabilidade de encontrarmos alta concorrência é de 20%, ao passo que ela é de 70% para concorrência média e de 10% para concorrência baixa", Jeannie sempre tem seus números à mão quando necessário.

Tudo o que resta a fazer agora é sentar e interpretar todos esses dados...

(a) Para a análise inicial, ignore a oportunidade de obter informações adicionais pela contratação da empresa de pesquisa de mercado. Identifique as alternativas de decisão e os estados de natureza. Construa a tabela de prêmios. A seguir, formule um problema de decisão em uma árvore de decisão. Distinga claramente os nós de decisão e os nós de evento e inclua todos os dados relevantes.

(b) Qual seria a decisão de Charlotte, caso ela use o critério de probabilidade máxima? E o critério do prêmio maximin?

(c) Qual seria a decisão de Charlotte, caso usasse a regra de decisão de Bayes?

(d) Considere agora a possibilidade de realizar a pesquisa de mercado. Construa a árvore de decisão correspondente. Calcule as probabilidades relevantes e analise a árvore de decisão. A Cerebrosoft deve pagar os US$ 10.000 pela pesquisa de mercado? Qual é a política ótima global?

APRESENTAÇÃO DOS CASOS ADICIONAIS DO *SITE*

Caso 15.2 Sistema de suporte da direção inteligente

O CEO da Bay Area Automobile Gadgets estuda a possibilidade de adicionar um dispositivo de rastreamento de pavimentação ao sistema de suporte da direção fabricado pela empresa. Precisam ser tomadas uma série de decisões. Deve-se empreender uma pesquisa sobre o dispositivo de rastreamento de pavimentação? Se a pesquisa for bem-sucedida, a empresa deve desenvolver o produto ou vender a tecnologia? No caso do desenvolvimento bem-sucedido do produto, a empresa deveria comercializar o produto ou vender o conceito do produto? É preciso aplicar análise de decisão para responder a essas questões. Parte da análise envolverá o emprego da função de utilidade do CEO.

CASO 15.3 Quem quer ser um milionário?

Você é um concorrente no programa *Quem Quer ser um Milionário?* e acaba de responder corretamente à pergunta que vale US$ 250.000. Caso decida continuar, indo para a pergunta que vale US$ 500.000 e depois para a pergunta de US$ 1.000.000, você ainda terá a opção de usar a linha "telefone para um amigo", como tábua de salvação, em uma das perguntas para aumentar as suas chances de responder corretamente. Use a análise de decisão (inclusive uma árvore de decisão e a teoria da utilidade) para decidir como prosseguir.

CASO 15.4 University Toys e os bonecos de super-heróis do professor de engenharia

A University Toys desenvolveu uma coleção de Bonecos de Super-Heróis Professor de Engenharia para a escola de engenharia local e a direção precisa decidir como comercializar os bonecos diante da incerteza em relação à demanda. Uma das opções seria partir imediatamente para produção plena, campanha publicitária e vendas. Outra opção seria testar primeiro o produto no mercado. Um complicador dessa opção é o boato de que um concorrente está prestes a entrar no mercado com um produto similar. A análise de decisão (inclusive uma árvore de decisão e análise de sensibilidade) precisa ser usada agora para decidir como prosseguir.

Cadeias de Markov

O Capítulo 15 se concentrou na tomada de decisão diante da incerteza sobre *um* evento futuro (conhecer o verdadeiro estado de natureza). Entretanto, algumas decisões precisam levar em consideração a incerteza em relação a *diversos* eventos futuros. Começamos a partir de agora a formar a base conceitual referente à tomada de decisão neste contexto mais amplo.

Este capítulo apresenta modelos probabilísticos para processos que *evoluem ao longo do tempo* de forma probabilística. Esses processos são chamados de *processos estocásticos*. Após uma breve introdução sobre processos estocásticos, o capítulo se concentra em um tipo especial denominado *cadeia de Markov*. As cadeias de Markov possuem a propriedade especial de que as probabilidades que envolvem como o processo evolui no futuro dependem apenas do estado atual do processo e, portanto, são independentes de eventos no passado. Muitos processos se encaixam nesta descrição, de modo que as cadeias de Markov proporcionam um tipo de modelo probabilístico especialmente importante.

Por exemplo, veremos no próximo capítulo que as *cadeias de Markov de tempo contínuo* (descritas na Seção 16.8) são usadas para formular a maioria dos modelos básicos da *teoria das filas*. Também são a base para o estudo dos *modelos de decisão de Markov* no Capítulo 19. Há grande variedade de outras aplicações das cadeias de Markov e diversos livros e artigos apresentam algumas dessas aplicações. Um deles é a Referência Selecionada 4, que descreve aplicações em áreas tão diversas quanto a classificação de clientes, sequenciamento de DNA, análise de redes genéticas, estimativa de vendas ao longo do tempo e classificação creditícia. Também veremos um Exemplo de Aplicação na Seção 16.2 que envolve classificação creditícia, outro Exemplo de Aplicação na Seção 16.8 que envolve a manutenção de máquinas. A Referência Selecionada 6 enfoca aplicações em finanças e a Referência Selecionada 3 descreve aplicações para análise de estratégias no jogo de beisebol. Essa lista continua, porém, voltemos nossa atenção para uma descrição geral de processos estocásticos e das cadeias de Markov.

16.1 PROCESSOS ESTOCÁSTICOS

Define-se **processo estocástico** como um conjunto indexado de variáveis aleatórias $\{X_t\}$, em que o índice t percorre dado conjunto T. Normalmente, admite-se que T seja o conjunto de inteiros não negativos e X_t represente uma característica mensurável de interesse no instante t. Por exemplo, X_t poderia representar o nível de estoque de determinado produto no final da semana t.

Os processos estocásticos são de interesse porque descrevem o comportamento de um sistema que opera ao longo de algum período. Um processo estocástico normalmente apresenta a seguinte estrutura.

O estado atual do sistema pode cair em qualquer uma das $M + 1$ categorias mutuamente exclusivas denominadas **estados**. Para facilitar a notação, esses estados são identificados como $0, 1, \ldots, M$. A variável aleatória X_t representa o *estado do sistema* no instante t, de modo que seus únicos valores possíveis sejam $0, 1, \ldots, M$. O sistema é observado em pontos determinados do tempo, identificados por $t = 0, 1, 2, \ldots$. Portanto, o processo estocástico $\{X_t\} = \{X_0, X_1, X_2, \ldots\}$ fornece uma representação matemática de como o estado do sistema físico evolui ao longo do tempo.

Esse tipo de processo é conhecido como um processo estocástico *em tempo discreto* com um *espaço de estado finito*. Exceto pela Seção 16.8, este será o único tipo de processo estocástico considerado neste capítulo. A Seção 16.8 descreve certo processo estocástico *em tempo contínuo*.

Exemplo que envolve o clima

O tempo na cidade de Centerville pode mudar de maneira bastante rápida de um dia para o outro. Entretanto, as chances de se ter tempo seco (sem chuvas) amanhã são ligeiramente maiores, caso esteja seco hoje do que se chover hoje. Particularmente, a probabilidade de termos tempo seco amanhã é de **0,8**, caso hoje esteja seco, porém, é de apenas **0,6** caso chova hoje. Essas probabilidades não mudam, caso as informações sobre o tempo antes de hoje também forem levadas em consideração.

A evolução do tempo, dia a dia, em Centerville é um processo estocástico. Começando em dado dia inicial (chamado aqui dia 0), o tempo é observado em cada dia t, para $t = 0, 1, 2, \ldots$. O estado do sistema no dia t pode ser:

$$\text{Estado } 0 = \text{Dia } t \text{ é seco}$$

ou então

$$\text{Estado } 1 = \text{Dia } t \text{ com chuva.}$$

Portanto, para $t = 0, 1, 2, \ldots$, a variável aleatória X_t assume os seguintes valores:

$$X_t = \begin{cases} 0 & \text{se o dia } t \text{ estiver seco} \\ 1 & \text{se no dia } t \text{ estiver chovendo.} \end{cases}$$

O processo estocástico $\{X_t\} = \{X_0, X_1, X_2, \ldots\}$ fornece uma representação matemática de como o estado do tempo em Centerville evolui ao longo do tempo.

Exemplo que envolve estoques

A loja de câmeras de Dave apresenta o seguinte problema de estoque. A loja estoca determinado modelo de câmera que pode ser encomendado semanalmente. Façamos que $D_1, D_2, \ldots$ representem a *demanda* por essa câmera (o número de unidades que seriam vendidas, caso o estoque não estivesse esgotado) durante a primeira semana, a segunda semana,..., respectivamente, de modo que a variável aleatória D_t (para $t = 1, 2, \ldots$) seja:

D_t = número de câmeras que seriam vendidas na semana t, caso o estoque não estivesse esgotado. Esse número inclui vendas perdidas quando o estoque estiver esgotado.

Supõe-se que os D_t sejam variáveis aleatórias independentes e identicamente distribuídas com uma *distribuição de Poisson* com média igual a 1. Façamos que X_0 represente o número de câmeras disponíveis no princípio, X_1 o número de câmeras disponíveis no final da semana 1, X_2 o número de câmeras disponíveis no final da semana 2, e assim por diante, de modo que a variável aleatória X_t (para $t = 0, 1, 2, \ldots$) seja:

X_t = número de câmeras disponíveis no final da semana t.

Suponha que $X_0 = 3$, de modo que a semana 1 comece com três câmeras disponíveis.

$$\{X_t\} = \{X_0, X_1, X_2, \ldots\}$$

é um processo estocástico no qual a variável aleatória X_t representa o estado do sistema no instante t, isto é,

Estado no instante t = número de câmeras disponíveis no final da semana t.

Como dono da loja, Dave gostaria de saber mais sobre como o estado desse processo estocástico evolui ao longo do tempo usando a política de encomenda atual descrita a seguir.

No final de cada semana t (sábado à noite), a loja faz um pedido que é entregue a tempo quando da próxima abertura da loja na segunda-feira. A loja usa a seguinte política de encomendas:

Se $X_t = 0$, encomendar três câmeras.
Se $X_t > 0$, não encomendar nenhuma câmera.

Portanto, o nível de estoque flutua entre um mínimo de nenhuma câmera e um máximo de três câmeras, de modo que os estados possíveis do sistema no instante t (o final de semana t) sejam:

Estados possíveis = 0, 1, 2 ou 3 câmeras disponíveis.

Já que cada variável aleatória X_t ($t = 0, 1, 2, \ldots$) representa o estado do sistema no final da semana t, seus únicos valores possíveis são 0, 1, 2 ou 3. As variáveis aleatórias X_t são dependentes e poderiam ser avaliadas iterativamente pela expressão:

$$X_{t+1} = \begin{cases} \text{máx}\{3 - D_{t+1}, 0\} & \text{se} \quad X_t = 0 \\ \text{máx}\{X_t - D_{t+1}, 0\} & \text{se} \quad X_t \geq 1, \end{cases}$$

para $t = 0, 1, 2, \ldots$.

Esses exemplos são usados para fins ilustrativos ao longo de diversas das seções seguintes. A Seção 16.2 define de forma mais ampla o tipo de processo estocástico particular considerado neste capítulo.

16.2 CADEIAS DE MARKOV

Hipóteses referentes à distribuição conjunta de $X_0, X_1, \ldots$ são necessárias para obter resultados analíticos. Uma hipótese que leva à tratabilidade analítica é que o processo estocástico é uma cadeia de Markov, que possui a seguinte propriedade fundamental:

Um processo estocástico $\{X_t\}$ é dito ter a *propriedade* **markoviana** se $P\{X_{t+1} = j \mid X_0 = k_0, X_1 = k_1, \ldots, X_{t-1} = k_{t-1}, X_t = i\} = P\{X_{t+1} = j \mid X_t = i\}$, para $t = 0, 1, \ldots$ e toda sequência $i, j, k_0, k_1, \ldots, k_{t-1}$.

Traduzindo isso em palavras, essa propriedade markoviana diz que a probabilidade condicional de qualquer "evento" futuro, dados quaisquer "eventos" passados e o estado presente $X_t = i$, é *independente* dos eventos passados e depende apenas do estado atual.

Um processo estocástico $\{X_t\}$ ($t = 0, 1, \ldots$) é uma **cadeia de Markov** se possuir a *propriedade markoviana*.

As probabilidades condicionais $P\{X_{t+1} = j \mid X_t = i\}$ para uma cadeia de Markov são chamadas **probabilidades de transição** (uma etapa). Se, para cada i e j,

$$P\{X_{t+1} = j \mid X_t = i\} = P\{X_1 = j \mid X_0 = i\}, \quad \text{para todo } t = 1, 2, \ldots,$$

então as probabilidades de transição (uma etapa) são ditas *estacionárias*. Portanto, ter **probabilidades de transição estacionárias** implica que as probabilidades de transição não mudam ao longo do tempo. A existência de probabilidades de transição (em uma etapa) estacionárias também implica o mesmo, para cada i, j e n ($n = 0, 1, 2, \ldots$),

$$P\{X_{t+n} = j \mid X_t = i\} = P\{X_n = j \mid X_0 = i\}$$

para todo $t = 0, 1, \ldots$. Essas probabilidades condicionais são denominadas **probabilidades de transição em n-etapas**.

Para simplificar a notação com probabilidades de transição estacionárias, façamos que:

$$p_{ij} = P\{X_{t+1} = j \mid X_t = i\},$$
$$p_{ij}^{(n)} = P\{X_{t+n} = j \mid X_t = i\}.$$

Assim, a probabilidade de transição em n-etapas $p_{ij}^{(n)}$ é simplesmente a probabilidade condicional de que o sistema estará no estado j após exatamente n-etapas (unidades de tempo), dado que ele inicia no estado i a qualquer instante t. Quando $n = 1$, note que $p_{ij}^{(1)} = p_{ij}$.[1]

Como as $p_{ij}^{(n)}$ são probabilidades condicionais, elas têm de ser não negativas e já que o processo deve realizar uma transição para algum estado, elas devem satisfazer as seguintes propriedades

$$p_{ij}^{(n)} \geq 0, \quad \text{para todo } i \text{ e } j; n = 0, 1, 2, \ldots,$$

e

$$\sum_{j=0}^{M} p_{ij}^{(n)} = 1 \quad \text{para todo } i; n = 0, 1, 2, \ldots.$$

Uma maneira conveniente de mostrar todas as probabilidades de transição em n etapas é o formato de matriz a seguir:

$$\mathbf{P}^{(n)} = \begin{array}{c} \text{Estado} \\ 0 \\ 1 \\ \vdots \\ M \end{array} \begin{array}{cccc} 0 & 1 & \ldots & M \\ \left[\begin{array}{cccc} p_{00}^{(n)} & p_{01}^{(n)} & \ldots & p_{0M}^{(n)} \\ p_{10}^{(n)} & p_{11}^{(n)} & \ldots & p_{1M}^{(n)} \\ \ldots & \ldots & \ldots & \ldots \\ p_{M0}^{(n)} & p_{M1}^{(n)} & \ldots & p_{MM}^{(n)} \end{array}\right] \end{array}$$

Observe que a probabilidade de transição em determinada linha e coluna é para a transição *do* estado de linha *para* o estado de coluna. Quando $n = 1$, eliminamos o superescrito n e nos referimos simplesmente a ele como a *matriz de transição*.

As cadeias de Markov a ser consideradas neste capítulo possuem as seguintes propriedades:

1. um número finito de estados;
2. probabilidades de transição estacionárias.

Também partimos do pressuposto de que conhecemos as probabilidades $P\{X_0 = i\}$ iniciais para todo i.

Formulação do exemplo que envolve o clima como uma cadeia de Markov

Para o exemplo que envolve o clima apresentado na seção anterior, lembre-se de que a evolução diária do tempo em Centerville foi formulada como um processo estocástico $\{X_t\}$ ($t = 0, 1, 2, \ldots$) em que:

$$X_t = \begin{cases} 0 & \text{se o dia } t \text{ estiver seco} \\ 1 & \text{se no dia } t \text{ estiver chovendo} \end{cases}$$

$$P\{X_{t+1} = 0 \mid X_t = 0\} = 0,8,$$
$$P\{X_{t+1} = 0 \mid X_t = 1\} = 0,6.$$

Além disso, como essas probabilidades não mudam, caso informações sobre o tempo anteriores a hoje (dia t) também forem levadas em conta, então:

$$P\{X_{t+1} = 0 \mid X_0 = k_0, X_1 = k_1, \ldots, X_{t-1} = k_{t-1}, X_t = 0\} = P\{X_{t+1} = 0 \mid X_t = 0\}$$
$$P\{X_{t+1} = 0 \mid X_0 = k_0, X_1 = k_1, \ldots, X_{t-1} = k_{t-1}, X_t = 1\} = P\{X_{t+1} = 0 \mid X_t = 1\}$$

para $t = 0, 1, \ldots$ e toda sequência $k_0, k_1, \ldots, k_{t-1}$. Essas equações também devem ser válidas, caso $X_{t+1} = 0$ for substituído por $X_{t+1} = 1$. A razão para isso é que os estados 0 e 1 são mutuamente exclusivos e os únicos estados possíveis, de modo que as probabilidades dos dois estados devam ter

---

[1] Para $n = 0$, $p_{ij}^{(0)}$ é apenas $P\{X_0 = j \mid X_0 = i\}$ e, consequentemente, é 1 quando $i = j$ e 0 quando $i \neq j$.

Exemplo de Aplicação

O **Merrill Lynch** é uma empresa de destaque no fornecimento de serviços completos na área financeira. Ela oferece serviços bancários, de corretagem e investimentos para clientes individuais no varejo e para pequenas empresas e, ao mesmo tempo, ajuda grandes corporações e instituições ao redor do mundo a levantar capital. Um dos afiliados do Merrill Lynch, o *Merrill Lynch (ML) Bank USA*, possui ativos de mais de US$ 60 bilhões obtidos com o aceite de depósitos de clientes do Merrill Lynch e usando esses depósitos para financiar empréstimos e fazer investimentos.

Em 2000, o ML Bank USA começou a estabelecer linhas de crédito rotativo para empresas-cliente. Em poucos anos, o banco havia criado uma carteira de cerca de US$ 13 bilhões em linhas de crédito acordadas com mais de 100 instituições. Muito antes desse ponto ter sido atingido, foi solicitado ao excepcional grupo de PO do Merrill Lynch que orientasse a gerência dessa crescente carteira através do uso de técnicas de PO para avaliar o *risco de liquidez* (a incapacidade potencial do banco em deixar de atender suas obrigações de caixa) associado às suas linhas de crédito acordadas atuais e prováveis.

O grupo de PO desenvolveu um *modelo de simulação* (o tópico do Capítulo 20) para essa finalidade. Entretanto, a informação mais importante para esse modelo é uma *cadeia de Markov* que descreve a evolução da classificação creditícia de cada cliente ao longo do tempo. Os estados da cadeia de Markov são as diversas possíveis classificações creditícias (variando de *grau de investimento mais elevado à inadimplência*) que são atribuídas a importantes empresas por agências de classificação creditícia como Standard and Poor e Moody. A probabilidade de transição do estado *i* para o estado *j* na matriz de transição para uma dada empresa é a probabilidade de que a agência de classificação creditícia irá mudar a classificação dada à empresa do estado *i* para o estado *j* de um determinado mês para o seguinte, tomando como base padrões históricos de empresas similares.

Essa aplicação da pesquisa operacional, incluindo as cadeias de Markov, possibilitou ao ML Bank USA *liberar cerca de* **US$ 4 bilhões** *de liquidez para uso de terceiros*, bem como expandir sua carteira de linhas de crédito acordadas em mais de 60% em menos de dois anos. Entre outros benefícios temos a capacidade de avaliar cenários de extremo risco e de realizar planejamento a longo prazo. Esse brilhante trabalho conduziu a Merrill Lynch a ganhar, em 2005, um prestigioso primeiro prêmio no concurso *Wagner Prize for Excellence in Operations Research Practice*.

Fonte: Duffy, T., M. Hatzakis, W. Hsu, R. Labe, B. Liao, X. Luo, J. Oh, A. Setya, and L. Yang: "Merrill Lynch Improves Liquidity Risk Management for Revolving Credit Lines", *Interfaces*, **35**(5): 353-369, Sept.-Oct. 2005. (Este artigo está disponível em inglês no *site* da editora, www.bookman.com.br.)

---

uma soma igual a 1. Assim, o processo estocástico possui a *propriedade markoviana*, de forma que o processo seja uma cadeia de Markov.

Usando a notação apresentada nesta seção, as probabilidades de transição (em uma etapa) são:

$$p_{00} = P\{X_{t+1} = 0 \mid X_t = 0\} = 0,8,$$
$$p_{10} = P\{X_{t+1} = 0 \mid X_t = 1\} = 0,6$$

para todo $t = 1, 2, \ldots$, de maneira que estas sejam as *probabilidades de transição estacionárias*. Além disso,

$$p_{00} + p_{01} = 1, \quad \text{de modo que} \quad p_{01} = 1 - 0,8 = 0,2,$$
$$p_{10} + p_{11} = 1, \quad \text{de modo que} \quad p_{11} = 1 - 0,6 = 0,4.$$

Portanto, a matriz de transição ficará assim:

$$\mathbf{P} = \begin{array}{c} \text{Estado} \\ 0 \\ 1 \end{array} \begin{bmatrix} p_{00} & p_{01} \\ p_{10} & p_{11} \end{bmatrix} = \begin{array}{c} \text{Estado} \\ 0 \\ 1 \end{array} \begin{bmatrix} 0,8 & 0,2 \\ 0,6 & 0,4 \end{bmatrix}$$

em que essas probabilidades de transição referem-se à transição *do* estado de linha *para* o estado de coluna. Tenha em mente que o estado 0 significa que o dia está seco, ao passo que o estado 1 significa que o dia está chuvoso, de modo que essas probabilidades de transição forneçam a probabilidade do estado de como se encontrará o tempo amanhã, dado o estado do tempo hoje.

O diagrama de transição de estados na Figura 16.1 representa graficamente as mesmas informações dadas pela matriz de transição. Os dois nós (círculos) representam os dois estados possíveis para o tempo e as setas indicam as possíveis transições (inclusive a volta para o mesmo estado) de um dia para o outro. Cada uma das probabilidades de transição é dada próxima à seta correspondente.

As matrizes de transição em *n* etapas para este exemplo serão mostradas na próxima seção.

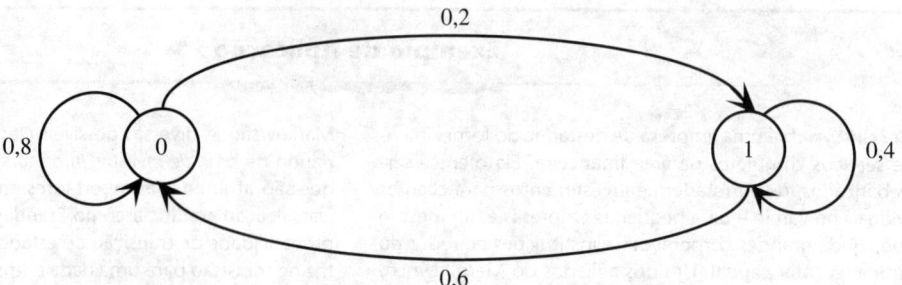

■ **FIGURA 16.1** O diagrama de transição de estados para o exemplo do clima.

Formulação do exemplo que envolve estoques como uma cadeia de Markov

Voltando ao exemplo que envolve estoques, formulado na seção anterior, lembre-se de que X_t é o número de câmeras em estoque no final da semana t (antes de serem feitos mais pedidos), de modo que X_t represente o estado do sistema no instante t (o final da semana t). Dado o estado atual ser $X_t = i$, a expressão no final da Seção 16.1 indica que X_{t+1} depende apenas de D_{t+1} (a demanda na semana $t + 1$) e X_t. Já que X_{t+1} é independente de qualquer histórico passado do sistema de estoques anterior ao instante t, o processo estocástico $\{X_t\}$ ($t = 0, 1, \ldots$) possui a *propriedade markoviana* e, portanto, ele é uma cadeia de Markov.

Considere, agora, como obter as probabilidades de transição em uma etapa, isto é, os elementos da *matriz de transição* (em uma etapa):

$$\mathbf{P} = \begin{array}{c} \text{Estado} \\ 0 \\ 1 \\ 2 \\ 3 \end{array} \begin{array}{c} \begin{array}{cccc} 0 & 1 & 2 & 3 \end{array} \\ \begin{bmatrix} p_{00} & p_{01} & p_{02} & p_{03} \\ p_{10} & p_{11} & p_{12} & p_{13} \\ p_{20} & p_{21} & p_{22} & p_{23} \\ p_{30} & p_{31} & p_{32} & p_{33} \end{bmatrix} \end{array}$$

dado que D_{t+1} tenha distribuição de Poisson com média igual a 1. Portanto,

$$P\{D_{t+1} = n\} = \frac{(1)^n e^{-1}}{n!}, \qquad \text{para } n = 0, 1, \ldots,$$

logo (para três algarismos significativos)

$$P\{D_{t+1} = 0\} = e^{-1} = 0{,}368,$$
$$P\{D_{t+1} = 1\} = e^{-1} = 0{,}368,$$
$$P\{D_{t+1} = 2\} = \frac{1}{2}e^{-1} = 0{,}184,$$
$$P\{D_{t+1} \geq 3\} = 1 - P\{D_{t+1} \leq 2\} = 1 - (0{,}368 + 0{,}368 + 0{,}184) = 0{,}080.$$

Para a primeira linha de $\mathbf{P}$, lidamos com uma transição do estado $X_t = 0$ para algum estado X_{t+1}. Conforme indicado no final da Seção 16.1,

$$X_{t+1} = \max\{3 - D_{t+1}, 0\} \quad \text{se} \quad X_t = 0.$$

Assim, para a transição para $X_{t+1} = 3$ ou $X_{t+1} = 2$ ou $X_{t+1} = 1$,

$$p_{03} = P\{D_{t+1} = 0\} = 0{,}368,$$
$$p_{02} = P\{D_{t+1} = 1\} = 0{,}368,$$
$$p_{01} = P\{D_{t+1} = 2\} = 0{,}184.$$

Uma transição de $X_t = 0$ para $X_{t+1} = 0$ implica que a demanda por câmeras na semana $t + 1$ é 3 ou mais após três câmeras terem sido acrescidas ao estoque esgotado no início da semana, de modo que

$$p_{00} = P\{D_{t+1} \geq 3\} = 0{,}080.$$

Para as demais linhas de **P**, a fórmula no final da Seção 16.1 para o estado seguinte é:

$$X_{t+1} = \text{máx } \{X_t - D_{t+1}, 0\} \quad \text{se} \quad X_t \geq 1.$$

Isso implica que $X_{t+1} \leq X_t$, portanto $p_{12} = 0$, $p_{13} = 0$ e $p_{23} = 0$. Para as demais transições,

$$p_{11} = P\{D_{t+1} = 0\} = 0{,}368,$$
$$p_{10} = P\{D_{t+1} \geq 1\} = 1 - P\{D_{t+1} = 0\} = 0{,}632,$$
$$p_{22} = P\{D_{t+1} = 0\} = 0{,}368,$$
$$p_{21} = P\{D_{t+1} = 1\} = 0{,}368,$$
$$p_{20} = P\{D_{t+1} \geq 2\} = 1 - P\{D_{t+1} \leq 1\} + 1 - (0{,}368 + 0{,}368) = 0{,}264.$$

Para a última linha de **P**, a semana $t + 1$ começa com três câmeras no estoque, de modo que os cálculos para as probabilidades de transição sejam exatamente os mesmos daqueles para a primeira linha. Consequentemente, a matriz de transição completa (para três algarismos significativos) é:

$$
\begin{array}{c}
\text{Estado} \\
\mathbf{P} =
\end{array}
\begin{array}{c}
\begin{array}{cccc} 0 & 1 & 2 & 3 \end{array} \\
\begin{array}{c} 0 \\ 1 \\ 2 \\ 3 \end{array}
\left[\begin{array}{cccc}
0{,}080 & 0{,}184 & 0{,}368 & 0{,}368 \\
0{,}632 & 0{,}368 & 0 & 0 \\
0{,}264 & 0{,}368 & 0{,}368 & 0 \\
0{,}080 & 0{,}184 & 0{,}368 & 0{,}368
\end{array}\right]
\end{array}
$$

As informações fornecidas por essa matriz de transição também podem ser representadas graficamente com o diagrama de transição de estados da Figura 16.2. Os quatro estados possíveis para o número de câmeras disponíveis no final da semana são representados pelos quatro nós (círculos) no diagrama. As setas indicam as possíveis transições de um estado para o outro ou, algumas vezes, de um estado retornando a si mesmo, quando a loja de câmeras vai do final de uma semana até o final da semana seguinte. O número próximo a cada seta dá a probabilidade de essa transição particular ocorrer em seguida quando a loja de câmeras se encontra no estado na base da seta.

Outros exemplos com cadeias de Markov

Exemplo que envolve ações. Considere o seguinte modelo para o valor de uma ação. No final de determinado dia, o preço é registrado. Se a ação subiu, a probabilidade de que ela subirá amanhã é de **0,7**. Se a ação tiver caído, a probabilidade de que ela subirá amanhã é apenas **0,5**. Para fins

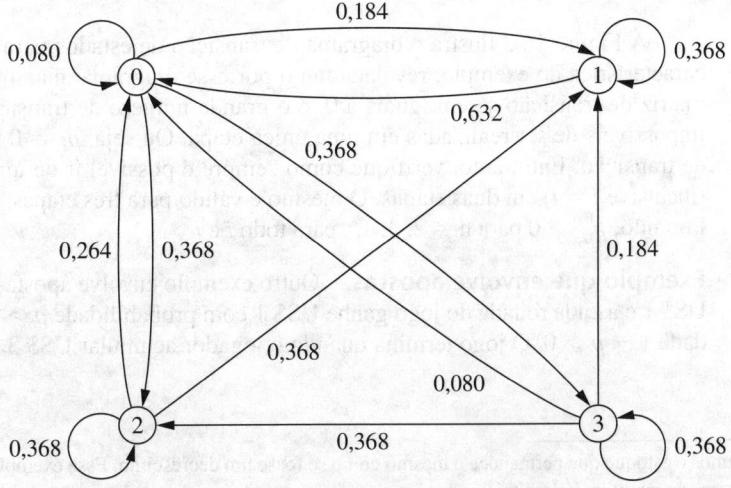

■ **FIGURA 16.2** O diagrama de transição de estados para o exemplo que envolve estoques.

de simplificação, classificaremos o caso da ação permanecer estável como uma queda. Trata-se, portanto, de uma cadeia de Markov, na qual os possíveis estados para cada dia são os seguintes:

Estado 0: A ação subiu neste dia.
Estado 1: A ação desceu neste dia.

A matriz de transição que mostra cada probabilidade de ir de determinado estado hoje para outro estado particular amanhã é dada por:

$$\mathbf{P} = \begin{array}{c} \text{Estado} \\ 0 \\ 1 \end{array} \begin{array}{c} 0 \quad 1 \\ \begin{bmatrix} 0{,}7 & 0{,}3 \\ 0{,}5 & 0{,}5 \end{bmatrix} \end{array}$$

A forma do diagrama de transição de estados para esse exemplo é exatamente a mesma daquela do exemplo do clima mostrado na Figura 16.1 e, portanto, não iremos repeti-la aqui novamente. A única diferença é que as probabilidades de transição no diagrama são ligeiramente diferentes (0,7 no lugar de 0,8, 0,3 no lugar de 0,2 e 0,5 no lugar tanto de 0,6 como de 0,4 na Figura 16.1).

Segundo exemplo que envolve ações. Suponha agora que o modelo de mercado de ações tenha mudado de modo que o fato de a ação subir amanhã depende de se ela aumentou hoje *e* ontem. Particularmente, se a ação tiver subido nos últimos dois dias, ela subirá amanhã com probabilidade **0,9**. Se a ação subiu hoje, mas caiu ontem, então ela subirá amanhã com probabilidade **0,6**. Se a ação caiu hoje, porém, subiu ontem, então ela subirá amanhã com probabilidade **0,5**. Finalmente, se a ação caiu nos últimos dois dias, então ela subirá amanhã com probabilidade **0,3**. Se definirmos o estado como representando se a ação sobe ou cai hoje, o sistema não será mais uma cadeia de Markov. Entretanto, podemos transformar o sistema em uma cadeia de Markov definindo os estados como se segue[2]:

Estado 0: a ação subiu tanto hoje quanto ontem.
Estado 1: a ação subiu hoje e caiu ontem.
Estado 2: a ação caiu hoje e subiu ontem.
Estado 3: a ação caiu tanto hoje quanto ontem.

Isso conduz a uma cadeia de Markov de quatro estados com a seguinte matriz de transição:

$$\mathbf{P} = \begin{array}{c} \text{Estado} \\ 0 \\ 1 \\ 2 \\ 3 \end{array} \begin{array}{c} 0 \quad 1 \quad 2 \quad 3 \\ \begin{bmatrix} 0{,}9 & 0 & 0{,}1 & 0 \\ 0{,}6 & 0 & 0{,}4 & 0 \\ 0 & 0{,}5 & 0 & 0{,}5 \\ 0 & 0{,}3 & 0 & 0{,}7 \end{bmatrix} \end{array}$$

A Figura 16.3 ilustra o diagrama de transição de estados para esse exemplo. Uma interessante característica do exemplo, revelada tanto por esse diagrama quanto pelo fato de todos os valores na matriz de transição serem iguais a 0, é o grande número de transições do estado i para o j que são impossíveis de ser realizadas em uma única etapa. Ou seja, $p_{ij} = 0$ para 8 das 16 entradas na matriz de transição. Entretanto, verifique como sempre é possível ir de um estado i para qualquer estado j (inclusive $j = i$) em duas etapas. O mesmo é válido para três etapas, quatro etapas e assim por diante. Portanto, $p_{ij}^{(n)} > 0$ para n = 2, 3, ... para todo i e j.

Exemplo que envolve apostas. Outro exemplo envolve apostas. Suponha que um jogador tenha US$ 1 e a cada rodada do jogo ganhe US$ 1 com probabilidade $p > 0$ ou perca US$ 1 com probabilidade $1 - p > 0$. O jogo termina quando o jogador acumular US$ 3 ou, então, quando ele "quebrar".

---

[2] Novamente contamos o estoque que permanece o mesmo como se fosse um decréscimo. Esse exemplo demonstra que as cadeias de Markov são capazes de incorporar quantidades arbitrárias de histórico, mas com o custo de aumentar significativamente o número de estados.

Esse jogo é uma cadeia de Markov e os estados representam a posse de dinheiro atual do jogador, isto é, 0, US$ 1, US$ 2 ou US$ 3, e com a matriz de transição dada por:

$$\mathbf{P} = \begin{array}{c} \text{Estado} \\ 0 \\ 1 \\ 2 \\ 3 \end{array} \begin{array}{c} \begin{matrix} 0 & 1 & 2 & 3 \end{matrix} \\ \begin{bmatrix} 1 & 0 & 0 & 0 \\ 1-p & 0 & p & 0 \\ 0 & 1-p & 0 & p \\ 0 & 0 & 0 & 1 \end{bmatrix} \end{array}$$

O diagrama de estados de transição para esse exemplo é mostrado na Figura 16.4. Esse diagrama demonstra que uma vez que o processo tenha atingido o estado 0 ou o estado 3, ele permanecerá nesse estado para sempre, já que $p_{00} = 1$ e $p_{33} = 1$. Os estados 0 e 3 são exemplos daquilo que é chamado **estado absorvente** (um estado do qual jamais se sai uma vez que o processo tenha entrado nesse estado). Enfocaremos a análise dos estados absorventes na Seção 16.7.

Observe que, tanto nos exemplos da aposta quanto nos de estoques, a identificação numérica dos estados que o processo atinge coincide com a expressão física do sistema – isto é, níveis de estoque reais e a posse de dinheiro do jogador, respectivamente –, em que a identificação numérica dos estados nos exemplos que envolvem clima e ações não tem nenhuma importância física.

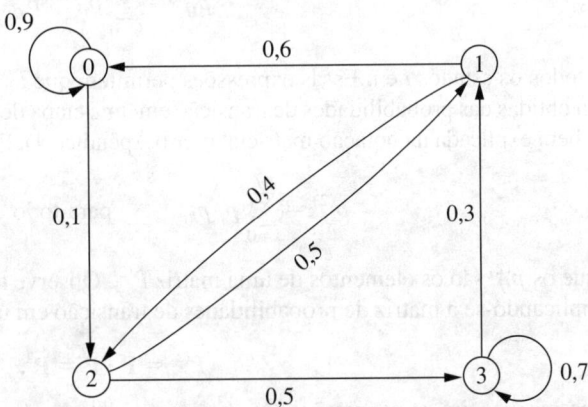

■ **FIGURA 16.3** O diagrama de transição de estados para o segundo exemplo de ações.

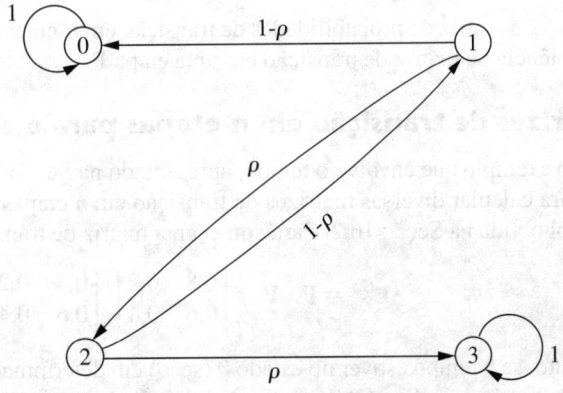

■ **FIGURA 16.4** O diagrama de transição de estados para o exemplo de apostas.

16.3 EQUAÇÕES DE CHAPMAN-KOLMOGOROV

A Seção 16.2 apresenta a probabilidade de transição em n-etapas $p_{ij}^{(n)}$. As seguintes *equações de Chapman-Kolmogorov* fornecem um método para calcular essas probabilidades de transição em n-etapas:

$$p_{ij}^{(n)} = \sum_{k=0}^{M} p_{ik}^{(m)} p_{kj}^{(n-m)}, \quad \text{para todo } i = 0, 1, \ldots, M,$$
$$j = 0, 1, \ldots, M,$$
$$\text{e qualquer } m = 1, 2, \ldots, n-1,$$
$$n = m + 1, m + 2, \ldots.^3$$

Essas equações indicam que ao ir do estado i para o estado j nas n-etapas, o processo se encontrará em algum estado k após exatamente m (menor que n) estados. Portanto, $p_{ik}^{(m)} p_{kj}^{(n-m)}$ é apenas a probabilidade condicional, dado um ponto de partida de estado i, o processo vai do estado k após m etapas e, depois, para o estado j em $n - m$ etapas. Portanto, somando essas probabilidades condicionais sobre todos os possíveis k deve levar a $p_{ij}^{(n)}$. Os casos especiais de $m = 1$ e $m = n - 1$ levam às expressões:

$$p_{ij}^{(n)} = \sum_{k=0}^{M} p_{ik} p_{kj}^{(n-1)}$$

e

$$p_{ij}^{(n)} = \sum_{k=0}^{M} p_{ik}^{(n-1)} p_{kj},$$

para todos os estados i e j. Essas expressões permitem que as probabilidades de transição em n-etapas sejam obtidas das probabilidades de transição em uma etapa de modo recursivo. Essa relação recursiva é mais bem explicada na notação matricial (ver o Apêndice 4). Para $n = 2$, essas expressões ficam assim:

$$p_{ij}^{(2)} = \sum_{k=0}^{M} p_{ik} p_{kj}, \quad \text{para todo estados } i \text{ e } j,$$

em que os $p_{ij}^{(2)}$ são os elementos de uma matriz $\mathbf{P}^{(2)}$. Observe também que esses elementos são obtidos multiplicando-se a matriz de probabilidades de transição em uma etapa por si mesma, isto é,

$$\mathbf{P}^{(2)} = \mathbf{P} \cdot \mathbf{P} = \mathbf{P}^2.$$

Da mesma maneira, as expressões anteriores para $p_{ij}^{(n)}$ quando $m = 1$ e $m = n - 1$ indicam que a matriz de probabilidades de transição em n-etapas é:

$$\mathbf{P}^{(n)} = \mathbf{P}\mathbf{P}^{(n-1)} = \mathbf{P}^{(n-1)}\mathbf{P}$$
$$= \mathbf{P}\mathbf{P}^{n-1} = \mathbf{P}^{n-1}\mathbf{P}$$
$$= \mathbf{P}^n.$$

Portanto, a matriz de probabilidades de transição em n-etapas $\mathbf{P}^n$ pode ser obtida calculando-se a n-ésima potência da matriz de transição em uma etapa $\mathbf{P}$.

Matrizes de transição em n-etapas para o exemplo que envolve o clima

Para o exemplo que envolve o tempo, apresentado na Seção 16.1, agora usaremos as fórmulas anteriores para calcular diversas matrizes de transição em n etapas da matriz de transição (em uma etapa) $\mathbf{P}$ que foi obtida na Seção 16.2. Para começar, a matriz de transição em duas etapas é:

$$\mathbf{P}^{(2)} = \mathbf{P} \cdot \mathbf{P} = \begin{bmatrix} 0{,}8 & 0{,}2 \\ 0{,}6 & 0{,}4 \end{bmatrix} \begin{bmatrix} 0{,}8 & 0{,}2 \\ 0{,}6 & 0{,}4 \end{bmatrix} = \begin{bmatrix} 0{,}76 & 0{,}24 \\ 0{,}72 & 0{,}28 \end{bmatrix}.$$

Portanto, se o tempo estiver no estado 0 (seco) em determinado dia, a probabilidade de se encontrar no estado 0 após dois dias é 0,76 e a probabilidade de se encontrar no estado 1 (chuva) então é 0,24. Do

---
[3] Essas equações também valem em sentido trivial quando $m = 0$ ou $m = n$, porém, $m = 1, 2, \ldots, n - 1$ são os únicos casos interessantes.

mesmo modo, se o tempo se encontrar no estado 1 agora, a probabilidade de se encontrar no estado 0 após dois dias é 0,72, ao passo que a probabilidade de se encontrar no estado 1 então é 0,28.

As probabilidades do estado do tempo daqui a três, quatro ou cinco dias também podem ser lidas da mesma maneira das matrizes de transição em três, quatro e cinco etapas calculadas como segue para três algarimos significativos.

$$\mathbf{P}^{(3)} = \mathbf{P}^3 = \mathbf{P} \cdot \mathbf{P}^2 = \begin{bmatrix} 0,8 & 0,2 \\ 0,6 & 0,4 \end{bmatrix} \begin{bmatrix} 0,76 & 0,24 \\ 0,72 & 0,28 \end{bmatrix} = \begin{bmatrix} 0,752 & 0,248 \\ 0,744 & 0,256 \end{bmatrix}$$

$$\mathbf{P}^{(4)} = \mathbf{P}^4 = \mathbf{P} \cdot \mathbf{P}^3 = \begin{bmatrix} 0,8 & 0,2 \\ 0,6 & 0,4 \end{bmatrix} \begin{bmatrix} 0,752 & 0,248 \\ 0,744 & 0,256 \end{bmatrix} = \begin{bmatrix} 0,75 & 0,25 \\ 0,749 & 0,251 \end{bmatrix}$$

$$\mathbf{P}^{(5)} = \mathbf{P}^5 = \mathbf{P} \cdot \mathbf{P}^4 = \begin{bmatrix} 0,8 & 0,2 \\ 0,6 & 0,4 \end{bmatrix} \begin{bmatrix} 0,75 & 0,25 \\ 0,749 & 0,251 \end{bmatrix} = \begin{bmatrix} 0,75 & 0,25 \\ 0,75 & 0,25 \end{bmatrix}$$

Observe que a matriz de transição em cinco etapas tem a interessante característica de que as duas linhas possuem entradas idênticas (após o arredondamento para três algarimos significativos). Isso reflete o fato de que a probabilidade do tempo estar em determinado estado é, basicamente, independente do estado do tempo cinco dias antes. Portanto, as probabilidades em qualquer uma das linhas dessa matriz de transição em cinco etapas são conhecidas como *probabilidades de estado estável* dessa cadeia de Markov.

Falaremos mais sobre esse tema das probabilidades de estado estável de uma cadeia de Markov, inclusive como obtê-las de forma mais direta, no início da Seção 16.5.

Matrizes de transição em n-etapas para o exemplo que envolve os estoques

Retornando ao exemplo que envolve os estoques, apresentados na Seção 16.1, calcularemos agora suas matrizes de transição em *n*-etapas para três casas decimais para $n = 2$, 4 e 8. Para começar, sua matriz de transição em uma etapa, $\mathbf{P}$, obtida na Seção 16.2, pode ser utilizada para calcular a matriz de transição $\mathbf{P}^{(2)}$ em duas etapas como a seguir:

$$\mathbf{P}^{(2)} = \mathbf{P}^2 = \begin{bmatrix} 0,080 & 0,184 & 0,368 & 0,368 \\ 0,632 & 0,368 & 0 & 0 \\ 0,264 & 0,368 & 0,368 & 0 \\ 0,080 & 0,184 & 0,368 & 0,368 \end{bmatrix} \begin{bmatrix} 0,080 & 0,184 & 0,368 & 0,368 \\ 0,632 & 0,368 & 0 & 0 \\ 0,264 & 0,368 & 0,368 & 0 \\ 0,080 & 0,184 & 0,368 & 0,368 \end{bmatrix}$$

$$= \begin{bmatrix} 0,249 & 0,286 & 0,300 & 0,165 \\ 0,283 & 0,252 & 0,233 & 0,233 \\ 0,351 & 0,319 & 0,233 & 0,097 \\ 0,249 & 0,286 & 0,300 & 0,165 \end{bmatrix}.$$

Por exemplo, dado que haja uma câmera no estoque no final de semana, a probabilidade é 0,283 de que não haverá nenhuma câmera no estoque daqui a duas semanas, isto é, $p_{10}^{(2)} = 0,283$. De modo similar, dado que haja duas câmeras em estoque no final de semana, a probabilidade é de 0,097 de que haverá três câmeras em estoque daqui a duas semanas, isto é, $p_{23}^{(2)} = 0,097$.

A matriz de transição em quatro etapas também pode ser obtida como a seguir:

$$\mathbf{P}^{(4)} = \mathbf{P}^4 = \mathbf{P}^{(2)} \cdot \mathbf{P}^{(2)}$$

$$= \begin{bmatrix} 0,249 & 0,286 & 0,300 & 0,165 \\ 0,283 & 0,252 & 0,233 & 0,233 \\ 0,351 & 0,319 & 0,233 & 0,097 \\ 0,249 & 0,286 & 0,300 & 0,165 \end{bmatrix} \begin{bmatrix} 0,249 & 0,286 & 0,300 & 0,165 \\ 0,283 & 0,252 & 0,233 & 0,233 \\ 0,351 & 0,319 & 0,233 & 0,097 \\ 0,249 & 0,286 & 0,300 & 0,165 \end{bmatrix}$$

$$= \begin{bmatrix} 0,289 & 0,286 & 0,261 & 0,164 \\ 0,282 & 0,285 & 0,268 & 0,166 \\ 0,284 & 0,283 & 0,263 & 0,171 \\ 0,289 & 0,286 & 0,261 & 0,164 \end{bmatrix}.$$

Por exemplo, dado que sobre uma câmera em estoque no final da semana, a probabilidade é de 0,282 de que não haverá nenhuma câmera em estoque daqui a quatro semanas, isto é, $p_{10}^{(4)} = 0,282$. De modo similar, dado que sobre duas câmeras em estoque no final da semana, a probabilidade é de 0,171 de que haverá três câmeras em estoque daqui a quatro semanas, isto é, $p_{23}^{(4)} = 0,171$.

A probabilidade de transição para o número de câmeras em estoque daqui a oito semanas contadas a partir de agora pode ser obtida da mesma forma pela matriz de transição em oito etapas calculada a seguir.

$$\mathbf{P}^{(8)} = \mathbf{P}^8 = \mathbf{P}^{(4)} \cdot \mathbf{P}^{(4)}$$

$$= \begin{bmatrix} 0,289 & 0,286 & 0,261 & 0,164 \\ 0,282 & 0,285 & 0,268 & 0,166 \\ 0,284 & 0,283 & 0,263 & 0,171 \\ 0,289 & 0,286 & 0,261 & 0,164 \end{bmatrix} \begin{bmatrix} 0,289 & 0,286 & 0,261 & 0,164 \\ 0,282 & 0,285 & 0,268 & 0,166 \\ 0,284 & 0,283 & 0,263 & 0,171 \\ 0,289 & 0,286 & 0,261 & 0,164 \end{bmatrix}$$

$$\begin{array}{c} \text{Estado} \\ \\ = \\ \\ \\ \end{array} \begin{array}{c} \\ 0 \\ 1 \\ 2 \\ 3 \end{array} \begin{array}{cccc} 0 & 1 & 2 & 3 \\ \begin{bmatrix} 0,286 & 0,285 & 0,264 & 0,166 \\ 0,286 & 0,285 & 0,264 & 0,166 \\ 0,286 & 0,285 & 0,264 & 0,166 \\ 0,286 & 0,285 & 0,264 & 0,166 \end{bmatrix} \end{array}$$

Assim como para a matriz de transição em cinco etapas para o exemplo que envolve o clima, essa matriz tem a interessante característica de que suas linhas possuem valores idênticos (após arredondamento). A razão para isso, mais uma vez, é que as probabilidades em qualquer linha são as *probabilidades de estado estável* para essa cadeia de Markov, isto é, as probabilidades do estado do sistema após tempo suficiente ter decorrido se estabilizam, e o estado inicial não é mais relevante.

No Tutorial IOR há um procedimento para calcular $\mathbf{P}^{(n)} = \mathbf{P}^n$ para qualquer inteiro positivo $n \leq 99$.

Probabilidades de estado incondicional

Lembre-se de que probabilidades de transição de uma ou n-etapas são *probabilidades condicionais*; por exemplo, $P\{X_n = j \mid X_0 = i\} = p_{ij}^{(n)}$. Suponha que n seja suficientemente pequeno para que essas probabilidades condicionais ainda não sejam *probabilidades de estado estável*. Nesse caso, se a *probabilidade incondicional* $P\{X_n = j\}$ for desejada, é necessário especificar a distribuição de probabilidades do estado inicial, a saber, $P\{X_0 = i\}$ para $i = 0, 1, \ldots, M$. Então:

$$P\{X_n = j\} = P\{X_0 = 0\} p_{0j}^{(n)} + P\{X_0 = 1\} p_{1j}^{(n)} + \cdots + P\{X_0 = M\} p_{Mj}^{(n)}.$$

No exemplo dos estoques, supôs-se inicialmente que existissem três unidades em estoque, isto é, $X_0 = 3$. Assim, $P\{X_0 = 0\} = P\{X_0 = 1\} = P\{X_0 = 2\} = 0$ e $P\{X_0 = 3\} = 1$. Portanto, a probabilidade (incondicional) de que haverá três câmeras em estoque duas semanas depois do sistema de estoques ter sido iniciado é $P\{X_2 = 3\} = (1)p_{33}^{(2)} = 0,165$.

16.4 CLASSIFICAÇÃO DE ESTADOS DE UMA CADEIA DE MARKOV

Acabamos de ver, próximo do final da seção anterior, que as probabilidades de transição em n etapas para o exemplo que envolve estoques convergem para probabilidades de estado estável após um número suficiente de etapas. Entretanto, isso não é verdade para todas as cadeias de Markov. As propriedades duradouras de uma cadeia de Markov dependem muito das características de seus estados e da matriz de transição. Para descrever ainda mais as propriedades das cadeias de Markov é necessário apresentar alguns conceitos e definições concernentes a esses estados.

O estado j é dito **acessível** a partir do estado i se $p_{ij}^{(n)} > 0$ para algum $n \geq 0$. (Recorde-se de que $p_{ij}^{(n)}$ é simplesmente a probabilidade condicional de se encontrar no estado j após n-etapas, partindo do estado i.) Dessa forma, o estado j ser acessível do estado i significa que é possível para o sistema eventualmente entrar no estado *j* quando ele se inicia no estado *i*. Isso fica totalmente claro no exemplo que envolve o clima (veja a Figura 16.1) já que $p_{ij} > 0$ para todo *i* e *j*. No exemplo dos estoques (veja a Figura 16.2), $p_{ij}^{(2)} > 0$ para todo *i* e *j*, portanto, todos os estados são acessíveis de qualquer outro estado. Em geral, uma condição suficiente para todos os estados serem acessíveis é que existe um valor de *n* para todo $p_{ij}^{(n)} > 0$ para todo *i* e *j*.

No exemplo das apostas dado no final da Seção 16.2 (veja a Figura 16.4), o estado 2 não é acessível do estado 3. Isso pode ser deduzido do contexto do jogo (a partir do momento em que o jogador alcança o estado 3, ele jamais o deixará), o que implica que $p_{32}^{(n)} = 0$ para todo $n \geq 0$. Entretanto, embora o estado 2 *não* seja acessível a partir do estado 3, o estado 3 *é* acessível do estado 2 já que, para *n* = 1, a matriz de transição dada no final da Seção 16.2 indica que $p_{23} = p > 0$.

Se o estado *j* for acessível a partir do estado *i* e o estado *i* for acessível do estado *j*, então se diz que os estados *i* e *j* se **comunicam**. Tanto no exemplo do clima quanto no de estoques, todos os estados se comunicam. No exemplo das apostas, os estados 2 e 3 não fazem isso. (O mesmo vale para os estados 1 e 3, estados 1 e 0 bem como para os estados 2 e 0.) Em geral,

1. qualquer estado se comunica consigo mesmo (porque $p_{ii}^{(0)} = P\{X_0 = i \mid X_0 = i\} = 1$);
2. se o estado *i* se comunica com o estado *j*, então o estado *j* se comunica com o estado *i*;
3. se o estado *i* se comunica com o estado *j* e o estado *j* se comunica com o estado *k*, então o estado *i* se comunica com o estado *k*.

As propriedades 1 e 2 são decorrentes da definição de estados comunicantes, ao passo que a propriedade 3 decorre das equações de Chapman-Kolmogorov.

Como consequência dessas três propriedades de comunicação, os estados podem ser subdivididos em uma ou mais **classes** distintas, tais que aqueles estados que se comunicam entre si se encontram na mesma classe. Uma classe pode ser formada por um único estado. Se existir apenas uma classe, isto é, todos os estados se comunicarem, a cadeia de Markov é dita irredutível. Tanto no exemplo do clima quanto dos estoques, a cadeia de Markov é irredutível. Em ambos os exemplos das ações na Seção 16.2, a cadeia de Markov também é **irredutível**. Entretanto, o exemplo das apostas contém três classes. Observe na Figura 16.4 como o estado 0 forma uma classe, o estado 3 forma outra classe e os estados 1 e 2 formam uma classe.

Estados recorrentes e estados transientes

Normalmente é útil saber se um processo que entra em um estado retornará ou não alguma vez a esse estado. Eis uma possibilidade.

> Um estado é dito estado **transiente** se, após entrar nesse estado, *existe a possibilidade* do processo *jamais retornar* a esse estado novamente. Portanto, o estado *i* é transiente se e somente se existir um estado *j* (*j* ≠ *i*) que seja acessível do estado *i*, mas não o contrário, isto é, o estado *i* não é acessível a partir do estado *j*.

Portanto, se o estado *i* for transiente e o processo visitar esse estado, existe a probabilidade real (talvez até mesmo uma probabilidade 1) de que o processo vá se deslocar mais tarde para o estado *j* e, assim, jamais vá retornar ao estado *i*. Consequentemente, um estado transiente será visitado apenas um número finito de vezes. Para fins ilustrativos, consideremos o exemplo das apostas apresentado no final da Seção 16.2. O seu diagrama de estados de transição mostrado na Figura 16.4 indica que tanto o estado 1 quanto o estado 2 são estados transientes já que o processo deixará esses estados mais cedo ou mais tarde para entrar no estado 0 ou, então, no estado 3 e depois permanecerá nesse estado para sempre.

Ao começar no estado *i*, outra possibilidade é que o processo retornará *definitivamente* a esse estado.

> Um estado é dito ser um estado **recorrente** se, após adentrar aquele estado, o processo *com certeza retornar* a esse estado novamente. Portanto, um estado é recorrente se e somente se ele não for transiente.

Já que um estado recorrente certamente será revisitado após cada visita, ele será visitado com frequência infinita caso o processo se mantenha eternamente. Por exemplo, todos os estados nos diagramas de estados de transição mostrados nas Figuras 16.1, 16.2 e 16.3 são estados recorrentes pois o processo sempre retornará para cada um desses estados. Mesmo no exemplo das apostas, os estados

0 e 3 são estados recorrentes, pois o processo permanecerá retornando imediatamente para um desses estados eternamente, uma vez que o processo tenha entrado nesse estado. Note na Figura 16.4 como finalmente o processo entrará no estado 0 ou então no estado 3 e jamais sairá desse estado novamente.

Se o processo adentra certo estado e então permanece nesse estado na próxima etapa, isso é considerado um *retorno* a esse estado. Logo, o tipo de estado a seguir é um tipo especial de estado recorrente.

Diz-se que um estado é **absorvente** caso, após adentrar esse estado, o processo *jamais deixará* esse estado novamente. Portanto, o estado i é um estado absorvente se e somente se $p_{ii} = 1$.

Conforme acabamos de observar, tanto o estado 0 quanto o estado 3 para o exemplo das apostas se encaixam nessa definição, de modo que ambos são estados absorventes bem como um tipo especial de estado recorrente. Falaremos mais sobre os estados absorventes na Seção 16.7.

A recorrência é uma propriedade de classe, isto é, todos os estados em uma classe são recorrentes ou então transientes. Além disso, em uma cadeia de Markov de estados finitos, nem todos os estados podem ser transientes. Assim, todos os estados em uma cadeia de Markov de estados finitos irredutíveis são recorrentes. De fato, pode-se identificar uma cadeia de Markov de estados finitos irredutível (e, dessa forma, concluir que todos os estados são recorrentes) demonstrando que todos os estados do processo se comunicam. Já foi destacado que uma condição suficiente para *todos* os estados serem acessíveis (e, portanto, comunicarem-se entre si) é que existe um valor de n para o qual $p_{ij}^{(n)} > 0$ para todo i e j. Por isso, todos os estados no exemplo dos estoques (veja a Figura 16.2) são recorrentes, visto que $p_{ij}^{(2)}$ é positivo para todo i e j. De modo similar, tanto o exemplo do clima quanto o primeiro exemplo das ações contém somente estados recorrentes, já que p_{ij} é positivo para todo i e j. Calculando-se $p_{ij}^{(2)}$ para todo i e j no segundo exemplo das ações na Seção 16.2 (veja a Figura 16.2), segue que todos os estados são recorrentes já que $p_{ij}^{(2)} > 0$ para todo i e j.

Suponha outro exemplo no qual uma cadeia de Markov tenha a seguinte matriz de transição:

$$\mathbf{P} = \begin{array}{c} \text{Estado} \\ 0 \\ 1 \\ 2 \\ 3 \\ 4 \end{array} \begin{array}{c} \begin{array}{ccccc} 0 & 1 & 2 & 3 & 4 \end{array} \\ \begin{bmatrix} \frac{1}{4} & \frac{3}{4} & 0 & 0 & 0 \\ \frac{1}{2} & \frac{1}{2} & 0 & 0 & 0 \\ 0 & 0 & 1 & 0 & 0 \\ 0 & 0 & \frac{1}{3} & \frac{2}{3} & 0 \\ 1 & 0 & 0 & 0 & 0 \end{bmatrix} \end{array}$$

Observe que o estado 2 é um estado absorvente (e, portanto, um estado recorrente), pois, se o processo entrar no estado 2 (linha 3 da matriz), ele jamais o deixará. O estado 3 é um estado transiente, porque, se o processo se encontrar no estado 3, existe a probabilidade real de que ele jamais retornará. A probabilidade é $\frac{1}{3}$ de que o processo passará do estado 3 para o estado 2 na primeira etapa. Assim que o processo estiver no estado 2, ele permanecerá no estado 2. O estado 4 também é um estado transiente, pois, se o processo iniciar no estado 4, ele sai imediatamente e jamais conseguirá retornar. Os estados 0 e 1 são estados recorrentes. Para verificar isso, observe **P** que se o processo iniciar em qualquer um desses estados, ele jamais deixará esses dois estados. Além disso, sempre que o processo sair de um desses estados para o outro, ele, finalmente, sempre retornará ao estado original.

Propriedades de periodicidade

Outra propriedade útil das cadeias de Markov são as *periodicidades*. O **período** do estado i é definido como o inteiro t ($t > 1$), tal que $p_{ii}^{(n)} = 0$ para todos os valores de n diferentes de $t, 2t, 3t, \ldots$ e t é o maior inteiro com essa propriedade. No exemplo das apostas (no final da Seção 16.2), partindo do estado 1, é possível para o processo adentrar o estado 1 apenas nos instantes 2, 4, ..., de modo que o estado 1 tenha o período 2. A razão é que o jogador pode recuperar os gastos (não sendo nem ganhador nem perdedor) apenas nos instantes 2, 4, ..., o que se pode verificar calculando-se $p_{11}^{(n)}$ para todo n e observando que $p_{11}^{(n)} = 0$ para n ímpar. Também pode ser observado na Figura 16.4 que o processo sempre leva duas etapas para retornar ao estado 1 até que o processo seja absorvido no estado 0 ou, então, no estado 3. (A mesma conclusão também se aplica ao estado 2.)

Se houver dois números consecutivos s e $s + 1$ tais que o processo possa se encontrar no estado i nos instantes s e $s + 1$, o estado é dito como tendo período 1 e é denominado estado **aperiódico**.

Da mesma forma que a recorrência é uma propriedade de classe, pode ser demonstrado que a periodicidade é uma propriedade de classe, isto é, se o estado *i* em uma classe tiver período *t*, então todos os estados nessa classe terão período *t*. No exemplo das apostas, o estado 2 também tem período 2 porque se encontra na mesma classe do estado 1 e percebemos anteriormente que o estado 1 tem período 2.

É possível para uma cadeia de Markov ter tanto uma classe de estados recorrente quanto uma classe de estados transientes em que as duas classes possuem períodos diferentes maiores que 1. Caso queira ver uma cadeia de Markov em que isso ocorre, **outro exemplo** desse tipo é fornecido na seção de Worked Examples do *site* da editora.

Em uma cadeia de Markov de estados finitos, os estados recorrentes que forem aperiódicos são denominados estados *ergódicos*. Uma cadeia de Markov é dita ergódica se todos seus estados forem estados ergódicos. Você verá a seguir que uma importante propriedade duradoura de uma cadeia de Markov, que seja tanto irredutível como ergódica, é que as probabilidades de transição em *n*-etapas convergirão para probabilidades de estado estável à medida que *n* for crescendo.

16.5 PROPRIEDADES A LONGO PRAZO DAS CADEIAS DE MARKOV

Probabilidades de estado estável

Ao calcularmos as probabilidades de transição em *n* etapas, tanto no exemplo do clima como no dos estoques na Seção 16.3, notamos uma interessante característica dessas matrizes. Se *n* for suficientemente grande ($n = 5$ para o exemplo do clima e $n = 8$ para o exemplo dos estoques), todas as linhas da matriz têm valores idênticos, de modo que a probabilidade do sistema se encontrar em cada estado *j* não dependa mais do estado inicial do sistema. Em outras palavras, existe uma probabilidade limite de que o sistema se encontrará em cada estado *j* após um grande número de transições, e essa probabilidade é independente do estado inicial. Essas propriedades de comportamento de longo prazo das cadeias de Markov de estados finitos valem, efetivamente, segundo certas condições relativamente genéricas, conforme resumido a seguir.

Para qualquer cadeia de Markov ergódica irredutível, o $\lim_{n \to \infty} p_{ij}^{(n)}$ existe e é independente de *i*. Além disso,

$$\lim_{n \to \infty} p_{ij}^{(n)} = \pi_j > 0,$$

em que os π_j satisfazem única e exclusivamente as seguintes **equações de estado estável**:

$$\pi_j = \sum_{i=0}^{M} \pi_i p_{ij}, \quad \text{para } j = 0, 1, \ldots, M,$$

$$\sum_{j=0}^{M} \pi_j = 1.$$

Caso prefira trabalhar com um sistema de equações na forma matricial, esse sistema (excluindo-se a equação de soma = 1) também pode ser expresso como:

$$\pi = \pi \mathbf{P},$$

em que $\pi = (\pi_0, \pi_1, \ldots, \pi_M)$.

Os π_j são chamados **probabilidades de estado estável** de uma cadeia de Markov. O termo probabilidade de *estado estável* significa que a probabilidade de encontrar o processo em certo estado, digamos *j*, após grande número de transições, tende a ser o valor π_j, independentemente da distribuição probabilística do estado inicial. É importante notar que a probabilidade de estado estável *não* implica que o processo se acomode em determinado estado. Pelo contrário, o processo continua a realizar transições de estado em estado e, a qualquer etapa *n*, a probabilidade de transição do estado *i* para o estado *j* ainda será p_{ij}.

Os π_j também podem ser interpretados como *probabilidades estacionárias* (não confundir com probabilidades de transição estacionárias) no seguinte sentido. Se a probabilidade *inicial* de se encontrar no estado *j* for dada por π_j (isto é, $P\{X_0 = j\} = \pi_j$) para todo *j*, então a probabilidade de o processo se encontrar no estado *j* no instante $n = 1, 2, \ldots$ também é dada por π_j (isto é, $P\{X_n = j\} = \pi_j$).

Observe que as equações de estado estável são formadas por $M + 2$ equações em $M + 1$ desconhecidas. Pelo fato de ser uma solução única, pelo menos uma equação tem de ser redundante e pode, portanto, ser eliminada. Ela não pode ser a equação

$$\sum_{j=0}^{M} \pi_j = 1,$$

pois $\pi_j = 0$ para todo j satisfará as demais $M + 1$ equações. Além disso, as soluções para as demais $M + 1$ equações de estado estável possuem uma única solução, próxima a uma constante multiplicadora e ela é a equação final que obriga a solução a ser uma distribuição probabilística.

Aplicação ao exemplo do clima. O exemplo do clima apresentado na Seção 16.1 e formulado na Seção 16.2 possui apenas dois estados (seco e com chuva), de modo que as equações de estado estável ficam assim:

$$\pi_0 = \pi_0 p_{00} + \pi_1 p_{10},$$
$$\pi_1 = \pi_0 p_{01} + \pi_1 p_{11},$$
$$1 = \pi_0 + \pi_1.$$

O que se vislumbra por trás da primeira equação é que, no estado estável, a probabilidade de se encontrar no estado 0 após a próxima transição deve ser igual à (1) probabilidade de se encontrar no estado 0 agora *e* depois permanecer no estado 0 após a próxima transação *além da* (2) probabilidade de se encontrar no estado 1 agora *e*, em seguida, realizar a transição para o estado 0. A lógica para a segunda equação é a mesma, exceto em termos do estado 1. A terceira equação expressa simplesmente o fato de as probabilidades desses estados mutuamente exclusivos terem de somar 1.

Referindo-se às probabilidades de transição fornecidas na Seção 16.2 para esse exemplo, essas equações ficam da seguinte maneira:

$$\pi_0 = 0{,}8\pi_0 + 0{,}6\pi_1, \qquad \text{portanto} \qquad 0{,}2\pi_0 = 0{,}6\pi_1,$$
$$\pi_1 = 0{,}2\pi_0 + 0{,}4\pi_1, \qquad \text{portanto} \qquad 0{,}6\pi_1 = 0{,}2\pi_0,$$
$$1 = \pi_0 + \pi_1.$$

Note que as duas primeiras equações são redundantes, pois ambas reduzem-se a $\pi_0 = 3\pi_1$. Combinando esse resultado com a terceira equação, isso leva imediatamente às seguintes probabilidades de estado estável:

$$\pi_0 = 0{,}25, \qquad \pi_1 = 0{,}75$$

Essas são as mesmas probabilidades conforme obtidas em cada linha da matriz de transição em cinco etapas calculada na Seção 16.3, pois cinco transições provaram ser suficientes para tornar as probabilidades de estado essencialmente independentes do estado inicial.

Aplicação ao exemplo dos estoques. O exemplo dos estoques da Seção 16.1 e formulado na Seção 16.2 apresenta quatro estados. Portanto, nesse caso, as equações de estado estável podem ser expressas como:

$$\pi_0 = \pi_0 p_{00} + \pi_1 p_{10} + \pi_2 p_{20} + \pi_3 p_{30},$$
$$\pi_1 = \pi_0 p_{01} + \pi_1 p_{11} + \pi_2 p_{21} + \pi_3 p_{31},$$
$$\pi_2 = \pi_0 p_{02} + \pi_1 p_{12} + \pi_2 p_{22} + \pi_3 p_{32},$$
$$\pi_3 = \pi_0 p_{03} + \pi_1 p_{13} + \pi_2 p_{23} + \pi_3 p_{33},$$
$$1 = \pi_0 + \pi_1 + \pi_2 + \pi_3.$$

Substituindo os valores para p_{ij} (ver a matriz de transição na Seção 16.2) nessas equações leva às equações:

$$\pi_0 = 0{,}080\pi_0 + 0{,}632\pi_1 + 0{,}264\pi_2 + 0{,}080\pi_3,$$
$$\pi_1 = 0{,}184\pi_0 + 0{,}368\pi_1 + 0{,}368\pi_2 + 0{,}184\pi_3,$$
$$\pi_2 = 0{,}368\pi_0 \qquad\qquad + 0{,}368\pi_2 + 0{,}368\pi_3,$$
$$\pi_3 = 0{,}368\pi_0 \qquad\qquad\qquad\qquad\qquad + 0{,}368\pi_3,$$
$$1 = \pi_0 + \pi_1 + \pi_2 + \pi_3.$$

Ao Resolver as quatro últimas equações, isso fornece simultaneamente a solução:

$$\pi_0 = 0{,}286, \quad \pi_1 = 0{,}285, \quad \pi_2 = 0{,}263, \quad \pi_3 = 0{,}166,$$

que é essencialmente o resultado que aparece na matriz $\mathbf{P}^{(8)}$ na Seção 16.3. Portanto, após várias semanas a probabilidade de encontrar nenhuma, uma, duas e três câmeras em estoque tende a 0,286, 0,285, 0,263 e 0,166, respectivamente.

Mais a respeito das probabilidades de estado estável. Nosso Tutorial IOR inclui um procedimento para resolver as equações de estado estável para obter as probabilidades de estado estável. Além disso, a seção de Worked Examples do *site* da editora inclui outro exemplo da aplicação das probabilidades de estado estável (inclusive usando a técnica a ser descrita na próxima subseção) para determinar a melhor entre diversas alternativas em termos de custo.

Existem outros resultados importantes concernentes às probabilidades de estado estável. Particularmente, se i e j forem estados recorrentes pertencentes a classes diferentes, então:

$$p_{ij}^{(n)} = 0, \quad \text{para todo } n.$$

Esse resultado deriva da definição de uma classe.

De forma similar, se j for um estado transiente, então:

$$\lim_{n \to \infty} p_{ij}^{(n)} = 0 \quad \text{para todo } i.$$

Assim, a probabilidade de encontrar o processo em um estado transiente após grande número de transições tende a zero.

Custo médio esperado por unidade de tempo

A subseção precedente lidou com cadeias de Markov irredutíveis de estados finitos cujos estados eram ergódicos (recorrentes e aperiódicos). Se a exigência de que os estados sejam aperiódicos for relaxada, então o limite

$$\lim_{n \to \infty} p_{ij}^{(n)}$$

talvez não exista. Para ilustrar esse ponto, considere a matriz de transição de dois estados

$$\mathbf{P} = \begin{array}{c} \text{Estado} \\ 0 \\ 1 \end{array} \begin{bmatrix} 0 & 1 \\ 1 & 0 \end{bmatrix}.$$

Se o processo iniciar no estado 0 no instante 0, ele se encontrará no estado 0 nos instantes 2, 4, 6, ... e no estado 1 nos instantes 1, 3, 5, ... Portanto, $p_{00}^{(n)} = 1$ se n for par e $p_{00}^{(n)} = 0$ se n for ímpar, de modo que

$$\lim_{n \to \infty} p_{00}^{(n)}$$

não exista. Entretanto, o limite a seguir sempre existe para uma cadeia de Markov irredutível (de estados finitos):

$$\lim_{n \to \infty} \left(\frac{1}{n} \sum_{k=1}^{n} p_{ij}^{(k)} \right) = \pi_j,$$

em que π_j satisfazem as equações de estado estável fornecidas na subseção anterior.

Esse resultado é importante no cálculo do *custo médio duradouro por unidade de tempo* associado a uma cadeia de Markov. Suponha que um custo (ou outra função de penalidade) $C(X_t)$ seja imposto quando o processo se encontrar no estado X_t no instante t, para $t = 0, 1, 2, \ldots$. Observe que $C(X_t)$ é uma variável aleatória que assume qualquer um dos valores $C(0), C(1), \ldots, C(M)$ e que a função $C(\cdot)$ é independente de t. O custo médio esperado incorrido ao longo dos primeiros n períodos é dado por:

$$E\left[\frac{1}{n} \sum_{t=1}^{n} C(X_t) \right].$$

Usando o resultado que

$$\lim_{n \to \infty} \left(\frac{1}{n} \sum_{k=1}^{n} p_{ij}^{(k)} \right) = \pi_j,$$

pode ser demonstrado que o *custo médio esperado* (duradouro) *por unidade de tempo* é dado por

$$\lim_{n \to \infty} E\left[\frac{1}{n} \sum_{t=1}^{n} C(X_t) \right] = \sum_{j=0}^{M} \pi_j C(j).$$

Aplicação ao exemplo dos estoques. Para ilustrar, consideremos o exemplo dos estoques da Seção 16.1, em que a solução para π_j foi obtida em uma subseção anterior. Suponha que a loja de câmeras considere que estejam sendo alocadas despesas de armazenagem para cada câmera que permaneça na prateleira no final da semana. Esse custo é debitado como a seguir:

$$C(x_t) = \begin{cases} 0 & \text{se} & x_t = 0 \\ 2 & \text{se} & x_t = 1 \\ 8 & \text{se} & x_t = 2 \\ 18 & \text{se} & x_t = 3 \end{cases}$$

Usando as probabilidades de estado estável encontradas previamente nessa seção, o custo de armazenagem duradouro esperado por semana pode ser então obtido da equação precedente, isto é,

$$\lim_{n \to \infty} E\left[\frac{1}{n} \sum_{t=1}^{n} C(X_t) \right] = 0{,}286(0) + 0{,}285(2) + 0{,}263(8) + 0{,}166(18) = 5{,}662.$$

Observe que uma medida alternativa ao custo esperado (duradouro) por unidade de tempo é o *custo médio real* (duradouro) *por unidade de tempo*. Pode ser demonstrado que essa última medida também é dada por:

$$\lim_{n \to \infty} \left[\frac{1}{n} \sum_{t=1}^{n} C(X_t) \right] = \sum_{j=0}^{M} \pi_j C(j)$$

para essencialmente todos os caminhos do processo. Portanto, qualquer uma das medidas conduz ao mesmo resultado. Esses resultados também podem ser usados para interpretar o significado de π_j. Para tanto, façamos que:

$$C(X_t) = \begin{cases} 1 & \text{se } X_t = j \\ 0 & \text{se } X_t \neq j. \end{cases}$$

A fração de vezes esperada (duradoura) que o sistema se encontra no estado j é dada então por:

$$\lim_{n \to \infty} E\left[\frac{1}{n} \sum_{t=1}^{n} C(X_t) \right] = \lim_{n \to \infty} E(\text{fração de vezes que o sistema se encontra no estado } j) = \pi_j.$$

De forma similar, π_j também pode ser interpretada como a fração de vezes real (duradoura) que o sistema se encontra no estado j.

Custo médio esperado por unidade de tempo para funções de custo complexas

Na subseção anterior, a função de custo se baseou exclusivamente em um estado em que o processo se encontra no instante t. Em diversos problemas importantes encontrados na prática, o custo também pode depender de alguma outra variável aleatória.

Por exemplo, no exemplo dos estoques apresentado na Seção 16.1, suponha que os custos a ser considerados sejam o custo de encomenda e o custo de penalidade para a demanda não atendida (os custos de armazenagem são tão pequenos que eles serão ignorados). É razoável supor que o número de câmeras encomendados a chegar no início da semana t depende apenas do estado do processo X_{t-1} (o número de câmeras em estoque) quando o pedido for feito no final da semana $t-1$. Entretanto, o custo de demanda não atendida na semana t também dependerá da demanda D_t. Portanto, o custo total (custo de encomenda mais custo de demanda não atendida) por semana t é uma função de X_{t-1} e D_t, isto é, $C(X_{t-1}, D_t)$.

Segundo as hipóteses desse exemplo, pode ser mostrado que o *custo médio esperado* (duradouro) *por unidade de tempo* é dado por:

$$\lim_{n \to \infty} E\left[\frac{1}{n} \sum_{t=1}^{n} C(X_{t-1}, D_t)\right] = \sum_{j=0}^{M} k(j)\, \pi_j,$$

em que

$$k(j) = E[C(j, D_t)],$$

e em que essa última expectativa (condicional) é considerada em relação à distribuição probabilística de uma variável aleatória D_t, dado o estado j. De forma similar, o custo de médio real (duradouro) por unidade de tempo é dado por:

$$\lim_{n \to \infty} \left[\frac{1}{n} \sum_{t=1}^{n} C(X_{t-1}, D_t)\right] = \sum_{j=0}^{M} k(j)\pi_j.$$

Atribuamos valores numéricos aos dois componentes de $C(X_{t-1}, D_t)$ nesse exemplo, a saber, o custo de encomenda e o custo de penalidade para a demanda não atendida. Se $z > 0$ as câmeras são encomendadas, o custo incorrido é de $(10 + 25z)$ dólares. Se não for encomendada nenhuma câmera, não existe custo de encomenda. Para cada unidade de demanda não atendida (vendas perdidas), existe uma multa de US$ 50. Portanto, dada a política de encomenda descrita na Seção 16.1, o custo na semana t é dada por:

$$C(X_{t-1}, D_t) = \begin{cases} 10 + (25)(3) + 50 \text{ máx}\{D_t - 3, 0\} & \text{se } X_{t-1} = 0 \\ 50 \text{ máx }\{D_t - X_{t-1}, 0\} & \text{se } X_{t-1} \geq 1, \end{cases}$$

para $t = 1, 2, \ldots$. Portanto,

$$C(0, D_t) = 85 + 50 \text{ máx}\{D_t - 3, 0\},$$

de modo que

$$k(0) = E[C(0, D_t)] = 85 + 50E(\text{máx}\{D_t - 3, 0\})$$
$$= 85 + 50[P_D(4) + 2P_D(5) + 3P_D(6) + \cdots],$$

em que $P_D(i)$ é a probabilidade de que a demanda seja igual a i, conforme dado por uma distribuição de Poisson com uma média igual a 1, de modo que $P_D(i)$ se torna desprezível para i maior que 6. Já que $P_D(4) = 0{,}015$, $P_D(5) = 0{,}003$ e $P_D(6) = 0{,}001$, obtemos $k(0) = 86{,}2$. Também usando $P_D(2) = 0{,}184$ e $P_D(3) = 0{,}061$, cálculos similares conduzem aos seguintes resultados

$$k(1) = E[C(1, D_t)] = 50E(\text{máx}\{D_t - 1, 0\})$$
$$= 50[P_D(2) + 2P_D(3) + 3P_D(4) + \cdots]$$
$$= 18{,}4,$$

$$k(2) = E[C(2, D_t)] = 50E(\text{máx}\{D_t - 2, 0\})$$
$$= 50[P_D(3) + 2P_D(4) + 3P_D(5) + \cdots]$$
$$= 5{,}2,$$

e

$$k(3) = E[C(3, D_t)] = 50E(\text{máx}\{D_t - 3, 0\})$$
$$= 50[P_D(4) + 2P_D(5) + 3P_D(6) + \cdots]$$
$$= 1,2.$$

Portanto, o custo médio esperado (duradouro) por semana é dado por:

$$\sum_{j=0}^{3} k(j)\pi_j = 86,2(0,286) + 18,4(0,285) + 5,2(0,263) + 1,2(0,166) = \text{US\$ } 31,46.$$

Esse é o custo associado à política de encomendas particular descrita na Seção 16.1. O custo de outras políticas de encomenda pode ser avaliado de forma similar para identificar a política que minimiza o custo médio esperado por semana.

Os resultados desta subseção foram apresentados somente em termos do exemplo de estoques. Entretanto, os resultados (não numéricos) ainda valem para outros problemas, desde que as seguintes condições sejam atendidas:

1. $\{X_t\}$ é uma cadeia de Markov irredutível (de estados finitos);
2. associada a essa cadeia de Markov existe uma sequência de variáveis aleatórias $\{D_t\}$ que são independentes e identicamente distribuídas;
3. para um $m = 0, \pm 1, \pm 2, \ldots$ fixo, um custo $C(X_t, D_{t+m})$ é incorrido no instante t, para $t = 0, 1, 2, \ldots$;
4. a sequência $X_0, X_1, X_2, \ldots, X_t$ deve ser independente de D_{t+m}.

De modo particular, se essas condições são satisfeitas, então:

$$\lim_{n\to\infty} E\left[\frac{1}{n}\sum_{t=1}^{n} C(X_t, D_{t+m})\right] = \sum_{j=0}^{M} k(j)\pi_j,$$

em que

$$k(j) = E[C(j, D_{t+m})],$$

e em que essa última expectativa condicional é tomada em relação à distribuição probabilística de uma variável aleatória D_t, dado o estado j. Além disso,

$$\lim_{n\to\infty}\left[\frac{1}{n}\sum_{t=1}^{n} C(X_t, D_{t+m})\right] = \sum_{j=0}^{M} k(j)\pi_j$$

para basicamente todos os caminhos do processo.

16.6 TEMPOS DE PRIMEIRA PASSAGEM

A Seção 16.3 tratou de encontrar probabilidades de transição em n-etapas do estado i para o estado j. Normalmente é desejável também fazer declarações de probabilidade sobre o número de transições realizadas pelo processo para ir do estado i para o estado j *pela primeira vez*. Esse período é denominado **tempo de primeira passagem** para ir do estado i para o estado j. Quando $j = i$, esse tempo de primeira passagem é simplesmente o número de transições até que o processo retorne ao estado inicial i. Nesse caso, o tempo de primeira passagem é chamado **tempo de recorrência** para estado i.

Para ilustrar essas definições, reconsidere o exemplo dos estoques apresentado na Seção 16.1, em que X_t é o número de câmeras disponíveis no final da semana t, no qual começamos com $X_0 = 3$. Suponha que, por acaso, ele seja:

$$X_0 = 3, X_1 = 2, X_2 = 1, X_3 = 0, X_4 = 3, X_5 = 1.$$

Nesse caso, o tempo de primeira passagem para ir do estado 3 para o estado 1 é de duas semanas, o tempo de primeira passagem para passar do estado 3 para o estado 0 é de três semanas e o tempo de recorrência para o estado 3 é de quatro semanas.

Em geral, os tempos de primeira passagem são variáveis aleatórias. As distribuições probabilísticas associadas a elas dependem das probabilidades de transição do processo. Particularmente, façamos que $f_{ij}^{(n)}$ represente a probabilidade de que o tempo de primeira passagem do estado i para o j seja igual a n. Para $n > 1$, esse tempo de primeira passagem é n, se a primeira transição for do estado i para algum estado k ($k \neq j$) e, depois, o tempo de primeira passagem do estado k para o estado j é $n - 1$. Portanto, essas probabilidades satisfazem as seguintes relações recursivas:

$$f_{ij}^{(1)} = p_{ij}^{(1)} = p_{ij},$$
$$f_{ij}^{(2)} = \sum_{k \neq j} p_{ik} f_{kj}^{(1)},$$
$$f_{ij}^{(n)} = \sum_{k \neq j} p_{ik} f_{kj}^{(n-1)}.$$

Portanto, a probabilidade de um tempo de primeira passagem do estado i para o estado j em n-etapas pode ser calculada de forma recursiva das probabilidades de transição em uma etapa.

No exemplo dos estoques, a distribuição probabilística do tempo de primeira passagem para ir do estado 3 para o estado 0 é obtida dessas relações recursivas como a seguir:

$$f_{30}^{(1)} = p_{30} = 0{,}080,$$
$$f_{30}^{(2)} = p_{31} f_{10}^{(1)} + p_{32} f_{20}^{(1)} + p_{33} f_{30}^{(1)}$$
$$= 0{,}184(0{,}632) + 0{,}368(0{,}264) + 0{,}368(0{,}080) = 0{,}243,$$
$$\vdots$$

em que p_{3k} e $f_{k0}^{(1)} = p_{k0}$ são obtidos da matriz de transição (em uma etapa) dada na Seção 16.2.

Para i e j fixos, $f_{ij}^{(n)}$ são números não negativos tais que:

$$\sum_{n=1}^{\infty} f_{ij}^{(n)} \leq 1.$$

Infelizmente, esse somatório pode ser estritamente menor que 1, o que implica que um processo que se encontra inicialmente no estado i talvez jamais atinja o estado j. Quando o somatório for realmente igual a 1, $f_{ij}^{(n)}$ (para $n = 1, 2,...$) pode ser considerada uma distribuição probabilística para a variável aleatória, o tempo de primeira passagem.

Embora obter $f_{ij}^{(n)}$ para todo n possa ser entediante, é relativamente simples obter o tempo de primeira passagem esperado para ir do estado i para o estado j. Represente essa expectativa por μ_{ij}, que é definido por:

$$\mu_{ij} = \begin{cases} \infty & \text{se } \sum_{n=1}^{\infty} f_{ij}^{(n)} < 1 \\ \sum_{n=1}^{\infty} n f_{ij}^{(n)} & \text{se } \sum_{n=1}^{\infty} f_{ij}^{(n)} = 1. \end{cases}$$

Sempre que

$$\sum_{n=1}^{\infty} f_{ij}^{(n)} = 1,$$

μ_{ij} satisfaz exclusivamente a equação

$$\mu_{ij} = 1 + \sum_{k \neq j} p_{ik} \mu_{kj}.$$

Essa equação reconhece que a primeira transição do estado i pode ser tanto para o estado j quanto para algum outro estado k. Se for para o estado j, o tempo de primeira passagem é 1. Se, pelo contrário, a primeira transição for para algum estado k ($k \neq j$), que ocorre com probabilidade p_{ik}, o tempo de primeira passagem esperado condicional para ir do estado i para o estado j é $1 + \mu_{kj}$. Combinando esses fatos e somando todas as possibilidades para a primeira transição, isso conduz diretamente a essa equação.

Para o exemplo dos estoques, essas equações para os μ_{ij} pode ser usada para calcular o tempo esperado até que as câmeras estejam esgotadas, dado que o processo é iniciado quando estão disponíveis três câmeras. Esse tempo esperado é simplesmente o tempo de primeira passagem esperado μ_{30}. Já que todos os estados são recorrentes, o sistema de equações nos leva às seguintes expressões:

$$\mu_{30} = 1 + p_{31}\mu_{10} + p_{32}\mu_{20} + p_{33}\mu_{30},$$
$$\mu_{20} = 1 + p_{21}\mu_{10} + p_{22}\mu_{20} + p_{23}\mu_{30},$$
$$\mu_{10} = 1 + p_{11}\mu_{10} + p_{12}\mu_{20} + p_{13}\mu_{30},$$

ou

$$\mu_{30} = 1 + 0{,}184\mu_{10} + 0{,}368\mu_{20} + 0{,}368\mu_{30},$$
$$\mu_{20} = 1 + 0{,}368\mu_{10} + 0{,}368\mu_{20},$$
$$\mu_{10} = 1 + 0{,}368\mu_{10}.$$

A solução simultânea para esse sistema de equações é:

$$\mu_{10} = 1{,}58 \text{ semana,}$$
$$\mu_{20} = 2{,}51 \text{ semanas,}$$
$$\mu_{30} = 3{,}50 \text{ semanas,}$$

de modo que o tempo esperado até que as câmeras estejam esgotadas é de 3,50 semanas. Assim, ao efetuar esses cálculos para μ_{30}, também obtemos μ_{20} e μ_{10}.

Para o caso de μ_{ij} em que $j = i$, μ_{ii} é o número esperado de transições até que o processo retorne ao estado inicial i e, logo, é chamado **tempo de recorrência esperado** para o estado i. Após obter as probabilidades de estado estável $(\pi_0, \pi_1, \ldots, \pi_M)$ conforme descrito na seção precedente, esses tempos de recorrência esperados podem ser calculados imediatamente como:

$$\mu_{ii} = \frac{1}{\pi_i}, \quad \text{para } i = 0, 1, \ldots, M.$$

Portanto, para o exemplo dos estoques, em que $\pi_0 = 0{,}286$, $\pi_1 = 0{,}285$, $\pi_2 = 0{,}263$ e $\pi_3 = 0{,}166$, os tempos de recorrência esperados correspondentes são:

$$\mu_{00} = \frac{1}{\pi_0} = 3{,}50 \text{ semanas,} \qquad \mu_{22} = \frac{1}{\pi_2} = 3{,}80 \text{ semanas,}$$

$$\mu_{11} = \frac{1}{\pi_1} = 3{,}51 \text{ semanas,} \qquad \mu_{33} = \frac{1}{\pi_3} = 6{,}02 \text{ semanas.}$$

16.7 ESTADOS ABSORVENTES

Destacou-se na Seção 16.4 que um estado k é denominado *estado absorvente* se $p_{kk} = 1$, de modo que assim que a cadeia visitar k ela permaneça ali para sempre. Se k for um estado absorvente e o processo iniciar no estado i, a probabilidade de *alguma vez* ir para o estado k é conhecida como **probabilidade de absorção** no estado k, dado que o sistema partiu do estado i. Essa probabilidade é representada por f_{ik}.

Quando existirem dois ou mais estados absorventes em uma cadeia de Markov e for evidente que o processo será absorvido por um desses estados, é desejável encontrar essas probabilidades de absorção. Elas podem ser obtidas solucionando um sistema de equações lineares que considere todas as possibilidades para a primeira transição e, então, dada a primeira transição, considere a probabilidade condicional de absorção pelo estado k. Particularmente, se o estado k for um estado absorvente, então o conjunto de probabilidades de absorção f_{ik} satisfaz o sistema de equações:

$$f_{ik} = \sum_{j=0}^{M} p_{ij} f_{jk}, \quad \text{para } i = 0, 1, \ldots, M,$$

sujeito às seguintes condições:

$$f_{kk} = 1,$$
$$f_{ik} = 0, \text{ se o estado } i \text{ for recorrente e } i \neq k.$$

As probabilidades de absorção são importantes em caminhos aleatórios. Um **caminho aleatório** é uma cadeia de Markov com a propriedade de que, se o sistema se encontrar em um estado i, então em uma única transição o sistema permanece em i ou então se desloca para um dos dois estados imediatamente adjacentes a i. Por exemplo, um caminho aleatório é frequentemente usado como um modelo para situações que envolvem apostas.

Um segundo exemplo que envolve apostas. Para ilustrar o emprego das probabilidades de absorção em um caminho aleatório, considere um exemplo que envolve apostas similar àquele apresentado na Seção 16.2. Entretanto, suponha desta vez que dois jogadores (A e B), cada um com US\$ 2, concordem em continuar jogando e apostando US\$ 1 por vez até que um jogador esteja falido. A probabilidade de A ganhar uma única aposta é $\frac{1}{3}$, de modo que B ganhe a aposta com $\frac{2}{3}$. O número de dólares que o jogador A tem antes de cada aposta (0, 1, 2, 3 ou 4) fornece os estados de uma cadeia de Markov com matriz de transição:

$$\mathbf{P} = \begin{array}{c} \text{Estado} \\ 0 \\ 1 \\ 2 \\ 3 \\ 4 \end{array} \begin{array}{c} \begin{matrix} 0 & 1 & 2 & 3 & 4 \end{matrix} \\ \begin{bmatrix} 1 & 0 & 0 & 0 & 0 \\ \frac{2}{3} & 0 & \frac{1}{3} & 0 & 0 \\ 0 & \frac{2}{3} & 0 & \frac{1}{3} & 0 \\ 0 & 0 & \frac{2}{3} & 0 & \frac{1}{3} \\ 0 & 0 & 0 & 0 & 1 \end{bmatrix} \end{array}.$$

Partindo do estado 2, a probabilidade de absorção pelo estado 0 (A perder todo seu dinheiro) pode ser obtida encontrando-se f_{20} do sistema de equações dado no início dessa seção,

$$f_{00} = 1 \text{ (já que o estado 0 é um estado absorvente)},$$
$$f_{10} = \frac{2}{3} f_{00} + \frac{1}{3} f_{20},$$
$$f_{20} = \frac{2}{3} f_{10} + \frac{1}{3} f_{30},$$
$$f_{30} = \frac{2}{3} f_{20} + \frac{1}{3} f_{40},$$
$$f_{40} = 0 \text{ (já que o estado 4 é um estado absorvente)}.$$

Esse sistema de equações resulta em

$$f_{20} = \frac{2}{3}\left(\frac{2}{3} + \frac{1}{3}f_{20}\right) + \frac{1}{3}\left(\frac{2}{3}f_{20}\right) = \frac{4}{9} + \frac{4}{9}f_{20},$$

que reduz a $f_{20} = \frac{4}{5}$ como probabilidade de absorção pelo estado 0.

De modo similar, a probabilidade de A terminar com US\$ 4 (se B ficar quebrado) ao iniciar com US\$ 2 (estado 2) é obtida encontrando-se f_{24} do sistema de equações,

$$f_{04} = 0 \text{ (já que o estado 0 é um estado absorvente)},$$
$$f_{14} = \frac{2}{3} f_{04} + \frac{1}{3} f_{24},$$
$$f_{24} = \frac{2}{3} f_{14} + \frac{1}{3} f_{34},$$
$$f_{34} = \frac{2}{3} f_{24} + \frac{1}{3} f_{44},$$
$$f_{44} = 1 \text{ (já que o estado 0 é um estado absorvente)}.$$

Isso resulta em

$$f_{24} = \frac{2}{3}\left(\frac{1}{3}f_{24}\right) + \frac{1}{3}\left(\frac{2}{3}f_{24} + \frac{1}{3}\right) = \frac{4}{9}f_{24} + \frac{1}{9},$$

de modo que $f_{24} = \frac{1}{5}$ seja a probabilidade de absorção pelo estado 4.

Exemplo de avaliação de crédito. Existem muitas outras situações nas quais estados absorventes desempenham importante papel. Considere uma loja de departamentos que classifique o saldo da conta de um cliente como totalmente pago (estado 0), com 1 a 30 dias em atraso (estado 1), com 31 a 60 dias em atraso (estado 2) ou dívida incobrável (insolvente) (estado 3). As contas são verificadas *mensalmente* para determinar o estado de cada cliente. Em geral, o crédito não é estendido e espera-se que os clientes paguem suas contas prontamente. Ocasionalmente, os clientes perdem o prazo para pagamento de suas contas. Caso isso ocorra, quando o saldo estiver em atraso em um período de 30 dias, a loja interpreta que o cliente está no estado 1. Caso isso ocorra, quando o saldo se encontrar entre 31 e 60 dias em atraso, a loja interpreta que o cliente está no estado 2. Clientes que estão com mais de 60 dias em atraso são colocados na categoria dívida incobrável (estado 3) e, depois, as contas são enviadas para uma agência de cobrança.

Após examinar dados ao longo dos últimos anos em uma progressão mês a mês de clientes individuais de estado para estado, a loja criou a seguinte matriz de transição[4]:

Estado \ Estado	0: Dívida totalmente paga	1: 1 A 30 dias em atraso	2: 31 a 60 dias em atraso	3: Dívida incobrável
0: dívida totalmente paga	1	0	0	0
1: 1 a 30 dias em atraso	0,7	0,2	0,1	0
2: 31 a 60 dias em atraso	0,5	0,1	0,2	0,2
3: dívida incobrável	0	0	0	1

Embora cada cliente termine no estado 0 ou 3, a loja está interessada em determinar a probabilidade de que um cliente se tornar insolvente (uma dívida incobrável), dado que a conta pertence ao estado de 1 a 30 dias em atraso e, de modo similar, dado que a conta pertence ao estado 31 a 60 dias em atraso.

Para obter essa informação, o conjunto de equações apresentado no início desta seção deve ser resolvido para obtermos f_{13} e f_{23}. Efetuando-se a substituição, são obtidas as duas equações a seguir:

$$f_{13} = p_{10}f_{03} + p_{11}f_{13} + p_{12}f_{23} + p_{13}f_{33},$$
$$f_{23} = p_{20}f_{03} + p_{21}f_{13} + p_{22}f_{23} + p_{23}f_{33}.$$

Observe que $f_{03} = 0$ e $f_{33} = 1$, agora temos duas equações com duas incógnitas, isto é,

$$(1 - p_{11})f_{13} = p_{13} + p_{12}f_{23},$$
$$(1 - p_{22})f_{23} = p_{23} + p_{21}f_{13}.$$

Substituindo os valores da matriz de transição nos leva a:

$$0,8f_{13} = 0,1f_{23},$$
$$0,8f_{23} = 0,2 + 0,1f_{13},$$

e a solução é:

$$f_{13} = 0,032,$$
$$f_{23} = 0,254.$$

---

[4] Clientes que pagaram totalmente suas dívidas (no estado 0) e, subsequentemente, acabam ficando em atraso em compras novas são vistos como clientes "novos" que começam no estado 1.

Portanto, aproximadamente 3% dos clientes cujas contas se encontram entre 1 e 30 dias de atraso acabam se tornando insolventes (dívidas incobráveis), ao passo que 25% dos clientes cujas contas se encontram com 31 a 60 dias de atraso acabam se tornando insolventes (dívidas incobráveis).

16.8 CADEIAS DE MARKOV DE TEMPO CONTÍNUO

Em todas as seções anteriores, partimos do pressuposto de que o parâmetro relativo a tempo, t, fosse discreto (isto é, $t = 0, 1, 2, \ldots$). Tal hipótese é adequada para muitos problemas, porém, há certos casos (por exemplo, para alguns modelos de fila considerados no Capítulo 17) nos quais é necessário um parâmetro de tempo contínuo (chamemos de t'), em virtude da evolução do processo ser observada *continuamente* ao longo do tempo. A definição de uma cadeia de Markov dada na Seção 16.2 também se estende a esses processos contínuos. Esta seção se concentra em descrever essas "cadeias de Markov de tempo contínuo" e suas propriedades.

Formulação

Identificamos, como anteriormente, os **estados** possíveis do sistema como $0, 1, \ldots, M$. Iniciando no instante 0 e permitindo que o parâmetro de tempo t' execute continuamente para $t' \geq 0$, façamos que a variável aleatória $X(t')$ seja o estado do sistema no instante t'. Portanto, $X(t')$ assumirá um de seus valores ($M + 1$) possíveis ao longo de algum intervalo, $0 \leq t' < t_1$, e depois pularemos para outro valor ao longo do próximo intervalo, $t_1 \leq t' < t_2$ etc., em que esses pontos de transição ($t_1, t_2, \ldots$) são pontos aleatórios no tempo (*não* necessariamente inteiros).

Considere agora os três pontos no tempo (1) $t' = r$ (em que $r \geq 0$), (2) $t' = s$ (no qual $s > r$) e (3) $t' = s + t$ (em que $t > 0$), interpretados como a seguir:

$$t' = r \quad \text{é o tempo passado,}$$
$$t' = s \quad \text{é o tempo presente,}$$
$$t' = s + t \quad \text{representa } t \text{ unidades de tempo no futuro.}$$

Portanto, o estado do sistema agora foi observado nos instantes $t' = s$ e $t' = r$. Chame esses estados

$$X(s) = i \quad \text{e} \quad X(r) = x(r).$$

Fornecidas essas informações, seria natural procurar a distribuição probabilística do estado do sistema no instante $t' = s + t$. Em outras palavras, o que é

$$P\{X(s + t) = j \mid X(s) = i \text{ e } X(r) = x(r)\}, \quad \text{para } j = 0, 1, \ldots, M?$$

Obter essa probabilidade condicional normalmente é muito difícil. Entretanto, essa tarefa é consideravelmente simplificada caso o processo estocástico envolvido possua a seguinte propriedade fundamental.

Um processo estocástico de tempo contínuo $\{X(t'); t' \geq 0\}$ possui a **propriedade markoviana** se

$P\{X(t + s) = j \mid X(s) = i \text{ e } X(r) = x(r)\} = P\{X(t + s) = j \mid X(s) = i\}$, para todo $i, j = 0, 1, \ldots, M$ e para todo $r \geq 0, s > r$ e $t > 0$.

Observe que $P\{X(t + s) = j \mid X(s) = i\}$ é uma **probabilidade de transição**, da mesma forma que as probabilidades de transição para cadeias de Markov de tempo discreto consideradas nas seções anteriores, em que a única diferença é que t agora não precisa ser um inteiro.

Se as probabilidades de transição forem independentes*s*, de modo que

$$P\{X(t + s) = j \mid X(s) = i\} = P\{X(t) = j \mid X(0) = i\}$$

para todo $s > 0$, elas são denominadas **probabilidades de transição estacionárias**.

Exemplo de Aplicação

Com sede na França, a **PSA Peugeot Citroën** é um dos maiores fabricantes de carros do mundo. Quando foi tomada a decisão de lançar 25 novos modelos entre 2001 e 2004, a direção da PSA decidiu redesenhar suas seções de carroceria de modo que as carrocerias de diversos modelos de carro pudessem ser montadas em cada uma dessas seções. Foi atribuída a uma equipe de PO a tarefa de orientar o processo de projeto mediante o desenvolvimento de ferramentas para avaliação prévia da eficiência das linhas de produção para qualquer desenho de carroceria.

A equipe de PO desenvolveu tanto métodos aproximativos rápidos quanto métodos detalhados porém mais longos para fazer isso. Entretanto, um fator-chave que precisava ser incorporado em todos os métodos era a frequência com que cada máquina na fábrica quebraria e exigiria reparos, consequentemente, atrapalhando o fluxo de trabalho na fábrica. A equipe de PO usou uma *cadeia de Markov de tempo contínuo* para representar a evolução de cada tipo de máquina entre ir e voltar dos estados operativo (em funcionamento) e de necessidade de conserto (quebrada). Portanto, a cadeia de Markov possui apenas dois estados, em *funcionamento* e *quebrada*, com alguma taxa de transição (pequena) para ir do estado em *funcionamento* para *quebrada* e certa taxa de transição (muito maior) para passar de *quebrada* para em *funcionamento*. A equipe concluiu que a taxa de transição para passar de em *funcionamento* para *quebrada* é essencialmente a mesma, independentemente da máquina no momento estar sendo realmente operada ou ociosa, de modo que não é necessário subdividir-se o estado em *funcionamento* nos estados *operando* e *ociosa*.

Essa aplicação da pesquisa operacional, inclusive essa simples cadeia de Markov de tempo contínuo, teve impacto tremendo na empresa. Ao melhorar substancialmente a eficiência das linhas de produção nas seções de carroceria da PSA com um investimento de capital mínimo e sem comprometer a qualidade, credita-se uma *contribuição* de **US$ 130 milhões** *nos lucros da PSA* (cerca de 6,5% do lucro total) apenas no primeiro ano.

Fonte: A. Patchong, T. Lemoine, and G. Kern: "Improving Car Body Production at PSA Peugeot Citroën", *Interfaces*, **33**(1): 36-49, Jan.-Feb. 2003. (Este artigo está disponível em inglês no *site* da editora, www.bookman.com.br.)

Para simplificar a notação, representaremos essas probabilidades de transição estacionárias por

$$p_{ij}(t) = P\{X(t) = j \mid X(0) = i\},$$

em que $p_{ij}(t)$ é chamada **função de probabilidade de transição de tempo contínuo**. Supomos que:

$$\lim_{t \to 0} p_{ij}(t) = \begin{cases} 1 & \text{se } i = j \\ 0 & \text{se } i \neq j. \end{cases}$$

Agora estamos prontos para definir as cadeias de Markov de tempo contínuo a ser consideradas nesta seção.

Um processo estocástico de tempo contínuo $\{X(t'); t' \geq 0\}$ é uma **cadeia de Markov de tempo contínuo** se ela possuir a *propriedade markoviana*.

Restringiremos nossa consideração a cadeias de Markov de tempo contínuo com as seguintes propriedades:

1. um número de estados finito;
2. probabilidades de transição estacionárias.

Algumas variáveis aleatórias fundamentais

Na análise das cadeias de Markov de tempo contínuo, um conjunto de variáveis aleatórias fundamental é o seguinte.

Cada vez que o processo entra no estado i, a quantidade de tempo que ele gasta neste estado antes de se transferir para um estado diferente é uma variável aleatória T_i, em que $i = 0, 1, \ldots, M$.

Suponha que o processo entre no estado i no instante $t' = s$. A seguir, para qualquer quantia de tempo fixa $t > 0$, observe que $T_i > t$ se e somente se $X(t') = i$ para todo t ao longo do intervalo $s \leq t' \leq s + t$. Portanto, a propriedade markoviana (com probabilidades de transição estacionárias) implica que:

$$P\{T_i > t + s \mid T_i > s\} = P\{T_i > t\}.$$

Essa é uma propriedade bastante incomum para a distribuição probabilística. Ela diz que a distribuição probabilística do tempo *remanescente* até o processo sair de dado estado é sempre a mesma, independentemente de quanto tempo o processo tiver gasto nesse estado. De fato, a variável aleatória é sem memória; o processo esquece seu passado. Há apenas uma distribuição probabilística (contínua) que possui essa propriedade – a *distribuição exponencial*. A distribuição exponencial possui um único parâmetro, o chamemos q, em que a média é $1/q$ e a função de distribuição cumulativa é:

$$P\{T_i \leq t\} = 1 - e^{-qt}, \quad \text{para } t \geq 0.$$

Iremos descrever as propriedades da distribuição exponencial em detalhes na Seção 17.4.

Esse resultado nos leva a uma maneira equivalente de descrever uma cadeia de Markov de tempo contínuo:

1. a variável aleatória T_i possui uma distribuição exponencial com uma média $1/q_i$;
2. ao sair do estado i, o processo vai para um estado j com probabilidade p_{ij}, em que p_{ij} satisfazem as condições:

$$p_{ii} = 0 \quad \text{para todo } i,$$

e

$$\sum_{j=0}^{M} p_{ij} = 1 \quad \text{para todo } i;$$

3. o próximo estado visitado após o estado i é independente do tempo gasto no estado i.

Da mesma forma que as probabilidades de transição em uma etapa desempenharam importante papel na descrição cadeias de Markov de tempo discreto, o papel análogo para uma cadeia de Markov de tempo contínuo é desempenhado pelas intensidades de transição.

As **intensidades de transição** são

$$q_i = -\frac{d}{dt}p_{ii}(0) = \lim_{t \to 0} \frac{1 - p_{ii}(t)}{t}, \quad \text{para } i = 0, 1, 2, \ldots, M,$$

e

$$q_{ij} = \frac{d}{dt}p_{ij}(0) = \lim_{t \to 0} \frac{p_{ij}(t)}{t} = q_i p_{ij}, \quad \text{para todo } j \neq i,$$

em que $p_{ij}(t)$ é a *função de probabilidade de transição de tempo contínua* introduzida no início da seção e p_{ij} é a probabilidade descrita na propriedade 2 do parágrafo precedente. Além disso, q_i conforme definição aqui por acaso ainda é o parâmetro da distribuição exponencial para T_i também (ver a propriedade 1 do parágrafo precedente).

A interpretação intuitiva dos q_i e q_{ij} é que elas são *taxas de transição*. Particularmente, q_i é a *taxa de transição fora do estado i* no sentido que q_i é o número de vezes esperado que o processo deixe o estado i por unidade de tempo gasto no estado i. (Portanto, q_i é o recíproco do tempo esperado que o processo gasta no estado i por visita ao estado i; isto é, $q_i = 1/E[T_i]$.) De forma similar, q_{ij} é a *taxa de transição do estado i ao estado j* no sentido que q_{ij} é o número de vezes esperado que o processo transita do estado i ao estado j por unidade de tempo gasta no estado i. Portanto,

$$q_i = \sum_{j \neq i} q_{ij}.$$

Da mesma forma que q_i é o parâmetro da distribuição exponencial para T_i, cada q_{ij} é o parâmetro de uma distribuição exponencial para uma variável aleatória relacionada descrita a seguir.

Cada vez que o processo entra no estado i, o tempo que ele gastará no estado i antes que ocorra uma transição para o estado j (caso não ocorra antes uma transição para algum outro estado) é uma variável aleatória T_{ij}, em que $i, j = 0, 1, \ldots, M$ e $j \neq i$. T_{ij} são variáveis aleatórias independentes, nas quais cada T_{ij} tem uma *distribuição exponencial* com parâmetro q_{ij}, de modo que $E[T_{ij}] = 1/q_{ij}$. O tempo gasto no estado i até que ocorra uma transição (T_i) é o *mínimo* (ao longo de $j \neq i$) e T_{ij}. Quando ocorre a transição, a probabilidade de que ele se encontre no estado j é $p_{ij} = \dfrac{q_{ij}}{q_i}$.

Probabilidades de estado estável

Exatamente como as probabilidades de transição para uma cadeia de Markov de tempo discreto satisfazem as equações de Chapman-Kolmogorov, a função de probabilidade de transição de tempo contínuo também satisfaz essas equações. Portanto, para quaisquer estados i e j e números não negativos t e s ($0 \leq s \leq t$),

$$p_{ij}(t) = \sum_{k=0}^{M} p_{ik}(s) p_{kj}(t-s).$$

Diz-se que um par de estados i e j se *comunica* entre si se houver tempos t_1 e t_2 tal que $p_{ij}(t_1) > 0$ e $p_{ji}(t_2) > 0$. Diz-se que todos os estados que se comunicam formam uma *classe*. Se todos os estados formarem uma única classe, isto é, se a cadeia de Markov for *irredutível* (e assim suposta daqui em diante), então

$$p_{ij}(t) > 0, \quad \text{para todo } t > 0 \text{ e todos os estados } i \text{ e } j.$$

Além disso,

$$\lim_{t \to \infty} p_{ij}(t) = \pi_j$$

sempre existe e é independente do estado inicial de uma cadeia de Markov, para $j = 0, 1, \ldots, M$. Essas probabilidades limitantes são comumente conhecidas como **probabilidades de estado estável** (ou *probabilidades estacionárias*) de uma cadeia de Markov.

Os π_j satisfazem as equações:

$$\pi_j = \sum_{i=0}^{M} \pi_i p_{ij}(t), \quad \text{para } j = 0, 1, \ldots, M \text{ e todo } t \geq 0.$$

Entretanto, as **equações de estado estável** a seguir fornecem um sistema de equações mais útil para encontrar as probabilidades de estado estável:

$$\pi_j q_j = \sum_{i \neq j} \pi_i q_{ij}, \quad \text{para } j = 0, 1, \ldots, M.$$

e

$$\sum_{j=0}^{M} \pi_j = 1.$$

A equação de estado estável para o estado j tem interpretação intuitiva. O lado esquerdo ($\pi_j q_j$) é a *taxa* na qual o processo *deixa* o estado j, já que π_j é a probabilidade (de estado estável) de que o processo encontra-se no estado j e q_j é a taxa de transição fora do estado j dado que o processo encontra-se no estado j. De forma análoga, cada termo do lado direito ($\pi_i q_{ij}$) é a *taxa* na qual o processo *entra* no estado j proveniente do estado i, pois q_{ij} é a taxa de transição do estado i para o estado j dado que o processo se encontra no estado i. Somando-se ao longo de todo $i \neq j$, o lado direito inteiro fornece então a taxa na qual o processo entra no estado j a partir de qualquer outro estado. A equação completa diz então que a taxa na qual o processo deixa o estado j deve ser igual à taxa na qual o processo entra no estado j. Portanto, essa equação é análoga à conservação das equações de fluxo encontradas em diversos cursos de ciências e engenharia.

Pelo fato de cada uma das primeiras $M + 1$ *equações de estado estável* exigir que duas taxas estejam *em equilíbrio* (iguais), essas equações algumas vezes são chamadas **equações de equilíbrio**.

EXEMPLO. Certa fábrica tem duas máquinas idênticas que são operadas continuamente, exceto quando elas estão quebradas. Pelo fato de elas quebrarem com relativa frequência, a alocação de prioridade mais alta para uma pessoa da manutenção em tempo integral é repará-las sempre que necessário.

O tempo exigido para reparar uma máquina tem uma distribuição exponencial com uma média igual a $\frac{1}{2}$ dia. Assim que o reparo de uma máquina tiver terminado, o tempo até a próxima vez em que essa máquina se quebrar tem uma distribuição exponencial com média igual a 1 dia. Essas distribuições são independentes.

Defina uma variável aleatória $X(t')$ como

$$X(t') = \text{número de máquinas quebradas no instante } t',$$

de modo que os valores possíveis de $X(t')$ são 0, 1, 2. Assim, fazendo que o parâmetro de tempo t' execute continuamente a partir do tempo 0, o processo estocástico de tempo contínuo $\{X(t'); t' \geq 0\}$ fornece a evolução do número de máquinas quebradas.

Uma vez que tanto o tempo para reparo quanto o tempo até que ocorra uma quebra têm distribuições exponenciais, $\{X(t'); t' \geq 0\}$ é uma *cadeia de Markov de tempo contínuo*[5] com estados 0, 1, 2. Consequentemente, podemos usar as equações de estado estável da subseção anterior para encontrar a distribuição probabilística de estado estável do número de máquinas quebradas. Para tanto, precisamos determinar todas as *taxas de transação,* isto é, q_i e q_{ij} para $i, j = 0, 1, 2$.

O estado (número de máquinas quebradas) aumenta em uma unidade quando ocorre uma quebra e diminui de uma unidade quando ocorre um reparo. Já que tanto as quebras quanto os reparos ocorrem um de cada vez, $q_{02} = 0$ e $q_{20} = 0$. O tempo de reparo esperado é $\frac{1}{2}$ dia, de modo que a taxa na qual os reparos são completados (quando qualquer máquina estiver quebrada) é de 2 por dia, o que implica que $q_{21} = 2$ e $q_{10} = 2$. De modo similar, o tempo esperado até que determinada máquina em operação quebre é de 1 dia, de maneira que a taxa na qual ela se quebra (quando em operação) é de 1 por dia, o que implica que $q_{12} = 1$. Durante as épocas em que ambas as máquinas estiverem em operação, as quebras ocorrem na taxa de $1 + 1 = 2$ por dia, de forma que $q_{01} = 2$.

Essas taxas de transição são resumidas no diagrama de taxas mostrado na Figura 16.5. Essas taxas agora podem ser usadas para calcular a *taxa de transição total* fora de cada estado.

$$q_0 = q_{01} = 2$$
$$q_1 = q_{10} + q_{12} = 3$$
$$q_2 = q_{21} = 2$$

Inserindo todas as taxas nas equações de estado estável dadas na subseção precedente resulta em:

Equação de equilíbrio para o estado 0: $2\pi_0 = 2\pi_1$
Equação de equilíbrio para o estado 1: $3\pi_1 = 2\pi_0 + 2\pi_2$
Equação de equilíbrio para o estado 2: $2\pi_2 = \pi_1$
A soma das probabilidades é igual a 1: $\pi_0 + \pi_1 + \pi_2 = 1$

Qualquer uma das equações de equilíbrio (digamos, a segunda) pode ser eliminada como redundante e a solução simultânea das equações restantes fornece a distribuição de estado estável como

$$(\pi_0, \pi_1, \pi_2) = \left(\frac{2}{5}, \frac{2}{5}, \frac{1}{5}\right).$$

Portanto, a longo prazo, ambas as máquinas quebrarão simultaneamente 20% das vezes e uma máquina quebrará outros 40% das vezes.

---

[5] Provar esse fato requer o emprego de duas propriedades da distribuição exponencial discutida na Seção 17.4 (*falta de memória* e *o mínimo dos exponenciais é exponencial*), já que essas propriedades implicam que as variáveis aleatórias T_{ij} introduzidas anteriormente têm de fato distribuições exponenciais.

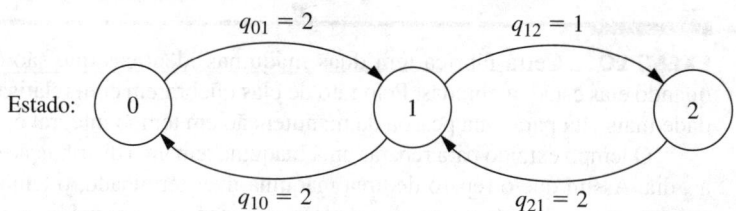

■ **FIGURA 16.5** O diagrama de taxas para o exemplo de uma cadeia de Markov de tempo contínuo.

O próximo capítulo (sobre teoria das filas) apresenta muito mais exemplos de cadeias de Markov de tempo contínuo. De fato, a maioria dos modelos básicos da teoria de filas entra nessa categoria. Este exemplo, na verdade, se ajusta a um desses modelos (a variação de população de chamada finita do modelo $M/M/s$ inclusa na Seção 17.6).

REFERÊNCIAS SELECIONADAS

1. Bhat, U. N., and G. K. Miller: *Elements of Applied Stochastic Processes,* 3rd ed., Wiley, New York, 2002.
2. Bini, D., G. Latouche, and B. Meini: *Numerical Methods for Structured Markov Chains*, Oxford University Press, New York, 2005.
3. Bukiet, B., E. R. Harold, and J. L. Palacios: "A Markov Chain Approach to Baseball", *Operations Research,* 45: 14-23, 1997.
4. Ching, W.-K., and M. K. Ng: *Markov Chains: Models, Algorithms and Applications*, Springer, New York, 2006.
5. Grassmann, W. K. (ed.): *Computational Probability,* Kluwer Academic Publishers (now Springer), Boston, MA, 2000.
6. Mamon, R. S., and R. J. Elliott (eds.): *Hidden Markov Models in Finance*, Springer, New York, 2007.
7. Resnick, S. I.: *Adventures in Stochastic Processes,* Birkhäuser, Boston, 1992.
8. Tijms, H. C.: *A First Course in Stochastic Models,* Wiley, New York, 2003.

FERRAMENTAS DE APRENDIZADO NO *SITE*

Worked examples:

Exemplos do Capítulo 16

Procedimentos automáticos no Tutorial IOR:

Matriz de Transição de Entrada
Equações de Chapman-Kolmogorov
Probabilidades de Estado Estável

Arquivo LINGO (Capítulo 16 – Cadeias de Markov) para solucionar os exemplos selecionados

Glossário do Capítulo 16

Ver Apêndice 1 para obter documentação sobre o software.

PROBLEMAS

Os símbolos à esquerda de alguns problemas (ou parte deles) têm o seguinte significado:

C: Use o computador com os procedimentos automáticos correspondentes listados anteriormente (ou outra rotina equivalente) para resolver o problema.

Um asterisco no número do problema indica que pelo menos há uma resposta parcial no final do livro.

16.2-1 Leia o artigo referido que descreve completamente o estudo de PO resumido no Exemplo de Aplicação apresentado na Seção 16.2. Descreva brevemente como uma cadeia de Markov foi aplicada nesse estudo. Em seguida, enumere os diversos benefícios financeiros ou não resultantes desse estudo.

16.2-2 Suponha que a probabilidade de chover amanhã seja 0,5, caso esteja chovendo hoje, e suponha também que a probabilidade de amanhã ser um dia claro (sem chuvas) seja 0,9 caso hoje esteja claro. Suponha ainda que essas probabilidades não mudam, caso também sejam fornecidas informações sobre o tempo anteontem.

(a) Explique por que as hipóteses que foram elaboradas implicam que a *propriedade markoviana* é válida para a evolução do clima.
(b) Formule a evolução do clima como uma cadeia de Markov definindo seus estados e fornecendo sua matriz de transição (em uma etapa).

16.2-3 Considere a segunda versão do modelo de mercado de ações apresentado como um exemplo na Seção 16.2. Se a ação amanhã vai subir ou não depende de se ela tiver subido hoje *e* ontem. Caso a ação tenha subido hoje e ontem, ela subirá amanhã com probabilidade α_1. Se a ação subiu hoje e caiu ontem, ela subirá amanhã com probabilidade α_2. Se a ação caiu hoje e subiu ontem, ela subirá amanhã com probabilidade α_3. Finalmente, se a ação caiu hoje e ontem, ela subirá amanhã com probabilidade α_4.

(a) Construa a matriz de transição (em uma etapa) da cadeia de Markov.
(b) Explique por que os estados usados para essa cadeia de Markov fazem que a definição matemática da propriedade markoviana seja válida embora o que aconteça no futuro (amanhã) dependa daquilo que aconteceu no passado (ontem) bem como no presente (hoje).

16.2-4 Reconsidere o Problema 16.2-3. Suponha agora que o fato de a ação subir ou não amanhã dependa de se ela tenha subido hoje, ontem *e* anteontem. Esse problema pode ser formulado como uma cadeia de Markov? Em caso afirmativo, quais são os estados possíveis? Explique por que esses estados transmitem ao processo a *propriedade markoviana* ao passo que os estados no Problema 16.2-3 não.

16.3-1 Reconsidere o Problema 16.2-2.
C (a) Use o procedimento das *Equações de Chapman-Kolmogorov* do Tutorial IOR para encontrar a matriz de transição em n etapas $\mathbf{P}^{(n)}$ para $n = 2, 5, 10, 20$.
(b) A probabilidade de que choverá amanhã é 0,5. Use os resultados do item (a) para estabelecer a probabilidade de que choverá n dias a partir de agora, para $n = 2, 5, 10, 20$.

C (c) Utilize o procedimento de *Probabilidades de Estado Estável* do Tutorial IOR para determinar as probabilidades de estado estável do estado do clima. Descreva como as probabilidades nas matrizes de transição em n-etapas obtidas no item (a) se comparam àquelas probabilidades de estado estável à medida que n cresce.

16.3-2 Suponha que uma rede de comunicações transmita dígitos binários, 0 ou 1, em que cada dígito é transmitido dez vezes em seguida. Durante cada transmissão, a probabilidade é 0,995 de que o dígito incluído será transmitido de forma acurada. Em outras palavras, a probabilidade é 0,005 de que o dígito que está sendo transmitido será registrado com o valor oposto no final da transmissão. Para cada transmissão após a primeira, o dígito incluído para transmissão é aquele que foi registrado no final da transmissão anterior. Caso X_0 represente o dígito binário que entra no sistema, X_1 o dígito binário gravado após a primeira transmissão, X_2 o dígito binário gravado após a segunda transmissão, ..., então $\{X_n\}$ é uma cadeia de Markov.

(a) Construa a matriz de transição (em uma etapa).
C (b) Use o Tutorial IOR para encontrar a matriz de transição em dez etapas $\mathbf{P}^{(10)}$. Use esse resultado para identificar a probabilidade de que um dígito entra na rede será gravado de forma precisa após a última transmissão.
C (c) Suponha que a rede seja redesenhada para aumentar a probabilidade de que uma única transmissão teria precisão de 0,995 a 0,998. Repita o item (b) para encontrar a nova probabilidade de que um dígito que entra na rede será gravado de forma acurada após a última transmissão.

16.3-3* Uma partícula se move em um círculo através de pontos que foram marcados como 0, 1, 2, 3, 4 (no sentido horário). A partícula começa no ponto 0. A cada etapa ela tem probabilidade 0,5 de se deslocar um ponto no sentido horário (0 segue 4) e 0,5 de se movimentar um ponto no sentido anti-horário. Façamos que X_n ($n \geq 0$) represente sua posição no círculo após a etapa n. $\{X_n\}$ é uma cadeia de Markov.

(a) Construa a matriz de transição (em uma etapa).
C (b) Use o Tutorial IOR para estabelecer a matriz de transição em n etapas $\mathbf{P}^{(n)}$ para $n = 5, 10, 20, 40, 80$.
C (c) Utilize o Tutorial IOR para determinar as probabilidades de estado estável do estado da cadeia de Markov. Descreva como as probabilidades nas matrizes de transição em n-etapas obtidas no item (b) se comparam àquelas probabilidades de estado estável à medida que n cresce.

16.4-1* Dadas as seguintes matrizes de transição (em uma etapa) de uma cadeia de Markov, determine as classes da cadeia de Markov e se elas são ou não recorrentes.

(a)
$$\mathbf{P} = \begin{array}{c} \text{Estado} \\ 0 \\ 1 \\ 2 \\ 3 \end{array} \begin{array}{c} \begin{matrix} 0 & 1 & 2 & 3 \end{matrix} \\ \begin{bmatrix} 0 & 0 & \frac{1}{3} & \frac{2}{3} \\ 1 & 0 & 0 & 0 \\ 0 & 1 & 0 & 0 \\ 0 & 1 & 0 & 0 \end{bmatrix} \end{array}$$

(b) $\mathbf{P} = \begin{array}{c} \text{Estado} \\ 0 \\ 1 \\ 2 \\ 3 \end{array} \begin{array}{cccc} 0 & 1 & 2 & 3 \\ \begin{bmatrix} 1 & 0 & 0 & 0 \\ 0 & \frac{1}{2} & \frac{1}{2} & 0 \\ 0 & \frac{1}{2} & \frac{1}{2} & 0 \\ \frac{1}{2} & 0 & 0 & \frac{1}{2} \end{bmatrix} \end{array}$

16.4-2 Dada cada uma das seguintes matrizes de transição (em uma etapa) de uma cadeia de Markov, determine as classes da cadeia de Markov e se elas são ou não recorrentes.

(a) $\mathbf{P} = \begin{array}{c} \text{Estado} \\ 0 \\ 1 \\ 2 \\ 3 \end{array} \begin{array}{cccc} 0 & 1 & 2 & 3 \\ \begin{bmatrix} 0 & \frac{1}{3} & \frac{1}{3} & \frac{1}{3} \\ \frac{1}{3} & 0 & \frac{1}{3} & \frac{1}{3} \\ \frac{1}{3} & \frac{1}{3} & 0 & \frac{1}{3} \\ \frac{1}{3} & \frac{1}{3} & \frac{1}{3} & 0 \end{bmatrix} \end{array}$

(b) $\mathbf{P} = \begin{array}{c} \text{Estado} \\ 0 \\ 1 \\ 2 \end{array} \begin{array}{ccc} 0 & 1 & 2 \\ \begin{bmatrix} 0 & 0 & 1 \\ \frac{1}{2} & \frac{1}{2} & 0 \\ 0 & 1 & 0 \end{bmatrix} \end{array}$

16.4-3 Dada a seguinte matriz de transição (em uma etapa) de uma cadeia de Markov, determine as classes da cadeia de Markov e se elas são ou não recorrentes.

$\mathbf{P} = \begin{array}{c} \text{Estado} \\ 0 \\ 1 \\ 2 \\ 3 \\ 4 \end{array} \begin{array}{ccccc} 0 & 1 & 2 & 3 & 4 \\ \begin{bmatrix} \frac{1}{4} & \frac{3}{4} & 0 & 0 & 0 \\ \frac{3}{4} & \frac{1}{4} & 0 & 0 & 0 \\ \frac{1}{3} & \frac{1}{3} & \frac{1}{3} & 0 & 0 \\ 0 & 0 & 0 & \frac{3}{4} & \frac{1}{4} \\ 0 & 0 & 0 & \frac{1}{4} & \frac{3}{4} \end{bmatrix} \end{array}$

16.4-4 Determine o período de cada um dos estados na cadeia de Markov que possui a seguinte matriz de transição (em uma etapa).

$\mathbf{P} = \begin{array}{c} \text{Estado} \\ 0 \\ 1 \\ 2 \\ 3 \\ 4 \\ 5 \end{array} \begin{array}{cccccc} 0 & 1 & 2 & 3 & 4 & 5 \\ \begin{bmatrix} 0 & 0 & 0 & \frac{2}{3} & 0 & \frac{1}{3} \\ 0 & 0 & 1 & 0 & 0 & 0 \\ 1 & 0 & 0 & 0 & 0 & 0 \\ 0 & \frac{1}{4} & 0 & 0 & \frac{3}{4} & 0 \\ 0 & 0 & 1 & 0 & 0 & 0 \\ 0 & \frac{1}{2} & 0 & 0 & \frac{1}{2} & 0 \end{bmatrix} \end{array}$

16.4-5 Considere a cadeia de Markov com a seguinte matriz de transição (em uma etapa).

$\mathbf{P} = \begin{array}{c} \text{Estado} \\ 0 \\ 1 \\ 2 \\ 3 \\ 4 \end{array} \begin{array}{ccccc} 0 & 1 & 2 & 3 & 4 \\ \begin{bmatrix} 0 & \frac{4}{5} & 0 & \frac{1}{5} & 0 \\ \frac{1}{4} & 0 & \frac{1}{2} & \frac{1}{4} & 0 \\ 0 & \frac{1}{2} & 0 & \frac{1}{10} & \frac{2}{5} \\ 0 & 0 & 0 & 1 & 0 \\ \frac{1}{3} & 0 & \frac{1}{3} & \frac{1}{3} & 0 \end{bmatrix} \end{array}$

(a) Determine as classes dessa cadeia de Markov e, para cada classe, determine se ela é recorrente ou transiente.
(b) Para cada uma das classes identificadas no item (a), determine o período dos estados nessa classe.

16.5-1 Reconsidere o Problema 16.2-2. Suponha agora que as probabilidades dadas, 0,5 e 0,9, sejam substituídas por valores arbitrários, α e β, respectivamente. Encontre as *probabilidades de estado estável* do estado do clima em termos de α e β.

16.5-2 Diz-se que a matriz de transição $\mathbf{P}$ é duplamente estocástica se a soma ao longo de cada coluna for igual a 1; isto é,

$$\sum_{i=0}^{M} p_{ij} = 1, \quad \text{para todo } j.$$

Se essa cadeia for irredutível, aperiódica e formada por $M + 1$ estados, demonstre que

$$\pi_j = \frac{1}{M+1}, \quad \text{para } j = 0, 1, \ldots, M.$$

16.5-3 Reconsidere o Problema 16.3-3. Use os resultados dados no Problema 16.5-2 para encontrar as probabilidades de estado estável para essa cadeia de Markov. A seguir, descubra o que acontece com essas probabilidades de estado estável, caso, a cada etapa, a probabilidade de se deslocar um ponto no sentido horário muda para 0,9 e a probabilidade de se movimentar um ponto no sentido anti-horário muda para 0,1.

C **16.5-4** A cervejaria líder da Costa Oeste (chamada *A*) contratou um analista de PO para analisar sua posição de mercado. Ela está particularmente preocupada em relação a seu maior concorrente (chamado *B*). O analista acredita que a mudança de marca pode ser modelada como uma cadeia de Markov usando três estados, com os estados *A* e *B* que representam clientes que tomam cerveja produzida das cervejarias mencionadas anteriormente, e o estado *C* representando todas as demais marcas. São recolhidos dados mensais e o analista criou a seguinte matriz de transição (em uma etapa) dos dados passados.

	A	B	C
A	0,8	0,15	0,05
B	0,25	0,7	0,05
C	0,15	0,05	0,8

Quais são as parcelas de mercado de estado estável para as duas principais cervejarias?

16.5-5 Considere o problema de estoque de sangue que um hospital enfrenta. Não há nenhuma necessidade de um tipo de sangue raro, a saber, sangue tipo AB, Rh negativo. A demanda *D* (em litros) ao longo de qualquer período de três dias é dada por:

$$P\{D = 0\} = 0,4, \quad P\{D = 1\} = 0,3,$$
$$P\{D = 2\} = 0,2, \quad P\{D = 3\} = 0,1.$$

Observe que a demanda esperada é de 1 litro, já que $E(D) = 0,3(1) + 0,2(2) + 0,1(3) = 1$. Suponha que haja três dias entre as entregas. O hospital propõe uma política de receber um litro a cada entrega e usar os estoques de sangue mais antigos primeiro. Se for necessário mais sangue que o disponível, é feita uma entrega de emergência. O sangue é descartado, caso ele ainda se encontre nas prateleiras após 21 dias. Represente o estado do sistema como o número de litros disponíveis logo após uma entrega. Portanto, em virtude de essa política de descartar sangue, o maior estado possível é 7.

(a) Construa a matriz de transição (em uma etapa) para essa cadeia de Markov.
C (b) Encontre as probabilidades de estado estável do estado da cadeia de Markov.
(c) Use os resultados do item (b) para encontrar a probabilidade de estado estável de que um litro de sangue será descartado durante um período de três dias. *Dica*: pelo fato de o sangue mais antigo ser usado primeiro, um litro chega aos 21 dias somente se o estado fosse 7 e depois $D = 0$.
(d) Utilize os resultados do item (b) para encontrar a probabilidade de estado estável de que uma entrega de emergência será necessária durante o período de três dias entre entregas regulares.

C **16.5-6** Na última subseção da Seção 16.5, o custo médio esperado (duradouro) por semana (baseado em apenas custos de encomenda e custos de demanda não atendidos) é calculado para o exemplo de estoques da Seção 16.1. Suponha agora que a política de encomenda seja alterada para a seguinte. Sempre que o número de câmeras disponíveis no final da semana for 0 ou 1, será colocado um pedido que elevará esse número para 3. Caso contrário, não é feito nenhum pedido. Recalcule o custo médio esperado (duradouro) por semana de acordo com essa nova política de estoques.

16.5-7* Considere o exemplo de estoques apresentado na Seção 16.1, mas com a seguinte alteração na política de encomendas. Se o número de câmeras disponíveis no final de cada semana for 0 ou 1, serão encomendadas duas câmeras a mais. Caso contrário, não será feito nenhum pedido. Suponha que os custos de armazenagem sejam os mesmos dados na segunda subseção da Seção 16.5.
C (a) Encontre as probabilidades de estado estável do estado dessa cadeia de Markov.
(b) Encontre o custo de armazenagem médio duradouro esperado por semana.

16.5-8 Considere a seguinte política de estoques para certo produto. Se a demanda durante um período exceder o número de itens disponíveis, essa demanda não atendida é colocada em reserva para pedidos a ser executados; isto é, ela será atendida quando for recebido o próximo pedido. Façamos que Z_n ($n = 0, 1, \ldots$) represente a quantidade disponível em estoque menos o número de unidades colocadas em reserva antes de fazer novo pedido no final do período n ($Z_0 = 0$). Se Z_n for zero ou positivo, nenhum pedido é colocado em reserva para atendimento futuro. Caso Z_n seja negativo, então $-Z_n$ representa o número de unidades colocadas em reserva e não haverá nenhum estoque disponível. No final do período n, se $Z_n < 1$, é feita uma encomenda de $2m$ unidades, em que m é o menor inteiro tal que $Z_n + 2m \geq 1$. Os pedidos são atendidos imediatamente.

Façamos que $D_1, D_2, \ldots$ seja a demanda para o produto nos períodos 1, 2,..., respectivamente. Suponha que os D_n sejam variáveis aleatórias independentes e distribuídas de forma idêntica assumindo os valores, 0, 1, 2, 3, 4, cada um com probabilidade $\frac{1}{5}$. Façamos que X_n estoque *após* ter sido feito o pedido no final do período n (em que $X_0 = 2$), de modo que:

$$X_n = \begin{cases} X_{n-1} - D_n + 2m & \text{se } X_{n-1} - D_n < 1 \\ X_{n-1} - D_n & \text{se } X_{n-1} - D_n \geq 1 \end{cases} \quad (n = 1, 2, \ldots),$$

quando $\{X_n\}$ ($n = 0, 1, \ldots$) for uma cadeia de Markov. Ela possui apenas dois estados, 1 e 2, pois o único momento em que os pedidos ocorrerão será quando $Z_n = 0, -1, -2$ ou -3, em cujo caso são encomendadas, respectivamente, 2, 2, 4 e 4 unidades, deixando $X_n = 2, 1, 2, 1$, respectivamente.

(a) Construa a matriz de transição (em uma etapa).
(b) Use as equações de estado estável para encontrar manualmente as probabilidades de estado estável.
(c) Agora use o resultado dado no Problema 16.5-2 para encontrar as probabilidades de estado estável.
(d) Suponha que o custo de encomenda seja dado por $(2 + 2m)$, caso um pedido seja feito, e zero, caso contrário. O custo de armazenagem por período é Z_n se $Z_n \geq 0$ e zero, caso contrário. O custo de escassez de produto por período é $-4Z_n$ se $Z_n < 0$ e zero, caso contrário. Encontre o custo médio esperado (duradouro) por unidade de tempo.

16.5-9 Uma importante unidade é formada por dois componentes colocados em paralelo. A unidade apresenta um desempenho satisfatório, caso um dos dois componentes estiver em funcionamento. Portanto, somente um componente é operado por vez, porém ambos os componentes são mantidos operacionais (capazes de ser operados) o máximo possível, consertando-os quando necessário. Um componente operacional quebra em dado período com probabilidade 0,2. Quando isso acontece, o componente paralelo assume, se estiver operacional, no início do período seguinte. Somente um componente pode ser consertado por vez. O reparo de um componente começa no início do primeiro período disponível e se conclui no final do período seguinte. Façamos que X_t seja um vetor formado por dois elementos U e V, em que U representa o número de componentes que estão operacionais no final do período t e V represente o número de períodos de reparo que foram completados nos componentes que ainda não se encontram operacionais. Portanto, $V = 0$ se $U = 2$ ou se $U = 1$ e o reparo do componente fora de operação está simplesmente em andamento. Pelo fato de um reparo levar dois períodos, $V = 1$ se $U = 0$ (desde esse instante um componente fora de operação aguarda para ser consertado enquanto o outro entra em seu segundo período de reparo) ou se $U = 1$ e o componente fora de operação estiver entrando em seu segundo período de reparo. Assim, o espaço de estados é formado por quatro estados (2, 0), (1, 0), (0, 1) e (1, 1). Represente esses quatro estados por 0, 1, 2, 3, respectivamente. $\{X_t\}$ ($t = 0, 1, \ldots$) é uma cadeia de Markov (supondo-se que $X_0 = 0$) com a matriz de transição (em uma etapa)

$$\mathbf{P} = \begin{array}{c} \text{Estado} \\ 0 \\ 1 \\ 2 \\ 3 \end{array} \begin{bmatrix} 0{,}8 & 0{,}2 & 0 & 0 \\ 0 & 0 & 0{,}2 & 0{,}8 \\ 0 & 1 & 0 & 0 \\ 0{,}8 & 0{,}2 & 0 & 0 \end{bmatrix}.$$

C (a) Qual é a probabilidade de que a unidade não estará operacional (pois ambos os componentes não estão em funcionamento) após n períodos, para $n = 2, 5, 10, 20$?
C (b) Quais são as probabilidades de estado estável do estado dessa cadeia de Markov?
(c) Se custa US$ 30.000 por período quando a unidade não estiver operacional (ambos os componentes fora de ação) e zero, caso contrário, qual é o custo médio esperado (duradouro) por período?

16.6-1 Um computador é inspecionado no final de cada hora. Constata-se que está funcionando ou com defeito. Se for constatado que o computador está funcionando, a probabilidade de ele assim permanecer na próxima hora é 0,95. Se estiver com problemas, o computador será consertado, o que pode levar mais de uma hora. Toda vez que o computador estiver com problemas (independentemente de quanto tempo ele permaneceu assim), a probabilidade de ele ainda estar com problemas uma hora depois é 0,5.

(a) Construa a matriz de transição (em uma etapa) para essa cadeia de Markov.
(b) Use a abordagem descrita na Seção 16.6 para encontrar os μ_{ij} (o tempo esperado para passar do estado i para o estado j) para todo i e j.

16.6-2 Um fabricante tem uma máquina que, quando operacional no início de um dia, tem uma probabilidade igual a 0,1 de quebrar em algum momento durante o dia. Quando isso acontece, o reparo é feito no dia seguinte e concluído no final daquele dia.

(a) Formule a evolução do estado da máquina como uma cadeia de Markov identificando três estados possíveis no final de cada dia e depois construindo a matriz de transição (em uma etapa).
(b) Use a abordagem descrita na Seção 16.6 para encontrar os μ_{ij} (o tempo de primeira passagem esperado do estado i para o estado j) para todo i e j. Use esses resultados para identificar o número esperado de dias completos que a máquina permanecerá operacional antes da próxima quebra após um reparo ter sido feito.
(c) Suponha agora que a máquina já tenha completado 20 dias inteiros sem uma quebra desde o último reparo. Como o número de dias completos esperado *daqui em diante* de que a máquina permanecerá operacional antes da próxima quebra se compara com o resultado correspondente do item (*b*) quando o reparo acaba de ser concluído? Explique

16.6-3 Reconsidere o Problema 16.6-2. Suponha agora que o fabricante mantenha uma máquina sobressalente que é usada apenas quando a máquina principal está sendo reparada. Durante um dia de conserto, a máquina sobressalente tem uma probabilidade igual a 0,1 de quebrar, em cujo caso ela é reparada no dia seguinte. Represente o estado do sistema por (x, y), em que x e y, respectivamente, assumem valores 1 ou 0 dependendo de se a máquina principal (x) e a máquina sobressalente (y) estiverem operacionais (valor 1) ou não (valor 0) no final do dia. (*Dica*: Observe que (0, 0) não é um estado possível.)

(a) Construa a matriz de transição (em uma etapa) para essa cadeia de Markov.
(b) Encontre o *tempo de recorrência esperado* para o estado (1, 0).

16.6-4 Considere o exemplo de estoques apresentado na Seção 16.1, exceto pelo fato de que a demanda agora tem a seguinte distribuição probabilística:

$$P\{D = 0\} = \frac{1}{4}, \quad P\{D = 2\} = \frac{1}{4},$$
$$P\{D = 1\} = \frac{1}{2}, \quad P\{D \geq 3\} = 0.$$

A política de encomendas agora mudou para encomendar apenas 2 câmeras no final da semana, caso não haja nenhuma em estoque. Como antes, não é feito nenhum pedido, caso haja alguma câmera em estoque. Suponha que haja uma câmera em estoque no momento (o final de uma semana) em que a política é instituída.

(a) Construa a matriz de transição (em uma etapa).
C (b) Encontre a distribuição probabilística do estado dessa cadeia de Markov n semanas após a nova política de estoques ter sido instituída, para $n = 2, 5, 10$.
(c) Encontre os μ_{ij} (o tempo de primeira passagem esperado do estado i para o estado j) para todo i e j.
C (d) Encontre as probabilidades de estado estável do estado dessa cadeia de Markov.
(e) Supondo que a loja pague uma taxa de armazenagem para cada câmera que sobre na prateleira no final da semana de acordo com a função $C(0) = 0$, $C(1) = US\$ 2$ e $C(2) = US\$ 8$, encontre o custo de armazenagem médio duradouro esperado por semana.

16.6-5 Um processo produtivo contém uma máquina que deteriora rapidamente tanto em termos de qualidade quanto de produção sob condições de uso intenso, de modo que ela seja inspecionada no final de cada dia. Imediatamente após a inspeção, a condição da máquina é anotada e classificada em um dos quatro estados possíveis indicados a seguir:

Estado	Condição
0	Bom como se fosse nova
1	Operacional – deterioração mínima
2	Operacional – deterioração importante
3	Não operacional e substituída por uma máquina boa como se fosse nova

O processo pode ser modelado como uma cadeia de Markov com sua matriz de transição **P** (em uma etapa) dado por:

Estado	0	1	2	3
0	0	$\frac{7}{8}$	$\frac{1}{16}$	$\frac{1}{16}$
1	0	$\frac{3}{4}$	$\frac{1}{8}$	$\frac{1}{8}$
2	0	0	$\frac{1}{2}$	$\frac{1}{2}$
3	1	0	0	0

C (a) Encontre as probabilidades de estado estável.
(b) Se os custos de se encontrarem nos estados 0, 1, 2, 3 forem 0, US$ 1.000, US$ 3.000 e US$ 6.000, respectivamente, qual é o custo médio duradouro esperado por dia?
(c) Encontre o *tempo de recorrência esperado* para o estado 0 (isto é, o período esperado que uma máquina pode ser usada antes de ser substituída).

16.7-1 Considere o problema da ruína do jogador a seguir. Um jogador aposta US$ 1 em cada rodada de um jogo. Cada vez, ele tem uma probabilidade p de ganhar e probabilidade $q = 1 - p$ de perder o dólar apostado. Ele continuará a jogar até que ele fique quebrado ou acumule uma fortuna de T dólares. Façamos que X_n represente o número de dólares de posse do jogador após a n-ésima rodada do jogo. Então:

$$X_{n+1} = \begin{cases} X_n + 1 & \text{com probabilidade } p \\ X_n - 1 & \text{com probabilidade } q = 1-p \end{cases} \text{ para } 0 < X_n < T,$$

$$X_{n+1} = X_n, \quad \text{para } X_n = 0, \text{ ou } T.$$

$\{X_n\}$ é uma cadeia de Markov. O jogador começa com X_0 dólares, em que X_0 é um inteiro positivo menor que T.

(a) Construa a matriz de transição (em uma etapa) da cadeia de Markov.
(b) Encontre as classes da cadeia de Markov.
(c) Faça que $T = 3$ e $p = 0,3$. Usando a notação da Seção 16.7.
(d) Faça que $T = 3$ e $p = 0,7$. Encontre $f_{10}, f_{1T}, f_{20}, f_{2T}$.

16.7-2 Um fabricante de videocassetes está tão seguro de seu controle de qualidade que está oferecendo uma garantia de substituição completa se um vídeo falhar em um prazo de dois anos. Com base em dados compilados, a empresa percebeu que apenas 1% de seus gravadores falham durante o primeiro ano, ao passo que 5% dos vídeos que sobrevivem durante o primeiro ano falharão durante o segundo ano. A garantia não cobre vídeos substituídos.

(a) Formule a evolução da condição de um videocassete como uma cadeia de Markov cujo estado inclui dois estados de absorção que envolvem honrar a garantia ou fazer que o videocassete dure pelo período de garantia. A seguir, construa a matriz de transição (em uma etapa).

(b) Use a abordagem descrita na Seção 16.7 para encontrar a probabilidade de que o fabricante terá de honrar a garantia.

16.8-1 Leia o artigo referido que descreve completamente o estudo de PO resumido no Exemplo de Aplicação apresentada na Seção 16.8. Descreva brevemente como uma cadeia de Markov de tempo contínuo foi aplicada nesse estudo. Em seguida, enumere os diversos benefícios financeiros ou não resultantes desse estudo.

16.8-2 Reconsidere o exemplo apresentado no final da Seção 16.8. Suponha agora que uma terceira máquina, idêntica às primeiras duas, tenha sido agregada à fábrica. O único responsável pela manutenção ainda tem de preservar todas as máquinas.

(a) Desenvolva o *diagrama de taxas* para essa cadeia de Markov.
(b) Construa as *equações de estado estável*.
(c) Resolva essas equações para as *probabilidades de estado estável*.

16.8-3 O estado de determinada cadeia de Markov de tempo contínuo é definido como o número de tarefas atuais em certo centro de produção, em que é permitido um máximo de três tarefas. As tarefas chegam individualmente. Sempre que menos de três tarefas estiverem presentes, o tempo até a próxima chegada tem uma distribuição exponencial com média de 2 dias. As tarefas são processadas no centro de produção uma por vez e depois saem imediatamente. Os tempos de processamento possuem uma distribuição exponencial com média igual a 1 dia.

(a) Construa o *diagrama de taxas* para essa cadeia de Markov.
(b) Escreva as *equações de estado estável*.
(c) Solucione essas equações para as *probabilidades de estado estável*.

CAPÍTULO 17

Teoria das Filas

As *filas* (filas de espera) fazem parte do dia a dia de nossa vida. Todos nós esperamos em uma fila para: comprar o ingresso para uma sessão de cinema, fazer um depósito bancário, pagar as compras em um supermercado, remeter um pacote no correio, comprar um sanduíche em uma lanchonete, brincar em um parque de diversões etc. Acabamos nos acostumando a um tempo considerável de espera, mas ainda assim nos irritamos se tivermos de aguardar muito em uma fila.

Entretanto, ter de esperar não se limita apenas a esses transtornos pessoais de relativa insignificância.

Grandes ineficiências também ocorrem por causa de outros tipos de espera, além daquelas de pessoas que esperam em uma fila. Por exemplo, deixar *máquinas* à espera para ser reparadas pode resultar em perdas na produção. *Veículos* (inclusive navios e caminhões) que precisam aguardar para ser descarregados podem atrasar embarques seguintes. *Aviões* que aguardam para decolar ou pousar podem afetar horários de voos posteriores. Atrasos em transmissões de *telecomunicações* devido a linhas saturadas podem provocar problemas técnicos com os dados. Fazer que *ordens de produção* esperem para ser realizadas pode afetar a produção de lotes seguintes. Realizar *serviços* após a data combinada pode resultar na perda de futuros negócios.

A *teoria das filas* é o estudo da espera em todas essas formas diversas. Ela usa *modelos de filas* para representar os diversos tipos de *sistemas de filas* (sistemas que envolvem filas do mesmo tipo) que surgem na prática. As fórmulas para cada modelo indicam como o sistema de filas correspondente deve funcionar, inclusive o tempo de espera médio que ocorrerá, em uma série de circunstâncias.

Portanto, esses modelos de filas são muito úteis para determinar como operar um sistema de filas da forma mais eficiente. Fornecer capacidade de atendimento em excesso para operar o sistema envolve custos demasiados. Porém, não fornecer capacidade de atendimento suficiente resulta em espera excessiva e todas suas lamentáveis consequências. Os modelos permitem encontrar um equilíbrio apropriado entre custo de serviço e o tempo de espera.

Após uma discussão geral sobre o assunto, este capítulo apresenta a maioria dos modelos de filas elementares e seus resultados básicos. A Seção 17.10 discute como as informações fornecidas pela teoria das filas pode ser usada para elaborar sistemas de filas que minimizem o custo total de serviço e de espera e, a seguir, o Capítulo 26 (no *site* da editora) fornece mais detalhes sobre a aplicação da teoria das filas dessa maneira.

17.1 EXEMPLO-PROTÓTIPO

O pronto socorro do Hospital Municipal atende a casos de emergência, fornecendo os devidos cuidados médicos, que chegam ao hospital em ambulâncias ou em carros particulares. A qualquer momento há um médico de plantão no pronto socorro. Entretanto, em virtude de uma tendência crescente desses casos de "emergência" usarem essas instalações em vez de irem ao consultório de atendimentos de rotina, o hospital tem passado por um aumento contínuo no número de atendimentos no pronto socorro a cada ano. Consequentemente, tornou-se bastante comum pacientes chegarem durante os horários de pico (no início da noite) e ter de esperar até chegar a sua vez de ser atendido pelo médico. Por essa razão, foi feita uma proposta de se alocar um segundo médico para o pronto socorro durante esse horário de pico, de modo que duas emergências pudessem ser atendidas ao mesmo tempo. O administrador do hospital foi designado para estudar essa questão.

Ele começou a coletar dados relevantes e depois projetou-os para o ano seguinte. Reconhecendo que o pronto socorro é um sistema de filas, ele aplicou diversos modelos alternativos da teoria das filas para prever as características de espera do sistema com um e dois médicos, como pode ser observado nas seções posteriores deste capítulo (ver as Tabelas 17.2 e 17.3).

17.2 ESTRUTURA BÁSICA DOS MODELOS DE FILAS

Processo de filas básico

O processo básico suposto pela maioria dos modelos de filas é o seguinte. *Clientes* que necessitam de atendimento são gerados ao longo do tempo por uma *fonte de entradas*. Esses clientes entram no *sistema de filas* e pegam uma *fila*. Em certos momentos, um integrante da fila é selecionado para o atendimento por alguma regra conhecida como *disciplina da fila*. O atendimento necessário é então realizado para o cliente pelo *mecanismo de atendimento*, após o qual o cliente deixa o sistema de filas. Esse processo é representado na Figura 17.1.

Podem ser feitas diversas hipóteses alternativas sobre os vários elementos do processo de filas, que serão discutidas a seguir.

Fonte de entradas (população solicitante)

Uma característica da fonte de entradas é o seu tamanho. O *tamanho* é o número total de clientes que poderiam precisar de atendimento de tempos em tempos, isto é, o número total de possíveis clientes distintos. Essa população de onde provêm as chegadas é conhecida como **população solicitante**. Pode se supor o tamanho como *infinito* ou *finito* (de modo que a fonte de entradas também seja dita *ilimitada* ou *limitada*). Como os cálculos são bem mais fáceis para o caso infinito, normalmente, parte-se dessa hipótese, mesmo quando o tamanho real for um número finito relativamente grande. Ela deve ser assumida como hipótese implícita para qualquer modelo de filas que não afirme o contrário. O caso finito é mais difícil analiticamente, pois o número de clientes no sistema de filas afeta o número de possíveis clientes fora do sistema a qualquer momento. Entretanto, deve se elaborar a hipótese finita caso a taxa na qual a fonte de entradas gere clientes novos seja significativamente afetada pelo número de clientes no sistema de filas.

O padrão estatístico pelos quais os clientes são gerados ao longo do tempo também deve ser especificado. A hipótese comum é que elas são geradas de acordo com um *processo de Poisson*, isto é, o número de clientes gerado até dado momento tem uma distribuição de Poisson. Conforme foi discutido na Seção 17.4, esse caso é aquele na qual as chegadas ao sistema de filas ocorrem aleatoriamente, porém, a certa taxa média fixa, independentemente de quantos clientes já se encontrarem lá (de forma que o *tamanho* da fonte de entradas seja *infinito*). Uma hipótese equivalente é que a distribuição probabilística do tempo entre as chegadas consecutivas tem distribuição *exponencial*. (As propriedades dessa distribuição são descritas na Seção 17.4.) O tempo entre as chegadas consecutivas é conhecido como **tempo entre chegadas**.

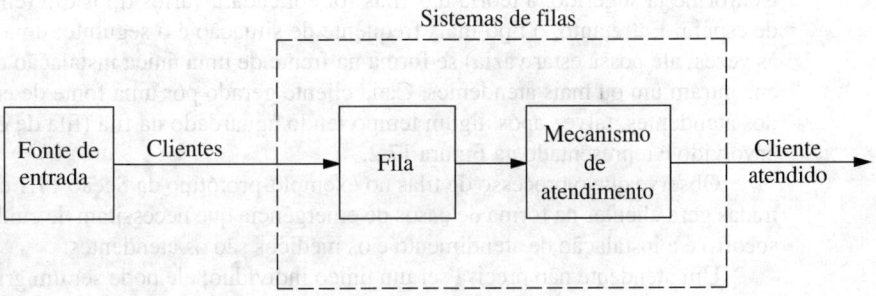

■ **FIGURA 17.1** Processo de filas básico.

Quaisquer hipóteses incomuns sobre o comportamento de clientes que chegam também devem ser especificadas. Um exemplo é a *recusa,* na qual o cliente se recusa a entrar no sistema e será perdido caso a fila seja muito longa.

Fila

A fila é o local onde os clientes aguardam *antes* de ser atendidos. Uma fila é caracterizada pelo número máximo de clientes permitidos que ela pode conter. As filas são chamadas *infinitas* ou *finitas*, conforme esse número for infinito ou finito. A hipótese de uma *fila infinita* ser o padrão para a maioria dos modelos de filas, mesmo para situações em que ele realmente seja um limite superior finito (relativamente grande) sobre o número de clientes permitido, pois lidar com um limite superior desses seria um fator complicador na análise. Entretanto, para sistemas de filas em que esse limite superior for suficientemente pequeno em que ele seria efetivamente atingido com alguma frequência, torna-se necessário supor uma *fila finita.*

Disciplina da fila

A disciplina da fila se refere à ordem na qual integrantes da fila são selecionados para atendimento. Ela poderia ser, por exemplo, os primeiros a chegar serão os primeiros a ser atendidos, aleatória, de acordo com algum procedimento de prioridade ou algum outro tipo de ordem. Normalmente, para modelos de filas adota-se o critério dos primeiros a chegar serão os primeiros a ser atendidos, a menos que se afirme de outra forma.

Mecanismo de atendimento

O mecanismo de atendimento é formado por uma ou mais *instalações de atendimento*, e cada uma delas contém um ou mais *canais de atendimento paralelos*, chamados **atendentes**. Se existir mais de uma instalação de atendimento, o cliente poderá ser atendido por uma sequência desses (*canais de atendimento em série*). Em dada instalação, o cliente entra em um desses canais de atendimento paralelos e é completamente atendido por esse atendente. Um modelo de filas deve especificar a disposição das instalações e o número de atendentes (canais paralelos) em cada uma delas. A maioria dos modelos elementares parte do pressuposto de uma instalação de atendimento com um atendente ou com um número finito de atendentes.

O tempo decorrido entre o início do atendimento até o seu término para um cliente em uma instalação de atendimento é denominado **tempo de atendimento** (ou *tempo de permanência*). Um modelo de determinado sistema de filas deve especificar a distribuição probabilística de tempos de atendimento para cada atendente (e, possivelmente, para tipos diferentes de clientes), embora seja comum supor a *mesma* distribuição para todos os atendentes (todos os modelos neste capítulo partem desse pressuposto). A distribuição de tempo de atendimento que se supõe com mais frequência na prática (em grande parte porque ela ser bem mais tratável) é a distribuição *exponencial* discutida na Seção 17.4, e a maioria de nossos modelos é desse tipo. Outras distribuições de tempo de atendimento importantes são a distribuição *degenerada* (tempo de atendimento constante) e a distribuição de *Erlang* (gama), conforme ilustrado pelos modelos na Seção 17.7.

Processo de filas elementar

Conforme já sugerido, a teoria das filas foi aplicada a vários tipos diferentes de situações com filas de espera. Entretanto, o tipo mais frequente de situação é o seguinte: uma fila de espera única (que, às vezes, até possa estar vazia) se forma na frente de uma única instalação de atendimento, na qual se encontram um ou mais atendentes. Cada cliente gerado por uma fonte de entradas é atendido por um dos atendentes, talvez após algum tempo tendo aguardado na fila (fila de espera). O sistema de filas envolvido é representado na Figura 17.2.

Observe que o processo de filas no exemplo-protótipo da Seção 17.1 é desse tipo. A fonte de entradas gera clientes na forma de casos de emergência que necessitam de cuidados médicos. Um pronto socorro é a instalação de atendimento e os médicos são os atendentes.

Um atendente não precisa ser um único indivíduo; ele pode ser um grupo de pessoas, por exemplo, uma equipe de manutenção que combina forças para realizar simultaneamente o serviço exigido para um cliente. Além disso, os atendentes não precisam sequer ser pessoas. Em muitos casos, um atendente pode ser, em vez disso, uma máquina, um veículo, um dispositivo eletrônico etc. Da mesma maneira, os clientes na fila de espera não precisam, necessariamente, ser pessoas. Eles poderiam, por exemplo, ser peças que aguardam certa operação a ser executada por determinado tipo de máquina ou, então, carros que aguardam em frente de uma cabine de pedágio.

Não é necessário que haja, na verdade, uma fila de espera física formada em frente de uma estrutura física que compõe a instalação de atendimento. Os integrantes da fila poderiam estar espalhados por certa área, à espera de que um atendente chegue até eles, por exemplo, máquinas que aguardam para ser consertadas. O atendente ou grupo de atendentes alocados para determinada área forma a instalação de atendimento para aquela área. A teoria das filas ainda fornece o número médio que está aguardando, o tempo de espera médio e assim por diante, pois é irrelevante se os clientes esperam juntos em um grupo. A única exigência essencial para a teoria das filas ser aplicável é que mudanças no número de clientes que aguardam por dado serviço ocorrem da mesma forma que a situação física descrita na Figura 17.2 (ou um equivalente legítimo) predomina.

Exceto pela Seção 17.9, todos os modelos de filas discutidos neste capítulo são do tipo elementar representado na Figura 17.2. Muitos desses modelos supõem, além disso, que todos os *tempos entre chegadas* sejam independentes e distribuídos de forma idêntica e que todos os *tempos de atendimento* sejam independentes e distribuídos de forma idêntica. Esses modelos são identificados convencionalmente como a seguir:

$$\underbrace{//}_{\text{Distribuição de tempos entre atendimentos}} \overset{\text{Distribuição de tempos de atendimento}}{\underset{\text{Número de atendentes}}{}}$$

em que M = distribuição exponencial (markoviana), conforme descrito na Seção 17.4;
D = distribuição degenerada (tempos constantes), conforme discutido na Seção 17.7;
E_k = distribuição de Erlang (parâmetro de forma = k), conforme descrito na Seção 17.7;
G = distribuição geral (qualquer distribuição arbitraria permitida)[1], conforme discutido na Seção 17.7.

Por exemplo, o modelo *M/M/s* discutido na Seção 17.6 parte do pressuposto de que tanto os tempos entre atendimentos quanto os tempos de atendimento possuem uma distribuição exponencial e que o

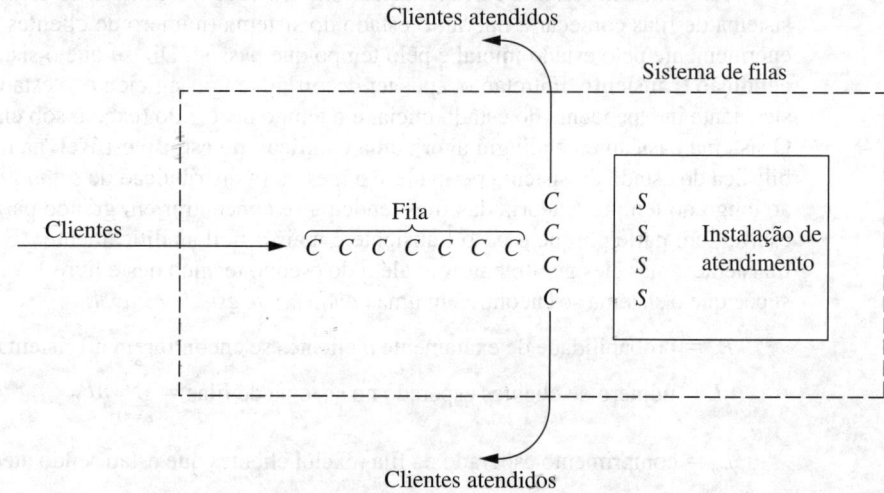

■ **FIGURA 17.2** Um sistema de filas elementar (cada cliente é indicado por um C e cada atendente, por um S).

---

[1] Quando nos referimos a tempos entre atendimentos, é convenção substituir o símbolo G por GI = distribuição independente geral.

número de atendentes é *s* (qualquer inteiro positivo). O *modelo M/G/1* discutido novamente na Seção 17.7 parte do pressuposto de que os tempos entre atendimentos possuem uma distribuição exponencial, porém, ele não coloca nenhuma restrição sobre qual deve ser a distribuição de tempos de atendimento, ao passo que o número de atendentes restringe-se exatamente a 1. Na Seção 17.7, também são apresentados vários outros modelos que se incluem nesse esquema de identificação.

Terminologia e notação

A menos que declarado de outra forma, será adotado o seguinte padrão em termos de terminologia e notação:

Estado do sistema = número de clientes no sistema de filas.
Comprimento da fila = número de clientes que aguardam o início do seu atendimento.
= estado do sistema *menos* o número de clientes que estão sendo atendidos.
$N(t)$ = número de clientes no sistema de filas no instante t ($t \geq 0$).
$P_n(t)$ = probabilidade de exatamente n clientes no sistema de filas no instante t, dado o número no instante 0.
s = número de atendentes (canais de atendimento paralelos) no sistema de filas.
λ_n = taxa média de chegada (número de chegadas esperado por unidade de tempo) de novos clientes quando n clientes se encontram no sistema.
μ_n = taxa média de atendimento para o sistema global (número de clientes esperado que completa o atendimento por unidade de tempo) quando n clientes se encontram no sistema. *Nota:* μ_n representa a taxa *combinada* na qual todos os atendentes *ocupados* (aqueles que se encontram atendendo clientes) completam o atendimento.
λ, μ, ρ = ver o parágrafo a seguir.

Quando λ_n for uma constante para todo n, essa constante é representada por λ. Quando a taxa média de atendimento *por atendente ocupado* for uma constante para todo $n \geq 1$, essa constante é representada por μ. (Nesse caso, $\mu_n = s\mu$ quando $n \geq s$, isto é, quando todos os s atendentes estiverem ocupados.) Sob essas condições, $1/\lambda$ e $1/\mu$ são, respectivamente, o *tempo esperado entre atendimentos* e o *tempo de atendimento esperado*. Da mesma forma, $\rho = \lambda/(s\mu)$ é o **fator de utilização** para a instalação de atendimento, isto é, a fração de tempo esperada em que atendentes individuais se encontram ocupados, pois $\lambda/(s\mu)$ representa a fração da capacidade de atendimento ($s\mu$) do sistema que está sendo *utilizada* em média pelos clientes que chegam (λ).

Também é necessária certa notação para descrever resultados *de estado estável*. Pouco após o sistema de filas começar a operar, o estado do sistema (número de clientes no sistema) será afetado enormemente pelo estado inicial e pelo tempo que passou. Diz-se que o sistema se encontra em uma **condição transiente**. Entretanto, após ter decorrido tempo suficiente, o estado do sistema se torna basicamente independente do estado inicial e o tempo decorrido (exceto sob circunstâncias incomuns)[2]. O sistema basicamente atingiu agora uma **condição de estado estável**, na qual a distribuição probabilística do estado do sistema permanece a mesma (a distribuição de *estado estável* ou *estacionária**) ao longo do tempo. A teoria das filas tendeu a se concentrar em grande parte na condição de estado estável, em parte porque o caso transiente é mais difícil analiticamente. (Existem alguns resultados transientes, mas eles geralmente vão além do escopo técnico deste livro.) A notação indicada a seguir supõe que o sistema se encontre em uma *condição de estado estável:*

P_n = probabilidade de exatamente n clientes se encontrarem no sistema de filas.

L = número de clientes esperado no sistema de filas = $\sum_{n=0}^{\infty} nP_n$.

L_q = comprimento esperado da fila (exclui clientes que estão sendo atendidos) = $\sum_{n=s}^{\infty} (n-s)P_n$.

---

[2] Quando λ e μ são definidos, essas circunstâncias incomuns são que $\rho \geq 1$, em cujo caso o estado do sistema tende a crescer mais, continuamente, à medida que o tempo passa.

* N. de R.T.: Além da terminologia "estado estável" e "estacionária", também é comum utilizar-se "em regime".

$\mathcal{W}$ = tempo de espera no sistema (inclui o tempo de atendimento) para cada cliente individual.
$W = E(\mathcal{W})$.
$\mathcal{W}_q$ = tempo de espera na fila (exclui o tempo de atendimento) para cada cliente individual.
$W_q = E(\mathcal{W}_q)$.

Relações entre L, W, L_q e W_q

Suponha que λ_n seja uma constante λ para todo n. Foi provado que em um processo de filas em estado estável,

$$L = \lambda W.$$

(Pelo fato de John D. C. Little ter obtido a primeira prova rigorosa, essa equação algumas vezes é chamada **fórmula de Little**.) Além disso, a mesma prova também demonstra que:

$$L_q = \lambda W_q.$$

Se λ_n não forem iguais, então λ pode ser substituído nessas equações por $\bar{w\lambda}$ a taxa *média* de chegada a longo prazo. (Mostraremos posteriormente como $\bar{w\lambda}$ pode ser determinado para alguns casos básicos.)

Suponha agora que o tempo médio de atendimento seja constante, $1/\mu$ para todo $n \geq 1$. Segue então que:

$$W = W_q + \frac{1}{\mu}.$$

Essas relações são extremamente importantes, pois elas permitem que sejam determinadas imediatamente as quatro quantidades fundamentais – L, W, L_q e W_q – assim que uma delas for encontrada analiticamente. Essa situação é oportuna, porque algumas dessas quantidades normalmente são muito mais fáceis de ser encontradas que outras quando um modelo de filas é solucionado com base em princípios básicos.

17.3 EXEMPLOS DE SISTEMAS DE FILAS REAIS

Nossa descrição de sistemas de filas na Seção 17.2 pode parecer relativamente abstrata e aplicável somente a situações práticas muito especiais. Pelo contrário, os sistemas de filas são surpreendentemente frequentes em ampla gama de contextos. Para ampliar nossos horizontes sobre a aplicabilidade da teoria das filas, mencionaremos brevemente vários exemplos de sistemas de filas reais que se incluem em diversas categorias amplas. A seguir descreveremos sistemas de filas em diversas empresas proeminentes (além de uma prefeitura) e estudos de casos renomados que foram conduzidos para desenvolver esses sistemas.

Algumas classes de sistemas de filas

Uma importante classe de sistemas de filas que todos nós encontramos em nossa vida diárias são os **sistemas de atendimento comercial**, em que clientes externos recebem atendimento de organizações comerciais. Muitas delas envolvem atendimento pessoa a pessoa em um local permanente, como em uma barbearia (os barbeiros são os atendentes), caixas em um banco, caixas em uma loja e uma fila de lanchonete (canais de serviço em série). Entretanto, muitas outras não se enquadram nessas condições, como conserto de certos eletrodomésticos (em que o atendente vai até o cliente), uma máquina automática de vendas (o atendente é uma máquina) e um posto de gasolina (os carros são os clientes).

Outra classe importante são os **sistemas de atendimento de transporte**. Para alguns desses sistemas, os veículos são os clientes, por exemplo, carros que aguardam em um posto de pedágio ou em um semáforo (o atendente), um caminhão ou navio que espera ser carregado ou descarregado por uma equipe (os atendentes) e aviões que aguardam para pousar ou decolar de uma pista (o atendente). (Um exemplo incomum desse tipo é o de um estacionamento, onde os carros são os clientes e as vagas, os atendentes, porém, não há nenhuma fila, pois os clientes que chegam vão para outro lugar para estacionar, caso a vaga esteja ocupada.) Em outros casos, os veículos, como táxis, caminhões de bombeiros e elevadores são os atendentes.

Nos últimos anos, a teoria das filas provavelmente foi aplicada mais a **sistemas de atendimento interno**, em que os clientes que recebem atendimento são *internos* à organização. Entre os exemplos podemos citar sistemas de manipulação de materiais, nos quais as unidades de manipulação de materiais (os atendentes) deslocam cargas (os clientes); sistemas de manutenção, em que as equipes de manutenção (os atendentes) consertam máquinas (os clientes) e estações de inspeção, onde supervisores de controle de qualidade (os atendentes) inspecionam itens (os clientes). Instalações de funcionários e departamentos que atendem outros funcionários também entram nessa categoria. Além disso, máquinas podem ser vistas como atendentes cujos clientes são as tarefas que estão sendo processadas. Um exemplo relacionado seria o de um laboratório de computadores, onde cada computador é visto como o atendente.

Hoje, há um reconhecimento crescente de que a teoria das filas também pode ser aplicada a **sistemas de serviços sociais**. Por exemplo, um sistema judicial é uma rede de filas, em que os tribunais são instalações de atendimento, os juízes (ou painéis de juízes) são os atendentes e os processos que aguardam julgamento, os clientes. Um sistema legislativo é uma rede de filas similar, na qual os clientes são os projetos de lei que aguardam aprovação. Diversos sistemas de assistência médica também são sistemas de filas. Já vimos um exemplo na Seção 17.1 (um pronto socorro de um hospital), mas poderíamos também interpretar ambulâncias, aparelhos de raios X e camas de um hospital como atendentes em seus próprios sistemas de filas. Do mesmo modo, famílias que esperam por sistemas habitacionais de baixo custo ou custo moderado ou outros serviços sociais podem ser vistos como clientes em um sistema de filas.

Embora estas sejam quatro classes abrangentes de sistemas de filas, elas não esgotam a lista. De fato, a teoria das filas começou no início do século XX com aplicações para a telefonia (o fundador da teoria das filas, A. K. Erlang, foi funcionário da Cia. Telefônica Dinarmaquesa em Copenhague) e a telefonia ainda é uma aplicação importante. Além disso, todos nós temos nossas filas pessoais – tarefas domésticas, livros a ser lidos e assim por diante. Entretanto, esses exemplos são suficientes para sugerir que sistemas de filas de fato fazem parte de muitas áreas da sociedade.

Alguns estudos renomados para desenvolver sistemas de filas

O Franz Edelman Awards for Management Science Achievement é uma premiação concedida anualmente pelo Institute of Operations Research and the Management Sciences (INFORMS) para as melhores aplicações de PO do ano. Um número substancial dessas premiações foi concedido a aplicações inovadoras da teoria das filas no desenvolvimento de sistemas de filas.

Duas dessas aplicações consagradas são descritas posteriormente, nos exemplos aplicados deste capítulo (Seções 17.6 e 17.9). As referências selecionadas no final do capítulo também incluem uma amostra de artigos que descrevem outras aplicações consagradas. (É fornecido um *link* para todos esses artigos, inclusive para os exemplos aplicados, no *site* da editora.) Descrevemos brevemente, a seguir, algumas dessas outras aplicações da teoria das filas.

Conforme descrito na Referência Selecionada A1, um dos primeiros vencedores do prêmio Edelman foi a Xerox Corporation. A empresa introduziu recentemente um importante sistema de cópia que demonstrou ser de extrema valia para seus usuários. Consequentemente, esses clientes exigiam que os técnicos de campo da Xerox reduzissem o tempo de espera para reparar essas máquinas. Uma equipe de PO aplicou então a teoria das filas para estudar como melhor servir as novas exigências de atendimento. Isso resultou na substituição das zonas de atendimento anteriores com um técnico de campo por zonas com três técnicos. Essa mudança teve impacto drástico tanto na redução substancial dos tempos médios de espera dos clientes quanto no aumento da utilização dos técnicos de campo em 50%. (O Capítulo 11 da Referência Selecionada 9 apresenta um estudo de caso que se baseia nessa aplicação da teoria das filas pela Xerox Corporation.)

A L.L. Bean, Inc., a maior empresa de telemarketing e vendas por correio, baseou-se principalmente na teoria das filas para seu renomado estudo de como alocar seus recursos de telecomunicações descrito na Referência Selecionada A4. As chamadas telefônicas provenientes de seu *call center* para fazer pedidos são os clientes em um grande sistema de filas, com os agentes de telemarketing como atendentes. As questões-chave durante o estudo foram as seguintes:

1. Quantas linhas-tronco deveriam ser disponibilizadas para telefonemas que chegam ao *call center*?
2. Quantos agentes de telemarketing deveriam ser alocados em vários horários?
3. Quantas linhas de espera deveriam ser fornecidas para clientes que aguardam um agente de telemarketing? (Note que o número limitado de linhas de espera faz que o sistema tenha uma fila finita.)

Para cada interessante combinação dessas três quantidades, modelos de filas fornecem as medidas de desempenho do sistema de filas. Dadas essas medidas, a equipe de PO avaliou cuidadosamente o custo de vendas perdidas em razão de alguns clientes encontrarem a linha ocupada ou ser colocados em uma linha de espera por muito tempo. Acrescentando-se o custo de recursos de telemarketing, a equipe foi capaz de encontrar a combinação de três quantidades que minimiza o custo total esperado. Isso resultou em uma economia de custos de cerca de US$ 9 a US$ 10 milhões por ano.

Outro vencedor do prêmio Edelman foi a AT&T por um estudo que combinava o emprego da teoria das filas e simulação (tema do Capítulo 20). Conforme descrito na Referência Selecionada A2, os modelos de filas referem-se tanto à rede de telecomunicações da AT&T quanto para o *call center* para clientes comerciais típicos da AT&T que possuem um centro destes. O propósito do estudo foi desenvolver um sistema amigável baseado em PC que os clientes comerciais da AT&T podem usar para orientar-se no desenho ou redesenho de seus *call centers*. Já que os *call centers* formam um dos mercados de maior crescimento nos Estados Unidos, esse sistema foi usado cerca de 2 mil vezes pelos clientes comerciais da AT&T na época em que o artigo foi escrito. Isso resultou em economia superior a US$ 750 milhões em lucros anuais para esses clientes.

A Hewlett-Packard (HP) é um fabricante multinacional de equipamentos eletrônicos, líder de mercado. Há alguns anos, a empresa instalou um sistema de linha de montagem mecanizado para a fabricação de impressoras jato de tinta em seu complexo fabril em Vancouver, Washington, a fim de atender à explosiva demanda por esse tipo de impressora. Assim, tornou-se aparente que o sistema instalado não seria suficientemente rápido ou confiável para atender às metas de produção da empresa. Portanto, constituiu-se uma equipe conjunta de cientistas da administração da HP e do Massachusetts Institute of Technology (MIT) para estudar como redesenhar o sistema para melhorar seu desempenho.

Conforme descrito na Referência Selecionada A3 para esse célebre estudo, que ganhou premiações, a equipe HP/MIT rapidamente percebeu que o sistema de linha de montagem poderia ser modelado como um tipo especial de sistema de filas no qual os clientes (as impressoras a ser montadas) passariam por uma série de atendentes (operações de montagem) em uma sequência fixa. Um modelo de filas especial para esse tipo de sistema gerou rapidamente os resultados analíticos necessários para determinar como o sistema deveria ser redesenhado para alcançar a capacidade exigida da forma mais econômica possível. As mudanças incluíam acrescentar maior espaço de armazenagem em pontos estratégicos para manter melhor o fluxo de trabalho a estações subsequentes e para minimizar o efeito de falhas de máquina. O novo *design* aumentou a produtividade em cerca de 50% e gerou aumento nas receitas de aproximadamente US$ 280 milhões em vendas de impressoras, bem como receitas adicionais de produtos secundários. Essa aplicação inovadora do modelo de filas especial também deu à HP um novo método para criar projetos de sistemas rápidos e eficientes posteriormente em outras áreas da empresa.

17.4 O PAPEL DA DISTRIBUIÇÃO EXPONENCIAL

As características operacionais dos sistemas de filas são determinadas, em grande parte, por duas propriedades estatísticas, a saber, a distribuição probabilística dos *tempos entre atendimentos* (ver "fonte de entradas" na Seção 17.2) e a distribuição probabilística dos *tempos de atendimento* (ver "Mecanismos de Atendimento" na Seção 17.2). Para sistemas de filas reais, essas distribuições podem assumir praticamente qualquer forma. (A única restrição é que não podem ocorrer valores negativos.) Entretanto, para formular um *modelo* de teoria das filas como uma representação do sistema real, é necessário especificar a forma assumida de cada uma dessas distribuições. Para ser útil, a forma assumida deveria ser *suficientemente realista*, cujo modelo fornece *previsões razoáveis* enquanto, ao mesmo tempo, ser *suficientemente simples*, cujo modelo é *matematicamente tratável*. Baseado nessas considerações, a distribuição probabilística mais importante na teoria das filas é a *distribuição exponencial*.

Suponha que uma variável aleatória T represente tempos entre chegadas ou tempos de atendimento. (Iremos nos referir às ocorrências que marcam o final desses tempos – chegadas ou finalizações de atendimentos – como *eventos*.) Diz-se que essa variável aleatória tem uma distribuição exponencial *com parâmetro* α se sua função de densidade probabilística for:

$$f_T(t) = \begin{cases} \alpha e^{-\alpha t} & \text{para } t \geq 0 \\ 0 & \text{para } t < 0, \end{cases}$$

conforme mostrado na Figura 17.3. Nesse caso, as probabilidades acumulativas

$$P\{T \le t\} = 1 - e^{-\alpha t}$$
$$P\{T > t\} = e^{-\alpha t} \qquad (t \ge 0),$$

e o valor esperado e a variância de T são, respectivamente,

$$E(T) = \frac{1}{\alpha},$$
$$\text{var}(T) = \frac{1}{\alpha^2}.$$

Quais são as implicações de se supor que T possui uma distribuição exponencial para um modelo de filas? Para explorar essa questão, examinemos seis propriedades fundamentais da distribuição exponencial.

Propriedade 1: $f_T(t)$ é uma função estritamente *decrescente* de t ($t \ge 0$).

Uma consequência da Propriedade 1 é que

$$P\{0 \le T \le \Delta t\} > P\{t \le T \le t + \Delta t\}$$

para quaisquer valores estritamente positivos de Δt e t. [Essa consequência é decorrente do fato de que essas probabilidades são a área abaixo da curva $f_T(t)$ ao longo do intervalo de comprimento Δt indicado e a altura média da curva é menor para a segunda probabilidade que para a primeira.] Portanto, não é somente possível, mas também relativamente provável, que T assumirá um pequeno valor próximo de zero. De fato,

$$P\left\{0 \le T \le \frac{1}{2}\frac{1}{\alpha}\right\} = 0{,}393$$

ao passo que

$$P\left\{\frac{1}{2}\frac{1}{\alpha} \le T \le \frac{3}{2}\frac{1}{\alpha}\right\} = 0{,}383,$$

de modo que o valor que T assume é mais provavelmente "pequeno" [isto é, menos da metade de $E(T)$] do que "próximo" ao seu valor esperado [isto é, não muito além da metade de $E(T)$], embora o segundo intervalo seja o dobro do primeiro.

Seria essa uma propriedade razoável para T em um modelo de filas? Se T representa *tempos de atendimento*, a resposta depende da natureza geral do atendimento envolvido, conforme discutido a seguir.

Se o atendimento necessário for basicamente idêntico para cada cliente, com o atendente sempre realizando a mesma sequência de operações de atendimento, então os tempos de atendimento reais

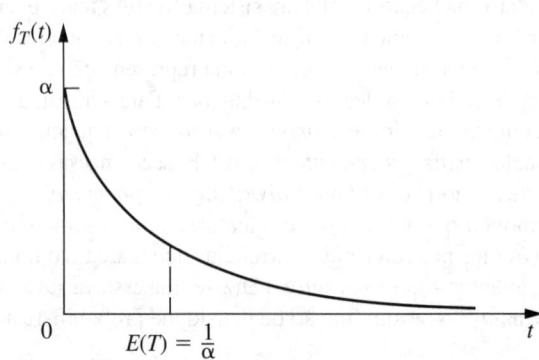

■ **FIGURA 17.3** Função de densidade probabilística para a distribuição exponencial.

tendem a estar próximos do tempo de atendimento esperado. Podem ocorrer pequenos desvios em relação à média, mas normalmente em decorrência de pequenas variações na eficiência do atendente. Um breve tempo de atendimento muito longe da média é praticamente impossível, pois é preciso certo tempo mínimo para realizar as operações de atendimento necessárias, mesmo quando o atendente trabalha em alta velocidade. A distribuição exponencial claramente não fornece uma boa aproximação para a distribuição de tempos de atendimento para esse tipo de situação.

No entanto, considere uma situação na qual as tarefas específicas necessárias do atendente diferem entre os diversos tipos de clientes. A natureza abrangente do atendimento pode ser a mesma, porém o tipo específico e o tempo de atendimento diferem. Por exemplo, este seria o caso do problema do pronto socorro do Hospital Municipal, discutido na Seção 17.1. Os médicos se deparam com ampla gama de problemas clínicos. Na maioria dos casos, eles podem oferecer o tratamento necessário de forma bem rápida, contudo, eventualmente um paciente pode exigir tratamento mais intensivo. Também as caixas de bancos e caixas de lojas são outros atendentes desse tipo geral, em que o atendimento necessário normalmente é breve, todavia, eventualmente, pode ser mais demorado. Uma distribuição exponencial de tempos de atendimento seria bastante plausível para esse tipo de situação de atendimento.

Se T representar *tempos entre atendimentos*, a Propriedade 1 descarta situações nas quais possíveis clientes que se aproximem do sistema de filas tendam a adiar sua entrada, caso vejam outro cliente à sua frente. Entretanto, é totalmente consistente com o fenômeno comum das chegadas ocorrerem "aleatoriamente", descrito por propriedades subsequentes. Portanto, quando tempos de chegada forem colocados em uma linha de tempo, eles algumas vezes têm a aparência de estar concentrados com eventuais intervalos grandes a separar essas concentrações, em razão da grande probabilidade de tempos entre atendimentos pequenos e a pequena probabilidade de termos tempos entre atendimentos grandes, mas um padrão irregular como este faz parte da aleatoriedade.

Propriedade 2: ausência de memória.

Essa propriedade pode ser declarada matematicamente como:

$$P\{T > t + \Delta t \mid T > \Delta t\} = P\{T > t\}$$

para quaisquer valores positivos t e Δt. Em outras palavras, a distribuição probabilística do tempo *remanescente* até o evento (chegada ou término do atendimento) ocorrer é sempre a mesma, independentemente de quanto tempo (Δt) já tiver passado. De fato, o processo se "esquece" de seu passado. Esse surpreendente fenômeno acontece com a distribuição exponencial, pois:

$$\begin{aligned} P\{T > t + \Delta t \mid T > \Delta t\} &= \frac{P\{T > \Delta t, T > t + \Delta t\}}{P\{T > \Delta t\}} \\ &= \frac{P\{T > t + \Delta t\}}{P\{T > \Delta t\}} \\ &= \frac{e^{-\alpha(t+\Delta t)}}{e^{-\alpha \Delta t}} \\ &= e^{-\alpha t} \\ &= P\{T > t\}. \end{aligned}$$

Para *tempos entre atendimentos*, essa propriedade descreve a situação corriqueira na qual o tempo até a próxima chegada não sofre nenhuma influência de quando ocorreu a última chegada. Para *tempos de atendimento*, a propriedade é mais difícil de ser interpretada. Não deveríamos esperar que ela fosse respeitada em uma situação em que o atendente tem de realizar a mesma sequência fixa de operações para cada cliente, pois então um atendimento de longa duração implicaria que provavelmente pouco restaria a ser feito. Entretanto, no tipo de situação na qual as operações de atendimento necessárias diferem entre os clientes, a declaração matemática da propriedade pode ser bastante realista. Para esse caso, se um tempo de atendimento considerável já tivesse decorrido para um cliente, a única implicação poderia ser que esse cliente em particular precisaria de atendimento mais amplo que a maioria.

Propriedade 3: o *mínimo* de diversas variáveis aleatórias exponenciais aleatórias tem uma distribuição exponencial.

Para declarar essa propriedade matematicamente, façamos que $T_1, T_2,..., T_n$ sejam variáveis aleatórias exponenciais *independentes* com parâmetros $\alpha_1, \alpha_2,..., \alpha_n$, respectivamente. Façamos também que U seja a variável aleatória que admita o valor igual ao *mínimo* dos valores realmente assumidos por $T_1, T_2,..., T_n$; isto é,

$$U = \min\{T_1, T_2,..., T_n\}.$$

Portanto, se T_i representar o tempo até que determinado tipo de evento ocorra, então U representará o tempo até que o *primeiro* dos n eventos diversos ocorrer. Observe agora que para qualquer $t \geq 0$,

$$\begin{aligned}P\{U > t\} &= P\{T_1 > t, T_2 > t, \ldots, T_n > t\} \\ &= P\{T_1 > t\}P\{T_2 > t\} \cdots P\{T_n > t\} \\ &= e^{-\alpha_1 t}e^{-\alpha_2 t} \cdots e^{-\alpha_n t} \\ &= \exp\left(-\sum_{i=1}^{n}\alpha_i t\right),\end{aligned}$$

de modo que U, de fato, tenha uma distribuição exponencial com parâmetro

$$\alpha = \sum_{i=1}^{n}\alpha_i.$$

Essa propriedade apresenta as mesmas implicações para tempos entre atendimentos nos modelos de filas. Suponha, particularmente, que existam vários (n) *tipos diferentes* de clientes, porém, os tempos entre atendimentos para *cada* tipo (tipo i) possuem uma distribuição exponencial com parâmetro α_i ($i = 1, 2,..., n$). Pela Propriedade 2, o tempo *restante* a partir de um instante especificado até a próxima chegada de um cliente do tipo i tem a mesma distribuição. Portanto, façamos que T_i seja o tempo restante, medido a partir do instante que um cliente de *qualquer* tipo chegue. A Propriedade 3 revela então que U, os tempos entre atendimentos para o sistema de filas como um todo, tem uma distribuição exponencial com parâmetro α definida pela última equação. Consequentemente, podemos optar por ignorar a distinção entre clientes e ainda ter tempos entre atendimentos exponenciais para o modelo de filas.

Entretanto, as implicações são até mais importantes para *tempos de atendimento* em modelos de filas com vários atendentes que para tempos entre atendimentos. Consideremos, por exemplo, uma situação na qual todos os atendentes possuem a mesma distribuição exponencial de tempo de atendimento com parâmetro μ. Para esse caso, façamos que n seja o número de atendentes que atendem *no momento*, e façamos que T_i seja o tempo de atendimento *remanescente* para o atendente i ($i = 1, 2,..., n$), que também possui uma distribuição exponencial com parâmetro $\alpha_i = \mu$. Decorre então que U, o tempo até o término do *próximo* atendimento de qualquer um desses atendentes, tenha uma distribuição exponencial com parâmetro $\alpha = n\mu$. De fato, o sistema de filas *no momento* funciona exatamente como um sistema com um *único* atendente no qual tempos de atendimento têm uma distribuição exponencial com parâmetro $n\mu$. Faremos uso frequente dessa implicação para analisar modelos com vários atendentes posteriormente, ainda neste capítulo.

Ao usar essa propriedade, algumas vezes também é útil determinar as probabilidades para *quais* das variáveis aleatórias exponenciais por acaso será aquela que tem o valor mínimo. Você poderia, por exemplo, querer encontrar a probabilidade de que determinado atendente j terminará de atender um cliente primeiro entre n atendentes exponenciais ocupados. É bastante simples (ver o Problema 17.4-9) demonstrar que essa probabilidade é proporcional ao parâmetro α_j. Particularmente, as probabilidades de que T_j acabará sendo a menor das n variáveis aleatórias é:

$$P\{T_j = U\} = \frac{\alpha_j}{\sum_{i=1}^{n}\alpha_i}, \quad \text{para } j = 1, 2, \ldots, n.$$

Propriedade 4: relação com a distribuição de Poisson.

Suponha que o *tempo* entre ocorrências consecutivas de algum tipo particular de evento (por exemplo, chegadas ou términos de atendimento por parte de um atendente permanentemente ocupado) tenha uma distribuição exponencial com parâmetro α. A Propriedade 4 tem, então, que ver com a implicação resultante sobre a distribuição probabilística do *número* de vezes que esse tipo de evento ocorre ao longo do tempo especificado. Particularmente, façamos que $X(t)$ seja o número de ocorrências no instante t $(t \geq 0)$, em que tempo 0 designa o instante no qual começa a contagem. A implicação é que

$$P\{X(t) = n\} = \frac{(\alpha t)^n e^{-\alpha t}}{n!}, \text{ para } n = 0, 1, 2, \ldots;$$

isto é, $X(t)$ possui uma distribuição de Poisson com parâmetro αt. Por exemplo, com $n = 0$,

$$P\{X(t) = 0\} = e^{-\alpha t},$$

que é simplesmente a probabilidade da distribuição exponencial de que o *primeiro* evento ocorra após o tempo t. A média dessa distribuição de Poisson é:

$$E\{X(t)\} = \alpha t,$$

de modo que o número esperado de eventos *por unidade de tempo* seja α. Portanto, diz-se que α é a *taxa média* na qual ocorrem os eventos. Quando os eventos são contados de uma forma contínua, diz-se que o processo de contagem $\{X(t); t \geq 0\}$ é um **processo de Poisson** com parâmetro α (a taxa média).

Essa propriedade fornece informações úteis sobre *términos de atendimento* quando tempos de atendimento têm uma distribuição exponencial com parâmetro μ. Obtemos essa informação definindo $X(t)$ como o número de términos de atendimento alcançado por um atendente *permanentemente ocupado* no tempo decorrido t, em que $\alpha = \mu$. Para *modelos com vários atendentes* de filas, $X(t)$ também pode ser definido como o número de términos de atendimento alcançado por n atendentes permanentemente ocupados no tempo decorrido t, em que $\alpha = n\mu$.

A propriedade é particularmente útil para descrever o comportamento probabilístico das *chegadas* quando tempos entre atendimentos possuem uma distribuição exponencial com parâmetro λ. Nesse caso, $X(t)$ é o *número de* chegadas no tempo decorrido t, em que $\alpha = \lambda$ é a *taxa média de chegada*. Portanto, as chegadas ocorrem de acordo com um **processo de entrada de Poisson** com parâmetro λ. Esses modelos de filas também são descritos como supondo uma *entrada de Poisson*.

Diz-se que as chegadas algumas vezes ocorrem *aleatoriamente,* o que significa que elas ocorrem de acordo com um processo de entrada de Poisson. Uma interpretação intuitiva desse fenômeno é que todo período de duração fixa tem a *mesma* chance de ter uma chegada independentemente de quando ocorreu a chegada precedente, conforme sugerido pela seguinte propriedade.

Propriedade 5: para todos os valores positivos de t, $P\{T \leq t + \Delta t \mid T > t\} \approx \alpha \Delta t$, para Δt pequeno.

Continuando a interpretar T como o tempo a partir do último evento de certo tipo (chegada ou término de atendimento) até o próximo evento desse tipo, supomos que um tempo t já tenha passado sem a ocorrência do evento. Sabemos da Propriedade 2 que a probabilidade de que o evento vá ocorrer no próximo intervalo de tempo de duração fixa Δt é uma *constante* (identificada no próximo parágrafo), independentemente de quão grande ou pequeno seja t. A Propriedade 5 vai além dizendo que, quando o valor de Δt é pequeno, essa probabilidade constante pode ser aproximada com boa margem de aproximação por $\alpha \Delta t$. Além disso, ao considerarmos diferentes valores pequenos de Δt, essa probabilidade é basicamente *proporcional* a Δt, com fator de proporcionalidade α. De fato, α é a *taxa média* na qual ocorrem os eventos (ver a Propriedade 4), de modo que o *número esperado* de eventos no intervalo Δt seja *exatamente* $\alpha \Delta t$. A única razão para que a probabilidade da ocorrência de um evento difira ligeiramente desse valor é a possibilidade de que ocorra *mais de um* evento, que tem probabilidade desprezível quando Δt é pequeno.

Para verificar por que a Propriedade 5 é válida matematicamente, observe que o valor constante de nossa probabilidade (para um valor fixo $\Delta t > 0$) é simplesmente:

$$P\{T \leq t + \Delta t \mid T > t\} = P\{T \leq \Delta t\}$$
$$= 1 - e^{-\alpha \Delta t},$$

para qualquer $t \geq 0$. Portanto, pelo fato de a expansão da série de e^x para qualquer expoente x ser

$$e^x = 1 + x + \sum_{n=2}^{\infty} \frac{x^n}{n!},$$

Segue:

$$P\{T \leq t + \Delta t \mid T > t\} = 1 - 1 + \alpha \, \Delta t - \sum_{n=2}^{\infty} \frac{(-\alpha \, \Delta t)^n}{n!}$$

$$\approx \alpha \, \Delta t, \qquad \text{para } \Delta t,^3 \text{ pequeno}$$

pois os termos do somatório se tornam relativamente desprezíveis para valores $\alpha \, \Delta t$ suficientemente pequenos.

Como T pode representar tanto tempos de atendimento como entre chegadas em modelos de filas, essa propriedade fornece uma aproximação conveniente da probabilidade de que o evento de interesse ocorra no próximo intervalo de tempo (Δt) pequeno. Uma análise baseada nessa aproximação também pode se tornar exata adotando-se os limites apropriados como $\Delta t \to 0$.

Propriedade 6: não se afeta por agregação ou desagregação.

Essa propriedade é relevante basicamente para verificar que o *processo de entrada* é de *Poisson*. Portanto, iremos descrevê-las nesses termos, embora ela também se aplique diretamente à distribuição exponencial (tempos entre atendimentos exponenciais) em virtude da Propriedade 4.

Consideremos primeiro a agregação (combinada) de diversos processos de entrada de Poisson em um único processo de entrada geral. Particularmente, suponhamos que existam vários (n) tipos *diferentes* de clientes, em que os clientes de cada tipo (tipo i) cheguem de acordo com um *processo de entrada de Poisson* com parâmetro λ_i ($i = 1, 2,..., n$). Supondo que estes sejam processos de Poisson *independentes*, a propriedade diz que o *processo de entrada agregado* (chegada de todos os clientes independentemente do tipo) também deve ser de Poisson, com parâmetro (taxa de chegada média) $\lambda = \lambda_1 + \lambda_2 + ... + \lambda_n$. Em outras palavras, ter um processo de Poisson é *não ser afetado por agregação*.

Essa parte da propriedade decorre diretamente das Propriedades 3 e 4. A última propriedade implica que os tempos entre atendimentos para clientes do tipo i apresentam distribuição exponencial com parâmetro λ_i. Para essa mesma situação, já vimos para a Propriedade 3 que ela implica que os tempos entre atendimentos para todos os clientes também têm de ter uma distribuição exponencial, com parâmetro $\lambda = \lambda_1 + \lambda_2 + ... + \lambda_n$. Usar a Propriedade 4 novamente implica então que o processo de entrada agregado seja de Poisson.

A segunda parte da Propriedade 6 ("não ser afetado por desagregação") refere-se ao caso inverso, no qual o *processo de entrada agregado* (aquele obtido pela combinação de processos de entrada para vários tipos de clientes) é conhecido como Poisson com parâmetro λ, porém, a questão agora se refere à natureza dos processos de entrada *desagregados* (os processos de entrada individuais para os tipos de clientes individuais). Supondo que cada cliente que chega tenha probabilidade p_i *fixa* de ser do tipo i ($i = 1, 2,..., n$), com

$$\lambda_i = p_i \lambda \qquad \text{e} \qquad \sum_{i=1}^{n} p_i = 1,$$

a propriedade diz que o processo de entrada para clientes do tipo i também deva ser de Poisson com parâmetro λ_i. Em outras palavras, ter um processo de Poisson é *não* ser *afetado por desagregação*.

Como exemplo da utilidade dessa segunda parte da propriedade, considere a seguinte situação. Clientes indistinguíveis chegam de acordo com um processo de Poisson com parâmetro λ. Cada cliente que chega tem probabilidade fixa p de *recusar* (sair sem ter entrado no sistema de filas), de modo que a probabilidade de entrar no sistema seja $1 - p$. Portanto, há dois tipos de clientes – aqueles que se recusam a entrar e aqueles que entram no sistema. A propriedade diz que cada tipo chega de acordo com um processo de Poisson, com parâmetros $p\lambda$ e $(1 - p)\lambda$, respectivamente. Assim, utilizando o último processo de Poisson, modelos de filas que supõem que um processo de entrada de Poisson ainda podem ser usados para analisar o desempenho do sistema de filas para aqueles clientes que entram no sistema.

---

[3] Mais precisamente,
$$\lim_{\Delta t \to 0} \frac{P\{T \leq t + \Delta t \mid T > t\}}{\Delta t} = \alpha.$$

Outro exemplo na seção de Worked Examples do *site* da editora ilustra a aplicação de várias das propriedades da distribuição exponencial apresentada nesta seção.

17.5 PROCESSO DE NASCIMENTO-E-MORTE

Os modelos de filas mais elementares partem do pressuposto de que as entradas (clientes que chegam) e saídas (clientes que saem) do sistema de filas ocorram de acordo com o *processo de nascimento-e-morte*. Esse importante processo na teoria das probabilidades tem aplicações em diversas áreas. Entretanto, no contexto da teoria das filas, o termo **nascimento** corresponde à *chegada* de um novo cliente no sistema de filas e a **morte** refere-se à *partida* de um cliente atendido. O *estado* do sistema no instante t ($t \geq 0$), representado por $N(t)$, é o número de clientes no sistema de filas no instante t. O processo de nascimento-e-morte descreve *probabilisticamente* como $N(t)$ muda à medida que t aumenta. Em termos genéricos, ela diz que nascimentos e mortes *individuais* ocorrem *aleatoriamente*, em que suas taxas médias de ocorrência dependem apenas do estado atual do sistema. Precisamente, as hipóteses do processo de nascimento-e-morte são as seguintes:

Hipótese 1. Dado $N(t) = n$, a distribuição probabilística atual do tempo *remanescente* até o próximo *nascimento* (chegada) é *exponencial* com parâmetro λ_n ($n = 0, 1, 2,...$).

Hipótese 2. Dado $N(t) = n$, a distribuição probabilística atual do tempo *remanescente* até a próxima *morte* (término do atendimento) é *exponencial* com parâmetro μ_n ($n = 1, 2,...$).

Hipótese 3. A variável aleatória da hipótese 1 (o tempo remanescente até o próximo *nascimento*) e a variável aleatória da hipótese 2 (o tempo remanescente até a próxima *morte*) são mutuamente independentes. A próxima transição no estado do processo é:

$$n \rightarrow n + 1 \text{ (um único nascimento)}$$

ou então

$$n \rightarrow n - 1 \text{ (uma única morte)},$$

dependendo se a primeira ou a última variável aleatória for menor.

Para um sistema de filas, λ_n e μ_n representam, respectivamente, a *taxa média de chegada* e a *taxa média de términos de atendimento*, quando existem n clientes no sistema. Para alguns sistemas de filas, os valores de λ_n serão os mesmos para todos os valores de n e μ_n também serão os mesmos para todos os n, exceto para n muito pequeno (por exemplo, $n = 0$) em que um atendente se encontra ocioso. Entretanto, λ_n e μ_n também podem variar consideravelmente com n para alguns sistemas de filas.

Por exemplo, uma das maneiras nas quais λ_n pode diferir para diferentes valores de n é o caso em que torna-se cada vez mais provável que os possíveis clientes que chegam vão *se recusar* (recusar-se a entrar no sistema) à medida que n aumenta. Da mesma forma, μ_n pode diferir para n diferentes porque fica cada vez mais provável que os clientes na fila venham a *desistir* (sair sem ser atendidos) à medida que o tamanho da fila aumenta. Outro exemplo na seção de Worked Examples do *site* da editora ilustra um sistema de filas em que ocorrem tanto a recusa quanto a desistência. Esse exemplo demonstra então como os resultados gerais para o processo de nascimento-e-morte conduzem diretamente a varias medidas de desempenho para esse sistema de filas.

Análise do processo de nascimento-e-morte

Em virtude de suas hipóteses, o processo de nascimento-e-morte é um tipo especial de *cadeia de Markov de tempo contínuo*. (Ver a Seção 16.8 para uma descrição das cadeias de Markov de tempo contínuo e suas propriedades, inclusive uma introdução ao procedimento geral para encontrar as probabilidades de estado estável que serão aplicadas no restante desta seção.) Os modelos de filas que podem ser representados por uma cadeia de Markov de tempo contínuo estão longe de ser mais tratáveis analiticamente que qualquer outro.

Em razão de a Propriedade 4 para a distribuição exponencial (ver a Seção 17.4) implicar que λ_n e μ_n são taxas médias, podemos sintetizar essas hipóteses por meio do diagrama de taxas mostrado na Figura 17.4. As setas nesse diagrama mostram as únicas *transições* possíveis para o estado do sistema (conforme especificado pela hipótese 3), e a entrada para cada seta fornece a taxa média para essa transição (conforme especificado pelas hipóteses 1 e 2) quando o sistema se encontra no estado na base da seta.

Exceto para poucos casos especiais, a análise do processo de nascimento-e-morte é muito difícil quando o sistema se encontra em uma condição *transiente*. Alguns resultados sobre a distribuição probabilística de $N(t)$ foram obtidos, mas elas são muito complicadas para ser de uso prático. No entanto, é relativamente simples derivar essa distribuição *após* o sistema ter atingido uma *condição de estado estável* (supondo que essa condição possa ser alcançada). Pode se realizar essa derivação diretamente do diagrama de taxas, conforme descrito a seguir.

Considere determinado estado do sistema n ($n = 0, 1, 2,...$). Iniciando no instante 0, suponha que seja feita uma contagem do número de vezes em que o processo entra nesse estado e o número de vezes em que ele deixa esse estado, conforme representado a seguir:

$E_n(t)$ = número de vezes em que o processo entra no estado n no instante t.
$L_n(t)$ = número de vezes em que o processo sai do estado n no instante t.

Como os dois tipos de eventos (entrada e saída) têm de ser alternados, esses dois números sempre são iguais ou então diferem de uma unidade; isto é,

$$|E_n(t) - L_n(t)| \leq 1.$$

Dividir ambos os lados da equação por t e depois fazer que $t \to \infty$ resulta em:

$$\left| \frac{E_n(t)}{t} - \frac{L_n(t)}{t} \right| \leq \frac{1}{t}, \quad \text{então} \quad \lim_{t \to \infty} \left| \frac{E_n(t)}{t} - \frac{L_n(t)}{t} \right| = 0.$$

Dividir $E_n(t)$ e $L_n(t)$ por t fornece a *taxa real* (número de eventos por unidade de tempo) na qual esses dois tipos de eventos ocorreram, e fazer que t $\to \infty$ fornece então a *taxa média* (número esperado de eventos por unidade de tempo):

$$\lim_{t \to \infty} \frac{E_n(t)}{t} = \text{taxa média na qual o processo entra no estado } n.$$

$$\lim_{t \to \infty} \frac{L_n(t)}{t} = \text{taxa média na qual o processo sai do estado } n.$$

Esses resultados conduzem ao seguinte princípio básico:

Princípio da taxa que entra = taxa que sai. Para qualquer estado do sistema n ($n = 0, 1, 2,...$),

$$\text{taxa média de entrada} = \text{taxa média de saída}.$$

A equação que expressa esse princípio se chama **equação de equilíbrio** para o estado n. Após construir as equações de equilíbrio para todos os estados em termos das probabilidades P_n desconhecidas, podemos resolver esse sistema de equações (além de uma equação que afirma que as probabilidades devem somar 1) para encontrar essas probabilidades.

Para ilustrar uma equação de equilíbrio, considere o estado 0. O processo entra nesse estado *somente* a partir do estado 1. Portanto, a probabilidade de estado estável de se encontrar no estado 1 (P_1) representa a proporção de tempo que seria *possível* para o processo entrar no estado 0. Dado que o processo se encontra no estado 1, a taxa média de entrada no estado 0 é μ_1. (Em outras palavras, para cada unidade de tempo

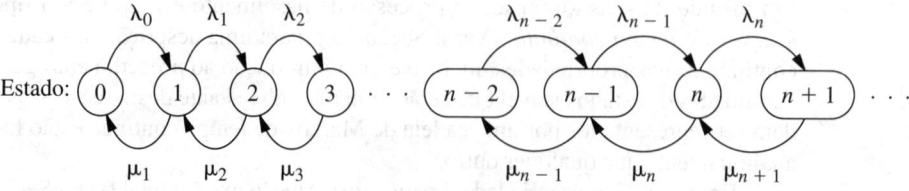

■ **FIGURA 17.4** Diagrama de taxas para o processo de nascimento-e-morte.

cumulativa que o processo gasta no estado 1, o número esperado de vezes que ele deixaria o estado 1 para entrar no estado 0 é μ_1.) A partir de qualquer *outro* estado, essa taxa média é 0. Dessa forma, a taxa média global na qual o processo deixa seu estado atual para entrar no estado 0 (a *taxa média de entrada*) é:

$$\mu_1 P_1 + 0(1 - P_1) = \mu_1 P_1.$$

Seguindo o mesmo raciocínio, a *taxa média de saída* tem de ser $\lambda_0 P_0$, de modo que a equação de equilíbrio para o estado 0 é:

$$\mu_1 P_1 = \lambda_0 P_0.$$

Para todos os outros estados existem duas transições, ambas entram e saem do estado. Portanto, cada lado das equações de equilíbrio para esses estados representa a *soma* das taxas médias para as duas transições envolvidas. Caso contrário, o raciocínio é exatamente o mesmo para o estado 0. Essas equações de equilíbrio são resumidas na Tabela 17.1.

Observe que a primeira equação de equilíbrio contém duas variáveis a ser resolvidas (P_0 e P_1), as duas primeiras equações contêm três variáveis (P_0, P_1 e P_2) e assim por diante, de modo que sempre haja uma variável "extra". Por conseguinte, o procedimento para solucionar essas equações é resolver em termos de uma das variáveis, sendo a mais conveniente P_0. Por isso, a primeira equação é usada para encontrar P_1 em termos de P_0; esse resultado e a segunda equação são então usados para encontrar P_2 em termos de P_0 e assim por diante. No final, a exigência de que a soma de todas as probabilidades seja igual a 1 podem ser usadas para calcular P_0.

Resultados para o processo de nascimento-e-morte

Aplicar esse procedimento leva aos seguintes resultados:

Estado:

0: $\quad P_1 = \dfrac{\lambda_0}{\mu_1} P_0$

1: $\quad P_2 = \dfrac{\lambda_1}{\mu_2} P_1 + \dfrac{1}{\mu_2}(\mu_1 P_1 - \lambda_0 P_0) \qquad = \dfrac{\lambda_1}{\mu_2} P_1 = \dfrac{\lambda_1 \lambda_0}{\mu_2 \mu_1} P_0$

2: $\quad P_3 = \dfrac{\lambda_2}{\mu_3} P_2 + \dfrac{1}{\mu_3}(\mu_2 P_2 - \lambda_1 P_1) \qquad = \dfrac{\lambda_2}{\mu_3} P_2 = \dfrac{\lambda_2 \lambda_1 \lambda_0}{\mu_3 \mu_2 \mu_1} P_0$

$\vdots$

$n-1$: $\quad P_n = \dfrac{\lambda_{n-1}}{\mu_n} P_{n-1} + \dfrac{1}{\mu_n}(\mu_{n-1} P_{n-1} - \lambda_{n-2} P_{n-2}) = \dfrac{\lambda_{n-1}}{\mu_n} P_{n-1} = \dfrac{\lambda_{n-1} \lambda_{n-2} \cdots \lambda_0}{\mu_n \mu_{n-1} \cdots \mu_1} P_0$

n: $\quad P_{n+1} = \dfrac{\lambda_n}{\mu_{n+1}} P_n + \dfrac{1}{\mu_{n+1}}(\mu_n P_n - \lambda_{n-1} P_{n-1}) \quad = \dfrac{\lambda_n}{\mu_{n+1}} P_n = \dfrac{\lambda_n \lambda_{n-1} \cdots \lambda_0}{\mu_{n+1} \mu_n \cdots \mu_1} P_0$

$\vdots$

Para simplificar a notação, façamos que:

$$C_n = \dfrac{\lambda_{n-1} \lambda_{n-2} \cdots \lambda_0}{\mu_n \mu_{n-1} \cdots \mu_1}, \quad \text{para} \quad n = 1, 2, \ldots,$$

■ **TABELA 17.1** Equações de equilíbrio para o processo de nascimento-e-morte

Estado	Taxa que entra = taxa que sai
0	$\mu_1 P_1 = \lambda_0 P_0$
1	$\lambda_0 P_0 + \mu_2 P_2 = (\lambda_1 + \mu_1) P_1$
2	$\lambda_1 P_1 + \mu_3 P_3 = (\lambda_2 + \mu_2) P_2$
$\vdots$	
$n-1$	$\lambda_{n-2} P_{n-2} + \mu_n P_n = (\lambda_{n-1} + \mu_{n-1}) P_{n-1}$
n	$\lambda_{n-1} P_{n-1} + \mu_{n+1} P_{n+1} = (\lambda_n + \mu_n) P_n$
$\vdots$	

e então definamos $C_n = 1$ para $n = 0$. Portanto, as probabilidades de estado estável são:

$$P_n = C_n P_0, \quad \text{para} \quad n = 0, 1, 2, \ldots.$$

A exigência de que

$$\sum_{n=0}^{\infty} P_n = 1$$

implica que

$$\left(\sum_{n=0}^{\infty} C_n\right) P_0 = 1,$$

de modo que

$$P_0 = \left(\sum_{n=0}^{\infty} C_n\right)^{-1}.$$

Quando um modelo de filas se baseia no processo de nascimento-e-morte, de modo que o estado do sistema n represente o número de clientes no sistema de filas, as medidas de desempenho fundamentais para o sistema de filas (L, L_q, W e W_q) podem ser obtidas imediatamente após calcular P_n das fórmulas anteriores. As definições de L e L_q dadas na Seção 17.2 especificam que:

$$L = \sum_{n=0}^{\infty} n P_n, \quad L_q = \sum_{n=s}^{\infty} (n - s) P_n.$$

Além disso, as relações dadas no final da Seção 17.2 levam a:

$$W = \frac{L}{\overline{\lambda}}, \quad W_q = \frac{L_q}{\overline{\lambda}},$$

em que $\overline{\lambda}$ é a taxa *média* de chegada a longo prazo. Como λ_n é a taxa média de chegada enquanto o sistema encontra-se no estado n ($n = 0, 1, 2,\ldots$) e P_n é a proporção de tempo de que o sistema se encontra nesse estado,

$$\overline{\lambda} = \sum_{n=0}^{\infty} \lambda_n P_n.$$

Diversas das expressões fornecidas anteriormente envolvem somatórios com um número de termos infinito. Felizmente, esses somatórios apresentam soluções analíticas para um número de interessantes casos especiais[4], conforme veremos na próxima seção. Caso contrário, elas podem ser aproximadas somando-se um número finito de termos por computador.

---

[4] Essas soluções se baseiam nos seguintes resultados conhecidos para a soma de qualquer série geométrica:

$$\sum_{n=0}^{N} x^n = \frac{1 - x^{N+1}}{1 - x}, \quad \text{para todo } x \neq 1,$$

$$\sum_{n=0}^{\infty} x^n = \frac{1}{1 - x}, \quad \text{se } |x| < 1.$$

Esses resultados de estado estável foram derivados sob a hipótese de que os parâmetros λ_n e μ_n tenham valores tais que o processo possa realmente *alcançar* a condição de estado estável. Essa hipótese *sempre* é válida se $\lambda_n = 0$ para algum valor de n maior que o estado inicial, de modo que sejam possíveis somente um número de estados finito (esses menos esse n). Ela *sempre* é válida quando λ e μ são definidos (ver a subseção "Terminologia e Notação", na Seção 17.2) e $\rho = \lambda/(s\mu) < 1$. Ela *não* é válida se $\sum_{n=1}^{\infty} C_n = \infty$.

A Seção 17.6 descreve vários modelos de filas que são casos especiais do processo de nascimento-e-morte. Portanto, os resultados de estado estável gerais que acabamos de dar nos retângulos serão usados repetidamente para obter resultados de estado estável específicos para esses modelos.

17.6 MODELOS DE FILAS QUE SE BASEIAM NO PROCESSO DE NASCIMENTO-E-MORTE

Como cada uma das taxas médias $\lambda_0, \lambda_1,...$ e $\mu_1, \mu_2,...$ para o processo de nascimento-e-morte pode receber qualquer valor não negativo, temos muita flexibilidade na modelagem de um sistema de filas. Provavelmente os modelos mais amplamente usados na teoria das filas se baseiam diretamente nesse processo. Em virtude das hipóteses 1 e 2 (e a Propriedade 4 para a distribuição exponencial), diz-se que esses modelos possuem uma **entrada de Poisson** e **tempos de atendimento exponenciais**. Os modelos diferem somente em suas hipóteses sobre como λ_n e μ_n mudam com n. Apresentamos três desses modelos nesta seção para três tipos importantes dos sistemas de filas.

Modelo M/M/s

Conforme descrito na Seção 17.2, o modelo *M/M/s* parte do pressuposto de que todos os *tempos entre atendimentos* sejam distribuídos de forma independente e idêntica de acordo com uma distribuição exponencial (isto é, o processo de entrada é de Poisson), que todos os *tempos de atendimento* sejam distribuídos de forma independente e idêntica de acordo com outra distribuição exponencial e que o número de atendentes seja s (qualquer inteiro positivo). Consequentemente, esse modelo é simplesmente o caso especial do processo de nascimento e morte em que a *taxa média de chegada* e a *taxa média de atendimento por atendente ocupado* do sistema de filas são constantes (λ e μ, respectivamente), independentemente do estado do sistema. Quando o sistema tem apenas um *único atendente* ($s = 1$), a implicação é que os parâmetros para o processo de nascimento e morte são $\lambda_n = \lambda$ ($n = 0, 1, 2,...$) e $\mu_n = \mu$ ($n = 1, 2,...$). O diagrama de taxas resultante é mostrado na Figura 17.5a.

Entretanto, quando o sistema tem *vários atendentes* ($s > 1$), μ_n não podem ser expressos dessa forma tão simples, conforme explicado abaixo.

Taxa de atendimento do sistema: a taxa de atendimento do sistema μ_n representa a taxa média de términos de atendimento para o sistema de filas *global* quando existem n clientes no sistema. Com vários atendentes e $n > 1$, μ_n não é o mesmo que μ, a taxa média de atendimento por atendente ocupado Em vez disso,

$$\mu_n = n\mu \quad \text{quando } n \leq s,$$
$$\mu_n = s\mu \quad \text{quando } n \geq s.$$

Ao usar essas fórmulas para μ_n, o diagrama de taxas para o processo de nascimento-e-morte mostrado na Figura 17.4 reduz-se aos diagramas de taxas indicados na Figura 17.5 para o modelo *M/M/s*.

Quando $s\mu$ excede a taxa média de chegada λ, isto é, quando

$$\rho = \frac{\lambda}{s\mu} < 1,$$

um sistema de filas que se ajusta a esse modelo, finalmente, atingirá uma condição de estado estável. Nessa situação, os resultados de estado estável derivados na Seção 17.5 para o processo de nascimento-e-morte geral são diretamente aplicáveis. Entretanto, esses resultados simplificam consideravelmente para esse modelo e levam a expressões de forma fechada para P_n, L, L_q e assim por diante, conforme será mostrado a seguir.

Exemplo de Aplicação

A **KeyCorp** é uma empresa com sede em Cleveland, Ohio, e que se encontra entre uma das 500 maiores empresas da revista *Fortune*. Ela é o 39º maior conglomerado bancário nos Estados Unidos, com 19 mil funcionários, ativos de US$ 93 bilhões e receitas anuais de US$ 6,7 bilhões. A empresa enfatiza serviços bancários ao consumidor e tem 2,4 milhões de clientes divididos entre mais de 1.300 agências e várias outras sociedades afiliadas.

Para ajudar no crescimento de seus negócios, a direção da KeyCorp deu início a um extensivo estudo de PO para determinar como melhorar o atendimento ao cliente (definido basicamente como reduzir o tempo de espera do cliente antes de iniciar o atendimento), além de disponibilizar pessoal eficaz em termos de custos. Foi estabelecida uma meta de qualidade no atendimento de que pelo menos 90% dos clientes deveriam ter um tempo de espera inferior a 5 minutos.

A ferramenta-chave para a análise desse problema foi o modelo de filas M/M/s, que provou ser muito bem adequado a essa aplicação. Para aplicação desse modelo, foram coletados dados que revelaram que o tempo de atendimento médio necessário para processar um cliente eram angustiantes 246 segundos. Com esse tempo de atendimento médio e taxas de chegada de clientes típicas médias, o modelo indicava que seria necessário aumento de 30% no número de caixas para atender a meta de igualdade de atendimento. Essa opção proibitivamente cara levou a direção do banco a concluir que seria necessária uma extensa campanha para reduzir drasticamente o tempo de atendimento médio, mediante a reengenharia da sessão para atendimento do cliente bem como o melhor gerenciamento de pessoal. Ao longo de um período de três anos, essa campanha levou à redução no tempo de atendimento médio para apenas 115 segundos. A reaplicação frequente do modelo M/M/s revelou então como uma meta de qualidade de atendimento pode ser substancialmente suplantada e, ao mesmo tempo, reduzindo, na realidade, o número de funcionários por meio de escala de pessoal otimizada nas diversas agências.

O resultado de tudo isso foi a economia na casa dos **US$ 20 milhões** por ano além de uma melhoria enorme no atendimento que possibilita que 96% dos clientes esperem menos de 5 minutos. Essa melhoria se estendeu por toda a empresa já que a porcentagem de agências que atingiram essa meta de qualidade no atendimento subiu de 42% para 94%. Pesquisas também confirmam grande aumento no nível de satisfação do cliente.

Fonte: S. K. Kotha, M. P. Barnum, and D. A. Bowen: "KeyCorp Service Excellence Management System", *Interfaces*, **26**(1): 54-74, Jan.-Feb. 1996. (Este artigo está disponível em inglês no *site* da editora, www.bookman.com.br.)

Resultados para o caso com um único atendente (M/M/1). Para $s = 1$, os fatores C_n para o processo de nascimento-e-morte se reduz a

$$C_n = \left(\frac{\lambda}{\mu}\right)^n = \rho^n, \quad \text{para } n = 0, 1, 2,\ldots$$

Portanto,

$$P_n = \rho^n P_0, \quad \text{para } n = 0, 1, 2, \ldots,$$

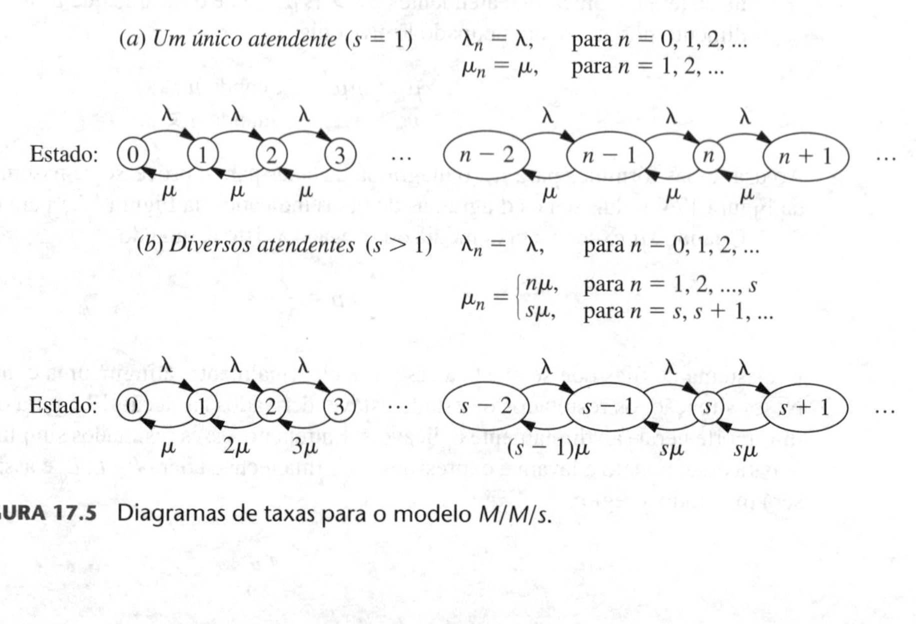

(a) Um único atendente ($s = 1$) $\lambda_n = \lambda$, para $n = 0, 1, 2, \ldots$
$\mu_n = \mu$, para $n = 1, 2, \ldots$

(b) Diversos atendentes ($s > 1$) $\lambda_n = \lambda$, para $n = 0, 1, 2, \ldots$
$\mu_n = \begin{cases} n\mu, & \text{para } n = 1, 2, \ldots, s \\ s\mu, & \text{para } n = s, s+1, \ldots \end{cases}$

■ **FIGURA 17.5** Diagramas de taxas para o modelo *M/M/s*.

em que

$$P_0 = \left(\sum_{n=0}^{\infty} \rho^n\right)^{-1}$$
$$= \left(\frac{1}{1-\rho}\right)^{-1}$$
$$= 1 - \rho.$$

Portanto,

$$P_n = (1 - \rho)\rho^n, \qquad \text{para } n = 0, 1, 2, \ldots.$$

Consequentemente,

$$L = \sum_{n=0}^{\infty} n(1 - \rho)\rho^n$$
$$= (1 - \rho)\rho \sum_{n=0}^{\infty} \frac{d}{d\rho}(\rho^n)$$
$$= (1 - \rho)\rho \frac{d}{d\rho}\left(\sum_{n=0}^{\infty} \rho^n\right)$$
$$= (1 - \rho)\rho \frac{d}{d\rho}\left(\frac{1}{1-\rho}\right)$$
$$= \frac{\rho}{1 - \rho} = \frac{\lambda}{\mu - \lambda}.$$

De forma similar,

$$L_q = \sum_{n=1}^{\infty} (n - 1)P_n$$
$$= L - 1(1 - P_0)$$
$$= \frac{\lambda^2}{\mu(\mu - \lambda)}.$$

Quando $\lambda \geq \mu$, de modo que a taxa média de chegada exceda a taxa média de atendimento, a solução anterior "estoura" (pois o somatório para calcular P_0 diverge). Para esse caso, a fila "explodiria" e cresceria sem limites. Se o sistema de filas iniciar operação sem nenhum cliente presente, o atendente poderia ser bem-sucedido e suportar os clientes que chegam ao longo de breve período, mas isso é impossível a longo prazo. (Mesmo quando $\lambda = \mu$, o número de clientes *esperado* no sistema de filas cresce lentamente sem limites ao longo do tempo, pois, embora um retorno temporário para nenhum cliente presente sempre seja possível, as probabilidades de números imensos de clientes presentes se torna significativamente maior ao longo do tempo.)

Supondo novamente que $\lambda < \mu$, agora podemos derivar a distribuição probabilística do *tempo de espera no sistema* (portanto, *incluindo* tempo de atendimento) $\mathcal{W}$ para uma chegada aleatória quando a disciplina da fila é aquela na qual os primeiros que chegam serão os primeiros a ser atendidos. Se essa chegada encontrar n clientes já no sistema, então a chegada terá de esperar ao longo dos $n + 1$ tempos de atendimento exponenciais, inclusive o seu próprio. (Para o cliente que está sendo atendido no momento, lembre-se de que a propriedade de falta de memória para a distribuição exponencial discutida na Seção 17.4.) Portanto, façamos que $T_1, T_2, \ldots$ sejam as variáveis aleatórias de tempo de atendimento independentes, tendo uma distribuição exponencial com parâmetro μ, e façamos que:

$$S_{n+1} = T_1 + T_2 + \cdots + T_{n+1}, \qquad \text{para } n = 0, 1, 2, \ldots,$$

de modo que S_{n+1} representa o tempo de espera *condicional* dado n clientes já no sistema. Conforme discutido na Seção 17.7, S_{n+1} é conhecido por ter uma *distribuição de Erlang*[5].

---

[5] Fora do âmbito da teoria das filas, essa distribuição é conhecida como distribuição gama.

Em virtude da probabilidade de que a chegada aleatória vá encontrar n clientes no sistema ser P_n, decorre que:

$$P\{\mathcal{W} > t\} = \sum_{n=0}^{\infty} P_n P\{S_{n+1} > t\},$$

que reduz após manipulação considerável (ver o Problema 17.6-17) para:

$$P\{\mathcal{W} > t\} = e^{-\mu(1-\rho)t}, \qquad \text{para } t \geq 0.$$

A conclusão surpreendente é que $\mathcal{W}$ tem uma distribuição *exponencial* com parâmetro $\mu(1 - \rho)$. Logo,

$$W = E(\mathcal{W}) = \frac{1}{\mu(1-\rho)}$$
$$= \frac{1}{\mu - \lambda}.$$

Esses resultados *incluem* tempo de atendimento no tempo de espera. Em alguns contextos (por exemplo, o problema do pronto socorro do Hospital Municipal descrito na Seção 17.1), o tempo de espera mais relevante ocorre logo antes de o serviço começar. Portanto, considere o *tempo de espera na fila* (assim, *excluindo* o tempo de atendimento) $\mathcal{W}_q$ para uma chegada aleatória quando a disciplina da fila for aquela em que os primeiros que chegam serão os primeiros a ser atendidos. Se essa chegada não encontrar nenhum cliente já no sistema, então a chegada será atendida imediatamente, de modo que:

$$P\{\mathcal{W}_q = 0\} = P_0 = 1 - \rho.$$

Se, ao contrário, essa chegada encontrar $n > 0$ dos clientes que já estão lá, então a chegada tem de esperar por n tempos de atendimento exponenciais até que seu atendimento comece, de forma que:

$$P\{\mathcal{W}_q > t\} = \sum_{n=1}^{\infty} P_n P\{S_n > t\}$$
$$= \sum_{n=1}^{\infty} (1-\rho)\rho^n P\{S_n > t\}$$
$$= \rho \sum_{n=0}^{\infty} P_n P\{S_{n+1} > t\}$$
$$= \rho P\{\mathcal{W} > t\}$$
$$= \rho e^{-\mu(1-\rho)t}, \qquad \text{para } t \geq 0.$$

Veja que W_q não tem exatamente uma distribuição exponencial, pois $P\{\mathcal{W}_q = 0\} > 0$. Entretanto, a distribuição *condicional* de $\mathcal{W}_q$, dado que $\mathcal{W}_q > 0$, tem distribuição exponencial com parâmetro $\mu(1 - \rho)$, assim como $\mathcal{W}$, pois:

$$P\{\mathcal{W}_q > t \mid \mathcal{W}_q > 0\} = \frac{P\{\mathcal{W}_q > t\}}{P\{\mathcal{W}_q > 0\}} = e^{-\mu(1-\rho)t}, \quad \text{para } t \geq 0.$$

Derivando a média da distribuição (incondicional) de $\mathcal{W}_q$ (ou aplicando $L_q = \lambda W_q$ ou então $W_q = W - 1/\mu$),

$$W_q = E(\mathcal{W}_q) = \frac{\lambda}{\mu(\mu - \lambda)}.$$

Caso queira ver outro exemplo que aplique o *modelo M/M/1* para determinar que tipo de equipamento de manipulação de materiais uma empresa deveria comprar, existe um na seção de Worked Examples do *site* da editora.

Resultados para o caso com vários atendentes (s > 1). Quando $s > 1$, os fatores C_n ficam assim:

$$C_n = \begin{cases} \dfrac{(\lambda/\mu)^n}{n!} & \text{para } n = 1, 2, \ldots, s \\ \dfrac{(\lambda/\mu)^s}{s!}\left(\dfrac{\lambda}{s\mu}\right)^{n-s} = \dfrac{(\lambda/\mu)^n}{s!\,s^{n-s}} & \text{para } n = s, s+1, \ldots \end{cases}$$

Consequentemente, se $\lambda < s\mu$ [de modo que $\rho = \lambda/(s\mu) < 1$], então:

$$P_0 = 1 \Big/ \left[1 + \sum_{n=1}^{s-1} \frac{(\lambda/\mu)^n}{n!} + \frac{(\lambda/\mu)^s}{s!} \sum_{n=s}^{\infty} \left(\frac{\lambda}{s\mu}\right)^{n-s}\right]$$

$$= 1 \Big/ \left[\sum_{n=0}^{s-1} \frac{(\lambda/\mu)^n}{n!} + \frac{(\lambda/\mu)^s}{s!} \frac{1}{1 - \lambda/(s\mu)}\right],$$

em que o termo $n = 0$ no último somatório resulta no valor correto igual a 1 em decorrência da convenção que $n! = 1$ quando $n = 0$. Esses fatores C_n também resultam em:

$$P_n = \begin{cases} \dfrac{(\lambda/\mu)^n}{n!} P_0 & \text{se } 0 \leq n \leq s \\ \dfrac{(\lambda/\mu)^n}{s!\,s^{n-s}} P_0 & \text{se } n \geq s. \end{cases}$$

Além disso,

$$L_q = \sum_{n=s}^{\infty} (n-s) P_n$$

$$= \sum_{j=0}^{\infty} j P_{s+j}$$

$$= \sum_{j=0}^{\infty} j \frac{(\lambda/\mu)^s}{s!} \rho^j P_0$$

$$= P_0 \frac{(\lambda/\mu)^s}{s!} \rho \sum_{j=0}^{\infty} \frac{d}{d\rho}(\rho^j)$$

$$= P_0 \frac{(\lambda/\mu)^s}{s!} \rho \frac{d}{d\rho}\left(\sum_{j=0}^{\infty} \rho^j\right)$$

$$= P_0 \frac{(\lambda/\mu)^s}{s!} \rho \frac{d}{d\rho}\left(\frac{1}{1-\rho}\right)$$

$$= \frac{P_0 (\lambda/\mu)^s \rho}{s!(1-\rho)^2};$$

$$W_q = \frac{L_q}{\lambda};$$

$$W = W_q + \frac{1}{\mu};$$

$$L = \lambda\left(W_q + \frac{1}{\mu}\right) = L_q + \frac{\lambda}{\mu}.$$

A Figura 17.6 mostra como L muda com ρ para vários valores de s.

O método com um único atendente para encontrar a distribuição probabilística dos tempos de espera também podem ser estendidos ao caso com vários atendentes. Isto resulta[6] (para $t \geq 0$) em:

$$P\{\mathcal{W} > t\} = e^{-\mu t}\left[1 + \frac{P_0(\lambda/\mu)^s}{s!(1-\rho)}\left(\frac{1 - e^{-\mu t(s-1-\lambda/\mu)}}{s - 1 - \lambda/\mu}\right)\right]$$

e

$$P\{\mathcal{W}_q > t\} = (1 - P\{\mathcal{W}_q = 0\})e^{-s\mu(1-\rho)t},$$

em que

$$P\{\mathcal{W}_q = 0\} = \sum_{n=0}^{s-1} P_n.$$

As fórmulas anteriores para as várias medidas de desempenho (inclusive P_n) relativamente impõem cálculos manuais. Entretanto, o arquivo em Excel para este capítulo no *Courseware* de PO inclui um gabarito em Excel que realiza todos esses cálculos simultaneamente para quaisquer valores de t, s, λ e μ que você queira, desde que $\lambda < s\mu$.

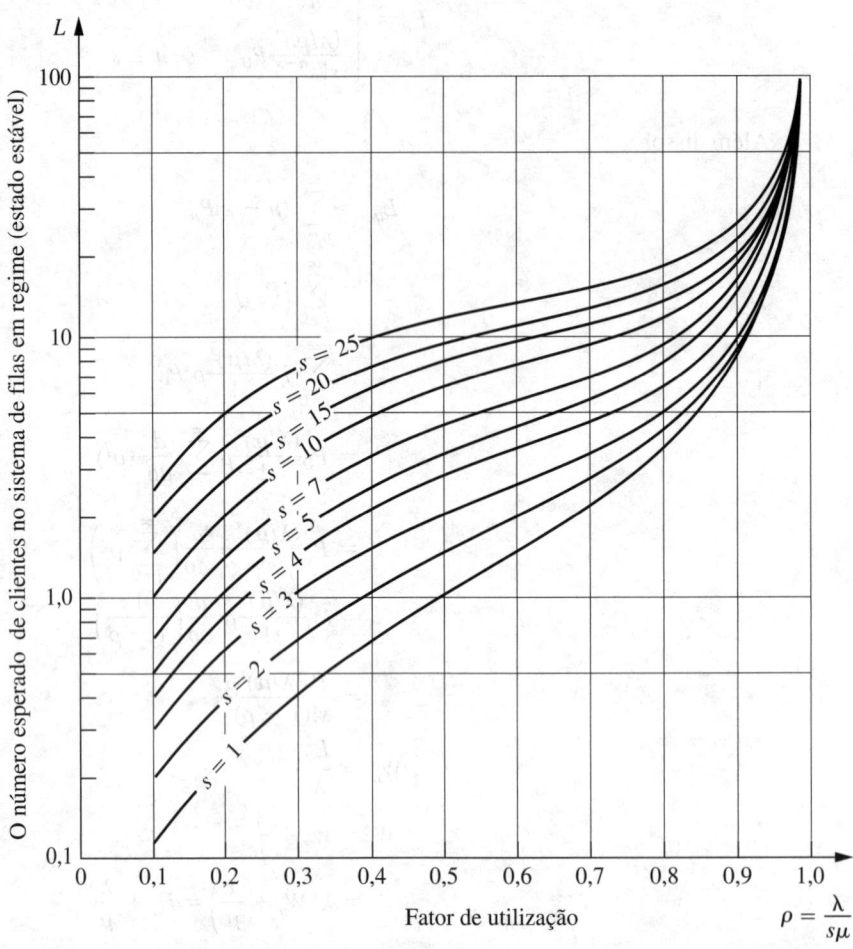

■ **FIGURA 17.6** Valores para L para o modelo $M/M/s$ (Seção 17.6).

---

[6] Quando $s - 1 - \lambda/\mu = 0$, $(1 - e^{-\mu t(s-1-\lambda/\mu)})/(s - 1 - \lambda/\mu)$ deveria ser substituído por μt.

Se $\lambda \geq s\mu$, de modo que a taxa média de chegada exceda a taxa média de términos de atendimento máxima, então a fila cresce sem limites, de maneira que as soluções de estado estável anteriores não se aplicam.

Exemplo do hospital municipal com o modelo M/M/s. Para o problema do pronto socorro do Hospital Municipal (ver a Seção 17.1), o administrador concluiu que os casos de emergência chegam, em sua maioria, de forma aleatória (um *processo de entrada de Poisson*), de modo que os tempos entre atendimentos apresentam distribuição exponencial. Ele também concluiu que o tempo gasto por um médico no tratamento dos casos segue, aproximadamente, uma *distribuição exponencial*. Assim, ele optou pelo modelo *M/M/s* para um estudo preliminar desse sistema de filas.

Ao projetar para o ano seguinte os dados disponíveis para o turno do início da noite, ele estima que os pacientes chegarão em uma taxa *média* de 1 a cada $\frac{1}{2}$ hora. Um médico precisa em média de 20 minutos para atender cada paciente. Portanto, tendo uma hora como unidade de tempo,

$$\frac{1}{\lambda} = \frac{1}{2} \text{ hora por cliente}$$

e

$$\frac{1}{\mu} = \frac{1}{3} \text{ hora por cliente,}$$

de modo que

$$\lambda = 2 \text{ clientes por hora}$$

e

$$\mu = 3 \text{ clientes por hora.}$$

■ **TABELA 17.2** Resultados de estado estável do modelo *M/M/s* para o problema do Hospital Municipal

	s = 1	s = 2
ρ	$\frac{2}{3}$	$\frac{1}{3}$
P_0	$\frac{1}{3}$	$\frac{1}{2}$
P_1	$\frac{2}{9}$	$\frac{1}{3}$
P_n para $n \geq 2$	$\frac{1}{3}\left(\frac{2}{3}\right)^n$	$\left(\frac{1}{3}\right)^n$
L_q	$\frac{4}{3}$	$\frac{1}{12}$
L	2	$\frac{3}{4}$
W_q	$\frac{2}{3}$ hora	$\frac{1}{24}$ hora
W	1 hora	$\frac{3}{8}$ hora
$P\{W_q > 0\}$	0,667	0,167
$P\left\{W_q > \frac{1}{2}\right\}$	0,404	0,022
$P\{W_q > 1\}$	0,245	0,003
$P\{W_q > t\}$	$\frac{2}{3}e^{-t}$	$\frac{1}{6}e^{-4t}$
$P\{W > t\}$	e^{-t}	$\frac{1}{2}e^{-3t}(3 - e^{-t})$

As duas alternativas consideradas são para continuar a ter apenas um médico durante esse turno ($s = 1$) ou, então, disponibilizar um segundo médico ($s = 2$). Em ambos os casos,

$$\rho = \frac{\lambda}{s\mu} < 1,$$

de forma que o sistema deveria aproximar-se de uma condição de estado estável. (Na verdade, como λ é ligeiramente distinto durante outros turnos, o sistema jamais atingirá realmente uma condição de estado estável, porém, o administrador considera que os resultados de estado estável fornecerão uma boa aproximação.) Portanto, as equações anteriores são usadas para obter os resultados mostrados na Tabela 17.2.

Com base nesses resultados, ele concluiu provisoriamente que um único médico seria inadequado para o próximo ano para fornecer os cuidados relativamente imediatos necessários para o pronto socorro de um hospital. Veremos adiante (Seção 17.8) como ele chegou a essa conclusão, aplicando outro modelo de filas que fornece uma representação melhor do real sistema de filas de maneira crucial.

Para mais um **exemplo da aplicação** do modelo *M/M/1* refira-se à seção de Worked Examples do *site* da editora, em que a questão nesse caso é se três empregados em uma lanchonete deveriam trabalhar juntos funcionando como um único atendente rápido ou, então, separadamente, como três atendentes consideravelmente lentos.

Variante de fila finita do modelo *M/M/s* (Denominado modelo *M/M/s/K*)

Mencionamos na discussão sobre filas na Seção 17.2 que os sistemas de filas algumas vezes têm uma *fila finita*; isto é, o número de clientes no sistema não pode ultrapassar algum número especificado (representado por *K*), de modo que a capacidade da fila é $K - s$. Qualquer cliente que chegue enquanto a fila estiver "cheia" não pode entrar no sistema e, portanto, sai para sempre. Do ponto de vista do processo de nascimento-e-morte, a taxa média de entrada no sistema se torna zero nesses momentos. Portanto, a única modificação necessária no *modelo M/M/s* para incluir uma fila finita é alterar os parâmetros λ_n para:

$$\lambda_n = \begin{cases} \lambda & \text{para } n = 0, 1, 2, \ldots, K-1 \\ 0 & \text{para } n \geq K. \end{cases}$$

Como $\lambda_n = 0$ para alguns valores de *n*, um sistema de filas que se ajusta a esse modelo sempre atingirá finalmente uma condição de estado estável, mesmo quando $\rho = \lambda/s\mu \leq 1$.

Esse modelo é chamado comumente *M/M/s/K*, em que a presença do quarto símbolo o distingue do modelo *M/M/s*. A única diferença na formulação desses dois modelos é que *K* é finito para o modelo *M/M/s/K* e $K = \infty$ para o modelo *M/M/s*.

A interpretação física usual para o modelo *M/M/s/K* é que existe apenas uma *sala de espera limitada* que acomodará um máximo de *K* clientes no sistema. Por exemplo, para o problema do pronto socorro do Hospital Municipal, esse sistema na verdade teria uma fila finita se houvesse apenas *K* leitos para os pacientes e se a política fosse a de enviar pacientes que chegam para outro hospital toda vez que não houvesse leitos vazios.

Outra interpretação possível é que os clientes que chegam sairão e "procurarão outro caminho" toda vez que eles encontrarem muitos clientes (*K*) na sua frente no sistema, pois eles não estão propensos a esperar muito nessa fila. Esse fenômeno de recusa é bastante comum em sistemas de atendimento comerciais. Entretanto, existem outros modelos disponíveis (por exemplo, ver o Problema 17.5-5), que se encaixam ainda melhor nessa interpretação.

O diagrama de taxas para esse modelo é idêntico àquele mostrado na Figura 17.5 para o *modelo M/M/s*, *exceto* que ele para com o estado *K*.

Resultados para o caso com um único atendente (M/M/1/K). Para esse caso,

$$C_n = \begin{cases} \left(\dfrac{\lambda}{\mu}\right)^n = \rho^n & \text{para } n = 0, 1, 2, \ldots, K \\ 0 & \text{para } n > K. \end{cases}$$

Portanto, para $\rho \neq 1$,[7]

$$P_0 = \frac{1}{\sum_{n=0}^{K} (\lambda/\mu)^n}$$

$$= 1 \Big/ \left[\frac{1 - (\lambda/\mu)^{K+1}}{1 - \lambda/\mu}\right]$$

$$= \frac{1 - \rho}{1 - \rho^{K+1}},$$

de modo que

$$P_n = \frac{1 - \rho}{1 - \rho^{K+1}} \rho^n, \qquad \text{para } n = 0, 1, 2, \ldots, K.$$

Portanto,

$$L = \sum_{n=0}^{K} n P_n$$

$$= \frac{1 - \rho}{1 - \rho^{K+1}} \rho \sum_{n=0}^{K} \frac{d}{d\rho}(\rho^n)$$

$$= \frac{1 - \rho}{1 - \rho^{K+1}} \rho \frac{d}{d\rho}\left(\sum_{n=0}^{K} \rho^n\right)$$

$$= \frac{1 - \rho}{1 - \rho^{K+1}} \rho \frac{d}{d\rho}\left(\frac{1 - \rho^{K+1}}{1 - \rho}\right)$$

$$= \rho \frac{-(K+1)\rho^K + K\rho^{K+1} + 1}{(1 - \rho^{K+1})(1 - \rho)}$$

$$= \frac{\rho}{1 - \rho} - \frac{(K+1)\rho^{K+1}}{1 - \rho^{K+1}}.$$

Como de praxe (quando $s = 1$),

$$L_q = L - (1 - P_0).$$

Observe que os resultados anteriores não precisam que $\lambda < \mu$ (isto é, que $\rho < 1$).

Quando $\rho < 1$, pode se verificar que o segundo termo na expressão final para L converge para 0 à medida que $K \to \infty$, de forma que *todos* os resultados anteriores de fato convirjam os resultados correspondentes fornecidos anteriormente para o modelo *M/M/1*.

As distribuições de tempo de espera podem ser derivadas usando-se o mesmo raciocínio daquele para o modelo *M/M/1* (ver o Problema 17.6-28). Entretanto, não são obtidas expressões simples nesse caso, de modo que é necessário o emprego de computador para efetuar os cálculos. Felizmente, embora $L \neq \lambda W$ e $L_q \neq \lambda W_q$ para o modelo atual, pois λ_n não são iguais para todo n (ver o final da Seção 17.2), os tempos de espera *previstos* para clientes que entram no sistema ainda podem ser obtidos diretamente das expressões fornecidas no final da Seção 17.5:

---

[7] Se $\rho = 1$, então $P_n = 1/(K + 1)$ para $n = 0, 1, 2, \ldots, K$, de modo que $L = K/2$.

$$W = \frac{L}{\bar{\lambda}}, \quad W_q = \frac{L_q}{\bar{\lambda}},$$

em que

$$\bar{\lambda} = \sum_{n=0}^{\infty} \lambda_n P_n$$

$$= \sum_{n=0}^{K-1} \lambda P_n$$

$$= \lambda(1 - P_K).$$

Resultados para o caso com vários atendentes (s > 1). Como esse modelo não permite mais que K clientes no sistema, K é o número máximo de atendentes que poderia ser usado. Portanto, suponha que $s \leq K$. Nesse caso, C_n torna-se:

$$C_n = \begin{cases} \dfrac{(\lambda/\mu)^n}{n!} & \text{para } n = 0, 1, 2, \ldots, s \\ \dfrac{(\lambda/\mu)^s}{s!} \left(\dfrac{\lambda}{s\mu}\right)^{n-s} = \dfrac{(\lambda/\mu)^n}{s!\, s^{n-s}} & \text{para } n = s, s+1, \ldots, K \\ 0 & \text{para } n > K. \end{cases}$$

Portanto,

$$P_n = \begin{cases} \dfrac{(\lambda/\mu)^n}{n!} P_0 & \text{para } n = 1, 2, \ldots, s \\ \dfrac{(\lambda/\mu)^n}{s!\, s^{n-s}} P_0 & \text{para } n = s, s+1, \ldots, K \\ 0 & \text{para } n > K, \end{cases}$$

em que

$$P_0 = 1 \Big/ \left[\sum_{n=0}^{s} \frac{(\lambda/\mu)^n}{n!} + \frac{(\lambda/\mu)^s}{s!} \sum_{n=s+1}^{K} \left(\frac{\lambda}{s\mu}\right)^{n-s} \right].$$

(Essas fórmulas continuam a utilizar a convenção de que $n! = 1$ quando $n = 0$.) Adaptando a derivação de L_q para o modelo $M/M/s$ a esse caso resulta em:

$$L_q = \frac{P_0 (\lambda/\mu)^s \rho}{s!(1-\rho)^2} [1 - \rho^{K-s} - (K-s)\rho^{K-s}(1-\rho)],$$

em que $\rho = \lambda/(s\mu)$.[8] Pode se provar que:

$$L = \sum_{n=0}^{s-1} n P_n + L_q + s\left(1 - \sum_{n=0}^{s-1} P_n\right).$$

W e W_q são obtidos com base nesses valores exatamente como mostrado para o caso com um único atendente.

O arquivo Excel para este capítulo inclui um gabarito em Excel para calcular as medidas de desempenho fornecidas anteriormente (inclusive P_n) para esse modelo.

Um caso especial interessante desse modelo é aquele no qual $K = s$, de maneira que a capacidade da fila seja $K - s = 0$. Nesse caso, clientes que chegam quando todos os atendentes estão ocupados sairão imediatamente e serão perdidos para o sistema. Isso ocorreria, por exemplo, em uma rede tele-

---

[8] Se $\rho = 1$, é necessário aplicar duas vezes a regra de L'Hôpital a essa expressão para L_q. Caso contrário, todos esses resultados com vários atendentes serão válidos para todo $\rho > 0$. A razão para que esse sistema de filas consiga atingir uma condição de estado estável mesmo quando $\rho \geq 1$ é que $\lambda_n = 0$ para $n \geq K$, de modo que o número de clientes no sistema não possa continuar a crescer indefinidamente.

fônica com *s* linhas-tronco, de modo que aqueles que telefonassem receberiam um sinal de ocupado e desligariam quando todas as linhas-tronco estivessem ocupadas. Esse tipo de sistema (um "sistema de filas" sem nenhuma fila) é chamado *sistema de perda de Erlang*, pois ele foi estudado pela primeira vez no início do século XX por A. K. Erlang, um engenheiro de telecomunicações dinamarquês, considerado o criador da teoria das filas.

Hoje é comum para o sistema telefônico em um *call center* fornecer algumas linhas-tronco extras que colocam a pessoa que fez a chamada em espera, porém, outras pessoas que ligarem depois disso poderão encontrar as linhas ocupadas (sinal de ocupado). Um sistema assim também se ajusta a esse modelo, no qual $(K - s)$ é o número de linhas-tronco extras que colocam a pessoa que fez a chamada na espera. Um dos exemplos na seção de Worked Examples do *site* da editora ilustra a aplicação desse modelo para um sistema assim.

Variante da população solicitante finita do modelo M/M/s

Suponha agora que o único desvio do modelo *M/M/s* é que (conforme definido na Seção 17.2) a fonte de entradas seja *limitada*; isto é, o tamanho da população solicitante é *finito*. Para esse caso, façamos que N represente o tamanho da população solicitante. Assim, quando o número de clientes no sistema de filas for n ($n = 0, 1, 2,..., N$), existirão apenas $N - n$ possíveis clientes restantes na fonte de entradas.

A aplicação mais importante desse modelo foi a do problema do conserto de máquinas, no qual um ou mais técnicos de manutenção recebem o encargo de manter em operação certo grupo de N máquinas e reparar cada uma que quebrar. (O exemplo do final da Seção 16.8 ilustra essa aplicação quando os procedimentos gerais para solucionar qualquer *cadeia de Markov de tempo contínuo* são usados em vez das fórmulas específicas disponíveis para o processo de nascimento-e-morte.) A equipe de manutenção é considerada como atendentes individuais no sistema de filas se eles trabalharem individualmente em diferentes tipos de máquina, ao passo que toda a equipe é considerada um único atendente se os integrantes da equipe trabalharem juntos em cada máquina. As máquinas constituem a população solicitante. Cada uma delas é considerada um cliente no sistema de filas quando se encontrar quebrada aguardando ser reparada, ao passo que ela se encontra fora do sistema de filas enquanto estiver operacional.

Note que cada integrante da população solicitante alterna entre estar *dentro* e *fora* do sistema de filas. Portanto, o análogo do *modelo M/M/s* que se enquadra nessa situação supõe que o *tempo fora* de *cada* integrante (isto é, o tempo decorrido entre deixar o sistema até retornar da próxima vez) tem distribuição exponencial com parâmetro λ. Quando n dos integrantes estiverem *dentro* e, portanto, $N - n$ integrantes estiverem *fora*, a distribuição probabilística atual do tempo *restante* até a próxima chegada ao sistema de filas é a distribuição do *mínimo* dos *tempos fora restantes* para os últimos $N - n$ integrantes. As Propriedades 2 e 3 para a distribuição exponencial implicam que essa distribuição tem de ser exponencial com parâmetro $\lambda_n = (N - n)\lambda$. Assim, esse modelo é simplesmente o caso especial do processo de nascimento-e-morte que tem o diagrama de taxas mostrado na Figura 17.7.

Como $\lambda_n = 0$ para $n = N$, qualquer sistema de filas que se ajuste a esse modelo acabará finalmente atingindo uma condição de estado estável. Os resultados de estado estável disponíveis são resumidos a seguir:

Resultados para o caso com um único atendente (s = 1). Quando $s = 1$, os C_n fatores na Seção 17.5 reduzem-se a:

$$C_n = \begin{cases} N(N-1) \cdots (N-n+1)\left(\frac{\lambda}{\mu}\right)^n = \frac{N!}{(N-n)!}\left(\frac{\lambda}{\mu}\right)^n & \text{para } n \leq N \\ 0 & \text{para } n > N, \end{cases}$$

para esse modelo. Portanto, usando novamente a convenção de que $n! = 1$ quando $n = 0$,

$$P_0 = 1 \bigg/ \sum_{n=0}^{N} \left[\frac{N!}{(N-n)!}\left(\frac{\lambda}{\mu}\right)^n\right];$$

$$P_n = \frac{N!}{(N-n)!}\left(\frac{\lambda}{\mu}\right)^n P_0, \quad \text{se } n = 1, 2, \ldots, N;$$

$$L_q = \sum_{n=1}^{N} (n-1)P_n,$$

(a) Caso com um único ($s = 1$) $\quad \lambda_n = \begin{cases} (N-n)\lambda, & \text{para } n = 0, 1, 2, \ldots, N \\ 0, & \text{para } n \geq N \end{cases}$
atendente
$\mu_n = \mu, \quad \text{para } n = 1, 2, \ldots$

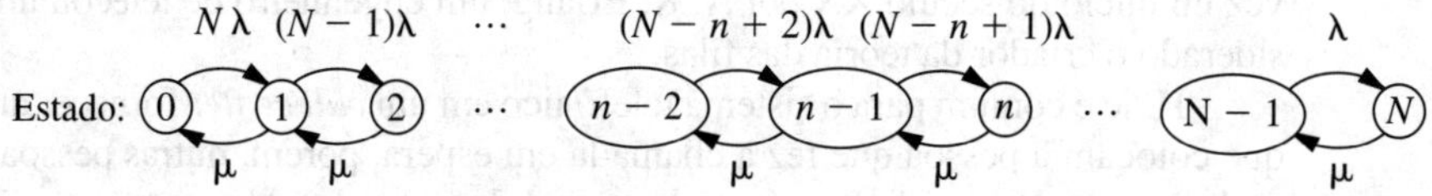

Estado: $0 \xrightarrow{N\lambda} 1 \xrightarrow{(N-1)\lambda} 2 \cdots n-2 \xrightarrow{(N-n+2)\lambda} n-1 \xrightarrow{(N-n+1)\lambda} n \cdots N-1 \xrightarrow{\lambda} N$
(com taxas μ de retorno)

(b) Caso com vários ($s > 1$) $\quad \lambda_n = \begin{cases} (N-n)\lambda, & \text{para } n = 0, 1, 2, \ldots, N \\ 0, & \text{para } n \geq N \end{cases}$
atendentes
$\mu_n = \begin{cases} n\mu, & \text{para } n = 1, 2, \ldots, s \\ s\mu, & \text{para } n = s, s+1, \ldots \end{cases}$

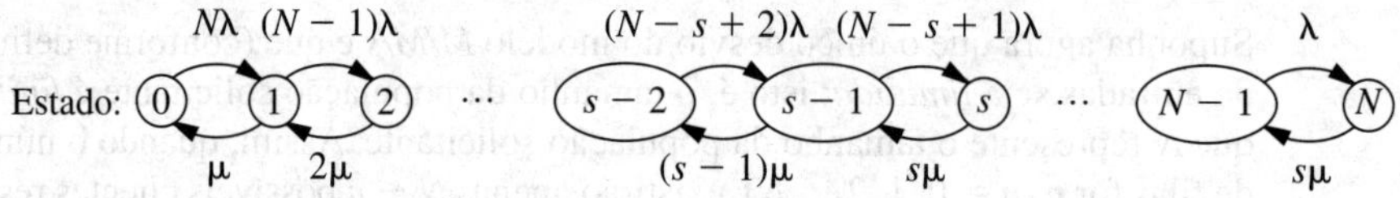

Estado: $0 \xrightarrow{N\lambda} 1 \xrightarrow{(N-1)\lambda} 2 \cdots s-2 \xrightarrow{(N-s+2)\lambda} s-1 \xrightarrow{(N-s+1)\lambda} s \cdots N-1 \xrightarrow{\lambda} N$
(com taxas $\mu, 2\mu, \ldots, (s-1)\mu, s\mu, s\mu$)

■ **FIGURA 17.7** Diagramas de taxas para uma variação de população solicitante finita do modelo *M/M/s*.

que pode ser reduzida a

$$L_q = N - \frac{\lambda + \mu}{\lambda}(1 - P_0);$$

$$L = \sum_{n=0}^{N} nP_n = L_q + 1 - P_0$$

$$= N - \frac{\mu}{\lambda}(1 - P_0).$$

Finalmente,

$$W = \frac{L}{\overline{\lambda}} \quad \text{e} \quad W_q = \frac{L_q}{\overline{\lambda}},$$

em que

$$\overline{\lambda} = \sum_{n=0}^{\infty} \lambda_n P_n = \sum_{n=0}^{N} (N-n)\lambda P_n = \lambda(N-L).$$

Neste ponto, você poderia considerar útil retornar ao exemplo no final da Seção 16.8, pois aquele exemplo se encaixa perfeitamente nesse modelo do caso com um único atendente. Particularmente, $N = 2$, $\lambda = 1$ e $\mu = 2$ para aquele exemplo, de modo que $P_0 = 0,4$, $P_1 = 0,4$, $P_2 = 0,2$ e assim por diante.

Resultados para o caso com vários atendentes (s > 1). Para $N \geq s > 1$,

$$C_n = \begin{cases} \dfrac{N!}{(N-n)!n!}\left(\dfrac{\lambda}{\mu}\right)^n & \text{para } n = 0, 1, 2, \ldots, s \\ \dfrac{N!}{(N-n)!s!s^{n-s}}\left(\dfrac{\lambda}{\mu}\right)^n & \text{para } n = s, s+1, \ldots, N \\ 0 & \text{para } n > N. \end{cases}$$

Assim,

$$P_n = \begin{cases} \dfrac{N!}{(N-n)!n!}\left(\dfrac{\lambda}{\mu}\right)^n P_0 & \text{se } 0 \leq n \leq s \\ \dfrac{N!}{(N-n)!s!s^{n-s}}\left(\dfrac{\lambda}{\mu}\right)^n P_0 & \text{se } s \leq n \leq N \\ 0 & \text{se } n > N, \end{cases}$$

em que

$$P_0 = 1 \Big/ \left[\sum_{n=0}^{s-1} \frac{N!}{(N-n)!n!}\left(\frac{\lambda}{\mu}\right)^n + \sum_{n=s}^{N} \frac{N!}{(N-n)!s!s^{n-s}}\left(\frac{\lambda}{\mu}\right)^n\right].$$

Finalmente,

$$L_q = \sum_{n=s}^{N}(n-s)P_n$$

e

$$L = \sum_{n=0}^{s-1} nP_n + L_q + s\left(1 - \sum_{n=0}^{s-1} P_n\right),$$

que então resulta em W e W_q pelas mesmas equações como no caso com um único atendente.

Entre os arquivos Excel para este capítulo temos um gabarito em Excel para realizar todos os cálculos anteriores.

Estão disponíveis também tabelas extensas de resultados computacionais[9] para esse modelo tanto para o caso com um único atendente como para aquele com vários atendentes.

Para ambos os casos, foi demonstrado[10] que as fórmulas anteriores para P_n e P_0 (e, portanto, para L_q, L, W e W_q) *também* são válidas para a generalização desse modelo. Particularmente, podemos *eliminar* a hipótese de que os tempos gastos *fora* do sistema de filas pelos integrantes da população solicitante possuam uma distribuição exponencial, embora isso tire o modelo fora do escopo do processo de nascimento-e-morte. Desde que esses tempos sejam distribuídos identicamente com média $1/\lambda$ (e a hipótese dos tempos de atendimento exponenciais ainda é válida), esses tempos fora podem ter *qualquer* distribuição probabilística!

17.7 MODELOS DE FILAS QUE ENVOLVEM DISTRIBUIÇÕES NÃO EXPONENCIAIS

Como todos os modelos de teoria das filas da seção anterior (exceto para uma generalização) se baseiam no processo de nascimento-e-morte, tanto os tempos entre chegadas quanto os tempos de atendimento precisam ter distribuições exponenciais. Conforme discutido na Seção 17.4, esse tipo de distribuição probabilística possui muitas propriedades convenientes para a teoria das filas, mas ele fornece adequação razoável para apenas certos tipos de sistemas de filas. Em particular, a hipótese dos tempos entre atendimentos exponenciais implica que as chegadas ocorrem aleatoriamente (um processo de entrada de Poisson), que é uma aproximação razoável em muitas situações, mas *não* para o caso em que as chegadas são cuidadosamente programadas ou reguladas. Além disso, a distribuição de tempo de atendimento real frequentemente se desvia muito da forma exponencial, particularmente quando as exigências de atendimento dos clientes são bastante similares. Portanto, é importante ter disponível outros modelos de filas que usem distribuições alternativas.

Infelizmente, a análise matemática dos modelos de fila como distribuições não exponenciais é muito mais difícil. Entretanto, foi possível se obterem alguns resultados úteis para alguns desses modelos. Essa análise está fora do escopo deste livro, porém, nesta seção, faremos um resumo dos modelos e descreveremos seus resultados.

---

[9] L. G. Peck and R. N. Hazelwood, *Finite Queueing Tables*, Wiley, New York, 1958.

[10] B. D. Bunday and R. E. Scraton, "The G/M/r Machine Interference Model", *European Journal of Operational Research*, **4:** 399-402, 1980.

Modelo M/G/1

Conforme apresentado na Seção 17.2, o modelo *M/G/1* parte do pressuposto que o sistema de filas tem um *único atendente* e um *processo de entrada de Poisson* (tempos entre atendimentos exponenciais) com uma taxa média de chegada *fixa*, λ. Como de praxe, supõe-se que os clientes tenham tempos de atendimento *independentes* com a *mesma* distribuição probabilística. Entretanto, não é imposta nenhuma restrição de como deve ser essa distribuição de tempos de atendimento. Na realidade, é necessário apenas conhecer (ou estimar) a média $1/\mu$ e a variância σ^2 dessa distribuição.

Qualquer sistema de filas desses pode finalmente atingir uma condição de estado estável se $\rho = \lambda/\mu < 1$. Os resultados de estado estável[11] prontamente disponíveis para esse modelo geral são os seguintes:

$$P_0 = 1 - \rho,$$
$$L_q = \frac{\lambda^2 \sigma^2 + \rho^2}{2(1 - \rho)},$$
$$L = \rho + L_q,$$
$$W_q = \frac{L_q}{\lambda},$$
$$W = W_q + \frac{1}{\mu}.$$

Considerando a complexidade envolvida na análise de um modelo que permita *qualquer* distribuição de tempo de atendimento, é incrível que uma fórmula tão simples possa ser obtida para L_q. Essa fórmula é um dos resultados mais importantes na teoria das filas em razão de sua facilidade de uso e o predomínio de sistemas de filas *M/G/1* na prática. Essa equação para L_q (ou seu equivalente para W_q) é comumente chamada **fórmula de Pollaczek-Khintchine**, em homenagem aos dois pioneiros no desenvolvimento da teoria das filas que derivou a fórmula de modo independente no início dos anos 1930.

Para qualquer tempo de atendimento esperado fixo, $1/\mu$, observe que L_q, L, W_q e W aumentam à medida que σ^2 aumenta. Esse resultado é importante, pois ele indica que a regularidade do atendente tem importante relação com o desempenho da instalação de atendimento – não apenas a velocidade média do atendente. Esse ponto-chave é ilustrado na próxima subseção.

Quando a distribuição de tempos de atendimento for exponencial, $\sigma^2 = 1/\mu^2$, os resultados anteriores reduzirão os resultados correspondentes para o *modelo M/M/1* fornecido no início da Seção 17.6.

A flexibilidade total na distribuição de tempos de atendimento fornecida por esse modelo é extremamente útil, de modo que é uma pena que esforços para derivar resultados similares para o caso com vários atendentes tenham sido infrutíferos. Entretanto, alguns resultados com vários atendentes foram obtidos para os importantes casos especiais descritos pelos dois modelos a seguir. (Existem gabaritos em Excel no arquivo Excel para este capítulo para realizar os cálculos tanto para o modelo *M/G/1* como para os dois modelos considerados a seguir quando $s = 1$.)

Modelo M/D/s

Quando o atendimento consiste essencialmente na mesma tarefa rotineira a ser realizada para todos os clientes, há a tendência de haver pouca variação no tempo de atendimento necessário. O modelo *M/D/s* normalmente fornece uma representação razoável para esse tipo de situação, pois ele supõe que todos os tempos de atendimento se igualam a alguma *constante* fixa (a distribuição *degenerada* de tempo de atendimento) e que temos um *processo de entrada de Poisson* com uma taxa média de chegada fixa λ.

---

[11] Existe também uma fórmula de recursão para calcular a distribuição probabilística do número de clientes no sistema; ver A. Hordijk and H. C. Tijms, "A Simple Proof of the Equivalence of the Limiting Distribution of the Continuous-Time and the Embedded Process of the Queue Size in the *M/G/*1 Queue", *Statistica Neerlandica*, **36:** 97-100, 1976.

Quando há apenas um atendente, o modelo M/D/1 é simplesmente o caso especial do modelo *M/G/1* em que $\sigma^2 = 0$, de modo que a *fórmula de Pollaczek-Khintchine* se reduz a:

$$L_q = \frac{\rho^2}{2(1-\rho)},$$

em que L, W_q e W são obtidos de L_q conforme ilustrado a seguir. Observe que estes L_q e W_q são exatamente *metade* do tamanho daqueles para o caso de tempo de atendimento exponencial da Seção 17.6 (o modelo *M/M/1*), na qual $\sigma^2 = 1/\mu^2$, de modo que diminuir σ^2 pode melhorar *muito* a medida de desempenho de um sistema de filas.

Para a versão com vários atendentes desse modelo (*M/D/s*), existe um método complicado[12] para derivar a distribuição probabilística de estado estável do número de clientes no sistema e sua média [supondo que $\rho = \lambda/(s\mu)$, 1]. Esses resultados foram tabulados para inúmeros casos[13], e as médias (L) também são fornecidas graficamente na Figura 17.8.

Modelo $M/E_k/s$

O modelo M/D/s supõe uma variação *zero* nos tempos de atendimento ($\sigma = 0$), ao passo que a distribuição exponencial de tempos de atendimento supõe uma variação muito grande ($\sigma = 1/\mu$). Entre esses dois casos bastante extremos temos um intermédio extenso ($0, \sigma < 1/\mu$), no qual a maioria das distribuições de tempo de atendimento *reais* caem. Outro tipo de distribuição de tempos de atendimento teórica que cai nesse meio-termo é a **distribuição de Erlang** (em homenagem ao fundador da teoria das filas).

A função de densidade probabilística para a distribuição de Erlang é:

$$f(t) = \frac{(\mu k)^k}{(k-1)!} t^{k-1} e^{-k\mu t}, \quad \text{para } t \geq 0$$

em que μ e k são parâmetros da distribuição estritamente positivos e, além disso, k também restringe-se a ser inteiro. (Exceto por essa restrição inteira e a definição dos parâmetros, essa distribuição é *idêntica* à *distribuição gama*.) Sua média e desvio padrão são:

$$\text{Média} = \frac{1}{\mu}$$

e

$$\text{Desvio padrão} = \frac{1}{\sqrt{k}} \frac{1}{\mu}.$$

Portanto, k é o parâmetro que especifica o grau de variabilidade dos tempos de atendimento relativos à média. Normalmente, ele é conhecido como *parâmetro de forma*.

A distribuição de Erlang é uma distribuição muito importante na teoria das filas por duas razões. Para descrever a primeira, suponha que $T_1, T_2,..., T_k$ sejam k variáveis aleatórias independentes com distribuição exponencial idêntica cuja média é $1/(k\mu)$. Sua soma é então:

$$T = T_1 + T_2 + \cdots + T_k$$

e possui uma *distribuição de Erlang* com parâmetros μ e k. A discussão da distribuição exponencial na Seção 17.4 sugeria que o tempo necessário para realizar certos tipos de tarefa poderiam muito bem ter distribuição exponencial. Entretanto, o atendimento total necessário para um cliente poderia envolver o desempenho do atendente ao realizar não somente uma tarefa específica, mas sim uma sequência de k tarefas. Se as respectivas tarefas tiverem uma distribuição exponencial idêntica e independente para suas durações, o tempo de atendimento total terá uma distribuição de Erlang. Este seria o caso, por exemplo, se o atendente tivesse de realizar a *mesma* tarefa exponencial k vezes independentes para cada cliente.

A distribuição de Erlang também é muito útil, pois ela é uma grande (dois parâmetros) família de distribuições que permite somente valores não negativos. Assim, distribuições de tempo de atendimento empíricas podem normalmente ser razoavelmente aproximadas por uma distribuição de Erlang.

---

[12] Ver N. U. Prabhu: *Queues and Inventories*, Wiley, New York, 1965, pp. 32-34; ver também pp. 286-288 na Referência Selecionada 5.

[13] F. S. Hillier and O. S. Yu, with D. Avis, L. Fossett, F. Lo, and M. Reiman, *Queueing Tables and Graphs*, Elsevier North-Holland, New York, 1981.

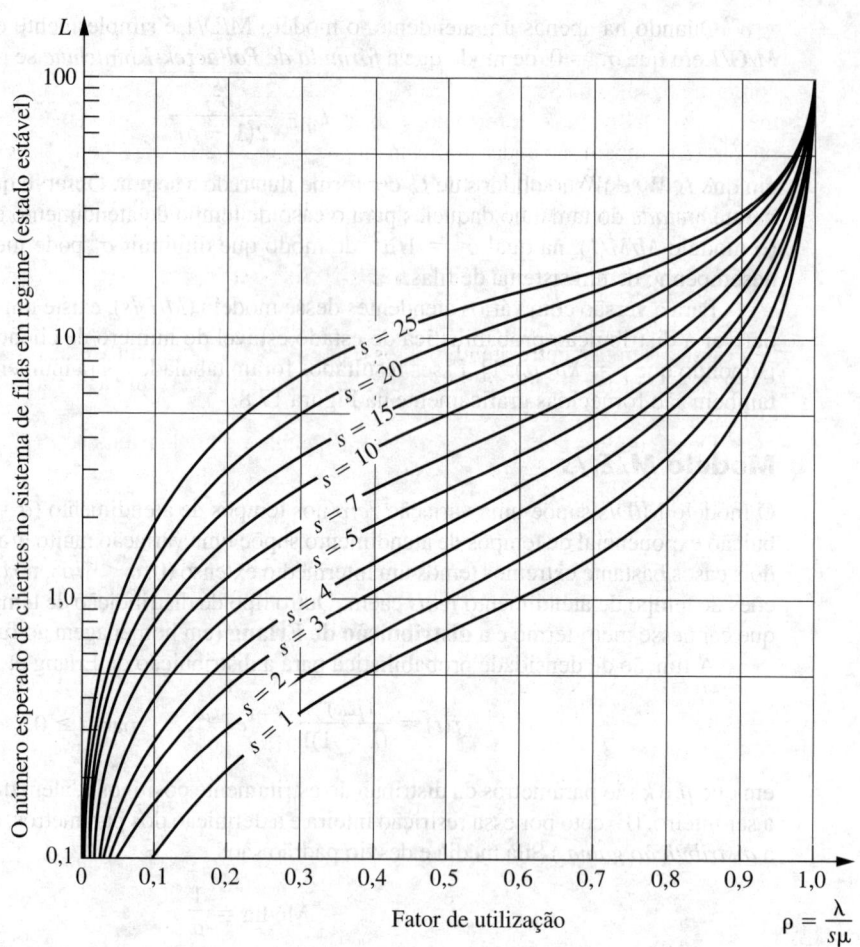

■ **FIGURA 17.8** Valores de L para o modelo $M/D/s$ (Seção 17.7).

De fato, tanto as distribuições *exponenciais* quanto as *degeneradas* (constantes) são casos especiais da distribuição de Erlang, com $k = 1$ e $k = \infty$, respectivamente. Valores intermediários de k fornecem distribuições intermediárias com média $= 1/\mu$, moda $= (k-1)/(k\mu)$ e variância $= 1/(k\mu^2)$, conforme sugerido pela Figura 17.9. Portanto, após estimar a média e a variância de uma distribuição empírica de tempos de atendimento, essas fórmulas para a média e variância podem ser usadas para escolher o valor inteiro de k que se aproxima das estimativas.

Considere agora o modelo $M/E_k/1$, que é simplesmente o caso especial do modelo $M/G/1$, no qual tempos de atendimento possuem uma distribuição de Erlang com parâmetro de forma $= k$. Aplicando-se a fórmula de Pollaczek-Khintchine com $\sigma^2 = 1/(k\mu^2)$ (e os resultados dados para $M/G/1$) resulta em:

$$L_q = \frac{\lambda^2/(k\mu^2) + \rho^2}{2(1-\rho)} = \frac{1+k}{2k} \frac{\lambda^2}{\mu(\mu-\lambda)},$$

$$W_q = \frac{1+k}{2k} \frac{\lambda}{\mu(\mu-\lambda)},$$

$$W = W_q + \frac{1}{\mu},$$

$$L = \lambda W.$$

Com vários atendentes ($M/E_k/s$), a relação da distribuição de Erlang para a distribuição exponencial que acabamos de descrever pode ser explorada para formular um processo de nascimento-e-morte *modificado* (cadeia de Markov de tempo contínuo) em termos de fases de atendimento exponenciais individuais

(k por cliente) em vez de clientes completos. Entretanto, não foi possível derivar uma solução de estado estável genérica [quando $\rho = \lambda/(s\mu)$, 1] para a distribuição probabilística do número de clientes no sistema conforme fizemos na Seção 17.5. Em vez disso, são necessárias teorias avançadas para resolver numericamente casos individuais. Repetindo, esses resultados foram obtidos e tabulados para inúmeros casos[14]. As médias (L) também são dadas graficamente na Figura 17.10 para alguns casos em que $s = 2$.

A seção de Worked Examples do *site* da editora inclui um exemplo que aplica o modelo $M/E_k/s$ tanto para $s = 1$ quanto para $s = 2$, para escolher a alternativa de menor custo.

Modelos sem uma entrada de Poisson

Todos os modelos de filas apresentados até então partiram do pressuposto de um processo de entrada de Poisson (tempos entre atendimentos exponenciais). Entretanto, essa hipótese é violada caso as chegadas sejam programadas ou reguladas de alguma maneira que as impeça de ocorrer aleatoriamente, em cujo caso é necessário outro modelo.

Desde que os tempos de atendimento tenham uma distribuição exponencial com um parâmetro fixo, existem três desses modelos disponíveis. Esses modelos são obtidos meramente *invertendo-se* as supostas distribuições dos *tempos de atendimento* e *entre chegadas* nos três modelos precedentes. Portanto, o primeiro modelo novo ($GI/M/s$) não impõe restrições sobre qual deve ser a distribuição de *tempos entre atendimentos*. Nesse caso, existem alguns resultados de estado estável disponíveis[15] (particularmente em relação às distribuições de tempos de espera), tanto para a versão do modelo com um único atendente quanto para aquela com vários atendentes, porém, esses resultados não são nem de perto tão convenientes quanto as expressões simples dadas para o modelo $M/G/1$. O segundo modelo novo ($D/M/s$) supõe que todos os tempos entre atendimentos sejam iguais a alguma *constante* fixa, que representaria um sistema de filas em que as chegadas são *programadas* em intervalos regulares. O terceiro modelo novo ($E_k/M/s$) supõe uma distribuição de *Erlang* de tempos entre atendimentos, que fornece um meio-termo entre chegadas *regularmente programadas* (constantes) e *completamente aleatórias* (exponenciais). Foram tabulados[16] resultados computacionais extensos para esses dois últimos modelos, incluindo os valores de L dados graficamente nas Figuras 17.11 e 17.12.

Se nem os tempos entre chegadas nem os tempos de atendimento para um sistema de filas tiver uma distribuição exponencial, então existem outros três modelos de filas para os quais também estão disponíveis resultados computacionais[17]. Um desses modelos ($E_m/E_k/s$) supõe uma distribuição de Erlang para esses dois tipos de tempo. Os outros dois modelos ($E_k/D/s$ e $D/E_k/s$) supõem que um desses tempos tenha uma distribuição de Erlang e o outro tempo seja igual a alguma constante fixa.

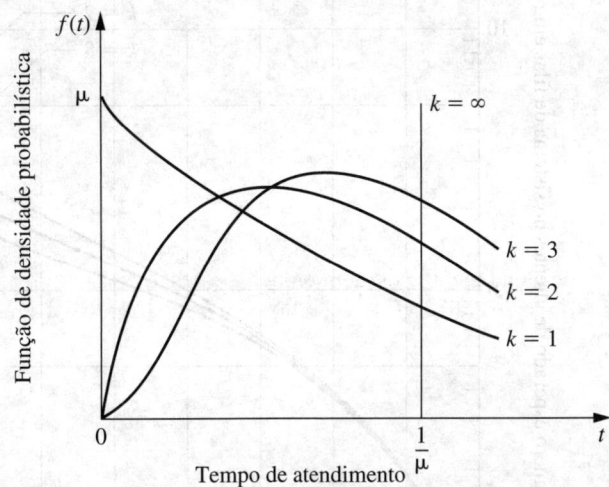

■ **FIGURA 17.9** Uma família de distribuições de Erlang com média constante $1/\mu$.

---

[14] Ibid.
[15] Ver, por exemplo, as pp. 248-260 da Referência Selecionada 5.
[16] Hillier; Yu, op. cit.
[17] Ibid.

Outros modelos

Embora você tenha visto nesta seção um grande número de modelos de filas que envolvem distribuições não exponenciais, estamos longe de ter esgotado a lista. Por exemplo, outra distribuição que é usada ocasionalmente, tanto para tempos entre atendimentos quanto para tempos entre chegadas, é a **distribuição hiperexponencial**. A característica-chave dessa distribuição é que, embora sejam permitidos apenas valores não negativos, seu desvio padrão σ, na verdade, é maior que sua média $1/\mu$. Essa característica contrasta com a distribuição de Erlang, em que $\sigma < 1/\mu$ em todos os casos, exceto para $k = 1$ (distribuição exponencial), que possui $\sigma = 1/\mu$. Para ilustrar uma situação típica na qual $\sigma > 1/\mu$ podem ocorrer, suponhamos que o atendimento envolvido no sistema de filas seja o reparo de algum tipo de máquina ou veículo. Se por acaso muitos reparos se tornarem uma rotina (tempos de atendimento pequenos), porém reparos ocasionais exigirem uma revisão geral (tempos de atendimento muito grandes), então o desvio padrão dos tempos de atendimento tenderá a ser bastante grande em relação à média, em cujo caso a distribuição hiperexponencial pode ser usada para representar a distribuição de tempos de atendimento. Especificamente, essa distribuição suporia que existem probabilidades fixas, p e $(1 - p)$, cujo tipo de reparo ocorrerá, que o tempo necessário para cada tipo tem uma distribuição exponencial, mas que os parâmetros para essas duas distribuições exponenciais são diferentes. (Em geral, a distribuição hiperexponencial é tal qual um composto de duas ou mais distribuições exponenciais.)

Outra família de distribuições que se torna conhecida é a das **distribuições de tipo-fase** (algumas das quais também são chamadas *distribuições erlangianas generalizadas*). Essas distribuições são obtidas subdividindo-se o tempo total em um número de fases, cada uma com distribuição exponencial, na qual os parâmetros dessas distribuições exponenciais podem ser diferentes e as fases poderiam ser

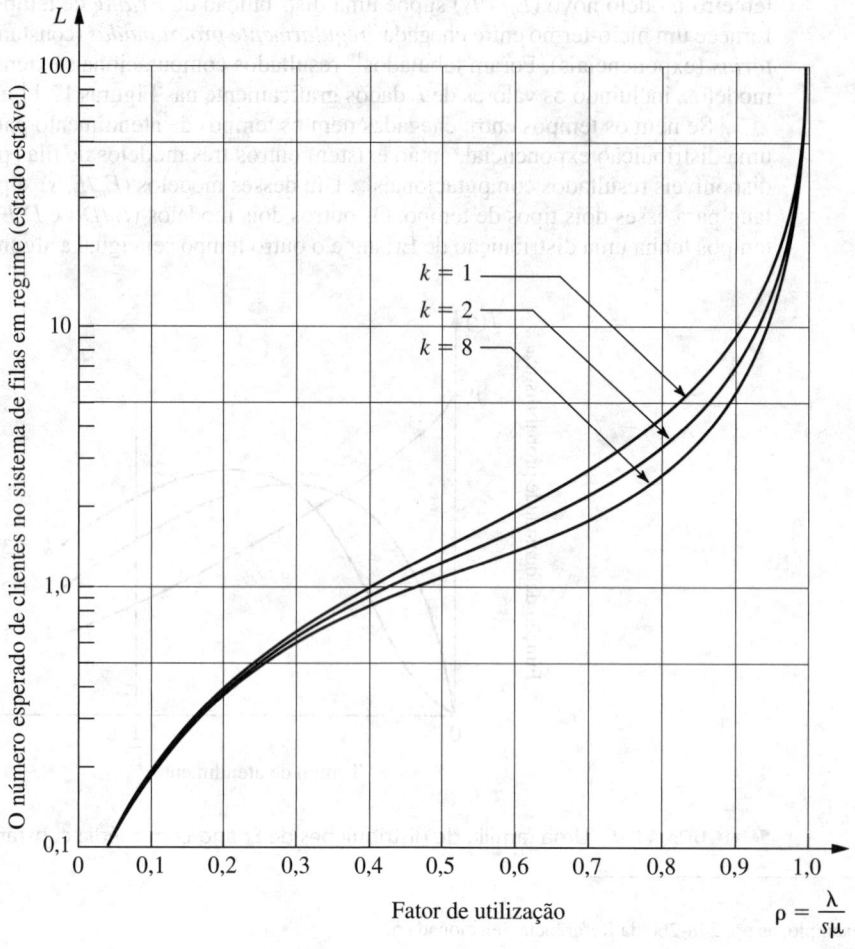

■ **FIGURA 17.10** Valores de L para o modelo $M/E_k/2$ (Seção 17.7).

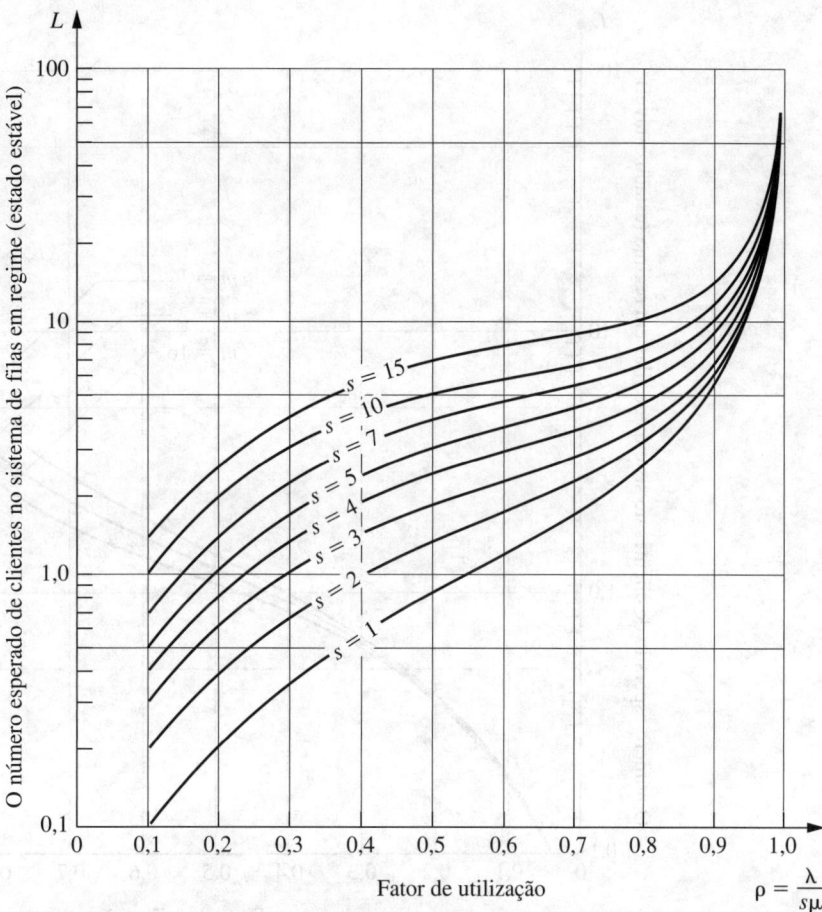

■ **FIGURA 17.11** Valores de L para o modelo $D/M/s$ (Seção 17.7).

em série ou em paralelo (ou então ambas). Um grupo de fases *em paralelo* significa que o processo seleciona aleatoriamente *uma* das fases para percorrer de cada vez, de acordo com probabilidades especificadas. Essa abordagem é, na realidade, como a distribuição hiperexponencial é derivada, de modo que essa distribuição seja um caso especial das distribuições tipo-fase. Outro caso especial é a distribuição de Erlang, que tem as restrições de que todas suas k fases estão em série e que essas fases têm o *mesmo* parâmetro para suas distribuições exponenciais. Eliminar essas restrições significa que as distribuições fase-tipo, em geral, podem fornecer consideravelmente mais flexibilidade que a distribuição de Erlang em adequar a verdadeira distribuição de tempos entre atendimentos ou de tempos de atendimento observadas em um sistema de filas real. Essa flexibilidade é especialmente valiosa quando utilizar a distribuição real diretamente no modelo não for analiticamente tratável e a razão entre *média* e *desvio padrão* para a distribuição real não se aproxima muito das razões disponíveis ($\sqrt{k}$ para $k = 1, 2,...$) para a distribuição de Erlang.

Já que elas são construídas com base em combinações de distribuições exponenciais, os modelos de filas que usam distribuições tipo-fase ainda podem ser representados por uma *cadeia de Markov de tempo contínuo*. Essa cadeia de Markov geralmente terá um número de estados infinito, de modo que encontrar a distribuição de estado estável do estado do sistema requer resolver um sistema de equações lineares infinito com uma estrutura relativamente complexa. Resolver um sistema assim está longe de ser algo rotineiro, mas avanços teóricos permitiram solucionar esses modelos de filas numericamente em alguns casos. Uma extensa tabulação desses resultados para modelos com várias distribuições tipo-fase (inclusive a distribuição hiperexponencial) encontra-se disponível[18].

---

[18] L. P. Seelen, H. C. Tijms, and M. H. Van Hoorn, *Tables for Multi-Server Queues*, North-Holland, Amsterdam, 1985.

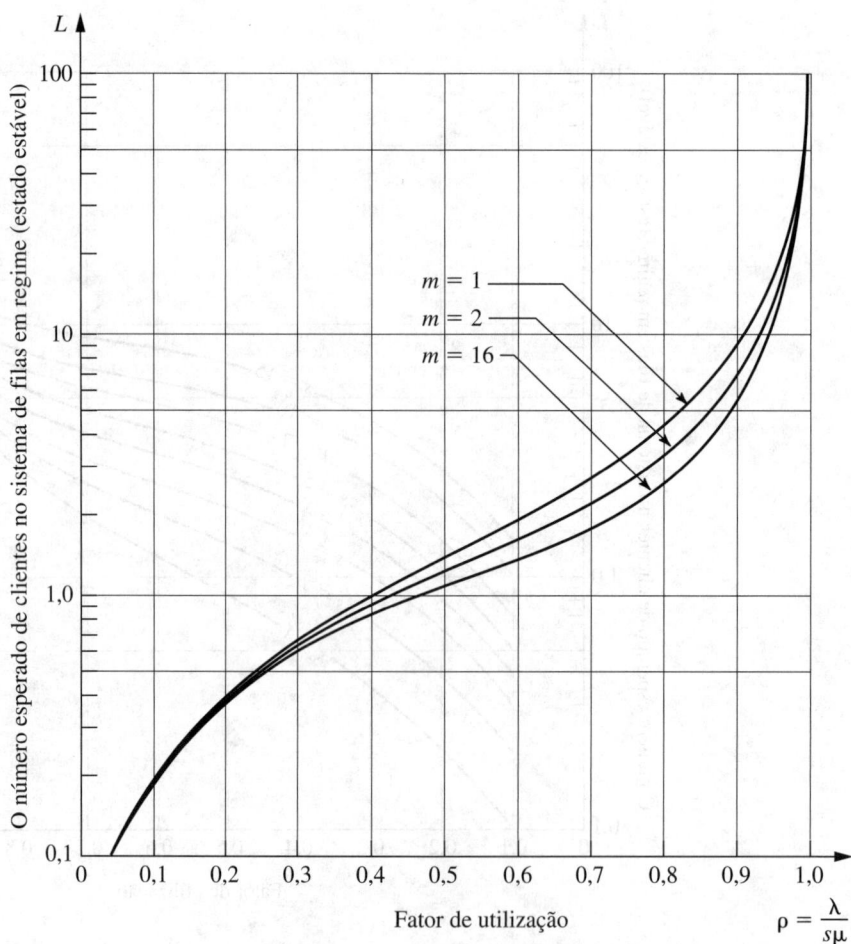

■ **FIGURA 17.12** Valores de L para o modelo $E_k/M/2$ (Seção 17.7).

17.8 MODELOS DE FILAS DE DISCIPLINA DE PRIORIDADES

Em modelos de filas de disciplina de prioridades, a disciplina da fila se baseia em um *sistema de prioridades*. Portanto, a ordem na qual os integrantes da fila são selecionados se baseia nas prioridades que lhes foram atribuídas.

Muitos sistemas de filas reais se encaixam nesses modelos de disciplina de prioridades de forma muito mais aproximada do que para outros modelos disponíveis. Tarefas urgentes são colocadas na frente de outras tarefas e clientes importantes podem ter prioridade em relação a outros. Assim, o uso de modelos de disciplina de prioridade normalmente fornece um refinamento adequado em relação a outros modelos de filas mais usuais.

Apresentamos dois modelos básicos de disciplina de prioridades. Já que ambos elaboram as mesmas hipóteses, exceto pela natureza das prioridades, descreveremos primeiro os modelos em conjunto e, depois, resumiremos seus resultados separadamente.

Modelos

Ambos os modelos supõem que existam N *classes de prioridade* (a classe 1 tem a prioridade mais alta e a classe N, a mais baixa), e sempre que um atendente estiver livre para começar a atender um novo cliente da fila, o cliente selecionado será aquele integrante de classe de prioridade *mais alta* representada na fila por aquele que está esperando há mais tempo. Em outras palavras, os clientes são selecionados para começar a ser atendidos na ordem de suas classes de prioridade, mas também em uma ordem na qual os primeiros que chegam serão os primeiros a ser atendidos de acordo com a classe de prioridade. Parte-se do pressuposto da existência de um *processo de entrada de Poisson* e tempos de atendimento *exponenciais* para cada classe de prioridades. Exceto para o caso especial considerado adiante, os modelos também elaboram a hipótese um tanto restritiva de que o tempo de atendimento esperado seja o *mesmo* para todas as classes de prioridades. Entretanto, os modelos permitem efetivamente que a taxa média de chegada seja diferente entre as diversas classes de prioridade.

A distinção entre os dois modelos é se as prioridades são *não preemptivas* ou *preemptivas*. Com **prioridades não preemptivas**, um cliente que está sendo atendido não pode ser jogado de volta para a fila (preterido) se um cliente com maior prioridade entrar no sistema de filas. Portanto, assim que um atendente tiver começado a atender um cliente, o atendimento tem de ser concluído sem interrupção. O primeiro modelo supõe prioridades não preemptivas.

Com **prioridades preemptivas**, o cliente de menor prioridade que está sendo atendido é *preterido* (jogado de volta para a fila) toda vez que um cliente com prioridade maior entrar no sistema de filas. Um atendente é, portanto, liberado para começar a atender imediatamente a nova chegada. (Quando um atendente não consegue *terminar* um atendimento, o próximo cliente a começar a receber atendimento é selecionado exatamente como descrito no início desta subseção, de modo que um cliente preterido normalmente voltará a ser atendido novamente e, após um número suficiente de tentativas, finalmente acabará de ser atendido.) Em virtude da propriedade de falta de memória da distribuição exponencial (ver a Seção 17.4), não precisamos nos preocupar em definir o ponto no qual o atendimento inicia quando um cliente preterido voltar a ser atendido; a distribuição do tempo de atendimento *restante* é *sempre* a mesma. (Para qualquer outra distribuição de tempo de atendimento, é importante distinguir entre sistemas *preemptivos-retomados*, em que o atendimento para um cliente preterido é retomado no ponto em que foi interrompido e sistemas *preemptivos-repetidos*, nos quais o atendimento tem de começar desde o início novamente.) O segundo modelo supõe prioridades preemptivas.

Para ambos os modelos, se a distinção entre clientes em diferentes classes de prioridades forem ignoradas, a Propriedade 6 para a distribuição exponencial (ver a Seção 17.4) implica que *todos* os clientes chegariam de acordo com um processo de entrada de Poisson. Além disso, todos os clientes têm a *mesma* distribuição exponencial para tempos de atendimento. Consequentemente, os dois modelos, na verdade, são idênticos ao modelo *M/M/s* estudado na Seção 17.6, *exceto* pela ordem na qual os clientes são atendidos. Portanto, quando contamos apenas o *número total* de clientes no sistema, a distribuição de estado estável para o modelo *M/M/s* também se aplica a ambos os modelos. Consequentemente, as fórmulas para L e L_q também são transferidas, assim como os resultados esperados de tempo de espera (pela fórmula de Little) W e W_q, para um cliente selecionado aleatoriamente. O que muda é a *distribuição* dos tempos de espera, que foi derivada na Seção 17.6 sob a hipótese de uma disciplina de fila em que os primeiros que chegam serão os primeiros a ser atendidos. Com uma disciplina de prioridades, essa distribuição tem uma *variância* muito maior, pois os tempos de espera de clientes nas classes de prioridades mais altas tendem a ser muito menores que daqueles regidos pela regra na qual os primeiros que chegam serão os primeiros a ser atendidos, ao passo que os tempos de espera nas classes de prioridades mais baixas tendem a ser muito maiores. Pelo mesmo motivo, a subdivisão do número total de clientes no sistema tende a ser desproporcionalmente tendenciosa para as classes de prioridades mais baixas. No entanto, essa condição é apenas a razão para impor prioridades no sistema de filas em primeiro lugar. Queremos *melhorar* as *medidas de desempenho* para cada uma das classes de prioridades mais altas à custa de desempenho para as classes de prioridades mais baixas. Para determinar o nível de melhoria que está sendo alcançado, precisamos obter essas medidas na forma de *tempo de espera previsto no sistema* e *número de clientes esperado no sistema* para cada uma das classes de prioridades. Expressões para essas medidas são fornecidas a seguir para os dois modelos, um de cada vez.

Resultados para o modelo de prioridades não preemptivas

Façamos que W_k seja o tempo de espera previsto no estado estável no sistema (incluindo o tempo de atendimento) para um integrante da classe de prioridades k. Então:

$$W_k = \frac{1}{AB_{k-1}B_k} + \frac{1}{\mu}, \qquad \text{para } k = 1, 2, \ldots, N,$$

onde
$$A = s! \frac{s\mu - \lambda}{r^s} \sum_{j=0}^{s-1} \frac{r^j}{j!} + s\mu,$$

$$B_0 = 1,$$

$$B_k = 1 - \frac{\sum_{i=1}^{k} \lambda_i}{s\mu},$$

s = número de atendentes;
μ = taxa média de atendimento por atendente ocupado;
λ_i = taxa média de chegada por classe de prioridades i;

$$\lambda = \sum_{i=1}^{N} \lambda_i;$$

$$r = \frac{\lambda}{\mu}.$$

(Esse resultado parte do pressuposto de que

$$\sum_{i=1}^{k} \lambda_i < s\mu,$$

de modo que a classe de prioridades k possa alcançar uma condição de estado estável.) A *fórmula de Little* ainda se aplica a classes de prioridades individuais, de forma que L_k, o número esperado no estado estável de integrantes da classe de prioridades k no sistema de filas (inclusive aqueles que estão sendo atendidos), seja:

$$L_k = \lambda_k W_k, \quad \text{para } k = 1, 2, \ldots, N.$$

Para determinar o tempo de espera previsto na fila (excluindo-se o tempo de atendimento) para a classe de prioridades k, simplesmente subtraia $1/\mu$ de W_k; o comprimento esperado da fila correspondente seja novamente obtido multiplicando por λ_k. Para o caso especial em que $s = 1$, a expressão para A reduz-se a $A = \mu^2/\lambda$.

No *Courseware* de PO, você poderá encontrar um gabarito em Excel para realizar os cálculos anteriores.

A seção de Worked Examples do *site* da editora fornece um exemplo que ilustra a aplicação do modelo das prioridades não preemptivas para determinar quantos tornos-revólver uma fábrica deveria ter quando as tarefas recaem nas três classes de prioridades.

Variante com um único atendente do modelo de prioridades não preemptivas

A hipótese elaborada anteriormente de que o tempo de atendimento esperado $1/\mu$ é o mesmo para todas as classes de prioridades é bastante restritiva. Na prática, essa hipótese algumas vezes é violada em decorrência das diferenças nas exigências de atendimento para as diferentes classes de prioridade.

Felizmente, para o caso especial de um único atendente, é possível permitir tempos de atendimento esperado diferentes e ainda obter resultados úteis. Façamos que $1/\mu_k$ represente a média da distribuição exponencial de tempos de atendimento para a classe de prioridades k, de modo que:

μ_k = taxa média de atendimento para a classe de prioridades k, para $k = 1, 2, \ldots, N$.

Depois, o tempo de espera previsto no estado estável no sistema para um integrante de classe de prioridades k é:

$$W_k = \frac{a_k}{b_{k-1} b_k} + \frac{1}{\mu_k}, \quad \text{para } k = 1, 2, \ldots, N,$$

em que
$$a_k = \sum_{i=1}^{k} \frac{\lambda_i}{\mu_i^2},$$

$$b_0 = 1,$$

$$b_k = 1 - \sum_{i=1}^{k} \frac{\lambda_i}{\mu_i}.$$

Esse resultado vale desde que

$$\sum_{i=1}^{k} \frac{\lambda_i}{\mu_i} < 1,$$

o que permite que classes de prioridades k atinjam uma condição de estado estável. A fórmula de Little pode ser usada conforme descrito anteriormente para obter outras medidas de desempenho importantes para cada classe de prioridades.

Resultados para o modelo de prioridades preemptivas

Para o modelo de prioridades preemptivas, precisamos restaurar a hipótese de que o tempo de atendimento esperado é o mesmo para todas as classes de prioridades. Utilizando-se a mesma notação daquela empregada no modelo original de prioridades não preemptivas, fazendo que a preempção mude o tempo de espera *total* previsto no sistema (incluindo o tempo total de atendimento) para

$$W_k = \frac{1/\mu}{B_{k-1} B_k}, \quad \text{para } k = 1, 2, \ldots, N,$$

para o caso *com um único atendente* ($s = 1$). Quando $s > 1$, W_k pode ser calculado por um procedimento iterativo que será ilustrado logo no exemplo do Hospital Municipal. Os L_k continuam a satisfazer a relação:

$$L_k = \lambda_k W_k, \quad \text{para } k = 1, 2, \ldots, N.$$

Os resultados correspondentes para a fila (excluindo-se os clientes que estão sendo atendidos) também podem ser obtidos de W_k e L_k, exatamente como descrito para o caso das prioridades não preemptivas. Em virtude da propriedade da falta de memória da distribuição exponencial (ver a Seção 17.4), as preempções não afetam o processo de atendimento (ocorrência de términos de atendimento) de qualquer maneira. O tempo de atendimento total previsto para qualquer cliente ainda é $1/\mu$.

Entre os arquivos Excel deste capítulo temos um gabarito em Excel para calcular as medidas de desempenho anterior para o caso com um único atendente.

Exemplo do Hospital Municipal com prioridades

No problema do pronto socorro para o Hospital Municipal, o administrador percebeu que os pacientes não são tratados segundo a regra de que os primeiros que chegam serão os primeiros a ser atendidos. Em vez disso, a enfermeira que recepciona os pacientes que chegam os divide, basicamente, em três categorias: 1) casos *críticos*, nos quais o pronto atendimento é vital para a sobrevivência do paciente; 2) casos *graves*, cujo tratamento prévio é importante para impedir maior deterioração; e 3) casos *estáveis*, em que o tratamento pode ser retardado sem consequências médicas adversas. Os pacientes são então tratados nessa ordem de prioridade, em que aqueles na mesma categoria são normalmente baseados de acordo com a regra dos primeiros que chegam serão os primeiros a ser atendidos. Um médico interromperá o tratamento de um paciente caso surja um novo caso em uma categoria de maior prioridade. Aproximadamente 10% dos pacientes se classificam na primeira categoria, 30%, na segunda, e 60%, na terceira. Como os casos mais graves serão enviados ao hospital para cuidados posteriores após receber tratamento de emergência, o tempo de tratamento médio gasto por um médico no pronto socorro, na verdade, não difere muito entre essas categorias.

O administrador decidiu usar um modelo de filas de disciplina de prioridades como uma representação razoável desse sistema de filas, em que as três categorias de pacientes constituem as três classes de prioridades no modelo. Como o tratamento é interrompido pela chegada de um caso de prioridade mais alta, o *modelo de prioridades preemptivas* é o indicado. Fornecidos os dados previamente ($\mu = 3$ e $\lambda = 2$), as porcentagens anteriores resultam em $\lambda_1 = 0{,}2$, $\lambda_2 = 0{,}6$ e $\lambda_3 = 1{,}2$. A Tabela 17.3 fornece os tempos de espera previstos na fila resultantes (e, assim, *excluindo-se* o tempo de tratamento) para as respectivas classes de prioridades[19] quando há um ($s = 1$) ou dois ($s = 2$) médicos de plantão. (Os resultados correspondentes para o modelo de prioridades não preemptivas também são fornecidos na Tabela 17.3 para mostrar o efeito de preempção.)

Derivação dos resultados da prioridade preemptiva. Esses resultados de prioridade preemptiva para $s = 2$ foram obtidos como a seguir. Como os tempos de espera para clientes da classe de prioridade 1 não são de modo nenhum afetados pela presença de clientes nas classes de prioridades menores, os W_1 serão os mesmos para quaisquer outros valores de λ_2 e λ_3, inclusive $\lambda_2 = 0$ e $\lambda_3 = 0$. Portanto, W_1 tem de ser igual a W para o modelo com apenas *uma classe* correspondente (o modelo M/M/s na Seção 17.6) com $s = 2$, $\mu = 3$ e $\lambda = \lambda_1 = 0,2$, que resulta em:

$$W_1 = W = 0,33370 \text{ hora, para } \lambda = 0,2$$

portanto,

$$W_1 - \frac{1}{\mu} = 0,33370 - 0,33333 = 0,00037 \text{ hora.}$$

Consideremos agora as duas primeiras classes de prioridade. Observe novamente que os clientes nessas classes não são de forma nenhuma afetados pelas classes de prioridades mais baixas (somente classe de prioridade 3 nesse caso), que podem, consequentemente, ser ignorados na análise. Façamos que $\overline{W}_{1-2}$ seja o tempo de espera previsto no sistema (e, portanto, incluindo-se tempo de atendimento) de uma *chegada aleatória* em *qualquer* uma dessas duas classes, de modo que a probabilidade seja $\lambda_1/(\lambda_1 + \lambda_2) = \frac{1}{4}$ de que essa chegada se encontre na classe 1 e $\lambda_2/(\lambda_1 + \lambda_2) = \frac{3}{4}$ de que ela se encontre na classe 2. Portanto,

$$\overline{W}_{1-2} = \frac{1}{4}W_1 + \frac{3}{4}W_2.$$

Além disso, como o tempo de espera *previsto* é o mesmo para *qualquer* disciplina da fila, $\overline{W}_{1-2}$ também devem ser iguais a W para o modelo M/M/s na Seção 17.6, com $s = 2$, $\mu = 3$ e $\lambda = \lambda_1 + \lambda_2 = 0,8$, que resulta em:

$$\overline{W}_{1-2} = W = 0,33937 \text{ hora,} \qquad \text{para } \lambda = 0,8.$$

Combinando-se esses dois fatos resulta em:

$$W_2 = \frac{4}{3}\left[0,33937 - \frac{1}{4}(0,33370)\right] = 0,34126 \text{ hora.}$$

$$\left(W_2 - \frac{1}{\mu} = 0,00793 \text{ hora.}\right)$$

Finalmente, façamos que $\overline{W}_{1-3}$ seja o tempo de espera previsto no sistema (e, assim, incluindo-se o tempo de atendimento) para a *chegada aleatória* em *qualquer* uma das três classes de prioridade, de modo que as probabilidades são 0,1; 0,3 e 0,6 que se encontram, respectivamente, nas classes 1, 2, e 3. Portanto,

$$\overline{W}_{1-3} = 0,1W_1 + 0,3W_2 + 0,6W_3.$$

Além disso, $\overline{W}_{1-3}$ também tem de ser igual a W para o modelo M/M/s na Seção 17.6, com $s = 2$, $\mu = 3$ e $\lambda = \lambda_1 + \lambda_2 + \lambda_3 = 2$, de modo que (a partir da Tabela 17.2):

$$\overline{W}_{1-3} = W = 0,375 \text{ hora, para } \lambda = 2.$$

---

[19] Observe que esses tempos esperados não podem mais ser interpretados como o tempo esperado antes de o tratamento começar quando $k > 1$, pois o tratamento poderia ser interrompido pelo menos uma vez, provocando tempo de espera adicional antes de o atendimento ser concluído.

■ **TABELA 17.3** Resultados de estado estável dos modelos de disciplina de prioridades para o problema do Hospital Municipal

	Prioridades preemptivas		Prioridades não preemptivas	
	s = 1	s = 2	s = 1	s = 2
A	—	—	4,5	36
B_1	0,933	—	0,933	0,967
B_2	0,733	—	0,733	0,867
B_3	0,333	—	0,333	0,667
$W_1 - \frac{1}{\mu}$	0,024 hora	0,00037 hora	0,238 hora	0,029 hora
$W_2 - \frac{1}{\mu}$	0,154 hora	0,00793 hora	0,325 hora	0,033 hora
$W_3 - \frac{1}{\mu}$	1,033 hora	0,06542 hora	0,889 hora	0,048 hora

Consequentemente,

$$W_3 = \frac{1}{0,6} [0,375 - 0,1(0,33370) - 0,3(0,34126)]$$

$$= 0,39875 \text{ hora.}$$

$$\left(W_3 - \frac{1}{\mu} = 0,06542 \text{ hora.}\right)$$

Os resultados W_q correspondentes para o modelo *M/M/s* na Seção 17.6 também poderiam ter sido usados exatamente da mesma forma para derivar diretamente os valores $W_k - 1/\mu$.

Conclusões. Quando $s = 1$, os valores $W_k - 1/\mu$ da Tabela 17.3 para o caso das prioridades preemptivas indicam que disponibilizar apenas um médico faria que casos críticos teriam de aguardar $1\frac{1}{2}$ minuto (0,024 hora) em média, casos graves precisariam esperar mais de 9 minutos e casos estáveis deveriam esperar mais de 1 hora. (Compare esses resultados com a espera média de $W_q = \frac{2}{3}$ hora para todos os pacientes, obtida na Tabela 17.2 segundo a disciplina de fila na qual os primeiros a chegar serão os primeiros a ser atendidos.) Entretanto, esses valores representam *expectativas estatísticas,* de modo que alguns pacientes terão de esperar consideravelmente mais que a média para suas classes de prioridade. Essa demora não seria tolerável para os casos críticos e graves, nos quais alguns poucos minutos podem ser vitais. Ao contrário, os resultados com $s = 2$ da Tabela 17.3 (caso das prioridades preemptivas) indicam que acrescentar um segundo médico praticamente eliminaria a espera para todos, exceto os casos estáveis. Portanto, o administrador recomendou a presença de dois médicos de plantão no pronto socorro durante as primeiras horas da noite no próximo ano. A diretoria do Hospital Municipal adotou essa recomendação e, simultaneamente, aumentou o ônus para uso do pronto socorro!

17.9 REDES DE FILAS

Até agora consideramos apenas sistemas de filas com uma *única* instalação de atendimento com um ou mais atendentes. Entretanto, os sistemas de filas encontrados em estudos de PO são algumas vezes, na realidade, *redes de filas,* isto é, redes de instalações de atendimento em que clientes devem receber atendimento em algumas ou todas essas instalações. Por exemplo, pedidos que são processados em uma ferramentaria devem ser direcionados por meio de uma sequência de grupos de máquinas (instalações de atendimento). Assim, é necessário estudar toda a rede para obter informações, como o tempo de espera previsto total, número de clientes esperados no sistema todo e assim por diante.

Em virtude da importância de redes de filas, as pesquisas nessa área estão muito ativas. Entretanto, esta é uma área difícil, de modo que nos limitaremos a uma breve introdução.

Um desses resultados é de tal importância para redes de filas que essa descoberta e suas implicações merecem especial atenção aqui. Esse resultado fundamental é a *propriedade de equivalência* a seguir para o *processo de entrada* de clientes que chegam e o *processo de saída* de clientes que saem para certos sistemas de filas.

Propriedade da equivalência: suponha que uma instalação de atendimento com s atendentes e uma fila infinita tenha uma entrada de Poisson com parâmetro λ e a mesma distribuição exponencial de tempo de atendimento com parâmetro μ para cada atendente (o modelo *M/M/s*), em que $s\mu > \lambda$. Então, a *saída* de estado estável dessa instalação de atendimento também é um processo de Poisson com parâmetro λ.

Observe como essa propriedade não faz nenhuma hipótese em relação ao tipo de disciplina da fila utilizada. Seja ela os primeiros que chegam serão os primeiros a ser atendidos, aleatória ou até mesmo uma disciplina de prioridades como indicado na Seção 17.8, os clientes atendidos deixarão a instalação de atendimento de acordo com um processo de Poisson. A implicação crucial desse fato para redes de filas é que se esses clientes tiverem de ir a outra instalação de atendimento para outros atendimentos, essa segunda instalação *também* terá uma entrada de Poisson. Com uma distribuição exponencial de tempos de atendimento, a propriedade de equivalência também será válida para essa instalação, que poderá então fornecer uma entrada de Poisson para uma terceira instalação etc. Discutiremos a seguir as consequências para dois tipos de rede.

Filas infinitas em série

Suponha que todos os clientes têm de receber atendimento em uma *série* de m instalações de atendimento em uma sequência fixa. Suponha que cada instalação tem uma fila infinita (nenhuma limitação no número de clientes permitidos na fila), de modo que a série de instalações forma um sistema de *filas infinitas em série*. Suponha ainda que os clientes chegam na primeira instalação de acordo com um processo de Poisson com parâmetro λ e que cada instalação i ($i = 1, 2,..., m$) tem uma distribuição exponencial de tempos de atendimento com parâmetro μ_i para seus s_i atendentes, em que $s_i\mu_i > \lambda$. Decorre então da propriedade da equivalência que (sob condições de estado estável) cada instalação de atendimento tem uma entrada de Poisson com parâmetro λ. Portanto, o *modelo M/M/s* elementar da Seção 17.6 (ou seus equivalentes de disciplina de prioridades da Seção 17.8) pode ser usado para analisar cada instalação de atendimento independentemente dos demais!

Utilizar o modelo *M/M/s* para obter todas as medidas de desempenho para cada instalação independentemente, em vez de analisar interações entre instalações, é uma simplificação tremenda. Por exemplo, a probabilidade de ter n clientes em dada instalação é fornecida pela fórmula para P_n na Seção 17.6 para o modelo *M/M/s*. A *probabilidade conjunta* de n_1 clientes na instalação 1, n_2 clientes na instalação 2,..., então, é o *produto* das probabilidades individuais obtidas nessa maneira simples. Particularmente, essa probabilidade conjunta pode ser expressa assim:

$$P\{(N_1, N_2, \ldots, N_m) = (n_1, n_2, \ldots, n_m)\} = P_{n1}P_{n2} \cdots P_{nm}.$$

(Essa forma simples para a solução é chamada **solução em forma de produto**.) Do mesmo modo, o tempo de espera previsto total e o número esperado de clientes no sistema inteiro pode ser obtido meramente somando-se os valores correspondentes obtidos nas respectivas instalações.

Infelizmente, a propriedade da equivalência e suas implicações não são válidas para o caso de *filas finitas* discutido na Seção 17.6. Esse caso é, na verdade, bem importante na prática, pois muitas vezes existe uma limitação definida no comprimento da fila em frente das instalações de atendimento em redes. Por exemplo, somente uma pequena quantidade de espaço de armazenagem em *buffer* é fornecida tipicamente em frente de cada instalação (estação) em um sistema de linha de produção. Para sistemas de filas finitas em série desse tipo, não existe uma solução em forma de produto simples. As instalações devem sim ser analisadas em conjunto e, até agora, só foram obtidos resultados limitados.

Exemplo de Aplicação

Por várias décadas, a **General Motors Corporation (GM)** desfrutou de sua posição de maior fabricante de automóveis do mundo, antes de ser recentemente superada pela Toyota. Suas fábricas em 32 países empregam mais de 300 mil pessoas ao redor do mundo e geram receitas anuais na casa dos US$ 200 bilhões. Entretanto, desde o final da década de 1980, quando a produtividade das fábricas da GM estava entre as mais baixas do setor, a posição de mercado da empresa tem se erodido continuamente devido à concorrência estrangeira cada vez maior.

Para contra-atacar essa concorrência externa, a direção da GM iniciou um projeto de pesquisa operacional de longo prazo há muitos anos para prever e aumentar a produção das várias centenas de linhas de produção da empresa espalhadas pelo mundo. A meta era aumentar muitíssimo a produtividade da empresa em todas as suas fábricas e, consequentemente, dar à GM vantagem competitiva estratégica.

A ferramenta analítica mais importante usada nesse projeto tem sido um *complexo modelo de filas* que usa um modelo simples com um único atendente como elemento fundamental. O modelo geral começa considerando uma linha de produção com duas estações de trabalho na qual cada estação é modelada como um sistema de filas com um único atendente com tempos entre chegadas bem como tempos de atendimento constantes, exceto para os seguintes casos. O atendente (comumente uma máquina) em cada estação ocasionalmente quebra e não retorna ao atendimento até que um reparo seja feito. O atendente na primeira estação também quebra ao completar um atendimento e o *buffer* entre as estações está repleto. O atendente na segunda estação quebra ao completar um atendimento e ainda não recebeu trabalho da primeira estação.

O próximo passo na análise é estender esse modelo de filas com uma linha de produção com duas estações de trabalho para uma linha de produção com um número qualquer de estações. Esse modelo de filas de maior dimensão é usado então para analisar como as linhas de produção deveriam ser desenhadas para maximizar sua produção. (A técnica de *simulação* descrita no Capítulo 20 também é usada com essa finalidade em linhas de produção relativamente complexas.)

Essa aplicação da teoria das filas (e da simulação), junto com sistemas de coleta de dados auxiliares, trouxe benefícios enormes para a GM. De acordo com fontes imparciais do setor, suas fábricas, que outrora estavam entre as menos produtivas do setor, agora se encontram entre as melhores. Os aumentos de produção resultantes em mais de 30 fábricas de veículos em 10 países *geraram mais de* **US$ 2,1 bilhões** *em termos de economia e aumento de receita atestados.* Esses resultados impressionantes levaram a General Motors a ganhar, em 2005, o primeiro prêmio no concurso internacional Franz Edelman Award for Achievement in Operations Research and the Management Sciences.

Fonte: J. M. Alden, L. D. Burns, T. Costy, R. D. Hutton, C. A. Jackson, D. S. Kim, K. A. Kohls, J. H. Owen, M. A. Turnquist, and D. J. Vander Veen: "General Motors Increases Its Production Throughput", *Interfaces*, **36**(1): 6-25, Jan.-Feb. 2006. (Este artigo está disponível em inglês no *site* da editora, www.bookman.com.br.)

Redes de Jackson

Os sistemas de filas infinitas em série não são as únicas redes de filas em que o modelo *M/M/s* pode ser usado para analisar cada instalação de atendimento independentemente das demais. Outro tipo proeminente de rede que tem essa propriedade (uma solução em forma de produto) é a *rede de Jackson*, nome dado em homenagem ao responsável (James R. Jackson) por ter caracterizado a rede pela primeira vez e ter demonstrado que essa propriedade era válida há algumas décadas.

As características de uma rede de Jackson são as mesmas supostas anteriormente para o sistema de filas infinitas em série, exceto que agora os clientes visitam as instalações em ordens diferentes (e é possível que eles não visitem todas elas). Para cada instalação, seus clientes que chegam provêm *tanto* de fora do sistema (de acordo com um processo de Poisson) quanto de outras instalações. Essas características são resumidas a seguir.

Uma **rede de Jackson** é um sistema de m instalações de atendimento, em que a instalação i ($i = 1, 2,..., m$) tem:

1. uma fila infinita;
2. clientes provenientes de fora do sistema de acordo com um processo de entrada de Poisson com parâmetro a_i;
3. s_i atendentes com uma distribuição exponencial de tempos de atendimento com parâmetro μ_i.

Um cliente que deixa a instalação i é direcionado para a instalação j ($j = 1, 2,..., m$) com probabilidade p_{ij} ou deixa o sistema com probabilidade

$$q_i = 1 - \sum_{j=1}^{m} p_{ij}.$$

Qualquer rede desse tipo apresenta a seguinte propriedade fundamental.

Sob condições de estado estável, cada instalação j ($j = 1, 2,..., m$) em uma rede de Jackson se comporta como se fosse um sistema de filas *M/M/s independente* com taxa de chegada

$$\lambda_j = a_j + \sum_{i=1}^{m} \lambda_i p_{ij},$$

em que $s_j \mu_j > \lambda_j$.

Essa propriedade fundamental não pode ser *provada* diretamente da propriedade da equivalência esta vez (o raciocínio se tornaria circular), mas seu *respaldo intuitivo* ainda é fornecido pela última propriedade. O ponto de vista intuitivo (tecnicamente não muito correto) é que, para cada instalação i, seus processos de entrada das diversas fontes (externas e de outras instalações) são *processos de Poisson independentes*, de modo que o *processo de entrada agregado* seja de Poisson com parâmetro λ_i (a Propriedade 6 da Seção 17.4). A propriedade da equivalência diz então que o processo de *saída agregado* para a instalação i tem de ser de Poisson com parâmetro λ_i. Desagregando esse processo de saída (novamente Propriedade 6), o processo para clientes que vão da instalação i para a instalação j deve ser de Poisson com parâmetro $\lambda_i p_{ij}$. Esse se torna um dos processos de entrada de Poisson para a instalação j, o que ajuda portanto a manter a série de processos de Poisson no sistema como um todo.

A equação dada para obter λ_j se baseia no fato de que λ_i é a *taxa de partida*, bem como a taxa de chegada para todos os clientes que usam a instalação i. Como p_{ij} é a proporção de clientes que partem da instalação i que em seguida vão para a instalação j, a taxa na qual os clientes da instalação i chegam na instalação j é $\lambda_i p_{ij}$. Somar esse produto ao longo de todos os i, e depois acrescentar essa soma a a_j, fornece a *taxa de chegada total* para a instalação j proveniente de todas as fontes.

Calcular λ_j a partir dessa equação requer saber os λ_i para $i \neq j$, porém esses λ_i também são desconhecidos dados pelas equações correspondentes. Portanto, o procedimento é encontrar *simultaneamente* $\lambda_1, \lambda_2,..., \lambda_m$, obtendo a solução simultânea de todo o sistema de equações lineares para λ_j para $j = 1, 2,..., m$. O Tutorial IOR inclui um procedimento interativo para encontrar λ_j dessa maneira.

Para ilustrar esses cálculos, considere uma rede de Jackson com três instalações de atendimento com parâmetros mostrados na Tabela 17.4. Agregando-se a fórmula para λ_j para $j = 1, 2, 3$, obtemos:

$$\lambda_1 = 1 \quad\quad + 0{,}1\lambda_2 + 0{,}4\lambda_3$$
$$\lambda_2 = 4 + 0{,}6\lambda_1 \quad\quad + 0{,}4\lambda_3$$
$$\lambda_3 = 3 + 0{,}3\lambda_1 + 0{,}3\lambda_2.$$

(Raciocine através de cada equação para ver por que ela fornece a taxa de chegada total para a instalação correspondente.) A solução simultânea para esse sistema é:

$$\lambda_1 = 5, \quad \lambda_2 = 10, \quad \lambda_3 = 7\frac{1}{2}.$$

Dada essa solução simultânea, cada uma das três instalações de atendimento agora pode ser analisada *independentemente* usando as fórmulas para o modelo *M/M/s* fornecido na Seção 17.6. Por exemplo, para obter a distribuição do número de clientes $N_i = n_i$ na instalação i, observe que:

$$\rho_i = \frac{\lambda_i}{s_i \mu_i} = \begin{cases} \dfrac{1}{2} & \text{para } i = 1 \\ \dfrac{1}{2} & \text{para } i = 2 \\ \dfrac{3}{4} & \text{para } i = 3. \end{cases}$$

Agregando-se esses valores (e os parâmetros da Tabela 17.4) na fórmula para P_n resulta em:

$$P_{n_1} = \frac{1}{2}\left(\frac{1}{2}\right)^{n_1} \quad \text{para a instalação 1,}$$

■ **TABELA 17.4** Dados para o exemplo de uma rede de Jackson

Instalação	S_j	μ_j	a_j	P_{ij}		
				i = 1	i = 2	i = 3
j = 1	1	10	1	0	0,1	0,4
j = 2	2	10	4	0,6	0	0,4
j = 3	1	10	3	0,3	0,3	0

$$P_{n_2} = \begin{cases} \dfrac{1}{3} & \text{para } n_2 = 0 \\ \dfrac{1}{3} & \text{para } n_2 = 1 \\ \dfrac{1}{3}\left(\dfrac{1}{2}\right)^{n_2-1} & \text{para } n_2 \geq 2 \end{cases} \quad \text{para a instalação 2,}$$

$$P_{n_3} = \frac{1}{4}\left(\frac{3}{4}\right)^{n_3} \quad \text{para a instalação 3.}$$

A *probabilidade conjunta* de (n_1, n_2, n_3) é dada então simplesmente pela solução em forma de produto

$$P\{(N_1, N_2, N_3) = (n_1, n_2, n_3)\} = P_{n_1}P_{n_2}P_{n_3}.$$

De forma similar, o número esperado de clientes L_i na instalação i pode ser calculado da Seção 17.6 como

$$L_1 = 1, \quad L_2 = \frac{4}{3}, \quad L_3 = 3.$$

O *número* esperado *total* de clientes no sistema todo é então:

$$L = L_1 + L_2 + L_3 = 5\frac{1}{3}.$$

Ao se obter W, o tempo de espera *total* previsto no sistema (incluindo tempos de atendimento) para um cliente, é um pouco mais capcioso. Não podemos simplesmente adicionar os tempos de espera previstos nas respectivas instalações, pois um cliente não visita necessariamente cada instalação exatamente uma vez. Entretanto, a fórmula de Little ainda pode ser usada, em que a taxa de chegada λ ao sistema é a soma das taxas de chegada *provenientes de fora* das instalações, $\lambda = a_1 + a_2 + a_3 = 8$. Portanto,

$$W = \frac{L}{a_1 + a_2 + a_3} = \frac{2}{3}.$$

Para concluir, devemos indicar que realmente existem outros tipos (mais complicados) de redes de filas nas quais as instalações de atendimento individuais podem ser analisadas independentemente das demais. Na realidade, encontrar redes de filas com uma solução em forma de produto tem sido a sonhada meta da pesquisa sobre redes de filas. Algumas fontes adicionais de informação são as Referências Selecionadas 3 e 12.

17.10 APLICAÇÃO DA TEORIA DAS FILAS

Em razão da abundância de informações fornecida pela teoria das filas, ela é amplamente usada para orientar no projeto (ou redesenho) de sistemas de filas. Agora, podemos mudar o foco para como a teoria das filas é aplicada dessa forma.

A decisão mais comum que se precisa tomar ao desenhar um sistema de filas é quantos atendentes deverão ser disponibilizados. Entretanto, uma série de outras decisões também são necessárias. Entre as possíveis decisões, temos:

1. Número de atendentes em uma instalação de atendimento
2. Eficiência dos atendentes
3. Número de instalações de atendimento
4. Dimensionamento do tempo de espera na fila
5. Quaisquer prioridades para categorias de clientes diversas

As duas considerações primárias na tomada dessas decisões são, tipicamente: 1) o custo da capacidade de atendimento fornecida pelo sistema de filas, e 2) as consequências de se fazer os clientes esperarem no sistema de filas; disponibilizar muita capacidade de atendimento provoca custos excessivos; disponibilizar pouca capacidade provoca espera excessiva. Portanto, a meta é encontrar um equilíbrio entre custo de atendimento e tempo de espera.

Existem duas abordagens básicas para procurar alcançar esse equilíbrio. Uma é estabelecer um ou mais critérios para um nível de atendimento satisfatório em termos de quanto tempo de espera seria aceitável. Por exemplo, um critério poderia ser que o tempo de espera previsto no sistema não poderia exceder determinado número de minutos. Outro poderia ser que pelo menos 95% dos clientes deveriam esperar não mais de certo número de minutos no sistema. Critérios similares em termos do número de clientes previstos no sistema (ou a distribuição probabilística desse número) também poderiam ser usados. Os critérios também poderiam ser colocados em termos do tempo de espera ou do número de clientes na *fila* em vez de no sistema. Assim que o critério ou critérios tiverem sido selecionados, então, normalmente é simples usar um método de tentativa e erro para encontrar o desenho do sistema de filas menos oneroso que satisfaça todos os critérios.

A outra abordagem básica para procurar o melhor equilíbrio envolve avaliar os custos associados com as consequências de se fazer os clientes esperar. Suponha, por exemplo, que sistema de filas seja um *sistema de atendimento interno* (conforme descrito na Seção 17.3), no qual os clientes são os empregados de uma empresa que visa lucros. Fazer esses empregados esperarem no sistema de filas provoca *perda de produtividade*, o que resulta em *perda de lucros*. Essa perda de lucros é o **custo de espera** associado ao sistema de filas. Expressando esse custo de espera em função do tempo de espera, o problema de determinar o melhor desenho do sistema de filas agora pode ser colocado como minimizar o *custo total* esperado (custo de atendimento mais custo de espera) por unidade de tempo.

A seguir, explicamos em detalhes essa última abordagem para o problema de determinação do número ótimo de atendentes a ser disponibilizados.

Quantos atendentes devem ser disponibilizados?

Para formular a função objetivo quando a variável de decisão é o número de atendentes s, façamos que:

$E(\text{TC})$ = custo total esperado por unidade de tempo;
$E(\text{SC})$ = custo de atendimento esperado por unidade de tempo;
$E(\text{WC})$ = custo de espera estimado por unidade de tempo.

Então o objetivo é escolher o número de atendentes de modo a:

$$\text{Minimizar } E(\text{TC}) = E(\text{SC}) + E(\text{WC}).$$

Quando cada um dos custos de atendimento for o mesmo, o **custo de atendimento** será:

$$E(\text{SC}) = C_s s,$$

em que C_s é o custo marginal de um atendente por unidade de tempo. Para calcular WC para qualquer valor de s, note que $L = \lambda W$ fornece o tempo total de espera previsto no sistema de filas por unidade de tempo. Assim, quando o custo de espera for proporcional ao tempo de espera, esse custo pode ser expresso como:

$$E(\text{WC}) = C_w L,$$

em que C_w é o custo de espera por unidade de tempo para cada cliente no sistema de filas. Portanto, após estimar as constantes, C_s e C_w, o objetivo é escolher o valor de s de modo a:

$$\text{minimizar } E(TC) = C_s s + C_w L.$$

Escolhendo o modelo de filas que se ajuste ao sistema de filas, o valor de L pode ser obtido para diversos valores de s. Aumentar s diminui L, no início de forma rápida e, depois, gradualmente de forma mais lenta.

A Figura 17.13 mostra a forma geral das curvas $E(SC)$, $E(WC)$ e $E(TC)$ *versus* o número de atendentes s. (Para melhor conceitualização, desenhamos essas curvas como curvas suaves, embora os únicos valores viáveis de s sejam $s = 1, 2,...$.) Calcular $E(TC)$ para valores consecutivos de s até que $E(TC)$ pare de diminuir e, ao contrário, comece a aumentar é simples para encontrar o número de atendentes que minimize o custo total. O exemplo a seguir ilustra esse processo.

Exemplo

A Ferramentaria Acme tem um almoxarifado para armazenar ferramentas a ser usadas pelos mecânicos. Dois almoxarifes administram o almoxarifado. Esses almoxarifes distribuem as ferramentas à medida que os ferramenteiros chegam e as solicitam. Depois, essas ferramentas são devolvidas aos almoxarifes quando eles não precisarem mais delas. Tem havido reclamações dos supervisores de que seus ferramenteiros têm de perder muito tempo na espera para ser atendidos no almoxarifado, de modo que parece ser necessário *maior* número de almoxarifes. No entanto, a gerência tem exercido pressão para reduzir os gastos indiretos na fábrica, e essa redução levaria a um número *menor* de almoxarifes. Para solucionar essas pressões conflitantes, está sendo realizado um estudo de PO para determinar exatamente quantos almoxarifes deve ter o almoxarifado.

O almoxarifado forma um sistema de filas, no qual os almoxarifes são seus atendentes e os ferramenteiros, seus clientes. Após coletar alguns dados sobre os tempos entre atendimentos e tempos de atendimento, a equipe de PO chegou à conclusão de que o modelo de filas que melhor se ajusta a esse sistema de filas é o modelo *M/M/s*. As estimativas da taxa média de chegada λ e da taxa média de atendimento (por atendente) μ são:

$\lambda = 120$ clientes por hora,
$\mu = 80$ clientes por hora,

de modo que o fator de utilização para os dois almoxarifes seja:

$$\rho = \frac{\lambda}{s\mu} = \frac{120}{2(80)} = 0{,}75.$$

O custo total para a empresa de cada almoxarife é cerca de US$ 20 por hora e, dessa forma, $C_s = $ US$ 20. Enquanto um ferramenteiro estiver ocupado, o valor para a empresa de suas produções médias é de US$ 48 por hora e, assim, $C_w = $ US$ 48. Portanto, a equipe de PO agora precisa encontrar o número de atendentes (almoxarifes) s que vai:

$$\text{minimizar } E(TC) = \text{US\$ } 20\, s + \text{US\$ } 48\, L.$$

Existe um gabarito em Excel no *Courseware* de PO para calcular esses custos com o modelo *M/M/s*. Tudo o que é preciso fazer é inserir os dados para o modelo junto com o custo de atendimento unitário C_s, o custo de espera unitário C_w e o número de atendentes s que se quiser tentar. O gabarito calcula então $E(SC)$, $E(WC)$ e $E(TC)$. Isso está ilustrado na Figura 17.14 com $s = 3$ para esse exemplo. Incluindo-se repetidamente valores alternativos de s, o gabarito pode então revelar qual valor minimiza $E(TC)$ em uma questão de segundos.

A Tabela 17.5 mostra os dados que seriam gerados a partir desse gabarito repetindo esses cálculos para $s = 1, 2, 3, 4$ e 5. Já que o fator de utilização para $s = 1$ é $\rho = 1{,}5$, um único almoxarife seria incapaz de atender os clientes, de modo que essa opção seja descartada. Todos os valores de s maiores são viáveis, porém, $s = 3$ tem o menor custo total esperado. Além disso, s

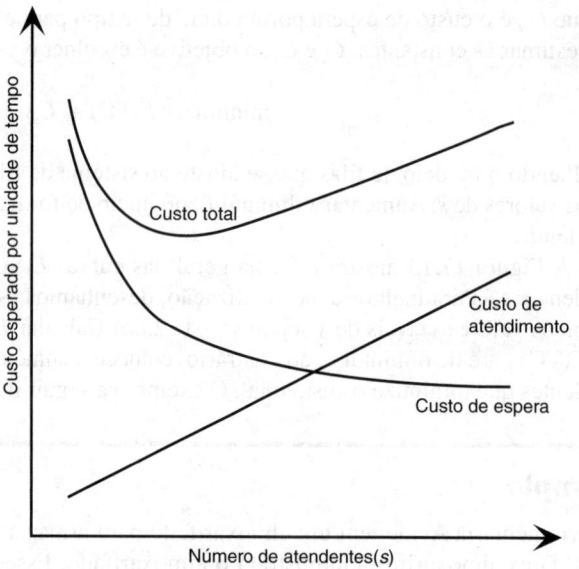

■ **FIGURA 17.13** A forma das curvas de custos esperados para determinar o número de atendentes a serem disponibilizados.

= 3 diminuiria o custo total esperado atual para $s = 2$ por US$ 61 por hora. Portanto, apesar da intenção atual da gerência em reduzir os gastos indiretos (que inclui o custo dos almoxarifes), a equipe de PO recomenda que um terceiro almoxarife seja colocado no almoxarifado. Observe que essa recomendação diminuiria o fator de utilização para os almoxarifes de um já modesto 0,75 para 0,5. Entretanto, em virtude da grande melhoria na produtividade dos ferramenteiros (que são muito mais caros que os almoxarifes) pela diminuição de seus tempos de espera desperdiçados no almoxarifado, a gerência adota a recomendação.

Outras questões

O Capítulo 26 no *site* da editora expande consideravelmente além da teoria das filas, inclusive como lidar com algumas outras questões não consideradas anteriormente.

Por exemplo, a análise mostrada na Figura 17.14 e Tabela 17.5 supunha que o custo de espera seja proporcional ao tempo de espera, mas isso algumas vezes não é relevante. Se uma empresa tiver um ou dois de seus empregados em um sistema de filas, talvez isso não seja muito sério em termos da sua perda de produtividade, pois outros poderiam estar aptos a lidar com todo o trabalho produtivo disponível. Entretanto, ter mais empregados no sistema de filas poder resultar em aumento agudo na perda de produtividade e o lucro perdido resultante, de modo que o custo de espera se torne uma função não linear do número do sistema. Do mesmo modo, as consequências para um sistema de atendimento comercial por fazer que seus clientes possam ser mínimos para esperas curtas, porém, muito mais grave para esperas longas. Nesse caso, o custo de espera se torna uma função não linear do tempo de espera. A Seção 26.3 do *site* descreve a formulação de funções não lineares de custo de espera e depois o cálculo de $E(WC)$ com tais funções.

A Seção 26.4 discute um modelo de decisão em que as variáveis de decisão são *tanto* o número de atendentes quanto a taxa média de atendimento para os atendentes. Uma questão interessante que surge aqui é se é melhor ter *um atendente rápido* (várias pessoas que trabalham juntas para atender rapidamente cada cliente) ou *vários atendentes mais lentos* (várias pessoas que trabalham separadamente para atender clientes diferentes).

A Seção 26.4 também apresenta um modelo de decisão no qual as variáveis de decisão são o número de instalações de atendimento e o número de atendentes por instalação para fornecer atendimento a uma população solicitante de possíveis clientes. Dada a taxa média de chegada para toda

	A	B	C	D	E	F	G
1		Economic Analysis of Acme Machine Shop Example					
2							
3			Data				Resultados
4		$\lambda =$	120	(mean arrival rate)		$L =$	1,736842105
5		$\mu =$	80	(mean service rate)		$L_q =$	0,236842105
6		$s =$	3	(# servers)			
7						$W =$	0,014473684
8		$Pr(W > t) =$	0,02581732			$W_q =$	0,001973684
9		quando $t =$	0,05				
10						$\rho =$	0,5
11		$Prob(W_q > t) =$	0.00058707				
12		quando $t =$	0,05			n	P_n
13						0	0,210526316
14		Economic Analysis:				1	0,315789474
15		$Cs =$	US$ 20,00	(cost / server / unit time)		2	0,236842105
16		$Cw =$	US$ 40,00	(waiting cost / unit time)		3	0,118421053
17						4	0,059210526
18		Cost of Service	US$ 60,00			5	0,029605263
19		Cost of Waiting	US$ 83,37			6	0,014802632
20		Total Cost	US$ 143,37			7	0,007401316

	B	C
18	Cost of Service	=Cs*s
19	Cost of Waiting	=Cw*L
20	Total Cost	=CostOfService+CostOfWaiting

Range Name	Cells
CostOfService	C18
CostOfWaiting	C19
Cs	C15
Cw	C16
L	G4
s	C6
TotalCost	C20

■ **FIGURA 17.14** Este gabarito em Excel para emprego de análise econômica a fim de se escolher o número de atendentes com o modelo $M/M/s$ é aplicado aqui ao exemplo da Ferramentaria Acme com $s = 3$.

a população solicitante, aumentando-se o número de instalações permite diminuir a média de chegada (carga de trabalho) a cada instalação. O número de instalações de atendimento também afeta quanto tempo cada cliente precisará despender na ida para e na volta da instalação mais próxima. O custo de espera agora precisa ser uma função do tempo total perdido por um cliente na espera em uma instalação de atendimento ou indo para e retornando da instalação. Portanto, a Seção 26.5 apresenta alguns modelos de tempo de viagem para determinar o tempo de viagem de ida e de volta para cada cliente.

■ **TABELA 17.5** Cálculo de $E(TC)$ para alternativas no exemplo da Ferramentaria

s	ρ	L	$E(SC) = C_s s$	$E(WC) = C_w L$	$E(TC) = E(SC) + E(WC)$
1	1,50	∞	US$ 20	∞	∞
2	0,75	3,43	US$ 40	US$ 164,57	US$ 204,57
3	0,50	1,74	US$ 60	US$ 83,37	US$ 143,37
4	0,375	1,54	US$ 80	US$ 74,15	US$ 154,15
5	0,30	1,51	US$ 100	US$ 72,41	US$ 172,41

17.11 CONCLUSÕES

Sistemas de filas são dominantes na sociedade. A adequação desses sistemas pode ter um efeito importante na qualidade de vida e produtividade.

Sistemas de filas de estudos da teoria das filas formulando modelos matemáticos de suas operações são usados como modelos para derivar medidas de desempenho. Essa análise fornece informações vitais para desenhar, de forma eficaz, sistemas de filas que alcançam equilíbrio apropriado entre o custo de fornecer um atendimento e o custo associado com a espera por esse atendimento.

Este capítulo apresentou os modelos mais básicos da teoria das filas para os quais existem, particularmente, resultados úteis. Entretanto, muitos outros modelos interessantes poderiam ser considerados caso o espaço permitisse. Na realidade, há vários milhares de trabalhos de pesquisa que formulam e/ou analisam modelos de filas que já apareceram na literatura técnica, e muito mais são publicados a cada ano!

A *distribuição exponencial* desempenha papel fundamental na teoria das filas para representar a distribuição de tempos entre chegadas e tempos de atendimento, pois essa hipótese nos permite representar o sistema de filas como uma *cadeia de Markov de tempo contínuo*. Pela mesma razão, *distribuições tipo-fase* como a *distribuição de Erlang*, em que o tempo total é subdividido em fases individuais com uma distribuição exponencial, são muito úteis. Foram obtidos resultados analíticos úteis somente para um número relativamente pequeno de modelos de filas elaborando-se outras hipóteses.

Modelos de disciplina de prioridades de filas são úteis para a situação comum na qual algumas categorias de clientes recebem determinada prioridade em relação a outros que estão recebendo atendimento.

Em outra situação comum, clientes devem receber atendimento em diversas instalações de atendimento. Modelos para redes de filas ganham ampla projeção para o emprego nessas situações. Essa é uma área de pesquisa em andamento especialmente ativa.

Quando não tivermos disponível nenhum modelo tratável que forneça uma representação razoável do sistema de filas em estudo, uma abordagem comum é obter dados de desempenho relevantes desenvolvendo um programa de computador para simular a operação do sistema. Essa técnica será discutida no Capítulo 20.

A Seção 17.10 descreve brevemente como a teoria das filas pode ser usada para ajudar a desenvolver sistemas de filas eficientes e depois o Capítulo 26 (no *site* da editora) expande consideravelmente esse tema.

REFERÊNCIAS SELECIONADAS

1. Asmussen, S.: *Applied Probability and Queues,* 2nd ed., Springer, New York, 2003.
2. Balsamo, S., V. de Nitto Personé, and R. Onvural: *Analysis of Queueing Networks with Blocking,* Kluwer Academic Publishers (now Springer), Boston, 2001.
3. Chen, H., and D. D. Yao: *Fundamentals of Queueing Networks: Performance, Asymptotics, and Optimization,* Springer, New York, 2001.
4. El-Taha, M., and S. Stidham, Jr.: *Sample-Path Analysis of Queueing Systems,* Kluwer Academic Publishers (now Springer), Boston, 1998.
5. Gross, D., and C. M. Harris: *Fundamentals of Queueing Theory,* 3d ed., Wiley, New York, 1998.
6. Hall, R. W. (ed.): *Patient Flow: Reducing Delay in Healthcare Delivery,* Springer, New York, 2006.
7. Hall, R. W.: *Queueing Methods: For Services and Manufacturing,* Prentice-Hall, Upper Saddle River, NJ, 1991.
8. Hassin, R., and M. Haviv: *To Queue or Not to Queue: Equilibrium Behavior in Queueing Systems,* Kluwer Academic Publishers (now Springer), Boston, 2008.
9. Hillier, F. S., and M. S. Hillier: *Introduction to Management Science: A Modeling and Case Studies Approach with Spreadsheets,* 3rd ed., McGraw-Hill/Irwin, Burr Ridge, IL, 2008, Chap. 11.
10. Papadopoulos, H. T., C. Heavy, and J. Browne: *Queueing Theory in Manufacturing Systems Analysis and Design,* Chapman Hall, London, 1993.

11. Prabhu, N. U.: *Foundations of Queueing Theory,* Kluwer Academic Publishers (now Springer), Boston, 1997.
12. Serfozo, R.: *Introduction to Stochastic Networks,* Springer, New York, 1999.
13. Stidham, S., Jr.: "Analysis, Design, and Control of Queueing Systems", *Operations Research,* **50:** 197-216, 2002.
14. Tian, N., and Z. G. Zhang: *Vacation Queueing Models: Theory and Applications,* Springer, New York, 2006.

Algumas aplicações consagradas da teoria das filas:

(Um *link* para esses artigos encontra-se no *site* da Bookman.)

A1. Bleuel, W. H.: "Management Science's Impact on Service Strategy", *Interfaces,* **5**(1, Part 2): 4-12, November 1975.
A2. Brigandi, A. J., D. R. Dargon, M. J. Sheehan, and T. Spencer III: "AT&T's Call Processing Simulator (CAPS) Operational Design for Inbound Call Centers", *Interfaces,* **24**(1): 6-28, January-February 1994.
A3. Burman, M., S. B. Gershwin, and C. Suyematsu: "Hewlett-Packard Uses Operations Research to Improve the Design of a Printer Production Line", *Interfaces,* **28**(1): 24-36, Jan.-Feb. 1998.
A4. Quinn, P., B. Andrews, and H. Parsons: "Allocating Telecommunications Resources at L.L. Bean, Inc.", *Interfaces,* **21**(1): 75-91, January-February 1991.
A5. Ramaswami, V., D. Poole, S. Ahn, S. Byers, and A. Kaplan: "Ensuring Access to Emergency Services in the Presence of Long internet Dial-Up Calls", *Interfaces,* **35**(5): 411-422, September-October 2005.
A6. Samuelson, D. A.: "Predictive Dialing for Outbound Telephone Call Centers", *Interfaces,* **29**(5): 66-81, September-October 1999.
A7. Swersy, A. J., L. Goldring, and E. D. Geyer, Sr.: "Improving Fire Department Productivity: Merging Fire and Emergency Medical Units in New Haven", *Interfaces,* **23**(1): 109-129, January-February 1993.
A8. Vandaele, N. J., M. R. Lambrecht, N. De Schuyter, and R. Cremmery: "Spicer Off-Highway Products Division-Brugge Improves Its Lead-Time and Scheduling Performance", *Interfaces,* **30**(1): 83-95, January-February 2000.

FERRAMENTAS DE APRENDIZADO NO *SITE*

Worked examples:

Exemplos do Capítulo 17

Procedimento interativo no tutorial IOR:

Rede de Jackson

Arquivos em Excel (Capítulo 17 – Teoria das Filas):

Gabarito para o Modelo *M/M/s*
Gabarito para a Variante de Fila do Modelo *M/M/s*
Gabarito para a Variante da população solicitante Finita do Modelo *M/M/s*
Gabarito para o Modelo *M/G/1*
Gabarito para o Modelo *M/D/1*
Gabarito para o Modelo $M/E_k/1$
Gabarito para o Modelo de Prioridades Não Preemptivas
Gabarito para Modelo de Prioridades Preemptivas
Gabarito para a Análise de Econômica *M/M/s* do Número de Atendentes

Arquivo LINGO (Capítulo 17 – Teoria das Filas) para solucionar os exemplos selecionados

Glossário do Capítulo 17

Ver Apêndice 1 para obter documentação sobre o software.

PROBLEMAS[20]

Inserimos um T à esquerda de alguns problemas (ou parte deles) toda vez que um dos gabaritos listados anteriormente puder ser útil. Um asterisco no número do problema indica que pelo menos há uma resposta parcial no final do livro.

17.2-1* Considere uma barbearia típica. Demonstre que ela é um sistema de filas descrevendo seus componentes.

17.2-2* João e José são dois barbeiros em uma barbearia que eles possuem e operam. Eles têm duas cadeiras para clientes que esperam por um corte de cabelo e, portanto, o número de clientes na barbearia varia entre 0 e 4. Para $n = 0, 1, 2, 3, 4$, a probabilidade P_n de que exatamente n clientes se encontrem $P_0 = \frac{1}{16}$, $P_1 = \frac{4}{16}$, $P_2 = \frac{6}{16}$, $P_3 = \frac{4}{16}$, $P_4 = \frac{1}{16}$.

(a) Calcule L. Como você descreveria o significado de L para João e José?
(b) Para cada um dos possíveis valores do número de clientes no sistema de filas, especifique quantos clientes se encontram na fila. Calcule então L_q. Como você descreveria o significado de L_q para João e José?
(c) Determine o número esperado de clientes atendidos.
(d) Se chegar uma média de quatro clientes por hora e que permaneça para cortar o cabelo, determine W e W_q. Descreva esses dois valores em termos significativos para João e José.
(e) Dado que João e José são igualmente rápidos no corte de cabelo, qual é a duração média de um corte de cabelo?

17.2-3 A Mercearia Mom-and-Pop tem um pequeno estacionamento com três vagas reservadas para seus clientes. Durante o horário de funcionamento da mercearia, os carros entram no estacionamento e usam uma das vagas a uma taxa média de 2 por hora. Para $n = 0, 1, 2, 3$, a probabilidade P_n de que exatamente n vagas estejam sendo usadas no momento é $P_0 = 0{,}1$, $P_1 = 0{,}2$, $P_2 = 0{,}4$, $P_3 = 0{,}3$.

(a) Descreva como esse estacionamento pode ser interpretado como um sistema de filas. Particularmente, identifique os clientes e os atendentes. Qual é o atendimento que está sendo fornecido? O que constitui um tempo de atendimento? Qual é a capacidade da fila?
(b) Determine as medidas de desempenho básicas – L, L_q, W e W_q na barbearia é $P = 1$, P para esse sistema de filas.
(c) Use os resultados do item (b) para determinar a duração média que um carro permanece no estacionamento.

17.2-4 Para cada uma das seguintes afirmações sobre a fila num sistema de filas, classifique a afirmação como verdadeira ou falsa e, em seguida, justifique sua resposta referindo-se a uma afirmação específica no capítulo.

(a) Fila é onde clientes aguardam no sistema de filas até que seu atendimento seja concluído.
(b) Modelos de filas supõem, convencionalmente, que a fila seja capaz de reter apenas um número limitado de clientes.
(c) A disciplina de fila mais comum é aquela na qual os primeiros que chegam serão os primeiros a ser atendidos.

17.2-5 O Midtown Bank sempre tem dois caixas em serviço. Os clientes chegam para ser atendidos por um caixa em uma taxa média de 40 por hora. Um caixa precisa de uma média de dois minutos para atender um cliente. Quando os dois caixas estão ocupados, um cliente que chega junta-se a uma fila única para esperar por atendimento. A experiência demonstra que os clientes aguardam na fila em média um minuto antes de ser atendidos.

(a) Descreva por que esse é um sistema de filas.
(b) Determine as medidas básicas de desempenho [W_q, W, L_q e L] para esse sistema de filas. (*Dica*: não conhecemos as distribuições probabilísticas dos tempos entre atendimentos e tempos de atendimento para esse sistema de filas, de modo que precisaremos usar as relações entre essas medidas de desempenho para ajudá-lo a responder a essas perguntas.)

17.2-6 Explique por que o fator de utilização ρ para o atendente em um sistema de filas com um único atendente tem de ser igual a $1 - P_0$, em que P_0 é a probabilidade de ter 0 clientes no sistema.

17.2-7 São dados dois sistemas de filas, Q_1 e Q_2. A taxa média de chegada, a taxa média de atendimento por atendente ocupado e o número esperado de clientes em estado estável para Q_2 são o dobro dos valores correspondentes para Q_1. Façamos que $W_i =$ tempo de espera previsto em estado estável no sistema para Q_i, para $i = 1, 2$. Determine W_2/W_1.

17.2-8 Considere um sistema de filas com um único atendente com distribuição de tempo de atendimento *qualquer* e distribuição de tempos entre atendimentos *qualquer* (o modelo $GI/G/1$). Use somente definições básicas e as relações dadas na Seção 17.2 para verificar as seguintes relações gerais:

(a) $L = L_q + (1 - P_0)$
(b) $L = L_q + \rho$
(c) $P_0 = 1 - \rho$

17.2-9 Demonstre que:

$$L = \sum_{n=0}^{s-1} n P_n + L_q + s\left(1 - \sum_{n=0}^{s-1} P_n\right)$$

17.3-1 Identifique os clientes e os atendentes no sistema de filas em cada uma das seguintes situações:

(a) O caixa em uma loja
(b) Um posto de corpo de bombeiros
(c) A cabine de pedágio em uma ponte
(d) Uma loja de conserto de bicicletas
(e) Um terminal marítimo
(f) Um grupo de máquinas semiautomáticas designadas a um operador
(g) O equipamento de manipulação de materiais em uma área de uma fábrica
(h) Uma loja de tubos e conexões
(i) Uma empreiteira que atende pedidos sob encomenda
(j) Um *pool* de digitadoras

---

[20] Refira-se também ao final do Capítulo 26 (no *site* da editora) para outros problemas que envolvem a aplicação da teoria das filas.

17.4-1 Suponha que um sistema de filas tem dois atendentes, um tempo entre atendimentos distribuição exponencial com uma média de duas horas e uma distribuição exponencial de tempos de atendimento com uma média de duas horas para cada um dos atendentes. Além disso, um cliente acaba de chegar ao meio-dia.

(a) Qual é a probabilidade de que a próxima chegada se dará (i) antes das 13 h, (ii) entre 13 e 14 h e (iii) após as 14 h?
(b) Suponha que não haja mais nenhuma chegada de cliente antes das 13 h. Qual é a probabilidade agora de que a próxima chegada venha a ocorrer entre 13 e 14 h?
(c) Qual é a probabilidade de que o número de chegadas entre 13 e 14 h será: (i) 0, (ii) 1 e (iii) 2 ou mais?
(d) Suponha que ambos os atendentes estejam com clientes às 13 h. Qual é a probabilidade de que *nenhum* dos clientes terá seu atendimento completado (i) antes das 14 h, (ii) antes das 13h10 e (iii) antes das 13h01 h?

17.4-2* As tarefas a ser executadas em determinada máquina chegam de acordo com um *processo de entrada de Poisson* com uma taxa média de duas por hora. Suponha que a máquina quebre e exija uma hora para ser reparada. Qual é a probabilidade de que o número de tarefas novas que chegarão durante esse período seja de: (*a*) 0, (*b*) 2, e (*c*) 5 ou mais?

17.4-3 O tempo necessário para um mecânico consertar uma máquina tem distribuição exponencial com uma média de quatro horas. Entretanto, uma ferramenta especial reduziria essa média para duas horas. Se o mecânico consertar a máquina em menos de duas horas, ele receberá US$ 100; caso contrário, ele receberá US$ 80. Determine o aumento esperado no pagamento do mecânico por máquina consertada, caso ele utilize a ferramenta especial.

17.4-4 Um sistema de filas com três atendentes possui um processo de chegada controlado que libera clientes a tempo de manter os atendentes sempre ocupados. Os tempos de atendimento têm distribuição exponencial com média 0,5.

Você observa o sistema de filas iniciando com todos os três atendentes começando a atender no instante $t = 0$. A seguir, você percebe que o primeiro término de atendimento ocorre no instante $t = 1$. Dadas essas informações, determine o tempo esperado após $t = 1$ até a ocorrência do próximo término de atendimento.

17.4-5 Um sistema de filas possui três atendentes com tempos de atendimento esperado de 30 minutos, 20 minutos e 15 minutos. Os tempos de atendimento possuem uma distribuição exponencial. Cada atendente tem se ocupado 10 minutos com um cliente atual. Determine o tempo esperado restante até que o próximo atendimento se conclua.

17.4-6 Considere um sistema de filas com dois tipos de clientes. Os clientes do tipo 1 chegam de acordo com um processo de Poisson, com uma taxa média de 5 por hora. Os clientes do tipo 2 também chegam de acordo com um processo de Poisson, com uma taxa média de 5 por hora. O sistema possui dois atendentes, ambos atendem dois tipos de clientes. Para ambos os tipos, os tempos de atendimento possuem uma distribuição exponencial com uma média de dez minutos. O atendimento é feito segundo a regra na qual os primeiros que chegam serão os primeiros a ser atendidos.

(a) Qual é a distribuição probabilística (incluindo sua média) do tempo entre chegadas consecutivas de clientes de qualquer tipo?

(b) Quando determinado cliente do tipo 2 chega, ele encontra dois clientes do tipo 1 no processo de ser atendidos, porém, nenhum outro cliente no sistema. Qual é a distribuição probabilística (incluindo sua média) do tempo de espera na fila desse cliente de tipo 2?

17.4-7 Considere um sistema de filas com dois atendentes em que todos os tempos de atendimento são independentes e identicamente distribuídos de acordo com uma distribuição exponencial com média de dez minutos. O atendimento é fornecido segundo a regra na qual os primeiros que chegam serão os primeiros a ser atendidos. Quando determinado cliente chega, ele encontra os dois atendentes ocupados e ninguém à espera na fila.

(a) Qual é a distribuição probabilística (incluindo sua média e desvio padrão) do tempo de espera na fila desse cliente?
(b) Determine o valor esperado e o desvio padrão do tempo de espera no sistema desse cliente.
(c) Suponha que esse cliente ainda esteja esperando na fila cinco minutos após sua chegada. Dada essa informação, como isso muda o valor esperado e o desvio padrão do tempo de espera total no sistema desse cliente das respostas obtidas no item (*b*)?

17.4-8 Para cada uma das seguintes afirmações referentes a tempos de atendimento modelados pela distribuição exponencial, classifique a afirmação como verdadeira ou falsa e, depois, justifique sua resposta referindo-se a afirmações específicas no capítulo.

(a) O valor esperado e a variância dos tempos de atendimento são sempre iguais.
(b) A distribuição exponencial sempre fornece uma boa aproximação da distribuição de tempos de atendimento real quando cada cliente requer as mesmas operações de atendimento.
(c) Em uma instalação com s atendentes, $s > 1$, com exatamente s clientes já no sistema, uma nova chegada teria um tempo de espera previsto antes de ser atendida de $1/\mu$ unidades de tempo, em que μ é a taxa média de atendimento para cada atendente ocupado.

17.4-9 Assim como para a Propriedade 3 da distribuição exponencial, façamos que $T_1, T_2, ..., T_n$ sejam variáveis aleatórias exponenciais independentes, com parâmetros $\alpha_1, \alpha_2, ..., \alpha_n$, respectivamente, e façamos que $U = \min\{T_1, T_2, ..., T_n\}$. Demonstre que a probabilidade de que determinada variável aleatória T_j venha a ser a menor das n variáveis aleatórias é:

$$P\{T_j = U\} = \alpha_j \bigg/ \sum_{i=1}^{n} \alpha_i, \quad \text{para } j = 1, 2, \ldots, n.$$

($Dica$: $P\{T_j = U\} = \int_0^\infty P\{T_i > T_j \text{ para todo } i \neq j \mid T_j = t\} \alpha_j e^{-\alpha_j t} dt$.)

17.5-1 Considere o processo de nascimento-e-morte com todos os $\mu_n = 2$ ($n = 1, 2, ...$), $\lambda_0 = 3$, $\lambda_1 = 2$, $\lambda_2 = 1$ e $\lambda_n = 0$ para $n = 3, 4, ...$.

(a) Mostre o diagrama de taxas.
(b) Calcule P_0, P_1, P_2, P_3 e P_n para $n = 4, 5, ...$
(c) Calcule L, L_q, W e W_q.

17.5-2 Considere um processo de nascimento-e-morte com apenas três estados atingíveis (0, 1 e 2), para os quais as probabilidades de estado estável são, respectivamente, P_0, P_1 e P_2. As taxas de nascimento-e-morte são resumidas na seguinte tabela:

Estado	Taxa de nascimento	Taxa de mortalidade
0	4	—
1	2	4
2	0	6

(a) Construa o diagrama de taxas para esse processo de nascimento-e-morte.
(b) Desenvolva as equações de equilíbrio.
(c) Solucione essas equações para encontrar P_0, P_1 e P_2.
(d) Use as fórmulas gerais para o processo de nascimento-e-morte para calcular P_0, P_1 e P_2. Calcule também L, L_q, W e W_q.

17.5-3 Considere o processo de nascimento-e-morte com as seguintes taxas médias. As taxas de nascimento são $\lambda_0 = 2$, $\lambda_1 = 3$, $\lambda_2 = 2$, $\lambda_3 = 1$ e $\lambda_n = 0$ para $n > 3$. As taxas de mortalidade são $\mu_1 = 3$, $\mu_2 = 4$, $\mu_3 = 1$ e $\mu_n = 2$ para $n > 4$.

(a) Construa o diagrama de taxas para esse processo de nascimento-e-morte.
(b) Desenvolva as equações de equilíbrio.
(c) Resolva essas equações para encontrar a distribuição probabilística de estado estável P_0, P_1,...
(d) Use as fórmulas genéricas para o processo de nascimento-e-morte para calcular P_0, P_1,.... Calcule também L, L_q, W e W_q.

17.5-4 Considere o processo de nascimento-e-morte com todos $\lambda_n = 2$ ($n = 0, 1,...$), $\mu_1 = 2$ e $\mu_n = 4$ para $n = 2, 3, ...$.

(a) Exiba o diagrama de taxas.
(b) Calcule P_0 e P_1. A seguir, forneça uma expressão genérica para P_n em termos de P_0 para $n = 2, 3,...$
(c) Considere um sistema de filas com dois atendentes que se encaixe nesse processo. Qual é a taxa média de chegada para esse sistema de filas? Qual é a taxa média de atendimento para cada um dos atendentes quando ele se encontra ocupado no atendimento de clientes?

17.5-5* Um posto possui uma bomba de gasolina. Carros que precisam abastecer chegam de acordo com um processo de Poisson, a uma taxa média de 15 por hora. Entretanto, se a bomba estiver sendo usada, esses possíveis clientes poderão *se recusar* (ir para outro posto de gasolina). Particularmente, se tivermos n carros já no posto, a probabilidade de chegar um possível cliente que se recusará é de $n/3$ para $n = 1, 2, 3$. O tempo necessário para abastecer um carro tem distribuição exponencial com uma média de quatro minutos.

(a) Construa o diagrama de taxas para esse sistema de filas.
(b) Desenvolva as equações de equilíbrio.
(c) Resolva essas equações para encontrar uma distribuição probabilística de estado estável do número de carros que se encontram no posto. Verifique que essa solução é a mesma daquela dada pela solução geral para o processo de nascimento-e-morte.
(d) Encontre o tempo de espera previsto (incluindo o atendimento) para aqueles carros que permanecem à espera no posto.

17.5-6 Um técnico de manutenção tem a tarefa de manter duas máquinas em funcionamento. O tempo que uma máquina trabalha antes de quebrar possui uma distribuição exponencial com uma média de dez horas. O tempo gasto então pelo técnico de manutenção para reparar a máquina possui uma distribuição exponencial com uma média de oito horas.

(a) Demonstre que esse processo se ajusta ao processo de nascimento-e-morte definindo os estados, especificando os valores de λ_n e μ_n e então construindo o diagrama de taxas.
(b) Calcule o P_n.
(c) Calcule L, L_q, W e W_q.
(d) Determine a proporção de tempo que o técnico de manutenção está ocupado.
(e) Determine a proporção de tempo que dada máquina está operando.
(f) Refira-se ao exemplo quase idêntico da *cadeia de Markov de tempo contínuo* fornecido no final da Seção 16.8. Descreva a relação entre cadeias de Markov de tempo contínuo e o processo de nascimento-e-morte que permite que ambos sejam aplicados a esse mesmo problema.

17.5-7 Considere um sistema de filas com um único atendente em que tempos entre atendimentos possuem uma distribuição exponencial com parâmetro λ e tempos de atendimento têm uma distribuição exponencial com parâmetro μ. Além disso, clientes *desistem* (deixam o sistema de filas sem ser atendidos) caso seu tempo de espera na fila acabe ficando muito longo. Em particular, suponha que o tempo que cada cliente está disposto a esperar na fila antes de desistir tenha uma distribuição exponencial com média $1/\theta$.

(a) Construa o diagrama de taxas para esse sistema de filas.
(b) Desenvolva as equações de equilíbrio.

17.5-8* Uma mercearia pequena possui um único caixa em tempo integral. Os clientes chegam "aleatoriamente" ao caixa (isto é, um processo de entrada de Poisson) a uma taxa média de 30 por hora. Quando há apenas um cliente na fila, ele é processado somente pelo caixa, com tempo de atendimento esperado de 1,5 minuto. Entretanto, o ajudante de estoque recebeu ordens de que sempre que houvesse mais de um cliente na fila, ele deve ajudar o caixa, empacotando as mercadorias. Essa ajuda reduz o tempo esperado para processar um cliente a um minuto. Em ambos os casos, a distribuição de tempo de atendimento é exponencial.

(a) Construa o diagrama de taxas para esse sistema de filas.
(b) Qual é a distribuição probabilística em estado estável do número de clientes no caixa?
(c) Derive L para esse sistema. (*Dica*: refira-se à derivação de L para o modelo *M/M/1* no início da Seção 17.6.) Use essas informações para determinar L_q, W e W_q.

17.5-9 Um departamento possui um operador de processador de texto. Documentos produzidos pelo departamento são entregues para processamento de acordo com um processo de Poisson com tempos entre atendimento esperado de 30 minutos. Quando o operador tem apenas um documento para processar, o tempo de processamento esperado é de 20 minutos. Quando ele tem mais de um documento, então ajuda para edição que se encontra disponível reduz o tempo de processamento esperado para cada documento a quinze minutos. Em ambos os casos, os tempos de processamento possuem distribuição exponencial.

(a) Construa o diagrama de taxas para esse sistema de filas.
(b) Encontre a distribuição de estado estável do número de documentos que o operador recebeu, mas não completou ainda.
(c) Derive L para esse sistema. (*Dica:* refira-se à derivação de L para o modelo *M/M/1* no início da Seção 17.6.) Use essa informação para determinar L_q, W e W_q.

17.5-10 Clientes que chegam em um sistema de filas de acordo com um processo de Poisson a uma taxa média de chegada de 2 clientes por minuto. O tempo de atendimento possui uma distribuição exponencial com média de um minuto. Um número ilimitado de atendentes está disponível conforme a necessidade, de modo que os clientes jamais têm de esperar para ser atendidos. Calcule a probabilidade de estado estável de que exatamente um cliente se encontre no sistema.

17.5-11 Suponha que um sistema de filas com um único atendente se ajuste a todas as hipóteses do processo de nascimento-e-morte, *exceto* que clientes sempre chegam em *pares*. A taxa média de chegada é de dois pares por hora (quatro clientes por hora) e a taxa média de atendimento (quando o atendente estiver ocupado) é de cinco clientes por hora.
(a) Construa o diagrama de taxas para esse sistema de filas.
(b) Desenvolva as equações de equilíbrio.
(c) Para fins de comparação, mostre o diagrama de taxas para o sistema de filas correspondente que se ajusta completamente ao processo de nascimento e morte, isto é, onde clientes chegam *individualmente* em uma taxa média de quatro por hora.

17.5-12 Considere um sistema de filas com um único atendente com uma fila finita capaz de reter no máximo dois clientes, *excluindo* qualquer um que esteja sendo atendido. O atendente é capaz de fornecer *atendimento em lote* a dois clientes simultaneamente, em que o tempo de atendimento tem distribuição exponencial com média de uma unidade de tempo independentemente do número que estiver sendo atendido. Sempre que a fila não estiver cheia, os clientes chegam individualmente de acordo com um processo de Poisson a uma taxa média de 1 por unidade de tempo.
(a) Suponha que o atendente *deva* atender dois clientes simultaneamente. Portanto, se o atendente estiver ocioso quando somente um cliente estiver no sistema, o atendente tem de esperar por outra chegada antes de iniciar o atendimento. Formule o modelo de filas como uma cadeia de Markov de tempo contínuo, definindo os estados e depois construindo o diagrama de taxas. Forneça as equações de equilíbrio, mas não as resolva.
(b) Suponha agora que o tamanho do lote para um atendimento seja 2, somente se dois clientes estiverem na fila quando o atendente concluir o atendimento anterior. Portanto, se o atendente estiver ocioso quando apenas um cliente estiver no sistema, ele deve atender esse único cliente e quaisquer chegadas subsequentes deverão aguardar na fila até que o atendimento seja concluído para esse cliente. Formule o modelo de filas resultante como uma cadeia de Markov de tempo contínuo, definindo os estados e depois construindo o diagrama de taxas. Forneça as equações de equilíbrio, mas não as resolva.

17.5-13 Considere um sistema de filas com duas classes de clientes, dois escriturários que atendem e *nenhuma fila*. Possíveis clientes de cada classe chegam de acordo com um processo de Poisson, com uma taxa média de chegada de dez clientes por hora para a classe 1 e 5 clientes por hora para a classe 2, porém, essas chegadas são perdidas para o sistema, caso elas não possam ser atendidos imediatamente.

Cada cliente da classe 1 que entra no sistema será atendido por um dos escriturários que estiver livre, em que os tempos de atendimento possuem distribuição exponencial com média de cinco minutos.

Cada cliente de classe 2 que entrar no sistema requer o *uso simultâneo de ambos os escriturários* (os dois escriturários trabalham juntos com um único atendente), em que os tempos de atendimento possuem distribuição exponencial com média de cinco minutos. Portanto, um cliente que chega desse tipo seria perdido para o sistema, a menos que ambos os escriturários estejam livres para começar a atender imediatamente.
(a) Formule o modelo de filas como uma cadeia de Markov de tempo contínuo definindo os estados e construindo o diagrama de taxas.
(b) Agora, descreva como a formulação no item (*a*) pode ser adequado no formato do processo de nascimento-e-morte.
(c) Use os resultados para o processo de nascimento-e-morte para calcular a distribuição conjunta de estado estável do número de clientes de cada classe no sistema.
(d) Para cada uma das duas classes de clientes, qual é a parcela de chegadas esperada que se encontram incapazes de entrar no sistema?

17.6-1 Leia o artigo referido que descreve completamente o estudo de PO resumido no Exemplo de Aplicação apresentada na Seção 17.6. Descreva sucintamente como os modelos de otimização foram aplicados nesse estudo. A seguir, enumere os diversos benefícios financeiros ou não resultantes do estudo.

17.6-2* A 4M Company possui um único torno-revólver como principal máquina de usinagem em seu chão de fábrica. As tarefas chegam nessa máquina de acordo com um processo de Poisson em uma taxa média de 2 por dia. O tempo de processamento para realizar cada tarefa tem distribuição exponencial com média de $\frac{1}{4}$ de dia. Como as tarefas são volumosas, aquelas que não estão sendo trabalhadas no momento são armazenadas em uma sala a certa distância da máquina. Entretanto, para poupar tempo na produção das tarefas, o gerente de produção propôs adicionar espaço de armazenagem para produtos em fabricação suficiente próximo ao torno-revólver para acomodar três tarefas além daquela processada no momento. (Tarefas em excesso continuarão a ser armazenadas temporariamente na sala distante.) Segundo essa proposta, que proporção de tempo esse espaço de armazenagem próximo ao torno-revólver é adequado para acomodar todas as tarefas em espera?
(a) Use fórmulas disponíveis para calcular sua resposta.
T (b) Use o gabarito de Excel correspondente para obter as probabilidades necessárias para responder a pergunta.

17.6-3 Clientes chegam em um sistema de filas com um único atendente de acordo com um processo de Poisson em uma taxa média de 30 por hora. Se o atendente trabalhar continuamente, o número de clientes que pode ser atendido em uma hora tiver uma distribuição de Poisson com média 50. Determine a proporção de tempo durante o qual ninguém espera para ser atendido.

17.6-4 Considere o modelo $M/M/1$, com $\lambda < \mu$.
(a) Determine a probabilidade de estado estável de que o tempo de espera real no sistema de um cliente não é maior que o tempo de espera previsto no sistema, isto é, $P\{\mathcal{W} > W\}$.
(b) Determine a probabilidade de estado estável de que o tempo de espera real na fila de um cliente não seja maior que o tempo de espera previsto na fila, isto é, $P\{\mathcal{W}_q > W_q\}$.

17.6-5 Verifique as seguintes relações para um sistema de filas $M/M/1$:

$$\lambda = \frac{(1-P_0)^2}{W_q P_0}, \qquad \mu = \frac{1-P_0}{W_q P_0}.$$

17.6-6 É necessário determinar quanto espaço de armazenagem para itens em fabricação alocar a determinada máquina em uma nova fábrica. As tarefas chegam nessa máquina de acordo com um processo de Poisson com taxa média de 4 por hora e o tempo necessário para realizar o trabalho necessário tem distribuição exponencial com média de 0,2 hora. Toda vez que os tempos de espera exigirem mais espaço de armazenagem para itens em fabricação do que foi alocado, as tarefas em excesso são armazenadas temporariamente em um local menos conveniente. Se cada tarefa exigir 1 m² de espaço no chão de fábrica, enquanto estiver sendo armazenada temporariamente com a máquina durante a fabricação, quanto espaço deve ser fornecido para acomodar alternativa de contratar outra pessoa para ajudar o caixa empacotando as mercadorias. Essa ajuda reduziria o tempo esperado para:

$$\sum_{n=0}^{N} x^n = \frac{1-x^{N+1}}{1-x}.$$

17.6-7 Considere as seguintes afirmações sobre um sistema de filas $M/M/1$ e seu fator de utilização ρ. Classifique cada uma delas como verdadeira ou falsa e justifique sua resposta.
(a) A probabilidade de que um cliente tenha de esperar antes de ser atendido é proporcional a ρ.
(b) O número de clientes esperado no sistema é proporcional a ρ.
(c) Se ρ for aumentado de $\rho = 0{,}9$ a $\rho = 0{,}99$, o efeito de qualquer outro aumento em ρ sobre L, L_q, W e W_q será relativamente pequeno desde que $\rho < 1$.

17.6-8 Clientes chegam em um sistema de filas com um único atendente de acordo com um processo de Poisson com um tempo esperado entre atendimentos de 25 minutos. Tempos de atendimento possuem uma distribuição exponencial com média de 30 minutos.

Classifique cada uma das seguintes afirmações sobre esse sistema como verdadeira ou falsa e, a seguir, justifique sua resposta.
(a) O atendente certamente estará ocupado para sempre após o primeiro cliente chegar.
(b) A fila crescerá sem limites.
(c) Se for acrescentado um segundo atendente com a mesma distribuição de tempos de atendimento, o sistema pode alcançar uma condição de estado estável.

17.6-9 Para cada uma das seguintes afirmações sobre um sistema de filas $M/M/1$, classifique cada uma das seguintes afirmações sobre esse sistema como verdadeira ou falsa e, a seguir, justifique sua resposta referindo-se a afirmações específicas no capítulo.
(a) O tempo de espera no sistema possui distribuição exponencial.
(b) O tempo de espera na fila possui distribuição exponencial.
(c) O tempo condicional de espera no sistema, dado o número de clientes já no sistema, possui distribuição de Erlang (distribuição gama).

17.6-10 A Friendly Neighbor Grocery Store possui um terminal de caixa com um caixa em tempo integral. Clientes chegam aleatoriamente no caixa a uma taxa média de 20 por hora. A distribuição de tempo de atendimento é exponencial, com média de 2 minutos. Essa situação resultou, ocasionalmente, em longas filas e reclamações dos clientes. Portanto, como não há espaço para um segundo terminal de caixa, o gerente considera processar um cliente para 1,5 minuto, porém, em que a distribuição ainda seria exponencial.

O gerente gostaria de ter a porcentagem de tempo em que há mais de dois clientes no caixa abaixo de 25%. Ele também gostaria ter não mais de 5% dos clientes tendo de esperar na fila pelo menos cinco minutos antes de ser atendidos ou pelo menos sete minutos antes de terminar o atendimento.
(a) Use as fórmulas para o modelo $M/M/1$ para calcular L, W, W_q, L_q, P_0, P_1 e P_2 para o modo de operação atual. Qual é a probabilidade de ter mais de dois clientes no caixa?
T (b) Use o gabarito em Excel para esse modelo para verificar suas respostas no item (a). Encontre também a probabilidade de que o tempo de espera antes do atendimento exceda cinco minutos e a probabilidade de que o tempo de espera antes de terminar o atendimento exceda sete minutos.
(c) Repita o item (a) para a alternativa considerada pelo gerente.
(d) Repita o item (b) para essa alternativa.
(e) Que abordagem o gerente deveria usar para satisfazer seus critérios o mais próximo possível?

T **17.6-11** O Centerville International Airport possui duas pistas: uma é utilizada exclusivamente para levantar voo e a outra é exclusiva para aterrissagens. Os aviões chegam no espaço aéreo de Centerville para solicitar instruções de pouso de acordo com um processo de Poisson, em uma taxa média de 10 por hora. O tempo necessário para um avião pousar após receber autorização para fazê-lo tem distribuição exponencial com média de três minutos. Esse processo tem de ser concluído antes de se dar autorização para outro avião fazê-lo. Aviões que aguardam autorização devem circular pelo aeroporto.

A Administração Federal da Aviação tem uma série de critérios referentes ao nível de segurança de congestionamento de aviões que aguardam para pousar. Esses critérios dependem de uma série de fatores referentes ao aeroporto em questão, como o número de pistas disponíveis para aterrissagem. Para o Centerville, os critérios são: 1) o número médio de aviões que aguardam para receber autorização para pousar não deve exceder 1; 2) em 95% do tempo, o número real de aviões que aguardam para receber autorização para pousar não deve exceder 4; 3) para 99% dos aviões, o tempo gasto circulando no aeroporto antes de receber autorização para pousar não deve exceder 30 minutos (já que exceder esse período normalmente exigiria o redirecionamento do avião para outro aeroporto para um pouso de emergência antes que seu combustível acabe).

(a) Avalie em que nível esses critérios são satisfeitos no momento.

(b) Uma importante companhia aérea considera a possibilidade de adicionar esse aeroporto como um de seus principais terminais. Isso aumentaria a taxa média de chegada a 15 aviões por hora. Avalie em que nível os critérios anteriores seriam satisfeitos se isso acontecesse.

(c) Para atrair mais negócios [inclusive a importante companhia aérea mencionada no item (b)], a gerência do aeroporto considera uma segunda pista para pouso. Estima-se que isso aumentaria finalmente a taxa média de chegada para 25 aviões por hora. Avalie em que nível os critérios anteriores seriam satisfeitos caso isso ocorresse.

T **17.6-12** O Security & Trust Bank emprega quatro caixas para atender a seus clientes. Os clientes chegam de acordo com um processo de Poisson a uma taxa média de 2 por minuto. Entretanto, o negócio está crescendo e a gerência projeta que a taxa média de chegada será 3 por minuto daqui a um ano. O tempo de transação entre o caixa e o cliente tem uma distribuição exponencial com média de um minuto.

A gerência estabeleceu as seguintes diretrizes para um nível satisfatório de atendimento aos clientes. O número médio de clientes à espera na fila para ser atendido não deve exceder 1. Pelo menos 95% do tempo, o número de clientes que espera na fila não deve exceder 5. Para pelo menos 95% dos clientes, o tempo gasto na fila à espera para ser atendido não deve ultrapassar cinco minutos.

(a) Use o modelo M/M/s para determinar o nível em que essas diretrizes são satisfeitas.

(b) Avalie em que nível as diretrizes serão satisfeitas daqui a um ano caso não ocorra nenhuma alteração no número de caixas.

(c) Determine quantos caixas serão necessários daqui a um ano para atender completamente a essas diretrizes.

17.6-13 Considere o modelo M/M/s.

T (a) Suponha que haja um atendente e o tempo de atendimento esperado seja exatamente igual a um minuto. Compare L para os casos nos quais a taxa média de chegada é de 0,5, 0,9 e 0,99 clientes por minuto, respectivamente. Faça o mesmo para L_q, W, W_q e $P\{\mathcal{W} > 5\}$. A que conclusões você chega sobre o impacto de aumentar o fator de utilização ρ de valores pequenos (por exemplo, $\rho = 0,5$) para valores bem altos (por exemplo, $\rho = 0,9$) e, depois, para valores maiores ainda, próximos de 1 (por exemplo, $\rho = 0,99$)?

(b) Suponha agora que haja dois atendentes e o tempo de atendimento esperado seja exatamente de dois minutos. Siga as instruções para o item (a).

T **17.6-14** Considere o modelo M/M/s com taxa média de chegada de dez clientes por hora e tempo de atendimento esperado de cinco minutos. Use o gabarito em Excel para esse modelo para obter e imprimir as diversas medidas de desempenho (com $t = 10$ e $t = 0$, respectivamente, para as duas probabilidades de tempo de espera) quando o número de atendentes for 1, 2, 3, 4 e 5. Depois, para cada um dos seguintes critérios possíveis para um nível satisfatório de atendimento (em que a unidade de tempo é de 1 minuto), use os resultados impressos para determinar quantos atendentes são necessários para satisfazer esse critério.

(a) $L_q \leq 0,25$

(b) $L \leq 0,9$
(c) $W_q \leq 0,1$
(d) $W \leq 6$
(e) $P\{\mathcal{W}_q \, 0\} \leq 0,01$
(f) $P\{\mathcal{W} > 10\} \leq 0,2$
(g) $\sum_{n=0}^{s} P_n \geq 0,95$

17.6-15 Um posto de gasolina com apenas uma bomba adota a seguinte política: se um cliente tiver de esperar, o preço é de US$ 3,50 por litro; se não tiver de esperar, o preço será de US$ 4,00 por litro. Os clientes chegam de acordo com um processo de Poisson com taxa média de 20 por hora. Os tempos de atendimento na bomba têm distribuição exponencial com média de dois minutos. Os clientes que chegam sempre aguardam até eles finalmente poderem adquirir o combustível. Determine o preço esperado da gasolina por litro.

17.6-16 É fornecido um sistema de fila M/M/1 com taxa média de chegada λ e taxa média de atendimento μ. Um cliente que chega recebe n dólares, caso n clientes já se encontrarem no sistema. Determine o custo esperado em dólares por cliente.

17.6-17 A Seção 17.6 fornece as seguintes equações para o modelo M/M/1:

(1) $\quad P\{\mathcal{W} > t\} = \sum_{n=0}^{\infty} P_n P\{S_{n+1} > t\}.$

(2) $\quad P\{\mathcal{W} > t\} = e^{-\mu(1-\rho)t}.$

Demonstre que a Equação (1) se reduz algebricamente à Equação (2). (*Dica:* use diferenciação, álgebra e integração.)

17.6-18 Derive W_q diretamente para os seguintes casos desenvolvendo e reduzindo uma expressão análoga à Equação (1) no Problema 17.6-17.

(a) O modelo M/M/1.
(b) O modelo M/M/s.

T **17.6-19** Considere um sistema de filas M/M/2 com $\lambda = 3$ e $\mu = 2$. Determine a taxa média na qual a conclusão dos atendimentos ocorre durante os períodos nos quais os clientes se encontram aguardando na fila.

T **17.6-20** Dado um sistema de filas M/M/2 com $\lambda = 4$ por hora e $\mu = 6$ por hora. Determine a probabilidade de que um cliente que chega aguardará mais de 30 minutos na fila, dado que pelo menos dois clientes já se encontram no sistema.

17.6-21* Na Cia. de Seguros Blue Chip Life, as funções de depósito e de retirada associadas a certo produto de investimento são destinadas separadamente a dois escriturários, Clara e Clarence. Os comprovantes de depósito chegam aleatoriamente (um processo de Poisson) na mesa de Clara a uma taxa média de 16 por hora. Comprovantes de retirada chegam aleatoriamente (um processo de Poisson) na mesa de Clarence a uma taxa média de 14 por hora. O tempo necessário para processar qualquer uma das transações que apresente distribuição exponencial com média de três minutos. Para reduzir o tempo de espera previsto no sistema tanto para os comprovantes de depósito quanto de retirada, o departamento atuarial fez as seguintes recomendações: 1) Treinar cada escriturário para lidar tanto com depósitos e retiradas, e 2) colocar os recibos de depósito bem como os de retirada em uma única fila que fosse acessada por ambos os escriturários.

(a) Determine o tempo de espera previsto no sistema segundo os procedimentos atuais para cada tipo de comprovante. A seguir, combine esses resultados para calcular o tempo de espera previsto no sistema para uma chegada aleatória de cada tipo de envelope.

T (b) Se as recomendações forem adotadas, determine o tempo de espera previsto no sistema para chegada dos envelopes.

T (c) Suponha agora que a adoção das recomendações resultasse em um ligeiro aumento no tempo de processamento esperado. Use o gabarito em Excel para o modelo $M/M/s$ para determinar por tentativa e erro o tempo de processamento esperado (em 0,001 hora) faria com que o tempo de espera previsto no sistema para uma chegada aleatória seja essencialmente o mesmo segundo os procedimentos atuais e segundo as novas recomendações.

17.6-22 A People's Software Company acaba de instalar um *call center* para fornecer assistência técnica para o seu novo pacote de software. Dois técnicos atendem as ligações, nas quais o tempo necessário para cada um dos técnicos responder às perguntas de um cliente apresenta uma distribuição exponencial com média de oito minutos. Os telefonemas chegam de acordo com um processo de Poisson a uma taxa média de 10 por hora.

Espera-se que no ano que vem a taxa média de chegada de ligações caia para 5 por hora, de modo que o plano seja reduzir o número de técnicos para somente um.

T (a) Supondo que μ continuará a ser 7,5 ligações por hora para o sistema de filas do próximo ano, determine L, L_q, W e W_q tanto para o sistema atual e para o sistema do próximo ano. Para cada uma dessas quatro medidas de desempenho, que sistema leva ao menor valor?

(b) Suponha agora que μ será ajustável quando o número de técnicos for reduzido para um. Encontre algebricamente o valor de μ que resultaria no mesmo valor de W daquele do atual sistema.

(c) Repita o item (b) com W_q em vez de W.

17.6-23 Considere a generalização do modelo $M/M/1$ em que o atendente precisa "se aquecer" no começo de um período movimentado e, portanto, atende o primeiro cliente de um período movimentado em uma velocidade menor que para os demais clientes. Particularmente, se um cliente que chega encontrar o atendente ocioso, o cliente passa por um tempo de atendimento com uma distribuição exponencial com parâmetro μ_1. Entretanto, se um cliente que chega encontrar o atendente ocupado, esse cliente junta-se à fila e, posteriormente, passa por um tempo de atendimento com distribuição exponencial com parâmetro μ_2, em que $\mu_1 < \mu_2$. Os clientes chegam de acordo com um processo de Poisson com taxa média λ.

(a) Formule esse modelo como uma cadeia de Markov de tempo contínuo definindo os estados e construindo o diagrama de taxas de acordo.

(b) Desenvolva as equações de equilíbrio.

(c) Suponha que sejam especificados valores numéricos para μ_1, μ_2 e λ e que $\lambda < \mu_2$ (portanto, existe uma distribuição de estado estável). Já que esse modelo possui um número de estados infinito, a distribuição de estado estável é a solução simultânea de um número infinito de equações de equilíbrio (além da equação que a soma de probabilidades é igual a 1). Suponha que não seja possível obter essa solução analiticamente e, portanto, você deseja usar um computador para resolver o modelo numericamente. Considerando que seja impossível resolver um número infinito de equações numericamente, descreva brevemente o que ainda poderia ser feito com essas equações para obter a aproximação de uma distribuição de estado estável. Sob que circunstâncias essa aproximação será basicamente exata?

(d) Dado que a distribuição de estado estável tenha sido obtida, forneça expressões explícitas para calcular L, Lq, W e Wq.

(e) Dada essa distribuição de estado estável, desenvolva uma expressão para $P\{\mathcal{W} > t\}$ que seja análoga à Equação (1) do Problema 17.6-17.

17.6-24 Para cada um dos modelos a seguir, escreva as equações de equilíbrio e demonstre que elas são satisfeitas pela solução dada na Seção 17.6 para a distribuição de estado estável do número de clientes no sistema.

(a) O modelo $M/M/1$.

(b) A variante de fila finita do modelo $M/M/1$, com $K = 2$.

(c) A variante finita da população solicitante do modelo $M/M/1$, com $N = 2$.

T **17.6-25** Considere um sistema telefônico com três linhas. As ligações chegam de acordo com um processo de Poisson a uma taxa média de 6 por hora. A duração de cada ligação apresenta distribuição exponencial com média de 15 minutos. Se todas as linhas estiverem ocupadas, as ligações serão colocadas em estado de espera até que alguma linha seja liberada.

(a) Imprima as medidas de desempenho fornecidas pelo gabarito em Excel para esse sistema de filas (com $t = 1$ hora e $t = 0$, respectivamente, para as duas probabilidades de tempo de espera).

(b) Use o resultado impresso fornecendo $P\{\mathcal{W}_q > 0\}$ para identificar a probabilidade de estado estável de que uma ligação será atendida imediatamente (não será colocada em espera). A seguir, verifique essa probabilidade usando os resultados impressos para P_n.

(c) Use os resultados impressos para identificar a distribuição probabilística de estado estável do número de ligações em espera.

(d) Imprima as novas medidas de desempenho caso as ligações que chegam sejam perdidas sempre que todas as linhas estiverem ocupadas. Use esses resultados para identificar a probabilidade de estado estável de que uma ligação que chega seja perdida.

17.6-26* Janet planeja abrir um pequeno lava-rápido e ela tem de decidir sobre quanto espaço deverá ser disponibilizado para os carros que esperam sua vez. Ela estima que os clientes cheguem aleatoriamente (isto é, um processo de entrada de Poisson) com taxa média de 1 a cada quatro minutos, a menos que a área de espera esteja cheia, em cujo caso os clientes que chegam desistiriam e levariam o carro em outro lava-rápido. O tempo que pode ser atribuído para lavar um carro apresenta uma distribuição exponencial com média de três minutos. Compare a fração esperada de possíveis clientes que serão *perdidos* em razão do espaço de espera inadequado caso: (*a*) não exista nenhuma vaga (não inclui o carro que está sendo lavado), (*b*) duas vagas, e (*c*) quatro vagas disponíveis.

17.6-27 Considere a variante de fila finita do modelo *M/M/s*. Derive a expressão para L_q dada na Seção 17.6 para esse modelo.

17.6-28 Para a variante da fila finita do modelo *M/M/1*, desenvolva uma expressão análoga à Equação (1) do Problema 17.6-17 para as seguintes probabilidades:
(a) $P\{\mathcal{W} > t\}$.
(b) $P\{\mathcal{W}_q > t\}$.
[*Dica:* chegadas podem ocorrer somente quando o sistema não estiver cheio e, portanto, a probabilidade de que uma chegada aleatória já encontre *n* clientes lá é $P_n/(1 - P_K)$.]

17.6-29 George planeja abrir uma cabine para revelação de fotos (*drive-through*) com um único posto de atendimento que ficará aberto aproximadamente 200 horas por mês em uma movimentada área comercial. Existe espaço disponível para aluguel para um *drive-through* por US$ 200 mensais por vaga (espaço temporário ocupado por carro, dispostos em fila). George precisa decidir quantas vagas devem ser fornecidas para seus clientes.

Excluindo esse custo de aluguel, George acredita que terá um lucro médio de US$ 4 por cliente atendido (nada para quando o filme for deixado e US$ 8 quando forem retiradas as fotografias reveladas). Ele também estima que os clientes chegarão de forma aleatória (um processo de Poisson) a uma taxa média de 20 por hora, embora aqueles que encontrem a fila do *drive-through* cheia serão obrigados a desistir. Metade dos clientes que encontram a fila cheia queria deixar o filme e a outra metade queria pegar suas fotos reveladas. A metade que queria deixar filme acabará indo fazer isso em outra loja. A outra metade dos clientes que encontra a fila cheia não será perdida, pois tentará pegar suas fotos em outra oportunidade. George supõe que o tempo necessário para atender a um cliente terá uma distribuição exponencial com média de dois minutos.

T (a) Encontre *L* e a taxa média nas quais os clientes são perdidos quando o número de vagas fornecidas for 2, 3, 4 e 5.
(b) Calcule *W* a partir de *L* para os casos considerados no item (*a*).
(c) Use os resultados do item (*a*) para calcular o decréscimo na taxa média na qual os clientes são perdidos quando o número de vagas fornecidas é aumentado de 2 para 3, de 3 para 4 e de 4 para 5. A seguir, calcule o aumento no lucro esperado por hora (excluindo os custos de aluguel) para cada um dos três casos.
(d) Compare os aumentos no lucro esperado encontrado no item (*c*) com o custo por hora de aluguel para cada vaga de carro. A que conclusão se pode chegar sobre o número de vagas de carro que George deveria disponibilizar?

17.6-30 Na Forrester Manufacturing Company, foi atribuída a um técnico de manutenção a responsabilidade de fazer a manutenção de três máquinas. Para cada máquina, a distribuição probabilística do tempo em funcionamento antes de ocorrer uma quebra é exponencial, com média de nove horas. O tempo de reparo também apresenta distribuição exponencial, com média de duas horas.

(a) Qual modelo de filas se encaixa nesse sistema de filas?
T (b) Use esse modelo de filas para encontrar a distribuição probabilística do número de máquinas que não estão operando e a média dessa distribuição.
(c) Use essa média para calcular o tempo esperado entre a quebra de uma máquina e o término de seu reparo.
(d) Qual é a fração esperada de tempo que o técnico de manutenção ficará ocupado?
T (e) Como aproximação grosseira, suponha que a população solicitante seja infinita e que quebras de máquina ocorram aleatoriamente a uma taxa média de 3 a cada nove horas. Compare o resultado do item (*b*) com aquele obtido por fazer essa aproximação usando: (i) o modelo *M/M/s* e (ii) a variante de fila finita do modelo *M/M/s* com *K* = 3.
T (f) Repita o item (*b*) quando o segundo técnico é disponibilizado para reparar uma segunda máquina sempre que mais de uma das três máquinas precisarem de reparo.

17.6-31 Reconsidere o processo de nascimento-e-morte específico descrito no Problema 17.5-1.
(a) Identifique um modelo de filas (e os valores de seus parâmetros) na Seção 17.6 que se encaixa nesse processo.
T (b) Use o gabarito em Excel correspondente para obter respostas para os itens (*b*) e (*c*) do Problema 17.5-1.

T **17.6-32*** A Dolomite Corporation planeja construir uma nova fábrica. Foram alocadas 12 máquinas semiautomáticas a um departamento. Um pequeno número (ainda a ser determinado) de operadores será contratado para fornecer às máquinas o atendimento ocasional necessário (carregamento, descarregamento, ajuste, preparação e assim por diante). É preciso decidir agora como organizar os operadores para fazer isso. A alternativa 1 é alocar cada operador às suas próprias máquinas. A alternativa 2 é fazer um *pool* de operadores de modo que qualquer operador ocioso possa pegar a próxima máquina que precisa de atendimento. A alternativa 3 é combinar os operadores em uma única equipe que trabalhará junto em qualquer máquina que precisa de atendimento. Supõe-se que o tempo em operação (tempo entre completar um atendimento e aquele em que a máquina precisa de atendimento novamente) de cada máquina tenha uma distribuição exponencial, com média de 150 minutos. Supõe-se que o tempo de atendimento tenha uma distribuição exponencial, com média de 15 minutos (para as alternativas 1 e 2) ou 15 minutos divididos pelo número de operadores na equipe (para a alternativa 3). Para o departamento atingir a taxa de produção exigida, as máquinas têm de operar, em média, pelo menos 89% do tempo.

(a) Para a alternativa 1, qual é o número máximo de máquinas que pode ser alocado a um operador ainda mantendo a taxa de produção necessária? Qual é a utilização resultante de cada operador?
(b) Para a alternativa 2, qual é o número mínimo de operadores necessário para alcançar a taxa de produção exigida? Qual é a utilização resultante dos operadores?
(c) Para a alternativa 3, qual é o tamanho mínimo da equipe necessária para alcançar a taxa de produção necessária? Qual é a utilização resultante da equipe?

17.6-33 Uma ferramentaria possui três máquinas idênticas que estão sujeitas a falha de certo tipo. Portanto, disponibiliza-se um sistema de manutenção para executar a operação de manutenção (recarga) necessária para uma máquina defeituosa. O tempo necessário para cada operação tem uma distribuição exponencial com média de 30 minutos. Entretanto, com probabilidade $\frac{1}{3}$, a operação tem de ser realizada uma segunda vez (com o mesmo tempo de distribuição), de modo a recuperar a máquina com problema trazendo-a de volta para um estado operacional satisfatório. Um sistema de manutenção trabalha somente em uma máquina problemática por vez, realizando todas as operações (uma ou duas) necessárias a essa máquina, segundo a regra na qual os primeiros que chegam serão os primeiros a ser atendidos. Após uma máquina ser reparada, o tempo até a próxima falha tem distribuição exponencial com média de três horas.

(a) Como devem ser definidos os estados do sistema de modo a formular esse sistema de filas como uma cadeia de Markov de tempo contínuo? (*Dica:* dado que uma primeira operação esteja sendo realizada em uma máquina, ser *bem-sucedido* na finalização dessa operação e *fracassar* nessa finalização são dois eventos distintos de interesse. Use então a Propriedade 6 referente à desagregação para a distribuição exponencial.)

(b) Construa o diagrama de taxas correspondente.

(c) Desenvolva as equações de equilíbrio.

17.7-1* Considere o modelo *M/G/1*.

(a) Compare o tempo de espera previsto na fila se a distribuição de tempos de atendimento for: (i) exponencial; (ii) constante; (iii) Erlang com a parcela de variação (isto é, o desvio padrão) a meio caminho entre os casos constante e exponencial.

(b) Qual é o efeito no tempo de espera previsto na fila e no comprimento esperado da fila caso tanto λ quanto μ forem duplicados e a escala da distribuição de tempos de atendimento for modificada de acordo?

17.7-2 Considere o modelo *M/G/1* com $\lambda = 0{,}2$ e $\mu = 0{,}25$.

T **(a)** Use o gabarito em Excel para esse modelo (ou cálculos manuais) para encontrar as principais medidas de desempenho [L, L_q, W, W_q] para cada um dos seguintes valores de σ: 4, 3, 2, 1, 0.

(b) Qual é a razão entre L_q com $\sigma = 4$ e L_q com $\sigma = 0$? O que isso diz em relação à importância de reduzir a variabilidade dos tempos de atendimento?

(c) Calcule a redução em L_q quando σ é reduzido de 4 para 3, de 3 para 2, de 2 para 1 e de 1 para 0. Qual é a maior redução? Qual é a menor?

(d) Use o método de tentativa e erro com o gabarito para ver aproximadamente quanto μ precisaria ser aumentado com $\sigma = 4$ para atingir o mesmo L_q que teria com $\mu = 0{,}25$ e $\sigma = 0$.

17.7-3 Considere as seguintes afirmações sobre um sistema de filas *M/G/1*, em que σ^2 é a variância dos tempos de atendimento. Classifique cada afirmação como verdadeira ou falsa e depois justifique sua resposta.

(a) Aumentar σ^2 (com λ e μ fixos) aumentará L_q e L, mas não alterará W_q e W.

(b) Ao escolher entre uma tartaruga (μ e σ^2 pequenos) e uma lebre (μ e σ^2 grandes) para ser o atendente, a tartaruga sempre ganha ao fornecer um L_q menor.

(c) Com λ e μ fixos, o valor de L_q com uma distribuição exponencial de tempos de atendimento é o dobro daquele com tempos de atendimento constantes.

(d) Entre todas as possíveis distribuições de tempo de atendimento (com λ e μ fixos), a distribuição exponencial resulta no maior valor de L_q.

17.7-4 Marsha opera um quiosque de café expresso. Os clientes chegam de acordo com um processo de Poisson a uma taxa média de 25 por hora. O tempo necessário para Marsha servir um cliente tem uma distribuição exponencial com média de 90 segundos.

(a) Use o modelo *M/G/1* para encontrar L, L_q, W e W_q.

(b) Suponha que Marsha seja substituída por uma máquina automática de café expresso que precise exatamente de 90 segundos para cada cliente operar. Encontre L, L_q, W e W_q.

(c) Qual é a razão entre L_q no item (*b*) e L_q no item (*a*)?

T **(d)** Use o método de tentativa e erro com o gabarito em Excel para o modelo *M/G/1* para verificar aproximadamente quanto Marsha precisaria reduzir o tempo de atendimento esperado para alcançar o mesmo L_q obtido com a máquina automática.

17.7-5 Antonio administra uma sapataria por conta própria. Os clientes chegam e trazem sapatos para ser consertados de acordo com um processo de Poisson a uma taxa média de 1 por hora. O tempo que Antonio precisa para reparar cada sapato (individualmente) apresenta uma distribuição exponencial com média de 15 minutos.

(a) Considere a formulação desse sistema de filas em que os sapatos individualmente (não o par) são considerados os clientes. Para essa formulação, construa o diagrama de taxas e desenvolva as equações de equilíbrio, porém, não as resolva.

(b) Considere agora a formulação desse sistema de filas no qual os pares de sapatos são considerados os clientes. Identifique o modelo de filas específico que se encaixa nessa formulação.

(c) Calcule o número esperado de pares de sapatos na sapataria.

(d) Calcule o tempo esperado do momento em que um cliente deixa um par de sapatos até eles serem consertados e estarem prontos para ser retirados pelo cliente.

T **(e)** Use o gabarito em Excel correspondente para verificar suas respostas nos itens (*c*) e (*d*).

17.7-6* A base de manutenção da Friendly Skies Airline possui instalações para revisar somente um motor de avião por vez. Portanto, para que os aviões sejam liberados para uso o mais rápido possível, a política tem sido alternar a revisão dos quatro motores de cada avião. Em outras palavras, somente um motor é revisado cada vez que um avião chegue no hangar. Segundo essa política, os aviões chegaram de acordo com um processo de Poisson a uma taxa média de 1 por dia. O tempo necessário para uma revisão de motor (assim que os trabalhos forem iniciados) apresenta uma distribuição exponencial com média de $\frac{1}{2}$ dia.

Fez-se uma proposta para alterar a política de modo que todos os quatro motores são revisados consecutivamente cada vez que um avião chega no hangar. Isso quadruplicaria o tempo de atendimento esperado, mas cada avião precisaria ir para a base de manutenção somente um quarto das vezes.

A gerência agora precisa decidir se deve continuar na mesma situação ou adotar a nova proposta. O objetivo é minimizar o tempo de voo médio perdido pela frota inteira por dia em razão das revisões de motor.

(a) Compare as duas alternativas em relação ao tempo médio de voo perdido por um avião cada vez que ele chega na base de manutenção.

(b) Compare as duas alternativas em relação ao número médio de aviões que perde tempo de voo em virtude de se encontrar na base de manutenção.

(c) Qual das duas comparações seria apropriada para tomar a decisão da gerência? Explique.

17.7-7 Reconsidere o Problema 17.7-6. A gerência adotou a proposta, mas agora quer que sejam realizadas mais análises desse novo sistema de filas.

(a) Como o estado do sistema deveria ser definido de modo a formular o modelo de filas como uma cadeia de Markov de tempo contínuo?

(b) Construa o diagrama de taxas correspondente.

17.7-8 A fábrica McAllister Company possui *dois* almoxarifados, cada um deles com um *único* almoxarife, em sua área de fabricação. Um almoxarifado manipula apenas as ferramentas para o maquinário pesado; o segundo manipula todas as demais ferramentas. Entretanto, para cada almoxarifado, os ferramenteiros chegam para pegar as ferramentas a uma taxa média de 18 por hora, e o tempo de atendimento esperado é de três minutos.

Em decorrência das reclamações de que os ferramenteiros que se dirigem ao almoxarifado têm de esperar muito, foi proposto que os dois almoxarifados sejam combinados de modo que qualquer um dos almoxarifes possa manipular qualquer tipo de ferramenta conforme a demanda exija. Acredita-se que a taxa média de chegada para o almoxarifado ao combinar dois almoxarifes duplicaria para 36 por hora e que o tempo de atendimento esperado continuaria a ser de três minutos. Entretanto, não há informações disponíveis sobre a *forma* das distribuições probabilísticas para tempos entre chegadas e tempos de atendimento, de modo que não está claro qual seria o melhor modelo de filas a ser adotado.

Compare a situação atual com a proposta em relação ao número total esperado de ferramenteiros no(s) almoxarifado(s) e o tempo de espera previsto (incluindo atendimento) para cada ferramenteiro. Faça isso tabulando esses dados para os quatro modelos de filas considerados nas Figuras 17.6, 17.8, 17.10 e 17.11 (use $k = 2$ quando for apropriada uma distribuição de Erlang).

17.7-9* Considere um sistema de filas com um único atendente com uma entrada de Poisson, tempos de atendimento com distribuição de Erlang e uma fila finita. Suponha, particularmente, que $k = 2$, a taxa média de chegada seja de 2 clientes por hora, o tempo de atendimento esperado seja de 0,25 hora e o número máximo permitido de clientes no sistema seja 2. Esse sistema pode ser formulado como uma cadeia de Markov de tempo contínuo, dividindo-se cada tempo de atendimento em duas fases consecutivas, cada uma tendo uma distribuição exponencial com média de 0,125 hora e, depois, definindo o estado do sistema como (n, p), em que n é o número de clientes no sistema ($n = 0, 1, 2$) e p indica a fase do cliente que está sendo atendido ($p = 0, 1, 2$, em que $p = 0$ significa que nenhum cliente está sendo atendido).

(a) Construa o diagrama de taxas correspondente. Escreva as equações de equilíbrio e, depois, use essas equações para encontrar a distribuição de estado estável do estado dessa cadeia de Markov.

(b) Use a distribuição de estado estável obtida no item (a) para identificar a distribuição de estado estável do número de clientes no sistema (P_0, P_1, P_2) e o número esperado no estado estável de clientes no sistema (L).

(c) Compare os resultados do item (b) com os resultados correspondentes quando a distribuição de tempos de atendimento for exponencial.

17.7-10 Considere o modelo $E_2/M/1$ com $\lambda = 4$ e $\mu = 5$. Esse modelo pode ser formulado como uma cadeia de Markov de tempo contínuo dividindo-se cada tempo entre atendimentos em duas fases consecutivas, e cada uma tem uma distribuição exponencial com média de $1/(2\lambda) = 0,125$ e, depois, definindo o estado do sistema como (n, p), em que n é o número de clientes no sistema ($n = 0, 1, 2,...$) e p indica a fase da *próxima* chegada (que ainda não se encontra no sistema) ($p = 1, 2$).

Construa o diagrama de taxas correspondente (mas não o resolva).

17.7-11 Uma empresa tem um técnico de manutenção para fazer a manutenção de um grande grupo de máquinas. Tratando esse grupo como uma população solicitante infinita, as quebras individuais ocorrem de acordo com um processo de Poisson a uma taxa média de 1 por hora. Para cada quebra, a probabilidade é 0,9 de que seja necessário somente um pequeno reparo, e nesse caso o tempo necessário tem distribuição exponencial com média de $\frac{1}{2}$ hora. Caso contrário, seria necessário um reparo importante, nesse caso, o tempo de reparo tem distribuição exponencial com média de cinco horas. Como as duas distribuições *condicionais* são exponenciais, a distribuição *incondicional* (combinada) de tempos de reparo é *hiperexponencial*.

(a) Calcule a média e o desvio padrão dessa distribuição hiperexponencial. [*Dica:* use as relações gerais da teoria das probabilidades de que, para qualquer variável aleatória X e qualquer par de eventos mutuamente exclusivos E_1 e E_2, $E(X) = E(X|E_1)P(E_1) + E(X|E_2)P(E_2)$ e $\text{var}(X) = E(X^2) - E(X)^2$]. Compare esse desvio padrão com o de uma distribuição exponencial com essa média.

(b) Quais são os P_0, L_q, L, W_q e W para esse sistema de filas?

(c) Qual é o valor condicional de W, dado que a máquina envolvida precisa de um reparo importante? E para um pequeno reparo? Qual é a divisão de L entre máquinas que precisam dos dois tipos de reparos? (*Dica:* a fórmula de Little ainda se aplica para as categorias de máquinas individuais.)

(d) Como devem ser definidos os estados do sistema de modo a formular esse sistema de filas como uma cadeia de Markov de tempo contínuo? (*Dica:* considere que informações adicionais teriam de ser dadas, além do número de máquinas quebradas, para a distribuição condicional do tempo restante até que o próximo evento de cada tipo seja exponencial.)

(e) Construa o diagrama de taxas correspondente.

17.7-12 Considere a variante de fila finita do modelo $M/G/1$, em que K é o número máximo de clientes permitido no sistema. Para $n = 1, 2,...$, façamos que a variável aleatória X_n seja o número de clientes no sistema no instante t_n quando o *enésimo* cliente acaba de ter sido atendido. (Não contar o cliente que sai.) Os tempos $\{t_1, t_2,...\}$ são chamados *pontos de regeneração*. Além disso, $\{X_n\}$ ($n = 1, 2,...$) é uma cadeia de Markov de tempo discreto e é conhecida como uma *cadeia de Markov incorporada*. As cadeias de Markov incorporadas são úteis no estudo das propriedades de processos estocásticos de tempo contínuo como aqueles para um *modelo M/G/1*.

Considere agora o caso especial em que $K = 4$, o tempo de atendimento de clientes sucessivos seja uma constante fixa, digamos, dez minutos, e a taxa média de chegada seja 1 a cada 50 minutos. Portanto, $\{X_n\}$ é uma cadeia de Markov incorporada com estados 0, 1, 2, 3. (Como jamais existem mais que quatro clientes no sistema, jamais pode haver mais que três no sistema em um ponto de regeneração.) Como o sistema é observado em sucessivos departamentos, X_n jamais pode decrescer mais que uma unidade. Além disso, as probabilidades de transições que resultam em aumentos em X_n são obtidas diretamente da distribuição de Poisson.

(a) Encontre a matriz de transição em uma etapa para a cadeia de Markov incorporada. (*Dica:* ao obter a probabilidade de transição do estado 3 para o estado 3, utilize uma probabilidade de 1 ou mais chegadas em vez de apenas 1 chegada e, de modo similar, para outras transições para o estado 3.)
(b) Use a rotina correspondente na área referente a cadeias de Markov do Tutorial IOR para encontrar as probabilidades de estado estável para o número de clientes no sistema em pontos de regeneração.
(c) Calcule o número de clientes esperado no sistema em pontos de regeneração e compare-o com o valor de L para o modelo $M/D/1$ (com $K = \infty$) na Seção 17.7.

17.8-1* A Southeast Airlines é uma pequena empresa que opera na ponte aérea atendendo principalmente o estado da Flórida. O balcão de passagens em certo aeroporto tem apenas um atendente. Há duas linhas distintas – uma para passageiros de primeira classe e outra para passageiros de classe econômica. Quando o atendente está pronto para atender mais um cliente, o próximo passageiro de primeira classe é atendido caso exista alguma fila. Caso contrário, será atendido o próximo passageiro de classe econômica. Os tempos de atendimento possuem distribuição exponencial com média de três minutos para ambos os tipos de clientes. Durante as 12 horas por dia em que o balcão de passagens está aberto, os passageiros chegam aleatoriamente a uma taxa média de 2 por hora para passageiros de primeira classe e 10 por hora para passageiros de classe econômica.

(a) Que tipo de modelo de filas se ajusta a esse sistema de filas?
T (b) Encontre as principais medidas de desempenho [L, L_q, W e W_q], tanto para passageiros de primeira classe quanto para os de classe econômica.
(c) Qual é o tempo de espera estimado antes de o atendimento começar para clientes de primeira classe como uma fração desse tempo de espera para clientes da classe econômica?
(d) Determine o número médio de horas por dia em que o atendente se encontra ocupado.

T **17.8-2** Considere o modelo com prioridades não preemptivas apresentado na Seção 17.8. Suponha que existam duas classes de prioridades, com $\lambda_1 = 2$ e $\lambda_2 = 3$. Ao desenhar esse sistema de filas, lhe é oferecida a possibilidade de escolher entre as seguintes alternativas: 1) um atendente rápido ($\mu = 6$), e 2) dois atendentes lentos ($\mu = 3$).

Compare essas alternativas com as quatro medidas de desempenho médias usuais (W, L, W_q, L_q) para cada classe de prioridade (W_1, W_2, L_1, L_2 e assim por diante). Qual alternativa é preferível caso sua principal preocupação seja o tempo de espera previsto no *sistema* para classes de prioridade 1 (W_1)? Qual alternativa é preferível caso sua principal preocupação seja o tempo de espera na *fila* para classes de prioridade 1?

17.8-3 Considere a variante com um único atendente do modelo de prioridades não preemptivas apresentado na Seção 17.8. Suponha que existam três classes de prioridades, com $\lambda_1 = 1$, $\lambda_2 = 1$ e $\lambda_3 = 1$. Os tempos de atendimento esperados para as classes de prioridades 1, 2 e 3 são 0,4, 0,3 e 0,2, respectivamente, portanto, $\mu_1 = 2,5$, $\mu_2 = 3\frac{1}{3}$, e $\mu_3 = 5$.

(a) Calcule W_1, W_2 e W_3.
(b) Repita o item (*a*) ao usar a aproximação de aplicar o modelo geral para prioridades não preemptivas apresentado na Seção 17.8. Já que esse modelo geral supõe que o tempo de atendimento previsto é o mesmo para todas as classes de prioridades, use tempo de atendimento esperado igual a 0,3 e, portanto, $\mu = 3\frac{1}{3}$. Compare os resultados com aqueles obtidos no item (*a*) e avalie o nível de aproximação fornecido ao se elaborar essa hipótese.

T **17.8-4*** Determinado núcleo de trabalho em uma ferramentaria pode ser representado como um sistema de filas com um único atendente, em que as tarefas chegam de acordo com um processo de Poisson, com taxa média de 8 por dia. Embora as tarefas que chegam sejam de três tipos distintos, o tempo necessário para realizar qualquer uma dessas tarefas possui a mesma distribuição exponencial, com média de 0,1 dia de trabalho. A prática tem sido a de trabalhar nas tarefas que chegam segundo a regra na qual os primeiros que chegam serão os primeiros a ser atendidos. Entretanto, é importante que tarefas do tipo 1 não esperem muito, ao passo que a espera é apenas moderadamente importante para tarefas do tipo 2 e relativamente sem importância para tarefas do tipo 3. Esses três tipos chegam com taxa média de 2, 4 e 2 por dia, respectivamente. Como os três tipos passaram, em média, por longos atrasos, propôs-se que as tarefas fossem escolhidas de acordo com uma disciplina de prioridades apropriada.

Compare o tempo de espera previsto (incluindo-se atendimento) para cada um dos três tipos de tarefas, caso a disciplina da fila seja: (*a*) os primeiros que chegam serão os primeiros a ser atendidos, (*b*) prioridade não preemptiva, e (*c*) prioridade preemptiva.

T **17.8-5** Reconsidere o problema do pronto socorro do Hospital Municipal da Seção 17.8. Suponha que as definições das três categorias de pacientes estejam ligeiramente ligadas de modo a transferir casos marginais para uma categoria inferior. Consequentemente, somente 5% do pacientes se qualificarão como casos críticos, 20% como casos graves e 75% como casos estáveis. Crie uma tabela que mostra os dados apresentados na Tabela 17.3 para esse problema revisado.

17.8-6 Reconsidere o sistema de filas descrito no Problema 17.4-6. Suponha agora que clientes tipo 1 sejam mais importantes do que clientes do tipo 2. Se a disciplina da fila fosse alterada da regra em que os primeiros que chegam serão os primeiros a ser atendidos para um sistema de prioridades em que os clientes do tipo 1 têm prioridade não preemptiva em relação a clientes do tipo 2, isso aumentaria, diminuiria ou manteria inalterado o número total esperado de clientes no sistema?

(a) Determine a resposta sem fazer qualquer cálculo e, depois, apresente o raciocínio que o levou a essa conclusão.
T (b) Verifique sua conclusão no item (*a*) encontrando o número total esperado de clientes no sistema sob cada uma dessas duas disciplinas de fila.

17.8-7 Considere o modelo de filas com a disciplina de fila de prioridade preemptiva apresentada na Seção 17.8. Suponha que $s = 1$, $N = 2$ e $(\lambda_1 + \lambda_2) > \mu$, e façamos que P_{ij} seja a probabilidade de estado estável de que existem i integrantes da prioridade de classe mais alta e j integrantes da prioridade de classe mais baixa no sistema de filas ($i = 0, 1, 2,...$; $j = 0, 1, 2,...$). Use um método análogo ao apresentado na Seção 17.5 para derivar um sistema de equações lineares cuja solução simultânea é P_{ij}. Não obtenha realmente essa solução.

17.9-1 Leia o artigo referido que descreve completamente o estudo de PO resumido no Exemplo de Aplicação apresentado na Seção 17.9. Descreva sucintamente como os modelos de otimização foram aplicados nesse estudo. A seguir, enumere os diversos benefícios financeiros ou não resultantes do estudo.

17.9-2 Considere um sistema de filas com dois atendentes, no qual os clientes chegam de duas origens distintas. Da origem 1, os clientes sempre chegam de 2 em 2, e o tempo entre chegadas consecutivas de pares de clientes possui distribuição exponencial com média de 20 minutos. A origem 2 é, por si só, um sistema de filas com dois atendentes, que possui um processo de entrada de Poisson com taxa média de sete clientes por hora e o tempo de atendimento de cada um desses dois atendentes tem distribuição exponencial com média de 15 minutos. Quando um cliente completa o atendimento na origem 2, ele entra imediatamente no sistema de filas e é considerado para outro tipo de atendimento. No último sistema de filas, a disciplina da fila é prioridade preemptiva em que clientes da origem 1 sempre têm prioridade preemptiva em relação a clientes da origem 2. Entretanto, os tempos de atendimento são independentes e distribuídos identicamente para ambos os tipos de cliente de acordo com uma distribuição exponencial com média de seis minutos.
(a) Concentre-se primeiro no problema de derivar a distribuição de estado estável *somente* do número de clientes da origem 1 no sistema de filas que está sendo considerado. Usando uma formulação de cadeia de Markov de tempo contínuo, defina os estados e construa o diagrama de taxas para derivar de forma mais eficiente essa distribuição (mas não a derive efetivamente).
(b) Agora concentre-se no problema de derivar a distribuição de estado estável do *número total* de clientes de ambos os tipos no sistema de filas que está sendo considerado. Usando uma formulação de cadeia de Markov de tempo contínuo, defina os estados e construa o diagrama de taxas para derivar de forma mais eficiente essa distribuição (mas não a derive efetivamente).
(c) Agora concentre-se no problema de derivar a distribuição *conjunta* de estado estável do número de clientes de cada tipo no sistema de filas que está sendo considerado. Usando uma formulação de cadeia de Markov de tempo contínuo, defina os estados e construa o diagrama de taxas para derivar esta distribuição (mas não a derive efetivamente).

17.9-3 Considere um sistema de duas filas infinitas em série, em que cada uma das duas instalações de atendimento possui um único atendente. Todos os tempos de atendimento são independentes e possuem uma distribuição exponencial, com média de três minutos na instalação 1 e quatro minutos na instalação 2. A instalação 1 tem um processo de entrada de Poisson com taxa média de 10 por hora.
(a) Encontre a distribuição de estado estável do número de clientes na instalação 1 e depois na instalação 2. A seguir, mostre a solução em forma de produto para a distribuição *conjunta* do número nas respectivas instalações.
(b) Qual é a probabilidade de que ambos os atendentes se encontrem ociosos?
(c) Encontre o *número total* de clientes esperado no sistema e o tempo *total* de espera previsto (incluindo-se os tempos de atendimento) para um cliente.

17.9-4 Sob as hipóteses especificadas na Seção 17.9 para um sistema de filas infinitas em série, esse tipo de rede de filas, na verdade, é um caso especial de uma rede de Jackson. Demonstre que isso é verdadeiro descrevendo esse sistema como uma rede de Jackson, inclusive especificando os valores de a_j e p_{ij}, dado λ para esse sistema.

17.9-5 Considere uma rede de Jackson com três instalações de atendimento com valores de parâmetros mostrados a seguir.

Instalação j	s_j	μ_j	a_j	P_{ij}		
				$i = 1$	$i = 2$	$i = 3$
$j = 1$	1	25	6	0	0,2	0,4
$j = 2$	1	30	8	0,5	0	0,3
$j = 3$	1	20	4	0,4	0,3	0

T (a) Encontre a taxa de chegada total em cada uma das instalações.
(b) Encontre a distribuição de estado estável do número de clientes nas instalações 1, 2 e 3. Em seguida, demonstre a solução em forma de produto para a distribuição conjunta do número nas respectivas instalações.
(c) Qual é a probabilidade de que todas as instalações tenham filas vazias (nenhum cliente aguardando para ser atendido)?
(d) Encontre o número total de clientes esperado no sistema.
(e) Determine o tempo de espera total previsto (incluindo os tempos de atendimento) para um cliente.

T **17.10-1** Ao descrever a análise econômica do número de atendentes para ser fornecido em um sistema de filas, a Seção 17.10 apresenta um modelo de custos básico no qual o objetivo é minimizar $E(TC) = C_s s + C_w L$. O propósito desse problema é permitir que você explore o efeito que os tamanhos relativos de C_s e C_w têm no número ótimo de atendentes.

Suponha que o sistema de filas em questão se encaixe no modelo *M/M/s* com $\lambda = 8$ clientes por hora e $\mu = 10$ clientes por hora. Use o gabarito em Excel do *Courseware* de PO para análise econômica com o modelo *M/M/s* para encontrar o número ótimo de atendentes para cada um dos seguintes casos.
(a) C_s = US\$ 100 e C_w = US\$ 10.
(b) C_s = US\$ 100 e C_w = US\$ 100.
(c) C_s = US\$ 10 e C_w = US\$ 100.

T **17.10-2*** Jim McDonald, gerente da rede de *fast-food* Mc-Burger, se dá conta que fornecer um atendimento rápido é a chave para o sucesso da lanchonete. Há grandes chances de que clientes que têm de esperar muito vão para outra lanchonete da região da próxima vez. Ele estima que cada minuto a mais que um cliente tiver de esperar na fila antes de completar o atendimento lhe custe uma média de 30 centavos em perda de futuros negócios. Portanto, ele quer certificar-se de que há um número suficiente de caixas abertos para manter a fila em um mínimo. Cada caixa é operado por um empregado de meio período que passa o lanche pedido por cliente e realiza a cobrança. O custo total para cada um desses empregados é de US$ 9 por hora.

Durante o horário de almoço, os clientes chegam de acordo com um processo de Poisson em uma taxa média de 66 por hora.

O tempo necessário para atender um cliente é estimado como uma distribuição exponencial com média de dois minutos.

Determine quantos caixas Jim deveria manter abertos durante o horário do almoço para minimizar o custo total esperado por hora.

T **17.10-3** A Garrett-Tompkins Company dispõe de três máquinas copiadoras em sua sala de cópia para uso de seus empregados. Entretanto, em razão de recentes reclamações sobre tempo considerável desperdiçado para uma copiadora ficar livre, a gerência estuda o acréscimo de uma ou mais copiadoras.

Durante as 2 mil horas de trabalho durante o ano, os empregados chegam na sala de cópias de acordo com um processo de Poisson a uma taxa média de 40 por hora. Acredita-se que o tempo que cada empregado precisa gastar em uma copiadora tem distribuição exponencial com média de quatro minutos. Estima-se que a produtividade perdida em virtude do tempo gasto por um empregado na sala de cópia custe à empresa uma média de US$ 40 por hora. Cada copiadora é alugada por US$ 4.000 por ano.

Determine quantas copiadoras a empresa deveria ter para minimizar seu custo total esperado por hora.

17.11-1 Da parte inferior das Referências Selecionadas dadas no final do capítulo, escolha uma das aplicações consagradas que envolvem a teoria das filas. Leia esse artigo e, em seguida, redija um resumo de duas páginas sobre a aplicação e os benefícios (inclusive benefícios não financeiros) por ela fornecidos.

17.11-2 Da parte inferior das Referências Selecionadas dadas no final do capítulo, escolha três das aplicações consagradas que envolvem a teoria das filas. Para cada uma delas, leia o artigo e, em seguida, redija um resumo de uma página sobre a aplicação e os benefícios (inclusive benefícios não financeiros) por ela fornecidos.

CASOS

CASO 17.1 Redução do estoque de itens em fabricação

Jim Wells, vice-presidente de Manufatura da Northern Airplane Company, está exasperado. Sua visita pela unidade fabril mais importante da empresa essa manhã o deixou mal-humorado. Entretanto, agora ele poderá descarregar sua raiva em Jerry Carstairs, o gerente de produção da unidade, que acaba de chegar a seu escritório após sua convocação.

"Jerry, acabo de voltar de uma vistoria pela fábrica e estou muito desapontado." "Qual é o problema, Jim?" "Bem, você sabe muito bem quanto tenho enfatizado a necessidade de cortar nosso estoque de itens em fabricação." "Claro, temos dado duro nesse sentido", responde Jerry. "Bem, não tão duro quanto deveria!" Jim aumenta seu tom de voz. "Você sabe o que descobri junto às prensas?" "Não." "Cinco chapas metálicas à espera para ser conformadas em perfis de asas. E depois, logo após, na unidade de supervisão, 13 perfis de asas! O supervisor estava supervisionando uma delas, porém, as outras 12 estavam ali ao lado, dormindo em berço esplêndido! Você sabe que temos algumas centenas de milhares de dólares atrelados a cada um desses perfis de asas. Portanto, entre as prensas e a unidade de supervisão, temos alguns milhões de metal terrivelmente caro simplesmente parado ali do lado. Isto não pode acontecer!"

O desgostoso Jerry Carstairs tenta responder. "Certo, Jim, estou bem ciente de que a unidade de supervisão é um gargalo. Normalmente a situação não é tão ruim quanto esta que você viu hoje pela manhã, mas sem dúvida nenhuma é um gargalo. Muito menos do que para as prensas. Você realmente nos pegou em um mau dia." "Espero que sim", replica Jim, "mas, até mesmo ocasionalmente, você precisa impedir que isso aconteça. Qual sua proposta?" Jerry agora se anima em sua resposta. "Bem, na verdade, já venho trabalhando nessa questão. Tenho uma série de propostas engatilhadas e solicitei a um analista de PO da minha equipe para analisar essas propostas e fazer um relatório com sugestões." "Ótimo", responde Jim, "fico feliz por ver que você está tentando resolver o problema. Dê a esse problema a mais alta prioridade e me informe o mais rápido possível." "Faremos isso", promete Jerry.

Eis o problema que Jerry e seu analista de PO estão resolvendo. Cada uma das dez prensas idênticas está sendo usada para conformar perfis de asas de avião a partir de grandes folhas de metal especialmente processadas. Essas chapas chegam aleatoriamente ao grupo de prensas a uma taxa média de 7 por hora. O tempo necessário para uma prensa para conformar um perfil de asa de avião a partir de uma chapa de metal tem uma distribuição exponencial com média de uma hora. Quando concluídos, os perfis de asas chegam aleatoriamente a uma unidade de supervisão na mesma taxa média que as chapas de metal chegam às prensas (7 por hora). Um único supervisor permanece em tempo integral supervisionando esses perfis de asas para certificar-se de que elas atendem às especificações. Cada supervisão leva $7\frac{1}{2}$ minutos e, portanto, ele é capaz de supervisionar oito perfis de asas por hora. Essa taxa de supervisionar resultou em uma quantidade média substancial de estoque de itens em fabricação na unidade de supervisão (isto é, o número médio de perfis de asas que aguarda supervisão é bastante grande), além daquelas que já se encontravam no grupo de máquinas.

Estima-se que o custo desse estoque de itens em fabricação seja de US$ 8 por hora para cada chapa de metal que estiver nas prensas ou para cada perfil de asa que se encontrar na unidade de supervisão. Portanto, Jerry Carstairs fez duas propostas alternativas para reduzir o nível médio de estoque de itens em fabricação.

A Proposta 1 é usar um pouco menos de força nas prensas (o que aumentaria seus tempos médios para conformar um perfil de asa para 1,2 hora), de modo que o supervisor consiga suportar melhor sua produção. Isso também reduziria o custo de energia para operar cada máquina, de US$ 7,00 para US$ 6,50 por hora. (Ao contrário, aumentar para força máxima aumentaria esses custos para US$ 7,50 por hora enquanto diminuiria o tempo médio para conformar um perfil de asa para 0,8 hora.)

A Proposta 2 é substituir o atual suepervisor por um mais jovem para essa tarefa. Ele é ligeiramente mais rápido (embora com alguma variabilidade em seus tempos de supervisão em virtude de sua menor experiência), de modo que ele poderia se dar melhor. (Seu tempo de supervisão teria uma distribuição de Erlang com média de 7,2 minutos e um parâmetro de forma $k = 2$.) Esse supervisor encontra-se em uma classificação que requer um salário total (incluindo benefícios) de US$ 19 por hora, ao passo que o supervisor atual encontra-se em uma classificação menor em que o salário é de US$ 17 por hora. (Os tempos de supervisão para cada um desses supervisores são típicos daqueles que se encontram em uma mesma classificação.)

Você é o analista de PO da equipe de Jerry Carstair ao qual foi solicitado para analisar esse problema. Ele quer que você "use as técnicas de PO mais atuais para verificar em quanto cada proposta reduziria o estoque de itens em fabricação e depois faça suas recomendações."

(a) Para ter uma base de comparação, comece analisando a situação atual. Determine a quantidade esperada de estoque de itens em fabricação nas prensas e na unidade de supervisão. Em seguida, calcule o custo total esperado por hora ao considerar o seguinte: o custo do estoque de itens em fabricação, o custo da energia para manter as prensas em operação e o custo do supervisor.

(b) Qual seria o efeito da proposta 1? Por quê? Faça comparações específicas com os resultados do item (*a*). Explique esse resultado para Jerry Carstairs.

(c) Determine o efeito da proposta 2. Faça comparações específicas com os resultados do item (*a*). Explique esse resultado para Jerry Carstairs.

(d) Dê suas sugestões para reduzir o nível médio de estoque de itens em fabricação na unidade de supervisão e no grupo de máquinas. Seja específico em suas recomendações e respalde-as com análise quantitativa como aquela realizada no item (*a*). Faça comparações específicas com os resultados do item (*a*) e cite as melhorias que suas sugestões produziriam.

APRESENTAÇÃO DE UM CASO ADICIONAL DO *SITE*

CASO 17.2 Dilema das filas

Diversos clientes furiosos reclamam sobre as longas esperas para conseguir contato em um *call center*. Parece que seria necessário maior número de atendentes para responder às ligações. Outra opção seria treinar os atendentes para que eles consigam responder às ligações de forma mais eficiente. Foram propostos alguns critérios possíveis para níveis de atendimento satisfatórios. A teoria das filas precisa ser aplicada para determinar como a operação do *call center* deveria ser redesenhada.

CAPÍTULO 18

Teoria dos Estoques

"Sinto muito, mas não temos esse produto no momento." Quantas vezes você ouviu esta frase durante suas jornadas de compras? Em muitos desses casos, o que você encontrou foram lojas que não sabem fazer um bom controle de seus *estoques* (estoques de mercadorias sendo mantidos para venda ou uso futuros). Eles não estão fazendo pedidos para reabastecer seus estoques de forma suficientemente rápida para impedir falta de produtos. Essas lojas poderiam se beneficiar dos tipos de técnica de controle de estoques científico que são descritas neste capítulo.

Não são somente lojas de varejo que devem controlar estoques. De fato, eles são uma constante no mundo dos negócios. Manter estoques é necessário para qualquer empresa que lide com produtos físicos, inclusive fabricantes, atacadistas e varejistas. Por exemplo, os fabricantes precisam de estoques de materiais necessários para fabricar seus produtos. Eles também precisam de estoques de produtos finalizados que aguardam para embarque. De forma similar, os atacadistas, bem como os varejistas, precisam manter estoques de mercadorias disponíveis para compra por parte de seus clientes.

Os custos anuais associados com o armazenamento de estoque são muito grandes, talvez equivalente a um quarto do seu valor. Portanto, os custos incorridos para o armazenamento de estoques nos Estados Unidos giram na casa das centenas de bilhões de dólares anuais. Reduzir esses custos de armazenagem evitando grandes estoques desnecessários pode aumentar a competitividade de qualquer empresa.

Algumas empresas japonesas foram pioneiras na introdução do *sistema de estoques just-in-time* – um sistema que enfatiza planejamento e programação de modo que os materiais necessários cheguem "exatamente a tempo" (*just-in-time*) para seu uso. Enormes quantias são economizadas reduzindo-se os níveis de estoques para o estritamente necessário.

Muitas empresas em outras partes do mundo também têm mudado a maneira pela qual elas gerenciam seus estoques. A aplicação de técnicas de pesquisa operacional nessa área (algumas vezes denominada *controle de estoques científico*) tem disponibilizado uma poderosa ferramenta para ganho de competitividade.

Como as empresas usam a pesquisa operacional para otimizar suas **políticas de estoques** para quando e em que nível reabastecer seus estoques? Elas usam **controle de estoques científico**, que compreende as seguintes etapas:

1. formular um *modelo matemático* que descreve o comportamento do sistema de estoque;
2. buscar uma política de estoques *ótima* em relação a esse modelo;
3. usar um *sistema de processamento de informações* computadorizado para manter um registro dos níveis de estoques atuais;
4. utilizar esse registro, aplicando a política de estoques ótima para sinalizar quando e em que níveis reabastecer os estoques.

Os modelos matemáticos de estoques usados com essa abordagem podem ser divididos em duas grandes categorias – modelos determinísticos e modelos estocásticos – de acordo com a *previsibilidade de demanda* envolvida. A **demanda** por um produto em estoque é o número de unidades que precisa ser retirado dele para algum uso (por exemplo, vendas) durante um período específico. Se a demanda em períodos futuros puder ser prevista com precisão razoável, faz sentido usar uma política de estoques que suponha que todas as previsões sempre serão totalmente precisas. Esse é o caso da *demanda* *conhecida* em que seria usado um modelo de estoques *determinístico*. Entretanto, quando a demanda não puder ser prevista muito bem, torna-se necessário usar um modelo de estoques *estocástico*, no qual a demanda em qualquer período é uma variável aleatória, em vez de uma constante conhecida.

Existem várias considerações básicas envolvidas na determinação da política de estoques que deve ser refletida no modelo matemático de estoques. Elas são ilustradas nos exemplos da primeira seção e depois descritas em termos gerais na Seção 18.2. A Seção 18.3 desenvolve e analisa modelos de estoques determinísticos para situações nas quais o nível de estoques está sob constante revisão. A Seção 18.4 faz o mesmo para situações em que se faz o planejamento para uma série de períodos em vez de forma contínua. A Seção 18.5 estende certos modelos determinísticos para coordenar os estoques em vários pontos ao longo da cadeia de abastecimento da empresa. As duas seções seguintes apresentam modelos estocásticos, primeiro, sob contínua revisão e, depois, para lidar com um produto perecível ao longo de um único período. (Um suplemento no *site* da editora para este capítulo apresenta modelos estocásticos de revisão periódica para períodos múltiplos.) Em seguida, a Seção 18.8 mostra uma área relativamente nova da teoria de estoques, denominada *gestão de receitas*, que se preocupa em maximizar a receita esperada de uma empresa ao lidar com o tipo especial de produto perecível cujo estoque inteiro tem que ser fornecido a clientes em determinado ponto no tempo ou será perdido para sempre. (Certos setores de serviços como uma companhia aérea fornece todo o seu estoque de assentos para determinado voo no horário designado para ele, fazendo amplo uso da gestão de receitas.)

18.1 EXEMPLOS

Apresentamos dois exemplos em contextos bem distintos (um fabricante e um atacadista) para os quais é necessário desenvolver-se uma política de estoques.

EXEMPLO 1   Fabricando alto-falantes para aparelhos de TV

Uma empresa fabricante de televisores produz seus próprios alto-falantes, que são usados na produção de seus aparelhos de TV. Os televisores são montados em uma linha de produção contínua a uma taxa de 8 mil unidades mensais, sendo necessário um alto-faltante por aparelho. Os aparelhos são produzidos em lotes, porque eles não garantem a configuração de uma linha de produção contínua e quantidades relativamente grandes podem ser produzidas em curto espaço de tempo. Portanto, os alto-falantes são colocados em estoque até que sejam necessários para a montagem dos televisores na linha de produção. A empresa está interessada em determinar quando produzir um lote de alto-falantes e quantos produzir em cada lote. Devem ser levados em conta diversos custos:

1. cada vez que um lote é produzido, incorre-se em um **custo de implantação** de US$ 12.000. Esse custo inclui o custo de "ferramental", custos administrativos, manutenção de registros e assim por diante. Note que a existência desse custo pede a produção de alto-falantes em grandes lotes;
2. o **custo unitário de produção** de um único alto-falante (excluindo o custo de implantação) é de US$ 10, independentemente do tamanho do lote produzido. (Em geral, entretanto, o custo unitário de produção não precisa ser constante e pode diminuir com o tamanho do lote.);
3. a produção de alto-falantes em grandes lotes leva a um grande estoque. O **custo de manutenção de estoque** estimado de manter um alto-falante em estoque é de US$ 0,30 por mês. Esse custo inclui o de capital imobilizado em estoques. Já que o dinheiro investido em estoques não pode ser usado em outras formas produtivas, esse custo de capital consiste no retorno perdido (conhecido como *custo de oportunidade*), pois se deve renunciar a usos alternativos do dinheiro. Outros componentes do custo de manutenção de estoque incluem o custo de aluguel do espaço para armazenagem, o custo de seguro contra a perda de estoques causada por incêndio, furto/roubo ou vandalismo, impostos sobre o valor dos estoques e o custo de pessoal que supervisiona e protege os estoques;
4. a política da empresa proíbe deliberadamente planejar contra escassez de qualquer um desses componentes. Entretanto, pode ocorrer ocasionalmente a falta de alto-falantes e estimou-se que cada um que não se encontra disponível quando necessário custa à empresa US$ 1,10 por mês. Esse **custo de escassez** inclui o custo extra de instalação dos alto-falantes após o televisor ser

completamente montado, os juros perdidos em razão do atraso no recebimento de receitas de vendas, o custo extra de contabilização e assim por diante.

Desenvolveremos a política de estoques para esse exemplo com a ajuda do primeiro modelo de estoques apresentado na Seção 18.3.

EXEMPLO 2 Distribuição de bicicletas no atacado

Um distribuidor de bicicletas no atacado enfrenta problemas de abastecimento deficiente de seu modelo mais popular e, no momento, revê sua política de estoques para esse modelo. O distribuidor compra mensalmente esse modelo de bicicleta do fabricante e, então, abastece diversas lojas de bicicleta na região oeste dos Estados Unidos atendendo a pedidos de compra. Qual será a demanda total das lojas de bicicleta é algo que se determina com bastante incerteza. Portanto, a questão é: quantas bicicletas devem ser encomendadas do fabricante para determinado mês, dada a indicação de nível de estoque naquele mês?

O distribuidor analisou seus custos e determinou que os seguintes pontos são importantes:

1. o **custo de pedido**, isto é, o custo de fazer um pedido de compra mais o custo das bicicletas, que estão sendo compradas, possui dois componentes: o custo administrativo envolvido na colocação de um pedido é estimado em US$ 2.000 e o custo real de cada bicicleta é de US$ 350 para esse atacadista;
2. o *custo de manutenção de estoque* – isto é, o custo de manter o produto em estoque – é de US$ 10 por bicicleta que sobra no final do mês. Esse custo representa os custos de capital imobilizado, espaço em depósito, seguro, impostos e assim por diante;
3. o *custo de escassez* é o de não ter uma bicicleta em mãos quando necessário. Pode-se facilmente fazer uma nova encomenda desse modelo em particular para o fabricante e, normalmente, as lojas aceitam algum atraso na entrega. Além disso, embora seja permitida falta de produtos, o distribuidor acredita que ele acaba tendo uma perda caso isso aconteça, perda estimada em US$ 150 por bicicleta por mês. Esse custo estimado leva em conta a possível perda de vendas no futuro em decorrência da perda de credibilidade com o cliente. Outros componentes desse custo incluem a perda de juros sobre receitas de vendas atrasadas e custos administrativos adicionais associados a essa falta de produto. Se algumas lojas fossem cancelar pedidos em razão dos atrasos, as perdas de receitas dessas vendas não atendidas precisariam ser incluídas no custo de escassez. Felizmente, em geral esses cancelamentos não ocorrem para esse distribuidor.

Retornaremos novamente à variante desse exemplo na Seção 18.7.

Esses exemplos mostram que há duas possibilidades para a forma pela qual uma empresa *reabastece seus estoques*, dependendo da situação. Uma possibilidade seria a própria empresa *produzir* as unidades de que precisa (como o fabricante de TV, que produz alto-falantes). A outra seria a empresa *encomendar* as unidades necessárias de um fornecedor (assim como o distribuidor de bicicletas as encomenda do fabricante). Os modelos de estoques não precisam fazer a distinção entre essas duas maneiras de reabastecer estoques e, portanto, usaremos termos como *produzir* e *encomendar* de maneira intercambiável.

Ambos os exemplos lidam com um produto específico (alto-falantes para televisor e determinado modelo de bicicleta). Na maioria dos modelos de estoques, considera-se apenas um produto por vez. Todos os modelos de estoques apresentados neste capítulo supõem um único produto.

Os dois exemplos indicam que existe uma relação entre os custos envolvidos. A próxima seção discute os componentes de custo básicos dos modelos de estoques para determinar a relação ótima entre esses custos.

18.2 COMPONENTES DOS MODELOS DE ESTOQUES

Como as políticas de estoques afetam a lucratividade, a escolha entre elas depende de suas lucratividades relativas. Conforme visto nos Exemplos 1 e 2, alguns dos custos que determinam essa lucratividade são: 1) custos de encomenda, 2) custos de manutenção de estoque, e 3) custos de escassez. Outros fatores relevantes incluem 4) receitas, 5) custos de salvados, e 6) taxas de desconto. Esses seis fatores são descritos, um a um, a seguir.

O **custo para encomendar** uma quantidade z (seja *comprando* ou *produzindo essa quantidade*) pode ser representado por uma função $c(z)$. A forma mais simples dessa função é aquela diretamente proporcional à quantidade encomendada, isto é, $c \cdot z$, em que c representa o preço unitário pago. Outra hipótese é a de que $c(z)$ é composto de duas partes: um termo é diretamente proporcional à quantidade encomendada e um termo corresponde a uma constante K para z positivo e é 0 para $z = 0$. Para esse caso,

$$c(z) = \text{custo para encomendar } z \text{ unidades}$$
$$= \begin{cases} 0 & \text{se } z = 0 \\ K + cz & \text{se } z > 0, \end{cases}$$

em que K = custo de implantação e c = custo unitário.

A constante K inclui o custo administrativo de encomenda ou, ao produzir, os custos envolvidos na preparação para iniciar a produção de um lote de peças.

Existem outras hipóteses que podem ser elaboradas sobre o custo de encomenda, porém este capítulo se restringe aos casos que acabamos de descrever.

No Exemplo 1, os alto-falantes são produzidos e o custo de implantação para a produção de um lote de peças é de US$ 12.000. Além disso, cada alto-falante custa US$ 10, de modo que o custo de produção ao encomendar a produção de um lote de z alto-falantes é dado por:

$$c(z) = 12.000 + 10z, \quad \text{para } z > 0.$$

No Exemplo 2, o distribuidor encomenda bicicletas do fabricante e o custo de *encomenda* é dado por:

$$c(z) = 2000 + 350z, \quad \text{para } z > 0.$$

O **custo de manutenção de estoque** (algumas vezes chamado *custo de armazenamento*) representa todos os custos associados com a armazenagem dos estoques até que eles sejam vendidos ou utilizados. Estão inclusos o custo de capital imobilizado, espaço, seguro, proteção e impostos atribuídos à armazenagem. O custo de manutenção de estoque pode ser calculado continuamente ou, então, período a período. Nesse último caso, o custo pode ser uma função da quantidade máxima mantida durante um período, a quantidade média mantida ou a quantidade em termos de estoque no final do período. O último ponto de vista é aquele normalmente adotado neste capítulo.

No exemplo da bicicleta, o custo de manutenção de estoque é de US$ 10 por bicicleta que sobra no final do mês. No exemplo dos alto-falantes para TV, o custo de manutenção de estoque é calculado continuamente como US$ 0,30 por alto-falante em estoque por mês e, portanto, o custo de manutenção de estoque médio por mês é igual a US$ 0,30 vezes o número médio de alto-falantes em estoque.

O **custo de escassez** (algumas vezes denominado *custo de demanda insatisfeita*) é incorrido quando a quantidade da *commodity* necessária (demanda) excede o estoque disponível. Esse custo depende de qual dos dois casos a seguir se aplica.

Em um caso, conhecido como **backlogging**, o excesso de demanda não é perdido, mas sim mantido até que ele seja atendido quando a próxima entrega normal reabastece os estoques. Para uma empresa que incorra em falta temporária de produtos para fornecimento a seus clientes (como aquela do exemplo da bicicleta), o custo de escassez pode então ser interpretado como a perda de credibilidade com o cliente e a posterior relutância de fazer novos negócios com a empresa, o custo de receita atrasada e os custos administrativos extras. Para um fabricante que incorra em falta temporária de materiais necessários para produção (como a falta de alto-falantes para montagem em televisores), o custo de escassez se torna o custo associado ao atraso na finalização do processo produtivo.

No segundo caso, chamado **sem *backlogging***, se ocorrer qualquer excesso de demanda em relação aos estoques disponíveis, a empresa não poderá esperar pela próxima entrega normal para atender a esse excesso de demanda. O (1) excesso de demanda será atendido por uma entrega prioritária ou então (2) não será atendido porque os pedidos serão cancelados. Para a situação 1, o custo de escassez pode ser interpretado como o custo de entrega prioritária. Para a situação 2, o custo de escassez é a perda de receita atual por não atender à demanda mais o custo de perda de futuros negócios em virtude da perda de credibilidade[1] com o cliente.

As **receitas** poderão ou não ser incluídas no modelo. Se tanto o preço quanto a demanda pelo produto forem estabelecidos pelo mercado e, portanto, estiverem fora do controle da empresa, a receita proveniente de vendas (supondo-se que a demanda seja atendida) é independente da política de estoques da empresa e podem ser desprezadas. Entretanto, se as receitas forem desprezadas no modelo, a *perda em receitas* deve ser então incluída no custo de escassez toda vez que a empresa não puder atendê-las e as vendas serão perdidas. Além disso, mesmo no caso em que a demanda é colocada em reserva, o custo do atraso em receitas também deve ser incluso no custo de escassez. Com essas interpretações, as receitas não serão consideradas explicitamente no restante deste capítulo.

O **valor de salvados** de um item é aquele que sobra quando não existe mais a intenção de se ter estoque adicional. O valor de salvados representa o valor pelo qual a empresa está disposta a vender um item, talvez por meio de uma venda com desconto. O negativo do valor de salvados é chamado **custo de salvados**. Se houver um custo associado com essa venda de um item, o custo de salvados pode ser positivo. Vamos supor, daqui em diante, que qualquer custo de salvados seja incorporado no *custo de manutenção de estoque*.

Finalmente, uma **taxa de desconto** leva em consideração o valor monetário ao longo do tempo. Quando uma empresa imobiliza capital em estoque, fica impedida de usar esse dinheiro para outros fins. Por exemplo, poderia empregá-lo em investimentos seguros, digamos, títulos da dívida pública e ter um retorno sobre o investimento daqui a um ano de, digamos, 7%. Portanto, US$ 1 investido hoje valeriam US$ 1,07 no ano 1 ou, alternativamente, um lucro de US$ 1 daqui a um ano equivale a $\alpha =$ US$ 1/US$ 1,07 hoje. A quantidade α é conhecida como **fator de desconto**. Assim, ao calcular o lucro total de uma política de estoques, o lucro ou custos daqui a um ano devem ser multiplicados por α, em dois anos, por α^2 e assim por diante. (Também podem ser usadas unidades de tempo diferentes de um ano.) O lucro total calculado dessa forma é normalmente conhecido como *valor presente líquido*.

Em problemas com horizontes de tempo curtos, α pode ser suposto como igual a 1 (e, portanto, desprezados), pois o valor atual de US$ 1 entregue durante esse horizonte de tempo curto não muda muito. Entretanto, em problemas com horizontes de tempo longos, o fator de desconto deve ser incluso.

Ao usar técnicas quantitativas para buscar políticas de estoques ótimas, usamos o critério de minimizar o custo descontado total (esperado). Sob as hipóteses de que o preço e a demanda pelo produto não se encontram sob controle da empresa e que as receitas perdidas ou atrasadas são inclusas no custo de penalidade por escassez, minimizar custos equivale a maximizar receitas líquidas. Outro critério útil é fazer que a política de estoques seja simples, isto é, que a regra para indicar *quando encomendar* e *quanto encomendar* seja compreensível e fácil de ser implementada. A maioria das políticas considerada neste capítulo possui essa propriedade.

Conforme mencionado no início do capítulo, os modelos de estoques são normalmente classificados como *determinísticos* ou, então, *estocásticos* dependendo se a demanda para um período for conhecida ou for uma variável aleatória com distribuição probabilística conhecida. A produção de lotes de alto-falantes no Exemplo 1 da Seção 18.1 ilustra a demanda determinística, pois os alto-falantes são usados na montagem de televisores a uma taxa fixa de 8 mil unidades por mês. As compras de bicicletas realizadas pelas lojas do distribuidor no atacado no Exemplo 2 da Seção 18.1 ilustram a demanda aleatória, porque a demanda mensal total varia mês a mês de acordo com alguma distribuição probabilística. Outro componente de um modelo de estoques é o **prazo de entrega**, que é a quantidade de tempo entre a colocação de um pedido para reabastecer estoques (seja por compra ou por produção) e o recebimento das mercadorias no estoque. Se o prazo de entrega sempre for o

---

[1] Uma análise da situação 2 é fornecida em Anderson, G. J. Fitzsimons, and D. Simester, "Measuring and Mitigating the Costs of Stockouts", *Management Science*, **52**(11): 1751-1763, Nov. 2006. Para uma análise sobre se backlogging ou nenhum backlogging fornece uma política menos onerosa em várias circunstâncias, ver B. Janakiraman, S. Seshadri, and J. G. Shanthikumar, "A Comparison of the Optimal Costs of Two Canonical Inventory Systems", *Operations Research*, **55**(5): 866-875, Sept.-Oct. 2007.

mesmo (um prazo de entrega *determinado*), então o reabastecimento pode ser programado apenas quando desejado. A maioria dos modelos neste capítulo supõe que cada reabastecimento ocorra dessa maneira, seja porque a entrega é praticamente instantânea, seja porque ela é conhecida quando o reabastecimento será necessário e existe um prazo de entrega estabelecido.

Outra classificação se refere ao monitoramento do nível de estoques ser contínuo ou periódico. Na **revisão contínua**, um pedido é feito assim que o nível de estoques cair para o ponto prescrito para fazer novos pedidos. Na **revisão periódica**, o nível de estoques é verificado em intervalos discretos, por exemplo, no final de cada semana, e as decisões de colocação de pedidos são tomadas somente nesses momentos, mesmo se o nível de estoques caia abaixo do ponto para fazer novos pedidos entre as datas de revisão precedente e atual. (Na prática, uma política de revisão periódica pode ser usada para aproximar uma política de revisão contínua, tornando o intervalo de tempo suficientemente pequeno.)

18.3 MODELOS DETERMINÍSTICOS DE REVISÃO CONTÍNUA

A situação em relação a estoques mais comumente enfrentada pelos fabricantes, varejistas e atacadistas é aquela cujos níveis de estoque são consumidos ao longo do tempo e, então, reabastecidos pela chegada de um lote de novas unidades. Um modelo simples que representa essa situação é o **modelo econômico de quantidade de pedidos** ou, de forma abreviada, o **modelo EOQ**. (Algumas vezes também conhecido como *modelo de tamanho de lote econômico*.)

Unidades do produto considerado são supostamente retiradas continuamente do estoque a uma *taxa constante conhecida*, representada por d; isto é, a demanda é de d unidades por unidade de tempo. Parte-se também do pressuposto de que os estoques são reabastecidos quando preciso, encomendando (seja por meio de compra ou de produção) um lote de tamanho fixo (Q unidades), em que todas as Q unidades chegam simultaneamente no tempo desejado. Para o *modelo EOQ básico* a ser apresentado primeiro, os únicos custos a ser considerados são:

K = custo de implantação para encomendar um lote;

c = custo unitário para produzir ou comprar cada unidade;

h = custo de manutenção de estoque por unidade por unidade de tempo mantida em estoque.

O objetivo é determinar quando e em que quantidade reabastecer estoques de modo a minimizar a soma desses custos por unidade de tempo.

Supomos uma *revisão contínua*, de modo que os estoques possam ser reabastecidos toda vez que seus níveis caírem para um número suficientemente baixo. Vamos supor primeiro que não sejam permitidas falta de produto (porém, posteriormente, flexibilizaremos essa hipótese). Com a taxa de demanda fixa, a falta de produto pode ser evitada reabastecendo estoques cada vez que o nível de estoques cair a zero e isso também minimizará o custo de sua manutenção. A Figura 18.1 representa o padrão resultante de níveis de estoque ao longo do tempo ao iniciarmos no momento 0 encomendando

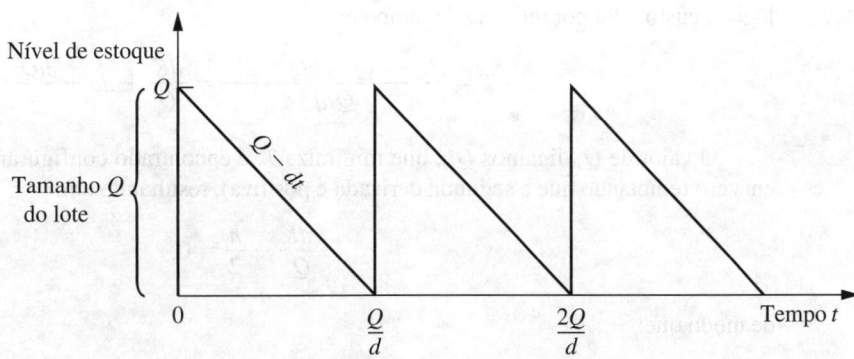

■ **FIGURA 18.1** Diagrama do nível de estoque em função do tempo para o modelo EOQ básico.

um lote de Q unidades de modo a aumentar o nível de estoque inicial de 0 para Q e, então, repetir esse processo cada vez que o nível de estoque cair novamente para 0.

O Exemplo 1 na Seção 18.1 (fabricação de alto-falantes para aparelhos de TV) se enquadra nesse modelo e será usado para ilustrar a discussão a seguir.

Modelo EOQ básico

Em suma, além dos custos especificados anteriormente, o modelo EOQ básico parte das seguintes hipóteses.

Hipóteses (Modelo EOQ Básico)

1. Uma *taxa de demanda* constante conhecida de d unidades por unidade de tempo;
2. a quantidade encomendada (Q) para reabastecer estoques chega toda de uma só vez exatamente quando desejado, isto é, quando o nível de estoques cai a 0;
3. não se permite a falta planejada de produto.

Em relação à hipótese 2, normalmente existe o atraso (intervalo) entre o momento em que se faz um pedido e o momento em que ele chega ao estoque. Conforme indicado na Seção 18.2, a quantidade de tempo entre a colocação de um pedido e seu recebimento é conhecida como *prazo de entrega*. O nível de estoques no qual se faz o pedido é chamado **ponto para fazer novo pedido**. Para satisfazer a hipótese 2, esse ponto para fazer novo pedido precisa ser configurado em:

Ponto para fazer novo pedido = (taxa de demanda) × (prazo de entrega).

Assim, a hipótese 2 supõe implicitamente prazo de entrega *constante*.

O tempo entre reabastecimentos de estoque consecutivos (os segmentos de reta verticais na Figura 18.1) é conhecido como *ciclo*. Para o exemplo do alto-falante, um ciclo pode ser visto como o tempo entre a produção de lotes de peças consecutivos. Dessa forma, se forem produzidos 24 mil alto-falantes em cada lote e forem usados a uma taxa de 8 mil unidades por mês, então o comprimento do ciclo será de 24.000/8.000 = 3 meses. Em geral, o tempo de um ciclo é Q/d.

O custo total por unidade de tempo T é obtido dos seguintes componentes.

Custo de produção ou encomenda por ciclo = $K + cQ$.

O nível de estoque médio durante um ciclo é $(Q + 0)/2 = Q/2$ unidades, e o custo correspondente é de $hQ/2$ por unidade de tempo. Como o tempo de um ciclo é Q/d,

$$\text{Custo de manutenção de estoque por ciclo} = \frac{hQ^2}{2d}.$$

Portanto,

$$\text{Custo total por ciclo} = K + cQ + \frac{hQ^2}{2d},$$

logo, o custo total por unidade de tempo é:

$$T = \frac{K + cQ + hQ^2/(2d)}{Q/d} = \frac{dK}{Q} + dc + \frac{hQ}{2}.$$

O valor de Q, digamos Q^*, que minimiza T, é encontrado configurando-se a primeira derivada em zero (e notando que a segunda derivada é positiva), resultando em:

$$-\frac{dK}{Q^2} + \frac{h}{2} = 0,$$

de modo que:

$$Q^* = \sqrt{\frac{2dK}{h}},$$

que é a já conhecida *fórmula EOQ*[2] (algumas vezes também chamada *fórmula da raiz quadrada*). O *tempo de ciclo* correspondente, digamos t^*, é:

$$t^* = \frac{Q^*}{d} = \sqrt{\frac{2K}{dh}}.$$

É interessante observar que Q^* e t^* mudam intuitivamente de formas plausíveis quando se faz uma mudança em K, h ou d. À medida que o custo de implantação K sobe, tanto Q^* quanto t^* aumentam (um número menor de implantações). Quando o custo de manutenção de estoque unitário h aumenta, Q^* e t^* diminuem (níveis de estoque menores). Conforme a taxa de demanda d se eleva, Q^* aumenta (lotes maiores), porém t^* diminui (implantações mais frequentes).

Essas fórmulas para Q^* e t^* serão aplicadas agora ao exemplo do alto-falante. Os valores de parâmetros apropriados da Seção 18.1 são:

$$K = 12.000, \quad h = 0,30, \quad d = 8.000,$$

de modo que:

$$Q^* = \sqrt{\frac{(2)(8.000)(12.000)}{0,30}} = 25.298$$

e

$$t^* = \frac{25.298}{8.000} = 3,2 \text{ meses}.$$

Portanto, a solução ótima é implantar as instalações de produção para fabricar alto-falantes uma vez a cada 3,2 meses e fabricar 25.298 alto-falantes a cada vez. (A curva de custo total é bastante plana próxima desse valor ótimo, de modo que qualquer produção de um lote de peças que pudesse ser mais conveniente, digamos, 24 mil alto-falantes a cada três meses, seria praticamente ótima.)

A seção de Worked Examples do *site* da editora inclui **outro exemplo** de aplicação do modelo EOQ básico quando a análise de sensibilidade considerável também precisa ser realizada.

Modelo EOQ com falta planejada de produto

Um dos pesadelos de qualquer gerente de estoque é a ocorrência de escassez de estoque (algumas vezes conhecida como *esgotamento de estoques*) – demanda que não pode ser atendida no momento em razão de os estoques se encontrarem esgotados. Isso provoca uma série de problemas, entre eles, lidar com clientes insatisfeitos e trabalho extra de contabilização para fazer arranjos para atender a essa demanda posteriormente (*backorders*) quando os estoques podem ser reabastecidos. Partindo do pressuposto de que não é permitida a falta planejada de produto, o modelo EOQ básico apresentado anteriormente satisfaz o desejo comum dos gerentes de evitar o máximo possível a falta de produto. (Não obstante, ainda possa ocorrer a falta de produto não planejada caso a taxa de demanda e as entregas não cumpram o cronograma planejado.)

Entretanto, existem situações nas quais faz sentido termos a falta de produto limitada planejada do ponto de vista gerencial. A exigência mais importante é que os clientes geralmente são capazes de aceitar um atraso razoável no preenchimento de seus pedidos, caso necessário. Nesse caso, os custos de incorrer na falta de produto descrito nas Seções 18.1 e 18.2 (inclusive a perda de negócios futuros) não devem ser exorbitantes. Se o custo de manter estoques for relativamente alto quando comparado a esses custos de escassez, então diminuir o nível médio de estoque permitindo a falta de produto breve e ocasional pode ser uma sábia decisão comercial.

O **modelo EOQ com falta planejada de produto** resolve esse tipo de situação substituindo somente a terceira hipótese do modelo EOQ básico pela nova hipótese indicada a seguir.

---

[2] Um interessante histórico desse modelo e fórmula, inclusive uma reimpressão de um artigo de 1913 que iniciou todo esse processo, é dado por D. Erlenkotter, "Ford Whitman Harris and the Economic Order Quantity Model", *Operations Research*, **38**: 937-950, 1990.

Agora é permitida a falta planejada de produto. Quando acontece essa falta, os clientes afetados vão esperar que o produto esteja novamente disponível. Seus pedidos colocados em reserva são preenchidos imediatamente quando a quantidade encomendada chega para reabastecer estoques.

Sob essas hipóteses, o padrão de níveis de estoques ao longo do tempo tem a aparência mostrada na Figura 18.2. O aspecto dente de serra é o mesmo daquele da Figura 18.1. Entretanto, agora os níveis de estoques estendem-se para valores negativos que refletem o número de unidades do produto que são colocados em reserva.

Façamos que:

p = custo de escassez por unidade com falta de produto por unidade de tempo com falta de produto;

S = nível de estoque logo após um lote de Q unidades ser acrescentado ao estoque;

$Q - S$ = falta de produto no estoque logo antes de um lote de Q unidades ser adicionado.

Agora, o custo total por unidade de tempo é obtido a partir dos seguintes componentes.

$$\text{Custo de produção ou encomenda por ciclo} = K + cQ.$$

Durante cada ciclo, o nível de estoques é positivo por um período S/d. O nível médio de estoque *durante esse período* é de $(S + 0)/2 = S/2$ unidades e o custo correspondente é $hS/2$ por unidade de tempo. Portanto,

$$\text{Custo de manutenção de estoque por ciclo} = \frac{hS}{2}\frac{S}{d} = \frac{hS^2}{2d}.$$

De modo similar, ocorre falta de produto por um período $(Q - S)/d$. A quantidade média de falta de produto *durante esse período* é $(0 + Q - S)/2 = (Q - S)/2$ unidades, e o custo correspondente é $p(Q - S)/2$ por unidade de tempo. Assim,

$$\text{Custo de escassez por ciclo} = \frac{p(Q - S)}{2}\frac{Q - S}{d} = \frac{p(Q-S)^2}{2d}.$$

Portanto,

$$\text{Custo total por ciclo} = K + cQ + \frac{hS^2}{2d} + \frac{p(Q-S)^2}{2d},$$

e o custo total *por unidade de tempo* é:

$$T = \frac{K + cQ + hS^2/(2d) + p(Q-S)^2/(2d)}{Q/d}$$

$$= \frac{dK}{Q} + dc + \frac{hS^2}{2Q} + \frac{p(Q-S)^2}{2Q}.$$

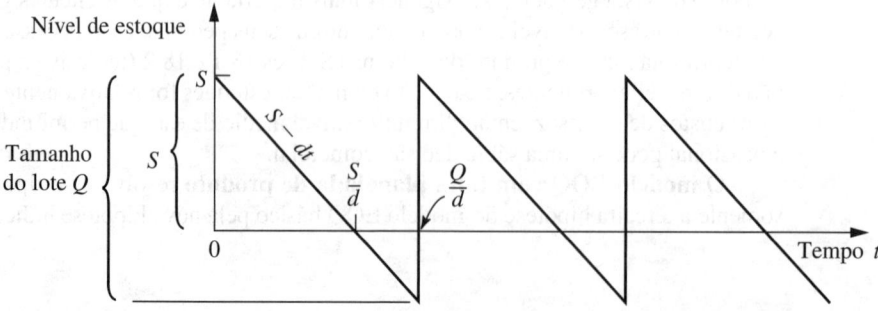

■ **FIGURA 18.2** Diagrama do nível de estoque em função do tempo para o modelo EOQ com falta planejada de produto.

Nesse modelo, há duas variáveis de decisão (S e Q) e, portanto, os valores ótimos (S^* e Q^*) são encontrados fazendo que as derivadas parciais $\partial T/\partial S$ e $\partial T/\partial Q$ sejam iguais a zero. Logo,

$$\frac{\partial T}{\partial S} = \frac{hS}{Q} - \frac{p(Q-S)}{Q} = 0.$$

$$\frac{\partial T}{\partial Q} = -\frac{dK}{Q^2} - \frac{hS^2}{2Q^2} + \frac{p(Q-S)}{Q} - \frac{p(Q-S)^2}{2Q^2} = 0.$$

Resolver essas equações nos conduz a:

$$S^* = \sqrt{\frac{2dK}{h}}\sqrt{\frac{p}{p+h}}, \qquad Q^* = \sqrt{\frac{2dK}{h}}\sqrt{\frac{p+h}{p}}.$$

O comprimento ótimo de um ciclo t^* é dado por:

$$t^* = \frac{Q^*}{d} = \sqrt{\frac{2K}{dh}}\sqrt{\frac{p+h}{p}}.$$

A escassez máxima é:

$$Q^* - S^* = \sqrt{\frac{2dK}{p}}\sqrt{\frac{h}{p+h}}.$$

Além disso, da Figura 18.2, a fração de tempo que não ocorre falta de produto é dada por:

$$\frac{S^*/d}{Q^*/d} = \frac{p}{p+h},$$

que é independente de K.

Quando tanto p quanto h for muito maior que o outro, as quantidades dadas anteriormente se comportam de modo intuitivo. Particularmente, quando $p \to \infty$ com h constante (de modo que custos de escassez prevaleçam em relação aos custos de manutenção de estoque), $Q^* - S^* \to 0$, ao passo que Q^* e t^* convergem para seus valores para o modelo EOQ básico. Embora o modelo atual permita a falta de produto, $p \to \infty$ implica que ter esses períodos de falta não vale a pena.

No entanto, quando $h \to \infty$ com p constante (e, portanto, os custos de manutenção de estoque prevalecem em relação aos custos de escassez), $S^* \to 0$. Portanto, fazer que $h \to \infty$ torna antieconômico ter níveis de estoques positivos, de modo que cada novo lote de Q^* unidades não vai além de eliminar a escassez de estoque atual.

Se for permitida a falta de produto planejada no caso dos alto-falantes, o *custo de escassez* é estimado na Seção 18.1 como

$$p = 1{,}10.$$

Como anteriormente,

$$K = 12.000, \quad h = 0{,}30, \quad d = 8.000,$$

e, portanto, agora

$$S^* = \sqrt{\frac{(2)(8.000\,(12.000)}{0{,}30}}\sqrt{\frac{1{,}1}{1{,}1 + 0{,}3}} = 22.424,$$

$$Q^* = \sqrt{\frac{(2)(8.000)(12.000)}{0{,}30}}\sqrt{\frac{1{,}1 + 0{,}3}{1{,}1}} = 28.540,$$

e

$$t^* = \frac{28.540}{8.000} = 3{,}6 \text{ meses}.$$

Consequentemente, as instalações de produção devem ser programadas a cada 3,6 meses para produzir 28.540 alto-falantes. A escassez máxima é de 6.116 alto-falantes. Observe que Q^* e t^* não são muito diferentes do caso em que não se permite a falta de produto. A razão para isso é que p é muito maior que h.

Modelo EOQ com descontos por quantidade

Ao especificar seus componentes de custo, os modelos precedentes partiram do pressuposto de que o custo unitário de um item é o mesmo, independentemente da quantidade no lote. Na realidade, essa hipótese resultou nas soluções ótimas serem independentes desse custo unitário. O *modelo EOQ com descontos por quantidade* substitui essa hipótese pela seguinte hipótese nova.

> O custo unitário de um item agora depende da quantidade no lote. Particularmente, é fornecido um incentivo para se fazer um pedido maior substituindo o custo unitário de uma quantidade pequena por um custo unitário menor para cada item em um lote maior e, talvez, por custos unitários ainda menores para lotes maiores ainda.

Caso contrário, as hipóteses são as mesmas para o modelo EOQ básico.

Para ilustrar esse modelo, considere o exemplo dos alto-falantes para TV da Seção 18.1. Suponhamos agora que o custo unitário para *cada* alto-falante seja de c_1 = US$ 11 se forem produzidos menos de 10 mil alto-falantes, c_2 = US$ 10 se a produção estiver entre 10 mil e 80 mil alto-falantes e c_3 = US$ 9,50 se a produção exceder 80 mil alto-falantes. Qual é a política ótima? A solução para esse problema específico revelará o método geral.

A partir dos resultados para o modelo EOQ básico, o custo total por unidade de tempo T_j se o custo unitário for c_j será dado por:

$$T_j = \frac{dK}{Q} + dc_j + \frac{hQ}{2}, \qquad \text{para } j = 1, 2, 3.$$

(Essa expressão supõe que h seja independente do custo unitário dos itens, mas um pequeno refinamento comum seria fazer h proporcional ao custo unitário para refletir o fato de que o custo de capital imobilizado em estoque varia dessa forma.) Uma representação gráfica de T_j versus Q é mostrada na Figura 18.3 para cada j, no qual a parte cheia de cada curva se estende além do intervalo viável de valores de Q para essa categoria de descontos.

Para cada curva, o valor de Q que minimiza T_j é encontrado exatamente da mesma forma que para o modelo EOQ básico. Para K = 12.000, h = 0,30 e d = 8.000, esse valor é:

$$\sqrt{\frac{(2)(8.000)(12.000)}{0,30}} = 25.298.$$

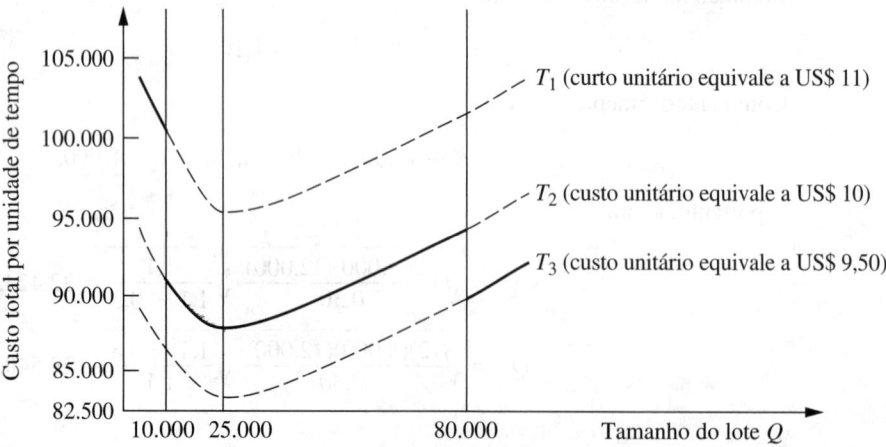

■ **FIGURA 18.3** Custo total por unidade de tempo para o exemplo do alto-falante com descontos por quantidade.

(Se h não fosse independente do custo unitário dos itens, então o valor que minimiza Q seria ligeiramente diferente para as diversas curvas.) Esse valor que minimiza Q é um valor viável para a função de custo T_2. Para qualquer Q fixo, $T_2 < T_1$, de modo que T_1 pode ser eliminado de quaisquer outras considerações. Entretanto, T_3 não pode ser descartado imediatamente. Seu valor viável mínimo (que ocorre em $Q = 80.000$) deve ser comparado a T_2 calculado em 25.298 (que corresponde a US$ 87.589). Como T_3 para 80.000 equivale a US$ 89.200, é melhor produzir em quantidades de 25.298, de modo que essa quantidade seja o valor ótimo para esse conjunto de descontos por quantidade.

Se o desconto por quantidade levar a um custo unitário igual a US$ 9 (em vez de US$ 9,50) quando a produção excede 80 mil, então T_3 em 80 mil seria igual a US$ 85.200 e o volume ótimo de produção passaria a ser 80 mil.

Embora essa análise seja referente a um problema específico, a mesma abordagem se aplica a qualquer problema similar. Eis uma síntese do procedimento geral.

1. Para cada custo unitário c_j disponível, use a fórmula EOQ para o modelo EOQ para calcular seu volume ótimo de pedidos Q_j^*.
2. Para cada c_j em que Q_j^* se encontra no intervalo permissível de volume encomendado para c_j, calcule o custo total correspondente por unidade de tempo T_j.
3. Para cada c_j em que Q_j^* não se encontra nesse intervalo permissível, determine o volume de pedidos Q_j que se encontra no ponto extremo desse intervalo permissível que se encontre mais próximo a Q_j^*. Calcule o custo total por unidade de tempo T_j para Q_j e c_j.
4. Compare T_j obtidos para todos c_j e escolha T_j mínimo. Em seguida, escolha o volume de pedidos Q_j obtido nas etapas 2 ou 3 que forneça esse T_j mínimo.

Uma análise similar pode ser usada para outros tipos de descontos por quantidade, como descontos incrementais por quantidade na qual um custo c_0 é incorrido para as primeiras q_0 unidades, c_1 para as q_1 unidades seguintes e assim por diante.

Alguns gabaritos em Excel úteis

Para facilitar, incluímos, no *site* da editora para este capítulo, cinco gabaritos em Excel para os modelos EOQ no arquivo Excel. Dois desses gabaritos são para o modelo EOQ básico. Em ambos os casos, apresentamos dados básicos (d, K e h), bem como o prazo de entrega para as encomendas e o número de dias de trabalho por ano da empresa. O gabarito calcula então os gastos anuais totais da empresa para custos de implantação e de custos de manutenção de estoque, bem como a soma desses dois custos (o *custo total variável*). Ele também calcula o *ponto para fazer novos pedidos* – o nível de estoques no qual o pedido precisa ser colocado para reabastecer estoques de modo que o reabastecimento chegará quando o nível de estoques cair a 0. Um gabarito (a *versão Solver*) permite que você inclua uma quantidade de pedidos qualquer e, depois, visualize quais seriam os custos anuais e o ponto para fazer novo pedido. Essa versão permite que você use o Excel Solver para encontrar a quantidade ótima de pedidos. O segundo gabarito (a *versão analítica*) usa a fórmula EOQ para obter a quantidade ótima de pedidos.

Também é fornecido o par correspondente de gabaritos para o modelo EOQ com falta de produto planejada. Após incluir os dados (inclusive o custo de escassez unitário p), cada um desses gabaritos vai obter os diversos custos anuais (inclusive o custo de escassez anual). Com a versão Solver, você também pode inserir valores experimentais da quantidade de pedidos Q e da escassez máxima $Q - S$ ou então encontrar valores ótimos, ao passo que a versão analítica usa as fórmulas para Q^* e $Q^* - S^*$ para obter os valores ótimos. O nível de estoque máximo correspondente S^* também é incluído nos resultados.

O gabarito final é uma versão analítica para o modelo EOQ com descontos por quantidade. Esse gabarito inclui o refinamento de que o custo de manutenção de estoque unitário h é proporcional ao custo unitário c, logo

$$h = Ic,$$

em que o fator de proporcionalidade I é chamado *taxa de custo de manutenção de estoque*. Portanto, os dados inseridos incluem I junto com d e K. Você também precisa incluir o número de categorias de desconto (em que a categoria de menor volume sem nenhum desconto também é uma delas), bem como o preço unitário e intervalos de volumes de pedidos para cada uma das categorias. O gabarito encontra então a quantidade de pedidos viável que minimiza o custo anual total para cada categoria e também mostra os custos anuais individuais (inclusive o custo de compra anual) que resultariam. Usando essas informações, o gabarito identifica o volume ótimo geral de pedidos e o custo anual total resultante.

Todos esses gabaritos podem ser úteis para calcular rapidamente uma grande quantidade de informações após a inclusão de dados básicos para o problema. Entretanto, talvez um emprego mais importante seja o de realizar a análise de sensibilidade desses dados. Você poderá ver imediatamente como os resultados mudariam para qualquer mudança específica nos dados inserindo os novos valores de dados na planilha. Fazer isso repetidamente para uma série de mudanças nos dados é uma maneira conveniente de realizar a análise de sensibilidade.

Observações sobre modelos EOQ

1. Caso se suponha que o custo unitário de um item seja constante ao longo do tempo independentemente do tamanho do lote (como acontece com os dois primeiros modelos EOQ), o custo unitário não aparece na solução ótima para o tamanho do lote. Esse resultado ocorre porque independentemente de qual política de estoques seja usada, é necessário o mesmo número de unidades por unidade de tempo e, portanto, esse custo por unidade de tempo é fixo.
2. A análise dos modelos EOQ parte do pressuposto de que o tamanho do lote Q seja constante de ciclo em ciclo. O tamanho de lote *ótimo* resultante Q^*, na verdade, minimiza o custo total por unidade de tempo para qualquer ciclo e, assim, a análise mostra que esse tamanho de lote constante deveria ser usado de ciclo em ciclo, mesmo que não se suponha um tamanho de lote constante.
3. O nível de estoque ótimo no qual os estoques deveriam ser reabastecidos jamais pode ser maior que zero segundo esses modelos. Esperar que o nível de estoques chegue a zero (ou menos de zero quando se permitir a falta de produto planejada) reduz os custos de manutenção de estoque, bem como a frequência de incorrer no custo de implantação K. Entretanto, se as hipóteses de *uma taxa de demanda constante conhecida* e *o volume de pedidos for chegar exatamente quando desejado* (devido a um prazo de entrega constante) não forem completamente satisfeitas, seria prudente planejar a existência de algum "estoque de segurança" quando os estoques estiverem programados para ser reabastecidos. Isso se faz aumentando-se o ponto para fazer novos pedidos acima daquele implícito pelo modelo.
4. As hipóteses básicas dos modelos EOQ são bastante exigentes. Elas raramente são satisfeitas completamente na prática. Por exemplo, mesmo quando a taxa de demanda constante for planejada (como acontece com a linha de produção no exemplo dos alto-falantes para TV na Seção 18.1), interrupções e variações na taxa de demanda ainda são prováveis de ocorrer. Também é muito difícil satisfazer a hipótese de que a quantidade de pedidos feitos para reabastecer estoques chegue exatamente quando desejado. Embora o cronograma possa solicitar um prazo de entrega constante, muitas vezes ocorrerão variações nos prazos de entrega reais. Felizmente, verificou-se que os modelos EOQ são robustos no sentido que eles geralmente ainda fornecem resultados aproximadamente ótimos mesmo quando suas hipóteses são apenas aproximações grosseiras da realidade. Esta é uma razão-chave pela qual esses modelos são tão usados na prática. No entanto, naqueles casos em que as hipóteses são violadas significativamente, é importante realizar alguma análise preliminar para avaliar a adequação de um modelo EOQ antes de ele ser usado. Essa análise preliminar deveria se concentrar em calcular o custo total por unidade de tempo fornecido pelo modelo para diversos volumes de pedidos e, então, avaliar como esse custo mudaria sob hipóteses mais realistas.

Diferentes tipos de demanda por um produto

O Exemplo 2 (distribuição de bicicletas no atacado) apresentado na Seção 18.1 se concentrou no controle de estoques para um modelo de bicicleta. A demanda por esse produto é gerada pelos clientes do atacadista (diversos varejistas) que compram essas bicicletas para reabastecer seus estoques de acordo com suas próprias programações. O atacadista não tem nenhum controle dessa demanda. Como esse modelo é vendido separadamente dos demais modelos, sua demanda não depende nem mesmo da demanda por qualquer um dos demais produtos da empresa. Essa demanda é conhecida como **demanda independente**.

A situação é diversa para o exemplo dos alto-falantes da Seção 18.1. Nesse caso, o produto considerado – alto-falantes para TV – é apenas um componente montado no produto final da empresa – televisores. Consequentemente, a demanda pelos alto-falantes depende da demanda por televisores. O padrão dessa demanda por alto-falantes é determinado internamente pelo cronograma de produção que a empresa estabelece para os televisores ajustando a taxa de produção para a linha de produção que fabrica os aparelhos. Tal demanda é conhecida como **demanda dependente**.

A empresa fabricante de televisores produz um número considerável de produtos – várias peças e subconjuntos – que se tornam componentes dos televisores. Assim como os alto-falantes, esses diversos produtos também são **produtos dependentes de demanda**.

Em virtude das dependências e inter-relações envolvidas, gerenciar os estoques de produtos dependentes de demanda pode ser consideravelmente mais complicado que para produtos independentes de demanda. Uma técnica conhecida para auxiliar nessa tarefa é a do **planejamento de necessidades de materiais**, abreviatura (em inglês) **MRP** (material Requirements Planning). O MRP é um sistema baseado em computador para planejamento, programação e controle da produção de todos os componentes de um produto final. O sistema começa "explodindo" o produto, subdividindo-o em todos seus subconjuntos e depois em todas suas peças componentes individuais. É desenvolvida então uma programação de produção, usando a demanda e o prazo de entrega para cada componente a fim de determinar a demanda e o prazo de entrega para o componente subsequente no processo. Além de uma *programação-mestra de produção* para o produto final, uma *lista de materiais* fornece informações detalhadas sobre todos seus componentes. Registros de condições do estoque fornecem os níveis de estoques atuais, número de unidades no pedido etc. para todos os componentes. Quando for preciso encomendar mais de uma unidade de um componente, o sistema MRP gera automaticamente um pedido de compra para o fornecedor ou então uma ordem de produção para o departamento interno que fabrica o componente[3].

O papel do controle de estoques Just-In-Time (JIT)

Quando o modelo EOQ básico foi usado para calcular o tamanho ótimo do lote de produção para o exemplo dos alto-falantes, obteve-se uma quantidade muito grande (25.298 alto-falantes). Isso permite implantações relativamente infrequentes para iniciar a produção de lotes de peças (somente uma vez a cada 3,2 meses). Porém, isso também provoca níveis de estoques muito grandes (12.649 alto-falantes), que leva a um alto custo de manutenção de estoque total por ano de mais de US$ 45.000.

A razão básica para esse alto custo é o alto custo de implantação de $K =$ US$ 12.000 para a produção de cada lote de peças. O custo de implantação é tão considerável porque as instalações de produção precisam ser configuradas novamente a partir do zero cada uma das vezes. Consequentemente, mesmo com menos de quatro lotes de peças por ano, o custo de implantação anual está acima de US$ 45.000, exatamente como os custos de manutenção de estoque anuais.

Em vez de continuar a tolerar no futuro um custo de implantação de US$ 12.000 cada uma das vezes, outra opção para a empresa seria procurar maneiras de reduzir esse custo. Uma possibilidade seria desenvolver métodos para mudar rapidamente o emprego das máquinas de uma finalidade para outra. Outra seria dedicar um grupo de instalações de produção para a produção de alto-falantes, de modo que elas permaneceriam configuradas entre a produção de um lote de peças em preparação para o seguinte, sempre que necessário.

Suponhamos que o custo de implantação pudesse ser drasticamente reduzido, de US$ 12.000 para $K =$ US$ 120. Isso reduziria o tamanho ótimo do lote de produção de 25.298 alto-falantes para apenas $Q^* = 2.530$ alto-falantes e, portanto, a produção de um novo lote de peças que dure pouco tempo seria iniciada mais de três vezes por mês. Isso também reduziria o custo de implantação anual, como também o custo de manutenção de estoque anual de mais de US$ 45.000, para apenas um pouco mais de US$ 4.500 cada. Com uma produção de lotes de peças tão frequente (porém, barata), os alto-falantes seriam produzidos praticamente *just-in-time* para sua montagem nos televisores.

Just-in-time, na verdade, é uma filosofia bem desenvolvida para controle de estoques. Um sistema de estoques *just-in-time* (**JIT**) enfatiza a redução de níveis de estoques para o estritamente necessário e, portanto, fornece os itens exatamente no momento em que são necessários. Essa filosofia foi inicialmente desenvolvida no Japão, na Toyota Company no final dos anos 1950, e recebeu parte do crédito pelos extraordinários ganhos na produtividade japonesa durante grande parte do século XX. A

---

[3] Uma série de artigos nas pp. 32-44 da edição de setembro de 1996 da *IIE Solutions* fornece mais informações sobre o MRP.

filosofia também se tornou popular em outras partes do mundo, inclusive nos Estados Unidos, em anos mais recentes[4].

Embora a filosofia *just-in-time* seja mal-interpretada como incompatível com o emprego de um modelo EOQ (já que esse último fornece uma quantidade de pedidos maior quando o custo de implantação for grande), na realidade, eles são complementares. Um sistema de estoques JIT se concentra em descobrir maneiras de reduzir muito os custos de implantação de modo que o volume ótimo de pedidos será pequeno. Um sistema desses também procura formas de reduzir o tempo de espera para a entrega de um pedido, já que isso reduz a incerteza em relação ao número de unidades que serão necessárias quando ocorre a entrega. Outra ênfase está na melhoria da manutenção preventiva, de modo que as instalações de produção necessárias se encontrarão prontas para produzir as unidades quando for preciso. Outra ênfase seria na melhoria do processo de produção para garantir boa qualidade. Fornecer precisamente o número de unidades exatamente a tempo não descarta a possibilidade de termos unidades defeituosas.

Em termos mais genéricos, o foco da filosofia *just-in-time* é *evitar desperdício*, seja lá onde ele possa vir a ocorrer no processo produtivo. Uma forma de desperdício é estoque desnecessário. Outras são grandes custos de implantação desnecessários, prazos de entrega longos, instalações de produção que não se encontram em funcionamento quando for preciso e itens defeituosos. Minimizar essas formas de desperdício é um componente fundamental do controle de estoques de qualidade superior.

18.4 MODELO DETERMINÍSTICO DE REVISÃO PERIÓDICA

A seção anterior explorou o modelo EOQ básico e algumas de suas variações. Os resultados foram dependentes da hipótese de uma taxa de demanda constante. Quando essa hipótese é relaxada, isto é, quando se permite que os volumes que precisam ser retirados do estoque possam variar de um período a outro, a *fórmula EOQ* não garante mais uma solução de custo mínimo.

Considere o seguinte modelo de revisão periódica. Deve-se planejar, para os n períodos seguintes, em relação a quanto produzir (se efetivamente necessário) ou encomendar para reabastecer estoques no início de cada um dos períodos. (A ordem para reabastecer estoques pode envolver a *compra* das unidades necessárias ou sua *produção*, porém, o último caso é bem mais comum com aplicações desse modelo e, portanto, usaremos basicamente a terminologia *produzir* as unidades.) As demandas para os respectivos períodos são *conhecidas* (mas *não* as mesmas em cada período) e são representadas por:

$$r_i = \text{demanda no período } i, \quad \text{para } i = 1, 2, \ldots, n.$$

Essas demandas têm de ser atendidas a tempo. Inicialmente, não há nenhum estoque disponível, mas ainda há tempo para uma entrega no início do período 1.

Os custos inclusos nesse modelo são similares àqueles para o modelo EOQ básico:

$K =$ custo de implantação para produzir ou comprar um número qualquer de unidades para reabastecer estoques no início do período;
$c =$ custo unitário para produzir ou comprar cada unidade;
$h =$ custo de manutenção de estoque para cada unidade que sobra em estoque no final do período.

Observe que esse custo de manutenção de estoque h é calculado somente em estoque que sobra no final de um período. Também existem custos de manutenção de estoque para unidades que se encontram em estoque para uma parte do período antes de ser retiradas para atender à demanda. Entretanto, esses são custos *fixos* que são independentes da política de estoques e, portanto, não são relevantes para esta análise. Somente os custos *variáveis*, que são afetados pela política de estoques que for escolhida, por exemplo, os custos de manutenção de estoque extras que são incorridos por transferir estoques de um período para o seguinte, são relevantes na seleção da política de estoques.

---
[4] Para mais informações sobre aplicações do JIT nos Estados Unidos, ver R. E. White, J. N. Pearson, and J. R. Wilson, "JIT Manufacturing: A Survey of Implementations in Small and Large U.S. Manufacturing", *Management Science*, **45**: 1-15, 1999. Also see H. Chen, M. Z. Frank, and O. Q. Wu, "What Actually Happened to the Inventories of American Companies Between 1981 and 2000", *Management Science*, **51**(7): 1015-1031, July 2005.

Pelo mesmo motivo, o custo unitário c é um custo fixo irrelevante, ao longo de todos os períodos de tempo, todas as políticas de estoques produzem o mesmo número de unidades ao mesmo custo. Assim, c será eliminado da análise daqui em diante.

O objetivo é minimizar o custo total ao longo de n períodos. Isso é feito ignorando-se os custos fixos e minimizando o custo variável total ao longo de n períodos, conforme ilustrado pelo exemplo a seguir.

Exemplo

Um fabricante de aviões especializou-se na produção de aviões de pequeno porte. Ele acaba de receber uma encomenda de uma grande empresa de dez jatinhos executivos personalizados para uso do alto escalão da empresa. O pedido estabelece o seguinte: três dos aviões devem ser entregues (e pagos) durante os meses de inverno vindouros (período 1), dois mais deverão ser entregues na primavera (período 2), outros três durante o verão (período 3) e os dois últimos durante o outono (período 4).

Preparar as instalações de produção para atender às especificações do cliente para essas aeronaves requer um custo de implantação de US$ 2 milhões. O fabricante tem capacidade para produzir todas as dez aeronaves em alguns meses, quando o inverno ainda não terá terminado. Entretanto, isso implicaria manter sete aeronaves em estoque, a um custo de US$ 200.000 por avião por período, até alcançar suas datas de entrega programadas. Para reduzir ou eliminar esses substanciais custos de manutenção de estoque, pode valer a pena produzir um número menor dessas aeronaves agora e depois repetir a implantação (incorrendo novamente no custo de US$ 2 milhões) em algum ou todos os períodos subsequentes para produzir quantidades menores adicionais. A gerência gostaria de determinar a programação de produção menos onerosa para atender a esse pedido.

Portanto, usando a notação do modelo, as demandas para esse avião em particular durante os próximos quatro períodos (estações) são:

$$r_1 = 3, \quad r_2 = 2, \quad r_3 = 3, \quad r_4 = 2.$$

Adotando como unidade de referência milhões de dólares, os custos relevantes são:

$$K = 2, \quad h = 0{,}2.$$

O problema é determinar quantos aviões produzir (se efetivamente algum) durante o início de cada um dos quatro períodos de modo a minimizar o custo variável total.

O alto custo de implantação K fornece grande incentivo a não produzir aviões todos os períodos e preferencialmente apenas uma única vez. Entretanto, o significativo custo de manutenção de estoque h torna indesejável manter um grande estoque produzindo toda a demanda para os quatro períodos (dez aeronaves) logo de início. Talvez a melhor abordagem seja uma estratégia intermediária na qual

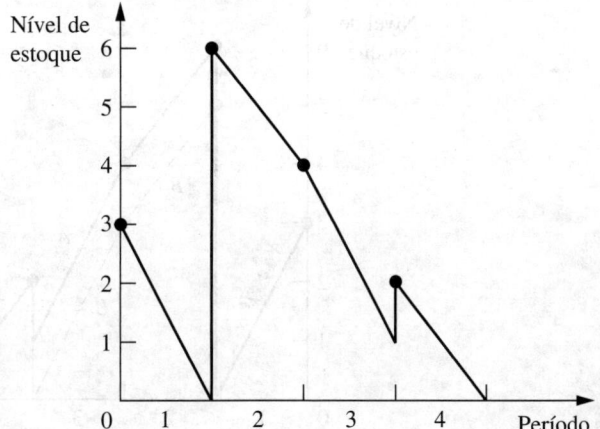

■ **FIGURA 18.4** Os níveis de estoque resultantes de um modelo de programação de produção para o exemplo das aeronaves.

os aviões seriam produzidos em mais de uma oportunidade, mas menos que quatro vezes. Por exemplo, uma solução viável (porém, não ótima) é representada na Figura 18.4, que mostra a evolução do nível de estoques ao longo do próximo ano resultante da produção de três aviões no início do primeiro período, seis aviões no início do segundo período e um avião no início do quarto período. Os pontos indicam os níveis de estoques após qualquer produção no início dos quatro períodos.

Como poderíamos encontrar a programação ótima? Para esse modelo em geral, a produção (ou compra) é automática no período 1, no entanto, deve se decidir se devemos produzir em cada um dos demais $n - 1$ períodos. Portanto, uma abordagem para solucionar esse modelo é enumerar, para cada uma das 2^{n-1} combinações de decisões de produção, as possíveis quantidades que podem ser produzidas em cada período no qual deve ocorrer a produção. Essa abordagem é bastante inconveniente, mesmo para n de tamanho moderado e, assim, é desejável um método mais eficiente. Um método destes é descrito a seguir em termos gerais e, depois, retornaremos para encontrar a programação de produção ótima para o exemplo. Embora o método geral possa ser usado quando se produz ou quanto se compra para reabastecer estoques, adotaremos agora apenas a terminologia de produzir para fins de consistência.

Algoritmo

O segredo para desenvolver um algoritmo eficiente para encontrar uma *política de estoques ótima* (ou, de forma equivalente, uma *programação de produção ótima*) para o modelo dado anteriormente é o seguinte *insight* sobre a natureza de uma política ótima.

Uma política ótima (programação de produção) produz *somente* quando o nível de estoques for *zero*.

Para ilustrar por que esse resultado é verdadeiro, consideremos a política mostrada na Figura 18.4 para o exemplo. (Vamos chamá-la política *A*.) A política *A* viola a caracterização anterior de uma política ótima, pois a produção ocorre no início do período 4 quando o nível de estoques é *maior que zero* (isto é, um avião). Entretanto, essa política pode ser facilmente ajustada para satisfazer a caracterização dada simplesmente produzindo um avião a menos no período 2 e um avião a mais no período 4. Essa política ajustada (vamos chamá-la *B*) é indicada pela reta tracejada na Figura 18.5 toda vez que *B* difere de *A* (a reta contínua). Observe agora que a política *B* deve ter um custo total menor que a política *A*. Os custos de implantação (e os custos de produção) para ambas as políticas são os mesmos. Entretanto, o custo de manutenção de estoque é menor para *B* que para *A*, porque *B* possui menos estoque que *A* nos períodos 2 e 3 (e o mesmo estoque nos demais períodos). Logo, *B* é melhor que *A* e, portanto, *A* não pode ser uma política ótima.

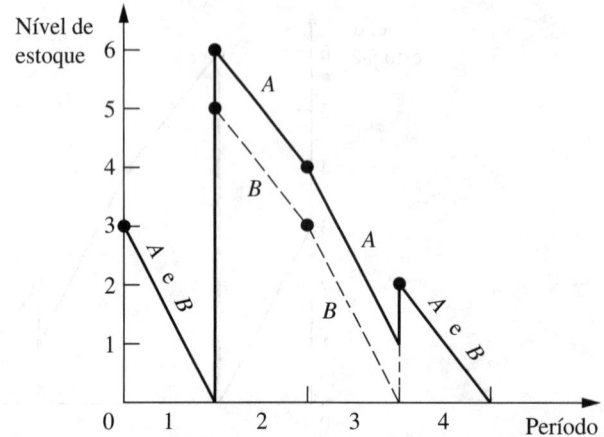

■ **FIGURA 18.5** Comparação entre duas políticas de estoques (programações de produção) para o exemplo das aeronaves.

Essa caracterização de políticas ótimas pode ser usada para identificar políticas que não são ótimas. Além disso, como ela implica que as únicas opções para a quantidade produzida no início do i-ésimo período são $0, r_i, r_i + r_{i+1}, \ldots$ ou $r_i + r_{i+1} + \ldots + r_n$, ela pode ser explorada para obter um algoritmo eficiente que está relacionado com a abordagem de *programação dinâmica determinística* descrita na Seção 10.3.

Particularmente, defina:

C_i = custo variável total de uma política ótima para períodos $i, i + 1, \ldots, n$ quando o período i inicia com estoque zero (antes de começar a produzir), para $i = 1, 2, \ldots, n$.

Usando a abordagem da programação dinâmica para resolver *voltando para trás*, período por período, esses valores C_i podem ser encontrados, encontrando-se primeiro C_n, depois C_{n-1} e assim por diante. Dessa forma, após $C_n, C_{n-1}, \ldots, C_{i+1}$ ser encontrados, então C_i pode ser encontrado a partir da *relação recursiva*

$$C_i = \min_{j=i, i+1, \ldots, n} \{C_{j+1} + K + h[r_{i+1} + 2r_{i+2} + 3r_{i+3} + \ldots + (j-i)r_j]\},$$

em que j pode ser interpretado como um índice que representa o (final do) período quando o estoque chega a um nível zero pela primeira vez após a produção no início do período i. No intervalo do período i ao período j, o termo com coeficiente h representa o custo de manutenção de estoque total ao longo desse intervalo. Quando $j = n$, o termo $C_{n+1} = 0$. O *valor minimizador* de j indica que se o nível de estoques de fato cair a zero após entrar no período i, então a produção no período i deve atender toda a demanda do período i até esse período j.

O algoritmo para solução do modelo consiste basicamente em encontrar, um de cada vez, C_n, $C_{n-1}, \ldots, C_1$. Para $i = 1$, o valor minimizador de j indica então que a produção no período 1 deve atender à demanda ao longo do período j, de modo que a segunda produção será no período $j + 1$. Para $i = j + 1$, o novo valor minimizador de j identifica o intervalo de tempo abrangido pela segunda produção e assim por diante até chegar ao final. Ilustraremos essa abordagem com o exemplo.

A aplicação desse algoritmo é muito mais rápida que a abordagem da programação dinâmica completa[5]. Assim como na programação dinâmica, $C_n, C_{n-1}, \ldots, C_2$ devem ser encontrados antes de se obter C_1. Entretanto, o número de cálculos é muito menor e o número de volumes de produção possíveis é reduzido em muito.

Aplicação do algoritmo ao exemplo

Voltando ao exemplo das aeronaves, consideremos primeiro o caso de encontrar C_4, o custo de política ótima do início do período 4 ao final do horizonte de planejamento:

$$C_4 = C_5 + 2 = 0 + 2 = 2.$$

Para encontrar C_3, temos de considerar dois casos, a saber, a primeira vez após o período 3 quando o estoque chega ao nível zero ocorre em (1) no final do terceiro período ou (2) no final do quarto período. Na relação recursiva para C_3, esses dois casos correspondem a (1) $j = 3$ e (2) $j = 4$. Represente os custos correspondentes (o lado direito da relação recursiva com esse j), respectivamente, por $C_3^{(3)}$ e $C_3^{(4)}$. A política associada a $C_3^{(3)}$ induz a produzir somente para o período 3 e depois seguir a política ótima para o período 4, ao passo que a política associada a $C_3^{(4)}$ induz a produzir nos períodos 3 e 4. O custo C_3 é então o mínimo entre $C_3^{(3)}$ e $C_3^{(4)}$. Esses casos são refletidos pelas políticas dadas na Figura 18.6.

$$C_3^{(3)} = C_4 + 2 = 2 + 2 = 4.$$
$$C_3^{(4)} = C_5 + 2 + 0{,}2(2) = 0 + 2 + 0{,}4 = 2{,}4.$$
$$C_3 = \min\{4, 2{,}4\} = 2{,}4.$$

Portanto, se o nível de estoques cair a zero após entrar no período 3 (e, portanto, deveria ocorrer produção), a produção no período 3 deveria atender à demanda dos períodos 3 e 4.

---

[5] Entretanto, a abordagem de programação dinâmica completa é útil para solucionar *generalizações* do modelo (por exemplo, custo de produção *não linear* e funções de custo de manutenção de estoque) em que o algoritmo dado não é mais aplicável. (Ver os Problemas 18.4-3 e 18.4-4 para exemplos nos quais a programação dinâmica poderia ser usada para lidar com generalizações do modelo.)

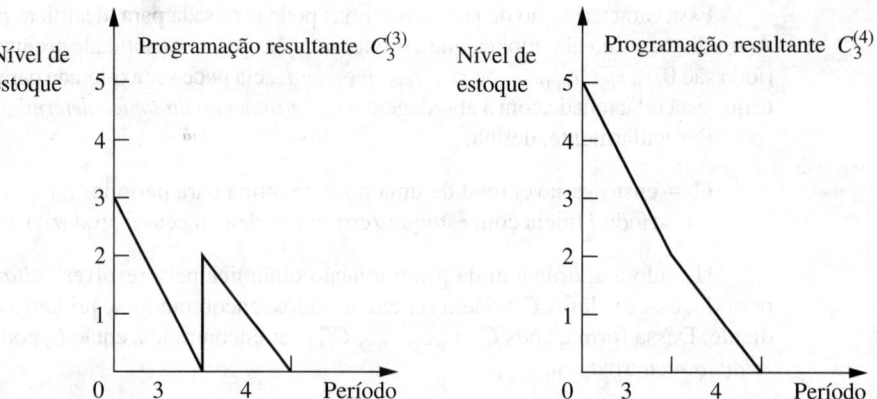

FIGURA 18.6 Programações de produção alternativas quando é necessário se produzir no início do período 3 para o exemplo das aeronaves.

Para encontrar C_2, temos de considerar três casos, isto é, a primeira vez após o período 2 quando o estoque chega ao nível zero ocorre em (1) no final do segundo período, (2) no final do terceiro período ou (3) no final do quarto período. Na relação recursiva para C_2, esses casos correspondem a: (1) $j = 2$, (2) $j = 3$ e (3) $j = 4$, em que os custos correspondentes são, respectivamente, $C_2^{(2)}$, $C_2^{(3)}$ e $C_2^{(4)}$. O custo C_2 é então o mínimo de $C_2^{(2)}$, $C_2^{(3)}$ e $C_2^{(4)}$.

$$C_2^{(2)} = C_3 + 2 = 2{,}4 + 2 = 4{,}4.$$
$$C_2^{(3)} = C_4 + 2 + 0{,}2(3) = 2 + 2 + 0{,}6 = 4{,}6.$$
$$C_2^{(4)} = C_5 + 2 + 0{,}2[3 + 2(2)] = 0 + 2 + 1{,}4 = 3{,}4.$$
$$C_2 = \min\{4{,}4,\ 4{,}6,\ 3{,}4\} = 3{,}4.$$

Consequentemente, se a produção ocorrer no período 2 (porque o nível de estoques cai a zero), essa produção deveria atender à demanda de todos os períodos restantes.

Finalmente, para encontrar C_1, devemos considerar quatro casos, isto é, a primeira vez após o período 1 quando o estoque chega a zero ocorre no final do: (1) primeiro período, (2) segundo período, (3) terceiro período ou (4) quarto período. Esses casos correspondem a $j = 1, 2, 3, 4$ e aos custos $C_1^{(1)}$, $C_1^{(2)}$, $C_1^{(3)}$ e $C_1^{(4)}$, respectivamente. O custo C_1 é então o mínimo de $C_1^{(1)}$, $C_1^{(2)}$, $C_1^{(3)}$ e $C_1^{(4)}$.

$$C_1^{(1)} = C_2 + 2 = 3{,}4 + 2 = 5{,}4.$$
$$C_1^{(2)} = C_3 + 2 + 0{,}2(2) = 2{,}4 + 2 + 0{,}4 = 4{,}8.$$
$$C_1^{(3)} = C_4 + 2 + 0{,}2[2 + 2(3)] = 2 + 2 + 1{,}6 = 5{,}6.$$
$$C_1^{(4)} = C_5 + 2 + 0{,}2[2 + 2(3) + 3(2)] = 0 + 2 + 2{,}8 = 4{,}8.$$
$$C_1 = \min\{5{,}4,\ 4{,}8,\ 5{,}6,\ 4{,}8\} = 4{,}8.$$

Observe que $C_1^{(2)}$ e $C_1^{(4)}$ empatam como mínimo, resultando em C_1. Isso significa que as políticas correspondentes para $C_1^{(2)}$ e $C_1^{(4)}$ empatam como políticas ótimas. A política $C_1^{(4)}$ diz para produzir o suficiente no período 1 para atender à demanda para todos os quatro períodos. A política $C_1^{(2)}$ atende somente à demanda ao longo do período 2. Já que essa última política apresenta o nível de estoques que cai a zero no final do período 2, o resultado C_3 é usado a seguir, isto é, produzir o suficiente no período 3 para atender às demandas para os períodos 3 e 4. As programações de produção resultantes são resumidas a seguir.

Programações de produção ótimas

1. Produzir dez aeronaves no período 1.

    Custo variável total = US$ 4,8 milhões.

Exemplo de Aplicação

Fundada em 1837, a **Deere & Company** é líder mundial na produção de equipamentos para agricultura, silvicultura e de uso do consumidor. A empresa emprega aproximadamente 43 mil pessoas e vende seus produtos por meio de uma rede internacional de concessionárias e revendedores privados.

Por décadas, a divisão Commercial and Consumer Equipment (C&CE) da Deere "empurrava" os estoques para os revendedores, escriturava as receitas e esperava que os revendedores tivessem os produtos certos para vender no momento certo. Entretanto, a divisão tinha, em 2001, uma proporção estoques/vendas anuais de 58% por conta de estoques na Deere e em seus revendedores, de modo que os custos com estoques estavam seriamente fora de controle. Ironicamente, embora os revendedores tivessem grandes volumes em estoque, muitas vezes esses estoques não contemplavam os produtos procurados pelos consumidores em dado momento.

Os gerentes de cadeia de suprimento da C&CE precisavam reduzir os níveis de estoque e, ao mesmo temo, melhorar a disponibilidade de produtos e o tempo de entrega. Eles haviam lido sobre casos bem-sucedidos de otimização de estoques na revista *Fortune*. Então, contrataram uma destacada empresa de consultoria em PO (a SmartOps) para enfrentar esse problema. Com 300 tipos de produto, 2.500 revendedores na América do Norte, cinco fábricas e depósitos associados, sete depósitos na Europa e vários depósitos sob consignação dos revendedores, a coordenação e a otimização da cadeia de suprimento da C&CE foi, de fato, um desafio extraordinário.

Porém, a SmartOps foi muito bem-sucedida nesse desafio mediante a aplicação de modernas técnicas de otimização de estoques, incorporadas em seu *software para planejamento e otimização de estoques em vários estágios*, visando estabelecer metas fidedignas. A C&CE usou essas metas, junto com incentivos apropriados aos revendedores, para transformar a operação de toda a sua cadeia de suprimento de modo a atingir toda a empresa. No processo, a Deere *melhorou as expedições feitas por suas fábricas no prazo*, passando de 63% para 92% e, ao mesmo tempo, mantendo os níveis de atendimento ao cliente em 90%. No final de 2004, a divisão C&CE também havia superado sua meta de **US$ 1 bilhão** *na redução ou prevenção de formação de estoques*.

Fonte: Troyer, L., J. Smith, S. Marshall, E. Yaniv, S. Tayur, M. Barkman, A. Kaya, and Y. Liu: "Improving Asset Management and Order Fulfillment at Deere & Company's C&CE Division", *Interfaces*, **35**(1): 76-87, Jan.-Feb. 2005. (Este artigo está disponível em inglês no *site* da editora, www.bookman.com.br.)

2. Produzir cinco aeronaves no período 1 e cinco aeronaves no período 3.

    Custo variável total = US$ 4,8 milhões.

    Caso você queira ver **outro exemplo** em que há a aplicação desse algoritmo, é possível encontrar um na seção de Worked Examples do *site* da editora.

18.5 MODELOS DETERMINÍSTICOS DE ESTOQUES MULTINÍVEIS PARA GERENCIAMENTO DE CADEIAS DE ABASTECIMENTO

Nossa crescente economia global tem provocado uma drástica mudança no controle de estoques nos últimos anos. Agora, mais do que nunca, os estoques de muitos fabricantes estão espalhados pelo mundo. Mesmo os estoques de determinado produto podem estar dispersos globalmente.

Os estoques de um fabricante podem ser armazenados inicialmente no ponto ou pontos de fabricação (um *nível* do sistema de estoques), depois em depósitos regionais ou nacionais (um segundo nível), em seguida em centros de distribuição de campo (um terceiro nível) e assim por diante. Portanto, cada estágio no qual o estoque é mantido na progressão por meio de um sistema de estoques multiestágio é chamado **nível** do sistema de estoques. Um sistema desses com vários níveis de estoque é conhecido como um **sistema de estoques multiníveis**. No caso de uma empresa totalmente integrada que fabrica seus produtos, bem como os vende em nível de varejo, seus níveis se estenderão a suas lojas de varejo.

É necessária certa coordenação entre os estoques de qualquer produto, em particular nos diferentes níveis. Já que o estoque em cada nível (exceto pelo último) é usado para reabastecer o estoque no nível seguinte conforme a necessidade, o nível de estoques necessário no momento em um nível é afetado pela brevidade em que o reabastecimento será necessário nos diversos locais para o nível seguinte.

A análise de sistemas de estoques multiníveis é um grande desafio. Entretanto, é realizado um número considerável de pesquisas inovadoras (e suas origens remontam a meados do século XX), conduzidas para desenvolver modelos de estoques multiníveis tratáveis. Com a crescente proeminência dos sistemas de estoques multiníveis, isso, sem dúvida nenhuma, continuará a ser uma ativa área de pesquisa.

Outro conceito fundamental que surgiu na economia global é aquele do *gerenciamento de cadeias de abastecimento*. Esse conceito leva o gerenciamento de um sistema de estoques multiníveis um passo além, considerando também o que precisa acontecer para, primeiro, incluir um produto no sistema de estoques. Entretanto, assim como no controle de estoques, o principal propósito ainda é o de ganhar a batalha competitiva contra as demais empresas, tornando disponível o produto aos clientes o mais rápido possível.

A **cadeia de abastecimento** é uma rede de instalações que obtém matérias-primas, as transforma em bens intermediários e depois em produtos finais e, finalmente, entrega os produtos aos clientes por um sistema de distribuição que inclui um sistema de estoques multinível. Portanto, a cadeia de abastecimento envolve aquisição, manufatura e distribuição. Já que são necessários estoques em todos esses estágios, o controle de estoques eficiente é um elemento-chave no gerenciamento da cadeia de abastecimento. Para fazer pedidos de forma eficiente, é necessário compreender as ligações e inter-relações de todos os elementos-chave da cadeia de abastecimento. Dessa forma, o gerenciamento integrado da cadeia de abastecimento tornou-se um fator fundamental de sucesso para algumas das empresas líderes de hoje.

Para auxiliar no gerenciamento de cadeias de abastecimento, hoje muito provavelmente os modelos de estoques multiníveis incluirão níveis que incorporam a parte bem inicial da cadeia de abastecimento, bem como os níveis para distribuição do produto acabado. Assim, o primeiro nível deve ser o estoque de matérias-primas ou componentes que serão usados para fabricar o produto. Um segundo poderia ser o estoque de subconjuntos que são fabricados a partir dessas matérias-primas ou componentes em preparação para posterior montagem dos subconjuntos no produto final. Isso poderia então levar aos níveis para a distribuição do produto acabado, partindo da armazenagem no ponto ou pontos de fabricação, depois para depósitos regionais ou nacionais, em seguida para centros de distribuição de campo e assim por diante.

O objetivo usual para um modelo de estoques multiníveis é o de coordená-los nos diversos níveis de modo a minimizar o custo total associado a todo esse sistema de estoques multiníveis. Este é um objetivo natural para uma corporação totalmente integrada que opera todo esse sistema. Talvez também fosse um objetivo adequado quando certos níveis são gerenciados por fornecedores ou então por clientes da empresa. A razão é que um conceito-chave do gerenciamento de cadeias de abastecimento é que uma empresa deve-se esforçar ao máximo para estabelecer uma relação de parceria informal com seus fornecedores e clientes, que permita a eles maximizarem de forma conjunta o lucro total de todos. Isso normalmente leva ao estabelecimento de contratos de fornecimento mutuamente benéficos que possibilitam reduzir o custo total de operação de um sistema de estoques multiníveis gerenciado em conjunto.

A análise de modelos de estoques multiníveis tende a ser consideravelmente mais complicada do que aquelas para modelos de estoques com uma única instalação considerado em qualquer outro ponto neste capítulo. Entretanto, apresentamos dois modelos de estoques multiníveis relativamente tratáveis a seguir que ilustram os conceitos relevantes.

Modelo para um sistema serial de dois níveis

O sistema de estoques multiníveis mais simples possível é aquele em que existem apenas dois níveis e uma única instalação em cada nível. A Figura 18.7 representa um sistema, no qual o estoque na instalação 1 é usado para reabastecer periodicamente os estoques na instalação 2. Por exemplo, a instalação 1 poderia ser uma fábrica que produz certo produto com produção ocasional de lotes de peças e a instalação 2 poderia ser o centro de distribuição para esse produto. Alternativamente, a instalação 2 poderia ser uma fábrica que produz o produto e, depois, a instalação 1 é outra instalação onde os próprios componentes necessários para fabricar esse produto são fabricados ou recebidos de fornecedores.

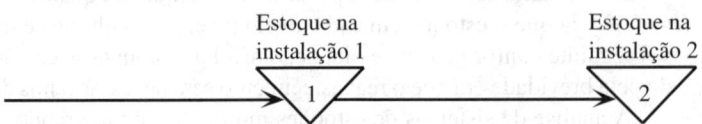

■ **FIGURA 18.7** Um sistema de estoques serial de dois níveis.

Já que os itens na instalação 1 e instalação 2 podem ser diferentes, iremos nos referir a eles, respectivamente, como item 1 e item 2. As unidades dos itens 1 e 2 são definidas de modo que exatamente uma unidade do item 1 será necessária para obter uma unidade do item 2. Por exemplo, se o item 1 for constituído coletivamente pelos componentes necessários para fabricar o produto final (item 2), então um conjunto de componentes necessário para fabricar uma unidade do produto final é definido como uma unidade do item 1.

O modelo faz então as seguintes hipóteses.

Hipóteses para o modelo serial de dois níveis

1. As hipóteses do *modelo EOQ básico* (ver a Seção 18.3) são válidas para a instalação 2. Portanto, existe uma taxa de demanda constante conhecida de d unidades por unidade de tempo, um pedido de Q_2 unidades é feito a tempo para reabastecer estoques quando o seu nível cai a zero e não se permite a falta de produto planejada;
2. os custos relevantes na instalação 2 são um *custo de implantação* de K_2 cada vez que é feito um pedido e um *custo de manutenção* de estoque por unidade, de h_2 por unidade de tempo;
3. a instalação 1 usa seu estoque para fornecer um lote de Q_2 unidades para a instalação 2 imediatamente após ser recebido um pedido;
4. é feito um pedido de Q_1 unidades a tempo para reabastecer estoques na instalação 1 antes que venha ocorrer uma falta do produto;
5. de maneira similar, para a instalação 2, os custos relevantes na instalação 1 são um *custo de implantação* de K_1 cada vez que for feito um pedido e um *custo de manutenção* de estoque por unidade, de h_1 por unidade de tempo;
6. as unidades aumentam em valor quando elas são recebidas e processadas na instalação 2 e, portanto, $h_1 < h_2$;
7. o objetivo é minimizar a *soma* dos custos variáveis por unidade de tempo nas duas instalações. (Isso será representado por C.)

A palavra "imediatamente" na hipótese 3 implica que existe, basicamente, um *tempo de espera zero* entre o momento em que a instalação 2 faz um pedido de Q_2 unidades e a instalação 1 preenche esse pedido. Na realidade, seria comum ter um tempo de espera significativo em decorrência do tempo necessário para a instalação 1 receber e processar o pedido e depois transportar o lote para a instalação 2. Entretanto, já que o tempo de espera é essencialmente determinado, isso equivale a supor tempos de espera zero para fins de modelagem, pois o pedido seria feito exatamente a tempo para que o lote chegue quando o nível de estoques cair a zero. Por exemplo, se o tempo de espera for de uma semana, o pedido seria feito uma semana antes de o nível de estoques cair a zero.

Embora um tempo de espera zero e um tempo de espera determinado sejam equivalentes para fins de modelagem, supomos especificamente um tempo de espera zero, porque isso simplifica a conceitualização de como os níveis de estoques nas duas instalações variam simultaneamente ao longo do tempo. A Figura 18.8 representa essa conceitualização. Em virtude de as hipóteses do modelo EOQ básico serem válidas para a instalação 2, os níveis de estoques ali variam de acordo com o familiar padrão dente de serra mostrado pela primeira vez na Figura 18.1. Cada vez que a instalação 2 precisar reabastecer seus estoques, a instalação 1 embarca Q_2 unidades do item 1 para a instalação 2. O item 1 pode ser idêntico ao item 2 (como no caso de uma fábrica que remete o produto final para um centro de distribuição). Caso contrário (como no caso de um fornecedor que remete os componentes necessários para fabricar o produto final para uma fábrica), a instalação 2 usa imediatamente o embarque de Q_2 unidades do item 1 para fabricar Q_2 unidades do item 2 (o produto final). O estoque na instalação 2 vai sendo então esvaziado a uma taxa de demanda constante de d unidades por unidade de tempo até que ocorra o próximo reabastecimento, que acontece exatamente no momento em que o nível de estoques cai a 0.

O padrão dos níveis de estoques ao longo do tempo para a instalação 1 é ligeiramente mais complicado que para a instalação 2. Precisam ser retiradas Q_2 unidades do estoque da instalação 1 para abastecer a instalação 2, cada vez que a instalação 2 precisar acrescentar Q_2 unidades para reabastecer seus estoques. Isso implica reabastecer ocasionalmente o estoque da instalação 1, de modo que um pedido de Q_1 unidades é feito periodicamente. Usando o mesmo tipo de raciocínio empregado na seção anterior (inclusive nas Figuras 18.4 e 18.5), a natureza *determinística* de nosso modelo implica que a instalação 1 deve reabastecer seus estoques apenas no instante em que seu nível chegar a zero e a

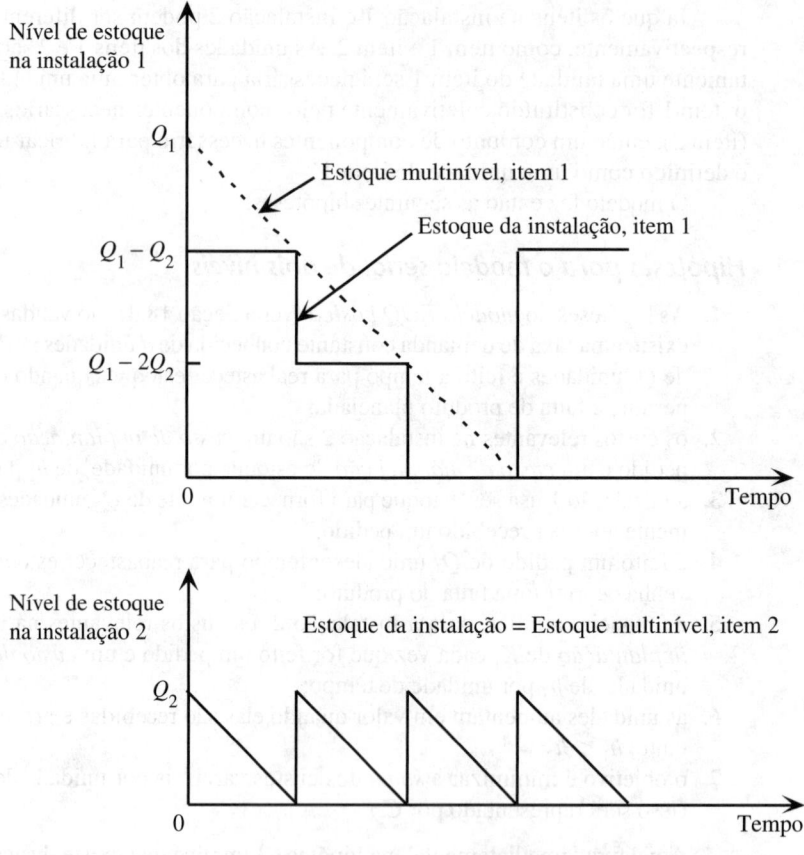

FIGURA 18.8 Os níveis de estoques sincronizados nas duas instalações quando $Q_1 = 3Q_2$. O estoque da instalação é aquele fisicamente mantido na instalação, ao passo que o estoque multinível inclui tanto o estoque da instalação quanto o estoque do mesmo item que já se encontram na instalação seguinte (se efetivamente existir alguma).

tempo de fazer uma retirada de modo a abastecer a instalação 2. O raciocínio envolve verificar o que aconteceria caso a instalação 1 tivesse de reabastecer seus estoques em qualquer momento posterior ou anterior a este. Se o reabastecimento ocorresse em um momento qualquer posterior a este, a instalação 1 não seria capaz de abastecer a instalação 2 a tempo de modo a seguir a política de estoques ótima e, portanto, isso é inaceitável. Se o reabastecimento acontecesse em qualquer momento anterior, a instalação 1 incorreria no custo extra de manter esse estoque até que fosse o momento de abastecer a instalação 2 e, portanto, é melhor retardar o reabastecimento na instalação 1 até esse momento. Isso nos leva ao seguinte *insight*.

> Uma política ótima deveria ter $Q_1 = nQ_2$, em que n é um inteiro positivo fixo. Além disso, a instalação 1 deveria reabastecer seus estoques com um lote de Q_1 unidades *somente* quando seu nível de estoque fosse *zero* e a tempo de abastecer a instalação 2 com um lote de Q_2 unidades.

Este é o tipo de política representada na Figura 18.8, que ilustra o caso em que $n = 3$. Particularmente, cada vez que a instalação 1 receber um lote de Q_1 unidades, ela abastece simultaneamente a instalação 2 com um lote de Q_2 unidades, de modo que a quantidade de estoque restante disponível (chamada *estoque de instalação*) na instalação 1 se torne $(Q_1 - Q_2)$ unidades. Após abastecer posteriormente a instalação 2 com mais dois lotes de Q_2 unidades, a Figura 18.8 mostra que o próximo ciclo começa com a instalação 1 que recebe outro lote de Q_1 unidades ao mesmo tempo em que ela precisa abastecer a instalação 2 com mais outro lote de Q_2 unidades.

A reta tracejada na parte superior da Figura 18.8 mostra outra quantidade denominada *estoque multinível* para a instalação 1.

O **estoque multinível** de determinado item em qualquer instalação em um sistema de estoques multiníveis é constituído pelo estoque do item que se encontra fisicamente disponível na instalação (conhecido como o *estoque da instalação*) *mais* o estoque do mesmo item que já se encontra adiante no fluxo do processo (e, talvez, já incorporado em um produto acabado) em níveis subsequentes do sistema.

Já que o estoque do item 1 na instalação 1 é embarcado periodicamente para a instalação 2, onde é transformado imediatamente no item 2, o estoque multinível na instalação 1 na Figura 18.8 é a *soma* do estoque da instalação ali e o nível de estoques na instalação 2. No instante 0, o estoque multinível do item 1 na instalação 1 é Q_1, pois $(Q_1 - Q_2)$ unidades permanecem disponíveis e Q_2 unidades acabam de ser enviadas para a instalação 2 para reabastecer o estoque. À medida que a taxa de demanda constante na instalação 2 esvazia o estoque de acordo, o estoque multinível do item 1 na instalação 1 diminui nessa mesma taxa constante até a próxima remessa de Q_1 unidades ser recebida lá. Se o estoque multinível do item 1 na instalação 1 fosse colocado em um gráfico por um período mais longo do que aquele mostrado na Figura 18.8, você veria o mesmo padrão dente de serra dos níveis de estoques conforme indicado na Figura 18.1.

Em breve, você verá que o estoque multinível desempenha papel fundamental na análise de sistemas de estoques multiníveis. A razão é que o padrão dente de serra dos níveis de estoques para estoque multinível permite usar uma análise similar àquela do modelo EOQ básico.

Uma vez que o objetivo é minimizar a soma dos custos variáveis por unidade de tempo nas duas instalações, a abordagem mais fácil (e comumente usada) seria encontrar separadamente os valores de Q_2 e $Q_1 = nQ_2$ que minimizem, respectivamente, o custo variável total por unidade na instalação 2 e instalação 1. Infelizmente, essa abordagem menospreza (ou ignora) as conexões existentes entre os custos variáveis nas duas instalações. Como o tamanho do lote Q_2 para o item 2 afeta o padrão de níveis de estoques para o item 1 na instalação 1, otimizar Q_2 separadamente sem levar em consideração as consequências para o item 1 não nos leva a uma solução ótima global.

Para entender melhor esse ponto sutil, pode ser interessante começar a otimizar separadamente nas duas instalações. Assim faremos isso e, depois, demonstraremos que isso pode levar a erros bastante significativos.

A armadilha de otimizar as duas instalações separadamente. Comecemos otimizando a própria instalação 2. Já que as hipóteses para a instalação 2 se encaixam precisamente no modelo EOQ básico, os resultados apresentados na Seção 18.3 para esse modelo podem ser usados diretamente. O custo variável total por unidade de tempo nessa instalação é dK_2

$$C_2 = \frac{dK_2}{Q_2} + \frac{h_2 Q_2}{2}.$$

(Essa expressão para custo *variável* total difere daquela para o custo total dado na Seção 18.3 para o modelo EOQ básico eliminando o custo *fixo*, dc, em que c é o custo unitário de aquisição do item.) A fórmula EOQ indica que a quantidade ótima a ser encomendada para essa instalação em si é:

$$Q_2^* = \sqrt{\frac{2dK_2}{h_2}},$$

de modo que o valor resultante de C_2 com $Q_2 = Q_2^*$ é

$$C_2^* = \sqrt{2dK_2 h_2}.$$

Consideremos agora a instalação 1 com um pedido com quantidade $Q_1 = nQ_2$. A Figura 18.8 indica que o nível médio de estoque da instalação é $(n - 1)Q_2/2$. Portanto, já que a instalação 1 precisa reabastecer seus estoques com Q_1 unidades a cada $Q_1/d = nQ_2/d$ unidades de tempo, o custo variável total por unidade de tempo na instalação 1 é:

$$C_1 = \frac{dK_1}{nQ_2} + \frac{h_1(n - 1)Q_2}{2}.$$

Para encontrar a quantidade a ser encomendada, $Q_1 = nQ_2$, que minimiza C_1, dado $Q_2 = Q_2^*$, precisamos encontrar o valor de n que minimiza C_1. Ignorando-se a exigência de que n seja um inteiro, isso é feito calculando a derivada de C_1 em relação a n, fazendo que a derivada seja igual a zero (e observando-se que a segunda derivada é positiva para n positivo) e encontrando n, o que resulta em:

$$n^* = \frac{1}{Q_2^*}\sqrt{\frac{2dK_1}{h_1}} = \sqrt{\frac{K_1 h_2}{K_2 h_1}}.$$

Se n^* for um inteiro, então $Q_1 = n^* Q_2^*$ é a quantidade ótima de um pedido para a instalação 1, dado que $Q_2 = Q_2^*$. Se n^* não for um inteiro, então n^* precisa ser arredondado para um inteiro, seja para cima seja para baixo. A regra para fazer isso é a seguinte.

Procedimento para arredondamento de n^*

Se $n^* < 1$, escolha $n = 1$.

Se $n^* > 1$, faça que $[n^*]$ seja o maior inteiro $\leq n^*$, de modo que $[n^*] \leq n^* < [n^*] + 1$ e, então, arredonde como segue.

Se $\dfrac{n^*}{[n^*]} \leq \dfrac{[n^*] + 1}{n^*}$, escolha $n = [n^*]$.

Se $\dfrac{n^*}{[n^*]} > \dfrac{[n^*] + 1}{n^*}$, escolha $n = [n^*] + 1$.

A fórmula para n^* indica que seu valor depende tanto de K_1/K_2 quanto de h_2/h_1. Se ambas quantidades forem consideravelmente maiores que 1, então n^* também será consideravelmente maior que 1. Lembre-se de que a hipótese 6 do modelo é de que $h_1 < h_2$. Isso implica que h_2/h_1 excede 1, talvez de forma substancial. A razão para a hipótese 6 normalmente ser válida é que esse item 1 geralmente aumenta em valor quando é convertido no item 2 (o produto final) após o item 1 ser transferido para a instalação 2 (o local onde a demanda pode ser atendida para o produto final). Isso significa que o custo de capital imobilizado em cada unidade em estoque (normalmente o principal componente em custos de manutenção de estoque) também aumentará à medida que unidades forem transferidas da instalação 1 para a instalação 2. Do mesmo modo, se a produção de um lote de peças precisar ser configurada para fabricar cada lote na instalação 1 (de modo que K_1 será grande), ao passo que somente um custo administrativo relativamente pequeno, K_2, seria necessário para a instalação 2 para fazer cada pedido, então a relação K_1/K_2 será consideravelmente maior que 1.

A inconsistência na análise anterior provém da primeira etapa ao escolher-se a quantidade a ser encomendada para a instalação 2. Em vez de considerar apenas os custos na instalação 2 ao fazer isso, os custos resultantes na instalação 1 também deveriam ter sido levados em conta. Passemos agora para a análise válida que considera simultaneamente ambas as instalações minimizando a soma dos custos nos dois locais.

Otimização das duas instalações simultaneamente. Adicionando-se os custos individuais das instalações obtidas anteriormente, o custo variável total por unidade de tempo nas duas instalações é:

$$C = C_1 + C_2 = \left(\frac{K_1}{n} + K_2\right)\frac{d}{Q_2} + [(n-1)h_1 + h_2]\frac{Q_2}{2}.$$

Os custos de manutenção de estoque à direita possuem uma interpretação interessante em temos de custos de manutenção de estoque para o *estoque multinível* nas duas instalações. Particularmente, façamos que:

$e_1 = h_1 =$ nível custo de manutenção de estoque por unidade por unidade de tempo para a instalação 1;

$e_2 = h_2 - h_1 =$ nível custo de manutenção de estoque por unidade por unidade de tempo para a instalação 2.

Então, os custos de manutenção de estoque podem ser expressos como:

$$[(n-1)h_1 + h_2]\frac{Q_2}{2} = h_1 \frac{nQ_2}{2} + (h_2 - h_1)\frac{Q_2}{2}$$
$$= e_1\frac{Q_1}{2} + e_2\frac{Q_2}{2},$$

em que $Q_1/2$ e $Q_2/2$ são os níveis médios de estoques do *estoque multinível* nas instalações 1 e 2, respectivamente. (Ver a Figura 18.8.) A razão para $e_2 = h_2 - h_1$ e não $e_2 = h_2$ é que $e_1Q_1/2 = h_1Q_1/2$ já inclui o custo de manutenção de estoque para as unidades do item 1 que se encontram a seguir na instalação 2, de modo que $e_2 = h_2 - h_1$ precise refletir apenas o *valor agregado* convertendo as unidades do item 1 em unidades do item 2 na instalação 2. (Esse conceito de usar custos de manutenção de estoque multinível com base no valor agregado em cada instalação desempenhará papel ainda mais importante em nosso próximo modelo em que há mais de dois níveis.)

Usando esses custos de manutenção de estoque multinível, temos:

$$C = \left(\frac{K_1}{n} + K_2\right)\frac{d}{Q_2} + (ne_1 + e_2)\frac{Q_2}{2}.$$

Derivando em relação a Q_2, configurando a derivada igual a zero (enquanto se verifica que a segunda derivada é positiva para Q_2 positivo) e encontrando Q_2 resulta em:

$$Q_2^* = \sqrt{\frac{2d\left(\frac{K_1}{n} + K_2\right)}{ne_1 + e_2}}$$

como quantidade ótima a ser encomendada (dado n) na instalação 2. Observe que isso é idêntico à fórmula EOQ para o modelo EOQ básico no qual o custo de implantação total é $K_1/n + K_2$ e o custo de manutenção de estoque unitário total é $ne_1 + e_2$.

Inserindo-se essa expressão para Q_2^* em C e realizando-se algumas simplificações algébricas, isso resulta em:

$$C = \sqrt{2d\left(\frac{K_1}{n} + K_2\right)(ne_1 + e_2)}.$$

Para encontrar o valor ótimo da quantidade a ser encomendada na instalação 1, $Q_1 = nQ_2^*$, precisamos encontrar o valor de n que minimiza C. A abordagem usual para fazer isso seria derivar C em relação a n, configurar essa derivada igual a zero e encontrar n. Entretanto, como a expressão para C envolve extrair uma raiz quadrada, fazer isso diretamente não é muito conveniente. Uma forma mais conveniente seria livrar-se da raiz quadrada elevando C ao quadrado e minimizando C^2, já que o valor de n que minimiza C^2 também é o valor que minimiza C. Portanto, derivamos C^2 em relação a n, configuramos essa derivada igual a zero e resolvemos essa equação em termos de n. Visto que a segunda derivada é positiva para n positivo, isso resulta no valor minimizador de n como:

$$n^* = \sqrt{\frac{K_1 e_2}{K_2 e_1}}.$$

Isso é idêntico à expressão para n^* obtida na subseção anterior, exceto que h_1 e h_2 foram substituídos aqui por e_1 e e_2, respectivamente. Quando n^* não for um inteiro, o procedimento para arredondar n^* para um inteiro também é o mesmo descrito na subseção anterior.

Obter n dessa maneira permite calcular Q_2^* com a expressão dada e então configurar $Q_1^* = nQ_2^*$.

EXEMPLO Para ilustrar esses resultados, suponha que os parâmetros do modelo sejam:

$K_1 =$ US$ 1.000, $K_2 =$ US$ 100, $h_1 =$ US$ 2, $h_2 =$ US$ 3, $d = 600$.

A Tabela 18.1 fornece os valores de Q_2^*, n^*, n (o valor arredondado de n^*), Q_1^* e C^* (o custo variável total resultante por unidade de tempo) ao resolver das duas formas descritas nesta seção. Portanto, a segunda coluna fornece os resultados ao usar a abordagem imprecisa de otimizar as duas instalações separadamente, ao passo que a terceira coluna usa o método válido de otimizar as duas instalações simultaneamente.

Observe que a otimização simultânea leva a resultados bem diferentes do que aqueles obtidos na otimização separada. A maior diferença é que a quantidade encomendada na instalação 2 é praticamen-

TABELA 18.1 Aplicação do modelo serial de dois níveis ao exemplo

Quantidade	Otimização separada das instalações	Otimização simultânea das instalações
Q_2^*	200	379
n^*	$\sqrt{15}$	$\sqrt{5}$
n	4	2
Q_1^*	800	758
C^*	US$ 1.950	US$ 1.897

te duas vezes maior. Além disso, o custo variável total C^* é aproximadamente 3% menor. Com valores de parâmetros diferentes, o erro da otimização separada pode algumas vezes levar a uma diferença percentual consideravelmente maior no custo variável total. Logo, essa metodologia fornece uma aproximação bastante grosseira. Não há nenhuma razão para usá-la, já que a otimização simultânea pode ser executada de forma relativamente simples.

Modelo para um sistema serial multinível

Agora, estenderemos a análise precedente a sistemas seriais com mais de dois níveis. A Figura 18.9 representa esse tipo de sistema, em que a instalação 1 tem seus estoques reabastecidos periodicamente, em seguida, o estoque na instalação 1 é usado para reabastecer o estoque na instalação 2 periodicamente, depois, a instalação 2 faz o mesmo em relação à instalação 3, e assim por diante até chegar à instalação final (instalação N).

Algumas ou todas as instalações poderiam ser centros de processamento que processam os itens recebidos da instalação anterior e os transforma em algo mais próximo do produto acabado. Instalações também são usadas para armazenar itens até que eles estejam prontos para ser transferidos para o próximo centro de processamento ou para a próxima instalação de armazenagem que se encontre mais próxima dos clientes do produto final. A instalação N executa qualquer processamento final necessário e também armazena o produto final em um local onde ele possa atender imediatamente à demanda para aquele produto de forma contínua.

Uma vez que os itens podem ser diferentes nas diversas instalações à medida que são processados em algo mais próximo do produto acabado, iremos nos referir a eles como item 1 enquanto se encontrarem na instalação 1, item 2 enquanto estiverem na instalação 2 e assim por diante. As unidades dos diversos itens são definidas de modo que exatamente uma unidade do item de uma instalação seja necessária para obter uma unidade do próximo item na instalação seguinte.

Nosso modelo para um sistema de estoques serial multinível é uma generalização direta do anterior para um sistema de estoques serial de dois níveis, conforme indicado pelas seguintes hipóteses para o modelo.

Hipóteses para o modelo serial multinível

1. As hipóteses do modelo EOQ básico (ver a Seção 18.3) são válidas na instalação N. Assim, existe uma demanda constante conhecida de d unidades por unidade de tempo, uma quantidade encomendada de Q_N unidades é feita a tempo de reabastecer estoques quando o nível cai a zero, pois não se permite a falta do produto.
2. Uma quantidade encomendada de Q_1 unidades é feita a tempo de reabastecer estoques na instalação 1 antes que viesse a acontecer a falta do produto.

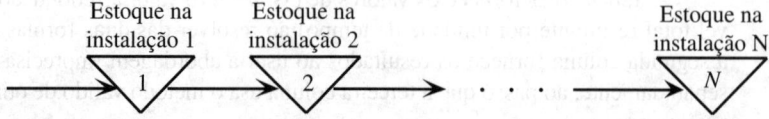

FIGURA 18.9 Um sistema de estoques serial multinível.

3. Cada instalação, exceto a instalação N, usa seus estoques para reabastecer periodicamente o estoque da instalação seguinte. Portanto, a instalação i ($i = 1, 2, \ldots, N - 1$) fornece imediatamente um lote de Q_{i+1} unidades para a instalação ($i + 1$) cada vez que for recebido um pedido da instalação ($i + 1$).
4. Os custos relevantes em cada instalação i ($i = 1, 2, \ldots, N$) são um *custo de implantação* K_i cada vez que for feito um pedido e um *custo de manutenção* de estoque igual a h_i por unidade por unidade de tempo.
5. As unidades aumentam de valor cada vez que forem recebidas e processadas na instalação seguinte, de modo que $h_1 < h_2, < \cdots < h_N$.
6. O objetivo é minimizar a *soma* dos custos variáveis por unidade de tempo nas N instalações. (Isso será representado por C.)

A palavra "imediatamente" na hipótese 3 implica que existe, essencialmente, um tempo de espera zero entre o momento em que uma instalação faz um pedido e em que a instalação precedente preenche esse pedido, embora um tempo de espera positivo que é fixado não cause nenhum problema. Com tempo de espera zero, a Figura 18.10 estende a Figura 18.8 para mostrar como os níveis de estoques variariam simultaneamente nas instalações quando há quatro instalações em vez de apenas duas. Nesse caso, $Q_i = 2Q_{i+1}$ para $i = 1, 2, 3$, de modo que cada uma das três primeiras instalações precise reabastecer seus estoques apenas uma vez para cada duas vezes que ele reabastecer os estoques da instalação seguinte. Consequentemente, quando se inicia um ciclo completo de reabastecimentos nas quatro instalações no instante 0, a Figura 18.10 mostra um pedido de Q_1 unidades que chega na instalação 1 quando o nível de estoques havia atingido zero. Metade desse pedido é usado imediatamente para reabastecer o estoque na instalação 2. A instalação 2 faz o mesmo em relação à instalação 3 e a instalação 3 faz o mesmo para a instalação 4. Assim, no instante 0, parte das unidades que acabaram de chegar na instalação 1 são transferidas na sequência até atingirem a última instalação o mais rápido possível. A última instalação começa então a usar imediatamente seu estoque reabastecido do produto final para atender à demanda de d unidades por unidade de tempo para esse produto.

Lembre-se que o *estoque multinível na instalação* 1 é definido como o estoque que se encontra fisicamente disponível ali (o *estoque da instalação*) somado ao estoque que já se encontra adiante (e talvez incorporado em um produto mais acabado) em níveis subsequentes do sistema de estoques. Portanto, como indicado pelas linhas tracejadas na Figura 18.10, o estoque multinível na instalação 1 começa em Q_1 unidades no instante 0 e depois diminui a uma taxa de d unidades por unidade de tempo até que seja tempo de encomendar um novo lote de Q_1 unidades, após o qual o padrão dente de serra se mantém. O estoque multinível nas instalações 2 e 3 segue o mesmo padrão dente de serra, porém com ciclos mais curtos. O estoque multinível coincide com o estoque da instalação na instalação 4, de modo que o estoque multinível segue novamente um padrão dente de serra ali.

Esse padrão dente de serra no modelo EOQ básico na Seção 18.3 tornou a análise particularmente simples. Pela mesma razão, é conveniente se concentrar no estoque multinível em vez do estoque da instalação nas respectivas instalações ao analisar o modelo atual. Para tanto, precisamos usar os *custos de manutenção* de estoque *multiníveis*,

$$e_1 = h_1, \quad e_2 = h_2 - h_1, \quad e_3 = h_3 - h_2, \ldots, \quad e_N = h_N - h_{N-1},$$

em que e_i é interpretado como o custo de manutenção de estoque por unidade por unidade de tempo sobre o *valor agregado* convertendo o item ($i - 1$) da instalação ($i - 1$) no item i na instalação i.

A Figura 18.10 supõe que os ciclos de reabastecimento nas respectivas instalações sejam cuidadosamente sincronizados de modo que, por exemplo, um reabastecimento na instalação 1 ocorra ao mesmo tempo em que uma parte dos reabastecimentos nas demais instalações. Isso faz sentido já que seria um desperdício reabastecer estoques em uma instalação antes de esse estoque ser necessário. Para evitar sobra de estoques no final de um ciclo de reabastecimento em uma instalação, também é lógico fazer um pedido suficiente apenas para abastecer a instalação seguinte um número inteiro de vezes.

Uma política ótima seria ter $Q_i = n_i Q_{i+1}$ ($i = 1, 2, \ldots, N - 1$), em que n_i é um inteiro positivo, para qualquer ciclo de reabastecimento. (O valor de n_i pode ser diferente para diferentes ciclos de reabastecimento.) Além disso, a instalação i ($i = 1, 2, \ldots, N - 1$) deve reabastecer seus estoques com um lote de Q_i unidades *somente* no momento em que seu nível de estoque for *zero* e for o momento de abastecer a instalação ($i + 1$) com um lote de Q_{i+1} unidades.

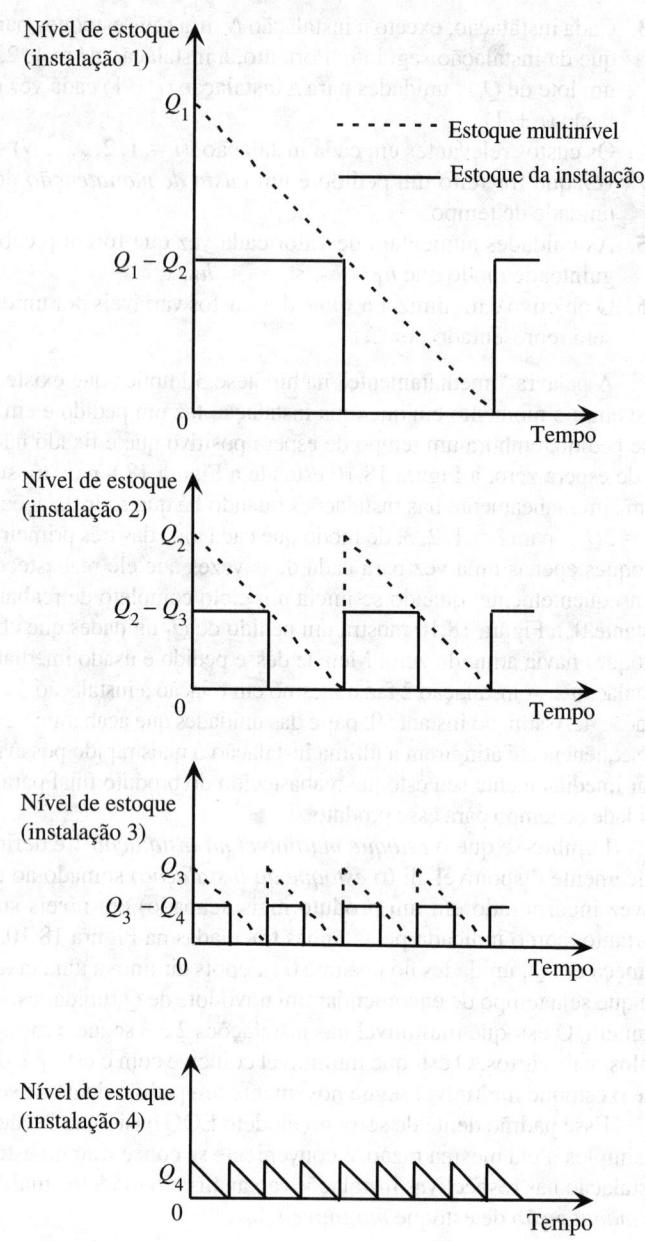

■ **FIGURA 18.10** O nível de estoques sincronizado em quatro instalações ($N = 4$) quando $Q_i = 2Q_{i+1}$ ($i = 1, 2, 3$), em que as linhas cheias mostram os níveis de estoque da instalação e as linhas tracejadas fazem o mesmo para o estoque multinível.

Problema adaptado mais fácil de resolver. Infelizmente, é de surpreender a dificuldade para encontrar uma solução ótima para esse modelo quando $N > 2$. Por exemplo, uma solução ótima pode ter quantidades encomendadas que mudam de um ciclo de reabastecimento para o seguinte na mesma instalação. Portanto, duas aproximações simplificadoras são feitas normalmente para derivar uma solução.

Simplificação da aproximação 1: suponha que a quantidade encomendada em uma instalação tenha de ser a mesma em cada ciclo de reabastecimento. Assim, $Q_i = n_i Q_{i+1}$ ($i = 1, 2, \ldots, N - 1$), em que n_i é um inteiro positivo *fixo*.

Simplificação da aproximação 2: $n_i = 2^{m_i}$ ($i = 1, 2, \ldots, N - 1$), em que m_i é um inteiro não negativo, de modo que os únicos valores considerados para n_i são 1, 2, 4, 8, ...

De fato, essas aproximações simplificadoras revisam o problema original impondo algumas restrições novas que reduzem o tamanho da região de soluções viáveis que precisa ser considerada. Esse problema adaptado tem alguma estrutura adicional (inclusive a programação cíclica relativamente simples resultante da simplificação da aproximação 2), que torna consideravelmente mais fácil de ser resolvido que o problema original. Além disso, demonstrou-se que uma solução ótima para o problema adaptado sempre é praticamente ótima para o problema original, em razão do seguinte resultado-chave.

Propriedade da aproximação (98%) de *Roundy*: garante-se que o problema adaptado forneça pelo menos 98% de aproximação em relação ao problema original no seguinte sentido: a quantia pela qual o custo de uma solução ótima para o problema adaptado exceda o custo de uma solução ótima para o problema original *jamais* poderá ser maior que 2% (e normalmente será muito menor), especificamente, se:

C^* = custo variável total por unidade de tempo de uma solução ótima para o problema original;
$\overline{C}$ = custo variável total por unidade de tempo de uma solução ótima para o problema adaptado,

então:

$$\overline{C} - C^* \leq 0{,}02\, C^*.$$

Isso normalmente é conhecido como aproximação (98%) de *Roundy*, pois a formulação e a prova dessa propriedade fundamental (que também é válida para alguns tipos gerais de sistemas de estoque multiníveis) foram desenvolvidas pelo professor Robin Roundy, da Cornell University[6].

Uma implicação das duas aproximações simplificadoras é que as quantidades encomendadas para o problema adaptado têm de satisfazer as desigualdades fracas,

$$Q_1 \geq Q_2 \geq \cdots \geq Q_N.$$

O procedimento para resolver o problema adaptado tem duas fases, nas quais essas desigualdades desempenham papel fundamental na fase 1. Particularmente, considere a seguinte variante do problema original, bem como do problema adaptado.

Relaxamento do problema: continue a supor que a quantidade encomendada em uma instalação tenha de ser a mesma em cada ciclo de reabastecimento. Entretanto, substitua a aproximação simplificadora 2 pela exigência menos restritiva de que $Q_1 \geq Q_2 \geq \cdots \geq Q_N$. Portanto, a única restrição em n_i na aproximação simplificadora 1 é que cada $n_i \geq 1$ ($i = 1, 2, \ldots, N - 1$), sem nem mesmo exigir que n_i seja um inteiro. Quando n_i não for um inteiro, a falta de sincronização resultante entre as instalações é ignorada. Supõe-se então que cada instalação satisfaça o modelo EOQ básico com estoques que são reabastecidos quando o nível de estoques atingir zero, independentemente do que as demais instalações fazem, de modo que as instalações possam ser otimizadas separadamente.

Embora esse relaxamento não seja uma representação realista do problema de fato, pois ela ignora a necessidade de coordenar reabastecimentos nas instalações (e, portanto, subestima os verdadeiros custos de manutenção de estoque), ela fornece uma aproximação que é muito fácil de resolver.

A fase 1 do procedimento de resolução para solucionar o problema adaptado consiste na resolução do relaxamento do problema. A fase 2 modifica então essa solução, reimpondo a aproximação simplificadora 2.

---

[6] R. Roundy, "A 98%-Effective Lot-Sizing Rule for a Multi-Product, Multi-Stage Production/Inventory System", *Mathematics of Operations Research*, **11:** 699-727, 1986.

As desigualdades fracas, $Q_i \geq Q_{i+1}$ ($i = 1, 2, \ldots, N - 1$), permitem a possibilidade de que $Q_i = Q_{i+1}$. (Isso corresponde a ter $m_i = 0$ na aproximação simplificadora 2.) Conforme sugerido pela Figura 18.10, se $Q_i = Q_{i+1}$, toda vez que a instalação ($i + 1$) precisar reabastecer seus estoques com Q_{i+1} unidades, a instalação i precisará encomendar simultaneamente o mesmo número de unidades e, então, (após qualquer processamento necessário) transferir imediatamente o lote inteiro para a instalação ($i + 1$). Portanto, embora estas sejam, na realidade, instalações distintas, para fins de modelagem, podemos tratá-las como uma única instalação combinada que faz um pedido de $Q_i = Q_{i+1}$ unidades com um custo de implantação igual a $K_i + K_{i+1}$ e um custo de manutenção de estoque multinível de $e_i + e_{i+1}$. Essa fusão de instalações (para fins de modelagem) é incorporada na fase 1 do procedimento de resolução.

Descrevemos e resumimos as duas fases do procedimento de resolução, uma de cada vez, logo a seguir.

Fase 1 do procedimento de resolução. Lembre-se de que a hipótese 6 para o modelo indica que o objetivo é minimizar C, o custo variável total por unidade de tempo para todas as instalações. Usando os custos de manutenção de estoque multiníveis, o custo variável total por unidade de tempo na instalação i ficará assim:

$$C_i = \frac{dK_i}{Q_i} + \frac{e_i Q_i}{2}, \qquad \text{para } i = 1, 2, \ldots, N,$$

de modo que:

$$C = \sum_{i=1}^{N} C_i.$$

(Essa expressão para C_i parte do pressuposto de que os estoques multiníveis sejam reabastecidos exatamente no momento em que seus níveis chegam a zero, o que é válido para o problema original e o adaptado, mas é apenas uma aproximação para o relaxamento do problema, pois a falta de coordenação entre as instalações em estabelecer quantidades a ser encomendadas apresenta uma tendência a reabastecimentos prematuros.) Observe que C_i é simplesmente o custo variável total por unidade de tempo para uma única instalação que satisfaz o modelo EOQ básico quando e_i for o custo de manutenção de estoque relevante por unidade de tempo na instalação. Portanto, solucionando-se primeiro o problema com relaxamento, que requer apenas otimizar as instalações separadamente (ao usar custos de manutenção de estoque multiníveis em vez dos custos de manutenção de estoque da instalação), a fórmula EOQ seria simplesmente usada para obter a quantidade a ser encomendada em cada instalação. Isso acaba fornecendo uma primeira aproximação razoável dos volumes ótimos a ser encomendados ao otimizar simultaneamente as instalações para o problema adaptado. Assim, aplicar a fórmula EOQ dessa maneira é o passo fundamental na fase 1 do procedimento de resolução. A fase 2 aplica então a coordenação necessária entre as quantidades encomendadas fazendo o mesmo para a aproximação simplificadora 2.

Ao aplicar a fórmula EOQ às respectivas instalações, surge uma situação especial quando $K_i/e_i < K_{i+1}/e_{i+1}$, visto que isso levaria a $Q_i^* < Q_{i+1}^*$, que é proibido pelo relaxamento do problema. Para satisfazer o relaxamento, que requer que $Q_i \geq Q_{i+1}$, o melhor que pode ser feito é fazer que $Q_i = Q_{i+1}$. Conforme descrito no final da subseção anterior, isso implica que as duas instalações deveriam ser mescladas para fins de modelagem.

Síntese da fase 1 (solucionar o relaxamento)

1. Se $\frac{K_i}{e_i} < \frac{K_{i+1}}{e_{i+1}}$ para qualquer $i = 1, 2, \ldots, N - 1$, trate as instalações i e $i + 1$ como uma única instalação combinada (para fins de modelagem) com um custo de implantação igual a $K_i + K_{i+1}$ e um custo de manutenção de estoque multinível por unidade de $e_i + e_{i+1}$ por unidade de tempo. Após a fusão, repita essa etapa conforme necessário para quaisquer outros pares de instalações consecutivas (o que incluiria uma instalação combinada). A seguir, renumere as instalações de acordo com N, reinicializado como o novo número total de instalações.
2. Faça que:

$$Q_i = \sqrt{\frac{2dK_i}{e_i}}, \qquad \text{para } i = 1, 2, \ldots, N.$$

3. Faça que:

$$C_i = \frac{dK_i}{Q_i} + \frac{e_iQ_i}{2}, \quad \text{para } i = 1, 2, \ldots, N,$$

$$C = \sum_{i=1}^{N} C_i.$$

Fase 2 do procedimento de resolução. A fase 2 agora é usada para coordenar as quantidades encomendadas para obter uma programação cíclica conveniente de reabastecimentos, como aquela ilustrada na Figura 18.10. Isso se faz principalmente arredondando as quantidades encomendadas obtidas na fase 1 para atender ao padrão prescrito pelas aproximações simplificadoras. Após determinar provisoriamente os valores de $n_i = 2^{m_i}$ de modo que $Q_i = n_iQ_{i+1}$ dessa maneira, o passo final é refinar o valor de Q_N para tentar obter uma solução ótima global para o problema adaptado.

Essa etapa final envolve expressar cada Q_i em termos de Q_N. Em particular, dado cada n_i tal que $Q_i = n_iQ_{i+1}$, façamos que p_i seja o produto,

$$p_i = n_in_{i+1} \ldots n_{N-1}, \text{ para } i = 1, 2, \ldots, N-1,$$

de modo que:

$$Q_i = p_iQ_N, \text{ para } i = 1, 2, \ldots, N-1,$$

em que $p_N = 1$. Portanto, o custo variável total por unidade de tempo em todas as instalações é:

$$C = \sum_{i=1}^{N} \left[\frac{dK_i}{p_iQ_N} + \frac{e_ip_iQ_N}{2} \right].$$

Já que C inclui apenas a única quantidade Q_N, essa expressão também pode ser interpretada como o custo variável total por unidade de tempo para uma *única* instalação de estoques que satisfaz o modelo EOQ básico com um custo de implantação e custo de manutenção de estoque unitário de:

$$\text{Custo de implantação} = \sum_{i=1}^{N} \frac{dK_i}{p_i}, \quad \text{Custo de manutenção de estoque unitário} = \sum_{i=1}^{N} e_ip_i.$$

Logo, o valor de Q_N que minimiza C é dado pela fórmula EOQ como:

$$Q_N^* = \sqrt{\frac{2d\sum_{i=1}^{N} \frac{K_i}{p_i}}{\sum_{i=1}^{N} e_ip_i}}.$$

Como essa expressão requer conhecer n_i, a fase 2 começa usando o valor de Q_N calculado na fase 1 como uma aproximação de Q_N^*, e depois usar esse Q_N para determinar n_i (provisoriamente), antes de usar essa fórmula para calcular Q_N^*.

Síntese da fase 2 (solucionar o problema adaptado)

1. Configure Q_N^* para o valor de Q_N obtido na fase 1.
2. Para $i = N-1, N-2, \ldots, 1$, um de cada vez, faça o seguinte: usando o valor de Q_i obtido na fase 1, determine o valor inteiro não negativo de m tal que

$$2^m Q_{i+1}^* \leq Q_i < 2^{m+1} Q_{i+1}^*.$$

$$\text{Se } \frac{Q_i}{2^m Q_{i+1}^*} \leq \frac{2^{m+1}Q_{i+1}^*}{Q_i}, \quad \text{configure } n_i = 2^m \text{ e } Q_i^* = n_iQ_{i+1}^*.$$

$$\text{Se } \frac{Q_i}{2^m Q_{i+1}^*} > \frac{2^{m+1}Q_{i+1}^*}{Q_i}, \quad \text{configure } n_i = 2^{m+1} \text{ e } Q_i^* = n_iQ_{i+1}^*.$$

3. Use os valores de n_i obtidos na etapa 2 e as fórmulas dadas para p_i e Q_N^* para calcular Q_N^*. Em seguida, use esse Q_N^* para repetir a etapa 2[7]. Se nenhum n_i mudar, use $(Q_1^*, Q_2^*, \ldots, Q_N^*)$ como solução para o problema adaptado e calcule o custo correspondente $\overline{C}$. Se qualquer um n_i realmente mudar, repita a etapa 2 (começando com o Q_N^* atual) e depois a etapa 3 mais uma vez. Use a solução resultante e calcule $\overline{C}$.

Esse procedimento fornece uma solução muito boa para o problema adaptado. Embora não haja garantia total de que a solução seja ótima, normalmente ela o é e, caso não seja, ela deve ser muito próxima desta. Já que o próprio problema adaptado é uma aproximação do problema original, obter uma solução destas para o problema adaptado é muito conveniente para todos os fins práticos. Teorias disponíveis garantem que essa solução fornecerá uma boa aproximação de uma solução ótima para o problema original.

Lembre-se de que a propriedade de aproximação (98%) de Roundy garante que o custo de uma solução ótima para o problema adaptado se encontra em um limite de 2% de C^*, o custo da solução ótima desconhecida para o problema original. Na prática, essa diferença normalmente é bem menor que 2%. Se a solução obtida pelo procedimento dado anteriormente não for ótima para o problema adaptado, os resultados de Roundy ainda garantem que seu custo $\overline{C}$ se encontrará em um intervalo com variação de 6% em relação a C^*. Para enfatizar, a diferença real, na prática, geralmente é bem menor que 6% e muitas vezes é consideravelmente menor que 2%.

Seria ótimo ser capaz de verificar quão próximo $\overline{C}$ se encontra em determinado problema embora C^* seja desconhecido. O relaxamento do problema fornece uma maneira fácil de se fazer isso. Como o problema com relaxamento não requer coordenar os reabastecimentos de estoques nas instalações, o custo calculado para sua solução ótima $\underline{C}$ é um limite inferior em C^*. Além disso, $\underline{C}$ em geral é *extremamente* próximo de C^*. Portanto, verificar quão próximo $\overline{C}$ se encontra em relação a $\underline{C}$ fornece uma estimativa conservadora de quão próximo $\overline{C}$ deve estar de C^*, conforme se resume a seguir.

Relações de Custo: $\underline{C} \leq C^* \leq \overline{C}$, de modo que $\overline{C} - C^* \leq \overline{C} - \underline{C}$, em que:
$\underline{C}$ = custo de uma solução ótima para o *problema com relaxamento*;
C^* = custo de uma solução ótima (desconhecida) para o problema original;
$\overline{C}$ = custo da solução obtida para o problema adaptado.

Veremos no próximo exemplo bem mais típico que, como $\overline{C} = 1{,}0047\underline{C}$ para o exemplo, é sabido que $\overline{C}$ se encontra em um intervalo de 0,47% em relação a C^*.

EXEMPLO. Consideremos um sistema serial com quatro instalações com os custos de implantação e custos de manutenção de estoque unitários mostrados na Tabela 18.2.

A primeira etapa na aplicação do modelo é converter o custo de manutenção de estoque unitário h_i em cada instalação no custo de manutenção de estoque multinível unitário correspondente e_i, que reflete o valor agregado em cada instalação. Portanto,

$$e_1 = h_1 = US\$\ 0{,}50, \qquad e_2 = h_2 - h_1 = US\$\ 0{,}05,$$
$$e_3 = h_3 - h_2 = US\$\ 3, \qquad e_4 = h_4 - h_3 = US\$\ 4.$$

Agora, podemos aplicar a etapa 1 da fase 1 do procedimento de resolução para comparar cada K_i/e_i com K_{i+1}/e_{i+1}.

$$\frac{K_1}{e_1} = 500, \qquad \frac{K_2}{e_2} = 120, \qquad \frac{K_3}{e_3} = 10, \qquad \frac{K_4}{e_4} = 27{,}5.$$

Essas relações diminuem da esquerda para a direita com exceção de que:

$$\frac{K_3}{e_3} = 10 < \frac{K_4}{e_4} = 27{,}5,$$

---

[7] Uma possível complicação que poderia impedir a repetição da etapa 2 é se $Q_{N-1} < Q^*_N$ com esse novo valor de Q^*_N. Caso isso ocorra, podemos simplesmente interromper o procedimento e usar o valor prévio de $(Q^*_1, Q^*_2, \ldots, Q^*_N)$ como solução para o problema revisado. Essa mesma condição também se aplica a uma tentativa posterior de repetir a etapa 2.

TABELA 18.2 Dados para o exemplo de um sistema de estoques com quatro níveis

Instalação i	K_i	h_i	$d = 4.000$
1	US$ 250	US$ 0,50	
2	US$ 6	US$ 0,55	
3	US$ 30	US$ 3,55	
4	US$ 110	US$ 7,55	

e, portanto, precisamos tratar as instalações 3 e 4 como uma única instalação combinada para fins de modelagem. Após combinar seus custos de implantação e seus custos de manutenção de estoque multiníveis, agora temos os dados ajustados indicados na Tabela 18.3.

Usando os dados ajustados, a Tabela 18.4 mostra os resultados da aplicação do restante do procedimento de resolução a esse exemplo.

A segunda e a terceira coluna apresentam os cálculos simples das etapas 2 e 3 da fase 1. Para a etapa 1 da fase 2, $Q_3 = 400$ na segunda coluna é transportado para $Q_3^* = 400$ na quarta coluna. Para a etapa 2, encontramos que:

$$2^1 Q_3^* < Q_2 < 2^2 Q_3^*$$

já que

$$2(400) = 800 < 980 < 4(400) = 1.600.$$

Como

$$\frac{Q_2}{2^1 Q_3^*} = \frac{980}{800} < \frac{1600}{980} = \frac{2^2 Q_3^*}{Q_2},$$

fazemos que $n_2 = 2^1 = 2$ e $Q_2^* = nQ_3^* = 800$. De forma similar, fazemos que $n_1 = 2^1 = 2$ e $Q_1^* = n_1 Q_2^* = 1.600$, uma vez que

$$2(800) = 1.600 < 2.000 < 4(800) = 3.200 \text{ e } \frac{2.000}{1.600} < \frac{3.200}{2.000}.$$

TABELA 18.3 Dados ajustados para o exemplo com quatro níveis após mesclar as instalações 3 e 4 para fins de modelagem

Instalação i	K_i	e_i	$d = 4.000$
1	US$ 250	US$ 0,50	
2	US$ 6	US$ 0,05	
3(+ 4)	US$ 140	US$ 7	

TABELA 18.4 Resultados da aplicação do procedimento de resolução ao exemplo com quatro níveis

	Solução do problema com relaxamento		Solução final do problema adaptado		Solução inicial do problema adaptado	
Instalação i	Q_i	C_i	Q_i^*	C_i	Q_i^*	C_i
1	2.000	US$ 1.000	1.600	US$ 1.025	1.700	US$ 1.013
2	980	US$ 49	800	US$ 50	850	US$ 49
3(+ 4)	400	US$ 2.800	400	US$ 2.800	425	US$ 2.805
		$\underline{C}$ = US$ 3.849		C = US$ 3.875		$\overline{C}$ = US$ 3.867

Após calcular os C_i correspondentes, a quarta e a quinta coluna da tabela resumem esses resultados da aplicação somente das etapas 1 e 2 da fase 2.

As últimas duas colunas da tabela resumem os resultados da finalização do procedimento de resolução aplicando a etapa 3 da fase 2. Já que $p_1 = n_1 n_2 = 4$ e $p_2 = n_2 = 2$, a fórmula para Q_N^* resulta em $Q_3^* = 425$ como valor de Q que é parte da solução ótima global para o problema adaptado. Repetindo a etapa 2 com esse novo Q_3^* resulta novamente em $n_2 = 2$ e $n_1 = 2$, de modo que $Q_2^* = n_2 Q_3^* = 850$ e $Q_1^* = n Q_2^* = 1.700$. Como n_2 e n_1 não mudam da primeira vez por meio da etapa 2, de fato agora temos a solução desejada para o problema adaptado e, portanto, os C_i são calculados de acordo. (Essa solução é, de fato, ótima para o problema adaptado.)

Tenha em mente que as instalações originais 3 e 4 foram combinadas somente para fins de modelagem. Elas supostamente continuarão a ser instalações fisicamente separadas. Portanto, a conclusão na sexta coluna da tabela de que $Q_3^* = 425$, na verdade, significa que *ambas* as instalações 3 e 4 terão uma quantidade encomendada igual a 425. Assim que a instalação 3 receber e processar cada um desses pedidos, ela transferirá imediatamente o lote inteiro para a instalação 4.

A parte inferior da terceira, quinta e sétima colunas da tabela mostra o custo variável total por unidade de tempo para as soluções correspondentes. O custo C na quinta coluna se encontra 0,68% acima $\underline{C}$ na terceira coluna, ao passo que $\overline{C}$ na sétima coluna se encontra apenas 0,47% acima de $\underline{C}$. Visto que $\underline{C}$ é um limite inferior de C^*, o custo da solução ótima (desconhecida) para o problema original, isso significa que interromper após a etapa 2 da fase 2 forneceu uma solução que se encontra em um intervalo de 0,68% em relação a C^*, ao passo que o refinamento de prosseguir para a etapa 3 da fase 2 melhorou essa solução colocando-a em um intervalo de 0,47% em relação a C^*.

Extensões desses modelos

Os dois modelos apresentados anteriormente são para sistemas de estoques seriais. Conforme representado anteriormente na Figura 18.9, isso restringe cada instalação (após a primeira) a ter somente um único *antecessor imediato* que reabastece seus estoques. Pelo mesmo motivo, cada instalação (antes da última) reabastece os estoques apenas de um único *sucessor imediato*.

Muitos sistemas de estoques multiníveis reais são muito mais complexos do que isso. Uma instalação poderia ter *vários sucessores imediatos*, como no caso de uma fábrica abastecer vários depósitos ou quando um depósito abastece diversos varejistas. Um sistema de estoques desse é chamado **sistema de distribuição**. A Figura 18.11 mostra um sistema de estoques de distribuição típico para determinado produto. Nesse caso, esse produto (entre outros) é produzido em uma única fábrica, que configura rapidamente a produção de um lote de peças cada vez que for necessário reabastecer seus estoques com esse produto. Esses estoques são usados para abastecer vários depósitos em diferentes regiões, reabastecendo seus estoques desse produto quando preciso. Cada um desses depósitos, por sua vez, abastece diversos varejistas em sua região, reabastecendo seus estoques desse mesmo produto quando necessário. Se cada varejista tiver uma taxa de demanda constante conhecida (grosso modo) para o produto, pode se formular uma extensão do modelo serial multinível para esse sistema de estoques de distribuição. (Não prosseguiremos mais a fundo nessa questão.)

Outra generalização comum de um sistema de estoques serial multinível surge quando algumas instalações possuem *vários antecessores imediatos*, como o caso nesta seção em que uma planta industrial de subconjuntos recebe seus componentes de vários fornecedores, ou quando uma fábrica recebe seus subconjuntos de várias plantas de subconjuntos. Um sistema de estoques destes é chamado **sistema de montagem**. A Figura 18.12 mostra um sistema de estoques de montagem típico. Nesse caso, determinado produto é montado em uma planta de montagem, esvaziando os estoques de subconjuntos mantidos ali para montar o produto. Cada um desses estoques de um subconjunto é reabastecido quando necessário por uma planta que fabrica esse subconjunto, consumindo estoques de componentes mantidos ali para fabricar o subconjunto. Um por vez, cada um desses estoques de um componente é reabastecido quando necessário por um fornecedor que fabrica periodicamente esse componente para reabastecer seu próprio estoque. Sob as hipóteses apropriadas podemos formular outra extensão do modelo serial multinível para esse sistema de estoques de montagem.

Alguns sistemas de estoques multiníveis também incluem instalações com vários sucessores imediatos, bem como instalações com vários antecessores imediatos. (Certas instalações podem até mesmo se classificar em ambas as categorias.) Um dos maiores desafios do gerenciamento de cadeias de abaste-

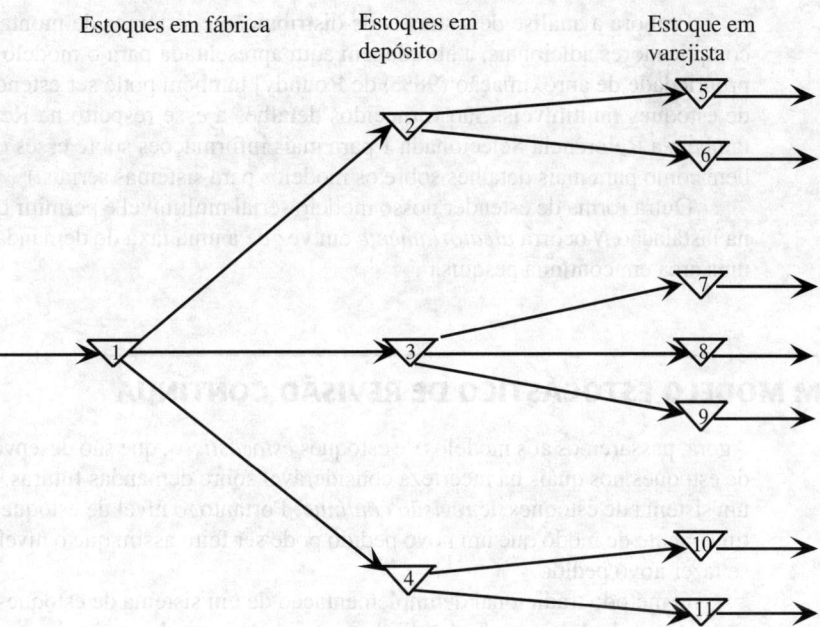

■ **FIGURA 18.11** Um sistema de distribuição de estoques típico.

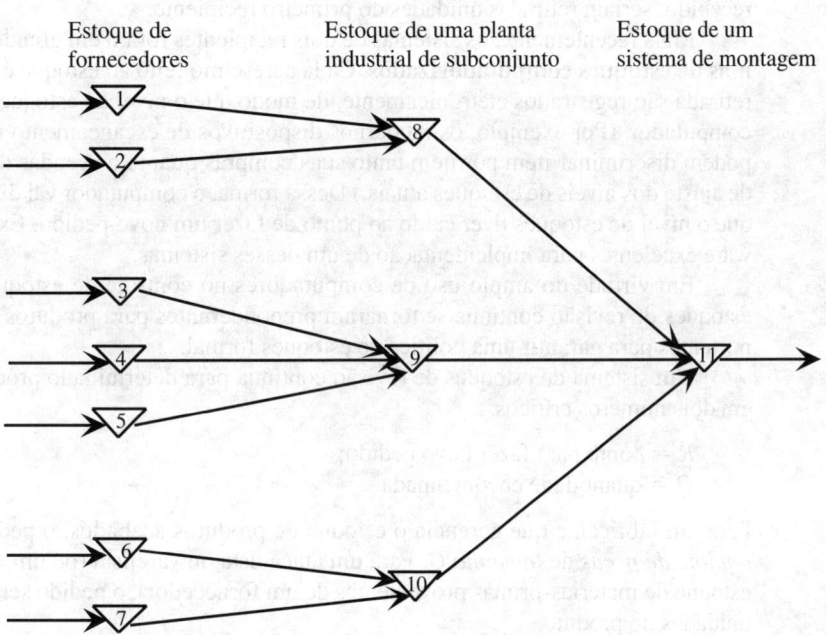

■ **FIGURA 18.12** Um sistema de montagem de estoques típico.

cimento provêm do fato de termos que lidar com esses tipos mistos de sistemas de estoques multiníveis. Particularmente quando organizações distintas (por exemplo, fornecedores, um fabricante e varejistas) controlam diferentes partes de um sistema de estoques multiníveis, seja ele um sistema misto, um sistema de distribuição ou um sistema de montagem. Nesse caso, um princípio fundamental do sucesso no gerenciamento de cadeias de abastecimento é que as organizações devem trabalhar em conjunto, inclusive pelo desenvolvimento de contratos de fornecimento mutuamente benéficos, para otimizar a operação como um todo do sistema de estoques multinível.

Embora a análise de sistemas de distribuição e sistemas de montagem apresente certos fatores complicadores adicionais, a abordagem aqui apresentada para o modelo serial multinível [inclusive a propriedade de aproximação (98%) de Roundy] também pode ser estendida a esses tipos de sistemas de estoques multiníveis. São fornecidos detalhes a esse respeito na Referência Selecionada 6. (Ver também a Referência Selecionada 1 para mais informações sobre esses tipos de sistemas de estoques, bem como para mais detalhes sobre os modelos para sistemas seriais.)

Outra forma de estender nosso modelo serial multinível é permitir que a demanda para o produto na instalação N ocorra *aleatoriamente* em vez de a uma taxa de demanda constante conhecida. Essa é uma área em contínua pesquisa[8].

18.6 UM MODELO ESTOCÁSTICO DE REVISÃO CONTÍNUA

Agora, passaremos aos modelos de estoques *estocásticos*, que são desenvolvidos para analisar sistemas de estoques nos quais há incerteza considerável sobre demandas futuras. Nesta seção, consideraremos um sistema de estoques de *revisão contínua*. Portanto, o nível de estoques está sendo monitorado continuamente de modo que um novo pedido pode ser feito assim que o nível de estoques caia ao ponto de se fazer novo pedido.

O método tradicional de implementação de um sistema de estoques de *revisão contínua* era usar um **sistema de dois recipientes**. Todas as unidades para determinado produto seriam mantidas em dois recipientes. A capacidade de um recipiente seria igual àquela do ponto de fazer novo pedido. Em primeiro lugar, as unidades seriam retiradas do outro recipiente. Portanto, o esvaziamento desse segundo recipiente dispararia a colocação de um novo pedido. Durante o tempo de espera até esse pedido ser recebido, seriam retiradas unidades do primeiro recipiente.

Mais recentemente, os sistemas de dois recipientes foram em grande parte substituídos por **sistemas de estoques computadorizados**. Cada acréscimo feito ao estoque e cada venda provocando uma retirada são registrados eletronicamente, de modo que o nível de estoque atual sempre se encontre no computador. (Por exemplo, os modernos dispositivos de escaneamento nos caixas de lojas de varejo podem discriminar item por item tanto suas compras quanto as vendas de produtos estáveis para fins de ajuste dos níveis de estoques atuais.) Dessa forma, o computador vai disparar um novo pedido assim que o nível de estoques tiver caído ao ponto de fazer um novo pedido. Existem vários pacotes de software excelentes para implementação de um desses sistemas.

Em virtude do amplo uso de computadores no controle de estoques moderno, os sistemas de estoques de revisão contínua se tornaram preponderantes para produtos que são suficientemente importantes para garantir uma política de estoques formal.

Um sistema de estoques de revisão contínua para determinado produto normalmente se baseará em dois números críticos:

R = ponto para fazer novo pedido;
Q = quantidade encomendada.

Para um fabricante que gerencia o estoque de produtos acabados, o pedido será para a *produção de um lote de peças* de tamanho Q. Para um atacadista ou varejista (ou um fabricante que reabastece seu estoque de matérias-primas provenientes de um fornecedor), o pedido será um *pedido de compra* de Q unidades do produto.

Uma política de estoques que se baseia nesses dois números críticos é uma política simples.

Política de estoques: toda vez que o nível de estoques do produto cair para R unidades, faça um pedido de Q unidades adicionais para reabastecer o estoque.

Uma política dessas é normalmente chamada *política de encomenda de determinada quantidade no ponto de fazer novo pedido*, ou simplesmente, em inglês e de forma abreviada, **política (R, Q)**.

---

[8] Veja, por exemplo, H. K. Shang and L.-S. Song, "Newsvendor Bounds and Heuristic for Optimal Policies in Serial Supply Chains", *Management Science*, **49**(5): 618-638, May 2003. Also see X. Chao and S. X. Zhou, "Probabilistic Solution and Bounds for Serial Inventory Systems with Discounted and Average Costs", *Naval Research Logistics*, **54**(6): 623-631, Sept. 2007.

[Consequentemente, o modelo global poderia ser denominado modelo (R, Q). Algumas vezes também são usadas outras variações desses nomes, como política (Q, R), modelo (Q, R) etc.]

Após sintetizar as hipóteses do modelo, descreveremos como R e Q podem ser determinados.

Hipóteses do modelo

1. Cada aplicação envolve um único produto.
2. O nível de estoques encontra-se sob *revisão contínua* e, assim, seu valor atual é sempre conhecido.
3. Deve ser usada uma política (R, Q) e, portanto, as únicas decisões a ser tomadas são escolher R e Q.
4. Existe um *tempo de espera* entre o momento em que o pedido é feito e aquele em que a quantidade encomendada é recebida. Esse tempo de espera pode ser determinado também como variável.
5. A *demanda* por retirada de unidades do estoque para vendê-los (ou para qualquer outra finalidade) durante esse tempo de espera é incerta. Entretanto, a distribuição probabilística da demanda é conhecida (ou pelo menos estimada).
6. Caso ocorra falta de estoque antes de o pedido ser recebido, o excesso de demanda é *colocado em reserva*, de modo que os pedidos que não forem atendidos agora (*backorders*) serão atendidos tão logo o pedido novo chegue.
7. Cada vez que for feito um pedido ocorre um *custo de implantação* fixo (representado por K).
8. Exceto pelo custo de implantação, o custo do pedido é proporcional à quantidade Q encomendada.
9. Incorre-se em certo custo de manutenção de estoque (representado por h) para cada unidade em estoque por unidade de tempo.
10. Quando ocorre falta de estoque, existe certo custo de escassez (representado por p) para cada unidade colocada em reserva por unidade de tempo até esse pedido pendente ser atendido.

Esse modelo está estreitamente ligado ao *modelo EOQ com falta de produto planejada* apresentado na Seção 18.3. De fato, todas essas hipóteses também são consistentes com aquele modelo, com uma única exceção fundamental, a hipótese 5. Em vez de termos demanda incerta, aquele modelo supõe uma *demanda conhecida* a uma taxa fixa.

Em razão da estreita relação entre esses dois modelos, seus resultados devem ser bastante similares. A principal diferença é que, por causa da demanda incerta do modelo atual, é preciso acrescentar um estoque de segurança ao estabelecer o ponto para fazer novo pedido de modo a fornecer certa proteção contra demanda bem acima da média durante o prazo de entrega. Caso contrário, as relações entre os diversos fatores de custo são basicamente as mesmas, de modo que os volumes a ser encomendados dos dois modelos devam ser similares.

Escolha da quantidade a ser encomendada (Q)

A forma mais direta de se escolher Q para este modelo é simplesmente usar a fórmula dada na Seção 18.3 para o modelo EOQ com falta de produto planejada. Essa fórmula é:

$$Q = \sqrt{\frac{2dK}{h}} \sqrt{\frac{p+h}{p}},$$

em que d agora é a demanda *média* por unidade de tempo, e na qual K, h e p são definidos, respectivamente, nas hipóteses 7, 9 e 10.

Esse Q será apenas uma aproximação da quantidade ótima a ser encomendada para o modelo atual. Entretanto, não existe fórmula disponível para o valor exato da quantidade ótima a ser encomendada, portanto, não é necessária nenhuma aproximação. Felizmente, a aproximação fornecida anteriormente é bastante adequada.[9]

---

[9] Para mais informações sobre a qualidade dessa aproximação, ver S. Axsäter, "Using the Deterministic EOQ Formula in Stochastic Inventory Control", *Management Science*, **42**: 830-834, 1996. Ver também Y.-S. Zheng, "On Properties of Stochastic Systems", *Management Science*, **38**: 87-103, 1992.

Escolha do ponto para fazer novo pedido (R)

Um método comum para escolher o ponto para fazer novo pedido (R) é baseá-lo no nível de atendimento aos clientes desejado pela gerência. Dessa forma, o ponto de partida é obter uma decisão gerencial sobre o nível de atendimento. (O Problema 18.6-3 analisa os fatores envolvidos nessa decisão gerencial.)

O nível de atendimento pode ser definido em uma série de maneiras diferentes neste contexto, conforme descrito a seguir.

Medidas alternativas de nível de atendimento

1. A probabilidade de que não ocorra um esgotamento do estoque entre o momento em que é feito um pedido e a quantidade encomendada for recebida.
2. O número médio de esgotamentos de estoque por ano.
3. A porcentagem média de demanda anual que pode ser satisfeita imediatamente (sem esgotamento de estoque).
4. O atraso médio em atender pedidos postergados em razão de um esgotamento de estoque.
5. O atraso médio global em atender pedidos (em que o atraso sem ocorrência de esgotamento de estoque é 0).

As medidas 1 e 2 estão intimamente relacionadas. Suponha, por exemplo, que a quantidade encomendada Q tenha sido estabelecida em 10% da demanda anual, de modo que seja feita uma média de dez pedidos por ano. Se a probabilidade para a *ocorrência* de esgotamento de estoque durante o prazo de entrega for de 0,2 até que seja recebido um pedido, então o número médio de esgotamentos de estoques por ano seria de 10 (0,2) = 2.

As medidas 2 e 3 também estão relacionadas entre si. Suponha, por exemplo, que ocorra uma média de dois esgotamentos de estoque por ano, e a duração média de um esgotamento de estoque seja de nove dias. Já que 2 (9) = 18 dias de esgotamento de estoque por ano são, essencialmente, 5% do ano, a porcentagem média de demanda anual que pode ser satisfeita imediatamente seria de 95%.

Além disso, as medidas 3, 4 e 5 estão relacionadas entre si. Suponha, por exemplo, que a porcentagem média de demanda anual que pode ser satisfeita imediatamente seja de 95% e o atraso médio no atendimento de pedidos em espera em virtude da ocorrência de um esgotamento de estoque seja de cinco dias. Visto que somente 5% dos clientes incorrem nesse atraso, o atraso médio global em atender pedidos seria então 0,05 (5) = 0,25 dia por pedido.

É preciso tomar uma decisão gerencial sobre o valor desejado de pelo menos uma dessas medidas de nível de atendimento. Após selecionar uma dessas medidas para dar atenção especial, é interessante verificar as implicações de vários valores alternativos dessa medida sobre algumas das demais medidas antes de escolher a melhor alternativa.

Provavelmente, a medida 1 é a mais conveniente de se usar como medida principal e, assim, nos concentraremos agora nesse caso. Representaremos o nível de atendimento desejado segundo essa medida por L, portanto:

L = a probabilidade desejada pela gerência de que não venha ocorrer um esgotamento de estoque entre o momento em que for encomendada certa quantidade e esta for recebida.

Usar a medida 1 envolve trabalhar com a distribuição probabilística estimada da seguinte variável aleatória.

D = demanda durante o prazo de entrega para atender um pedido.

Por exemplo, com uma distribuição uniforme, a fórmula para escolher o ponto para fazer novo pedido R é simples.

Se a distribuição probabilística de D for uma *distribuição uniforme* ao longo do intervalo de a até b, faça que:

$$R = a + L(b - a),$$

pois, então,

$$P(D \leq R) = L.$$

Já que a média dessa distribuição é:

$$E(D) = \frac{a+b}{2},$$

a quantidade de **estoque de segurança** (o nível de estoque esperado *logo* antes de uma quantidade encomendada ser recebida) fornecida pelo ponto para fazer novo pedido R é:

$$\text{Estoque de segurança} = R - E(D) = a + L(b-a) - \frac{a+b}{2}$$

$$= \left(L - \frac{1}{2}\right)(b-a).$$

Quando a distribuição de demanda for algo diverso de uma distribuição uniforme, o procedimento para escolha de R é similar.

Procedimento geral para escolha de R segundo a medida 1 para nível de atendimento

1. Escolha L;
2. Encontre R tal que

$$P(D \leq R) = L.$$

Suponha, por exemplo, que D seja uma distribuição normal com média μ e variância σ^2, conforme mostrado na Figura 18.13. Dado o valor de L, a tabela para a distribuição normal fornecida no Apêndice 5 poderá então ser usada para determinar o valor de R. Em particular, é preciso encontrar apenas o valor de K_{1-L} nessa tabela e, depois, agregá-lo à fórmula a seguir para encontrar R.

$$R = \mu + K_{1-L}\sigma.$$

A quantidade de estoque de segurança resultante é:

Estoque de segurança = $R - \mu = K_{1-L}\sigma$.

Para fins ilustrativos, se $L = 0{,}75$, então $K_{1-L} = 0{,}675$, de modo que:

$R = \mu + 0{,}675\sigma$,

conforme mostrado na Figura 18.13. Isto nos leva a:

Estoque de segurança = $0{,}675\sigma$.

O *Courseware* de PO também inclui um gabarito em Excel que vai calcular tanto a quantidade encomendada Q quanto o ponto para fazer novo pedido R. Basta fornecer a demanda média por unidade de

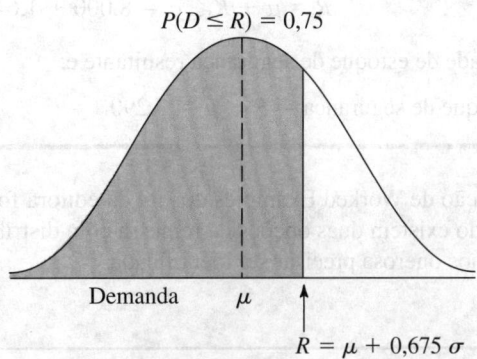

■ **FIGURA 18.13** Cálculo do ponto para fazer novo pedido R para o modelo estocástico de revisão contínua quando $L = 0{,}75$ e a distribuição probabilística da demanda ao longo do prazo de entrega para uma distribuição normal com média μ e desvio padrão σ.

tempo (d), os custos (K, h e p) e o nível de atendimento baseado na medida 1. Também devemos indicar se a distribuição probabilística da demanda durante o prazo de entrega é uma distribuição uniforme ou uma distribuição normal. Para uma distribuição uniforme, especificamos o intervalo ao longo do qual a distribuição se estende através do fornecimento das extremidades inferior e superior desse intervalo. Para uma distribuição normal, devemos fornecer, em vez disso, a média μ e o desvio padrão σ da distribuição. Após fornecer todas essas informações, o gabarito calcula imediatamente Q e R e exibe esses resultados do lado direito.

Exemplo

Considere novamente o Exemplo 1 (fabricação de alto-falantes para aparelhos de TV) apresentado na Seção 18.1. Lembre-se de que o custo de implantação para produzir os alto-falantes é K = US$ 12.000, o custo unitário de manutenção de estoque é h = US$ 0,30 por alto-falante por mês e o custo de escassez unitário p = US$ 1,10 por alto-falante por mês.

Originalmente, havia uma taxa de demanda fixa de 8 mil alto-falantes por mês a ser montada em televisores produzidos em uma linha de produção a essa taxa fixa. Entretanto, as vendas de televisores têm sido bastante variáveis e, portanto, o nível de estoques de aparelhos finalizados flutuou muito. Para reduzir os custos de manutenção de estoque dos aparelhos finalizados, a gerência decidiu ajustar diariamente a taxa de produção para os aparelhos adequando melhor a produção às encomendas.

Consequentemente, a demanda por alto-falantes agora é bastante variável. Há um *prazo de entrega* de um mês entre encomendar a produção de um lote de peças para produzir os alto-falantes e tê-los prontos para a montagem nos televisores. A demanda por esse aparelho durante esse prazo de entrega é uma variável aleatória D com distribuição normal com média de 8 mil e um desvio padrão de 2 mil. Para minimizar o risco de afetar a linha de produção para a fabricação de televisores, a gerência decidiu que o estoque de segurança por alto-falantes deveria ser suficientemente grande para evitar o esgotamento do estoque durante esse prazo de entrega em 95% das vezes.

Para aplicar o modelo, a quantidade encomendada para cada produção de um lote de peças de alto-falantes deveria ser:

$$Q = \sqrt{\frac{2dK}{h}} \sqrt{\frac{p+h}{p}} = \sqrt{\frac{2(8.000)(12.000)}{0,30}} \sqrt{\frac{1,1+0,3}{1,1}} = 28.540.$$

Essa é a mesma quantidade encomendada que foi encontrada pelo modelo EOQ com falta de produto planejada na Seção 18.3 para a versão anterior desse exemplo em que havia uma taxa de demanda *constante* (em vez de uma média) de 8 mil alto-falantes por mês e se permitia a falta de produto planejada. Entretanto, a diferença fundamental em relação a antes é que o estoque de segurança agora precisa ser fornecido para compensar a demanda variável. A gerência optou por um nível de atendimento L = 0,95, de modo que a tabela usual no Apêndice 5 forneça K_{1-L} = 1,645. Portanto, o ponto para fazer novo pedido deveria ser:

$$R = \mu + K_{1-L}\sigma = 8.000 + 1,645(2.000) = 11.290.$$

A quantidade de estoque de segurança resultante é:

Estoque de segurança = $R - \mu$ = 3.290.

A seção de Worked Examples do *site* da editora fornece outro exemplo da aplicação desse modelo quando existem duas opções de remessa com distribuições diferentes para o prazo de entrega e a opção menos onerosa precisar ser identificada.

18.7 UM MODELO ESTOCÁSTICO DE PERÍODO SIMPLES PARA PRODUTOS PERECÍVEIS

Ao escolher um modelo de estoques a ser usado para determinado produto, deve ser feita uma distinção entre dois tipos de produtos. Um deles é chamado **produto estável**, que permanecerá indefinidamente em uma condição para a venda de modo que não haja nenhum prazo para venda de seu estoque. Esse é o tipo de produto considerado nas seções anteriores. Contrastando com esse primeiro tipo, temos aquele dos **produtos perecíveis**, que pode ser mantido em estoque por um período muito limitado antes de perder sua validade e, como consequência, a possibilidade de ser vendido. Esse é o tipo de produto para o qual o modelo de período simples (e suas variações) apresentado nesta seção é desenvolvido. Particularmente, o período simples no modelo é o período extremamente limitado antes de o produto não poder ser mais vendido.

Um exemplo de produto perecível é um jornal diário à venda em uma banca de jornal. Determinado jornal diário pode ser mantido em estoque por apenas um dia antes de se tornar desatualizado e precisar ser reposto pelo jornal do dia seguinte. Quando a demanda pelo jornal for uma variável aleatória (conforme pressuposto nesta seção), o dono da banca precisa optar por uma quantidade diária a ser encomendada que ofereça uma relação apropriada entre o custo potencial de pedidos superdimensionados (a despesa desperdiçada de encomendar mais jornais do que podem ser vendidos) e o custo potencial de pedidos subdimensionados (o lucro perdido por encomendar menos jornais do que podem ser vendidos). O modelo desta seção permite encontrar a quantidade diária a ser encomendada que maximizaria o lucro esperado.

Como o problema genérico em análise se ajusta também a esse exemplo, o problema é frequentemente denominado **problema do jornaleiro**. Entretanto, foi sempre reconhecido que o modelo que é usado pode ser aplicado a outros produtos perecíveis da mesma forma que para os jornais. De fato, a maioria das aplicações tem sido para produtos perecíveis sem ser jornais, entre os quais os produtos perecíveis listados a seguir.

Alguns tipos de produto perecível

À medida que você ler a lista seguinte dos diversos tipos de produto perecível, imagine como o controle de estoques de tais produtos seria análogo a uma negociação em uma banca de jornais diários, uma vez que esses produtos também não podem ser vendidos após um período simples. As diferenças estão na duração desse período que poderia ser de uma semana, um mês ou até mesmo vários meses em vez de apenas um dia.

1. periódicos, como jornais e revistas;
2. flores à venda por um florista;
3. a preparação de comida fresca em restaurantes;
4. produtos alimentícios, incluindo frutas frescas e vegetais, a ser vendidas em um armazém;
5. árvores de natal;
6. vestiário sazonal, como casacos para o inverno, em que qualquer mercadoria que sobre no final de uma estação deve ser vendida a preços com grandes descontos para liberar espaço para a próxima estação;
7. cartões de felicitações sazonais (casamento, aniversário, Ano Novo, Natal...);
8. produtos da moda que em pouco tempo ficam fora de moda;
9. carros novos no final do ano de um modelo;
10. qualquer produto que breve se tornará obsoleto;
11. peças de reposição vitais que devem ser fabricadas durante a última produção de um lote de peças de determinado modelo de um produto (por exemplo, um avião) para uso conforme a necessidade durante o longo período de vida desse modelo;
12. reservas feitas por uma companhia aérea para determinado voo, já que os assentos disponíveis no voo podem ser vistos como o estoque de um produto perecível (eles não podem ser vendidos após o voo ter acontecido.

Esse último tipo é particularmente interessante, pois as principais companhias aéreas (e diversas outras empresas envolvidas com transporte de passageiros) agora estão usando intensivamente a pesquisa operacional para analisar como maximizar suas receitas ao lidarem com esse tipo especial de estoque. Essa ramificação especial da teoria dos estoques (comumente denominada *gestão de receitas*) é o tema da próxima seção.

Ao controlar o estoque desses diversos tipos de produto perecível, ocasionalmente é necessário lidar com algumas considerações que estão além daquelas que serão discutidas nesta seção. São realizadas muitas pesquisas para estender o modelo de modo a englobar essas considerações, e obteve-se

Exemplo de Aplicação

A **Time Inc.** é a maior editora de revistas dos Estados Unidos. Com um portfólio que tem mais de 125 revistas, um de cada dois norte-americanos adultos lê uma revista da Time Inc. todo mês.

Uma revista é um bom exemplo de produto perecível, dada a velocidade com que a edição se torna desatualizada, de modo que o modelo de estoques descrito nessa seção tende a se enquadrar também para revistas. Do ponto de vista da Time Inc., esse "problema do vendedor ambulante de jornais" para cada revista surge em três níveis diferentes – no nível da empresa, do distribuidor e do revendedor – com um fator complicador em cada caso, que não é totalmente captado pelas hipóteses do modelo. No nível da empresa, a decisão tem que ser tomada em relação ao número de cópias da revista a ser impresso, mas onde a demanda pela revista, iso se determina, em grande parte, pelas negociações com seus distribuidores e não através de uma variável aleatória. De modo similar, cada distribuidor tem que decidir quantas cópias adquirir, mas qual será a demanda efetiva pela revista, isso se determina, em grande parte, pelas negociações com seus revendedores e não por uma variável aleatória. Para cada revendedor, a demanda efetiva pela revista é, de fato, uma variável aleatória, mas os dados necessários para fazer uma estimativa razoável da distribuição de probabilidades para a variável aleatória talvez não estejam disponíveis. (Por exemplo, se determinada edição da revista se esgotar antes do próximo número chegar às bancas, o revendedor não é capaz de determinar qual teria sido a demanda caso um estoque adequado estivesse disponível).

Com a ajuda de um consultor em PO, uma "força-tarefa" fez uso de *pesquisa em controle de estoques* para determinar qual a melhor forma de integrar as decisões tomadas nos três níveis. Partindo da demanda da base (o nível dos revendedores), foi realizada a análise de PO para empregar da melhor maneira possível os dados disponíveis para avaliar a ordem de grandeza do volume impresso em nível nacional, o procedimento de alocação de distribuidores e o processo de distribuição pelos revendedores de cada revista. Soluções factíveis bem conhecidas para modelos de estoques formais tiveram que ser adaptadas de modo a poder ser implementadas dentro das restrições do canal de distribuição da revista. Todavia, esse estudo de PO teve sucesso no desenvolvimento de um processo de distribuição multiescalão bem desenhado. A adoção desse novo processo resultou na *geração de lucros adicionais acima dos* **US$ 3,5 milhões** anuais para a Time Inc.

Fonte: M. A. Koschat, G. L. Berk, J. A. Blatt, N. M. Kunz, M. H. LePore, and S. Blyakher: "Newsvendors Tackle the Newsvendor Problem", *Interfaces*, **33**(3): 72-84, May-June 2003. (Este artigo está disponível em inglês no *site* da editora, www.bookman.com.br).

considerável progresso neste sentido. (A Referência Selecionada 5 fornece uma revisão de literatura disponível para essa pesquisa[10].)

Exemplo

Retorne ao Exemplo 2 na Seção 18.1, que envolve a distribuição no atacado de determinado modelo de bicicleta. Foi desenvolvido um novo modelo, e o fabricante acaba de informar ao distribuidor que esse modelo não será mais fabricado. Para ajudar a vender o estoque do antigo modelo, o fabricante está oferecendo ao distribuidor a oportunidade de uma compra final em condições muito favoráveis, isto é, um *custo unitário* de apenas US$ 200 por bicicleta. Com esse acordo especial, o distribuidor também não incorreria *em custo de implantação significativo* para fazer esse pedido.

O distribuidor acredita que essa oferta oferece uma oportunidade ideal para fazer uma última rodada de vendas a seus clientes (lojas de bicicleta) para o Natal que se aproxima por um preço reduzido de apenas US$ 450 por bicicleta, perfazendo assim um lucro de US$ 250 por bicicleta. Isso exigiria uma venda única somente porque esse modelo será em breve substituído por um modelo novo que tornará o atual obsoleto. Dessa forma, quaisquer bicicletas não vendidas durante esse período vão se tornar praticamente inúteis. Entretanto, o distribuidor acredita que será capaz de se livrar de quaisquer bicicletas restantes após o Natal, vendendo-as pelo preço nominal de US$ 100 cada (o *valor de salvados*), recuperando, com isso, metade do custo de aquisição. Considerando-se essa perda, caso ele encomende mais do que é capaz de vender, bem como o lucro perdido, caso ele encomende menos do que pode ser vendido, o distribuidor precisa decidir que quantidade a ser encomendada deve ser submetida ao fabricante.

---

[10] Entre as pesquisas mais recentes podemos citar: G. Raz and E. L. Porteus, "A Fractiles Perspective to the Joint Price/Quantity Newsvendor Model", *Management Science*, **52**(11): 1764-1777, Nov. 2006.

O custo administrativo incorrido para fazer esse tipo especial de encomenda para a época natalina é relativamente pequeno e, portanto, esse custo será ignorado até quase o final desta seção.

Outra despesa relevante é o custo de manter as bicicletas não vendidas em estoque até que elas sejam vendidas após o Natal. Combinando o custo de capital imobilizado em estoque e outros custos de armazenamento, esse custo de estoque é estimado em US$ 10 por bicicleta que sobra em estoque após o Natal. Assim, considerando-se também o valor de salvados de US$ 100, o custo de manutenção de estoque *unitário* é −US$ 90 por bicicleta que sobra no estoque no final.

Resta discutirmos a respeito de outros dois componentes de custo, o custo de escassez e a receita. Se a demanda exceder a oferta, aqueles clientes que não conseguirem comprar uma bicicleta poderão guardar certo rancor, resultando, portanto, em um "custo" ao distribuidor. Esse custo é a quantificação por item da perda de credibilidade com o cliente vezes a demanda insatisfeita toda vez que ocorrer uma falta de produto. O distribuidor considera desprezível esse custo.

Se adotarmos o critério de maximização do lucro, temos de incluir as receitas no modelo. De fato, o lucro total é igual à receita total menos os custos incorridos (custos referentes ao pedido, manutenção de estoque e de custo de escassez). Partindo do pressuposto que *não haja nenhum estoque inicial*, esse lucro para o distribuidor é:

Lucro = US$ 450 × número de itens vendidos pelo distribuidor
  − US$ 200 × número de itens comprados pelo distribuidor
  + US$ 90 × número de itens não vendidos e, portanto, colocados à disposição para valor de salvados.

Façamos que:

S = número de itens comprados pelo distribuidor
  = nível de estoque (inventário) após receber essa compra (já que inicialmente não existe nenhum estoque)

e

D = demanda por parte das lojas de bicicleta (uma variável aleatória),

de modo que

$\min\{D, S\}$ = número de itens vendidos,
$\max\{0, S - D\}$ = número de itens não vendidos.

Então:

$$\text{Lucro} = 450 \min\{D, S\} - 200S + 90 \max\{0, S - D\}.$$

O primeiro termo também pode ser escrito na forma:

$$450 \min\{D, S\} = 450D - 450 \max\{0, D - S\}.$$

O termo $450 \max\{0, D - S\}$ representa a *receita perdida proveniente de demanda insatisfeita*. Essa receita perdida mais qualquer custo causado pela perda de credibilidade com o cliente em razão da demanda insatisfeita (desprezível por pressuposição, nesse exemplo) será interpretado como o custo de escassez durante toda esta seção.

Observe agora que $450D$ é independente da política de estoques (o valor de y escolhido) e, portanto, pode ser eliminado da função objetivo, que leva a:

$$\text{Lucro relevante} = -450 \max\{0, D - S\} - 200S + 90 \max\{0, S - D\}$$

a ser maximizados. Todos os termos à direita são, respectivamente, o *negativo* de *custos*, em que esses custos são o custo de escassez, o *custo para fazer o pedido* e o *custo de manutenção* de estoque (que possui um valor negativo, nesse caso). Em vez de *maximizar* o *negativo* do *custo total*, usaremos o equivalente da *minimização*:

$$\text{Custo total} = 450 \max\{0, D - S\} + 200S - 90 \max\{0, S - D\}.$$

Mais precisamente, já que o custo total é uma variável aleatória (pois D é uma variável aleatória), o objetivo adotado para o modelo é *minimizar o custo total esperado*.

Na discussão sobre a interpretação do custo de escassez, partimos do pressuposto de que a demanda insatisfeita era perdida (sem *backlogging*). Se a demanda insatisfeita não puder ser atendida por uma entrega prioritária, aplica-se raciocínio similar. O componente da receita líquida seria o preço de venda de uma bicicleta (US$ 450) vezes a demanda *menos* o custo unitário da entrega prioritária vezes a demanda insatisfeita toda vez que ocorrer falta do produto. Se nosso distribuidor no atacado fosse forçado a atender à demanda insatisfeita mediante a compra de bicicletas do fabricante por US$ 350 cada mais frete de, digamos, US$ 20 para cada bicicleta, então o custo de escassez apropriado seria de US$ 370 por bicicleta. (Se existir qualquer custo associado com perda de credibilidade com o cliente, este também seria acrescentado a essa quantia.)

O distribuidor não sabe qual será a demanda por essas bicicletas; isto é, a demanda D é uma variável aleatória. Entretanto, uma política de estoques ótima pode ser obtida caso as informações sobre a distribuição probabilística de D se encontrem disponíveis. Façamos que:

$$P_D(d) = P\{D = d\}.$$

Partiremos do pressuposto de que $P_D(d)$ seja conhecido para todos os valores de $d = 0, 1, 2,....$

Agora, nos encontramos em uma posição para sintetizar o modelo em termos genéricos.

Hipóteses do modelo

1. Cada aplicação envolve um único produto perecível.
2. Cada aplicação envolve um único período, pois o produto não pode ser vendido posteriormente.
3. Entretanto, será possível dispor de quaisquer unidades remanescentes do produto no final do período, quem sabe, até mesmo recebendo um *valor de salvados* para as unidades.
4. Poderá haver algum estoque inicial em mãos que invadam esse período, conforme representado por

$$I = \text{estoque inicial.}$$

5. A única decisão a ser tomada é em relação ao número de unidades a ser encomendadas (seja por compra ou por fabricação), de modo que elas possam ser colocadas no estoque no início do período. Portanto,

 Q = quantidade a ser encomendada;
 S = nível de estoque (inventário) após recebimento dessa encomenda
 $= I + Q$.

Dado I, será conveniente usar S como *variável de decisão* do modelo, que então determinará automaticamente $Q = S - I$.

6. A *demanda* para retirada de unidades do estoque para venda (ou para qualquer outro fim) durante o período é uma variável aleatória D. Entretanto, a distribuição probabilística de D é conhecida (ou, pelo menos estimada)[11].
7. Após eliminar a receita caso a demanda seja satisfeita (já que isto é independente da decisão S), o objetivo se torna minimizar o custo total esperado, no qual os componentes de custo são:

 K = custo de implantação para compra ou produção do lote completo de unidades;
 c = custo unitário para compra ou produção de cada unidade;

---

[11] Na prática, comumente é necessário estimar a distribuição de probabilidades com base em uma quantidade limitada de dados de demanda anteriores. Entre as pesquisas sobre como refutar a hipótese 6 e, em vez disso, aplicar diretamente os dados de demanda disponíveis temos R. Levi, R. O. Roundy, and D. B. Shmoys, "Provably Near-Optimal Sampling-Based Policies for Stochastic Inventory Control Models", *Mathematics of Operations Research*, **32**(4): 821-839, Nov. 2007. Também temos L. Y. Chu, J. G. Shanthikumar, and Z.-J. M. Shen, "Solving Operational Statistics Via a Bayesian Analysis", *Operations Research Letters*, **36**(1): 110-116, Jan. 2008.

h = custo de manutenção de estoque por unidade que sobre no final do período (inclui custo de armazenamento menos o valor de salvados);

p = custo de escassez por unidade de demanda insatisfeita (inclui receita perdida e custo pela perda de credibilidade com o cliente).

Análise do modelo sem estoque inicial ($I = 0$) e nenhum custo de implantação ($K = 0$)

Antes de analisarmos o modelo em sua total generalidade, seria esclarecedor começarmos a considerar o caso mais simples em que $I = 0$ (nenhum estoque inicial) e $K = 0$ (nenhum custo de implantação).

A decisão sobre o valor de S, a quantidade de estoque a ser encomendada, depende muito da distribuição probabilística da demanda D. Pode ser desejável mais que a demanda esperada, porém, provavelmente menos que a máxima demanda possível. É preciso encontrar um equilíbrio entre (1) o risco de ficar com falta de produto e, portanto, incorrer em custos de escassez e (2) o risco de ter excesso e, assim, incorrer em desperdícios com custos de encomenda e de armazenagem de unidades em excesso. Isso se faz minimizando-se o valor esperado (em termos estatísticos) da soma desses custos.

A quantidade vendida é dada por:

$$\min\{D, S\} = \begin{cases} D & \text{se } D < S \\ S & \text{se } D \geq S. \end{cases}$$

Portanto, o custo incorrido caso a demanda seja D e S seja estocado, será dado por:

$$C(D, S) = cS + p \max\{0, D - S\} + h \max\{0, S - D\}.$$

Como a demanda é uma variável aleatória [com distribuição probabilística $P_D(d)$], esse custo também é uma variável aleatória. O custo esperado é então dado por $C(S)$, em que:

$$C(S) = E[C(D, S)] = \sum_{d=0}^{\infty} (cS + p \max\{0, d - S\} + h \max\{0, S - d\})P_D(d)$$

$$= cS + \sum_{d=S}^{\infty} p(d - S)P_D(d) + \sum_{d=0}^{S-1} h(S - d)P_D(d).$$

A função $C(S)$ depende da distribuição probabilística de D. Com frequência, uma representação dessa distribuição probabilística é difícil de ser encontrada, particularmente quando a demanda varia segundo grande número de valores possíveis. Como consequência, essa *variável aleatória discreta* normalmente é aproximada por uma *variável aleatória contínua*. Além disso, quando a demanda varia segundo grande número de possibilidades, essa aproximação geralmente conduzirá a um valor aproximadamente exato da quantidade ótima de estoque a ser armazenada. Além disso, quando se usa demanda discreta, as expressões resultantes podem se tornar ligeiramente mais difíceis de ser resolvidas analiticamente. Portanto, a menos que se declare em contrário, partiremos do pressuposto de que a *demanda* seja *contínua* no restante deste capítulo.

Para essa variável aleatória contínua D, façamos que:

$$f(x) = \text{função densidade probabilística de } D$$

e

$$F(d) = \text{função distribuição cumulativa (CDF, em inglês) de } D,$$

de modo que

$$F(d) = \int_0^d f(x)\, dx.$$

Ao escolher um nível de estoque S, a CDF $F(d)$ se torna a probabilidade de que *não* venha ocorrer a falta de produto antes de o período terminar. Conforme a seção anterior, essa probabilidade é conhecida como **nível de atendimento** fornecido pela quantidade encomendada. O custo esperado correspondente $C(S)$ é expresso como:

$$C(S) = E[C(D, S)] = \int_0^\infty C(x, S)f(x)\, dx$$

$$= \int_0^\infty (cS + p\, \text{máx}\{0, x - S\} + h\, \text{máx}\{0, S - x\})f(x)\, dx$$

$$= cS + \int_S^\infty p(x - S)f(x)\, dx + \int_0^S h(S - x)f(x)\, dx.$$

Torna-se então necessário encontrar o valor de S, digamos S^*, que minimiza $C(S)$. Encontrar uma fórmula para S^* requer uma dedução relativamente sofisticada e prolongada; portanto, nesse caso, daremos apenas a resposta. Entretanto, essa dedução é fornecida no *site* da editora como suplemento deste capítulo para o leitor mais curioso e propenso a cálculos matemáticos. (Esse suplemento também estende brevemente o modelo para o caso em que os custos de manutenção de estoque e custos de escassez são *não lineares* em vez de funções lineares.)

Esse suplemento demonstra que a função $C(S)$ possui aproximadamente a forma mostrada na Figura 18.14, pois ela é uma função *convexa* (isto é, uma segunda derivada é *não negativa* em qualquer ponto). Na realidade, ela é uma função *estritamente convexa* (isto é, uma segunda derivada é *estritamente positiva* em qualquer ponto) se $f(x) > 0$ para todo $x \geq 0$. Além disso, a primeira derivada se torna positiva para S suficientemente grande e, portanto, $C(S)$ deve possuir um mínimo global. Esse mínimo global é mostrado na Figura 18.14 como S^* e, dessa forma, $S = S^*$ é o nível de estoque ótimo a ser obtido quando a quantidade encomendada ($Q = S^*$) for recebida no início do período.

Em particular, o suplemento mostra que o nível de estoque ótimo S^* é tal que o valor satisfaça:

$$F(S^*) = \frac{p - c}{p + h}.$$

Portanto, $F(S^*)$ é o *nível de atendimento ótimo* e o nível de estoque correspondente S^* pode ser obtido seja resolvendo-se essa equação algebricamente, seja colocando-se a CDF em um gráfico e então identificando-se S^* graficamente. Para interpretar o lado direito dessa equação, o numerador pode ser visto como:

$p - c$ = custo unitário de pedido subdimensionado
= diminuição no lucro resultante da falha por não encomendar uma unidade que poderia ter sido vendida durante o período.

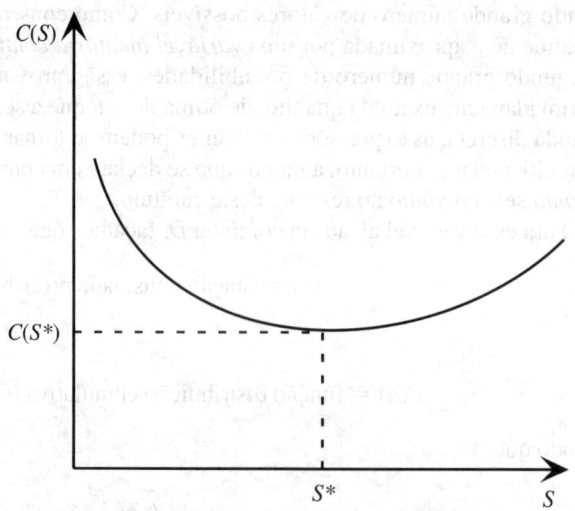

■ **FIGURA 18.14** Gráfico de $C(S)$, o custo esperado para o modelo estocástico de período simples para produtos perecíveis em função de S (o nível de estoque quando a quantidade encomendada $Q = S - I$ é recebida no início do período), dado o estoque inicial $I = 0$ e o custo de implantação $K = 0$.

Do mesmo modo,

$c + h$ = custo unitário do pedido superdimensionado
= diminuição no lucro resultante por encomendar uma unidade que não poderia ser vendida durante o período.

Portanto, representando o custo unitário de pedido subdimensionado e de pedido superdimensionado por, respectivamente, C_{sub} e C_{super}, esta equação especifica que:

$$\text{Nível de atendimento ótimo} = \frac{C_{super}}{C_{super} + C_{sub}}.$$

Quando a demanda tiver distribuição uniforme ou então exponencial, temos um procedimento automático disponível no Tutorial IOR para calcular S^*. Também pode ser encontrado um gabarito similar, em Excel, nos arquivos em Excel deste capítulo no *site* da editora.

Caso se suponha que D é uma variável aleatória discreta com a CDF

$$F(d) = \sum_{n=0}^{d} P_D(n),$$

obtém-se um resultado similar. Em particular, o nível de estoque ótimo S^* é o menor inteiro tal que:

$$F(S^*) \geq \frac{p-c}{p+h}.$$

A seção de Worked Examples do *site* da editora fornece outro exemplo que envolve o *overbooking* de uma empresa aérea em que D é uma variável aleatória discreta. O exemplo a seguir trata D como uma variável aleatória contínua.

Aplicação ao exemplo

Retornemos ao exemplo da bicicleta descrito no início desta seção e vamos partir do pressuposto de que a demanda tenha uma distribuição exponencial com média igual a 10 mil, de modo que sua função densidade probabilística seja:

$$f(x) = \begin{cases} \dfrac{1}{10.000} e^{-x/10.000} & \text{se } x \geq 0 \\ 0 & \text{caso contrário,} \end{cases}$$

e a CDF é

$$F(d) = \int_0^d \frac{1}{10.000} e^{-x/10.000}\, dx = 1 - e^{-d/10.000}.$$

A partir dos dados,

$$c = 200, \quad p = 450, \quad h = -90.$$

Por conseguinte, S^* (o nível de estoque ótimo a ser obtido no princípio para começar a atender à demanda) é o valor que satisfaz:

$$1 - e^{-S^*/10.000} = \frac{450 - 200}{450 - 90} = 0{,}69444.$$

Usando-se o logaritmo natural (representado por ln), essa equação pode ser resolvida como a seguir:

$$e^{-S^*/10.000} = 0,30556,$$
$$\ln e^{-S^*/10.000} = \ln 0,30556,$$
$$\frac{-S^*}{10.000} = -1,1856,$$
$$S^* = 11.856.$$

Portanto, o distribuidor deveria estocar 11.856 bicicletas na época natalina. Observe que esse número é ligeiramente maior que a demanda esperada de 10 mil.

Sempre que a demanda tiver uma distribuição exponencial com um valor esperado de λ, então S^* pode ser obtido da relação

$$S^* = -\lambda \ln \frac{c+h}{p+h}.$$

Análise do modelo com estoque inicial ($I > 0$), mas nenhum custo de implantação ($K = 0$)

Considere agora o caso no qual $I > 0$ e, portanto, já existem I unidades em estoque que entram no período, porém anterior ao recebimento da quantidade encomendada, $Q = S - I$. (Por exemplo, esse caso surgiria para o exemplo da bicicleta, caso o distribuidor começasse com 500 bicicletas antes de fazer um pedido, logo, $I = 500$.) Continuaremos a supor que $K = 0$ (nenhum custo de implantação).

Façamos que:

$\overline{C}(S)$ = custo esperado para o modelo para qualquer valor de I e K (inclusive a hipótese atual de que $K = 0$), dado que S seja o nível de estoques obtido quando a quantidade encomendada for recebida no início do período,

portanto o objetivo é escolher $S \geq I$ de modo a

$$\underset{S \geq I}{\text{Minimizar}} \quad \overline{C}(S).$$

Será interessante comparar $\overline{C}(S)$ com a função de custo usada na subseção anterior (e representada graficamente na Figura 18.14),

$C(S)$ = custo esperado para o modelo, dado S, quando $I = 0$ e $K = 0$.

Com $K = 0$,

$$\overline{C}(S) = c(S - I) + \int_S^\infty p(x - S) f(x) \, dx + \int_0^S h(S - x) f(x) \, dx.$$

Dessa forma, $\overline{C}(S)$ é idêntico a $C(S)$, exceto pelo primeiro termo, em que $C(S)$ tem cS em vez de $c(S - I)$. Logo,

$$\overline{C}(S) = C(S) - cI.$$

Visto que I é uma constante, isso significa que $\overline{C}(S)$ alcança seu mínimo no mesmo valor de S^* como para $C(S)$, conforme ilustrado na Figura 18.14. Entretanto, já que S deve se restrito a $S \geq I$, se $I > S^*$, a Figura 18.14 indica que $\overline{C}(S)$ seria minimizado ao longo de $S \geq I$ fazendo $S = I$ (isto é, não fazer um pedido). Isso leva à seguinte política de estoques.

Política de estoques ótima com $I > 0$ e $K = 0$

Se I, S^*, faça um pedido de $S^* - I$ para que o nível de estoques chegue a S^*.
Se $I \geq S^*$, não faça o pedido,

em que S^* satisfaz novamente

$$F(S^*) = \frac{p-c}{p+h}.$$

Portanto, no exemplo da bicicleta, se houver 500 bicicletas disponíveis, a política ótima é elevar o nível de estoques para 11.856 bicicletas (o que implica na encomenda de 11.356 bicicletas adicionais). No entanto, se houvesse 12 mil bicicletas já disponíveis, a política ótima seria não fazer um novo pedido.

Análise do modelo com custo de implantação ($K > 0$)

Considere agora a versão remanescente do modelo em que $K > 0$ e, portanto, é incorrido um custo de implantação igual a K para aquisição ou produção de todo o lote de unidades que está sendo encomendado. (Para o exemplo da bicicleta, se fosse incorrido um custo administrativo de US$ 8.000 para o pedido especial por bicicletas para o Natal, então $K = 8.000$.) Agora, permitimos qualquer valor de estoque inicial, portanto $I \geq 0$.

Com $K > 0$, o custo esperado $\overline{C}(S)$, dado o valor da variável de decisão S, é:

$$\overline{C}(S) = K + c(S - I) + \int_S^\infty p(x - S)f(x)dx + \int_0^S h(S - x)f(x)dx \quad \text{se for feito um pedido;}$$

$$\overline{C}(S) = \int_S^\infty p(x - S)f(x)dx + \int_0^S h(S - x)f(x)dx \quad \text{se não for feito um pedido.}$$

Assim, em comparação com a função de custo esperado $C(S)$ que é indicada na Figura 18.14 (que parte do pressuposto de que $I = 0$ e $K = 0$),

$$\overline{C}(S) = K + C(S) - cI \quad \text{se for feito um pedido;}$$
$$\overline{C}(I) = C(I) - cI \quad \text{se não for feito um pedido.}$$

Como I é uma constante, o termo cI em ambas as expressões pode ser ignorado para fins de minimização $\overline{C}(S)$ no intervalo $S \geq I$. Consequentemente, a representação gráfica de $C(S)$ na Figura 18.14 pode ser usada para determinar se devemos fazer um pedido ou não e, em caso positivo, que valor de S deveria ser selecionado.

Isso é o que é feito na Figura 18.15, em que s^* é o valor de S tal que

$$C(s^*) = K + C(S^*).$$

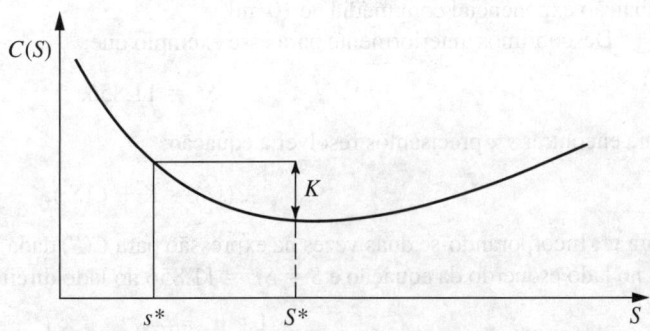

■ **FIGURA 18.15** O gráfico de $C(S)$, o custo esperado (dado S) para o modelo estocástico de período simples, quando $I = 0$ and $K = 0$, estiverem sendo usados aqui para determinar os pontos críticos, s^* e S^*, da política de estoques ótima para a versão do modelo em que $I \geq 0$ e $K > 0$.

Portanto,

se $I < s^*$, então $C(S^*), < K + C(I)$, portanto deveríamos fazer um pedido com $S = S^*$;

se $I \geq s^*$, então $C(S) \leq K + C(I)$ para qualquer $S \geq I$, portanto não deveríamos fazer um pedido.

Em outras palavras, se o estoque inicial I for menor que s^*, então gastar o custo de implantação K vale a pena, pois elevar o nível de estoques para S^* (encomendando $S - I$) reduzirá o custo remanescente esperado de um valor maior que K quando comparado com o caso de não fazer pedido nenhum. Entretanto, se $I > s^*$, então torna-se impossível recuperar o custo de implantação K encomendando-se qualquer quantidade. (Se $I = s^*$, incorrer no custo de implantação K para encomendar $S^* - s^*$ reduzirá o custo remanescente esperado dessa mesma quantia e, portanto, não há razão nenhuma para se incomodar em fazer o pedido.) Isso leva à seguinte política de estoques.

Política de estoques ótima com $i \geq 0$ e $k > 0$

Se $I < s^*$, encomendar $S^* - I$ para elevar o nível de estoques para S^*.
Se $I^* \geq s^*$, não fazer o pedido.
(Ver as fórmulas no interior dos retângulos com fundo escuro para S^* e s^*, fornecidas anteriormente.)

Quando a demanda tiver distribuição uniforme ou exponencial, existe um procedimento automático disponível no Tutorial IOR para calcular s^* e S^*. Também pode ser encontrado um gabarito em Excel similar nos arquivos em Excel deste capítulo no *site* da editora.

Esse tipo de política é conhecido como uma **política** (s, S). Ela tem sido usada intensivamente pelo setor.

Uma política (s, S) também é muitas vezes usada quando se aplicam modelos estocásticos de revisão periódica a *produtos estáveis* e, portanto, períodos múltiplos precisam ser considerados. Nesse caso, encontrar a política de estoques ótima é ligeiramente mais complicado já que os valores de s e S podem precisar ser diferentes para períodos diversos. Um segundo suplemento para este capítulo que se encontra no *site* da editora fornece os detalhes.

Retornando ao modelo atual de um único período, representaremos o cálculo da política de estoques ótima para o exemplo da bicicleta quando $K > 0$.

Aplicação ao Exemplo

Suponha que o custo administrativo de se fazer um pedido especial para as bicicletas para o próximo Natal seja estimado em US$ 8.000. Portanto, os parâmetros do modelo agora são:

$$K = 8000, \quad c = 200, \quad p = 450, \quad h = -90.$$

Conforme indicado anteriormente, parte-se do pressuposto de que a demanda por bicicletas tenha distribuição exponencial com média de 10 mil.

Descobrimos anteriormente para esse exemplo que:

$$S^* = 11.856.$$

Para encontrar s^*, precisamos resolver a equação:

$$C(s^*) = K + C(S^*),$$

para s^*. Incorporando-se duas vezes na expressão para $C(S)$ dada na parte inicial desta seção, com $S = s^*$ no lado esquerdo da equação e $S = S^* = 11.856$ no lado direito, a equação ficará assim:

$$200s^* + 450\int_{s^*}^{\infty}(x - s^*)\frac{1}{10.000}e^{-x/10.000}dx - 90\int_{0}^{s^*}(s^* - x)\frac{1}{10.000}e^{-x/10.000}dx$$

$$= 8.000 + 200(11.856) + 450\int_{11.856}^{\infty}(x - 11.856)\frac{1}{10.000}e^{-x/10.000}dx$$

$$-90\int_0^{11.856} (11.856 - x)\frac{1}{10.000}e^{-x/10.000}dx.$$

Após extensivos cálculos para estipular o número do lado direito e para reduzir o lado direito a uma expressão mais simples em termos de s^*, essa equação finalmente conduz à solução numérica,

$$s^* = 10.674.$$

Portanto, a política ótima requer que se eleve o nível de estoques para $S^* = 11.856$ bicicletas, caso a quantidade disponível seja menor que $s^* = 10.674$. Caso contrário, não é feito nenhum pedido.

Solução aproximada para a política ótima quando a demanda tem distribuição exponencial

Nesse exemplo que acabamos de ilustrar, é necessário um cálculo extensivo para se encontrar s^* mesmo quando a demanda tem uma distribuição relativamente simples, como o caso da distribuição exponencial. Assim, dada essa distribuição de demanda, agora desenvolveremos uma boa aproximação para a política de estoques ótima que seja fácil de ser calculada.

Conforme descrito na Seção 17.4, para uma distribuição exponencial com uma média de $1/\alpha$, as funções densidade probabilística $f(x)$ e CDF $F(x)$ são:

$$f(x) = \alpha e^{-\alpha x}, \quad \text{para } x \geq 0,$$
$$F(x) = 1 - e^{-\alpha x}, \quad \text{para } x \geq 0.$$

Consequentemente, já que:

$$F(S^*) = \frac{p - c}{p + h},$$

temos:

$$1 - e^{-\alpha S^*} = \frac{p - c}{p + h}, \quad \text{ou} \quad e^{-\alpha S^*} = \frac{(p + h) - (p - c)}{p + h} = \frac{h + c}{h + p},$$

portanto:

$$\boxed{S^* = \frac{1}{\alpha} \ln \frac{h + p}{h + c}}$$

é a solução exata para S^*.

Para começar a desenvolver uma aproximação para s^*, começamos com a equação exata,

$$C(s^*) = K + C(S^*).$$

Uma vez que:

$$C(S) = cS + h \int_0^S (S - x)\alpha e^{-\alpha x}\, dx + p \int_S^\infty (x - S)\alpha e^{-\alpha x}\, dx$$
$$= (c + h)S + \frac{1}{\alpha}(h + p)e^{-\alpha S} - \frac{h}{\alpha}.$$

Essa equação fica assim:

$$(c + h)s^* + \frac{1}{\alpha}(h + p)e^{-\alpha s^*} - \frac{h}{\alpha} = K + (c + h)S^* + \frac{1}{\alpha}(h + p)e^{-\alpha S^*} - \frac{h}{\alpha},$$

ou (usando o resultado dados anteriormente para S^*)

$$(c + h)s^* + \frac{1}{\alpha}(h + p)e^{-\alpha s^*} = K + (c + h)S^* + \frac{1}{\alpha}(c + h).$$

Embora essa última equação não possua uma solução fechada para s^*, ela pode ser resolvida numericamente. Uma solução analítica aproximada também pode ser obtida como a seguir. Fazendo que:

$$\Delta = S^* - s^*,$$

e notando que:

$$e^{-\alpha s^*} = \frac{h + c}{h + p},$$

a última equação resulta em:

$$\frac{1}{\alpha}(h + p)\frac{e^{-\alpha s^*}}{e^{-\alpha S^*}} = \frac{K + (c + h)\Delta + \frac{1}{\alpha}(c + h)}{\frac{h + c}{h + p}},$$

que se reduz a:

$$e^{\alpha \Delta} = \frac{\alpha K}{c + h} + \alpha \Delta + 1.$$

Caso $\alpha \Delta$ seja próximo de zero, $e^{\alpha \Delta}$ pode ser expandido em uma série de Taylor em torno de zero. Se os termos anteriores do termo quadrático puderem ser desprezados, o resultado será:

$$1 + \alpha \Delta + \frac{\alpha^2 \Delta^2}{2} \cong \frac{\alpha K}{c + h} + \alpha \Delta + 1,$$

de modo que:

$$\Delta \cong \sqrt{\frac{2K}{\alpha(c + h)}}.$$

Portanto, a aproximação desejada para s* é:

$$s^* \cong S^* - \sqrt{\frac{2K}{\alpha(c + h)}}.$$

Usando essa aproximação no exemplo da bicicleta resulta em:

$$\Delta \cong \sqrt{\frac{(2)(10.000)(8.000)}{200-90}} = 1.206,$$

de modo que:

$$s^* \cong 11.856 - 1.206 = 10.650,$$

que é bem próximo do valor exato de $s^* = 10.674$.

18.8 GESTÃO DE RECEITAS

O início da seção anterior inclui uma lista de 12 exemplos de produtos perecíveis. O último desses exemplos (reservas fornecidas por uma companhia aérea para o estoque de assentos disponíveis em determinado voo) é de interesse histórico considerável, pois sua análise primordial abriu caminho para uma área de aplicação muito mais abrangente e altamente bem-sucedida da pesquisa operacional comumente chamada *gestão de receitas*.

O ponto de partida para a gestão de receitas foi o Airline Deregulation Act, de 1978, a partir do qual o controle dos preços das tarifas aéreas deixou de existir. Companhias aéreas de baixo custo e de fretamento entraram então no mercado para tirar proveito disso. Entre as principais companhias aéreas, a American Airlines tomou a iniciativa do contra-ataque por meio da introdução de *tarifas com desconto controladas pela capacidade*. Era vendido um número limitado de assentos com desconto em vários voos conforme fosse necessário igualar ou bater as tarifas oferecidas pelas companhias aéreas de baixo custo, mas com algumas restrições, como a exigência de que a aquisição do bilhete fosse feita com certa antecedência (inicialmente 30 dias antes da partida). As tarifas usuais de preço bem maior ainda seriam fornecidas à principal categoria de clientes da empresa (viajantes a negócio), que normalmente fazem suas reservas bem depois do prazo para tarifas com desconto. (O primeiro modelo desta seção trata dessa situação.)

Outra prática antiga e de maior sucesso da gestão de receitas no setor aeroviário tem sido o *overbooking* [oferecer um número de reservas maior do que o número de assentos disponíveis em um voo, para levar em conta o número considerável de *no-shows* (passageiros com reserva e que não se apresentam no dia e horário da partida) que ocorre usualmente]. A regra prática no setor é de que aproximadamente 15% de todos os assentos em um voo ficariam desocupados caso não fosse usado algum esquema de *overbooking*. Consequentemente, um grande volume de receita adicional pode ser obtido mediante um nível significativo de *overbooking* sem incorrer um risco excessivo de vender um número de bilhetes para determinado voo maior que a capacidade da aeronave. Entretanto, as penalidades tornaram-se substanciais para a companhia que negar o embarque de um passageiro com uma reserva. Portanto, deve-se fazer uma análise cuidadosa para se chegar a um equilíbrio adequado entre a receita adicional obtida com *overbooking* e o risco de incorrer nessas penalidades. (O segundo modelo dessa seção trata dessa situação.)

Ao implementar a gestão de receitas, uma companhia aérea de grande porte precisa processar reservas para dezenas de milhares de passageiros que voam diariamente. Portanto, embora algoritmos e modelos de PO orientem a gestão de receitas, o outro componente essencial é uma sofisticada tecnologia da informação. Felizmente, avanços na TI alcançados na década de 1980 forneciam a capacidade necessária para automatizar transações, capturar e armazenar enormes volumes de dados, executar rapidamente algoritmos complexos e, então, implementar e administrar decisões de gestão de receitas altamente detalhadas.

Em 1990, a prática da gestão de receitas na American Airlines havia sido refinada a ponto de ela gerar cerca de US$ 500 milhões em receita adicional por ano. (A Referência Selecionada A8 conta essa história.) Naquela época, outras companhias aéreas também disputavam entre si na tentativa de desenvolver capacidades similares em gestão de receitas.

Como resultado dessa história, a prática da gestão de receitas no setor aeroviário é altamente difundida, desenvolvida e de enorme eficiência. De acordo com a página 10 da Referência Selecionada 10 (um tratado autorizado sobre a teoria e prática da gestão de receitas), "de acordo com a maioria das estimativas, os ganhos de receita obtidos com o uso dos sistemas de gestão de receitas são grosseiramente comparáveis com a rentabilidade total de muitas companhias aéreas em um ano de bons negócios (cerca de 4 a 5% das receitas)".

O enorme sucesso da gestão de receitas no setor aeroviário levou vários outros setores de serviço com características similares a desenvolver seus próprios sistemas de gestão de receitas. Entre esses setores de atividade temos hotéis, linhas de cruzeiro, transporte ferroviário de passageiros, locadoras de automóveis, operadores de turismo, teatros e praças esportivas. A gestão de receitas também tem crescido no setor de varejo quando se trata de produtos altamente perecíveis (por exemplo, lojas de gêneros alimentícios), produtos sazonais (por exemplo, lojas de confecções) bem como de produtos que se tornam obsoletos rapidamente (por exemplo, lojas que revendem produtos de alta tecnologia).

Atingir esses resultados expressivos algumas vezes requer o desenvolvimento de sistemas de gestão de receitas relativamente complexos com várias categorias de clientes, tarifas que mudam ao longo do tempo e assim por diante. Os modelos e algoritmos necessários para dar suporte a tais sistemas também são relativamente complexos e, portanto, estão fora do escopo desse livro. Todavia, para dar uma ideia geral, apresentaremos agora dois modelos básicos para tipos elementares de gestão de receitas. Os componentes de cada modelo são descritos em termos gerais para se adequar a qualquer tipo de empresa, porém, depois é mencionado intercaladamente o contexto de companhias aéreas para fins práticos. Cada modelo também é seguido por um exemplo relacionado com o setor aeroviário.

Um modelo para tarifas com desconto controladas pela capacidade

Uma empresa tem um estoque de determinado produto perecível (por exemplo, os assentos em um voo de uma companhia aérea) para vender para duas classes de clientes (como os passageiros da classe econômica e os da classe executiva no voo). Os clientes da classe 2 chegam primeiro para adquirir uma única unidade do produto com desconto desenhado para ajudar a garantir que todo o estoque possa ser vendido antes do produto perecer. Há um prazo para solicitar o preço com desconto, mas a empresa pode terminar a venda especial a qualquer momento anterior a esse prazo toda vez que ela considerar que uma quantidade suficiente foi vendida. Após o preço com desconto não estar mais disponível, os clientes da classe 1 começam a chegar para adquirir uma única unidade do produto com o preço cheio. Supõe-se que a distribuição de probabilidades da demanda de clientes da classe 1 seja conhecida. A decisão a ser tomada é que parcela do estoque total deveria ser reservada para clientes da classe 1, de modo que o preço com desconto deixe de ser oferecido mais cedo caso o estoque remanescente caia para esse nível antes de o prazo anunciado para descontos ser atingido.

Os parâmetros (e a variável aleatória) para o modelo são:

L = tamanho do estoque do produto perecível disponível para venda;
p_1 = preço por unidade pago por clientes da classe 1;
p_2 = preço por unidade pago por clientes da classe 2, onde $p_2 < p_1$;
D = demanda dos clientes da classe 1 (uma variável aleatória);
$F(x)$ = função de distribuição cumulativa para D, de modo que $F(x) = P(D \leq x)$.

A variável de decisão é:

x = nível do estoque que deve ser reservado para clientes da classe 1.

O segredo para encontrar o valor ótimo de x, representado por x^*, é fazer a seguinte pergunta e depois respondê-la realizando a *análise marginal*.

Pergunta: suponha que restem x unidades no estoque antes do prazo para solicitação de preços com desconto p_2 terminar e um cliente da classe 2 chegue querendo comprar uma unidade por esse preço. Esse pedido deve ser aceito ou negado?

Para resolver a questão, precisamos comparar a receita adicional (ou a expectativa estatística da receita adicional) para as duas opções.

Se o pedido for aceito, a receita adicional = p_2.

Se o pedido for negado, a receita adicional = $\begin{cases} 0, & \text{se } D \leq x - 1 \\ p_1, & \text{se } D \geq x \end{cases}$

E (receita adicional) = $p_1 P(D \geq x)$.

Portanto, o pedido para realizar a venda para o cliente da classe 2 deveria ser aceito se

$$p_2 > p_1 P(D \geq x)$$

e negado, caso contrário. Observe agora que $P(D \geq x)$ diminui à medida que x aumenta. Portanto, se essa desigualdade for verdadeira para um valor particular de x, esse valor pode ser aumentado até o ponto crítico x^* onde:

$$p_2 \leq p_1 P(D \geq x^*) \quad \text{e} \quad p_2 > p_1 P(D \geq x^* + 1).$$

Segue então que o nível ótimo do estoque para reservas para clientes da classe 1 é x^*. De modo equivalente, o número máximo de unidades que deveriam ser vendidas para clientes da classe 2 antes de deixar de vender a preços com desconto p_2 é $L - x^*$.

Até então, partimos do pressuposto que os clientes estão comprando uma única unidade do produto (como os assentos em um voo de uma companhia aérea), de modo que a distribuição de probabilidades de D seria uma distribuição discreta. Entretanto, quando L for grande (por exemplo, o número de assentos de um voo em uma aeronave grande), pode ser que seja muito mais conveniente em termos de cálculo, usar uma distribuição contínua como aproximação. Também existem produtos perecíveis em que podem ser adquiridas quantidades fracionárias, de modo que distribuições de demanda contínuas seriam apropriadas de qualquer forma. Se passarmos a supor distribuições de demanda contínuas, pelo menos como aproximação, segue da análise anterior que o nível ótimo do estoque x^* para reservas para clientes da classe 1 é aquele que satisfaz a seguinte equação:

$$p_2 = p_1 P(D > x^*).$$

Como $P(D > x^*) = 1 - P(D \leq x^*) = 1 - F(x^*)$, essa equação também pode ser escrita da seguinte forma:

$$F(x^*) = 1 - \frac{p_2}{p_1}.$$

(Quando se usa uma distribuição contínua como aproximação, mas o valor de x^* que soluciona ambas as equações não for inteiro, x^* deve ser arredondado *para baixo* para o valor inteiro mais próximo de modo a satisfazer as expressões que definem o valor inteiro ótimo de x^* dadas no final do parágrafo anterior.) Essa última equação mostra claramente que a razão entre p_2 e p_1 desempenha papel fundamental na determinação da probabilidade de que toda a demanda dos clientes da classe 1 será atendida.

Exemplo de aplicação desse modelo para tarifas com desconto controladas pela capacidade

A Blue Skies Airlines decidiu aplicar esse modelo a um de seus voos. Esse voo pode aceitar 200 reservas para assentos na cabine principal. (Esse número inclui uma margem para *overbooking* porque sempre existem alguns *no-shows*.) O voo atrai um grande número de passageiros da classe executiva, que tipicamente faz suas reservas poucos dias antes do voo, mas que está disposto a pagar uma tarifa relativamente alta de US$ 1.000 por essa flexibilidade. Entretanto, a grande maioria dos passageiros precisa ser de passageiros da classe econômica de modo a lotar o avião. Portanto, para atrair um número suficiente desse tipo de passageiro, oferece-se uma tarifa com grande desconto, no valor de US$ 200, para passageiros que fizerem suas reservas com pelo menos 14 dias de antecedência e que atenda determinadas restrições (inclusive nenhum tipo de reembolso).

Segundo a terminologia desse modelo, os clientes da classe 1 são os passageiros da classe executiva e os clientes da classe 2 são os passageiros da classe econômica, de modo que os parâmetros do modelo são:

$$L = 200, \quad p_1 = \text{US\$ } 1.000, \quad p_2 = \text{US\$ } 200.$$

Usando dados do passado sobre o número de reservas feitas por clientes da classe 1 para cada voo, estima-se que a distribuição de probabilidades do número de reservas feitas por esses clientes para cada voo no futuro seja aproximado por uma distribuição normal com média $\mu = 60$ e desvio padrão $\sigma = 20$. Portanto, essa é a distribuição para a variável aleatória D no modelo, em que $F(x)$ representa a distribuição cumulativa para D. Para encontrar x^*, o número ótimo de lugares para reserva a ser oferecidos para clientes da classe 1, usamos a equação dada pelo modelo:

$$F(x^*) = 1 - \frac{p_2}{p_1} = 1 - \frac{\text{US\$ } 200}{\text{US\$ } 1.000} = 0$$

Usar a tabela para uma distribuição normal fornecida no Apêndice 5, conduz a:

$$x^* = \mu + K_{0,2}\sigma = 60 + 0,842(20) = 76,84.$$

Como na verdade x^* precisa ser um inteiro, ele é em seguida arredondado *para baixo* (conforme especificado pelo modelo) para o inteiro 76. Reservando-se 76 lugares para clientes dispostos a pagar a tarifa de US$ 1.000 por uma reserva a poucos dias da partida do voo, isso implica $L - x^* = 124$ como o número máximo de reservas que deveriam ser vendidas pelo preço de US$ 200 antes de não mais se oferecer essa tarifa, mesmo que isso ocorra antes do prazo de 14 dias antes da saída do voo.

Um modelo de *overbooking*

Conforme acontece com o modelo precedente, estamos novamente lidando com uma empresa que tem um estoque de certo produto perecível (como os assentos em um voo de uma companhia aérea) para vender a seus clientes. Não fazemos mais distinção entre classes de clientes diferentes. As unidades em estoque se tornam disponíveis apenas em determinado momento, de modo que cada cliente compra uma unidade ao fazer, com antecedência, uma reserva sem direito a reembolso para adquirir a unidade no momento designado. Entretanto, nem todos os clientes que fazem uma reserva chegam realmente a tempo para adquirir suas unidades. Esses clientes que não conseguem chegar no momento designado são conhecidos como *no-shows*.

Pelo fato de a empresa prever que haverá um número significativo de *no-shows*, ela poderá aumentar sua receita por meio de certo nível de ***overbooking*** (vender mais reservas do que o disponível em estoque). Entretanto, é preciso cuidado para não ter um nível de *overbooking* muito grande, já que existe probabilidade substancial de se incorrer em *falta do produto* (uma demanda maior do que o disponível em estoque). A razão é que existe um custo *por falta do produto* incorrido cada vez que um cliente com uma reserva chegar a tempo de adquirir uma unidade do estoque após este ter se esgotado. Por exemplo, no setor aeroviário, incorre-se em um *custo por negar o embarque* cada vez que um cliente com uma reserva para determinado voo for *deixado em solo* (acesso ao voo negado), em que esse custo pode incluir um reembolso qualquer do preço de aquisição da passagem, indenização pelos inconvenientes provocados e o custo da perda de credibilidade (perda em possíveis reservas futuras). Em alguns casos, esse custo por negar o embarque poderia ser constituído, em vez disso, por uma pequena recompensa a um cliente que tem um assento garantido, mas que estaria disposto a cedê-lo a outro cliente cujo acesso ao voo havia sido negado.

A questão básica a ser tratada por esse modelo de *overbooking* é que nível de *overbooking* deve ser praticado de modo a maximizar o lucro esperado da empresa. O modelo parte dos seguintes pressupostos:

1. os clientes fazem suas reservas por uma unidade do estoque de forma independente e, então, têm a mesma probabilidade fixa de chegar realmente no momento designado para adquirir a unidade;
2. há uma receita líquida fixa obtida com cada reserva que é aceita;
3. há um custo fixo por falta do produto incorrido toda vez que um cliente com uma reserva chegar a tempo de adquirir uma unidade do estoque após este ter se esgotado.

Com base nessas hipóteses, o modelo tem os seguintes parâmetros.

p = probabilidade de que um cliente que faz uma reserva por uma unidade do estoque realmente chegará no momento designado para adquirir a unidade.
r = receita líquida obtida com cada reserva que é aceita.
s = custo por falta de produto por unidade de demanda não atendida.
L = tamanho do estoque disponível.

A variável de decisão para o modelo é:

n = número de clientes para os quais pode ser oferecida uma reserva por uma unidade do estoque,

portanto:

$n - L$ = nível de *overbooking* permitido.

Dado o valor de n, a incerteza é quantos dos n clientes com reservas por uma unidade do estoque efetivamente chegarão no momento determinado para adquirir essa unidade. Ou seja, qual é a *demanda* por retirada de unidades do estoque? Chame essa variável aleatória de:

$D(n)$ = demanda por retirada de unidades do estoque.

Segue, da hipótese 1, que $D(n)$ possui uma *distribuição binomial* com parâmetro p, de modo que:

$$P\{D(n) = d\} = \binom{n}{d} p^d (1-p)^{n-d} = \frac{n!}{d!(n-d)!} p^d (1-p)^{n-d},$$

em que $D(n)$ possui média $n\,p$ e variância $n\,p\,(1-p)$.

Uma variável aleatória intimamente ligada e que será importante em nossa análise é a *demanda não atendida* que ocorrerá quando n clientes tiverem reserva. Representamos essa variável aleatória por $U(n)$, de modo que:

$$U(n) = \text{demanda não atendida} = \begin{cases} 0, & \text{se } D(n) \leq L \\ D(n) - L, & \text{se } D(n) > L \end{cases}$$

e seu valor esperado $E(U(n))$ será:

$$E(U(n)) = \sum_{d=L+1}^{n} (d - L)\, P\{D(n) = d\}.$$

Utilizaremos a *análise marginal* (a análise do efeito de se aumentar o valor da variável de decisão n em 1) para determinar o valor ótimo de n que maximiza o lucro esperado, de forma que precisaremos conhecer o efeito sobre $E(U(n))$ de se aumentar o valor de n em uma unidade. Iniciando com n reservas, o efeito de se acrescentar mais uma reserva é adicionar 1 à demanda não atendida apenas se ambos de dois eventos ocorrerem. Um evento necessário é que as n reservas originais resultem em exaurir todo o estoque, isto é, $D(n) \geq L$, e o outro evento necessário é que o cliente que recebeu a reserva adicional efetivamente chegará no momento designado para tentar adquirir uma unidade do estoque. Caso contrário, não há nenhum efeito na demanda não atendida. Consequentemente,

$$\Delta E(U(n)) = E(U(n+1)) - E(U(n)) = p\, P\{D(n) \geq L\}$$

O valor de $\Delta E(U(n))$ depende do valor de n já que $P\{D(n) \geq L\}$, a probabilidade de esgotar o estoque, depende de n, o número de reservas. Para $n < L$, $\Delta E(U(n)) = 0$, ao passo que $\Delta E(U(n))$ aumenta à medida que n cresce mais ainda já que a probabilidade de esgotar o estoque aumenta à medida que o número de reservas aumenta.

A última variável aleatória de interesse é o *lucro* da empresa que ocorrerá quando n clientes receberem dada reserva. Representamos essa variável aleatória por $P(n)$, de modo que:

$P(n) = \text{lucro} = r\,n - s\,U(n);$
$E(P(n)) = r\,n - s\,E(U(n));$
$\Delta E(P(n)) = E(P(n+1)) - E(P(n)) = r - s\,\Delta E(U(n)) = r - s\,p\,P\{D(n) \geq L\}.$

Conforme acabamos de mencionar, $\Delta E(U(n)) = 0$ para $n < L$, ao passo que $\Delta E(U(n))$ aumenta à medida que n aumenta. Portanto, $\Delta E(P(n)) > 0$ para valores relativamente pequenos de n e, depois, (supondo-se que $r < s\,p$) mudará para $\Delta E(P(n)) < 0$ para valores suficientemente grandes de n. Segue então que n^*, o valor de n que maximiza $E(P(n))$, é aquele que satisfaz:

$$\Delta E(P(n^* - 1)) > 0 \quad \text{e} \quad \Delta E(P(n^*)) \leq 0,$$

ou de forma equivalente,

$$r > s\,p\,P\{D(n^* - 1) \geq L\} \quad \text{e} \quad r \leq s\,p\,P\{D(n^*) \geq L\}.$$

Como $D(n)$ possui uma distribuição binomial, é simples (embora bastante entediante em termos de cálculo) encontrar n^* dessa maneira.

Quando L for grande, é particularmente entediante usar a distribuição binomial para fazer esses cálculos. Portanto, é comum na prática usar a *aproximação normal* da distribuição binomial para essa aplicação (como para muitas outras também). Particularmente, a distribuição normal com média $n\,p$ e variância $n\,p\,(1-p)$ é usada frequentemente como uma aproximação contínua da distribuição binomial com parâmetros n e p, já que essa última distribuição possui essa mesma média e variância. Com essa abordagem, partimos agora do pressuposto que $D(n)$ tem essa distribuição normal e tratamos n como uma variável de decisão contínua. O valor ótimo de n é dado então aproximadamente pela equação:

$$r = s\,p\,P\{D(n^*) \geq L\}, \quad \text{isto é,} \quad P\{D(n^*) \geq L\} = \frac{r}{sp}$$

Usando a tabela para uma distribuição normal fornecida no Apêndice 5, é simples calcular n^*, como será ilustrado pelo exemplo a seguir. Se n^* não for inteiro, ele deve ser arredondado para o próximo inteiro *acima* de modo a satisfazer as expressões que definem o valor inteiro ótimo de n^* dado no final do parágrafo anterior.

Um exemplo de aplicação desse modelo de *overbooking*

A Transcontinental Airlines tem um voo diário (exceto nos fins de semana) de São Francisco a Chicago que é usado basicamente por passageiros da classe executiva. Existem 150 assentos disponíveis na única cabine. A tarifa média por assento é de US$ 300. Trata-se de uma tarifa sem direito a reembolso, de modo que *no-shows* perdem a tarifa inteira.

A política da empresa é aceitar 10% de reservas a mais que o número de assentos disponíveis em praticamente todos os seus voos, já que cerca de 10% de todos os seus clientes que fazem reservas acabam se transformando em *no-shows*. Entretanto, se a experiência dela com determinado voo for muito diferente dessa, então pode se fazer uma exceção e o grupo de PO será convocado para analisar qual deve ser a política de *overbooking* para aquele voo em particular. É exatamente isso que aconteceu com o voo diário de San Francisco para Chicago. Mesmo quando a cota completa de 165 reservas havia sido atingida (o que acontece para a maioria dos voos), usualmente havia um número significativo de assentos vazios. Ao coletar esses dados, o grupo de PO descobriu a razão para tal. Apenas 80% dos clientes que fazem reservas para esse voo se apresentam para embarcar no avião. Os outros 20% perdem a tarifa (ou, na maioria dos casos, permitem que suas empresas o façam) pelo fato de seus planos terem mudado.

Quando um cliente é deixado de fora desse voo, a Transcontinental Airlines faz arranjos para colocar o cliente no próximo voo disponível para Chicago em outra empresa aérea. O custo médio da empresa para fazer isso é de US$ 200. Além disso, a empresa dá ao cliente um *voucher* de US$ 400 (mas que custaria à empresa apenas US$ 300) para usar em um voo futuro. A empresa também acredita que outros US$ 500 deveriam ser computados para o custo intangível de perda de credibilidade por parte do cliente que foi deixado de fora do voo. Portanto, o custo total de deixar um cliente em terra é estimado em US$ 1.000.

O grupo de PO quer aplicar agora o modelo de *overbooking* para determinar quantas reservas deveriam ser aceitas para esse voo. Usando os dados descritos acima, os parâmetros do modelo são:

$$p = 0{,}8, \quad r = \text{US\$ } 300, \quad s = \text{US\$ } 1.000, \quad L = 150.$$

Como L é muito grande, o grupo decide usar a aproximação normal da distribuição binomial. Consequentemente, essa aproximação de n^*, o número ótimo de reservas a serem aceitas, é encontrada resolvendo-se a equação:

$$P\{D(n^*) \geq 150\} = \frac{r}{sp} = 0.375,$$

em que: $D(n^*)$ possui uma distribuição normal com média $\mu = np = 0{,}8n$ e variância $\sigma^2 = np(1-p) = 0{,}16n$, de modo que $\sigma = 0{,}4\sqrt{n}$. Usando-se a tabela para uma distribuição normal fornecida no Apêndice 5, como $\alpha = 0{,}375$ e $K_\alpha = 0{,}32$,

$$\frac{150 - \mu}{\sigma} = \frac{150 - 0{,}8n}{0{,}4\sqrt{n}} = 0{,}32,$$

que se reduz a:

$$0{,}8n + 0{,}128\sqrt{n} - 150 = 0.$$

Encontrar $\sqrt{n}$ nessa equação quadrática, conduz a:

$$\sqrt{n} = \frac{-0{,}128 + \sqrt{(0{,}128)^2 - 4(0{,}8)(-150)}}{1{,}6} = 13{,}6,$$

que então resulta:

$$n^* = (13{,}6)^2 = 184{,}96.$$

Como x^* na verdade precisa ser inteiro, ele é arredondado em seguida para o inteiro mais próximo *acima* (conforme especificado pelo modelo), ou seja, 185[12]. A conclusão é que o número de reservas a ser aceitas para esse voo deveria aumentar de 165 para 185.

A demanda resultante $D(185)$ terá uma média $0.8(185) = 148$ e um desvio padrão $0,4\sqrt{185} = 5,44$. Portanto, a Transcontinental Airlines agora deve estar apta a preencher praticamente ou completamente os 150 assentos do avião, sem uma frequência indevida de deixar clientes em terra, toda vez que o número de pedidos de reserva atingir 185.

Consequentemente, a nova política de aumentar o número de reservas aceitas de 165 para 185 deveria aumentar substancialmente os lucros da empresa nesse voo.

Outros modelos

Utiliza-se uma série de modelos para vários tipos de gestão de receitas. Muitas vezes esses modelos incorporam algumas das ideias introduzidas nos dois modelos apresentados nesta seção. Entretanto, os modelos usados na prática frequentemente também devem incorporar algumas características adicionais que não são consideradas nesses dois modelos básicos. Eis uma lista de algumas considerações práticas que talvez precisem ser levadas em conta.

- São fornecidos níveis de serviço diferentes (por exemplo, uma cabine para primeira classe, uma seção executiva e uma seção econômica no mesmo voo de uma companhia aérea).
- São cobrados preços diferentes para o mesmo serviço (por exemplo, descontos para aposentados, crianças, estudantes, funcionários etc.).
- São cobrados preços diferentes para o mesmo serviço com base em quanto (se houver) dele é reembolsável com um cancelamento precoce.
- A atribuição dinâmica de preços com base em quando a reserva é feita e o quão bem a demanda se aproxima da capacidade.
- Variar o nível de *overbooking* com base no tempo restante e no número esperado de cancelamentos até que o serviço seja fornecido.
- Ter um custo de falta de produto não linear para o *overbooking* (por exemplo, os primeiros clientes talvez aceitem voluntariamente indenização modesta para desistir do serviço, mas depois isso se torna mais custoso).
- Clientes compram pacotes de serviços combinados em termos e condições variados (por exemplo, clientes de empresas aéreas tentando organizar e conseguir uma série de voos de conexão ou clientes de hotéis com vários pernoites).
- Clientes que compram várias unidades (por exemplo, casais ou famílias ou grupos de turistas viajando juntos).

Incorporar essas e outras considerações práticas em modelos mais sofisticados conforme a necessidade é um verdadeiro desafio. Entretanto, progresso notável foi obtido por vários pesquisadores e profissionais de PO. Essa se tornou uma das áreas de aplicação mais empolgantes da pesquisa operacional. Complexidade maior está fora do escopo desse livro, mas podem ser encontrados detalhes na Referência Selecionada 10 e suas 591 referências.

18.9 CONCLUSÕES

Neste capítulo, apresentamos apenas tipos de modelos de estoques, mas eles servem para mostrar a natureza geral dos modelos de estoques. Além disso, existem representações suficientemente acuradas de muitas situações relacionadas com estoques que são frequentemente úteis na prática. Por exemplo, os modelos EOQ têm sido particularmente usados em grande escala. Esses modelos são, algumas vezes, modificados para incluir algum tipo de demanda estocástica, tal como faz o modelo estocástico

---

[12] Uma das etapas na obtenção dessa solução igual a 185 foi ler o valor de $K_\alpha = 0,32$ com duas casas decimais da tabela normal. Entretanto, se for usada a interpolação para transportar K_α com casas decimais adicionais, a solução do modelo mudará para 186. Usar a distribuição binomial diretamente em vez da aproximação normal também leva a uma solução igual a 186.

de revisão contínua. O modelo estocástico de período simples é um desses, bastante convenientes para produtos perecíveis. Os modelos elementares de gestão de receitas apresentados na Seção 18.8 são um ponto de partida para as análises de gestão de receitas mais sofisticadas que hoje são aplicadas amplamente no setor aeroviário e em outros setores de serviços com características similares.

Na economia global de nossos dias, os modelos de estoques multiníveis (como aqueles apresentados na Seção 18.5) desempenham papel cada vez mais importante para auxiliar o gerenciamento da cadeia de abastecimento de uma empresa.

Não obstante, muitas situações que envolvem estoques possuem fatores complicadores que não são levados em conta pelos modelos deste capítulo, como interações entre produtos ou complexos sistemas de estoques multiníveis. Foram formulados modelos mais complexos na tentativa de atender a tais situações, porém é difícil atingir-se realismo adequado, bem como tratabilidade suficiente para ser útil na prática. O desenvolvimento de modelos úteis para o gerenciamento de cadeias de abastecimento é, no momento, uma área de pesquisa particularmente ativa. Têm sido realizadas também várias pesquisas para o desenvolvimento de modelos de gestão de receitas mais sofisticados que levem em conta o maior grau de complexidade que surge na prática.

Há o crescimento contínuo no uso de sistemas computadorizados para o processamento de dados de estoques junto com o crescimento no controle científico de estoques.

REFERÊNCIAS SELECIONADAS

1. Axsäter, S.: *Inventory Control,* 2nd ed., Springer, New York, 2006.
2. Bertsimas, D., and A. Thiele: "A Robust Optimization Approach to Inventory Theory", *Operations Research,* **54**(1): 150-168, January-February 2006.
3. Gallego, G., and Ö. Özer: "A New Algorithm and a New Heuristic for Serial Supply Systems", *Operations Research Letters,* **33**(4): 349-362, July 2005.
4. Harrison, T. P., H. L. Lee, and J. J. Neale (eds.): *The Practice of Supply Chain Management: Where Theory and Application Converge,* Kluwer Academic Publishers (now Springer), Boston, 2003.
5. Khouja, M.: "The Single-Period (News-Vendor) Problem: Literature Review and Suggestions for Future Research", *Omega,* **27**: 537-553, 1999.
6. Muckstadt, J., and R. Roundy: "Analysis of Multi-Stage Production Systems", pp. 59-131 in Graves, S., A. Rinnooy Kan, and P. Zipken (eds.): *Handbook in Operations Research and Management Science,Vol. 4, Logistics of Production and Inventory,* North-Holland, Amsterdam, 1993.
7. Sethi, S. P., H. Yan, and H. Zhang: *Inventory and Supply Chain Management with Forecast Updates,* Springer, New York, 2005.
8. Sherbrooke, C. C.: *Optimal Inventory Modeling of Systems: Multi-Echelon Techniques,* 2nd ed., Kluwer Academic Publishers (now Springer), Boston, 2004.
9. Simchi-Levi, D., S. D. Wu, and Z.-J. Shen (eds.): *Handbook of Quantitative Supply Chain Analysis,* Kluwer Academic Publishers (now Springer), Boston, 2004.
10. Talluri, G., and K. van Ryzin: *Theory and Practice of Yield Management,* Kluwer Academic Publishers (now Springer), Boston, 2004.
11. Tang, C. S., C.-P. Teo, and K. K. Wei (eds.): *Supply Chain Analysis: A Handbook on the Interaction of Information, System and Optimization,* Springer, New York, 2008.
12. Tayur, S., R. Ganeshan, and M. Magazine (eds.): *Quantitative Models for Supply Chain Management,* Kluwer Academic Publishers (now Springer), Boston, 1998.
13. Tiwari, V., and S. Gavirneni: "ASP, The Art and Science of Practice: Recoupling Inventory Control Research and Practice: Guidelines for Achieving Synergy", *Interfaces,* **37**(2): 176-186, March-April 2007.
14. Zipken, P. H.: *Foundations of Inventory Management,* McGraw-Hill, Boston, 2000.

Algumas aplicações consagradas da teoria das filas:

(Um *link* para esses artigos encontra-se no *site* da Bookman.)

A1. Arntzen, B. C., G. G. Brown, T. P. Harrison, and L. L. Trafton: "Global Supply Chain Management at Digital Equipment Corporation", *Interfaces,* **25**(1): 69-93, January-February 1995.
A2. Billington, C., G. Callioni, B. Crane, J. D. Ruark, J. U. Rapp, T. White, and S. P. Willems: "Accelerating the Profitability of Hewlett-Packard's Supply Chains", *Interfaces,* **34**(1): 59-72, January-February 2004.
A3. Flowers, A. D.: "The Modernization of Merit Brass", *Interfaces,* **23**(1): 97-108, January-February 1993.
A4. Geraghty, M. K., and E. Johnson: "Revenue Management Saves National Car Rental", *Interfaces,* **27**(1): 107-127, January-February 1997.

A5. Kok, T. de, F. Janssen, J. van Doremalen, E. van Wachem, M. Clerkx, and W. Peeters: "Phillips Electronics Synchronizes Its Supply Chain to End the Bullwhip Effect", *Interfaces,* **35**(1): 37-48, January-February 2005.
A6. Lin, G., M. Ettl, S. Buckley, S. Bagchi, D. D. Yao, B. L. Naccarato, R. Allan, K. Kim, and L. Koenig: "Extended-Enterprise Supply-Chain Management at IBM Personal Systems Group and Other Divisions", *Interfaces,* **30**(1): 7-25, January-February 2000.
A7. Lyon, P., R. J. Milne, R. Orzell, and R. Rice: "Matching Assets with Demand in Supply-Chain Management at IBM Microelectronics", *Interfaces,* **31**(1): 108-124, January-February 2001.
A8. Smith, B. C., J. F. Leimkuhler, and R. M. Darrow: "Yield Management at American Airlines", *Interfaces,* **22**(1): 8-31, January-February 1992.

FERRAMENTAS DE APRENDIZADO NO *SITE*

Worked examples:

Exemplos do Capítulo 18

Procedimentos automáticos no tutorial IOR:

Modelo Estocástico de Período Simples para Produtos Perecíveis, Sem Custo de Implantação
Modelo Estocástico de Período Simples para Produtos Perecíveis, Com Custo de Implantação

Arquivos em Excel (Capítulo 18 – Teoria dos estoques):

Gabaritos para o Modelo EOQ Básico (Versão do Solver e Versão Analítica)
Gabaritos para o Modelo EOQ com Falta de Produto Planejada (Versão Solver e Versão Analítica)
Gabarito para Modelo EOQ com Descontos por Quantidade (Somente Versão Analítica)
Gabarito para o Modelo Estocástico de Revisão Contínua
Gabarito para o Modelo Estocástico de Período Simples para Produtos Perecíveis, sem Custo de Implantação
Gabarito para o Modelo Estocástico de Período Simples para Produtos Perecíveis, com Custo de Implantação

Arquivo LINGO (Capítulo 18 – Teoria dos Estoques) para solucionar os exemplos selecionados

Glossário do Capítulo 18

Suplementos deste capítulo

Derivação da Política Ótima para o Modelo Estocástico para Período Simples para Produtos Perecíveis
Modelos Estocásticos de Revisão Periódica

PROBLEMAS

Inserimos um T à esquerda de alguns problemas (ou parte deles) toda vez que um dos gabaritos listados anteriormente puder ser útil. Um asterisco no número do problema indica que pelo menos há uma resposta parcial no final do livro.

T **18.3-1*** Suponha que a demanda para um produto seja de 30 unidades por mês e os itens sejam retirados em uma taxa constante. O custo de implantação cada vez que se assume a produção de um lote de peças para reabastecer os estoques é de US$ 15. O custo de produção é de US$ 1 por item e o custo de manutenção de estoque é de US$ 0,30 por item por mês.

(a) Supondo-se que não seja tolerada a falta de produto, determine com que frequência realizar a produção de um lote de peças e qual deve ser o tamanho do lote.
(b) Caso se permita a falta de produto, porém o custo seja de US$ 3 por item por mês, determine com que frequência realizar a produção de um lote de peças e qual deve ser o tamanho do lote.

T **18.3-2** A demanda por um produto é de 1.000 unidades por semana e os itens são retirados a uma taxa constante. O custo de implantação para se fazer um pedido para reabastecer estoques é de US$ 40. O custo unitário de cada item é de US$ 5 e o custo de manutenção de estoque é de US$ 0,10 por item por semana.

(a) Supondo que não se tolere a falta de produtos, determine com que frequência realizar a produção de um lote de peças e qual deve ser o tamanho do lote.
(b) Caso se permitisse a falta de produto, porém o custo fosse de US$ 3 por item por semana, determine com que frequência realizar a produção de um lote de peças e qual deve ser o tamanho do lote.

18.3-3* Tim Madsen é o comprador da Computer Center, uma grande loja de computadores. Recentemente ele incorporou o mais moderno computador pessoal do momento, o modelo Power, ao estoque de mercadorias da loja. No momento, as vendas desse modelo giram por volta de 13 unidades por semana.

Tim compra esses computadores diretamente do fabricante a um custo unitário de US$ 3.000, e cada remessa leva meia semana para chegar.

Ele usa rotineiramente o modelo EOQ básico para determinar a política de estoques da loja para cada um de seus produtos mais importantes. Para essa finalidade, ele estima que o custo anual de manter itens em estoque seja de 20% do custo de sua compra. Ele também estima que o custo administrativo associado a fazer cada pedido seja de US$ 75.

T **(a)** No momento, Tim adota a política de encomendar cinco computadores modelo Power por vez, e cada pedido é programado de tal modo que a remessa chegue à loja exatamente quando o estoque desses computadores está para terminar. Use a versão Solver do Gabarito em Excel para o modelo EOQ básico para determinar os diversos custos anuais que incorrem com essa política.

T **(b)** Use essa mesma planilha para gerar uma tabela que mostre como esses custos mudariam, caso a quantidade encomendada mudasse para os seguintes valores: 5, 7, 9,..., 25.

T **(c)** Use o Solver para encontrar a quantidade ótima a se encomendar.

T **(d)** Agora utilize a versão analítica do Gabarito em Excel para o modelo EOQ básico (que aplica a fórmula EOQ diretamente) para encontrar a quantidade ótima. Compare os resultados (incluindo os diversos custos) com aqueles obtidos no item (c).

(e) Verifique sua resposta para a quantidade ótima encomendada obtida no item (d) aplicando manualmente a fórmula EOQ.

(f) Com a quantidade ótima a ser encomendada obtida anteriormente, com que frequência em média terão de ser feitos pedidos? Qual deveria ser o nível de estoque aproximado quando for feito cada pedido?

(g) Em que proporção a política de estoques ótima reduz o custo de estoques variável total por ano (custos de manutenção de estoque mais custos administrativos para a realização dos pedidos) para os computadores modelo Power em relação à política descrita no item (a)? Qual é a redução percentual?

18.3-4 A Blue Cab Company é a principal empresa de táxi da cidade de Maintown. Ela usa gasolina com uma média de 10 mil litros por mês. Como este é um custo importante, a empresa fez um acordo especial com a Amicable Petroleum Company para comprar um grande volume de gasolina a preço reduzido de US$ 3,50 por litro em intervalos de poucos meses. O custo de preparo para cada pedido, incluindo o armazenamento do combustível é de US$ 2.000. O custo de manter a gasolina em estoque é estimado em US$ 0,04 por litro por mês.

T **(a)** Use a versão Solver do Gabarito em Excel para o modelo EOQ básico para determinar os custos que seriam incorridos anualmente, caso a gasolina tivesse de ser encomendada mensalmente.

T **(b)** Utilize essa mesma planilha para gerar uma tabela que ilustre como esses custos mudariam, caso o número de meses entre os pedidos tivesse de ser alterado para os seguintes valores: 1, 2, 3,..., 10.

T **(c)** Empregue o Solver para encontrar a quantidade ótima a ser encomendada.

T **(d)** Use agora a versão analítica do Gabarito em Excel para o modelo EOQ básico para encontrar a quantidade ótima a ser encomendada. Compare os resultados (inclusive os diversos custos) com aqueles obtidos no item (c).

(e) Verifique sua resposta para a quantidade ótima a ser encomendada obtida no item (d) aplicando manualmente a fórmula EOQ.

18.3-5 Para o modelo EOQ básico, use a fórmula da raiz quadrada para determinar como Q^* mudaria para cada uma das mudanças nos custos ou taxa de demanda. (A menos que especificado explicitamente, considere cada mudança por si só.)

(a) O custo de implantação é reduzido em 25% de seu valor original.

(b) A taxa de demanda anual se torna quatro vezes maior que seu valor original.

(c) Ambas as mudanças dos itens (a) e (b).

(d) O custo de manutenção de estoque unitário é reduzido para 25% de seu valor original.

(e) Ambas as mudanças dos itens (a) e (d).

18.3-6* Kris Lee, proprietário e gerente da Quality Hardware Store, reavalia sua política de estoques para martelos. Ele vende uma média de 50 martelos por mês e, portanto, ele vem fazendo um pedido para a compra de 50 martelos de um atacadista a um custo de US$ 20 por martelo no final de cada mês. Entretanto, o próprio Kris faz todos os pedidos para a loja e ele acha que isso tem consumido grande parte de seu tempo. Ele estima que o valor de seu tempo gasto para fazer cada compra de martelos é de US$ 75.

(a) Qual deveria ser o custo de manutenção de estoque unitário para martelos para a política de estoques atual de Kris ser ótima de acordo com o modelo EOQ básico? Qual é este custo de manutenção de estoque unitário em termos de porcentagem do custo de aquisição unitário?

T **(b)** Qual é a quantidade ótima a ser encomendada, caso o custo de manutenção de estoque unitário seja, na verdade, 20% do custo de aquisição unitário? Qual é o valor correspondente do TVC = custo de estoque variável total por ano (custos de manutenção de estoque mais custos administrativos para realização dos pedidos)? Qual é o TVC para a política de estoques atual?

T **(c)** Se o atacadista entregar normalmente uma encomenda de martelos a cada cinco dias úteis (de 25 dias úteis em média em um mês), qual seria o ponto para fazer novo pedido (de acordo com o modelo EOQ básico)?

(d) Kris não quer incorrer em falta de produto em estoque para os itens mais importantes. Portanto, ele decidiu acrescentar um estoque de segurança de cinco martelos para salvaguardar contraentregas atrasadas e vendas maiores que as normais. Qual seria agora o ponto para fazer novo pedido? Quanto esse estoque de segurança acrescenta ao TVC?

18.3-7* Considere o Exemplo 1 (fabricação de alto-falantes para televisores) da Seção 18.1 e usado na Seção 18.3 para ilustrar os modelos EOQ. Use o modelo EOQ com falta de produto planejada para resolver esse exemplo quando o custo de escassez unitário é modificado para US$ 5 por alto-falante em falta por mês.

18.3-8 A Speedy Wheels é um distribuidor de bicicletas no atacado. Seu gerente de estoques, Ricky Sapolo, revê no momento a política de estoques para um modelo popular que vende uma média de 500 unidades por mês. O custo administrativo para se fazer um pedido desse modelo para o fabricante é de US$ 1.000

e o preço de compra é de US$ 400 por bicicleta. O custo anual do capital imobilizado em estoque é de 15% do valor (baseado no preço de compra) dessas bicicletas. O custo adicional para armazenar as bicicletas – o que inclui aluguel de depósito, seguro, impostos e outros – é de US$ 40 por bicicleta por ano.

T **(a)** Use o modelo EOQ básico para determinar a quantidade ótima a ser encomendada e o custo de estoque variável total por ano.

T **(b)** Os clientes da Speedy Wheel (lojas varejistas) geralmente não se importam com pequenos atrasos na entrega de seus pedidos. Portanto, a gerência concordou com uma nova política com pequenas faltas de produto ocasionais para reduzir o custo de estoque variável. Após consultas à gerência, Ricky estima que o custo de escassez anual (incluindo negócios futuros perdidos) seria de US$ 150 vezes o número médio de bicicletas em falta durante o ano. Use o modelo EOQ com falta de produto planejada para determinar a nova política de estoques ótima.

T **18.3-9** Reconsidere o Problema 18.3-3. Em virtude da popularidade do computador modelo Power, Tim Madsen descobriu que os clientes pensam comprar um computador mesmo quando não existe nenhum em estoque no momento, desde que eles estejam certos de que seus pedidos de compra serão atendidos em um período de tempo razoável. Portanto, Tim decidiu mudar do modelo EOQ básico para o modelo EOQ com falta de produto planejada, usando um custo de escassez de US$ 200 por computador em falta por ano.

(a) Use a versão Solver do Gabarito em Excel para o modelo EOQ com falta de produto planejada (com restrições adicionadas na caixa de diálogo do Solver que C10:C11 = inteiro) para encontrar a nova política de estoques ótima e seu custo de estoque variável total por ano (TVC). Qual é a redução no valor de TVC encontrada para o Problema 18.3-3 (e dado na parte final do livro) quando a falta de produto planejada não fosse permitida?

(b) Use essa mesma planilha para gerar a tabela que ilustra como o TVC e seus componentes mudariam caso a falta de produto máxima fosse mantida igual aos valores encontrados no item (a), mas com a quantidade encomendada alterada para os seguintes valores: 15, 17, 19,..., 35.

(c) Use essa mesma planilha para gerar a tabela que ilustra como o TVC e seus componentes mudariam, caso a quantidade encomendada fosse mantida a mesma do item (a), mas com a falta de produto máxima fosse alterada para os seguintes valores: 10, 12, 14,..., 30.

18.3-10 Você foi contratado como consultor de pesquisa operacional por uma empresa para reavaliar a política de estoques para um de seus produtos. A empresa usa no momento o modelo EOQ básico. Segundo esse modelo, a quantidade ótima a ser encomendada para esse produto é de 1.000 unidades e, portanto, o nível de estoque máximo também é de 1.000 unidades e a falta de produto máxima é 0.

Você decidiu recomendar que a empresa mude e adote o modelo EOQ com falta de produto planejada após determinar quão grande é o custo de escassez unitário (p) quando comparado ao custo de manutenção de estoque unitário (h). Prepare uma tabela para a gerência que mostre quais deveriam ser a quantidade ótima a ser encomendada, o nível de estoque máximo e a falta de produto máxima segundo esse modelo para cada uma das seguintes razões de p $\frac{1}{3}$, 1, 2, 3, 5, 10.

18.3-11 No modelo EOQ básico, suponha que o estoque seja reabastecido de modo uniforme (em vez de instantaneamente) a uma taxa de b itens por unidade de tempo até a quantidade encomendada Q ser atendida. São feitas retiradas do estoque a uma taxa de a itens por unidade de tempo, em que $a < b$. São feitos reabastecimentos e retiradas simultâneas do estoque. Por exemplo, se Q for 60, b for 3 por dia e a 2 por dia, então chegam três unidades do estoque a cada dia para os dias 1 a 20, 31 a 50 e assim por diante, ao passo que as unidades são retiradas a uma taxa de 2 por dia todos os dias. O diagrama do nível de estoque *versus* tempo é dado a seguir, para esse exemplo.

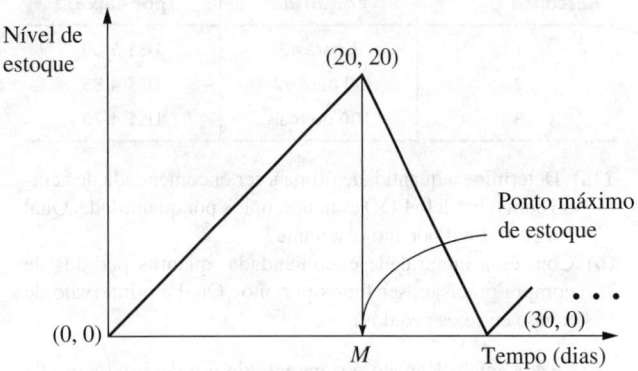

(a) Encontre o custo total por unidade de tempo em termos do custo de implantação K, da quantidade produzida Q, custo unitário c, custo de manutenção de estoque h, taxa de retirada a e taxa de reabastecimento b.

(b) Determine a quantidade econômica a ser encomendada Q^*.

18.3-12* A MBI é um fabricante de computadores pessoais. Todos seus computadores pessoais usam uma unidade de disco rígido que é adquirida da Ynos. A MBI opera sua fábrica 52 semanas por ano, o que requer a montagem de 100 dessas unidades de disco nos computadores por semana. A taxa anual de custo de manutenção de estoque da MBI é de 20% do valor (com base no custo de aquisição) do estoque. Independentemente do tamanho do pedido, o custo administrativo de se fazer um pedido de compra com a Ynos foi estimado em US$ 50. É oferecido um desconto por volume pela Ynos para grandes pedidos conforme mostrado a seguir, em que o preço para cada categoria se aplica a *cada* unidade de disquete adquirida.

Categoria de desconto	Quantidade adquirida	Preço (por disquete)
1	1 para 99	US$ 100
2	100 para 499	US$ 95
3	500 ou mais	US$ 90

T **(a)** Determine a quantidade ótima a ser encomendada de acordo com o modelo EOQ com descontos por quantidade. Qual é o custo total por ano resultante?

(b) Com essa quantidade encomendada, quantos pedidos de compra precisam ser feitos por ano? Qual é o intervalo de tempo entre os pedidos?

18.3-13 A família Gilbreth bebe uma caixa de Royal Cola todos os dias, 365 dias por ano. Felizmente, um distribuidor local oferece descontos por quantidade para grandes pedidos conforme mostrado na tabela a seguir, em que o preço para cada categoria se aplica a *toda* caixa adquirida. Considerando-se o custo da gasolina, Sr. Gilbreth estima que custe a ele cerca de US$ 10 para ir buscar uma encomenda de Royal Cola. O Sr. Gilbreth também é um investidor no mercado de ações, onde ele tem tido um retorno anual médio de 10%. Ele considera o retorno perdido por comprar a Royal Cola em vez da ação como o único custo de manutenção de estoque para a Royal Cola.

Categoria de desconto	Quantidade adquirida	Preço (por caixa)
1	1 para 49	US$ 5,00
2	50 para 99	US$ 4,85
3	100 ou mais	US$ 4,70

T (a) Determine a quantidade ótima a ser encomendada de acordo com o modelo EOQ com descontos por quantidade. Qual é o custo total por ano resultante?

(b) Com essa quantidade encomendada, quantos pedidos de compra precisam ser feitos por ano? Qual é o intervalo de tempo entre os pedidos?

18.3-14 Kenichi Kaneko é o gerente de um departamento de produção que usa 400 caixas de rebites por ano. Para manter o nível de estoque baixo, Kenichi tem encomendado apenas 50 caixas por vez. Entretanto, o fornecedor de rebites está oferecendo no momento um desconto por pedidos de grande quantidade de acordo com a seguinte tabela de preços, na qual o preço para cada categoria se aplica a *toda* caixa adquirida.

Categoria de desconto	Quantidade adquirida	Preço (por caixa)
1	1 para 99	US$ 8,50
2	100 para 999	US$ 8,00
3	1.000 ou mais	US$ 7,50

A empresa usa uma taxa de custo de manutenção de estoque anual de 20% do preço do item. O custo total associado a fazer um pedido de compra é de US$ 80 por pedido.

Kenichi decidiu usar o modelo EOQ com descontos por quantidade para determinar sua política de estoques ótima para rebites.

(a) Para cada categoria de desconto, escreva uma expressão para o custo total por ano (TC) em função da quantidade encomendada Q.

T (b) Para cada categoria de desconto, use a fórmula EOQ para o modelo EOQ básico para calcular o valor de Q (viável ou inviável) que fornece o valor mínimo de TC. (Você poder usar a versão analítica do Gabarito em Excel para o modelo EOQ básico para realizar esse cálculo caso deseje.)

(c) Para cada categoria de desconto, use os resultados dos itens (a) e (b) para determinar o valor *viável* de Q que fornece o valor mínimo *viável* de TC e para calcular esse valor de TC.

(d) Desenhe manualmente curvas aproximadas de TC *versus* Q para cada uma das categorias de desconto. Use o mesmo formato da Figura 18.3 (uma curva cheia onde for viável e uma curva tracejada onde for inviável). Mostre os pontos encontrados nos itens (b) e (c). Entretanto, você não precisa realizar cálculos adicionais para tornar as curvas particularmente precisas em outros pontos.

(e) Use os resultados dos itens (c) e (d) para determinar a quantidade ótima a ser encomendada e o valor correspondente de TC.

T (f) Use o Gabarito em Excel para o modelo EOQ com descontos por quantidade para verificar suas respostas nos itens (b), (c) e (e).

(g) Para a categoria de desconto 2, o valor de Q que minimiza TC acaba sendo viável. Explique por que ter conhecimento desse fato lhe permitiria eliminar a categoria de desconto 1 como um candidato para fornecer a quantidade ótima a ser encomendada sem nem mesmo realizar os cálculos para essa categoria que foram feitos nos itens (b) e (c).

(h) Dada a quantidade ótima a ser encomendada a partir dos itens (e) e (f), quantos pedidos de compra precisariam ser feitos por ano? Qual é o intervalo de tempo entre pedidos?

18.3-15 Sarah dirige uma barraquinha sob concessão em um local no centro durante o ano. Um dos itens mais populares é o amendoim torrado, que vende cerca de 200 saquinhos por mês.

Sarah compra o amendoim torrado da Peanut Shop de Peter. Ela vem comprando 100 saquinhos por vez. Entretanto, para encorajar compras maiores, Peter está oferecendo a ela no momento descontos para pedidos de compra maiores de acordo com a seguinte tabela de preços, na qual o preço para cada categoria se aplica a *todo* saquinho adquirido.

Categoria de desconto	Quantidade encomendada	Preço (por saquinho)
1	1 para 199	US$ 1,00
2	200 para 499	US$ 0,95
3	500 ou mais	US$ 0,90

Sarah quer usar o modelo EOQ com descontos por quantidade para determinar qual deveria ser a quantidade encomendada. Para essa finalidade, ela estima uma taxa de custo de manutenção de estoque anual de 17% do valor (com base no preço de compra) dos amendoins. Ela também estima um custo de implantação de US$ 4 para fazer cada pedido de compra.

Siga as instruções do Problema 18.3-14 para analisar o problema de Sarah.

18.4-1 Suponha que o planejamento de produção tenha de ser feito para os próximos cinco meses, em que as respectivas demandas são $r_1 = 10$, $r_2 = 25$, $r_3 = 15$, $r_4 = 10$ e $r_5 = 20$. O custo de implantação é de US$ 9.000, o custo unitário de produção é US$ 3.000 e o custo de manutenção de estoque unitário é de US$ 800. Use o modelo determinístico de revisão periódica para determinar a programação de produção ótima que satisfaça as necessidades mensais.

18.4-2 Reconsidere o exemplo usado para ilustrar o modelo determinístico de revisão periódica da Seção 18.4. Solucione esse problema quando as demandas são aumentadas em 1 avião em cada período.

18.4-3 Reconsidere o exemplo usado para ilustrar o modelo determinístico de revisão periódica da Seção 18.4. Suponha que seja feita apenas uma mudança no exemplo como indicado a seguir. O custo de produção de cada avião agora varia de período em período. Particularmente, além do custo de implantação de US$ 2 milhões, o custo de produção de aviões seja no período 1 ou período 3 é de US$ 1,4 milhão por aeronave, ao passo que ele é de apenas US$ 1 milhão por avião no período 2 ou período 4. Use a programação dinâmica para determinar quantos aviões (se efetivamente algum) deveriam ser produzidos a cada um dos quatro períodos para minimizar o custo total.

18.4-4* Considere a situação em que determinado produto é fabricado e colocado no estoque de produtos em processamento até que ele seja necessário em um processo de produção subsequente. O número de unidades necessárias em cada um dos três próximos meses, o custo de implantação e o custo unitário de produção em tempo regular (em unidades de milhares de dólares) que seriam incorridos em cada mês são os seguintes:

Mês	Necessidade	Custo de implantação	Custo unitário em tempo regular
1	1	5	8
2	3	10	10
3	2	5	9

Existe no momento uma unidade em estoque e queremos ter duas unidades em estoque no final de três meses. Pode ser produzido um máximo de três unidades em tempo de produção regular a cada mês, embora uma unidade adicional possa ser produzida em tempo extra a um custo que é duas vezes maior que o custo unitário de produção em tempo regular. O custo de manutenção de estoque é de 2 por unidade para cada mês extra em que ele é armazenado.

Use a programação dinâmica para determinar quantas unidades deveriam ser produzidas em cada mês para minimizar o custo total.

18.5-1 Leia o artigo referido que descreve completamente o estudo de PO sintetizado na vinheta de aplicação apresentada na Seção 18.5. Descreva sucintamente como os modelos de otimização foram aplicados nesse estudo. A seguir, enumere os diversos benefícios financeiros ou não resultantes do estudo.

18.5-2 Considere um sistema de estoques que se ajuste ao modelo para um sistema serial de dois níveis apresentado na Seção 18.5, em que K_1 = US$ 25.000, K_2 = US$ 1.500, h_1 = US$ 30, h_2 = US$ 35 e d = 4.000. Desenvolva uma tabela como a Tabela 18.1 que mostre os resultados da realização tanto da otimização separada das instalações quanto da otimização simultânea das instalações. A seguir, calcule o aumento percentual no custo variável total por unidade de tempo, caso fossem usados os resultados da otimização separada em vez dos resultados da abordagem válida da realização da otimização simultânea.

18.5-3 Em breve, uma empresa iniciará a produção de um novo produto. Quando isso acontece, será usado um sistema de estoques que se ajuste ao modelo para um sistema serial de dois níveis conforme apresentado na Seção 18.5. Nessa oportunidade, há grande incerteza em relação aos custos de implantação e custos de manutenção de estoque nas duas instalações, bem como qual será a taxa de demanda pelo novo produto. Portanto, para componentes cada vez que isso for feito. Cada vez que o fornecedor precisar reabastecer seu próprio estoque de componentes, prepara-se a produção de lotes de peças para fabricar os componentes. O custo total de preparação para a produção desses lotes de peças é de US$ 50.000. O custo anual de estocar cada conjunto de componentes é de US$ 50 quando ele for estocado pelo fornecedor e de US$ 60 quando for estocado no complexo industrial de montagem. (Ele é mais elevado no último caso já que há mais capital imobilizado em cada conjunto de componentes nesse estágio.) O complexo industrial de montagem produz regularmente 500 unidades do produto por mês. Todas as hipóteses do modelo para um sistema serial de dois níveis descritas na Seção 18.5 aplicam-se ao sistema conjunto de estoques do fornecedor e do complexo industrial de montagem.

(a) (K_1, K_2) = (US$ 25.000, US$ 1.000), (US$ 10.000, US$ 2.500), e (US$ 5.000, US$ 5.000), com h_1 = US$ 25. h_2 = US$ 250. e d = 2.500.
(b) (h_1, h_2) = (US$ 10, US$ 500), (US$ 25, US$ 250), e (US$ 50, US$ 100), com K_1 = US$ 10.000, K_2 = US$ 2.500 e d = 2.500.
(c) d = 1.000, d = 2.500 e d = 5.000, com K_1 = US$ 10.000, K_2 = US$ 2.500, h_1 = US$ 25, e h_2 = US$ 250.

18.5-4 Uma empresa possui uma fábrica para produzir seus produtos, bem como uma loja de varejo para vendê-los. Determinado produto novo será vendido exclusivamente através dessa loja. O estoque desse produto será reabastecido quando necessário pelo estoque da fábrica, onde serão incorridos um custo administrativo e de remessa de US$ 200 cada vez que isso for feito. A fábrica reabastecerá seu próprio estoque do produto quando necessário preparando uma rápida produção de um lote de peças. Será incorrido um custo de implantação de US$ 5.000 cada vez que isso for feito. O custo anual para estocar cada unidade é de US$ 10 quando ele for estocado na fábrica e de US$ 11 quando for estocado na loja. Há uma expectativa de que a loja consiga vender 100 unidades do produto por mês. Todas as hipóteses do modelo para um sistema serial de dois níveis apresentado na Seção 18.5 aplicam-se ao sistema conjunto de estoques da fábrica e loja.

(a) Suponha que a fábrica e a loja otimizem separadamente suas próprias políticas de estoques para esse produto. Calcule os Q^*_2, n^*, n, Q^*_1 e C^* resultantes.
(b) Suponha que a empresa otimize simultaneamente a política conjunta de estoques para a fábrica e loja no caso desse produto. Calcule os Q^*_2, n^*, n, Q^*_1 e C^* resultantes.
(c) Calcule o decréscimo percentual no custo variável total por unidade de tempo C^* que é alcançado usando-se a metodologia descrita no item (b) em vez daquela do item (a).

18.5-5 Uma empresa produz determinado produto montando-o em um complexo industrial de montagem. Todos os componentes necessários para montar o produto são comprados de um único fornecedor. Uma remessa de todos os componentes é recebida do fornecedor cada vez que o complexo de montagem precisar reabastecer seu estoque de componentes. A empresa incorrerá em um custo de remessa de US$ 500 além do preço de aquisição dos componentes cada vez que isso for feito. Cada vez que o fornecedor precisar reabastecer seu próprio estoque de componentes, são preparadas a produção de lotes de peças para fabricar os componentes. O custo total de preparação para a produção desses lotes de peças é de US$ 50.000. O custo anual de estocar cada conjunto de componentes é de US$ 50 quando ele for estocado pelo fornecedor e de US$ 60 quando for estocado no complexo industrial de montagem. (Ele é mais elevado no último caso já que há mais capital imobilizado em cada conjunto de componentes nesse estágio.) O complexo industrial de montagem produz regularmente 500 unidades do produto por mês. Todas as hipóteses do modelo para um sistema serial de dois níveis descritas na Seção 18.5 se aplicam ao sistema conjunto de estoques do fornecedor e do complexo industrial de montagem.

(a) Suponha que o fornecedor e o complexo industrial de montagem otimizem separadamente suas próprias políticas de estoque para os conjuntos de componentes. Calcule os Q_2^*, n*, n e Q_1^* resultantes. Calcule também, respectivamente, C_1^* 1 e C_2^*, o custo variável total por unidade de tempo para o fornecedor e o complexo industrial de montagem bem como $C^* = C_1^* + C_2^*$.

(b) Suponha que o fornecedor e o complexo industrial de montagem cooperem simultaneamente para otimizar sua política conjunta de estoques. Calcule as mesmas quantidades conforme especificado no item (a) para essa nova política de estoques.

(c) Compare os valores de C_1^*, C_2^* e C^* obtidos nos itens (a) e (b). Qualquer uma dessas organizações perderá dinheiro, caso adote a política conjunta de estoques obtida no item (b) em vez das políticas distintas obtidas no item (a)? Em caso afirmativo, que acerto financeiro seria preciso fazer entre essas organizações distintas para induzir a organização perdedora a concordar com um contrato de fornecimento que siga a política de estoques obtida no item (b)? Comparando-se os valores de C^*, qual seria a economia líquida para as duas organizações caso elas pudessem concordar em seguir a política ótima conjunta do item (b) em vez das políticas ótimas distintas do item (a)?

18.5-6 Considere um sistema de estoques de três níveis que respeita o modelo para um sistema serial multinível apresentado na Seção 18.5, em que os parâmetros do modelo para esse sistema em particular são fornecidos a seguir.

Instalação i	K_i	h_i	d = 1.000
1	US$ 50.000	US$ 1	
2	US$ 2.000	US$ 2	
3	US$ 360	US$ 10	

Desenvolva uma tabela como a Tabela 18.4 que mostre os resultados intermediários e finais da aplicação do procedimento de resolução apresentado na Seção 18.5 a esse sistema de estoques. Após calcular o custo variável total por unidade de tempo da solução final, determine a porcentagem máxima possível pelo qual esse custo pode exceder o custo correspondente para uma solução ótima.

18.5-7 Siga as instruções do Problema 18.5-5 para um modelo de estoques de cinco níveis adequado ao modelo correspondente da Seção 18.5, em que os parâmetros do modelo são dados a seguir.

Instalação i	K_i	h_i	d = 1.000
1	US$ 125.000	US$ 2	
2	US$ 20.000	US$ 10	
3	US$ 6.000	US$ 15	
4	US$ 10.000	US$ 20	
5	US$ 250	US$ 30	

18.5-8 Reconsidere o exemplo de um sistema de estoques de quatro níveis apresentado na Seção 18.5, em que seus parâmetros de modelo são dados na Tabela 18.2. Suponha agora que os custos de implantação nas quatro instalações tenham mudado em relação ao que é fornecido na Tabela 18.2, na qual os novos valores são K_1 = US$ 1.000, K_2 = US$ 5, K_3 = US$ 75 e K_4 = US$ 80. Refaça a análise apresentada na Seção 18.5 para esse exemplo (conforme sintetizado na Tabela 18.4) com esses novos custos de implantação.

18.5-9 Um dos diversos produtos fabricados pela Global Corporation é comercializado basicamente nos Estados Unidos. Uma forma inacabada do produto é fabricada em uma das fábricas da corporação na Ásia e, então, remetida para um complexo industrial nos Estados Unidos para o trabalho de acabamento. O produto acabado é então enviado para o centro de distribuição da corporação nos Estados Unidos. O centro de distribuição armazena o produto e depois utiliza esse estoque para atender a pedidos de diversos atacadistas. Essas vendas a atacadistas permanecem relativamente uniformes ao longo do ano em uma taxa de cerca de 10 mil unidades por mês. O complexo industrial norte-americano usa seu estoque do produto acabado para enviar uma remessa para o centro de distribuição sempre que precisar reabastecer seu estoque. Os custos administrativos e de remessa associados giram em torno de US$ 400 por remessa. Toda vez que o complexo industrial norte-americano precisar reabastecer seu estoque, o complexo industrial asiático usa seu estoque de produto inacabado para enviar uma remessa ao complexo industrial norte-americano, que então prepara uma rápida produção de um lote de peças para converter o produto inacabado em um produto acabado. Cada vez que isso acontece, o custo total de remessa e de implantação é de cerca de US$ 6.000. O complexo industrial asiático reabastece seus estoques de produto inacabado quando necessário, preparando para uma rápida produção de um lote de peças. Um custo de implantação de US$ 60.000 é incorrido cada vez que isso é feito. O custo mensal para armazenar cada unidade é de US$ 3 na fábrica asiática, US$ 7 no complexo industrial norte-americano e de US$ 9 no centro de distribuição. Todas as hipóteses do modelo para um sistema serial multinível apresentadas na Seção 18.5 aplicam-se ao sistema de estoques nos três locais para esse produto.

Solucione esse modelo desenvolvendo uma tabela parecida com a Tabela 18.4 que mostre os resultados intermediário e final da aplicação do procedimento de resolução apresentado na Seção 18.5. Após calcular o custo variável total por mês da solução final, determine a porcentagem máxima possível pela qual esse custo pode exceder o custo correspondente para uma solução ótima.

18.6-1 Henry Edsel é o proprietário da Honest Henry's, a maior revendedora de carros nessa região do país. Seu modelo de carro mais popular é o Triton e os custos mais elevados são aqueles associados à encomenda desses veículos da fábrica e à manutenção de um estoque de Tritons no pátio. Em razão desses fatos, Henry solicitou à sua gerente geral, Ruby Willis, que uma vez fez um curso de pesquisa operacional, que usasse sua experiência em desenvolver políticas de custos eficientes para descobrir qual deveria ser o momento de fazer essas encomendas de Tritons e quantos veículos comprar a cada vez.

Ruby decide adotar o modelo estocástico de revisão contínua apresentado na Seção 18.6 para determinar uma política (R, Q).

Após alguma pesquisa, ela estima que o custo administrativo para fazer cada pedido de compra é de US$ 1.500 (é necessária muita burocracia para encomendar os carros), o custo de manutenção de estoque para cada carro é de US$ 3.000 por ano (15% do preço de compra da agência que é de US$ 20.000), e o custo de escassez por carro em falta é de US$ 1.000 por ano (uma probabilidade estimada de $\frac{1}{3}$ de perder a venda de um carro e seu lucro de cerca de US$ 3.000). Após considerar tanto a gravidade de incorrer na falta de produto quanto o elevado custo de manutenção de estoque, Ruby e Henry concordam em usar um nível de atendimento de 75% (uma probabilidade de 0,75 de não incorrer na falta de produto entre o momento em que é feito um pedido de compra e a entrega do carro encomendado). Baseados em experiência prévia, eles também estimam que os Tritons são vendidos a uma taxa relativamente uniforme de cerca de 900 por ano.

Após ser feito um pedido de compra, os carros são entregues em cerca de dois terços de cada mês. A melhor estimativa de Ruby da distribuição probabilística da demanda durante o prazo de entrega antes de uma entrega chegar é uma distribuição normal com média de 50 e desvio-padrão igual a 15.

(a) Calcule manualmente a quantidade encomendada.
(b) Utilize a tabela para distribuição normal (Apêndice 5) para encontrar o ponto para fazer novo pedido.
T (c) Use o Gabarito em Excel para esse modelo que pode ser encontrado no *Courseware* de PO para verificar suas respostas nos itens (a) e (b).
(d) Dadas suas respostas anteriores, qual o nível de estoque de segurança fornecido por essa política de estoques?
(e) Essa política pode induzir a se fazer um novo pedido de compra antes da entrega do pedido anterior ter sido efetivamente realizada. Indique quando isso poderia acontecer.

18.6-2 Um dos produtos mais vendidos na loja de departamentos de J. C. Ward é um novo modelo de geladeira com alta eficiência em termos de consumo de energia. Estão sendo vendidas cerca de 80 unidades dessas geladeiras por mês. Leva cerca de uma semana para a loja conseguir mais geladeiras de um atacadista. A demanda durante esse período apresenta uma distribuição uniforme entre 10 e 30. O custo administrativo para se fazer um pedido de compra é de US$ 100. Para cada geladeira, o custo de manutenção de estoque por mês é de US$ 15 e o custo de escassez por mês é estimado em cerca de US$ 3.

O gerente de estoque da loja decidiu adotar o modelo estocástico de revisão contínua apresentado na Seção 18.6, com um nível de atendimento (medida 1) de 0,8, para determinar uma política (R, Q).

(a) Calcule manualmente R e Q.
T (b) Use o Gabarito em Excel correspondente para verificar sua resposta ao item (a).
(c) Qual seria o número médio de esgotamento de estoques por ano com essa política de estoques?

18.6-3 Ao adotar o modelo estocástico de revisão contínua apresentado na Seção 18.6, é necessário tomar-se uma difícil decisão gerencial de avaliação sobre o nível de atendimento a ser oferecido aos clientes. O objetivo desse problema é permitir que se explore o balanceamento dos fatores envolvidos ao tomar tal decisão.

Suponha que a medida do nível de atendimento que está sendo adotada seja L = probabilidade de que não venha ocorrer o esgotamento de estoque durante o prazo de entrega. Já que a gerência geralmente dá alta prioridade ao fornecimento de serviço excelente a seus clientes, a tentação é atribuir um valor muito elevado a L. Entretanto, isso resultaria na manutenção de um nível de estoque de segurança muito alto, que vai contra o desejo da gerência de eliminar estoques desnecessários. (Lembre-se de que a *filosofia just-in-time* discutida na Seção 18.3 está influenciando muito o pensamento gerencial atuais.) Qual é a melhor relação entre fornecimento de bons serviços e eliminação de estoques desnecessários?

Parta do pressuposto de que a distribuição probabilística da demanda durante o prazo de entrega é uma distribuição normal como média μ e desvio padrão σ. Então, o ponto para fazer novo pedido R é $R = \mu + K_{1-L}\sigma$, em que K_{1-L} é obtido do Apêndice 5. O volume de estoque de segurança disponibilizado nesse ponto para fazer novo pedido é $K_{1-L}\sigma$. Portanto, se h representar o custo de manutenção de estoque para cada unidade mantida em estoque por ano, o custo de manutenção de estoque *anual médio para estoque de segurança* (representado por C) é $C = hK_{1-L}\sigma$.

(a) Construa uma tabela com cinco colunas. A primeira coluna é o nível de atendimento L, com valores 0,5, 0,75, 0,9, 0,95, 0,99 e 0,999. As quatro colunas seguintes fornecem C para quatro casos. O caso 1 é h = US$ 1 e σ = 1. O caso 2 é h = US$ 100 e σ = 1. O caso 3 é h = US$ 1 e σ = 100. O caso 4 é h = US$ 100 e σ = 100.
(b) Construa uma segunda tabela que se baseie na tabela obtida no item (a). Essa nova tabela terá cinco linhas e as mesmas cinco colunas da primeira tabela. Cada entrada na tabela nova é obtida subtraindo-se a entrada correspondente na primeira tabela da entrada na linha seguinte da primeira tabela. Por exemplo, as entradas na primeira coluna da tabela nova são 0,75 − 0,5 = 0,25, 0,9 − 0,75 = 0,15, 0,95 − 0,9 = 0,05, 0,99 − 0,95 = 0,04 e 0,999 − 0,99 = 0,009. Já que essas entradas representam aumentos no nível de atendimento L, cada entrada nas quatro colunas seguintes representa o aumento em C que resultaria do aumento de L pela quantidade mostrada na primeira coluna.
(c) Com base nessas duas tabelas, que conselho você daria a um gerente que precisasse tomar uma decisão em relação ao valor de L a ser adotado?

18.6-4 O problema anterior descreve os fatores envolvidos na tomada de uma decisão gerencial sobre o nível de atendimento L a ser adotado. Ele também destaca que para quaisquer valores dados de L, h (o custo de manutenção de estoque unitário por ano) e σ (o desvio padrão quando a demanda durante o prazo de entrega apresenta uma distribuição normal), o custo de manutenção de estoque anual médio para o estoque de segurança passaria a ser $C = hK_{1-L}\sigma$, em que C representa esse custo de manutenção de estoque e K_{1-L} é dado no Apêndice 5. Portanto, o nível de variação na demanda, conforme medido por σ, tem importante impacto nesse custo de manutenção de estoque C.

O valor de σ é afetado substancialmente pela duração do prazo de entrega. Em particular, σ aumenta à medida que o prazo de entrega aumenta. O propósito desse problema é possibilitar que você explore mais essa relação.

Para tornar isso mais concreto, suponha que o sistema de estoques em consideração no momento tenha os seguintes valores: L = 0,9, h = US$ 100 e σ = 100 com prazo de entrega de quatro dias. Entretanto, o fornecedor utilizado para reabastecer estoques propõe uma alteração na programação que afetaria seu prazo de entrega. Você quer determinar como essa alteração mudaria σ e C.

Partimos do pressuposto que para esse sistema de estoques (como normalmente é o caso) que as demandas em dias distintos são estatisticamente independentes. Nesse caso, a relação entre σ e o prazo de entrega é dada pela fórmula

$$\sigma = \sqrt{d}\,\sigma_1,$$

em que d = número de dias para o prazo de entrega,
σ_1 = desvio padrão, caso $d = 1$.

(a) Calcule C para o sistema de estoques atual.
(b) Determine σ_1. Em seguida, descubra como C mudaria caso o prazo de entrega fosse reduzido de quatro dias para um dia.
(c) Qual seria a mudança em C se o prazo de entrega fosse dobrado, passando de quatro para oito dias?
(d) Qual seria o prazo de entrega necessário para que C dobrasse seu valor atual com um prazo de entrega de quatro dias?

18.6-5 Qual é o efeito no volume de estoque de segurança fornecido pelo modelo estocástico de revisão contínua apresentado na Seção 18.6 quando forem feitas as seguintes alterações no sistema de estoques? (Considere cada alteração de forma independente.)

(a) O prazo de entrega é reduzido a 0 (entrega imediata).
(b) O nível de atendimento (medida 1) é diminuído.
(c) O custo de escassez unitário é dobrado.
(d) A média da distribuição probabilística de demanda durante o prazo de entrega é aumentada (com nenhuma outra mudança na distribuição).
(e) A distribuição probabilística da demanda durante o prazo de entrega é uma distribuição uniforme que varia de a a b, porém agora $(b - a)$ foi dobrado.
(f) A distribuição probabilística de demanda durante o prazo de entrega é uma distribuição normal com média μ e desvio padrão σ, mas agora σ foi dobrado.

18.6-6* Jed Walker é o gerente da Have a Cow, uma lanchonete no centro da cidade. Jed tem adquirido toda carne de hambúrguer da Ground Chuck (um fornecedor local), porém está pensando em mudar para a Chuck Wagon (um depósito de amplitude nacional), pois seus preços são menores.

A demanda *semanal* por carne de hambúrguer gira em média de 500 quilos, com alguma variação de semana para semana. Jed estima que o custo de manutenção de estoque *anual* seja de 30 centavos por quilo de carne. Quando a carne de sua lanchonete acaba, Jed é forçado a comprar do açougue ao lado. O alto custo de aquisição e os transtornos envolvidos geram um custo estimado de cerca de US$ 3 por quilo de carne em falta. Para ajudar a evitar a falta de produto, Jed decidiu manter um estoque de segurança suficiente para impedir a falta do produto antes da próxima entrega chegar durante 95% dos ciclos de pedidos de compra. Fazer um pedido de compra requer apenas o envio de um *fax* e, portanto, o custo administrativo é desprezível.

As bases de um contrato da Cow com a Ground Chuck são as seguintes: o preço de aquisição é de US$ 1,49 por quilo. Acrescenta-se um custo fixo de US$ 25 por pedido referentes a transporte e manipulação. Há uma garantia de a remessa chegar em um prazo de dois dias. Jed estima que a demanda por carne durante esse prazo de entrega tenha distribuição uniforme variando de 50 a 150 quilos.

A Chuck Wagon propõe as seguintes condições a Jef: a carne custaria US$ 1,35 por quilo. A Chuck Wagon transporta suas mercadorias por caminhões frigoríficos e, portanto, cobra custos de transporte adicionais de US$ 200 por pedido mais US$ 0,10 por quilo. O tempo de entrega seria de aproximadamente uma semana, mas há uma garantia de que não excederia dez dias. Jed estima que a distribuição probabilística de demanda durante esse tempo de espera seria uma distribuição normal com média de 500 quilos e desvio padrão de 200 quilos.

T (a) Use o modelo estocástico de revisão contínua apresentado na Seção 18.6 para obter uma política (R, Q) para a Have a Cow para cada uma das duas alternativas dos fornecedores que poderiam ser usados.
(b) Mostre como o ponto para fazer novo pedido é calculado para cada uma dessas duas políticas.
(c) Estabeleça e compare a quantidade de estoque de segurança oferecida pelas duas políticas obtidas no item (a).
(d) Determine e compare o custo de manutenção de estoque anual médio segundo essas duas políticas.
(e) Estipule e compare o custo de aquisição anual médio (combinando preço de compra e custo de transporte) segundo essas duas políticas.
(f) Já que a falta de produto é muito rara, os únicos custos relevantes para a comparação entre os dois fornecedores são aqueles obtidos nos itens (d) e (e). Some esses custos para cada fornecedor. Qual fornecedor deveria ser selecionado?
(g) Jed gostaria de usar a carne (que ele mantém em um freezer) em um prazo de até um mês de seu recebimento. Como isso influenciaria sua escolha de fornecedor?

18.7-1 Leia o artigo referido que descreve completamente o estudo de PO sintetizado no Exemplo de Aplicação apresentada na Seção 18.7. Descreva sucintamente como os modelos de otimização foram aplicados nesse estudo. A seguir, enumere os diversos benefícios financeiros ou não resultantes do estudo.

T **18.7-2** Uma banca de jornal compra jornais por US$ 0,55 e os revende a US$ 0,75. O custo de escassez é de US$ 0,75 por jornal (porque o revendedor compra jornais a um preço de varejo para atender à falta de produto). O custo de manutenção de estoque é de US$ 0,01 por jornal que sobra no final do dia. A distribuição de demanda é uma distribuição uniforme variando entre 50 e 75. Encontre o número ótimo de jornais a serem comprados.

18.7-3 Freddie cuida de uma banca de jornais. Em virtude da proximidade de um escritório na área financeira, um dos jornais que ele vende diariamente é o *Financial Journal*. Ele adquire exemplares desse jornal de seu distribuidor no início de cada dia por US$ 1,50 por exemplar, e o vende a US$ 2,50 cada, e então recebe um reembolso de US$ 0,50 do distribuidor na manhã seguinte para cada exemplar não vendido. O número de exemplares vendidos desse jornal varia entre 15 e 18 por dia. Freddie estima que vende 15 exemplares em 40% dos dias, 16 exemplares em 20% dos dias, 17 exemplares em 30% dos dias e 18 exemplares nos demais dias.

(a) Use a regra de decisão de Bayes apresentada na Seção 15.2 para determinar qual deve ser o novo número de exemplares que Freddie deve encomendar para maximizar o lucro diário esperado.
(b) Aplique novamente a regra de decisão de Bayes, porém, desta vez, com o critério de minimizar o custo diário esperado por pedido subdimensionado ou superdimensionado feito por Freddie.
(c) Use o modelo estocástico de período simples para produtos perecíveis para determinar a quantidade ótima a ser encomendada por Freddie.
(d) Faça um gráfico da distribuição acumulativa em função da demanda e depois mostre graficamente como o modelo no item (c) encontra a quantidade ótima a ser encomendada.

18.7-4 A loja de *donuts* de Jennifer serve uma grande variedade de *doughnuts*, um dos quais com recheio de *blueberry*, coberto de chocolate de tamanho extra e polvilhado de açúcar. Trata-se de um *doughnut* de tamanho extra grande destinado a ser dividido por uma família inteira. Já que a massa requer muito tempo para crescer, a preparação desses *doughnuts* começa às 4 h da manhã e, portanto, a decisão sobre o número a ser preparado deve ser feita muito antes de se saber realmente quantos serão necessários ao longo do dia. O custo dos ingredientes e do trabalho necessário para preparar cada um desses *doughnuts* é de US$ 1. O preço de venda é de US$ 3 cada. Aqueles que não forem vendidos naquele dia são vendidos para uma vendinha por US$ 0,50 cada. Nas últimas semanas foi feito um monitoramento do número desses *doughnuts* vendidos a US$ 3 por dia. Os dados são apresentados a seguir.

Número de itens vendidos	Porcentagem de dias
0	10%
1	15%
2	20%
3	30%
4	15%
5	10%

(a) Qual é o custo unitário de pedido subdimensionado? E o custo unitário de pedido superdimensionado?
(b) Use a regra de decisão de Bayes apresentada na Seção 15.2 para determinar quantos *doughnuts* devem ser preparados por dia para minimizar o custo médio diário para pedido subdimensionado ou superdimensionado.
(c) Após colocar em gráfico a função de demanda de distribuição acumulativa, aplique graficamente o modelo estocástico de período simples para produtos perecíveis para determinar quantos *doughnuts* devem ser preparados por dia.
(d) Dada a resposta no item (c), qual seria a probabilidade de ficar com falta desses *doughnuts* em dado dia?
(e) Algumas famílias vão especialmente à loja de *donuts* apenas para comprar esse *doughnut* especial. Portanto, Jennifer imagina que o custo quando ela tiver falta do produto deve ser maior que o lucro perdido. Em particular, pode haver um custo de perda de credibilidade junto ao cliente cada vez que um cliente pedir esse *doughnut* especial, porém ele já tiver acabado. Quanto deveria ser esse custo antes de poder preparar mais um desses *doughnuts* por dia, como aquele resultado foi encontrado no item (c)?

18.7-5* A padaria do Swanson é bem conhecida por fazer o melhor pão da cidade e, consequentemente, suas vendas são substanciais. A demanda diária por esses pães tem uma distribuição uniforme que varia entre 300 e 600 filões. O pão é levado ao forno logo pela manhã, antes de a padaria abrir para os clientes, a um custo de US$ 2 por filão. Ele é então vendido naquele dia por US$ 3 o filão. O pão que não é vendido no dia é requentado e identificado como pão do dia anterior e vendido posteriormente com um preço com desconto de US$ 1,50 por filão.

(a) Aplique o modelo estocástico de período simples para produtos perecíveis para determinar o nível ótimo de atendimento.
(b) Aplique esse modelo graficamente para determinar o número ótimo de filões a ser levados ao forno a cada manhã.
(c) Com ampla variação de possíveis valores na distribuição de demanda, fica difícil desenhar o gráfico no item (b) de forma suficientemente cuidadosa para determinar o valor exato do número ótimo de filões. Use álgebra para calcular esse valor exato.
(d) Dada sua resposta no item (a), qual é a probabilidade de faltar pão fresco em dado dia?
(e) Pelo fato do pão de essa padaria ser tão famoso, seus clientes ficam bastante desapontados quando ocorre sua falta. O dono da padaria, Ken Swanson, dá alta prioridade para manter seus clientes satisfeitos, de modo que ele não gosta que falte o produto. Ele acha que uma análise também deveria levar em consideração a perda de credibilidade com o cliente em razão da falta de produto. Já que essa perda de credibilidade com o cliente pode ter um efeito negativo sobre vendas futuras, ele estima que deveria ser computado um custo de US$ 1,50 por filão de pão cada vez que um cliente não conseguisse comprar pão fresco em decorrência da falta do produto. Determine o novo número ótimo de filões a serem preparados diariamente levando em conta essa alteração. Qual é a nova probabilidade de faltar pão fresco em dado dia?

18.7-6 Reconsidere o Problema 18.7-5. O dono da padaria, Ken Swanson, agora quer realizar uma análise financeira das diversas políticas de estoques. Você deve começar com a política obtida nos primeiros quatro itens do Problema 18.7-5 (ignorando qualquer custo em consequência da perda de credibilidade com o cliente). Conforme dado nas respostas no final do livro, essa política é fazer 500 filões a cada manhã, o que dá uma probabilidade de $\frac{1}{3}$ e incorrer em falta do produto.

(a) Para qualquer dia em que ocorra *efetivamente* a falta de produto, calcule a receita obtida com a venda de pão fresco.
(b) Para aqueles dias em que *não* ocorre falta de produto, use a distribuição probabilística de demanda para determinar o número de filões frescos vendidos. Use esse número para calcular a receita diária esperada da venda de pão fresco nesses dias.
(c) Combine seus resultados dos itens (a) e (b) para calcular a receita diária esperada da venda de pão fresco ao considerar *todos* os dias.
(d) Calcule a receita diária esperada da venda de pão do dia anterior.
(e) Use os resultados nos itens (c) e (d) para calcular a receita diária total esperada e depois o lucro diário esperado (excluindo gastos indiretos).
(f) Considere agora a política de estoques de fazer uma fornada de 600 filões a cada manhã, de modo que jamais ocorra falta de produto. Calcule o lucro diário esperado (excluindo gastos indiretos) a partir dessa política.
(g) Considere a política de estoques do item (e) do Problema 18.7-5. Conforme implícito pelas respostas no final do livro, tal política consiste em fazer 550 filões toda manhã, o que gera uma probabilidade de incorrer em uma falta de estoque de 16 unidades. Como essa política é um meio-termo entre a política aqui considerada nos itens (a) a (e) e aquela considerada no item (f), seu lucro diário esperado (excluindo-se gastos indiretos e o custo de perda de credibilidade do cliente) também se encontra em um meio-termo entre o lucro diário esperado para essas duas políticas. Use esse fato para determinar seu lucro diário esperado.
(h) Considere agora o custo da perda de credibilidade com o cliente para a política de estoques analisada no item (g). Calcule o custo diário esperado da perda de credibilidade com o cliente e depois o lucro diário esperado ao considerar esse custo.

(i) Repita o item (*h*) para a política de estoques considerada nos itens (*a*) a (*e*).

18.7-7 Reconsidere o Problema 18.7-5. O dono da padaria, Ken Swanson, desenvolveu agora um novo plano para diminuir a dimensão da falta de produto. O pão agora sairá em duas fornadas por dia, logo antes de a padaria abrir (como antes) e a outra durante o dia, após ficar mais claro, portanto, pense: qual será a demanda para aquele dia? A primeira fornada será de 300 filões para cobrir a demanda mínima para o dia. O tamanho da segunda fornada se baseará em uma estimativa da demanda restante para aquele dia. Essa demanda restante tem, supostamente, uma distribuição uniforme que varia de a a b, em que os valores de a e b são escolhidos a cada dia com base nas vendas até então. Sabe-se, antecipadamente, que $(b - a)$ normalmente estará na casa dos 75, ao contrário do intervalo de 300 para a distribuição de demanda do Problema 18.7-5.

(a) Ignorando qualquer custo de perda de credibilidade com o cliente [como nos itens (*a*) a (*d*) do Problema 18.7-5], escreva uma fórmula para quantos filões deveriam ser feitos em uma segunda fornada em termos de a e b.
(b) Qual é a probabilidade de ainda haver falta de pão fresco em determinado dia? Como essa resposta se compararia à probabilidade correspondente do Problema 18.7-5?
(c) Quando $b - a = 75$, qual é o tamanho máximo de uma falta de produto que possa ocorrer? Qual é o número máximo de filões de pão fresco que não será vendido? Como essas respostas são comparadas aos números correspondentes para a situação no Problema 18.7-5 em que ocorre apenas uma fornada (logo cedo) por dia?
(d) Considere agora apenas o custo de pedido subdimensionado e o custo de pedido superdimensionado. Dadas suas respostas no item (*c*), como seria a comparação do custo diário total esperado de pedido subdimensionado e superdimensionado para essa nova estratégia com aquele da situação do Problema 18.75? O que isso quer dizer em termos gerais sobre o valor de obter-se o máximo possível de informações sobre qual será a demanda antes de se fazer um pedido de compra final para um produto perecível?
(e) Repita os itens (*a*), (*b*) e (*c*) agora incluindo o custo da perda de credibilidade com o cliente como no item (*e*) do Problema 18.7-5.

18.7-8 Suponha que a demanda D para uma peça de reposição de um avião tenha uma distribuição exponencial com média 50, isto é,

$$\varphi_D(\xi) = \begin{cases} \dfrac{1}{50} e^{-\xi/50} & \text{para } \xi \geq 0 \\ 0 & \text{caso contrário.} \end{cases}$$

Esse avião se tornará obsoleto em um ano, de forma que toda a produção das peças de reposição deve ocorrer agora. Os custos de produção no momento são US$ 1.000 por item [isto é, $c = 1.000$], mas eles se tornarão US$ 10.000 por item, caso tenham de ser fornecidos em datas posteriores [isto é, $p = 10.000$]. Os custos de manutenção de estoque, cobrados em relação ao excesso após o final do período, são de US$ 300 por item.

T **(a)** Determine o número ótimo de peças de reposição a ser produzidas.
(b) Suponha que o fabricante tenha 23 peças já em estoque (de um avião similar, porém agora obsoleto). Determine a política de estoques ótima.

(c) Suponha que p não possa ser determinado agora, mas o fabricante deseja encomendar uma quantidade de tal modo que a probabilidade de ocorrência de falta de produto seja igual a 0,1. Quantas unidades deveriam ser encomendadas?
(d) Se o fabricante estivesse seguindo uma política ótima que resultasse na encomenda da quantidade encontrada no item (*c*), qual seria o valor implícito de p?

18.7-9 Reconsidere o Problema 18.6-1 que envolve a revendedora de automóveis de Henry Edsel. O ano do modelo atual está quase terminando, no entanto, os Tritons estão vendendo tão bem que o estoque atual será esgotado antes que a demanda de final de ano possa ser atendida. Felizmente, ainda há tempo para fazer mais um pedido de compra na fábrica para reabastecer o estoque de Tritons logo antes de o estoque atual acabar.

A gerente geral, Ruby Willis, agora precisa decidir quantos Tritons devem ser encomendados da fábrica. Cada um deles custa US$ 20.000. Ela poderá vendê-los depois a um preço médio de US$ 23.000, desde que eles sejam vendidos antes do final do ano do modelo atual. Entretanto, qualquer Triton que sobre no final do ano teria de ser então vendido a um preço especial de US$ 19.500. Além disso, Ruby estima que o custo extra de capital imobilizado para estocar esses carros por um período tão longo seria de US$ 500 por carro, de modo que o lucro líquido seria apenas de US$ 19.000. Já que ela perderia US$ 1.000 em cada um desses carros que sobrassem no final do ano, Ruby conclui que ela precisa ser cautelosa para evitar encomendar um número excessivo de carros, mas ela também quer impedir, se possível, ficar sem o produto para vendê-los até o final do ano. Portanto, ela decide usar o modelo estocástico de período simples para produtos perecíveis para escolher a quantidade encomendada. Para tanto, ela estima que o número de Tritons que estão sendo encomendados agora e que poderiam ser vendidos antes do final do ano do modelo atual apresenta uma distribuição normal com média de 50 e desvio-padrão igual a 15.

(a) Determine o nível de atendimento ótimo.
(b) Determine o número de Tritons que Ruby deveria encomendar à fábrica.

T **18.7-10** Encontre a política de encomenda ótima para o modelo estocástico de período simples com um custo de implantação em que a demanda possui uma função densidade probabilística

$$\varphi_D(\xi) = \begin{cases} \dfrac{1}{20} & \text{para } 0 \leq \xi \leq 20 \\ 0 & \text{caso contrário,} \end{cases}$$

e os custos são:

Custo de manutenção de estoque = US$ 1 por item;
Custo de escassez = US$ 3 por item;
Custo de implantação = US$ 1,50;
Custo de produção = US$ 2 por item.

Demonstre seu exercício e depois verifique sua resposta usando o Gabarito em Excel correspondente que pode ser encontrado no *Courseware* de PO.

T **18.7-11** Usando a aproximação para encontrar a política ótima para o modelo estocástico de período simples com um custo de implantação quando a demanda apresenta uma distribuição exponencial, encontre essa política quando

$$\varphi_D(\xi) = \begin{cases} \dfrac{1}{25}e^{-\xi/25} & \text{para } \xi \geq 0 \\ 0 & \text{caso contrário,} \end{cases}$$

e os custos são:

Custo de manutenção de estoque = 40 centavos por item;
Custo de escassez = US$ 1,50 por item;
Preço de aquisição = US$ 1 por item;
Custo de implantação = US$ 10.

Demonstre seu exercício e a seguir verifique sua resposta usando o Gabarito em Excel correspondente do *Courseware* de PO.

18.8-1 Reconsidere o exemplo da Blue Skies Airlines apresentado na Seção 18.8. Em relação ao voo considerado, experiência recente indica que a demanda pela tarifa com grande desconto, de US$ 200, é tão grande que talvez seja possível aumentar consideravelmente essa tarifa e ainda assim normalmente lotar a aeronave tanto com passageiros da classe executiva quanto aqueles da classe econômica. Consequentemente, a direção quer descobrir em quanto o número ótimo de lugares para reserva para clientes da classe 1 seria alterado caso essa tarifa fosse aumentada. Faça esse cálculo para novas tarifas nos valores de US$ 300, US$ 400, US$ 500 e US$ 600.

18.8-2 O cruzeiro mais popular oferecido pela Luxury Cruises é um com duração de três semanas pelo mar Mediterrâneo, todo mês de julho, com escalas diárias em portos com destinos turísticos interessantes. O navio possui 1.000 cabines, constituindo-se portanto em um desafio preencher toda a sua capacidade devido às elevadas tarifas cobradas. Particularmente, a tarifa regular média para uma cabine é de US$ 20.000, que é muito elevada para muitos clientes potenciais. Portanto, para ajudar a lotar a embarcação, a empresa oferece uma tarifa com desconto especial para esse cruzeiro que fica em US$ 12.000 por cabine ao anunciar seus futuros cruzeiros com um ano de antecedência. O prazo para obter essa tarifa com desconto é de 11 meses antes da partida do cruzeiro e esse desconto também pode ser suspenso antes desse prazo, a critério da empresa. Depois disso a empresa faz publicidade maciça para atrair clientes em busca de luxo que planejam suas férias de última hora e estão dispostos a pagar a tarifa regular, que em média é de US$ 20.000 por cabine. Com base em experiência passada, estima-se que o número de clientes com esse perfil para o cruzeiro em questão apresente uma distribuição normal com média 400 e desvio padrão 100.

Use o modelo para tarifas com desconto controladas pela capacidade apresentado na Seção 18.8 para determinar o número máximo de cabines que deveriam ser vendidas pela tarifa com desconto antes de reservar as cabines restantes para ser vendidas pelo preço normal.

18.8-3 De modo a facilitar o preenchimento de todos os assentos de determinado voo, uma companhia aérea oferece uma tarifa especial sem direito a reembolso no valor de US$ 100 para clientes que fizerem reserva com pelo menos 21 dias de antecedência e atendam outras restrições. Depois disso, o bilhete custará US$ 300. Será aceito um total de 100 reservas. O número de clientes que reservaram passagens com o preço cheio para esse voo no passado tem sido de pelo menos 31 e não mais do que 50. Estima-se que os números inteiros contidos no intervalo de 31 a 50 apresentem a mesma probabilidade.

Use o modelo de tarifas com desconto controladas pela capacidade para determinar quantas dessas reservas deveriam ser feitas para clientes que pagariam o preço cheio.

18.8-4 Reconsidere o exemplo da Transcontinental Airlines apresentado na Seção 18.8. A direção chegou à conclusão que a estimativa original de US$ 500 para o custo intangível de perda de credibilidade por parte do cliente que foi deixado de fora de um voo é muito pequena e essa deveria ser aumentada para US$ 1.000. Com base no modelo de *overbooking*, determine o número de reservas que agora deveria ser aceito para esse voo.

18.8-5 A direção da Quality Airlines decidiu tomar como base para a sua política de *overbooking* o modelo apresentado na Seção 18.8. Tal política agora precisa ser aplicada a um novo voo de Seattle para Atlanta. A aeronave possui 125 assentos disponíveis para uma tarifa sem direito a reembolso no valor de US$ 250. Entretanto, como comumente existe um pequeno número de *no-shows* em voos similares, a companhia aérea deve aceitar um número pouco maior que 125 reservas. Nas ocasiões em que mais de 125 pessoas chegarem para embarcar no avião, a companhia aérea encontrará voluntários que estejam dispostos a ser colocados de graça em um voo posterior da Quality Airlines com assentos disponíveis, recebendo em troca um certificado no valor de US$ 500 (mas que, na realidade, custaria apenas US$ 300 para a companhia) para ser utilizado em qualquer viagem futura por essa companhia aérea. A direção considera que outros US$ 300 deveriam ser estimados para o custo intangível de perda de credibilidade pelos inconvenientes causados a esses clientes.

Baseado em experiência prévia com voos similares com cerca de 125 reservas, estima-se que a frequência relativa do número de *no-shows* (independentemente do número exato de reservas) será conforme indicado na tabela abaixo.

Número de *no-shows*	Frequência relativa
0	0%
1	5
2	10
3	10
4	15
5	20
6	15
7	10
8	10
9	5

Em vez de usar a distribuição binomial, use essa distribuição diretamente com o modelo de *overbooking* para determinar que nível de *overbooking* a empresa deveria considerar para esse voo.

18.8-6 Considere o modelo de *overbooking* apresentado na Seção 18.8. Para determinada aplicação, suponha que os parâmetros do modelo sejam $p = 0{,}5$, $r = $ US$ 1.000, $s = $ US$ 5.000 e $L = 3$. Use diretamente a distribuição binomial (em vez da aproximação normal) para calcular n^*, o número ótimo de reservas a ser aceitas, usando tentativa e erro.

18.8-7 O Mountain Top Hotel é um hotel de luxo em uma conhecida estação de esqui. O hotel basicamente está sempre lotado nos meses de inverno, de modo que reservas e pagamentos devem ser feitos com meses de antecedência para estadias de uma semana, de sábado a sábado. As reservas podem ser canceladas com até um mês de antecedência, mas não são reembolsáveis após esse período. O hotel possui 100 quartos, e o preço de hospedagem para uma estadia de uma semana é de US$ 3.000. Apesar de seu alto custo, os abonados clientes do hotel ocasionalmente perderão esse dinheiro por não se apresentarem devido a mudanças de seus planos. Em média, cerca de 10% dos clientes com reservas são *no-shows*, de modo que a gerência do hotel deseja manter certo nível de *overbooking*. Entretanto, ela também considera que isso deva ser feito com muito critério, pois as consequências de recusar um cliente com reserva seriam graves. Entre tais consequências temos o custo de arranjar rapidamente hospedagem alternativa em outro hotel de qualidade inferior, fornecer um *voucher* para uma futura estadia, bem como o custo intangível de uma grande perda de credibilidade por parte do furioso cliente ao qual lhe foi negada a hospedagem (que, certamente, contará a vários amigos abonados sobre o inaceitável e descortês tratamento recebido). A gerência estima que o custo que deveria ser imputado por tais consequências seja de US$ 20.000.

Use o modelo de *overbooking* apresentado na Seção 18.8, inclusive a aproximação normal para a distribuição binomial, para determinar que nível de *overbooking* o hotel deveria adotar.

18.9-1 Da parte inferior das referências selecionadas dadas no final do capítulo, escolha uma das aplicações consagradas da teoria dos estoques. Leia esse artigo e, em seguida, redija um resumo de duas páginas sobre a aplicação e os benefícios (inclusive benefícios não financeiros) por ela fornecidos.

18.9-2 Da parte inferior das referências selecionadas dadas no final do capítulo, escolha três das aplicações consagradas da teoria dos estoques. Para cada uma delas, redija um resumo de uma página sobre a aplicação e os benefícios (inclusive benefícios não financeiros) por elas fornecidos.

CASOS

CASO 18.1 Revisão sobre controle de estoque

Robert Gates dobra a esquina e sorri quando vê sua esposa podando rosas no jardim. Lentamente, ele dirige seu carro até a entrada da garagem, desliga o motor e vai ao encontro de sua mulher, já de braços abertos.

"Como foi o seu dia?", pergunta ela.

"Maravilhoso! O mercado de lojas de conveniência não poderia estar melhor!" Replica Robert. "Exceto pelo trânsito do trabalho até aqui! Esse trânsito pode deixar qualquer um maluco! Estou tão nervoso agora. Acho que vou entrar e preparar um martíni para relaxar."

Robert entra na casa e vai diretamente para a cozinha. Ele vê a correspondência sobre o balcão da cozinha e começa a verificar rapidamente as diversas contas e propagandas que chegaram até que se depara com a nova edição da *OR/MS Today*. Ele prepara seu drinque, pega a revista, caminha para a sala de estar e se acomoda confortavelmente em sua poltrona. Ele tem tudo o que deseja, exceto por uma coisa. Ele vê o controle remoto em cima da televisão. Ele deixa seu drinque e a revista sobre a mesa e vai em direção ao controle remoto. Agora, com o controle remoto em uma das mãos, a revista em outra e seu aperitivo na mesa logo ao seu lado, Robert se sente finalmente dono de seus domínios.

Robert liga a TV e fica percorrendo os canais até encontrar o noticiário local. A seguir, ele abre a revista e começa a ler um artigo sobre controle de estoques científico. De vez em quando ele dá uma olhada na televisão para se inteirar das últimas notícias de negócios, tempo e esportes.

À medida que Robert vai se aprofundando no artigo, ele acaba perdendo a atenção nele e começa a ver um comercial na TV sobre escovas de dentes. Sua pulsação aumenta ligeiramente em razão da ansiedade, pois a propaganda das escovas de dentes Totalee o faz se lembrar do dentista. O comercial conclui que o cliente deve comprar uma escova Totalee, porque essa escova de dentes é "totalmente" revolucionária e "totalmente" eficiente. Ela certamente é eficiente; ela é a escova de dentes mais popular do mercado!

Naquele instante, com o artigo sobre controle de estoques e o comercial da escova fresco na memória, Robert experimenta um lampejo de sabedoria. Ele sabe como controlar o estoque de escovas Totalee na loja em que trabalha, a Nightingale!

Como gerente de controle de estoque da Nightingale, Robert tem passado por problemas em manter escovas de dentes Totalee em estoque. Ele descobriu que os clientes são muito fiéis à marca Totalee já que ela tem o aval de nove de cada dez dentistas. Os clientes estão ávidos à espera que as escovas de dentes cheguem na Nightingale já que a loja as vende por 20% a menos que outras lojas da região. Esta demanda por escovas na Nightingale significa que sua loja normalmente está com falta de escovas Totalee. A loja é capaz de receber uma remessa de escovas algumas horas depois de fazer um pedido de compra no depósito regional da Totalee, pois este se encontra apenas a 20 km de distância da loja. Não obstante, a situação atual de estoque causa problemas, porque inúmeros pedidos de emergência custam à loja tempo desnecessário e burocracia, além de os clientes ficarem descontentes quando precisam retornar à loja mais tarde naquele dia.

Robert descobriu agora uma maneira de evitar os problemas de estoque através do controle de estoques científico! Ele pega sua jaqueta e as chaves do carro e sai em disparada de casa.

Enquanto ele corre em direção ao carro, sua esposa grita: "Amor, aonde você está indo agora?"

"Desculpe-me, querida", responde Robert. "Acabo de descobrir uma maneira de controlar o estoque de um item crítico na loja de conveniência. Estou realmente eufórico, pois agora serei capaz de aplicar meu diploma de engenheiro industrial a meu serviço! Preciso coletar os dados da loja e elaborar a nova política de estoques! Estarei de volta antes do jantar!"

Em virtude do horário de *rush* ter acabado, a ida até a loja não levou muito tempo. Ele abre a loja, já às escuras, e dirige-se a seu escritório onde vasculha os arquivos para encontrar os dados de demanda e custo para as escovas de dentes Totalee ao longo do ano anterior.

"Ah-ah! Como eu suspeitava! Os dados de demanda para as escovas são praticamente constantes ao longo dos meses. Não importa se é verão ou inverno, os clientes têm dentes para ser escovados e precisam das respectivas escovas. Já que uma escova ficará gasta após poucos meses de uso, os clientes sempre voltarão para comprar outra escova." Os dados referentes à demanda mostram que os clientes da Nightingale compram uma média de 250 escovas Totalee por mês (30 dias).

Após examinar os dados de demanda, Robert investiga os dados de custo. Como a Nightingale é um bom cliente, a Totalee cobra seu menor preço de atacado, ou seja, apenas US$ 1,25 por escova. Robert gasta cerca de 20 minutos para fazer um pedido de compra na Totalee. Seu salário e benefícios chegam à casa de US$ 18,75 por hora. O custo de manutenção de estoque anual é de 12% do capital imobilizado em estoque de escovas Totalee.

(a) Robert decide criar uma política de estoques que normalmente atenderia toda a demanda já que ele acredita que falta de produtos em estoque não valem o transtorno de acalmar os clientes ou o risco de perder futuros negócios. Portanto, ele não quer permitir a falta de produto planejada. Já que a Nightingale recebe um pedido de compra algumas horas depois que ele é feito, Robert elabora a hipótese simplificadora de que a entrega seja instantânea. Qual é a política de estoques ótima sob essas condições? Quantas escovas Totalee Robert deveria encomendar cada vez e com que frequência? Qual é o custo de estoque variável total por ano com essa política?

(b) A Totalee vem passando por problemas financeiros já que a empresa perdeu dinheiro tentando diversificar sua linha de produtos para outros artigos de higiene pessoal, como escovas de cabelo e fio dental. A empresa decidiu então fechar o depósito localizado a 20 km da Nightingale. A loja agora precisa fazer seus pedidos de compra para um depósito localizado a 350 km de distância e, agora, terá de esperar seis dias para receber um pedido. Dado esse novo prazo de entrega, quantas escovas de dentes Robert deveria encomendar a cada pedido e quando ele deveria fazê-lo?

(c) Robert começa a imaginar se ele economizaria dinheiro caso permitisse a ocorrência de falta de produto planejada. Os clientes esperariam para comprar as escovas da Nightingale já que eles têm grande fidelidade, além da Nightingale vender as escovas por preços menores. Os clientes teriam de esperar para adquirir a escova Totalee, e ficariam insatisfeitos com a perspectiva de ter de voltar à loja novamente para adquirir o produto. Robert decide que precisa avaliar o valor econômico das ramificações negativas da falta de produto. Ele sabe que um empregado teria de acalmar cada cliente descontente e monitorar a data de entrega da nova remessa de escovas Totalee. Robert também acredita que os clientes ficariam irritados com a inconveniência de comprar na Nightingale e quem sabe começariam a procurar outra loja que oferecesse melhor atendimento. Ele estima que os custos de lidar com clientes descontentes e com a perda de credibilidade com o cliente e de futuras vendas girem em torno de US$ 1,50 por unidade faltante por ano. Dado o prazo de entrega de seis dias e a possibilidade de ocorrência de falta de produto, quantas escovas Robert deveria encomendar por pedido e quando ele deveria fazê-los? Qual é a falta de produto máxima permitida segundo essa política de estoques ótima? Qual é o custo de estoque variável total por ano?

(d) Robert percebe que sua estimativa para o custo de escassez é simplesmente isto – uma estimativa. Ele percebe que os empregados algumas vezes devem perder vários minutos com cada cliente que deseja comprar uma escova quando não existe nenhuma disponível na loja. Além disso, ele percebe que o custo de perda de credibilidade com o cliente e de vendas futuras poderia variar em um grande intervalo. Ele estima que esse custo pode variar de US$ 0,85 a US$ 25 por unidade em falta por ano. Qual seria o efeito de mudar a estimativa do custo de escassez unitária sobre a política de estoques e custo de estoque variável total por ano encontrado no item (*c*)?

(e) Fechar depósitos não melhorou muito o resultado da Totalee, de modo que a empresa decidiu instituir uma política de descontos para encorajar mais vendas. A Totalee cobrará US$ 1,25 por escova para qualquer pedido de compra para até 500 escovas de dentes, US$ 1,15 por escova para pedidos com mais de 500 menos que 1.000 escovas e US$ 1 por escova para pedidos de 1.000 escovas ou mais. Robert ainda supõe um prazo de entrega de seis dias, mas ele não quer a ocorrência de falta de produto planejada. Sob a nova política de desconto, quantas escovas Robert deveria encomendar a cada pedido e quando ele deveria fazê-lo? Qual é o custo total de estoque (incluindo custos de aquisição) por ano?

APRESENTAÇÃO DOS CASOS ADICIONAIS DO *SITE*

CASO 18.2 Abordagem do aprendizado de um jovem

Um jovem empreendedor opera uma banca de fogos de artifício para a festa da independência. Ele tem tempo apenas para fazer um pedido de compra dos fogos que venderá em sua banca. Após obter os dados financeiros relevantes e certas informações com os quais poderá estimar a distribuição probabilística de vendas em potencial, ele agora precisa determinar quantos conjuntos de fogos de artifícios deveria encomendar para maximizar seu lucro esperado em diferentes cenários.

CASO 18.3 Desfazendo-se de estoque excedente

A American Aerospace fabrica motores para aviões militares a jato. A frequente falta de produto de uma peça crítica tem causado atrasos na produção do mais popular motor a jato, portanto, a nova política de estoques precisa ser desenvolvida para essa peça. Há um longo tempo de espera entre o momento que um pedido de compra da peça é feito e aquele que a quantidade encomendada é recebida. A demanda pela peça durante esse intervalo é incerta, mas alguns dados estão disponíveis para estimar sua distribuição probabilística. No futuro, o nível de estoques da peça será mantido em revisão contínua. As decisões agora precisam ser tomadas em relação ao nível de estoques no qual precisa ser realizado um novo pedido de compra e quanto deve ser a quantidade encomendada.

CAPÍTULO 19

Processos de Decisão de Markov

O Capítulo 16 apresentou as *cadeias de Markov* e sua análise. A maior parte do capítulo foi dedicada às cadeias de Markov de *tempo discreto*, isto é, as que são observadas apenas em pontos discretos no tempo (por exemplo, no final de cada dia) em vez de continuamente. Cada vez que for observada, a cadeia de Markov pode se encontrar em qualquer uma de uma série de *estados*. Dado o estado atual, uma *matriz de transição* (em uma etapa) fornece as probabilidades de qual será o estado da próxima vez. Dada essa matriz de transição, o Capítulo 16 se concentrou na *descrição do comportamento* de uma cadeia de Markov, por exemplo, encontrar as probabilidades de estado estável para o estado em que se localiza.

Muitos sistemas importantes (por exemplo, diversos sistemas de filas) podem ser modelados tanto como uma cadeia de Markov de tempo discreto como uma de tempo contínuo. É útil descrever o comportamento de um sistema desses (como fizemos no Capítulo 17 para os sistemas de filas) de modo a avaliar seu desempenho. Entretanto, pode ser até mais útil *planejar a operação* do sistema de forma a *otimizar seu desempenho* (conforme fizemos na Seção 17.10 para sistemas de filas).

Este capítulo concentra-se em como planejar a operação de uma cadeia de Markov de tempo discreto a fim de otimizar seu desempenho. Consequentemente, em vez de aceitar passivamente o desenho da cadeia de Markov e a correspondente matriz de transição fixa, agora, passaremos a ser proativos. Para cada estado possível da cadeia de Markov, tomamos uma decisão em relação a qual das diversas ações alternativas devem ser realizadas naquele estado. A ação escolhida afeta as *probabilidades de transição*, bem como os *custos imediatos* (ou prêmios), além dos *custos subsequentes* (ou prêmios) de operar o sistema. Queremos escolher as ações ótimas para os respectivos estados ao considerar tanto os custos imediatos como os subsequentes. O processo de decisão para fazer isso chama-se *processo de decisão de Markov*.

A primeira seção fornece um exemplo-protótipo de uma aplicação de um processo de decisão de Markov. A Seção 19.2 formula o modelo básico para esses processos. As três seções seguintes descrevem como resolvê-los.

19.1 EXEMPLO-PROTÓTIPO

Um fabricante possui uma máquina fundamental no núcleo de um de seus processos de produção. Em decorrência do uso intenso, a máquina se deteriora rapidamente, seja em qualidade, seja em rendimento. Consequentemente, no final de cada semana, é realizada uma inspeção completa que resulta em classificar a condição da máquina em um dos quatro estados possíveis descritos a seguir:

Estado	Condição
0	Boa como se fosse nova.
1	Operacional – deterioração mínima
2	Operacional – deterioração importante
3	Não operacional – produção de qualidade inaceitável

Após a coleta de dados históricos sobre os resultados dessas inspeções, foi realizada uma análise estatística sobre a evolução do estado da máquina mês a mês. A matriz a seguir mostra a frequência relativa (probabilidade) de cada possível transição do estado em determinado mês (uma linha da matriz) para o estado no mês seguinte (uma coluna da matriz).

Estado	0	1	2	3
0	0	$\frac{7}{8}$	$\frac{1}{16}$	$\frac{1}{16}$
1	0	$\frac{3}{4}$	$\frac{1}{8}$	$\frac{1}{8}$
2	0	0	$\frac{1}{2}$	$\frac{1}{2}$
3	0	0	0	1

Além disso, análises estatísticas revelaram que essas probabilidades de transição não são afetadas por considerarem também quais eram os estados em meses anteriores. Essa "propriedade de falta de memória" é a *propriedade markoviana* descrita na Seção 16.2. Assim, para a variável aleatória X_t, que é o estado da máquina no final do mês t, concluiu-se que o processo estocástico $\{X_t, t = 0, 1, 2, \ldots\}$ é uma *cadeia de Markov de tempo discreto* cuja *matriz de transição* (em uma etapa) é simplesmente a matriz já descrita.

Conforme indica a última entrada dessa matriz de transição, assim que a máquina se tornar inoperante (ao entrar no estado 3), permanecerá inoperante. Em outras palavras, o estado 3 é um *estado absorvente*. Deixar a máquina nesse estado seria intolerável já que isso interromperia o processo produtivo. Portanto, a máquina deverá ser substituída. Seu conserto não será viável nesse estado. A nova máquina começará então no estado 0.

O processo de substituição leva uma semana para ser concluído de modo que haja perda de produção durante esse período. O custo da produção perdida (lucro perdido) é de US$ 2.000 ao passo que o custo de substituição da máquina é de US$ 4.000 e, dessa forma, o custo total incorrido toda vez que a máquina atual entrar no estado 3 é de US$ 6.000.

Mesmo antes de a máquina atingir o estado 3, poderão ser incorridos custos originários da produção de itens defeituosos. Os custos esperados por semana a partir dessa fonte são os seguintes:

Estado	Custo esperado em decorrência de itens defeituosos, US$
0	0
1	1.000
2	3.000

Agora, mencionamos todos os custos relevantes associados a determinada *política de manutenção* (substituição da máquina quando ela se torna inoperante, mas não realizar nenhuma manutenção caso contrário). Segundo essa política, a evolução do estado do *sistema* (a sucessão de máquinas) ainda é uma cadeia de Markov, porém, com a seguinte matriz de transição:

Estado	0	1	2	3
0	0	$\frac{7}{8}$	$\frac{1}{16}$	$\frac{1}{16}$
1	0	$\frac{3}{4}$	$\frac{1}{8}$	$\frac{1}{8}$
2	0	0	$\frac{1}{2}$	$\frac{1}{2}$
3	1	0	0	0

Para avaliar essa política de manutenção, deveríamos considerar ambos os custos imediatos incorridos ao longo da semana seguinte (que acabamos de descrever) e os custos subsequentes resultantes de deixar o sistema evoluir dessa maneira. Conforme apresentado na Seção 16.5, uma medida de desempenho amplamente usada para cadeias de Markov é o **custo médio esperado** (duradouro) **por unidade de tempo**[1].

Para calcular essa medida, primeiro obtemos as *probabilidades de estado estável* π_0, π_1, π_2 e π_3 para essa cadeia de Markov, resolvendo as seguintes equações de estado estável:

$$\pi_0 = \pi_3,$$

$$\pi_1 = \frac{7}{8}\pi_0 + \frac{3}{4}\pi_1,$$

$$\pi_2 = \frac{1}{16}\pi_0 + \frac{1}{8}\pi_1 + \frac{1}{2}\pi_2,$$

$$\pi_3 = \frac{1}{16}\pi_0 + \frac{1}{8}\pi_1 + \frac{1}{2}\pi_2,$$

$$1 = \pi_0 + \pi_1 + \pi_2 + \pi_3.$$

(Embora esse sistema de equações seja suficientemente pequeno para ser resolvido manualmente sem grandes dificuldades, o procedimento Probabilidades de Estado Estável na área de cadeias de Markov do Tutorial IOR fornece outra maneira rápida de se obter essa solução.) A solução simultânea é:

$$\pi_0 = \frac{2}{13}, \quad \pi_1 = \frac{7}{13}, \quad \pi_2 = \frac{2}{13}, \quad \pi_3 = \frac{2}{13}.$$

Logo, o custo médio esperado (duradouro) por semana para essa política de manutenção é:

$$0\pi_0 + 1.000\pi_1 + 3.000\pi_2 + 6.000\pi_3 = \frac{25.000}{13} = \text{US\$ } 1.923,08.$$

Entretanto, também existem outras políticas de manutenção que deveriam ser consideradas e comparadas com esta apresentada. Por exemplo, talvez a máquina devesse ser substituída antes de atingir o estado 3. Outra saída seria *fazer uma revisão geral* da máquina a um custo de US$ 2.000. Essa opção não é viável no estado 3 e não melhora a máquina enquanto estiver no estado 0 ou 1 e, portanto, é de interesse somente no estado 2. Nesse estado, uma revisão restituiria a máquina ao estado 1. Seria necessária uma semana e, assim, outra consequência seria US$ 2.000 em lucros perdidos provenientes da perda de produção.

Em suma, as decisões possíveis após cada inspeção seriam as seguintes:

Decisão	Ação	Estados relevantes
1	Não fazer nada.	0, 1, 2
2	Revisão (retorna o sistema ao estado 1)	2
3	Substituição (retorna o sistema ao estado 0)	1, 2, 3

Para facilitar a referência, a Tabela 19.1 (p. 902) também resume os custos relevantes para cada decisão para cada estado no qual essa decisão poderia ser de interesse.

Qual é a política de manutenção ótima? Responderemos a essa questão para ilustrar o material das próximas quatro seções.

---

[1] O termo *duradouro* indica que a medida deve ser interpretada como tomada em relação a um tempo *extremamente* longo de modo que o efeito do estado inicial desapareça. Como o tempo caminha para infinito, a Seção 16.5 discute o fato de que o custo médio *real* por unidade de tempo basicamente sempre converge para o *custo médio esperado por unidade de tempo*.

■ **TABELA 19.1** Dados de custos para o exemplo-protótipo

Decisão	Estado	Custo esperado em virtude da produção de itens, US$	Custo de manutenção, US$	Custo de (lucro perdido) produção perdida, US$	Total custo semana, US$
1. Não fazer nada	0	0	0	0	0
	1	1.000	0	0	1.000
	2	3.000	0	0	3.000
2. Revisar	2	0	2.000	2.000	4.000
3. Substituir	1, 2, 3	0	4.000	2.000	6.000

19.2 MODELO PARA PROCESSOS DE DECISÃO DE MARKOV

O modelo para os processos de decisão de Markov considerados neste capítulo pode ser resumido como a seguir.

1. O estado i de uma cadeia de Markov de tempo discreto é observado após cada transição ($i = 0, 1, \ldots, M$).
2. Após cada observação, uma *decisão* (ação) k é escolhida de um conjunto de K decisões possíveis ($k = 1, 2, \ldots, K$). Talvez algumas das K decisões possam não ser relevantes para alguns dos estados.
3. Se a decisão $d_i = k$ for feita no estado i, incorre um *custo* imediato que tem um valor esperado C_{ik}.
4. A decisão $d_i = k$ no estado i determina quais serão as *probabilidades de transição*[2] para a próxima transição do estado i. Represente essas probabilidades de transição por $p_{ij}(k)$, para j 0, 1, \ldots, M$.
5. Uma especificação das decisões para os respectivos estados $(d_0, d_1, \ldots, d_M)$ dita uma *política* para o processo de decisão de Markov.
6. O objetivo é encontrar uma *política ótima* de acordo com algum critério de custos que considere tanto os custos imediatos quanto os subsequentes que resultam da evolução futura do processo. Um critério comum é minimizar o custo médio esperado (duradouro) por unidade de tempo. Um critério alternativo é considerado na Seção 19.5.

Para relacionar essa descrição geral com o exemplo-protótipo apresentado na Seção 19.1, lembre-se de que uma cadeia de Markov lá observada representa o estado (condição) de determinada máquina. Após cada inspeção da máquina, escolhe-se uma entre três decisões possíveis (não fazer nada, revisar ou substituir). O custo imediato esperado resultante é mostrado na coluna mais à direita da Tabela 19.1 para cada combinação relevante de estado e decisão. A Seção 19.1 analisou uma política em particular $(d_0, d_1, d_2, d_3) = (1, 1, 1, 3)$, em que a decisão 1 (não fazer nada) é feita nos estados 0, 1 e 2 e a decisão 3 (substituir), no estado 3. As probabilidades de transição resultantes são mostradas na última matriz de transição dada na Seção 19.1.

Nosso modelo genérico o qualifica como um processo de decisão *de Markov* por possuir a propriedade markoviana que caracteriza qualquer processo de Markov. Em particular, dados o estado e a decisão atuais, qualquer afirmação probabilística sobre o futuro do processo não é de modo nenhum afetada pelo fornecimento de quaisquer informações sobre o histórico do processo. Essa propriedade markoviana é válida aqui visto que: 1) lidamos com uma cadeia de Markov; 2) as novas probabilidades de transição dependem somente do estado e da decisão atuais; e 3) o custo imediato esperado também depende somente do estado e da decisão atuais.

Nossa descrição de uma política implica duas propriedades convenientes (mas desnecessárias) que serão pressupostas ao longo deste capítulo (com uma exceção). Uma das propriedades refere-se a uma política **estacionária**; isto é, toda vez que o sistema se encontrar no estado i, a regra para a tomada de decisão é sempre a mesma independentemente do valor do tempo t no momento. A segunda propriedade corresponde a uma política **determinística**; ou seja, toda vez que o sistema se encontrar

---

[2] Os procedimentos de resolução fornecidos nas duas seções seguintes também partem do pressuposto de que a matriz de transição resultante é *irredutível*.

Exemplo de Aplicação

Em 2003, o **Bank One Corporation** era o sexto maior banco nos Estados Unidos. O Bank One Card Services, Inc., uma divisão do Bank One Corporation, também era o maior emissor de cartões Visa nos Estados Unidos, em nome tanto do Bank One quanto de vários milhares de parceiros comerciais. No ano seguinte foi realizada uma fusão entre o Bank One Corporation e o *JPMorgan Chase* sob o nome desse último para formar a terceira maior instituição bancária daquele país. *Chase* foi usado a partir de então como a marca para seus serviços de cartão de crédito.

O segmento de cartões de crédito é uma área de aplicação natural para a pesquisa operacional pois seu sucesso depende diretamente de um meticuloso equilíbrio entre vários fatores quantitativos. A taxa percentual anual (TPA) para juros e a linha de crédito das contas de cartão influenciam tanto o uso do cartão quanto a lucratividade do banco. Os clientes acham atraentes TPAs baixas e linhas de crédito altas. Entretanto, TPAs baixas podem reduzir a lucratividade do banco, ao passo que aumentos indiscriminados nas linhas de crédito aumentam o risco do banco perder crédito. É crítico que esses fatores sejam equilibrados de diversas formas para clientes diferentes tomando como base a evolução na capacidade de pagamento desses clientes.

Tendo isso em mente, em 1999 a direção do Bank One solicitou à sua equipe interna de PO para iniciar o projeto PORTICO (controle e otimização de carteiras) para avaliar abordagens para aumento da lucratividade de seu negócio de cartões de crédito. O grupo de PO desenhou o sistema PORTICO usando *processos de decisão de Markov* para selecionar os níveis de TPA e linhas de crédito para portadores de cartões individuais que maximizassem o *valor presente líquido* de toda a carteira de clientes de cartões de crédito. O grupo usou diversas variáveis – inclusive o nível de linhas de crédito, do TPA e algumas variáveis que descreviam o comportamento dos clientes no que se refere a efetuar pagamentos – para determinar o estado em que se encaixaria uma determinada conta em qualquer mês. As probabilidades de transição se basearam em dados coletados durante 18 meses em uma amostra aleatória de 3 milhões de contas de cartão de crédito da carteira do banco. As decisões a serem tomadas para cada estado do processo de decisão de Markov são o nível da TPA e de linhas de crédito para essa categoria de clientes no mês seguinte.

Um período de testes considerável do modelo PORTICO constatou que ele geraria um aumento substancial na lucratividade do banco. Quando a implementação efetiva se iniciou, foi estimado que esse novo processo *aumentaria os lucros anuais em mais de* **US$ 75 milhões**. Essa extraordinária aplicação dos processos de decisão de Markov levou o Bank One a ganhar, em 2002, um prestigioso primeiro prêmio no concurso *Wagner Prize for Excellence in Operations Research Practice*.

Fonte: M. S. Trench, S. P. Pederson, E. T. Lau, L. Ma, H. Wang, and S. K. Nair: "Managing Credit Lines and Prices for Bank One Credit Cards", *Interfaces*, **33**(5): 4-21, Sept.-Oct. 2003. (Este artigo está disponível em inglês no *site* da editora, www.bookman.com.br.)

---

no estado i, a regra para a tomada de decisão certamente escolhe uma em particular. Em virtude da natureza do algoritmo envolvido, a próxima seção considera, em vez disso, as políticas *aleatórias*, nas quais a distribuição probabilística é usada para a decisão ser tomada.

Ao utilizar essa estrutura genérica, agora voltamos para o exemplo-protótipo e encontramos a política ótima enumerando e comparando todas as políticas relevantes. Ao realizar isso, faremos que R represente uma política específica e $d_i(R)$, a decisão correspondente a ser tomada no estado i, em que as decisões 1, 2 e 3 são descritas no final da seção anterior. Já que uma ou mais dessas três decisões são as únicas que seriam consideradas em qualquer estado dado, os valores possíveis de $d_i(R)$ são 1, 2 ou 3 para qualquer estado i.

Resolução do exemplo-protótipo por enumeração exaustiva

As políticas relevantes para o exemplo-protótipo são estas:

Política	Descrição verbal	$d_0(R)$	$d_1(R)$	$d_2(R)$	$d_3(R)$
R_a	Substituir no estado 3.	1	1	1	3
R_b	Substituir no estado 3, revisar no estado 2.	1	1	2	3
R_c	Substituir nos estados 2 e 3.	1	1	3	3
R_d	Substituir nos estados 1, 2 e 3.	1	3	3	3

Cada política resulta em uma matriz de transição diferente, conforme será mostrado a seguir.

Estado	R_a			
	0	1	2	3
0	0	$\frac{7}{8}$	$\frac{1}{16}$	$\frac{1}{16}$
1	0	$\frac{3}{4}$	$\frac{1}{8}$	$\frac{1}{8}$
2	0	0	$\frac{1}{2}$	$\frac{1}{2}$
3	1	0	0	0

Estado	R_b			
	0	1	2	3
0	0	$\frac{7}{8}$	$\frac{1}{16}$	$\frac{1}{16}$
1	0	$\frac{3}{4}$	$\frac{1}{8}$	$\frac{1}{8}$
2	0	1	0	0
3	1	0	0	0

Estado	R_c			
	0	1	2	3
0	0	$\frac{7}{8}$	$\frac{1}{16}$	$\frac{1}{16}$
1	0	$\frac{3}{4}$	$\frac{1}{8}$	$\frac{1}{8}$
2	1	0	0	0
3	1	0	0	0

Estado	R_d			
	0	1	2	3
0	0	$\frac{7}{8}$	$\frac{1}{16}$	$\frac{1}{16}$
1	1	0	0	0
2	1	0	0	0
3	1	0	0	0

A partir da coluna mais à direita da Tabela 19.1, os valores de C_{ik} são os seguintes:

Estado i	Decisão k	C_{ik} (em milhares de dólares)		
		1	2	3
0		0	—	—
1		1	—	6
2		3	4	6
3		—	—	6

Conforme indicado na Seção 16.5, o custo médio esperado (duradouro) por unidade de tempo $E(C)$ pode então ser calculado da expressão:

$$E(C) = \sum_{i=0}^{M} C_{ik}\pi_i,$$

em que $k = d_i(R)$ para cada i e $(\pi_0, \pi_1, \ldots, \pi_M)$ representa a distribuição de estados estáveis do estado do sistema segundo a política R analisada. Após $(\pi_0, \pi_1, \ldots, \pi_M)$ ser resolvidos segundo cada uma das quatro políticas (como pode ser feito empregando-se o Tutorial IOR), o cálculo da $E(C)$ é resumido a seguir:

Política	$(\pi_0, \pi_1, \pi_2, \pi_3)$	$E(C)$, em milhares de dólares	
R_a	$\left(\frac{2}{13}, \frac{7}{13}, \frac{2}{13}, \frac{2}{13}\right)$	$\frac{1}{13}[2(0) + 7(1) + 2(3) + 2(6)] = \frac{25}{13} =$ US\$ 1.923	
R_b	$\left(\frac{2}{21}, \frac{5}{7}, \frac{2}{21}, \frac{2}{21}\right)$	$\frac{1}{21}[2(0) + 15(1) + 2(4) + 2(6)] = \frac{35}{21} =$ US\$ 1.667	← Mínimo
R_c	$\left(\frac{2}{11}, \frac{7}{11}, \frac{1}{11}, \frac{1}{11}\right)$	$\frac{1}{11}[2(0) + 7(1) + 1(6) + 1(6)] = \frac{19}{11} =$ US\$ 1.727	
R_d	$\left(\frac{1}{2}, \frac{7}{16}, \frac{1}{32}, \frac{1}{32}\right)$	$\frac{1}{32}[16(0) + 14(6) + 1(6) + 1(6)] = \frac{96}{32} =$ US\$ 3.000	

Portanto, a política ótima é R_b; isto é, substituir a máquina quando ela se encontrar no estado 3 e revisá-la quando ela se encontrar no estado 2. O custo médio esperado (duradouro) resultante por semana é US$ 1.667.

Caso queira exercitar-se em mais um pequeno exemplo, é fornecido um na seção de Worked Examples do *site* da editora.

Usar enumeração exaustiva para encontrar a política ótima é apropriado para exemplos bem pequenos como estes, nos quais existem pouquíssimas políticas relevantes. Entretanto, muitas aplicações possuem tantas políticas que essa abordagem seria completamente inviável. Para esses casos, são necessários algoritmos capazes de encontrar, de forma eficiente, uma política ótima. As três seções seguintes consideram esses algoritmos.

19.3 PROGRAMAÇÃO LINEAR E POLÍTICAS ÓTIMAS

A Seção 19.2 descreveu o principal tipo de política (chamada *política determinística estacionária*), que é usado pelos processos de decisão de Markov. Vimos que qualquer política R destas pode ser vista como uma regra que impõe a decisão $d_i(R)$ toda vez que o sistema se encontrar no estado i, para cada $i = 0, 1, \ldots, M$. Logo, R é caracterizado pelos valores:

$$\{d_0(R), d_1(R), \ldots, d_M(R)\}.$$

De forma equivalente, R pode ser caracterizada atribuindo-se valores $D_{ik} = 0$ ou 1 na matriz:

$$\text{Estado } i \begin{array}{c} \\ 0 \\ 1 \\ \vdots \\ M \end{array} \overset{\text{Decisão } k}{\begin{bmatrix} 1 & 2 & \cdots & K \\ D_{01} & D_{02} & \cdots & D_{0K} \\ D_{11} & D_{12} & \cdots & D_{1K} \\ \cdots & \cdots & \cdots & \cdots \\ D_{M1} & D_{M2} & \cdots & D_{MK} \end{bmatrix}},$$

em que cada D_{ik} ($i = 0, 1, \ldots, M$ e $k = 1, 2, \ldots, K$) é definido como

$$D_{ik} = \begin{cases} 1 & \text{se a decisão } k \text{ tiver de ser tomada no estado } i \\ 0 & \text{caso contrário.} \end{cases}$$

Consequentemente, cada linha da matriz deve conter somente 1 com o restante dos elementos iguais a 0. Por exemplo, a política ótima R_b para o exemplo-protótipo é caracterizada pela matriz

$$\text{Estado } i \begin{array}{c} \\ 0 \\ 1 \\ 2 \\ 3 \end{array} \overset{\text{Decisão } k}{\begin{bmatrix} 1 & 2 & 3 \\ 1 & 0 & 0 \\ 1 & 0 & 0 \\ 0 & 1 & 0 \\ 0 & 0 & 1 \end{bmatrix}};$$

isto é, não fazer nada (decisão 1) quando a máquina se encontrar no estado 0 ou 1, revisar (decisão 2) no estado 2 e substituir a máquina (decisão 3) quando ela estiver no estado 3.

Políticas aleatórias

A inclusão de D_{ik} dá motivação para uma *formulação de programação linear*. Presume-se que o custo esperado de uma política possa ser expresso como uma função linear de D_{ik} ou de uma variável relacionada, sujeita a restrições lineares. Infelizmente, os valores D_{ik} são inteiros (0 ou 1) e são necessárias variáveis contínuas para uma formulação de programação linear. Essa exigência pode ser tratada expandindo-se a interpretação de uma política. A definição anterior exige que se tome a mesma decisão toda vez que o sistema se encontrar no estado i. A nova interpretação de política exigirá a determinação de uma distribuição probabilística para a decisão a ser tomada quando o sistema se encontrar no estado i.

Com essa nova interpretação, os D_{ik} agora precisam ser redefinidos como

$$D_{ik} = P\{\text{decisão} = k \mid \text{estado} = i\}.$$

Em outras palavras, dado que o sistema se encontra no estado i, a variável D_{ik} é a *probabilidade* de se escolher a decisão k como decisão a ser tomada. Consequentemente, $(D_{i1}, D_{i2}, \ldots, D_{iK})$ é a *distribuição probabilística* para a decisão a ser tomada no estado i.

Esse tipo de política que usa distribuições probabilísticas é chamado política aleatória, ao passo que a política que exige $D_{ik} = 0$ ou 1 é uma *política determinística*. As **políticas aleatórias** podem novamente ser caracterizadas pela matriz

$$\text{Estado } i \begin{array}{c} \\ 0 \\ 1 \\ \vdots \\ M \end{array} \overset{\begin{array}{cccc} \text{Decisão } k \\ 1 \quad 2 \quad \cdots \quad K \end{array}}{\begin{bmatrix} D_{01} & D_{02} & \cdots & D_{0K} \\ D_{11} & D_{12} & \cdots & D_{1K} \\ \cdots\cdots\cdots\cdots\cdots\cdots\cdots \\ D_{M1} & D_{M2} & \cdots & D_{MK} \end{bmatrix}},$$

em que cada linha soma 1 e agora

$$0 \le D_{ik} \le 1.$$

Para fins ilustrativos, considere uma política aleatória para o exemplo-protótipo dado pela matriz

$$\text{Estado } i \begin{array}{c} 0 \\ 1 \\ 2 \\ 3 \end{array} \overset{\begin{array}{ccc} \text{Decisão } k \\ 1 \quad 2 \quad 3 \end{array}}{\begin{bmatrix} 1 & 0 & 0 \\ \frac{1}{2} & 0 & \frac{1}{2} \\ \frac{1}{4} & \frac{1}{4} & \frac{1}{2} \\ 0 & 0 & 1 \end{bmatrix}}.$$

Essa política exige que *sempre* se tome a decisão 1 (não fazer nada) quando a máquina se encontrar no estado 0. Se for constatado que ela se encontra no estado 1, a decisão de deixar como está tem probabilidade $\frac{1}{2}$ e de substituir a máquina tem também probabilidade $\frac{1}{2}$, portanto, podemos jogar uma moeda para cima para tomar a decisão. Se for descoberto que ela se encontra no estado 2, há uma probabilidade de $\frac{1}{4}$, de não fazer nada e revisar com probabilidade $\frac{1}{4}$, e de substituir a máquina com probabilidade $\frac{1}{2}$. Presumidamente, um dispositivo aleatório com essas probabilidades (possivelmente uma tabela de números aleatórios) pode ser usado para se tomar a decisão. Finalmente, se for constatado que a máquina se encontra no estado 3, ela sempre será substituída.

Permitindo-se políticas aleatórias, de modo que os D_{ik} sejam variáveis contínuas em vez de variáveis inteiras, é possível agora formular um modelo de programação linear para encontrar uma política ótima.

Formulação de programação linear

As variáveis de decisão convenientes (representadas aqui por y_{ik}) para um modelo de programação linear são definidas como a seguir. Para cada $i = 0, 1, \ldots, M$ e $k = 1, 2, \ldots, K$, façamos que y_{ik} seja a probabilidade de estado estável incondicional de que o sistema se encontra no estado i e seja tomada a decisão k, isto é,

$$y_{ik} = P\{\text{estado} = i \text{ e decisão} = k\}.$$

Cada y_{ik} está intimamente relacionado ao D_{ik} correspondente já que, pelas regras de probabilidade condicional,

$$y_{ik} = \pi_i D_{ik},$$

em que π_i é a probabilidade de estado estável de que a cadeia de Markov se encontre no estado i. Além disso,

$$\pi_i = \sum_{k=1}^{K} y_{ik},$$

de maneira que

$$D_{ik} = \frac{y_{ik}}{\pi_i} = \frac{y_{ik}}{\sum_{k=1}^{K} y_{ik}}.$$

Existem três conjuntos de restrições em relação aos y_{ik}:

1. $\sum_{i=0}^{M} \pi_i = 1$ de modo que $\sum_{i=0}^{M} \sum_{k=1}^{K} y_{ik} = 1$.

2. A partir dos resultados sobre as probabilidades de estado estável (ver a Seção 16.5)[3],

$$\pi_j = \sum_{i=0}^{M} \pi_i p_{ij}(k)$$

de modo que

$$\sum_{k=1}^{K} y_{jk} = \sum_{i=0}^{M} \sum_{k=1}^{K} y_{ik} p_{ij}(k), \quad \text{para } j = 0, 1, \ldots, M;$$

3. $y_{ik} \geq 0$, para $i = 0, 1, \ldots, M$ e $k = 1, 2, \ldots, K$.

O custo médio esperado (duradouro) por unidade de tempo é dado por:

$$E(C) = \sum_{i=0}^{M} \sum_{k=1}^{K} \pi_i C_{ik} D_{ik} = \sum_{i=0}^{M} \sum_{k=1}^{K} C_{ik} y_{ik}.$$

Logo, o modelo de programação linear é para escolher os y_{ik} de modo a

$$\text{Minimizar} \quad Z = \sum_{i=0}^{M} \sum_{k=1}^{K} C_{ik} y_{ik},$$

sujeita às restrições

(1) $\sum_{i=0}^{M} \sum_{k=1}^{K} y_{ik} = 1.$

(2) $\sum_{k=1}^{K} y_{jk} - \sum_{i=0}^{M} \sum_{k=1}^{K} y_{ik} p_{ij}(k) = 0, \quad \text{para } j = 0, 1, \ldots, M.$

(3) $y_{ik} \geq 0$, para $i = 0, 1, \ldots, M; k = 1, 2, \ldots, K.$

Dessa forma, esse modelo tem $M + 2$ restrições funcionais e $K(M + 1)$ variáveis de decisão. Na verdade, (2) gera uma restrição *redundante* e, portanto, qualquer uma destas $M + 1$ restrições pode ser eliminada.

Por se tratar de um modelo de programação linear, pode ser resolvido pelo *método simplex*. Assim que forem obtidos os valores y_{ik}, cada D_{ik} é encontrado de

$$D_{ik} = \frac{y_{ik}}{\sum_{k=1}^{K} y_{ik}}.$$

A solução ótima obtida pelo método simplex possui algumas propriedades interessantes. Ela conterá $M + 1$ variáveis básicas $y_{ik} \geq 0$. Pode ser demonstrado que $y_{ik} > 0$ para pelo menos um $k = 1, 2, \ldots, K$, para cada $i = 0, 1, \ldots, M$. Consequentemente, segue que $y_{ik} > 0$ para apenas *um k* para cada $i = 0, 1, \ldots, M$. Por isso, cada $D_{ik} = 0$ ou 1.

---

[3] O argumento k é inserido em $p_{ij}(k)$ para indicar que a probabilidade de transição apropriada depende da decisão k.

A conclusão fundamental é de que a política ótima encontrada pelo método simplex é *determinística* e não aleatória. Logo, permitir que políticas sejam aleatorizadas não ajuda em nada na melhoria da política final. Entretanto, esse recurso desempenha papel extremamente útil nessa formulação convertendo variáveis inteiras (os D_{ik}) em variáveis contínuas de modo que a programação linear (PL) possa ser usada. A analogia na *programação inteira* é utilizar o *relaxamento PL* de modo que o método simplex possa ser aplicado e então fazer que a *propriedade das soluções inteiras* seja satisfeita de modo que a solução ótima para o relaxamento PL acabe sendo inteira de qualquer maneira.

Resolução do exemplo-protótipo por meio da programação linear

Retorne ao exemplo-protótipo da Seção 19.1. As duas primeiras colunas da Tabela 19.1 fornecem as combinações relevantes dos estados e decisões. Por conseguinte, as variáveis de decisão que precisam ser incluídas no modelo são y_{01}, y_{11}, y_{13}, y_{21}, y_{22}, y_{23} e y_{33}. As expressões genéricas fornecidas anteriormente para o modelo incluem aqui y_{ik} para combinações *irrelevantes* de estados e decisões, assim como esses $y_{ik} = 0$ em uma solução ótima, e eles também poderiam ter sido eliminados desde o princípio. A coluna mais à direita da Tabela 19.1 fornece os coeficientes dessas variáveis na função objetivo. As probabilidades de transição $p_{ij}(k)$ para cada combinação relevante de estado i e decisão k também são detalhadas na Seção 19.1.

O modelo de programação linear resultante é:

$$\text{Minimizar} \quad Z = 1.000y_{11} + 6.000y_{13} + 3.000y_{21} + 4.000y_{22} + 6.000y_{23} + 6.000y_{33},$$

sujeita a

$$y_{01} + y_{11} + y_{13} + y_{21} + y_{22} + y_{23} + y_{33} = 1$$
$$y_{01} - (y_{13} + y_{23} + y_{33}) = 0$$
$$y_{11} + y_{13} - \left(\frac{7}{8}y_{01} + \frac{3}{4}y_{11} + y_{22}\right) = 0$$
$$y_{21} + y_{22} + y_{23} - \left(\frac{1}{16}y_{01} + \frac{1}{8}y_{11} + \frac{1}{2}y_{21}\right) = 0$$
$$y_{33} - \left(\frac{1}{16}y_{01} + \frac{1}{8}y_{11} + \frac{1}{2}y_{21}\right) = 0$$

e

$$\text{todos } y_{ik} \geq 0.$$

Aplicando-se o método simplex, obtemos a solução ótima:

$$y_{01} = \frac{2}{21}, \quad (y_{11}, y_{13}) = \left(\frac{5}{7}, 0\right), \quad (y_{21}, y_{22}, y_{23}) = \left(0, \frac{2}{21}, 0\right), \quad y_{33} = \frac{2}{21},$$

e, portanto,

$$D_{01} = 1, \quad (D_{11}, D_{13}) = (1, 0), \quad (D_{21}, D_{22}, D_{23}) = (0, 1, 0), \quad D_{33} = 1.$$

Essa política exige deixar a máquina como se encontra (decisão 1) quando ela estiver no estado 0 ou 1, revisá-la (decisão 2) quando estiver no estado 2 e substituí-la (decisão 3) quando estiver no estado 3. Essa é a mesma política ótima encontrada pela enumeração exaustiva no final da Seção 19.2.

A seção de Worked Examples do *site* da editora fornece outro exemplo de aplicação de programação linear para se obter uma política ótima para um processo de decisão de Markov.

19.4 ALGORITMO DE MELHORIA DE POLÍTICAS PARA ENCONTRAR POLÍTICAS ÓTIMAS

Vimos então dois métodos para obter uma política ótima para um processo de decisão de Markov: *enumeração exaustiva* e *programação linear*. A enumeração exaustiva é útil, pois ela é ao mesmo tempo rápida e fácil para problemas muito pequenos. A programação linear pode ser usada para resolver problemas muito maiores e existe uma grande oferta de pacotes de software para o método simplex.

Apresentaremos agora um terceiro método popular, a saber, um *algoritmo de melhoria de políticas*. A principal vantagem desse método é que ele tende a ser muito eficiente, pois normalmente atinge uma política ótima em um número relativamente pequeno de iterações (bem menos que para o método simplex com uma formulação de programação linear).

Seguindo o modelo da Seção 19.2 e como um resultado conjunto do estado atual i do sistema e a decisão $d_i(R) = k$ ao operar segundo a política R, ocorrerão duas coisas. Um custo (esperado) C_{ik} é incorrido e que depende exclusivamente do estado observado do sistema e da decisão tomada. O sistema se desloca para o estado j no próximo período observado, com probabilidade de transição dada por $p_{ij}(k)$. Se, de fato, o estado j influenciar o custo que foi incorrido, então C_{ik} é calculado como a seguir. Façamos então da seguinte forma:

$q_{ij}(k)$ = custo esperado incorrido quando o sistema se encontra no estado i, é tomada a decisão k e o sistema evolui para o estado j no próximo período observado.

Então:

$$C_{ik} = \sum_{j=0}^{M} q_{ij}(k) p_{ij}(k).$$

Preliminares

Retornando à descrição e à notação para os processos de decisão de Markov dadas no início da Seção 19.2, podemos demonstrar que, para qualquer política R dada, existem valores $g(R), v_0(R), v_1(R), \ldots, v_M(R)$ que satisfazem:

$$g(R) + v_i(R) = C_{ik} + \sum_{j=0}^{M} p_{ij}(k) v_j(R), \quad \text{para } i = 0, 1, 2, \ldots, M.$$

Daremos agora uma justificativa heurística dessas relações e uma interpretação para esses valores.

Representando por $v_i^n(R)$ o custo total esperado de um sistema iniciando no estado i (começando o primeiro período observado) e evoluindo para n períodos. Então $v_i^n(R)$ possui dois componentes: C_{ik}, o custo incorrido durante o primeiro período observado, e $\sum_{j=0}^{M} p_{ij}(k) v_j^{n-1}(R)$, o custo total esperado do sistema evoluir ao longo dos $n - 1$ períodos remanescentes. Isso fornece a *equação recursiva*:

$$v_i^n(R) = C_{ik} + \sum_{j=0}^{M} p_{ij}(k) v_j^{n-1}(R), \quad \text{para } i = 0, 1, 2, \ldots, M,$$

em que $v_i^1(R) = C_{ik}$ para todo i.

Será útil explorar o comportamento de $v_i^n(R)$ à medida que n aumenta. Recorde-se de que o custo médio esperado (duradouro) por unidade de tempo seguindo qualquer política R pode ser expresso como:

$$g(R) = \sum_{i=0}^{M} \pi_i C_{ik},$$

que é independente do estado inicial i. Portanto, $v_i^n(R)$ comporta-se aproximadamente como $n\, g(R)$ para valores grandes de n. De fato, se desprezarmos pequenas flutuações, $v_i^n(R)$ poderá ser expressa como a soma de dois componentes

$$v_i^n(R) \approx n\, g(R) + v_i(R),$$

na qual o primeiro componente é independente do estado inicial e o segundo é dependente do estado inicial. Portanto, $v_i(R)$ pode ser interpretado como o efeito sobre o custo total esperado em razão de começar no estado i. Consequentemente,

$$v_i^n(R) - v_j^n(R) \approx v_i(R) - v_j(R),$$

de modo que $v_i(R) - v_j(R)$ é uma medida do efeito de se iniciar no estado i em vez do estado j.

Permitindo que n cresça, podemos substituir $v_i^n(R) = n\,g(R) + v_i(R)$ e $v_j^{n-1}(R) = (n-1)g(R) + v_j(R)$ na *equação recursiva*. Isso leva ao sistema de equações dado no parágrafo de abertura dessa subseção.

Observe que esse sistema possui $M + 1$ equações com $M + 2$ incógnitas, de modo que uma dessas variáveis deva ser escolhida arbitrariamente. Por convenção, $v_M(R)$ será escolhida para ser igual a zero. Consequentemente, resolvendo-se o sistema de equações lineares, podemos obter $g(R)$, o custo médio esperado (duradouro) por unidade de tempo quando for seguida a política R. Em princípio, todas as políticas podem ser enumeradas e aquela que minimiza $g(R)$ pode ser encontrada. Entretanto, até mesmo para um número moderado de estados e decisões, essa técnica é complicada. Felizmente, existe um algoritmo que pode ser utilizado para avaliar políticas e encontrar aquela ótima sem ter de usar enumeração completa, conforme descrito a seguir.

Algoritmo de melhoria de políticas

Esse algoritmo começa por escolher uma política arbitrária R_1. A seguir, resolve o sistema de equações para encontrar os valores de $g(R_1), v_0(R), v_1(R), \ldots, v_{M-1}(R)$ [com $v_M(R) = 0$]. Essa etapa é chamada *determinação de valores*. É então construída uma política melhor, representada por R_2. Essa etapa é denominada *melhoria de políticas*. Essas duas etapas constituem uma iteração do algoritmo. Usando a nova política R_2, realizamos outra iteração. Essas iterações continuam até que duas iterações sucessivas levem a políticas idênticas, o que significa que a política ótima foi obtida. Os detalhes são descritos a seguir.

Resumo do algoritmo de melhoria de políticas

Inicialização: arbitrariamente, escolha uma política experimental inicial R_1. Faça que $n = 1$.
Iteração n:
Etapa 1: determinação de valores: para a política R_n, use $p_{ij}(k)$, C_{ik}, e $v_M(R_n) = 0$ para resolver o sistema de $M + 1$ equações

$$g(R_n) = C_{ik} + \sum_{j=0}^{M} p_{ij}(k)\, v_j(R_n) - v_i(R_n), \quad \text{para } i = 0, 1, \ldots, M,$$

para todos os valores $M + 1$ desconhecidos de $g(R_n), v_0(R_n), v_1(R_n), \ldots, v_{M-1}(R_n)$.
Etapa 2: melhoria de políticas: usando os valores atuais de $v_i(R_n)$ calculados para a política R_n, encontre a política alternativa R_{n+1} tal que, para cada estado i, $d_i(R_{n+1})\,k$ seja a decisão que minimiza

$$C_{ik} + \sum_{j=0}^{M} p_{ij}(k)\, v_j(R_n) - v_i(R_n),$$

isto é, para cada estado i,

$$\underset{k=1,\,2,\,\ldots,\,K}{\text{Minimizar}} \quad [C_{ik} + \sum_{j=0}^{M} p_{ij}(k)\, v_j(R_n) - v_i(R_n)],$$

e, então, configurar $d_i(R_{n+1})$ para ser igual ao valor minimizador de k. Esse procedimento define uma nova política R_{n+1}.
Teste de otimalidade: a política atual R_{n+1} é ótima se esta for idêntica à política R_n. Se for, pare. Caso contrário, reinicialize $n = n + 1$ e realize uma nova iteração.

Duas propriedades fundamentais desse algoritmo são:
1. $g(R_{n+1}) \leq g(R_n)$, para $n = 1, 2, \ldots$;
2. O algoritmo termina com uma política ótima em um número finito de iterações[4].

Resolução do exemplo-protótipo por meio do algoritmo de melhoria de políticas

Consultando o exemplo-protótipo apresentado na Seção 19.1, descrevemos, a seguir, a aplicação do algoritmo.

Inicialização. Para a política experimental inicial R_1, escolhemos arbitrariamente aquela que pede a substituição da máquina (decisão 3) quando se constata que ela se encontra no estado 3, porém, não fazer nada (decisão 1) nos demais estados. Essa política, sua matriz de transição e seus custos são resumidos abaixo.

Política R_1		Matriz de transição					Custos	
Estado	Decisão	Estado	0	1	2	3	Estado	C_{ik}
0	1	0	0	$\frac{7}{8}$	$\frac{1}{16}$	$\frac{1}{16}$	0	0
1	1	1	0	$\frac{3}{4}$	$\frac{1}{8}$	$\frac{1}{8}$	1	1.000
2	1	2	0	0	$\frac{1}{2}$	$\frac{1}{2}$	2	3.000
3	3	3	1	0	0	0	3	6.000

Iteração 1. Com essa política, a etapa para a determinação de valores requer a resolução simultânea das quatro equações a seguir para $g(R_1)$, $v_0(R_1)$, $v_1(R_1)$ e $v_2(R_1)$ [com $v_3(R_1)$ 0].

$$g(R_1) = \quad\quad + \frac{7}{8}v_1(R_1) + \frac{1}{16}v_2(R_1) - v_0(R_1).$$

$$g(R_1) = 1.000 \quad\quad + \frac{3}{4}v_1(R_1) + \frac{1}{8}v_2(R_1) - v_1(R_1).$$

$$g(R_1) = 3.000 \quad\quad\quad\quad\quad\quad\quad + \frac{1}{2}v_2(R_1) - v_2(R_1).$$

$$g(R_1) = 6.000 + v_0(R_1).$$

A solução simultânea é:

$$g(R_1) = \frac{25.000}{13} = 1.923$$

$$v_0(R_1) = -\frac{53.000}{13} = -4.077$$

$$v_1(R_1) = -\frac{34.000}{13} = -2.615$$

$$v_2(R_1) = \frac{28.000}{13} = 2.154.$$

---

[4] Esse término é garantido sob as hipóteses do modelo dado na Seção 19.2, incluindo particularmente as hipóteses (implícitas) de um número finito de estados (M + 1) e de um número finito de decisões (K), mas não necessariamente para modelos mais genéricos. Ver R. Howard, *Dynamic Programming and Markov Processes*, M.I.T. Press, Cambridge, MA, 1960. Ver também páginas 1.291-1.293 in A. F. Veinott, Jr., "On Finding Optimal Policies in Discrete Dynamic Programming with No Discounting", *Annals of Mathematical Statistics*, **37**: 1.284-1.294, 1966.

Agora, a etapa 2 (melhoria das políticas) pode ser aplicada. Queremos encontrar uma política R_2 melhorada de tal modo que a decisão k no estado i minimize a expressão correspondente a seguir.

Estado 0: $C_{0k} - p_{00}(k)(4.077) - p_{01}(k)(2.615) + p_{02}(k)(2.154) + 4.077$
Estado 1: $C_{1k} - p_{10}(k)(4.077) - p_{11}(k)(2.615) + p_{12}(k)(2.154) + 2.615$
Estado 2: $C_{2k} - p_{20}(k)(4.077) - p_{21}(k)(2.615) + p_{22}(k)(2.154) - 2.154$
Estado 3: $C_{3k} - p_{30}(k)(4.077) - p_{31}(k)(2.615) + p_{32}(k)(2.154)$.

Na verdade, no estado 0, a única decisão permitida é a decisão 1 (não fazer nada) e, portanto, não serão necessários cálculos adicionais. Da mesma forma, sabemos que a decisão 3 (substituir) deve ser tomada no estado 3. Assim, apenas os estados 1 e 2 exigem o cálculo dos valores dessas expressões para decisões alternativas.

Para o estado 1, as decisões possíveis são 1 e 3. Para cada uma delas, mostramos a seguir o C_{1k} correspondente, o $p_{1j}(k)$ e o valor resultante da expressão.

			Estado 1			
Decisão	C_{1k}	$p_{10}(k)$	$p_{11}(k)$	$p_{12}(k)$	$p_{13}(k)$	Valor da expressão
1	1.000	0	$\frac{3}{4}$	$\frac{1}{8}$	$\frac{1}{8}$	1.923 ← Mínimo
3	6.000	1	0	0	0	4.538

Já que a decisão 1 minimiza a expressão, ela é escolhida como decisão a ser tomada no estado 1 para a política R_2 (da mesma forma que para a política R_1).

Os resultados correspondentes para o estado 2 são mostrados a seguir para suas três decisões possíveis.

			Estado 2			
Decisão	C_{2k}	$p_{20}(k)$	$p_{21}(k)$	$p_{22}(k)$	$p_{23}(k)$	Valor da expressão
1	3.000	0	0	$\frac{1}{2}$	$\frac{1}{2}$	1.923
2	4.000	0	1	0	0	−769 ← Mínimo
3	6.000	1	0	0	0	−231

Consequentemente, a decisão 2 é escolhida como decisão a ser tomada no estado 2 para a política R_2. Note que essa é uma mudança em relação à política R_1.

Sintetizamos a seguir nossa nova política, sua matriz de transição e seus custos.

Política R_2		Matriz de transição					Custos	
Estado	Decisão	Estado	0	1	2	3	Estado	C_{ik}
0	1	0	0	$\frac{7}{8}$	$\frac{1}{16}$	$\frac{1}{16}$	0	0
1	1	1	0	$\frac{3}{4}$	$\frac{1}{8}$	$\frac{1}{8}$	1	1.000
2	2	2	0	1	0	0	2	4.000
3	3	3	1	0	0	0	3	6.000

Já que essa política não é idêntica à política R_1, o teste de otimalidade sugere que se faça uma nova iteração.

Iteração 2. Para a etapa 1 (determinação de valores), as equações a ser resolvidas para essa política são mostradas a seguir.

$$g(R_2) = + \frac{7}{8}v_1(R_2) + \frac{1}{16}v_2(R_2) - v_0(R_2).$$

$$g(R_2) = 1.000 + \frac{3}{4}v_1(R_2) + \frac{1}{8}v_2(R_2) - v_1(R_2).$$

$$g(R_2) = 4.000 + v_1(R_2) - v_2(R_2).$$

$$g(R_2) = 6.000 + v_0(R_2).$$

A solução simultânea ficará então:

$$g(R_2) = \frac{5.000}{3} = 1.667$$

$$v_0(R_2) = -\frac{13.000}{3} = -4.333$$

$$v_1(R_2) = -3.000$$

$$v_2(R_2) = -\frac{2.000}{3} = -667.$$

Agora, podemos aplicar a etapa 2 (melhoria da política). Para os dois estados com mais do que uma decisão possível, as expressões a ser minimizadas são:

Estado 1: $\quad C_{1k} - p_{10}(k)(4.333) - p_{11}(k)(3.000) - p_{12}(k)(667) + 3.000$
Estado 2: $\quad C_{2k} - p_{20}(k)(4.333) - p_{21}(k)(3.000) - p_{22}(k)(667) + 667.$

A primeira iteração fornece os dados necessários (as probabilidades de transição e C_{ik}) exigidos na determinação da nova política, exceto pelos valores de cada uma dessas expressões para cada uma das decisões possíveis. Esses valores são:

Decisão	Valor para o estado 1	Valor para o estado 2
1	1.667	3.333
2	–	1.667
3	4.667	2.334

Uma vez que a decisão 1 minimiza a expressão para o estado 1 e a decisão 2 minimiza a expressão para o estado 2, nossa próxima política experimental R_3 é:

Política R_3

Estado	Decisão
0	1
1	1
2	2
3	3

Observe que a política R_3 é idêntica à política R_2. Consequentemente, o teste de otimalidade indica que essa política é ótima e, portanto, o algoritmo é encerrado.

Outro exemplo que ilustra a aplicação desse algoritmo pode ser encontrado no Tutorial IOR. A seção de Worked Examples no *site* da editora também fornece um exemplo adicional. O Tutorial IOR também dispõe de um procedimento *interativo* para aprendizado e aplicação eficiente desse algoritmo.

19.5 CRITÉRIO DO CUSTO DESCONTADO

Ao longo deste capítulo, medimos políticas tomando como base seus custos médios esperados (duradouros) por unidade de tempo. Passaremos agora a usar uma medida de desempenho alternativa, a saber, o **custo total descontado esperado**.

Conforme apresentado inicialmente na Seção 18.2, essa medida usa um *fator de desconto*, em que $0 < \alpha < 1$. Esse fator de desconto pode ser interpretado como igual a $1/(1 + i)$, em que i é a taxa de juros atual por período. Assim, é o *valor presente* de uma unidade de custo daqui a um período. De forma similar, α^m é o *valor presente* de uma unidade de custo daqui a m períodos.

Esse *critério do custo descontado* é preferível em relação ao *critério do custo médio* quando os períodos para a cadeia de Markov são suficientemente longos de modo que o *valor temporal do dinheiro* deva ser levado em conta, adicionando-se custos em períodos futuros ao custo do período atual. Outra vantagem é que o critério do custo descontado pode ser prontamente adaptado para lidar com um processo de decisão de Markov de *período finito* no qual a cadeia de Markov se concluirá após certo número de períodos.

Tanto a técnica de melhoria de políticas quanto a abordagem da programação linear ainda podem ser aplicadas aqui com ajustes relativamente pequenos do caso de custo médio, conforme descrito a seguir. Apresentaremos então outra técnica, chamada *método das aproximações sucessivas*, para rapidamente fazer a aproximação de uma política ótima.

Algoritmo para a melhoria de políticas

Para obter as expressões necessárias para as etapas de determinação de valores e de melhoria de políticas do algoritmo, adotaremos agora o ponto de vista da *programação dinâmica probabilística* (conforme foi descrito na Seção 10.4). De modo particular, para cada estado i ($i = 0, 1, \ldots, M$) de um processo de decisão de Markov que opera segundo a política R, façamos que $V_i^n(R)$ seja o *custo total descontado esperado* quando o processo se inicia no estado i (iniciando o primeiro período observado) e evolui por n períodos. Então $V_i^n(R)$ tem dois componentes: C_{ik}, o custo incorrido durante o primeiro período observado e $\sum_{j=0}^{M} p_{ij}(k)V_j^{n-1}(R)$, o custo total descontado esperado do processo que evolui ao longo dos $n - 1$ períodos restantes. Para cada $i = 0, 1, \ldots, M$, isso leva à equação recursiva:

$$V_i^n(R) = C_{ik} + \alpha \sum_{j=0}^{M} p_{ij}(k)V_j^{n-1}(R),$$

com $V_i^1(R) = C_{ik}$, que lembra de perto as relações recursivas da programação dinâmica probabilística encontrada na Seção 10.4.

Como n se aproxima do infinito, essa equação recursiva converge então para:

$$V_i(R) = C_{ik} + \alpha \sum_{j=0}^{M} p_{ij}(k)V_j(R), \qquad \text{para } i = 0, 1, \ldots, M,$$

em que $V_i(R)$ pode ser interpretado agora como o custo total descontado esperado quando o processo se inicia no estado i e se mantém indefinidamente. Existem $M + 1$ equações e $M + 1$ incógnitas e, portanto, a solução simultânea desse sistema de equações conduz ao $V_i(R)$.

Para fins ilustrativos, consideremos novamente o exemplo-protótipo da Seção 19.1.

Segundo o critério do custo médio, encontramos nas Seções 19.2, 19.3 e 19.4 que a política ótima é não fazer nada nos estados 0 e 1, revisar a máquina no estado 2 e substituí-la no estado 3. Segundo o critério do custo descontado, com $\alpha = 0,9$, essa mesma política gera o seguinte sistema de equações:

$$V_0(R) = + 0{,}9\left[\frac{7}{8}V_1(R) + \frac{1}{16}V_2(R) + \frac{1}{16}V_3(R)\right]$$

$$V_1(R) = 1.000 + 0{,}9\left[\frac{3}{4}V_1(R) + \frac{1}{8}V_2(R) + \frac{1}{8}V_3(R)\right]$$

$$V_2(R) = 4.000 + 0{,}9[V_1(R)]$$

$$V_3(R) = 6.000 + 0{,}9[V_0(R)].$$

A solução simultânea ficará então assim:

$$V_0(R) = 14.949$$
$$V_1(R) = 16.262$$
$$V_2(R) = 18.636$$
$$V_3(R) = 19.454.$$

Portanto, partindo-se do pressuposto de que o sistema comece no estado 0, o custo total descontado esperado é de US$ 14.949.

Esse sistema de equações fornece as expressões necessárias para um algoritmo de melhoria de políticas. Após resumir esse algoritmo em termos gerais, iremos usá-lo para verificar se essa política específica ainda permanece ótima segundo o critério do custo descontado.

Resumo do algoritmo de melhoria de políticas (critério do custo descontado)

Inicialização: escolha arbitrariamente uma política experimental inicial R_1. Configure $n = 1$.
Iteração n:
Etapa 1: determinação de valores: para a política R_n, use $p_{ij}(k)$ e C_{ik} para resolver o sistema de $M + 1$ equações

$$V_i(R_n) = C_{ik} + \alpha \sum_{j=0}^{M} p_{ij}(k)V_j(R_n), \quad \text{para } i = 0, 1, \ldots, M,$$

para todos os $M + 1$ valores desconhecidos e $V_0(R_n), V_1(R_n), \ldots, V_M(R_n)$.
Etapa 2: melhoria de políticas: usando os valores atuais de $V_i(R_n)$, encontre a política alternativa R_{n+1} tal que, para cada estado i, $d_i(R_{n+1}) = k$ seja a decisão que minimiza

$$C_{ik} + \alpha \sum_{j=0}^{M} p_{ij}(k)V_j(R_n),$$

isto é, para *cada* estado i,

$$\underset{k=1, 2, \ldots, K}{\text{Minimizar}} \left[C_{ik} + \alpha \sum_{j=0}^{M} p_{ij}(k)V_j(R_n) \right],$$

e, então, faça que $d_i(R_{n+1})$ seja igual ao valor minimizador de k. Esse procedimento define uma nova política R_{n+1}.
Teste de otimalidade: a política atual R_{n+1} é ótima se for idêntica à política R_n. Se for, pare. Caso contrário, reinicie $n = n + 1$ e realize mais uma iteração.

Três propriedades fundamentais desse algoritmo são as seguintes:

1. $V_i(R_{n+1}) \leq V_i(R_n)$, para $= i\ 0, 1, \ldots, M$ e $n = 1, 2, \ldots$
2. O algoritmo se conclui com uma política ótima em um número finito de iterações.
3. O algoritmo é válido sem se supor que (utilizada para o caso do custo médio) a cadeia de Markov associada a toda matriz de transição seja irredutível.

O Tutorial IOR inclui um procedimento *interativo* para a aplicação desse algoritmo.

Solução do exemplo-protótipo por meio do algoritmo de melhoria de políticas. Agora, retornamos ao exemplo-protótipo no ponto em que o deixamos antes de resumir o algoritmo.

Já selecionamos a política ótima segundo o critério do custo médio para nossa política experimental inicial R_1. Essa política, sua matriz de transição e seus custos são resumidos a seguir.

Política R_1		Matriz de transição					Custos	
Estado	Decisão	Estado	0	1	2	3	Estado	C_{ik}
0	1	0	0	$\frac{7}{8}$	$\frac{1}{16}$	$\frac{1}{16}$	0	0
1	1	1	0	$\frac{3}{4}$	$\frac{1}{8}$	$\frac{1}{8}$	1	1.000
2	2	2	0	1	0	0	2	4.000
3	3	3	1	0	0	0	3	6.000

Também realizamos a etapa 1 (determinação de valores) da iteração 1. Essa matriz de transição e seus custos levaram ao sistema de equações usado para encontrar $V_0(R_1) = 14.949$, $V_1(R_1) = 16.262$, $V_2(R_1) = 18.636$ e $V_3(R_1) = 19.454$.

Para iniciar a etapa 2 (política de melhoria), precisamos apenas construir a expressão a ser minimizada para os dois estados (1 e 2) com uma opção de decisões.

Estado 1: $C_{1k} + 0{,}9[p_{10}(k)(14.949) + p_{11}(k)(16.262) + p_{12}(k)(18.636) + p_{13}(k)(19.454)]$

Estado 2: $C_{2k} + 0{,}9[p_{20}(k)(14.949) + p_{21}(k)(16.262) + p_{22}(k)(18.636) + p_{23}(k)(19.454)]$

Para cada um desses estados e suas decisões possíveis, mostramos a seguir o C_{ik} correspondente, o $p_{ij}(k)$ e o valor resultante da expressão.

		Estado 1					
Decisão	C_{1k}	$p_{10}(k)$	$p_{11}(k)$	$p_{12}(k)$	$p_{13}(k)$	Valor da expressão	
1	1.000	0	$\frac{3}{4}$	$\frac{1}{8}$	$\frac{1}{8}$	16.262	← Mínimo
3	6.000	1	0	0	0	19.454	

		Estado 2					
Decisão	C_{2k}	$p_{20}(k)$	$p_{21}(k)$	$p_{22}(k)$	$p_{23}(k)$	Valor da expressão	
1	3.000	0	0	$\frac{1}{2}$	$\frac{1}{2}$	20.140	
2	4.000	0	1	0	0	18.636	← Mínimo
3	6.000	1	0	0	0	19.454	

Visto que a decisão 1 minimiza a expressão para o estado 1 e a decisão 2 minimiza a expressão para o estado 2, nossa próxima política experimental (R_2) é a seguinte:

Política R_2	
Estado	Decisão
0	1
1	1
2	2
3	3

Uma vez que essa política é idêntica à política R_1, o teste de otimalidade indica que essa política é ótima. Portanto, a política ótima segundo o critério do custo médio também é ótima conforme o critério do custo descontado nesse caso. Isso normalmente ocorre, mas nem sempre.

Formulação de programação linear

A formulação de programação linear para o caso do custo descontado é similar àquela para o caso do custo médio, fornecido na Seção 19.3. Entretanto, não precisamos mais da primeira restrição dada na Seção 19.3; porém, as demais restrições funcionais precisam necessariamente incluir o fator de desconto. A outra diferença é que o modelo agora contém constantes β_j para $j = 0, 1, \ldots, M$. Essas constantes devem satisfazer as seguintes condições:

$$\sum_{j=0}^{M} \beta_j = 1, \quad \beta_j > 0 \quad \text{para } j = 0, 1, \ldots, M,$$

mas podem, ao contrário, ser escolhidas arbitrariamente sem afetar a política ótima obtida do modelo.

O modelo resultante escolhe os valores das variáveis de decisão *contínuas* y_{ik} de modo a:

$$\text{Minimizar} \quad Z = \sum_{i=0}^{M} \sum_{k=1}^{K} C_{ik} y_{ik},$$

sujeita às restrições:

(1) $\quad \sum_{k=1}^{K} y_{jk} - \alpha \sum_{i=0}^{M} \sum_{k=1}^{K} y_{ik} p_{ij}(k) = \beta_j, \quad$ para $j = 0, 1, \ldots, M,$

(2) $\quad y_{ik} \geq 0, \quad$ para $i = 0, 1, \ldots, M; k = 1, 2, \ldots, K.$

Assim que o método simplex for utilizado para obter uma solução ótima para esse modelo, a política ótima correspondente é então definida por:

$$D_{ik} = P\{\text{decisão} = k \mid \text{estado} = i\} = \frac{y_{ik}}{\sum_{k=1}^{K} y_{ik}}.$$

O y_{ik} agora pode ser interpretado como o tempo *descontado* esperado de se encontrar no estado i e de tomar a decisão k, quando a distribuição probabilística do *estado inicial* (quando se iniciam as observações) é $P\{X_0 = j\}_j$ para $j = 0, 1, \ldots, M$. Em outras palavras, se:

$$z_{ik}^n = P\{\text{no instante } n, \text{estado} = i \text{ e decisão} = k\},$$

então:

$$y_{ik} = z_{ik}^0 + \alpha z_{ik}^1 + \alpha^2 z_{ik}^2 + \alpha^3 z_{ik}^3 + \cdots.$$

Com a interpretação dos β_j, as *probabilidades de estado inicial* (com cada probabilidade maior que zero), Z pode ser interpretado como o custo total descontado esperado correspondente. Portanto, a escolha de β_j afeta o valor ótimo de Z (mas não a política ótima resultante).

Pode ser demonstrado que a política ótima obtida solucionando-se o modelo de programação linear é determinística; isto é, $D_{ik} = 0$ ou 1. Além disso, essa técnica é válida sem se fazer a suposição (usada para o caso do custo médio) que a cadeia de Markov associada a qualquer matriz de transição seja irredutível.

Solução do exemplo-protótipo por meio da programação linear. O modelo de programação linear para o exemplo-protótipo (com 0,9) é:

Minimizar $\quad Z = 1.000 y_{11} + 6.000 y_{13} + 3.000 y_{21} + 4.000 y_{22} + 6.000 y_{23}$
$\qquad \qquad \qquad + 6.000 y_{33},$

sujeita a:

$$y_{01} - 0{,}9(y_{13} + y_{23} + y_{33}) = \frac{1}{4}$$

$$y_{11} + y_{13} - 0{,}9\left(\frac{7}{8}y_{01} + \frac{3}{4}y_{11} + y_{22}\right) = \frac{1}{4}$$

$$y_{21} + y_{22} + y_{23} - 0{,}9\left(\frac{1}{16}y_{01} + \frac{1}{8}y_{11} + \frac{1}{2}y_{21}\right) = \frac{1}{4}$$

$$y_{33} - 0{,}9\left(\frac{1}{16}y_{01} + \frac{1}{8}y_{11} + \frac{1}{2}y_{21}\right) = \frac{1}{4}$$

e

$$\text{todo } y_{ik} \geq 0,$$

em que $\beta_0, \beta_1, \beta_2$ e β_3 são escolhidos arbitrariamente para ser iguais a $\frac{1}{4}$. Pelo método simplex, a solução ótima é:

$$y_{01} = 1.210, \quad (y_{11}, y_{13}) = (6.656, 0), \quad (y_{21}, y_{22}, y_{23}) = (0, 1.067, 0),$$
$$y_{33} = 1.067,$$

portanto,

$$D_{01} = 1, \quad (D_{11}, D_{13}) = (1, 0), \quad (D_{21}, D_{22}, D_{23}) = (0, 1, 0), \quad D_{33} = 1.$$

Essa política ótima é a mesma daquela obtida anteriormente nesta seção pelo algoritmo da melhoria de políticas.

O valor da função objetivo para a solução ótima é $Z = 17.325$. Esse valor está intimamente ligado aos dos $V_i(R)$ para essa política ótima que foram obtidos pelo algoritmo de melhoria de políticas. Recorde-se que $V_i(R)$ é interpretado como o custo total descontado esperado, dado que o sistema começa no estado i, e estamos interpretando β_i como a probabilidade de começar no estado β_i. Como cada β_i foi escolhido para ser igual a $\frac{1}{4}$,

$$17.325 = \frac{1}{4}[V_0(R) + V_1(R) + V_2(R) + V_3(R)]$$

$$= \frac{1}{4}(14.949 + 16.262 + 18.636 + 19.454).$$

Processos de decisão de Markov de período finito e o método das aproximações sucessivas

Agora, voltamos nossa atenção para uma abordagem chamada *método das aproximações sucessivas*, para encontrar *rapidamente* pelo menos uma *aproximação* para uma política ótima.

Partimos do pressuposto que o processo de decisão de Markov vai operar indefinidamente e procuramos uma política ótima para um processo desses. O conceito básico do método das aproximações sucessivas é, ao contrário, encontrar uma política ótima para as decisões a ser tomadas no primeiro período quando o processo tem apenas n períodos que faltam antes de terminar, começando com $n = 1$, depois $n = 2$, em seguida $n = 3$, e assim por diante. À medida que n cresce, as políticas ótimas correspondentes convergirão para uma política ótima para o problema de período infinito de interesse. Portanto, as políticas obtidas para $n = 1, 2, 3, \ldots$ fornecem *aproximações sucessivas* que levam à política ótima desejada.

A razão para essa abordagem ser atrativa é que já temos um método rápido para encontrar uma política ótima quando o processo tem apenas n períodos que faltam, isto é, a programação dinâmica probabilística conforme foi descrito na Seção 10.4.

Particularmente, para $i = 0, 1, \ldots, M$, façamos que:

V_i^n = custo total descontado esperado de se seguir uma política ótima, dado que o processo se inicia no estado i e tem apenas n períodos restantes[5].

---

[5] Como queremos permitir que n cresça de modo indefinido, fazemos que n seja o *número de períodos que restam*, em vez do *número de períodos a partir do início* (como no Capítulo 10).

Pelo *princípio de otimalidade* para programação dinâmica (ver a Seção 10.2), os V_i^n são obtidos da relação recursiva:

$$V_i^n = \min_k \left\{ C_{ik} + \alpha \sum_{j=0}^{M} p_{ij}(k) V_j^{n-1} \right\}, \quad \text{para } i = 0, 1, \ldots, M.$$

O valor que minimiza k fornece a decisão ótima a ser tomada no primeiro período quando o processo começa no estado i.

Para começar, com $n = 1$, todos os $V_i^0 = 0$ de modo que:

$$V_i^1 = \min_k \{C_{ik}\}, \quad \text{para } i = 0, 1, \ldots, M.$$

Embora o método das aproximações sucessivas não possa levar necessariamente a uma política ótima para o problema do período infinito após apenas algumas poucas iterações, ele apresenta uma vantagem distinta em relação às técnicas de melhoria de políticas e da programação linear. Ele jamais requer a resolução de um sistema de equações simultâneas e, portanto, cada iteração pode ser realizada de forma simples e rápida.

Além disso, se o processo de decisão de Markov tiver realmente apenas n períodos que faltem, n iterações desse método certamente conduzirão a uma política ótima. Para um problema de n períodos, é possível configurar-se $\alpha = 1$, isto é, sem desconto, em cujo caso o objetivo é minimizar o custo total esperado ao longo de n períodos.

O Tutorial IOR inclui um procedimento interativo para ajudá-lo a usar esse método de forma eficiente.

Solução do exemplo-protótipo por meio do método das aproximações sucessivas

Usamos novamente $\alpha = 0,9$. Volte à coluna mais à direita da Tabela 19.1 no final da Seção 19.1 para obter os valores de C_{ik}. Observe também nas duas primeiras colunas dessa tabela que as únicas decisões k viáveis para cada estado i são $k = 1$ para $i = 0$, $k = 1$ ou 3 para $i = 1$, $k = 1$, 2 ou 3 para $i = 2$ e $k = 3$ para $i = 3$.

Para a primeira iteração ($n = 1$), o valor obtido para cada V_i^1 é mostrado a seguir, junto com o valor minimizador de k (fornecido entre parênteses).

$$V_0^1 = \min_{k=1} \{C_{0k}\} = 0 \qquad (k = 1)$$
$$V_1^1 = \min_{k=1,3} \{C_{1k}\} = 1.000 \qquad (k = 1)$$
$$V_2^1 = \min_{k=1,2,3} \{C_{2k}\} = 3.000 \qquad (k = 1)$$
$$V_3^1 = \min_{k=3} \{C_{3k}\} = 6.000 \qquad (k = 3)$$

Portanto, a primeira aproximação requer que se escolha a decisão 1 (não fazer nada) quando o sistema se encontrar no estado 0, 1 ou 2. Quando o sistema estiver no estado 3, opta-se pela decisão 3 (substituir a máquina).

A segunda iteração conduz a:

$$V_0^2 = 0 + 0,9\left[\frac{7}{8}(1.000) + \frac{1}{16}(3.000) + \frac{1}{16}(6.000)\right] = 1.294 \quad (k = 1)$$

$$V_1^2 = \min\left\{1.000 + 0,9\left[\frac{3}{4}(1.000) + \frac{1}{8}(3.000) + \frac{1}{8}(6.000)\right],\right.$$
$$\left. 6.000 + 0,9[1(0)]\right\} = 2.688 \quad (k = 1)$$

$$V_2^2 = \min\left\{3.000 + 0,9\left[\frac{1}{2}(3.000) + \frac{1}{2}(6.000)\right],\right.$$
$$\left. 4.000 + 0,9[1(1.000)], 6.000 + 0,9[1(0)]\right\} = 4.900 \quad (k = 2)$$

$$V_3^2 = \qquad\qquad\qquad 6.000 + 0,9[1(0)] = 6.000 \quad (k = 3)$$

em que o operador *mín* foi eliminado da primeira e da quarta expressão pois existe apenas uma alternativa de decisão. Logo, a segunda aproximação diz para deixar a máquina como se encontra no estado 0 ou 1, revisá-la quando estiver no estado 2 e substituí-la quando se encontrar no estado 3. Observe que essa política é a ótima para o problema de período infinito, conforme observado anteriormente nesta seção tanto pelo algoritmo de melhoria de políticas como por meio da programação linear. Entretanto, V_i^2 (o custo total descontado que se espera ao se começar no estado i para o problema de dois períodos) ainda não se encontra suficientemente próximo de V_i (o custo correspondente para o problema de período infinito).

A terceira iteração nos leva a:

$$V_0^3 = 0 + 0{,}9\left[\frac{7}{8}(2.688) + \frac{1}{16}(4.900) + \frac{1}{16}(6.000)\right] = 2.730 \quad (k=1)$$

$$V_1^3 = \min\left\{1.000 + 0{,}9\left[\frac{3}{4}(2.688) + \frac{1}{8}(4.900) + \frac{1}{8}(6.000)\right],\right.$$
$$\left.6.000 + 0{,}9[1(1.294)]\right\} = 4.041 \quad (k=1)$$

$$V_2^3 = \min\left\{3.000 + 0{,}9\left[\frac{1}{2}(4.900) + \frac{1}{2}(6.000)\right],\right.$$
$$\left.4.000 + 0{,}9[1(2.688)], 6.000 + 0{,}9[1(1.294)]\right\} = 6.419 \quad (k=2)$$

$$V_3^3 = \qquad\qquad\qquad\qquad 6.000 + 0{,}9[1(1.294)] = 7.165 \quad (k=3).$$

A política ótima para o problema de período infinito é novamente obtida, e os custos se aproximam mais daqueles para esse problema. Esse procedimento pode ser mantido e V_0^n, V_1^n, V_2^n e V_3^n convergirá para 14.949, 16.262, 18.636 e 19.454, respectivamente.

Observe que o término do método das aproximações sucessivas após a segunda iteração teria resultado em uma política ótima para o problema de período infinito, embora não haja nenhuma maneira de saber desse fato sem resolver o problema por outros métodos.

Conforme foi indicado anteriormente, o método das aproximações sucessivas obtém, sem dúvida nenhuma, uma política ótima para um problema com n períodos após n iterações. Para este exemplo, a primeira, a segunda e a terceira iterações identificaram a decisão ótima imediata para cada estado se o número de períodos restante for um, dois e três, respectivamente.

19.6 CONCLUSÕES

Os processos de decisão de Markov fornecem uma poderosa ferramenta para otimizar o desempenho dos processos estocásticos que podem ser modelados como uma cadeia de Markov de tempo discreto. Surgem aplicações em uma série de áreas, como assistência médica, manutenção de estradas e pontes, controle de estoques, manutenção de máquinas, administração de fluxo de caixa, controle de represas, controle florestal, controle de sistemas de filas e operação de redes de comunicações. As Referências Selecionadas 11 e 12 fornecem pesquisas recentes e interessantes de aplicações. A Referência Selecionada 10 fornece a atualização sobre uma aplicação que ganhou uma premiação e a Referência Selecionada 4 descreve outra aplicação reconhecida. As Referências Selecionadas 3 e 8 incluem informações mais recentes sobre aplicações.

As duas principais medidas de desempenho usadas são o *custo médio esperado* (duradouro) *por unidade de tempo* e o *custo total descontado esperado*. Essa última requer a determinação do valor apropriado de um fator de desconto, porém, essa medida é útil quando for importante levar-se em conta o valor temporal do dinheiro.

Os dois métodos mais importantes para derivar políticas ótimas para processos de decisão de Markov são os *algoritmos de melhoria de políticas* e *programação linear*. Segundo o critério do custo descontado, o *método das aproximações sucessivas* é uma maneira rápida de se aproximar uma política ótima.

REFERÊNCIAS SELECIONADAS

1. Altman, E.: *Constrained Markov Decision Processes*, Chapman and Hall/CRC, Boca Raton, FL, 1999.
2. Bertsekas, D. P.: *Dynamic Programming and Optimal Control,* Vol. I, 2nd ed., Athena Scientific, Belmont MA, 2000.
3. Feinberg, E. A., and A. Shwartz: *Handbook of Markov Decision Processes: Methods and Applications,* Kluwer Academic Publishers (now Springer), Boston, 2002.
4. Golabi, K., and R. Shepard: "Pontis: A System for Maintenance Optimization and Improvement of U.S. Bridge Networks", *Interfaces,* **27**(1): 71-88, January-February 1997.
5. Howard, R. A.: "Comments on the Origin and Application of Markov Decision Processes", *Operations Research,* **50**(1): 100-102, January-February 2002.
6. Hu, J., M. C. Fu, V. R. Ramezani, and S. I. Marcus: "An Evolutionary Random Policy Search Algorithm for Solving Markov Decision Processes", *INFORMS Journal on Computing,* **19**(2): 161-174, Spring 2007.
7. Puterman, M. L.: *Markov Decision Processes: Discrete Stochastic Dynamic Programming,* Wiley, New York, 1994.
8. Sennott, L. I.: *Stochastic Dynamic Programming and the Control of Queueing Systems,* Wiley, New York, 1999.
9. Smith, J. E., and K. F. McCardle: "Structural Properties of Stochastic Dynamic Programs", *Operations Research,* **50**(5): 796-809, September-October 2002.
10. Wang, K. C. P., and J. P. Zaniewski: "20/30 Hindsight: The New Pavement Optimization in the Arizona State Highway Network", *Interfaces,* **26**(3): 77-89, May-June 1996.
11. White, D. J.: "Further Real Applications of Markov Decision Processes", *Interfaces,* **18**(5): 55-61, September-October 1988.
12. White, D. J.: "Real Applications of Markov Decision Processes", *Interfaces,* **15**(6): 73-83, November-December 1985.

FERRAMENTAS DE APRENDIZADO NO *SITE*

Worked examples:

Exemplos do Capítulo 19

Exemplos demonstrativos no Tutor PO:

Algoritmo de Melhoria de Políticas – Caso de Custo Médio

Procedimentos interativos no Tutorial IOR:

Introdução do Modelo de Decisão de Markov
Algoritmo Interativo para Melhoria de Políticas – Custo Médio
Algoritmo Interativo para Melhoria de Políticas – Custo Descontado
Método das Aproximações Sucessivas (Interativo)

Procedimentos automáticos no Tutorial IOR (Seção Cadeias de Markov):

Introdução de Matrizes de Transição
Probabilidades de Estado Estável

Arquivos (Capítulo 19 – Processos de Decisão de Markov) para solucionar as formulações de programação linear:

Arquivos em Excel
Arquivo LINGO/LINDO

Glossário do Capítulo 19

Ver Apêndice 1 para obter documentação sobre o software.

PROBLEMAS

Os símbolos à esquerda de alguns problemas (ou parte deles) têm o seguinte significado::

D: O exemplo demonstrativo correspondente listado na página acima pode ser útil.

I: Sugerimos que você use o procedimento interativo correspondente listado anteriormente (a impressão registra seu trabalho).

A: Os procedimentos automáticos listados anteriormente podem ser úteis.

C: Use o computador com qualquer uma das opções de software disponíveis (ou conforme a orientação de seu professor) para resolver sua formulação de programação linear.

Um asterisco no número do problema indica que pelo menos há uma resposta parcial no final do livro.

19.2-1 Leia o artigo referido que descreve completamente o estudo de PO resumido no Exemplo de Aplicação apresentado na Seção 19.2. Descreva brevemente como os processos de decisão de Markov que foram aplicados nesse estudo. Em seguida, enumere os diversos benefícios financeiros ou não resultantes desse estudo.

19.2-2* Durante qualquer período, um cliente em potencial chega a certa loja com probabilidade de $\frac{1}{2}$. Se existirem duas pessoas nessa loja (incluindo aquela que está sendo atendida no momento), o cliente em potencial deixa a loja imediatamente e jamais retorna. Entretanto, se houver uma pessoa ou nenhuma, ele entra na loja e se torna efetivamente um cliente. O gerente da loja tem dois tipos de configurações de atendimento disponíveis. No início de cada período, deve ser tomada uma decisão em relação a qual configuração usar. Se ele usar sua configuração "lenta" a um custo de US$ 3 e qualquer cliente estiver presente durante o período, um cliente será atendido e deixará a loja com probabilidade de $\frac{3}{5}$. Se ele usar a configuração "rápida" a um custo de US$ 9 e qualquer cliente estiver presente durante o período, um cliente será atendido e deixará a loja com probabilidade de $\frac{4}{5}$. A probabilidade de mais de um cliente chegar ou mais do que um cliente ser atendido em um período é zero. Obtém-se um lucro de US$ 50 quando um cliente é atendido.

(a) Formule o problema de escolha de configuração de atendimento período por período na forma de um processo de decisão de Markov. Identifique os estados e decisões. Para cada combinação de estado e decisão, encontre o *custo imediato líquido esperado* (subtraindo qualquer lucro de atendimento de um cliente) incorrido durante esse período.

(b) Identifique todas as políticas (determinísticas estacionárias). Para cada uma delas, encontre a matriz de transição e escreva uma expressão para o custo líquido médio esperado (duradouro) por período em termos das probabilidades de estado estável ($\pi_0, \pi_1, \ldots, \pi_M$) desconhecidas.

A (c) Use o Tutorial IOR para encontrar essas probabilidades de estado estável para cada política. A seguir, avalie a expressão obtida no item (b) para encontrar a política ótima por enumeração exaustiva.

19.2-3* Um estudante está preocupado com seu carro; ele não gosta de amassados na lataria do veículo. Quando ele dirige para a universidade, ele tem uma opção de estacionar o automóvel na rua em uma vaga, estacionar na rua e ocupar duas vagas ou então estacionar em um estacionamento. Se ele estacionar na rua ocupando uma vaga, seu carro fica amassado com probabilidade de $\frac{1}{10}$. Se estacionar na rua, porém ocupando duas vagas, a probabilidade de ter o veículo amassado é de $\frac{1}{50}$ e a probabilidade de receber uma multa de US$ 15 é de $\frac{3}{10}$. Estacionar em um estacionamento custa US$ 5, mas o carro não será amassado. Se for amassado, o estudante poderá mandar consertá-lo, e nesse caso o automóvel ficará fora de uso por um dia, o que lhe causará prejuízo de US$ 50 em tarifas e em tarifas de táxi. O estudante também pode dirigir com o carro amassado, mas ele acredita que a resultante perda de valor e orgulho seja equivalente a um custo de US$ 9 por dia letivo. Ele deseja determinar a política ótima de onde estacionar e se deve ou não consertar o carro quando ele for amassado de modo a minimizar seu custo médio esperado (duradouro) por dia letivo.

(a) Formule esse problema como um processo de decisão de Markov, identificando os estados e decisões e, então, encontrando os C_{ik}.

(b) Identifique todas as políticas (determinísticas estacionárias). Para cada uma delas, encontre a matriz de transição e escreva uma expressão para o custo médio esperado (duradouro) por período em termos das probabilidades de estado estável ($\pi_0, \pi_1, \ldots, \pi_M$) desconhecidas.

A (c) Use o Tutorial IOR para encontrar essas probabilidades de estado estável para cada política. Avalie então a expressão obtida no item (b) para encontrar a política ótima por enumeração exaustiva.

19.2-4 Todo sábado à noite um indivíduo joga pôquer em sua casa com o mesmo grupo de amigos. Se ele providenciar bebidas para o grupo (a um custo esperado de US$ 14) em qualquer noite de sábado, o grupo começará bem-humorado a noite do sábado seguinte com probabilidade de $\frac{7}{8}$ e mal-humorado com probabilidade de $\frac{1}{8}$. Entretanto, se ele não fornecer as bebidas, o grupo começará a próxima reunião bem-humorado com probabilidade de $\frac{1}{8}$ e mal-humorado com probabilidade de $\frac{7}{8}$, independentemente do humor que estiverem nesse sábado. Além disso, se o grupo começar a noite mal-humorado e depois ele não providenciar as bebidas, o grupo vai "cair matando" de modo que ele incorrerá em perdas esperadas no jogo de pôquer de US$ 75. Sob outras circunstâncias, ele não teria em média nenhum ganho ou perda no jogo de pôquer. Ele deseja encontrar a política referente a quando fornecer bebidas que vão minimizar seu custo médio esperado (duradouro) por semana.

(a) Formule esse problema como um processo de decisão de Markov, identificando os estados e decisões e então encontrando os C_{ik}.

(b) Identifique todas as políticas (determinísticas estacionárias). Para cada uma delas, encontre a matriz de transição e escreva uma expressão para o custo médio esperado (duradouro) por período em termos das probabilidades de estado estável ($\pi_0, \pi_1, \ldots, \pi_M$) desconhecidas.

A (c) Use o Tutorial IOR para encontrar essas probabilidades de estado estável para cada política. Avalie então a expressão obtida no item (b) para encontrar a política ótima por enumeração exaustiva.

19.2-5* Um jogador de tênis possui duas chances para sacar dentro dos limites da quadra. Se ele falhar duas vezes, perde o ponto. Se tentar um *ace*, ele conseguirá sacar dentro dos limites da quadra com probabilidade de $\frac{3}{8}$. Se sacar um *lob*, ele conseguirá sacar dentro dos limites da quadra com probabilidade de $\frac{7}{8}$. Se ele sacar um *ace* dentro da quadra, ganhará o ponto com probabilidade de $\frac{2}{3}$. Com um *lob* dentro da quadra, ele ganhará o ponto com probabilidade de $\frac{1}{3}$. Se o custo for de $+1$ para cada ponto perdido e -1 para cada ponto ganho, o problema será determinar a estratégia de saque ótima para minimizar o custo médio esperado (duradouro) por ponto. *Dica:* faça que o estado 0 represente ponto finalizado, dois saques faltando no próximo ponto; e faça que o estado 1 represente um saque faltando.

(a) Formule esse problema como um processo de decisão de Markov, identificando os estados e decisões e, a seguir, encontre os C_{ik}.
(b) Identifique todas as políticas (determinísticas estacionárias). Para cada uma delas, encontre a matriz de transição e escreva uma expressão para o custo médio esperado (duradouro) por ponto em termos das probabilidades de estado estável $(\pi_0, \pi_1, \ldots, \pi_M)$ desconhecidas.
A (c) Use o Tutorial IOR para encontrar essas probabilidades de estado estável para cada política. Avalie então a expressão obtida no item (b) para encontrar a política ótima por enumeração exaustiva.

19.2-6 Todos os anos o Sr. Fontanez tem a oportunidade de investir em dois fundos mútuos sem encargos diferentes: o Go-Go Fund ou o Go-Slow Mutual Fund. No final de cada ano, Sr. Fontanez liquida suas posições, retira os lucros obtidos e então reinveste. Os lucros anuais dos fundos mútuos dependem de como o mercado reage a cada ano. Recentemente, o mercado oscilou em torno dos 14 mil pontos do final de um ano para o seguinte, de acordo com as probabilidades dadas na seguinte matriz de transição:

	13.000	14.000	15.000
13.000	0,4	0,4	0,2
14.000	0,3	0,4	0,3
15.000	0,1	0,4	0,5

Cada ano que o mercado sobe (ou desce) mil pontos, o Go-Go Fund tem lucros (ou perdas) de US$ 25.000, ao passo que o Go-Slow Fund tem lucros (ou perdas) de US$ 10.000. Se o mercado subir (ou descer) 2 mil pontos em um ano, o Go-Go Fund tem lucros (ou perdas) de US$ 60.000, enquanto o Go-Slow Fund tem lucros (ou perdas) de apenas US$ 25.000. Se o mercado ficar imutável, não haverá nenhum lucro ou perda para ambos os fundos. Fontanez deseja determinar sua política de investimentos ótima de modo a minimizar o custo médio esperado (duradouro) (perda menos lucro) por ano.

(a) Formule esse problema como um processo de decisão de Markov, identificando os estados e as decisões e, a seguir, encontre os C_{ik}.
(b) Identifique todas as políticas (determinísticas estacionárias). Para cada uma delas, encontre a matriz de transição e escreva uma expressão para o custo médio esperado (duradouro) por período em termos das probabilidades de estado estável $(\pi_0, \pi_1, \ldots, \pi_M)$ desconhecidas.
A (c) Use o Tutorial IOR para encontrar essas probabilidades de estado estável para cada política. Avalie então a expressão obtida no item (b) para encontrar a política ótima por enumeração exaustiva.

19.2-7 Buck e Bill Bogus são irmãos gêmeos que trabalham em um posto de gasolina e têm um negócio escuso (falsificação de dinheiro) como "bico". A cada dia é tomada uma decisão sobre qual irmão vai trabalhar no posto de gasolina enquanto o outro ficará em casa e a cargo do prelo no porão. Cada dia que a máquina funciona apropriadamente, estima-se que se produzam 60 notas utilizáveis de US$ 20. Entretanto, não se pode confiar muito nessa máquina, pois ela quebra com frequência. Se a máquina não estiver operando no início do dia, Buck é capaz de fazê-la funcionar no início do dia seguinte com probabilidade de 0,6. Se Bill trabalhar na máquina, essa probabilidade diminui para 0,5. Se Bill operar a máquina quando ela estiver funcionando, a probabilidade será de 0,6 de que ela ainda estará funcionando na manhã seguinte. Se Buck operar a máquina, ela quebrará com probabilidade de 0,6. Para fins de simplificação, suponha que todas as quebras ocorram no final do dia. Os irmãos querem determinar a política ótima em relação a quando cada um deles deve permanecer em casa de modo a maximizar o *lucro* (volume de dinheiro falso utilizável produzido) médio (duradouro) esperado por dia.

(a) Formule esse problema como um processo de decisão de Markov, identificando os estados e as decisões e, a seguir, encontre os C_{ik}.
(b) Identifique todas as políticas (determinísticas estacionárias). Para cada uma delas, encontre a matriz de transição e escreva uma expressão para o custo médio esperado (duradouro) por período em termos das probabilidades de estado estável $(\pi_0, \pi_1, \ldots, \pi_M)$ desconhecidas.
A (c) Use o Tutorial IOR para encontrar essas probabilidades de estado estável para cada política. Avalie então a expressão obtida no item (b) para encontrar a política ótima por enumeração exaustiva.

19.2-8 Considere um problema de estoque de período infinito que envolva um único produto em que, no início de cada período, deve ser tomada uma decisão sobre quantos itens produzir durante esse período. O custo de implantação é de US$ 10 e o custo unitário de produção é de US$ 5. O custo de manutenção de estoque para cada artigo não vendido durante o período é de US$ 4 (podem ser armazenados no *máximo* 2 itens). A demanda durante cada período apresenta uma distribuição probabilística conhecida, a saber: uma probabilidade de $\frac{1}{3}$ de 0, 1 e 2 itens, respectivamente. Se a demanda ultrapassar o estoque disponível durante o período, então essas vendas serão perdidas e há incidência de um custo de escassez (incluindo a receita perdida), isto é, de US$ 8 e US$ 32 para uma falta de 1 e 2 itens, respectivamente.

(a) Considere a política na qual dois itens são produzidos se não houver nenhum artigo em estoque no início de um período ao passo que não é produzido nada caso ainda haja produto em estoque. Determine o custo médio esperado (duradouro) por período para essa política. Ao encontrar a matriz de transição para a cadeia de Markov para essa política, faça que os estados representem os níveis de estoque no início do período.
(b) Identifique todas as políticas de estoque *viáveis* (determinísticas estacionárias), isto é, as políticas que jamais levem a exceder a capacidade de armazenamento.

19.3-1 Reconsidere o Problema 19.2-2.

(a) Formule um modelo de programação linear para encontrar uma política ótima.

C (b) Use o método simplex para solucionar esse modelo. Use a solução ótima resultante para identificar uma política ótima.

19.3-2* Reconsidere o Problema 19.2-3.

(a) Formule um modelo de programação linear para encontrar uma política ótima.

C (b) Use o método simplex para solucionar esse modelo. Use a solução ótima resultante para identificar uma política ótima.

19.3-3 Reconsidere o Problema 19.2-4.

(a) Formule um modelo de programação linear para encontrar uma política ótima.

C (b) Use o método simplex para solucionar esse modelo. Use a solução ótima resultante para identificar uma política ótima.

19.3-4* Reconsidere o Problema 19.2-5.

(a) Formule um modelo de programação linear para encontrar uma política ótima.

C (b) Use o método simplex para solucionar esse modelo. Use a solução ótima resultante para identificar uma política ótima.

19.3-5 Reconsidere o Problema 19.2-6.

(a) Formule um modelo de programação linear para encontrar uma política ótima.

C (b) Use o método simplex para solucionar esse modelo. Use a solução ótima resultante para identificar uma política ótima.

19.3-6 Reconsidere o Problema 19.2-7.

(a) Formule um modelo de programação linear para encontrar uma política ótima.

C (b) Use o método simplex para solucionar esse modelo. Use a solução ótima resultante para identificar uma política ótima.

19.3-7 Reconsidere Problema 19.2-8.

(a) Formule um modelo de programação linear para encontrar uma política ótima.

C (b) Use o método simplex para solucionar esse modelo. Use a solução ótima resultante para identificar uma política ótima.

D,I **19.4-1** Use o algoritmo de melhoria de políticas para encontrar uma política ótima para o Problema 19.2-2.

D,I **19.4-2*** Use o algoritmo de melhoria de políticas para encontrar uma política ótima para o Problema 19.2-3.

D,I **19.4-3** Use o algoritmo de melhoria de políticas para encontrar uma política ótima para o Problema 19.2-4.

D,I **19.4-4*** Use o algoritmo de melhoria de políticas para encontrar uma política ótima para o Problema 19.2-5.

D,I **19.4-5** Use o algoritmo de melhoria de políticas para encontrar uma política ótima para o Problema 19.2-6.

D,I **19.4-6** Use o algoritmo de melhoria de políticas para encontrar uma política ótima para o Problema 19.2-7.

D,I **19.4-7** Use o algoritmo de melhoria de políticas para encontrar uma política ótima para o Problema 19.2-8.

D,I **19.4-8** Considere o problema de estoque de sangue apresentado no Problema 16.5-5. Suponha agora que o número de litros de sangue entregue (em uma entrega normal) possa ser especificado no momento da entrega (em vez de usar a antiga política de receber um litro a cada entrega). Portanto, o número de litros entregue pode ser igual a 0, 1, 2 ou 3 (mais que três litros jamais podem ser usados). O custo da entrega normal é de US$ 50 por litro, ao passo que o custo de uma entrega de emergência é de US$ 100 por litro. Começando com a política de tirar um litro a cada entrega regular caso o número de litros disponíveis logo antes da entrega for 0, 1 ou 2 litros (portanto, nunca haverá mais de 3 litros disponíveis), realize duas iterações do algoritmo de melhoria de políticas. (Pelo fato de um volume tão pequeno ser mantido à mão e o litro mais antigo ser sempre usado primeiro, agora é possível ignorar a possibilidade remota de que qualquer litro ficará por até 21 dias e, depois, precisará ser descartado.)

I **19.5-1*** Joe quer vender seu carro. Ele recebe uma proposta a cada mês e tem de decidir imediatamente se deve ou não aceitar a oferta. Uma vez rejeitada, a oferta é perdida. As ofertas possíveis são de US$ 600, US$ 800 e US$ 1.000, feitas com probabilidades, respectivamente, de $\frac{5}{8}$, $\frac{1}{4}$ e $\frac{1}{8}$, (em que ofertas sucessivas são independentes entre si). Há um custo de manutenção de US$ 60 por mês para o carro. Joe está ansioso para vender o carro e, portanto, optou por um fator de desconto de $\alpha = 0,95$.

Usando o algoritmo de melhoria de políticas, encontre uma política que minimize o custo total descontado esperado. *Dica:* há duas ações possíveis: aceitar ou rejeitar a proposta. Façamos que o estado para o mês t seja a proposta naquele mês. Inclua também um estado ∞, no qual o processo irá para o estado ∞ sempre que uma oferta for aceita e permanecer lá a um custo mensal 0.

19.5-2* Reconsidere o Problema 19.5-1.

(a) Formule um modelo de programação linear para encontrar uma política ótima.

C (b) Use o método simplex para solucionar esse modelo. Use a solução ótima resultante para identificar uma política ótima.

I **19.5-3*** Para o Problema 19.5-1, use três iterações do método das aproximações sucessivas para aproximar uma política ótima.

I **19.5-4** O preço de certa ação tem flutuado entre US$ 10, US$ 20 e US$ 30 de mês a mês. Analistas de mercado prognosticaram que se a ação estiver a US$ 10 durante qualquer mês, ela estará a US$ 10 ou US$ 20 no mês seguinte, com probabilidades de $\frac{4}{5}$ e $\frac{1}{5}$, respectivamente. Se a ação estiver a US$ 20, ela estará a US$ 10, US$ 20 ou US$ 30 no mês seguinte, com probabilidades de $\frac{1}{4}$, $\frac{1}{4}$ e $\frac{1}{2}$, respectivamente. E se a ação estiver a US$ 30, ela estará a US$ 20 ou US$ 30 no mês seguinte, com probabilidades de $\frac{3}{4}$ e $\frac{1}{4}$, respectivamente. Dado um fator de desconto de 0,9, use o algoritmo de melhoria de políticas para determinar quando vender e quando manter a ação para maximizar o lucro total descontado esperado. *Dica:* inclua um estado que é atingido com probabilidade 1, quando a ação é vendida, e com probabilidade 0, quando a ação é mantida.

19.5-5 Reconsidere o Problema 19.5-4.

(a) Formule um modelo de programação linear para encontrar uma política ótima.

C **(b)** Use o método simplex para solucionar este modelo. Use a solução ótima resultante para identificar uma política ótima

I **19.5-6** Para o Problema 19.5-4, use três iterações do método das aproximações sucessivas para aproximar uma política ótima.

19.5-7 Uma indústria química fabrica dois produtos químicos, representados por C1 e C2 e somente um deles pode ser produzido de cada vez. Cada mês é tomada uma decisão em relação a qual produto químico produzir naquele mês. Como a demanda para cada produto químico é previsível, sabe-se que se o produto C2 for produzido neste mês, há chance de 60% de que ele também será produzido no mês seguinte. Da mesma forma, se este mês for produzido o produto C1, existe a possibilidade de apenas 30% de que ele será produzido novamente no mês seguinte.

Para combater as emissões de poluentes, a indústria química tem dois processos, o processo *A*, que é eficiente no combate à poluição com a produção de C2, mas não de C1 e o processo *B*, que é eficaz no combate à poluição provocada pela produção de C1, mas não de C2. Podemos usar apenas um processo de cada vez. O nível de poluição provocado com a produção de cada produto químico sob cada processo é:

	C1	C2
A	15	2
B	3	8

Infelizmente, há um atraso em implantar os processos de controle de poluição, de modo que a decisão sobre qual processo adotar deva ser feita no mês anterior à decisão de produção. A direção quer determinar uma política para estabelecer quando usar cada processo de controle de poluição que minimizará o volume total descontado esperado de toda a poluição futura com um fator de desconto de $\alpha = 0,5$.

(a) Formule esse problema como um processo de decisão de Markov, identificando os estados, as decisões e os C_{ik}. Identifique todas as políticas (determinísticas estacionárias).

I **(b)** Use o algoritmo de melhoria de políticas para encontrar uma política ótima.

19.5-8 Reconsidere o Problema 19.5-7.

(a) Formule um modelo de programação linear para encontrar uma política ótima.

C **(b)** Use o método simplex para solucionar esse modelo. Utilize a solução ótima resultante para identificar uma política ótima.

I **19.5-9** Para o Problema 19.5-7, use duas iterações do método das aproximações sucessivas para aproximar uma política ótima.

I **19.5-10** Reconsidere o Problema 19.5-7. Suponha agora que a empresa produzirá qualquer um desses produtos químicos por apenas mais quatro meses e, portanto, a decisão sobre qual processo de controle de poluição adotar em um mês precisa ser tomada apenas mais três vezes. Encontre uma política ótima para esse problema de três períodos.

I **19.5-11*** Reconsidere o exemplo-protótipo da Seção 19.1. Suponha agora que o processo de produção utilizando a máquina considerada será empregado por mais quatro semanas apenas. Usando o critério do custo descontado com um fator de desconto de $\alpha = 0,9$, encontre a política ótima para esse problema de quatro períodos.

CAPÍTULO 20

Simulação

Neste capítulo final, estamos prontos para nos concentrar na última das técnicas-chave da pesquisa operacional. A *simulação* se destaca entre essas técnicas, e é a mais utilizada entre elas. Além disso, por ser uma ferramenta tão flexível, poderosa e intuitiva, ela continua a ganhar rapidamente popularidade.

Essa técnica envolve o uso de um computador para *imitar* (simular) a operação de um processo inteiro ou sistema. Por exemplo, a simulação é empregada em geral para realizar análises de risco em processos financeiros, imitando repetidamente a evolução das transações envolvidas para gerar um perfil de possíveis resultados. A simulação também é amplamente usada para analisar sistemas estocásticos que continuarão a operar indefinidamente. Para esses sistemas, o computador gera e registra, de maneira aleatória, as ocorrências dos vários eventos que dirigem o sistema como se eles estivessem operando fisicamente. Em virtude de sua velocidade, o computador pode simular até mesmo anos de operação em uma questão de segundos. Registrar o desempenho da operação simulada do sistema para uma série de projetos ou procedimentos operacionais alternativos habilita então a avaliação e a comparação dessas alternativas antes de escolher uma delas.

A Seção 20.1 descreve e ilustra a essência da simulação. A Seção 20.2 apresenta uma série de aplicações comuns de simulação. As Seções 20.3 e 20.4 concentram-se em duas ferramentas-chave da simulação: a geração de números aleatórios e a geração de observações aleatórias com base nas distribuições de probabilidades. A Seção 20.5 descreve o procedimento geral para a aplicação da simulação. A Seção 20.6 mostra como as simulações agora podem ser executadas de forma eficiente em planilhas. Um suplemento do capítulo contido no *site* da editora apresenta algumas técnicas especiais para melhorar a precisão das estimativas das medidas de desempenho do sistema simulado. Um segundo suplemento apresenta um método estatístico inovador para analisar a saída de uma simulação. Um terceiro suplemento estende a abordagem baseada em planilhas para procurar uma solução ótima para modelos de simulação.

20.1 A ESSÊNCIA DA SIMULAÇÃO

A técnica de *simulação* tem sido há muito tempo uma importante ferramenta do projetista. Por exemplo, a simulação de voo de um avião em um túnel de vento é uma prática comum quando se projeta um novo avião. Teoricamente, as regras da física poderiam ser usadas para se obterem as mesmas informações sobre como o desempenho da aeronave muda à medida que forem alterados os parâmetros do projeto, porém, por questões práticas, a análise se tornaria muito complicada para resolver o problema todo. Outra opção seria construir aeronaves reais com projetos alternativos e testá-los em voos reais para escolher o projeto final, no entanto, isso seria muito caro (além de não ser seguro). Portanto, após a realização de algumas análises teóricas preliminares para desenvolver um *pré-projeto*, a simulação de voo em um túnel de vento é uma ferramenta vital para experimentar projetos *específicos*. Essa simulação equivale a *imitar* o desempenho de um avião real em um ambiente controlado de modo a *estimar* qual será seu real desempenho. Após um projeto detalhado ter sido desenvolvido dessa maneira, um modelo protótipo pode ser construído e testado em um voo real para ajustar o projeto final.

O papel da simulação em estudos de pesquisa operacional

A *simulação* desempenha o mesmo papel em muitos estudos de PO. Entretanto, em vez de projetar um avião, a equipe de PO se preocupa com o desenvolvimento de um projeto ou procedimento operacional para algum *sistema estocástico* (um sistema que evolui *probabilisticamente* ao longo do tempo). Alguns desses sistemas estocásticos lembram os exemplos das cadeias de Markov e sistemas de filas descritos nos Capítulos 16 e 17, e outros são mais complexos. Em vez de usar um túnel de vento, o desempenho do sistema real é *imitado* usando-se distribuições de probabilidades para *gerar aleatoriamente* diversos eventos que ocorrem no sistema. Portanto, um modelo de simulação *resume* o sistema construindo-o, componente por componente, e evento por evento. Em seguida, o modelo *executa* o sistema simulado para obter *observações estatísticas* do desempenho do sistema resultante de diversos eventos gerados aleatoriamente. Como as *execuções de simulação* normalmente exigem a geração e o processamento de um enorme volume de dados, esses experimentos estatísticos simulados são, inevitavelmente, realizados em um computador.

Quando a simulação for usada como parte de um estudo de PO, ele é comumente precedido e seguido pelas mesmas etapas descritas anteriormente para o projeto de um avião. Particularmente, é feita alguma análise preliminar (talvez com modelos matemáticos aproximados) para se obter um esboço do sistema (inclusive de seus procedimentos operacionais). Em seguida, é empregada a simulação para experimentar projetos específicos para estimar o desempenho de cada um deles. Após um projeto detalhado ter sido desenvolvido e selecionado dessa maneira, o sistema provavelmente é testado na prática para ajustes no projeto final.

Para preparar a simulação de um sistema complexo, um **modelo de simulação** detalhado precisa ser formulado para descrever a operação do sistema e como ele deve ser simulado. Um modelo de simulação tem diversos blocos construtivos básicos:

1. Uma definição do *estado do sistema* (por exemplo, o número de clientes em um sistema de filas);
2. Identificar os *possíveis estados* do sistema que podem ocorrer;
3. Identificar os possíveis eventos (por exemplo, chegadas e términos de atendimento em um sistema de filas) que mudariam o estado do sistema;
4. Uma provisão para um *relógio simulado*, localizado no mesmo endereço do programa de simulação, que registrará a passagem do tempo (simulado);
5. Um método para *gerar eventos aleatoriamente* de diversos tipos;
6. Uma fórmula para identificar as *transições de estado* que são geradas pelos diversos tipos de eventos.

Grandes avanços ocorreram no desenvolvimento de software especial (descrito na Seção 20.5) para integrar de forma eficiente o modelo de simulação em um programa de computador e, então, realizar as simulações. Não obstante, ao lidar com sistemas relativamente complexos, a simulação tende a ser um procedimento relativamente caro. Após formular um modelo de simulação detalhado, é necessário tempo considerável para desenvolver e depurar os programas de computador necessários para executar a simulação. Em seguida, talvez sejam necessários diversos processamentos longos para se obterem dados de qualidade sobre como será o desempenho de todos os projetos alternativos do sistema. Finalmente, todos esses dados (que apenas fornecem *estimativas* do desempenho dos projetos alternativos) deveriam ser analisados cuidadosamente antes de se chegar a qualquer conclusão. Todo esse processo normalmente consome muito tempo e esforço. Portanto, a simulação não deveria ser usada quando existir um procedimento menos oneroso capaz de fornecer as mesmas (ou melhores) informações.

Normalmente, a simulação é usada quando o sistema estocástico envolvido for muito complexo para ser analisado de modo satisfatório pelos tipos de modelos matemáticos (por exemplo, modelos de filas) descritos em capítulos precedentes. Um dos principais pontos fortes de um modelo matemático é o fato de ele abstrair a essência do problema e revelar sua estrutura subjacente fornecendo, portanto, as relações causa-efeito contidas no sistema. Assim, se o modelador for capaz de construir um modelo matemático que seja, ao mesmo tempo, uma idealização razoável do problema e tratável para solução, essa abordagem geralmente é superior em relação à simulação. Entretanto, diversos problemas são muito complexos para permitir o uso dessa metodologia. Logo, a simulação normalmente é a única abordagem prática para um problema.

Simulação por eventos discretos *versus* simulação contínua

Duas amplas categorias de simulações são as simulações por eventos discretos e as simulações contínuas.

A **simulação por eventos discretos** é aquela em que as mudanças no estado do sistema ocorrem instantaneamente em pontos aleatórios no tempo como resultado da ocorrência de *eventos discretos*. Por exemplo, em um sistema de filas no qual o estado do sistema é o número de clientes no sistema, os eventos discretos que mudam esse estado são a chegada e a saída de um cliente em decorrência da finalização desse serviço. A maioria das aplicações de simulação, na prática, é simulação por eventos discretos.

A **simulação contínua** é aquela na qual as mudanças no estado do sistema ocorrem *continuamente* ao longo do tempo. Por exemplo, se o sistema de interesse for um avião em voo e seu estado for definido como a posição atual da aeronave, então o estado muda continuamente ao longo do tempo. Algumas aplicações de simulações contínuas ocorrem em estudos de projetos desses sistemas de engenharia.

As simulações contínuas normalmente exigem o emprego de equações diferenciais para descrever a taxa de mudança das variáveis de estado. Logo, a análise tende a ser relativamente complexa.

Ao aproximar as mudanças contínuas do estado de um sistema por mudanças ocasionais discretas, muitas vezes é possível usar a simulação por eventos discretos para aproximar o comportamento de um sistema contínuo. Isso tende a simplificar muito a análise.

Este capítulo concentra-se daqui em diante nas simulações por eventos discretos. Assumimos esse tipo em todas as referências feitas posteriormente à simulação.

Vejamos agora dois exemplos para ilustrar as ideias básicas da simulação. Esses exemplos são consideravelmente mais simples do que a aplicação usual dessa técnica de modo a destacar as principais ideias de forma mais rápida. De fato, o primeiro sistema é tão simples que a simulação nem mesmo precisa ser realizada em computador. O segundo sistema incorpora um número maior de características comuns de uma simulação, embora ela seja, também, suficientemente simples para ser resolvida de modo analítico.

EXEMPLO 1 Um jogo de lançamento de moeda

Você é o ganhador de uma rifa e o prêmio é uma viagem com todas as despesas pagas em um luxuoso hotel em Las Vegas, incluindo algumas fichas para apostas no cassino do hotel.

Após entrar no cassino, você descobre que, além dos jogos usuais (*blackjack*, roleta etc.), eles dispõem de um novo e interessante jogo que apresenta as seguintes regras.

Regras do jogo

1. Cada rodada envolve lançar repetidamente uma moeda não viciada até que a *diferença* entre o número de caras obtido e o número de coroas seja 3.
2. Caso decida participar do jogo, exige-se uma aposta de US$ 1 para cada lançamento da moeda. Não se permite abandonar o jogo durante uma rodada.
3. Você receberá US$ 8 no final de cada rodada do jogo.

Logo, você ganhará dinheiro caso o número de lançamentos necessário for menor que 8, porém, perderá dinheiro caso sejam necessários mais de 8 lançamentos. Eis alguns exemplos (em que H representa cara e T coroa).

HHH	3 lançamentos	Você ganha US$ 5.
THTTT	5 lançamentos	Você ganha US$ 3.
THHTHTHTTTT	11 lançamentos	Você perde US$ 3.

Como você decidiria se deve ou não participar desse jogo?

Muitas pessoas baseariam sua decisão em *simulação,* embora elas provavelmente não usassem essa denominação. Nesse caso, a simulação equivale a nada mais do que simplesmente participar do jogo muitas vezes sem apostar até que se torne claro se vale a pena ou não jogar por dinheiro. Meia hora jogando repetidamente uma moeda e registrando os ganhos ou perdas resultantes talvez seja suficiente. Essa é uma simulação verdadeira, pois estamos *imitando* a realização do jogo *sem*, na verdade, ganhar ou perder qualquer dinheiro.

Vejamos agora como um computador pode ser usado para realizar esse mesmo *experimento simulado*. Embora um computador não seja capaz de lançar moedas, ele pode fazer a *simulação*. Ele faz isso gerando uma sequência de *observações aleatórias* a partir de uma distribuição uniforme entre 0 e 1, em que essas observações aleatórias sejam conhecidas como *números aleatórios uniformes* ao longo do intervalo [0, 1]. Uma maneira fácil de gerar esses números aleatórios uniformes é usar a função **RAND()** do Excel. Por exemplo, a parte inferior da Figura 20.1 ilustra que = RAND() foi inserido na célula C13 e, então, copiado no intervalo C14:C62 com o comando Copy. É preciso empregar parênteses nessa função, mas, na realidade, não se insere nada entre eles. Isso faz que o Excel gere os números aleatórios mostrados nas células C13:C62 da planilha. As linhas 27-56 foram ocultadas para poupar espaço na figura.

As probabilidades para o resultado de se lançar uma moeda são:

$$P(\text{caras}) = \frac{1}{2}, \quad P(\text{coroas}) = \frac{1}{2}.$$

Portanto, para simular o lançamento de uma moeda, o computador pode simplesmente deixar que *qualquer metade* dos possíveis números aleatórios corresponda a *caras* e a *outra metade*, a *coroas*. Para ser específico, usaremos a seguinte correspondência:

0,0000 a 0,4999   corresponde a   caras.
0,5000 a 0,9999   corresponde a   coroas

Usando a fórmula:

= IF(RandomNumber < 0.5, "Caras", "Coroas")

em cada uma das células da coluna D da Figura 20.1, o Excel insere Caras se o número aleatório for menor que 0,5 e insere Coroas, caso contrário. Consequentemente, os primeiros 11 números aleatórios gerados na coluna C resultam na seguinte sequência de caras (H) e coroas (T):

HTTTHHHTHHH,

em cujo ponto o jogo para, pois o número de caras (7) excede o número de coroas (4) em três unidades. As células D7 e D8 registram o número total de lançamentos (11) e as vitórias resultantes (US$ 8 − US$ 11 = − US$ 3).

As equações na parte inferior da Figura 20.1 mostram as fórmulas que foram inseridas nas diversas células incluindo-as na parte superior e, depois, usando o comando Copy para copiá-las para baixo das colunas. Usando-se essas equações, a planilha registra então a simulação de uma rodada completa do jogo. Para praticamente garantir que o jogo será concluído, foram simulados 50 lançamentos da moeda. As colunas E e F registram o número cumulativo de caras e coroas após cada lançamento. As equações incluídas nas células da coluna G deixam cada célula em branco até que a diferença no número de caras e coroas chegue a 3, cujo ponto PARE é inserido na célula. A partir daí, NA (de: Não se Aplica) é inserido em seu lugar. Usando-se as equações mostradas logo abaixo da planilha na Figura 20.1, as células D7 e D8 registram o resultado da rodada simulada do jogo.

Essas simulações de rodadas do jogo podem ser repetidas quanto for desejado com essa planilha. A cada vez, o Excel vai gerar uma nova sequência de números aleatórios e, portanto, uma nova sequência de caras e coroas. O Excel repetirá uma sequência de números aleatórios somente se selecionarmos o intervalo de números que queremos repetir, copiar esse intervalo por meio do comando Copy, selecionarmos Paste Special do menu Edit, selecionarmos a opção Values e, então, clicarmos em OK.

As simulações normalmente são repetidas muitas vezes para se obter uma estimativa mais confiável de um resultado médio. Por essa razão, essa mesma planilha foi utilizada para gerar a tabela de dados da Figura 20.2 para 14 rodadas do jogo. Conforme indicado no canto direito dessa figura, isso se faz criando-se uma tabela com os cabeçalhos de colunas nas colunas J, K e L e, então, introduzindo-se equações na primeira linha da tabela de dados que se referem à saída das células de interesse na Figura 20.1 e, portanto, = NumeroDeLancamentos é incluído na célula K6 e =Vitorias é introduzido na célula L6, deixando-se a célula J6 em branco. A próxima etapa é selecionar todo o conteúdo da tabela (células J6:L20) e então selecionar Data Table do menu What-If Analysis da guia Data (para o Excel 2007) ou Table do menu Data (para versões anteriores do Excel). Finalmente, selecione *qual-*

	A	B	C	D	E	F	G
1		**Jogo de lançamento de moeda**					
2							
3		Diferença exigida		3			
4		Dinheiro acumulado		US$ 8			
5		no final do jogo					
6				**Resumo do jogo**			
7			Resumo do jogo	11			
8			Vitórias	−US$ 3			
9							
10							
11				Número		Total	Total
12		Lançamento		aleatório	Resultado	de caras	de coroas	Parar?
13		1	0,6961	Caras	1	0	
14		2	0,2086	Coroas	1	1	
15		3	0,1457	Coroas	1	2	
16		4	0,3098	Coroas	1	3	
17		5	0,6996	Caras	2	3	
18		6	0,9617	Caras	3	3	
19		7	0,6117	Caras	4	3	
20		8	0,3948	Coroas	4	4	
21		9	0,7769	Caras	5	4	
22		10	0,5750	Caras	6	4	
23		11	0,6271	Caras	7	4	Parar
24		12	0,2017	Coroas	7	5	NA
25		13	0,7660	Caras	8	5	NA
26		14	0,9918	Caras	9	5	NA
57		45	0,2461	Coroas	23	22	NA
58		46	0,7011	Caras	24	22	NA
59		47	0,3533	Coroas	24	23	NA
60		48	0,7136	Caras	25	23	NA
61		49	0,7876	Caras	26	23	NA
62		50	0,3580	Coroas	26	24	NA

	C	D
6		**Resumo do jogo**
7	NumeroDeLancamentos	=COUNTBLANK(Stop?)+1
8	Vitórias	=DinheiroAcumuladoNoFinalDoJogo-NumeroDeLancamentos

Nome da faixa	Células
DinheiroNoFinalDoJogo	D4
Lancamento	B13:B62
NumeroDeLancamentos	D7
NumeroAleatorio	C13:C62
DiferencaExigida	D3
Resultado	D13:D62
Parar?	G13:G62
TotalCaras	E13:E62
TotalCoroas	F13:F62
Vitorias	D8

	C	D	E	F
11	Número		Total	Total
12	aleatório	Resultado	Caras	Coroas
13	=RAND()	=Se(NumeroAleatorio<0.5,1,0)	=IF(Resultado="Caras",1,0)	=Lancamentos-TotalCaras
14	=RAND()	=Se(NumeroAleatorio<0.5,"Coroas","Caras")	=E13+IF(Resultado="Caras",1,0)	=Lancamentos-TotalCaras
15	=RAND()	=Se(NumeroAleatorio<0.5,"Coroas","Caras")	=E14+IF(Resultado="Caras",1,0)	=Lancamentos-TotalCaras
16	:	:	:	:
17				

	G
12	Parar?
13	
14	
15	=IF(ABS(TotalCaras-TotalCoroas)>=DiferencaExigida,"Parar","")
16	=IF(G15="",IF(ABS(TotalCaras-TotalCoroas)>=DiferencaExigida,"Parar",""),"NA")
17	=IF(G16="",IF(ABS(TotalCaras-TotalCoroas)>=DiferencaExigida,"Parar",""),"NA")
18	:
19	:

■ **FIGURA 20.1** Modelo de planilha para a simulação do jogo de lançamento de moeda (Exemplo 1).

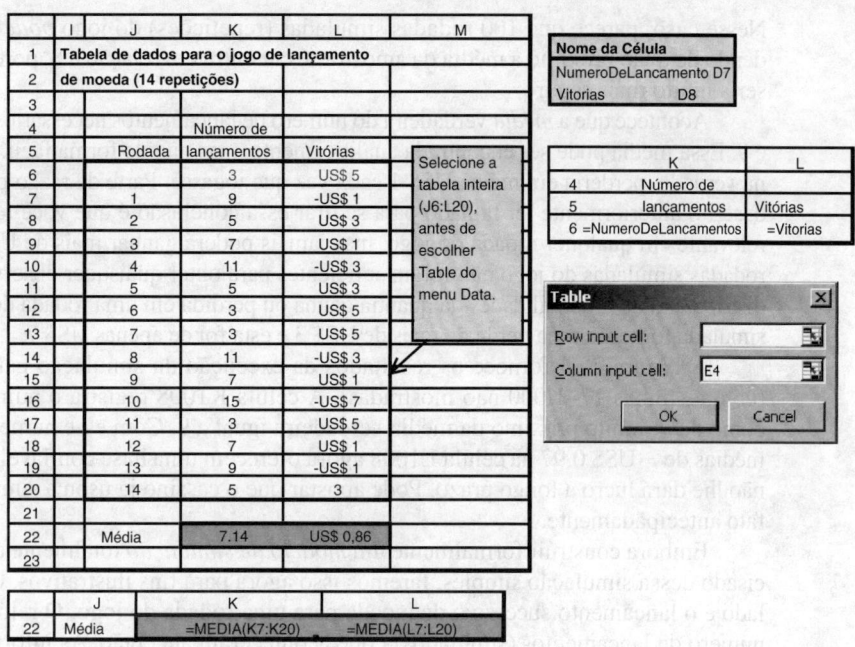

■ **FIGURA 20.2** Tabela de dados que registra os resultados da realização de 14 repetições de uma simulação com a planilha da Figura 20.1.

quer célula em branco (por exemplo, a célula E4) como célula para introdução na coluna e clique OK. O Excel introduz então os números na primeira coluna da tabela (J7:J20) e usa a planilha inteira original (Figura 20.1) nas células C13:G62 para recalcular as células de saída nas colunas K e L para cada linha na qual um número *qualquer* é incluído na linha J. Por intermédio da inserção dessas equações, =AVERAGE(K7:K20) ou (L7:L20), nas células K22 e L22, teremos as médias dadas nessas células.

Embora essa execução de simulação particularmente exija o emprego de duas planilhas – uma para executar cada repetição da simulação e a outra para registrar os resultados das repetições em uma tabela de dados –, devemos destacar que as repetições de algumas outras simulações podem ser realizadas em uma única planilha. Esse é o caso toda vez que cada repetição puder ser realizada e registrada em uma única linha da planilha. Por exemplo, se for necessário apenas um único número aleatório uniforme para executar uma repetição, então todo o processamento da simulação pode ser feito e registrado usando-se uma planilha similar àquela da Figura 20.1.

Retornando à Figura 20.2, a célula K22 revela que essa amostra de 14 rodadas do jogo fornece uma média amostral igual a 7,14 lançamentos. A média amostral proporciona uma *estimativa* da verdadeira *média* da distribuição de probabilidades subjacente do número de lançamentos necessários para uma rodada do jogo. Logo, essa média amostral igual a 7,14 poderia indicar que, em média, você ganharia cerca de US$ 0,86 (célula L22) cada vez que participasse desse jogo. Portanto, se não tiver uma aversão relativamente alta a correr riscos, você deveria optar por participar desse jogo, preferencialmente um grande número de vezes.

Entretanto, *cuidado*! Um erro comum no uso de simulação é que as conclusões se baseiam em amostras demasiadamente pequenas, pois a análise estatística era inadequada ou simplesmente ausente. Nesse caso, o *desvio padrão da amostra* é 3,67, de modo que o *desvio padrão* estimado da *média amostral* é $3,67/\sqrt{14} \approx 0,98$. Dessa forma, mesmo supondo-se que a distribuição de probabilidades do número de lançamentos necessários para uma rodada do jogo seja uma distribuição normal (que é uma suposição grosseira, pois a verdadeira distribuição é assimétrica), qualquer intervalo de confiança razoável para a verdadeira *média* dessa distribuição se estenderia bem acima de 8. Logo, é necessário um tamanho de amostra muito maior antes de podermos tirar uma conclusão válida em um nível razoável de significância estatística. Infelizmente, como o desvio padrão de uma média amostral é inversamente proporcional à *raiz quadrada* do tamanho da amostra, é preciso grande aumento no tamanho da amostra para se obter um aumento relativamente pequeno na precisão da estimativa da média verdadeira.

Nesse caso, parece que 100 rodadas simuladas (repetições) do jogo *poderiam* ser adequadas, dependendo de quão próximo a média da amostra se encontra em relação a 8, porém realizar 1.000 repetições seria muito mais seguro.

Acontece que a *média* verdadeira do número de lançamentos necessários para uma rodada desse jogo é 9. Essa média pode ser encontrada analiticamente, mas não de forma fácil. Assim, a longo prazo, você, na verdade, perderia em média US$ 1 cada vez que jogasse. Parte da razão para o experimento simulado descrito anteriormente ter falhado para se tirar essa conclusão é que você tem poucas chances de perda relevante em qualquer rodada do jogo, mas jamais poderá ganhar mais de US$ 5 por vez. Entretanto, 14 rodadas simuladas do jogo não foram suficientes para obter quaisquer observações distantes na cauda da distribuição de probabilidades da quantia ganha ou perdida em uma rodada do jogo. Somente uma rodada simulada forneceu uma perda de mais de US$ 3 e esta foi de apenas US$ 7.

A Figura 20.3 fornece os resultados da execução da simulação para 1.000 rodadas dos jogos (com as linhas 17–1.000 não mostradas). A célula K1008 registra o número médio de lançamentos como 8,97, muito próximo da média verdadeira igual a 9. Com esse número de repetições, as vitórias médias de −US$ 0,97 na célula L1008 agora oferecem uma base confiável para concluir que esse jogo não lhe dará lucro a longo prazo. Pode apostar que o cassino já usou a simulação para comprovar esse fato antecipadamente.

Embora construir formalmente um *modelo de simulação* totalmente desenvolvido não tenha precisado dessa simulação simples, faremos isso agora para fins ilustrativos. O sistema *estocástico* simulado é o lançamento sucessivo da moeda para uma rodada do jogo. O relógio de simulação registra o número de lançamentos (simulados) t que aconteceram até então. As informações sobre o sistema que define seu estado atual, isto é, o estado do sistema, é:

$N(t)$ = número de caras menos o número de coroas após t lançamentos.

Os *eventos* que mudam o estado do sistema são a obtenção de uma cara ou de uma coroa. O *método de geração de eventos* é a geração de um *número aleatório uniforme* ao longo do intervalo [0, 1], em que:

	I	J	K	L	M
1	Tabela de dados para o jogo de lançamento				
2	de moeda (1.000 repetições)				
3					
4			Número de		
5		Rodada	lançamentos	Vitórias	
6			5	US$ 3	
7		1	3	US$ 5	
8		2	3	US$ 5	
9		3	7	US$ 1	
10		4	11	-US$ 3	
11		5	13	-US$ 5	
12		6	7	US$ 1	
13		7	3	US$ 5	
14		8	7	US$ 1	
15		9	3	US$ 5	
16		10	9	-US$ 1	
1.001		995	5	US$ 3	
1.002		996	27	-US$ 19	
1.003		997	7	US$ 1	
1.004		998	3	US$ 5	
1.005		999	9	-US$ 1	
1.006		1.000	17	-US$ 9	
1.007					
1.008		Média	8,97	-US$ 0,97	

■ **FIGURA 20.3** Esta tabela de dados aumenta a confiabilidade da simulação registrada na Figura 20.2 realizando 1.000 repetições em vez de apenas 14.

$$0,0000 \text{ a } 0,4999 \Rightarrow \text{ uma cara,}$$
$$0,5000 \text{ a } 0,9999 \Rightarrow \text{ uma coroa.}$$

A fórmula de transição de estado é:

$$\text{Reset } N(t) = \begin{cases} N(t-1) + 1 & \text{se o lançamento } t \text{ der cara} \\ N(t-1) - 1 & \text{se o lançamento } t \text{ der coroa.} \end{cases}$$

O jogo simulado termina então no primeiro valor de t no qual $N(t) = \pm 3$, em que a *observação* de amostragem resultante para o experimento simulado é $8 - t$, a quantia ganha (positiva ou negativa) para essa rodada do jogo.

O próximo exemplo ilustrará esses blocos componentes de um modelo de simulação para um sistema estocástico proeminente da teoria das filas.

EXEMPLO 2 Um sistema de filas M/M/1

Considere o modelo $M/M/1$ da teoria das filas (processo de entrada de Poisson, tempos de atendimento exponenciais e um único atendente) que foi discutido no início da Seção 17.6. Embora esse modelo já tenha sido resolvido analiticamente, será instrutivo considerar como estudá-lo pela simulação. Para ser mais específico, suponha que os valores da *taxa de chegada média* λ e *taxa de atendimento média* μ sejam:

$$\lambda = 3 \text{ por hora}, \quad \mu = 5 \text{ por hora.}$$

Para resumir a operação física do sistema, os clientes que chegam entram na fila, são eventualmente atendidos e, então, saem. Logo, é necessário para o modelo de simulação descrever e sincronizar a chegada e o atendimento dos clientes.

Partindo do instante 0, o relógio de simulação registra o período (simulado) t que transcorreu até então, durante a execução da simulação. As informações sobre o sistema de filas que define seu estado atual, isto é, o estado do sistema, é:

$N(t)$ = número de clientes no sistema no instante t.

Os eventos que mudam o estado do sistema são a *chegada* de um cliente ou o *término de um atendimento* para o cliente que é atendido no momento (se existir realmente algum). Descreveremos o método de geração de eventos adiante. A fórmula de transição de estados é:

$$\text{Reset } N(t) = \begin{cases} N(t) + 1 & \text{se as chegadas ocorrerem no instante } t \\ N(t) - 1 & \text{se o término do atendimento ocorrer no instante } t. \end{cases}$$

Há dois métodos básicos usados para avançar o relógio de simulação e registrar a operação do sistema. Não faremos a distinção entre esses métodos para o Exemplo 1, pois eles, na verdade, coincidem para essa situação simples. Entretanto, agora, descreveremos e ilustraremos esses dois **métodos de avanço de tempo** (incremento de tempo fixo e incremento do próximo evento), um de cada vez.

Pelo método de avanço de tempo com **incrementos de tempo fixos**, é usado repetidamente o seguinte procedimento de dois passos.

Resumo do método de incrementos de tempo fixos

1. *Avance no tempo* de um pequeno *valor fixo*;
2. *atualize o sistema* determinando que eventos ocorreram durante o intervalo decorrido e qual é o estado resultante do sistema. Registre também as informações desejadas sobre o desempenho do sistema.

Para o modelo da teoria das filas considerado, podem ocorrer apenas dois tipos de eventos durante cada um dos intervalos decorridos, a saber: uma ou mais *chegadas* e um ou mais *términos de atendimento*. Além disso, a probabilidade de duas ou mais chegadas ou de dois ou mais términos de atendimento durante um intervalo é desprezível para esse modelo se o intervalo for relativamente pequeno. Assim, os dois únicos eventos possíveis durante esse intervalo que precisam ser investigados são a chegada de um cliente e o término do atendimento de um cliente. Cada um desses eventos tem uma probabilidade conhecida.

Como ilustração, usaremos 0,1 hora (6 minutos) como o menor período fixo com que o relógio avança por vez. Normalmente, seria usado um intervalo consideravelmente menor para tornar desprezível a probabilidade de chegadas múltiplas ou de términos de atendimento múltiplos, porém, a opção aqui adotada criará mais dinâmica para fins ilustrativos. Como tanto os tempos entre as chegadas como os tempos de atendimento possuem uma distribuição exponencial, a probabilidade P_A de que um intervalo de tempo de 0,1 hora incluirá uma *chegada* é:

$$P_A = 1 - e^{-3/10} = 0,259$$

e a probabilidade PD de que ele incluirá uma saída (término de atendimento), dado que um cliente estava sendo atendido no início do intervalo, é:

$$P_D = 1 - e^{-5/10} = 0,393.$$

Para gerar aleatoriamente qualquer tipo de evento de acordo com essas probabilidades, a abordagem é similar àquela do Exemplo 1. Novamente, o computador é usado para gerar um *número aleatório uniforme* ao longo do intervalo [0, 1], isto é, uma observação aleatória da *distribuição uniforme* entre 0 e 1. Se representarmos esse número aleatório uniforme por r_A,

$r_A < 0,259 \Rightarrow$ ocorreu uma chegada,
$r_A \geq 0,259 \Rightarrow$ não ocorreu uma chegada.

Do mesmo modo, com *outro* número aleatório uniforme r_D,

$r_D < 0,393 \Rightarrow$ ocorreu uma saída,
$r_D \geq 0,393 \Rightarrow$ não ocorreu uma saída,

dado que um cliente estava sendo atendido no início do intervalo de tempo. Sem nenhum cliente em atendimento então (isto é, nenhum cliente no sistema), supõe-se que não possa ocorrer nenhuma saída durante o intervalo, mesmo que ocorra efetivamente uma chegada.

A Tabela 20.1 ilustra o resultado de se usar essa abordagem para dez iterações do procedimento em *incrementos de tempo fixos*, iniciando com nenhum cliente no sistema e usando minutos como unidade de tempo.

A etapa 2 do procedimento (atualizar o sistema) inclui o registro das medidas de desempenho desejadas sobre o comportamento agregado do sistema durante esse intervalo. Por exemplo, ele poderia registrar o *número de clientes* no sistema de filas e o *tempo de espera* de qualquer cliente que acabasse de ter concluído seu tempo de espera. Se for suficiente estimar apenas a média em vez da distribuição

■ **TABELA 20.1** Incremento de tempo fixo aplicado ao Exemplo 2

t, tempo (min)	N(t)	r_A	Chegada no intervalo?	r_D	Saída no intervalo?
0	0				
6	1	0,096	Sim	—	
12	1	0,569	Não	0,665	Não
18	1	0,764	Não	0,842	Não
24	0	0,492	Não	0,224	Sim
30	0	0,950	Não	—	
36	0	0,610	Não	—	
42	1	0,145	Sim		
48	1	0,484	Não	0,552	Não
54	1	0,350	Não	0,590	Não
60	0	0,430	Não	0,041	Sim

de probabilidades de cada uma dessas variáveis aleatórias, o computador meramente adicionará o valor (se houver algum) no final do intervalo atual a uma soma cumulativa. As médias das amostras serão obtidas após a execução da simulação ser finalizada dividindo-se essas somas pelos tamanhos das amostras envolvidas, isto é, respectivamente, o número total de intervalos de tempo e o número total de clientes.

Para ilustrar esse procedimento estimativo, suponha que a execução da simulação na Tabela 20.1 fosse usada para estimar W, o tempo de espera de estado estável esperado de um cliente no sistema de filas (incluindo o atendimento). Dois clientes chegaram durante essa execução da simulação, um, durante o primeiro intervalo de tempo, e o outro, durante o sétimo, e cada um permaneceu no sistema por três intervalos de tempo. Portanto, desde a duração de cada intervalo de tempo seja 0,1 hora, a estimativa de W é:

$$\text{Est}\{W\} = \frac{3+3}{2}(0,1 \text{ hora}) = 0,3 \text{ hora}.$$

Isso é, logicamente, apenas uma estimativa extremamente grosseira, com base em um tamanho de amostra de apenas 2. Usando a fórmula para W fornecida na Seção 17.6, seu valor verdadeiro é $W = 1/(\mu - \lambda) = 0,5$ hora. Normalmente seria utilizado um tamanho de amostra bem maior.

Outra deficiência de se usar apenas a Tabela 20.1 é que essa execução de simulação iniciou sem nenhum cliente no sistema, o que faz com que as observações iniciais de tempos de espera tendam a ser ligeiramente menores que o valor esperado quando o sistema se encontra em uma condição de estado estável. Já que o objetivo é estimar o tempo de espera de *estado estável* esperado, é importante rodar a simulação por algum tempo sem coletar dados até que se acredite que o sistema simulado tenha atingido basicamente uma condição de estado estável. O segundo suplemento para este capítulo no *site* da editora descreve um método especial para contornar esse problema. Esse período esperado para basicamente atingir uma condição de estado estável antes de coletar dados é chamado **período de aquecimento**.

O **incremento pelo próximo evento** difere do incremento em tempo fixo em: o relógio de simulação é incrementado por um valor *variável* em vez de um valor fixo de cada vez. Esse valor variável é o tempo do evento que acaba de ocorrer até a ocorrência do *próximo evento* de qualquer tipo, isto é, o relógio pula de evento em evento. A seguir temos um resumo.

Resumo do incremento pelo próximo evento

1. *Avance o tempo* para o tempo do *próximo evento* de qualquer tipo;
2. *atualize o sistema* determinando seu novo estado que resulta desse evento e gerando aleatoriamente o tempo até que a próxima ocorrência de qualquer tipo de evento possa ocorrer desse estado (caso não tenha sido previamente gerado). Registre também as informações desejadas sobre o desempenho do sistema.

Para esse exemplo, o computador precisa acompanhar dois eventos futuros, isto é, a próxima chegada e o próximo término de atendimento (se um cliente estiver sendo atendido no momento). Esses tempos são obtidos efetuando-se, respectivamente, uma observação aleatória da distribuição de probabilidades dos tempos entre chegadas e de atendimento. Como antes, o computador realiza uma observação aleatória gerando e usando um número aleatório. Essa técnica será discutida na Seção 20.4. Logo, cada vez que ocorrer uma chegada ou término de atendimento, o computador determina quanto tempo levará até a próxima ocorrência desse evento, adicionará esse tempo ao horário atual do relógio e, depois, armazenará essa soma em um arquivo. Se o término de atendimento não deixar nenhum cliente no sistema, então a geração do tempo até o próximo término de atendimento é adiada até a ocorrência da próxima chegada. Para determinar qual evento ocorrerá em seguida, o computador encontra o menor valor de horário armazenado no arquivo. Para acelerar o processo de manutenção de registros envolvido, linguagens de programação de simulação fornecem uma "rotina de horários" que determina o horário de ocorrência e o tipo do próximo evento, avança o horário e transfere o controle para o subprograma apropriado para o tipo de evento.

A Tabela 20.2 mostra o resultado da aplicação desse método por meio de cinco iterações do procedimento de incremento pelo próximo evento, iniciando sem nenhum cliente no sistema e utilizando minutos como unidades de tempo. Para referência posterior, incluímos os *números aleatórios uniformes* r_A e r_D usados para gerar os tempos entre chegadas e os tempos de atendimento, respectivamente,

■ **TABELA 20.2** Incremento pelo próximo evento aplicado ao Exemplo 2

t, tempo (min)	N(t)	r_A	Próximo tempo entre chegadas	r_D	Próximo tempo de atendimento	Próxima chegada	Próxima saída	Próximo evento
0	0	0,096	2,019	—	—	2,019	—	Chegada
2,019	1	0,569	16,833	0,665	13,123	18,852	15,142	Saída
15,142	0	—	—	—	—	18,852	—	Chegada
18,852	1	0,764	28,878	0,842	22,142	47,730	40,994	Saída
40,994	0	—	—	—	—	47,730	—	Chegada
47,730	1							

pelo método a ser descrito na Seção 20.4. Esses r_A e r_D são os mesmos usados na Tabela 20.1 de modo a fornecer uma comparação mais consistente entre os dois mecanismos de avanço do tempo.

Os arquivos em Excel deste capítulo no *Courseware* de PO incluem um procedimento automático, chamado **Queueing Simulator**, para aplicação do procedimento de incremento pelo próximo evento em diversos tipos de sistemas de filas. (Esse software é um bom exemplo de *software de simulação por eventos discretos* que é amplamente usado para aplicação da simulação.) O Queueing Simulator possibilita que o sistema de filas tenha um ou vários atendentes. Encontram-se disponíveis diversas opções (exponenciais, de Erlang, degeneradas, uniformes ou exponenciais transformadas) para as distribuições de probabilidades de tempos entre chegadas e tempos de atendimento. A Figura 20.4 ilustra a entrada e saída (usando horas como unidade) da aplicação do Queueing Simulator ao exemplo atual para uma execução de simulação com 10 mil chegadas de clientes. Usando-se a notação para as diversas medidas de desempenho para sistemas de filas introduzida na Seção 17.2, a coluna F fornece a estimativa de cada uma dessas medidas obtidas pelo processamento da simulação. [Usando-se as fórmulas fornecidas na Seção 17.6 para um sistema de filas $M/M/1$, os valores reais dessas medidas são $L = 1,5$; $L_q = 0,9$; $W = 0,5$; $W_q = 0,3$; $P_0 = 0,4$ e $P_n = 0,4(0,6)^n$.] As colunas G e H mostram o intervalo de confiança de 95% correspondente para cada uma dessas medidas. Observe que esses intervalos de confiança são ligeiramente mais amplos que o esperado após um processamento de simulação tão longo. Em geral, são necessários processamentos de simulação surpreendentemente longos para se obterem

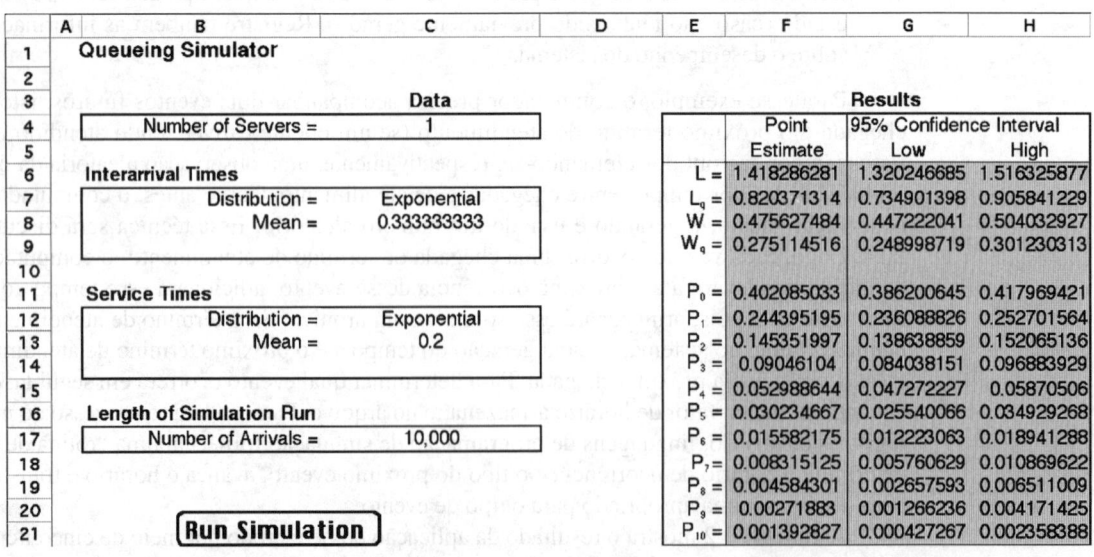

■ **FIGURA 20.4** A saída obtida pelo emprego do Queueing Simulator incluso nos arquivos em Excel deste capítulo para realizar uma simulação do Exemplo 2 ao longo de um período de 10 mil chegadas de cliente.

estimativas relativamente precisas (intervalos de confiança estreitos) para as medidas de desempenho de um sistema de filas (ou para a maioria dos sistemas estocásticos).

O procedimento de incremento pelo próximo evento é consideravelmente mais adequado a esse exemplo e a sistemas estocásticos similares que o procedimento de incrementos de tempo fixos. O procedimento de incremento pelo próximo evento requer um número menor de iterações para cobrir o mesmo período de simulação, além de gerar uma programação precisa da evolução do sistema em vez de uma aproximação grosseira.

O procedimento de incremento pelo próximo evento será ilustrado novamente no segundo suplemento para este capítulo contido no *site* da editora no contexto de um experimento estatístico completo para estimativa de certas medidas de desempenho para outro sistema de filas. Esse suplemento também descreve o método estatístico que é usado pelo Queueing Simulator para obter seus intervalos de confiança e estimativas pontuais.

Ainda ficaram sem resposta diversas perguntas pertinentes sobre como conduzir um estudo de simulação desse tipo. Essas respostas serão apresentadas em um contexto mais amplo em seções posteriores.

Mais exemplos no *Courseware* de PO

Os exemplos de simulação são mais fáceis de ser compreendidos quando puderem ser *observados em ação*, em vez de simples comentários em uma página de um livro. Portanto, o setor de simulação do Tutorial IOR inclui um procedimento automático intitulado "Animation of a Queueing System" (Animação de um Sistema de Filas) que mostra uma simulação na qual se pode observar na prática os clientes que entram e que saem de um sistema de filas. Logo, ver essa animação ilustra a sequência de eventos que o procedimento de incremento pelo próximo evento geraria durante a simulação de um sistema de filas. Além disso, a área de simulação do Tutor PO inclui dois exemplos demonstrativos que deveriam ser vistos neste momento.

Ambos os exemplos demonstrativos envolvem um banco que planeja abrir uma nova agência. As questões são quantos caixas (postos de atendimento) oferecer e quantos caixas (funcionários) ter em serviço no início de atividade. Portanto, o sistema estudado é um *sistema de filas*. Entretanto, ao contrário do sistema de fila $M/M/1$ que acabamos de considerar no Exemplo 2, esse sistema de filas é muito complicado para ser resolvido de forma analítica. Esse sistema tem vários atendentes (caixas), e as distribuições de probabilidades de tempos entre chegadas e tempos de atendimento não se ajustam aos modelos tradicionais da teoria das filas. Além disso, na segunda demonstração, decidiu-se que uma categoria de clientes (comerciantes) deve ter prioridade não preemptiva em relação aos demais clientes, porém, as distribuições de probabilidades para essa categoria são diferentes daquelas dos outros clientes. Essas complicações são típicas daquelas que podem ser prontamente incorporadas em um estudo de simulação.

Em ambas as demonstrações, pode-se ver clientes chegando e clientes atendidos deixarem o sistema, bem como o procedimento de incremento pelo próximo evento aplicado simultaneamente à execução da simulação.

As demonstrações também introduzem um *procedimento interativo* denominado "Interactively Simulate Queueing Problem" (Problema de Fila com Simulação Interativa) do Tutorial IOR que será muito útil ao lidar com alguns dos problemas no final deste capítulo.

20.2 ALGUNS TIPOS COMUNS DE APLICAÇÕES DE SIMULAÇÃO

A simulação é uma técnica extremamente versátil. Ela pode ser usada (com diversos graus de dificuldade) para investigar praticamente qualquer tipo de sistema estocástico. Essa versatilidade fez da simulação a técnica de PO mais amplamente utilizada para estudos que lidam com esses sistemas, e sua popularidade continua a aumentar.

Por causa da enorme diversidade de suas aplicações, torna-se impossível enumerar todas as áreas específicas nas quais a simulação tem sido utilizada. Entretanto, descreveremos brevemente aqui algumas categorias particularmente importantes de aplicações.

As três primeiras categorias dizem respeito a tipos de sistemas estocásticos considerados de forma detalhada em outros capítulos. É comum usarmos os tipos de modelos matemáticos descritos naqueles capítulos para analisar versões simplificadas do sistema e, depois, aplicar a simulação para refinar os resultados.

Projeto e operação de sistemas de filas

A Seção 17.3 forneceu vários exemplos de sistemas de filas comumente encontrados, que ilustram como tais sistemas invadiram diversas áreas da sociedade. Muitos modelos matemáticos se encontram disponíveis (incluindo aqueles apresentados no Capítulo 17) para análise de sistemas de filas relativamente simples. Infelizmente, esses modelos são capazes de fornecer, na melhor das hipóteses, apenas aproximações grosseiras para sistemas de filas mais complexos. Entretanto, a simulação se ajusta bem para lidar até mesmo com sistemas de filas muito complexos e, portanto, muitas de suas aplicações recaem nessa categoria.

Os dois exemplos demonstrativos de simulação no Tutor PO (ambos lidando com o caso de quantos caixas disponibilizar para os clientes de um banco) são desse tipo. Pelo fato de as aplicações de simulação serem tão dominantes, nosso *Courseware* de PO inclui um procedimento automático denominado *Queueing Simulator* (ilustrado anteriormente na Figura 20.4) para simulação de sistemas de filas. (Conforme já indicado na seção anterior, esse procedimento especial é fornecido em um dos arquivos Excel deste capítulo.)

Entre as aplicações consagradas apresentadas na Seção 17.3, uma delas também faz uso intenso de simulação. Trata-se de uma aplicação que envolve a AT&T, que desenvolveu um sistema com base em PCs para ajudar seus clientes comerciais no desenho ou redesenho de seus *call centers*, resultando em lucro anual de mais de US$ 750 milhões para esses clientes. Essa aplicação de simulação é descrita com mais detalhes no Exemplo de Aplicação apresentado na Seção 20.5.

Administração de sistemas de estoque

As Seções 18.6 e 18.7 apresentam modelos para a administração de sistemas de estoque simples quando os produtos envolvidos mostram uma demanda incerta. Entretanto, sistemas de estoque que comumente surgem na prática muitas vezes apresentam fatores complicadores que não são levados em conta por esses modelos particulares. Embora outros modelos matemáticos possam algumas vezes ajudar a analisar esses sistemas mais complicados, a simulação também desempenha papel fundamental.

Como exemplo, podemos citar o artigo da edição de abril de 1996 da *OR/MS Today* que descreve um estudo de PO desse tipo, que foi realizado para a *IBM PC Company* da Europa. Ao enfrentar implacável pressão de concorrentes cada vez mais ágeis e agressivos, a empresa tinha de encontrar uma maneira de melhorar substancialmente seu desempenho no atendimento rápido de encomendas feitas pelos clientes. A equipe de PO analisou como fazer isso, simulando os diversos redesenhos de toda a *cadeia de suprimento* da empresa (a rede de instalações e recursos que abrangem a aquisição, manufatura e distribuição, inclusive de todos os estoques acumulados ao longo da cadeia). Isso levou a profundas mudanças no desenho e na operação da cadeia de suprimento (incluindo seus sistemas de estoque), que melhoraram substancialmente a posição competitiva da empresa. Foi alcançada também uma economia em custos diretos de US$ 40 milhões por ano.

A Seção 20.6 ilustrará a aplicação da simulação a um tipo de sistema de estoque relativamente simples.

Estimativas da probabilidade de completar um projeto no prazo

Uma das principais preocupações de um gerente de projetos é se sua equipe será capaz de completar determinado projeto no prazo. A Seção 22.4 (no *site* da editora) descreve como a metodologia *PERT* de três estimativas pode ser usada para se obter uma estimativa da probabilidade de atender o prazo de um projeto atual. Esta seção também descreve três aproximações simplificadoras feitas por essa metodologia para estimar essa probabilidade. Infelizmente, em decorrência dessas aproximações, a estimativa resultante é demasiadamente otimista e algumas vezes difere em muito da realidade.

Consequentemente, torna-se cada vez mais comum usar a simulação para obter melhor estimativa dessa probabilidade. Isso envolve a geração de observações aleatórias das distribuições de probabilidades da duração das diversas atividades nos projetos. Utilizando-se a rede de projetos, torna-se

Exemplo de Aplicação

Desde a sua fundação em 1914, **Merrill Lynch** tem sido uma empresa de destaque no fornecimento de serviços completos na área financeira, que se esforça para levar a Wall Street para a Main Street, tornando os mercados financeiros acessíveis a todos. Emprega uma força de vendas altamente treinada com mais de 15 mil consultores financeiros espalhados por todos os Estados Unidos e opera em 36 países. Uma empresa que está entre as 100 maiores da revista *Fortune* com receitas líquidas de US$ 26 bilhões em 2005, ela administra ativos de clientes que totalizam mais de US$ 1,7 trilhão.

Ao enfrentar uma concorrência cada vez maior de *discount brokers* e empresas de corretagem eletrônicas, uma "força-tarefa" foi formada no final de 1998 para recomendar um produto ou serviço como resposta para o desafio de mercado. O brilhante grupo de pesquisa operacional do Merrill Lynch foi incumbido de realizar a análise detalhada de duas potenciais novas ofertas para os clientes. Uma delas seria substituir a cobrança de cada negócio feito pela cobrança de uma porcentagem fixa dos ativos do cliente no Merrill Lynch, o que daria direito a um número ilimitado de negociações sem cobrança bem como a disponibilização de consultores financeiros para os clientes. A outra opção seria possibilitar que investidores investissem por conta própria diretamente *on-line* por uma taxa fixa e barata por transação feita sem o emprego de um consultor financeiro.

O grande desafio enfrentado pelo grupo de PO era determinar um "ponto atraente ideal" para os preços dessas opções que tivesse uma boa probabilidade de levar a um aumento nos negócios da empresa bem como de suas receitas e, ao mesmo tempo, minimizando o risco de perder receitas.

Uma ferramenta que provou ser fundamental para combater esse problema foi a *simulação*. Para empreender um *estudo de simulação importante*, o grupo reuniu e avaliou um grande volume de dados sobre ativos e atividade de negócios dos cinco milhões de clientes da empresa. Para cada segmento da base de clientes, foi realizada uma minuciosa análise do seu comportamento de adoção de ofertas através do uso da avaliação gerencial, pesquisa de mercado e experiência com clientes. Com essas informações em mãos, o grupo formulou e executou um *modelo de simulação* com vários cenários de preços para identificar o preço atraente ideal.

A implementação desses resultados teve profundo impacto na posição competitiva da Merrill Lynch, levando-a de volta a desempenhar um papel de liderança no setor. Em vez de continuar a perder terreno para a nova e feroz concorrência, os *ativos de clientes administrados pela empresa aumentaram em* **US$ 22 bilhões** *e sua receita adicional atingiu a casa dos* **US$ 80 milhões** *em um período de 18 meses*. O CEO da Merrill Lynch creditou a nova estratégia como sendo "a decisão mais importante que nós, como empresa, tomamos nos últimos 20 anos". Essa aplicação extremamente bem-sucedida da simulação levou a Merrill Lynch a ganhar, em 2001, o primeiro prêmio no concurso internacional Franz Edelman Award for Achievement in Operations Research and the Management Sciences.

Fonte: S. Altschuler, D. Batavia, J. Bennett, R. Labe, B. Liao, R. Nigam, and J. Oh: "Pricing Analysis for Merrill Lynch Integrated Choice", *Interfaces*. **32**(1): 5-19, Jan.-Feb. 2002. (Este artigo está disponível em inglês no *site* da editora, www.bookman.com.br.)

---

fácil então simular quando cada atividade se inicia e se conclui e, portanto, quando o projeto termina. Repetindo-se essa simulação milhares de vezes (em uma execução em um computador), pode-se obter uma estimativa muito boa da probabilidade de se cumprir o prazo.

Uma ilustração detalhada desse tipo particular de aplicação pode ser encontrada na Seção 28.2 do *site* da editora.

Projeto e operação de sistemas de manufatura

Pesquisas demonstram que grande parte das aplicações de simulação envolvem sistemas de manufatura. Muitos desses sistemas podem ser vistos como um sistema de filas de algum tipo (por exemplo, um sistema de filas no qual as máquinas são os atendentes e as tarefas a ser processadas são os clientes). Entretanto, vários fatores complicadores inerentes a esses sistemas (como quebras ocasionais de máquinas, produtos com defeito que precisam ser retrabalhados e diversos tipos de tarefas) vão além do escopo dos modelos de filas usuais. Esses fatores complicadores podem ser tratados prontamente por meio da simulação.

Eis alguns exemplos dos tipos de questão que poderiam ser resolvidas.

1. Quantas máquinas de cada tipo deveriam ser providenciadas?
2. Quantas unidades de manipulação de materiais de cada tipo deveriam ser providenciadas?
3. Considerando-se prazos para término de todo o processo produtivo, que regra deveria ser usada para escolher a ordem na qual as tarefas alocadas no momento a uma máquina deveriam ser processadas?
4. Que prazos de entrega seriam realistas para essas tarefas?

5. Qual será o gargalo em termos de operações em um novo processo produtivo em conformidade com seu projeto atual?
6. Qual será a produção (taxa de produção) de um novo processo produtivo?

A Referência Selecionada A1 descreve uma aplicação consagrada desse último tipo. A General Motors Corporation foi tão bem-sucedida na aplicação da simulação para prever e aumentar a produtividade de suas linhas de produção a ponto de conseguir, ao mesmo tempo, aumentar suas receitas e economizar mais de US$ 2,1 bilhões em 30 fábricas de automóveis em dez países.

Projeto e operação de sistemas de distribuição

Qualquer indústria de porte precisa de um *sistema de distribuição* eficiente para distribuir os produtos de suas fábricas e depósitos para seus clientes. Existem muitas incertezas envolvidas na operação de um sistema desses. Quando estarão disponíveis veículos para o transporte dos produtos? Quanto tempo levará para carregá-los e transportá-los? Quais serão as demandas dos diversos clientes? Gerando-se observações aleatórias das distribuições de probabilidades relevantes, a simulação pode lidar prontamente com esses tipos de incerteza. Logo, ela é usada com bastante frequência para testar diversas possibilidades para o aperfeiçoamento do projeto e a operação desses sistemas.

Uma aplicação consagrada desse tipo é descrita na edição de janeiro-fevereiro de 1991 da *Interfaces*. A Reynolds Metal Company gasta mais de US$ 250 milhões anuais para entregar seus produtos e receber matérias-primas. O transporte é feito por caminhão, trem, navio e avião por meio de uma rede de mais de uma centena de locais para despacho entre fábricas, depósitos e fornecedores. Uma combinação de programação inteira binária mista (Capítulo 11) e simulação foi usada para projetar um novo sistema de distribuição com despacho centralizado. O novo sistema melhorou tanto a entrega pontual das mercadorias como reduziu os custos anuais com frete em mais de US$ 7 milhões.

Análise de risco financeiro

A análise de risco financeiro foi uma das primeiras áreas de aplicação da simulação e ela continua a ser uma área muito ativa. Por exemplo, considere a avaliação de uma proposta de investimento de capital com fluxos de caixa futuros incertos. Gerando-se observações aleatórias com base nas distribuições de probabilidades para o fluxo de caixa em cada um dos respectivos períodos (e considerando-se as relações entre esses períodos), a simulação é capaz de gerar milhares de cenários de como resultará o investimento. Isso fornece uma *distribuição de probabilidades* do retorno (por exemplo, valor presente líquido) sobre o investimento. Essa distribuição (algumas vezes chamada *perfil de risco*) permite que os administradores avaliem o risco envolvido em fazer um investimento.

Uma abordagem similar permite analisar o risco associado ao investimento em diversos papéis, incluindo os mais exóticos instrumentos financeiros, como opções de venda, opções de compra, mercado de futuros, ações etc.

A Seção 28.4 do *site* da editora fornece um exemplo detalhado do emprego da simulação na análise de risco financeiro.

Aplicações na área da saúde

Saúde é outra área em que, assim como na avaliação de riscos em investimentos, a análise das incertezas futuras é fundamental para a tomada de decisão no momento. Entretanto, em vez de lidar com fluxos de caixa futuros incertos, as incertezas agora envolvem questões, como a evolução de doenças do ser humano.

Eis alguns exemplos dos tipos de simulação que podem ser realizados para orientar o desenvolvimento de sistemas para a área da saúde.

1. Simular o emprego de recursos hospitalares ao tratar pacientes com doenças coronarianas.
2. Simular despesas com saúde em diferentes planos de seguro.
3. Simular o custo e a eficiência de *check-ups* para a detecção precoce de doenças.
4. Simular o emprego do complexo de serviços cirúrgicos em um centro médico.
5. Simular o tempo e a localização de pedidos de ambulâncias.
6. Simular a aceitação de rins doados em receptores para transplante.
7. Simular a operação de um pronto-socorro.

Aplicações em outros segmentos de serviços

Assim como na saúde, outros segmentos de serviços também provaram ser terreno fértil para a aplicação de simulação. Entre esses segmentos podemos destacar: serviços governamentais, bancos, hotelaria, restaurantes, instituições educacionais, planejamento contra desastres, as forças armadas, centros de entretenimento e muitos outros. Em muitos casos, os sistemas simulados são, na verdade, sistemas de filas de algum tipo.

A Referência Selecionada A5 descreve uma aplicação consagrada nessa categoria. O United States Postal Service identificou a *tecnologia de automação* como a única maneira de lidar com o crescente volume de correspondências e outros tipos de remessas e, ao mesmo tempo, ter preços competitivos e atender às metas de atendimento. Foi necessário um extensivo planejamento ao longo de vários anos para fazer a conversão para um sistema altamente automatizado que atendesse a essas metas. A espinha dorsal de uma análise que levasse ao plano adotado foi realizada por um modelo de simulação abrangente chamado META (modelo para avaliação de alternativas tecnológicas). Esse modelo foi aplicado pela primeira vez de forma extensiva e em todo o território norte-americano e depois transferido para o nível local para planejamento detalhado. O plano resultante precisava de um investimento total na casa de US$ 12 bilhões, mas também foi projetado para alcançar economias de mais de US$ 4 bilhões por ano. Outra consequência dessa aplicação bem-sucedida da simulação foi que o valor das ferramentas de PO agora é reconhecido nos mais altos escalões do correio norte-americano. Técnicas de pesquisa operacional continuam a ser usadas pela equipe de planejamento tanto na matriz quanto nas filiais.

Aplicações militares

Provavelmente não exista outro setor da sociedade em que a simulação seja usada tão amplamente quanto no militar. A dependência da simulação para operações militares remonta, na verdade, a vários séculos atrás, e os estudiosos militares norte-americanos a incluem em seus currículos desde seus primórdios. Entretanto, o advento de computadores poderosos levou a um crescimento fenomenal no uso militar desta prática, especialmente no U.S. Department of Defense. A simulação de combates hoje é usada rotineiramente no planejamento de operações militares futuras, na atualização da doutrina militar bem como no treinamento de oficiais. E também é usada amplamente para auxiliar nas decisões de cotação e aquisição de materiais e serviços deste setor.

Novas aplicações

Aplicações mais inovadoras de simulação tem sido feitas a cada ano. Muitas dessas aplicações foram anunciadas publicamente pela primeira vez na conferência anual Winter Simulation Conference, realizada no mês de dezembro em alguma cidade dos Estados Unidos. Desde seu princípio, em 1967, essa conferência tem sido uma instituição no campo da simulação. Atualmente participam dessa conferência quase mil pessoas, divididas de forma aproximadamente igual entre acadêmicos e profissionais da área. Centenas de trabalhos são apresentados para anunciar avanços na metodologia, bem como novas aplicações.

20.3 GERAÇÃO DE NÚMEROS ALEATÓRIOS

Conforme foi demonstrado pelos exemplos da Seção 20.1, implementar um modelo de simulação requer números aleatórios para se obterem observações aleatórias com base nas distribuições de probabilidades. Um método para geração desses números aleatórios é usar um dispositivo físico como um disco giratório ou um gerador aleatório eletrônico. Diversas tabelas de números aleatórios foram geradas dessa forma, inclusive uma que contém 1 milhão de dígitos aleatórios, publicada pela Rand Corporation. Um trecho dessa tabela da Rand é fornecido na Tabela 20.3.

Os dispositivos físicos agora foram substituídos por computadores como principal fonte para geração de números aleatórios. Por exemplo, destacamos na Seção 20.1 que o Excel utiliza a função RAND() para essa finalidade. Muitos outros pacotes de software também têm a capacidade de gerar números aleatórios, sempre que necessário, durante uma simulação.

■ **TABELA 20.3** Tabela de dígitos aleatórios

09656	96657	64842	49222	49506	10145	48455	23505	90430	04180
24712	55799	60857	73479	33581	17360	30406	05842	72044	90764
07202	96341	23699	76171	79126	04512	15426	15980	88898	06358
84575	46820	54083	43918	46989	05379	70682	43081	66171	38942
38144	87037	46626	70529	27918	34191	98668	33482	43998	75733
48048	56349	01986	29814	69800	91609	65374	22928	09704	59343
41936	58566	31276	19952	01352	18834	99596	09302	20087	19063
73391	94006	03822	81845	76158	41352	40596	14325	27020	17546
57580	08954	73554	28698	29022	11568	35668	59906	39557	27217
92646	41113	91411	56215	69302	86419	61224	41936	56939	27816
07118	12707	35622	81485	73354	49800	60805	05648	28898	60933
57842	57831	24130	75408	83784	64307	91620	40810	06539	70387
65078	44981	81009	33697	98324	46928	34198	96032	98426	77488
04294	96120	67629	55265	26248	40602	25566	12520	89785	93932
48381	06807	43775	09708	73199	53406	02910	83292	59249	18597
00459	62045	19249	67095	22752	24636	16965	91836	00582	46721
38824	81681	33323	64086	55970	04849	24819	20749	51711	86173
91465	22232	02907	01050	07121	53536	71070	26916	47620	01619
50874	00807	77751	73952	03073	69063	16894	85570	81746	07568
26644	75871	15618	50310	72610	66205	82640	86205	73453	90232

Fonte: Reproduzido com a permissão da The Rand Corporation. *A Million Random Digits with 100,000 Normal Deviates*. Copyright pela The Free Press, Glencoe, IL, 1955, parte superior da página 182.

Características dos números aleatórios

O procedimento usado por um computador para obter números aleatórios é chamado *gerador de números aleatórios*.

Um **gerador de números aleatórios** é um algoritmo que produz sequências de números que seguem uma distribuição de probabilidades especificada e possui o aspecto de aleatoriedade.

A referência às *sequências de números* significa que o algoritmo produz diversos números aleatórios de uma forma serial. Embora um usuário comum normalmente precise apenas de alguns números, geralmente o algoritmo é capaz de produzir muitos números. A *distribuição de probabilidades* implica que a declaração de probabilidade possa ser associada à ocorrência de cada número produzido pelo algoritmo.

Reservaremos o termo **número aleatório** para significar uma observação aleatória de alguma forma de *distribuição uniforme*, de modo que todos os possíveis números sejam *igualmente prováveis*. Quando estivermos interessados em alguma outra distribuição de probabilidades (como na seção seguinte), usaremos o termo *observações aleatórias* dessa distribuição.

Os números aleatórios podem ser divididos em duas categorias principais, números aleatórios inteiros e números aleatórios uniformes, definidos como a seguir:

Um **número aleatório inteiro** é uma observação aleatória de uma *distribuição uniforme discretizada* ao longo de algum intervalo $\underline{n}, \underline{n} + 1, \ldots, \bar{n}$. As probabilidades para essa distribuição são:

$$P(\underline{n}) = P(\underline{n} + 1) = \cdots = P(\bar{n}) = \frac{1}{\bar{n} - \underline{n} + 1}.$$

Normalmente, $\underline{n} = 0$ ou 1, e esses são valores convenientes para a maioria das aplicações. Se $\underline{n}$ tiver outro valor, então subtraindo-se $\underline{n}$ ou então $\underline{n} - 1$ do número aleatório inteiro muda-se o trecho inferior do intervalo para 0 ou então 1.

Um **número aleatório uniforme** é uma observação aleatória de uma distribuição uniforme (contínua) ao longo de algum intervalo [a, b]. A função densidade probabilística dessa distribuição uniforme é:

$$f(x) = \begin{cases} \dfrac{1}{b-a} & \text{se } a \leq x \leq b \\ 0 & \text{caso contrário.} \end{cases}$$

Quando a e b não forem especificados, supõe-se que eles sejam $a = 0$ e $b = 1$.

Os números aleatórios gerados inicialmente por um computador normalmente são números aleatórios inteiros. Entretanto, se for desejado, esses números podem ser imediatamente convertidos em um número aleatório uniforme como a seguir:

Para dado *número aleatório inteiro* no intervalo 0 a $\bar{n}$, dividir esse número por $\bar{n}$ resulta (aproximadamente) em um *número aleatório uniforme*. Se $\bar{n}$ for pequeno, essa aproximação deve ser melhorada somando-se $\frac{1}{2}$ ao número aleatório inteiro e, depois, dividindo-se por $\bar{n} + 1$.

Esse é o método usual para geração de números aleatórios uniformes. Com os valores imensos de $\bar{n}$ comumente usados, ele passa a ser essencialmente um método exato.

A rigor, os números gerados por um computador não deveriam ser designados números aleatórios, pois eles são previsíveis e reproduzíveis (o que, algumas vezes, é vantajoso), dado o gerador de números aleatórios empregado. Portanto, às vezes, eles recebem a denominação **números pseudoaleatórios**. Entretanto, o ponto importante é que eles desempenham satisfatoriamente o papel de números aleatórios na simulação se o método usado para gerá-los for válido.

Foram propostos vários procedimentos estatísticos relativamente sofisticados para testar se uma sequência de números gerada tem aspecto aceitável de aleatoriedade. Basicamente, as exigências são que cada número sucessivo da sequência tenha uma probabilidade igual de assumir qualquer um dos valores possíveis e que ele seja estatisticamente independente dos demais números da sequência.

Métodos congruentes para a geração de números aleatórios

Há uma série de geradores de números aleatórios disponível, dos quais os mais populares são os *métodos congruentes* (aditivos, multiplicativos e mistos). O método congruente misto inclui recursos dos outros dois e, portanto, iremos apresentá-lo em primeiro lugar.

O **método congruente misto** gera uma *sequência* de números aleatórios inteiros ao longo do intervalo que vai de 0 a $m - 1$. O método sempre calcula o número aleatório seguinte a partir do último obtido, dado um número aleatório inicial x_0, chamado **semente**, que pode ser obtido de alguma fonte publicada como a tabela Rand. Particularmente, ele calcula o $(n+1)^{\underline{o}}$ número aleatório x_{n+1} a partir do n-ésimo número aleatório x_n usando a relação de recorrência:

$$x_{n+1} = (ax_n + c)(\text{módulo } m),$$

em que a, c e m são inteiros positivos ($a < m$, $c < m$). Essa notação matemática significa que x_{n+1} é o *resto* quando $ax_n + c$ for dividido por m. Logo, os *possíveis* valores de x_{n+1} são $0, 1, \ldots, m-1$, de modo que m represente o número desejado de valores *diferentes* que poderiam ser gerados para os números aleatórios.

Para fins ilustrativos, suponha que $m = 8$, $a = 5$, $c = 7$ e $x_0 = 4$. A sequência de números aleatórios resultante é calculada na Tabela 20.4. A sequência não é mais continuada, pois ela simplesmente começaria a repetir os números na mesma ordem. Observe que essa sequência inclui cada um dos oito números possíveis exatamente uma vez. Essa propriedade é necessária para uma sequência de números *aleatórios* inteiros, mas ela não ocorre com alguns valores de a e c. Experimente $a = 4$, $c = 7$ e $x_0 = 3$. Felizmente, existem regras disponíveis para a escolha dos valores de a e c que garantirão o cumprimento dessa propriedade. Não há restrições na semente x_0, porque ela afeta apenas o início da sequência e não a progressão dos números.

O número de números aleatórios gerados consecutivos em uma sequência antes de ela começar a repetir-se é conhecida como **duração do ciclo**. Logo, a duração do ciclo no exemplo é 8. A duração

■ **TABELA 20.4** Ilustração do método congruente misto

n	x_n	$5x_n + 7$	$(5x_n + 7)/8$	x_{n+1}
0	4	27	$3 + \frac{3}{8}$	3
1	3	22	$2 + \frac{6}{8}$	6
2	6	37	$4 + \frac{5}{8}$	5
3	5	32	$4 + \frac{0}{8}$	0
4	0	7	$0 + \frac{7}{8}$	7
5	7	42	$5 + \frac{2}{8}$	2
6	2	17	$2 + \frac{1}{8}$	1
7	1	12	$1 + \frac{4}{8}$	4

de ciclo *máximo* é *m*, de modo que os únicos valores de *a* e *c* considerados sejam aqueles que resultam nessa duração de ciclo máximo.

A Tabela 20.5 ilustra a conversão de números aleatórios inteiros em números aleatórios uniformes. A coluna da esquerda fornece os números aleatórios inteiros obtidos na coluna mais à direita da Tabela 20.4. A coluna direita fornece os números aleatórios uniformes correspondentes a partir da fórmula:

$$\text{Número aleatório uniforme} = \frac{\text{Número aleatório inteiro} + \frac{1}{2}}{m}.$$

Observe que cada um desses números aleatórios uniformes recai no ponto médio de um dos oito intervalos de igual tamanho 0 a 0,125, 0,125 a 0,25, . . . , 0,875 a 1. O menor valor de *m* = 8 não nos permite obter outros valores ao longo do intervalo [0, 1], portanto obtemos aproximações relativamente superficiais dos números aleatórios uniformes reais. Na prática, geralmente são usados valores de *m* bem maiores.

A seção de Worked Examples no *site* da editora inclui **outro exemplo** de aplicação do método congruente misto com um valor *m* relativamente menor (*m* = 16) e, depois, converte os números aleatórios inteiros resultantes em números aleatórios uniformes. Esse exemplo explora então os problemas que surgem do emprego de um valor *m* tão pequeno.

■ **TABELA 20.5** Conversão dos números aleatórios inteiros em números aleatórios uniformes

Número aleatório inteiro	Número aleatório uniforme
3	0,4375
6	0,8125
5	0,6875
0	0,0625
7	0,9375
2	0,3125
1	0,1875
4	0,5625

Para um computador binário com uma palavra de tamanho b bits, a opção usual para m é $m = 2^b$; esse é o número total de inteiros não negativos que pode ser expresso na capacidade do tamanho da palavra. Quaisquer inteiros indesejados que surgem na sequência de números aleatórios simplesmente não são usados. Com essa opção de m, podemos garantir que cada número possível ocorre exatamente apenas uma vez antes de qualquer número ser repetido selecionando-se qualquer um dos valores $a = 1, 5, 9, 13, \ldots$ e $c = 1, 3, 5, 7, \ldots$. Para um computador decimal com uma palavra de tamanho d dígitos, a opção usual para m é $m = 10^d$, e a mesma propriedade é garantida selecionando-se qualquer um dos valores $a = 1, 21, 41, 61, \ldots$ e $c = 1, 3, 7, 9, 11, 13, 17, 19, \ldots$ (isto é, todos os inteiros *ímpares* positivos, *exceto* aqueles que terminam com o dígito 5). A seleção específica pode ser feita baseando-se na *correlação serial* entre números gerados sucessivamente, que difere consideravelmente entre essas alternativas[1].

Ocasionalmente, desejam-se números aleatórios inteiros com um número de dígitos relativamente pequeno. Suponha, por exemplo, que se desejem apenas três dígitos, de modo que os possíveis valores possam ser expressos como 000, 001, ..., 999. Em tal caso, o procedimento usual ainda é usar $m = 2^b$ ou $m = 10^d$, de forma que um número extremamente grande de números aleatórios inteiros possa ser gerado antes da sequência começar a se repetir. Entretanto, exceto para fins de cálculo do próximo número aleatório inteiro dessa sequência, todos, exceto três dígitos de cada número gerado, seriam descartados para se obter o número aleatório inteiro de três dígitos desejado. Uma convenção é usar os *últimos* três dígitos (isto é, os três dígitos finais).

O **método congruente multiplicativo** é apenas o caso especial do método congruente misto em que $c = 0$. O **método congruente aditivo** também é similar, porém, ele configura $a = 1$ e substitui c por algum número aleatório x_n precedente na sequência, por exemplo, x_{n-1} (de modo que mais de uma semente seja necessária para começar o cálculo).

O método congruente misto fornece enorme flexibilidade na escolha de determinado gerador de números aleatórios (uma combinação específica de valores para a, c e m). Entretanto, é preciso tomar muito cuidado na escolha do gerador de números aleatórios, pois a maioria das combinações de valores de a, c e m leva a propriedades indesejadas (por exemplo, uma duração de ciclo menor que m). Quando os pesquisadores identificam geradores de números aleatórios interessantes são realizados testes exaustivos à procura de qualquer falha, e isso pode levar a um gerador de números aleatórios melhor. Por exemplo, há vários anos, $m = 2^{31}$ era considerada uma escolha interessante, porém, atualmente, os especialistas a consideram inaceitável e recomendam em seu lugar certos números muito maiores, inclusive valores específicos de m próximos de 2^{191}[2].

20.4 GERAÇÃO DE OBSERVAÇÕES ALEATÓRIAS DE UMA DISTRIBUIÇÃO DE PROBABILIDADES

Dada uma sequência de números aleatórios, como se pode gerar uma sequência de observações aleatórias de determinada distribuição de probabilidades? Existem várias metodologias diferentes, dependendo da natureza da distribuição.

Distribuições discretas simples

Para algumas distribuições discretas simples, uma sequência de números aleatórios *inteiros* pode ser usada para gerar observações aleatórias de forma direta. Simplesmente aloque os possíveis valores de um número aleatório aos diversos resultados na distribuição de probabilidades em proporção direta às respectivas probabilidades desses resultados.

Para o Exemplo 1 da Seção 20.1, em que estão sendo simulados lançamentos de uma moeda, os resultados possíveis de um lançamento são cara ou coroa, no qual cada resultado tem probabilidade igual de ocorrer. Portanto, em vez de usar números aleatórios uniformes (como foi feito na Seção

---

[1] Ver R. R. Coveyou, "Serial Correlation in the Generation of Pseudo-Random Numbers", *Journal of the Association of Computing Machinery*, **7:** 72-74, 1960.

[2] Para recomendações recentes sobre a escolha do gerador de números aleatórios, ver P. L'Ecuyer, R. Simard, E. J. Chen, and W. D. Kelton, "An Object-Oriented Random-Number Package with Many Long Streams and Substreams", *Operations Research*, **50:** 1073-1075, 2002.

20.1), teria sido suficiente usar *dígitos aleatórios* para gerar os resultados. Cinco dos dez possíveis valores de um dígito aleatório (digamos, 0, 1, 2, 3, 4) seriam associados ao resultado cara e os outros cinco (digamos, 5, 6, 7, 8, 9) ao resultado coroa.

Como outro exemplo, considere a distribuição de probabilidades do resultado do lançamento de dois dados. É conhecido que a probabilidade de se obter 2 é $\frac{1}{36}$ (assim como é a probabilidade de se obter 12), a probabilidade de se obter 3 é $\frac{2}{36}$ assim por diante. Portanto, $\frac{1}{36}$ dos possíveis valores de um número aleatório inteiro deve ser associado à obtenção de 2, $\frac{2}{36}$ dos valores com a obtenção de 3 e assim por diante. Logo, se estiverem sendo usados números aleatórios inteiros de dois dígitos, 72 dos 100 valores serão selecionados para consideração, de forma que um número aleatório inteiro será rejeitado se ele assumir qualquer um dos demais 28 valores. Então, 2 dos 72 valores possíveis (digamos, 00 e 01) serão associados à obtenção de 2, quatro deles (digamos 02, 03, 04 e 05), associados à obtenção de 3, e assim por diante.

Usar números aleatórios *inteiros* dessa forma é conveniente quando estiverem sendo extraídos de uma tabela de números aleatórios ou então estiverem sendo gerados diretamente por um método congruente. Entretanto, ao realizar a simulação em um computador, normalmente é mais conveniente fazer que um computador gere *números aleatórios uniformes* e então usá-los da maneira correspondente. Todos os próximos métodos para geração de observações aleatórias utilizam números aleatórios uniformes.

Método de transformação inversa

Para distribuições mais complicadas, ou discretas ou contínuas, o *método da transformação inversa* pode, algumas vezes, ser usado para gerar observações aleatórias. Fazendo que X seja a variável aleatória envolvida, representamos a função de distribuição cumulativa por:

$$F(x) = P\{X \leq x\}.$$

Gerar cada observação requer então as duas etapas a seguir.

Resumo do método de transformação inversa

1. Gere um *número aleatório uniforme r* entre 0 e 1;
2. configure $F(x) = r$ e resolva em termos de x, que então é a observação aleatória desejada da distribuição de probabilidades.

Esse procedimento é ilustrado na Figura 20.5 para o caso no qual $F(x)$ é representado graficamente e o número aleatório uniforme r por acaso é 0,5269.

Embora o procedimento gráfico ilustrado pela Figura 20.5 seja conveniente se a simulação for feita manualmente, o computador tem de reverter a alguma metodologia alternativa. Para *distribuições discretas*, pode-se adotar uma *metodologia de pesquisa em tabelas*, construindo uma tabela que forneça um

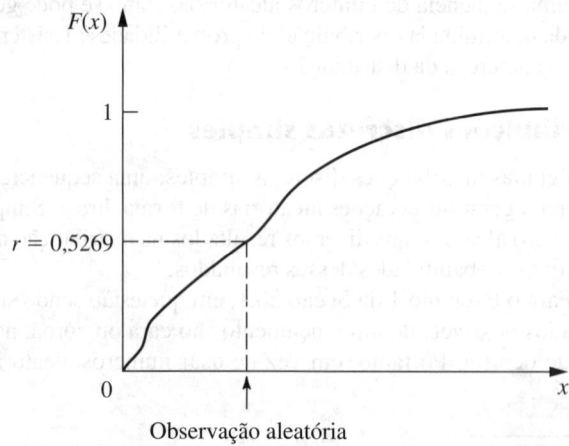

■ **FIGURA 20.5** Ilustração do método da transformação inversa para se obter a observação aleatória de determinada distribuição de probabilidades.

Distribuição do tempo entre quebras

Probabilidade	Cumulativa	Número de dias
0,25	0	4
0,5	0,25	5
0,25	0,75	6

■ **FIGURA 20.6** A tabela que seria construída em uma planilha para o emprego da função VLOOKUP do Excel para implementar o método da transformação inversa para o exemplo do programa de manutenção.

"intervalo" (salto) no valor de $F(x)$ para cada possível valor de $X = x$. O Excel dispõe de uma função conveniente, VLOOKUP, para implementar essa metodologia ao realizar uma simulação em uma planilha.

Para ilustrar o funcionamento dessa função, suponha que uma empresa simule o *programa de manutenção* para suas máquinas. O tempo entre quebras dessas máquinas é sempre 4, 5 ou 6 dias, em que esses tempos ocorrem, respectivamente, com probabilidades 0,25, 0,5 e 0,25. A primeira etapa na simulação dessas quebras é criar a tabela mostrada na Figura 20.6 em algum ponto da planilha. Observe que cada número na segunda coluna fornece a probabilidade cumulativa *anterior* ao número de dias na terceira coluna. A segunda e terceira colunas (abaixo dos cabeçalhos de coluna) constituem a "pesquisa em tabela". A função VLOOKUP possui três argumentos. O primeiro indica o endereço da célula que fornece o número aleatório uniforme que é usado. O segundo argumento identifica o intervalo de endereços de célula para a pesquisa em tabela. O terceiro indica qual coluna da pesquisa em tabela (a segunda e terceira colunas na Figura 20.6) fornece a observação aleatória, portanto, esse argumento é igual a 2 nesse caso. A função VLOOKUP com esses três argumentos é introduzida como equação para cada célula na planilha onde a observação aleatória da distribuição deve ser introduzida.

Para certas distribuições *contínuas*, o método de transformação inversa pode ser implementado em um computador resolvendo-se primeiro a equação $F(x) = r$ *analiticamente* em termos de x. Um exemplo na seção de Worked Examples no *site* da editora ilustra essa abordagem (após aplicar primeiro o método gráfico).

Também ilustraremos essa metodologia a seguir com a distribuição exponencial.

Distribuições exponenciais e de Erlang

Conforme indicado na Seção 17.4, a função de distribuição cumulativa para a **distribuição exponencial** é:

$$F(x) = 1 - e^{-\alpha x}, \qquad \text{para } x \geq 0,$$

em que $1/\alpha$ é a média da distribuição. Configurando-se $F(x) = r$ resulta então em:

$$1 - e^{-\alpha x} = r,$$

de modo que:

$$e^{-\alpha x} = 1 - r.$$

Portanto, tomando-se o logaritmo natural de ambos os lados:

$$\ln e^{-\alpha x} = \ln(1 - r),$$

de modo que:

$$-\alpha x = \ln(1 - r),$$

que resulta em:

$$x = \frac{\ln(1 - r)}{-\alpha}.$$

Observe que $1 - r$ é por si só um número aleatório uniforme. Portanto, para economizar uma subtração, é comum na prática simplesmente usar o número aleatório uniforme *original r* diretamente no lugar de $1 - r$. O que resulta em:

$$\text{Observação aleatória} = \frac{\ln r}{-\alpha}$$

como observação aleatória desejada da distribuição exponencial.

Essa aplicação direta do método de transformação inversa fornece a maneira mais direta de se gerarem observações aleatórias de uma distribuição exponencial. Também foram desenvolvidas técnicas mais complexas para essa distribuição[3] que são mais rápidas para um computador do que calcular um logaritmo.

Uma extensão natural desse procedimento para a distribuição exponencial também pode ser usada para gerar a observação aleatória de uma **distribuição de Erlang** (gama) (ver a Seção 17.7). A soma de k variáveis aleatórias exponenciais independentes, cada uma delas com média $1/(k\alpha)$, possui uma distribuição de Erlang com parâmetro de forma k média $1/\alpha$. Assim, dada uma sequência de k números aleatórios uniformes entre 0 e 1, digamos, $r_1, r_2, \ldots, r_k$, a observação aleatória desejada da distribuição de Erlang é:

$$x = \sum_{i=1}^{k} \frac{\ln r_i}{-k\alpha},$$

que se reduz a:

$$x = -\frac{1}{k\alpha} \ln \left[\prod_{i=1}^{k} r_i \right],$$

em que Π indica multiplicação.

Distribuições normais e qui-quadrado

Uma técnica particularmente simples (mas ineficiente) para gerar a observação aleatória de uma **distribuição normal** é obtida aplicando-se o *teorema do limite central*. Como um número aleatório uniforme tem *distribuição uniforme* de 0 a 1, ela possui média $\frac{1}{2}$ desvio padrão $1/\sqrt{12}$. Portanto, esse teorema implica que a soma de n números aleatórios uniformes tem aproximadamente uma distribuição normal com média $n/2$ e desvio padrão $\sqrt{n/12}$. Logo, se $r_1, r_2, \ldots r_n$ forem uma amostra de números aleatórios uniformes, então:

$$x = \frac{\sigma}{\sqrt{n/12}} \sum_{i=1}^{n} r_i + \mu - \frac{n}{2} \frac{\sigma}{\sqrt{n/12}}$$

é uma observação aleatória de uma distribuição aproximadamente normal com média μ e desvio padrão σ. Essa aproximação é excelente (exceto nas caudas da distribuição), mesmo com valores pequenos para n. Logo, valores n de 5 a 10 podem ser adequados; $n = 12$ também é um valor conveniente, pois elimina termos da raiz quadrada da expressão anterior.

Já que há ampla disponibilidade de tabelas da distribuição normal (ver, por exemplo, o Apêndice 5), outro método simples para gerar uma aproximação mais justa da observação aleatória é usar uma tabela dessas para implementar diretamente o método de transformação inversa. Isso é bastante conveniente quando geramos algumas observações aleatórias manualmente, mas bem menos para implementação por computador, já que requer o armazenamento de uma grande tabela e, então, usar uma pesquisa em tabela.

Diversas técnicas *exatas* para gerar observações aleatórias de uma distribuição normal também foram desenvolvidas[4]. Essas técnicas exatas são suficientemente rápidas que, na prática, são usadas

---

[3] Por exemplo, ver J. H. Ahrens and V. Dieter, "Efficient Table-Free Sampling Methods for Exponential, Cauchy, and Normal Distributions", *Communications of the ACM*, **31:** 1330-1337, 1988.

[4] Veja novamente a referência citada na nota de rodapé 3.

em vez dos métodos aproximados descritos anteriormente. Uma rotina para cada uma dessas técnicas normalmente já está incorporada em um pacote de software com recursos de simulação. Por exemplo, o Excel usa a função NORMINV(RAND(), μ, σ) para gerar a observação aleatória de uma distribuição normal com média μ e desvio-padrão σ.

Um método simples para manipular a **distribuição qui-quadrado** é usar o fato de que ela é obtida somando-se os quadrados das variáveis aleatórias normais padronizadas. Logo, se $y_1, y_2, \ldots, y_n$ são n observações aleatórias de uma distribuição normal com média 0 e desvio padrão 1, então:

$$x = \sum_{i=1}^{n} y_i^2$$

é uma observação aleatória de uma distribuição qui-quadrado com n graus de liberdade.

Método da aceitação-rejeição

Para muitas distribuições contínuas, não é viável aplicar o método de transformação inversa, pois $x = F^{-1}(r)$ não pode ser calculado (ou pelo menos calculado de forma eficiente). Portanto, foram desenvolvidos diversos outros tipos de métodos para gerar observações aleatórias dessas distribuições. Em geral, esses métodos são consideravelmente mais rápidos que o método de transformação inversa, mesmo quando o último método pode ser usado. Para fornecer a mesma noção da abordagem para esses métodos alternativos, agora ilustraremos uma abordagem chamada **método da aceitação-rejeição** em um exemplo simples.

Considere a *distribuição triangular* com uma função densidade probabilística:

$$f(x) = \begin{cases} x & \text{se } 0 \leq x \leq 1 \\ 1 - (x - 1) & \text{se } 1 \leq x \leq 2 \\ 0 & \text{caso contrário.} \end{cases}$$

O método da aceitação-rejeição utiliza as duas etapas a seguir (talvez repetidamente) para gerar uma observação aleatória.

1. Gere um número aleatório uniforme r_1 entre 0 e 1 e faça que $x = 2r_1$ (de modo que o intervalo de possíveis valores de x se encontre de 0 a 2);
2. aceite x com

$$\text{Probabilidade} = \begin{cases} x & \text{se } 0 \leq x \leq 1 \\ 1 - (x - 1) & \text{se } 1 \leq x \leq 2, \end{cases}$$

para ser a observação aleatória desejada [já que essa probabilidade é igual a $f(x)$]. *Caso contrário, rejeite x* e repita as duas etapas.

Para gerar aleatoriamente o evento de aceitar (ou rejeitar) x de acordo com essa probabilidade, o método implementa a etapa 2 como a seguir:

3. Gere um número aleatório uniforme r_2 entre 0 e 1.

Aceite x se $r_2 \leq f(x)$.
Rejeite x se $r_2 > f(x)$.

Se x for rejeitado, repita as duas etapas.

Como $x = 2r_1$ é aceito com uma probabilidade $= f(x)$, a distribuição de probabilidades de *valores aceitos* tem $f(x)$ como sua função densidade, de modo que valores aceitos são *observações aleatórias* válidas de $f(x)$.

Tivemos sorte nesse exemplo que o *maior* valor de $f(x)$ para qualquer x era exatamente 1. Se esse maior valor fosse, ao contrário, $L \neq 1$, então r_2 seria multiplicado por L na etapa 2. Com esse ajuste, o método é facilmente estendido para outras funções de densidade probabilísticas ao longo de um intervalo finito, e conceitos similares podem ser usados ao longo de um intervalo infinito também.

20.5 DESCRIÇÃO DE UM IMPORTANTE ESTUDO DE SIMULAÇÃO

Até então, este capítulo concentrou-se principalmente no *processo* de realizar uma simulação e algumas aplicações. Agora, veremos esse material de uma perspectiva mais ampla, descrevendo brevemente todos as etapas envolvidas em um importante estudo de pesquisa operacional que se baseia na aplicação de simulação. Praticamente as mesmas etapas também se aplicam quando o estudo aplicar outras técnicas de pesquisa operacional.

Etapa 1: formular o problema e planejar o estudo

A equipe de pesquisa operacional precisa iniciar agendando uma reunião com a direção para resolver os seguintes tipos de questão.

1. Qual é o problema que a direção quer que seja estudado?
2. Quais são os objetivos gerais do estudo?
3. Que questões específicas devem ser resolvidas?
4. Que tipos de configurações de sistema alterntivas devem ser considerados?
5. Que medidas de desempenho do sistema são de interesse para a direção?
6. Quais são as restrições de tempo para a realização do estudo?

Além disso, a equipe de PO também precisa se reunir com engenheiros e equipe operacional para conhecer os detalhes de como o sistema deveria operar. Essa equipe em geral também vai incluir um ou mais integrantes com conhecimento prático do sistema.

Etapa 2: coletar os dados e formular o modelo de simulação

Os tipos de dados necessários dependem da natureza do sistema a ser simulado. Por exemplo, dados fundamentais para um sistema de filas seriam a distribuição de *tempos entre chegadas* e a distribuição de *tempos de atendimento*. Também para a maioria dos demais casos são as *distribuições de probabilidade* das quantidades relevantes que são necessárias. Geralmente, será possível apenas estimar essas distribuições, mas é importante fazê-lo. De modo a gerar cenários representativos de como um sistema irá se comportar, é essencial que a simulação gere *observações aleatórias* com base nessas distribuições, em vez de simplesmente usar médias.

Normalmente formula-se um modelo de simulação em termos de um *diagrama de fluxo* que reúne os diversos componentes do sistema. São fornecidas regras de operação para cada componente, inclusive as distribuições de probabilidade que controlam quando os eventos vão ocorrer ali.

Etapa 3: verifique a precisão do modelo de simulação

Antes de construir um programa de computador, a equipe de PO deve juntar as pessoas mais intimamente familiarizadas com a questão de como o sistema vai operar na verificação da precisão do modelo de simulação. Isso normalmente se faz realizando-se um ensaio estruturado do modelo conceitual, usando-se um retroprojetor, diante de um público formado por todas as pessoas-chave. Tipicamente em reuniões desse tipo, diversas suposições de modelo errôneas serão descobertas e corrigidas, algumas poucas suposições serão acrescidas e algumas questões serão resolvidas em relação à profundidade de detalhes necessária nas diversas partes do modelo.

Etapa 4: selecionar o software e construir um programa de computador

Existem várias classes principais de software utilizadas para simulações. Uma delas é a *planilha de software*. O Exemplo 1 da Seção 20.1 mostrou como o Excel é capaz de realizar algumas simulações básicas em uma planilha. Além disso, alguns excelentes programas complementares para Excel agora estão disponíveis para aperfeiçoar esse tipo de modelagem de planilha. A próxima seção concentra-se no uso desses programas.

Outras classes de software para simulações se destinam a aplicações mais extensivas em que não é mais conveniente usar planilha software. Uma classe dessas é uma *linguagem de programação de propósito genérico*, como o C, FORTRAN, BASIC etc. Essas linguagens (e suas predecessoras) normalmente eram usadas nos primórdios da área em virtude de sua grande flexibilidade para programar

Exemplo de Aplicação

Os *call centers* (centrais de atendimento) têm sido um dos mercados de maior crescimento em todo o mundo há muitos anos. Somente nos Estados Unidos, várias centenas de milhares de empresas usam *call centers* espalhados pelo mundo para possibilitar que clientes façam uma compra simplesmente ligando para um número 0800 gratuito.

O mercado de redes 0800 é lucrativo para as empresas de telecomunicações e, portanto, elas estão felizes por vender a tecnologia necessária para seus clientes empresariais e depois ajudá-los a projetar *call centers* eficientes. A **AT&T** foi a pioneira no desenvolvimento e na comercialização desse serviço para seus clientes. Sua abordagem era desenvolver um *modelo de simulação* altamente flexível e sofisticado, denominado CAPS *(Call Processing Simulator,* ou seja, simulador de processamento de chamadas), que permite a seus clientes estudar diversos cenários de como projetar e operar seus *call centers*.

O CAPS contém quatro módulos. O *módulo de geração de chamadas* gera ligações que chegam aleatoriamente, com intervalos médios entre essas chamadas variando ao longo do dia. O *módulo de rede* simula como uma ligação pode ser atendida imediatamente ou colocada em espera ou então receber um sinal de ocupado, e nesses últimos casos podem resultar em duas situações: a pessoa que está ligando persiste até conseguir ser atendida ou então desiste e liga para outra empresa. O *módulo de distribuição automática de chamadas* simula como o sistema de distribuição automática de chamadas da AT&T distribui igualmente as ligações para os atendentes disponíveis. O *módulo de atendimento de chamadas* simula os atendentes respondendo as chamadas e realizando qualquer trabalho de *follow-up* necessário.

O desenvolvimento e o refinamento do CAPS ao longo de vários anos seguiu cuidadosamente as etapas de um estudo de simulação importante descrito na Seção 20.5. Essa meticulosa metodologia rendeu enorme sucesso para a AT&T. A empresa realizou 2 mil estudos CAPS por ano para seus clientes empresariais, ajudando-a a aumentar, proteger e *reconquistar mais de* **US$ 1 bilhão** em um mercado de redes 0800 estimado em US$ 8 bilhões. Ele também *gerou mais de* **US$ 750 milhões** *em lucros anuais* para os clientes empresariais da AT&T que receberam estudos CAPS. Essa sofisticada aplicação da simulação levou a AT&T a ganhar, em 1993, o primeiro prêmio no concurso internacional Franz Edelman Award for Achievement in Operations Research and the Management Sciences.

Fonte: A. J. Brigandi, D. R. Dargon, M. J. Sheehan, and T. Spencer III: "AT&T's Call Processing Simulator (CAPS) Operational Design for Inbound Call Centers", *Interfaces*, **24**(1): 6-28, Jan.-Feb. 1994. (Este artigo está disponível em inglês no *site* da editora, www.bookman.com.br.)

qualquer tipo de simulação. Entretanto, em decorrência de um tempo considerável de programação elas são pouco usadas atualmente.

Muitos pacotes de software comerciais que não usam planilhas também foram desenvolvidos especificamente para realizar simulações. Historicamente, esses pacotes classificam-se em duas categorias, linguagens de simulação de propósito genérico e simuladores orientados a aplicações. As *linguagens de simulação de propósito genérico* fornecem muitos dos recursos necessários para programar, de modo eficiente, qualquer modelo de simulação. Os *simuladores orientados a aplicações* (ou simplesmente *simuladores* de forma abreviada) são desenvolvidos para simular tipos bastante específicos de sistemas. Entretanto, à medida que o tempo foi passando a distinção entre essas duas categorias tornou-se cada vez mais indistinta. Linguagens de simulação de propósito genérico agora podem incluir alguns recursos especiais que as tornam quase tão adequadas quanto os simuladores para certos tipos específicos de aplicações. No entanto, os simuladores tendem a incluir mais flexibilidade do que tinham anteriormente para lidar com uma classe de sistemas mais ampla.

Outra forma de classificar os pacotes de software para simulação é por meio do fato de eles adotarem uma abordagem por programação de eventos ou uma abordagem por processos para a modelagem de simulação de eventos discretos. A *abordagem por programação de eventos* é bem parecida com o método de avanço de tempo *com incrementos de tempo fixos* descrito na Seção 20.1. A *abordagem por processos* ainda usa, em segundo plano, incrementos de tempo fixos, porém, concentra-se na modelagem e não na descrição dos processos que geram os eventos. A maioria dos pacotes de software para simulação atuais usa a abordagem por processos.

Tem se tornado cada vez mais comum os pacotes de software para simulação incluírem recursos de **animação** para exibir simulações em ação. Em uma animação, elementos-chave de um sistema são representados na tela de um computador por ícones que mudam de forma, cor ou posição quando há uma alteração no estado do sistema de simulação.

A principal razão para a popularidade da animação é sua habilidade de transmitir a essência de um modelo de simulação (ou da execução de uma simulação) a gerentes e outras pessoas-chave.

Devido à crescente importância da simulação, existem hoje aproximadamente 50 empresas de software que comercializam pacotes de software para simulação. A Referência Selecionada 12 fornece uma pesquisa sobre esses pacotes. (A OR/MS Today atualiza essa pesquisa a cada dois anos.)

Etapa 5: testar a validade do modelo de simulação

Após o programa de computador ter sido criado e depurado, a próxima etapa fundamental é testar o modelo de simulação incorporado no programa conferindo se ele está fornecendo resultados válidos para o sistema que está representando. Especificamente, as medidas de desempenho para o sistema real serão aproximadas de forma suficiente pelos valores dessas medidas geradas pelo modelo de simulação?

Em alguns casos, pode ser que haja um modelo matemático disponível para uma versão simples do sistema. Assim sendo, esses resultados também devem ser comparados com os resultados da simulação.

Quando não tivermos nenhum dado real disponível para comparação com os resultados da simulação, uma possibilidade é conduzir um *teste de campo* para coletar esses dados. Isso envolveria a construção de um pequeno protótipo de alguma versão do sistema proposto e colocá-lo em operação.

Outro teste de validação útil é fazer que a equipe operacional experiente verifique a credibilidade de como os resultados da simulação mudam à medida que a configuração do sistema simulado se altera. Observar animações de processamentos de simulação também é uma forma útil de se verificar a validade do modelo de simulação.

Etapa 6: planejar as simulações a ser realizadas

Neste ponto, precisamos começar a tomar decisões sobre quais configurações de sistema devem ser simuladas. Isso normalmente é um processo evolutivo, no qual os resultados iniciais para uma série de configurações o ajudam a aperfeiçoar em relação a quais configurações específicas garantirão uma investigação detalhada.

Também precisam ser tomadas decisões em relação a algumas questões estatísticas. Uma delas (a menos que estejamos usando a técnica especial descrita no segundo suplemento para este capítulo contido no *site* da editora) é a duração *do período de aquecimento* enquanto se aguarda o sistema basicamente atingir uma condição de estado estável, antes de começar a coletar dados. Normalmente são usadas execuções preliminares de simulação para analisar esse aspecto. Já que os sistemas em geral requerem um tempo surpreendentemente longo para atingir uma condição de estado estável, é útil selecionar *condições iniciais* para um sistema simulado que parecem aproximadamente representativas das condições de estado estável de modo a reduzir esse tempo necessário o máximo possível.

Outra questão estatística fundamental é a *duração da execução da simulação* após o período de aquecimento para cada configuração de sistema simulada. Tenha em mente que a simulação não produz valores *exatos* para as medidas de desempenho de um sistema. Em vez disso, cada execução de simulação pode ser interpretada como um experimento estatístico que gera observações estatísticas do desempenho do sistema simulado. Essas observações são usadas para produzir *estimativas estatísticas* das medidas de desempenho. Aumentar a duração de uma simulação expande a precisão dessas estimativas. (O primeiro suplemento para este capítulo contido no *site* da editora também descreve *técnicas especiais para a redução de variância* que algumas vezes podem ser empregadas para elevar a precisão dessas estimativas.)

A teoria estatística para elaboração de experimentos estatísticos conduzidos por meio de simulação é um pouco distinta para aquela de experimentos conduzidos diretamente pela observação do desempenho de um sistema físico[5]. Portanto, a inclusão de um estatístico (ou de pelo menos um analista com experiência em simulação e sólidos conhecimentos de estatística) em sua equipe de PO pode ser inestimável nesta etapa.

Etapa 7: realizar as execuções de simulação e analisar os resultados

A saída obtida das execuções de simulação agora fornece estimativas estatísticas das medidas de desempenho desejadas para cada configuração de sistema de interesse. Além de uma *estimativa pon-*

---

[5] Para detalhes sobre a parte relevante da teoria estatística para aplicação da simulação, veja os Capítulos 9 a 12 na Referência Selecionada 10. Veja também as Referências Selecionadas 8 e 9 para tratados "de peso" sobre o projeto e a análise de experimentos de simulação.

tual de cada medida, normalmente se deve obter um *intervalo de confiança* para indicar o intervalo de valores prováveis da medida (exatamente como foi feito no Exemplo 2 da Seção 20.1). O segundo suplemento para este capítulo contido no *site* da editora descreve um método para fazer isso[6].

Esses resultados podem indicar de imediato que determinada configuração de sistema é claramente superior às demais. Com maior frequência eles identificarão alguns candidatos mais fortes ao posto de melhor configuração. Em último caso, serão executadas algumas simulações mais longas de forma a comparar melhor esses candidatos[7]. Processamentos adicionais também poderiam ser usados para fazer um ajuste fino nos detalhes daquilo que parece ser a melhor configuração.

Etapa 8: apresentar recomendações à administração

Após completar sua análise, a equipe de PO precisa apresentar suas recomendações à administração. Isso normalmente seria feito por intermédio de um relatório e uma apresentação formal aos diretores/gerentes responsáveis pela tomada de decisão referente ao sistema em estudo.

O relatório e a apresentação devem sintetizar a forma como o estudo foi conduzido, incluindo documentação da validação do modelo de simulação. Uma demonstração da *animação* de uma execução de simulação poderia ser incluída para melhor transmitir o processo de simulação e acrescentar credibilidade. Resultados numéricos que fornecem a lógica para as recomendações também precisam ser incluídos.

A administração normalmente envolve mais a equipe de PO na implementação inicial do novo sistema, incluindo o treinamento da equipe envolvida.

20.6 REALIZAÇÃO DE SIMULAÇÕES EM PLANILHAS

A Seção 20.5 descreve as etapas típicas envolvidas em estudos de simulação de sistemas complexos, incluindo o emprego de linguagens de simulação genéricas ou de simuladores especializados, necessários para estudar a maioria desses sistemas de forma eficiente. Entretanto, nem todos os estudos de simulação são tão complicados assim. Na realidade, ao estudar sistemas relativamente simples, algumas vezes é possível rodar as simulações necessárias de forma rápida e fácil em planilhas. Particularmente, sempre que um modelo de planilha puder ser formulado para analisar um sistema sem levar em conta incertezas (exceto pela análise de sensibilidade), normalmente é possível estender o modelo para usar simulação a fim de considerar o efeito das incertezas. Portanto, agora iremos nos concentrar nesses casos mais simples nos quais as planilhas podem ser usadas para realizar as simulações de forma eficiente.

Conforme ilustrado no Exemplo 1 da Seção 20.1, o pacote de software padrão do Excel possui alguns recursos básicos de simulação, inclusive a habilidade para gerar números aleatórios uniformes e observações aleatórias de algumas distribuições de probabilidades. Um avanço posterior foi o desenvolvimento de poderosos programas complementares para o Excel que aumentam em muito seus recursos originais. Um desses programas complementares é o *Crystal Ball*, desenvolvido pela Decisioneering, Inc. (atualmente Oracle). Além de sua ótima funcionalidade na realização de simulações, a Professional Edition do Crystal Ball também inclui dois outros módulos. Um dos programas também é o CB Predictor para a geração de previsões com base em dados de série de tempos, conforme descrito e ilustrado no Capítulo 27 (um capítulo suplementar contido no *site* da editora). O outro é o OptQuest, que aperfeiçoa o Crystal Ball usando sua saída de uma série de execuções de simulação para procurar automaticamente uma solução ótima para um modelo de simulação, conforme descrito no terceiro suplemento desse capítulo no *site* da editora.

Alguns dos outros programas complementares encontram-se disponíveis como *shareware*. Um deles é o RiskSim, desenvolvido pelo professor Michael Middleton. Fornecemos a versão acadêmica do RiskSim no *Courseware* de PO. Embora não tão elaborado e poderoso como o Crystal Ball, o RiskSim é fácil de usar e é bem documentado no *site* da editora.

---

[6] Veja as páginas 530-531 na Referência Selecionada 10 para métodos alternativos.

[7] A metodologia para o emprego de simulação na tentativa de identificar a melhor configuração de sistema é conhecida como *otimização de simulação*. Trata-se de uma área bem interessante no campo de pesquisas atual. Consulte, por exemplo, as Referências Selecionadas 7,13 e 4.

Caso queira continuar a usá-lo após esse curso, você deve registrá-lo e pagar uma taxa de *shareware*. Assim como qualquer programa complementar do Excel, eles precisam ser instalados antes de poder ser usados no Excel.

Esta seção se concentra na funcionalidade do Crystal Ball para ilustrar o que pode ser feito com os programas complementares de simulação. Para praticar o uso do Crystal Ball por conta própria, vá ao seu *site* (atualmente, www.decisioneering.com/downloadform.html) para baixar esse software por um período temporário (atualmente limitado a 30 dias). Sua instituição de ensino (assim como muitas outras) talvez também tenha uma licença local para uso desse software.

Incluímos problemas no final do capítulo para esta seção para uso do Crystal Ball. O RiskSim contido no *site* da editora também pode ser usado para esses problemas.

Planilhas comerciais normalmente incluem algumas *células de entrada* que exibem dados fundamentais (por exemplo, os diversos custos associados à produção ou à comercialização de um produto) e uma ou mais *células de saída* que mostram medidas de desempenho (por exemplo, o lucro obtido pela produção ou comercialização de um produto). O usuário cria equações em Excel para associar as entradas às saídas de forma que as células de saída mostrem os valores correspondentes àqueles que foram incluídos nas células de entrada. Em alguns casos, haverá incerteza em relação a quais seriam os valores corretos para as células de entrada. A análise de sensibilidade pode ser usada para verificar como as saídas mudam à medida que os valores para as células de entrada são alterados. Entretanto, se houver um nível de incerteza considerável em relação aos valores de algumas células de entrada, uma abordagem mais sistemática para análise do efeito da incerteza seria útil. É aí que a simulação entra em cena.

Pela simulação, em vez de inserirmos um único número em uma célula de entrada na qual existe incerteza, a *distribuição de probabilidades* que descreve essa incerteza é introduzida em seu lugar. Gerando-se uma *observação aleatória* com base na distribuição de probabilidades para cada célula de entrada destas, a planilha é capaz de calcular os valores de saída da forma usual. Isso se chama **tentativa** pelo Crystal Ball. Realizando-se o número de tentativas especificado pelo usuário (normalmente centenas ou milhares), a simulação gera então o mesmo número de observações aleatórias dos valores de saída. O programa Crystal Ball registra todas essas informações e fornece então a opção de se imprimirem estatísticas detalhadas na forma de tabelas ou gráficos (ou ambas) que ilustram de forma aproximada a *distribuição de probabilidades* subjacente dos valores de saída. Um resumo dos resultados também inclui estimativas da média e do desvio padrão dessa distribuição.

Vejamos agora um exemplo em detalhes para ilustrar esse processo.

Exemplo de controle de estoque – o problema do jornaleiro Freddie

Considere o seguinte problema enfrentado por um jornaleiro chamado Freddie. Um dos jornais que Freddie vende em sua banca é o *Financial Journal*. Um distribuidor traz as edições do dia do *Financial Journal* para a banca logo cedo. Quaisquer cópias não vendidas no final do dia são devolvidas ao distribuidor na manhã seguinte. Entretanto, para encorajar o pedido de um grande número de exemplares, o distribuidor oferece um pequeno reembolso para exemplares não vendidos.

Eis os números referentes aos custos da banca de Freddie.

Freddie paga US$ 1,50 por exemplar entregue.
Freddie vende cada um a US$ 2,50.
Freddie recebe um reembolso de US$ 0,50 por exemplar não vendido.

Em parte por causa do reembolso, Freddie sempre encomenda um bom número de exemplares. Entretanto, ele começou a ficar preocupado sobre pagar tanto pelos exemplares que então devem ser devolvidos por não terem sido vendidos, particularmente desde que isso começou a ocorrer quase todos os dias. Agora ele considera que talvez fosse melhor encomendar um número mínimo de exemplares e poupar esse custo extra.

Para investigar melhor isso, ele compilou os seguintes dados de suas vendas diárias.

Freddie vende algo em torno de 40 a 70 exemplares em um dia qualquer. As frequências dos números entre 40 e 70 são aproximadamente iguais.

A decisão que Freddie precisa tomar é o número de exemplares a ser encomendado por dia do distribuidor. Seu objetivo é maximizar seu lucro médio diário.

Talvez você reconheça esse problema como um exemplo do *problema do jornaleiro* discutido na Seção 18.7. Logo, o *modelo de estoque estocástico de um período para produtos perecíveis* (sem nenhum custo de implantação) aqui apresentado pode ser usado para resolver esse problema. Entretanto, para fins ilustrativos, agora mostramos como a simulação pode ser usada para analisar esse sistema de estoque simples da mesma forma que ele analisa sistemas de estoque mais complexos que estão fora do alcance de modelos de estoque disponíveis.

Modelo de planilha para esse problema

A Figura 20.7 mostra um modelo de planilha para esse problema. Estipuladas as células de dados C4:C6, a variável de decisão é a quantidade encomendada a ser incluída na célula C9. O número 60 foi introduzido arbitrariamente nessa figura como uma primeira aproximação para um valor razoável. A parte inferior da figura mostra as equações usadas para calcular as células de saída C14:C16. Essas células de saída são então usadas para calcular a célula de saída Lucro (C18).

O único valor de entrada incerto nessa planilha é a demanda diária na célula C12. Esse valor se encontra entre 40 e 70 inclusive. Já que a frequência dos números inteiros entre 40 e 70 é praticamente a mesma, a distribuição de probabilidades da demanda diária pode ser suposta de forma razoável como uma *distribuição uniforme discreta* entre 40 e 70, conforme indicado nas células D12:F12. Em vez de inserir um único número de forma permanente em DemandaSimulada (C12), o que o Crystal Ball faz é introduzir essa distribuição de probabilidades nessa célula. Antes de passar para o Crystal Ball, um número arbitrário 55 foi introduzido temporariamente nessa célula na Figura 20.7. Ao usar o Crystal Ball para gerar uma *observação aleatória* dessa distribuição de probabilidades, a planilha é capaz de calcular as células de saída da forma usual para completar

	A	B	C	D	E	F
1		**O jornaleiro Freddie**				
2						
3			**Dados**			
4		Preço de venda inicial	US$ 2,50			
5		Custo de compra unitário	US$ 1,50			
6		Valor de sobras unitário	US$ 0,50			
7						
8			**Variável de decisão**			
9		Quantidade encomendada	60			
10						
11			**Simulação**		Mínimo	Máximo
12		Demanda	55	*Uniforme*	40	70
13						
14		Receita de vendas	US$ 137,50			
15		Custo de compra	US$ 90,00			
16		Valor de sobras	US$ 2,50			
17						
18		Lucro	US$ 50,00			

	B	C
14	Receita de Vendas	=PrecoVendaUnitario*MIN(QuantidadeEncomendada,Demanda)
15	Custo de Compras	=PrecoCompraUnitario*QuantidadeEncomendada
16	Valor de Sobras	=PrecoSobrasUnitario*MAX(QuantidadeEncomendada-Demanda,0)
17		
18	lucro	=ReceitasVendas-CustoCompra+ValorSobras

Nome da faixa	Células
Demanda	C12
Quantidade encomendada	C9
Lucro	C18
Custo compra	C15
Receita vendas	C14
Valor sobras	C16
Demanda simulada	C12
Custo compra unitario	C5
Preco venda unitario	C4
Preco sobras unitario	C6

■ **FIGURA 20.7** Modelo de planilha para aplicar simulação ao exemplo que envolve o jornaleiro Freddie. A célula suposta é DemandaSimulada (C12), a célula de previsão é Lucro (C18) e a variável de decisão é QuantidadeEncomendada (C9).

uma tentativa. Executando o número de tentativas especificado pelo usuário (tipicamente centenas ou milhares), a simulação gera portanto o mesmo número de observações aleatórias dos valores nas células de saída. O Crystal Ball registra essas informações para a(s) célula(s) de saída de interesse particular (o lucro diário do Freddie) e então, no final, as exibe em uma variedade das formas convenientes que revelam uma estimativa da distribuição de probabilidades subjacente do lucro diário de Freddie. Falaremos mais a esse respeito posteriormente.

A aplicação do Crystal Ball

São necessárias quatro etapas para usar a planilha na Figura 20.7 para realizar a simulação com o Crystal Ball.

1. Definir as células de entrada aleatórias.
2. Definir as células de saída a ser previstas.
3. Configurar as preferências para execução.
4. Rodar a simulação.

Descreveremos agora cada uma das quatro etapas, uma a uma.

Definir as células de entrada aleatórias. Uma célula de entrada aleatória é uma célula de entrada que possui um valor aleatório (como a demanda diária para o *Financial Journal*) e, portanto, é necessário introduzir uma distribuição de probabilidades suposta na célula em vez de introduzir permanentemente um único número. A única célula de entrada aleatória na Figura 20.7 é Demanda (C12). O Crystal Ball refere-se a cada uma dessas células de entrada aleatória como uma **célula pressuposta**.

O procedimento a seguir é usado para definir uma célula pressuposta.

Procedimento para definição de uma célula pressuposta

1. Selecione a célula clicando sobre ela.
2. Se a célula já não contiver um valor, introduza *qualquer* número na célula.
3. Clique no botão (△) Define Assumption na guia (para o Excel 2007) ou na barra de ferramentas (para versões anteriores do Excel) do Crystal Ball.
4. Selecione uma distribuição de probabilidades para introduzir na célula clicando nessa distribuição em Distribution Gallery mostrado na Figura 20.8.
5. Clique em OK (ou dê um clique duplo na distribuição) para acionar uma caixa de diálogo para a distribuição selecionada.
6. Use essa caixa de diálogo para introduzir os parâmetros para a distribuição, preferencialmente referindo-se às células na planilha que contêm os valores desses parâmetros. Se desejar, também pode se introduzir para a célula pressuposta. (Se a célula já tiver um nome próximo a ela na planilha, esse nome aparecerá na caixa de diálogo.)
7. Clique em OK.

A **Distribution Gallery** mencionada na etapa 4 fornece uma ampla gama com 21 distribuições de probabilidades diferentes para se escolher. A Figura 20.8 mostra 6 distribuições básicas, porém existem mais outras quinze disponíveis clicando-se no botão All. Caso haja incerteza sobre qual distribuição contínua fornece a melhor aderência aos dados históricos, o Crystal Ball fornece um procedimento para escolher uma distribuição apropriada. Esse procedimento é descrito na Seção 28.6 do *site* da editora.

No caso de Freddie, dar um clique duplo na distribuição uniforme discreta na Distribution Gallery aciona a caixa de diálogo Discrete Uniform Distribution mostrada na Figura 20.9, que é usada para a introdução dos parâmetros da distribuição. Para cada um dos parâmetros (Minimum e Maximum), nos referimos às células de dados em E12 e F12 na planilha digitando as fórmulas =E12 e =F12 para, respectivamente, Minimum e Maximum. Após introduzir as referências nas células, a caixa de diálogo mostrará o valor real do parâmetro baseado na referência à célula (40 e 70 conforme mostrado na Figura 20.9). Para ver ou fazer uma alteração em uma referência de célula, clicar no parâmetro exibirá a referência à célula subjacente.

Definir as células de saída a ser previstas. O Crystal Ball refere-se à saída de uma simulação como uma *previsão*, já que ela prevê qual será a distribuição de probabilidades do desempenho do sistema real após ele começar a operar. Logo, cada célula de saída que está sendo usada por uma simula-

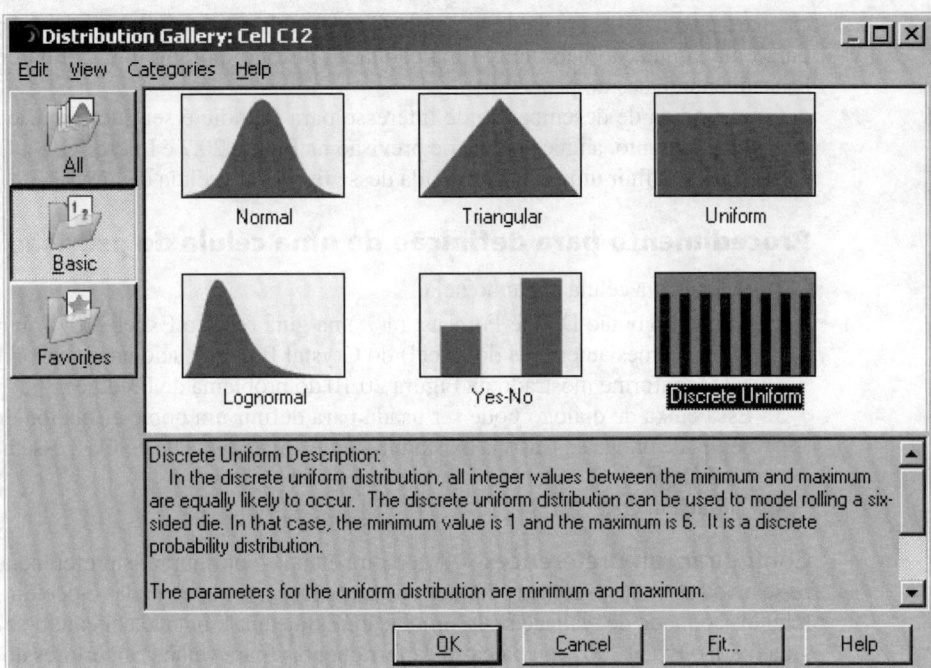

■ **FIGURA 20.8** A caixa de diálogo Distribution Gallery do Crystal Ball mostra as distribuições básicas. Além das seis distribuições aqui exibidas, podem ser acessadas outras quinze clicando-se no botão All.

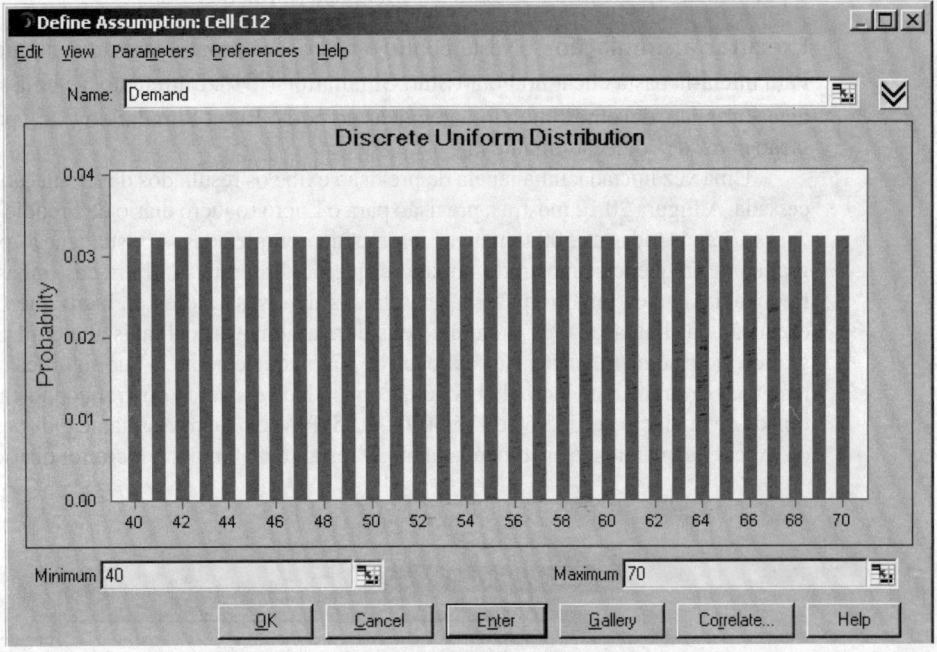

■ **FIGURA 20.9** A caixa de diálogo Discrete Uniform Distribution do Crystal Ball está sendo usada aqui para introduzir uma distribuição uniforme discreta, com os parâmetros 40(=E12) e 70(=F12), na célula pressuposta Demanda (C12) no modelo de planilha da Figura 20.7.

ção para prever a medida de desempenho é conhecida como **célula de previsão**. O modelo de planilha para uma simulação não inclui uma célula de destino, porém, uma célula de previsão desempenha basicamente o mesmo papel.

A medida de desempenho de interesse para Freddie é seu lucro diário da venda do *Financial Journal* e, portanto, a única célula de previsão na Figura 20.7 é Lucro (C18). O procedimento a seguir é usado para definir uma célula de saída desse tipo como célula de previsão.

Procedimento para definição de uma célula de previsão

1. Selecione a célula clicando nela.
2. Clique no botão Define Forecast ( ) na guia (para o Excel 2007) ou na barra de ferramentas (para versões anteriores do Excel) do Crystal Ball que acionará a caixa de diálogo Define Forecast (conforme mostrado na Figura 20.10 do problema de Freddie).
3. Essa caixa de diálogo pode ser usada para definir um nome e (opcionalmente) unidades para a célula de previsão. Caso já exista um nome para a faixa de células, esse nome aparecerá na caixa de diálogo.
4. Clique em OK.

Configurar run preferences. A terceira etapa – configurar as preferências para execução – refere-se a coisas como escolher o número de tentativas a ser executadas e decidir sobre outras opções referentes ao modo de realização da simulação. Essa etapa é iniciada clicando-se em Run Preferences na guia (para o Excel 2007) ou na barra de ferramentas (para versões anteriores do Excel) do Crystal Ball. A caixa de diálogo Run Preferences possui as cinco guias mostradas no alto da Figura 20.11. Podemos clicar em qualquer um desses botões para introduzir ou modificar qualquer uma das especificações controladas pela guia sobre a maneira como será executada a simulação. Por exemplo, a Figura 20.11 mostra como ficaria a caixa de diálogo caso fosse selecionada a guia Trials. Essa figura indica que foi selecionado 500 como número máximo de tentativas para a simulação. A segunda opção na caixa de diálogo Run Preferences Trials – Stop when precision control limits are reached (Parar caso a precisão especificada seja alcançada) – será descrita posteriormente.

Executar a simulação. Neste ponto, o palco está pronto para começarmos a rodar a simulação. Para iniciá-la basta clicar no botão Start Simulation ( ). Entretanto, se uma simulação foi executada anteriormente, devemos inicialmente clicar no botão Reset Simulation ( ) para reinicializar a simulação antes de começar uma nova.

Uma vez iniciada, uma janela de previsão exibe os resultados da simulação à medida que ela é processada. A Figura 20.12 mostra a previsão para o Lucro (o lucro diário de Freddie pela venda do *Financial Journal*) após todas as 500 tentativas terem sido completadas. A visualização-padrão da previsão é um gráfico de frequências mostrado no lado esquerdo da figura. A altura das linhas verticais no gráfico de frequências indica uma frequência relativa dos diversos valores de lucro que foram obtidos durante a execução da simulação. Por exemplo, considere a linha vertical mais alta em US$ 60. O lado direito do gráfico indica uma frequência aproximada de 175 naquele ponto, o que significa que cerca de 175 das 500 tentativas levaram a um lucro de US$ 60. Logo, o lado esquerdo do gráfico indica que a probabilidade estimada de um lucro de US$ 60 é 175/500 = 0,35. Esse é o lucro resultante toda vez que a demanda igualar ou exceder a quantidade encomendada 60. O restante do tempo, o lucro foi distribuído de forma relativa-

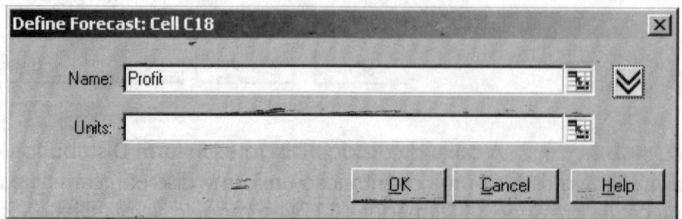

■ **FIGURA 20.10** A caixa de diálogo Define Forecast do Crystal Ball está sendo usada aqui para definir a célula de previsão Lucro (C18) no modelo de planilha da Figura 20.7.

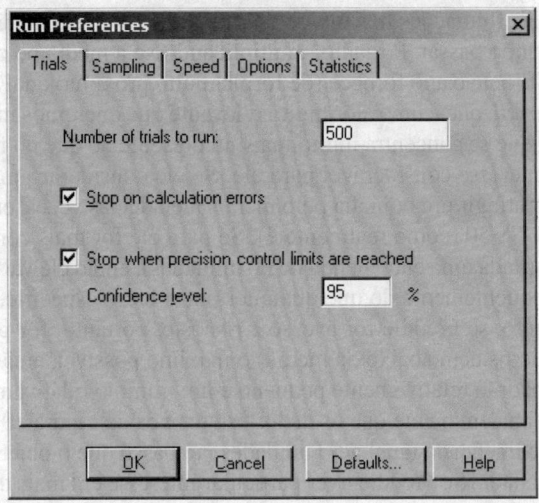

FIGURA 20.11 A caixa de diálogo Run Preferences do Crystal Ball após selecionar a guia Trials.

mente igual entre US$ 20 e US$ 60. Esses valores de lucro correspondem a tentativas nas quais a demanda se encontrava entre 40 e 60 unidades, com valores de lucro mais baixos que correspondem a demandas mais próximas de 40 e valores de lucro mais altos que correspondem a demandas mais próximas de 60. A média dos 500 valores de lucro é US$ 45,94, conforme indicado por uma *linha* média nesse ponto.

A tabela de estatísticas na Figura 20.12 obtém-se selecionando-se Statistics do menu View. Essas estatísticas resumem o resultado das 500 tentativas de simulação. Essas 500 tentativas fornecem uma amostra de 500 observações aleatórias com base na distribuição de probabilidades subjacente do lucro diário de Freddie. O dado estatístico mais interessante sobre essa amostra fornecida pela tabela inclui a *média* de US$ 45,94, a *mediana* US$ 50,00 (indicando que US$ 50 era o valor de lucro central das 500 tentativas ao listar os lucros do menor para o maior), a *moda* US$ 60 (significando que esse era o valor de lucro que ocorreu com maior frequência) e o *desvio padrão* US$ 13,91. As informações próximas da parte inferior da tabela referentes ao *intervalo* de valores de lucro *mínimo e máximo* também são particularmente úteis.

Quais dessas informações estatísticas da Figura 20.12 são particularmente relevantes depende realmente do que Freddie quer alcançar. A média normalmente é o dado mais importante já que, apesar

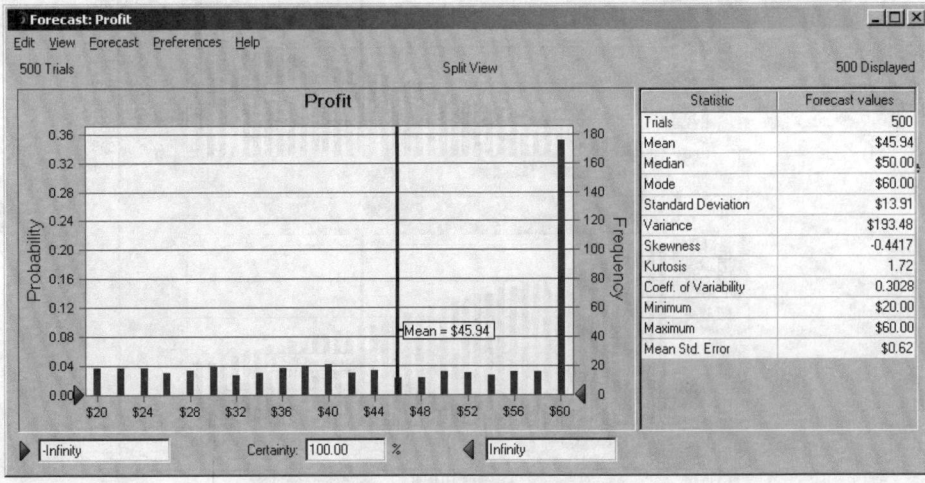

FIGURA 20.12 O gráfico de frequências e a tabela de estatísticas fornecida pelo Crystal Ball para resumir os resultados de rodar o modelo de simulação na Figura 20.7 para o exemplo que concerne ao caso do jornaleiro Freddie.

de amplas flutuações nos lucros diários, o lucro diário médio vai convergir para uma média à medida que o tempo passar. Portanto, multiplicando-se a média pelo número de dias que a banca permanecerá aberta durante o ano fornece (de forma muito próxima) qual será o lucro total anual da venda do *Financial Journal*, que é um valor muito relevante que queremos maximizar. Entretanto, se Freddie for um indivíduo que se concentra muito mais no presente do que no futuro, então a mediana e a moda poderiam ser de interesse considerável para ele. Se ele considerar um lucro de US$ 50 como um bom dia e sua meta for atingir um bom dia pelo menos metade das vezes, então ele vai querer que a mediana seja pelo menos US$ 50 (como realmente é). Se para ele for mais conveniente atingir o maior lucro possível de US$ 60 (dada uma encomenda de 60 unidades), então ele vai querer ter certeza de que isso vai acontecer mais frequentemente do que qualquer outro lucro específico (conforme indicado pela moda US$ 60). No entanto, se Freddie for avesso a riscos e, portanto, for particularmente preocupado em evitar dias ruins (lucros bem abaixo da média) o máximo possível, então ele teria um interesse especial em ter um desvio padrão relativamente pequeno e um mínimo relativamente grande.

Tenha em mente que os dados estatísticos da Figura 20.12 se baseiam no emprego de uma quantidade encomendada igual a 60 unidades, ao passo que o objetivo é determinar a melhor quantidade a ser encomendada. Se Freddie tiver particular interesse em mais do que um dado estatístico, uma abordagem seria executar novamente o modelo de simulação da Figura 20.12 com diversas quantidades encomendadas e, então, deixar que Freddie escolha aquele conjunto de dados estatísticos que melhor se ajuste à sua preferência. Entretanto, na maioria das situações, a média será o dado estatístico de especial interesse. Nesse caso, o objetivo é determinar a quantidade encomendada que maximiza a média. Daqui em diante vamos supor que este seja o objetivo. Após fazer a estimativa da quantidade encomendada ótima de acordo com esse objetivo, Freddie deve tomar conhecimento do gráfico de frequências e da tabela de estatísticas correspondentes (e, talvez, outras informações descritas posteriormente também) para certificar-se de que tudo o mais é satisfatório com essa quantidade encomendada.

Além do gráfico de frequências e da tabela de estatísticas apresentados na Figura 20.12, o menu View fornece algumas outras maneiras úteis de se exibirem os resultados de uma simulação, inclusive uma tabela de percentis, um gráfico cumulativo e um gráfico cumulativo reverso. Essas formas alternativas de visualização são apresentadas em janelas distintas na Figura 20.13. A tabela de percentis se baseia em se fazer uma lista dos valores de lucro gerados pelas 500 tentativas do menor para o maior,

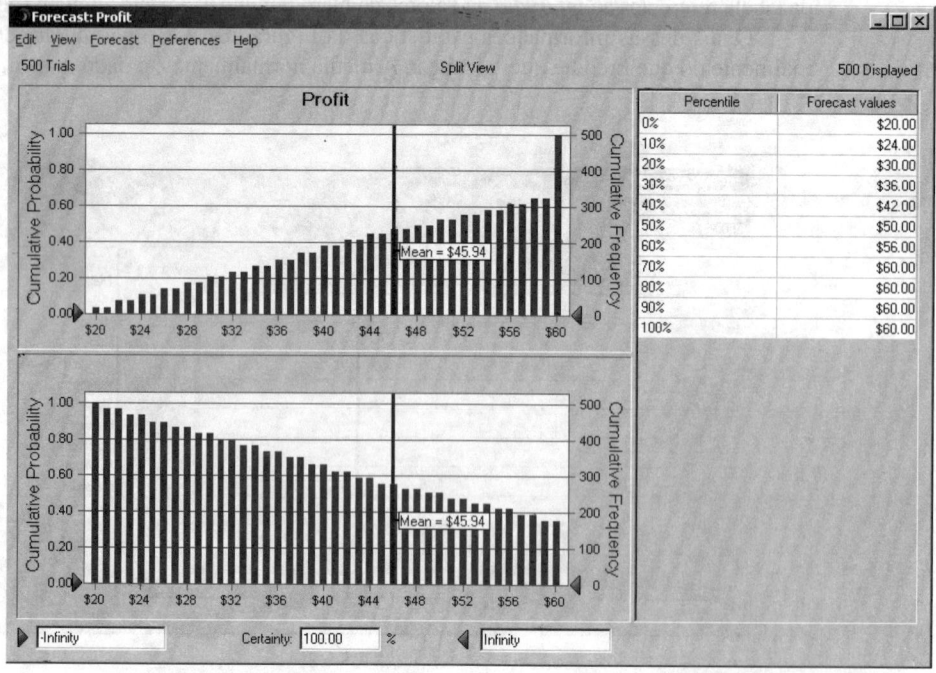

■ **FIGURA 20.13** Três outras formas pelas quais o Crystal Ball exibe os resultados da execução do modelo de simulação da Figura 20.7 para o exemplo que envolve o jornaleiro Freddie.

dividindo essa lista em dez partes iguais (50 valores em cada) e então registrar o valor no final de cada parte. Logo, o valor 10% pela lista é US$ 24, o valor 20% pela lista é US$ 30, e assim por diante. Por exemplo, a interpretação intuitiva do percentil 10% de US$ é que 10% das tentativas possuem valores de lucro menores ou iguais a US$ 24 e os demais 90% de tentativas apresentam valores de lucro maiores ou iguais a US$ 24; portanto, US$ 24 é a linha divisória entre os 10% dos valores menores e os 90% maiores. O gráfico cumulativo na parte esquerda superior da Figura 20.13 fornece informações similares (porém, mais detalhadas) sobre essa mesma lista dos valores de lucro do menor para o maior. O eixo horizontal mostra o intervalo inteiro de valores desde o menor valor de lucro possível (US$ 20) até o maior valor de lucro possível (US$ 60). Para cada valor nesse intervalo, o gráfico acumula o número total de lucros reais gerados pelas 500 tentativas que são menores ou iguais a esse valor. Esse número equivale à frequência exibida à direita ou, quando dividido pelo número de tentativas, a probabilidade mostrada à esquerda. O gráfico cumulativo reverso é construído da mesma maneira que o gráfico cumulativo, exceto pela seguinte diferença, que é crucial. Para cada valor no intervalo de US$ 20 a US$ 60, o gráfico cumulativo reverso acumula o número de lucros reais gerados pelas 500 tentativas que são *maiores* ou iguais a esse valor.

A Figura 20.14 ilustra outra de diversas maneiras fornecidas pelo Crystal Ball para extração de informações úteis dos resultados de uma simulação. Freddie, o jornaleiro, acredita que um dia relativamente satisfatório é aquele no qual se obtém lucro de pelo menos US$ 40 na venda do *Financial Journal*. Portanto, ele gostaria de saber a porcentagem de dias em que ele poderia esperar alcançar esse lucro caso viesse a adotar a quantidade encomendada que está sendo analisada no momento (ou seja, 60). Uma estimativa dessa porcentagem (65,80%) é mostrada na caixa Certainty abaixo do gráfico de frequências da Figura 20.14. O Crystal Ball pode fornecer essa porcentagem de duas maneiras. Na primeira delas, o usuário pode arrastar o triângulo à esquerda abaixo do gráfico (originalmente em US$ 20 na Figura 20.12) para a direita até chegar a US$ 40 (como indicado na Figura 20.14). De modo alternativo, pode-se digitar US$ 40 diretamente no retângulo inferior esquerdo. Se desejar, a probabilidade de se obter um lucro entre dois valores quaisquer também poderia ser estimada imediatamente arrastando-se os dois triângulos até esses valores.

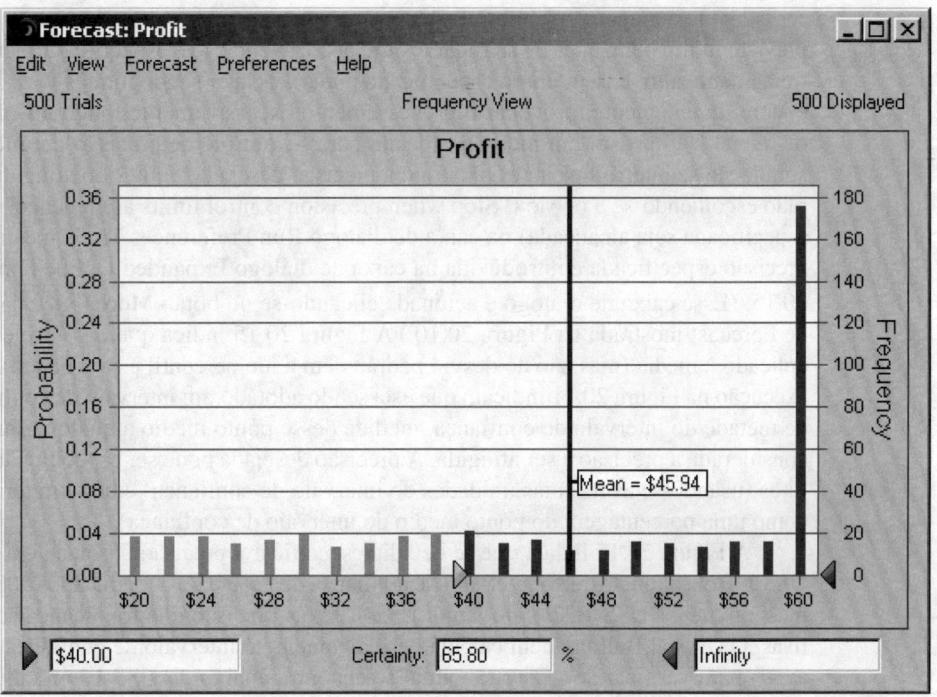

■ **FIGURA 20.14** Após estabelecer um limite inferior de US$ 40 para valores de lucro desejáveis, a caixa Certainty abaixo desse gráfico de frequências revela que 65,80% das tentativas na simulação do caso Freddie forneceram lucro pelo menos igual a esse.

Qual é a precisão dos resultados da simulação?

Um número importante fornecido pela Figura 20.12 é a média US$ 45,94. Esse número foi calculado como o *valor médio* das 500 observações aleatórias da distribuição de probabilidades subjacente do lucro diário de Freddie que foram geradas pelas 500 tentativas. Essa *média da amostra* igual a US$ 45,94 dá portanto uma *estimativa* da *média verdadeira* dessa distribuição. Entretanto, a média verdadeira poderia se desviar ligeiramente de US$ 45,94.

Quão precisa podemos esperar que seja essa estimativa?

A resposta a essa questão fundamental é fornecida pelo *erro padrão* médio de US$ 0,62 fornecido na parte inferior da tabela de estatísticas da Figura 20.12. Um erro padrão médio é calculado como $s/\sqrt{n}$, em que s é o desvio padrão da amostra e n o número de tentativas. Ele é uma estimativa do desvio padrão da média da amostra e, portanto, essa média se encontra, na maior parte do tempo, em um intervalo de um erro padrão médio da média verdadeira. Em outras palavras, a média verdadeira pode prontamente se desviar da média da amostra até um valor igual ao erro padrão médio, porém, na maior parte do tempo (aproximadamente 68% do tempo), ela não se desviará mais do que esse valor. Logo, o intervalo de US$ 45.94 − US$ 0,62 = US$ 45,32 a US$ 45.94 + US$ 0,62 = US$ 46,56 é um *intervalo de confiança* de 68% para a média verdadeira. De modo similar, um intervalo de confiança maior pode ser obtido pelo emprego de um múltiplo apropriado do erro padrão médio a ser subtraído da média da amostra e, então, adicionado à média da amostra. Por exemplo, o múltiplo apropriado para um intervalo de confiança de 95% é 1,965, de modo que o intervalo de confiança vá de US$ 45,94 − 1,965(US$ 0,62) = US$ 44,72 a US$ 45,94 + 1,965(US$ 0,62) = US$ 47,16. Esse múltiplo 1,965 mudará ligeiramente caso o número de tentativas seja diferente de 500. Portanto, é muito provável que a média verdadeira se encontre em algum ponto entre US$ 44,72 e US$ 47,16.

Se for necessária precisão maior, o erro padrão médio normalmente pode ser reduzido aumentando-se o número de tentativas na execução da simulação. Entretanto, essa redução tende a ser pequena a menos que o número de tentativas seja aumentado substancialmente. Por exemplo, cortar o erro padrão médio pela metade requer aproximadamente que se quadruplique o número de tentativas. Logo, um número de tentativas surpreendentemente grande pode ser necessário para se obter o grau de precisão desejado.

Já que o número de tentativas necessárias para se obter o grau de precisão desejado não pode ser previsto muito bem antes de se rodar a simulação, a tentação é especificar um número de tentativas extremamente alto. Esse número especificado poderia acabar sendo muitas vezes maior que o necessário e, consequentemente, provocar o processamento excessivamente longo no computador. Felizmente, o Crystal Ball possui um método especial para o controle de precisão para fazer que a execução da simulação se interrompa antes, tão logo a precisão desejada tenha sido atingida. Esse método é disparado escolhendo-se a opção ("Stop when precision control limits are reached" – Parar caso a precisão especificada seja alcançada) na caixa de diálogo Run Preferences Trials mostrada na Figura 20.11. A precisão especificada é introduzida na caixa de diálogo Expanded Define Forecast exibida na Figura 20.15. (Essa caixa de diálogo é acionada clicando-se no botão More (⌵) da caixa de diálogo Define Forecast mostrada na Figura 20.10.) A Figura 20.15 indica que o controle de precisão está sendo aplicado à média (mas não ao desvio padrão nem a um percentil especificado). As preferências para a execução na Figura 20.11 indicam que está sendo adotado um intervalo de confiança de 95%. A largura de metade do intervalo de confiança, medida desse ponto médio a qualquer uma das extremidades, é considerada a precisão a ser atingida. A precisão desejada pode ser especificada tanto em termos absolutos (usando-se as mesmas unidades do intervalo de confiança) como em termos relativos (expresso como uma porcentagem do ponto médio do intervalo de confiança).

A Figura 20.15 indica que se decidiu especificar a precisão desejada em termos absolutos como US$ 1. Constatou-se que o intervalo de confiança de 95% para a média após 500 tentativas é US$ 45,94 mais ou menos US$ 1,22 e, portanto, US$ 1,22 é a precisão que foi alcançada após todas essas tentativas. O Crystal Ball também calcula periodicamente o intervalo de confiança (e, portanto, a precisão atual) para verificar se a precisão atual se encontra abaixo de US$ 1, em cujo caso a execução seria interrompida. Entretanto, isso jamais aconteceu, de modo que o Crystal Ball permitiu que a simulação fosse executada até o número máximo de tentativas (500) ter sido atingido.

Para obter a precisão desejada, a simulação precisaria ser reiniciada para gerar tentativas adicionais. Isso se faz introduzindo-se um número maior (como 5.000, por exemplo) para o número máximo

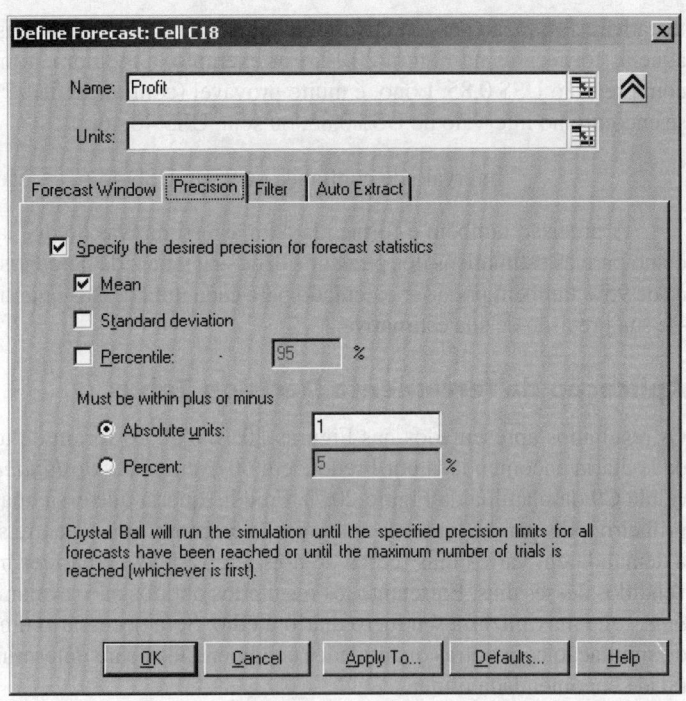

FIGURA 20.15 Essa caixa de diálogo expandida, Define Forecast, é usada para especificar o grau de precisão desejado na execução da simulação para o caso Freddie.

de tentativas (inclusive os 500 já obtidos) na caixa de diálogo Run Preferences (mostrada na Figura 20.11) e, então, clicando-se no botão Start Simulation.( ). A Figura 20.16 mostra os resultados dessa ação. A primeira linha indica que a precisão desejada foi obtida após apenas 500 tentativas adicionais, para um total de mil tentativas. O valor padrão para a frequência de verificação da precisão é a cada 500 tentativas e, portanto, a precisão de US$ 1 foi realmente atingida em algum ponto entre 500 e mil

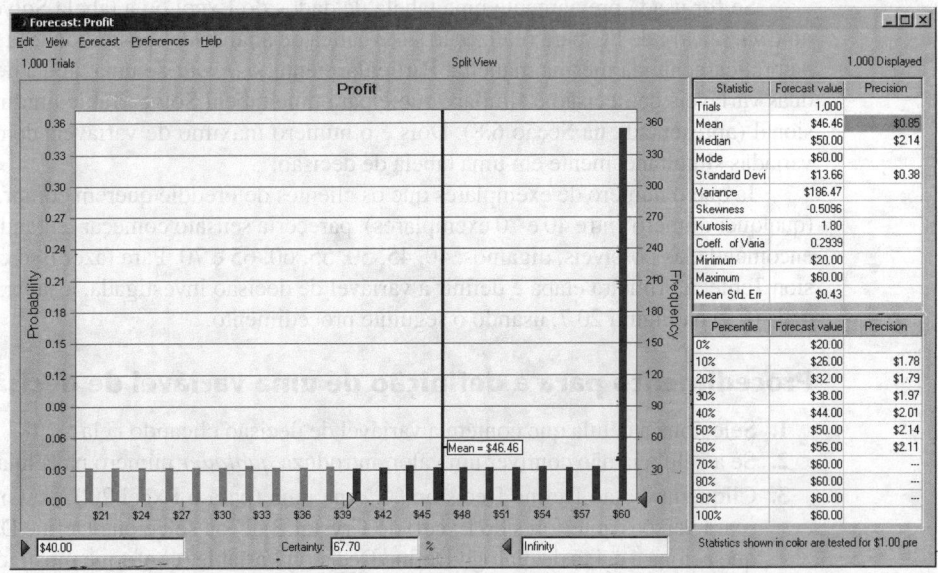

FIGURA 20.16 Os resultados obtidos após se continuar a execução da simulação do caso Freddie até a precisão especificada na Figura 20.15 ter sido atingida.

tentativas. Em razão das tentativas adicionais, parte das estatísticas mudaram ligeiramente em relação àquelas fornecidas na Figura 20.12. Por exemplo, a melhor estimativa da média agora é US$ 46,46, com precisão US$ 0,85. Logo, é muito provável (confiança, de 95%) que o valor verdadeiro da média se encontre no intervalo de US$ 0,85, ou seja, US$ 46,46.

Intervalo de confiança de 95%: US$ 45,61 ≤ Média ≤ US$ 47,31

A precisão também é fornecida para as estimativas atuais da mediana e do desvio padrão, bem como para as estimativas dos percentis dados na tabela de percentis. Portanto, um intervalo de confiança de 95% também pode ser calculado para cada uma dessas quantidades adicionando-se e subtraindo-se sua precisão de sua estimativa.

Aplicação da ferramenta Decision Table

Os resultados apresentados nas Figuras 20.12 e 20.16 foram de uma simulação que fixava a quantidade diária encomendada por Freddie em 60 exemplares do *Financial Journal* (conforme indicado na célula C9 da planilha da Figura 20.7). Freddie queria que essa quantidade encomendada fosse testada primeiro, pois parece fornecer uma relação de compromisso entre ser capaz de atender completamente à demanda em vários dias (cerca de dois terços deles) e não ter muitas vezes vários exemplares não vendidos nesses dias. Entretanto, os resultados obtidos não revelam se 60 é a quantidade encomendada *ótima* que maximizaria seu lucro diário médio. Será necessário um número muito maior de execuções de simulação com outras quantidades encomendadas para determinar (ou pelo menos estimar) a quantidade encomendada ótima.

Felizmente, o Crystal Ball oferece um recurso especial chamado **ferramenta Decision Table** que aplica sistematicamente simulação para identificar pelo menos uma aproximação de uma solução ótima para problemas com apenas uma ou duas variáveis de decisão. O problema de Freddie tem apenas uma única variável de decisão, QuantidadeEncomendada (C9) no modelo de planilha da Figura 20.7 e, portanto, aplicaremos essa ferramenta agora.

Uma abordagem intuitiva para procurar uma solução ótima seria usar tentativa e erro. Experimente valores diferentes da(s) variável(is) de decisão, execute a simulação para cada um deles e observe qual fornece a melhor estimativa da medida de desempenho escolhida. É isso que a ferramenta Decision Table faz, mas ela não faz isso de maneira sistemática. Suas caixas de diálogo permitem que se especifique rapidamente o que desejamos. Então, após clicar um botão, todas as simulações desejadas são executadas e os resultados são prontamente exibidos na Decision Table. Se desejado, pode-se visualizar alguns gráficos, entre eles um *gráfico de tendências*, que fornece detalhes adicionais sobre os resultados.

Se for usada previamente uma tabela de dados do Excel ou a tabela Solver Table que é incluída no *Courseware* de PO para realização sistemática de análise de sensibilidade, a Decision Table funciona praticamente da mesma maneira. Particularmente, o *layout* de uma tabela de decisões com uma ou duas variáveis de decisão é similar àquele para uma tabela Solver Table unidimensional ou bidimensional (apresentada na Seção 6.8). Dois é o número máximo de variáveis de decisão que podem ser variadas simultaneamente em uma tabela de decisão.

Já que o número de exemplares que os clientes de Freddie querem comprar varia muito dia a dia (qualquer número entre 40 e 70 exemplares), pareceria sensato começar tentando algumas quantidades encomendadas possíveis, digamos, 40, 45, 50, 55, 60, 65 e 70. Para fazer isso com a ferramenta Decision Table, a primeira etapa é definir a variável de decisão investigada, a saber, QuantidadeEncomendada (C9) na Figura 20.7, usando o seguinte procedimento.

Procedimento para a definição de uma variável de decisão

1. Selecione a célula que contém a variável de decisão clicando nela.
2. Se a célula já não contiver um valor, introduza *qualquer* número na célula.
3. Clique no botão Define Decision (⊕) na guia (para o Excel 2007) ou na barra de ferramentas (para versões anteriores do Excel) do Crystal Ball (ou selecione Define Decision do menu Cell), que aciona a caixa de diálogo Define Decision Variable (conforme mostrado na Figura 20.17 para o problema do Freddie).
4. Insira os limites inferior e superior do intervalo de valores a ser simulado para a variável de decisão.

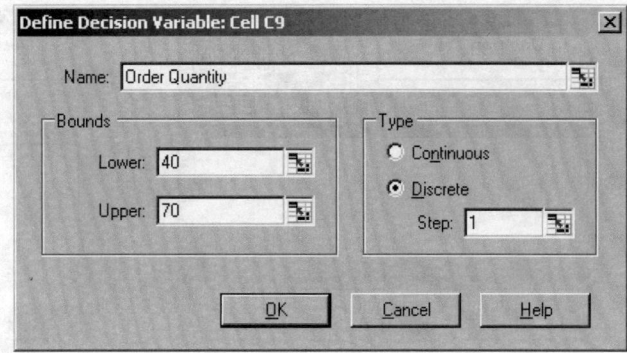

■ **FIGURA 20.17** Essa caixa de diálogo Define Decision Variable especifica as características da variável de decisão QuantidadeEncomendada (C9) no modelo de simulação da Figura 20.7 para o exemplo que envolve o jornaleiro Freddie.

5. Clique em Continuous ou em Discrete para definir se a variável de decisão é contínua ou discreta.
6. Se for selecionado Discrete na Etapa 5, use a caixa Step para especificar a diferença entre possíveis valores sucessivos (não apenas aqueles a ser simulados) da variável de decisão. O valor padrão é 1.
7. Clique em OK.

A Figura 20.17 mostra a aplicação desse procedimento para o caso de Freddie. Uma vez que serão executadas simulações para quantidades encomendadas variando entre 40 e 70, esses limites para o intervalo foram introduzidos na esquerda. A quantidade encomendada pode assumir qualquer valor inteiro nesse intervalo e, portanto, isso é indicado à direita.

Agora estamos prontos para selecionar Decision Table do menu Tools do Crystal Ball. Isso aciona a sequência de três caixas de diálogo indicada na Figura 20.18.

A caixa de diálogo Step 1 é usada para escolher uma das células de previsão listadas ali para ser a célula de destino para a tabela de decisão. O modelo de planilha de Freddie na Figura 20.7 possui uma única célula de previsão, Lucro (C18), portanto selecione-a e, depois, clique no botão Next.

Inicialmente, o lado esquerdo da caixa de diálogo Step 2 inclui uma lista de todas as células que foram definidas como variáveis de decisão. Esta consiste apenas nessa única variável de decisão, QuantidadeEncomendada (C9), para o problema de Freddie. O propósito dessa caixa de diálogo é escolher qual de uma ou duas variáveis de decisão variar para a tabela de decisão. Isso é feito selecionando-se essas variáveis de decisão no lado esquerdo e, então, clicando-se nas setas duplas para a direita (>>) entre as duas caixas, que levam essas variáveis de decisão para o lado direito. A Figura 20.19 mostra o resultado de se fazer isso com a variável de decisão de Freddie.

A caixa de diálogo Step 3 é usada para especificar as opções para a tabela de decisão. A primeira caixa de entrada registra o número de valores da variável de decisão para quais simulações serão executadas. O Crystal Ball distribui igualmente os valores ao longo do intervalo dos valores especificados na caixa de diálogo Define Decision Variable (Figura 20.17). Para o problema de Freddie, o intervalo de valores é entre 40 a 70, de forma que introduzir 7 na primeira caixa de entrada na caixa de diálogo Step 3 resulta em escolher 40, 45, 50, 55, 60, 65 e 70 como os sete valores da quantidade encomendada para quais simulações serão executadas. Após selecionar o número de rodadas a ser adotado para cada simulação e especificar o que desejamos ver enquanto as simulações estão sendo executadas, o último passo é clicar no botão Start.

Após o Crystal Ball rodar as simulações, a tabela de decisão é criada em uma nova planilha conforme mostrado na Figura 20.19. Para cada uma das quantidades encomendadas expostas na parte superior, a linha 2 fornece a média dos valores da célula de destino, Lucro (C18), obtida em todas as tentativas daquela simulação. As células D2:F2 revelam que uma quantidade encomendada igual a 55 atingiu o maior lucro médio (US$ 47,49), ao passo que as quantidades encomendadas 50 e 60 basicamente empataram no segundo lugar para esse lucro.

A brusca queda nos lucros médios em ambos os lados dessas quantidades encomendadas praticamente garante que a quantidade encomendada ótima esteja entre 50 e 60 (e provavelmente próxima a 55).

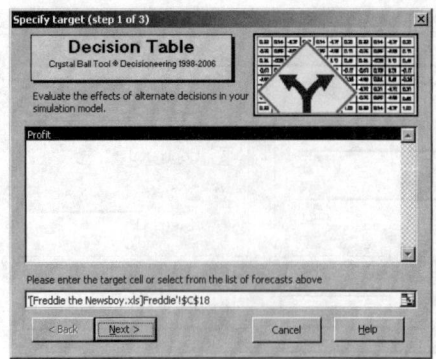
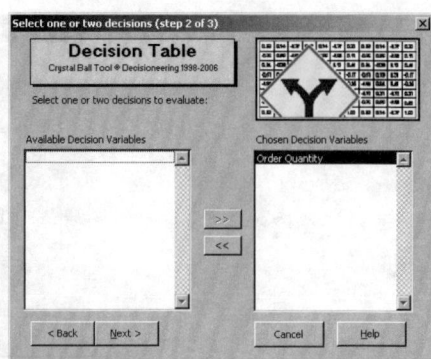
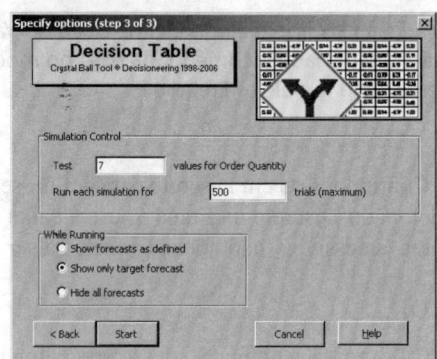

■ **FIGURA 20.18** Para preparar a geração de uma tabela de decisão, essas três caixas de diálogo especificam: 1) que célula de previsão será a célula de destino; 2) qual (uma ou duas variáveis de decisão) será variada; e 3) as opções de execução. As opções feitas aqui são para o exemplo que envolve o jornaleiro Freddie.

	A	B	C	D	E	F	G	H
1	Trend Chart / Overlay Chart / Forecast Charts	Order Quantity (40)	Order Quantity (45)	Order Quantity (50)	Order Quantity (55)	Order Quantity (60)	Order Quantity (65)	Order Quantity (70)
2		$40.00	$44.17	$46.66	$47.49	$46.64	$44.14	$39.97
3		1	2	3	4	5	6	7

■ **FIGURA 20.19** A tabela de decisão para o problema de Freddie.

Para fixar isso melhor, a próxima etapa lógica seria gerar outra tabela de decisão que considere todas as quantidades encomendadas inteiras entre 50 e 60. Isso lhe será solicitado no Problema 20.6-6. (O terceiro suplemento desse capítulo no *site* da editora usará o módulo OptQuest do Crystal Ball para fixar a quantidade encomendada ótima de outra forma.)

O canto superior esquerdo da caixa de diálogo Decision Table oferece três opções para obter informações detalhadas sobre os resultados das execuções da simulação para as células que selecionamos. Uma opção é visualizar o gráfico de previsão de interesse, tal como o gráfico de frequências ou gráfico cumulativo, escolhendo uma célula de previsão na linha 2 e, então, clicando no botão Forecast Charts. Outra opção é verificar os resultados de duas ou mais execuções de simulação juntas. Isso se faz selecionando-se um conjunto das células de previsão, digamos, as células E2:F2 na Figura 20.19, e então clicando no botão Overlay Chart. O gráfico de sobreposição resultante é mostrado na Figura 20.20. As linhas escuras mostram um gráfico de frequências para a célula E2 (uma quantidade encomendada igual a 55) ao passo que as linhas claras do mesmo para a célula F2 (uma quantidade encomendada igual a 60), de modo que os resultados para esses dois casos podem ser comparados lado a lado. Em um monitor colorido, veremos cores diferentes usadas para distinguir casos diferentes.

A terceira opção é selecionar todas as células de previsão de interesse (células B2:H2 na Figura 20.19) e depois clicar no botão Trend Chart. Isso gera um gráfico interessante, chamado *gráfico de tendências*, mostrado na Figura 20.21. Os pontos-chave ao longo do eixo horizontal são as sete linhas de grade verticais correspondentes aos sete casos (quantidades encomendadas iguais a 40, 45,..., 70) para os quais as simulações foram executadas. O eixo vertical fornece os valores de lucro obtidos nas tentativas dessas execuções de simulação. As faixas no gráfico sintetizam informações sobre a distribuição de frequências dos lucros de cada simulação. Em um monitor colorido, as faixas aparecem em cores – azul-claro para a faixa central, vermelho para o par adjacente de faixas, verde para o par seguinte e azul-escuro para o par mais externo das faixas. Essas faixas são centralizadas nas *medianas* das distribuições de frequência. Em outras palavras, o centro da faixa central (aquela mais clara) fornece o lucro tal que metade das tentativas forneça um valor maior e metade um valor menor. Essa faixa central contém os 10% centrais dos valores de lucro (e, portanto, 45% em cada lado da faixa). De forma similar, as três faixas centrais contêm 25% dos valores de lucro, as cinco faixas centrais possuem 50% dos valores de lucro e todas as setes faixas detêm os 90% dos valores de lucro. Essas porcentagens são enumeradas à direita do gráfico de tendências. Logo, 5% dos valores de lucro gerados nas tentativas de cada execução de simulação caem na faixa superior e 5% na faixa inferior.

O gráfico de tendências recebeu esse nome pelo fato de ele mostrar graficamente as tendências à medida que o valor da variável de decisão (nesse caso, a quantidade encomendada) aumenta. Na Figura 20.21, por exemplo, considere a faixa central (que fica oculta na parte estreita do gráfico à esquerda). Passar da terceira quantidade encomendada (50) para a quarta (55), a faixa central tende para cima, porém, ela tende para baixo depois disso. Logo, o valor médio dos valores de lucro gerados nas respectivas execuções de simulação aumenta à medida que a quantidade encomendada aumenta até a mediana atingir seu pico em uma quantidade encomendada igual a 55, após o qual a mediana tende para baixo. De modo similar, a maioria das demais faixas também apresenta uma tendência de diminuição à medida que a quantidade encomendada cresce acima de 55. Isso sugere que uma quantidade encomendada igual a 55 é particularmente interessante em termos de toda sua distribuição de frequências e não apenas em termos de seu valor médio. O fato de o gráfico de tendências se espalhar à medida

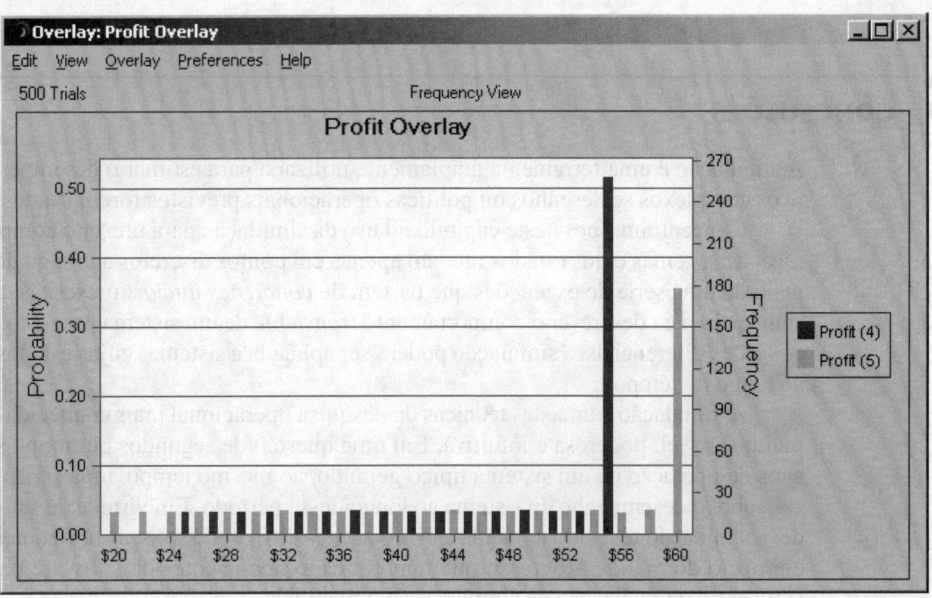

■ **FIGURA 20.20** O gráfico de superposição que compara as distribuições de frequência para as quantidades encomendadas iguais a 55 e 60 no problema de Freddie.

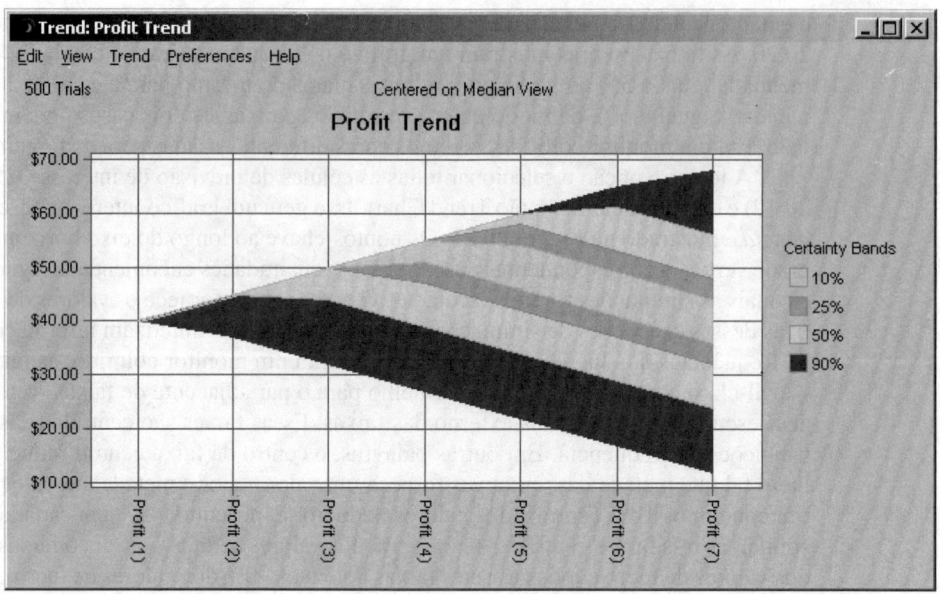

■ **FIGURA 20.21** O gráfico de tendências que ilustra a tendência no intervalo de vários trechos da distribuição de frequências à medida que a quantidade encomendada é aumentada no problema do jornaleiro Freddie.

que se desloca para a direita sugere que a variabilidade dos valores de lucro aumenta à medida que a quantidade encomendada aumenta. Embora maiores quantidades encomendadas forneçam alguma chance de lucros particularmente altos em dias ocasionais, elas também levam a um lucro muito baixo em determinado dia. O perfil de risco pode ser relevante para Freddie caso ele esteja preocupado com a variabilidade de seus lucros diários.

Caso queira ler mais sobre como realizar simulações em planilhas usando o Crystal Ball, o Capítulo 28 no *site* da editora fornece vários outros exemplos e mais detalhes. Entre esses exemplos, temos aplicações para licitações, gerenciamento de projetos, administrador de fluxo de caixa, análise de risco financeiro e administração de receitas.

20.7 CONCLUSÕES

A simulação é uma ferramenta amplamente utilizada para estimar o desempenho de sistemas estocásticos complexos se desenhos ou políticas operacionais previstos forem usados.

Concentramo-nos neste capítulo no uso da simulação para prever o comportamento de *estado estável* de sistemas cujos estados mudam apenas em pontos discretos ao longo do tempo. Entretanto, por meio de uma série de execuções que partem de *condições iniciais* prescritas, também podemos usar a simulação para descrever o comportamento *transiente* de um sistema proposto. Além disso, se usarmos equações diferenciais, a simulação poderá ser aplicada a sistemas cujos estados mudam *continuamente* ao longo do tempo.

A simulação é uma das técnicas de pesquisa operacional mais conhecidas, pois é uma ferramenta muito flexível, poderosa e intuitiva. Em uma questão de segundos ou minutos, ela simula até mesmo anos de operação de um sistema típico gerando, ao mesmo tempo, uma série de observações estatísticas sobre o desempenho do sistema ao longo desse período. Em virtude de sua excepcional versatilidade, a simulação tem sido aplicada a diversas áreas. Além disso, seus horizontes continuam a se alargar em razão do grande progresso que tem ocorrido nos pacotes de software para simulação, inclusive software para realização de simulações em planilhas.

No entanto, a simulação não pode ser vista como uma panaceia ao se estudarem sistemas estocásticos. Quando aplicável, métodos analíticos (como aqueles apresentados nos Capítulos 15 a 19) apresentam algumas vantagens significativas. A simulação é inerentemente a uma técnica imprecisa. Ela fornece apenas *estimativas estatísticas* e não resultados exatos e *compara alternativas* e não gera uma alternativa ótima (a menos que seja usado algum pacote de software especial, como o OptQuest, descrito no terceiro suplemento desse capítulo no *site* da editora). Além disso, apesar de grandes avanços de software, a simulação ainda pode ser considerada uma forma relativamente *lenta e custosa* no estudo de sistemas estocásticos complexos. Para esses sistemas, normalmente se requerem grandes despesas e quantidade de tempo para análise e programação, além de considerável tempo de processamento em computador. Os modelos de simulação tendem a se tornar incontroláveis, de modo que o número de casos que podem ser executados e a precisão dos resultados obtidos normalmente acabam sendo inadequados. Finalmente, a simulação gera apenas *dados numéricos* sobre o desempenho de um sistema e, portanto, não fornece nenhuma visão extra sobre as relações causa e efeito contidas no sistema, exceto pelas dicas que podem ser deduzidas desses números (e de uma análise necessária para construir o modelo de simulação). Assim, é muito caro conduzir uma análise de sensibilidade dos valores de parâmetros assumidos pelo modelo. A única maneira possível seria conduzir novas séries de simulações com diferentes valores de parâmetros, que tenderia a fornecer relativamente pouca informação a um custo relativamente alto.

Por todas essas razões, os métodos analíticos (quando disponíveis) e a simulação têm papéis complementares importantes no estudo de sistemas estocásticos. Um método analítico é adequado para a realização de pelo menos uma análise preliminar, para examinar relações de causa e efeito, para uma otimização grosseira e para conduzir análises de sensibilidade. Quando o modelo matemático para o método analítico não captura todas as características importantes do sistema estocástico, a simulação é bem-vinda para incorporar todas essas características e, assim, obter informações detalhadas sobre as medidas de desempenho de alguns candidatos em potencial para a configuração final do sistema.

A simulação fornece uma maneira de *experimentação* com sistemas ou políticas propostos sem, na verdade, implementá-los. Deve ser usada teoria estatística sólida no desenho desses experimentos. Normalmente são necessários processamentos surpreendentemente longos de simulação para se obterem resultados *significativos em termos estatísticos*. Entretanto, *técnicas de redução de variância* (descritas no primeiro suplemento deste capítulo e contido no *site* da editora) ocasionalmente podem ser muito úteis na redução do tempo de processamento necessário para essas simulações.

Surgem diversos problemas estratégicos ao se aplicarem procedimentos de estimação estatística a experimentos simulados. Entre esses problemas, temos de prescrever *condições iniciais* adequadas, determinar qual o *período de aquecimento* necessário para se atingir basicamente uma condição de estado estável e lidar com observações *estatisticamente dependentes*.

Esses problemas podem ser eliminados usando-se o *método regenerativo* de análise estatística (descrito no segundo suplemento para este capítulo contido no *site* da editora). Entretanto, há algumas restrições em relação a quando esse método pode ser aplicado.

Inquestionavelmente a simulação tem um lugar de grande importância na teoria e prática da PO. Ela é uma ferramenta inestimável para uso naqueles problemas nos quais as técnicas analíticas são inadequadas e seu emprego está em contínuo crescimento.

REFERÊNCIAS SELECIONADAS

1. Argon, N. T., and S. Andradóttir: "Replicated Batch Means for Steady-State Simulations", *Naval Research Logistics*, **53**(6): 508-524, September 2006.
2. Asmussen, S., and P. W. Glynn: *Stochastic Simulation*, Springer, New York, 2007.
3. Banks, J., J. S. Carson, II, B. L. Nelson, and D. M. Nicol: *Discrete-Event System Simulation*, 4th ed., Prentice-Hall, Upper Saddle River, NJ, 2005.
4. Branke, J., S. E. Chick, and C. Schmidt: "Selecting a Selection Procedure", *Management Science*, **53**(12): 1916-1932, December 2007.
5. del Castillo, E.: *Process Optimization: A Statistical Approach*, Springer, New York, 2007.
6. Fishman, G. S.: *Discrete-Event Simulation: Modeling, Programming, and Analysis,* Springer, New York, 2001.
7. Fu, M. C.: "Optimization for Simulation: Theory vs. Practice", *INFORMS Journal on Computing,* **14**(3): 192-215, Summer 2002.
8. Kleijnen, J. P. C.: *Design and Analysis of Simulation Experiments*, Springer, New York, 2008.

9. Kleijnen, J. P. C., S. M. Sanchez, T. W. Lucas, and T. M. Cioppa: "State-of-the-Art Review: A User's Guide to the Brave New World of Designing Simulation Experiments", *INFORMS Journal on Computing*, **17**(3): 263-289, Summer 2005.
10. Law, A. M., and W. D. Kelton: *Simulation Modeling and Analysis*, 3rd ed., McGraw-Hill, New York, 2000.
11. Nance, R. E., and R. G. Sargent: "Perspectives on the Evolution of Simulation", *Operations Research*, **50**(1): 161-172, January-February 2002.
12. Swain, J.: "Software Survey: New Frontiers in Simulation", *OR/MS Today*, **34**(5): 32-43, October 2007.
13. Tekin, E., and I. Sabuncuoglu: "Simulation Optimization: A Comprehensive Review on Theory and Applications", *IIE Transactions*, **36**(11): 1067-1081, November 2004.
14. Whitt, W.: "Planning Queueing Simulations", *Management Science*, **35**(11): 1341-1366, November 1989.

Algumas aplicações consagradas da teoria das filas:

(Um *link* para esses artigos encontra-se no *site* da Bookman.)

A1. Alden, J. M., L. D. Burns, T. Costy, R. D. Hutton, C. A. Jackson, D. S. Kim, K. A. Kohls, J. H. Owen, M. A. Turnquist, and D. J. Vander Veen: "General Motors Increases Its Production Throughput", *Interfaces*, **36**(1): 6-25, January-February 2006.
A2. Barabba, V., C. Huber, F. Cooke, N. Pudar, J. Smith, and M. Paich: "A Multimethod Approach for Creating New Business Models: The General Motors OnStar Project", *Interfaces*, **32**(1): 20-34, January-February 2002.
A3. Beis, D. A., P. Loucopoulos, Y. Pyrgiotis, and K. G. Zografos: "PLATO Helps Athens Win Gold: Olympic Games Knowledge Modeling for Organizational Change and Resource Management", *Interfaces*, **36**(1): 26-42, January-February 2006.
A4. Brinkley, P. A., D. Stepto, K. R. Haag, J. Folger, K. Wang, K. Liou, and W. D. Carr: "Nortel Redefines Factory Information Technology: An OR-Driven Approach", *Interfaces*, **28**(1): 37-52, January-February 1998.
A5. Cebry, M. E., A. H. DeSilva, and F. J. DiLisio: "Management Science in Automating Postal Operations: Facility and Equipment Planning in the United States Postal Service", *Interfaces*, **22**(1): 110-130, January-February 1992.
A6. Duffy, T., M. Hatzakis, W. Hsu, R. Labe, B. Liao, X. Luo, J. Oh, A. Setya, and L. Yang: "Merrill Lynch Improves Liquidity Risk Management for Revolving Credit Lines", *Interfaces*, **35**(5): 353-369, September-October 2005.
A7. Hueter, J., and W. Swart: "An Integrated Labor-Management System for Taco Bell", *Interfaces*, **28**(1): 75-91, January-February 1998.
A8. Larson, R. C., M. F. Cahn, and M. C. Shell: "Improving the New York City Arrest-to-Arraignment System", *Interfaces*, **23**(1): 76-96, January-February 1993.
A9. Mulvey, J. M., G. Gould, and C. Morgan: "An Asset and Liability Management System for Towers Perrin-Tillinghast", *Interfaces*, **30**(1): 96-114, January-February 2000.
A10. Pfeil, G., R. Holcomb, C. T. Muir, and S. Taj: "Visteon's Sterling Plant Uses Simulation-Based Decision Support in Training, Operations, and Planning", *Interfaces*, **30**(1): 115-133, January-February 2000.

FERRAMENTAS DE APRENDIZADO NO *SITE*

Worked examples:

Exemplos do Capítulo 20

Exemplos demonstrativos no Tutor PO:

Simulação de um Sistema de Filas Básico
Simulação de um Sistema de Filas com Prioridades

Procedimento automático no Tutorial IOR:

Animação de um Sistema de Filas

Procedimentos interativos no Tutorial IOR:

Problema de Entrada em Filas
Problema de Simulação Interativa de Filas

Arquivos em Excel (Capítulo 20 – Simulação):

Exemplos de Planilhas
Queueing Simulator

Módulos de programa adicionais para Excel:

RiskSim (versão acadêmica)

Glossário do Capítulo 20

Suplementos deste Capítulo:

Técnicas de Redução de Variância
Método Regenerativo de Análise Estatística
Otimização por meio do OptQuest
  Ver o Apêndice 1 para obter documentação sobre o software.

PROBLEMAS

Os símbolos à esquerda de alguns problemas (ou parte deles) têm o seguinte significado:

D: Os exemplos demonstrativos para este capítulo podem ser úteis.

I. Sugerimos que você use os procedimentos interativos correspondentes listados nas ferramentas de aprendizado (a impressão registra seu trabalho).

E: Use o Excel.

A: Use um módulo de programa adicional para Excel, como o RiskSim ou Crystal Ball.

Q: Use o Queueing Simulator.

R: Use números aleatórios uniformes de *três dígitos* (0,096, 0,569 etc.) que são obtidos dos dígitos aleatórios consecutivos da Tabela 20.3, partindo em frente da linha superior, para executar cada parte do problema.

20.1-1* Use os números aleatórios uniformes nas células C13:C18 da Figura 20.1 para gerar seis observações aleatórias para cada uma das seguintes situações.

(a) Lançamento de uma moeda não viciada.
(b) Um arremessador de beisebol que lança um *strike* 60% das vezes e uma *ball* 40% das vezes.
(c) A cor de um semáforo encontrada por um motorista que chega aleatoriamente é verde 40% das vezes, amarelo 10% das vezes e vermelho 50% das vezes.

20.1-2 O clima pode ser considerado um sistema estocástico, pois ele evolui de maneira probabilística de um dia para o outro. Suponha que para determinado local essa evolução probabilística satisfaça a seguinte descrição:

A probabilidade de chuva para amanhã é de 0,6, caso esteja chovendo hoje. A probabilidade de o tempo estar claro (sem chover) amanhã é 0,8, caso ele esteja claro hoje.

(a) Use os números aleatórios uniformes nas células C17:C26 da Figura 20.1 para simular a evolução do tempo em dez dias, começando no dia seguinte a um dia claro.

E (b) Agora, use um computador com os números aleatórios uniformes gerados pelo Excel para realizar em uma planilha a simulação solicitada no item (*a*).

20.1-3 Jessica Williams, gerente da loja de departamentos central da Kitchen Appliances, acredita que os níveis de estoque de fogões estão acima do necessário. Após revisar a política de estoques, ela registra o número vendido em um período de 25 dias, conforme resumido a seguir.

Número de fogões vendidos	2	3	4	5	6
Número de dias	4	7	8	5	1

(a) Use esses dados para estimar a distribuição de probabilidades das vendas diárias.
(b) Calcule a média da distribuição obtida no item (*a*).
(c) Descreva como números aleatórios uniformes podem ser usados para simular vendas diárias.
(d) Use os números aleatórios uniformes 0,4476, 0,9713 e 0,0629 para simular vendas diárias durante três dias. Compare a média com a média obtida no item (*b*).
E (e) Formule um modelo de planilha para realizar a simulação das vendas diárias. Realize 300 repetições e obtenha a média das vendas ao longo dos 300 dias simulados.

20.1-4 A William Graham Entertainment Company abrirá um novo guichê no qual os clientes poderão comprar ingressos com antecedência para os diversos eventos de entretenimento que ocorrem na região. Usa-se a simulação para analisar se eles devem ter um ou dois bilheteiros de plantão no guichê.

Ao simular o início de um dia nesse guichê, constatou-se que o primeiro cliente chega cinco minutos após ele ser aberto e, depois, os tempos entre chegadas para os quatro clientes seguintes (em ordem) são de três minutos, nove minutos, um minuto e quatro minutos, após o qual há um grande intervalo até a chegada do próximo cliente. Os tempos de atendimento para esses cinco primeiros clientes (em ordem) são de oito minutos, seis minutos, dois minutos, quatro minutos e sete minutos.

(a) Para a alternativa de um único bilheteiro, desenhe um gráfico que mostre a evolução do número de clientes no guichê ao longo desse período.

(b) Use essa figura para estimar as medidas de desempenho usuais [L, L_q, W, W_q e P_n (conforme definições na Seção 17.2)] para esse sistema de filas.

(c) Repita o item (a) para a alternativa de dois bilheteiros.

(d) Repita o item (b) para a alternativa de dois bilheteiros.

20.1-5 Considere o modelo $M/M/1$ de teoria das filas que foi discutido na Seção 17.6 e Exemplo 2, Seção 20.1. Suponha que a taxa média de chegada seja de 10 por hora, a taxa média de atendimento seja de 12 por hora e você precise estimar o tempo de espera antes de o atendimento ser iniciado usando simulação.

R (a) Partindo de um sistema vazio, use incrementos pelo próximo evento para realizar a simulação manualmente até terem ocorrido dois términos de atendimento.

R (b) Partindo de um sistema vazio, use incrementos de tempo para realizar a simulação manualmente até terem ocorrido dois fixos (adotando dois minutos como unidade de tempo) para términos de atendimento.

D,I (c) Use o procedimento interativo para simulação contido no Tutorial IOR (que incorpora o método de incremento pelo próximo evento) para executar interativamente uma simulação até terem sido completados 20 términos de atendimento.

Q (d) Use o Queueing Simulator para executar uma simulação com 10 mil chegadas de cliente.

E (e) Use o gabarito em Excel para esse modelo nos arquivos Excel para o Capítulo 17 para obter medidas de desempenho usuais para esse sistema de filas. Em seguida, compare esses resultados exatos com as estimativas pontuais correspondentes e com os intervalos de confiança de 95% obtidos na execução de simulação do item (d). Identifique qualquer medida cujos resultados exatos recaem fora do intervalo de confiança de 95%.

20.1-6 A Rustbelt Manufacturing Company emprega uma equipe de manutenção para consertar suas máquinas conforme a necessidade. A gerência quer que seja feito um estudo de simulação para analisar o tamanho da equipe, em que os tamanhos das equipes considerados são 2, 3 e 4. O tempo necessário para a equipe reparar uma máquina tem uma distribuição uniforme ao longo do intervalo que vai de 0 a duas vezes a média, em que a média depende do tamanho da equipe. A média é de quatro horas com equipe formada por dois integrantes, três horas com três integrantes e de duas horas com uma equipe de quatro integrantes. O tempo entre quebras de alguma máquina possui uma distribuição exponencial com média de cinco horas. Quando uma máquina quebra e, portanto, exige conserto, a gerência quer que o tempo médio de espera antes do reparo começar não seja superior a três horas. A gerência também quer que o tamanho da equipe não seja maior do que o estritamente necessário para alcançar esse objetivo.

(a) Desenvolva um modelo de simulação para esse problema descrevendo seus blocos formadores listados na Seção 20.1, à medida que eles forem aplicados a este caso.

R (b) Considere o caso de uma equipe formada por dois integrantes. Partindo do caso em que uma máquina precise de conserto, e que esse conserto acaba de ser iniciado, use o procedimento de incremento pelo próximo evento para realizar a simulação manualmente para 20 horas de tempo simulado.

R (c) Repita o item (b), porém, dessa vez, com incrementos de tempo fixos (ficando 1 hora como unidade de tempo).

D,I (d) Use o procedimento interativo para simulação contido no Tutorial IOR (que incorpora o procedimento de incremento pelo próximo evento) para executar interativamente uma simulação ao longo de um período de dez quebras para cada um dos três tamanhos de equipe considerados.

Q (e) Use o Queueing Simulator para simular esse sistema ao longo de um período de 10 mil quebras para cada um dos três tamanhos de equipe considerados.

(f) Use o modelo de filas $M/G/1$ apresentado na Seção 17.7 para obter o tempo de espera W_q analiticamente para cada um dos três tamanhos de equipe. Você pode calcular W_q manualmente ou então usar o gabarito para esse modelo nos arquivos em Excel para o Capítulo 17. Que tamanho de equipe deveria ser usado?

20.1-7 Ao realizar uma simulação com um sistema de filas com um único atendente, o número de clientes no sistema é 0 nos dez primeiros minutos, 1 para os 17 minutos seguintes, 2 para os 24 minutos seguintes, 1 para os 15 minutos seguintes, 2 para os 16 minutos seguintes e 1 para os 18 minutos seguintes. Após esse total de 100 minutos, o número volta a 0 novamente. Com base nesses resultados para os 100 primeiros minutos, realize a seguinte análise (usando a notação para modelos de filas apresentada na Seção 17.2).

(a) Crie um gráfico que mostre a evolução do número de clientes no sistema ao longo desses 100 minutos.

(b) Desenvolva estimativas para P_0, P_1, P_2, P_3.

(c) Desenvolva estimativas para L e L_q.

(d) Desenvolva estimativas para W e W_q.

20.1-8 Observe o primeiro exemplo demonstrativo (*Simulação de um Sistema de Filas Básico*) na área de simulação do Tutor PO.

D, I (a) Inclua esse *mesmo problema* no procedimento interativo para simulação no Tutorial IOR. Execute interativamente uma simulação para 20 minutos de tempo de simulação.

Q (b) Use o Queueing Simulator com 5 mil chegadas de clientes para estimar as medidas de desempenho usuais para esse sistema de filas segundo o plano atual de disponibilizar dois caixas.

Q (c) Repita o item (b) para o caso de serem disponibilizados três caixas.

Q (d) Agora, faça uma análise de sensibilidade verificando o efeito caso o volume de negócios acabe sendo maior que o projetado. Particularmente, parta do pressuposto de que o tempo médio entre chegadas de clientes acabe sendo apenas 0,9 minuto em vez de 1,0 minuto. Avalie as alternativas de dois e três caixas segundo essa hipótese.

(e) Suponha que *você* seja o gerente desse banco. Use seus resultados de simulação como base para uma decisão gerencial sobre quantos caixas deveriam ser disponibilizados. Justifique sua resposta.

D,I **20.1-9** Veja o segundo exemplo demonstrativo (*Simulação de um Sistema de Filas com Prioridades*) na área de simulação do Tutor PO. Em seguida inclua esse *mesmo problema* no procedimento interativo para simulação no Tutorial IOR. Execute interativamente uma simulação para 20 minutos de tempo de simulação.

20.1-10* A Hugh's Repair Shop se especializou em consertar carros alemães e japoneses. A oficina tem dois mecânicos. Um deles trabalha somente em carros alemães, ao passo que o outro apenas em carros japoneses. Em ambos os casos, o tempo necessário para reparar um carro apresenta uma distribuição exponencial com média igual a 0,2 dia. O movimento na oficina tem crescido constantemente, sobretudo para os carros alemães. Hugh projeta que, no próximo ano, carros alemães chegarão aleatoriamente à oficina a uma taxa média de 4 por dia e, portanto, o tempo entre chegadas apresentará uma distribuição exponencial com média igual a 0,25 dia. A taxa média de chegada para carros japoneses é projetada em 2 por dia e, assim, a distribuição dos tempos entre chegadas será exponencial com média de 0,5 dia.

Para ambos os tipos de carro, Hugh gostaria que o tempo de espera na oficina antes do conserto ter sido completado fosse de no máximo 0,5 dia.

(a) Formule um modelo de simulação para realizar uma simulação para estimar qual será, no ano que vem, o tempo de espera até que o conserto seja concluído para cada tipo de carro.

D,I (b) Considerando-se apenas carros alemães, use o procedimento interativo para simulação contido no Tutorial IOR para realizar essa simulação interativamente ao longo de um período de dez chegadas de carros alemães.

Q (c) Use o Queueing Simulator para realizar essa simulação para carros alemães ao longo de um período de chegada de 10 mil carros.

Q (d) Repita o item (c) para carros japoneses.

DJ (e) Hugh considera a possibilidade de contratar um segundo mecânico especializado em carros alemães, de modo que dois carros desse tipo poderiam ser consertados ao mesmo tempo. Cada carro será atendido única e exclusivamente por um mecânico. Repita o item (b) para essa opção.

Q (f) Use o Queueing Simulator com 10 mil chegadas de carros alemães para avaliar a opção descrita no item (e).

Q (g) Outra opção seria treinar os dois mecânicos atuais para trabalhar em qualquer tipo de carro. Isso aumentaria o tempo de conserto esperado em 10%, passando de 0,2 dia atual para 0,22 dia. Use o Queueing Simulator com 20 mil chegadas de carros de ambos os tipos para avaliar essa opção.

(h) Como a distribuição de tempos entre chegadas e de tempos de atendimento são exponenciais, os modelos de filas $M/M/1$ e $M/M/s$ apresentados na Seção 17.6 podem ser usados para avaliar analiticamente todas as opções anteriores. Use esses modelos para determinar W, o tempo de espera até o próximo conserto ser concluído, para cada um dos casos considerados nos itens (c), (d), (f) e (g). Você poderá calcular W manualmente ou então usar o gabarito para o modelo $M/M/s$ nos arquivos em Excel para o Capítulo 17. Para cada um dos casos, compare a estimativa de W obtida pela simulação com o valor analítico. O que isso quer dizer sobre o número de chegadas de carros que deveriam ser incluídos na simulação?

(i) Com base nos resultados anteriores, que opção você selecionaria, caso você fosse Hugh? Por quê?

20.1-11 A Vistaprint produz monitores e impressoras para computadores. No passado, apenas parte deles foi supervisionada em uma base de amostragem. Entretanto, o novo plano é que todos eles serão supervisionadas antes de ser liberados. Sob esse plano, os monitores e impressoras serão trazidos para o departamento de supervisão, um de cada vez, à medida que forem concluídos. Para monitores, o tempo entre chegadas terá uma distribuição uniforme entre dez e 20 minutos. Para impressoras, o tempo de atendimento será uma constante de 15 minutos.

O departamento possui dois supervisores. Um deles trabalha apenas com monitores e o outro apenas supervisiona impressoras. Em ambos os casos, o tempo de supervisão apresenta uma distribuição exponencial com média de dez minutos.

Antes de iniciar o novo plano, a gerência quer que se faça uma avaliação de quantos monitores e impressoras serão mantidos no departamento de supervisão.

(a) Formule um modelo para executar uma simulação a fim de estimar os tempos de espera (tanto antes de se iniciar a supervisão quanto após completá-la) para os monitores e para as impressoras.

D,I (b) Considerando-se apenas os monitores, use o procedimento interativo para simulação contido no Tutorial IOR para realizar interativamente essa simulação ao longo de um período de dez chegadas de monitores.

D,I (c) Repita o item (b) para as impressoras.

Q (d) Use o Queueing Simulator para repetir os itens (b) e (c) com 10 mil chegadas em cada caso.

Q (e) A gerência considera a opção de fornecer novo equipamento de supervisão para os supervisores. Esse equipamento não alteraria o tempo esperado para realizar uma inspeção, porém ele diminuiria a variabilidade dos tempos. Particularmente, para ambos os produtos, o tempo de supervisão teria uma distribuição de Erlang com média de 10 minutos e parâmetro de forma $k = 4$. Use o Queueing Simulator para repetir o item (d) segundo essa opção. Compare os resultados com aqueles obtidos no item (d).

20.2-1 Leia o artigo referido que descreve completamente o estudo de PO sintetizado no Exemplo de Aplicação apresentado na Seção 20.2. Descreva sucintamente como a simulação foi aplicada nesse estudo. A seguir, enumere os diversos benefícios financeiros ou não resultantes do estudo.

20.2-2 A Seção 20.2 introduziu aplicações reais de simulação que são descritas nas Referências Selecionadas A1 e A5. Selecione uma dessas aplicações e leia o artigo correspondente. Redija um resumo de duas páginas da aplicação e os benefícios por ela gerados.

20.3-1* Use o método congruente misto para gerar as seguintes sequências de números aleatórios.

(a) Uma sequência de dez números aleatórios inteiros de *um dígito* de modo que $x_{n+1} \equiv (x_n + 3)$ (módulo 10) e $x_0 = 2$.

(b) Uma sequência de oito números aleatórios inteiros entre 0 e 7 de modo que $x_{n+1} \equiv (5x_n + 1)$ (módulo 8) e $x_0 = 1$.

(c) Uma sequência de cinco números aleatórios inteiros de *dois dígitos* de modo que $x_{n+1} \equiv (61x_n + 27)$ (módulo 100) e $x_0 = 10$.

20.3-2 Reconsidere o Problema 20.3-1. Suponha agora que você queira converter esses números aleatórios inteiros em números aleatórios uniformes (aproximados). Para cada uma das três partes, forneça uma fórmula para essa conversão que torne a aproximação a mais exata possível.

20.3-3 Use o método congruente misto para gerar uma sequência de cinco números aleatórios inteiros de *dois dígitos* de modo que $x_{n+1} \equiv ((11x_n + 23)$ (módulo 100) e $x_0 = 52$.

20.3-4 Use o método congruente misto para gerar uma sequência de números aleatórios inteiros de *três dígitos* de modo que $x_{n+1} \equiv (201x_n + 503)$ (módulo 1.000) e $x_0 = 485$.

20.3-5 Você precisa gerar cinco números aleatórios uniformes.

(a) Prepare-se para fazer isso usando o método congruente misto para gerar uma sequência de cinco números aleatórios inteiros entre 0 e 31 de modo que $x_{n+1} \equiv (13x_n + 15)$ (módulo 32) e $x_0 = 14$.
(b) Converta esses números aleatórios inteiros em números aleatórios uniformes o mais próximo possível.

20.3-6 São fornecidos o *gerador congruente multiplicativo* $x_0 = 1$ e $x_{n+1} \equiv 7x_n$ (módulos 13) para $n = 0, 1, 2, \ldots$

(a) Calcule x_n para $n = 1, 2, \ldots, 12$.
(b) Com que frequência cada inteiro entre 1 e 12 aparece nas sequências geradas no item (*a*)?
(c) Sem realizar cálculos adicionais, indique como $x_{13}, x_{14}, \ldots$ será comparado com $x_1, x_2, \ldots$

20.4-1 Reconsidere o jogo de lançamento de moeda apresentado na Seção 20.1 e analise por meio de simulação nas Figuras 20.1, 20.2 e 20.3.

(a) Simule uma rodada desse jogo lançando repetidamente sua própria moeda até o jogo terminar. Registre os resultados no formato indicado nas colunas *B*, *D*, *E*, *F* e *G* da Figura 20.1. Quanto você teria ganhado ou perdido caso esta tivesse sido uma rodada real desse jogo?
E (b) Revise o modelo de planilha na Figura 20.1 usando a função VLOOKUP do Excel em vez de a função IF para gerar cada lançamento simulado da moeda. Em seguida, realize uma simulação de uma rodada desse jogo.
E (c) Use esse modelo de planilha revisado para gerar uma tabela de dados com 14 repetições como a da Figura 20.2.
E (d) Repita o item (*c*) com mil repetições (como na Figura 20.3).

20.4-2* Aplique o método de transformação inversa, conforme indicado a seguir, para gerar três observações aleatórias com base na distribuição uniforme entre −10 e 40 usando os seguintes números aleatórios uniformes: 0,0965, 0,5692, 0,6658.

(a) Aplique esse método graficamente.
(b) Aplique esse método algebricamente.
(c) Escreva a equação que o Excel usaria para gerar cada uma dessas observações aleatórias.

R **20.4-3** Ao obter números aleatórios uniformes, conforme instrução no início da Seção Problemas, gere três observações aleatórias de cada uma das seguintes distribuições de probabilidades.

(a) A distribuição uniforme de 25 a 75.
(b) A distribuição cuja função densidade probabilística é:

$$f(x) = \begin{cases} \frac{1}{4}(x+1)^3 & \text{se } -1 \leq x \leq 1 \\ 0 & \text{caso contrário.} \end{cases}$$

(c) A distribuição cuja função de densidade probabilística é:

$$f(x) = \begin{cases} \frac{1}{200}(x-40) & \text{se } 40 \leq x \leq 60 \\ 0 & \text{caso contrário.} \end{cases}$$

R **20.4-4** Ao obter números aleatórios uniformes, conforme instrução no início da Seção Problemas, gere três observações aleatórias de cada uma das seguintes distribuições de probabilidades.

(a) A variável aleatória X tem $P\{X = 0\} = \frac{1}{2}$. Dado $X \neq 0$, ela apresenta uma distribuição uniforme entre −5 e 15.
(b) A distribuição cuja função densidade probabilística é

$$f(x) = \begin{cases} x - 1 & \text{se } 1 \leq x \leq 2 \\ 3 - x & \text{se } 2 \leq x \leq 3. \end{cases}$$

(c) A distribuição geométrica com parâmetro $p = \frac{1}{3}$, de modo que:

$$P\{X = k\} = \begin{cases} \frac{1}{3}\left(\frac{2}{3}\right)^{k-1} & \text{se } k = 1, 2, \ldots \\ 0 & \text{caso contrário.} \end{cases}$$

20.4-5 Cada vez que uma moeda não viciada for lançada três vezes, a probabilidade de dar 0, 1, 2 e 3 caras é, respectivamente, $\frac{1}{8}, \frac{3}{8}, \frac{3}{8}$ e $\frac{1}{8}$. Portanto, com oito grupos de três lançamentos cada, *em média*, um grupo daria 0 cara, três grupos dariam 1 cara, três grupos dariam 2 caras e um grupo daria 3 caras.

(a) Usando uma moeda própria, lance-a 24 vezes divididas em oito grupos de três lançamentos cada e registre o número de grupos com 0 cara, 1 cara, 2 caras e 3 caras.
(b) Ao obter números aleatórios uniformes, conforme instrução no início da Seção Problemas, simule os lançamentos especificados no item (*a*) e registre as informações indicadas no item (*a*).
E (c) Formule um modelo de planilha para realizar uma simulação de três lançamentos da moeda e registre o número de caras. Realize uma repetição dessa simulação.
E (d) Use essa planilha para gerar uma tabela de dados com oito repetições da simulação. Compare essa distribuição de frequências do número de caras com a distribuição de probabilidades do número de caras com três lançamentos.
E (e) Repita o item (*d*) com 800 repetições.

20.4-6* O jogo de *craps* requer que o jogador lance dois dados uma ou mais vezes até que se chegue a uma decisão se ele ganhou ou perdeu. Ele ganhará se os primeiros resultados de lançamentos dos dados forem uma soma 7 ou 11 ou, de forma alternativa, se a primeira soma for 4, 5, 6, 8, 9 ou 10 e a mesma soma reaparecer antes de se obter uma soma igual a 7. Ao contrário, ele perderá o jogo se os resultados dos primeiros lançamentos forem uma soma 2, 3 ou 12 ou, então, se a primeira soma for 4, 5, 6, 8, 9 ou 10 e a soma 7 ocorrer antes de a primeira soma dar de novo.

E (a) Formule um modelo de planilha para realizar uma simulação do lançamento de dois dados. Realize uma repetição.
E (b) Realize 25 repetições dessa simulação.
(c) Pesquise entre essas 25 repetições para determinar tanto o número de vezes que o jogador simulado teria ganhado o jogo de *craps* quanto o número de derrotas quando cada jogada começar com o próximo lançamento após a jogada

anterior terminar. Use essas informações para calcular uma estimativa preliminar da probabilidade de se ganhar uma única rodada do jogo.

(d) Para um grande número de rodadas, a proporção de vitórias possui uma distribuição *aproximadamente* normal com média = 0,493 e desvio padrão = $0,5\sqrt{n}$. Use essas informações para calcular o número de rodadas simuladas que seriam necessárias para se ter uma probabilidade de pelo menos 0,95 de que a proporção de vitórias será menor que 0,5.

R **20.4-7** Ao obter números aleatórios uniformes, conforme instrução no início da Seção Problemas, use o método de transformação inversa e a tabela da distribuição normal dada no Apêndice 5 (com interpolação linear entre valores na tabela) para gerar dez observações aleatórias (até três casas decimais) de uma distribuição normal com média = 1 e variância = 4. Em seguida, calcule a média da amostra dessas observações aleatórias.

R **20.4-8** Ao obter números aleatórios uniformes, conforme instrução no início da Seção Problemas, gere três observações aleatórias (aproximadas) de uma distribuição normal com média = 5 e desvio padrão = 10.

(a) Faça isso aplicando o teorema do limite central, usando três números aleatórios uniformes para gerar cada observação aleatória.
(b) Agora, faça isso usando a tabela para a distribuição normal dada no Apêndice 5 e aplicando o método de transformação inversa.

R **20.4-9** Obtendo números aleatórios uniformes, conforme instrução no início da Seção Problemas, gere quatro observações aleatórias (aproximadas) de uma distribuição normal com média = 0 e desvio padrão = 1.

(a) Faça isso aplicando o teorema do limite central, usando três números aleatórios uniformes para gerar cada observação aleatória.
(b) Agora, faça o mesmo usando a tabela para a distribuição normal dada no Apêndice 5 e aplicando o método de transformação inversa.
(c) Use suas observações aleatórias dos itens (*a*) e (*b*) para gerar observações aleatórias de uma distribuição qui-quadrado com 2 graus de liberdade.

R **20.4-10*** Ao obter números aleatórios uniformes, conforme instrução no início da seção Problemas, gere três observações aleatórias de cada uma das seguintes distribuições de probabilidades.

(a) A distribuição exponencial com média = 10.
(b) A distribuição de Erlang com média = 10 e parâmetro de forma $k = 2$ (isto é, desvio padrão = $2\sqrt{2}$).
(c) A distribuição normal com média = 10 e desvio padrão = $2\sqrt{2}$. Use o teorema do limite central e $n = 6$ para cada observação.

20.4-11 Richard Collins, gerente e proprietário da Richard's Tire Service, deseja usar simulação para analisar a operação de sua loja. Uma das atividades a ser incluída na simulação é a instalação de pneus de automóveis (inclusive o balanceamento). Richard estima que a função de distribuição cumulativa (CDF) da distribuição de probabilidades do tempo (em minutos) necessário para a instalação de um pneu apresente a forma de gráfico mostrado a seguir.

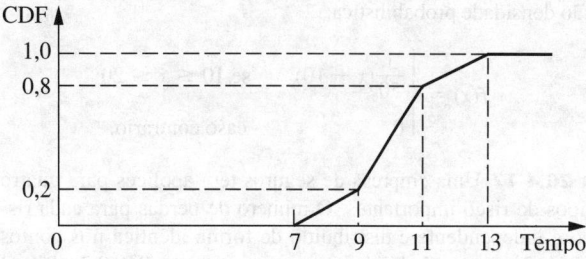

(a) Use o método de transformação inversa para gerar cinco observações aleatórias dessa distribuição ao usar os cinco números aleatórios uniformes a seguir: 0,2655; 0,3472; 0,0248; 0,9205; 0,6130.
(b) Use uma função aninhada IF para escrever uma equação que o Excel possa usar para gerar cada observação aleatória a dessa distribuição.

R **20.4-12** Obtendo números aleatórios uniformes conforme instrução no início da Seção Problemas, gere quatro observações aleatórias de uma distribuição normal com média = 20. Em seguida, use essas quatro observações para gerar uma observação aleatória de uma distribuição de Erlang com média = 4 e parâmetro de forma $k = 4$.

20.4-13 Façamos que $r_1, r_2, \ldots, r_n$ sejam números aleatórios uniformes. Defina $x_i = -\ln r_i$ e $y_i = -\ln(1 - r_i)$, para $i = 1, 2, \ldots, n$, e $z = \sum_{i=1}^{n} x_1$. Classifique cada uma das seguintes afirmações como verdadeira ou falsa e então justifique sua resposta.

(a) Os números $x_1, x_2, \ldots, x_n$ e $y_1, y_2, \ldots, y_n$ são observações aleatórias da mesma distribuição exponencial.
(b) A média de $x_1, x_2, \ldots, x_n$ é igual à média de $y_1, y_2, \ldots, y_n$.
(c) z é uma observação aleatória de uma distribuição de Erlang (gama).

20.4-14 Considere uma variável aleatória discreta X que é uniformemente distribuída (probabilidades iguais) no conjunto $\{1, 2, \ldots, 8\}$. Desejamos gerar uma série de observações aleatórias x_i ($i = 1, 2, \ldots$) de X. Foram feitas as três propostas a seguir para tal. Para cada uma delas, analise se é um método válido e, caso não seja, como ele poderia ser ajustado para se tornar um método válido.

(a) Proposta 1: gere números aleatórios uniformes r_i ($i = 1, 2, \ldots$) e em seguida faça que $x_i = n$, em que n é o inteiro que satisfaz $n/8 \leq r_i < (n+1)/8$.
(b) Proposta 2: gere números aleatórios uniformes r_i ($i = 1, 2, \ldots$) e, em seguida, faça que x_i seja igual ao maior inteiro menor ou igual a $1 + 8r_i$.
(c) Proposta 3: gere x_i do gerador congruente misto $x_{n+1} \equiv (5x_n + 7)$ (módulos 8), partindo do valor $x_0 = 4$.

R **20.4-15** Ao obter números aleatórios uniformes, conforme a instrução do início da Seção Problemas, use o método da aceitação-rejeição para gerar três observações aleatórias da distribuição triangular utilizada para ilustrar esse método na Seção 20.4.

R **20.4-16** Ao obter números aleatórios uniformes, conforme a instrução do início da Seção Problemas, use o método da aceitação-rejeição para gerar três observações aleatórias de uma função densidade probabilística:

$$f(x) = \begin{cases} \dfrac{1}{50}(x-10) & \text{se } 10 \leq x \leq 20 \\ 0 & \text{caso contrário.} \end{cases}$$

R **20.4-17** Uma empresa de seguros tem apólices para quatro tipos de risco importantes. O número de perdas para cada risco é independente e distribuído de forma idêntica nos pontos {0, 1, 2} com probabilidades, respectivamente, 0,7, 0,2 e 0,1. O tamanho de uma perda individual apresenta a seguinte função distribuição cumulativa:

$$F(x) = \begin{cases} \dfrac{\sqrt{x}}{20} & \text{se } 0 \leq x \leq 100 \\ \dfrac{x}{200} & \text{se } 100 < x \leq 200 \\ 1 & \text{se } x > 200. \end{cases}$$

Ao obter números aleatórios uniformes, conforme a instrução do início da Seção Problemas, realize um experimento de simulação com o dobro da perda total gerada pelos quatro tipos de risco.

20.4-18 Uma empresa oferece a seus três funcionários um seguro-saúde em um plano de grupo. Para cada funcionário, a probabilidade de se incorrer em despesas médicas durante um ano é 0,9, portanto, o número de funcionários que incorre em despesas médicas durante um ano tem distribuição binomial com $p = 0,9$ e $n = 3$. Dado que um funcionário incorre em despesas médicas durante um ano, a quantia total para o ano apresenta a distribuição US$ 100 com probabilidade 0,9 ou US$ 10.000 com probabilidade 0,1. A empresa tem uma cláusula de dedução de US$ 5.000 com a empresa seguradora de modo que a cada ano a empresa seguradora paga um extra de US$ 5.000 para o total das despesas médicas para o grupo. Use os números aleatórios uniformes 0,01 e 0,20, na ordem fornecida, para gerar o número de solicitações com base em uma distribuição binomial a cada dois anos. Use os seguintes números aleatórios uniformes, na ordem dada, para gerar o valor de cada solicitação: 0,80; 0,95; 0,70; 0,96; 0,54; 0,01. Calcule a quantia total que a empresa seguradora paga por dois anos.

20.5-1 Leia o artigo referido que descreve completamente o estudo de PO sintetizado no Exemplo de Aplicação apresentado na Seção 20.5. Descreva sucintamente como a simulação foi aplicada nesse estudo. A seguir, enumere os diversos benefícios financeiros ou não resultantes do estudo.

A **20.6-1** Os resultados de uma simulação são inerentemente aleatórios. Esse problema demonstrará esse fato e investigará o impacto do número de tentativas nessa aleatoriedade. Considere o exemplo, que envolve a banca de jornal de Freddie apresentado na Seção 20.6. O modelo de planilha encontra-se disponível nos arquivos em Excel deste capítulo contidos no *site* da editora. Ao usar o Crystal Ball, certifique-se de que a opção "Use Same Sequence of Random Numbers" *não* esteja marcada e que Monte-Carlo Sampling Method esteja selecionado na guia Sampling de Run Preferences. Use uma quantidade encomendada de 60.

(a) Configure o número de tentativas em 100 em Run Preferences e execute a simulação do problema do Freddie cinco vezes. Observe o lucro médio para cada simulação.
(b) Repita o item (a) exceto configurando o número de tentativas para 1.000 em Run Preferences.
(c) Compare os resultados dos itens (a) e (b) e comente sobre quaisquer diferenças.

A **20.6-2** A Aberdeen Development Corporation (ADC) reconsidera o projeto Aberdeen Resort Hotel. Sua localização seria nas margens de Grays Harbor e haverá um campo de golfe profissional.

O custo para a aquisição do terreno seria de US$ 1 milhão, pagável a vista. Os custos de construção seriam de aproximadamente US$ 2 milhões, pagáveis no final do ano 1. Entretanto, os custos de construção são incertos. Esses custos poderiam estar 20% acima ou abaixo da estimativa de US$ 2 milhões. Parte-se do pressuposto de que os custos de construção seguiriam uma distribuição triangular.

A ADC está muito insegura em relação aos lucros (ou perdas) operacionais anuais que seriam gerados assim que o hotel estivesse pronto. Sua melhor estimativa para o lucro operacional anual gerado nos anos 2, 3, 4 e 5 é de US$ 700.000. Em virtude do alto grau de incerteza, a estimativa do desvio padrão do lucro operacional anual a cada ano também seria de US$ 700.000. Suponha que os lucros anuais sejam estatisticamente independentes e sigam a distribuição normal.

Após o ano 5, a ADC planeja vender o hotel. O preço de venda provável será cerca de US$ 4 milhões a US$ 8 milhões (suponha uma distribuição uniforme). A ADC adota uma taxa de desconto de 10% para calcular o valor presente líquido. Para fins desse cálculo, suponha que os lucros de cada ano sejam recebidos no final do ano. Execute 1.000 tentativas de uma simulação desse projeto em uma planilha.

(a) Qual é o valor presente líquido (VPL) médio do projeto? *Dica:* a função VPL (taxa, fluxo de caixa) no Excel retorna o VPL de uma sequência de fluxos de caixa supostamente que começam daqui a um ano. Por exemplo, o VPL (10%, C5:F5) retorna o VPL a uma taxa de desconto de 10% quando C5 é um fluxo de caixa no final do ano 1, D5 no final do ano 2, E5 no final do ano 3 e F5 no final do ano 4.
(b) Qual é a probabilidade estimada de que o projeto renderá um VPL maior que US$ 2 milhões?
(c) A ADC também se preocupa com o fluxo de caixa nos anos 2, 3, 4 e 5. Gere uma previsão da distribuição do lucro operacional *mínimo* (sem desconto) ganho em qualquer um dos quatro anos. Qual é o valor médio do lucro operacional mínimo ao longo dos quatro anos?
(d) Qual é a probabilidade de o lucro operacional anual ser de pelo menos US$ 0 em cada um dos quatro anos de operação?

A **20.6-3** A fábrica Avery Co. tem tido um problema de manutenção com o painel de controle para um de seus processos de produção. Esse painel de controle contém quatro relés eletromecânicos idênticos que foram a causa do problema. O problema é que os relés caem com bastante frequência, forçando, portanto, o painel de controle (e o processo de produção que ele controla) a ser desligado enquanto se realiza a manutenção. A prática atual é substituir os relés apenas quando eles falham. O custo total médio de se fazer isso tem sido de US$ 3,19 por hora. Para tentar reduzir esse custo, foi feita uma proposta para substituir todos os quatro relés todas as vezes que qualquer um deles falhar na tentativa de reduzir a frequência na qual o painel de controle tem de ser desligado. Essa proposta realmente reduziria o custo?

Os dados pertinentes são os seguintes. Para cada relé, o tempo operacional até a falha apresenta uma distribuição aproximadamente uniforme de 1.000 a 2.000 horas. O painel de controle deve ser desligado por uma hora para substituir um relé ou de duas horas para substituir os quatro relés. O custo total associado ao desligamento do painel de controle e substituição dos relés é de US$ 1.000 por hora mais US$ 200 para cada relé novo.

Use simulação em uma planilha para avaliar o custo da proposta e compare-o com a prática atual. Realize 1.000 tentativas (em que o final de cada tentativa coincide com o final de um desligamento do painel de controle) e determine o custo médio por hora.

A **20.6-4** Para um produto novo ser produzido pela Aplus Company, terão de ser realizados furos para buchas em um bloco de metal e eixos cilíndricos serão inseridos nesses furos. Os eixos precisam ter um raio de pelo menos 1,0000", porém o raio deveria ser um pouco maior do que o possível. Com o processo de produção proposto para fabricar os eixos, a distribuição de probabilidades do raio de um eixo apresenta distribuição triangular com um mínimo de 1,0000", um valor mais provável de 1,0010" e um valor máximo de 1,0020". Com o método proposto de furação para as buchas, a distribuição de probabilidades do raio de uma bucha tem distribuição normal com média igual a 1,0020" e desvio padrão 0,0010". A folga entre uma bucha e um eixo é a diferença entre seus raios. Como eles são escolhidos ao acaso, geralmente ocorrem interferências (isto é, folga negativa) para encaixe de uma bucha e um eixo.

A gerência está preocupada com o comprometimento na produção do novo produto que seria causado por essa interferência ocasional. Talvez os processos de produção para os eixos e as buchas devessem ser aperfeiçoados (a um custo considerável) para diminuir a chance de interferência. Para avaliar a necessidade para essas melhorias, a gerência solicitou que se determine com que frequência ocorreria essa interferência com os processos de produção atualmente propostos.

Estime a probabilidade de interferência realizando 500 tentativas de uma simulação em uma planilha.

A **20.6-5** Reconsidere o Problema 20.4-6 que envolve o jogo de *craps*. Agora, o objetivo é fazer a estimativa da probabilidade de se ganhar uma rodada desse jogo. Se a probabilidade for maior que 0,5, você vai querer ir para Las Vegas participar desse jogo inúmeras vezes até eventualmente ganhar uma quantia considerável. Entretanto, se a probabilidade for menor que 0,5, você permanecerá na sua casa.

Você decidiu realizar uma simulação numa planilha para estimar essa probabilidade. Realize o número de tentativas (rodadas do jogo) indicadas a seguir *duas vezes*.

(a) 100 tentativas
(b) 1.000 tentativas
(c) 10.000 tentativas
(d) A probabilidade real é 0,493. A que conclusão você chega das simulações anteriores em relação ao número de tentativas que parecem ser necessárias para chegar a uma certeza razoável de se obter uma estimativa que se encontre em um intervalo de 0,007 em relação à real probabilidade?

A **20.6-6** Considere o exemplo que envolve Freddie, apresentado na Seção 20.6. O modelo de planilha se encontra disponível nos arquivos em Excel para este capítulo contidos no *site* da editora. A tabela de decisão gerada na Seção 20.6 (ver a Figura 20.19) para o problema de Freddie sugere que 55 é a melhor quantidade encomendada, porém, essa tabela considerou apenas quantidades encomendadas que eram um múltiplo de 5. Refine a busca e gere uma tabela de decisão para o problema de Freddie considerando todas as quantidades encomendadas inteiras, entre 50 e 60.

20.7-1 Da parte inferior das Referências Selecionadas fornecidas no final do capítulo, escolha uma das aplicações consagradas da simulação. Leia esse artigo e, em seguida, redija um resumo de duas páginas sobre a aplicação e os benefícios (inclusive benefícios não financeiros) por ela fornecidos.

20.7-2 Da parte inferior das Referências Selecionadas fornecidas no final do capítulo, escolha três das aplicações consagradas da simulação. Para cada uma delas, redija um resumo de uma página sobre a aplicação e os benefícios (inclusive benefícios não financeiros) por elas fornecidos.

CASOS

CASO 20.1 Redução de estoque de itens em fabricação (revisitado)

Reconsidere o caso 17.1. O estoque de itens em fabricação. Entretanto, esses mesmos sistemas de filas também podem ser analisados efetivamente aplicando-se simulação com a ajuda do Queueing Simulator no *Courseware* de PO.

Use a simulação para realizar toda a análise solicitada neste caso.

CASO 20.2 Histórias de aventura

A Adventure Toys Company fabrica uma linha popular de super-heróis e os distribui para lojas de brinquedos a um preço de distribuidor de US$ 10 por unidade. A demanda pelos super-heróis é sazonal, e as vendas mais elevadas ocorrem antes do Natal e durante a primavera. As menores vendas ocorrem durante os meses de verão e de inverno.

A cada mês as vendas mensais - base seguem uma distribuição normal com média igual às vendas "base" reais do mês anterior e com desvio padrão de 500 unidades. As vendas reais em qualquer mês são as vendas mensais-base multiplicadas pelo fator de sazonalidade para o mês em questão, conforme mostrado na tabela a seguir. As vendas-base em dezembro de 2009 foram de 6 mil unidades, com vendas reais iguais à da Tabela.

Mês	Fator de sazonalidade	Mês	Fator de sazonalidade
Janeiro	0,79	Julho	0,74
Fevereiro	0,88	Agosto	0,98
Março	0,95	Setembro	1,06
Abril	1,05	Outubro	1,10
Maio	1,09	Novembro	1,16
Junho	0,84	Dezembro	1,18

Tipicamente, as vendas à vista contribuem com cerca de 40% das vendas mensais, mas esse número tem chegado a um mínimo de 28% e um máximo de 48% em alguns meses. O restante das vendas é feito a crédito em 30 dias sem cobrança de juros, com o pagamento total feito um mês depois após a entrega. Em dezembro de 2009, 42% das vendas foram à vista e 58% a crédito.

Os custos de produção dependem de custos de matéria-prima e mão de obra. O plástico necessário para fabricar os super-heróis flutua em termos de preço mês a mês, dependendo das condições de mercado. Em decorrência dessas flutuações, os custos de produção podem se encontrar em qualquer ponto entre US$ 6 e US$ 8 por unidade. Além desses custos de produção variáveis, a empresa incorre em um custo fixo de US$ 15.000 por mês para fabricar os super-heróis. A empresa monta os produtos encomendados. Quando um lote de determinado super-herói for encomendado, ele é fabricado imediatamente e despachado em alguns dias.

A empresa utiliza oito máquinas de molde para moldar os super-heróis. Essas máquinas quebram ocasionalmente e exigem uma peça de reposição de US$ 5.000. Cada máquina requer uma peça de reposição com uma probabilidade de 10% a cada mês.

A empresa tem a política de manter um saldo mínimo em caixa de pelo menos US$ 20.000 no final de cada mês. O saldo no final de dezembro de 2009 (ou, equivalente, no início de janeiro de 2010) é de US$ 25.000. Se necessário, a empresa fará um empréstimo de curto prazo (um mês) para cobrir despesas e manter um saldo mínimo. Os empréstimos têm de ser pagos no mês seguinte com juros (usando a taxa de juros de empréstimo do mês corrente). Por exemplo, se a taxa de juros anual de março for de 6% (portanto, 0,5% ao mês) e for feito um empréstimo de US$ 1.000 em março, então US$ 1.005 será devido em abril. Entretanto, um novo empréstimo pode ser levantado a cada mês.

Qualquer saldo que sobre no final de um mês (inclusive o saldo mínimo) é transportado para o mês seguinte e também recebe juros de poupança. Por exemplo, se o saldo final em março for de US$ 20.000 e a taxa de juros de março for de 3% ao ano (portanto, 0,25% ao mês), então US$ 50 de juros de poupança é ganho em abril.

Tanto a taxa de juros de empréstimo como a taxa de juros de poupança são estabelecidas mensalmente com base na taxa *Prime*. A taxa de juros de empréstimo é estabelecida em *Prime* + 2%, ao passo que a taxa de juros de poupança é estabelecida em *Prime* − 2%. Entretanto, a taxa de juros de empréstimo tem um teto de (não pode exceder) 9% e a taxa de juros de poupança jamais cairá abaixo de 2%.

A taxa *Prime* em dezembro de 2009 era de 5% ao ano. Essa taxa depende dos caprichos do Federal Reserve. Particularmente, para cada mês, há a probabilidade de 70% de ela permanecer inalterada, probabilidade de 10% de ela aumentar em 25 pontos (0,25%), probabilidade de 10% de ela diminuir em 25 pontos, probabilidade de 5% de ela aumentar em 50 pontos e probabilidade de 5% de ela diminuir em 50 pontos.

(a) Formule um modelo de simulação em planilha para controlar mês a mês os fluxos de caixa da empresa. Indique as distribuições de probabilidades (tanto o tipo como os parâmetros) para as células pressupostas diretamente na planilha. Simule 1.000 tentativas para o ano de 2010 e cole os resultados obtidos na planilha.

(b) A direção da Adventure Toys quer informações sobre qual seria o patrimônio líquido da empresa no final de 2010, incluindo a probabilidade de o patrimônio líquido ultrapassar zero. O patrimônio líquido é definido aqui como o saldo em caixa final *mais* juros de poupança e contas a receber *menos* quaisquer empréstimos e juros devidos. Exiba os resultados de sua simulação realizada no item (*a*) nas diversas formas que você imagina que seriam úteis para a direção analisar essa questão.

(c) São necessárias providências para se obter um limite de crédito específico do banco para empréstimos a curto prazo que eventualmente seriam necessários durante o ano 2010. Portanto, a direção da Adventure Toys também gostaria de ter informações referentes ao volume máximo de empréstimos a curto prazo que poderiam ser necessários durante 2010. Exiba os resultados da simulação realizada no item (*a*) nos vários formatos que você imagina que seriam úteis para a direção analisar essa questão.

APRESENTAÇÃO DOS CASOS ADICIONAIS DO *SITE*

CASO 20.3 Plainas no processo produtivo

O setor de plainas de uma fábrica teve um período particularmente difícil para conseguir atender o seu volume de trabalho, que comprometeu seriamente o cronograma de produção para operações seguintes. Às vezes, surge um grande volume de trabalho e há grande acúmulo de trabalho atrasado. Em seguida, poderia haver um longo intervalo sem ter muita coisa para fazer, de modo que as plainas ficavam ociosas parte do tempo. Foram feitas três propostas distintas para atenuar o gargalo no setor de plainas: 1) adquirir mais uma plaina, 2) eliminar a variabilidade dos tempos entre chegadas das tarefas, e 3) reduzir a variabilidade do tempo necessário para a realização das tarefas. Qualquer uma dessas ou uma combinação destas propostas pode ser adotada. Com o auxílio do Queueing Simulator, deve-se usar a simulação para determinar o que deve ser feito de modo a minimizar o custo total esperado por hora.

CASO 20.4 Determinação de preços sob pressão

Um cliente de um grande banco de investimentos está interessado em comprar uma opção de compra europeia para determinada ação que lhe dá o direito de comprar a ação a um preço fixo 12 semanas antes. O cliente faria uso então dessa opção em 12 semanas somente se seu preço fixo fosse menor que o preço de mercado naquele momento. O banco precisa determinar que preço deveria ser cobrado por essa opção de compra. Esse preço deve ser um valor médio da opção em 12 semanas. Com base em um modelo de movimentação aleatório de como o preço da ação evolui de semana em semana, deve-se usar simulação para estimar esse valor médio. Como ponto de partida devem ser cuidadosamente formulados os diversos elementos de um modelo de simulação.

APÊNDICE 1

Documentação para o *Courseware* de PO

Você encontrará um rico conjunto de recursos de software no *site* da editora. O pacote de software completo é chamado *Courseware de PO*.

Os pacotes de software individuais são discutidos brevemente a seguir.

TUTOR PO

O Tutor PO é um documento Web formado por um conjunto de páginas HTML que normalmente contêm JavaScript. Pode se usar qualquer navegador que suporte JavaScript. Ele pode ser visualizado tanto em um computador compatível com o IBM PC como em um Macintosh.

Esse recurso foi desenvolvido para ser seu tutor pessoal ilustrando e esclarecendo conceitos-chave de modo interativo. Ele contém 16 *exemplos demonstrativos* que complementam os exemplos do livro de forma que não poderiam ser reproduzidas em papel. Cada um deles demonstra de forma vívida um dos algoritmos ou conceitos da PO em ação. A maioria combina uma *descrição algébrica* de cada etapa por uma *tela geométrica* daquilo que ocorre. Algumas dessas telas geométricas tornam-se bastante dinâmicas, com pontos ou retas em movimento, para demonstrar a evolução do algoritmo. Os exemplos demonstrativos também são integrados ao livro, usando a mesma notação e terminologia, com referências ao material contido no livro etc.

Os estudantes a classificam como uma ferramenta de aprendizado eficiente e fácil de se utilizar.

TUTORIAL IOR

Outro recurso-chave em termos de tutorial do Courseware de PO é um pacote de software chamado *Interactive Operations Research Tutorial*, ou, abreviadamente, *Tutorial IOR*. Trata-se de um produto da Accelet Corporation que foi desenvolvido especificamente para ser usado com este livro. São empregados recursos inovadores em termos de tutorial para tornar o processo de aprendizagem dos algoritmos do livro mais eficaz e mais prazeroso. Ele é implementado em Java 2 e, portanto, pode operar em qualquer plataforma.

O Tutorial IOR dispõe de um grande número de *procedimentos interativos* para as várias áreas tópicas vistas neste livro. Cada um desses procedimentos interativos permite que você *execute interativamente* um dos algoritmos de PO. Enquanto visualiza todas as informações relevantes na tela do computador, toma a decisão sobre como a próxima etapa do algoritmo deve ser realizada e, então, o computador executa todo o trabalho de cálculo necessário para executar essa etapa. Ao ser descoberto um erro prévio, o procedimento permite que você volte rapidamente para corrigir o erro. Para deixá-lo pronto de forma apropriada, o computador aponta qualquer erro na primeira iteração (quando possível). Ao concluir, basta imprimir todo o trabalho realizado para entregar a tarefa.

Segundo nosso ponto de vista, esses procedimentos interativos fornecem a maneira "correta" nesta era dos computadores para fazer que os alunos realizem suas tarefas visando ajudá-los a aprender os algoritmos de PO. Os procedimentos permitem que os alunos se concentrem nos conceitos e não em uma série de cálculos sem sentido, tornando, portanto, o processo de aprendizagem muito mais eficiente e eficaz bem como estimulante. Eles também indicam o caminho correto, inclusive em termos de organização do trabalho a ser feito. Entretanto, os procedimentos não pensam por você. Como acontece em qualquer tarefa de casa bem elaborada, é permitido que você cometa erros (e aprender a partir deles), de modo que será necessário refletir bastante para tentar permanecer na trilha certa. Fomos cuidadosos na divisão do trabalho entre computador e aluno para disponibilizar um processo de aprendizado completo e eficiente.

Assim que tiver aprendido a lógica de determinado algoritmo com a ajuda de um procedimento interativo, o estudante será capaz de aplicar rapidamente o algoritmo com um procedimento automático a partir de então. Tal procedimento é fornecido por um ou mais dos pacotes de software discutidos a seguir para a maior parte dos algoritmos descritos neste livro. Entretanto, para certos algoritmos que não são incluídos nesses pacotes comerciais (bem como alguns poucos que o são), fornecemos procedimentos automáticos especiais no Tutorial IOR. Esses procedimentos são desenvolvidos apenas para resolver os problemas adequados para ser colocados no livro (parte impressa).

ARQUIVOS EM EXCEL

O *Courseware* de PO inclui arquivos Excel distintos para praticamente todos os capítulos do livro. Os arquivos para cada capítulo incluem tipicamente várias planilhas que o ajudarão a formular e solucionar os diversos tipos de modelos descritos no capítulo. São incluídos dois tipos de planilhas. Primeiro, cada vez que um exemplo é apresentado e pode ser resolvido usando o Excel, a formulação e a solução completa da planilha são dadas nos arquivos Excel do capítulo em questão. Isso fornece uma referência conveniente, ou até mesmo gabaritos úteis, ao se prepararem planilhas para resolver problemas similares com o Excel Solver (ou o Premium Solver discutido na subseção seguinte). Em segundo lugar, para muitos dos modelos no livro, são fornecidos arquivos-gabarito que já incluem todas as equações necessárias para solucionar o modelo. Basta incluir os dados para o modelo e a solução ser calculada de forma imediata.

MÓDULOS DE PROGRAMA ADICIONAIS AO EXCEL

No *Courseware* de PO, temos quatro módulos de programa adicionais ao Excel. Um deles é o *Premium Solver for Education*, que é uma versão mais poderosa do Excel Solver-padrão e também inclui o Evolutionary Solver discutido na Seção 12.10. Consulte o *site* da editora para obter instruções de como baixar esse módulo adicional do *site* (www.solver.com) do desenvolvedor do software (Frontline Systems Inc.), usando tanto o código do livro-texto (HLITOR) como um código do curso que precisa ser obtido pelo seu instrutor (siga as instruções em *site* da editora).

Três outros programas adicionais para Excel são versões acadêmicas do *SensIt* (apresentado na Seção 15.5), do *TreePlan* (introduzido na Seção 15.5) e do *RiskSim* (apresentado na Seção 20.6). Todos são *sharewares* desenvolvidos pelo Professor Michael R. Middleton para Windows e Macintosh. No *site* da editora pode ser encontrada documentação para todos os três programas adicionais. Por se tratar de software *shareware*, aqueles que pretenderem continuar a utilizá-lo após o curso deverão efetuar registro e pagamento.

Como ocorre com qualquer programa adicional para Excel, cada um deles precisa ser instalado no Excel antes de poder ser usado. (O mesmo é válido para o Excel Solver-padrão.) As instruções para a instalação se encontram no *Courseware* de PO.

MPL/CPLEX

Conforme foi amplamente discutido nas Seções 3.6 e 4.8, o MPL é uma linguagem de modelagem de última geração e seu solucionador de primeira categoria, e CPLEX é um solucionador, particularmente proeminente e poderoso. Vários outros solucionadores poderosos (descritos no próximo parágrafo) também estão disponíveis com o MPL. A versão educacional das versões mais recentes do MPL do CPLEX e desses demais solucionadores foi incluída no *Courseware* de PO. Embora essa versão educacional se limite a problemas *muito* menores que os pesados problemas de programação linear, inteira e quadrática comumente resolvidos na prática pela versão integral, ele ainda pode tratar problemas *muito* maiores que qualquer um encontrado neste livro.

O *site* da editora fornece ampla documentação e tutorial MPL, bem como formulações e soluções MPL/CPLEX para praticamente todos os exemplos do livro para os quais eles podem ser aplicados. Também incluso no *Courseware* de PO, temos a versão educacional do OptiMax 2000, que possibilita total integração de modelos MPL ao Excel e solucioná-los pelo CPLEX. Além disso, o solucionador de programação convexa CONOPT, o otimizador global LGO, o solucionador CoinMP para programação inteira e linear, o solucionador LINDO para programação inteira, linear e quadrática bem como o solucionador estocástico BendX foram incluídos em MPL para a resolução desses problemas.

O *site* para explorar ainda mais o MPL e seus solucionadores é www.maximalsoftware.com.

ARQUIVOS LINGO/LINDO

Este livro também dispõe da popular linguagem de modelagem LINGO (ver em especial o final da Seção 3.6, os suplementos para o Capítulo 3 e o Apêndice 4.1), inclusive o tradicional subconjunto de sintaxe LINDO (ver a Seção 4.8 e o Apêndice 4.1). Uma versão educacional do LINGO (com o subconjunto LINDO) pode ser encontrada no *Courseware* de PO. Versões educacionais atualizadas do LINGO/LINDO (bem como do solucionador de planilhas correspondente, *What's Best*) também podem ser baixadas do *site*, www.lindo.com.

O *Courseware* de PO inclui inúmeros arquivos LINGO/LINDO ou (quando o LINDO não for relevante) arquivos LINGO para muitos capítulos. Cada arquivo fornece os modelos LINGO e LINDO e soluções para os vários exemplos no capítulo para os quais eles podem ser aplicados. O *site* da editora também fornece tutoriais LINGO e LINDO.

ATUALIZAÇÕES

O mundo do software evolui muito rapidamente durante a vida útil da edição de um livro didático. Acreditamos que a documentação fornecida neste apêndice tenha sido acurada com o momento em que este livro era escrito, porém, inevitavelmente, poderão ocorrer mudanças à medida que o tempo passa.

APÊNDICE 2

Convexidade

Conforme introdução do Capítulo 12, o conceito de convexidade é frequentemente utilizado em PO, sobretudo na área de programação não linear. Portanto, apresentaremos aqui, com mais detalhes, as propriedades das funções convexas ou côncavas, bem como de conjuntos convexos.

FUNÇÕES CONVEXAS OU CÔNCAVAS COM UMA ÚNICA VARIÁVEL

Comecemos pelas definições.

Definições: uma *função com uma única variável* $f(x)$ é uma **função convexa** se, para *cada* um dos pares de valores de x, digamos, x' e x" (x' < x"),

$$f[\lambda x" + (1 - \lambda)x'] \leq \lambda f(x") + (1 - \lambda)f(x')$$

para todos os valores de tais que $0 < \lambda < 1$. Ela será uma **função estritamente convexa** se $\leq$ puder ser substituído por <. Ela é uma **função côncava** (ou uma **função estritamente côncava**) se essa afirmação continuar válida quando $\leq$ for substituído por $\geq$ (ou por >).

Essa definição de função convexa apresenta uma interpretação geométrica esclarecedora. Considere o gráfico da função $f(x)$ desenhada em função de x, conforme mostrado na Figura A2.1 para uma função $f(x)$ que decresce para $x < 1$, é constante para $1 \leq x \leq 2$ e aumenta para $x > 2$. Logo, [x', f(x')] e [x", f(x")] são dois pontos na curva de $f(x)$, e [$\lambda x" + (1-\lambda)x'$, $\lambda f(x") + (1)f(x")$] representa os vários pontos sobre o segmento de reta entre esses dois pontos (excluindo, porém, esses pontos extremos) quando $0 < \lambda < 1$. Portanto, a desigualdade na definição indica que esse segmento de reta recai inteiramente acima ou sobre a curva da função, como indica a Figura A2.1. Consequentemente, $f(x)$ é *convexa* se, para *cada* par de pontos no gráfico de $f(x)$, o segmento de reta que une esses dois pontos recair inteiramente acima ou sobre a curva de $f(x)$.

Por exemplo, a escolha particular de x' e x" mostrada na Figura A2.1 resulta no segmento de reta inteiro (exceto por suas extremidades) que recai *acima* da curva de $f(x)$. Isso também ocorre para outras opções de x' e x" em que x' < 1 ou então x" > 2 (ou ambos). Se $1 \leq x' < x" \leq 2$, então todo o segmento de reta recai *sobre* a curva de $f(x)$. Consequentemente, essa $f(x)$ é convexa.

Essa interpretação geométrica indica que $f(x)$ é convexa se e somente se "tem uma curvatura para cima" toda vez que ela curvar em si. (Essa condição é algumas vezes conhecida como *côncava com curvatura para cima*, ao contrário de *côncava com curvatura para baixo* para uma função côncava.) Para ser mais preciso, se $f(x)$ possuir uma segunda derivada em todos os pontos, então $f(x)$ é convexa se e somente se $d^2f(x)/dx^2 \geq 0$ para todos os possíveis valores de x.

As definições de uma *função estritamente convexa*, *função côncava* e *função estritamente côncava* também apresentam interpretações geométricas análogas. Essas interpretações são resumidas a seguir em termos da segunda derivada da função, que fornece uma maneira conveniente para testar o estado da função.

Teste de convexidade para uma função com uma única variável: considere uma função qualquer $f(x)$ com uma única variável que possui uma segunda derivada em todos os possíveis valores de x. Então $f(x)$ é:

1. *Convexa* se e somente se $\dfrac{d^2f(x)}{dx^2} \geq 0$ para todos os possíveis valores de x

2. *Estritamente* convexa se e somente se $\dfrac{d^2f(x)}{dx^2} > 0$ para todos os possíveis valores de x

3. *Côncava* se e somente se $\dfrac{d^2f(x)}{dx^2} \leq 0$ para todos os possíveis valores de x

4. *Estritamente côncava* se e somente se $\dfrac{d^2f(x)}{dx^2} < 0$ para todos os possíveis valores de x

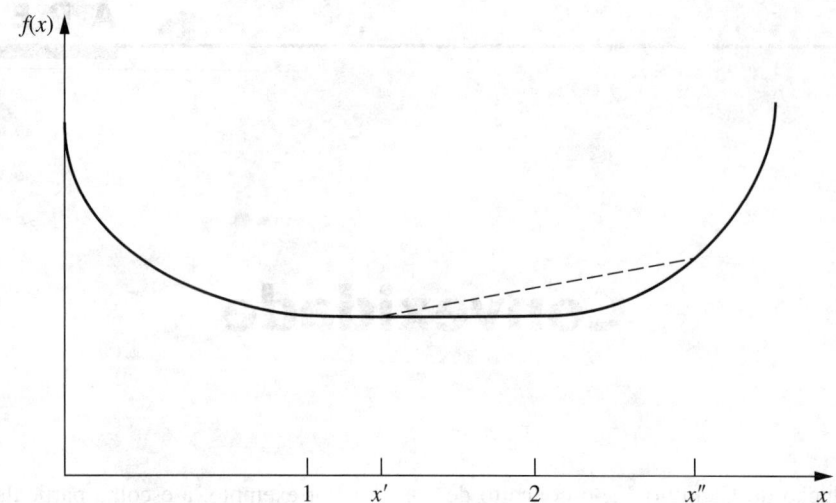

FIGURA A2.1 Uma função convexa.

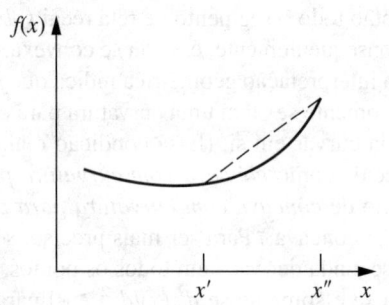

FIGURA A2.2 Uma função estritamente convexa.

Observe que uma função estritamente convexa também é convexa, mas uma função convexa *não* é estritamente convexa se a segunda derivada for igual a zero para alguns valores de x. De forma similar, uma função estritamente côncava é côncava, porém o inverso não é necessariamente verdadeiro.

As Figuras A2.1 a A2.6 mostram exemplos que ilustram essas definições e este teste de convexidade.

Aplicando-se esse teste à função da Figura A2.1, observamos que à medida que x aumenta, a inclinação (primeira derivada) sobe (para $0 \leq x < 1$ e $x > 2$) ou então permanece constante (para $1 \leq x_1 \leq 2$). Consequentemente, a segunda derivada é sempre de não negativa, o que comprova que a função é convexa. Entretanto, ela *não* é estritamente convexa porque a segunda derivada é igual a zero no intervalo $1 \leq x \leq 2$.

Entretanto, a função da Figura A2.2 é estritamente convexa, pois sua inclinação é sempre crescente, de modo que sua segunda derivada sempre será maior que zero.

A função linear por trechos mostrada na Figura A2.3 muda sua inclinação em $x = 1$. Por conseguinte, ela não possui uma primeira ou segunda derivada neste ponto, de modo que o teste de convexidade não possa ser aplicado integralmente. (O fato de a segunda derivada ser igual a zero para $0 \leq x < 1$ e $x > 1$ torna a função candidata a ser convexa ou então côncava, dependendo de seu comportamento em $x = 1$.) Aplicando-se a definição de função côncava, vemos que se $0 < x' < 1$ e $x'' > 1$ (conforme mostrado na Figura A2.3), então todo o segmento de reta que une $[x', f(x')]$ e $[x'', f(x'')]$ recai *abaixo* da curva de $f(x)$, exceto para as duas extremidades do segmento de reta. Se $0 \leq x' < x'' \leq 1$ ou $1 \leq x' < x''$, então todo o segmento de reta recai *sobre* a curva de $f(x)$. Consequentemente, $f(x)$ é côncava (mas *não* estritamente côncava).

A função da Figura A2.4 é estritamente côncava, pois sua segunda derivada sempre é menor que zero.

Conforme ilustrado na Figura A2.5, qualquer função linear tem sua segunda derivada igual a zero em qualquer ponto e, dessa forma, é tanto convexa quanto côncava.

A função da Figura A2.6 *não* é nem convexa nem côncava, porque à medida que x aumenta, a inclinação flutua entre decrescente e crescente de modo que a segunda derivada flutue entre ser negativa e positiva.

FUNÇÕES CÔNCAVAS OU CONVEXAS COM DIVERSAS VARIÁVEIS

O conceito de função côncava ou convexa com uma única variável também pode ser generalizado para funções com mais de uma variável. Portanto, se $f(x)$ for substituída por $f(x_1, x_2, \ldots, x_n)$, a definição ainda pode ser aplicada se x for substituído em todos os pontos por $(x_1, x_2, \ldots, x_n)$.

De forma similar, a interpretação geométrica correspondente ainda é válida após a generalização dos conceitos de *pontos* e *segmentos de retas*. Portanto, assim como determinado valor de (x, y) é interpretado como um ponto no espaço bidimensional, cada possível valor de $(x_1, x_2, \ldots, x_m)$ pode ser imaginado como um ponto no espaço (euclidiano)

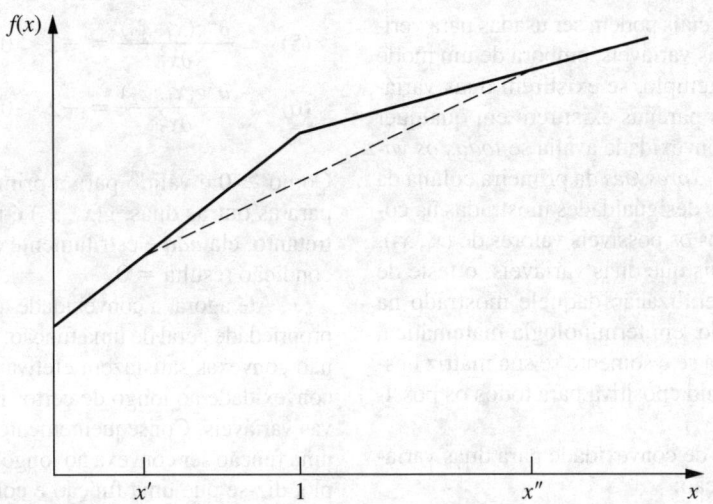

■ **FIGURA A2.3** Uma função côncava.

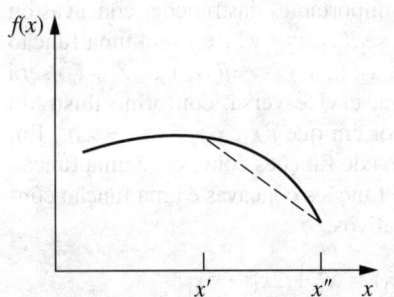

■ **FIGURA A2.4** Uma função estritamente côncava.

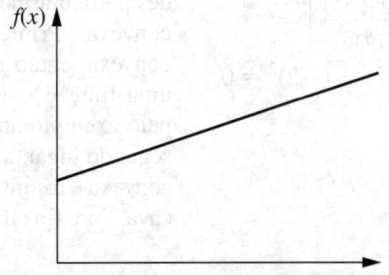

■ **FIGURA A2.5** Uma função que é, ao mesmo tempo, convexa e côncava.

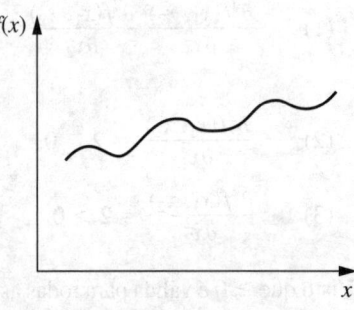

■ **FIGURA A2.6** Uma função que não é nem convexa nem côncava.

m-dimensional. Ao fazer que $m = n + 1$, os pontos sobre a curva de $f(x_1, x_2, \ldots, x_n)$ tornam-se os possíveis valores de $[x_1, x_2, \ldots, x_n, f(x_1, x_2, \ldots, x_n)]$. Diz-se que outro ponto, $(x_1, x_2, \ldots, x_n, x_{n+1})$ cai acima, sobre ou abaixo da curva de $f(x_1, x_2, \ldots, x_n)$, conforme x_{n+1} seja, respectivamente, maior, igual a ou menor que $f(x_1, x_2, \ldots, x_n)$.

Definição: o **segmento de reta** que une dois pontos quaisquer $(x_1, x_2, \ldots, x_m)$ e $(x_1, x_2, \ldots, x_m)$ é o conjunto de pontos:

$$(x_1, x_2, \ldots, x_m) = [x_1'' + (1 - \lambda) x_1', \lambda x_2'' + (1 - \lambda) x_2', \ldots, \lambda x_m'' + (1 - \lambda) x_m']$$

tal que $0 \leq \lambda \leq 1$.

Portanto, um segmento de reta no espaço m-dimensional é uma generalização direta de um segmento de reta no espaço bidimensional. Por exemplo, se:

$$(x_1', x_2') = (2, 6), \quad (x_1'', x_2'') = (3, 4),$$

então o segmento de reta que os une é o conjunto de pontos

$$(x, x) = [3\lambda + 2(1 - \lambda), 4\lambda + 6(1 - \lambda)],$$

em que $0 \leq \lambda \leq 1$.

Definição: $f(x_1, x_2, \ldots, x_n)$ é uma **função convexa** se, para cada par de pontos sobre a curva de $f(x, x, \ldots, x)$, o segmento de reta que une esses dois pontos cai inteiramente acima ou sobre a curva de $f(x_1, x_2, \ldots, x_n)$. Ela é uma **função estritamente convexa** se esse segmento de reta realmente cair inteiramente acima dessa curva, exceto nos pontos extremos do segmento de reta. **Funções côncavas** e **funções estritamente côncavas** são definidas exatamente da mesma forma, exceto pelo fato de *acima* ser substituído por *abaixo*.

Da mesma maneira que a segunda derivada pode ser se uma função com uma única variável é convexa ou não, as segundas derivadas parciais podem ser usadas para verificar funções com diversas variáveis, embora de um modo mais complicado. Por exemplo, se existirem duas variáveis e todas as derivadas parciais existirem em qualquer ponto, então o teste de convexidade avalia se *todas os valores resultantes das três expressões* da primeira coluna da Tabela A2.1 satisfazem as desigualdades mostradas na coluna apropriada para todos os possíveis valores de (x_1, x_2).

Quando houver mais que duas variáveis, o teste de convexidade é uma generalização daquele mostrado na Tabela A2.1. Por exemplo, em terminologia matemática, $f(x_1, x_2, \ldots, x_n)$ é convexa se e somente se sua matriz hessiana $n \times n$ for semidefinida positiva para todos os possíveis valores de $(x_1, x_2, \ldots, x_n)$.

Para ilustrar o teste de convexidade para duas variáveis, consideremos a função:

$$f(x_1, x_2) = (x_1 - x_2)^2 = x_1^2 - 2x_1 x_2 + x_2^2.$$

Consequentemente,

(1) $\dfrac{\partial^2 f(x_1, x_2)}{\partial x_1^2} \dfrac{\partial^2 f(x_1, x_2)}{\partial x_2^2} - \left[\dfrac{\partial^2 f(x_1, x_2)}{\partial x_1 \partial x_2}\right]^2 =$
$2(2) - (-2)^2 = 0,$

(2) $\dfrac{\partial^2 f(x_1, x_2)}{\partial x_1^2} = 2 > 0,$

(3) $\dfrac{\partial^2 f(x_1, x_2)}{\partial x_2^2} = 2 > 0.$

Visto que ≥ 0 é válida para todas as três condições, $f(x_1, x_2)$ é convexa. Entretanto, ela *não* é estritamente convexa, pois a primeira condição resulta somente 0 e não > 0.

Consideremos o negativo desta função:

$$g(x_1, x_2) = -f(x_1, x_2) = -(x_1 - x_2)^2$$
$$= -x_1^2 + 2x_1 x_2 - x_2^2.$$

Nesse caso,

(4) $\dfrac{\partial^2 g(x_1, x_2)}{\partial x_1^2} \dfrac{\partial^2 g(x_1, x_2)}{\partial x_2^2} - \left[\dfrac{\partial^2 g(x_1, x_2)}{\partial x_1 \partial x_2}\right]^2 =$
$-2(-2) - 2^2 = 0,$

(5) $\dfrac{\partial^2 g(x_1, x_2)}{\partial x_1^2} = -2 < 0,$

(6) $\dfrac{\partial^2 g(x_1, x_2)}{\partial x_2^2} = -2 < 0.$

Como ≥ 0 é válido para a primeira condição e ≤ 0 vale para as outras duas, $g(x_1, x_2)$ é uma função côncava. Entretanto, ela *não* é estritamente côncava já que a primeira condição resulta $= 0$.

Até agora, a convexidade tem sido tratada como uma propriedade geral de uma função. Entretanto, muitas funções não convexas satisfazem efetivamente as condições para a convexidade ao longo de certos intervalos para as respectivas variáveis. Consequentemente, é sensato falarmos sobre uma função ser convexa ao longo de certa região. Por exemplo, diz-se que uma função é convexa em uma vizinhança de determinado ponto se sua segunda derivada ou derivadas parciais satisfizerem as condições para a convexidade nesse ponto. Esse conceito será de utilidade no Apêndice 3.

Finalmente, devemos mencionar duas propriedades particularmente importantes das funções côncavas ou convexas. Primeiro, se $f(x_1, x_2, \ldots, x_n)$ será uma função convexa, então $g(x_1, x_2, \ldots, x_n) = -f(x_1, x_2, \ldots, x_n)$ será uma função côncava, e vice-versa, conforme ilustrado pelo exemplo anterior em que $f(x_1, x_2) = (x_1 - x_2)^2$. Em segundo lugar, a soma de funções convexas é uma função convexa e a soma de funções côncavas é uma função côncava. Para fins ilustrativos,

$$f_1(x_1) = x_1^4 + 2x_1^2 - 5x_1$$

e

$$f_2(x_1, x_2) = x_1^2 + 2x_1 x_2 + x_2^2$$

são ambas funções convexas, como pode se verificar calculando-se suas segundas derivadas. Consequentemente, a soma destas funções:

$$f(x_1, x_2) = x_1^4 + 3x_1^2 - 5x_1 + 2x_1 x_2 + x_2^2$$

é uma função convexa, ao passo que sua negativa

$$g(x_1, x_2) = -x_1^4 - 3x_1^2 + 5x_1 - 2x_1 x_2 - x_2^2,$$

é uma função côncava.

■ **TABELA A2.1** Teste de convexidade para uma função com duas variáveis

Expressão	Convexa	Estritamente convexa	Côncava	Estritamente côncava
$\dfrac{\partial^2 f(x_1, x_2)}{\partial x_1^2} \dfrac{\partial^2 f(x_1, x_2)}{\partial x_2^2} - \left[\dfrac{\partial^2 f(x_1, x_2)}{\partial x_1 \partial x_2}\right]^2$	≥ 0	> 0	≥ 0	> 0
$\dfrac{\partial^2 f(x_1, x_2)}{\partial x_1^2}$	≥ 0	> 0	≤ 0	< 0
$\dfrac{\partial^2 f(x_1, x_2)}{\partial x_2^2}$	≥ 0	> 0	≤ 0	< 0
Valores de (x_1, x_2)	Todos os possíveis valores.			

CONJUNTOS CONVEXOS

O conceito de função convexa leva quase naturalmente ao conceito relativo de **conjunto convexo**. Portanto, se $f(x_1, x_2, \ldots, x_n)$ for uma função convexa, então o conjunto de pontos que recairão acima ou sobre a curva de $f(x_1, x_2, \ldots, x_n)$ forma um conjunto convexo. De modo similar, o conjunto de pontos que caem abaixo ou sobre a curva de uma função côncava é um conjunto convexo. Esses casos são ilustrados nas Figuras A2.7 e A2.8 para o caso de uma única variável independente. Além disso, conjuntos convexos possuem a mesma importante propriedade que, para qualquer dado grupo de conjuntos convexos, o conjunto de pontos que caem sobre todos eles (isto é, a intersecção desses conjuntos convexos) também é um conjunto convexo. Consequentemente, o conjunto de pontos que caem tanto acima como sobre uma função convexa e abaixo ou sobre uma função côncava é um conjunto convexo, conforme ilustrado na Figura A2.9. Portanto, conjuntos convexos podem ser vistos intuitivamente como um conjunto de pontos cujo limite inferior é uma função convexa e cujo limite superior é uma função côncava.

Embora descrever conjuntos convexos em termos de funções côncavas e convexas possa ser útil para desenvolver a intuição sobre sua natureza, a real definição não tem nada que ver com (diretamente) tais funções.

Definição: um conjunto convexo é um conjunto de pontos tal que, para cada par de pontos no conjunto, todo o segmento de reta que une esses dois pontos também se encontra no conjunto.

A distinção entre conjuntos não convexos e conjuntos convexos é ilustrada nas Figuras A2.10 e A2.11. Portanto, o conjunto de pontos mostrado na Figura A2.10 não é um conjunto convexo, pois existem muitos pares desses pontos, por exemplo, (1, 2) e (2, 1), tal que o segmento de reta entre eles não caia inteiramente dentro do conjunto. Esse não é o caso para o conjunto da Figura A2.11, que é convexa.

Concluindo, apresentamos o útil conceito de ponto extremo de um conjunto convexo.

Definição: um **ponto extremo** de um conjunto convexo é um ponto do conjunto que não cai sobre qualquer segmento de reta que une dois outros pontos do conjunto.

Portanto, os pontos extremos do conjunto convexo da Figura A2.11 são (0, 0), (0, 2), (1, 2), (2, 1), (1, 0), e todo o número infinito de pontos no interior da região formada por (2, 1) e (1, 0). Se esse limite particular fosse um segmento de reta, então o conjunto teria apenas os cinco pontos extremos indicados anteriormente.

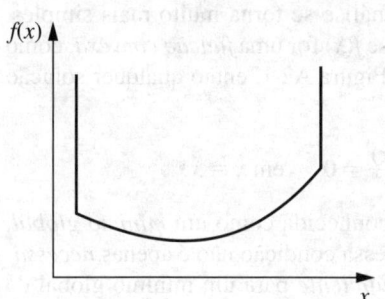

■ **FIGURA A2.7** Exemplo de um conjunto convexo determinado por uma função convexa.

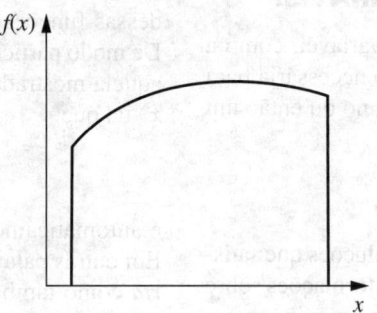

■ **FIGURA A2.8** Exemplo de um conjunto convexo determinado por uma função côncava.

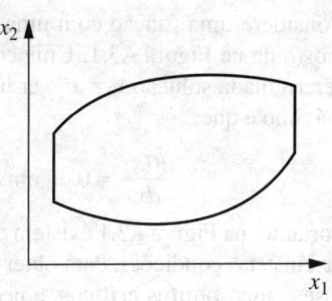

■ **FIGURA A2.9** Exemplo de um conjunto convexo determinado tanto por funções côncavas quanto convexas.

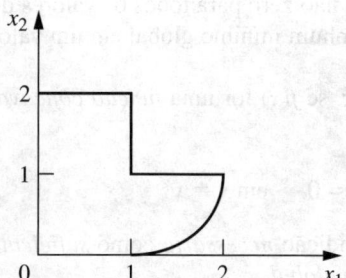

■ **FIGURA A2.10** Exemplo de um conjunto que não é convexo.

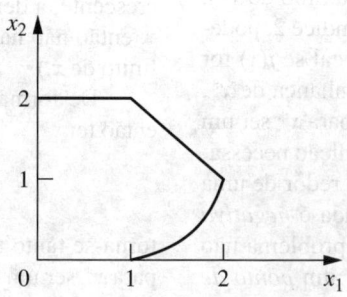

■ **FIGURA A2.11** Exemplo de um conjunto convexo.

APÊNDICE 3

Métodos Clássicos de Otimização

Neste apêndice examinam-se os métodos de cálculo clássicos para encontrar uma solução que maximize ou minimize (1). uma função com uma única variável, (2). uma função com diversas variáveis e (3). uma função com diversas variáveis sujeitas às restrições de igualdade sobre os valores dessas variáveis. Parte-se do pressuposto de que as funções consideradas apresentem primeira e segunda derivadas contínuas e derivadas parciais em todos os pontos. Alguns dos conceitos discutidos a seguir foram apresentados brevemente nas Seções 12.2 e 12.3.

OTIMIZAÇÃO IRRESTRITA DE UMA FUNÇÃO COM UMA ÚNICA VARIÁVEL

Considere uma função com uma única variável, como a mostrada na Figura A3.1. Uma condição necessária para determinada solução $x = x^*$ ser um mínimo ou então um máximo é que:

$$\frac{df(x)}{dx} = 0 \quad \text{em } x = x^*.$$

Portanto, na Figura A3.1 existem cinco soluções que satisfazem estas condições. Para obter mais informações sobre esses cinco **pontos críticos**, é necessário examinar a segunda derivada. Portanto, se:

$$\frac{d^2f(x)}{dx^2} > 0 \quad \text{em } x = x^*,$$

então x^* tem de ser pelo menos um **mínimo local** [isto é, $f(x^*) \le f(x)$ para todo x suficientemente próximo de x^*]. Usando-se a linguagem apresentada no Apêndice 2, podemos dizer que x^* tem de ser um mínimo local se $f(x)$ for *estritamente convexa* ao redor de uma vizinhança de x^*. De forma similar, uma condição suficiente para x^* ser um **máximo local** (dado que ela satisfaça a condição necessária) é que $f(x)$ seja *estritamente côncava* ao redor de uma vizinhança de x^* (isto é, a segunda derivada é *negativa* em x^*). Se a segunda derivada for zero, o problema não se soluciona (o ponto pode até mesmo ser um *ponto de inflexão*), e é necessário examinarmos derivadas de ordem mais alta.

Para encontrar um **mínimo global** [isto é, uma solução x^* tal que $f(x^*) \le f(x)$ para todo x], é necessário comparar os mínimos locais e identificar aquele que resulta no menor valor de $f(x)$. Se esse valor for menor que $f(x)$ à medida que $x \to -\infty$ e à medida que $x \to \infty$ (ou nas extremidades de uma função, se ela for definida somente ao longo de um intervalo finito), então esse ponto é um mínimo global. Um ponto desses é ilustrado na Figura A3.1, junto com o **máximo global**, identificado de forma análoga.

Entretanto, se se sabe que $f(x)$ é uma função côncava ou então convexa (ver o Apêndice 2 para uma descrição dessas funções), a análise se torna muito mais simples. De modo particular, se $f(x)$ for uma *função convexa*, como aquela mostrada na Figura A2.1, então qualquer solução x^* tal que:

$$\frac{df(x)}{dx} = 0 \quad \text{em } x = x^*$$

é automaticamente conhecida como um *mínimo global*. Em outras palavras, essa condição não é apenas *necessária* como também *suficiente* para um mínimo global de uma função convexa. Essa solução não precisa ser única, já que poderia ser um empate para o mínimo global ao longo de um único intervalo no qual a derivada é zero. No entanto, se $f(x)$ for realmente *estritamente convexa*, então essa solução deve ser o único mínimo global. (Entretanto, se a função for sempre decrescente ou sempre crescente, a derivada é não zero para todos os valores de x, então não haverá nenhum mínimo global em um valor finito de x.)

De forma similar, se $f(x)$ for uma *função côncava*, então ter

$$\frac{df(x)}{dx} = 0 \quad \text{em } x = x^*$$

torna-se tanto uma condição *necessária* como *suficiente* para x^* ser um *máximo global*.

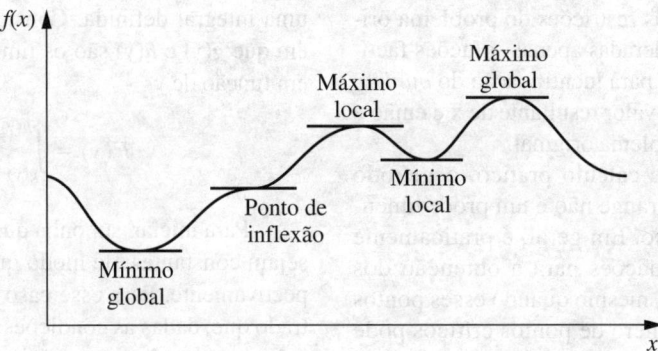

FIGURA A3.1 Uma função com diversos máximos e mínimos.

OTIMIZAÇÃO IRRESTRITA DE UMA FUNÇÃO COM DIVERSAS VARIÁVEIS

A análise para uma função irrestrita com diversas variáveis $f(\mathbf{x})$, em que $\mathbf{x} = (x_1, x_2, \ldots, x_n)$, é similar. Portanto, uma condição *necessária* para uma solução $\mathbf{x} = \mathbf{x}^*$ ser um mínimo ou então um máximo é que:

$$\frac{\partial f(\mathbf{x})}{\partial x_j} = 0 \quad \text{em } \mathbf{x} = \mathbf{x}^*, \quad \text{para } j = 1, 2, \ldots, n.$$

Após os pontos críticos que satisfazem tal condição serem identificados, cada um desses pontos é então classificado, como um máximo ou mínimo locais se a função for, respectivamente, *estritamente convexa* ou *estritamente côncava*, ao redor de uma vizinhança do ponto. (É necessária uma análise complementar se a função não for nenhuma das duas.) O *mínimo e máximo globais* seriam encontrados comparando-se os mínimos e máximos locais e, então, verificando-se o valor da função à medida que algumas das variáveis se aproximarem de $-\infty$ ou $+\infty$. Entretanto, se sabe que a função é *convexa* ou *côncava*, então um ponto crítico tem de ser, respectivamente, um *máximo* ou *mínimo global*.

OTIMIZAÇÃO RESTRITA COM RESTRIÇÕES DE IGUALDADE

Considere agora o problema de se encontrar o *mínimo* ou *máximo* de uma função $f(\mathbf{x})$, sujeita à restrição que $\mathbf{x}$ deve satisfazer todas as equações:

$$g_1(\mathbf{x}) = b_1$$
$$g_2(\mathbf{x}) = b_2$$
$$\vdots$$
$$g_m(\mathbf{x}) = b_m,$$

em que $m < n$. Por exemplo, se $n = 2$ e $m = 1$, o problema poderia ser:

Maximizar $f(x_1, x_2) = x_1^2 + 2x_2,$

sujeita a

$$g(x_1, x_2) = x_1^2 + x_2^2 = 1.$$

Neste caso, (x_1, x_2) é restrita a estar contida em um círculo de raio 1 cujo centro é a origem, de modo que o objetivo seja encontrar o ponto sobre esse círculo que leve ao maior valor de $f(x_1, x_2)$. Esse exemplo será resolvido após a descrição de um método genérico.

Um método clássico de lidar com esse tipo de problema é o **método dos multiplicadores de Lagrange**. Esse procedimento se inicia com a formulação da **função lagrangiana**:

$$h(\mathbf{x}, \boldsymbol{\lambda}) = f(\mathbf{x}) - \sum_{i=1}^{m} \lambda_i [g_i(\mathbf{x}) - b_i],$$

em que as novas variáveis $\boldsymbol{\lambda} = (\lambda_1, \lambda_2, \ldots, \lambda_m)$ são denominadas *multiplicadores de Lagrange*. Observe o fato fundamental que para os valores *factíveis* de $\mathbf{x}$,

$$g_i(\mathbf{x}) - b_i = 0, \quad \text{para todo } i,$$

de modo que $h(\mathbf{x},) = f(\mathbf{x})$. Consequentemente, pode ser demonstrado que se $(\mathbf{x}, \boldsymbol{\lambda}) = (\mathbf{x}^*, \boldsymbol{\lambda}^*)$ for um *máximo* ou *mínimo global* ou *local* para a função irrestrita $h(\mathbf{x}, \boldsymbol{\lambda})$, então $\mathbf{x}^*$ é um *ponto crítico* correspondente para o problema original. Como resultado, o método agora se reduz a analisar $h(\mathbf{x}, \boldsymbol{\lambda})$ por meio do procedimento que acaba de ser descrito para a otimização irrestrita. Logo, as derivadas parciais $n + m$ seriam iguais a zero

$$\frac{\partial h}{\partial x_j} = \frac{\partial f}{\partial x_j} - \sum_{i=1}^{m} \lambda_i \frac{\partial g_i}{\partial x_j} = 0, \quad \text{para } j = 1, 2, \ldots, n,$$

$$\frac{\partial h}{\partial \lambda_i} = -g_i(\mathbf{x}) + b_i = 0, \quad \text{para } i = 1, 2, \ldots, m,$$

e, então, os pontos críticos seriam obtidos resolvendo-se essas equações para $(\mathbf{x}, \boldsymbol{\lambda})$. Perceba que as últimas m

equações são equivalentes às restrições do problema original e, portanto, são consideradas apenas soluções factíveis. Após análise adicional para identificação do *mínimo* ou *máximo global* de $h(\cdot)$, o valor resultante de **x** é então a solução desejada para o problema original.

Do ponto de vista de cálculo prático, o método dos multiplicadores de Lagrange não é um procedimento particularmente poderoso. Em geral, é praticamente impossível resolver as equações para a obtenção dos pontos críticos. Além disso, mesmo quando esses pontos puderem ser obtidos, o número de pontos críticos pode ser tão grande (geralmente infinito) que se torna inviável tentar identificar um mínimo ou máximo global. Entretanto, para certos tipos de problema de pequenas dimensões, esse método algumas vezes pode ser usado com sucesso.

Para ilustrarmos, considere o exemplo apresentado anteriormente. Neste caso,

$$h(x_1, x_2) = x_1^2 + 2x_2 - \lambda(x_1^2 + x_2^2 - 1),$$

de modo que:

$$\frac{\partial h}{\partial x_1} = 2x_1 - 2\lambda x_1 = 0,$$

$$\frac{\partial h}{\partial x_2} = 2 - 2\lambda x_2 = 0,$$

$$\frac{\partial h}{\partial \lambda} = -(x_1^2 + x_2^2 - 1) = 0.$$

A primeira equação implica que $\lambda = 1$ ou $x_1 = 0$. Se $\lambda = 1$, então as outras duas equações implicam que $x_2 = 1$ e $x_1 = 0$. Se $x_1 = 0$, então a terceira equação implica que $x_2 \pm 1$. Por conseguinte, os dois pontos críticos para o problema original são $(x_1, x_2) = (0, 1)$ e $(0, -1)$. Portanto, é evidente que esses pontos sejam, respectivamente, o máximo e mínimo globais.

A DERIVADA DE UMA INTEGRAL DEFINIDA

Ao apresentar os métodos de otimização clássicos apenas descritos, partimos do pressuposto de que você já estivesse familiarizado com derivadas e como obtê-las. Entretanto, há um caso de especial importância na PO que garante uma explicação adicional, mais especificamente, a derivada de uma integral definida. Considere, particularmente, como em que $g(y)$ e $h(y)$ são os limites de integração expressos em função de y.

$$F(y) = \int_{g(y)}^{h(y)} f(x, y)\, dx,$$

Para iniciar, suponha que esses limites de integração sejam constantes, de modo que $g(y) = a$ e $h(y) = b$, respectivamente. Para esse caso especial, pode ser demonstrado que, dadas as condições de regularidade supostas no início deste apêndice, a derivada é:

$$\frac{d}{dy}\int_a^b f(x, y)\, dx = \int_a^b \frac{\partial f(x, y)}{\partial y}\, dx.$$

Por exemplo, se $f(x, y) = e^{-xy}$, $a = 0$ e $b = \infty$, então:

$$\frac{d}{dy}\int_0^\infty e^{-xy}\, dx = \int_0^\infty (-x)e^{-xy}\, dx = -\frac{1}{y^2}$$

em qualquer valor positivo de y. Portanto, o procedimento intuitivo de trocar a ordem da derivação e integração é válido para esse caso.

Entretanto, encontrar a derivada se torna um pouco mais complicado que isto quando os limites de integração forem funções. Particularmente,

$$\frac{d}{dy}\int_{g(y)}^{h(y)} f(x, y)\, dx = \int_{g(y)}^{h(y)} \frac{\partial f(x, y)}{\partial y}\, dx$$
$$+ f(h(y), y)\frac{dh(y)}{dy} - f(g(y), y)\frac{dg(y)}{dy},$$

em que $f(h(y), y)$ é obtida definindo-se $f(x, y)$ e então substituindo-se x por $h(y)$ toda vez que ele aparecer e, de forma similar, para $f(g(y), y)$. Exemplificando-se, se $f(x, y) = x^2y^3$, $g(y) = y$ e $h(y) = 2y$, então:

$$\frac{d}{dy}\int_y^{2y} x^2y^3\, dx = \int_y^{2y} 3x^2y^2\, dx + (2y)^2y^3(2) - y^2y^3(1)$$
$$= 14y^5$$

em qualquer valor positivo de y.

APÊNDICE 4

Matrizes e Operações com Matrizes

Uma **matriz** é um arranjo retangular de números. Por exemplo,

$$A = \begin{bmatrix} 2 & 5 \\ 3 & 0 \\ 1 & 1 \end{bmatrix}$$

é uma matriz 3×2 (em que se diz que 3×2 é "3 por 2"), pois é um arranjo retangular de números com três linhas e duas colunas. (As matrizes são indicadas neste livro com **letras maiúsculas em negrito**.) Os números no arranjo retangular são chamados **elementos** da matriz. Por exemplo,

$$B = \begin{bmatrix} 1 & 2{,}4 & 0 & \sqrt{3} \\ -4 & 2 & -1 & 15 \end{bmatrix}$$

é uma matriz 2×4 cujos elementos são 1; 2,4; 0; $\sqrt{3}$; -4; 2; -1 e 15. Portanto, em termos mais genéricos:

$$A = \begin{bmatrix} a_{11} & a_{12} & \cdots & a_{1n} \\ a_{21} & a_{22} & \cdots & a_{2n} \\ \cdots & \cdots & \cdots & \cdots \\ a_{m1} & a_{m2} & \cdots & a_{mn} \end{bmatrix} = \|a_{ij}\|$$

é uma matriz $m \times n$, em que $a_{11}, \ldots, a_{mn}$ representam os números que são os elementos dessa matriz; $\|a_{ij}\|$ é a notação abreviada para identificar uma matriz cujo elemento na linha i e coluna j é a_{ij} para todo $i = 1, 2, \ldots, m$ e $j = 1, 2, \ldots, n$.

OPERAÇÕES COM MATRIZES

Como as matrizes não possuem um valor numérico, elas não podem ser somadas, multiplicadas, e assim por diante, como se fossem números individuais. Entretanto, algumas vezes é desejável realizar certas manipulações sobre arranjos de números. Consequentemente foram criadas regras para realizar operações em matrizes que são análogas às operações aritméticas. Para descrevê-las, façamos que $A = \|a_{ij}\|$ e $B = \|b_{ij}\|$ sejam duas matrizes com o mesmo número de linhas e de colunas. (Posteriormente, iremos mudar essa restrição sobre o tamanho de A e B ao discutirmos multiplicação de matrizes.)

As matrizes A e B são ditas *iguais* ($A = B$) se e somente se *todos* os elementos correspondentes forem iguais ($a_{ij} b_{ij}$ para todo i e j).

A operação de *multiplicação de uma matriz por um número* (representemos esse número por k) é realizada multiplicando-se cada elemento da matriz por k, de modo que:

$$kA = \|ka_{ij}\|.$$

Por exemplo,

$$3\begin{bmatrix} 1 & \tfrac{1}{3} & 2 \\ 5 & 0 & -3 \end{bmatrix} = \begin{bmatrix} 3 & 1 & 6 \\ 15 & 0 & -9 \end{bmatrix}.$$

Para somar duas matrizes A e B, simplesmente adicione os elementos correspondentes, de forma que:

$$A + B = \|a_{ij} + b_{ij}\|.$$

Ilustrando,

$$\begin{bmatrix} 5 & 3 \\ 1 & 6 \end{bmatrix} + \begin{bmatrix} 2 & 0 \\ 3 & 1 \end{bmatrix} = \begin{bmatrix} 7 & 3 \\ 4 & 7 \end{bmatrix}.$$

De forma similar, a *subtração* é feita como a seguir:

$$A - B = A + (-1)B,$$

de modo que:

$$A - B = \|a_{ij} - b_{ij}\|.$$

Por exemplo,

$$\begin{bmatrix} 5 & 3 \\ 1 & 6 \end{bmatrix} - \begin{bmatrix} 2 & 0 \\ 3 & 1 \end{bmatrix} = \begin{bmatrix} 3 & 3 \\ -2 & 5 \end{bmatrix}.$$

Observe que, com exceção de multiplicação por um número, todas as operações precedentes são definidas apenas quando as duas matrizes envolvidas forem do mesmo tamanho. Entretanto, todas essas operações são diretas, pois elas envolvem realizar apenas a mesma comparação ou operação aritmética nos elementos correspondentes das matrizes.

Existe uma operação elementar adicional que não foi definida – a **multiplicação matricial** –, porém, é consideravelmente mais complicada. Para encontrar o elemento na linha i, coluna j da matriz resultante da multiplicação da matriz **A** pela matriz **B**, é necessário multiplicar cada elemento das linhas i de **A** pelo elemento correspondente nas colunas j de **B** e então somar esses produtos. Para realizar essa multiplicação elemento por elemento, precisamos da seguinte restrição sobre os tamanhos de **A** e **B**:

A multiplicação matricial **AB** é definida se e somente se o *número de colunas* de **A** for igual ao *número de linhas* de **B**.

Portanto, se **A** for uma matriz $m \times n$ e **B** uma matriz $n \times s$, então o produto será:

$$\mathbf{AB} = \left\| \sum_{k=1}^{n} a_{ik} b_{kj} \right\|,$$

em que esse produto é uma matriz $m \times s$. Entretanto, se **A** for uma matriz $m \times n$ e **B** uma matriz $r \times s$, na qual $n \neq r$, então **AB** não é definida.

Para ilustrar a multiplicação entre matrizes,

$$\begin{bmatrix} 1 & 2 \\ 4 & 0 \\ 2 & 3 \end{bmatrix} \begin{bmatrix} 3 & 1 \\ 2 & 5 \end{bmatrix} = \begin{bmatrix} 1(3)+2(2) & 1(1)+2(5) \\ 4(3)+0(2) & 4(1)+0(5) \\ 2(3)+3(2) & 2(1)+3(5) \end{bmatrix}$$

$$= \begin{bmatrix} 7 & 11 \\ 12 & 4 \\ 12 & 17 \end{bmatrix}.$$

No entanto, se tentarmos multiplicar essas matrizes na ordem inversa, o produto resultante

$$\begin{bmatrix} 3 & 1 \\ 2 & 5 \end{bmatrix} \begin{bmatrix} 1 & 2 \\ 4 & 0 \\ 2 & 3 \end{bmatrix}$$

não será sequer definido.

Mesmo quando tanto **AB** quanto **BA** forem definidos, em geral:

$$\mathbf{AB} \neq \mathbf{BA}$$

Portanto, a *multiplicação matricial* deveria ser vista como uma operação especialmente desenvolvida cujas propriedades são bem diferentes daquelas da *multiplicação aritmé-*

tica. Para compreender por que essa definição especial foi adotada, considere o seguinte sistema de equações:

$$\begin{aligned} 2x_1 - x_2 + 5x_3 + x_4 &= 20 \\ x_1 + 5x_2 + 4x_3 + 5x_4 &= 30 \\ 3x_1 + x_2 - 6x_3 + 2x_4 &= 20. \end{aligned}$$

Em vez de escrever essas equações conforme está ilustrado aqui, elas podem ser escritas de forma muito mais concisa em uma forma matricial como:

$$\mathbf{Ax} = \mathbf{b},$$

em que:

$$\mathbf{A} = \begin{bmatrix} 2 & -1 & 5 & 1 \\ 1 & 5 & 4 & 5 \\ 3 & 1 & -6 & 2 \end{bmatrix}, \quad \mathbf{x} = \begin{bmatrix} x_1 \\ x_2 \\ x_3 \\ x_4 \end{bmatrix}, \quad \mathbf{b} = \begin{bmatrix} 20 \\ 30 \\ 20 \end{bmatrix}.$$

É esse tipo de multiplicação para o qual a multiplicação matricial é concebida.

Observe atentamente que a *divisão matricial não* está definida.

Embora as operações entre matrizes aqui descritas não possuam certas propriedades das operações aritméticas, elas satisfazem as seguintes leis:

$$\begin{aligned} \mathbf{A} + \mathbf{B} &= \mathbf{B} + \mathbf{A}, \\ (\mathbf{A} + \mathbf{B}) + \mathbf{C} &= \mathbf{A} + (\mathbf{B} + \mathbf{C}), \\ \mathbf{A}(\mathbf{B} + \mathbf{C}) &= \mathbf{AB} + \mathbf{AC}, \\ \mathbf{A}(\mathbf{BC}) &= (\mathbf{AB})\mathbf{C}, \end{aligned}$$

quando os tamanhos relativos dessas matrizes forem tais que as operações indicadas sejam definidas.

Outro tipo de operação matricial, que não possui nenhum correspondente aritmético, é a **operação de transposição**. Essa operação envolve nada mais que intercambiar as linhas e colunas da matriz, o que é frequentemente útil para a realização da operação de multiplicação da forma desejada. Portanto, para uma matriz $\mathbf{A} = \| a_{ij} \|$ qualquer, sua transposta $\mathbf{A}^T$ é:

$$\mathbf{A}^T = \| a_{ji} \|.$$

Por exemplo, se:

$$\mathbf{A} = \begin{bmatrix} 2 & 5 \\ 1 & 3 \\ 4 & 0 \end{bmatrix},$$

então:

$$\mathbf{A}^T = \begin{bmatrix} 2 & 1 & 4 \\ 5 & 3 & 0 \end{bmatrix}.$$

TIPOS ESPECIAIS DE MATRIZES

Em aritmética, 0 e 1 têm papel especial. Também existem matrizes especiais que desempenham papel similar na teoria das matrizes. Particularmente, uma matriz que é análoga a 1 é a **matriz identidade I**, que é uma matriz *quadrada* cujos elementos são 0 exceto pelos 1 ao longo da diagonal principal. Portanto,

$$\mathbf{I} = \begin{bmatrix} 1 & 0 & 0 & \cdots & 0 \\ 0 & 1 & 0 & \cdots & 0 \\ 0 & 0 & 1 & \cdots & 0 \\ \vdots & \vdots & \vdots & & \vdots \\ 0 & 0 & 0 & \cdots & 1 \end{bmatrix}$$

O número de linhas ou colunas de **I** pode ser específico como desejado. A analogia de **I** para 1 advém do fato de que para qualquer matriz **A**,

$$\mathbf{IA} = \mathbf{A} = \mathbf{AI},$$

em que é designado a **I** o número de linhas e colunas apropriado em cada caso para a operação de multiplicação a ser definida.

De modo similar, a matriz análoga a 0 é a **matriz nula 0**, que é uma matriz de tamanho qualquer cujos elementos são *todos* 0. Portanto,

$$\mathbf{0} = \begin{bmatrix} 0 & 0 & \cdots & 0 \\ 0 & 0 & \cdots & 0 \\ \vdots & \vdots & & \vdots \\ 0 & 0 & \cdots & 0 \end{bmatrix}$$

Consequentemente, para qualquer matriz **A**,

$$\mathbf{A} + \mathbf{0} = \mathbf{A}, \quad \mathbf{A} - \mathbf{A} = \mathbf{0}, \quad \text{e}$$
$$\mathbf{0A} = \mathbf{0} = \mathbf{A0},$$

em que **0** é o tamanho apropriado em cada caso para as operações a ser definidas.

Em certas ocasiões, é útil quebrar uma matriz em várias matrizes menores, chamadas **submatrizes**. Por exemplo, uma maneira possível de subdividir uma matriz 3×4 seria:

$$\mathbf{A} = \begin{bmatrix} a_{11} & a_{12} & a_{13} & a_{14} \\ a_{21} & a_{22} & a_{23} & a_{24} \\ a_{31} & a_{32} & a_{33} & a_{34} \end{bmatrix} = \begin{bmatrix} a_{11} & \mathbf{A}_{12} \\ \mathbf{A}_{21} & \mathbf{A}_{22} \end{bmatrix},$$

em que:

$$\mathbf{A}_{12} = [a_{12}, \ a_{13}, \ a_{14}], \quad \mathbf{A}_{21} = \begin{bmatrix} a_{21} \\ a_{31} \end{bmatrix},$$

$$\mathbf{A}_{22} = \begin{bmatrix} a_{22} & a_{23} & a_{24} \\ a_{32} & a_{33} & a_{34} \end{bmatrix}$$

todos são submatrizes. Em vez de realizar operações elemento por elemento nessas matrizes subdivididas, podemos realizá-las em termos de submatrizes, desde que as subdivisões sejam tais que as operações estejam definidas. Por exemplo, se **B** for uma matriz 4×1 subdividida tal que

$$\mathbf{B} = \begin{bmatrix} b_1 \\ b_2 \\ b_3 \\ b_4 \end{bmatrix} = \begin{bmatrix} b_1 \\ \mathbf{B}_2 \end{bmatrix},$$

então:

$$\mathbf{AB} = \begin{bmatrix} a_{11}b_1 + \mathbf{A}_{12}\mathbf{B}_2 \\ \mathbf{A}_{21}b_1 + \mathbf{A}_{22}\mathbf{B}_2 \end{bmatrix}.$$

VETORES

Um tipo especial de matriz que desempenha um importante papel na teoria das matrizes é o tipo que tem uma *única linha* ou então uma *última coluna*. Essas matrizes são normalmente chamadas **vetores**. Portanto,

$$\mathbf{x} \ [x_1, x_2, \ldots, x_n]$$

é um **vetor-linha** e

$$\mathbf{x} = \begin{bmatrix} x_1 \\ x_2 \\ \vdots \\ x_n \end{bmatrix}$$

é um **vetor-coluna**. (Os vetores são representados neste livro em **caracteres minúsculos em negrito**.) Esses vetores também são algumas vezes denominados *n-vetores* para indicar que eles possuem *n* elementos. Por exemplo,

$$\mathbf{x} = [1, \ 4, \ -2, \ \tfrac{1}{3}, \ 7]$$

é um vetor-5.

Um **vetor nulo 0** é um vetor-linha ou, então, um vetor-coluna, cujos elementos são *todos* 0, isto é,

$$\mathbf{0} = [0, 0, \ldots, 0] \quad \text{ou} \quad \mathbf{0} = \begin{bmatrix} 0 \\ 0 \\ \vdots \\ 0 \end{bmatrix}.$$

(Embora o mesmo símbolo **0** seja utilizado tanto para *vetores nulos*, bem como para *matrizes nulas*, normalmente o contexto identificará a qual tipo se refere.)

Uma razão para os vetores desempenharem um papel tão importante na teoria das matrizes é que qualquer matriz $m \times n$ pode ser subdividida em *m* vetores-linha ou então *n* vetores-coluna, e propriedades importantes da matriz podem ser analisadas em termos desses vetores.

Para ampliar o conceito, considere um conjunto de *n-vetores* $x_1, x_2, \ldots, x_m$ do mesmo tipo (isto é, eles são todos os vetores-linha ou todos os vetores-coluna).

Definição: diz-se que um conjunto de vetores $x_1, x_2, \ldots, x_m$ é **linearmente dependente** se existirem *m* números (representados por $c_1, c_2, \ldots, c_m$), alguns dos quais não são zero, tal que:

$$c_1 x_1 + c_2 x_2 + \cdots + c_m x_m = \mathbf{0}.$$

Caso contrário, diz-se que o conjunto é **linearmente independente**.

Ilustrando, se $m = 3$ e

$$x_1 = [1, 1, 1], \quad x_2 = [0, 1, 1], \quad x_3 = [2, 5, 5],$$

então existem três números, a saber, $c_1 = 2$, $c_2 = 3$ e $c_3 = 1$, tais que:

$$2x_1 + 3x_2 - x_3 = [2, 2, 2] + [0, 3, 3] - [2, 5, 5]$$
$$= [0, 0, 0],$$

portanto, x_1, x_2, x_3 são linearmente dependentes. Observe que demonstrar que eles são linearmente dependentes exigiu encontrar três números particulares (c_1, c_2, c_3) que tornam $c_1 x_1 + c_2 x_2 + c_3 x_3 = \mathbf{0}$, que nem sempre é fácil. Observe também que essa equação implica:

$$x_3 = 2x_1 + 3x_2.$$

Portanto, x_1, x_2, x_3 pode ser interpretado como linearmente dependentes, porque um deles é uma combinação linear dos demais. Entretanto, se x_3 fosse, em vez disso, alterado para:

$$x_3 = [2, 5, 6]$$

x_1, x_2, x_3 seriam linearmente independentes, pois é impossível expressar um desses vetores (digamos, x_3) como uma combinação linear dos outros dois.

Definição: o **grau** de um *conjunto* de vetores é o maior número de *vetores linearmente independentes* que pode ser escolhido desse conjunto.

Dando continuidade ao exemplo anterior, observamos que o grau do conjunto de vetores x_1, x_2, x_3 era 2 (qualquer par de vetores é linearmente independente), porém, ele se tornou 3 após x_3 ter sido alterado.

Definição: a **base** para um *conjunto* de vetores é um conjunto de vetores linearmente independentes extraídos do conjunto tal que qualquer vetor do conjunto seja uma combinação linear dos vetores do conjunto (isto é, todo vetor no conjunto é igual à soma de certos múltiplos dos vetores no conjunto).

Para ilustrar isso, qualquer par de vetores (digamos, x_1 e x_2) constituíam uma base para x_1, x_2, x_3 no exemplo anterior antes de x_3 ter sido alterada. Após x_3 ter sido alterada, a base se torna todos os três vetores.

O seguinte teorema relaciona as duas últimas definições.

Teorema A4.1: um conjunto de *r* vetores linearmente independentes escolhidos de um conjunto de vetores é uma base para o conjunto se e somente se o conjunto tiver um grau *r*.

ALGUMAS PROPRIEDADES DE MATRIZES

Dados os resultados precedentes referentes a vetores, agora é possível apresentar certos conceitos importantes relativos às matrizes.

Definição: o **grau da linha** de uma matriz é o grau de seu conjunto de vetores-linha. O **grau da coluna** de uma matriz é o grau de seus vetores-coluna.

Por exemplo, se a matriz **A** for:

$$\mathbf{A} = \begin{bmatrix} 1 & 1 & 1 \\ 0 & 1 & 1 \\ 2 & 5 & 5 \end{bmatrix},$$

então o exemplo anterior de vetores linearmente dependentes mostra que o grau da linha de **A** é 2. O grau da coluna de **A** também é 2. (Os dois primeiros vetores-coluna são linearmente independentes, porém, o segundo vetor-coluna menos o terceiro é igual a **0**.) Apresentar o mesmo grau da coluna e grau da linha não é nenhuma coincidência, já que o teorema genérico indica a seguir.

Teorema A4.2: o grau da linha e o grau da coluna de uma matriz são iguais.

Portanto, é necessário apenas expressar o grau de uma matriz.

O conceito final a ser discutido é o de **inversa de uma matriz**. Para qualquer número *k* não zero, existe uma recíproca ou inversa $k^{-1} = 1/k$ tal que:

$$k k^{-1} = 1 = k^{-1} k.$$

Existe aí um conceito análogo que seja válido na teoria das matrizes? Em outras palavras, para determinada matriz **A** que não seja a matriz nula, existe uma matriz $\mathbf{A}^{-1}$ tal que:

$$\mathbf{A}\mathbf{A}^{-1} = \mathbf{I} = \mathbf{A}^{-1}\mathbf{A}?$$

Se **A** não for uma matriz quadrada (isto é, se o número de linhas e o número de colunas de **A** diferirem), a resposta é *nunca*, pois esses produtos matriciais teriam, necessariamente, um número de linhas diferente para a multiplicação ser definida (de modo que a operação de igualdade não seria definida). Entretanto, se **A** for quadrada, então a resposta é *em certas circunstâncias*, conforme descrito pela próxima definição e pelo Teorema A4.3.

> **Definição:** uma matriz é **não singular** se seu grau for igual ao número de linhas, bem como ao número de colunas. Caso contrário, ela é **singular**.

Logo, apenas matrizes quadradas podem ser *não singulares*. Uma maneira útil de testar a não singularidade é fornecida pelo fato de uma matriz quadrada ser não singular se e somente se *seu determinante for não zero*.

Teorema A4.3: (*a*) se **A** for não singular, existe uma matriz não singular única $\mathbf{A}^{-1}$, denominada **inversa** de **A**, tal que $\mathbf{A}\mathbf{A}^{-1} = \mathbf{I} = \mathbf{A}^{-1}\mathbf{A}$;
(*b*) se **A** for não singular e **B** for uma matriz para o qual $\mathbf{A}\mathbf{B} = \mathbf{I}$ ou $\mathbf{B}\mathbf{A} = \mathbf{I}$, então $\mathbf{B} = \mathbf{A}^{-1}$;
(*c*) somente matrizes não singulares possuem inversas.

Para ilustrar o conceito de matrizes inversas, consideremos uma matriz

$$\mathbf{A} = \begin{bmatrix} 5 & -4 \\ 1 & -1 \end{bmatrix}.$$

Observe que **A** é não singular, já que seu determinante, $5(-1) - 1(-4) = -1$, é não zero. Consequentemente, **A** deve ter uma inversa, que possui os elementos desconhecidos:

$$\mathbf{A}^{-1} = \begin{bmatrix} a & b \\ c & d \end{bmatrix}.$$

Para derivar $\mathbf{A}^{-1}$, usamos a propriedade de que:

$$\mathbf{A}\mathbf{A}^{-1} = \begin{bmatrix} 5a-4c & 5b-4d \\ a-c & b-d \end{bmatrix} = \begin{bmatrix} 1 & 0 \\ 0 & 1 \end{bmatrix},$$

logo:

$$5a - 4c = 1 \qquad 5b - 4d = 0$$
$$a - c = 0 \qquad b - d = 1$$

Resolvendo-se esses dois pares de equações simultâneas, isso leva a $a = 1$, $c = 1$ e $b = -4$, $d = -5$, de modo que:

$$\mathbf{A}^{-1} = \begin{bmatrix} 1 & -4 \\ 1 & -5 \end{bmatrix}.$$

Portanto,

$$\mathbf{A}\mathbf{A}^{-1} = \begin{bmatrix} 5 & -4 \\ 1 & -1 \end{bmatrix} \begin{bmatrix} 1 & -4 \\ 1 & -5 \end{bmatrix} = \begin{bmatrix} 1 & 0 \\ 0 & 1 \end{bmatrix},$$

e

$$\mathbf{A}^{-1}\mathbf{A} = \begin{bmatrix} 1 & -4 \\ 1 & -5 \end{bmatrix} \begin{bmatrix} 5 & -4 \\ 1 & -1 \end{bmatrix} = \begin{bmatrix} 1 & 0 \\ 0 & 1 \end{bmatrix}.$$

APÊNDICE 5

Tabela para uma Distribuição Normal

■ **TABELA A5.1** Áreas sob a curva normal de K_α até ∞

$$P\{\text{normal padrão} > K_\alpha\} = \int_{K_\alpha}^{\infty} \frac{1}{\sqrt{2\pi}} e^{-x^2/2}\, dx = \alpha$$

K_α	0,00	0,01	0,02	0,03	0,04	0,05	0,06	0,07	0,08	0,09
0,0	0,5000	0,4960	0,4920	0,4880	0,4840	0,4801	0,4761	0,4721	0,4681	0,4641
0,1	0,4602	0,4562	0,4522	0,4483	0,4443	0,4404	0,4364	0,4325	0,4286	0,4247
0,2	0,4207	0,4168	0,4129	0,4090	0,4052	0,4013	0,3974	0,3936	0,3897	0,3859
0,3	0,3821	0,3783	0,3745	0,3707	0,3669	0,3632	0,3594	0,3557	0,3520	0,3483
0,4	0,3446	0,3409	0,3372	0,3336	0,3300	0,3264	0,3228	0,3192	0,3156	0,3121
0,5	0,3085	0,3050	0,3015	0,2981	0,2946	0,2912	0,2877	0,2843	0,2810	0,2776
0,6	0,2743	0,2709	0,2676	0,2643	0,2611	0,2578	0,2546	0,2514	0,2483	0,2451
0,7	0,2420	0,2389	0,2358	0,2327	0,2296	0,2266	0,2236	0,2206	0,2177	0,2148
0,8	0,2119	0,2090	0,2061	0,2033	0,2005	0,1977	0,1949	0,1922	0,1894	0,1867
0,9	0,1841	0,1814	0,1788	0,1762	0,1736	0,1711	0,1685	0,1660	0,1635	0,1611
1,0	0,1587	0,1562	0,1539	0,1515	0,1492	0,1469	0,1446	0,1423	0,1401	0,1379
1,1	0,1357	0,1335	0,1314	0,1292	0,1271	0,1251	0,1230	0,1210	0,1190	0,1170
1,2	0,1151	0,1131	0,1112	0,1093	0,1075	0,1056	0,1038	0,1020	0,1003	0,0985
1,3	0,0968	0,0951	0,0934	0,0918	0,0901	0,0885	0,0869	0,0853	0,0838	0,0823
1,4	0,0808	0,0793	0,0778	0,0764	0,0749	0,0735	0,0721	0,0708	0,0694	0,0681
1,5	0,0668	0,0655	0,0643	0,0630	0,0618	0,0606	0,0594	0,0582	0,0571	0,0559
1,6	0,0548	0,0537	0,0526	0,0516	0,0505	0,0495	0,0485	0,0475	0,0465	0,0455
1,7	0,0446	0,0436	0,0427	0,0418	0,0409	0,0401	0,0392	0,0384	0,0375	0,0367
1,8	0,0359	0,0351	0,0344	0,0336	0,0329	0,0322	0,0314	0,0307	0,0301	0,0294
1,9	0,0287	0,0281	0,0274	0,0268	0,0262	0,0256	0,0250	0,0244	0,0239	0,0233
2,0	0,0228	0,0222	0,0217	0,0212	0,0207	0,0202	0,0197	0,0192	0,0188	0,0183
2,1	0,0179	0,0174	0,0170	0,0166	0,0162	0,0158	0,0154	0,0150	0,0146	0,0143
2,2	0,0139	0,0136	0,0132	0,0129	0,0125	0,0122	0,0119	0,0116	0,0113	0,0110

(Continua)

(Cont.)

K_α	0,00	0,01	0,02	0,03	0,04	0,05	0,06	0,07	0,08	0,09
2,3	0,0107	0,0104	0,0102	0,00990	0,00964	0,00939	0,00914	0,00889	0,00866	0,00842
2,4	0,00820	0,00798	0,00776	0,00755	0,00734	0,00714	0,00695	0,00676	0,00657	0,00639
2,5	0,00621	0,00604	0,00587	0,00570	0,00554	0,00539	0,00523	0,00508	0,00494	0,00480
2,6	0,00466	0,00453	0,00440	0,00427	0,00415	0,00402	0,00391	0,00379	0,00368	0,00357
2,7	0,00347	0,00336	0,00326	0,00317	0,00307	0,00298	0,00289	0,00280	0,00272	0,00264
2,8	0,00256	0,00248	0,00240	0,00233	0,00226	0,00219	0,00212	0,00205	0,00199	0,00193
2,9	0,00187	0,00181	0,00175	0,00169	0,00164	0,00159	0,00154	0,00149	0,00144	0,00139
3	0,00135	$0,0^3 968$	$0,0^3 687$	$0,0^3 483$	$0,0^3 337$	$0,0^3 233$	$0,0^3 159$	$0,0^3 108$	$0,0^4 723$	$0,0^4 481$
4	$0,0^4 317$	$0,0^4 207$	$0,0^4 133$	$0,0^5 854$	$0,0^5 541$	$0,0^5 340$	$0,0^5 211$	$0,0^5 130$	$0,0^6 793$	$0,0^6 479$
5	$0,0^6 287$	$0,0^6 170$	$0,0^7 996$	$0,0^7 579$	$0,0^7 333$	$0,0^7 190$	$0,0^7 107$	$0,0^8 599$	$0,0^8 332$	$0,0^8 182$
6	$0,0^9 987$	$0,0^9 530$	$0,0^9 282$	$0,0^9 149$	$0,0^{10} 777$	$0,0^{10} 402$	$0,0^{10} 206$	$0,0^{10} 104$	$0,0^{11} 523$	$0,0^{11} 260$

Fonte: Croxton, F. E. *Tables of Areas in Two Tails and in One Tail of the Normal Curve.* Direitos reservados 1949 para Prentice-Hall, Inc., Englewood Cliffs, NJ.

RESPOSTAS PARCIAIS DOS PROBLEMAS SELECIONADOS

Capítulo 3

3.1-2 (a)

[Gráfico com região triangular sombreada com vértices em (0,0), (0,2) e (6,0), eixos x_1 e x_2.]

3.1-5 $(x_1, x_2) = (13, 5)$; $Z = 31$.

3.1-11 (b) $(x_1, x_2, x_3) = (26,19, 54,76, 20)$; $Z = 2.904,76$.

3.2-3 (b) Maximizar $Z = 4.500x_1 + 4.500x_2$,
sujeita a

$$x_1 \leq 1$$
$$x_2 \leq 1$$
$$5.000x_1 + 4.000x_2 \leq 6.000$$
$$400x_1 + 500x_2 \leq 600$$

e

$$x_1 \geq 0, \quad x_2 \geq 0.$$

3.4-3 (a) *Proporcionalidade*: OK já que está implícito que uma fração fixa da dosagem de radiação em dado ponto é absorvida por determinada área.

Aditividade: OK já que é afirmado que a absorção de radiação a partir de feixes múltiplos é aditiva.

Divisibilidade: OK já que o comprimento do feixe pode ser qualquer nível fracionário.

Certeza: devido à complexa análise necessária para estimar os dados sobre absorção de radiação nos diversos tipos de tecidos, há incerteza considerável em relação aos dados e, portanto, deveria ser usada a análise de sensibilidade.

3.4-12 (b) Da Fábrica 1, despachar 200 unidades para o Cliente 2 e 200 unidades para o Cliente 3. Da Fábrica 2, despachar 300 unidades para o Cliente 1 e 200 unidades para o Cliente 3.

3.4-13 (c) $Z =$ US\$ 152.880; $A_1 = 60.000$; $A_3 = 84.000$; $D_5 = 117.600$. Todas as demais variáveis de decisão são 0.

3.4-15 (b) Cada solução ótima tem $Z =$ US\$ 13.330.

3.5-2 (c, e)

Recurso	Emprego do recurso por unidade de cada atividade		Totais		Recurso disponível
	Atividade 1	Atividade 2			
1	2	1	10	≤	10
2	3	3	20	≤	20
3	2	4	20	≤	20
Lucro unitário	20	30	US\$ 166,67		
Solução	3,333	3,333			

3.5-5 (a) Minimizar $Z = 84C + 72T + 60A$,
sujeita a

$$90C + 20T + 40A \geq 200$$
$$30C + 80T + 60A \geq 180$$
$$10C + 20T + 60A \geq 150$$

e

$$C \geq 0, \quad T \geq 0, \quad A \geq 0.$$

Capítulo 4

4.1-4 (a) As soluções em pontos extremos que são *factíveis* são $(0, 0)$, $(0, 1)$, $(\frac{1}{4}, 1)$, $(\frac{2}{3}, \frac{2}{3})$, $(1, \frac{1}{4})$ e $(1, 0)$.

4.3-4 $(x_1, x_2, x_3) = (0, 10, 6\frac{2}{3})$; $Z = 70$.

4.6-1 (a, c) $(x_1, x_2) = (2, 1)$; $Z = 7$.

4.6-3 (a, c, e) $(x_1, x_2, x_3) = (\frac{4}{5}, \frac{9}{5}, 0)$; $Z = 7$.

4.6-9 (a, b, d) $(x_1, x_2, x_3) = (0, 15, 15)$; $Z = 90$.
(c) Tanto para o método do "grande número" e o método das duas fases, apenas a tabela final representa uma solução factível para o problema real.

4.6-13 (a, c) $(x_1, x_2) = (-\frac{8}{7}, \frac{18}{7})$; $Z = \frac{80}{7}$

4.7-5 (a) $(x_1, x_2, x_3) = (0, 1, 3)$; $Z = 7$.
(b) $y_1^* = \frac{1}{2}$, $y_2^* = \frac{5}{2}$, $y_3^* = 0$. Estes são valores marginais, respectivamente, dos recursos 1, 2 e 3.

Capítulo 5

5.1-1 (a) $(x_1, x_2) = (2, 2)$ é ótima. As outras soluções PEF são $(0, 0)$, $(3, 0)$ e $(0, 3)$.

5.1-12 $(x_1, x_2, x_3) = (0, 15, 15)$ é ótima.

5.2-2 $(x_1, x_2, x_3, x_4, x_5) = (0, 5, 0, \frac{5}{2}, 0)$; $Z = 50$.

5.3-1 (a) O lado direito é $Z = 8, x_2 = 14, x_6 = 5, x_3 = 11$.
(b) $x_1 = 0, 2x_1 - 2x_2 + 3x_3 = 5, x_1 + x_2 - x_3 = 3$.

Capítulo 6

6.1-1 (a) Minimizar $\quad W = 15y_1 + 12y_2 + 45y_3$,
sujeita a

$$-y_1 + y_2 + 5y_3 \geq 10$$
$$2y_1 + y_2 + 3y_3 \geq 20$$

e

$$y_1 \geq 0, \quad y_2 \geq 0, \quad y_3 \geq 0.$$

6.3-1 (c)

Soluções básicas complementares					
Problema primal			Problema dual		
Solução básica	Factível?	Z = W	Factível?	Solução básica	
(0, 0, 20, 10)	Sim	0	Não	(0, 0, −6, −8)	
(4, 0, 0, 6)	Sim	24	Não	$\left(1\frac{1}{5}, 0, 0, -5\frac{3}{5}\right)$	
(0, 5, 10, 0)	Sim	40	Não	(0, 4, −2, 0)	
$\left(2\frac{1}{2}, 3\frac{3}{4}, 0, 0\right)$	Sim e ótima	45	Sim e ótima	$\left(\frac{1}{2}, 3\frac{1}{2}, 0, 0\right)$	
(10, 0, −30, 0)	Não	60	Sim	(0, 6, 0, 4)	
(0, 10, 0, −10)	Não	80	Sim	(4, 0, 14, 0)	

6.3-7 (c) As variáveis básicas são x_1 e x_2. As demais variáveis são não básicas.
(e) $x_1 + 3x_2 + 2x_3 + 3x_4 + x_5 = 6, 4x_1 + 6x_2 + 5x_3 + 7x_4 + x_5 = 15, x_3 = 0, x_4 = 0, x_5 = 0$. A solução PEF ótima é $(x_1, x_2, x_3, x_4, x_5) = (\frac{3}{2}, \frac{3}{2}, 0, 0, 0)$.

6.4-3 Maximizar $\quad W = 8y_1 + 6y_2$,
sujeita a

$$y_1 + 3y_2 \leq 2$$
$$4y_1 + 2y_2 \leq 3$$
$$2y_1 \quad\quad \leq 1$$

e

$$y_1 \geq 0, \quad y_2 \geq 0.$$

6.4-8 (a) Minimizar $\quad W = 120y_1 + 80y_2 + 100y_3$,
sujeita a

$$y_2 - 3y_3 = -1$$
$$3y_1 - y_2 + y_3 = 2$$
$$y_1 - 4y_2 + 2y_3 = 1$$

e

$$y_1 \geq 0, \quad y_2 \geq 0, \quad y_3 \geq 0.$$

6.6-1 (d) Não ótima, já que $2y_1 + 3y_2 \geq 3$ é violada para $y_1^* = \frac{1}{5}, y_2^* = \frac{3}{5}$.
(f) Não ótima, já que $3y_1 + 2y_2 \geq 2$ é violada para $y_1^* = \frac{1}{5}, y_2^* = \frac{3}{5}$.

6.7-1

Item	Nova solução básica (x_1, x_2, x_3, x_4, x_5)	Factível?	Ótima?
(a)	(0, 30, 0, 0, −30)	Não	Não
(b)	(0, 20, 0, 0, −10)	Não	Não
(c)	(0, 10, 0, 0, 60)	Sim	Sim
(d)	(0, 20, 0, 0, 10)	Sim	Sim
(e)	(0, 20, 0, 0, 10)	Sim	Sim
(f)	(0, 10, 0, 0, 40)	Sim	Não
(g)	(0, 20, 0, 0, 10)	Sim	Sim
(h)	(0, 20, 0, 0, 10, $x_6 = -10$)	Não	Não
(i)	(0, 20, 0, 0, 0)	Sim	Sim

6.7-3 $-10 \leq \theta \leq \frac{10}{9}$

6.7-12 (a) $b_1 \geq 2,\ 6 \leq b_2 \leq 18,\ 12 \leq b_3 \leq 24$
(b) $0 \leq c_1 \leq \frac{15}{2}\ c_2 \geq 2$

6.8-4 (f) O intervalo permissível para o lucro unitário da produção de brinquedos vai de US$ 2,50 a US$ 5,00. O intervalo correspondente para produzir subconjuntos é −US$ 3,00 a −US$ 1,50.

6.8-6 (f) Para o item (a), a mudança se encontra no acréscimo permissível de US$ 10 e, portanto, a solução ótima não muda. Para o item (b), a mudança se encontra no decréscimo permissível de US$ 5 e, portanto, pode ser que a solução ótima mude. Para o item (c), a soma das porcentagens das mudanças permissíveis é 250% e, portanto, a regra dos 100% para mudanças simultâneas nos coeficientes da função objetiva indica que pode ser que a solução ótima mude.

Capítulo 7

7.1-2 $(x_1, x_2, x_3) = (\frac{2}{3}, 2, 0)$ com $Z = \frac{22}{3}$ é ótima.

7.1-6 (a) A nova solução ótima é $(x_1, x_2, x_3, x_4, x_5) = (0, 0, 9, 3, 0)$ com $Z = 117$.

7.2-1 (a, b)

Intervalo de θ	Solução ótima	$Z(\theta)$
$0 \leq \theta \leq 2$	$(x_1, x_2) = (0, 5)$	$120 - 10\theta$
$2 \leq \theta \leq 8$	$(x_1, x_2) = \left(\frac{10}{3}, \frac{10}{3}\right)$	$\frac{320 - 10\theta}{3}$
$8 \leq \theta$	$(x_1, x_2) = (5, 0)$	$40 + 5\theta$

7.2-4

Intervalo de θ	Solução ótima x_1	x_2	$Z(\theta)$
$0 \leq \theta \leq 1$	$10 + 2\theta$	$10 + 2\theta$	$30 + 6\theta$
$1 \leq \theta \leq 5$	$10 + 2\theta$	$15 - 3\theta$	$35 + \theta$
$5 \leq \theta \leq 25$	$25 - \theta$	0	$50 - 2\theta$

7.3-3 $(x_1, x_2, x_3) = (1, 3, 1)$ com $Z = 8$ é ótima.

Capítulo 8

8.1-3 (b)

		Destino			
		Hoje	Amanhã	Oferta	Fictícia
Origem	Dick	3,0	2,7	0	5
	Harry	2,9	2,8	0	4
	Demanda	3	4	2	

8.2-2 (a) Variáveis básicas: $x_{11} = 4, x_{12} = 0, x_{22} = 4, x_{23} = 2, x_{24} = 0, x_{34} = 5, x_{35} = 1, x_{45} = 0; Z = 53$.

(b) Variáveis básicas: $x_{11} = 4, x_{23} = 2, x_{25} = 4, x_{31} = 0, x_{32} = 0, x_{34} = 5, x_{35} = 1, x_{42} = 4; Z = 45$.
(c) Variáveis básicas: $x_{11} = 4, x_{23} = 2, x_{25} = 4, x_{32} = 0, x_{34} = 5, x_{35} = 1, x_{41} = 0, x_{42} = 4; Z = 45$.

8.2-7 (a) $x_{11} = 3, x_{12} = 2, x_{22} = 1, x_{23} = 1, x_{33} = 1, x_{34} = 2$; três iterações para atingir a otimalidade.
(b, c) $x_{11} = 3, x_{12} = 0, x_{13} = 0, x_{14} = 2, x_{23} = 2, x_{32} = 3$; já é ótima.

8.2-10 $x_{11} = 10, x_{12} = 15, x_{22} = 0, x_{23} = 5, x_{25} = 30, x_{33} = 20, x_{34} = 10, x_{44} = 10$; custo = US$ 77,30. Também já possuem outras soluções ótimas vinculadas.

8.2-11 (b) Façamos com que x_{ij} represente o transporte da fábrica i para o centro de distribuição j. Então $x_{13} = 2$, $x_{14} = 10, x_{22} = 9, x_{23} = 8, x_{31} = 10, x_{32} = 1$; custo = US$ 20.200.

8.3-4 (a)

		Tarefa				
		Costas	Peito	Borboleta	Livre	Fictícia
Designado	Carl	37,7	43,4	33,3	29,2	0
	Chris	32,9	33,1	28,5	26,4	0
	David	33,8	42,2	38,9	29,6	0
	Tony	37,0	34,7	30,4	28,5	0
	Ken	35,4	41,8	33,6	31,1	0

Capítulo 9

9.3-4 (a) $O \to A \to B \to D \to T$ ou $O \to A \to B \to E \to D \to T$, com comprimento = 16.

9.4-1 (a) $\{(O, A); (A, B); (B, C); (B, E); (E, D); (D, T)\}$, com comprimento = 18.

9.5-1

Arco	(1, 2)	(1, 3)	(1, 4)	(2, 5)	(3, 4)	(3, 5)	(3, 6)	(4, 6)	(5, 7)	(6, 7)
Fluxo	4	4	1	4	1	0	3	2	4	5

9.8-3 (a) Caminho crítico: início $\to A \to C \to E \to$ término
Duração total = 12 semanas

(b) Novo plano:

Atividade	Duração	Custo
A	3 semanas	US$ 54.000
B	3 semanas	US$ 65.000
C	3 semanas	US$ 68.666
D	2 semanas	US$ 41.500
E	2 semanas	US$ 80.000

Poupam-se US$ 7.834 mediante o emprego deste cronograma que sofreu impacto.

Capítulo 10

10.3-2

		Loja		
		1	2	3
Alocações		1	2	2
		3	2	0

10.3-7 (a)

Fase	(a)	(b)
1	2M	2,945M
2	1M	1,055M
3	1M	0
Participação no mercado	6%	6,302%

10.3-11 $x_1 = -2 + \sqrt{13} \approx 1{,}6056$, $x_2 = 5 - \sqrt{13} \approx 1{,}3944$; $Z = 98{,}233$.

10.4-3 Produzir 2 itens na primeira série de produção; se não aceitável, produzir 3 itens na segunda série de produção. Custo esperado = US$ 573.

Capítulo 11

11.1-2 (a) Minimizar $\quad Z = 4{,}5x_{em} + 7{,}8x_{ec} + 3{,}6x_{ed} + 2{,}9x_{el} + 4{,}9x_{sm} + 7{,}2x_{sc} + 4{,}3x_{sd} + 3{,}1x_{sl}$,

sujeita a

$$x_{em} + x_{ec} + x_{ed} + x_{el} = 2$$
$$x_{sm} + x_{sc} + x_{sd} + x_{sl} = 2$$
$$x_{em} + x_{sm} = 1$$
$$x_{ec} + x_{sc} = 1$$
$$x_{ed} + x_{sd} = 1$$
$$x_{el} + x_{sl} = 1$$

e

todos os x_{ij} são binários.

11.3-1 (b)

Restrição	Produto 1	Produto 2	Produto 3	Produto 4	Totais		Lado direito modificado	Lado direito original
Primeira	5	3	6	4	6.000	≤	6.000	6.000
Segunda	4	6	3	5	12.000	≤	105.999	6.000
Receita marginal	US$ 70	US$ 60	US$ 90	US$ 80	US$ 80.000			
Solução	0	2.000	0	0				
	≤	≤	≤	≤				
	0	9.999	0	0				
Preparação?	0	1	0	0	1	≤	2	
Custos iniciais de implantação	US$ 50.000	US$ 40.000	US$ 70.000	US$ 60.000				

Restrições de contingência:

Produto 3:	0	≤	1	:Produto 1 ou 2
Produto 4:	0	≤	1	:Produto 1 ou 2

Qual Restrição (0 = Primeira, 1 = Segunda):	0

11.3-5 (b, d) (longo, médio, curto) = (14, 0, 16), com lucro de US$ 95,6 milhões.

11.4-3 (b)

Restrição	Produto 1	Produto 2	Produto 3	Total		Lado Direito
Fresadora	9	3	5	498	≤	500
Torno	5	4	0	349	≤	350
Retificadora	3	0	2	135	≤	150
Potencial de Vendas	0	0	1	0	≤	20
Lucro unitário	50	20	25	US$ 2.870		
Solução	45	31	0			
	≤	≤	≤			
	999	999	0			
Produzir?	1	1	0	2	≤	2

11.4-5 (a) Se $x_{ij} = \begin{cases} 1 & \text{se o arco } i \to j \text{ estiver incluído no caminho mais curto} \\ 0 & \text{caso contrário.} \end{cases}$

Alternativas mutuamente exclusivas: para cada coluna de arcos, é incluído exatamente um arco no caminho mais curto. Decisões contingentes: o caminho mais curto sai do nó i somente se ele entrar no nó i.

11.5-2 (a) $(x_1, x_2) = (2, 3)$ é ótima.

(b) Nenhuma das soluções factíveis arredondadas é ótima para o problema de programação inteira.

11.6-1 $(x_1, x_2, x_3, x_4, x_5) = (0, 0, 1, 1, 1)$, com $Z = 6$.

11.6-7 (b)

Tarefa	1	2	3	4	5
Designado	1	3	2	4	5

11.6-9 $(x_1, x_2, x_3, x_4) = (0, 1, 1, 0)$, com $Z = 36$.

11.7-2 (a, b) $(x_1, x_2) = (2, 1)$ é ótima.

11.8-1 (a) $x_1 = 0, x_3 = 0$

Capítulo 12

12.2-7 (a) Côncava.

12.4-1 (a) Solução aproximada $= 1{,}0125$.

12.5-3 A solução exata é $(x_1, x_2) = (2, -2)$.

12.5-7 (a) A solução aproximada é $(x_1, x_2) = (0{,}75, 1{,}5)$.

12.6-3

$$\begin{aligned}
-4x_1^3 - 4x_1 - 2x_2 + 2u_1 + u_2 &= 0 \quad (\text{ou} \le 0 \text{ se } x_1 = 0). \\
-2x_1 - 8x_2 + u_1 + 2u_2 &= 0 \quad (\text{ou} \le 0 \text{ se } x_2 = 0). \\
-2x_1 - x_2 + 10 &= 0 \quad (\text{ou} \le 0 \text{ se } u_1 = 0). \\
-x_1 - 2x_2 + 10 &= 0 \quad (\text{ou} \le 0 \text{ se } u_2 = 0). \\
x_1 \ge 0, \quad x_2 \ge 0, \quad u_1 \ge 0, \quad u_2 &\ge 0.
\end{aligned}$$

12.6-6 $(x_1, x_2) = (1, 2)$ não pode ser ótima.

12.6-8 (a) $(x_1, x_2) = (1 - 3^{-1/2}, 3^{-1/2})$.

12.7-2 (a) $(x_1, x_2) = (2, 0)$ é ótima.

(b) Minimizar $Z = z_1 + z_2$,

sujeita a

$$\begin{aligned}
2x_1 \quad\quad + u_1 - y_1 \quad\quad + z_1 \quad\quad &= 8 \\
2x_2 + u_1 \quad\quad - y_2 \quad\quad + z_2 &= 4 \\
x_1 + x_2 \quad\quad\quad\quad + v_1 \quad\quad\quad\quad &= 2
\end{aligned}$$

$x_1 \ge 0, \quad x_2 \ge 0, \quad u_1 \ge 0, \quad y_1 \ge 0, \quad y_2 \ge 0, \quad v_1 \ge 0, \quad z_1 \ge 0, \quad z_2 \ge 0.$

12.8-2 (b) Maximizar $Z = 3x_{11} - 3x_{12} - 15x_{13} + 4x_{21} - 4x_{23}$,

sujeita a

$$\begin{aligned}
x_{11} + x_{12} + x_{13} + 3x_{21} + 3x_{22} + 3x_{23} &\le 8 \\
5x_{11} + 5x_{12} + 5x_{13} + 2x_{21} + 2x_{22} + 2x_{23} &\le 14
\end{aligned}$$

e

$$0 \le x_{ij} \le 1, \quad \text{para } i = 1, 2, 3; j = 1, 2, 3.$$

12.9-8 (a) $(x_1, x_2) = \left(\dfrac{1}{3}, \dfrac{2}{3}\right)$

12.9-14 (a) $P(x; r) = -2x_1 - (x_2 - 3)^2 - r\left(\dfrac{1}{x_1 - 3} + \dfrac{1}{x_2 - 3}\right)$

(b) $(x_1, x_2) = \left[3 + \left(\dfrac{r}{2}\right)^{1/2}, 3 + \left(\dfrac{r}{2}\right)^{1/3}\right]$

Capítulo 13

13.2-2 A melhor solução possui as ligações AC, BC, CD, e DE.

13.4-2 (a) Para o primeiro filho, as opções para a primeira ligação são 1-2, 1-8, 1-5, e 1-4 e, portanto, os números aleatórios 0,09656 e 0,96657 sugerem a escolha da ligação 1-2 e não ocorre nenhuma mutação. As opções para a segunda ligação são então 2-3, 2-8 e 2-4, e assim por diante. Ocorre uma mutação com a quinta ligação. A sequência completa para o primeiro filho é 1-2-8-5-6-4-7-3-1.

Capítulo 14

14.2-2 Jogador 1: estratégia 2; jogador 2: estratégia 1.

14.2-7 (a) Político 1: tema 2; político 2: tema 2.
(b) Político 1: tema 1; político 2: tema 2.

14.4-4 $(x_1, x_2) = (\tfrac{2}{5}, \tfrac{3}{5})$; $(y_1, y_2, y_3) = (\tfrac{1}{5}, 0, \tfrac{4}{5})$; $v = \tfrac{8}{5}$.

14.5-3 (a) Maximizar x_4,

sujeita a

$$5x_1 + 2x_2 + 3x_3 - x_4 \geq 0$$
$$4x_2 + 2x_3 - x_4 \geq 0$$
$$3x_1 + 3x_2 \quad\quad - x_4 \geq 0$$
$$x_1 + 2x_2 + 4x_3 - x_4 \geq 0$$
$$x_1 + x_2 + x_3 \quad\quad = 1$$

e

$$x_1 \geq 0, \quad x_2 \geq 0, \quad x_3 \geq 0, \quad x_4 \geq 0.$$

Capítulo 15

15.2-2 (a)

Alternativa	Estado de natureza	
	Vender 10.000	Vender 100.000
Montar computadores	0	54
Vender os direitos	15	15

(c) Façamos com que $p = $ probabilidade anterior de vender 10.000. Eles deveriam montar quando $p \leq 0{,}722$, e vender quando $p > 0{,}722$.

15.2-4 (c) Warren deveria optar pelo investimento contra a tendência.

15.2-8 Pedido de 25.

15.3-2 (a) EVPI = EP (com informações perfeitas) − EP (sem maiores informações) = 34,5 − 27 = US$ 7,5 milhões.

(d)

Dados		P (encontrar | estado) Encontrar	
Estado de natureza	Probabilidade anterior	Vender 10.000	Vender 100.000
Vender 10.000	0,5	0,666666667	0,333333333
Vender 100.000	0,5	0,333333333	0,666666667

Posterior Probabilidades		P (estado | encontrar) Estado de natureza	
Encontrar	P (encontrar)	Vender 10.000	Vender 100.000
Vender 10.000	0,5	0,666666667	0,333333333
Vender 100.000	0,5	0,333333333	0,666666667

15.3-4 **(b)** EVPI = EP (com informações perfeitas) − EP (sem maiores informações) = 53 − 35 = US$ 18
(c) Betsy deveria considerar a possibilidade de gastar até US$ 18 para obter mais informações.

15.3-8 **(a)** Até US$ 230.000
(b) Pedido de 25.

15.3-9 **(a)**

Alternativa	Estado de natureza		
	Pouco risco	Risco médio	Alto risco
Estender o crédito.	−15.000	10.000	20.000
Não estender o crédito.	0	0	0
Probabilidades anteriores.	0,2	0,5	0,3

(c) EVPI = EP (com informações perfeitas) − EP (sem maiores informações) = 11.000 − 8.000 = US$ 3.000. Isto indica que a organização de classificação creditícia não deveria ser contratada.

15.3-13 **(a)** Adivinhar a moeda 1.
(b) Caras: moeda 2; coroas: moeda 1.

15.4-2 A política ótima é não realizar nenhuma pesquisa de mercado e montar os computadores.

15.4-4 **(c)** EVPI = EP (com informações perfeitas) − EP (sem maiores informações) = 1,8 − 1 = US$ 800.000
(d) Probabilidades *a priori* P (estado)   Probabilidades Condicionais P (encontrar/estado)   Probabilidades Conjuntas P (estado e encontrar)   Probabilidades *a posteriori* P (estado/encontrou)

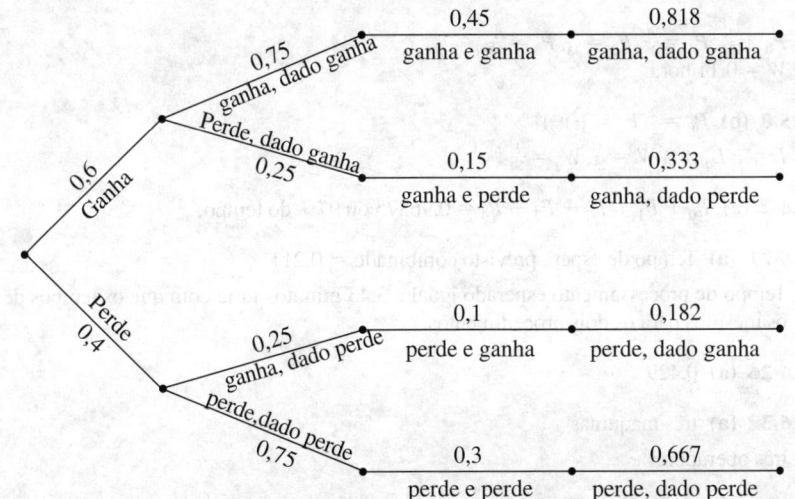

(f) A Leland University deveria contratar William. Se ele prever uma temporada vitoriosa, então a campanha deveria ser levada adiante. Se ele prever uma temporada perdedora, então a campanha não deveria ser levada adiante.

15.5-7 **(a)** Optar pelo lançamento do novo produto (o resultado esperado é de US$ 12,5 milhões).
(b) US$ 7,5 milhões.

(c) A política ótima é não testar, mas sim lançar o novo produto.

(f) Ambos os gráficos indicam que o resultado esperado é sensível a ambos os parâmetros, porém ligeiramente mais sensível a mudanças no lucro se bem-sucedido que a mudanças nas perdas caso não seja bem-sucedido.

15.6-2 (a) Optar por não fazer o seguro (o resultado esperado é de US$ 249.840).

(b) U(fazer o seguro) $= 499{,}82$
U(não fazer o seguro) $= 499{,}8$
A política ótima é fazer o seguro.

15.6-4 $U(10) = 9$

Capítulo 16

16.3-3 (c) $\pi_0 = \pi_1 = \pi_2 = \pi_3 = \pi_4 = \frac{1}{5}$.

16.4-1 (a) Todos os estados pertencem à mesma classe recorrente.

16.5-7 (a) $\pi_0 = 0{,}182$, $\pi_1 = 0{,}285$, $\pi_2 = 0{,}368$, $\pi_3 = 0{,}165$.

(b) 6,50

Capítulo 17

17.2-1 Fonte de entrada: população com cabelo; clientes: clientes que precisam cortar cabelo; e assim por diante para a fila, disciplina de filas e mecanismo de atendimento.

17.2-2 (b) $L_q = 0{,}375$

(d) $W - W_q = 24{,}375$ minutos

17.4-2 (c) 0,0527

17.5-5 (a) Estado:

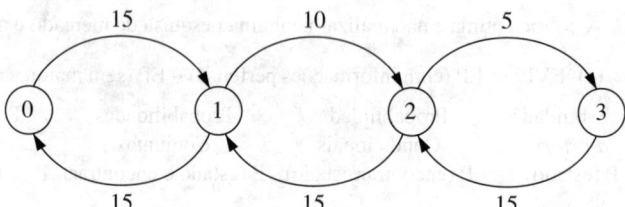

(c) $P_0 = \frac{9}{26}, P_1 = \frac{9}{26}, P_2 = \frac{3}{13}, P_3 = \frac{1}{13}$.
(d) $W = 0{.}11$ hora.

17.5-8 (b) $P_0 = \frac{2}{5}, P_n = \left(\frac{3}{5}\right)\left(\frac{1}{2}\right)^n$
(c) $L = \frac{6}{5}, L_q = \frac{3}{5}, W = \frac{1}{25}, W_q = \frac{1}{50}$

17.6-2 (a) $P_0 + P_1 + P_2 + P_3 + P_4 = 0{,}96875$ ou 97% do tempo.

17.6-21 (a) Tempo de espera previsto combinado $= 0{,}211$

(c) Tempo de processamento esperado igual a 3,43 minutos faria com que os tempos de espera previstos fossem os mesmos para os dois procedimentos.

17.6-26 (a) 0,429

17.6-32 (a) três máquinas

(b) três operadores

17.7-1 (a) W_q (exponencial) $= 2W_q$ (constante) $= \frac{8}{5} W_q$ (Erlang).

(b) W_q (novo) $= \frac{1}{2} W_q$ (antigo) e L_q (novo) $= L_q$ (antigo) para todas as distribuições.

17.7-6 (a, b) Segundo a política atual uma aeronave perde 1 dia de voo comparado aos 3,25 dias segundo a política proposta.
Segundo a política atual 1 aeronave está perdendo tempo de voo por dia comparado a 0,8125 aeronaves.

17.7-9

Distribuição do atendimento	P_0	P_1	P_2	L
Erlang	0,561	0,316	0,123	0,561
Exponencial	0,571	0,286	0,143	0,571

17.8-1 (a) Este sistema é um exemplo de sistema de filas não preemptivo.

(c) $\dfrac{W_q \text{ passageiros de primeira classe}}{W_q \text{ passageiros classe econômica}} = \dfrac{0,033}{0,083} = 0,4$

17.8-4 (a) $W = \frac{1}{2}$
(b) $W_1 = 0,20$, $W_2 = 0,35$, $W_3 = 1,10$
(c) $W_1 = 0,125$, $W_2 = 0,3125$, $W_3 = 1,250$

17.10-2 4 caixas

Capítulo 18

18.3-1 (a) $t = 1,83$, $Q = 54,77$
(b) $t = 1,91$, $Q = 57,45$, $S = 52,22$

18.3-3 (a)

Dados			Resultados	
$d =$	676	(demanda/ano)	Ponto de fazer novo pedido =	6,5
$K =$	US$ 75	(custos iniciais de implantação)	Custo inicial de implantação anual =	US$ 10.140
$h =$	US$ 600,00	(custo unitário de manter itens em estoque)	Custo anual de manter itens em estoque =	US$ 1.500
$L =$	3,5	(prazo de entrega em dias)	Custo variável total =	US$ 11.640
$WD =$	365	(dias úteis/ano)		

Decisão		
$Q =$	5	(tamanho do pedido)

(d)

Dados			Resultados	
$d =$	676	(demanda/ano)	Ponto de fazer novo pedido =	6,48
$K =$	US$ 75	(custos iniciais de implantação)	Custo inicial de implantação anual =	US$ 3.900
$h =$	US$ 600	(custo unitário de manter itens em estoque)	Custo anual de manter itens em estoque =	US$ 3.900
$L =$	3,5	(prazo de entrega em dias)	Custo variável total =	US$ 7.800
$WD =$	365	(dias úteis/ano)		

Decisão		
$Q =$	13	(tamanho do pedido)

Os resultados são os mesmos daqueles obtidos no item (c).
(f) Número de pedidos por ano = 52
$ROP = 6,5$ – nível de estoque quando é colocado cada pedido
(g) A política ótima reduz o custo de estoque variável total em US$ 3.840 por ano, o que representa uma redução de 33%.

18.3-6 (a) $h =$ US$ 3 por mês que representa 15% do custo de aquisição.
(c) O ponto para fazer novo pedido é 10.
(d) $ROP = 5$ martelos, que acrescenta US$ 20 ao seu TVC (5 martelos x custo de manutenção em estoque de US$ 4).

18.3-7 $t = 3,26$, $Q = 26.046$, $S = 24.572$

18.3-12 (a) Q ótima $= 500$

18.4-4 Produzir 3 unidades no período 1 e 4 unidades no período 3.

18.6-6 **(b)** Ground Chuck: $R = 145$.
Chuck Wagon: $R = 829$.
(c) Ground Chuck: estoque de segurança = 45.
Chuck Wagon: estoque de segurança = 329.
(f) Ground Chuck: US$ 39.378,71.
Chuck Wagon: US$ 41.958,61.
Jed deveria optar pela Ground Chuck como fornecedor.
(g) Se Jed pretender utilizar a carne em um prazo de até um mês de seu recebimento, então a Ground Chuck é a melhor opção. A quantidade a ser encomendada da Ground Chuck é aproximadamente um estoque de 1 mês, ao passo que com a Chuck Wagon a quantidade ótima a ser encomendada é um estoque para 3 meses.

18.7-5 **(a)** Nível ótimo de atendimento = 0,667
(c) $Q^* = 500$
(d) A probabilidade de falta de produto é 0,333.
(e) Nível ótimo de atendimento = 0,833

Capítulo 19

19.2-2 **(c)** Usar configuração "lenta" quando nenhum cliente ou então um cliente estiver presente e configuração "rápida" quando estiverem presentes dois clientes.

19.2-3 **(a)** Os estados possíveis do carro são amassado e não amassado.

(c) Quando o carro não estiver amassado, estacioná-lo na rua em uma vaga. Quando o carro for amassado, levá-lo para ser consertado.

19.2-5 **(c)** Estado 0: tentar um ace; estado 1: tentar um lob.

19.3-2 **(a)** Minimizar $Z = 4{,}5y_{02} + 5y_{03} + 50y_{14} + 9y_{15}$,
sujeita a

$$y_{01} + y_{02} + y_{03} + y_{14} + y_{15} = 1$$
$$y_{01} + y_{02} + y_{03} - \left(\frac{9}{10}y_{01} + \frac{49}{50}y_{02} + y_{03} + y_{14}\right) = 0$$
$$y_{14} + y_{15} - \left(\frac{1}{10}y_{01} + \frac{1}{50}y_{02} + y_{15}\right) = 0$$

e

$$\text{todo } y_{ik} \geq 0.$$

19.3-4 **(a)** Minimizar $Z = -\frac{1}{8}y_{01} + \frac{7}{24}y_{02} + \frac{1}{2}y_{11} + \frac{5}{12}y_{12}$,
sujeita a

$$y_{01} + y_{02} - \left(\frac{3}{8}y_{01} + y_{11} + \frac{7}{8}y_{02} + y_{12}\right) = 0$$
$$y_{11} + y_{12} - \left(\frac{5}{8}y_{01} + \frac{1}{8}y_{02}\right) = 0$$
$$y_{01} + y_{02} + y_{11} + y_{12} = 1$$

e

$$y_{ik} \geq 0 \quad \text{para } i = 0, 1 \,;\, k = 1, 2.$$

19.4-2 Carro não amassado: estacioná-lo na rua em uma vaga. Carro amassado: levá-lo para ser consertado.

19.4-4 Estado 0: tentar um ace. Estado 1: tentar um lob.

19.5-1 Rejeitar a oferta de US$ 600, aceitar qualquer uma das outras duas.

19.5-2 (a) Minimizar $\quad Z = 60(y_{01} + y_{11} + y_{21}) - 600y_{02} - 800y_{12} - 1.000y_{22}$,
sujeita a

$$y_{01} + y_{02} - (0{,}95)\left(\frac{5}{8}\right)(y_{01} + y_{11} + y_{21}) = \frac{5}{8}$$

$$y_{11} + y_{12} - (0{,}95)\left(\frac{1}{4}\right)(y_{01} + y_{11} + y_{21}) = \frac{1}{4}$$

$$y_{21} + y_{22} - (0{,}95)\left(\frac{1}{8}\right)(y_{01} + y_{11} + y_{21}) = \frac{1}{8}$$

e

$$y_{ik} \geq 0 \quad \text{para } i = 0, 1, 2; \ k = 1, 2.$$

19.5-3 Após três iterações, a aproximação é, na realidade, a política ótima fornecida para o Problema 19.5-1.

19.5-11 Nos períodos 1 a 3: não fazer nada quando a máquina estiver no estado 0 ou 1; revisar quando a máquina se encontrar no estado 2; e substituir quando a máquina estiver no estado 3. No período 4: não fazer nada quando a máquina estiver no estado 0, 1 ou 2; substituir quando a máquina estiver no estado 3.

Capítulo 20

20.1-1 (b) Fazer com que os números 0,0000 a 0,5999 correspondam a *strikes* e os números 0,6000 a 0,9999 correspondam a *balls*. As observações aleatórias para arremessos são 0,7520 = *ball*, 0,4184 = *strike*, 0,4189 = *strike*, 0,5982 = *strike*, 0,9559 = *ball* e 0,1403 = *strike*.

20.1-10 (b) Use $\lambda = 4$ e $\mu = 5$.

(i) As respostas variam. A opção de treinar os dois mecânicos atuais reduz significativamente o tempo de espera para carros alemães, sem impacto significativo na espera por carros japoneses e o faz sem o custo adicional de um terceiro mecânico. Contratar um terceiro mecânico reduz ainda mais o tempo médio de espera para carros alemães, porém a um custo adicional de se contratar um terceiro mecânico.

20.3-1 (a) 5, 8, 1, 4, 7, 0, 3, 6, 9, 2

20.4-2 (b) $F(x) = 0{,}0965$ quando $x = -5{,}18$
$F(x) = 0{,}5692$ quando $x = 18{,}46$
$F(x) = 0{,}6658$ quando $x = 23{,}29$

20.4-6 (a) Eis um exemplo de repetição.

Síntese dos Resultados:

Ganhar? (1 = Sim, 0 = Não)	0
Número dos lançamentos =	3

Lançamentos simulados				Resultados		
Lançamento	Dado 1	Dado 2	Soma	Ganhar?	Perder?	Continuar?
1	4	2	6	0	0	Sim
2	3	2	5	0	0	Sim
3	6	1	7	0	1	Não
4	5	2	7	NA	NA	Não
5	4	4	8	NA	NA	Não
6	1	4	5	NA	NA	Não
7	2	6	8	NA	NA	Não

ÍNDICE DE AUTORES

A

Abbink, E., 497-498
Abellan-Perpinan, J. M., 679-680
Ahn, S., 779
Ahrens, J. H., 917-918n
Ahuja, R. K., 41n, 391-392
Akgun, V., 391-392
Alden, H., 215
Alden, J. M., 17-18, 770-771, 939-940
Allan, R., 854-855 Allen, S. J., 56-57
Allen, S. F., 56-57
Altman, E., 890-891
Altschuler, S., 17-18, 908-909
Ambs, K., 69-70
Anderson, C. K., 6
Anderson, E. T., 797-798n
Andradottir, S., 939-940
Andrews, B., 779
Appa, G., 497-498
Argon, N. T., 939-940
Argüello, M., 11-12, 499
Armacost, A. P., 497-498
Arntzen, B. C., 854-855
Asmussen, S., 778, 939-940
Assad, A. A., 6
Atherton, S., 391-392
Aumann, R. J., 623, 638
Avis, D., 758-759n
Avriel, M., 515-516, 559-560n
Axsäter, S., 831-832n, 853-854

B

Bagchi, S., 854-855
Baker, K. R., 69-70
Balsamo, S., 778
Banks, J., 939-940
Baptiste, P., 497-498
Barabba, V., 939-940
Barkman, M., 813-814
Barnes, E. R., 273n
Barnhart, C., 497-498
Barnum, M. P., 746

Batavia, D., 17-18, 908-909
Bayes, T., 648-649, 652-653
Beis, D. A., 939-940
Bell, P. C., 6
Belobaba, P., 497-498
Benjamin, A. T., 200-201n
Ben-Khedher, N., 391-392
Bennett, J., 17-18, 908-909
Benson, R. F., 70-71
Berk, G. L., 836
Berkey, B. G., 657-859
Bertsekas, D. P., 391-392, 436, 890-891
Bertsimas, D., 246, 497-498, 853-854
Best, W. D., 391-392
Bhat, U. N., 722
Bielza, C., 678-679n
Bier, V. M., 638
Billington, C., 854-855
Bini, D., 722
Bixby, A., 17-18, 21-22
Bixby, R. E., 139-140, 497-498
Blais, J.-Y., 391-392
Bland, R., 101n
Blatt, J. A., 836
Bleichrodt, H., 679-680
Bleuel, W. H., 779
Blyakher, S., 836
Board, J., 16-17
Bollapragada, S., 70-71, 499
Botha, S., 499
Bowen, D. A., 746
Bradley, P. S., 16-17
Braklow, J. W., 17-18
Brandenburger, A., 638
Branke, J., 939-940
Brenner, D. A., 17-18
Brigandi, A. J., 499, 779, 920-921
Brinkley, P. A., 939-940
Brown, G. G., 854-855
Browne, J., 779
Bryne, J. E., 51-52
Buckley, S., 854-855
Bukiet, B., 722

Bunday, B. D., 757n
Burman, M., 779
Burns, L. D., 17-18, 770-771, 939-940
Busch, I. K., 412-413
Butchers, E. R., 449-450
Butterbaugh, K., 391-392
Byers, S., 779

C

Caballero, R., 617-618
Cahn, M. F., 940-941
Cai, X., 391-392
Caixeta-Filho, J. V., 69-70
Callioni, G., 854-855
Camm, J. D., 292, 499
Cao, B., 589-590
Carlson, W., 3-5
Carr, W. D., 939-940
Carson, J. S., II, 939-940
Case, R., 349-350
Cavalier, T. M., 273n
Cebry, M. E., 939-940
Chalermkraivuth, K. C., 70-71
Chandrasekaran, S., 391-392
Chao, X., 830n
Chatterjee, K., 638
Chen, E. J., 915-916n
Chen, H., 778, 807-808n
Cheng, R., 617-618
Chick, S. E., 939-940
Ching, W.-K., 722
Chinneck, J. W., 118-119n
Chiu, H. W. C., 70-71
Chorman, T. E., 292, 499
Chu, L. Y., 838n
Cioppa, T. M., 939-940
Clark, M. C., 70-71
Clemen, R. T., 679-680
Clerkx, M., 17-18, 854-855
Coello, C., 617-618
Cohen, M., 17-18
Cooke, F., 939-940

Copeland, D., 3-5
Corner, J. L., 679-680
Cosares, S., 391-392
Costy, T., 17-18, 770-771, 939-940
Cottle, R. W., 526-527n
Crane, B., 854-855
Cremmery, R., 779
Cwilich, S., 69-70

D

Dakin, R. J., 479-480
Dantzig, G. B., 1-2, 83, 139-140, 176, 246, 310-311n, 330-331, 391-392
Dargon, D. R., 499, 779, 920-921
Darnell, C., 497-498
Darrow, R., 499, 854-855
Darwin, C., 607-608
Day, P. R., 449-450
Deaton, J., 70-71
del Castillo, E., 939-940
Dempsey, J. F., 41n
Denardo, E. V., 436
Deng, M., 69-70
de Nitto Persone, V., 778
Denton, B. T., 499
De Schuyter, N., 779
DeSilva, A. H., 939-940
Desrosiers, J., 17-18, 497-498
Deutsch, D. N., 391-392
DeWitt, C. W., 17-18
Dieter, V., 917-918n
Diewert, W. E., 559-560n
Dikin, I. I., 273n
DiLisio, F. J., 939-940
Dill, F. A., 292, 499
Dodge, J. L., 70-71
Doig, A. G., 479-480
Downs, B., 17-18, 21-22
Duffy, T., 793, 939-940
Dumas, Y., 17-18
Dutta, B., 638
Dyer, J. S., 646-647

E

Earl, M. A., 41n
Ecker, J. G., 70-71
Eilon, S., 12
Elieson, J., 499
Elimam, A. A., 70-71
Elliott, R. J., 722
El-Taha, M., 778
Epstein, R., 70-71
Erlang, A. K., 734-735, 755
Erlenkotter, D., 800-801n
Eschenbach, T. G., 678-679n
Ettl, M., 854-855

Etzenhouser, D. P., 215
Etzenhouser, M. J., 215
Evans, J. R., 292, 499

F

Fallis, J., 349-350
Fattedad, S. O., 652-653
Fayyad, U. M., 16-17
Feinberg, E. A., 890-891
Feitzinger, E. G., 391-392
Ferris, M. C., 41n
Fiacco, A. V., 565-566
Fischetti, M., 497-498
Fishburn, P. C., 679-680
Fishman, G. S., 939-940
Fitzsimons, G. J., 797-798n
Fletcher, L. R., 215
Fletcher, R., 565-566
Flowers, A. D., 854-855
Fogel, D. B., 617-618
Folger, J., 939-940
Forgo, F., 638
Forrest, J., 499
Fossett, L., 758-759n
Fourer, R., 139-140, 550-551n
Frank, M., 554n, 807-808n
Freedman, B. A., 273n
Fu, M. C., 890-891, 939-940

G

Gal, T., 246
Gallego, G., 854-855
Ganeshan, R., 854-855
Gass, S. I., 6, 16-17
Gavirneni, S., 854-855
Gen, M., 617-618
Gendron, B., 499
Geoffrion, A. M., 540-541n, 550-551n
Geoller, B. F., 17-18
Geraghty, M. K., 70-71, 854-855
Gershwin, S. B., 779
Geyer, E. D., Sr., 779
Gill, P. E., 565-566
Girgis, M., 70-71
Glover, F., 617-618
Glynn, P. W., 939-940
Golabi, K., 890-891
Goldie, A. P., 449-450
Goldring, L., 779
Gomory, R., 491-492
Goodwin, P., 679-680
Gould, G., 940-941
Graham, W. W., 17-18
Granfors, D. C., 70-71
Grassmann, W. K., 722
Graves, S., 854-855

Greenberg, H., 246
Gross, D., 778
Grotschel, M., 497-498
Gryffenberg, I., 499
Gu, Z., 497-498
Guenther, D., 499
Gutin, G., 617-618

H

Haag, K. R., 939-940
Hahn, G. J., 70-71
Hall, J. A. J., 101n
Hall, R. W., 16-17, 330-331, 779
Hammond, J. S., 679-680
Harlan, R., 499
Harold, E. R., 722
Harris, C. M., 6, 778
Harris, F. W., 800-801n
Harrison, G., 412-413
Harrison, T. P., 854-855
Hart, S., 638
Hasegawa, T., 70-71
Hassin, R., 779
Hassler, S. M., 17-18
Hatzakis, M., 793, 939-940
Haupt, R. L., 617-618
Haupt, S. E., 617-618
Haviv, M., 779
Hazelwood, R. N., 757n
Heavy, C., 779
Hicks, R., 17-18
Higle, J. L., 246
Hilliard, M.C., 412-413
Hillier, F. S., 69-70, 246, 330-331, 391-392, 497-498, 565-566, 679-680, 758-759n, 761-763n, 779
Hillier, M. S., 69-70, 234-236, 246, 330-331, 391-392, 497-498, 565-566, 679-680, 779
Hofmeyr, F. R., 499
Hohzaki, R., 638
Holcomb, R., 940-941
Holloran, T. J., 51-52
Holmberg, K., 303-304n
Holmen, S. P., 215
Hong, C.-F., 391-392
Hooker, J. N., 284-285, 497-498
Hordijk, A., 757-758n
Horner, P., 6
Houck, D. J., 69-70
Howard, R., 880-881n
Howard, R. A., 16-17, 436, 890-891
Hsu, R., 793, 939-940
Hu, J., 890-891
Huber, C., 939-940
Hueter, J., 464-465, 940-941
Huisingh, J. L., 391-392

Hutton, R. D., 17-18, 770-771, 939-940
Huxley, S. J., 17-18

I

Ireland, P., 349-350

J

Jackson, C. A., 17-18, 770-771, 939-940
Jackson, J. R., 770-771
Jacobs, B. I., 517n
Janakiraman, B., 797-798n
Janssen, F., 17-18, 854-855
Johnson, E., 70-71, 854-855
Jones, D., 499, 617-618

K

Kaiser, S. P., 6
Kamesam, P. V., 17-18
Kanaley, M., 17-18
Kang, J., 17-18, 92-93
Kanner, J., 499
Kaplan, A., 779
Kaplan, E. H., 17-18
Karlof, J. K., 497-498
Karmarkar, N., 130-133, 273, 275-279, 283-284
Karush, W., 537
Kaya, A., 813-814
Keefer, D. L., 679-680
Keeney, R. L., 679-680
Kelton, W. D., 915-916n, 939-940
Kennington, J. L., 321-322n
Kern, G., 718
Keskinocak, P., 499
Khouja, M., 854-855
Kiaer, L., 70-71
Kim, B.-I., 481-482
Kim, D. S., 17-18, 770-771, 939-940
Kim, K., 854-855
Kim, S., 481-482
King, P. V., 657-859
Kintanar, J., 391-392
Kirby, M. W., 6
Kirkwood, C. W., 677-678n, 679-680
Kleijnen, J. P. C., 939-940
Kleindorfer, P., 17-18
Klingman, D., 391-392
Kochenberger, G., 617-618
Koenig, L., 854-855
Kohls, K. A., 17-18, 770-771, 939-940
Kok, T. de, 17-18, 854-855
Konno, H., 517n
Koschat, M. A., 836
Koshizuka, T., 517n

Kotha, S. K., 746
Kotob, S., 70-71
Kraemer, R. D., 412-413
Krass, B., 481-482
Krishnamurthy, N., 363-364
Kroon, L., 497-498
Kuehn, J., 349-350
Kuhn, H. W., 537
Kumar, A., 41n
Kunz, N. M., 836

L

Labe, R., 17-18, 793, 908-909, 939-940
Lacroix, B., 17-18
Laguna, M., 617-618
Lai, K. K., 70-71
Lambrecht, M. R., 779
Lamont, G. B., 617-618
Lamont, J., 391-392
Land, A. H., 479-480
Larson, R. C., 940-941
Lasdon, L. S., 17-18
Latouche, G., 722
Lau, E. T., 872-873
Lausberg, J. L., 499
Law, A. M., 939-940
Leachman, R. C., 17-18, 70-71, 92-93
LeBlanc, L. J., 318n
L'Ecuyer, P., 915-916n
Lee, Eva K., 40
Lee, H., 17-18
Lee, H. L., 854-855
Leimkuhler, J. F., 854-855
Lemoine, T., 718
LePape, C., 497-498
LePore, M. H., 836
Leung, E., 70-71
Levi, R., 838n
Levy, K. N., 517n
Lew, A., 436
Leyffer, S., 565-566
Li, D., 497-498
Liao, B., 17-18, 793, 908-909, 939-940
Liberatore, M. J., 17-18
Lim, G. J., 41n
Lin, G., 854-855
Lin, V., 17-18
Lin, Y., 92-93
Liou, K., 939-940
Little, J. D. C., 732-733
Liu, C., 70-71, 412-413
Liu, J., 70-71
Liu, Y., 813-814
Lo, F., 758-759n
Loucopoulos, P., 939-940
Lubbecke, M. E., 497-498
Lucas, T. W., 939-940

Luenberger, D., 139-140, 176, 284-285, 565-566
Luo, X., 793, 939-940
Lustig, I., 139-140, 284-285, 497-498
Lynch, D. F., 69-70
Lyon, P., 854-855

M

Ma, L., 872-873
Madrid, R., 17-18
Magazine, M., 854-855
Magnanti, T. L., 391-392
Mamon, R. S., 722
Mangasarian, O. L., 16-17
Marcus, S. I., 890-891
Markowitz, H., 514-515, 517n
Maros, I., 139-140
Marshall, S., 813-814
Marsten, R. E., 284-285, 499
Marti, R., 617-618
Martin, C., 499
Mason, R. O., 3-5
Mauch, H., 436
Maxwell, D. T., 679-680
McAllister, W. J., 657-859
McCardle, K. F., 890-891
McCormick, G. P., 565-566
McGowan, S. M., 11-12, 499
McKenney, J. L., 3-5
McKinnon, K. I. M., 101n
Mehrotra, S., 456n
Meini, B., 722
Meiri, R., 515-516
Meketon, M. S., 273n, 349-350
Melhem, S. A., 17-18
Mendelson, E., 638
Mendez-Martinez, I., 679-680
Metty, T., 499
Meyer, J. A., 449-450
Meyer, R. R., 553n
Meyerson, R. B., 638
Michalewicz, Z., 617-618
Middleton, M., 660-662, 923
Miller, G. K., 722
Miller, R. E., 565-566
Miller, S., 449-450
Milligan, C., 17-18
Milne, R. J., 499, 854-855
Mirrazavi, S. K., 617-618
Miser, H. J., 6, 16-17
Mitchell, M., 617-618
Mohammadian, M., 617-618
Molina, J., 617-618
Moore, T., 499
Morahan, G. T., 646-647
Morales, R., 70-71
More, J., 565-566

ÍNDICE DE AUTORES

Morgan, C., 940-941
Morris, T., 499
Morris, W. T., 16-17
Muckstadt, J., 854-855
Muir, C. T., 940-941
Mukuch, W. M., 70-71
Mulvey, J. M., 940-941
Murdzek, J. P., 70-71
Murphy, F. H., 17-18
Murray, W., 565-566
Murty, K. G., 70-71

N

Naccarato, B. L., 854-855
Nair, S. K., 872-873
Nance, R. E., 939-940
Nash, J., Jr., 623
Nazareth, J. L., 246
Neale, J. J., 854-855
Neeves, W., 70-71
Nelson, B. L., 939-940
Nemhauser, G. L., 497-498
Newton, Sir Isaac, 529-530n
Neyman, J., 537n
Ng, M. K., 722
Nickerson, K. S., 391-392
Nicol, D. M., 939-940
Nicolay, R. P., 499
Nigam, R., 17-18, 908-909
Nuijten, W., 497-498
Nydick, R. L., 17-18

O

Odoni, A. R., 497-498
Oh, J., 17-18, 793, 908-909, 939-940
O'Keefe, E., 17-18
Onvural, R., 778
Orlin, J. B., 391-392
Orzell, R., 854-855
Owen, G., 638
Owen, J. H., 17-18, 456n, 770-771, 939-940
Ozer, O., 854-855

P

Paich, M., 939-940
Palacios, J. L., 722
Pang, J. S., 526-527n
Papadopoulos, H. T., 779
Parsons, H., 779
Parthasarathy, T., 638
Patchong, A., 718
Pearson, J. N., 807-808n
Peck, K. E., 17-18
Peck, L. G., 757n

Pederson, S. P., 872-873
Peeters, W., 17-18, 854-855
Pennings, J. M. E., 672-673n
Perdue, R. K., 657-859
Peretz, A., 515-516
Pfeil, G., 940-941
Phillips, N., 391-392
Pidd, M., 17-18
Pinto-Prades, J. L., 679-680
Pitsoulis, L., 497-498
Poole, D., 779
Popov, A., Jr., 481-482
Potts, K., 499
Powell, W. B., 17-18, 391-392
Prabhu, N. U., 758-759n, 779
Prior, R. C., 391-392
Pri-Zan, H., 515-516
Pruneau, R., 17-18
Pudar, N., 939-940
Puget, J. F., 497-498
Punnen, A., 617-618
Puterman, M. L., 652-653, 890-891
Pyrgiotis, Y., 939-940

Q

Queille, C., 391-392
Quillinan, J. D., 499
Quinn, P., 779

R

Raar, D. J., 70-71
Raiffa, H., 679-680
Rakshit, A., 363-364
Ramaswami, V., 779
Ramezani, V. R., 890-891
Randels, D., Jr., 318n
Rao, B. V., 499
Rapp, J. U., 854-855
Rardin, D., 565-566
Raskina, O., 499
Reeves, C. R., 617-618
Reiman, M., 758-759n
Reinfeld, N. V., 310-311n
Resnick, S. I., 722
Rice, R., 854-855
Rinnooy Kan, A., 854-855
Robbins, J., 499
Romeijn, H. E., 41n
Rothberg, E., 497-498
Roundy, R., 823-824, 826-827, 838n, 854-855
Rousseau, J.-M., 391-392
Ruark, J. D., 854-855
Russell, E. J., 310-311n, 311-312
Ryan, D. M., 449-450

S

Sabuncuoglu, I., 939-940
Sahoo, S., 481-482
Saltzman, M., 284-285
Samelson, Q., 499
Samuelson, D. A., 779
Samuelson, W. F., 638
Sanchez, S. M., 939-940
Saniee, I., 391-392
Sargent, R. G., 939-940
Sarker, R., 617-618
Sasaki, T., 70-71
Schaible, S., 559-560n
Scheff, R. P., Jr., 499
Schmidt, C., 939-940
Schneur, R., 499
Scholz, B. J., 70-71
Schrage, L., 69-70, 139-140
Schriver, A., 497-498
Schuster, E. W., 56-57
Scneur, A., 499
Scott, A. C., 449-450
Scraton, R. E., 757n
Seelen, L. P., 763-765n
Self, M., 17-18, 21-22
Sen, A., 638
Sennott, L. I., 890-891
Serfozo, R., 779
Seron, J., 70-71
Seshadri, S., 797-798n
Sethi, S. P., 854-855
Setya, A., 793, 939-940
Shang, K. H., 830n
Shanno, D., 284-285
Shanthikumar, J. G., 797-798n, 838n
Sharpe, W., 514-515
Sheehan, M. J., 499, 779, 920-921
Sheffi, Y., 391-392
Shell, M. C., 940-941
Shen, Z.-J. M., 838n, 854-855
Shenoy, P. P., 678-679n
Shepard, D. M., 41n
Shepard, R., 890-891
Sherbrooke, C. C., 854-855
Shmoys, D. B., 838
Shwartz, A., 890-891
Siegel, A. F., 517n
Sim, M., 246
Simard, R., 915-916n
Simchi-Levi, D., 854-855
Simester, D., 797-798n
Simon, H., 12
Slavens, R. L., 391-392
Smidts, A., 672-673n
Smit, W. J., 499
Smith, B. C., 499, 854-855
Smith, D. K., 436

Smith, J., 813-814, 939-940
Smith, J. E., 679-680, 890-891
Sniedovich, M., 436
Solanki, R. S., 412-413
Song, C., 11-12
Song, G., 499
Song, L.-S., 830n
Sorenson, R., 499
Soucy, R., 497-498
Soumis, F., 17-18
Soyster, A. L., 273n
Spencer, T., III, 499, 779, 920-921
Srinivasan, M. M., 391-392
Steiger, D., 391-392
Stepto, D., 939-940
Stidham, S., Jr., 778, 779
Stone, R. E., 526-527n
Stripling, W., 391-392
Stuart, H., 638
Subramanian, R., 284-285, 499
Sun, X., 497-498
Sutcliffe, C., 16-17
Suyematsu, C., 779
Swain, J., 939-940
Swann, T. K., 318n
Swart, W., 464-465, 940-941
Sweeney, D. J., 292, 499
Swersy, A. J., 779
Szép, J., 638
Szidarovsky, F., 638

T

Taj, S., 940-941
Talluri, G., 854-855
Tamiz, M., 617-618
Tang, C. S., 854-855
Taylor, P. E., 17-18
Tayur, S., 813-814, 854-855
Tekerian, A., 17-18
Tekin, E., 939-940
Teo, C.-P., 854-855
Thapa, M. N., 139-140, 176, 246, 330-331, 391-392
Thiele, A., 853-854
Tian, N., 779
Tijrns, H. C., 722, 757-758n, 763-765n
Timmer, G., 497-498
Tiwari,V., 854-855
Todd, M. J., 133-134
Toledano, D., 70-71
Trafton, L. L., 854-855
Trench, M. S., 872-873
Tretkoff, C., 139-140
Trimarco, J., 391-392
Troyer, L., 813-814

Tseng, M. M., 70-71
Tucker, A. W., 537
Turnquist, M. A., 17-18, 770-771, 939-940
Tuy, H., 303-304n
Tyagi, R., 499

U

Urbanovich, E., 652-653
Uys, S., 499

V

Vandaele, N. J., 779
Vanderbei, R. J., 139-140, 176, 246, 273n, 284-285, 391-392
van der Merwe, W. L., 499
Vander Veen, D. J., 770-771, 939-940
van Doremalen, E., 17-18, 854-855
Van Dyke, C., 349-350
Van Hoorn, M. H., 763-765n
van Ryzin, K., 854-855
van Swaay-Neto, J. M., 69-70
Van Veldhuizen, D. A., 617-618
van Wachem, E., 17-18, 854-855
Vasquez-Marquez, A., 391-392
Veen, D. J. V., 17-18
Veinott, A. F., Jr., 880-881n
Vogel, W. R., 310-311n, 311-312
von Winterfeldt, D., 679-680
Vromans, M., 497-498

W

Wagemaker, A. de P., 69-70
Wagner, H. M., 404
Wallace, C. A., 449-450
Wallace, S. W., 246
Walls, M. R., 646-647
Wan, Y-w., 70-71
Wang, H., 872-873
Wang, K., 939-940
Wang, K. C. P., 890-891
Wang, Z., 321-322n
Ware, K. A., 497-498
Waren, A. D., 17-18
Wasem, O. J., 391-392
Webb, J. N., 638
Wegryn, G. W., 292, 499
Wei, K. K., 854-855
Weigel, D., 589-590
Wein, L. M., 6
Weintraub, A., 70-71
Wendell, R. E., 246
Wessells, G. J., 499
White, A., 11-12, 499

White, D. J., 890-891
White, R. E., 807-808n
White, T., 854-855
Whitt, W., 939-940
Willems, S. P., 854-855
Williams, H. P., 17-18, 69-70, 497-498
Wilson, A. M., 497-498
Wilson, J. R., 807-808n
Winkler, R. L., 679-680
Wiper, D. S., 499
Wolfe, P., 542n, 554n
Wolsey, L. A., 497-498
Wong, C. K., 391-392
Wong, R. T., 391-392
Woodgate, A., 517n
Wright, G., 679-680
Wright. M. H., 565-566
Wright, P. D., 17-18
Wright, S. J., 41n
Wu,O. Q., 807-808n
Wu, S. D., 854-855
Wunderling, R., 497-498

Y

Yamauchi, H. M., 391-392
Yan, D., 69-70
Yan, H., 854-855
Yang, L., 793, 939-940
Yaniv, E., 813-814
Yao, D. D., 778, 854-855
Yao, X., 617-618
Ye,Y., 139-140, 176, 284-285, 565-566
Yildirim, E. A., 133-134
Yoshino, T., 70-71
Young, E. E., 652-653
Young, W., 391-392
Yu,G., 11-12, 363-364, 499
Yu,O. S., 758-759n, 761-763n

Z

Zaider, M., 40
Zang, I., 559-560n
Zaniewski, J. P., 890-891
Zhang, H., 854-855
Zhang, Z. G., 779
Zheng, Y. S., 831-832n
Zhou, S. X., 830n
Zhuang, J., 638
Ziemba, W. T., 16-17
Zimmerman, R., 391-392
Zipken, P., 854-855
Zipken, P. H., 854-855
Zografos, K. G., 939-940
Zouaoui, F., 499

ÍNDICE

A

abordagem de equipe, 2-3
abordagem de modelagem da pesquisa operacional (PO)
   aplicação do modelo, 14-16
   definindo o problema e reunindo dados, 7-8
   derivando soluções da, 11-14
   implementação, 15-17
   modelo matemático, formulando, 9-12
   testando o modelo, 13-15
acréscimo/decréscimo permissível, 137-138
administração de ecossistemas florestais, a longo prazo, 215
administração de fazendas, 261
Air New Zealand, 449-450
álgebra do método simplex. *Veja* método simplex, álgebra do algoritmo de aperfeiçoamento de políticas
   formulação da programação linear, 887-888
   para políticas ótimas nos processos de decisão de Markov, 878-884
   resumo do (critério do custo descontado), 885-887
algoritmo de aproximação linear sequencial (Frank-Wolfe), 554-557
algoritmo de propósito genérico, 321-322
algoritmo do caminho aumentado
   aplicação ao problema do fluxo máximo do Seervada Park, 357-360
   definição, 356-357
   encontrando, 359-361
   para o problema do fluxo máximo, 356-358
algoritmo do ponto interno (de Karmarkar), 130-133
   esquema de centralização para implementenção de conceito, 2-3, 277-279
   gradiente para implementação dos conceitos 1 e 2, usando o, 276-277
   gradiente para os conceitos 1 e 2, relevância do, 274-276
   introdução, 20-21
   resumo do, 280-284
   resumo e ilustração do, 277-280
algoritmo húngaro
   elementos zero adicionais, criação de, 327-330
   resumo do, 329-330
   tabelas de custos equivalente, papel das, 325-328
algoritmos
   aperfeiçoamento de políticas, 884-888
   aproximação sequencial, 553-554
   barreira, 128-132
   busca de tabus, descrição da, 589-591
   Courseware de PO, 3-6
   de Frank-Wolfe, 554-557
   de propósito genérico, 321-322
   de tempo exponencial, 132-133
   de tempo polinomial, 132-133
   de transição, 134-135
   definição, 3-5, 11-12
   do caminho aumentado, 356-361
   irrestritos sequenciais, 553
   iterativos, 87
   maleabilização simulada básica, descrição da, 600-602
   método simplex dual, 262-266
   otimizados, 290-291
   para o problema do caminho mais curto, 346-348
   por gradiente, 553
   programação convexa, 557-558
   programação linear paramétrica, 265-271
   ramificação e avaliação progressiva, para PIM, 479-486
   subcircuito invertido, 586-589
   técnica do limite superior, 271-273
   Veja também os títulos individuais
algoritmos genéticos
   como Evolutionary Solver, 564-565
   conceitos básicos, 607-609
   descrição de, 608-610
   exemplo do problema do vendedor viajante, 612-615
   geração de um filho, procedimento para, 614-616
   versão inteira do exemplo de programação não linear, 609-612
aliados, ajudando os, 402-403
alternativas mutuamente exclusivas, 444, 453
alunos, distribuição de, em escolas, 150-151, 261, 511
AmeriBank, 150-151
American Airlines, 449-450
AMPL, 63-64
análise "o que-se", 13
análise de decisão
   aplicação prática da, 677-679
   árvores de decisão, 657-662
   exemplo de protótipo, 644-645
   teoria da utilidade, 671-678
   tomada de decisão com experimentação, 651-658
   tomada de decisão sem experimentação, 645-651
análise de investimentos usando modelos PIB, 445-447
análise de pós-otimalidade
   análise de sensibilidade, 124-125
      usando o Excel para gerar informações, 125-127
   definição, 13
   na programação linear paramétrica, 127-128
   preços-sombra, 122-124
   reotimização, 121-122

análise de risco financeiro, 909-910
análise de sensibilidade
   com a regra da decisão de Bayes, 649-651
   definição, 9-10
   essência da, 204-211
   na análise de pós-otimalidade, 124-125
     usando o Excel para gerar informações, 125-127
   na hipótese da certeza, 37-38
   resumo do procedimento para, 211
   sistêmica (programação paramétrica), 226-232
análise de sensibilidade, aplicação da
   análise de sensibilidade sistêmica (programação paramétrica), 226-232
   introdução de novas restrições, 225-227
   introdução de novas variáveis, 221-223
   mudanças em b^i, 212-218
   mudanças nos coeficientes de variável básica, 222-226
   mudanças nos coeficientes de variável não básica, 217-222
análise de sensibilidade, na teoria da dualidade
   coeficientes de variável não básica, mudanças nos, 202-204
   novas variáveis, introdução de, 203-205
   outras aplicações, 204-205
análise de sensibilidade, realizando em planilhas
   árvores de decisão, 660-672
     (*Veja também* árvores de decisão, realizando análise de sensibilidade usando planilhas)
   outros tipos de análise de sensibilidade, 244-245
   usando o relatório de sensibilidade para realizar análise de sensibilidade, 125, 239-245
   usando o Solver Table bidirecional para análise de sensibilidade, 237-240
   usando o Solver Table para realizar análise de sensibilidade de forma sistemática, 234-236
   verificando mudanças bidirecionais num modelo, 234-238
   verificando mudanças individuais num modelo, 231-234
análise de sensibilidade bidirecional, usando o Solver Table para, 237-240
análise do custo marginal, 385-388
análise incremental, 208-210

antecessores imediatos, 379-381
aplicações da simulação para o setor de saúde, 910-911
aplicações militares em aplicações da simulação, 910-911
aproximação quadrática, 530-531
aproximações sucessivas, método da
   processos de decisão de Markov de período finito, 887-889
   resolvendo exemplo de protótipo através de, 889-890
arco, 342-343
   básico, 371-372
   capacidade, 345-346
   direcionado, 342-343
   não básico, 371-372
   não direcionado, 342-343
   reverso, 370
ARKI Consulting, 546-547
árvore de enumeração, 469-470
árvore de expansão, 344-346
   com restrições mínimas, 590-595
   e soluções BV viáveis, 371-373
   solução, 371-372
   viável, 371-373
   Veja também problema da árvore de expansão mínima
árvore de ramificação, 469-470
árvore de soluções, 469-470
árvores de decisão
   análise, executando, 657-662
     (*Veja também* árvores de decisão, executando análise de sensibilidade usando planilhas)
   construção, 657-859
   definição, 431-432
árvores de decisão, executando análise de sensibilidade usando planilhas
   para realizar a análise de sensibilidade, 663-668
   primeiro problema da Goferbroke Co., como o TreePlan constrói a árvore de decisão para o, 662-665
   problema completo da Goferbroke Co., árvore de decisão para, 663-665
   usando o Senslt para criar três tipos de gráficos de análise de sensibilidade, 667-672
   Veja também problema da Goferbroke Co.
Assume Linear Model, opção, no Excel Solver, 60-61
Assume Non-Negative, opção, no Excel Solver, 60-61
AT&T Bell Laboratories, 130-131, 735, 920-921
atendentes, 729-730
   determinando o número de, 774-776

atendimento dos caixas em um banco, melhorando a eficiência do, 746
atividade-no-nó (ANN), 381-382
atividades concorrentes, recursos limitados alocados a, 20
Ault Foods Limited, 447-448
aumento nas vendas e no rendimento da produção, 21-22
Automobile Alliance, 80-81

B

backlogging, 797-798
bancos de dados, 14-16
Bank Hapoalim Group, 515-516
Bank One Corporation, 872-873
BASIC, 920-922
BendX, 5-6
Better Products Company, problema da, 322-326
b^i
   lados direitos não negativos de, 83, 90-91
   mudanças em, 212-218, 269-271
braquiterapia, 40
busca de tabus
   algoritmo, descrição do, 589-591
   conceitos básicos, 588-589
   exemplo do problema do vendedor viajante, 595-598
   perguntas e respostas, 591-593, 595-596
   problema da árvore de expansão mínima com restrições, 590-595

C

cadeia de suprimento, 813-814
   controle de estoques na, 813-814
cadeia de suprimento global, 447-448
cadeias de Markov
   cadeias de Markov de tempo contínuo, 717-722
   equações de Chapman-Kolmogorov, 701-705
   estados das (*Veja* cadeias de Markov, estados das)
   explicação, 695-792
   formulando o exemplo envolvendo clima na forma de, 792-794
   formulando o exemplo envolvendo estoques na forma de, 794-700
   mais exemplos de, 699-702
   processos estocásticos, 693-695
   propriedades de longo prazo, 706-713
   tempos de primeira passagem, 712-715
   Veja também os títulos individuais

cadeias de Markov, estados das
    absorventes, 714-717
    estados recorrentes e estados transientes, 704-707
    propriedades de periodicidade, 706-707
cadeias de Markov de tempo contínuo
    formulação, 717-718
    probabilidades de estado estável, 720-722
    variáveis aleatórias fundamentais, 718-720
California Manufacturing Company, 442-445
call centers
    alocação de pessoal, 82
    projeto e operação de, 920-921
Call Processing Simulator (CAPS), 920-921
caminho, 343-344, 381-382
    aleatório, 714-715
    direcionado, 343-344
    não direcionado, 343-344
caminho crítico
    definição, 383-384
    em relações conflitantes tempo-custo, 381-384
Canadian Pacific Railway, 349-350
canais de distribuição para revistas, administração de, 836
canais para distribuição de revistas, gerenciamento de, 836
câncer de próstata, 40
capacidades residuais, 356
CAPS (Call Processing Simulator), 920-921
características, cobrindo todas as, 461-463
células
    ajustáveis, 57-58
    de dados, 55-56
    de destino, 58-59
    de saída, 57-58
    doadoras, 314-315
    hipótese, procedimento para definição, 925-926, 928
    modificando, 57-58
        múltiplas, 237-239
    objetivo, 58-59
    previsão, procedimento para definição, 926, 928-932
    receptoras, 314-315
células pressupostas, procedimento para definir, 925-926, 928
cenários, 13-14
Center for Operations Research in Medicine and Health Care, 40
cereal matinal, promoção de, 82, 579-580

China, 448-449
ciclo, 343-345
ciclos em um *loop* eterno, 101n
ciência da administração, 1-2 (*Veja também* pesquisa operacional)
clientes, 8-9
cobertura mínima de restrição, 491-492
coeficientes
    da função objetivo coeficientes, analisando mudanças simultâneas nos, 221-222, 241-245
    de variáveis básicas, mudanças nos, 222-226
    de variáveis não básicas, mudanças nos, 202-204, 217-222
    função objetivo, analisando mudanças simultâneas nos, 221-222, 241-245
    intervalo permissível de, 126-127, 219-222
    não negativos, 262-263
    negativos, 168, 264-265
    tecnológicos, 125
CoinMP, 5-6, 129-130
coluna-pivô, 98
combinação convexa, 102-103
Comissão de Planejamento Estatal Chinesa, 448-449
companhias aéreas
    aplicações usando modelos PIB, 448-451
    escalas de tripulação, 449-452
    programação de turnos de trabalho nas centrais de reserva e nos balcões em aeroportos, 51-52
    transtornos causados nas programações dos voos, 11-12, 363-364
conceito do "dividir para conquistar", 470-473, 481-482
conceitos geométricos, 83-84
condição de estado estável, 732-733
condição transiente, 732-733
condições KKT (condições de Karush-Kuhn-Tucker)
    para otimização restrita, 537-541
    para programação quadrática, 542-543
conjunto convexo, 520-522
conjunto de dados, densidade de, 66-67
conjuntos de cozinha, estocando, 510-511
Conoco-Phillips, 646-647
CONOPT, 5-6, 546-547, 560-561
constante conhecida, 37
Continental Airlines, 11-12, 15-16, 450-452
controle de estoques científico, 794-795

controle de estoques *just-in-time* (JIT), 807-809
controle de resíduos sólidos, 363-364
corte, 359-360
Courseware de pesquisa operacional
    algoritmos e, 3-6
    exemplo adicional, 100
    exemplos de simulação, 907
    Exemplos Trabalhados, 5-6, 26-27
    outro exemplo, 96-97, 100
    para exemplos de programação linear, 25-27
    Queueing Simulator, 905-906
    software para solucionar modelos PIB, 444-445
    solvers disponíveis através do, 5-6
    Tutor PO (*Veja* Tutor PO)
    Tutorial IOR (*Veja* Tutorial IOR)
CPLEX, 5-6, 26-27
    algoritmo de barreira no, 128-132
    algoritmo de transição no, 134-135
    método simplex dual, experiência computacional com, 262-263
    para programação convexa, 559-561
    para programação quadrática, 545-547
    para solucionar modelos PIB, 444-445
    sistema de desenvolvimento ILOG OPL-CPLEX, 495-496
    sistema de desenvolvimento OPL-CPLEX, 129-130
    versão educacional do, 68-69
CPLEX 11, 128-130
CPM (método do caminho crítico), 379-380
    de relações conflitantes tempo-custo, 341-342, 379-380, 383-384
crescimento exponencial, 463-464
CrewSolver, 15-16
critério de probabilidade máxima, 647-649
critério do custo descontado, 885-887
critério do custo descontado em processos de decisão de Markov
    algoritmo de aperfeiçoamento de políticas, 884-888
    método de aproximações sucessivas, 887-890
critério do minimax, 630-631, 627-628
critério do prêmio maximin, 646-648
Crystal Ball, 923-933, 935-936
custo de atendimento, 774
custo de atendimento esperado por unidade de tempo = $E(SC)$, 774-776
custo de espera, 774
custo de implantação, 45-46, 794-795

custo de manutenção em estoque, 795-797
custo de transporte, descontos por volume no, 513-515
custo estimado da espera por unidade de tempo = $E(WC)$, 774-776
custo para encomendar, 795-796
custo para fazer pedidos, 796-797
custo por falta de produto, 795-798
custo por negar embarque, 850
custo total esperado por unidade de tempo = $E(TC)$, 774-776
custo unitário de produção, 794-795
custos na lanchonete, cortando, 82

D

da fábrica, 64
dados
   coleta e processamento, 8-9
   coleta para estudo de simulação, 920-921
   determinação de valores de parâmetros para problemas reais, 9-10
   necessários para modelos de programação linear, 27-29
   para programação linear, exemplo da Wyndsor Glass Co., 21-23, 27-28
   reunindo, 7-9
Dash Optimization, 128-129
data mining, 8-9
decisão inicial experimental, 122-123
decisão política, 409
decisões contingentes, 444
decisões impactadas
   decidindo quais projetos devem ser impactados, 384-388
   em relações conflitantes tempo-custo, 383-384
   novo enunciado do problema, 386-388
   parcialmente impactadas, 383-385
   ponto de impacto, 383-385
   usando programação linear para tomar, 386-391
Deere & Company, 813-814
definido equações, 153-156
degeneração, 154-156
Delta Air Lines, 449-450
demanda, 293-294, 794-795
   de produtos, tipos diferentes de, 806-808
   dependente, 806-807
   independente, 806-807
densidade de conjunto de dados, 66-67
descendentes, 470-471
descontos por quantidade, com o modelo EOQ, 803-805

descontos por volume nos custos de transporte, 513-515
desempenho do pior caso, 132-133
designados, 318
destino "fantasma", 300-301
destinos, 293-294
diagrama de árvores de probabilidades, 653-654
dias de produção disponíveis, 64
Digital Equipment Corporation, 447-448
dígitos aleatórios, tabela de, 911-912
dilema da formação de filas, 793
dinheiro em movimento, 400-402
disciplina de filas, 729-730
distribuição degenerada, 730-731
distribuição exponencial
   em sistemas de filas, 735-741
   observações aleatórias a partir de uma distribuição de probabilidades, geração de, 917-919
   política de estoques ótima, solução aproximada para, 845-846
distribuição hiperexponencial, 762-764
distribuição prévia, 645-647
distribuições chi-quadrado, 918-919
distribuições de Erlang, 758-759, 917-919
distribuições de Erlang generalizadas, 762-764
distribuições de tipo-fase, 762-764
distribuições discretas simples, 915-916
distribuições não exponenciais envolvendo modelos de filas
   modelo M/D/s, 758-759
   modelo M/Ek/s, 759-761
   modelo M/G/1, 757-759
   modelos sem entrada de Poisson, 761-763
   outros modelos, 761-765
distribuições normais, 918-919
distribuindo cientistas em equipes de pesquisa, 419-422
Distribution Gallery, 925-927
dois exemplos de demonstração, 907
dualidade, interpretação econômica
   do método simplex, 193-195
   do problema dual, 191-194
duração de projeto, 381-382
duração do ciclo, 913-914

E

elasticidade dos preços, problema com mix de produtos com, 512-515
elementos zero adicionais, criação de, 327-330
eliminação Gaussiana, forma apropriada a partir da, 91-92, 94-96, 111-112, 116, 210-211

embarque negado em voo, 850
empresa comercial localizada em um único país, 8-9
enésimo nó mais próximo, 346-348
enriquecimento do modelo, 10-11
entrada de Poisson, 744-746
   modelos sem, 761-763
   processo, 738-739
entradas que não são zero, 66-67
entre dois participantes, jogos de soma zero, 623-625
   formulação como, 624-630
entregas
   despachando mercadorias usando modelos PIB, 447-449
   planejamento de, 3-5
equações, definição de, 153-156
equações de Chapman-Kolmogorov
   matrizes de transição em n etapas para exemplo relativo a estoques, 702-704
   matrizes de transição em n etapas para exemplo relativo ao clima, 702-703
equações de equilíbrio, 720, 742-743
equações de estado estável, 720
equipe de usuários, 14-15
escala de funcionários em restaurantes, 464-465
escala de pessoal, 50-54
escoadouro, 355-356
escoadouro "fantasma", 356
escolha de local usando modelos PIB, 446-447
estado absorvente, 701-702, 705-706
estado de natureza, 645-646
estados absorventes de cadeias de Markov, 714-717
estados de estágios, 409
estados ergódigos, 706-707
estados recorrentes e transientes em cadeias de Markov, 704-707
estados recorrentes na cadeia de Markov, 704-707
estados transientes em cadeias de Markov, recorrentes, 704-707
estágios de um problema, 409
estoque
   ao longo de uma cadeia de suprimento, gerenciamento de, 813-814
   capacidade, 64
   níveis, redução de, 92-93
   reduzindo o estoque de itens em fabricação, 792-793
estoque de itens em fabricação, reduzindo o, 792-793
estratégia, 624
   dominada, 626-627
   mista, 629-632
   pura, 629-630
estratégias dominadas, 626-627

estratégias mistas, 629-632
estratégias puras, 629-630
estrutura da vizinhança, 591-592, 601-602, 605-606
EVE (valor esperado da experimentação), 656-658
Evolutionary Solver, 564-565
EVPI (valor esperado da informação perfeita), 655-657
Excel
   Frontline Systems, 129-130
   gabarito, 5-6
   gabaritos de modelos EOQ, 805-806
   módulos adicionais inclusos no *site* da editora, 5-6
   para a análise de pós-otimalidade, 125-127
   para a programação quadrática, 545-547
   para o problema de transporte, 296-299
   para o problema do caminho mais curto, 347-350
   Queueing Simulator, 905-906
   RANDO, função, 898-899, 911-912
   Senslt, módulo adicional, 667-672
   Solver (*Veja* Excel Solver)
   SUMPRODUCT, 57-59
   TreePlan, módulo adicional, 660-665
Excel Solver, 5-6
   Assume Linear Model, opção, 60-61
   Assume Non-Negative, opção, 60-61
   caixa de diálogo, 58-63
   Premium Solver para Education, 5-6, 58-60, 129-131
   relatório de sensibilidade, usando para realizar a análise de sensibilidade, 239-245
   Table (Veja Solver Table)
   usando para encontrar ótimos locais, 561-563
   usando para solucionar modelos de programação linear, 58-64
execução automática em um computador, 96-97n
exemplo da Supersuds Corporation, 458-462
exemplo de demonstração, 88-89
exemplo de estoque
   do processo estocástico em cadeias de Markov, 694-695
   formulação como uma cadeia de Markov, 794-700
   matrizes de transição em *n* etapas para, em equações de Chapman--Kolmogorov, 702-704
exemplo de minimização pequeno, 444-445

exemplo do problema do vendedor viajante
   algoritmos genéticos, 612-615
   busca de tabus, 595-598
   maleabilização simulada, 601-605
   natureza da metaheurística, 584-587
exemplo envolvendo clima
   de processo estocástico em cadeias de Markov, 694
   formulando as cadeias de Markov, 792-794
   matrizes de transição em *n* etapas para equações de Chapman-Kolmogorov, 702-703
exército americano, planejamento logístico da operação Tempestade no Deserto, 412-413
Express-MP, 128-129
expressões matemáticas dimensionalmente consistentes, 13-14
extensão de turnos, o melhor mix de, 52-53

F

falta planejada de produto, modelo EOQ com, 801-804
fator de desconto, 797-798
fator de utilização, 731-733
fatores multiplicativos, 107-108
Federação Russa, 402-403
fila, 729-730
filas infinitas, 770-771
filho, procedimento para geração de, 614-616
filhos, 608-610
Financial Journal, 924
fixação de preços sob pressão, 948-949
fluxo saindo, 348-349
fluxo viável máximo, 359-361
folga complementar, 195-196
   relação para soluções básicas complementares, 196-197
fonte de entradas (população solicitante) na teoria das filas, 728-730
forma apropriada a partir da eliminação Gaussiana, 91-92, 94-96, 111-112, 116, 210, 211
forma aumentada, 88-89
forma da função objetivo, 411-412
forma de intersecção da inclinação, 25-26
forma de minimização, 184-185
forma matricial do método simplex. *Veja* método simplex, na forma matricial
forma não padronizada, convertendo para a forma padronizada, 198-199

forma padronizada, 90-91
   convertendo para a forma não padronizada, 198-199
   para problemas de programação linear, 41, 159-160
   para problemas de programação linear primal, 184
   para programação linear geral, 170
   usando matrizes, 163-164
forma tabular do método simplex, 96-100
formas primal-dual, 201-203
formato esparso, 66-67
fórmula de Little, 732-733
fórmula de Pollaczek-Khintchine, 758-759
fórmula EOQ, 808-809
fornecedores, 8-9
FORTRAN, 920-922
fração da capacidade de redução de poluição, 45-47
Franz Edelman Awards para Management Science Achievement, 11-12, 40, 445-446, 450-451, 734-735
Frontline Systems, 129-130
função
   côncava, 557-558
   convexa, 519-522
   de barreira, 557-558
   de probabilidade de transição de tempo contínuo, 718
   de utilidade exponencial, 676
   objetivo, 9-10, 28-29
   separável, 523-524
funcionários, 8-9
funções de utilidade monetária *(U/M),* 671-675
funções lineares, 20
Furniture City, 511

G

GAMS, 63-64
General Motors (GM), 770-771
gerador de números aleatórios, 911-912
gestão da cadeia de suprimento. *Veja* modelos de estoques multiníveis determinísticos para gestão da cadeia de suprimento
gestão de receitas
   modelo de overbooking, 850-852
      exemplo de aplicação, 851-853
   modelo para tarifas com desconto controladas pela capacidade, 848-849
      exemplo de aplicação, 849-850
   outros modelos, 852-854
Good Products Company, exemplo da, 456-459

governo, 8-9
grafia em itálico, 163-164
gráfico aranha, 668-670
gráfico tornado, 669-672
Grantham, Mayo, Van Otterloo and Company, 446-447
Green Earth, 47-48

H

herdando ligações, 613-614
herdando um subcircuito invertido, 613-615
Hewlett-Packard (HP), 735
hiperplanos, 152-153, 155-158
hipóteses
 aditividade, 35-37
 certeza, 37-38
 das exigências, 293-294, 303-304
 de custos, 294-295, 303-304
 divisibilidade, 37
 do modelo estocástico de período simples para produtos perecíveis, 838-839
 do modelo estocástico de revisão contínua, 831-832
 em perspectiva, 37-38
 para sistema multiníveis serial, 820-825
 programação linear (Veja programação linear, hipóteses da)
 proporcionalidade, 32-36
Hit-and-Miss Manufacturing Company, 431-433

I

IBM, 14-15
IBM PC Company na Europa, 908
IFORS (International Federation of Operational Research Societies), 2-3
ILOG, 129-130, 133-134
ILOG CP Optimizer, 496-497
ILOG OPL-CPLEX, sistema de desenvolvimento, 495-497
implementação em computador
 do método simplex, 128-129
 software para programação linear, 128-131
inclinação
 da função de lucro, 33-35
 de uma reta, 25-26
incremento do próximo evento na simulação, 905-907
indicando variáveis, 159-160
indivíduo neutro em relação a riscos, 671-672
indivíduos que buscam risco, 671-672

INFORMS (Institute for Operations Research and the Management Sciences), 2-3, 734-735
insight fundamental no método simplex, 170-174
Institute for Operations Research and the Management Sciences (INFORMS), 2-3, 734-735
inteiros genéricos, representação binária de, 455-456
intensidades de transição, 719
Interfaces (periódico), 2-3, 447-449
interfaces, 2-3
International Federation of Operational Research Societies (IFORS), 2-3
interpretações geométricas do método simplex, 91-92
Interpretation of the Slack Variables (Interpretação das Variáveis de Folga), 88-89
intersecção de uma reta, 25-26
intervalo de valores prováveis, 211
intervalo permissível de coeficientes, 126-127, 219-222
investimentos internacionais, 579-580

J

Job Shoe Company, problema da, 318-323
jogo não viciado, 626-627
jogos, 610
JPMorgan Chase, 872-873

K

K de N restrições, 451-452
KeyCorp, 746

L

L.L. Bean, Inc., 734-735
lados direitos
 intervalo permissível para, 215-216
 mudanças simultâneas nos, analisando, 216-217
 não negativos, 83, 90-91, 103-104, 108-109, 191-192
Las Vegas, ganhando em, 434-436
letras minúsculas em negrito para representar vetores, 163-164
LGO, 5-6, 560-561
ligações, 342-343
limitação, 469-473, 481-482
limite de restrição, 84, 152-153
 intersecção do, 156-157
LINDO, 5-6, 26-27, 129-131
 introdução ao, 135-140
 introdução ao uso do, 135-140

modelos de programação linear grandes formulados em, 64
 para programação convexa, 559-561
 para programação não convexa, 560-561
 para programação quadrática, 545-547
 para solucionar modelos PIB, 444-445
 solver de planilhas What'sBest!, 68-69
 versão educacional disponível na Web, 5-6
LINDO API, 64, 68-69, 131-132
LINDO Systems, Inc., 64, 68-69, 129-130
linear, definição
LINGO, 5-6, 26-27, 129-131
 conjuntos como conceito fundamental do, 68-70
 introdução ao uso do, 135-140
 linguagem de modelagem, 68-70
 modelos de programação linear grandes formulados em, 63-64
 para programação convexa, 559-561
 para programação não convexa, 560-563
 para programação quadrática, 545-547
 para solucionar modelos PIB, 444-445
 versão educacional disponível na Web, 5-6
linguagem de modelagem
 CPLEX (*Veja* CPLEX)
 em modelos grandes, 63-64
 LINDO (*Veja* LINDO)
 LINGO (*Veja* LINGO)
 MPL (*Veja* MPL)
 Optimization Programming Language (OPL), 129-130
 software para, 63-64
linguagem de programação de propósito genérico, 920-922
linha, 97
linha de produção, melhorando a eficiência da, 770-771
linha-pivô, 98
linhas de crédito e taxas de juros para cartões de crédito, administração de, 872-873
linhas de crédito rotativas, administrando o risco de liquidez para, 793
lista de tabus, 588-589, 591-592, 595-596
locais ótimos
 abordagem sistemática para encontrar, 562-565
 múltiplos, problemas de programação não linear com (exemplo), 581-585
 usando o Excel Solver para encontrar, 561-563

loop eterno, girando em um, 101n
lucro por lote produzido, 21-22
lucro total, maximização do, 20-22

M

macros, 67-68
"maldição" da dimensionalidade, 428-429
maleabilização simulada
   algoritmo básico da maleabilização simulada, descrição do, 600-602
   conceitos básicos, 598-601
   exemplo de programação não linear, 603-608
   exemplo do problema do vendedor viajante, 601-605
margens de rejeição, determinando, 431-433
Massachusetts Institute of Technology (MIT), 735
matérias-primas, uso e movimentação otimizados de, 56-57
matriz identidade, 163-164, 166-167, 170, 172-175
matrizes de transição em *n* etapas
   nas equações de Chapman-Kolmogorov, 702-704
   para exemplo relativo a clima, 702-703
   para exemplo relativo a estoques, 702-704
maximização de lucros a longo prazo, 7-8
mecanismo de atendimento, 729-731
média ponderada, 101-102
medida de desempenho, 27-28, 56-57
medida de desempenho global, 10-11
medidas de desempenho, 27-28, 56-57
memorando não técnico, redigindo um, 261
Memorial Sloan-Kettering Cancer Center (MSKCC), 40
mercadorias escassas, 123-124
Merrill Lynch
   administrando o risco de liquidez para linhas de crédito rotativas, 793
   análise para fixação de preços no fornecimento de serviços financeiros, 908-909
   estudo de PO sobre métodos de cobrança de serviços prestados, 8-9
Merrill Lynch (ML) Bank USA, 793
meta-heurística, 12
   algoritmos genéticos, 607-616
   busca de tabus, 588-599
   maleabilização simulada, 598-608
   natureza da (Veja metaheurística, natureza da)

Veja também os títulos individuais
meta-heurística, natureza da
   algoritmo do subcircuito invertido, 586-589
   exemplo do problema do vendedor viajante, 584-587
   problema de programação não linear com múltiplos ótimos locais (exemplo), 581-585
método congruente aditivo, 914-915
método congruente misto, 913-914
método congruente multiplicativo, 914-915
método da aceitação-rejeição, 918-920
método da aproximação de Russell, 308-312
método da aproximação de Vogel, 307-312
método da bissecção, 527-530
método da eliminação de Gauss-Jordan, 94-96
método da loteria equivalente na teoria da utilidade, 673-675
método da transformação inversa, 915-917
   resumo do, 916-918
método de duas fases, 113-118
método do "grande número" (*big M*)
   aplicação, 110-112
   comparação com o método de duas fases, 116-118
   definição, 105-106
   na resolução do exemplo da radioterapia, 112-114, 118-119, 202-203
   para atribuir valor a custos não identificados, 299-303, 323-326
   para introduzir variáveis artificiais, 304-305
método do caminho crítico (CPM). *Veja* CPM (método do caminho crítico)
Método Gráfico, demonstração, 23-24
Método Gráfico e Análise de
método gráfico para programação linear, 25-26, 41
método heurístico, 581
método primal-dual, 122-123n
método SEB (sensato-estranho-bizarro), 200-203
método simplex
   álgebra do (*Veja* método simplex, álgebra do)
   aplicando o, ao exemplo envolvendo radioterapia, 111-114
   conceitos-chave de soluções, 85-88
   configurando, 88-91
   da dualidade, interpretação econômica do, 193-195

definição, 20-21
   desempate no (*Veja* método simplex, desempate no)
   dual (*Veja* método simplex dual)
   exemplo, solucionando, 85-86
   implementação em computador, 128-129
   insight fundamental, 170-174
   interpretações geométricas do, 91-92
   limite de restrição, 84
   minimização, 110-112
   modificado, 543-546
   na forma matricial (*Veja* método simplex, na forma matricial)
   na forma tabular, 96-100
   papéis complementares do, *versus* metodologia do ponto interno, 133-136
   resumo do, 97-99
   revisado, 128, 170, 173-176
   soluções em ponto extremo, 84
   soluções PEF (*Veja* soluções PEF no método simplex)
   teoria do, 152-176
   versões especializadas do, 128-129
   Veja também método simplex de transporte
método simplex, álgebra do
   direção de deslocamento, determinando a, 92-94
   inicialização, 91-92
   nova solução BV, encontrando, 94-96
   onde parar, determinando, 93-94
   solução ótima resultante, 95-97
   teste de otimalidade, 92-93
   para nova solução BV, 95-96
método simplex, desempate no
   na variável básica que sai (Z ilimitado), 101-102
   para variável básica que entra, 101
   para variável básica que sai (degeneração), 101
   soluções ótimas múltiplas, 101-104
método simplex, na forma matricial, 128
   do conjunto de equações atual, 166-168
   observações finais, 170
   resumo do, 168-170
   soluções BV, encontrando, 163-166
método simplex de rede
   no CPLEX, 129-130
   solução BV seguinte, encontrando a, 374-379
   soluções BV e árvores de expansão viáveis, correspondência entre, 371-373
   técnica do limite superior, incorporando, 370-371
   teorema fundamental para, 371-372

variável básica que entra, selecionando, 372-375
variável básica que sai, encontrando, 374-379
método simplex de transporte
   características especiais do exemplo, 315, 317
   configuração, 304-306
   inicialização, 306-312
   iteração, 312-315, 317
   resumo do, 315, 317
   teste de otimalidade, 311-313
método simplex dual
   definição, 121-122
   exemplo de, 264-266
   resumo do, 264-265
método simplex modificado, 543-546
método simplex revisado, 128, 170, 173-176
metodologia da subida mais íngreme/descida mais suave, 588-589
metodologia do ponto interno
   algoritmo de barreira, 128-130
   conceito-chave de solução, 131-133
   versus método simplex, 132-134
   versus papéis complementares do método simplex, 133-136
métodos de Newton
   da otimização irrestrita com uma única variável, 526-532
   da otimização irrestrita com variáveis múltiplas, 531-537
   quase-, 537
métodos quase-Newton, 537
Military Airlift Command (MAC), 412-413
minimização, 110-112
misturas de gasolina, 50-51
mix de produtos, 21-22
modelo clássico de programação não linear para escolha de carteiras, 515-516
modelo com prioridades não preemptivas, resultados para, 765-766
modelo com prioridades preemptivas, resultados para, 767-768
modelo de *overbooking*, 850-852
   exemplo de aplicação, 851-853
modelo de produtos perecíveis. *Veja* modelo estocástico de período simples para produtos perecíveis
modelo de simulação, 896-897
modelo de tarifas com desconto controladas pela capacidade, 848-849
   exemplo de aplicação, 849-850
modelo econômico de quantidade de pedidos. *Veja* modelos EOQ

modelo EOQ básico, 799-802
modelo estocástico de período simples para produtos perecíveis
   análise de (*Veja* modelo estocástico de período simples para produtos perecíveis, análise de)
   exemplo de, 836-838
      aplicação ao, 841-842, 844-845
   hipóteses do, 838-839
   política de estoques ótima (*Veja* política de estoques ótima)
   tipos de produtos perecíveis, 835-836
modelo estocástico de período simples para produtos perecíveis, análise de
   com custo de implantação (K 0), 842-844
   com estoque inicial (I 0) e no custo de implantação (K = 0), 842
   com no estoque inicial (I = 0) e no custo de implantação (K = 0), 839-841
modelo estocástico de revisão contínua
   exemplo de, 834
   hipóteses do, 831-832
   ponto para fazer novos pedidos R, escolhendo, 831-834
   quantidade encomendada Q, escolhendo, 831-832
modelo $M/D/s$, 758-759
modelo $M/E_k/s$, 759-761
modelo $M/G/1$ modelo, 757-759
modelo $M/M/s$
   exemplo do County Hospital baseado em, 750-752
   variação de fila finita do (modelo $M/M/s/K$), 752-755
   variação finita da população solicitante, 755-757
modelo $M/M/s/K$, 752-755
modelo matemático, formulação de, 9-12
modelo serial de dois níveis, 813-818
modelo tratável
modelos de estoques
   componentes dos, 796-799
   determinísticos de revisão contínua, 798-809
   determinísticos multiníveis, para gerenciamento da cadeia de suprimento, 813-830
   estocásticos de revisão contínua, 830-834
   modelos determinísticos de revisão periódica, 808-814
   produtos perecíveis, estocástico de período simples para, 834-846
   Veja também os títulos individuais

modelos de estoques multiníveis determinísticos para gestão de cadeias de suprimento
   extensões dos, 828-830
   fase 1: descrição da (solucionar o relaxamento), 824-826
   fase 2: descrição da (solucionar o problema adaptado), 825-829
   modelo serial de dois níveis, 813-818
   procedimento de arredondamento para n*, 817-820
   sistemas de estoques multiníveis seriais, 819-821
      hipóteses para, 820-825
modelos de filas
   envolvendo distribuições não exponenciais, 757-765
   modelo $M/M/s$, 745-751
   prioridade-disciplina, 763-770
   processo de nascimento e morte, 740-757
   Veja também os títulos individuais
modelos de filas de disciplina de prioridades
   básico, descrição, 763-765
   exemplo do County Hospital com prioridades, 767-770
   modelo com prioridades não preemptivas, resultados para, 765-766
   modelo com prioridades preemptivas, resultados para, 767-768
   variação com um único atendente dos, 766
modelos de otimização de redes
   exemplo de protótipo, 341-343
   método CPM de relações conflitantes tempo-custo, 341-342
   problema da árvore de expansão mínima, 341, 350-355
   problema do caminho mais curto, 341, 345-351
   problema do fluxo de custo mínimo, 341-342, 361-370
   problema do fluxo máximo, 341, 355-362
   relações conflitantes tempo-custo, para otimização de, 379-391
   terminologia de redes, 342-346
   Veja também os títulos individuais
modelos de programação inteira binária (PIB). *Veja* modelos PIB
modelos de programação linear
   dados necessários para, 27-29
   definição, 9-11
   forma padronizada de, 28-29

formas legítimas de, 28-30
formulação em uma planilha, 55-60
grandes, formulando (Veja modelos de programação linear grandes, formulação de)
introdução, 20-21
linguagem de modelagem LINGO, 68-70
linguagens de modelagem, 63-64
terminologia para soluções de, 29-33
usando o Excel Solver para solucionar, 58-64
modelos de programação linear de grande porte, formulação de
com soluções inviáveis, 118-119n
estrutura do modelo resultante, 65-66
linguagem de modelagem LINGO, 68-70
linguagens de modelagem, 63-64
no MPL, 65-69
problema da Worldwide Corporation, 64-65
modelos determinísticos de revisão contínua
controle de estoques JIT, 807-809
tipos de demanda por um produto, 806-808
Veja também modelos EOQ
modelos determinísticos de revisão contínua periódica
aplicação ao exemplo, 811-814
exemplo de, 808-811
para encontrar política de estoques ótima, 810-812
modelos EOQ
básicos, 799-802
com descontos por quantidade, 803-805
com falta planejada de produto, 801-804
definição, 798-799
gabaritos em Excel para, 805-806
observações sobre, 805-807
modelos PIB
análise de investimentos, 445-447
aplicações para companhias aéreas, 448-451
atividades inter-relacionadas, programação de, 448-449
despachando mercadorias, 447-449
escolha de local, 446-447
opções de software para resolver, 444-445
rede de produção e distribuição, projeto, 446-448
variáveis binárias (Veja modelos PIB, variáveis binárias na formulação de)

modelos PIB, variáveis binárias na formulação de
K de N restrições, 451-452
N valores possíveis, funções com, 452-453
problema do encargo fixo, 453-455
representação binária de valores inteiros genéricos, 455-456
restrições ou-ou então, 450-452
modificando células, 57-58
múltiplas, 237-239
monetária, funções de utilidade, 671-675
montadoras eficientes, processo de projeto para, 718
montagem de automóveis, 80-81
morte, 740-741
movimentações de tabus, 588-589, 591-592, 595-596
MPL, 5-6, 26-27
modelos de programação linear de grande porte formulados em, 65-69
OptiMax 2000 Component Library, 64, 130-131
para programação convexa, 560-561
para programação não convexa, 560-561
para programação quadrática, 545-547
para solucionar modelos PIB, 444-445
Tutorial, 68-69
versão educacional do, 63-64, 129-130
MRP (planejamento de necessidades de materiais), 806-808
MSKCC (Memorial Sloan-Kettering Cancer Center), 40
mudanças bidirecionais, verificando no modelo de planilha, 234-238
MultiModal Applied System, 349-350
mutações, 608-609
de ligações herdadas, 614-615
taxa, 609-610

N

N classes de prioridade, 763-765
N valores possíveis, 452-453
nação, 8-9
negócio cerebral, 690-692
Network Analysis Area, 378-379
neutro em relação a riscos, 671-672
níveis de atividade, 52-53
nível, 813-814
nó
conectado, 344-345
de demanda, 345-346, 363-364
"fantasma", 363-364

de suprimento, 345-346
de transbordo, 345-346, 355
definição, 342-343
em árvores de decisão, 657-658
enésimo mais próximo, 346-348
evento, 657-658
no fluxo, 348-349
restrições, 364-365
solucionado, 346-347
nomes de faixas, 55-57
Nori & Leets Co., 44-47, 260-261
notação na teoria das filas, 731-733
novas restrições, introdução de, 225-227
novas variáveis, introdução de, 221-223
número aleatório uniforme, 912-913
número de iterações, 132-133
número-pivô, 98
números aleatórios em aplicações de simulação
características dos, 911-913
geração de, 911-912
métodos congruentes para, 912-916
maleabilização, 600-601
números inteiros aleatórios, 912-913
números pseudo-aleatórios, 912-913

O

o maior valor absoluto, 101
objetivo ilimitado, 29-31, 101-102
obras de arte, designação de, 510
observações aleatórias a partir de uma distribuição de probabilidades, geração de
distribuições de Erlang, 917-919
distribuições discretas simples, 915-916
distribuições exponenciais, 917-919
distribuições normal e chi-quadrado, 918-919
método da aceitação-rejeição, 918-920
método da transformação inversa, 915-917
resumo do, 916-918
ocorrência de transtornos causados nas programações dos voos em companhias aéreas, 11-12
OMEGA, 18-19
Operação Tempestade no Deserto, 412-413
operações algébricas elementares, 94-95
operações com linhas elementares, 98, 115, 116
OPL, 63-64, 495-497

OPL-CPLEX Development System, 129-130
OptiMax 2000 Component Library, 64, 130-131
Optimization Decision Manager, 133-134
Optimization Programming Language (OPL), 129-130
origem "fantasma", 302-303, 356
origens, 293-294
otimização
　global, 560-561
　irrestrita, 521-523
　linearmente restrita, 522-523
otimização irrestrita com uma única variável
　método da bissecção, 527-530
　método de Newton, 529-532
otimização irrestrita com variáveis múltiplas
　método de Newton, 536-537
　procedimento de busca por gradiente, 531-537
otimizando o mix de produtos, 21-22
outras formas de modelos, adaptando a
　exemplo, resolvendo (radioterapia), 111-114
　insight fundamental em, 172-173
　lados direitos negativos, 108-109
　método de duas fases, 113-118
　minimização, 110-112
　restrição funcional na forma, 108-111
　restrições de igualdade, 104-109
　soluções inviáveis, 118-119
　variáveis que podem ser negativas, 118-121

P

P & T Company, 290-291 (*Veja também* problema de transporte)
Pacific Lumber Company (PALCO), 215
pais, 608-610
PALCO (Pacific Lumber Company), 215
para um sistema de equações, graus de liberdade, 89-90n
parâmetros
　definição, 9-10, 28-29
　sensível, 13, 37-38, 124, 205-206
　tabela para problema de transporte, 294-295
　Veja também programação linear paramétrica
parâmetros c_j
　para mudanças sistêmicas em, 265-268
　　resumo do, 265-268
pedidos de licença e reabilitação de alto risco, administração de, 652-653

período de aquecimento, 905-906
PERT, 379-380
pesquisa operacional (PO)
　abordagem (*Veja* abordagem de modelagem da pesquisa operacional (PO))
　aplicações de, descritas nas vinhetas, 3-4
　equipes, 7-8
　impacto da, 2-4
　natureza da, 1-3
　origens da, 1-2
　simulação na, 896-898
pesquisas atuais no campo da programação de restrições, 495-497
PIM
　algoritmo de ramificação e avaliação progressiva para, 479-486
　definição, 442
　para problema do encargo fixo, 453-455
plainas no processo produtivo, 948-949
planejamento, 20
planejamento de entregas da Federal Express Logistical, 3-5
planejamento de necessidades de materiais (MRP), 806-808
planilha
　árvores de decisão, realizando a análise de sensibilidade usando planilhas, 662-672
　bordas e sombreamento de células, 55-56n
　exemplo de controle de estoques para simulação, 924-938
　formulando modelos de programação linear em, 55-60
　para o problema da Goferbroke Co., 663-668
　programação não convexa com, 560-565
　solvers, 5-6, 26-27, 129-131
　Veja também análise de sensibilidade, realizando a, em planilhas; os títulos individuais
planos de corte para PIB pura, geração de, 490-492
PO. *Veja* pesquisa operacional (PO)
poliedro, 154-156
polígono, 154-156
política de estoques
　controle de estoque com base científica, 794-795
　exemplos de, 794-797
　gestão de receitas (*Veja* gestão de receitas)
política de estoques ótima
　algoritmo para encontrar, 810-812
　com (I > 0) K = 0, 842-843
　com I ≥ 0 e K > 0, 844

quando a demanda possui distribuição exponencial, solução aproximada para, 845-846
política deterministica, 872-873
política estacionária, 872-873
política ótima para problemas, 410
política R, Q (ponto para fazer novos pedidos, política da quantidade encomendada), 830-832
políticas aleatórias, 872-874
políticas ótimas nos processos de decisão de Markov
　algoritmo de aperfeiçoamento de políticas para, 879-884
　preliminares, 879-880
poluição do ar, controle da, 44-47, 260-261
ponto de cruzamento, 649-650
ponto de impacto, 383-385
ponto de sela, 627-628
ponto para fazer novos pedidos R, escolha do, no modelo estocástico de revisão contínua, 831-834
pontos extremos ou vértices. *Veja* soluções PEF
pontos internos, 131-132
população, 608-610
　solicitante, (fonte de entradas) na teoria das filas, 728-730
população solicitante (fonte de entradas) na teoria das filas, 728-730
posinomiais, 524-525
prazo de entrega, 797-798
prazo do projeto, 908-909
preços-sombra, 122-124, 127, 137-138, 192-193
prêmios, 645-646
Premium Solver for Education, 5-6, 58-60, 129-131
princípio da otimalidade, 410
prioridades não preemptivas, 763-765
prioridades preemptivas, 765
probabilidade de absorção, 714-715
probabilidades de estado estável, 707-708
　em cadeias de Markov de tempo contínuo, 720-722
　em propriedades de longo prazo de cadeias de Markov, 706-710
probabilidades de estados incondicionais nas equações de Chapman-Kolmogorov, 703-705
probabilidades de política estacionária, 707-708
probabilidades de transição, 792, 717
probabilidades de transição em n etapas, 792
probabilidades de transição estacionária, 695-792, 717

probabilidades posteriores, 651-656
probabilidades prévias, 646-647
problema, definição de, 7-9
problema adaptado, solucionando, 825-829
problema artificial, 103-106, 110-111
problema da árvore de expansão mínima
  algoritmo para, 352-355
  aplicações, 351-352
  com restrições, 590-595
  explicação, 341
  Seervada Park, 352-355
problema da complementaridade, 525-527
problema da complementaridade linear, 526-527
problema da designação
  algoritmo húngaro, 325-330
    (*Veja também* algoritmo húngaro)
  exemplo de designação de produtos a fábricas, 322-326
  exemplo de protótipo, 318-319
  modelo, 319-320
  problema do fluxo de custo mínimo, 367-368
  procedimentos de resolução para, 320-323
problema da designação de frotas, 448-449
problema da diligência, 404-409
problema da Distribution Unlimited Co., 53-56, 365-366
problema da Goferbroke Co., 662-665
  árvore de decisão para o problema completo, 663-665
  como o TreePlan constrói a árvore de decisão para o primeiro, 662-665
  planilha para executar a análise de sensibilidade, organizando, 663-668
  teoria da utilidade, 675-678
  teoria da utilidade aplicada ao problema completo, 675-676
  usando o SensIt para criar três tipos de gráficos de análise de sensibilidade, 667-672
problema da UTI no County Hospital
  modelo *M/M/s*, 750-752
  modelos de filas de disciplina de prioridades, 767-770
problema de rotas de veículos com janelas de tempo (VRPTW), 588-589
problema de transbordo, 303-304, 368
problema de transporte
  com descontos por volume nos custos de transporte, 513-515
  exemplo com destino "fantasma", 298-301
  exemplo com origem "fantasma", 301-304

exemplo de protótipo, 290-294
generalizações do, 303-304
método simplex otimizado para (*Veja* método simplex de transporte)
modelo, 293-297
problema do fluxo de custo mínimo, 366-368
usando o Excel para formular e resolver, 296-299
problema do caminho mais curto
  algoritmo para o, 346-348
  outras aplicações, 349-351
  problema do fluxo de custo mínimo, 368
  Seervada park, 346-348
  usando o Excel para formular e solucionar o, 347-350
problema do encargo fixo, 453-455
problema do esforço da distribuição
  distribuindo cientistas em equipes de pesquisa, 419-422
  problema da Wyndor Glass Company, 427-431
  programação de níveis de emprego, 422-427
  Veja também programação dinâmica
problema do fluxo de custo mínimo, 55-56, 303-304
  aplicações, 361-365
  casos especiais, 367-370
  exemplo de, 365-366
  explicação, 341-342
  formulação de, 364-365
  usando o Excel para formular e solucionar, 366-368
problema do fluxo máximo
  algoritmo do caminho aumentado, 356-361
  aplicações, 356
  problema do fluxo de custo mínimo, 368-369
  Seervada Park, 357-360
  usando o Excel para formular e solucionar, 360-362
problema do jornaleiro, 835
problema do jornaleiro Freddie
  célula de hipótese, procedimento para definição, 925-926, 928
  Crystal Ball, aplicação do, 925-926
  ferramenta para tabelas de decisão, aplicação de, 934
  modelo de planilha para, 925-926
  resultados de simulação, precisão dos, 931-933
  variável de decisão, procedimento para definição, 934-938
problema do mix de produtos, 64-70
  com elasticidade dos preços, 512-515
problema dual, 191-194, 200

problema equivalente, 118-120
problema real, 103-104, 110-111
problemas de mistura, 50-51 *Veja também* problema da Save-It Co.
problemas de partição de conjuntos, 463
problemas de PIB
  algoritmo de ramificação e avaliação progressiva para PIM, 479-486
  exemplo de protótipo, 442-445
  exemplos de formulação (*Veja* problemas de PIB, exemplos de formulação)
  metodologia da ramificação e corte para solucionar problemas de PIB, 485-492
    (*Veja também* técnica da ramificação e corte, para solucionar problemas de PIB)
  programação de restrições, 491-497
    (*Veja também* programação de restrições)
  resolução de, perspectivas na, 463-468
problemas de PIB, exemplos de formulação
  cobertura de todas as características, 461-463
  escolhas quando variáveis de decisão são contínuas, 456-459
  violação da proporcionalidade, 458-462
problemas de programação linear
  análise de pós-otimalidade, 120-128
  implementação em computador, 128-131
  LINDO, 135-140
  LINGO, 135-140
  método simplex, 83-131
  metodologia do ponto interno, 130-136
  outras formas de modelos, adaptando a, 103-121
  reformulação na forma de, 547-552
  tipos especiais de, 128-129
  Veja também os títulos individuais
problemas de programação não linear
  com múltiplos ótimos locais (exemplo), 581-585
  condições KKT para otimização restrita, 537-541
  ilustração gráfica de, 517-522
  otimização irrestrita com uma única variável, 526-532
  otimização irrestrita com variáveis múltiplas, 531-537
  programação convexa, 553-561
  programação não convexa (com planilhas), 560-565
  programação quadrática, 540-547

programação separável, 546-553
tipos de (*Veja* problemas de programação não linear, tipos de)
Veja também os títulos individuais
problemas de programação não linear, tipos de
   otimização irrestrita, 521-523
   otimização linearmente restrita, 522-523
   problema da complementaridade, 525-527
   programação convexa, 523-524
   programação fracionária, 524-526
   programação geométrica, 524-525
   programação não convexa, 524-525
   programação quadrática, 522-524
   programação separável, 523-525
procedimento algébrico, 83
procedimento de busca local, 588-589, 591-592
procedimento de busca por gradiente, 531-537, 582-583
procedimento de indução para trás, 660-662
procedimento de melhoria local, 582-584
procedimento de subida de montanha, 582-583
procedimento de tentativa e erro para construção de retas, 23-26
procedimento para solução gráfica
   na programação linear, exemplo da Wyndsor Glass Co., 23-26
   na teoria dos jogos, 631-634
procedimento que se espalha em todas as direções, 359-360
procedimentos automático, 3-5
procedimentos heurísticos, 12
processamento automático de problemas para PIB pura, 486-491
processo de maleabilização física, 600-601
processo de nascimento e morte
   análise de, 741-743
   explicação, 740-742
   modelos de filas baseados em, 744-757
      (*Veja também* modelo *M/M/s*)
   resultados para, 743-745
processo de Poisson, 738-741
processo estocástico em cadeias de Markov
   definição, 693-694
   exemplo envolvendo clima, 694
   exemplo envolvendo estoques, 694-695
processos de decisão de Markov
   critério do custo descontado, 883-890

   modelo para, 872-875
   políticas ótimas, 878-884
   programação linear, 874-879
   Veja também os títulos individuais
processos de decisão de Markov, exemplo de protótipo de, 869-872
   resolvendo através de enumeração exaustiva, 873-875
   resolvendo através de programação linear, 877-879
   resolvendo através do algoritmo de aperfeiçoamento de políticas, 880-884
   resolvendo através do método das aproximações sucessivas, 889-890
Procter & Gamble, 292
produtos
   designando a fábricas, exemplo de, 322-326
   perecíveis, estocástico de período simples para (*Veja* modelo estocástico de período simples para produtos perecíveis)
produtos dependentes da demanda, 806-807
produtos perecíveis, tipos de, 835-836
programação, 20
programação convexa
   algoritmo de Frank-Wolfe, 554-557
   opções de software para, 559-561
   outros algoritmos, 557-558
   SUMT, 557-560
programação de restrições
   natureza da, 492-493
   pesquisa atual, 495-497
   potencial da, 493-494
   restrições *all-different*, 494-495
   restrições de elementos, 495-496
programação de temperaturas, 600-603, 605-607
programação dinâmica
   determinística, 410-431
   exemplo de protótipo para, 404-409
   probabilística, 430-436
   problemas, características dos, 409-410
programação dinâmica determinística, 410-431
programação dinâmica probabilística, 430-436
   determinando margens de rejeição, 431-433
   ganhando em Las Vegas, 434-436
programação dos níveis de emprego, 422-427
programação fracionária, 524-526
programação geométrica, 524-525
programação inteira. *Veja* programação PI

programação inteira mista. *Veja* PIM
programação linear
   aplicações, *insight* fundamental sobre, 172-174
   artigos publicados sobre, 20
   dados necessários para, 27-28
   desenvolvimento da, 20
   exemplos de, 37-64
   introdução à, 20-21
   opções de software, 128-131
   para tomar decisões impactadas, 386-391
   resolução de jogos através da, 633-637
   terminologia para, 26-28
programação linear, hipóteses da
   aditividade, 35-37
   certeza, 37-38
   divisibilidade, 37
   em perspective, 37-38
   proporcionalidade, 32-36
programação linear, o exemplo da Wyndsor Glass Co.
   conclusões, 25-26
   dados para, 21-23
   estimativas para, 21-22
   formulação como problema, 22-24
   objetivos para, 20-22
   software, 128-131
   solução gráfica, 23-26
   soluções PEF para, 29-32
programação linear em processos de decisão de Markov
   formulação, 876-878
   políticas aleatórias, 875-877
   solucionando o exemplo de protótipo através da, 877-879
programação linear paramétrica
   análise de pós-otimalidade, 127-128
   análise de sensibilidade sistêmica, 226-232
   para mudanças sistêmicas em parâmetros b_i, 268-269
      resumo do, 269-271
   para mudanças sistêmicas em parâmetros c_j, 265-268
      resumo do, 265-268
programação não convexa, 524-525
programação não convexa com planilhas
   Evolutionary Solver, 564-565
   ótimos locais, abordagem sistemática para encontrar, 562-565
   ótimos locais, usando o Excel Solver para encontrar, 561-563
   resolução através de programação não convexa, o desafio da, 560-563
programação não linear
   escolha de carteiras com títulos de alto risco, 514-517

exemplo de maleabilização simulada, 603-608
papel da, na PO, 512
problema de transporte com descontos por volume bis custos de remessa, 513-515
problema do mix de produtos com elasticidade de preços, 512-515
problemas (*Veja* problemas de programação não linear)
problemas de PI, exemplo de, 609-612
versão inteira do (exemplo), 609-612
programação paramétrica. *Veja* programação linear paramétrica
programação PI
    algoritmos de última geração para, no CPLEX, 9-10, 129-130
    definição, 37
    exemplo de programação não linear, 609-612
    explicação, 442-443
    solução, 463-468
    Veja também modelos PIB
programação quadrática
    condições KKT para, 542-543
    método simplex modificado, 543-546
    opções de software, 545-547
    restrições lineares na, 522-524
programação separável
    extensões, 552-553
    na programação convexa, 523-525
    propriedade fundamental da, 549-551
    reformulação como um problema de programação linear, 547-552
projetos de exploração de petróleo, avaliando, 646-647
projetos de pesquisa-e- desenvolvimento, avaliação de, 657-859
proporcionalidade, violação da, 458-462
proporcionalidade hipótese, 32-36
propriedade da folga complementar, 190-191, 195-196
propriedade da simetria, 190-191
propriedade das soluções básicas complementares, 195-196
propriedade das soluções inteiras, 296-297, 320, 365
propriedade fundamental, 673-675
propriedade markoviana, 695, 717
propriedades algébricas de soluções BV, 89-91
propriedades da dualidade, 189-191
propriedades das soluções complementares, 189-190
propriedades de longo prazo das cadeias de Markov
    custo médio esperado por unidade de tempo, 709-711

    custo médio esperado por unidade de tempo para funções de custo complexas, 710-713
    probabilidades de estado estável, 706-710
propriedades de periodicidade nos estados de cadeias de Markov, 706-707
propriedades de soluções ótimas complementares, 189-190, 264-265n
proprietários, 8-9
prova através de contradição, 156-157
PSA Peugeot Citroën, 718

Q

quantidade encomendada Q, escolhendo no modelo estocástico de revisão contínua, 831-832
"Quem Quer Ser um Milionário?", 692
Queueing Simulator, 905-906

R

radioterapia
    exemplo, aplicação do método simplex à, 111-114
    forma primal-dual para, 201-203
    projeto envolvendo, 38-41
radioterapia onde a fonte de radiação é externa, 40
ramificação, 468-473, 481-482
ramos, 657-658
RAND(), função no Excel, 898-899, 911-912
receitas, 797-798
recursos limitados, alocação de, a atividades concorrentes, 20
recursos livres, 123-124
rede conectada, 344-345
rede de produção e distribuição, desenho de uma, usando o modelos PIB, 446-448
rede de projetos, 380-382
rede direcionada, 343-344, 350-351
rede não direcionada, 343-344
rede residual, 356
redes de distribuição, 365
    distribuindo mercadorias através de, 53-56
redes de filas
    descrição, 769-771
    infinitas em séries, 770-771
redes de Jackson, 770-774
redução de colunas, 326-327
redução de linhas, 326-327
região viável, 23-25, 29-30, 84-86
regra da decisão de Bayes
    análise de sensibilidade com, 649-651
    tomada de decisão sem experimentação, 648-650

regra da entrada restrita, 543-544
regra da parada, 587-592, 595-596
regra de seleção da movimentação, 599-600
regra do ponto extremo noroeste, 307-308
regra do ponto médio, 527-528
regra dos 100% para mudanças simultâneas nos coeficientes da função objetivo, 221-222, 241-245
regras do jogo na simulação, 898-904
relação recursiva, 410
relações conflitantes tempo-custo
    caminho crítico, 381-384
    exemplo de protótipo, 379-381
    método CPM de, 341-342, 379-380, 383-384
    para atividades individuais, 383-385
    redes de projeto, 380-382
    Veja também decisões impactadas
relações primais-duais, 184
    relações entre, 197-199
    soluções básicas complementares, 195-198
    Veja também teoria da dualidade
relatório de sensibilidade, usando para realizar análise de sensibilidade, 125, 239-245
relatórios gerenciais, 15-16
relaxamento
    de um problema, 469-470
    lagrangeano, 477
    PL, 464-465, 469-470
    resolução, 824-826
relaxamento lagrangeano, 477
relaxamento PL, 464-465, 469-470
Reliable Construction Co., o problema da, 379-391 *Veja também* relações conflitantes tempo-custo
reotimização
    na análise de pós-otimalidade, 121-122
    na análise de sensibilidade, 211
    técnica, 121-122
replicabilidade, 15-16
representação binária de valores inteiros genéricos, 455-456
resíduos sólidos, reciclagem de, 46-51
restrição de complementaridade, 525-526, 543
restrição global, 494
restrições
    all-different, 494-495
    árvore de expansão mínima com, 590-595
    atuantes, 123-125
    cobertura mínima de, 491-492
    complementaridade, 543
    conhecidas, 205-206

de desigualdade, 88
de elemento, 495-496
de fluxo líquido, 53-54
de igualdade, 88-109
de limite superior, 53-54
de não negatividade, 28-29
definição, 9-10
equalidade, 88
estruturais. *Veja* restrições funcionais
funcional. *Veja* restrições funcionais
global, 494
K de N, 451-452
limite. *Veja* limite de restrição
nó, 364-365
novas, introdução de, 225-227
ou ou então, 450-452
para problema artificial, 103-106, 110-111
para problemas reais, 103-104, 110-111
programação. *Veja* programação de restrições
redundantes, 52-53
restrições funcionais
definição, 28-29
na forma ≥, 108-111
ordinárias, número de, 128-129
restrições limitantes, 123-125
retas, construção de, 23-26
revisão contínua, 798-799
revisão da tabela final, 208-209, 211
revisão do modelo na análise de sensibilidade, 211
revisão periódica, 798-799
revolução dos computadores, 1-2
Rijkswaterstaat of the Netherlands, 11-14
RiskSim, 923-924
rotas de veículos e programação para serviços e entregas domiciliares, 589-590

S

Samsung Electronics, 16-17, 92-93
San Francisco Museum of Modern Art, 510
satisfazendo, 12
Save-It Co., o problema, 46-51
Sears, Roebuck and Company, 448-449, 589-590
Seervada Park
algoritmo do caminho aumentado, aplicação do, 357-360
problema da árvore de expansão mínima, 352-355
problema do caminho mais curto, 346-348
problema do fluxo máximo, 357-360

seleção aleatória de um vizinho imediato, 601-602, 605-606
seleção de projetos, 340
sem *backlogging*, 797-798
sem variável básica que entra, 111-112n
sem variável básica que sai em desempates (Z ilimitado), 101-102
Sensibilidade, 124, 211, 240-241
Senslt Excel, módulo adicional, 667-672
sequência de arcos distintos, 343-344
serviços financeiros, análise para formação de preços no fornecimento de, 908-909
setor de serviços, aplicações da simulação no, 910-911
Simplex Method-Algebraic Form, 96-97, 96-97
Simplex Method-Tabular Form, 100
simulação
de eventos, discretos versus contínua, 897-898
exemplo de controle de estoques (realizando em planilhas), 924-938
(*Veja também* o problema do jornaleiro Freddie)
exemplos de, no Courseware de PO, 907
incremento do próximo evento, resumo do, 905-907
incrementos de tempo fixos, resumo da, 903-906
papel da, em estudos de pesquisa operacional, 896-898
regras do jogo, 898-904
simulação, aplicações da
a outros setores de serviços, 910-911
administração de sistemas de estoque, 908
análise de risco financeiro, 909-910
aplicações militares, 910-911
aplicações no setor de saúde, 910-911
completar um projeto dentro do prazo, estimativa da probabilidade de, 908-909
novas aplicações, 910-912
números aleatórios (*Veja* números aleatórios em aplicações da simulação)
projeto e operação de sistemas de distribuição, 909-910
projeto e operação de sistemas de filas, 908
projeto e operação de sistemas de manufatura, 908-910
Veja também observações aleatórias a partir de uma distribuição de probabilidades, geração de

simulação, um importante estudo de (descrição)
etapa 1: formular o problema e planejar o estudo, 919-921
etapa 2: coletar dados e formular o modelo de estimulação, 920-921
etapa 3: verificar a precisão do modelo de estimulação, 920-922
etapa 4: selecionar o software e construir o programa de computador, 920-922
etapa 5: testar a validade do modelo de estimulação, 920-922
etapa 6: planejar as simulações a serem realizadas, 922
etapa 7: conduzir as execuções de simulação e analisar os resultados, 922-923
etapa 8: apresentar recomendações à administração, 923
simulação contínua, 897-898
simulação de eventos discretos, 897-898
sistema baseado em computador, 14-15
sistema de apoio à decisão, 15-16
para consultores de investimentos, desenvolvimento de, 515-516
sistema de apoio à decisão
baseado em computador, 8-9
fornecendo informações atualizadas para modelo, 14-16
sistema de dois recipientes, 830
sistema de gerenciamento de rotas para coleta e depósito de lixo, desenvolvimento de, 481-482
sistema de montagem, 828-829
sistema de produção, redesenho do, 292
sistema de suporte da direção inteligente, 692
sistema interativo baseado em computador, 15-16
sistemas de atendimento comerciais, 733-734
sistemas de atendimento de transporte, 733-734
sistemas de atendimento interno, 733-734, 774
sistemas de distribuição, 828-829
projeto e operação de, 909-910
redesenho de, 292
sistemas de estoque
computadorizado, 830
controlando, em aplicações de simulação, 908
futuros usuários de, 14-15
sistemas de estoques computadorizados, 830

sistemas de estoques multiníveis seriais,
  modelo para, 819-821
    hipóteses para, 820-825
sistemas de filas
  classes de, 733-735
  distribuição exponencial, 735-741
  projeto, estudos vencedores de prêmio, 734-735
  projeto e operação de, 908
sistemas de manufatura, projeto e operação de, 908-910
sistemas de serviços sociais, 733-734
software
  linguagem de modelagem matemática, 63-64
  linguagem de programação de propósito genérico, 920-922
  pacotes de software comerciais, 5-6, 26-27
  para estudo de simulação, 920-922
  para programação convexa, 559-561
  para programação linear, 128-131
  para programação quadrática, 545-547
  para solucionar modelos PIB, 444-445
  para solucionar problemas de transporte, 296-297
  simulação de eventos discretos, 905-906
software para planilhas em C, 920-922
solução, 29-30
  aumentada, 88-89
  básica, 88-90, 159-161
    superótima, 210
  básica inicial, 121-122
  em forma de produto, 770-771
  equilibrada, 628-629
  estável, 628-629
  experimental inicial, 601-602, 605-606
  instável, 628-629
  inviável, 29-30
  ótima complementar y*, 189-190
  subótima, 12
  viável dual, 198-199
  viável primal, 198-199
solução ótima, 101-102
  absurda, encontrando a, 26-27
  definição, 2-3, 29-31
  desejada, encontrando, 25-26
  em temas de PO, 12
  múltiplos, 29-31, 101-104
  nenhuma, 29-31
  resultante na álgebra do método simplex, 95-97
soluções básicas complementares, 195-198
soluções básicas complementares, relações entre, 196-199

soluções básicas viáveis. *Veja* soluções BV
soluções BV
  adjacentes, 89-91, 95-96
  definição, 88-89, 160-161
  degeneradas, 160-161
  e árvores de expansão viáveis, correspondência entre, 371-373
  encontrando, no método simplex, 94-96
  encontrando, no método simplex na forma matricial, 163-166
  encontrando a solução BV seguinte, no método simplex de rede, 374-379
  iniciais, 91-92, 103-106
  no método simplex, extensões para, 159-163
  propriedades algébricas de, 89-91
  teste de otimalidade para, 92-93, 95-97, 311-312, 377-378
soluções em ponto extremo, 84, 109-110
soluções factíveis em ponto extremo (PEF). *Veja* soluções PEF
soluções iniciais BV, 91-92, 103-106
soluções inviáveis, 118-119
soluções não factíveis em ponto extremo, 84
soluções ótimas múltiplas, 29-31, 101-104
soluções PEF
  adjacentes, 87, 154-157
  aumentadas, 88-89, 159-163
  cinco soluções para o problema da Wyndor Glass Co., 29-32
  definição, 29-31, 152-153
  soluções ótimas e, relações entre, 31-33
  Veja também soluções PEF no método simplex
soluções PEF no método simplex
  adjacentes, 87, 154-157
  aumentadas, extensões para, 88-89, 159-163
  conceitos da solução, 85-88
  limites de restrição compartilhado por, 84
  no método em duas fases, 113-118
  propriedades das, 156-160
  resolução de exemplos, 85-86
  restrição funcional na forma, 109-111
  terminologia, 152-156
  teste de otimalidade, 85-86
soluções viáveis, 29-30, 84, 87
  não, 118-119
  propriedade, 294-295, 365
  Veja também soluções BV
Solve Automatically by the Interior-Point Algorithm, 132-133n, 273

Solve Automatically by the Simplex Method, 96-97
solver de planilhas What's*Best!*, 68-69
Solver Table
  usando o, para análise de sensibilidade bidirecional, 237-240
  usando o, para realizar sistematicamente a análise de sensibilidade, 234-236
solvers, 5-6, 26-27, 129-131
Southern Confederation of Kibbutzim, problema da, 41-44
Southwestern Airways, exemplo, 461-463
SPARSEFILE produce.dat, 66-67
Springfield School Board, 150-151, 261, 511
subcircuito invertido, 586-587
  algoritmo, 586-589
  herança, 613-615
sucesso, etapas para o, 403
sucessor imediato, 379-381
SUM, operador, 67-70
SUM, palavra-chave, 67-68
SUMPRODUCT, 57-59
SUMT, 553, 557-560
Super Grain Corporation, 82, 579-580
suprimento, 293-294
Swift & Company, 21-22
SYSNET, 18-19

T

tabela de decisão, aplicação da ferramenta, 934
tabela de prêmios, 624, 645-646
tabela inicial, 121-122
tabela primal-dual, 184-185
tabela simplex, 96-97
tabela simplex de transporte, 306
tabelas de custos equivalentes, papel das, 325-328
Taco Bell, 464-465
tarefas, 318
taxa de desconto, 797-798
taxa de produção, 20-22, 71-72
tecidos e moda outono, 148-151
técnica da minimização de algoritmos sequenciais irrestritos. *Veja* SUMT
técnica da ramificação e avaliação progressiva, 467-479
  conceito do "dividir para conquistar", 470-473, 481-482
  exemplo, completando, 472-477
  limitação, 469-473, 481-482
  outras opções com, 477-479
  para problemas de PIB (*Veja* técnica da ramificação e avaliação progressiva, para solucionar problemas de PIB)

ramificação, 468-473, 481-482
resumo da, 471-473
técnica da ramificação e corte, para solucionar problemas de PIB
  geração de planos de corte para PIB pura, 490-492
  processamento automático de problemas para PIB pura, 486-491
  subsídios, 485-487
técnica da variável artificial, 103-106
técnica de avaliação e revisão de programas (PERT), 379-380
técnica do limite superior, 68-69
  em problemas de programação linear, 271-273
  incorporando, 370-371
Tecnologia da Informação (TI), 8-9
tempo computacional médio por iteração, 132-133
tempo de atendimento, 729-730
tempo de recorrência, 722
tempo de retenção, 729-730
tempo entre chegadas, 729-730
tempos de atendimento exponenciais, 744-746
tempos de fabricação, reduzindo, 92-93
tempos de primeira passagem, de cadeias de Markov, 712-715
teorema da dualidade, 190-191
teorema de Bayes, 652-653
teorema do corte-min fluxo-max, 359-360
teorema do minimax, 630-631
  comprovação simples, 635
teorema fundamental para o método simplex de rede, 371-372
teoria da dualidade
  aplicações, 190-192
  na análise de sensibilidade, 184, 202-205
    (*Veja também* análise de sensibilidade, na teoria da dualidade)
  outras formas primais, adaptando a, 198-203
  problema dual, origem do, 187-189
  relações primais-duais, resumo do, 189-191
  Veja também relações primais-duais
teoria da utilidade
  aplicação ao problema completo da Goferbroke Co., 675-676
  estimativa de U(M), 676-677
  funções de utilidade monetária, 671-675
  método da loteria equivalente, 673-675
  problema da Goferbroke Co., com utilidades, usando a árvore de decisão para analisar o, 676-678

teoria das filas
  aplicação da (*Veja* teoria das filas, aplicação da)
  definição, 728
  estrutura da (*Veja* teoria das filas, estrutura da)
  exemplo de protótipo, 728-729
teoria das filas, aplicação da
  atendentes, determinando o número de, 774-776
  exemplo de, 775-776
  outras questões, 775-778
teoria das filas, estrutura da
  disciplina de filas, 729-730
  fila, 729-730
  fonte de entradas (população solicitante), 728-730
  mecanismo de atendimento, 729-731
  processo básico da, 728-729
  processo elementar da, 730-732
  relações entre L, W, Lq e Wq, 732-734
  terminologia e notação, 731-733
teoria dos jogos
  entre dois participantes, jogos de soma zero, 623-625
  extensões, 637-638
  formulação como, 624-630
  jogos com estratégias mistas, 629-632
  jogos simples, solucionando (exemplo de protótipo), 624-630
  procedimento para solução gráfica, 631-634
  resolução através de programação linear, 633-637
terminologia
  em modelos de otimização de redes, 342-346
  na teoria das filas, 731-733
  no método simplex, fundamentos de, 152-156
  para programação linear, 26-28
  para soluções dos modelos de programação linear, 29-33
termos de produto cruzado, 35-36
teste da razão mínima, 93-94, 168
teste de otimalidade
  na análise de sensibilidade, 211
  para nova solução BV, 92-93, 95-97, 311-312, 377-378
  para solução CPF, 85-86
  passando, 377-378
teste de pré-implementação, 14-15
teste de retrospectiva, 14-15
teste de viabilidade, 211
Texago Corp., 340
Time Inc., 836

titular, 470-471
títulos do governo alemão, 579-580
tomada de decisão com experimentação
  exemplo de protótipo, 651-652
  probabilidades posteriores, 651-656
  valor da experimentação, 655-658
tomada de decisão sem experimentação
  critério de probabilidade máxima, 647-649
  critério do prêmio maximin, 646-648
  formulação de exemplo de protótipo, 646-647
  regra da decisão de Bayes, 648-651
trabalho reproduzível, 15-16
transporte ferroviário, plano de rotas para, 349-350
TreePlan Excel, módulo adicional, 660-665
TrendLines, 148-151
Tutor PO, 3-5, 25-27
  Interpretation of the Slack Variables, 88-89
  Network Analysis Area, 378-379
  Simplex Method-Algebraic Form, 96-97
  Simplex Method-Tabular Form, 100
Tutorial Interativo de Pesquisa Operacional. *Veja* Tutorial IOR
Tutorial IOR, 3-5, 26-27
  Método Gráfico e Análise de Sensibilidade, 124, 211, 240-241
  Resolva Automaticamente pelo Método Simplex, 96-97
  Resolva Interativamente pelo Método Simplex, 96-97
  Solucionando Automaticamente pelo Algoritmo de Ponto Interno, 273

U

U/M (funções de utilidade monetária), 671-675
  estimando o uso da teoria da utilidade, 676-677
Uma mente brilhante (filme), 623
Union Airways, problema da, 50-54
United Airlines
  programação de turnos de trabalho nas centrais de reserva e nos balcões em aeroportos, 51-52
  realocação de aeronaves a voos quando ocorrem problemas, 11-12, 363-364
University Toys e os bonecos de super-heróis do professor de engenharia, 692
utilidade marginal crescente para o dinheiro, 671-672
utilidade marginal decrescente para o dinheiro, 671-672

V

validação de modelos, 2-3, 10-11, 13-14, 26-27
valor de corte, 359-360
valor de salvados, 797-798
valor do jogo, 626-627
valor esperado da experimentação (EVE), 656-658
valor esperado da informação perfeita (EVPI), 655-657
valores inteiros, 37
variação com um único atendente dos modelos de filas de disciplina de prioridades, 766
variáveis
  básicas (*Veja* variáveis básicas)
  básicas iniciais, 97
  binárias, 40, 442-443
  complementares, 543
  indicando, 159-160
  introdução de novas, 203-205, 221-223
  não básicas (*Veja* variáveis não básicas)
  não básicas iniciais, 97
  negativas, 118-121
variáveis básicas
  coeficientes de, mudanças nos, 222-226
  degeneradas, 101
  que entram (*Veja* variáveis básicas, que entram)
  que saem (*Veja* variável básica que sai)
  sem variáveis básicas que entram, 111-112n
  sem variáveis básicas que saem, em desempate (Z ilimitado), 101-102
  vetor de, 164-165
variáveis básicas, que entram
  em desempate, 101
  no método de duas fases, 115
  no método simplex de rede, 372-375
variáveis binárias, 40, 442-443
  auxiliares, 450-451
variáveis binárias auxiliares, 450-451
variáveis complementares, 543
variáveis de decisão
  definição, 27-28
  definição, procedimento para, 934-938
  escolhendo quando elas são contínuas, 456-459
  explicação, 9-10
  na formulação de problemas de programação linear, 22-23
  na solução aumentada, 88-89
variáveis de folga, 88-89, 97
variáveis não básicas
  coeficientes de, mudanças nos, 202-204
  mudanças nos coeficientes de, 217-222
  número de, 160-161
variáveis negativas, 118-121
variável artificial, 103-106
variável básica degenerada, 101
variável básica inicial, 97
variável básica que sai, 93-94
  determinando, 98
  encontrando, 374-379
  para desempate (degeneração), 101
  variáveis que podem ser negativas, 118-120
variável de ramificação, 469-470
variável excedente, 109-111
variável não básica inicial, 97
versão forte da teoria da dualidade, 189-191
versão fraca da teoria da dualidade, 189-191
vetores, 163-164
  de variáveis básicas, 164-165
vetor-nulo, 163-164
VRPTW (problema de rotas de veículos), 588-589

W

Waste Management Inc., 481-482
Welch's, Inc., 56-57
Westinghouse, 657-859
Workers' Compensation Board (WCB), 652-653
World Bank, 448-449
World Health Council, problema do, 411-420
Worldwide Corporation, problema da, 64-70
Wyndsor Glass Co., exemplo. *Veja* programação dinâmica; programação linear, exemplo da Wyndsor Glass Co.

X

Xerox Corporation, 734-735

Z

Z ilimitado Z, 29-31, 101-102

IMPRESSÃO:

PALLOTTI
GRÁFICA

Santa Maria - RS | Fone: (55) 3220.4500
www.graficapallotti.com.br